DACHANG 大昌

中国湿纸巾机械专业制造商

About us

Quanzhou Dachang Paper Machine Make Co.,Ltd is professional machines maker for wet tissue machine and relative packaging units in China. Our rich-experienced intelligent team realizes long strategic target to lead wet tissue machine and globalize our own brand. We devote our first rate technologies for the global digitization of wet wipe machines.

On the base of exceeding technology innovation & developing and strictly quality control, we always present advanced products from domestic to international till now more than 20 countries and areas with high praises and credits.

Dachang machines cherish top reputations on the world.

泉州大昌机械制造有限公司是专业生产全自动湿纸巾系列机械产品的公司。大昌以创新产品为己任，以品牌全球化为战略目标，致力于用先进技术推进湿纸巾机械数字化进程。

大昌机械公司以其强大的技术创新和研发能力，以及对产品质量的严格要求，不断开发技术先进的新产品，其产品从完美到超前，从优质到卓越，其市场从国内到国际，遍布全球二十多个国家和地区，深受全球专业用户的信赖。

大昌机械系列产品蜚声中外，誉满全球。

+ DCW-80F full automatic high-speed wet tissue folding and packing machine

DCW-80F 全自动高速湿巾折叠包装机

www.chinadachang.cn

泉州大昌纸品机械制造有限公司
Dachang Paper Machine Manufacture Co., Ltd.
地址：福建省泉州市鲤城区浮桥工业区
Add: Fuqiao Industry Area, Licheng, Quanzhou, Fujian, China
Tel: 0086-595-22465662/22427665 Fax: 0086-595-22465663
E-mail: dachang@pub2.qz.fj.cn

培新机械
PEIXIN MACHINERY

专业设计制造 生活用纸系列设备

企业简介
CORPORATION INTRODUCTION

中外合资泉州培新机械制造实业有限公司位于历史文化名城泉州市浮桥后坑工业区，占地面积20000m^2。公司现有固定资产1.5亿元，职工480人，其中中高级技术人员100人。培新公司是国内大型的生活用纸机械设备专业制造商。

培新公司自创办十六年以来，始终坚定不移地遵循“信誉第一、服务至上、技术领先、质量保证”的经营宗旨。坚持不懈地以“以人为本、科技兴业、管理达标”作为企业发展的指导思想。本公司不断地提高开发设计能力和管理水平，具有周密完善的管理体系和稳定不衰的销售市场。

培新公司开发制造的纸尿裤、卫生巾设备、纸浆模塑餐具设备、各种纸品设备三大系列三十多种机型，充分地满足了各种层次企业的投资需求。培新机械覆盖全国各地，并远销六十几个国家和地区。

面对国内外生活用纸市场一派生机，培新公司将继续与国内外新老用户携手共进，再创佳绩。

Quanzhou Peixin Machinery Making Industrial Co., Ltd. is located in Houkeng Industry Area, Fuqiao of Quanzhou, which is an old city with splendid culture. Peixin occupies 20000m^2 with the fixed assets of almost 150 million Yuan. It employs 480 workers and staffs, including 100 high or senior engineers. At present, owing to its large production scope, the company is regarded as one of the biggest enterprises which speciallzes in manufacturing tissue paper and disposable products equipments.

For 16 years since its establishment, Peixin insistently abides by its enterprise principle of "Credit First, Service Supreme, Technology Lead, and Quality Pledge", unremittingly regards "Honor Cooperation, Flourishing Business by Science and Technology, Standard Management" as the guiding ideology for the development of enterprise. It displays abundant ability in designing and manufacturing by incessantly improving technology and management and enriching production and service energy. It has the image of possessing perfect management system and stable, prosperous sales market.

PEIXIN Company develops and creates three big series of equipments, that is, baby diaper equipment. sanitary napkin equipment, paper pulp mold tableware equipment, various kinds of paper products machine, all together thirty kinds of machines, thus fully complying with various grades of customers in investing to produce advanced tissue paper and disposable products. The machines are sold well in China and as well as in over sixty countries and areas.

Peixin by facing the prosperity of both domestic and overseas household paper market, will hold hand by hand with all customers to create more achievements.

企业通过CE认证和ISO9001:2000质量管理体系认证

OUR ENTERPRISE HAS PASSED CE CERTIFICATE AND ISO9001:2000 QUALITY MANAGEMENT SYSTEM CERTIFICATION

Fully Servo Control Full Feature Baby Diaper Machine

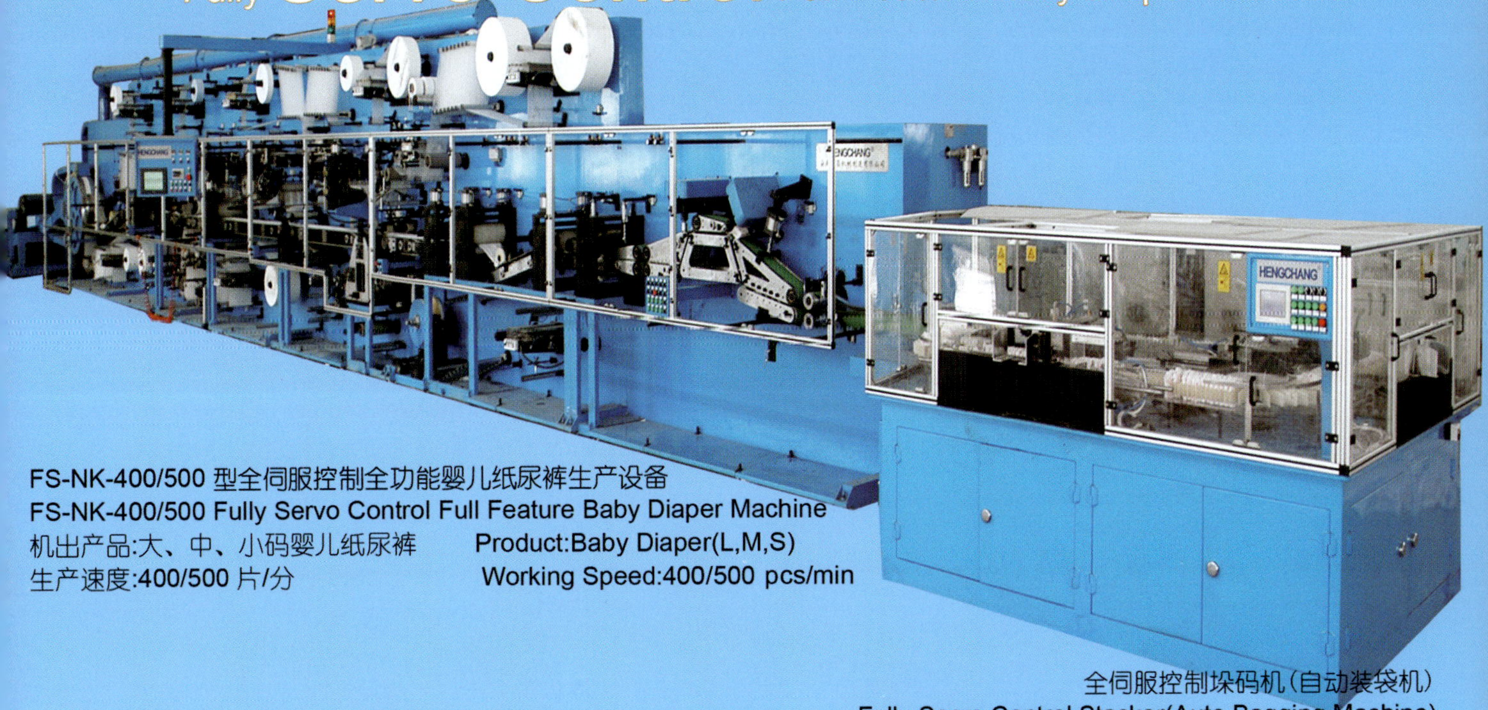

FS-NK-400/500 型全伺服控制全功能婴儿纸尿裤生产设备
FS-NK-400/500 Fully Servo Control Full Feature Baby Diaper Machine
机出产品:大、中、小码婴儿纸尿裤　Product:Baby Diaper(L,M,S)
生产速度:400/500 片/分　Working Speed:400/500 pcs/min

全伺服控制垛码机(自动装袋机)
Fully Servo Control Stacker(Auto Bagging Machine)
生产速度:50包/分　Working Speed: 50 bages/min

Fully Servo Control Sanitary Napkin Machine

FS-AE-600/800 型全伺服控制卫生巾生产设备
FS-AE-600/800 Fully Servo Control Sanitary Napkin Machine
机出产品:棉型及超薄型易开包护翼卫生巾　Product:Fluff and ultra-thin sanitary napkin with easy-opening package
生产速度:600/800 片/分　Working Speed:600/800 pcs/min

CE TÜV　SYSTEM CERTIFICATION ISO 9001:2000 SGS　UKAS QUALITY MANAGEMENT 005

- PLC程序控制，自动化程度高，兼备远程控制功能。
- 原材料恒张力轴芯自动放卷、自动切换，在不降低生产速度的情况下自动拼接。
- 在线废次品自动检测、自动剔除。
- 人机界面采用大屏幕工业计算机控制，人性化设计，图形化操作。
- 机架采用加强结构，抗震性好。
- 所有电气元件均通过CE认证。

PLC system, high lever automation and remote control function.
Last tension controlling, auto central unwinding, auto splicing without reducing working speed.

Auto detecting and rejecting of defective products and trim removel.
Human machine interface is controlled by large screen industrial computer, friendly design and graphic operation.
Frame with hardness structure is good for resisting shocking.
All the electrical components have CE certificates.

87年锻造一个品牌 87年与生俱来的品质
87年锤炼一种品德 87年与时俱进的品格
美国纸产品加工机器公司
PAPER CONVERTING MACHINE COMPANY
WET TISSUE
NEW!
1919 – 2006
美国PCMC公司 · 北京办事处
电话：010-6581 8398
传真：010-6581 2966
卫生卷纸复卷机 包装机
厨房卷纸复卷机 包装机
湿纸巾折叠机 包装机
手帕纸折叠机
盒装面巾纸折叠机
餐巾纸折叠机 包装机
内彩9

泉州明辉轻工机械有限公司

QUANZHOU MINGHUI LIGHT INDUSTRIAL MACHINERY CO., LTD

About us

Established in 1990, Fujian Quanzhou Minghui Light Industrial Machinery Co., Ltd. specializes in the production of adult/baby diaper machine, sanitary napkin machine, panty liner machine, wipe machine, toilet paper machine and all kinds of facial tissue machine.

It is our firm belief that we shall survive on first class quality and develop with creation. We have a group of professionals and experts in the design, production and testing of our products. Meanwhile, our company boasts advanced technology, sophisticated equipment, strict testing, and a scientific management system.

Our principle is "Quality First, Credit Principal and Consumers Primary". Due to excellent services and high quality products, our products are very popular with consumers home and abroad.

If you are interested in our products, please visit our company or contact us by telephones. We hope to establish business relationships with prospective customers.

福建泉州明辉轻工机械有限公司是专门从事成人/婴儿纸尿裤生产线、立体护围快易包装妇女卫生巾生产线、快易包装护垫生产线、高分子吸水纸复合生产线、湿巾设备、卫生纸加工设备、绿色降解餐盒设备等各种生活用纸设备制造的专业厂家。

公司创建于1990年。十几年以来，公司汇聚了一批从事设计、制造、检测、调试的优秀人才。公司全体员工在“以质量求生存、以创新求发展”的精神鼓舞下，团结奋进，使企业逐步成为拥有全面设计开发能力、先进生产工艺、完整的加工设备、严格的检测手段和科学管理制度的企业。

在激烈的市场竞争中，公司面对未来，立足创新，始终如一地坚持以“质量第一，信誉第一，用户至上”为经营宗旨。以优质、齐全的机械设备，合理的产品结构，良好的跟踪服务，赢得广大用户的厚爱，产品畅销全国各地，并通过“ISO9001-2000质量管理体系认证”。

真诚欢迎新老客户来人、来电、来邮洽谈联系。

www.minghuichina.com

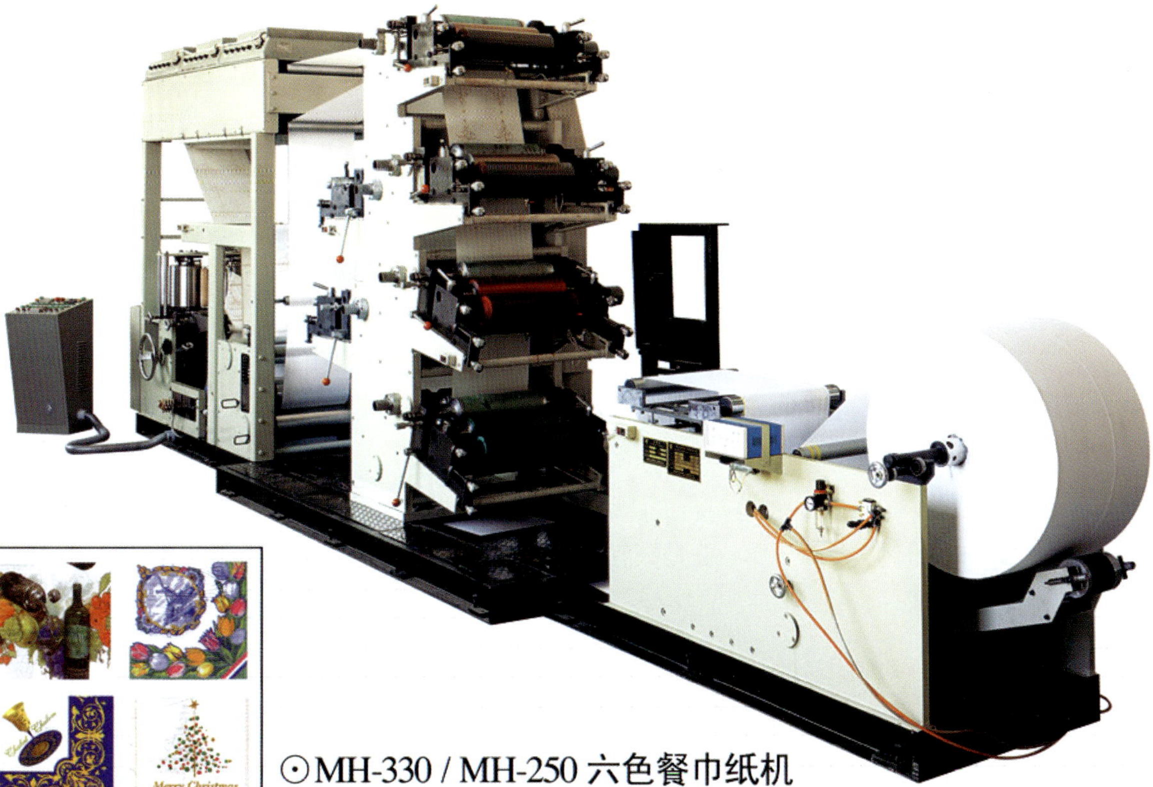

⊙MH-330 / MH-250 六色餐巾纸机
MH-330/MH-250 Six Color Paper Napkin Machine

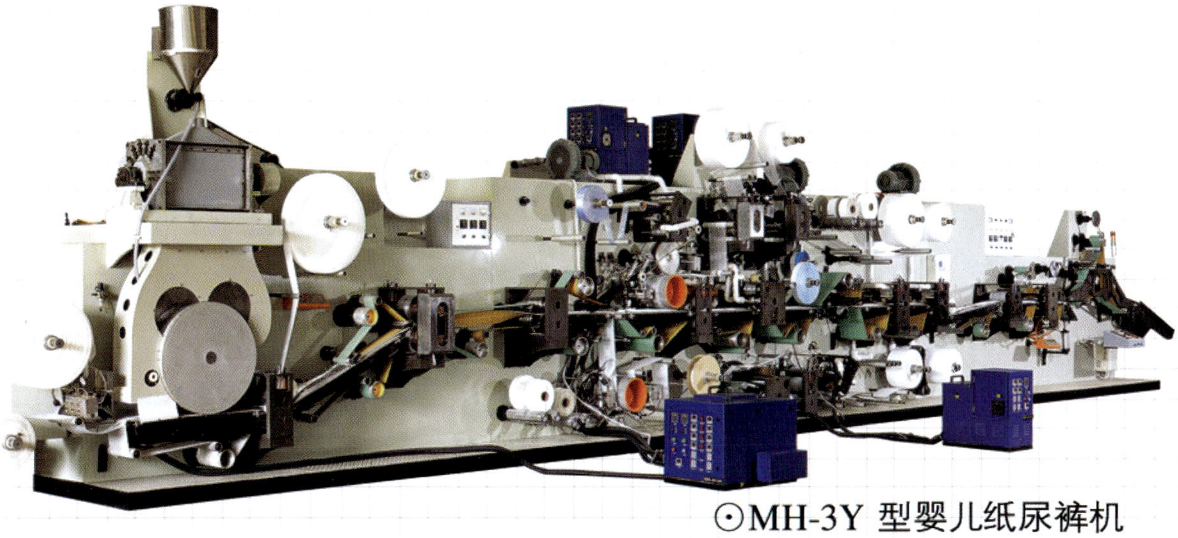

⊙MH-3Y 型婴儿纸尿裤机
MH-3Y Baby Diaper Machine

地　址：福建省泉州市鲤城浮桥黄石工业区
ADD: Huangshi Industry Zone, Fuqiao, Licheng, Quanzhou, Fujian, China
TEL: 0086-595-22455948　FAX: 0086-595-22456948　MOBILE PHONE: 0086-13905983948(吴育明)
HTTP://www.minghuichina.com　HTTP://qzminghui.en.alibaba.com
E-MAIL:minghuimachinery@yahoo.com

更多选择
尽在美卓

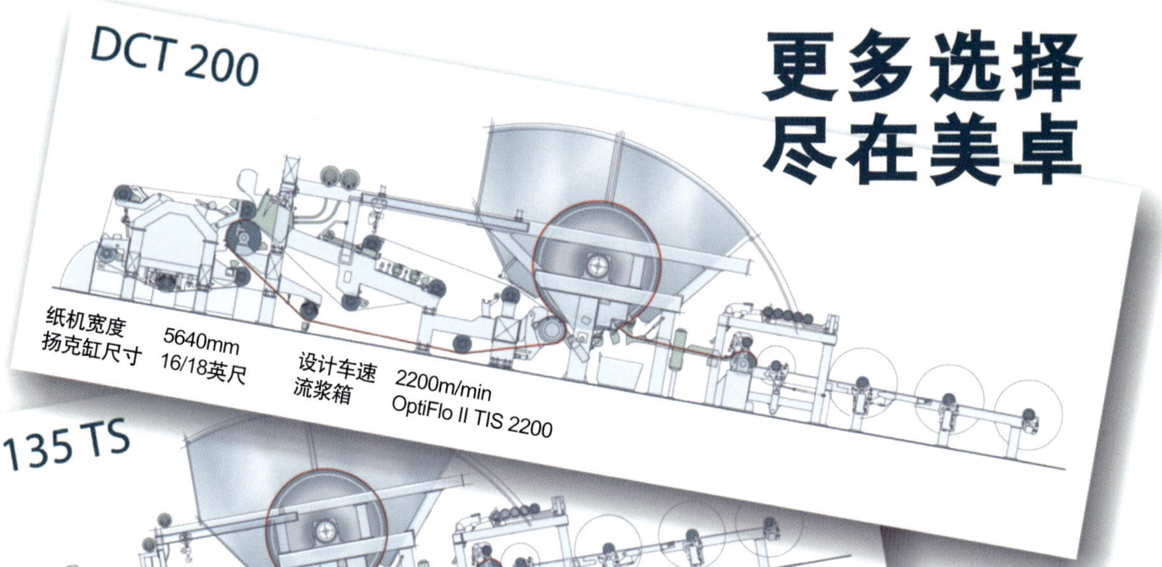

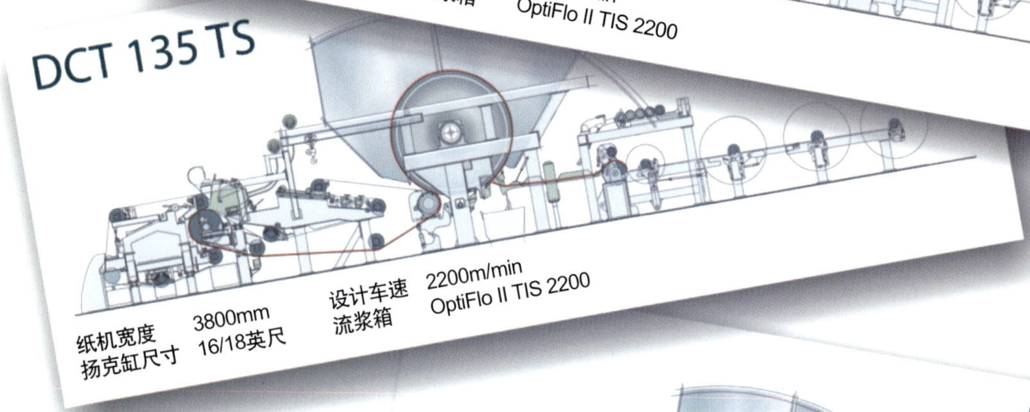

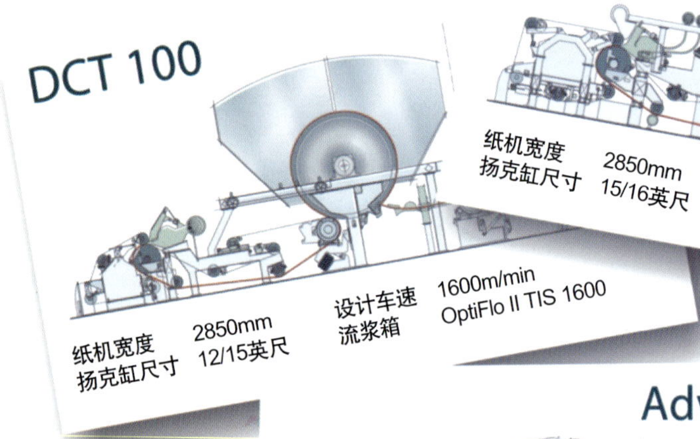

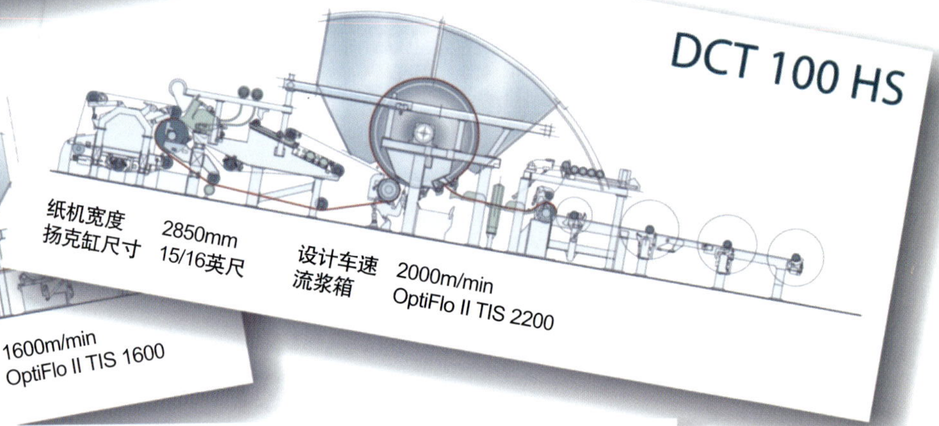

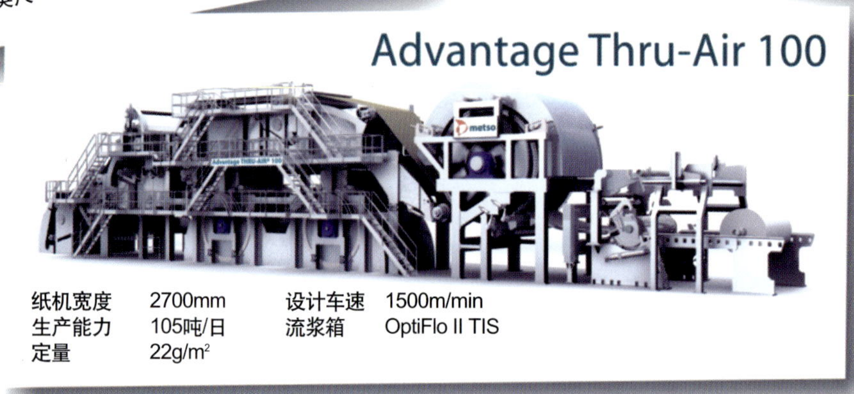

美卓造纸机械为全球大型企业提供技术先进的设备。随着新型Advantage系列卫生纸机的开发，美卓造纸机械的产品可以满足纸厂的各种需求。

Advantage™ DCT 100 型卫生纸机以及Advantage THRU-AIR™ 100 热风穿透干燥卫生纸机为企业提供投资小并且回报快的设备。

选择美卓，成功在握！

metso paper

www.metsopaper.com/cn

舒适，体贴
伴随人生每个阶段

优质健康环保的绿色纸品提供者

金红叶

纸业

金红叶纸业（苏州工业园区）有限公司位于江苏苏州，占地114公顷，总投资5.5亿美元，第一期投资额为3.6亿美元。公司于1998年8月投产，年产生活用纸原纸12万吨，是亚洲大型的生活用纸产销公司。

金红叶拥有两台世界上非常先进的生活用纸纸机CRESCENT FORMER TISSUE MACHINE,车速可达2000m/min。29条成品加工生产线，80%来自意大利、德国等欧洲国家，20%来自日本、中国台湾等地，其全电脑控制的自动流水线，严格的生产工艺保证了产品的优良品质：

- **原纸经450℃超高温处理，确保产品卫生、洁净**
- **100%原生木浆制造，确保产品纸质纯净，柔软细腻，强韧耐破**
- **不添加荧光剂，确保产品绝对安全，对人体无伤害**

金红叶旗下三品牌分别为：

唯洁雅 清风 真真

产品主要包括：卷筒卫生纸、抽取式卫生纸、珍宝卷纸、盒装面纸、袖珍面纸、厨房纸巾、纸手帕、餐巾纸、擦手纸、湿纸巾和纸杯等。

从植树造林到制浆造纸完全一条龙的产销与服务，使金红叶的产品拥有强大的竞争力，现已成为中国生活用纸市场的重要品牌。

公司于2002年2月通过了ISO9002-1994版标准的质量管理体系认证。同时通过了ISO14001环境管理体系认证，并于2003年1月通过ISO9001-2000版标准的质量管理体系认证，2003年12月“唯洁雅”被批准为“产品免检”品牌。

ISO 9001 通过质量管理体系认证
ISO14001 环境管理体系 认证

环保先行者，作为绿色纸业的代表，金光集团APP始终将植树造林和环保视作企业生产运作流程中不可分割的一部分，并秉承"植树造林，造福自然；制浆造纸，造福人民"的企业宗旨，积极探索造纸工业的绿色之路。

在纸张原料上，通过"种六棵树再用一棵树"的方式来创造资源。1994年起，APP在中国大规模实践林浆纸一体化工程，投资数十亿在海南、广西、广东等地规划造林及建立科学速生林苗圃中心。目前，APP在华已成功造林300万亩，是中国林浆纸一体化事业的积极推动者。

在生产过程中，通过巨额的环保设施投入、先进的技术、科学的管理，努力使其对环境的影响降至最低。目前，集团在华企业在环保设施方面的投入已高达40亿元人民币。迄今为止，金光集团APP旗下共11家工厂和5家林场通过ISO14001国际环保认证，旗下的宁波中华纸业更是中国较早通过此认证的造纸企业。

APP希望，通过自身的环保实践，努力"打造绿色产业、走林浆纸一体化的循环经济模式"，为中国纸业的绿色发展之路作出贡献。

APP 金光集团APP中国企业
金红叶纸业（苏州工业园区）有限公司

植树造纸 保护森林

金红叶纸业（苏州工业园区）有限公司（外商独资）
公司地址：江苏省苏州工业园区胜浦分区金胜路1号
E-MAIL:CUSTOMER_SERVICE@GHY.COM.CN
HTTP://WWW.GHY.COM.CN
FAX:0512-62822101
免费服务热线:8008282272

SERVO Sanitary Napkin Machine

XE-805-SV
全伺服快易包护翼卫生巾生产线
SERVO SANITARY NAPKIN MACHINE
Guarantee Speed 800PPM

SERVO Pantiliner Machine

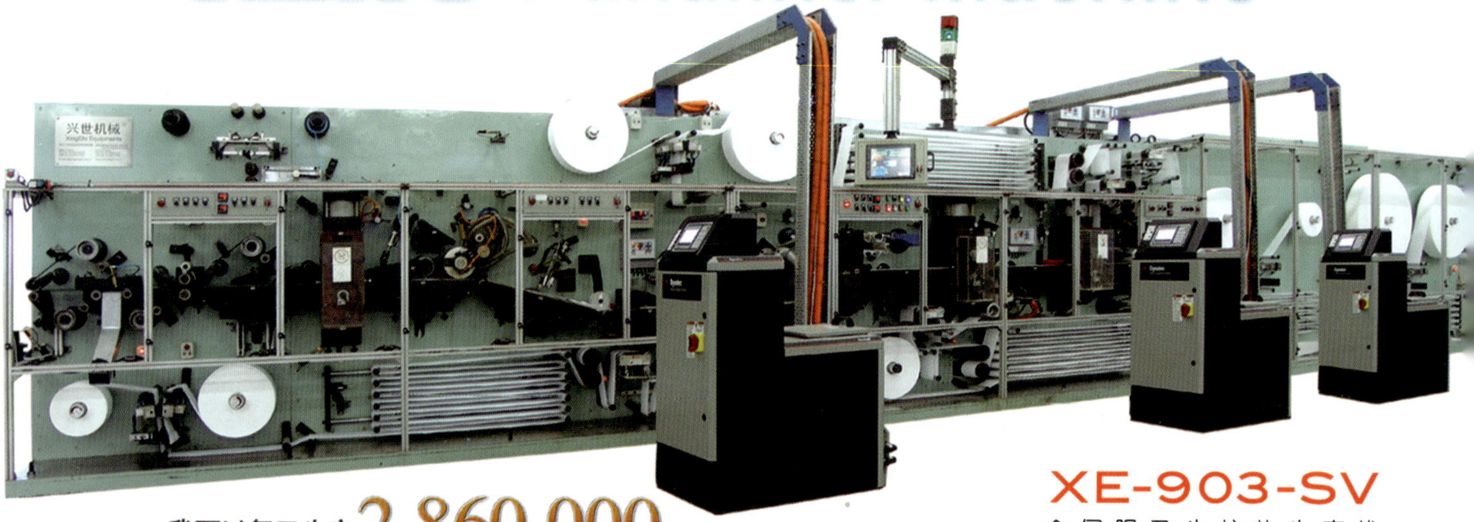

我可以每天生产 2,860,000 片卫生护垫

XE-903-SV
全 伺 服 卫 生 护 垫 生 产 线
FULL SERVO DRIVING PANTILINER MACHINE
Guarantee Speed 2000PPM

广州市兴世机械制造有限公司
XINGSHI EQUIPMENTS CO., LTD.

地址：广东省广州市天河区员村四横东路 Add: Siheng Dong Rd., Yuancun, Tianhe, Guangzhou, China
电话：86-20-85545223 85531302 Tel: 86-20-85545223 85531302
传真：86-20-85577961 Fax: 86-20-85577961
电邮：xingshi@xingshi.com.cn E-mail: xingshi@xingshi.com.cn
网址：www.xingshi.com.cn Http: //www.xingshi.com.cn

SERVO Sanitary Napkin Machine

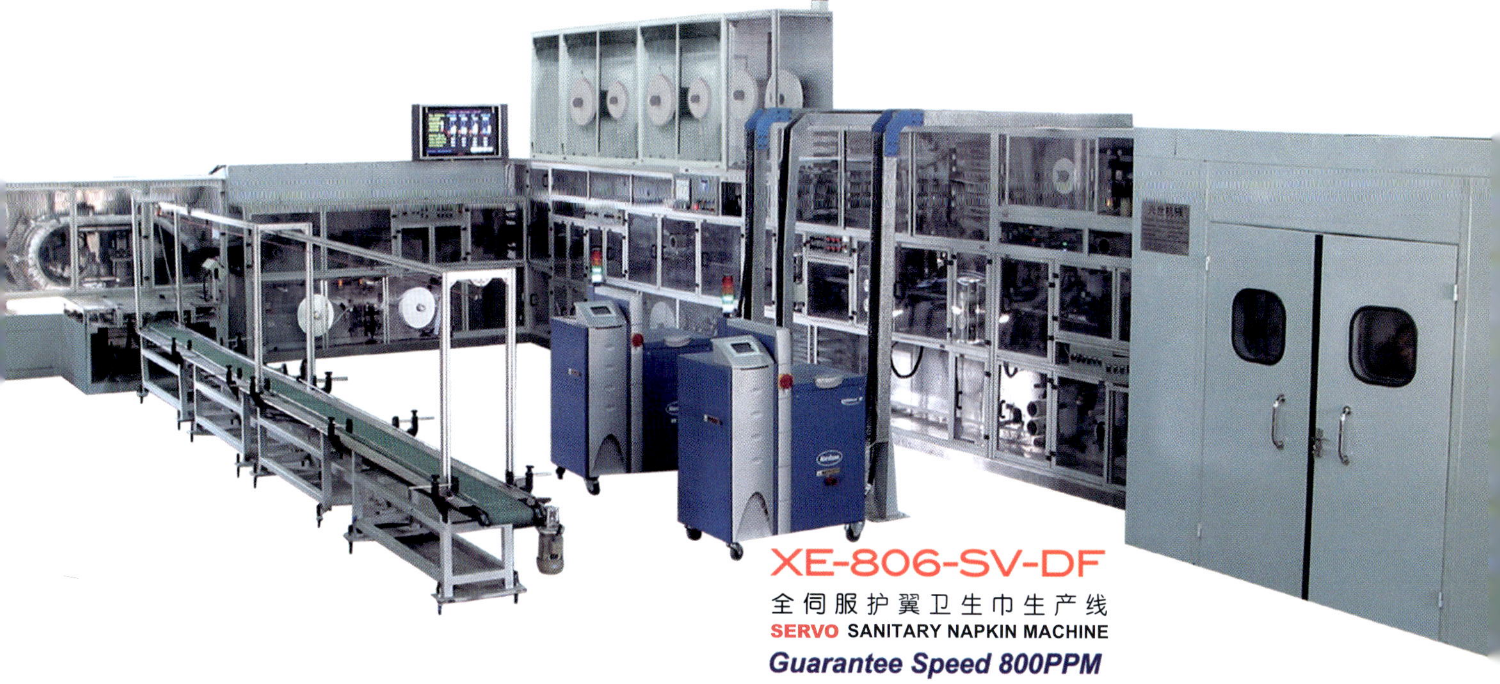

XE-806-SV-DF

全伺服护翼卫生巾生产线

SERVO SANITARY NAPKIN MACHINE

Guarantee Speed 800PPM

SERVO Baby Diaper Machine

XE-4007-SV

全伺服婴儿纸尿裤生产线

SERVO BABY DIAPER MACHINE

Guarantee Speed 500PPM

SERVO Sanitary Napkin Machine

XE-805-SV

全伺服快易包护翼卫生巾生产线

SERVO SANITARY NAPKIN MACHINE

Guarantee Speed 800PPM

SERVO Adult Diaper Machine

XE-2000-SV

稳定生产速度200片/分钟

Guarantee Speed 200PPM

全伺服成人纸尿裤生产线

FULL **SERVO** DRIVING ADULT DIAPER MACHINE

SERVO Sanitary Napkin Machine

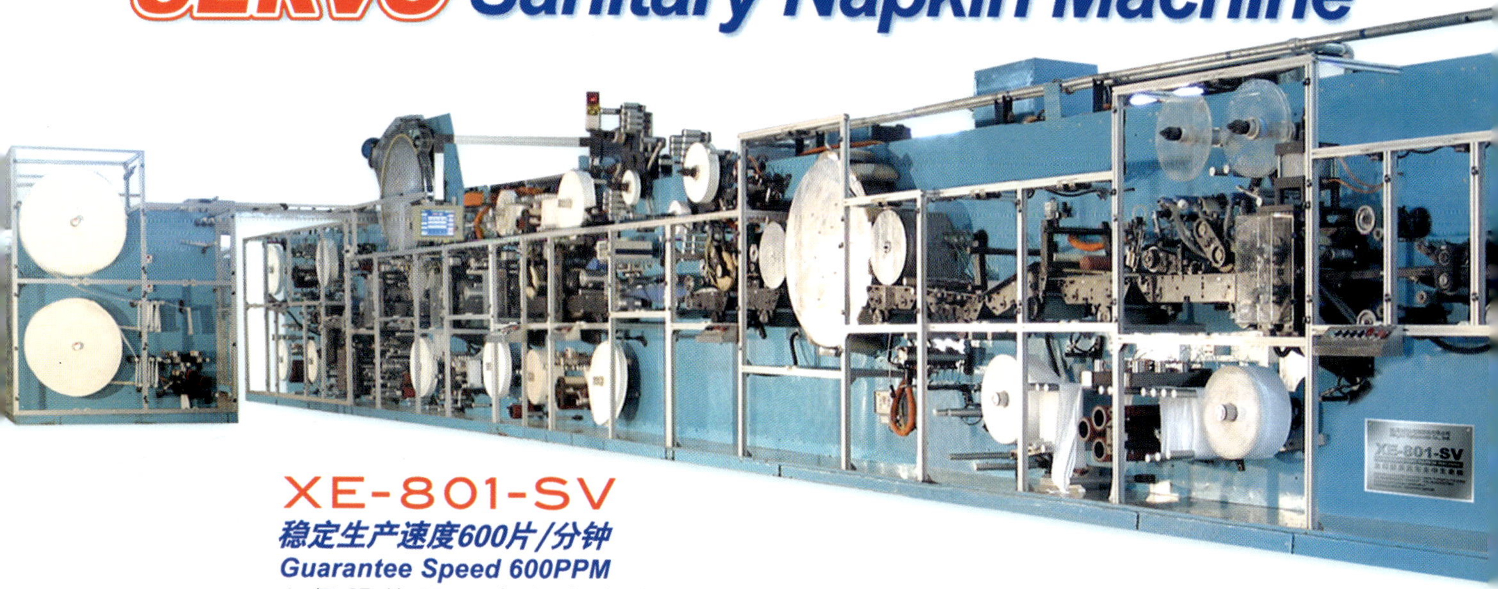

XE-801-SV

稳定生产速度600片/分钟

Guarantee Speed 600PPM

全伺服护翼卫生巾生产线

FULL SERVO SANITARY NAPKIN MACHINE

(Working with 15 layers of raw material Max.)

SERVO Baby Diaper Machine

XE-4000-SV

稳定生产速度400片/分钟

Guarantee Speed 400PPM

全伺服婴儿纸尿裤生产线

FULL SERVO DRIVING BABY DIAPER MACHINE

全伺服垛码机/自动入袋包装机

FULL SERVO STACKER/AUTO BAG FEEDING

广州市兴世机械制造有限公司

XINGSHI EQUIPMENTS CO., LTD.

址：广东省广州市天河区员村四横东路
话：86-20-85545223 85531302
真：86-20-85577961
邮：xingshi@xingshi.com.cn
址：www.xingshi.com.cn

Add: Siheng Dong Rd., Yuancun, Tianhe, Guangzhou, China
Tel: 86-20-85545223 85531302
Fax: 86-20-85577961
E-mail: xingshi@xingshi.com.cn
Http: //www.xingshi.com.cn

磨床系列

本机床是我公司自行研制生产的第二代MQD系列全自动刮刀、长刀磨床，是广泛用于造纸、塑料、木材、钣金加工等行业直线型刀具的生产和修磨的专业设备。

本机床具有结构先进、操作方便、性能稳定、维修简单等特点。工作精度可达到国外同类产品的标准。

精密磨头
Precision grinding head

吸铁式自动排渣系统
Attracted-iron automatic residue extraction system

MQD系列全自动磨床
MQD series full-automatic grinding machine

冷却循环 · 过滤系统
Cooling circulation and filtering system

齿条传动无极变速
Rack driven stepless speed change

电磁刀座
Electromagnetic knife block

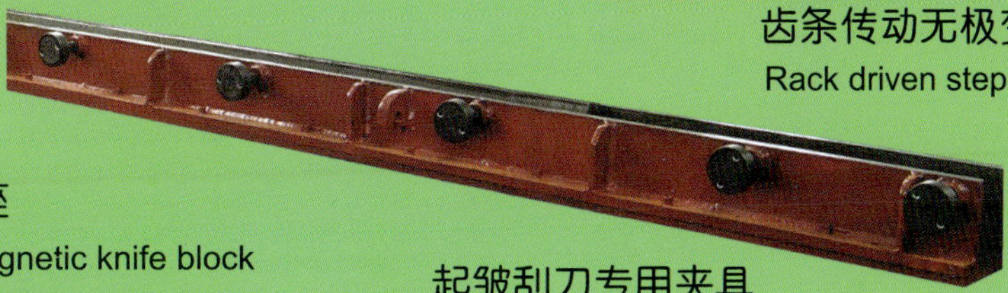

起皱刮刀专用夹具
Special fixture for crinkle scraping knife

圆刀磨床是用来刃磨造纸、电缆、电讯、卷烟、火柴和石棉制品等工业切纸机、分切机上使用的平行、碗形、蝶形、筒形等专用设备。

MODEL ZQD12 CIRCULAR KNIVES GRINDING MACHINES
MAIN SPECIFICATION
DIA.OF KNIFE:60~300mm
ANGLE OF AVAIBLE KNIFE:0-90 DEG
SPEED OF GRINDING:2800 R.N.P
TRAVERSE DISTANCE OF GRINDING:40mm
FEED IN TRAVERSE OF GRINDING:4mm PER TURN AND 0.04mm
OVERALL DIMMENSSION:1100 × 800 × 1350mm (L × W × H)
WEIGHT (KGS):700

刮刀、长刀磨床

圆刀磨床

纸巾、卫生卷纸加工设备

Tissue paper converting & packing machine

1. 复卷机系列 Rewinder Series
2. 盒装机系列 Facial Tissue Machine Series
3. 手帕纸机系列 Handkerchief Machine Series
4. 方巾机系列 Napkin Machine Series
5. 分切复卷机系列 Slitting Rewinder Series
6. 卷管机系列 Core Winding Machine Series
7. 非织造布系列 Nonwovens Series

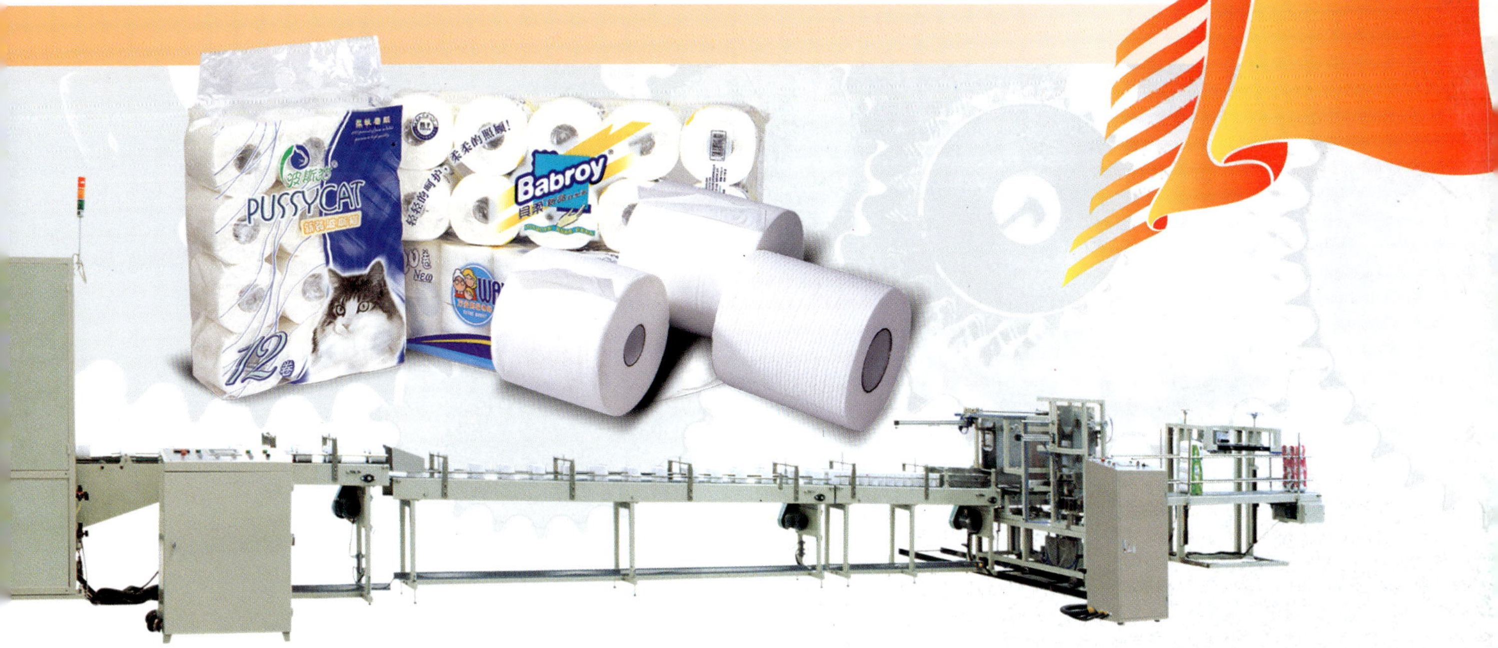

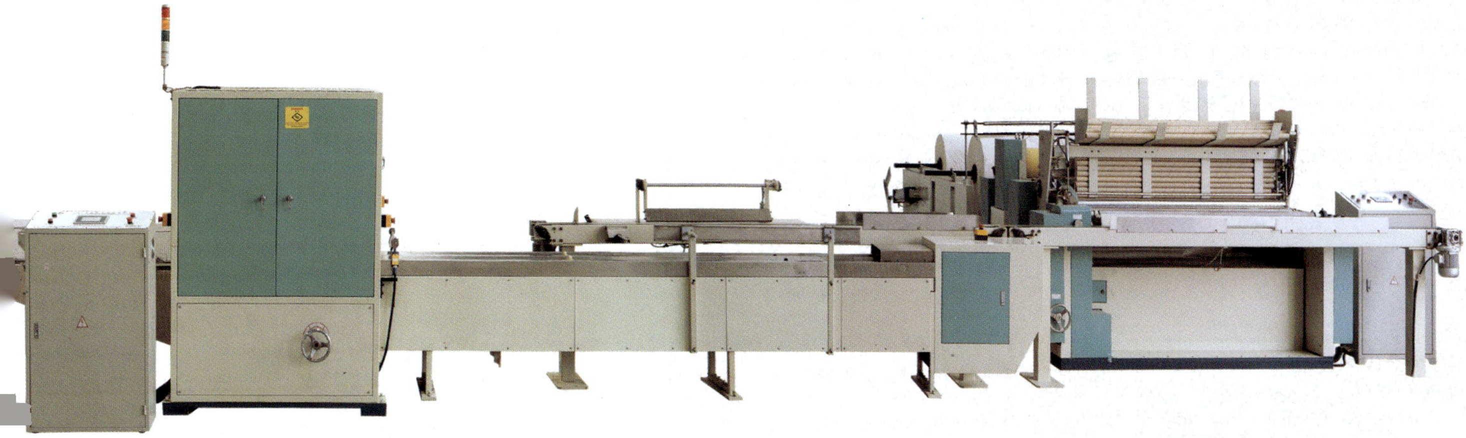

WF-IV型非织造布/干法纸分切机

WF-IV NONWOVENS/AIRLAID SLITTING REWINDER

ZQ-III-DG型全自动厨房用纸复卷打孔机

ZQ-III-DG FULLY-AUTOMATIC KITCHEN TOWEL REWINDING AND PERFORATING PACKING MACHINE

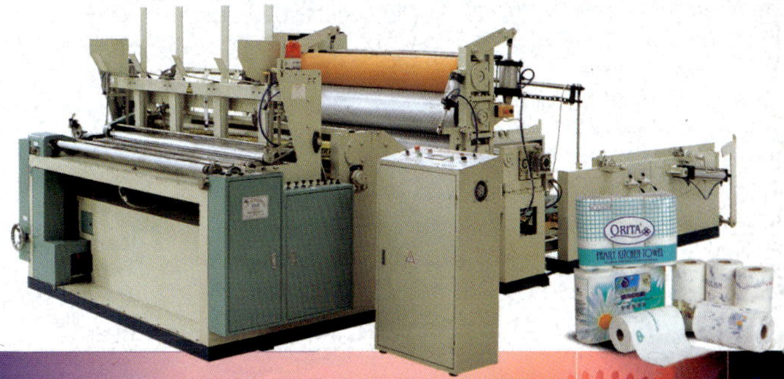

Http://www.dechangyu.com ENTER

新力 优质生活用纸机械制造专家

HMJ-3Z 型
五排三折擦手纸机

HMJ-210/420-5T 型
五排盒装面巾纸机

DFJ-CY 1575型
卫生纸打孔复卷机

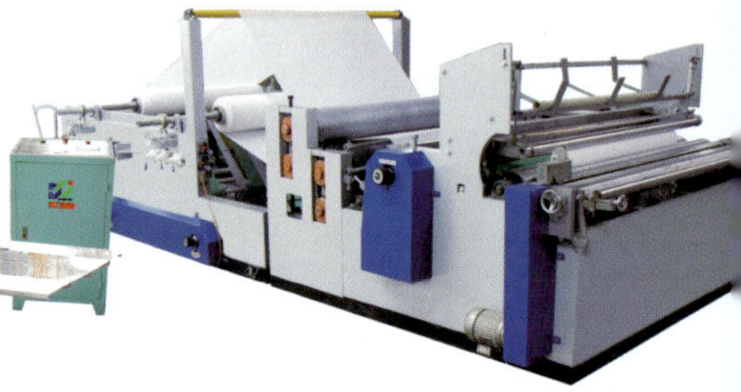

卷筒卫生纸自动生产线

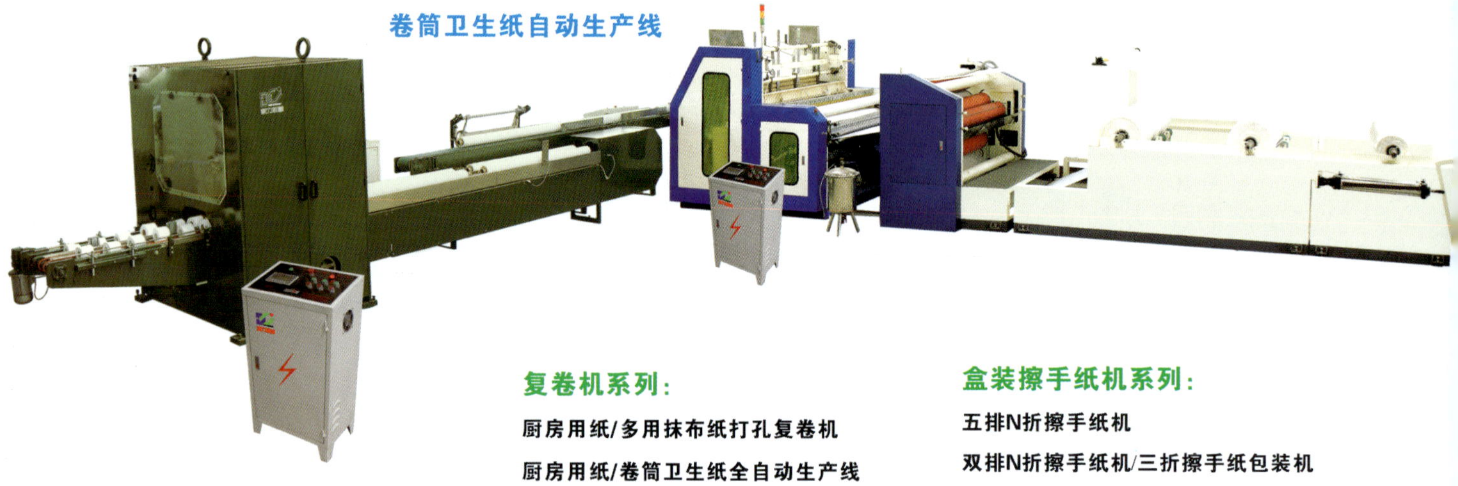

恪守信用 以客为先
Customer first. Trustworthiness management
高起点、高标准、高品质、高服务

复卷机系列:

厨房用纸/多用抹布纸打孔复卷机
厨房用纸/卷筒卫生纸全自动生产线
卷筒卫生纸全自动生产线
全自动卫生纸打孔复卷机
高速大回旋切纸机、带锯切纸机
卫生纸打孔复卷机CY型
打孔复卷机DFJ-C/B型

盘纸分切机系列:

面巾纸复卷机/彩色印刷复卷机
小盘纸分切复卷机
PFJ-B型盘纸分切复卷机
PFJ-C型盘纸分切复卷机
NFJ-A型牛皮纸分条机

盒装面巾纸机系列:

六排盒装面巾纸机
盒装机配套生产线
五排盒装面巾纸机
双排盒装面巾纸机/封盒机

盒装擦手纸机系列:

五排N折擦手纸机
双排N折擦手纸机/三折擦手纸包装机
四排五折擦手纸机
HMJ-225/4T型四排V折擦手纸机
双排C折擦手纸机

纸巾机系列:

双排手帕纸机
手帕纸自动生产线
单排手帕纸机
ZYJ-B-400型彩色、印花/压花餐巾纸折叠机
ZYJ-B-330型彩色、印花/压花餐巾纸折叠机
ZYJ-B-210/200 型普通纸巾纸折叠机

配套设备

自动液压式卷管机/自动卷管机
ZB-200 型手帕纸自动包装机
ZW-501 型枕式自动包装机
配套加工设备……

佛山市南海区新力机械制造有限公司
ADD：中国广东省佛山市南海区狮山科技工业园C区恒兴北路7号
TEL：86-757-86688182 86688183 86688184 86688185
FAX：86-757-86688186　POST：528226
Http://www.nhxinli.com　E-mail:master@nhxinli.com

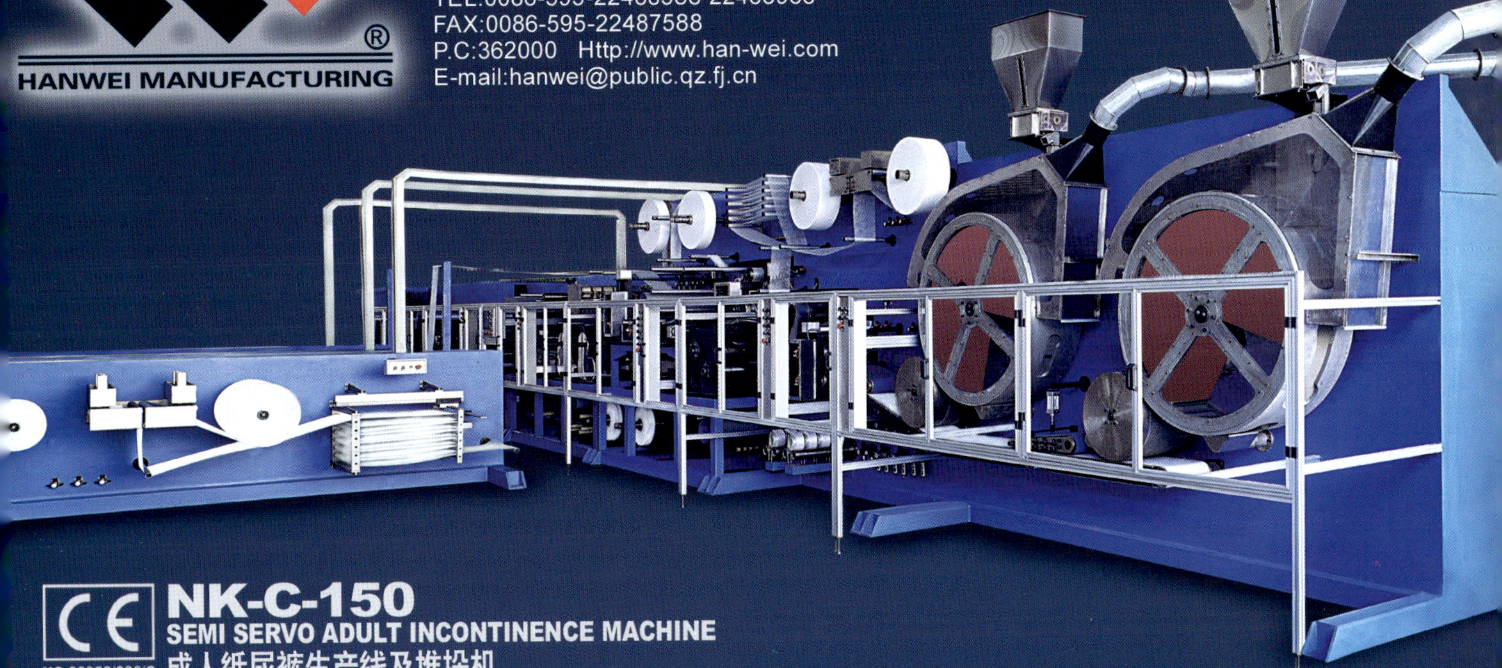

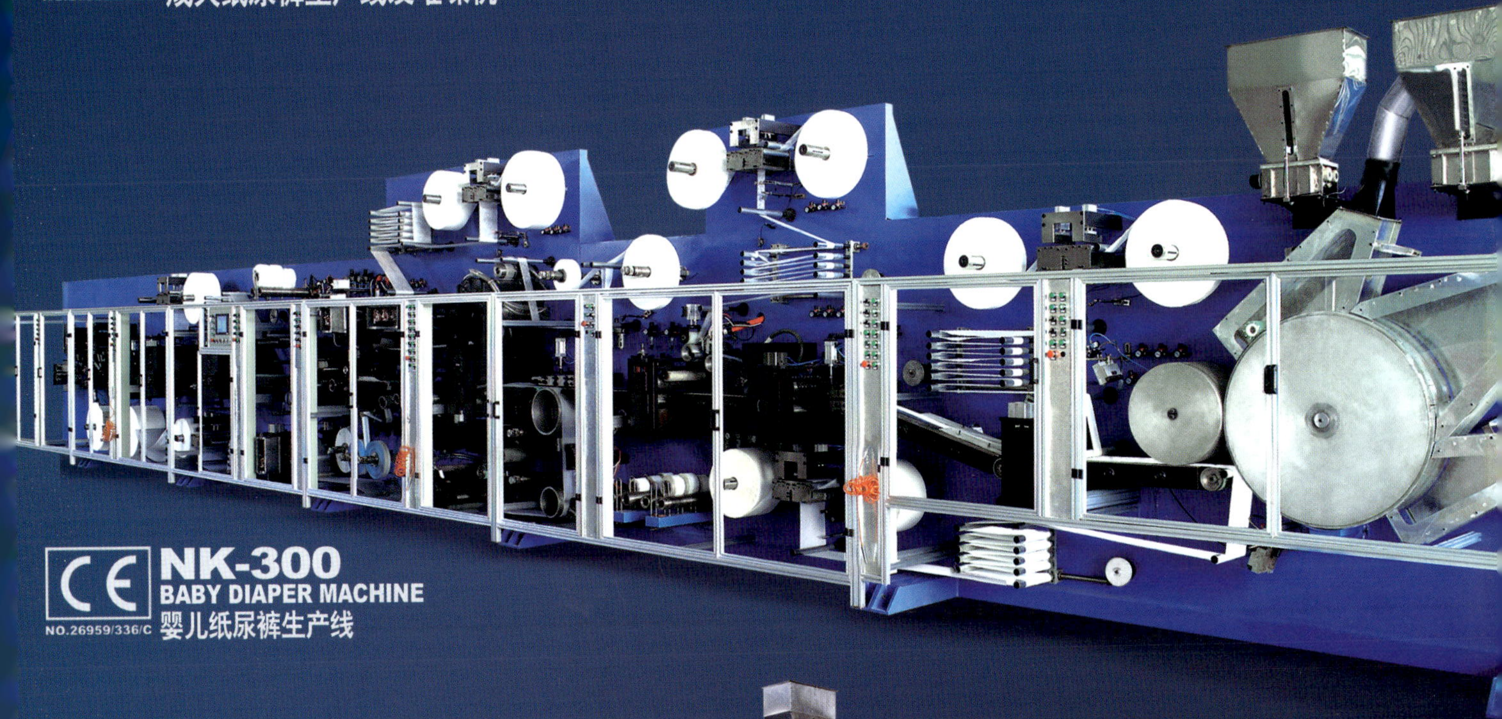

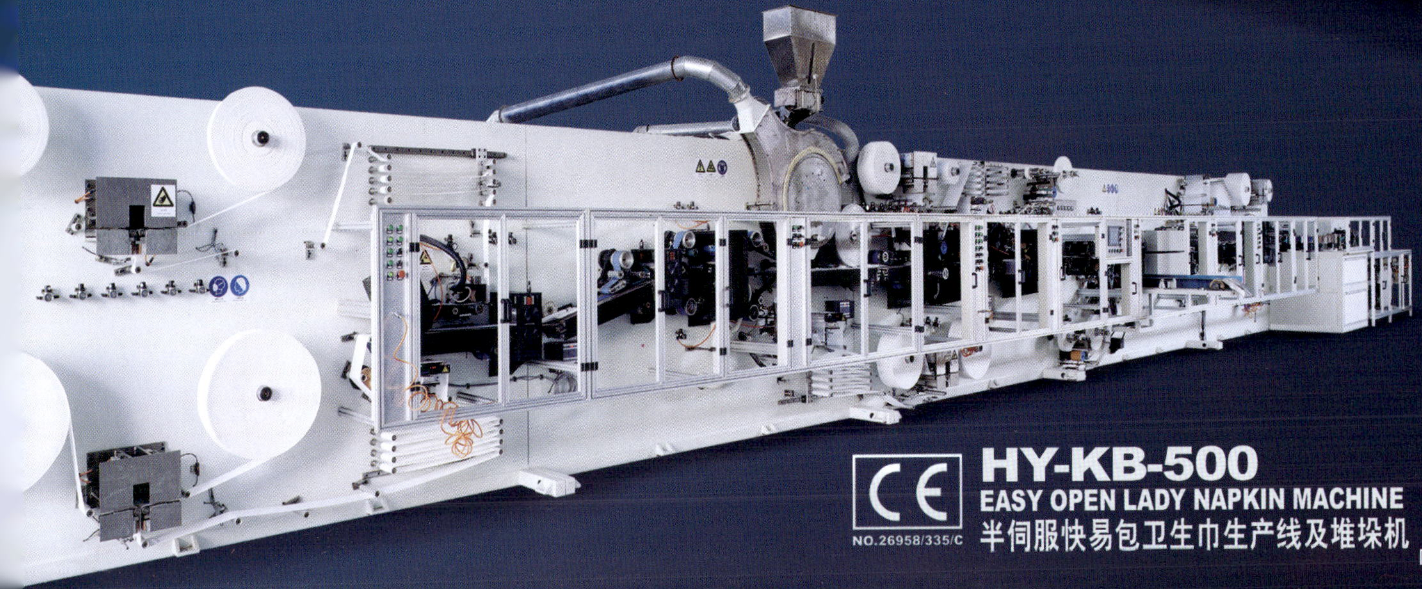

陆丰机械（郑州）有限公司

台商独资

RUFONG MACHINERY(ZHENGZHOU)CO.,LTD.

RF-682（685）开天窗湿巾自动包装机

采用台湾成熟技术
专业打造湿巾设备

RF-640 扁平状单片湿巾全自动制造机
Single flat type automatic wipe packing machine

RF-650 圆卷形单片湿巾全自动制造机
Single column roll type automatic wipe packing machine

RF-660 四边封单片湿巾全自动包装机
Single four sides sealing type automatic wipe packing machine

RF-682(685) 开天窗抽取式湿巾包装机
Automatic packing machine for wipes getting from the open window

RF-II 单片加湿非织造布自动折叠机
Single type adding wet without yarns automatic folding machine

RF-ATLC/S68 连续抽取式湿巾生产线
The type for wipes getting continually automatic producing line

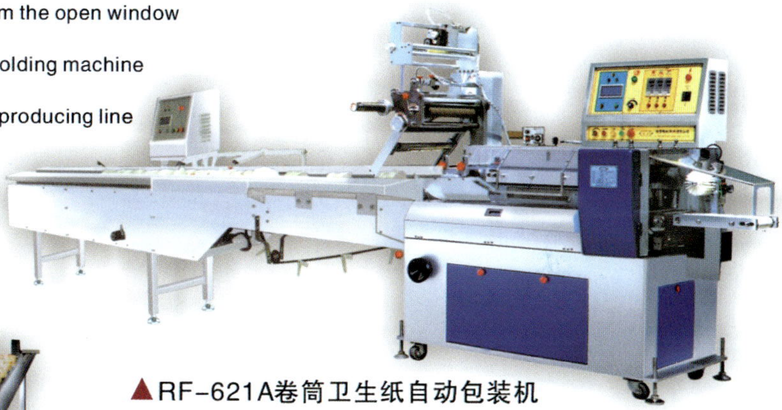

▲RF-621A卷筒卫生纸自动包装机

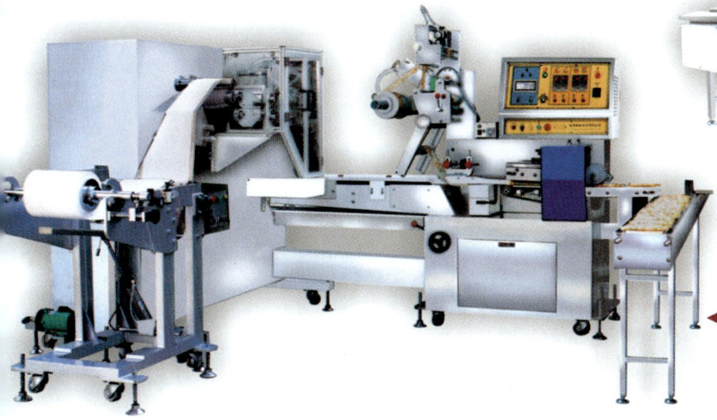

◀RF-650圆卷型湿巾制造机

▼RF-ATL/S68抽取式湿巾生产线

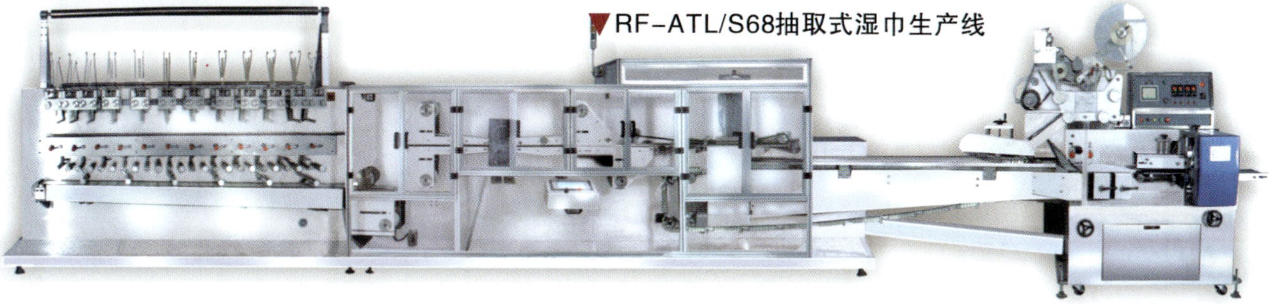

▼RF-ATLC/S68连续抽取式湿巾生产线

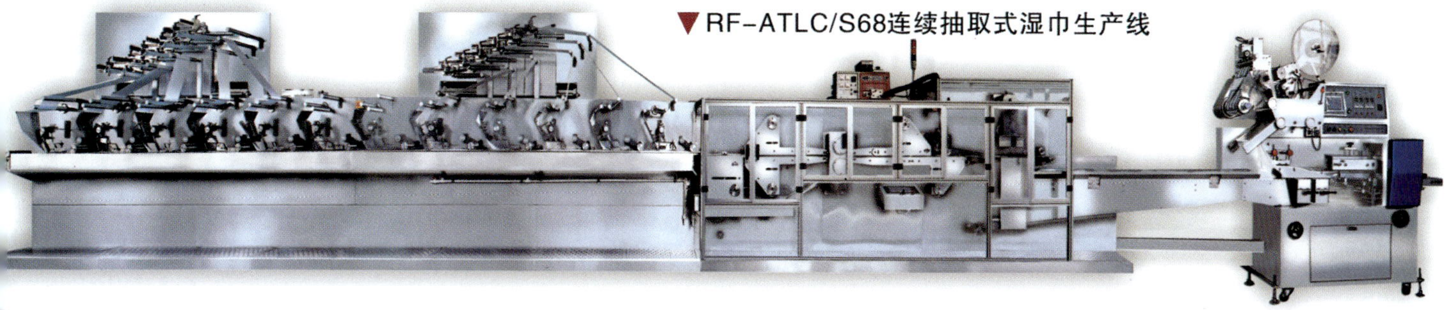

地址：中国·郑州市新郑双湖开发区中山路中段 邮编(Post code)：451191
Add:Zhongshan Road，Shuanghu Economic Development Zone，Xinzheng，Zhengzhou China
电话(Tel)：0371-62567158 62569938 传真(Fax)：0371-62567189
Http：//www.rufong.com E-mail：rf@rufong.com

江西生成卫生用品有限公司

婴儿湿巾

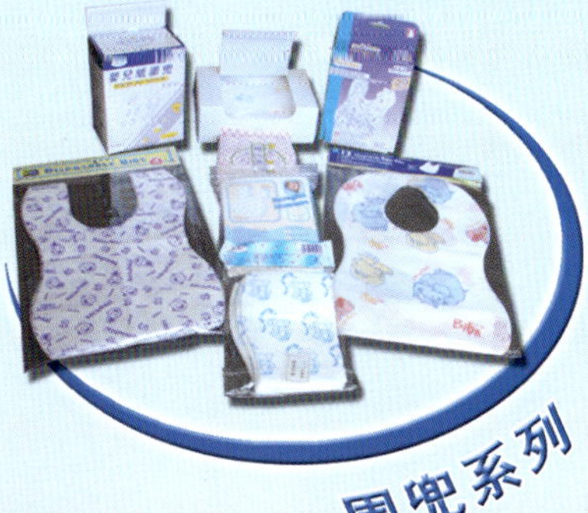

围兜系列

宠物湿巾

宠物垫

江西生成卫生用品有限公司公司创建于1998年，是生产湿纸巾、妇女卫生巾、婴儿纸围兜等生活卫生用品和家居清洁卫生用品的专业厂家。公司坐落在武宁县万福经济技术开发区，经过几年的发展已成为一家集开发、生产、销售生活卫生用品为一体的现代化企业。

生成公司一直致力于产品质量及技术的提升，本着“科技为本、质量为重、创生成优秀品牌”的质量方针，重质量管理，不断创新，企业已通过ISO9001:2000国际质量体系认证，部分产品通过美国FDA认证。目前，公司建有国内先进的洁净无尘车间及检测化验室，为了进一步地提高产品质量，公司导入5S管理系统，深层次推进企业管理和变革，以适应新形势的竞争的需要，建设真正以消费者和市场为导向的公司。

公司产品远销欧美二十多个国家的五十多个城市，并且成为国外众多知名公司的指定OEM供应商。

公司以人为本，注重人性化管理和人才的培养，聚集了一大批高素质人才，其中高级工程师、高级经济师各一名，会计师三名，工程师三名。目前公司已与北京、南京、南昌等多处技术培训基地建立合作关系，对中高层管理人员进行轮班培训，全员思想、道德素质及专业技能不断提高，凝聚力不断加强。高素质的团队给公司带来了生机和巨大的发展。

主要产品为：

婴儿湿巾、婴儿围兜、成人湿巾、驱蚊湿巾、宠物系列产品，家居纸制品等。

以人类的快乐为天职，生产优质、健康、环保的卫生用品

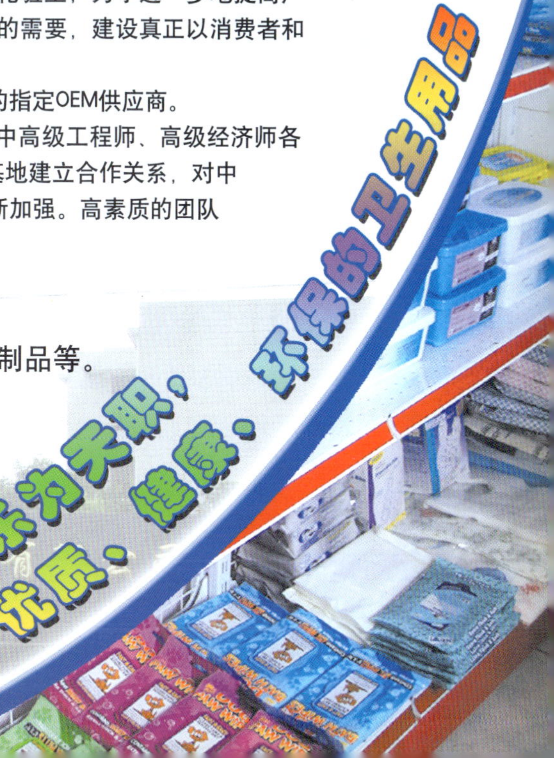

地址(Add)：江西武宁南市工业区生成大道
邮编(P.C.)：332300
电话(Tel)：86-792-2837461
传真(Fax)：86-792-2839355
网址(Website)：www.cnshengcheng.com

建亚保达(厦门)卫生器材有限公司

Ko-Asia (Xiamen) Sanitary Material Co.,Ltd.

本公司通过 ISO9001:2000认证

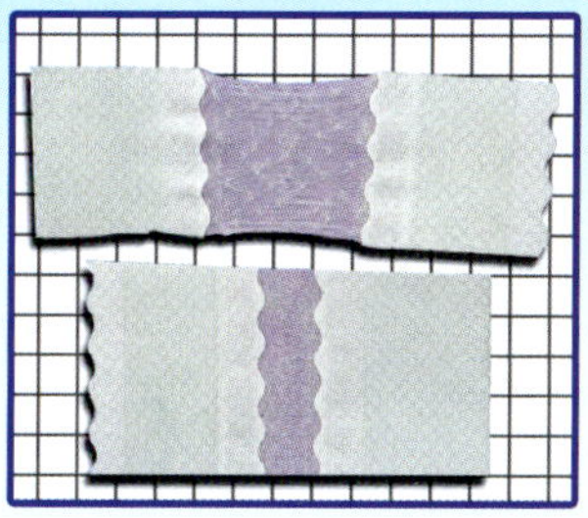

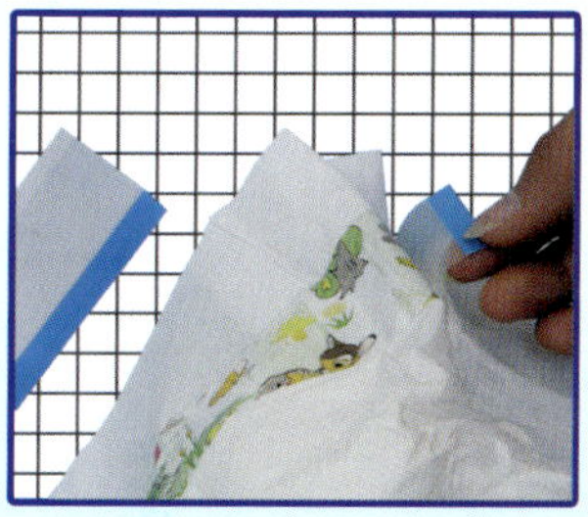

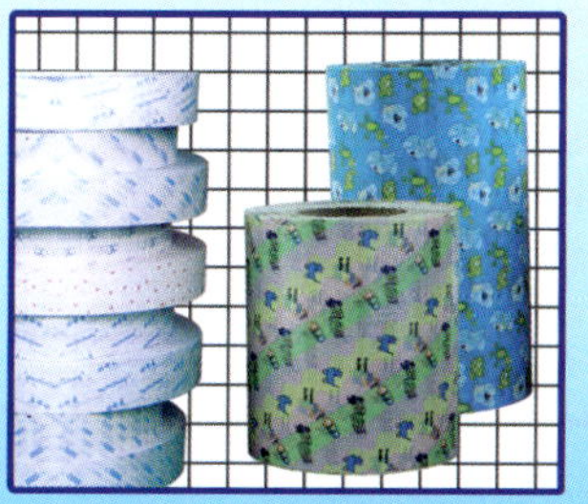

公司简介

我公司系香港建亚保达在中国厦门投资成立的外商独资企业。严谨的企业管理，高素质的人才，高档的进口设备，努力为客户提供优质、稳定的产品，同时以不断改善产品质量和开发新产品来满足客户发展的需要，另外，为配合高档纸尿裤的发展，我公司与欧洲著名魔术扣、魔术贴制造厂德国高仕达公司合作，为高档客户供应高档魔术扣、魔术贴及弹性腰围等材料，维护客户之品牌，与客户共走名牌之路。

魔术贴:

德国品牌，先进技术，高档、柔软、可靠，知名企业选用之品牌。

魔术扣 / 弹性魔术扣:

德国品牌，独特设计，条状结构，柔软性强。

弹性腰围:

德国品牌，弹性特大，特薄，适合高速生产，使用方便。

左右贴:

德国国际名牌左右贴，可靠、稳定。可根据客户要求，提供各名牌产品。

纸尿裤前胶贴:

1 ~ 13色印刷，百次贴合，适合在线喷胶。可靠，稳定，名牌之选，理想成本效益优势。

带胶前胶贴:

使用国际知名品牌胶水，环保并对人体无害，方便生产。

卫生巾用离型纸:

专用高档、无害、优质的原纸

抗拉强度特别高

采用高质可靠的无害国际知名品牌油

特厚涂布，防粘性能好，稳定性高，特大收卷直径

建亚保达（厦门）卫生器材有限公司
地址：中国福建厦门市杏林私营企业工业园 建亚保达大厦
电话：86-592-5738880 6773033
传真：86-592-5740287 6771797
Http://www.k-asia.com Http://www.ko-asia.cn
E-mail:ka16@public.xm.fj.cn sales@k-asia.com

科技为宝 创新求索
Take science and technology as treasure and innovation!

BS® 宝素机械
BAOSUO PAPER MACHINERY MANUFACTURE

YD-E 型全自动修边喷胶封口压花打孔复卷机
YD-E Automatic Trimming, Sealing, Embossing and Perforating Rewinde

MJ-N-5L 型全自动三折擦手纸机
MJ-N-2L/3L/5L Automatic N-Fold Towel Folders

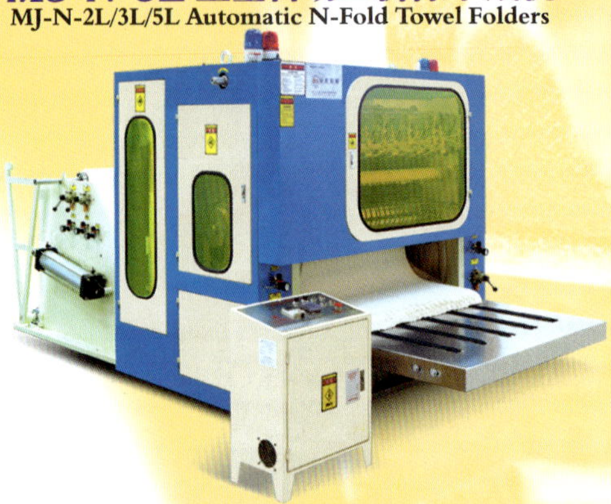

PF-E 型高速全自动盘纸分切复卷机
PF-E Automatic High Speed Raw Material Slitting Machine

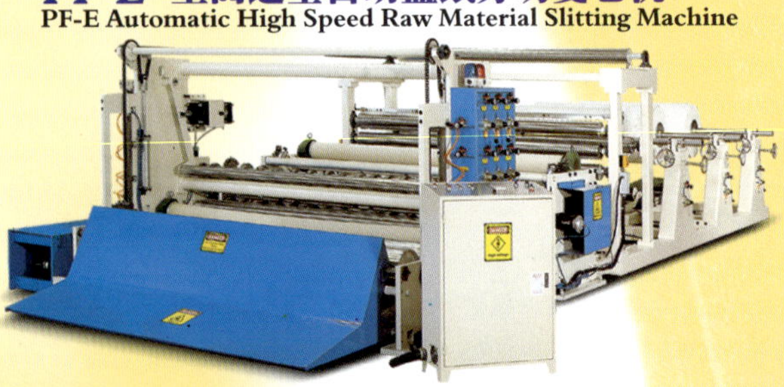

YC-C 型高精度印花/压花餐巾纸折叠机(4~6色)
YC-C High Precision Printed/Embossed Napkin Folder (4-6 Colors)

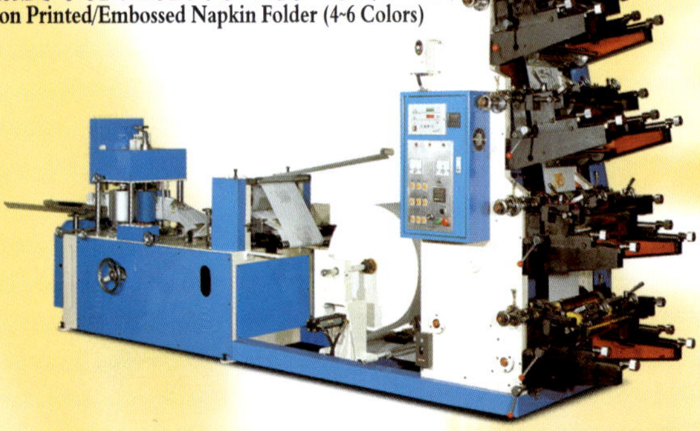

广东省佛山市南海平洲宝索机械制造有限公司位于广东省珠江三角洲腹地，毗邻港澳，紧连广州，水、陆、空交通方便快捷，是专业研发制造生活用纸机械设备的大型企业。

多年来，宝索机械制造公司建立与市场相适应的内部约束机制和科学管理模式，通过国际ISO9001-2000质量体系认证，并逐步完成一系列国际安全体系认证，如CE认证等。公司拥有雄厚的技术实力，先进的制造工艺，卓越的品质和优质的服务。公司自行研制开发的全自动高速卫生纸加工生产线，纸手帕生产线，擦手纸机，高速分切机等系列产品，四色以上印花餐巾纸机等，产品畅销全国，远销世界各地。

宝索公司一直坚持“客户满意树信誉，高新技术创效益”的经营理念，以质量求生存，信誉求发展，与各界朋友精诚合作，共创辉煌。

10大系列产品 PRODUCT SERIES

- 面巾纸机系列设备 Series of facial folders
- ULTRA高速复卷机系列生产线 ULTRA series high speed rewinding lines
- 复卷机系列配套设备 Series of rewinders
- 擦手纸系列设备 Series of towel folders
- 餐巾纸机系列设备 Series of napkin folders
- 自动包装机系列设备 Series of packaging machines
- 卷芯机系列设备 Series of core winding machines
- 分切机系列设备 Series of slitting rewinders
- 压纹机系列设备 Series of embossing machines
- 非织造布湿巾系列设备 Series of nonwovens & wet wipe machines

ISO 9001 CAS Quality Assured Company UKAS QUALITY MANAGEMENT
国际ISO9001:2000
质量体系认证企业

地址：中国广东省佛山市南海区平洲夏南一工业区 邮编/PC：528252
Add: Xiananyi Industrial Park Pingzhou Nanhai Foshan City Guangdong China
电话/Tel：86-757-86777529 86799938 传真/Fax：86-757-86785529
Http: //www.baosuo.com E-mail: master@baosuo.com Http: //www.baosuo.com.cn E-mail: master@baosuo.com.cn

佳鸣宗旨：满意源自专业品质
佳鸣精神：专业精神　不断超越

JUMPING佳鸣 主要产品：

1. 卷筒卫生纸加工设备
2. 盒装面巾纸加工设备
3. 手帕纸加工设备
4. 1-8色餐巾纸折叠加工设备
5. 擦手纸、厨房用纸加工设备
6. 方包纸及盘纸分切加工设备
7. 高速卷芯机
8. 高速造纸机

ZDJ-XJ(I)卷筒卫生纸生产线

ZDJ-XJ自动复卷生产线

工艺流程说明：

①自动复卷成条状卷筒卫生纸（封边粘尾）；
②自动输送至储纸机；
③按“先到亦先出原则”自动送料至自动切断机；
④按设定尺寸自动分切卫生卷纸；
⑤自动输送，包装成品。

ZDJ-XJ-II自动卷筒卫生纸生产线

自动复卷机 I ↓　自动复卷机 II ↓　储纸机 ↑ → 自动切断机 → 自动包装机

输　送　机

HZ-200（210）自动盒装面巾纸机

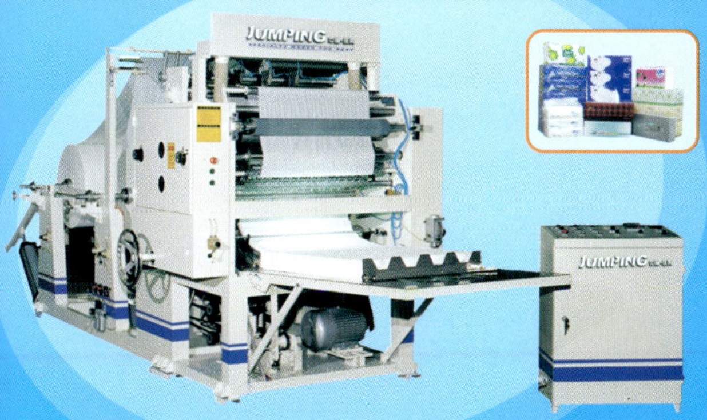

FH-236自动封盒机

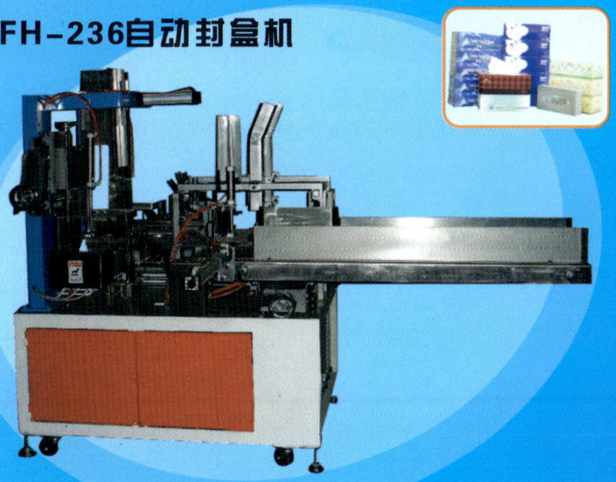

工艺流程说明：

①自动折叠成条状面巾纸；
②自动输送至自动切断机，按设定尺寸自动分切；
③自动入盒封盒完成盒抽面巾纸包装；
④自动输送至软抽包装机完成软轴式包装。

HZ-200（210）自动盒装面巾纸生产线

HZ－200（210）自动盒装面巾纸机 I ↓　HZ－200（210）自动盒装面巾纸机 II ↓

输送机 → 2DT－II自动切断机 → 输送机（分配器） → ZB－300软包装抽取式自动包装机（枕式包装或三维包装）

全自动封盒机 I ↑　全自动封盒机 II ↑　全自动封盒机 III ↑　全自动封盒机 V ↑

JUMPING佳鸣

佳鸣机械制造有限公司
Jumping Machinery Manufacture Co.,Ltd.

Http://www.jumping.com.cn　E-mail:jumping@jumping.com.cn
地址:广东省东莞市沙田镇民田工业区　邮编:523991
ADD:Mintian Industrial Zone, Shatian, Dongguan, Guangdong,China
电话（TEL）:+86-769　88862099/88866210/88864360/88688201
传真（FAX）:+86-769-88862066

Tredegar
FILM PRODUCTS

www.tredegarfilm.com>>www.tredegarfilm.cn>>

全 球 化 规 模 经 营

卓德嘉薄膜公司是一家领导全球市场的特种薄膜供应商，总部在美国弗吉尼亚州里士满（Richmond）。主要产品包括打孔薄膜、弹性薄膜及其复合膜、透气薄膜及其复合膜、打孔非织造布及其复合材料、自粘性表面保护膜、在电路板抗光致腐蚀干膜表面层及其他特种薄膜。公司已在中国广州和上海建立三家生产工厂，主要生产打孔膜、透气薄膜、打孔非织造布及相关产品。其产品已应用于许多著名品牌以及很多地区性领导品牌的妇女卫生巾、卫生护垫及婴儿、成人纸尿裤及一次性防护服等。

在亚洲市场，卓德嘉的产品，已销往中国大陆及港澳台地区、日本、韩国、越南、菲律宾、马来西亚、印尼、泰国、缅甸、印度、巴基斯坦等国家和中东地区。

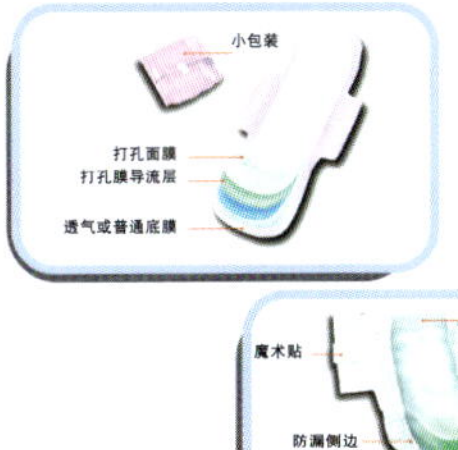

●卫生巾原材料

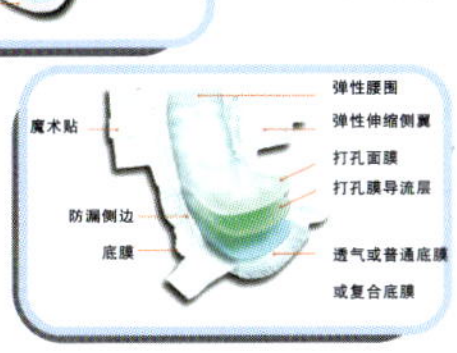

●纸尿裤原材料

多 样 化 的 产 品 选 择

打 孔 膜 及 其 复 合 膜

Freshfeel™系列打孔膜——用于妇女卫生巾、卫生护垫、阻隔层、宠物垫、肉垫等的面层材料
AquiDry®好快佳®系列打孔膜——用于婴儿及成人纸尿裤的导流层材料
VacuBond®卫康宝®打孔复合薄膜——用于妇女卫生巾面料、抹布及医疗用途
SoftQuilt®打孔非织造布——用于妇女卫生巾、卫生护垫及纸尿裤的面层材料

弹 性 薄 膜 及 其 复 合 膜

Fabrifex®弹性复合膜——用于纸尿裤的腰围、侧边贴、侧翼、口罩侧翼等

透 气 膜 及 其 复 合 膜

透气底膜——用于妇女卫生巾、卫生护垫及纸尿裤的底膜
透气复合薄膜——用于纸尿裤布质感的底膜、防护服装、医疗用途、建筑房屋隔离层等

卓德嘉薄膜（上海）有限公司　地址：上海市松江工业区荣乐东路281号　邮政编码：201613　电话：86-21-57745588　传真：86-21-57744438
广州卓德嘉薄膜有限公司　地址：广州保税区广保大道西侧　邮政编码：510730　电话：86-20-82209998　传真：86-20-82208077

LOPAREX

Backing Your Products, Backing Your Business

耐恒(广州)纸品有限公司

耐恒集团(LOPAREX GROUP)是世界上大型的离型纸专业生产商，在芬兰、荷兰、英国、美国及印度均设有涂硅加工厂，年涂硅加工能力超过15亿m²。耐恒广州工厂于2004年夏正式投产，专业生产离型纸和离型膜，这标志着耐恒集团正式落户中国，中国已成为其全球化战略发展的重要组成部分。

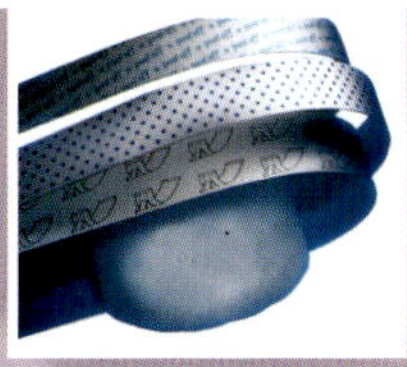

产品

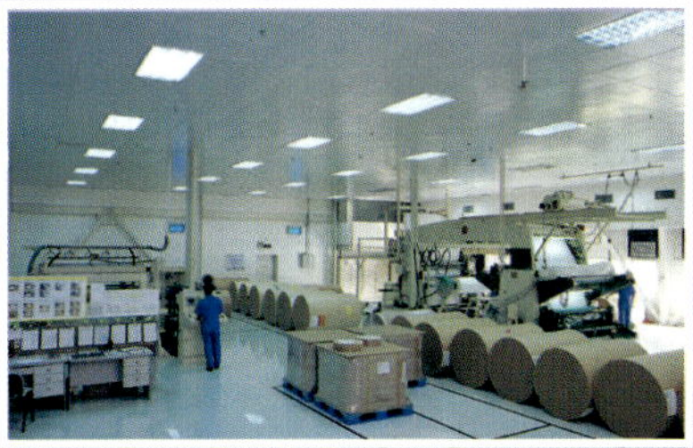

EPS车间

生产线

耐恒(广州)纸品有限公司一期安装一条1.65米宽的无溶剂硅油涂布线，从严格意义上讲，是中国大陆较早使用100%无溶剂涂硅的专业离型纸生产企业。投产以来，耐恒(广州)已在医疗卫生、不干胶标签、电子、碳纤维、广告材料等领域建立了比较稳定的客户群体。另外，耐恒广州有一个全封闭的车间用于印刷、分切由耐恒芬兰工厂(LOPAREX OY)制造的ESP系列离型纸，供应医疗卫生行业。ESP系列离型纸早在10年前就已经进入国内市场，定量35~60g/m²，可根据客户的要求进行分切和印刷，供货及时快捷，在医疗卫生领域建立了良好的口碑和品牌。

耐恒(广州)工厂致力于与广大新老客户建立长期的合作伙伴关系，不但提供高品质的离型纸，而且积极参与并支持客户产品的更新换代。

厂房全景

公司地址：中国广州经济技术开发区东区北片莲潭路7号
电话：+86 20 8226 4288
传真：+86 20 8208 8289
邮政编码：510530
Http://www.loparex.com.cn

Address:Lian Tan Rd. Northern Part, Eastern Section of Guangzhou Economic & Technological Development Zone, Guangzhou 510530,P.R.China

上海办事处：
上海市徐汇区零陵路899号飞洲国际广场27楼E座
邮政编码:200030
联系人:刘巍 电话:+86(0)13901736492

五月花® May Flower®

中国生活用纸的温柔品牌

全新双压花工艺

NEW 五月花® 芙蓉®

产品系列

1.生活用纸：

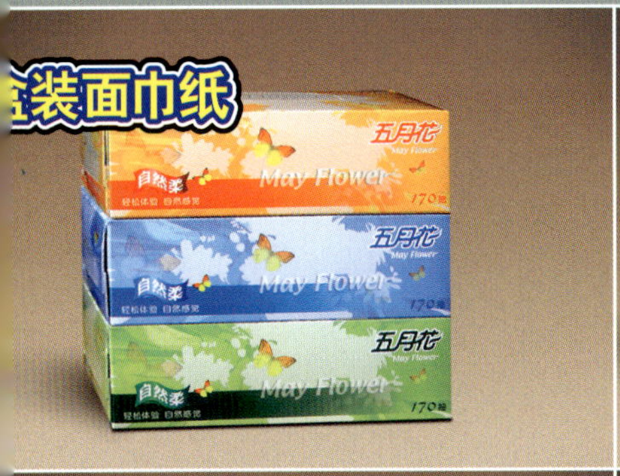

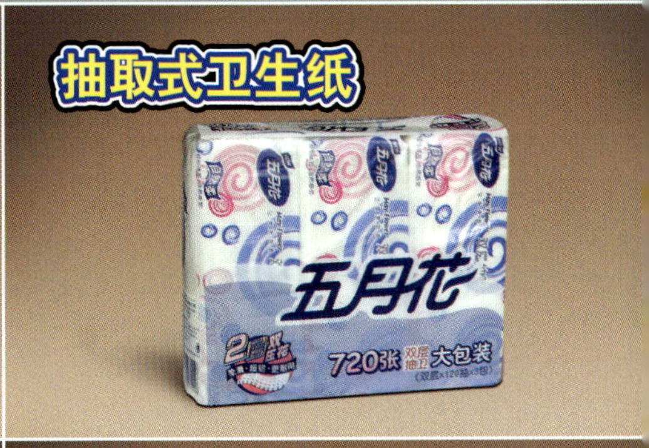

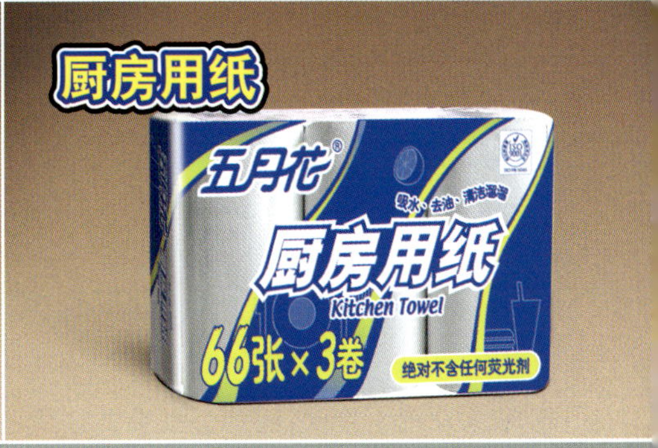

2.原纸，吸水纸

品项 \ 指标	定量（g/m^2）	幅宽（mm）
原　纸	13.0~28.0	50~2180
吸水纸	14.0~23.0	50~2180

联系方式

- 上海：上海市静安区威海路755号文新大厦12楼
  邮编：200041
  电话：021－32014688　　传真：021－52920118
- 昆山：江苏省昆山市玉山镇永丰余路
  邮编：215316
  电话：0512－57792888　　传真：0512－57792168
- 北京：北京市南方庄1号安富大厦308室
  邮编：100078
  电话：010－67685654　　传真：010－67685675

卫生巾包装史上的创新　终端销售的靓丽特色

特日欣推出具有知识产权的

挂袋式系列

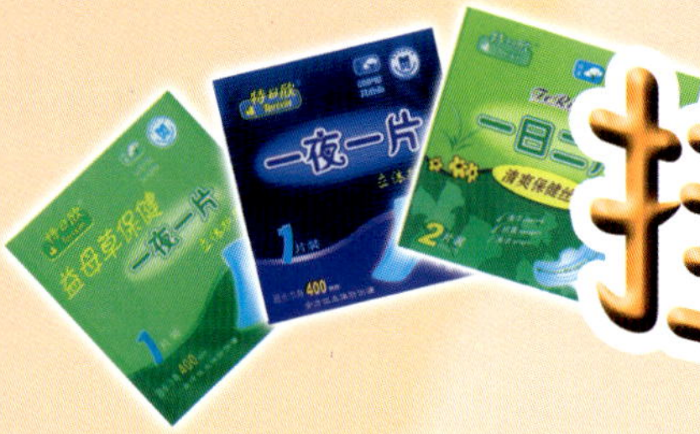

【专利号：200530013409.9】

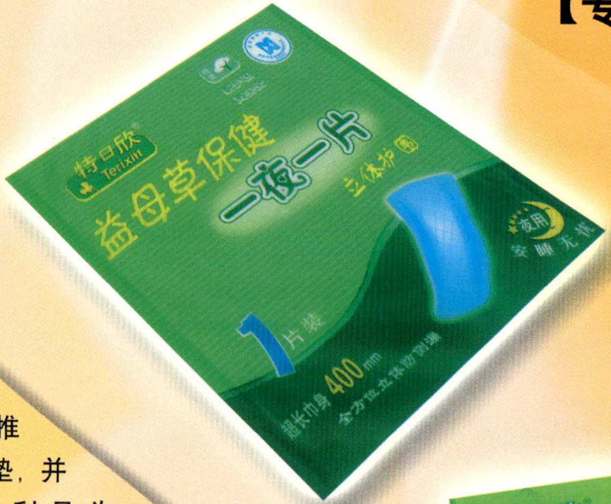

最近，北京特日欣卫生用品有限公司在全国推出挂袋式系列卫生巾/护垫，并申请国家专利，专利号为200530013409.9，成为中国卫生巾市场上较具特色的产品。

北京特日欣卫生用品有限公司针对目前国内市场上产品同质化、包装类同化、竞争白热化的问题经过认真的市场调查研究，研制开发了包装挂袋式卫生巾、护垫。挂袋式卫生巾和护垫分为三大系列① 400mm一夜一片标准型、超薄型、益母草保健型、320mm丝薄型卫生巾。② 一日二片标准型、清爽保健型卫生巾。③ 绢感护垫分为一日三片、超级护垫一日二片。挂袋式卫生巾，每个品种都有独自的特色，一挂一世界，每片新感觉。它树立了特日欣新形象，全面提升了特日欣品质。挂袋式卫生巾/护垫成为中国卫生巾行业的一朵奇葩，是卫生巾包装的一次创新。

挂袋式包装让特日欣站了起来，让特日欣飘了起来，成为终端市场一道靓丽的风景线。

北京特日欣卫生用品有限公司
地址：北京市丰台区育菲园小区东里13号
邮编：100071
电话：010-83610815 83610816
传真：010-83610817
法人代表：冯跃　　联系人：高金龙

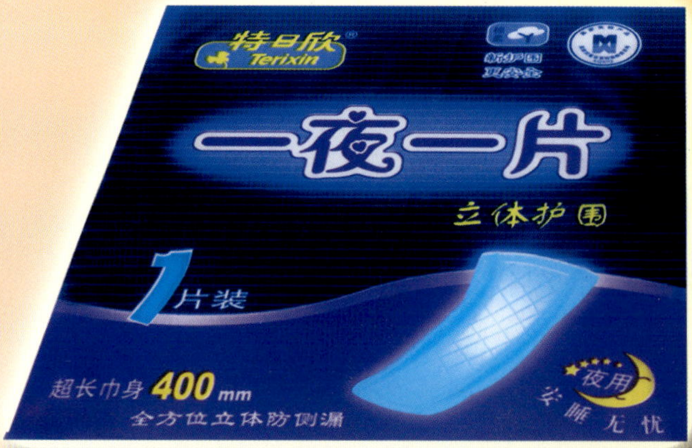

宠物垫 Pet Care Pad

规格：450mm×330mm
450mm×600mm

上海唯尔福（集团）有限公司

SHANGHAI WELFARE(GROUP)CO., LTD.

上海市青浦区华新镇徐华公路3029/88号

电话:021-62599737　59778700

传真:021-59778188　邮编：201705

Http://www.WELFARE-GROUP.com

E-mail:welfare@public1.sta.net.cn

金湖县卫生巾设备有限公司

JWC®

Jinhu Sanitary Napkin Equipment Co.,Ltd.

通过ISO9001国际质量体系认证

通过CE欧盟认证

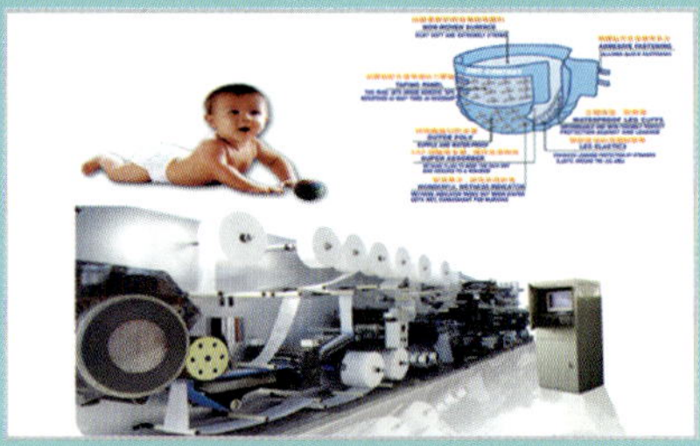

❑高速婴儿纸尿裤生产线(NK300-II)
High Speed Production Line For Baby Diaper

❑双路成型婴儿纸尿裤生产线(LKSL)
Double Routes Forming Production Line for Baby Diaper

❑婴儿纸尿裤生产线(LKB)
Production Line For Baby Diaper

❑多功能快易包生产线(KBD)
Multiple-Function Machine for Quick-Easy Packing Sanitary Napkin

❑双路成型快易包生产线
Double Routes Forming Fast-Easy Packing Sanitary Napkin Production Line

❑多功能产妇垫生产线(CFD)
Production Line For Multiple-Function Lying-In Woman Pads

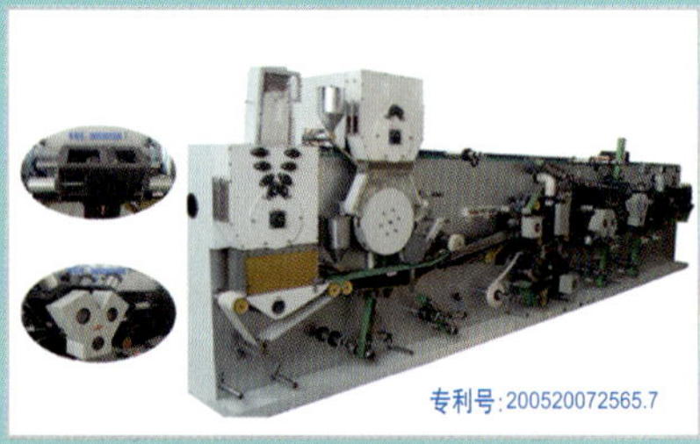

❑全自动换档式护翼生产线(HYHD)
Full Automatic Shift Sanitary Napkin Machine with Wings

❑宠物垫生产线(CWD)
Production Line for Pet Pad

❑换档式护垫生产线(SP)
Shifting Type Line for Panty Shield

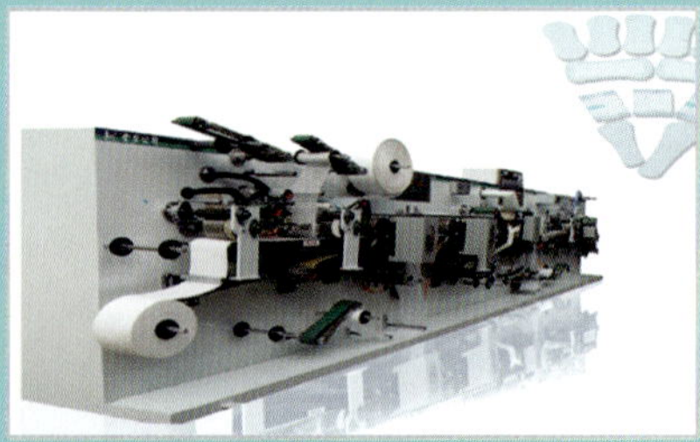

❑高档快易包护垫生产线(KBHD)
Top-Grade Production Line For Quick-Easy Packing Panty Shield

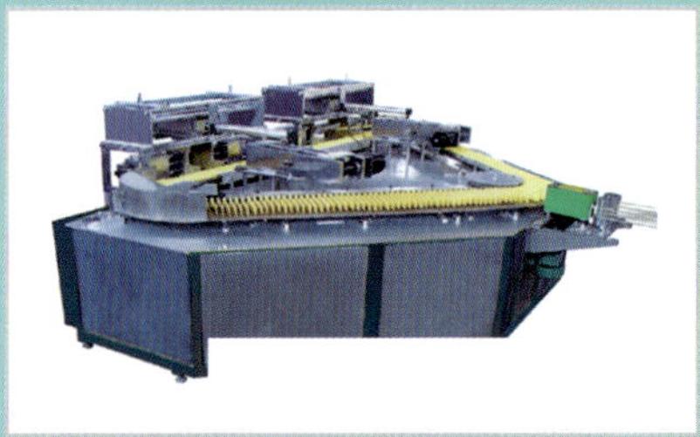

❑堆垛机(DDJ)
Stacker (Auto Packing Machine)

❑全自动换档式快易包生产线(KHB)
Full Automatic Shift Sanitary Napkin Machine with Wings

主要产品:

婴儿纸尿片/纸尿裤、成人纸尿片/纸尿裤、卫生巾、日用护垫、产妇垫、宠物垫、鞋垫、面巾纸、湿纸巾、马桶垫、口罩等多种卫生用品生产线。

地址:江苏金湖县西路129-131#
电话:0517-6899999 6800000
传真:0517-6980777 6996789
Http://www.sinojwc.com
E-mail:binsun@sinojwc.com

ITW Dynatec™

ITW集团公司是一家在美国上市的跨国的工具制造公司，在世界43个主要国家及地区设有办事机构，全球拥有600多个独立公司，2004年销售额117亿美元，在2004年的财富全美500强排行榜中名列第191位，员工总数达47500多人。玳纳特公司(Dynatec)是美国ITW工业集团的子公司，专业生产制造热熔胶涂布及喷胶设备，目前在世界34个主要国家及地区设有三百多家办事机构，为世界各地的用户提供热熔胶喷胶设备及涂布设备和各种技术服务。

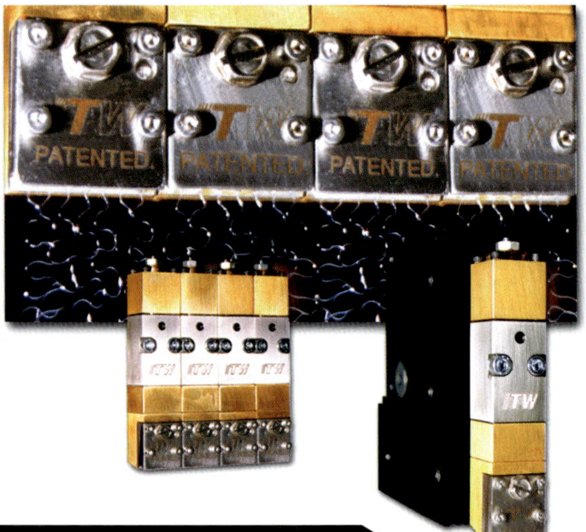

Ω纤维喷枪

- 省胶最高可达40%。
- 用少量的胶达到理想的复合强度。
- 喷胶边缘控制更加完整。
- 长寿命、高强度不锈钢叠片式结构。
- 喷胶均匀、胶丝纤维粗细一致连续，产品柔软、透气，损失率降至最低。
- 应用在所有卷材、片材复合。如：妇女卫生巾、护垫、纸尿裤、床垫、宠物垫、一次性医用产品、透气胶带、PE膜、尿龙布、棉布、海绵及透气膜、非织造布等。
- 适用于连续或间断喷涂应用。
- 只用一个螺丝固定喷嘴，维护更方便、快捷。
- 独特的喷嘴内置过滤功能。
- 耗气量非常低。

缠绕式Ω喷枪

专用于线、绳、弹性丝及条状材料复合。如纸尿裤上的弹性线固定，医用鞋套、帽弹性线及绳子定位等等。胶100%缠绕在绳或弹性线上。

玳纳特各办事处地址

itwdynatec.com

香港公司
香港荃湾横窝仔街28号利兴强中心11楼A-B室
电话：(852) 2408 9256
传真：(852) 2406 2532
E-mal:itwhkg@itwdynatec.com.hk

广州代表处
广州市珠江新城花城大道6号名门大厦豪名阁806室
邮编：510623
电话：(020) 38299658 38299263
传真：(020) 38299657
E-mail:itwgzu@itwdynatec.com.hk

上海代表处
上海市镇宁路200号欣安大厦西峰4楼A座
邮编：200040
电话：(021) 62792570 62793285
传真：(021) 62792657
E-mail:itwsha@itwdynatec.com.hk

干 法 纸 专 家 Airlaid paper | Elite Paper (Shanghai) Co., Ltd.

亿利德纸业(上海)有限公司是由香港千溢有限公司在中国上海投资创办的外商独资企业。总资本为2980万美元，注册资本为1200万美元，于2001年7月成立，总占地面积28218m²。

目前国内"干法纸"产品的市场需求主要依赖国外进口，本公司引进世界上先进生产设备与技术，主要生产高档干法原纸，产品广泛应用于生活保养、个人护理、精密仪器、医疗保健等领域，年生产量为6000吨，年产值为1500万美元，产品供销国内外市场。

Elite Paper (Shanghai) Co., Ltd. is an individual proprietary company invested by Amass Profifs limited HongKong with a total capital of USD29.8 million, registered capital USD1.20 million,license approved in July 2001.The factory occupies a total area of 28,218 m² in Songjiang Rongbei Industrial Zone Shanghai, China.

Currently the domestic need for Airlaid paper mostly rely on import. Our company introduced the world famous M&J production line and technology to manufacture top grade airlaid paper for use in daily life, medical and health care, industrial use, personal hygiene etc. The company has an average annual production of 6000 tons, with USD15 million revenue for both domestic and international markets.

干法纸具有柔韧性好、蓬松度高、吸湿性强、无细菌等特性，可广泛应用于生活保养、个人护理、精密仪器、医疗保健等领域。

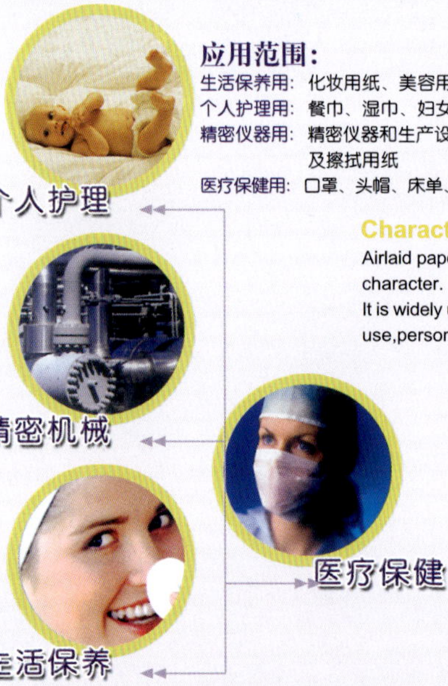

应用范围：

生活保养用：化妆用纸、美容用纸、面巾、一次性浴巾
个人护理用：餐巾、湿巾、妇女卫生巾、纸尿裤
精密仪器用：精密仪器和生产设备的除油、清洁、保养维护及擦拭用纸
医疗保健用：口罩、头帽、床单、枕被套及各类医疗用护理垫

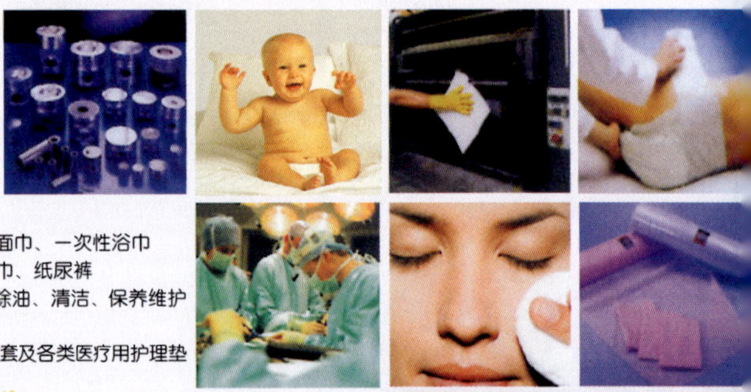

Characteristic:

Airlaid paper has a soft comfortable feel,high fluffy and puffy character.
It is widely used in daily life,medical and health care,industrial use,personal hygienes etc.

附记：

1. 定量在50~120g/m²范围内，可依客户需求定制。
2. 成品纸卷幅宽60~1700mm，可依客户需求规格裁分。
3. 纸卷直径最大在1150mm。

Note:

1. Basis weight of the sheet range from 50~120gsm,and can customize according to the differernt needs of customers.
2. Range of the roll width from 60mm to 1700mm,can be slit according to the product and converting equipment specific needs.
3. Max roll diameter is 1150mm.

压花纹样列：

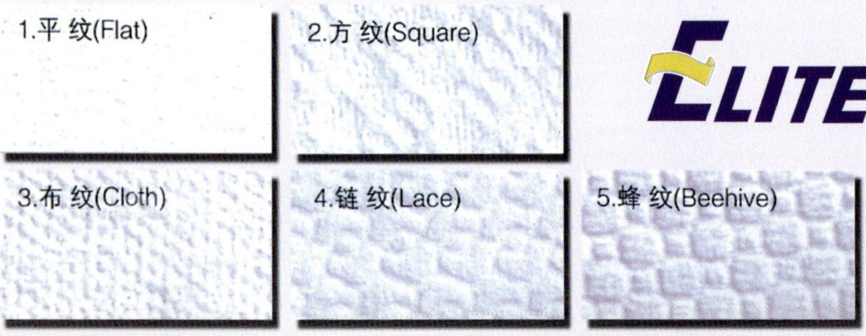

ELITE

亿利德纸业(上海)有限公司
Elite Paper (Shanghai) Co.,Ltd.

地址：中国上海市松江区中山街道文翔路398号 邮编：201613
电话：(8621)57781100 传真：(8621)57782477
E-mail: elitepaper@yahoo.com.cn

No.398, Wen-Xiang Rd., Zhongshan St., Songjiang, Shanghai, China. P.C.: 201613
Tel: (8621)57781100 Fax: (8621)57782477
E-mail: elitepaper@yahoo.com.cn

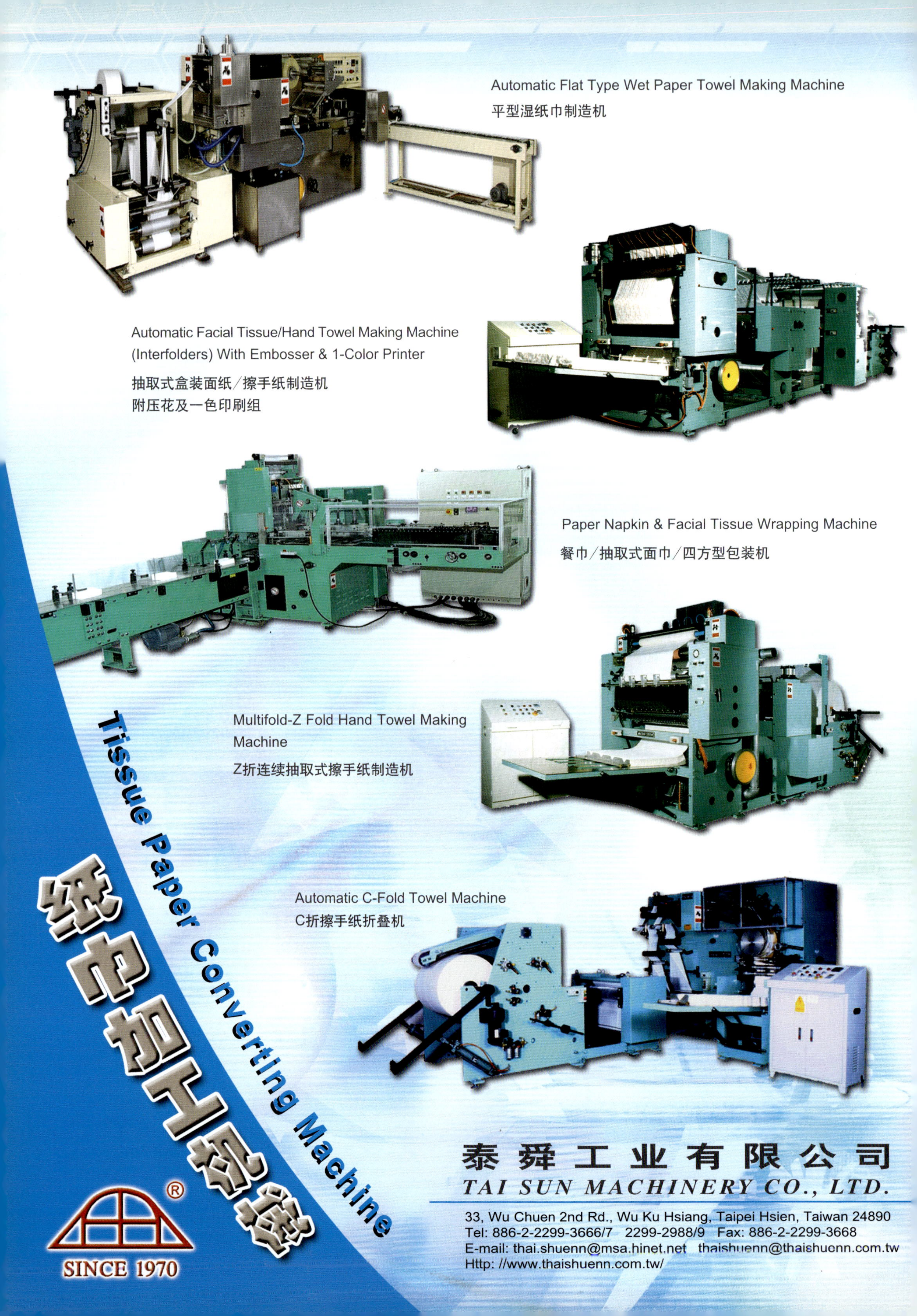
Automatic Flat Type Wet Paper Towel Making Machine
平型湿纸巾制造机
Automatic Facial Tissue/Hand Towel Making Machine (Interfolders) With Embosser & 1-Color Printer
抽取式盒装面纸/擦手纸制造机
附压花及一色印刷组
Paper Napkin & Facial Tissue Wrapping Machine
餐巾/抽取式面巾/四方型包装机
Multifold-Z Fold Hand Towel Making Machine
Z折连续抽取式擦手纸制造机
Automatic C-Fold Towel Machine
C折擦手纸折叠机
Tissue Paper Converting Machine
纸巾加工机械
SINCE 1970
泰舜工业有限公司
TAI SUN MACHINERY CO., LTD.
33, Wu Chuen 2nd Rd., Wu Ku Hsiang, Taipei Hsien, Taiwan 24890
Tel: 886-2-2299-3666/7 2299-2988/9 Fax: 886-2-2299-3668
E-mail: thai.shuenn@msa.hinet.net thaishuenn@thaishuenn.com.tw
Http: //www.thaishuenn.com.tw/

纸巾设备

Tissue Paper Converting & Packing Machinery

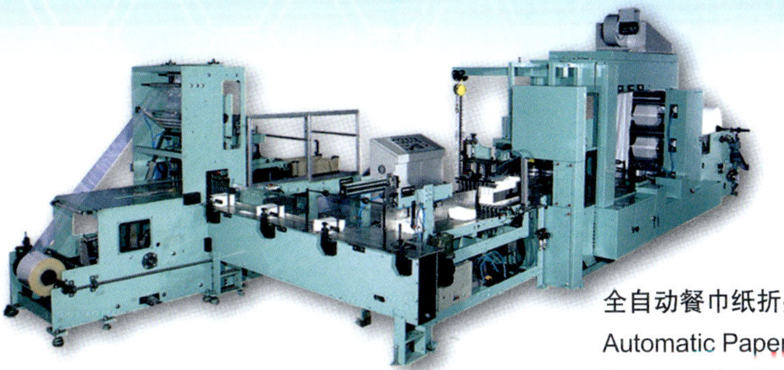

全自动餐巾纸折叠包装机

Automatic Paper Napkin Folding &

Packing Machine

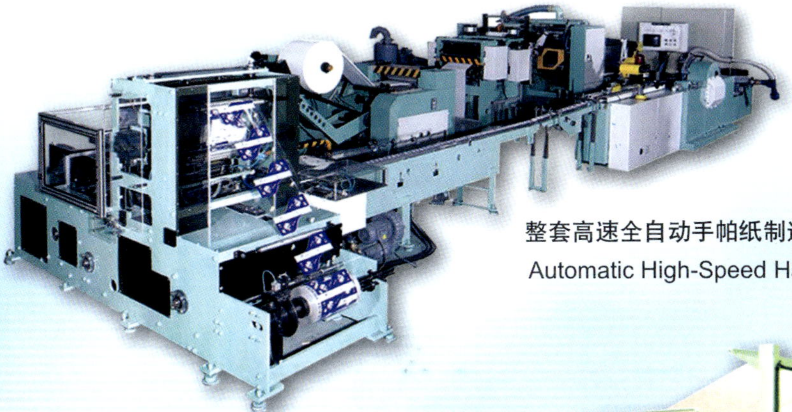

整套高速全自动手帕纸制造机械

Automatic High-Speed Hanky Towel Production Line

全自动卷筒卫生纸/厨房纸巾反卷打洞机

High-Speed Fully Automatic Toilet-Paper-Roll/Kitchen-Towel Rewinding & Perforating Machine

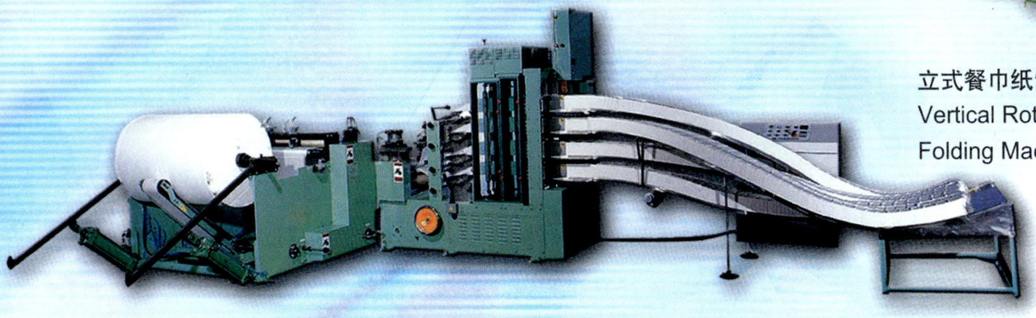

立式餐巾纸制造机

Vertical Rotary Type Paper Napkin Folding Machine

4层8排出纸

4-Decks 8-Lines Output

整套全自动迷你多折湿纸巾制造机械

Automatic Production Line of Mini Size Multi-Folding Wet Paper Towel

SINCE 1970

泰舜工业有限公司

TAI SUN MACHINERY CO., LTD.

33, Wu Chuen 2nd Rd., Wu Ku Hsiang, Taipei Hsien, Taiwan 24890
Tel: 886-2-2299-3666/7 2299-2988/9 Fax: 886-2-2299-3668
E-mail: thai.shuenn@msa.hinet.net thaishuenn@thaishuenn.com.tw
Http: //www.thaishuenn.com.tw/

卫生纸厂可选择的先进的解决方案

安德里兹集团是向中国制浆造纸工业提供先进技术的主要供货商。从木材原料备料到流浆箱包括卫生纸机、浆泵和所有相关服务的完整技术，安德里兹公司可随时为用户提供全面的各种制浆工艺技术。卫生纸厂同样可从中受益，提高您的竞争力。

卫生纸机交货记录榜

- *金光APP/金红叶，苏州 — 1+2号纸机*
  2号纸机 **车速记录 2100 m/min**
  生产定量为13.2 g/m²的面巾纸
  1号纸机 **车速记录 2060 m/min**
  生产定量为17.5 g/m²的卷筒卫生纸
- ***广西贵糖集团 — 1+2号纸机***
  两台相同的卫生纸机
- ***常德恒安纸业公司 — 1+2号纸机***
  2号纸机 开机5个月已验收成功
- ***山东恒安纸业 — 3号纸机***
  为恒安连续提供的第三套纸机

卫生纸厂的供货范围

纤维制备

- 流送系统
- 浆料制备
- 废纸脱墨系统

卫生纸生产

- 卫生纸机
- 靴式压榨
- 穿透干燥

ANDRITZ AG BEIJING OFFICE
奥地利ANDRITZ股份公司北京代表处
地址：北京市建外大街19号国际大厦2702-03室
邮编：100004
电话：010 85262720
传真：010 65006413
电子邮箱：lihongyu@andritz.com.cn

www.andritz.com

ANDRITZ

美国安优(Accuweb)卷材纠偏控制系统

AMERICA WEB GUIDING SYSTEM

AccuWeb, Inc.

美国Accuweb(安优)公司是一家生产和销售卷取工业纠偏控制系统的专业厂商。公司总部位于美国威斯康星州首府——麦迪逊市。工厂占地约30000平方英尺。

安优纠偏系统自2004年进入中国非织造布行业以来，受到多家OEM机械厂和部分高端用户的青睐与支持，一致评价安优纠偏系统是一款比较适合中国非织造布行业的高性价比的纠偏系统。

MICRO1000型纠偏控制器

MICRO1000型数字式纠偏控制器内置微处理器，采用单块线路板设计，取消了内部连线，延长使用寿命。具有操作方便，响应快速，控制精度高的优点。

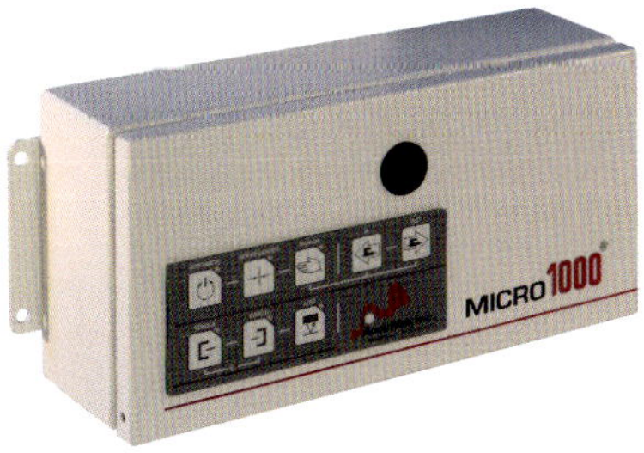

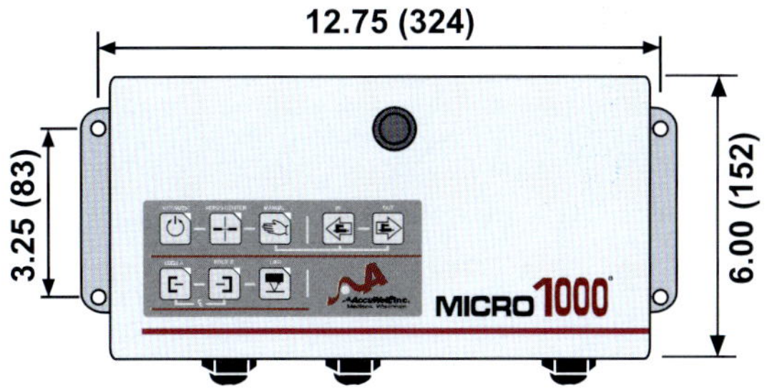

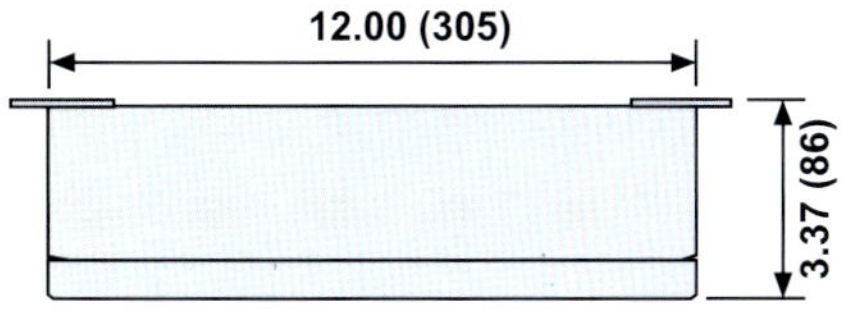

特性：

- 可连接两个传感器用于中央位置控制
- 采用伺服电机驱动(22KHz开关频率)
- 峰值输出电流可达10A
- 可通过调节参数改变行程
- 可选用I/O接插件用于PLC控制(选项)
- 内置热敏过载保护装置
- 内置电源开关
- 电气防干扰EMI认证
- 所有器件均经UL/CSA认证

检边传感器

具有环境补偿功能的超声波及红外线检边传感器是Accuweb公司的专利产品，专利号为#5834877，#5274573。传感器内备有两组发射源，一组用于边缘检测，另一组用于环境补偿，因而可极大的补偿因温度、湿度、灰尘和其他因素而引起的检测误差。传感器无需校准，通电即可使用，极大的方便了操作人员。特别适用于卫生巾、纸尿裤等使用材料种类比较多的生产设备。

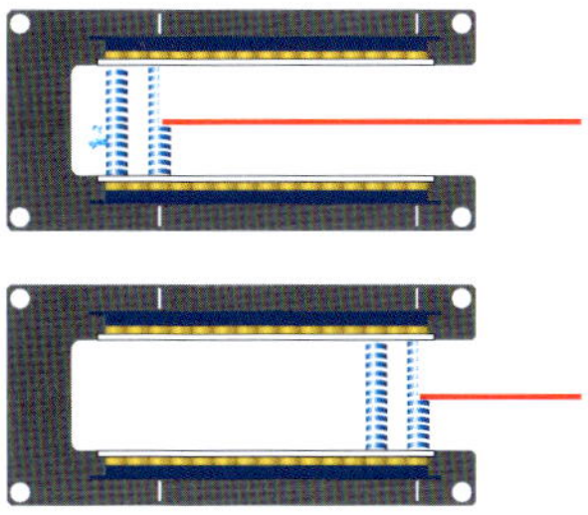

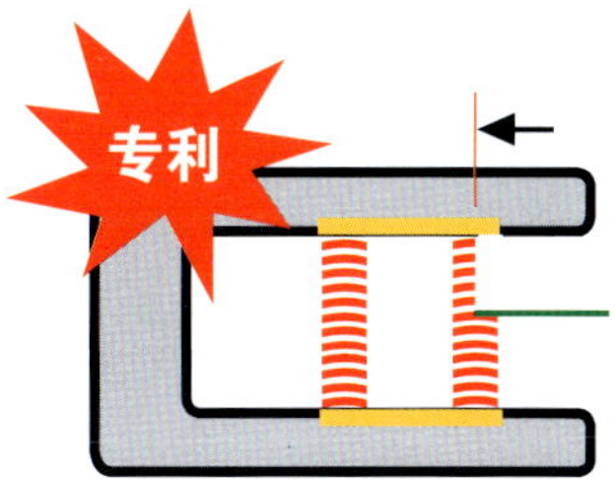

AccuGlide行进间纠偏机构

webcon 伟伯康 北京伟伯康科技发展有限公司

POINT SOURCE™

地　址：江苏省无锡市中山路359号吟春大厦2306室　　邮编：214001
电　话：0510-82727838
传　真：0510-82712305
E-mail：wuxi@webcon-tech.com
网　址：www.webcon-tech.com

北京总公司　Tel：010-51503883　Fax：010-51503796
上海办事处　Tel：021-53513937　Fax：021-63917010
广州办事处　Tel：020-37600040　Fax：020-37603560
西安办事处　Tel：029-88386237　Fax：029-88386079

ELSNER抹巾加工和包装机

- ❖ Elsner爱思诺ZFV型折叠机可生产柔湿或干抹巾
- ❖ 可选择单排至10排的型号
- ❖ 生产速度每分钟由200张至6400张
- ❖ 自动桶式或流水式软包装

- ➢ 折叠方式可选‘Z’ ‘C’ ‘W’形和客户自选的方式
- ➢ 折叠尺寸按张开尺寸由100mmx100mm至305mmx305mm
- ➢ 柔湿抹巾用于医疗，家用，婴儿和汽车清洁
- ➢ 不同类型湿液粘度和应用可供选择

- ◆ 爱思诺打孔复卷生产线可生产筒型中心抽取柔湿抹巾
- ◆ ENR系列全自动打孔复卷机，配切刀
- ◆ 可调节尺寸和张数
- ◆ 附纸管或无纸管生产

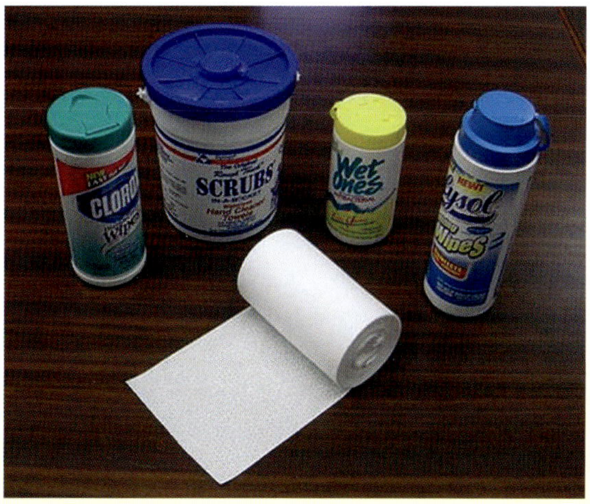

- ▣ 多种物料可容易在Elsner爱思诺卷式生产线上生产多用途筒式柔湿或干抹巾

*Elsner*爱思诺销售和市场推广伙伴：
特艺佳国际有限公司
香港铜锣湾礼顿道101号
善乐施大厦10字楼1002室
电话：852-2890 9218
传真：852-2890 9920
电邮：info@tech-vantage.net

Elsner Engineering Works, Inc.
475 Fame Avenue Hanover,
Pennsylvania 17331 USA
Telephone: 1-717-637-5991
Fax: 1-717-633-7100
Website: www.elsnereng.com
E-mail: eew@elsnereng.com

SENNING

先进包装工艺

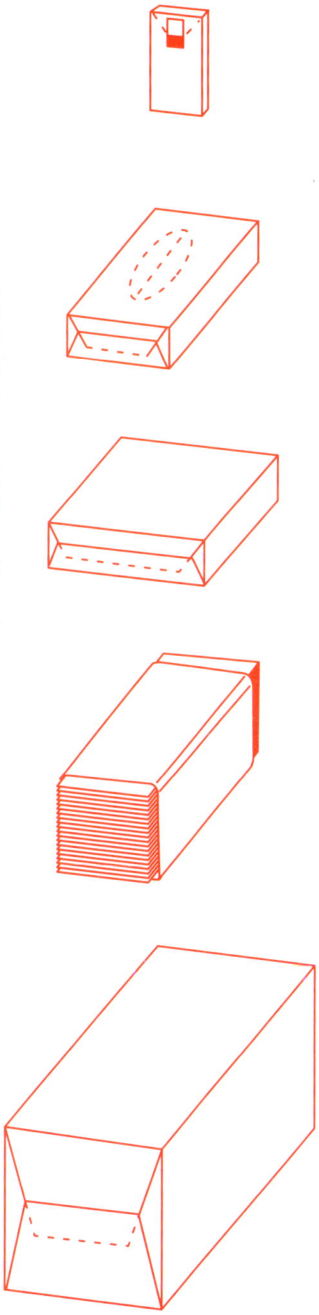

SENNING 为生活用纸产品全自动包装机的先进生产厂，现介绍新一代伺服传动的机器。

全新的SE 660型包装机用于包装折叠纸品和卫生纸产品，如餐巾纸、擦手纸、面巾纸和类似产品。新包装机结合了简易操作设计结构和先进的传动工艺。

这些新包装机外观设计充分考虑了如何适应生活用纸加工厂不断变化和生活用纸快速发展的要求。

全新型号SE 660系列有以下广泛的改良：

- 操作简单容易
- 快速更换
- 经济效益
- 灵活
- 可靠
- 安全

当然，这系列产品的发展基于SENNING独有的紧密包装质量和性能。

包装机可安全达到的生产速度为每分钟120包，可满足各种餐巾规格要求，单、双或三叠包装均可以适用。

聚乙烯和聚丙烯薄膜、纸和其他热熔包装材料均可适用。

你有兴趣进一步了解吗？

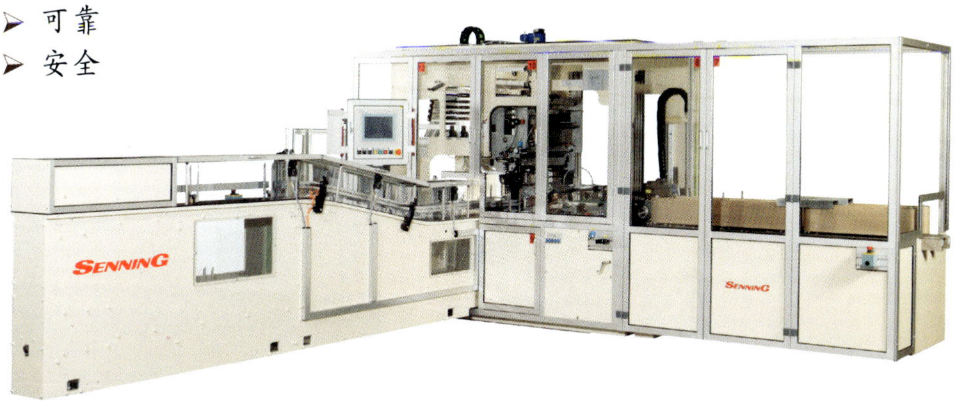

Christain Senning Verpackungsmaschinen GmbH & Co. KG | Kalmsweg 10 | 28239 Breme | Germany
Tel +49 42169 46 2-0 | Fax + 49 421 64 09 65 | Websitewww.senning.de | E-mail info@senning.de

总代理：特艺佳国际有限公司 香港铜锣湾礼顿道101号善乐施大厦10字楼1002室
电话：852-2890 9218, 852-2890 9213 传真：852-2890 9920 电邮：info@tech-vantage.net

TMC
TISSUE MACHINERY COMPANY

单层包装机

TMC单层MONOWRAP型单包包装机
设计用于高速包装卫生卷纸和厨房卷纸。

包装材料可采用聚乙烯和聚丙烯，并有三种不同的折叠方式：

- 折叠和封合双排包装规格，旋转和塞进及新的旋转和封合单排包装规格。
- 单包包装机可满足每一种包装规格和折叠方式的要求，机器组件可高速生产。
- 通过机器全自动操作，MONOWRAP型单包机可包装单层1或2排道包装规格，当选择排道的数量时，可根据包装程式配置和需要的卷数以达到包装的长度。透过无刷伺服马达，主要的程序便展示出来。

Tissue Machinery Company S.P.A Via di Cadriano, 19 40057 Granarlio dell'Emilia Loc. Cadrianp (Bologna) Italy
Phone +39/051.60.03.611　Fax +39/051.60.03.　Website: www.tissuemachinerycompany.com

总代理：特艺佳国际有限公司　香港铜锣湾礼顿道101号善乐施大厦10字楼1002室
电话：852-2890 9218, 852-2890 9213　传真：852-2890 9920　电邮：info@tech-vantage.net

洁新
有空来坐坐!
主要产品:
A. 1200型—2400型热合、综合、胶合干法造纸机。
B. 1092型—3600型TAD热风穿透式卫生纸机。
C. 鞋垫生产设备及原材料。
D. 热合、综合、胶合吸水芯材、湿巾原纸。
E. 纸鞋垫，超薄尿片，OEM。
Main Products:
A.Type 1200# to Type 2400# Thermal Bond Airlaid Machine. Multi Bond Airlaid Machine, Latex Bond Airlaid Machine.
B.Type 1092# to Type 3600# Through Air Drying Tissue Paper Machine.
C.Shoe-pad Production Equipment and Raw Material.
D.Thermal Bond Airlaid , Multi Bond Airlaid , Latex Bond Airlaid, Water Absorbing Materials, Raw Paper of Wet Napkin.
E.Paper Shoe-pad, Superthin Paper Diaper and Original Equipment Manufacturing.
国内大型的吸水芯材生产基地
洁新干法造纸机
洁新TAD热风穿透式卫生纸机
地址:广东省揭东县新亨埔东工业区
总机:0663-3434888
销售热线:0663-3434888-7838
传真:0663-3431999 邮编:515548
网址:www.jiexin.com.cn
邮箱:jiexin999@163.com
Address:Xinheng Pudong Industrial District Jiedong County Guangdong Province
Telephone exchange:0663-3434888
Telemarketing:0663-3434888-7838
Fax:0663-3431999 Zip code:515548
Http://www.jiexin.com.cn
E-mail:jiexin999@163.com

上海联胜化工有限公司

SHANGHAI LIANSHENG CHEMICAL CO., LTD.

国内聚氧化乙烯(PEO)专业研究生产企业

上海市高新技术成果转化A级项目

上海联胜化工有限公司是以研究、生产聚氧化乙烯(简称PEO)为主导产品的上海高新技术企业。公司从1992年投产至今，所生产的PEO产品质量不断提升，产品系列更加完善，用户遍布全国各省、市、自治区。1997年产品开始大量出口，用户遍布欧亚许多国家，“联胜牌”PEO以优良的品质、完善的服务在国际、国内获得了良好的品牌信誉。

PEO是一种具有水溶性和热塑性的非离子型高分子聚合物。在造纸工业中，由于PEO具有良好的分散、絮凝和助留助滤功能，被广泛应用在定量为30g/m²以下的薄型纸张抄制过程中。应用PEO生产低定量纸张，能使抄造纸张的纤维分散效果理想，使纸张更薄、更强、抄纸过程更稳定，并能提高网上填料的留着率，减少细小纤维的流失，改善白水的净化度。它还能提高纸张的不透明度、平滑度和灰分，大大减少抄纸断头与纸面洞眼，增加纸的光亮度和柔软性，是抄造低定量薄页纸的理想分散剂。

本公司除专业研制生产聚氧化乙烯(PEO)外，还兼营湿强剂、各类阴阳离子型助留助滤剂、分散剂、剥离剂、柔软剂、消泡剂、脱墨剂、超微粒子、杀菌剂等国产、进口造纸专用化工产品、水处理剂等。欢迎来人来电联系、合作。

PEO技术指标

分子式	$-[CH_2-CH_2-O]-_n$	外观/粒度	白色颗粒、粉末状
熔点	66℃~70℃	相对分子量	$1\times10^5 \sim 6\times10^6$
分解温度	423℃~425℃	pH值	6.5~7.5
表观密度	$0.25 \sim 0.35g/cm^3$	离子性	非离子
真密度	$1.15 \sim 1.22g/cm^3$	包装形式	1kg/袋，10kg/箱

上海联胜化工有限公司

地址：上海市浦东新区曹路镇华东路1069号　　邮编：201209

电话：021-68680248　68681055　　传真：021-68681497

开户银行：建行上海高桥支行曹路办　　账号：055216-12261000926

网址：www.peo.com.cn　　电子邮箱：liansheng@liansheng-chemical.com

湛江雅泰造纸有限公司

本公司是一家台商投资企业，成立于2004年6月，公司位于广东、广西、海南的交接点湛江地区内，地理位置优越，交通十分便利。主要从事高档生活用纸的生产和加工。公司本着对客户及消费者负责的宗旨，倡导绿色生产，产品采用100%的原生木浆制造，整个生产过程严格执行国家卫生标准，追求产品的卫生及高品质，力求打造成为粤西地区优秀的造纸企业，诚邀OEM加工或区域代理商，欢迎各地客户来函订购。

产品	原纸(13~40g/m^2)、盘纸及各种生活用纸
品牌	雅泰
产地	中国湛江
原料	进口全木浆
产品特性	柔软、吸水性强、拉力好

地址：广东省遂溪县遂湛路95号　　邮编：524300
电话：0759-7738966　　传真：0759-7738968　　E-mail: artpaper@21cn.com
业务联系人：吴世华　　手机：13822590966

江阴市利伟轧辊印染机械有限公司

利新

利伟公司为轧辊、印染机械专业制造企业，有二十多年制造经验，技术力量雄厚，质量管理体系严格，已通过ISO9001:2000国际质量管理体系认证。

为扩大对用户的服务范围，我公司可承接代客设计、来图加工、旧设备改造、旧辊修复等业务。

自信自强，追求卓越！利伟公司将“质量就是企业的生命”作为核心理念，以精良的加工设备、先进的加工工艺、完善的检测手段、优良的售后服务与各界同仁精诚合作，与时俱进，共创美好未来！

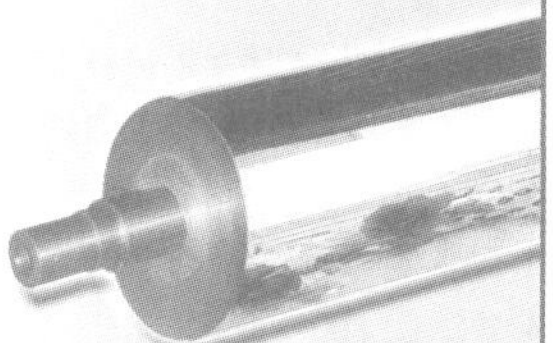

镜面辊

主要产品

- **轧辊系列：** 羊毛辊　棉花辊　防伪商标辊　镜面辊　皮纹辊　纯棉浆纸辊　压花辊　尼龙辊　铝板压花辊　网纹辊　涂饰辊　压纹版辊
- **机械系列：** 轧光机　压花机

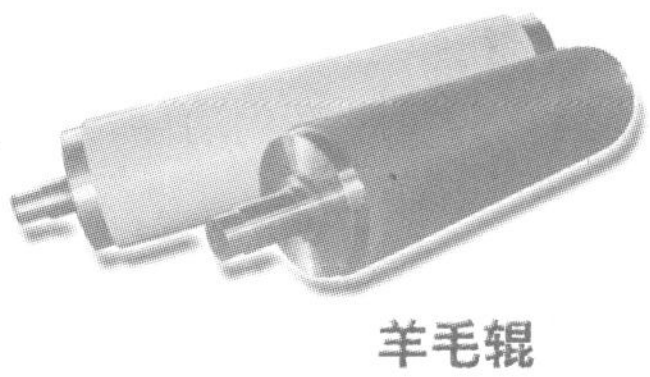

羊毛辊

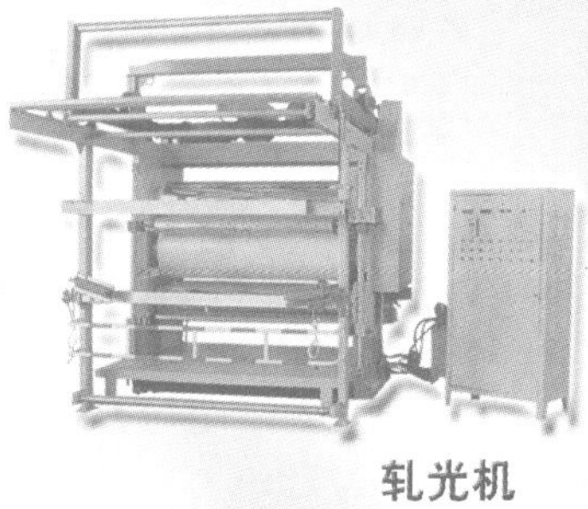

轧光机

地址：江苏省江阴市利港镇陈墅村新街38号
总经理：缪建伟　13806168776　　联系人：周青锋　13606160676　缪欢　13915310828　蔡诗成　13812580702
电话：0510-6631479　　传真：0510-6092290　　Http: //www.lixinmachine.com

保定市昌达造纸机械有限公司

CDZK 系列新一代卫生纸机

本厂根据我国造纸技术现状，广泛了解国内外卫生纸机发展趋势，精心研制，博取众长，开发出新一代的卫生纸机。其特点是速度快，产量高，结构合理，运行可靠，节能省电，操作方便，是造纸厂家更新换代的理想选择！

主要技术参数

参数 \ 机型	CDZK－1092	CDZK－1575	CDZK－1760	CDZK－1880	CDZK－2362
设计车速 m/min	180	180	180	180	180
工作车速 m/min	120~150	120~150	120~150	120~150	120~150
抄造定量 g/m^2	13~30	13~30	13~30	13~30	13~30
生产能力 t/d	2.3~3.5	3~5	3.5~6	4~7	6~8
轨距 mm	1900	2400	2600	2800	3400
烘缸 mm	Φ2500 × 1450	Φ2500 × 1950	Φ2500 × 2100	Φ2500 × 2350	Φ2500 × 2850

1. 本公司产品性能可靠、经济实惠、价格合理、资料齐全，欢迎来人来电惠顾。
2. 除卫生纸机外，本公司还生产系列纸板机、卫生纸深加工设备和制浆设备等。同时可为用户提供各种纸机配件。
3. 本公司负责纸机的安装、调试，并可以按用户需求设计或改造纸机，提供技术服务。

公司总经理 **张瑞** 热忱欢迎新老客户前来光临指导！

地址：河北省保定市满城县建设局对面　　电话：0312-7079288
手机：13930814118　13930814199　　传真：0312-7073290

恒　锐

武汉五岳科技发展有限公司

Wuhan Wuyue Science and Technology Development Ltd.

武汉五岳科技发展有限公司是从事轮转式切刀、花辊及其他非标准纸品机械设备的专业制造公司。公司采用全新科技成果，在刀具寿命、花辊雕刻、刀架制作等方面均有良好的工艺设计和制造水平。刀具材质精良，刀架运转平稳，使用寿命较长，使用性能好，性价比高。我们的宗旨是：致远立恒，精工创锐。

愿与业内用户互惠互利、共同发展！

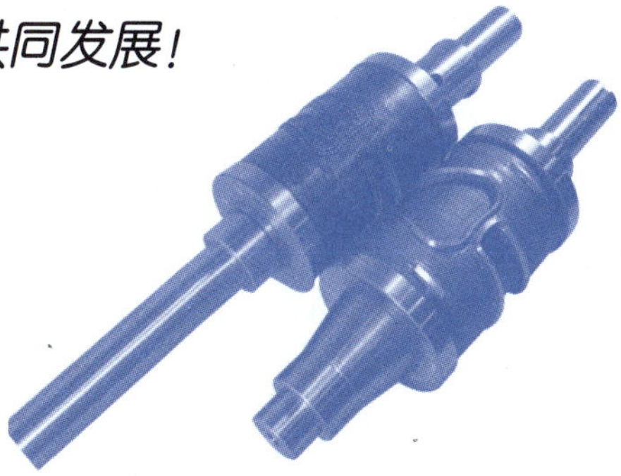

厂　　址：武汉市武昌区中北路 154 号凤凰工业园区
电　　话：027-86775395　86772619
传　　真：027-86771355
联 系 人：刘 凯 13907149916
邮　　编：430077
E-mail:wysince@public.wh.hb.cn

上海凯琳实业有限公司
上海凯琳国际物流有限公司
上海凯琳进出口有限公司

上海凯琳实业有限公司是一家面向中国纸业，并有能力提供国内外综合纸业原料的专业化服务供应商。公司不仅有能力提供国内外造纸浆、绒毛浆、高分子吸水树脂等原料，还能够提供专业化服务，满足顾客更高层次的需求。凯琳目前已经在全国设立8个分支机构，分布在华中腹地武汉、西南重镇重庆、西北门户西安、东方瑞士青岛、春城昆明和泉州、天津、广东，这些分支机构在当地都设有现货库存，凯琳的销售网络覆盖了中国大部分经济区域和热点开发地区，拥有数百家纸业和卫生用品的用户。

为了更好地为纸业用户服务，凯琳于2004年成立了上海凯琳国际物流有限公司，为其他行业用户提供了现代化物流仓储服务和便利。公司操作全过程实行办公自动化，通过向客户提供物流、信息流的一体化解决方案，提高客户供应链系统效益，全面满足客户的各种需求。

公司区域	联系人	电话	手机	传真
华东区(上海)	施梦杰	021-56391060	13916017210	021-56391918
西北区(西安)及福建省(泉州)	李 江	0595-22101603 029-86733486	13505025780	0595-22101603 029-86722486
华中区(武汉)及华北区	曹 阳 郑锋林	021-56390852 027-84805961	13817861161 13971550073 13608961903	021-56391257 027-84805961
华南区(广州)及西南区(重庆)	郭旭明	020-82281855 023-68122179	13817867114	020-82281855 023-68122179

上海凯琳实业有限公司　服务热线：86-21-56390629　传真：86-21-56390627
上海凯琳国际物流有限公司　电话：86-21-66683261　传真：86-21-56390853
公司地址：上海宝山杨行工业园区杨南路167号　邮编：201901　Http://www.kailin.com.cn

Directory of Tissue Paper & Disposable Products【China】

中国生活用纸年鉴 2006/2007

中国轻工集团生活用纸技术中心　编

中国石化出版社

图书在版编目(CIP)数据

中国生活用纸年鉴.2006~2007/中国轻工集团生活用纸技术中心编.
—北京:中国石化出版社,2005
ISBN 7-80164-943-5

Ⅰ.中… Ⅱ.中… Ⅲ.生活用纸-中国-2006~2007-年鉴
Ⅳ.TS761.6-54

中国版本图书馆CIP数据核字(2005)第150487号

中国石化出版社出版发行
地址:北京市东城区安定门外大街58号
邮编:100011 电话:(010)84271850
读者服务部电话:(010)84289974
http://www.sinopec-press.com
E-mail:press@sinopec.com.cn
北京精美实华图文制作中心排版
北京大地印刷厂印刷
*
889×1194毫米16开本51.5印张64彩页20插页1463千字
2005年12月第1版 2006年1月第1次印刷
定价:300.00元

对本书有关的各项业务与意见请与编委会直接联系。
地址：北京市朝阳区光华路 12 号
邮编：100020
电话：010－65810824　65812003　65810022－2514
传真：010－65814944

Any business refers to this book, please contact the editorial board.
Address: No. 12, Guanghua Road, Beijing 100020, P. R. China
Tel: 010－65810824　65812003　65810022－2514
Fax: 010－65814944
E-mail: cnhpia@public. bta. net. cn
Http:// www. cnhpia. org

编 写 说 明

由中国造纸协会生活用纸专业委员会和中国轻工集团生活用纸技术中心编写的《中国生活用纸年鉴》从1994年以来已经出版发行了六卷。《中国生活用纸年鉴》是目前国内惟一反映生活用纸及相关行业全貌的资料和从业人员的工具书。为全面及时准确地反映我国生活用纸行业的发展和变化，提供相关资讯，引导资金投向，推动技术进步和促进经贸活动的发展，今年编写了第七卷即《中国生活用纸年鉴2006/2007》。从第七卷开始，我们将每两年一卷，逢单年的12月份发行。

《中国生活用纸年鉴2006/2007》由中国轻工集团公司生活用纸技术中心编写，中国石化出版社出版。2006/2007年版生活用纸年鉴扩大了信息量，生产和市场综述篇编入了行业的最新资料，并按产品类别详细论述；为记录企业的发展和体现时代感，本卷年鉴首次增加了“年度企业和人物”的内容；对企业名录和采购指南部分进行了认真的核实和补充；精心编排了其他主要品种纸张的生产企业名录和世界生活用纸的概况和展望（论文集）、技术进展（论文索引）。为便于检索，企业分别按产品类别和所在地区编排；对生活用纸的主要产区、主要生产企业和著名品牌有重点介绍和地理位置分布图示；为便于外国人阅读，目录和主要内容有中英文对照。

FOREWORD

The Directory of Tissue Paper & Disposable Products (China), sponsored by China National Household Paper Industry Association (CNHPIA) and China Light Industry Group Household Paper Technology Center, has been published for 6 volumes since 1994. It is the one and only data reflecting the panorama of China's tissue paper and disposable products industry in China and is the reference book for the employed persons. In order to give a comprehensive introduction of the industry, supply information, guide foreign investment in the area, enhance the development of technology and promote trade, *2006/2007 Directory of Tissue Paper & Disposable Products* (*China*) (the seventh volume) is published this year. From the seventh volume, we will publish one volume every two years (on December of odd year).

2006/2007 Directory of Tissue Paper & Disposable Products (*China*) is sponsored by China Light Industry Group Household Paper Technology Center and published by China Petrochemical Press. It involves in expanded information: to introduce the latest data of the industry in the Chapter of "Production and Market" including detailed reports by category; to add Famous Manufacturers and Personages for the first time aiming to record the development of enterprises and reflect the times; to seriously check up and supplement the list of the manufacturers and related suppliers; to painstakingly compile the list of other main paper manufacturers, the "Overview and Outlook of Tissue Paper and Disposable Products Industry in the World (Papers)" and the "Technology Advances (Index of Papers)". For convenience of reference, the list of manufacturers will be sorted by product and region; the main production areas and main manufacturers will be introduced with emphasis, attached their location map. For convenience of foreign readers, the table of content and main parts are translated into English.

目　　录

TABLE OF CONTENTS

彩色页广告目录

No.	企业名称	主要产品/主要业务	页码
1	杭州新余宏机械有限公司	一次性卫生用品设备,医用敷料机,复合材料机,包装机	封面,彩 43
2	上海唯尔福集团有限公司	妇女卫生巾,卫生护垫,成人纸尿布,婴儿纸尿布,床垫,生活用纸	封二,彩 42
3	《生活用纸》杂志	杂志介绍	封三
4	金湖县卫生巾设备有限公司	一次性卫生用品设备,打孔膜生产线,多功能粉碎机	封底,彩 44
5	泉州大昌纸品机械制造有限公司	湿巾机	彩 1
6	三明市普诺维机械有限公司	绒毛浆粉碎机,各类旋切刀辊刀架	彩 2
7	三明市梅列多维机械工具厂	一次性卫生用品机械及纸类机械旋切刀辊及压花辊,机械刀模	彩 3
8	泉州培新机械制造实业有限公司	一次性卫生用品设备,生活用纸加工设备	彩 4 ~ 5
9	安庆市恒昌机械制造有限责任公司	妇女卫生巾机,卫生护垫机,纸尿裤机	彩 6 ~ 7
10	诺信(中国)有限公司(Nordson)	热熔胶机	彩 8
11	美国纸产品加工机器公司(PCMC)	生活用纸复卷、折叠、包装机,湿巾折叠机、包装机	彩 9
12	福建泉州明辉轻工机械有限公司	生活用纸加工设备,一次性卫生用品设备	彩 10 ~ 11
13	美卓造纸机械(中国)有限公司(Metso)	卫生纸机	彩 12
14	英威达纤维有限公司广州分公司(INVISTA)	莱卡® XA® 弹性纤维(氨纶弹性松紧带)	彩 13
15	三大雅精细化学品南通有限公司(San - Dia)	高吸水树脂	彩 14
16	金红叶纸业(苏州工业园区)有限公司	生活用纸,湿巾	彩 15
17	广州市兴世机械有限公司	一次性卫生用品设备,包装机等	彩 16 ~ 19
18	国营新南陵机器厂·松林国际刮刀锯制造有限公司	生活用纸刮刀锯	彩 20 ~ 21
19	德昌誉机械制造有限公司	生活用纸加工设备	彩 22 ~ 23
20	南海新力机械制造有限公司	生活用纸加工设备	彩 24
21	泉州市汉威机械制造有限公司	一次性卫生用品设备	彩 25
22	杭州珂瑞特机械制造有限公司	一次性卫生用品设备,堆垛包装机	彩 26
23	陆丰机械(郑州)有限公司	湿巾机	彩 27
24	柳州市精柔印刷包装机械有限公司	餐巾纸印刷加工设备,预印柔版印刷机	彩 28
25	江西生成卫生用品有限公司	湿巾,妇女卫生巾,纸围兜,坐便纸垫,生活用纸	彩 29
26	上海富永精密机械有限公司	妇女卫生巾、卫生护垫、纸尿裤自动封口机,数片机	彩 30
27	建亚保达(厦门)卫生器材有限公司	魔术贴,左右贴,弹性腰围,前胶贴,高档离型纸	彩 31
28	佛山市南海区宝索机械制造有限公司	生活用纸加工设备	彩 32
29	东莞市佳鸣机械制造有限公司	卫生纸机,生活用纸加工设备	彩 33
30	惠好(亚洲)有限公司(Weyerhaeuser)	绒毛浆	彩 34
31	卓德嘉薄膜(上海)有限公司(Tredegar)	透气膜,弹性薄膜,薄膜/非织造布复合产品,PE 打孔膜	彩 35
32	法麦凯尼柯机械(上海)有限公司(Fameccanica)	一次性卫生用品设备	彩 36
33	耐恒(广州)纸品有限公司	离型纸,离型膜	彩 37
34	上海松川远亿机械设备有限公司	湿巾、手帕纸自动包装机	彩 38
35	永丰余家品(昆山)有限公司上海分公司	生活用纸	彩 39
36	北京特日欣卫生用品有限公司	妇女卫生巾,卫生护垫	彩 40
37	广西南宁凤凰纸业有限公司	卫生纸,纸浆	彩 41
38	泉州市精泰机械有限公司	热熔胶机	彩 45
39	中山市宜姿卫生制品有限公司	妇女卫生巾,卫生护垫,纸尿裤,宠物垫	彩 45
40	玳纳特(香港)有限公司(ITW Dynatec)	热熔胶喷胶及涂布设备	彩 46
41	亿利德纸业(上海)有限公司	干法纸	彩 46
42	西安奥辉纸业有限责任公司	生活用纸	彩 47
43	佛山市腾华塑胶有限公司	PE 压花膜,PE 打孔膜基材,纸尿裤 PE 膜,透气膜,复合透气膜(与非织造布复合),婴儿尿湿显示膜	彩 47
44	佛山市佩安婷卫生用品实业有限公司	妇女卫生巾,卫生护垫,纸尿裤	彩 48
45	南安市满山红塑料有限公司	生活用纸、一次性卫生用品和湿巾等包装袋	彩 48
46	GDM 公司	妇女卫生巾、纸尿裤、失禁垫设备	彩 49
47	泰舜工业有限公司	生活用纸加工机械	彩 50 ~ 51
48	奥地利安德里茨股份公司	卫生纸机,废纸脱墨系统	彩 52
49	北京伟伯康科贸有限公司	代理美国蒙特福公司张力控制系统、美国安优公司纠偏控制系统等	彩 53
50	美国 Bretting 公司	卫生卷纸分切复卷机,面巾纸、擦手纸折叠机	彩 54

续表

No.	企业名称	主要产品/主要业务	页码
51	美国爱思诺公司(Elsner)	湿巾折叠、复卷机,湿巾包装机	彩55
52	德国 Optima 公司	纸尿裤、妇女卫生巾等包装设备	彩56
53	德国 Senning 公司	餐巾纸、面巾纸、擦手纸自动包装机	彩57
54	意大利 TMC 公司	卫生卷纸包装机	彩58
55	揭东县新亨洁新纸业制品厂	干法纸机,TAD 卫生纸机	彩59
56	山东信成纸业有限公司	干法纸,干法纸后加工产品,妇女卫生巾	彩60
57	聊城华林机械有限公司	卫生纸机	彩61
58	维顺(中国)无纺制品有限公司	丙纶短纤,非织造布	彩62
59	特艺佳国际有限公司(Tech. Vantage)	代理进口纸加工及卫生用品设备	彩63
60	柯尔柏机械设备(上海)有限公司	生活用纸加工设备	彩64 (与封三对开)

内页广告目录

No.	企业名称	主要产品/主要业务	页码
1	漯河银鸽生活纸产有限公司	生活用纸,卫生巾衬纸	内广1
2	上海美芬娜卫生用品有限公司	高分子复合吸水材料	内广2
3	中山市三角纸品制造有限公司	生活用纸	内广3
4	上海联胜化工有限公司	聚氧化乙烯(PEO),造纸化学品	内广4
5	苏州金中恒膜业有限公司	PE 打孔膜,流延膜	内广5
6	广东长粤贸易有限公司	供应绒毛浆,吸水粉,干法纸,各类复合材料	内广6
7	诸城市大正机械有限公司	卫生纸机,成套制浆设备,废纸脱墨设备	内广7
8	上海沛龙特种胶粘材料有限公司	快易封口胶带,魔术贴,妇女卫生巾专用双面胶带	内广8
9	南京舒雅乐纸制品有限公司	离型纸,离型膜,打孔膜	内广8
10	湛江雅泰造纸有限公司	生活用纸	内广9
11	江阴市利伟轧辊印染机械有限公司	羊毛纸辊,镜面辊,压纹辊,轧光机,轧花机	内广9
12	江门市汇金化工有限公司	经销进口和国产造纸化学品	内广10
13	浙江亨泰纺织科技有限公司	水刺非织造布	内广10
14	湖北舒云纸业有限公司	生活用纸,妇女卫生巾,卫生护垫	内广11
15	宁德隆鑫纸业有限公司	干法纸及干法纸设备	内广11
16	保定市新市区阳光纸品机械厂	生活用纸加工设备	内广12
17	上海正扬实业有限公司	高分子复合吸水纸,快易封口贴	内广12
18	保定市昌达造纸机械有限公司	卫生纸机	内广13
19	武汉五岳科技发展有限公司	妇女卫生巾辊切刀具	内广13
20	嘉兴市民和工贸有限公司	高档离型原纸	内广14
21	维达纸业集团有限公司	生活用纸	内广14
22	中外合资南宁侨虹新材料有限责任公司	干法纸	内广15
23	上海凯琳实业有限公司	经销绒毛浆	内广16
24	佛山市新飞卫生材料有限公司	离型膜,离型纸,离型布,流延膜	440
25	广州贝晓德传动配套有限公司	代理销售德国 BST 纠偏器,美国 MERCOTAC 旋转接头(集电环)	268

协会工作

THE AFFAIRS OF THE CHINA NATIONAL HOUSEHOLD PAPER INDUSTRY ASSOCIATION (CNHPIA)

[1]

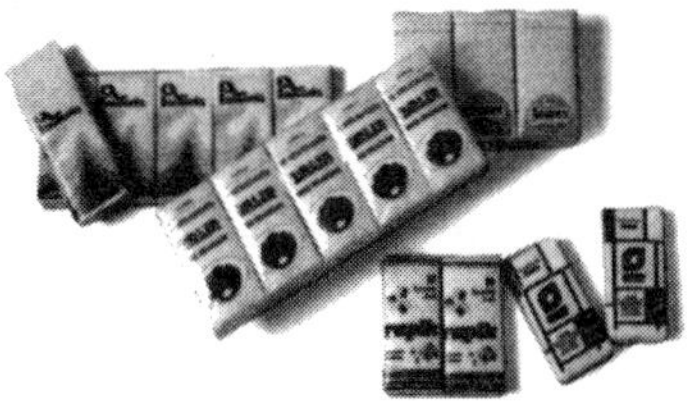

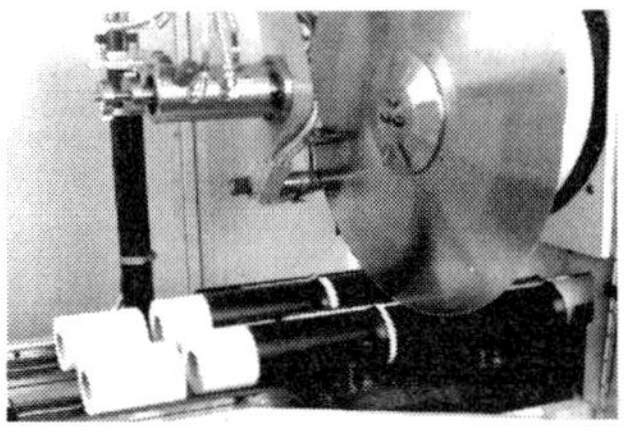

中国造纸协会生活用纸专业委员会简介

中国造纸协会生活用纸专业委员会是在中国造纸协会领导下的全国性专业组织。英文名称 China National Household Paper Industry Association。会址设在北京，挂靠单位为中国造纸开发公司。

为适应生活用纸和一次性卫生用品生产和消费的迅速增长，沟通信息，协调行业发展，生活用纸专业委员会于 1993 年 6 月 8 日正式成立。目前有国内会员单位约 400 个，海外会员单位 22 个。通过其成员的积极工作，已在该领域做出了显著成绩。

中国造纸协会生活用纸专业委员会是跨部门、跨地区和不分所有制形式的全国性组织，是由生活用纸有关企业、事业单位自愿组成的社会团体。其宗旨是促进生活用纸行业的技术进步和经济发展，加快生活用纸技术的现代化步伐。

生活用纸专业委员会的主要任务是在企业与政府部门之间起桥梁和纽带作用，加强行业自律和反倾销等入世应对工作，为企业提供多种形式的服务：开展技术咨询，发展与海外同行业的联系，加强本行业的国内外信息交流，建立生活用纸行业数据库和信息网，开展国际间技术、经济方面的合作与交流，组织会员单位参加国内外有关展览与技术考察活动，定期出版《生活用纸》期刊和《中国生活用纸年鉴》，提供国内外生活用纸发展的技术经济和市场信息，为国内外厂商进行技术合作和合资经营牵线搭桥。

生活用纸专业委员会的最高权力机构为会员代表大会、常委会。常委会下设秘书处、生活用纸组、卫生巾组、婴儿纸尿裤组、生活用纸机械组和原辅材料组等分支机构。

随着工作的开展，根据行业的需要，中国造纸协会生活用纸专业委员会将坚持服务宗旨，维护行业合法权益，建立健全工作制度和行为准则，以便更好地协助政府部门完成行业管理、发展规划、组织协调和服务等各项工作。

* 委员会领导机构

主 任 委 员：曹振雷

副主任委员：许连捷　李朝旺　杨传信　邓颖忠　裴逸群　陈　莺　中野健之亮　邵青锋

秘 书 长：江曼霞

副 秘 书 长：张玉兰　林　茹

* 会员单位

国内企业约 400 家

海外企业 22 家

* 刊物

《生活用纸》（半月刊，国内外公开发行）

《中国生活用纸年鉴》（每两年发行一卷）

如需更详细的资料，请与中国造纸协会生活用纸专业委员会秘书处联系

联系人：江曼霞　张玉兰　曹宝萍　孙　静

地　址：北京市朝阳区光华路 12 号　邮编：100020

电　话：010－65810824　65812003　65810022－2514

传　真：010－65814944

E-mail：cnhpia@ public. bta. net. cn

Http：//www. cnhpia. org

Brief introduction of the China National Household Paper Industry Association

China National Household Paper Industry Association under China Paper Association is a nationwide organization in China. The site of the association is in Beijing, and the chairman member of the said association is China Paper Industry Development Corp.

In order to adapt the rapid growth of production and consumption for tissue paper and disposable products, exchange information, coordinate the said industry development, China National Household Paper Industry Association was established on 8th June, 1993. Up till now, there are about 400 domestic members and 22 overseas members in the association. With the positive efforts of all the members, the association has achieved remarkable success in this field.

China National Household Paper Industry Association is the nationwide organization. Its members are from different departments, different regions, and different ownerships, all the members are voluntary to join in the association. The aim of the association is to promote the technique improvement and economic development of household paper industry, to quicken the technical steps of modernization of the industry.

The main function of the association is to act as the bridge between the enterprises and the government, to strengthen industry self-discipline and deal with anti-dumpling, it offers all the helps for the industry. To provide technical consulting service, to keep in touch with the oversea enterprises, to enhance the communication of information from home and abroad, to set up the database and information net of household paper industry, to undertake the international cooperation on technology and economy, to organize the members to take part in the exhibitions and technique investigations, to publish [Tissue paper & disposable products] magazine and [Directory of Tissue paper & Disposable Products (China)] periodically, to provide the technical and market information of household paper for overseas and domestic corporations and joint venture business of domestic and overseas manufactures.

The highest organ of authority in the association is all member congress and standing council (during the congress is not in session). There are secretariat, Tissue Paper Branch, Sanitary Napkin Branch, Baby Diaper Branch, Equipment Branch, and Raw Material Branch under the Council. Along with the expanding of the work and the requirement of the industry, China National Household Paper Industry Association will aim at service, defend the industry legitimate right, construct and perfect work system and code of conduct, in order to fulfill the functions of industry management, developing programme and service, etc.

* Leader of China National Household Paper Industry Association

Chairman :	Cao Zhenlei
Vice Chairman :	Xu Lianjie, Li Chaowang, Yang Chuanxin, Deng Yingzhong, Yvonne Pei, Chen Ying, Nakano Kennosuke, Stephen Shao
Secretary General:	Jiang Manxia
Vice Secretary General:	Zhang Yulan, Lin Ru

* Association Member

Domestic: about 400
Overseas: 22

* Publication

Tissue Paper & Disposable Products (semimonthly)
Directory of Tissue Paper & Disposable Products (China)

If you need more details, please contact with the Secretariat of China National Household Paper Industry Association

Contact Persons: Ms. Jiang Manxia, Ms. Zhang Yulan, Miss Cao Baoping, Ms. Sun Jing
Address: No. 12 Guanghua Road, Chaoyang District, Beijing, China, 100020
Tel: 8610-65810824, 65812003, 65810022-2514 Fax: 8610-65814944
E-mail: cnhpia@public.bta.net.cn Http://www.cnhpia.org

第三届生活用纸专业委员会领导机构及秘书处成员 (2005年)

主任委员(1人):	曹振雷(中国制浆造纸研究院)
副主任委员(8人):	许连捷(福建恒安集团有限公司)
	李朝旺(维达纸业(广东)有限公司)
	杨传信(上海唯尔福(集团)有限公司)
	邓颖忠(广东中顺纸业集团有限公司)
	裴逸群(宝洁(中国)有限公司)
	陈　莺(湖北丝宝卫生用品有限公司)
	中野健之亮(上海尤妮佳有限公司)
	邵青锋(金佰利(中国)投资有限公司)
秘书长:	江曼霞(中国造纸开发公司)
副秘书长:	张玉兰(中国造纸开发公司)
	林　茹(中国制浆造纸研究院)

常务委员(54个单位):

常务委员为企业法定代理人或其委托的其他负责人。法定代理人变更时,企业应报告秘书处,由秘书处调整确定。

中国制浆造纸研究院	曹振雷
中国造纸开发公司	江曼霞
福建恒安集团有限公司	许连捷
维达纸业(广东)有限公司	李朝旺
上海唯尔福(集团)有限公司	杨传信
广东中顺纸业集团有限公司	邓颖忠
宝洁(中国)有限公司	裴逸群
湖北丝宝卫生用品有限公司	陈　莺
上海尤妮佳有限公司	中野健之亮
金佰利(中国)投资有限公司	邵青锋
湖南恒安纸业有限公司	刘　勇
金红叶纸业(苏州工业园区)有限公司	徐锡土
广西贵糖(集团)股份有限公司	农　皓
福建恒利集团有限公司	吴加能
东莞白天鹅纸业有限公司	卢宝祥
全日美实业(上海)有限公司	王正钱
中山瑞德卫生纸品有限公司	关兆华
潍坊恒联美林生活用纸有限公司	李瑞丰
杭州雅妮娜卫生用品有限公司	黄伟权
北京倍舒特妇幼用品有限公司	李秋红
天津依依卫生用品厂	高福忠
汕头市爱护洁护理用品厂有限公司	张朝侠
沈阳东联日用品有限公司	陈德斌
广西舒雅卫生制品有限公司	韦力清
宁夏美洁纸业股份有限公司	周兴起
胜达集团江苏双灯纸业有限公司	赵　林
贵州久美企业有限责任公司	孔　农

北京特日欣卫生用品有限公司	冯　跃
漯河银鸽生活纸产有限公司	张明远
东莞姿庭生活用品有限公司	莫俊燊
广东省芬兰馨实业有限公司	杨耀文
西安市临潼区汉兴实业公司	郝九洲
惠州福和纸业有限公司	梁契权
东莞市佳鸣机械制造有限公司	曾一鸣
安庆市恒昌机械制造有限责任公司	吕兆荣
杭州新余宏机械有限公司	傅　炯
维顺(中国)无纺制品有限公司	谢　峰
柯尔柏机械设备(上海)有限公司	马里奥
上海紫华企业有限公司	徐志强
北京爱华中兴纸业有限公司	谢大伟
山东益母妇女用品有限公司	赵玉山
宁夏紫金花纸业有限公司	纳巨波
云南江川翠峰纸业有限公司	李吉华
佛山市南海区德昌誉机械制造有限公司	陆德昌
上海花王有限公司	施学礼
上海东冠集团	李慈雄
永丰余家品(昆山)有限公司	张学坚
王子制纸妮飘(苏州)有限公司	加村喜久男
中山市三角纸品制造有限公司	杨法坤
天津市日商卫生科技发展有限公司	杨印海
ITW 玳纳特公司	焦　勇
佛山市南海区新力机械制造有限公司	吴兆广
上海迁川制版模具有限公司	迁川豊
佛山新飞卫生材料有限公司	穆范飞

专业机构名单：

生活用纸组

组　长：维达纸业(广东)有限公司
副组长：广东中顺纸业集团有限公司

卫生巾组

组　长：福建恒安集团有限公司
副组长：上海唯尔福(集团)有限公司
　　　　宝洁(中国)有限公司

婴儿纸尿裤组

组　长：中山瑞德卫生纸品有限公司
副组长：金佰利(中国)投资有限公司

生活用纸机械组

卫生巾机械组组长：
杭州新余宏机械有限公司
安庆市恒昌机械制造有限责任公司
卫生纸机械组组长：
东莞市佳鸣机械制造有限公司
南海市德昌誉机械制造有限公司

原辅材料组

组　长：维顺(中国)无纺制品有限公司

秘书处成员名单：

江曼霞	张玉兰	林　茹	孙　静	曹宝萍
张景雯	陈祥津	周　杨	罗　霞	王林红

The third session board of directors and secretary of the CNHPIA (2005)

Chairman of Association: 1 person

Cao Zhenlei	China National Pulp & Paper Research Institute

Vice Chairman of Association: 8 person

Xu Lianjie	Fujian Hengan Holding Co., Ltd.
Li Chaowang	Vinda Paper (Guangdong) Co., Ltd.
Yang Chuanxin	Shanghai Welfare Group Co., Ltd.
Deng Yingzhong	Guangdong Zhongshun Paper Industry Group Co., Ltd.
Yvonne Pei	Procter & Gamble (China) Ltd.
Chen Ying	Hubei C-BONS Sanitary Products Co., Ltd.
Nakano Kennosuke	Shanghai Unicharm Co., Ltd.
Stephen Shao	Kimberly-Clark (China) Investment Co., Ltd.

Secretary General:

Jiang Manxia	China Paper Industry Development Co.

Vice Secretary General:

Zhang Yulan	China Paper Industry Development Co.
Lin Ru	China National Pulp & Paper Research Institute

Members of Standing Committee: 54 units

China National Pulp & Paper Research Institute	Cao Zhenlei
China Paper Industry Development Co.	Jiang Manxia
Fujian Hengan Holding Co., Ltd.	Xu Lianjie
Vinda Paper (Guangdong) Co., Ltd.	Li Chaowang
Shanghai Welfare Group Co., Ltd.	Yang Chuanxin
Guangdong Zhongshun Paper Industry Group Co., Ltd.	Deng Yingzhong
Procter & Gamble (China) Ltd.	Yvonne Pei
Hubei C-BONS Sanitary Products Co., Ltd	Chen Ying
Shanghai Unicharm Co., Ltd	Nakano Kennosuke
Kimberly-Clark (China) Investment Co., Ltd.	Stephen Shao
Hunan Hengan Paper Co., Ltd.	Liu Yong
Gold Hongye Paper (Suzhou Industrial Park) Co., Ltd.	Xu Xitu
Guangxi Guitang (Group) Co., Ltd.	Nong Hao
Fujian Hengli Group Co., Ltd.	Wu Jianeng
Dongguan White Swan Paper Products Co., Ltd.	Lu Baoxiang
Everbeauty Industry (Shanghai) Co., Ltd.	Wang Zhengqian
Disposable Soft Goods (Zhongshan) Ltd.	Frankie Kwan
Weifang Lancel Hygiene Products Limited	Li Ruifeng
Hangzhou Yanina Health Product Co., Ltd.	Huang Weiquan
Beijing Beishute Maternity & Child Articles Co., Ltd.	Li Qiuhong
Tianjin Yiyi Hygiene Products Factory	Gao Fuzhong
Eleaine Treatment Prod. FTY, Ltd.	Zhang Chaoxia
Shenyang Tonglian Daily-Use Goods Co., Ltd.	Chen Debin
Guangxi Shuya Health Care-Products Co., Ltd.	Wei Liqing
Ningxia Meijie Paper Co., Ltd.	Zhou Xingqi
Shengda Group Jiangsu Sund Paper Co., Ltd.	Zhao Lin

Guizhou Joume Enterprise Co., Ltd.	Kong Nong
Beijing Terixin Hygienic Products Co., Ltd.	Feng Yue
Luohe Yinge Household Paper Co., Ltd.	Zhang Mingyuan
Dongguan Shietine Articles For Daily Use Co., Ltd.	Mo Junshen
Fenlanxin Industrial Co., Ltd. Guangdong Province	Yang Yaowen
Hanxing Industry Company Xi'an Shaanxi	Hao Jiuzhou
Huizhou Fook Woo Paper Co., Ltd.	Liang Qiquan
Dongguan Jumping Machinery Manufacture Co., Ltd.	Zeng Yiming
Anqing Hengchang Machinery Co., Ltd.	Lü Zhaorong
Hangzhou New Yuhong Machinery Co., Ltd.	Fu Jiong
Fibervisions (China) Textile Products Ltd.	Xie Feng
Körber Engineering (Shanghai) Co., Ltd.	Mario Fazzi
Shanghai Zihua Enterprise Co., Ltd.	Xu Zhiqiang
Beijing Aihua Zhongxing Paper Co.,Ltd.	Xie Dawei
Shandong Yimoo Woman's Products Co.,Ltd.	Zhao Yushan
Ningxia Zijinhua Paper Co.,Ltd.	Na Jubo
Yunnan Jiangchuan Cuifeng Paper Co.,Ltd.	Li Jihua
Nanhai Dechangyu Machinery Manufacture Co.,Ltd.	Lu Dechang
Kao Corporation Shanghai Co.,Ltd.	Shi Xueli
Shanghai Orient Champion Group	Li Cixiong
Yuen Foong Yu Family Care (Kunshan) Co.,Ltd.	Zhang Xuejian
Oji Paper Nepia (Suzhou) Co.,Ltd	Kamura Kikuo
Zhongshan Sanjiao Paper Manufacture Co.,Ltd.	Yang Fakun
Tianjin Rishang Hygiene Sciene & Technology Development Co.,Ltd.	Yang Yinhai
ITW Dynatec (H. K.) LTD.	Jiao Yong
Xinli Paper Machinery Manufacture Co.,Ltd.	Wu Zhaoguang
Shanghai Tsujikawa Engraving Co.,Ltd.	Tsujikawa Yukata
Foshan Xinfei Sanitary Material Co., Ltd.	Mu Fanfei

List of Branches:

Tissue Paper Branch

Headman: Vinda Paper (Guangdong) Co., Ltd.

Vice Headman: Zhongshun Paper Industry Group Co., Ltd.

Sanitary Napkins Branch

Headman: Fujian Hengan Holding Co., Ltd.

Vice Headman: Shanghai Welfare Group Co.,Ltd.
Procter & Gamble (China) Ltd.

Baby Diapers Branch

Headman: Disposable Soft Goods (Zhongshan) Ltd.

Vice Headman: Kimberly-Clark (China) Investment Co., Ltd.

Machinery Branch

Sanitary Napkins Machinery Group Headman: Hangzhou New Yuhong Machinery Co., Ltd.
Anqing Hengchang Machinery Co., Ltd.

Tissue Converting Machinery Group Headman: Dongguan Jumping Machinery Manufacture Co., Ltd.
Nanhai Dechangyu Machinery Manufacture Co., Ltd.

Raw Materials Branch

Headman: Fibervisions (China) Textile Products Ltd.

The members of the CNHPIA secretariat:

Ms. Jiang Manxia　Ms. Zhang Yulan　Ms. Lin Ru　Ms. Sun Jing　Miss Cao Baoping
Ms. Zhang Jingwen　Mr. Chen Xiangjin　Miss Zhou Yang　Ms. Luo Xia　Ms. Wang Linhong

中国造纸协会生活用纸专业委员会工作条例

The rules of the CNHPIA

（1998年修订稿）

第一章 总则

第一条 中国造纸协会生活用纸专业委员会是在中国造纸协会领导下的全国性专业组织，是有关生活用纸方面的企业家和科技工作者的群众团体。是中国造纸协会的组成部分，受中国造纸协会理事会的直接领导。

第二条 生活用纸专业委员会（以下简称专委会）的宗旨是：促进生活用纸行业的技术进步和经济发展，加快生活用纸技术的现代化。

第二章 任务

第三条 专委会完成下列任务：

1. 在企业与政府部门之间起桥梁和纽带作用，为企业提供多种形式的服务。

2. 组织领导生活用纸方面的学术及技术交流，组织技术协作。

3. 邀请专家、学者和有经验的同志讲学，办培训班、组织国内外有关展览和技术考察活动。

4. 提出与生活用纸专业有关的技术经济政策和发展规划，搞好行业统计与市场调查。为企业正确决策提供依据，建立生活用纸行业信息网和数据库，定期出版生活用纸有关资料、刊物。

5. 开展信息反馈、技术咨询、企业诊断和技术改造等多种技术服务。

6. 参与制定、修订生活用纸行业各类标准的工作。

7. 为国内外厂商进行技术合作和合资经营牵线搭桥。

8. 根据需要，开展其他各项有利于提高生活用纸水平的活动。

第三章 会员

第四条 凡是生活用纸生产企业同意专委会工作条例，向专委会提出申请，经专委会或常委会批准后即成为专委会会员单位，另外，根据发展情况和工作需要，与生活用纸有关的单位，亦可提出申请，其批准程序与上述相同。

第五条 会员单位的代表者，应为该单位的法人代表或法人代表委托的其他负责人，若人事更动，应及时将人员变更情况通知专委会。

第六条 对与本专业有关的专家、学者（包括已离退休者），经专委会同意可以作为本委员会特邀个人会员。

第七条 对与本专业有关的外国和港台地区厂家，经专委会同意可以作为专委会海外会员。

第四章 会员的权利与义务

第八条 权利

1. 有选举权和被选举权。

2. 对专委会有权提出意见和建议。

3. 有权参加专委会组织的学术交流和技术经贸活动及获得有关资料。

4. 有权要求专委会帮助组织技术协作。

第九条 义务

1. 遵守专委会条例。

2. 执行专委会的决议和委托的工作。

3. 受专委会的委托，派出人员参加有关单位的技术协作。

4. 按时交纳会费，会费在每年第三季度内（7月—9月）交清，无故拖欠者，经常委会通过取消会员资格。

第五章 机构

第十条 专委会的组织原则实行民主集中制。

第十一条 专委会的最高权力机构为常务委员会议或会员大会。其主要职能是：

1. 讨论和修改专委会工作条例及有关文件。

2. 审议和批准专委会的工作报告及活动方案。

3. 按民主程序选举和产生专委会领导成员。

4. 审议批准专委会新成员。

5. 审议和决定其他重要事项。

第十二条 常务委员会设主任委员1人，副主任委员2～8人，常务委员若干人，常务委员会每年召开1次会议。主任委员、副主任委员由常务委员会协商推选产生。任期4年，可连选连任。设秘书长1人、副秘书长2人，负责日常工作并与各副主任委员及常务委员单位搞好联系工作。

第十三条 专委会的挂靠单位一般为当任的

主任委员单位。秘书处设在挂靠单位。

第十四条 为了便于活动，专委会设1个办事机构(秘书处)和5个专业组：

1. 生活用纸组(包括厕纸、厨房纸、餐面巾纸、湿巾等)。

2. 卫生巾组。

3. 婴儿纸尿裤组。

4. 原辅材料组(包括绒毛浆、化学助剂等)。

5. 生活用纸机械组(分卫生巾机械和卫生纸机械两个小组)。

第十五条 各专业组推选组长1名，副组长1～3名，负责本组的联络、协调工作，原则上每年活动1次，若会员单位有较大技术问题，提出申请后，由组长报秘书处组织协作。

第十六条 主任委员、副主任委员、秘书长、常务委员名单报中国造纸协会核准备案。

第六章 活动经费

第十七条 本专委会的活动经费有以下来源：

1. 会员单位交纳的会费。

2. 接收有关单位对部分专项活动的赞助费。

3. 挂靠单位对日常工作费用给予一定补贴。

4. 其他收入。

经费的收支情况定期向会员单位公布。

第七章 附则

第十八条 本条例经常委扩大会讨论通过后执行，并报中国造纸协会备案，其解释权属于常务委员会。

第十九条 本条例如与上级规定有抵触时，按上级规定执行。

中国生活用纸企业家俱乐部章程

The regulations of the China Tissue Paper Executive Club (CTPEC)

(2005年订立)

第一章 总则

第一条 中国生活用纸企业家俱乐部是由中国境内的生活用纸骨干企业自发成立的民间组织。

第二条 俱乐部是生活用纸骨干企业之间交流联谊的平台，通过俱乐部，成员企业的高层人士能及时沟通和得到各种行业共性化和针对本企业个性化的信息。

第二章 活动内容

第三条 俱乐部的活动内容包括：

1. 无主题轻松的交流和联谊。

2. 对行业发展和市场开拓方面出现的新情况进行研讨，启发思路和寻找解决方案。

3. 针对企业发展规划、经营管理、市场培育、融资渠道、人力资源、原料采购、清洁生产、节能节水、质量管理、产品安全等共性问题进行交流和沟通。

4. 就行业共性的有关问题，与政府部门、有关机构、主流媒体进行对话沟通，积极宣传行业发展情况，加强消费者教育工作。

5. 共同探讨如何把市场的蛋糕做大，开展企业之间多种形式的合作。

6. 邀请有关外国公司列席参加会议，加强国际合作。

第三章 会员

第四条 俱乐部采用会员制，遵循准入资格审查和企业自愿相结合的原则，控制会员数逐步增加并在一定的数量范围内。凡承认本俱乐部章程，愿意履行会员义务并符合准入资格的企业，均可提出加入俱乐部的申请。

第五条 会员准入资格：

1. 中国境内注册的生活用纸(不含卫生用品)企业。

2. 具有一定的高档生活用纸生产规模，有较高的市场知名度和美誉度。

3. 入会申请经俱乐部会员大会审核，并得到三分之二以上会员通过。

第六条 会员权利和义务：

1. 由企业负责人参加会员活动，如负责人不能出席，可以派副总以上高层管理人员参加。

2. 遵守本俱乐部的章程，承担会员活动经费。

3. 对俱乐部的活动安排有参与和提出建议的权利和义务。

4. 俱乐部会员不得利用俱乐部进行价格协调等垄断、操纵市场的行为和活动。

第七条 退会

1. 入会企业可以申请自愿退会。

2. 连续三次不参加会员大会，需以书面报告形式，向秘书处说明情况，申请保留会籍，并经会员会议重新确认，否则视为自动退出。

3. 违反本章程第六条规定，不履行会员义务的，经三分之二以上会员通过，劝其退出。

4. 企业破产、被并购、出现重大经营或产品质量问题经会员大会同意作为退会处理。

第四章 组织机构

第八条 俱乐部设会员大会，主席团和秘书处。

1. 会员大会为俱乐部最高权力机构，会员大会每半年举行一次。

2. 主席由各会员企业领导轮流担任，轮值主席人选在上一届会员大会上确定，主席负责俱乐部的领导和决策。

3. 主席团由轮值主席、候任主席和秘书长组成。

4. 秘书长由中国造纸协会生活用纸专业委员会秘书长担任。秘书长在主席领导下负责俱乐部的事务工作，贯彻落实会员大会的决议和决定。

5. 秘书处的日常事务工作(会议组织等)委托中国造纸协会生活用纸专业委员会秘书处代办。

第五章 经费来源及用途

第九条 俱乐部为非营利组织。俱乐部的会议或活动由会员企业轮流承办。

第十条 参加会议或活动的代表自付差旅费及住宿费，其他发生费用由承办企业负担。

承办企业可以委托秘书处代办会务和预付费用，并在会后按实际支出与秘书处结算和缴纳费用。

第十一条 本章程已于2005年2月25日获俱乐部成立大会通过。

中国生活用纸行业文明竞争公约

Fair competition pledge of the China tissue paper and disposable products industry

近年来，我国生活用纸行业发展迅速，市场竞争日趋激烈，市场竞争推动了生活用纸企业乃至整个生活用纸行业的迅速发展，随着中国生活用纸行业的发展壮大，规范竞争行为，共创公平竞争环境，成为每个企业的迫切要求，也是我国生活用纸行业健康发展的需要。

第一章 总则

第一条 为树立良好的行业风气，建立和维护公平、依法、有序的生活用纸竞争环境，保护经营者和消费者的正当权益，依照国家有关法律、法规特制订此中国生活用纸行业文明竞争公约(以下简称公约)。

第二条 本公约是行业内各企业自律性公约，是企业文明竞争、自我约束的基准。

第三条 现代企业不仅是社会物质的生产者、社会的服务者，同时也应是社会进步的推动者、现代文明的建设者。建立良好的竞争环境，树立文明竞争新风尚是每个生活用纸企业应肩负起的社会职责。

第二章 文明竞争道德规范

第四条 文明竞争道德规范的基本点即诚实、公平、守信用，互相尊重、平等相待、文明经营、以义生利、以德兴业。

第五条 每个企业都要把文明竞争观念作为企业文化的重要组成部分，提高文明竞争意识，正确处理竞争与协作、自主与监督、经济效益与社会效益等关系。

第六条 企业要依靠科学技术进步和科学管理，不断提高生产经营水平，用优质产品、满意的服务质量和良好信誉树立自己的企业形象。

第七条 企业在市场交易中要遵循自愿、平等、诚信的原则，遵守公认的商业道德和市场准则，自觉维护消费者合法权益并尊重其他经营者的正当权益，自觉接受市场和广大消费者的评价和监督。

第八条 企业应加强对职工进行职业责任、职业道德、法律及职业纪律教育，促使职工用道德信念支配自己的行为，树立职业责任感和职业荣誉感，更好地完成本职工作。

第九条 企业要有文明竞争、共同发展的胸襟。

——提倡在平等协商、互惠互利、优势互补的前提下，广泛开展合作、协作、联合，优化本行业产业结构。

——倡导企业间以各种形式向消费者提供联合服务，提高行业为社会及消费者服务的整体水平。

——发扬大事共议，协调发展的风气，树立良好的行业形象。

第三章 文明竞争准则

第十条 企业应严格执行《中华人民共和国产品质量法》、《中华人民共和国消费者权益保护法》、《中华人民共和国广告法》、《中华人民共和国反不正当竞争法》、国家颁布的各类生活用纸的产品标准和卫生标准，让购买生活用纸产品的消费者能够满意、放心和安心。

第十一条 企业销售人员和其他业务人员在任何场合都应避免发生损害其他企业的行为。营销人员为消费者介绍产品，不应借向消费者介绍产品之机，做有损其他企业同类产品的不恰当宣传。

第十二条 宣传自己的企业及产品、服务，不夸大其辞。不得在文章、广告、各种宣传品中有影射、贬低其他企业及其技术、产品和服务。不侵犯其他企业的商业信誉，不损害其他企业知识产权，不损害其他企业的合法权益。切实履行自己的广告承诺与义务。

第十三条 严格执行《中华人民共和国统计法》，按照有关规定，认真负责、客观地向国家主管部门、行业协会提供真实的统计数据，不得虚报或故意错报、漏报各类数据。

——向有关主管部门和行业协会如实上报各项经济指标的统计数据，为国家和行业提供准确的信息。

——不断章取义地利用某些统计资料，做有损于其他企业的宣传。

——企业的统计工作接受统计管理部门、行业协会和社会公众的监督。

第四章 公约实施及违约责任

第十四条 本公约由中国造纸协会生活用纸专业委员会常委会提出，向全国所有生活用纸企业倡议共同遵守。

第十五条 凡生活用纸专业委员会的成员单位都必须承诺、自觉遵守和维护本公约并接受社会各界对遵守公约情况做公正的监督、评议。

第十六条 凡违反第三章文明竞争准则的各项条款，视为违约。

第十七条 企业如果发生违约行为，将承担违约责任。违约企业及当事人(或代表)有责任向受到损害的单位或其代表，在受到损害的范围内，通过一定的形式公开赔礼道歉，对违约行为造成的直接经济损失，依照有关法规给予经济赔偿。

第十八条 企业有责任向全体职工进行遵守和维护本公约的宣传和教育，当发现有违约行为时，要严肃处理。

第十九条 严重违约的企业，应在行业内(会议、会刊)公开检讨。

第二十条 在竞争行为是否违约难以界定时，当事双方(或多方)应本着自觉遵守公约的态度解决矛盾。

第二十一条 在需要第三方对竞争行为是否违约进行界定时，可由中国造纸协会生活用纸专业委员会邀请国家有关部门组成临时机构进行界定。

第二十二条 严重违约，但又不承担违约责任者，中国造纸协会生活用纸专业委员会提请国家反不正当竞争主管部门处理，并向社会舆论曝光和清除出协会。

中国生活用纸行业加强质量管理倡议书

Written proposal on strengthening quality management in the China tissue paper and disposable products industry

中国造纸协会生活用纸专业委员会各会员单位：

为进一步提高生活用纸行业的产品质量水平，迎接入世挑战，以求共同得到发展，并使消费者利益得到进一步的保障，我们在秘书处的协助下，向全体会员单位发出倡议：

1. 认真学习和贯彻即将在2000年9月1日正式实施的《产品质量法》修正案，进一步完善和加强企业的质量控制体系，确保企业产品质量达到国家标准。

2. 坚决与假冒、伪劣现象作斗争。积极采集假冒品牌、伪劣产品的各种证据，查找制假、造伪的源头，一旦发现假冒伪劣产品，应立即向当地工商行政管理机构举报，为防止地方保护主义的干扰，也可向行业协会反映、举证，由秘书处统一协调，向中央新闻机构和有关工商管理机构反映，以保护企业的合法权益。

3. 积极主动配合和认真接受各级技术监督部门、卫生监督部门的年度抽检和市场查验。如有异议，应当及时申诉，以求公正。在积极维护监督部门的权威性的同时，维护本行业的良好形象。逐步使企业向国际化迈进。

4. 企业要在一个公平、合理的竞争环境中以质量求生存，以品种求发展，从而满足不同消费层次的需求，以合理的价格参与市场竞争。反对低价倾销，正确把握各自的市场定位。

5. 各专业组应经常组织成员单位协商、研讨市场变化及应对措施，共谋行业发展，共商企业进步，为创建行业的精神文明、物质文明而共同努力。

2000年生活用纸企业高峰会议全体代表
二○○○年八月十八日

1992—2005年生活用纸专业委员会重要活动

Important activities of the CNHPIA (1992—2005)

1992年12月 生活用纸专业委员会筹备会议
December 1992 Preparatory Meeting for China National Household Paper Industry Association

中国造纸学会生活用纸专业委员会筹备小组工作会议于1992年12月8—9日在北京举行。参加会议的有来自全国的25个卫生纸、卫生巾生产厂家的38名代表。中国造纸学会副理事长薛灵山、杨懋暹、中国造纸学会常务理事兼学术委员会副主任顾民达、中国造纸开发公司副总经理谭祖光以及北京造纸包装公司的领导出席了会议。

会议由造纸学会组织委员会主任薛灵山主持。他简要地介绍了生活用纸专业委员会的成立背景，提出了本次筹委会会议的议题，即：(一)讨论并修改组织章程；(二)专业委员会的领导机构；(三)今后的工作。

会议代表对3项议题进行了认真的讨论。一致同意以中国造纸开发公司作为专业委员会的挂靠单位。

会议决定专业委员会成立大会于1993年5月在北京召开，并确定中国造纸开发公司、北京造纸十一厂、浙江余杭造纸厂、抚顺造纸厂和秦皇岛卫生制品厂为成立大会的筹备组成员。

1993年6月 生活用纸专业委员会成立大会
June 1993 Establishment Conference for China National Household Paper Industry Association

中国造纸学会生活用纸专业委员会成立大会于1993年6月8—11日在北京国谊宾馆召开。来自全国各地的生活用纸生产厂、机械厂、化工厂、造纸公司以及大专院校、科研所共93个单位168位代表参加了大会。会议除成立生活用纸专业委员会以外，还进行了学术交流、产品展示、技贸洽谈等活动，圆满完成了预定的各项任务。

在6月8日上午举行的开幕式上，中国轻工总会会长于珍，中国造纸学会副理事长兼秘书长胡宗渊、副理事长薛灵山、胡受祖，中国造纸开发公司董事长顾民达，中国消费者协会秘书长张明夫出席了大会。全国妇联、卫生部妇幼司、中国造纸协会、国家纸张质量监督检验中心的代表参加了大会。由日本卫生材料工业联合会、UNI-CHARM株式会社、KAKUTAMA SERVICE株式会社组成的访华团，香港百利怡有限公司，美国ITT瑞安公司，日本INOAC国际公司等也特地赶来参加了成立大会。

于珍会长在百忙之中到会并发表讲话，指出生活用纸专业委员会的成立标志着我国造纸行业正在向着纵深方向发展，生活用纸与人民生活特别是妇幼卫生关系密切。改革开放以来生活用纸的生产在数量和品种方面有了很大的发展，但是与国外先进水平相比，与我国不断增长的市场需求都有较大的差距。专业委员会成立之后要在为人民群众，特别是广大农村人口提供物美价廉的生活用纸方面做好组织协调工作。

全国妇联送来贺信对大会表示祝贺，日本访华团团长村井一雄在开幕式上发表贺词并赠款10万日元以支持委员会的成立。

中国造纸开发公司副总经理谭祖光作为筹备小组组长作筹备工作报告，报告包括以下四个方面的内容：

- 生活用纸的生产、消费现状和发展趋势。
- 成立生活用纸专业委员会的缘由及筹备工作情况。
- 这次大会的主要任务。
- 生活用纸专业委员会成立后的主要工作设想。

根据中国造纸学会成立专业委员会的有关规定，大会期间，与会代表经过认真讨论和修改，一致通过了《筹备工作报告》和《生活用纸专业委员会章程》。经过充分讨论和反复酝酿，完成了专业委员会组织机构的选举工作。选举中国造纸开发公司谭祖光为主任委员，浙江余杭造纸厂钱新民、江苏连云港造纸厂范维强为副主任委员，中国造纸开发公司赵家懋为秘书长，北京造纸十一厂郝治、余杭造纸厂陆根法为副秘书长。选出常务委员15人、委员32人。全体代表一致同意谭祖光同志在筹备工作报告中提出的专业委员会今后的工作设想；同意筹备小组提出的专业委员会会费缴纳办法；同意由挂靠单位中国造纸开发公司建立生活用纸数据库，成立生活用纸信息网，每月向会员单位发布信息资料并接受会员单位资讯信息查询业务。专业委员会拟成立卫生纸、卫生巾和配套原材料、助剂、设备、仪器仪表等3个专业组。鉴于目前情况，暂成立卫生纸、卫生巾2个专业组。卫生纸专业组组长为江苏连云港造纸厂，副组长为山东潍坊造纸厂等5个单位。卫生巾专业组组长为浙江余杭造纸厂，副组长为河北邯郸新雅妇幼用品有限公司等4个单位。

大会组织了14场国内外学术交流和产品介绍，十余个单位进行了产品展示。会议期间，国内外与会代表充分利用大会提供的有利机会进行了广泛的技贸洽谈活动。代表们普遍反映收获很大，会议取得了满意的效果。

1993年7月　出版《生活用纸信息》创刊号(试刊)(内部资料)
July 1993　Household Paper Information Start Its Publication

1994年5月　'94生活用纸技术交流会在京举行
May 1994　'94 China Household Paper Technology Exchange Seminar Held in Beijing

由中国造纸学会生活用纸专业委员会和中国造纸开发公司联合举办的'94生活用纸技术交流会于1994年5月13—15日在北京举行。

本次会议有来自全国各地的116个单位的200多名代表参加。到会的海外公司共17家32人。在技术交流会上讲课和作大会发言的有美国瑞安公司，美国3M公司，日本三菱油化公司/丸红公司，香港百利怡公司，意大利艾高公司，意大利莫劳尼公司的专家，有国家纸张质量监督检验中心，轻工业部制浆造纸工业研究所，广西玉华纸业有限公司等单位的技术人员。谭祖光主任委员在开幕式上就生活用纸行业的发展趋势、成立生活用纸专业委员会的意义、生活用纸专业委员会的主要工作任务、专业委员会成立一年来所做的工作和下半年活动的初步安排等做了工作报告。除技术讲座外，'94生活用纸技术交流会还包括以下3项内容：

一、学会活动

1. 增补副主任委员和常务委员单位，发展会员单位。

2. 分专业组开展活动，充分发挥重点骨干企业的作用，交流经营管理和技术方面的经验。

3. 广泛听取企业代表对专业委员会工作的意见和要求。

二、根据海外厂商和国内企业的要求，安排有关的合资、合作和技贸洽谈活动。

三、组织参观纺织总会主办的'94不织布工业展览会。

1994年11月　出版《首届中国生活用纸专业委员会会刊》(内部资料)
November 1994　Publish the [First Annual Directory of Household Paper Industry(China)]

1994年11月　首届中国生活用纸专业委员会年会暨国际技术研讨会在广东新会举行
November 1994　First Annual Symposium of China National Household Paper Industry Association and International Seminar Held in Xinhui, Guangdong

由中国造纸学会生活用纸专业委员会主办，中国造纸开发公司和广东维达纸业股份有限公司协办的"首届中国生活用纸专业委员会年会暨国际技术研讨会"于1994年11月17—21日在广东省新会市举行。参加此次会议的有来自全国各地的生活用纸生产厂、机械厂、相关化工厂、造纸公司及科研院校的163个单位的261位代表，来自美国、日本、意大利、德国、瑞典、台湾、香港等国家和地区的公司77位代表。轻工总会食品造纸部、中国造纸学会、中国造纸协会、中国造纸开发公司、广东省造纸学会及广东省新会市的领导参加了开幕式。开幕式由生活用纸专业委员会执行秘书长、中国造纸开发公司技术部经理江曼霞主持。生活用纸专业委员会主任委员、中国造纸开发公司总经理谭祖光致开幕词，欢迎各界代表，并指出此次会议的目的是使国内生活用纸及相关行业的生产企业更好地了解海内外有关的新技术、新设备和发展趋势，加强企业之间的联系，促进行业协作和经贸活动，提高我国生活用纸行业的整体水平。中国造纸协会理事长陈思亮致贺词，祝贺此次大会的召开。新会市市长何羡松及广东维达纸业股份有限公司总经理李朝旺致欢迎词，热烈欢迎海内外的代表。

本次会议组织了16家海外公司进行技术讲座及交流，并进行广泛的技贸、商务洽谈活动。主要的交流内容包括：卫生纸、妇女卫生巾、婴儿尿布的生产原料、机械，高吸水树脂，毛毯清洗剂、分散剂等相关的化学助剂，热熔胶机，废纸回收再造设备及斜网脱水机等。广东维达纸业股份有限公司、广西贵港市榴花造纸公司、山东省诸城专利造纸机械厂等单位作了技术、管理等方面经验的介绍。

在会员单位参加的学会活动中，主任委员谭祖光作了生活用纸专业委员会工作总结汇报。经过常务委员以上单位代表提议，代表讨论一致通过了专业委员会组织机构人员增补调整的建议；颁发了团体会员证书和常务委员以上人员聘书；吸收了20多家新会员单位；经过讨论初步确定1995年年会将于1995年11月上旬在北京举办。结合1995年的纸林国际展览活动，代表可参观造纸展览，增加活动内容和收获。会议期间还组织代表参观了广东维达纸业股份有限公司、广东省新会维康纸容器公司、新会涤纶厂纸管车间。

1994年12月　生活用纸专业委员会转为隶属中国造纸协会领导

December 1994　China National Household Paper Industry Association Change to Under China Paper Association

1995年6月　'95一次性卫生用品国际研讨会在京举行

June 1995　'95 Disposable Hygiene Products Seminar Held in Beijing

为配合'95世界妇女大会在北京召开，生活用纸专业委员会于1995年6月27—29日在北京举办了'95一次性卫生用品国际研讨会，会议由舒而美集团公司和常州东风卫生制品厂协办。参加本次会议的代表约250余人。中国造纸协会理事长陈思亮，中国造纸学会副理事长兼秘书长胡宗渊，中国造纸开发公司总经理谭祖光，重庆市常务副市长肖祖修，全国妇联宣传部副处长段世荃等出席了会议开幕式。轻工总会潘蓓蕾副会长因去外地出差未能出席，发表了书面讲话。开幕式上日本卫生材料工业联合会和生活用纸专业委员会秘书长分别报告了日本和中国卫生用品的市场和发展趋势。研讨会上有美国PCMC公司、日本瑞光株式会社、意大利Fameccanica公司、美国Nordson公司、瑞士Robatech公司等5家海外公司介绍了一次性卫生用品的有关设备和技术；广东维达纸业股份有限公司、常州东风卫生制品厂、丹东福美纺织品有限公司等6个国内企业介绍了自己的产品和技术；全国造纸标准化中心张少玲主任做了关于妇女卫生巾的标准和质量的报告；全国纸张质量监督检验中心李玉华主任公布了由国家技术监督局组织的对140多个妇女卫生巾的抽检结果。与会代表对产品质量、价格、原材料涨价和使用高吸水树脂SAP等行业热点问题进行了热烈的研讨。在舒而美集团公司、恒安集团公司、上海唯尔福集团公司、广东维达纸业股份有限公司等单位的倡导下，常务委员单位和部分骨干企业的代表还对生活用纸专业委员会转为隶属中国造纸协会领导后，其作用和职能的变化，协会如何在制定行规行约、提高产品质量、协调市场价格、保护民族工业方面发挥作用达成了初步共识。会议取得了圆满的成功。

1995 年 11 月　'95 卫生纸及制品国际研讨会在京举行
November 1995　'95 Tissue Paper and Products Seminar Held in Beijing

'95 卫生纸及制品国际研讨会于 1995 年 11 月 6—7 日在北京国谊宾馆举行。参加本次会议的有来自全国各地的卫生纸生产厂、相关化学助剂厂、机械厂等企业的代表 120 余人，10 家海外厂商的 25 位代表。国内主要的卫生纸生产厂及生活用纸专业委员会的常委单位都参加了会议。会议由生活用纸专业委员会秘书长江曼霞主持，生活用纸专业委员会主任委员谭祖光致开幕词。

研讨会上百利怡香港有限公司、日本住友精化公司(日本田村驹株式会社)、日本川之江株式会社(日本加商株式会社)、台湾泰舜企业有限公司、美国 PCMC 公司、经纶全讯(香港)有限公司、美国 VTP 公司、英国联合胶体(亚洲)有限公司等 8 家公司做了有关卫生纸生产、加工机械，卫生纸生产的原料，卫生纸生产过程中的化学助剂等专题介绍。报告受到与会代表的热烈欢迎，会议取得了圆满成功。

11 月 7 日下午，组织代表参观了每两年一次的大型国际纸展"第五届制浆造纸和林产工业国际展览"。

在 11 月 5 日晚召开的预备会上，生活用纸专业委员会常委单位和部分骨干企业的代表聚集一堂，秘书处汇报了委员会的有关工作情况，介绍了全国卫生纸发展的宏观形势，卫生纸及制品存在的主要质量问题。广东维达纸厂作为组长厂介绍了两台高速卫生纸机的运行情况、技术改造的经验和对卫生纸组下阶段工作的设想。广东中顺纸业公司介绍了他们高效率、低成本占领南方中低档卫生纸市场的情况。其他与会代表也积极踊跃发言，畅谈对卫生纸生产、市场和发展趋势的看法。对生活用纸专业委员会的工作给予肯定，并提出了改进的建议和意见。

1996 年 3 月　生活用纸代表团赴欧洲及香港考察
March 1996　China Household Paper Delegation Visited Europe and Hong Kong for Investigation

应瑞典 VALMET - KARLSTADAB 公司、德国 WINKLER + DÜNNEBIER 公司、德国 KÖRBER 集团的生活用纸分支公司——意大利 FABIO PERINI S. P. A. 、CASMATIC S. P. A. 、百利怡香港公司等单位的邀请，中国造纸协会生活用纸代表团一行 8 人于 1996 年 3 月 9—29 日访问了瑞典、德国、意大利、香港。考察的重点是：(1)生活用纸系列产品：卫生卷纸、厨房用卷纸、工业用卷纸、餐巾纸、纸手帕和面巾纸等。(2)国外先进的生产工艺，包括抄纸技术、加工技术和包装技术。(3)国外市场信息和潮流。通过百利怡香港有限公司的配合安排，代表团出访期间共参观考察了 23 个工厂(公司)，并分别与德国造纸协会、意大利造纸协会的代表会面，就各自国家制浆造纸工业的发展和相互合作问题进行了交流和探讨。由于此次出访准备工作充分，目的性、专业性、计划性强，代表团全体同志团结协作，顺利完成了考察任务，达到了预期目的。

1996 年 5 月　出版《'96 中国生活用纸指南》(内部资料)
May 1996　Publish ['96 Directory of Household Paper Industry (China)]

1996 年 5 月　'96 中国生活用纸专业委员会年会暨国际研讨会在福建厦门举行
May 1996　Annual Symposium of China National Household Paper Industry Association and International Seminar Held in Xiamen, Fujian

中国造纸协会生活用纸专业委员会于 1996 年 5 月 21—24 日在福建厦门举办了"'96 中国生活用纸专业委员会年会暨国际研讨会"。此次会议由生活用纸专业委员会副主任委员单位福建恒安集团协办。参加此次会议的有来自全国各地的生活用纸生产厂、机械厂、原辅材料厂等共计

243 家企业，372 位代表。来自美国、日本、韩国、芬兰、奥地利、新加坡、意大利、法国、瑞士、香港、台湾等国家和地区的公司共计 40 家，87 位代表。

会议由生活用纸专业委员会秘书长江曼霞主持。生活用纸专业委员会主任委员谭祖光致开幕词；恒安集团公司总经理许连捷致欢迎词，欢迎海内外的代表参加此次盛会；生活用纸专业委员会秘书长作了“生活用纸代表团出访欧洲、香港的考察报告”。在 3 天的研讨会上，有 15 家海外公司作了技术交流，内容丰富，涉及生活用纸的各个方面。包括卫生纸、卫生巾、婴儿纸尿裤的生产机械和加工机械、生产过程中的化学助剂及原辅材料等。通过这些研讨，使代表们从不同侧面了解到国外生活用纸的新技术、新设备、新材料及最新发展趋势，受到与会代表的热烈欢迎。年会上还发行了《’96 中国生活用纸指南》。

在 5 月 20 日的协会代表座谈会上，全国造纸标准化中心的张少玲主任作了关于 ISO9000 质量保证体系的专题报告。张主任还在 23 日中午向部分代表作了有关卫生巾标准修订的说明，对代表提出有关荧光增白剂和原辅材料标准等问题作了如下解释：(1)因目前国内对荧光增白剂尚无进行有关毒害性的量的测试，所以，标准中对此一项不做说明。(2)准备将卫生巾的原辅材料(包括绒毛浆、热熔胶、离型纸、非织造布、SAP 等)的标准(企业标准或行业标准)附在卫生巾标准后，以供卫生巾生产企业参考。此次会议还对生活用纸专业委员会的组织机构进行了调整，将有一定规模、积极参加协会活动、支持协会工作的企业调整到常务委员或委员单位中，以使协会工作更富活力。

会议期间，组织代表参观了恒安集团。恒安集团公司领导以大企业宽阔的胸怀，向大家展示了有关生产车间，特别是新引进安装的卫生巾机和纸尿裤机，使代表收获很大。

应代表的要求，5 月 23 日晚召开了生产企业代表座谈会。大家发言踊跃，对协会工作有很高的期望值，提出了许多建设性的意见。在如何振兴民族工业，中小企业如何联合起来参与市场竞争的讨论中，各抒己见，气氛热烈。通过讨论大家认识到：改革开放促进了生活用纸行业的迅猛发展，也使各生产企业面临机遇与挑战并存的局面。随着国际知名企业进入中国市场，市场竞争更为激烈。我们要保护和振兴民族工业，但不能退回到闭关自守的老路上去。市场不相信眼泪，国内企业特别是中小企业只有注重技术水平和质量的提高，联合起来，提高规模效益，多打出几块自己的名牌，才有希望占有更多的市场份额，在激烈的市场竞争中振兴和发展民族工业。

代表们还充分利用本次会议提供的机会，开展宣传展示和技贸洽谈活动。共使用宣传展示板 40 余块(幅)。不但技术交流日程安排得很满，国内企业间会上会下的交流也非常活跃。大家一致反映本次会议规模盛大，取得圆满成功。

1996 年 10 月　　’96 一次性纸餐具研讨展示会在京举行

October 1996　　’96 Disposable Paper Tableware Seminar Held in Beijing

由中国造纸开发公司、中国造纸协会生活用纸专业委员会和中国包装技术协会纸制品包装委员会 3 个单位联合举办的’96 一次性纸餐具研讨展示会于 1996 年 10 月 30—31 日在京召开。与会代表近 200 人。来自芬兰、美国、法国、荷兰、韩国以及香港地区的国际纸制品生产商、经销商和国内 80 多家一次性纸餐具生产设备、纸浆纸板及化学助剂等原辅材料的生产企业和销售公司的代表，参加了该研讨会。

会上，中国造纸协会生活用纸专业委员会江曼霞秘书长作了一次性纸餐具的市场和发展趋势的报告。全国造纸标准化中心张少玲主任对关于制定一次性纸餐具国家标准的有关情况进行了介绍。与会的国内外代表分别就一次性纸餐具的产品及其生产设备和工艺技术、纸板、化学助剂等原辅材料的应用以及一次性纸餐具的再回收等问题进行了交流探讨。

此次会议的宗旨是针对目前国内纸餐具市场盲目投产、技术尚不成熟、国内布局欠合理的情况，对广大生产和欲投资上项目的企业进行引导，集中沟通和交流信息，促进发展。对纸板餐盒与纸浆模塑餐盒及纸杯的生产技术特点及销售情况进行技术和经济的分析，并对我国快餐业的发展进行了回顾和展望。会议正确评价当前的塑纸之争，畅谈两者利弊，谋求共同发展机遇和发展策略。与会代表普遍反映在信息交流和商务方面都有较大的收获。

1996 年 12 月　国产护翼型卫生巾机研讨展示会在京举行
December 1996　Domestic Wing Sanitary Machine Seminar Held in Beijing

为促进护翼卫生巾机的国产化进程，交流技术和市场信息，作为卫生巾组的专题性活动，生活用纸专业委员会于 1996 年 12 月 19—21 日在北京召开国产护翼型卫生巾机研讨展示会。本次会议的协办单位为邯郸金佰利舒而美集团和乐百得(中国)有限公司及丹东丰蕴机械厂。参加会议的国内企业代表 217 人，海外企业代表 18 人。会议由生活用纸专业委员会秘书长江曼霞主持。谭祖光主任委员致开幕词，副主任委员、卫生巾组组长邯郸金佰利舒而美集团公司李鸿志总经理致欢迎词。秘书长做了关于“国内卫生巾生产和市场发展的近期动态”的报告。舒而美集团，唯尔福集团的技术人员介绍了引进设备的运行情况及与国产设备的比较。丹东丰蕴机械厂、乐百得(中国)有限公司、玳纳特公司、诺信(中国)有限公司的代表在大会上介绍了自己的设备。上海八德实业公司、晋江市永昌机械设备有限公司等近 10 家设备制造企业做了大会发言。大会分组对国产卫生巾设备存在的主要差距、需要突破的技术关键、各地护翼卫生巾的市场容量和发展预测等问题进行了研讨。会议组织代表现场参观了丹东丰蕴机械厂和常州外贸医保用品设备厂制造的卫生巾机。会议通过宣传板展示等形式，开展了洽谈订货等商贸活动。

1997 年 3 月　生活用纸代表团赴法国、德国、奥地利参观考察
March 1997　China Household Paper Delegation Visited France, Germany and Austria

生活用纸专业委员会和中国贸促会轻工业分会联合组团一行 22 人参观了在法国尼斯市举办的“Tissue World’97”世界卫生纸展览并参观了奥地利卫生纸机制造商 Voith 以及德国的 W + D 公司(卫生巾设备及卫生纸加工设备制造商)。

1997 年 4 月　’97 中国造纸协会生活用纸年会暨国际研讨会在昆明举行
April 1997　1997 Annual Symposium of China National Household Paper Industry Association and International Seminar Held in Kunming, Yunnan

生活用纸专业委员会 1997 年 4 月 22—25 日在昆明召开了“’97 中国造纸协会生活用纸年会暨国际研讨会”。此次会议由生活用纸专业委员会副主任委员单位邯郸金佰利舒而美集团协办。本届年会规模盛况空前。据不完全统计，参会的国内单位 343 家，570 人；海外公司 53 家(来自 15 个国家和地区)110 人。年会通过交流、研讨和宣传板展示等方式提供了广泛的信息，创造了很多合作、交流以及商贸机会，受到与会海内外来宾的交口赞誉。会议通过了机构调整名单，确定了明年换届选举及年会协办单位等事宜。会议还邀请专家对一次性使用卫生用品标准进行了宣讲。

1997 年 10 月　生活用纸专业委员会主任委员扩大会在京举行
October 1997　The Chairmen of Household Paper Industry Association Conference Held in Beijing

为按照国家经贸委规定的行业基本职能把协会的工作做得更符合广大会员的要求，生活用纸

专业委员会于1997年10月22日在北京华都饭店召开了主任委员扩大会，共商协会工作如何适应新形势的重大事宜。应邀参加主任委员扩大会的代表23人。上下午的会议分别由李朝旺和杨传信主持，谭祖光主任作总结发言。国家纸张质量监督检验中心姬厚礼副主任和卫生部全国卫生产业企业管理协会办公室田建国副主任列席会议。

会议讨论研究的主要议题是：

1. 1998年年会事宜。

2. 关于协会换届选举的具体事项，主任委员和常委单位的职数和资格规定。

3. 如何制定切实可行的行规行约。

4. 关于规范协调市场，保护生产者和用户的合法权益，维护行业整体利益，避免不正当竞争问题的具体对策。

5. 关于积极参与制定、修订本行业各类标准工作和组织贯彻实施的意见。

6. 关于加强行业统计工作的具体办法。

7. 关于加强与卫生部和无纺布协会的联系及协作事宜。

此外由国家纸张质量监督检验中心姬副主任介绍了今年三季度全国卫生巾质量统检的情况。部分代表还参观了'97国际纸林展览会。

此次会议全国生活用纸知名企业的老总们济济一堂，研讨活动紧凑热烈。在重要问题上达成了共识，秘书处将大家的意见逐项落实。主要包括：

1. 1998年年会初定于4月10日左右在杭州(绍兴)举行，协办单位唯尔福集团。

2. 在明年年会之前，在会员范围内进行主任委员和常委单位的书面差额选举工作。

3. 负责起草遵守行规行约的倡议书，并由发起单位签名。

4. 年底发表格进行行业统计工作。

1997年11月　　出版《1997—1998中国生活用纸指南》
November 1997　　Publish [1997—1998 Directory of Household Paper Industry (China)]

1997年11月　　生活用纸信息交流暨技贸洽谈会在沪召开
November 1997　　Household Paper Industry Technology & Trade Seminar Held in Shanghai

为加强国内企业间的信息交流，促进商贸活动，以《1997—1998中国生活用纸指南》和SINCE'97第七届上海国际非织造布展览会为契机，生活用纸专业委员会于1997年11月2—4日在上海召开了生活用纸信息交流暨技贸洽谈会。本次会议的协办单位为上海唯尔福集团。参加会议的国内外代表330余人。会议由生活用纸副秘书长、北京造纸十一厂厂长郝治主持。谭祖光主任委员致开幕词，上海唯尔福集团公司杨传信总裁致欢迎词。秘书处公布了1996年度生活用纸主要生产企业和知名品牌排序情况。江曼霞秘书长简要汇报了生活用纸专业委员会1997年的工作和1998年活动的初步安排。并就《1997—1998中国生活用纸指南》的出版做了编辑说明。

本次会议侧重国内的交流，由秘书处组织了先进企业的技术和管理经验介绍。主要有：

1. 恒安集团——科技兴企，质量创新，发挥规模聚集效益(发言人副总裁张汉来)。

2. 广东维达纸业股份有限公司——企业发展和技术、管理经验介绍(发言人副总经理董义平)。

3. 唯尔福集团——如何做好生产过程质量控制与质量体系文件化工作(发言人副总经理孙江远)。

4. 福建永昌机械设备有限公司——如何提高国产卫生巾设备的水平(发言人副总经理谢继华)。

在大会上发言的公司如下：

1. 诺信(中国)有限公司——热熔胶机

2. 香港百利怡公司——卫生纸加工及包装设备

3. 国民淀粉化学有限公司——热熔胶的新技术：一次性卫生产品的应用

4. 玳纳特公司——热熔胶机

5. 乐百得公司——热熔胶机

6. 美国CHICOPEE公司——PE打孔膜

日本卫生材料工业联合会派出以专务理事井尻时雄和专务取缔役佐藤圣雄为首的一行十多人参加了会议。专务理事井尻时雄先生在会上发表了题为“日本成人失禁用品的现状和未来”的演讲，引起与会代表的广泛兴趣。原定11月2日在大会上发表的秘书处关于行业最新进展情况专题报告(生活用纸市场孕育新潜力)因时间关系改为书面发表。

11月3日会议组织代表参加了SINCE'97第七届上海国际非织造布展览会开幕式并参观了展览。SINCE'97展览国内外厂商云集,规模盛大,令代表眼界大开。会上开展了各种商贸洽谈活动。会议还组织部分代表参观了上海唯尔福集团环氧乙烷消毒系统和位于苏州的Fiber Visions(中国)纺织品有限公司。

为方便代表交流和洽谈,本次会议特地安排了展示洽谈室,全天免费开放,受到代表的广泛欢迎。新出版的《1997—1998中国生活用纸指南》也以其实用性广受青睐。

1998年4月　第五届生活用纸国际研讨暨展示订货会在浙江杭州举行

April 1998　The 5th China International Household Paper Conference /Show(CIHPC'98) Held in Hangzhou, Zhejiang

为展示国内生活用纸行业的发展,沟通国内外信息,加强企业间交流,促进行业发展,生活用纸专业委员会于1998年4月8—11日在浙江杭州市举办了第五届生活用纸年会暨国际研讨会。自1993年6月8日中国造纸协会生活用纸专业委员会成立以来,在协会广大成员单位的支持和积极参与下,生活用纸年会已连续举办5次,规模逐年扩大,在国内卫生纸品和用即弃产品行业颇具影响。本届年会规模宏大,主要生产厂家基本都有代表到会。会议注册的代表约680人,实际到会人数估计达1000人。参会的海外公司或其在华办事处有63家(来自14个国家和地区)。年会通过技术交流、研讨、秘书处报告、广告板展示、样机现场演示、参观工厂、贸易洽谈等方式提供了广泛的信息,创造了很多合作和商贸的机会,受到海内外来宾的交口赞誉。主任委员扩大会议通过了委员会领导机构换届名单。确定了有关协会工作计划和改进协会工作的方案。会议取得了圆满成功。

1998年4月　生活用纸代表团赴美国考察

April 1998　China Household Paper Delegation Visited U. S. for Investigation

应美国无纺布工业协会和美国PCMC公司、惠好公司、GP公司、加拿大BUCKEYE公司等单位的邀请,生活用纸专业委员会赴美、加参观访问团一行18人于1998年4月22日至5月4日出访美国、加拿大。考察团出访期间参观了在美国马里兰州巴尔的摩市举办的IDEA'98国际无纺布会议及博览会。访问了生产纸浆、绒毛浆及生活用纸机械的5个公司(工厂),考察了美国加拿大的生活用纸市场。美国、加拿大的有关公司对本次以谭祖光主任委员为团长的生活用纸参观访问团十分重视,所到之处受到热情友好的接待。除参观考察外,双方还就各自国家生活用纸行业的情况和加强技术、贸易方面的相互合作问题进行了广泛的交流和探讨。

IDEA是美国无纺纤维工业协会INDA(ASSOCIATION OF THE NONWOVEN FABRICS INDUSTRY)主办的三年一届的国际无纺布会议及博览会。IDEA的寓意是将概念变为现实。1998年是INDA成立30周年纪念。IDEA'98博览会有来自世界各地的300多家公司参展,堪称无纺布工业界的一大盛事。我国有中国无纺布技术协会、上海纺织研究院、北京大源无纺布有限公司、杭州新华集团等11个单位参展,与会代表五六十人。考察团在4月23日上午参观了IDEA'98,既见到了一些熟悉的公司和老朋友,又结识了一些过去了解甚少的公司和新朋友,看到了该领域最新研究开发的各种新产品的样品以及相关的原辅材料、机械设备,为今后进一步的技贸活动打下了基础。

本次出访共参观访问了5个企业:

1. 美国纸产品加工机器公司(PCMC)

2. 美国乔治亚-太平洋公司的布朗斯维克工厂(Georgia-Pacific Brunswick Operation)

3. 美国惠好公司(Weyerhaeuser Company)

4. BUCKEYE加拿大公司(BUCKEYE CANADA INC.)

5. 好声浆纸公司(Howe Sound Pulp and Paper Ltd.)的Port Mellon厂

1998年8月 生活用纸专业委员会常委扩大会议在汕头举行
August 1998 The Members of CNHPIA Conference Held in Shantou, Guangdong

生活用纸专业委员会于8月26—28日在广东汕头市成功召开了1998年度常委扩大会议。本次会议由广东汕头市新业集团爱护洁护理用品厂有限公司协办。参加常委扩大会议的代表82人。在与会代表的共同努力下，会议取得了圆满成功。

8月26日的常委扩大会议上、下午分别由李鸿志副主任委员和杨传信副主任委员主持。会议应到常委31人，实际到会常委或常委委托的代表24人。广东维达纸业股份有限公司等5个单位的常委因有其他重要公务来电请假，邯郸金佰利舒而美公司和上海金佰利纸业公司的常委缺席。

根据会议日程安排，上午的会议首先由谭祖光主任委员做题为"面向市场 迎接挑战"的工作报告，然后由郝治副秘书长宣读了"生活用纸专业委员会工作条例"(讨论稿)和"文明竞争公约"(讨论稿)两个文件。江曼霞秘书长介绍了关于设立咨询服务站，更好地为会员单位服务的构想以及建立通讯员网络，进一步办好生活用纸刊物和指南的具体意见，同时向到会代表汇报了生活用纸专业委员会1998年4季度和1999年的工作计划。

下午的会议是审议谭主任的工作报告和上午宣读的两个文件，同时交流各地市场情况，讨论企业如何面对市场经济的激烈挑战。

与会代表以主人翁的态度踊跃发言，积极发表意见。通过讨论，会议一致通过了谭主任的工作报告。在讨论修改后通过了"工作条例"和"文明竞争公约"。许多代表发言认为，文明竞争公约是一种行业自律性的约定，对于规范市场行为，遏止恶性竞争，打击假冒伪劣产品，发展和保护民族工业有非常现实和积极的意义，所有会员单位都应该自觉遵守，每个企业都从自己做起，形成良性竞争的氛围，促进行业的健康发展。关于市场竞争，各个企业的领导现在都有比较深刻的认识，无论是生活用纸生产厂家还是原辅材料、设备厂商都十分关注行业的发展。市场竞争国际化的趋势使大家都有很强的赶超意识。在一次性卫生用品方面，近两年竞争的焦点从普通型卫生巾转到护翼型卫生巾，目前又转到护垫方面。不但是卫生巾产品，而且在设备制造、原辅材料方面都在不断地进行研究开发，落后就要挨打，就要被市场无情地淘汰已是不争的事实。增城雅姿卫生用品厂、北京造纸五厂等企业介绍了他们在开发新产品，扬长避短、发挥自身优势，提高质量、降低成本、努力创造自我生存和发展的条件等方面的情况。基于对生活用纸专业委员会的信任和期望，广州宝洁公司、珠海香凌公司、开平长利卫生纸品制造厂、北京金鱼如意公司等单位的代表对有关一次性卫生用品的卫生标准问题、准销证问题、知识产权保护问题等提出许多看法和意见，希望委员会代表企业利益与有关部门沟通。谭祖光主任在总结发言中说：紧张热烈的讨论反映了到会常委和骨干企业厂长经理对生活用纸专业委员会非常热爱，对秘书处工作非常支持和信任。他代表秘书处工作人员对到会代表表示衷心感谢。他说：常委扩大会日程紧凑，效率高，大家谈了很多实实在在的意见和建议。反映了当前企业在生产和经营方面的有利因素和困难问题，这些意见和反映的情况对改进协会工作，团结广大会员，发展中国生活用纸行业有非常积极的意义。秘书处将不负众望，尽全力把工作做得更好。

1999年3月 生活用纸代表团赴欧洲考察
March 1999 China Household Paper Delegation Visited Europe for Investigation

每两年一届的世界卫生纸展览于1999年3月23—25日在法国尼斯举行。该展览会为世界惟一的以生活用纸为主要内容的大型展览会。展出内容为与生活用纸有关的造纸机械、包装机械、印刷机械和化学原料等。与展览会同时举行的还有许多大型技术座谈会及学术会议。

为使企业及科研单位能够直观地了解到国内外最先进的技术和设备，以提高我国生活用纸的质量和档次，加强我国纸制品及造纸机械在国际市场上的竞争能力，中国造纸协会生活用纸专业委员会和贸促会轻工业分会组织生活用纸代表团前往法国尼斯参观 1999 年世界卫生纸展览，访问意大利、瑞士等国有关的生产厂家，如百利怡公司、PCMC 在欧洲的工厂等，并进行商贸考察活动。

考察团一行 24 人。由谭祖光理事长任团长，团员有生活用纸秘书处孙静以及贸促会轻工业分会、广东省中顺纸业集团有限公司、广西贵港市榴花造纸公司、北京市金鱼如意日用品有限公司、广西柳州造纸厂、广东中山市三角纸制品制造有限公司、广西南宁糖厂、湖北枝江市造纸厂、湖北松滋市工贸合营生活用纸厂、山东寿光市兴华造纸厂、广东东莞市华兴纸业实业有限公司、江苏常州东风卫生制品厂、山东沂春机械股份有限公司、四川宜宾市造纸化工总公司、广东东莞市佳鸣机械制造有限公司等单位的代表。

1999 年 5 月　第六届生活用纸国际研讨暨展示订货会在西安举行

May 1999　The 6th China International Household Paper Conference/Show(CIHPC'99) Held in Xi'an, Shaanxi

1998 年生活用纸企业经受了严峻的市场考验，为展示国内生活用纸行业的发展，沟通国内外信息，加强东西部企业间的交流，促进行业发展，生活用纸专业委员会于 1999 年 5 月 6—9 日在著名古都陕西西安市举办第六届生活用纸国际研讨会暨展示会。本次会议由邯郸新欣卫生用品有限公司和西北轻工业学院协办。为适应市场经济的要求，会议除继续搞好技术交流外，还加大了展示、宣传和业务洽谈以及产品交易的力度，以满足生活用纸行业各种业务的多方面要求。

第六届生活用纸国际研讨会暨展示会(CIHPC'99)规模宏大，开幕式到会的领导有中国轻工物产集团总裁陈学忠、中国造纸协会理事长陈思亮、中国造纸协会副理事长、中国造纸协会生活用纸专业委员会主任谭祖光、西北轻工业学院副院长尚久浩等。生活用纸专业委员会副主任除广东维达纸业有限公司李朝旺总经理因公出差国外请假外，恒安集团总裁许连捷、唯尔福集团总裁杨传信、邯郸新欣卫生用品有限公司总经理李鸿志，中顺集团董事长邓颖忠均到会。本次会议主要生产厂家基本都有代表到会。会议注册的代表 600 多人，实际到会人数估计有 2000 人。参会的海外公司和港台公司有 50 家(来自 12 个国家和地区)。年会通过技术交流、研讨、秘书处报告、小型展览、参观工厂、贸易洽谈等方式提供了各种实用信息，创造了很多合作和商贸的机会、受到海内外来宾的广泛欢迎和交口赞誉。会议取得了圆满成功。

1999 年 7 月　生活用纸互联网开通

July 1999　The Launching of the Net of China Household Paper

为使中国生活用纸行业紧跟“互联网 - 电子商务”新潮流，生活用纸专业委员会秘书处于 1999 年 7 月 1 日开通生活用纸互联网站。

生活用纸互联网站开通后，将动态地反映行业的情况，在网上传递有关技术和商务信息，联络国内外有关企业，更好地为行业服务。

网址：www. cnhpia. org

电子信箱：cnhpia@ public. bta. net. cn

1999 年 7 月　全国卫生纸专题会议在沪召开

July 1999　The Tissue Paper Conference Held in Shanghai

为规范卫生纸市场秩序，制止恶性竞争，维护行业整体利益，中国造纸协会生活用纸专业委员会于 1999 年 7 月 3 日在上海召开全国卫生纸行业反低价倾销专题会议。会议由生活用纸专业委员会秘书长江曼霞主持，主要内容如下：

1. 中国造纸协会生活用纸专业委员会主任谭祖光讲话。

2. 卫生纸组组长、广东维达纸业公司总经理李朝旺讲话。

3. 宣读和学习国家经贸委《关于部分工业产品实行行业自律价的意见》，国家经贸委和国家计委《关于制止低价倾销工业品的不正当价格行为的规定》，重温《中国生活用纸行业文明竞争公约》。

4. 其他公司代表关于当前各地卫生纸市场情况和本企业营销策略的发言。

5. 讨论如何维护行业的健康发展，共创公平竞争环境，分析行业当前卫生纸的平均成本以及会后按季度发布行业平均成本和提出行业自律价的可行性和操作办法。

6. 针对倾销行为对行业的冲击，协会应采取的对策和措施的建议。

7. 卫生纸组成员单位关心的其他问题。

8. 通过有关的决议和建议。

9. 谭祖光主任作总结发言。

10. 参观上海各超级市场各种品牌卫生纸的销售情况（自由参加）。

出席会议的有30个单位的47位代表。与会代表认真学习了国家经贸委发布的“关于部分工业产品实行行业自律价的意见”，国家经贸委和国家计委共同发布的“关于制止低价倾销工业品的不正当价格行为的规定”以及“价格法”、“反不正当竞争法”等法律文件；互相通报和分析了当前卫生纸市场出现的价格混乱，无序竞争的情况；研究了应采取的对策和措施。通过讨论和协商，达成如下决议：

1. 协会各会员单位必须积极贯彻国家有关价格自律的政策和法令，自觉遵守中国生活用纸行业文明竞争公约，加强企业价格自律；

2. 鉴于目前在生活用纸（卫生纸）领域存在的无序竞争，协会要在制止低价倾销、组织企业进行价格自律和协调企业之间关系方面发挥作用。具体做法是：

（1）测定行业平均成本，及时掌握汇总行业成本、价格信息（各企业应按要求每月如实上报），并定期（每季或每半年一次）发布和监督检查。经讨论大家同意1999年三季度A级全木浆卫生纸原纸成本价为7500元/吨；

（2）积极听取企业的反映，协调企业之间的关系，并在调查核实的基础上向有低价倾销行为嫌疑的企业反馈意见和提出规劝改正的建议；

（3）对不接受规劝的有低价倾销行为嫌疑的企业应以协会的名义及时向政府价格主管部门举报，以制止不正当竞争并制裁行为人；

3. 协会将进一步组织好卫生纸专业组的活动，以求各企业在公平竞争环境中，相互取长补短，增加产品技术含量，增强抗风险能力，为进一步推动中国生活用纸市场的健康发展作出新贡献。

1999年9月　’99生活用纸秋季信息交流暨展示交易会在沪举行
September 1999　’99 China Household Paper Trade & Show Seminar Held in Shanghai

1999年9月19—21日在上海举办的’99生活用纸秋季信息交流暨展示交易会内容丰富、安排紧凑，受到与会代表的广泛欢迎和好评。本次会议常委以上单位和主要生产厂家基本都有代表到会，会议注册代表426人，实际到会人数估计超过一倍以上。展示会现场人头攒动、熙熙攘攘，洽谈和交易气氛十分热烈。19日上午会议开始时，新任主任委员曹振雷博士和代表见面并致词。本次技术交流内容新、针对性强，如国产卫生巾设备、纸尿裤设备的介绍，包宁公司关于纸浆模塑产业现状和发展的介绍，国家纸张质量监督检验中心有关卫生纸品、卫生巾检验、标准和质量管理的介绍等，代表反映很有启发和收益。20日上午由生活用纸专业委员会副主任委员杨传信先生主持的热点问题座谈对开展文明竞争，提高国产设备质量以及造纸浆替代绒毛浆的利弊等问题开展了比较深入地讨论，达到了预期的效果。20日下午维达等企业负责人关于卫生纸行业自律的座谈会有维达纸业、常德恒安纸业、金红叶纸业、漯河银河纸业、恒信纸业、荣成纸业、永丰余纸业、斯米克华洁纸业等8个单位的18名代表参加。会议由曹振雷主任主持，通过讨论和平等协商，与会企业同意A级全木浆卫生纸原纸的成本价最低限定为8000元/吨（含税）。考虑到金红叶纸业等企业需处理已印制的包材和与经销商衔接的滞后时间，行业自律最低限价从1999年12月1日执行。在此期间，生活用纸专业委员会将根据商品浆的市场价格情况，决定是否调整最低限价，并在1999年11月1日通知各企业执行。此次座谈会在7月3日会议的基础上有了实质性的进展，为生活用纸的行业自律开了一个好头。21日下午关于卫生巾设备标准的起草小组会议也如期举行。生活用纸'99秋季信息交流暨展示会在协办单位唯尔福集团、沪港机电设备厂及会议代表的大力支持下取得圆满成功。

1999年9月 曹振雷继任生活用纸专业委员会主任委员
September 1999 Mr. Cao Zhenlei Take the Chair of CNHPIA

中国造纸协会生活用纸专业委员会原主任委员谭祖光于1999年7月不再担任中国造纸开发公司总经理职务，中国轻工集团总公司任命曹振雷接任中国造纸开发公司总经理。根据中国造纸协会生活用纸专业委员会工作条例第五条、第十二条和第十三条的有关规定，秘书处建议由委员会挂靠单位中国造纸开发公司的法人代表曹振雷总经理继任生活用纸专业委员会主任委员，经征求各常委单位意见，均无异议，从1999年9月起，曹振雷正式担任生活用纸专业委员会主任委员，并报中国造纸协会备案。

曹振雷同志简历

曹振雷现年40岁，1982年毕业于华南理工大学，1984年在中国制浆造纸工业研究所取得硕士学位，1988年公派去加拿大萨斯克彻温大学攻读博士学位，毕业后放弃在国外工作的优越条件，回国全身心投入科研工作。

由于其优秀的政治品质和卓越的工作成绩，曹振雷同志被推选为中共十五大代表，优秀的青年科技工作者。现任中国造纸开发公司总经理和中国制浆造纸工业研究所所长职务。

2000年2月 江秘书长参加日本卫生材料工业联合会成立五十周年庆典
February 2000 The Attendance of Secretary-General Jiang Manxia at the Celebration of the 50th Anniversary of Japan Hygiene Products Industry Association

2000年2月9日是日本卫生材料工业联合会成立五十周年纪念日，应高原庆一朗会长的邀请，江曼霞秘书长代表曹振雷主任参加了在东京帝国饭店举行的盛大庆典活动，并代表中国造纸协会生活用纸专业委员会向大会致词。庆典活动隆重热烈，有日本厚生省、通产省官员，国会议员和来自日本各地的500多名代表参加。参会的海外团体有欧洲EDANA、美国IPA、中国造纸协会生活用纸专业委员会、中国全国卫生产业企业管理协会卫生材料分会、中国预防医学科学院。

江秘书长在日期间受到细谷诚先生等人的热情接待，全程陪同参观考察了瑞光株式会社，(株)松村石油研究所，TOYOEIZAI(都要卫材株式会社)，丸红株式会社等企业，与新老朋友会见和交流，加深了相互了解和友谊。

2000年4月 第七届生活用纸国际研讨会暨展示会在北京召开
April 2000 The 7th China International Household Paper Conference/Show (CIHPC'2000) Held in Beijing

2000年4月26—28日在北京举办的第七届生活用纸国际研讨会暨展示会(CIHPC'2000)规模宏大，气氛热烈。开幕式到会的领导有中国轻工集团公司总裁陈学忠，中国造纸协会常务副理事长曹朴芳，中国造纸学会副理事长黄润斌，北京造纸学会理事长孙树建等。生活用纸专业委员会主任曹振雷因去新加坡参加亚洲国际纸展，开幕词由副主任杨传信代读。生活用纸专业委员会副主任除恒安集团总裁许连捷因公请假，由余文章总经理代表外，广东维达纸业有限公司董事长李朝旺、唯尔福集团总裁杨传信、邯郸特日欣卫生用品有限公司总经理李鸿志、中顺集团董事长邓颖忠均到会。本次会议主要生产厂家基本都有代表到会。会议注册的代表近800人，实际到会人数估计在2000人以上，并有众多经销商参加。参会的海外公司和港台公司有39家(来自11个国家和地区)。年会通过技术交流、研讨、秘书处报告、小型展览、参观工厂、贸易洽谈等方式提供了各种信息，创造了很多合作和商贸的机会、受到海内外来宾的广泛欢迎和交口赞誉。本次会议在参会人数和展出面积方面都超过了上一届，秘书处的会务工作准备充分，在会议报到，代表资讯统计方面应用计算机处理，提高了工作效率，代表们在公告牌上能及时查到客户代表的房间号，并在离会前就得到会议名录，均表示十分满意。关于中国加入世贸组织(WTO)和电子商务的研讨也传达了有关的先导性信息。会议取得了圆满成功。

2000年5月　　生活用纸代表团赴欧洲考察

May 2000　　China Household Paper Delegation Visited Europe for Investigation

应DRUPA 2000(在德国杜塞尔多夫召开的“第12届德国国际印刷及纸业展览会”)和意大利百利怡公司、GDM公司的邀请，以江曼霞为团长的中国造纸协会生活用纸专业委员会赴欧洲参观访问团一行20人于2000年5月16—30日出访欧洲，考察团出访期间参观了DRUPA2000，访问了意大利百利怡公司、GDM公司和一个卫生卷纸加工厂、一个纸尿裤生产厂，考察了荷兰、德国、法国、意大利的生活用纸市场。意大利的两家公司与中国生活用纸行业有良好的合作关系，对生活用纸参观团的到访十分重视，所到之处受到热情友好的接待。意大利百利怡公司还特意安排了为DRUPA准备的设备展示专场。

2000年6月　　2000年下半年《生活用纸》逢双月并入《造纸文摘》

June 2000　　Merging [Tissue Paper & Disposable Product] into [Paper Abstract] in No. 51, No. 53, No. 55

为了扩大《生活用纸》的影响和覆盖面，更好地为行业服务，经研究和协商，决定从2000年6月起试行将《生活用纸》以生活用纸专栏形式并入公开发行的《造纸文摘》杂志，同时《造纸文摘》改由生活用纸专业委员会秘书处人员编辑，逢单月仍出《生活用纸》。2001年《造纸文摘》拟更名为《生活用纸》。

2000年8月　　生活用纸企业高峰会议在京举行

August 2000　　The Summit Meeting of Household Paper Enterprises Held in Beijing

为学习贯彻即将在2000年9月1日正式实施的《产品质量法》修正案，总结近期几次质量抽检中出现的问题，接受国家有关部门和机构的指导，加强沟通和反映企业对产品标准及监督抽检方面的意见和建议，由李朝旺、邓颖忠两位副主任建议，生活用纸专业委员会于8月18日在北京组织召开了生活用纸企业高峰会议，共商生活用纸行业提高产品质量、迎接入世挑战、共同发展壮大的重大事宜。会议邀请30家重点生活用纸企业的负责人参加，并特邀国家卫生部卫生法制与监督司、国家技术监督局法规处、全国造纸标准化中心、国家纸张质量监督检验中心、北京市纸张质量监督检验站、上海卫生防疫站的有关领导和专家到会。会议主题是质量管理，内容包括：

1. 学习新的《产品质量法》，由国家技术监督局执法监督处王红处长作辅导性讲解。

2. 总结近期几次产品质量抽检中出现的问题

和整改应对措施。

3. 反映产品标准修订和监督抽检方面的意见和建议。

4. 秘书处汇报工作：

● 通报11月8—10日在上海召开的“第八届中国国际纸浆造纸暨纸制品工业展览会及会议”筹备情况。

● 2000版《中国生活用纸和包装用纸年鉴》编辑工作进展情况。

● 征求对行业发展前景预测数据的修改意见。

5. 向全行业提出打击假冒伪劣、确保产品质量的倡议书。

6. 分专业组讨论如何改进协会工作。

会议通过企业代表和领导、专家的充分对话，取得了预期效果。

2000年11月　《中国生活用纸和包装用纸年鉴2000》出版

November 2000　The Publishing of [2000 Directory of Household Paper & Packaging Paper/Paperboard Industry (China)]

由于生活用纸行业发展十分迅速，企业变化频繁，加上不少地方的电话号码升位或改动，为全面及时准确地反映我国生活用纸行业的发展和变化，以提供资讯，引导资金投向，促进经贸活动的发展，2000年版年鉴在2000年11月出版发行。

生活用纸工业和包装用纸工业密切相关，改革开放以来，人民生活质量的提高和商品流通的异常活跃，给包装用纸工业的发展提供了广阔的市场。为向包装用纸行业从业人员提供实用资料，2000年版年鉴扩版增加了包装用纸方面的内容，书名为《中国生活用纸和包装用纸年鉴2000》，由中国轻工集团生活用纸技术中心编写，中国轻工业出版社出版。

2000年11月　第八届中国国际纸浆造纸暨纸制品工业展览会及会议在上海举办

November 2000　Holding of the 8th International Exhibition and Conference for Pulp, Paper Making and Paper Products Industries in Shanghai

第八届中国国际纸浆造纸暨纸制品工业展览会及会议于2000年11月8—10日在上海世贸商城举办。这次展览会由美国克劳斯公司主办，中国造纸开发公司承办。

中国是世界上经济发展最快的国家之一，近年来造纸工业发生了突飞猛进的变化，无论在产品的数量、质量、品种、产品结构和企业结构方面，还是在经济效益等方面都取得了明显的进步，上了一个新台阶。1999年全国纸及纸板的年总产量已达2900万吨，较1990年翻了一番，总产量居世界第三位，消费总量已达3350万吨，成为世界第二大纸张消费国。目前，中国已经形成了一批具有一定竞争能力的造纸企业集团，但与国际先进水平相比，差距仍然很大。存在的差距就是发展的潜力，可见，中国的市场潜力巨大，造纸工业发展前景广阔。

为适应上海及周边地区造纸工业快速发展、纸张消费量迅速提升的新形势，本次展览会继1987年第一届之后，第二次在上海举办，有着特别重要的意义。

第八届展览会除制浆造纸方面的内容以外，还增加了纸制品工业方面的内容。纸制品工业涵盖了纸制品包装、卫生纸加工产品、妇女卫生巾、纸尿裤、失禁护理用品、纸餐具等各类产品。

2001年1月　《生活用纸》杂志公开发行

January 2001　Publish [Tissue Paper & Disposable Products] in Public

《生活用纸》自1993年以内部资料形式创刊以来，得到各会员单位、有关企业和广大读者的支持和欢迎，经过不断努力和改进，已成为生活用纸及相关行业从业人员的重要信息来源和参考资料。

根据国家轻工业局关于 2001 年将《造纸文摘》更名为《生活用纸》并改为月刊的申请，2000 年 8 月 28 日国家科技部以国科财便字(2000)085 号函批复同意，国内统一刊号改为 CN11－4571/TS。据此《生活用纸》将从 2001 年 1 月起改为国内外公开发行。

2001 年 5 月　第八届生活用纸国际研讨暨展示订货会在珠海召开

May 2001　The 8th China International Household Paper Conference / Show (CIHPC'2001) Held in Zhuhai, Guangdong

第八届生活用纸国际研讨暨展示订货会(CIHPC'2001)规模宏大，气氛热烈。开幕式到会的领导有中国造纸协会理事长钱桂敬、中国轻工集团公司总裁陈学忠、中国造纸协会生活用纸专业委员会主任曹振雷。生活用纸专业委员会副主任福建恒安集团有限公司总裁许连捷、维达纸业(广东)股份有限公司总裁杨传信、邯郸特日欣卫生用品有限公司总经理李鸿志、广东中顺纸业集团有限公司董事长邓颖忠均到会。本次会议主要生产厂家基本都有代表到会。会议注册代表 800 多人，实际到会人数 3000 人以上，参观展览 15000 余人次，并有众多经销商参加。参会的海外公司和港台公司有 30 多家(来自 11 个国家和地区)。本届会议举办了 13 场技术交流和研讨，有 140 多个展位和 4 条现场设备生产线展示，展出面积 3000m^2，为方便大家咨询和研讨，还专设了专家咨询台，为参会的中外企业创造了更多的学习交流和拓展贸易的机会，受到海内外来宾的广泛欢迎和交口赞誉。5 月 15 日开幕式上公布了 2000 年中国生活用纸企业分品种产量和排序。5 月 16 日召开的常委会议研究了增补常委及行业发展的有关问题。

本次会议在参会人数和展出面积方面都超过了上一届，秘书处的会务工作准备充分，减少了代表们报到时的等候时间，代表资讯统计方面应用计算机处理，提高了工作效率，代表们在离会前就得到会议名录，表示十分满意。会议取得了圆满成功。

2001 年 9 月　第九届中国国际纸浆造纸、林业展览会及会议在北京举办；同期举办生活用纸研讨班和高峰会议

September 2001　Holding of the 9th International Exhibition and Conference for China's Pulp/Paper, Paper Products, and Forestry Industry

中国造纸协会生活用纸专业委员会作为协办单位之一参加举办了第九届中国国际纸浆造纸、林业展览会及会议。本届展会不仅秉承自 1987 年创办以来所具有的规模大，专业性强，国际参展商多，研讨会水准高的特点，而且在中国即将加入 WTO 之际本届展会已成为国际企业为进驻中国造纸市场，国内企业为适应市场的热身活动。

2001 年国际纸林展展区总面积 11000m^2，国际展商和国内展商平分秋色。有来自芬兰、美国、德国、奥地利、法国、瑞典、瑞士、荷兰、印度、印度尼西亚、新加坡、日本、西班牙、英国、意大利、加拿大及香港等 17 个国家和地区，100 多家制造商参展。其中，芬兰国际展团、ABB、福伊特、西门子、三菱重工、克瓦纳、赫克力士、霍尼韦尔、安德里兹等著名公司都以强大阵容参展。国内展区则以全新的面貌展示了中国造纸工业近年来突飞猛进的变化。

2001 年生活用纸高峰会议于 9 月 23 日在北京乐游饭店召开，主要议题是：

1. 反映执行生活用纸行业产品标准和一次性使用卫生用品的卫生标准中出现的问题，与有关部门沟通；

2. 提高产品质量，打击假冒伪劣，配合国家有关部门的质量抽检活动；

3. 今年以来生活用纸市场价格低迷的原因；如何避免恶性竞争；

4. 卫生纸品进入大卖场的趋势和存在的问题；

5. 中国加入WTO，经济全球化形势下，中国生活用纸行业面临的机遇和挑战。

同期举行了生活用纸研讨班，在研讨班上有27位各专业的专家、企业家进行了精彩的演讲。演讲内容涉及质量体系认证、质量保证、卫生标准、营销策略、企业文化，以及新技术、新设备、新工艺的应用、技术革新与改造等，受到来自生活用纸企业的约150名代表的热烈欢迎。

2002年4月　《中国生活用纸年鉴2002》出版

April 2002　The Publishing of [2002 Directory of Household Paper Industry (China)]

《中国生活用纸年鉴2002》由中国轻工集团生活用纸技术中心编写，中国轻工业出版社出版。该书编入了最新资料，对企业名录部分进行认真的核实和补充，为便于检索，企业分别按产品类别和所在地区编排；对生活用纸的主要生产厂和著名品牌有重点介绍；新增了"技术进展(论文集)"部分。为便于外国人阅读，目录和主要内容有中英文对照。

2002年5月　第九届生活用纸国际研讨会暨展示订货会在福州举办

May 2002　The 9th China International Household Paper Conference / Show (CIHPC'2002) Held in Fuzhou, Fujian

第九届生活用纸国际研讨会暨展示订货会(CIHPC'2002)于2002年5月13—16日在福建省福州市举行，展览和会议规模宏大，气氛热烈，众多的拱门、彩球、条幅装点着这次生活用纸业界的盛大聚会。本届年会包括展览、技术交流、协会活动、贸易洽谈等活动。5月14日上午举行了展览和会议开幕式，到会的领导有中国轻工集团公司总裁陈学忠先生，中国造纸协会副理事长、生活用纸专业委员会主任曹振雷先生，福建省造纸协会常务副理事长李谦逊先生，福建省造纸学会理事长张道沛先生。在开幕式主席台上的还有生活用纸专业委员会副主任福建恒安集团总裁许连捷先生、维达纸业(广东)有限公司总裁李佩兰女士(代表李朝旺董事长)，上海唯尔福(集团)有限公司总裁杨传信先生，邯郸特日欣卫生用品有限公司总经理李鸿志先生，日本卫生材料工业联合会代表井尻时雄先生。本次会议主要生产企业基本都有代表参会。会议注册的代表800多人，实际到会人数3000人以上，参观展览约15000余人次，并有300人参观了恒安集团。这次参会的海外公司和港台公司有30多家(来自12个国家和地区)。会议举办了18场技术交流和研讨，展览面积4500m^2，有190个展位和6条现场设备生产线展示。本次会议的突出特点是：有众多经销商参加洽谈生活用纸订货事项。鉴于以往年会开幕式后展览和技术交流同时举行，常常造成展览会场短时间拥堵；而技术交流会场听课人员不足或迟到，降低了演讲效果；参会者难于兼顾，有时错过了希望了解的技术进展内容，本次年会的技术交流提前一天举办，第二天举行会议和展览开幕式；秘书处还在会前把技术交流题目发至相关企业收集反馈意见。经过改进，为参会的中外企业创造了更多的学习和交流机会，这一举措使技术交流会高峰时人数达300多人。5月14日上午开幕式上还举行了《2002中国生活用纸年鉴》的首发式；下午召开的常委扩大会议研究了行业发展的有关问题。

本次会议在参会人数和展览面积上都超过历届，正所谓"人气旺，商机盛"。秘书处的会务工作准备充分，代表资讯统计和收费应用电脑处理，提高了工作效率。参会代表各得其所，会议取得了圆满成功。

2002年5月　"纸尿裤与育儿健康专题研讨会"在北京举办

May 2002　"Diaper and Baby-Rearing Healthly Seminar" Held in Beijing

受宝洁公司委托，2002年5月21日，在国际儿童节即将到来之际，中国造纸协会生活用纸专业委员会邀请了国内几位知名专家进行了一次媒体访谈，就纸尿裤与婴儿健康发育的问题进行了研讨。会议的宗旨是使广大年轻父母增加对纸尿裤及其功能和优点的全方位了解，更加科学地使用纸尿裤，为祖国下一代的健康成长发挥积极作用。

会议由生活用纸专业委员会主任曹振雷主持，他指出：生活用纸专业委员会的宗旨之一是促进行业的技术进步和经济发展。目前在中国，纸尿裤的市场渗透率还很低，委员会有义务协助企业普及有关纸尿裤的基本知识，推动纸尿裤行业在中国的发展。会议邀请的专家有中国协和医科大学北京协和医院儿科教授、主任医师鲍秀兰，首都医科大学附属北京儿童医院皮肤科教授、主任医师赵佩云，中国科学院生物学部院士、中国协和医科大学组织胚胎教研室教授薛社普，北京大学人民医院泌尿外科教授、主任医师、中华医学会男科学学会主任委员朱积川等。他们就使用纸尿裤对维持婴儿良好睡眠，进而对婴儿体格生长和智力发育的作用；好的纸尿裤对婴儿皮肤健康的重要作用；正确使用纸尿裤不会对婴儿成长到青春期的生殖健康产生不良影响等问题发表了意见。

会议认为时代是进步的，人类的每一项发明都给人类的生活和发展带来了巨大的好处。自20世纪60年代初，世界上第一片纸尿裤进入美国市场以来，纸尿裤已经陪伴了美国婴儿以及世界其他地区的婴儿，无论是男婴还是女婴，整整将近50年。纸尿裤不仅使婴儿能够享受更多的时间的睡眠，有利于健康发育成长，同时也使年轻的父母从烦琐的重复性劳动中解放出来，能够有更多的时间给予婴儿更多的关爱与交流，也有更多的时间进行休息调整。

2002年6月　　生活用纸代表团赴欧洲考察

June 2002　　China Household Paper Delegation Visited Europe for Investigation

2002年6月11—24日，以中国造纸协会生活用纸专业委员会高级工程师陈祥津为团长的中国生活用纸代表团一行8人赴欧洲进行有关生活用纸考察。团员有生活用纸专业委员会张景雯、云南云景林纸股份有限公司总经理查定明、上海爱妮梦纸业有限公司总经理胡朝福、天津小燕子卫生用品有限公司总经理华鼎生、东莞白天鹅纸业有限公司总经理卢宝祥、副总经理李刚、丹东丰蕴机械厂厂长曲丰蕴。考察中参观访问了意大利GDM、TOSCHI和FABIO PERINI三个公司。同时，对欧洲生活用纸市场及相关产品进行了考察。

2002年9月　　生活用纸代表团赴美国、加拿大考察

September 2002　　China Household Paper Delegation Visited U. S. and Canada for Investigation

2002年9月26—10月10日，以中国制浆造纸研究院副院长李义民为团长的中国生活用纸代表团一行4人赴美国、加拿大进行有关生活用纸考察。团员有生活用纸专业委员会曹宝萍、北京金鱼如意日用品有限公司总经理许翔、上海爱妮梦纸业有限公司总经理胡朝福。考察中参观访问了位于加拿大温哥华的三联林业产品有限公司，参加了在美国迈阿密举办的2002年世界卫生纸展览及会议(Tissue World Americas 2002)，并对北美地区生活用纸市场进行了考察。

2002年11月　　生活用纸秋季贸易洽谈会在上海举办

November 2002　　'02 China Household Paper Trade Seminar Held in Shanghai

2002年11月13—15日第十届中国国际纸浆造纸暨一次性卫生用品工业展览会及会议在上海光大会展中心举办，生活用纸秋季贸易洽谈会同期进行。会议为参会企业提供了贸易洽谈的机会，参加第十届造纸展览的山东信成纸业等企业都有不少收获。会议还组织生活用纸企业参加了芬兰美卓纸业公司第一次在亚洲举办的卫生纸专题技术研讨会，通过研讨会大家得到高级卫生纸纸机的发展现状的最新信息，并了解了美卓纸业公司生产的卫生纸纸机干燥系统等方面的情况。在纸展的交流会上川佳公司介绍了他们的废纸处理设备和高精密度切纸设备，SKF 公司介绍了可靠性系统现场状态监测服务等，华章电气介绍了生产执行管理软件(MES)。部分代表还参观了位于上海外高桥保税区的柯尔柏机械贸易(上海)有限公司，柯尔柏公司对卫生纸后加工设备进行了现场演示。

2003 年 1 月　《生活用纸》杂志改为半月刊

January 2003　[Tissue Paper & Disposable Products] Become Semimonthly Magazine

为进一步增强《生活用纸》杂志信息的时效性，经申请，国家科技部批准自 2003 年起《生活用纸》改为半月刊，每月的 5 日和 20 日出版，全年 24 期。

2003 年 3 月　曹振雷主任参加“2003 世界卫生纸展览及会议”

March 2003　Mr. Cao Zhenlei Attended “Tissue World 2003”

世界卫生纸展览会(Tissue World)每两年一次在法国尼斯举办。应本届“Tissue World”会议主席 Hugh O'Brian 先生的邀请，中国造纸协会生活用纸专业委员会主任曹振雷博士参加了 3 月 24—27 日的会议并发表关于中国卫生纸行业的现状、发展及相关情况的专题演讲。

2003 年 4 月　第十届生活用纸展览暨国际研讨会在南京召开

April 2003　The 10th China International Household Paper Exhibition/Conference (CIHPEC '2003) Held in Nanjing, Jiangsu

第十届生活用纸展览暨国际研讨会(CIHPEC'2003)于 2003 年 4 月 17—19 日在江苏省南京市的江苏展览馆举行。每年一次的年会是生活用纸业界的盛大聚会。2003 年会议适逢生活用纸专业委员会成立十周年庆典，虽然受到 SARS 疫情影响，但与往年相比，会议气势更加恢弘、热烈。本届年会包括展览、技术交流、协会活动、贸易洽谈等多项内容。

众多参展商和会议代表参加了 4 月 18 日的开幕式。出席展览会开幕式的领导有中国轻工集团公司总裁陈学忠，中国造纸协会副理事长、生活用纸专业委员会主任曹振雷，生活用纸专业委员会秘书长江曼霞，中国纺织学会副理事长华用士，江苏省造纸协会理事长牛庆民，江苏省造纸协会秘书长李长林，生活用纸专业委员会副主任福建恒安集团有限公司总裁许连捷，维达纸业(广东)有限公司董事长李朝旺，上海唯尔福(集团)有限公司总裁杨传信，湖北丝宝卫生用品有限公司副总经理陈莺，协办单位江苏双灯纸业有限公司董事长李章武。在开幕式主席台上的外国来宾有日本卫生材料工业联合会专务理事井尻时雄先生，前专务理事村井一雄先生等。

本届年会主要生产企业基本都有代表到会。会议注册的代表 500 多人，实际到会人数 5000 多人，参观展览约 15000 人次。除生活用纸和相关设备、辅助材料生产单位外，还有众多的生活用纸经销商参会和参观展览。

本届年会的国际研讨会原订举办 20 场技术交流和研讨，由于受 SARS 疫情影响，有 3 场演讲临时取消，但正常进行的 17 场技术交流受到热烈欢迎，能容纳 200 人的会场始终爆满，会场秩序井然。展览现场有 215 个展位和 8 条现场设备生产线展示，展览面积 5500m^2，为参会的中外企业创造了更多的学习、交流和贸易的机会。

4 月 18 日下午召开了常委扩大会议。会议由曹振雷主任主持，常委会首先举行了生活用纸专业委员会成立十周年的简短庆典仪式，会务组向会员单位颁发了庆典纪念品。秘书处在会上作了工作总结和下阶段工作计划的汇报。常委会重点讨论了打假扶优、企业维权等行业热点问题，国家质检总局执法司领导参加会议并听取意见。参会企业代表就此问题踊跃发言，积极参与讨论，维达纸业、宝洁公司、金红叶纸业等企业还就所掌握的假冒伪劣生活用纸产品的形成、主要表现形式、危害、重点制假区域、原辅材料的来源、质量、标准、行业存在的相关问题以及如何整治的办法和建议等方面的内容提交了书面材料。

2003 年 7 月　　2003 生活用纸常委扩大会议在上海举办

July 2003　　The Members of CNHPIA Conference Held in Shanghai

中国造纸协会生活用纸专业委员会于 2003 年 7 月 9 日在上海由由大酒店召开了 2003 年生活用纸常委扩大会议。会议由中国造纸协会副理事长、生活用纸专业委员会主任委员曹振雷主持，参加会议的有恒安集团、维达纸业、金红叶纸业、唯尔福集团、丝宝集团、尤妮佳公司、花王公司等 30 家生活用纸生产企业的 45 名代表，生活用纸专业委员会秘书处江曼霞秘书长、张玉兰副秘书长出席了会议。列席会议的有上海炒货协会陈恩国秘书长和新华社上海分社、上海电视台等 6 家新闻媒体的记者。由于会议重点内容是讨论超市“进场费”问题，本次常委扩大会未邀请机械设备和原辅材料方面的常委单位参加。

会议包括两项内容：通报秘书处近期的工作情况和有关活动计划和专题研讨超市“进场费”问题。

江曼霞秘书长简要通报了秘书处近期的工作情况和有关活动计划。曹振雷主任在专题研讨超市“进场费”问题之前说明了召开会议的起因和宗旨：在今年 4 月生活用纸南京年会上有常委单位提出超市、大卖场的不合理收费问题；最近上海“进场费事件”也受到各常委单位的关注，有些常委向秘书处提出组织专题研讨会的动议，秘书处经征得各有关企业的同意，决定召开会议。作为 2003 年生活用纸常委扩大会的主要议题，研讨会的宗旨是发挥协会联系政府与企业间的桥梁作用，上传下达有关反映和意见，通过加强行业自律，积极参与市场竞争，厂家和商家共同协作，推动建立规范的市场秩序，维护消费者权益。

研讨会讨论热烈，有 23 名厂商代表竞相发言。集中反映和讨论了以下问题：

1. 超市、大卖场的不合理收费问题：收费额度过重，且互相攀比，逐年增加，企业不堪重负。有些收费项目不合理，是变相性垄断利润。中小企业和大企业处于不平等竞争地位，要求超市收费一要透明，二要公平合理。

2. 收费中的税收问题：例如用收据代替发票，用普通商业发票代替增值税发票。

3. 合同的平等性问题：谈判合同双方处于不平等地位，合同中附带不平等条件，例如商家可以“无条件退货”等。

4. 供货商的货款安全性问题：超市的注册资金只需 30 万 ~ 50 万元，商业运作靠贷款和供货商的货款，一旦超市出现经营风险，供货厂商的货款很难有回收的保障。

5. 行业内供货厂商要团结自律，要规范市场运作，不要搞不正当竞争，零售商的有些收费项目是供货商自己炒上去的。

6. 提高企业的经营水平和从业人员素质，使企业不断发展壮大，针对自己的经营优势，正确定位；靠企业的实力，适应复杂的外部经济环境，寻求生存空间；加强品牌间的联合，把企业做大做强。

7. 中国经济处于快速发展中，经济环境错综复杂呈现多元化。国内商业深层次竞争带来深层次的矛盾冲突，大卖场掌握了一定的资源优势，在零售商的激烈竞争中，把矛盾转嫁给供货厂商。希望生活用纸专业委员会联合其他协会向有关政府部门反映，寻找解决途径，呼吁专项立法。

上海炒货协会秘书长陈恩国也在会上发言，介绍了“进场费事件”的有关情况并对生活用纸会议提出几项建议。

企业代表发言结束后，曹振雷主任总结会议情况，提出以下四项共识和下一步行动方案：

1. 向中国轻工联合会反映有关情况，希望得到相关行业协会的支持。

2. 向政府有关部门反映超市与供货商之间存在的矛盾和“进场费”等突出问题。

3. 加强行业内部自律，提高企业自身水平，依法保护企业权益，创造和维护健康的市场秩序，建立有序的法制的市场体系。

4. 与连锁经营零售商协会联系沟通，促进会员单位间的交流，联合供货厂商和零售商家共同维护好市场秩序。

2003 年 11 月　第十一届中国国际纸浆造纸、林业展览会及会议在京举行
November 2003　Holding of the 11th International Exhibition & Conference for China's Pulp/Paper, Paper Products and Forestry Industries in Beijing

由美国克劳斯公司和中国造纸开发公司联合主办的"第十一届中国国际纸浆造纸、林业展览会及会议"，于2003年11月5—7日在北京中国国际展览中心隆重举行。始于1987年，已有16年历史的国际纸林展国际参展商数目最多，展品层次与技术交流品质最高，被誉为中国制浆造纸业的第一大展。本次展览和会议的热烈气氛反映了当前中国造纸工业快速发展、水平全面提高的趋势。

本届展览会有来自中国、芬兰、美国、德国、瑞典、日本、新加坡、波兰、瑞士、法国、西班牙、马来西亚、加拿大、意大利、荷兰和香港特别行政区16个国家与地区的90家国际参展商和来自全国各地的100多家制浆造纸业的上市公司、龙头企业和拥有专利技术产品的公司参展。并首次由美国造纸业供应商协会(ASPI)组织了美国造纸机械国家展团来京参展。本届展览会国内大部分造纸机械生产厂家、自控、仪器仪表厂家均在展会上亮相，另有一些化学品生产厂参展，此外为数不多的参展造纸企业也收获颇丰。

这次展览会还保持了传统的TAPPI大型报告会、技术交流会，均吸引了众多造纸企业的技术人员；针对国际参展商举行的国内造纸新项目发布会，反响热烈。此外，本展览会的一大特色是观众专业对口，据统计，国内稍有规模的造纸厂均有到会参观。生活用纸专业委员会设立了展台，部分生活用纸和相关企业参与了展览和会议等活动。

2003 年 12 月　生活用纸代表团赴台湾考察
December 2003　China Household Paper Delegation Visited Taiwan for Investigation

应台湾省台北市纸业商业公会的邀请，由生活用纸专业委员会秘书处组织的生活用纸代表团于2003年12月18—28日赴台湾考察。此次台湾考察是大陆生活用纸行业企业首次对台湾的考察，对加强两岸生活用纸行业的交流与合作有着重要意义。

代表团以生活用纸专业委员会江曼霞秘书长为团长，张玉兰副秘书长为副团长，有来自山东恒联投资有限公司、天津百惠纸品有限公司、上海沛龙特种胶粘材料有限公司、南海市德昌誉机械制造有限公司、佛山市高明佩安婷卫生用品实业有限公司、玳纳特机械设备有限公司上海分公司、江苏双灯纸业有限公司、泰州远东纸业有限公司等9个企业的共13位代表参加。

在台期间，拜访了台北纸业商业同业公会，参观了康那香公司、永丰余纸业、正隆纸业、中华纸浆公司等生活用纸相关企业，并考察了当地的生活用纸市场情况。

2004 年 2 月　《中国生活用纸年鉴 2004》出版
February 2004　The Publishing of [2004 Directory of Household Paper Industry (China)]

《中国生活用纸年鉴2004》由中国轻工集团生活用纸技术中心编写，中国石化出版社出版，为大16开精装本。该书编入了行业最新资料；对企业名录和采购指南部分进行了认真的核实和补充并将湿巾作为一类产品分列；新增了其他主要品种纸张的生产企业名录和技术进展(论文集)部分；对生活用纸的主要产区、主要生产企业和著名品牌有重点介绍和地理位置分布图示；为便

于外国人阅读，目录和主要内容有中英文对照。

2004 年 4 月　第十一届生活用纸国际科技展览及会议在天津召开

April 2004　The 11th China International Household Paper Exhibition/Conference（CIHPEC'2004）Held in Tianjin

第十一届生活用纸国际科技展览及会议（CIHPEC'2004）于 2004 年 4 月 5—7 日在天津国际经济贸易展览中心举行。天津年会是首次经过国家科技部正式批准的生活用纸国际展览及会议，本届年会的展览规模和参会人数前所未有，由于展览场所新、面积大，使年会的气势更加恢弘、热烈，在与国际接轨方面又迈出了坚实的一大步。年会活动包括展览、技术交流、碱法草浆卫生纸专题研讨会、协会活动、贸易洽谈等多项内容。

4 月 6 日举行了隆重的开幕仪式和《中国生活用纸年鉴 2004》首发式。出席开幕式的领导有中国轻工集团公司总裁陈学忠，中国造纸协会常务副理事长曹朴芳，中国造纸协会副理事长、生活用纸专业委员会主任曹振雷，生活用纸专业委员会秘书长江曼霞，中国产业用纺织品协会理事长朱民儒，中国纺织协会名誉理事长华用士，天津市造纸学会理事长谭国民，河北省造纸协会会长刘国造。生活用纸专业委员会副主任委员单位的领导有唯尔福（集团）有限公司总裁杨传信，宝洁（中国）有限公司大中华区对外事务及发展部副总监裴逸群，湖北丝宝卫生用品有限公司总经理彭识年，维达纸业（广东）有限公司执行董事董义平，中顺纸业有限公司生产部总经理包茂林。协办单位天津市依依卫生用品厂副总经理卢俊美及各常委单位的领导也出席了开幕式。

本届会议主要生产企业基本都有代表到会。会议注册的代表近 1000 人，实际到会人数 3000 多人，参观展览约 20000 人次。参会的海外公司和港台公司有 30 多家（来自 12 个国家和地区）。除生活用纸和相关设备、辅材生产单位外，还有众多的生活用纸经销商参会和参观展览。本届年会的国际研讨会举办了 24 场技术交流和研讨，有 310 个展位和 20 条现场设备展示，展览面积约 10000m^2，为参会的中外企业创造了更多的学习、交流和贸易的机会。4 月 5 日召开的碱法草浆卫生纸专题研讨会、4 月 6 日召开的主任委员扩大会议和生活用纸论坛及常委扩大会议达到了预期的效果。

2004 年 6 月　第三届生活用纸专业委员会领导机构增补成员（2004 年）

June 2004　The Supplementary Members of the Third Session Board of Directors（2004）

根据生活用纸行业和企业的发展变化情况和部分企业的申请，秘书处提出增补副主任委员和常委单位的建议并征得各常委单位的同意，增补了第三届生活用纸专业委员会领导机构成员。

一、增补上海尤妮佳公司张心颖总经理助理为副主任委员。

二、增补北京爱华中兴纸业有限公司、山东益母妇女用品有限公司、宁夏紫金花纸业有限公司、云南江川翠峰纸业有限公司、南海德昌誉机械制造有限公司、上海花王有限公司、上海东冠集团、永丰余家品（昆山）有限公司、王子制纸妮飘（苏州）有限公司等 9 个企业为常委单位，由其法人代表担任常委。

2004 年 9 月　第十二届中国国际纸浆造纸暨纸制品工业展览会及会议在上海举行

September 2004　Holding of the 12th International Exhibition and Conference for Pulp, Paper Making and Paper Products Industry in Shanghai

由中国造纸开发公司和美国 E. J. Krause 公司合作主办的第十二届中国国际纸浆造纸暨纸制品

工业展览会及会议于2004年9月7—9日在上海国际展览中心举行。

在中国造纸工业迅猛发展的大形势下，本届造纸展览招展情况火爆，离开展还有2个月，预定的所有展位全部售完。本届展会保持了名副其实的国际造纸专业盛会的特点，国际参展商和国内参展商平分秋色，各占50%的展区面积。

上海国际造纸展览期间，举办了内容丰富的技术研讨活动，包括“TAPPI报告会”，“技术交流会”和“中国造纸工业发展论坛”。发展论坛邀请雅哥贝利管理咨询（亚太）有限公司副总裁Mr. Kim Lukander、中国制浆造纸研究院院长曹振雷、中国轻工业北京设计院副总工程师余惠芳、山东省造纸协会副理事长蔡朝青、山东济宁华一轻工机械有限公司刘学峰工程师等到会演讲，受到与会者的热烈欢迎。

2004年10月 生活用纸企业家俱乐部筹备会议在恒安举行
October 2004 The Preparatory Meeting of the China Tissue Paper Executive Club (CTPEC) Held in Hengan Holding Co., Ltd.

2004年10月20日，生活用纸企业家俱乐部筹备会议在恒安集团总部举行。参加筹备会议的有恒安集团许连捷总裁，维达纸业李朝旺董事长，中顺集团邓颖忠董事长，中国制浆造纸研究院曹振雷院长，恒安集团杨荣春副总裁、洪青山副总裁、许水深总经理，生活用纸专业委员会江曼霞秘书长。会议交流了国内外生活用纸行业及企业的发展情况，在成立生活用纸企业家俱乐部的必要性、宗旨、组成人员资格、活动方式等方面达成共识。

2004年12月 首届世界卫生纸中国展览会在上海举办
December 2004 The First Tissue World China Held in Shanghai

由国际纸业界知名的咨询、杂志出版、展览机构Paperloop与中国造纸协会生活用纸专业委员会合作举办的首届世界卫生纸中国展览会（Tissue World China 2004）于2004年12月1—3日在上海新国际博览中心举行。这次展览和会议吸引了全球知名的卫生纸机、加工设备、配套器材、化学品、产品供应商参加展览和在研讨会上演讲。

本次展览会的规模不大，但参展商和观/听众都非常专业。根据专业报到公司统计，到会观众2000余人，接近5000人次参观了展览。参展商和观众均反映这是一次与国际接轨的高水平的专业性展览和会议，在展览的3天时间内，参观人流持续不断；研讨会会场上也座无虚席。展览和会议取得了圆满成功。

2005年2月 中国生活用纸企业家俱乐部成立会议在厦门举行
February 2005 Establishment Conference of the China Tissue Paper Executive Club (CTPEC) Held in Xiamen

经过4个月的筹备和征求有关企业意见，生活用纸企业家俱乐部成立会议于2005年2月25日在厦门悦华酒店举行。生活用纸企业家俱乐部现有会员企业13家（生产企业12家），其中10家会员企业的15名代表出席了会议（3家企业因故请假）。中国造纸协会生活用纸专业委员会秘书处江曼霞、张玉兰列席会议。

2月24日晚，生活用纸企业家俱乐部的4家发起单位（恒安集团、维达纸业、中顺纸业、中国制浆造纸研究院）召开了碰头会，确认了成立会议的议程。

2月25日的正式会议之前，由曹振雷院长召集主持了全体代表参加的预备会议。曹院长对成立生活用纸企业家俱乐部的背景和必要性作了说明，他指出：

1. 生活用纸年会规模逐年扩大，是开展贸易和获得信息的最佳平台，但由于参会人数多、会期短，生活用纸大企业领导之间很难有时间沟通、坐下来研讨行业发展等共性问题，委员会秘书处为大企业的需求服务跟不上。

2. 生活用纸行业发展迅速，市场变化大，面临产品结构调整问题，生活用纸大企业代表中国生活用纸发展的方向，成立生活用纸企业家俱乐部有利于引导产品调整。

3. 生活用纸具有消费品的特征，与其他纸种相比，市场的导向性更加明显，俱乐部组织有利于共同开发市场，做好消费者的教育工作。

4. 竞争和合作并存，竞争是永远的，但是要避免恶性竞争，俱乐部组织有利于规范竞争规则，俱乐部的成员企业是竞争对手，也是朋友。

5. 俱乐部的形式便于市场主导企业高层领导之间的联谊和沟通信息，可以加强与政府有关部门的对话交流。

预备会议提名选举恒安集团总裁许连捷担任俱乐部首届轮值主席，选举维达纸业董事长李朝旺担任候任主席，选举江曼霞为俱乐部秘书长；通过了轮值主席产生的办法。

正式会议由江曼霞秘书长主持，首先由本届主席和候任主席致辞，接着开展了热烈的讨论，讨论内容主要包括对“生活用纸企业家俱乐部章程(讨论稿)”的修改意见、对企业家俱乐部活动内容的建议、2004 年各企业的生产和发展情况等。生活用纸专业委员会秘书处还通报了 2005 年生活用纸年会的筹备情况、申报将生活用纸列入中国名牌目录的工作进展情况等。

附：生活用纸企业家俱乐部会员单位和参会人员名单(13 家企业，其中生产企业 12 家)

恒安集团有限公司 许连捷

维达纸业(广东)有限公司　李朝旺，李佩兰

广东中顺纸业集团有限公司　梁胜威

金红叶纸业(苏州工业园区)有限公司　徐锡士

金佰利(中国)投资有限公司(请假)

广西贵糖(集团)股份有限公司　农皓

永丰余家品(昆山)有限公司(请假)

上海东冠集团(请假)

王子制纸妮飘(苏州)有限公司　早水龙太，曹荣，莫建新

宁夏美洁纸业股份有限公司　周兴起，任举

东莞白天鹅纸业有限公司　卢宝祥，李刚

中山市三角纸品制造有限公司　杨法坤

中国制浆造纸研究院　曹振雷

2005 年 3 月　第十二届生活用纸国际科技展览及会议在南京召开
March 2005　The 12th China International Household Paper Exhibition/Conference (CIHPEC '2005) Held in Nanjing

第十二届生活用纸国际科技展览及会议(CIHPEC'2005)于 2005 年 3 月 18—19 日在江苏省南京市国际展览中心举行。每年一次的年会是生活用纸业界的盛大聚会，与往年相比，2005 年的展览规模和参会人员之多前所未有，又创历史新高。由于展览场馆新、面积大，使年会的气势更加恢弘、热烈。个性化装饰布置的展位和智能化会议室让人耳目一新，在与国际性展览和会议接轨方面又迈出了坚实的一大步。

本届年会为避免在参展商布展期间就有客户进入现场而产生的预展情况，将原先提前一天举办的技术交流会改为与展览同期进行，使得布展工作有条不紊，现场安全有序。2004 年天津年会在广场举行开幕式时，由于许多观众急于进场而造成入口拥堵，存在安全隐患，为确保会议安全和实际效果，今年的开幕仪式改在贵宾厅举行。参加开幕仪式的领导有中国轻工集团公司总裁陈学忠先生，中国造纸协会副理事长、生活用纸专业委员会主任曹振雷先生，生活用纸专业委员会秘书长江曼霞女士，副秘书长张玉兰女士。协办单位上海尤妮佳有限公司、生活用纸专业委员会副主任委员单位、部分常委单位和会员单位的领导出席了开幕仪式，日本卫生材料工业联合会以及部分参展商和媒体的代表也参加了开幕仪式。

开幕仪式隆重而热烈，在介绍了到会的领导和嘉宾后，由生活用纸专业委员会曹振雷主任致开幕辞，上海尤妮佳有限公司高久坚二董事长总经理致欢迎辞，日本卫生材料工业联合会井尻时雄专务理事致贺辞。随后在欢快的乐曲声中进行授牌仪式，由中国轻工集团陈学忠总裁向协办单位上海尤妮佳公司授纪念牌，由中国造纸协会生活用纸专业委员会曹振雷主任向恒安集团、维达

纸业、唯尔福集团、中顺纸业、宝洁公司、尤妮佳公司、丝宝公司授任职牌。由于本届年会没有安排常委会议，开幕仪式上由江曼霞秘书长就生活用纸专业委员会组织发展、2004年行业总体情况、生活用纸企业家俱乐部成立情况以及2006年生活用纸年鉴企业资料征集、广告征订等事宜进行了通报。

为比较准确地统计参会代表和观众人数，组委会采取了凭名片或填写相关资料后换取参观证的方式获取观众资料。据初步统计本届会议参展商约1000多人，观众约5000多人，参观展览约20000人次。本届年会吸引了187家国内企业和来自6个国家和地区的19家海外企业参展和在技术交流会上讲课。除生活用纸和相关设备、辅材生产单位外，还有众多的生活用纸的生产商、经销商参会和参观展览。本届年会的国际研讨会举办了13场技术交流和研讨，有325个展位和10多条设备生产线现场展示，展览面积约$10000m^2$。成为名副其实的学习交流和贸易的最佳平台。

本届会议在参会人数、会议的规模及影响力等诸多方面都超过历届。秘书处准备工作充分，简化了参展商和参会代表的报到、注册手续，给予参会代表对各类活动更多的自主选择权，使参会人员各得其所，在业内人士的大力支持下，2005南京年会开得紧凑、高效，取得了圆满成功。

2005年4月　曹振雷主任等参加在瑞士举办的INDEX 05
April 2005　Mr. Cao Zhenlei and Its Colleague Visited INDEX05

应欧洲非织造布贸易协会EDANA的邀请，中国造纸协会生活用纸专业委员会曹振雷主任、张玉兰副秘书长及曹宝萍一行3人参观了于2005年4月12—15日在瑞士日内瓦举办的INDEX05（2005年欧洲非织造布展览会）。

INDEX由EDANA主办，每3年一次在瑞士日内瓦举行，已经有30年的历史。本届展览有450多家企业参展，展览总面积达$20000m^2$，观众达12000人次；展览期间还举办了12场技术交流会。有36家中国大陆企业参加本届展览，从一个侧面反映了中国大陆非织造布工业和个人卫生用品工业的迅速发展。

曹振雷主任在会展期间，于4月14日会见了EDANA的秘书长Pierre Wiertz先生及一次性卫生用品分会秘书长Gerd Ries先生。曹主任一行还考察了瑞士的生活用纸市场。

2005年8月　第三届生活用纸委员会领导机构增补成员(2005年)
August 2005　The Supplementary Members of the Third Session Board of Directors(2005)

在2004年对第三届生活用纸委员会领导机构增补成员的基础上，根据一年来生活用纸行业和企业的发展变化情况和部分企业的申请，秘书处提出增补副主任委员和常委单位的建议并征得各常委单位的同意，再次增补第三届生活用纸委员会领导机构成员。

一、增补金佰利(中国)投资有限公司邵青锋总裁为副主任委员。

二、增补中山市三角纸品制造有限公司、天津日商卫生科技发展有限公司、ITW玳纳特公司、佛山南海区新力机械制造有限公司、上海迁川制版模具有限公司、佛山新飞卫生材料有限公司等6个企业为常委单位，由其法人代表担任常委。

2005年9月　第十三届中国国际纸浆造纸、林业展览会及会议在北京举行
September 2005　Holding of the 13th International Exhibition and Conference for the Pulp/Paper and Forsetry Industries in Beijing

由美国克劳斯公司和中国造纸开发公司联合主办的“第十三届中国国际纸浆造纸、林业展览

会及会议”，于 2005 年 9 月 20—22 日在北京中国国际展览中心隆重举行。

本届展会规模达到 11000m^2，国际馆有来自奥地利、加拿大、芬兰、法国、德国等 21 个国家和地区的厂商，包括芬兰国家展团、福伊特、安德里兹、捷高、阿克克瓦纳、霍尼韦尔、西门子、Lanxess、BTG、美卓、三菱重工、SEW Eurodrive、亚赛利、巴克曼、柯尔柏机械设备、AIKAWA、SKF、凯特、NDC、帕克、Cellwood、道康宁、Allimand 等近 100 多家世界知名造纸及相关企业。国内馆有 200 多个展位，参展企业包括杭州华章电气工程有限公司、绵阳海天斯威福特自动化有限责任公司、辽阳川佳制浆造纸机械有限公司、丹东鸭绿江磨片有限公司、四川高达科技有限公司、上海晨鸣造纸机械有限公司、济宁华一轻工机械有限公司、辽阳造纸机械股份有限公司、江苏华东造纸机械有限公司、潍坊凯信机械公司、上海轻良造纸机械设备厂、福建省轻工机械设备有限公司、徐州工业用呢厂、沙市轻工机械有限公司、安丘汶瑞机械制造有限公司等众多机械制造、电控及造纸厂商。

与会期间，举办了传统的 TAPPI 大型报告会、技术交流会。中国制浆造纸研究院在展会上还专门设立了造纸老专家咨询台，为企业提供现场咨询服务。

此外，本次展会还特别邀请了 10 多位国内造纸大企业的负责人参加开幕式和参观展览，推动与参展商之间的互动，提高展览档次和效果。国际纸林展作为国际知名的品牌，已成为国内外有实力的造纸及相关企业展示其产品的最佳平台。

2005 年 11 月　第二届生活用纸企业家俱乐部会议在广东新会召开

November 2005　The Second Meeting of the China Tissue Paper Executive Club (CTPEC) Held in Xinhui

2005 年 11 月 21 日第二届生活用纸企业家俱乐部会议在广东新会龙泉宾馆召开，俱乐部成员单位和秘书处人员共 21 人参加了会议。会议轮值主席是维达纸业国际控股公司李朝旺董事长，会议由李朝旺董事长和江曼霞秘书长主持。会议主要内容是：

1. 北京大学光华管理学院李其教授做宏观经济报告。

2. 曹振雷院长/主任做中国造纸工业发展概况报告。

3. 李朝旺董事长致辞并用 VCD 介绍维达概况和发展规划。

4. 确定第三届会议于 2006 年 5 月下旬在宁夏银川举行(宁夏美洁周兴起董事长为轮值主席)；第四届会议于 2006 年 11 月上旬在上海举行(上海东冠集团李慈雄总经理为轮值主席)。

5. 研讨和交流。

(1) 下届轮值主席宁夏美洁公司周兴起董事长致辞。

(2) 各参会企业轮流发言。对行业发展和市场开拓方面出现或预计将要出现的新情况进行研讨；针对企业发展规划、经营管理、市场开发、质量管理、产品结构调整等共性问题进行交流和沟通。

6. 李朝旺主席总结发言。

(1) 加强会员企业间的合作，共同创造和谐环境，开展良性竞争，促进行业和市场健康发展。如集中上的项目可通过协调，错开时间和地区；大企业之间和大中企业之间开展更深层次的合作，如原纸互换等，争取利润最大化和双赢的结果。扩大国内企业的整合，应对国际纸业巨头的进入，会员中的中型企业要做出自己的特点，准备融入大企业。

(2) 要从全局出发，注意生产基地的均衡布局。

(3) 积极开辟国际市场，分流一部分因产能增加而形成的峰值阶段的产量，尽量减少对国内市场的冲击，使企业平稳度过“严冬”。

(4) 大力开拓农村市场，大企业要做出榜样。

7. 参观维达纸业 3 号造纸机(纸机制造商为美国 Beloit 公司)

这次会议安排紧凑、讨论热烈，除会议发言外，许多代表在 20 日报到当天和 21 日茶歇时抓紧时间相互交流，增进了相互了解，加强了友谊和合作，会议取得了预期效果。

附：参会人员名单

中国制浆造纸研究院　曹振雷

北京大学光华管理学院　李其

恒安集团有限公司　许连捷，许水深

维达纸业有限公司　李朝旺，张健

广东中顺纸业集团有限公司　邓颖忠，包茂林

金红叶纸业(苏州工业园区)有限公司　徐锡土

王子制纸妮飘(苏州)有限公司　莫建新

永丰余家纸(北京)有限公司　韩亚明

上海东冠集团　李慈雄，孙海瑜，路至伟

宁夏美洁纸业股份有限公司　周兴起，任举

东莞白天鹅纸业有限公司　卢锦洪，李刚

中山市三角纸品制造有限公司　牛连杰

中国造纸协会生活用纸专业委员会　江曼霞，张玉兰

2005 年 12 月　《中国生活用纸年鉴 2006/2007》出版

December 2005　The Publishing of [2006/2007 Directory of Tissue Paper & Disposable Products (China)]

《中国生活用纸年鉴 2006/2007》由中国轻工集团生活用纸技术中心编写，中国石化出版社出版，为大 16 开精装本。为便于及时发布国家和行业的统计数据，从 2005 年起，《中国生活用纸年鉴》改为逢单年的 12 月份出版，仍为每两年出版一卷。

《中国生活用纸年鉴 2006/2007》编入了行业最新资料；对企业名录和采购指南部分进行了核实和补充；新增了年度企业和人物等章节内容；对生活用纸的主要产区、主要企业和著名品牌有重点介绍和地理位置分布图示；为便于外国人阅读，目录和主要内容有中英文对照。

生活用纸专业委员会会员单位名单(2005 年)
List of the CNHPIA members(2005)

国内会员单位

	会员名称
山西	山西晋芳纸业有限公司
	山西临汾晋天然卫生用品有限公司
河北	唐山博亚科技工业开发有限责任公司
	保定市晨光纸业有限公司(晨光造纸机械有限公司)
	河北亚光纸业有限公司
	保定市满城县福利造纸厂(雪松纸业公司)
	保定市义厚成纸业有限公司
	保定市华光机械有限公司
	东纶科技实业有限公司
	河北雄县鹏程彩印有限公司
	河北省徐水县红星造纸厂
	保定市新市区阳光纸品机械厂
	石家庄市乔多造纸化工助剂有限公司
	石家庄华纳塑料包装有限公司
	河北省雄县洁康旅游用品有限公司
北京	金佰利(中国)投资有限公司
	中国制浆造纸研究院
	国民淀粉化学(广东)有限公司 北京办事处
	北京倍舒特妇幼用品有限公司
	北京市金鱼如意日用品有限公司
	北京特日欣卫生用品有限公司
	北京爱华中兴纸业有限公司
	中国国旅贸易有限公司
	北京市琉璃河兴河纸业有限公司
	北京吉力妇幼卫生用品有限公司
	北京东方化工厂
	北京京凯非织造布有限公司
	北京松竹梅兰纸业有限公司
	北京伟伯康科贸有限公司
	北京和润贸易有限公司
	北京华隆进出口公司
	北京艾德玛多功能材料有限公司
	北京桑普生物化学技术有限公司
辽宁	沈阳东联日用品有限公司
	丹东市丰蕴机械厂
	丹东北方机械有限公司
	抚顺三环机械总厂
	丹东巨浪造纸集团维洁纸品有限公司
	金城造纸集团金宝纸业有限责任公司
	大连大诺印刷包装有限公司
	锦州女儿河纸业有限责任公司
吉林	长春市大地精细化工有限责任公司
黑龙江	哈尔滨奇丹纸业有限责任公司
	上海亿维实业有限公司哈尔滨分公司
上海	上海唯尔福(集团)有限公司
	上海尤妮佳有限公司
	上海沛龙特种胶粘材料有限公司
	上海橡胶制品研究所特种胶带厂
	上海马可胶粘制品有限公司
	上海日昕工贸有限公司
	上海越力酒店用品经销部
	上海松川远亿机械设备有限公司

续表

	会员名称
上海	3M 中国有限公司
	上海正扬实业有限公司
	上海紫泉包装有限公司
	上海联宾塑胶工业有限公司
	上海市爱妮梦纸业有限公司
	上海紫华企业有限公司
	上海东宝永联纸业有限公司
	上海联胜化工有限公司
	上海东冠集团
	上海月月舒妇女用品有限公司
	全日美实业(上海)有限公司
	联诚兴企业(上海)有限公司
	上海美芬娜卫生用品有限公司
	康那香企业(上海)有限公司
	上海护理佳实业有限公司
	上海美坚无纺布有限公司
	上海花王有限公司
	意大利亚赛利公司上海代表处
	上海森绒纸业有限公司
	上海协润贸易有限公司
	上海申欧卫生用品有限公司
	优力特精密机械(上海)有限公司
	巴斯夫(中国)有限公司
	上海白玉兰卫生洁品有限公司
	美国包装机械制造协会中国办事处
	上海堪孚尔不织布有限公司
	上海凯琳实业有限公司
	亿利德纸业(上海)有限公司
	上海奇华顿有限公司
	上海迁川制版模具有限公司
	上海向华热熔胶有限公司
	上海浦东中心溶剂厂
	上海丹利纸业有限公司
	艾利中国有限公司特殊胶带部
	上海唯爱纸业有限公司
	上海嘉翰实业有限公司
	霓达传动带(上海)有限公司
	上海通贝吸水材料有限公司
	德固赛(中国)投资有限公司上海分公司
	强生(中国)有限公司
江苏	南京金利源卫生材料有限公司
	江苏陶氏纸业有限公司
	南京舒雅乐纸制品有限公司
	南京秦淮纸业有限公司
	南京陶雨工贸实业有限公司
	江苏省金湖县卫生巾设备有限公司
	江苏金莲纸业有限公司
	金湖县宏大卫生巾设备有限公司
	江苏镇江金河纸业有限公司
	扬中九妹日用品有限公司
	常州市东风卫生机械设备制造厂
	无锡汇业印刷机械有限公司

续表

	会员名称
江苏	维顺(中国)无纺制品有限公司
	王子制纸妮飘(苏州)有限公司
	姐妹卫生制品(苏州)有限公司
	金红叶纸业(苏州工业园区)有限公司
	永丰余家品(昆山)有限公司
	好孩子百瑞康卫生用品有限公司
	徐州工业用呢厂
	江苏省连云港市新浦区港城餐巾纸深加工设备厂
	胜达集团江苏双灯纸业有限公司
	泰州远东纸业有限公司
	南通嘉宏塑胶有限公司(顺昶塑胶(昆山)有限公司)
	江苏金呢集团(海门县造纸毛毯厂)
	启东市宝蓝日用品有限公司
	常州市恒通多功能膜有限公司
	江苏省武进市金恒昌无纺布有限公司
	常州市太阳花科技有限公司
	江苏新大纸业集团公司
	苏州新进卫生用品有限公司
	南京朝晖纸业有限公司
	江苏连云港市向阳机械厂
	苏州市半边天创美纸业有限责任公司
	苏州邦泰无纺科技有限公司
	江苏常州永盛工控设备有限公司
	苏州金中恒膜业有限公司
	常州达力塑料机械有限公司
	南京东正化轻有限公司
	连云港恒生卫生用品有限公司
	连云港金镶玉纸业有限公司
	张家港骏马无纺布有限公司
	南京康尔洁纸品有限公司
	南京顺天纸业有限公司
	南京安琪尔卫生用品有限公司
	南京扬子伊士曼化工有限公司
	常州康贝纸业有限公司
	江苏三笑集团有限公司
	金王(苏州工业园区)卫生用品有限公司
安徽	安庆市恒昌机械制造有限责任公司
	安徽美妮纸业有限公司
	安徽省宁国市兆丰纸业有限公司
	安徽井中集团梦幻樱花卫生用品有限公司
山东	山东济南月舒宝纸业有限责任公司
	山东益母妇女用品有限公司
	潍坊恒联美林生活用纸有限公司
	山东省诸城市金日东造纸机械有限公司
	山东流芳纸业集团有限公司
	威海洁瑞医用制品有限公司
	日照市日洁纸业有限公司
	日照三银纺织有限公司无纺布厂
	山东信成纸业有限公司
	山东省临邑县三维纸业有限公司
	山东临朐祥飞纸厂
	山东兴创纸业集团七仙子纸制品公司
	鲁南康之恋妇幼用品有限公司
	东明县康迪妇幼用品有限公司
	山东华辰纸业有限公司
	山东省诸城市大正机械有限公司

续表

	会员名称
天津	天津市三维纸业有限公司
	天津市依依卫生用品厂
	天津市天惠纸品有限公司
	天津百惠纸品有限公司
	禾丰(天津)卫生用品有限公司
	博爱(中国)膨化芯材有限公司
	天津市正通纸业有限公司
	天津市日商卫生科技发展有限公司
	利发卫生用品(天津)有限公司
	天津市英赛特商贸有限公司
浙江	杭州希安达抗菌用品有限公司
	杭州市化工研究院有限公司
	浙江精华科技有限公司
	杭州新余宏机械有限公司
	杭州可月卫生用品有限公司
	杭州雅妮娜卫生用品有限公司
	浙江诸暨造纸厂
	嘉兴市申新无纺布厂
	嘉兴市富星无纺布厂
	嘉善永泉纸业有限公司
	浙江省宁波市北郊机械变速器厂
	宁波市奇兴无纺布有限公司
	浙江省三门县春光同步带厂
	浙江双熊猫纸业有限公司
	温州市毅力包装有限公司
	瑞安市瑞乐卫生巾设备有限公司
	杭州腾野生物科技有限公司
	杭州小姐妹卫生用品有限公司
	嘉兴市小超人无纺布有限公司
	杭州原创广告设计有限公司
	浙江省丽水市卫生用品有限公司
	杭州珂瑞特机械制造有限公司
	浙江临安市雄鹰妇幼卫生用品有限公司
	浙江省诸暨市华夏塑胶总厂
	温州市三八卫生用品厂
	义乌市安柔卫生用品有限公司
	杭州屹源市场营销策划有限公司
	义乌市鼎新彩印厂
	杭州川田卫生用品有限公司
	嘉兴市富瑞森水刺无纺布有限公司
	浙江金三发集团科得邦非织造布有限公司
	杭州珍琦卫生用品有限公司
	浙江亨泰纺织科技有限公司
	浙江省瑞安市联大热熔胶厂
	浙江省温州市宝蝶妇幼用品有限公司
	浙江贝尔护理用品有限公司
	浙江义乌市长弓无纺布有限公司
	浙江金通纸业有限公司
	浙江越韩科技透气材料有限公司
	浙江龙游南洋纸业有限公司
	杭州骏龙塑料包装有限公司
江西	江西广丰县月兔卫生用品有限公司
	江西帮洁卫生用品有限公司
	九江市新欣日用纸品有限公司
福建	福建恒安集团有限公司
	福建恒利集团有限公司
	福建福清恒耀卫生用品有限公司

续表

	会员名称
福建	福建莆田佳通纸制品有限公司
	厦门延江工贸有限公司
	建亚保达(厦门)卫生器材有限公司
	泉州市鑫达机械有限公司
	泉州培新机械制造实业有限公司
	泉州市汉威机械制造有限公司
	泉州市丰泽区东湖轻工机械厂
	泉州大昌纸品机械制造有限公司
	泉州市洛江好得妇幼用品有限公司
	龙海市妙雅卫生用品有限公司
	福建三明市诚信纸品有限公司
	泉州新日成热熔胶喷涂设备有限公司
	福建省南安市天和妇幼日用品有限公司
	晋江市东南机械制造有限公司
	漳州市芗城新木木卫生材料有限公司
	福建省南安市洪濑佳丽纸品厂
	福建漳州凯蒂生化科技有限公司
	泉州东正喷涂系统制造工业有限公司
	晋江市华亿妇幼用品有限公司
	泉州市远东环保设备有限公司
	福建泉州明辉轻工机械有限公司
	泉州邦丽达科技实业有限公司
	三明市梅列多维机械工具厂
	晋江市恒丰纸业有限公司
	福建省宁德市隆鑫纸业有限公司
	福建莆田荔城纸业有限公司
	泉州市金泉油墨有限责任公司
	南安市洪濑鑫隆纸品厂
	厦门安诺佳工贸有限公司
	晋江市恒发妇幼用品有限公司
	南安长利塑胶有限公司
	福建省泉州市东方机械有限公司
	泉州市鲤城耳东纸制品厂
	福鼎市南阳纸业有限公司
	泉州市贝特机械制造有限公司
	福建泉州市鲤城华信机械有限公司
	福建省泉州市丰泽区裕丰机械有限公司
	厦门金泰化工有限公司
	泉州市精泰机械科技有限公司
	晋江贝乐宝妇幼用品有限公司
	福建省南安市远大卫生用品厂
	福建中天妇幼用品有限公司
重庆	重庆圣洁卫生用品有限公司
	重庆舒乐卫生用品有限公司
	重庆市飞龙纸业有限公司
	重庆永银化工发展有限公司
	重庆盛贸纸业有限公司
湖南	湖南省造纸研究所有限公司
	湖南恒安纸业有限公司
	湖南省涟源市皇家纸业有限公司
湖北	丝宝集团卫生用品有限公司
	松滋市特丽丝纸业有限公司
	湖北舒云纸业有限公司
	武汉市天天纸业有限公司
	武汉五岳科技发展有限公司
	武汉市江岸区百康纸业加工厂

续表

	会员名称
河南	郑州精艺花辊制造有限公司
	河南省奥博纸业有限公司
	漯河银鸽生活纸产有限公司
	驻马店市金马纸业有限公司
	河南省洛阳市纯静纸业公司
	平顶山市大宏纤维制品有限公司
	河南太康县恒宝卫生用品厂
	漯河市鸿翔纸业有限公司
广东	宝洁(中国)有限公司
	维达纸业(广东)有限公司
	广东省芬兰馨实业有限公司
	广州卓德嘉薄膜有限公司
	广州精细化学工业公司
	广东省造纸研究所
	广州亿信达工业配件有限公司
	广州市兴世机械制造有限公司
	广州市亨煌日用品有限公司
	广州市番禺区灵山墩塘宏达造纸厂
	汕头市爱护洁护理用品厂有限公司
	惠州宝柏印刷有限公司
	惠州福和纸业有限公司
	深圳信威纸品有限公司
	鸿源实业(深圳)有限公司
	万益纸巾(深圳)有限公司
	广东省东莞市粤星纸业助染有限公司
	东莞市白天鹅纸业有限公司
	东莞市宝建纸业有限公司
	东莞美亚无纺布制品有限公司
	东莞姿庭生活用品有限公司
	东莞市佳鸣机械制造有限公司
	东莞佳鸣造纸机械研究所
	佛塑集团华韩卫生材料有限公司
	佛山市万嘉塑胶有限公司
	佛山市美适卫生用品有限公司
	南海南新无纺布有限公司
	南海市桂城景兴商务拓展有限公司
	南海市桂城南约新力机械制造厂
	佛山佩安婷卫生用品有限公司
	南海市西樵新泰安贸易有限公司
	南海市西樵宝儿用品有限公司
	宝索机械制造有限公司
	广东顺德市乐从镇新感觉卫生用品有限公司
	中山瑞德卫生纸品有限公司
	广东中顺纸业集团有限公司
	广东海灵保健制品有限公司
	中山市三角纸品制造有限公司
	中山市川田生活用品有限公司
	高明市日畅纸业有限公司
	开平利宝卫生用品有限公司
	南海市德昌誉机械制造有限公司
	中山市宝丽纸业有限公司
	深圳腾科系统技术有限公司
	英威达(INVISTA)公司广州分公司
	江门市新会区大泽宝达造纸实业有限公司
	广东省南海市置恩纸业机械制造有限公司

续表

	会员名称
广东	汕头市万安纸业有限公司
	东莞市万江恩兴纸制品厂
	东莞市同舟化工有限公司
	中山市宜姿卫生制品有限公司
	广东省中山市雅洁莉纸业有限公司
	中山市龙发卫生用品有限公司
	纺粘无纺布(深圳)有限公司
	中山诚泰化工科技有限公司
	广东省汕头市龙湖区骏宝有限公司
	广州雅科化工有限公司
	广东顺德美洁卫生用品有限公司
	南海市稳德福无纺布有限公司
	深圳市皇尚实业有限公司
	顺德市圣兰纸制品有限公司
	深圳市三泰机电设备有限公司
	湛江雅泰造纸有限公司
	广东省东莞市明月纸业有限公司
	东莞市盈泰纸品厂
	南海市平洲新奇丽日用品有限公司
	东莞市百顺纸品有限公司
	金旭环保制品(深圳)有限公司
	佛山市新飞卫生材料有限公司
	广东佛山创力塑料有限公司
	广东南海伟昌无纺布厂有限公司
	广州联衡行贸易有限公司
	深圳市伊诺威机械设备有限公司
	深圳市嘉景裕贸易有限公司
	深圳市丰源卫生材料有限公司
	中山市新洁日用制品有限公司
	广东揭东县新亨洁新纸业制品厂
	佛山市顺德区乐从镇劳村康怡卫生用品厂
	皇尚科技开发(深圳)有限公司
	佛山市科利达化工有限公司
	耐恒(广州)纸品有限公司
	江门日佳纸业有限公司
	佛山市南海区平洲鑫星机械厂
广西	广西舒雅护理用品有限公司
	广西洁宝纸业投资股份有限公司
	柳州两面针企业集团柳州惠好卫生用品有限公司
	国营新南陵机器厂松林国际刮刀锯制造有限公司

续表

	会员名称
广西	柳州市精柔印刷包装机械有限公司
	广西南宁沙龙纸业有限公司
	南宁侨虹新材料有限责任公司
	南宁武鸣奥诺纸业有限公司
	南宁天然纸业有限公司
	广西贵糖(集团)股份有限公司
贵州	贵州久美企业有限责任公司
	贵阳恒丰卫生用品有限公司
四川	成都鑫正商贸有限责任公司
	四川吉庆卫生制品有限公司
	四川省三台三角生活用纸制造有限公司
	广安市安琪日用品有限公司
	四川友邦企业有限公司
	四川遂宁鸿富印刷有限责任公司
	成都市豪盛华达纸业有限公司
	四川省金娇卫生用品有限公司
	四川省新特模具机械有限责任公司
	四川省绵阳市超兰卫生用品有限公司
	成都金香城纸业有限公司
	四川腾龙纸业有限责任公司
	四川雅柏丝纸业有限公司
	成都精华纸业有限公司
云南	昆明善美纸业有限公司
	云南江川翠峰纸业有限公司
	安宁珍泉纸业有限责任公司
	昆明嘉信和纸业有限公司
	昆明宏盛裕彩色包装有限公司
	云南通海县联鑫纸业有限公司
	云南省昆明华安美洁卫生用品有限公司
	云南汉光纸业有限公司
陕西	西安可心日用制品有限公司
	陕西四维纸业有限责任公司
	西安市临潼区汉兴实业公司
	西安奥辉纸业有限责任公司
	西安兄弟纸业有限责任公司
	西安鹏翔复合材料有限公司
甘肃	甘肃省靖远县华夏纸品工贸公司
宁夏	宁夏紫金花纸业有限公司
	宁夏美洁纸业股份有限公司
新疆	新疆南湖纸业有限公司
	乌鲁木齐鑫瑞英科技发展有限公司

海外会员单位

	会员名称
日本	日本卫生材料工业连合会(JHPIA)
	日本池上交易株式会社(IKEGAMI KOEKI)
	日本秋子公司(AKIKO)
	日本株式会社瑞光(ZUIKO)
美国	美国瑞安中国有限公司(RAYONIER)
	美国诺信(中国)有限公司(NORDSON)
	科氏纤维亚洲香港有限公司(KOCH)
	美国惠好(亚洲)有限公司(WEYERHAEUSER)
	美国纸产品加工机器公司(PCMC)
	美国康福迈纸业公司(CONVERMAT)
	美国玳纳特香港有限公司(ITW DYNATEC)
意大利	意大利发明家设备公司(FAMECCANICA)
	意大利柯尔柏机械贸易(上海)有限公司(KÖRBER)
芬兰	芬兰美卓造纸机械公司(METSO)
	联合造纸包装材料(香港)有限公司(UPM)
香港	BBA 亚太无纺布有限公司
	特艺佳国际有限公司(TECH VANTAGE)
	埃克森美孚香港有限公司(ExxonMobil)
瑞士	瑞士乐百得(中国)有限公司(ROBATECH)
瑞典	SCA Hygiene Products Asia
新加坡	福力士(新加坡)公司(FULFLEX)
台湾	台湾泰舜工业有限公司(Tai Sun)
南非	Filter Media Engineering cc

生产和市场
PRODUCTION AND MARKET

[2]

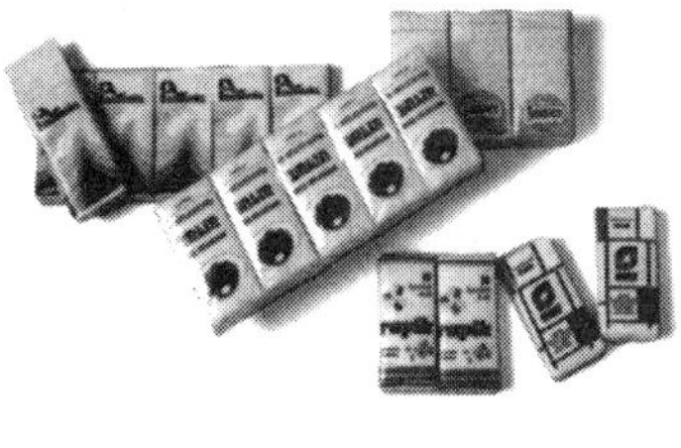

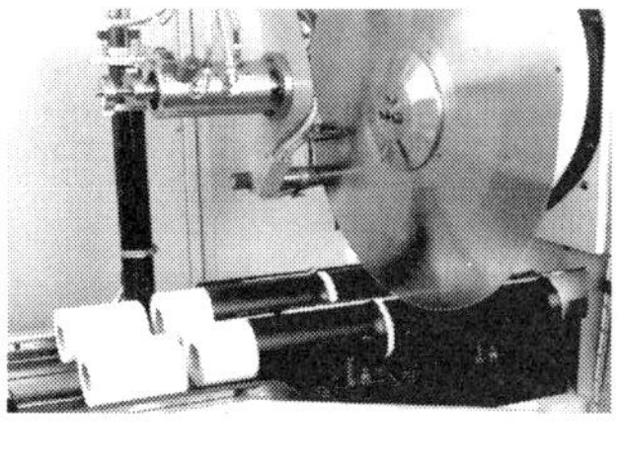

人口和经济背景

江曼霞　张玉兰　陈祥津　中国造纸协会生活用纸专业委员会

1　经济背景

1.1　经济保持较快增长

从1995年至今的10年间，我国的经济增长率一直在7%~10%之间波动，经济增长趋于稳定。尽管这10年中也出现了诸如东南亚金融危机的冲击，出现了建国以来最严重的通货紧缩，也出现了近几年以资源价格大幅度上升为特征的局部经济过热现象，但经济增长却仍然在一个平衡区间中运行，我国经济抗波动能力正在迅速提高。

2004年我国经济持续高速增长，国内生产总值(GDP)达到136875.9亿元，比2003年增长9.5%。2005年以来，全党全国围绕全面建设小康社会的宏伟目标，积极落实科学发展观，继续落实加强和改善宏观调控的一系列政策措施，更加注重有针对性地解决经济运行中的突出矛盾和问题，更加注重推进结构调整和增长方式转变，更加注重深化改革，重点领域经济体制改革取得进展，中国经济在宏观调控的背景下仍保持了平稳较快增长。

国家统计局2005年7月20日公布，中国经济上半年增长达到9.5%，上半年国民经济总体运行态势良好，继续朝着宏观调控的预期方向发展。这一速度比2004年同期低0.2个百分点，但是，从长期因素看，中国的高储蓄率、高投资率、旺盛的市场需求、充裕的劳动力，都可以保持经济较快增长。

此次公布的数据还澄清了部分人对中国经济走势的模糊认识。此前经济学界有一种看法认为，随着宏观调控政策的实施，投资增幅的回落，房地产市场的降温，中国经济将减速。有人甚至担心这种减速会陡然出现，致使通货紧缩重现。事实上，中国经济仍然处于上升通道。上半年，拉动经济增长的“三驾马车”动力强劲——投资同比增长25.4%，消费增长13.2%，出口增长32.7%。不管是从货币的供应、经济发展情况，还是从发展趋势看，中国2005年不存在通货膨胀和通货紧缩的问题。当然，在经济全球化的条件下，中国经济的对外依存度越来越高，各种影响宏观经济走势的因素错综复杂，国家适时采取相应的经济手段调控，将保证中国宏观经济平稳、健康发展。

据国家权威部门预测，2005年全年的GDP增长为9.4%，表明中国经济继续保持较快增长。

1.2　消费品价格上涨空间有限

2005年上半年，居民消费价格2.3%的涨辐与2004年同期3.6%、全年4%的涨辐形成了较大的反差。曾有经济学家预测，由于去年上游产品价格涨势过猛，2005年上半年可能出现成本推动型的通货膨胀。而事实上，2005年上半年消费品市场价格表现得相当温和，同比涨辐逐月稳步回落。但与此同时，上游产品价格仍保持在一个相当高的水平。专家分析认为，上游产品价格向下游产品价格传导受阻，总体上是由市场供求格局决定的。目前市场总体供大于求，竞争激烈，企业主要依靠技术进步、加强管理等方式消化成本的上升，消费品价格上涨空间有限。

1.3　居民消费需求将稳中有升

我国未来消费需求将稳中有增，对经济增长的拉动作用将逐步增强。从消费和投资对经济增长贡献的比较看，居民消费率每增长1%，可以拉动GDP增长0.87个百分点，远远高于投资0.22个百分点的水平。因此，要保持经济的持续快速增长，必须努力扩大居民消费，拉动消费率水平。未来一个时期消费对拉动我国经济增长的作用将日益增强。这一判断，主要基于四点依据：其一，从长期看，我国城乡居民消费规模总体上将保持平稳的增长趋势。其二，城市化水平提高，城市人口不断增加，将引发新的消费热潮。其三，消费结构升级换代将增加相关消费品的需求量。其四，消费方式的优化和消费政策的改善有利于促进消费需求扩张。

1.4　人民币汇率改革

2005年7月21日，中国人民银行宣布，中国开始实行以市场供求为基础、参考一篮子货币进行调节、有管理的浮动汇率制度。

近年来，我国经常项目和资本项目双顺差持续扩大，加剧了国际收支失衡。2005年6月末，我国外汇储备达到7110亿美元。2005年以来对外贸易顺差迅速扩大，贸易摩擦进一步加剧。适当调整人民币汇率水平，改革汇率形成机制，有利于贯彻以内需为主的经济可持续发展战略，优化资源配置；有利于增强货币政策的独立性，提高金融调控的主动性和有效性；有利于保持进出口基本平衡，改善贸易条件；有利于保持物价稳定，降低企业成本；有利于促使企业转变经营机制，增强自主创新能力，加快外贸增长方式，提高国际竞争力和抗风险能力；有利于优化利用外资结构，提高利用外资效果；有利于充分利用“两种资源”和“两个市场”，提高对外开放的水平。人民币汇率改革在短期内会对出口、利用外资、就业等经济增长因素产生一定影响，但总体上利大于弊。

1.5 未来经济将平稳快速增长

中国共产党十六届五中全会要求，继续落实科学发展观，按照稳定政策、分类指导、调整结构、深化改革、协调发展的原则，继续加强和改善宏观调控，坚持稳健的财政政策和货币政策，保持宏观经济政策的连续性和稳定性。更好地实行区别对待、有保有压，加快推进结构调整，着力转变增长方式，积极稳妥推进重点领域、关键环节的改革。更加关注人民生活，切实维护社会稳定，认真对待经济社会生活中出现的新情况新问题，继续推动我国经济社会又快又好地向前发展。

经济全球化给中国经济的发展提供了依据，全球产业转移和农村人口向城市转移两大趋势使中国经济保持高速增长的势头。而中国经济的增长也为世界经济的发展注入了活力，为全球投资者提供了巨大的机遇。中国成为全球最大的市场的前景越来越清晰，经济增长有力地拉动了内需，农村的内需也在开发。中国人民的生活水平显著改善，收入大幅提高，城市化进程不断创造新的消费群体。中国的中、高收入阶层正在扩大。未来，中国将有2亿农村人口到城市定居，成为新的城市消费群体，这是势不可挡的。

中国的民营企业应该抓住这20年的时间，大力发展高技术产业、提高企业生产率，等到20年后中国的劳动力成本向国际成本靠拢时，使企业能够在国际市场站住脚。

与生活用纸行业密切相关的经济背景数据见表1-1、1-2、1-3。所列数据主要反映以下情况和趋势：

- 国内生产总值(GDP)和人均GDP持续增长。
- 各地区国内生产总值相差较大，东部沿海地区经济发达。
- 2004物价呈上涨趋势。
- 人民生活水平逐年提高，城乡居民收入差距增大。

表1-1 国内生产总值增长率、通货膨胀率、人均年收入及生活开支

年 份	1990	1995	1996	1997	1998	1999	2000	2001	2002	2003	2004
国内生产总值增长率/%(与前一年相比)	13.8	10.5	9.6	8.8	7.8	7.1	8.0	7.5	8.0	9.1	9.5
通货膨胀率/%	3.1	17.1	8.3	2.8	-0.8	-1.4	0.4	0.7	-0.8	1.2	3.9
城镇居民人均年可支配收入/人民币元	1510	4283	4839	5160	5425	5854	6280	6860	7703	8472	9422
城镇居民人均年消费支出/人民币元	1279	3537	3920	4186	4331	4616	4998	5309	6030	6511	7182
城镇居民家庭恩格尔系数/%	54.2	50.1	48.8	46.6	44.7	42.1	39.4	38.2	37.7	37.1	37.7
农村居民人均纯收入/人民币元	686	1578	1926	2090	2162	2210	2253	2366	2476	2622	2936
农村居民人均年生活消费支出/人民币元	585	1310	1572	1617	1590	1577	1670	1741	1834	1943	2185
农村居民家庭恩格尔系数/%	58.8	58.6	56.3	55.1	53.4	52.6	49.1	47.7	46.2	45.6	47.2

《2005中国统计年鉴》

表1-2 国内生产总值 单位：亿元

年份	国民总收入	国内生产总值	第一产业	第二产业	工业	建筑业	第三产业	交通运输仓储邮电通信业	批发和零售贸易餐饮业	人均国内生产总值(元/人)
1990	18598.4	18547.9	5017.0	7717.4	6858.0	859.4	5813.5	1147.5	1419.7	1634
1991	21662.5	21617.8	5288.6	9102.2	8087.1	1015.1	7227.0	1409.7	2087.0	1879
1992	26651.9	26638.1	5800.0	11699.5	10284.5	1415.0	9138.6	1681.8	2735.0	2287
1993	34560.5	34634.4	6882.1	16428.5	14143.8	2284.7	11323.8	2123.2	3090.7	2939

续表

年份	国民总收入	国内生产总值	第一产业	第二产业	工业	建筑业	第三产业	交通运输仓储邮电通信业	批发和零售贸易餐饮业	人均国内生产总值（元）
1994	46670.0	46759.4	9457.2	22372.2	19359.6	3012.6	14930.0	2685.9	4050.4	3923
1995	57494.9	58478.1	11993.0	28537.9	24718.3	3819.6	17947.2	3054.7	4932.3	4854
1996	66850.5	67884.6	13844.2	33612.9	29082.6	4530.3	20427.5	3494.0	5560.3	5576
1997	73142.7	74462.6	14211.2	37222.7	32412.1	4810.6	23028.7	3797.2	6159.9	6054
1998	76967.2	78345.1	14552.4	38619.3	33387.9	5231.4	25173.5	4121.3	6579.1	6308
1999	80579.4	82067.5	14472.0	40557.8	35087.2	5470.6	27037.7	4460.3	6910.3	6551
2000	88254.0	89468.1	14628.2	44935.3	39047.3	5888.0	29904.6	5408.6	7316.0	7086
2001	95727.9	97314.8	15411.8	48750.0	42374.6	6375.4	33153.0	5968.3	7918.8	7651
2002	103935.3	105172.3	16117.3	52980.2	45975.2	7005.0	36074.8	6420.3	8476.7	8214
2003	116741.2	117390.2	16928.1	61274.1	53092.9	8181.2	39188.0	6644.3	9238.4	9111
2004	136584.3	136875.9	20768.1	72387.2	62815.1	9572.1	43720.6	7694.2	10098.5	10561

《2005 中国统计年鉴》

表 1-3 各地区国内生产总值/人均国内生产总值 单位：GDP/人均 GDP(亿元/元)

地 区	1999 年	2000 年	2001 年	2002 年	2003 年	2004 年
华北地区	10968.8	12252.0	13589.4	15138.2	17816.4	21738.5
北京	2174.5	2478.8/22460	2845.7/25523	3212.7/28449	3663.1/32061	4283.3/37058
天津	1450.1	1639.4/17993	1840.1/20154	2051.2/22380	2447.7/26532	2931.9/31550
河北	4569.2	5089.0/7663	5577.8/8362	6122.5/9115	7098.6/10513	8768.8/12918
山西	1506.8	1643.8/5137	1780.0/5460	2017.5/6146	2456.6/7435	3042.4/9150
内蒙古	1268.2	1401.0/5872	1545.8/6463	1734.3/7241	2150.4/8975	2712.1/11305
东北地区	8738.7	9743.3	10626.6	11566.5	12955.1	15133.9
辽宁	4171.7	4669.1/11226	5033.1/12041	5458.2/12986	6002.5/14258	6872.7/16297
吉林	1669.6	1821.2/6847	2032.5/7640	2246.1/8334	2522.6/9338	2958.2/10932
黑龙江	2897.4	3253.0/8562	3561.0/9349	3862.2/10184	4430.0/11615	5303.0/13897
华东地区	33181.6	36674.0	40368.7	45090.3	52577.6	63948.9
上海	4035.0	4551.2/34547	4950.8/37382	5408.8/40646	6250.8/46718	7450.3/55307
江苏	7697.8	8582.7/11773	9511.9/12922	10631.8/14391	12460.8/16809	15403.2/20705
浙江	5364.9	6036.3/13461	6748.2/14655	7796.0/16838	9395.0/20147	11243.0/23942
安徽	2908.6	3038.2/4867	3290.1/5221	3569.1/5817	3972.4/6455	4812.7/7768
福建	3550.2	3920.1/11601	4253.7/12362	4682.0/13497	5232.2/14979	6053.1/17218
江西	1963.0	2003.1/4851	2175.7/5221	2450.5/5829	2830.5/6678	3495.9/8189
山东	7662.1	8542.4/9555	9438.3/10465	10552.1/11645	12435.9/13661	15490.7/16925
中南地区	22649.7	25336.7	27710.3	30314.4	34120.9	40866.3
河南	4576.1	5137.7/5444	5640.1/5924	6168.7/6436	7048.6/7570	8815.1/9470
湖北	3858.0	4276.3/7188	4662.3/7813	4975.6/8319	5401.7/9011	6309.9/10500
湖南	3326.8	3691.9/5639	3983.0/6054	4340.9/6565	4638.7/7554	5612.3/9117
广东	8464.3	9662.2/12885	10647.7/13730	11769.7/15030	13625.9/17213	16039.5/19707
广西	1953.3	2050.1/4319	2231.2/4668	2455.4/5099	2735.1/5969	3320.1/7196
海南	471.2	518.5/6894	546.0/7135	604.1/7803	670.9/8316	769.4/9450
西南地区	8064.5	8665.7	9469.9	10425.1	11712.8	13984.3
重庆	1479.7	1589.3/5157	1749.8/5654	1971.3/6347	2250.6/7209	2665.4/9608
四川	3711.6	4010.3/4784	4421.8/5250	4875.1/5766	5456.3/6418	6556.0/8113
贵州	911.9	993.5/2662	1084.9/2895	1185.0/3153	1356.1/3603	1591.9/4215
云南	1855.7	1955.1/4637	2074.7/4866	2232.3/5179	2465.3/5662	2959.5/6733
西藏	105.6	117.5/4559	138.7/5307	161.4/6093	184.5/6871	211.5/7779

续表

地区	1999年	2000年	2001年	2002年	2003年	2004年
西北地区	4068.1	4537.9	5001.7	5466.1	6356.3	7568.7
陕西	1487.6	1660.9/4549	1844.3/5024	2036.0/5523	2398.6/6480	2883.5/7757
甘肃	932.0	983.4/3838	1072.5/4163	1161.4/4493	1304.6/5022	1558.9/5970
青海	238.4	263.6/5087	301.0/5735	341.1/6426	390.2/7277	465.7/8606
宁夏	241.5	265.6/4839	298.4/5340	329.3/5804	385.3/6691	460.4/7880
新疆	1168.6	1364.4/7470	1485.5/7913	1598.3/8382	1877.6/9700	2200.2/11199

《2005中国统计年鉴》

2 人口背景

中国人口众多，是全球人口最多的国家。根据2000年第五次全国人口普查数据，在1990年至2000年期间，中国大陆人口过快增长的势头得到有效控制，人口年平均增长率为1.07%，人口总数由1990年的11.43亿人增加至2000年的12.67亿人。进入新世纪后，中国人口的自然增长率继续保持降低的趋势，到2004年底，全国总人口129988万人，比2003年增长0.587%。总人口中15~49岁妇女人数约为3.59亿人，占总人口的27.6%；0~2岁婴儿约4020万人，占总人口的3.09%；65岁及以上老年人口达9879万人，占总人口的7.6%。

与生活用纸市场密切相关的中国人口数据，见表2-1、2-2、2-3和图2-1、2-2。所列数据主要反映以下情况和趋势：

- 1990年以来，人口自然增长率呈逐年下降趋势，人口总数逐年增加。
- 男女性别人口比重基本持平，男性比女性稍多。
- 市镇人口比重明显提高，2004年已超过40%。
- 总人口中65岁以上人口的比重逐年上升，社会老龄化趋势明显。

表2-1 人口基本情况

指标	单位	1982年	1990年	1995年	2000年	2003年	2004年
总人口	万人	101654	114333	121121	126743	129227	129988
按性别分							
男性人口	万人	52352	58904	61808	65437	66556	66976
女性人口	万人	49302	55429	59313	61306	62671	63012
按城乡分							
城镇人口	万人	21480	30195	35174	45906	52376	54283
乡村人口	万人	80174	84138	85947	80837	76851	75705
人口比重							
按性别分							
男性人口	%	51.5	51.5	51.0	51.6	51.5	51.5
女性人口	%	48.5	48.5	49.0	48.4	48.5	48.5
按城乡分							
城镇人口	%	21.1	26.4	29.0	36.2	40.5	41.8
乡村人口	%	78.9	73.6	71.0	63.8	59.5	58.2
出生率	‰	22.28	21.06	17.12	14.03	12.41	12.29
死亡率	‰	6.60	6.67	6.57	6.45	6.40	6.42
自然增长率	‰	15.68	14.39	10.55	7.58	6.01	5.87
家庭户数	万户	22203	27738	31676	34881	36198	36628
各年龄段人口比重							
0-14岁人口	%	33.6	27.7	26.6	22.9	22.1	21.5
15-64岁人口	%	61.5	66.7	67.2	70.1	70.4	70.9
65岁以上人口	%	4.9	5.6	6.2	7.0	7.5	7.6

《2005中国统计年鉴》

表2-2　人口数及构成

单位：万人

年份	年底总人口	按性别分				按城乡分			
		男		女		市镇总人口		乡村总人口	
		人口数	比重	人口数	比重	人口数	比重	人口数	比重
1990	114333	58904	51.52	55429	48.48	30195	26.41	84138	73.59
1991	115823	59466	51.34	56357	48.66	31203	26.94	84620	73.06
1992	117171	59811	51.05	57360	48.95	32175	27.46	84996	72.54
1993	118517	60472	51.02	58045	48.98	33173	27.99	85344	72.01
1994	119850	61246	51.10	58604	48.90	34169	28.51	85681	71.49
1995	121121	61808	51.03	59313	48.97	35174	29.04	85947	70.96
1996	122389	62200	50.82	60189	49.18	37304	30.48	85085	69.52
1997	123626	63131	51.07	60495	48.93	39449	31.91	84177	68.09
1998	124761	63940	51.25	60821	48.75	41608	33.35	83153	66.65
1999	125786	64692	51.43	61094	48.57	43748	34.78	82038	65.22
2000	126743	65437	51.63	61306	48.37	45906	36.22	80837	63.78
2001	127627	65672	51.46	61955	48.54	48064	37.66	79563	62.34
2002	128453	66115	51.47	62338	48.53	50212	39.09	78241	60.91
2003	129227	66556	51.50	62671	48.50	52376	40.53	76851	59.47
2004	129988	66976	51.52	63012	48.48	54283	41.76	75705	58.24

《2005 中国统计年鉴》

表2-3　人口出生率、死亡率、自然增长率、人口密度和城镇人口比重

年　份	出生率/‰	死亡率/‰	自然增长率/‰	人口密度/人/(km)^2	城镇人口占总人口比重/%
1978	18.25	6.25	12.00	100	17.92
1979	17.82	6.21	11.61	102	18.96
1980	18.21	6.34	11.87	103	19.39
1981	20.91	6.36	14.55	104	20.16
1982	22.28	6.60	15.68	106	21.13
1983	20.19	6.90	13.29	107	21.62
1984	19.90	6.82	13.08	109	23.01
1985	21.04	6.78	14.26	110	23.71
1986	22.43	6.86	15.57	112	24.52
1987	23.33	6.72	16.61	114	25.32
1988	22.37	6.64	15.73	116	25.81
1989	21.58	6.54	15.04	117	26.21
1990	21.06	6.67	14.39	119	26.41
1991	19.68	6.70	12.98	121	26.94
1992	18.24	6.64	11.60	122	27.46
1993	18.09	6.64	11.45	123	27.99
1994	17.70	6.49	11.21	125	28.51
1995	17.12	6.57	10.55	126	29.04
1996	16.98	6.56	10.42	127	30.48
1997	16.57	6.51	10.06	129	31.91
1998	15.64	6.50	9.14	130	33.35
1999	14.64	6.46	8.18	131	34.78
2000	14.03	6.45	7.58	132	36.22
2001	13.38	6.43	6.95	133	37.66
2002	12.86	6.41	6.45	134	39.09
2003	12.41	6.40	6.01	135	40.53
2004	12.29	6.42	5.87	135	41.76

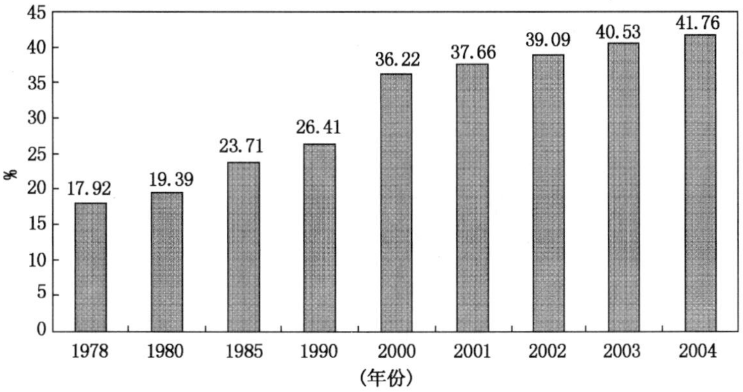

图2－1　历年城镇人口比重

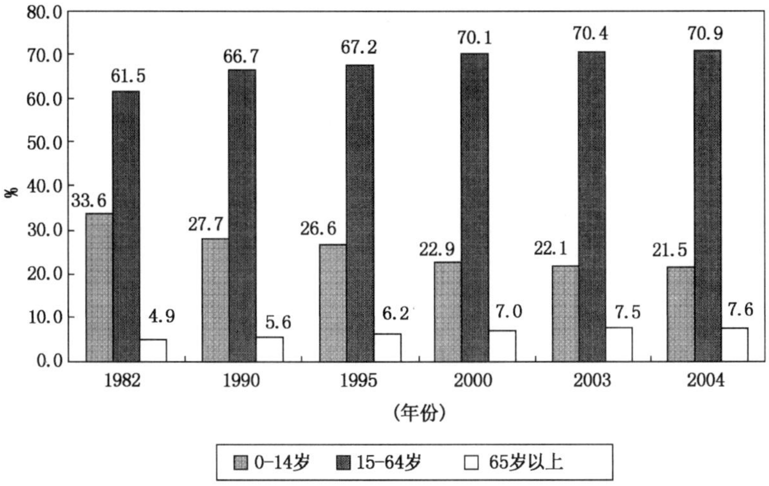

图2－2　历年人口年龄结构

3　生活用纸和一次性卫生用品的发展

随着中国经济的发展，国内的消费品市场发展异常迅速，特别是出现了一个以中国情况而言属购买力相当强的城市中产阶级消费群。中国经济的持续增长，致使对消费品的需求亦有强劲增长，对高品质产品的需求亦有增加。生活用纸和一次性卫生用品是与消费者关系密切的日常用品之一，凡有人群，特别是有妇女、儿童、老人的地方就有潜在的消费市场，是朝阳工业。20世纪90年代以来，随着经济的发展和人们在思想文化观念以及消费习惯上的变化，中国生活用纸和一次性卫生用品市场异军突起，市场消费潜力得到了空前的提升。厕用卫生纸是生活必需的基本产品，纸巾纸和擦拭纸的使用日益普及；2004年需用妇女卫生巾的适龄妇女为3.59亿人；需用婴儿纸尿裤的2岁以下婴儿约为4020万人；中国已进入老龄化社会，65岁以上老人为9879万人，需用成人尿裤或护理垫的失禁病人在2000万人以上。适用人口数众多和经济发展带来的消费能力提升是中国生活用纸及一次性卫生用品的生产和市场发展的基本依据。2004年中国市场生活用纸消费量约343万吨；妇女卫生巾消费量约384亿片，卫生护垫消费量约165亿片；婴儿纸尿布消费量约29.5亿片；成人纸尿布消费量1亿片，护理垫消费量约1.1亿片。

中国，由于其人口众多和地域广阔，吸引了很多的发展商和企业。中国市场的多样化不仅表现在发展方面，在相对购买力和购买选择上也是多样化的。有关调查资料显示，中国与其他东南亚国家相比，如马来西亚、菲律宾、泰国，在非生活必需品(不包括食品、衣服、住房、公用事业、通讯和交通)的其他产品上的费用大大超过这些国家。目前，生活用纸和一次性卫生用品的需求量仍在稳定增长。在生产方面，企业向规模生产、集约化经营方向发展，技术装备向大型、快速、现代化方向发展，水平明显提高，出现一批设备精良、技术先进、产量大、产品档次高、经营管理好的企业，对全行业起到很好的示范作用。在市场方面，就全国来说，生活用纸和一次性卫生用品的人均年消费量或市场渗透率仍不高，存在相当大的潜在市场容量。但近几年除新建大企业和原有企业扩产外，由于行业准入门槛低，大批一次性卫生用品小企业的涌入和低水平生产线的重复建设，致使生产能力的增长超过消费量的增长，目前生活用纸特别是高中档产品市场需求旺盛，而一次性卫生用品特别是妇女卫生用品在大部分地区已进入有效需求不足的相对过剩阶段。供方市场的形成和原材料、能源价格上涨造成的成本上升，使生活用纸及一次性卫生用品与其他消费性商品一样进入微利时代。市场竞争十分激烈；超市等终端市场的地位日益重要；产品制造商已注意开拓国际市场。生活用纸出口量呈迅速上升趋势，出口品种除传统的生活用纸外，妇女卫生巾、卫生护垫、成人失禁用品、宠物垫及一次性卫生用品生产设备等产品的出口也开始增加。

由于各地区经济发展的差异，生活用纸和一次性卫生用品的发展是不平衡的，基本特点是：南方快于北方，沿海高于内地，大城市及人口稠密地区优于中小城市及人口稀少的地区。特别是珠江三角洲地区、长江三角洲地区和广东省、福建省等地方的发展远高于其他区域。

The background of population and economy

Ms. Jiang Manxia, Ms. Zhang Yulan, Mr. Chen Xiangjin CNHPIA

1 Economic background

1.1 Economy keeps rapid growth

In 1995—2005, China's economic growth rate keeps between 7%~8% and the economy tend to grow steadily. Although during the last 10 years, influenced by the financial crisis in Southeast Asia, the most serious deflation since the building of the People's Republic of China, and the partly overheated economy featured by substantial price growth of resources, China's economy still grows within a balanced rate and have ability against variations has been raised rapidly.

In 2004, China's economy keeps growing at high speed. The GDP has reached 13687.59 billion Yuan, up 9.5 percent over the previous year. Since 2005, around the grand goal of building comparatively well-off society all-roundly, the Chinese Communist Party and the Chinese people are active in carrying out the view of development depending on science, continuing to strengthen and improve a series of macro-control policies and programs, and emphasizing more on solving the sharp contradiction and problems, attaching more importance on the structure adjustment and changes of growth manner, and laying more stress on furthering reform. China's economy still keeps steady and rapid growth under macroeconomic control and some progress have been made in the reform of the economic structure in key areas.

China's National Bureau of Statistics (NBS) released that the growth rate of China's GDP (gross domestic product) was 9.5 percent in the first half of the year on 20 July 2005. Fairly good overall economic performance was recorded in the first half of the year. It continues to develop in accordance with the expected macro-control target. The growth rate is lower 0.2 percentage point than that in 2004. But, in the long run, China will keep rapid economic growth due to high savings ratio, high investment rate, great market demand and rich labor force.

The released data has cleared up some confused ideas about China's economic trend. Before, some people in economic area believed that China's economy will decrease, with the implementation of macro-control policies, the declining of investment and housing market. Some people even worried that China's economy may decrease suddenly, causing the deflation again. In fact, China's economy still keeps rising. In the first half of the year, the three driving factors which stimulate economic growth are very powerful—the investment has an increase at 25.4 percent, the consumption has raised 13.2 percent and the exports has an up at 32.7 percent over the previous year. From the money supply, economic development and development trend aspect, there will be no inflation and deflation for China in 2005. Against the globalization of economy, China's economy will depend more and more on outside markets. Various complex factors will influence the trend of macroeconomics. The Chinese government will take relevant economic control measures in order to ensure the steady and healthy development of China's macro economy.

According to the estimation by state authorized department, the GDP growth rate in 2005 is 9.4 percent. It shows that China's economy continues to keep rapid growth.

1.2 The price of consumer products will go up little

The country's consumer price index rose by 2.3 percent in the first half of 2005, lower than the 3.6 percent level for the same period last year and 4 percent in 2004. Some economist ever predicted that there will be inflation featured by cost driving in the first half of the year, contributing that the price of upper-stream products may go up strongly. While in fact, the market price of consumer products goes up little and the growth rate decrease month by month. But at the same time, the price of upper-stream consumer products still keeps at a very high level. Experts analyses that the price of upper-stream products does not influence the price of ultimate products, because it is determined by the market supply and demand pattern on the whole. Nowadays, the total supply exceeds demand and the competition is very fierce. Enterprises mainly depend on advanced technologies and strengthened management in the face of cost rising. There is little space for the price rising of consumer products.

1.3 The consumption of residents will increase steadily

In future, the consumption will increase steadily in China, which will play more roles of stimulating the economic growth. From the contrast contributions brought by consumption and investment, if the consumption rate increases 1 percent annually, it could stimulate GDP to increase 0.87 percentage point, which is higher than 0.22 percentage point of investment. Therefore, the consumption by residents should be expanded and the consumption level should be stimulated in order to keep the sustainable and rapid growth of economy. In the next period, consumption will play increasingly important role in stimulating the China's economic growth. This idea (estimation) is mainly based on the following four points: first, in the long run, the consumption in town and county will keep steady growth on the whole; second, urbanization will be promoted and the population in urban area will increase, which will bring about new consumption climax; third, the upgrading of consumption structure will promote the demand of relevant consumer products; fourth, the optimization of consumption manners and improved policies about consumption will promote the consumption expansion.

1.4 The reform on RMB exchange rate system

China's central bank, announced that beginning from July 21, 2005, China will implement a regulated, managed floating exchange rate system based on market supply and demand and in reference to a package of currencies.

In recent years, the continuous expansion of China's double surplus in current account and capital account has aggravated the unbalance of international payments. At the end of June 2005, China's foreign exchange reserve hit US $711 billion. Foreign trade surplus has rapidly expanded and trade frictions have been further exacerbated since the beginning of this year. Appropriately adjusting the level of the RMB exchange rate and reforming the exchange rate formation mechanism help implement the sustainable development strategy based on domestic demands and optimize resources allocation; contribute to enhancing the independence of the monetary policy, and raising the initiative and validity of financial control and regulation; help maintain a basic balance of imports and exports and improve trading conditions; it is conducive to keeping price stability and reducing enterprise cost; it helps spur enterprises to change their operational mechanism, enhance their own innovative capability, quicken the transformation of foreign trade growth pattern and improve their international competitiveness and risk – resistance ability; it helps optimize the foreign capital utilization structure, improve foreign capital utilization efficiency; it is conducive to making full use of both domestic and foreign resources and both home and international markets and raising the level of opening to the outside world.

1.5 The economy will grow rapidly and safely

The Fifth Plenary Session of the Sixteenth Central Committee of the Chinese Communist Party calls on that we should continue to carry out scientific development view, continue to strengthen and improve macro-adjustment and control, adhere to steady financial and monetary policy and keep the continuity and stability of macroeconomic policy, in accordance with the principles of stabilizing policies, classifying guidance, adjusting structure, deepening reform and coordinating development. We should better carry out the policies of differing treatment and supporting certain projects and limiting certain projects, accelerate structure adjustment, exert efforts to change growth manners, promote the reform of key fields and links actively and steadily. We should pay more attention to people's life, protect the social stability in earnest, treat new problems occurred in society seriously and continue to press for the development of our society very well.

The globalization of economy has provided opportunities for the development of China's economy. Driving the rapid economic growth of China are two trends as follows: one is global industry transfer; the other is the movement of rural citizens into cities. The China's economic growth has brought energy to the world economic development and provide great opportunities for global investors. It is more obvious that China has become the global largest market. Economic growth has strongly stimulated domestic demand. The domestic demand in rural areas is now also expanding. As the Chinese people's living standard has been greatly improved and the income has increased substantially, urbanization is creating new consumption groups. The classes with middle and high income in China are now increasing. In future, there are 200 million rural citizens who will move to live in cities. It is irresistible that they will become new consumption groups.

Chinese enterprises run by private citizens should take the 20 years to try their best to develop advanced technology industry and promote production efficiencies. In 20 years, they could stand in the international market when the Chinese labor cost is transferring into the international cost.

The data on economic background closely related to tissue paper and disposable products industry are shown as the Table 1－1, 1－2 and 1－3. The data mainly reflect the following situation and trends:

- The GDP and per capita GDP continue to grow.
- The GDP of various areas has a big difference, and the eastern coastal areas are developed.
- In 2004, commodity price tends to increase.
- The living standard is increasingly improved. The income difference between town and county is becoming larger.

Table 1－1 GDP Growth Rate, Inflation Ratio, Per Capita Annual Income and Living Expenditure

Year	1990	1995	1996	1997	1998	1999	2000	2001	2002	2003	2004
GDP growth rate/% (over previous year)	13.8	10.5	9.6	8.8	7.8	7.1	8.0	7.5	8.0	9.1	9.5
Inflation ration/%	3.1	17.1	8.3	2.8	－0.8	－1.4	0.4	0.7	－0.8	1.2	3.9
Per capita annual discretionary income of urban households/Yuan	1510	4283	4839	5160	5425	5854	6280	6860	7703	8472	9422
Per capita annual living expenditure of urban households/Yuan	1279	3537	3920	4186	4331	4616	4998	5309	6030	6511	7182
Engel's coefficient of urban households/%	54.2	50.1	48.8	46.6	44.7	42.1	39.4	38.2	37.7	37.1	37.7
Per capita annual net income of rural households/Yuan	686	1578	1926	2090	2162	2210	2253	2366	2476	2622	2936
Per capita annual living expenditure of rural households/Yuan	585	1310	1572	1617	1590	1577	1670	1741	1834	1943	2185
Engel's coefficient of rural households/%	58.8	58.6	56.3	55.1	53.4	52.6	49.1	47.7	46.2	45.6	47.2

[2005 China Statistical Yearbook]

Table 1－2 Gross National Income and Gross Domestic Product Unit: 100 million Yuan

Year	Gross national income	Gross domestic product	Primary industry	Secondary industry	Industry	Construction	Tertiary industry	Transport, post and telecommunication services	Wholesale, retail trade & catering services	Per capita GDP/ (Yuan/person)
1990	18598.4	18547.9	5017.0	7717.4	6858.0	859.4	5813.5	1147.5	1419.7	1634
1991	21662.5	21617.8	5288.6	9102.2	8087.1	1015.1	7227.0	1409.7	2087.0	1879
1992	26651.9	26638.1	5800.0	11699.5	10284.5	1415.0	9138.6	1681.8	2735.0	2287
1993	34560.5	34634.4	6882.1	16428.5	14143.8	2284.7	11323.8	2123.2	3090.7	2939
1994	46670.0	46759.4	9457.2	22372.2	19359.6	3012.6	14930.0	2685.9	4050.4	3923
1995	57494.9	58478.1	11993.0	28537.9	24718.3	3819.6	17947.2	3054.7	4932.3	4854
1996	66850.5	67884.6	13844.2	33612.9	29082.6	4530.3	20427.5	3494.0	5560.3	5576
1997	73142.7	74462.6	14211.2	37222.7	32412.1	4810.6	23028.7	3797.2	6159.9	6054
1998	76967.2	78345.1	14552.4	38619.3	33387.9	5231.4	25173.5	4121.3	6579.1	6308
1999	80579.4	82067.5	14472.0	40557.8	35087.2	5470.6	27037.7	4460.3	6910.3	6551
2000	88254.0	89468.1	14628.2	44935.3	39047.3	5888.0	29904.6	5408.6	7316.0	7086
2001	95727.9	97314.8	15411.8	48750.0	42374.6	6375.4	33153.0	5968.3	7918.8	7651
2002	103935.3	105172.3	16117.3	52980.2	45975.2	7005.0	36074.8	6420.3	8476.7	8214
2003	116741.2	117390.2	16928.1	61274.1	53092.9	8181.2	39188.0	6644.3	9238.4	9111
2004	136584.3	136875.9	20768.1	72387.2	62815.1	9572.1	43720.6	7694.2	10098.5	10561

[2005 China Statistical Yearbook]

Table 1 -3 GDP/per capita GDP

Unit: GDP/per capita GDP (100 million Yuan/Yuan)

Area	1999/year	2000/year	2001/year	2002/year	2003/year	2004/year
Northern area	10968. 8	12252. 0	13589. 4	15138. 2	17816. 4	21738. 5
Beijing	2174. 5	2478. 8/22460	2845. 7/25523	3212. 7/28449	3663. 1/32061	4283. 3/37058
Tianjin	1450. 1	1639. 4/17993	1840. 1/20154	2051. 2/22380	2447. 7/26532	2931. 9/31550
Hebei	4569. 2	5089. 0/7663	5577. 8/8362	6122. 5/9115	7098. 6/10513	8768. 8/12918
Shanxi	1506. 8	1643. 8/5137	1780. 0/5460	2017. 5/6146	2456. 6/7435	3042. 4/9150
Inner Mongolia	1268. 2	1401. 0/5872	1545. 8/6463	1734. 3/7241	2150. 4/8975	2712. 1/11305
Northeastern area	8738. 7	9743. 3	10626. 6	11566. 5	12955. 1	15133. 9
Liaoning	4171. 7	4669. 1/11226	5033. 1/12041	5458. 2/12986	6002. 5/14258	6872. 7/16297
Jilin	1669. 6	1821. 2/6847	2032. 5/7640	2246. 1/8334	2522. 6/9338	2958. 2/10932
Heilongjiang	2897. 4	3253. 0/8562	3561. 0/9349	3862. 2/10184	4430. 0/11615	5303. 0/13897
Eastern area	33181. 6	36674. 0	40368. 7	45090. 3	52577. 6	63948. 9
Shanghai	4035. 0	4551. 2/34547	4950. 8/37382	5408. 8/40646	6250. 8/46718	7450. 3/55307
Jiangsu	7697. 8	8582. 7/11773	9511. 9/12922	10631. 8/14391	12460. 8/16809	15403. 2/20705
Zhejiang	5364. 9	6036. 3/13461	6748. 2/14655	7796. 0/16838	9395. 0/20147	11243. 0/23942
Anhui	2908. 6	3038. 2/4867	3290. 1/5221	3569. 1/5817	3972. 4/6455	4812. 7/7768
Fujian	3550. 2	3920. 1/11601	4253. 7/12362	4682. 0/13497	5232. 2/14979	6053. 1/17218
Jiangxi	1963. 0	2003. 1/4851	2175. 7/5221	2450. 5/5829	2830. 5/6678	3495. 9/8189
Shandong	7662. 1	8542. 4/9555	9438. 3/10465	10552. 1/11645	12435. 9/13661	15490. 7/16925
South middle area	22649. 7	25336. 7	27710. 3	30314. 4	34120. 9	40866. 3
Henan	4576. 1	5137. 7/5444	5640. 1/5924	6168. 7/6436	7048. 6/7570	8815. 1/9470
Hubei	3858. 0	4276. 3/7188	4662. 3/7813	4975. 6/8319	5401. 7/9011	6309. 9/10500
Hunan	3326. 8	3691. 9/5639	3983. 0/6054	4340. 9/6565	4638. 7/7554	5612. 3/9117
Guangdong	8464. 3	9662. 2/12885	10647. 7/13730	11769. 7/15030	13625. 9/17213	16039. 5/19707
Guangxi	1953. 3	2050. 1/4319	2231. 2/4668	2455. 4/5099	2735. 1/5969	3320. 1/7196
Hainan	471. 2	518. 5/6894	546. 0/7135	604. 1/7803	670. 9/8316	769. 4/9450
Southwestern area	8064. 5	8665. 7	9469. 9	10425. 1	11712. 8	13984. 3
Chongqing	1479. 7	1589. 3/5157	1749. 8/5654	1971. 3/6347	2250. 6/7209	2665. 4/9608
Sichuan	3711. 6	4010. 3/4784	4421. 8/5250	4875. 1/5766	5456. 3/6418	6556. 0/8113
Guizhou	911. 9	993. 5/2662	1084. 9/2895	1185. 0/3153	1356. 1/3603	1591. 9/4215
Yunnan	1855. 7	1955. 1/4637	2074. 7/4866	2232. 3/5179	2465. 3/5662	2959. 5/6733
Tibet	105. 6	117. 5/4559	138. 7/5307	161. 4/6093	184. 5/6871	211. 5/7779
Northwestern area	4068. 1	4537. 9	5001. 7	5466. 1	6356. 3	7568. 7
Shannxi	1487. 6	1660. 9/4549	1844. 3/5024	2036. 0/5523	2398. 6/6480	2883. 5/7757
Gansu	932. 0	983. 4/3838	1072. 5/4163	1161. 4/4493	1304. 6/5022	1558. 9/5970
Qinghai	238. 4	263. 6/5087	301. 0/5735	341. 1/6426	390. 2/7277	465. 7/8606
Ningxia	241. 5	265. 6/4839	298. 4/5340	329. 3/5804	385. 3/6691	460. 4/7880
Xinjiang	1168. 6	1364. 4/7470	1485. 5/7913	1598. 3/8382	1877. 6/9700	2200. 2/11199

[2005 China Statistical Yearbook]

2 Population background

China is a populous country, with the largest population in the world. According to the 5th national population census in 2000: during the period of 1990 to 2000, the over fast population growth in the mainland has been controlled efficiently. The annual average growth rate of population is 1. 07%. China's population increased from 1. 143 billion in 1990 to 1. 266 billion in 2000. Entering into the new century, the natural growth rate of China's population still tends to decline. By the end of 2004, the total population of China is 1. 29988 billion, increased by 0. 587% over that in 2003. 359 million females were in the age group of 15 ~ 49, accounting for 27. 5 percent of the total population; 40. 20 million infants were in the age group of 0 ~ 2, accounting for 3. 09 percent of it;

and 98.79 million elders were in the age group of 65 and over, accounting for 7.6 percent of it.

The data on China's population closely related to household paper market are shown as Table 2-1, 2-2, 2-3 and Figure 2-1, 2-2, 2-3. The data mainly reflect the following situation and trends:

● Since 1990, the natural growth rate of population tends to decline yearly, and the total population increasingly grows.

● The proportion of sex population between male and female basically balances. The population of male is larger than that of female.

● The proportion of urban residents increases evidently, which has reached nearly 40% in 2002.

● Among the total population, the proportion of elders at the age of above 65 is increasing annually. The "Aging Problem" becomes more evident.

Table 2-1 View of Population

Index	Unit	1982/year	1990/year	1995/year	2000/year	2003/year	2004/year
Total population	10,000	101654	114333	121121	126743	129227	129988
By gender							
Male population	10,000	52352	58904	61808	65437	66556	66976
Female population	10,000	49302	55429	59313	61306	62671	63012
By town and county							
Population in town	10,000	21480	30195	35174	45906	52376	54283
Population in county	10,000	80174	84138	85947	80837	76851	75705
Population proportion							
By gender							
Male population	%	51.5	51.5	51.0	51.6	51.5	51.5
Female population	%	48.5	48.5	49.0	48.4	48.5	48.5
By town and county							
Population in town	%	21.1	26.4	29.0	36.2	40.5	41.8
Population in county	%	78.9	73.6	71.0	63.8	59.5	58.2
Birth rate	‰	22.28	21.06	17.12	14.03	12.41	12.29
Death rate	‰	6.60	6.67	6.57	6.45	6.40	6.42
Natural growth rate	‰	15.68	14.39	10.55	7.58	6.01	5.87
Families	10,000	22203	27738	31676	34881	36198	36628
Population proportion by age							
At the age of 0-14	%	33.6	27.7	26.6	22.9	22.1	21.5
At the age of 15-64	%	61.5	66.7	67.2	70.1	70.4	70.9
At the age of above 65	%	4.9	5.6	6.2	7.0	7.5	7.6

[2005 China Statistical Yearbook]

Table 2-2 Population and Its Composition

Unit: 10,000 persons

Year	Total population at the end of the year	By gender				By town and county			
		Male		Female		Population in town		Population in county	
		Population	Proportion	Population	Proportion	Population	Proportion	Population	Proportion
1990	114333	58904	51.52	55429	48.48	30195	26.41	84138	73.59
1991	115823	59466	51.34	56357	48.66	31203	26.94	84620	73.06
1992	117171	59811	51.05	57360	48.95	32175	27.46	84996	72.54
1993	118517	60472	51.02	58045	48.98	33173	27.99	85344	72.01
1994	119850	61246	51.10	58604	48.90	34169	28.51	85681	71.49
1995	121121	61808	51.03	59313	48.97	35174	29.04	85947	70.96
1996	122389	62200	50.82	60189	49.18	37304	30.48	85085	69.52

续表

Year	Total population at the end of the year	By gender				By town and county			
		Male		Female		Population in town		Population in county	
		Population	Proportion	Population	Proportion	Population	Proportion	Population	Proportion
1997	123626	63131	51.07	60495	48.93	39449	31.91	84177	68.09
1998	124761	63940	51.25	60821	48.75	41608	33.35	83153	66.65
1999	125786	64692	51.43	61094	48.57	43748	34.78	82038	65.22
2000	126743	65437	51.63	61306	48.37	45906	36.22	80837	63.78
2001	127627	65672	51.46	61955	48.54	48064	37.66	79563	62.34
2002	128453	66115	51.47	62338	48.53	50212	39.09	78241	60.91
2003	129227	66556	51.50	62671	48.50	52376	40.53	76851	59.47
2004	129988	66976	51.52	63012	48.48	54283	41.76	75705	58.24

[2005 China Statistical Yearbook]

Table 2-3 Birth Rate, Death Rate, Natural Growth Rate, Density of Population and Proportion between Town and County

Year	Birth rate/‰	Death rate/‰	Natural growth rate/‰	Population density/ person/(km)^2	Proportion of population in towns among the total/%
1978	18.25	6.25	12.00	100	17.92
1979	17.82	6.21	11.61	102	18.96
1980	18.21	6.34	11.87	103	19.39
1981	20.91	6.36	14.55	104	20.16
1982	22.28	6.60	15.68	106	21.13
1983	20.19	6.90	13.29	107	21.62
1984	19.90	6.82	13.08	109	23.01
1985	21.04	6.78	14.26	110	23.71
1986	22.43	6.86	15.57	112	24.52
1987	23.33	6.72	16.61	114	25.32
1988	22.37	6.64	15.73	116	25.81
1989	21.58	6.54	15.04	117	26.21
1990	21.06	6.67	14.39	119	26.41
1991	19.68	6.70	12.98	121	26.94
1992	18.24	6.64	11.60	122	27.46
1993	18.09	6.64	11.45	123	27.99
1994	17.70	6.49	11.21	125	28.51
1995	17.12	6.57	10.55	126	29.04
1996	16.98	6.56	10.42	127	30.48
1997	16.57	6.51	10.06	129	31.91
1998	15.64	6.50	9.14	130	33.35
1999	14.64	6.46	8.18	131	34.78
2000	14.03	6.45	7.58	132	36.22
2001	13.38	6.43	6.95	133	37.66
2002	12.86	6.41	6.45	134	39.09
2003	12.41	6.40	6.01	135	40.53
2004	12.29	6.42	5.87	135	41.76

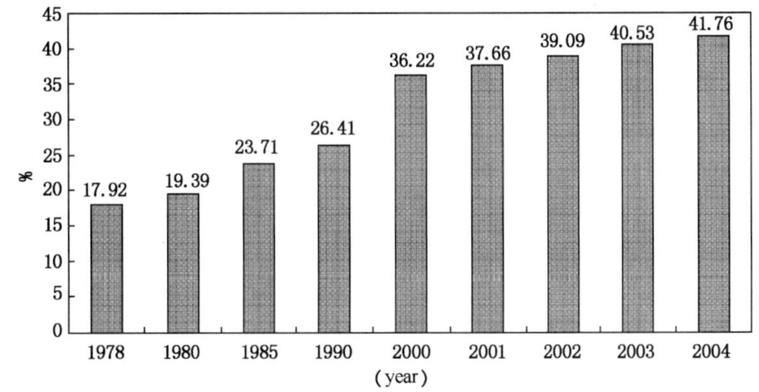

Fig 2 – 1 Population Proportion between Town and County

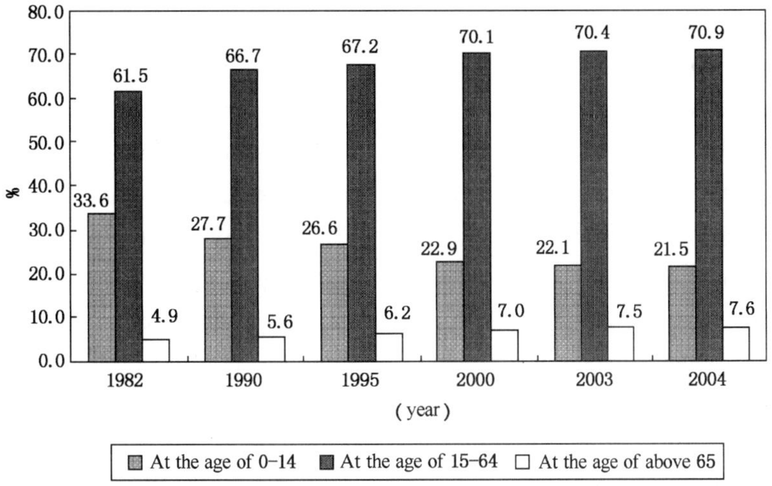

Fig 2 – 2 Age Composition

3 The development of tissue paper and disposable hygiene products

Along with the economic development of China, domestic market of consumer goods grew at an extremely fast pace. Particularly, a consumer group of urban middle class emerged, which, in terms of China's situation, have considerably powerful purchasing power. The sustained economic growth of China also resulted to the strong growth of demand for consumer goods, and growth of demand for high-quality products. Household paper is among the articles of daily use closely related to the consumers. Anywhere where there is multitude, especially women, children and elders, there is potential consumer market. So it's an industry of not-setting sun. Since the 1990s, with the economic development and the changes in people's cultural conception and consumption custom, the household paper market in China has suddenly risen as a new force. Potential market consumption has been elevated unprecedentedly. Toilet paper is household necessities. Facial tissue and paper wipes are increasingly popular. In 2004, there were 359 million women of the right age who need sanitary napkins, about 40.20 million infants below two years old who need diapers; China has entered into "Aging Society". In 2004, 98.79 million elders are at the age of above 65. There are over 20 million incontinent patients needing adult diapers or care pads. Numerous applicable people and advance in the consumption capacity resulting from the economic growth are the basis for the growth of production and market of household paper in China. On the China market in 2004, about 3.43 million tons of tissue paper was consumed, sanitary napkins, 38.4 billion pieces; pantiliners, 16.5 billion pieces; baby diapers, 2.95 billion pieces; adult diapers, 0.1 billion pieces and care sheets, 110 million pieces.

China, populous and vast, has attracted many developers and enterprises. The diversity of China market can be exhibited in the development, also in the relative purchasing power and purchasing options. Related survey data show that, compared with other countries in the Southeast Asia including Malaysia, Philippine and Thailand, expenses on other products of non-living necessities (excluding foodstuffs, clothes, housing, public utilities, telecom and transportation) are greatly more than that in these countries. At present, the total demand for household paper is growing steadily. In terms of production, enterprises tend to large-scale production and intensive management. Large, rapid and modern technical equipments are applied. The production level has been advanced distinctly. A group of enterprises with equipments of the best quality, advanced technologies, high output, high-grade products and good management are emerging, who have set good examples in the industry. In terms of China market, the per capita consumption and market penetration rate of household paper are not high yet across the country. There leaves a considerably large capacity of potential market. But in recent years, besides new large enterprises and former enterprises which have expanded production, a large group of small disposable hygiene products enterprises joined the industry and low-level production lines were put into production due to the low standards for access to the industry. As a result, the growth of production capacity has exceeded that of consumption. Now in most areas, tissue paper esp. high-grade products have been in a stage of relatively overstock. While disposable hygiene products esp. sanitary napkins have entered into the relative overproduction stage that features insufficient effective demand. Supplier's market has been formed, the price of raw material and energy has gone up, causing that household paper has come to an age of meager profit. Market competition is very fierce. End markets including supermarkets are on a more and more important position. Manufacturers have begun to pay attention to opening up international market. The export volume of household paper tends to rise. In addition to the traditional tissue paper, the export of sanitary napkins, pantiliners, adult incontinence products and pet pads, as well as the machinery for disposable hygiene products began to increase.

Due to the difference of economic growth in different areas, the development of tissue paper & disposable hygiene products is unbalanced. Basic features are as follows: the development is faster in southern areas than that in northern area, faster in coastal areas than that in hinterland, faster in large cities and impacted areas than that in small and middle cities and underpopulated areas. Especially in Zhujiang Delta area, the Yangtze River Delta area as well as Guangdong and Fujian provinces, the development is much faster than that in other areas.

Author: Jiang Manxia
Translator: Cao Baoping

生活用纸的概况和展望

江曼霞　孙　静　陈祥津　中国造纸协会生活用纸专业委员会

1　市场概况

1.1　产量和消费量

2004年我国经济持续高速增长，国内生产总值(GDP)达到136875.9亿元，比上年增长9.5%。中国生活用纸行业在2003年强劲发展的基础上，2004年继续保持高速增长势头，其产量和消费量的增长均略高于GDP的增长。2004年全国生活用纸总产量约362万t，比上年增长10.7%，生活用纸产量约占全国纸和纸板总产量的7.3%；消费量约343万t，比上年增长约10.6%，占全国纸和纸板总消费量的6.3%；人均年消费量2.65kg，比上年增长0.25kg；销售额约235亿元。全球生活用纸销售量约2500万t，销售额约300亿美元。在全球生活用纸市场上，中国生活用纸的消费量需求仅次于北美和西欧居第3位，销售额占全球生活用纸销售额的9.5%。

中国的生活用纸市场随经济发展、人口增加和人民生活质量的提高而快速增加。1990—2004年的14年间，中国生活用纸的消费量从1990年的68万t，增长至2004年的343万t，是1990年的5倍，年平均增长率11%。人均消费量也从0.59kg增长到2.65kg，是1990年的4.5倍。

表1-1　2004年中国生活用纸的产量和消费量

	2004年	2003年	同比增长/%
产量/万t	362	327	10.7
消费量/万t	343	310	10.6
进口量/万t	3.58	2.56	39.8
出口量/万t	22.79	19.18	18.8
净出口量/万t	19.21	16.62	15.6
年人均消费/(kg/人·年)	2.65	2.4	10.4

单位：10000t

表1-2　中国生活用纸历年产量和消费量(1990—2004年)　　指数：1990年=100

年度	产量	产量指数	进口量	出口量	消费量	人口总数/万人	人均消费量/(kg/人·年)
1990	67.9	100	未统计	未统计	67.9	114333	0.59
1991	75.0	110	未统计	未统计	75.0	115823	0.65
1992	96.1	142	0.65	3.84	92.91	117171	0.79
1993	112.1	165	0.99	4.24	108.85	118517	0.91
1994	138.5	200	1.17	3.87	133.15	119850	1.11
1995	183.6	270	1.66	4.62	180.64	121121	1.49
1996	194.6	287	2.06	4.85	191.81	122389	1.57
1997	208.1	306	1.55	3.19	206.46	123626	1.67
1998	220.0	324	2.79	3.57	219.22	124761	1.76
1999	232.0	342	2.76	4.86	229.90	125786	1.83
2000	250.0	368	2.61	6.72	245.89	126743	1.94
2001	275.0	405	2.19	11.09	266.10	127627	2.15
2002	298.4	439	2.25	13.90	286.80	128453	2.23
2003	327.0	482	2.56	19.18	310.00	129227	2.40
2004	362.0	533	3.58	22.79	343.00	129988	2.65

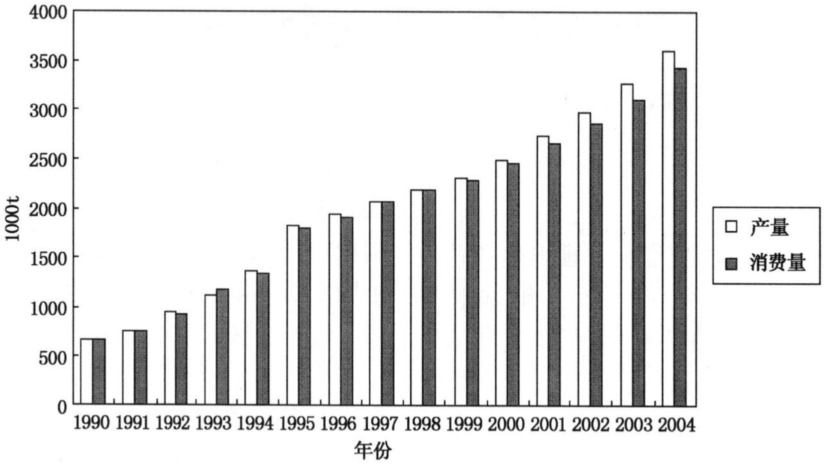

图 1－1　中国生活用纸产量及消费量（1990－2004 年）

1.2　生活用纸市场迎来又一轮黄金发展期

在 20 世纪 90 年代前期，中国生活用纸市场在低基数的情况下进入黄金发展期，消费量的年增长率曾达到 20%～30%。2000 年前后，市场经历了亚洲金融风暴和 2000 年全球木浆涨价的压力，消费量的年增长率回落到 7% 以下。同时，在此期间，投产的生活用纸生产线特别是高档生活用纸生产线过于集中，生产能力和产量的增长超过了市场容量的增长幅度，生活用纸市场出现供过于求的局面，竞相降价的结果使制造商的利润大幅下滑。金红叶纸业以高投入、高产量、高质量、低价位进军中国生活用纸市场，大部分生活用纸企业面临严峻挑战。

近两年，随着经济的持续高位增长，人民生活水平的迅速提高以及对消费者的引导渐见成效，生活用纸特别是高档生活用纸的市场容量大幅提升，消费量的年增长率达到 10% 左右，迎来又一轮黄金发展期。2004 年表现为生活用纸的主要生产企业产销两旺，原纸供不应求，不少企业在上新的项目扩大产能，还有一些原本不生产生活用纸的企业进入该领域，正在建设和计划建设的项目集中，机器设备的现代化水平大大提高。

表 1－3　市场对高档生活用纸的需求增加

	2004 年	2003 年	同比增长/%
生活用纸销售额/亿元	235	210	11.9
产品平均价格/(元/t)	6851	6774	11.4
高档生活用纸消费量/万 t	62	46.5	33.3
高档生活用纸占比例/%	18	15	20.0
高档纸平均价格/(元/t)	10300	9700	6.2
高档纸占销售额比例/%	27	21.5	25.6

1.3　生活用纸的进出口贸易持续活跃

1999 年之前，中国生活用纸市场属自给型，有少量进出口，出口量大于进口量，净出口量保持在 2.5 万～3.5 万 t 之间。1999 年后，生活用纸出口量大幅度上升，迅速突破 10 万 t/a。近几年生活用纸的进出口贸易持续活跃，2004 年出口量 22.79 万 t，比上年增长 18.8%；出口金额为 20690 万美元，比上年增长 22.8%。进口量 3.58 万 t，比上年增长 39.8%；进口金额为 3488 万美元，比上年增加 42%。净出口量 19.21 万 t，比上年增长 15.6%；净出口额为 17203 万美元，比上年增长 19.5%。2004 年生活用纸出口量占中国生活用纸总产量的 6.2%。2004 年的出口生活用纸中，加工产品的数量占出口总量的 80%，金额占出口总金额的 82%；进口生活用纸中，原纸的数量占进口总量的 89%，金额占进口总金额的 76%。以上数据说明出口产品中主要是生活用纸成品而进口产品中主要是原纸。此外，在出口的各类生活用纸成品中，厕用卫生纸是主要产品，其数量约占 70%，金额占 62%；在进口的各类生活用纸成品中，纸手帕和面巾纸是主要产品，其数量约占 57%，金额占 65%。2004 年的主要出口地是中国香港、澳大利亚、美国、日本和中国澳门。

2004年金红叶纸业、维达纸业、中顺纸业的出口量均在1万t以上，出口创汇均超过1500万美元。

表1-4 2004年各类生活用纸进出口情况

商品编号	商品名称	数量/kg		金额/美元	
		2004年	2003年	2004年	2003年
进口		35761993	25591279	34883805	24550287
48030000	成卷成张的家庭或卫生用纸、面巾纸、餐巾纸	31806361	22989666	26589572	19198312
48181000	厕用卫生纸	1310399	916169	2241045	1456492
48182000	纸手帕及面巾纸	2259237	1356443	5371490	3442940
48183000	纸台布及纸餐巾	385996	329031	681698	457043
出口		227942885	191769712	206909033	168454630
48030000	成卷成张的家庭或卫生用纸、面巾纸、餐巾纸	46201306	68818066	37537373	58290417
48181000	厕用卫生纸	129849771	86316885	105353316	66964544
48182000	纸手帕及面巾纸	41541880	31404446	51595151	36667396
48183000	纸台布及纸餐巾	10349928	5230315	12423193	6532273

1.4 国际纸浆市场价格及能源、运输等成本上涨的影响

2004年我国纸浆进口总量为732万t，比上年603万t增加21.39%。我国生活用纸特别是高档生活用纸对进口纸浆的依存度大，产品成本受国际纸浆市场价格波动的影响大。2004年商品浆价格基本呈上涨趋势，特别是生活用纸原料用量多的阔叶木浆涨价幅度大，有时甚至与针叶浆的价格倒挂，对生产企业，尤其是中小企业的压力大，很多小企业如保定满城地区的一些小厂在2004年停产。纸浆价格及能源、运输等成本的上涨使生活用纸企业成本上升，生活用纸产品的市场价格略有上调，但大部分由企业通过采取节约成本等各种措施自身消化。

1.5 生活用纸消费的地域差距和城乡差别

我国各地区的经济发展不平衡，东西部差距大。东部沿海地区，特别是长三角、珠三角地区发展较快，而西部内陆地区的经济发展水平相对落后。地区经济发展的不平衡导致了生活用纸消费水平的地域差距。

上海、北京、广东是全国生活用纸消费量最高的城市和省份，估计京沪两地生活用纸年人均消费量为8kg左右，正在逐渐接近世界发达国家的水平。广东省是生活用纸的主要产区，根据广东省造纸协会资料，广东省的生活用纸消费量居全国各省、直辖市之首。2004年广东省生活用纸产量44万t，年人均消费量约为6kg。根据各地区人均GDP和居民消费水平推断，东南沿海地带大约占全国生活用纸消费总量的60%以上。我国中西部不发达地区的年人均生活用纸消费量不足1kg，与亚非其他贫穷国家的消费水平相当。

我国生活用纸的城乡消费差别也很大，2004年，我国城镇人口占总人口比重为41.8%，而生活用纸的消费比重估计占70%以上，中高档生活用纸的消费主要在城镇，农村人口主要消费中低档的厕用卫生纸，2004年我国有农村贫困人口2610万人(人均纯收入低于668元)，在经济落后地区的农村，约有70%的人没有条件使用卫生纸。

1.6 产品质量国家监督抽检情况

2005年3季度纸巾纸产品国家监督抽检结果：共抽查40家企业的产品，产品抽样合格率为90.9%。抽查结果表明质量较好的纸巾纸产品在市场占主导地位。存在的质量问题是：个别产品微生物指标不合格；少数产品白度、抗张强度等性能指标不合格。

2004年3季度皱纹卫生纸国家监督抽检结果：共抽查78家企业的81种产品，合格53种，产品抽样合格率为65.4%。抽查中发现产品存在以下主要质量问题：9种产品微生物超标；小型企业的抽样合格率仅为56.9%，比大型企业低32.0个百分点，有些小型企业生产环境恶劣；部分产品的物理性能指标不合格，洞眼多。

2 主要制造商和品牌

2.1 主要制造商

中国目前的生活用纸市场仍是由多个制造商组成，集中度很低，但生活用纸的原纸制造商比

较集中。全国性的主要品牌有：维达、心相印、唯洁雅、舒洁、五月花、洁柔、清风、洁云等。由于物流成本原因，中低档产品市场仍以地方品牌为主。

金红叶纸业、维达纸业、湖南恒安纸业、中顺纸业是目前中国前4位的专业生活用纸制造商，2004年这4家纸厂销售量合计为41.2万t，占全国总销售量的12%；销售额合计为45.55亿元，约占卫生纸总销售额的1/5(19.4%)，约占高档卫生纸、纸巾纸市场的60%。金红叶纸业、湖南恒安纸业拥有安德里茨(Andritz)公司制造的新月型卫生纸机；维达纸业拥有Beloit公司制造的新月型卫生纸机以及10多台日本川之江公司的BF型(最佳成形)卫生纸机。中顺纸业以用国产小纸机生产中高档卫生纸见长。中顺纸业拥有100多台国产小纸机，分布在广东、四川、山东、浙江等地，在纸机网槽设计上有其独特的技术，用全木浆生产的生活用纸可与进口纸机生产的产品媲美。2004年中顺纸业进一步提高生产效率和产品档次，开始有计划地引进BF型卫生纸机和韩国京龙机械公司制造的新月型卫生纸机，在广东中山和湖北孝感共有5台BF-10纸机投产。2004年维达纸业和恒安纸业都在加快扩大产能的步伐，维达在湖北孝感、四川德阳、广东江门的工程项目进展顺利；恒安在山东和福建晋江的原纸生产基地也在按计划建设实施。金红叶纸业在海南的生活用纸新厂的项目前期工作正在进行中。

广东省是生活用纸产量最大的省份，2004年全省生活用纸产量达到44万t，占全国生活用纸总产量的12.4%。除维达纸业和中顺纸业外，广东省的中小型生活用纸企业以东莞白天鹅纸业为代表，拥有多台国产纸机，主要使用商品浆(包括木浆和甘蔗渣浆、竹浆、芒杆浆等)为原料，生产各种档次的生活用纸。长三角地区也是生活用纸的集中生产地，这个地区的企业以外资和台资企业为主，使用进口商品木浆生产高档生活用纸，除金红叶纸业外，主要有上海金佰利纸业、昆山永丰余纸业、苏州王子妮飘纸业等，上海东冠华洁纸业(原上海斯米克华洁纸业)的生活用纸年加工能力在3万t以上，洁云牌生活用纸产品在上海占有较大的市场份额，2004年正积极筹建年产4万t的原纸项目。在北方，用国产纸机主要以商品浆为原料生产生活用纸的企业集中在河北保定地区，其中发展得较好的企业如保定东升纸业的年产量已经达到1万t以上，产品以厕用卫生纸为主。由于中国有丰富的麦草、芦苇、蔗渣、稻草等草类原料资源和用草类原料造纸的传统，在人工成本低廉的西北、广西、云南、苏北等地用草类原生纤维原料生产中、低档卫生纸的企业发展很快。代表性的企业有西安临潼区汉兴实业有限公司、西安奥辉纸业、宁夏美洁纸业、宁夏紫金花纸业、江苏双灯纸业、江苏金莲纸业、广西洁宝纸业、云南江川翠峰纸业等，其中临潼汉兴和江苏双灯2004年的产量已经达到5万t。广西贵糖(集团)股份有限公司拥有安德里茨公司制造的新月型卫生纸机，可以配用30%的商品木浆和70%的甘蔗渣浆生产高档生活用纸，由于自有品牌市场尚未完全开拓，2004年主要为恒安纸业、金红叶纸业生产大卷筒原纸。

表2-1 2004年综合排序前10位的生活用纸制造商

序 号	公司名称	地 点	品 牌	生产能力/万t
1	维达纸业(广东)有限公司	广东新会	维达Vinda,花之韵	9.5
2	湖南恒安纸业有限公司	湖南常德	心相印	10.8
3	金红叶纸业(苏州工业园区)有限公司	江苏苏州	唯洁雅,清风,真真	12.0
4	广东中顺纸业集团有限公司	广东中山	洁柔,C&S,太阳,紫荷	13.5
5	金佰利(中国)投资有限公司(上海金佰利纸业有限公司)	上海	舒洁,Kleenex	5.71(含加工能力)
6	东莞市白天鹅纸业有限公司	广东东莞	贝柔	4.0
7	中山市三角纸品制造有限公司	广东中山	娇肤,活力,名亮,三角	3.55
8	宁夏美洁纸业股份有限公司	宁夏贺兰	美洁,滩羊,双喜	5.0
9	永丰余家品(昆山)有限公司	江苏昆山	五月花	1.8
10	广西贵糖集团[包括广西贵糖(集团)股份有限公司和广西洁宝纸业投资股份有限公司]	广西贵港	纯点,碧绿湾,洁宝	7.0

图 2－1　2004 年卫生纸的主要制造商

图中：

1 上海金佰利纸业有限公司
2 上海东冠集团(包括上海东冠华洁纸业有限公司和上海东冠纸业有限公司)
3 永丰余家品(昆山)有限公司
4 王子制纸妮飘(苏州)有限公司
5 金红叶纸业(苏州工业园区)有限公司
6 胜达集团江苏双灯纸业有限公司
7 江苏金莲纸业有限公司
8 潍坊恒联美林生活用纸有限公司
9 漯河银鸽生活纸产有限公司
10 宁夏美洁纸业股份有限公司
11 宁夏紫金花纸业有限公司
12 西安市临潼区汉兴实业公司
13 西安奥辉纸业有限责任公司
14 湖南恒安纸业股份有限公司
15 云南江川翠峰纸业有限公司
16 广西贵糖(集团)股份有限公司
17 维达纸业(广东)有限公司
18 广东中顺纸业集团有限公司
19 东莞市白天鹅纸业有限公司
20 中山市三角纸品制造有限公司
21 中山市宝丽纸业有限公司
22 惠州福和纸业有限公司

2.2　卫生纸免检产品企业和品牌(2003 年批准)

表 2－2　卫生纸免检产品企业和品牌

公司名称	产　品	品　牌
金红叶纸业(苏州工业园区)有限公司	纸巾纸、卫生纸	唯洁雅
维达纸业(广东)有限公司	纸巾纸、卫生纸	维达、花之韵
湖南恒安纸业有限公司	纸巾纸、卫生纸	心相印
广东中顺纸业集团有限公司	纸巾纸、卫生纸	洁柔、太阳
东莞市白天鹅纸业有限公司	纸巾纸、卫生纸	贝柔、嘉民
中山市三角纸品制造有限公司	纸巾纸、卫生纸	三角
江苏双灯纸业有限公司	卫生纸	双灯

2.3　纸巾纸卫生纸被列入中国名牌产品评价目录

生活用纸是一种快速消费品，与百姓的生活密切相关。为推动生活用纸行业的名牌战略，经中国造纸协会和有关企业在 2003 年和 2004 年的申报和不懈努力，国家质检总局公布的中国名牌战略推进委员会 2005 年第 1 号文件中将纸巾纸、卫生纸列入中国名牌产品评价目录，文件对申报企业设定的门槛为年销售额在 8 亿元以上，根据这一条件，申报的企业和品牌有湖南恒安纸业的“心相印”品牌，维达纸业的“维达 Vinda”品牌以及中顺纸业的“洁柔”品牌，以上品牌通过评审程序，已经在 2005 年 9 月公告列为中国名牌产品。

2.4　中华全国商业信息中心发布的生活用纸前 10 个品牌

中华全国商业信息中心发布 2004 年生活用纸市场占有率前 10 个品牌情况如下(仅供参考)：

2004 年 1—12 月卫生用纸市场综合占有率前十个品牌：

心相印、维达、清风、洁柔、唯洁雅、舒洁、五月花、小宝贝、银雅、洁云

表 2-3　市场综合占有率、市场份额及市场覆盖面

品　牌	市场综合占有率/%	市场销售份额/%	市场覆盖面/%
心相印	22.68	35.46	14.16
维达	8.84	7.23	9.62
清风	7.32	4.27	9.35
洁柔	5.99	3.49	7.65
唯洁雅	4.75	1.67	6.80
舒洁	4.43	3.00	5.38
五月花	3.64	2.30	4.53
小宝贝	3.39	5.08	2.27
银雅	2.09	3.95	0.85
洁云	1.72	1.32	1.98
其他	35.15	32.23	37.11

注:1. 表内数据来源于中国商业联合会信息部及中华全国商业信息中心对全国大型零售企业的月度市场统计,未作人为调整。

2. 表内名词含义:市场销售量份额——以全部被调查商场统计的某种商品零售量之和与该种商品各品牌零售量之和的相对百分比;市场覆盖面——以全部被调茬商场统计的某种商品频率总合与该种商品各品牌频率总合的相对百分比;市场综合占有率——市场覆盖面与市场销售量份额综合计算后的相对比率。

3. 表内涉及到的数据及评述仅代表各品牌在监测范围内各大型零售企业的表现,并不表示该品牌商品自身的总体销售状况或在其他商场或通过其他营销方式或其他渠道的销售业绩。

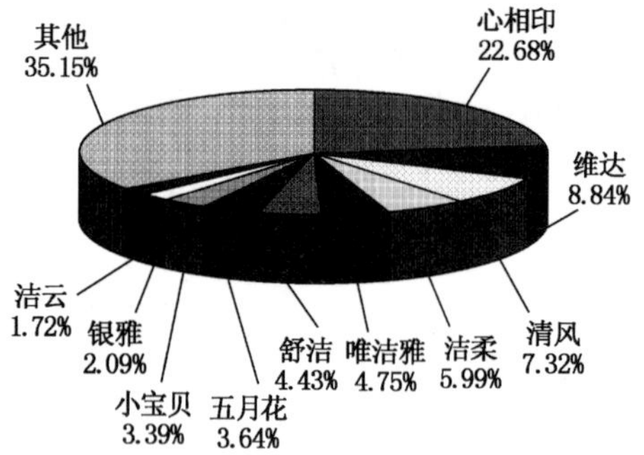

图 2-2　市场综合占有率

3　装备水平、原材料和产品结构

3.1　装备水平

近年来，随着生活用纸新项目的设备引进和投产，我国生活用纸生产线的装备水平大大提高。新建大项目高投资全套引进设备，技术起点与世界先进水平同步，同时得到高质量的产品和丰厚的经济回报。最为成功的个案是恒安集团在 1998 年进军生活用纸领域，仅用 5 年时间，“心相印”产品市场快速成长。2004 年恒安纸业的销售额比上年增长 50% 以上，占恒安集团总销售额的 40%，2004 年其生活用纸的销售额直逼维达纸业和金红叶纸业，位居第一。

维达纸业在引进日本川之江公司 BF 型卫生纸机的 10 年间，通过消化吸收积累了丰富的使用和革新经验。纸机达到最佳使用效能，产品质量优质稳定，实际产量超过设计产能，对引进同样机型的企业有示范作用。

中国拥有世界上卫生纸机 3 大顶级制造商，即美卓(Metso)公司、安德里茨(Andritz)公司、比洛伊特(Beloit)公司制造的设备(Beloit 公司现已破产)。近来恒安纸业分别从美卓公司和安德里茨公司引进的年产 6 万 t 的新月型成形卫生纸生产线以及恒利集团从美卓公司引进的 DCT100 卫生纸生产线都具有世界先进水平。根据 PPI 杂志报道，目前，世界上运行车速最快的卫生纸机在中国金红叶纸业，其 2 号机的运行车速曾达到 2100m/min。但中国企业目前尚未有购买 TAD(热风穿透干燥)卫生纸机的计划。

国产卫生纸机在幅宽和车速及性能方面有所进步，最高设计车速可以达到 250m/min，但与进口纸机的技术差距仍相当大，研发和制造方面无突破性进展。

在相同生产能力情况下，国产卫生纸生产线的价格大致是进口生产线的 1/10，而且上马快，所以采用“小土群”方式发展仍然是中小企业的首选。中国目前有卫生纸生产企业 800 多家，大多是日产量 5t 以下的小型企业，卫生纸机的型式以抄宽 1092、1575、1760、1880mm，车速 100m/min 左右的圆网纸机或长网纸机为主，新建或改扩建项目的卫生纸机幅宽基本都在 1575mm 以上。

3.2　原材料

高档生活用纸的纸浆原料基本是进口商品木浆，国产木浆的供应量很少，但随着 APP 的海南金海浆纸年产 100 万 t 木浆厂等纸浆项目的投产，国产木浆的使用会有所增加。使用适当配比的商品木浆和蔗渣浆、竹浆、芦苇浆等可以生产中高档生活用纸。中低档生活用纸使用的原料包括经简单脱墨漂白处理的混合废纸浆、白纸边、稻麦草浆、蔗渣浆、芦苇浆、芒杆浆、竹浆等。由国家质检总局在 2003 年发布的“一次性生活用纸加工企业监督整治规定(国质检执[2003]289 号)附件 1”中规定，生产纸巾纸只可以使用木材、草类、竹子等原生纤维作原料，不得使用任何回收纸、回收湿巾及其他回收纤维状物质作原料。这是基于目前中国的废纸回收分类水平、企业对回收纸的处理技术和设备水平以及生产环境情况，为确保纸巾纸达到卫生标准不危害消费者健康而制定的。在美国、日本等发达国家，废纸回收利用的技术和工艺成熟，可以用回收纤维生产高质量的纸巾纸。在我国今后生活用纸使用废纸原料的比例有可能增加，如上海潜利纸业的

生活用纸项目。

表3-1　生活用纸纤维原料使用情况

纤维原料	质　量	市场占有率/%
100%商品木浆	最佳	18
30%商品木浆,70%漂白蔗渣浆、芦苇浆等	佳	20
白纸边、漂白稻麦草浆	一般	20
混合废纸、一般草浆、纸厂尾浆	差	42

3.3　产品结构

目前中国市场上生活用纸的品种和形式日益增多，包括：卫生卷纸，抽取式卫生纸、平装或折叠装卫生纸，餐巾纸、面巾纸、纸手帕，厨房用纸、擦手纸等。中国个人消费用或称居家用生活用纸(AH)市场占92%，商用或称居家外用(AFH)市场仅占8%，而在北美AFH占卫生纸消费量的38%，在西欧AFH占卫生纸消费量的35%。

中国造纸协会生活用纸委员会根据对年产5000t以上生活用纸厂的分品种统计数据推算估计，2004年中国生活用纸消费量中厕用卫生纸约占70%，纸巾纸约占30%。其中餐巾纸约占8%，面巾纸约占9%，手帕纸约占12%，擦拭纸(厨房用纸和擦手纸等)约占1%。

相关专业咨询公司的零售研究数据显示，在北京、上海、成都3城市，厕用卫生纸仍然在生活用纸消费中占主流地位，约占70%的销售额。考虑到这是在大城市的调查数据，而且厕用卫生纸的价格远低于纸巾纸，所以厕用卫生纸在生活用纸总消费量中实际所占比重应该高于70%的估计数据。

在厕用卫生纸市场上，卫生卷纸占主要地位，而长三角地区与台湾省的消费习惯相似，平板卫生纸、抽取式卫生纸也占有相当的市场份额。在永丰余纸业、金红叶纸业等公司对市场的推动下，在全国其他地区抽取式卫生纸的市场份额也有所扩大。纸巾纸仍以盒装纸和手帕纸为主，但由于塑料包筒装抽取式面巾纸价格较低，分流了一部分盒装面纸的份额。厨房用纸和擦手纸属于擦拭类纸，是这两年增长较快的品种，2004年擦拭纸的消费量约占生活用纸总消费量的1%。

根据对北京、上海、成都3城市有关消费者研究数据，在卫生卷纸、手帕纸、盒装面纸3种主要的生活用纸产品中，卫生卷纸的市场渗透率最高，在北京和成都接近100%，在上海也已经高达89%；手帕纸的渗透率在70%左右；而盒纸的渗透率稍低，在所调查的3个城市，约有55%～60%的家庭目前在使用盒装面巾纸。研究数据还表明，在消费者购买不同类型的家用生活用纸产品时，柔软、韧性和吸水性是消费者首先考虑的产品特性，但具体到不同产品，会表现出一定差异。例如在选购卫生卷纸时，消费者最看重的依次是柔软、韧性和吸水性；在选购盒装面纸时，对产品的柔软性和吸水性要求更高，而对韧性的要求明显低于卫生卷纸。对手帕纸的要求与盒装面巾纸较为接近，但包装应便于携带。

高档生活用纸制造商的产品附加值高，其产品结构中，厕用卫生纸的比重低于行业平均数，约为55%～60%，恒安纸业的厕用卫生纸产品比重最低，为39%。

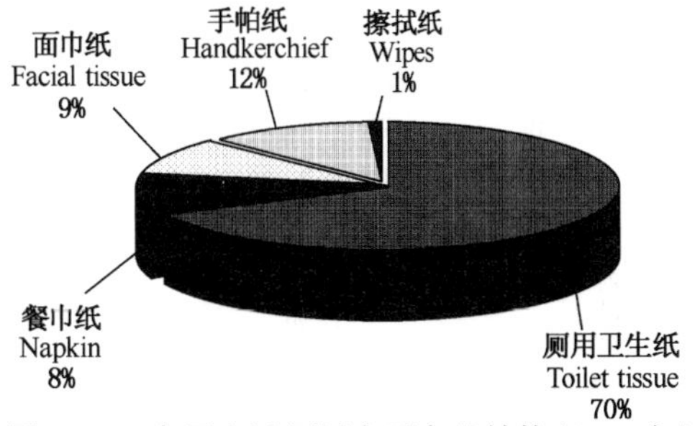

图3-1　中国生活用纸主要产品结构(2004年)

4　新投产和新规划的生活用纸项目

● 2002年开始，维达纸业就已经开始筹划把国内的生产基地从原来的十字型布局向米字型布局发展。目前维达正在四川省德阳市兴建年产4万t、在湖北孝感兴建年产15万t和在新会双水镇兴建12万t的3个高档生活用纸工程项目。各项目分别于2004年底和2005年初启动，各项目的首期工程将于2005年下半年全部投产。双水的项目完成后，维达在新会生产基地的年造纸能力将达到18万t，届时将成为亚洲最大的生活用纸生产基地。预计维达在2008年前在中国的年生产能力将达到或超过30万t。截止到2005年10月，维达纸业已经有1台新月型卫生纸机、1台斜网卫生纸机、6台BF-10卫生纸机和2台BF-12卫生纸机投入运行，总生产能力达到12万t/a。维达发展呈现良好势头，最近修订了规模化的发展战略，确立年产15万的近期目标，年产30万t的中期目标及年产50万t的远期目标。

● 金红叶纸业2003年已经达产。有计划在海南上生活用纸新项目，2005年签约从意大利亚赛利公司(A. Celli Spa)引进6台新月型卫生纸机，纸机幅宽2830mm，车速2000m/min。

● 2004年恒安国际全资收购常德恒安纸业，

更名为湖南恒安纸业，并分别在山东潍坊和福建晋江新建年产6万t的生活用纸厂，其中山东恒安纸业的一期项目引进安德里茨（福伊特）幅宽5550mm纸机，合同金额2亿元人民币，引进ABB纸机控制与传动设备，合同金额400万美元，将于2005年8月投产；位于福建晋江的恒安（中国）纸业一期项目引进美卓（维美德）幅宽5500mm纸机，合同金额2亿元人民币，将在2006年投产。山东恒安纸业和恒安（中国）纸业的年产能力都规划为12万t/a，预计在2008年全部投产后，恒安国际生活用纸的年生产能力将达到30万t。

●2002年10月日本王子制纸株式会社收购苏州宝洁纸品公司，并更名为"王子制纸妮飘（苏州）有限公司"，品牌为"妮飘"（Nepia），并为"德宝"（Tempo）纸巾做OEM，王子制纸还拟投入数亿日元，对苏州厂的生产线进行改造。

●广西贵糖（集团）股份有限公司新增年产5万t生活用纸生产线已于2003年8月投产，年产10万t生活用纸的新厂2004年立项，并提出扩能的终期目标是2010年达到年产50万t。

●2004年广西南宁凤凰纸业建设年产1.5万t生活用纸项目，投资1500万元，共安装11台1575mm纸机，已在2005年3月试产成功。

●2004年广西南宁糖业开始建设年产2万t生活用纸的南宁天然纸业有限公司，现已投产。

●台湾永丰余纸业继在大陆设立永丰余纸业（昆山）有限公司后，又在北京建设了生活用纸加工厂，并扩大昆山厂的产能至3000t/月，扩产工程已在2005年9月完成。永丰余还规划在北京平谷区投资建厂，产能1800t/月，预计在2007年投产。永丰余纸业计划安装3台意大利Record公司的新月型卫生纸机，每台年产能力为2.4万t，分别安装在大陆的昆山厂、北京厂和台湾的清水厂，其中昆山厂的新卫生纸机已于2005年9月投产，设计车速1600m/min。

●广东中顺纸业引进日本川之江5台BF－10纸机，1台韩国京龙机械株式会社（Kyoung Yong Machinery Co.，LTD.）的新月型纸机。至2005年11月已经有3台BF－10卫生纸机投产，车速达到660m/min，其中1台在中山，1台在湖北孝感。1台在山东东平；在四川彭州的1台BF－10纸机在2005年10月份安装，在湖北孝感的第2台BF－10纸机将在2006年安装投产。中顺纸业还正在广东江门的双水镇筹建生产能力为10万t/a的生活用纸项目，为实现集团年产30万t的目标努力。

●位于上海宝山月浦镇的上海潜利工业有限公司（Shanghai Potential Paper Co.，Ltd.，SPPC）是以美国潜力集团为主要出资方的中外合资企业，公司于2004年3月开始筹建，第一期工程计划在2006年投产，生活用纸生产能力4万t/a。注册资金2600万美元，总投资7800万美元。计划使用100%废纸生产高档生活用纸。产品结构：65%～70%为厨房用纸、厕所用纸，30%～35%为纸巾纸。一期工程投产后计划再上二期工程，使总生产能力达到10万t/a。工厂使用的大部分废纸来自北美。计划在上海、南京、杭州、北京、成都设立办事处或分公司，营销网络遍布全国。2005年签约从意大利亚赛利公司（A. Celli Spa）引进1台新月型卫生纸机，纸机幅宽2810mm，车速2000m/min；引进AC861复卷机1台，幅宽2810mm，车速1800m/min。

●山东潍坊恒信纸业有限公司是最早从日本川之江公司引进BF－10卫生纸机的工厂，但十多年来，因种种原因发展缓慢。经企业改制并与香港美林纸业有限公司合资后新成立的潍坊恒联美林生活用纸公司找准市场的突破口，着力发展擦拭纸的生产。2003年6月该公司已签约从瑞典SCA公司购进两台二手卫生纸机，这两台纸机均为维美德（Valmet）公司制造。PM2纸机幅宽2100mm，车速800m/min；PM3纸机幅宽3340mm，车速900m/min。该公司拟用这两台纸机生产20～40g/m^{2}的擦拭纸，新增两台卫生纸机的年生产能力合计可达3万t。产品方向为公共场合用擦手纸（AFH）、工业用擦拭纸、居家清洁用各类擦拭纸。预期将成为中国最大的擦拭纸生产基地。目前纸机正在安装。

●上海东冠集团建设产能为4万t/a生活用纸的上海东冠纸业有限公司。计划引进日本川之江公司4台BF－10卫生纸机，分两期实施。2005年已经签约引进2台，预计在2006年3、4月份投产。

●2004年福建恒利集团计划进军生活用纸领域，2005年已经签约引进美卓公司DCT100卫生纸生产线，日产能力70～80t。项目计划在2006年3月份试生产。

●浙江唯尔福纸业有限公司在2005年1月成立，现有3台1575mm纸机投产，规划达到年产

1.5 万 t 生产能力。

● 云南江川翠峰纸业有限公司扩大产能，年产生活用纸能力达到 2.5 万 t。

● 江苏双灯纸业 2004 年生产能力扩大到 5 万 t/a(国产纸机)。

● 西安临潼汉兴实业公司 2004 年生产能力扩建到 5 万 t/a。陕西省 2004 年增加 10 万 t/a 生产能力(国产纸机)。

● 2004 年宁夏美洁纸业扩大草浆生活用纸产能 2 万 t/a。

● 宁夏紫金花纸业计划扩大产能,增加草浆和木浆生活用纸各 2.5 万 t/a,总产能将达到 7.5 万 t/a。

● 由湖南常德德尔惠纸业与美国、香港合资建设的湖南德惠纸业 2004 年 8 月开始土建施工，工程竣工后可年产生活用纸 3 万 t。

5 生活用纸市场展望

5.1 中国人均生活用纸消费量仍很低

2004 年我国国民经济保持了高速增长的势头，国内生产总值达到 136875.9 亿元，比 2003 年增长 9.5%，人均 GDP 为 10561 元，约为 1280 美元。2004 年我国居民的生活水平也有很大的提高，城镇居民人均可支配收入达到 9422 元，比 2003 年增长 7.7%，人均消费性支出 7182 元，恩格尔系数 37.7%；农村居民人均纯收入 2936 元，比 2003 年增长 6.8%，人均生活消费支出 2185 元，恩格尔系数 47.2%。

一般认为人均 GDP 达到 5000 美元时，人均用纸量会有突破性的提高，目前我国除上海市外绝大多数地区尚未达到这一水平(北京市人均 GDP 为 4300 美元)。此外，2004 年我国人均国民总收入约为 1274 美元，也未达到世界中等收入国家的水平。2004 年中国生活用纸人均消费量为 2.65kg，仍与发达国家水平相距甚远，大约是北美的 1/8，西欧的 1/5，世界平均水平的 3/4，因此，在经济稳定增长、人民生活质量不断提高、市场进一步开放等良好因素的促进下，生活用纸的发展仍有很大的潜在市场和发展空间。

5.2 生活用纸消费量增长的推动力

一般来说，生活用纸的消费可以代表一个国家的国民收入的提高。其推动因素包括：人口增长、经济增长、城市人口增长、卫生水平提高。

其中，影响居家用(个人消费)生活用纸(AH)增长的因素有：

● 个人收入增加

● 家庭数增加

● 消费者卫生习惯和生活方式的改变

● 零售业的发展(如较大的包装，折扣销售，电子商务等)

● 新产品开发

影响居家外用生活用纸(AFH)增长的因素有：

● 生活方式的变化(如旅游，在外用餐，快餐业发展等)

● 政府行政部门和企事业在公费卫生纸产品方面支出的变化

● 产业劳动力的增加

● 新产品开发

● 人口老龄化(养老院、老人公寓的增加)

除了经济增长的因素外，2004 年生活用纸消费市场容量的扩大与城市人口的增加以及卫生习惯的改变有非常大的关联。据国家统计局数据，2004 年我国城镇人口比重为 41.8%，但实际上离开农村进城务工的农民有相当数量，这部分人数的增加和卫生习惯的改变，对生活用纸的消费量有重要影响。旅游事业大发展，生活方式的改变等因素促进了居家外用生活用纸的增长。

以上海为例，2010 年世博会将在上海召开，在这宏大系统工程纷繁复杂的诸多要务中，上海有关领导部门也在关注公厕的建设和管理，并取得显著成效。在这个背景下，上海纸业协会经过调查，在 2004 年 5 月份向世博局提交了“关于本市公厕卫生用纸的调查、建议和构想”的报告。报告认为国际大城市或更大城市的范围的公共厕所除免费开放外并无偿提供卫生纸、擦手纸，这已经成为一种惯例。公共厕所用卫生纸是我国诸多生活环境要素中最应重视和改进的方面之一。

他们的调查结果基本情况是：

● 上海仅有个别企业按国际惯例供应免费卫生纸；

● 有专人管理的固定、移动公共厕所收费 0.4～1.0 元，提供价值为 0.02 元的平切卫生纸一张；

● 一般商场、医院、学校和里弄的公共厕所不提供卫生纸。

上海纸业协会将以上情况概括为三句话：不提供纸，收费供纸，纸不如意。他们认为公共厕所和开放性单位公用厕所卫生纸的供应管理现状有历史延续、经济限制的原因，然而更有深层次的根源。从社会发展程度来说，我们社会的文明程度还不够；从社会物质资源的分配来说，我们的认识和能力有待提高；从社会文明理念来说，我们以人为本的观念和行动急需强化。

上海纸业协会的建议和构想：

——现在公共、公用厕所供应的平切卫生纸的内在质量不符合上海城市形象和世博会的供应要求，其质量也应该要改进；

——供应的C级平板卫生纸应改为符合质量要求的大盘卫生卷纸并增加擦手纸；

——现在市场供应的卫生纸中间环节费用约占1/3，各厕所供应的卫生纸质量不一，应采取招标或直接从企业大批量采购。开放性单位的公用厕所和卫生间，特别是经营性企业有责任免费提供卫生纸和擦手纸；

——估计上海目前年人均用卫生纸8kg，居家外用即AFH生活用纸比重为5%~6%，全年约6400~7680t，AFH中80%为厕用卫生纸。构想在3年内上海的AFH生活用纸的比重再增加15个百分点，达到20%（已经考虑到擦手纸的使用），同时年人均生活用纸用量提高到10kg，基本达到发达国家和地区的水平。

——目标实施只能是分时期、分地区、分轻重缓急有序进行。可以先在闹市区、世博会会展区等地段，逐步放开，逐步扩大到免费供应卫生纸。同时市民在享有免费使用卫生纸权利的同时，要提高素质，节约用纸。

在中国入世和国际化的进程中，不仅是要召开奥运会的北京和召开世博会的上海等大都市，整个中国的AFH生活用纸的用量都将上升。

5.3 2000—2010年世界生活用纸展望

2000—2010年，预计世界生活用纸的需求量将以每年3.2%的速度增长，每年增加约78万t，预计到2010年市场需求量将达到2830万t。亚洲和东欧将以明显高于平均增长率的速度增长。

5.4 中国生活用纸市场发展趋势

城市化、市场化和国际化三大趋势和人口增加所创造的客观需求和供给潜力，是中国经济高速增长的基本动力源。

今后我国生活用纸市场的发展仍将与国家GDP的增长、人口的增长、人民生活质量的提高等因素密切相关。消费需求呈现多元化并向中高档产品过渡。随着国内零售业态的多元化，超市、大卖场已经成为零售业态的主流，终端市场对于生活用纸企业的重要性越来越明显，提高产品质量，降低成本，发展现代化的生活用纸规模生产企业是大势所趋。强有力的市场竞争者有：维达纸业、金红叶纸业、恒安纸业、中顺纸业、广西贵糖（集团）有限公司、上海金佰利纸业、永丰余纸业、王子制纸妮飘（苏州）有限公司、上海东冠纸业等。由于国家对环境保护和生活用纸产品质量及卫生标准的要求更加严格，在激烈的市场竞争中，一大批规模小、设备差、卫生条件不符合要求、污染严重的企业会陆续关闭，为投资者提供新的市场机遇，但大小企业并存的情况仍将保持相当长的时间。在产品结构方面，厨房用纸是全球销售额居第2位的生活用纸品种，占生活用纸零售额的18%，在中国具有市场发展潜力。

预期生活用纸市场的发展会出现以下情况：

● 跨国公司及中国本土主要的生活用纸制造商通过增加投资和合作、并购等方式扩大生产规模，降低成本，提高产品品质。

● 厕用卫生纸仍是主导产品，但所占比重继续下降，面巾纸、餐巾纸、手帕纸所占比重继续提高，厨房纸、擦手纸、工业擦拭纸等消费量明显上升；居家用生活用纸的市场扩大。

● 在继续使用进口商品木浆的同时，为更好、更容易地控制原料成本，增加产品竞争力，生活用纸的纤维原料将就地取材，在解决制浆污染问题的前提下更多地使用国产木浆、蔗渣浆等非木材纤维原料。废纸再生浆的用量增加。

● 农村市场消费量上升，出口量继续增加。

预计到2010年期间，中国GDP的年增长率将保持在7%左右。从经济发展等有利因素和人口增长率呈逐年缓慢下降趋势、大城市生活用纸的消费趋近饱和等负面因素综合考虑，生活用纸消费的年增长率将与国家GDP的增长同步或稍低。预计在2010年我国的人均生活用纸消费量达到世界平均水平。

表5－1 生活用纸的市场预测

年 份	消费量/万t	年平均增长率/%	人口/万人	人均消费/(kg/人·年)
2000	245.9	7.0	126583	1.94
2001	266.1	8.7	127627	2.15
2002	286.8	7.8	128453	2.23
2003	310.0	8	129227	2.4
2004	343.0	10.6	129988	2.65
2005	370.4	8	130700	2.83
2010	495.0	6	134500	3.68

Overview and outlook of the tissue paper industry

Ms. Jiang Manxia, Ms. Sun Jing, Mr. Chen Xiangjin CNHPIA

1 Overview of tissue paper market

1.1 Output and consumption of tissue paper

With the sustainable growth of China's economy in 2004, the GDP reaches 13687.59 billion Yuan, up 9.5 percent over the previous year. The tissue paper industry in China remains growing at a high speed, based on the strong development in 2003. The output and consumption growth rate is slight higher than that of the GDP. The output of tissue paper is estimated at 3.62 million tons in China in 2004, up 10.7 percent over the previous year. The output of tissue paper accounts for 7.3 percent among the aggregate output of paper and paperboard in China; and the consumption is 3.43 million tons, up 10.6 percent over the previous year, which accounts for 6.3 percent among the aggregate consumption of paper and paperboard. The annual per capita consumption is 2.65kg, up 0.25kg over the previous year. The sales are about 23.5 billion Yuan. The global sales of tissue paper are about 30 billion US dollars, with the sales volume at 25 million tons. The consumption of tissue paper in China ranks the third in the global market, next to North America and then to West European area. The sales in China occupy 9.5% of that of the global markets.

China tissue paper market is growing at a high speed along with economic development, population growth and improved living standards. During the period of 1990—2004, the consumption of tissue paper in China increased from 680,000 tons in 1990 to 3.43 million tons in 2004, more than 5 times as much as that in 1990, with an annual average growth rate at 11 percent. The average per capita consumption has increased from 0.59kg to 2.65kg, 4.5 times as much as that in 1990.

Table 1-1 Output and Consumption of Tissue Paper in China, 2004

	2004/year	2003/year	Growth rate/%
Output/1000t	3620	3270	10.7
Consumption/1000t	3430	3100	10.6
Import/1000t	35.8	25.6	39.8
Export/1000t	227.9	191.8	18.8
Net Export/1000t	192.1	166.2	15.6
Annual per capita consumption/(kg/person · year)	2.65	2.4	10.4

Table 1-2 Output and Consumption of Tissue Paper in China (1990—2004)

Unit: 1000t
Index: 1990/year = 100

Year	Output	Output index	Import	Export	Consumption	Population/ 10,000 persons	Per capita consumption/ (kg/person · year)
1990	679	100	No statistics	No statistics	679	114333	0.59
1991	750	110	No statistics	No statistics	750	115823	0.65
1992	961	142	6.5	38.4	929.1	117171	0.79
1993	1121	165	9.9	42.4	1088.5	118517	0.91
1994	1385	200	11.7	38.7	1331.5	119850	1.11
1995	1836	270	16.6	46.2	1806.4	121121	1.49
1996	1946	287	20.6	48.5	1918.1	122389	1.57
1997	2081	306	15.5	31.9	2064.6	123626	1.67
1998	2200	324	27.9	35.7	2192.2	124761	1.76
1999	2320	342	27.6	48.6	2299.0	125786	1.83
2000	2500	368	26.1	67.2	2458.9	126743	1.94
2001	2750	405	21.9	110.9	2661.0	127627	2.15
2002	2984	439	22.5	139.0	286.80	128453	2.23
2003	3270	482	25.6	191.8	310.00	129227	2.40
2004	3620	533	35.8	227.9	343.00	129988	2.65

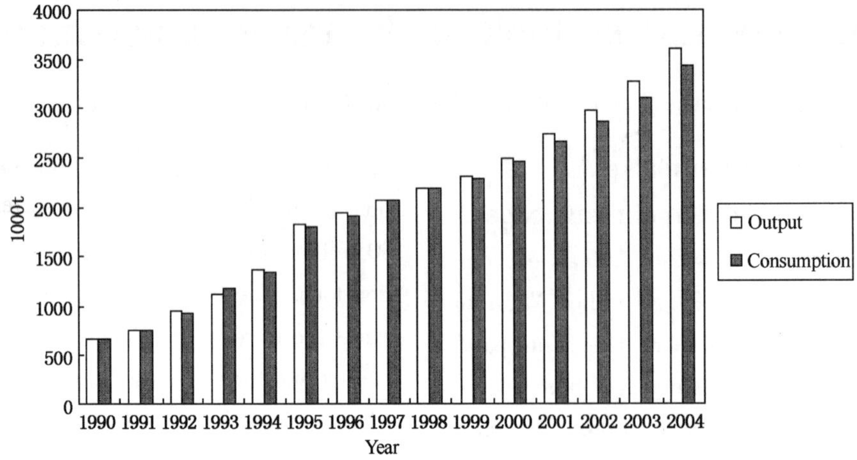

Fig 1 - 1 Output and Consumption of Tissue Paper in China (1990—2004)

1.2 China tissue paper market enters into another golden period of development

Early in the 1990s, China tissue paper market entered into golden period of development, against the low level. The annual growth rate of consumption ever reached 20%~30%. After 2000, the annual growth rate of consumption decent to 7 percent, influenced by the Asia's Financial Crisis and price growth of global pulp. During this period, many enterprises have bought some tissue machines, esp. modernization tissue machines, and put them into production. The capacity and output grows higher than market demands, resulting in tissue paper supply exceeds demand. Tissue manufacturers' profits decrease due to fierce price competition. APP (Gold Hongye Paper) fights into China tissue paper market by large investment, high output, premium quality and low price. Most of tissue paper manufacturers face a severe challenge.

In recent two years, with the sustainable and rapid growth of economy, rapidly improved living standards and efficient guiding to consumers, tissue paper, esp. high-grade tissue has increased substantially. The annual growth rate of consumption reaches about 10 percent. China tissue paper market enters into another golden period of development. In 2004, major tissue paper manufacturers in China have both good output and sales. Supply of parent roll fails to meet the demand. Some companies have planned new projects in order to expand capacity. And some new players have come into the market. Many new projects are in the progress and many ones are being planned at the same time. The modernization of machinery has been improved greatly.

Table 1 - 3 Market Needs Growth for High-Grade Tissue Paper

	2004/year	2003/year	Growth rate/%
Sales/100 million Yuan	235	210	11.9
Average price of tissue/(Yuan/t)	6851	6774	11.4
Consumption of high-grade tissue/1000t	620	465	33.3
Proportion of high-grade tissue/%	18	15	20.0
Average price of high-grade tissue/(Yuan/t)	10300	9700	6.2
Proportion of high-grade tissue for sales/%	27	21.5	25.6

1.3 Imports and exports of tissue paper keep brisk

Before 1999, the tissue paper market of China was self-sufficient with low import and export volume. Export volume is bigger than import volume, and the net export volume remain around 25,000 tons to 35,000 tons. Since 1999, tissue paper export volume has increased substantially, exceeding rapidly over 100,000 tpy. In recent years, imports and exports of tissue paper keep brisk. In 2004, tissue paper export volume reaches 227,900 tons, up 18.8 percent over the previous year. The exports are 206.9 million

US dollars, up 22.8 percent over the previous year. Import volume amounts to 35,800 tons, up 39.8 percent over the previous year. The imports are 34.88 million US dollars, up 42 percent over the previous year. The net export volume is 192,100 tons, up 15.6 percent over the previous year. The net exports are 172.03 million US dollars, up 19.5 percent over the previous year. In 2004, tissue paper export volume amounts to 6.2 percent among the total output in China. The export volume of tissue converting products occupies 80 percent among the total export volume, with the exports occupying 82 percent of the total exports. The import volume of parent roll occupies 89 percent among the total import volume, with the imports amounting to 76 percent among the total import. It shows that the main export is tissue converting products and the main import is parent roll. In addition, among the export of tissue paper products, toilet tissue is the main products, which occupies 70 percent among the total export volume and 62 percent among the total exports. Among the import of tissue converting products, handkerchief tissue and facial tissue are the main products, which occupy 57 percent among the total import volume and 65 percent among the total imports. In 2004, tissue paper is mainly exported to China Hong Kong, Australia, America, Japan and China Macao.

The export volume of Gold Hongye Paper, Vinda Paper, Zhongshun Paper are all above 10,000 tons, with exports at more than 15 million US dollars.

Table 1 - 4 Imports and Exports of Tissue Paper in 2004

Commodity number	Commodity name	Volume/kg		Imports and exports/US $	
		2004/year	2003/year	2004/year	2003/year
Imports		35761993	25591279	34883805	24550287
48030000	Tissue roll (including toilet roll, facial tissue, paper napkins)	31806361	22989666	26589572	19198312
48181000	Toilet tissue	1310399	916169	2241045	1456492
48182000	Handkerchief tissue, facial tissue	2259237	1356443	5371490	3442940
48183000	Table tissue, paper napkins	385996	329031	681698	457043
Exports		227942885	191769712	206909033	168454630
48030000	Tissue roll (including toilet roll, facial tissue, paper napkins)	46201306	68818066	37537373	58290417
48181000	Toilet tissue	129849771	86316885	105353316	66964544
48182000	Handkerchief tissue, facial tissue	41541880	31404446	51595151	36667396
48183000	Table tissue, paper napkins	10349928	5230315	12423193	6532273

1.4 Influence by the rise of market pulp price and increase in the cost of energy and transportation etc.

In 2004, the import volume of pulp in China is 7.32 million tons in 2004, up 21.39 percent over the previous year which has 6.03 million tons. Tissue paper, esp. high-grade tissue relies on import pulp greatly and the cost of tissue paper products is influenced substantially by the wave of market pulp price. In 2004, the market pulp price tends to increase. The price of hard wood pulp, which is used more in the raw material as tissue paper, particularly rise up greatly. Sometimes the price of hard wood pulp is higher than that of soft wood pulp. It brings great pressure for tissue paper manufacturers esp. middle and small mills. Many small paper mills in Mancheng, Baoding, Hebei Province have been closed up. The growth of market pulp price, the cost of energy and transportation result in the cost rise of tissue paper manufacturers. The market price of tissue paper increases slightly. However, most companies take the cost reduction measures.

1.5 Difference between regions and between town and country for the consumption of tissue paper

China has an uneven economic development in different areas. There exists a big difference between the eastern and western areas. The eastern coastal areas, esp. the Yangtze River delta and Zhujiang Delta develop more quickly, while the western areas comparatively lag behind. The uneven economic development causes the difference of consumption level in regions.

Shanghai, Beijing and Guangdong Province have the highest consumption of tissue paper in China. It is estimated that the annual per capita consumption of tissue paper products in Shanghai and Beijing is about 8kg, which is gradually closing to that of developed countries. Guangdong Province is the key area of manufacturing tissue paper. Based on Guangdong Paper Industry Association's data, the tissue paper consumption in Guangdong Province ranks the first among all Provinces and municipalities in China. In 2004, the output of tissue paper in Guangdong Province is 440,000 tons and the annual per capita consumption is about 6kg. According to per capita GDP and consumption standard in different areas, it is estimated that the eastern coastal area account for above 60% of national total consumption of tissue paper. The annual per capita consumption in the developing middle and western areas is less than 1kg, which is like that of poor countries such as Asia and Africa.

There is also a consumption difference between town and country. In 2004, the proportion of country population vs town population is 41.8 percent of the total, and the consumption of tissue paper is approximately above 70%. The consumption of middle and high-grade tissue is focused in town, while the consumption of middle and low level toilet tissue is focused in country. In 2004, the population of poor people in rural areas is 26.1 million, with the per capita net income below 668 Yuan. In the poor countryside, about 70% of people are too poor to use tissue paper.

1.6 Spot check of tissue paper by State Quality Supervision and Inspection Administration

The result of random inspection of facial tissue and paper napkin in the third quarter of 2005: The acceptance rate of spot check from 40 manufacturers is 90.9 percent. It shows that facial tissue and paper napkin with good quality remain dominant in the market. The quality problems are as follows: the microorganism indicator of very few products exceeds the standard index; the whiteness and tensile strength indicator of few products exceeds the standard index.

Spot check of toilet tissue in the third quarter of 2004 is as follows: 53 products among the 81 toilet tissue spot checked from 78 manufacturers are up to standard. The acceptability of random inspection is 65.4 percent. The quality problems in the inspection are as follows: microorganism indicator of 9 products exceeds the standard index; the acceptance rate in the spot check for small paper mills is only 56.9 percent, which is lower 32 percentage point than that of large companies; bad production environment for some small paper mills; physical property indicator for partial products exceeds the standard index; many holes in products.

2 Major manufacturers and brands

2.1 Major manufacturers

Nowadays, tissue paper market in China is still composed of a number of manufacturers, which is very scattered. On the contrary, there are few major parent roll manufacturers. The main national brands include: Vinda, Mind Act Upon Mind, Virjoy, Scott, May Flower, Jierou, Clear Wind, Jieyun etc. Regional brands occupy the middle and low-grade products market, due to the cost of logistics.

Today, Gold Hongye Paper Co., Ltd., Vinda Paper (Guangdong) Co., Ltd., Hunan Hengan Paper Co. and Guangdong Zhongshun Paper Co., Ltd. are the top 4 largest tissue paper manufacturers in China, with the total sales volume at 412,000 tons in 2004. It amounts to 12 percent of the national total sales volume. The sales of these four companies is 4.555 billion Yuan, which accounts for 1/5 (19.4 percent) of the national total sales. They occupy 60 percent of high-grade tissue paper market share. Gold Hongye Paper and Hunan Hengan Paper have the new crescent tissue machine introduced from Andritz; Vinda Paper has the new crescent tissue machines supplied by Beloit and more than 10 BF (Best Former) tissue machine supplied by Japanese Kawanoe Zoki Co., Ltd. Co. Guangdong Zhongshun Paper are good at manufacturing middle- and high-grade tissue paper with small homemade paper machines. The company has over 100 homemade small-size machines, with the vat designed by unique technologies, distributed in Guangdong, Sichuan, Shandong, and Zhejiang etc. The products using wood pulp as raw material produced by these machines can compare favorably with that made by imported tissue machines; In 2004, Guangdong Zhongshun Paper continues to improve the efficiency and tissue paper grades. The company has introduced BF tissue machine and new crescent tissue machine supplied by Korea Kyoung Yong Machinery Co., Ltd. Until now, it has 5 BF – 10 tissue machines located in Zhongshan, Guangdong Province and Xiaogan, Hubei Province. In 2004, Vinda Paper and Hengan Paper also accelerate to expand their capacity. The new projects in Xiaogan mill, Deyang mill and Jiangmen mill, subsidiaries of Vinda Paper, are on a smooth progress. Hengan Paper also implements its new projects of parent roll production base located in Shandong and Jinjiang, Fujian Province. Gold Hongye Paper is doing its preliminary work on the new project about setting up a new tissue paper mill in Hainan Province.

Guangdong Province is the Province with the largest output of tissue paper in China. In 2004, the output of tissue paper reached 440,000 tons, which accounts for 12.4 percent of the national total output. White Swan Paper Co., Ltd. is the representative of middle and small size tissue paper manufacturers who employ many homemade tissue paper machines in Guangdong Province, besides Vinda Paper and Zhongshun Paper. The company mainly use market pulp (including wood pulp, bagasse pulp, bamboo pulp, reed pulp etc.) as the raw material to produce various grades of tissue paper. The Yangtze River Delta is another main production base of tissue paper, where the major manufacturers are foreign-funded enterprises and Taiwan-invested enterprises. They produce high-grade tissue paper by using imported market pulp as raw material. Besides Gold Hongye Paper, other manufacturers include Shanghai Kimberly-Clark Paper, Yuen Foong Family Cares (Kunshan) Co., Ltd., Oji Paper Nepia (Suzhou) Co., Ltd. and Shanghai Orient Champion Paper Co., Ltd. Paper Co., Ltd. (the predecessor is Shanghai CIMIC Georgia Pacific Tissue Co., Ltd.). They have the tissue converting capacity above 30,000 tons. Jieyun tissue produced by Shanghai Orient Champion Paper occupies a very large market share in Shanghai. The company is preparing a tissue paper project with the capacity at 40,000 tpy. In the northern area, tissue paper manufacturers are focused in Baoding, Hebei Province. They employ the homemade tissue machines and use market pulp as chief raw material. Among them, Baoding Dongsheng Paper Co., Ltd. develops well with the capacity over 10,000tpy. Those companies mainly produce toilet tissue. China has abundant raw material such as wheat, reed, bagasse and straw etc. as well as paper making traditions of using them. Located in northwestern areas, Guangxi Autonomous Region, Yunnan Province, Northern area of Jiangsu Province, the companies produces middle and low-grade tissue by using straw like virgin fiber. They have made rapid progress due to the low cost of labor. The representative companies are Xi'an Lintong Hanxing Industry Co., Ltd., Xi'an Aohui Paper Co., Ltd., Ningxia Meijie Paper Co., Ltd., Ningxia Zijinhua Paper Co., Ltd., Jiangsu Sund Paper Co., Ltd., Jiangsu Jinlian Paper Co., Ltd., Guangxi Jiebao Paper Co., Ltd., Yunnan Jiangchuan Cuifeng Paper Co., Ltd. etc.. Among them, Lintong Hanxing Industry Co., Ltd. and Jiangsu Sund Paper Co., Ltd. have both output at 50,000 tons in 2004. Guangxi Guitang (Group) Co., Ltd. has the new crescent tissue machine supplied by Andritz. It could produce high-grade tissue by using 30 percent market pulp and 70 percent bagasse pulp. In 2004, Gangxi Guitang (Group) Co., Ltd. mainly provides parent roll to Hengan Paper and Golden Hongye Paper, because it does not completely exploit its own brand market.

Table 2 – 1 Top 10 Tissue Paper Manufacturers 2004

Number	Company	Place	Brand	Capacity/10,000t
1	Vinda Paper (Guangdong) Co., Ltd.	Xinhui, Guangdong	Vinda, Huazhiyun	9.5
2	Hunan Hengan Paper Co., Ltd.	Changde, Hunan	Mind Act Upon Mind	10.8
3	Gold Hongye Paper (Suzhou Industrial Park) Co., Ltd.	Suzhou, Jiangsu	Virjoy, Clear Wind, Zhenzhen	12.0
4	Guangdong Zhongshun Paper Co., Ltd.	Zhongshan, Guangdong	Jierou, C&S, Taiyang, Zihe	13.5
5	Kimberly – Clark (China) Investment Co., Ltd. (Shanghai Kimberly – Clark Paper Co., Ltd.	Shanghai	Scott, Kleenex	5.71 (Including converting capacity)
6	Dongguan White Swan Paper Co., Ltd.	Shanghai Orient Champion Paper Co., Ltd., Guangdong	Beirou	4.0
7	Zhongshan Sanjiao Paper Co., Ltd.	Zhongshan, Guangdong	Jiaofu, Hudi, Bright, Sanjiao	3.55
8	Ningxia Meijie Paper Co., Ltd.	Helan, Ningxia	Meijie, Tanyang, Shuangxi	5.0
9	Yuen Foong Family Care (Kunshan) Co., Ltd.	Kunshan, Jiangsu	Mayflower	1.8
10	Guangxi Guitang Group (including Guangxi Guitang (Group) Co., Ltd. and Guangxi Jiebao Paper Co., Ltd.)	Guigang, Guangxi	Naturll, Bilüwan, Jeibao	7.0

Fig 2 – 1

Notes:

1. Shanghai Kimberly-Clark Paper Co., Ltd.
2. Shanghai Orient Champion Group (Shanghai Orient Champion Paper Co., Ltd.)
3. Yuen Foong Family Care (Kunshan) Co., Ltd.
4. Oji Paper Nepia (Suzhou) Co., Ltd.
5. Gold Hongye Paper (Suzhou Industrial Park) Co., Ltd.
6. Shengda Group Jiangsu Sund Paper Co., Ltd.
7. Jiangsu Jinlian Paper Co., Ltd.
8. Weifang Henglian Meilin Household Paper Co., Ltd.
9. Luohe Yinhe Paper Industry Co., Ltd.
10. Ningxia Meijie Paper Co., Ltd.
11. Ningxia Zijinhua Paper Co., Ltd.
12. Xi' an Lintong Hanxing Industry Co., Ltd.
13. Xi' an Aohui Paper Co., Ltd.
14. Hunan Hengan Paper Co., Ltd.
15. Yunnan Jiangchuan Cuifeng Paper Co., Ltd.
16. Guangxi Guitang (Group) Co., Ltd.
17. Vinda Paper (Guangdong) Co., Ltd.
18. Guangdong Zhongshun Paper Co., Ltd.
19. Dongguan White Swan Paper Co., Ltd.
20. Zhongshan Sanjiao Paper Products Co., Ltd.
21. Zhongshan Polly Paper Products Co., Ltd.
22. Huizhou Fuhe Paper Co., Ltd.

2.2 Inspection-free brands for tissue paper manufacturers (approved in 2003)

Table 2-2 Inspection-Free Brands for Tissue Paper Manufacturers

Company	Products	Brand
Gold Hongye Paper (Suzhou Industrial Park) Co., Ltd.	paper towel, tissue	Virjoy
Vinda Paper (Guangdong) Co., Ltd.	paper towel, tissue	Vinda, Huazhiyun
Hunan Hengan Paper Co., Ltd.	paper towel, tissue	Mind Act Upon Mind
Guangdong Zhongshun Paper Co., Ltd.	paper towel, tissue	Jierou, Taiyang
Dongguan White Swan Paper Co., Ltd.	paper towel, tissue	Beirou, Jiamin
Zhongshan Sanjiao Paper Products Co., Ltd.	paper towel, tissue	Sanjiao
Jiangsu Sund Paper Co., Ltd.	tissue	SUND

2.3 Tissue paper have been added into the evaluation list of China Famous Brand Products

Tissue Paper is a kind of rapid consuming products, which has a close relationship with people's life. In 2005, State Quality Supervision and Inspection Administration releases that China Famous Brand Strategy Advances Committee has put tissue paper in the evaluation list of China famous brand products in the No. 1 Document in 2005, through the great efforts of China Paper Industry Association and some relevant companies. The document requires that applicants should have the annual sales at above 0.8 billion Yuan. The applicants and their brands include Mind Act Upon Mind of Hunan Hengan Paper Co., Ltd., Vinda of Vinda Paper (Guangdong) Co., Ltd. and Jierou of Cuangdong Zhongshun Paper Co., Ltd. The brands above have pass evaluation procedure and claimed to be the China Famous Brand in September 2005.

2.4 China Commerce Information Center realeases the top 10 tissue brands

China Commerce Information Center realeases the top 10 tissue brands based on the penetration rate in 2004 as follows (only for references):

The top 10 tissue brands based on overall penetration rate from January to December, 2004:

Mind Act Upon Mind, Vinda, Clear Mind, Jierou, Virjoy, Scott, Mayflower, Xiao Baobei, Yinya and Jieyun.

Table 2-3 Overall Penetration Rate, Market Share and Market Coverage

Brand	Overall penetration rate/%	Sales value/%	Market coverage/%
Mind Act Upon Mind	22.68	35.46	14.16
Vinda	8.84	7.23	9.62
Clear Wind	7.32	4.27	9.35
Jierou	5.99	3.49	7.65
Virjoy	4.75	1.67	6.80
Scott	4.43	3.00	5.38
Mayflower	3.64	2.30	4.53
Xiao Baobei	3.39	5.08	2.27
Yinya	2.09	3.95	0.85
Jieyun	1.72	1.32	1.98
Other	35.15	32.23	37.11

Notes:

1. The data comes from the monthly market research on national large retailing enterprises done by China General Chamber of Commerce and China Commerce Information Center.

2. Word explanation: sales value refers to the relative percentage that the aggregate retailed sales volume of some commodity divides aggregate retailed sales volume of the branded commodity among the investigated shopping markets; market coverage refers to the relative percentage that the aggregate frequency of some commodity divides the aggregate frequency of the branded commodity among the investigated shopping market; overall penetration rate refers to the relative percentage based on the sales value and market coverage.

3. The research data and conclusion only shows the sales of those brands on the investigated large shopping markets. It can not show the total sales of each brand or the sales on other shopping market, or through other marketing manners and channels.

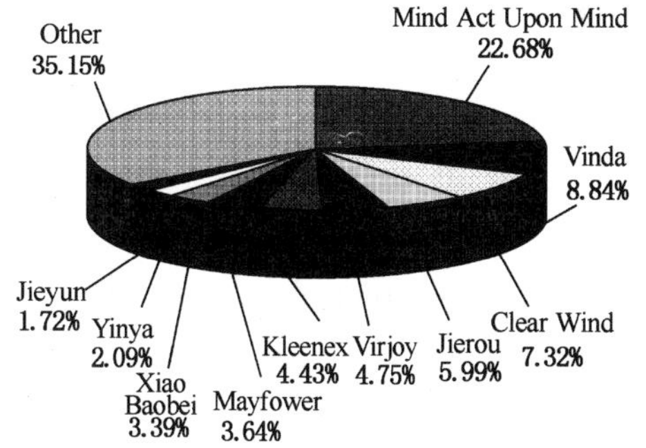

Fig 2-2 Overall Penetration Rate of the top 10 Brands

3 Equipments, raw material and product composition

3.1 Equipments

In recent years, the tissue paper equipments level in China has been improved greatly, due to the introduction of machines and their production in new projects. In large projects, some companies put high investments in introducing machinery abroad completely, which keep simultaneous with the world advanced technologies. They get both the premium products and rich economic returns. Hengan Group is the most successful case. The company entered in tissue paper industry in 1998. It takes only 5 years to have "Mind Act Upon Mind" tissue paper grow very fast. In 2004, the tissue sales of Hengan Paper increases by more than 50 percent over the previous year, which accounts for 40 percent of its total sales. The company ranks the first in terms of tissue paper sales in 2004, exceeding that of Vinda Paper and Gold Hongye Paper.

Vinda Paper has accumulated rich experience of usage and upgrading of machines during the last 10 years by introducing BF tissue machine supplied by Kawanoe Zoki Co., Ltd. Those machines have been best utilized and could produce premium and stable products. Their real output exceeds the designing capacity. It has set up a good example for other tissue paper manufacturers who may introduce the same style of machines.

In China, there are advanced tissue machines from three top tissue machine suppliers: Metso Paper, Andritz Co. and Beloit (which now has broken down). Recently, Hengan Paper has introduced two new crescent tissue machines with the capacity at 60,000tpy from Metso Paper and Andritz Co. respectively. Fujian Hengli Group has introduced the DCT100 tissue machines supplied by Metso Paper. Those machines all reach the world advanced level. According to PPI, Gold Hongye Paper in China has the tissue machines with the fastest speed in the world. The PM2 has running speed at 2100mm/min. Nowadays, Chinese companies have no plans to introduce TAD tissue machines.

Homemade tissue machines have made great progress in website, working speed and capacity. The highest speed could reaches 250m/min, which still has a large difference with that of introduced machines. There is no breakthrough in the R&D and technologies in this aspect.

Under the same capacity, homemade tissue machines are charged at 1/10 of introduced machines. They could be put into production very quickly. Therefore, homemade tissue machines are still the first choice of middle and small paper mills. Nowadays, there are more than 800 tissue paper manufacturers. Most of them are small companies which have the capacity below 5t/day. They mainly apply cylinder machines and fourdriniers with the machine width of 1092mm, 1575mm, 1760mm and 1880mm machine and the speed at 100m/min. Machines in new, improved or expanded projects generally have the website above 1575mm.

3.2 Raw material

High-grade tissue paper generally use imported market pulp as raw material and use less homemade wood pulp. But the usage of homemade wood pulp will increase, with the completion of some pulp projects such as Hainan Jinhai Pulp and Paper Plant of APP Co. Appropriate blend of market pulp, bagasse pulp, bamboo pulp and reed pulp could be used to produce high or middle-grade tissue. Middle and low-grade tissue use mixed waste paper pulp through simple deinking and bleaching, white shavings, wheat (rice) straw pulp, bagasse pulp, reed pulp, awn pole pulp, bamboo pulp, etc. In 2003, State Quality Supervision and Inspection Administration has released the Supervising and Reforming Norm of Tissue Paper Manufacturers (No. 1 attachment of the No. 289 document). It stipulates that facial tissue and paper napkin could only use virgin fibers such as wood, straw and bamboo as raw material. Any recycling paper, wet wipes and other recycling fibers are not allowed as raw material to produce facial tissue and paper napkin. As the factors such as the classification level of recycling waste paper, treating technology of recycling paper, equipment level and production environment are considered, the regulation is stipulated to ensure facial tissue and paper napkin could be up to the hygiene standards and would not endanger consumers' health. In developed countries such as America and Japan etc., recycling fibers could be used to produce high-grade tissue paper, due to the sophisticated recycling and processing technology of waste paper. In future, the proportion of using waste paper as raw material in China may increase. The waste paper project by Shanghai Potential Paper is an example.

Table 3 – 1 Fiber Materials Used in Tissue Paper Mills

Fiber Material	Quality	Market Share/%
100% market wood pulp	Best	18
30% market wood pulp, 70% bleached bagasse pulp and reed pulp	Good	20
White shavings, bleached wheat (rice) straw Pulp	Normal	20
Mixed waste paper pulp, normal straw pulp, tailored pulp	Bad	42

3.3 Product Composition

Nowadays, there are growing varieties of tissue paper in China, including toilet roll, take-out toilet tissue, square or folded toilet tissue, paper napkins, facial tissue, handkerchief tissue, kitchen towel, wipes etc. AH tissue accounts for 92 percent of market share and AFH tissue accounts for 8 percent of it. In North America, the consumption of AFH tissue occupies 38 percent and in Western European countries, the consumption of AFH tissue occupies 35 percent.

According to the research on tissue paper manufacturers above 5000 tons by the China National Household Paper Industry Association, the consumption of toilet tissue accounts for 70 percent and other tissue paper accounts for 30 percent, among which paper napkins shares 8 percent, facial tissue shares 9 percent, handkerchief tissue shares 12 percent and wipes (kitchen towel and hand wiping) shares about 1 percent.

Based on research on retailing by special consulting companies, the sales of toilet tissue occupies about 70 percent. The consumption of toilet tissue takes the leading role in Beijing, Shanghai and Chengdu. Because the research has been done in large cities and the price of toilet tissue is far lower than that of other tissue paper, the consumption of toilet tissue will in fact accounts for more than 70 percent among the total.

In toilet tissue market, toilet rolls are the main products. However, square toilet tissue and take-up toilet tissue also share large market share because of the similar consumption habits in Yangtze River Delta and Taiwan Province. The national market share of take-up toilet tissue has been increased in other cities of China, driven by the efforts of Yuen Foong Family Care (Kunshan) Co., Ltd. and Gold Hongye Paper etc. Facial tissue is still mainly composed of box facial tissue and handkerchief tissue. Due to low price, the plastic and simple packing take-up tissue gets some market share from box facial tissue. Belonging to the range of wipes, kitchen towel and hand wiping are the products with very rapid growth in the recent two years. In 2004, the consumption of wipes amounts to about 1 percent among the total consumption of tissue.

Based on the research on consumers in Beijing, Shanghai and Chengdu, toilet rolls have the highest market penetration rate among the three main tissue paper products including toilet rolls, handkerchief tissue and box facial tissue. The penetration rate of toilet rolls in Beijing and Chengdu almost closes to 100 percent. And in Shanghai, it has reached 89 percent; the penetration rate of handkerchief tissue is about 70 percent; for box tissue, it is slightly low. Among the three cities, about 55%~60% of families now use box facial tissue. The research also shows softness, strength and absorbency are the top factors to which consumers place first attentions when buying different kinds of tissue paper products. But as far as different kinds of tissue are concerned, different factors may be considered. For example, when choosing toilet rolls, consumers may pay the most attention to softness, strength and absorbency; when choosing box facial tissue, they may require good softness and absorbency, while their requirements for strength is obviously lower than that of toilet rolls; And their requirements of handkerchief tissue are similar to that of box facial tissue, while they require its package should be easy to carry about.

High-grade tissue paper manufacturers have high added product value. In their product composition, the proportion of toilet tissue is lower than the average level which is about 55%~60%. Hengan Paper has the lowest proportion of toilet tissue, which is 39 percent.

4 New put-into-production tissue projects and programming

● Since 2002, Vinda Paper Co., Ltd. has planned to expand its production bases. Now the company is launching three high-grade tissue projects: 40,000 tpy in Deyang, Sichuan Province; 150,000 tpy in Xiaogan, Hubei Province; 120,000 tpy in Shuangshui, Xinhui, Guangdong Province. The projects will be started construction at the end of 2004 and at the beginning of 2005 respectively. The first period of those three projects will be put into production at the second half of 2005. After the finishing of Shuangshui project, Vinda Paper (Xinhui) Co., Ltd. will have the capacity at 180,000 tpy. At that time, it will become the largest tissue production base in the Aisa. It is estimated that Vinda Paper Group will have the capacity at about or more than 300,000 tpy in 2008. Until October 2005, Vinda Paper Co., Ltd. has one new crescent tissue machine, one oblique wire tissue machine, six BF-10 tissue machines and two BF-12 tissue machines, with the total capacity at 120,000 tpy. The company has a good future. Recently, Vinda Paper Co., Ltd. has modified its large-scale development strategy. The short-period target is 150,000 tpy, the middle-period target is 300,000 tpy and the long-period target is 500,000 tpy.

● Gold Hongye Paper (Suzhou Industrial Park) Co., Ltd. has achieved its goal as expected in 2003. The company plans to launch new tissue projects in Hainan Province. It has signed to introduce 6 new crescent tissue machines from A. Celli Spa, with the width of 2830mm and working speed of 2000m/min.

● In 2004, Hengan International Group Co., Ltd. has completely purchased Changde Hengan Paper Inc. (whose name has been changed into Hunan Hengan Paper Inc.) and plans to set up tissue paper mills in Weifang, Shandong Province and Jinjiang, Fujian Province with the capacity of 60,000 tpy respectively. Shandong Hengan Paper Inc., in the first period of project, will introduce Andritz (Voith) machine with the width of 5550mm, which costs 0.2 billion Yuan in the contract, and ABB control and driving equipments, which costs 4 million Yuan in the contract. It will be put into production in August 2005. Hengan (China) Paper Inc., located in Jinjiang Fujian Province, will introduce Metso (Valmet) machine with the width of 5500mm, which costs 0.2 billion Yuan in the contract in its first period of project. This mill will be launched in 2006. Shandong Hengan Paper Inc. and Hengan (China) Paper Inc. will both have the capacity at 120,000 tpy. It is estimated that Hengan International Paper will have the capacity at 300,000 tpy after the completion of the two projects.

● In October 2002, Oji Paper Co., Ltd. acquired Procter & Gamble Paper (Suzhou) Co., Ltd. and changed its name into Oji Paper Nepia (Suzhou) Co., Ltd. The brand of its product is "Nepia". The company also produces private label tissue for Tempo brand. It is planning to take thousands of billions of Japanese YEN to the upgrading of the machines in its Suzhou mill.

● Guangxi Guitang (Group) Co., Ltd. has started up a new tissue paper machine (50,000 tpy) in August 2003. Another new tissue paper plant with the capacity of 100,000 tpy has been put into project in 2004. The ultimate goal of capacity expansion is 500,000 tpy by 2010.

● Guangxi Nanning Phoenix Paper has established tissue paper mill with the capacity at 15,000 tpy by investing 15 million Yuan and installing 11 tissue machines which have the width of 1575 mm. The trial of production has been successfully fulfilled in March, 2005.

● In 2004, Guangxi Nanning Sugar began to establish Nanning Tianran Paper Co., Ltd. with the annual tissue paper capacity at 20,000 tons. Now it has been put into production.

● Taiwan Yuen Foong Paper Enterprises Co., Ltd. has established a tissue converting plant in Beijing following the establishment of Yuen Foong Family Care (Kunshan) Co., Ltd. in Kunshan. The company plans to expand its capacity of Kunshan mill into 3000 tons per month. The expansion project has been finished in September, 2005. The company also plans to build a plant with the capacity at 1800 tons per month in Pinggu, Beijing. The project will be put into production in 2007. It plans to install 3 new crescent tissue machines supplied by Record Co. Every machine has the capacity at 24,000 tpy. The three machines will be installed in Kunshan mill, Beijing mill and Qingshui mill in Taiwan. Among them, the new tissue machine in kunshan mill has been put into production in September, 2005. It has the designing working speed at 1600m/min.

● Guangdong Zhongshun Paper Co., Ltd. has introduced 5 BF-10 tissue machines and one new crescent tissue machine supplied by Kyoung Yong Machinery Co., Ltd. Three BF-10 tissue machines with the working speed at 660m/min have been put into production in November 2005, one of which is installed in Zhongshan, one is installed in Xiaogan, Hubei Province and another one is installed in Dongping Shandong Province. The company will install one BF-10 tissue machine in Pengzhou Sichuan in October 2005. The second BF-10 tissue machine installed in Xiaogan, Hubei Province will be put into production in 2006. Zhongshun Paper is also planning the tissue project with the capacity at 100,000 tpy at shuangshui, Jiangmen, Cuangdong. The group is targeted at reaching the capacity of 300,000 tpy.

● Shanghai Potential Paper Co., Ltd., located in Yuepu Baoshan Shanghai, is a joint-venture invested mainly by American Potential Group. The company has been being built since March 2004. The first period of the project will be put into production in 2006 with the capacity at 40,000 tpy. The registered capital is 26 million US dollars and the total investment is 78 million US dollars. The company plans to produce high-grade tissue by using waste paper as raw material. The product composition is as follows: kitchen towel and toilet tissue account for 65%~70%; paper towel accounts to 30%~35%. The second period of the project may follow after the first period of the project is put into production. The total capacity will reach 100,000 tpy. Waste paper are mainly imported from North America. It plans to establish offices or branches in Shanghai, Nanjing, Hangzhou, Beijing and Chengdu. The distributing channels will be covered all around the China. In 2005, it has signed to introduce a new crescent tissue machine from A. Celli Spa, which has the width of 2810mm and the working speed of 2000m/min, and an AC861 winder, which has the width of 2810mm and working speed of 1800m/min.

● Shandong Weifang Hengxin Paper Co., Ltd. is the earliest mill to introduce BF-10 tissue paper machine from Japan KAWANOE ZOKI CO., LTD. However, the company developed slowly, because of various factors. Through the reorganization and the establishment of Weifang Henglian Meilin Household Paper Corporation, a joint venture with Hong Kong Meilin Paper Co., Ltd., it finds the market breakthrough and exerts great efforts to produce hand-wiping paper. It has signed to buy 2 second-hand tissue paper machines provided by Valmet Corporation, from Sweden SCA Corporation in June 2003. The width of PM2 is 2100mm, with the speed of 800m/min; The width of PM3 is 3340mm, with the speed of 900m/min. The company is planning to produce 20~40g/m^2 hand-wiping paper through these two machines. The total annual capacity of the added two machines can reach 30,000 tons. It is targeted at producing away-from-home (AFH) hand-wiping paper, industrial wipers and various household-cleaning wipes. It is forecasted that it will become the largest hand-wiping paper producing base plant in China.

● Shanghai Orient Champion Group plans to establish Shanghai Orient Champion Paper Co., Ltd. with the annual capacity at 40,000 tpy. The company plans to introduce 4 BF-10 tissue machines supplied by KAWANOE ZOKI CO., LTD. The project will be implemented through two periods. In 2005, it has introduced 2 tissue machines and will put them into production in March/April 2006.

● In 2004, Fujian Hengli Group plans to enter into the tissue paper industry by introducing DCT100 tissue machine supplied by Valmet. The daily capacity is 70~80t. The project will be put into production in March 2006.

● Zhejiang Welfare Paper Co., Ltd. is established in January 2005. Now there are three 1575mm tissue machines. It is projected that the annual capacity will reach 15,000 tons.

● Yunnan Jiangchuan Cuifeng Paper Co., Ltd.

plans to expand its capacity. The annual capacity of tissue will reach 25,000 tons.

● Jiangsu Sund Paper has expanded its capacity into 50, 000 tpy by using homemade machines in 2004.

● Xi'an Lintong Hanxing Industry Company has increased its capacity into 50,000 tpy in 2004. The tissue capacity in Shaanxi Province has an increase of 100,000 tpy by using homemade machines.

● In 2004, Ningxia Meijie Paper Co., Ltd. has expanded its tissue capacity by using straw as material with an increase of 20,000 tpy.

● Ningxia Zijinhua Paper Co., Ltd. plans to expand its capacity. Its capacity will be added by 25, 000 tpy by using straw and wood pulp respectively. The total capacity will reach 75,000 tpy.

● Hunan Dehui Paper is a joint venture by Huan Changde Deerhui Paper with America and Hong Kong. It has been being built in August 2004. When the project is finished, it will have a tissue capacity at 30,000 tpy.

5 Outlook of tissue paper market

5.1 The per capita consumption of tissue paper in China is still very low

In 2004, China's economy keeps rapid growth. The GDP reaches 13687.59 billion Yuan, up 9.5 percent over the previous year. The per capita GDP is 10561 Yuan which equals approximately 1280 US dollars. In 2004, the living standard of Chinese people has been improved greatly. The per capita discretionary income in urban area reaches 9422 Yuan, up 7.7 percent above the previous year. The per capita consumption expenditure is 7182 Yuan and the Engel's coefficient is 37.7 percent. The per capita net income in rural area is 2936 Yuan, up 6.8 percent. The per capita consumption expenditure is 2185 and the Engel's coefficient is 47.2 percent.

It is often believed that the consumption of tissue paper will have a breakthrough growth if the per capita GDP reaches 5000 US dollars. Nowadays, the GDP for most of cities in China could not amount to this level besides Shanghai (the per capita GDP in Beijing is 4300 US dollars). In addition, in 2004, the per capita national total income is about 1274 US dollars, which also does not amount to the level of middle developed countries. In 2004, the per capita consumption of tissue paper in China is 2.65 kg, which has a big difference with that of developed countries. It accounts for 1/8 of that of North America, 1/5 of that of Western Europe, and 3/4 of the world average level. Hence, there still exists a great potential market and scope for China's tissue paper development, promoted by positive factors such as steady economic growth, increasingly improved living standards of people and the further opening up of the market.

5.2 Driving forces for tissue paper consumption growth

Generally speaking, the consumption of tissue paper can represent the improvement of a state's national income. Driving forces include population growth, economic growth, population growth in urban areas and hygiene standards improvement.

Among them, the driving forces which have an influence of AH tissue are as follows:

● Increase of personal income

● Growth of family numbers

● Hygiene habits of consumers and changes of living style

● Development in the retail sector (for example, big package, discount sale and e-commerce etc.)

● Development of new products

Among them, the driving forces which have an influence of AFH tissue are as follows:

● Changes of living style (for example, travel, picnic and snack etc.)

● Expenditure of government departments, enterprises and public institution on tissue paper products in public places.

● Increase of industrial labor

● Development of new products

● Old-age problem (home for the old and department for the old increase)

Besides the economic growth, the market demand expansion for the consumption of tissue paper has a close relationship with the population growth in urban area and the changes of hygiene habits. According to the data by State Statistics Administration, in 2004, the population proportion in towns is 41.8 percent. But in fact, there are lots of farmers who leave country and work in cities. The population growth of those people and the changes of their hygiene habits have played an important role in the consumption of tissue paper. The development of tourist industry and the changes of living styles have promoted the consumption growth of AFH tissue.

For instance, in 2010, the Expo will be host in Shanghai. Some related departments of Shanghai government have given high priority to the construction and management of public Toilets and has achieved remarkable effects among the large and complex project. Shanghai Paper Trade Association has done the market research and submitted a report to Expo Bureau on Research, Suggestions and Ideas of Toilet Tissue in Public restroom in May, 2004. The report is said that toilet tissue and hand wipes in public restroom in international large cities or larger cities are free, as well as those restroom are free to people. It has become a practice. Toilet tissue in public restroom is one of the elements among many living environment that the Chinese government should attach the most priority and improve.

The result of the research is as follows:

- Few companies in Shanghai could provide free toilet tissue according to international practice.
- The public fixed and movable restroom managed by special people will be charged at 0.4 ~ 1.0 Yuan, where you can get one sheet free square toilet tissue valued at 0.02 Yuan.
- The public restroom in shopping markets, hospitals, schools and streets do not provide free toilet tissue.

Shanghai Paper Trade Association summarized the above phenomena into three sentences as: to provide no toilet, to get charged toilet and to have unsatisfied toilet. The association believes that the present management situation in restroom of public places is more contributed to deep reasons besides historical consistency and economic restriction. From the social development degree aspect, our social cultivilization is not good; from the distribution of material resources aspect, our cognition and capability are expected to be improved; from the social cultivilization aspect, the ideas and actions of putting people first need to be strengthened.

The suggestions and ideas put forward by Shanghai Paper Trade Association are as follows:

——The square toilet tissue offered in public restroom do not meet the requirements of Shanghai Building Program and the Expo. The quality should be improved.

——To offer jumbo tissue rolls and add hand wiping instead of C-grade square toilet tissue.

——To adopt thc manner of bidding or large amount of purchases from tissue paper manufacturers directly, due to the distributing channels occupying 1/3 of the total cost of the tissue paper and the uneven quality of toilet tissue offered. The restroom in open public places, especially profitable places, should be responsible to offer free toilet tissue and hand wiping.

——It is now estimated that the annual average per capita usage of tissue paper is 8kg, among which the AFH tissue account for 5% ~ 6% and reach to 6400 ~ 7680 tpy. Toilet tissue accounts for 80 percent of AFH tissue. The proportion of AFH tissue will be expected to increase by 15 percentage point in the next three years and will reach to 20 percent (hand wiping is included). At the same time, the annual average per capita consumption of tissue paper increases to 10kg and reach to the level of developed countries and regions.

——The Ideas should be proceeded by time, areas and priority orderly. The program of offering free toilet tissue should be firstly implemented in prosperous areas and Expo zone etc., and further carried out in other areas. Citizens should improve their quality and avoid waste while enjoying the rights of using free toilet tissue.

With China's entrance to WTO, the consumption of AFH tissue will increase in Beijing (where the 2008 Olympic Games will be host) and in Shanghai (where the Expo will be held in 2010) as well as other cities and regions in China.

5.3 Outlook of global tissue paper from 2000 to 2010

From 2000 to 2010, the demand of the global tissue paper will increase by 3.2 percent annually, up about 780,000 tpy. It estimated that the market demand will reach 28.3 million tons. The demand in Asia and Eastern Europe will obviously grow higher than the average growth rate.

5.4 Trend of tissue paper market in China

The basic source of power for the rapid growth of China's economy are the three big trends including urbanization, commercialization and internationalization, and the objective demand and supply potential brought by population growth.

In future, the development of China tissue paper market will still have a close relationship with some factors such as the GDP growth, the increased population and the promoted living standard etc. The consumption will be diversified and transit to middle- and high-grade. As the domestic retail business diversifies, supermarkets and malls have been the mainstream of the business. End market has been more and more playing an obvious important role for tissue paper manufacturers. The general trend is to enhance product quality, reduce cost and establish modern large-scale tissue paper manufacturers. Powerful competitors consist of: Vinda Paper Co., Ltd., Gold Hongye Paper Co., Ltd., Hunan Hengan Paper Industry Co., Guangdong Zhongshun Paper Co., Ltd., Guangxi Guitang (Group) Co., Ltd., Shanghai Kimberly-Clark Paper Industry Co., Yuen Foong Yu Family Care Paper, Oji Paper Nepia (Suzhou) Co., Ltd. and Shanghai Orient Champion Paper Co., Ltd. etc. Because Chinese government has issued more serious requirements on the environmental protection, tissue paper products quality and hygiene standard, in the fierce market competition, a large group of enterprises with small scale, poor equipments, inappropriate hygiene conditions, and serious pollution will be closed successively. Thus, it can provide new market opportunities for investors. However, large and small manufacturers of tissue paper will still co-exist for a long period of time. In product composition, sales of kitchen towel ranks the second in the global tissue paper products. The turnover from retail sales amounts to 18 percent among the total. It has a big potential of development in China.

It is forecasted that the following cases will occur for the development of tissue paper in China:

■ Multi-national companies and domestic major tissue paper manufacturers will expand production scale, reduce cost and promote products quality by increasing investment, co-operating, acquisition and merger etc.

■ Toilet tissue are still the main products, yet the proportion will keep declining. The proportion of facial tissue, paper napkins and handkerchief tissue will continue to increase. The consumption of kitchen tissue, paper wipes and industrial wiping tissue will rise distinctly. The AF tissue market is enlarging.

■ If the problem of pulping pollution could be solved, non-wood fiber such as homemade wood pulp, bagasse pulp etc. and waste paper deinked pulp will be used as raw material to produce tissue parent roll, while imported market wood pulp are still to be used at the same time, in order to control the cost of raw material more easily and enhance the competitiveness of products.

■ The consumption on rural markets will rise. Exports will keep increasing.

It is forecasted that in 2010 the GDP growth rate in China will remain 7% or so. Based on positive factors such as economic development and negative factors such as the gradually declining growth rate of population, the trend towards saturation of the consumption of tissue paper in urban areas etc., the annual growth rate of tissue paper consumption will be as the same as or slightly lower than that of GDP in China. It is estimated that the per capita consumption of tissue paper in China will reach the average level of the world.

Table 5 – 1 Forecast on the Market of Tissue Paper

Year	Consumption/ 10,000tons	Annual average growth rate/%	Population/10^4 person	Per capita consumption/ (Kg/person · year)
2000	245.9	7.0	126583	1.94
2001	266.1	8.7	127627	2.15
2002	286.8	7.8	128453	2.23
2003	310.0	8	129000	2.4
2004	343.0	10.6	129988	2.65
2005	370.4	8	130700	2.83
2010	495.0	6	134500	3.68

Author: Jiang Manxia
Translator: Cao Baoping

一次性卫生用品的概况和展望

江曼霞　孙　静　陈祥津　中国造纸协会生活用纸专业委员会

1　市场概况

1.1　消费量和渗透率

一次性卫生用品也称吸收性用即弃产品，英文名“absorbent disposable products”或“hygiene products”，包括妇女卫生巾、卫生护垫、止血塞、婴儿纸尿布、成人纸尿布和其他成人失禁用品、宠物垫等。全球一次性卫生用品的销售额约为400多亿美元。2004年我国一次性卫生用品的销售额约为145亿元，约占全球销售额的4.5%。

妇女卫生用品

2004年中国卫生巾的消费量384亿片，比上年增长4.3%，市场渗透率59.5%。1990—2004年期间，中国妇女卫生巾的消费量从28亿片增长至384亿片，2004年消费量是1990年的13.7倍。卫生巾市场渗透率也从1990年的5%增长到2004年的59.5%。卫生护垫在中国自1992年开始生产，1998年以来，市场消费量迅速增加。2004年卫生护垫的总消费量约165亿片，比上年增长14.6%，市场渗透率5.75%。2004年中国妇女卫生用品(卫生巾和卫生护垫)的市场销售额约110亿元。由于消费习惯和对因不洁而造成细菌感染的畏惧，止血塞在中国的使用量很少，估计市场占有率约为0.3%。

表1-1　中国市场妇女卫生巾/卫生护垫的消费量和市场渗透率

年　份	1990	1995	1996	1998	2000	2001	2002	2003	2004
适龄妇女(15~49岁)人数/百万人	311.1	330.0	336.2	342.1	350.0	352.7	355.0	357.0	358.8
卫生巾消费量/亿片	28	186	230	275	315	334	351	368	384
卫生巾市场渗透率/%	5	31.3	38	44.7	50.0	52.6	54.9	57.3	59.5
卫生护垫消费量/亿片				4.0	65.0	95.0	120	144	165
卫生护垫市场渗透率/%				0.15	1.86	3.37	4.23	5	5.75

注:按中国大陆适龄妇女(按15~49岁)实际人均需用妇女卫生巾180片/年,卫生护垫800片/年计算

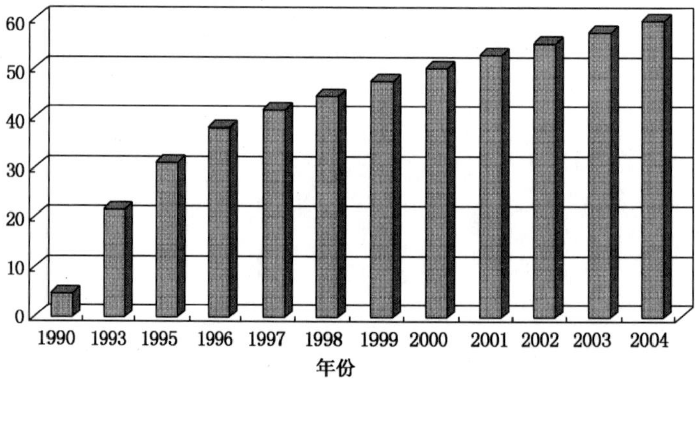

图1-1　中国卫生巾市场渗透率

婴儿纸尿布(含婴儿纸尿裤和纸尿片)

2004年全国婴儿纸尿布市场有很大的增长，婴儿纸尿布的总消费量达到29.5亿片，同比增长51.3%，市场渗透率6.70%，其中婴儿纸尿裤消费量约23.5亿片，同比增长67.9%，市场渗透率5.33%；婴儿纸尿片消费量约6.0亿片，同比增长9.1%；婴儿纸尿布的市场销售额约26.5亿元。

表 1-2　中国市场婴儿纸尿布的消费量和市场渗透率

年　份	1993	1995	1998	1999	2000	2001	2002	2003	2004
0~2 岁婴儿/百万人	47.50	48.80	43.68	42.80	42.4	42.05	41.00	40.5	40.2
婴儿纸尿布总消费量/亿片	0.4	1.5	5.0	7.5	9.5	15	16.3	19.5	29.5
其中婴儿纸尿裤消费量/亿片	0.4	1.5	5.0	7.5	9.5	11	11.5	14.0	23.5
其中婴儿纸尿片/亿片						4.0	4.8	5.5	6.0
婴儿纸尿布市场渗透率/%	0.07	0.28	1.00	1.60	2.05	3.26	3.63	5.5	6.70
婴儿纸尿裤市场渗透率/%	0.07	0.28	1.00	1.60	2.05	2.39	2.56	3.95	5.33

注:1. 按中国大陆 0~2 岁婴儿人均需用纸尿布 3 片/天计(欧美通常以 5.6 片/天计,日本以 4.9 片计)。

2. 由于少数企业在填写年度统计表时有虚报现象,经进一步核实,本次发表数据比年会时公布的数据低,请以本次数据为准。

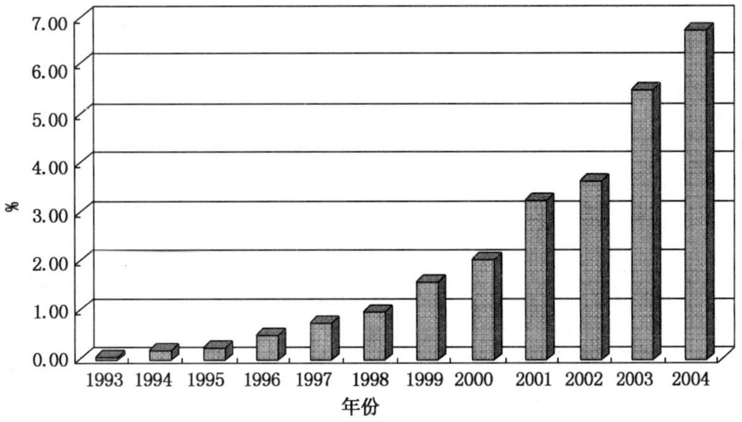

图 1-2　中国婴儿纸尿布市场渗透率

成人失禁用品

2004 年成人纸尿布的消费量约 1 亿片，同比增长 35.1%，其中成人纸尿裤的消费量约 2500 万片，同比增长 78.6%；成人纸尿片消费量为 7500 万片，同比增长 25%。护理垫(指具有非织造布包覆层、干法纸或绒毛浆吸收芯层以及 PE 膜底层的产品)销售量 2.6 亿片，估计减去为国外贴牌加工部分，国内的消费量为 1.1 亿片，同比增长 52.8%。成人失禁用品的国内市场销售额约 8.5 亿元。

表 1-3　成人失禁用品的消费量

年　份	65 岁以上人口/万人	成人纸尿布/亿片	其中:成人纸尿裤/亿片	护理垫/亿片
1999	8687	0.40		0.50
2000	8811	0.48		0.55
2001	9062	0.58		0.61
2002	9377	0.68		0.67
2003	9692	0.74	0.14	0.72
2004	9879	1.00	0.25	1.10

1.2　出口量增加

由于跨国公司进入中国建厂，绝大部分在中国销售的国际品牌一次性卫生用品都是在中国境内生产的。中国一次性卫生用品的市场基本上属于自给型，产品的少量进出口以前主要是跨国公司/港台企业为调剂境内外销售品种而产生的。近几年国内一次性卫生用品市场竞争激烈，一些制造商积极开拓国际市场，净出口量呈迅速上升趋势，2004 年的净出口量是 2000 年的 17.2 倍。2004 年一次性卫生用品的进口量为 1.62 万 t，进口金额为2816万美元；出口量为6.47万t，出口金额为15694万美元。净出口量4.85万t，净出口额12878万美元，净出口额约占2004年一次性卫生用品销售额的7.5%。主要出口产品是纸尿裤、护理垫、宠物垫等，大多是为国外公司做贴牌加工(OEM)。出口地分布在世界各地，纸尿裤、卫生巾主要出口到中东、非洲等欠发达地区，护理垫、宠物垫主要出口到日本、韩国。

表1-4 2004年一次性卫生用品的进出口情况

商品编号	商品名称	数量/kg	金额/美元
进口		16182246	28160746
48184000	卫生巾及止血塞、婴儿纸尿布、尿布衬里等	14495468	22105558
48185000	纸浆、纸、纤维素絮纸等的纸衣服及衣着附件	246661	851030
48189000	纸浆、纸等制的其他家庭、卫生或医院用品	1440117	5204158
出口		64695522	156943792
48184000	卫生巾及止血塞、婴儿纸尿布、尿布衬里等	47901664	131197963
48185000	纸浆、纸、纤维素絮纸等的纸衣服及衣着附件	1119012	2464164
48189000	纸浆、纸等制的其他家庭、卫生或医院用品	15674846	23281665

表1-5 2000—2004年卫生巾和婴儿纸尿布等产品的进出口情况

年 份	2000	2001	2002	2003	2004	2002年比上年增长	2003年比上年增长	2004年比上年增长
进口量/t	5331	6983	7358	10772	14495	5.37%	46.4%	34.6%
出口量/t	7275	11026	19797	37986	47902	79.5%	91.9%	26.1%
净出口量/t	1944	4043	12439	27214	33407	207.7%	118.8%	22.8%

注：由于海关统计数据未将妇女卫生巾与纸尿布分开，本表所列产品的海关商品编号为48184000，商品名称为卫生巾及止血塞、婴儿纸尿布、尿布衬里等。

1.3 婴儿纸尿布市场进入快速成长期

在中国，一次性卫生用品是改革开放后出现的舶来品，各类产品从无到有，生产和消费持续增长，市场渗透率也在不断上升。对经济发展后市场潜力进一步释放的预期成为支持一次性卫生用品市场投资的力量，随着国产设备水平的迅速提高，进入该行业的资金门槛和技术门槛进一步降低，吸引大量民间资本进入，在1998—2003年形成又一个投资高潮。

经过20年的发展，2004年全国妇女卫生巾的市场渗透率已经接近60%，在大中城市则已饱和，市场进入成熟期。表现在2004年全国卫生巾产品的增长率不高，新进入的企业开始减少，在原材料价格上涨的压力下，2004年大中企业销售额的增长率低于销售量的增长率；有些过去业绩不错的中型企业产销量锐减，经营困难；还有许多竞争力差的小企业关闭停产。

随着经济收入的增加和前些年对婴儿纸尿布市场的培育推动而造成新一代年轻父母消费观念的改变，国内消费需求明显增加，婴儿纸尿布市场进入快速成长期。表现在2004年的消费量比2003年增长51.3%，市场渗透率接近7%。2004年跨国公司和恒安等企业的婴儿纸尿裤销售量比上年大幅增长，其中宝洁增长100%，恒安增长22.7%，尤妮佳增长200%，中山瑞德增长50%，金佰利增长83%，广东宝儿增长42%；部分生产婴儿纸尿裤的老企业销售量与2003年基本持平，包括全日美、爱护洁、好孩子、东莞瑞琪、佛山满盈、佛山新感觉等；新入行产销量较大的企业有山东益母以及福建恒利、杭州雄鹰等浙江、福建一带的企业。

婴儿纸尿裤生产线过去需要从意大利、日本等国家进口，设备投资高，2001年只有跨国公司和恒安等10多家企业生产婴儿纸尿裤，生产线仅20多条。2001年后国产纸尿裤生产线的制造水平迅速提高，使设备可比投资降低至约1/8，入行门槛大大降低，吸引了一批厂商进入，2004年纸尿布生产企业已经达到160多家，生产线近200条，大多数企业是在生产妇女卫生用品的基础上增加纸尿布业务的，仅有1条生产线。2004年入行的比较有实力的企业有扬州三笑和杭州华兴。设备投资的降低和除绒毛浆等以外的大部分原材料的本土化，使纸尿裤的生产成本降低，市场竞争白热化更使纸尿裤的销售价格降低到1元/片以内，为更多的消费者所接受。

1.4 原材料价格上涨供应紧张

由于国际市场石油和纸浆价格上扬，2004年以来一次性卫生用品的各类原材料价格持续上涨，其中高吸水树脂(SAP)和透气薄膜等还出现了供应紧张的情况。企业在产品不能同步提价的情况下，利润空间进一步被压缩。

非织造布

由于上游石油价格上涨，造成纤维原料价格上涨，非织造布卷材的价格也随之上涨，至2005年1季度定量为20g/m^2左右的ES热轧、热风非织造布价格达到21500元/t，普通热轧、热风非织造布的价格达到15000～16000元/t，比2004年上涨900元/t。

高吸水树脂

过去20年中，世界SAP市场需求以两位数的速度持续快速增长，随着中国一次性卫生用品市场特别是纸尿布市场需求的增长，中国成为全球SAP最具发展潜力的市场之一。2004年全球SAP的年产能力135万t，中国SAP的消耗量约3.6万t。2004年以来生产SAP的丙烯酸原料供应紧张，造成SAP价格大幅度上涨和缺货，2005年1季度，SAP的价格已经达到每吨23000元左右。

我国有20余家企业建有中小型SAP生产装置，2004年国产SAP的生产能力约3.5万t。大多数国产SAP制造企业研发能力差、设备规模小、成本高、原料供应不足、品质差，设备利用率仅30%左右，在丙烯酸原料价格高、供应量少的情况下，几乎全面停产，只有个别厂生产供农林等用途的SAP。

国内一次性卫生用品用SAP的主要制造供应商是日本触媒、日本三大雅、日本住友、德国巴斯夫、斯托侯森。其中日本触媒在江苏张家港的年产3万t日触化工和日本三大雅在南通的年产2万t生产基地已经在2005年3月份投产，将缓解SAP供应紧张的局面。此外巴斯夫与中石化合作的扬－巴公司规模化的丙烯酸及其酯装置在2005年初投产，使SAP主要原料丙烯酸生产能力大幅增加。

绒毛浆

2004年全球绒毛浆产量约360万t，其中46%用于婴儿纸尿裤，23%用于妇女卫生用品，22%用于成人失禁用品，9%用于干法纸产品。2004年中国绒毛浆的使用量估计约为35万t（部分卫生巾企业使用造纸浆板），约70%的绒毛浆用于妇女卫生用品。2004年绒毛浆国际市场的价格相当稳定，交货价格保持在680美元/风干t，但供货量偏紧，2005年更表现为卖方市场。中国的中小企业一般要通过中间商购进绒毛浆，价格还取决于国内库存量等因素，2004—2005年期间价格处于高位。

国产绒毛浆的数量很少，主要制造商有：福建腾荣达制浆有限公司(BCTMP绒毛浆生产能力3万t/a)，南宁武鸣奥诺纸业有限公司(马尾松卷筒绒毛浆)，广西柳江造纸厂等。

1.5 国产设备水平迅速提高走向国际市场

近年来，中国一次性卫生用品生产设备的制造业迅速崛起，采用模块化设计，全伺服电动控制，开发一机多用的生产设备，同时在车速、稳定性、噪音控制等方面不断改进。国内具有先进技术的设备供应商已经可以制造包括训练裤、成人纸尿裤生产线在内的各种设备。性价比较好的设备不但满足了国内市场的需要，而且利用在国际展览中亮相等方式走向国际市场。恒昌、兴世、新余宏、珂瑞特、汉威、培新等设备制造商业务的20%～50%来自国外。

1.6 消费的城乡和地域差异

由于跨国公司进入中国建厂，绝大部分在中国销售的国际品牌一次性卫生用品都是在中国境内生产的。中国城市和农村、沿海地区和内陆地区的经济发展水平和收入差异较大，地理、气候、消费习惯也各不相同，因此一次性卫生用品的消费存在着明显的城乡和地域差异。市场渗透率及消费者对产品种类的选择视市场的地点有所不同。市场渗透率在城市较农村地区为高，在东部沿海地区较西部内陆地区为高，主要是卫生意识及收入水平的差异所致。根据2004年国家统计局数据，城镇居民家庭人均可支配收入为9421.6元，而农村居民人均纯收入为2936元。

在大中城市和经济发达地区一次性卫生用品的消费呈小康特征，卫生巾的市场渗透率基本上接近100%。城市消费者在选购卫生巾时，最注重的因素依次是价格适中、使用经验、产品功能和有名的牌子。在大中城市和经济发达地区，妇女个人卫生用品市场在超薄型卫生巾和护垫方面发展较快；有立体护围、特长夜用、加导流层的护翼卫生巾、抗菌/药物卫生巾和特色网面等差异化产品受到部分消费者的青睐；超薄卫生巾和护垫趋向使用干法纸作芯层；护翼型卫生巾在包覆材料和防漏PE底膜方面也在不断改进，如包覆层采用三片式、PE打孔膜。在广大乡村地区，直条型卫生巾产品仍占主导地位。经过技术改造的新型直条卫生巾生产线做出的产品增加了结构胶、导流槽，使用更好的包覆层材料，有些做成圆头形，这些产品因价廉物美受到内地低收入阶层和农民的欢迎，占有较大的市场份额。但是，在大城市和沿海开放城市，直条卫生巾的份额几乎全部由护翼卫生巾挤占。

相对于妇女卫生用品而言，婴儿纸尿布市场的发展对居民可支配收入的要求高得多，婴儿纸尿裤的购买者主要集中在家庭收入较高的大城市以及东南沿海开放地区的中小城市。在这些地方相对富裕的家庭比例高，对外开放早，容易接受新的消费观念，年轻父母有经济能力购买婴儿纸尿裤。近两年由于恒安、宝洁、尤妮佳等企业生产能力的扩大，以及在广告方面的投入，产生引导消费的作用，婴儿纸尿裤的消费有较大增长，国内租赁生产线和定牌加工的现象也很普遍。为了扩大市场份额，各制造商采取的营销策略是降低售价，推出各种经济型纸尿裤，简易包装和大包装。同时，一些大的纸尿裤制造商如中山瑞德、宝洁(中国)、福建恒安、上海全日美及上海尤妮佳公司都紧跟国际流行趋势采用透气膜做纸尿裤底膜，以保护婴儿皮肤，减少纸尿布疹的发生。中山瑞德公司还推出了有保护婴儿皮肤功能的芦荟纸尿裤，尤妮佳公司推出男女性别婴儿专用纸尿裤，宝洁公司纸尿裤具有透气弹性腰围，柔软的底膜，比基尼裤型，更透气、更舒适，以满足消费者多方位的需求。目前在大型超市内婴儿纸尿裤的每片价格已经降到1元人民币左右，已在消费者接受的范围内。此外除了进入超市和商场外，纸尿裤生产商另一个“市场”在医院，大中城市的综合医院、妇产医院、儿童医院，通过医生的推荐，婴儿从一出生就用上纸尿裤，出院以后只要经济条件许可，会一直用下去。

2004年婴儿纸尿裤市场呈现快速增长的主要原因是国内经济持续快速增长，老百姓的物质生活水平进一步改善，婴儿纸尿裤价格适当降低和人们对纸尿裤呵护宝宝作用的普遍认可。

婴儿纸尿布市场与以前相比有很大的变化，在大城市90%左右的婴儿父母使用过纸尿布，婴儿在医院出生时就开始用纸尿布，回家后，大部分父母会选择继续使用纸尿布或与可洗尿布并用，纸尿布逐渐成为普通的婴儿日用品。但根据天气和个人收入、节俭习惯的不同，收入较高的家长在新生儿期间每天用6～10片纸尿布，而收入较低或由祖父母看护的情况下，则只在夜晚和外出时使用纸尿布，甚至只用可洗尿布。与全国6.7%的市场渗透率相比，大城市和长三角、珠三角地区的市场渗透率估计在60%以上。在中小城镇，价格低廉的纸尿布的市场也在扩大，而对于农村地区的居民来说，婴儿纸尿布还是一种奢侈品，市场渗透率几乎为零。2004年中国城镇人口比例为41.76%，可以推算出2004年城镇婴儿纸尿布的市场渗透率约为16%。与国外相比，我国婴儿纸尿裤的消费有以下特点：

● 大城市3岁以下的婴儿使用纸尿裤，而以12个月以下的最多，其次是13～24个月的婴儿。

● 有3种使用方式：只用纸尿裤或只用纸尿片；纸尿裤和纸尿片并用；纸尿布与可洗尿布并用。

● 冬季为用纸尿裤的高峰期，夏季用的少，主要是在夜间和外出。

● 婴儿纸尿裤的使用率与其看护者的年龄、文化程度有关，年轻的父母、受教育程度高的父母是婴儿纸尿裤的主要购买对象。

● 选择纸尿裤注重因素首先是质量的可靠性，其次是使用方便与安全、价格等。

即使在发达国家成人失禁用品市场也处于发展阶段。进入老龄化社会较早的日本，成人失禁用品市场增长较快，市场渗透率在40%以上。北美为30%，西欧为20%，世界平均水平为64%，在中国则远低于1%。目前中国市场上成人纸尿裤每片的零售价为4～5元左右，对于一般中国家庭来说仍很昂贵，但也有新入行企业使用国产机器，使每片零售价降低到2～3元。此外每片零售价为1～2元的成人纸尿片价格相对比较低廉。中国已经进入老龄化社会，2004年65岁以上的老年人口达到9879万人，在城市有经济条件使用成人失禁用品的家庭在逐步增加，市场需求量上升较快。护理垫(病人看护垫)的需求量也在增长，同时有些厂接国外定单做护理垫、宠物垫的OEM产品。

1.7 销售渠道的变化

一次性卫生用品属于快速消费品，物流成本较高、流动资金占用较大。中小型生产规模的制造商一般在附近地区销售产品，全国性的品牌为数不多。制造商一般通过多种渠道销售产品，包括批发商、分销商、超市、大卖场、传统零售店铺及便利店。

由于近几年中国加入WTO后大卖场和连锁超市在城乡的迅速普及，终端销售的重要性日益突出，所占比例扩大，销售渠道有很大的变化。零售商定牌加工的情况逐渐增多。根据AC尼尔森的数据分析，2004年在不包括西藏、内蒙古、宁夏、新疆、甘肃、青海和海南以外中国20个省的城镇零售网点(不包括批发商、集团消费等其他渠道)的跟踪调查，妇女卫生用品(含卫生巾和卫生护垫)的销售量占全国总销售量的33%。根据生活用纸委员会2004年的统计数据分析，估计跨国公司的一次性卫生用品80%以上的销售量在以上调查覆盖的范围内。AC尼尔森在一份“放眼中国市场”的报告中提到，妇女卫生用品在现代渠道即超市、大卖场、专卖店、百货商店、便利店等的销售额由2000年的44%增加到2001年的57%。估计2004年应该在60%以上。但对于一次性卫生用品而言，传统渠道仍然是不可或缺的，现代渠道无法完全取代。

产品进入大卖场可以提高品牌的知名度，扩大销售量，减少中间环节，及时反馈信息，但在大卖场和制造商之间，“进场费”一直是碰撞最为激烈的话题，大卖场门槛的提高对跨国公司及大企业有利，很多中小企业因不能承受高额费用无利可图而选择退出。大卖场、超市因经营不善倒闭，使供货商财物两空的情况也时有发生。

在现代渠道发达的一级市场，相对于集约特征明显、单位吞吐量巨大的现代渠道，传统渠道存在经营管理水平落后、效率低、协调维护管理成本高、物流配送麻烦等缺陷，但与之相应的是，它具有要约门槛低、帐龄短、单位销售利润贡献率可能更高等优点，其在周边市场的辐射能力，对下级网点的掌控、配送能力仍然被许多企业所倚重，与现代渠道有很强的互补性。在二、三级市场，销售渠道仍以传统的批发分销通路为主。

1.8 质量检测情况

2004年1季度纸尿裤(含纸尿片/垫)产品质量国家监督抽查结果：共抽查43家企业的59种产品，合格50种，产品抽样合格率为84.7%。其中婴儿纸尿裤(含纸尿片/垫)抽样合格率为87.2%；成人纸尿裤(含纸尿片/垫)抽样合格率75.0%。抽查结果表明，大中型企业的产品质量好于小型企业。

2004年4季度卫生巾(含卫生护垫)产品质量国家监督抽查结果：共抽查60家企业的76种产品，合格69种，产品抽样合格率为90.8%。抽查结果表明：卫生巾(含卫生护垫)产品质量整体水平较好，产品结构趋于高档。

2005年1季度纸尿裤(含纸尿片/垫)产品质量国家监督抽查结果：共抽查44家企业的58种产品，合格51种，产品抽样合格率为87.9%。其中婴儿纸尿裤抽样合格率为82.8%，婴儿纸尿片/垫抽样合格率为95.0%；成人纸尿裤抽样合格率为100%，成人纸尿片/垫的抽样合格率为83.3%。抽查结果表明：纸尿裤(含纸尿片/垫)总体产品质量较好，产品质量符合优等品的有40种，占合格品总数的78.4%。

2 主要制造商和品牌

2.1 妇女卫生用品

中国目前的妇女卫生用品市场仍由多个制造商组成，集中度较低。但全国性品牌的制造商并不多。全国综合排名前10位的妇女卫生巾制造商的销售量合计约占全国妇女卫生巾总销售量的27.1%；卫生巾全国性品牌主要有：安尔乐、护舒宝、苏菲、舒而美、娇爽、乐而雅、好舒爽、ABC、洁婷等。全国排名前10位的卫生护垫制造商的销售量合计约占全国卫生护垫总销售量的51.7%；卫生护垫全国性的主要品牌有：安尔乐、娇爽、苏菲、舒而美、益母、好舒爽等。恒安集团是目前中国最大的妇女卫生用品制造商，2004年其妇女卫生用品市场份额(含卫生巾和卫生护垫，按销售额计)约10%。市场美誉度最好的妇女卫生巾和卫生护垫品牌分别是上海尤妮佳公司的苏菲和强生(中国)公司的娇爽。

表2-1　2004年综合排序前10位的卫生巾制造商

序　号	公司名称	品　牌	生产能力/(亿片/年)
1	福建恒安集团有限公司	安尔乐,安乐	69.5(其中护翼型43.1)
2	宝洁(中国)有限公司	护舒宝	11.0(全部为护翼型)
3	福建恒利集团有限公司	好舒爽,舒爽	52.4(其中护翼型23.6)
4	上海尤妮佳有限公司	苏菲,佳慕	6.9(全部为护翼型)
5	金佰利(中国)投资有限公司	舒而美,高洁丝	6.0(其中护翼型4.56)
6	强生(中国)有限公司	娇爽	8.5(全部为护翼型)
7	上海花王有限公司	乐而雅	12.0(其中护翼型8)
8	益母妇女用品有限公司	益母	18.3(全部为护翼型)
9	上海唯尔福(集团)有限公司	唯尔福	16.5(其中护翼型6.5)
10	北京倍舒特妇幼用品有限公司	倍舒特	14.0(全部为护翼型)

表2-2　2004年综合排序前10位的卫生护垫制造商

序　号	公司名称	品牌	生产能力/(亿片/年)
1	福建恒安集团有限公司	安尔乐	23.8
2	强生(中国)有限公司	娇爽	12.0
3	上海尤妮佳有限公司	苏菲	9.9
4	金佰利(中国)投资有限公司	舒而美,高洁丝	14
5	益母妇女用品有限公司	益母	36.0
6	福建恒利集团有限公司	好舒爽	7.0
7	上海唯尔福(集团)有限公司	唯尔福	6.5
8	桂林洁伶工业有限公司	洁伶	7.0
9	临安市雄鹰妇幼卫生用品有限公司	永芳	5.0
10	广东省芬兰馨实业有限公司	芬兰馨	5.1

表2-3　卫生巾(含卫生护垫)免检产品企业和品牌

公司名称	产　品	品　牌	批准时间
福建恒安集团有限公司	卫生巾(含卫生护垫)	安尔乐,安乐	2002年,2005年重审通过
宝洁(中国)有限公司	卫生巾(含卫生护垫)	护舒宝	2002年,2005年重审通过
湖北丝宝卫生用品有限公司	卫生巾(含卫生护垫)	洁婷	2002年,2005年重审通过
强生(中国)有限公司	卫生巾(含卫生护垫)	娇爽	2002年,2005年重审通过
上海花王有限公司	卫生巾(含卫生护垫)	乐而雅	2002年,2005年重审通过
金佰利(中国)投资有限公司	卫生巾(含卫生护垫)	舒而美,高洁丝	2002年,2005年重审通过
上海尤妮佳有限公司	卫生巾(含卫生护垫)	苏菲	2002年,2005年重审通过
福建恒利集团有限公司	卫生巾(含卫生护垫)	舒爽,好舒爽	2002年,2005年重审通过
北京特日欣卫生用品有限公司	卫生巾(含卫生护垫)	特日欣	2002年,2005年重审通过
杭州雅妮娜卫生用品有限公司	卫生巾(含卫生护垫)	雅妮娜	2002年,2005年重审通过
山东益母妇女用品有限公司	卫生巾(含卫生护垫)	益母	2002年,2005年重审通过
上海唯尔福(集团)有限公司	卫生巾(含卫生护垫)	唯尔福	2003年
北京倍舒特妇幼用品有限公司	卫生巾(含卫生护垫)	倍舒特	2003年
贵州久美企业有限责任公司	卫生巾(含卫生护垫)	舒婷	2003年

图 2-1 妇女卫生用品主要制造商

图中：

1 金佰利（中国）投资有限公司
2 北京倍舒特妇幼用品有限公司
3 北京特日欣卫生用品有限公司
4 天津日商卫生科技发展有限公司
5 沈阳东联日用品有限公司
6 益母妇女用品有限公司
7 上海唯尔福（集团）有限公司
8 上海尤妮佳有限公司
9 上海花王有限公司
10 强生（中国）有限公司
11 上海申欧卫生用品有限公司
12 金佰利（南京）个人卫生用品有限公司
13 江苏三笑集团有限公司
14 泰州远东纸业有限公司
15 杭州雅妮娜卫生用品有限公司
16 杭州可月卫生用品有限公司
17 绍兴唯尔福妇幼用品有限公司
18 临安市雄鹰妇幼卫生用品有限公司
19 湖北丝宝卫生用品有限公司
20 福建恒安集团有限公司
21 福建恒利集团有限公司
22 福建天和妇幼日用品有限公司
23 宝洁（中国）有限公司
24 广东省芬兰馨实业有限公司
25 佛山市佩安婷卫生用品实业有限公司
26 东莞市姿庭生活用品有限公司
27 广东海灵保健制品有限公司
28 南海市桂城景兴商务拓展有限公司
29 桂林洁伶工业有限公司
30 贵州久美企业有限公司

国家质检总局在 2005 年 3 月 11 日向各省、自治区、直辖市质量技术监督局下发了“关于开展 2005 年度免检工作的通知”。通知要求对包括卫生巾（含卫生护垫）在内的 24 类产品免检有效期满的企业开展重新申请工作。通知规定原则上不再受理未获得免检资格的新的企业的申请。新申请免检的卫生巾（含护垫）企业需达到的建议条件为年产值达到 5 亿元人民币。以上卫生巾（含护垫）产品免检企业正在按程序重新申请。

由《成功营销》杂志和新生代市场监测机构在 2004 年联手推出《2004 年中国最具竞争力品牌》调查报告，调查覆盖全国 30 个主要城市，样本量 7 万人。对妇女卫生用品的调查结果如下：

● 最具竞争力品牌年度排行

	卫生巾	消费者竞争力
1	护舒宝	41.43
2	苏菲	28.30
3	ABC	27.40

● 基本指标排行

	卫生巾	消费者份额	卫生巾	忠诚度	卫生巾	成长指数	卫生巾	偏好度	卫生巾	渗透率
1	护舒宝	17.24	护舒宝	58.43	ABC	130.37	护舒宝	23.68	护舒宝	18.72
2	苏菲	10.37	苏菲	48.31	益母草	62.33	苏菲	11.79	苏菲	11.27
3	安尔乐	9.56	舒而美	47.13	妇康	28.35	安尔乐	10.33	安尔乐	10.38
4	娇爽	9.52	安尔乐	45.97	伊贝爽	27.11	娇爽	10.00	娇爽	10.34
5	舒而美	7.80	娇爽	44.66	佩安婷	26.75	舒而美	8.65	舒而美	8.48

● 大学生消费市场最具竞争力品牌排行

	卫生巾	消费者份额	卫生巾	忠诚度	卫生巾	渗透率	卫生巾	偏好度
1	护舒宝	14.31	护舒宝	52.75	护舒宝	18.51	护舒宝	18.38
2	安尔乐	13.03	苏菲	52.53	安尔乐	16.85	安尔乐	13.97
3	娇爽	9.75	安尔乐	44.04	娇爽	12.60	苏菲	11.80
4	苏菲	9.23	娇爽	42.44	苏菲	11.93	娇爽	10.07
5	舒而美	7.24	佳期	39.90	舒而美	9.36	舒而美	6.49

	卫生护垫	消费者份额	卫生护垫	忠诚度	卫生护垫	渗透率	卫生护垫	偏好度
1	安尔乐	17.25	苏菲	66.48	安尔乐	10.57	苏菲	17.53
2	娇爽	15.80	娇爽	61.97	娇爽	9.68	娇爽	17.50
3	苏菲	14.75	舒而美	59.01	苏菲	9.04	安尔乐	16.57
4	护舒宝日适洁	13.09	洁尔阴	54.08	护舒宝日适洁	8.02	护舒宝日适洁	11.41
5	洁婷	9.81	月月舒	53.78	洁婷	6.02	舒而美	10.12

2.2 婴儿纸尿布

由于新进入的企业增多，产量分散，2004 年婴儿纸尿布的市场集中度比以前降低。2004 年全国排名前 10 位婴儿纸尿裤制造商的销售量约占婴儿纸尿裤市场份额的 66.9%。婴儿纸尿裤的全国性品牌有：帮宝适、安儿乐、妈咪宝贝、嘘嘘乐、FITTI、PETPET、爱护洁、好孩子、好奇等。宝洁公司和恒安集团是全国最大的婴儿纸尿布制造商；宝洁公司 2004 年的销售量比 2003 年翻了一番，占全国婴儿纸尿裤总消费量的 17.0%，恒安集团 2004 年婴儿纸尿裤的销售量占全国婴儿纸尿裤总消费量的 15.1%。此外，销售量增长快的其他企业有：尤妮佳公司婴儿纸尿裤销售量是 2003 年的 3 倍；中山瑞德公司比 2003 年增长 50%。

表 2-4 2004 年综合排序前 10 位的婴儿纸尿裤制造商

序号	公司名称	品牌	生产能力/(亿片/年)
1	宝洁(中国)有限公司	帮宝适	4.0
2	福建恒安集团有限公司	安儿乐	7.67
3	尤妮佳生活用品(中国)有限公司	妈咪宝贝	1.85
4	全日美实业(上海)有限公司	嘘嘘乐,小淘气	4.3
5	中山瑞德卫生纸品有限公司	FITTI,PETPET,爱婴	2.0
6	东莞瑞麒婴儿用品有限公司	哈罗宝贝	1.62
7	汕头爱护洁护理用品有限公司	爱护洁	0.52
8	好孩子百瑞康卫生用品有限公司	好孩子,奇妙鸭	1.2
9	佛山市顺德区新感觉卫生用品有限公司	新感觉,没烦恼	1.5
10	福建恒利集团有限公司	舒儿爽	1.8

表 2-5 2004 年综合排序前 10 位的婴儿纸尿片制造商

序号	公司名称	品牌	生产能力/(亿片/年)
1	福建恒安集团有限公司	安儿乐	3.40
2	威海洁瑞卫生材料制品有限公司	威乐	0.48
3	全日美实业(上海)有限公司	嘘嘘乐	0.70
4	福建恒利集团有限公司	舒儿爽	0.72
5	北京倍舒特妇幼用品有限公司	健康宝宝	1.60
6	佛山市顺德区新感觉卫生用品有限公司	新感觉,没烦恼	1.00
7	金佰利(中国)投资有限公司	好奇	1.20
8	上海唯尔福(集团)有限公司	唯尔福	0.25

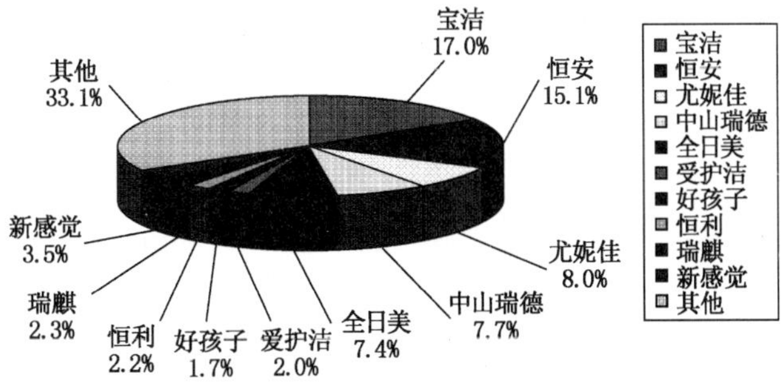

图 2－2　婴儿纸尿裤主要厂商市场占有率(％)(2004 年)

图 2－3　婴儿纸尿布主要生产企业

图中：

1 北京倍舒特妇幼用品有限公司
2 威海洁瑞卫生材料制品有限公司
3 益母妇女用品有限公司
4 全日美实业(上海)有限公司
5 尤妮佳生活用品(中国)有限公司
6 好孩子百瑞康卫生用品有限公司
7 福建恒安集团有限公司
8 福建莆田佳通纸制品有限公司
9 福建恒利集团有限公司
10 汕头市爱护洁护理用品厂有限公司
11 东莞市瑞麒婴儿用品有限公司
12 宝洁(中国)有限公司
13 广东省宝儿用品有限公司
14 佛山市满盈卫生用品有限公司
15 佛山市顺德区新感觉卫生用品有限公司
16 中山瑞德卫生纸品有限公司
17 佛山市佩安婷卫生用品实业有限公司
18 广西舒雅护理用品有限公司

2.3　成人失禁用品

成人失禁用品市场在中国处于发展初期。2004 年在中国大陆有成人纸尿裤生产线的企业有恒安集团(意大利 GDM 生产线)、天津杏林白十字公司(日本瑞光制造二手生产线)、南海稳德福(日本二手机)、顺德新感觉(意大利生产线)、义乌安柔(杭州新余宏生产线)等，上海全日美公司在大陆销售的成人纸尿裤(包大人)是在台湾生产的。

表2-6 2004年成人纸尿裤/纸尿片和护理垫的主要生产企业

公司名称	品　牌	产　品
福建恒安集团有限公司	安尔康	成人纸尿裤、纸尿片、护理垫
天津杏林白十字医疗卫生材料用品有限公司	洒露把、必有福	成人纸尿裤、纸尿片、护理垫
佛山市南海区稳德福无纺布有限公司	老夫子	成人纸尿裤、纸尿片
全日美实业(上海)有限公司	包大人	成人纸尿裤(台湾产)、成人纸尿片
佛山市顺德区新感觉卫生用品有限公司	新感觉	成人纸尿裤、纸尿片
上海唯尔福(集团)有限公司	唯尔福	成人纸尿片、护理垫
北京倍舒特妇幼用品有限公司	倍舒特	医用床垫、护理垫、宠物垫
威海洁瑞卫生材料制品有限公司	威乐	卫生床垫
天津日商卫生科技发展有限公司	小护士	护理垫
天津市依依卫生用品厂	依依	护理垫、宠物垫
浙江安柔卫生用品有限公司	安利康	成人纸尿裤、宠物垫

3 市场展望

我国2004年一次性卫生用品的生产和市场有很大的发展，但与发达国家相比仍有较大的发展空间。特别是婴儿纸尿布和成人失禁用品与世界平均水平的差距很大，最具市场发展潜力。

中国每年出生的婴儿约1600多万人，2004年1~2岁的婴儿人数约为4020万人。婴儿出生数量是婴儿纸尿布销售的必要条件，但并非充分条件，因为最主要的影响因素是购买力，而购买力又取决于年人均GNIPPP值(与国民总收入有关的购买力平价值)。有国外资料按每片纸尿裤零售价21美分计算，发达国家婴儿人年均消耗费用为475美元，占其人均GNIPPP的2%，在美国这一比例更低。我国目前人均GNIPPP值大约是发达国家的1/5。但改革开放以来，中产阶层和富裕人群的数量迅速增加，婴儿纸尿布的价格也已经降低到城镇较高收入人群可以接受的程度，因此今后几年内预计还会有两位数的年增长率。

2004年全国65岁以上的老年人口达到9879万人。参考日本有关资料，65岁以上老人需要护理的占12%，则我国在2004年需要护理的老人达1185万人，另外全国65岁以下的瘫痪和半瘫痪病人约100万人，再加上其他失禁病人，成人失禁用品的市场需求潜力很大。从日本成人纸尿布的发展情况来看，日本卫生材料联合会在1997年调查老人之家时，成人纸尿布的使用不超过13%，而在2004年调查中有39%的单位只使用成人纸尿布，加上纸尿布和布尿布并用的单位，成人纸尿布的使用率达到99%，基本上所有的老人之家都在使用成人纸尿布。可以预见我国成人失禁用品的市场将会有大的发展。

由于经济的发展和人民生活水平的提高，一次性卫生用品市场在今后十几年内仍将持续繁荣，总量稳步增长，并逐渐呈现小康型消费特征。消费层次出现多样化且向中高档过渡，消费领域不断扩展，国内市场竞争更加激烈。从整体上看，今后十几年城镇市场和农村市场将日趋融合，但仍然存在着明显差距。预期到今后个人卫生用品市场会出现以下情况：

- 妇女卫生用品市场进入成熟期，城镇市场基本饱和，消费量增长放慢，消费档次提高。
- 随着国家减免农业税政策的贯彻和农民可支配收入的增加，农村妇女卫生巾市场还有相当大的发展空间，市场渗透率提高较快。
- 由于市场竞争和优胜劣汰的结果，迫于利润压力，行业面临洗牌。妇女卫生用品的制造商和品牌数目将从逐年增加到逐渐减少，集中度提高。有实力的制造商追求规模效益，扩大生产规模或择厂定牌加工。卫生巾产品品质提高，由几个主要品牌占领大部分市场。
- 婴儿纸尿布市场迅速发展。大城市和沿海地区中小城市市场渗透率进一步提高，随着中国政府开发西部和东北地区经济方针的推进，这些地区的经济会有较大程度的发展，婴儿纸尿布在这些地区的渗透率也会相应增加。
- 由于中国是一个发展中国家，大多数人民的生活还不富裕，婴儿纸尿裤的市场达到成熟期还需假以时日。
- 虽然婴儿纸尿裤市场发展较快，但随着外国投资的进入和国内原有企业的扩大再生产以及新的制造商的加入，新上生产线较多，在部分地区出现供大于求的局面，市场竞争激烈。
- 成人失禁用品市场逐步扩大，进入成长期。
- 接受国内外订单生产OEM产品的情况增加。

表 3－1　妇女卫生巾和卫生护垫的市场预测

年　份	15～49 岁妇女人数/百万人	妇女卫生巾			卫生护垫		
		消费量/亿片	年平均增长率/%	市场渗透率/%	消费量/亿片	年平均增长率/%	市场渗透率/%
2005	359.5	400	4.2	61.8	184.8	12	6.43
2010	364.0	487	4.0	74.3	271.5	8	9.32

注:计算基准按

卫生巾:15～49 岁妇女每人每年用 180 片计。

卫生护垫:15～49 岁妇女每人每年用 800 片计。

表 3－2　婴儿纸尿裤市场预测

年　份	2 岁以下婴儿人数/万人	消费量/亿片	年平均增长率/%	估计出生率/%	市场渗透率/%
2005	4000	38.4	30	0.120	8.8
2010	3900	61.8	10	0.095	14.1

注:按中国大陆 0～2 岁婴儿人均需用纸尿裤 3 片/天计算。

表 3－3　成人失禁用品市场预测

年　份	65 岁以上老人人数/万人	成人纸尿布		护 理 垫	
		消费量/亿片	年增长率/%	消费量/亿片	年增长率/%
2005	10680	0.965	15	0.886	10
2010	12680	1.55	10	1.43	10

Overview and outlook of the disposable hygiene products industry

Ms. Jiang Manxia, Ms. Sun Jing, Mr. Chen Xiangjin CNHPIA

1 Market overview

1.1 Consumption and penetration rate

Disposable hygiene products include sanitary napkins, pantiliners, tampons, baby diapers, adult diapers, other adult incontinence products and pet pads etc. The global sales of disposable hygiene products are more than 40 billion US dollars. In 2004, the sales in China are about 14.5 billion Yuan, occupying 4.5 percent of the global sales.

Women hygiene products

In 2004, the consumption of sanitary napkins in China is 38.4 billion pieces, up 4.3 percent over the previous year, and the market penetration rate is 59.5%. During the period of 1990—2004, the consumption of sanitary napkins has increased from 2.8 billion pieces to 38.4 billion pieces in China. The consumption in 2004 is 13.7 times as much as that in 1990. The market penetration rate of sanitary napkins has increased from 5 percent in 1990 to 59.5 percent in 2004. Pantiliners have been launched since 1992 and the consumption of them has increased rapidly since 1998. In 2004, the total consumption of pantiliners is about 16.5 billion pieces, up 14.6 percent over the previous year. The market penetration rate is 5.75 percent. In 2004, the sales of women hygiene products (including sanitary napkins and pantiliners) are about 11 billion Yuan. The consumption of tampons is very low, because of the consumption habit and worry about bacteria infection caused by unsanitary. It is estimated that the market penetration rate of pantiliners is about 0.3 percent.

Table1－1 Consumption and Market Penetration Rate of Sanitary Napkins and Pantiliners in China

Year	1990	1995	1996	1998	2000	2001	2002	2003	2004
Women of the right age (15 ~ 49)/million persons	311.1	330.0	336.2	342.1	350.0	352.7	355.0	357.0	358.8
Consumption of sanitary napkins/100 million pcs	28	186	230	275	315	334	351	368	384
Penetration rate of sanitary napkins/%	5	31.3	38	44.7	50.0	52.6	54.9	57.3	59.5
Consumption of pantiliners/100 million pcs				4.0	65.0	95.0	120	144	165
Penetration rate of pantiliners/%				0.15	1.86	3.37	4.23	5	5.75

Notes: It is calculated in accordance with 180 pieces of sanitary napkins and 800 pieces of pantilienrs each year used by real per capita women at the age of 15 ~ 49.

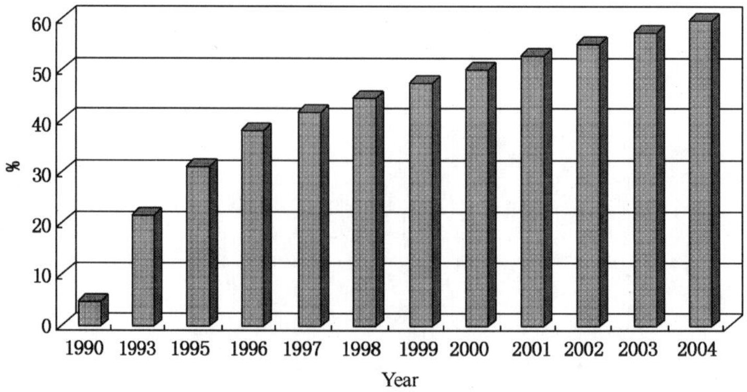

Fig 1－1 Market Penetration Rate of Sanitary Napkins in China

Baby diapers

In 2004, the baby diaper market has increased greatly. The total consumption of baby diapers and diaper pads reaches 2.95 billion pieces, up 51.3 percent over the previous year. The market penetration rate is 6.7 percent. Among them, the consumption of baby diapers is about 2.35 billion pieces, up 67.9 percent and the market penetration rate is 5.33 percent; the consumption of diaper pads is about 0.6 billion pieces, up 9.1 percent over the previous year; The sales of baby diapers and diaper pads is about 2.65 billion Yuan.

Table 1 -2 The Consumption and Market Penetration Rate of Diapers in China

Year	1993	1995	1998	1999	2000	2001	2002	2003	2004
Babies at the age of 0 ~ 2/million persons	47.50	48.80	43.68	42.80	42.4	42.05	41.00	40.5	40.2
Total consumption of baby diapers and diaper pads/100 million pcs	0.4	1.5	5.0	7.5	9.5	15	16.3	19.5	29.5
Consumption of baby diapers/100 million pcs	0.4	1.5	5.0	7.5	9.5	11	11.5	14.0	23.5
Consumption of baby diapers/100 million pcs						4.0	4.8	5.5	6.0
Penetration rate of baby diapers and diaper pads/%	0.07	0.28	1.00	1.60	2.05	3.26	3.63	5.5	6.70
Penetration rate of baby diapers/%	0.07	0.28	1.00	1.60	2.05	2.39	2.56	3.95	5.33

Notes: 1. It is calculated in accordance with 3 pcs/day by per capita babies at the age of 0 ~ 2. (It is in accordance with 5.6 pcs/day in America and Europe and 4.9 pcs/day in Japan.

2. Because few companies make false when filling in the annual statistics form. The data of this table is lower than the released data in CIHPEC2005. Please consider the data as reference.

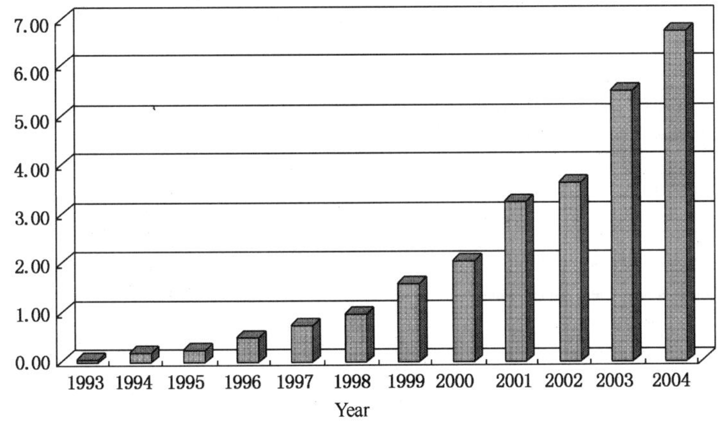

Fig 1 -2 Market Penetration Rate of Baby Diapers

Adult incontinence products

In 2004, the consumption of adult diapers is about 100 million pieces, up 35.1 percent over the previous year. Among them, the consumption of adult diapers is about 25 million pieces, up 78.6 percent; the consumption of adult diaper pads is 75 million pieces, up 25 percent. The consumption of care sheets (which refers to the products with nonwoven coverage layer, airlaids, fluff pulp absorbent core and PE back sheet.) is 260 million pieces. It is estimated that the domestic consumption is 110 million pieces deducting the OEM products for other countries, up 52.8 percent over the previous year. The sales of adult incontinence products are about 850 million Yuan.

Table 1 - 3 The Consumption of Adult Incontinence Products

Year	Population at the age of above 65/10,000 persons	Adult diapers and diaper pads/100 million pcs	Among them: adult diapers/100 million pcs	Care sheets/100 million pcs
1999	8687	0. 40		0. 50
2000	8811	0. 48		0. 55
2001	9062	0. 58		0. 61
2002	9377	0. 68		0. 67
2003	9692	0. 74	0. 14	0. 72
2004	9879	1. 00	0. 25	1. 10

1. 2 Export volume increases

Because multinational corporations have built plants in China, most of the international branded disposable hygiene products are all produced in China. The disposable hygiene products market in China is basically self-supplied. Before, there are few import and export volume, because multinationals, Hong Kong and Taiwan companies wanted to adjust product grades in the domestic and overseas market. In recent years, the disposable hygiene products market is full of fierce competition in China. Some manufacturers are active in expanding the international market. The net export volume tends to increase rapidly. In 2004, the net export volume is 17. 2 times as much as that in 2000. In 2004, the import volume of disposable hygiene products is 16,200 tons, with the imports at 28. 16 million US dollars; the export volume is 64, 700 tons, with the exports at 156. 94 million US dollars. The net export volume is 48,500 tons, with the net exports at 128. 78 million US dollars. The net exports occupies approximately 7. 5 percent of the sales of disposable hygiene products in 2004. The main export products include diapers, care sheets, pet pads etc. Most of them are the OEM products for foreign companies. They are exported all around the world. Diapers and sanitary napkins are mainly exported to developing countries such as Middle East, Africa etc. Care sheets and pet pads are mainly exported to Japan and Korea.

Table 1 - 4 Imports and Exports of Disposable Hygiene Products in 2004

Commodity number	Commodity name	Volume/kg	Value/US $
Imports		16182246	28160746
48184000	Sanitary napkins, tampons, baby diapers and diaper liners etc.	14495468	22105558
48185000	Paper clothes and its accessories made from pulp, paper and cellulose paper for wadding etc.	246661	851030
48189000	Other household products, hygiene products, hospital products made from pulp and paper etc.	1440117	5204158
Exports		64695522	156943792
48184000	Sanitary napkins, tampons, baby diapers and diaper liners etc.	47901664	131197963
48185000	Paper clothes and its accessories made from pulp, paper and cellulose paper for wadding etc.	1119012	2464164
48189000	Other household products, hygiene products, hospital products made from pulp and paper etc.	15674846	23281665

Table 1 - 5 Imports and Exports of Sanitary Napkins and Diapers etc. in 2000 - 2004

Year	2000	2001	2002	2003	2004	Growth rate over 2002	Growth rate over 2003	Growth rate over 2004
Imports/t	5331	6983	7358	10772	14495	5. 37%	46. 4%	34. 6%
Exports/t	7275	11026	19797	37986	47902	79. 5%	91. 9%	26. 1%
Net exports/t	1944	4043	12439	27214	33407	207. 7%	118. 8%	22. 8%

Notes: Because the Customs does not divide sanitary products and diapers pads. In the table, those products are shown that the Customs commodity number is 48184000 and the commodity name is sanitary napkins, tampons, baby diapers, diaper liners etc.

1. 3 Baby diaper market enters into the rapid growth-up period

In China, disposable hygiene products have been imported from abroad since the reform and opening up. The output and consumption of them keep growing and the market penetration rate also increases continuously. The expectation for the further release of market potential following the economic development has become the driving forces for the investment on the disposable hygiene products market. A large amount of non-governmental capitals have been attracted into the industry, because homemade equipments level has increased rapidly and the threshold of capital and technologies further lowers. There is another investment upsurge during the period of 1998—2003.

After 20 years of development, the market penetration rate of sanitary napkins has closed to 60 percent. Large and medium cities have yet gained market saturation and fall into maturity period. In 2004, the growth rate of sanitary napkins is very low. New players have begun decreasing. In 2004, the growth rate of sales is lower than that of sales volume for large and medium sized manufacturers, pressed by the price rises of raw materials. The sales volume of some medium enterprises, which ever have developed well, sharply decreases. Those companies fall into trouble in management. And many small companies have broken down due to bad competitiveness.

The new generations of young parents have changed their consumption concept, with the national income growth and the fostering of baby diapers market. The domestic consumption demands for diapers obviously increase and baby diapers market enters into the rapid grow-up period. In 2004, the consumption has an increase of 51.3 percent over the previous year. The market penetration rate closes to 7 percent. In 2004, the baby diaper sales volume of multinationals and Hengan Group etc. have increased substantially over the previous year. Among them, Procter & Gamble has an increase of 100 percent, Hengan Group has an increase of 22.7 percent, Unicharm has an increase of 200 percent, Disposable Soft Goods (Zhongshan) Ltd. has an increase of 50 percent, Kimberly-Clark has an increase of 83 percent and Guangdong Baby Products Co., Ltd. has an increase of 42 percent; the sales volume of some old baby diaper manufacturers almost equals to that over the previous year. Those companies include Everbeauty Industrial (Shanghai) Co., Ltd., Eleaine Treatment Prod. Fty. Ltd., Goodbaby Bairuikang Hygienic Products Co., Ltd., Dongguan AALL & ZYLEMAN Baby Goods Ltd., Foshan Nice Capital Hygiene Accessories Co., Ltd., Shunde Lecong Xinganjue Sanitary Products Co, Ltd. etc.; the new players who have large amount of output and sales include Shandong Yimoo Woman Products Co., Ltd. and some companies located in Zhejiang Province and Fujian Province such as Fujian Hengli Group Co., Ltd. and Lin'an Xiongying Women and Child Hygiene Products Co., Ltd.

Before, baby diaper machines have to be introduced from Italy and Japan etc. with high investment. In 2001, there are only more than 10 baby diaper manufacturers including multinationals and Hengan etc. There are only more than 20 baby diaper machines. After 2001, homemade baby diaper machines level has increased rapidly, resulting that the investments lowers to 1/8 of the introduced equipments. Some companies are attracted into the industry due to the lower "threshold". In 2004, there are more than 160 diapers manufacturers with approximately 200 machines. Most of them have begun to produce diapers by using only one diaper machine based on their sanitary napkins production. In 2004, the new large companies include Jiangsu Sanxiao Group Co., Ltd. and Hangzhou Huaxing Co. The production cost of diapers has been decreased because of the declining of equipments investments and the localization of most raw materials besides fluff pulp. The selling price of diaper has decreases to below 1 Yuan/pcs contributing to market competition climax. Diapers are more affordable for consumers.

1.4 Raw materials keep price rising and fall in short

Since 2004, the various raw material prices of disposable hygiene products keep rising continuously because the price of petroleum and pulp in the international market go up. SAP and breathable film also fall in short. The disposable hygiene product manufacturers have lower profits because they could not raise prices simultaneously.

Nonwoven

Because petroleum price rises, the price of fibers goes up. Therefore, it causes that the price of nonwoven roll goods rises. By the first quarter of 2005, the price of about 20g/m^2 ES hot calendaring and hot air nonwovens reaches 21,500 Yuan/t, and the price of traditional hot calendaring and hot air nonwovens reaches 15,000 ~ 16,000 Yuan/t, up 900 Yuan/t over the previous year.

SAP

In the last 20 years, the SAP market keeps growing rapidly and continuously at the speed of double digit. China has become one of the markets with the most developing potential, contributing to the demand growth of disposable hygiene products esp diapers. In 2004, the annual global output of SAP is 1.35 million tons. The consumption of SAP in China is about 36,000 tons. Since 2004, acrylic acid which is the raw material of SAP has been falling in short, resulting in the substantial price growth of SAP and being out of stock. In the first quarter of 2005, the price of SAP has amounted to about 23,000 Yuan/t.

There are more than 20 medium and small SAP manufacturers. In 2004, the domestic SAP capacity is about 35,000 tons. Most of them have bad R&D ability, small scale of equipments, high production cost, short raw material and low product quality. The utilization rate of equipments is only about 30 percent. Almost all of the companies have been closed up due to the high price of acrylic acid and the short stock. Only few of them produce SAP in application to agriculture and forestry.

The main SAP suppliers for the disposable hygiene products in China include NIPPON SHOKUBAI CO., LTD., San-Dia Polymers, Ltd., Sumitomo Seika, BASF Ltd., Stockhausen, Inc. Among them, NIPPON SHOKUBAI CO., LTD. has established plant in Zhang Jiagang, Jiangsu Province with the capacity of 30,000 tons and San-Dia Polymers, Ltd. has built plant in Nantong, Jiangsu Province with the capacity of 20,000 tons. The two plants have been put into production in March 2005. It will ease the short stock of SAP. In addition, BASF has cooperated with China Petroleum by building Yangzi Petroleum-BASF Co. to produce acrylic acid. The project has been put into production at the beginning of 2005. The capacity of acrylic acid, as the raw material of SAP, will be increased substantially.

Fluff Pulp

In 2004, the global output of fluff pulp is about 3.6 million tons, among which 46 percent are used in baby diapers, 23 percent are used in women hygiene products, 22 percent are used in adult incontinence products and 9 percent are used in airlaids. In 2004, the usage of fluff pulp in China is estimated at about 350,000 tons (some sanitary napkin manufacturers use pulp board), among which 70 percent are used in women hygiene products. In 2004, the price of fluff pulp in the international market is very stable. The trading price keeps at US $680/a. d. t. But the supply falls in slightly short. It is the seller's market for the year of 2005. In China, generally speaking, medium and small companies could purchase fluff pulp through brokers. The purchasing price is also determined by the other factors such as inventory. In 2004—2005, the price is at the high level.

There are few fluff pulp manufacturers in China. They include Fujian Tengrongda Pulp Co., Ltd., (with the BCTMP capacity at 30,000 tpy), Nanning Wuming Aonuo Paper Industry Co., Ltd. (rolled fluff pulp made from masson pin), Guangxi Liujiang Paper Mill etc.

1.5 Homemade equipments enter into the international market

In recent years, the machinery for disposable hygiene products develops very quickly. Machinery manufacturers apply the design of modularity and full servo electronic control and have developed one machine with multiple applications. At the same time, continuous improvements have been made in the working speed, stability, and the noises control. In China, the machinery suppliers with sophisticated technology could manufacture various equipments including training pants and adult diaper machines. The machinery with both good price and competence not only satisfy the domestic demand, but also are exported into the international market through international exhibitions. The equipments manufacturers including Anqing Hengchang Machinery Co., Ltd., Xingshi Equipments Co., Ltd., Hangzhou Xinyuhong Machinery Co., Ltd., Hangzhou Creator Machinery Manufacture Co., Ltd., Hanwei (Quanzhou) Machine Manufacturing Co., Ltd., and Quanzhou Peixin Machinery Making Industrial Co., Ltd. have 20% ~ 50% international business.

1.6 Consumption difference between town and county and between regions

Some multinationals have built disposable hygiene products plants in China. Therefore, most of international branded products sold in China are produced in China. There is an obvious difference for the consumption of disposable hygiene products between town and county and between regions, because of the difference in economic development level and income between town and county and between coastal and middle/western regions, as well as the difference in geography, climate and consumption habit. The market penetration rate and product grades choices by consumers depend on different places. The market penetration rate in cities is higher than that in rural areas. It is higher in eastern coastal areas than that in western areas. It is caused by the difference in hygiene idea and income level. According to the data by State Statistics Bureau, the per capita discretionary income in towns is 9421. 6 Yuan. While the per capita net income in rural areas is 2936 Yuan.

The consumption of disposable hygiene products in large and medium cities and developed areas features comparatively well-off. The market penetration rate of sanitary napkins almost closes to 100 percent. When consumers in cities purchase sanitary napkins, the key considering factors are moderate price, usage experience, functionality and famous brands successively. In large and medium-sized cities and developed areas, ultra thin sanitary napkins and pantiliners develop very quickly in the women hygiene products market. The differential products such as sanitary napkins with solid gathers, super long and night-use ones, wing sanitary napkins with ADL, antibacterial/pharmacy sanitary napkins and sanitary napkins with distinctive top film are favored by some consumers. Ultra thin sanitary napkins and pantiliner tend to use airlaids as core layer. Wing sanitary napkins have also been continuously improved in the coverage material and PE barrier backsheet. For example, the coverage layer employs " three pieces " style, PE perforated film. In the vast rural areas, straight sanitary napkins are the main products. Through the technology improvement, new straight sanitary napkin machinery could produce products with added structure latex and acquisition layer and better coverage material. Some products are made into round head. These products are favored by the people with low income and farmers due to its cheap price but good quality. They share very large market share. But, in large cities and coastal opening cities, the market share of straight sanitary napkins are almost replaced by wing sanitary napkins.

By the contrast with women hygiene products, baby diapers market has more requirements for the discretionary income of people. Baby diaper purchasers are mainly from families with high income in large cities and medium/small size cities in the southeastern and costal opening area. In those areas, the proportion of comparatively rich families is high. Those cities have been opened up to the world earlier, where people are easy to accept new consumption concept. Young parents could afford to purchase baby diapers. In recent two years, the capacity expansion and investment in advertisements by Hengan Group, Procter & Gamble and Unicharm have played the role of guiding consumers. Therefore, the consumption of baby diapers has increased substantially. It is very popular to lease production lines and do the OEM for some companies. In order to expand market share, all diaper manufacturers have to take the price reduction measure and launch various economic diapers with simple and big package. At the same time, some large diaper manufacturers such as Disposable Soft Goods (Zhongshan) Ltd., Procter & Gamble (China) Ltd., Fujian Hengan Group, Everbeauty Industrial (Shanghai) Co., Ltd., Shanghai Unicharm Co., Ltd. all employ breathable film as the backsheet of diapers closely following the international trend, in order to protect baby skin and avoid diaper rash. Disposable Soft Goods (Zhongshan) Ltd. has launched the diaper with aloe, which features protecting baby skins. Unicharm has also launched the diapers used by female babies and male babies respectively. Targeting at meeting consumers' various needs, Proter & Gamble could produce the diapers with breathable elastic waist and soft backsheet, as well as more breathable and comfortable bikini diapers. Nowadays the price of diapers has been decreased into about 1 Yuan/pcs in large supermarkets, which is affordable by consumers. Besides supermarkets and stores, hospitals are another marketing channel for diaper manufacturers. In the comprehensive hospitals, hospitals for gynaecology and obstetrics, children's hospital of large/medium cities, babies could use diapers when they are born under doctors' recommendations. After leaving hospitals, babies could continue to use diapers if economy conditions are permitted.

In 2004, the rapid growth of baby diapers mainly contributes to the sustainable and rapid growth of the China's economy, the further improved living standard of people, properly declining price of diapers and the popular acceptance of diaper functions for babies.

Great changes have been taken place in the baby diapers market by the contrast with before. In large cities, about 90 percent parents ever consumed diapers. Babies will begin to use diapers when they are born in hospitals. Most of parents will continue to use diapers or use both diapers and washable diaper clothes after their babies go back home. Diapers have gradually become the daily care products for babies. The parents with high income will use 6 ~ 10 pcs/day for their babies, while if parents have low income or grandparents care about the babies, they will only use diapers at night and when they go outside or even only use washable diaper clothes, because there is some difference in climate, personal income and thrift habit. By contrast with the national market penetration rate at 6.7 percent, the penetration rate of diapers is estimated above 60 percent in large cities, Yangtze Delta River and Zhujiang Delta River areas. In medium/small towns, the market of diapers with low price is also being expanded. But for the people in rural areas, baby diapers are still a luxury product. The market penetration rate almost closes to zero. In 2004, the population proportion in town is 41.76 percent. It is estimated that the market penetration rate of baby diapers in towns reaches to about 16 percent in 2004. In comparison with other countries, the consumption of baby diapers in China has the following features:

Features of domestic consumption of baby diapers are as follows:

1) In metropolises, infants below 3 years use baby diapers, and the most are infants below 12 months, next, infants of 13 ~ 24 months.

2) There are three usage manners: only use diapers or only use diaper pads; use both diapers and diaper pads; use both diapers and washable diaper clothes.

3) Winter is the peak time that baby diapers are used. Rarely used in summer, the application is mainly at night and outgoing time.

4) The rate of utilization of baby diapers is related to the age and education background of the parents. Young parents and parents with better education background are major buyers for baby diapers.

5) In choosing baby diapers, the most important factor is the reliable quality, the next is the easy and safe utilization and price, etc.

Even in developed countries, adult incontinence products market is at the developing stage. Japan has entered into the old aging society very early, where adult incontinence products market develops quickly. The market penetration rate is above 40 percent in Japan. In North America, it is 30 percent. In Western Europe, it is 20 percent. And the average penetration rate in the world is 6.4 percent. While in China, it is far below 1 percent. Nowadays, in China, the retailing price of adult diapers is about 4 ~ 5 Yuan/pcs. It is still very expensive for ordinary families. Some new manufacturers have purchased homemade diaper machines and decrease to sell at 2 ~ 3 Yuan/pcs. In addition, the retailing price of adult diaper pads at 1 ~ 2 Yuan/pcs is comparatively very cheap. China has also entered into the old aging society. In 2004, the population of old people at the age of above 65 has reached 98.79 million. In cities, more and more families could gradually afford to purchase adult incontinence products. The market demand rises very quickly. The demand of care sheets (patient care sheets) are also increasing. At the same time, some manufacturers could do the OEM of care sheets and pet pads for other countries.

1.7 Changes of sales channels

Disposable hygiene products are rapid consumption products, with high logistics cost and circulating capitals. Generally speaking, medium and small-sized manufacturers sell products in the nearby areas. There are few national brands for disposable hygiene products. Manufacturers often distribute their products through various channels such as wholesalers, distributors, supermarkets, malls and traditional retailing shops and convenience store.

With China's entrance to WTO, malls and chained

supermarkets become popular rapidly. End marketing is more important, whose proportion among the total sales increases. And there are great changes in the distributing channels. Retailers now do more OEM products. AC Nielsen has done the research on the retailing networks (excluding other distributing channels such as wholesalers and group consumption etc.) in towns of 20 provinces except Tibet Autonomous Region, Inner Mongolia, Ningxia Hui Nationality Autonomous Region, Xinjiang Weiwuer Nationality Autonomous Region, Gansu Province, Qinghai Province and Hainan Province. According to the research, the sales of women hygiene products (including sanitary napkins and pantiliners) accounts for 33 percent of the total sales. According to the statistics and analysis by the China National Household Paper Industry Association in 2004, it is estimated that more than 80 percent of disposable hygiene products sales for multinationals are covered in the above research data. A report named "China Market in View" by AC Nielsen shows that, the sales of women hygiene products in modern marketing channels such as supermarkets, malls, franchised stores, department stores and convenience stores have increased from 44 percent in 2000 to 57 percent in 2001. It is estimated that it should be more than 60 percent in 2004. But as far as disposable hygiene products are concerned, traditional marketing channels are still necessary, which could not be replaced by modern channels completely.

Products' entrance to supermarkets could promote brand awareness, expand sales, reduce middle marketing channels and get prompt information reflects. But the entrance fee of supermarkets is still the hottest problem between supermarkets and manufacturers. For the rises of entrance fee, it is good to multinationals and large companies. But many medium and small-sized companies could not afford the high entrance fee and have to choose another channel. It often happens that some suppliers could lose both products and revenue because malls and supermarkets have been closed due to bad management.

For the developed primary market in modern channels, it features comparatively intensity. The modern channels have substantial unit volume. On the contrast, traditional channels have bad management level, low efficiency, high cost of negotiation and maintenance, and difficult distributing products etc. However, the traditional channels feature low entrance fee, quick cash flow, and higher contributions to the sales. The traditional channels play the complementary role with modern market channels, because they could radiate to the surrounding markets, and have the control and distributing ability of subordinate networks that are still valued by many enterprises. In the secondary and tertiary market, traditional wholesaling channels are the major form in the marketing channels.

1.8 Spot check by State Quality Supervision and Inspection Administration

The spot check of diapers (including diaper pads/sheets) by State Quality Supervision and Inspection Administration in the first quarter of 2004 is as follows: 50 products among 59 products spot checked from 43 manufacturers are up to standard. The acceptability rate is 84.7 percent. Among them, the acceptability rate of baby diapers (including diaper pads/care sheets) is 87.2 percent; the acceptability rate of adult diapers (including diaper pads/care sheets) is 75.0 percent. It shows that the product quality of medium and large companies is better than that of small companies.

The spot check of sanitary napkins (including pantiliners) by State Quality Supervision and Inspection Administration in the fourth quarter of 2004 is as follows: 69 products among 76 products spot checked from 60 manufacturers are up to standard. The acceptability rate is 90.8 percent. It shows that the overall quality level of sanitary napkins (including pantiliners) is good. The product composition tends to be high grade.

The spot check of diapers (including diaper pads/care sheets) by State Quality Supervision and Inspection Administration in the first quarter of 2005 is as follows: 51 products among 58 products spot checked from 44 manufacturers are up to standard. The acceptability rate is 87.9%。Among them, the acceptability rate of baby diapers is 82.8 percent, and the acceptability rate of baby diaper pads/care sheets is 95.0 percent; the acceptability rate of adult diaper is 100 percent, and the acceptability rate of adult diaper pads/care sheets is 83.3 percent. It shows that the overall quality level of diapers (including diaper pads/care sheets) is very good. There are 40 products with the Class A grade, occupying 78.4 percent of the total products up to standard.

2 Main manufacturers and brands

2.1 Women hygiene products

The women hygiene products market in China is still composed of lots of manufacturers. But there are few national brands. The sales volume of top 10 sanitary napkin manufacturers occupies 27.1 percent among that of the national total sales. The national sanitary napkin brands includes: An Erle, Whisper, Sofy, Comfort & Beauty, Stayfree, Laurier, Haoshushuang, ABC, Jieting etc. The sales volume of top 10 pantiliner manufacturers amounts to 51.7 percent among that of the national total sales. The national pantiliner brands include: An Erle, Stayfree, Sofy, Comfort & Beauty, Yimoo, Haoshushuang etc. Hengan Group is now the largest manufacturers of women hygiene products in China. In 2004, the market share of its women hygiene products (including sanitary napkins and pantiliners) amounts to about 10 percent based on sales. The sanitary napkin and pantiliner brands with best market popularity are Sofy produced by Shanghai Unicharm Co., Ltd. and Stayfree produced by Johnson & Johnson (China) Ltd. respectively.

Table 2-1 The Top 10 Sanitary Napkin Manufacturers in 2004

Number	Company	Brand	Capacity/(100 million pcs · year)
1	Fujian Hengan Group Co., Ltd.	An Erle, Anle	69.5 (43.1 are with wings)
2	Procter & Gamble (China) Ltd.	Whisper	11.0 (all are with wings)
3	Fujian Hengli Group Co., Ltd.	Hao Shushuang, Shushuang	52.4 (23.6 are with wings)
4	Shanghai Unicharm Co., Ltd.	Sofy, Charm	6.9 (all are with wings)
5	Kimberly-Clark (China) Investment Co., Ltd.	Comfort & Beauty, Kotex	6.0 (4.56 are with wings)
6	Johnson & Johnson (China) Ltd.	Stayfree	8.5 (all are with wings)
7	Kao Corporation Shanghai Co., Ltd.	Laurier	12.0 (8 are with wings)
8	Yimoo Woman Products Co., Ltd.	Yimoo	18.3 (all are with wings)
9	Shanghai Welfare Group Co., Ltd.	Welfare	16.5 (6.5 are with wings)
10	Beijing Best Maternity & Child Articles Co., Ltd.	Best	14.0 (all are with wings)

Table 2-2 The Top 10 Pantiliner Manufacturers in 2004

Number	Company	Brand	Capacity/(100 million pcs · year)
1	Fujian Hengan Group Co., Ltd.	An Erle	23.8
2	Johnson & Johnson (China) Ltd.	Stayfree	12.0
3	Shanghai Unicharm Co., Ltd.	Sofy	9.9
4	Kimberly-Clark (China) Investment Co., Ltd.	Comfort & Beauty, Scott	14
5	Yimoo Woman Products Co., Ltd.	Yimoo	36.0
6	Fujian Hengli Group Co., Ltd.	Hao Shushuang	7.0
7	Shanghai Welfare Group Co., Ltd.	Welfare	6.5
8	Guilin Jieling Industry Co., Ltd.	Jieling	7.0
9	Linan Xiongying Women and Child Hygiene Products Co., Ltd.	Fragrant	5.0
10	Guangdong Province Fenlanxin Industrial Co., Ltd.	Fenlanxin	5.1

Fig 2 – 1 Major Women Hygiene Products Manufacturers

Notes:

1 Kimberly-Clark (China) Investment Co., Ltd.
2 Beijing Best Maternity & Child Articles Co., Ltd.
3 Beijing Terixin Hygiene Products Co., Ltd.
4 Tianjin Rishang Hygiene & Science Development Co., Ltd.
5 Shenyang Donglian Daily-Use Products Co., Ltd.
6 Yimoo Woman Products Co., Ltd.
7 Shanghai Welfare Group Co., Ltd.
8 Shanghai Unicharm Co., Ltd.
9 Kao Corporation Shanghai Co., Ltd.
10 Johnson & Johnson (China) Co., Ltd.
11 Shanghai SUN'O Development Co., Ltd.
12 Kimberly-Clark (Nanjing) Hygiene Products Co., Ltd.
13 Jiangsu Sanxiao Group Co., Ltd.
14 Taizhou Far East Paper Industry Co., Ltd.
15 Hangzhou Yanina Hygiene Products Co., Ltd.
16 Hangzhou Credible Sanitary Products Co., Ltd.
17 Shaoxing Welfare Maternity & Child Articles Co., Ltd.
18 Linan Xiongying Women and Child Hygiene Products Co., Ltd.
19 Hubei C-BONS Sanitary Products Co., Ltd.
20 Fujian Hengan Group Co., Ltd.
21 Fujian Hengli Group Co., Ltd.
22 Fujian Tianhe Women & Child Products for Daily Use Co., Ltd.
23 Procter & Gamble (China) Ltd.
24 Guangdong Province Fenlanxin Industrial Co., Ltd.
25 Foshan Peianting Hygiene Products Industrial Co., Ltd.
26 Gongguan Shietine Articles for Daily-Use Co., Ltd.
27 Guangdong Hailing Health Products Co., Ltd.
28 Kingdom Marketing Service Co., Ltd.
29 Guilin Jieling Industry Co., Ltd.
30 Guizhou Joume Enterprise Co., Ltd.

Table 2 – 3 Free Inspection Sanitary Napkin (including pantiliner) Brands and Enterprises

Company	Product	Brand	Approved time
Fujian Hengan Group Co., Ltd.	sanitary napkin (including pantiliner)	An Erle, Anle	in 2002, pass the checkup in 2005
Procter & Gamble (China) Co., Ltd.	sanitary napkin (including pantiliner)	Whisper	in 2002, pass the checkup in 2005
Hubei C-BONS Sanitary Products Co., Ltd.	sanitary napkin (including pantiliner)	Jieting	in 2002, pass the checkup in 2005
Johnson & Johnson (China) Co., Ltd.	sanitary napkin (including pantiliner)	Stayfree	in 2002, pass the checkup in 2005
Kao Corporation Shanghai Co., Ltd.	sanitary napkin (including pantiliner)	Laurier	in 2002, pass the checkup in 2005
Kimberly-Clark (China) Investment Co., Ltd.	sanitary napkin (including pantiliner)	Comfort & Beauty, Scott	in 2002, pass the checkup in 2005
Shanghai Unicharm Co., Ltd.	sanitary napkin (including pantiliner)	Sofy	in 2002, pass the checkup in 2005

续表

Company	Product	Brand	Approved time
Fujian Hengli Group Co., Ltd.	sanitary napkin(including pantiliner)	Shushuang, Haoshushuang	in 2002, pass the checkup in 2005
Beijing Terixin Hygiene Products Co., Ltd.	sanitary napkin(including pantiliner)	Terixin	in 2002, pass the checkup in 2005
Hangzhou Yanina Hygiene Products Co., Ltd.	sanitary napkin(including pantiliner)	Yanina	in 2002, pass the checkup in 2005
Shandong Yimoo Woman Products Co., Ltd.	sanitary napkin(including pantiliner)	Yimoo	in 2002, pass the checkup in 2005
Shanghai Welfare Group Co., Ltd.	sanitary napkin(including pantiliner)	Welfare	in 2003
Beijing Best Maternity & Child Articles Co., Ltd.	sanitary napkin(including pantiliner)	Best	in 2003
Guizhou Joume Enterprise Co., Ltd.	sanitary napkin(including pantiliner)	Shuting	in 2003

State Quality Supervision and Inspection Administration has released a notice on " Carrying Out Inspection Free Products in 2005" to the Quality and Technology Supervision Bureau in provinces, autonomous regions and municipalities under the central government on 11 March, 2005. The notice requires that the 24 inspection free products including sanitary napkins (including pantiliner) which have passed the expiry should do the appliances once more. It is written that new enterprises could not apply for inspection free qualifications in principle. Except that sanitary napkin (including pantiliner) manufacturers with annual revenue above 0.5 billion Yuan could apply for it. The sanitary napkin (including pantiliner) manufacturers with inspection free qualification now are doing the new appliances once more in accordance with procedures.

In 2004, [Successful Marketing] magazine and New Era market research organ have jointly launched the research report on "The Most Competitive Brands in China in 2004". The research has been done on 30 major cities and 70,000 persons in China. The research result on women hygiene products is as follows:

● The most competitive brands list

	Sanitary napkin	Consumers competitiveness
1	Whisper	41.43
2	Sofy	28.30
3	ABC	27.40

● Brands list on basic index

	Sanitary napkin	Consumers share	Sanitary napkin	Loyalty	Sanitary napkin	Grow-up index	Sanitary napkin	Liking	Sanitary napkin	Penetration Rate
1	Whisper	17.24	Whisper	58.43	ABC	130.37	Whisper	23.68	Whisper	18.72
2	Sofy	10.37	Sofy	48.31	Yi Mucao	62.33	Sofy	11.79	Sofy	11.27
3	An Erle	9.56	Comfort & Beauty	47.13	Fukang	28.35	An Erle	10.33	An Erle	10.38
4	Stayfree	9.52	An Erle	45.97	Yibeishuang	27.11	Stayfree	10.00	Stayfree	10.34
5	Comfort & Beauty	7.80	Stayfree	44.66	Peianting	26.75	Comfort & Beauty	8.65	Comfort & Beauty	8.48

● The most competitive brands in the undergraduate consumption market list

	Sanitary napkin	Consumers share	Sanitary napkin	Loyalty	Sanitary napkin	Penetration rate	Sanitary napkin	Liking
1	Whisper	14.31	Whisper	52.75	Whisper	18.51	Whisper	18.38
2	An Erle	13.03	Sofy	52.53	An Erle	16.85	An Erle	13.97
3	Stayfree	9.75	An Erle	44.04	Stayfree	12.60	Sofy	11.80
4	Sofy	9.23	Stayfree	42.44	Sofy	11.93	Stayfree	10.07
5	Comfort & Beauty	7.24	Jiaqi	39.90	Comfort & Beauty	9.36	Comfort & Beauty	6.49

	Pantiliner	Consumers share	Pantiliner	Loyalty	Pantiliner	Penetration rate	Pantiliner	Liking
1	An Erle	17. 25	Sofy	66. 48	An Erle	10. 57	Sofy	17. 53
2	Stayfree	15. 80	Stayfree	61. 97	Stayfree	9. 68	Stayfree	17. 50
3	Sofy	14. 75	Comfort & Beauty	59. 01	Sofy	9. 04	An Erle	16. 57
4	Whisper Rishijie	13. 09	Jieeryin	54. 08	Whisper Rishijie	8. 02	Whisper Rishijie	11. 41
5	Jieting	9. 81	Yueyueshu	53. 78	Jieting	6. 02	Comfort & Beauty	10. 12

2. 2 Baby diapers

Because many new manufacturers have entered into the industry, the baby diapers market intensity has been lowered than before. In 2004, the sales of top 10 baby diaper manufacturers account for 66. 9 percent market share of baby diapers in China. The national baby diaper brands include: Pampers, Anerle, Mami Poko, Sealer, FITTI、PETPET, Eleaine, Goodbaby, Huggies etc. Procter & Gamble (China) Ltd. and Hengan Group are the largest baby diapers manufacturers. In 2004, the sales of Procter & Gamble have doubled that in 2003, which accounts 17 percent among the total diaper consumptions. In 2004, the consumption of baby diapers for Hengan Group occupies 15. 1 percent among the total consumption. In addition, other companies with rapid sales growth are as follows: for Unicharm Co., Ltd., the baby diaper sales of is three times than that in 2003; for Disposable Soft Goods (Zhongshan) Ltd., the baby diaper sales has increase of 50 percent over that in 2003.

Table 2 –4 The Top 10 Baby Diaper Manufacturers in 2004

Number	Company	Brand	Capacity/(100 million pcs · year)
1	Procter & Gamble (China) Ltd.	Pampers	4. 0
2	Fujian Hengan Group Co., Ltd.	An Erle	7. 67
3	Unicharm Consumer Products (China) Co., Ltd.	Mami Poko	1. 85
4	Everbeauty Industrial(Shanghai)Co., Ltd.	Sealer, Xiaotaoqi	4. 3
5	Disposable Soft Goods (Zhongshan) Ltd.	FITTI, PETPET, Babylove	2. 0
6	Dongguan AALL & ZYLEMAN Baby Goods Ltd.	Hellobaby	1. 62
7	Eleaine Treatment Prod. Fty. Ltd.	Eleaine	0. 52
8	Goodbaby Bairuikang Hygienic Products Co., Ltd.	Goodbaby, Qimiaoya	1. 2
9	Shunde Lecong Xinganjue Sanitary Products Co, Ltd.	New Sensation, Meifannao	1. 5
10	Fujian Hengli Group Co., Ltd.	Shuershuang	1. 8

Table 2 –5 The Top 10 Baby Diaper Pads Manufacturers in 2004

Number	Company	Brand	Capacity/(100 million pcs · year)
1	Fujian Hengan Group Co., Ltd.	An Erle	3. 40
2	Weihai Jierui Hygienic Material Products Co., Ltd.	Waylly	0. 48
3	Everbeauty Industry (Shanghai) Co., Ltd.	Sealer	0. 70
4	Fujian Hengli Group Co., Ltd.	Shuershuang	0. 72BH
5	Beijing Best Maternity & Child Articles Co., Ltd.	Healthy Baby	1. 60
6	Shunde Lecong Xinganjue Sanitary Products Co, Ltd.	New Sensation, Meifannao	1. 00
7	Kimberly-Clark (China) InvestmentCo., Ltd.	Huggies	1. 20
8	Shanghai Welfare Group Co., Ltd.	Welfare	0. 25

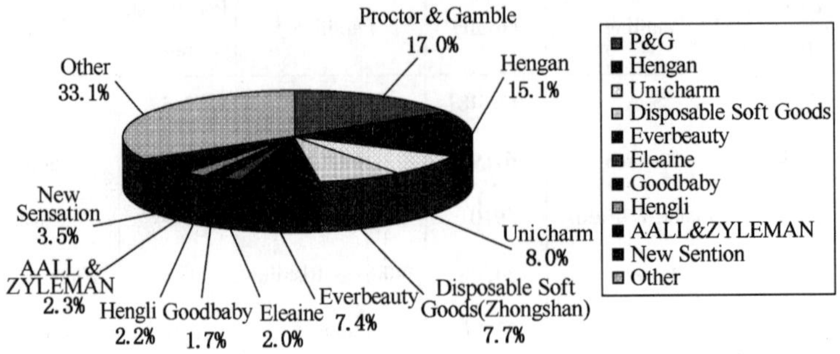

Fig 2 – 2 Market Penetration Rate of Major Baby Diaper Manufacturers (%) (in 2004)

Fig 2 – 3 Major Baby Diapers Manufacturers

Note:
1 Beijing Best Maternity & Child Articles Co., Ltd.
2 Weihai Jierui Hygienic Material Products Co., Ltd.
3 Yimoo Woman Products Co., Ltd.
4 Everbeauty Industry (Shanghai) Co., Ltd.
5 Unicharm Consumer Products (China) Co., Ltd.
6 Goodbaby Bairuikang Hygienic Products Co., Ltd.
7 Fujian Hengan Holding Co., Ltd.
8 G. T. Paper (Fujian Putian) Co., Ltd.
9 Fujian Hengli Group Co., Ltd.
10 Eleaine Treatment Prod. Fty. Ltd.
11 Dongguan AALL & ZYLEMAN Baby Goods Ltd.
12 Procter & Gamble (China) Ltd.
13 Guangdong Baby Products Co., Ltd.
14 Nanhai Nice Capital Hygiene Accessories Co., Ltd.
15 Shunde Lecong Xinganjue Sanitary Products Co., Ltd.
16 Disposable Soft Goods (Zhongshan) Ltd.
17 Foshan Peianting Hygiene Products Industrial Co., Ltd.
18 Guangxi Shuya Health Care-Products Co., Ltd.

2.3 Adult incontinence products

Adult incontinence products market is in an early stage of development in China. In 2004, the enterprises who have adult diaper machines include Hengan Group (machines supplied by GDM in Italy), Tianjin Xinglin Baishizi Co., Ltd. (second hand machines by Zuiko Corporation), Nanhai Wonderful Nonwoven Co., Ltd. (second hand machine), Shunde

Lecong Xinganjue Sanitary Products Co, Ltd. (Italian machines), Zhejiang An Rou Hygiene Products Co., Ltd. (machines supplied by Hangzhou Newyuhong) etc. in the mainland of China. Bao Daren adult diaper sold in the mainland of China is produced in Taiwan by Shanghai Everbeauty Co.

Table 2 - 6 Major Adult Diapers/Diaper Pads and Care Sheets in 2004

Company	Brand	Products
Fujian Hengan Holding Co., Ltd.	An Erkang	adult diaper, diaper pads, care sheets
Tianjin Xinglin Baishizi Co., Ltd.	Sa Luba, Biyoufu	adult diaper, diaper pads, care sheets
Foshan Nanhai Wonderful Nonwoven Co., Ltd.	Laofuzi	adult diaper, diaper pads
Everbeauty Industry (Shanghai) Co., Ltd.	Bao Daren	adult diaper (produced in Taiwan), adult diaper pads
Shunde Lecong Xinganjue Sanitary Products Co., Ltd	New sensation	adult diaper, diaper pads
Shanghai Welfare (Group) Co., Ltd.	Welfare	Adult diaper pads, care sheets
Beijing Best Maternity & Child Articles Co., Ltd. Best	Best	Medical bed sheet, care sheets, pet pads
Weihai Jierui Hygienic Material Products Co., Ltd.	Waylly	hygiene bed sheets
Tianjin Rishang Hygiene & Science Development Co., Ltd.	Little Nurse	care sheets
Tianjin Yiyi Hygiene Products Factory	Yiyi	care sheets, pet pads
Zhejiang Anrou Hygiene Products Co., Ltd.	An Likang	adult diaper, pet pads

3 Outlook of the market

In 2004, disposable hygiene products production and market have greatly developed. On contrast with developed countries, China still has a large developing space. Baby diapers and adult incontinence products have the largest developing potential, which has a big difference with the world average level.

In China, there are more than 16 million newly born babies every year. In 2004, there is about 40.2 million babies at the age of 1 ~ 2. The number of newly born babies is the necessary but not complete condition for the baby diapers sales. Because the main influential factor is purchasing power, which is determined by annual per capita GNIPPP (Gross National Income Purchasing Power Parity). According to some foreign references, retail price of diaper is US $0.21/pc and the annual average expenditure of one baby in developed countries is 475 US dollars, accounting to 2 percent of per capita GNIPPP. In America, the proportion is lower. In China, the per capita GNIPPP is now about 1/5 of that of developed countries. Since China's reform and opening up to the world, the number of middle-class and rich people increases rapidly. The retail price of baby diapers has declined to be accepted by the town people with high income. In future, it is forecasted that it will have an annual double digit growth rate.

In 2004, the population of old people at the age of above 65 has reached 98.79 million. According to some references in Japan, the old people above 65 who need to be cared about is 12 percent. But, in China, there is 11.85 million old people who need to be cared about in 2004. In addition, there are about 1 million patients with paralysis and semi-paralysis at the age of below 65 and there are also some incontinent patients. The market demands of adult incontinence products are very large. As far as the development of adult diapers in Japan is concerned, in 1997, Japan Hygiene Products Industry Association has done a research on home for old people. Less than 13 percent of old people use adult diapers. In 2004, the association has done another research. In their research, 39 percent of people only use adult diapers. The usage rate of adult diapers may reach 99 percent, if the people who use both adult diapers and cloth diapers could be considered. Adult diapers are used in almost all homes for old people. It is forecasted that the adult incontinence products market will develop substantially.

Because of the economic development and the improved living standards of people, the disposable hygiene products market will still keep prosperous development within the next decades. The aggregate consumption increases steadily and gradually have comparatively well-off features. Consumption levels tend to be diversified and middle/high grade products. The consumption scale expands continuously. The market competition is very fierce in China. On the whole, in the next decades, the town and county market will gradually merge. But there is still obvious difference between them. It is estimated that disposable hygiene products market will tend to be as follows in future:

● Women hygiene products market enters into maturity period. Towns almost gain market saturation, with low growth of consumption. The consumption level has been increased.

● With the implementation of agricultural tax reduction policy by the Chinese government and the increases in the discretionary income of farmers, there is a large amount of developing space in country sanitary napkin market, where the market penetration rate could be promoted very quickly.

● Resulting from market competition, survival of the fittest and great pressure of profits, there are some changes in the industry. The number of women hygiene products manufacturers and brands will change from increasing year by year to gradually declining. Powerful manufacturers may seek economy of scale and expand their capacity or choose other plants to do the OEM for them. The quality of sanitary napkins will be better improved. Several major brands will occupy most of the market.

● Baby diapers market develops quickly. The penetration rate in large cities and medium/small cities located in coastal areas will be further promoted. With the further implementation of economic goals set by the Chinese government on exploiting the western area and the northeastern area of China, the economy of those areas will be greatly promoted. The penetration rate of baby diapers will also be increased correspondingly.

● It takes a long time for baby diapers market to enter into maturity period, because China is now a developing country and most of people are not very rich.

● Although baby diaper market develops very quickly, the supply exceeds the demand in part of areas because more new diaper machines are put into production with the entrance of foreign investment, capacity expansion of domestic original manufacturers and the participation of new manufacturers. The market is full of fierce competition.

● Adult incontinence products market keeps expanding and will enter into the grow-up period.

● More OEM order from abroad will increase.

Table 3-1 Forecast on Sanitary Napkin and Pantiliner Market

Year	Women at the age of 15 ~ 49/million persons	Sanitary napkin			Pantiliner		
		Consumption/ 100 million pcs	Annual average growth rate/%	Market penetration rate/%	Consumption/ 100 million pcs	Annual average growth rate/%	Market penetration rate/%
2005	359.5	400	4.2	61.8	184.8	12	6.43
2010	364.0	487	4.0	74.3	271.5	8	9.32

Notes: it is calculated in accordance with
Sanitary napkin: per capita 180 pieces each year used by women at the age of 15 ~ 49.
Pantiliner: per capita 800 pieces each year used by women at the age of 15 ~ 49.

Table 3-2 Forecast on Baby Diaper Market

Year	Babies at the age of below 2/10,000 persons	Consumption/ 100 million pcs	Annual per capita growth rate/%	Estimated birth rate/%	Market penetration rate/%
2005	4000	38.4	30	0.120	8.8
2010	3900	61.8	10	0.095	14.1

Notes: it is calculated in accordance with 3 pcs/day used by average babies at the age of 0 ~ 2.

Table 3-3 Forecast on Adult Incontinence Products Market

Year	Old people at the age of above 65/10,000 persons	Adult diapers		Care sheets	
		Consumption/ 100 million pcs	Annual growth rate/%	Consumption/ 100 million pcs	Annual growth rate/%
2005	10680	0.965	15	0.886	10
2010	12680	1.55	10	1.43	10

Author: Jiang Manxia
Translator: Cao Baoping

干法纸和湿巾的发展概况

江曼霞　张玉兰　孙　静　中国造纸协会生活用纸专业委员会
龚盛昭　吴家始　广东轻工职业技术学院轻化工程系

1　干法纸

干法纸又称浆粕气流成网非织造布，英文名“airlaid pulp nonwoven”。气流成网干法造纸是指一种采用短纤维造纸的技术。用于干法造纸的主要纤维是由针叶木生产的绒毛浆，但也可以使用其他天然纤维和长度较短的合成纤维。这种造纸工艺最初曾被认为是一种无水造纸工艺，在普通的造纸工艺中，纤维的结合主要通过纸浆中天然纤维素与水之间的化学作用来完成，干法造纸技术则采用胶乳树脂、热熔性纤维或二者并用，使纤网固结成纸。干法纸类似于普通纸，但厚度较大，松厚度较高，柔软度较大，吸收能力和强度较高，即使在吸湿后也是如此。这些优良的物理性质以及比其他织物或非织造布更低的成本使得干法纸非常适用于妇女卫生用品的吸收芯材、擦拭布和湿巾、桌布和餐巾、肉类包装浸吸垫等。

1.1　发展现状

干法造纸技术是全球非织造布工业中发展得最为迅速的技术之一，在20世纪90年代，干法纸的产量以两位数的速度不断增长。目前全球干法纸的年产量约35万～40万t，2004年中国大陆浆粕气流成网干法纸的生产能力约为9万t，产量约为4～5万t。与干法纸全球市场情况一样，由于近几年生产能力增长过快，超过需求的增长，中国干法纸的生产能力过剩，市场竞争激烈。

1989年我国台湾省兴利纸业引进一条年产能力为7000t的生产线，以绒毛浆为原料生产医疗和卫生用的干法纸。该公司以中文命名“airlaid”为“无尘纸”，之后中国的其他企业也沿用了这个名称。中国大陆在1996年由宁夏吴忠瑞特纸业有限公司引进一条丹麦Dan-Web公司制造的二手干法纸生产线，设计生产能力4500t/a，实际生产能力3000t/a。由于管理和市场等方面的原因，该企业已经在2002年停产。2001年BBA公司在天津投资建设了天津博爱(中国)膨化芯材有限公司，设备为引进丹麦M&J公司的干法纸生产线，生产能力为1.6万t/a，2004年产量约1.2万t。该公司产品主要立足国际市场，产品开发能力强，研制开发了一些复合制品，销售业绩好。南宁侨虹新材料有限公司在2003年底投产，设备为引进丹麦Dan-Web公司干法纸生产线，生产能力为1万t/a。该公司2004年由于刚开始生产，市场还在发展之中，设备开工率不高，产量不超过2000t。亿利德纸业(上海)有限公司在2004年正式投产，设备是从台湾迁来的丹麦M&J公司制造的二手干法纸生产线。该公司生产胶合法干法纸，生产能力为8000 t/a，2004年产量约6000t。宏高(四川)实业开发有限公司计划引进Dan-Web公司制造的干法纸生产线项目，生产能力为2万t/a。该项目于2002年开始筹建，但经多次洽谈，至今尚未落实。从2000年起，由于妇女卫生巾向薄型化发展以及卫生护垫、湿巾、护理垫、宠物垫等产品市场需求的增长，促进了国产干法纸设备制造和干法纸产品的发展。这些设备大多是在测绘宁夏吴忠瑞特二手机的基础上设计制造的，设备比较简陋，水平不高，生产能力较低。2004年全国约有国产干法纸生产线30多条，使用国产干法纸设备的企业有山东信成纸业有限公司、广东洁新干法造纸厂、浙江宁波奇兴无纺布有限公司等近20家。这类企业总的生产能力约为6万t/a，2004年产量约2万t。在这类企业中，山东信成纸业有限公司可以生产热粘合型、胶合型、综合型产品，广东洁新干法造纸厂的产品大部分为热粘合产品，也有一部分综合型产品，其他大部分企业只能生产热粘合型产品，使用纤维原料大多为国产绒毛浆和热粘合超短纤维。国产设备生产的干法纸产品在一定程度上存在匀度差、强度低、掉毛等质量问题，主要用作薄型卫生巾、卫生护垫等产品的吸收芯材，用于擦拭布和湿巾的较少。

1.2　干法纸生产工艺

使干法纸纤网中的纤维互相粘合的方法有几种。最主要的也是最早的粘合方法是采用乳胶树脂使纤维互相粘合。在20世纪90年代，采用热熔性纤维粘合干法纸纤网中的纤维成为主要方法。现在，大多数干法纸生产工艺采用了将胶乳粘合和热粘合并用的综合方法。热熔性纤维用于提高干法纸的强度，胶乳粘合用于减少由于绒毛浆的松散性造成的干法纸的掉毛。最近，干法造纸水刺固结复合工艺(air lacing)正在受到重视，这种方法可将干法纸纤网与由合成纤维制得的梳理法非织造布纤网复合在一起，两种纤网通过水刺固结法复合成一种单一的均匀材料。

表1-1 2004年干法纸主要生产企业

企业名称	设备供应商	生产能力/(t/a)	产量/t
博爱(中国)膨化芯材有限公司	丹麦 M&J	16000	12000
南宁侨虹新材料有限公司	丹麦 Dan-Web	10000	2000
亿利德纸业(上海)有限公司	丹麦 M&J 二手机	8000	6000(胶合法)
山东信成纸业有限公司	国产线2条	8000	3000
广东洁新干法造纸厂	国产线7条	15000	
宁波奇兴无纺布有限公司	自制生产线条	4000	
南京陶雨工贸实业有限公司	自制生产线	4000	
平顶山市大宏纤维制品有限公司	自制2条生产线	4000	

1.2.1 胶乳粘合干法纸

在胶乳粘合中，干法纸纤网被一种胶乳树脂粘合在一起，胶乳则是借助于一种喷淋装置被施加到纤网中。然后，喷淋有胶乳的纤网被输送到一干燥设备中使水分蒸发，在粘合剂与纤维素的相互作用下，形成一种纤维粘合结构。由于喷淋胶乳不能深入地渗入定量较大的干法纸纤网，并使纤维粘合，所以这种工艺仅适用于定量小于50g/m^{2}的低定量干法纸的生产。胶乳粘合干法纸可用于生产的产品包括湿巾、擦拭布、桌面材料、某些医用材料、妇女卫生用品的芯层和肉类包装浸吸垫。

1.2.2 热粘合干法纸

利用与绒毛浆均匀混合的热熔性纤维可使干法纸纤网的纤维结合在一起，通常采用双组分热粘合纤维。这种纤维的芯层纤维可以是聚酯或聚丙烯纤维，它的皮层是聚乙烯，聚乙烯中还含有一种可提高与纤维粘合能力的助剂。长度为4mm或6mm的卷曲状双组分纤维被均匀地与绒毛浆混合，形成一种三维纤网。热粘合纤维的用量占纤维总用量的5%～35%。比较疏松的纤网经轻度压实到所需要的厚度，然后被输送到加热烘房，热粘合纤维的聚乙烯皮层在烘房中被软化，并在热粘合性纤维和绒毛浆之间形成粘合。热粘合工艺可以生产定量大于50 g/m^{2}的干法纸，但最好用于生产定量大于120 g/m^{2}的干法纸。热粘合干法纸通常用作吸收性卫生用品、地板擦拭布或医用绷带等产品的吸收芯层。只采用热粘合工艺生产的干法纸不适用于某些最终用途，因为它的表面容易掉毛，绒毛浆的纤维易于脱落。

1.2.3 综合粘合法干法纸

综合粘合法是一种兼有胶乳粘合和热粘合的综合工艺，在干法纸纤网的外层喷淋有少量胶乳，纸页的中心部分是采用热熔性纤维粘合的。在纤网干燥和熟化时，热熔性纤维熔化，并与绒毛浆纤维粘合在一起。

1.2.4 点粘合干法纸

点粘合是最近发展起来的干法纸纤网的粘合工艺，通过高压热轧机可将这种纤网粘合。点粘合技术还有不同的名称，最常见的名称是X粘合、氢键粘合和压点粘合。在点粘合工艺中，纤网通过一个刻有花纹的热轧机，热轧机的热量和压力可以使绒毛浆纤维在其花纹点上结合在一起。如果在纤网中含有热粘合性纤维和高吸水树脂，这些材料也能与绒毛浆纤维粘合在一起。

1.2.5 干法造纸水刺固结复合工艺

干法造纸水刺固结复合材料是一种新型材料。干法造纸水刺固结复合工艺是将未经固结(或粘合)的绒毛浆纤网与梳理法合成纤维纤网复合在一起。

干法造纸水刺固结复合材料具有如下优点：

● 它是一种廉价的复合材料，具有良好的吸收性能，抗张强度高于普通干法纸。

● 可使用低成本的绒毛浆代替部分合成纤维，比用合成纤维生产的水刺法非织造布具有更好的竞争优势。

● 将绒毛浆混入水刺法非织造布中有助于提高材料的匀度。

干法造纸水刺固结复合材料的外观和手感与普通纺织品相同，其最终用途包括擦拭布、外科手术衣、医用织物、工业用一次性工作服和桌面材料。

2 湿巾

湿巾是近年来开始流行的一种卫生用品，生产和市场发展十分迅速，品种和用途日趋多样化，可以用于居家和居家外的多种场合。人们在超市里可以看到各种品牌的湿巾产品，航空旅行、外出就餐时湿巾的使用也非常普遍。随着消费者生活质量的提高和卫生习惯的养成，湿巾将逐渐成为人们日常生活的必需品。

2.1 生产和市场

中国大陆在20世纪80年代末期开始有少数企业生产湿巾，上海日立行卫生用品有限公司(前身为上海纸盒七厂)是最早生产湿巾产品的企业之一，品牌是“爱唯”(该企业目前只为外国企业做定牌产品)，这个时期的湿巾产品主要供居家外市场。20世纪90年代中后期是我国湿巾的发展初期。北京派尼尔纸制品厂、哈尔滨晶琦纸业有限公司、安徽铜陵博发等企业购进由台湾泰舜公司和智琦公司制造的10多台平型湿巾机；长春思特保健品有限公司从美国、瑞士、西班牙等国引进了湿巾分切、折叠、包装设备。这个时期生产的湿巾产量和档次有了较大的提高，居家外用(商用)产品消费量增加较快，但其用途还仅限于皮肤清洁用(擦手、擦脸)，品种结构单一。2000年后，是我国湿巾的迅速发展阶段。强生(中国)有限公司生产的婴儿护理湿巾进入市场；国产湿巾设备问世，进入该领域的企业明显增加。2003年突如其来的SARS疫情，更使消毒湿巾成为市场上的抢手货，由于用量骤然增加，在北京等城市甚至出现断档现象。SARS疫情之后，人们的卫生防范意识普遍加强，强劲的市场需求为湿巾生产的发展提供了契机，国产湿巾设备制造业也迅速发展。湿巾生产商增加了晋江恒安家庭生活用纸有限公司、广西舒雅护理用品有限公司、保定市义厚成纸业有限公司等生产能力较大的企业和几百家小企业。目前国内市场上有上百个品牌的湿巾产品，中高档产品出口较多，定牌加工产品的数量也在不断增长。据不完全统计2004年湿巾的生产能力约为125亿片，产量约为50亿片，消费量约为35亿片。

表2-1　2004年湿巾主要的生产企业

企业名称	品　牌	生产能力/(亿片/a)
佛山市南海区桂城景兴商务拓展有限公司	ABC,易洁,EC	38
晋江恒安家庭生活用纸有限公司	心相印	15.97
广西舒雅护理用品有限公司	舒雅	20
江西生成卫生用品有限公司	乐知知	10
保定市义厚成纸业有限公司	妮好	9
上海美馨卫生用品有限公司	Cuddsies,凯德馨	6
北京一帆清洁用品有限公司	一帆	5.5
奈森克林(苏州)日用品有限公司	奈森克林	4
康那香企业(上海)有限公司	康乃馨	2.8
强生(中国)有限公司	强生	外包加工
宝洁(中国)有限公司	帮宝适	外包加工
金红叶纸业(苏州工业园区)有限公司	唯洁雅	外包加工
永丰余纸业(昆山)有限公司	五月花	外包加工
维达纸业(广东)有限公司	维达	2
江苏通江纺织发展有限公司	纤手	2.5
金旭环保制品(深圳)有限公司	同高	2
北京爱华中兴纸业有限公司	一片云	0.8
北京九兴工贸有限公司	九佳兴	
汕头市龙湖区骏宝有限公司	花节	6
上海唯爱纸业有限公司	爱唯	0.8
广东省南海市康洁香巾厂	康洁	0.7
诗乐氏实业(深圳)有限公司	诗乐氏	
海南欣安生物工程制药有限公司	洁之梦	5.82
哈尔滨康夷宝卫生保健用品有限公司	康夷宝	

2.2 基材的种类和特点

湿巾的基材主要有水刺非织造布、热轧非织造布、干法纸等。早期的湿巾采用热轧非织造布作为基材，保水性和手感差，已逐渐被水刺非织造布所取代。水刺非织造布与其他类型非织造布相比，具有柔软、吸湿、纤维掉毛少等独特的优点，是一种比较理想的湿巾基材。与干法纸相比，水刺非织造布有似布的手感，更柔软、韧性好、不会脱落纤维，提高了湿巾的档次，受到消费者的喜爱，已经被湿巾生产企业普遍采用。国内使用的高档湿巾产品，一般都采用水刺非织造布作基材。我国出口的湿巾则大部分采用进口干法纸或引进设备生产的干法纸作基材。干法纸由天然纤维(绒毛浆)制造，具有良好的吸水性、蓬松性、柔软性、透气性，对皮肤无任何刺激作用等优点。

2.3 湿巾的种类和浸剂配方

2.3.1 消毒用湿巾

消毒用湿巾可以用于擦拭手、脸、餐具、水果、食品以及电话等经常接触的物品，也可用于擦伤、割伤、划伤等小伤口及周围皮肤的清洁消毒，防止伤口感染。这种湿巾的浸剂含有杀菌剂，可快速杀灭大肠杆菌、白色念珠菌和金黄色葡萄球菌等。常用的杀菌剂有75%乙醇、4-氯-3,5-二甲酚、六氯酚、双氯酚、三氯升、烷基三甲基溴化、洁尔灭、新洁尔灭、洗必泰、过氧乙酸等。为了降低杀菌剂的刺激性和增强杀菌效果，常在消毒湿巾中加入一些天然提取物，如丁香、锦葵、金雀花、芦荟等提取液制成多功能湿巾，有些还用纯天然提取物做杀菌剂。

2.3.2 清洁用湿巾

清洁用湿巾是使用量最大的湿巾品种，可用于清洁皮肤、家居、玻璃、汽车等居家和居家外的多种场合。皮肤清洁用湿巾用于清洁人体皮肤，如手脸清洁用湿巾、阴部清洁用湿巾、失禁用湿巾、浴室用湿巾等。这类产品的浸剂配方相似，为表面活性剂的水溶液，另外还加入少量杀菌剂和皮肤护理成分，以达到清洁、护理和抑菌的功效。

皮肤清洁用湿巾对基材的要求较高，一般选用水刺非织造布或优质干法纸。手脸清洁用湿巾一般用于居家外，如外出旅行、就餐等场合。在西方某些航空公司的客机上以及日本的一些餐馆还向客人提供加热的湿巾(oshibori)。

表2-2 手脸清洁用湿巾的浸剂配方实例

组　分	质量分数/%	在配方中的作用
乙二胺四乙酸二钠	0.1	屏蔽金属离子的影响
水溶性羊毛脂	0.8	护肤
十六烷基三甲基溴化铵	0.12	杀菌
十二烷基甜菜碱	0.5	去污
增溶剂	0.2	增大香精在水中的溶解度
香精	0.1	赋予香味
杰马-BP	0.3	防腐
柠檬酸	0.05	调节pH至6左右
锦葵提取液	3.0	护肤
去离子水	余量	稀释

家居清洁用湿巾用于清洁家居物品，如厨房清洁用湿巾、家具清洁用湿巾、浴室清洁用湿巾和地板清洁用湿巾等。厨房用具主要有煤气灶、抽油烟机、冰箱和微波炉等，这些物品的表面油污和食品残渣较多，所以要求厨房清洁用湿巾有较强的去污能力，其浸剂配方中洗涤剂的浓度较高，一般配成碱性溶液使用。家具清洁用湿巾用于清除木质家具、皮革家具或其他家具表面留存的泥土、灰尘、污迹或手指印等。因家具表面的油污一般不多，所以其浸剂配方中的洗涤剂用量不大，但要求具有易干性能和上光作用，因此，浸剂配方中应加入蜂蜡等天然蜡或合成蜡，以加强对家具的保养护理作用。浴室清洁用湿巾主要用于洗脸盆、浴缸、马桶座和盖的清洁，这类产品的浸剂配方也是表面活性剂的水溶液，但要求香精的浓度相对较高，以掩盖厕所的臭味，另外，还应加入一定量的杀菌剂。地板清洁用湿巾用于清洁地板上的块状油污，其浸剂配方与厨房用湿巾相似。

玻璃清洁用湿巾用于清洁塑料和玻璃制品表面留存的油污、灰尘和手指印，主要有电视机和电脑显示器屏幕清洁用湿巾，眼镜清洁用湿巾、玻璃餐桌清洁用湿巾和塑料表面清洁用湿巾等。这类产品要求擦拭过后在表面不要产生泡沫，以免干后感觉有污点，所以这类产品的浸剂配方应尽量用低泡的非离子表面活性剂，并加入适量的消泡剂，产品的pH值控制在7以下为宜。

汽车清洁用湿巾用于清洁汽车的车身和玻璃表面的油渍、尘埃等。车身清洁用湿巾的浸剂配方与家具清洁用湿巾的浸剂配方基本一致，可达到清洁与护理双重功效。而汽车玻璃清洁用湿巾则用一般玻璃清洁用湿巾即可。

2.3.3 婴儿护理用湿巾

婴儿护理用湿巾是专门为婴儿设计的产品，用于婴儿换尿布时清洁臀部用。婴儿护理用湿巾的基材多用水刺非织造布，浸剂要求用蒸馏水、纯净水，低刺激性的氨基酸型表面活性剂为去污剂，并加入一定量的羊毛脂做护肤剂，杀菌成分不宜用刺激性的合成杀菌剂，而用具有杀菌作用的中药提取液。

表2-3 婴儿护理用湿巾的浸剂配方实例

组　分	质量分数/%	在配方中的作用
乙二胺四乙酸二钠	0.1	屏蔽金属离子的影响
水溶性羊毛脂	1.5	护肤
尿囊素	0.2	保湿
十二烷基肌氨酸钠	0.3	去污
增溶剂	0.2	增大香精在水中的溶解度
香精	0.1	赋予香味
杰马-BP	0.5	防腐
柠檬酸	0.05	调节pH至6左右
丁香提取液	3.0	护肤
去离子水	余量	稀释

2.3.4 卸妆用湿巾

卸妆用湿巾主要有指甲油卸妆用湿巾、脸面卸妆用湿巾。指甲油卸妆用湿巾一般含有亲水性的溶剂，如乙醇、丙酮和乙酸乙酯，用于溶解指甲油成膜物质。脸面卸妆用湿巾适合女士脸部的清洁护理及化妆前和卸妆使用，可以擦拭掉脸部污垢、角质死皮、脂粉、口红等，使皮肤毛孔通畅，并留下滋润成分。其浸剂配方一般为表面活性剂的水溶液，并加入适量的滋润成分配制而成。

2.3.5 祛臭用湿巾

祛臭用湿巾用于祛除人体腋窝的汗液，给人以清新的感觉。其浸剂配方中含有止汗的有效成分，如铝盐或铝锆盐，可阻止或减少汗液分泌；同时，还应加入适量杀菌剂，以杀灭腋窝处的大部分细菌，另外香精的用量也较大。

表2-4 卸妆用湿巾的浸剂配方实例

组　分	质量分数/%	在配方中的作用
乙二胺四乙酸二钠	0.1	屏蔽金属离子的影响
水溶性羊毛脂	1.5	护肤
十二烷基聚氧乙烯硫酸钠	0.3	去污
十二醇聚氧乙烯(9)醚	0.2	去污
增溶剂	0.2	增大香精在水中的溶解度
香精	0.1	赋予香味
杰马-BP	0.5	防腐
水溶性硅油	0.02	消泡
柠檬酸	0.05	调节pH至6左右
去离子水	余量	稀释

2.3.6 其他用途湿巾

随着人们生活质量的提高，湿巾的使用范围在不断扩展。如市场上正在兴起一种宠物用湿巾，其浸剂主要成分为杀菌剂和香精，用于祛除宠物的异味。加有薄荷的清新湿巾在炎热的夏季也很有市场。夏天用于驱蚊的湿巾和外出旅行用于擦拭皮鞋的湿巾等产品也已得到应用。目前，湿巾的用途还在不断细分，不仅用于一般的洁肤和消毒，而且有了专用品，如专门用于妇女卫生的、婴儿的、男士的湿巾。

2.4 湿巾的包装方式

湿巾的生产工艺流程比较简单，主要包括浸剂的配制和基材的浸湿两个步骤。用专门的机器将基材分切、折叠、加湿和包装。

湿巾的包装有便于个人外出携带的单片包装，用于家庭或办公室等公共场合的连续抽取式的袋装、盒装、塑料罐装等多种形式。

3 干法纸和湿巾设备的主要制造商

表3-1 干法纸设备的主要制造商

企业名称	生产设备	国　别
M&J Fibretech a/s	浆粕气流成网	丹麦
Dan-Webforming INT. A/S	浆粕气流成网	丹麦
福来司拿纺织机械制造有限公司(Fleissner GmbH & Co.)	配套干燥设备	德国
上海嘉翰轻工机械有限公司	干法纸生产线	中国
丹东市丰蕴机械厂	干法纸生产线	中国
丹东北方机械有限公司	干法纸生产线	中国
广东洁新干法造纸机械厂	干法纸生产线、分切机	中国

表3-2 湿巾设备主要制造商

企业名称	生产设备	国　别
纸产品加工机器公司(Paper Converting Machine Company)	湿巾折叠、包装设备	美国
Ilapak International S. A.	湿巾包装设备	瑞士
意大利英曼包装(Iman Pack S. p. a)	湿巾包装设备	意大利
泰舜企业有限公司	湿巾折叠设备	中国台湾
福州兴创轻工机械技术开发有限公司	消毒湿巾机、毛巾机	中国
泉州大昌纸品机械制造有限公司	湿巾机	中国
上海松川远亿机械设备有限公司	湿巾自动包装机	中国
陆丰机械(郑州)有限公司	湿巾机、湿巾自动包装机	中国(台湾独资)

Overview of the airlaid pulp nonwovens and wet wipes industry

Ms. Jiang Manxia, Ms. Zhang Yulan, Ms. Sun Jing CNHPIA
Mr. Gong Shengzhao, Mr. Wu Jiashi Guangdong Light Industry Vocational Technology College

1 Airlaid pulp nonwovens

The term airlaid pulp nonwoven refers to a technology that produces a web from short fibers. While the principal fibers used to produce airlaid pulp nonwovens are fluff pulp made from softwood ,other natural and short length synthetic fibers can be used. The process was originally conceived as a method of making paper without the use of water. In paper making, wood pulp is bonded principally by a chemical reaction between the pulp's natural cellulose and water. In contrast, the airlaid pulp nonwoven technology used latex resins, thermoplastic fibers or some combination of both to bond the web's fibers into a fabric. The process yields a paper-like fabric that is thicker or lofter, softer and generally more absorbent and stronger then paper even when wet. These attractive physical characteristics, plus a lower cost relative to alternative fabrics and nonwovens, make airliad pulp nonwovens a very suitable fabric for absorbent cores in feminine hygiene products, dry wipes, wet wipes, table top items and napkins, meat packagine soak pads and etc.

1.1 Development view

Airlaid pulp is one of the fastest growing nonwoven technologies worldwide with double-digit volume increases during 1990s. The global annual output of airlaid pulp nonwovens is now about 350,000 tons ~ 400,000 tons. In 2004, the airlaid pulp nonwovens capacity in the mainland of China is about 90,000 tons, with the output at some 40,000 ~ 50,000 tons. As with the airlaid pulp nonwovens market worldwide, the airlaid market in China, in fierce competition, has overproduction, because the capacity has increased too rapidly and grew faster than the demand.

In 1989, China's Taiwan Xingli Paper Co. introduced an airlaid production line. The airlaid are made from fluff pulp and applied to medical and hygiene industry. The company called it "干法纸" in Chinese. Since then, other companies in China also follow the same Chinese name. Ningxia Wuzhong Excell Paper Co., Ltd. introduced a second-hand airlaid machine supplied by Dan-Web, with the designing capacity at 4500 tpy and the real output at 3000 tpy in 1996. It has broken down in 2002, caused by management and market etc. In 2001, BBA Co. invested and established BBA (China) Airlaid Company Ltd. in Tianjin, by introducing the airlaid production line from M&J. The capacity is 16000 tpy. In 2004, the output is about 12000 tons. The products are mainly sold in international market. Having strong product exploration, the company has developed some combination products and has generated good profits. Nanning Qiaohong New Materials Co., Ltd. introduced an airlaid production line from Dan-Web, with the capacity of 10,000 tpy in 2003. Because the company began to put it into production in 2004 and the market is now in progress, it had low operating rate and the output below 2000 tons. Elite Paper (Shanghai) Co., Ltd. put into production in 2004, by purchasing a second-hand Dan-Web airlaid machine from Taiwan. It produces latex bonded airlaid, having the capacity of 8000 tons and the output of 6000 tons in 2004. Honggao (Sichuan) Industrial Development Co., Ltd. has been planning to introduce an airlaid machine, with the capacity of 20,000 tpy, supplied by Dan-Web. The project has been started in 2002, but until now, it is not decided through many negotiations. Since 2000, the trend of thin development of sanitary napkins and the market demand increases of pantiliners, wet wipes, care sheets and pet pads etc. have promoted the progress of domestic airlaid equipments and airlaid products. Those domestic machines are mostly designed and manufactured based on the second-hand airlaid machine used by Ningxia Wuzhong Excell Paper Co., Ltd. Being very simple, they have a low level and capacity. In 2004, there are about more than 30 domestic airlaid machines and approximately closes to 20 manufacturers including Shandong Xincheng Paper Co., Ltd., Jiedong Xinheng Jiexin Paper Products Plant, Ningbo Qixing Nonwovens Co., Ltd. etc. The total capacity is about 60,000 tpy and the output is about 20,000 tpy in 2004. Shandong Xincheng Paper Co., Ltd. could produce thermal bonded, latex bonded and multi bonded airlaid. Jiedong Xinheng Jiexin Paper Products Plant could mostly produce thermal bonded airlaid and some multibonded airlaid. While most of other companies could only produce thermal bonded airlaid. The principle fibers used by them are domestic fluff pulp and thermal bonded ultra-short fibers. The airlaid pulp nonwovens manufactured by domestic machines have some quality problems such as bad balance, low strength, off-lint. They are mainly used as absorbable cores for thin sanitary napkins and pantiliners etc., and are less applied to wipes and wet wipes.

Table 1 – 1 Major Airlaid Pulp Nonwovens Manufacturers in 2004

Company	Equipment suppliers	Capacity/tpy	Output/t
BBA (China) Airlaid Company Ltd.	M&J, Denmark	16000	12000
Nanning Qiaohong New Materials Co., Ltd.	Dan-Web, Denmark	10000	2000
Elite Paper (Shanghai) Co., Ltd.	M&J, Denmark (second – hand)	8000	6000 (latex bonded)
Shandong Xincheng Paper Co., Ltd.	2 domestic equipments	8000	3000
Jiedong Xinheng Jiexin Paper Products Plant	7 domestic equipments	15000	
Ningbo Qixing Nonwovens Co., Ltd.	homemade equipments	4000	
Nanjing Taoyu Trading Co., Ltd.	homemade equipments	4000	
Pingdingshan Dahong Fibrous Products Co., Ltd.	2 homemade equipments	4000	

1.2 Airlaid pulp nonwovens process

There are several methods ueed to bond airlaid pulp webs. The first and earliest form of bonding used latex resin to bine the fibers. During the 1990s, the use of thermal fusible synthetic fibers to bind the web's fibers became the dominant system. Now most airlaid pulp production is multi-bonded, which combines thermal fusible fibers to increase the end product's strength and latex bonding to reduce dust from loose fluff pulp. A new bonding system, gaining in commercial importance over the past few years, marries an airlaid pulp web with a carded web usually made from synthetic fibers. In this system, the hydroentangling process bonds the two webs of fibers into a single homogeneous material. A newly termed word for this composite process is air lacing.

1.2.1 Latex Bonded

In latex bonding, the web of pulp fibers is bonded together by a latex resin that is applied by a spray system. The sprayed web is then transported to a drying system that drives off the moisture and the binder reacts with the cellulose to form a bonded network of fibers. This process is most suitable for webs with a low basis weight, say up to 50 gsm, as the spray is unable to penetrate deeply into the fibrous web to bond it. End – products that use this form of bonding include premoistened and dry wipes, table top items, some medical products, some cores used by feminine hygiene products and meat packaging soak pads.

1.2.2 Thermal Bonded

Thermal bonded airlaid materials are bonded by means of thermoplastic fibers that are uniformly blended with the fluff pulp. Generally bicomponent fibers are used. The fibers are either a polyester or polypropylene core fiber with a polyethylene sheath containing an additive to improve the adhesion to the cellulose fibers. Crimped bicomponent fibers of 4 mm or 6 mm in length are blended homogeneously into the wood pulp forning a three dimensional web. The amount of bicomponent fiber added to the web can range from 5% ~35% of the total pulp/fiber blend, depending upon the end application. Generally the web of loose fibers is lightly calendered to a specified thickness. The web is transported to a heated oven that softens the fiber's polyethylene sheath, which forms bonding points between the bicomponent fibers and the pulp. Thermal bonded materials are suitable for any weight of material above 50 gsm, but are definitely necessary for fabric weights above 120 gsm. Thermal bonded materials are typically used as absorbent cores in absorbent hygiene, floor cleaning wipes or medical dressing products. Airlaid materials that are bonded exclusively by themal bonding are not suitable for some end applications due to surface dust and loose pulp fibers.

1.2.3 Multi Bonded

Multi bonded is a combination of latex bonded and thermal bonded. The web's exterior layer receives a light application of latex binder and the center of the web is bonded by use of thermoplasyic fibers that fuse to the wood pulp and each other during drying/curing of the web.

1.2.4 Point Bonded

A recent development is the point bonded method of bonding the airlaid pulp web, which is bonding the web by means of high-pressure calenders. This Technology is also referred to by various names, the most common being X-bonded, hydrogen bonded and pressure point bonded. In the point bonded method the web is put through an engraved calender bonding system. The heat and pressure of the calender rolling together essentially fuses the pulp fibers together at the calenders's engraved points. There can be some additional fusing from bicomponent fibers and superabsorbent materials, if present in the web.

1.2.5 Air Laced

Air laced is a relatively new material. Air lacing is a process joins an airlaid web of fluff pulp fibers (unbonded) to a carded web of synthetic fibers.

There are several advantages to the laced materials:

- The air laced nonwoven is an inexpensive composite material with good absorbency and higher tensile strength than an airlaid web.
- Substitution of a portion of the synthetic fibers with lower cost fluff pulp fibers yields a material that is very competitive in cost and performance to a hydroentangled fabric that is made exclusively from synthetic fibers.
- The blending of fluff pulp into the air laced material improves the web's uniformity.

Air laced materials can have the look and feel of traditional textiles. Major end-applications include wipes, surgical apparel and drapes, industrial disposable apparel and table top items.

2 Wet wipes

Wet wipes recently become one of the popular hygiene products. With the very rapid growth of production and market, wet wipes tend to have diversified grades and applications. They could be used at home and away from home. People could see various brands of wet wipes. They are also generally used in the travel by airplane and outside dinners. As the living standard of consumers has been improved and hygiene habits have been raised, wet wipes will gradually become the daily necessities of people.

2.1 Production and market

In the end of the 1980s, there are few wet wipes manufacturers in the mainland of China. Shanghai Rilihang Hygiene Products Co., Ltd. (the predecessor is Shanghai Paper Box Seventh Plant) was one of the earliest wet wipes manufacturers. The brand was Aiwei (the company now only does OEM for overseas enterprises.) At that period, wet wipes were supplied to away from home market. In the middle and last period of the 1990s, China's wet wipes market entered into the early stage of development. Beijing Pioneer Paper Products Factory, Harbin Jingqi Paper Co., Ltd., Anhui Tongling Bofa Co. etc. have bought more than 10 parallel wet wipe machines from Tai Sun Machinery Co., Ltd. and Astute Machine Industry Co., Ltd. Changchun Marvel Health Product Co., Ltd. has introduced wet wipe slitting, folded and packing machines from America, Switzerland and Spain etc. At the time, the output and grades have been improved substantially. The consumption of away from home (commercial) wet wipes increases very quickly. However they are still applied to skin cleaning (including hand wiping and face wiping), with simple grades structure. After 2000, the market entered into the stage of rapid development. The baby care wet wipes produced by Johnson & Johnson (China) Co., Ltd. were launched into the China market. More companies obviously entered into the industry due to the availability of domestic wet wipes machines.

In 2003, disinfectant wet wipes has been extremely favored caused by the precipitate SARS epidemic. They have ever been out of stock in some cities such as Beijing because the consumption has been increased suddenly. After the SARS epidemic, the hygiene consciousness of people has been generally strengthened. Strong market demand has provided opportunities for wet wipes. The domestic wet wipe equipments have been improved rapidly. The wet wipes manufacturers have newly included the companies with large capacity such as Fujian Hengan Family Household Paper Co., Ltd., Guangxi Shuya Health Care-Products Co., Ltd., Baoding Yihoucheng Paper Co., Ltd. and hundreds of small companies. Today there are hundreds of wet wipe brands in China. Middle and high-grade products are mainly exported and the OEM products are also increasing continuously. In 2004, the wet wipe capacity is about 12.5 billion pieces, the output is about 5 billion pieces and the consumption is about 3.5 billion pieces.

Table 2 –1 Major Wet Wipe Manufacturers in 2004

Company	Brand	Capacity/100 million pcs · year
Kingdom Marketing Service Co., Ltd.	ABC, Yijie, EC	38
Jinjiang Hengan Family Household Paper Co., Ltd.	Mind Act Upon Mind	15.97
Guangxi Shuya Health Care-Products Co., Ltd.	Shuya	20
Jiangxi Shengcheng Hygiene Products Co., Ltd.	Lezhizhi	10
Baoding Yihoucheng Paper Co., Ltd.	Nihao	9
Shanghai American Hygienics Co., Ltd.	Cuddsies	6
Beijing Yifan Hygiene Products Co., Ltd.	Dreamboat	5.5
Naisenkelin Daily-Use Articles (Suzhou) Co., Ltd.	Naisenkelin	4
Kang Na Hsiung Enterprise (Shanghai) Co., Ltd.	Carnation	2.8
Johnson & Johnson (China) Ltd.	Johnson & Johnson	outsource
Procter & Gamble (China) Ltd.	Pampers	outsource
Gold Hongye Paper (Suzhou Industrial Park) Co., Ltd.	Virjoy	outsource
Yuen Foong Yu Paper Enterprise (Kunshan) Co., Ltd.	Mayflower	outsource
Vinda Paper (Guangdong) Co., Ltd.	Vinda	2
Jiangsu Tongjiang Textile Development Co., Ltd.	Xianshou	2.5
Golden Starry Environmental Products Co., Ltd.	Tonggao	2
Beijing Aihua Zhongxing Paper Co., Ltd.	Soft Cloud	0.8
Beijing Jiuxing Industry & Trade Co., Ltd.	Jiujiaxing	
Shantou Longhu Junbao Co., Ltd.	Huajie	6
Shanghai Weiai Paper Co., Ltd.	Aiwei	0.8
Guangdong Nanhai Kangjie Towel Factory	Kangjie	0.7
Swashes Industrial (Shenzhen) Co., Ltd.	Swashes	
Hainan Xinan Biotechnology Pharmaceutical Co., Ltd.	Jiezhimeng	5.82
Harbin Kangyibao Hygiene & Health Care Products Co., Ltd.	Kangyibao	

2.2 Category and characteristics of base material

The base material used by wet wipes includes spunlaced nonwovens, hot calender nonwovens and airlaid pulp nonwovens etc. In the early time, wet wipes used hot calendar nonwovens as base material, which has been gradually replaced by spunlaced nonwovens due to its bad water retention and hand-feel.

Compared with airlaid pulp nonwovens, spunlaced nonwovens have cloth-like hand feel, good strength, as well as being softer and fibers-free, which could upgrade wet wipes grades. The wet wipes made from spunlaced nonwovens have been generally adopted by many wet wipe manufacturers, because they are more favored by consumers. The high-grade wet wipes used by civil people generally adopt spunlaced nonwovens as base material. While exported products mostly use imported airlaid pulp nonwovens or the airlaid which are produced by imported equipments. Airlaid pulp nonwovens are made from natural fibers (fluff pulp) and feature good absorbency, bulk, soft and breathability, as well as no stimulation to skin.

2.3 Category and dipping formula of wet wipes

2.3.1 Disinfectant wet wipes

Disinfectant wet wipes could be used to wipe hand, face, and articles that are often touched such as tableware, fruits, food and telephones. They are also used to disinfect the scratched and cut skin and the surrounding skin in order to prevent bacterial infection. The dipping agent of them includes disinfectant which could kill colon bacills, white moniliformidae, golden staphylococcus etc. Common disinfectant includes 75% ethanol, 4-chloro-3, 5-dimethyl phenol, , hexachlorophenol, dichlorophenol, chloropicrin, alkyl trimmethyl ammonium bromide, dodecyl benzyl dimethyl ammonium chloride, dodecyl benzyl dimethyl ammonium bromide, chlorobezo diguanido hexane and peroxy acetic acid etc. For the purpose of reducing the stimulation and increasing the disinfecting efficiencies, multifunctional wet wipes are produced by often adding some natural extractions such as lilac, high mallow, broom and aloe etc. Some wet wipes also adopt natural extractions as disinfectant.

2.3.2 Cleaning wet wipes

With the largest consumption, cleaning wet wipes are used both at home and away from home such as cleaning skin, household, glass and cars etc. Skin cleaning wet wipes refer to the wet wipes for cleaning the body skin of people, which include hand/face cleaning wipes, pubes cleaning wipes, incontinence cleaning wipes and washroom cleaning wipes etc. Those wet wipes have similar dipping formula which embodies water solution including surface active agent. They are also added little disinfectant and body care components in order to have the performance of cleaning, caring and disinfecting.

As skin cleaning wet wipes have higher requirements for base material, they generally use spunlaced nonwovens or premium airlaid pulp nonwovens. Hand/face cleaning wipes are often used away from home, for example, in travel, picnics etc. Some western airways and some restaurants in Japan also offer customers oshibori.

Table 2-2 Dipping Formula for Hand and Face Cleaning Wet Wipes

Component	Weight/%	Functions
disodium EDTA	0.1	prevent the influence by metal ion
water soluble wool grease	0.8	body care
hexadecyl trimethyl ammonium bromide	0.12	kill bacteria
dodecyl trimethyl-glycine	0.5	cleanser
solubiliser	0.2	increase the solubility of solubiliser in water
perfume	0.1	add fragrance
diszolidinyl urea-BP	0.3	antiseptic
citric acid	0.05	adjust pH to about 6
extract of high mallow	3.0	body care
ion-free water	remainder	dilute

Household cleaning wet wipes are used to clean household articles, which include kitchen cleaning wipes, furniture cleaning wipes, washroom cleaning wipes, floor cleaning wipes etc. Kitchenware is composed of gas cooker, range hood, refrigerator and microwave oven etc., which have lots of oil stain and scran in their surface. Therefore, kitchen cleaning wipes are required to have strong decontamination. The consistency of detergent is higher in their dipping agent. Generally the dipping agent is mixed into lye.

Furniture cleaning wet wipes are used to clean soil, dust, stains or finger marks of wood furniture, leather furniture and other furniture. As there is little oil stain in the surface of furniture, the usage of detergent is small, yet the dipping agent are required to play the role of drying easily and polishing. Therefore, the dipping agent should be added natural wax such as bees wax, or synthetic wax in order to strengthen maintaining furniture. Washroom wet wipes are mainly used to clean washbowl, bathtub, toilet seat and cover. The dipping agent also embodies water solution including surface active agent and yet requires higher consistency of perfume in order to cover the restroom odor. In addition, some amount of antiseptic should be added. Floor cleaning wet wipes are used to clean oil stains of floors, whose dipping formula is similar with that of kitchen wet wipes.

Glass cleaning wet wipes are used to clean oil stain, dust and finger marks of plastic and glassware, including television/computer screen cleaning wipes, glasses cleaning wipes, glass table cleaning wipes and plastic surface cleaning wipes etc. Those wipes are required to cause no foams in the surface of articles avoiding stains after drying. Therefore, the dipping formula of those wipes should include low sudsing nonionic surface active agent, proper defoaming agent. The pH should be below 7.

Car cleaning wet wipes are used to clean oil stain and dust etc. of car body and glass. As the same as furniture cleaning wet wipes, the dipping formula could have the performance of both cleaning and caring. While glass cleaning wet wipes could generally be used to clean car glass.

2.3.3 Baby care wet wipes

Designed specially for babies, baby care wet wipes are used to clean baby bottoms when they are changing diapers. The base material are mostly spunlaced nonwovens and the dipping agent should include distilled water, pure water, amino acid type surfactant with low stimulation as detergent and is added some as wool grease as skin care agent. Chinese traditional medicine extractions should be used as antiseptic components in stead of synthetic antiseptic with stimulation.

Table 2-3 Dipping Formula of Baby Care Wet Wipes

Components	Weight/%	Functions
disodium EDTA	0.1	prevent the influence by metal ion
water soluble wool grease	1.5	body care
urea	0.2	moisture preservation
sodium laurgl sarcosine	0.3	cleanser
solubiliser	0.2	increase the solubility of solubiliser in water
perfume	0.1	add fragrance
diszolidinyl urea-BP	0.5	antiseptic
citric acid	0.05	adjust pH to about 6
extract of lilac	3.0	body care
ion-free water	remainder	dilute

2.3.4 Removing-makeup wet wipes

Removing-makeup wet wipes mainly include removing-nail polish wet wipes and removing-cosmetic wet wipes. Removing-nail polish wet wipes generally embody hydrophilic dissolvent, such ethanol, acetone and ethyl acetate, which could dissolve nail polish into film. Removing-cosmetic wet wipes are used to clean face before makeup and when removing cosmetics. They could wipe face dirt, cutin dead skin, rouge and lips etc., have pores breathe smoothly and moisten skin. The dipping agent generally embodies water solution including surface active agent and some moistening components.

Table 2 -4 Dipping Formula for Removing-Makeup Wet Wipes

Component	Weight/%	Functions
disodium EDTA	0.1	prevent the influence by metal ion
water soluble wool grease	1.5	body care
sodium dodecyl polyoxy efhylene sulfate	0.3	kill bacteria
lauryl alcohol polyoxy ethylene -9 - ether	0.2	cleanser
solubiliser	0.2	increase the solubility of solubiliser in water
perfume	0.1	add fragrance
diszolidinyl urea-BP	0.5	antiseptic
water soluble silicone oil	0.02	adjust pH to about 6
citric acid	0.05	body care
ion-free water	remainder	dilute

2.3.5 Odor-control wet wipes

Odor-control wet wipes could eliminate sweat of armpit and bring fresh feeling for people. The dipping agent includes efficient adiaphoretic such as aluminum and aluminum-zirconia salts, which could stop or decrease sweat excrete. Some amount of antiseptic should be added in order to kill most of the bacteria in armpit. In addition, the usage of perfume is large in the dipping agent.

2.3.6 Wet wipes in other applications

As the living standard of people has been improved, wet wipes applications are expanding continuously. Pet wet wipes is an example. The dipping agent is mainly composed of antiseptic and perfumes in order to eliminate pet odor. Fresh wet wipes added mint are also sold well in torrid summer. In addition, wet wipes are applied to drive mosquitoes and wipe shoe leather in travel. Now, wet wipes are being subdivided based on applications. Besides regular skin cleaning and disinfectant wet wipes, there are also special wet wipes such as feminine hygiene wet wipes, baby care wet wipes and men care wet wipes.

2.4 Wet wipes packing

Wet wipes process is very simple, which are composed of two procedures, one is confect of dipping agent, and another is soaking of base material. The base material could be slitted, folded, dipped and packed through special machinery.

There are various packing for wet wipes, including single-piece packing which could be carried easily outside, take-up packing, box packing and plastic can packing etc. applying to families or office.

3 Major machinery manufacturers for airlaid pulp nonwovens and wet wipes

Table 3 -1 Major Machinery Manufacturers for Airlaid Pulp Nonwovens

Company	Equipments	Country
M&J Fibretech a/s	Airlaid process	Denmark
Dan-Webforming INT. A/S	Airlaid process	Denmark
Fleissner GmbH & Co.	Dryer	Germany
Shanghai Expansion Light Industrial Machinery Co., Ltd.	Airlaid production line	China
Dandong Fengyun Machinery Factory	Airlaid production line	China
Dandong Beifang Machinery Co., Ltd.	Airlaid production line	China
Jiedong Xinheng Jiexin Paper Products Plant	Airlaid production line, slitting machine	China

Table 3 –2 Major Machinery Manufacturers for Wet Wipes

Company	Equipments	Country
Paper Converting Machine Company	Wet wipe folders, packing machine	America
Ilapak International S. A.	Wet wipe packing machine	Switzerland
Iman Pack S. p. a	Wet wipe packing machine	Italy
Tai Sun Machinery Co., Ltd.	Wet wipe folders	Taiwan, China
Fuzhou Xingchuang Light Industry Machinery Technology Development Co., Ltd.	Disinfectant wet wipe machine, towel machine	China
Dachang Paper Machine Manufacture Co., Ltd.	Wet wipe machine	China
Shanghai Soontrue Machinery Equipment Co., Ltd.	Automatic wet wipe packing machine	China
Ru Fong Machinery (Zhengzhou) Co., Ltd.	Wet wipe machine, automatic wet wipe packing machine	China (Taiwan-invested)

Author: Jiang Manxia
Translator: Cao Baoping

ISO9000 质量体系认证获证生活用纸和相关企业一览表

List of tissue paper and disposable products manufacturers and related suppliers who got ISO9000 Quality System Certification

截至2005年8月底

获证单位	所在城市	覆盖产品	获证时间	发证机构
生活用纸及一次性卫生用品				
金佰利(中国)投资有限公司	北京	卫生纸、纸巾纸、卫生巾、卫生护垫、纸尿裤、纸尿片	2003.12.12	SGS
维达纸业(北京)股份有限公司	北京	面巾纸、餐巾纸、卫生卷纸	2005.11.1	北京中大华远认证中心
北京倍舒特妇幼用品有限公司	北京	卫生巾、卫生护垫、婴儿纸尿片	2004.5.27	方圆标志认证中心
北京安美尔工贸集团	北京	清洁用纸、卫生用纸、卫生巾	2003.2.28	中国质量认证中心
北京派尼尔纸制品厂	北京	餐巾纸、面巾纸、消毒湿巾、卫生卷纸	2004.11.3	方圆标志认证中心
北京金鸿纸业有限公司	北京	面巾纸、餐巾纸、卫生卷纸	2002.12.16	北京新世纪认证有限公司
恒安(天津)卫生用品有限公司	天津	卫生巾	2003.9.29	方圆标志认证中心
天津日商卫生科技发展有限公司	天津	卫生巾、卫生护垫	2003.9.19	SGS
利发卫生用品(天津)有限公司	天津	卫生巾、卫生护垫、卫生纸、非织造布	2002.12.18	北京中大华远认证中心
天津市英华妇幼用品有限公司	天津	卫生巾、卫生护垫、纸尿裤	2005.1.14	北京恩格威质量体系认证中心
天津市森华卫生巾制品有限公司	天津	卫生巾、卫生护垫、纸尿裤、宠物垫	2003.10.29	上海恩可埃认证有限公司
保定市义厚成纸业有限公司	河北保定	卫生巾、护垫、护理垫、宠物垫、隔尿垫、湿巾	2005.2.23	北京中大华远认证中心
保定市东升卫生用品有限公司	河北保定	纸巾纸、皱纹卫生纸、湿巾	2005.3.7	中国质量认证中心
满城县中信纸业有限公司	河北保定	纸巾纸、皱纹卫生纸	2004.1.17	方圆标志认证中心
内蒙古塞外星华章纸业股份有限公司	内蒙古乌拉特前旗	漂白苇浆、漂白麦草浆、卫生纸、餐巾纸	2004.6.17	北京中大华远认证中心
抚顺恒安心相印纸制品有限公司	辽宁抚顺	纸巾纸、皱纹卫生纸	2005.1.25	方圆标志认证中心
抚顺恒安纸业有限公司	辽宁抚顺	纸巾纸、皱纹卫生纸	2005.1.25	方圆标志认证中心
沈阳东联日用品有限公司	辽宁沈阳	卫生巾等	2004.4.1	方圆标志认证中心
锦州女儿河纸业有限公司	辽宁锦州	纸巾纸、皱纹卫生纸	2004.10.13	中国质量认证中心
上海亿维实业有限公司哈尔滨分公司	黑龙江哈尔滨	卫生巾、卫生护垫	2005.1.5	北京恒标质量认证有限公司
上海唯尔福(集团)有限公司	上海	卫生巾、卫生护垫、纸尿片(尿布)、隔尿垫	2003.10.20	北京中大华远认证中心
强生(中国)有限公司	上海	卫生巾、卫生护垫等	2003.12.29	劳氏质量认证有限公司(上海)
上海花王有限公司	上海	卫生巾等	2003.3	SGS
上海尤妮佳有限公司	上海	卫生巾、卫生护垫	2002.12.12	北京中大华远认证中心
康那香企业(上海)有限公司	上海	非织造布、纸尿裤、卫生巾、卫生护垫、纸毛巾、柔湿巾、化妆棉纸	2004.12.24	北京中大华远认证中心
全日美实业(上海)有限公司	上海	纸尿裤	2002.12.18	SGS
上海益母妇女用品有限公司	上海	卫生巾、卫生护垫、纸尿裤	2003.12.29	方圆标志认证中心
上海月月舒妇女用品有限公司	上海	卫生巾、卫生护垫、餐巾纸、手帕纸、面巾纸	2002.12.19	上海质量体系审核中心
金红叶纸业(苏州工业园区)有限公司	江苏苏州	生活用纸	2003.2.24	中国质量认证中心
王子制纸妮飘(苏州)有限公司	江苏苏州	面巾纸、手帕纸、卫生卷纸、擦手纸	2004.2.10	SGS
永丰余家品(昆山)有限公司	江苏昆山	卫生纸、面巾纸、手帕纸、擦手纸、厨房纸巾、餐巾纸	2003.8	英国国家质量认证公司
江苏双灯纸业有限公司	江苏盐城	卫生纸	2005.7.1	英国国家质量认证公司
江苏金莲纸业有限公司	江苏金湖	金莲牌生活用纸	2003.10.15	方圆标志认证中心

续表

获证单位	所在城市	覆盖产品	获证时间	发证机构
脱普日用化学品(中国)有限公司	江苏无锡	卫生巾等	2003.11.13	中国质量认证中心
常州康贝纸业有限公司	江苏常州	纸尿裤等	2004.12.16	江苏九州认证有限公司
远东纸业(泰州)有限公司	江苏泰州	卫生巾、卫生护垫、婴儿尿裤、婴儿尿片	2005.8.28	中鉴认证有限责任公司
江苏三笑集团有限公司	江苏扬州	卫生巾、卫生护垫、纸尿裤	2005.8.1	方圆标志认证中心
杭州腾野生物科技有限公司(原杭州市余杭造纸厂)	浙江余杭	卫生巾、卫生护垫、纸尿片	2003.8.27	杭州万泰认证有限公司
杭州诗蝶卫生用品有限公司	浙江萧山	卫生巾、卫生护垫	2002.9.3	埃尔维质量认证中心
杭州互爱卫生用品有限公司	浙江萧山	卫生巾、卫生护垫	2002.9.11	深圳质量认证中心
杭州雅妮娜卫生用品有限公司	浙江萧山	卫生巾、卫生护垫	2004.6	浙江公信认证有限公司
杭州可月卫生用品有限公司	浙江萧山	卫生巾、卫生护垫	2002.12	杭州万泰认证有限公司
杭州珍琦卫生用品有限公司	浙江富阳	卫生巾、卫生护垫	2003.3.27	中国进出口商品检验总公司质量认证中心
临安市雄鹰妇幼卫生用品有限公司	浙江临安	卫生巾、卫生护垫、纸尿裤	2004.7.26	浙江公信认证有限公司
浙江贝尔护理用品有限公司	浙江长兴	卫生巾、卫生护垫	2005.3.1	方圆标志认证中心
义乌市安柔卫生用品有限公司	浙江义乌	卫生巾、卫生护垫、婴儿纸尿裤、婴儿纸尿片	2005.8.11	环通认证中心有限公司
义乌市嘉华日用有限公司	浙江义乌	卫生巾、卫生护垫、纸尿裤	2003.12.24	方圆标志认证中心
温州市三八卫生用品厂	浙江温州	卫生巾、卫生护垫	2004.7.20	方圆标志认证中心
温州市宝碟妇幼用品有限公司	浙江温州	卫生巾	2004.5.21	中国质量认证中心
恒安(上虞)卫生用品有限公司	浙江上虞	卫生巾、卫生护垫	2003.10.28	方圆标志认证中心
安徽潜山纸塑制品有限公司	安徽潜山	卫生巾、卫生纸、餐巾纸	2004.4.27	中国质量认证中心
福建恒安集团有限公司	福建晋江	卫生巾、卫生护垫、婴儿纸尿裤、婴儿纸尿片、成人纸尿裤、成人纸尿片、纸尿垫	2003.5.29	方圆标志认证中心
晋江恒安心相印纸制品有限公司	福建晋江	面巾纸、手帕纸、卷筒卫生纸、皮夹式手帕纸	2004.3.19	方圆标志认证中心
福建恒利集团有限公司	福建南安	卫生巾、卫生护垫	2004.6.8	方圆标志认证中心
泉州恒利妇幼用品有限公司	福建南安	婴儿纸尿裤	2004.6.8	方圆标志认证中心
福建南安市天和妇幼日用品有限公司	福建南安	卫生巾、卫生护垫	2002.12.30	方圆标志认证中心
福建晋江市仲盛卫生用品有限公司	福建晋江	卫生巾、卫生护垫	2002.12.31	中国质量认证中心
福建福清恒耀卫生用品有限公司	福建福清	卫生巾、卫生护垫	2002.11.28	方圆标志认证中心
福建莆田佳通纸制品有限公司	福建莆田	卫生巾、纸尿裤、纸巾纸	2004.12.2	方圆标志认证中心
莆田市丰悦纸业有限公司	福建莆田	卫生巾、卫生护垫、纸尿片、纸巾纸、皱纹卫生纸	2004.9.21	北京中大华远认证中心
福建省三明市宏源卫生用品有限公司	福建三明	卫生巾、卫生护垫	2003.8	北京华夏认证中心
福建省武平县婕洁卫生用品有限公司	福建武平	卫生巾、卫生护垫	2004.3.17	方圆标志认证中心
漳州市芗城晓莉卫生用品有限公司	福建漳州	卫生巾、卫生护垫、卫生纸、纸尿裤	2003.1.29	中国质量认证中心
漳州鑫炎环保产业有限公司	福建漳州	纸巾纸、皱纹卫生纸	2005.3.18	方圆标志认证中心
福建五星(泉州)卫生用品有限公司	福建泉州	卫生巾、卫生护垫	2005.3.18	方圆标志认证中心
广丰月兔卫生用品有限公司	江西广丰	卫生巾、卫生护垫、纸尿裤	2004.3.8	方圆标志认证中心
江西生成卫生用品有限公司	江西武宁	纸制品、湿纸巾、卫生巾	2004.3.29	中国质量认证中心
青岛正利纸业有限公司	山东青岛	纸巾纸、皱纹卫生纸	2004.2.13	上海质量体系审核中心
山东华泰纸业集团有限公司	山东广饶	卫生纸等	2004.10.27	方圆标志认证中心
山东益母妇女用品有限公司	山东淄博	卫生巾、卫生护垫、纸尿裤	2003.12.9	方圆标志认证中心
恒安(潍坊)卫生用品有限公司	山东潍坊	卫生巾	2003.9.30	方圆标志认证中心
南阳泰龙纸业有限公司	河南南阳	纸浆、生活用纸、包装用纸	2004.3.2	方圆标志认证中心
安阳市汇丰卫生用品有限责任公司	河南安阳	卫生巾	2004.3.17	方圆标志认证中心
湖北丝宝卫生用品有限公司	湖北仙桃	卫生巾、卫生护垫	2004.9.6	北京中大华远认证中心
恩施锦华纸业有限责任公司	湖北恩施	生活用纸等	2003.12.30	北京中大华远认证中心
维达纸业(湖北)股份有限公司	湖北孝感	纸巾纸、面巾纸、餐巾纸、卫生卷纸及其原纸、擦手纸	2004.12.6	北京中大华远认证中心

续表

获证单位	所在城市	覆盖产品	获证时间	发证机构
湖南恒安纸业有限公司	湖南常德	皱纹卫生纸、纸巾纸及其盘纸	2003. 7. 29	方圆标志认证中心
维达纸业(广东)股份有限公司	广东新会	纸巾纸、餐巾纸、面巾纸、卫生卷纸、卫生巾、多用纸抹布、湿纸巾、分切盘纸、茶杯垫纸、擦手纸	2005. 8. 24	北京中大华远认证中心
广东妇健企业有限公司	广东南海	卫生巾、卫生护垫、纸尿片、纸尿裤	2003. 11. 26	方圆标志认证中心
南海西樵宝儿用品有限公司	广东南海	婴儿纸尿裤、婴儿纸尿片、成人纸尿片	2003. 5. 16	方圆标志认证中心
佛山市美适卫生用品有限公司	广东佛山	卫生巾、卫生护垫	2003. 9. 15	埃尔维质量认证中心
佛山市南海区桂城景兴商务拓展有限公司	广东佛山	卫生巾、卫生护垫、湿巾	2003. 9. 15	EWC
佛山市高明佩安婷卫生用品实业有限公司	广东佛山	卫生巾、卫生护垫、尿裤、尿片	2004. 1	NQA
东莞瑞麒婴儿用品有限公司	广东东莞	纸尿裤	2004. 8. 10	方圆标志认证中心
东莞姿庭生活用品有限公司	广东东莞	卫生巾、卫生护垫、纸巾纸	2003. 12. 10	北京中大华远认证中心
东莞白天鹅纸业有限公司	广东东莞	纸巾纸、皱纹卫生纸、卫生巾、卫生护垫、纸尿裤、纸尿片	2003. 4. 23	方圆标志认证中心
广东中顺纸业集团有限公司	广东中山	卫生纸、纸巾纸、卫生巾	2003. 9. 18	北京世标认证中心
中山市三角纸品制造有限公司	广东中山	皱纹卫生纸、纸巾纸及其盘纸	2004. 5. 13	长城(天津)质量保证中心
中山市雅洁莉纸业有限公司	广东中山	纸巾纸	2005. 5. 30	方圆标志认证中心
中山市川田生活用品有限公司	广东中山	卫生巾、婴儿纸尿裤	2002. 9. 13	中国质量认证中心
广东海灵保健制品有限公司	广东中山	卫生巾	2004. 7. 7	BSI
中山瑞德卫生纸品有限公司	广东中山	婴儿纸尿裤	2002. 9. 17	SGS
广东省芬兰馨实业有限公司	广东四会	卫生巾、卫生护垫、婴儿纸尿裤	2004. 4. 8	北京世标认证中心
汕头市爱护洁护理用品厂有限公司	广东汕头	婴儿纸尿裤	2002. 9. 28	中国质量认证中心
汕头航空用品总公司	广东汕头	湿纸巾等	2003. 4. 24	中国质量认证中心
揭阳市区信达纸业有限公司	广东揭阳	卫生纸、面巾纸	2002. 12. 31	中国质量认证中心
江门市新裕造纸有限公司	广东江门	卫生纸系列	2002. 10. 21	中国质量认证中心
江门市新华造纸厂	广东江门	皱纹卫生卷纸	2002. 11. 5	中国质量认证中心
江门日佳纸业有限公司	广东江门	卫生卷纸、盒装面巾纸、手帕纸	2005. 4. 28	环通认证中心有限公司
惠州福和纸业有限公司	广东惠州	卫生纸	2002. 8. 20	中国质量认证中心
广东亨煌日用品有限公司	广东增城	卫生巾、卫生护垫、纸尿裤、纸尿片、两用巾	2003. 5. 19	中国质量认证中心
金钰(清远)卫生纸有限公司	广东清远	卫生纸、纸手帕、面巾纸、餐巾纸	2002. 12. 2	中国质量认证中心
广西贵糖(集团)股份有限公司	广西贵港	生活用纸系列	2004. 3. 26	中质协质量保证中心
广西洁宝纸业投资股份有限公司	广西贵港	生活用纸系列	2004. 2	中质协质量保证中心
广西舒雅护理用品有限公司	广西南宁	一次性使用纸制卫生用品、卫生消毒液(巾),敷料	2002. 12. 20	中国质量认证中心
柳州惠好卫生用品有限公司	广西柳州	卫生巾、卫生护垫、纸尿裤、纸尿片等	2003. 1. 28	中国质量认证中心
桂林洁伶工业有限公司	广西桂林	卫生巾、卫生护垫	2004. 12	贝尔国际验证技术服务(成都)有限公司
四川友邦企业有限公司	四川广汉	面巾纸、手帕纸、卫生纸	2004. 10. 10	北京国医械华光认证有限公司
成都市芳舒乐卫生纸品有限公司	四川成都	卫生巾	2004. 6. 16	中国质量认证中心
成都金香城纸业有限公司	四川成都	皱纹卫生纸、纸巾纸	2005. 2. 4	中国检验认证集团质量认证有限公司
恒安(四川)家庭用品有限公司	四川成都	卫生巾、卫生护垫	2003. 7. 30	方圆标志认证中心
贵州久美企业有限责任公司	贵州贵阳	卫生巾	2003. 3. 25	中国质量认证中心
云南清逸堂纸业有限公司	云南大理	卫生巾、卫生护垫	2005. 2. 1	中国质量认证中心
西安奥辉纸业有限公司	陕西西安	生活用纸	2004. 6. 21	方圆标志认证中心
西安市长安秦龙纸业有限公司	陕西西安	皱纹卫生纸、纸巾纸及其盘纸	2004. 9. 15	北京中大华远认证中心

续表

获证单位	所在城市	覆盖产品	获证时间	发证机构
宁夏紫金花纸业有限公司	宁夏永宁	卫生纸、纸巾纸	2003.5.18	中国质量认证中心
宁夏美洁纸业股份有限公司	宁夏贺兰	卫生纸、面巾纸、餐巾纸	2002.8.6	中国质量认证中心
宁夏金昱元峡光纸业有限公司	宁夏青铜峡	纸巾纸、皱纹卫生纸等	2004.2.26	北京中大华远认证中心
纸浆				
广西贺达纸业有限公司	广西贺州	纸浆	2002.11.27	方圆标志认证中心
新疆博湖苇业股份有限公司	新疆库尔勒	漂白苇浆板、高中档文化用纸	2005.8.12	方圆标志认证中心
非织造布				
北京大源非织造有限公司	北京	热风法、热轧法非织造布	2005.9	方圆标志认证中心
东纶科技实业有限公司	河北廊坊	水刺非织造布	2003.12.4	北京新世纪认证有限公司
维顺(中国)无纺制品有限公司	江苏苏州	非织造布	2005.1.20	SGS
南京和兴不织布制品有限公司	江苏南京	薄型热熔粘合法非织造布(热轧、热风)	2002.12.25	江苏质量保证中心
江苏洪泰无纺布有限公司	江苏洪泽	热轧粘合法非织造布、热风粘合法非织造布、PE 流延打孔膜	2002.10.16	方圆标志认证中心
浙江中汇纺织工业有限公司	浙江杭州	非织造布	2003.1.23	方圆标志认证中心
宁波市奇兴无纺布有限公司	浙江慈溪	非织造布及干法纸		
安徽兴达包装有限公司	安徽	非织造布等	2005.5.31	方圆标志认证中心
山东康洁非织造布有限公司	山东济南	非织造布	2004.8.27	方圆标志认证中心
南海南新无纺布有限公司	广东佛山	纺粘非织造布、纺熔非织造布	2003.12.18	广东质量体系认证中心
海南欣龙无纺股份有限公司	海南澄迈	热轧非织造布系列、水刺非织造布系列、浆点衬布系列	2003.12.6	方圆标志认证中心
吸水材料				
上海通贝吸水材料有限公司	上海	SAP 吸水纸、中草药复合吸水纸等	2005.9.2	中国检验认证集团质量认证有限公司
离型纸				
江苏陶氏纸业有限公司	江苏南京	离型纸、离型膜、干法纸	2002.12.30	方圆标志认证中心
温州市永丰自粘材料有限公司	浙江苍南	离型纸、不干胶制品	2003.10.8	北京三星九千质量认证中心
建亚保达(厦门)卫生器材有限公司	福建厦门	离型纸	2005.4.22	中国质量认证中心
佛山市新飞卫生材料有限公司	广东佛山	离型纸、离型膜、离型布	2005.7.8	中鉴认证有限责任公司
热熔胶及设备				
上海向华热熔胶有限公司	上海	热熔胶	2005.11	ASR
浙江精华科技有限公司	浙江杭州	热熔胶	2003.12	北京世标认证中心
泉州新日成热熔胶设备有限公司	福建泉州	热熔胶喷涂系统设备	2003.7.29	中国信息产业部电子工业标准研究所体系认证中心
广州慧达精细化工有限公司	广东广州	热熔胶、水胶、醛酮树脂	2002.12	DNV
皇尚科技开发(深圳)股份有限公司	广东深圳	热熔胶机	2002.10.21	NSF
包装材料				
沧州大荣包装制品有限公司	河北沧州	一次性塑料包装用制品	2003.12.5	方圆标志认证中心
上海联宾塑胶工业有限公司	上海	PE 塑胶袋	2005.2.22	杭州万泰认证有限公司
浙江省诸暨市华夏塑胶总厂	浙江诸暨	塑胶制品、复合包装袋、纸塑包装	2002.12	摩迪国际认证有限公司
杭州骏龙塑料包装有限公司	浙江杭州	塑料包装制品	2002.9.30	方圆标志认证中心
卫生纸生产及加工设备				
江苏太仓液压元件有限公司	江苏太仓	造纸机械(含 1092－1575mm 卫生纸机)设备等	2003.6.11	摩迪国际认证有限公司
昆山市中联第一造纸机械厂	江苏昆山	造纸机械、卫生纸机		
安徽华辰造纸网股份有限公司	安徽	造纸用聚脂网	2003.12.6	方圆标志认证中心
山东昌华造纸机械有限公司	山东聊城	造纸机、压光机、卷纸机	2003.8.21	北京中大华远认证中心

续表

获证单位	所在城市	覆盖产品	获证时间	发证机构
诸城市金日东造纸机械有限公司	山东诸城	造纸机械		
湖南永佳裕机电设备安装公司	湖南	纸机、工艺管道及其他通用设备的安装	2005.5.31	方圆标志认证中心
岳阳国泰机械有限责任公司	湖南岳阳	造纸机械、盘磨机磨片	2004.3.26	方圆标志认证中心
南海市德昌誉机械制造有限公司	广东南海	生活用纸后加工设备	2005.11	BM TRADA(UKAS)
宝索机械制造有限公司	广东南海	生活用纸后加工设备	2002.3	金标全球认证服务有限公司
南海市桂城南约新力机械制造厂	广东南海	纸加工设备	2002.10.25	JAS - ANZ(UKAS)
东莞市佳鸣机械制造有限公司	广东东莞	造纸机械、纸加工设备	2003.2.24	BM TRADA(UKAS)
松川企业集团有限公司	上海	生活用纸包装机械		
一次性卫生用品生产设备				
安庆恒昌机械制造有限公司	安徽安庆	一次性卫生用品生产机械和一次性卫生用品包装机械	2003.10.13	SGS
杭州珂瑞特机械制造有限公司	浙江杭州	一次性卫生用品生产机械和一次性卫生用品包装机械	2005.2.1	中鉴认证有限责任公司
金湖县宏大卫生巾设备有限公司	江苏金湖	卫生巾生产设备	2003.1.30	方圆标志认证中心
金湖县卫生巾设备有限公司	江苏金湖	卫生巾生产设备	2004.5.31	中国质量认证中心
福建泉州明辉轻工机械有限公司	福建泉州	妇女卫生巾机、纸面巾机和砌块成型机	2002.10.15	方圆标志认证中心
东南机械制造有限公司	福建晋江	卫生巾生产设备		北京世标认证中心
一次性医药卫生材料				
北京康源塑胶有限公司	北京	防尘口罩	2005.3.15	方圆标志认证中心
镇江长城无纺布有限公司	江苏镇江	熔喷无纺布、一次性使用衣服、一次性使用帽子、一次性使用口罩等	2004.5.21	方圆标志认证中心
武进市卫生用品厂	江苏武进	一次性使用口罩、帽子等	2003.1.24	上海质量体系审核中心
纸餐具				
宁波亚洲绿色纸品有限公司	浙江宁波	一次性纸杯、PE 淋膜纸	2003.5.7	中国质量认证中心
泉州市远东鑫美纸制品有限公司	福建泉州	纸浆环保餐具	2004.11.02	摩迪国际认证有限公司

生活用纸和卫生巾免检产品企业和品牌
List of inspection-free tissue paper and sanitary napkins, brands and manufacturers

公司名称	产　品	品　牌	获得时间	备　注
福建恒安集团有限公司	卫生巾(含卫生护垫)	安尔乐,安乐	2002.01	免检有效期满,经企业重新申报,于2005年12月审查通过
宝洁(中国)有限公司	卫生巾(含卫生护垫)	护舒宝	2002.01	
湖北丝宝卫生用品有限公司	卫生巾(含卫生护垫)	洁婷	2002.01	
强生(中国)有限公司	卫生巾(含卫生护垫)	娇爽	2002.01	
上海花王有限公司	卫生巾(含卫生护垫)	乐而雅	2002.01	
金佰利(中国)投资有限公司	卫生巾(含卫生护垫)	舒而美,高洁丝	2002.01	
上海尤妮佳有限公司	卫生巾(含卫生护垫)	苏菲	2002.01	
福建恒利集团有限公司	卫生巾(含卫生护垫)	舒爽,好舒爽	2002.01	
北京特日欣卫生用品有限公司	卫生巾(含卫生护垫)	特日欣	2002.01	
杭州雅妮娜卫生用品有限公司	卫生巾(含卫生护垫)	雅妮娜	2002.01	
山东益母妇女用品有限公司	卫生巾(含卫生护垫)	益母	2002.01	
上海唯尔福(集团)有限公司	卫生巾(含卫生护垫)	唯尔福	2003.01	
北京倍舒特妇幼用品有限公司	卫生巾(含卫生护垫)	倍舒特	2003.01	
贵州久美企业有限责任公司	卫生巾(含卫生护垫)	舒婷	2003.01	
湖南恒安纸业有限公司	纸巾纸、卫生纸	心相印	2004.01	
维达纸业(广东)有限公司	纸巾纸、卫生纸	维达,花之韵	2004.01	
金红叶纸业(苏州工业园区)有限公司	纸巾纸、卫生纸	唯洁雅	2004.01	
广东中顺纸业集团有限公司	纸巾纸、卫生纸	洁柔,太阳	2004.01	
东莞白天鹅纸业有限公司	纸巾纸、卫生纸	贝柔,嘉民	2004.01	
中山市三角纸品制造有限公司	纸巾纸、卫生纸	三角	2004.01	
江苏双灯纸业有限公司	卫生纸	双灯	2004.01	

生活用纸(纸巾纸、卫生纸)中国名牌产品
Tissue paper brands in the evaluation list of China Famous Brand Products

公司名称	产　品	品　牌	获得时间
湖南恒安纸业有限公司	纸巾纸、卫生纸	心相印	2005.08
维达纸业(广东)有限公司	纸巾纸、卫生纸	维达 Vinda	2005.08
广东中顺纸业集团有限公司	纸巾纸、卫生纸	洁柔	2005.08

主要生产企业

MAJOR TISSUE PAPER & DISPOSABLE PRODUCTS MANUFACTURERS

[3]

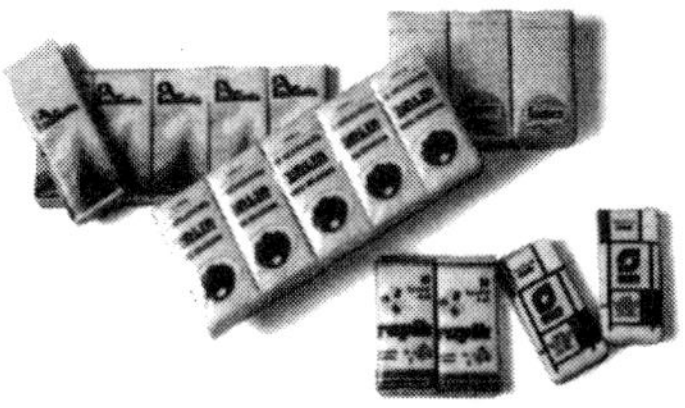

年度企业和人物
Famous manufacturers and personages

恒安集团：发展腾飞的20年

许连捷总裁：八闽骄子 商界奇才

维达纸业集团：大步迈向国际化道路

李朝旺董事长：葵乡走出的纸业英才

广东中顺纸业集团有限公司：坚持品牌经营理念

邓颖忠董事长：自强不息　厚德载物

宝洁(中国)有限公司：亲近生活　美化生活

金佰利(中国)投资有限公司：致力于中国的长期发展

邵青锋总裁：务实的“海归”企业家

上海尤妮佳有限公司：中国事业辉煌发展的10年

金红叶纸业(苏州工业园区)有限公司：以人为本　创新发展

恒安集团：发展腾飞的20年

恒安集团创立于1985年，是最早进入中国卫生巾市场的企业之一，经营领域涉及一次性卫生用品、生活用纸产品、化妆及护肤类产品等，是目前国内最大的妇女卫生巾和婴儿纸尿裤生产企业，总资产30多亿元，员工2万余名，在全国14个省、市拥有30余家独立法人公司，销售和分销网络覆盖全国。恒安国际集团有限公司于1998年在香港成功上市。

恒安集团在20年的风雨历程中，不断突破民营企业的局限性，与时俱进，开拓创新，创造了差异化的市场竞争优势，取得了发展腾飞的成绩。主导产品安乐、安尔乐卫生巾，安儿乐婴儿纸尿裤，心相印高级纸巾产品的市场占有率连续多年位居全国第一。

一、技术创新和质量保证

恒安集团1993年就筹建了企业研究发展中心，每年均投入上千万元的经费，公司逐年的新增效益90%以上来自工艺技术改进和新产品开发。公司创办以来，恒安产品已经由原来单一的“安乐”直条卫生巾发展到以中国驰名商标“安尔乐”，以及“安乐”、“安儿乐”、“安而康”等著名品牌为依托，生产与销售100多个规格、品种的妇女卫生巾、婴儿纸尿裤和成人纸尿裤。“心相印”纸巾和“美媛春”化妆及护肤类产品在国内亦迅速发展。

质量是一次性卫生用品和生活用纸产品生产企业的生命线。恒安把“以追求人类的健康与快乐为天职，生产卫生、舒适、优质的生活用品”作为质量方针。公司在创建初期就设立了质管部，建立和健全了一整套全面质量管理控制体系。建成高标准的质检室、化验室、菌检室等完备的检测机构。恒安集团的主要生产设施和产品均已通过ISO9002质量体系和产品质量论证。在国家各级质量监督检验部门的历次质量抽检中，恒安各系列产品的各项技术指标均为合格。2002年和2003年，“安乐”、“安尔乐”系列妇女卫生巾、卫生护垫产品和“心相印”系列生活用纸产品先后被国家质量监督检验检疫总局授予“国家免检产品”称号。2005年“心相印”系列生活用纸产品被中国名牌战略推进委员会确认为“中国名牌产品”。

二、在香港上市

为了建立规范的企业管理制度，造就百年不衰企业，1998年12月，恒安国际集团有限公司正式在香港联交所挂牌，成为在香港上市的第一家民营企业。当时融资7亿元，市盈率达到10倍，同时创下了当年上市最高市盈率和最高认购倍数的纪录。2000年吸收美国摩根士丹利集团入股。恒安把产品经营、品牌经营和资本运作有机地结合起来，实现了产品名牌化，企业集团化，集团股份化，股份国际化。

三、企业管理和变革

恒安成立伊始，就坚决摒弃当时在晋江市还很盛行的家族式管理体制，转而采用股份制形式。1997年初，恒安就在内部实行了股份化，并妥善处理了集权与分权的矛盾，集团公司上市后，更将决策和经营置于广泛的社会监督之下，

以此为契机推动企业内部管理，促进企业制度更加规范和科学。恒安从一个名不见经传的乡镇小厂成长为全国的明星企业，在20年的发展历程中形成了具有行业特征的企业管理文化体系，促进了企业的稳步提升和发展壮大。

2001年春，为了“百年恒安”的梦想，恒安集团聘请了美国汤姆斯集团(Thomas Group，简称TG)，协助恒安推行全面的变革和管理。

TG成立于1978年，拥有250多个经验丰富的高级顾问，已经成功地为世界各地企业完成了300多个提高竞争力的项目，TG提出一个名为Total Cycle Time(总周期时间，简称TCT)的企业经营管理理念，其理论基础是以时间为衡量，进行管理流程变革，通过原材料采购、生产、储存、销售、货款回收等各个环节流程时间的缩短来提高效率。

恒安的“TCT”行动由许连捷总裁亲自挂帅，组成了变革的最高权利机构——业务改进团队(Business Improvement Team 简称BIT)，成员是恒安高层管理人员和TG项目经理麦汤姆，每周开一次会进行总结和回顾；下设沟通、销售和分销、市场、供应链、生产技术、新产品开发和人力资源7个跨部门小组(Cross Functional Team 简称CFT)，其成员来自不同的部门，每个小组都有两三个TG的专家进入，共同配合协调TCT的进行。

TCT的基本理论是：(1)在不增加现有资源的情况下，用时间作为推动力，以最快速度完成各项工作；(2)培训和成立跨部门工作小组和清除障碍小队；(3)根据历史数据来确定现状目标；(4)选择障碍，对障碍进行排序，最终消除障碍。

人事的调整是这次改革中做得最成功的。2002年恒安对整个管理架构作了一次人事大调整，一直动到各省公司总经理的级别，调整的目标是产销分离。恒安集团在全国各省市有17个独立法人，本来以个体为单位独立核算生产和销售，根据TG的建议，恒安首先把生产和销售的管理分离，生产的成本和销售的成本分开核算。恒安劝退了一批“老臣”，提拔了一批年轻人。人事大调整后，退下来的干部情绪稳定，没有发生大的波折，新人也比预期提前进入角色，做出了成绩。汤姆斯的专家教给管理人员一种“二八”工作方法，即用20%的时间做出80%的工作效率。

在内部控制方面，经过调整后，公司效率提高，采购成本成功地降低了6~7个百分点，甚至超过了原来设定的目标。原来恒安的采购都是买卖谈判，TG所做的最重要的事情就是帮助制定了采购的公开招标流程，不管采购什么都公开向社会竞标，使原辅材料的成本大幅度降低。规范流程也使恒安“拍脑瓜做决策”的情况有了很大的改变，启动项目不再是由领导“凭感觉”，任何一个项目的启动都必须经过一个规范的审查流程，指标包括人力、财力是否足够，时机是否合适等，大大减少了“半拉子工程”。此外，使恒安更受益的还有由于做事程序和思维模式的改变带来的文化再造。TG在恒安20个月的咨询，恒安付出了400多万美元的咨询费。企业管理变革给恒安集团的发展带来深远的影响。

在整合企业整体素质的过程中，恒安大力实施ERP(企业资源管理)，加快企业供应链管理，2003年恒安实现销售和经济效益大幅度增长。恒安力争通过确立企业发展战略，整合企业内部资源、寻找战略伙伴、定位目标消费者等各方面措施，进一步夯实基础，提高企业核心竞争力，不断扩大企业生存和发展空间。

四、多元化经营

2002年，恒安集团控股收购江西吉安丽人堂，成立“恒安丽人堂(吉安)日化有限公司”，经营“美媛春”化妆及护肤用品，企业经营向家庭日化用品行业扩展。2004年又收购了“香港威信药业”，不仅延伸了企业多元化的触角，而且为恒安产品进入国际市场建立了通道。

五、资本性产业整合

1997年，恒安集团在湖南常德成立了常德恒安纸业，以高起点进入生活用纸行业，“心相印”品牌的生活用纸系列产品很快在市场打响，市场份额不断扩大。2003年起恒安集团推进纸业的规模扩张，继续从国外引进先进造纸设备，以期在湖南常德、山东潍坊、福建晋江形成3个大型造纸基地。并在重庆、辽宁抚顺、山东潍坊、福建晋江、湖南安乡形成5个纸品加工基地，总投资超过20亿元人民币，到2006年，恒安纸业将形成年生产加工30万t生活用纸的生产能力。2004年恒安国际全资收购非上市产业——恒安纸业，在恒安国际旗下，实现了对卫生巾、纸尿裤、生活用纸3类产品的整合。

许连捷总裁：八闽骄子　商界奇才

许连捷于1953年6月生于福建晋江安海镇后林村，汉族，高级经济师职称，现任恒安国际集团有限公司董事局副主席、首席执行官。同时兼任全国政协委员、中国乡镇企业协会副会长、全国工商联执委、中国光彩事业基金会副董事长、中国造纸协会生活用纸专业委员会副主任委员、福建省商会副会长、泉州市商会会长等社会职务。

许连捷在党的改革开放政策指引下，自1979年开始创业生涯。1979年创办安海后林劳保服装厂，1983年创办“民龙香港拉链厂”，特别是自1985年创办恒安以来的20年间，始终坚持以“质量立业，科技兴业”为宗旨，以振兴民族工业为己任，励精图治，艰苦创业，将恒安由一个乡镇小厂发展成为拥有固定资产30亿元、在全国有31家独立法人公司、年产值30多亿元的大型现代企业集团。

经过20年市场风雨的洗礼，恒安集团已成为我国民营企业之林的璀璨之星。许连捷亦先后20余次获得由国家、省、市等有关政府部门授予的“中国十佳优秀企业家”、“优秀乡镇企业家”、“优秀经营者”等荣誉，并分别于1996年和1998年当选为福建省政协委员和全国政协委员。

恒安集团主导产品为“安乐”、“安尔乐”妇女卫生巾，“安儿乐”婴儿纸尿裤和“心相印”纸巾，其市场占有率连年居全国同行前茅。“安尔乐”、“心相印”是国家工商局认定的“中国驰名商标”，“安乐”、“安尔乐”、“心相印”还被福建省人民政府授予“福建著名商标”，同时均为国家免检产品，“心相印”系列生活用纸被中国名牌战略推进委员会确认为“中国名牌产品”。

2001年恒安斥巨资引进世界著名的管理顾问公司——美国汤姆斯集团进驻企业，协助企业推行全面的变革和管理。在外方专家的协助下，恒安确立了“建设以市场和消费者为导向的公司”的目标和宗旨。到2005年上半年，恒安已完成管理架构的科学重组，并成功地实现产销分离的管理模式，以适应新的市场竞争环境。借助外力，恒安在创“百年企业”的道路上已迈出了坚实的步伐。

许连捷认为，企业要想永远立于不败之地，就必须不断吸引和留住更多更优秀的人才，让恒安的企业理念、企业文化和企业制度得到大家的认同，发挥出大家的积极性和创造性。

现在来恒安的新人，集团会通过培训、会议、内刊等多种形式，让每一个员工都知道在恒安工作是为了什么，应追求什么。恒安的企业理念是“追求健康，你我一起成长”。这个健康既包括每个员工个人身心的健康、家庭的健康，也包括企业的健康、社会的健康、国家的健康，大家聚在一起是为了个人、企业和国家的共同发展，追求的是企业团队的和谐、社会的和谐。恒安人的精神，则是“诚信、拼搏、创新、奉献”八个字，这八字精神，是恒安人在实践中不断深化发展而来的。

目前集团2万余名员工，以外来务工人员居多，每年都难免有突发的意外事件，“一人有难大家来帮”，在恒安已经形成了习惯，人人都能感受到团体的温暖。为了丰富员工的业余生活，恒安投入了很大的人力物力，办图书馆和网吧、建活动中心、搞征文比赛、体育比赛、技能比赛，组织与当地机关事业单位的联欢活动，20年来拖欠员工工资的事情在恒安从来没有发生过，员工们对企业的归属感、自豪感很强，恒安文化孕育了一代代新恒安人。

许连捷目前亲任集团人才资源部总监，集团人才的引进、选拔、考核都有一整套科学严格的机制，这套机制是中国本土文化与西方现代管理科学的有机融合。目前在国内同行业中，恒安在产品开发、机械设备、营销管理等诸多方面都拥有一流的人才。

恒安与华侨大学联办造纸专业大专班，让干部读中国人民大学MBA班。每年的师资、实习、补贴、差旅费用达几百万元。为了持续发展，建立学习型企业，恒安每个员工都有学习培训计划。

目前，恒安管理层已全面进入第二代。许连捷认为，对有能力的新人要大胆使用，给他责任，锻炼他的勇气和能力。对年轻的干部，他不要求他们事事汇报，只给他们一个做事的原则：对恒安有利的事大胆干，只对自己有利的事不能干，对企业有利对自己也有利的事要让别人提出来后谨慎地干。通过轮岗制度、竞争上岗制度，以制度管人选人，完善后备人才的储备、承接，使人才梯队更加健康。

总结恒安几十年的用人经验，许连捷认为，企业家的胸怀有多大，他的天地就有多大。企业家重要的是要习惯跟不同性格的人打交道，用的人应该能弥补自己的不足，合适的人就是人才。对一个人要看他追求的是什么，是追求事业和进步还是贪图金钱、享受。对恒安的未来，许连捷有着十分坚定的信心，恒安已经走上了健康发展的轨道，将会有更多的有“诚信、拼搏、创新、奉献”精神的恒安人聚集在“追求健康，你我一起成长”的旗帜之下，恒安百年基业的基础已经奠定。

许连捷在经营企业的同时，还身兼全国政协委员、全国工商联执委、省政协委员、省商会副会长、泉州市商会会长等社会职务。他始终不忘对社会的责任，满腔热情地投身社会公益事业，积极参政、议政，为改善投资环境，振兴地方经济倾心尽力，做出了积极的贡献。

在许连捷的推动下，恒安集团赞助各类公益事业累计数千万元，许连捷个人各类捐款也达千万元以上。恒安在湖北、湖南、广西、福建等老少边穷地区通过投资办厂，安置就业人员上万人，为推动光彩事业、繁荣当地经济做出了贡献。

作为全国政协委员和民营企业经营者，许连捷胸怀产业报国，关爱莘莘学子，情系贫困地区，为改善经济环境，推进社会文明做出积极的努力，取得了瞩目的成绩。1998年，许连捷被中国光彩事业促进会授予“光彩事业奖章”；并于1999年被省委统战部、省光彩事业促进会、省工商联评为“光彩事业先进个人”。

维达纸业集团：大步迈向国际化道路

维达纸业是一家集研究、开发 、生产、销售为一体的现代化生活用纸大型企业。从一间小工厂发展成为拥有 6 家国内公司和 3 家国外公司的大企业，从不为人知到全国家喻户晓，从当初年产值只有几十万元到如今产值逾 10 亿元的企业航母。20 年的时间，维达纸业完成自身的凤凰涅磐，长成今天的参天大榕树，谱写了造纸企业发展的核裂变神话。

创业初期，维达仅有几十名员工从事简单的生活用纸产品加工生产。自 1992 年从日本引进第一台日产量为 22 吨的卫生纸机后，改变了维达依靠外购原纸的“北纸南运”局面。1995 年获得国务院发展研究中心授予两个“中华之最”称号——中国生活用纸产能最大、品种最齐全的生产基地。

从 1992—1998 年间，维达先后从日本、美国、德国等地引进先进的卫生纸机及后加工生产设备，分别上马一、二、三期工程，随着企业自身实力的增强，维达开始实施渴望已久的扩张战略。1997 年，维达分别收购和兼并湖北孝感卫生纸厂和上海利民造纸厂，建立起全国性的生产布局，在解决远距离的物流配送上先人一步。通过规模扩张，维达具备了低成本、高效率操作能力，在市场上尽显竞争优势。

回顾这 20 年的发展历程，维达通过实施名牌战略，依靠完善的管理、过硬的产品质量、良好的品牌优势、超群的技术实力以及完善的客户服务，实现了企业的发展壮大。维达在生产规模、产品质量、市场占有率、经济效益等方面一直处于国内生活用纸行业的领先地位。

近年来，维达先后获得“江门市先进外资企业”、“广东省著名商标”、“广东省名牌产品”、“广东省质量效益型先进企业”、“中国驰名商标”、“国家免检产品”、“中国名牌”等荣誉。在争创名牌的过程中，维达始终坚持“追求卓越，领导创新，提升品牌竞争力，实现速度与效益的同步增长”的目标，以品牌为战略核心开展各项工作。

一、树立坚定的品牌意识

维达在创业初期的生产经营实践中，首先意识到品牌在产品销售上的重要性，进而把树立品牌放在企业发展战略的首位。维达认为，企业要在日趋激烈的市场中发展壮大，就必须坚定不移地培育出自己的品牌，不断提升企业和产品的知名度、美誉度，从而提高广大消费者对企业和产品的忠诚度。因此，维达十分重视 “维达”品牌的培育和发展，坚持以自主品牌主攻内销和出口市场。维达自主品牌的销售占总销售额的 90% 左右，其中出口销售的自主品牌更在 95% 以上。维达在自主品牌经营上的成功，带来了许多冲着

"维达"前来定制其特殊要求产品的客户。

另一方面，维达认为除了树立品牌，更要把维护品牌作为企业实施名牌战略的重要步骤。从1990年注册第一代"维达"商标开始，维达便设置了专职的工作人员进行商标的注册、维护以及专利的申请、维权；组织进行有效的打假维权工作，以维护维达的质量信誉和市场形象。此外，维达还把争创中国驰名商标作为对品牌维护的重要一环。2002年，"维达"商标被评为"中国驰名商标"，实现了对品牌切实的保护。

二、依托全面的质量管理平台，以高品质打造过硬的品牌

过硬的产品质量是维达的市场定位最强有力的支持，它赋予维达品牌强大的生命力。维达的质量管理是综合原材料选用、产品技术和标准要求以及管理手段的统一体。维达是国内较早采用100%纯木浆生产的企业；在质量保证体系建设上，维达1997年通过了ISO9002质量体系认证，2002年通过了ISO9001的转版及ISO14001环境管理体系认证以及HACCP卫生体系的认证，建立起涵盖质量、环保与卫生安全的一体化体系，打造了一个全方位的质量管理平台。2003年，维达取得美国AIB食品接触包装生产设施统一标准证书，这一举措又让维达走在国内生活用纸行业的前列。2004年，维达取得香港安全标志认证。为了确保产品的高质量，维达采用了达到国际先进水平的产品标准，在此基础上又制定了比国际标准要求更高的产品内控标准，以保证维达产品的高起点、高标准和高质量。

科学、系统的管理体系是质量管理的工具之一，而一个专业的质量管理部门，则是品质监控的关键。维达拥有一支由专职检验人员和线上巡检人员共同组建的检验员队伍。检验内容从最初的只做简单的产品线上检验，到现在逐渐建成涵盖原料进货、生产过程以及最终产品检验的中心检验室。该检验室除了进行产品与辅助包装材料的物理指标检测外，还配置了设备完善的微生物检验室以及浆料检验室。前者针对产品的卫生以及生产中使用的水质进行检测监控，后者则通过小型抄造试验进行浆板分析，为造纸车间的生产确定最佳的工艺配比。

借助于良好的质量管理，1993—2004年，维达生活用纸系列产品连续12年在国家的监督抽检中检测合格。

三、技术创新是维达品牌战略的发展动力

技术创新不仅是企业发展的动力和源泉，也是品牌的灵魂。维达一向积极推动企业技术创新活动，体现在产品的研发以及对生产流程和技术的改造上，致力达到不断开发新产品，引导新消费，创造新市场，降低成本，提高竞争优势的目的。

1. 加强创新，研发高品质、高附加值的新产品。维达始终专注于生活用纸行业，作为国内最早自行生产原纸的制造商，维达拥有超群的专家实力。因此，维达十分注重巩固并发挥其作为业界"领头羊"的地位和示范作用。维达充分利用其专家技术和市场网络来主导高附加值的产品创新，致力于提高产品的技术含量。在国内生活用纸制造商中，维达是第一家生产印花餐巾纸并让其走上星级大酒店餐桌的企业；2002年，维达再次先拔头筹自行开发生产出彩色餐巾。此外，在收集了有关国内外生活用纸行业的发展趋势和信息后，维达现在又把精力投入到功能型产品的开发上来。例如根据清洁方式流行的趋势，维达与国内专业的抗菌技术研究所建立合作关系，开发具有特殊用途的生活用纸产品，清洁、抗菌以及防治感冒的一系列新产品预计在2005年内便可推入市场，以其功能性卖点来引导市场消费。

2. 引进国外先进的造纸机械设备，进行各种专项技术攻关，

改善流程，提高能源效率，降低生产成本。维达从美国引进的“BELOIT”卫生纸机，设计车速2200m/min，是目前世界上运转最快的卫生纸机之一，纸机采用先进的双层流浆技术，实现了产品品质的提升。此外，维达还通过设置“技术改造奖”来鼓励本企业的技术人员进行各种技术改造活动。近年来，维达的技术人员先后提出纸机提速方案、蒸汽改造方案等，提高了劳动生产率，节约了能源，大大降低了产品成本。

四、以体育营销和个性化的广告宣传策略塑造响亮的品牌

企业的品牌必须依靠良好的市场推广和广告宣传策略配合，才能够在短时间内迅速叫响。“体育营销”策略以及极具个性化的广告宣传策略在维达品牌的全国推广中起着至关重要的作用。

维达在对企业品牌的推广上，突出了“体育营销”的系统推广战略。体育精神与企业精神的融合成为维达的企业品牌中最为鲜明的特色。从1996年开始，维达便开始了与体育事业的联姻，先后以赞助或冠名赞助的形式支持了全国足球甲A联赛、全国排球联赛、全国保龄球冠军杯赛等一系列全国性体育赛事，通过比赛成功地传递了健康拼搏、活力四射的企业形象；同时维达也充分利用体育赛事的广告资源，极大地增强了品牌的知名度、渗透力以及感染力。维达是中国女排的主赞助商，借助中国女排在世界女排锦标赛夺冠和冲刺雅典奥运女排金牌的机遇，维达先后举行了“为冠军叫好，为女排骄傲”以及“看雅典奥运，赢维达金牌”的大型市场促销及推广活动，扩大了品牌影响力，取得了良好的市场销售业绩。

五、以营销网络和服务构造常胜的品牌

维达涵盖全国的生产布局和市场营销网络，为公司实施低成本的全国品牌战略打下了坚实的基础。得益于其全国性的生产布局，维达产品的销售半径得以缩短，现已构建了省、市、县三级销售网络，分布在全国800多个城市共20000多个销售网点。近年来维达根据零售业发展的新特点，及时调整营销策略，通过直营与批发渠道相辅相成，带动营销市场的全面发展。凭借优良品质与覆盖广泛的营销网络，维达产品的知名度、美誉度日渐得到扩大和提升，销售业绩连续位居行业前茅，成为国际连锁快餐巨头麦当劳与肯德基的长期供应商，同时也为众多的五星级酒店、机场、公司客户提供商用配套产品。

良好的客户服务是维达对“满足客户需求”承诺的基石。维达分布在全国的销售网点的驻地人员担任了客户服务的角色，成为公司有关市场信息收集以及客户意见反馈的一道桥梁。在公司的内部，制定了《顾客意见处理程序》，由专门部门负责顾客投诉的接受、记录、调查、处理和答复。品质管理部门则负责产品技术质量问题的解答、跟踪责任部门的纠正以及预防措施。各个部门在整个流程中各司其职，各尽其能，以求达到让客户满意的终极目标。

六、以国际化、集团化、规模化的发展战略缔造国际品牌

中国的生活用纸行业在今后十几年内仍处于成长期，中国生活用纸具有广阔的市场发展空间。1999年，维达完成资产重组工作，向规模效益导向的战略转型，制定了国际化、集团化、规模化的发展战略，确立年产15万吨的近期目标，年产20万吨的中期目标及年产30万吨的远期目标。

2002年开始，维达就已经开始筹划把国内的生产基地从目前的十字型布局向米字型布局发展。目前维达正在四川省德阳市兴建年产4万吨、在湖北孝感兴建年产15万吨和在新会双水兴建年产12万吨的三个高档生活用纸工程项目。三项工程分别于2004年底及2005年初启动，三项工程的首期工程将于2005年下半年全部投产。新会双水的项目完成后，维达在新会生产基地的年造纸能力将达到18万吨，届时将会成为亚洲最大的卫生纸生产基地。预计维达在2008年前在中国的年生产能力将达到或超过30万吨，届时维达将继续保持在中国生活用纸领域的前列。

维达发展呈现良好的势头，最近修订了规模化的发展战略，确立了年产15万吨的近期目标，年产30万吨的中期目标及年产50万吨的远期目标。通过新的战略目标指导，维达已开始进行积极的强军备战。

维达走出葵乡小城，从地方名牌迈进中国名牌。展望未来，维达将继续贯彻“追求卓越品质，拓展品牌市场，满足顾客期望”的方针，积极向着打造中国生活用纸第一品牌的目标迈进。

李朝旺董事长：葵乡走出的纸业英才

李朝旺现任维达纸业国际控股有限公司董事长，是中国造纸协会副主任委员及中国造纸协会生活用纸专业委员会副主任委员，曾获全国优秀乡镇厂长称号和2002年广东省十大优秀企业家光荣称号。

1985年，李朝旺出任新会日用工业品厂（维达前身）总经理时，所在企业是由原来两间街道小厂和一间亏损30多万元的福利厂合并而成。他以一个现代企业家的独到眼光和过人的胆识，通过艰苦的市场调查和研究，最后把公司市场定位在当时社会上刚开始流行的高档卫生纸用品生产上，并且做到当年设计、当年生产、当年使企业扭亏为盈。

至1996年，李朝旺深刻地意识到，企业要发展必须要有先进的、科学的管理方法，建立完善的现代化管理制度。他用了一年时间，结合企业实际，按照ISO9000的质量保证体系模式，强化企业管理。1997年12月经中国兴轻质量体系认证中心和中国轻工质量认证中心审核，维达成为中国生活用纸行业中首家通过并获得GB/T19002－ISO9002认证证书的企业。在他的管理下，维达先后通过了ISO9001的转版及ISO14001环境管理体系认证、HACCP卫生管理体系以及美国AIB食品包装安全认证。

1997年，维达纸业先后收购和兼并了湖北孝感卫生纸厂和上海利民造纸厂，为公司的北进奠定了生产基地。之后又根据市场需求，在北京设立了加工厂，分别成立了北京、上海、湖北三家省外分公司。并先后在澳洲成立了“维达纸业（澳洲）有限公司”，在美国成立了“维达纸业（美国）有限公司”。

1999年10月，维达公司通过资产重组，将“广东维达纸业股份有限公司”更名为“维达纸业（广东）有限公司”，成为外商独资企业，胸怀大志的李朝旺成为新维达的掌门人。这次重组为维达实现整体腾飞提供了历史性的跨越机遇。

为了实施维达向集团化、规模化、国际化的发展战略，迎接中国加入WTO的到来，经过2年多的资产重组，2000年维达将总部迁移至香港，成立了“维达纸业国际控股有限公司”。

2001年，维达纸业（广东）有限公司的第三期工程引进世界先进的卫生纸设备，采用双层流浆技术，使纸质更柔韧舒适，以改进产品质量。随着这台日产100吨高速卫生纸机的顺利试机投产，广东公司年产原纸由2.4万吨提高到6.5万吨以上。

2002年，李朝旺已开始筹划在国内更大的发展计划。目前，维达正在四川省德阳市兴建年产4万吨、在湖北孝感兴建年产15万吨和在新会双水兴建年产12万吨的高级生活用纸工程项目。三项工程分别于2004年底及2005年初启动，三项工程的首期工程将于2005年下半年全部投产。预计维达在2008年前在中国生产能力将达到或超过30万吨，届时维达将继续保持在中国卫生用纸领域的前列。

李朝旺对行业、对维达充满信心。满怀雄心壮志的他，根据企业目前良好的发展势头，最近修订了规模化的发展战略，确立年产15万吨的近期目标，年产30万吨的中期目标及年产50万吨的远期目标。通过新的战略目标指导，维达已开始进行积极的强军备战。

在李朝旺的带领下，维达走出葵乡小城，从地方名牌迈进中国名牌，坚持走集团化、规模化、国际化道路的维达在20年的历程中取得了辉煌的成就。

广东中顺纸业集团有限公司：坚持品牌经营理念

广东中顺纸业集团有限公司是率先进入中国生活用纸第一军团的企业之一。

集团总部坐落在广东省中山市沙朗高科技开发区。企业于1979年由个体经营起步，立足创新，不断改进技术，扩大生产规模。以生产“C&S”、“洁柔”、“太阳”品牌的系列生活用纸为主体，经过二十几年的努力奋斗，目前已经发展成为拥有9家生产基地和6家经销公司，集生产制造、国内外贸易、委托加工等于一体的综合型企业集团。下属9家生产基地(子公司)分布于浙江、江苏、四川、山东、湖北和广东省的中山、珠海、韶关、江门等地。

中顺集团秉承“产品要品牌，企业要品牌，做人更要品牌”的经营理念，把ISO9001质量体系论证、ISO14001环境体系论证、HACCP食品安全预防与控制体系论证，融会贯通，灵活运用到企业的经营管理中，在发展中创新，在创新中发展。公司坚持的是：产品、企业、做人都要有诚信、有宗旨、有形象；公司提供的是：优良的产品；公司传播的是：优质的服务；公司建立的是：同海内外各界朋友的真诚合作；公司追求的目标是：成为国际性品牌企业，再创新高。

中顺人坚持不懈地实践着三个品牌的经营理念，结出了丰硕成果：“洁柔”、“太阳”品牌被评定为“产品质量国家免检”，尤其是“洁柔”牌生活用纸产品在香港市场与众多世界名牌产品评比综合质量指标连续三年名列第一；2005年又荣膺“中国名牌”称号。公司早在2002年通过了清洁生产审核，成为“广东省首批清洁生产文明示范单位”，荣获“商业信誉甲级企业”、“产品质量信得过单位”、“广东省优秀企业”、“质量效益型先进企业”、“全国民营企业500强”、“2004广东省企业100强”、“中国优秀民营科技企业”等称号。

中顺公司创立于1979年，“自强不息，厚德载物”是中顺由个体经营发展到集团企业历史沿革的真实写照。公司发展从战略上总体经历了三个阶段：

1979—1989年从事纸制品加工、生产及经营。

1989—1999年自行独立设计安装卫生纸机。建立品牌，经营各种品类齐全的卫生纸及纸巾纸；建立起规范的现代企业管理体系。

1999年至今，运用品牌低成本扩张，发展到全国有9间分厂，正在筹备发展为跨国公司并上市。

27年来中顺稳步发展，不但热心支持关心公益慈善事业，努力回报社会，而且从未发生三角债，没有拖欠工人工资。

中顺公司发展到今天，已向成功迈出了重要一步，值得发扬的经验概括起来有三方面：

第一，诚信经营。诚信经营赢得了员工对企业的爱戴和归属感；诚信经营赢得了消费者对产品的长期信赖，倍爱有加；诚信经营赢得了四海客商真诚合作；诚信经营赢得了社会各界和政府的认可、赞誉。

第二，品质至上。经营理念明确要求“产品要品牌，企业要品牌，做人更要品牌”，品牌的重要内涵就是质量。“品质至上”、“未问做事，先问做人”、“产品等于人品”，这就是公司的质量文化。这种质量文化具有很强的质量意识(责任到公司每一个员工)和质量价值观，已形成有效的质量监督和质量改进体系，配备相对应的机构，完善的制度保证，良好的中顺企业文化氛围。

第三，以人为本。“文化统率企业；法、制规范企业；人才演绎企业”。这是中顺集团进行“以人为本”的企业管理行动纲领。在这个行动纲领的指导下，中顺走过了昨天，走到了今天，正昂首阔步迈向明天。

2005年是中顺集团由循序渐进式发展进入跨越式发展的关键一年。为了不断满足消费者的需求，提供质优价廉的系列生活用纸产品，中顺人从战略上规划了具体详细的发展蓝图，这些蓝图正在一个接着一个变为现实，并迸发出勃勃生机和活力。

在市场经济大潮中，产品、企业、中顺人竞争于市场，“我们的观念造就我们的成果，我们的性格决定我们的命运”，只有建立正确的价值观体系，形成具有竞争力的企业文化，才能保证品牌和企业在竞争中取胜；面对激烈的市场竞争，面对高科技信息时代带来的蓬勃商机，中顺全体同仁将勇往直前，奋发向上，战胜自我，强化自我，争取尽早把中顺纸业建设成为国际知名企业。

邓颖忠董事长：自强不息　厚德载物

邓颖忠，现任中顺纸业集团有限公司董事长。也是最早进入中国生活用纸行业的民营企业创业者之一。

1979—1989 年从事纸制品加工、生产及经营。

1989—1999 年自行独立设计安装卫生纸机。建立品牌，经营各种品类齐全的卫生纸及纸巾纸；建立起规范的现代企业管理体系。

1999 年至今，运用品牌低成本扩张，发展到全国有 9 间分厂，正在筹备发展为跨国公司并上市。

邓颖忠由个体户经营发展到集团企业，27 年来带领中顺纸业稳步发展，而且从未发生三角债，没有拖欠工人工资。

邓颖忠常常以“自强不息，厚德载物”来勉励自己，勉励家人，勉励同事和员工。他最爱说的一句话是无论做什么都要有责任心（包括做人、做事、做领导）。

邓颖忠兴趣广泛。以企业管理、培养人才为快乐人生；以跳舞、运动为潇洒人生。他一直把“以员工的成功感到骄傲，以家人的人品感到自豪”作为自己最大的兴趣，而并不是以拥有多少财富为荣。与他合作的伙伴，都能分享到成功的喜悦，都得到了社会的认同。每当他身边的人受到提拔、有了进步，成了人才，有了更高收入，他都为之鼓舞；每当中顺的员工买了新房、好车，他都为之欢欣。

邓颖忠以诚信经营为宗旨，努力把企业建设成为国际知名企业，与同事和团队一起再创新高。

P&G 宝洁(中国)有限公司：亲近生活 美化生活

1988年，宝洁公司在广州成立了在中国的第一家合资企业——广州宝洁有限公司，从此开始了其在中国业务发展的历程。目前，宝洁公司在广州、北京、成都、天津等地设有多家分公司及工厂，拥有4000多名员工，在华投资总额超过10亿美元。

17年来，宝洁在中国的业务取得了飞速的发展，主要表现在：

建立了领先的大品牌。飘柔、舒肤佳、玉兰油、帮宝适等品牌在各自的产品领域内都取得了领先的市场地位。宝洁的品牌代表着出众的价值，因而赢得了千百万中国消费者的信赖。

业务保持了强劲的增长。中国宝洁是宝洁全球业务增长速度最快的区域市场之一，中国已成为宝洁全球业务发展的强大动力。

宝洁全球概况

始创于1837年的宝洁公司，是世界上最大的日用消费品公司之一。2004—2005年财政年度，宝洁公司全球销售额超过567亿美元，在《财富》全球500强中排名第86位。宝洁公司旗下300多个品牌畅销全球160多个国家和地区市场，包括帮宝适、汰渍、碧浪、护舒宝、潘婷、佳洁士、玉兰油和伊卡璐等众多深受消费者信赖的品牌。每天，在世界各地，宝洁公司的产品与全球消费者有20亿次的亲密接触。在全球80多个国家，宝洁公司拥有雇员11万人。

亲近生活、美化生活的新理念

伴随着中国人民生活水平的提高，宝洁产品家喻户晓，其中洗护发产品：飘柔、海飞丝、潘婷、沙宣、润妍；个人清洁用品：舒肤佳香皂、玉兰油香皂、舒肤佳沐浴露、玉兰油沐浴乳；护肤化妆品：玉兰油系列、SK－II；妇女保健用品：护舒宝卫生巾；口腔护理用品：佳洁士牙膏、佳洁士牙刷；织物家居护理产品：碧浪、汰渍洗衣粉；婴儿护理用品：帮宝适纸尿裤；食品：品客薯片等。宝洁以优质的产品深受消费者喜爱，从而实现亲近生活、美化生活的新理念。

精益求精的品质

宝洁在产品质量方面具有悠久良好的声誉。在部门设置上，由质量保证(QA)部门来实施质量的全面监控。为了保证顾客买到的是优质产品，宝洁建立了一个完整的产品检测、发放、装运和库存控制系统，以保证装运的产品从原材料控制、生产、运输到上货架整个过程都符合严格的质量标准，同时确保产品装运后一旦发现质量问题，能够及时回收。

宝洁公司建立了一套独有的评估标准，称作19个质量保证关键要素，其中包括配方卡、产品规格和标准以及有效性鉴定等，其严格程度远超过ISO9000标准。在宝洁，质量是每个人的职责，如任何员工发现产品存在质量问题，就会立即报告QA经理，并按照相应的程序及时进行处理。

另外，宝洁公司还定期将产品送样到政府质检监督部门进行检测，确保产品质量符合国家标准。产品进入市场后，宝洁仍然实施严密的监控。

倾听消费者声音

早在第一家合资公司成立的前三年，宝洁就开始在中国展开广泛的市场调研，使公司从一开始就针对中国消费者的特有需求，有效地为广大中国消费者服务。10 多年来，公司的市场调研部和专业市场调查公司紧密合作，与上百万中国消费者进行交流。

长期以来，通过多种途径了解消费者的心声是宝洁公司的成功秘诀。宝洁公司消费者服务部成立于20 世纪40 年代，并于70 年代率先开通了消费者免费热线。与消费者卓有成效的沟通和交流推动了公司新产品的开发，并帮助公司制定和调整营销决策。

创新永无止境

在宝洁历史上，正是在技术领域上的不断研究与开发推动了公司业务不断地向新产品领域拓展。目前宝洁公司在全球拥有 19 个大型技术研究中心，拥有 8000 多名科研人员，其中约有 2000 名是具有博士学位的研究员。近年来，公司每年科研经费的投入约 17 亿美元，平均每年申请专利 2 万余项。

在中国，宝洁与清华大学共同创建的宝洁全球第 18 个大型科研中心于 1998 年 4 月在北京正式落成。北京宝洁技术有限公司的目标是成为支持宝洁在中国、亚洲及世界其他地区产品开发的一流技术中心。宝洁公司在为消费者提供技术领先产品的同时，还致力于服务的创新。

致力员工的发展

宝洁人才济济，没有什么能比出色的员工更让宝洁自豪的了。宝洁极为重视为员工提供在个人成长和事业方面取得成功的机会，宝洁深信，公司的利益与员工的利益休戚相关。宝洁公司不断致力于人才本地化的工作，伴随着公司的业务发展，宝洁的中国员工得到了迅速的成长。如今，在宝洁中国，越来越多的中国员工担任起重要的管理职位，并且这一趋势在将来会继续。

建立双赢合作关系

“以尽可能低的价格为消费者提供最佳质量的产品”是宝洁的理想，但他们知道：单靠宝洁自己是无法如愿以偿的。所以，宝洁在各个业务领域寻找合作伙伴，结合双方优势，建立真诚的“双赢”伙伴关系。在中国的 10 多年，宝洁的“双赢”策略赢得了多个领域合作伙伴的高度信赖，形成了双方牢固的价值链。与合作伙伴携手共进的结果是共同成为竞争中的强者。

热心公益事业

“取之社会，用之社会”是宝洁一贯恪守的原则，17 年来，宝洁公司在中国已累计向社会捐助近 5000 万元人民币，用于支持发展教育、健康、城建、环保、助残及赈灾救济等各项社会公益事业。例如：宝洁在 1996—2004 年期间，向希望工程累计捐款 2000 万元人民币，在全国 27 个省、自治区兴建了 100 所希望小学，是在华跨国公司中兴建希望小学数目最多的公司。

展望未来，宝洁将秉承公司的根本宗旨，成为并被公认为全球最优秀的日用消费品公司。宝洁将以“亲近生活，美化生活”为本，努力向中国的消费者提供更多、更好的品牌产品及服务，使他们的生活日臻完美。

金佰利(中国)投资有限公司：致力于中国的长期发展

金佰利公司是全球著名的健康及卫生护理用品公司，名列世界500强，自1983年以来，一直被《财富》杂志评为最值得敬佩的公司之一。金佰利公司成立于1872年，在全球37个国家设有生产设施，产品销往150多个国家和地区，公司员工近62000人，年营业额超过150亿美元。

消费者使用的纸巾产品、个人健康护理用品和商用消费产品是金佰利公司三大核心产品。目前金佰利公司已经成为全球最大的纸巾生产厂商和全美第二大家庭和个人护理用品公司，并一直以完美质量、优质服务、公平相待而闻名。

金佰利公司生产的著名国际品牌产品已经成为消费者日常生活消费中不可分割的一部分。每天有13亿人(约占全球1/4人口)在使用金佰利公司的产品，并且相信这些产品将为他们的健康与生活带来更多的便利。金佰利的知名品牌如舒洁、好奇、高洁丝、斯考特、Pull - Ups和Depend等，都占据着主要卫生消费品种类中第一或者第二位的市场份额。

金佰利公司在130多年的创业历史中，拥有众多的发明成果和世界首创技术，包括发明了世界上第一片妇女卫生巾，并使一次性经期护理用品被广泛接纳。同时金佰利公司也是世界级家用纸类、非织造布及吸水体方面技术的创始者。舒洁作为世界上的第一张面巾纸，已经成为金佰利公司旗下的世界知名品牌。目前好奇婴儿护理产品已成为美国等22个发达国家中婴儿纸尿裤的第一品牌。

金佰利公司在130多年的经营过程中，始终坚持着公司的企业文化——卓越绩效、超越期望、团队合作、关爱他人。这些文化和价值观使金佰利全球优秀的员工凝聚在一起，为客户和消费者提供最优质的产品和服务。金佰利公司的长期目标，就是把金佰利做成极少数“世界上最好的”公司之一。

金佰利公司在中国的业务发展始于1994年，并于1998年成立了金佰利(中国)投资有限公司。截至目前，金佰利中国已在北京、南京、上海、广州等地拥有4家生产厂，近3000名员工，投资规模达20亿元人民币。

金佰利公司致力于在中国的长期发展，大力投资旗下的各个品牌，如舒而美瞬吸蓝、好奇、舒洁和高洁丝等，这些品牌已成为中国著名品牌，并赢得了成千上万中国消费者的喜爱。金佰利中国公司的主要业务分为：个人健康护理用品、消费者用纸巾产品和商用消费产品三大部分。

在10多年的奋斗历程中，金佰利公司在中国取得了良好的业绩，特别是在新产品开发、技术创新、质量控制和环境保护等方面所作的努力被业界广泛称道。1994年，金佰利公司在中国收购了舒而美集团，引进国际先进管理制度以及多种新产品和新技术，开始了针对中国市场的服务。1997年，舒而美推出中国第一片卫生护垫，将中国妇女个人卫生护理用品带入一个崭新的领域。2002年又推出了带有金佰利专利技术的瞬吸蓝卫生巾，给中国女性带来了国际一流的悉心呵护。1996年，舒洁进入中国市场，服务中国消费者。1997年，金佰利向中国市场推出好奇牌纸尿裤，这是跨国公司进入中国市场推出的第一个高档婴儿纸尿裤，给中国的宝宝们带来了世界级的

关爱。

金佰利中国同样秉承其全球一致的文化和价值观，并应用于日常运作的每一个环节。金佰利中国拥有具备本土知识和国际一流技能的本地员工，将继续履行其对中国的长期承诺，以优质的产品提高中国人民的健康水平和生活质量。

作为一个负责任的企业公民，金佰利为中国的环境保护和社会福利等公益事业做出了自己的贡献。金佰利在中国积极植树造林，严格控制废水、废气、噪声及固体废弃物的排放，预防污染的产生，维护消费者的健康利益。

邵青锋总裁：务实的“海归”企业家

邵青锋于2001年8月加入金佰利(中国)投资有限公司，任财务总监，并于2003年12月被任命为中国区总裁。

在此之前，邵青锋曾担任美国UTC集团上海开利空调公司总经理，美国纽约第一波士顿银行高级项目分析员等职务。1979年至1981年，邵青锋曾在中国经济改革委员会担任政策研究员。

邵青锋于1981年毕业于上海财经大学，获财会学学士学位。并于1984年毕业于美国波士顿麻省理工大学，获工商管理硕士学位。

中国人熟悉金佰利是从1994年其收购舒而美集团开始的。在10多年的奋斗历程中，金佰利公司在中国取得了良好的业绩，特别是在新产品的开发、技术创新、质量控制和环境保护等方面所做的努力被业界广泛称道。细心的女士会发现，卫生巾老品牌“舒而美”变得“时髦”了。这一变化是与邵青锋总裁的“转型变革”战略分不开的。

金佰利公司的卫生巾是很大一块业务，诞生于1920年的世界首片高洁丝牌卫生巾就是由金佰利公司发明的，中国现有3亿多女性需要使用卫生巾，其市场潜力不言而喻。邵青锋亲自搞产品市场调查，看消费者购买行为，站在货架前与购买者攀谈，询问她们选择产品时首先考虑什么，结果他知道目前的消费者购买产品时更关心外观。每当市场上出现一种新品卫生巾，他都会买回来进行研究。

以市场调查为先导，金佰利中国公司大刀阔斧地转型行动开始了。邵青锋提出战略目标：“2004年，我们的销售必须增长。不能再用高成本做低档次的产品，没有竞争力的产品必须退出市场。”为此，公司砍掉了竞争力低的直条卫生巾和低价护翼卫生巾，从韩国引进金佰利专利技术，对“舒而美—瞬吸蓝”产品从原材料到外包装进行了彻底的升级换代，在卫生护垫产品的内外包装上加入时尚元素，有的外包装上特意设计了少女们喜欢的卡通人物和星座图案。有些产品的外包装和色彩是由邵青锋根据调查结果亲自挑选的。此外，公司加大了广告投入，并面向活力青春女性开展了“瞬吸蓝/舒而美——我的活力周记”竞赛，使新产品很快打开了市场。此外，公司减少了没有成本优势的纸尿片的生产，推出金佰利在全球最畅销的高档好奇牌婴儿纸尿裤，并对中国消费者熟悉的舒洁牌卫生纸和面巾纸重新设计了包装，使其更新颖、更有时尚感。

金佰利中国团队初战告捷，与2003年相比，2004年的业绩有了显著增长，高档产品几乎翻了一倍，2005年公司业绩继续保持增长势头，随着南京和北京新建工厂的投产，邵青锋对金佰利中国事业的发展充满信心。

unicharm
NOLA&DOLA

上海尤妮佳有限公司：中国事业辉煌发展的10年

一、尤妮佳中国事业概述

1995年12月，日本尤妮佳株式会社与国内外知名企业上海家化(集团)有限公司、日本伊藤忠商事株式会社及伊藤忠(中国)集团有限公司四方合资成立了上海尤妮佳有限公司，从此开始了尤妮佳在中国的事业。

上海尤妮佳秉承了日本尤妮佳“NOLA&DOLA”的企业理念，在产品投放中国市场之前就采用各种市场调查手段充分掌握了消费者的需求，并且通过引进与日本同步的先进生产技术和设备，生产出高技术含量、适合中国消费者需求的“苏菲”品牌妇女卫生用品。到2003年11月，苏菲成为女性卫生用品(妇女卫生巾和卫生护垫)全国第一品牌，并在上海、北京、成都持续保持第一品牌地位(根据AC尼尔森历年统计数据材料)。

2000年10月，公司又成功推出了育儿用品——“妈咪宝贝”纸尿裤，一上市就受到消费者欢迎，销售业绩稳步攀升，一跃成为中国几大主力的婴儿纸尿裤品牌之一。

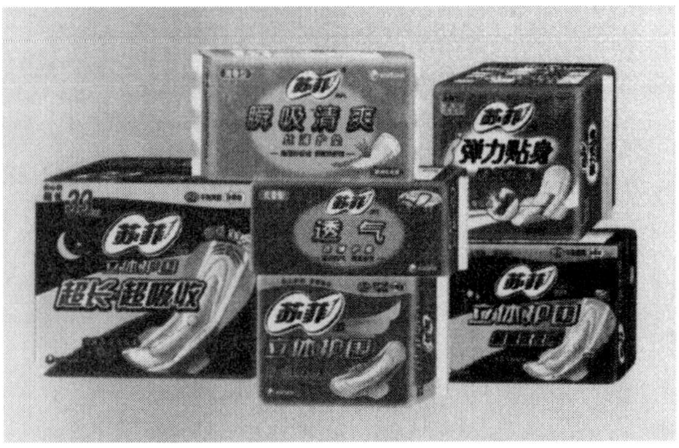

2005年3月，尤妮佳又成功推出家庭清洁用品——“威拂”清洁用品。尤妮佳作为中国quick-cleaning市场的开创者，通过提供具有超强吸附能力的除尘纸和轻便手柄的产品，使清扫能够简单、轻松、有效地完成。威拂所要实现的理想就是：向消费者提供划时代的新式清扫产品，提案革新性的新扫除习惯，帮助消费者简单有效地完成打扫工作，带给全家健康舒适的环境，实现先进、优质的生活方式，获得了市场的好评。

凭借着“苏菲”、“妈咪宝贝”这两大拳头产品，尤妮佳销售业绩在短短几年内实现高速增长，2004年销售额同1997年相比增长了1500%，连续几年进入上海工业企业500强，且排名每年都大步向前跃进。目前，尤妮佳已相继在北京、广州、武汉、沈阳、成都、济南等地设立了分公司，把销售网络扩展到全国100多个城市。

二、尤妮佳集团的价值链(Value Chain)

不断优化的价值链活动：

上海尤妮佳公司，秉承日本尤妮佳的成功经验，在为消费者提供优质产品和服务的同时，将企业的开发、生产、市场营销、财

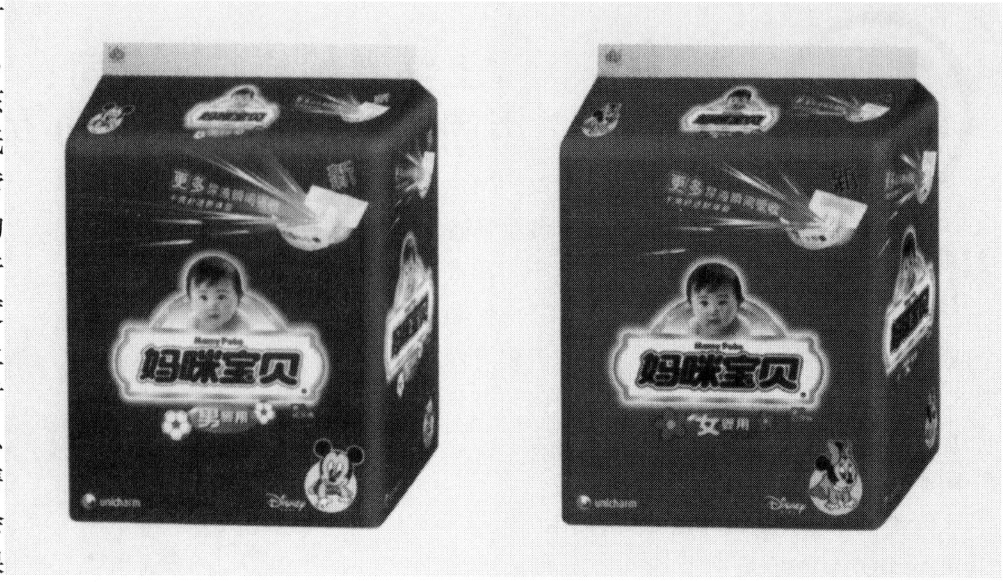

务、人力资源各方面有机整合起来，不断优化企业的核心业务流程，降低企业的组织和经营成本，增加产品的差别化，以让利于消费者，更大程度提升企业在市场上的竞争能力。同时致力于在从开发、生产、运输、销售过程中实现社会的、伦理的、环保上的职责而努力。

产品开发：尤妮佳的产品开发，以消费者为中心，以设备开发为保证，为产品开发提供了最直接的服务，使产品开发有了健全的保证。为了发展中国事业，上海尤妮佳成立了产品开发部，针对中国的消费者开发更舒适、安全的产品，为尤妮佳事业在中国的发展奠定基础。

生产物流：生产过程的看版管理，是尤妮佳先进的管理模式，生产从代理商的出货实绩作为预测需求的起点，将生产计划和销售一体化管理，对代理商实现零库存管理，实现了对客户稳定的供给以及社内的效率化。

市场营销：以崭新的理念不断赋予产品新的生命力，以“把新导入市场的产品培育成为第一品牌”为营销理念，尤妮佳市场营销的目标是创造把品牌和理念能留在消费者心中的强势品牌。在“创造与革新、主人翁、挑战、领导、公平竞争”的企业精神熏陶下的优秀营销队伍，以先进的营销理念、国际化的营销手段、前瞻性的营销战略使得上海尤妮佳能够在市场激烈竞争的大环境中创造了不凡的销售业绩。

售后服务：优异的产品和良好的售后服务是尤妮佳品牌成功的关键，尤妮佳一贯重视对产品的质量管理，早在2000年就通过了ISO国际质量管理体系的认证，每年都接受认证机构的严格认证审查并获得合格。尤妮佳始终坚持“对客户尽心、尽意、尽力”的宗旨，热情周到地为顾客提供良好的售后服务。客户商谈室开通了“8008207080”的服务热线，认真听取顾客的声音，满足顾客的需要，成为连接消费者心灵的一条纽带。

从1995年到2005年，上海尤妮佳迎来了开创事业的第10个年头。尤妮佳能在中国得以迅速的发展和取得骄人的业绩，得益于迅速发展的中国经济和日臻完善的投资环境，得益于当地政府、全国的消费者以及社会各界的支持。尤妮佳将以此为契机，回报消费者、股东、客户、员工和社会的期待，以最大化的价值作为公司努力的目标，以一流品质、一流技术、一流品牌为发展基石，争取成为21世纪中国卫生用品行业的支柱企业，为广大的中国消费者创造更高的生活品质。

金红叶纸业(苏州工业园区)有限公司:以人为本 创新发展

金红叶纸业(苏州工业园区)有限公司是金光集团旗下所属 APP 的全资子公司,占地 114 公顷,总投资 10.6 亿美元。公司于 1998 年 8 月投产,生活用纸原纸年生产能力 12 万 t,加工成品年生产能力 14 万 t,是目前亚洲最大的生活用纸产销公司。金红叶纸业拥有两台 Voith 制造的世界上最大最先进的新月型卫生纸机,纸机幅宽 5.65m,设计车速 2000m/min,实际最高运行车速已经达到2100m/min 的世界纪录。公司现有26条欧洲进口的全自动成品加工生产线(设备制造商包括百利怡、卡马迪、W+D 等公司)。金红叶纸业与 APP 的另一子公司金华盛纸业毗邻,共有一个装机容量为25 万 kW 的热电站和日处理污水能力 3 万 m^3 的污水处理厂。

金红叶纸业生产生活用纸的纤维原料采用100%原生木浆。针叶木浆、阔叶木浆和损纸分别通过打浆系统进入纸机上浆系统,卫生纸机生产过程采用 DCS 和 QCS 自动控制,干燥部采用燃气热风气罩,其严格的生产工艺保证了产品的优良品质。

金红叶旗下 3 大品牌分别为唯洁雅、清风、真真。产品主要包括:抽取式卫生纸、卫生卷纸、无芯卷纸、平板卫生纸、珍宝卷纸(居家外用)、盒装面巾纸、袖珍面巾纸、纸手帕、厨房纸巾、餐巾纸、擦手纸、湿巾、纸杯。金红叶纸业营销总部设在苏州,包括行销企划系统和销售系统。公司在北京、上海、广州、香港等 16 个主要城市和地区设立了分公司与办事处,形成了遍布全国的营销网络。金红叶商用消费部主要经营宾馆、餐饮、办公大楼、工厂、高流量区、娱乐业等通路和机关团体团购及"订制品"的业务。公司于 2002 年 2 月通过了 ISO14001 环境管理体系认证,2002 年 8 月获得江苏省著名商标,2002 年 11 月通过了 ISO9001:2000 版质量体系认证。

金红叶纸业 2003 年达到了设计生产能力,产品除在大陆销售外,还出口到东南亚、香港、日本、澳大利亚、美国等地。2004 年以来保持销量持续增长的势头。金光集团计划进一步扩大生活用纸的产能,拟在海南等地投资建设新的生活用纸生产线。

历史沿革:

1996 年 3 月,金红叶纸业(苏州工业园区)有限公司成立,第一期投资额为 3.6 亿美元。

1997 年 9 月,金红叶厂区建厂。

1998 年 6 月,引进世界最先进,产能最大的新月型卫生纸机 2 台。

1998 年 12 月,加工厂开始投产,共有 23 条全自动生产线。

1998 年 12 月,抄纸厂 2 号纸机投入生产。

1999 年 1 月,抄纸厂 1 号纸机投入生产。

1999 年 5 月,"唯洁雅"、"清风"生活用纸系列产品被江苏市场(品牌)商标安全法宣传活动组委会誉为"江苏市场消费者满意优质安全产品"。

2000 年 2 月,公司通过 ISO9002 质量管理体系认证。

2002 年 2 月,公司通过 ISO14001 环境管理体系认证。

2002 年 8 月,"唯洁雅"商标获得江苏省工商行政管理局颁发的"江苏省著名商标"证书。

2003 年 2 月,公司通过 ISO9001 质量管理体系认证。

2003 年 2 月,公司获苏州工业园区国家税务局颁发"苏州工业园区 2002 年度纳税大户"证书。

2003 年 3 月,"唯洁雅"牌纸巾系列产品被江苏省消费者协会评定为 2003—2004 年度推荐商品。

2003 年 10 月,抄纸厂 2 号纸机车速破纪录,达 2060m/min。

2003 年 10 月,公司获得江苏省技术监督局颁发的"清风卷纸产品质量监督检查合格"证书。

2003 年 12 月,抄纸厂 2 号纸机以 2100m/min 车速运转 30.9 小时(2003 年 12 月 31 日 10:16 到 2004 年 1 月 1 日 17:18),创下了新的卫生纸机世界纪录。

2003 年 12 月,抄纸厂月产量首次突破 10,

000 吨，达到了 10，657 吨高峰，创造了另一个历史新纪录。

2003 年 12 月，公司“唯洁雅”生活用纸获得国家质量监督检验检疫总局颁发的“产品质量国家免检”证书。

2004 年 3 月，“唯洁雅”、“清风”牌系列纸制品被中国造纸协会生活用纸专业委员会评定为 2004 年度中国生活用纸质量信得过产品。

2004 年 6 月，公司“唯洁雅”生活用纸被第 28 届世界遗产委员会苏州会务指挥部定为第 28 届世遗会指定产品。

经营理念：

● 以人为本

* 员工是企业最宝贵的资产。

* 提供学习发展的机会，增强员工智能，提供施展才华的平台。

● 创新发展

* 创新突破，采用先进科技。

* 创造市场所需的高附加值产品。

● 顾客满意

* 逆向思考、市场导向，以顾客满意为最大目标，不断开拓业务，为顾客提供超越市场价值的产品和服务

● 最高绩效

* 集团要求员工以科学的方法做正确的事。

* 以世界先进企业的最好绩效为标竿，来衡量员工和团队的经营成果，力创集团世界第一的绩效。

成功经验：

金红叶的产品在集团内是惟一的快速消费品——生活用纸。这个产品属于高消耗量、低关心度的民生必需品。它的发展与经济的发展状况有很大的关系。与国外相比，中国的生活用纸市场属于初始发展阶段，虽然中国生活用纸市场在近 10 年内有了很大的发展，但与发达国家水平相比仍相距甚远。中国的生活用纸还属于低消耗量时期，消费者的消费导向还是以价格为重点取向，对品质的关心度不够，品牌忠诚度就更低。随着中国经济的发展，人们对生活用纸量与质的要求共同提升，中国中高档生活用纸市场发展潜力巨大。

面对如此潜力的市场，金红叶营销人根据市场状况，运用智慧，先后推出 3 大品牌：“唯洁雅”、“清风”、“真真”。运用丰富的产品类别，制定不同的市场策略来应对市场的需求。“唯洁雅”蕴涵高贵典雅之意。“唯洁雅”品牌的英文名称“VIRJOY”为非现有词汇。其中，VIR 是最初的意思，隐喻我们的产品使用 100% 原生木浆生产（原生木浆在英语中为 VIRGIN PULP），JOY 有快乐的意思，意喻“唯洁雅”会带给使用者感官上的舒适感觉。“清风”让人想到的是“清风明月”，轻松休闲的意境。以最初的设想，双品牌运作是最佳模式，一个高贵典雅走高档路线，另一个轻松休闲，走大众路线，“真真”却是当初为了处理一批试车原纸而使用的临时品牌，却因质优价廉适应了国内生活用纸市场，赢得消费者的喜爱。所谓“无心插柳柳成荫”，“真真”承担了金红叶开拓市场初期，对消费者进行品牌、品项的转变，运用低价策略推动中高档市场的成长。“风铃草”、“牵手”、“好伙伴”也是金红叶的品牌，它们被运用在一些区域性应对产品、KA 特供品，主要目的是为了不影响正常品牌的价格体系和产品线。

金红叶营销人群策群力，结合中国生活用纸市场的发展变化，经历了从经销商——直营——重点客户管理的销售模式转变，建立了以 GT、KA 直营、AFH（away from home）三大通路的销售方式，从而取得了中高档生活用纸市场竞争佼佼者的可喜成绩。

发展前景：

通过林、浆、纸一体化，建设成为世界最大、最强的绿色循环产业

● 一体化：

建立林、浆、纸到纸品加工的产业链，并发展相关联产业，提高整体效益，以实现永续经营。

● 最大：

拥有最大的产能规模、最先进的科学技术与最周密的客服网络，领先同业、争创世界第一。

● 最强：

以最高效的管理团队、最强大的研发能力，生产 APP 优质产品，争取最佳的获利能力。

● 绿色循环：

从植树造林及制浆造纸的绿色大循环，到废纸回收还原再生的小循环。

主要企业和知名品牌

List of major manufacturers and well-known brands in China

生活用纸 Tissue paper and converting products

维达纸业集团有限公司 Vinda Paper Group Co., Ltd. 包括：维达纸业(广东)有限公司 维达纸业(江门)有限公司 维达纸业(湖北)有限公司 维达北方纸业(北京)有限公司 维达纸业(四川)有限公司	维达 Vinda，花之韵
恒安纸业有限公司 Hengan Paper Co., Ltd. 包括：湖南恒安纸业有限公司 山东恒安纸业有限公司 恒安(中国)纸业有限公司	心相印
金红叶纸业(苏州工业园区)有限公司 Gold Hongye Paper (Suzhou Industrial Park) Co., Ltd.	唯洁雅，清风，真真
广东中顺纸业集团有限公司 Guangdong Zhongshun Paper Industry Group Co., Ltd. 包括：山东省东平中顺明兴纸业有限公司 湖北中顺鸿昌纸业有限公司 中顺集团四川成都天天纸业有限公司	洁柔，C&S，太阳，紫荷
金佰利(中国)投资有限公司 Kimberly - Clark (China) Investment Co., Ltd. 包括：上海金佰利纸业有限公司	舒洁 Kleenex
东莞市白天鹅纸业有限公司 Dongguan White Swan Paper Products Co., Ltd.	贝柔
中山市三角纸品制造有限公司 Zhongshan Sanjiao Paper Manufacture Co., Ltd.	三角，娇肤，活力，名亮
宁夏美洁纸业股份有限公司 Ningxia Meijie Paper Co., Ltd.	美洁，滩羊，双喜
永丰余家品(昆山)有限公司 Yuen Foong Yu Family Care (Kunshan) Co., Ltd.	五月花
广西贵糖集团 Guangxi Guitang (Group) Co., Ltd. 包括：广西贵糖(集团)股份有限公司	纯点，碧绿湾，洁宝

广西洁宝纸业投资股份有限公司

上海东冠集团 Shanghai Orient Champion Group 包括：上海东冠华洁纸业有限公司 上海东冠纸业有限公司	洁云，丝柔
王子制纸妮飘（苏州）有限公司 Oji Paper Nepia (Suzhou) Co., Ltd.	妮飘，得宝
胜达集团江苏双灯纸业有限公司 Shengda Group Jiangsu Sund Paper Co., Ltd.	双灯，蓝雅
江苏金莲纸业有限公司 Jiangsu Jinlian Paper Co., Ltd.	金莲，金玫瑰
潍坊恒联美林生活用纸有限公司 Weifang Lancel Hygiene Products Limited	玉牌，风筝，Lancel
漯河银鸽生活纸产有限公司 Luohe Yinge Tissue Paper Co., Ltd.	银鸽，舒蕾，银鑫
宁夏紫金花纸业有限公司 Ningxia Zijinhua Paper Co., Ltd.	紫金花，吉丽，吉利来
西安市临潼区汉兴实业公司 Hanxing Industry Company Xi'an	汉兴，云宝
西安奥辉纸业有限责任公司 Xi'an Aohui Paper Co., Ltd.	奥辉
云南江川翠峰纸业有限公司 Yunnan Jiangchuan Cuifeng Paper Co., Ltd.	翠峰，品美，绿翠峰
中山市宝丽纸业有限公司 Zhongshan Polly Paper Manufacture Co., Ltd.	宝丽，澳纽
惠州福和纸业有限公司 Huizhou Fook Woo Paper Co., Ltd.	福和，Conner，Kami

妇女卫生巾和卫生护垫 Sanitary napkins and pantiliners

福建恒安集团有限公司 Fujian Hengan Holding Co., Ltd.	安尔乐，安乐
宝洁（中国）有限公司 Procter & Gamble (China) Ltd.	护舒宝
福建恒利集团有限公司	好舒爽，舒爽

Fujian Hengli Group Co., Ltd.

上海尤妮佳有限公司 Shanghai Unicharm Co., Ltd.	苏菲,佳慕
金佰利(中国)投资有限公司 Kimberly – Clark (China) Investment Co.,Ltd. 包括:北京金佰利个人卫生用品有限公司 金佰利(南京)个人卫生用品有限公司	舒而美,高洁丝
强生(中国)有限公司 Johnson & Johnson (China) Ltd.	娇爽
上海花王有限公司 Kao Corporation Shanghai Co., Ltd.	乐而雅
益母妇女用品有限公司 Yimoo Woman's Products Co., Ltd. 包括:山东益母妇女用品有限公司 上海益母妇女用品有限公司	益母
上海唯尔福(集团)有限公司 Shanghai Welfare Group Co., Ltd. 包括:绍兴唯尔福妇幼用品有限公司	唯尔福
北京倍舒特妇幼用品有限公司 Beijing Beishute Maternity & Child Articles Co., Ltd.	倍舒特
桂林洁伶工业有限公司 Guilin Jieling Industrial Co., Ltd.	洁伶
临安市雄鹰妇幼卫生用品有限公司 Xiongying Women & Children Hygiene Products Co., Ltd.	永芳
广东省芬兰馨实业有限公司 Fenlanxin Industrial Co., Ltd. Guangdong Province	芬兰馨
北京特日欣卫生用品有限公司 Beijing Terixin Hygiene Products Co., Ltd.	特日欣
天津日商卫生科技发展有限公司 Tianjin Rishang Sanitation Science and Technology Development Co., Ltd.	小护士
沈阳东联日用品有限公司 Shenyang Tonglian Daily – Use Goods Co., Ltd.	柔柔

上海申欧企业发展有限公司 Shanghai Sun'o Enterprise Development Co.,Ltd.	555,皎洁,悠 u
江苏三笑集团有限公司 Jiangsu Sanxiao Group Co., Ltd.	笑爽
远东纸业(泰州)有限公司 Far East Paper(Taizhou)Co., Ltd.	安洁尔
杭州雅妮娜卫生用品有限公司 Hangzhou Yanina Health Products Co., Ltd.	雅妮娜
杭州可月卫生用品有限公司 Hangzhou Credible Sanitary Products Co., Ltd.	可月,月满好
湖北丝宝卫生用品有限公司 Hubei C－BONS Sanitary Products Co., Ltd.	洁婷
福建天和妇幼日用品有限公司 Tianhe Women & Children Goods for Daily Use Co., Ltd. Fujian	新欣,阳光之秀
佛山市佩安婷卫生用品实业有限公司 Foshan Peianting Hygiene Products Industrial Co., Ltd.	佩安婷
东莞市姿庭生活用品有限公司 Dongguan Shietine Articles for Daily Use Co., Ltd.	姿庭
广东海灵保健制品有限公司 Guangdong Hiseacare Health Product Co., Ltd.	佳期
佛山市南海区桂城景兴商务拓展有限公司 Kingdom Marketing Service Co., Ltd.	ABC
贵州久美企业有限责任公司 Guizhou Joume Enterprise Co., Ltd.	舒婷

婴儿纸尿布 Baby diapers

宝洁(中国)有限公司 Procter & Gamble (China) Ltd.	帮宝适
福建恒安集团有限公司 Fujian Hengan Holding Co., Ltd.	安儿乐
尤妮佳生活用品(中国)有限公司 Unicharm Consumer Products (China) Co.,Ltd.	妈咪宝贝
全日美实业(上海)有限公司 Everbeauty Industry (Shanghai) Co., Ltd.	嘘嘘乐,小淘气

中山瑞德卫生纸品有限公司 Disposable Soft Goods (Zhongshan) Ltd.	Fitti,Petpet,爱婴
东莞瑞麒婴儿用品有限公司 Dongguan AALL & ZYLEMAN Baby Goods Ltd.	哈啰宝贝
汕头爱护洁护理用品厂有限公司 Eleaine Treatment Prod. Fty. Ltd.	爱护洁
好孩子百瑞康卫生用品有限公司 Goodbaby Bairuikang Hygienic Products Co., Ltd.	好孩子,奇妙鸭
新感觉卫生用品有限公司 New Sensation Sanitary Products Co., Ltd.	新感觉,没烦恼
福建恒利集团有限公司 Fujian Hengli Group Co., Ltd.	爽儿宝
威海洁瑞卫生材料制品有限公司 Weihai Jierui Hygienic Material Products Co., Ltd.	威乐
北京倍舒特妇幼用品有限公司 Beijing Beishute Maternity & Child Articles Co., Ltd.	健康宝宝
上海唯尔福(集团)有限公司 Shanghai Welfare (Group) Co., Ltd.	唯尔福
福建莆田佳通纸制品有限公司 G. T. Paper (Fujian Putian) Co., Ltd.	柔爱
广东省宝儿用品有限公司 Guangdong Baby Products Co.,Ltd.	帝儿宝,惠康保,惠儿宝,惠儿乐
佛山市满盈卫生用品有限公司 Foshan Nice Capital Hygiene Accessories Co., Ltd.	趣致宝,精灵宝贝,小天王,满盈
佛山市佩安婷卫生用品实业有限公司 Foshan Peianting Hygiene Products Industrial Co., Ltd.	佩安婷
广西舒雅护理用品有限公司 Guangxi Shuya Health Care - Products Co., Ltd.	舒儿特

成人纸尿布及失禁用品 Adult diapers and incontinences

福建恒安集团有限公司 Fujian Hengan Holding Co., Ltd.	安而康
天津杏林白十字医疗卫生材料用品有限公司	洒露把

Tianjin Xinglin Baishizi Co., Ltd.

南海稳德福无纺布有限公司 Nanhai Wonderful Nonwoven Co., Ltd.	稳德福,老夫子
全日美实业(上海)有限公司 Everbeauty Industry (Shanghai) Co., Ltd.	包大人
新感觉卫生用品有限公司 New Sensation Sanitary Products Co., Ltd.	新感觉
上海唯尔福(集团)有限公司 Shanghai Welfare (Group) Co., Ltd.	唯尔福
北京倍舒特妇幼用品有限公司 Beijing Beishute Maternity & Child Articles Co., Ltd.	倍舒特
威海洁瑞卫生材料制品有限公司 Weihai Jierui Hygienic Material Products Co., Ltd.	威乐
天津日商卫生科技发展有限公司 Tianjin Rishang Sanitation Science & Technology Development Co., Ltd.	小护士
天津市依依卫生用品厂 Tianjin Yiyi Hygiene Products Factory	依依
浙江安柔卫生用品有限公司 Zhejiang Anrou Hygiene Products Co., Ltd.	澳利康

湿巾 Wet wipes

晋江恒安家庭生活用纸有限公司 Jinjiang Hengan Household Tissue Product Co.,Ltd.	心相印
佛山市南海区桂城景兴商务拓展有限公司 Kingdom Marketing Service Co., Ltd.	ABC,易洁,EC
广西舒雅护理用品有限公司 Guangxi Shuya Health Care – Products Co., Ltd.	舒雅
上海美馨卫生用品有限公司 American Hygienics Co.,Ltd.	Cuddsies,凯德馨
北京一帆清洁用品有限公司 Beijing Yifan Hygiene Products Co.,Ltd.	一帆
江西生成卫生用品有限公司 Jiangxi Shengcheng Hygiene Products Co.,Ltd.	生成,乐知知,SC

奈森克林(苏州)日用品有限公司 Naisenkelin Daily-Use Articles (Suzhou) Co., Ltd.	奈森克林
康那香企业(上海)有限公司 KNH Enterprise (Shanghai) Co.,Ltd.	康乃馨
维达纸业(广东)有限公司 Vinda Paper (Guangdong) Co.,Ltd.	维达
江苏通江纺织发展有限公司 Jiangsu Tongjiang Textile Development Co.,Ltd.	纤手
金旭环保制品(深圳)有限公司 Golden Starry Environmental Products Co., Ltd.	同高
保定市义厚成纸业有限公司 Baoding Yihoucheng Paper Co., Ltd.	妮好
北京爱华中兴纸业有限公司 Beijing Aihua Zhongxing Paper Co.,Ltd.	一片云
广东省南海市康洁香巾厂 Nanhai Kangjie Towel Factory of Guangdong	康洁
汕头市龙湖区骏宝有限公司 Shantou Junbao Co.,Ltd.	花节
海南欣安生物工程制药有限公司 Hainan Xin'an Biotechnology Pharmaceutical Co.,Ltd.	洁之梦,G&C
上海唯爱纸业有限公司 Shanghai Weiai Paper Co., Ltd.	爱唯
北京九兴工贸有限公司 Beijing Jiuxing Industry & Trade Co., Ltd.	九佳兴
诗乐氏实业(深圳)有限公司 Swashes (Shenzhen) Co., Ltd.	诗乐氏
哈尔滨康夷宝卫生保健用品有限公司 Harbin Kangyibao Hygiene & Health Care Products Co., Ltd.	康夷宝

主要企业介绍

Introduction of major manufacturers in China

生活用纸
Tissue paper and converting products

维达纸业集团有限公司
Vinda Paper Group Co., Ltd.

包括：维达纸业（广东）有限公司
维达纸业（江门）有限公司
维达纸业（湖北）有限公司
维达北方纸业（北京）有限公司
维达纸业（四川）有限公司

地址：广东省江门市新会区东侯工业开发区
Add: Donghou Industrial Development District, Xinhui, Jiangmen, Guangdong
邮编（P. C.）：529100
法人代表（Chairman）：李朝旺（Li Chaowang）
总经理（General Manager）：李朝旺（Li Chaowang）
电话（Tel）：0750－6168333
传真（Fax）：0750－6120239
E-mail：guangdong@ vinda. com
Http：//www. vindapaper. com

主要产品及品牌（Products and brand）：

卫生纸原纸，卫生卷纸，手帕纸，餐巾纸，面巾纸，擦手纸，厨房纸巾	维达 Vinda，花之韵
妇女卫生巾	维达
湿巾	维达

主要设备及产地（制造商）（Machinery）：

BF－10 卫生纸机 6 台，BF－12 卫生纸机 2 台	日本川之江
斜网卫生纸机 1 台	意大利 TOSCOTEC
新月型卫生纸机 1 台，抄宽 3650mm，设计车速 2200m/min	美国 BELOIT
卫生纸后加工设备 66 台	德国，意大利，日本，土耳其，中国台湾
妇女卫生巾生产线 3 条	日本东亚机工，德国 W＋D
湿巾机 3 台	日本 2 台，中国台湾 1 台

生产能力（Capacity）：

生活用纸	15 万吨/年
妇女卫生巾	4 亿片/年
湿巾	约 2 亿片/年

恒安纸业有限公司
Hengan Paper Co., Ltd.

包括：湖南恒安纸业有限公司
山东恒安纸业有限公司
恒安（中国）纸业有限公司

地址：湖南省常德市德山开发区桃林路
Add：Taolin Rd., Deshan Development Zone, Changde, Hunan
邮编（P. C.）：415001
法人代表（Chairman）：许连捷（Xu Lianjie）
总经理（General Manager）：许水深（Xu Shuishen）
电话（Tel）：0736－7300008
传真（Fax）：0736－7300322
E-mail：cdha@ mail. hengan. com. cn
Http：//www. hengan. com

主要产品及品牌（Products and brand）：

卫生纸原纸，卫生卷纸，手帕纸，面巾纸，餐巾纸	心相印

主要设备及产地（制造商）（Machinery）：

新月型卫生纸机 2 台，抄宽 3650mm，设计车速 1800m/min；新月型卫生纸机 1 台，抄宽 5550mm，设计车速 2000m/min	奥地利 Andritz
新月型卫生纸机 1 台，抄宽 5550 mm，设计车速 2000m/min（2006 年投产）	美卓 Metso
复卷机	德国亚根堡
卫生纸后加工设备 79 台	德国，美国，意大利，中国台湾，国产 8 台

生产能力（Capacity）：

生活用纸	16 万吨/年

金红叶纸业（苏州工业园区）有限公司
Gold Hongye Paper (Suzhou Industrial Park) Co., Ltd.

（印尼金光集团独资企业）
地址：江苏省苏州市工业园区胜浦分区金胜路 1 号
Add: No. 1 Jinsheng Rd., Shengpu, Suzhou Industrial Park, Suzhou, Jiangsu
邮编（P. C.）：215126
法人代表（Chairman）：黄志源（Huang Zhiyuan）

总经理(General Manager):徐锡土(Xu Xitu)
电话(Tel):0512-62832952
传真(Fax):0512-62822101
E-mail:customer_service@ ghy. com. cn
Http://www. ghy. com. cn
主要产品及品牌(Products and brand):

卫生纸原纸,卫生卷纸,纸巾纸,厨房纸巾	唯洁雅,清风,真真
湿巾	唯洁雅

主要设备及产地(制造商)(Machinery):

新月型卫生纸机2台,抄宽5600mm,车速2200m/min	奥地利 Andritz
卫生纸后加工设备40台	意大利,德国,日本,中国台湾,国产

生产能力(Capacity):

生活用纸	12万吨/年

广东中顺纸业集团有限公司
Guangdong Zhongshun Paper Industry Group Co.,Ltd.
包括:山东省东平中顺明兴纸业有限公司
湖北中顺鸿昌纸业有限公司
中顺集团四川成都天天纸业有限公司
地址:广东省中山市西区沙朗高科技开发区
Add: Shalang High Science & Technology Development Zone , Zhongshan, Guangdong
邮编(P. C.):528411
法人代表(Chairman):邓颖忠(Deng Yingzhong)
总经理(General Manager):邓冠彪(Deng Guanbiao)
电话(Tel):0760-8553388
传真(Fax):0760-8553033
E-mail:zhshco@ public. zhongshan. gd. cn
Http://www. zhongshungroup. com
主要产品及品牌(Products and brand):

卫生纸原纸,卫生卷纸,餐巾纸,面巾纸,手帕纸	C&S,洁柔,太阳,紫荷

主要设备及产地(制造商)(Machinery):

卫生纸机108台	国产
BF-10 卫生纸机4台	日本川之江
新月型卫生纸机1台(未投产)	韩国京龙机械

生产能力(Capacity):

生活用纸	14.5万吨/年

金佰利(中国)投资有限公司(上海金佰利纸业有限公司)
Kimberly-Clark (China) Investment Co., Ltd. (Kimberly-Clark Paper (Shanghai) Co.,Ltd.)
(美国 Kimberly-Clark 独资企业)
地址:上海市松江区金沙滩139号
Add: No. 139 Jinshatan, Songjiang, Shanghai
邮编(P. C.):201600
法人代表(Chairman):邵青锋(Stephen Shao)
总经理(General Manager):吴乃方(Wu Naifang)
电话(Tel):021-57822671
传真(Fax):021-57820386
主要产品及品牌(Products and brand):

卫生卷纸,面巾纸,餐巾纸,手帕纸	舒洁,Kleenex

主要设备及产地(制造商)(Machinery):

新月型卫生纸机1台,抄宽2400mm,设计车速1100m/min	芬兰 Valmet
卫生纸后加工设备	中国台湾,美国

生产能力(Capacity):

生活用纸	3.9万吨/年
卫生纸原纸	1.4万吨/年

东莞市白天鹅纸业有限公司
Dongguan White Swan Paper Products Co., Ltd.
地址:广东省东莞市万江区谷涌工业区
Add: Guyong Industry Area, Wanjiang, Dongguan, Guangdong
邮编(P. C.):523047
法人代表(Chairman):卢宝祥(Lu Baoxiang)
总经理(General Manager):卢宝祥(Lu Baoxiang)
电话(Tel):0769-22172118
传真(Fax):0769-22181226
E-mail:bte@ whiteswanpaper. com
Http://www. whiteswanpaper. com
主要产品及品牌(Products and brand):

卫生纸原纸,卫生卷纸,纸巾纸	贝柔
妇女卫生巾,卫生护垫	黛柔
婴儿纸尿裤	贝柔

主要设备及产地(制造商)(Machinery):

单缸单网卫生纸机 39 台	国产
妇女卫生巾生产线 3 条	国产
婴儿纸尿裤生产线 1 条	国产

生产能力(Capacity):

生活用纸	4 万吨/年
妇女卫生巾	3 亿片/年
婴儿纸尿裤	2 亿片/年

中山市三角纸品制造有限公司

Zhongshan Sanjiao Paper Manufacture Co., Ltd.

地址:广东省中山市三角镇爱国工业区
Add: Aiguo Industry Zone, Sanjiao, Zhongshan, Guangdong
邮编(P. C.):528445
法人代表(Chairman):杨法坤(Yang Fakun)
总经理(General Manager):梁贤武(Liang Xianwu)
电话(Tel):0760 – 3389328
传真(Fax):0760 – 5541038
E-mail:sanjiao@ pub. zhongshan. gd. cn
Http://www. sjpaper. com

主要产品及品牌(Products and brand):

卫生卷纸,面巾纸,手帕纸,擦手纸	三角,娇肤,活力,名亮

主要设备及产地(制造商)(Machinery):

1092mm 卫生纸机 16 台,1575mm 卫生纸机 14 台	国产
卫生纸后加工设备 74 台	国产

生产能力(Capacity):

生活用纸	3.55 万吨/年

宁夏美洁纸业股份有限公司

Ningxia Meijie Paper Co., Ltd.

地址:宁夏银川贺兰县城东街 90 号
Add: No. 90 Dongjie Rd., Helan, Ningxia
邮编(P. C.):750200
法人代表(Chairman):周兴起(Zhou Xingqi)
总经理(General Manager):周兴起(Zhou Xingqi)
电话(Tel):0951 – 8061243
传真(Fax):0951 – 8061553
E-mail:m99920@ public. yc. nx. cn
Http://www. e – meijie. com

主要产品及品牌(Products and brand):

卫生纸,面巾纸,餐巾纸,手帕纸	美洁,滩羊,双喜

主要设备及产地(制造商)(Machinery):

1575mm 卫生纸机 24 台	国产
造纸机 1 台,抄宽 2400mm,设计车速 1200m/min	芬兰 Valmet(国内配套)
卫生纸后加工设备 28 台	意大利 A. Celli,百利怡,卡马迪,中国台湾泰舜,国产

生产能力(Capacity):

生活用纸	5 万吨/年

永丰余家品(昆山)有限公司

Yuen Foong Yu Family Care (Kunshan) Co., Ltd.

(中国台湾永丰余公司独资企业)

地址:江苏省昆山市玉山镇永丰余路
Add: Yuen Foong Yu Rd., Yushan, Kunshan, Jiangsu
邮编(P. C.):215316
法人代表(Chairman):钟弘治(Zhong Hongzhi)
总经理(General Manager):张学坚(Zhang Xuejian)
电话(Tel):0512 – 57792888
传真(Fax):0512 – 57792168

主要产品及品牌(Products and brand):

卫生纸原纸,卫生卷纸,餐巾纸,面巾纸,吸水纸,湿巾	五月花

主要设备及产地(制造商)(Machinery):

新月型卫生纸机 1 台,抄宽 2180mm,设计车速 1400m/min	意大利 A. Celli
新月型卫生纸机 1 台,设计车速 1600m/min	意大利 Record
卫生纸后加工设备 22 台	意大利,中国台湾,日本

生产能力(Capacity):

生活用纸	4 万吨/年

广西贵糖集团

Guangxi Guitang Group

包括:广西贵糖(集团)股份有限公司
广西洁宝纸业投资股份有限公司

地址:广西贵港市幸福路 100 号
Add: No. 100 Xingfu Rd., Guigang, Guangxi
邮编(P. C.):537102
法人代表(Chairman):黄振标(Huang Zhenbiao)
总经理(General Manager):黄家驹(Huang Jiaju)
电话(Tel):0775 – 4262888
传真(Fax):0775 – 4260088

E-mail:biluwan@ guitang. com
Http://www. guitang. com
主要产品及品牌(Products and brand):

卫生原纸,卫生卷纸,纸巾纸	纯点,碧绿湾,洁宝

主要设备及产地(制造商)(Machinery):

新月型卫生纸机 2 台,抄宽 2700mm,设计车速 1500mm	奥地利 Andritz
Sincro5. 0 纸机 2 台	意大利百利怡
复卷分切机 2 台	意大利 A. Celli,中国台湾泰舜
卫生纸后加工设备 9 台	国产
1575mm 纸机 4 台	国产

生产能力(Capacity):

生活用纸	7 万吨/年

上海东冠集团
Shanghai Orient Champion Group
包括:上海东冠华洁纸业有限公司
上海东冠纸业有限公司
地址:上海市浦东新区顾路斯米克工业园
Add: CIMIC Industrial Park, Gulu, Pudong New Area, Shanghai
邮编(P. C.):201209
法人代表(Chairman):李慈雄(Li Cixiong)
总经理(General Manager):李慈雄(Li Cixiong)
电话(Tel):021 -58636606
传真(Fax):021 -58639315
主要产品及品牌(Products and brand):

卫生卷纸,面巾纸,餐巾纸	洁云,丝柔

主要设备及产地(制造商)(Machinery):

BF -10 卫生纸机 2 台	日本川之江
卫生纸后加工设备 7 台/套	美国,意大利,中国台湾

生产能力(Capacity):

生活用纸	3 万吨/年

王子制纸妮飘(苏州)有限公司
Oji Paper Nepia (Suzhou) Co., Ltd.
(日本王子制纸株式会社独资企业)
地址:江苏省苏州市新区金山路 98 号
Add: No. 98 Jinshan Rd., New District of Suzhou, Jiangsu
邮编(P. C.):215129
法人代表(Chairman):加村喜久男(Kamura Kikuo)
总经理(General Manager):山下道弘(Michihiro Yamashita)
电话(Tel):0512 -68258526
传真(Fax):0512 -68259395
E-mail:danny@ nepia. com. cn
Http://www. nepia. com. cn
主要产品及品牌(Products and brand):

卫生卷纸,面巾纸,手帕纸,擦手纸	妮飘,得宝

主要设备及产地(制造商)(Machinery):

新月型造纸机 1 台,抄宽 2660mm,设计车速 1400m/min	意大利 Recard
复卷机 1 台	意大利
卫生纸后加工设备 16 台	日本,中国台湾,韩国

生产能力(Capacity):

生活用纸	2. 0 万吨/年

胜达集团江苏双灯纸业有限公司
Shengda Group Jiangsu Sund Paper Co., Ltd.
地址:江苏省射阳黄沙港镇双灯工业园
Add: Shuangdeng Industry Park, Huangshagang, Sheyang, Jiangsu
邮编(P. C.):224341
法人代表(Chairman):方林(Fang Lin)
总经理(General Manager):赵林(Zhao Lin)
电话(Tel):0515 -2263555
传真(Fax):0515 -2263666
E-mail:sundsale@ chinasund. com
Http://www. chinasund. com
主要产品及品牌(Products and brand):

卫生纸	双灯,爽得,蓝雅

主要设备及产地(制造商)(Machinery):

卫生纸机 42 台	国产

生产能力(Capacity):

生活用纸	6 万吨/年

江苏金莲纸业有限公司
Jiangsu Jinlian Paper Co., Ltd.

地址:江苏省金湖县建设东路89号
Add: No. 89 East Jianshe Rd., Jinhu, Jiangsu
邮编(P. C.):211600
法人代表(Chairman):吴永泉(Wu Yongquan)
总经理(General Manager):吴永泉(Wu Yongquan)
电话(Tel):0517－6882961
传真(Fax):0517－6882875
E-mail:jhzzc@pub. hy. jsinfo. net
Http://www. jlian. com. cn

主要产品及品牌(Products and brand):

卫生卷纸	金莲

主要设备及产地(制造商)(Machinery):

1575mm卫生纸机27台	国产
短长网造纸机4台	国产

生产能力(Capacity):

生活用纸	5万吨/年

潍坊恒联美林生活用纸有限公司

Weifang Lancel Hygiene Products Limited

地址:山东省潍坊市寒亭区潍县北路601号
Add: No. 601 Weixianbei Rd., Hanting District, Weifang, Shandong
邮编(P. C.):261041
法人代表(Chairman):徐建(Xu Jian)
总经理(General Manager):李瑞丰(Li Ruifeng)
电话(Tel):0536－7283229
传真(Fax):0536－7283228
E-mail:sales@lancelhp. com
Http://www. lancelhp. com

主要产品及品牌(Products and brand):

卫生纸原纸,卫生卷纸,餐巾纸,面巾纸,厨房纸巾	玉牌,风筝,Lancel

主要设备及产地(制造商)(Machinery):

卫生纸机3台	国产
BF－10卫生纸机1台	日本川之江
卫生纸机2台(未投产)	Valmet二手机
卫生纸后加工设备9台	日本,韩国,意大利,瑞典

生产能力(Capacity):

生活用纸	1万吨/年

漯河银鸽生活纸产有限公司

Luohe Yinge Tissue Paper Industry Co., Ltd.

地址:河南省漯河市湘江路东段2号
Add: No. 2 Xiangjiang Rd., Luohe, Henan
邮编(P. C.):462000
法人代表(Chairman):杨松贺(Yang Songhe)
总经理(General Manager):张明远(Zhang Mingyuan)
电话(Tel):0395－2635532
传真(Fax):0395－3388532
E-mail:yinge@yinge. com. cn
Http://www. yinge. com. cn

主要产品及品牌(Products and brand):

卫生原纸,卫生卷纸,餐巾纸,面巾纸,妇女卫生巾衬纸,纸尿裤衬纸	银鸽,舒蕾,银鑫

主要设备及产地(制造商)(Machinery):

斜网单缸卫生纸机3台	意大利OVER公司1台,国产2台
卫生纸后加工设备13台	中国台湾,国产

生产能力(Capacity):

生活用纸	1万吨/年

宁夏紫金花纸业有限公司

Ningxia Zijinhua Paper Co., Ltd.

地址:宁夏永宁县城红星桥南侧
Add: South of Hongxingqiao, Yongning, Ningxia
邮编(P. C.):750100
法人代表(Chairman):纳巨波(Na Jubo)
总经理(General Manager):张东红(Zhang Donghong)
电话(Tel):0951－8017666
传真(Fax):0951－8020888
E-mail:nxzjhzy@public. yc. nx. cn
Http://www. zjhzy. com

主要产品及品牌(Products and brand):

卫生卷纸,面巾纸,餐巾纸	紫金花,吉丽,吉利来

主要设备及产地(制造商)(Machinery):

1575mm卫生纸机13台,1760mm卫生纸机7台	国产

生产能力(Capacity):

生活用纸	2.3 万吨/年

西安市临潼区汉兴实业公司
Hanxing Industry Company Xi'an Shaanxi

地址：陕西省西安市临潼区新市工业园区
Add: Xinshi Industry Park, Lintong, Xi'an, Shaanxi
邮编(P. C.)：710605
法人代表(Chairman)：郝九洲(Hao Jiuzhou)
总经理(General Manager)：郝九洲(Hao Jiuzhou)
电话(Tel)：029－83846573
传真(Fax)：029－83846575
Http：//www. xahanxing. com
主要产品及品牌(Products and brand)：

卫生纸	汉兴，云宝

主要设备及产地(制造商)(Machinery)：

1880mm 卫生纸机 10 台；2100mm 卫生纸机 2 台；1760mm 卫生纸机 13 台；1575mm 卫生纸机 13 台；2400mm 卫生纸机 12 台	国产
卫生纸后加工设备 10 台	国产

生产能力(Capacity)：

生活用纸	5 万吨/年

西安奥辉纸业有限责任公司
Xi'an Aohui Paper Co., Ltd.

地址：陕西省西安市长安区王寺工业园区
Add: Wangsi Industry Zone, Changan, Xi' an, Shaanxi
邮编(P. C.)：710116
法人代表(Chairman)：张孝普(Zhang Xiaopu)
总经理(General Manager)：张孝普(Zhang Xiaopu)
电话(Tel)：029－85806338
传真(Fax)：029－85806328
E-mail：ypzh@ xaaohui. com
Http：//www. xaaohui. com
主要产品及品牌(Products and brand)：

卫生纸，餐巾纸，面巾纸	奥辉

主要设备及产地(制造商)(Machinery)：

卫生纸机 30 台	国产

生产能力(Capacity)：

生活用纸	3.3 万吨/年

云南江川翠峰纸业有限公司
Yunnan Jiangchuan Cuifeng Tissue Co., Ltd.

地址：云南省江川县翠峰乡
Add: Cuifeng, Jiangchuan, Yunnan
邮编(P. C.)：652601
法人代表(Chairman)：李吉华(Li Jihua)
总经理(General Manager)：李吉华(Li Jihua)
电话(Tel)：0877－8095668
传真(Fax)：0877－8095268
E-mail：springqingzhou@ yahoo. com. cn
主要产品及品牌(Products and brand)：

卫生纸	翠峰，品美，绿翠峰

主要设备及产地(制造商)(Machinery)：

1575mm 卫生纸机 21 台	国产
卫生纸后加工设备 18 台	国产

生产能力(Capacity)：

生活用纸	2.5 万吨/年

中山市宝丽纸业有限公司
Zhongshan Polly Paper Manufacture Co., Ltd.

地址：广东省中山市古镇镇海洲昆山大道 38 号
Add: No. 38 Kunshan Rd., Haizhou, Guzhen, Zhongshan, Guangdong
邮编(P. C.)：528422
总经理(General Manager)：黄兆源(Huang Zhaoyuan)
电话(Tel)：0760－2313388
传真(Fax)：0760－2313389
E-mail：polly@ zsnet. net. cn
Http：//www. zspolly. com
主要产品及品牌(Products and brand)：

卫生卷纸，盘纸，手帕纸，面巾纸，餐巾纸，擦手纸	宝丽，澳纽

主要设备及产地(制造商)(Machinery)：

卫生纸机 20 台	国产
后加工设备 35 台	国产

生产能力(Capacity)：

生活用纸	2 万吨/年

惠州福和纸业有限公司

Huizhou Fook Woo Paper Co., Ltd.

地址:广东省博罗县园州镇

Add: Yuanzhou, Boluo, Guangdong

邮编(P. C.):516123

法人代表(Chairman):梁惠珍(Liang Huizhen)

总经理(General Manager):梁契权(Liang Qiquan)

电话(Tel):0752 -6812888

传真(Fax):0752 -6812628

主要产品及品牌(Products and brand):

卫生纸,纸巾纸	福和,Conner,Kami,绿仙子

主要设备及产地(制造商)(Machinery):

1575mm 卫生纸机 21 台	国产

生产能力(Capacity):

生活用纸	2.5 万吨/年

妇女卫生巾和卫生护垫
Sanitary napkins and pantiliners

福建恒安集团有限公司

Fujian Hengan Holding Co., Ltd.

地址:福建省晋江市安海恒安工业城

Add: Hengan Industry City, Anhai, Jinjiang, Fujian

邮编(P. C.):362261

法人代表(Chairman):施文博(Shi Wenbo)

总经理(General Manager):许连捷(Xu Lianjie)

电话(Tel):0595 -85708888

传真(Fax):0595 -85708666

E-mail:hengan@hengan.com

Http://www.hengan.com.cn

主要产品及品牌(Products and brand):

妇女卫生巾	安尔乐,安乐
卫生护垫	安尔乐
婴儿纸尿裤	安儿乐
成人纸尿裤	安而康
湿巾	心相印

主要设备及产地(制造商)(Machinery):

妇女卫生巾生产线 94 条	日本,意大利,国产
卫生护垫生产线 15 条	引进 4 条(意大利,日本),其余国产
婴儿纸尿裤生产线 8 条	意大利 4 条,日本纸工机 1 条,日本瑞光 2 条,国产 1 条
婴儿纸尿片生产线 5 条	国产
成人纸尿裤生产线 1 条	意大利 GDM

生产能力(Capacity):

妇女卫生巾	69.55 亿片/年(其中护翼型 43.1 亿片/年)
卫生护垫	23.82 亿片/年
婴儿纸尿裤	7.67 亿片/年
婴儿纸尿片	3.4 亿片/年
成人纸尿裤、纸尿片、尿垫	0.4 亿片/年

宝洁(中国)有限公司

Procter & Gamble (China) Ltd.

(美国 Procter & Gamble 独资企业)

地址:广东省广州市天河区林和西路 161 号中泰国际广场 30 楼

Add: Fl. 30 Zhongtai International Plaza, No. 161 Linhexi Rd., Tianhe District, Guangzhou, Guangdong

邮编(P. C.):510040

法人代表(Chairman):罗宏斐(Laurent. L. Philippe)

总经理(General Manager):罗宏斐(Laurent. L. Philippe)

电话(Tel):020 -85186688

传真(Fax):020 -85186131

E-mail:wan.an@pg.com

Http://www.pg.com.cn

主要产品及品牌(Products and brand):

妇女卫生巾,卫生护垫	护舒宝
婴儿纸尿裤	帮宝适
湿巾	帮宝适

主要设备及产地(制造商)(Machinery):

妇女卫生巾生产线 5 条	日本
婴儿纸尿裤生产线 3 条	美国

生产能力(Capacity):

妇女卫生巾/护垫	8 亿片/年
婴儿纸尿裤/湿巾	4 亿片/年

福建恒利集团有限公司

Fujian Hengli Group Co., Ltd.

地址:福建省南安市省新镇恒利工业区

Add: Hengli Industry Area, Shengxin, Nanan, Fujian

邮编(P. C.):362300

法人代表(Chairman):吴家荣(Wu Jiarong)

总经理(General Manager):吴家能(Wu Jianeng)

电话(Tel):0595 -86252666

传真(Fax):0595 -86252099

主要产品及品牌(Products and brand):

妇女卫生巾,卫生护垫	好舒爽,舒爽
婴儿纸尿裤	爽儿宝
婴儿纸尿片	舒爽

主要设备及产地(制造商)(Machinery):

妇女卫生巾生产线 79 条	意大利 2 条,其余国产
卫生护垫生产线 9 条	国产
婴儿纸尿裤机 1 台	意大利发明家
婴儿纸尿片机 1 台	进口及组装
DCT100 新月型卫生纸机 1 台,抄宽 2800mm,设计车速 1600m/min	芬兰 Metso

生产能力(Capacity):

妇女卫生巾	49.8 亿片/年(其中护翼型 21 亿片/年)
卫生护垫	7 亿片/年
婴儿纸尿裤	1.8 亿片/年
婴儿纸尿片	7.2 亿片/年
生活用纸	3 万吨/年

上海尤妮佳有限公司

Shanghai Unicharm Co., Ltd.

(日本尤妮佳(株)独资企业)

地址:上海市延安东路 618 号东海商业中心 22 楼 A

Add: A -22F, No. 618 Yanandonglu, Shanghai

邮编(P. C.):200001

法人代表(Chairman):葛文耀(Ge Wenyao)

总经理(General Manager):中野健之亮(Nakano Kennosuke)

电话(Tel):021 -53855290

传真(Fax):021 -53854799

主要产品及品牌(Products and brand):

妇女卫生巾,卫生护垫	苏菲,佳慕

主要设备及产地(制造商)(Machinery):

妇女卫生巾生产线,卫生护垫生产线	日本

生产能力(Capacity):

妇女卫生巾	6.9 亿片/年(全部护翼型)
卫生护垫	9.86 亿片/年

金佰利(中国)投资有限公司

Kimberly -Clark (China) Investment Co., Ltd.

(美国 Kimberly -Clark 独资企业)

包括:北京金佰利个人卫生用品有限公司
金佰利(南京)个人卫生用品有限公司

地址:北京市经济技术开发区建安街 2 号

Add: No. 2 Jianan St., Economy & Technology Development Zone, Beijing

邮编(P. C.):100176

法人代表(Chairman):Errol Plowman

总经理(General Manager):邵青锋(Stephen Shao)

电话(Tel):010 -67881358

传真(Fax):010 -67881358

Http://www. kcc. com

主要产品及品牌(Products and brand):

妇女卫生巾,卫生护垫	高洁丝,舒而美
婴儿纸尿裤	好奇
婴儿纸尿片	金贝贝

主要设备及产地(制造商)(Machinery):

妇女卫生巾生产线	美国,意大利,国产
婴儿纸尿裤生产线	法国

生产能力(Capacity):

妇女卫生巾	6.03 亿片/年(护翼型 4.56 亿片/年)
卫生护垫	14.15 亿片/年
纸尿片	1.2 亿片/年

强生(中国)有限公司

Johnson & Johnson (China) Ltd.

(美国 Johnson & Johnson 公司独资企业)
地址:上海市闵行区东川路3285号
Add: No. 3285 Dongchuan Rd., Minhang, Shanghai
邮编(P. C.):200245
法人代表(Chairman):吴人伟(Wu Renwei)
总经理(General Manager):刘静娴(Liu Jingxian)
电话(Tel):021-64302010
传真(Fax):021-64303557
E-mail:bchen4@co. ncn. jnj. com
主要产品及品牌(Products and brand):

妇女卫生巾,卫生护垫	娇爽
湿巾	强生,可伶可俐

主要设备及产地(制造商)(Machinery):

妇女卫生巾生产线5条	德国,国产
卫生护垫生产线3条	德国,国产

生产能力(Capacity):

妇女卫生巾	8.5亿片/年(全部护翼型)
卫生护垫	12亿片/年

上海花王有限公司
Kao Corporation Shanghai Co., Ltd.
(日本花王株式会社独资企业)
地址:上海市闵行区花王路333号
Add: No. 333, Kao Rd., Minhang, Shanghai
邮编(P. C.):201111
法人代表(Chairman):樋口信厚(Hikuchi)
总经理(General Manager):樋口信厚(Hikuchi)
电话(Tel):021-64091210
传真(Fax):021-64094937
E-mail:gaohongmei@kao. sh. cn
主要产品及品牌(Products and brand):

妇女卫生巾	乐而雅

主要设备及产地(制造商)(Machinery):

妇女卫生巾生产线8条	日本,国产

生产能力(Capacity):

妇女卫生巾	12亿片/年(其中护翼型8亿片/年)

益母妇女用品有限公司
Yimoo Woman's Products Co., Ltd.
包括:山东益母妇女用品有限公司
上海益母妇女用品有限公司
地址:山东省淄博市沂源县城沂蒙路9号
Add: No. 9 Yimeng Rd., Yiyuan, Shandong
邮编(P. C.):256100
法人代表(Chairman):赵玉山(Zhao Yushan)
总经理(General Manager):李春功(Li Chungong)
电话(Tel):0533-3241148
传真(Fax):0533-3241148
E-mail:yimoo@yimoo. cn
Http://www. yimoo. com
主要产品及品牌(Products and brand):

妇女卫生巾,卫生护垫	益母
纸尿裤	益贝

主要设备及产地(制造商)(Machinery):

妇女卫生巾生产线8条	意大利2条,其余国产
卫生护垫生产线7条	国产
婴儿纸尿裤生产线1条	国产

生产能力(Capacity):

妇女卫生巾	18.3亿片/年(全部护翼型)
卫生护垫	28亿片/年
婴儿纸尿裤	2.1亿片/年

上海唯尔福(集团)有限公司
Shanghai Welfare Group Co., Ltd.
包括:绍兴唯尔福妇幼用品有限公司
地址:上海市青浦区华新镇徐华公路3029弄88号
Add: No. 88, Lane 3029, Xuhua Highway, Huaxin, Qingpu, Shanghai
邮编(P. C.):201705
法人代表(Chairman):杨传信(Yang Chuanxin)
总经理(General Manager):杨传信(Yang Chuanxin)
电话(Tel):021-59778700
传真(Fax):021-59778188
E-mail:welfare@public1. sta. net. cn
Http://www. welfare-group. com
主要产品及品牌(Products and brand):

妇女卫生巾,卫生护垫,成人纸尿片,婴儿纸尿片,床垫,卫生卷纸	唯尔福

主要设备及产地(制造商)(Machinery):

妇女卫生巾生产线 26 条	意大利 1 条,其余国产
卫生护垫生产线 10 条	国产
婴儿纸尿裤生产线 1 条	国产
婴儿纸尿布生产线 1 条	国产
床垫生产线 1 条	国产
卫生卷纸机 2 台	国产
成人纸尿裤生产线 1 条	美国 PCMC 二手机

生产能力(Capacity):

妇女卫生巾	16.5 亿片/年(其中护翼型 6.5 亿片/年)
卫生护垫	6.5 亿片/年
成人纸尿片	0.17 亿片/年
婴儿纸尿片	0.25 亿片/年
护理垫	0.03 亿片/年
卫生卷纸	0.15 万吨/年

北京倍舒特妇幼用品有限公司

Beijing Beishute Maternity & Child Articles Co., Ltd.

地址:北京市密云工业开发区

Add: Miyun Industrial Development Area, Beijing

邮编(P. C.):101500

法人代表(Chairman):李秋红(Li Qiuhong)

总经理(General Manager):李秋红(Li Qiuhong)

电话(Tel):010 - 69061748

传真(Fax):010 - 69061747

E-mail:mail@ bjbest. com. cn

Http://www. bjbest. com. cn

主要产品及品牌(Products and brand):

妇女卫生巾,卫生护垫	倍舒特
婴儿纸尿片	健康宝宝
护理垫	倍舒特

主要设备及产地(制造商)(Machinery):

妇女卫生巾生产线 12 条	香港 2 条,其余国产
卫生护垫生产线 5 条	国产
婴儿纸尿片生产线 2 条	意大利、国产各 1 条
护理垫生产线 4 条	国产

生产能力(Capacity):

妇女卫生巾	14 亿片/年(全部为护翼型)
卫生护垫	10 亿片/年
婴儿纸尿片	1.6 亿片/年
护理垫	2.8 亿片/年

桂林洁伶工业有限公司

Guilin Jieling Industrial Co., Ltd.

地址:广西桂林市高新技术开发区 7 号小区

Add: No. 7 District, High & New Tech Zone, Guilin, Guangxi

邮编(P. C.):541004

法人代表(Chairman):陈百城(Chen Baicheng)

总经理(General Manager):陈百城(Chen Baicheng)

电话(Tel):0773 - 5857530

传真(Fax):0773 - 5850933

E-mail:jieling@ vip. 163. com

Http://www. jieling. net

主要产品及品牌(Products and brand):

妇女卫生巾,卫生护垫,卫生卷纸	洁伶

主要设备及产地(制造商)(Machinery):

妇女卫生巾生产线 12 条	国产
卫生护垫生产线 4 条	国产
卷纸机 3 台	国产

生产能力(Capacity):

妇女卫生巾	10 亿片/年(全部护翼型)
卫生护垫	7 亿片/年
卫生卷纸	0.6 万吨/年

临安市雄鹰妇幼卫生用品有限公司

Xiongying Maternity & Child Articles Co., Ltd.

地址:浙江省临安市於潜镇方元工业区

Add: Fangyuan Industry Zone, Yuqian, Linan, Zhejiang

邮编(P. C.):311311

法人代表(Chairman):周雄鹰(Zhou Xiongying)

总经理(General Manager):周雄鹰(Zhou Xiongying)

电话(Tel):0571 - 63872110

传真(Fax):0571 - 63872666

E-mail:webmaster@ hz - yf. com

Http://www. hz - yf. com

主要产品及品牌(Products and brand):

妇女卫生巾,卫生护垫	永芳
婴儿纸尿裤	酷儿

主要设备及产地(制造商)(Machinery):

妇女卫生巾生产线 13 条	国产
卫生护垫生产线 3 条	国产
婴儿纸尿裤生产线 1 条	国产
纸巾纸生产线 4 条	国产

生产能力(Capacity):

妇女卫生巾	20 亿片/年(全部护翼型)
卫生护垫	5 亿片/年
婴儿纸尿裤	2 亿片/年

广东省芬兰馨实业有限公司

Fenlanxin Industrial Co., Ltd. Guangdong Province

地址:广东省广州市天河路 9 号润粤大厦 11 楼 A 座
Add: A – 11/F, Runyue Mansion, No. 9 Tianhe Rd., Guangzhou, Guangdong
邮编(P. C.):510075
法人代表(Chairman):杨耀文(Yang Yaowen)
总经理(General Manager):杨耀文(Yang Yaowen)
电话(Tel):020 – 37600019
传真(Fax):020 – 37600020
E-mail:Fenlanxin@ fenlanxin. com
Http://www. fenlanxin. com
主要产品及品牌(Products and brand):

妇女卫生巾,卫生护垫	芬兰馨
婴儿纸尿裤	芬儿馨

主要设备及产地(制造商)(Machinery):

妇女卫生巾生产线 4 条	国产
卫生护垫生产线 4 条	国产
婴儿纸尿裤生产线 1 条	日本纽朗二手机

生产能力(Capacity):

妇女卫生巾	2.3 亿片/年(全部护翼型)
卫生护垫	5.1 亿片/年
婴儿纸尿裤	0.2 亿片/年

北京特日欣卫生用品有限公司

Beijing Terixin Hygiene Products Co., Ltd.

地址:北京市丰台区育菲园小区东里 13 号
Add: No. 13 Yufeiyuan Dongli, Fengtai, Beijing
邮编(P. C.):100071
法人代表(Chairman):冯跃(Feng Yue)
总经理(General Manager):冯跃(Feng Yue)
电话(Tel):010 – 83610815
传真(Fax):010 – 83610817
主要产品及品牌(Products and brand):

妇女卫生巾,卫生护垫	特日欣

主要设备及产地(制造商)(Machinery):

妇女卫生巾生产线 6 条	国产
卫生护垫生产线 2 条	国产

生产能力(Capacity):

妇女卫生巾	7.1 亿片/年(护翼型 6.3 亿片/年)
卫生护垫	5 亿片/年

天津日商卫生科技发展有限公司

Tianjin Rishang Sanitation Science & Technology Development Co., Ltd.

地址:天津市北辰高科技产业园区辰星工业园淮河道
Add: Huaihe Rd., Chenxing Industry Zone, Beichen Industry Zone, Tianjin
邮编(P. C.):300402
法人代表(Chairman):杨印海(Yang Yinhai)
总经理(General Manager):杨印海(Yang Yinhai)
电话(Tel):022 – 26301231
传真(Fax):022 – 84941395
主要产品及品牌(Products and brand):

妇女卫生巾,卫生护垫	小护士
婴儿纸尿裤,婴儿纸尿片	屁屁乐

主要设备及产地(制造商)(Machinery):

妇女卫生巾生产线 18 条	意大利 2 条,其余国产
卫生护垫生产线 3 条	国产
婴儿纸尿裤生产线 1 条	国产
婴儿纸尿片生产线 1 条	国产
护理垫生产线 1 条	国产

生产能力(Capacity):

妇女卫生巾	28 亿片/年(护翼型 2.5 亿片/年)
卫生护垫	5 亿片/年
婴儿纸尿裤	1.5 亿片/年
婴儿纸尿片	2 亿片/年
护理垫	1.5 亿片/年

沈阳东联日用品有限公司

Shenyang Tonglian Daily - Use Goods Co., Ltd.

（台湾娇联独资企业）

地址：辽宁省沈阳市经济技术开发区青山湖街11号

Add: No. 11 Qingshanhu Rd., Economic & Technological Development Zone, Shenyang, Liaoning

邮编(P. C.)：110411

法人代表(Chairman)：洪振辉(Hong Zhenhui)

总经理(General Manager)：洪进正(Hong Jinzheng)

电话(Tel)：024 - 25814302

传真(Fax)：024 - 25819114

主要产品及品牌(Products and brand)：

妇女卫生巾，卫生护垫	柔柔

主要设备及产地(制造商)(Machinery)：

妇女卫生巾生产线12条	中国台湾亨宇，日本东亚，国产
卫生护垫生产线1条	日本东亚

生产能力(Capacity)：

妇女卫生巾	10.6亿片/年(其中护翼型6.4亿片/年)
卫生护垫	3.5亿片/年

上海申欧企业发展有限公司

Shanghai Sun'o Enterprise Development Co., Ltd.

地址：上海市嘉定区嘉行公路1555号

Add: No. 1555 Jiaxing Highway, Jiading, Shanghai

邮编(P. C.)：201808

法人代表(Chairman)：姜祁云(Jiang Qiyun)

总经理(General Manager)：姜祁云(Jiang Qiyun)

电话(Tel)：021 - 59554555

传真(Fax)：021 - 59555730

E-mail：suno - shanghai@ 163. com

Http://www. shen - ou. com

主要产品及品牌(Products and brand)：

妇女卫生巾，卫生护垫	555，皎洁，悠U

主要设备及产地(制造商)(Machinery)：

妇女卫生巾生产线5条	国产
卫生护垫生产线2条	国产

生产能力(Capacity)：

妇女卫生巾	6亿片/年(全部护翼型)
卫生护垫	2亿片/年

江苏三笑集团有限公司

Jiangsu Sanxiao Group Co., Ltd.

地址：江苏省扬州市邗江区杭集三笑大道1号

Add: No. 1 Sanxiao Rd., Hangji, Hanjiang, Yangzhou, Jiangsu

邮编(P. C.)：225111

法人代表(Chairman)：韩国平(Han Guoping)

总经理(General Manager)：韩国发(Han Guofa)

电话(Tel)：0514 - 7279566

传真(Fax)：0514 - 7271389

E-mail：sanxiaogroup@ vip. sina. com

Http://www. sanxiaogroup. com. cn

主要产品及品牌(Products and brand)：

妇女卫生巾，卫生护垫	笑爽
纸尿裤	笑得爽

主要设备及产地(制造商)(Machinery)：

妇女卫生巾生产线14条	国产
卫生护垫生产线2条	国产
纸尿裤生产线2条	国产

生产能力(Capacity)：

妇女卫生巾	25亿片/年
卫生护垫	4亿片/年
纸尿裤	1.5亿片/年

远东纸业(泰州)有限公司

Far East Paper (Taizhou) Co., Ltd.

地址：江苏省兴化市戴窑工业区

Add: Daiyao Industrial Zone, Xinghua, Jiangsu

邮编(P. C.)：225741

法人代表(Chairman)：冯元松(Feng Yuansong)

总经理(General Manager)：冯元松(Feng Yuansong)

电话(Tel)：0523 - 3848888

传真(Fax)：0523 - 3841888

E-mail：fys@ anjieer. com

Http://www. anjieer. com

主要产品及品牌(Products and brand)：

妇女卫生巾,卫生护垫	安洁尔
婴儿纸尿裤	安洁儿

主要设备及产地(制造商)(Machinery):

妇女卫生巾生产线 12 条	国产
卫生护垫生产线 3 条	国产
婴儿纸尿裤生产线 1 条	国产
床垫生产线 1 条	国产

生产能力(Capacity):

妇女卫生巾	6.2 亿片/年(其中护翼型 5 亿片/年)
卫生护垫	0.9 亿片/年
婴儿纸尿裤	0.2 亿片/年
床垫	0.15 亿片/年

杭州雅妮娜卫生用品有限公司

Hangzhou Yanina Health Products Co., Ltd.

地址:浙江省杭州市萧山区义桥潘山工业区 1 号

Add: No. 1 Panshan Industry Zone, Yiqiao, Xiaoshan, Hangzhou, Zhejiang

邮编(P. C.):311262

法人代表(Chairman):黄林刚(Huang Lingang)

总经理(General Manager):黄林刚(Huang Lingang)

电话(Tel):0571 -82216628

传真(Fax):0571 -82216491

E-mail:hzpanshan@ yahoo. com. cn

Http://www. yanina. net

主要产品及品牌(Products and brand):

妇女卫生巾,卫生护垫,纸尿片	雅妮娜

主要设备及产地(制造商)(Machinery):

妇女卫生巾生产线 17 条	意大利 1 条,其余国产
卫生护垫生产线 3 条	国产
纸尿片生产线 1 条	国产

生产能力(Capacity):

妇女卫生巾	13.1 亿片/年(其中护翼型 5.6 亿片/年)
卫生护垫	2.5 亿片/年
婴儿纸尿片	0.5 亿片/年

杭州可月卫生用品有限公司

Hangzhou Credible Sanitary Products Co., Ltd.

地址:浙江省萧山经济技术开发区建设三路 7 号

Add: No. 7 Jianshesanlu, Xiaoshan Economic Technology Development Zone, Zhejiang

邮编(P. C.):311215

法人代表(Chairman):黄国权(Huang Guoquan)

总经理(General Manager):黄国权(Huang Guoquan)

电话(Tel):0571 -82837925

传真(Fax):0571 -82831258

E-mail:keyue@ credible. com. cn

Http://www. credible. com. cn

主要产品及品牌(Products and brand):

妇女卫生巾,卫生护垫	可月,月满好
婴儿纸尿裤	宝宝好梦,婴倍适

主要设备及产地(制造商)(Machinery):

妇女卫生巾生产线 13 条	国产
卫生护垫生产线 2 条	国产
婴儿纸尿裤生产线 1 条	国产
婴儿纸尿片生产线 1 条	国产

生产能力(Capacity):

妇女卫生巾	8.67 亿片/年(其中护翼型 7.9 亿片/年)
卫生护垫	2 亿片/年
婴儿纸尿裤	0.7 亿片/年

湖北丝宝卫生用品有限公司

Hubei C - BONS Sanitary Products Co., Ltd.

(香港丝宝集团国际发展公司独资企业)

地址:湖北省武汉市黄浦大街丝宝国际大厦

Add: C - BONS International Building, Huangpu St., Wuhan, Hubei

邮编(P. C.):430019

法人代表(Chairman):梁亮胜(Liang Liangsheng)

总经理(General Manager):陈莺(Chen Ying)

电话(Tel):027 -82920888

传真(Fax):027 -82922001

E-mail:zhushan@ c - bons. com. cn

Http://www. c - bons. com. cn

主要产品及品牌(Products and brand):

妇女卫生巾,卫生护垫	洁婷,伊倍爽

主要设备及产地(制造商)(Machinery):

妇女卫生巾生产线 10 条	意大利 Fameccanica 公司 1 条,其余国产
卫生护垫生产线 6 条	国产

生产能力(Capacity):

妇女卫生巾	7 亿片/年(全部护翼型)
卫生护垫	5.8 亿片/年

福建天和妇幼日用品有限公司

Fujian Tianhe Women & Children Goods for Daily Use Co., Ltd.

地址:福建省南安市洪濑镇东溪开发区天和工业大厦

Add: Tianhe Industry Building, Dongxi Development Zone, Honglai, Nanan, Fujian

邮编(P. C.):362331

法人代表(Chairman):黄志民(Huang Zhimin)

总经理(General Manager):戴志福(Dai Zhifu)

电话(Tel):0595 - 86682278

传真(Fax):0595 - 86682278

E-mail:fjtianhe@pub2. qz. fj. cn

Http://www. fjtianhe. com

主要产品及品牌(Products and brand):

妇女卫生巾,卫生护垫	新欣,阳光之秀
婴儿纸尿裤,湿巾	

主要设备及产地(制造商)(Machinery):

妇女卫生巾生产线 6 条	国产
卫生护垫生产线 2 条	国产
婴儿纸尿裤生产线 1 条	国产
湿巾生产线 1 条	国产

生产能力(Capacity):

妇女卫生巾	5.76 亿片/年(全部护翼型)
卫生护垫	2.16 亿片/年
婴儿纸尿裤	1 亿片/年

佛山市佩安婷卫生用品实业有限公司

Foshan Peianting Hygiene Products Industrial Co., Ltd.

地址:广东省佛山市高明区杨梅镇紫荆路 5 号

Add: No. 5 Zijing Rd., Yangmei, Gaoming, Foshan, Guangdong

邮编(P. C.):528515

法人代表(Chairman):陈惠华(Chen Huihua)

总经理(General Manager):方润华(Fang Runhua)

电话(Tel):0757 - 82800209

传真(Fax):0757 - 82800202

E-mail:master@ peianting. com

Http://www. peianting. com

主要产品及品牌(Products and brand):

妇女卫生巾,卫生护垫	佩安婷
纸尿裤,纸尿片	佩安婷

主要设备及产地(制造商)(Machinery):

妇女卫生巾生产线 8 条	国产
卫生护垫生产线 5 条	国产
纸尿裤生产线 1 条	国产
纸尿片生产线 2 条	国产

生产能力(Capacity):

妇女卫生巾	0.6 亿片/年
卫生护垫	0.3 亿片/年
纸尿裤	0.2 亿片/年
纸尿片	0.4 亿片/年

东莞姿庭生活用品有限公司

Dongguan Shietine Articles for Daily Use Co., Ltd.

地址:广东省东莞市桥头镇岭头工业区

Add: Lingtou Industry Zone, Qiaotou, Dongguan, Guangdong

邮编(P. C.):523530

法人代表(Chairman):莫浩棠(Mo Haotang)

总经理(General Manager):钱澜(Qian Lan)

电话(Tel):0769 - 83343868

传真(Fax):0769 - 83342786

E-mail:gitine@ pub. dgnet. gd. cn

Http://www. gitine. com

主要产品及品牌(Products and brand):

妇女卫生巾,卫生护垫,婴儿纸尿裤,面巾纸,手帕纸	姿庭

主要设备及产地(制造商)(Machinery):

妇女卫生巾生产线 4 条	美国 PCMC 公司 1 条,日本瑞光 2 条,意大利 1 条
卫生护垫机 1 台	国产
手帕纸、面巾纸加工设备 2 台	中国台湾

生产能力(Capacity):

妇女卫生巾	6.12 亿片/年(全部护翼型)
卫生护垫	0.9 亿片/年

广东海灵保健制品有限公司

Guangdong Hiseacare Health Product Co., Ltd.

地址:广东省中山市火炬开发区(健康基地产业基地内)沿江东二路10号

Add: No. 10, Yanjiangdonger Rd., Huoju Development Zone, Zhongshan, Guangdong

邮编(P. C.):528437

法人代表(Chairman):杨桂海(Yang Guihai)

总经理(General Manager):缪国兴(Miao Guoxing)

电话(Tel):0760-5331230

传真(Fax):0760-5333880

E-mail:goodcare@pub.zhongshan.gd.cn

Http://www.goodcare.com.cn

主要产品及品牌(Products and brand):

妇女卫生巾,卫生护垫	佳期

主要设备及产地(制造商)(Machinery):

妇女卫生巾生产线4条	国产
卫生护垫生产线2条	国产

生产能力(Capacity):

妇女卫生巾	6 亿片/年
卫生护垫	3.6 亿片/年

佛山市南海区桂城景兴商务拓展有限公司

Kingdom Marketing Service Co., Ltd.

地址:广东省佛山市南海区桂城南海大道经委大厦副楼二楼

Add: 2F, Jingwei Bld., Nanhai Rd., Guicheng, Nanhai, Foshan, Guangdong

邮编(P. C.):528200

法人代表(Chairman):邓锦明(Deng Jinming)

总经理(General Manager):邓锦明(Deng Jinming)

电话(Tel):0757-86238822

传真(Fax):0757-86238670

E-mail:kingdom@abckms.com

Http://www.abckms.com

主要产品及品牌(Products and brand):

妇女卫生巾,卫生护垫,湿巾	ABC,小妹,EC

主要设备及产地(制造商)(Machinery):

妇女卫生巾、卫生护垫生产线11条	国产
湿巾机4台	国产

生产能力(Capacity):

妇女卫生巾	6.4 亿片/年
卫生护垫	6.4 亿片/年
湿巾	38 亿片/年

贵州久美企业有限责任公司

Guizhou Joume Enterprise Co., Ltd.

地址:贵州省贵阳市延安中路77号兴中元大厦8楼A座

Add: A-8F, Xingzhongyuan Mansion, No. 77 Yanan Rd., Guiyang, Guizhou

邮编(P. C.):550001

法人代表(Chairman):孔农(Kong Nong)

总经理(General Manager):孔农(Kong Nong)

电话(Tel):0851-6571178

传真(Fax):0851-6571077

E-mail:joume@joume.com

Http://www.joume.com.cn

主要产品及品牌(Products and brand):

妇女卫生巾,卫生护垫	舒婷

主要设备及产地(制造商)(Machinery):

妇女卫生巾生产线10条	国产
卫生护垫生产线1条	国产

生产能力(Capacity):

妇女卫生巾	7.85 亿片/年(全部护翼型)
卫生护垫	0.67 亿片/年

婴儿纸尿布
Baby diapers

宝洁(中国)有限公司

Procter & Gamble (China) Ltd.

(详见妇女卫生巾和卫生护垫主要企业介绍)

福建恒安集团有限公司

Fujian Hengan Holding Co., Ltd.

(详见妇女卫生巾和卫生护垫主要企业介绍)

尤妮佳生活用品(中国)有限公司
Unicharm Consumer Products (China) Co., Ltd.
(日本尤妮佳(株)独资企业)
地址:上海市延安东路618号东海商业中心22楼A
Add: A-22F, No. 618 Yanandonglu, Shanghai
邮编(P. C.):200001
法人代表(Chairman):石川正人(Ishikawa Masato)
总经理(General Manager):石川正人(Ishikawa Masato)
电话(Tel):021-53854322
传真(Fax):021-53854798
E-mail:jia-hu@unicharm.com.cn
主要产品及品牌(Products and brand):

婴儿纸尿裤	妈咪宝贝

主要设备及产地(制造商)(Machinery):

婴儿纸尿裤生产线	日本

生产能力(Capacity):

婴儿纸尿裤	1.85 亿片/年

全日美实业(上海)有限公司
Everbeauty Industry (Shanghai) Co., Ltd.
地址:上海市松江区新桥镇工业区民益路5号
Add: No. 5 Minyi Rd., Xinqiao Industry Park, Songjiang, Shanghai
邮编(P. C.):201612
法人代表(Chairman):邱顶阳(Qiu Dingyang)
总经理(General Manager):王正钱(Wang Zhengqian)
电话(Tel):021-57686968
传真(Fax):021-57686967
Http://www.evb.com.cn
主要产品及品牌(Products and brand):

婴儿纸尿裤、纸尿片,成人纸尿片	嘘嘘乐,小淘气,爱乐芬

主要设备及产地(制造商)(Machinery):

婴儿纸尿裤生产线3条	日本,意大利
婴儿纸尿片生产线1条	
成人纸尿片生产线1条	

生产能力(Capacity):

婴儿纸尿裤	4.3 亿片/年
婴儿纸尿片	0.7 亿片/年
成人纸尿片	0.35 亿片/年

中山瑞德卫生纸品有限公司
Disposable Soft Goods (Zhongshan) Ltd.
(香港D. S. G独资企业)
地址:广东省中山市西区沙朗第三工业区金昌工业路
Add: Jinchang Industrial Rd., 3rd Industry Zone, Shalang, Xiqu, Zhongshan, Guangdong
邮编(P. C.):528411
法人代表(Chairman):崔守礼(Cui Shouli)
总经理(General Manager):关兆华(Frankie Kwan)
电话(Tel):0760-8559866
传真(Fax):0760-8558794
E-mail:frankie@dsgil.com
Http://www.fitti.com
主要产品及品牌(Products and brand):

婴儿纸尿裤	菲比(FITTI),宝宝(PETPET),爱婴(Babylove)

主要设备及产地(制造商)(Machinery):

婴儿纸尿裤生产线3条	法国,美国

生产能力(Capacity):

婴儿纸尿裤	2 亿片/年

东莞市瑞麒婴儿用品有限公司
Dongguan AALL & ZYLEMAN Baby Goods Ltd.
地址:广东省东莞市石龙镇西湖管理区2路2号
Add: No. 2 Er Rd., Xihu District, Shilong, Dongguan, Guangdong
邮编(P. C.):523325
法人代表(Chairman):叶建源(Ye Jianyuan)
总经理(General Manager):叶建源(Ye Jianyuan)
电话(Tel):0769-86113293
传真(Fax):0769-86112740
E-mail:sales@hellobaby.com
Http://www.ihellobaby.com
主要产品及品牌(Products and brand):

婴儿纸尿裤	哈啰宝贝,哈啰天使,BB熊

主要设备及产地(制造商)(Machinery):

婴儿纸尿裤生产线1条	意大利 GDM

生产能力(Capacity):

婴儿纸尿裤	1.6 亿片/年

汕头市爱护洁护理用品厂有限公司

Eleaine Treatment Prod. Fty. Ltd.

地址:广东省汕头市潮汕路金园工业区第十片区

Add: No. 10 District Jinyuan Industry Zone, Chaoshan Rd., Shantou, Guangdong

邮编(P. C.):515041

法人代表(Chairman):张朝侠(Zhang Chaoxia)

总经理(General Manager):张朝侠(Zhang Chaoxia)

电话(Tel):0754-2909933

传真(Fax):0754-8105531

E-mail:eleaine@pub.shantou.gd.cn

Http://www.eleaine.com.cn

主要产品及品牌(Products and brand):

婴儿纸尿裤	爱护洁

主要设备及产地(制造商)(Machinery):

婴儿纸尿裤生产线2条	意大利 GDM

生产能力(Capacity):

婴儿纸尿裤	0.52 亿片/年

好孩子百瑞康卫生用品有限公司

Goodbaby Bairuikang Hygienic Products Co., Ltd.

地址:江苏省昆山市陆家镇富荣路1号

Add: No. 1 Furong Rd., Lujia, Kunshan, Jiangsu

邮编(P. C.):215331

法人代表(Chairman):宋郑还(Song Zhenghuan)

总经理(General Manager):辛树林(Xin Shulin)

电话(Tel):0512-57679342

传真(Fax):0512-57679343

Http://www.goodbaby.com

主要产品及品牌(Products and brand):

婴儿纸尿裤	好孩子,奇妙鸭

主要设备及产地(制造商)(Machinery):

婴儿纸尿裤生产线2条	美国 PCMC 二手机

生产能力(Capacity):

婴儿纸尿裤	1.2 亿片/年

新感觉卫生用品有限公司

New Sensation Sanitary Product Co., Ltd.

地址:广东省佛山市顺德区乐从镇细海工业区

Add: Xihai Industrial Zone, Lecong, Shunde, Guangdong

邮编(P. C.):528315

法人代表(Chairman):黎汉中(Li Hanzhong)

总经理(General Manager):黎国英(Li Guoying)

电话(Tel):0757-28332551

传真(Fax):0757-28858862

E-mail:sdxgj@pub.sdnet.gd.cn

Http://www.newsensation.com.cn

主要产品及品牌(Products and brand):

妇女卫生巾,卫生护垫	新感觉
婴儿纸尿裤、纸尿片,成人纸尿片	新感觉,没烦恼

主要设备及产地(制造商)(Machinery):

纸尿裤生产线2条	意大利二手机1条,国产1条
妇女卫生巾生产线8条	国产
卫生护垫生产线2条	国产
婴儿纸尿裤生产线2条	国产

生产能力(Capacity):

妇女卫生巾	4 亿片/年(全部护翼型)
卫生护垫	1.2 亿片/年
婴儿纸尿裤	1.5 亿片/年
婴儿纸尿片	1 亿片/年

福建恒利集团有限公司

Fujian Hengli Group Co., Ltd.

(详见妇女卫生巾和卫生护垫主要企业介绍)

威海洁瑞卫生材料制品有限公司

Weihai Jierui Hygienic Material Products Co., Ltd.

地址:山东省威海市世昌大道348号

Add: No. 348 Shichang Rd., Weihai, Shandong
邮编(P. C.):264209
法人代表(Chairman):陈林(Chen Lin)
总经理(General Manager):孔庆威(Kong Qingwei)
电话(Tel):0631-5660598
传真(Fax):0631-5660598
E-mail:leekai@public.whptt.sd.cn
主要产品及品牌(Products and brand):

婴儿纸尿裤,纸尿片,妇女卫生巾,卫生护垫,护理垫	威乐,百仕洁

主要设备及产地(制造商)(Machinery):

婴儿纸尿裤生产线1条	意大利 CCE
妇女卫生巾生产线1条	意大利 CCE
护理垫生产线1条	意大利 CCE
卫生护垫生产线1条	国产
婴儿纸尿布生产线1条	国产

生产能力(Capacity):

婴儿纸尿裤	0.8亿片/年
婴儿纸尿片	0.48亿片/年
护理垫与成人纸尿片	0.48亿片/年
妇女卫生巾	1.2亿片/年
卫生护垫	2亿片/年

北京倍舒特妇幼用品有限公司
Beijing Beishute Maternity & Child Articles Co., Ltd.
(详见妇女卫生巾和卫生护垫主要企业介绍)

上海唯尔福(集团)有限公司
Shanghai Welfare Group Co., Ltd.
(详见妇女卫生巾和卫生护垫主要企业介绍)

福建莆田佳通纸制品有限公司
G. T. Paper (Fujian Putian) Co., Ltd.
(新加坡佳通集团独资企业)
地址:福建省莆田市江口镇海星街
Add: Haixing St., Jiangkou, Putian, Fujian
邮编(P. C.):351115
法人代表(Chairman):林美凤(Lin Meifeng)
总经理(General Manager):李玉坤(Li Yukun)
电话(Tel):0594-3686261
传真(Fax):0594-3697692
E-mail:gtxdq@tom.com
主要产品及品牌(Products and brand):

妇女卫生巾,婴儿纸尿裤,卫生护垫,面巾纸,卫生卷纸	柔爱,雪薇,佳馨

主要设备及产地(制造商)(Machinery):

妇女卫生巾生产线4条	引进3条,国产1条
卫生护垫生产线1条	国产
卫生纸加工设备4台	中国台湾

生产能力(Capacity):

婴儿纸尿裤	0.72亿片/年
妇女卫生巾	4亿片/年
卫生护垫	0.55亿片/年

广东省宝儿用品有限公司
Guangdong Baby Products Co., Ltd.
地址:广东省佛山市南海区西樵河岗开发区5号
Add: No. 5 Hegang Development Zone, Xiqiao, Nanhai, Foshan, Guangdong
邮编(P. C.):528211
法人代表(Chairman):李伯石(Li Boshi)
总经理(General Manager):罗瑞柄(Luo Ruibing)
电话(Tel):0757-86821997
传真(Fax):0757-86821998
E-mail:babyking@babyking.com.cn
Http://www.babyking.com.cn
主要产品及品牌(Products and brand):

纸尿裤,纸尿片	帝儿宝,惠儿宝,惠康保,惠儿乐

主要设备及产地(制造商)(Machinery):

婴儿纸尿裤生产线1条	意大利 Fameccanica

生产能力(Capacity):

婴儿纸尿裤	0.8亿片/年

佛山市满盈卫生用品有限公司
Foshan Nice Capital Hygiene Accessories Co., Ltd.
地址:广东省佛山市禅武区南庄镇龙津村
Add: Longjin, Nanzhuang, Chanwu, Foshan, Guangdong
邮编(P. C.):528219

法人代表(Chairman):廖楚明(Liao Chuming)
总经理(General Manager):夏谷贻(Xia Guyi)
电话(Tel):0757－85336793
传真(Fax):0757－85336464
主要产品及品牌(Products and brand):

婴儿纸尿裤	趣致宝,精灵宝贝,小天王,满盈

主要设备及产地(制造商)(Machinery):

婴儿纸尿裤生产线1条	意大利

生产能力(Capacity):

婴儿纸尿裤	0.36 亿片/年

佛山市佩安婷卫生用品实业有限公司
Foshan Peianting Hygiene Products Industrial Co., Ltd.
(详见妇女卫生巾和卫生护垫主要企业介绍)

广西舒雅护理用品有限公司
Guangxi Shuya Health Care－Products Co., Ltd.
地址:广西南宁市华侨投资区
Add: Overseas Chinese Development Zone, Nanning, Guangxi
邮编(P.C.):530105
法人代表(Chairman):韦力清(Wei Liqing)
总经理(General Manager):黄玉梅(Huang Yumei)
电话(Tel):0771－6301370
传真(Fax):0771－2847242
E-mail:shuya@public.nn.gx.cn
Http://www.shuya－china.com
主要产品及品牌(Products and brand):

妇女卫生巾,卫生护垫	舒雅
婴儿纸尿裤	舒儿特
湿巾	舒雅

主要设备及产地(制造商)(Machinery):

妇女卫生巾生产线11条	国产
卫生护垫生产线2条	国产
婴儿纸尿裤生产线1条	意大利 Diatec
湿巾折叠机2台	美国 PCMC
湿巾包装机2台	意大利 Imanpack,瑞士 ILAPAK

生产能力(Capacity):

妇女卫生巾	8 亿片/年
卫生护垫	2 亿片/年
婴儿纸尿裤	1.44 亿片/年
湿巾	20 亿片/年

成人纸尿布及失禁用品
Adult diapers and incontinences

福建恒安集团有限公司
Fujian Hengan Holding Co., Ltd.
(详见妇女卫生巾和卫生护垫主要企业介绍)

天津杏林白十字医疗卫生材料用品有限公司
Tianjin Xinglin Baishizi Co., Ltd.
地址:天津市西青区经济开发区业盛道3号
Add: No.3 Yesheng Rd., Xiqing Economic Development Zone, Tianjin
邮编(P.C.):300381
法人代表(Chairman):石学敏(Shi Xuemin)
总经理(General Manager):王良(Wang Liang)
电话(Tel):022－23972036
传真(Fax):022－23972012
E-mail:tyoumei@sina.com
主要产品及品牌(Products and brand):

成人纸尿裤,纸尿片	洒露把

主要设备及产地(制造商)(Machinery):

成人纸尿布设备1台	日本

生产能力(Capacity):

成人纸尿片	0.36 亿片/年
成人纸尿裤	0.48 亿片/年

南海稳德福无纺布有限公司
Nanhai Wonderful Nonwoven Co., Ltd.
地址:广东省佛山市南海区沙头镇石江工业区
Add: Shijiang Industry Park, Shatou, Nanhai, Foshan, Guangdong
邮编(P.C.):528208
法人代表(Chairman):黄业滔(Huang Yetao)
总经理(General Manager):邓伟添(Deng Weitian)
电话(Tel):0757－86919199
传真(Fax):0757－86916230

E-mail:deng@ chinawoven. com
Http://www. chinawoven. com
主要产品及品牌(Products and brand):

成人纸尿裤	稳德福,老夫子

主要设备及产地(制造商)(Machinery):

纸尿裤生产线 1 条	日本二手机

生产能力(Capacity):

成人纸尿裤	0.3 亿片/年

全日美实业(上海)有限公司
Everbeauty Industry (Shanghai) Co., Ltd.
(详见婴儿纸尿布主要企业介绍)

新感觉卫生用品有限公司
New Sensation Sanitary Product Co., Ltd.
(详见婴儿纸尿布主要企业介绍)

上海唯尔福(集团)有限公司
Shanghai Welfare Group Co., Ltd.
(详见妇女卫生巾和卫生护垫主要企业介绍)

北京倍舒特妇幼用品有限公司
Beijing Beishute Maternity & Child Articles Co., Ltd.
(详见妇女卫生巾和卫生护垫主要企业介绍)

威海洁瑞卫生材料制品有限公司
Weihai Jierui Hygienic Material Products Co., Ltd.
(详见婴儿纸尿布主要企业介绍)

天津日商卫生科技发展有限公司
Tianjin Rishang Sanitation Science & Technology Development Co., Ltd.
(详见妇女卫生巾和卫生护垫主要企业介绍)

天津市依依卫生用品厂
Tianjin Yiyi Hygiene Products Factory
地址:天津市西青经济开发区张沃工业园
Add: Zhangwo Industry Park, Xiqing Economic Development Zone, Tianjin
邮编(P. C.):300380
法人代表(Chairman):高福忠(Gao Fuzhong)
总经理(General Manager):高福忠(Gao Fuzhong)
电话(Tel):022 - 87988888
传真(Fax):022 - 27950903
E-mail:yy@ yyzy. com
Http://www. yyzy. com
主要产品及品牌(Products and brand):

妇女卫生巾,卫生护垫,婴儿纸尿片,护理垫,宠物垫,卫生卷纸,纸巾纸	依依

主要设备及产地(制造商)(Machinery):

妇女卫生巾生产线 8 条	国产
卫生护垫生产线 3 条	国产
婴儿纸尿片生产线 1 条	国产
纸巾纸设备 4 台	国产
卷纸设备 1 台	国产
成人尿垫设备 1 台	国产
床垫设备 1 台	国产

生产能力(Capacity):

妇女卫生巾	25 亿片/年(全部为护翼型)
卫生护垫	20 亿片/年
婴儿纸尿片	1 亿片/年
护理垫	1 亿片/年

浙江安柔卫生用品有限公司
Zhejiang Anrou Hygiene Products Co., Ltd.
地址:浙江省义乌市义亭工业区稠义路 1 号
Add: No. 1 Chouyi Rd., Yiting Industry Zone, Yiwu, Zhejiang
邮编(P. C.):322005
法人代表(Chairman):李光军(Li Guangjun)
总经理(General Manager):李光军(Li Guangjun)
电话(Tel):0579 - 5818068
传真(Fax):0579 - 5817688
主要产品及品牌(Products and brand):

妇女卫生巾,卫生护垫	安柔
婴儿纸尿裤,纸尿片	奥贝思
成人纸尿裤	澳利康

主要设备及产地(制造商)(Machinery):

婴儿纸尿裤生产线 1 条	国产
成人纸尿裤生产线 1 条	国产
婴儿纸尿片生产线 1 条	国产
妇女卫生巾生产线 6 条	国产
卫生护垫生产线 2 条	国产
护理垫生产线 1 条	国产

湿巾
Wet wipes

晋江恒安家庭生活用纸有限公司
Jinjiang Hengan Household Tissue Product Co., Ltd.
地址:福建省晋江市五里工业园区
Add: Wuli Industry Zone, Jinjiang, Fujian
邮编(P. C.):362261
法人代表(Chairman):许连捷(Xu Lianjie)
总经理(General Manager):颜志勇(Yan Zhiyong)
电话(Tel):0595－85736880
传真(Fax):0595－85736563
主要产品及品牌(Products and brand):

湿巾	心相印

主要设备及产地(制造商)(Machinery):

湿巾生产线15条	美国,日本,中国台湾

生产能力(Capacity):

湿巾	15.97亿片/年

佛山市南海区桂城景兴商务拓展有限公司
Kingdom Marketing Service Co., Ltd.
(详见妇女卫生巾和卫生护垫主要企业介绍)

广西舒雅护理用品有限公司
Guangxi Shuya Health Care－Products Co., Ltd.
(详见婴儿纸尿布主要企业介绍)

上海美馨卫生用品有限公司
Shanghai American Hygienics Co., Ltd.
地址:上海市青浦区徐泾镇徐华路439号
Add: No. 439 Xuhua Rd., Xujing, Qingpu, Shanghai
邮编(P. C.):201702
电话(Tel):021－59764175
传真(Fax):021－59763989
E-mail:sales@amhygienics.com
Http://www.amhygienics.com
主要产品及品牌(Products and brand):

湿巾	Cuddsies,凯德馨

主要设备及产地(制造商)(Machinery):

湿巾生产设备18台	美国,德国,意大利,国产

生产能力(Capacity):

湿巾	6亿片/年

北京一帆清洁用品有限公司
Beijing Yifan Hygiene Products Co., Ltd.
地址:北京市怀柔区雁栖工业开发区栖美园小区2号楼3单元601室
Add: Rm. 601, No. 3 Apartment, No. 2 Qimeiyuan Xiaoqu, Yanqi Industry Development Zone, Huairou, Beijing
邮编(P. C.):101407
法人代表(Chairman):廖永亮(Liao Yongliang)
总经理(General Manager):廖永亮(Liao Yongliang)
电话(Tel):010－61665665
传真(Fax):010－61665656
E-mail:chmarvel@public.jl.cc.cn
Http://www.uswarvel.com
主要产品及品牌(Products and brand):

湿巾(通用清洁系列,儿童清洁系列,女用清洁、化妆系列)	一帆

主要设备及产地(制造商)(Machinery):

湿巾生产设备20余台	瑞士,美国,西班牙,英国,日本,中国台湾

生产能力(Capacity):

湿巾	5.5亿片/年

江西生成卫生用品有限公司
Jiangxi Shengcheng Hygiene Products Co., Ltd.
地址:江西省武宁经济技术开发区
Add: Wuning Economy & Technology Development Zone, Jiangxi
邮编(P. C.):332300
法人代表(Chairman):余陈(Yu Chen)
总经理(General Manager):余陈(Yu Chen)
电话(Tel):0792－2837461
传真(Fax):0792－2839355
E-mail:jxsc@public1.jj.jx.cn
Http://www.cnshengcheng.com

主要产品及品牌(Products and brand):

湿巾	生成,乐知知,SC

主要设备及产地(制造商)(Machinery):

湿巾机 12 台	国产

生产能力(Capacity):

湿巾	10 亿片/年

奈森克林(苏州)日用品有限公司

Naisenkelin Daily-Use Articles (Suzhou) Co., Ltd.

(台湾琴观股份有限公司独资企业)

地址:江苏省太仓市陆渡镇康福路 551 号

Add: No. 551 Kangfu Rd., Ludu, Taicang, Jiangsu

邮编(P. C.):215412

法人代表(Chairman):曾大池(Zeng Dachi)

总经理(General Manager):曾大池(Zeng Dachi)

电话(Tel):0512 - 53451991

传真(Fax):0512 - 53451990

E-mail:naisenkelinsj@263.net.cn

Http://www.wettissue.cn

主要产品及品牌(Products and brand):

湿巾	奈森克林

主要设备及产地(制造商)(Machinery):

湿巾生产设备	日本,中国台湾,英国

生产能力(Capacity):

湿巾	4 亿片/年

康那香企业(上海)有限公司

KNH Enterprise (Shanghai) Co.,Ltd.

(台湾康那香企业独资企业)

地址:上海市青浦工业园区外青松公路 5619 号

Add: No. 5619 Waiqingsong Rd., Qingpu Industrial Zone, Shanghai

邮编(P. C.):201707

法人代表(Chairman):戴华钟(Dai Huazhong)

电话(Tel):021 - 69211200

传真(Fax):021 - 69211362

E-mail:webmaster@knh.com.cn

Http://www.knh.com.cn

主要产品及品牌(Products and brand):

妇女卫生巾,卫生护垫	康乃馨
湿巾,纸毛巾	康乃馨

主要设备及产地(制造商)(Machinery):

妇女卫生巾生产线 6 条	中国台湾,日本
卫生护垫生产线 5 条	中国台湾,日本
纸毛巾生产线 3 条	中国台湾,日本
湿巾机 3 台	中国台湾,日本
成品包装机 2 台	中国台湾

生产能力(Capacity):

妇女卫生巾	1.3 亿片/年
卫生护垫	9.8 亿片/年
湿巾	2.8 亿片/年

维达纸业(广东)有限公司

Vinda Paper (Guangdong) Co., Ltd.

(详见生活用纸主要企业介绍)

江苏通江纺织发展有限公司

Jiangsu Tongjiang Textile Development Co., Ltd.

地址:江苏省如皋市皋南工业园 8 号

Add: No. 8 Gaonan Industry Park, Rugao, Jiangsu

邮编(P. C.):226553

法人代表(Chairman):沈季疆(Shen Jijiang)

总经理(General Manager):沈季疆(Shen Jijiang)

电话(Tel):0513 - 7779366

传真(Fax):0513 - 7779666

E-mail:tj@tjtex.com

Http://www.tjtex.com

主要产品及品牌(Products and brand):

湿巾	纤手

主要设备及产地(制造商)(Machinery):

湿巾生产设备 11 台	国产

生产能力(Capacity):

湿巾	2.5 亿片/年

金旭环保制品(深圳)有限公司

Golden Starry Environmental Products Co., Ltd.

地址:广东省深圳市宝安区石岩镇龙马科技工业区
Add: Longma Science & Technology Zone, Shiyan, Baoan, Shenzhen, Guangdong
邮编(P. C.):518108
法人代表(Chairman):余毅(Yu Yi)
总经理(General Manager):余敏(Yu Min)
电话(Tel):0755 – 29826998
传真(Fax):0755 – 27629069
E-mail:equal@public. szptt. net. cn
Http://www. gordian. com. hk
主要产品及品牌(Products and brand):

湿巾	同高

主要设备及产地(制造商)(Machinery):

湿巾机 5 台	中国台湾

生产能力(Capacity):

湿巾	2 亿片/年

保定市义厚成纸业有限公司
Baoding Yihoucheng Paper Co., Ltd.

地址:河北省保定市国家高新技术产业开发区云杉路 131 号
Add: No. 131 Yunshan Rd., High & New Technology Development Zone, Baoding, Hebei
邮编(P. C.):071051
法人代表(Chairman):白红敏(Bai Hongmin)
总经理(General Manager):白红敏(Bai Hongmin)
电话(Tel):0312 – 7921333
传真(Fax):0312 – 7920100
E-mail:yhc@ladystar. com. cn
Http://www. ladystar. com. cn
主要产品及品牌(Products and brand):

湿巾	妮好
妇女卫生巾,卫生护垫	女主角

主要设备及产地(制造商)(Machinery):

湿巾机 5 台	意大利,美国,国产

生产能力(Capacity):

湿巾	1.49 亿片/年

北京爱华中兴纸业有限公司
Beijing Aihua Zhongxing Paper Co., Ltd.

地址:北京市海淀区西三旗东路
Add: Xisanqi Dong Rd., Haidian, Beijing
邮编(P. C.):100096
法人代表(Chairman):王家华(Wang Jiahua)
总经理(General Manager):谢大伟(Xie Dawei)
电话(Tel):010 – 82917373
传真(Fax):010 – 82915216
E-mail:aihuaypy@vip. sina. com
Http://www. yipianyun. com
主要产品及品牌(Products and brand):

湿巾,餐巾纸,面巾纸,卫生卷纸,妇女卫生巾,卫生护垫	一片云

主要设备及产地(制造商)(Machinery):

湿巾生产设备 2 台	国产,其中中国台湾 1 台
卫生纸加工设备	国产

生产能力(Capacity):

湿巾	0.8 亿片/年

广东省南海康洁香巾厂
Nanhai Kangjie Towel Factory of Guangdong

地址:广东省佛山市南海区桂城石肯工业区
Add: Shiken Industry Park, Guicheng, Nanhai, Guangdong
邮编(P. C.):528300
总经理(General Manager):周柱兴(Zhou Zhuxing)
电话(Tel):0757 – 86361584
传真(Fax):0757 – 86361584
E-mail:master@kangjie – wettowel. com
Http://www. kangjie – wettowel. com
主要产品及品牌(Products and brand):

湿巾	康洁

主要设备及产地(制造商)(Machinery):

湿巾机 10 台	国产

生产能力(Capacity):

湿巾	0.7 亿片/年

汕头市龙湖区骏宝有限公司
Shantou Junbao Co., Ltd.

地址:广东省汕头市珠池路洪门综合厂房 A－2 栋
Add: A－2 Hongmen Integrated Workshop, Zhuchi Rd., Shantou, Guangdong
邮编(P.C.):515041
法人代表(Chairman):陈英武(Chen Yingwu)
总经理(General Manager):陈大弟(Chen Dadi)
电话(Tel):0754－8812452
传真(Fax):0754－8812450
E-mail:junbao@jun－bao.com
Http://www.jun－bao.com
主要产品及品牌(Products and brand):

湿巾	花节

主要设备及产地(制造商)(Machinery):

湿巾生产线 2 条	国产
自动包装机 4 台	国产

生产能力(Capacity):

湿巾	6 亿片/年

海南欣安生物工程制药有限公司
Hainan Xin'an Biotechnology Pharmaceutical Co., Ltd.
地址:海南省海口市龙昆北路 2 号珠江广场帝豪大厦 21 层
Add: 21F., Dihao Bld., Pearl River Plaza, No. 2 North Longkun Rd. Haikou, Hainan
邮编(P.C.):570125
法人代表(Chairman):郭开铸(Guo Kaizhu)
电话(Tel):0898－68585796
传真(Fax):0898－68583100
Http://www.cin－an.com
主要产品及品牌(Products and brand):

湿巾	洁之梦,G&C

主要设备及产地(制造商)(Machinery):

湿巾生产线 4 条	进口

生产能力(Capacity):

湿巾	约 5.8 亿片/年

上海唯爱纸业有限公司
Shanghai Weiai Paper Co., Ltd.
地址:上海市浦东新区耀华路 661 号
Add: No. 661 Yaohua Rd., Pudongxinqu, Shanghai
邮编(P.C.):200126
法人代表(Chairman):程学保(Cheng Xuebao)
总经理(General Manager):程学保(Cheng Xuebao)
电话(Tel):021－50874481
传真(Fax):021－50874485
E-mail:weiaizhy@citz.net
Http://www.shevery.com.cn
主要产品及品牌(Products and brand):

湿巾	爱唯

主要设备及产地(制造商)(Machinery):

湿巾生产设备 7 台	日本 1 台,其余国产

生产能力(Capacity):

湿巾	0.8 亿片/年

北京九兴工贸有限公司
Beijing Jiuxing Industry & Trade Co., Ltd.
地址:北京市大兴瀛海乡瀛东二村
Add: Yingdongercun, Yinghai, Daxing, Beijing
邮编(P.C.):100076
法人代表(Chairman):溪东来 (Xi Donglai)
总经理(General Manager):赵振国(Zhao Zhenguo)
电话(Tel):010－69279282
传真(Fax):010－69279585
E-mail:jiuxing@vip.sina.com
Http://www.jiu－xing.com.cn
主要产品及品牌(Products and band):

湿巾,卫生床垫	九佳兴

诗乐氏实业(深圳)有限公司
Swashes (Shenzhen) Co., Ltd.
地址:广东省深圳市罗湖区南湖路国贸商业大厦 13 楼 A－D 室
Add: Rm. A-D 13F, Internal Trade Bld., Nanhu Rd., Luohu, Shenzhen, Guangdong
邮编(P.C.):518000
电话(Tel):0755－25194070
传真(Fax):0755－25194162
E-mail:shenzhen@swashes.com.cn

Http://www.swashes.com.cn

主要产品及品牌(Products and brand):

湿巾,厕用湿巾,抗菌纸内裤	诗乐氏

哈尔滨康夷宝卫生保健用品有限公司

Harbin Kangyibao Hygiene & Health Care Products Co., Ltd.

地址:黑龙江省哈尔滨市道里区爱建新城上海街8号402或403室

Add: Rm. 402 - 403, No. 8 Shanghai Street, Aijian xincheng, Daoli, Harbin, Heilongjiang

邮编(P.C.):150018

总经理(General Manager):陆家源(Lu Jiayuan)

电话(Tel):0451-86046690

传真(Fax):0451-86046691

E-mail: ljy@kangyibao.com

Http://www.kangyibao.com

主要产品及品牌(Products and brand):

湿巾	康夷宝

全国生活用纸主要企业

Major tissue paper and converting products manufacturers in China

1. 金佰利(中国)投资有限公司(上海金佰利纸业有限公司)
   Kimberly-Clark (China) Investment Co., Ltd. (Kimberly - Clark Paper Shanghai Plant)
2. 上海东冠集团
   Shanghai Orient Champion Group
3. 金红叶纸业(苏州工业园区)有限公司
   Gold Hongye Paper (Suzhou Industrial Park) Co., Ltd.
4. 永丰余家品(昆山)有限公司
   Yuen Foong Yu Family Care (Kunshan) Co., Ltd.
5. 王子制纸妮飘(苏州)有限公司
   Oji Paper Nepia (Suzhou) Co., Ltd.
6. 胜达集团江苏双灯纸业有限公司
   Shengda Group Jiangsu Sund Paper Co., Ltd.
7. 江苏金莲纸业有限公司
   Jiangsu Jinlian Paper Co., Ltd.
8. 潍坊恒联美林生活用纸有限公司
   Weifang Lancel Hygiene Products Limited
9. 漯河银鸽生活纸产有限公司
   Luohe Yinge Tissue Paper Co., Ltd.
10. 湖南恒安纸业有限公司
    Hunan Hengan Paper Co., Ltd.
11. 维达纸业(广东)有限公司
    Vinda Paper (Guangdong) Co., Ltd.
12. 广东中顺纸业集团有限公司
    Guangdong Zhongshun Paper Industry Group Co., Ltd.
13. 东莞市白天鹅纸业有限公司
    Dongguan White Swan Paper Products Co., Ltd.
14. 中山市三角纸品制造有限公司
    Zhongshan Sanjiao Paper Manufacture Co., Ltd.
15. 中山市宝丽纸业有限公司
    Zhongshan Polly Paper Manufacture Co., Ltd.
16. 惠州福和纸业有限公司
    Huizhou Fook Woo Paper Co., Ltd.
17. 广西贵糖集团(包括广西贵糖(集团)股份有限公司和广西洁宝纸业投资股份有限公司)
    Guangxi Guitang (Group) Co., Ltd.
18. 宁夏美洁纸业股份有限公司
    Ningxia Meijie Paper Co., Ltd.
19. 宁夏紫金花纸业有限公司
    Ningxia Zijinhua Paper Co., Ltd.
20. 西安市临潼区汉兴实业公司
    Hanxing Industry Company Xi' an
21. 西安奥辉纸业有限责任公司
    Xi' an Aohui Paper Co., Ltd.
22. 云南江川翠峰纸业有限公司
    Yunnan Jiangchuan Cuifeng Paper Co., Ltd.

全国妇女卫生巾和卫生护垫主要企业
Major sanitary napkins and pantiliners manufacturers in China

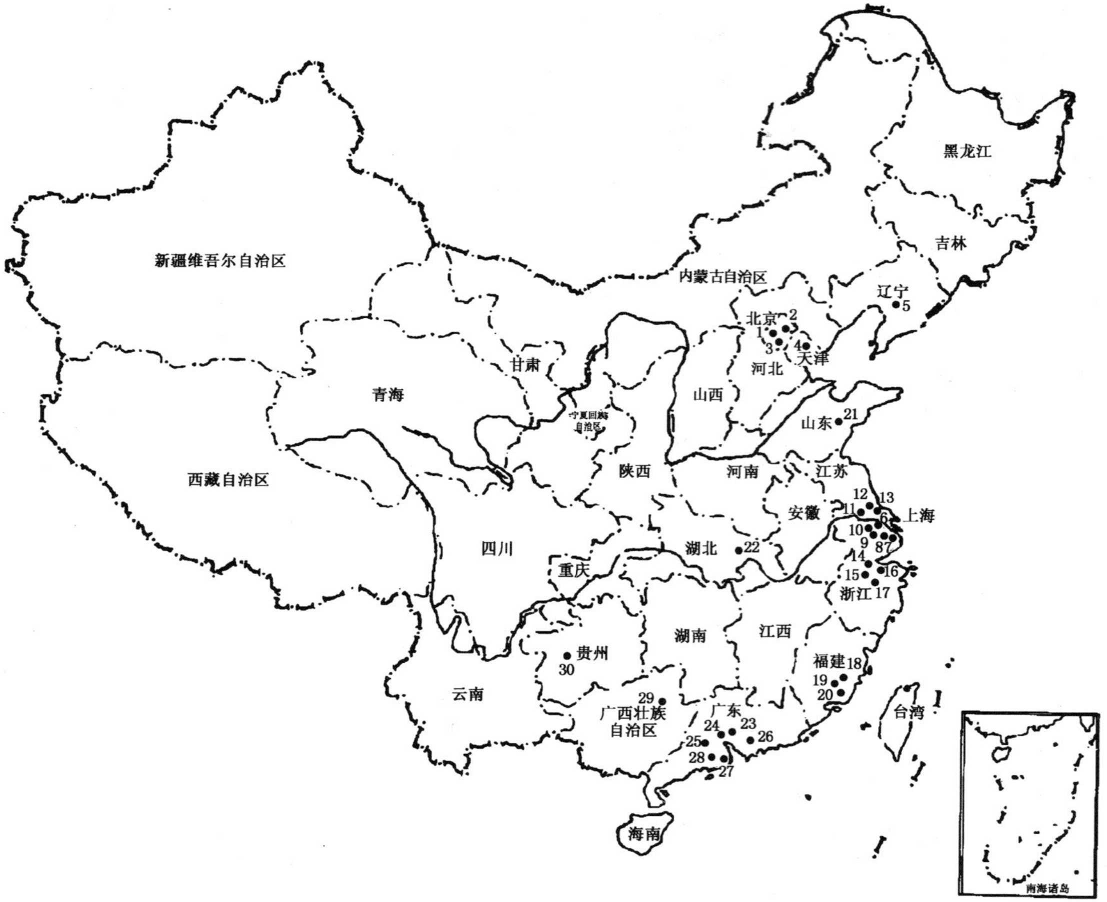

1. 金佰利(中国)投资有限公司
Kimberly-Clark (China) Investment Co., Ltd.
2. 北京倍舒特妇幼用品有限公司
Beijing Beishute Maternity & Child Articles Co. , Ltd.
3. 北京特日欣卫生用品有限公司
Beijing Terixin Hygiene Products Co., Ltd.
4. 天津日商卫生科技发展有限公司
Tianjin Rishang Sanitation Science & Technology Development Co., Ltd.
5. 沈阳东联日用品有限公司
Shenyang Tonglian Daily - Use Goods Co., Ltd.
6. 强生(中国)有限公司
Johnson & Johnson (China) Ltd.
7. 上海花王有限公司
Kao Corporation Shanghai Co., Ltd.
8. 上海尤妮佳有限公司
Shanghai Unicharm Co., Ltd.
9. 上海唯尔福(集团)有限公司
Shanghai Welfare Group Co., Ltd.
10. 上海申欧企业发展有限公司
Shanghai Sun'o Enterprise Development Co. ,Ltd.
11. 金佰利(南京)个人卫生用品有限公司
Kimberly-Clark (Nanjing) Hygienic Products Co., Ltd.
12. 江苏三笑集团有限公司
Jiangsu Sanxiao Group Co., Ltd.
13. 远东纸业(泰州)有限公司
Far East Paper(Taizhou)Co., Ltd.
14. 临安市雄鹰妇幼卫生用品有限公司
Xiongying Women & Children Hygiene Products Co., Ltd.
15. 杭州雅妮娜卫生用品有限公司
Hangzhou Yanina Health Products Co., Ltd.
16. 杭州可月卫生用品有限公司
Hangzhou Credible Sanitary Products Co., Ltd.
17. 绍兴唯尔福妇幼用品有限公司
Shaoxing Welfare Articles for Women & Children Co., Ltd.
18. 福建恒安集团有限公司
Fujian Hengan Holding Co., Ltd.
19. 福建恒利集团有限公司
Fujian Hengli Group Co., Ltd.
20. 福建天和妇幼日用品有限公司
Fujian Tianhe Women & Children Goods for Daily Use Co., Ltd.
21. 益母妇女用品有限公司
Yimoo Woman's Products Co., Ltd.
22. 湖北丝宝卫生用品有限公司
Hubei C-BONS Sanitary Products Co., Ltd.
23. 宝洁(中国)有限公司
Procter & Gamble (China) Ltd.
24. 广东省芬兰馨实业有限公司
Fenlanxin Industrial Co., Ltd. Guangdong Province
25. 佛山市佩安婷卫生用品实业有限公司
Foshan Peianting Hygiene Products Industrial Co., Ltd.
26. 东莞市姿庭生活用品有限公司
Dongguan Shietine Articles for Daily Use Co., Ltd.
27. 广东海灵保健制品有限公司
Guangdong Hiseacare Health Product Co., Ltd.
28. 佛山市南海区桂城景兴商务拓展有限公司
Kingdom Marketing Service Co., Ltd.
29. 桂林洁伶工业有限公司
Guilin Jieling Industrial Co., Ltd.
30. 贵州久美企业有限责任公司
Guizhou Joume Enterprise Co., Ltd.

全国婴儿纸尿布主要企业
Major baby diapers manufacturers in China

1. 北京倍舒特妇幼用品有限公司
   Beijing Beishute Maternity & Child Articles Co., Ltd.
2. 尤妮佳生活用品(中国)有限公司
   Unicharm Consumer Products (China) Co.,Ltd.
3. 全日美实业(上海)有限公司
   Everbeauty Industry (Shanghai) Co., Ltd.
4. 上海唯尔福(集团)有限公司
   Shanghai Welfare (Group) Co., Ltd.
5. 好孩子百瑞康卫生用品有限公司
   Goodbaby Bairuikang Hygienic Products Co., Ltd.
6. 福建恒安集团有限公司
   Fujian Hengan Holding Co., Ltd.
7. 福建恒利集团有限公司
   Fujian Hengli Group Co., Ltd.
8. 福建莆田佳通纸制品有限公司
   G. T. Paper (Fujian Putian) Co., Ltd.
9. 威海洁瑞卫生材料制品有限公司
   Weihai Jierui Hygienic Material Products Co., Ltd.
10. 宝洁(中国)有限公司
    Procter & Gamble (China) Ltd.
11. 中山瑞德卫生纸品有限公司
    Disposable Soft Goods (Zhongshan) Ltd.
12. 东莞瑞麒婴儿用品有限公司
    Dongguan AALL & ZYLEMAN Baby Goods Ltd.
13. 佛山市满盈卫生用品有限公司
    Foshan Nice Capital Hygiene Accessories Co., Ltd.
14. 广东省宝儿用品有限公司
    Guangdong Baby Products Co.,Ltd.
15. 汕头爱护洁护理用品有限公司
    Elaine Treatment Prod. Fty. Ltd.
16. 佛山市佩安婷卫生用品实业有限公司
    Foshan Peianting Hygiene Products Industrial Co., Ltd.
17. 新感觉卫生用品有限公司
    New Sensation Sanitary Products Co, Ltd.
18. 广西舒雅护理用品有限公司
    Guangxi Shuya Health Care-Products Co., Ltd.

全国成人纸尿布及失禁用品主要企业
Major adult diapers and incontinences manufacturers in China

1. 北京倍舒特妇幼用品有限公司
   Beijing Beishute Maternity & Child Articles Co., Ltd.
2. 天津杏林白十字医疗卫生材料用品有限公司
   Tianjin Xinglin Baishizi Co., Ltd.
3. 天津日商卫生科技发展有限公司
   Tianjin Rishang Sanitation Science & Technology Development Co., Ltd.
4. 天津市依依卫生用品厂
   Tianjin Yiyi Hygiene Products Factory
5. 全日美实业(上海)有限公司
   Everbeauty Industry (Shanghai) Co., Ltd.
6. 上海唯尔福(集团)有限公司
   Shanghai Welfare (Group) Co., Ltd.
7. 浙江安柔卫生用品有限公司
   Zhejiang Anrou Hygiene Products Co., Ltd.
8. 福建恒安集团有限公司
   Fujian Hengan Holding Co., Ltd.
9. 威海洁瑞卫生材料制品有限公司
   Weihai Jierui Hygienic Material Products Co., Ltd.
10. 南海稳德福无纺布有限公司
    Nanhai Wonderful Nonwoven Co., Ltd.
11. 新感觉卫生用品有限公司
    New Sensation Sanitary Products Co, Ltd.

全国湿巾主要企业
Major wet wipes manufacturers in China

1. 北京一帆清洁用品有限公司
Beijing Yifan Hygiene Products Co., Ltd.
2. 北京爱华中兴纸业有限公司
Beijing Aihua Zhongxing Paper Co., Ltd.
3. 北京九兴工贸有限公司
Beijing Jiuxing Industry & Trade Co., Ltd.
4. 保定市义厚成纸业有限公司
Baoding Yihoucheng Paper Co., Ltd.
5. 哈尔滨康夷宝卫生保健用品有限公司
Harbin Kangyibao Hygiene & Health Care Products Co., Ltd.
6. 上海美馨卫生用品有限公司
American Hygienics Co., Ltd.
7. 康那香企业(上海)有限公司
KNH Enterprise (Shanghai) Co., Ltd.
8. 上海唯爱纸业有限公司
Shanghai Weiai Paper Co., Ltd.
9. 奈森克林(苏州)日用品有限公司 Naisenkelin Daily-Use Articles (Suzhou) Co., Ltd.
10. 江苏通江纺织发展有限公司
Jiangsu Tongjiang Textile Development Co., Ltd.
11. 晋江恒安家庭生活用纸有限公司
Jinjiang Hengan Household Tissue Product Co., Ltd.
12. 江西生成卫生用品有限公司
Jiangxi Shengcheng Hygiene Products Co., Ltd.
13. 佛山市南海区桂城景兴商务拓展有限公司
Kingdom Marketing Service Co., Ltd.
14. 维达纸业(广东)有限公司
Vinda Paper (Guangdong) Co., Ltd.
15. 金旭环保制品(深圳)有限公司
Golden Starry Environmental Products Co., Ltd.
16. 广东省南海市康洁香巾厂
Nanhai Kangjie Towel Factory of Guangdong
17. 汕头市龙湖区骏宝有限公司
Shantou Junbao Co., Ltd.
18. 诗乐氏实业(深圳)有限公司
Swashes (Shenzhen) Co., Ltd.
19. 广西舒雅护理用品有限公司
Guangxi Shuya Health Care – Products Co., Ltd.
20. 海南欣安生物工程制药有限公司
Hainan Xin'an Biotechnology Pharmaceutical Co., Ltd.

珠三角和福建省主要企业

Major manufacturers in Zhujiang delta and Fujian province

广东省 Guangdong

1. 维达纸业(广东)有限公司
   Vinda Paper (Guangdong) Co.,Ltd. △○
   维达纸业(江门)有限公司
   Vinda Paper (Jiangmen) Co.,Ltd. △
2. 广东中顺纸业集团有限公司
   Guangdong Zhongshun Paper Industry Group Co.,Ltd. △
3. 东莞市白天鹅纸业有限公司
   Dongguan White Swan Paper Products Co.,Ltd. △
4. 中山市三角纸品制造有限公司
   Zhongshan Sanjiao Paper Manufacture Co.,Ltd. △
5. 中山市宝丽纸业有限公司
   Zhongshan Polly Paper Manufacture Co.,Ltd. △
6. 惠州福和纸业有限公司
   Huizhou Fook Woo Paper Co.,Ltd. △
7. 宝洁(中国)有限公司
   Procter & Gamble (China) Ltd. ▲★
8. 广东省芬兰馨实业有限公司
   Fenlanxin Industrial Co., Ltd. Guangdong Province▲
9. 佛山市佩安婷卫生用品实业有限公司
   Foshan Peianting Hygiene Products Industrial Co., Ltd. ▲★
10. 东莞市姿庭生活用品有限公司
   Dongguan Shietine Articles for Daily Use Co., Ltd. ▲
11. 广东海灵保健制品有限公司
   Guangdong Hiseacare Health Product Co., Ltd. ▲
12. 佛山市南海区桂城景兴商务拓展有限公司
   Kingdom Marketing Service Co., Ltd. ▲○
13. 中山瑞德卫生纸品有限公司
   Disposable Soft Goods (Zhongshan) Ltd. ★
14. 东莞瑞麒婴儿用品有限公司
   Dongguan AALL & ZYLEMAN Baby Goods Ltd. ★
15. 佛山市满盈卫生用品有限公司
   Foshan Nice Capital Hygiene Accessories Co., Ltd. ★
16. 广东省宝儿用品有限公司
   Guangdong Baby Products Co.,Ltd. ★
17. 汕头爱护洁护理用品厂有限公司
   Eleaine Treatment Prod. Fty. Ltd. ★
18. 新感觉卫生用品有限公司
   New Sensation Sanitary Products Co., Ltd. ★☆
19. 南海稳德福无纺布有限公司
   Nanhai Wonderful Nonwoven Co., Ltd. ☆
20. 金旭环保制品(深圳)有限公司
   Golden Starry Environmental Products Co., Ltd. ○
21. 广东省南海市康洁香巾厂
   Nanhai Kangjie Towel Factory of Guangdong○
22. 汕头市龙湖区骏宝有限公司
   Shantou Junbao Co.,Ltd. ○
23. 诗乐氏实业(深圳)有限公司
   Swashes (Shenzhen) Co.,Ltd. ○

福建省 Fujian

1. 福建恒安集团有限公司
   Fujian Hengan Holding Co., Ltd. ▲★☆
2. 福建恒利集团有限公司
   Fujian Hengli Group Co., Ltd. ▲★
3. 福建天和妇幼日用品有限公司
   Fujian Tianhe Women & Children Goods for Daily Use Co., Ltd. ▲
4. 福建莆田佳通纸制品有限公司
   G. T. Paper (Fujian Putian) Co., Ltd. ★
5. 晋江恒安家庭生活用纸有限公司
   Jinjiang Hengan Household Tissue Product Co.,Ltd. ○

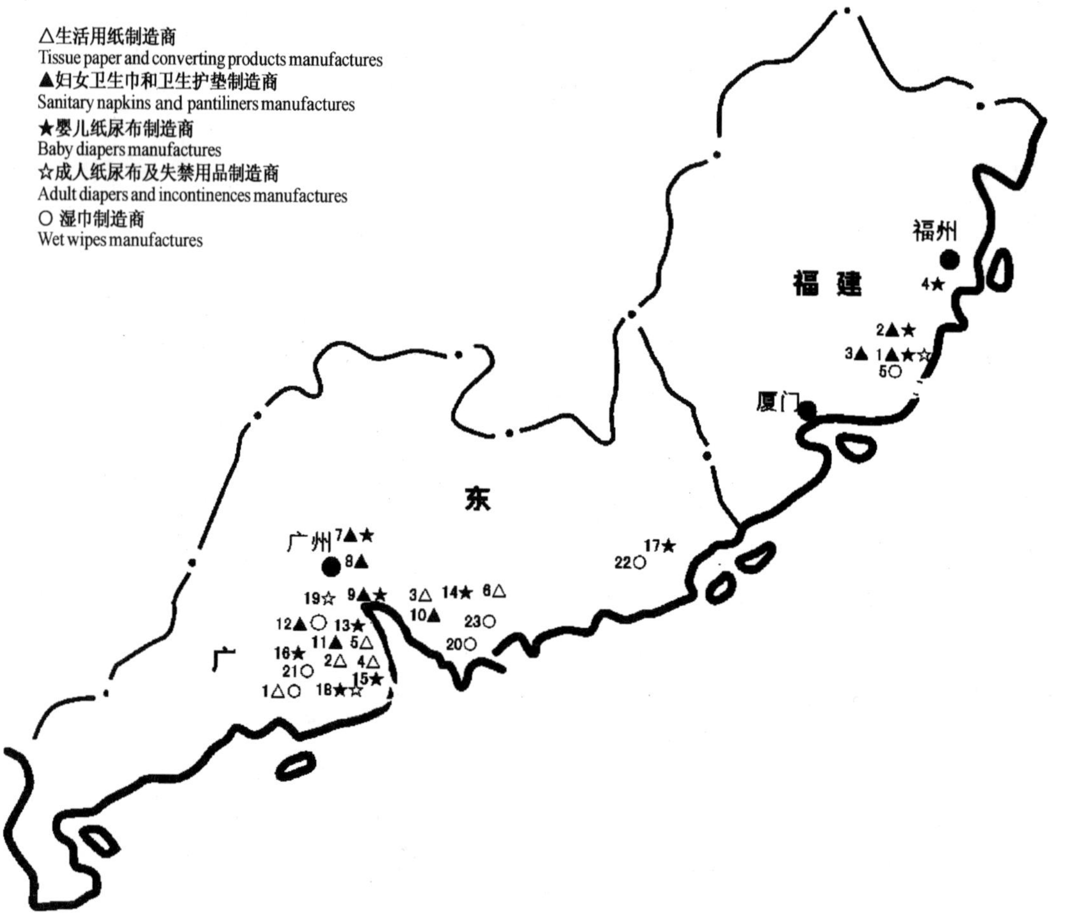

长三角及周边地区主要企业
Major manufacturers in Yangtse delta and surrounding areas

上海市 Shanghai

1. 金佰利(中国)投资有限公司(上海金佰利纸业有限公司) Kimberly-Clark (China) Investment Co., Ltd. (Kimberly-Clark Paper Shanghai Plant) △
2. 上海东冠集团 Shanghai Orient Champion Group △
3. 强生(中国)有限公司 Johnson & Johnson (China) Ltd. ▲
4. 上海花王有限公司 Kao Corporation Shanghai Co., Ltd. ▲
5. 上海尤妮佳有限公司 Shanghai Uni-charm Co., Ltd. ▲
6. 上海唯尔福(集团)有限公司 Shanghai Welfare Group Co., Ltd. ▲ ★ ☆
7. 上海申欧企业发展有限公司 Shanghai Sun'o Enterprise Development Co. ,Ltd. ▲
8. 尤妮佳生活用品(中国)有限公司 Unicharm Consumer Products (China) Co.,Ltd. ★
9. 全日美实业(上海)有限公司 Everbeauty Industry (Shanghai) Co., Ltd. ★ ☆
10. 上海美馨卫生用品有限公司 American Hygienics Co.,Ltd. ○
11. 康那香企业(上海)有限公司 KNH Enterprise (Shanghai) Co.,Ltd. ○
12. 上海唯爱纸业有限公司 Shanghai Weiai Paper Co., Ltd. ○

江苏省 Jiangsu

1. 金红叶纸业(苏州工业园区)有限公司 Gold Hongye Paper (Suzhou Industrial Park) Co.,Ltd. △
2. 永丰余家品(昆山)有限公司 Yuen Foong Yu Family Care (Kunshan) Co., Ltd. △
3. 王子制纸妮飘(苏州)有限公司 Oji Paper Nepia (Suzhou) Co.,Ltd. △
4. 胜达集团江苏双灯纸业有限公司 Shengda Group Jiangsu Sund Paper Co., Ltd. △
5. 江苏金莲纸业有限公司 Jiangsu Jinlian Paper Co.,Ltd. △
6. 金佰利(南京)个人卫生用品有限公司 Kimberly - Clark (Nanjing) Hygienic Products Co., Ltd. ▲
7. 江苏三笑集团有限公司 Jiangsu Sanxiao Group Co., Ltd. ▲
8. 远东纸业(泰州)有限公司 Far East Paper(Taizhou) Co., Ltd. ▲
9. 好孩子百瑞康卫生用品有限公司 Goodbaby Bairuikang Hygienic Products Co., Ltd. ★
10. 奈森克林(苏州)日用品有限公司 Naisenkelin Daily - Use Articles (Suzhou) Co., Ltd. ○
11. 江苏通江纺织发展有限公司 Jiangsu Tongjiang Textile Development Co.,Ltd. ○

浙江省 Zhejiang

1. 临安市雄鹰妇幼卫生用品有限公司 Xiongying Women & Children Hygiene Products Co., Ltd. ▲
2. 杭州雅妮娜卫生用品有限公司 Hangzhou Yanina Health Products Co., Ltd. ▲
3. 杭州可月卫生用品有限公司 Hangzhou Credible Sanitary Products Co., Ltd. ▲
4. 绍兴唯尔福妇幼用品有限公司 Shaoxing Welfare Articles for Women & Children Co., Ltd. ▲
5. 浙江安柔卫生用品有限公司 Zhejiang Anrou Hygiene Products Co., Ltd. ☆

京津冀地区主要企业
Major manufacturers in Beijing-Tianjin-Hebei area

北京市 Beijing

1. 金佰利(中国)投资有限公司
   Kimberly - Clark (China) Investment Co., Ltd. ▲
2. 北京倍舒特妇幼用品有限公司
   Beijing Beishute Maternity & Child Articles Co., Ltd. ▲★☆
3. 北京特日欣卫生用品有限公司
   Beijing Terixin Hygiene Products Co., Ltd. ▲
4. 北京一帆清洁用品有限公司
   Beijing Yifan Hygiene Products Co., Ltd. ○
5. 北京爱华中兴纸业有限公司
   Beijing Aihua Zhongxing Paper Co., Ltd. ○
6. 北京九兴工贸有限公司○
   Beijing Jiuxiug Industry & Trade Co., Ltd.

天津市 Tianjin

1. 天津日商卫生科技发展有限公司
   Tianjin Rishang Sanitation Science & Technology Development Co., Ltd. ▲☆
2. 天津杏林白十字医疗卫生材料用品有限公司
   Tianjin Xinglin Baishizi Co., Ltd. ☆
3. 天津市依依卫生用品厂
   Tianjin Yiyi Hygiene Products Factory ☆

河北省 Hebei

1. 保定市义厚成纸业有限公司
   Baoding Yihoucheng Paper Co., Ltd. ○

生产企业名录（按产品和地区分列）

DIRECTORY OF TISSUE PAPER & DISPOSABLE PRODUCTS MANUFACTURERS IN CHINA (sorted by product and region)

[4]

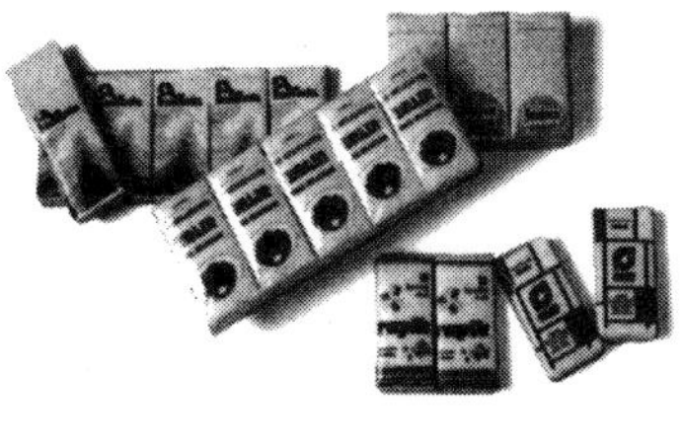

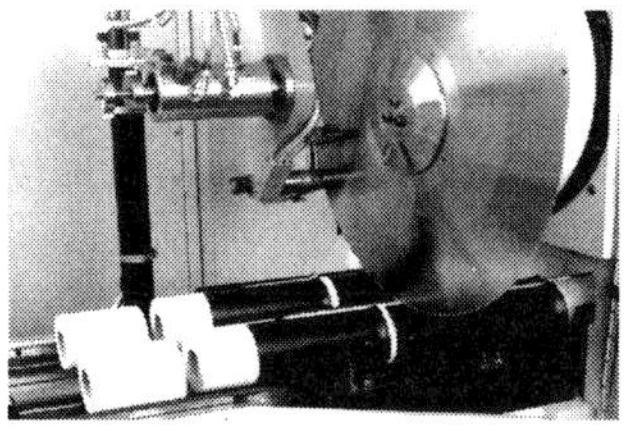

生活用纸生产企业按产品和地区细分统计

(2005年,统计总数831家)

序号	行政区 Region	企业数	起始页	序号	行政区 Region	企业数	起始页
1	北京 Beijing	27	195	15	山东 Shandong	71	231
2	天津 Tianjin	16	197	16	河南 Henan	26	237
3	河北 Hebei	133	199	17	湖北 Hubei	33	239
4	山西 Shanxi	10	209	18	湖南 Hunan	17	242
5	内蒙古 Inner Mongolia	5	210	19	广东 Guangdong	113	243
6	辽宁 Liaoning	30	210	20	广西 Guangxi	31	253
7	吉林 Jilin	7	213	22	重庆 Chongqing	8	256
8	黑龙江 Heilongjiang	11	214	23	四川 Sichuan	41	257
9	上海 Shanghai	26	215	24	贵州 Guizhou	6	260
10	江苏 Jiangsu	38	217	25	云南 Yunnan	16	261
11	浙江 Zhejiang	48	220	27	陕西 Shaanxi	17	262
12	安徽 Anhui	19	224	28	甘肃 GanSu	10	264
13	福建 Fujian	44	226	30	宁夏 Ningxia	11	265
14	江西 Jiangxi	10	230	31	新疆 Xinjiang	7	266

注:21 海南、26 西藏和 29 青海为缺项。

生活用纸
Tissue paper and converting products

◆ 北京 Beijing

北京派尼尔纸制品厂
Beijing Pioneer Paper Products Factory
地址(Add):北京市昌平区回龙观
邮编(P. C.):102208
电话(Tel):010-80793832
传真(Fax):010-80793862
Http://www.bjpioneer.com.cn
法人代表(Chairman):杨玲昌
总经理(General Manager):杨玲昌
联系人(Contact Person):丁惠占
产品(Products):餐巾纸,面巾纸,卫生卷纸,湿巾,擦手纸
品牌(Brand):派尼尔

北京中晨伟业旅游用品销售中心
Beijing Zhongchenweiye Tourism Articles Sale Center
地址(Add):北京市昌平区回龙观镇龙兴园东区8-6-501
邮编(P. C.):102208
电话(Tel):010-80792400
传真(Fax):010-80792400
法人代表(Chairman):汪宏勇
产品(Products):卫生纸,面巾纸,餐巾纸,擦手纸

北京松竹梅兰纸业有限公司
Beijing Pinaster Bamboo Plum Orchid Paper Co., Ltd.
地址(Add):北京市昌平区马池口镇亭自庄
邮编(P. C.):102202
电话(Tel):010-62361616
传真(Fax):010-62360903-13
总经理(General Manager):段连军
联系人(Contact Person):陈洵
产品(Products):卫生纸,面巾纸,手帕纸,餐巾纸,擦手纸,厨房用纸
品牌(Brand):松竹梅兰

北京高雅华立科贸有限公司
Beijing Gaoya Huali Science & Trade Co., Ltd.
地址(Add):北京市朝阳区东三环中路39号建外SOHO别墅8-V0106
邮编(P. C.):100022
电话(Tel):010-58690535
传真(Fax):010-58690533
法人代表(Chairman):吴少华
联系人(Contact Person):陶东伟
产品(Products):卫生纸

北京合益包装容器有限公司
Beijing Heyi Pack & Packet Co., Ltd.
地址(Add):北京市朝阳区豆各庄乡马家湾工业区
邮编(P. C.):100023
电话(Tel):010-67381788
传真(Fax):010-67383788
E-mail:heyi@bjheyi.com
Http://www.bjheyi.com
法人代表(Chairman):杨茉
总经理(General Manager):鲍新辉
联系人(Contact Person):史炳义
产品(Products):纸餐盒,纸杯,餐盘,餐巾纸

北京市金鱼如意日用品有限公司
Beijing Goldfish-Ruyi General Merchandise Co., Ltd.
地址(Add):北京市朝阳区黑庄户(北京兴平化肥厂院内)
邮编(P. C.):100023
电话(Tel):010-85382968
传真(Fax):010-85383868-19
E-mail:goldfish_ruyi@hotmail.com
法人代表(Chairman):许翔
联系人(Contact Person):李秋荣
产品(Products):卫生卷纸,面巾纸,餐巾纸,手帕纸
品牌(Brand):金鱼,如意

北京光德正鑫工贸有限公司
Beijing Guangde Zhengxin Industry & Trading Co., Ltd.
地址(Add):北京市朝阳区十里河村
邮编(P. C.):100021
电话(Tel):010-67310980
传真(Fax):010-67310980
法人代表(Chairman):门艳斌
总经理(General Manager):门艳斌
产品(Products):擦手纸,卫生纸,餐巾纸,面巾纸,湿巾
品牌(Brand):绿风铃

北京拓维特餐饮用品有限公司
Beijing Tuoweite Table Ware Co., Ltd.
地址(Add):北京市朝阳区小庄东里37号
邮编(P. C.):100025
电话(Tel):010-65046568
传真(Fax):010-65084067
Http://www.bj-twt.com
法人代表(Chairman):程宪辉
产品(Products):餐巾纸,面巾纸,一次性纸口布,湿巾,手帕纸,擦手纸,纸杯
品牌(Brand):维美

北京鑫吉尔缘丽纸制品有限公司
Beijing Xinjier Yuanli Paper Products Co., Ltd.
地址(Add):北京市大兴区瀛海镇南宫村7号
邮编(P. C.):100076
电话(Tel):010-69277961
传真(Fax):010-69272211
联系人(Contact Person):司亚东
产品(Products):纸巾纸

北京旌隆兄弟商贸有限公司
Beijing Jinglong Xiongdi Trade Co., Ltd.
地址(Add):北京市东城区北新桥2条57号
邮编(P. C.):100043
电话(Tel):010-69270338

传真(Fax):010-69270338
法人代表(Chairman):闫磊
联系人(Contact Person):牛辉
产品(Products):卫生纸

北京金鸿纸业有限公司
Beijing Jinhong Paper Co., Ltd.
地址(Add):北京市房山区琉璃河二街南门外
邮编(P.C.):102403
电话(Tel):010-89381498
传真(Fax):010-89382753
法人代表(Chairman):唐金振
产品(Products):卫生纸
品牌(Brand):金宇

北京五永发雪白金卫生用品有限公司
Beijing Wuyongfa Xuebaijin Hygiene Articles Co., Ltd.
地址(Add):北京市海淀区太平路46号院兵种部招待所聚财楼3301
邮编(P.C.):100039
电话(Tel):010-68282744
传真(Fax):010-68161550
E-mail:hehalpe@sina.com
法人代表(Chairman):张从伟
联系人(Contact Person):张从伟
产品(Products):卫生卷纸,面巾纸,餐巾纸,手帕纸
品牌(Brand):雪白金

北京畅顺纸业有限责任公司
Beijing Changshun Paper Co., Ltd.
地址(Add):北京市丰台区马家堡东路丙7号
邮编(P.C.):100077
电话(Tel):010-67273115
传真(Fax):010-67273115
法人代表(Chairman):张彦
联系人(Contact Person):张梅
产品(Products):卫生卷纸,面巾纸,餐巾纸
品牌(Brand):好佳

北京正耀包装制品厂
Beijing Zhengyao Package Products Factory
地址(Add):北京市丰台区右外大街凉水河南岸6号
邮编(P.C.):100054
电话(Tel):010-63582317
传真(Fax):010-63512437
法人代表(Chairman):冯斌
联系人(Contact Person):马高伟
产品(Products):纸巾纸

北京宝润通科技开发有限责任公司
Beijing Baoruntong Science & Technology Development Co., Ltd.
地址(Add):北京市海淀区大慧寺19号
邮编(P.C.):100081
电话(Tel):010-83701617
传真(Fax):010-83709838
E-mail:info@bjbrt.com
Http://www.bjbrt.com
法人代表(Chairman):张晶
总经理(General Manager):张晶
联系人(Contact Person):李玉清
产品(Products):湿巾,餐巾纸,面巾纸
品牌(Brand):三仕达

北京骏晨晔一次性用品有限责任公司
Beijing Junchenye Disposable Articles Co., Ltd.
地址(Add):北京市海淀区西北旺兴隆庄药植所西门
邮编(P.C.):100094
电话(Tel):010-62898320
传真(Fax):010-62895985
法人代表(Chairman):陈艳
联系人(Contact Person):郑国俊
产品(Products):纸杯,纸碗,纸餐盒,餐巾纸,擦手纸
品牌(Brand):JCY 骏晨晔

北京爱华中兴纸业有限公司
Beijing Aihua Zhongxing Paper Co., Ltd.
地址(Add):北京市海淀区西三旗东路
邮编(P.C.):100096
电话(Tel):010-82917373
传真(Fax):010-82915216
E-mail:aihuaypy@vip.sina.com
Http://www.yipianyun.com
法人代表(Chairman):王家华
总经理(General Manager):谢大伟
联系人(Contact Person):何平妹
产品(Products):餐巾纸,面巾纸,卫生卷纸,妇女卫生巾,卫生护垫,湿巾,纸杯
品牌(Brand):一片云

北京爱佳卫生保健品厂
Beijing Aijia Hygiene & Health Care Products Factory
地址(Add):北京市南三环洋桥西里33号右门
邮编(P.C.):100077
电话(Tel):010-87208782
传真(Fax):010-87293498
E-mail:wgc@bj-aijia.com
Http://www.bj-aijia.com
法人代表(Chairman):万海英
总经理(General Manager):吴国财
产品(Products):餐巾纸,面巾纸,手帕纸,湿巾,擦手纸,卫生纸,马桶垫,纸杯,纸碗,妇女卫生巾,卫生护垫,婴儿纸尿裤
品牌(Brand):爱佳

维达北方纸业(北京)有限公司
Vinda Northern Paper (Beijing) Co., Ltd.
地址(Add):北京市平谷区滨河工业开发区航宇街16号
邮编(P.C.):101200
电话(Tel):010-89993949
传真(Fax):010-89993257
法人代表(Chairman):李朝旺
总经理(General Manager):李佩兰
产品(Products):面巾纸,餐巾纸,卫生纸
品牌(Brand):维达

北京市鼎鑫卫生保健用品有限公司
Beijing Dingxin Hygiene & Health Care Products Co., Ltd.
地址(Add):北京市顺义区高丽营镇顺沙路37号
邮编(P.C.):100303
电话(Tel):010-69457873

传真(Fax):010－68457598
联系人(Contact Person):白慧玲
产品(Products):湿巾,面巾纸,餐巾纸,卫生卷纸

北京造纸七厂
Beijing Paper Mill No. 7
地址(Add):北京市通州区滨河路126号
邮编(P. C.):101149
电话(Tel):010－61563101
传真(Fax):010－61563376
法人代表(Chairman):张宝发
联系人(Contact Person):卢爱国
产品(Products):卫生纸,餐巾纸,面巾纸
品牌(Brand):京梅,我得福

北京通县京华造纸厂
Beijing Tongxian Jinghua Paper Mill
地址(Add):北京市通州区孟庄
邮编(P. C.):101111
电话(Tel):010－69501258
法人代表(Chairman):刘玉山
产品(Products):卫生纸
品牌(Brand):华表

兴一竹环保餐具销售中心
Xingyizhu Environment Tableware Agency
地址(Add):北京市通州区台湖工业区
邮编(P. C.):101116
电话(Tel):010－81928109
传真(Fax):010－68189199
联系人(Contact Person):梁永明
产品(Products):湿巾,餐巾纸

北京飞马纸业有限公司
Beijing Feima Paper Co., Ltd.
地址(Add):北京市通州区台湖镇董村
邮编(P. C.):101111
电话(Tel):010－81502888
传真(Fax):010－82502088
法人代表(Chairman):马文彦
联系人(Contact Person):马文彦
产品(Products):卫生纸

北京联航航空客舱用品有限公司
Beijing Lianhang Products for Aviation Passenger Cabin Co., Ltd.
地址(Add):北京市通州区永乐经济开发区
邮编(P. C.):101115
电话(Tel):010－80511340
传真(Fax):010－80513136
联系人(Contact Person):杨玉龙
产品(Products):纸巾纸,马桶垫,面巾纸

统汇通达纸制品厂
Tonghui Tongda Paper Products Factory
地址(Add):北京市西长安街甲15号民航大厦后楼231－235
邮编(P. C.):100031
电话(Tel):010－66088831
传真(Fax):010－66064960
E-mail:office@ toeholdpaper. com
Http://www. toeholdpaper. com
总经理(General Manager):吴新建
联系人(Contact Person):崔巍
产品(Products):擦手纸,餐巾纸,卫生纸,面巾纸
品牌(Brand):派洁士,统汇

北京安美尔工贸集团
Beijing Empire Group
地址(Add):北京市西四环路郑常庄326号安美尔大厦
邮编(P. C.):100039
电话(Tel):010－68158390
传真(Fax):010－68155072
Http://www. empire－cn. com
法人代表(Chairman):傅毅
产品(Products):卫生纸,纸巾纸,妇女卫生巾,卫生护垫,婴儿纸尿裤
品牌(Brand):安美尔,星座,小雨伞,依美洁,花世界

◆ 天津 Tianjin

天津骏发森达卫生用品有限公司
Tianjin Junfasenda Sanitary Articles Co., Ltd.
地址(Add):天津市宝坻区西开发区开明路
邮编(P. C.):301800
电话(Tel):022－82669158
传真(Fax):022－82666999
E-mail:yage@ tjyage. com
Http://www. tjyage. com
法人代表(Chairman):王贵森
联系人(Contact Person):王晓俊
产品(Products):卫生纸,面巾纸,妇女卫生巾,卫生护垫,湿巾
品牌(Brand):雅格,流星天使

天津万家卫生用品有限公司
Tianjin Wanjia Hygiene Products Co., Ltd.
地址(Add):天津市河北区北站外水产前街2号
邮编(P. C.):300241
电话(Tel):022－26415678
传真(Fax):022－26415666
法人代表(Chairman):赵金升
总经理(General Manager):刘忠浩
产品(Products):卫生纸,妇女卫生巾
品牌(Brand):青竹,仕美

天津市晟蓝工贸中心
Tianjin Shenglan Industry & Trading Center
地址(Add):天津市河北区万柳村大街3号红星工厂院内
邮编(P. C.):300241
电话(Tel):022－26424774
传真(Fax):022－26433652
联系人(Contact Person):黄盈
产品(Products):面巾纸,餐巾纸,湿巾
品牌(Brand):怡然

天津麦吉克工贸有限公司
Tianjin Magic Industry & Trade Co., Ltd.
地址(Add):天津市河西区新兴大厦508室
邮编(P. C.):300202
电话(Tel):022－23249714
传真(Fax):022－23264128

法人代表(Chairman):李柏增
联系人(Contact Person):丁怡
产品(Products):卫生纸,面巾纸,餐巾纸,纸抹布
品牌(Brand):麦吉克

天津普菲特工贸有限公司
Tianjin Pufeite Industry & Trade Co.,Ltd.
地址(Add):天津市河西区友谊路8号
邮编(P. C.):300074
电话(Tel):022-88378349
传真(Fax):022-88378348
法人代表(Chairman):邓瑞
联系人(Contact Person):胡渤
产品(Products):卫生纸
品牌(Brand):青竹,马头,白玫瑰

天津安洁纸业有限公司
Tianjin Anjie Paper Co., Ltd.
地址(Add):天津市津西王庆坨镇北门工业区
邮编(P. C.):301713
电话(Tel):022-29518941
传真(Fax):022-29511078
联系人(Contact Person):曹精利
产品(Products):卫生纸,餐巾纸,面巾纸,手帕纸

天津市天惠纸品有限公司
Tianjin Tianhui Paper Products Co., Ltd.
地址(Add):天津市南开区苏堤路104号
邮编(P. C.):300193
电话(Tel):022-27467085
传真(Fax):022-27378724
法人代表(Chairman):李惠忠
总经理(General Manager):李惠忠
联系人(Contact Person):韩英
产品(Products):面巾纸,餐巾纸,卫生卷纸
品牌(Brand):香婷

天津市豪特纸业有限公司
Tianjin Haote Paper Co., Ltd.
地址(Add):天津市南开区咸阳路龙富园1-1-401室
邮编(P. C.):300111
电话(Tel):022-27635672
传真(Fax):022-27691778
总经理(General Manager):程少林
联系人(Contact Person):白祎桐
产品(Products):卫生纸,餐巾纸,擦手纸,手帕纸
品牌(Brand):伊薇,伊缘

天津市天洁纸业有限公司
Tianjin Tianjie Paper Co., Ltd.
地址(Add):天津市塘沽区胡家园海龙储运中心(津塘路5035号)
邮编(P. C.):300454
电话(Tel):022-25352718
传真(Fax):022-25354488
E-mail:tianjie@tjpaper.com
Http://www.tjpaper.com
总经理(General Manager):王天轩
联系人(Contact Person):王天峰
产品(Products):卫生纸,面巾纸,手帕纸,擦手纸,厨房用纸,湿巾

天津市金驼(集团)公司
Tianjin Jintuo (Group) Co.
地址(Add):天津市武清县王庆坨镇
邮编(P. C.):301713
电话(Tel):022-29518545
传真(Fax):022-29518320
法人代表(Chairman):胡林明
联系人(Contact Person):昝匡一
产品(Products):卫生纸,餐巾纸
品牌(Brand):金驼

天津津西洁康餐巾纸厂
Tianjin Jinxi Jiekang Napkin Factory
地址(Add):天津市武清县王庆坨镇北环路西口
邮编(P. C.):301713
电话(Tel):022-29518770
总经理(General Manager):罗永利
产品(Products):餐巾纸,桌布,台布,卫生纸

天津市依依卫生用品厂
Tianjin Yiyi Hygiene Products Factory
地址(Add):天津市西青经济开发区张沃工业园
邮编(P. C.):300380
电话(Tel):022-87988888
传真(Fax):022-27950903
E-mail:yy@yyzy.com
Http://www.yyzy.com
法人代表(Chairman):高福忠
总经理(General Manager):高福忠
联系人(Contact Person):卢俊美
产品(Products):妇女卫生巾,卫生护垫,婴儿纸尿片,护理垫,宠物垫,卫生卷纸,纸巾纸
品牌(Brand):依依

天津爱华商贸有限公司
Tianjin Aihua Trade Co., Ltd.
地址(Add):天津市西青开发区龙泉道18号
邮编(P. C.):300381
电话(Tel):022-27337802
传真(Fax):022-27337802
总经理(General Manager):冯佶
产品(Products):纸盘,纸碟,一次性纸餐具,马桶垫纸

天津中钞纸业有限公司
Tianjin Zhongchao Paper Co., Ltd.
地址(Add):天津市西青开发区兴华道38号
邮编(P. C.):300381
电话(Tel):022-23964515
传真(Fax):022-23961457
联系人(Contact Person):徐正铭
产品(Products):卫生纸,餐巾纸,面巾纸

天津市桂云纸制品厂
Tianjin Guiyun Paper Products Factory
地址(Add):天津市西青区杨柳青青沙路14街津青工业公司院内
邮编(P. C.):300380
电话(Tel):022-27924730
传真(Fax):022-27392859
联系人(Contact Person):徐恩华
产品(Products):卫生纸

天津百合卫生用品厂
Tianjin Baihe Hygiene Articles Factory
地址(Add):天津市西青区张镇高村
邮编(P. C.):300381
电话(Tel):022-87980232
联系人(Contact Person):张国宏
产品(Products):手帕纸
品牌(Brand):三维

◆ 河北 Hebei

保定市能威造纸厂
Baoding Nengwei Paper Mill
地址(Add):河北省保定市604厂西侧北章村南
邮编(P. C.):071051
电话(Tel):0312-3177389
传真(Fax):0312-3177389
联系人(Contact Person):乔洪良
产品(Products):卫生纸原纸,餐巾纸,面巾纸

保定市晨光纸业有限公司
Baoding Chenguang Paper Product Co., Ltd.
地址(Add):河北省保定市保满路169号
邮编(P. C.):071051
电话(Tel):0312-3171036
传真(Fax):0312-3179815
E-mail:chgzy@chgzy.com.cn
Http://www.chgzy.com.cn
法人代表(Chairman):侯金明
联系人(Contact Person):侯福印
产品(Products):卫生纸,餐巾纸,面巾纸,手帕纸,擦手纸
品牌(Brand):飞天,小飞人,进宝

保定林海纸业有限公司
Baoding Linhai Paper Co., Ltd.
地址(Add):河北省保定市北外环路中段
邮编(P. C.):072150
电话(Tel):0312-7012999
传真(Fax):0312-7012666
总经理(General Manager):董国利
产品(Products):卫生纸
品牌(Brand):林海

河北省保定市满城永昌造纸厂
Hebei Baoding Mancheng Yongchang Paper Mill
地址(Add):河北省保定市大册营造纸工业区
邮编(P. C.):072150
电话(Tel):0312-7021709
传真(Fax):0312-5578916
总经理(General Manager):杨国瑞
产品(Products):卫生纸
品牌(Brand):旭胜,格兰,华鸣,雪兰花

保定市满城永发造纸厂
Baoding Mancheng Yongfa Paper Mill
地址(Add):河北省保定市大册营造纸工业区
邮编(P. C.):072150
电话(Tel):0312-7021333
传真(Fax):0312-7025777
联系人(Contact Person):苟连锁
产品(Products):卫生纸
品牌(Brand):白仙

保定市白云造纸有限公司
Baoding Baiyun Paper Co., Ltd.
地址(Add):河北省保定市东郊藏村镇工业小区
邮编(P. C.):071000
电话(Tel):0312-8095228
联系人(Contact Person):董克力
产品(Products):卫生纸

河北新华实业公司纸塑制品厂
Hebei Xinhua Industrial Co. Paper & Plastic Products Factory
地址(Add):河北省保定市红旗苗圃(保定市植物园)东侧
邮编(P. C.):071051
电话(Tel):0312-3139027
传真(Fax):0312-3139027
联系人(Contact Person):吕钢花
产品(Products):卫生纸,餐巾纸,擦手纸
品牌(Brand):金鸡,泽兰

保定市石头纸业有限公司
Baoding Shitou Paper Co., Ltd.
地址(Add):河北省保定市环城南路60号
邮编(P. C.):071000
电话(Tel):0312-2037329
传真(Fax):0312-2037329
法人代表(Chairman):翟爽
产品(Products):卫生纸
品牌(Brand):畅畅爽,小石头

河北小人国纸业有限公司
Hebei Xiaorenguo Paper Co., Ltd.
地址(Add):河北省保定市建国路地道桥西100米
邮编(P. C.):071000
电话(Tel):0312-2177998
传真(Fax):0312-2173636
Http://www.xiaorenguo.best.163.com
法人代表(Chairman):邵国义
联系人(Contact Person):叶挺
产品(Products):卫生纸,湿巾
品牌(Brand):小人国

保定市日新工贸有限公司
Baoding Rixin Industry & Trade Co., Ltd.
地址(Add):河北省保定市建国路泽园工业区1-2号
邮编(P. C.):071051
电话(Tel):0312-2176811
Http://www.rixingm.com
联系人(Contact Person):杨永胜
产品(Products):餐巾纸,卫生纸,面巾纸,手帕纸,擦手纸
品牌(Brand):佳荣

保定市兴冀特种纸厂
Baoding Xingji Specialty Paper Mill
地址(Add):河北省保定市利民路600号
邮编(P. C.):071000
电话(Tel):0312-2110518
传真(Fax):0312-2116666
法人代表(Chairman):段新田
产品(Products):卫生纸,餐巾纸

品牌(Brand):兴骥

满城县益源造纸厂
Mancheng Yiyuan Paper Mill
地址(Add):河北省保定市满城大册营工业区
邮编(P. C.):072150
电话(Tel):0312 – 7021012
传真(Fax):0312 – 7026285
法人代表(Chairman):张尚军
联系人(Contact Person):张玉柱
产品(Products):卫生纸
品牌(Brand):益源

保定市新兴造纸厂
Baoding Xinxing Paper Mill
地址(Add):河北省保定市满城大册营工业区
邮编(P. C.):072150
电话(Tel):0312 – 7021788
法人代表(Chairman):王朋举
产品(Products):卫生纸
品牌(Brand):洁鹿

保定市满城溢恒纸厂
Baoding Mancheng Yiheng Paper Mill
地址(Add):河北省保定市满城大册营造纸工业区
邮编(P. C.):072150
电话(Tel):0312 – 7021776
传真(Fax):0312 – 7021776
法人代表(Chairman):张大益
产品(Products):卫生纸
品牌(Brand):溢恒

保定市满城赵立新纸厂
Baoding Mancheng Zhaolixin Paper Mill
地址(Add):河北省保定市满城大册营造纸工业区
邮编(P. C.):072150
电话(Tel):0312 – 7021548
传真(Fax):0312 – 7021548
法人代表(Chairman):赵立新
产品(Products):卫生纸
品牌(Brand):美雪

保定市满城县姬发造纸有限公司
Baoding Mancheng Jifa Paper Co., Ltd.
地址(Add):河北省保定市满城大册营造纸工业区
邮编(P. C.):072150
电话(Tel):0312 – 7026882
传真(Fax):0312 – 7026887
总经理(General Manager):包喜林
产品(Products):卫生纸
品牌(Brand):万佳,惠而特

保定市满城县金博士纸业有限公司
Baoding Mancheng Jinboshi Paper Co., Ltd.
地址(Add):河北省保定市满城大册营造纸工业区
邮编(P. C.):072150
电话(Tel):0312 – 7021036
传真(Fax):0312 – 5578388
总经理(General Manager):张俊清
产品(Products):卫生纸,面巾纸,餐巾纸,手帕纸
品牌(Brand):金博士,亲亲家人,吉莱尔

保定市满城鑫兴纸厂
Baoding Mancheng Xinxing Paper Mill
地址(Add):河北省保定市满城大册营镇大册工业区
邮编(P. C.):072150
电话(Tel):0312 – 7021004
传真(Fax):0312 – 7023988
法人代表(Chairman):杨秀泉
产品(Products):卫生纸
品牌(Brand):鑫雅

保定市满城育红纸业有限公司
Baoding Yuhong Paper Co., Ltd.
地址(Add):河北省保定市满城大册营镇大册营工业区
邮编(P. C.):072150
电话(Tel):0312 – 7021806
传真(Fax):0312 – 7021806
法人代表(Chairman):张保利
产品(Products):卫生纸,餐巾纸,面巾纸
品牌(Brand):献礼

保定市满城程远纸厂
Baoding Mancheng Chengyuan Paper Mill
地址(Add):河北省保定市满城大册营镇方上村
邮编(P. C.):072150
电话(Tel):0312 – 7021139
传真(Fax):0312 – 7020777
法人代表(Chairman):李俊英
产品(Products):卫生纸
品牌(Brand):程远

保定市满城富华造纸厂
Baoding Mancheng Fuhua Paper Mill
地址(Add):河北省保定市满城大册营镇方上村
邮编(P. C.):072150
电话(Tel):0312 – 7021066
法人代表(Chairman):李根田
产品(Products):卫生纸
品牌(Brand):宇宙

保定市满城金升纸厂
Baoding Mancheng Jinsheng Paper Mill
地址(Add):河北省保定市满城大册营镇方上村
邮编(P. C.):072150
电话(Tel):0312 – 7021024
传真(Fax):0312 – 7020989
法人代表(Chairman):李顺安
产品(Products):卫生纸
品牌(Brand):猫霸,贝兰

保定市满城长发纸厂
Baoding Mancheng Changfa Paper Mill
地址(Add):河北省保定市满城大册营镇工业区
邮编(P. C.):072150
电话(Tel):0312 – 7021716
法人代表(Chairman):张连营
产品(Products):卫生纸
品牌(Brand):风驰

保定市满城群冠造纸厂
Baoding Mancheng Qunguan Paper Mill
地址(Add):河北省保定市满城岗头村

邮编(P. C.):072150
电话(Tel):0312 - 7021892
传真(Fax):0312 - 7021892
法人代表(Chairman):聂长远
产品(Products):卫生纸
品牌(Brand):馨冠

河北保定满城东苟造纸厂
Hebei Baoding Mancheng Donggou Paper Mill
地址(Add):河北省保定市满城南韩村镇
邮编(P. C.):072150
电话(Tel):0312 - 7033988
传真(Fax):0312 - 7033988
总经理(General Manager):史宝平
产品(Products):妇女卫生巾衬纸

保定市恒泰造纸有限公司
Baoding Hengtai Paper Co., Ltd.
地址(Add):河北省保定市满城县大册营工业区
邮编(P. C.):072150
电话(Tel):0312 - 7023888
传真(Fax):0312 - 7022666
法人代表(Chairman):王月
产品(Products):卫生纸
品牌(Brand):豆豆,比丽奇

保定市满城兴隆造纸厂
Baoding Mancheng Xinglong Paper Mill
地址(Add):河北省保定市满城县大册营工业区
邮编(P. C.):072150
电话(Tel):0312 - 7022222
传真(Fax):0312 - 7021866
法人代表(Chairman):刘东旭
产品(Products):卫生卷纸
品牌(Brand):棉蕾

满城县立发纸业有限公司
Mancheng Lifa Paper Co., Ltd.
地址(Add):河北省保定市满城县大册营工业区
邮编(P. C.):072150
电话(Tel):0312 - 7021189
传真(Fax):0312 - 7022589
法人代表(Chairman):贾顺福
产品(Products):卫生纸
品牌(Brand):佳派,圣奥

保定市满城豪峰造纸厂
Baoding Mancheng Haofeng Paper Mill
地址(Add):河北省保定市满城县大册营工业区
邮编(P. C.):072150
电话(Tel):0312 - 7021038
传真(Fax):0312 - 7026369
法人代表(Chairman):张如意
产品(Products):卫生纸
品牌(Brand):富尔雅

保定市满城华强造纸厂
Baoding Mancheng Huaqiang Paper Mill
地址(Add):河北省保定市满城县大册营工业区
邮编(P. C.):072150
电话(Tel):0312 - 7021080
法人代表(Chairman):何苗
产品(Products):卫生纸
品牌(Brand):华强

保定市满城腾达造纸厂
Baoding Mancheng Tengda Paper Mill
地址(Add):河北省保定市满城县大册营工业区
邮编(P. C.):072150
电话(Tel):0312 - 7021081
法人代表(Chairman):刘国庆
产品(Products):卫生纸原纸

保定市满城益康造纸厂
Baoding Mancheng Yikang Paper Mill
地址(Add):河北省保定市满城县大册营工业区
邮编(P. C.):072150
电话(Tel):0312 - 7021050
传真(Fax):0312 - 7026801
法人代表(Chairman):张大牛
产品(Products):卫生纸
品牌(Brand):露露,家之宝

河北中信纸业有限公司
Hebei Zhongxin Paper Co., Ltd.
地址(Add):河北省保定市满城县大册营工业区
邮编(P. C.):072150
电话(Tel):0312 - 7021807
传真(Fax):0312 - 7022988
E-mail:zx@ zhongxinpaper. com
Http://www. zhongxinpaper. com
法人代表(Chairman):赵建忠
联系人(Contact Person):李丛峰
产品(Products):卫生纸,手帕纸,面巾纸,餐巾纸
品牌(Brand):望舒,凯依

保定市满城日虹造纸厂
Baoding Mancheng Rihong Paper Mill
地址(Add):河北省保定市满城县大册营工业区
邮编(P. C.):072150
电话(Tel):0312 - 7021368
法人代表(Chairman):张长河
产品(Products):卫生纸
品牌(Brand):莲鑫

保定市满城冀兴造纸厂
Baoding Mancheng Jixing Paper Mill
地址(Add):河北省保定市满城县大册营乡西村
邮编(P. C.):072150
电话(Tel):0312 - 7021853
传真(Fax):0312 - 7024077
法人代表(Chairman):范文启
产品(Products):卫生纸
品牌(Brand):冀兴

保定市满城金城卫生纸厂
Baoding Mancheng Jincheng Tissue Paper Mill
地址(Add):河北省保定市满城县大册营乡西村
邮编(P. C.):072150
电话(Tel):0312 - 7020980
法人代表(Chairman):范义成
产品(Products):卫生纸

品牌(Brand):香果

保定市港兴纸业有限公司
Baoding Gangxing Paper Co., Ltd.
地址(Add):河北省保定市满城县大册营造纸工业区
邮编(P. C.):072150
电话(Tel):0312-7021908
传真(Fax):0312-7021728
E-mail:bdlibang@163.com
Http://www.bdlibang.com
法人代表(Chairman):张三套
联系人(Contact Person):张四车
产品(Products):卫生纸,妇女卫生巾
品牌(Brand):丽邦,港兴,佳星,盈爽

保定市满城红日造纸厂
Baoding Mancheng Hongri Paper Mill
地址(Add):河北省保定市满城县大册营造纸工业区
邮编(P. C.):072150
电话(Tel):0312-7021198
传真(Fax):0312-7021198
法人代表(Chairman):孙宝明
产品(Products):卫生纸
品牌(Brand):佼阳

保定市满城新宇纸业有限公司
Baoding Mancheng Xinyu Paper Co., Ltd.
地址(Add):河北省保定市满城县大册营造纸工业区
邮编(P. C.):072150
电话(Tel):0312-7021901
传真(Fax):0312-7021901
法人代表(Chairman):张顺来
产品(Products):卫生纸
品牌(Brand):新宇

满城县恒信纸业有限公司
Mancheng Hengxin Paper Co., Ltd.
地址(Add):河北省保定市满城县大册营造纸工业区
邮编(P. C.):072150
电话(Tel):0312-7023818
传真(Fax):0312-7021698
总经理(General Manager):韩宝力
产品(Products):卫生纸,面巾纸,餐巾纸
品牌(Brand):岚飘,艾维

河北保定满城万顺造纸厂
Hebei Baoding Mancheng Wanshun Paper Mill
地址(Add):河北省保定市满城县大册营造纸工业区
邮编(P. C.):072150
电话(Tel):0312-7021701
传真(Fax):0312-7021701
法人代表(Chairman):何占良
总经理(General Manager):何占良
产品(Products):卫生纸
品牌(Brand):金手指

河北保定满城县诚信纸业有限公司
Baoding Chengxin Paper Co., Ltd.
地址(Add):河北省保定市满城县大册营造纸工业区
邮编(P. C.):072150
电话(Tel):0312-7026699
传真(Fax):0312-7020123
总经理(General Manager):韩宝江
产品(Products):卫生纸,餐巾纸,面巾纸
品牌(Brand):雪亮

河北亚光纸业有限公司
Hebei Yaguang Paper Co., Ltd.
地址(Add):河北省保定市满城县大册营造纸工业区
邮编(P. C.):072150
电话(Tel):0312-7021008
传真(Fax):0312-7021609
E-mail:yg@yaguangpaper.com
Http://www.yaguangpaper.com
法人代表(Chairman):张建华
联系人(Contact Person):刑金远
产品(Products):卫生纸,餐巾纸,面巾纸,手帕纸
品牌(Brand):火炬,洁立达,笑脸,伊歌

保定市满城顺利纸业有限公司
Baoding Mancheng Shunli Paper Co., Ltd.
地址(Add):河北省保定市满城县大册营造纸工业区
邮编(P. C.):072150
电话(Tel):0312-7021633
传真(Fax):0312-7022601
法人代表(Chairman):赵香占
总经理(General Manager):赵亚青
联系人(Contact Person):李保志
产品(Products):卫生纸,面巾纸,手帕纸,擦手纸
品牌(Brand):爱侣,洁伦,顺雅

保定市满城永红造纸厂
Baoding Mancheng Yonghong Paper Mill
地址(Add):河北省保定市满城县大册营造纸工业区
邮编(P. C.):072150
电话(Tel):0312-7021798
传真(Fax):0312-7021372
法人代表(Chairman):石英
产品(Products):卫生纸
品牌(Brand):永红,洁中洁

永兴纸业有限公司
Yongxing Paper Co., Ltd.
地址(Add):河北省保定市满城县大册营造纸工业区
邮编(P. C.):072150
电话(Tel):0312-7021503
传真(Fax):0312-7022288
法人代表(Chairman):何喜春
产品(Products):卫生纸
品牌(Brand):碧莲,佳嘉福,荷丝,安飞

保定市满城跃兴造纸厂
Baoding Mancheng Yuexing Paper Mill
地址(Add):河北省保定市满城县大册营造纸工业区
邮编(P. C.):072150
电话(Tel):0312-7021898
传真(Fax):0312-7023687
法人代表(Chairman):赵振林
产品(Products):卫生纸
品牌(Brand):翔龙

保定市前进造纸有限公司

Baoding Qianjin Paper Co., Ltd.
地址(Add):河北省保定市满城县大册营造纸工业区
邮编(P. C.):072150
电话(Tel):0312－7021904
传真(Fax):0312－7020499
法人代表(Chairman):赵福生
产品(Products):卫生纸,餐巾纸
品牌(Brand):姣姿,多福多

保定市满城霞光纸厂
Baoding Mancheng Xiaguang Paper Mill
地址(Add):河北省保定市满城县大册营造纸工业区
邮编(P. C.):072150
电话(Tel):0312－7021056
法人代表(Chairman):孔令福
产品(Products):卫生纸
品牌(Brand):霞光

保定市满城中兴造纸厂
Baoding Mancheng Zhongxing Paper Mill
地址(Add):河北省保定市满城县大册营镇北宋营村
邮编(P. C.):072150
电话(Tel):0312－7021972
法人代表(Chairman):牛永田
产品(Products):卫生纸
品牌(Brand):中兴

保定市满城县宝洁造纸厂
Baoding Mancheng Baojie Paper Mill
地址(Add):河北省保定市满城县大册营镇大册工业园区
邮编(P. C.):072150
电话(Tel):0312－7021508
传真(Fax):0312－7021228
法人代表(Chairman):刘占国
联系人(Contact Person):乔伟峰
产品(Products):卫生纸
品牌(Brand):华阳,森柔

保定满城海峰纸厂
Baoding Mancheng Haifeng Paper Mill
地址(Add):河北省保定市满城县大册营镇方上村
邮编(P. C.):072150
电话(Tel):0312－7021186－325
传真(Fax):0312－7020900
法人代表(Chairman):王凤江
产品(Products):卫生纸
品牌(Brand):雪人,小爱虎

保定市满城昌盛造纸厂
Baoding Mancheng Changsheng Paper Mill
地址(Add):河北省保定市满城县大册营镇方上村
邮编(P. C.):072150
电话(Tel):0312－7021288
传真(Fax):0312－7023969
法人代表(Chairman):王国全
产品(Products):卫生纸
品牌(Brand):护依康

保定市满城金光造纸厂
Baoding Mancheng Jinguang Paper Mill
地址(Add):河北省保定市满城县大册营镇方上村
邮编(P. C.):072150
电话(Tel):0312－7021707
传真(Fax):0312－7021899
法人代表(Chairman):韩宝全
产品(Products):卫生纸
品牌(Brand):猫王,雪咪

保定市满城曙光造纸有限公司
Baoding Mancheng Shuguang Paper Co., Ltd.
地址(Add):河北省保定市满城县大册营镇方上村
邮编(P. C.):072150
电话(Tel):0312－7022202
法人代表(Chairman):王勋
产品(Products):卫生纸,餐巾纸
品牌(Brand):曙光

保定市满城永富造纸厂
Baoding Mancheng Yongfu Paper Mill
地址(Add):河北省保定市满城县大册营镇方上村
邮编(P. C.):072150
电话(Tel):0312－7021618
法人代表(Chairman):王士军
产品(Products):卫生纸

保定市满城永利造纸厂
Baoding Mancheng Yongli Paper Mill
地址(Add):河北省保定市满城县大册营镇方上村
邮编(P. C.):072150
电话(Tel):0312－7021027
传真(Fax):0312－7021027
法人代表(Chairman):赵彦
产品(Products):卫生纸
品牌(Brand):永凯

保定市满城成功造纸厂
Baoding Mancheng Chenggong Paper Mill
地址(Add):河北省保定市满城县大册营镇方上工业区
邮编(P. C.):072150
电话(Tel):0312－7021302
传真(Fax):0312－7023518
法人代表(Chairman):李胜利
产品(Products):卫生卷纸
品牌(Brand):小金屋

保定铭阳纸业有限公司
Baoding Mingyang Paper Co., Ltd.
地址(Add):河北省保定市满城县大册营镇岗头村
邮编(P. C.):072150
电话(Tel):0312－7023781
法人代表(Chairman):苟树青
联系人(Contact Person):杨宏光
产品(Products):卫生纸

河北省保定市满城县如意造纸厂
Baoding Mancheng Ruyi Paper Mill
地址(Add):河北省保定市满城县大册营镇工业区
邮编(P. C.):072150
电话(Tel):0312－7021052
传真(Fax):0312－7027208
法人代表(Chairman):崔志生
产品(Products):卫生纸

品牌(Brand):松鹿

保定市满城新荣造纸厂
Baoding Mancheng Xinrong Paper Mill
地址(Add):河北省保定市满城县大册营镇苏庄村
邮编(P. C.):072150
电话(Tel):0312 - 7021934
法人代表(Chairman):李跃海
产品(Products):卫生纸
品牌(Brand):金达柔

保定市满城宏达纸业有限公司
Baoding Mancheng Hongda Paper Co., Ltd.
地址(Add):河北省保定市满城县大册营镇西村
邮编(P. C.):072150
电话(Tel):0312 - 7021861
法人代表(Chairman):范红祥
产品(Products):卫生纸
品牌(Brand):康达

保定市满城华鑫造纸厂
Baoding Mancheng Huaxin Paper Mill
地址(Add):河北省保定市满城县大册营镇下子口村
邮编(P. C.):072150
电话(Tel):0312 - 7021863
法人代表(Chairman):王锁林
产品(Products):卫生纸原纸

河北雪松纸业有限公司
Hebei Xuesong Paper Co., Ltd.
地址(Add):河北省保定市满城县大册营镇造纸工业区
邮编(P. C.):072150
电话(Tel):0312 - 7021606
传真(Fax):0312 - 7020869
E-mail:xuesong@ thepaper. com. cn
Http://www. thepaper. com. cn
法人代表(Chairman):赵宝江
联系人(Contact Person):赵宝水
产品(Products):卫生纸,妇女卫生巾
品牌(Brand):雪松,好人家,佳贝,真情

保定市满城沙河造纸厂
Baoding Mancheng Shahe Paper Mill
地址(Add):河北省保定市满城县大册造纸工业区
邮编(P. C.):072150
电话(Tel):0312 - 7021703
传真(Fax):0312 - 7021999
法人代表(Chairman):杨秀清
产品(Products):卫生纸,餐巾纸
品牌(Brand):金佳

保定市满城胜利造纸公司
Baoding Mancheng Shengli Paper Co.
地址(Add):河北省保定市满城县方上村
邮编(P. C.):072150
电话(Tel):0312 - 7021400
传真(Fax):0312 - 7021400
法人代表(Chairman):李会利
产品(Products):卫生纸原纸

保定慧力达纸品有限公司
Baoding Huilida Paper Products Co., Ltd.
地址(Add):河北省保定市满城县神星镇镇北工业区
邮编(P. C.):072152
电话(Tel):0312 - 7056295
传真(Fax):0312 - 7056999
联系人(Contact Person):李秋慧
产品(Products):卫生纸,餐巾纸
品牌(Brand):奥柔

保定市满城洁雅纸制品厂
Baoding Mancheng Jieya Paper Products Plant
地址(Add):河北省保定市满城县西城街
邮编(P. C.):072150
电话(Tel):0312 - 7071188
传真(Fax):0312 - 7071188
法人代表(Chairman):康文海
产品(Products):餐巾纸,卫生卷纸
品牌(Brand):恒洁,绿色家园

河北省满城县顺通纸制品厂
Hebei Mancheng Shuntong Paper Products Factory
地址(Add):河北省保定市满城县要庄乡大庄村
邮编(P. C.):072150
电话(Tel):0312 - 7018440
传真(Fax):0312 - 7018440
总经理(General Manager):赵红奎
产品(Products):卫生纸,盘纸,原纸
品牌(Brand):红菲,斯曼

保定市永兴造纸第一分厂
Baoding Yongxing Paper Mill No. 1 Branch
地址(Add):河北省保定市满城县造纸工业区
邮编(P. C.):072150
电话(Tel):0312 - 7021503
传真(Fax):0312 - 7022288
总经理(General Manager):何大牛
产品(Products):卫生纸
品牌(Brand):碧莲

保定市东升卫生用品有限公司
Baoding Dongsheng Hygiene Products Co., Ltd.
地址(Add):河北省保定市满城县造纸工业园区
邮编(P. C.):072150
电话(Tel):0312 - 7021906
传真(Fax):0312 - 7021996
E-mail:mail@ dshpaper. com. cn
Http://www. dshpaper. com. cn
法人代表(Chairman):张志武
总经理(General Manager):张杰
联系人(Contact Person):刘博
产品(Products):卫生纸,餐巾纸,面巾纸,湿巾,纸尿裤
品牌(Brand):小宝贝,可佳,洁婷

保定市满城富康纸业有限责任公司
Baoding Mancheng Fukang Paper Co., Ltd.
地址(Add):河北省保定市满城小北庄
邮编(P. C.):072150
电话(Tel):0312 - 7019229
传真(Fax):0312 - 7019229
法人代表(Chairman):李长海
联系人(Contact Person):李长河

产品(Products):卫生纸原纸

保定市满城宏光造纸厂
Baoding Mancheng Hongguang Paper Mill
地址(Add):河北省保定市满城燕赵北街
邮编(P.C.):072150
电话(Tel):0312-7071287
传真(Fax):0312-7071287
法人代表(Chairman):赵宝忠
产品(Products):卫生纸,面巾纸,餐巾纸
品牌(Brand):飘逸

保定市满城双利造纸厂
Baoding Mancheng Shuangli Paper Mill
地址(Add):河北省保定市满城造纸工业区
邮编(P.C.):072150
电话(Tel):0312-7021075
法人代表(Chairman):贾满宇
产品(Products):卫生纸
品牌(Brand):美瑞,卡得兰,华冀

河北满城长河纸业有限公司
Hebei Mancheng Changhe Paper Co., Ltd.
地址(Add):河北省保定市满城造纸工业区
邮编(P.C.):072150
电话(Tel):0312-7021706
传真(Fax):0312-7021989
Http://www.chpaper.com
法人代表(Chairman):张长河
联系人(Contact Person):陈波
产品(Products):卫生纸,面巾纸,纸巾纸
品牌(Brand):球咪,日相伴,家洁

保定市满城县亨盛纸厂
Baoding Mancheng Hengsheng Paper Mill
地址(Add):河北省保定市满城镇西村
邮编(P.C.):072150
电话(Tel):0312-7021857
法人代表(Chairman):范文久
产品(Products):卫生纸
品牌(Brand):梦之雪

红炬纸厂
Hongju Paper Mill
地址(Add):河北省保定市南大街3号
邮编(P.C.):071000
电话(Tel):0312-8503666
总经理(General Manager):王海涛
产品(Products):餐巾纸,卫生纸

保定市南市区精洁纸制品厂
Baoding Nanshiqu Jingjie Paper Products Plant
地址(Add):河北省保定市南大园乡中马池村
邮编(P.C.):071000
电话(Tel):0312-2121960
法人代表(Chairman):沈贵福
产品(Products):餐巾纸
品牌(Brand):洁娜

保定市康苑卫生用品有限公司
Baoding Kangyuan Hygiene Articles Co., Ltd.
地址(Add):河北省保定市清苑县石屯工业园区
邮编(P.C.):071051
电话(Tel):0312-8051304
传真(Fax):0312-8051868
联系人(Contact Person):徐占学
产品(Products):妇女卫生巾,卫生护垫,卫生纸

保定市新市区第六造纸厂附属餐巾纸厂
Baoding Xinshi No.6 Paper Mill Napkin Branch
地址(Add):河北省保定市新市区隆兴西路萌畅园B座102房间
邮编(P.C.):071000
电话(Tel):0312-3177166
联系人(Contact Person):郭家旭
产品(Products):纸巾纸

保定市满城聚润纸业有限公司
Baoding Mancheng Juren Paper Co., Ltd.
地址(Add):河北省保定市谒山造纸工业园区
邮编(P.C.):072150
电话(Tel):0312-7065498
传真(Fax):0312-7075876
法人代表(Chairman):崔文志
产品(Products):卫生纸,纸巾纸

保定市天鹅化纤集团造纸厂
Baoding Tiane Chemical Fibre Group Paper Mill
地址(Add):河北省保定市纸厂路一号
邮编(P.C.):071000
电话(Tel):0312-3137131
传真(Fax):0312-3137131
总经理(General Manager):崔海涛
产品(Products):卫生纸,餐巾纸,盘纸

沧州市友利纸业加工厂
Cangzhou Youli Paper Products Factory
地址(Add):河北省沧县官厅乡刘贾村
邮编(P.C.):061028
电话(Tel):0317-4921386
总经理(General Manager):刘保利
产品(Products):卫生纸

沧州尚好卫生用品有限公司
Cangzhou Shanghao Sanitary Products Co., Ltd.
地址(Add):河北省沧州市经济技术开发区银光大街1号
邮编(P.C.):061000
电话(Tel):0317-3093868
传真(Fax):0317-3092166
总经理(General Manager):刘玉成
联系人(Contact Person):胡金良
产品(Products):妇女卫生巾,卫生纸
品牌(Brand):尚好

沧州文海湿纸巾厂
Cangzhou Wenhai Wet Wipes Factory
地址(Add):河北省沧州兴济镇北桃杏
邮编(P.C.):061030
电话(Tel):0317-4866998
传真(Fax):0317-4866555
法人代表(Chairman):赵文海
产品(Products):湿巾,面巾纸,手帕纸

品牌(Brand):速洁,洁兴

舒洁康卫生用品有限公司
Shujiekang Hygiene Articles Co., Ltd.
地址(Add):河北省磁州园中园高新技术开发区90号
邮编(P. C.):056500
电话(Tel):0310-2372163
传真(Fax):0310-2372542
E-mail:shujiekang@eyou.com
总经理(General Manager):王艺璇
产品(Products):妇女卫生巾,面巾纸,纸尿裤
品牌(Brand):舒洁康

恒通公司
Hengtong Co.
地址(Add):河北省大城县东迷堤村
邮编(P. C.):065900
电话(Tel):0316-5961163
总经理(General Manager):王为通
产品(Products):卫生纸

河北省东光鑫丰湿巾厂
Hebei Dongguang Xinfeng Wet Wipes Factory
地址(Add):河北省东光县城东开发区
邮编(P. C.):061600
电话(Tel):0317-7811062
传真(Fax):0317-7811368
总经理(General Manager):王淑琴
产品(Products):酒店用湿巾,婴儿用湿巾,手帕纸,面巾纸

沧州德昌纸业有限责任公司
Cangzhou Dechang Paper Co., Ltd.
地址(Add):河北省东光县东环路
邮编(P. C.):061600
电话(Tel):0317-7895111
传真(Fax):0317-7895566
总经理(General Manager):张德才
联系人(Contact Person):刘忠义
产品(Products):卫生纸,餐巾纸
品牌(Brand):德昌

邯郸市泰和纸业有限公司
Handan Taihe Paper Co., Ltd.
地址(Add):河北省邯郸市高新开发区华荣街6号
邮编(P. C.):056004
电话(Tel):0310-7039111
传真(Fax):0310-7053222
联系人(Contact Person):李全喜
产品(Products):纸尿裤、片,卫生护垫,妇女卫生巾,盒装抽式面巾纸,餐巾纸,卫生纸

廊坊市宝胜妇幼用品有限公司
Langfang Baosheng Woman & Child Articles Co., Ltd.
地址(Add):河北省廊坊市宏泰花园4B-1单元401
邮编(P. C.):065000
电话(Tel):0316-2010980
传真(Fax):0316-2010980
总经理(General Manager):王宝胜
产品(Products):妇女卫生巾,卫生卷纸
品牌(Brand):水晶之恋

河北通产朋辉纸业
Hebei Tongchan Penghui Paper Co.
地址(Add):河北省蠡县南庄镇蔺岗
邮编(P. C.):071400
电话(Tel):0312-6020046
总经理(General Manager):张朋辉
产品(Products):卫生纸

和信纸品有限公司
Hexin Paper Products Co., Ltd.
地址(Add):河北省满城县大册营工业区
邮编(P. C.):072150
电话(Tel):0312-7026198
传真(Fax):0312-7026896
E-mail:thb@hisunpaper.com
Http://www.hisunpaper.com
联系人(Contact Person):谭浩波
产品(Products):妇女卫生巾,卫生原纸
品牌(Brand):美之莲,真好

嘉禾卫生用品厂
Jiahe Hygiene Articles Factory
地址(Add):河北省满城县大册营造纸工业区
邮编(P. C.):072150
电话(Tel):0312-7026815
传真(Fax):0312-7026667
总经理(General Manager):赵长海
产品(Products):妇女卫生巾,成人护理垫,产妇垫,医用床垫,面巾纸,餐巾纸
品牌(Brand):纤柔,安婷,贝尔乐,心连心

保定市满城万利造纸厂
Baoding Mancheng Wanli Paper Mill
地址(Add):河北省满城县大册营造纸工业区
邮编(P. C.):072150
电话(Tel):0312-7022717
总经理(General Manager):赵雷旻
产品(Products):卫生纸

保定市安信纸业有限公司
Baoding Anxin Paper Co., Ltd.
地址(Add):河北省满城县大册营造纸工业园区
邮编(P. C.):072150
电话(Tel):0312-7026716
总经理(General Manager):李会战
联系人(Contact Person):张永安
产品(Products):卫生纸

满城县云吉造纸厂
Mancheng Yunji Paper Mill
地址(Add):河北省满城县大册营镇造纸工业区
邮编(P. C.):072150
电话(Tel):0312-5579209
传真(Fax):0312-7021646
总经理(General Manager):吴艳国
产品(Products):餐巾纸,面巾纸,擦手纸,原纸
品牌(Brand):握手,今喜来,玉霸

河北宏大纸业有限公司
Hebei Hongda Paper Co., Ltd.
地址(Add):河北省满城县神星造纸工业区

邮编(P. C.):072150
电话(Tel):0312-7056268
传真(Fax):0312-7056668
联系人(Contact Person):要俊
产品(Products):卫生纸
品牌(Brand):梦洁,峰王,相知

保定市满城虹安纸品加工厂
Baoding Mancheng Hongan Paper Products Factory
地址(Add):河北省满城县神星镇石头村村西
邮编(P. C.):072150
电话(Tel):0312-7010666
传真(Fax):0312-7010668
E-mail:office@hazhiye.com
总经理(General Manager):齐国安
产品(Products):餐巾纸,手帕纸,面巾纸,卫生纸,盘纸,湿巾
品牌(Brand):小蘑菇

秦皇岛丰满纸业有限公司
Qinhuangdao Fengman Paper Co., Ltd.
地址(Add):河北省秦皇岛抚宁县留守营镇南街
邮编(P. C.):066301
电话(Tel):0335-6046075
传真(Fax):0335-6046706
E-mail:fmqht@tom.com
Http://www.fengmanqhd.com
总经理(General Manager):郭玉昌
产品(Products):卫生纸

秦皇岛豪峰企业集团
Qinhuangdao Haofeng Enterprise Group
地址(Add):河北省秦皇岛市北戴河西10公里留守营
邮编(P. C.):066301
电话(Tel):0335-6045948
传真(Fax):0335-6045948
E-mail:haofeng588@163.com
Http://www.haofeng.net
法人代表(Chairman):陈晓峰
产品(Products):卫生纸,餐巾纸
品牌(Brand):豪峰

抚宁县第二造纸厂
Funing No. 2 Paper Mill
地址(Add):河北省秦皇岛市抚宁县留守营镇南街村
邮编(P. C.):066301
电话(Tel):0335-6047696
法人代表(Chairman):李立辉
产品(Products):卫生纸
品牌(Brand):洋河

河北大发纸品厂有限公司
Hebei Dafa Paper Products Fatory Co., Ltd.
地址(Add):河北省容城县东牛村
邮编(P. C.):071700
电话(Tel):0312-5692818
传真(Fax):0312-5692838
总经理(General Manager):郑睿斌
产品(Products):卫生纸,面巾纸,餐巾纸
品牌(Brand):大发

三河市京东舒荷造纸厂
Sanhe Jingdong Shuhe Paper Mill
地址(Add):河北省三河市黄土庄镇东城子
邮编(P. C.):065200
电话(Tel):0316-3170241
法人代表(Chairman):刘福合
联系人(Contact Person):刘福合
产品(Products):卫生纸

三河市黄土庄洵河造纸厂
Sanhe Huangtu Juhe Paper Mill
地址(Add):河北省三河市黄土庄镇前沿口
邮编(P. C.):065200
电话(Tel):0316-3180386
法人代表(Chairman):张秀娟
联系人(Contact Person):张秀娟
产品(Products):卫生纸

三河市灵山玉洁造纸厂
Sanhe Lingshan Yujie Paper Mill
地址(Add):河北省三河市黄土庄镇唐四店
邮编(P. C.):065200
电话(Tel):0316-3170504
法人代表(Chairman):张凤田
联系人(Contact Person):张凤田
产品(Products):卫生纸

三河市友谊造纸厂
Sanhe Youyi Paper Mill
地址(Add):河北省三河市洵阳镇大枣林村西侧
邮编(P. C.):065200
电话(Tel):0316-3212996
法人代表(Chairman):高德龙
联系人(Contact Person):高德龙
产品(Products):卫生纸

三河市洵阳兴华造纸厂
Sanhe Juyang Xinghua Paper Mill
地址(Add):河北省三河市洵阳镇铁路侨南侧
邮编(P. C.):065200
电话(Tel):0316-3522553
法人代表(Chairman):蔡战利
联系人(Contact Person):蔡战利
产品(Products):卫生纸

三河市兴旺造纸有限公司
Sanhe Xingwang Paper Co., Ltd.
地址(Add):河北省三河市洵阳镇赵屠庄
邮编(P. C.):065200
电话(Tel):0316-3161069
法人代表(Chairman):柴自亮
联系人(Contact Person):柴自亮
产品(Products):卫生纸

三河市燕灵造纸厂
Sanhe Yanling Paper Mill
地址(Add):河北省三河市洵阳镇赵屠庄
邮编(P. C.):065200
电话(Tel):0316-3161021
法人代表(Chairman):田广会
联系人(Contact Person):田广会

产品(Products):卫生纸

三河市赵屠庄爱民造纸厂
Sanhe Zhaotu Aimin Paper Mill
地址(Add):河北省三河市洵阳镇赵屠庄村
邮编(P. C.):065200
电话(Tel):0316-3161020
法人代表(Chairman):田爱民
联系人(Contact Person):田爱民
产品(Products):卫生纸

三河市洵阳华荣造纸厂
Sanhe Juyang Huarong Paper Mill
地址(Add):河北省三河市洵阳镇赵屠庄村南
邮编(P. C.):065200
电话(Tel):0316-3160050
法人代表(Chairman):田广华
联系人(Contact Person):田广华
产品(Products):卫生纸

三河市李旗庄贵龙造纸厂
Sanhe Liqi Guilong Paper Mill
地址(Add):河北省三河市李旗庄三中校办厂院内
邮编(P. C.):065200
电话(Tel):0316-3450390
法人代表(Chairman):王宝贵
联系人(Contact Person):王宝贵
产品(Products):卫生纸

三河市齐心庄兴盛造纸厂
Sanhe Qixin Xingsheng Paper Mill
地址(Add):河北省三河市齐心庄小邢庄
邮编(P. C.):065200
电话(Tel):0316-3161016
法人代表(Chairman):卢玉朋
联系人(Contact Person):卢玉朋
产品(Products):卫生纸

三河市昝辛屯和平造纸厂
Sanhe Zanxin Heping Paper Mill
地址(Add):河北省三河市洼子
邮编(P. C.):065200
电话(Tel):0316-3522553
法人代表(Chairman):高印合
联系人(Contact Person):高印合
产品(Products):卫生纸

三河市杨庄镇大窝头造纸厂
Sanhe Yangzhuang Dawotou Paper Mill
地址(Add):河北省三河市杨庄镇大窝头村
邮编(P. C.):065200
电话(Tel):0316-3650254
法人代表(Chairman):王长胜
联系人(Contact Person):王长胜
产品(Products):卫生纸

三河市昝辛屯连胜造纸厂
Sanhe Zanxin Liansheng Paper Mill
地址(Add):河北省三河市昝辛屯
邮编(P. C.):065200
电话(Tel):0316-3522348
法人代表(Chairman):张振伶
联系人(Contact Person):张振伶
产品(Products):卫生纸

宇峰伟业纸品有限公司
Yufeng Weiye Paper Products Co., Ltd.
地址(Add):河北省石家庄市北环西路3号
邮编(P. C.):050062
电话(Tel):0311-88814113
传真(Fax):0311-83602359
E-mail:fengzengjun@126.com
联系人(Contact Person):冯增军
产品(Products):妇女卫生巾,卫生护垫,卫生纸品
品牌(Brand):宇峰

石家庄市小护士纸业有限公司
Shijiazhuang Xiaohushi Paper Co., Ltd.
地址(Add):河北省石家庄市藁城永安路19号
邮编(P. C.):052160
电话(Tel):0311-88049799
传真(Fax):0311-88156309
联系人(Contact Person):田永生
产品(Products):妇女卫生巾,餐巾纸,卫生纸

石家庄市惠普卫生用品有限公司
Shijiazhuang Huipu Hygiene Products Co., Ltd.
地址(Add):河北省石家庄市和平西路北新街60号
邮编(P. C.):050000
电话(Tel):0311-87828886
传真(Fax):0311-87838318
法人代表(Chairman):孟繁祥
产品(Products):卫生纸,餐巾纸,妇女卫生巾
品牌(Brand):美洁,一帆风顺

石家庄夏兰纸业有限公司
Shijiazhuang Xialan Paper Co., Ltd.
地址(Add):河北省石家庄市晋州市通达路
邮编(P. C.):052260
电话(Tel):0311-84396888
传真(Fax):0311-84396966
总经理(General Manager):吕建辉
产品(Products):妇女卫生巾,卫生护垫,纸尿裤,卫生纸
品牌(Brand):夏兰,飘莎,曼迪丝

石家庄市利源纸制品厂
Shijiazhuang Liyuan Paper Products Factory
地址(Add):河北省石家庄市深泽县小梨园
邮编(P. C.):052560
电话(Tel):0311-83544227
总经理(General Manager):裴宏全
联系人(Contact Person):裴占峰
产品(Products):卫生纸

河北振华卫生纸厂
Hebei Zhenhua Tissue Paper Mill
地址(Add):河北省唐山市丰润区
邮编(P. C.):064000
电话(Tel):0315-5182586
联系人(Contact Person):马国森
产品(Products):卫生纸

唐山玉泉纸业有限公司
Tangshan Yuquan Paper Co., Ltd.
地址(Add):河北省唐山市京沈高速唐山段鸦鸿桥出口北4公里
邮编(P. C.):064102
电话(Tel):0315－6466667
传真(Fax):0315－6469999
总经理(General Manager):齐玉权
产品(Products):餐巾纸,面巾纸,手帕纸,卫生纸
品牌(Brand):斯达

邢台开发区玉龙纸制品厂
Xingtai Development Zone Yulong Paper Products Factory
地址(Add):河北省邢台市开发区王快镇后楼下村
邮编(P. C.):054001
电话(Tel):0319－3971114
总经理(General Manager):刘胜江
联系人(Contact Person):宋红刚
产品(Products):卫生纸

徐水县友谊纸业有限公司
Xushui Youyi Paper Co., Ltd.
地址(Add):河北省徐水县广门乡广门村
邮编(P. C.):072550
电话(Tel):0312－8909560
传真(Fax):0312－8909560
法人代表(Chairman):李春祥
产品(Products):卫生纸,餐巾纸,面巾纸
品牌(Brand):宝蝶

徐水县龙源纸业有限公司
Xushui Longyuan Paper Co., Ltd.
地址(Add):河北省徐水县遂城镇大庞村
邮编(P. C.):072557
电话(Tel):0312－8968999
传真(Fax):0312－8968969
法人代表(Chairman):赵振海
总经理(General Manager):赵岩
产品(Products):卫生纸
品牌(Brand):御猫,小叶,龙源,双洁,双柔,孙悟空

徐水县前进纸业有限公司
Xushui Qianjin Paper Co., Ltd.
地址(Add):河北省徐水县遂城镇栗元庄
邮编(P. C.):072557
电话(Tel):0312－8903975
传真(Fax):0312－8903975
法人代表(Chairman):刘建军
总经理(General Manager):刘建军
产品(Products):卫生纸
品牌(Brand):棉竹,奇特

徐水县康达纸业有限公司
Xushui Kangda Paper Co., Ltd.
地址(Add):河北省徐水县遂城镇张华村
邮编(P. C.):072550
电话(Tel):0312－8903909
法人代表(Chairman):王金起
产品(Products):卫生纸
品牌(Brand):棉桃

徐水县康泰纸业有限公司
Xushui Kangtai Paper Mill
地址(Add):河北省徐水县遂城镇张华村
邮编(P. C.):072550
电话(Tel):0312－8903981
传真(Fax):0312－8903981
法人代表(Chairman):张文生
产品(Products):卫生纸
品牌(Brand):康泰

河北省徐水县红星纸业有限公司
Hebei Xushui Hongxing Paper Co., Ltd.
地址(Add):河北省徐水县徐安公路10公里处
邮编(P. C.):072550
电话(Tel):0312－8792137
传真(Fax):0312－8781137
E-mail:hongxing@hx－paper.com
Http://www.hx－paper.com
法人代表(Chairman):刘国战
联系人(Contact Person):靳克林
产品(Products):卫生纸,餐巾纸,面巾纸
品牌(Brand):紫雅

张家口市华鑫纸业有限公司
Zhangjiakou Huaxin Paper Co., Ltd.
地址(Add):河北省张家口市桥东区机场路
邮编(P. C.):075000
电话(Tel):0313－4085359
法人代表(Chairman):邢云
总经理(General Manager):邢云
产品(Products):卫生纸
品牌(Brand):爱莉达

◆ 山西 Shanxi

山西晋佳纸业有限公司
Shanxi Jinjia Paper Co., Ltd.
地址(Add):山西省洪洞县城南坂街01号
邮编(P. C.):041600
电话(Tel):0357－6213111
传真(Fax):0357－3213168
总经理(General Manager):弯晓升
产品(Products):卫生纸,妇女卫生巾,面巾纸,餐巾纸
品牌(Brand):晋芳,晋佳

山西晋芳纸业有限公司
Shanxi Jinfang Paper Co., Ltd.
地址(Add):山西省洪洞县城南坂街1号
邮编(P. C.):041600
电话(Tel):0357－6210888
传真(Fax):0357－6212333
法人代表(Chairman):武洪胜
联系人(Contact Person):吴明元
产品(Products):卫生纸
品牌(Brand):晋芳

山西临汾晋天然卫生用品有限公司
Shanxi Jintianran Hygiene Articles Co., Ltd.
地址(Add):山西省临汾市尧都区屯里镇梁村开发区
邮编(P. C.):041000
电话(Tel):0357－3080513

传真(Fax):0357－3080897
法人代表(Chairman):郭晋明
联系人(Contact Person):王纪坤
产品(Products):餐巾纸,卫生纸,湿巾,一次性床单,台布等
品牌(Brand):晋天然,净天然

山西力达纸业有限公司
Shanxi Lida Paper Co., Ltd.
地址(Add):山西省临猗县
邮编(P. C.):044100
电话(Tel):0359－4068499
传真(Fax):0359－4068499
法人代表(Chairman):杜四九
产品(Products):卫生纸
品牌(Brand):益宝

山西五羊生活用纸厂
Shanxi Wuyang Household Paper Factory
地址(Add):山西省太原市农科北路64号小杂粮研究中心院内
邮编(P. C.):030031
电话(Tel):0351－7132843
传真(Fax):0351－7132843
联系人(Contact Person):付东生
产品(Products):餐巾纸

山西康洁纸业有限公司
Shanxi Kangjie Paper Co., Ltd.
地址(Add):山西省太原市桃园二巷C中小企业局4楼清洁生产中心
邮编(P. C.):030002
电话(Tel):0351－4226048
传真(Fax):0351－4226048
法人代表(Chairman):陈玉川
产品(Products):卫生卷纸
品牌(Brand):康洁

忻州市瑞隆纸业有限公司
Xinzhou Ruilong Paper Co., Ltd.
地址(Add):山西省忻州市董村镇工业区
邮编(P. C.):034017
电话(Tel):0350－2660130
联系人(Contact Person):张建国
产品(Products):卫生纸

新绛县汾河造纸厂
Xinjiang Fenhe Paper Mill
地址(Add):山西省新绛县中村北
邮编(P. C.):043100
电话(Tel):0359－7623123
传真(Fax):0359－7623130
联系人(Contact Person):杨树勇
产品(Products):卫生纸

山西省榆次市科迪尔造纸有限公司
Shanxi Yuci Kedier Paper Co., Ltd.
地址(Add):山西省榆次市东胶源涡
邮编(P. C.):030600
电话(Tel):0354－2081347
传真(Fax):0354－2083339
法人代表(Chairman):安练平
总经理(General Manager):安练平
联系人(Contact Person):温晓明
产品(Products):卫生纸
品牌(Brand):跃兔

◆ 内蒙古 Inner Mongolia

包头市瑞德果园纸制品有限责任公司
Baotou Ruide Guoyuan Paper Products Co., Ltd.
地址(Add):内蒙古包头市郊区沙河镇果园西侧
邮编(P. C.):014060
电话(Tel):0472－7148506
法人代表(Chairman):安光
产品(Products):卫生纸
品牌(Brand):果园

内蒙古根河市造纸厂
Inner Mongolia Genhe Paper Mill
地址(Add):内蒙古根河市河西街道办事处
邮编(P. C.):022350
电话(Tel):0470－5283588
传真(Fax):0470－2258867
总经理(General Manager):高来升
产品(Products):卫生纸

呼和浩特市南郊造纸厂
Huhehaote Nanjiao Paper Mill
地址(Add):内蒙古呼和浩特市锡林南路南端
邮编(P. C.):010020
电话(Tel):0471－5972065
传真(Fax):0471－5972065
法人代表(Chairman):颜斌
产品(Products):卫生纸
品牌(Brand):688

利顺纸巾厂
Lishun Napkin Factory
地址(Add):内蒙古呼市新城区府兴营
邮编(P. C.):010051
电话(Tel):0471－6868767
联系人(Contact Person):马云龙
产品(Products):餐巾纸,湿巾
品牌(Brand):利顺

内蒙古塞外星华章纸业股份有限公司
Inner Mongolia Saiwaixing Huazhang Paper Co., Ltd.
地址(Add):内蒙古乌拉特前旗西山咀镇
邮编(P. C.):014400
电话(Tel):0478－3211917
传真(Fax):0478－3215178
法人代表(Chairman):陈耀福
联系人(Contact Person):张万荣
产品(Products):卫生纸,漂白苇浆,漂白草浆
品牌(Brand):塞外星

◆ 辽宁 Liaoning

鞍山德洁卫生用品有限公司
Anshan Dejie Hygiene Products Co., Ltd.
地址(Add):辽宁省鞍山市经济技术开发区永宁街3号

邮编(P. C.):114014
电话(Tel):0412 – 8210133
传真(Fax):0412 – 8228520
E-mail:wxy6370@ hotmail. com
联系人(Contact Person):刘吉连
产品(Products):面巾纸,手帕纸,餐巾纸

鞍山市佳宝纸业有限公司
Anshan Jiabao Paper Co., Ltd.
地址(Add):辽宁省鞍山市千山区泉东一街8号
邮编(P. C.):114048
电话(Tel):0412 – 2414861
传真(Fax):0412 – 6965899
E-mail:asjb@ 163. com
总经理(General Manager):刘刚
产品(Products):卫生纸,妇女卫生巾,婴儿纸尿片
品牌(Brand):佳韵,罗丝梦,宝欣安

朝阳市阳光纸业有限公司
Chaoyang Sunlight Paper Co., Ltd.
地址(Add):辽宁省朝阳市长江路五段82号
邮编(P. C.):122000
电话(Tel):0421 – 3811818
传真(Fax):0421 – 3819555
E-mail:sunshine – paper@ hotmail. com
Http://www. sunshine – paper. com
法人代表(Chairman):曹子胜
总经理(General Manager):曹子胜
联系人(Contact Person):邓进军
产品(Products):卫生纸,餐巾纸,面巾纸
品牌(Brand):可馨,兰叶,快乐鱼,百芳

大连通产纸业有限公司
Dalian Tongchan Paper Co., Ltd.
地址(Add):辽宁省大连市甘井子区红旗镇岔鞍村
邮编(P. C.):116013
电话(Tel):0411 – 87089659
传真(Fax):0411 – 84280084
联系人(Contact Person):张黎
产品(Products):马桶圈纸
品牌(Brand):三好

大连松源生活用品有限公司
Dalian Songyuan Household Articles Co., Ltd.
地址(Add):辽宁省大连市中山区朝阳街53号花香维也纳1 – 27 – 8
邮编(P. C.):116010
电话(Tel):0411 – 87719205
传真(Fax):0411 – 82738243
法人代表(Chairman):于丹
联系人(Contact Person):耿子雯
产品(Products):纸杯,纸桌布,杯垫纸,手帕纸,餐巾纸

营口东方纸制品有限责任公司
Yingkou Dongfang Paper Products Co., Ltd.
地址(Add):辽宁省大石桥市沟沿镇
邮编(P. C.):115115
电话(Tel):0417 – 5110292
传真(Fax):0417 – 5110291
联系人(Contact Person):慕宝新
产品(Products):卫生纸,妇女卫生巾

丹东铭晟纸业有限公司
Dandong Mingsheng Paper Co., Ltd.
地址(Add):辽宁省丹东市振兴区南金桥小区7号202室
邮编(P. C.):118000
电话(Tel):0415 – 4150215
传真(Fax):0415 – 4150215
总经理(General Manager):赵吉凤
产品(Products):卫生纸原纸,餐巾纸,面巾纸
品牌(Brand):凤馨

辽宁新巨浪造纸有限公司
Liaoning Xinjulang Paper Making Co., Ltd.
地址(Add):辽宁省丹东市振兴区人民路41号
邮编(P. C.):118002
电话(Tel):0415 – 3892278
传真(Fax):0415 – 3892222
E-mail:archinghh@ sina. com
法人代表(Chairman):王文良
总经理(General Manager):胡凤浩
联系人(Contact Person):王立平
产品(Products):卫生纸
品牌(Brand):小鸿雁

凤城思特雷斯纸业有限公司
Fengcheng Siteleisi Paper Co., Ltd.
地址(Add):辽宁省凤城市石桥路224号
邮编(P. C.):118100
电话(Tel):0415 – 8232116
传真(Fax):0415 – 8234472
法人代表(Chairman):刘洪文
产品(Products):卫生纸,马桶垫纸

丹东恒耀纸业有限公司
Dandong Hengyao Paper Co., Ltd.
地址(Add):辽宁省凤城市石桥路224号
邮编(P. C.):118100
电话(Tel):0415 – 8235487
传真(Fax):0415 – 8234996
法人代表(Chairman):于涛
产品(Products):卫生纸,马桶垫纸

凤城东风纸业有限公司
Fengcheng Dongfeng Paper Co., Ltd.
地址(Add):辽宁省凤城市振兴街5 – 8号
邮编(P. C.):118100
电话(Tel):0415 – 8125977
传真(Fax):0415 – 8660099
法人代表(Chairman):王东风
产品(Products):马桶垫纸

辽宁省抚顺市东洲区圣佳民用纸厂
Liaoning Fushun Shengjia Minyong Paper Mill
地址(Add):辽宁省抚顺市东洲区石富村
邮编(P. C.):113004
电话(Tel):0413 – 4113388
传真(Fax):0413 – 4113388
法人代表(Chairman):刘国强
产品(Products):卫生纸
品牌(Brand):大龙凤,小龙凤,圣佳

抚顺造纸有限公司

Fushun Paper Making Co., Ltd.
地址(Add):辽宁省抚顺市新抚区粮栈路2号
邮编(P. C.):113008
电话(Tel):0413-2622487
法人代表(Chairman):张孝信
联系人(Contact Person):张孝信
产品(Products):卫生纸,餐巾纸,妇女卫生巾
品牌(Brand):红灯,曼丝丽

抚顺市虹捷纸业有限公司
Fushun Hongjie Paper Co., Ltd.
地址(Add):辽宁省抚顺市新抚区西三街22号
邮编(P. C.):113000
电话(Tel):0413-2631330
联系人(Contact Person):刘岩
产品(Products):卫生纸,妇女卫生巾
品牌(Brand):小丫

锦州女儿河纸业有限责任公司
Jinzhou Nüerhe Paper Co., Ltd.
地址(Add):辽宁省锦州市太和区新兴里69号
邮编(P. C.):121005
电话(Tel):0416-5139211
传真(Fax):0416-2660620
E-mail:neh@ nehzy. com
Http://www. nehzy. com
法人代表(Chairman):刘延华
联系人(Contact Person):刘延民
产品(Products):卫生纸,原纸
品牌(Brand):女儿河,梦思妮

辽宁锦州安柔卫生巾厂
Liaoning Jinzhou Anrou Sanitary Napkins Factory
地址(Add):辽宁省锦州市中央北街四段82号
邮编(P. C.):121000
电话(Tel):0416-4116699
传真(Fax):0416-4116699
总经理(General Manager):高力军
产品(Products):妇女卫生巾,卫生护垫,湿巾,手帕纸
品牌(Brand):澳丝美

开原方方纸制品厂
Kaiyuan Fangfang Paper Products Factory
地址(Add):辽宁省开原市哈大路151号
邮编(P. C.):112300
电话(Tel):0410-3620297
联系人(Contact Person):郎岳
产品(Products):餐巾纸,卫生纸

辽宁庆阳化学工业集团公司纸制品厂
Liaoning Qingyang Chemical Industry Group Co. Paper Products Factory
地址(Add):辽宁省辽阳市15号信箱
邮编(P. C.):111002
电话(Tel):0419-3160824
传真(Fax):0419-3160516
法人代表(Chairman):卢正大
总经理(General Manager):卢正大
产品(Products):卫生纸

辽阳兴启纸业有限公司
Liaoyang Xingqi Paper Co., Ltd.
地址(Add):辽宁省辽阳市太子河区望水台道西庄
邮编(P. C.):111000
电话(Tel):0419-3306357
传真(Fax):0419-3301108
E-mail:xqzy@ xqzy. com
Http://www. xqzy. com
法人代表(Chairman):张桂荣
总经理(General Manager):李晓文
产品(Products):卫生纸,手帕纸,面巾纸
品牌(Brand):兴启,森柳

盛华纸制品厂
Shenghua Paper Products Factory
地址(Add):辽宁省辽阳市太子河区望水台街道西庄村
邮编(P. C.):111000
电话(Tel):0419-3306115
联系人(Contact Person):富娜
产品(Products):卫生纸,手帕纸,面巾纸

辽阳市太子河区永兴纸制品厂
Liaoyang Taizihe Yongxing Paper Products Factory
地址(Add):辽宁省辽阳市太子河区振兴路143号
邮编(P. C.):111004
电话(Tel):0419-3306975
总经理(General Manager):李义泉
产品(Products):盘纸,卫生纸

金城造纸集团金宝纸业有限责任公司
Jincheng Paper Group Jinbao Paper Co., Ltd.
地址(Add):辽宁省凌海市金城街
邮编(P. C.):121203
电话(Tel):0416-2733415
传真(Fax):0416-8288218
Http://www. jinbaopaper. com
法人代表(Chairman):高成军
总经理(General Manager):高成军
产品(Products):卫生纸,面巾纸,擦手纸
品牌(Brand):金城宝,金月亮

沈阳美商卫生保健用品有限公司
Shenyang Meishang Hygiene & Healthcare Articles Co., Ltd.
地址(Add):辽宁省沈阳市和平区长白街176号
邮编(P. C.):110166
电话(Tel):024-23731212
传真(Fax):024-23731313
E-mail:meishang9898@ tom. com
总经理(General Manager):吕威章
联系人(Contact Person):吕金强
产品(Products):妇女卫生巾,卫生护垫,卫生纸,成人纸尿裤,成人护理垫
品牌(Brand):雨柔,帮大人

沈阳宝洁纸业有限责任公司
Shenyang Baojie Paper Co., Ltd.
地址(Add):辽宁省沈阳市和平区南六马路85号1-22
邮编(P. C.):110001
电话(Tel):024-23703643-803
传真(Fax):024-23703643
联系人(Contact Person):盛桂琴

产品(Products):手帕纸,面巾纸,餐巾纸,卫生纸

沈阳市轻工机械有限公司
Shenyang Light Industry Machinery Co., Ltd.
地址(Add):辽宁省沈阳市浑南高新技术开发区高科路39号
邮编(P. C.):110179
电话(Tel):024 - 23786546
传真(Fax):024 - 23786551
E-mail:zznkevin@ yahoo. com. cn
法人代表(Chairman):李洪新
联系人(Contact Person):郁伟如
产品(Products):彩色印刷餐巾纸

沈阳市奇美卫生用品有限公司
Shenyang Qimei Hygienic Products Co., Ltd.
地址(Add):辽宁省沈阳市辽中南二路西段1-9信箱
邮编(P. C.):110200
电话(Tel):024 - 87826776
传真(Fax):024 - 87825959
法人代表(Chairman):武爽
总经理(General Manager):裴多怡
产品(Products):婴儿纸尿裤,隔尿巾,纸尿片,湿巾,纸手帕
品牌(Brand):俏儿乐

沈阳女儿河纸业有限公司
Shenyang Nüerhe Paper Co., Ltd.
地址(Add):辽宁省沈阳市于洪区鸭绿江街51-2号
邮编(P. C.):110032
电话(Tel):024 - 86600850
传真(Fax):024 - 86610557
联系人(Contact Person):齐福春
产品(Products):卫生纸,手帕纸,餐巾纸

铁岭市清河区港兴纸业有限公司
Tieling Qinghe Gangxing Paper Co., Ltd.
地址(Add):辽宁省铁岭市清河区红旗街
邮编(P. C.):112003
电话(Tel):0410 - 2184600
传真(Fax):0410 - 2181300
联系人(Contact Person):任柏吉
产品(Products):手帕纸,面巾纸,卫生纸,餐巾纸,湿巾
品牌(Brand):安妮宝贝,小可爱

俞信妇女卫生用品有限公司
Yuxin Women's Sanitary Articles Co., Ltd.
地址(Add):辽宁省铁岭市银州区汇工街148号(纸袋厂院内)
邮编(P. C.):112001
电话(Tel):0410 - 4570987
传真(Fax):0410 - 4570681
法人代表(Chairman):李钟德
总经理(General Manager):肖宏波
产品(Products):妇女卫生巾,卫生护垫,卫生纸
品牌(Brand):俞信,宝舒怡

营口造纸厂
Yingkou Paper Mill
地址(Add):辽宁省营口市河湾北街1号
邮编(P. C.):115001
电话(Tel):0417 - 3632717
传真(Fax):0417 - 3631195
E-mail:lnyzbgs@ lnykzz. com
总经理(General Manager):赵国庆
产品(Products):卫生纸

◆ 吉林 Jilin

白城市洁雅纸业有限责任公司
Baicheng Jieya Paper Co., Ltd.
地址(Add):吉林省白城市洮安西路24-6号(瑞光商贸城C座)
邮编(P. C.):137000
电话(Tel):0436 - 5088555
传真(Fax):0436 - 3344568
联系人(Contact Person):郑爱民
产品(Products):卫生纸

康亿纸制品加工厂
Kangyi Paper Products Factory
地址(Add):吉林省长春市二道区长青村工业园
邮编(P. C.):130021
电话(Tel):0431 - 7781983
传真(Fax):0431 - 5649501
E-mail:kangyishiye@ 163. net
总经理(General Manager):石峰
产品(Products):擦手纸,面巾纸,马桶垫纸

长春市靓逸纸业有限公司
Changchun Liangyi Paper Co., Ltd.
地址(Add):吉林省长春市南环城路3号
邮编(P. C.):130012
电话(Tel):0431 - 5517891
传真(Fax):0431 - 5516448
法人代表(Chairman):张淑丽
总经理(General Manager):高源
产品(Products):餐巾纸,面巾纸,纸杯
品牌(Brand):靓逸

延边驰承纸业有限公司
Yanbian Chicheng Paper Co., Ltd.
地址(Add):吉林省龙井市开山屯镇
邮编(P. C.):133417
电话(Tel):0433 - 3419888
传真(Fax):0433 - 3413218
法人代表(Chairman):李善武
总经理(General Manager):李善武
产品(Products):卫生纸
品牌(Brand):无穷花,CKR

龙井市老头沟造纸厂
Longjing Laotougou Paper Mill
地址(Add):吉林省龙井市老头沟镇二中内
邮编(P. C.):134403
电话(Tel):0433 - 3512387
传真(Fax):0433 - 3512387
法人代表(Chairman):金锡振
联系人(Contact Person):金龙哲
产品(Products):卫生纸,餐巾纸
品牌(Brand):宝山,金达莱

延边韩吉制纸有限公司
Yanbian Hanji Paper Making Co., Ltd.
地址(Add):吉林省图们市图珲路224号
邮编(P.C.):133100
电话(Tel):0433-3625427
传真(Fax):0433-3625427
总经理(General Manager):崔锡镐
产品(Products):卫生纸,面巾纸,餐巾纸
品牌(Brand):参花

延吉市华泰造纸厂
Yanji Huatai Paper Mill
地址(Add):吉林省延吉市河南街818号
邮编(P.C.):133001
电话(Tel):0433-2821907
传真(Fax):0433-2821904
法人代表(Chairman):鲍延君
产品(Products):卫生纸
品牌(Brand):华泰

◆ 黑龙江 Heilongjiang

阿城市鸿桥造纸厂
Acheng Hongqiao Paper Mill
地址(Add):黑龙江省阿城市西城工业区
邮编(P.C.):150300
电话(Tel):0451-57874732
传真(Fax):0451-57874732
总经理(General Manager):王洪光
产品(Products):面巾纸,卫生纸
品牌(Brand):鸿桥,松浪

黑龙江新华卫生专用造纸有限公司
Heilongjiang Xinhua Hygiene & Specialty Paper Co., Ltd.
地址(Add):黑龙江省阿城市新华二路
邮编(P.C.):150300
电话(Tel):0451-53761432
传真(Fax):0451-53722503
法人代表(Chairman):鲁文志
联系人(Contact Person):鲁凤英
产品(Products):卫生纸,面巾纸
品牌(Brand):瑞洁

哈尔滨金北方旅游用品有限公司
Harbin Jinbeifang Tourism Articles Co., Ltd.
地址(Add):黑龙江省哈尔滨市道里区群力工业园区
邮编(P.C.):150000
电话(Tel):0451-87610488
传真(Fax):0451-87610488
总经理(General Manager):刘平
产品(Products):面巾纸,卫生纸,擦手纸,湿巾

千贺纸业有限公司
Qianhe Paper Co., Ltd.
地址(Add):黑龙江省哈尔滨市道外区保障华庭小区13栋6门
邮编(P.C.):150020
电话(Tel):0451-88921310
传真(Fax):0451-88921320
联系人(Contact Person):于杰
产品(Products):妇女卫生巾,生活用纸
品牌(Brand):越新,洁菲,星期六,洁伦

哈尔滨市欧蒂丝卫生用品厂
Harbin Oudisi Hygiene Products Factory
地址(Add):黑龙江省哈尔滨市南岗开发区黄河路信恒现代城馨园A9
邮编(P.C.):150056
电话(Tel):0451-82426677
传真(Fax):0451-82425577
法人代表(Chairman):李光辉
产品(Products):妇女卫生巾,纸巾纸,手帕纸
品牌(Brand):欧蒂丝,啦啦队,纯奇,巧洁

哈尔滨奇丹纸业有限公司
Harbin Kingdom Household Paper Co., Ltd.
地址(Add):黑龙江省哈尔滨市南岗区长江路380号14层1号
邮编(P.C.):150090
电话(Tel):0451-82403972
传真(Fax):0451-82403974
E-mail:2403366@163.com
法人代表(Chairman):陈洪宝
总经理(General Manager):王阳
联系人(Contact Person):梁威
产品(Products):面巾纸,餐巾纸,卫生卷纸
品牌(Brand):奇丹

黑龙江省穆棱市德丰纸业有限公司
Heilongjiang Muling Defeng Paper Co., Ltd.
地址(Add):黑龙江省穆棱市磨刀石开发区
邮编(P.C.):157000
电话(Tel):0453-3078237
传真(Fax):0453-3078237
法人代表(Chairman):姜全德
联系人(Contact Person):姜维
产品(Products):卫生纸

临江造纸厂
Linjiang Paper Mill
地址(Add):黑龙江省七台河市新兴区北山街
邮编(P.C.):154600
电话(Tel):0454-8332331
总经理(General Manager):姜维轩
产品(Products):卫生纸

岩云纸业公司
Yanyun Paper Co.
地址(Add):黑龙江省齐齐哈尔市文化大街7号楼
邮编(P.C.):161006
电话(Tel):0452-8548236
法人代表(Chairman):王岩
产品(Products):卫生纸,妇女卫生巾
品牌(Brand):溢恒

铁力市金龙纸业有限责任公司
Tieli Jinlong Paper Co., Ltd.
地址(Add):黑龙江省铁力市桃山镇工业区
邮编(P.C.):152500
电话(Tel):0458-2487031
联系人(Contact Person):刘永铭
产品(Products):卫生纸

黑龙江通达环保设备有限公司
Heilongjiang Tongda Environmental Protection Equipment Co., Ltd.
地址(Add):黑龙江省望奎县城西3公里处路南
邮编(P. C.):152100
电话(Tel):0455-6485399
传真(Fax):0455-6485399
法人代表(Chairman):张维军
产品(Products):卫生纸

◆ 上海 Shanghai

上海海拉斯实业有限公司
Shanghai Hailasi Industrial Co., Ltd.
地址(Add):上海市宝山区罗泾镇潘川路101号
邮编(P. C.):201000
电话(Tel):021-56874660
传真(Fax):021-56874670
E-mail:webmaster@shhls.com
Http://www.shhls.com
产品(Products):纸巾纸
品牌(Brand):海拉斯

潜利工业有限公司
Qianli Industry Co.
地址(Add):上海市宝山月浦镇云天路东
邮编(P. C.):200942
电话(Tel):021-66030186
传真(Fax):021-56154976
E-mail:fxue@potentialpaper.com
联系人(Contact Person):薛峰
产品(Products):卫生纸

上海天华科技有限公司上海夕阳红纸制品厂
Shanghai Xiyanghong Paper Products Factory
地址(Add):上海市奉贤区南桥古华新村327-501室
邮编(P. C.):201400
电话(Tel):021-57429901
传真(Fax):021-67190445
联系人(Contact Person):仲夏
产品(Products):卫生纸

上海爱妮梦纸业有限公司
Shanghai Anemone Paper Co., Ltd.
地址(Add):上海市沪闵路3158号(瓶北路130号)
邮编(P. C.):201109
电话(Tel):021-64909090
传真(Fax):021-54570005
E-mail:hcf@ainimeng.com
Http://www.ainimeng.com
法人代表(Chairman):胡宣化
总经理(General Manager):胡朝福
联系人(Contact Person):胡朝福
产品(Products):面巾纸,餐巾纸,卫生纸,湿巾,擦镜纸
品牌(Brand):爱妮梦,舒芙,白霞

上海来福保健卫生制品有限公司
Shanghai Laifu Hygiene Products Co., Ltd.
地址(Add):上海市沪青平公路卫家角诸光路1号
邮编(P. C.):201702
电话(Tel):021-64029111
传真(Fax):021-64200652
总经理(General Manager):王国强
产品(Products):卫生卷纸,餐巾纸,面巾纸
品牌(Brand):贵妃

洁特纸业(上海)有限公司
Janet Paper Enterprises(Shanghai)Co., Ltd.
地址(Add):上海市嘉定区嘉唐公路220号
邮编(P. C.):201800
电话(Tel):021-69992792
传真(Fax):021-69992792
E-mail:janetzy@citiz.net
法人代表(Chairman):傅特
产品(Products):抹布纸,宾馆餐厅专用纸
品牌(Brand):洁特

上海爱乐纸业有限公司
Shanghai Aile Paper Co., Ltd.
地址(Add):上海市嘉定区娄塘镇娄西
邮编(P. C.):201807
电话(Tel):021-59546607
传真(Fax):021-59546607
总经理(General Manager):梁照云
产品(Products):卫生纸,面巾纸
品牌(Brand):爱乐

上海跨特贸易有限公司
Shanghai Kuate Trade Co., Ltd.
地址(Add):上海市晋元路237号2楼B3
邮编(P. C.):200070
电话(Tel):021-63174755
传真(Fax):021-63170092
法人代表(Chairman):张国贵
产品(Products):餐巾纸,面巾纸,卫生纸

上海白猫有限公司
Shanghai Whitecat Co., Ltd.
地址(Add):上海市龙吴路1800号
邮编(P. C.):200231
电话(Tel):021-54098000-3542
传真(Fax):021-54083933
E-mail:chenwh@sh163b.sta.net.cn
Http://www.whitecat.com
联系人(Contact Person):程伟红
产品(Products):卫生纸,面巾纸
品牌(Brand):佳美

上海乐采卫生用品有限公司
Shanghai Lecai Hygiene Products Co., Ltd.
地址(Add):上海市卢湾区达浦路1号金玉兰广场西楼1509室
邮编(P. C.):200023
电话(Tel):021-64739913
传真(Fax):021-64733485
总经理(General Manager):赖玉平
产品(Products):卫生纸,擦手纸

上海郡之杰商贸有限公司
Shanghai Junzhijie Trade Co., Ltd.
地址(Add):上海市陆家浜路521弄7号601
邮编(P. C.):200011

电话(Tel):021 - 63665283
传真(Fax):021 - 63686259
E-mail:judge - good@ tom. com
联系人(Contact Person):骆君敏
产品(Products):餐巾纸

若云纸业(上海)有限公司
Ruoyun Paper (Shanghai) Co., Ltd.
地址(Add):上海市浦东新区东川公路星升路189号
邮编(P. C.):201201
电话(Tel):021 - 68900545
传真(Fax):021 - 68907191
联系人(Contact Person):杨建南
产品(Products):卫生纸
品牌(Brand):若云,爱迪梦,雅云

上海玉洁纸业有限公司
Shanghai Yujie Paper Co., Ltd.
地址(Add):上海市浦东新区东方路1800弄48号202室
邮编(P. C.):200127
电话(Tel):021 - 68737491
传真(Fax):021 - 68737449
总经理(General Manager):贾玉秋
联系人(Contact Person):贾敏
产品(Products):卫生纸,面巾纸,擦手纸
品牌(Brand):玉洁

上海越力酒店用品经销部
Shanghai Yueli Hotel Commodities Distributor
地址(Add):上海市浦东新区峨山路611号
邮编(P. C.):200127
电话(Tel):021 - 58815799
传真(Fax):021 - 58815799
法人代表(Chairman):张润勤
联系人(Contact Person):张润勤
产品(Products):餐巾纸,卫生卷纸
品牌(Brand):越力,西而曼

上海东冠华洁纸业有限公司
Shanghai Orient Champion Paper Co., Ltd.
地址(Add):上海市浦东新区斯米克工业园民夏路158号
邮编(P. C.):201209
电话(Tel):021 - 58636606 - 3168
传真(Fax):021 - 58639315
法人代表(Chairman):李慈雄
总经理(General Manager):孙海瑜
联系人:刘恒阳
产品(Products):卫生卷纸,面巾纸,餐巾纸
品牌(Brand):洁云,丝柔

上海东冠纸业有限公司
Shanghai Orient Champion Paper Co., Ltd.
地址(Add):上海市金山工业区林慧路1000号
邮编(P. C.):201505
电话(Tel):021 - 67232471 - 122
传真(Fax):021 - 67232472
法人代表(Chairman):李慈雄
总经理(General Manager):路至伟
联系人(Contact Person):俞伟军
产品(Products):卫生纸,面巾纸,餐巾纸,原纸
品牌(Brand):洁云,丝柔

上海金凤卫生用品厂
Shanghai Jinfeng Hygiene Products Plant
地址(Add):上海市浦东新区华夏中路650弄151号
邮编(P. C.):201203
电话(Tel):021 - 50200295
传真(Fax):021 - 58437192
联系人(Contact Person):李志琴
产品(Products):餐巾纸,面巾纸,擦手纸,卫生卷纸

上海宝盈纸制品有限公司
Shanghai Baoying Paper Products Co., Ltd.
地址(Add):上海市浦东新区机场镇森林村5组金家宅14号
邮编(P. C.):201202
电话(Tel):021 - 58933103
传真(Fax):021 - 58933103
总经理(General Manager):金根法
产品(Products):餐巾纸,面巾纸,擦手纸

上海雪蕾纸业有限公司
Shanghai Xuelei Paper Co., Ltd.
地址(Add):上海市浦东新区唐陆公路3879号
邮编(P. C.):201203
电话(Tel):021 - 58963709
传真(Fax):021 - 58963418
法人代表(Chairman):徐诚
产品(Products):卫生纸,餐巾纸
品牌(Brand):雪蕾

上海唯爱纸业有限公司
Shanghai Weiai Paper Co., Ltd.
地址(Add):上海市浦东新区耀华路661号
邮编(P. C.):200126
电话(Tel):021 - 50874481
传真(Fax):021 - 50874485
E-mail:weiaizhy@ citz. net
Http://www. shevery. com. cn
法人代表(Chairman):程学保
联系人(Contact Person):沈治文
产品(Products):湿巾,卫生纸,纸尿片,隔尿巾
品牌(Brand):爱唯

上海芬雅纸品发展有限公司
Shanghai Fenya Paper Products Development Co., Ltd.
地址(Add):上海市普陀区长寿路181弄2号楼2607室
邮编(P. C.):200060
电话(Tel):021 - 62666290
传真(Fax):021 - 62998227
法人代表(Chairman):陈秋玲
联系人(Contact Person):黄贤伟
产品(Products):面巾纸,纸巾纸,餐巾纸,卫生纸,纸杯,湿巾

睦美卫生用品(上海)有限公司
Mumei Hygienic Articles (Shanghai) Co.,Ltd.
地址(Add):上海市青浦区华新镇马阳村纪鹤公路八号桥西首3855号
邮编(P. C.):201700
电话(Tel):021 - 59798393
传真(Fax):021 - 59798397
联系人(Contact Person):吴玮芳

产品(Products):纸杯,餐巾纸

上海恒晟卫生用品有限公司
Shanghai Hengsheng Hygiene Articles Co., Ltd.
地址(Add):上海市松江区高科技园昆港路999号
邮编(P. C.):201614
电话(Tel):021-57855399
传真(Fax):021-57855266
总经理(General Manager):肖祖庆
产品(Products):纸尿裤,纸尿片,湿巾,生活用纸
品牌(Brand):舒贝

上海双惠纸品公司
Shanghai Shuanghui Paper Products Co.
地址(Add):上海市松江区华阳桥
邮编(P. C.):201611
电话(Tel):021-57774197
传真(Fax):021-57774006
法人代表(Chairman):张锡亭
产品(Products):卫生纸,餐巾纸,面巾纸
品牌(Brand):双鹅

上海金佰利纸业有限公司
Kimberly-Clark Paper (Shanghai) Co., Ltd.
地址(Add):上海市松江区金沙滩139号
邮编(P. C.):201600
电话(Tel):021-57822671
传真(Fax):021-57820386
法人代表(Chairman):邵青锋
总经理(General Manager):吴乃方
联系人(Contact Person):查炜琛
产品(Products):卫生纸,面巾纸,餐巾纸,手帕纸
品牌(Brand):Kleenex 舒洁

上海东宝永联纸业有限公司
Shanghai Dongbao Yonglian Paper Co., Ltd.
地址(Add):上海市肇嘉浜路393号兴南花园怡苑6楼D座
邮编(P. C.):200032
电话(Tel):021-64167147
传真(Fax):021-64162551
E-mail:webmaster@shdbyl.com
Http://www.shdbyl.com
法人代表(Chairman):季世杰
总经理(General Manager):陈勇菊
联系人(Contact Person):殷建平
产品(Products):餐巾纸,面巾纸,手帕纸,卫生纸
品牌(Brand):可丽娜,合家欢,东宝,卡通

◆ 江苏 Jiangsu

隆邦股份有限公司五洲纸业有限公司
Longbang Co., Ltd. Wuzhou Paper Co., Ltd.
地址(Add):江苏省常熟市碧溪镇
邮编(P. C.):215513
电话(Tel):0512-52691088
传真(Fax):0512-52691638
法人代表(Chairman):张简俊彦
产品(Products):卫生卷纸,餐巾纸,面巾纸
品牌(Brand):洁安丽

苏州市半边天创美纸业有限公司
Suzhou Banbiantian Chuangmei Paper Co., Ltd.
地址(Add):江苏省常熟市工业园区
邮编(P. C.):215531
电话(Tel):0512-52554909
传真(Fax):0512-52554909
法人代表(Chairman):李素芳
联系人(Contact Person):蔡红英
产品(Products):卫生纸,妇女卫生巾
品牌(Brand):可芳,舒周

常州市武进亚星卫生用品有限公司
Changzhou Wujin Yaxing Hygiene Articles Co., Ltd.
地址(Add):江苏省常州市武进区礼嘉镇王言桥
邮编(P. C.):213176
电话(Tel):0519-6232358
联系人(Contact Person):陈利松
产品(Products):妇女卫生巾,卫生护垫,婴儿纸尿裤,成人纸尿裤,生活用纸,宠物垫,失禁垫
品牌(Brand):女士欢

常州市华帅旅游用品有限公司
Changzhou Huashuai Tourism Articles Co., Ltd.
地址(Add):江苏省常州市新闸新冶路17号
邮编(P. C.):213012
电话(Tel):0519-3260223
传真(Fax):0519-3260223
联系人(Contact Person):孟桂昌
产品(Products):餐巾纸,面巾纸,手帕纸,擦手纸,卫生纸
品牌(Brand):华帅

恒志纸品厂
Hengzhi Paper Products Factory
地址(Add):江苏省赣榆县金山镇后远庄
邮编(P. C.):222115
电话(Tel):0518-6731957
法人代表(Chairman):朱壮志
产品(Products):卫生纸,餐巾纸
品牌(Brand):家合万事兴,春夏秋冬

江阴市凯特隆纸业有限公司
Jiangyin Kaitelong Paper Co., Ltd.
地址(Add):江苏省江阴市华士镇陆北村
邮编(P. C.):214425
电话(Tel):0510-6971650
传真(Fax):0510-6371509
E-mail:kaitelong@hotmail.com
法人代表(Chairman):朱敏
联系人(Contact Person):宋丽娜
产品(Products):餐巾纸,面巾纸,卫生纸,手帕纸
品牌(Brand):凯隆

江阴市金亚纸业有限公司
Jiangyin Jinya Paper Co., Ltd.
地址(Add):江苏省江阴市璜土镇迎宾西路56#
邮编(P. C.):214445
电话(Tel):0510-6053079
传真(Fax):0510-6053079
联系人(Contact Person):张胜强
产品(Products):卫生纸,手帕纸

姜堰市伊明卫生用品厂
Jiangyan Yiming Hygiene Products Plant
地址(Add):江苏省姜堰市苏陈镇凌窦村
邮编(P. C.):225300
电话(Tel):0523 - 6081294
传真(Fax):0523 - 6081200
总经理(General Manager):殷宝魁
产品(Products):卫生纸,面巾纸,湿巾
品牌(Brand):伊明

江苏金莲纸业有限公司
Jiangsu Jinlian Paper Co., Ltd.
地址(Add):江苏省金湖县建设东路89号
邮编(P. C.):211600
电话(Tel):0517 - 6882961
传真(Fax):0517 - 6882875
E-mail:jhzzc@ pub. hy. jsinfo. net
Http://www. jlian. com. cn
法人代表(Chairman):吴永泉
总经理(General Manager):吴永泉
联系人(Contact Person):华建秋
产品(Products):卫生卷纸
品牌(Brand):金莲

永丰余家品(昆山)有限公司
Yuen Foong Yu Family Care (Kunshan) Co., Ltd.
地址(Add):江苏省昆山市玉山镇永丰余路
邮编(P. C.):215316
电话(Tel):0512 - 57792888
传真(Fax):0512 - 57792168
Http://www. yfy. com. cn
法人代表(Chairman):钟弘治
总经理(General Manager):张学坚
产品(Products):卫生纸原纸,卫生卷纸,餐巾纸,面巾纸,吸水纸,湿巾
品牌(Brand):五月花,芙蓉

江苏连云港市面对面纸品厂
Jiangsu Lianyungang Mianduimian Paper Products Factory
地址(Add):江苏省连云港市宁海开发区
邮编(P. C.):222243
电话(Tel):0518 - 8402488
总经理(General Manager):葛秀才
产品(Products):餐巾纸,卫生纸,面巾纸

连云港金镶玉纸业有限公司
Lianyungang Jinxiangyu Paper Co., Ltd.
地址(Add):江苏省连云港市新浦区新火车站西路2号
邮编(P. C.):222003
电话(Tel):0518 - 5451384
传真(Fax):0518 - 5457688
E-mail:jxy@ lygjm. com
Http://www. lygjxy. com
法人代表(Chairman):许其京
联系人(Contact Person):顾海宁
产品(Products):卫生纸,餐巾纸,纸杯,纸餐具,淋膜纸
品牌(Brand):金镶玉,天鹅

山东潍坊恒信纸业集团总公司南京生活用纸厂
Shandong Weifang Hengxin Paper Group Nanjing Household Paper Mill
地址(Add):江苏省南京市大校场路16号
邮编(P. C.):210007
电话(Tel):025 - 52622572
传真(Fax):025 - 52614632
Http://www. lancelhp. com
总经理(General Manager):张悦强
联系人(Contact Person):陈涛
产品(Products):卫生纸,餐巾纸

南京美人日用品有限公司
Nanjing Beauty Commodities Co., Ltd.
地址(Add):江苏省南京市溧水石湫开发区
邮编(P. C.):211222
电话(Tel):025 - 57272502
传真(Fax):025 - 57273737
联系人(Contact Person):严家富
产品(Products):妇女卫生巾,手帕纸,面巾纸
品牌(Brand):假日美人

溧水县文洁纸业制品厂
Lishui Wenjie Paper Products Factory
地址(Add):江苏省南京市溧水县东屏镇定湖村888号
邮编(P. C.):211212
电话(Tel):025 - 57490023
传真(Fax):025 - 57490023
联系人(Contact Person):徐实文
产品(Products):餐巾纸
品牌(Brand):雅洁

南京秦淮纸业有限公司
Nanjing Qinhuai Paper Co., Ltd.
地址(Add):江苏省南京市溧水县柘塘镇
邮编(P. C.):211215
电话(Tel):025 - 57240089
传真(Fax):025 - 57240045
法人代表(Chairman):邱三明
总经理(General Manager):周贵生
联系人(Contact Person):谢以静
产品(Products):卫生纸
品牌(Brand):秦淮

南京霞飞纸品有限公司
Nanjing Xiafei Paper Products Co., Ltd.
地址(Add):江苏省南京市宁丹路39号
邮编(P. C.):210012
电话(Tel):025 - 52895971
传真(Fax):025 - 52895497
联系人(Contact Person):刘飞
产品(Products):餐巾纸,卫生纸

南京宁轻纸业有限公司
Nanjing Ningqing Paper Co., Ltd.
地址(Add):江苏省南京市秦淮区胡家花园48号之2
邮编(P. C.):210006
电话(Tel):025 - 85271751
总经理(General Manager):李金龙
联系人(Contact Person):张翔
产品(Products):餐巾纸,离型纸,马桶垫纸

南京洁友纸业有限公司

Nanjing Jieyou Paper Co., Ltd.
地址(Add):江苏省南京市秦淮区雨花路97号
邮编(P. C.):210002
电话(Tel):025 – 83985222
传真(Fax):025 – 86212996
E-mail:zhangb218@ sina. com
联系人(Contact Person):张兵
产品(Products):卫生纸
品牌(Brand):玉兰

佳康纸业有限公司
Jiakang Paper Co., Ltd.
地址(Add):江苏省南京市下关哈尔滨路4号
邮编(P. C.):210011
电话(Tel):025 – 58877147
传真(Fax):025 – 58809717
联系人(Contact Person):黄心武
产品(Products):餐巾纸
品牌(Brand):凯舒

康洁纸业制品有限公司
Kangjie Paper Products Co., Ltd.
地址(Add):江苏省南京市雨花台区西善桥盛家港66号
电话(Tel):025 – 2808707
传真(Fax):025 – 2804663
联系人(Contact Person):戴义明
产品(Products):餐巾纸,卫生纸

南京宝庆纸业有限公司
Nanjing Baoqing Paper Co., Ltd.
地址(Add):江苏省南京市雨花西路97号
邮编(P. C.):210012
电话(Tel):025 – 52421993 – 87
传真(Fax):025 – 52421993 – 85
联系人(Contact Person):梁葆青
产品(Products):卫生纸,餐巾纸

如皋市泰福纸品加工厂
Rugao Taifu Paper Products Factory
地址(Add):江苏省南通市工业示范园区南雅路6号
邮编(P. C.):226578
电话(Tel):0513 – 7821317
联系人(Contact Person):卢坤霞
产品(Products):餐巾纸

南通炎华经贸有限公司
Nantong Yanhua Trade Co., Ltd.
地址(Add):江苏省南通市横河路24号
邮编(P. C.):226008
电话(Tel):0513 – 5802250
传真(Fax):0513 – 5180164
法人代表(Chairman):钱玮
总经理(General Manager):钱宏炎
产品(Products):卫生纸
品牌(Brand):丝娜格

正昌经济发展有限责任公司
Zhengchang Economy Development Co., Ltd.
地址(Add):江苏省南通市钟秀中路城北工业园
电话(Tel):0513 – 5186503
传真(Fax):0513 – 5189592
E-mail:ntzc@ ntzc. com
Http://www. ntzc. com
总经理(General Manager):钱洪昌
联系人(Contact Person):于瑞林
产品(Products):卫生纸,面巾纸,餐巾纸,手帕纸
品牌(Brand):吉祥鸟,洁云

徐州威龙纸业有限公司
Xuzhou Weilong Paper Co., Ltd.
地址(Add):江苏省沛县大屯镇工业园区西侧
邮编(P. C.):221611
电话(Tel):0516 – 4968779
传真(Fax):0516 – 4968579
总经理(General Manager):杨卫东
产品(Products):纸杯,纸餐盒,纸碟,纸巾纸,面巾纸,餐巾纸

胜达集团江苏双灯纸业有限公司
Shengda Group Jiangsu Sund Paper Co., Ltd.
地址(Add):江苏省射阳黄沙港镇双灯工业园
邮编(P. C.):224341
电话(Tel):0515 – 2263555
传真(Fax):0515 – 2263666
E-mail:sundsale@ chinasund. com
Http://www. chinasund. com
法人代表(Chairman):方林
总经理(General Manager):赵林
联系人(Contact Person):杨艳
产品(Products):卫生纸,餐巾纸,面巾纸,药物卫生纸,妇女卫生巾,卫生护垫
品牌(Brand):双灯,蓝雅,爽得,蓝欣

泗洪县康洁卫生用品有限公司
Sihong Kangjie Hygiene Articles Co., Ltd.
地址(Add):江苏省泗洪县双沟集团工业园区3#厂房
邮编(P. C.):223911
电话(Tel):0527 – 6717995
传真(Fax):0527 – 6717808
总经理(General Manager):徐飞
产品(Products):消毒湿巾,盒抽面巾纸

苏州工业园区丸美纸品有限公司
Suzhou Industrial Park Wanmei Paper Products Co.,Ltd.
地址(Add):江苏省苏州工业园区星港街63号嘉湖阁303室
邮编(P. C.):215021
电话(Tel):0512 – 62882169
传真(Fax):0512 – 62884077
联系人(Contact Person):沈宁
产品(Products):卫生纸,餐巾纸

金红叶纸业(苏州工业园区)有限公司
Gold Hongye Paper (Suzhou Industrial Park) Co., Ltd.
地址(Add):江苏省苏州市工业园区胜浦分区金胜路1号
邮编(P. C.):215126
电话(Tel):0512 – 62832952
传真(Fax):0512 – 62822101
E-mail:customer_service@ ghy. com. cn
Http://www. ghy. com. cn
法人代表(Chairman):黄志源
总经理(General Manager):罗聪良

联系人(Contact Person):王莉
产品(Products):卫生纸原纸,卫生卷纸,纸巾纸,湿巾,厨房纸巾,纸杯
品牌(Brand):唯洁雅,清风,真真

苏州市华丽纸制品厂
Suzhou Huali Paper Products Factory
地址(Add):江苏省苏州市新郭电视机三厂内
邮编(P. C.):215007
电话(Tel):0512-68116509
传真(Fax):0512-68116509
联系人(Contact Person):何忠根
产品(Products):餐巾纸
品牌(Brand):吉利雅

王子制纸妮飘(苏州)有限公司
Oji Paper Nepia (Suzhou) Co., Ltd.
地址(Add):江苏省苏州市新区金山路98号
邮编(P. C.):215129
电话(Tel):0512-68258526
传真(Fax):0512-68259395
E-mail:danny@nepia.com.cn
Http://www.nepia.com.cn
法人代表(Chairman):加村喜久男
总经理(General Manager):山下道弘
联系人(Contact Person):莫建新
产品(Products):卫生卷纸,面巾纸,手帕纸,擦手纸
品牌(Brand):妮飘,得宝

太仓佩博实业有限公司
Taicang Paper Industrial Co., Ltd.
地址(Add):江苏省太仓市璜泾镇永乐村
邮编(P. C.):215426
电话(Tel):0512-53817208
传真(Fax):0512-53817805
总经理(General Manager):邹浩明
产品(Products):卫生纸

康安卫生保健用品厂
Kangan Hygiene & Healthcare Articles Factory
地址(Add):江苏省通州市平潮镇
邮编(P. C.):226361
电话(Tel):0513-6715086
传真(Fax):0513-6715086
总经理(General Manager):徐智
产品(Products):妇女卫生巾,卫生纸,一次性床垫

江苏新大纸业有限公司
Jiangsu Xinda Paper Co., Ltd.
地址(Add):江苏省新沂市新华路4号
邮编(P. C.):221400
电话(Tel):0516-8923898
传真(Fax):0516-8924247
E-mail:xdzy@xindapaper.com
Http://www.xindapaper.com
联系人(Contact Person):路遥
产品(Products):卫生纸
品牌(Brand):五洲

新沂市五洲卫生纸厂
Xinyi Wuzhou Tissue Paper Mill
地址(Add):江苏省新沂市新华路4号
邮编(P. C.):221400
电话(Tel):0516-8924142
传真(Fax):0516-8924142
联系人(Contact Person):马广鹏
产品(Products):卫生纸

张家港市富乐纸制品厂
Zhangjiagang Fule Paper Products Plant
地址(Add):江苏省张家港市兆丰镇常风路常风村
邮编(P. C.):215622
电话(Tel):0512-58652539
传真(Fax):0512-58650807
法人代表(Chairman):黄静忠
产品(Products):餐巾纸

镇江金河纸业有限公司
Zhenjiang Gold River Pulp & Paper Co., Ltd.
地址(Add):江苏省镇江市谏壁镇越河街41号
邮编(P. C.):212006
电话(Tel):0511-3361375
传真(Fax):0511-3361362
E-mail:zjgrinfo@public.zj.js.cn
法人代表(Chairman):周建平
总经理(General Manager):周建平
联系人(Contact Person):谢辉
产品(Products):卫生纸,厨房多用纸
品牌(Brand):金芦

◆ 浙江 Zhejiang

中顺集团浙江安吉中顺孝丰纸业有限公司
Anji Zhongshun Xiaofeng Paper Co., Ltd.
地址(Add):浙江省安吉县孝丰镇老石坎
邮编(P. C.):313301
电话(Tel):0572-5620188
传真(Fax):0572-5500706
联系人(Contact Person):谢盛发
产品(Products):卫生纸,面巾纸,餐巾纸
品牌(Brand):C&S,洁柔,太阳

德清县天皇殿造纸厂
Deqing Tianhuangdian Paper Mill
地址(Add):浙江省德清县高桥镇天皇殿村
邮编(P. C.):313211
电话(Tel):0572-8213063
传真(Fax):0572-8213706
法人代表(Chairman):夏凤奎
产品(Products):卫生纸
品牌(Brand):卫生

昌达卫生用品厂
Changda Hygiene Products Factory
地址(Add):浙江省德清县武康镇顺达路218号
邮编(P. C.):313200
电话(Tel):0572-8286118
总经理(General Manager):郎鑫棠
产品(Products):餐巾纸,卫生纸

富阳前进日用纸厂
Fuyang Qianjin Paper Products for Daily Use Mill

地址(Add):浙江省富阳市大源镇
邮编(P. C.):311413
电话(Tel):0571 -63591045
传真(Fax):0571 -63596278
法人代表(Chairman):陆加富
产品(Products):卫生纸,餐巾纸
品牌(Brand):雪地,雪浪

富阳祥兴造纸厂
Fuyang Xiangxing Paper Mill
地址(Add):浙江省富阳市大源镇
邮编(P. C.):311413
电话(Tel):0571 -63591170
传真(Fax):0571 -63594533
法人代表(Chairman):杨坤琴
产品(Products):餐巾纸
品牌(Brand):贝贝,雪帕

富阳兰庄第一造纸厂
Fuyang Lanzhuang No. 1 Paper Mill
地址(Add):浙江省富阳市大源镇兰庄
邮编(P. C.):311414
电话(Tel):0571 -63543077
法人代表(Chairman):李定华
产品(Products):卫生纸
品牌(Brand):富博

富阳恒利造纸厂
Fuyang Hengli Paper Mill
地址(Add):浙江省富阳市富阳镇春联村
邮编(P. C.):311401
电话(Tel):0571 -63583252
传真(Fax):0571 -63587066
法人代表(Chairman):羊潮鑫
产品(Products):卫生纸
品牌(Brand):恒乐

杭州富阳大华造纸有限公司
Hangzhou Fuyang Dahua Paper Co., Ltd.
地址(Add):浙江省富阳市灵桥镇江丰村
邮编(P. C.):311418
电话(Tel):0571 -63555098
传真(Fax):0571 -63555688
法人代表(Chairman):张金荣
联系人(Contact Person):张文胜
产品(Products):卫生纸

富阳市庐山造纸厂
Fuyang Lushan Paper Mill
地址(Add):浙江省富阳市灵桥镇灵桥村
邮编(P. C.):311418
电话(Tel):0571 -63551077
传真(Fax):0571 -63551077
法人代表(Chairman):朱浩然
产品(Products):擦手纸

富阳市福光纸业有限公司
Fuyang Fuguang Paper Co., Ltd.
地址(Add):浙江省富阳市新澄镇湘主村
邮编(P. C.):311404
电话(Tel):0571 -63249033
传真(Fax):0571 -63245119
法人代表(Chairman):何慧莲
产品(Products):卫生纸,餐巾纸
品牌(Brand):鹏程

富阳市新登大贝造纸厂
Fuyang Xindeng Dabei Paper Mill
地址(Add):浙江省富阳市新登镇大贝村
邮编(P. C.):311404
电话(Tel):0571 -63207528
传真(Fax):0571 -63206708
总经理(General Manager):骆启林
产品(Products):餐巾纸,卫生纸

富阳月和造纸厂
Fuyang Yuehe Paper Mill
地址(Add):浙江省富阳市永昌镇永桥村
邮编(P. C.):311404
电话(Tel):0571 -63201012
法人代表(Chairman):吴关荣
产品(Products):卫生纸

海宁邦达纸业有限责任公司
Haining Bangda Paper Co., Ltd.
地址(Add):浙江省海宁市周王庙镇荆山村
邮编(P. C.):314408
电话(Tel):0573 -7933158
传真(Fax):0573 -7628181
E-mail:sales@ bangda. com. cn
Http://www. bangda. com. cn
法人代表(Chairman):沈小初
联系人(Contact Person):毛建良
产品(Products):纸巾纸,盘纸,餐巾纸,手帕纸

杭州江干区乐宏纸业
Hangzhou Jianggan Lehong Paper Co.
地址(Add):浙江省杭州市江干区兴隆二区 62 号
邮编(P. C.):310021
电话(Tel):0571 -86492383
传真(Fax):0571 -86017596
法人代表(Chairman):林圣义
联系人(Contact Person):阮先灵
产品(Products):手帕纸,卫生纸,面巾纸

杭州德信纸业有限公司
Hangzhou Dexin Paper Co., Ltd.
地址(Add):浙江省杭州市余杭区临平保健路 59 号
邮编(P. C.):311100
电话(Tel):0571 -89113685
传真(Fax):0571 -89160107
联系人(Contact Person):陈文祥
产品(Products):卫生纸,面巾纸,餐巾纸,厨房用纸,擦手纸,手帕纸

杭州中申卫生用品有限公司
Hangzhou zhongshen Hygiene Articles Co., Ltd.
地址(Add):浙江省杭州市千岛湖(鼓山)经济开发区涌金路
邮编(P. C):311700
电话(Tel):0571 -64888181
传真(Fax):0571 -64888300

法人代表(Chairman):陈志明
总经理(General Manager):严智萍
产品(Products):妇女卫生巾,卫生护垫,面巾纸
品牌(Brand):雅点

嘉善永泉纸业有限公司
Jiashan Yongquan Paper Co., Ltd.
地址(Add):浙江省嘉善县魏塘镇凤桐南暑
邮编(P. C.):314100
电话(Tel):0573－4161945
传真(Fax):0573－4161522
法人代表(Chairman):洪清泉
总经理(General Manager):季世杰
产品(Products):卫生纸,盘纸
品牌(Brand):永泉

浙江嘉兴富丽纸业有限公司
Zhejiang Jiaxing Fuli Paper Co., Ltd.
地址(Add):浙江省嘉兴市大桥开发区
邮编(P. C.):314001
电话(Tel):0573－2217929
传真(Fax):0573－2217929
联系人(Contact Person):洪汝水
产品(Products):卫生纸,手帕纸,餐巾纸

浙江金通纸业有限公司
Zhejiang Jintong Paper Co., Ltd.
地址(Add):浙江省金华市金西开发区罗埠镇后张金通工业小区
邮编(P. C.):321081
电话(Tel):0579－2374030
传真(Fax):0579－2610539
E-mail:xt838@ sina. com
法人代表(Chairman):叶志春
联系人(Contact Person):蒋黎虹
产品(Products):卫生纸,面巾纸,餐巾纸,卫生纸原纸,卫生巾/纸尿裤衬纸

江南洁达餐巾纸厂
Jiangnan Jieda Napkin Factory
地址(Add):浙江省金华市兰区街577号
邮编(P. C.):321017
电话(Tel):0579－2490365
联系人(Contact Person):刘建浩
产品(Products):餐巾纸,手帕纸

乐清市北白象现代新新塑料薄膜厂
Leqing Beibaixiang Xiandai Xinxin Plastic Film Factory
地址(Add):浙江省乐清市北白象镇莲池北路50号
邮编(P. C.):325603
电话(Tel):0577－62870707
传真(Fax):0577－62880876
联系人(Contact Person):陈迈建
产品(Products):餐巾纸,纸巾纸

丽水市卫生用品有限公司
Lishui Hygiene Products Co., Ltd.
地址(Add):浙江省丽水市丽阳街585号
邮编(P. C.):323000
电话(Tel):0578－2122713
传真(Fax):0578－2133007
E-mail:lsxzp@ mail. lsptt. zj. cn
Http://www. nas38. com
法人代表(Chairman):金烨
总经理(General Manager):金烨
产品(Products):妇女卫生巾,卫生护垫,面巾纸
品牌(Brand):纳爱斯,人人爱

浙江省临安市美业纸品厂
Zhejiang Lin'an Meiye Paper Products Factory
地址(Add):浙江省临安市於潜大街352号
邮编(P. C.):311311
电话(Tel):0571－63880983
总经理(General Manager):蒋美琴
产品(Products):面巾纸

富元纸业有限公司
Fuyuan Paper Co., Ltd.
地址(Add):浙江省宁波市科技园南二路22号
邮编(P. C.):315040
电话(Tel):0574－88369155
传真(Fax):0574－88369889
E-mail:nb. cxl@ 21cn. com
总经理(General Manager):崔锡良
产品(Products):卫生纸

宁海天明纸业有限公司
Ninghai Tianming Paper Co., Ltd.
地址(Add):浙江省宁海县深圳镇大里
邮编(P. C.):315614
电话(Tel):0574－65288258
传真(Fax):0574－65288258
法人代表(Chairman):王和兴
联系人(Contact Person):王和长
产品(Products):卫生纸原纸,盘纸,面巾纸,餐巾纸,马桶垫纸

平阳县婕尔柔卫生用品有限公司
Pingyang Jieerrou Hygiene Articles Co., Ltd.
地址(Add):浙江省平阳县敖江镇曙光中路287号
邮编(P. C.):325401
电话(Tel):0577－63635360
传真(Fax):0577－63635360
法人代表(Chairman):范敏洁
产品(Products):手帕纸,卷纸,擦手纸,餐巾纸
品牌(Brand):婕尔柔

浙江省平阳万全刚平纸品厂
Pingyang Wanquan Gangping Paper Products Plant
地址(Add):浙江省平阳县万全工业区万兴路92号
邮编(P. C.):325000
电话(Tel):0577－63751449
传真(Fax):0577－63751449
法人代表(Chairman):付刚平
产品(Products):卫生纸,面巾纸
品牌(Brand):菲逸

恒业卫生用品有限公司
Hengye Hygiene Articles Co., Ltd.
地址(Add):浙江省衢州市常山新都工业园区
邮编(P. C.):324200
电话(Tel):0570－5110111

传真(Fax):0570-5110111
联系人(Contact Person):姜国平
产品(Products):妇女卫生巾,卫生护垫,纸尿片,卫生纸

金枫造纸厂
Jinfeng Paper Mill
地址(Add):浙江省衢州市大洲镇二村滨二街22号
邮编(P.C.):324007
电话(Tel):0570-2941097
总经理(General Manager):杨文明
产品(Products):卫生纸

衢州双熊猫纸业有限公司
Quzhou Double Panda Paper Co., Ltd.
地址(Add):浙江省衢州市黄坛口
邮编(P.C.):324005
电话(Tel):0570-3621998
传真(Fax):0570-3621938
法人代表(Chairman):项月雄
总经理(General Manager):项月雄
联系人(Contact Person):田金山
产品(Products):卫生纸
品牌(Brand):双熊猫

瑞安玉海造纸厂
Ruian Yuhai Paper Mill
地址(Add):浙江省瑞安汀田镇工业园区
邮编(P.C.):325206
电话(Tel):0577-65103868
传真(Fax):0577-65103878
总经理(General Manager):李国仁
产品(Products):卫生纸,面巾纸,餐巾纸
品牌(Brand):玉海

浙江唯尔福纸业有限公司
Zhejiang Welfare Paper Co., Ltd.
地址(Add):浙江省绍兴市袍江工业区洋江路
邮编(P.C.):312001
电话(Tel):0575-8207373
传真(Fax):0575-8207375
法人代表(Chairman):何幼成
总经理(General Manager):何幼成
产品(Products):生活用纸

绍兴美洲纸业包装有限公司
Shaoxing Meizhou Paper Packaging Co., Ltd.
地址(Add):浙江省绍兴市人民中路160号
邮编(P.C.):312000
电话(Tel):0575-5111211
传真(Fax):0575-5116937
法人代表(Chairman):王勤生
总经理(General Manager):徐卫良
产品(Products):擦手纸

绍兴市双荣妇幼保健用品厂
Shaoxing Shuangrong Woman & Child Healthcare Articles Factory
地址(Add):浙江省绍兴市胜利西路云栖经济开发区
邮编(P.C.):312000
电话(Tel):0575-5172435
总经理(General Manager):徐国荣
产品(Products):妇女卫生巾,卫生护垫,卫生纸
品牌(Brand):珂蓉

天台县盖亚旅游用品有限公司
Tiantai Gaiya Tourism Articles Co., Ltd.
地址(Add):浙江省天台县湖心路1-2号
邮编(P.C.):317200
电话(Tel):0576-3887171
传真(Fax):0576-3811088
总经理(General Manager):范顺业
产品(Products):马桶垫纸,杯垫

温岭市舒达纸业有限公司
Wenling Shuda Paper Co., Ltd.
地址(Add):浙江省温岭市泽国镇上浮岭村
邮编(P.C.):317523
电话(Tel):0576-6423222
传真(Fax):0576-6423336
E-mail:market@cnshudapaper.com
Http://www.cnshudapaper.com
法人代表(Chairman):李正林
总经理(General Manager):李正林
产品(Products):卫生纸,餐巾纸,面巾纸
品牌(Brand):舒达

温州市鹿城区洪殿富宝纸业制品厂
Wenzhou Lucheng Hongdian Fubao Paper Products Factory
地址(Add):浙江省温州市高田路122号
邮编(P.C.):325000
电话(Tel):0577-88335743
E-mail:myzxf@hotmail.com
联系人(Contact Person):何军
产品(Products):餐巾纸,面巾纸,卫生纸

温州市恒顺纸业有限公司
Wenzhou Hengshun Paper Co., Ltd.
地址(Add):浙江省温州市娄桥镇娄东工业区
邮编(P.C.):325000
电话(Tel):0577-86287778
传真(Fax):0577-86281668
总经理(General Manager):胡献忠
产品(Products):卫生纸,面巾纸,湿巾
品牌(Brand):流星雨,琳琅

浙江省温州市芳柔卫生用品有限公司
Zhejiang Wenzhou Fangrou Hygiene Articles Co., Ltd.
地址(Add):浙江省温州市瓯海茶山工业区勤业路35号
邮编(P.C.):325014
电话(Tel):0577-86721088
传真(Fax):0577-86721089
联系人(Contact Person):张武
产品(Products):纸巾纸

温州市瓯海区娄桥楠叶生活用纸厂
Wenzhou Nanye Household Paper Products Plant
地址(Add):浙江省温州市瓯海区娄桥镇前园村朝阳路43号
邮编(P.C.):325000
电话(Tel):0577-86288123
总经理(General Manager):白福助

产品(Products):卫生纸,面巾纸
品牌(Brand):楠叶

温州瓯海洁丽卫生用品厂
Wenzhou Jieli Hygiene Articles Factory
地址(Add):浙江省温州市西山东路226弄3号
邮编(P. C.):325005
电话(Tel):0577-88522986
传真(Fax):0577-88550285
总经理(General Manager):赵培华
产品(Products):妇女卫生巾,纸巾纸,湿巾
品牌(Brand):施施

浙江义乌雅舒曼卫生用品厂
Zhejiang Yiwu Yashuman Hygiene Articles Factory
地址(Add):浙江省义乌市佛堂镇江滨工业区
邮编(P. C.):322002
电话(Tel):0579-5715932
传真(Fax):0579-5715932
E-mail:aqjianke@vip.163.com
Http://www.huaji520.com
总经理(General Manager):王光海
联系人(Contact Person):王蔚
产品(Products):妇女卫生巾,卫生护垫,餐巾纸
品牌(Brand):花季,安然

义乌市天帛纸业有限公司
Yiwu Tianbo Paper Co., Ltd.
地址(Add):浙江省义乌市工人北路418号
邮编(P. C.):322000
电话(Tel):0579-5585288
传真(Fax):0579-5549842
E-mail:sales@tianbopaper.com
Http://tianbopaper.com
总经理(General Manager):余建东
产品(Products):纸巾纸,面巾纸,餐巾纸,湿巾

浙江省义乌市天舒纸业有限公司
Zhejiang Yiwu Tianshu Paper Co., Ltd.
地址(Add):浙江省义乌市下骆宅工业区
邮编(P. C.):322000
电话(Tel):0579-5089185
E-mail:wuguoy@msn.com
联系人(Contact Person):吴国勇
产品(Products):卫生纸

永嘉县黄田佳美纸品厂
Yongjia Jiamei Paper Products Factory
地址(Add):浙江省永嘉县瓯北镇黄田东占岙南浦路90号
邮编(P. C.):325101
电话(Tel):0577-67281568
传真(Fax):0577-67281568
总经理(General Manager):黄银云
产品(Products):面巾纸
品牌(Brand):佳美,绿之思

永康市惠丰日用品有限公司
Yongkang Huifeng Commodity Co., Ltd.
地址(Add):浙江省永康市永富南路18幢1号
邮编(P. C.):321300
电话(Tel):0579-7181011
法人代表(Chairman):胡国忠
产品(Products):卫生纸,妇女卫生巾

浙江省诸暨造纸厂
Zhejiang Zhuji Paper Mill
地址(Add):浙江省诸暨市暨阳工业园区
邮编(P. C.):311800
电话(Tel):0575-7320088
传真(Fax):0575-7320068
法人代表(Chairman):何吉华
总经理(General Manager):何吉华
联系人(Contact Person):宣峰
产品(Products):卫生纸,餐巾纸,擦手纸,湿巾
品牌(Brand):三花

◆ 安徽 Anhui

安庆华邦特种纸业有限公司
Anqing Huabang Specialty Paper Co., Ltd.
地址(Add):安徽省安庆市人民路138号
邮编(P. C.):246003
电话(Tel):0556-5537000-103
传真(Fax):0556-5524778
联系人(Contact Person):胡丁根
产品(Products):卫生纸

蚌埠市安吉尔纸业有限公司
Bengbu Anjier Paper Co., Ltd.
地址(Add):安徽省蚌埠市固镇经济开发区纬五路
邮编(P. C.):233705
电话(Tel):0552-6566968
传真(Fax):0552-6566978
E-mail:bbanjier@163.com
总经理(General Manager):吴若庆
联系人(Contact Person):高静
产品(Products):面巾纸,餐巾纸,卫生纸

合肥风顺纸品厂
Hefei Fengshun Paper Products Plant
地址(Add):安徽省合肥市巢湖南路168号
邮编(P. C.):230000
电话(Tel):0551-3463408
总经理(General Manager):徐现顺
产品(Products):餐巾纸

合肥金鹰纸业有限公司
Hefei Jinying Paper Co., Ltd.
地址(Add):安徽省合肥市东郊大兴集
邮编(P. C.):230011
电话(Tel):0551-4533152
传真(Fax):0551-4533152
联系人(Contact Person):费广财
产品(Products):卫生纸
品牌(Brand):天女花

合肥市康乐纸品厂
Hefei Kangle Paper Products Plant
地址(Add):安徽省合肥市合淮路81号
邮编(P. C.):230031
电话(Tel):0551-5712435
传真(Fax):0551-5714596

联系人(Contact Person):齐小龙
产品(Products):餐巾纸,手帕纸,卫生纸
品牌(Brand):欧蕾

合肥洁士纸制品有限责任公司
Hefei Jieshi Paper Products Co., Ltd.
地址(Add):安徽省合肥市合裕路唐桥
邮编(P. C.):230011
电话(Tel):0551-4469287
传真(Fax):0551-4469287
总经理(General Manager):魏宏根
产品(Products):卫生纸

合肥市郊区义兴造纸厂
Hefei Yixing Paper Mill
地址(Add):安徽省合肥市郊区义兴院塘
邮编(P. C.):230017
电话(Tel):0551-4841781
法人代表(Chairman):刘运银
产品(Products):卫生纸
品牌(Brand):兰草花

合肥康洁纸业有限公司
Hefei Kangjie Paper Co., Ltd.
地址(Add):安徽省合肥市庐阳区大杨镇夹塘村跃进小学旁
邮编(P. C.):230031
电话(Tel):0551-2165999
传真(Fax):0551-2165999
总经理(General Manager):马传好
产品(Products):餐巾纸,卫生纸

合肥特丽洁卫生材料有限公司
Hefei Telijie Hygiene Material Co., Ltd.
地址(Add):安徽省合肥市站塘路6号
邮编(P. C.):230011
电话(Tel):0551-4315707
传真(Fax):0551-4417413
E-mail:telijie@ telijie. com
Http://www. telijie. com
法人代表(Chairman):张光明
总经理(General Manager):张光明
产品(Products):湿巾,美容巾,仪器擦拭巾,医用擦手纸,医用围兜,餐巾纸
品牌(Brand):特丽洁

龙井再生纸厂
Longjing Recycled Paper Mill
地址(Add):安徽省六安市独山镇
邮编(P. C.):237131
电话(Tel):0564-2910107
传真(Fax):0564-2910107
联系人(Contact Person):涂恩国
产品(Products):卫生纸

安徽关爱卫生用品有限公司
Anhui Guanai Hygiene Articles Co., Ltd.
地址(Add):安徽省六安市霍邱县姚李镇
邮编(P. C.):237322
电话(Tel):0564-6844216
传真(Fax):0564-7326199
E-mail:user@ ahyhyp. com
Http://www. ahyhyp. com/lxwm. htm
总经理(General Manager):陈仁忠
联系人(Contact Person):彭书宏
产品(Products):妇女卫生巾,卫生护垫,卫生纸,纸尿裤,纸尿片
品牌(Brand):卫宝,雅慧

霍山县龙平纸品厂
Huoshan Longping Paper Products Factory
地址(Add):安徽省六安市霍山县单龙寺街道18号
邮编(P. C.):237200
电话(Tel):0564-5666011
传真(Fax):0564-5666011
总经理(General Manager):龚宗平
产品(Products):餐巾纸

安徽省宁国市兆丰纸业有限公司
Anhui Ningguo Zhaofeng Paper Co., Ltd.
地址(Add):安徽省宁国市汪溪镇工业园区
邮编(P. C.):242300
电话(Tel):0563-4440777
传真(Fax):0563-4441589
E-mail:zf@ chinazf. com. cn
Http://www. yfzy. 51770. cn
法人代表(Chairman):刘兆坤
联系人(Contact Person):陈和宁
产品(Products):卫生纸,面巾纸,餐巾纸,手帕纸,擦手纸
品牌(Brand):竹风,洁洁,舒庭

安徽省潜山县浩川林业开发公司
Anhui Qianshan Haochuan Forestry Development Co.
地址(Add):安徽省潜山县舒州东路68号
邮编(P. C.):246300
电话(Tel):0556-8686002
传真(Fax):0556-8922874
E-mail:web@ hao-chuan. com
Http://www. hao-chuan. com
总经理(General Manager):储晓光
产品(Products):卫生纸

安徽省舒城县龙舒妇幼卫生用品厂
Shucheng Longshu Woman & Child Articles Factory
地址(Add):安徽省舒城县工业园区(206国道舒城段1105km)
邮编(P. C.):231300
电话(Tel):0564-8664668
传真(Fax):0564-8629712
法人代表(Chairman):桂先定
总经理(General Manager):陈永生
产品(Products):妇女卫生巾,卫生护垫,卫生纸
品牌(Brand):兰语

铜陵市康洁航空用品有限责任公司
Tongling Kangjie Aviation Articles Co., Ltd.
地址(Add):安徽省铜陵市郊区私营工业园内
邮编(P. C.):244000
电话(Tel):0562-2625448
传真(Fax):0562-2625448
E-mail:root@ kjair. com
Http://www. kjair. com

总经理(General Manager):杨程林
产品(Products):湿巾,纸巾纸,卫生座垫纸,杯垫,擦手纸,非织造布口罩,条形帽,围裙,手套

金山纸业(无为)有限责任公司
Jinshan Paper (Wuwei) Co., Ltd.
地址(Add):安徽省无为县高沟高科技工业园金山纸业园
邮编(P. C.):238300
电话(Tel):0565 - 6883998
传真(Fax):0565 - 6883997
E-mail:zkzda@ vip. sina. com
Http://www. jinshanchina. com
联系人(Contact Person):余小燕
产品(Products):手帕纸,面巾纸,餐巾纸,卫生纸
品牌(Brand):点爱

芜湖东泰纸业有限公司
Wuhu Dongtai Paper Co., Ltd.
地址(Add):安徽省芜湖市褐山路 101 号
邮编(P. C.):241009
电话(Tel):0553 - 5801199
传真(Fax):0553 - 5801830
联系人(Contact Person):吴德春
产品(Products):卫生纸
品牌(Brand):雄鸡

芜湖德益纸业有限公司
Wuhu Deyi Paper Co., Ltd.
地址(Add):安徽省芜湖市鸠江区官陡镇南阳村
邮编(P. C.):241007
电话(Tel):0553 - 5811143
法人代表(Chairman):刘德发
总经理(General Manager):刘德发
联系人(Contact Person):周晓保
产品(Products):卫生纸原纸,面巾纸,餐巾纸
品牌(Brand):玉兔,德益

◆ 福建 Fujian

福建省大田县华闽纸业有限公司
Fujian Datian Huamin Paper Co., Ltd.
地址(Add):福建省大田县均溪镇凤山东路 183 号
邮编(P. C.):366100
电话(Tel):0598 - 7228026
传真(Fax):0598 - 7222143
法人代表(Chairman):郭友实
联系人(Contact Person):林志勇
产品(Products):卫生纸

福鼎市南阳纸业有限公司
Fuding Nanyang Paper Co., Ltd.
地址(Add):福建省福鼎市管阳工业区
邮编(P. C.):355215
电话(Tel):0593 - 7637988
传真(Fax):0593 - 7637288
法人代表(Chairman):陈立元
联系人(Contact Person):陈立平
产品(Products):面巾纸,餐巾纸,卫生纸,盘纸
品牌(Brand):南阳之星,金鼎福

福建恩达(福清)卫生用品有限公司
Fujian Enda (Fuqing) Hygiene Products Co., Ltd.
地址(Add):福建省福清融侨经济技术开发区
邮编(P. C.):350301
电话(Tel):0591 - 85389898
传真(Fax):0591 - 85381607
法人代表(Chairman):王菊英
联系人(Contact Person):曾盘基
产品(Products):妇女卫生巾,面巾纸,餐巾纸
品牌(Brand):天姿娇

福清市益兴堂卫生制品有限公司
Fuqing Yixingtang Hygiene Products Co., Ltd.
地址(Add):福建省福清市江阴工业区
邮编(P. C.):350309
电话(Tel):0591 - 85966766
传真(Fax):0591 - 85966789
Http://www. yixingtang. cn
总经理(General Manager):林道兴
联系人(Contact Person):黄福成
产品(Products):妇女卫生巾,卫生护垫,婴儿纸尿裤,生活用纸

福建福清恒耀卫生用品有限公司
Fujian Fuqing Hengyao Sanitary Products Co., Ltd.
地址(Add):福建省福清市融侨经济技术开发区
邮编(P. C.):350301
电话(Tel):0591 - 85376388
传真(Fax):0591 - 85376377
E-mail:hy@ fq - hengyao999. com
Http://www. fq - hengyao999. com
法人代表(Chairman):林秉松
总经理(General Manager):林秉松
产品(Products):妇女卫生巾,卫生护垫,生活用纸
品牌(Brand):洁乐,日夜欢,好逍遥,贴心百合

福州仓山先锋纸品厂
Fuzhou Cangshan Xianfeng Paper Products Factory
地址(Add):福建省福州市仓山区仓山镇先锋村展进巷 38 号
邮编(P. C.):350007
电话(Tel):0591 - 83440260
传真(Fax):0591 - 83442435
法人代表(Chairman):林成福
产品(Products):卫生纸

福州市仓山区顺丰纸品厂
Fuzhou Cangshan Shunfeng Paper Products Factory
地址(Add):福建省福州市仓山区施埔路 125 号
邮编(P. C.):354007
电话(Tel):0591 - 83456695
联系人(Contact Person):林瑞锦
产品(Products):卫生卷纸

福建省宏发集团公司
Fujian Hongfa Group Company
地址(Add):福建省福州市华林路茶叶大楼 100 号 408
邮编(P. C.):350003
电话(Tel):0591 - 87856417
传真(Fax):0591 - 87830061
联系人(Contact Person):吴龙
产品(Products):卫生巾,卫生纸

福州晋安金鸽卫生用品厂
Fuzhou Jinan Jinge Hygiene Articles Factory
地址(Add):福建省福州市火车站后山门前新村 12 栋 53 号
邮编(P. C.):350000
电话(Tel):0591－87902548
传真(Fax):0591－87902548
联系人(Contact Person):徐明学
产品(Products):湿巾,餐巾纸
品牌(Brand):吉鸽

福州洁乐妇幼卫生用品有限公司
Fuzhou Jiele Woman & Child Hygiene Articles Co., Ltd.
地址(Add):福建省福州市金山工业园区浦上园 58 幢 2 楼
邮编(P. C.):350005
电话(Tel):0591－83848865
传真(Fax):0591－83848867
法人代表(Chairman):林敏
总经理(General Manager):林鹤明
产品(Products):卫生纸,纸巾,湿巾
品牌(Brand):中美洁乐

福州润昌纸业有限公司
Fuzhou Runchang Paper Co., Ltd.
地址(Add):福建省福州市晋安区连江中路 190 号双龙花园 6 座 711
邮编(P. C.):350011
电话(Tel):0591－3613309
联系人(Contact Person):赵星
产品(Products):卫生纸

福州德森纸业有限公司
Fuzhou Desen Paper Co., Ltd.
地址(Add):福建省福州市晋安区岳峰路 13 号三华花园 14 座 101 室
邮编(P. C.):350013
电话(Tel):0591－83924550
传真(Fax):0591－83921970
法人代表(Chairman):陈国芝
产品(Products):纸巾纸,纸杯,纸餐具

喜运来(福州开发区)纸制礼品有限公司
Max Fortune (Fuzhou) Paper Products Co., Ltd.
地址(Add):福建省福州市开发区快安宏洋工业区 A 幢
邮编(P. C.):350000
电话(Tel):0591－83976236
传真(Fax):0591－83975810
E-mail:maxfortune_ray@126.com
联系人(Contact Person):余炜正
产品(Products):餐巾纸

福州森源纸品厂
Fuzhou Senyuan Paper Products Factory
地址(Add):福建省福州市江边工业区
邮编(P. C.):350007
电话(Tel):0591－83538190
传真(Fax):0591－83453212
联系人(Contact Person):陈忠
产品(Products):纸杯,纸巾

安诺(福建)生活用纸有限公司
Annuo (Fujian) Household Paper Co., Ltd.
地址(Add):福建省福州市六一路金三桥大厦 15 层
邮编(P. C.):350002
电话(Tel):0591－87431163
传真(Fax):0591－87431155
联系人(Contact Person):刘伟
产品(Products):面巾纸,卫生纸

福州美榕纸巾厂
Fuzhou Meirong Napkin Factory
地址(Add):福建省福州市闽侯县上街镇马保 1－2 号
邮编(P. C.):350108
电话(Tel):0591－22882775
传真(Fax):0591－22896920
E-mail:mr980105@public.fz.fj.cn
Http://www.china-tissue.com
总经理(General Manager):吴晓辉
联系人(Contact Person):林旋
产品(Products):卫生纸,餐巾纸
品牌(Brand):美榕

福建省晋江市安海镇新安纸巾厂
Fujian Jinjiang Anhai Xinan Paper Towel Plant
地址(Add):福建省晋江市安海镇后林村
邮编(P. C.):362261
电话(Tel):0595－85700711
传真(Fax):0595－85700711
总经理(General Manager):吴谋出
产品(Products):卫生纸,面巾纸
品牌(Brand):新安

晋江恒安心相印纸制品有限公司
Jinjiang Hengan Heartex Paper Products Co., Ltd.
地址(Add):福建省晋江市安海镇灵安工贸区
邮编(P. C.):362261
电话(Tel):0595－85708740
传真(Fax):0595－85708741
法人代表(Chairman):施文博
总经理(General Manager):黄良呈
联系人(Contact Person):曾曼静
产品(Products):手帕纸,抽式纸,卫生纸
品牌(Brand):心相印

晋江市安海镇恒质纸品厂
Jinjiang Hengzhi Paper Products Factory
地址(Add):福建省晋江市安海镇庄头村玉林南里 59 号
邮编(P. C.):362261
电话(Tel):0595－85709988
传真(Fax):0595－85794436
E-mail:hengzhi510@163.com
Http://www.cnhengzhi.com
法人代表(Chairman):陈文质
产品(Products):妇女卫生巾,卫生护垫,婴儿纸尿裤、纸尿片,成人纸尿裤,湿巾,纸巾纸
品牌(Brand):恒质

福建省晋江市舒乐妇幼用品有限公司
Shule Women & Children Articles Jinjiang Fujian Co., Ltd.
地址(Add):福建省晋江市陈埭镇鹏头工业区(鹏青大道)
邮编(P. C.):362211
电话(Tel):0595－85189888

传真(Fax):0595-85189777
E-mail:shuleco@pub2.qz.fj.cn
Http://www.baihushi.com
法人代表(Chairman):丁朝阳
产品(Products):妇女卫生巾,婴儿纸尿片,卫生纸
品牌(Brand):白护士,女人缘

晋江市绿之乡纸业有限公司
Jinjiang Lüzhixiang Paper Co., Ltd.
地址(Add):福建省晋江市东石金瓯工业西区
邮编(P.C.):362200
电话(Tel):0595-85594966
传真(Fax):0595-85594866
联系人(Contact Person):王连升
产品(Products):卫生纸,面巾纸,餐巾纸,湿巾

晋江市清利卫生用品有限公司
Jinjiang Qingli Hygiene Articles Co., Ltd.
地址(Add):福建省晋江市赖厝清利工业园
邮编(P.C.):362200
电话(Tel):0595-85675668
传真(Fax):0595-85654611
联系人(Contact Person):赖清江
产品(Products):妇女卫生巾,卫生护垫,婴儿纸尿片,生活用纸
品牌(Brand):太阳女孩

晋江白绵纸品厂
Jinjiang Baimian Paper Products Factory
地址(Add):福建省晋江市内坑镇吕厝蓬莱街
邮编(P.C.):362200
电话(Tel):0595-86882025
传真(Fax):0595-86893597
总经理(General Manager):洪阿小
产品(Products):卫生纸
品牌(Brand):优贝佳

福建晋江凤竹纸品实业有限公司
Fujian Jinjiang Fengzhu Paper Products Industry Co., Ltd.
地址(Add):福建省晋江市青阳竹树下工业区
邮编(P.C.):362200
电话(Tel):0595-85678890
传真(Fax):0595-85653890
联系人(Contact Person):李秉修
产品(Products):餐巾纸,面巾纸,手帕纸,卫生纸,妇女卫生巾,卫生护垫,婴儿纸尿裤,湿巾

福建恒达集团有限公司
Fujian Hengda Group Co.,Ltd.
地址(Add):福建省晋江市缺塘东区恒达工业园
邮编(P.C.):362200
电话(Tel):0595-8191333
传真(Fax):0595-8192288
E-mail:export@hengdachina.com
Http://www.hengdachina.com
联系人(Contact Person):蔡明财
产品(Products):彩色餐巾纸

吸引力妇幼纸品有限公司
Xiyinli Woman & Child Paper Products Co., Ltd.
地址(Add):福建省晋江市双龙路赖厝工业园区
邮编(P.C.):362200
电话(Tel):0595-85119998
传真(Fax):0595-85677412
总经理(General Manager):赖志群
产品(Products):卫生纸,妇女卫生巾
品牌(Brand):约定

晋江市仲盛卫生用品有限公司
Jinjiang Zhongsheng Hygiene Articles Co., Ltd.
地址(Add):福建省晋江市五星工业园区
邮编(P.C.):362261
电话(Tel):0595-85736227
传真(Fax):0595-85736226
总经理(General Manager):王长沙
产品(Products):妇女卫生巾,婴儿纸尿裤,尿片,面巾纸
品牌(Brand):常青园

晋江合兴纸业有限公司
Jinjiang Hexing Paper Co., Ltd.
地址(Add):福建省晋江市庄头工业区
邮编(P.C.):362200
电话(Tel):0595-85798962
传真(Fax):0595-85727124
E-mail:jinkeya@fjjinkeya.com
Http://www.fjjinkeya.com
联系人(Contact Person):吴明克
产品(Products):手帕纸,餐巾纸,面巾纸,湿巾
品牌(Brand):金克雅

福建省龙岩市祥泰造纸包装有限公司
Fujian Longyan Xiangtai Paper & Package Co., Ltd.
地址(Add):福建省龙岩市铁山开发区
邮编(P.C.):364001
电话(Tel):0597-2348234
传真(Fax):0597-2348432
E-mail:zwx@xtpp.com.cn
Http://www.xtpp.com.cn
总经理(General Manager):张万祥
产品(Products):卫生纸,婴儿纸尿裤
品牌(Brand):好心人

龙岩环华纸厂
Longyan Huanhua Paper Mill
地址(Add):福建省龙岩市新罗区大池乡九曲岭
邮编(P.C.):364019
电话(Tel):0597-2585576
总经理(General Manager):欧贤道
产品(Products):卫生纸
品牌(Brand):白尔洁

娇娇乐卫生用品有限公司
Jiaojiaole Hygiene Articles Co., Ltd.
地址(Add):福建省南安市滨海工业区
邮编(P.C.):362000
电话(Tel):0595-86092998
传真(Fax):0595-86090998
E-mail:jo.jo@public.qz.fj.cn
Http://www.jojole.com
法人代表(Chairman):李秀娇
产品(Products):妇女卫生巾,卫生护垫,婴儿纸尿裤,纸尿片,纸巾纸

品牌(Brand):娇媚,靓丽一族,玉芙蓉,馨爽,好温馨,无限美,芊婕,女生有缘,时尚娇媚

福建恒利纸业有限公司
Fujian Hengli Paper Co., Ltd.
地址(Add):福建省南安市省新镇恒利工业区
邮编(P. C.):362300
电话(Tel):0595-86252666
传真(Fax):0595-86252099
法人代表(Chairman):吴家荣
总经理(General Manager):吴家能
产品(Products):妇女卫生巾,卫生护垫,婴儿纸尿裤、纸尿片,生活用纸
品牌(Brand):舒爽,好舒爽,爽儿宝,好吉利

福建省南安市明大卫生用品厂
Nanan Mingda Hygiene Articles Factory
地址(Add):福建省南安市省新镇善星街2-6号
邮编(P. C.):362300
电话(Tel):0595-86250777
传真(Fax):0595-86255999
E-mail:md@mingda-cn.com
Http://www.mingda-cn.com
联系人(Contact Person):谢海棠
产品(Products):妇女卫生巾,卫生护垫,婴儿纸尿裤,纸尿片,抽式纸巾
品牌(Brand):动心一族,完美女人,清芬,倍儿舒

洁盛纸业有限公司
Jiesheng Paper Co., Ltd.
地址(Add):福建省宁德市霍童镇溪南村
邮编(P. C.):352112
电话(Tel):0593-2701136
传真(Fax):0593-2706733
法人代表(Chairman):吴贵差
产品(Products):卫生纸,面巾纸,餐巾纸
品牌(Brand):洁盛

福建省莆田市荔城纸业有限公司
Fujian Putian Licheng Paper Co., Ltd.
地址(Add):福建省莆田市城厢区华亭镇郊溪工业区
邮编(P. C.):351139
电话(Tel):0594-2029839
传真(Fax):0594-2029539
E-mail:webmaster@fj-licheng.com
Http://www.fjlicheng.com
总经理(General Manager):林元剑
产品(Products):妇女卫生巾,卫生护垫,婴儿纸尿裤、片,卫生纸,面巾纸,餐巾纸
品牌(Brand):佳婷,佳爽,荔城

莆田市丰悦纸业有限公司
Putian Fengyue Paper Co., Ltd.
地址(Add):福建省莆田市涵江区梧塘镇后东工业区
邮编(P. C.):351119
电话(Tel):0594-3991152
传真(Fax):0594-3991462
总经理(General Manager):陈广悦
产品(Products):妇女卫生巾,卫生纸,婴儿纸尿片
品牌(Brand):丰悦,雅朵儿

福建莆田佳通纸制品有限公司
G. T. Paper (Fujian Putian) Co., Ltd.
地址(Add):福建省莆田市江口镇海星街
邮编(P. C.):351115
电话(Tel):0594-3686261
传真(Fax):0594-3697692
E-mail:gtxdq@tom.com
法人代表(Chairman):林美凤
总经理(General Manager):李玉坤
联系人(Contact Person):徐德清
产品(Products):妇女卫生巾,卫生护垫,婴儿纸尿裤,面巾纸,卫生卷纸
品牌(Brand):柔爱,雪薇,佳馨

莆田市荔城区南丰福利纸品厂
Putian Licheng Nanfeng Welfare Paper Products Factory
地址(Add):福建省莆田市荔城区拱辰街道陡门村
邮编(P. C.):351100
电话(Tel):0594-2752555
传真(Fax):0594-2793275
联系人(Contact Person):李志锋
产品(Products):餐巾纸原纸

莆田市鸿业纸品有限公司
Putian Hongye Paper Products Co., Ltd.
地址(Add):福建省莆田市莆糖路97号
邮编(P. C.):351100
电话(Tel):0594-2680398
联系人(Contact Person):徐素英
产品(Products):卫生纸

福建省莆田大洋造纸厂
Fujian Putian Dayang Paper Mill
地址(Add):福建省莆田市莆田县大洋乡霸头村
邮编(P. C.):351129
电话(Tel):0594-3067051
法人代表(Chairman):林纬华
产品(Products):卫生纸

泉州市恒灿纸品有限公司
Quanzhou Hengcan Paper Products Co., Ltd.
地址(Add):福建省泉州市惠安东园新沙工业区
邮编(P. C.):362122
电话(Tel):0595-87586658
传真(Fax):0595-87586758
E-mail:xt658@163.com
Http://www.hengcan-cn.com
法人代表(Chairman):黄晏来
总经理(General Manager):王业运
联系人(Contact Person):黄汉斌
产品(Products):妇女卫生巾,卫生护垫,纸尿裤,手帕纸,面巾纸
品牌(Brand):相约,洁期,乐帮适,相约宝贝

福建省三明市宏源卫生用品有限公司
Fujian Sanming Hongyuan Hygiene Products Co., Ltd.
地址(Add):福建省三明市三元区荆东开发区
邮编(P. C.):365004
电话(Tel):0598-8399998
传真(Fax):0598-8399966
法人代表(Chairman):叶秋水

总经理(General Manager):叶秋水
联系人(Contact Person):李秀英
产品(Products):妇女卫生巾,卫生护垫,餐巾纸,卫生卷纸,面巾纸,婴儿纸尿裤,婴儿纸尿片
品牌(Brand):女友,女尔友

福建漳州市智光纸业有限公司
Fujian Zhangzhou Zhiguang Paper Co., Ltd.
地址(Add):福建省漳州市蓝田工业区横二路西段
邮编(P. C.):363005
电话(Tel):0596-2103599
传真(Fax):0596-2109196
法人代表(Chairman):邓湘闽
总经理(General Manager):陈光伟
联系人(Contact Person):陈智勇
产品(Products):妇女卫生巾,湿巾,面巾纸,成人纸尿裤,婴儿纸尿裤
品牌(Brand):爽月,智光,皇后,依贝思,笑嘻嘻

福建省漳州市信义纸业有限公司
Fujian Zhangzhou Xinyi Paper Co., Ltd.
地址(Add):福建省漳州市龙文区经济开发区
邮编(P. C.):363005
电话(Tel):0596-2171536
传真(Fax):0596-2171538
总经理(General Manager):郑小岸
联系人(Contact Person):蔡为民
产品(Products):妇女卫生巾,卫生纸
品牌(Brand):动之傲,信义

漳州鑫炎环保产业有限公司
Zhangzhou Xinyan Environment Industry Co., Ltd.
地址(Add):福建省漳州市糖厂内
邮编(P. C.):363000
电话(Tel):0596-2993667
传真(Fax):0596-2993572
E-mail:xinyan@xinyan.net
Http://www.xinyan.net
法人代表(Chairman):吴今焕
联系人(Contact Person):吴少荣
产品(Products):纸餐具,卫生纸,面巾纸,餐巾纸
品牌(Brand):妙意,洁爽,舒尔

◆ 江西 Jiangxi

江西开成纸业有限公司
Jiangxi Kaicheng Paper-making Co.,Ltd
地址(Add):江西省德安县工业园区
邮编(P. C.):330408
电话(Tel):0792-4551111
传真(Fax):0792-4331038
E-mail:kc-zy@kc-zy.com
Http://www.kc-zy.com
法人代表(Chairman):王泉水
联系人(Contact Person):祝孝鹏
产品(Products):卫生纸,面巾纸,手帕纸
品牌(Brand):庐景,绮玉

新亚纸品厂
Xinya Paper Products Plant
地址(Add):江西省德安县聂桥镇工业区
邮编(P. C.):330403
电话(Tel):0792-4681301
传真(Fax):0792-4681301
法人代表(Chairman):葛怀友
产品(Products):卫生纸
品牌(Brand):庐山

江西瑞港发展有限公司
Jiangxi Ruigang Development Co., Ltd.
地址(Add):江西省高安县中山路50号
邮编(P. C.):330800
电话(Tel):0795-5212364
传真(Fax):0795-5212364
法人代表(Chairman):刘能补
产品(Products):餐巾纸
品牌(Brand):玲雅

月兔卫生用品有限公司
Yuetu Hygiene Products Co., Ltd.
地址(Add):江西省广丰县芦林工业区
邮编(P. C.):334600
电话(Tel):0793-2610001
传真(Fax):0793-2651900
法人代表(Chairman):蒋国山
联系人(Contact Person):蒋雄山
产品(Products):妇女卫生巾,面巾纸,餐巾纸,卷筒纸,尿不湿
品牌(Brand):月兔,黛安娜

九江可婷保健用品有限公司
Jiujiang Keting Healthcare Articles Co., Ltd.
地址(Add):江西省九江市开发区赛城湖闸东路1号
邮编(P. C.):332100
电话(Tel):0792-6846966
联系人(Contact Person):何斌
产品(Products):卫生纸,餐巾纸

九江化纤股份有限公司
Jiujiang Chemical Fibre Co., Ltd.
地址(Add):江西省九江市庐山蛤蟆石
邮编(P. C.):332017
电话(Tel):0792-8318699
传真(Fax):0792-8316565
法人代表(Chairman):余小华
总经理(General Manager):邓新贵
产品(Products):卫生纸
品牌(Brand):庐山鹿,金球

九江市新欣日用纸品有限公司
Jiujiang Xinxin Commodity Paper Products Co., Ltd.
地址(Add):江西省九江市庐山区虞家河乡虹桥路168号
邮编(P. C.):332012
电话(Tel):0792-8993599
传真(Fax):0792-8993598
法人代表(Chairman):李卫
产品(Products):卫生纸,餐巾纸
品牌(Brand):雅凯

南昌市恒丽卫生用品厂
Nanchang Hengli Hygiene Articles Factory
地址(Add):江西省南昌市桃花工业区抚生路良种场内

邮编(P. C.):330009
电话(Tel):0791－6575239
传真(Fax):0791－6575170
总经理(General Manager):周海泉
产品(Products):妇女卫生巾,卫生纸品

江西生成卫生用品有限公司
Jiangxi Shengcheng Hygiene Products Co., Ltd.
地址(Add):江西省武宁经济技术开发区
邮编(P. C.):332300
电话(Tel):0792－2837461
传真(Fax):0792－2839355
E-mail:jxsc@ public1. jj. jx. cn
Http://www. cnshengcheng. com
法人代表(Chairman):余陈
总经理(General Manager):余陈
联系人(Contact Person):艾萍
产品(Products):湿巾,妇女卫生巾,卫生卷纸,面巾纸,纸围兜,坐便纸垫
品牌(Brand):生成,乐知知,SC

江西新干云芝实业有限公司
Jiangxi Xingan Yunzhi Industry Co., Ltd.
地址(Add):江西省新干县桥背38
邮编(P. C.):331300
电话(Tel):0796－2602721
法人代表(Chairman):廖细荪
产品(Products):卫生纸

◆ 山东 Shandong

安丘临浯造纸厂
Anqiu Linwu Paper Mill
地址(Add):山东省安丘市临浯镇芝泮村
邮编(P. C.):262116
电话(Tel):0536－4772158
传真(Fax):0536－4771999
Http://www. anqiuzhiye. com
联系人(Contact Person):赵宝春
产品(Products):卫生纸,原纸
品牌(Brand):绢花

滨州市滨城区春颖纸业
Binzhou Bincheng Chunying Paper Co.
地址(Add):山东省滨州市滨城区市西办事处南杨居委会
邮编(P. C.):256600
电话(Tel):0543－3995911
传真(Fax):0543－3262658
联系人(Contact Person):王春东
产品(Products):卫生纸

临沂震元纸业有限公司
Linyi Zhenyuan Paper Co., Ltd.
地址(Add):山东省苍山县建设路
邮编(P. C.):277700
电话(Tel):0539－5168335
传真(Fax):0539－5282961
法人代表(Chairman):陈勇
联系人(Contact Person):周忠诚
产品(Products):卫生纸原纸

德州市德城区卫生纸厂
Dezhou Tissue Paper Mill
地址(Add):山东省德州市德城区王村店乡
邮编(P. C.):253036
电话(Tel):0534－2732088
法人代表(Chairman):韩振非
产品(Products):卫生纸
品牌(Brand):奥吉

凯乐造纸有限公司
Kaile Paper Co., Ltd.
地址(Add):山东省德州市平原县王杲铺工业园区
邮编(P. C.):253000
电话(Tel):0534－4562222
联系人(Contact Person):李双
产品(Products):卫生纸

山东东平奥洁纸业有限公司
Shandong Dongping Aojie Paper Co., Ltd.
地址(Add):山东省东平石龙口工业园
邮编(P. C.):271500
电话(Tel):0538－2832859
传真(Fax):0538－2823797
法人代表(Chairman):陈树元
联系人(Contact Person):孙东
产品(Products):卫生纸
品牌(Brand):奥佳月,明兴

胜利油田钻前华泰实业公司
Shengli Oilfield Well Drilling Huatai Industrial Co.
地址(Add):山东省东营市东营区北2路189号
邮编(P. C.):257047
电话(Tel):0546－8773936
法人代表(Chairman):刘冠俊
产品(Products):卫生纸
品牌(Brand):雨丝

山东华泰纸业集团股份有限公司
Shandong Huatai Paper Group Co., Ltd.
地址(Add):山东省东营市广饶县城东
邮编(P. C.):257335
电话(Tel):0546－6888716
传真(Fax):0546－6888018
法人代表(Chairman):李建华
总经理(General Manager):朱万亮
联系人(Contact Person):王国文
产品(Products):卫生纸,餐巾纸
品牌(Brand):亚森,华泰,爽意

胜利油田胜安卫生用品有限公司
Shengli Oil Field Shengan Hygiene Articles Co., Ltd.
地址(Add):山东省东营市胜利工业园
邮编(P. C.):257000
电话(Tel):0546－8180009
传真(Fax):0546－8180288
E-mail:slajy@ 126. com
总经理(General Manager):魏瑶生
产品(Products):妇女卫生巾,面巾纸
品牌(Brand):娇影

肥城新新纸业有限公司

Feicheng Xinxin Paper Co., Ltd.
地址(Add):山东省肥城市新城路东望岳大街30号
邮编(P. C.):271600
电话(Tel):0538-3271888
传真(Fax):0538-3271669
总经理(General Manager):刘建森
产品(Products):卫生纸,餐巾纸
品牌(Brand):水仙

山东沂春机械股份有限公司
Shandong Yichun Machinery Co., Ltd.
地址(Add):山东省费县城胜利街
邮编(P. C.):273400
电话(Tel):0539-5221136
传真(Fax):0539-5020063
E-mail:gm@yichunstock.com
Http://www.yichunstock.com
法人代表(Chairman):李宗海
联系人(Contact Person):侯荣法
产品(Products):卫生纸

山东光华纸业集团有限公司
Shandong Guanghua Paper Group Co., Ltd.
地址(Add):山东省费县上冶镇
邮编(P. C.):273401
电话(Tel):0539-5811229
传真(Fax):0539-5811102
法人代表(Chairman):张建林
总经理(General Manager):马云才
产品(Products):卫生纸
品牌(Brand):泉水

山东高密银鹰化纤有限公司
Shandong Gaomi Yinying Chemical Fibre Co., Ltd.
地址(Add):山东省高密市人民大街101号
邮编(P. C.):261500
电话(Tel):0536-2323121
传真(Fax):0536-2336418
法人代表(Chairman):李勇
联系人(Contact Person):李刚
产品(Products):卫生纸

高密市恒信卫生纸厂
Gaomi Hengxin Tissue Paper Mill
地址(Add):山东省高密市周戈庄镇
邮编(P. C.):261508
电话(Tel):0536-2892098
法人代表(Chairman):孙培福
产品(Products):卫生纸原纸

山东高唐县永亨纸品有限公司
Shandong Gaotang Yongheng Paper Products Co., Ltd.
地址(Add):山东省高唐县梁村工业园
邮编(P. C.):252869
电话(Tel):0635-3702599
传真(Fax):0635-3703099
联系人(Contact Person):王军
产品(Products):卫生纸

山东省高唐县泉洁纸制品有限公司
Shandong Gaotang Quanjie Paper Products Co., Ltd.
地址(Add):山东省高唐县尹集镇王官屯村
邮编(P. C.):252867
电话(Tel):0635-3611197
法人代表(Chairman):华兴和
产品(Products):卫生纸,面巾纸,餐巾纸,手帕纸

冠县宏达纸业公司
Guanxian Hongda Paper Co., Ltd.
地址(Add):山东省冠县东古城
邮编(P. C.):252525
电话(Tel):0635-5681531
总经理(General Manager):郭兰强
产品(Products):卫生纸

菏泽鲁晨实业有限公司卫生纸分厂
Heze Luchen Industry Co., Ltd. Tissue Paper Mill
地址(Add):山东省菏泽市定陶南路(原热电厂院内)
邮编(P. C.):274046
电话(Tel):0530-5318787
传真(Fax):0530-5318787
联系人(Contact Person):赵思亮
产品(Products):卫生纸

菏泽牡丹纸业有限公司
Heze Paper Group Paper Printing Factory
地址(Add):山东省菏泽市黄堽工业区
邮编(P. C.):274011
电话(Tel):0530-5663618
传真(Fax):0530-5663618
法人代表(Chairman):庞洪昌
总经理(General Manager):庞洪昌
联系人(Contact Person):孙继胜
产品(Products):卫生纸
品牌(Brand):圣花,百荷星

菏泽市牡丹区钢成纸业有限公司
Heze Mudan Gangcheng Paper Co., Ltd.
地址(Add):山东省菏泽市牡丹区牡丹办事处大郭集村
邮编(P. C.):250021
电话(Tel):0530-5280661
传真(Fax):0530-5280220
联系人(Contact Person):王景刚
产品(Products):卫生纸

济南晨光纸业有限公司
Jinan Chenguang Paper Co., Ltd.
地址(Add):山东省济南市济洛路154号
邮编(P. C.):250031
电话(Tel):0531-88321841
传真(Fax):0531-85955613
法人代表(Chairman):张增福
联系人(Contact Person):张宏
产品(Products):卫生纸
品牌(Brand):喜尔舒

济南百合纸业盛达纸制品厂
Jinan Baihe Paper Co. Shengda Paper Products Plant
地址(Add):山东省济南市商河县贾庄镇工业园
邮编(P. C.):251619
电话(Tel):0531-84817178
法人代表(Chairman):贾立国

产品(Products):卫生纸
品牌(Brand):盛达百合,百合

山东济南市天桥造纸厂
Shandong Jinan Tianqiao Paper Mill
地址(Add):山东省济南市天桥区西外环路北首大魏村
邮编(P. C.):250032
电话(Tel):0531-85711607
法人代表(Chairman):王叶刚
总经理(General Manager):王叶刚
产品(Products):卫生纸
品牌(Brand):景花

山东省济宁市三洁纸制品厂
Shandong Jining Sanjie Paper Products Factory
地址(Add):山东省济宁市汶上县尚书路68号
邮编(P. C.):272501
电话(Tel):0537-7238809
总经理(General Manager):马湛
产品(Products):餐巾纸
品牌(Brand):三佳

济宁卫生纸厂
Jining Tissue Paper Mill
地址(Add):山东省济宁市运河大桥西
邮编(P. C.):272159
电话(Tel):0537-2326790
法人代表(Chairman):苗延安
产品(Products):卫生纸
品牌(Brand):运河

山东宏河集团邹城恒翔纸业有限公司
Shandong Honghe Group Zoucheng Hengxiang Paper Co., Ltd.
地址(Add):山东省济宁市邹城市营西路52号
邮编(P. C.):273500
电话(Tel):0537-5300318
传真(Fax):0537-5312183
法人代表(Chairman):马亿刚
总经理(General Manager):刘玉奉
联系人(Contact Person):刘召龙
产品(Products):卫生纸
品牌(Brand):白鹤

绿豆纸业公司
Lüdou Paper Co.
地址(Add):山东省嘉祥县孟姑集工业区
邮编(P. C.):272407
电话(Tel):0537-6475628
总经理(General Manager):张加玉
产品(Products):卫生纸

山东莱芜市永胜纸巾制品厂
Shandong Laiwu Yongsheng Napkin Factory
地址(Add):山东省莱芜市经济开发区
邮编(P. C.):271100
电话(Tel):0634-6180135
联系人(Contact Person):何允生
产品(Products):餐巾纸,面巾纸,手帕纸
品牌(Brand):随心印

山东信成纸业有限公司
Shandong Xincheng Paper Co., Ltd.
地址(Add):山东省聊城市茌平县西外环高新技术工业园内
邮编(P. C.):252100
电话(Tel):0635-4285466
传真(Fax):0635-4283218
E-mail:xcgroup@xcgroup.cn
Http://www.xcgroup.cn
法人代表(Chairman):李泽潜
总经理(General Manager):牛洪华
联系人(Contact Person):胡守泉
产品(Products):妇女卫生巾,厨房用纸,美容纸,面巾纸,马桶座垫,湿巾
品牌(Brand):圣荷

山东万豪纸业集团股份有限公司
Shandong Wanhao Paper Group Co., Ltd.
地址(Add):山东省临朐县城工业街32号
邮编(P. C.):262600
电话(Tel):0536-3163364
传真(Fax):0536-3165340
法人代表(Chairman):尹培农
总经理(General Manager):尹培农
产品(Products):卫生纸

山东临朐祥飞纸厂
Shandong Linqu Xiangfei Paper Mill
地址(Add):山东省临朐县冶源镇驻地
邮编(P. C.):262605
电话(Tel):0536-3333888
传真(Fax):0536-3333777
法人代表(Chairman):连恩平
产品(Products):卫生纸
品牌(Brand):祥飞

贝贝纸业有限公司
Beibei Paper Co., Ltd.
地址(Add):山东省临沂市白沙埠镇船流街
邮编(P. C.):276035
电话(Tel):0539-8665098
总经理(General Manager):刘占利
产品(Products):卫生纸

临沂市河东区白雪纸品厂
Linyi Baixue Paper Products Plant
地址(Add):山东省临沂市河东区相公镇工业园
邮编(P. C.):276025
电话(Tel):0539-8839027
法人代表(Chairman):马洪文
产品(Products):卫生纸,餐巾纸
品牌(Brand):鲁星,白雪公主

山东诚信纸业公司
Shandong Chengxin Paper Co., Ltd.
地址(Add):山东省临沂市郯马开发区
邮编(P. C.):276126
电话(Tel):0539-6772866
总经理(General Manager):陈景刚
联系人(Contact Person):陈景发
产品(Products):卫生纸,妇女卫生巾

品牌(Brand):众爱,家美,三柔,月来月好

山东临沂大昌卫生用品有限公司洗化公司
Shandong Linyi Dachang Hygiene Articles Co., Ltd. Detergent Branch
地址(Add):山东省临沂市通达路7号
邮编(P.C.):276000
电话(Tel):0539-8298778
总经理(General Manager):周景昌
产品(Products):妇女卫生巾,卫生护垫,纸巾纸

山东省临邑三友卫生用品有限公司
Shandong Linyi Sanyou Hygiene Articles Co., Ltd.
地址(Add):山东省临邑县临邑经济开发区
邮编(P.C.):251500
电话(Tel):0534-4369867
传真(Fax):0534-4369867
法人代表(Chairman):夏德利
联系人(Contact Person):夏霆
产品(Products):生活用纸,妇女卫生巾,卫生护垫
品牌(Brand):鲁洁

龙口市振华纸制品厂
Longkou Zhenhua Paper Products Factory
地址(Add):山东省龙口市龙港区电厂西路
邮编(P.C.):265700
电话(Tel):0535-8857770
联系人(Contact Person):王刚
产品(Products):纸杯,面巾纸

龙口市富业昌纸塑有限公司
Longkou Fuyechang Paper & Plastic Co., Ltd.
地址(Add):山东省龙口市芦头镇驻地
邮编(P.C.):265704
电话(Tel):0535-8642996
E-mail:fuxinmei@leixun.net
联系人(Contact Person):孟祥敏
产品(Products):卫生纸

蓬莱国第造纸厂
Penglai Guodi Paper Mill
地址(Add):山东省蓬莱市南王镇北王村
邮编(P.C.):265607
电话(Tel):0535-5981130
传真(Fax):0535-5981130
总经理(General Manager):门曰国
产品(Products):卫生纸
品牌(Brand):国第

山东省正大纸业有限公司
Shandong Zhengda Paper Co., Ltd.
地址(Add):山东省平原县王杲铺镇正大工业园区
邮编(P.C.):253105
电话(Tel):0534-4562766
传真(Fax):0534-4562044
法人代表(Chairman):王连水
总经理(General Manager):王连水
产品(Products):卫生纸
品牌(Brand):丽洁

青岛天富莱集团股份有限公司
Qingdao Tianfulai Group Co., Ltd.
地址(Add):山东省青岛莱西市青烟路6号
邮编(P.C.):266601
电话(Tel):0532-8426868
传真(Fax):0532-8426816
E-mail:info@tflpaper.com
法人代表(Chairman):任家鹏
产品(Products):卫生纸

青岛康洁卫生用品有限公司
Qingdao Kangjie Hygiene Articles Co., Ltd.
地址(Add):山东省青岛市308国道235号
邮编(P.C.):266000
电话(Tel):0532-88721015
传真(Fax):0532-88721715
联系人(Contact Person):范玉梅
产品(Products):湿巾,纸巾纸
品牌(Brand):康洁

青岛舒洁纸制品有限公司
Qingdao Shujie Paper Products Co., Ltd.
地址(Add):山东省青岛市城阳丹山工业园
邮编(P.C.):266107
电话(Tel):0532-86089907
传真(Fax):0532-86089900
联系人(Contact Person):姜月娟
产品(Products):餐巾纸,面巾纸,卫生纸,厨房用纸
品牌(Brand):港妹,雪贵

青岛市城阳区维达福利厂
Qingdao Weida Welfare Factory
地址(Add):山东省青岛市城阳区惜福镇
邮编(P.C.):266106
电话(Tel):0532-87885630
传真(Fax):0532-87881026
法人代表(Chairman):黄克炬
总经理(General Manager):黄克炬
产品(Products):餐巾纸,卫生纸
品牌(Brand):柳燕

青岛宏利达纸业有限公司
Qingdao Honglida Paper Co., Ltd.
地址(Add):山东省青岛市李沧区夏庄路67号
邮编(P.C.):266100
电话(Tel):0532-83128529
传真(Fax):0532-87890278
联系人(Contact Person):孙健
产品(Products):卫生纸
品牌(Brand):玫玉

青岛市四方区金门舒心纸制品厂
Qingdao Sifang Jinmen Shuxin Paper Products Factory
地址(Add):山东省青岛市南区大尧一路4号癸
邮编(P.C.):266071
电话(Tel):0532-84992008
传真(Fax):0532-84992007
总经理(General Manager):戴立生
产品(Products):卫生纸,餐巾纸
品牌(Brand):顺心,爽心

青岛正利纸业有限公司

Qingdao Zhengli Paper Co., Ltd.
地址(Add):山东省青岛市仙山路中段
邮编(P.C.):266108
电话(Tel):0532-84939951
传真(Fax):0532-84935645
E-mail:grpldz@public.qd.sd.cn
Http://www.zhenglizhiye.com
联系人(Contact Person):卢地贞
产品(Products):面巾纸,擦手纸,厨房用纸,卫生纸
品牌(Brand):正利

青州市东阳纸业有限公司
Qingzhou Dongyang Paper Co., Ltd.
地址(Add):山东省青州市东坝镇东阳河工业区
邮编(P.C.):262517
电话(Tel):0536-3538128
传真(Fax):0536-3538990
法人代表(Chairman):孙新伟
产品(Products):卫生纸,餐巾纸

日照市日洁纸业有限公司
Rizhao Rijie Paper Co., Ltd.
地址(Add):山东省日照市东港区巨峰镇
邮编(P.C.):276813
电话(Tel):0633-8691088
传真(Fax):0633-8691168
总经理(General Manager):赵丙产
联系人(Contact Person):赵丙产
产品(Products):卫生纸,面巾纸,餐巾纸
品牌(Brand):阳城

寿光市福利卫生纸厂
Shouguang Welfare Tissue Paper Mill
地址(Add):山东省寿光市王高镇
邮编(P.C.):262709
电话(Tel):0536-5422668
法人代表(Chairman):王思红
产品(Products):餐巾原纸

山东华辰纸业有限公司
Shandong Pegasus Paper Co., Ltd.
地址(Add):山东省泰安肥城市老城镇
邮编(P.C.):271601
电话(Tel):0538-3143867
传真(Fax):0538-3143999
E-mail:info@huachenpaper.com
Http://www.huachenpaper.com
法人代表(Chairman):赵方敏
总经理(General Manager):胡立军
联系人(Contact Person):王志刚
产品(Products):卫生纸,面巾纸,餐巾纸,纸浆
品牌(Brand):依可馨,昕妍

中顺集团山东省东平中顺明兴纸业有限公司
Zhongshun Mingxing Paper Co., Ltd.
地址(Add):山东省泰安市东平县东平镇石龙口
邮编(P.C.):271500
电话(Tel):0538-2820378
传真(Fax):0538-2820378
联系人(Contact Person):陈树明
产品(Products):卫生纸,面巾纸,餐巾纸
品牌(Brand):C&S,洁柔,太阳

山东郯城华强卫生用品厂
Shandong Tancheng Huaqiang Hygiene Products Factory
地址(Add):山东省郯城县马头镇繁荣街124号
邮编(P.C.):276125
电话(Tel):0539-6777699
联系人(Contact Person):徐会军
产品(Products):卫生纸

山东鑫盟集团
Shandong Xinmeng Group
地址(Add):山东省郯城县马头综合开发区
邮编(P.C.):276100
电话(Tel):0539-6773531
传真(Fax):0539-6772978
总经理(General Manager):唐学平
产品(Products):妇女卫生巾,卫生护垫,生活用纸,婴儿纸尿裤
品牌(Brand):女宝,暖贝儿

临沂利华纸业有限公司
Linyi Lihua Paper Co., Ltd.
地址(Add):山东省郯城县胜利乡驻地
邮编(P.C.):276013
电话(Tel):0539-6731688
E-mail:x1199@ly-public.cd.cninfo.net
总经理(General Manager):徐立华
产品(Products):卫生纸原纸,盘纸,手帕纸,餐巾纸,湿巾
品牌(Brand):森派

山东佳亿鑫纸品有限公司
Shandong Jiayixin Paper Products Co., Ltd.
地址(Add):山东省郯城县郯马经济开发区
邮编(P.C.):276126
电话(Tel):0539-6776199
传真(Fax):0539-6777199
Http://www.jiayixin.com
联系人(Contact Person):焦爱生
产品(Products):妇女卫生巾,卫生护垫,成人纸尿裤,纸尿片,床垫,婴儿纸尿裤,纸尿片,卫生纸
品牌(Brand):鲁康,名兰,雨倩,巧护理,守护佳人

滕州市卫生纸厂
Tengzhou Tissue Paper Mill
地址(Add):山东省滕州市振兴路魏园街36号
邮编(P.C.):277500
电话(Tel):0632-5681968
法人代表(Chairman):孙涛
产品(Products):卫生纸

潍坊福山纸业有限公司
Weifang Fushan Paper Products Co., Ltd.
地址(Add):山东省潍坊市坊子区东王工业区
邮编(P.C.):261200
电话(Tel):0536-7637189
传真(Fax):0536-7637288
法人代表(Chairman):蔡金针
总经理(General Manager):蔡标芳
联系人(Contact Person):蔡斯成
产品(Products):面巾纸,手帕纸,卫生纸

潍坊恒联美林生活用纸有限公司
Weifang Lancel Hygiene Products Limited
地址(Add):山东省潍坊市寒亭区潍县北路601号
邮编(P. C.):261041
电话(Tel):0536－7283229
传真(Fax):0536－7283228
E-mail:sales@ lancelhp. com
Http://www. lancelhp. com
法人代表(Chairman):徐建
总经理(General Manager):李瑞丰
联系人(Contact Person):董梅
产品(Products):卫生纸原纸,卫生卷纸,餐巾纸,面巾纸,厨房纸巾
品牌(Brand):玉牌,风筝,Lancel

潍坊市潍城福利纸品厂
Weifang Weicheng Welfare Paper Products Plant
地址(Add):山东省潍坊市潍城区永安路258号
邮编(P. C.):261021
电话(Tel):0536－8313021
传真(Fax):0536－8313021
法人代表(Chairman):段瑞鹏
产品(Products):卫生纸,餐巾纸
品牌(Brand):宏宝

诸城市日东造纸机械实验厂
Zhucheng Ridong Paper Machinery Experiment Factory
地址(Add):山东省诸城市北五里堡
邮编(P. C.):262200
电话(Tel):0536－6051066
传真(Fax):0536－6051066
法人代表(Chairman):王勇
总经理(General Manager):郭培春
产品(Products):卫生纸,餐巾纸,面巾纸
品牌(Brand):绿叶

山东流芳纸业集团有限公司
Shandong Liufang Paper Group Co., Ltd.
地址(Add):山东省诸城市流芳工业园区
邮编(P. C.):262212
电话(Tel):0536－6492988
传真(Fax):0536－6490097
Http://www. liufangpaper. com
法人代表(Chairman):陆欣
联系人(Contact Person):卢蒙
产品(Products):餐巾纸,面巾纸,卫生纸
品牌(Brand):流芳

诸城市亨利纸业有限公司
Zhucheng Hengli Paper Co., Ltd.
地址(Add):山东省诸城市五里堡
邮编(P. C.):262200
电话(Tel):0536－6060818
总经理(General Manager):李勇
产品(Products):餐巾纸,擦手纸,厨房用纸

诸城市森科纸业有限公司
Zhucheng Senke Paper Co., Ltd.
地址(Add):山东省诸城市相州镇曹家泊
邮编(P. C.):262200
电话(Tel):0536－6572818
传真(Fax):0536－6572816
Http://www. senkepaper. com
总经理(General Manager):王勇
产品(Products):擦手纸,面巾纸,卫生纸,餐巾纸,纸杯

诸城市辛庄子餐巾纸厂
Zhucheng Xinzhuangzi Paper Napkins Plant
地址(Add):山东省诸城市相州镇曹家坡
邮编(P. C.):262212
电话(Tel):0536－6490187
法人代表(Chairman):寇德升
产品(Products):餐巾纸
品牌(Brand):丽洁

山东兴创集团七仙子纸制品有限公司
Shandong Xingchuang Group Qixianzi Paper Products Co., Ltd.
地址(Add):山东省诸城市兴创产业园兴中路38号
邮编(P. C.):262218
电话(Tel):0536－6524661
传真(Fax):0536－6521103
Http://www. xingchuang. com
法人代表(Chairman):王义泉
联系人(Contact Person):孙允健
产品(Products):卫生纸,餐巾纸,面巾纸,手帕纸
品牌(Brand):七仙子

淄博星峰纸业有限公司
Zibo Xingfeng Paper Co., Ltd.
地址(Add):山东省淄博科技工业园三赢路
邮编(P. C.):255000
电话(Tel):0533－2180587
传真(Fax):0533－2185247
E-mail:qunxing@ zbqx. com
Http://www. zbqx. com
联系人(Contact Person):张健
产品(Products):卫生纸,面巾纸,餐巾纸,纸杯
品牌(Brand):馨逸,丽美双,康为士

淄博市博山福达实业总公司纸品厂
Zibo Boshan Fuda Industrial Head Co. Paper Products Plant
地址(Add):山东省淄博市博山区八陡镇福山村下河街19号
邮编(P. C.):255210
电话(Tel):0533－4468486
传真(Fax):0533－4468066
法人代表(Chairman):苏同杰
联系人(Contact Person):曲振宙
产品(Products):卫生纸,餐巾纸,面巾纸
品牌(Brand):福华

桓台县通宝纸制品厂
Huantai Tongbao Paper Product Factory
地址(Add):山东省淄博市桓台县马桥镇红庙村
邮编(P. C.):256405
电话(Tel):0533－8530258
总经理(General Manager):王吉宝
产品(Products):卫生纸
品牌(Brand):玉吉

山东恒利纸品有限公司
Shandong Hengli Paper Products Co., Ltd.
地址(Add):山东省邹城市工业园区西外环路
邮编(P. C.):273500
电话(Tel):0537-5315555
传真(Fax):0537-5311122
Http://www.sunnycn.com
联系人(Contact Person):潘荣明
产品(Products):纸杯,纸餐盒,纸托盘,卫生纸,餐巾纸

碧龙纸品邹平全德公司
Bilong Paper Products Zouping Quande Co.
地址(Add):山东省邹平县高新街道办事处
邮编(P. C.):256200
电话(Tel):0543-4810868
传真(Fax):0543-4811450
E-mail:webmaster@chinabilong.com
Http://www.chinabilong.com
总经理(General Manager):郭金会
产品(Products):卫生纸,面巾纸,手帕纸,餐巾纸,擦手纸,原纸,分切盘纸

◆ 河南 Henan

安阳市汇丰卫生用品有限责任公司
Anyang Huifeng Hygiene Articles Co., Ltd.
地址(Add):河南省安阳市平原桥北韩陵路1号(汇丰工业园区)
邮编(P. C.):455000
电话(Tel):0372-2938385
传真(Fax):0372-2938385
总经理(General Manager):袁廷顺
联系人(Contact Person):李兵
产品(Products):妇女卫生巾,纸尿裤,纸尿片,卫生纸,一次性鞋垫
品牌(Brand):坤月情,梦娜,梦娜宝宝

邓州市蓝星纸制品有限公司
Dengzhou Lanxing Paper Products Co., Ltd.
地址(Add):河南省邓州市工业开发示范园区
邮编(P. C.):474450
电话(Tel):0377-62189888
传真(Fax):0377-62189888
法人代表(Chairman):刘万现
总经理(General Manager):邢剑波
产品(Products):卫生纸
品牌(Brand):缘相随,恋凤玉

鹤壁市天元纸业有限公司
Hebi Tianyuan Paper Co., Ltd.
地址(Add):河南省鹤壁市山城区汤河街9巷
邮编(P. C.):458000
电话(Tel):0392-2688822
传真(Fax):0392-2686098
法人代表(Chairman):申绍俭
产品(Products):妇女卫生巾,卫生护垫,卫生纸,面巾纸
品牌(Brand):日月明,申牌,申派

河南省奥博纸业有限公司
Henan Aobo Paper Co., Ltd.
地址(Add):河南省辉县市赵固乡小岗村
邮编(P. C.):453633
电话(Tel):0373-6956160
传真(Fax):0373-6955561
法人代表(Chairman):郭志新
联系人(Contact Person):秦守亮
产品(Products):卫生卷纸,餐巾纸
品牌(Brand):奥博

河南省辉县市蓝天造纸厂
Henan Huixian Lantian Paper Mill
地址(Add):河南省辉县市赵固乡小罗召
邮编(P. C.):453600
电话(Tel):0373-6955185
传真(Fax):0373-6955685
法人代表(Chairman):王福五
联系人(Contact Person):王天清
产品(Products):卫生纸
品牌(Brand):天宇

河南省济源市(公美)纸业有限责任公司
Henan Jiyuan (Gongmei) Paper Co., Ltd.
地址(Add):河南省济源市五龙口镇裴村工业园区
邮编(P. C.):454650
电话(Tel):0391-6754811
总经理(General Manager):董春保
产品(Products):卫生纸

河南省济源市五龙纸业有限公司
Henan Jiyuan Wulong Paper Co., Ltd.
地址(Add):河南省济源市五龙口镇五龙头村
邮编(P. C.):454662
电话(Tel):0391-6758138
传真(Fax):0391-6758138
法人代表(Chairman):卫昔淳
总经理(General Manager):于剑
产品(Products):卫生纸
品牌(Brand):沁源

开封大地纸业有限公司
Kaifeng Dadi Paper Co., Ltd.
地址(Add):河南省开封市通许县文卫路007号
邮编(P. C.):475400
电话(Tel):0378-4981082
传真(Fax):0378-4981082
总经理(General Manager):李慧芳
产品(Products):卫生纸
品牌(Brand):粉蝶

洛阳市纯静纸业公司
Luoyang Chunjing Paper Industry Co.
地址(Add):河南省洛阳市西工区光华路4号
邮编(P. C.):471000
电话(Tel):0379-63230947
传真(Fax):0379-63235329
联系人(Contact Person):张志强
产品(Products):卫生纸,妇女卫生巾
品牌(Brand):松鼠,纯静

漯河银鸽生活纸产有限公司
Luohe Yinge Tissue Paper Industry Co., Ltd.
地址(Add):河南省漯河市湘江路东段2号

邮编(P. C.):462000
电话(Tel):0395 -2635532
传真(Fax):0395 -3388532
E-mail:yinge@ yinge. com. cn
Http://www. yinge. com. cn
法人代表(Chairman):杨松贺
联系人(Contact Person):张明远
产品(Products):卫生原纸,卫生卷纸,餐巾纸,面巾纸,湿巾,半成品纸巾,盘纸,妇女卫生巾衬纸,纸尿裤衬纸
品牌(Brand):银鸽,舒蕾,银鑫

漯河市鸿翔纸业有限公司
Luohe Hongxiang Paper Co., Ltd.
地址(Add):河南省漯河市郾城县孟南工业区中原路86号
邮编(P. C.):462300
电话(Tel):0395 -6926666
传真(Fax):0395 -6935555
法人代表(Chairman):王晓东
联系人(Contact Person):王晓东
产品(Products):婴儿纸尿裤,妇女卫生巾,卫生护垫,卫生纸,手帕纸,餐巾纸
品牌(Brand):四季舒,凤求凰

河南博民纸业有限公司
Henan Bomin Paper Co., Ltd.
地址(Add):河南省淇县铁西工业区中华路
邮编(P. C.):456750
电话(Tel):0392 -7223378
传真(Fax):0392 -7275888
联系人(Contact Person):王文林
产品(Products):卫生纸,餐巾纸,面巾纸

河南珠峰纸业有限公司
Henan Zhufeng Paper Co., Ltd.
地址(Add):河南省武陟县小董乡工业村
邮编(P. C.):454991
电话(Tel):0391 -7443411
传真(Fax):0391 -7441206
法人代表(Chairman):孙立新
联系人(Contact Person):孙兴卫
产品(Products):卫生纸

西平县佳佳卫生纸品厂
Xiping Jiajia Household Paper Products Factory
地址(Add):河南省西平县护城河路
邮编(P. C.):463900
电话(Tel):0396 -6253336
传真(Fax):0396 -6253336
联系人(Contact Person):张伟彦
产品(Products):卫生纸

河南省西平县超群纸业有限公司
Henan Xiping Chaoqun Paper Co., Ltd.
地址(Add):河南省西平县迎宾大道高速公路入口
邮编(P. C.):463900
电话(Tel):0396 -6224052
传真(Fax):0396 -6224465
总经理(General Manager):张秋香
产品(Products):卫生纸,面巾纸
品牌(Brand):超群

河南省西峡县春风实业有限公司造纸厂
Henan Xixia Chunfeng Industry Co., Ltd. Paper Mill
地址(Add):河南省西峡县城关土门纸厂路
邮编(P. C.):474550
电话(Tel):0377 -64682966
传真(Fax):0377 -64682966
法人代表(Chairman):程铁民
联系人(Contact Person):李汉民
产品(Products):卫生纸
品牌(Brand):春风

晨光纸业有限公司
Chenguang Paper Co., Ltd.
地址(Add):河南省淅川县城灌河路881号
邮编(P. C.):474450
电话(Tel):0377 -64261968
传真(Fax):0377 -64261992
E-mail:root@ chenguangpaper. com
Http://www. chenguangpaper. com
法人代表(Chairman):陈铁军
联系人(Contact Person):杨水胜
产品(Products):卫生纸
品牌(Brand):丹江晨光

河南新乡新亚纸业集团有限公司
Henan Xinxiang Xinya Paper Group Co., Ltd.
地址(Add):河南省新乡县七里营镇新庄村
邮编(P. C.):453731
电话(Tel):0373 -5680286
传真(Fax):0373 -5680286
法人代表(Chairman):宋敬志
联系人(Contact Person):张士斌
产品(Products):卫生纸

许昌市前进造纸厂
Xuchang Qianjin Paper Mill
地址(Add):河南省许昌市延安路4号
邮编(P. C.):461000
电话(Tel):0374 -8182515
总经理(General Manager):芦春生
产品(Products):餐巾纸

偃师绍光纸厂
Yanshi Shaoguang Paper Mill
地址(Add):河南省偃师市城关镇摇头村侯留守
邮编(P. C.):471900
电话(Tel):0379 -67722828
法人代表(Chairman):侯留
产品(Products):卫生纸原纸

河南省偃师市洁达纸业有限公司
Henan Yanshi Jieda Paper Co., Ltd.
地址(Add):河南省偃师市首阳山镇
邮编(P. C.):471943
电话(Tel):0379 -7558819
传真(Fax):0379 -7555186
E-mail:clj905@ 371. net
法人代表(Chairman):陈领军
总经理(General Manager):陈领军
产品(Products):卫生纸
品牌(Brand):馨怡,惠枫

河南省禹州市高洁纸品有限公司
Yuzhou Gaojie Paper Products Co., Ltd.
地址(Add):河南省禹州市范坡工业区
邮编(P. C.):452570
电话(Tel):0374-8713168
总经理(General Manager):李长安
产品(Products):妇女卫生巾,餐巾纸

河南省郑州市恒灿纸业制品厂
Henan Zhengzhou Hengcan Paper Products Factory
地址(Add):河南省郑州市新郑市城北中兴大道西段
邮编(P. C.):451150
电话(Tel):0371-62623868
传真(Fax):0371-62623868
法人代表(Chairman):冯建业
联系人(Contact Person):陈相凯
产品(Products):面巾纸,手帕纸
品牌(Brand):相约

河南省浩赛纸业有限公司
Henan Haosai Paper Co., Ltd.
地址(Add):河南省郑州市郑上路36号建五仓库院内
邮编(P. C.):450007
电话(Tel):0371-67613225
传真(Fax):0371-67613225
法人代表(Chairman):王祥太
产品(Products):卫生纸
品牌(Brand):花雨

郑州万戈免洗用品工贸有限公司
Zhengzhou Wange Wash-free Articles Industry & Trade Co., Ltd.
地址(Add):河南省郑州市紫荆山路66号金成国贸大厦2615室
邮编(P. C.):450002
电话(Tel):0371-66325277
传真(Fax):0371-66316310
E-mail:wgmx@tom.com
Http://www.zzwange.com
总经理(General Manager):常利成
联系人(Contact Person):丹峰
产品(Products):擦手纸,马桶垫纸,卫生卷纸,柔巾卷
品牌(Brand):万戈

驻马店市金马纸业有限公司
Zhumadian Jinma Paper Co., Ltd.
地址(Add):河南省驻马店市南海路南段
邮编(P. C.):463000
电话(Tel):0396-3814499
传真(Fax):0396-3814499
法人代表(Chairman):张河清
总经理(General Manager):张河清
产品(Products):卫生纸,餐巾纸,面巾纸
品牌(Brand):驿美,花环,谢谢您

◆ 湖北 Hubei

赤壁市荆泉造纸厂
Chibi Jingquan Paper Mill
地址(Add):湖北省赤壁市荆泉山
邮编(P. C.):437321
电话(Tel):0715-5526018
法人代表(Chairman):付雪海
产品(Products):卫生纸
品牌(Brand):洁星

湖北省荆州市知音纸业有限公司
Hubei Jingzhou Zhiyin Paper Co., Ltd.
地址(Add):湖北省公安县城关长江路77号
邮编(P. C.):434300
电话(Tel):0716-5151199
传真(Fax):0716-5150138
总经理(General Manager):张祥龙
联系人(Contact Person):郭琼
产品(Products):卫生纸,餐巾纸,面巾纸
品牌(Brand):知音

湖北省公安县真诚造纸有限公司
Hubei Gongan Zhencheng Paper Co., Ltd.
地址(Add):湖北省公安县南平镇沿河路26号
邮编(P. C.):434318
电话(Tel):0716-5816998
传真(Fax):0716-5816998
法人代表(Chairman):王臻
总经理(General Manager):王臻
产品(Products):卫生纸原纸
品牌(Brand):健乐

湖北宝润纸业有限公司
Hubei Baorun Paper Co., Ltd.
地址(Add):湖北省广水市应山办事处潘家湖1号
邮编(P. C.):432700
电话(Tel):0722-6244889
传真(Fax):0722-6412428
总经理(General Manager):刘浩
产品(Products):卫生纸,面巾纸
品牌(Brand):柔美,柔依

黄石市康丽卫生制品厂
Huangshi Kangli Hygiene Products Plant
地址(Add):湖北省黄石市医院街168号
邮编(P. C.):435000
电话(Tel):0714-6482791
传真(Fax):0714-6482791
总经理(General Manager):张远刚
产品(Products):妇女卫生巾,卫生纸
品牌(Brand):梦舒佳

湖北玉雅纸业有限责任公司
Hubei Yuya Paper Co., Ltd.
地址(Add):湖北省荆门市拾桥镇玉雅大道6号
邮编(P. C.):448270
电话(Tel):0724-8632449
传真(Fax):0724-8632839
法人代表(Chairman):李景山
总经理(General Manager):李景山
产品(Products):卫生纸,面巾纸,餐巾纸
品牌(Brand):玉雅

荆州市公安县三信纸业有限责任公司
Jingzhou Gongan Sanxin Paper Co., Ltd.
地址(Add):湖北省荆州市公安县南平镇建设北路107号

邮编(P. C.):434318
电话(Tel):0716 - 5818396
法人代表(Chairman):王平
产品(Products):卫生纸,面巾纸,餐巾纸
品牌(Brand):三信

荆州市城南合欢纸业公司
Jingzhou Chengnan Hehuan Paper Co., Ltd.
地址(Add):湖北省荆州市纪南镇拍马工业园
邮编(P. C.):434100
电话(Tel):0716 - 8013406
传真(Fax):0716 - 8417011
总经理(General Manager):冯天雄
产品(Products):卫生纸
品牌(Brand):合欢

松滋市特丽丝纸业有限公司
Hubei Telisi Paper Co., Ltd.
地址(Add):湖北省松滋市民主大道 4 号
邮编(P. C.):434200
电话(Tel):0716 - 6225549
传真(Fax):0716 - 6225549
法人代表(Chairman):张远来
联系人(Contact Person):陈云
产品(Products):卫生纸
品牌(Brand):特丽丝,BBB,红梅

武汉市洪山区博海纸品厂
Wuhan Hongshan Bohai Paper Products Factory
地址(Add):湖北省武汉市东湖风景区万家湾 37 号
邮编(P. C.):430071
电话(Tel):027 - 86798075
传真(Fax):027 - 86798075
E-mail:loboter@ vip. sina. com
总经理(General Manager):罗德波
产品(Products):手帕纸,面巾纸,卫生纸,纸杯

湖北绿世界环保科技股份有限公司
Hubei Green World Environmental Protection Science & Technology Co., Ltd.
地址(Add):湖北省武汉市东湖新技术开发区关南工业园
邮编(P. C.):430074
电话(Tel):027 - 87487565
传真(Fax):027 - 87407025
法人代表(Chairman):苏笑海
产品(Products):纸杯,纸餐具,餐巾纸
品牌(Brand):绿世界

武汉市金菊纸业制造有限公司
Wuhan Jinju Paper Making Co., Ltd.
地址(Add):湖北省武汉市汉阳区鹦鹉大道 586 号
邮编(P. C.):430052
电话(Tel):027 - 84529529
传真(Fax):027 - 84529529
法人代表(Chairman):李津胜
产品(Products):卫生纸,餐巾纸
品牌(Brand):金菊

武汉市天天纸业有限公司
Wuhan Tiantian Paper Co., Ltd.
地址(Add):湖北省武汉市汉阳区下马湖特 1 号
邮编(P. C.):430052
电话(Tel):027 - 84523819
传真(Fax):027 - 84518558
法人代表(Chairman):谌玉书
联系人(Contact Person):谌玉书
产品(Products):卫生纸,面巾纸
品牌(Brand):太太,惠邦

春晖生活用纸厂
Chunhui Household Paper Mill
地址(Add):湖北省武汉市江岸区后湖乡塔子湖村余家墩 57 号
邮编(P. C.):430023
电话(Tel):027 - 85628425
传真(Fax):027 - 85628425
法人代表(Chairman):司立军
总经理(General Manager):蒋楠
产品(Products):卫生纸
品牌(Brand):春晖

康发生活用品厂
Kangfa Household Articles Factory
地址(Add):湖北省武汉市江岸区黄家下湾 150 号
邮编(P. C.):430023
电话(Tel):027 - 85604460
传真(Fax):027 - 85604460
总经理(General Manager):杨翠凤
联系人(Contact Person):李智敏
产品(Products):餐巾纸

百康纸业加工厂
Baikang Paper Products Factory
地址(Add):湖北省武汉市江岸区经济开发区后湖跃进罗家嘴 44 - 1 号
邮编(P. C.):430000
电话(Tel):027 - 65654510
传真(Fax):027 - 65654510
法人代表(Chairman):张汉生
总经理(General Manager):张汉生
联系人(Contact Person):马自来
产品(Products):餐巾纸,面巾纸,湿巾
品牌(Brand):百康

美洁免洗用品厂
Meijie Wash - free Articles Factory
地址(Add):湖北省武汉市江岸区田元三村 340 号
邮编(P. C.):430011
电话(Tel):027 - 82319651
传真(Fax):027 - 82327051
总经理(General Manager):杨继辉
产品(Products):非织造布制品,生活用纸加工,湿巾
品牌(Brand):美洁

武汉黎世免洗用品有限责任公司
Lishi Washfree Products Co., Ltd.
地址(Add):湖北省武汉市江汉区天门墩 25 号
邮编(P. C.):430015
电话(Tel):027 - 85801337
传真(Fax):027 - 85801337
E-mail:whlishi@ 126. com
Http://www. lishi. com. cn

总经理(General Manager):吴世龙
产品(Products):卫生纸,餐巾纸,面巾纸,湿巾,纸杯
品牌(Brand):黎世,月季园

湖北省鄂州银海纸业有限公司
Hubei Ezhou Yinhai Paper Co., Ltd.
地址(Add):湖北省武汉市江汉区扬汉湖常青五院九栋一楼三门1号
邮编(P. C.):430023
电话(Tel):027-85608348
传真(Fax):027-85608348
E-mail:yinhai36@chinese.com
法人代表(Chairman):夏清涛
产品(Products):卫生纸,面巾纸,餐巾纸,妇女卫生巾衬纸
品牌(Brand):银海

武汉市神龙造纸厂
Wuhan Shenlong Paper Mill
地址(Add):湖北省武汉市经济开发区沌口四五路20号
邮编(P. C.):430118
电话(Tel):027-84234319
传真(Fax):027-84233351
法人代表(Chairman):李贻宁
产品(Products):卫生纸
品牌(Brand):神龙

百可灵纸业有限责任公司
Baikeling Paper Co., Ltd.
地址(Add):湖北省武汉市珞瑜路618号东方怡景大厦B座803室
邮编(P. C.):430074
电话(Tel):027-87464933
传真(Fax):027-87462975
联系人(Contact Person):肖梦璧
产品(Products):纸巾纸,湿巾,纸抹布
品牌(Brand):百可灵

武汉市硚口区布莱特纸品厂
Wuhan Qiaokou Bulaite Paper Products Factory
地址(Add):湖北省武汉市硚口区汉西路150号
邮编(P. C.):430034
电话(Tel):027-83647306
E-mail:bright_mail@263.net
联系人(Contact Person):阮祥华
产品(Products):餐巾纸

华成纸品有限公司
Huacheng Paper Products Co., Ltd.
地址(Add):湖北省武汉市武昌区徐东小区74号
邮编(P. C.):430063
电话(Tel):027-86728795
传真(Fax):027-86728795
E-mail:h-huacheng@126.com
Http://www.h-huacheng.ebigchina.com
联系人(Contact Person):罗干高
产品(Products):干法纸机,干法纸,湿巾,餐巾纸,厨房纸巾,工业擦拭纸

舒雅日用品有限公司
Shuya Commodity Co., Ltd.
地址(Add):湖北省仙桃市杜台经济开发区
邮编(P. C.):430000
电话(Tel):0728-3237481
总经理(General Manager):李代华
产品(Products):妇女卫生巾,家居用纸

湖北中顺鸿昌纸业有限公司
Hubei Zhongshun Hongchang Paper Co., Ltd.
地址(Add):湖北省孝感市107国道八一桥旁
邮编(P. C.):432112
电话(Tel):0712-2515508
传真(Fax):0712-2515508
联系人(Contact Person):郑锐文
产品(Products):卫生纸,面巾纸,餐巾纸
品牌(Brand):C&S,洁柔,太阳

孝感申欧企业发展有限公司
Xiaogan Shenou Enterprise Development Co., Ltd.
地址(Add):湖北省孝感市毛陈镇汉丹路555号
邮编(P. C.):432100
电话(Tel):0712-2511555
传真(Fax):0712-2512555
法人代表(Chairman):姜祁云
联系人(Contact Person):邹贤信
产品(Products):卫生纸

维达纸业(湖北)有限公司
Vinda Paper (Hubei) Co., Ltd.
地址(Add):湖北省孝感市孝南区南大工业开发区
邮编(P. C.):432100
电话(Tel):0712-2335438
传真(Fax):0712-2335428
法人代表(Chairman):李朝旺
总经理(General Manager):董义平
产品(Products):卫生纸
品牌(Brand):维达

宜昌舒云卫生用品有限公司
Yichang Shuyun Hygiene Articles Co., Ltd.
地址(Add):湖北省宜昌三峡民营科技园(伍家岗区前坪街29号)
邮编(P. C.):443001
电话(Tel):0717-6552516
传真(Fax):0717-6552658
总经理(General Manager):徐建国
产品(Products):纸巾纸,卫生纸,妇女卫生巾,卫生护垫
品牌(Brand):舒云

湖北舒云纸业有限公司
Hubei Shuyun Paper Co., Ltd.
地址(Add):湖北省宜昌市猇亭大道438号
邮编(P. C.):443007
电话(Tel):0717-6536099
传真(Fax):0717-6536742
法人代表(Chairman):刘学忠
联系人(Contact Person):张宏伟
产品(Products):卫生纸,纸巾纸,妇女卫生巾,卫生护垫
品牌(Brand):舒云,舒馨,舒翼

嘉博彩商贸部
Jiabocai Trade Department
地址(Add):湖北省宜昌市夷陵路307号(王家河公园旁)

邮编(P. C.):443003
电话(Tel):0717 - 6350610
传真(Fax):0717 - 6350002
E-mail:asiajbc@ asiajbc. com
Http://www. asiajbc. com
联系人(Contact Person):薛亚洲
产品(Products):卫生纸,擦手纸,手帕纸,餐巾纸,面巾纸,湿巾

宜昌宇峰纸品有限公司
Yichang Yufeng Paper Products Co., Ltd.
地址(Add):湖北省宜昌枝江市深圳路38号
邮编(P. C.):443200
电话(Tel):0717 - 4213581
传真(Fax):0717 - 4213581
总经理(General Manager):王涛峰
联系人(Contact Person):朱亮英
产品(Products):妇女卫生巾,卫生纸,婴儿纸尿片,成人纸尿片
品牌(Brand):宇峰

宜城市雪涛纸业有限公司
Yicheng Xuetao Paper Co., Ltd.
地址(Add):湖北省宜城市雷河发展区雷河公园旁
邮编(P. C.):441405
电话(Tel):0710 - 4361598
传真(Fax):0710 - 4361598
法人代表(Chairman):石雪涛
产品(Products):面巾纸,卫生纸
品牌(Brand):舒雅洁

湖北宜城市长风纸业有限公司
Hubei Yicheng Changfeng Paper Co., Ltd.
地址(Add):湖北省宜城市上大雁工业园区
邮编(P. C.):441409
电话(Tel):0710 - 4393537
传真(Fax):0710 - 4393836
法人代表(Chairman):吴训正
联系人(Contact Person):张涛
产品(Products):卫生纸
品牌(Brand):羽风

◆ 湖南 Hunan

长沙县仙人乡杨梅造纸厂
Changsha Xianren Yangmei Paper Mill
地址(Add):湖南省长沙市长沙县黄兴镇杨梅村
邮编(P. C.):410132
电话(Tel):0731 - 6867157
法人代表(Chairman):李德田
产品(Products):卫生纸
品牌(Brand):巾洁

长沙舒尔利卫生用品有限公司
Changsha Shuerli Hygiene Products Co., Ltd.
地址(Add):湖南省长沙市劳动东路262号
邮编(P. C.):410007
电话(Tel):0731 - 5515615
传真(Fax):0731 - 5515615
E-mail:cnxql@ gaoqiao. com
法人代表(Chairman):谢启良
产品(Products):纸尿片,纸尿裤,妇婴两用巾,一次性垫巾,一次性三角尿巾,一次性隔尿巾,卫生纸
品牌(Brand):舒尔利,威威

长沙市天心区伊贝纸塑包装厂
Changsha Yibei Paper & Plastic Package Factory
地址(Add):湖南省长沙市天心区南二环二段455号转纸杯厂
邮编(P. C.):410000
电话(Tel):0731 - 5260697
传真(Fax):0731 - 5260697
总经理(General Manager):彭杏芬
联系人(Contact Person):彭勇
产品(Products):纸杯,纸巾

湖南德惠纸业有限公司
Hunan Dehui Paper Co., Ltd.
地址(Add):湖南省常德市德山高新技术园区
邮编(P. C.):415001
电话(Tel):0736 - 7323999
传真(Fax):0736 - 7323999
E-mail:zhough2004@ 126. com
Http://www. hndehui. com
总经理(General Manager):周国宏
联系人(Contact Person):刘杨
产品(Products):卫生纸,手帕纸,面巾纸,擦手纸,湿巾

湖南恒安纸业有限公司
Hunan Hengan Paper Co., Ltd.
地址(Add):湖南省常德市德山开发区桃林路
邮编(P. C.):415001
电话(Tel):0736 - 7300008
传真(Fax):0736 - 7300322
E-mail:cdha@ mail. hengan. com. cn
Http://www. hengan. com
法人代表(Chairman):许连捷
总经理(General Manager):许水深
联系人(Contact Person):卓芳
产品(Products):卫生纸原纸,卫生卷纸,手帕纸,面巾纸,餐巾纸,湿巾
品牌(Brand):心相印

常德金利纸品实业有限公司
Changde Jinli Paper Industrial Co., Ltd.
地址(Add):湖南省常德市阳明路93号
邮编(P. C.):415101
电话(Tel):0736 - 7386238
传真(Fax):0736 - 7396388
法人代表(Chairman):柳真
总经理(General Manager):柳真
联系人(Contact Person):李会均
产品(Products):妇女卫生巾,卫生纸,面巾纸
品牌(Brand):安雅康

大祥纸巾厂
Daxiang Paper Napkin Factory
地址(Add):湖南省洞口县科技局
邮编(P. C.):422300
电话(Tel):0739 - 7150288
传真(Fax):0739 - 7222249
总经理(General Manager):李大祥

产品(Products):餐巾纸

衡阳市石鼓汇南纸制品厂
Hengyang Huinan Paper Products Plant
地址(Add):湖南省衡阳市石鼓区进步村沈家湾42号
邮编(P. C.):421001
电话(Tel):0734－8586590
传真(Fax):0734－8514688
总经理(General Manager):李华卫
产品(Products):餐巾纸
品牌(Brand):绿彩

衡阳市花香实业有限公司
Hengyang Huaxiang Industry Co., Ltd.
地址(Add):湖南省衡阳市易赖西街331号
邮编(P. C.):421002
电话(Tel):0734－8196879
传真(Fax):0734－2418928
法人代表(Chairman):莫运庆
产品(Products):妇女卫生巾,餐巾纸,盒抽纸

湖南省醴陵市宏泰造纸厂
Hunan Liling Hongtai Paper Mill
地址(Add):湖南省醴陵市泗汾镇老街
邮编(P. C.):412212
电话(Tel):0733－3523888
传真(Fax):0733－3522597
联系人(Contact Person):曾阳见
产品(Products):卫生纸

湖南省涟源市皇家纸业有限公司
Hunan Lianyuan Huangjia Paper Co., Ltd.
地址(Add):湖南省涟源市人民路2号
邮编(P. C.):417100
电话(Tel):0738－4423298
传真(Fax):0738－4423298
法人代表(Chairman):刘新才
总经理(General Manager):刘新才
产品(Products):卫生纸,纸巾纸
品牌(Brand):皇后

湖南省造纸研究所有限公司
Hunan Paper Research Institute Co., Ltd.
地址(Add):湖南省湘潭市建设中路7号
邮编(P. C.):411104
电话(Tel):0732－8523244
传真(Fax):0732－8561602
法人代表(Chairman):关以超
总经理(General Manager):董乐传
产品(Products):卫生纸
品牌(Brand):绿松

湖南省益阳市恒运纸制品厂
Hunan Yiyang Hengyun Paper Products Factory
地址(Add):湖南省益阳市岳家桥镇
邮编(P. C.):413061
电话(Tel):0737－4650198
传真(Fax):0737－4650179
法人代表(Chairman):彭楚新
产品(Products):卫生纸,面巾纸

湖南五强溪镇特种造纸厂
Hunan Wuqiangxi Special Paper Mill
地址(Add):湖南省沅陵县五强溪镇
邮编(P. C.):419635
电话(Tel):0745－4734158
传真(Fax):0745－4734163
总经理(General Manager):唐春凡
产品(Products):卫生纸,面巾纸,餐巾纸
品牌(Brand):五强

慧峰纸品厂
Huifeng Paper Products Factory
地址(Add):湖南省株洲县渌口镇王家洲大石围
邮编(P. C.):412100
电话(Tel):0733－7620558
传真(Fax):0733－7620558
联系人(Contact Person):晏青峰
产品(Products):餐巾纸

株洲市江南工贸有限公司
Zhuzhou Jiangnan Industry & Trading Co., Ltd.
地址(Add):湖南省株洲市绿口镇伏波大道28号
邮编(P. C.):412100
电话(Tel):0733－7611368
传真(Fax):0733－7617827
法人代表(Chairman):田俊杰
总经理(General Manager):田俊杰
产品(Products):卫生卷纸,餐巾纸,面巾纸
品牌(Brand):江南

资兴市阳光纸制品厂
Zixing Yangguang Paper Products Factory
地址(Add):湖南省资兴市里鱼江
邮编(P. C.):423402
电话(Tel):0735－3232006
联系人(Contact Person):刘斌
产品(Products):餐巾纸,卫生纸

◆ 广东 Guangdong

钟氏联发纸厂
Zhongshi Lianfa Paper Mill
地址(Add):广东省博罗县龙溪镇球岗移民新村
邮编(P. C.):516121
电话(Tel):0752－6678689
传真(Fax):0752－6672833
联系人(Contact Person):郑振文
产品(Products):卫生纸

博罗县石湖卫生纸厂
Boluo Shihu Tissue Paper Mill
地址(Add):广东省博罗县石湾镇湾湖石路
邮编(P. C.):516127
电话(Tel):0752－6610646
传真(Fax):0752－6912198
法人代表(Chairman):周志强
产品(Products):卫生纸

惠州福和纸业有限公司
Huizhou Fook Woo Paper Co., Ltd.
地址(Add):广东省博罗县园州镇

邮编(P. C.):516123
电话(Tel):0752-6812888
传真(Fax):0752-6812628
总经理(General Manager):梁契权
联系人(Contact Person):梁泳康
产品(Products):卫生纸,纸巾纸
品牌(Brand):福和,Conner,Kami,绿仙子

南兴造纸厂
Nanxing Paper Mill
地址(Add):广东省潮阳河溪南田
邮编(P. C.):515100
电话(Tel):0754-3421708
传真(Fax):0754-3421708
联系人(Contact Person):林利和
产品(Products):卫生纸

东莞市厚街华宝纸品厂
Dongguan Houjie Huabao Paper Products Factory
地址(Add):广东省东莞市厚街镇鳌台
邮编(P. C.):523963
电话(Tel):0769-85813728
传真(Fax):0769-85030083
总经理(General Manager):王岳铭
产品(Products):面巾纸,纸巾纸,卫生纸,手帕纸,擦手纸,餐巾纸
品牌(Brand):柔力,华宝

东莞市彩虹纸业制品有限公司
Dongguan Caihong Paper Products Co., Ltd.
地址(Add):广东省东莞市虎门镇路东管理区长岛集团大厦内
邮编(P. C.):523935
电话(Tel):0769-88718572
传真(Fax):0769-85567547
总经理(General Manager):马宣仪
联系人(Contact Person):程先容
产品(Products):卫生纸

东莞姿庭生活用品有限公司
Dongguan Shietine Articles for Daily Use Co., Ltd.
地址(Add):广东省东莞市桥头镇岭头工业区
邮编(P. C.):523530
电话(Tel):0769-83343868
传真(Fax):0769-83342786
E-mail:gitine@pub.dgnet.gd.cn
Http://www.gitine.com
法人代表(Chairman):莫浩棠
总经理(General Manager):钱澜
产品(Products):妇女卫生巾,卫生护垫,面巾纸,手帕纸,婴儿纸尿裤
品牌(Brand):姿庭

东莞市智达纸业制品有限公司
Dongguan Zhida Paper Products Co., Ltd.
地址(Add):广东省东莞市沙田镇民田工业区
邮编(P. C.):523991
电话(Tel):0769-88862222
传真(Fax):0769-88866662
E-mail:webmaster@zhidapaper.cn
Http://www.zhidapaper.cn
总经理(General Manager):黄智勇
联系人(Contact Person):黄智勇
产品(Products):卫生纸,方巾纸,面巾纸,纸手帕,餐巾纸,厨房用纸,小盘纸,擦手纸
品牌(Brand):智达,娇梦,飞富

东莞市石碣鹤联纸品加工厂
Dongguan Shijie Helian Paper Products Converting Plant
地址(Add):广东省东莞市石碣镇鹤田厦
邮编(P. C.):511724
电话(Tel):0769-86636436
法人代表(Chairman):夏锦发
产品(Products):卫生纸
品牌(Brand):羽鹤

东莞利良纸巾制品有限公司
Dongguan Nice Bonus Tissue Products Co., Ltd.
地址(Add):广东省东莞市石龙镇红棉路16号
邮编(P. C.):523321
电话(Tel):0769-86626608
传真(Fax):0769-86626908
E-mail:hxr1975@163.com
法人代表(Chairman):蔡醒娟
联系人(Contact Person):方建沂
产品(Products):卫生卷纸,面巾纸
品牌(Brand):利良

东莞市明月纸业有限公司
Dongguan Mingyue Paper Co., Ltd.
地址(Add):广东省东莞市塘厦镇振兴围工业区
邮编(P. C.):523720
电话(Tel):0769-87722956
传真(Fax):0769-87919822
E-mail:mingyue-0769@263.net
法人代表(Chairman):许泽培
联系人(Contact Person):卢长成
产品(Products):卫生纸,面巾纸
品牌(Brand):保洁莉,名臣

东莞市芬洁纸品厂
Dongguan Fenjie Paper Product Factory
地址(Add):广东省东莞市万江大汾工业区
邮编(P. C.):523052
电话(Tel):0769-82185708
传真(Fax):0769-82185708
Http://www.fenjie.com
法人代表(Chairman):谢玉珍
产品(Products):卫生纸,面巾纸,餐巾纸,手帕纸,美容纸
品牌(Brand):芬洁

东莞市万江新发纸巾厂
Dongguan Wanjiang Xinfa Paper Towel Mill
地址(Add):广东省东莞市万江区大汾工业区
邮编(P. C.):511717
电话(Tel):0769-22279728
传真(Fax):0769-22706622
法人代表(Chairman):陈伍行
产品(Products):卫生纸

东莞市白天鹅纸业有限公司
Dongguan White Swan Paper Products Co., Ltd.

地址(Add):广东省东莞市万江区谷涌工业区
邮编(P. C.):523047
电话(Tel):0769 - 22172118
传真(Fax):0769 - 22181226
E-mail:bte@ whiteswanpaper. com
Http://www. whiteswanpaper. com
法人代表(Chairman):卢宝祥
总经理(General Manager):卢宝祥
联系人(Contact Person):李刚
产品(Products):卫生纸原纸,卫生卷纸,纸巾纸,妇女卫生巾,卫生护垫,婴儿纸尿裤
品牌(Brand):贝柔,黛柔

东莞市宝建纸业有限公司
Dongguan Baojian Paper Trade Co., Ltd.
地址(Add):广东省东莞市万江区简沙洲
邮编(P. C.):523062
电话(Tel):0769 - 22270703
传真(Fax):0769 - 22177628
法人代表(Chairman):胡宝明
总经理(General Manager):何文彪
产品(Products):卫生纸原纸,纸巾盘纸,面巾纸,餐巾纸,纸巾纸
品牌(Brand):宝明,三鱼,娇子

东莞市万江万宝纸品厂
Dongguan Wanjiang Wanbao Paper Products Factory
地址(Add):广东省东莞市万江区简沙洲工业区大道
邮编(P. C.):523062
电话(Tel):0769 - 22187138
传真(Fax):0769 - 22276166
法人代表(Chairman):胡宝枝
联系人(Contact Person):李贞辉
产品(Products):卫生纸,餐巾纸,面巾纸,手帕纸
品牌(Brand):王子

东莞市华兴纸业实业有限公司
Dongguan Huaxing Paper Industrial Co., Ltd.
地址(Add):广东省东莞市万江区滘联村工业区
邮编(P. C.):523046
电话(Tel):0769 - 22271932
传真(Fax):0769 - 22275919
E-mail:hxzy@ huaxing - dg. com
Http://www. huaxing - dg. com
法人代表(Chairman):欧华仔
联系人(Contact Person):洪泽森
产品(Products):卫生纸,餐巾纸,面巾纸,婴儿纸尿裤,妇女卫生巾,卫生护垫
品牌(Brand):花心,伊健

惠康纸业有限公司
Huikang Paper Co., Ltd.
地址(Add):广东省东莞市万江区胜利爱迪工业区
邮编(P. C.):523063
电话(Tel):0769 - 22179883
传真(Fax):0769 - 22178188
法人代表(Chairman):詹沛林
总经理(General Manager):赖沃均
产品(Products):妇女卫生巾,卫生护垫,纸尿裤,纸尿片,餐巾纸,卫生卷纸
品牌(Brand):护丽康

东莞市柔一纸业有限公司
Dongguan Rouyi Paper Co., Ltd.
地址(Add):广东省东莞市万江新村工业区
邮编(P. C.):523053
电话(Tel):0769 - 22282171
传真(Fax):0769 - 22187978
总经理(General Manager):古春满
产品(Products):卫生纸,餐巾纸,面巾纸,手帕纸,擦手纸
品牌(Brand):柔一

东莞市惠兴纸品有限公司
Dongguan Huixing Paper Industry Co., Ltd.
地址(Add):广东省东莞市万江新村工业区
邮编(P. C.):523023
电话(Tel):0769 - 22702113
传真(Fax):0769 - 22288171
总经理(General Manager):卢惠乐
产品(Products):卫生纸
品牌(Brand):自由派,碧丽雅,仙童子

新华纸品厂
Xinhua Paper Products Factory
地址(Add):广东省东莞市万江新村卢屋工业区
邮编(P. C.):523380
电话(Tel):0769 - 22272473
传真(Fax):0769 - 22272473
总经理(General Manager):陈炳南
产品(Products):面巾纸,卫生纸

东莞市利兴纸业有限公司
Dongguan Paper Cavse Co., Ltd.
地址(Add):广东省东莞市万江严屋高基工业区
邮编(P. C.):523049
电话(Tel):0769 - 22287198
传真(Fax):0769 - 22275500
联系人(Contact Person):卢沛良
产品(Products):卫生纸
品牌(Brand):利兴

东莞市恩兴纸业有限公司
Dongguan Enxing Paper Co., Ltd.
地址(Add):广东省东莞市万江油九工业区
邮编(P. C.):523039
电话(Tel):0769 - 22288043
传真(Fax):0769 - 22781108
E-mail:youjiu999@ 163. com
法人代表(Chairman):卢宜兴
产品(Products):卫生纸,盒巾纸,面巾纸,餐巾纸,原纸
品牌(Brand):真惠,洁 100,多柔

东莞万景纸品厂
Dongguan Wanjing Paper Products Factory
地址(Add):广东省东莞市万江镇流涌尾管理区
邮编(P. C.):511777
电话(Tel):0769 - 22285411
传真(Fax):0769 - 22189443
法人代表(Chairman):谢景湖
产品(Products):纸巾纸
品牌(Brand):一众,芳草

东莞市盈泰纸品厂

Dongguan Yingtai Paper Products Factory
地址(Add):广东省东莞市望牛墩锦涡工业区
邮编(P.C.):523217
电话(Tel):0769-88559098
传真(Fax):0769-88560358
总经理(General Manager):许小尖
产品(Products):卫生纸原纸,餐巾纸,面巾纸
品牌(Brand):好家风

东莞市伟虹纸业有限公司
Dongguan Weihong Paper Industry Co., Ltd.
地址(Add):广东省东莞市望牛墩镇杜屋村工业区
邮编(P.C.):523210
电话(Tel):0769-88558198
传真(Fax):0769-88558298
联系人(Contact Person):冯吉琦
产品(Products):卫生纸,面巾纸,擦手纸

东莞市鼎盛造纸厂
Dongguan Dingsheng Paper Mill
地址(Add):广东省东莞市望牛墩镇下漕区
邮编(P.C.):511777
电话(Tel):0769-88854938
传真(Fax):0769-88854938
法人代表(Chairman):蔡旭林
产品(Products):卫生纸
品牌(Brand):鼎盛

东莞市万江卫平纸厂
Dongguan Wanjiang Weiping Paper Mill
地址(Add):广东省东莞市新村村尾
邮编(P.C.):511717
电话(Tel):0769-22275588
法人代表(Chairman):陈卫平
产品(Products):卫生纸

博大纸业制品厂
Boda Paper Product Factory
地址(Add):广东省东莞市杨屋管理区
邮编(P.C.):523820
电话(Tel):0769-83351993
传真(Fax):0769-85659638
法人代表(Chairman):何黎广
产品(Products):餐巾纸,面巾纸,卫生纸
品牌(Brand):三五

东莞市中堂吴家涌华苑纸巾厂
Dongguan Zhongtang Wujiayong Huayuan Paper Towel Mill
地址(Add):广东省东莞市中堂吴家涌
邮编(P.C.):511000
电话(Tel):0769-88811428
法人代表(Chairman):吴湛林
产品(Products):卫生纸,餐巾纸
品牌(Brand):友谊

东莞市中堂三文纸巾厂
Dongguan Zhongtang Sanwen Napkin Factory
地址(Add):广东省东莞市中堂镇潢新围北路袁家涌西亭坊路口
邮编(P.C.):511700
电话(Tel):0769-88883078
传真(Fax):0769-88897557
E-mail:ygll007@21cn.com
联系人(Contact Person):袁伟权
产品(Products):纸巾纸,手帕纸

恩平市安达纸品厂
Enping Anda Paper Products Factory
地址(Add):广东省恩平市城镇河南区凤山路41号之3
邮编(P.C.):529400
电话(Tel):0750-7779950
传真(Fax):0750-7776764
法人代表(Chairman):黎兴盛
总经理(General Manager):黎伟坚
产品(Products):餐巾纸,面巾纸,卫生纸

广州市番禺莲花山造纸有限公司
Guangzhou Panyu Lianhuashan Paper Co., Ltd.
地址(Add):广东省番禺莲花山镇莲花东路80号
邮编(P.C.):511440
电话(Tel):020-84861371
传真(Fax):020-84860433
法人代表(Chairman):何灼辉
产品(Products):卫生纸
品牌(Brand):莲花山

广州市番禺区宏达造纸厂
Guangzhou Hongda Paper Mill
地址(Add):广东省番禺市灵山镇墩塘村
邮编(P.C.):511473
电话(Tel):020-84928128
传真(Fax):020-84927398
法人代表(Chairman):冯文杰
联系人(Contact Person):朱树棠
产品(Products):卫生纸,餐巾纸,面巾纸
品牌(Brand):孖宝

番禺市石流华达造纸厂
Panyu Shiliu Huada Paper Mill
地址(Add):广东省番禺市石楼镇南派庄
邮编(P.C.):511447
电话(Tel):020-84840288
传真(Fax):020-84843083
总经理(General Manager):杨秉全
产品(Products):卫生纸,餐巾纸
品牌(Brand):洁力王,富贵

日畅纸业有限公司
Richang Paper Co., Ltd.
地址(Add):广东省佛山市高明区沿江路127号
邮编(P.C.):528500
电话(Tel):0757-88881723
传真(Fax):0757-88881723
法人代表(Chairman):黄锦洪
联系人(Contact Person):梁桂雄
产品(Products):卫生纸,餐巾纸,面巾纸
品牌(Brand):惠洁,维雅

广东省南海康洁香巾厂
Nanhai Kangjie Towel Factory of Guangdong
地址(Add):广东省佛山市南海区桂城石肯工业区

邮编(P. C.):528300
电话(Tel):0757－86361584
传真(Fax):0757－86361584
E-mail:master@ kangjie－wettowel. com
Http://www. kangjie－wettowel. com
总经理(General Manager):周柱兴
产品(Products):湿巾,婴儿隔尿垫巾,手帕纸
品牌(Brand):康洁,舒爽

佛山市洁达纸业有限公司
Foshan Jieda Paper Co., Ltd.
地址(Add):广东省佛山市南海区里水镇流潮工业区
邮编(P. C.):528248
电话(Tel):0757－85625452
传真(Fax):0757－85625451
总经理(General Manager):叶益义
产品(Products):面巾纸,手帕纸,湿巾

佛山市南海区康德信酒店卫生用品厂
Foshan Kangdexin Hotel Hygiene Articles Factory
地址(Add):广东省佛山市南海区罗村镇罗北大岗头
邮编(P. C.):528226
电话(Tel):0757－86433038
传真(Fax):0757－86433786
Http://www. kdx8848. com
法人代表(Chairman):杨玲枝
总经理(General Manager):杨福祥
产品(Products):湿巾,餐巾纸
品牌(Brand):康德信

佛山市南海区平洲夏东伟业纸品厂
Foshan Weiye Paper Products Factory
地址(Add):广东省佛山市南海区平洲夏东村五房沙
邮编(P. C.):528251
电话(Tel):0757－86799467
传真(Fax):0757－86799467
法人代表(Chairman):叶健松
产品(Products):湿巾,纸巾
品牌(Brand):馨业

南海平洲新奇丽日用品有限公司
Nanhai Xinqili Daily－Use Goods Co., Ltd.
地址(Add):广东省佛山市南海区平洲夏南一工业北区
邮编(P. C.):528251
电话(Tel):0757－86762588
传真(Fax):0757－86762599
法人代表(Chairman):彭锦潮
联系人(Contact Person):黄玲伟
产品(Products):卫生纸,面巾纸
品牌(Brand):新奇丽,千の花

佛山市南海区平洲夏西雅佳酒店用品厂
Foshan Yajia Hotel Articles Factory
地址(Add):广东省佛山市南海区平洲夏西良溪工业区
邮编(P. C.):528251
电话(Tel):0757－86774070
传真(Fax):0757－86284555
法人代表(Chairman):李尤磷
产品(Products):湿巾,纸巾
品牌(Brand):雅派一族

北滘镇江联造纸有限公司
Beijiao Jianglian Paper Co., Ltd.
地址(Add):广东省佛山市顺德区北滘镇碧江珠江大道18号
邮编(P. C.):511440
电话(Tel):0757－26633433
传真(Fax):0757－26633515
联系人(Contact Person):郑永成
产品(Products):卫生纸

顺德市乐从镇葛岸沙河纸品厂
Shunde Lecong Gean Shahe Paper Products Plant
地址(Add):广东省佛山市顺德区乐从镇葛岸第三工业区6号
邮编(P. C.):528315
电话(Tel):0757－28850857
传真(Fax):0757－28853613
法人代表(Chairman):范成庆
总经理(General Manager):范成庆
产品(Products):卫生纸,妇女卫生巾用吸水纸

广州市唯妮纸业有限公司
Guangzhou Weini Paper Co., Ltd.
地址(Add):广东省广州市白云区太和镇谢家庄荫兰大道东工业区A－5
邮编(P. C.):510310
电话(Tel):020－34311559
传真(Fax):020－34312103
E-mail:vine@ vinepaper. com
Http://www. vinepaper. com
联系人(Contact Person):应唯虎
产品(Products):纸巾纸,擦手纸,面巾纸,手帕纸,餐巾纸,厨房用纸,湿巾

广州市盛豪纸业有限公司
Guangzhou Shenghao Paper Co., Ltd.
地址(Add):广东省广州市番禺区石碁镇金龙路桥山村段1号之一
邮编(P. C.):511450
电话(Tel):020－84859933
传真(Fax):020－84859923
法人代表(Chairman):黎钜文
联系人(Contact Person):黎钜文
产品(Products):卫生纸,面巾纸,擦手纸
品牌(Brand):情永在

广州市昊升纸业有限公司
Guangzhou Haosheng Paper Co., Ltd.
地址(Add):广东省广州市芳村区东沙开发区荷景路9－13号
邮编(P. C.):510385
电话(Tel):020－81495019
传真(Fax):020－81494093
联系人(Contact Person):张婉萍
产品(Products):面巾纸,湿巾

广州立白企业集团有限公司
Guangzhou Liby Enterprise Group Co., Ltd.
地址(Add):广东省广州市芳村区陆居路2号
邮编(P. C.):510370
电话(Tel):020－81592339

传真(Fax):020－81558912
Http://www.liby.com.cn
联系人(Contact Person):梁伟强
产品(Products):卫生卷纸

祥龙日用品有限公司广州分公司
Xianglong Commodity Co., Ltd. Guangzhou Branch
地址(Add):广东省广州市海珠区工业大道尾南洲名苑南望A901
邮编(P.C.):510288
电话(Tel):020－84051655
传真(Fax):020－84051658
E-mail:ouwen.007@163.com
联系人(Contact Person):温勤龙
产品(Products):手帕纸,面巾纸,餐巾纸,卫生纸,擦手纸

广州市海珠区花洁旅游日用品厂
Guangzhou Haizhu Huajie Tourism Articles Factory
地址(Add):广东省广州市海珠区琶州仁瑞大街27号
邮编(P.C.):560335
电话(Tel):020－34310876
传真(Fax):020－34311736
Http://www.huajiepaper.com
法人代表(Chairman):杨铁雷
总经理(General Manager):杨铁雷
产品(Products):湿巾,纸巾
品牌(Brand):名扬,花洁

广州市昊达纸业有限公司
Guangzhou Haoda Paper Co., Ltd.
地址(Add):广东省广州市江湾路101号3楼
邮编(P.C.):510220
电话(Tel):020－34284420
传真(Fax):020－34289957
总经理(General Manager):赵赤军
产品(Products):原纸,餐巾纸,厨房用纸,卫生卷纸,擦手纸,面巾纸,纸杯

金佰利(广州)纸业有限公司
Kimberly Clark Paper (Guangzhou) Co., Ltd.
地址(Add):广东省广州市经济技术开发区创业路同兴工业大厦
邮编(P.C.):510730
电话(Tel):020－82216222
传真(Fax):020－82217827
法人代表(Chairman):BYLAO
总经理(General Manager):胡卫伦
联系人(Contact Person):李小虎
产品(Products):面巾纸,餐巾纸,纸手帕,卫生卷纸
品牌(Brand):Kleenex 舒洁,Scott Andrex 皇冠

广州市天河龙洞纵横纸业制品厂
Guangzhou Tianhe Longdong Zongheng Paper Products Factory
地址(Add):广东省广州市天河区广汕二路179号(柯木塱方屋村)
邮编(P.C.):510655
电话(Tel):020－87265711
传真(Fax):020－87265600
E-mail:lhy@zhzhiye.com
Http://www.zhzhiye.com
联系人(Contact Person):廖伙荣
产品(Products):卫生卷纸,擦手纸,纸巾纸

海丰县康太纸业有限公司
Haifeng Kangtai Paper Co., Ltd.
地址(Add):广东省海丰县可塘镇新兴北路70号
邮编(P.C.):516429
电话(Tel):0660－6760111
传真(Fax):0660－6764333
总经理(General Manager):黄全
联系人(Contact Person):黄全
产品(Products):卫生卷纸

鹤山市源兴纸业有限公司
Heshan Yuanxing Paper Co., Ltd.
地址(Add):广东省鹤山市古劳镇
邮编(P.C.):529738
电话(Tel):0750－8766229
传真(Fax):0750－8761881
法人代表(Chairman):汝有培
产品(Products):卫生纸
品牌(Brand):仟智

钟氏纸业公司
Zhongshi Paper Co.
地址(Add):广东省惠州博罗县龙溪镇广汕公路边100公里
邮编(P.C.):516121
电话(Tel):0752－6678689
传真(Fax):0752－6678689
法人代表(Chairman):钟玉涛
总经理(General Manager):钟国良
产品(Products):卫生纸,面巾纸
品牌(Brand):皇牌

惠阳浩德实业有限公司
Huiyang Haode Industry Co., Ltd.
地址(Add):广东省惠州市惠阳淡水排坊工业区
邮编(P.C.):516211
电话(Tel):0752－3356328
传真(Fax):0752－3340683
法人代表(Chairman):叶新梅
总经理(General Manager):吴权昌
产品(Products):妇女卫生巾,卫生护垫,纸尿片,纸尿裤,纸巾纸
品牌(Brand):乐乎乐,惠安雅,清爽,清婷,三和

江门市蓬江区新美达纸业有限公司
Jiangmen Pengjiang Xinmeida Paper Co., Ltd.
地址(Add):广东省江门市白沙工业区
邮编(P.C.):529000
电话(Tel):0750－3526212
传真(Fax):0750－3528493
法人代表(Chairman):朱伟成
产品(Products):纸巾纸,面巾纸

江门市晨采纸业有限公司
Jiangmen Chencai Paper Co., Ltd.
地址(Add):广东省江门市发展大道29号白石工业区K座
邮编(P.C.):529000
电话(Tel):0750－3390201

传真(Fax):0750－3396031
E-mail:info@ sanchoicepaper. com
Http://www. sanchoicepaper. com
法人代表(Chairman):吕维康
总经理(General Manager):黄文彪
产品(Products):面巾纸,卫生纸,擦手纸,厨房用纸,餐巾纸,湿巾
品牌(Brand):晨彩

江门市东海包装用品有限公司
Jiangmen Donghai Packing Articles Co., Ltd.
地址(Add):广东省江门市环市皇边工业区
邮编(P. C.):529000
电话(Tel):0750－3910831
传真(Fax):0750－3395428
E-mail:donghai1998@ yahoo. com. cn
联系人(Contact Person):梁植全
产品(Products):擦手纸

江门日佳纸业有限公司
Jiangmen Rijia Paper Co., Ltd.
地址(Add):广东省江门市蓬江区潮连招商工业园1号
邮编(P. C.):529090
电话(Tel):0750－3726388
传真(Fax):0750－3726328
E-mail:rijia2004@ 163. com
法人代表(Chairman):任锦明
联系人(Contact Person):尹振杰
产品(Products):卫生纸
品牌(Brand):亲柔

广东江门市新华造纸厂
Guangdong Jiangmen Xinhua Paper Mill
地址(Add):广东省江门市文昌沙130号
邮编(P. C.):529020
电话(Tel):0750－3354176
传真(Fax):0750－3354522
法人代表(Chairman):赵向阳
产品(Products):卫生纸
品牌(Brand):富贵

江门市新会区宝达造纸实业有限公司
Jiangmen Xinhui Baoda Paper Industrial Co., Ltd.
地址(Add):广东省江门市新会区大泽镇新园工业开发区
邮编(P. C.):529161
电话(Tel):0750－6899438
传真(Fax):0750－6899252
E-mail:baod@ 163. com
Http://www. baodapaper. com
法人代表(Chairman):余卫平
联系人(Contact Person):容惠练
产品(Products):卫生纸,面巾纸,擦手纸,厨房用纸,妇女卫生巾/纸尿裤衬纸
品牌(Brand):生活天

维达纸业(广东)有限公司
Vinda Paper (Guangdong) Co., Ltd.
地址(Add):广东省江门市新会区东侯工业开发区
邮编(P. C.):529100
电话(Tel):0750－6168333
传真(Fax):0750－6120239
E-mail:guangdong@ vinda. com
Http://www. vindapaper. com
法人代表(Chairman):李朝旺
总经理(General Manager):李朝旺
联系人(Contact Person):张健
产品(Products):卫生纸原纸,卫生卷纸,手帕纸,餐巾纸,面巾纸,厨房纸巾,擦手纸,妇女卫生巾,湿巾
品牌(Brand):维达,花之韵

江门市新会区会城雅枫纸业制品厂
Jiangmen Xinhui Huicheng Yafeng Paper Products Factory
地址(Add):广东省江门市新会区会城镇东甲工业区
邮编(P. C.):529100
电话(Tel):0750－6168488
传真(Fax):0750－6168588
E-mail:yafengpaper@ 163. com
Http://www. inwpc. com/yafeng
法人代表(Chairman):余国荣
联系人(Contact Person):张卫强
产品(Products):卫生纸,面巾纸
品牌(Brand):雅枫

新会旭峰纸业制品有限公司
Xinhui Xufeng Paper Products Co., Ltd.
地址(Add):广东省江门市新会区会城镇梅江工业区28号
邮编(P. C.):529100
电话(Tel):0750－6675988
传真(Fax):0750－6675928
联系人(Contact Person):黄国熙
产品(Products):卫生纸,面巾纸,擦手纸,纸巾纸,餐巾纸

江门市鸿祥纸业有限公司
Jiangmen Hongxiang Paper Co., Ltd.
地址(Add):广东省江门市新会区会城镇紫云路8号
邮编(P. C.):529100
电话(Tel):0750－6680726
传真(Fax):0750－6680716
总经理(General Manager):蒋敏汉
产品(Products):卫生纸,面巾纸

中顺集团广东江门市新会中顺纸业有限公司
Jiangmen Zhongshun Paper Making Co., Ltd.
地址(Add):广东省江门市新会区三江镇白庙工业区
邮编(P. C.):529142
电话(Tel):0750－6216668
传真(Fax):0750－6211278
联系人(Contact Person):梁华标
产品(Products):卫生纸,面巾纸,餐巾纸
品牌(Brand):C&S,洁柔,太阳

江门市新会区兴和纸业有限公司
Jiangmen Xinhui Xinghe Paper Co., Ltd.
地址(Add):广东省江门市新会三江镇工业开发区虎坑大桥旁
邮编(P. C.):529100
电话(Tel):0750－6211933
传真(Fax):0750－6216202
法人代表(Chairman):赵有识
联系人(Contact Person):赵汝明
产品(Products):纸巾纸,卫生纸

品牌(Brand):葵树,大兴和,金羚,东方彩,蓝爱心

江门市云鸥纸业公司
Jiangmen Yunou Paper Co.
地址(Add):广东省江门市育德街二幢8号
邮编(P.C.):529000
电话(Tel):0515-8833877
联系人(Contact Person):欧阳文立
产品(Products):擦手纸

揭东县白塔镇造纸厂
Jiedong Baita Paper Mill
地址(Add):广东省揭东县白塔镇
邮编(P.C.):515526
电话(Tel):0663-3590483
法人代表(Chairman):洪烈林
产品(Products):卫生纸

揭东县兴业造纸厂
Jiedong Xingye Paper Mill
地址(Add):广东省揭东县炮台镇三涵斗边原水运公司
邮编(P.C.):515559
电话(Tel):0663-3353573
传真(Fax):0663-3353573
法人代表(Chairman):吴静填
产品(Products):面巾纸,卫生纸

揭东县新亨洁新纸业制品厂(洁新干法造纸厂)
Jiedong Xinheng Jiexin Paper Products Plant(Jiexin Air-laid Paper Mill)
地址(Add):广东省揭阳市揭东县新亨镇埔东工业区
邮编(P.C.):515548
电话(Tel):0663-3434888
传真(Fax):0663-3434999
E-mail:jiexin999@163.com
Http://www.jiexin.com.cn
法人代表(Chairman):陈建辉
总经理(General Manager):陈建辉
联系人(Contact Person):陈潮芬
产品(Products):卫生纸,厨房用纸,餐巾纸,纸尿片,卫生护垫,鞋垫及其设备,干法纸及其设备
品牌(Brand):洁新,亲亲宝贝

广东省揭阳县炮台镇榕盛造纸厂
Guangdong Jieyang Rongsheng Paper Mill
地址(Add):广东省揭阳县炮台镇青溪路段
邮编(P.C.):515559
电话(Tel):0663-3355699
传真(Fax):0663-3355699
法人代表(Chairman):肖树鑫
总经理(General Manager):肖树鑫
产品(Products):卫生纸原纸

茂名市家和纸业有限公司
Maoming Jiahe Paper Co.,Ltd.
地址(Add):广东省茂名市金塘镇
邮编(P.C.):525025
电话(Tel):0668-2361388
传真(Fax):0668-2361388
总经理(General Manager):梁文君
产品(Products):卫生纸
品牌(Brand):家和

普宁市广太造纸厂
Puning Guangtai Paper Mill
地址(Add):广东省普宁市广太镇黄芽山村
邮编(P.C.):515350
电话(Tel):0663-2421187
法人代表(Chairman):杨荣城
产品(Products):卫生纸

金钰(清远)卫生纸有限公司
Jinyu Qingyuan Tissue Paper Industry Co., Ltd.
地址(Add):广东省清远市经济开发区D15区
邮编(P.C.):511517
电话(Tel):0763-3483610
传真(Fax):0763-3483777
E-mail:jysales@21cn.com
Http://www.jti.com.cn
法人代表(Chairman):黄志源
总经理(General Manager):许明训
产品(Products):卫生卷纸,盒装面巾纸,抽取式卫生纸,餐巾纸,手帕纸
品牌(Brand):唯洁雅,清风,真真,婷萱,金选,诗婷

汕头市万安纸业有限公司
Wanan Paper Co., Ltd.
地址(Add):广东省汕头市升平工业区沿河路北段
邮编(P.C.):515061
电话(Tel):0754-2519909
传真(Fax):0754-2511877
E-mail:wanan@wananzhiye.com
Http://www.wananzhiye.com
法人代表(Chairman):袁惠君
总经理(General Manager):郑康吉
联系人(Contact Person):郑康荣
产品(Products):面巾纸,餐巾纸
品牌(Brand):花姿,雅丽诗,柔丽

广东省汕头市金平区飘合纸业有限公司
Guangdong Shantou Piaohe Paper Co., Ltd.
地址(Add):广东省汕头市鮀浦镇鮀中路中段
邮编(P.C.):515061
电话(Tel):0754-2530777
传真(Fax):0754-2515777
法人代表(Chairman):肖树鑫
总经理(General Manager):肖树鑫
联系人(Contact Person):洪广龙
产品(Products):面巾纸,餐巾纸,餐厨纸抹布,卫生卷纸,盘纸
品牌(Brand):波斯猫

汕尾市城区捷胜迎春纸厂
Shanwei Chengqu Jiesheng Yingchun Paper Mill
地址(Add):广东省汕尾市城区捷胜镇联安管理区
邮编(P.C.):516624
电话(Tel):0660-3461430
传真(Fax):0660-3466999
法人代表(Chairman):翁芳
产品(Products):卫生纸,餐巾纸,面巾纸
品牌(Brand):迎春

中顺集团广东韶关市中顺纸业有限公司
Zhongshun Shaoguan Paper Co., Ltd.
地址(Add):广东省韶关市乳源桂兴仙湖工业区
邮编(P. C.):512736
电话(Tel):0751-5392789
传真(Fax):0751-5392788
联系人(Contact Person):时济华
产品(Products):卫生纸,面巾纸,餐巾纸
品牌(Brand):C&S,洁柔,太阳

鸿源实业(深圳)有限公司
Hongyuan Industrial (Shenzhen) Co., Ltd.
地址(Add):广东省深圳市布吉镇上水径恒通工业城6栋2楼
邮编(P. C.):518112
电话(Tel):0755-28522648
传真(Fax):0755-28522748
法人代表(Chairman):魏楚芳
总经理(General Manager):魏楚芳
联系人(Contact Person):朱惠芳
产品(Products):卫生纸,面巾纸,手帕纸,妇女卫生巾,卫生护垫,湿巾,卫生床垫
品牌(Brand):馨丽,富贵猫,声艺,飘馨

深圳市博奥实业发展有限公司
Shenzhen Boao Industry Development Co., Ltd.
地址(Add):广东省深圳市东晓路布心村111号布心大厦6楼B座
邮编(P. C.):518019
电话(Tel):0755-25770101
传真(Fax):0755-25770101
E-mail:boao166@163.com
Http://www.chinaboao.net
联系人(Contact Person):陈俊林
产品(Products):卫生纸,擦手纸,餐巾纸

山河港纸业(深圳)有限公司
Shanhegang Paper (Shenzhen) Co., Ltd.
地址(Add):广东省深圳市龙岗区布吉镇甘坑村经济开发区一栋
邮编(P. C.):518112
电话(Tel):0755-28557482
传真(Fax):0755-28557841
联系人(Contact Person):薛群
产品(Products):卫生纸,面巾纸,手帕纸
品牌(Brand):百丽

深圳龙岗新生心丽纸品厂
Shenzhen Longgang Xinsheng Xinli Paper Products Factory
地址(Add):广东省深圳市龙岗区低山南路2-3号
邮编(P. C.):518116
电话(Tel):0755-84888373
传真(Fax):0755-84888375
联系人(Contact Person):何征兵
产品(Products):卫生纸,餐巾纸

万益纸巾(深圳)有限公司
Useful Tissue (Shenzhen) Co., Ltd.
地址(Add):广东省深圳市龙岗区横岗黄阁坑大围工业区
邮编(P. C.):518116
电话(Tel):0755-89625608
传真(Fax):0755-89625183
法人代表(Chairman):庄灿煜
产品(Products):面巾纸,卫生纸,湿巾
品牌(Brand):史努比

深圳市雅兰纸巾厂
Shenzhen Yalan Paper Towel Plant
地址(Add):广东省深圳市龙岗区坑梓镇第三工业区
邮编(P. C.):518122
电话(Tel):0755-84112368
传真(Fax):0755-84111398
联系人(Contact Person):张桂铭
产品(Products):面巾纸,卫生纸
品牌(Brand):雅诗,贝雅

深圳市龙新纸巾厂
Shenzhen Longxin Paper Towel Plant
地址(Add):广东省深圳市龙岗区龙岗镇龙西对面岭南路6号
邮编(P. C.):518100
电话(Tel):0755-84855889
传真(Fax):0755-84878166
总经理(General Manager):赖庆委
产品(Products):卫生卷纸,纸巾纸

深圳市龙岗区富隆造纸厂
Shenzhen Longgang Fulong Paper Mill
地址(Add):广东省深圳市龙岗区坪地镇坪西料龙村工业区B7栋
邮编(P. C.):518117
电话(Tel):0755-84084468
总经理(General Manager):王忠海
产品(Products):卫生纸原纸

深圳市全立好实业有限公司
Shenzhen Quanlihao Industrial Co., Ltd.
地址(Add):广东省深圳市罗湖区宝岗路5号402号南二层
邮编(P. C.):518023
电话(Tel):0755-82441567
传真(Fax):0755-82441567
总经理(General Manager):方方
产品(Products):妇女卫生巾,成人纸尿裤,护理垫,婴儿纸尿裤(片),餐巾纸
品牌(Brand):诺美,立好

深圳市太安纸业有限公司
Shenzhen Taian Paper Co., Ltd.
地址(Add):广东省深圳市罗湖区布吉路置富公寓37号
邮编(P. C.):518000
电话(Tel):0755-25541428
传真(Fax):0755-25541428
联系人(Contact Person):林小红
产品(Products):卫生纸

菲律宾祎菲工贸联合有限公司深圳办事处
Richmarsh Industrial Trade Crop Shenzhen Office
地址(Add):广东省深圳市罗湖区罗芳路68号中震大厦1301室
邮编(P. C.):518002

电话(Tel):0755－25122727
传真(Fax):0755－25116340
Http://www.richmarsh.com
产品(Products):生活用纸,妇女卫生巾

深圳信威纸品有限公司
Shenzhen Xinwei Paper Products Co., Ltd.
地址(Add):广东省深圳市南山区华侨城东部工业区东A2栋(1,2层)
邮编(P.C.):518053
电话(Tel):0755－26602711
传真(Fax):0755－26901710
法人代表(Chairman):林冬铭
总经理(General Manager):谭志强
联系人(Contact Person):谭纪容
产品(Products):妇女卫生巾,婴儿纸尿裤,面巾纸,餐巾纸,卫生纸
品牌(Brand):雅洁,舒适宝

深圳市绿美环保纸餐具有限公司
Lümei Environmental Protective Paper Tableware Co., Ltd.
地址(Add):广东省深圳市南山区蛇口沿山路37号
邮编(P.C.):518067
电话(Tel):0755－26678556
传真(Fax):0755－26681873
E-mail:lumei@yahoo.com.cn
联系人(Contact Person):陈天波
产品(Products):纸杯,纸碟,面碗,餐巾纸,西餐花底纸

湛江雅泰造纸有限公司
Zhanjiang Yatai Paper Co., Ltd.
地址(Add):广东省遂溪县遂湛路95号
邮编(P.C.):524300
电话(Tel):0759－7738963
传真(Fax):0759－7738968
E-mail:artpaper@21cn.com
法人代表(Chairman):吴荣灿
联系人(Contact Person):吴世华
产品(Products):卫生纸原纸,盘纸

台山市附城镇利锋纸品加工厂
Taishan Lifeng Paper Products Converting Plant
地址(Add):广东省台山市附城镇礼边开发区
邮编(P.C.):529200
电话(Tel):0750－5669573
传真(Fax):0750－5669573
法人代表(Chairman):陈健荣
产品(Products):卫生纸,餐巾纸,面巾纸
品牌(Brand):好运

信宜市百威纸品有限公司
Xinyi Baiwei Paper Products Co., Ltd.
地址(Add):广东省信宜市贵子镇中和
邮编(P.C.):525359
电话(Tel):0668－8798337
传真(Fax):0668－8798390
法人代表(Chairman):曹兴平
产品(Products):卫生纸,擦手纸
品牌(Brand):洁花

辉达纸品厂
Huida Paper Products Factory
地址(Add):广东省兴宁市坭陂镇万缘街2号
邮编(P.C.):514581
电话(Tel):0753－6165872
总经理(General Manager):黄祖辉
产品(Products):卫生卷纸,餐巾纸,面巾纸
品牌(Brand):笑春风

广州永泰保健品有限公司
Guangzhou Yongtai Health Care Products Co., Ltd.
地址(Add):广东省增城市新塘镇夏埔开发区
邮编(P.C.):511348
电话(Tel):020－82703308
传真(Fax):020－82703808
总经理(General Manager):陈惠良
产品(Products):卫生纸
品牌(Brand):金威

中山市雅洁莉纸业有限公司
Zhongshan Yajieli Paper Industry Co., Ltd.
地址(Add):广东省中山市港口镇群富工业区
邮编(P.C.):528477
电话(Tel):0760－8402668
传真(Fax):0760－8412688
E-mail:yarjelyzhiye@tom.com
Http://www.fuqiang.8hy.cn
法人代表(Chairman):陈红强
联系人(Contact Person):陈育梅
产品(Products):卫生纸,纸巾纸,擦手纸
品牌(Brand):雅洁莉

富强实业(中山)有限公司
Fuqiang Industry (Zhongshan) Co., Ltd.
地址(Add):广东省中山市港口镇群富工业区
邮编(P.C.):528447
电话(Tel):0760－8402668
传真(Fax):0760－8412688
法人代表(Chairman):陈雄强
产品(Products):卫生纸,纸巾纸,擦手纸

中山市宝丽纸业有限公司
Zhongshan Polly Paper Manufacture Co., Ltd.
地址(Add):广东省中山市古镇镇海洲昆山大道38号
电话(Tel):0760－2313388
传真(Fax):0760－2313389
E-mail:polly@zsnet.net.cn
Http://www.zspolly.com
总经理(General Manager):黄兆源
产品(Products):卫生卷纸,盘纸,手帕纸,擦手纸,面巾纸,餐巾纸
品牌(Brand):宝丽,澳纽

中山市新洁日用制品有限公司
Zhongshan Xinjie Commodity Co., Ltd.
地址(Add):广东省中山市南头镇升辉南工业区
邮编(P.C.):528427
电话(Tel):0760－3134668
传真(Fax):0760－3134688
E-mail:zhongshanxinjie@163.com
Http://www.easycleanhk.com
法人代表(Chairman):欧瑞昌

联系人(Contact Person):岑曼霞
产品(Products):湿巾,压缩毛巾,卫生纸
品牌(Brand):新洁

中山市三角纸品制造有限公司
Zhongshan Sanjiao Paper Manufacture Co., Ltd.
地址(Add):广东省中山市三角镇爱国工业区
邮编(P. C.):528445
电话(Tel):0760-3389328
传真(Fax):0760-5541038
E-mail:sanjiao@pub.zhongshan.gd.cn
Http://www.sjpaper.com
法人代表(Chairman):杨法坤
总经理(General Manager):梁贤武
联系人(Contact Person):杨发棠
产品(Products):卫生卷纸,面巾纸,手帕纸,擦手纸
品牌(Brand):三角,娇肤,活力,名亮

中山市粤海三达纸品厂
Zhongshan Yuehai Sanda Paper Products Factory
地址(Add):广东省中山市三角镇爱国工业区
邮编(P. C.):528445
电话(Tel):0760-5400820
传真(Fax):0760-5400380
总经理(General Manager):李炎
联系人(Contact Person):吴瑞海
产品(Products):餐巾纸,卫生纸,擦手纸

中山市森宝纸业有限公司
Zhongshan Senbao Paper Co., Ltd.
地址(Add):广东省中山市三角镇光明村东平工业区
邮编(P. C.):528400
电话(Tel):0760-3389383
传真(Fax):0760-3389937
E-mail:sales@senbaopaper.com
Http://www.senbaopaper.com
联系人(Contact Person):文永生
产品(Products):卫生纸,擦手纸,面巾纸
品牌(Brand):森宝,纯真

中山市润晖纸业有限公司
Zhongshan Runhui Paper Co., Ltd.
地址(Add):广东省中山市石岐湖滨北路40号
邮编(P. C.):528400
电话(Tel):0760-8780488
传真(Fax):0760-8780555
总经理(General Manager):柳朝晖
产品(Products):卫生卷纸,面巾纸,餐巾纸,盘纸,擦手纸
品牌(Brand):真美格格

广东中顺纸业集团有限公司
Guangdong Zhongshun Paper Industry Group Co., Ltd.
地址(Add):广东省中山市西区沙朗高科技开发区
邮编(P. C.):528411
电话(Tel):0760-8553388
传真(Fax):0760-8553033
E-mail:zhshco@public.zhongshan.gd.cn
Http://www.zhongshungroup.com
法人代表(Chairman):邓颖忠
总经理(General Manager):邓冠彪
联系人(Contact Person):黄伊娜
产品(Products):卫生纸原纸,卫生卷纸,餐巾纸,面巾纸,手帕纸
品牌(Brand):洁柔,太阳,C&S

中山市小榄西区造纸厂
Zhongshan Xiaolan Xiqu Paper Mill
地址(Add):广东省中山市小榄镇西区西永路
邮编(P. C.):528415
电话(Tel):0760-2236923
传真(Fax):0760-2236923
法人代表(Chairman):梁流坤
总经理(General Manager):梁流坤
产品(Products):卫生卷纸
品牌(Brand):香榄

中山市森河日用品有限公司
Zhongshan Senhe Products for Daily Use Co., Ltd.
地址(Add):广东省中山市中山高技术产业火炬大厦408室
邮编(P. C.):528400
电话(Tel):0760-8333718
传真(Fax):0760-8281803
法人代表(Chairman):杨建飞
产品(Products):卫生纸

中顺集团广东珠海市中顺纸业有限公司
Zhuhai Zhongshun Paper Making Co., Ltd.
地址(Add):广东省珠海市斗门白蕉工业开发区902005号
邮编(P. C.):519125
电话(Tel):0756-5512381
传真(Fax):0756-5512381
联系人(Contact Person):张延康
产品(Products):卫生纸,面巾纸,餐巾纸
品牌(Brand):C&S,洁柔,太阳

珠海诺威尔新技术有限公司
Zhuhai Nuoweier New Technology Co., Ltd.
地址(Add):广东省珠海市吉大白莲路中通工业大厦5楼
邮编(P. C.):519015
电话(Tel):0756-3357053
传真(Fax):0756-3334802
E-mail:novelnew@pub.zhuhai.gd.cn
Http://www.NVL.com.cn
总经理(General Manager):李伯贤
产品(Products):面巾纸,湿巾
品牌(Brand):诺威尔

珠海市威威纸业有限公司
Zhuhai Weiwei Paper Co., Ltd.
地址(Add):广东省珠海市兴业路1号47栋1层
邮编(P. C.):519000
电话(Tel):0756-2288110
传真(Fax):0756-2290130
法人代表(Chairman):李焕南
总经理(General Manager):李焕南
联系人(Contact Person):罗志
产品(Products):妇女卫生巾,婴儿纸尿裤,卫生纸
品牌(Brand):健妮娃,樱子,可采,健妮,冰点激情

◆ 广西 Guangxi

宾阳县宾州永华造纸厂

Binyang Binzhou Yonghua Paper Mill
地址(Add):广西宾阳县宾州镇安街262-1号
邮编(P.C.):530400
电话(Tel):0771-8222538
法人代表(Chairman):吴铭华
产品(Products):卫生纸

宾阳县造纸一厂
Binyang No.1 Paper Mill
地址(Add):广西宾阳县太守乡
邮编(P.C.):530402
电话(Tel):0771-8450269
法人代表(Chairman):宋子彬
产品(Products):卫生纸
品牌(Brand):一路发

宾阳县新桥祥龙造纸厂
Binyang Xinqiao Xianglong Paper Mill
地址(Add):广西宾阳县新桥镇
邮编(P.C.):530401
电话(Tel):0771-8481086
法人代表(Chairman):甘兰芬
产品(Products):卫生纸,餐巾纸原纸

广西贵港市恒生福利造纸厂
Guangxi Guigang Hengsheng Welfare Paper Mill
地址(Add):广西贵港市幸福路(木材加工厂内)
邮编(P.C.):537100
电话(Tel):0775-4522569
传真(Fax):0775-4526948
联系人(Contact Person):黄式辉
产品(Products):卫生纸原纸

广西贵糖集团
Guangxi Guitang Group
地址(Add):广西贵港市幸福路100号
邮编(P.C.):537102
电话(Tel):0775-4262888
传真(Fax):0775-4260088
E-mail:biluwan@guitang.com
Http://www.guitang.com
法人代表(Chairman):黄振标
总经理(General Manager):黄家驹
联系人(Contact Person):农皓
产品(Products):卫生原纸,卫生卷纸,纸巾纸,厨房用纸,蔗渣浆
品牌(Brand):纯点,碧绿湾

广西洁宝纸业投资股份有限公司
Guangxi Jiebao Paper Co., Ltd.
地址(Add):广西贵港市幸福路100号
邮编(P.C.):537102
电话(Tel):0775-4262863
传真(Fax):0775-4262182
Http://www.gxjiebao.com
法人代表(Chairman):陈进东
总经理(General Manager):韦熙
产品(Products):卫生纸,面巾纸
品牌(Brand):洁宝,榴花,冬冬

桂林洁伶工业有限公司
Guilin Jieling Industrial Co., Ltd.
地址(Add):广西桂林市高新技术开发区7号小区
邮编(P.C.):541004
电话(Tel):0773-5857530
传真(Fax):0773-5850933
E-mail:jieling@vip.163.com
Http://www.jieling.net
法人代表(Chairman):陈百城
总经理(General Manager):陈百城
联系人(Contact Person):黄秋芳
产品(Products):妇女卫生巾,卫生护垫,卫生卷纸
品牌(Brand):洁伶

桂林市南林纸业有限责任公司
Guilin Nanlin Paper Co., Ltd.
地址(Add):广西桂林市六和路125号
邮编(P.C.):541004
电话(Tel):0773-5822559
传真(Fax):0773-5811411
总经理(General Manager):高东洋
产品(Products):卫生纸,餐巾纸,面巾纸
品牌(Brand):南林

桂林兴安兴桂造纸厂
Guilin Xingan Xinggui Paper Mill
地址(Add):广西桂林市七星区建干路10号16栋6-1
邮编(P.C.):541004
电话(Tel):0773-2194839
总经理(General Manager):刘剑
产品(Products):卫生纸

桂林奇峰纸业有限公司
Guilin Qifeng Paper Co., Ltd.
地址(Add):广西桂林市奇峰路9号
邮编(P.C.):541003
电话(Tel):0773-3621080
传真(Fax):0773-3605388
法人代表(Chairman):彭喆
联系人(Contact Person):黄亚康
产品(Products):卫生纸,餐巾纸
品牌(Brand):银桂

广西来宾东糖造纸有限责任公司
Guangxi Laibin Dongtang Paper Co., Ltd.
地址(Add):广西来宾市西二路2号
邮编(P.C.):546100
电话(Tel):0772-4250995
传真(Fax):0772-4256177
法人代表(Chairman):何基念
总经理(General Manager):何基念
联系人(Contact Person):纪文
产品(Products):卫生纸,浆板
品牌(Brand):红河

柳州市利丰纸业有限公司
Liuzhou Lifeng Paper Co., Ltd.
地址(Add):广西柳州市古亭山经济技术开发区香桥路246号
邮编(P.C.):545006
电话(Tel):0772-3510640
传真(Fax):0772-3510823

总经理(General Manager):罗克提
联系人(Contact Person):唐雅琴
产品(Products):卫生纸

柳州市恒升纸制品厂
Liuzhou Hengsheng Paper Products Factory
地址(Add):广西柳州市九头山路
邮编(P. C.):545005
电话(Tel):0772-3117232
传真(Fax):0772-3144716
总经理(General Manager):刘柳华
联系人(Contact Person):刘柳华
产品(Products):卫生卷纸,餐巾纸
品牌(Brand):恒升

柳州市三佳生活用纸品厂
Liuzhou Sanjia Household Paper Products Plant
地址(Add):广西柳州市柳江基隆开发区兴国大道北三街9号
邮编(P. C.):545100
电话(Tel):0772-3250137
传真(Fax):0772-3253870
总经理(General Manager):李洪昌
产品(Products):去油纸,餐巾纸
品牌(Brand):三佳

柳州市精柔印刷包装机械有限公司
Liuzhou Jingrou Printing & Packing Machine Co., Ltd.
地址(Add):广西柳州市西环路20号
邮编(P. C.):545007
电话(Tel):0772-3713168
传真(Fax):0772-3713133
法人代表(Chairman):曹杨
总经理(General Manager):曹杨
联系人(Contact Person):曹杨
产品(Products):餐巾纸
品牌(Brand):维特,精柔

柳州市美家乐纸品有限责任公司
Liuzhou Meijiale Paper Products Co., Ltd.
地址(Add):广西柳州市阳和工业新区香桥路246号
邮编(P. C.):545006
电话(Tel):0772-3513172
传真(Fax):0772-3510823
联系人(Contact Person):罗向权
产品(Products):餐巾纸
品牌(Brand):美家乐

南宁天然纸业有限公司
Nanning Tianran Paper Co., Ltd.
地址(Add):广西南宁东盟经济园区
邮编(P. C.):630105
电话(Tel):0771-6305998
传真(Fax):0771-6305928
法人代表(Chairman):潘汉
联系人(Contact Person):黄玉梅
产品(Products):卫生纸原纸

南宁市佳达纸品厂
Nanning Jiada Paper Products Factory
地址(Add):广西南宁市宾阳县新桥开发区
邮编(P. C.):530401
电话(Tel):0771-8485588
传真(Fax):0771-8485488
Http://www.jdzp168.com
联系人(Contact Person):谭识远
产品(Products):卫生纸,面巾纸,餐巾纸,擦手纸
品牌(Brand):卡西雅

南宁鑫利纸业有限公司
Nanning Xinli Paper Co., Ltd.
地址(Add):广西南宁市宾阳县新桥镇工业开发区
邮编(P. C.):530401
电话(Tel):0771-8482137
传真(Fax):0771-8482137
联系人(Contact Person):黄晓
产品(Products):餐巾纸,卫生纸

南宁市乖仔工贸有限责任公司
Nanning Guaizai Industry & Trade Co., Ltd.
地址(Add):广西南宁市福建路15-1号
邮编(P. C.):530031
电话(Tel):0771-2629962
传真(Fax):0771-4885968
E-mail:nngzgm@126.com
产品(Products):手帕纸,餐巾纸,面巾纸,卷筒纸,擦手纸,湿巾
品牌(Brand):乖仔

桂宝纸品厂
Guibao Paper Products Factory
地址(Add):广西南宁市高科园区大岭村103号
邮编(P. C.):530010
电话(Tel):0771-3103965
总经理(General Manager):覃大吉
产品(Products):面巾纸,餐巾纸,手帕纸

广西南宁凤凰纸业有限公司
Nanning Fenghuang Paper Co., Ltd.
地址(Add):广西南宁市星光大道158号
邮编(P. C.):530031
电话(Tel):0771-4590263
传真(Fax):0771-4590261
法人代表(Chairman):段小敏
产品(Products):生活用纸,漂白硫酸盐木浆
品牌(Brand):玉凤,金凤

广西南宁市玉云纸制品有限公司
Guangxi Nanning Yuyun Paper Products Co., Ltd.
地址(Add):广西南宁市鲁班路1号
邮编(P. C.):530003
电话(Tel):0771-3828788
传真(Fax):0771-3836404
E-mail:yuyunshuangfei@263.net
Http://www.sofei.net
法人代表(Chairman):江中云
产品(Products):卫生纸,餐巾纸,妇女卫生巾,卫生护垫,婴儿纸尿裤、片
品牌(Brand):爽妃

南宁市沙龙纸业有限责任公司
Nanning Shalong Paper Co., Ltd.

地址(Add):广西南宁市民族大道38-2号泰安大厦2706室
邮编(P.C.):530022
电话(Tel):0771-5863596
传真(Fax):0771-5867936
法人代表(Chairman):赵荣标
联系人(Contact Person):陈远乡
产品(Products):擦手纸,卫生纸,手帕纸,餐巾纸,面巾纸,原纸,盘纸
品牌(Brand):沙龙,Angel

广西南宁云鸥纸制品公司
Guangxi Nanning Yunou Paper Products Co.
地址(Add):广西南宁市亭洪路48号
邮编(P.C.):530031
电话(Tel):0771-4919537
传真(Fax):0771-4829537
联系人(Contact Person):欧丽幸
产品(Products):卫生纸,纸巾纸,方巾纸
品牌(Brand):美时

南宁雪宝纸业有限公司
Nanning Xuebao Paper Co., Ltd.
地址(Add):广西南宁市望州路北二里36号
邮编(P.C.):530001
电话(Tel):0771-3305364
E-mail:nnxb@21cn.com
Http://www.nn114.com.cn/xbzy
总经理(General Manager):吴忠让
产品(Products):餐巾纸,卫生纸,纸巾纸,面巾纸
品牌(Brand):松林

广西新佳士卫生用品有限公司
Guangxi Xinjiashi Hygiene Articles Co., Ltd.
地址(Add):广西南宁市五一西路
邮编(P.C.):530031
电话(Tel):0771-4869216
传真(Fax):0771-4866686
总经理(General Manager):江日晶
联系人(Contact Person):江日伟
产品(Products):妇女卫生巾,卫生卷纸,婴儿纸尿裤
品牌(Brand):新芳佳,佳士

广西南宁恒业纸品包装机械有限公司
Guangxi Nanning Hengye Paper Packing Machinery Co., Ltd.
地址(Add):广西南宁市五一中路42号山元小区17栋1单元6号
邮编(P.C.):530031
电话(Tel):0771-4855575
传真(Fax):0771-4818470
联系人(Contact Person):利章图
产品(Products):卫生纸,面巾纸
品牌(Brand):恒业,壮乡

南宁武鸣奥诺纸业有限公司
Nanning Wuming Aonuo Paper Industry Co., Ltd.
地址(Add):广西南宁市武鸣县城标营路8号
邮编(P.C.):530100
电话(Tel):0771-6210859
传真(Fax):0771-6239141
E-mail:aonuo100@163.net
法人代表(Chairman):廖忠新
总经理(General Manager):廖忠新
联系人(Contact Person):杨丽
产品(Products):卫生纸
品牌(Brand):奥诺

南宁森源祥工贸有限责任公司
Nanning Senyuanxiang Industry & Trade Co., Ltd.
地址(Add):广西南宁市中山路66号外滩新城富城20层2005室
邮编(P.C.):530012
电话(Tel):0771-2679508
传真(Fax):0771-4821332
E-mail:root@syx21.com
Http://www.syx21.com
总经理(General Manager):黄文波
产品(Products):卫生纸,餐巾纸,妇女卫生巾
品牌(Brand):妍洁

邕宁县邕江造纸厂
Yongning Yongjiang Paper Mill
地址(Add):广西邕宁县伶俐镇
邮编(P.C.):530211
电话(Tel):0771-4266217
传真(Fax):0771-4266259
法人代表(Chairman):夏学荣
产品(Products):卫生纸
品牌(Brand):邕江

◆ 重庆 Chongqing

重庆九龙坡区蓝屋餐饮卫生用品厂
Chongqing Lanwu Food & Drink Hygiene Products Factory
地址(Add):重庆市2103信箱20分箱
邮编(P.C.):400039
电话(Tel):023-68627377
传真(Fax):023-68637192
联系人(Contact Person):张兵
产品(Products):餐巾纸
品牌(Brand):蓝屋

重庆圣洁卫生用品有限公司
Chongqing Shengjie Hygiene Products Co., Ltd.
地址(Add):重庆市江北区南桥寺华渝工业园区
邮编(P.C.):400021
电话(Tel):023-67656664
传真(Fax):023-67656674
法人代表(Chairman):曲渡江
总经理(General Manager):刘忠民
联系人(Contact Person):寿培良
产品(Products):妇女卫生巾,卫生护垫,纸尿片,卫生纸
品牌(Brand):圣维纳

重庆永芳纸制品厂
Chongqing Yongfang Paper Products Plant
地址(Add):重庆市南岸区福红路1号
邮编(P.C.):400060
电话(Tel):023-62802876
传真(Fax):023-62802876
法人代表(Chairman):李永芳

总经理(General Manager):李永芳
产品(Products):餐巾纸
品牌(Brand):花旗

重庆盛贸纸业有限公司
Chongqing Shengmao Paper Co., Ltd.
地址(Add):重庆市铜梁县安居工业园区
邮编(P. C.):402564
电话(Tel):023-45859168
法人代表(Chairman):刘伯刚
联系人(Contact Person):吴维强
产品(Products):卫生纸,餐巾纸,面巾纸,手帕纸
品牌(Brand):嘉芙莱,盛贸,诺美思

重庆市飞龙纸业有限公司
Chongqing Feilong Paper Co., Ltd.
地址(Add):重庆市铜梁县龙都路460号
邮编(P. C.):402560
电话(Tel):023-45488342
传真(Fax):023-45488342
E-mail:yj@cqfl.com
法人代表(Chairman):刘朝文
总经理(General Manager):刘朝文
联系人(Contact Person):周江勇
产品(Products):卫生纸,餐巾纸,面巾纸
品牌(Brand):渝江

重庆洁宝卫生制品有限公司
Chongqing Jiebao Hygiene Products Co., Ltd.
地址(Add):重庆市铜梁县石鱼镇红旗街1号
邮编(P. C.):402560
电话(Tel):023-45642915
传真(Fax):023-45581014
总经理(General Manager):段晓余
联系人(Contact Person):段晓余
产品(Products):餐巾纸
品牌(Brand):洁宝

重庆市布鲁克工贸有限公司
Chongqing Buluke Industry & Trade Co., Ltd.
地址(Add):重庆市万州区新城路28号驿鑫大厦13层
邮编(P. C.):404000
电话(Tel):023-58154069
传真(Fax):023-58154069
法人代表(Chairman):林上胤
产品(Products):纸餐盒,纸杯,纸托盘,餐巾纸,纸巾纸

重庆平雅纸业
Chongqing Pingya Paper Co.
地址(Add):重庆市渝北区回兴镇重庆科技产业园16号
邮编(P. C.):401120
电话(Tel):023-67661179
传真(Fax):023-67652971
联系人(Contact Person):夏强
产品(Products):面巾纸

◆ 四川 Sichuan

成都洁仕生活用品有限公司
Chengdu Jieshi Commodity Co., Ltd.
地址(Add):四川省成都市簇桥镇龙井工业区
邮编(P. C.):610041
电话(Tel):028-85011390
传真(Fax):028-85012813
E-mail:hom@263.net
联系人(Contact Person):韩淑利
产品(Products):餐巾纸,面巾纸

成都迪舒卫生用品有限公司
Chengdu Dishu Hygiene Articles Co., Ltd.
地址(Add):四川省成都市高升桥东路罗马假日广场B4E601室
邮编(P. C.):610041
电话(Tel):028-85109275
传真(Fax):028-85109276
联系人(Contact Person):王勇
产品(Products):妇女卫生巾,卫生卷纸,抽取式面巾纸
品牌(Brand):迪菲,鸥婷

四川省金娇卫生用品有限公司
Sichuan Jinjiao Hygiene Articles Co., Ltd.
地址(Add):四川省成都市金牛区金牛乡跃进村十组
邮编(P. C.):610031
电话(Tel):028-87516138
传真(Fax):028-87519138
法人代表(Chairman):向春友
联系人(Contact Person):何其琼
产品(Products):面巾纸,纸巾纸,手帕纸
品牌(Brand):金娇,娇韵,韵牌

成都市汇君旅业制品开发有限责任公司
Chengdu Huijun Tourism Articles Development Co., Ltd.
地址(Add):四川省成都市晋阳路中央花园西苑13-1-1B
邮编(P. C.):610045
电话(Tel):028-87432123
传真(Fax):028-87430203
法人代表(Chairman):张高
产品(Products):马桶垫纸

成都市玲华依洁日用卫生品厂
Chengdu Linghua Yijie Commodity Hygiene Products Factory
地址(Add):四川省成都市郫县安靖开发区
邮编(P. C.):611731
电话(Tel):028-87813291
传真(Fax):028-87813291
联系人(Contact Person):胡建华
产品(Products):卷纸,餐巾纸
品牌(Brand):依洁

宁康纸业有限责任公司
Ningkang Paper Industry Co., Ltd.
地址(Add):四川省成都市郫县唐昌镇
邮编(P. C.):611733
电话(Tel):028-87869151
传真(Fax):028-87869151
法人代表(Chairman):李长亮
产品(Products):卫生纸
品牌(Brand):银杏

成都豪盛华达纸业有限公司
Chengdu Haoshenghuada Paper Co., Ltd.
地址(Add):四川省成都市青羊区苏坡乡黄土工业区
邮编(P. C.):610091
电话(Tel):028-87474560
传真(Fax):028-87465899
法人代表(Chairman):苏德生
产品(Products):湿巾,餐巾纸,纸巾纸
品牌(Brand):豪盛华达,美娜兰

成都丹妮纸业有限公司
Chengdu Danni Paper Co., Ltd.
地址(Add):四川省成都市青阳区文家乡成都环龙工业用呢有限公司
邮编(P. C.):610091
电话(Tel):028-87074118
传真(Fax):028-87074118
联系人(Contact Person):彭迅
产品(Products):餐巾纸,面巾纸,擦手纸

成都发利纸业有限公司
Chengdu Fali Paper Co., Ltd.
地址(Add):四川省成都市双流新兴镇庙山开发区
邮编(P. C.):610023
电话(Tel):028-85606168
传真(Fax):028-85606199
E-mail:sales@fali-paper.com
Http://www.fali-paper.com
法人代表(Chairman):张代发
总经理(General Manager):张代发
产品(Products):卫生纸,餐巾纸,面巾纸
品牌(Brand):发利

成都康洁酒店用品厂
Chengdu Kangjie Hotel Commodities Factory
地址(Add):四川省成都市武侯区簇桥文昌中路55号
邮编(P. C.):610043
电话(Tel):028-85016688
传真(Fax):028-85019933
总经理(General Manager):邓勇
产品(Products):卫生纸,餐巾纸

成都市芳舒乐卫生纸品有限公司
Chengdu Fangshule Tissue Paper Products Co., Ltd.
地址(Add):四川省成都市武侯区簇桥乡马家河四组
邮编(P. C.):610043
电话(Tel):028-85034816
传真(Fax):028-85027630
E-mail:commonsava@hotmail.com
联系人(Contact Person):黄开星
产品(Products):妇女卫生巾,生活用纸,婴儿纸尿裤
品牌(Brand):芳舒乐

四川雅柏丝纸业有限公司
Sichuan Yabaisi Paper Co., Ltd.
地址(Add):四川省成都市武侯区机投镇九架车工业园区
邮编(P. C.):610045
电话(Tel):028-87442685
传真(Fax):028-87442685
法人代表(Chairman):向国容
联系人(Contact Person):刘伯刚
产品(Products):卫生纸
品牌(Brand):雅柏丝

成都市洁鑫纸制品厂
Chengdu Jiexin Paper Products Factory
地址(Add):四川省成都市武侯区太平村七组
邮编(P. C.):610041
电话(Tel):028-89577402
传真(Fax):028-85512123
法人代表(Chairman):涂巍
产品(Products):餐巾纸
品牌(Brand):洁鑫

成都新繁造纸厂
Chengdu Xinfan Paper Mill
地址(Add):四川省成都市新都区新繁镇三桥村
邮编(P. C.):610501
电话(Tel):028-83080424
传真(Fax):028-83087770
法人代表(Chairman):梅家全
产品(Products):卫生纸
品牌(Brand):繁江

成都金香城纸业有限公司
Chengdu Jinxiangcheng Paper Co., Ltd.
地址(Add):四川省成都市新都区竹友工业开发区
邮编(P. C.):610506
电话(Tel):028-83021988
传真(Fax):028-83021678
E-mail:cdjxczy@263.net
Http://www.jxczy.com
法人代表(Chairman):曾德建
产品(Products):卫生纸,面巾纸,餐巾纸,手帕纸,擦手纸
品牌(Brand):唯思

成都彼特福纸品工艺有限公司
Chengdu Beautiful Paper Technology Co., Ltd.
地址(Add):四川省成都市新都县兴泰路
邮编(P. C.):610500
电话(Tel):028-83049088
传真(Fax):028-83049025
法人代表(Chairman):曾德松
产品(Products):卫生卷纸,面巾纸
品牌(Brand):彼特福

成都森源纸业发展有限公司
Chengdu Senyuan Paper Development Co., Ltd.
地址(Add):四川省崇州市崇阳镇白石村五组
邮编(P. C.):611230
电话(Tel):028-82392485
传真(Fax):028-82392485
法人代表(Chairman):朱友胜
联系人(Contact Person):闫洪凌
产品(Products):餐巾纸原纸

成都绿洲纸业有限责任公司
Chengdu Lüzhou Paper Co., Ltd.
地址(Add):四川省崇州市上元乡青云村七组
邮编(P. C.):611230
电话(Tel):028-82299988
传真(Fax):028-82299988

联系人(Contact Person):邓永前
产品(Products):餐巾纸

四川省洁宝纸品厂
Sichuan Jiebao Paper Products Plant
地址(Add):四川省达川地区渠县渠光路39号
邮编(P.C.):635200
电话(Tel):0818-7200337
传真(Fax):0818-7200337
法人代表(Chairman):任剑峰
总经理(General Manager):任剑峰
产品(Products):卫生纸

四川德阳市中财纸厂
Sichuan Deyang Zhongcai Paper Mill
地址(Add):四川省德阳市天元镇天宏路口
邮编(P.C.):618120
电话(Tel):0838-2800588
传真(Fax):0838-2800588
法人代表(Chairman):肖中财
产品(Products):卫生纸原纸,卫生卷纸,纸巾纸
品牌(Brand):锦上花

广安市安琪日用品有限公司
Guangan Anqi Daily-Use Goods Co., Ltd.
地址(Add):四川省广安市广宁路330号
邮编(P.C.):638000
电话(Tel):0826-2731093
传真(Fax):0826-2731093
法人代表(Chairman):庹小世
总经理(General Manager):庹小世
产品(Products):餐巾纸
品牌(Brand):安琪

广汉市乾大造纸厂
Guanghan Qianda Paper Mill
地址(Add):四川省广汉市连山镇
邮编(P.C.):618303
电话(Tel):0838-5800175
传真(Fax):0838-5800176
法人代表(Chairman):钱大富
产品(Products):卫生纸
品牌(Brand):乾大

四川友邦企业有限公司
Sichuan Eupon Co., Ltd.
地址(Add):四川省广汉市向阳工业园区
邮编(P.C.):618300
电话(Tel):0838-5400686
传真(Fax):0838-5400158
Http://www.chinaeupon.com
法人代表(Chairman):高尚荣
产品(Products):面巾纸,手帕纸,擦手纸,纸内裤,成人护理垫
品牌(Brand):蓓安适

四川华侨凤凰纸业有限公司
Sichuan Huaqiao Fenghuang Paper Co., Ltd.
地址(Add):四川省广汉市向阳镇顺江南路8号
邮编(P.C.):618300
电话(Tel):0838-5402330
传真(Fax):0838-5402371
E-mail:hqfhzy@eyou.com
联系人(Contact Person):李夥军
产品(Products):卫生纸

洪雅县星星造纸二厂
Hongya Xingxing No.2 Paper Mill
地址(Add):四川省洪雅县城东工业园区
邮编(P.C.):620360
电话(Tel):0833-7569221
传真(Fax):0833-7569221
联系人(Contact Person):董削均
产品(Products):卫生纸

万安纸业有限责任公司
Wanan Paper Co., Ltd.
地址(Add):四川省夹江县甘江镇新民工业区
邮编(P.C.):614102
电话(Tel):0833-5771666
传真(Fax):0833-5772066
Http://www.wananpaper.com
法人代表(Chairman):钟盛维
产品(Products):卫生纸原纸,面巾纸,餐巾纸
品牌(Brand):花姿

四川省夹江县麒麟纸厂
Sichuan Jiajiang Qilin Paper Mill
地址(Add):四川省夹江县南安乡
邮编(P.C.):614106
电话(Tel):0833-5880258
传真(Fax):0833-5880258
总经理(General Manager):黄进军
产品(Products):卫生纸

四川省犍为凤生纸业有限责任公司
Sichuan Jianwei Fengsheng Paper Co., Ltd.
地址(Add):四川省犍为县城北凤凰山
邮编(P.C.):614400
电话(Tel):0833-4251716
传真(Fax):0833-4254579
联系人(Contact Person):王晓蓉
产品(Products):卫生纸

阆中市建筑材料厂
Langzhong Building Material Plant
地址(Add):四川省阆中市保宁镇
邮编(P.C.):637400
电话(Tel):0817-6223127
总经理(General Manager):田涛
产品(Products):餐巾纸

乐山新达佳纸业有限公司
Leshan Xindajia Paper Co., Ltd.
地址(Add):四川省乐山市苏稽工业开发区
邮编(P.C.):614013
电话(Tel):0833-2565983
传真(Fax):0833-2565983
法人代表(Chairman):汤金珉
产品(Products):卫生纸,餐巾纸,面巾纸,卫生纸原纸
品牌(Brand):新达

四川省安县秀水桥楼造纸厂
Sichuan Anxian Xiushui Qiaolou Paper Mill
地址(Add):四川省绵阳市安县秀水桥楼
邮编(P. C.):622650
电话(Tel):0816-4661501
传真(Fax):0816-4661501
联系人(Contact Person):黄妮
产品(Products):卫生纸原纸

四川省绵阳市超兰卫生用品有限公司
Sichuan Mianyang Chaolan Hygiene Articles Co., Ltd.
地址(Add):四川省绵阳市梓潼县长青经济开发区
邮编(P. C.):622150
电话(Tel):0816-8323333
传真(Fax):0816-8323777
法人代表(Chairman):谭应超
联系人(Contact Person):魏勇军
产品(Products):卫生纸

四川省龙野日用品有限公司
Sichuan Longye Commodity Co., Ltd.
地址(Add):四川省彭山县蔡山村彭祖大道北段彭谢路
邮编(P. C.):620860
电话(Tel):0833-7627573
传真(Fax):0833-7627572
法人代表(Chairman):陈永全
总经理(General Manager):陈永全
产品(Products):卫生纸,面巾纸,餐巾纸,妇女卫生巾,卫生护垫
品牌(Brand):天洁玉

成都顺元实业有限公司
Chengdu Shunyuan Industrial Co., Ltd.
地址(Add):四川省彭州北君平
邮编(P. C.):611937
电话(Tel):028-83779003
传真(Fax):028-83779003
总经理(General Manager):雷勇
产品(Products):卫生纸
品牌(Brand):景山

景山纸业
Jingshan Paper Co.
地址(Add):四川省彭州市工业开发区
邮编(P. C.):611930
电话(Tel):028-83752198
联系人(Contact Person):袁志奇
产品(Products):餐巾纸,面巾纸,卫生纸
品牌(Brand):景山

中顺集团四川成都天天纸业有限公司
Zhongshun Chengdu Tiantian Paper Co., Ltd.
地址(Add):四川省彭州市升平工业园区
邮编(P. C.):611934
电话(Tel):028-83806888
传真(Fax):028-83805488
联系人(Contact Person):岳勇
产品(Products):卫生纸,面巾纸,餐巾纸
品牌(Brand):C&S,洁柔,太阳

四川三台三角生活用纸制造有限公司
Sichuan Santai Sanjiao Household Paper Co., Ltd.
地址(Add):四川省三台县潼川镇南河路48号
邮编(P. C.):621100
电话(Tel):0816-5229928
传真(Fax):0816-5221277
法人代表(Chairman):杨法坤
总经理(General Manager):杨法坤
联系人(Contact Person):杨志勇
产品(Products):卫生纸,面巾纸,餐巾纸
品牌(Brand):三角

四川遂宁鸿富纸业有限责任公司
Sichuan Suining Hongfu Paper Co., Ltd.
地址(Add):四川省遂宁高新技术开发区
邮编(P. C.):629000
电话(Tel):0825-2321318
传真(Fax):0825-2313628
E-mail:sc-grade@sc-grade.com
Http://www.hongfu.com.cn
总经理(General Manager):肖代先
产品(Products):纸巾纸
品牌(Brand):鸿富,金太阳

四川腾龙纸业有限责任公司
Sichuan Tenglong Paper Co., Ltd.
地址(Add):四川省资阳市宝台镇文明寺拱城铺
邮编(P. C.):641300
电话(Tel):0832-6986168
传真(Fax):0832-6251669
法人代表(Chairman):黄永金
联系人(Contact Person):黄和兴
产品(Products):卫生纸
品牌(Brand):馨纯

四川迪邦卫生用品有限公司
Sichuan Dibang Hygiene Products Co., Ltd.
地址(Add):四川省资中县高楼镇高新169号
邮编(P. C.):614000
电话(Tel):0832-5790253
传真(Fax):0832-5790253
联系人(Contact Person):方金
产品(Products):卫生纸,面巾纸,手帕纸

四川梓潼洁宝纸业有限公司
Sichuan Zitong Jiebao Paper Co., Ltd.
地址(Add):四川省梓潼县许州镇红军街95号
邮编(P. C.):622151
电话(Tel):0816-8400231
传真(Fax):0816-8401789
法人代表(Chairman):李梓模
产品(Products):卫生纸,餐巾纸,面巾纸
品牌(Brand):洁宝

◆ 贵州 Guizhou

凤岗天河纸业有限公司
Fenggang Tianhe Paper Co., Ltd.
地址(Add):贵州省凤岗县车弯
邮编(P. C.):564200
电话(Tel):0852-5222597
传真(Fax):0852-5222597

总经理(General Manager):李龙军
联系人(Contact Person):李龙军
产品(Products):卫生纸
品牌(Brand):天河

贵州师大经济开发有限责任公司
Guizhou Shida Economy Development Co., Ltd.
地址(Add):贵州省贵阳市宝山北路 180 号
邮编(P. C.):550001
电话(Tel):0851-6777459
传真(Fax):0851-6777459
法人代表(Chairman):周卫星
联系人(Contact Person):吴莎
产品(Products):卫生纸
品牌(Brand):正通

贵阳恒丰卫生用品有限公司
Guiyang Hengfeng Hygiene Products Co., Ltd.
地址(Add):贵州省贵阳市车水路 157 号
邮编(P. C.):550003
电话(Tel):0851-5100886
传真(Fax):0851-5100886
法人代表(Chairman):陈秀容
总经理(General Manager):王仕勇
产品(Products):婴儿纸尿片,卫生卷纸
品牌(Brand):贵子

贵阳阳光生活用纸厂
Guiyang Sunshine Household Paper Mill
地址(Add):贵州省贵阳市车水路 168 号
邮编(P. C.):550001
电话(Tel):0851-5106447
传真(Fax):0851-5106355
法人代表(Chairman):徐忠武
产品(Products):卫生卷纸,餐巾纸
品牌(Brand):雪里红,雪狐,雪发

贵阳市南明合美纸业加工厂
Guiyang Nanming Hemei Paper Processing Factory
地址(Add):贵州省贵阳市沙冲南路 118 号
邮编(P. C.):550002
电话(Tel):0851-3803737
传真(Fax):0851-3846626
总经理(General Manager):谢洪涛
产品(Products):卫生纸,餐巾纸,面巾纸

清镇市鑫源纸业有限责任公司
Qingzhen Xinyuan Paper Co., Ltd.
地址(Add):贵州省清镇市卫城镇暗流乡 110 纸厂
邮编(P. C.):551400
电话(Tel):0851-2750098
传真(Fax):0851-2750098
联系人(Contact Person):林易明
产品(Products):卫生纸
品牌(Brand):鑫源

◆ 云南 Yunnan

金龙造纸厂
Jinlong Paper Mill
地址(Add):云南省大姚县
邮编(P. C.):675400
电话(Tel):0878-6222429
总经理(General Manager):谭政
产品(Products):卫生纸,餐巾纸
品牌(Brand):永芳

云南宏益彩印装潢包装有限公司
Yunnan Hongyi Muticolor Decoration Packing Co., Ltd.
地址(Add):云南省红河州弥勒县吉山北路 124 号
邮编(P. C.):652300
电话(Tel):0873-6182588
传真(Fax):0873-6129797
总经理(General Manager):孔令伟
产品(Products):卫生纸
品牌(Brand):红河,丽人

云南江川翠峰纸业有限公司
Yunnan Jiangchuan Cuifeng Tissue Co., Ltd.
地址(Add):云南省江川县翠峰乡
邮编(P. C.):652601
电话(Tel):0877-8095668
传真(Fax):0877-8095268
E-mail:ljhcfy@yahoo.com.cn
法人代表(Chairman):李吉华
总经理(General Manager):李吉华
产品(Products):卫生纸
品牌(Brand):翠峰,品美,千层雪

开远市泸江纸业有限责任公司
Kaiyuan Lujiang Paper Co., Ltd.
地址(Add):云南省开远市东城区乐百道
邮编(P. C.):661600
电话(Tel):0873-7223348
传真(Fax):0873-7223348
法人代表(Chairman):何诚华
产品(Products):卫生纸
品牌(Brand):泸江

昆明善美纸业有限公司
Kunming Shanmei Paper Industry Co., Ltd.
地址(Add):云南省昆明市滇池路四公里处转柳苑度假村方向
邮编(P. C.):650228
电话(Tel):0871-4605563
传真(Fax):0871-4605187
E-mail:walm5563@public.km.yn.cn
法人代表(Chairman):李毓林
总经理(General Manager):李宏武
联系人(Contact Person):李秀仙
产品(Products):妇女卫生巾,卫生护垫,卫生纸,餐巾纸,湿巾
品牌(Brand):期宝,美之绢,善美

昆明市港舒卫生用品厂
Kunming Gangshu Hygiene Products Factory
地址(Add):云南省昆明市滇池路中段陆家营
邮编(P. C.):650228
电话(Tel):0871-4575888
传真(Fax):0871-4585989
E-mail:business@gangshu.net
Http://www.gangshu.net

法人代表(Chairman):蔡燕珠
总经理(General Manager):杨剑锋
产品(Products):妇女卫生巾,卫生护垫,面巾纸,卷纸,纸尿裤
品牌(Brand):诗尔爽,诗爽

昆明爱华卫生制品有限责任公司
Kunming Aihua Hygiene Products Co., Ltd.
地址(Add):云南省昆明市二环西路449号
邮编(P. C.):650101
电话(Tel):0871-8310051
传真(Fax):0871-8320196
法人代表(Chairman):明燕
总经理(General Manager):聂晶
产品(Products):卫生卷纸,面巾纸,餐巾纸
品牌(Brand):溶艳,一家,爱华,一片云

昆明富民永一卫生纸厂
Kunming Fumin Yongyi Tissue Paper Mill
地址(Add):云南省昆明市富民县
邮编(P. C.):650400
电话(Tel):0871-8812152
法人代表(Chairman):王志翔
产品(Products):卫生纸

昆明市嘉信和纸业有限公司
Kunming Jiaxinhe Paper Co., Ltd.
地址(Add):云南省昆明市西山区福海陆家营295号
邮编(P. C.):650228
电话(Tel):0871-4611066
传真(Fax):0871-4580990
E-mail:jiaxinhe_2004@vip.163.com
法人代表(Chairman):徐志强
产品(Products):卫生纸,餐巾纸,面巾纸
品牌(Brand):真龙,板扎

云南省昆明华安美洁卫生用品有限公司
Yunnan Kunming Huaan Meijie Hygiene Articles Co., Ltd.
地址(Add):云南省昆明市官渡区官南大道(叶家村段)
邮编(P. C.):650228
电话(Tel):0871-7321357
传真(Fax):0871-7321356
法人代表(Chairman):李珊
联系人(Contact Person):陈正东
产品(Products):卫生纸
品牌(Brand):美洁贝贝

云南福康纸业有限公司
Yunnan Fukang Paper Co., Ltd.
地址(Add):云南省昆明市人民西路580号
邮编(P. C.):650118
电话(Tel):0871-8215478
传真(Fax):0871-8211055
法人代表(Chairman):沈滇
总经理(General Manager):沈滇
产品(Products):卫生纸,餐巾纸
品牌(Brand):福康

恒丰保健用品厂
Hengfeng Healthcare Articles Factory
地址(Add):云南省昆明市西南百货城9-2号
电话(Tel):0871-4583827
联系人(Contact Person):胡小阳
产品(Products):妇女卫生巾,卫生护垫,卷筒纸
品牌(Brand):皇乐,舒柔美

云南通海兴陆纸业有限公司
Yunnan Tonghai Xinglu Paper Co., Ltd.
地址(Add):云南省通海县纳古镇工业区
邮编(P. C.):652702
电话(Tel):0877-3051594
联系人(Contact Person):葛敦武
产品(Products):卫生纸

云南通海县联鑫纸业有限公司
Yunnan Tonghai Lianxin Paper Co., Ltd.
地址(Add):云南省通海县四街镇
邮编(P. C.):652702
电话(Tel):0877-3071885
传真(Fax):0877-3071488
法人代表(Chairman):龚学联
联系人(Contact Person):龚学贤
产品(Products):卫生纸

云南汉光纸业有限公司
Yunnan Hanguang Paper Co., Ltd.
地址(Add):云南省通海县四街镇高大乡
邮编(P. C.):652700
电话(Tel):0877-3031789
传真(Fax):0877-3031789
E-mail:hgpaper@eyou.com
法人代表(Chairman):龚汉光
联系人(Contact Person):葛道生
产品(Products):卫生纸

文山云荷纸业有限责任公司
Wenshan Yunhe Paper Co., Ltd.
地址(Add):云南省文山县城开化北路
邮编(P. C.):663000
电话(Tel):0876-2623803
传真(Fax):0876-2623688
法人代表(Chairman):郑云川
总经理(General Manager):郑云川
联系人(Contact Person):宋奎君
产品(Products):卫生纸
品牌(Brand):南荷

◆ 陕西 Shaanxi

大荔县棉浆纸业有限责任公司
Dali Cotton Pulp Paper Co., Ltd.
地址(Add):陕西省大荔县东七乡下庙村
邮编(P. C.):715100
电话(Tel):0913-3212864
传真(Fax):0913-3212355
法人代表(Chairman):杨金良
产品(Products):卫生纸
品牌(Brand):丽绵

陕西省法门寺纸业有限责任公司
Shaanxi Famensi Paper Co., Ltd.

地址(Add):陕西省扶风县城东坡路003号
邮编(P. C.):722200
电话(Tel):0917-5211148
传真(Fax):0917-5211131
法人代表(Chairman):王周权
联系人(Contact Person):柴三军
产品(Products):卫生纸,餐巾纸
品牌(Brand):法门寺

陕西四维纸业有限责任公司
Shaanxi Servel Paper Industry Co., Ltd.
地址(Add):陕西省汉中市经济开发区北区希望路
邮编(P. C.):723000
电话(Tel):0916-2315358
传真(Fax):0916-2315301
E-mail:sxsw@ sina. com
Http://www. servel. com
法人代表(Chairman):张管社
联系人(Contact Person):薛中
产品(Products):卫生纸,餐巾纸,纸巾纸
品牌(Brand):丝维,百洁,艾菲格,世兴

美妆庭纸品(汉中)有限公司
Jaunty Tissue Paper Products (Hanzhong) Co., Ltd.
地址(Add):陕西省汉中市南经济开发区
邮编(P. C.):723102
电话(Tel):0916-5367296
传真(Fax):0916-5364489
法人代表(Chairman):何金松
总经理(General Manager):钟德荣
产品(Products):卫生纸,面巾纸,餐巾纸,手帕纸
品牌(Brand):美妆庭

西安兄弟纸业有限责任公司
Xi'an Xiongdi Paper Co., Ltd.
地址(Add):陕西省西安市长安区镐京工业园
邮编(P. C.):710116
电话(Tel):029-85902333
传真(Fax):029-85902333
法人代表(Chairman):鲁凤
联系人(Contact Person):刘涛
产品(Products):卫生纸
品牌(Brand):周陵,菁纯,亿百芬

西安奥辉纸业有限责任公司
Xi'an Aohui Paper Co., Ltd.
地址(Add):陕西省西安市长安区王寺工业园区
邮编(P. C.):710116
电话(Tel):029-85806338
传真(Fax):029-85806328
E-mail:ypzh@ xaaohui. com
Http://www. xaaohui. com
法人代表(Chairman):张孝普
总经理(General Manager):张孝普
联系人(Contact Person):梁俊
产品(Products):卫生纸,餐巾纸,面巾纸
品牌(Brand):奥辉

西安可心日用制品有限公司
Xi'an Kexin Articles for Daily Use Co., Ltd.
地址(Add):陕西省西安市高陵县城东方红路157号
邮编(P. C.):710200
电话(Tel):029-86913414
传真(Fax):029-86913541
E-mail:office@ xakexin. com
Http://www. xakexin. com
法人代表(Chairman):陈敬仁
总经理(General Manager):陈敬仁
联系人(Contact Person):王平
产品(Products):妇女卫生巾,卫生护垫,婴儿纸尿裤,纸尿片,餐巾纸
品牌(Brand):可心,新可心,可心宝儿

西安市三力造纸厂
Xi'an Sanli Paper Mill
地址(Add):陕西省西安市红光路中段7号
邮编(P. C.):710086
电话(Tel):029-84362314
总经理(General Manager):张润红
产品(Products):卫生纸,餐巾纸
品牌(Brand):纸霸王,家家宝

华源纸业卫生保健用品有限公司
Huayuan Paper Hygiene Healthcare Co., Ltd.
地址(Add):陕西省西安市灞桥区洪庆街道办新星村
邮编(P. C.):710025
电话(Tel):029-83351182
传真(Fax):029-83351500
E-mail:huayuansc@ eyoou. com
总经理(General Manager):寇权铭
产品(Products):餐巾纸,纸巾纸,湿巾

西安栎兴纸业公司西安临潼区栎阳造纸厂
Xi'an Lintong Yueyang Paper Mill
地址(Add):陕西省西安市临潼区栎阳镇
邮编(P. C.):710603
电话(Tel):029-83849186
联系人(Contact Person):徐七一
产品(Products):卫生纸

西安市临潼区汉兴实业公司
Hanxing Industry Company Xi'an Shaanxi
地址(Add):陕西省西安市临潼区新市工业园区
邮编(P. C.):710605
电话(Tel):029-83846573
传真(Fax):029-83846575
Http://www. xahanxing. com
法人代表(Chairman):郝九洲
总经理(General Manager):郝九洲
联系人(Contact Person):张继才
产品(Products):卫生纸
品牌(Brand):汉兴,云宝

西安盛博雅纸业有限责任公司
Xi'an Shengboya Paper Co., Ltd.
地址(Add):陕西省西安市未央区和平工业园区南路8号
邮编(P. C.):710086
电话(Tel):029-84367870
传真(Fax):029-84368235
E-mail:sby@ sbyzy. com
Http://www. sbyzy. com
法人代表(Chairman):李长喜

总经理(General Manager):李长喜
产品(Products):卫生纸,面巾纸,纸杯
品牌(Brand):盛博雅,金博雅,雅隽

西安市蔡伦造纸厂
Xi'an Cailun Paper Mill
地址(Add):陕西省西安市未央区三桥西西宝高速公路起点
邮编(P. C.):710086
电话(Tel):029 - 84513338
传真(Fax):029 - 84513338
法人代表(Chairman):娄荃玲
产品(Products):卫生纸
品牌(Brand):超伦

西安市阎良区康桥纸箱材料厂
Xi'an Yanliang Kangqiao Paper Box Material Plant
地址(Add):陕西省西安市阎良区康桥镇粟邑村
邮编(P. C.):710089
电话(Tel):029 - 86815045
联系人(Contact Person):孙七九
产品(Products):卫生纸

西安蕊芳纸业有限公司
Xi'an Ruifang Paper Co., Ltd.
地址(Add):陕西省西安市雁塔区鱼化工业园区 38 号
邮编(P. C.):710077
电话(Tel):029 - 88519329
传真(Fax):029 - 88519329
法人代表(Chairman):张平
总经理(General Manager):姚教育
联系人(Contact Person):任治民
产品(Products):卫生纸
品牌(Brand):心蕊,新心蕊

陕西咸阳市周陵纸厂
Shaanxi Xianyang Zhouling Paper Mill
地址(Add):陕西省咸阳市渭城区
邮编(P. C.):712000
电话(Tel):0910 - 3118106
传真(Fax):0910 - 3116898
总经理(General Manager):关志茂
产品(Products):卫生纸
品牌(Brand):周陵,真爱

陕西兴包集团有限公司
Shaanxi Xingbao Group Co., Ltd.
地址(Add):陕西省兴平市丰仪工业区
邮编(P. C.):713100
电话(Tel):0910 - 8266114
传真(Fax):0910 - 8266112
法人代表(Chairman):彭晓宏
联系人(Contact Person):彭喜宏
产品(Products):卫生纸
品牌(Brand):欣雅,欣家,小丫丫

◆ 甘肃 Gansu

甘肃省靖远县华夏纸品工贸有限公司
Gansu Jingyuan Huaxia Paper Products Trading Co., Ltd.
地址(Add):甘肃省白银市靖远县石板沟
邮编(P. C.):730600
电话(Tel):0943 - 6127326
传真(Fax):0943 - 6127326
法人代表(Chairman):马华
总经理(General Manager):马华
产品(Products):卫生纸,餐巾纸
品牌(Brand):银莲

顺驰纸业有限责任公司
Shunchi Paper Co., Ltd.
地址(Add):甘肃省敦煌北郊工业开发区
邮编(P. C.):736200
电话(Tel):0937 - 8834814
总经理(General Manager):郭洪
产品(Products):卫生纸

甘肃古浪泗水企业总公司
Gansu Gulang Sishui Enterprise Head Co.
地址(Add):甘肃省古浪县泗水镇北街 1 号
邮编(P. C.):733101
电话(Tel):0935 - 5167319
传真(Fax):0935 - 5167312
法人代表(Chairman):杨发春
产品(Products):卫生纸
品牌(Brand):惠思洁

兰州福鑫植物纤维有限责任公司
Lanzhou Fuxin Plant Fibre Co., Ltd.
地址(Add):甘肃省兰州市皋兰县中心乡九合村
邮编(P. C.):730210
电话(Tel):0931 - 5771518
传真(Fax):0931 - 5771588
法人代表(Chairman):满生福
产品(Products):餐巾纸,卫生纸原纸,盘纸

兰州丽华纸业有限公司
Lanzhou Lihua Paper Co., Ltd.
地址(Add):甘肃省兰州市西固区福利东路小坪村 135 号
邮编(P. C.):730060
电话(Tel):0931 - 7532582
传真(Fax):0931 - 7532585
总经理(General Manager):李丽华
产品(Products):卫生纸,餐巾纸,纸杯
品牌(Brand):丽华

兰州市榆中金鹏造纸厂
Lanzhou Yuzhong Jinpeng Paper Mill
地址(Add):甘肃省兰州市榆中县刘家营
邮编(P. C.):730116
电话(Tel):0931 - 5221125
传真(Fax):0931 - 5221125
联系人(Contact Person):刘翻身
产品(Products):卫生纸
品牌(Brand):鹏飞

兰州百美纸业有限公司
Lanzhou Baimei Paper Co., Ltd.
地址(Add):甘肃省兰州市榆中县三角城
邮编(P. C.):730108
电话(Tel):0931 - 5631252

传真(Fax):0931 – 5631248
法人代表(Chairman):宋俊泽
联系人(Contact Person):张宏仓
产品(Products):卫生纸

甘肃临洮县瑞达纸业有限公司
Gansu Lintao Ruida Paper Co., Ltd.
地址(Add):甘肃省临洮县洮阳镇北关开发区 267 号
邮编(P. C.):730500
电话(Tel):0932 – 2243536
传真(Fax):0932 – 2243598
法人代表(Chairman):秦家瑞
联系人(Contact Person):秦和鸣
产品(Products):卫生纸,餐巾纸,面巾纸
品牌(Brand):宝鹿,百灵

平凉市宝马纸业有限责任公司
Pingliang Baoma Paper Co., Ltd.
地址(Add):甘肃省平凉市四十里铺工业开发区(清街 28 号)
邮编(P. C.):744024
电话(Tel):0933 – 8410019
传真(Fax):0933 – 8410562
法人代表(Chairman):王转运
产品(Products):卫生纸
品牌(Brand):雪竹

平凉市峡门造纸厂
Pingliang Xiamen Paper Mill
地址(Add):甘肃省平凉市峡门经济开发区
邮编(P. C.):744000
电话(Tel):0933 – 8570035
传真(Fax):0933 – 8570029
总经理(General Manager):苏振东
产品(Products):卫生纸,餐巾纸
品牌(Brand):明顿,明霞

◆ 宁夏 Ningxia

宁夏美利纸业股份有限公司
Ningxia Meili Paper Industry Co.,Ltd.
地址(Add):宁夏回族自治区中卫市城区柔远镇
邮编(P. C.):751700
电话(Tel):0953 – 7679339
传真(Fax):0953 – 7679216
E-mail:mlzy@ china – meili. com
Http://www. china – meili. com
法人代表(Chairman):刘崇喜
总经理(General Manager):刘义
产品(Products):卫生纸

宁夏沙湖纸业(集团)有限公司
Ningxia Shahu Paper (Group) Co., Ltd.
地址(Add):宁夏平罗县太西镇
邮编(P. C.):753401
电话(Tel):0952 – 6691402
传真(Fax):0952 – 6691401
法人代表(Chairman):丁吉文
总经理(General Manager):田桂琴
产品(Products):面巾纸,卫生纸
品牌(Brand):沙湖,奔月,祥和

宁夏峡光纸业有限公司
Ningxia Xiaguang Paper Co., Ltd.
地址(Add):宁夏青铜峡市青铜峡镇
邮编(P. C.):751601
电话(Tel):0953 – 3012005
传真(Fax):0953 – 3012061
法人代表(Chairman):周光湛
产品(Products):卫生纸,面巾纸,餐巾纸
品牌(Brand):峡光,会宝

青铜峡市华丽纸业有限责任公司
Qingtongxia Huali Paper Co., Ltd.
地址(Add):宁夏青铜峡市峡口镇
邮编(P. C.):751601
电话(Tel):0953 – 3660108
传真(Fax):0953 – 3661024
联系人(Contact Person):马志强
产品(Products):卫生纸
品牌(Brand):帝王之花

宁夏青铜峡市月蓉生活用纸厂
Ningxia Qingtongxia Yuerong Household Paper Mill
地址(Add):宁夏青铜峡市小坝镇
邮编(P. C.):751600
电话(Tel):0953 – 3052912
联系人(Contact Person):李孟忠
产品(Products):卫生纸

宁夏宇华纸业有限公司
Ningxia Yuhua Paper Co., Ltd.
地址(Add):宁夏吴忠市金积工业园区
邮编(P. C.):751100
电话(Tel):0953 – 2694068
传真(Fax):0953 – 2691124
联系人(Contact Person):刘仲新
产品(Products):卫生纸,面巾纸,餐巾纸
品牌(Brand):沙漠王子,玉花

宁夏浩胜纸业有限公司
Ningxia Haosheng Paper Co., Ltd.
地址(Add):宁夏吴忠市金积镇侯家湾
邮编(P. C.):751102
电话(Tel):0953 – 2661111
传真(Fax):0953 – 2661181
法人代表(Chairman):李书庆
产品(Products):卫生纸,餐巾纸,面巾纸
品牌(Brand):好用

吴忠市银欣纸业有限公司
Wuzhong Yinxin Paper Co., Ltd.
地址(Add):宁夏吴忠市金银滩
邮编(P. C.):751100
电话(Tel):0953 – 2796179
传真(Fax):0953 – 2797368
法人代表(Chairman):王建增
联系人(Contact Person):王军
产品(Products):卫生纸,面巾纸

吴忠市星月纸业有限公司
Wuzhong Xingyue Paper Co., Ltd.
地址(Add):宁夏吴忠市利通区板桥乡蔡桥村一队

邮编(P. C.):751100
电话(Tel):0953 - 2231376
传真(Fax):0953 - 2231976
总经理(General Manager):马明选
联系人(Contact Person):马明选
产品(Products):面巾纸,餐巾纸,卫生纸

宁夏美洁纸业股份有限公司
Ningxia Meijie Paper Co., Ltd.
地址(Add):宁夏银川贺兰县城东街90号
邮编(P. C.):750200
电话(Tel):0951 - 8061243
传真(Fax):0951 - 8061553
E-mail:m99920@ public. yc. nx. cn
Http://www. e - meijie. com
法人代表(Chairman):周兴起
总经理(General Manager):周兴起
联系人(Contact Person):杨建平
产品(Products):卫生纸,面巾纸,餐巾纸,手帕纸
品牌(Brand):美洁,滩羊

宁夏紫金花纸业有限公司
Ningxia Zijinhua Paper Co., Ltd.
地址(Add):宁夏永宁县城红星桥南侧
邮编(P. C.):750100
电话(Tel):0951 - 8017666
传真(Fax):0951 - 8020888
E-mail:nxzjhzy@ public. yc. nx. cn
Http://www. zjhzy. com
法人代表(Chairman):纳巨波
总经理(General Manager):张东红
联系人(Contact Person):马丽娟
产品(Products):卫生卷纸,面巾纸,餐巾纸
品牌(Brand):紫金花,吉丽

◆ 新疆 Xinjiang

新疆博斯腾湖苇业(集团)有限责任公司
Xinjiang Bositeng Lake Weiye (Group) Co., Ltd.
地址(Add):新疆库尔勒市新城区楼兰路
邮编(P. C.):841001
电话(Tel):0996 - 2159728
传真(Fax):0996 - 2152533
法人代表(Chairman):雷洪
总经理(General Manager):宋志民
联系人(Contact Person):孙伟
产品(Products):卫生纸,餐巾纸
品牌(Brand):博浪,樱花

新疆天宏纸业股份有限公司
Xinjiang Tianhong Paper Co., Ltd.
地址(Add):新疆石河子市北三路
邮编(P. C.):832000
电话(Tel):0993 - 7526888
联系人(Contact Person):王世超
产品(Products):卫生纸
品牌(Brand):天宏,柔韵

玄武工贸公司
Xuanwu Industry & Trade Co.
地址(Add):新疆乌鲁木齐市长江路92号东方酒店用品城3F - 91号
邮编(P. C.):830000
电话(Tel):0991 - 5836280
传真(Fax):0991 - 5832906
E-mail:lideyongxuanwu@ 263. net
联系人(Contact Person):李王淬砺
产品(Products):餐巾纸

乌鲁木齐市卡子湾造纸厂
Urumqi Kaziwan Paper Mill
地址(Add):新疆乌鲁木齐市卡子湾新工地(五建对面)
邮编(P. C.):830000
电话(Tel):0991 - 6865429
法人代表(Chairman):张香
产品(Products):卫生纸
品牌(Brand):花卉

新疆南湖纸业有限公司
Xinjiang Nanhu Paper Co., Ltd.
地址(Add):新疆乌鲁木齐市七道湾路59号
邮编(P. C.):830028
电话(Tel):0991 - 4632378
传真(Fax):0991 - 4641521
法人代表(Chairman):冶占彬
联系人(Contact Person):宋锡进
产品(Products):卫生纸
品牌(Brand):美伦

乌鲁木齐市红柳纸业生活用纸厂
Urumqi Hongliu Tissue Paper Mill
地址(Add):新疆乌鲁木齐市七道湾西街
邮编(P. C.):830028
电话(Tel):0991 - 4695228
法人代表(Chairman):闫伟荣
总经理(General Manager):胡利
产品(Products):卫生纸,面巾纸,餐巾纸
品牌(Brand):红柳

叶城县永祥纸业有限责任公司
Yecheng Yongxiang Paper Co., Ltd.
地址(Add):新疆叶城县喀和东路59院
邮编(P. C.):844900
电话(Tel):0998 - 7486516
传真(Fax):0998 - 7486516
总经理(General Manager):郑晓林
产品(Products):卫生纸,餐巾纸
品牌(Brand):云之洁,美好生活

妇女卫生巾和卫生护垫生产企业按产品和地区细分统计
(2005 年,统计总数 556 家)

序号	行政区 Region	企业数	起始页	序号	行政区 Region	企业数	起始页
1	北京 Beijing	9	269	16	河南 Henan	21	305
2	天津 Tianjin	40	270	17	湖北 Hubei	18	307
3	河北 Hebei	42	273	18	湖南 Hunan	12	309
4	山西 Shanxi	2	277	19	广东 Guangdong	68	310
6	辽宁 Liaoning	26	277	20	广西 Guangxi	8	317
7	吉林 Jilin	2	279	21	海南 Hainan	1	317
8	黑龙江 Heilongjiang	8	280	22	重庆 Chongqing	3	318
9	上海 Shanghai	21	280	23	四川 Sichuan	8	318
10	江苏 Jiangsu	41	282	24	贵州 Guizhou	1	319
11	浙江 Zhejiang	51	286	25	云南 Yunnan	9	319
12	安徽 Anhui	8	291	27	陕西 Shaanxi	3	320
13	福建 Fujian	95	292	28	甘肃 Gansu	3	320
14	江西 Jiangxi	11	301	30	宁夏 Ningxia	1	320
15	山东 Shandong	43	302	31	新疆 Xinjiang	1	320

注:5 内蒙古、26 西藏和 29 青海为缺项。

BST

德国 BST 纠偏器

德国 BST 公司是一家具有 60 多年历史的专业研发生产纠偏器的厂家。其产品BST纠偏器广泛应用于无纺布(卫生巾、纸尿裤、医用敷料)、造纸、塑料薄膜、烟草、包装、分切及所有物料的收卷、放卷等行业。

BST 厂家一切以服务客户为先，可根据需求为客户研讨纠偏方案，提供各种类型、规格和不同形式的纠偏系统。

BST 纠偏器的品质在国内已被众多用户认同，受到广泛好评，并为用户创造不菲的效益。

BST 纠偏器应用在生产线上，是有以下特点：

1. 提高产品合格率，保证产品质量。为企业在市场中树立良好的品牌形象。假设企业一年使用材料费 2000 万元，以提高合格率 2% 计算，一年可**节省 40 万元**。
2. 提高生产效率，降低生产成本，为企业创造市场竞争力。提高生产速度 10%，就能使企业**增加产值大于** 10%。
3. 节省原材料，减少浪费，使企业在每时每刻节省原料、人员工资。在市场经营中做一个精明的经营者。企业节省原料 5%，减少人员开支 5%，就能使**毛利率增加** 5% **以上**。

BST 纠偏器特点：

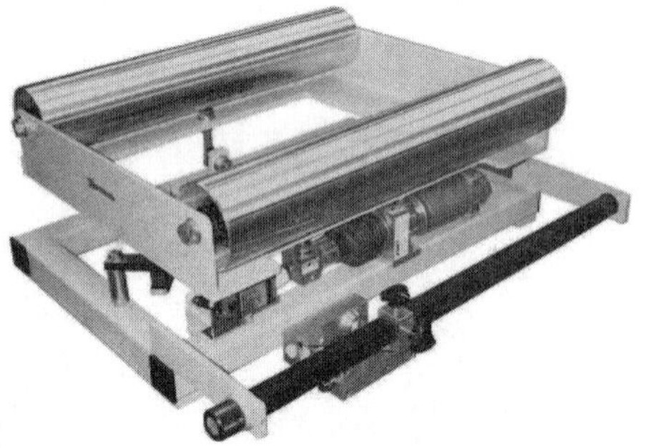

1. **工作稳定、耐用。**
2. **反应灵敏、精确。**
3. **安装调试简单。**
4. **有完善的技术支持和售后服务。**

美国 MERCOTAC 旋转接头（集电环）

美国MERCOTAC旋转接头(集电环)广泛应用于加热滚轴之导电接触，代替传统的碳刷，增加机器的稳定性、安全性，配套于无纺布、烟草、薄膜、包装和电池制造等诸多行业，受到广大用户的关注和喜爱。

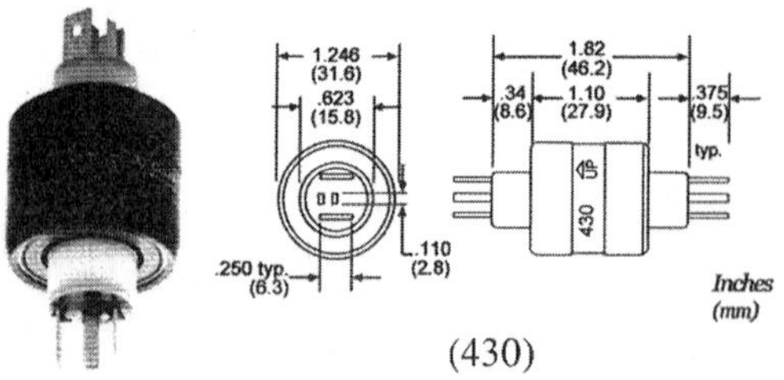

(430)

2×4A 2×30A

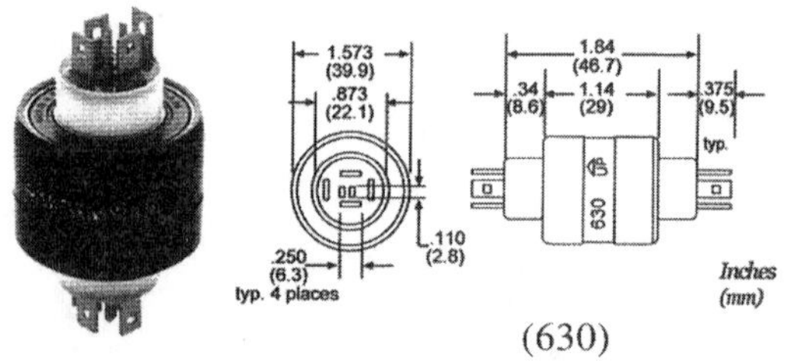

(630)

2×4A 4×30A

代理公司：广州贝晓德传动配套有限公司

广东省广州市先烈中路 65 号东山广场东楼 1202 室　　邮编：510095
电话：020-87322396　87324159　　传真：020-87320623
Http://www.bstchina.com　　联系人：黄葆钧

妇女卫生巾和卫生护垫
Sanitary napkins and pantiliners

◆ 北京 Beijing

北京恩威妇女儿童保健品联合公司
Beijing Enwei Women & Children Health Care Products Joint Venture Co.
地址(Add):北京市昌平区马池口
邮编(P. C.):102200
电话(Tel):010 - 60772064
法人代表(Chairman):荣金明
总经理(General Manager):徐伟
产品(Products):妇女卫生巾,卫生护垫
品牌(Brand):恩威

北京特日欣卫生用品有限公司
Beijing Terixin Hygiene Products Co., Ltd.
地址(Add):北京市丰台区育菲园小区东里 13 号
邮编(P. C.):100071
电话(Tel):010 - 83610815
传真(Fax):010 - 83610817
法人代表(Chairman):冯跃
联系人(Contact Person):田伟华
产品(Products):妇女卫生巾,卫生护垫
品牌(Brand):特日欣

北京爱华中兴纸业有限公司
Beijing Aihua Zhongxing Paper Co., Ltd.
地址(Add):北京市海淀区西三旗东路
邮编(P. C.):100096
电话(Tel):010 - 82917373
传真(Fax):010 - 82915216
E-mail:aihuaypy@ vip. sina. com
Http://www. yipianyun. com
法人代表(Chairman):王家华
总经理(General Manager):谢大伟
联系人(Contact Person):何平妹
产品(Products):餐巾纸,面巾纸,卫生卷纸,妇女卫生巾,卫生护垫,湿巾,纸杯
品牌(Brand):一片云

北京金佰利个人卫生用品有限公司
Kimberly - Clark Beijing Plant
地址(Add):北京市经济技术开发区建安街 2 号
邮编(P. C.):100176
电话(Tel):010 - 67881358
传真(Fax):010 - 67881360
法人代表(Chairman):Errol Plowman
总经理(General Manager):肖世平
联系人(Contact Person):佟梅
产品(Products):妇女卫生巾,卫生护垫,婴儿纸尿裤
品牌(Brand):高洁丝 Kotex,好奇 Huggies,舒而美,金贝贝

金佰利(中国)投资有限公司
Kimberly - Clark (China) Investment Co., Ltd.
地址(Add):北京市经济技术开发区建安街 2 号
邮编(P. C.):100176
电话(Tel):010 - 67881358
传真(Fax):010 - 67881358
Http://www. kcc. com
法人代表(Chairman):Errol Plowman
总经理(General Manager):邵青锋
联系人(Contact Person):佟梅
产品(Products):妇女卫生巾,卫生护垫,婴儿纸尿裤,纸尿片
品牌(Brand):高洁丝 Kotex,好奇 Huggies,Kleenex 舒洁,舒而美

北京倍舒特妇幼用品有限公司
Beijing Beishute Maternity & Child Articles Co., Ltd.
地址(Add):北京市密云工业开发区
邮编(P. C.):101500
电话(Tel):010 - 69061748
传真(Fax):010 - 69061747
E-mail:mail@ bjbest. com. cn
Http://www. bjbest. com. cn
法人代表(Chairman):李秋红
总经理(General Manager):李秋红
联系人(Contact Person):曾华祖
产品(Products):妇女卫生巾,卫生护垫,婴儿纸尿片,护理垫
品牌(Brand):倍舒特,健康宝宝

北京爱佳卫生保健品厂
Beijing Aijia Hygiene & Health Care Products Factory
地址(Add):北京市南三环洋桥西里 33 号右门
邮编(P. C.):100077
电话(Tel):010 - 87208782
传真(Fax):010 - 87293498
E-mail:wgc@ bj - aijia. com
Http://www. bj - aijia. com
法人代表(Chairman):万海英
总经理(General Manager):吴国财
产品(Products):餐巾纸,面巾纸,手帕纸,湿巾,擦手纸,卫生纸,马桶垫,纸杯,纸碗,妇女卫生巾,卫生护垫,婴儿纸尿裤
品牌(Brand):爱佳

北京吉力卫生用品有限公司
Beijing Jili Hygiene Products Co., Ltd.
地址(Add):北京市通州区漷县镇工业开发区四街
邮编(P. C.):101109
电话(Tel):010 - 80587777
传真(Fax):010 - 80585555
法人代表(Chairman):李贵珍
总经理(General Manager):李贵珍
联系人(Contact Person):赵欣颖
产品(Products):妇女卫生巾,卫生护垫
品牌(Brand):假日情,真优美,北京女孩

北京安美尔工贸集团
Beijing Empire Group
地址(Add):北京市西四环路郑常庄 326 号安美尔大厦
邮编(P. C.):100039
电话(Tel):010 - 68158390

传真(Fax):010－68155072
Http://www.empire－cn.com
法人代表(Chairman):傅毅
产品(Products):卫生纸,纸巾纸,妇女卫生巾,卫生护垫,婴儿纸尿裤
品牌(Brand):安美尔,星座,小雨伞,依美洁,花世界

◆ 天津 Tianjin

天津市娇柔卫生制品有限公司
Tianjin Jiaorou Hygiene Products Co., Ltd.
地址(Add):天津市宝坻区城关镇北三环路看守所西侧
邮编(P.C.):301800
电话(Tel):022－29233767
传真(Fax):022－29241191
法人代表(Chairman):李凤山
联系人(Contact Person):张涛
产品(Products):妇女卫生巾
品牌(Brand):茹云

天津市瑞达卫生用品厂
Tianjin Ruida Hygiene Articles Factory
地址(Add):天津市宝坻区大口屯镇
邮编(P.C.):301801
电话(Tel):022－29689038
联系人(Contact Person):张志发
产品(Products):妇女卫生巾
品牌(Brand):东方之娇

天津市宏宇卫生制品有限公司
Tianjin Hongyu Hygiene Products Co., Ltd.
地址(Add):天津市宝坻区大钟庄镇袁罗工业小区
邮编(P.C.):301800
电话(Tel):022－82433268
总经理(General Manager):张宇军
产品(Products):妇女卫生巾,卫生护垫
品牌(Brand):心蕊,浪漫天使,惠洁

天津洁雅妇女卫生保健用品有限公司
Tianjin Jieya Women Health Care Products Co., Ltd.
地址(Add):天津市宝坻区东开发区环城南路10号
邮编(P.C.):301800
电话(Tel):022－82660162
传真(Fax):022－82659578
E-mail:info@tjjieya.com
Http://www.tjjieya.com
法人代表(Chairman):徐文河
总经理(General Manager):徐文河
产品(Products):妇女卫生巾
品牌(Brand):芬柔

天津市舒爽卫生用品有限公司
Tianjin Shushuang Hygiene Products Co., Ltd.
地址(Add):天津市宝坻区技术监督局南侧
邮编(P.C.):301800
电话(Tel):022－82665009
传真(Fax):022－82665009
法人代表(Chairman):杨少东
产品(Products):妇女卫生巾
品牌(Brand):雅惠

天津宝坻康洁卫生用品有限公司
Tianjin Kangjie Hygiene Articles Co., Ltd.
地址(Add):天津市宝坻区经济技术开发区(东区南、津围公路71公里处)
邮编(P.C.):301804
电话(Tel):022－82685086
传真(Fax):022－82688530
总经理(General Manager):杨广鹏
产品(Products):妇女卫生巾,卫生护垫,隔尿巾
品牌(Brand):花知雨,蝶梦雨

天津市宝坻区美洁卫生制品有限公司
Tianjin Baodi Meijie Hygiene Products Co., Ltd.
地址(Add):天津市宝坻区经济开发区宝新工业园
邮编(P.C.):301804
电话(Tel):022－29610788
传真(Fax):022－29610768
联系人(Contact Person):刘永国
产品(Products):妇女卫生巾
品牌(Brand):蓓婷

天津市洁维卫生制品有限公司
Tianjin Jiewei Hygiene Products Co., Ltd.
地址(Add):天津市宝坻区开发南区
邮编(P.C.):301000
电话(Tel):022－82685773
传真(Fax):022－82685773
法人代表(Chairman):李德芳
产品(Products):妇女卫生巾,卫生护垫
品牌(Brand):惠柔

天津骏发森达卫生用品有限公司
Tianjin Junfasenda Sanitary Articles Co., Ltd.
地址(Add):天津市宝坻区西开发区开明路
邮编(P.C.):301800
电话(Tel):022－82669158
传真(Fax):022－82666999
E-mail:yage@tjyage.com
Http://www.tjyage.com
法人代表(Chairman):王贵森
联系人(Contact Person):王晓俊
产品(Products):卫生纸,面巾纸,妇女卫生巾,卫生护垫,湿巾
品牌(Brand):雅格,流星天使

天津市海林卫生用品有限公司
Tianjin Hailin Hygiene Products Co., Ltd.
地址(Add):天津市宝坻区新开口镇何各庄
邮编(P.C.):301815
电话(Tel):022－29610368
传真(Fax):022－29610188
法人代表(Chairman):张海林
联系人(Contact Person):翟士军
产品(Products):妇女卫生巾
品牌(Brand):海之蓝

天津宝坻县大雅卫生制品厂
Tianjin Baodi Daya Hygiene Products Plant
地址(Add):天津市宝坻县陈家口村南
邮编(P.C.):301800
电话(Tel):022－22518029

传真(Fax):022-22517595
法人代表(Chairman):李振国
产品(Products):妇女卫生巾
品牌(Brand):惠子

利发卫生用品(天津)有限公司
Lifa Hygiene Products (Tianjin) Co., Ltd.
地址(Add):天津市宝坻县经济技术开发区
邮编(P. C.):301800
电话(Tel):022-82686802
传真(Fax):022-82651555
E-mail:lifa@tjlifa. com
Http://www. tjlifa. com
法人代表(Chairman):康德利
总经理(General Manager):宁学杰
产品(Products):妇女卫生巾,卫生护垫
品牌(Brand):妹妹,温馨

天津日商卫生科技发展有限公司
Tianjin Rishang Sanitation Science & Technology Development Co., Ltd.
地址(Add):天津市北辰高科技产业园区辰星工业园淮河道
邮编(P. C.):300402
电话(Tel):022-26301231
传真(Fax):022-84941395
法人代表(Chairman):杨印海
总经理(General Manager):杨印海
联系人(Contact Person):杨印江
产品(Products):妇女卫生巾,卫生护垫,婴儿纸尿裤,婴儿纸尿片,护理垫,宠物垫
品牌(Brand):小护士

天津市小燕子卫生用品有限公司
Tianjin Xiaoyanzi Hygiene Products Co., Ltd.
地址(Add):天津市北辰区科技园区(宜兴埠)
邮编(P. C.):300402
电话(Tel):022-26910678
传真(Fax):022-26910678
总经理(General Manager):华鼎升
产品(Products):妇女卫生巾,卫生护垫,成人纸尿裤,婴儿纸尿裤
品牌(Brand):小燕子,曲美

天津市韩东纸业有限公司
Tianjin Handong Paper Co., Ltd.
地址(Add):天津市北辰区铁东路勤俭工业区2号路
邮编(P. C.):300402
电话(Tel):022-26301401
传真(Fax):022-26735940
总经理(General Manager):聂淑娟
联系人(Contact Person):赵亚东
产品(Products):妇女卫生巾,卫生护垫
品牌(Brand):美千草

天津百惠纸品有限公司
Tianjin Baihui Paper Products Co., Ltd.
地址(Add):天津市北辰区延吉道东头
邮编(P. C.):300400
电话(Tel):022-26391539
传真(Fax):022-26391523
Http://www. tj-baihui. com
法人代表(Chairman):李忠
总经理(General Manager):李忠
联系人(Contact Person):赵秀琴
产品(Products):妇女卫生巾,卫生护垫
品牌(Brand):百惠

天津市森华卫生巾制品有限公司
Tianjin Senhua Sanitary Napkins Product Co., Ltd.
地址(Add):天津市大港区古林街工业区
邮编(P. C.):300270
电话(Tel):022-63221661
传真(Fax):022-63220580
E-mail:manlichina@sohu. com
Http://www. dgnet. gov. cn/manli. htm
法人代表(Chairman):朱明华
总经理(General Manager):杨继青
联系人(Contact Person):刘春霞
产品(Products):妇女卫生巾,卫生护垫,成人垫巾和失禁用品,湿巾
品牌(Brand):蔓莉

天津市英华妇幼用品有限公司
Tianjin Yinghua Women & Children Products Co., Ltd.
地址(Add):天津市东丽区金钟公路大毕庄镇
邮编(P. C.):300240
电话(Tel):022-26791415
传真(Fax):022-26795158
法人代表(Chairman):孙富举
总经理(General Manager):孙富举
联系人(Contact Person):朱志刚
产品(Products):妇女卫生巾,卫生护垫,婴儿纸尿裤、片,成人护理垫
品牌(Brand):心宝,心思,佳洁适

天津亨达工贸有限公司
Tianjin Hengda Industry & Trade Co., Ltd.
地址(Add):天津市东丽区金钟路东安驾校开发区
邮编(P. C.):300240
电话(Tel):022-26795557
传真(Fax):022-26795556
E-mail:info@tj-hengda. com
Http://www. tj-hengda. com
总经理(General Manager):孙宗安
产品(Products):妇女卫生巾,卫生护垫
品牌(Brand):柔纯

天津市美商卫生用品有限公司
Tianjin Meishang Hygiene Products Co., Ltd.
地址(Add):天津市东丽区新立街新兴村
邮编(P. C.):300300
电话(Tel):022-24998376
总经理(General Manager):王德军
产品(Products):妇女卫生巾
品牌(Brand):雨情

天津市汉沽区爽洁纸制品厂
Tianjin Shuangjie Paper Products Factory
地址(Add):天津市汉沽区新开北路1号物资局北院
邮编(P. C.):300480
电话(Tel):022-67121280

传真(Fax):022－67121280
总经理(General Manager):刘松林
产品(Products):妇女卫生巾
品牌(Brand):格格

天津威尼妇女用品公司
Tianjin Weini Women Products Co.
地址(Add):天津市和平区重庆道99号(威尼公司办事处)
邮编(P. C.):300040
电话(Tel):022－23318794
传真(Fax):022－87994480
法人代表(Chairman):江立
产品(Products):妇女卫生巾,卫生护垫
品牌(Brand):威妮,迷思

天津万家卫生用品有限公司
Tianjin Wanjia Hygiene Products Co., Ltd.
地址(Add):天津市河北区北站外水产前街2号
邮编(P. C.):300241
电话(Tel):022－26415678
传真(Fax):022－26415666
法人代表(Chairman):赵金昇
总经理(General Manager):刘忠浩
产品(Products):卫生纸,妇女卫生巾
品牌(Brand):青竹,仕美

天津市娇雅卫生用品厂
Tianjin Jiaoya Hygiene Articles Factory
地址(Add):天津市蓟县渔阳南路71号(县农行大厦对面)
邮编(P. C.):301900
电话(Tel):022－29145101
总经理(General Manager):王海生
产品(Products):妇女卫生巾
品牌(Brand):心菲,娇雅

天津市恒新纸业有限公司
Tianjin Hengxin Paper Co., Ltd.
地址(Add):天津市津南经济技术开发区(双港)
邮编(P. C.):300350
电话(Tel):022－28571061
传真(Fax):022－88828679
E-mail:hengxin－zhiye@sohu.com
总经理(General Manager):李宝金
联系人(Contact Person):宁书金
产品(Products):妇女卫生巾,婴儿纸尿片,成人纸尿片,多功能护理垫,一次性鞋垫
品牌(Brand):假日欣,邦宜生,好丽友,云雅

天津洁维斯纸制用品厂
Tianjin Jieweisi Paper Articles Factory
地址(Add):天津市静海独流镇
邮编(P. C.):301602
电话(Tel):022－68815771
传真(Fax):022－68815771
总经理(General Manager):周延信
产品(Products):妇女卫生巾
品牌(Brand):洁维斯,依恋

天津市林迪工贸有限公司
Tianjin Lindi Industry & Trade Co., Ltd.
地址(Add):天津市民权门外金钟公路南孙庄
邮编(P. C.):300240
电话(Tel):022－26792608
传真(Fax):022－26792524
联系人(Contact Person):沈宗华
产品(Products):妇女卫生巾
品牌(Brand):青春假日

天津市威远纸业有限公司
Tianjin Weiyuan Paper Co., Ltd.
地址(Add):天津市南开区白堤路馨达园1号楼5门701
邮编(P. C.):300194
电话(Tel):022－87892143
传真(Fax):022－87892143
法人代表(Chairman):刘卫胜
产品(Products):妇女卫生巾
品牌(Brand):威肤爽

天津市三维纸业有限公司
Tianjin Sanwei Paper Products Co., Ltd.
地址(Add):天津市南开区黄河道双成里46号二楼
邮编(P. C.):300381
电话(Tel):022－27573688
传真(Fax):022－27573688
法人代表(Chairman):韩秀玲
总经理(General Manager):韩秀玲
联系人(Contact Person):韩秀琛
产品(Products):妇女卫生巾,卫生护垫
品牌(Brand):三维,金美雅

天津市兰景工贸有限公司
Tianjin Lanjing Industry & Trading Co., Ltd.
地址(Add):天津市南开区芥园西道98号
邮编(P. C.):300112
电话(Tel):022－27511386
传真(Fax):022－27538272
E-mail:lanjingtj@sina.com
法人代表(Chairman):吕小带
总经理(General Manager):樊永行
产品(Products):妇女卫生巾,卫生护垫,纸尿裤
品牌(Brand):茹梦

天津市康宝妇幼保健卫生制品有限公司
Tianjin Kangbao Women & Children Health Care Products Co., Ltd.
地址(Add):天津市宁河县经济技术开发区华翠路68号
邮编(P. C.):301500
电话(Tel):022－69597862
传真(Fax):022－69570833
法人代表(Chairman):贾德茂
联系人(Contact Person):贾沛元
产品(Products):妇女卫生巾
品牌(Brand):馨馨

天津恒达卫生制品有限公司
Tianjin Hengda Hygiene Products Co., Ltd.
地址(Add):天津市宁河县芦台镇沿河路
邮编(P. C.):301500
电话(Tel):022－69585660
传真(Fax):022－69570059
E-mail:tjhengda@163.com
Http://www.tjhengda.com

总经理(General Manager):王树海
联系人(Contact Person):朱丽娟
产品(Products):妇女卫生巾,卫生护垫,婴儿纸尿裤,婴儿纸尿片,母婴两用巾,
品牌(Brand):舒妮,欣之妮,宠爱一生

天津市妮娅卫生用品有限公司
Tianjin Niya Hygiene Products Co., Ltd.
地址(Add):天津市宁河县造甲城东
邮编(P. C.):301510
电话(Tel):022 - 69511068
传真(Fax):022 - 69510936
Http://www. tjtianning. com
法人代表(Chairman):郭宝忠
产品(Products):妇女卫生巾
品牌(Brand):天宁

天津舒尔卫生用品有限公司
Tianjin Sure Health Products Co.,Ltd.
地址(Add):天津市武清区汉沽港经济园港园 B - 2 号
邮编(P. C.):301721
电话(Tel):022 - 29494873
传真(Fax):022 - 29495085
E-mail:sewsyp@ 126. com
Http://www. tjshuer. com
法人代表(Chairman):黄楚璧
联系人(Contact Person):张玉玲
产品(Products):妇女卫生巾
品牌(Brand):舒百怡,舒尔,钟爱

天津武清区东生卫生制品有限公司
Tianjin Dongsheng Hygiene Products Co., Ltd.
地址(Add):天津市武清区南蔡村镇马庄村
邮编(P. C.):301703
电话(Tel):022 - 29414519
总经理(General Manager):张玉生
产品(Products):妇女卫生巾,卫生护垫
品牌(Brand):欣日情,馨婷

恒安(天津)卫生用品有限公司
Hengan (Tianjin) Hygiene Products Co., Ltd.
地址(Add):天津市西青经济开发区兴华一支路 6 号
邮编(P. C.):300381
电话(Tel):022 - 23973688
传真(Fax):022 - 23973688
法人代表(Chairman):施文博
联系人(Contact Person):林金相
产品(Products):妇女卫生巾,纸尿裤
品牌(Brand):安乐,安尔乐,安儿乐,安而康

天津市依依卫生用品厂
Tianjin Yiyi Hygiene Products Factory
地址(Add):天津市西青经济开发区张沃工业园
邮编(P. C.):300380
电话(Tel):022 - 87988888
传真(Fax):022 - 27950903
E-mail:yy@ yyzy. com
Http://www. yyzy. com
法人代表(Chairman):高福忠
总经理(General Manager):高福忠
联系人(Contact Person):卢俊美
产品(Products):妇女卫生巾,卫生护垫,婴儿纸尿片,护理垫,宠物垫,卫生卷纸,纸巾纸
品牌(Brand):依依

天津市亿利来科技卫生用品厂
Tianjin Yililai Science & Technology Hygiene Products Plant
地址(Add):天津市西青区李七庄乡王台村
邮编(P. C.):300381
电话(Tel):022 - 83922693
传真(Fax):022 - 83922693
法人代表(Chairman):刘宝森
总经理(General Manager):刘宝森
联系人(Contact Person):董凤菊
产品(Products):妇女卫生巾,卫生护垫
品牌(Brand):菲思妮,津宝

天津市洁尔卫生用品有限公司
Tianjin Jieer Hygiene Products Co., Ltd.
地址(Add):天津市西青区中北镇中北工业园
邮编(P. C.):300112
电话(Tel):022 - 27948771
传真(Fax):022 - 27395410
法人代表(Chairman):张志宏
联系人(Contact Person):胡青山
产品(Products):妇女卫生巾,卫生护垫,婴儿、成人纸尿裤、纸尿片,湿巾
品牌(Brand):尚好佳,冬虫草

禾丰(天津)卫生用品有限公司
Harvest (Tianjin) Sanitary Products Co., Ltd.
地址(Add):天津市新技术产业园区武清开发区泉旺路南财源道 5 号
邮编(P. C.):301726
电话(Tel):022 - 82122296 - 98
传真(Fax):022 - 82122289
E-mail:hefeng@ vip. sina. com
法人代表(Chairman):陈朝根
联系人(Contact Person):张云龙
产品(Products):妇女卫生巾,卫生护垫,成人纸尿裤,婴儿尿不湿及伴侣
品牌(Brand):青春旗,伊娇儿

◆ 河北 Hebei

康乐卫生巾厂
Kangle Sanitary Napkins Factory
地址(Add):河北省霸州市经济技术开发区兴港园区
邮编(P. C.):065700
电话(Tel):0316 - 7554029
总经理(General Manager):何敏悦
产品(Products):妇女卫生巾
品牌(Brand):佩曼

保定玉洁纸品有限公司
Baoding Yujie Paper Products Co., Ltd.
地址(Add):河北省保定市北 107 国道荆塘铺西 1600 米
邮编(P. C.):072556
电话(Tel):0312 - 8569101
产品(Products):妇女卫生巾
品牌(Brand):夏士莲

保定市苑氏实业有限公司
Baoding Yuanshi Industrial Co., Ltd.
地址(Add):河北省保定市北二环漕河河西工业园1号
邮编(P. C.):072556
电话(Tel):0312-8502288
传真(Fax):0312-8502288
法人代表(Chairman):苑耀文
产品(Products):妇女卫生巾,卫生护垫,消毒湿巾
品牌(Brand):扬兰,知心爱人,自然人生

保定市义厚成纸业有限公司
Baoding Yihoucheng Paper Co., Ltd.
地址(Add):河北省保定市国家高新技术产业开发区云杉路131号
邮编(P. C.):071051
电话(Tel):0312-7921333
传真(Fax):0312-7920100
E-mail:yhc@ladystar.com.cn
Http://www.ladystar.com.cn
法人代表(Chairman):白红敏
总经理(General Manager):白红敏
产品(Products):妇女卫生巾,卫生护垫,湿巾
品牌(Brand):女主角,喜儿,妮好

保定市港兴纸业有限公司
Baoding Gangxing Paper Co., Ltd.
地址(Add):河北省保定市满城县大册营造纸工业区
邮编(P. C.):072150
电话(Tel):0312-7021908
传真(Fax):0312-7021728
E-mail:bdlibang@163.com
Http://www.bdlibang.com
法人代表(Chairman):张三套
联系人(Contact Person):张四车
产品(Products):卫生纸,妇女卫生巾
品牌(Brand):丽邦,港兴,佳星,盈爽

满城县安安卫生用品有限公司
Mancheng Anan Hygiene Articles Co., Ltd.
地址(Add):河北省保定市满城县大册营造纸工业区
邮编(P. C.):072150
电话(Tel):0312-7020200
联系人(Contact Person):孟明
产品(Products):妇女卫生巾,卫生护垫,湿巾

河北雪松纸业有限公司
Hebei Xuesong Paper Co., Ltd.
地址(Add):河北省保定市满城县大册营镇造纸工业区
邮编(P. C.):072150
电话(Tel):0312-7021606
传真(Fax):0312-7020869
E-mail:xuesong@thepaper.com.cn
Http://www.thepaper.com.cn
法人代表(Chairman):赵宝江
联系人(Contact Person):赵宝水
产品(Products):卫生纸,妇女卫生巾
品牌(Brand):雪松,好人家,佳贝,真情

保定冀新纸业有限公司
Baoding Jixin Paper Co., Ltd.
地址(Add):河北省保定市清苑石屯经济开发区
邮编(P. C.):071103
电话(Tel):0312-8051188
传真(Fax):0312-8052288
法人代表(Chairman):石继欣
产品(Products):妇女卫生巾
品牌(Brand):特维

保定市康苑卫生用品有限公司
Baoding Kangyuan Hygiene Articles Co., Ltd.
地址(Add):河北省保定市清苑县石屯工业园区
邮编(P. C.):071051
电话(Tel):0312-8051304
传真(Fax):0312-8051868
联系人(Contact Person):徐占学
产品(Products):妇女卫生巾,卫生护垫,卫生纸

保定金利达工贸有限公司
Baoding Jinlida Industry & Trade Co., Ltd.
地址(Add):河北省保定市顺平火车站工业区(107国道右侧)
邮编(P. C.):072251
电话(Tel):0312-7682849
传真(Fax):0312-7682041
联系人(Contact Person):边来福
产品(Products):妇女卫生巾,卫生护垫
品牌(Brand):阿莲

徐水县龙帅卫生巾厂
Xushui Longshuai Sanitary Napkins Factory
地址(Add):河北省保定市徐水遂城工业园区
邮编(P. C.):072550
电话(Tel):0312-8968656
传真(Fax):0312-8968896
产品(Products):妇女卫生巾
品牌(Brand):愉畅

徐水县恒昌纸业有限公司
Xushui Hengchang Paper Co., Ltd.
地址(Add):河北省保定市徐水县遂城开发区
邮编(P. C.):072550
电话(Tel):0312-8968185
产品(Products):妇女卫生巾
品牌(Brand):适尔美

沧州尚好卫生用品有限公司
Cangzhou Shanghao Sanitary Products Co., Ltd.
地址(Add):河北省沧州市经济技术开发区银光大街1号
邮编(P. C.):061000
电话(Tel):0317-3093868
传真(Fax):0317-3092166
总经理(General Manager):刘玉成
联系人(Contact Person):胡金良
产品(Products):妇女卫生巾,卫生纸
品牌(Brand):尚好

沧州市运西川维卫生制品厂
Cangzhou Yunxi Chuanwei Hygiene Products Factory
地址(Add):河北省沧州市南外环良官屯
邮编(P. C.):061001
电话(Tel):0317-2056308
总经理(General Manager):祁功国

产品(Products):妇女卫生巾
品牌(Brand):丽涛

邯郸市月亮湾保健品有限公司
Handan Yueliangwan Healthcare Products Co., Ltd.
地址(Add):河北省磁县磁州园中园高新技术开发区
邮编(P. C.):056500
电话(Tel):0310－2388216
传真(Fax):0310－2388239
法人代表(Chairman):谢志卿
产品(Products):妇女卫生巾,卫生护垫,婴儿纸尿裤,成人失禁尿片(裤)
品牌(Brand):黛芙妮,黛婷

舒洁康卫生用品有限公司
Shujiekang Hygiene Articles Co., Ltd.
地址(Add):河北省磁州园中园高新技术开发区90号
邮编(P. C.):056500
电话(Tel):0310－2372163
传真(Fax):0310－2372542
E-mail:shujiekang@eyou.com
总经理(General Manager):王艺璇
产品(Products):妇女卫生巾,面巾纸,纸尿裤
品牌(Brand):舒洁康

石家庄青春卫生用品有限公司
Shijiazhuang Qingchun Sanitary Products Co., Ltd.
地址(Add):河北省藁城市梨园庄工贸小区
邮编(P. C.):052160
电话(Tel):0311－88121570
传真(Fax):0311－88156498
总经理(General Manager):刘会杰
产品(Products):妇女卫生巾,卫生护垫
品牌(Brand):青春伴侣

邯郸市雨洁卫生用品有限公司
Handan Yujie Sanitary Products Co., Ltd.
地址(Add):河北省邯郸市磁县铁西恒泰路6号
邮编(P. C.):056500
电话(Tel):0310－2339988
传真(Fax):0310－2331066
法人代表(Chairman):任万成
联系人(Contact Person):王庆国
产品(Products):妇女卫生巾,卫生护垫
品牌(Brand):雨萌

邯郸市泰和纸业有限公司
Handan Taihe Paper Co., Ltd.
地址(Add):河北省邯郸市高新开发区华荣街6号
邮编(P. C.):056004
电话(Tel):0310－7039111
传真(Fax):0310－7053222
联系人(Contact Person):李全喜
产品(Products):纸尿裤、片,卫生护垫,妇女卫生巾,面巾纸,餐巾纸,卫生纸

天宇卫生用品厂
Tianyu Hygiene Articles Factory
地址(Add):河北省邯郸市中华北大街北仓库路甲2号
邮编(P. C.):056004
电话(Tel):0310－7025542
传真(Fax):0310－7026141
联系人(Contact Person):郭继森
产品(Products):婴儿纸尿裤,纸尿片,妇女卫生巾,卫生护垫

晋州市康洁卫生用品厂
Jinzhou Kangjie Hygiene Products Plant
地址(Add):河北省晋州市东宿乡东张开发区
邮编(P. C.):052260
电话(Tel):0311－84332318
传真(Fax):0311－84332199
总经理(General Manager):宿彦恒
产品(Products):妇女卫生巾
品牌(Brand):锦萍

廊坊市宝胜妇幼用品有限公司
Langfang Baosheng Woman & Child Articles Co., Ltd.
地址(Add):河北省廊坊市宏泰花园4B－1单元401
邮编(P. C.):065000
电话(Tel):0316－2010980
传真(Fax):0316－2010980
总经理(General Manager):王宝胜
产品(Products):妇女卫生巾,卫生卷纸
品牌(Brand):水晶之恋

保定市卫生用品厂
Baoding Hygiene Products Factory
地址(Add):河北省蠡县城隍庙街45号
邮编(P. C.):071400
电话(Tel):0312－6211969
传真(Fax):0312－6211969
法人代表(Chairman):张小铁
联系人(Contact Person):蒋光明
产品(Products):妇女卫生巾,热熔胶,防粘剥离纸
品牌(Brand):舒乐,洁友,富美

雅美卫生保健品有限公司
Yamei Hygiene & Healthcare Products Co., Ltd.
地址(Add):河北省隆尧县东方食品城
邮编(P. C.):055350
电话(Tel):0319－6592098
传真(Fax):0319－6592258
总经理(General Manager):范录洲
产品(Products):妇女卫生巾,婴儿纸尿裤,婴儿尿垫,成人垫巾
品牌(Brand):黛玉

和信纸品有限公司
Hexin Paper Products Co., Ltd.
地址(Add):河北省满城县大册营工业区
邮编(P. C.):072150
电话(Tel):0312－7026198
传真(Fax):0312－7026896
E-mail:thb@hisunpaper.com
Http://www.hisunpaper.com
联系人(Contact Person):谭浩波
产品(Products):妇女卫生巾,卫生原纸
品牌(Brand):美之莲,真好

嘉禾卫生用品厂
Jiahe Hygiene Articles Factory

地址(Add):河北省满城县大册营造纸工业区
邮编(P. C.):072150
电话(Tel):0312－7026815
传真(Fax):0312－7026667
总经理(General Manager):赵长海
产品(Products):妇女卫生巾,成人护理垫,产妇垫,医用床垫,面巾纸,餐巾纸
品牌(Brand):纤柔,安婷,贝尔乐,心连心

保定金诺公司卫生用品有限公司
Baoding Jinnuo Hygiene Products Co., Ltd.
地址(Add):河北省清苑县南杨桥工业区
邮编(P. C.):071000
电话(Tel):0312－8056688
传真(Fax):0312－8055088
联系人(Contact Person):张俊征
产品(Products):妇女卫生巾,卫生护垫

宇峰伟业纸品有限公司
Yufeng Weiye Paper Products Co., Ltd.
地址(Add):河北省石家庄市北环西路3号
邮编(P. C.):050062
电话(Tel):0311－88814113
传真(Fax):0311－83602359
E-mail:fengzengjun@126. com
联系人(Contact Person):冯增军
产品(Products):妇女卫生巾,卫生护垫,卫生纸品
品牌(Brand):宇峰

石家庄市小护士纸业有限公司
Shijiazhuang Xiaohushi Paper Co., Ltd.
地址(Add):河北省石家庄市藁城永安路19号
邮编(P. C.):052160
电话(Tel):0311－88049799
传真(Fax):0311－88156309
联系人(Contact Person):田永生
产品(Products):妇女卫生巾,餐巾纸,卫生纸

石家庄市惠普卫生用品有限公司
Shijiazhuang Huipu Hygiene Products Co., Ltd.
地址(Add):河北省石家庄市和平西路北新街60号
邮编(P. C.):050000
电话(Tel):0311－87828886
传真(Fax):0311－87838318
法人代表(Chairman):孟繁祥
产品(Products):卫生纸,餐巾纸,妇女卫生巾
品牌(Brand):美洁,一帆风顺

鑫达卫生巾有限公司
Xinda Sanitary Napkins Co., Ltd.
地址(Add):河北省石家庄市晋州东开发区
邮编(P. C.):052260
电话(Tel):0311－84377699
联系人(Contact Person):宿景房
产品(Products):妇女卫生巾,卫生护垫
品牌(Brand):含羞草,馨欣,名人,家和

石家庄夏兰纸业有限公司
Shijiazhuang Xialan Paper Co., Ltd.
地址(Add):河北省石家庄市晋州市通达路
邮编(P. C.):052260
电话(Tel):0311－84396888
传真(Fax):0311－84396966
总经理(General Manager):吕建辉
产品(Products):妇女卫生巾,卫生护垫,纸尿裤,卫生纸
品牌(Brand):夏兰,飘莎,曼迪丝

石家庄市顺美卫生用品厂
Shijiazhuang Shunmei Hygiene Articles Factory
地址(Add):河北省石家庄市中山西路世纪工业园158号
邮编(P. C.):050200
电话(Tel):0311－82221017
传真(Fax):0311－82221858
E-mail:sm@smsjz. com
Http://www. smsjz. com
总经理(General Manager):陈学求
联系人(Contact Person):王缤
产品(Products):妇女卫生巾,婴儿纸尿裤
品牌(Brand):伊而舒,安心

石家庄百氏洁纸制品有限公司
Shijiazhuang Baishijie Paper Products Co., Ltd.
地址(Add):河北省石家庄元氏经济开发区蟠龙路201号
邮编(P. C.):051130
电话(Tel):0311－84621563
传真(Fax):0311－84633563
总经理(General Manager):常迎新
产品(Products):妇女卫生用品
品牌(Brand):百氏洁

妇康卫生用品厂
Fukang Hygiene Articles Factory
地址(Add):河北省唐山市路北区果园西郭庄(新火车站西行2公里)
邮编(P. C.):063000
电话(Tel):0315－2343776
总经理(General Manager):刘福庄
产品(Products):妇女卫生巾,卫生护垫,婴儿尿不湿,成人尿垫
品牌(Brand):慧芳

石家庄市淑洁纸制品有限公司
Shijiazhuang Shujie Paper Products Co., Ltd.
地址(Add):河北省无极县城科技街
邮编(P. C.):052460
电话(Tel):0311－85566738
传真(Fax):0311－85566738
法人代表(Chairman):张国良
产品(Products):妇女卫生巾,卫生护垫
品牌(Brand):小白鸽

河北沧州卫生巾厂
Cangzhou Sanitary Napkins Factory
地址(Add):河北省献县高官卫生院
邮编(P. C.):062250
电话(Tel):0317－4420539
总经理(General Manager):崔培领
产品(Products):妇女卫生巾
品牌(Brand):巧蝶

邢台市好美时卫生用品有限公司
Xingtai Haomeishi Sanitary Products Co., Ltd.

地址(Add):河北省邢台市内邱县内隆路88号(原法医医院院内)
邮编(P. C.):054200
电话(Tel):0319-6889689
传真(Fax):0319-6889689
法人代表(Chairman):郝向民
联系人(Contact Person):郝向民
产品(Products):妇女卫生巾,卫生护垫,纸尿裤,纸尿片,护理垫
品牌(Brand):好美时,天妮

河北省徐水县世纪缘卫生巾厂
Xushui Shijiyuan Sanitary Napkins Factory
地址(Add):河北省徐水县立交桥西3公里
邮编(P. C.):072550
电话(Tel):0312-8610767
传真(Fax):0312-8616767
E-mail:sl18@shuleiwsj.com
Http://www.shuleiwsj.com
总经理(General Manager):刘超
产品(Products):妇女卫生巾,卫生护垫
品牌(Brand):柏兰

河北徐水康宝卫生用品有限公司
Hebei Xushui Kangbao Hygiene Products Co., Ltd.
地址(Add):河北省徐水县农丰路2号
邮编(P. C.):072550
电话(Tel):0312-8690798
传真(Fax):0312-8690798
总经理(General Manager):时建刚
产品(Products):妇女卫生巾
品牌(Brand):雅仙

世纪龙卫生用品有限公司
Shijilong Hygiene Articles Co., Ltd.
地址(Add):河北省徐水县遂城开发区
邮编(P. C.):072557
电话(Tel):0312-8968888
传真(Fax):0312-8968777
法人代表(Chairman):赵淑玲
联系人(Contact Person):赵海波
产品(Products):妇女卫生巾
品牌(Brand):绮日爽

徐水天宝卫生巾厂
Xushui Tianbao Sanitary Napkins Factory
地址(Add):河北省徐水县遂城镇大庞村
邮编(P. C.):072557
电话(Tel):0312-8968071
产品(Products):妇女卫生巾
品牌(Brand):天宝

◆ 山西 Shanxi

山西晋佳纸业有限公司
Shanxi Jinjia Paper Co., Ltd.
地址(Add):山西省洪洞县城南坂街01号
邮编(P. C.):041600
电话(Tel):0357-6213111
传真(Fax):0357-3213168
总经理(General Manager):弯晓升
产品(Products):卫生纸,妇女卫生巾,面巾纸,餐巾纸
品牌(Brand):晋芳,晋佳

太原市好舒佳卫生巾制品厂
Taiyuan Haoshujia Sanitary Napkins Plant
地址(Add):山西省太原市迎泽桥西后王
邮编(P. C.):030024
电话(Tel):0351-6042040
传真(Fax):0351-6042040
法人代表(Chairman):郭庆生
联系人(Contact Person):冯元龙
产品(Products):妇女卫生巾,卫生护垫
品牌(Brand):好舒佳

◆ 辽宁 Liaoning

鞍山市佳宝纸业有限公司
Anshan Jiabao Paper Co., Ltd.
地址(Add):辽宁省鞍山市千山区泉东一街8号
邮编(P. C.):114048
电话(Tel):0412-2414861
传真(Fax):0412-6965899
E-mail:asjb@163.com
总经理(General Manager):刘刚
产品(Products):卫生纸,妇女卫生巾,婴儿纸尿片
品牌(Brand):佳韵,罗丝梦,宝欣安

辽宁省鞍山市佳乐卫生保健用品有限公司
Liaoning Anshan Jiale Hygiene & Health Care Products Co., Ltd.
地址(Add):辽宁省鞍山市铁西区体育街83号
邮编(P. C.):114013
电话(Tel):0412-8213658
传真(Fax):0412-8510633
法人代表(Chairman):林乐坤
总经理(General Manager):林乐坤
产品(Products):妇女卫生巾
品牌(Brand):佳乐

营口东方纸制品有限责任公司
Yingkou Dongfang Paper Products Co., Ltd.
地址(Add):辽宁省大石桥市沟沿镇
邮编(P. C.):115115
电话(Tel):0417-5110292
传真(Fax):0417-5110291
联系人(Contact Person):慕宝新
产品(Products):卫生纸,妇女卫生巾

丹东北方卫生用品有限公司
Dandong Beifang Sanitary (Napkins) Products Co., Ltd.
地址(Add):辽宁省丹东市振兴区胜利街793号
邮编(P. C.):118008
电话(Tel):0415-6222346
传真(Fax):0415-6224025
E-mail:bfjx@bfjx.com
Http://www.bfjx.com
法人代表(Chairman):曹贵杰
联系人(Contact Person):沈玉英
产品(Products):妇女卫生巾,卫生护垫,婴儿纸尿裤、片,妇婴两用巾
品牌(Brand):娇月,柔而美,花心芳菲,旺仔

恒安(抚顺)卫生用品有限公司
Hengan (Fushun) Hygiene Products Co., Ltd.
地址(Add):辽宁省抚顺市顺城区新城路东段
邮编(P. C.):113006
电话(Tel):0413－7649718
传真(Fax):0413－7643132
法人代表(Chairman):施文博
联系人(Contact Person):郑永定
产品(Products):妇女卫生巾
品牌(Brand):安乐,安尔乐

抚顺顺发妇女卫生巾厂
Fushun Shunfa Sanitary Napkins Plant
地址(Add):辽宁省抚顺市顺城区新城路西段6号矿灯厂院内
邮编(P. C.):113006
电话(Tel):0413－7706651
传真(Fax):0413－7706651
法人代表(Chairman):李文华
产品(Products):妇女卫生巾,纸尿片
品牌(Brand):及时

辽宁抚顺曼丝丽卫生用品有限公司
Liaoning Fushun Mansili Hygiene Products Co., Ltd.
地址(Add):辽宁省抚顺市新抚区粮栈路2号
邮编(P. C.):113008
电话(Tel):0413－2629136
传真(Fax):0413－2645353
法人代表(Chairman):杨荣
总经理(General Manager):杨霄
产品(Products):妇女卫生巾
品牌(Brand):曼丝丽

抚顺造纸有限公司
Fushun Paper Making Co., Ltd.
地址(Add):辽宁省抚顺市新抚区粮栈路2号
邮编(P. C.):113008
电话(Tel):0413－2622487
法人代表(Chairman):张孝信
联系人(Contact Person):张孝信
产品(Products):卫生纸,餐巾纸,妇女卫生巾
品牌(Brand):红灯,曼丝丽

抚顺市虹捷纸业有限公司
Fushun Hongjie Paper Co., Ltd.
地址(Add):辽宁省抚顺市新抚区西三街22号
邮编(P. C.):113000
电话(Tel):0413－2631330
联系人(Contact Person):刘岩
产品(Products):卫生纸,妇女卫生巾
品牌(Brand):小丫

阜新市小保姆卫生用品有限责任公司
Fuxin Xiaobaomu Hygiene Articles Co., Ltd.
地址(Add):辽宁省阜新市细河区四合镇经济开发区
邮编(P. C.):123000
电话(Tel):0418－2983878
传真(Fax):0418－6610188
总经理(General Manager):张晓玉
产品(Products):妇女卫生巾
品牌(Brand):小保姆

海城市顺佳妇幼卫生用品厂
Haicheng Shunjia Woman & Child Hygiene Articles Factory
地址(Add):辽宁省海城市响堂管理区张家委
邮编(P. C.):114200
电话(Tel):0412－3216934
总经理(General Manager):梁海强
产品(Products):妇女卫生巾,卫生护垫,婴儿纸尿布,婴儿一次性卫生用品

茹达卫生制品有限公司
Ruda Sanitary Products Co., Ltd.
地址(Add):辽宁省葫芦岛市连山区虹螺岘工业区
邮编(P. C.):125017
电话(Tel):0429－4200277
传真(Fax):0429－4203685
法人代表(Chairman):宋春茹
总经理(General Manager):宋春茹
产品(Products):妇女卫生巾,卫生护垫
品牌(Brand):洁斯爽

辽宁省葫芦岛市渤海卫生制品厂
Huludao Bohai Hygiene Products Factory
地址(Add):辽宁省葫芦岛市连山区虹螺岘虹螺工业区
邮编(P. C.):125017
电话(Tel):0429－4208159
传真(Fax):0429－4208159
法人代表(Chairman):谭柏祥
总经理(General Manager):王冰
产品(Products):妇女卫生巾,卫生护垫
品牌(Brand):柏丽雅

锦州市太和区东方卫生巾厂
Jinzhou Taihe Dongfang Sanitary Napkin Plant
地址(Add):辽宁省锦州市太和区汤河子北汤小学东邻
邮编(P. C.):121005
电话(Tel):0416－5138173
传真(Fax):0416－5139888
E-mail:df@lnjzdf.com
Http://www.lnjzdf.com
总经理(General Manager):徐春兰
联系人(Contact Person):任敏
产品(Products):妇女卫生巾
品牌(Brand):羽丝,高姿

锦州市万洁卫生巾厂
Jinzhou Wanjie Sanitary Napkins Factory
地址(Add):辽宁省锦州市太和区新兴里69号
邮编(P. C.):121005
电话(Tel):0416－5131281
传真(Fax):0416－5138544
总经理(General Manager):董春
产品(Products):妇女卫生巾

锦州市瑞华卫生用品有限公司
Jinzhou Ruihua Hygiene Products Co., Ltd.
地址(Add):辽宁省锦州市太和区钟屯乡胜利工业区锦朝街42－6号
邮编(P. C.):121001
电话(Tel):0416－4567526
传真(Fax):0416－4567526

法人代表(Chairman):刘光然
产品(Products):妇女卫生巾,卫生护垫,护理垫,婴儿尿垫,宠物垫
品牌(Brand):宝莉丝,维珍

辽宁锦州安柔卫生巾厂
Jinzhou Anrou Sanitary Napkins Factory
地址(Add):辽宁省锦州中央北街四段82号
邮编(P. C.):121000
电话(Tel):0416-4116699
传真(Fax):0416-4116699
总经理(General Manager):高力军
产品(Products):妇女卫生巾,卫生护垫,湿巾,手帕纸
品牌(Brand):澳丝美

辽宁辽河油田华兴劳保总厂
Liaoning Liaohe Oilfield Huaxing Labor Insurance Head Factory
地址(Add):辽宁省盘锦市兴隆台开发区
邮编(P. C.):124013
电话(Tel):0427-2888651
传真(Fax):0427-2888651-8005
法人代表(Chairman):孔庆军
总经理(General Manager):孔庆军
产品(Products):妇女卫生巾,卫生护垫
品牌(Brand):康歆

沈阳特日欣卫生用品有限公司
Shenyang Terixin Hygiene Products Co., Ltd.
地址(Add):辽宁省沈阳市东陵区满堂乡矿山机校院内
邮编(P. C.):110011
电话(Tel):024-88509988
传真(Fax):024-88530888
法人代表(Chairman):赵大平
产品(Products):妇女卫生巾,卫生护垫
品牌(Brand):特日欣

沈阳美商卫生保健用品有限公司
Shenyang Meishang Hygiene & Healthcare Articles Co., Ltd.
地址(Add):辽宁省沈阳市和平区长白街176号
邮编(P. C.):110166
电话(Tel):024-23731212
传真(Fax):024-23731313
E-mail:meishang9898@tom.com
总经理(General Manager):吕威章
联系人(Contact Person):吕金强
产品(Products):妇女卫生巾,卫生护垫,卫生纸,成人纸尿裤,成人护理垫
品牌(Brand):雨柔,帮大人

沈阳东联日用品有限公司
Shenyang Tonglian Daily-Use Goods Co., Ltd.
地址(Add):辽宁省沈阳市经济技术开发区青山湖街11号
邮编(P. C.):110411
电话(Tel):024-25814302
传真(Fax):024-25819114
法人代表(Chairman):洪振辉
总经理(General Manager):洪进正
联系人(Contact Person):陈德斌
产品(Products):妇女卫生巾,卫生护垫
品牌(Brand):柔柔

绥中县宏发卫生用品厂
Suizhong Hongfa Hygiene Products Factory
地址(Add):辽宁省绥中县三台子102国道365公里处
邮编(P. C.):125200
电话(Tel):0429-6561268
法人代表(Chairman):王红
产品(Products):妇女卫生巾,纸尿片
品牌(Brand):美之约,手拉手,红发

俞信妇女卫生用品有限公司
Yuxin Women's Sanitary Articles Co., Ltd.
地址(Add):辽宁省铁岭市银州区汇工街148号(纸袋厂院内)
邮编(P. C.):112001
电话(Tel):0410-4570987
传真(Fax):0410-4570681
法人代表(Chairman):李钟德
总经理(General Manager):肖宏波
产品(Products):妇女卫生巾,卫生护垫,卫生纸
品牌(Brand):俞信,宝舒怡

铁岭小秘密卫生用品有限公司
Tieling Xiaomimi Hygiene Products Co., Ltd.
地址(Add):辽宁省铁岭新台子经济开发区
邮编(P. C.):112611
电话(Tel):0410-8862266
传真(Fax):0410-8865448
法人代表(Chairman):党宏峰
产品(Products):妇女卫生巾,卫生护垫
品牌(Brand):小秘密

辽宁省兴城佳合卫生用品有限公司
Liaoning Xingcheng Jiahe Hygiene Products Co., Ltd.
地址(Add):辽宁省兴城市南桥路15号
邮编(P. C.):125100
电话(Tel):0429-5436068
传真(Fax):0429-5436068
法人代表(Chairman):张铁生
总经理(General Manager):张雪松
产品(Products):妇女卫生巾
品牌(Brand):姝咏安

营口市爱人日用卫生品厂
Yingkou Airen Commodity Factory
地址(Add):辽宁省营口市站前区工业街
邮编(P. C.):115001
电话(Tel):0417-3609405
总经理(General Manager):韩龙圣
产品(Products):妇女卫生巾,妇女卫生巾用打孔膜
品牌(Brand):爱人

◆ 吉林 Jilin

千纸鹤卫生用品有限公司
Qianzhihe Hygiene Articles Co., Ltd.
地址(Add):吉林省白城经济开发区幸福大街198号
邮编(P. C.):137000
电话(Tel):0436-3668199
传真(Fax):0436-3663288

总经理(General Manager):张卫国
产品(Products):妇女卫生巾,卫生护垫,婴儿纸尿裤

吉林省通化市浩惟纸业有限公司
Tonghua Haowei Paper Co.,Ltd.
地址(Add):吉林省通化市保安路6060号
邮编(P.C.):134001
电话(Tel):0435-3964849
传真(Fax):0435-3964849
法人代表(Chairman):宁诗祥
总经理(General Manager):郑绥发
产品(Products):妇女卫生巾
品牌(Brand):春城丽人

◆ 黑龙江 Heilongjiang

大庆市庆馨卫生保健用品有限公司
Daqing Qingxin Hygiene Health Care Products Co., Ltd.
地址(Add):黑龙江省大庆市萨尔图区中兴北街16号(东风路邮局)
邮编(P.C.):163312
电话(Tel):0459-4680322
传真(Fax):0459-6392523
法人代表(Chairman):毛清林
产品(Products):妇女卫生巾
品牌(Brand):庆馨

哈尔滨市思宝卫生用品厂
Harbin Sibao Hygiene Articles Factory
地址(Add):黑龙江省哈尔滨市道里区安松街18号
邮编(P.C.):150070
电话(Tel):0451-89556233
联系人(Contact Person):陆雁翎
产品(Products):妇女卫生巾,婴儿纸尿裤,成人纸尿裤
品牌(Brand):欣阑,小贴士

上海亿维实业有限公司哈尔滨分公司
Shanghai Yiwei Industry Co., Ltd. Harbin Branch
地址(Add):黑龙江省哈尔滨市道里区地节街23号
邮编(P.C.):150016
电话(Tel):0451-84267688
传真(Fax):0451-87621377
E-mail:qichaoxun38@yahoo.com.cn
法人代表(Chairman):祁龙光
联系人(Contact Person):祁超训
产品(Products):妇女卫生巾
品牌(Brand):伊诗丽,三八

千贺纸业有限公司
Qianhe Paper Co., Ltd.
地址(Add):黑龙江省哈尔滨市道外区保障华庭小区13栋6门
邮编(P.C.):150020
电话(Tel):0451-88921310
传真(Fax):0451-88921320
联系人(Contact Person):于杰
产品(Products):妇女卫生巾,生活用纸
品牌(Brand):越新,洁菲,星期六,洁伦

哈尔滨唯美昆仑实业有限公司
Harbin Weimei Kunlun Industry Co., Ltd.
地址(Add):黑龙江省哈尔滨市高新技术开发区千山路11号34号楼605室
邮编(P.C.):150090
电话(Tel):0451-82287662
传真(Fax):0451-82287661
法人代表(Chairman):张昆
总经理(General Manager):张昆
产品(Products):湿巾,妇女卫生巾,卫生护垫

哈尔滨市欧蒂丝卫生用品厂
Harbin Oudisi Hygiene Products Factory
地址(Add):黑龙江省哈尔滨市南岗开发区黄河路信恒现代城馨园A9
邮编(P.C.):150090
电话(Tel):0451-82426677
传真(Fax):0451-82425577
法人代表(Chairman):李光辉
产品(Products):妇女卫生巾,纸巾纸,手帕纸
品牌(Brand):欧蒂丝,啦啦队,纯奇,巧洁

牡丹江彩霞纸制品有限公司
Mudanjiang Caixia Paper Products Co., Ltd.
地址(Add):黑龙江省牡丹江市东兴安街118号
邮编(P.C.):157011
电话(Tel):0453-6913186
传真(Fax):0453-6913186
法人代表(Chairman):王彩霞
产品(Products):妇女卫生巾
品牌(Brand):俏喜莹

岩云纸业公司
Yanyun Paper Co.
地址(Add):黑龙江省齐齐哈尔市文化大街7号楼
邮编(P.C.):161006
电话(Tel):0452-8548236
法人代表(Chairman):王岩
产品(Products):卫生纸,妇女卫生巾
品牌(Brand):溢恒

◆ 上海 Shanghai

上海奉影医用卫生用品厂
Shanghai Fengying Medical Hygiene Products Co., Ltd.
地址(Add):上海市奉贤区奉城镇经济工业开发区宏达路5号
邮编(P.C.):201411
电话(Tel):021-57522608
传真(Fax):021-57521943
E-mail:fyyp-ni@21cn.com
总经理(General Manager):廖玉仙
产品(Products):一次性帽子,口罩,手术衣,成人纸尿裤,妇女卫生巾,卫生护垫

上海虹祺卫生用品有限公司
Shanghai Hongqi Hygiene Articles Co., Ltd.
地址(Add):上海市共康路721号
邮编(P.C.):200436
电话(Tel):021-66244627
传真(Fax):021-56401567
法人代表(Chairman):陈悬弦
产品(Products):卫生护垫,妇女卫生巾,成人纸尿片,护理

床垫,宠物垫,高分子吸水纸,非织造布复合材料,妇女卫生巾快易胶贴,医用胶布

上海护理佳实业有限公司
Shanghai Foliage Industry Co., Ltd.
地址(Add):上海市华山路2018号汇银广场北楼2203室
邮编(P. C.):201711
电话(Tel):021-54070210
传真(Fax):021-54070436
E-mail:supply@ shhlj. com
Http://www. shhlj. com
法人代表(Chairman):夏双印
产品(Products):妇女卫生巾,卫生护垫
品牌(Brand):护理佳

上海申欧企业发展有限公司
Shanghai Sun'o Enterprise Development Co., Ltd.
地址(Add):上海市嘉定区嘉行公路1555号
邮编(P. C.):201808
电话(Tel):021-59554555
传真(Fax):021-59555730
E-mail:suno-shanghai@ 163. com
Http://www. shen-ou. com
法人代表(Chairman):姜祁云
总经理(General Manager):姜祁云
联系人(Contact Person):徐嘉
产品(Products):妇女卫生巾,卫生护垫
品牌(Brand):555,皎洁,悠U

上海欣然妇幼用品有限公司
Shanghai Xinran Women & Children Products Co., Ltd.
地址(Add):上海市嘉定区徐行工业区永新路1108号
邮编(P. C.):201808
电话(Tel):021-59555757
传真(Fax):021-59557171
E-mail:weidejixie@ sohu. com
Http://www. xrdd. com. cn
法人代表(Chairman):胡忠义
产品(Products):妇女卫生巾,卫生护垫,纸尿裤
品牌(Brand):意大利,丹蒂,安宝适,爱您宝贝

上海佳期生活用品有限公司
Shanghai Good Care Consumer Goods Co., Ltd.
地址(Add):上海市凯旋路3131号明申中心大厦2203室
邮编(P. C.):200030
电话(Tel):021-54071488
传真(Fax):021-64661100
E-mail:zheng640518@ 163. com
Http://www. goodcare. cn
总经理(General Manager):徐剑康
联系人(Contact Person):林翠云
产品(Products):妇女卫生巾
品牌(Brand):佳期

强生(中国)有限公司
Johnson & Johnson (China) Ltd.
地址(Add):上海市闵行区东川路3285号
邮编(P. C.):200245
电话(Tel):021-64302010
传真(Fax):021-64303557
E-mail:bchen4@ co. ncn. jnj. com
法人代表(Chairman):吴人伟
总经理(General Manager):刘静娴
联系人(Contact Person):陈蓓蕾
产品(Products):妇女卫生巾,卫生护垫,湿巾(婴儿,女用,消毒)
品牌(Brand):娇爽,强生,可伶可俐,邦迪

上海花王有限公司
Kao Corporation Shanghai Co., Ltd.
地址(Add):上海市闵行区花王路333号
邮编(P. C.):201111
电话(Tel):021-64091210
传真(Fax):021-64094937
E-mail:gaohongmei@ kao. sh. cn
法人代表(Chairman):樋口信厚
总经理(General Manager):樋口信厚
联系人(Contact Person):姜筱燕
产品(Products):妇女卫生巾
品牌(Brand):乐而雅

上海微丝尔卫生用品有限公司
Shanghai Weisier Hygiene Products Co., Ltd.
地址(Add):上海市闵行区华漕镇吴翟路770弄6号
邮编(P. C.):201106
电话(Tel):021-62203423
传真(Fax):021-62203423
总经理(General Manager):何伟志
联系人(Contact Person):王天开
产品(Products):妇女卫生巾
品牌(Brand):心心洁

上海舒馨日用品有限公司
Shanghai Shuxin Products for Daily Use Co., Ltd.
地址(Add):上海市南汇黄路新民村委会
邮编(P. C.):201300
电话(Tel):021-28351933
传真(Fax):021-58272630
总经理(General Manager):倪俊
产品(Products):妇女卫生巾
品牌(Brand):奥乐馨,索惠

上海嘉赐福卫生用品有限公司
Shanghai Jiacifu Hygiene Articles Co., Ltd.
地址(Add):上海市浦东新区张江高科技园区张江路1615号
邮编(P. C.):201203
电话(Tel):021-58576632
传真(Fax):021-58576825
法人代表(Chairman):孙胜雄
联系人(Contact Person):邹刚
产品(Products):卫生护垫,妇女卫生巾
品牌(Brand):巧护理

康那香企业(上海)有限公司
KNH Enterprise (Shanghai) Co.,Ltd.
地址(Add):上海市青浦工业园区外青松公路5619号
邮编(P. C.):201707
电话(Tel):021-69211200
传真(Fax):021-69211362
E-mail:webmaster@ knh. com. cn
Http://www. knh. com. cn

法人代表(Chairman):戴华钟
联系人(Contact Person):任喆
产品(Products):妇女卫生巾,卫生护垫,湿巾,纸毛巾,化妆棉,非织造布
品牌(Brand):康乃馨

上海唯尔福(集团)有限公司
Shanghai Welfare Group Co., Ltd.
地址(Add):上海市青浦区华新镇徐华公路3029弄88号
邮编(P. C.):201705
电话(Tel):021 - 59778700
传真(Fax):021 - 59778188
E-mail:welfare@ public1. sta. net. cn
Http://www. welfare - group. com
法人代表(Chairman):杨传信
总经理(General Manager):杨传信
联系人(Contact Person):张迎春
产品(Products):妇女卫生巾,卫生护垫,成人纸尿片,婴儿纸尿片,床垫
品牌(Brand):唯尔福

上海仕妮工贸有限公司
Shanghai Shini Industry & Trade Co., Ltd.
地址(Add):上海市青浦区练塘蒸淀富民开发区51号
邮编(P. C.):201700
电话(Tel):021 - 59822177
传真(Fax):021 - 59822176
E-mail:hid1520@ yahoo. com. cn
联系人(Contact Person):丁志荣
产品(Products):妇女卫生巾,卫生护垫,纸尿片
品牌(Brand):丝妮风度,丝妮新舒宝

上海益母妇女用品有限公司
Shanghai Yimoo Woman's Products Co., Ltd.
地址(Add):上海市松江工业区佘山分区陶干路218号
邮编(P. C.):201602
电话(Tel):021 - 57796060
传真(Fax):021 - 57796060
法人代表(Chairman):赵玉山
产品(Products):妇女卫生巾,卫生护垫,纸尿裤
品牌(Brand):益母,益贝

上海浦东恒耀纸品有限公司
Shanghai Pudong Hengyao Paper Products Co., Ltd.
地址(Add):上海市松江区沪松公路3768号
邮编(P. C.):201619
电话(Tel):021 - 57690388
传真(Fax):021 - 57690389
E-mail:hengyaogongsi@ yahoo. com. cn
总经理(General Manager):蔡光耀
产品(Products):妇女卫生巾,卫生护垫
品牌(Brand):依侬

上海月月舒妇女用品有限公司
Shanghai Yueyueshu Women Products Co., Ltd.
地址(Add):上海市松江区佘山工业区佘北路38号
邮编(P. C.):201602
电话(Tel):021 - 57792188
传真(Fax):021 - 57792606
法人代表(Chairman):孙耀志
总经理(General Manager):孙峰
联系人(Contact Person):周荣超
产品(Products):妇女卫生巾,卫生护垫
品牌(Brand):月月舒,花帜

上海金蕊保健用品有限公司
Shanghai Jinrui Healthcare Articles Co., Ltd.
地址(Add):上海市松江区新桥镇庙三路10号
邮编(P. C.):201612
电话(Tel):021 - 57681501
传真(Fax):021 - 57681502
联系人(Contact Person):满福鹏
产品(Products):卫生护垫
品牌(Brand):金蕊

上海娇女日化有限公司
Shanghai Jiaonü Daily Chemicals Co., Ltd.
地址(Add):上海市松江区新桥镇新桥工业园新格路东侧C号
邮编(P. C.):201612
电话(Tel):021 - 58873921
传真(Fax):021 - 58409291
法人代表(Chairman):周晓
总经理(General Manager):周鹏
产品(Products):妇女卫生巾

上海白玉兰卫生洁品有限公司
Shanghai Whiteyulan CleanThings Co., Ltd.
地址(Add):上海市徐汇区沪闵路9135号
邮编(P. C.):200235
电话(Tel):021 - 64846625
传真(Fax):021 - 64363133
总经理(General Manager):南莉莉
产品(Products):妇女卫生巾,卫生护垫
品牌(Brand):白玉兰

上海尤妮佳有限公司
Shanghai Unicharm Co., Ltd.
地址(Add):上海市延安东路618号东海商业中心22楼A
邮编(P. C.):200001
电话(Tel):021 - 53855290
传真(Fax):021 - 53854799
法人代表(Chairman):葛文耀
总经理(General Manager):中野健之亮
联系人(Contact Person):袁春雷
产品(Products):妇女卫生巾,卫生护垫
品牌(Brand):苏菲

◆ 江苏 Jiangsu

苏州市半边天创美纸业有限公司
Suzhou Banbiantian Chuangmei Paper Co., Ltd.
地址(Add):江苏省常熟市工业园区
邮编(P. C.):215531
电话(Tel):0512 - 52554909
传真(Fax):0512 - 52554909
法人代表(Chairman):李素芳
联系人(Contact Person):蔡红英
产品(Products):卫生纸,妇女卫生巾
品牌(Brand):可芳,舒周

常州康贝纸业有限公司

Changzhou Kangbei Paper Co., Ltd.
地址(Add):江苏省常州市常焦路190号
邮编(P. C.):213021
电话(Tel):0519-5330692
传真(Fax):0519-5317975
E-mail:baoaiye@sohu.com
法人代表(Chairman):李先玲
联系人(Contact Person):叶正华
产品(Products):婴儿纸尿裤,成人纸尿裤,乳垫,产妇垫,妇女卫生巾
品牌(Brand):宝爱

江苏常州施安卫生用品有限公司
Changzhou Shian Articles for Daily Use Co., Ltd.
地址(Add):江苏省常州市横林镇镇北开发区
邮编(P. C.):213101
电话(Tel):0519-8781208
传真(Fax):0519-8699555
法人代表(Chairman):张云雷
总经理(General Manager):张云雷
联系人(Contact Person):张云伟
产品(Products):妇女卫生巾,卫生护垫
品牌(Brand):施安净

常州宝康卫生制品厂
Changzhou Baokang Hygiene Products Plant
地址(Add):江苏省常州市金坛市白塔镇
邮编(P. C.):213200
电话(Tel):0519-2868798
传真(Fax):0519-2869185
法人代表(Chairman):郑首庆
总经理(General Manager):郑首庆
产品(Products):妇女卫生巾

常州市东方卫生用品厂
Changzhou Dongfang Hygiene Products Plant
地址(Add):江苏省常州市戚墅堰机厂桥南1号
邮编(P. C.):213011
电话(Tel):0519-8770321
传真(Fax):0519-8770321
法人代表(Chairman):徐保臣
总经理(General Manager):徐保臣
产品(Products):妇女卫生巾
品牌(Brand):丽人

常州好蝶妇幼卫生用品有限公司
Changzhou Haodie Woman & Child Hygiene Articles Co., Ltd.
地址(Add):江苏省常州市戚墅堰剑横桥北
邮编(P. C.):213011
电话(Tel):0519-8360709
传真(Fax):0519-8356906
联系人(Contact Person):石彬
产品(Products):妇女卫生巾
品牌(Brand):好蝶,女心安,新星

常州市梦爽卫生用品厂
Changzhou Mengshuang Hygiene Articles Factory
地址(Add):江苏省常州市武进区礼嘉镇
邮编(P. C.):213176
电话(Tel):0519-6232951
传真(Fax):0519-6238008
总经理(General Manager):陆元清
产品(Products):妇女卫生巾,卫生护垫,成人纸尿裤,宠物垫,乳垫
品牌(Brand):靓爽

常州市武进亚星卫生用品有限公司
Changzhou Wujin Yaxing Hygiene Articles Co., Ltd.
地址(Add):江苏省常州市武进区礼嘉镇王言桥
邮编(P. C.):213176
电话(Tel):0519-6232358
联系人(Contact Person):陈利松
产品(Products):妇女卫生巾,卫生护垫,婴儿纸尿裤,成人纸尿裤,生活用纸,宠物垫,失禁垫
品牌(Brand):女士欢

丹阳市金晶卫生用品有限公司
Danyang Jinjing Hygiene Products Co., Ltd.
地址(Add):江苏省丹阳市开发区新世纪工业园
邮编(P. C.):212300
电话(Tel):0511-6962396
传真(Fax):0511-6962869
总经理(General Manager):张燕
产品(Products):妇女卫生巾
品牌(Brand):玉娇

金王(苏州工业园区)卫生用品有限公司
Gold Daio (Suzhou Industrial Park) Hygiene Products Co., Ltd.
地址(Add):江苏省苏州工业园区胜浦分区金胜路1号
邮编(P. C.):215126
电话(Tel):0512-62832907
传真(Fax):0512-62832946
E-mail:yangjinxiang@app.com.cn
法人代表(Chairman):黄杰胜
联系人(Contact Person):杨锦祥
产品(Products):妇女卫生巾

江阴市安琪纸制品有限公司
Jiangyin Anqi Paper Products Co., Ltd.
地址(Add):江苏省江阴市云亭镇云顾路顾家巷2号
邮编(P. C.):214422
电话(Tel):0510-6012788
传真(Fax):0510-6012787
总经理(General Manager):文家富
联系人(Contact Person):殷建平
产品(Products):婴儿纸尿裤/片,尿垫,妇女卫生巾
品牌(Brand):芸婷

江苏艾蝶卫生用品有限公司
Jiangsu Aidie Hygiene Articles Co., Ltd.
地址(Add):江苏省金湖县金湖西路131号
邮编(P. C.):211600
电话(Tel):0517-6980999
传真(Fax):0517-6980777
E-mail:jwc3188@hotmail.com
总经理(General Manager):陈斌
联系人(Contact Person):陈林
产品(Products):婴儿纸尿片,纸尿裤,成人纸尿片,纸尿裤,妇女卫生巾,卫生护垫,床垫,产妇垫,宠物垫,口罩,乳垫,抹地巾

金华卫生用品有限公司
Jinhua Hygiene Articles Co., Ltd.
地址(Add):江苏省金华市黎城路31号
邮编(P. C.):211600
电话(Tel):0517-6991621
E-mail:leilei4451@sina.com
总经理(General Manager):雷磊
联系人(Contact Person):雷浩
产品(Products):妇女卫生巾,卫生护垫,纸尿裤,纸尿片,成人纸尿片,产妇垫

黎明纸业有限公司
Liming Paper Co., Ltd.
地址(Add):江苏省南京市白下区西止马营48号4幢B座403室
邮编(P. C.):210004
电话(Tel):025-52337368-601
传真(Fax):025-52337018
联系人(Contact Person):龙泽磊
产品(Products):妇女卫生巾
品牌(Brand):甜心,沁爽

金佰利(南京)个人卫生用品有限公司
Kimberly-Clark (Nanjing) Hygienic Products Co., Ltd.
地址(Add):江苏省南京市江宁经济技术开发区吉印大道3199号
邮编(P. C.):211100
电话(Tel):025-52722999
传真(Fax):025-52721122
法人代表(Chairman):邵青锋
总经理(General Manager):刘丛晖
联系人(Contact Person):王双
产品(Products):妇女卫生巾,卫生护垫
品牌(Brand):舒而美,高洁丝

南京安琪尔卫生用品有限公司
Nanjing Anqier Hygiene Articles Co., Ltd.
地址(Add):江苏省南京市江宁区丹阳北街168号
邮编(P. C.):211157
电话(Tel):025-86150518
传真(Fax):025-86153880
Http://www.fenting.com
总经理(General Manager):陶云
联系人(Contact Person):王功林
产品(Products):妇女卫生巾,卫生护垫,纸尿裤,湿巾
品牌(Brand):芬婷,柔然

南京越兴卫生用品厂
Nanjing Yuexing Hygiene Products Plant
地址(Add):江苏省南京市江宁区陶吴镇
邮编(P. C.):211151
电话(Tel):025-52738623
传真(Fax):025-52739898
法人代表(Chairman):陶孝虎
总经理(General Manager):陶孝虎
产品(Products):妇女卫生巾
品牌(Brand):越新

南京美人日用品有限公司
Nanjing Beauty Commodities Co., Ltd.
地址(Add):江苏省南京市溧水石湫开发区
邮编(P. C.):211222
电话(Tel):025-57272502
传真(Fax):025-57273737
联系人(Contact Person):严家富
产品(Products):妇女卫生巾,手帕纸,面巾纸
品牌(Brand):假日美人

安特丽南京卫生用品有限公司
Anteli Nanjing Hygiene Articles Co., Ltd.
地址(Add):江苏省南京市栖霞区疏港大道红梅工业园
邮编(P. C.):210033
电话(Tel):025-85712106
传真(Fax):025-85712379
Http://anteli.b2b.hc360.com
总经理(General Manager):胡德彪
产品(Products):妇女卫生巾
品牌(Brand):舒婄,丽雪芳,唯诺迪亚

江苏省南通开发区欣月纸业有限公司
Jiangsu Nantong Xinyue Paper Co., Ltd.
地址(Add):江苏省南通市开发区通州路东侧
邮编(P. C.):226009
电话(Tel):0513-3596592
传真(Fax):0513-5909557
总经理(General Manager):陆慧新
产品(Products):妇女卫生巾,卫生护垫,婴儿纸尿片,成人纸尿片
品牌(Brand):好女爱,夕阳情

南通市月佳卫生用品有限公司
Nantong Yuejia Hygiene Articles Co., Ltd.
地址(Add):江苏省南通市小海镇
邮编(P. C.):226317
电话(Tel):0513-5905101
联系人(Contact Person):陈先生
产品(Products):妇女卫生巾
品牌(Brand):可云

江苏省启东市梦特舒卫生用品有限公司
Jiangsu Qidong Mengteshu Hygiene Products Co., Ltd.
地址(Add):江苏省启东市城东工业园区
邮编(P. C.):226200
电话(Tel):0513-3664111
传真(Fax):0513-3664111
总经理(General Manager):秦正标
产品(Products):妇女卫生巾
品牌(Brand):梦特舒

启东市三泰日用品有限公司
Qidong Santai Commodity Co., Ltd.
地址(Add):江苏省启东市汇龙镇城东工业区
邮编(P. C.):226200
电话(Tel):0513-3364111
总经理(General Manager):朱联新
产品(Products):妇女卫生巾,卫生护垫,婴儿纸尿裤

启东市宝蓝日用品有限公司
Qidong Baolan Daily Necessities Co., Ltd.
地址(Add):江苏省启东市人民西路
邮编(P. C.):226200
电话(Tel):0513-3315263

传真(Fax):0513－3353168
法人代表(Chairman):陆晓红
产品(Products):妇女卫生巾
品牌(Brand):舒服来,亮丽

江苏致力洁业有限公司
Jiangsu Zhili Sanitary Products Co., Ltd.
地址(Add):江苏省启东市新安镇致力工业园
邮编(P. C.):226252
电话(Tel):0513－3749878
传真(Fax):0513－3749878
E-mail:zhili@js－zhili. com
Http://www. js－zhili. com
法人代表(Chairman):陆善南
总经理(General Manager):费辉
产品(Products):妇女卫生巾,卫生护垫
品牌(Brand):柔力

胜达集团江苏双灯纸业有限公司
Shengda Group Jiangsu Sund Paper Co., Ltd.
地址(Add):江苏省射阳黄沙港镇双灯工业园
邮编(P. C.):224341
电话(Tel):0515－2263555
传真(Fax):0515－2263666
E-mail:sundsale@chinasund. com
Http://www. chinasund. com
法人代表(Chairman):方林
总经理(General Manager):赵林
联系人(Contact Person):杨艳
产品(Products):卫生纸,餐巾纸,面巾纸,药物卫生纸,妇女卫生巾,卫生护垫
品牌(Brand):双灯,蓝雅,爽得,蓝欣

爱洁思卫生用品厂
Aijiesi Hygiene Articles Factory
地址(Add):江苏省苏州市吴中经济开发区越溪镇
邮编(P. C.):215104
电话(Tel):0512－66551113
传真(Fax):0512－66551113
总经理(General Manager):潘根元
产品(Products):妇女卫生巾
品牌(Brand):梦思佳

苏州宝丽洁日化有限公司
Suzhou Baolijie Daily Chemicals Co., Ltd.
地址(Add):江苏省苏州市吴中区东山镇工业科技园
邮编(P. C.):215107
电话(Tel):0512－66280008
传真(Fax):0512－66288868
Http://www. borage. com. cn
法人代表(Chairman):邱华
总经理(General Manager):翟勤勇
联系人(Contact Person):武宗矗
产品(Products):湿巾,妇女卫生巾,卫生护垫

苏州工业园区佳美纸业有限公司
Suzhou Jiamei Paper Co., Ltd.
地址(Add):江苏省苏州市尹山郭新南路
邮编(P. C.):215124
电话(Tel):0512－65972278
传真(Fax):0512－65972558
总经理(General Manager):寿文讯
产品(Products):妇女卫生巾
品牌(Brand):依美尔

苏州市紫罗兰卫生用品有限公司
Suzhou Ziluolan Hygiene Products Co., Ltd.
地址(Add):江苏省苏州市越湖路
邮编(P. C.):215104
电话(Tel):0512－66558317
传真(Fax):0512－66558317
法人代表(Chairman):攀根元
总经理(General Manager):顾美玲
产品(Products):妇女卫生巾
品牌(Brand):紫罗兰

泰州市舒雅卫生用品有限公司
Taizhou Shuya Hygiene Articles Co., Ltd.
地址(Add):江苏省泰州市泰东镇向阳路(陵豆)
邮编(P. C.):225300
电话(Tel):0523－6081200
传真(Fax):0523－6081200
联系人(Contact Person):张林海
产品(Products):妇女卫生巾
品牌(Brand):甜妹子

舒而宝生活卫生用品厂
Shuerbao Household Hygiene Articles Factory
地址(Add):江苏省通州市姜灶
邮编(P. C.):226315
电话(Tel):0513－2533110
传真(Fax):0513－2533110
总经理(General Manager):茅翠平
产品(Products):妇女卫生巾

康安卫生保健用品厂
Kangan Hygiene & Healthcare Articles Factory
地址(Add):江苏省通州市平潮镇
邮编(P. C.):226361
电话(Tel):0513－6715086
传真(Fax):0513－6715086
总经理(General Manager):徐智
产品(Products):妇女卫生巾,卫生纸,一次性床垫

江苏省通州市华久经贸有限公司
Tongzhou Huajiu Trade Co., Ltd.
地址(Add):江苏省通州市骑岸镇人民桥东首
邮编(P. C.):226343
电话(Tel):0513－2567064
联系人(Contact Person):徐锦华
产品(Products):妇女卫生巾

托普日用化学品(中国)有限公司
Tuopu Chemical Products for Daily Use (China) Co., Ltd.
地址(Add):江苏省锡山市梅村镇锡甘路北
邮编(P. C.):214112
电话(Tel):0510－8150370
传真(Fax):0510－8150897
法人代表(Chairman):叶佳彬
产品(Products):妇女卫生巾
品牌(Brand):柔柔

远东纸业(泰州)有限公司
Far East Paper (Taizhou) Co., Ltd.
地址(Add):江苏省兴化市戴窑工业区
邮编(P. C.):225741
电话(Tel):0523－3848888
传真(Fax):0523－3841888
E-mail:fys@ anjieer. com
Http://www. anjieer. com
法人代表(Chairman):冯元松
总经理(General Manager):冯元松
联系人(Contact Person):王广春
产品(Products):妇女卫生巾,卫生护垫,婴儿纸尿片,婴儿纸尿裤,卫生床垫
品牌(Brand):安洁尔,半边天,安洁儿,安洁

圣洁医用卫生材料用品厂
Shengjie Medicine Sanitary Material Articles Factory
地址(Add):江苏省徐州市湖北路30号
邮编(P. C.):221006
电话(Tel):0516－5796205
传真(Fax):0516－5796891
联系人(Contact Person):戴玉梅
产品(Products):手术衣,卫生护垫,婴儿尿垫,成人失禁用品

扬中九妹日用品有限公司
Yangzhong Jiumei Products for Daily Use Co., Ltd.
地址(Add):江苏省扬中市富民路2号(花园新村)
邮编(P. C.):212200
电话(Tel):0511－8324279
传真(Fax):0511－8357509
E-mail:huangbub@ yahoo. com. cn
法人代表(Chairman):范进
总经理(General Manager):范进
联系人(Contact Person):梁学友
产品(Products):妇女卫生巾,卫生护垫,婴儿纸尿裤、片,成人纸尿裤、片
品牌(Brand):九妹,情趣月,华达老人

扬州市月思恋卫生用品有限公司
Yangzhou Yuesilian Hygiene Products Co., Ltd.
地址(Add):江苏省扬州市高邮张轩工业区
邮编(P. C.):225604
电话(Tel):0514－4436118
传真(Fax):0514－4436506
Http://www. yzysl. com
法人代表(Chairman):魏尔刚
联系人(Contact Person):雍海龙
产品(Products):妇女卫生巾,卫生护垫
品牌(Brand):月思恋

江苏三笑集团有限公司
Sanxiao Group Co., Ltd.
地址(Add):江苏省扬州市邗江区杭集三笑大道1号
邮编(P. C.):225111
电话(Tel):0514－7279566
传真(Fax):0514－7271389
E-mail:sansiaogroup@ vip. sina. com
Http://www. sanxiaogroup. com. cn
法人代表(Chairman):韩国平
总经理(General Manager):韩国发
联系人(Contact Person):徐元祥
产品(Products):妇女卫生巾,卫生护垫,纸尿裤
品牌(Brand):笑爽,笑得爽

江苏张家港市宏亿纸业公司
Zhangjiagang Hongyi Paper Co., Ltd.
地址(Add):江苏省张家港市三兴西界港
邮编(P. C.):215624
电话(Tel):0512－58531528
传真(Fax):0512－58531568
E-mail:service@ jshyzy. com
Http://www. jshyzy. com
产品(Products):妇女卫生巾,婴儿纸尿裤,成人纸尿片

◆ 浙江 Zhejiang

浙江贝尔护理用品有限公司
Zhejiang Beier Tend & Protect Articles Co., Ltd.
地址(Add):浙江省长兴县经济技术开发区太湖大道
邮编(P. C.):313100
电话(Tel):0572－6128701
传真(Fax):0572－6128513
联系人(Contact Person):陈广岩
产品(Products):妇女卫生巾,卫生护垫
品牌(Brand):伊丝贝尔,贝尔

杭州珍琦卫生用品有限公司
Hangzhou Zhenqi Sanitary Products Co.,Ltd.
地址(Add):浙江省富阳市大源镇工业园区
邮编(P. C.):311413
电话(Tel):0571－63590508
传真(Fax):0571－63590528
E-mail:wsj@ hzzhenqi. com
Http://www. hzzhenqi. com
法人代表(Chairman):俞钟平
联系人(Contact Person):俞飞英
产品(Products):妇女卫生巾,卫生护垫
品牌(Brand):珍琦

富阳舒泰妇婴保健品有限公司
Fuyang Shutai Woman & Child Healthcare Products Co., Ltd.
地址(Add):浙江省富阳市桂花路34号裕达大厦1803室
邮编(P. C.):311400
电话(Tel):0571－63369073
传真(Fax):0571－63368917
E-mail:stbj2@ alibaba. com. cn
总经理(General Manager):吴跃
产品(Products):妇女卫生巾,成人纸尿裤
品牌(Brand):千之雅

伟江股份公司
Weijiang Co., Ltd.
地址(Add):浙江省海宁市联合新村
邮编(P. C.):314400
电话(Tel):0573－7364465
联系人(Contact Person):文浩
产品(Products):妇女卫生巾,纸尿裤和妇女卫生巾原材料

海盐县安舒康卫生用品有限公司
Haiyan Anshukang Hygiene Articles Co., Ltd.

地址(Add):浙江省海盐县百步镇
邮编(P.C.):314313
电话(Tel):0573-6786819
总经理(General Manager):费孙林
产品(Products):妇女卫生巾
品牌(Brand):康娜

杭州梦琪雅卫生用品有限公司
Hangzhou Mengqiya Hygiene Products Co., Ltd.
地址(Add):浙江省杭州临平经济技术开发区
邮编(P.C.):311100
电话(Tel):0571-86137588
传真(Fax):0571-86229837
法人代表(Chairman):郁明荣
总经理(General Manager):郁明荣
联系人(Contact Person):仲元良
产品(Products):妇女卫生巾,卫生护垫
品牌(Brand):梦琪雅

杭州富阳市伦乐卫生用品厂
Fuyang Lunle Hygiene Products Plant
地址(Add):浙江省杭州市富阳新登登云路67号
邮编(P.C.):311400
电话(Tel):0571-63257988
法人代表(Chairman):金菊香
产品(Products):妇女卫生巾,卫生护垫

杭州茜尔兰卫生用品有限公司
Hangzhou Xierlan Hygiene Products Co., Ltd.
地址(Add):浙江省杭州市艮山西路1-1号
邮编(P.C.):310021
电话(Tel):0571-86490166
传真(Fax):0571-86490098
E-mail:xierlan@163.com
Http://www.hz-xel.com
法人代表(Chairman):黄茴茴
总经理(General Manager):曾秀林
联系人(Contact Person):郑义
产品(Products):妇女卫生巾,卫生护垫
品牌(Brand):茜尔兰

杭州瑞丰纸业有限公司
Hangzhou Ruifeng Paper Co., Ltd.
地址(Add):浙江省杭州市经济开发区
邮编(P.C.):310018
电话(Tel):0571-86925128
传真(Fax):0571-86925208
法人代表(Chairman):丁桂兴
总经理(General Manager):丁桂兴
产品(Products):卫生护垫,妇女卫生巾
品牌(Brand):淑洁

杭州真爱卫生用品有限公司
Hangzhou Zhenai Hygiene Articles Co., Ltd.
地址(Add):浙江省杭州市良渚庄家桥工业园区
电话(Tel):0571-88743080
传真(Fax):0571-88743083
E-mail:hzzhenai@mail.hz.zj.cn
联系人(Contact Person):余海涛
产品(Products):妇女卫生巾
品牌(Brand):真爱

杭州余宏卫生用品有限公司
Hangzhou Yuhong Sanitary Products Co., Ltd.
地址(Add):浙江省杭州市瓶窑
邮编(P.C.):311115
电话(Tel):0571-88546818
传真(Fax):0571-88543233
E-mail:yuhong@anqisp.com
Http://www.anqisp.com
法人代表(Chairman):李新华
总经理(General Manager):李新华
联系人(Contact Person):李丹
产品(Products):妇女卫生巾,卫生护垫
品牌(Brand):安琪,神农益母草

杭州互爱卫生用品有限公司
Hangzhou Huai Sanitation Products Co., Ltd.
地址(Add):浙江省杭州市萧山区戴村镇工业区华诚南路8号
邮编(P.C.):311261
电话(Tel):0571-82235999
传真(Fax):0571-82235766
总经理(General Manager):董立峰
产品(Products):妇女卫生巾,卫生护垫
品牌(Brand):互爱

杭州诗蝶卫生用品有限公司
Hangzhou Shidie Hygiene Products Co., Ltd.
地址(Add):浙江省杭州市萧山区临浦镇钟家坦村
邮编(P.C.):311251
电话(Tel):0571-82466816
传真(Fax):0571-82468118
法人代表(Chairman):朱金才
总经理(General Manager):朱金才
联系人(Contact Person):王高明
产品(Products):妇女卫生巾,卫生护垫
品牌(Brand):诗蝶

杭州小姐妹卫生用品有限公司
Hangzhou Xiaojiemei Health-Care Products Co., Ltd.
地址(Add):浙江省杭州市萧山区蜀山工业园
邮编(P.C.):311203
电话(Tel):0571-82369688
传真(Fax):0571-82369788
法人代表(Chairman):章忠法
总经理(General Manager):章忠法
联系人(Contact Person):廖俊
产品(Products):妇女卫生巾,卫生护垫,湿巾
品牌(Brand):非常小姐妹,佳人有约,香吻

杭州乐贝特实业有限公司
Hangzhou Lebeite Industry Co., Ltd.
地址(Add):浙江省杭州市萧山区新塘工业区
邮编(P.C.):311215
电话(Tel):0571-82779018
传真(Fax):0571-82779028
法人代表(Chairman):项建明
总经理(General Manager):项建明
产品(Products):妇女卫生巾,纸尿片,卫生护垫
品牌(Brand):乐贝特,乐舒特

杭州雅妮娜卫生用品有限公司

Hangzhou Yanina Health Products Co., Ltd.
地址(Add):浙江省杭州市萧山区义桥潘山工业区1号
邮编(P. C.):311262
电话(Tel):0571-82216628
传真(Fax):0571-82216491
E-mail:hzpanshan@yahoo.com.cn
Http://www.yanina.net
法人代表(Chairman):黄林刚
总经理(General Manager):黄林刚
产品(Products):妇女卫生巾,卫生护垫,纸尿片
品牌(Brand):雅妮娜

杭州川田卫生用品有限公司
Hangzhou Chuantian Hygiene Products Co., Ltd.
地址(Add):浙江省杭州市余杭经济开发区兴旺工业城
邮编(P. C.):311102
电话(Tel):0571-86210826
传真(Fax):0571-86210827
E-mail:zp1099@vip.sina.com
法人代表(Chairman):周平
联系人(Contact Person):许华娟
产品(Products):妇女卫生巾,卫生护垫
品牌(Brand):嘉の柔

杭州恒威卫生用品有限公司
Hangzhou Hengwei Sanitary Things Co., Ltd.
地址(Add):浙江省杭州市余杭区临平迎宾大道
邮编(P. C.):311100
电话(Tel):0571-86157378
传真(Fax):0571-86157188
E-mail:webmaster@hzhengwei.com
Http://www.hzhengwei.com
法人代表(Chairman):陈月忠
联系人(Contact Person):黄子斌
产品(Products):妇女卫生巾
品牌(Brand):希尔美

杭州滕野生物科技有限公司
Hangzhou Tengye Biology Science & Technoloty Co., Ltd.
地址(Add):浙江省杭州市余杭区余杭镇禹航路197号宝塔工业区
邮编(P. C.):311121
电话(Tel):0571-88662813
传真(Fax):0571-88662603
法人代表(Chairman):程志新
总经理(General Manager):程志新
联系人(Contact Person):钱新民
产品(Products):妇女卫生巾,纸尿片,卫生护垫
品牌(Brand):如意

杭州东姿卫生用品有限公司
Hangzhou Dongzi Sanitary Products Co., Ltd.
地址(Add):浙江省杭州萧山开发区楼塔府前路8号
邮编(P. C.):311266
电话(Tel):0571-82223808
传真(Fax):0571-82223468
法人代表(Chairman):楼才仙
总经理(General Manager):楼建
产品(Products):妇女卫生巾
品牌(Brand):东姿,月轻松

杭州中申卫生用品有限公司
Hangzhou Zhongshen Hygiene Articles Co., Ltd.
地址(Add):浙江省杭州千岛湖鼓山工业区涌金路
邮编(P. C.):311700
电话(Tel):0571-64888181
传真(Fax):0571-64888300
法人代表(Chairman):陈志明
总经理(General Manager):严智萍
产品(Products):妇女卫生巾,卫生护垫,面巾纸
品牌(Brand):雅点

湖州康尔达卫生用品有限公司
Huzhou Kangerda Sanitary Products Co., Ltd.
地址(Add):浙江省湖州市含山风景旅游区
邮编(P. C.):313014
电话(Tel):0572-3670845
传真(Fax):0572-3670845
总经理(General Manager):史瑞林
产品(Products):妇女卫生巾
品牌(Brand):康尔达,蚕花怡人

丽水市卫生用品有限公司
Lishui Hygiene Products Co., Ltd.
地址(Add):浙江省丽水市丽阳街585号
邮编(P. C.):323000
电话(Tel):0578-2122713
传真(Fax):0578-2133007
E-mail:lsxzp@mail.lsptt.zj.cn
Http://www.nas38.com
法人代表(Chairman):金烨
总经理(General Manager):金烨
产品(Products):妇女卫生巾,卫生护垫,面巾纸
品牌(Brand):纳爱斯,人人爱

临安恒姿卫生用品有限公司
Linan Hengzi Hygiene Articles Co., Ltd.
地址(Add):浙江省临安市于潜镇下埠溪桥头
邮编(P. C.):311311
电话(Tel):0571-63886111
传真(Fax):0571-63888338
法人代表(Chairman):陈建国
联系人(Contact Person):钱月华
产品(Products):妇女卫生巾
品牌(Brand):茵子

临安市雄鹰妇幼卫生用品有限公司
Xiongying Maternity & Child Articles Co., Ltd.
地址(Add):浙江省临安市於潜镇方元工业区
邮编(P. C.):311311
电话(Tel):0571-63872110
传真(Fax):0571-63872666
E-mail:webmaster@hz-yf.com
Http://www.hz-yf.com
法人代表(Chairman):周雄鹰
总经理(General Manager):周雄鹰
产品(Products):妇女卫生巾,卫生护垫,婴儿纸尿裤,纸尿片,湿巾
品牌(Brand):永芳,酷儿,酷

临海市朝阳卫生用品厂
Linhai Chaoyang Hygiene Products Plant

地址(Add):浙江省临海市杜桥镇横岐村
邮编(P. C.):317015
电话(Tel):0576-5720088
传真(Fax):0576-5722898
法人代表(Chairman):陈朝阳
联系人(Contact Person):宋春芽
产品(Products):妇女卫生巾,卫生护垫
品牌(Brand):爽尔净

临海市满爽卫生用品厂
Linhai Manshuang Hygiene Products Plant
地址(Add):浙江省临海市经济开发区张洋路101号
邮编(P. C.):317000
电话(Tel):0576-5122468
传真(Fax):0576-5122458
E-mail:123@manshuang.com
Http://www.manshuang.com
联系人(Contact Person):陈兆考
产品(Products):妇女卫生巾,卫生护垫
品牌(Brand):满爽

浙江省浦江县仙华卫生用品厂
Pujiang Xianhua Hygiene Products Plant
地址(Add):浙江省浦江县大畈乡
邮编(P. C.):322200
电话(Tel):0579-4360326
传真(Fax):0579-4360999
总经理(General Manager):毛雪清
产品(Products):妇女卫生巾,卫生护垫
品牌(Brand):水仙花

恒业卫生用品有限公司
Hengye Hygiene Articles Co., Ltd.
地址(Add):浙江省衢州市常山新都工业园区
邮编(P. C.):324200
电话(Tel):0570-5110111
传真(Fax):0570-5110111
联系人(Contact Person):姜国平
产品(Products):妇女卫生巾,卫生护垫,纸尿片,卫生纸

浙江省衢州市舒雅卫生用品有限公司
Quzhou Shuya Hygiene Articles Co., Ltd.
地址(Add):浙江省衢州市衢江区高家镇大桥南路9号(工业园区)
邮编(P. C.):324024
电话(Tel):0570-2935185
传真(Fax):0570-2935185
法人代表(Chairman):孙金云
联系人(Contact Person):杨素仙
产品(Products):妇女卫生巾,卫生护垫,纸尿裤
品牌(Brand):月满意,相约女孩

浙江康芙娅妇幼用品有限公司
Zhejiang Kangfuya Maternity & Children Hygiene Products Co., Ltd.
地址(Add):浙江省瑞安市经济开发区南滨东路285号
邮编(P. C.):325200
电话(Tel):0577-65138001/06
传真(Fax):0577-65138003
E-mail:careful@mail.wzptt.zj.cn
Http://www.kangfuya.com
法人代表(Chairman):章瑞华
总经理(General Manager):张永顺
联系人(Contact Person):张永顺
产品(Products):妇女卫生巾,卫生护垫
品牌(Brand):康芙娅

上虞市恒安上虞卫生用品公司
Shangyu Hengan Hygiene Products Co., Ltd.
地址(Add):浙江省上虞市开发区聚英路南
邮编(P. C.):312300
电话(Tel):0575-2023554
传真(Fax):0575-2023554
法人代表(Chairman):施文博
联系人(Contact Person):黄仲明
产品(Products):妇女卫生巾
品牌(Brand):安乐,安尔乐

浙江绍兴唯尔福妇幼用品有限公司
Shaoxing Welfare Articles For Women & Children Co., Ltd.
地址(Add):浙江省绍兴市袍江工业区南区D21号
邮编(P. C.):312001
电话(Tel):0575-8241205
传真(Fax):0575-8242915
法人代表(Chairman):李胜章
总经理(General Manager):何幼成
产品(Products):妇女卫生巾,卫生护垫,婴儿纸尿片,婴儿纸尿裤
品牌(Brand):唯尔福

绍兴市双荣妇幼保健用品厂
Shaoxing Shuangrong Woman & Child Healthcare Articles Factory
地址(Add):浙江省绍兴市胜利西路云栖经济开发区
电话(Tel):0575-5172435
总经理(General Manager):徐国荣
产品(Products):妇女卫生巾,卫生护垫,卫生纸
品牌(Brand):珂蓉

台州市娅洁舒卫生用品有限公司
Taizhou Yajieshu Hygiene Products Co., Ltd.
地址(Add):浙江省台州市温岭新河镇向西莫工业区
邮编(P. C.):317502
电话(Tel):0576-6576169
传真(Fax):0576-6576030
法人代表(Chairman):莫海滨
产品(Products):妇女卫生巾,卫生护垫,婴儿纸尿片
品牌(Brand):娅洁舒

伊利安卫生用品有限公司
Yilian Hygiene Products Co., Ltd.
地址(Add):浙江省温岭市箬横镇乐邦工业园区88号
邮编(P. C.):317507
电话(Tel):0576-6826182
传真(Fax):0576-6826183
E-mail:sales@cnyilian.com
Http://www.cnyilian.com
法人代表(Chairman):陈世荣
总经理(General Manager):陈世荣
产品(Products):妇女卫生巾
品牌(Brand):伊利安

温州市瓯海洁乐卫生用品厂
Wenzhou Jiele Hygiene Articles Factory
地址(Add):浙江省温州市景山净水工业区(西山东路252弄2-1号)
邮编(P.C.):325000
电话(Tel):0577-88523133
传真(Fax):0577-88559678
总经理(General Manager):赵筱英
产品(Products):一次性美容巾,床单,妇女卫生巾,卫生护垫

温州市洁美卫生用品厂
Wenzhou Jiemei Hygiene Articles Factory
地址(Add):浙江省温州市娄桥上汇村河头路20号
邮编(P.C.):325006
电话(Tel):0577-86296877
传真(Fax):0577-86296879
联系人(Contact Person):戴祥杰
产品(Products):妇女卫生巾
品牌(Brand):舒菲特

瓯海宏达卫生用品厂
Ouhai Hongda Hygiene Products Plant
地址(Add):浙江省温州市瓯海区潘桥学士前
邮编(P.C.):325018
电话(Tel):0577-86167049
传真(Fax):0577-86167138
法人代表(Chairman):洪春华
产品(Products):妇女卫生巾,卫生护垫
品牌(Brand):多乐士,银蝶

温州市三八卫生用品厂
Wenzhou Sanba Hygiene Products Plant
地址(Add):浙江省温州市葡萄棚工业区37号
邮编(P.C.):325000
电话(Tel):0577-88626030
传真(Fax):0577-88620638
E-mail:b38@mail.wzptt.zj.cn
Http://www.888-38.com
法人代表(Chairman):祁龙光
联系人(Contact Person):张惠江
产品(Products):妇女卫生巾,卫生护垫,婴儿纸尿裤,婴儿纸尿片
品牌(Brand):新三八

温州宝蝶妇幼用品有限公司
Wenzhou Baodie Women & Children Goods Co., Ltd.
地址(Add):浙江省温州市三垟黄屿工业区黄屿路110号东首第四幢
邮编(P.C.):325014
电话(Tel):0577-86771085
传真(Fax):0577-86776850
法人代表(Chairman):程成桂
总经理(General Manager):黄伟
联系人(Contact Person):张敏
产品(Products):妇女卫生巾,卫生护垫,纸尿片
品牌(Brand):宝蝶

温州瓯海洁丽卫生用品厂
Wenzhou Jieli Hygiene Articles Factory
地址(Add):浙江省温州市西山东路226弄3号
邮编(P.C.):325005
电话(Tel):0577-88522986
传真(Fax):0577-88550285
总经理(General Manager):赵培华
产品(Products):妇女卫生巾,纸巾纸,湿巾
品牌(Brand):施施

杭州可月卫生用品有限公司
Hangzhou Credible Sanitary Products Co., Ltd.
地址(Add):浙江省萧山经济技术开发区建设三路7号
邮编(P.C.):311215
电话(Tel):0571-82837925
传真(Fax):0571-82831258
E-mail:keyue@credible.com.cn
Http://www.credible.com.cn
法人代表(Chairman):黄国权
总经理(General Manager):黄国权
产品(Products):妇女卫生巾,卫生护垫,婴儿纸尿裤
品牌(Brand):可月,月满好,宝宝好梦,婴倍适

仟羽卫生用品有限公司
Qianyu Hyginene Products Co., Ltd.
地址(Add):浙江省义乌市佛堂镇江滨工业区
邮编(P.C.):322002
电话(Tel):0579-5726168
传真(Fax):0579-5716988
Http://www.cheeriness.com
总经理(General Manager):盛英良
产品(Products):妇女卫生巾,卫生护垫
品牌(Brand):安香

浙江义乌雅舒曼卫生用品厂
Yiwu Yashuman Hygiene Articles Factory
地址(Add):浙江省义乌市佛堂镇江滨工业区
邮编(P.C.):322002
电话(Tel):0579-5715932
传真(Fax):0579-5715932
E-mail:aqjianke@vip.163.com
Http://www.huaji520.com
总经理(General Manager):王光海
联系人(Contact Person):王蔚
产品(Products):妇女卫生巾,卫生护垫,餐巾纸
品牌(Brand):花季,安然

义乌市华美卫生用品有限公司
Hua Mei Sanitary Articles Co., Ltd. Yiwu, Zhejiang
地址(Add):浙江省义乌市荷叶塘镇经济开发区
邮编(P.C.):322009
电话(Tel):0579-5951577
传真(Fax):0579-5951577
法人代表(Chairman):方浩勤
总经理(General Manager):方浩勤
产品(Products):妇女卫生巾,纸尿裤,纸尿片
品牌(Brand):华美

义乌市嘉华日化有限公司
Yiwu Jiahua Chemicals for Daily Use Co., Ltd.
地址(Add):浙江省义乌市经发大道236号
邮编(P.C.):322000
电话(Tel):0579-5323052
传真(Fax):0579-5323052

E-mail:sale1@ywjiahua.com
Http://www.ywjiahua.com
法人代表(Chairman):李志彪
联系人(Contact Person):姜亚玲
产品(Products):卫生护垫,妇女卫生巾,宠物垫,婴儿纸尿裤、片,成人纸尿裤,失禁床垫
品牌(Brand):诗蕙,汇泉,汇泉宝宝,阳光小子

义乌市比爱卫生用品有限公司
Yiwu Biai Health Products Co., Ltd.
地址(Add):浙江省义乌市商城集团626室
邮编(P.C.):322005
电话(Tel):0579-5558500
传真(Fax):0579-5542638
E-mail:sales@biai.cn
Http://www.biai.cn
法人代表(Chairman):王爱加
总经理(General Manager):傅红福
产品(Products):妇女卫生巾,卫生护垫,婴儿纸尿裤,湿巾
品牌(Brand):比爱

浙江安柔卫生用品有限公司
Zhejiang Anrou Hygiene Products Co., Ltd.
地址(Add):浙江省义乌市义亭工业区稠义路1号
邮编(P.C.):322005
电话(Tel):0579-5818068
传真(Fax):0579-5817688
法人代表(Chairman):李光军
总经理(General Manager):李光军
产品(Products):妇女卫生巾,卫生护垫,婴儿纸尿裤,纸尿片,成人纸尿裤,护理垫
品牌(Brand):安柔,奥贝思,澳利康

浙江省义乌奥顿纸业有限公司
Zhejiang Yiwu Aodun Paper Co., Ltd.
地址(Add):浙江省义乌市义亭镇工业园区
邮编(P.C.):322005
电话(Tel):0579-5819888
传真(Fax):0579-5813668
法人代表(Chairman):鲍志坚
总经理(General Manager):鲍志坚
产品(Products):妇女卫生巾
品牌(Brand):诗雨

永康市惠丰日用品有限公司
Yongkang Huifeng Commodity Co., Ltd.
地址(Add):浙江省永康市永富南路18幢1号
邮编(P.C.):321300
电话(Tel):0579-7181011
法人代表(Chairman):胡国忠
产品(Products):卫生纸,妇女卫生巾

◆ 安徽 Anhui

安徽井中集团梦幻樱花卫生用品有限公司
Anhui Jingzhong Group Menghuan Yinghua Hygiene Products Co., Ltd.
地址(Add):安徽省亳州市古井经济技术开发区
邮编(P.C.):236826
电话(Tel):0558-5712688
传真(Fax):0558-5711878
Http://www.jingzhonggroup.com
总经理(General Manager):李宏亮
联系人(Contact Person):徐飒
产品(Products):妇女卫生巾,卫生护垫
品牌(Brand):梦幻樱花,柔情岁月,伊佳净

安徽汇诚妇幼用品有限公司
Anhui Huicheng Woman & Child Articles Co., Ltd.
地址(Add):安徽省合肥市马鞍山南路16号
邮编(P.C.):230021
电话(Tel):0551-3445911
传真(Fax):0551-3445833
E-mail:manage@huicheng-hk.com
Http://www.huicheng-hk.com
总经理(General Manager):莫凡
联系人(Contact Person):何虹
产品(Products):妇女卫生巾,卫生护垫
品牌(Brand):洁柔

安徽关爱卫生用品有限公司
Anhui Guanai Hygiene Articles Co., Ltd.
地址(Add):安徽省六安市霍邱县姚李镇
邮编(P.C.):237322
电话(Tel):0564-6844216
传真(Fax):0564-7326199
E-mail:user@ahyhyp.com
Http://www.ahyhyp.com/lxwm.htm
总经理(General Manager):陈仁忠
联系人(Contact Person):彭书宏
产品(Products):妇女卫生巾,卫生护垫,卫生纸,纸尿裤,纸尿片
品牌(Brand):卫宝,雅慧

安徽美妮纸业有限公司
Anhui Meini Paper Co., Ltd.
地址(Add):安徽省潜山综合经济开发区梅陵路
邮编(P.C.):246300
电话(Tel):0556-8978688
传真(Fax):0556-8920701
E-mail:ZQX23561@mail.hf.ah.cn
Http://www.meini.cn
法人代表(Chairman):钟潜学
联系人(Contact Person):郑雄
产品(Products):妇女卫生巾,卫生护垫
品牌(Brand):依依佳

安徽省舒城县龙舒妇幼卫生用品厂
Shucheng Longshu Woman & Child Articles Factory
地址(Add):安徽省舒城县工业园区(206国道舒城段1105km)
邮编(P.C.):231300
电话(Tel):0564-8664668
传真(Fax):0564-8629712
法人代表(Chairman):桂先定
总经理(General Manager):陈永生
产品(Products):妇女卫生巾,卫生护垫,卫生纸
品牌(Brand):兰语

桐城妇幼用品厂
Tongcheng Woman & Child Articles Factory
地址(Add):安徽省桐城市挂车河镇

邮编(P. C.):231400
电话(Tel):0556－6040398
传真(Fax):0556－6040488
联系人(Contact Person):宋传庆
产品(Products):妇女卫生巾
品牌(Brand):月而美

安徽省芬妮佳卫生用品有限公司
Anhui Fennijia Hygiene Products Co., Ltd.
地址(Add):安徽省无为县严桥镇西大街047号
邮编(P. C.):238381
电话(Tel):0565－6161065
传真(Fax):0565－6161888
法人代表(Chairman):石国荣
总经理(General Manager):石国荣
联系人(Contact Person):陈业枝
产品(Products):妇女卫生巾,卫生护垫
品牌(Brand):芬妮佳

安徽省五河县兴华卫生制品有限公司
Wuhe Xinghua Hygiene Products Co., Ltd.
地址(Add):安徽省五河县城关兴华街
邮编(P. C.):233300
电话(Tel):0552－5031210
传真(Fax):0552－5031004
法人代表(Chairman):乔乐春
总经理(General Manager):黄晔
产品(Products):妇女卫生巾
品牌(Brand):假日晴

◆ 福建 Fujian

长汀天乐卫生巾厂
Changting Tianle Sanitary Napkins Factory
地址(Add):福建省长汀县腾飞工业开发区
邮编(P. C.):366300
电话(Tel):0597－6800888
传真(Fax):0597－6883888
总经理(General Manager):林建明
联系人(Contact Person):林建亮
产品(Products):妇女卫生巾,婴儿纸尿片,婴儿纸尿裤,成人纸尿裤
品牌(Brand):天乐,实爽,佳音

福建恩达(福清)卫生用品有限公司
Fujian Enda (Fuqing) Hygiene Products Co., Ltd.
地址(Add):福建省福清融侨经济技术开发区
邮编(P. C.):350301
电话(Tel):0591－85389898
传真(Fax):0591－85381607
法人代表(Chairman):王菊英
联系人(Contact Person):曾盘基
产品(Products):妇女卫生巾,面巾纸,餐巾纸
品牌(Brand):天姿娇

福清市益兴堂卫生制品有限公司
Fuqing Yixingtang Hygiene Products Co., Ltd.
地址(Add):福建省福清市江阴工业区
邮编(P. C.):350309
电话(Tel):0591－85966766
传真(Fax):0591－85966789
Http://www.yixingtang.cn
总经理(General Manager):林道兴
联系人(Contact Person):黄福成
产品(Products):妇女卫生巾,卫生护垫,婴儿纸尿裤,生活用纸

福建福清恒耀卫生用品有限公司
Fujian Fuqing Hengyao Sanitary Products Co., Ltd.
地址(Add):福建省福清市融侨经济技术开发区
邮编(P. C.):350301
电话(Tel):0591－85376388
传真(Fax):0591－85376377
E-mail:hy@fq－hengyao999.com
Http://www.fq－hengyao999.com
法人代表(Chairman):林秉松
总经理(General Manager):林秉松
产品(Products):妇女卫生巾,卫生护垫,生活用纸
品牌(Brand):洁乐,日夜欢,好逍遥,贴心百合

福建省宏发集团公司
Fujian Hongfa Group Company
地址(Add):福建省福州市华林路茶叶大楼100号408
邮编(P. C.):350003
电话(Tel):0591－87856417
传真(Fax):0591－87830061
联系人(Contact Person):吴龙
产品(Products):卫生巾,卫生纸

福建惠安县和成日用品有限公司
Huian Hecheng Commodity Co., Ltd.
地址(Add):福建省惠安县东园新沙工业区
邮编(P. C.):362122
电话(Tel):0595－87586756
传真(Fax):0595－87586758
法人代表(Chairman):黄晏来
联系人(Contact Person):王业运
产品(Products):妇女卫生巾,卫生护垫,婴儿纸尿裤、纸尿片,成人纸尿裤、纸尿片,护理垫,宠物垫
品牌(Brand):相约,乐帮适

福建恒安集团有限公司
Fujian Hengan Holding Co., Ltd.
地址(Add):福建省晋江市安海恒安工业城
邮编(P. C.):362261
电话(Tel):0595－85708888
传真(Fax):0595－85708666
E-mail:hengan@hengan.com
Http://www.hengan.com.cn
法人代表(Chairman):施文博
总经理(General Manager):许连捷
联系人(Contact Person):陈涛
产品(Products):妇女卫生巾,卫生护垫,婴儿纸尿裤,成人纸尿裤,湿巾
品牌(Brand):安尔乐,安乐,安儿乐,安而康,心相印

恒安(福建)妇幼用品有限公司
Hengan (Fujian) Women & Children's Articles Co., Ltd.
地址(Add):福建省晋江市安海恒安工业城
邮编(P. C.):362261
电话(Tel):0595－85708888
传真(Fax):0595－85708666

法人代表(Chairman):施文博
联系人(Contact Person):程勇
产品(Products):妇女卫生巾,卫生护垫
品牌(Brand):安尔乐

恒安集团(晋江)卫生用品有限公司
Hengan Holding (Jinjiang) Hygiene Supplies Co., Ltd.
地址(Add):福建省晋江市安海恒安工业城
邮编(P. C.):362261
电话(Tel):0595-85708888
传真(Fax):0595-85708666
法人代表(Chairman):施文博
联系人(Contact Person):程勇
产品(Products):妇女卫生巾,卫生护垫
品牌(Brand):安尔乐

恒安集团(晋江)妇女用品有限公司
Hengan Group (Jinjiang) Women Products Co., Ltd.
地址(Add):福建省晋江市安海恒安工业城
邮编(P. C.):362261
电话(Tel):0595-85708888
传真(Fax):0595-85708666
法人代表(Chairman):施文博
联系人(Contact Person):程勇
产品(Products):妇女卫生巾,卫生护垫

晋江协兴卫生用品有限公司
Jinjiang Xiexing Hygiene Products Co., Ltd.
地址(Add):福建省晋江市安海镇后林工业区
邮编(P. C.):362261
电话(Tel):0595-85765288
传真(Fax):0595-85763599
联系人(Contact Person):许有苗
产品(Products):妇女卫生巾

晋江市安海镇恒质纸品厂
Jinjiang Hengzhi Paper Products Factory
地址(Add):福建省晋江市安海镇庄头村玉林南里59号
邮编(P. C.):362261
电话(Tel):0595-85709988
传真(Fax):0595-85794436
E-mail:hengzhi510@163.com
Http://www.cnhengzhi.com
法人代表(Chairman):陈文质
产品(Products):妇女卫生巾,卫生护垫,婴儿纸尿裤、纸尿片,成人纸尿裤,湿巾,纸巾纸
品牌(Brand):恒质

福建省晋江市舒乐妇幼用品有限公司
Shule Women & Children Articles Jinjiang Fujian Co., Ltd.
地址(Add):福建省晋江市陈埭镇鹏头工业区(鹏青大道)
邮编(P. C.):362211
电话(Tel):0595-85189888
传真(Fax):0595-85189777
E-mail:shuleco.@pub2.qz.fj.cn
Http://www.baihushi.com
法人代表(Chairman):丁朝阳
产品(Products):妇女卫生巾,婴儿纸尿片,卫生纸
品牌(Brand):白护士,女人缘

福建省晋江市爱尔雅妇幼用品有限公司
Jinjiang Aierya Women & Children Products Co., Ltd.
地址(Add):福建省晋江市陈埭镇坪头工业区汾江西路248号
邮编(P. C.):362211
电话(Tel):0595-85180433
传真(Fax):0595-85185433
总经理(General Manager):傅秀环
产品(Products):妇女卫生巾
品牌(Brand):爱尔雅

晋江市华亿妇幼用品有限公司
Jinjiang Huayi Women & Children Products Co., Ltd.
地址(Add):福建省晋江市陈埭镇七一路沟西路口
邮编(P. C.):362200
电话(Tel):0595-85195699
传真(Fax):0595-85173210
E-mail:hy-company@163.com
法人代表(Chairman):庄建设
联系人(Contact Person):姜亚林
产品(Products):妇女卫生巾,卫生护垫,纸尿片,纸尿裤
品牌(Brand):黛菲,黛莉丝,花之雨

丽特卫生用品有限公司
Lite Hygiene Articles Co., Ltd.
地址(Add):福建省晋江市陈埭镇洋埭林下沟工业区
邮编(P. C.):362218
电话(Tel):0595-85089786
传真(Fax):0595-85162786
总经理(General Manager):林明海
产品(Products):妇女卫生巾,卫生护垫
品牌(Brand):雅妃,舒而莉,青春日记,蝴蝶仙子

晋江舒月妇幼卫生用品有限公司
Jinjiang Shuyue Women & Children Products Co., Ltd.
地址(Add):福建省晋江市池店镇屿崆工业区
邮编(P. C.):362212
电话(Tel):0595-85995958
传真(Fax):0595-85995659
法人代表(Chairman):谢丽楚
产品(Products):妇女卫生巾
品牌(Brand):青春少女

福建省晋江市恒意卫生用品有限公司
Fujian Jinjiang Hengyi Hygiene Articles Co., Ltd.
地址(Add):福建省晋江市池店镇屿崆工业区
邮编(P. C.):362200
电话(Tel):0595-85988898
传真(Fax):0595-85988818
产品(Products):妇女卫生巾
品牌(Brand):恒毅

福建省晋江市荣安生活用品有限公司
Fujian Jinjiang Rongan Household Articles Co., Ltd.
地址(Add):福建省晋江市池店镇屿崆工业区荣安楼
邮编(P. C.):362200
电话(Tel):0595-85985892
传真(Fax):0595-85992892
联系人(Contact Person):倪辉煌
产品(Products):妇女卫生巾,卫生护垫
品牌(Brand):惜香婷

泉州市金源妇幼用品有限公司
Quanzhou Jinyuan Woman & Child Articles Co., Ltd.
地址(Add):福建省晋江市磁灶镇坝头工业区
邮编(P.C.):362200
电话(Tel):0595-85896558
传真(Fax):0595-85896557
产品(Products):妇女卫生巾
品牌(Brand):缘定一生

女友卫生用品有限公司
Nüyou Hygiene Articles Co., Ltd.
地址(Add):福建省晋江市磁灶镇岭畔第一工业区
邮编(P.C.):362200
电话(Tel):0595-85882992
联系人(Contact Person):吴海丰
产品(Products):妇女卫生巾,卫生护垫
品牌(Brand):女友

晋江市恒发妇幼用品有限公司
Jinjiang Hengfa Women & Children Products Co., Ltd.
地址(Add):福建省晋江市磁灶镇溪头工业区13号
邮编(P.C.):362214
电话(Tel):0595-85889729
传真(Fax):0595-85899829
法人代表(Chairman):周培坤
总经理(General Manager):周培坤
产品(Products):妇女卫生巾,卫生护垫
品牌(Brand):顺安,采诺,美少女

晋江市安怡妇幼用品有限公司
Jinjiang Anyi Woman & Child Products Co., Ltd.
地址(Add):福建省晋江市东埭镇双沟下坂北路7号
邮编(P.C.):362200
电话(Tel):0595-85653158
E-mail:bookboy@booksir.com
联系人(Contact Person):林金典
产品(Products):妇女卫生巾,卫生护垫
品牌(Brand):舒心,耶莉娅

姗拉娜卫生用品有限公司
Shanlana Hygiene Products Co., Ltd.
地址(Add):福建省晋江市高科技开发区银水商厦
邮编(P.C.):362200
电话(Tel):0595-85661312
传真(Fax):0595-85665878
法人代表(Chairman):许火车
产品(Products):妇女卫生巾
品牌(Brand):梦姗娜,梦幻天使

福建省晋江市佳丽纸品有限公司
Fujian Jinjiang Jiali Paper Products Co., Ltd.
地址(Add):福建省晋江市湖中工业区
邮编(P.C.):362200
电话(Tel):0595-85198100
传真(Fax):0595-85194848
产品(Products):妇女卫生巾
品牌(Brand):阳光女孩

晋江安婷妇幼用品有限公司
Jinjiang Anting Women & Children Products Co., Ltd.
地址(Add):福建省晋江市赖厝工业东区7号
邮编(P.C.):362200
电话(Tel):0595-85653868
传真(Fax):0595-85652868
E-mail:anting@public.qz.fj.cn
总经理(General Manager):赖永星
联系人(Contact Person):赖永清
产品(Products):妇女卫生巾,卫生护垫,婴儿纸尿裤、片
品牌(Brand):阳光天使,梦幻女孩,舒美婷,快乐公主

伟诚妇幼用品有限公司
Weicheng Woman & Child Articles Co., Ltd.
地址(Add):福建省晋江市罗山镇缺塘工业区
邮编(P.C.):362200
电话(Tel):0595-88172912
传真(Fax):0595-88172913
联系人(Contact Person):许自伟
产品(Products):妇女卫生巾
品牌(Brand):维丽丝,芬妮

晋江市怡佳卫生用品有限公司
Jinjiang Yijia Sanitation Things Co., Ltd.
地址(Add):福建省晋江市罗山镇社店村
邮编(P.C.):362216
电话(Tel):0595-88172976
传真(Fax):0595-88173976
总经理(General Manager):陈德安
产品(Products):妇女卫生巾,卫生护垫
品牌(Brand):舒莹

晋江市宝时洁妇幼用品有限公司
Jinjiang Baoshijie Woman & Child Hygiene Articles Co., Ltd.
地址(Add):福建省晋江市内坑潭头开发区
邮编(P.C.):362200
电话(Tel):0595-88320555
传真(Fax):0595-88320568
总经理(General Manager):王明春
产品(Products):妇女卫生巾
品牌(Brand):宝时洁

晋江市舒宝妇幼卫生用品有限公司
Jinjiang Shubao Women & Children Products Co., Ltd.
地址(Add):福建省晋江市青阳赖厝工业区
邮编(P.C.):362200
电话(Tel):0595-85654668
传真(Fax):0595-85654668
总经理(General Manager):赖清江
产品(Products):妇女卫生巾,卫生护垫,婴儿纸尿片
品牌(Brand):浪漫心语,太阳女孩

晋江市荣鑫妇幼卫生用品有限公司
Jinjiang Rongxin Women & Children Products Co., Ltd.
地址(Add):福建省晋江市青阳许厝工业区
邮编(P.C.):362200
电话(Tel):0595-85667558
传真(Fax):0595-85673558
总经理(General Manager):许荣华
产品(Products):妇女卫生巾,卫生护垫
品牌(Brand):婷儿好,羽西,雪妮

晋江市美特妇幼用品有限公司

Jinjiang Meite Woman & Child Products Co., Ltd.
地址(Add):福建省晋江市青阳镇王厝工业区
邮编(P. C.):362200
电话(Tel):0595 - 85656826
传真(Fax):0595 - 85658402
法人代表(Chairman):洪景芳
联系人(Contact Person):洪诗滢
产品(Products):妇女卫生巾,婴儿纸尿裤

福建晋江凤竹纸品实业有限公司
Fujian Jinjiang Fengzhu Paper Products Industry Co., Ltd.
地址(Add):福建省晋江市青阳竹树下工业区
邮编(P. C.):362200
电话(Tel):0595 - 85678890
传真(Fax):0595 - 85653890
联系人(Contact Person):李秉修
产品(Products):餐巾纸,面巾纸,手帕纸,卫生纸,妇女卫生巾,卫生护垫,婴儿纸尿裤,湿巾

吸引力妇幼纸品有限公司
Xiyinli Woman & Child Paper Products Co., Ltd.
地址(Add):福建省晋江市双龙路赖厝工业园区
邮编(P. C.):362200
电话(Tel):0595 - 85119998
传真(Fax):0595 - 85677412
总经理(General Manager):赖志群
产品(Products):卫生纸,妇女卫生巾
品牌(Brand):约定

晋江市仲盛卫生用品有限公司
Jinjiang Zhongsheng Hygiene Articles Co., Ltd.
地址(Add):福建省晋江市五星工业园区
邮编(P. C.):362261
电话(Tel):0595 - 85736227
传真(Fax):0595 - 85736226
总经理(General Manager):王长沙
产品(Products):妇女卫生巾,婴儿纸尿裤、尿片,面巾纸
品牌(Brand):常青园

晋江市金晖卫生用品有限公司
Jinjiang Jinhui Sanitary Products Co., Ltd.
地址(Add):福建省晋江市西园街道仕头工业区
邮编(P. C.):362200
电话(Tel):0595 - 85654888
传真(Fax):0595 - 85658959
Http://www. cn - qzjh. com
法人代表(Chairman):洪耿谋
联系人(Contact Person):洪小兵
产品(Products):妇女卫生巾,卫生护垫,婴儿纸尿裤、片
品牌(Brand):快乐时光,月期,十足女人,蝶妮,舒蜜空间,快乐宝宝,小晶豆

晋江宝洁卫生用品有限公司
Jinjiang Baojie Hygiene Articles Co., Ltd.
地址(Add):福建省晋江市紫帽塘头开发区(福厦路202公里处)
邮编(P. C.):362200
电话(Tel):0595 - 85953966
传真(Fax):0595 - 85983632
E-mail:baojie@ bao - jie. com
Http://www. bao - jie. com
总经理(General Manager):陈万里
产品(Products):妇女卫生巾
品牌(Brand):靓洁,雪婷

晋江市安雅卫生用品有限公司
Jinjiang Anya Hygiene Articles Co., Ltd.
地址(Add):福建省晋江市紫帽镇塘头工业区
邮编(P. C.):362200
电话(Tel):0595 - 85952958
传真(Fax):0595 - 85953958
产品(Products):妇女卫生巾
品牌(Brand):洁缘

龙海市妙雅卫生用品有限公司
Longhai Miaoya Sanitary Products Co., Ltd.
地址(Add):福建省龙海市榜山镇北溪头工业区
邮编(P. C.):363100
电话(Tel):0596 - 6598705
传真(Fax):0596 - 6596798
E-mail:jlb@ china. miaoya. com
Http://www. china - miaoya. com
法人代表(Chairman):黄展顺
总经理(General Manager):黄展顺
产品(Products):妇女卫生巾,卫生护垫,婴儿纸尿裤
品牌(Brand):妙雅,长相依,妙而雅,妙儿雅

娇娇乐卫生用品有限公司
Jiaojiaole Hygiene Articles Co., Ltd.
地址(Add):福建省南安市滨海工业区
邮编(P. C.):362000
电话(Tel):0595 - 86092998
传真(Fax):0595 - 86090998
E-mail:jo. jo@ public. qz. fj. cn
Http://www. jojole. com
法人代表(Chairman):李秀娇
产品(Products):妇女卫生巾,卫生护垫,婴儿纸尿裤,纸尿片,纸巾纸
品牌(Brand):娇娟,靓丽一族,玉芙蓉,馨爽,好温馨,无限美,芊婕,女生有缘,时尚娇娟

福建省泉州市恒乐卫生用品有限公司
Quanzhou Hengle Sanitary Products Co., Ltd.
地址(Add):福建省南安市丰州武荣工业区
邮编(P. C.):362333
电话(Tel):0595 - 86780878
传真(Fax):0595 - 86780898
总经理(General Manager):尤进金
产品(Products):妇女卫生巾
品牌(Brand):恒乐,淑女

南安市恒源妇幼用品有限公司
Nanan Hengyuan Woman & Child Articles Co., Ltd.
地址(Add):福建省南安市洪濑西林工业区
邮编(P. C.):362331
电话(Tel):0595 - 86682876
传真(Fax):0595 - 86688433
Http://www. fjhyfy. com
联系人(Contact Person):黄剑锋
产品(Products):妇女卫生巾
品牌(Brand):贴欣,冰爽透气,蝴蝶之秀,安舒婷,柔爽透

气

南安市洪濑鑫隆纸品厂
Nanan Honglai Xinlong Paper Products Factory
地址(Add):福建省南安市洪濑镇东大路
邮编(P. C.):362331
电话(Tel):0595 - 86673118
传真(Fax):0595 - 86673118
法人代表(Chairman):林志煌
产品(Products):妇女卫生巾
品牌(Brand):美丽祝福

福建中天妇幼用品有限公司
Zhongtian Women & Children Articles Co., Ltd. Fujian
地址(Add):福建省南安市洪濑镇东溪工业区
邮编(P. C.):362300
电话(Tel):0595 - 86693688
传真(Fax):0595 - 86693488
E-mail:cnzt@ fjzt. com
Http://www. fjzt. com
法人代表(Chairman):黄家齐
总经理(General Manager):代国元
产品(Products):妇女卫生巾,卫生护垫,婴儿纸尿裤
品牌(Brand):丝婷,舒丝婷,青春女孩

福建天和妇幼日用品有限公司
Fujian Tianhe Women & Children Goods for Daily Use Co., Ltd.
地址(Add):福建省南安市洪濑镇东溪开发区天和工业大厦
邮编(P. C.):362331
电话(Tel):0595 - 86682278
传真(Fax):0595 - 86682278
E-mail:fjtianhe@ pub2. qz. fj. cn
Http://www. fjtianhe. com
法人代表(Chairman):黄志民
总经理(General Manager):戴志福
联系人(Contact Person):戴山林
产品(Products):妇女卫生巾,卫生护垫,婴儿纸尿裤,湿巾
品牌(Brand):新欣,阳光之秀,忘忧亭

泉州洪濑佳丽纸品厂
Quanzhou Honglai Jiali Paper Factory
地址(Add):福建省南安市洪濑镇新车站边
邮编(P. C.):362331
电话(Tel):0595 - 86687281
传真(Fax):0595 - 86683273
总经理(General Manager):林添成
产品(Products):妇女卫生巾,卫生护垫
品牌(Brand):依可儿,雪佳妮,邦妮雅,邦妮

福建泉州捷顺纸品有限公司
Quanzhou Jieshun Paper Products Co., Ltd.
地址(Add):福建省南安市金淘镇三联开发区
邮编(P. C.):362314
电话(Tel):0595 - 86438916
传真(Fax):0595 - 86438926
产品(Products):妇女卫生巾,卫生护垫,婴儿纸尿裤,纸尿片
品牌(Brand):佳用

南安万家美卫生用品厂
Nanan Wanjiamei Hygiene Articles Factory
地址(Add):福建省南安市开发区
邮编(P. C.):362300
电话(Tel):0595 - 86322528
产品(Products):妇女卫生巾
品牌(Brand):窃窃私语

福建省南安市远大卫生用品厂
Nanan Yuanda Hygiene Articles Factory
地址(Add):福建省南安市梅山镇新兰开发区
邮编(P. C.):362321
电话(Tel):0595 - 86579668
传真(Fax):0595 - 86579678
法人代表(Chairman):陈燕治
联系人(Contact Person):郑友套
产品(Products):妇女卫生巾,卫生护垫,婴儿纸尿裤,纸尿片,成人纸尿片,护理垫
品牌(Brand):丰采,舒薄棉柔,天线贝贝

泉州市现代卫生用品有限公司
Quanzhou Xiandai Hygiene Products Co.,Ltd.
地址(Add):福建省南安市梅亭开发区
邮编(P. C.):362300
电话(Tel):0595 - 86279886
传真(Fax):0595 - 86279881
Http://www. qzxiandai. com
法人代表(Chairman):黄仕洲
总经理(General Manager):黄仕东
联系人(Contact Person):常军
产品(Products):妇女卫生巾,卫生护垫
品牌(Brand):薇薇佳,清爽怡人

福建恒利集团有限公司
Fujian Hengli Group Co., Ltd.
地址(Add):福建省南安市省新镇恒利工业区
邮编(P. C.):362300
电话(Tel):0595 - 86252666
传真(Fax):0595 - 86252099
法人代表(Chairman):吴家荣
总经理(General Manager):吴家能
产品(Products):妇女卫生巾,卫生护垫,婴儿纸尿裤、纸尿片,生活用纸
品牌(Brand):舒爽,好舒爽,爽儿宝,好吉利

福建省南安市明大卫生用品厂
Nanan Mingda Hygiene Articles Factory
地址(Add):福建省南安市省新镇善星街 2 - 6 号
邮编(P. C.):362300
电话(Tel):0595 - 86250777
传真(Fax):0595 - 86255999
E-mail:md@ mingda - cn. com
Http://www. mingda - cn. com
联系人(Contact Person):谢海棠
产品(Products):妇女卫生巾,卫生护垫,婴儿纸尿裤,纸尿片,抽式纸巾
品牌(Brand):动心一族,完美女人,清芬,倍儿舒,清芬

福建省南安市洁诗卫生用品有限公司
Fujian Nanan Jieshi Hygiene Products Co., Ltd.
地址(Add):福建省南安市诗山家私城

邮编(P. C.):362311
电话(Tel):0595-86491168
传真(Fax):0595-86483168
总经理(General Manager):郭振强
产品(Products):妇女卫生巾
品牌(Brand):洁姿

南安市嘉乐生活用品有限公司
Nanan Jiale Household Articles Co., Ltd.
地址(Add):福建省南安市水头镇大盈铁场湾
邮编(P. C.):362342
电话(Tel):0595-86811197
传真(Fax):0595-86934792
联系人(Contact Person):张年塘
产品(Products):妇女卫生巾,卫生护垫,婴儿纸尿裤,纸尿片

福建省南安市洁婷卫生用品有限公司
Fujian Jieting Hygiene Articles Co., Ltd.
地址(Add):福建省南安市水头镇蟠龙开发区香港花园1515号
邮编(P. C.):362342
电话(Tel):0595-86909358
传真(Fax):0595-86909238
联系人(Contact Person):高玉双
产品(Products):妇女卫生巾

福建省莆田市荔城纸业有限公司
Fujian Putian Licheng Paper Co., Ltd.
地址(Add):福建省莆田市城厢区华亭镇郊溪工业区
邮编(P. C.):351139
电话(Tel):0594-2029839
传真(Fax):0594-2029539
E-mail:webmaster@fj-licheng.com
Http://www.fjlicheng.com
总经理(General Manager):林元剑
产品(Products):妇女卫生巾,卫生护垫,婴儿纸尿裤、片,卫生纸,面巾纸,餐巾纸
品牌(Brand):佳婷,佳爽,荔城

福建省莆田市恒盛日用品有限公司
Putian Hengsheng Products for Daily Use Co., Ltd.
地址(Add):福建省莆田市涵江区三江民营企业城
邮编(P. C.):351111
电话(Tel):0594-3584777
传真(Fax):0594-3366863
法人代表(Chairman):方明栋
产品(Products):妇女卫生巾,卫生护垫,纸尿裤
品牌(Brand):小佳人,雅丝莉

莆田市丰悦纸业有限公司
Putian Fengyue Paper Co., Ltd.
地址(Add):福建省莆田市涵江区梧塘镇后东工业区
邮编(P. C.):351119
电话(Tel):0594-3991152
传真(Fax):0594-3991462
总经理(General Manager):陈广悦
产品(Products):妇女卫生巾,卫生纸,婴儿纸尿片
品牌(Brand):丰悦,雅朵儿

福建莆田佳通纸制品有限公司
G. T. Paper (Fujian Putian) Co., Ltd.
地址(Add):福建省莆田市江口镇海星街
邮编(P. C.):351115
电话(Tel):0594-3686261
传真(Fax):0594-3697692
E-mail:gtxdq@tom.com
法人代表(Chairman):林美凤
总经理(General Manager):李玉坤
联系人(Contact Person):徐德清
产品(Products):妇女卫生巾,卫生护垫,婴儿纸尿裤,面巾纸,卫生卷纸
品牌(Brand):柔爱,雪薇,佳馨

泉州市恒亿卫生用品有限公司
Quanzhou Hengyi Health Products Co., Ltd.
地址(Add):福建省泉州市北峰普贤路群山工业区
邮编(P. C.):362000
电话(Tel):0595-22769288
传真(Fax):0595-22768300
总经理(General Manager):赖三宝
产品(Products):妇女卫生巾,卫生护垫
品牌(Brand):好有缘,倩影

泉州汇泽妇幼卫生用品有限公司
Quanzhou Huize Woman & Child Hygiene Articles Co., Ltd.
地址(Add):福建省泉州市北峰镇普贤路肖厝路口
邮编(P. C.):362000
电话(Tel):0595-22761803
传真(Fax):0595-22761802
法人代表(Chairman):黄木水
联系人(Contact Person):赖晓强
产品(Products):妇女卫生巾

泉州市玖安卫生用品有限公司
Quanzhou Jiuan Hygiene Articles Co., Ltd.
地址(Add):福建省泉州市东海滨城工业区东滨路新兴工业楼
邮编(P. C.):362000
电话(Tel):0595-22915829
传真(Fax):0595-22915993
总经理(General Manager):赖宗伟
联系人(Contact Person):黄火
产品(Products):妇女卫生巾
品牌(Brand):玖安

泉州市菲莉纸业用品有限公司
Quanzhou Feili Paper Products Co., Ltd.
地址(Add):福建省泉州市东海滨城工业区鸿利达大街EA-11
邮编(P. C.):362000
电话(Tel):0595-22907299
传真(Fax):0595-22907199
联系人(Contact Person):黄诗莲
产品(Products):妇女卫生巾

泉州市利洁妇幼用品有限公司
Quanzhou Lijie Woman & Child Articles Co., Ltd.
地址(Add):福建省泉州市丰泽区北峰工业区丰盈路23号
邮编(P. C.):362000
电话(Tel):0595-22778828

传真(Fax):0595-22762553
法人代表(Chairman):董莉莉
联系人(Contact Person):董莉莉
产品(Products):妇女卫生巾,卫生护垫,婴儿纸尿裤,纸尿片
品牌(Brand):贵族女人,骄傲女人,神秘约会,香尔洁

丰泽区北峰阳光卫生用品厂
Fengze Yangguang Hygiene Articles Factory
地址(Add):福建省泉州市丰泽区北峰普贤路肖厝社区
邮编(P. C.):362000
电话(Tel):0595-22772438
传真(Fax):0595-22772438
法人代表(Chairman):杨毓明
总经理(General Manager):常军
产品(Products):卫生护垫,妇女卫生巾
品牌(Brand):阳光护士,风中百合

福建好得妇幼用品有限公司
Fujian Haode Women & Chidren's Products Co., Ltd.
地址(Add):福建省泉州市丰泽区普贤路
邮编(P. C.):362000
电话(Tel):0595-22768170
传真(Fax):0595-22768170
E-mail:hmst@ pub2. qz. fj. cn
法人代表(Chairman):黄谋水
联系人(Contact Person):许育庆
产品(Products):妇女卫生巾,卫生护垫
品牌(Brand):妙婷,康月嘉,爽如菲,好得

汇丰卫生用品有限公司
Huifeng Hygiene Articles Co., Ltd.
地址(Add):福建省泉州市丰泽区普贤路田边工业区
邮编(P. C.):362000
电话(Tel):0595-22773855
传真(Fax):0595-22773955
Http://www. cn-kaililai. com
总经理(General Manager):刘天来
联系人(Contact Person):赖日生
产品(Products):妇女卫生巾
品牌(Brand):舒心女孩

泉州市丰泽区南方卫生用品有限公司
Quanzhou Nanfang Hygiene Articles Co., Ltd.
地址(Add):福建省泉州市丰泽区普贤路田边工业区
邮编(P. C.):362000
电话(Tel):0595-22798849
传真(Fax):0595-22797849
Http://www. cnnanfang. com
总经理(General Manager):赖汉水
产品(Products):妇女卫生巾,卫生护垫
品牌(Brand):丹琪,兰芳,花姿娇,心适,小薇,逗你玩

泉州市凯利来卫生用品有限公司美洁分厂
Quanzhou Kaililai Hygiene Articles Co., Ltd. Meijie Branch
地址(Add):福建省泉州市丰泽区普贤路田边工业区
邮编(P. C.):362000
电话(Tel):0595-22328313
传真(Fax):0595-22765575
产品(Products):妇女卫生巾
品牌(Brand):舒心女孩

泉州恒星卫生用品有限公司妇幼纸品厂
Quanzhou Hengxing Hygiene Articles Co., Ltd. Woman & Child Paper Articles Factory
地址(Add):福建省泉州市丰泽区普贤路田边路口
邮编(P. C.):362000
电话(Tel):0595-22765810
传真(Fax):0595-22765820
Http://www. cn-hengxing. com
总经理(General Manager):黄福来
产品(Products):妇女卫生巾
品牌(Brand):幻彩晶莹

泉州金多利卫生用品有限公司
Quanzhou Jinduoli Hygiene Articles Co., Ltd.
地址(Add):福建省泉州市丰泽区普贤路肖厝工业区
邮编(P. C.):362000
电话(Tel):0595-22778298
传真(Fax):0595-22778398
法人代表(Chairman):黄保泉
产品(Products):妇女卫生巾,卫生护垫
品牌(Brand):金多利

福建五星(泉州)卫生用品有限公司
Fujian Wuxing (Quanzhou) Hygiene Products Co., Ltd.
地址(Add):福建省泉州市丰州桃源工业区
邮编(P. C.):362333
电话(Tel):0595-86787555
传真(Fax):0595-86788333
法人代表(Chairman):傅炳煌
总经理(General Manager):许焕洲
产品(Products):妇女卫生巾
品牌(Brand):梦婷

福建省泉州市神象日化有限公司
Fujian Quanzhou Fetish Elephant Daily Chemical Co., Ltd.
地址(Add):福建省泉州市洪濑东溪工业区
邮编(P. C.):362331
电话(Tel):0595-86699168
传真(Fax):0595-86681991
总经理(General Manager):朱文有
产品(Products):妇女卫生巾
品牌(Brand):依菲,诗妮娜

泉州美亚卫生用品有限公司
Quanzhou Meiya Hygiene Articles Co., Ltd.
地址(Add):福建省泉州市洪濑东溪开发区
邮编(P. C.):362331
电话(Tel):0595-86609399
传真(Fax):0595-86609398
总经理(General Manager):黄建萍
产品(Products):妇女卫生巾,卫生护垫
品牌(Brand):好护卫,雪菲

泉州市恒灿纸品有限公司
Quanzhou Hengcan Paper Products Co., Ltd.
地址(Add):福建省泉州市惠安东园新沙工业区
邮编(P. C.):362122
电话(Tel):0595-87586658

传真(Fax):0595－87586758
E-mail:xt658@163.com
Http://www.hengcan－cn.com
法人代表(Chairman):黄晏来
总经理(General Manager):王业运
联系人(Contact Person):黄汉斌
产品(Products):妇女卫生巾,卫生护垫,纸尿裤,手帕纸,面巾纸
品牌(Brand):相约,洁期,乐帮适,相约宝贝

泉州信兴妇幼卫生用品有限公司
Quanzhou Xinxing Woman & Child Hygiene Articles Co., Ltd.
地址(Add):福建省泉州市惠安洛阳侨乡工业区信兴大厦
邮编(P.C.):362121
电话(Tel):0595－87483709
传真(Fax):0595－87485709
E-mail:auhui@chinaxinxing.net
Http://www.chinaxinxing.net
联系人(Contact Person):江吴生
产品(Products):妇女卫生巾,卫生护垫,婴儿纸尿片(裤)
品牌(Brand):安惠

泉州市洛江区小丫卫生用品厂
Quanzhou Xiaoya Hygiene Articles Factory
地址(Add):福建省泉州市洛江罗溪工业区
邮编(P.C.):362000
电话(Tel):0595－22055888
传真(Fax):0595－22055999
法人代表(Chairman):黄加生
产品(Products):妇女卫生巾,卫生护垫
品牌(Brand):星梦女孩,少女风采,校花,小巧玲珑

泉州市恒雪卫生用品有限公司
Quanzhou Hengxue Hygiene Articles Co., Ltd.
地址(Add):福建省泉州市洛江区河市泰源路工业区
邮编(P.C.):362000
电话(Tel):0595－22037210
传真(Fax):0595－22036095
总经理(General Manager):陈国辉
联系人(Contact Person):黄雪珍
产品(Products):妇女卫生巾,纸尿片

泉州蓝蜻蜓卫生用品有限公司
Quanzhou Lanqingting Hygiene Articles Co., Ltd.
地址(Add):福建省泉州市洛江区桥南工业区A栋
邮编(P.C.):362000
电话(Tel):0595－22657266
传真(Fax):0595－22657366
E-mail:qtmmm@hotmail.com
Http://www.qtmm.com
法人代表(Chairman):朱慧瑜
总经理(General Manager):薛明和
产品(Products):妇女卫生巾,卫生护垫,婴儿纸尿裤
品牌(Brand):蓝蜻蜓,安妮芙,洁芙乐,梦之羽,月韵,神奇宝贝

泉州市恒毅卫生用品有限公司
Quanzhou Hengyi Hygiene Articles Co., Ltd.
地址(Add):福建省泉州市洛江区塘西工业区
邮编(P.C.):362000
电话(Tel):0595－22067788
传真(Fax):0595－22067799
产品(Products):妇女卫生巾
品牌(Brand):雨濛濛

泉州市怡洁纸业有限公司
Quanzhou Yijie Paper Co., Ltd.
地址(Add):福建省泉州市清濛科技工业区
邮编(P.C.):362000
电话(Tel):0595－22497777
传真(Fax):0595－22499889
法人代表(Chairman):谢长炎
总经理(General Manager):谢长远
产品(Products):妇女卫生巾,卫生护垫,婴儿纸尿裤、片,成人纸尿垫
品牌(Brand):洁尔丝,洁儿需,洁而康

福建泉州露芳妇幼纸品有限公司
Fujian Quanzhou Lufang Women & Children Paper Products Co., Ltd.
地址(Add):福建省泉州市泉秀路汀洲工业区
邮编(P.C.):362000
电话(Tel):0595－22589491
传真(Fax):0595－22586978
E-mail:qzlufang@sina.com
法人代表(Chairman):吴琼
总经理(General Manager):吴琼
产品(Products):妇女卫生巾,卫生护垫,婴儿纸尿裤
品牌(Brand):露芳

福建省泉州市佳洁妇幼用品有限公司
Fujian Quanzhou Jiajie Women & Children Products Co., Ltd.
地址(Add):福建省泉州市万安工业区杏宅工业楼A幢
邮编(P.C.):362012
电话(Tel):0595－22657788
传真(Fax):0595－22657799
E-mail:qzjjabc@126.com
总经理(General Manager):黄培生
产品(Products):妇女卫生巾,卫生护垫,纸尿片,纸尿裤,一次性鞋垫
品牌(Brand):一代佳人,舒心,小丫,舒心宝贝,洁丫

泉州美极卫生用品有限公司
Quanzhou Meiji Hygiene Articles Co., Ltd.
地址(Add):福建省泉州市万安桥南工业区
邮编(P.C.):362000
电话(Tel):0595－22331692
传真(Fax):0595－22331692
产品(Products):妇女卫生巾
品牌(Brand):相约假日

福建诚信纸品有限公司
Fujian Chengxin Paper Co., Ltd.
地址(Add):福建省漳州市长泰兴泰工业区
邮编(P.C.):363900
电话(Tel):0596－8330888
传真(Fax):0596－8330999
Http://www.ladies－cn.com
法人代表(Chairman):蔡金花
联系人(Contact Person):林敦旭

产品(Products):妇女卫生巾,卫生护垫
品牌(Brand):蕾迪丝,日清

三明市顺欣妇幼卫生用品有限公司
Sanming Shunxin Woman & Child Hygiene Articles Co., Ltd.
地址(Add):福建省三明市大田县轻纺工业园区建山路188号
邮编(P. C.):366100
电话(Tel):0598－7266369
传真(Fax):0598－7260666
E-mail:shuenxin@126. com
Http://www. fjshunxin. com
总经理(General Manager):蔡志明
联系人(Contact Person):林朝晖
产品(Products):妇女卫生巾,卫生护垫,婴儿纸尿裤,纸尿片,湿巾
品牌(Brand):顺欣

福建省三明市宏源卫生用品有限公司
Fujian Sanming Hongyuan Hygiene Products Co., Ltd.
地址(Add):福建省三明市三元区荆东开发区
邮编(P. C.):365004
电话(Tel):0598－8399998
传真(Fax):0598－8399966
法人代表(Chairman):叶秋水
总经理(General Manager):叶秋水
联系人(Contact Person):李秀英
产品(Products):妇女卫生巾,卫生护垫,餐巾纸,卫生卷纸,面巾纸,婴儿纸尿裤,婴儿纸尿片
品牌(Brand):女友,女尔友

福建省沙县六和卫生用品有限公司
Fujian Shaxian Liuhe Hygiene Products Co., Ltd.
地址(Add):福建省三明市沙县三官堂东路66号
邮编(P. C.):365500
电话(Tel):0598－5852598
传真(Fax):0598－5852778
E-mail:web@sx6h. com
Http://www. sx6h. com
总经理(General Manager):连辉棉
联系人(Contact Person):陈夏清
产品(Products):妇女卫生巾,卫生护垫
品牌(Brand):月多邦,真情玫瑰

福建省武平县媖洁卫生用品有限公司
Wuping Yingjie Hygiene Products Co., Ltd.
地址(Add):福建省武平七坊路88号
邮编(P. C.):364300
电话(Tel):0597－4835588
传真(Fax):0597－4829893
法人代表(Chairman):邹家兴
产品(Products):妇女卫生巾
品牌(Brand):媖洁

厦门亿荣升生活用品有限公司
Xiamen Yirongsheng Household Articles Co., Ltd.
地址(Add):福建省厦门市嘉禾路392号国泰大厦15C
邮编(P. C.):361009
电话(Tel):0592－3122577
传真(Fax):0592－3122579
法人代表(Chairman):章文斌
总经理(General Manager):陈阳升
产品(Products):一次性鞋垫,婴儿纸尿片(裤),成人湿巾,婴儿柔湿巾,妇女卫生巾,卫生护垫
品牌(Brand):益洁

厦门妃丽日用品有限公司
Xiamen Feili Commodity Co., Ltd.
地址(Add):福建省厦门市厦门湖里宜宾路11号厂房
邮编(P. C.):361006
电话(Tel):0592－5606862
传真(Fax):0592－5683894
E-mail:feelit@tom. com
Http://www. xmfeelit. com
法人代表(Chairman):李俊
总经理(General Manager):付毕华
联系人(Contact Person):王丽
产品(Products):妇女卫生巾

福建漳州凯蒂生化科技有限公司
Fujian Zhangzhou Kaidi Biology Science & Technology Co., Ltd.
地址(Add):福建省漳州市金峰工业区佘峰大道
邮编(P. C.):363000
电话(Tel):0596－2522889
传真(Fax):0596－2523889
法人代表(Chairman):黄惠燕
联系人(Contact Person):陶立治
产品(Products):妇女卫生巾
品牌(Brand):好期伴

福建漳州市智光纸业有限公司
Fujian Zhangzhou Zhiguang Paper Co., Ltd.
地址(Add):福建省漳州市蓝田工业区横二路西段
邮编(P. C.):363005
电话(Tel):0596－2103599
传真(Fax):0596－2109196
法人代表(Chairman):邓湘闽
总经理(General Manager):陈光伟
联系人(Contact Person):陈智勇
产品(Products):妇女卫生巾,湿巾,面巾纸,成人纸尿裤,婴儿纸尿裤
品牌(Brand):爽月,智光,皇后,依贝思,笑嘻嘻

福建省漳州市雅爽卫生制品有限公司
Zhangzhou Yashuang Hygiene Products Co., Ltd.
地址(Add):福建省漳州市龙文区朝阳镇工业区
邮编(P. C.):363005
电话(Tel):0596－2171168
传真(Fax):0596－2171000
E-mail:mengdishi@yashuang. net
Http://www. yashuang. net
法人代表(Chairman):苏维嵩
总经理(General Manager):苏维汉
联系人(Contact Person):曾丽清
产品(Products):妇女卫生巾,卫生护垫
品牌(Brand):梦迪诗

福建省漳州市信义纸业有限公司
Zhangzhou Xinyi Paper Co., Ltd.
地址(Add):福建省漳州市龙文区经济开发区

邮编(P. C.):363005
电话(Tel):0596－2171536
传真(Fax):0596－2171538
总经理(General Manager):郑小岸
联系人(Contact Person):蔡为民
产品(Products):妇女卫生巾,卫生纸
品牌(Brand):动之傲,信义

福建漳州芗城晓莉卫生用品公司
Fujian Zhangzhou Xiangcheng Xiaoli Hygiene Products Co.
地址(Add):福建省漳洲市芗城区石亭镇丰乐工业区
邮编(P. C.):363000
电话(Tel):0596－2552936
传真(Fax):0596－2552205
法人代表(Chairman):林晓渝
联系人(Contact Person):王金莲
产品(Products):妇女卫生巾,卫生护垫,婴儿纸尿裤,纸尿片
品牌(Brand):安月,明月

◆ 江西 Jiangxi

恒安(江西)卫生用品有限公司
Hengan (Jiangxi) Hygiene Products Co., Ltd.
地址(Add):江西省东乡县圩上桥镇
邮编(P. C.):331801
电话(Tel):0794－4382346
传真(Fax):0794－4382392
法人代表(Chairman):施文博
联系人(Contact Person):陈铁照
产品(Products):妇女卫生巾
品牌(Brand):安乐,安尔乐

赣州华龙实业有限公司
Ganzhou Hualong Industrial Co., Ltd.
地址(Add):江西省赣州市金坪工业村
邮编(P. C.):341000
电话(Tel):0797－8370881
传真(Fax):0797－8370811
法人代表(Chairman):林国忠
总经理(General Manager):林国忠
产品(Products):妇女卫生巾
品牌(Brand):天爽

月兔卫生用品有限公司
Yuetu Hygiene Products Co., Ltd.
地址(Add):江西省广丰县芦林工业区
邮编(P. C.):334600
电话(Tel):0793－2610001
传真(Fax):0793－2651900
法人代表(Chairman):蒋国山
联系人(Contact Person):蒋雄山
产品(Products):妇女卫生巾,面巾纸,餐巾纸,卷筒纸,尿不湿
品牌(Brand):月兔,黛安娜

安娜纸业有限公司
Anna Paper Co., Ltd.
地址(Add):江西省广丰县芦林工业区
邮编(P. C.):334600
电话(Tel):0793－2624099
法人代表(Chairman):蒋雄山
产品(Products):妇女卫生巾
品牌(Brand):黛安娜

南昌康妮保健品厂
Nanchang Kangni Health Care Products Plant
地址(Add):江西省南昌市进贤工业开发区
邮编(P. C.):331700
电话(Tel):0791－5690315
传真(Fax):0791－5690315
法人代表(Chairman):谭映辉
总经理(General Manager):谭映辉
联系人(Contact Person):章玉华
产品(Products):妇女卫生巾,卫生护垫
品牌(Brand):檀丝

江西安乃诗实业有限公司
Jiangxi Annaishi Industry Co., Ltd.
地址(Add):江西省南昌市塔子桥南路16号
邮编(P. C.):330002
电话(Tel):0791－8221491
总经理(General Manager):李燕芳
产品(Products):妇女卫生巾,卫生护垫

南昌市恒丽卫生用品厂
Nanchang Hengli Hygiene Articles Factory
地址(Add):江西省南昌市桃花工业区抚生路良种场内
邮编(P. C.):330009
电话(Tel):0791－6575239
传真(Fax):0791－6575170
总经理(General Manager):周海泉
产品(Products):妇女卫生巾,卫生纸品

九江市锦丽卫生用品有限公司
Jiujiang Jinli Hygiene Articles Co., Ltd
地址(Add):江西省瑞昌市黄金工业园(北园)
邮编(P. C.):332200
电话(Tel):0792－4217293
传真(Fax):0792－4217293
总经理(General Manager):冷超中
产品(Products):妇女卫生巾,婴儿纸尿裤,尿片
品牌(Brand):全力

江西帮洁卫生用品有限公司
Jiangxi Bangjie Sanitary Products Co., Ltd.
地址(Add):江西省万载县工业园区
邮编(P. C.):336100
电话(Tel):0795－8913666
传真(Fax):0795－8913777
总经理(General Manager):张才达
产品(Products):妇女卫生巾,纸尿裤,纸尿片
品牌(Brand):帮柔,娇惠

江西生成卫生用品有限公司
Jiangxi Shengcheng Hygiene Products Co., Ltd.
地址(Add):江西省武宁经济技术开发区
邮编(P. C.):332300
电话(Tel):0792－2837461
传真(Fax):0792－2839355
E-mail:jxsc@public1.jj.jx.cn

Http://www.cnshengcheng.com
法人代表(Chairman):余陈
总经理(General Manager):余陈
联系人(Contact Person):艾萍
产品(Products):湿巾,妇女卫生巾,卫生卷纸,面巾纸,纸围兜,坐便纸垫
品牌(Brand):生成,乐知知,SC

赣州港都卫生制品有限公司
Ganzhou Gangdu Hygiene Products Co., Ltd.
地址(Add):江西省于都县楂林工业园
邮编(P.C.):342300
电话(Tel):0797-6329889
传真(Fax):0797-6329616
总经理(General Manager):于金连
联系人(Contact Person):谢永英
产品(Products):妇女卫生巾,卫生护垫,婴儿纸尿片、裤
品牌(Brand):爽期,好爽期,一片乐

◆ 山东 Shandong

正业纸品商务拓展有限公司
Zhengye Paper Business Development Co., Ltd.
地址(Add):山东省成武西城区工业园
邮编(P.C.):274200
电话(Tel):0530-8612000
总经理(General Manager):贾国民
产品(Products):妇女卫生巾
品牌(Brand):柏兰,美迪,业凡

洁美卫生用品有限公司
Jiemei Hygiene Articles Co., Ltd.
地址(Add):山东省德州渤海经济开发区鑫盛工业园13号
邮编(P.C.):253000
电话(Tel):0534-3329988
传真(Fax):0534-3329988
法人代表(Chairman):陈广宝
总经理(General Manager):谷长锁
产品(Products):妇女卫生巾,卫生护垫
品牌(Brand):俊仕达,洁美

泰安市大东方卫生用品有限公司
Taian Dadongfang Hygiene Articles Co., Ltd.
地址(Add):山东省东平县城宿昌路建材园区
邮编(P.C.):271501
总经理(General Manager):张庆国
产品(Products):妇女卫生巾
品牌(Brand):美人缘,新泉城,新舒爽

胜利油田胜安卫生用品有限公司
Shengli Oil Field Shengan Hygiene Articles Co., Ltd.
地址(Add):山东省东营市胜利工业园
邮编(P.C.):257000
电话(Tel):0546-8180009
传真(Fax):0546-8180288
E-mail:slajy@126.com
总经理(General Manager):魏瑶生
产品(Products):妇女卫生巾,面巾纸
品牌(Brand):娇影

舒莱成威纸业公司
Shulai Chengwei Paper Co.
地址(Add):山东省菏泽市花都百货大市场150号
邮编(P.C.):274000
电话(Tel):0530-5510883
传真(Fax):0530-5618387
联系人(Contact Person):成继军
产品(Products):婴儿纸尿裤,妇女卫生巾
品牌(Brand):舒莱

济南市水云间纸业有限公司
Jinan Shuiyunjian Paper Co., Ltd.
地址(Add):山东省济南市槐荫区段店镇大金庄金星路西
邮编(P.C.):250117
电话(Tel):0531-87500437
传真(Fax):0531-87500437
法人代表(Chairman):张民安
联系人(Contact Person):王振明
产品(Products):妇女卫生巾
品牌(Brand):妙佳

济南梦雅实业有限公司
Jinan Mengya Industry Co., Ltd.
地址(Add):山东省济南市经二路523号槐荫房产大厦7楼702室
邮编(P.C.):250021
电话(Tel):0531-87069366
传真(Fax):0531-87060058
法人代表(Chairman):丁洪福
总经理(General Manager):丁洪福
产品(Products):妇女卫生巾

济南亿肤佳卫生用品有限公司
Jinan Yifujia Hygiene Articles Co., Ltd.
地址(Add):山东省济南市商河济盐路16号(宏业集团北墙对门第二安装公司院内)
邮编(P.C.):250000
电话(Tel):0531-84870318
传真(Fax):0531-84879299
E-mail:lizhaosen-yi@163.com
联系人(Contact Person):李召森
产品(Products):妇女卫生巾,卫生护垫,纸尿片,纸尿裤

济南月舒宝纸业有限责任公司
Jinan Yueshubao Paper Making Co., Ltd.
地址(Add):山东省济南市中区王官庄10号
邮编(P.C.):250022
电话(Tel):0531-87964438
传真(Fax):0531-87964438
法人代表(Chairman):姚永伟
总经理(General Manager):孙继河
产品(Products):妇女卫生巾,卫生护垫
品牌(Brand):鲁澳月舒宝,泉城新舒宝

山东梁山佳洁宝纸业有限公司
Liangshan Jiajiebao Paper Co., Ltd.
地址(Add):山东省梁山工业园区
邮编(P.C.):272600
电话(Tel):0537-7736598
传真(Fax):0537-7736598
总经理(General Manager):杨傅友
产品(Products):妇女卫生巾

品牌(Brand):雅丝净

山东信成纸业有限公司
Shandong Xincheng Paper Co., Ltd.
地址(Add):山东省聊城市茌平县西外环高新技术工业园内
邮编(P. C.):252100
电话(Tel):0635－4285466
传真(Fax):0635－4283218
E-mail:xcgroup@xcgroup.cn
Http://www.xcgroup.cn
法人代表(Chairman):李泽潜
总经理(General Manager):牛洪华
联系人(Contact Person):胡守泉
产品(Products):妇女卫生巾,厨房用纸,美容纸,面巾纸,马桶座垫,湿巾
品牌(Brand):圣荷

临沂天润妇女用品有限公司
Linyi Tianrun Women & Children Artices Co., Ltd.
地址(Add):山东省临沂市金雀山一路168号
邮编(P. C.):276005
电话(Tel):0539－8150858
传真(Fax):0539－8151861
Http://www.tianrun168.com
法人代表(Chairman):赵九胜
总经理(General Manager):赵九胜
产品(Products):妇女卫生巾,卫生护垫
品牌(Brand):源深,天润

山东临沂女友卫生用品有限公司
Linyi Nüyou Hygiene Articles Co., Ltd.
地址(Add):山东省临沂市兰山区沂蒙路北首
邮编(P. C.):276000
电话(Tel):0539－3055038
总经理(General Manager):杨克亮
产品(Products):妇女卫生巾
品牌(Brand):母之爱

山东欣洁月舒宝纸品有限公司
Shandong Xinjieyueshubao Paper Products Co., Ltd.
地址(Add):山东省临沂市马头经济开发区
邮编(P. C.):276126
电话(Tel):0539－6777198
传真(Fax):0539－6777198
联系人(Contact Person):陈景岩
产品(Products):妇女卫生巾,卫生护垫
品牌(Brand):欣洁,月舒宝

山东临沂奥琦雅卫生用品有限公司
Linyi Aoqiya Hygiene Articles Co., Ltd.
地址(Add):山东省临沂市郯马经济开发区
邮编(P. C.):276000
电话(Tel):0539－6776622
总经理(General Manager):刘兰峰
产品(Products):妇女卫生巾,卫生护垫

山东临沂大昌卫生用品有限公司洗化公司
Linyi Dachang Hygiene Articles Co., Ltd. Detergent Branch
地址(Add):山东省临沂市通达路7号
邮编(P. C.):276000
电话(Tel):0539－8298778
总经理(General Manager):周景昌
产品(Products):妇女卫生巾,卫生护垫,纸巾

山东临邑梦莎卫生用品有限公司
Linyi Mengsha Hygiene Articles Co., Ltd.
地址(Add):山东省临邑恒源路北首路东
邮编(P. C.):251500
电话(Tel):0534－4362241
传真(Fax):0534－4362736
联系人(Contact Person):马泽荣
产品(Products):妇女卫生巾
品牌(Brand):梦莎

山东省临邑梦寐妇幼用品有限公司
Linyi Mengmei Woman & Child Articles Co., Ltd.
地址(Add):山东省临邑县城区民族园临邑镇工业区
邮编(P. C.):251500
电话(Tel):0534－4550467
法人代表(Chairman):张成文
产品(Products):妇女卫生巾,卫生护垫
品牌(Brand):梦寐,婷美女孩,美得思

三维纸业有限公司
Sanwei Paper Co., Ltd.
地址(Add):山东省临邑县恒源工业园C区10号
邮编(P. C.):251500
电话(Tel):0534－4237918
传真(Fax):0534－4238078
法人代表(Chairman):张师春
联系人(Contact Person):赵建国
产品(Products):妇女卫生巾
品牌(Brand):朵雅

山东省临邑三友卫生用品有限公司
Linyi Sanyou Hygiene Articles Co., Ltd.
地址(Add):山东省临邑县临邑经济开发区
邮编(P. C.):251500
电话(Tel):0534－4369867
传真(Fax):0534－4369867
法人代表(Chairman):夏德利
联系人(Contact Person):夏霆
产品(Products):生活用纸,妇女卫生巾,卫生护垫
品牌(Brand):鲁洁

蓬莱市梦雅卫生用品厂
Penglai Mengya Hygiene Articles Factory
地址(Add):山东省蓬莱市徐家集兴隆庄
邮编(P. C.):265602
电话(Tel):0535－5939698
传真(Fax):0535－5939628
总经理(General Manager):郑春
产品(Products):妇女卫生巾,打孔膜
品牌(Brand):梦友

青岛绿叶谷贸易有限公司
Qingdao Lüyegu Trading Co., Ltd.
地址(Add):山东省青岛市福州路99号鲁通大厦5F
邮编(P. C.):266071
电话(Tel):0532－85760199

传真(Fax):0532 - 85786626
E-mail:gena_cn@ hotmail. com
总经理(General Manager):赵萍
产品(Products):卫生护垫,口罩

鲁南舒鑫卫生用品厂
Lunan Shuxin Hygiene Products Factory
地址(Add):山东省郯城马头经济开发区
邮编(P. C.):276125
电话(Tel):0539 - 6591333
联系人(Contact Person):李夫桥
产品(Products):妇女卫生巾
品牌(Brand):舒鑫,佳丽人

山东兴博卫生用品有限公司
Shandong Xingbo Hygiene Articles Co., Ltd.
地址(Add):山东省郯城郯马经济开发区金马工业园20号
邮编(P. C.):276126
电话(Tel):0539 - 6771322
传真(Fax):0539 - 6777322
总经理(General Manager):徐敏强
产品(Products):妇女卫生巾
品牌(Brand):诗梦

山东郯城康佳卫生用品厂
Tancheng Kangjia Hygiene Articles Factory
地址(Add):山东省郯城郯马经济开发区商业街526号
邮编(P. C.):276126
电话(Tel):0539 - 6771158
传真(Fax):0539 - 6771158
联系人(Contact Person):王守乾
产品(Products):妇女卫生巾,卫生护垫,纸尿裤,纸尿片
品牌(Brand):沂蒙情

山东省郯城县宏伟卫生用品有限公司
Tancheng Hongwei Hygiene Products Co., Ltd.
地址(Add):山东省郯城郯马开发区南元街542号
邮编(P. C.):276126
电话(Tel):0539 - 6771717
传真(Fax):0539 - 6771787
总经理(General Manager):任宏伟
产品(Products):妇女卫生巾
品牌(Brand):快乐丽人

郯城县新村乡夫习卫生巾厂
Tancheng Fuxi Sanitary Napkin Factory
地址(Add):山东省郯城郯新路中段
邮编(P. C.):276000
电话(Tel):0539 - 6659122
法人代表(Chairman):黄夫习
产品(Products):妇女卫生巾
品牌(Brand):美月欣

山东郯城爽可欣卫生用品厂
Tancheng Shuangkexin Hygiene Articles Factory
地址(Add):山东省郯城县经济开发区18号
邮编(P. C.):276125
电话(Tel):0539 - 6591028
传真(Fax):0539 - 6591028
E-mail:liyuchen3@ etang. com
法人代表(Chairman):吴兴民
联系人(Contact Person):李禹辰
产品(Products):妇女卫生巾,卫生护垫,纸尿裤
品牌(Brand):爽可欣

山东省郯城新兴卫生用品厂
Tancheng Xinxing Hygiene Products Factory
地址(Add):山东省郯城县马头镇南元街
邮编(P. C.):276126
电话(Tel):0539 - 6776199
传真(Fax):0539 - 6776199
法人代表(Chairman):禚保军
产品(Products):妇女卫生巾
品牌(Brand):鲁康

鲁南康之恋妇幼用品有限公司
Lunan Kangzhilian Woman & Child Articles Co., Ltd.
地址(Add):山东省郯城县马头镇批发市场内
邮编(P. C.):276126
电话(Tel):0539 - 6772458
传真(Fax):0539 - 6772458
法人代表(Chairman):郭德才
联系人(Contact Person):房万云
产品(Products):妇女卫生巾,婴儿纸尿裤
品牌(Brand):康之恋

山东鑫盟集团
Shandong Xinmeng Group
地址(Add):山东省郯城县马头综合开发区
邮编(P. C.):276100
电话(Tel):0539 - 6773531
传真(Fax):0539 - 6772978
总经理(General Manager):唐学平
产品(Products):妇女卫生巾,卫生护垫,生活用纸,婴儿纸尿裤
品牌(Brand):女宝,暖贝儿

山东佳亿鑫纸品有限公司
Shandong Jiayixin Paper Products Co., Ltd.
地址(Add):山东省郯城县郯马经济开发区
邮编(P. C.):276126
电话(Tel):0539 - 6776199
传真(Fax):0539 - 6777199
Http://www. jiayixin. com
联系人(Contact Person):焦爱生
产品(Products):妇女卫生巾,卫生护垫,成人纸尿裤,纸尿片,床垫,婴儿纸尿裤,纸尿片,卫生纸
品牌(Brand):鲁康,名兰,雨倩,巧护理,守护佳人

山东郯城县爱洁卫生用品厂
Tancheng Aijie Hygiene Articles Factory
地址(Add):山东省郯城县郯马经济开发区南园街506号
邮编(P. C.):276126
电话(Tel):0539 - 6771223
联系人(Contact Person):郭德友
产品(Products):妇女卫生巾,打孔膜,流延膜

山东省滕州市华宝卫生制品有限公司
Tengzhou Huabao Hygiene Products Co., Ltd.
地址(Add):山东省滕州市新世纪工业园
邮编(P. C.):277500
电话(Tel):0632 - 5667466

传真(Fax):0632-5667456
总经理(General Manager):孙士华
产品(Products):妇女卫生巾

威海洁瑞卫生材料制品有限公司
Weihai Jierui Hygienic Material Products Co., Ltd.
地址(Add):山东省威海市世昌大道348号
邮编(P.C.):264209
电话(Tel):0631-5660598
传真(Fax):0631-5660598
E-mail:leekai@public.whptt.sd.cn
法人代表(Chairman):陈林
总经理(General Manager):孔庆威
联系人(Contact Person):王晓莉
产品(Products):婴儿纸尿裤,纸尿片,妇女卫生巾,卫生护垫,护理垫
品牌(Brand):威乐,百仕洁,洁瑞

山东婷好卫生制品有限公司
Shandong Tinghao Hygiene Products Co., Ltd.
地址(Add):山东省微山县西平商业街
邮编(P.C.):277609
电话(Tel):0537-8341666
传真(Fax):0537-8341106
E-mail:tinghao2004@163.com
总经理(General Manager):牟振
联系人(Contact Person):李可坤
产品(Products):妇女卫生巾
品牌(Brand):婷好

恒安(潍坊)卫生用品有限公司
Hengan (Weifang) Hygiene Products Co., Ltd.
地址(Add):山东省潍坊市坊子区恒安大街79号
邮编(P.C.):261200
电话(Tel):0536-7665889
传真(Fax):0536-7665888
Http://www.hengan.com.cn
法人代表(Chairman):施文博
联系人(Contact Person):王清生
产品(Products):妇女卫生巾,卫生护垫
品牌(Brand):安尔乐,安乐

烟台金蕊女性用品有限公司
Yantai Jinrui Women Products Co., Ltd.
地址(Add):山东省烟台市福山高新技术产业区鑫海街116号
邮编(P.C.):265500
电话(Tel):0535-6300838
传真(Fax):0535-6300860
E-mail:info@jinrui.cn
Http://www.jinrui.cn
总经理(General Manager):祖明艳
联系人(Contact Person):田蜜湘
产品(Products):卫生护垫
品牌(Brand):金蕊

新时代卫生用品厂
Xinshidai Hygiene Products Factory
地址(Add):山东省沂水县城南8公里快堡经济开发区
邮编(P.C.):276400
电话(Tel):0539-2511111
传真(Fax):0539-2511088
总经理(General Manager):刘兆峰
产品(Products):妇女卫生巾,卫生护垫
品牌(Brand):快宝

山东蒲公英妇幼用品有限公司
Shandong Pugongying Woman & Child Articles Co., Ltd.
地址(Add):山东省沂源东苑民营经济工业园
邮编(P.C.):256102
电话(Tel):0533-3428228
传真(Fax):0533-3427978
E-mail:tianshi2121@163.net
联系人(Contact Person):宋历
产品(Products):妇女卫生巾,卫生护垫
品牌(Brand):立效,蒲公英

枣庄市华宝卫生用品有限公司兰雪卫生巾厂
Zaozhuang Lanxue Sanitary Napkins Factory
地址(Add):山东省枣庄市山亭区店子工业区
邮编(P.C.):277100
电话(Tel):0632-8982516
总经理(General Manager):刘振伟
产品(Products):妇女卫生巾

淄博美尔娜卫生用品有限公司
Zibo Meierna Sanitary Products Co., Ltd.
地址(Add):山东省淄博市付山经济开发区
邮编(P.C.):255084
电话(Tel):0533-3783783
传真(Fax):0533-3785650
法人代表(Chairman):张涛
产品(Products):妇女卫生巾
品牌(Brand):美尔娜

益母妇女用品有限公司
Yimoo Woman's Products Co., Ltd.
地址(Add):山东省淄博市沂源县城沂蒙路9号
邮编(P.C.):256100
电话(Tel):0533-3241148
传真(Fax):0533-3241148
E-mail:yimoo@yimoo.cn
Http://www.yimoo.com
法人代表(Chairman):赵玉山
总经理(General Manager):李春功
联系人(Contact Person):王维凤
产品(Products):妇女卫生巾,卫生护垫,纸尿裤
品牌(Brand):益母,益贝

◆ 河南 Henan

安阳市汇丰卫生用品有限责任公司
Anyang Huifeng Hygiene Articles Co., Ltd.
地址(Add):河南省安阳市平原桥北韩陵路1号(汇丰工业园区)
邮编(P.C.):455000
电话(Tel):0372-2938385
总经理(General Manager):袁廷顺
联系人(Contact Person):李兵
产品(Products):妇女卫生巾,纸尿裤,纸尿片,卫生纸,一次性鞋垫
品牌(Brand):坤月情,梦娜,梦娜宝宝

鹤壁市天元纸业有限公司
Hebi Tianyuan Paper Co., Ltd.
地址(Add):河南省鹤壁市山城区汤河街9巷
邮编(P.C.):458000
电话(Tel):0392-2688822
传真(Fax):0392-2686098
法人代表(Chairman):申绍俭
产品(Products):妇女卫生巾,卫生护垫,卫生纸,面巾纸
品牌(Brand):日月明,申牌,申派

新乡市洁康卫生用品有限责任公司
Xinxiang Jiekang Hygiene Articles Co., Ltd.
地址(Add):河南省辉县市孟庄镇郭村
邮编(P.C.):453600
电话(Tel):0373-6068890
传真(Fax):0373-6068860
总经理(General Manager):侯应银
联系人(Contact Person):李汉庆
产品(Products):妇女卫生巾
品牌(Brand):思之恋

新乡市好洁卫生用品有限公司
Xinxiang Haojie Hygiene Articles Co., Ltd.
地址(Add):河南省辉县市孟庄镇梁村
邮编(P.C.):453621
电话(Tel):0373-6078772
E-mail:haojie4437@sina.com
联系人(Contact Person):冯新亮
产品(Products):妇女卫生巾,卫生护垫

焦作市银河纸业卫生用品有限公司
Jiaozuo Yinhe Paper & Hygiene Articles Co., Ltd.
地址(Add):河南省焦作市西陶白水工业区
邮编(P.C.):454981
电话(Tel):0391-7561173
传真(Fax):0391-7561173
联系人(Contact Person):侯成河
产品(Products):妇女卫生巾

恒安(漯河临颍)卫生用品有限公司
Hengan (Luohe Linying) Hygiene Products Co., Ltd.
地址(Add):河南省临颍县铁西工业区
邮编(P.C.):462600
电话(Tel):0395-8880912
传真(Fax):0395-8862323
法人代表(Chairman):施文博
联系人(Contact Person):陈文跃
产品(Products):妇女卫生巾
品牌(Brand):安乐,安尔乐

河南省洛阳双心卫生用品有限公司
Henan Luoyang Shuangxin Hygiene Products Co., Ltd.
地址(Add):河南省洛阳市汝阳县小店镇小寺经济开发区
邮编(P.C.):471200
电话(Tel):0379-68143189
法人代表(Chairman):杜军朝
总经理(General Manager):杜军朝
产品(Products):妇女卫生巾
品牌(Brand):双心

洛阳市纯静纸业公司
Luoyang Chunjing Paper Industry Co.
地址(Add):河南省洛阳市西工区光华路4号
邮编(P.C.):471000
电话(Tel):0379-63230947
传真(Fax):0379-63235329
联系人(Contact Person):张志强
产品(Products):卫生纸,妇女卫生巾
品牌(Brand):松鼠,纯静

漯河市鸿翔纸业有限公司
Luohe Hongxiang Paper Co., Ltd.
地址(Add):河南省漯河市郾城县孟南工业区中原路86号
邮编(P.C.):462300
电话(Tel):0395-6926666
传真(Fax):0395-6935555
法人代表(Chairman):王晓东
联系人(Contact Person):王晓东
产品(Products):婴儿纸尿裤,妇女卫生巾,卫生护垫,卫生纸,手帕纸,餐巾纸
品牌(Brand):四季舒,凤求凰

河南省孟州市洁美卫生用品厂
Henan Mengzhou Jiemei Hygiene Products Plant
地址(Add):河南省孟州市商贸城南京路69号西1号
邮编(P.C.):454750
电话(Tel):0391-3861188
传真(Fax):0391-8194384
总经理(General Manager):张德君
联系人(Contact Person):张德君
产品(Products):妇女卫生巾,卫生护垫
品牌(Brand):洁美,欣美

舒莱卫生用品有限公司
Shulai Hygiene Products Co., Ltd.
地址(Add):河南省平顶山市五条路9号院
邮编(P.C.):467000
电话(Tel):0375-3856283
传真(Fax):0375-3856283
法人代表(Chairman):侯建正
总经理(General Manager):王世全
联系人(Contact Person):王民忠
产品(Products):妇女卫生巾,卫生护垫
品牌(Brand):舒莱

三门峡蓝雪实业有限责任公司
Sanmenxia Lanxue Industry Co., Ltd.
地址(Add):河南省三门峡市经三路50号
邮编(P.C.):472001
电话(Tel):0398-2862485
传真(Fax):0398-2866552
法人代表(Chairman):张鹏飞
联系人(Contact Person):张春让
产品(Products):妇女卫生巾,卫生护垫
品牌(Brand):康妇特

太康县圣美利卫生用品有限公司
Dakang Shengmeili Hygiene Articles Co., Ltd.
地址(Add):河南省太康县建设路北段89号
邮编(P.C.):461400
电话(Tel):0394-6833255
总经理(General Manager):李东峰

产品(Products):妇女卫生巾

河南省太康县恒宝卫生用品厂
Henan Taikang Hengbao Hygiene Products Factory
地址(Add):河南省太康县交通路369号
邮编(P. C.):461400
电话(Tel):0394-6822455
传真(Fax):0394-6824588
法人代表(Chairman):程丽君
总经理(General Manager):岳恒伟
产品(Products):妇女卫生巾,卫生护垫
品牌(Brand):乐宝情

新乡海洁卫生用品有限公司
Xinxiang Haijie Hygiene Articles Co., Ltd.
地址(Add):河南省新乡七里营工业区
邮编(P. C.):453731
电话(Tel):0373-5580927
联系人(Contact Person):吕利敏
产品(Products):妇女卫生巾
品牌(Brand):海洁

新乡天龙卫生用品有限公司
Xinxiang Tianlong Hygiene Products Co., Ltd.
地址(Add):河南省新乡市21号桥南100米
邮编(P. C.):453731
电话(Tel):0373-5605688
传真(Fax):0373-5605688
总经理(General Manager):张传保
产品(Products):妇女卫生巾
品牌(Brand):快乐天使

新郑市恒鑫卫生用品厂
Xinzheng Hengxin Hygiene Articles Factory
地址(Add):河南省新郑市新建路办事处工业区
邮编(P. C.):450000
联系人(Contact Person):占新建
产品(Products):妇女卫生巾
品牌(Brand):今生不移,蜜月情人,柔曼娇,飘影,康丝曼

许昌市雨洁卫生用品有限公司
Xuchang Yujie Hygiene Articles Co., Ltd.
地址(Add):河南省许昌高新技术区昌盛路
邮编(P. C.):461111
电话(Tel):0374-5652686
传真(Fax):0374-5652686
Http://www.xcyj.com
法人代表(Chairman):张同昌
联系人(Contact Person):王军华
产品(Products):妇女卫生巾
品牌(Brand):雨洁

河南省许昌永恒卫生用品有限公司
Henan Xuchang Yongheng Hygiene Products Co., Ltd.
地址(Add):河南省许昌市七一路东段邓庄工业区
邮编(P. C.):461113
电话(Tel):0374-5671269
传真(Fax):0374-5671536
法人代表(Chairman):王保科
联系人(Contact Person):牛建生
产品(Products):妇女卫生巾,卫生护垫
品牌(Brand):十二舒

河南省禹州市高洁纸品有限公司
Yuzhou Gaojie Paper Products Co., Ltd.
地址(Add):河南省禹州市范坡工业区
邮编(P. C.):452570
电话(Tel):0374-8713168
总经理(General Manager):李长安
产品(Products):妇女卫生巾,餐巾纸

郑州永佳卫生用品有限公司
Zhengzhou Yongjia Hygiene Articles Co., Ltd.
地址(Add):河南省郑州市中原区闫垌村38号
邮编(P. C.):450065
电话(Tel):0371-68950293
传真(Fax):0371-68950293
联系人(Contact Person):杨中培
产品(Products):妇女卫生巾
品牌(Brand):艳艳

◆ 湖北 Hubei

湖北娇丽实业有限公司
Hubei Beauty Industrial Co., Ltd.
地址(Add):湖北省汉川市城东开发区
邮编(P. C.):432300
电话(Tel):0712-8389371
传真(Fax):0712-8383796
E-mail:hbjiaoli@263.net
Http://www.jiaoli.com
法人代表(Chairman):张海瑞
联系人(Contact Person):张劲松
产品(Products):妇女卫生巾
品牌(Brand):娇丽

黄石市康丽卫生制品厂
Huangshi Kangli Hygiene Products Plant
地址(Add):湖北省黄石市医院街168号
邮编(P. C.):435000
电话(Tel):0714-6482791
传真(Fax):0714-6482791
总经理(General Manager):张远刚
产品(Products):妇女卫生巾,卫生纸
品牌(Brand):梦舒佳

嘉鱼县康源卫生用品有限责任公司
Jiayu Kangyuan Hygiene Articles Co. Ltd.
地址(Add):湖北省嘉鱼县牌洲湾工业区
邮编(P. C.):437215
电话(Tel):0715-6285252
传真(Fax):0715-6526359
法人代表(Chairman):曾水源
联系人(Contact Person):黎燕
产品(Products):妇女卫生巾,卫生护垫,纸尿片

荆州市平云卫生用品有限公司
Jingzhou Pingyun Hygiene Articles Co., Ltd.
地址(Add):湖北省荆州市监利县工业园
邮编(P. C.):433300
电话(Tel):0716-3320885
传真(Fax):0716-3322780

联系人(Contact Person):何修凤
产品(Products):妇女卫生巾
品牌(Brand):桑娜

石首中江卫生用品有限公司
Shishou Zhongjiang Hygiene Products Co., Ltd.
地址(Add):湖北省石首市团山寺镇解放路57号
邮编(P. C.):434415
电话(Tel):0716－7603181
传真(Fax):0716－7603180
法人代表(Chairman):胡新中
产品(Products):妇女卫生巾,卫生护垫
品牌(Brand):新空间

武汉红与白卫生用品有限公司
Wuhan Red & White Hygiene Products Co., Ltd.
地址(Add):湖北省武汉市慈惠工业园惠安大道27号
邮编(P. C.):430040
电话(Tel):027－83098976
传真(Fax):027－83092553
法人代表(Chairman):易启文
总经理(General Manager):吴珍海
联系人(Contact Person):陈永义
产品(Products):妇女卫生巾,卫生护垫
品牌(Brand):茶花女

湖北丝宝卫生用品有限公司
Hubei C－BONS Sanitary Products Co., Ltd.
地址(Add):湖北省武汉市黄浦大街丝宝国际大厦
邮编(P. C.):430019
电话(Tel):027－82920888
传真(Fax):027－82922001
E-mail:zhushan@c－bons. com. cn
Http://www. c－bons. com. cn
法人代表(Chairman):梁亮胜
总经理(General Manager):陈莺
联系人(Contact Person):朱闪
产品(Products):妇女卫生巾,卫生护垫
品牌(Brand):洁婷,伊倍爽

武汉兴同兴卫生用品有限公司
Wuhan Xingtongxing Hygiene Articles Co., Ltd.
地址(Add):湖北省武汉市吴家山台商投资区
邮编(P. C.):430030
电话(Tel):027－83261591
传真(Fax):027－83602697
总经理(General Manager):曾凡勇
产品(Products):妇女卫生巾
品牌(Brand):泰然爽

康平保健品公司
Kangping Healthcare Products Co.
地址(Add):湖北省武穴市石佛寺镇32号
邮编(P. C.):436414
联系人(Contact Person):卢耀长
产品(Products):妇女卫生巾

恒美实业有限公司
Hengmei Industry Co., Ltd.
地址(Add):湖北省武穴市余川经济开发区
邮编(P. C.):435417
电话(Tel):0713－6883688
传真(Fax):0713－6887339
联系人(Contact Person):张劲松
产品(Products):卫生护垫,纸尿片,纸尿裤

舒雅日用品有限公司
Shuya Commodity Co., Ltd.
地址(Add):湖北省仙桃市杜台经济开发区
邮编(P. C.):430000
电话(Tel):0728－3237481
总经理(General Manager):李代华
产品(Products):妇女卫生巾,家居用纸

华业塑胶有限公司
Huaye Plastic Co., Ltd.
地址(Add):湖北省仙桃市沔阳大道122号
邮编(P. C.):433000
电话(Tel):0728－3257292
传真(Fax):0728－3257286
E-mail:fjh@huayer. com
Http://www. hauyer. com
总经理(General Manager):冯家海
产品(Products):妇女卫生巾,一次性尿垫,流延膜

福建长汀天乐卫生巾厂襄樊分厂
Fujian Changting Tianle Sanitary Napkins Plant Xiangfan Branch
地址(Add):湖北省襄樊市春园西路112号
邮编(P. C.):441002
电话(Tel):0710－3111696
传真(Fax):0710－3112099
E-mail:tian_le@263. net
法人代表(Chairman):林云光
总经理(General Manager):林云光
产品(Products):妇女卫生巾,卫生护垫,婴儿纸尿片,纸尿裤,成人纸尿片
品牌(Brand):天乐,难忘,伊媚儿,伊佳伶

恒安(孝感)卫生用品有限公司
Hengan (Xiaogan) Hygiene Products Co., Ltd.
地址(Add):湖北省孝感市南区南大经济开发区
邮编(P. C.):432100
电话(Tel):0712－2827198
传真(Fax):0712－2827688
法人代表(Chairman):施文博
联系人(Contact Person):聂连清
产品(Products):妇女卫生巾
品牌(Brand):安乐,安尔乐

宜昌舒云卫生用品有限公司
Yichang Shuyun Hygiene Articles Co., Ltd.
地址(Add):湖北省宜昌三峡民营科技园(伍家岗区前坪街29号)
邮编(P. C.):443001
电话(Tel):0717－6552516
传真(Fax):0717－6552658
总经理(General Manager):徐建国
产品(Products):纸巾纸,卫生纸,妇女卫生巾,卫生护垫
品牌(Brand):舒云

宜昌伊兰佳卫生用品有限公司

Yichang Yilanjia Hygiene Articles Co., Ltd.
地址(Add):湖北省宜昌市长江市场工业区
邮编(P. C.):443100
电话(Tel):0717-7853398
传真(Fax):0717-7852888
联系人(Contact Person):莫海峰
产品(Products):妇女卫生巾
品牌(Brand):伊兰佳,318,婷娴

湖北舒云纸业有限公司
Hubei Shuyun Paper Co., Ltd.
地址(Add):湖北省宜昌市猇亭大道438号
邮编(P. C.):443007
电话(Tel):0717-6536099
传真(Fax):0717-6536742
法人代表(Chairman):刘学忠
联系人(Contact Person):张宏伟
产品(Products):卫生纸,纸巾纸,妇女卫生巾,卫生护垫
品牌(Brand):舒云,舒馨,舒翼

宜昌宇峰纸品有限公司
Yichang Yufeng Paper Products Co., Ltd.
地址(Add):湖北省宜昌枝江市深圳路38号
邮编(P. C.):443200
电话(Tel):0717-4213581
传真(Fax):0717-4213581
总经理(General Manager):王涛峰
联系人(Contact Person):朱亮英
产品(Products):妇女卫生巾,卫生纸,婴儿纸尿片,成人纸尿片
品牌(Brand):宇峰

◆ 湖南 Hunan

恒安集团(安乡)卫生用品有限公司
Hengan (Anxiang) Hygiene Products Co., Ltd.
地址(Add):湖南省安乡县城关镇文艺南路
邮编(P. C.):415600
电话(Tel):0736-4312875
传真(Fax):0736-4319113
法人代表(Chairman):施文博
联系人(Contact Person):许天培
产品(Products):妇女卫生巾
品牌(Brand):安乐,安尔乐

长沙恒健卫生用品有限公司
Changsha Hengjian Hygiene Products Co., Ltd.
地址(Add):湖南省长沙市宁乡夏驿铺
邮编(P. C.):410604
电话(Tel):0731-7952653
传真(Fax):0731-7952653
总经理(General Manager):宋志敏
产品(Products):妇女卫生巾,纸尿片
品牌(Brand):忘不了,放得心

湖南宁乡长乐卫生用品厂
Hunan Ningxiang Changle Hygiene Products Plant
地址(Add):湖南省长沙市宁乡县回龙铺工业园
邮编(P. C.):410600
电话(Tel):0731-7827944
传真(Fax):0731-7827944
法人代表(Chairman):王跃星
总经理(General Manager):王志良
产品(Products):妇女卫生巾
品牌(Brand):依云

常德金利纸品实业有限公司
Changde Jinli Paper Industrial Co., Ltd.
地址(Add):湖南省常德市阳明路93号
邮编(P. C.):415101
电话(Tel):0736-7386238
传真(Fax):0736-7396388
法人代表(Chairman):柳真
总经理(General Manager):柳真
联系人(Contact Person):李会均
产品(Products):妇女卫生巾,卫生纸,面巾纸
品牌(Brand):安雅康

湖南省安仁县卫生用品二厂
Hunan Anren Hygiene Products No. 2 Factory
地址(Add):湖南省郴州市安仁县株泉北路84号
邮编(P. C.):423600
电话(Tel):0735-5223446
传真(Fax):0735-5222259
总经理(General Manager):刘小平
产品(Products):妇女卫生巾
品牌(Brand):安意

衡阳市花香实业有限公司
Hengyang Huaxiang Industry Co., Ltd.
地址(Add):湖南省衡阳市易赖西街331号
邮编(P. C.):421002
电话(Tel):0734-8196879
传真(Fax):0734-2418928
法人代表(Chairman):莫运庆
产品(Products):妇女卫生巾,餐巾纸,盒抽纸

湖南省荷洁卫生用品厂
Hunan Hejie Hygiene Articles Factory
地址(Add):湖南省嘉禾县莲荷村26号
邮编(P. C.):424500
电话(Tel):0735-6719014
联系人(Contact Person):胡菲
产品(Products):妇女卫生巾,纸尿片,纸尿裤
品牌(Brand):荷洁,OK宝宝

浏阳市洁洁卫生纸用品厂
Liuyang Jiejie Tissue Paper Articles Factory
地址(Add):湖南省浏阳市荷花经济开发区
邮编(P. C.):410300
电话(Tel):0731-3672181
传真(Fax):0731-3672181
E-mail:sales@vipceo.com
联系人(Contact Person):易甫成
产品(Products):妇女卫生巾,卫生护垫
品牌(Brand):洁丽婷音

湖南宁乡好健卫生用品厂
Hunan Ningxiang Haojian Hygiene Products Factory
地址(Add):湖南省宁乡县玉潭镇金亭路5号
邮编(P. C.):410600
电话(Tel):0731-7893828

法人代表(Chairman):王建光
产品(Products):妇女卫生巾
品牌(Brand):好健

湖南省恒昌卫生用品有限公司
Hunan Hengchang Hygiene Products Co., Ltd.
地址(Add):湖南省邵阳市宝庆东路1476号
邮编(P. C.):422001
电话(Tel):0739-5250218
传真(Fax):0739-5250218
总经理(General Manager):李学军
产品(Products):妇女卫生巾
品牌(Brand):花月仙

湖南省康乐纸业有限公司
Hunan Kangle Paper Co., Ltd.
地址(Add):湖南省石门县东城区
邮编(P. C.):415304
电话(Tel):0736-5012000
传真(Fax):0736-5012345
法人代表(Chairman):丁原钧
总经理(General Manager):丁原钧
产品(Products):妇女卫生巾,纸尿片
品牌(Brand):赛洁思

湖南省新化泰昌纸业有限公司
Hunan Xinhua Taichang Paper Co., Ltd.
地址(Add):湖南省新化县上梅镇立新桥街4号
邮编(P. C.):417600
电话(Tel):0738-3322975
传真(Fax):0738-3534975
总经理(General Manager):方国文
产品(Products):妇女卫生巾

◆ 广东 Guangdong

广东省东莞市宝丰卫生纸品有限公司
Guangdong Dongguan Baofeng Tissue Paper Products Co., Ltd.
地址(Add):广东省东莞市东城区汶塘管理区
邮编(P. C.):523121
电话(Tel):0769-22660017
传真(Fax):0769-22208692
法人代表(Chairman):傅植成
总经理(General Manager):锺婉芳
产品(Products):妇女卫生巾
品牌(Brand):梦丽莎

利兴卫生用品(东莞)有限公司
Lixing Hygiene Articles (Dongguan) Co., Ltd.
地址(Add):广东省东莞市黄江镇黄江管理区668工业区
邮编(P. C.):523750
电话(Tel):0769-83669588
传真(Fax):0769-83669488
E-mail:asialink-lihing@yahoo.com.cn
联系人(Contact Person):庄淑芬
产品(Products):妇女卫生巾
品牌(Brand):秋之恋

东莞东美纸业有限公司
Dongguan Dongmei Paper Co., Ltd.
地址(Add):广东省东莞市寮步镇新旧围工业区
邮编(P. C.):523410
电话(Tel):0769-83228282
传真(Fax):0769-83228198
E-mail:dmpaper@vip.163.com
Http://www.liansho.com.tw
法人代表(Chairman):林壁境
总经理(General Manager):林壁境
产品(Products):妇女卫生巾
品牌(Brand):良爽,柔美,好朋友

东莞姿庭生活用品有限公司
Dongguan Shietine Articles for Daily Use Co., Ltd.
地址(Add):广东省东莞市桥头镇岭头工业区
邮编(P. C.):523530
电话(Tel):0769-83343868
传真(Fax):0769-83342786
E-mail:gitine@pub.dgnet.gd.cn
Http://www.gitine.com
法人代表(Chairman):莫浩棠
总经理(General Manager):钱澜
产品(Products):妇女卫生巾,卫生护垫,面巾纸,手帕纸,婴儿纸尿裤
品牌(Brand):姿庭

东莞市新兴纸品厂
Dongguan Xinxing Paper Products Factory
地址(Add):广东省东莞市石碣镇鹤田厦
邮编(P. C.):523301
电话(Tel):0769-86317328
传真(Fax):0769-86317328
法人代表(Chairman):陈兆驹
产品(Products):妇女卫生巾
品牌(Brand):天地情

东莞市白天鹅纸业有限公司
Dongguan White Swan Paper Products Co., Ltd.
地址(Add):广东省东莞市万江区谷涌工业区
邮编(P. C.):523047
电话(Tel):0769-22172118
传真(Fax):0769-22181226
E-mail:bte@whiteswanpaper.com
Http://www.whiteswanpaper.com
法人代表(Chairman):卢宝祥
总经理(General Manager):卢宝祥
联系人(Contact Person):李刚
产品(Products):卫生纸原纸,卫生卷纸,纸巾纸,妇女卫生巾,卫生护垫,婴儿纸尿裤
品牌(Brand):贝柔,黛柔

东莞市华兴纸业实业有限公司
Dongguan Huaxing Paper Industrial Co., Ltd.
地址(Add):广东省东莞市万江区滘联村工业区
邮编(P. C.):523046
电话(Tel):0769-22271932
传真(Fax):0769-22275919
E-mail:hxzy@huaxing-dg.com
Http://www.huaxing-dg.com
法人代表(Chairman):欧华仔
联系人(Contact Person):洪泽森
产品(Products):卫生纸,餐巾纸,面巾纸,婴儿纸尿裤,妇

女卫生巾,卫生护垫
品牌(Brand):花心,伊健

惠康纸业有限公司
Huikang Paper Co., Ltd.
地址(Add):广东省东莞市万江区胜利爱迪工业区
邮编(P. C.):523063
电话(Tel):0769-22179883
传真(Fax):0769-22178188
法人代表(Chairman):詹沛林
总经理(General Manager):赖沃均
产品(Products):妇女卫生巾,卫生护垫,纸尿裤,纸尿片,餐巾纸,卫生卷纸
品牌(Brand):护丽康

东莞市中堂宝康卫生纸品厂
Dongguan Zhongtang Baokang Tissue Paper Products Factory
地址(Add):广东省东莞市中堂镇蕉利开发区
邮编(P. C.):523238
电话(Tel):0769-88889388
传真(Fax):0769-88882799
法人代表(Chairman):张丽明
产品(Products):妇女卫生巾
品牌(Brand):宝康雅梦

佛山市美适卫生用品有限公司
Foshan Meishi Sanitary Articles Co., Ltd.
地址(Add):广东省佛山市佛山大道北3号
邮编(P. C.):528000
电话(Tel):0757-82214685
传真(Fax):0757-82206622
法人代表(Chairman):关锦添
总经理(General Manager):关锦添
联系人(Contact Person):李永亨
产品(Products):妇女卫生巾,卫生护垫
品牌(Brand):诗丹莉,小妮

佛山市佩安婷卫生用品实业有限公司
Foshan Peianting Hygiene Products Industrial Co., Ltd.
地址(Add):广东省佛山市高明区杨梅镇紫荆路5号
邮编(P. C.):528515
电话(Tel):0757-82800209
传真(Fax):0757-82800202
E-mail:master@peianting.com
Http://www.peianting.com
法人代表(Chairman):陈惠华
总经理(General Manager):方润华
联系人(Contact Person):徐哲军
产品(Products):妇女卫生巾,卫生护垫,婴儿纸尿裤、纸尿片,成人纸尿片
品牌(Brand):佩安婷,佩菲菲,珮夫人,佩贝贝

佛山市南海区桂城景兴商务拓展有限公司
Kingdom Marketing Service Co., Ltd.
地址(Add):广东省佛山市南海区桂城南海大道经委大厦副楼二楼
邮编(P. C.):528200
电话(Tel):0757-86238822
传真(Fax):0757-86238670
E-mail:kingdom@abckms.com
Http://www.abckms.com
法人代表(Chairman):邓锦明
总经理(General Manager):邓锦明
联系人(Contact Person):许旭芳
产品(Products):妇女卫生巾,卫生护垫,湿巾
品牌(Brand):ABC,易洁,EC

倍安爽卫生用品实业有限公司
Beianshuang Hygiene Products Industrial Co., Ltd.
地址(Add):广东省佛山市南海区罗村联和工业二区
邮编(P. C.):528227
电话(Tel):0757-86400190
传真(Fax):0757-86482813
法人代表(Chairman):周文良
总经理(General Manager):周文良
联系人(Contact Person):朱志斌
产品(Products):妇女卫生巾,卫生护垫,纸尿片
品牌(Brand):水中花,雪中花

南海桂城康索卫生用品有限公司
Kimsof Sanitary Products Co., Ltd.
地址(Add):广东省佛山市南海区罗村罗务公路新涌尾
邮编(P. C.):528200
电话(Tel):0757-86319637
传真(Fax):0757-86304155
E-mail:kimsof@pub.nanhai.net.cn
法人代表(Chairman):何喜永
联系人(Contact Person):何茹
产品(Products):妇女卫生巾,纸尿片
品牌(Brand):金锁,馨爽

南海市罗村倩而宝卫生用品厂
Nanhai Qianerbao Hygiene Articles Factory
地址(Add):广东省佛山市南海区罗村镇街边工业区
邮编(P. C.):528226
电话(Tel):0757-86433838
传真(Fax):0757-86410838
法人代表(Chairman):卢焕娣
联系人(Contact Person):吕均祥
产品(Products):妇女卫生巾,卫生护垫,纸尿裤,纸尿片,妇婴两用巾
品牌(Brand):倩而宝,倩而乐

广东妇健企业有限公司
Guangdong Fujian Enterprise Co., Ltd.
地址(Add):广东省佛山市南海区平洲夏南一工业区
邮编(P. C.):528251
电话(Tel):0757-86774737
传真(Fax):0757-86771573
E-mail:fujian@gd-fujian.com
Http://www.gd-fujian.com
法人代表(Chairman):彭乃强
联系人(Contact Person):苏铭贤
产品(Products):妇女卫生巾,卫生护垫,婴儿纸尿片,婴儿纸尿裤
品牌(Brand):妇健,锡晒你

南海西樵新泰安贸易有限公司
Nanhai Xiqiao Xintai-an Trade Co., Ltd.
地址(Add):广东省佛山市南海西樵区河岗工业区9号
邮编(P. C.):528212

电话(Tel):0757－86823688
传真(Fax):0757－86884509
法人代表(Chairman):梁成孝
总经理(General Manager):梁成孝
联系人(Contact Person):梁成谦
产品(Products):妇女卫生巾,卫生护垫
品牌(Brand):真情,菲菲

佛山市顺德区妇康卫生用品有限公司
Fukang Sanitary Napkin (Shunde) Container Ltd.
地址(Add):广东省佛山市顺德区大良凤翔工业区昌宏路11号
邮编(P. C.):528300
电话(Tel):0757－22383032
传真(Fax):0757－22383034
E-mail:sdfukang@china－fukang.com
Http://www.china－fukang.com
法人代表(Chairman):关锡
总经理(General Manager):关锡
联系人(Contact Person):黄晓鸣
产品(Products):妇女卫生巾,卫生护垫
品牌(Brand):妇康,紫茵

广东省佛山市顺德区爽乐卫生巾厂
Guangdong Foshan Shunde Shuangle Sanitary Napkins Plant
地址(Add):广东省佛山市顺德区乐从镇大墩工业区
邮编(P. C.):528315
电话(Tel):0757－28853778
传真(Fax):0757－28837358
法人代表(Chairman):劳培其
总经理(General Manager):余路明
产品(Products):妇女卫生巾
品牌(Brand):爽乐

广东顺德美洁卫生用品有限公司
Shunde Meijie Hygiene Products Co., Ltd.
地址(Add):广东省佛山市顺德区乐从镇道教工业区中路西6号
邮编(P. C.):528315
电话(Tel):0757－28331328
传真(Fax):0757－28331310
E-mail:office@gdmeijie.com
Http://www.gdmeijie.com
法人代表(Chairman):黎力冲
产品(Products):妇女卫生巾,卫生护垫,尿片
品牌(Brand):美洁,美洁宝宝,美宜洁

顺德市乐从镇劳村康怡卫生用品厂
Shunde Kangyi Hygiene Products Plant
地址(Add):广东省佛山市顺德区乐从镇劳村工业区
邮编(P. C.):528315
电话(Tel):0757－28869292
传真(Fax):0757－28831789
法人代表(Chairman):劳光发
联系人(Contact Person):劳旗
产品(Products):妇女卫生巾,卫生护垫,婴儿纸尿裤,成人纸尿裤
品牌(Brand):康怡,康怡乐

汉方生技卫生用品有限公司
Hanfang Shengji Hygiene Articles Co., Ltd.
地址(Add):广东省佛山市顺德区乐从镇劳岳工业大道第12排14号
邮编(P. C.):528315
电话(Tel):0757－28108770
传真(Fax):0757－28108772
联系人(Contact Person):林雪芬
产品(Products):妇女卫生巾
品牌(Brand):UFT,优护体

顺德市乐从镇佳洁卫生用品厂
Shunde Jiajie Sanitary Products Factory
地址(Add):广东省佛山市顺德区乐从镇良教工业区
邮编(P. C.):528315
电话(Tel):0757－28830234
传真(Fax):0757－28833777
E-mail:cooljie99@21cn.com
Http://www.cooljie.com
联系人(Contact Person):赖继林
产品(Products):妇女卫生巾,卫生护垫,婴儿纸尿裤、片
品牌(Brand):蝴蝶结

广东省佛山市顺德区乐从镇其乐卫生用品有限公司
Foshan Qile Hygiene Products Co., Ltd.
地址(Add):广东省佛山市顺德区乐从镇三乐路劳村工业开发区
邮编(P. C.):528315
电话(Tel):0757－28854680
传真(Fax):0757－28830867
法人代表(Chairman):劳翠欢
总经理(General Manager):黎力干
产品(Products):妇女卫生巾,卫生护垫,纸尿片
品牌(Brand):思乐,俏迷

康乐卫生用品厂
Kangle Hygiene Products Plant
地址(Add):广东省佛山市顺德区乐从镇上华工业区北区18号
邮编(P. C.):528315
电话(Tel):0757－28863360
传真(Fax):0757－28863379
法人代表(Chairman):黎力平
产品(Products):妇女卫生巾
品牌(Brand):康侣

新感觉卫生用品有限公司
New Sensation Sanitary Product Co., Ltd.
地址(Add):广东省佛山市顺德区乐从镇细海工业区
邮编(P. C.):528315
电话(Tel):0757－28332556
传真(Fax):0757－28858862
E-mail:sdxgj@pub.sdnet.gd.cn
Http://www.newsensation.com.cn
法人代表(Chairman):黎汉中
总经理(General Manager):黎国英
联系人(Contact Person):黎汉石
产品(Products):妇女卫生巾,卫生护垫,婴儿纸尿裤、纸尿片,成人纸尿裤、纸尿片
品牌(Brand):新感觉,没烦恼

佛山市顺德区舒乐卫生用品有限公司

Foshan Shule Hygiene Articles Co., Ltd.
地址(Add):广东省佛山市顺德区勒流镇扶闾工业区
邮编(P. C.):528322
电话(Tel):0757-25332613
传真(Fax):0757-25564179
法人代表(Chairman):廖顺明
联系人(Contact Person):廖志雄
产品(Products):妇女卫生巾,婴儿纸尿裤
品牌(Brand):女儿宝,健儿宝,俏精灵,俏而健

佛山市志达实业有限公司
Foshan Zhida Industry Co., Ltd.
地址(Add):广东省佛山市张槎大江路口
邮编(P. C.):528000
电话(Tel):0757-82210540
传真(Fax):0757-82128444
总经理(General Manager):李少开
产品(Products):妇女卫生巾,纸尿裤
品牌(Brand):乐の惠

广州粤丰飞跃实业有限公司
Guangzhou Yuefeng Feiyue Industrial Co., Ltd.
地址(Add):广东省广州市白云区竹料镇东风村
邮编(P. C.):510545
电话(Tel):020-87440008
传真(Fax):020-87442169
法人代表(Chairman):黄景城
产品(Products):妇女卫生巾,卫生护垫,纸尿片
品牌(Brand):护尔爽

广州市金穗安日用卫生品厂
Guangzhou Jinsuian Hygiene Products for Daily Use Plant
地址(Add):广东省广州市登峰北下塘宝汉直街18号
邮编(P. C.):510091
电话(Tel):020-83504021
传真(Fax):020-83492097
总经理(General Manager):甄强
联系人(Contact Person):陈志红
产品(Products):妇女卫生巾

广州市非一般日用品有限公司
Guangzhou Feiyiban General Merchandise Co., Ltd.
地址(Add):广东省广州市经济技术开发区创业路10-16号2层
邮编(P. C.):510730
电话(Tel):020-82069399
传真(Fax):020-37201838
总经理(General Manager):廖永涛
联系人(Contact Person):程树浪
产品(Products):妇女卫生巾,卫生护垫
品牌(Brand):非一般

广东省芬兰馨实业有限公司
Fenlanxin Industrial Co., Ltd. Guangdong Province
地址(Add):广东省广州市天河路9号润粤大厦11楼A座
邮编(P. C.):510075
电话(Tel):020-37600019
传真(Fax):020-37600020
E-mail:Fenlanxin@fenlanxin.com
Http://www.fenlanxin.com
法人代表(Chairman):杨耀文
总经理(General Manager):杨耀文
联系人(Contact Person):陈绍辉
产品(Products):妇女卫生巾,卫生护垫,婴儿纸尿裤
品牌(Brand):芬兰馨,美芳

宝洁(中国)有限公司
Procter & Gamble (China) Ltd.
地址(Add):广东省广州市天河区林和西路161号中泰国际广场30楼
邮编(P. C.):510040
电话(Tel):020-85186688
传真(Fax):020-85186131
E-mail:wan.an@pg.com
Http://www.pg.com.cn
法人代表(Chairman):罗宏斐
总经理(General Manager):罗宏斐
联系人(Contact Person):万向红
产品(Products):妇女卫生巾,卫生护垫,婴儿纸尿裤,湿巾
品牌(Brand):护舒宝,帮宝适

广东省鹤山市莉达纸品厂
Heshan Lida Paper Products Factory
地址(Add):广东省鹤山市沙坪镇人民路恒昌花园109号
邮编(P. C.):529700
电话(Tel):0750-8907827
传真(Fax):0750-8907827
产品(Products):妇女卫生巾,卫生护垫,尿巾

惠东县长荣实业有限公司
Huidong Changrong Industry Co., Ltd.
地址(Add):广东省惠东县白花镇太阳坳工业区
邮编(P. C.):516300
电话(Tel):0752-8868208
传真(Fax):0752-8861661
法人代表(Chairman):吴扬勇
总经理(General Manager):林太平
产品(Products):成人纸尿片,婴儿纸尿片,宠物垫片,妇婴两用巾,往生垫,妇女卫生巾,卫生护垫,产妇巾,卫生床垫
品牌(Brand):护理伴

广东省惠东县新丽实业有限公司
Huidong Xinli Industry Co., Ltd.
地址(Add):广东省惠东县太阳坳工业区
邮编(P. C.):516300
电话(Tel):0752-8872327
传真(Fax):0752-8895381
法人代表(Chairman):黄观妹
总经理(General Manager):黄观妹
产品(Products):妇女卫生巾
品牌(Brand):A宝

康丽卫生用品制造(惠州)有限公司
Kangli Hygiene Articles (Huizhou) Co., Ltd.
地址(Add):广东省惠州市惠城区汝湖镇仍图工业区(仍图派出所后)
邮编(P. C.):516100
电话(Tel):0752-6267600
传真(Fax):0752-6267600
总经理(General Manager):洪国仁

产品(Products):妇女卫生巾
品牌(Brand):康洁丽,康丽思

惠阳浩德实业有限公司
Huiyang Haode Industry Co., Ltd.
地址(Add):广东省惠州市惠阳淡水排坊工业区
邮编(P. C.):516211
电话(Tel):0752－3356328
传真(Fax):0752－3340683
法人代表(Chairman):叶新梅
总经理(General Manager):吴权昌
产品(Products):妇女卫生巾,卫生护垫,纸尿片,纸尿裤,纸巾纸
品牌(Brand):乐乎乐,惠安雅,清爽,清婷,三和

江门市江海区天之娇纸品有限公司
Jiangmen Angie Paper Products Co., Ltd.
地址(Add):广东省江门市滘北第一工业区龙湾里95号
邮编(P. C.):529040
电话(Tel):0750－3812222
传真(Fax):0750－3813233
E-mail:gdangie@21cn.com
Http://www.angie.e8d.net
法人代表(Chairman):龙海涛
总经理(General Manager):龙海涛
产品(Products):妇女卫生巾,卫生护垫,婴儿纸尿裤
品牌(Brand):天之娇,两相依,娇儿乐,娇娇

江门互信纸业有限公司
Jiangmen Huxin Paper Co., Ltd.
地址(Add):广东省江门市蓬江区杜阮龙榜工业区10－11号
邮编(P. C.):529075
电话(Tel):0750－3816138
传真(Fax):0750－3816138
法人代表(Chairman):冯强初
产品(Products):妇女卫生巾
品牌(Brand):多倚期

维达纸业(广东)有限公司
Vinda Paper (Guangdong) Co., Ltd.
地址(Add):广东省江门市新会区东侯工业开发区
邮编(P. C.):529100
电话(Tel):0750－6168333
传真(Fax):0750－6120239
E-mail:guangdong@vinda.com
Http://www.vindapaper.com
法人代表(Chairman):李朝旺
总经理(General Manager):李朝旺
联系人(Contact Person):张健
产品(Products):卫生纸原纸,卫生卷纸,手帕纸,餐巾纸,面巾纸,厨房纸巾,擦手纸,妇女卫生巾,湿巾
品牌(Brand):维达,花之韵

江门市新会区凯乐纸品有限公司
Jiangmen Lekai Paper Products Co., Ltd.
地址(Add):广东省江门市新会区睦洲新沙工业园
邮编(P. C.):529100
电话(Tel):0750－6228980
传真(Fax):0750－6228330
总经理(General Manager):周创业
产品(Products):妇女卫生巾
品牌(Brand):凯乐

江门市新会区爱尔保洁用品有限公司
Jiangmen Xinhui Aier Sanitary Products Co., Ltd.
地址(Add):广东省江门市新会区睦洲镇河滨中路
邮编(P. C.):529143
电话(Tel):0750－6222813
传真(Fax):0750－6226801
法人代表(Chairman):林德
总经理(General Manager):林德
产品(Products):妇女卫生巾,卫生护垫,妇婴巾,纸尿裤,纸尿片
品牌(Brand):爱尔,蝴蝶缘

燕婷(新会)保洁用品厂
Yanting (Xinhui) Cleaning Articles Factory
地址(Add):广东省江门市新会区睦洲镇新丰工业区
邮编(P. C.):529143
电话(Tel):0750－6229333
传真(Fax):0750－6229998
E-mail:yanting@yanting.com.cn
Http://www.yanting.com.cn
总经理(General Manager):冯华仔
产品(Products):妇女卫生巾,婴儿纸尿裤
品牌(Brand):燕婷

江门市新会区完美生活用品有限公司
Xinhui Wanmei Household Articles Co., Ltd.
地址(Add):广东省江门市新会区睦洲镇新沙工业区
邮编(P. C.):529143
电话(Tel):0750－6226253
传真(Fax):0750－6227825
E-mail:guangdongwanmei@21cn.com
总经理(General Manager):吴锡荣
联系人(Contact Person):任文然
产品(Products):妇女卫生巾,卫生护垫,妇婴两用巾,纸尿片
品牌(Brand):完美

开平利宝卫生用品有限公司
Kaiping Lanbo Sanitary Products Co., Ltd.
地址(Add):广东省开平市沙冈新美工业城美华路15号B－9幢
邮编(P. C.):529300
电话(Tel):0750－2200100
传真(Fax):0750－2200101
E-mail:lanbo@pub.jiangmen.gd.cn
Http://www.kpet.gov.cn/lanbo
法人代表(Chairman):谢强
总经理(General Manager):方荣舜
联系人(Contact Person):吴丽娟
产品(Products):妇女卫生巾,成人纸尿片
品牌(Brand):芳婷

汕头通达保健用品厂
Shantou Tongda Health Care Products Plant
地址(Add):广东省汕头市潮南区司马浦东脾东路北四巷6号
邮编(P. C.):515149
电话(Tel):0661－7739626

传真(Fax):0661-7723626
法人代表(Chairman):廖永涛
联系人(Contact Person):廖永生
产品(Products):妇女卫生巾
品牌(Brand):健雅

瑞康宝卫生用品有限公司
Ruikangbao Sanitary Products Co., Ltd.
地址(Add):广东省深圳市宝安区公明镇甲子塘第二工业区第5栋
邮编(P. C.):518132
电话(Tel):0755-27173981
传真(Fax):0755-27173982
联系人(Contact Person):陈宝琴
产品(Products):妇女卫生巾
品牌(Brand):瑞康宝

深圳市女乐宝日用品厂
Shenzhen Nülebao Commodity Factory
地址(Add):广东省深圳市宝安区龙华镇大浪石凹工业区
邮编(P. C.):518110
电话(Tel):0755-28076028
传真(Fax):0755-28076188
E-mail:zhwn_033@163.com
Http://www.health180.com
法人代表(Chairman):范培忠
产品(Products):妇女卫生巾,卫生护垫,抗菌剂
品牌(Brand):女乐宝

鸿源实业(深圳)有限公司
Hongyuan Industrial (Shenzhen) Co., Ltd.
地址(Add):广东省深圳市布吉镇上水径恒通工业城6栋2楼
邮编(P. C.):518112
电话(Tel):0755-28522648
传真(Fax):0755-28522748
法人代表(Chairman):魏楚芳
总经理(General Manager):魏楚芳
联系人(Contact Person):朱惠芳
产品(Products):卫生纸,面巾纸,手帕纸,妇女卫生巾,卫生护垫,湿巾,卫生床垫
品牌(Brand):馨丽,富贵猫,声艺,飘馨

深圳市龙岗区坪地世恒卫生用品厂
Shenzhen Shiheng Hygiene Articles Factory
地址(Add):广东省深圳市龙岗区坪地镇坪西村吉祥一栋54号
邮编(P. C.):518001
电话(Tel):0755-84089188
传真(Fax):0755-84083381
E-mail:szlxh@vip.sina.com
总经理(General Manager):吕晓辉
联系人(Contact Person):王文圳
产品(Products):妇女卫生巾
品牌(Brand):康丽洁

深圳市全立好实业有限公司
Shenzhen Quanlihao Industrial Co., Ltd.
地址(Add):广东省深圳市罗湖区宝岗路5号402号南二层
邮编(P. C.):518023
电话(Tel):0755-82441567
传真(Fax):0755-82441567
总经理(General Manager):方方
产品(Products):妇女卫生巾,成人纸尿裤,护理垫,婴儿纸尿裤(片),餐巾纸
品牌(Brand):诺美,立好

深圳市旗科实业有限公司
Shenzhen Qike Industry Co., Ltd.
地址(Add):广东省深圳市罗湖区翠山路4号大院
邮编(P. C.):518019
电话(Tel):0755-25675572
传真(Fax):0755-25675571
E-mail:szjoyland@szjoyland.com
Http://www.szjoyland.com
产品(Products):妇女卫生巾,卫生护垫,妇婴两用巾
品牌(Brand):姣兰

深圳市月朗科技有限公司
Shenzhen Yuelang Sciene & Technology Co., Ltd.
地址(Add):广东省深圳市罗湖区海燕大厦1507室
邮编(P. C.):518005
电话(Tel):0755-82254502
传真(Fax):0755-82352723
法人代表(Chairman):李建安
总经理(General Manager):潘秀娟
产品(Products):妇女卫生巾
品牌(Brand):负离子

菲律宾祎菲工贸联合有限公司深圳办事处
Richmarsh Industrial Trade Crop Shenzhen Office
地址(Add):广东省深圳市罗湖区罗芳路68号中震大厦1301室
邮编(P. C.):518002
电话(Tel):0755-25122727
传真(Fax):0755-25116340
Http://www.richmarsh.com
产品(Products):生活用纸,妇女卫生巾

深圳信威纸品有限公司
Shenzhen Xinwei Paper Products Co., Ltd.
地址(Add):广东省深圳市南山区华侨城东部工业区东A2栋(1,2层)
邮编(P. C.):518053
电话(Tel):0755-26602711
传真(Fax):0755-26901710
法人代表(Chairman):林冬铭
总经理(General Manager):谭志强
联系人(Contact Person):谭纪容
产品(Products):妇女卫生巾,婴儿纸尿裤,面巾纸,餐巾纸,卫生纸
品牌(Brand):雅洁,舒适宝

兴宁市石宝卫生用品厂
Xingning Shibao Hygiene Products Factory
地址(Add):广东省兴宁市纺织路98号富兴工业区
邮编(P. C.):514500
电话(Tel):0753-3312078
传真(Fax):0753-3312129
总经理(General Manager):唐喜苑
产品(Products):妇女卫生巾

亨煌日用品有限公司
Hang Wong Sani－Tech Co., Ltd.
地址(Add):广东省增城市增滩路增化集团工业区
邮编(P. C.):511330
电话(Tel):020－82925838
传真(Fax):020－82925837
E-mail:zcyzws@ public. guangzhou. gd. cn
Http://www. hangwong. com
法人代表(Chairman):梁子煌
总经理(General Manager):刘景超
联系人(Contact Person):刘焯钦
产品(Products):婴儿纸尿裤,婴儿纸尿片,妇女卫生巾,成人纸尿裤,纸尿片
品牌(Brand):婴怡朗,雅怡朗,馨怡朗

盛华卫生用品有限公司
Shenghua Hygiene Products Co., Ltd.
地址(Add):广东省中山市东升镇观栏开发区
邮编(P. C.):528412
电话(Tel):0760－8501899
传真(Fax):0760－8501898
法人代表(Chairman):彭远红
产品(Products):妇女卫生巾
品牌(Brand):倍呵护

广东海灵保健制品有限公司
Guangdong Hiseacare Health Product Co., Ltd.
地址(Add):广东省中山市火炬开发区(健康基地产业基地内)沿江东二路10号
邮编(P. C.):528437
电话(Tel):0760－5331230
传真(Fax):0760－5333880
E-mail:goodcare@ pub. zhongshan. gd. cn
Http://www. goodcare. com. cn
法人代表(Chairman):杨桂海
总经理(General Manager):缪国兴
产品(Products):妇女卫生巾,卫生护垫
品牌(Brand):佳期

中山市宜姿卫生制品有限公司
Zhongshan Yizi Hygiene Products Co., Ltd.
地址(Add):广东省中山市南朗镇第六工业园(即大车工业园)
邮编(P. C.):528451
电话(Tel):0760－5219362
传真(Fax):0760－5219296
Http://www. zhongshanyizi. com
法人代表(Chairman):黄杰培
联系人(Contact Person):董炳怀
产品(Products):妇女卫生巾,婴儿纸尿裤,成人纸尿裤
品牌(Brand):宜姿,全护

中山市星华纸业发展有限公司
Zhongshan Xinghua Paper Industry Development Co., Ltd.
地址(Add):广东省中山市三乡白石工业区文华东路8－10号
邮编(P. C.):528463
电话(Tel):0760－6321599
传真(Fax):0760－6332992
法人代表(Chairman):王民星
联系人(Contact Person):韦玲
产品(Products):妇女卫生巾,卫生护垫,婴儿纸尿裤(片),湿巾
品牌(Brand):康护舒,八重护理,安芯天使

中山康怡然卫生用品有限公司
Zhongshan Kangyiran Hygiene Products Co., Ltd.
地址(Add):广东省中山市三乡镇前陇工业区
邮编(P. C.):528463
电话(Tel):0760－6329701
传真(Fax):0760－6329702
总经理(General Manager):李进来
产品(Products):妇女卫生巾,婴儿纸尿裤,纸尿片
品牌(Brand):怡兰

中山市龙发卫生用品有限公司
Zhongshan Longfa Sanitary Products Co., Ltd.
地址(Add):广东省中山市坦洲镇第三工业区前进二路10号
邮编(P. C.):528467
电话(Tel):0760－6653689
传真(Fax):0760－6212618
法人代表(Chairman):温春桂
联系人(Contact Person):温锦安
产品(Products):妇女卫生巾,卫生护垫,婴儿纸尿片、尿裤
品牌(Brand):蝶羽丝,舒立洁

中山市升辉保健制品有限公司
Zhongshan Shenghui Health Care Products Co., Ltd.
地址(Add):广东省中山市五贵山镇长命水工业大道18号
邮编(P. C.):528458
电话(Tel):0760－8201282
传真(Fax):0760－8203081
法人代表(Chairman):原凤群
总经理(General Manager):邱润芳
产品(Products):妇女卫生巾
品牌(Brand):诗丽雅

中山市川田生活用品有限公司
Kawada (Zhongshan) Daily Supplies Co., Ltd.
地址(Add):广东省中山市五桂山镇第三工业区
邮编(P. C.):528458
电话(Tel):0760－8203336
传真(Fax):0760－8203276
E-mail:kawada@ hotmail. com
法人代表(Chairman):孙达铣
总经理(General Manager):李宗霖
产品(Products):妇女卫生巾,卫生护垫
品牌(Brand):非凡,燕姿美

珠海市金能纸品有限公司
Guangdong Zhuhai Jinneng Paper Co., Ltd.
地址(Add):广东省珠海市香洲区梅华西路科技工业区
邮编(P. C.):519070
电话(Tel):0756－8503338
传真(Fax):0756－8503388
法人代表(Chairman):许龙
总经理(General Manager):许龙
产品(Products):妇女卫生巾
品牌(Brand):秋花

珠海市威威纸业有限公司
Zhuhai Weiwei Paper Co., Ltd.
地址(Add):广东省珠海市兴业路1号47栋1层
邮编(P. C.):519000
电话(Tel):0756-2288110
传真(Fax):0756-2290130
法人代表(Chairman):李焕南
总经理(General Manager):李焕南
联系人(Contact Person):罗志
产品(Products):妇女卫生巾,婴儿纸尿裤,卫生纸
品牌(Brand):健妮娃,樱子,可采,健妮,冰点激情

◆ 广西 Guangxi

恒安(宾阳)卫生用品有限公司
Hengan (Binyang) Hygiene Products Co., Ltd.
地址(Add):广西宾阳县中华镇中华街
邮编(P. C.):530421
电话(Tel):0771-8300282
传真(Fax):0771-8300519
法人代表(Chairman):施文博
产品(Products):妇女卫生巾
品牌(Brand):安乐,安尔乐

桂林洁伶工业有限公司
Guilin Jieling Industrial Co., Ltd.
地址(Add):广西桂林市高新技术开发区7号小区
邮编(P. C.):541004
电话(Tel):0773-5857530
传真(Fax):0773-5850933
E-mail:jieling@ vip. 163. com
Http://www. jieling. net
法人代表(Chairman):陈百城
总经理(General Manager):陈百城
联系人(Contact Person):黄秋芳
产品(Products):妇女卫生巾,卫生护垫,卫生卷纸
品牌(Brand):洁伶

柳州惠好卫生用品有限公司
Liuzhou Huihao Hygiene Products Co., Ltd.
地址(Add):广西柳州市高新技术产业开发区
邮编(P. C.):545001
电话(Tel):0772-2608092
传真(Fax):0772-2608094
E-mail:Lzlmz@ public. lzptt. gx. cn
Http://www. tooth-paste. com
法人代表(Chairman):梁英奇
总经理(General Manager):叶建平
联系人(Contact Person):齐宝珠
产品(Products):妇女卫生巾,卫生护垫,婴儿纸尿片
品牌(Brand):惠好,凯茜

广西舒雅护理用品有限公司
Guangxi Shuya Health Care-Products Co., Ltd.
地址(Add):广西南宁市华侨投资区
邮编(P. C.):530105
电话(Tel):0771-6301370
传真(Fax):0771-2847242
E-mail:shuya@ public. nn. gx. cn
Http://www. shuya-china. com
法人代表(Chairman):韦力清
总经理(General Manager):黄玉梅
产品(Products):妇女卫生巾,卫生护垫,婴儿纸尿裤,湿巾,一次性鞋垫
品牌(Brand):舒雅,舒儿特

广西南宁市玉云纸制品有限公司
Guangxi Nanning Yuyun Paper Products Co., Ltd.
地址(Add):广西南宁市鲁班路1号
邮编(P. C.):530003
电话(Tel):0771-3828788
传真(Fax):0771-3836404
E-mail:yuyunshuangfei@ 263. net
Http://www. sofei. net
法人代表(Chairman):江中云
产品(Products):卫生纸,餐巾纸,妇女卫生巾,卫生护垫,婴儿纸尿裤、片
品牌(Brand):爽妃

广西新佳士卫生用品有限公司
Guangxi Xinjiashi Hygiene Articles Co., Ltd.
地址(Add):广西南宁市五一西路
邮编(P. C.):530031
电话(Tel):0771-4869216
传真(Fax):0771-4866686
总经理(General Manager):江日晶
联系人(Contact Person):江日伟
产品(Products):妇女卫生巾,卫生卷纸,婴儿纸尿裤
品牌(Brand):新芳佳,佳士

南宁市爱新卫生用品厂
Nanning Aixin Hygiene Products Plant
地址(Add):广西南宁市西乡塘西路罗文园艺场内
邮编(P. C.):530007
电话(Tel):0771-3250291
传真(Fax):0771-3250727
法人代表(Chairman):刘爱新
总经理(General Manager):刘爱新
联系人(Contact Person):刘碧翠
产品(Products):妇女卫生巾
品牌(Brand):爱新,芳怡,康贝尔

南宁森源祥工贸有限责任公司
Nanning Senyuanxiang Industry & Trade Co., Ltd.
地址(Add):广西南宁市中山路66号外滩新城富城20层2005室
邮编(P. C.):530012
电话(Tel):0771-2679508
传真(Fax):0771-4821332
E-mail:root@ syx21. com
Http://www. syx21. com
总经理(General Manager):黄文波
产品(Products):卫生纸,餐巾纸,妇女卫生巾
品牌(Brand):妍洁

◆ 海南 Hainan

海口康乐卫生巾厂
Haikou Kangle Sanitary Napkins Plant
地址(Add):海南省海口市秀英港澳开发区海盛路115号
邮编(P. C.):570313
电话(Tel):0898-68620310

传真(Fax):0898 -68911650
法人代表(Chairman):杨全位
联系人(Contact Person):陈艳
产品(Products):妇女卫生巾
品牌(Brand):含情叶

◆ 重庆 Chongqing

重庆丝爽卫生用品有限公司
Chongqing Sishuang Hygiene Products Co., Ltd.
地址(Add):重庆市高新区科园四路149号3-3#
邮编(P.C.):400041
电话(Tel):023 -89088906
传真(Fax):023 -89088905
Http://www.sishuang.com
法人代表(Chairman):谢秋林
联系人(Contact Person):陈荣
产品(Products):妇女卫生巾,湿巾,婴儿纸尿裤
品牌(Brand):妮爽,自由点,丹宁,妮儿爽

重庆舒乐卫生用品有限公司
Chongqing Superior Sanitary Products Co., Ltd.
地址(Add):重庆市江北区建新西路88号1单元7-2号
邮编(P.C.):400022
电话(Tel):023 -67853086
传真(Fax):023 -67873785
E-mail:david@chinasuperior.com
Http://www.chinasuperior.com
法人代表(Chairman):吴全秀
总经理(General Manager):张国仲
产品(Products):妇女卫生巾,成人纸尿片,婴儿纸尿裤,纸尿片,卫生床垫
品牌(Brand):舒美乐,舒适派,康乐,舒乐,太阳BB,舒儿宝

重庆圣洁卫生用品有限公司
Chongqing Shengjie Hygiene Products Co., Ltd.
地址(Add):重庆市江北区南桥寺华渝工业园区
邮编(P.C.):400021
电话(Tel):023 -67656664
传真(Fax):023 -67656674
法人代表(Chairman):曲渡江
总经理(General Manager):刘忠民
联系人(Contact Person):寿培良
产品(Products):妇女卫生巾,卫生护垫,纸尿片,卫生纸
品牌(Brand):圣维纳

◆ 四川 Sichuan

成都迪舒卫生用品有限公司
Chengdu Dishu Hygiene Articles Co., Ltd.
地址(Add):四川省成都市高升桥东路罗马假日广场B4E601室
邮编(P.C.):610041
电话(Tel):028 -85109275
传真(Fax):028 -85109276
联系人(Contact Person):王勇
产品(Products):妇女卫生巾,卫生卷纸,抽取式面巾纸
品牌(Brand):迪菲,鸥婷

成都市红日生活用品有限公司
Chengdu Hongri Household Articles Co., Ltd.
地址(Add):四川省成都市金牛区天回路金华工业区
邮编(P.C.):610000
电话(Tel):028 -83575571
传真(Fax):028 -83583700
产品(Products):妇女卫生巾
品牌(Brand):馨奴

成都市芳舒乐卫生纸品有限公司
Chengdu Fangshule Tissue Paper Products Co., Ltd.
地址(Add):四川省成都市武侯区簇桥乡马家河四组
邮编(P.C.):610043
电话(Tel):028 -85034816
传真(Fax):028 -85027630
E-mail:commonsava@hotmail.com
联系人(Contact Person):黄开星
产品(Products):妇女卫生巾,生活用纸,婴儿纸尿裤
品牌(Brand):芳舒乐

成都安舒实业有限公司
Chengdu Anshu Industrial Co., Ltd.
地址(Add):四川省成都市新都竹友镇
邮编(P.C.):610506
电话(Tel):028 -83020908
传真(Fax):028 -83020918
总经理(General Manager):肖文祥
产品(Products):妇女卫生巾,卫生护垫
品牌(Brand):安舒曼

四川德阳蓝海妇幼用品有限公司
Sichuan Deyang Lanhai Maternity & Child Articles Co., Ltd.
地址(Add):四川省德阳市八角工业园区
邮编(P.C.):618003
电话(Tel):0838 -2602333
传真(Fax):0838 -2601333
Http://www.chinalanhai.com
法人代表(Chairman):郭贻平
总经理(General Manager):王启昭
联系人(Contact Person):何西萍
产品(Products):妇女卫生巾,卫生护垫,婴儿纸尿裤
品牌(Brand):婷婷丽丝 Nivex,婷婷丽丝 Nivex-小乖乖

四川吉庆卫生制品有限公司
Sichuan Jiqing Hygiene Products Co., Ltd.
地址(Add):四川省德阳市中江县辑庆工业园区83号
邮编(P.C.):618112
电话(Tel):0838 -7900367
传真(Fax):0838 -7900197
法人代表(Chairman):张大文
总经理(General Manager):黄光炜
产品(Products):妇女卫生巾,卫生护垫
品牌(Brand):洁而舒,佳洁惠

峨眉山市妍馨卫生用品有限公司
Emeishan Yanxin Hygiene Products Factory
地址(Add):四川省峨眉山市符溪经济开发区
邮编(P.C.):614216
电话(Tel):0833 -5380132
传真(Fax):0833 -5380132
法人代表(Chairman):黄永才

产品(Products):妇女卫生巾
品牌(Brand):妍馨

四川省龙野日用品有限公司
Sichuan Longye Commodity Co., Ltd.
地址(Add):四川省彭山县蔡山村彭祖大道北段彭谢路
邮编(P. C.):620860
电话(Tel):0833-7627573
传真(Fax):0833-7627572
法人代表(Chairman):陈永全
总经理(General Manager):陈永全
产品(Products):卫生纸,面巾纸,餐巾纸,妇女卫生巾,卫生护垫
品牌(Brand):天洁玉

◆ 贵州 Guizhou

贵州久美企业有限责任公司
Guizhou Joume Enterprise Co., Ltd.
地址(Add):贵州省贵阳市延安中路77号兴中元大厦8楼A座
邮编(P. C.):550001
电话(Tel):0851-6571178
传真(Fax):0851-6571077
E-mail:joume@joume.com
Http://www.joume.com.cn
法人代表(Chairman):孔农
总经理(General Manager):孔农
联系人(Contact Person):李琼
产品(Products):妇女卫生巾,卫生护垫
品牌(Brand):舒婷

◆ 云南 Yunnan

大理舒乐卫生纸品有限公司
Dali Shule Sanitary Paper Products Co., Ltd.
地址(Add):云南省大理市下关人民北路89号
邮编(P. C.):671000
电话(Tel):0872-2269899
传真(Fax):0872-2221503
E-mail:haimande@yn.mail.com
法人代表(Chairman):张枝荣
总经理(General Manager):张枝荣
联系人(Contact Person):李绍宏
产品(Products):妇女卫生巾,卫生护垫
品牌(Brand):日子,舒乐

昆明善美纸业有限公司
Kunming Shanmei Paper Industry Co., Ltd.
地址(Add):云南省昆明市滇池路四公里处转柳苑度假村方向
邮编(P. C.):650228
电话(Tel):0871-4605563
传真(Fax):0871-4605187
E-mail:walm5563@public.km.yn.cn
法人代表(Chairman):李毓林
总经理(General Manager):李宏武
联系人(Contact Person):李秀仙
产品(Products):妇女卫生巾,卫生护垫,卫生纸,餐巾纸,湿巾
品牌(Brand):期宝,美之绢,善美

昆明市港舒卫生用品厂
Kunming Gangshu Hygiene Products Factory
地址(Add):云南省昆明市滇池路中段陆家营
邮编(P. C.):650228
电话(Tel):0871-4575888
传真(Fax):0871-4585989
E-mail:business@gangshu.net
Http://www.gangshu.net
法人代表(Chairman):蔡燕珠
总经理(General Manager):杨剑锋
产品(Products):妇女卫生巾,卫生护垫,面巾纸,卷纸,纸尿裤
品牌(Brand):诗尔爽,诗爽

昆明爱得卫生用品有限公司
Kunming Aide Hygiene Products Co., Ltd.
地址(Add):云南省昆明市官渡区滇池路
邮编(P. C.):650228
电话(Tel):0871-4611345
传真(Fax):0871-4617620
E-mail:ade@ynaide.com
Http://www.ynaide.com
法人代表(Chairman):林天兴
总经理(General Manager):林天勇
产品(Products):妇女卫生巾,卫生护垫
品牌(Brand):可爱得

美丽好妇幼卫生用品有限公司
Meilihao Woman & Child Hygiene Articles Co., Ltd.
地址(Add):云南省昆明市官渡区滇池路
邮编(P. C.):650238
电话(Tel):0871-4617349
传真(Fax):0871-4617349
总经理(General Manager):林天勇
产品(Products):妇女卫生巾
品牌(Brand):伊尔雅

昆明市洁达卫生用品有限公司
Kunming Jieda Hygiene Articles Co., Ltd.
地址(Add):云南省昆明市官渡区前卫镇孙家地92,93号
邮编(P. C.):650228
电话(Tel):0871-4579517
传真(Fax):0871-4588992
总经理(General Manager):朱启进
产品(Products):妇女卫生巾
品牌(Brand):洁达

昆明市菲丝卫生用品有限公司
Kunming Feisi Hygiene Products Co., Ltd.
地址(Add):云南省昆明市广中食品城光明7幢11号
邮编(P. C.):650228
电话(Tel):0871-4576472
传真(Fax):0871-4584434
总经理(General Manager):陈友
产品(Products):妇女卫生巾
品牌(Brand):菲丝

昆明舒佳美卫生保健品有限公司
Kunming Shujiamei Hygiene & Health Care Products Co., Ltd.
地址(Add):云南省昆明市前卫镇官庄下村143号

邮编(P. C.):650228
电话(Tel):0871-4576368
传真(Fax):0871-4576368
法人代表(Chairman):陈继良
产品(Products):妇女卫生巾
品牌(Brand):妮婷,乡下妹

恒丰保健用品厂
Hengfeng Healthcare Articles Factory
地址(Add):云南省昆明市西南百货城9-2号
电话(Tel):0871-4583827
联系人(Contact Person):胡小阳
产品(Products):妇女卫生巾,卫生护垫,卷筒纸
品牌(Brand):皇乐,舒柔美

◆ 陕西 Shaanxi

西安可心日用制品有限公司
Xi'an Kexin Articles for Daily Use Co., Ltd.
地址(Add):陕西省西安市高陵县城东方红路157号
邮编(P. C.):710200
电话(Tel):029-86913414
传真(Fax):029-86913541
E-mail:office@xakexin.com
Http://www.xakexin.com
法人代表(Chairman):陈敬仁
总经理(General Manager):陈敬仁
联系人(Contact Person):王平
产品(Products):妇女卫生巾,卫生护垫,婴儿纸尿裤,纸尿片,餐巾纸
品牌(Brand):可心,新可心,可心宝儿

恒安(陕西)卫生用品有限公司
Hengan (Shaanxi) Hygiene Products Co., Ltd.
地址(Add):陕西省西安市户县北郊4号路
邮编(P. C.):710300
电话(Tel):029-84811901
传真(Fax):029-84811902
法人代表(Chairman):施文博
联系人(Contact Person):许春满
产品(Products):妇女卫生巾
品牌(Brand):安乐,安尔乐

咸阳三八妇乐医药保健品有限公司
Xianyang Sanba Fule Medical Health Care Products Co., Ltd.
地址(Add):陕西省咸阳市高新电子开发区3号
邮编(P. C.):712000
电话(Tel):0910-3312038
传真(Fax):0910-3322988
法人代表(Chairman):袁晓峰
产品(Products):妇女卫生巾
品牌(Brand):妇乐

◆ 甘肃 Gansu

兰州兰燕工贸有限公司
Lanzhou Lanyan Industry & Trading Co., Ltd.
地址(Add):甘肃省兰州市西固北滩庄1号
邮编(P. C.):730060
电话(Tel):0931-7324869
传真(Fax):0931-7327581
法人代表(Chairman):王荣
联系人(Contact Person):陈海德
产品(Products):妇女卫生巾
品牌(Brand):兰燕

临泽赢得利纸业有限公司
Linze Yingdeli Paper Co., Ltd.
地址(Add):甘肃省临泽县农民商城
邮编(P. C.):734200
电话(Tel):0936-5526274
传真(Fax):0936-5526374
法人代表(Chairman):张之照
产品(Products):妇女卫生巾,卫生护垫
品牌(Brand):芙缘,诗安婷

天水天洁卫生用品有限公司
Tianshui Tianjie Hygiene Articles Co., Ltd.
地址(Add):甘肃省天水市秦城区石马坪莲亭路1号
邮编(P. C.):741000
电话(Tel):0938-8285262
总经理(General Manager):孙天喜
产品(Products):妇女卫生巾,婴儿纸尿裤,成人失禁用品,一次性医疗卫生用品

◆ 宁夏 Ningxia

永宁欣宇卫生用品厂
Yongning Xinyu Hygiene Products Factory
地址(Add):宁夏永宁交警大队向北100米
邮编(P. C.):750100
电话(Tel):0951-8018843
传真(Fax):0951-8018843
总经理(General Manager):刘兵
产品(Products):妇女卫生巾
品牌(Brand):欣宇

◆ 新疆 Xinjiang

鑫瑞英科技发展有限公司
Xinruiying Science & Technology Development Co., Ltd.
地址(Add):新疆乌鲁木齐市红山路383号
邮编(P. C.):830002
电话(Tel):0911-2660675
传真(Fax):0911-2639727
E-mail:crz@xjxry.com
Http://www.xjxry.com
法人代表(Chairman):车瑞安
总经理(General Manager):吕宜江
产品(Products):妇女卫生巾
品牌(Brand):护堤

婴儿纸尿布生产企业按产品和地区细分统计

（2005年，统计总数219家）

序号	行政区 Region	企业数	起始页	序号	行政区 Region	企业数	起始页
1	北京 Beijing	6	322	15	山东 Shandong	11	335
2	天津 Tianjin	11	322	16	河南 Henan	2	336
3	河北 Hebei	11	324	17	湖北 Hubei	5	336
4	山西 Shanxi	2	325	18	湖南 Hunan	4	337
6	辽宁 Liaoning	7	325	19	广东 Guangdong	46	337
7	吉林 Jilin	2	325	20	广西 Guangxi	4	342
8	黑龙江 Heilongjiang	1	325	22	重庆 Chongqing	3	342
9	上海 Shanghai	11	326	23	四川 Sichuan	2	343
10	江苏 Jiangsu	14	327	24	贵州 Guizhou	1	343
11	浙江 Zhejiang	20	328	25	云南 Yunnan	1	343
12	安徽 Anhui	1	330	27	陕西 Shaanxi	1	343
13	福建 Fujian	46	330	28	甘肃 Gansu	1	343
14	江西 Jiangxi	5	335	30	宁夏 Ningxia	1	343

注：5 内蒙古、21 海南、26 西藏、29 青海和 31 新疆为缺项。

婴儿纸尿布
Baby diapers

◆ 北京 Beijing

北京金佰利个人卫生用品有限公司
Kimberly - Clark Beijing Plant
地址(Add):北京市经济技术开发区建安街2号
邮编(P. C.):100176
电话(Tel):010 - 67881358
传真(Fax):010 - 67881360
法人代表(Chairman):Errol Plowman
总经理(General Manager):肖世平
联系人(Contact Person):佟梅
产品(Products):妇女卫生巾,卫生护垫,婴儿纸尿裤
品牌(Brand):高洁丝 Kotex,好奇 Huggies,舒而美,金贝贝

金佰利(中国)投资有限公司
Kimberly - Clark (China) Investment Co., Ltd.
地址(Add):北京市经济技术开发区建安街2号
邮编(P. C.):100176
电话(Tel):010 - 67881358
传真(Fax):010 - 67881358
Http://www. kcc. com
法人代表(Chairman):Errol Plowman
总经理(General Manager):邵青锋
联系人(Contact Person):佟梅
产品(Products):妇女卫生巾,卫生护垫,婴儿纸尿裤,纸尿片
品牌(Brand):高洁丝 Kotex,好奇 Huggies,Kleenex 舒洁,舒而美

北京倍舒特妇幼用品有限公司
Beijing Beishute Maternity & Child Articles Co., Ltd.
地址(Add):北京市密云工业开发区
邮编(P. C.):101500
电话(Tel):010 - 69061748
传真(Fax):010 - 69061747
E-mail:mail@ bjbest. com. cn
Http://www. bjbest. com. cn
法人代表(Chairman):李秋红
总经理(General Manager):李秋红
联系人(Contact Person):曾华祖
产品(Products):妇女卫生巾,卫生护垫,婴儿纸尿片,护理垫
品牌(Brand):倍舒特,健康宝宝

北京爱佳卫生保健品厂
Beijing Aijia Hygiene & Health Care Products Factory
地址(Add):北京市南三环洋桥西里33号右门
邮编(P. C.):100077
电话(Tel):010 - 87208782
传真(Fax):010 - 87293498
E-mail:wgc@ bj - aijia. com
Http://www. bj - aijia. com
法人代表(Chairman):万海英
总经理(General Manager):吴国财
产品(Products):餐巾纸,面巾纸,手帕纸,湿巾,擦手纸,卫生纸,马桶垫,纸杯,纸碗,妇女卫生巾,卫生护垫,婴儿纸尿裤
品牌(Brand):爱佳

北京市通州区利康卫生材料制品厂
Beijing Tongzhou Likang Hygienic Material Products Factory
地址(Add):北京市通州区新华大街甲256北楼521号
邮编(P. C.):101100
电话(Tel):010 - 89521236
传真(Fax):010 - 89522558
总经理(General Manager):顾久利
产品(Products):尿垫,婴儿纸尿片
品牌(Brand):潞康

北京安美尔工贸集团
Beijing Empire Group
地址(Add):北京市西四环路郑常庄326号安美尔大厦
邮编(P. C.):100039
电话(Tel):010 - 68158390
传真(Fax):010 - 68155072
Http://www. empire - cn. com
法人代表(Chairman):傅毅
产品(Products):卫生纸,纸巾纸,妇女卫生巾,卫生护垫,婴儿纸尿裤
品牌(Brand):安美尔,星座,小雨伞,依美洁,花世界

◆ 天津 Tianjin

天津日商卫生科技发展有限公司
Tianjin Rishang Sanitation Science & Technology Development Co., Ltd.
地址(Add):天津市北辰高科技产业园区辰星工业园淮河道
邮编(P. C.):300402
电话(Tel):022 - 26301231
传真(Fax):022 - 84941395
法人代表(Chairman):杨印海
总经理(General Manager):杨印海
联系人(Contact Person):杨印江
产品(Products):妇女卫生巾,卫生护垫,婴儿纸尿裤,婴儿纸尿片,护理垫,宠物垫
品牌(Brand):小护士

天津市小燕子卫生用品有限公司
Tianjin Xiaoyanzi Hygiene Products Co., Ltd.
地址(Add):天津市北辰区科技园区(宜兴埠)
邮编(P. C.):300402
电话(Tel):022 - 26910678
传真(Fax):022 - 26910678
总经理(General Manager):华鼎升
产品(Products):妇女卫生巾,卫生护垫,成人纸尿裤,婴儿纸尿裤
品牌(Brand):小燕子,曲美

天津市英华妇幼用品有限公司
Tianjin Yinghua Women & Children Products Co., Ltd.
地址(Add):天津市东丽区金钟公路大毕庄镇

邮编(P. C.):300240
电话(Tel):022 -26791415
传真(Fax):022 -26795158
法人代表(Chairman):孙富举
总经理(General Manager):孙富举
联系人(Contact Person):朱志刚
产品(Products):妇女卫生巾,卫生护垫,婴儿纸尿裤、片,成人护理垫
品牌(Brand):心宝,心思,佳洁适

天津市美洁卫生用品有限公司
Tianjin Meijie Hygiene Articles Co., Ltd.
地址(Add):天津市河西区体院北紫荆北里45号-107
邮编(P. C.):300381
电话(Tel):022 -83964215
传真(Fax):022 -83968228
法人代表(Chairman):赵贵芬
联系人(Contact Person):刘桂兰
产品(Products):纸尿裤

天津市恒新纸业有限公司
Tianjin Hengxin Paper Co., Ltd.
地址(Add):天津市津南经济技术开发区(双港)
邮编(P. C.):300350
电话(Tel):022 -28571061
传真(Fax):022 -88828679
E-mail:hengxin - zhiye@ sohu. com
总经理(General Manager):李宝金
联系人(Contact Person):宁书金
产品(Products):妇女卫生巾,婴儿纸尿片,成人尿片,多功能护理垫,一次性鞋垫
品牌(Brand):假日欣,邦宜生,好丽友,云雅

天津市兰景工贸有限公司
Tianjin Lanjing Industry & Trading Co., Ltd.
地址(Add):天津市南开区芥园西道98号
邮编(P. C.):300112
电话(Tel):022 -27511386
传真(Fax):022 -27538272
E-mail:lanjingtj@ sina. com
法人代表(Chairman):吕小带
总经理(General Manager):樊永行
产品(Products):妇女卫生巾,卫生护垫,纸尿裤
品牌(Brand):茹梦

天津德发妇幼保健用品厂
Tianjin Defa Woman & Child Healthcare Articles Factory
地址(Add):天津市南开区临潼西里9号楼1门4号
邮编(P. C.):300112
电话(Tel):022 -27365899
传真(Fax):022 -87982636
联系人(Contact Person):訾秀琴
产品(Products):成人纸尿裤,尿垫,床垫,婴儿纸尿片
品牌(Brand):得贝爱婴

天津恒达卫生制品有限公司
Tianjin Hengda Hygiene Products Co., Ltd.
地址(Add):天津市宁河县芦台镇沿河路
邮编(P. C.):301500
电话(Tel):022 -69585660
传真(Fax):022 -69570059
E-mail:tjhengda@ 163. com
Http://www. tjhengda. com
总经理(General Manager):王树海
联系人(Contact Person):朱丽娟
产品(Products):妇女卫生巾,卫生护垫,婴儿纸尿裤,婴儿纸尿片,母婴两用巾,
品牌(Brand):舒妮,欣之妮,宠爱一生

恒安(天津)卫生用品有限公司
Hengan (Tianjin) Hygiene Products Co., Ltd.
地址(Add):天津市西青经济开发区兴华一支路6号
邮编(P. C.):300381
电话(Tel):022 -23973688
传真(Fax):022 -23973688
法人代表(Chairman):施文博
联系人(Contact Person):林金相
产品(Products):妇女卫生巾,纸尿裤
品牌(Brand):安乐,安尔乐,安儿乐,安而康

天津市依依卫生用品厂
Tianjin Yiyi Hygiene Products Factory
地址(Add):天津市西青经济开发区张沃工业园
邮编(P. C.):300380
电话(Tel):022 -87988888
传真(Fax):022 -27950903
E-mail:yy@ yyzy. com
Http://www. yyzy. com
法人代表(Chairman):高福忠
总经理(General Manager):高福忠
联系人(Contact Person):卢俊美
产品(Products):妇女卫生巾,卫生护垫,婴儿纸尿片,护理垫,宠物垫,卫生卷纸,纸巾纸
品牌(Brand):依依

天津市洁尔卫生用品有限公司
Tianjin Jieer Hygiene Products Co., Ltd.
地址(Add):天津市西青区中北镇中北工业园
邮编(P. C.):300112
电话(Tel):022 -27948771
传真(Fax):022 -27395410
法人代表(Chairman):张志宏
联系人(Contact Person):胡青山
产品(Products):妇女卫生巾,卫生护垫,婴儿、成人纸尿裤、纸尿片,湿巾
品牌(Brand):尚好佳,冬虫草

禾丰(天津)卫生用品有限公司
Harvest (Tianjin) Sanitary Products Co., Ltd.
地址(Add):天津市新技术产业园区武清开发区泉旺路南财源道5号
邮编(P. C.):301726
电话(Tel):022 -82122296 -98
传真(Fax):022 -82122289
E-mail:hefeng@ vip. sina. com
法人代表(Chairman):陈朝根
联系人(Contact Person):张云龙
产品(Products):妇女卫生巾,卫生护垫,成人纸尿裤,婴儿尿不湿及伴侣
品牌(Brand):青春旗,伊娇儿

◆ 河北 Hebei

保定市东升卫生用品有限公司
Baoding Dongsheng Hygiene Products Co., Ltd.
地址(Add):河北省保定市满城县造纸工业园区
邮编(P. C.):072150
电话(Tel):0312-7021906
传真(Fax):0312-7021996
E-mail:mail@ dshpaper. com. cn
Http://www. dshpaper. com. cn
法人代表(Chairman):张志武
总经理(General Manager):张杰
联系人(Contact Person):刘博
产品(Products):卫生纸,餐巾纸,面巾纸,湿巾,纸尿裤
品牌(Brand):小宝贝,可佳,洁婷

邯郸市月亮湾保健品有限公司
Handan Yueliangwan Healthcare Products Co., Ltd.
地址(Add):河北省磁县磁州园中园高新技术开发区
邮编(P. C.):056500
电话(Tel):0310-2388216
传真(Fax):0310-2388239
法人代表(Chairman):谢志卿
产品(Products):妇女卫生巾,卫生护垫,婴儿纸尿裤,成人失禁尿片(裤)
品牌(Brand):黛芙妮,黛婷

舒洁康卫生用品有限公司
Shujiekang Hygiene Articles Co., Ltd.
地址(Add):河北省磁州园中园高新技术开发区90号
邮编(P. C.):056500
电话(Tel):0310-2372163
传真(Fax):0310-2372542
E-mail:shujiekang@ eyou. com
总经理(General Manager):王艺璇
产品(Products):妇女卫生巾,面巾纸,纸尿裤
品牌(Brand):舒洁康

邯郸市泰和纸业有限公司
Handan Taihe Paper Co., Ltd.
地址(Add):河北省邯郸市高新开发区华荣街6号
邮编(P. C.):056004
电话(Tel):0310-7039111
传真(Fax):0310-7053222
联系人(Contact Person):李全喜
产品(Products):纸尿裤,片,卫生护垫,妇女卫生巾,盒装抽式面巾纸,餐巾纸,卫生纸

天宇卫生用品厂
Tianyu Hygiene Articles Factory
地址(Add):河北省邯郸市中华北大街北仓库路甲2号
邮编(P. C.):056004
电话(Tel):0310-7025542
传真(Fax):0310-7026141
联系人(Contact Person):郭继森
产品(Products):婴儿纸尿裤,纸尿片,妇女卫生巾,卫生护垫

雅美卫生保健品有限公司
Yamei Hygiene & Healthcare Products Co., Ltd.
地址(Add):河北省隆尧县东方食品城
邮编(P. C.):055350
电话(Tel):0319-6592098
传真(Fax):0319-6592258
总经理(General Manager):范录洲
产品(Products):妇女卫生巾,婴儿纸尿裤,婴儿尿垫,成人垫巾
品牌(Brand):黛玉

华北金康卫生用品有限公司
Huabei Jinkang Hygiene Products Co., Ltd.
地址(Add):河北省任丘市开发区明珠小区碧莲里6号楼2单元403室
邮编(P. C.):062550
电话(Tel):0317-2300345
传真(Fax):0317-2252860
E-mail:llhhko@ sina. com
联系人(Contact Person):田胜
产品(Products):尿不湿伴侣,护理床垫,医用检查垫
品牌(Brand):阳光贝贝,世纪宝宝,爱婴

石家庄夏兰纸业有限公司
Shijiazhuang Xialan Paper Co., Ltd.
地址(Add):河北省石家庄市晋州市通达路
邮编(P. C.):052260
电话(Tel):0311-84396888
传真(Fax):0311-84396966
总经理(General Manager):吕建辉
产品(Products):妇女卫生巾,卫生护垫,纸尿裤,卫生纸
品牌(Brand):夏兰,飘莎,曼迪丝

石家庄市顺美卫生用品厂
Shijiazhuang Shunmei Hygiene Articles Factory
地址(Add):河北省石家庄市中山西路世纪工业园158号
邮编(P. C.):050200
电话(Tel):0311-82221017
传真(Fax):0311-82221858
E-mail:sm@ smsjz. com
Http://www. smsjz. com
总经理(General Manager):陈学求
联系人(Contact Person):王缤
产品(Products):妇女卫生巾,婴儿纸尿裤
品牌(Brand):伊而舒,安心

妇康卫生用品厂
Fukang Hygiene Articles Factory
地址(Add):河北省唐山市路北区果园西郭庄(新火车站西行2公里)
邮编(P. C.):063000
电话(Tel):0315-2343776
总经理(General Manager):刘福庄
产品(Products):妇女卫生巾,卫生护垫,婴儿尿不湿,成人尿垫
品牌(Brand):慧芳

邢台市好美时卫生用品有限公司
Xingtai Haomeishi Sanitary Products Co., Ltd.
地址(Add):河北省邢台市内邱县内隆路88号(原法医医院院内)
邮编(P. C.):054200
电话(Tel):0319-6889689

传真(Fax):0319-6889689
法人代表(Chairman):郝向民
联系人(Contact Person):郝向民
产品(Products):妇女卫生巾,卫生护垫,纸尿裤,尿片,护理垫
品牌(Brand):好美时,天妮

◆ 山西 Shanxi

山西临汾晋天然卫生用品有限公司
Shanxi Linfen Jintianran Hygiene Products Co., Ltd.
地址(Add):山西省临汾市尧都区屯里镇梁村开发区
邮编(P. C.):041000
电话(Tel):0357-3080513
传真(Fax):0357-3080897
法人代表(Chairman):郭晋明
联系人(Contact Person):王纪坤
产品(Products):餐巾纸,卫生纸,湿巾,一次性床单,台布,婴儿纸尿裤
品牌(Brand): 晋天然,净天然

◆ 辽宁 Liaoning

鞍山市佳宝纸业有限公司
Anshan Jiabao Paper Co., Ltd.
地址(Add):辽宁省鞍山市千山区泉东一街 8 号
邮编(P. C.):114048
电话(Tel):0412-2414861
传真(Fax):0412-6965899
E-mail:asjb@163.com
总经理(General Manager):刘刚
产品(Products):卫生纸,妇女卫生巾,婴儿纸尿片
品牌(Brand):佳韵,罗丝梦,宝欣安

丹东北方卫生用品有限公司
Dandong Beifang Sanitary (Napkins) Products Co., Ltd.
地址(Add):辽宁省丹东市振兴区胜利街 793 号
邮编(P. C.):118008
电话(Tel):0415-6222346
传真(Fax):0415-6224025
E-mail:bfjx@bfjx.com
Http://www.bfjx.com
法人代表(Chairman):曹贵杰
联系人(Contact Person):沈玉英
产品(Products):妇女卫生巾,婴儿纸尿裤、片,妇婴两用巾
品牌(Brand):娇月,柔而美,花心芳菲,旺仔

抚顺顺发妇女卫生巾厂
Fushun Shunfa Sanitary Napkins Plant
地址(Add):辽宁省抚顺市顺城区新城路西段 6 号矿灯厂院内
邮编(P. C.):113006
电话(Tel):0413-7706651
传真(Fax):0413-7706651
法人代表(Chairman):李文华
产品(Products):妇女卫生巾,纸尿片
品牌(Brand):及时

海城市顺佳妇幼卫生用品厂
Haicheng Shunjia Woman & Child Hygiene Articles Factory
地址(Add):辽宁省海城市响堂管理区张家委
邮编(P. C.):114200
电话(Tel):0412-3216934
总经理(General Manager):梁海强
产品(Products):妇女卫生巾,卫生护垫,婴儿纸尿布,婴儿一次性卫生用品

锦州市瑞华卫生用品有限公司
Jinzhou Ruihua Hygiene Products Co., Ltd.
地址(Add):辽宁省锦州市太和区钟屯乡胜利工业区锦朝街 42-6 号
邮编(P. C.):121001
电话(Tel):0416-4567526
传真(Fax):0416-4567526
法人代表(Chairman):刘光然
产品(Products):妇女卫生巾,卫生护垫,护理垫,婴儿尿垫,宠物垫
品牌(Brand):宝利丝,维珍

沈阳市奇美卫生用品有限公司
Shenyang Qimei Hygienic Products Co., Ltd.
地址(Add):辽宁省沈阳市辽中南二路西段 1-9 信箱
邮编(P. C.):110200
电话(Tel):024-87826776
传真(Fax):024-87825959
法人代表(Chairman):武爽
总经理(General Manager):裴多恰
产品(Products):婴儿纸尿裤,隔尿巾,纸尿片,湿巾,纸手帕
品牌(Brand):俏儿乐

绥中县宏发卫生用品厂
Suizhong Hongfa Hygiene Products Factory
地址(Add):辽宁省绥中县三台子 102 国道 365 公里处
邮编(P. C.):125200
电话(Tel):0429-6561268
法人代表(Chairman):王红
产品(Products):妇女卫生巾,纸尿片
品牌(Brand):美之约,手拉手,红发

◆ 吉林 Jilin

千纸鹤卫生用品有限公司
Qianzhihe Hygiene Articles Co., Ltd.
地址(Add):吉林省白城经济开发区幸福大街 198 号
邮编(P. C.):137000
电话(Tel):0436-3668199
传真(Fax):0436-3663288
总经理(General Manager):张卫国
产品(Products):妇女卫生巾,卫生护垫,婴儿纸尿裤

长春市卫生材料厂
Changchun Sanitary Material Factory
地址(Add):吉林省长春市东盛大街 2723 号
邮编(P. C.):130031
电话(Tel):0431-4645683
传真(Fax):0431-4645683
联系人(Contact Person):于财
产品(Products):婴儿纸尿裤,纸尿片

◆ 黑龙江 Heilongjiang

哈尔滨市思宝卫生用品厂

Harbin Sibao Hygiene Articles Factory
地址(Add):黑龙江省哈尔滨市道里区安松街18号
邮编(P. C.):150070
电话(Tel):0451-89556233
联系人(Contact Person):陆雁翎
产品(Products):妇女卫生巾,婴儿纸尿裤,成人纸尿裤
品牌(Brand):欣阑,小贴士

◆ 上海 Shanghai

上海欣然妇幼用品有限公司
Shanghai Xinran Women & Children Products Co., Ltd.
地址(Add):上海市嘉定区徐行工业区永新路1108号
邮编(P. C.):201808
电话(Tel):021-59555757
传真(Fax):021-59557171
E-mail:weidejixie@sohu.com
Http://www.xrdd.com.cn
法人代表(Chairman):胡忠义
产品(Products):妇女卫生巾,卫生护垫,纸尿裤
品牌(Brand):意大利,丹蒂,安宝适,爱您宝贝

中山瑞德卫生纸品有限公司上海分公司
Disposable Soft Goods (Zhongshan) Ltd. Shanghai Branch
地址(Add):上海市静安区常熟路88号407室
邮编(P. C.):200040
电话(Tel):021-62491816
传真(Fax):021-62491428
联系人(Contact Person):林志明
产品(Products):婴儿纸尿裤

上海唯爱纸业有限公司
Shanghai Weiai Paper Co., Ltd.
地址(Add):上海市浦东新区耀华路661号
邮编(P. C.):200126
电话(Tel):021-50874481
传真(Fax):021-50874485
E-mail:weiaizhy@citz.net
Http://www.shevery.com.cn
法人代表(Chairman):程学保
联系人(Contact Person):沈治文
产品(Products):湿巾,卫生纸,纸尿片,隔尿巾
品牌(Brand):爱唯

康贝(上海)有限公司
Kangbei (Shanghai) Co., Ltd.
地址(Add):上海市浦东云莲路201号
邮编(P. C.):200125
电话(Tel):021-58864488
传真(Fax):021-58722666
法人代表(Chairman):刘冠宏
联系人(Contact Person):潘海红
产品(Products):婴儿纸尿裤
品牌(Brand):康贝爱

上海唯尔福(集团)有限公司
Shanghai Welfare Group Co., Ltd.
地址(Add):上海市青浦区华新镇徐华公路3029弄88号
邮编(P. C.):201705
电话(Tel):021-59778700
传真(Fax):021-59778188
E-mail:welfare@public1.sta.net.cn
Http://www.welfare-group.com
法人代表(Chairman):杨传信
总经理(General Manager):杨传信
联系人(Contact Person):张迎春
产品(Products):妇女卫生巾,卫生护垫,成人纸尿片,婴儿纸尿片,床垫
品牌(Brand):唯尔福

上海仕妮工贸有限公司
Shanghai Shini Industry & Trade Co., Ltd.
地址(Add):上海市青浦区练塘蒸淀富民开发区51号
邮编(P. C.):201700
电话(Tel):021-59822177
传真(Fax):021-59822176
E-mail:hid1520@yahoo.com.cn
联系人(Contact Person):丁志荣
产品(Products):妇女卫生巾,卫生护垫,纸尿片
品牌(Brand):丝妮风度,丝妮新舒宝

上海龙透泉商贸发展有限公司
Shanghai Longtouquan Trade Development Co., Ltd.
地址(Add):上海市青浦朱家角镇淀湖新村3号楼105-106室
邮编(P. C.):201700
电话(Tel):021-59243832
传真(Fax):021-59242113
总经理(General Manager):周友龙
产品(Products):婴儿纸尿裤
品牌(Brand):欣乐

上海益母妇女用品有限公司
Shanghai Yimoo Woman's Products Co., Ltd.
地址(Add):上海市松江工业区佘山分区陶干路218号
邮编(P. C.):201602
电话(Tel):021-57796060
传真(Fax):021-57796060
法人代表(Chairman):赵玉山
产品(Products):妇女卫生巾,卫生护垫,纸尿裤
品牌(Brand):益母,益贝

上海恒晟卫生用品有限公司
Shanghai Hengsheng Hygiene Articles Co., Ltd.
地址(Add):上海市松江区高科技园昆港路999号
邮编(P. C.):201614
电话(Tel):021-57855399
传真(Fax):021-57855266
总经理(General Manager):肖祖庆
产品(Products):纸尿裤,纸尿片,湿巾,生活用纸
品牌(Brand):舒贝

全日美实业(上海)有限公司
Everbeauty Industry (Shanghai) Co., Ltd.
地址(Add):上海市松江区新桥镇工业区民益路5号
邮编(P. C.):201612
电话(Tel):021-57686968
传真(Fax):021-57686967
Http://www.evb.com.cn
法人代表(Chairman):邱顶阳
总经理(General Manager):王正钱

联系人(Contact Person):金春梅
产品(Products):婴儿纸尿裤,纸尿片,成人纸尿片
品牌(Brand):嘘嘘乐,小淘气,爱乐芬,包大人

尤妮佳生活用品(中国)有限公司
Unicharm Consumer Products (China) Co., Ltd.
地址(Add):上海市延安东路618号东海商业中心22楼A
邮编(P. C.):200001
电话(Tel):021-53854322
传真(Fax):021-53854798
E-mail:jia-hu@unicharm.com.cn
法人代表(Chairman):石川正人
总经理(General Manager):石川正人
联系人(Contact Person):袁春雷
产品(Products):婴儿纸尿裤,非织造布清洁用品
品牌(Brand):妈咪宝贝

◆ 江苏 Jiangsu

常州康贝纸业有限公司
Changzhou Kangbei Paper Co., Ltd.
地址(Add):江苏省常州市常焦路190号
邮编(P. C.):213021
电话(Tel):0519-5330692
传真(Fax):0519-5317975
E-mail:baoaiye@sohu.com
法人代表(Chairman):李先玲
联系人(Contact Person):叶正华
产品(Products):婴儿纸尿裤,成人纸尿裤,乳垫,产妇垫,妇女卫生巾
品牌(Brand):宝爱

常州市武进亚星卫生用品有限公司
Changzhou Wujin Yaxing Hygiene Articles Co., Ltd.
地址(Add):江苏省常州市武进区礼嘉镇王言桥
邮编(P. C.):213176
电话(Tel):0519-6232358
联系人(Contact Person):陈利松
产品(Products):妇女卫生巾,卫生护垫,婴儿纸尿裤,成人纸尿裤,生活用纸,宠物垫,失禁垫
品牌(Brand):女士欢

江阴市安琪纸制品有限公司
Jiangyin Anqi Paper Products Co., Ltd.
地址(Add):江苏省江阴市云亭镇云顾路顾家巷2号
邮编(P. C.):214422
电话(Tel):0510-6012788
传真(Fax):0510-6012787
总经理(General Manager):文家富
联系人(Contact Person):殷建平
产品(Products):婴儿纸尿裤/片,尿垫,妇女卫生巾
品牌(Brand):芸婷

江苏艾蝶卫生用品有限公司
Jiangsu Aidie Hygiene Articles Co., Ltd.
地址(Add):江苏省金湖县金湖西路131号
邮编(P. C.):211600
电话(Tel):0517-6980999
传真(Fax):0517-6980777
E-mail:jwc3188@hotmail.com
总经理(General Manager):陈斌
联系人(Contact Person):陈林
产品(Products):婴儿纸尿片,纸尿裤,成人纸尿片,纸尿裤,妇女卫生巾,卫生护垫,床垫,产妇垫,宠物垫,口罩,乳垫,抹地巾

金华卫生用品有限公司
Jinhua Hygiene Articles Co., Ltd.
地址(Add):江苏省金华市黎城路31号
邮编(P. C.):211600
电话(Tel):0517-6991621
E-mail:leilei4451@sina.com
总经理(General Manager):雷磊
联系人(Contact Person):雷浩
产品(Products):妇女卫生巾,卫生护垫,纸尿裤,纸尿片,成人纸尿片,产妇垫

好孩子百瑞康卫生用品有限公司
Goodbaby Bairuikang Hygienic Products Co., Ltd.
地址(Add):江苏省昆山市陆家镇富荣路1号
邮编(P. C.):215331
电话(Tel):0512-57679342
传真(Fax):0512-57679343
Http://www.goodbaby.com
法人代表(Chairman):宋郑还
总经理(General Manager):辛树林
联系人(Contact Person):沈平强
产品(Products):婴儿纸尿裤
品牌(Brand):好孩子,奇妙鸭

南京安琪尔卫生用品有限公司
Nanjing Anqier Hygiene Articles Co., Ltd.
地址(Add):江苏省南京市江宁区丹阳北街168号
邮编(P. C.):211157
电话(Tel):025-86150518
传真(Fax):025-86153880
Http://www.fenting.com
总经理(General Manager):陶云
联系人(Contact Person):王功林
产品(Products):妇女卫生巾,卫生护垫,纸尿裤,湿巾
品牌(Brand):芬婷,柔然

江苏省南通开发区欣月纸业有限公司
Jiangsu Nantong Xinyue Paper Co., Ltd.
地址(Add):江苏省南通市开发区通州路东侧
邮编(P. C.):226009
电话(Tel):0513-3596592
传真(Fax):0513-5909557
总经理(General Manager):陆慧新
产品(Products):妇女卫生巾,婴儿纸尿片,成人纸尿片
品牌(Brand):好女爱,夕阳情

启东市三泰日用品有限公司
Qidong Santai Commodity Co., Ltd.
地址(Add):江苏省启东市汇龙镇城东工业区
邮编(P. C.):226200
电话(Tel):0513-3364111
总经理(General Manager):朱联新
产品(Products):妇女卫生巾,卫生护垫,婴儿纸尿裤

远东纸业(泰州)有限公司
Far East Paper (Taizhou) Co., Ltd.

地址(Add):江苏省兴化市戴窑工业区
邮编(P. C.):225741
电话(Tel):0523－3848888
传真(Fax):0523－3841888
E-mail:fys@ anjieer. com
Http://www. anjieer. com
法人代表(Chairman):冯元松
总经理(General Manager):冯元松
联系人(Contact Person):王广春
产品(Products):妇女卫生巾,卫生护垫,婴儿纸尿片,婴儿纸尿裤,卫生床垫
品牌(Brand):安洁尔,半边天,安洁儿,安洁

圣洁医用卫生材料用品厂
Shengjie Medicine Sanitary Material Articles Factory
地址(Add):江苏省徐州市湖北路30号
邮编(P. C.):221006
电话(Tel):0516－5796205
传真(Fax):0516－5796891
联系人(Contact Person):戴玉梅
产品(Products):手术衣,卫生护垫,婴儿尿垫,成人失禁用品

扬中九妹日用品有限公司
Yangzhong Jiumei Products for Daily Use Co., Ltd.
地址(Add):江苏省扬中市富民路2号(花园新村)
邮编(P. C.):212200
电话(Tel):0511－8324279
传真(Fax):0511－8357509
E-mail:huangbub@ yahoo. com. cn
法人代表(Chairman):范进
总经理(General Manager):范进
联系人(Contact Person):梁学友
产品(Products):妇女卫生巾,卫生护垫,婴儿纸尿裤、片,成人纸尿裤、片
品牌(Brand):九妹,情趣月,华达老人

江苏三笑集团有限公司
Sanxiao Group Co., Ltd.
地址(Add):江苏省扬州市邗江区杭集三笑大道1号
邮编(P. C.):225111
电话(Tel):0514－7279566
传真(Fax):0514－7271389
E-mail:sansiaogroup@ vip. sina. com
Http://www. sanxiaogroup. com. cn
法人代表(Chairman):韩国平
总经理(General Manager):韩国发
联系人(Contact Person):徐元祥
产品(Products):妇女卫生巾,卫生护垫,纸尿裤
品牌(Brand):笑爽,笑得爽

江苏张家港市宏亿纸业公司
Zhangjiagang Hongyi Paper Co., Ltd.
地址(Add):江苏省张家港市三兴西界港
邮编(P. C.):215624
电话(Tel):0512－58531528
传真(Fax):0512－58531568
E-mail:service@ jshyzy. com
Http://www. jshyzy. com
产品(Products):妇女卫生巾,婴儿纸尿裤,成人纸尿片

◆ 浙江 Zhejiang

伟江股份公司
Weijiang Co., Ltd.
地址(Add):浙江省海宁市联合新村
邮编(P. C.):314400
电话(Tel):0573－7364465
联系人(Contact Person):文浩
产品(Products):妇女卫生巾,纸尿裤和妇女卫生巾原材料

杭州侨资纸业有限公司
Hangzhou Qiaozi Paper Co., Ltd.
地址(Add):浙江省杭州市临安横溪开发区
邮编(P. C.):311300
电话(Tel):0571－63701888
传真(Fax):0571－63701858
E-mail:qzzy@ qiaozi. com
Http://www. qiaozi. com
法人代表(Chairman):金利伟
总经理(General Manager):金利伟
产品(Products):婴儿纸尿裤
品牌(Brand):小伢儿

华兴集团华顺涤纶工业有限公司
Huaxing Group Huashun Terylene Industry Co., Ltd.
地址(Add):浙江省杭州市临安钱王街855号
邮编(P. C.):311300
电话(Tel):0571－63757201
传真(Fax):0571－63756413
E-mail:sales@ atehome. com
Http://www. wasin. org
联系人(Contact Person):黄国军
产品(Products):水刺非织造布,婴儿纸尿裤,成人纸尿裤

杭州乐贝特实业有限公司
Hangzhou Lebeite Industry Co., Ltd.
地址(Add):浙江省杭州市萧山区新塘工业区
邮编(P. C.):311215
电话(Tel):0571－82779018
传真(Fax):0571－82779028
法人代表(Chairman):项建明
总经理(General Manager):项建明
产品(Products):妇女卫生巾,纸尿片,卫生护垫
品牌(Brand):乐贝特,乐舒特

杭州雅妮娜卫生用品有限公司
Hangzhou Yanina Health Products Co., Ltd.
地址(Add):浙江省杭州市萧山区义桥潘山工业区1号
邮编(P. C.):311262
电话(Tel):0571－82216628
传真(Fax):0571－82216491
E-mail:hzpanshan@ yahoo. com. cn
Http://www. yanina. net
法人代表(Chairman):黄林刚
总经理(General Manager):黄林刚
产品(Products):妇女卫生巾,卫生护垫,纸尿片
品牌(Brand):雅妮娜

杭州贝利纸业有限公司
Hangzhou Beili Paper Co., Ltd.

地址(Add):浙江省杭州市新文路3号
邮编(P. C.):310011
电话(Tel):0571-88174542
传真(Fax):0571-88174542
法人代表(Chairman):吴军
联系人(Contact Person):吴军
产品(Products):婴儿纸尿片
品牌(Brand):贝利佳-宝乐多

杭州滕野生物科技有限公司
Hangzhou Tengye Biology Science & Technoloty Co., Ltd.
地址(Add):浙江省杭州市余杭区余杭镇禹航路197号宝塔工业区
邮编(P. C.):311121
电话(Tel):0571-88662813
传真(Fax):0571-88662603
法人代表(Chairman):程志新
总经理(General Manager):程志新
联系人(Contact Person):钱新民
产品(Products):妇女卫生巾,纸尿片,卫生护垫
品牌(Brand):如意

临安市雄鹰妇幼卫生用品有限公司
Xiongying Maternity & Child Articles Co., Ltd.
地址(Add):浙江省临安市於潜镇方元工业区
邮编(P. C.):311311
电话(Tel):0571-63872110
传真(Fax):0571-63872666
E-mail:webmaster@hz-yf.com
Http://www.hz-yf.com
法人代表(Chairman):周雄鹰
总经理(General Manager):周雄鹰
产品(Products):妇女卫生巾,卫生护垫,婴儿纸尿裤,纸尿片,湿巾
品牌(Brand):永芳,酷儿,酷

恒业卫生用品有限公司
Hengye Hygiene Articles Co., Ltd.
地址(Add):浙江省衢州市常山新都工业园区
邮编(P. C.):324200
电话(Tel):0570-5110111
传真(Fax):0570-5110111
联系人(Contact Person):姜国平
产品(Products):妇女卫生巾,卫生护垫,纸尿片,卫生纸

浙江省衢州市舒雅卫生用品有限公司
Quzhou Shuya Hygiene Articles Co., Ltd.
地址(Add):浙江省衢州市衢江区高家镇大桥南路9号(工业园区)
邮编(P. C.):324024
电话(Tel):0570-2935185
传真(Fax):0570-2935185
法人代表(Chairman):孙金云
联系人(Contact Person):杨素仙
产品(Products):妇女卫生巾,卫生护垫,纸尿裤
品牌(Brand):月满意,相约女孩

浙江省瑞安市童乐尿布厂
Zhejiang Ruian Tongle Diaper Cloth Plant
地址(Add):浙江省瑞安市塘下镇罗凤中路113号
邮编(P. C.):325204
电话(Tel):0577-65331193
传真(Fax):0577-65335623
法人代表(Chairman):吴永兴
总经理(General Manager):吴永兴
产品(Products):婴儿纸尿裤
品牌(Brand):安洁贝

浙江绍兴唯尔福妇幼用品有限公司
Shaoxing Welfare Articles For Women & Children Co., Ltd.
地址(Add):浙江省绍兴市袍江工业区南区D21号
邮编(P. C.):312001
电话(Tel):0575-8241205
传真(Fax):0575-8242915
法人代表(Chairman):李胜章
总经理(General Manager):何幼成
产品(Products):妇女卫生巾,卫生护垫,婴儿纸尿片,婴儿纸尿裤
品牌(Brand):唯尔福

台州市娅洁舒卫生用品有限公司
Taizhou Yajieshu Hygiene Products Co., Ltd.
地址(Add):浙江省台州市温岭新河镇向西莫工业区
邮编(P. C.):317502
电话(Tel):0576-6576169
传真(Fax):0576-6576030
法人代表(Chairman):莫海滨
产品(Products):妇女卫生巾,卫生护垫,婴儿纸尿片
品牌(Brand):娅洁舒

温州市三八卫生用品厂
Wenzhou Sanba Hygiene Products Plant
地址(Add):浙江省温州市葡萄棚工业区37号
邮编(P. C.):325000
电话(Tel):0577-88626030
传真(Fax):0577-88620638
E-mail:b38@mail.wzptt.zj.cn
Http://www.888-38.com
法人代表(Chairman):祁龙光
联系人(Contact Person):张惠江
产品(Products):妇女卫生巾,卫生护垫,婴儿纸尿裤,婴儿纸尿片
品牌(Brand):新三八

温州宝蝶妇幼用品有限公司
Wenzhou Baodie Women & Children Goods Co., Ltd.
地址(Add):浙江省温州市三垟黄屿工业区黄屿路110号东首第四幢
邮编(P. C.):325014
电话(Tel):0577-86771085
传真(Fax):0577-86776850
法人代表(Chairman):程成桂
总经理(General Manager):黄伟
联系人(Contact Person):张敏
产品(Products):妇女卫生巾,卫生护垫,纸尿片
品牌(Brand):宝蝶

杭州可月卫生用品有限公司
Hangzhou Credible Sanitary Products Co., Ltd.
地址(Add):浙江省萧山经济技术开发区建设三路7号

邮编(P. C.):311215
电话(Tel):0571-82837925
传真(Fax):0571-82831258
E-mail:keyue@ credible. com. cn
Http://www. credible. com. cn
法人代表(Chairman):黄国权
总经理(General Manager):黄国权
产品(Products):妇女卫生巾,卫生护垫,婴儿纸尿裤
品牌(Brand):可月,月满好,宝宝好梦,婴倍适

义乌市华美卫生用品有限公司
Hua Mei Sanitary Articles Co., Ltd. Yiwu, Zhejiang
地址(Add):浙江省义乌市荷叶塘镇经济开发区
邮编(P. C.):322009
电话(Tel):0579-5951577
传真(Fax):0579-5951577
法人代表(Chairman):方浩勤
总经理(General Manager):方浩勤
产品(Products):妇女卫生巾,纸尿裤,纸尿片
品牌(Brand):华美

义乌市嘉华日化有限公司
Yiwu Jiahua Chemicals for Daily Use Co., Ltd.
地址(Add):浙江省义乌市经发大道236号
邮编(P. C.):322000
电话(Tel):0579-5323052
传真(Fax):0579-5323052
E-mail:sale1@ ywjiahua. com
Http://www. ywjiahua. com
法人代表(Chairman):李志彪
联系人(Contact Person):姜亚玲
产品(Products):卫生护垫,妇女卫生巾,宠物垫,婴儿纸尿裤、片,成人纸尿裤,失禁床垫
品牌(Brand):诗蕙,汇泉,汇泉宝宝,阳光小子

义乌市比爱卫生用品有限公司
Yiwu Biai Health Products Co., Ltd.
地址(Add):浙江省义乌市商城集团626室
邮编(P. C.):322005
电话(Tel):0579-5558500
传真(Fax):0579-5542638
E-mail:sales@ biai. cn
Http://www. biai. cn
法人代表(Chairman):王爱加
总经理(General Manager):傅红福
产品(Products):妇女卫生巾,卫生护垫,婴儿纸尿裤,湿巾
品牌(Brand):比爱

浙江安柔卫生用品有限公司
Zhejiang Anrou Hygiene Products Co., Ltd.
地址(Add):浙江省义乌市义亭工业区稠义路1号
邮编(P. C.):322005
电话(Tel):0579-5818068
传真(Fax):0579-5817688
法人代表(Chairman):李光军
总经理(General Manager):李光军
产品(Products):妇女卫生巾,卫生护垫,婴儿纸尿裤,纸尿片,成人纸尿裤,护理垫
品牌(Brand):安柔,奥贝思,澳利康

◆ 安徽 Anhui

安徽关爱卫生用品有限公司
Anhui Guanai Hygiene Articles Co., Ltd.
地址(Add):安徽省六安市霍邱县姚李镇
邮编(P. C.):237322
电话(Tel):0564-6844216
传真(Fax):0564-7326199
E-mail:user@ ahyhyp. com
Http://www. ahyhyp. com/lxwm. htm
总经理(General Manager):陈仁忠
联系人(Contact Person):彭书宏
产品(Products):妇女卫生巾,卫生护垫,卫生纸,纸尿裤,纸尿片
品牌(Brand):卫宝,雅慧

◆ 福建 Fujian

长汀天乐卫生巾厂
Changting Tianle Sanitary Napkins Factory
地址(Add):福建省长汀县腾飞工业开发区
邮编(P. C.):366300
电话(Tel):0597-6800888
传真(Fax):0597-6883888
总经理(General Manager):林建明
联系人(Contact Person):林建亮
产品(Products):妇女卫生巾,婴儿纸尿片,婴儿纸尿裤,成人纸尿裤
品牌(Brand):天乐,实爽,佳音

福清市益兴堂卫生制品有限公司
Fuqing Yixingtang Hygiene Products Co., Ltd.
地址(Add):福建省福清市江阴工业区
邮编(P. C.):350309
电话(Tel):0591-85966766
传真(Fax):0591-85966789
Http://www. yixingtang. cn
总经理(General Manager):林道兴
联系人(Contact Person):黄福成
产品(Products):妇女卫生巾,卫生护垫,婴儿纸尿裤,生活用纸

福州天使旅游用品有限公司
Fuzhou Tianshi Tourism Articles Co., Ltd.
地址(Add):福建省福清市融侨经济开发区金印
邮编(P. C.):350301
电话(Tel):0591-85613758
传真(Fax):0591-85619128
E-mail:angels@ pub3. fz. fj. cn
总经理(General Manager):林斌
产品(Products):婴儿纸尿裤
品牌(Brand):Daddy baby

福建惠安县和成日用品有限公司
Huian Hecheng Commodity Co., Ltd.
地址(Add):福建省惠安县东园新沙工业区
邮编(P. C.):362122
电话(Tel):0595-87586756
传真(Fax):0595-87586758
法人代表(Chairman):黄晏来

联系人(Contact Person):王业运
产品(Products):妇女卫生巾,卫生护垫,婴儿纸尿裤,纸尿片,成人纸尿裤,纸尿片,护理垫,宠物垫
品牌(Brand):相约,乐帮适

恒安集团(晋江)生活用品有限公司
Hengan Group (Jinjiang) Household Products Co., Ltd.
地址(Add):福建省晋江市安海恒安工业城
邮编(P. C.):362261
电话(Tel):0595 - 85708888
传真(Fax):0595 - 85708666
法人代表(Chairman):施文博
联系人(Contact Person):程勇
产品(Products):婴儿纸尿裤,成人纸尿裤
品牌(Brand):安儿乐,安而康

福建恒安集团有限公司
Fujian Hengan Holding Co., Ltd.
地址(Add):福建省晋江市安海恒安工业城
邮编(P. C.):362261
电话(Tel):0595 - 85708888
传真(Fax):0595 - 85708666
E-mail:hengan@ hengan. com
Http://www. hengan. com. cn
法人代表(Chairman):施文博
总经理(General Manager):许连捷
联系人(Contact Person):陈涛
产品(Products):妇女卫生巾,卫生护垫,婴儿纸尿裤,成人纸尿裤,湿巾
品牌(Brand):安尔乐,安乐,安儿乐,安而康,心相印

晋江市安海镇恒质纸品厂
Jinjiang Hengzhi Paper Products Factory
地址(Add):福建省晋江市安海镇庄头村玉林南里 59 号
邮编(P. C.):362261
电话(Tel):0595 - 85709988
传真(Fax):0595 - 85794436
E-mail:hengzhi510@ 163. com
Http://www. cnhengzhi. com
法人代表(Chairman):陈文质
产品(Products):妇女卫生巾,卫生护垫,婴儿纸尿裤、纸尿片,成人纸尿裤,湿巾,纸巾纸
品牌(Brand):恒质

福建省晋江市舒乐妇幼用品有限公司
Shule Women & Children Articles Jinjiang Fujian Co., Ltd.
地址(Add):福建省晋江市陈埭镇鹏头工业区(鹏青大道)
邮编(P. C.):362211
电话(Tel):0595 - 85189888
传真(Fax):0595 - 85189777
E-mail:shuleco@ pub2. qz. fj. cn
Http://www. baihushi. com
法人代表(Chairman):丁朝阳
产品(Products):妇女卫生巾,婴儿纸尿片,卫生纸
品牌(Brand):白护士,女人缘

晋江市华亿妇幼用品有限公司
Jinjiang Huayi Women & Children Products Co., Ltd.
地址(Add):福建省晋江市陈埭镇七一路沟西路口
邮编(P. C.):362200
电话(Tel):0595 - 85195699
传真(Fax):0595 - 85173210
E-mail:hy - company@ 163. com
法人代表(Chairman):庄建设
联系人(Contact Person):姜亚林
产品(Products):妇女卫生巾,卫生护垫,纸尿片,纸尿裤
品牌(Brand):黛菲,黛莉丝,花之雨

晋江贝乐宝妇幼用品有限公司
Jinjiang Beilebao Woman & Child Articles Co., Ltd.
地址(Add):福建省晋江市池店镇潘湖工业区
邮编(P. C.):362200
电话(Tel):0595 - 85956577
传真(Fax):0595 - 85956599
E-mail:beilebao@ pub1. qz. fj. cn
Http://www. beilebao. com
总经理(General Manager):黄海波
联系人(Contact Person):曾秋波
产品(Products):婴儿纸尿裤,纸尿片
品牌(Brand):贝乐宝,快乐 1 + 1

福建省泉州市源泰鑫纸业工贸有限公司
Quanzhou Yuantaixin Paper Industry & Trade Co., Ltd.
地址(Add):福建省晋江市大霞浯南片开发区
邮编(P. C.):362200
电话(Tel):0595 - 85659899
传真(Fax):0595 - 85676799
联系人(Contact Person):吴阿木
产品(Products):婴儿纸尿裤、纸尿片

晋江安婷妇幼用品有限公司
Jinjiang Anting Women & Children Products Co., Ltd.
地址(Add):福建省晋江市赖厝工业东区 7 号
邮编(P. C.):362200
电话(Tel):0595 - 85653868
传真(Fax):0595 - 85652868
E-mail:anting@ public. qz. fj. cn
总经理(General Manager):赖永星
联系人(Contact Person):赖永清
产品(Products):妇女卫生巾,卫生护垫,婴儿纸尿裤、片
品牌(Brand):阳光天使,梦幻女孩,舒美婷,快乐公主

晋江市舒宝妇幼卫生用品有限公司
Jinjiang Shubao Women & Children Products Co., Ltd.
地址(Add):福建省晋江市青阳赖厝工业区
邮编(P. C.):362200
电话(Tel):0595 - 85654668
传真(Fax):0595 - 85654668
总经理(General Manager):赖清江
产品(Products):妇女卫生巾,卫生护垫,婴儿纸尿片
品牌(Brand):浪漫心语,太阳女孩

晋江市美特妇幼用品有限公司
Jinjiang Meite Woman & Child Products Co., Ltd.
地址(Add):福建省晋江市青阳镇王厝工业区
邮编(P. C.):362200
电话(Tel):0595 - 85656826
传真(Fax):0595 - 85658402
法人代表(Chairman):洪景芳
联系人(Contact Person):洪诗滢
产品(Products):妇女卫生巾,婴儿纸尿裤

福建晋江凤竹纸品实业有限公司
Fujian Jinjiang Fengzhu Paper Products Industry Co., Ltd.
地址(Add):福建省晋江市青阳竹树下工业区
邮编(P. C.):362200
电话(Tel):0595－85678890
传真(Fax):0595－85653890
联系人(Contact Person):李秉修
产品(Products):餐巾纸,面巾纸,手帕纸,卫生纸,妇女卫生巾,卫生护垫,婴儿纸尿裤,湿巾

晋江市仲盛卫生用品有限公司
Jinjiang Zhongsheng Hygiene Articles Co., Ltd.
地址(Add):福建省晋江市五星工业园区
邮编(P. C.):362261
电话(Tel):0595－85736227
传真(Fax):0595－85736226
总经理(General Manager):王长沙
产品(Products):妇女卫生巾,婴儿纸尿裤,尿片,面巾纸
品牌(Brand):常青园

晋江市金晖卫生用品有限公司
Jinjiang Jinhui Sanitary Products Co., Ltd.
地址(Add):福建省晋江市西园街道仕头工业区
邮编(P. C.):362200
电话(Tel):0595－85654888
传真(Fax):0595－85658959
Http://www. cn－qzjh. com
法人代表(Chairman):洪耿谋
联系人(Contact Person):洪小兵
产品(Products):妇女卫生巾,卫生护垫,婴儿纸尿裤、片
品牌(Brand):快乐时光,月期,十足女人,蝶妮,舒蜜空间,快乐宝宝,小晶豆

晋江婴氏卫生用品有限公司
Jinjiang Yingshi Hygiene Articles Co., Ltd.
地址(Add):福建省晋江市紫帽湖盘工业区
邮编(P. C.):362200
电话(Tel):0595－85958222－999
传真(Fax):0595－85958666
E-mail:yingshi_ij@126. com
总经理(General Manager):陈国怀
产品(Products):婴儿纸尿裤
品牌(Brand):婴氏

龙海市妙雅卫生用品有限公司
Longhai Miaoya Sanitary Products Co., Ltd.
地址(Add):福建省龙海市榜山镇北溪头工业区
邮编(P. C.):363100
电话(Tel):0596－6598705
传真(Fax):0596－6596798
E-mail:jlb@china. miaoya. com
Http://www. china－miaoya. com
法人代表(Chairman):黄展顺
总经理(General Manager):黄展顺
产品(Products):妇女卫生巾,卫生护垫,婴儿纸尿裤
品牌(Brand):妙雅,长相依,妙而雅,妙儿雅

福建省龙岩市祥泰造纸包装有限公司
Fujian Longyan Xiangtai Paper & Package Co., Ltd.
地址(Add):福建省龙岩市铁山开发区
邮编(P. C.):364001
电话(Tel):0597－2348234
传真(Fax):0597－2348432
E-mail:zwx@xtpp. com. cn
Http://www. xtpp. com. cn
总经理(General Manager):张万祥
产品(Products):卫生纸,婴儿纸尿裤
品牌(Brand):好心人

娇娇乐卫生用品有限公司
Jiaojiaole Hygiene Articles Co., Ltd.
地址(Add):福建省南安市滨海工业区
邮编(P. C.):362000
电话(Tel):0595－86092998
传真(Fax):0595－86090998
E-mail:jo. jo@public. qz. fj. cn
Http://www. jojole. com
法人代表(Chairman):李秀娇
产品(Products):妇女卫生巾,卫生护垫,婴儿纸尿裤,纸尿片,纸巾纸
品牌(Brand):娇媚,靓丽一族,玉芙蓉,馨爽,好温馨,无限美,芊婕,女生有缘,时尚娇媚

福建中天妇幼用品有限公司
Zhongtian Women & Children Articles Co., Ltd. Fujian
地址(Add):福建省南安市洪濑镇东溪工业区
邮编(P. C.):362300
电话(Tel):0595－86693688
传真(Fax):0595－86693488
E-mail:cnzt@fjzt. com
Http://www. fjzt. com
法人代表(Chairman):黄家齐
总经理(General Manager):代国元
产品(Products):妇女卫生巾,卫生护垫,婴儿纸尿裤
品牌(Brand):丝婷,舒丝婷,青春女孩

福建天和妇幼日用品有限公司
Fujian Tianhe Women & Children Goods for Daily Use Co., Ltd.
地址(Add):福建省南安市洪濑镇东溪开发区天和工业大厦
邮编(P. C.):362331
电话(Tel):0595－86682278
传真(Fax):0595－86682278
E-mail:fjtianhe@pub2. qz. fj. cn
Http://www. fjtianhe. com
法人代表(Chairman):黄志民
总经理(General Manager):戴志福
联系人(Contact Person):戴山林
产品(Products):妇女卫生巾,卫生护垫,婴儿纸尿裤,湿巾
品牌(Brand):新欣,阳光之秀,忘忧亭

福建泉州捷顺纸品有限公司
Quanzhou Jieshun Paper Products Co., Ltd.
地址(Add):福建省南安市金淘镇三联开发区
邮编(P. C.):362314
电话(Tel):0595－86438916
传真(Fax):0595－86438926
产品(Products):妇女卫生巾,卫生护垫,婴儿纸尿裤,纸尿片
品牌(Brand):佳用

福建省南安市远大卫生用品厂
Nanan Yuanda Hygiene Articles Factory
地址(Add):福建省南安市梅山镇新兰开发区
邮编(P. C.):362321
电话(Tel):0595-86579668
传真(Fax):0595-86579678
法人代表(Chairman):陈燕治
联系人(Contact Person):郑友套
产品(Products):妇女卫生巾,卫生护垫,婴儿纸尿裤,纸尿片,成人纸尿片,护理垫
品牌(Brand):丰采,舒薄棉柔,天线贝贝

福建恒利集团有限公司
Fujian Hengli Group Co., Ltd.
地址(Add):福建省南安市省新镇恒利工业区
邮编(P. C.):362300
电话(Tel):0595-86252666
传真(Fax):0595-86252099
法人代表(Chairman):吴家荣
总经理(General Manager):吴家能
产品(Products):妇女卫生巾,卫生护垫,婴儿纸尿裤、纸尿片,生活用纸
品牌(Brand):舒爽,好舒爽,爽儿宝,好吉利

福建省南安市明大卫生用品厂
Nanan Mingda Hygiene Articles Factory
地址(Add):福建省南安市省新镇善星街2-6号
邮编(P. C.):362300
电话(Tel):0595-86250777
传真(Fax):0595-86255999
E-mail:md@mingda-cn.com
Http://www.mingda-cn.com
联系人(Contact Person):谢海棠
产品(Products):妇女卫生巾,卫生护垫,婴儿纸尿裤,纸尿片,抽式纸巾
品牌(Brand):动心一族,完美女人,清芬,倍儿舒,清芬

南安市嘉乐生活用品有限公司
Nanan Jiale Household Articles Co., Ltd.
地址(Add):福建省南安市水头镇大盈铁场湾
邮编(P. C.):362342
电话(Tel):0595-86811197
传真(Fax):0595-86934792
联系人(Contact Person):张年塘
产品(Products):妇女卫生巾,卫生护垫,婴儿纸尿裤,纸尿片

福建省莆田市荔城纸业有限公司
Fujian Putian Licheng Paper Co., Ltd.
地址(Add):福建省莆田市城厢区华亭镇郊溪工业区
邮编(P. C.):351139
电话(Tel):0594-2029839
传真(Fax):0594-2029539
E-mail:webmaster@fj-licheng.com
Http://www.fjlicheng.com
总经理(General Manager):林元剑
产品(Products):妇女卫生巾,卫生护垫,婴儿纸尿裤、片,成人纸尿裤,卫生纸,面巾纸,餐巾纸
品牌(Brand):佳婷,佳爽,荔城,丝月,BB宝,新宠儿

福建省莆田市恒盛日用品有限公司
Putian Hengsheng Products for Daily Use Co., Ltd.
地址(Add):福建省莆田市涵江区三江民营企业城
邮编(P. C.):351111
电话(Tel):0594-3584777
传真(Fax):0594-3366863
法人代表(Chairman):方明栋
产品(Products):妇女卫生巾,卫生护垫,纸尿裤
品牌(Brand):小佳人,雅丝莉

莆田市丰悦纸业有限公司
Putian Fengyue Paper Co., Ltd.
地址(Add):福建省莆田市涵江区梧塘镇后东工业区
邮编(P. C.):351119
电话(Tel):0594-3991152
传真(Fax):0594-3991462
总经理(General Manager):陈广悦
产品(Products):妇女卫生巾,卫生纸,婴儿纸尿片
品牌(Brand):丰悦,雅朵儿

福建莆田佳通纸制品有限公司
G. T. Paper (Fujian Putian) Co., Ltd.
地址(Add):福建省莆田市江口镇海星街
邮编(P. C.):351115
电话(Tel):0594-3686261
传真(Fax):0594-3697692
E-mail:gtxdq@tom.com
法人代表(Chairman):林美凤
总经理(General Manager):李玉坤
联系人(Contact Person):徐德清
产品(Products):妇女卫生巾,卫生护垫,婴儿纸尿裤,面巾纸,卫生卷纸
品牌(Brand):柔爱,雪薇,佳馨

泉州市利洁妇幼用品有限公司
Quanzhou Lijie Woman & Child Articles Co., Ltd.
地址(Add):福建省泉州市丰泽区北峰工业区丰盈路23号
邮编(P. C.):362000
电话(Tel):0595-22778828
传真(Fax):0595-22762553
法人代表(Chairman):董莉莉
联系人(Contact Person):董莉莉
产品(Products):妇女卫生巾,卫生护垫,婴儿纸尿裤,纸尿片
品牌(Brand):贵族女人,骄傲女人,神秘约会,香尔洁

泉州市恒灿纸品有限公司
Quanzhou Hengcan Paper Products Co., Ltd.
地址(Add):福建省泉州市惠安东园新沙工业区
邮编(P. C.):362122
电话(Tel):0595-87586658
传真(Fax):0595-87586758
E-mail:xt658@163.com
Http://www.hengcan-cn.com
法人代表(Chairman):黄晏来
总经理(General Manager):王业运
联系人(Contact Person):黄汉斌
产品(Products):妇女卫生巾,卫生护垫,纸尿裤,手帕纸,面巾纸
品牌(Brand):相约,洁期,乐帮适,相约宝贝

泉州信兴妇幼卫生用品有限公司

Quanzhou Xinxing Woman & Child Hygiene Articles Co., Ltd.
地址(Add):福建省泉州市惠安洛阳侨乡工业区信兴大厦
邮编(P. C.):362121
电话(Tel):0595-87483709
传真(Fax):0595-87485709
E-mail:auhui@ chinaxinxing. net
Http://www. chinaxinxing. net
联系人(Contact Person):江吴生
产品(Products):妇女卫生巾,卫生护垫,婴儿纸尿片(裤)
品牌(Brand):安惠

泉州市恒雪卫生用品有限公司
Quanzhou Hengxue Hygiene Articles Co., Ltd.
地址(Add):福建省泉州市洛江区河市泰源路工业区
邮编(P. C.):362000
电话(Tel):0595-22037210
传真(Fax):0595-22036095
总经理(General Manager):陈国辉
联系人(Contact Person):黄雪珍
产品(Products):妇女卫生巾,纸尿片

泉州蓝蜻蜓卫生用品有限公司
Quanzhou Lanqingting Hygiene Articles Co., Ltd.
地址(Add):福建省泉州市洛江区桥南工业区 A 栋
邮编(P. C.):362000
电话(Tel):0595-22657266
传真(Fax):0595-22657366
E-mail:qtmmm@ hotmail. com
Http://www. qtmm. com
法人代表(Chairman):朱慧瑜
总经理(General Manager):薛明和
产品(Products):妇女卫生巾,卫生护垫,婴儿纸尿裤
品牌(Brand):蓝蜻蜓,安妮芙,洁芙乐,梦之羽,月韵,神奇宝贝

泉州市怡洁纸业有限公司
Quanzhou Yijie Paper Co., Ltd.
地址(Add):福建省泉州市清濛科技工业区
邮编(P. C.):362000
电话(Tel):0595-22497777
传真(Fax):0595-22499889
法人代表(Chairman):谢长炎
总经理(General Manager):谢长远
产品(Products):妇女卫生巾,卫生护垫,婴儿纸尿裤、片,成人纸尿垫
品牌(Brand):洁尔丝,洁儿需,洁而康

福建泉州露芳妇幼纸品有限公司
Fujian Quanzhou Lufang Women & Children Paper Products Co., Ltd.
地址(Add):福建省泉州市泉秀路汀洲工业区
邮编(P. C.):362000
电话(Tel):0595-22589491
传真(Fax):0595-22586978
E-mail:qzlufang@ sina. com
法人代表(Chairman):吴琼
总经理(General Manager):吴琼
产品(Products):妇女卫生巾,卫生护垫,婴儿纸尿裤
品牌(Brand):露芳

福建省泉州市佳洁妇幼用品有限公司
Fujian Quanzhou Jiajie Women & Children Products Co., Ltd.
地址(Add):福建省泉州市万安工业区杏宅工业楼 A 幢
邮编(P. C.):362012
电话(Tel):0595-22657788
传真(Fax):0595-22657799
E-mail:qzjjabc@ 126. com
总经理(General Manager):黄培生
产品(Products):妇女卫生巾,卫生护垫,纸尿片,纸尿裤,一次性鞋垫
品牌(Brand):一代佳人,舒心,小丫,舒心宝贝,洁丫

三明市顺欣妇幼卫生用品有限公司
Sanming Shunxin Woman & Child Hygiene Articles Co., Ltd.
地址(Add):福建省三明市大田县轻纺工业园区建山路 188 号
邮编(P. C.):366100
电话(Tel):0598-7266369
传真(Fax):0598-7260666
E-mail:shuenxin@ 126. com
Http://www. fjshunxin. com
总经理(General Manager):蔡志明
联系人(Contact Person):林朝晖
产品(Products):妇女卫生巾,卫生护垫,婴儿纸尿裤,纸尿片,湿巾
品牌(Brand):顺欣

福建省三明市宏源卫生用品有限公司
Fujian Sanming Hongyuan Hygiene Products Co., Ltd.
地址(Add):福建省三明市三元区荆东开发区
邮编(P. C.):365004
电话(Tel):0598-8399998
传真(Fax):0598-8399966
法人代表(Chairman):叶秋水
总经理(General Manager):叶秋水
联系人(Contact Person):李秀英
产品(Products):妇女卫生巾,卫生护垫,餐巾纸,卫生卷纸,面巾纸,婴儿纸尿裤,婴儿纸尿片
品牌(Brand):女友,女尔友

厦门亿荣升生活用品有限公司
Xiamen Yirongsheng Household Articles Co., Ltd.
地址(Add):福建省厦门市嘉禾路 392 号国泰大厦 15C
邮编(P. C.):361009
电话(Tel):0592-3122577
传真(Fax):0592-3122579
法人代表(Chairman):章文斌
总经理(General Manager):陈阳升
产品(Products):一次性鞋垫,婴儿纸尿片(裤),成人湿巾,婴儿柔湿巾,妇女卫生巾,卫生护垫
品牌(Brand):益洁

福建漳州市智光纸业有限公司
Fujian Zhangzhou Zhiguang Paper Co., Ltd.
地址(Add):福建省漳州市蓝田工业区横二路西段
邮编(P. C.):363005
电话(Tel):0596-2103599
传真(Fax):0596-2109196
法人代表(Chairman):邓湘闽

总经理(General Manager):陈光伟
联系人(Contact Person):陈智勇
产品(Products):妇女卫生巾,湿巾,面巾纸,成人纸尿裤,婴儿纸尿裤
品牌(Brand):爽月,智光,皇后,依贝思,笑嘻嘻

福建漳州芗城晓莉卫生用品公司
Fujian Zhangzhou Xiangcheng Xiaoli Hygiene Products Co.
地址(Add):福建省漳洲市芗城区石亭镇丰乐工业区
邮编(P. C.):363000
电话(Tel):0596 - 2552936
传真(Fax):0596 - 2552205
法人代表(Chairman):林晓渝
联系人(Contact Person):王金莲
产品(Products):妇女卫生巾,卫生护垫,婴儿纸尿裤,纸尿片
品牌(Brand):安月,明月

◆ 江西 Jiangxi

月兔卫生用品有限公司
Yuetu Hygiene Products Co., Ltd.
地址(Add):江西省广丰县芦林工业区
邮编(P. C.):334600
电话(Tel):0793 - 2610001
传真(Fax):0793 - 2651900
法人代表(Chairman):蒋国山
联系人(Contact Person):蒋雄山
产品(Products):妇女卫生巾,面巾纸,餐巾纸,卷筒纸,尿不湿
品牌(Brand):月兔,黛安娜

南昌牡丹实业有限公司
Nanchang Mudan Industrial Co., Ltd.
地址(Add):江西省南昌市进贤县长山晏乡
邮编(P. C.):331724
电话(Tel):0791 - 5602525
传真(Fax):0791 - 5602525
总经理(General Manager):晁财龙
产品(Products):婴儿纸尿片
品牌(Brand):牡丹

九江市锦丽卫生用品有限公司
Jiujiang Jinli Hygiene Articles Co., Ltd
地址(Add):江西省瑞昌市黄金工业园(北园)
邮编(P. C.):332200
电话(Tel):0792 - 4217293
传真(Fax):0792 - 4217293
总经理(General Manager):冷超中
产品(Products):妇女卫生巾,婴儿纸尿裤,尿片
品牌(Brand):全力

江西帮洁卫生用品有限公司
Jiangxi Bangjie Sanitary Products Co., Ltd.
地址(Add):江西省万载县工业园区
邮编(P. C.):336100
电话(Tel):0795 - 8913666
传真(Fax):0795 - 8913777
总经理(General Manager):张才达
产品(Products):妇女卫生巾,纸尿裤,纸尿片
品牌(Brand):帮柔,娇惠

赣州港都卫生制品有限公司
Ganzhou Gangdu Hygiene Products Co., Ltd.
地址(Add):江西省于都县楂林工业园
邮编(P. C.):342300
电话(Tel):0797 - 6329889
传真(Fax):0797 - 6329616
总经理(General Manager):于金连
联系人(Contact Person):谢永英
产品(Products):妇女卫生巾,卫生护垫,婴儿纸尿片、裤
品牌(Brand):爽期,好爽期,一片乐

◆ 山东 Shandong

舒莱成威纸业公司
Shulai Chengwei Paper Co.
地址(Add):山东省菏泽市花都百货大市场 150 号
邮编(P. C.):274000
电话(Tel):0530 - 5510883
传真(Fax):0530 - 5618387
联系人(Contact Person):成继军
产品(Products):婴儿纸尿裤,妇女卫生巾
品牌(Brand):舒莱

济南亿肤佳卫生用品有限公司
Jinan Yifujia Hygiene Articles Co., Ltd.
地址(Add):山东省济南市商河济盐路 16 号(宏业集团北墙对门第二安装公司院内)
邮编(P. C.):250000
电话(Tel):0531 - 84870318
传真(Fax):0531 - 84879299
E-mail:lizhaosen - yi@163. com
联系人(Contact Person):李召森
产品(Products):妇女卫生巾,卫生护垫,纸尿片,纸尿裤

济南小天使妇婴用品有限公司
Jinan Xiaotianshi Woman & Child Articles Co., Ltd.
地址(Add):山东省济南市天桥区北辛工业园北路 84 号
邮编(P. C.):250000
电话(Tel):0531 - 85666110
传真(Fax):0531 - 85666110
总经理(General Manager):高东旭
产品(Products):成人纸尿裤,隔尿垫巾
品牌(Brand):帮大人,小使者,爱婴

山东郯城康佳卫生用品厂
Tancheng Kangjia Hygiene Articles Factory
地址(Add):山东省郯城郯马经济开发区商业街 526 号
邮编(P. C.):276126
电话(Tel):0539 - 6771158
传真(Fax):0539 - 6771158
联系人(Contact Person):王守乾
产品(Products):妇女卫生巾,卫生护垫,纸尿裤,纸尿片
品牌(Brand):沂蒙情

山东郯城爽可欣卫生用品厂
Tancheng Shuangkexin Hygiene Articles Factory
地址(Add):山东省郯城县经济开发区 18 号
邮编(P. C.):276125
电话(Tel):0539 - 6591028
传真(Fax):0539 - 6591028
E-mail:liyuchen3@etang. com

法人代表(Chairman):吴兴民
联系人(Contact Person):李禹辰
产品(Products):妇女卫生巾,卫生护垫,纸尿裤
品牌(Brand):爽可欣

鲁南康之恋妇幼用品有限公司
Lunan Kangzhilian Woman & Child Articles Co., Ltd.
地址(Add):山东省郯城县马头镇批发市场内
邮编(P. C.):276126
电话(Tel):0539-6772458
传真(Fax):0539-6772458
法人代表(Chairman):郭德才
联系人(Contact Person):房万云
产品(Products):妇女卫生巾,婴儿纸尿裤
品牌(Brand):康之恋

山东鑫盟集团
Shandong Xinmeng Group
地址(Add):山东省郯城县马头综合开发区
邮编(P. C.):276100
电话(Tel):0539-6773531
传真(Fax):0539-6772978
总经理(General Manager):唐学平
产品(Products):妇女卫生巾,卫生护垫,生活用纸,婴儿纸尿裤
品牌(Brand):女宝,暖贝儿

山东佳亿鑫纸品有限公司
Shandong Jiayixin Paper Products Co., Ltd.
地址(Add):山东省郯城县郯马经济开发区
邮编(P. C.):276126
电话(Tel):0539-6776199
传真(Fax):0539-6777199
Http://www.jiayixin.com
联系人(Contact Person):焦爱生
产品(Products):妇女卫生巾,卫生护垫,成人纸尿裤,纸尿片,床垫,婴儿纸尿裤,纸尿片,卫生纸
品牌(Brand):鲁康,名兰,雨倩,巧护理,守护佳人

威海瑞亨卫生用品有限公司
Weihai Ruiheng Hygienic Products Co., Ltd.
地址(Add):山东省威海市经济技术开发区崮山工业园
邮编(P. C.):264207
电话(Tel):0631-5386666
传真(Fax):0631-5385555
E-mail:sales@whruiheng.com
Http://www.whruiheng.com
法人代表(Chairman):路诚新
总经理(General Manager):路军
产品(Products):婴儿纸尿裤、片,成人纸尿裤、片,护理垫
品牌(Brand):BBC,康乐星

威海洁瑞卫生材料制品有限公司
Weihai Jierui Hygienic Material Products Co., Ltd.
地址(Add):山东省威海市世昌大道348号
邮编(P. C.):264209
电话(Tel):0631-5660598
传真(Fax):0631-5660598
E-mail:leekai@public.whptt.sd.cn
法人代表(Chairman):陈林
总经理(General Manager):孔庆威
联系人(Contact Person):王晓莉
产品(Products):婴儿纸尿裤,纸尿片,妇女卫生巾,卫生护垫,护理垫
品牌(Brand):威乐,百仕洁,洁瑞

益母妇女用品有限公司
Yimoo Woman's Products Co., Ltd.
地址(Add):山东省淄博市沂源县城沂蒙路9号
邮编(P. C.):256100
电话(Tel):0533-3241148
传真(Fax):0533-3241148
E-mail:yimoo@yimoo.cn
Http://www.yimoo.com
法人代表(Chairman):赵玉山
总经理(General Manager):李春功
联系人(Contact Person):王维凤
产品(Products):妇女卫生巾,卫生护垫,纸尿裤
品牌(Brand):益母,益贝

◆ 河南 Henan

安阳市汇丰卫生用品有限责任公司
Anyang Huifeng Hygiene Articles Co., Ltd.
地址(Add):河南省安阳市平原桥北韩陵路1号(汇丰工业园区)
邮编(P. C.):455000
电话(Tel):0372-2938385
传真(Fax):0372-2938385
总经理(General Manager):袁廷顺
联系人(Contact Person):李兵
产品(Products):妇女卫生巾,纸尿裤,纸尿片,卫生纸,一次性鞋垫
品牌(Brand):坤月情,梦娜,梦娜宝宝

漯河市鸿翔纸业有限公司
Luohe Hongxiang Paper Co., Ltd.
地址(Add):河南省漯河市郾城县孟南工业区中原路86号
邮编(P. C.):462300
电话(Tel):0395-6926666
传真(Fax):0395-6935555
法人代表(Chairman):王晓东
联系人(Contact Person):王晓东
产品(Products):婴儿纸尿裤,妇女卫生巾,卫生护垫,卫生纸,手帕纸,餐巾纸
品牌(Brand):四季舒,凤求凰

◆ 湖北 Hubei

嘉鱼县康源卫生用品有限责任公司
Jiayu Kangyuan Hygiene Articles Co. Ltd.
地址(Add):湖北省嘉鱼县牌洲湾工业区
邮编(P. C.):437215
电话(Tel):0715-6285252
传真(Fax):0715-6526359
法人代表(Chairman):曾水源
联系人(Contact Person):黎燕
产品(Products):妇女卫生巾,卫生护垫,纸尿片

恒美实业有限公司
Hengmei Industry Co., Ltd.
地址(Add):湖北省武穴市余川经济开发区

邮编(P. C.):435417
电话(Tel):0713 - 6883688
传真(Fax):0713 - 6887339
联系人(Contact Person):张劲松
产品(Products):卫生护垫,纸尿片,纸尿裤

华业塑胶有限公司
Huaye Plastic Co., Ltd.
地址(Add):湖北省仙桃市沔阳大道122号
邮编(P. C.):433000
电话(Tel):0728 - 3257292
传真(Fax):0728 - 3257286
E-mail:fjh@ huayer. com
Http://www. hauyer. com
总经理(General Manager):冯家海
产品(Products):妇女卫生巾,一次性尿垫,流延膜

福建长汀天乐卫生巾厂襄樊分厂
Fujian Changting Tianle Sanitary Napkins Plant Xiangfan Branch
地址(Add):湖北省襄樊市春园西路112号
邮编(P. C.):441002
电话(Tel):0710 - 3111696
传真(Fax):0710 - 3112099
E-mail:tian_le@ 263. net
法人代表(Chairman):林云光
总经理(General Manager):林云光
产品(Products):妇女卫生巾,卫生护垫,婴儿纸尿片,纸尿裤,成人纸尿片
品牌(Brand):天乐,难忘,伊媚儿,伊佳伶

宜昌宇峰纸品有限公司
Yichang Yufeng Paper Products Co., Ltd.
地址(Add):湖北省宜昌枝江市深圳路38号
邮编(P. C.):443200
电话(Tel):0717 - 4213581
传真(Fax):0717 - 4213581
总经理(General Manager):王涛峰
联系人(Contact Person):朱亮英
产品(Products):妇女卫生巾,卫生纸,婴儿纸尿片,成人纸尿片
品牌(Brand):宇峰

◆ 湖南 Hunan

长沙舒尔利卫生用品有限公司
Changsha Shuerli Hygiene Products Co., Ltd.
地址(Add):湖南省长沙市劳动东路262号
邮编(P. C.):410007
电话(Tel):0731 - 5515615
传真(Fax):0731 - 5515615
E-mail:cnxql@ gaoqiao. com
法人代表(Chairman):谢启良
产品(Products):纸尿片,纸尿裤,妇婴两用巾,一次性垫巾,一次性三角尿巾,一次性隔尿巾,卫生纸
品牌(Brand):舒尔利,威威

长沙恒健卫生用品有限公司
Changsha Hengjian Hygiene Products Co., Ltd.
地址(Add):湖南省长沙市宁乡夏驿铺
邮编(P. C.):410604
电话(Tel):0731 - 7952653
传真(Fax):0731 - 7952653
总经理(General Manager):宋志敏
产品(Products):妇女卫生巾,纸尿片
品牌(Brand):忘不了,放得心

湖南省荷洁卫生用品厂
Hunan Hejie Hygiene Articles Factory
地址(Add):湖南省嘉禾县莲荷村26号
邮编(P. C.):424500
电话(Tel):0735 - 6719014
联系人(Contact Person):胡菲
产品(Products):妇女卫生巾,纸尿片,纸尿裤
品牌(Brand):荷洁,OK宝宝

湖南省康乐纸业有限公司
Hunan Kangle Paper Co., Ltd.
地址(Add):湖南省石门县东城区
邮编(P. C.):415304
电话(Tel):0736 - 5012000
传真(Fax):0736 - 5012345
法人代表(Chairman):丁原钧
总经理(General Manager):丁原钧
产品(Products):妇女卫生巾,纸尿片
品牌(Brand):赛洁思

◆ 广东 Guangdong

东莞市百顺纸品有限公司
Dongguan Baishun Paper Products Co., Ltd.
地址(Add):广东省东莞市茶山镇南社工业区
邮编(P. C.):523391
电话(Tel):0769 - 86647902
传真(Fax):0769 - 86416091
E-mail:bs - yinyin@ 163. net
Http://www. dgbaishun. com
法人代表(Chairman):利莉
总经理(General Manager):谢锡佳
联系人(Contact Person):臧铁跃
产品(Products):婴儿纸尿裤,成人纸尿片
品牌(Brand):茵茵

东莞市长发纸品实业有限公司
Dongguan Changfa Paper Products Co., Ltd.
地址(Add):广东省东莞市凤岗镇雁田布心工业区第二幢
邮编(P. C.):523701
电话(Tel):0769 - 87774678
传真(Fax):0769 - 87778183
法人代表(Chairman):邓满林
产品(Products):纸尿裤

东莞姿庭生活用品有限公司
Dongguan Shietine Articles for Daily Use Co., Ltd.
地址(Add):广东省东莞市桥头镇岭头工业区
邮编(P. C.):523530
电话(Tel):0769 - 83343868
传真(Fax):0769 - 83342786
E-mail:gitine@ pub. dgnet. gd. cn
Http://www. gitine. com
法人代表(Chairman):莫浩棠
总经理(General Manager):钱澜

产品(Products):妇女卫生巾,卫生护垫,面巾纸,手帕纸,婴儿纸尿裤
品牌(Brand):姿庭

东莞市瑞麒婴儿用品有限公司
Dongguan AALL & ZYLEMAN Baby Goods Ltd.
地址(Add):广东省东莞市石龙镇西湖管理区2路2号
邮编(P. C.):523325
电话(Tel):0769-86113293
传真(Fax):0769-86112740
E-mail:sales@hellobaby.com
Http://www.ihellobaby.com
法人代表(Chairman):叶建源
总经理(General Manager):叶建源
产品(Products):婴儿纸尿裤
品牌(Brand):哈啰宝贝,哈啰天使,BB熊

东莞市常兴纸业有限公司
Dongguan Changxing Paper Co., Ltd.
地址(Add):广东省东莞市石排镇横山管理区钟屋工业区
邮编(P. C.):523335
电话(Tel):0769-86559888-333
传真(Fax):0769-86559933
总经理(General Manager):王树杨
联系人(Contact Person):张榕钦
产品(Products):婴儿纸尿裤
品牌(Brand):一片爽

东莞市白天鹅纸业有限公司
Dongguan White Swan Paper Products Co., Ltd.
地址(Add):广东省东莞市万江区谷涌工业区
邮编(P. C.):523047
电话(Tel):0769-22172118
传真(Fax):0769-22181226
E-mail:bte@whiteswanpaper.com
Http://www.whiteswanpaper.com
法人代表(Chairman):卢宝祥
总经理(General Manager):卢宝祥
联系人(Contact Person):李刚
产品(Products):卫生纸原纸,卫生卷纸,纸巾纸,妇女卫生巾,卫生护垫,婴儿纸尿裤
品牌(Brand):贝柔,黛柔

东莞市华兴纸业实业有限公司
Dongguan Huaxing Paper Industrial Co., Ltd.
地址(Add):广东省东莞市万江区滘联村工业区
邮编(P. C.):523046
电话(Tel):0769-22271932
传真(Fax):0769-22275919
E-mail:hxzy@huaxing-dg.com
Http://www.huaxing-dg.com
法人代表(Chairman):欧华仔
联系人(Contact Person):洪泽森
产品(Products):卫生纸,餐巾纸,面巾纸,婴儿纸尿裤,妇女卫生巾,卫生护垫
品牌(Brand):花心,伊健

惠康纸业有限公司
Huikang Paper Co., Ltd.
地址(Add):广东省东莞市万江区胜利爱迪工业区
邮编(P. C.):523063
电话(Tel):0769-22179883
传真(Fax):0769-22178188
法人代表(Chairman):詹沛林
总经理(General Manager):赖沃均
产品(Products):妇女卫生巾,卫生护垫,纸尿裤,纸尿片,餐巾纸,卫生卷纸
品牌(Brand):护丽康

佛山市超爽纸品有限公司
Chaoshuang Paper Products Co., Ltd., Foshan
地址(Add):广东省佛山市禅城南庄高新技术产业开发区吉利工业园新源3号18号
邮编(P. C.):528061
电话(Tel):0757-85392882
传真(Fax):0757-85392663
E-mail:mail@chaoshuang.com.cn
Http://www.chaoshuang.com.cn
法人代表(Chairman):陈培德
总经理(General Manager):梁锦锐
产品(Products):婴儿纸尿片,婴儿纸尿裤,护理垫,婴妇纸尿片
品牌(Brand):超爽,爽爽,康佳

佛山市满盈卫生用品有限公司
Foshan Nice Capital Hygiene Accessories Co., Ltd.
地址(Add):广东省佛山市禅武区南庄镇龙津村
邮编(P. C.):528219
电话(Tel):0757-85336793
传真(Fax):0757-85336464
法人代表(Chairman):廖楚明
总经理(General Manager):夏谷贻
联系人(Contact Person):罗月满
产品(Products):婴儿纸尿裤
品牌(Brand):趣致宝,精灵宝贝,小天王,满盈

佛山市佩安婷卫生用品实业有限公司
Foshan Peianting Hygiene Products Industrial Co., Ltd.
地址(Add):广东省佛山市高明区杨梅镇紫荆路5号
邮编(P. C.):528515
电话(Tel):0757-82800209
传真(Fax):0757-82800202
E-mail:master@peianting.com
Http://www.peianting.com
法人代表(Chairman):陈惠华
总经理(General Manager):方润华
联系人(Contact Person):徐哲军
产品(Products):妇女卫生巾,卫生护垫,婴儿纸尿裤、纸尿片,成人纸尿片
品牌(Brand):佩安婷,佩菲菲,珮夫人,佩贝贝

广东省南海康洁香巾厂
Nanhai Kangjie Towel Factory of Guangdong
地址(Add):广东省佛山市南海区桂城石肯工业区
邮编(P. C.):528300
电话(Tel):0757-86361584
传真(Fax):0757-86361584
E-mail:master@kangjie-wettowel.com
Http://www.kangjie-wettowel.com
总经理(General Manager):周柱兴
产品(Products):湿巾,婴儿隔尿垫巾,手帕纸
品牌(Brand):康洁,舒爽

倍安爽卫生用品实业有限公司
Beianshuang Hygiene Products Industrial Co., Ltd.
地址(Add):广东省佛山市南海区罗村联和工业二区
邮编(P.C.):528227
电话(Tel):0757-86400190
传真(Fax):0757-86482813
法人代表(Chairman):周文良
总经理(General Manager):周文良
联系人(Contact Person):朱志斌
产品(Products):妇女卫生巾,卫生护垫,纸尿片
品牌(Brand):水中花,雪中花

南海桂城康索卫生用品有限公司
Kimsof Sanitary Products Co., Ltd.
地址(Add):广东省佛山市南海区罗村罗务公路新涌尾
邮编(P.C.):528200
电话(Tel):0757-86319637
传真(Fax):0757-86304155
E-mail:kimsof@pub.nanhai.net.cn
法人代表(Chairman):何喜永
联系人(Contact Person):何茹
产品(Products):妇女卫生巾,纸尿片
品牌(Brand):金锁,馨爽

南海市罗村倩而宝卫生用品厂
Nanhai Qianerbao Hygiene Articles Factory
地址(Add):广东省佛山市南海区罗村镇街边工业区
邮编(P.C.):528226
电话(Tel):0757-86433838
传真(Fax):0757-86410838
法人代表(Chairman):卢焕娣
联系人(Contact Person):吕均祥
产品(Products):妇女卫生巾,卫生护垫,纸尿裤,纸尿片,妇婴两用巾
品牌(Brand):倩而宝,倩而乐

广东妇健企业有限公司
Guangdong Fujian Enterprise Co., Ltd.
地址(Add):广东省佛山市南海区平洲夏南一工业区
邮编(P.C.):528251
电话(Tel):0757-86774737
传真(Fax):0757-86771573
E-mail:fujian@gd-fujian.com
Http://www.gd-fujian.com
法人代表(Chairman):彭乃强
联系人(Contact Person):苏铭贤
产品(Products):妇女卫生巾,卫生护垫,婴儿纸尿片,婴儿纸尿裤
品牌(Brand):妇健,锡晒你

广东省宝儿用品有限公司
Guangdong Baby Products Co., Ltd.
地址(Add):广东省佛山市南海区西樵河岗开发区5号
邮编(P.C.):528211
电话(Tel):0757-86821997
传真(Fax):0757-86821998
E-mail:babyking@babyking.com.cn
Http://www.babyking.com.cn
法人代表(Chairman):李伯石
总经理(General Manager):罗瑞柄
联系人(Contact Person):李恩成
产品(Products):纸尿裤,纸尿片
品牌(Brand):帝儿宝,惠康保,惠儿宝,惠儿乐

广东顺德美洁卫生用品有限公司
Shunde Meijie Hygiene Products Co., Ltd.
地址(Add):广东省佛山市顺德区乐从镇道教工业区中路西6号
邮编(P.C.):528315
电话(Tel):0757-28331328
传真(Fax):0757-28331310
E-mail:office@gdmeijie.com
Http://www.gdmeijie.com
法人代表(Chairman):黎力冲
产品(Products):妇女卫生巾,卫生护垫,尿片
品牌(Brand):美洁,美洁宝宝,美宜洁

顺德市乐从镇劳村康怡卫生用品厂
Shunde Kangyi Hygiene Products Plant
地址(Add):广东省佛山市顺德区乐从镇劳村工业区
邮编(P.C.):528315
电话(Tel):0757-28869292
传真(Fax):0757-28831789
法人代表(Chairman):劳光发
联系人(Contact Person):劳旗
产品(Products):妇女卫生巾,卫生护垫,婴儿纸尿裤,成人纸尿裤
品牌(Brand):康怡,康怡乐

顺德市乐从镇佳洁卫生用品厂
Shunde Jiajie Sanitary Products Factory
地址(Add):广东省佛山市顺德区乐从镇良教工业区
邮编(P.C.):528315
电话(Tel):0757-28830234
传真(Fax):0757-28833777
E-mail:cooljie99@21cn.com
Http://www.cooljie.com
联系人(Contact Person):赖继林
产品(Products):妇女卫生巾,卫生护垫,婴儿纸尿裤、片
品牌(Brand):蝴蝶结

广东省佛山市顺德区乐从镇其乐卫生用品有限公司
Foshan Qile Hygiene Products Co., Ltd.
地址(Add):广东省佛山市顺德区乐从镇三乐路劳村工业开发区
邮编(P.C.):528315
电话(Tel):0757-28854680
传真(Fax):0757-28830867
法人代表(Chairman):劳翠欢
总经理(General Manager):黎力干
产品(Products):妇女卫生巾,卫生护垫,纸尿片
品牌(Brand):思乐,俏迷

新感觉卫生用品有限公司
New Sensation Sanitary Product Co., Ltd.
地址(Add):广东省佛山市顺德区乐从镇细海工业区
邮编(P.C.):528315
电话(Tel):0757-28332556
传真(Fax):0757-28858862
E-mail:sdxgj@pub.sdnet.gd.cn
Http://www.newsensation.com.cn
法人代表(Chairman):黎汉中

总经理(General Manager):黎国英
联系人(Contact Person):黎汉石
产品(Products):妇女卫生巾,卫生护垫,婴儿纸尿裤、纸尿片,成人纸尿裤、纸尿片
品牌(Brand):新感觉,没烦恼

佛山市顺德区舒乐卫生用品有限公司
Foshan Shule Hygiene Articles Co., Ltd.
地址(Add):广东省佛山市顺德区勒流镇扶闾工业区
邮编(P.C.):528322
电话(Tel):0757-25332613
传真(Fax):0757-25564179
法人代表(Chairman):廖顺明
联系人(Contact Person):廖志雄
产品(Products):妇女卫生巾,婴儿纸尿裤
品牌(Brand):女儿宝,健儿宝,俏精灵,俏而健

佛山市志达实业有限公司
Foshan Zhida Industry Co., Ltd.
地址(Add):广东省佛山市张槎大江路口
邮编(P.C.):528000
电话(Tel):0757-82210540
传真(Fax):0757-82128444
总经理(General Manager):李少开
产品(Products):妇女卫生巾,纸尿裤
品牌(Brand):乐の惠

广州粤丰飞跃实业有限公司
Guangzhou Yuefeng Feiyue Industrial Co., Ltd.
地址(Add):广东省广州市白云区竹料镇东风村
邮编(P.C.):510545
电话(Tel):020-87440008
传真(Fax):020-87442169
法人代表(Chairman):黄景城
产品(Products):妇女卫生巾,卫生护垫,纸尿片
品牌(Brand):护尔爽

广东省芬兰馨实业有限公司
Fenlanxin Industrial Co., Ltd. Guangdong Province
地址(Add):广东省广州市天河路9号润粤大厦11楼A座
邮编(P.C.):510075
电话(Tel):020-37600019
传真(Fax):020-37600020
E-mail:Fenlanxin@fenlanxin.com
Http://www.fenlanxin.com
法人代表(Chairman):杨耀文
总经理(General Manager):杨耀文
联系人(Contact Person):陈绍辉
产品(Products):妇女卫生巾,卫生护垫,婴儿纸尿裤
品牌(Brand):芬兰馨,美芳

宝洁(中国)有限公司
Procter & Gamble (China) Ltd.
地址(Add):广东省广州市天河区林和西路161号中泰国际广场30楼
邮编(P.C.):510040
电话(Tel):020-85186688
传真(Fax):020-85186131
E-mail:wan.an@pg.com
Http://www.pg.com.cn
法人代表(Chairman):罗宏斐
总经理(General Manager):罗宏斐
联系人(Contact Person):万向红
产品(Products):妇女卫生巾,卫生护垫,婴儿纸尿裤,湿巾
品牌(Brand):护舒宝,帮宝适

广东省鹤山市莉达纸品厂
Heshan Lida Paper Products Factory
地址(Add):广东省鹤山市沙坪镇人民路恒昌花园109号
邮编(P.C.):529700
电话(Tel):0750-8907827
传真(Fax):0750-8907827
产品(Products):妇女卫生巾,卫生护垫,尿巾

惠东县长荣实业有限公司
Huidong Changrong Industry Co., Ltd.
地址(Add):广东省惠东县白花镇太阳坳工业区
邮编(P.C.):516300
电话(Tel):0752-8868208
传真(Fax):0752-8861661
法人代表(Chairman):吴扬勇
总经理(General Manager):林太平
产品(Products):成人纸尿片,婴儿纸尿片,宠物垫片,妇婴两用巾,往生垫,妇女卫生巾,卫生护垫,产妇巾,卫生床垫
品牌(Brand):护理伴

惠阳浩德实业有限公司
Huiyang Haode Industry Co., Ltd.
地址(Add):广东省惠州市惠阳淡水排坊工业区
邮编(P.C.):516211
电话(Tel):0752-3356328
传真(Fax):0752-3340683
法人代表(Chairman):叶新梅
总经理(General Manager):吴权昌
产品(Products):妇女卫生巾,卫生护垫,纸尿片,纸尿裤,纸巾纸
品牌(Brand):乐乎乐,惠安雅,清爽,清婷,三和

江门市江海区天之娇纸品有限公司
Jiangmen Angie Paper Products Co., Ltd.
地址(Add):广东省江门市滘北第一工业区龙湾里95号
邮编(P.C.):529040
电话(Tel):0750-3812222
传真(Fax):0750-3813233
E-mail:gdangie@21cn.com
Http://www.angie.e8d.net
法人代表(Chairman):龙海涛
总经理(General Manager):龙海涛
产品(Products):妇女卫生巾,卫生护垫,婴儿纸尿裤
品牌(Brand):天之娇,两相依,娇儿乐,娇娇

江门市新会区爱尔保洁用品有限公司
Jiangmen Xinhui Aier Sanitary Products Co., Ltd.
地址(Add):广东省江门市新会区睦洲镇河滨中路
邮编(P.C.):529143
电话(Tel):0750-6222813
传真(Fax):0750-6226801
法人代表(Chairman):林德
总经理(General Manager):林德
产品(Products):妇女卫生巾,卫生护垫,妇婴巾,纸尿裤,纸尿片

品牌(Brand):爱尔,蝴蝶缘

燕婷(新会)保洁用品厂
Yanting (Xinhui) Cleaning Articles Factory
地址(Add):广东省江门市新会区睦洲镇新丰工业区
邮编(P. C.):529143
电话(Tel):0750－6229333
传真(Fax):0750－6229998
E-mail:yanting@ yanting. com. cn
Http://www. yanting. com. cn
总经理(General Manager):冯华仔
产品(Products):妇女卫生巾,婴儿纸尿裤
品牌(Brand):燕婷

江门市新会区完美生活用品有限公司
Xinhui Wanmei Household Articles Co., Ltd.
地址(Add):广东省江门市新会区睦洲镇新沙工业区
邮编(P. C.):529143
电话(Tel):0750－6226253
传真(Fax):0750－6227825
E-mail:guangdongwanmei@ 21cn. com
总经理(General Manager):吴锡荣
联系人(Contact Person):任文然
产品(Products):妇女卫生巾,卫生护垫,妇婴两用巾,纸尿片
品牌(Brand):完美

揭东县新亨洁新纸业制品厂(洁新干法造纸厂)
Jiedong Xinheng Jiexin Paper Products Plant(Jiexin Airlaid Paper Mill)
地址(Add):广东省揭阳市揭东县新亨镇埔东工业区
邮编(P. C.):515548
电话(Tel):0663－3434888
传真(Fax):0663－3434999
E-mail:jiexin999@ 163. com
Http://www. jiexin. com. cn
法人代表(Chairman):陈建辉
总经理(General Manager):陈建辉
联系人(Contact Person):陈潮芬
产品(Products):卫生纸,厨房用纸,餐巾纸,纸尿片,卫生护垫,鞋垫及其设备,干法纸及其设备
品牌(Brand):洁新,亲亲宝贝

汕头市爱护洁护理用品厂有限公司
Eleaine Treatment Prod. Fty. Ltd.
地址(Add):广东省汕头市潮汕路金园工业区第十片区
邮编(P. C.):515041
电话(Tel):0754－2909933
传真(Fax):0754－8105531
E-mail:eleaine@ pub. shantou. gd. cn
Http://www. eleaine. com. cn
法人代表(Chairman):张朝侠
总经理(General Manager):张朝侠
联系人(Contact Person):姚光岳
产品(Products):婴儿纸尿裤
品牌(Brand):爱护洁

深圳市全立好实业有限公司
Shenzhen Quanlihao Industrial Co., Ltd.
地址(Add):广东省深圳市罗湖区宝岗路5号402号南二层
邮编(P. C.):518023
电话(Tel):0755－82441567
传真(Fax):0755－82441567
总经理(General Manager):方方
产品(Products):妇女卫生巾,成人纸尿裤,护理垫,婴儿纸尿裤(片),餐巾纸
品牌(Brand):诺美,立好

深圳信威纸品有限公司
Shenzhen Xinwei Paper Products Co., Ltd.
地址(Add):广东省深圳市南山区华侨城东部工业区东A2栋(1,2层)
邮编(P. C.):518053
电话(Tel):0755－26602711
传真(Fax):0755－26901710
法人代表(Chairman):林冬铭
总经理(General Manager):谭志强
联系人(Contact Person):谭纪容
产品(Products):妇女卫生巾,婴儿纸尿裤,面巾纸,餐巾纸,卫生纸
品牌(Brand):雅洁,舒适宝

爱得利(广州)婴儿用品有限公司
Aideli (Guangzhou) Baby Goods Co., Ltd.
地址(Add):广东省增城市新塘镇太平洋工业区南安区塘岗
邮编(P. C.):511340
电话(Tel):020－82703651
传真(Fax):020－82703653
联系人(Contact Person):林伟松
产品(Products):婴儿纸尿裤
品牌(Brand):爱得利

亨煌日用品有限公司
Hang Wong Sani－Tech Co., Ltd.
地址(Add):广东省增城市增滩路增化集团工业区
邮编(P. C.):511330
电话(Tel):020－82925838
传真(Fax):020－82925837
E-mail:zcyzws@ public. guangzhou. gd. cn
Http://www. hangwong. com
法人代表(Chairman):梁子煌
总经理(General Manager):刘景超
联系人(Contact Person):刘焯钦
产品(Products):婴儿纸尿裤,婴儿纸尿片,妇女卫生巾,成人纸尿裤,纸尿片
品牌(Brand):婴怡朗,雅怡朗,馨怡朗

中山市宜姿卫生制品有限公司
Zhongshan Yizi Hygiene Products Co., Ltd.
地址(Add):广东省中山市南朗镇第六工业园(即大车工业园)
邮编(P. C.):528451
电话(Tel):0760－5219362
传真(Fax):0760－5219296
Http://www. zhongshanyizi. com
法人代表(Chairman):黄杰培
联系人(Contact Person):董炳怀
产品(Products):妇女卫生巾,婴儿纸尿裤,成人纸尿裤
品牌(Brand):宜姿,全护

中山市星华纸业发展有限公司
Zhongshan Xinghua Paper Industry Development Co., Ltd.
地址(Add):广东省中山市三乡白石工业区文华东路8-10号
邮编(P. C.):528463
电话(Tel):0760-6321599
传真(Fax):0760-6332992
法人代表(Chairman):王民星
联系人(Contact Person):韦玲
产品(Products):妇女卫生巾,卫生护垫,婴儿纸尿裤(片),湿巾
品牌(Brand):康护舒,八重护理,安芯天使

中山康怡然卫生用品有限公司
Zhongshan Kangyiran Hygiene Products Co., Ltd.
地址(Add):广东省中山市三乡镇前陇工业区
邮编(P. C.):528463
电话(Tel):0760-6329701
传真(Fax):0760-6329702
总经理(General Manager):李进来
产品(Products):妇女卫生巾,婴儿纸尿裤,纸尿片
品牌(Brand):怡兰

中山市龙发卫生用品有限公司
Zhongshan Longfa Sanitary Products Co., Ltd.
地址(Add):广东省中山市坦洲镇第三工业区前进二路10号
邮编(P. C.):528467
电话(Tel):0760-6653689
传真(Fax):0760-6212618
法人代表(Chairman):温春桂
联系人(Contact Person):温锦安
产品(Products):妇女卫生巾,卫生护垫,婴儿纸尿片、尿裤
品牌(Brand):蝶羽丝,舒立洁

中山瑞德卫生纸品有限公司
Disposable Soft Goods (Zhongshan) Ltd.
地址(Add):广东省中山市西区沙朗第三工业区金昌工业路
邮编(P. C.):528411
电话(Tel):0760-8559866
传真(Fax):0760-8558794
E-mail:frankie@dsgil.com
Http://www.fitti.com
法人代表(Chairman):崔守礼
总经理(General Manager):关兆华
联系人(Contact Person):关兆华
产品(Products):婴儿纸尿裤
品牌(Brand):FITTI(菲比),PETPET(宝宝),Babylove(爱婴)

珠海市威威纸业有限公司
Zhuhai Weiwei Paper Co., Ltd.
地址(Add):广东省珠海市兴业路1号47栋1层
邮编(P. C.):519000
电话(Tel):0756-2288110
传真(Fax):0756-2290130
法人代表(Chairman):李焕南
总经理(General Manager):李焕南
联系人(Contact Person):罗志
产品(Products):妇女卫生巾,婴儿纸尿裤,卫生纸
品牌(Brand):健妮娃,樱子,可采,健妮,冰点激情

◆ 广西 Guangxi

柳州惠好卫生用品有限公司
Liuzhou Huihao Hygiene Products Co., Ltd.
地址(Add):广西柳州市高新技术产业开发区
邮编(P. C.):545001
电话(Tel):0772-2608092
传真(Fax):0772-2608094
E-mail:Lzlmz@public.lzptt.gx.cn
Http://www.tooth-paste.com
法人代表(Chairman):梁英奇
总经理(General Manager):叶建平
联系人(Contact Person):齐宝珠
产品(Products):妇女卫生巾,卫生护垫,婴儿纸尿片
品牌(Brand):惠好,凯茜

广西舒雅护理用品有限公司
Guangxi Shuya Health Care-Products Co., Ltd.
地址(Add):广西南宁市华侨投资区
邮编(P. C.):530105
电话(Tel):0771-6301370
传真(Fax):0771-2847242
E-mail:shuya@public.nn.gx.cn
Http://www.shuya-china.com
法人代表(Chairman):韦力清
总经理(General Manager):黄玉梅
产品(Products):妇女卫生巾,卫生护垫,婴儿纸尿裤,湿巾,一次性鞋垫
品牌(Brand):舒雅,舒儿特

广西南宁市玉云纸制品有限公司
Guangxi Nanning Yuyun Paper Products Co., Ltd.
地址(Add):广西南宁市鲁班路1号
邮编(P. C.):530003
电话(Tel):0771-3828788
传真(Fax):0771-3836404
E-mail:yuyunshuangfei@263.net
Http://www.sofei.net
法人代表(Chairman):江中云
产品(Products):卫生纸,餐巾纸,妇女卫生巾,卫生护垫,婴儿纸尿裤、片
品牌(Brand):爽妃

广西新佳士卫生用品有限公司
Guangxi Xinjiashi Hygiene Articles Co., Ltd.
地址(Add):广西南宁市五一西路
邮编(P. C.):530031
电话(Tel):0771-4869216
传真(Fax):0771-4866686
总经理(General Manager):江日晶
联系人(Contact Person):江日伟
产品(Products):妇女卫生巾,卫生卷纸,婴儿纸尿裤
品牌(Brand):新芳佳,佳士

◆ 重庆 Chongqing

重庆丝爽卫生用品有限公司
Chongqing Sishuang Hygiene Products Co., Ltd.

地址(Add):重庆市高新区科园四路149号3-3#
邮编(P.C.):400041
电话(Tel):023-89088906
传真(Fax):023-89088905
Http://www.sishuang.com
法人代表(Chairman):谢秋林
联系人(Contact Person):陈荣
产品(Products):妇女卫生巾,湿巾,婴儿纸尿裤
品牌(Brand):妮爽,自由点,丹宁,妮儿爽

重庆舒乐卫生用品有限公司
Chongqing Superior Sanitary Products Co., Ltd.
地址(Add):重庆市江北区建新西路88号1单元7-2号
邮编(P.C.):400022
电话(Tel):023-67853086
传真(Fax):023-67873785
E-mail:david@chinasuperior.com
Http://www.chinasuperior.com
法人代表(Chairman):吴全秀
总经理(General Manager):张国仲
产品(Products):妇女卫生巾,成人纸尿片,婴儿纸尿裤,纸尿片,卫生床垫
品牌(Brand):舒美乐,舒适派,康乐,舒乐,太阳BB,舒儿宝

重庆圣洁卫生用品有限公司
Chongqing Shengjie Hygiene Products Co., Ltd.
地址(Add):重庆市江北区南桥寺华渝工业园区
邮编(P.C.):400021
电话(Tel):023-67656664
传真(Fax):023-67656674
法人代表(Chairman):曲渡江
总经理(General Manager):刘忠民
联系人(Contact Person):寿培良
产品(Products):妇女卫生巾,卫生护垫,纸尿片,卫生纸
品牌(Brand):圣维纳

◆ 四川 Sichuan

成都市芳舒乐卫生纸品有限公司
Chengdu Fangshule Tissue Paper Products Co., Ltd.
地址(Add):四川省成都市武侯区簇桥乡马家河四组
邮编(P.C.):610043
电话(Tel):028-85034816
传真(Fax):028-85027630
E-mail:commonsava@hotmail.com
联系人(Contact Person):黄开星
产品(Products):妇女卫生巾,生活用纸,婴儿纸尿裤
品牌(Brand):芳舒乐

四川德阳蓝海妇幼用品有限公司
Sichuan Deyang Lanhai Maternity & Child Articles Co., Ltd.
地址(Add):四川省德阳市八角工业园区
邮编(P.C.):618003
电话(Tel):0838-2602333
传真(Fax):0838-2601333
Http://www.chinalanhai.com
法人代表(Chairman):郭贻平
总经理(General Manager):王启昭
联系人(Contact Person):何西萍
产品(Products):妇女卫生巾,卫生护垫,婴儿纸尿裤
品牌(Brand):婷婷丽丝 Nivex,婷婷丽丝 Nivex-小乖乖

◆ 贵州 Guizhou

贵阳恒丰卫生用品有限公司
Guiyang Hengfeng Hygiene Products Co., Ltd.
地址(Add):贵州省贵阳市车水路157号
邮编(P.C.):550003
电话(Tel):0851-5100886
传真(Fax):0851-5100886
法人代表(Chairman):陈秀容
总经理(General Manager):王仕勇
产品(Products):婴儿纸尿片,卫生卷纸
品牌(Brand):贵子

◆ 云南 Yunnan

昆明市港舒卫生用品厂
Kunming Gangshu Hygiene Products Factory
地址(Add):云南省昆明市滇池路中段陆家营
邮编(P.C.):650228
电话(Tel):0871-4575888
传真(Fax):0871-4585989
E-mail:business@gangshu.net
Http://www.gangshu.net
法人代表(Chairman):蔡燕珠
总经理(General Manager):杨剑锋
产品(Products):妇女卫生巾,卫生护垫,面巾纸,卷纸,纸尿裤
品牌(Brand):诗尔爽,诗爽

◆ 陕西 Shaanxi

西安可心日用制品有限公司
Xi'an Kexin Articles for Daily Use Co., Ltd.
地址(Add):陕西省西安市高陵县城东方红路157号
邮编(P.C.):710200
电话(Tel):029-86913414
传真(Fax):029-86913541
E-mail:office@xakexin.com
Http://www.xakexin.com
法人代表(Chairman):陈敬仁
总经理(General Manager):陈敬仁
联系人(Contact Person):王平
产品(Products):妇女卫生巾,卫生护垫,婴儿纸尿裤,纸尿片,餐巾纸
品牌(Brand):可心,新可心,可心宝儿

◆ 甘肃 Gansu

天水天洁卫生用品有限公司
Tianshui Tianjie Hygiene Articles Co., Ltd.
地址(Add):甘肃省天水市秦城区石马坪莲亭路1号
邮编(P.C.):741000
电话(Tel):0938-8285262
总经理(General Manager):孙天喜
产品(Products):妇女卫生巾,婴儿纸尿裤,成人失禁用品,一次性医疗卫生用品

◆ 宁夏 Ningxia

宁夏轻工业设计研究院卫生保健制品厂
Ningxia Light Industry Design & Research Institute Hy-

giene & Health Care Products Factory
地址(Add):宁夏银川市育新巷10号
邮编(P. C.):750001
电话(Tel):0951-5045153
传真(Fax):0951-5041783
法人代表(Chairman):邵西宁
联系人(Contact Person):刘根成
产品(Products):婴儿纸尿片
品牌(Brand):绿如蓝

成人纸尿布和失禁用品生产企业按产品和地区细分统计

（2005 年，统计总数 75 家）

序号	行政区 Region	企业数	起始页	序号	行政区 Region	企业数	起始页
1	北京 Beijing	3	346	13	福建 Fujian	8	350
2	天津 Tianjin	10	346	15	山东 Shandong	5	351
3	河北 Hebei	6	347	17	湖北 Hubei	2	352
6	辽宁 Liaoning	3	348	19	广东 Guangdong	11	352
8	黑龙江 Heilongjiang	1	348	22	重庆 Chongqing	1	353
9	上海 Shanghai	5	348	23	四川 Sichuan	1	353
10	江苏 Jiangsu	14	348	28	甘肃 Gansu	1	353
11	浙江 Zhejiang	4	350				

注：4 山西、5 内蒙古、7 吉林、12 安徽、14 江西、16 河南、18 湖南、20 广西、21 海南、24 贵州、25 云南、26 西藏、27 陕西、29 青海、30 宁夏和 31 新疆为缺项。

成人纸尿布及失禁用品

Adult diapers and incontinences

◆ 北京 Beijing

北京业通卫生材料有限责任公司
Beijing Yetong Sanitary Material Co., Ltd.
地址(Add):北京市安定路28号(1803)
邮编(P. C.):100029
电话(Tel):010-64425650
传真(Fax):010-64425650
法人代表(Chairman):李柏
联系人(Contact Person):李娟
产品(Products):成人纸尿垫
品牌(Brand):京妮

北京倍舒特妇幼用品有限公司
Beijing Beishute Maternity & Child Articles Co., Ltd.
地址(Add):北京市密云工业开发区
邮编(P. C.):101500
电话(Tel):010-69061748
传真(Fax):010-69061747
E-mail:mail@bjbest.com.cn
Http://www.bjbest.com.cn
法人代表(Chairman):李秋红
总经理(General Manager):李秋红
联系人(Contact Person):曾华祖
产品(Products):妇女卫生巾,卫生护垫,婴儿纸尿片,护理垫
品牌(Brand):倍舒特,健康宝宝

◆ 天津 Tianjin

天津日商卫生科技发展有限公司
Tianjin Rishang Sanitation Science & Technology Development Co., Ltd.
地址(Add):天津市北辰高科技产业园区辰星工业园淮河道
邮编(P. C.):300402
电话(Tel):022-26301231
传真(Fax):022-84941395
法人代表(Chairman):杨印海
总经理(General Manager):杨印海
联系人(Contact Person):杨印江
产品(Products):妇女卫生巾,卫生护垫,婴儿纸尿裤,婴儿纸尿片,护理垫,宠物垫
品牌(Brand):小护士

天津市小燕子卫生用品有限公司
Tianjin Xiaoyanzi Hygiene Products Co., Ltd.
地址(Add):天津市北辰区科技园区(宜兴埠)
邮编(P. C.):300402
电话(Tel):022-26910678
传真(Fax):022-26910678
总经理(General Manager):华鼎升
产品(Products):妇女卫生巾,卫生护垫,成人纸尿裤,婴儿纸尿裤
品牌(Brand):小燕子,曲美

天津市森华卫生巾制品有限公司
Tianjin Senhua Sanitary Napkins Product Co., Ltd.
地址(Add):天津市大港区古林街工业区
邮编(P. C.):300270
电话(Tel):022-63221661
传真(Fax):022-63220580
E-mail:manlichina@sohu.com
Http://www.dgnet.gov.cn/manli.htm
法人代表(Chairman):朱明华
总经理(General Manager):杨继青
联系人(Contact Person):刘春霞
产品(Products):妇女卫生巾,卫生护垫,成人垫巾和失禁用品,湿巾
品牌(Brand):蔓莉

天津市英华妇幼用品有限公司
Tianjin Yinghua Women & Children Products Co., Ltd.
地址(Add):天津市东丽区金钟公路大毕庄镇
邮编(P. C.):300240
电话(Tel):022-26791415
传真(Fax):022-26795158
法人代表(Chairman):孙富举
总经理(General Manager):孙富举
产品(Products):妇女卫生巾,卫生护垫,婴儿纸尿裤、片,成人护理垫
品牌(Brand):心宝,心思

天津市恒新纸业有限公司
Tianjin Hengxin Paper Co., Ltd.
地址(Add):天津市津南经济技术开发区(双港)
邮编(P. C.):300350
电话(Tel):022-28571061
传真(Fax):022-88828679
E-mail:hengxin-zhiye@sohu.com
总经理(General Manager):李宝金
联系人(Contact Person):宁书金
产品(Products):妇女卫生巾,婴儿纸尿片,成人尿片,多功能护理垫,一次性鞋垫
品牌(Brand):假日欣,邦宜生,好丽友,云雅

天津德发妇幼保健用品厂
Tianjin Defa Woman & Child Healthcare Articles Factory
地址(Add):天津市南开区临潼西里9号楼1门4号
邮编(P. C.):300112
电话(Tel):022-27365899
传真(Fax):022-87982636
联系人(Contact Person):訾秀琴
产品(Products):成人纸尿裤,尿垫,床垫,婴儿纸尿片
品牌(Brand):得贝爱婴

恒安(天津)卫生用品有限公司
Hengan (Tianjin) Hygiene Products Co., Ltd.
地址(Add):天津市西青经济开发区兴华一支路6号
邮编(P. C.):300381
电话(Tel):022-23973688
传真(Fax):022-23973688
法人代表(Chairman):施文博
联系人(Contact Person):林金相

产品(Products):妇女卫生巾,纸尿裤
品牌(Brand):安乐,安尔乐,安儿乐,安而康

天津市依依卫生用品厂
Tianjin Yiyi Hygiene Products Factory
地址(Add):天津市西青经济开发区张沃工业园
邮编(P. C.):300380
电话(Tel):022-87988888
传真(Fax):022-27950903
E-mail:yy@yyzy.com
Http://www.yyzy.com
法人代表(Chairman):高福忠
总经理(General Manager):高福忠
联系人(Contact Person):卢俊美
产品(Products):妇女卫生巾,卫生护垫,婴儿纸尿片,护理垫,宠物垫,卫生卷纸,纸巾纸
品牌(Brand):依依

天津杏林白十字医疗卫生材料用品有限公司
Tianjin Xinglin Baishizi Co., Ltd.
地址(Add):天津市西青区经济开发区业盛道3号
邮编(P. C.):300381
电话(Tel):022-23972036
传真(Fax):022-23972012
E-mail:tyoumei@sina.com
法人代表(Chairman):石学敏
总经理(General Manager):王良
产品(Products):成人纸尿片,纸尿裤,尿垫
品牌(Brand):洒露把

天津市洁尔卫生用品有限公司
Tianjin Jieer Hygiene Products Co., Ltd.
地址(Add):天津市西青区中北镇中北工业园
邮编(P. C.):300112
电话(Tel):022-27948771
传真(Fax):022-27395410
法人代表(Chairman):张志宏
联系人(Contact Person):胡青山
产品(Products):妇女卫生巾,卫生护垫,婴儿、成人纸尿裤、纸尿片,湿巾
品牌(Brand):尚好佳,冬虫草

禾丰(天津)卫生用品有限公司
Harvest (Tianjin) Sanitary Products Co., Ltd.
地址(Add):天津市新技术产业园区武清开发区泉旺路南财源道5号
邮编(P. C.):301726
电话(Tel):022-82122296-98
传真(Fax):022-82122289
E-mail:hefeng@vip.sina.com
法人代表(Chairman):陈朝根
联系人(Contact Person):张云龙
产品(Products):妇女卫生巾,卫生护垫,成人纸尿裤,婴儿尿不湿及伴侣
品牌(Brand):青春旗,伊娇儿

◆ 河北 Hebei

邯郸市月亮湾保健品有限公司
Handan Yueliangwan Healthcare Products Co., Ltd.
地址(Add):河北省磁县磁州园中园高新技术开发区
邮编(P. C.):056500
电话(Tel):0310-2388216
传真(Fax):0310-2388239
法人代表(Chairman):谢志卿
产品(Products):妇女卫生巾,卫生护垫,婴儿纸尿裤,成人失禁尿片(裤)
品牌(Brand):黛芙妮,黛婷

雅美卫生保健品有限公司
Yamei Hygiene & Healthcare Products Co., Ltd.
地址(Add):河北省隆尧县东方食品城
邮编(P. C.):055350
电话(Tel):0319-6592098
传真(Fax):0319-6592258
总经理(General Manager):范录洲
产品(Products):妇女卫生巾,婴儿纸尿裤,婴儿尿垫,成人垫巾
品牌(Brand):黛玉

嘉禾卫生用品厂
Jiahe Hygiene Articles Factory
地址(Add):河北省满城县大册营造纸工业区
邮编(P. C.):072150
电话(Tel):0312-7026815
传真(Fax):0312-7026667
总经理(General Manager):赵长海
产品(Products):妇女卫生巾,成人护理垫,产妇垫,医用床垫,面巾纸,餐巾纸
品牌(Brand):纤柔,安婷,贝尔乐,心连心

妇康卫生用品厂
Fukang Hygiene Articles Factory
地址(Add):河北省唐山市路北区果园西郭庄(新火车站西行2公里)
邮编(P. C.):063000
电话(Tel):0315-2343776
总经理(General Manager):刘福庄
产品(Products):妇女卫生巾,卫生护垫,婴儿尿不湿,成人尿垫
品牌(Brand):慧芳

邢台市好美时卫生用品有限公司
Xingtai Haomeishi Sanitary Products Co., Ltd.
地址(Add):河北省邢台市内邱县内隆路88号(原法医医院院内)
邮编(P. C.):054200
电话(Tel):0319-6889689
传真(Fax):0319-6889689
法人代表(Chairman):郝向民
联系人(Contact Person):郝向民
产品(Products):妇女卫生巾,卫生护垫,纸尿裤,尿片,护理垫
品牌(Brand):好美时,天妮

河北省雄县洁康旅游用品有限公司
Hebei Xiongxian Jiakang Tourism Articles Co., Ltd.
地址(Add):河北省雄县张庄工业区
邮编(P. C.):071800
电话(Tel):0312-5780666
传真(Fax):0312-5783938
法人代表(Chairman):周宝强

联系人(Contact Person):周宝强
产品(Products):一次性纸内裤,成人护理垫,一次性纸围裙、套袖、床单
品牌(Brand):洁康

◆ 辽宁 Liaoning

锦州市瑞华卫生用品有限公司
Jinzhou Ruihua Hygiene Products Co., Ltd.
地址(Add):辽宁省锦州市太和区钟屯乡胜利工业区锦朝街42-6号
邮编(P.C.):121001
电话(Tel):0416-4567526
传真(Fax):0416-4567526
法人代表(Chairman):刘光然
产品(Products):妇女卫生巾,卫生护垫,护理垫,婴儿尿垫,宠物垫
品牌(Brand):宝利丝,维珍

沈阳美商卫生保健用品有限公司
Shenyang Meishang Hygiene & Healthcare Articles Co., Ltd.
地址(Add):辽宁省沈阳市和平区长白街176号
邮编(P.C.):110166
电话(Tel):024-23731212
传真(Fax):024-23731313
E-mail:meishang9898@tom.com
总经理(General Manager):吕威章
联系人(Contact Person):吕金强
产品(Products):妇女卫生巾,卫生护垫,卫生纸,成人纸尿裤,成人护理垫
品牌(Brand):雨柔,帮大人

沈阳般舟纸制品有限公司
Shenyang Banzhou Paper Products Co., Ltd.
地址(Add):辽宁省沈阳市铁西区红粉路23号8门
邮编(P.C.):110023
电话(Tel):024-25897878
E-mail:bzceo@vip.sina.com
Http://www.zxdhome.com/bz/index.htm
总经理(General Manager):张晓放
产品(Products):成人失禁用品
品牌(Brand):护家

◆ 黑龙江 Heilongjiang

哈尔滨市思宝卫生用品厂
Harbin Sibao Hygiene Articles Factory
地址(Add):黑龙江省哈尔滨市道里区安松街18号
邮编(P.C.):150070
电话(Tel):0451-89556233
联系人(Contact Person):陆雁翎
产品(Products):妇女卫生巾,婴儿纸尿裤,成人纸尿裤
品牌(Brand):欣阑,小贴士

◆ 上海 Shanghai

上海奉影医用卫生用品厂
Shanghai Fengying Medical Hygiene Products Co., Ltd.
地址(Add):上海市奉贤区奉城镇经济工业开发区宏达路5号
邮编(P.C.):201411
电话(Tel):021-57522608
传真(Fax):021-57521943
E-mail:fyyp-ni@21cn.com
总经理(General Manager):廖玉仙
产品(Products):一次性帽子,口罩,手术衣,成人纸尿裤,妇女卫生巾,卫生护垫

上海虹祺卫生用品有限公司
Shanghai Hongqi Hygiene Articles Co., Ltd.
地址(Add):上海市共康路721号
邮编(P.C.):200436
电话(Tel):021-66244627
传真(Fax):021-56401567
法人代表(Chairman):陈悬弦
产品(Products):卫生护垫,妇女卫生巾,成人纸尿片,护理床垫,宠物垫,高分子吸水纸,非织造布复合材料,妇女卫生巾快易胶贴,医用胶布

上海必有福生活用品有限公司
Shanghai Biyoufu Commodity Co., Ltd.
地址(Add):上海市浦东浦三路1232号
邮编(P.C.):200125
电话(Tel):021-50860612
传真(Fax):021-50862853
总经理(General Manager):侯荣灿
产品(Products):成人纸尿裤
品牌(Brand):必有福

上海唯尔福(集团)有限公司
Shanghai Welfare Group Co., Ltd.
地址(Add):上海市青浦区华新镇徐华公路3029弄88号
邮编(P.C.):201705
电话(Tel):021-59778700
传真(Fax):021-59778188
E-mail:welfare@public1.sta.net.cn
Http://www.welfare-group.com
法人代表(Chairman):杨传信
总经理(General Manager):杨传信
联系人(Contact Person):张迎春
产品(Products):妇女卫生巾,卫生护垫,成人纸尿片,婴儿纸尿片,床垫
品牌(Brand):唯尔福

全日美实业(上海)有限公司
Everbeauty Industry (Shanghai) Co., Ltd.
地址(Add):上海市松江区新桥镇工业区民益路5号
邮编(P.C.):201612
电话(Tel):021-57686968
传真(Fax):021-57686967
Http://www.evb.com.cn
法人代表(Chairman):邱顶阳
总经理(General Manager):王正钱
联系人(Contact Person):金春梅
产品(Products):婴儿纸尿裤,纸尿片,成人纸尿片
品牌(Brand):嘘嘘乐,小淘气,爱乐芬,包大人

◆ 江苏 Jiangsu

常州康贝纸业有限公司
Changzhou Kangbei Paper Co., Ltd.
地址(Add):江苏省常州市常焦路190号

邮编(P. C.):213021
电话(Tel):0519-5330692
传真(Fax):0519-5317975
E-mail:baoaiye@sohu.com
法人代表(Chairman):李先玲
联系人(Contact Person):叶正华
产品(Products):婴儿纸尿裤,成人纸尿裤,乳垫,产妇垫,妇女卫生巾
品牌(Brand):宝爱

常州市梦爽卫生用品厂
Changzhou Mengshuang Hygiene Articles Factory
地址(Add):江苏省常州市武进区礼嘉镇
邮编(P. C.):213176
电话(Tel):0519-6232951
传真(Fax):0519-6238008
总经理(General Manager):陆元清
产品(Products):妇女卫生巾,卫生护垫,成人纸尿裤,宠物垫,乳垫
品牌(Brand):靓爽

常州市武进亚星卫生用品有限公司
Changzhou Wujin Yaxing Hygiene Articles Co., Ltd.
地址(Add):江苏省常州市武进区礼嘉镇王言桥
邮编(P. C.):213176
电话(Tel):0519-6232358
联系人(Contact Person):陈利松
产品(Products):妇女卫生巾,卫生护垫,婴儿纸尿裤,成人纸尿裤,生活用纸,宠物垫,失禁垫
品牌(Brand):女士欢

江苏艾蝶卫生用品有限公司
Jiangsu Aidie Hygiene Articles Co., Ltd.
地址(Add):江苏省金湖县金湖西路131号
邮编(P. C.):211600
电话(Tel):0517-6980999
传真(Fax):0517-6980777
E-mail:jwc3188@hotmail.com
总经理(General Manager):陈斌
联系人(Contact Person):陈林
产品(Products):婴儿纸尿片,纸尿裤,成人纸尿片,纸尿裤,妇女卫生巾,卫生护垫,床垫,产妇垫,宠物垫,口罩,乳垫,抹地巾

金华卫生用品有限公司
Jinhua Hygiene Articles Co., Ltd.
地址(Add):江苏省金华市黎城路31号
邮编(P. C.):211600
电话(Tel):0517-6991621
E-mail:leilei4451@sina.com
总经理(General Manager):雷磊
联系人(Contact Person):雷浩
产品(Products):妇女卫生巾,卫生护垫,纸尿裤,纸尿片,成人纸尿片,产妇垫

江苏省南通中设经贸发展有限公司
Jiangsu Nantong Zhongshe Economy & Trading Development Co., Ltd.
地址(Add):江苏省南通市长江东路262号
邮编(P. C.):226004
电话(Tel):0513-5707720
传真(Fax):0513-5225160
法人代表(Chairman):罗宝洪
总经理(General Manager):罗宝洪
产品(Products):护理垫

江苏省南通开发区欣月纸业有限公司
Jiangsu Nantong Xinyue Paper Co., Ltd.
地址(Add):江苏省南通市开发区通州路东侧
邮编(P. C.):226009
电话(Tel):0513-3596592
传真(Fax):0513-5909557
总经理(General Manager):陆慧新
产品(Products):妇女卫生巾,婴儿纸尿片,成人纸尿片
品牌(Brand):好女爱,夕阳情

苏州市苏宁床垫有限公司
Suzhou Suning Underpad Co., Ltd.
地址(Add):江苏省苏州市苏州新区枫桥厂滩上106号
邮编(P. C.):215011
电话(Tel):0512-66653332
传真(Fax):0512-66651066
E-mail:sncd@vip.163.com
总经理(General Manager):山惠平
联系人(Contact Person):赵银根
产品(Products):护理垫

无锡富堡纸制品工业有限公司
Wuxi Fubao Paper Products Co., Ltd.
地址(Add):江苏省无锡市新区硕放工业园经发一路东12号
邮编(P. C.):214142
电话(Tel):0510-5302065
传真(Fax):0510-5300356
法人代表(Chairman):林纹如
联系人(Contact Person):朱小芳
产品(Products):成人纸尿布
品牌(Brand):安安

圣洁医用卫生材料用品厂
Shengjie Medicine Sanitary Material Articles Factory
地址(Add):江苏省徐州市湖北路30号
邮编(P. C.):221006
电话(Tel):0516-5796205
传真(Fax):0516-5796891
联系人(Contact Person):戴玉梅
产品(Products):手术衣,卫生护垫,婴儿尿垫,成人失禁用品

扬中九妹日用品有限公司
Yangzhong Jiumei Products for Daily Use Co., Ltd.
地址(Add):江苏省扬中市富民路2号(花园新村)
邮编(P. C.):212200
电话(Tel):0511-8324279
传真(Fax):0511-8357509
E-mail:huangbub@yahoo.com.cn
法人代表(Chairman):范进
总经理(General Manager):范进
联系人(Contact Person):梁学友
产品(Products):妇女卫生巾,卫生护垫,婴儿纸尿裤、片,成人纸尿裤、片
品牌(Brand):九妹,情趣月,华达老人

江苏张家港市宏亿纸业公司
Zhangjiagang Hongyi Paper Co., Ltd.
地址(Add):江苏省张家港市三兴西界港
邮编(P. C.):215624
电话(Tel):0512-58531528
传真(Fax):0512-58531568
E-mail:service@jshyzy.com
Http://www.jshyzy.com
产品(Products):妇女卫生巾,婴儿纸尿裤,成人纸尿片

张家港志益卫生用品有限公司
Zhangjiagang Zhiyi Sanitary Products Co., Ltd.
地址(Add):江苏省张家港市三兴镇通沙汽渡
邮编(P. C.):215624
电话(Tel):0512-58576998
传真(Fax):0512-58533998
E-mail:info@zywsyp.com
Http://www.zywsyp.com
法人代表(Chairman):胡纪年
总经理(General Manager):任智华
联系人(Contact Person):姚恒忠
产品(Products):护理垫,手术孔巾,一次性口罩、帽子、儿童围巾

张家港十二圩卫生纸制品厂
Zhangjiagang 12 Xu Tissue Paper Mill
地址(Add):江苏省张家港市十二圩
邮编(P. C.):215624
电话(Tel):0512-58570629
传真(Fax):0512-58570561
法人代表(Chairman):张勇
产品(Products):护理垫
品牌(Brand):沪港

◆ 浙江 Zhejiang

富阳舒泰妇婴保健品有限公司
Fuyang Shutai Woman & Child Healthcare Products Co., Ltd.
地址(Add):浙江省富阳市桂花路34号裕达大厦1803室
邮编(P. C.):311400
电话(Tel):0571-63369073
传真(Fax):0571-63368917
E-mail:stbj2@alibaba.com.cn
总经理(General Manager):吴跃
产品(Products):妇女卫生巾,成人纸尿裤
品牌(Brand):千之雅

振德医用敷料有限公司
Zhende Medicine Dressing Co., Ltd.
地址(Add):浙江省绍兴市皋北经济开发区
邮编(P. C.):312035
电话(Tel):0575-8080368
传真(Fax):0575-8084736
E-mail:stevenshen@zhende.com
Http://www.zhende.com
联系人(Contact Person):沈振乐
产品(Products):护理垫

义乌市嘉华日化有限公司
Yiwu Jiahua Chemicals for Daily Use Co., Ltd.
地址(Add):浙江省义乌市经发大道236号
邮编(P. C.):322000
电话(Tel):0579-5323052
传真(Fax):0579-5323052
E-mail:sale1@ywjiahua.com
Http://www.ywjiahua.com
法人代表(Chairman):李志彪
联系人(Contact Person):姜亚玲
产品(Products):卫生护垫,妇女卫生巾,宠物垫,婴儿纸尿裤、片,成人纸尿裤,失禁床垫
品牌(Brand):诗蕙,汇泉,汇泉宝宝,阳光小子

浙江安柔卫生用品有限公司
Zhejiang Anrou Hygiene Products Co., Ltd.
地址(Add):浙江省义乌市义亭工业区稠义路1号
邮编(P. C.):322005
电话(Tel):0579-5818068
传真(Fax):0579-5817688
法人代表(Chairman):李光军
总经理(General Manager):李光军
产品(Products):妇女卫生巾,卫生护垫,婴儿纸尿裤,纸尿片,成人纸尿裤,护理垫
品牌(Brand):安柔,奥贝思,澳利康

◆ 福建 Fujian

长汀天乐卫生巾厂
Changting Tianle Sanitary Napkins Factory
地址(Add):福建省长汀县腾飞工业开发区
邮编(P. C.):366300
电话(Tel):0597-6800888
传真(Fax):0597-6883888
总经理(General Manager):林建明
联系人(Contact Person):林建亮
产品(Products):妇女卫生巾,婴儿纸尿片,婴儿纸尿裤,成人纸尿裤
品牌(Brand):天乐,实爽,佳音

福建惠安县和成日用品有限公司
Huian Hecheng Commodity Co., Ltd.
地址(Add):福建省惠安县东园新沙工业区
邮编(P. C.):362122
电话(Tel):0595-87586756
传真(Fax):0595-87586758
法人代表(Chairman):黄晏来
联系人(Contact Person):王业运
产品(Products):妇女卫生巾,卫生护垫,婴儿纸尿裤,纸尿片,成人纸尿裤,纸尿片,护理垫,宠物垫
品牌(Brand):相约,乐帮适

恒安集团(晋江)生活用品有限公司
Hengan Group (Jinjiang) Household Products Co., Ltd.
地址(Add):福建省晋江市安海恒安工业城
邮编(P. C.):362261
电话(Tel):0595-85708888
传真(Fax):0595-85708666
法人代表(Chairman):施文博
联系人(Contact Person):程勇
产品(Products):婴儿纸尿裤,成人纸尿裤
品牌(Brand):安儿乐,安而康

福建恒安集团有限公司
Fujian Hengan Holding Co., Ltd.
地址(Add):福建省晋江市安海恒安工业城
邮编(P. C.):362261
电话(Tel):0595-85708888
传真(Fax):0595-85708666
E-mail:hengan@hengan.com
Http://www.hengan.com.cn
法人代表(Chairman):施文博
总经理(General Manager):许连捷
联系人(Contact Person):陈涛
产品(Products):妇女卫生巾,卫生护垫,婴儿纸尿裤,成人纸尿裤,湿巾
品牌(Brand):安尔乐,安乐,安儿乐,安而康,心相印

晋江市安海镇恒质纸品厂
Jinjiang Hengzhi Paper Products Factory
地址(Add):福建省晋江市安海镇庄头村玉林南里 59 号
邮编(P. C.):362261
电话(Tel):0595-85709988
传真(Fax):0595-85794436
E-mail:hengzhi510@163.com
Http://www.cnhengzhi.com
法人代表(Chairman):陈文质
产品(Products):妇女卫生巾,卫生护垫,婴儿纸尿裤、纸尿片,成人纸尿裤,湿巾,纸巾纸
品牌(Brand):恒质

福建省南安市远大卫生用品厂
Nanan Yuanda Hygiene Articles Factory
地址(Add):福建省南安市梅山镇新兰开发区
邮编(P. C.):362321
电话(Tel):0595-86579668
传真(Fax):0595-86579678
法人代表(Chairman):陈燕治
联系人(Contact Person):郑友套
产品(Products):妇女卫生巾,卫生护垫,婴儿纸尿裤,纸尿片,成人纸尿片,护理垫
品牌(Brand):丰采,舒薄棉柔,天线贝贝

泉州市怡洁纸业有限公司
Quanzhou Yijie Paper Co., Ltd.
地址(Add):福建省泉州市清濛科技工业区
邮编(P. C.):362000
电话(Tel):0595-22497777
传真(Fax):0595-22499889
法人代表(Chairman):谢长炎
总经理(General Manager):谢长远
产品(Products):妇女卫生巾,卫生护垫,婴儿纸尿裤、片,成人纸尿垫
品牌(Brand):洁尔丝,洁儿需,洁而康

福建漳州市智光纸业有限公司
Fujian Zhangzhou Zhiguang Paper Co., Ltd.
地址(Add):福建省漳州市蓝田工业区横二路西段
邮编(P. C.):363005
电话(Tel):0596-2103599
传真(Fax):0596-2109196
法人代表(Chairman):邓湘闽
总经理(General Manager):陈光伟
联系人(Contact Person):陈智勇
产品(Products):妇女卫生巾,湿巾,面巾纸,成人纸尿裤,婴儿纸尿裤
品牌(Brand):爽月,智光,皇后,依贝思,笑嘻嘻

◆ 山东 Shandong

济南小天使妇婴用品有限公司
Jinan Xiaotianshi Woman & Child Articles Co., Ltd.
地址(Add):山东省济南市天桥区北辛工业园北路 84 号
邮编(P. C.):250000
电话(Tel):0531-85666110
传真(Fax):0531-85666110
总经理(General Manager):高东旭
产品(Products):成人纸尿裤,隔尿垫巾
品牌(Brand):帮大人,小使者,爱婴

山东佳亿鑫纸品有限公司
Shandong Jiayixin Paper Products Co., Ltd.
地址(Add):山东省郯城县郯马经济开发区
邮编(P. C.):276126
电话(Tel):0539-6776199
传真(Fax):0539-6777199
Http://www.jiayixin.com
联系人(Contact Person):焦爱生
产品(Products):妇女卫生巾,卫生护垫,成人纸尿裤,纸尿片,床垫,婴儿纸尿裤,纸尿片,卫生纸
品牌(Brand):鲁康,名兰,雨倩,巧护理,守护佳人

威海瑞亨卫生用品有限公司
Weihai Ruiheng Hygienic Products Co., Ltd.
地址(Add):山东省威海市经济技术开发区崮山工业园
邮编(P. C.):264207
电话(Tel):0631-5386666
传真(Fax):0631-5385555
E-mail:sales@whruiheng.com
Http://www.whruiheng.com
法人代表(Chairman):路诚新
总经理(General Manager):路军
产品(Products):婴儿纸尿裤、片,成人纸尿裤、片,护理垫
品牌(Brand):BBC,康乐星

威海洁瑞卫生材料制品有限公司
Weihai Jierui Hygienic Material Products Co., Ltd.
地址(Add):山东省威海市世昌大道 348 号
邮编(P. C.):264209
电话(Tel):0631-5660598
传真(Fax):0631-5660598
E-mail:leekai@public.whptt.sd.cn
法人代表(Chairman):陈林
总经理(General Manager):孔庆威
联系人(Contact Person):王晓莉
产品(Products):婴儿纸尿裤,纸尿片,妇女卫生巾,卫生护垫,护理垫
品牌(Brand):威乐,百仕洁,洁瑞

山东淄博光大医疗用品有限公司
Zibo Guangda Medical Treatment Things Co., Ltd.
地址(Add):山东省淄博市张店区良乡工业园东区 1 路 19 号
邮编(P. C.):255071
电话(Tel):0533-2091051

传真(Fax):0533 - 2091051
总经理(General Manager):李在贞
产品(Products):一次性口罩,帽子等医疗卫生用品,护理垫

◆ 湖北 Hubei

福建长汀天乐卫生巾厂襄樊分厂
Fujian Changting Tianle Sanitary Napkins Plant Xiangfan Branch
地址(Add):湖北省襄樊市春园西路112号
邮编(P. C.):441002
电话(Tel):0710 - 3111696
传真(Fax):0710 - 3112099
E-mail:tian_le@263. net
法人代表(Chairman):林云光
总经理(General Manager):林云光
产品(Products):妇女卫生巾,卫生护垫,婴儿纸尿片,纸尿裤,成人纸尿片
品牌(Brand):天乐,难忘,伊媚儿,伊佳伶

宜昌宇峰纸品有限公司
Yichang Yufeng Paper Products Co., Ltd.
地址(Add):湖北省宜昌枝江市深圳路38号
邮编(P. C.):443200
电话(Tel):0717 - 4213581
传真(Fax):0717 - 4213581
总经理(General Manager):王涛峰
联系人(Contact Person):朱亮英
产品(Products):妇女卫生巾,卫生纸,婴儿纸尿片,成人纸尿片
品牌(Brand):宇峰

◆ 广东 Guangdong

东莞市百顺纸品有限公司
Dongguan Baishun Paper Products Co., Ltd.
地址(Add):广东省东莞市茶山镇南社工业区
邮编(P. C.):523391
电话(Tel):0769 - 86647902
传真(Fax):0769 - 86416091
E-mail:bs - yinyin@163. net
Http://www. dgbaishun. com
法人代表(Chairman):利莉
总经理(General Manager):谢锡佳
联系人(Contact Person):臧铁跃
产品(Products):婴儿纸尿裤,成人纸尿片
品牌(Brand):茵茵

佛山市超爽纸品有限公司
Chaoshuang Paper Products Co., Ltd. , Foshan
地址(Add):广东省佛山市禅城南庄高新技术产业开发区吉利工业园新源3号18号
邮编(P. C.):528061
电话(Tel):0757 - 85392882
传真(Fax):0757 - 85392663
E-mail:mail@chaoshuang. com. cn
Http://www. chaoshuang. com. cn
法人代表(Chairman):陈培德
总经理(General Manager):梁锦锐
产品(Products):婴儿纸尿片,婴儿纸尿裤,护理垫,婴妇纸尿片
品牌(Brand):超爽,爽爽,康佳

南海稳德福无纺布有限公司
Nanhai Wonderful Nonwoven Co., Ltd.
地址(Add):广东省佛山市南海区沙头镇石江工业区
邮编(P. C.):528208
电话(Tel):0757 - 86919199
传真(Fax):0757 - 86916230
E-mail:deng@chinawoven. com
Http://www. chinawoven. com
法人代表(Chairman):黄业滔
总经理(General Manager):邓伟添
产品(Products):成人纸尿裤,手术衣,床单,口罩
品牌(Brand):老夫子,稳德福

顺德市乐从镇劳村康怡卫生用品厂
Shunde Kangyi Hygiene Products Plant
地址(Add):广东省佛山市顺德区乐从镇劳村工业区
邮编(P. C.):528315
电话(Tel):0757 - 28869292
传真(Fax):0757 - 28831789
法人代表(Chairman):劳光发
联系人(Contact Person):劳旗
产品(Products):妇女卫生巾,卫生护垫,婴儿纸尿裤,成人纸尿裤
品牌(Brand):康怡,康怡乐

新感觉卫生用品有限公司
New Sensation Sanitary Product Co., Ltd.
地址(Add):广东省佛山市顺德区乐从镇细海工业区
邮编(P. C.):528315
电话(Tel):0757 - 28332556
传真(Fax):0757 - 28858862
E-mail:sdxgj@pub. sdnet. gd. cn
Http://www. newsensation. com. cn
法人代表(Chairman):黎汉中
总经理(General Manager):黎国英
联系人(Contact Person):黎汉石
产品(Products):妇女卫生巾,卫生护垫,婴儿纸尿裤、纸尿片,成人纸尿裤、纸尿片
品牌(Brand):新感觉,没烦恼

惠东县长荣实业有限公司
Huidong Changrong Industry Co., Ltd.
地址(Add):广东省惠东县白花镇太阳坳工业区
邮编(P. C.):516300
电话(Tel):0752 - 8868208
传真(Fax):0752 - 8861661
法人代表(Chairman):吴扬勇
总经理(General Manager):林太平
产品(Products):成人纸尿片,婴儿纸尿片,宠物垫片,妇婴两用巾,往生垫,妇女卫生巾,卫生护垫,产妇巾,卫生床垫
品牌(Brand):护理伴

惠州市海帆医疗器械有限公司
Huizhou Haifan Medicine Instrument Co., Ltd.
地址(Add):广东省惠州市仲恺二路92号A栋
邮编(P. C.):516000
电话(Tel):0752 - 2603868

传真(Fax):0752-2603838
联系人(Contact Person):吴树茂
产品(Products):护理垫,宠物垫

开平利宝卫生用品有限公司
Kaiping Lanbo Sanitary Products Co., Ltd.
地址(Add):广东省开平市沙冈新美工业城美华路15号B-9幢
邮编(P. C.):529300
电话(Tel):0750-2200100
传真(Fax):0750-2200101
E-mail:lanbo@pub.jiangmen.gd.cn
Http://www.kpet.gov.cn/lanbo
法人代表(Chairman):谢强
总经理(General Manager):方荣舜
联系人(Contact Person):吴丽娟
产品(Products):妇女卫生巾,成人纸尿片
品牌(Brand):芳婷

深圳市全立好实业有限公司
Shenzhen Quanlihao Industrial Co., Ltd.
地址(Add):广东省深圳市罗湖区宝岗路5号402号南二层
邮编(P. C.):518023
电话(Tel):0755-82441567
传真(Fax):0755-82441567
总经理(General Manager):方方
产品(Products):妇女卫生巾,成人纸尿裤,护理垫,婴儿纸尿裤(片),餐巾纸
品牌(Brand):诺美,立好

亨煌日用品有限公司
Hang Wong Sani-Tech Co., Ltd.
地址(Add):广东省增城市增滩路增化集团工业区
邮编(P. C.):511330
电话(Tel):020-82925838
传真(Fax):020-82925837
E-mail:zcyzws@public.guangzhou.gd.cn
Http://www.hangwong.com
法人代表(Chairman):梁子煌
总经理(General Manager):刘景超
联系人(Contact Person):刘焯钦
产品(Products):婴儿纸尿裤,婴儿纸尿片,妇女卫生巾,成人纸尿裤,纸尿片
品牌(Brand):婴怡朗,雅怡朗,馨怡朗

中山市宜姿卫生制品有限公司
Zhongshan Yizi Hygiene Products Co., Ltd.
地址(Add):广东省中山市南朗镇第六工业园(即大车工业园)
邮编(P. C.):528451
电话(Tel):0760-5219362
传真(Fax):0760-5219296
Http://www.zhongshanyizi.com
法人代表(Chairman):黄杰培
联系人(Contact Person):董炳怀
产品(Products):妇女卫生巾,婴儿纸尿裤,成人纸尿裤
品牌(Brand):宜姿,全护

◆ 重庆 Chongqing

重庆舒乐卫生用品有限公司
Chongqing Superior Sanitary Products Co., Ltd.
地址(Add):重庆市江北区建新西路88号1单元7-2号
邮编(P. C.):400022
电话(Tel):023-67853086
传真(Fax):023-67873785
E-mail:david@chinasuperior.com
Http://www.chinasuperior.com
法人代表(Chairman):吴全秀
总经理(General Manager):张国仲
产品(Products):妇女卫生巾,成人纸尿片,婴儿纸尿裤,纸尿片,卫生床垫
品牌(Brand):舒美乐,舒适派,康乐,舒乐,太阳BB,舒儿宝

◆ 四川 Sichuan

四川友邦企业有限公司
Sichuan Eupon Co., Ltd.
地址(Add):四川省广汉市向阳工业园区
邮编(P. C.):618300
电话(Tel):0838-5400686
传真(Fax):0838-5400158
Http://www.chinaeupon.com
法人代表(Chairman):高尚荣
产品(Products):面巾纸,手帕纸,擦手纸,纸内裤,成人护理垫
品牌(Brand):蓓安适

◆ 甘肃 Gansu

天水天洁卫生用品有限公司
Tianshui Tianjie Hygiene Articles Co., Ltd.
地址(Add):甘肃省天水市秦城区石马坪莲亭路1号
邮编(P. C.):741000
电话(Tel):0938-8285262
总经理(General Manager):孙天喜
产品(Products):妇女卫生巾,婴儿纸尿裤,成人失禁用品,一次性医疗卫生用品

湿巾生产企业按产品和地区细分统计

（2005 年，统计总数 192 家）

序号	行政区 Region	企业数	起始页	序号	行政区 Region	企业数	起始页
1	北京 Beijing	15	355	14	江西 Jiangxi	1	367
2	天津 Tianjin	8	356	15	山东 Shandong	7	367
3	河北 Hebei	10	357	16	河南 Henan	3	368
4	山西 Shanxi	1	358	17	湖北 Hubei	6	368
5	内蒙古 Inner Mongolia	1	358	18	湖南 Hunan	2	369
6	辽宁 Liaoning	8	358	19	广东 Guangdong	30	369
7	吉林 Jilin	3	359	20	广西 Guangxi	2	372
8	黑龙江 Heilongjiang	4	359	21	海南 Hainan	2	372
9	上海 Shanghai	17	359	22	重庆 Chongqing	4	373
10	江苏 Jiangsu	18	361	23	四川 Sichuan	2	373
11	浙江 Zhejiang	25	363	25	云南 Yunnan	1	373
12	安徽 Anhui	4	365	27	陕西 Shaanxi	2	373
13	福建 Fujian	16	365				

注：24 贵州、26 西藏、28 甘肃、29 青海、30 宁夏和 31 新疆为缺项。

湿　　巾
Wet wipes

◆ 北京 Beijing

北京派尼尔纸制品厂
Beijing Pioneer Paper Products Factory
地址(Add):北京市昌平区回龙观
邮编(P. C.):102208
电话(Tel):010-80793832
传真(Fax):010-80793862
Http://www.bjpioneer.com.cn
法人代表(Chairman):杨玲昌
总经理(General Manager):杨玲昌
联系人(Contact Person):丁惠占
产品(Products):餐巾纸,面巾纸,卫生卷纸,湿巾,擦手纸
品牌(Brand):派尼尔

北京洁天利纸制品有限公司
Beijing Jietianli Paper Products Co., Ltd.
地址(Add):北京市昌平区沙河镇白各庄工业区100号
邮编(P. C.):102000
电话(Tel):010-82590366
产品(Products):湿巾

北京市鹏达雅洁卫生用品有限公司
Beijing Pengda Yajie Sanitary Articles Co., Ltd.
地址(Add):北京市昌平区阳坊工业开发区东区1号
邮编(P. C.):100089
电话(Tel):010-69764376
传真(Fax):010-69764617
法人代表(Chairman):彭德远
总经理(General Manager):马金梅
产品(Products):湿巾
品牌(Brand):雅洁

北京欣龙五洲科技有限公司
Beijing Xinlong Wuzhou Science & Technology Co., Ltd.
地址(Add):北京市朝阳区建国路88号SOHO现代城C座610
邮编(P. C.):100022
电话(Tel):010-85804263
传真(Fax):010-85804264
E-mail:bobby@beijing-xinlong.com
Http://www.beijing-xinlong.com
联系人(Contact Person):赵志钢
产品(Products):手术服,擦拭巾,湿巾

北京光德正鑫工贸有限公司
Beijing Guangde Zhengxin Industry & Trading Co., Ltd.
地址(Add):北京市朝阳区十里河村
邮编(P. C.):100021
电话(Tel):010-67310980
传真(Fax):010-67310980
法人代表(Chairman):门艳斌
总经理(General Manager):门艳斌
产品(Products):擦手纸,卫生纸,餐巾纸,面巾纸,湿巾
品牌(Brand):绿风铃

北京拓维特餐饮用品有限公司
Beijing Tuoweite Table Ware Co., Ltd.
地址(Add):北京市朝阳区小庄东里37号
邮编(P. C.):100025
电话(Tel):010-65046568
传真(Fax):010-65084067
Http://www.bj-twt.com
法人代表(Chairman):程宪辉
产品(Products):餐巾纸,面巾纸,一次性纸口布,湿巾,手帕纸,擦手纸,纸杯
品牌(Brand):维美

北京赛劳德技术开发研究所
Beijing Sailaode Technology Development Institute
地址(Add):北京市大兴区旧宫清乐园小区3号楼711室
邮编(P. C.):100076
电话(Tel):010-67981242
传真(Fax):010-67981235
联系人(Contact Person):刘倩
产品(Products):湿巾,马桶垫
品牌(Brand):莫愁女

北京九兴工贸有限公司
Beijing Jiuxing Industry & Trade Co., Ltd.
地址(Add):北京市大兴瀛海乡瀛东二村
邮编(P. C.):100076
电话(Tel):010-69279282
传真(Fax):010-69279585
E-mail:jiuxing@vip.sina.com
Http://www.jiu-xing.com.cn
法人代表(Chairman):溪东来
总经理(General Manager):赵振国
产品(Products):湿巾,卫生床垫
品牌(Brand):九佳兴

北京宝润通科技开发有限责任公司
Beijing Baoruntong Science & Technology Development Co., Ltd.
地址(Add):北京市海淀区大慧寺19号
邮编(P. C.):100081
电话(Tel):010-83701617
传真(Fax):010-83709838
E-mail:info@bjbrt.com
Http://www.bjbrt.com
法人代表(Chairman):张晶
总经理(General Manager):张晶
联系人(Contact Person):李玉清
产品(Products):湿巾,餐巾纸,面巾纸
品牌(Brand):三仕达

北京全泰昌科贸有限公司
Beijing Quantaichang Science & Trade Co., Ltd.
地址(Add):北京市海淀区四季青乡中坞村南572号
邮编(P. C.):100089
电话(Tel):010-88450711
传真(Fax):010-88452793
E-mail:qtch572@sina.com

Http://www. qtch572. cn. alibaba. com
法人代表(Chairman):肖淑先
联系人(Contact Person):王昆
产品(Products):湿巾
品牌(Brand):赛妙,必洁氏,邦卫尔

北京爱华中兴纸业有限公司
Beijing Aihua Zhongxing Paper Co., Ltd.
地址(Add):北京市海淀区西三旗东路
邮编(P. C.):100096
电话(Tel):010 - 82917373
传真(Fax):010 - 82915216
E-mail:aihuaypy@ vip. sina. com
Http://www. yipianyun. com
法人代表(Chairman):王家华
总经理(General Manager):谢大伟
联系人(Contact Person):何平妹
产品(Products):餐巾纸,面巾纸,卫生卷纸,妇女卫生巾,卫生护垫,湿巾,纸杯
品牌(Brand):一片云

北京一帆清洁用品有限公司
Beijing Yifan Hygiene Products Co.,Ltd.
地址(Add):北京市怀柔区雁栖工业开发区栖美园小区2号楼3单元601室
邮编(P. C.):101407
电话(Tel):010 - 61665665
传真(Fax):010 - 61665656
E-mail:chmarvel@ public. jl. cc. cn
Http://www. uswarvel. com
法人代表(Chairman):廖永亮
总经理(General Manager):廖永亮
联系人(Contact Person):王笑捷
产品(Products):湿巾

北京爱佳卫生保健品厂
Beijing Aijia Hygiene & Health Care Products Factory
地址(Add):北京市南三环洋桥西里33号右门
邮编(P. C.):100077
电话(Tel):010 - 87208782
传真(Fax):010 - 87293498
E-mail:wgc@ bj - aijia. com
Http://www. bj - aijia. com
法人代表(Chairman):万海英
总经理(General Manager):吴国财
产品(Products):餐巾纸,面巾纸,手帕纸,湿巾,擦手纸,卫生纸,马桶垫,纸杯,纸碗,妇女卫生巾,卫生护垫,婴儿纸尿裤
品牌(Brand):爱佳

北京市鼎鑫卫生保健用品有限公司
Beijing Dingxin Hygiene & Health Care Products Co., Ltd.
地址(Add):北京市顺义区高丽营镇顺沙路37号
邮编(P. C.):100303
电话(Tel):010 - 69457873
传真(Fax):010 - 68457598
联系人(Contact Person):白慧玲
产品(Products):湿巾,面巾纸,餐巾纸,卫生卷纸

兴一竹环保餐具销售中心
Xingyizhu Environment Tableware Agency
地址(Add):北京市通州区台湖工业区
邮编(P. C.):101116
电话(Tel):010 - 81928109
传真(Fax):010 - 68189199
联系人(Contact Person):梁永明
产品(Products):湿巾,餐巾纸

◆ 天津 Tianjin

天津骏发森达卫生用品有限公司
Tianjin Junfasenda Sanitary Articles Co., Ltd.
地址(Add):天津市宝坻区西开发区开明路
邮编(P. C.):301800
电话(Tel):022 - 82669158
传真(Fax):022 - 82666999
E-mail:yage@ tjyage. com
Http://www. tjyage. com
法人代表(Chairman):王贵森
联系人(Contact Person):王晓俊
产品(Products):卫生纸,面巾纸,妇女卫生巾,卫生护垫,湿巾
品牌(Brand):雅格,流星天使

天津市森华卫生巾制品有限公司
Tianjin Senhua Sanitary Napkins Product Co., Ltd.
地址(Add):天津市大港区古林街工业区
邮编(P. C.):300270
电话(Tel):022 - 63221661
传真(Fax):022 - 63220580
E-mail:manlichina@ sohu. com
Http://www. dgnet. gov. cn/manli. htm
法人代表(Chairman):朱明华
总经理(General Manager):杨继青
联系人(Contact Person):刘春霞
产品(Products):妇女卫生巾,卫生护垫,成人垫巾和失禁用品,湿巾
品牌(Brand):蔓莉

天津市晟蓝工贸中心
Tianjin Shenglan Industry & Trading Center
地址(Add):天津市河北区万柳村大街3号红星工厂院内
邮编(P. C.):300241
电话(Tel):022 - 26424774
传真(Fax):022 - 26433652
联系人(Contact Person):黄盈
产品(Products):面巾纸,餐巾纸,湿巾
品牌(Brand):怡然

天津市艳胜工贸有限公司
Tianjin Yansheng Industry & Trade Co., Ltd.
地址(Add):天津市河北区志成道虹光路39号
邮编(P. C.):300230
电话(Tel):022 - 86321216
传真(Fax):022 - 86320590
E-mail:tj - ys@ 163. com
Http://www. aaaaa. com. cn/tjkl
法人代表(Chairman):张雪艳
总经理(General Manager):段家广
产品(Products):湿巾
品牌(Brand):科灵

天津朗源纸业有限公司
Tianjin Langyuan Paper Co., Ltd.
地址(Add):天津市津南经济开发区(双港)南马集标准厂房4号西
邮编(P. C.):300350
电话(Tel):022－28592877
传真(Fax):022－28592875
Http://www. chenwenzan. ebigchina. com
法人代表(Chairman):林明宪
联系人(Contact Person):陈泰伦
产品(Products):湿巾,印花口布,美容专用巾,纸毛巾,床单,工业擦拭用纸,硅油纸,防粘纸,牛皮防粘纸

天津市天洁纸业有限公司
Tianjin Tianjie Paper Co., Ltd.
地址(Add):天津市塘沽区胡家园海龙储运中心(津塘路5035号)
邮编(P. C.):300454
电话(Tel):022－25352718
传真(Fax):022－25354488
E-mail:tianjie@ tjpaper. com
Http://www. tjpaper. com
总经理(General Manager):王天轩
联系人(Contact Person):王天峰
产品(Products):卫生纸,面巾纸,手帕纸,擦手纸,厨房用纸,湿巾

天津爱龙洁肤品有限公司
Tianjin Ailong Cleaning Products Co., Ltd.
地址(Add):天津市西青开发区兴华四支路赛达工业园12栋A座
邮编(P. C.):300385
电话(Tel):022－83983877
传真(Fax):022－83983905
法人代表(Chairman):吴瑞曼苏
产品(Products):湿巾
品牌(Brand):柔普馨

天津市洁尔卫生用品有限公司
Tianjin Jieer Hygiene Products Co., Ltd.
地址(Add):天津市西青区中北镇中北工业园
邮编(P. C.):300112
电话(Tel):022－27948771
传真(Fax):022－27395410
法人代表(Chairman):张志宏
联系人(Contact Person):胡青山
产品(Products):妇女卫生巾,卫生护垫,婴儿、成人纸尿裤、纸尿片,湿巾
品牌(Brand):尚好佳,冬虫草

◆ 河北 Hebei

保定市苑氏实业有限公司
Baoding Yuanshi Industrial Co., Ltd.
地址(Add):河北省保定市北二环漕河河西工业园1号
邮编(P. C.):072556
电话(Tel):0312－8502288
传真(Fax):0312－8502288
法人代表(Chairman):苑耀文
产品(Products):妇女卫生巾,卫生护垫,消毒湿巾
品牌(Brand):扬兰,知心爱人,自然人生

保定市义厚成纸业有限公司
Baoding Yihoucheng Paper Co., Ltd.
地址(Add):河北省保定市国家高新技术产业开发区云杉路131号
邮编(P. C.):071051
电话(Tel):0312－7921333
传真(Fax):0312－7920100
E-mail:yhc@ ladystar. com. cn
Http://www. ladystar. com. cn
法人代表(Chairman):白红敏
总经理(General Manager):白红敏
产品(Products):妇女卫生巾,卫生护垫,湿巾
品牌(Brand):女主角,喜儿,妮好

河北小人国纸业有限公司
Hebei Xiaorenguo Paper Co., Ltd.
地址(Add):河北省保定市建国路地道桥西100米
邮编(P. C.):071000
电话(Tel):0312－2177998
传真(Fax):0312－2173636
Http://www. xiaorenguo. best. 163. com
法人代表(Chairman):邵国义
联系人(Contact Person):叶挺
产品(Products):卫生纸,湿巾
品牌(Brand):小人国

满城县安安卫生用品有限公司
Mancheng Anan Hygiene Articles Co., Ltd.
地址(Add):河北省保定市满城县大册营造纸工业区
邮编(P. C.):072150
电话(Tel):0312－7020200
联系人(Contact Person):孟明
产品(Products):妇女卫生巾,卫生护垫,湿巾

保定市东升卫生用品有限公司
Baoding Dongsheng Hygiene Products Co., Ltd.
地址(Add):河北省保定市满城县造纸工业园区
邮编(P. C.):072150
电话(Tel):0312－7021906
传真(Fax):0312－7021996
E-mail:mail@ dshpaper. com. cn
Http://www. dshpaper. com. cn
法人代表(Chairman):张志武
总经理(General Manager):张杰
联系人(Contact Person):刘博
产品(Products):卫生纸,餐巾纸,面巾纸,湿巾,纸尿裤
品牌(Brand):小宝贝,可佳,洁婷

沧州文海湿纸巾厂
Cangzhou Wenhai Wet Wipes Factory
地址(Add):河北省沧州兴济镇北桃杏
邮编(P. C.):061030
电话(Tel):0317－4866998
传真(Fax):0317－4866555
法人代表(Chairman):赵文海
产品(Products):湿巾,面巾纸,手帕纸
品牌(Brand):速洁,洁兴

河北省东光鑫丰湿巾厂

Dongguang Xinfeng Wet Wipes Factory
地址(Add):河北省东光县城东开发区
邮编(P. C.):061600
电话(Tel):0317－7811062
传真(Fax):0317－7811368
总经理(General Manager):王淑琴
产品(Products):酒店用湿巾,婴儿用湿巾,手帕纸,面巾纸

东纶科技实业有限公司
Eastex Science & Technology Industrial Co., Ltd.
地址(Add):河北省廊坊经济技术开发区汇源道8号
邮编(P. C.):065001
电话(Tel):0316－6087699
传真(Fax):0316－6088171
E-mail:eastex@eastex－china.com
Http://www.eastex－china.com
法人代表(Chairman):刘瑞彪
联系人(Contact Person):孟红
产品(Products):湿巾,美容用品,医用纱布敷料

廊坊市开发区东润卫生材料有限公司
Langfang Dongrun Sanitary Material Co., Ltd.
地址(Add):河北省廊坊市经济技术开发区汇源道
邮编(P. C.):065001
电话(Tel):0316－6071870
传真(Fax):0316－6088171
E-mail:info@dongrun－china.com
Http://www.dongrun－china.com
产品(Products):柔巾卷,湿巾,洁面巾
品牌(Brand):润佳

保定市满城虹安纸品加工厂
Baoding Mancheng Hongan Paper Products Factory
地址(Add):河北省满城县神星镇石头村村西
邮编(P. C.):072150
电话(Tel):0312－7010666
传真(Fax):0312－7010668
E-mail:office@hazhiye.com
总经理(General Manager):齐国安
产品(Products):餐巾纸,手帕纸,面巾纸,卫生纸,盘纸,湿巾
品牌(Brand):小蘑菇

◆ 山西 Shanxi

山西临汾晋天然卫生用品有限公司
Shanxi Jintianran Hygiene Articles Co., Ltd.
地址(Add):山西省临汾市尧都区屯里镇梁村开发区
邮编(P. C.):041000
电话(Tel):0357－3080513
传真(Fax):0357－3080897
法人代表(Chairman):郭晋明
联系人(Contact Person):王纪坤
产品(Products):餐巾纸,卫生纸,湿巾,一次性床单,台布等
品牌(Brand):晋天然,净天然

◆ 内蒙古 Inner Mongolia

利顺纸巾厂
Lishun Napkin Factory
地址(Add):内蒙古呼市新城区府兴营
邮编(P. C.):010051
电话(Tel):0471－6868767
联系人(Contact Person):马云龙
产品(Products):餐巾纸,湿巾
品牌(Brand):利顺

◆ 辽宁 Liaoning

大连维多利尔科技有限公司
Dalian Weiduolier Science & Technology Co., Ltd.
地址(Add):辽宁省大连市甘井子区伟业西街9号楼3－1－2
邮编(P. C.):116001
电话(Tel):0411－86103881
传真(Fax):0411－86488511
E-mail:dlwdle@126.com
Http://www.dlwdle.com
总经理(General Manager):王信东
产品(Products):湿巾,纸内裤,纸杯
品牌(Brand):禾采

宇和特纸有限公司
Dalian Yuhe Special Paper Co., Ltd.
地址(Add):辽宁省大连市金州区大魏家镇金家村
邮编(P. C.):116100
电话(Tel):0411－87795111
传真(Fax):0411－87795222
法人代表(Chairman):石川俊英
产品(Products):清洁,消毒用湿巾

大连大鑫卫生护理用品有限公司
Dalian Daxin Hygiene Care & Protect Articles Co., Ltd.
地址(Add):辽宁省大连市开发区董家沟街道英歌石工业园区
邮编(P. C.):116107
电话(Tel):0411－87348881
传真(Fax):0411－87348882
总经理(General Manager):郭鑫
联系人(Contact Person):侯云竹
产品(Products):湿巾
品牌(Brand):娇点,阿积士,冰爽

锦州燕兴卫生用品有限公司
Jinzhou Yanxing Hygiene Articles Co., Ltd.
地址(Add):辽宁省锦州市太和区烟霞街41－37号
邮编(P. C.):121000
电话(Tel):0416－3882876
传真(Fax):0416－3882876
法人代表(Chairman):王增艳
产品(Products):湿巾
品牌(Brand):肤洁适

辽宁锦州安柔卫生巾厂
Jinzhou Anrou Sanitary Napkins Factory
地址(Add):辽宁省锦州中央北街四段82号
邮编(P. C.):121000
电话(Tel):0416－4116699
传真(Fax):0416－4116699
总经理(General Manager):高力军
产品(Products):妇女卫生巾,卫生护垫,湿巾,手帕纸

品牌(Brand):澳丝美

沈阳纳尔实业有限责任公司
Shenyang Naer Industry Co., Ltd.
地址(Add):辽宁省沈阳市和平区同泽北街25号甲腾龙国际商务公寓8楼6座
邮编(P.C.):110001
电话(Tel):024-31603728
传真(Fax):024-31603211
E-mail:dllr007@china.com
Http://www.synaer.com
总经理(General Manager):侯梅丽
联系人(Contact Person):冯丽
产品(Products):湿巾
品牌(Brand):丝柏

沈阳市奇美卫生用品有限公司
Shenyang Qimei Hygienic Products Co., Ltd.
地址(Add):辽宁省沈阳市辽中南二路西段1-9信箱
邮编(P.C.):110200
电话(Tel):024-87826776
传真(Fax):024-87825959
法人代表(Chairman):武爽
总经理(General Manager):裴多恰
产品(Products):婴儿纸尿裤,隔尿巾,纸尿片,湿巾,纸手帕
品牌(Brand):俏儿乐

铁岭市清河区港兴纸业有限公司
Tieling Qinghe Gangxing Paper Co., Ltd.
地址(Add):辽宁省铁岭市清河区红旗街
邮编(P.C.):112003
电话(Tel):0410-2184600
传真(Fax):0410-2181300
联系人(Contact Person):任柏吉
产品(Products):手帕纸,面巾纸,卫生纸,餐巾纸,湿巾
品牌(Brand):安妮宝贝,小可爱

◆ 吉林 Jilin

长春市达驰物资经贸有限公司
Changchun Dachi Supply Trade Co., Ltd.
地址(Add):吉林省长春市东朝阳路5号
邮编(P.C.):130061
电话(Tel):0431-8983136
传真(Fax):0431-8986892
总经理(General Manager):张振久
产品(Products):消毒湿巾
品牌(Brand):洁润

长春市龙洋日用品有限责任公司
Changchun Longyang Commodity Co., Ltd.
地址(Add):吉林省长春市绿园区普阳街1455号
邮编(P.C.):130062
电话(Tel):0431-7656117
传真(Fax):0431-7656117
法人代表(Chairman):鞠艳秋
产品(Products):湿巾
品牌(Brand):e清

长春福康医疗保健品有限责任公司
Changchun Fukang Medicine Healthcare Co., Ltd.
地址(Add):吉林省长春市南湖大路56号
邮编(P.C.):130012
电话(Tel):0431-5534375
传真(Fax):0431-5531765
联系人(Contact Person):王国强
产品(Products):湿巾
品牌(Brand):依依天使

◆ 黑龙江 Heilongjiang

哈尔滨康夷宝卫生保健用品有限公司
Harbin Kangyibao Hygiene & Health Care Products Co., Ltd.
地址(Add):黑龙江省哈尔滨市道里区爱建新城上海街8号402或403室
邮编(P.C.):150018
电话(Tel):0451-86046690
传真(Fax):0451-86046691
E-mail:ljy@kangyibao.com
Http://www.kangyibao.com
总经理(General Manager):陆家源
产品(Products):湿巾
品牌(Brand):康夷宝

哈尔滨金北方旅游用品有限公司
Harbin Jinbeifang Tourism Articles Co., Ltd.
地址(Add):黑龙江省哈尔滨市道里区群力工业园区
邮编(P.C.):150000
电话(Tel):0451-87610488
传真(Fax):0451-87610488
总经理(General Manager):刘平
产品(Products):面巾纸,卫生纸,擦手纸,湿巾

哈尔滨唯美昆仑实业有限公司
Harbin Weimei Kunlun Industry Co., Ltd.
地址(Add):黑龙江省哈尔滨市高新技术开发区千山路11号34号楼605室
邮编(P.C.):150090
电话(Tel):0451-82287662
传真(Fax):0451-82287661
法人代表(Chairman):张昆
总经理(General Manager):张昆
产品(Products):湿巾,妇女卫生巾,卫生护垫

唯美卫生用品厂
Weimei Hygiene Articles Factory
地址(Add):黑龙江省哈尔滨市南岗区三角街28号
邮编(P.C.):150082
电话(Tel):0451-82442375
传真(Fax):0451-82442375
总经理(General Manager):张旭光
产品(Products):湿巾
品牌(Brand):沁颜

◆ 上海 Shanghai

香诗伊卫生用品有限公司
Xiangshiyi Hygiene Articles Co., Ltd.
地址(Add):上海市漕宝路1367号6幢2楼
邮编(P.C.):200233

电话(Tel):021 -54222469
传真(Fax):021 -64464059
总经理(General Manager):钱光明
产品(Products):湿巾
品牌(Brand):香诗伊

上海喜泊丽工贸有限公司
Shanghai Xiboli Industry & Trade Co., Ltd.
地址(Add):上海市常和路288号兴润园2号厂房2楼
邮编(P.C.):200331
电话(Tel):021 -62844615
传真(Fax):021 -62844614
E-mail:xby@ wettowel - fine. com
Http://www. wettowel - fine. com
总经理(General Manager):徐斌熠
联系人(Contact Person):石小轮
产品(Products):湿巾

上海爱妮梦纸业有限公司
Shanghai Anemone Paper Co., Ltd.
地址(Add):上海市沪闵路3158号(瓶北路130号)
邮编(P.C.):201109
电话(Tel):021 -64909090
传真(Fax):021 -54570005
E-mail:hcf@ ainimeng. com
Http://www. ainimeng. com
法人代表(Chairman):胡宣化
总经理(General Manager):胡朝福
联系人(Contact Person):胡朝福
产品(Products):面巾纸,餐巾纸,卫生纸,湿巾,擦镜纸
品牌(Brand):爱妮梦,舒芙,白霞

上海爱唯美日用品有限公司
Shanghai Aiweimei Commodity Co., Ltd.
地址(Add):上海市黄埔区制造局路833弄26#103
邮编(P.C.):200011
电话(Tel):021 -63166185
传真(Fax):021 -63166185
法人代表(Chairman):林书华
产品(Products):消毒湿巾,婴儿湿巾,厨房湿巾,汽车防雾湿巾,电脑擦布抹布

上海独一实业有限公司
Shanghai Duyi Industry Co., Ltd.
地址(Add):上海市嘉定区江桥华江路726弄13号
邮编(P.C.):201803
电话(Tel):021 -21788718
传真(Fax):021 -59115797
法人代表(Chairman):戴裕强
总经理(General Manager):邹梗甲
产品(Products):湿巾

永腾(上海)纸制品有限公司
Yongteng (Shanghai) Paper Products Co., Ltd.
地址(Add):上海市嘉定区马陆镇博学路1088号
邮编(P.C.):201818
电话(Tel):021 -69156580
传真(Fax):021 -69156590
总经理(General Manager):张忠良
联系人(Contact Person):罗敬颜
产品(Products):湿巾

强生(中国)有限公司
Johnson & Johnson (China) Ltd.
地址(Add):上海市闵行区东川路3285号
邮编(P.C.):200245
电话(Tel):021 -64302010
传真(Fax):021 -64303557
E-mail:bchen4@ co. ncn. jnj. com
法人代表(Chairman):吴人伟
总经理(General Manager):刘静娴
联系人(Contact Person):陈蓓蕾
产品(Products):妇女卫生巾,卫生护垫,湿巾(婴儿,女用,消毒)
品牌(Brand):娇爽,强生,可伶可俐,邦迪

上海戴春商贸有限公司
Shanghai Daichun Trade Co., Ltd.
地址(Add):上海市闵行区平阳路300弄53号302室
邮编(P.C.):201102
电话(Tel):021 -34130611
传真(Fax):021 -34130611
法人代表(Chairman):傅新芳
联系人(Contact Person):王春
产品(Products):非织造布,湿巾

上海市满好贸易公司
Shanghai Manhao Trade Co.
地址(Add):上海市闵行区吴中路1609号
邮编(P.C.):200233
电话(Tel):021 -64054770
传真(Fax):021 -64054785
产品(Products):湿巾

上海雅臣纸业有限公司
Shanghai Yachen Paper Co., Ltd.
地址(Add):上海市浦东新区上南路3120号
邮编(P.C.):200126
电话(Tel):021 -58426925
传真(Fax):021 -58426925
Http://www. ycpaper. com
联系人(Contact Person):孙根成
产品(Products):湿巾

上海唯爱纸业有限公司
Shanghai Weiai Paper Co., Ltd.
地址(Add):上海市浦东新区耀华路661号
邮编(P.C.):200126
电话(Tel):021 -50874481
传真(Fax):021 -50874485
E-mail:weiaizhy@ citz. net
Http://www. shevery. com. cn
法人代表(Chairman):程学保
联系人(Contact Person):沈治文
产品(Products):湿巾,卫生纸,纸尿片,隔尿巾
品牌(Brand):爱唯

上海芬雅纸品发展有限公司
Shanghai Fenya Paper Products Development Co., Ltd.
地址(Add):上海市普陀区长寿路181弄2号楼2607室
邮编(P.C.):200060
电话(Tel):021 -62666290
传真(Fax):021 -62998227

法人代表(Chairman):陈秋玲
联系人(Contact Person):黄贤伟
产品(Products):面巾纸,纸巾纸,餐巾纸,卫生纸,纸杯,湿巾

康那香企业(上海)有限公司
KNH Enterprise (Shanghai) Co.,Ltd.
地址(Add):上海市青浦工业园区外青松公路5619号
邮编(P. C.):201707
电话(Tel):021-69211200
传真(Fax):021-69211362
E-mail:webmaster@knh.com.cn
Http://www.knh.com.cn
法人代表(Chairman):戴华钟
联系人(Contact Person):任喆
产品(Products):妇女卫生巾,卫生护垫,湿巾,纸毛巾,化妆棉,非织造布
品牌(Brand):康乃馨

上海美馨卫生用品有限公司
Shanghai American Hygienics Co., Ltd.
地址(Add):上海市青浦区徐泾镇徐华路439号
邮编(P. C.):201702
电话(Tel):021-59764175
传真(Fax):021-59763989
E-mail:sales@amhygienics.com
Http://www.amhygienics.com
联系人(Contact Person):蒋云海
产品(Products):湿巾
品牌(Brand):Cuddsies,凯德馨

上海恒晟卫生用品有限公司
Shanghai Hengsheng Hygiene Articles Co., Ltd.
地址(Add):上海市松江区高科技园昆港路999号
邮编(P. C.):201614
电话(Tel):021-57855399
传真(Fax):021-57855266
总经理(General Manager):肖祖庆
产品(Products):纸尿裤,纸尿片,湿巾,生活用纸
品牌(Brand):舒贝

上海诗美生物科技有限公司
Shanghai Shimei Biology Science & Technology Co., Ltd.
地址(Add):上海市松江区佘山镇工业区78号
邮编(P. C.):201602
电话(Tel):021-57792129
联系人(Contact Person):李根昌
产品(Products):湿巾

海南欣龙无纺股份有限公司上海分公司
Hainan Xinlong Nonwovens Co., Ltd., Shanghai Branch
地址(Add):上海市肇嘉浜路301号工商大厦27层
邮编(P. C.):200032
电话(Tel):021-54236024
传真(Fax):021-54236934
E-mail:jingying@xlwf-sh.com
Http://www.xlwf-sh.com
联系人(Contact Person):吴敬英
产品(Products):手术服,擦拭巾,湿巾

◆ 江苏 Jiangsu

常熟市圣利达水刺无纺有限公司
Changshu Shenglida Spunlace Nonwovens Co.,Ltd.
地址(Add):江苏省常熟市沙家浜镇(唐市)常昆工业园区复兴路5号
邮编(P. C.):215542
电话(Tel):0512-52579258
传真(Fax):0512-52579991
E-mail:sld@shenglida.com
Http://www.shenglida.com
法人代表(Chairman):王自业
联系人(Contact Person):谢文豪
产品(Products):水刺非织造布,湿巾

江苏东方洁妮尔水刺无纺布有限公司
Jiangsu East Genial Spunlaced Nonwovens Co., Ltd.
地址(Add):江苏省常州市湖塘镇马杭金家塘100号
邮编(P. C.):213102
电话(Tel):0519-6323168
传真(Fax):0519-6705277
E-mail:genial@alibaba.com
Http://www.eastgenial.com
联系人(Contact Person):戚红
产品(Products):水刺非织造布,湿巾

常州市惠信纸业有限公司
Changzhou Huixin Paper Co., Ltd.
地址(Add):江苏省常州市戚墅堰区北南岸工业区
邮编(P. C.):213011
电话(Tel):0519-8771920
传真(Fax):0519-8778368
法人代表(Chairman):高亚静
总经理(General Manager):朱志强
产品(Products):纸杯,纸碗,柔湿巾
品牌(Brand):惠信

姜堰市伊明卫生用品厂
Jiangyan Yiming Hygiene Products Plant
地址(Add):江苏省姜堰市苏陈镇凌窦村
邮编(P. C.):225300
电话(Tel):0523-6081294
传真(Fax):0523-6081200
总经理(General Manager):殷宝魁
产品(Products):卫生纸,面巾纸,湿巾
品牌(Brand):伊明

永丰余家品(昆山)有限公司
Yuen Foong Yu Family Care (Kunshan) Co., Ltd.
地址(Add):江苏省昆山市玉山镇永丰余路
邮编(P. C.):215316
电话(Tel):0512-57792888
传真(Fax):0512-57792168
Http://www.yfy.com.cn
法人代表(Chairman):钟弘治
总经理(General Manager):张学坚
产品(Products):卫生纸原纸,卫生卷纸,餐巾纸,面巾纸,吸水纸,湿巾
品牌(Brand):五月花,芙蓉

唯美(连云港)日用品制造有限公司
Weimei (Lianyungang) Commodity Co., Ltd.
地址(Add):江苏省连云港市连云开发区经六路3号
邮编(P. C.):222043
电话(Tel):0518-2802035
传真(Fax):0518-2802036
E-mail:cneclat@vip.163.com
Http://www.vmlyg.com
总经理(General Manager):王工程
产品(Products):湿巾

南京安琪尔卫生用品有限公司
Nanjing Anqier Hygiene Articles Co., Ltd.
地址(Add):江苏省南京市江宁区丹阳北街168号
邮编(P. C.):211157
电话(Tel):025-86150518
传真(Fax):025-86153880
Http://www.fenting.com
总经理(General Manager):陶云
联系人(Contact Person):王功林
产品(Products):妇女卫生巾,卫生护垫,纸尿裤,湿巾
品牌(Brand):芬婷,柔然

江苏通江纺织发展有限公司
Jiangsu Tongjiang Textile Development Co., Ltd.
地址(Add):江苏省如皋市皋南工业园8号
邮编(P. C.):226553
电话(Tel):0513-7779366
传真(Fax):0513-7779666
E-mail:tj@tjtex.com
Http://www.tjtex.com
法人代表(Chairman):沈季疆
总经理(General Manager):沈季疆
联系人(Contact Person):王莉莉
产品(Products):湿巾
品牌(Brand):纤手

泗洪县康洁卫生用品有限公司
Sihong Kangjie Hygiene Articles Co., Ltd.
地址(Add):江苏省泗洪县双沟集团工业园区3#厂房
邮编(P. C.):223911
电话(Tel):0527-6717995
传真(Fax):0527-6717808
总经理(General Manager):徐飞
产品(Products):消毒湿巾,盒抽面巾纸

金红叶纸业(苏州工业园区)有限公司
Gold Hongye Paper (Suzhou Industrial Park) Co., Ltd.
地址(Add):江苏省苏州市工业园区胜浦分区金胜路1号
邮编(P. C.):215126
电话(Tel):0512-62832952
传真(Fax):0512-62822101
E-mail:customer_service@ghy.com.cn
Http://www.ghy.com.cn
法人代表(Chairman):黄志源
总经理(General Manager):徐锡土
联系人(Contact Person):王莉
产品(Products):卫生纸原纸,卫生卷纸,纸巾纸,湿巾,厨房纸巾,纸杯
品牌(Brand):唯洁雅,清风,真真

苏州宝丽洁日化有限公司
Suzhou Baolijie Daily Chemicals Co., Ltd.
地址(Add):江苏省苏州市吴中区东山镇工业科技园
邮编(P. C.):215107
电话(Tel):0512-66280008
传真(Fax):0512-66288868
Http://www.borage.com.cn
法人代表(Chairman):邱华
总经理(General Manager):翟勤勇
联系人(Contact Person):武宗矗
产品(Products):湿巾,妇女卫生巾,卫生护垫

苏州新进卫生用品有限公司
Suzhou Xinjin Hygiene Products Co., Ltd.
地址(Add):江苏省苏州市吴中区木渎镇木东公路金桥开发南区31幢
邮编(P. C.):215101
电话(Tel):0512-66363247
传真(Fax):0512-66363741
E-mail:dhpsz@pub.sz.jsinfo.net
法人代表(Chairman):梁智棋
联系人(Contact Person):李碧珊
产品(Products):湿巾

奈森克林(苏州)日用品有限公司
Naisenkelin Daily-Use Articles (Suzhou) Co., Ltd.
地址(Add):江苏省太仓市陆渡镇康福路551号
邮编(P. C.):215412
电话(Tel):0512-53451991
传真(Fax):0512-53451990
E-mail:naisenkelinsj@263.net.cn
Http://www.wettissue.cn
法人代表(Chairman):曾大池
总经理(General Manager):曾大池
产品(Products):湿巾
品牌(Brand):奈森克林

创艺卫生用品(苏州)有限公司
Haso Sanitary Material (Suzhou) Co., Ltd.
地址(Add):江苏省太仓市沙溪镇岳王区岳新路
邮编(P. C.):215421
电话(Tel):0512-53306277
传真(Fax):0512-53306299
E-mail:haso@gol.com
联系人(Contact Person):叶海龙
产品(Products):湿巾

江苏康隆医用保健品有限公司
Jiangsu Kanglong Medicine Healthcare Products Co., Ltd.
地址(Add):江苏省泰州市泰九路18-1号
邮编(P. C.):225300
电话(Tel):0523-6564531
传真(Fax):0523-6566011
E-mail:kanglongjs@sina.com
Http://www.med-kanglong.com
法人代表(Chairman):卞学根
产品(Products):医用敷料,无纺布口罩,湿巾
品牌(Brand):康隆

无锡市凯源家庭用品有限公司

Wuxi Kaiyuan Household Articles Co., Ltd.
地址(Add):江苏省无锡市东亭镇私营工业园B区12号
邮编(P. C.):214000
电话(Tel):0510-2245602
传真(Fax):0510-8263479
法人代表(Chairman):钱培忠
总经理(General Manager):辛涛
产品(Products):湿巾
品牌(Brand):金龙,凯源

扬州倍加洁日化有限公司
Yangzhou Beijiajie Daily Chemicals Co., Ltd.
地址(Add):江苏省扬州市杭集工业园
邮编(P. C.):225111
电话(Tel):0514-7491888
传真(Fax):0514-7276903
E-mail:sales@wettissue.com.cn
Http://www.wettissue.com.cn
法人代表(Chairman):张文生
联系人(Contact Person):杨秀殿
产品(Products):湿巾
品牌(Brand):倍加

镇江市爱洁消毒制品厂
Zhenjiang Aijie Sterilized Products Plant
地址(Add):江苏省镇江市东郊大路镇
邮编(P. C.):212133
电话(Tel):0511-3721726
传真(Fax):0511-3721726
法人代表(Chairman):谢金才
产品(Products):湿巾
品牌(Brand):丹飞

◆ 浙江 Zhejiang

上海芬雅纸品发展有限公司
Shanghai Fenya Paper Products Development Co., Ltd.
地址(Add):浙江省苍南县钱库镇环城北路405-407号
邮编(P. C.):325804
电话(Tel):0577-64475157
传真(Fax):0577-64478169
法人代表(Chairman):陈秋玲
联系人(Contact Person):黄贤伟
产品(Products):湿巾
品牌(Brand):芬雅

奉化市海威日用品制造有限公司
Fenghua Haiwei Commodity Co., Ltd.
地址(Add):浙江省奉化市西坞镇南路20号
邮编(P. C.):315505
电话(Tel):0574-88534766
传真(Fax):0574-88534766
总经理(General Manager):袁立勇
产品(Products):湿巾

浙江荣鑫纤维有限公司
Zhejiang Rongxin Fibre Co., Ltd.
地址(Add):浙江省海宁市经济开发区(袜业园区)
邮编(P. C.):314400
电话(Tel):0573-7213599
传真(Fax):0573-7213600
E-mail:wld@rxfibre.com
Http://www.rxfibre.com
联系人(Contact Person):汪立冬
产品(Products):湿巾,抹布

杭州华光文化用品有限公司
Hangzhou Huaguang Cultural Articles Co., Ltd.
地址(Add):浙江省杭州市江干区丁桥丁群路18号
邮编(P. C.):310000
电话(Tel):0571-88111642
传真(Fax):0571-88111642
法人代表(Chairman):李国康
产品(Products):湿巾

杭州天力水刺无纺布有限公司
Hangzhou Tianli Spunlaced Nonwovens Co., Ltd.
地址(Add):浙江省杭州市临安苕溪南路16号(锦城镇锦江工业园)
邮编(P. C.):311300
电话(Tel):0571-63757013
传真(Fax):0571-63756930
E-mail:textile@la.hz.zj.cn
Http://www.jinjiang-textile.com
总经理(General Manager):俞楚云
产品(Products):湿巾

杭州奇美无纺布用品有限公司
Hangzhou Qimei Nonwoven Articles Co., Ltd.
地址(Add):浙江省杭州市乔司三角村石塘一路8号
邮编(P. C.):310002
电话(Tel):0571-89193158
传真(Fax):0571-89193168
法人代表(Chairman):王金炎
联系人(Contact Person):马兴法
产品(Products):湿巾,柔巾卷,美容系列产品

杭州科达非织造布有限公司
Hangzhou Keda Nonwoven Co., Ltd.
地址(Add):浙江省杭州市萧山靖江工业区
邮编(P. C.):311223
电话(Tel):0571-82193368
传真(Fax):0571-82193338
E-mail:hzxingnong@alibaba.com.cn
Http://www.xingnongtex.com
总经理(General Manager):王亮
联系人(Contact Person):王剑亮
产品(Products):水刺非织造布,湿巾

杭州小姐妹卫生用品有限公司
Hangzhou Xiaojiemei Health-Care Products Co., Ltd.
地址(Add):浙江省杭州市萧山区蜀山工业园
邮编(P. C.):311203
电话(Tel):0571-82369688
传真(Fax):0571-82369788
法人代表(Chairman):章忠法
总经理(General Manager):章忠法
联系人(Contact Person):廖俊
产品(Products):妇女卫生巾,卫生护垫,湿巾
品牌(Brand):非常小姐妹,佳人有约,香吻

杭州国光旅游用品有限公司

Hangzhou Guoguang Touring Commodity Co., Ltd.
地址(Add):浙江省杭州市余杭区径山镇工业区
邮编(P. C.):311116
电话(Tel):0571 - 88586221
传真(Fax):0571 - 88585746
总经理(General Manager):傅启才
产品(Products):湿巾

杭州思进无纺布有限公司
Hangzhou Sijin Nonwovens Co., Ltd.
地址(Add):浙江省杭州市余杭区运河镇博陆育士路1号
邮编(P. C.):311103
电话(Tel):0571 - 86282888
传真(Fax):0571 - 86282618
E-mail:sijin@ sj - nonwoven. com
Http://www. sj - nonwoven. com
法人代表(Chairman):胡炳年
总经理(General Manager):胡炳年
联系人(Contact Person):李有根
产品(Products):一次性毛巾,一次性毛巾卷,湿巾
品牌(Brand):思进

金华市日鑫清洁用品厂
Jinhua Rixin Cleaning Articles Factory
地址(Add):浙江省金华市金三角工业区
邮编(P. C.):322000
电话(Tel):0579 - 5586182
传真(Fax):0579 - 5587492
E-mail:rxwipes@ rxwipes. com
Http://www. rxwipes. com
法人代表(Chairman):李建锋
联系人(Contact Person):邹阳平
产品(Products):婴儿湿巾,清洁湿巾,御妆湿巾,防雾湿巾,消毒湿巾

浙江华晟水刺无纺布有限公司
Zhejiang Huasheng Spunlace Fabric Co., Ltd.
地址(Add):浙江省临安市玲珑工业园区
邮编(P. C.):311300
电话(Tel):0571 - 63925931
传真(Fax):0571 - 63925929
联系人(Contact Person):翁炳林
产品(Products):水刺非织造布,湿巾

临安市雄鹰妇幼卫生用品有限公司
Xiongying Maternity & Child Articles Co., Ltd.
地址(Add):浙江省临安市於潜镇方元工业区
邮编(P. C.):311311
电话(Tel):0571 - 63872110
传真(Fax):0571 - 63872666
E-mail:webmaster@ hz - yf. com
Http://www. hz - yf. com
法人代表(Chairman):周雄鹰
总经理(General Manager):周雄鹰
产品(Products):妇女卫生巾,卫生护垫,婴儿纸尿裤,纸尿片,湿巾
品牌(Brand):永芳,酷儿,酷

舒尔洁日用品厂
Shuerjie Commodity Factory
地址(Add):浙江省浦江县黄宅镇中山二区
邮编(P. C.):322204
电话(Tel):0579 - 4236218
传真(Fax):0579 - 4236216
法人代表(Chairman):吴丽萍
联系人(Contact Person):龚棉娣
产品(Products):湿巾

浙江绍兴上虞市消毒用品厂
Shaoxing Shangyu Disinfect Products Plant
地址(Add):浙江省上虞市曹娥街道狮子村
邮编(P. C.):312300
电话(Tel):0575 - 2163835
传真(Fax):0575 - 2151732
联系人(Contact Person):梁英康
产品(Products):湿巾
品牌(Brand):民康

温州市恒顺纸业有限公司
Wenzhou Hengshun Paper Co., Ltd.
地址(Add):浙江省温州市娄桥镇娄东工业区
邮编(P. C.):325000
电话(Tel):0577 - 86287778
传真(Fax):0577 - 86281668
总经理(General Manager):胡献忠
产品(Products):卫生纸,面巾纸,湿巾
品牌(Brand):流星雨,琳琅

温州康嘉无纺布制品有限公司
Wenzhou Kangjia Nonwovens Products Co., Ltd.
地址(Add):浙江省温州市瓯海区三洋街道张严冯路37号
邮编(P. C.):325014
电话(Tel):0577 - 56812199
传真(Fax):0577 - 86771333
总经理(General Manager):金刚强
产品(Products):非织造布,工业用擦拭布(抹布),湿巾,面膜,汽车擦拭布,厨房擦拭布,除尘擦拭布

温州瓯海洁丽卫生用品厂
Wenzhou Jieli Hygiene Articles Factory
地址(Add):浙江省温州市西山东路226弄3号
邮编(P. C.):325005
电话(Tel):0577 - 88522986
传真(Fax):0577 - 88550285
总经理(General Manager):赵培华
产品(Products):妇女卫生巾,纸巾纸,湿巾
品牌(Brand):施施

浙江省新昌县东方非织造有限公司
Zhejiang Xinchang Dongfang Nonwoven Co., Ltd.
地址(Add):浙江省新昌县新昌大道中路205号
邮编(P. C.):312500
电话(Tel):0575 - 6035163
传真(Fax):0575 - 6047810
Http://www. dfnonwoven. com
产品(Products):非织造布,湿巾,抹布,压缩毛巾

义乌市天帛纸业有限公司
Yiwu Tianbo Paper Co., Ltd.
地址(Add):浙江省义乌市工人北路418号
邮编(P. C.):322000
电话(Tel):0579 - 5585288

传真(Fax):0579 - 5549842
E-mail:sales@ tianbopaper. com
Http://tianbopaper. com
总经理(General Manager):余建东
产品(Products):纸巾纸,面巾纸,餐巾纸,湿巾

义乌市圣洁日用品厂
Yiwu Shengjie Daily - Use Goods Factory
地址(Add):浙江省义乌市沪江路8弄35号
邮编(P. C.):322000
电话(Tel):0579 - 5527756
传真(Fax):0579 - 5413744
法人代表(Chairman):陈玲玉
产品(Products):湿巾,清洁抹布

义乌妙洁日用品厂
Yiwu Miaojie Commodity Factory
地址(Add):浙江省义乌市江东镇西陈村
邮编(P. C.):322000
电话(Tel):0579 - 3595070
E-mail:mj@ ywmiaojie. com
产品(Products):湿巾
品牌(Brand):妙洁

义乌市长弓无纺布有限公司
Yiwu Chnco Nonwovens Co., Ltd.
地址(Add):浙江省义乌市经济开发区三期高新园东路
邮编(P. C.):322001
电话(Tel):0579 - 5335307
传真(Fax):0579 - 5335301
E-mail:bingchen8900@ hotmail. com
Http://www. china - cleaning. com
法人代表(Chairman):张金陆
联系人(Contact Person):陈志斌
产品(Products):非织造布,湿巾

义乌市比爱卫生用品有限公司
Yiwu Biai Health Products Co., Ltd.
地址(Add):浙江省义乌市商城集团626室
邮编(P. C.):322005
电话(Tel):0579 - 5558500
传真(Fax):0579 - 5542638
E-mail:sales@ biai. cn
Http://www. biai. cn
法人代表(Chairman):王爱加
总经理(General Manager):傅红福
产品(Products):妇女卫生巾,卫生护垫,婴儿纸尿裤,湿巾
品牌(Brand):比爱

浙江省诸暨造纸厂
Zhejiang Zhuji Paper Mill
地址(Add):浙江省诸暨市暨阳工业园区
邮编(P. C.):311800
电话(Tel):0575 - 7320088
传真(Fax):0575 - 7320068
法人代表(Chairman):何吉华
总经理(General Manager):何吉华
联系人(Contact Person):宣峰
产品(Products):卫生纸,餐巾纸,擦手纸,湿巾
品牌(Brand):三花

◆ 安徽 Anhui

合肥欣诺无纺制品有限公司
Hefei Xinnuo Nonwoven Products Co., Ltd.
地址(Add):安徽省合肥市双凤大道中市区管委会院内
邮编(P. C.):230011
电话(Tel):0551 - 6370395
传真(Fax):0551 - 6370395
法人代表(Chairman):张军
联系人(Contact Person):刘明俊
产品(Products):静电除尘纸,加网地拖布,静电除尘手套,功能型湿巾,非织造布抹布,婴儿床垫

合肥特丽洁卫生材料有限公司
Hefei Telijie Hygiene Material Co., Ltd.
地址(Add):安徽省合肥市站塘路6号
邮编(P. C.):230011
电话(Tel):0551 - 4315707
传真(Fax):0551 - 4417413
E-mail:telijie@ telijie. com
Http://www. telijie. com
法人代表(Chairman):张光明
总经理(General Manager):张光明
产品(Products):湿巾,美容巾,仪器擦拭巾,医用擦手纸,医用围兜,餐巾纸
品牌(Brand):特丽洁

铜陵市洁雅航空用品有限责任公司
Jyair Aviation Necessities Co., Ltd.
地址(Add):安徽省铜陵市东市开发区
邮编(P. C.):244000
电话(Tel):0562 - 6820555
传真(Fax):0562 - 6820777
E-mail:sales@ in - flight. net
Http://www. babywipes. com. cn
法人代表(Chairman):蔡英传
产品(Products):湿巾
品牌(Brand):洁雅

铜陵市康洁航空用品有限责任公司
Tongling Kangjie Aviation Articles Co., Ltd.
地址(Add):安徽省铜陵市郊区私营工业园内
邮编(P. C.):244000
电话(Tel):0562 - 2625448
传真(Fax):0562 - 2625448
E-mail:root@ kjair. com
Http://www. kjair. com
总经理(General Manager):杨程林
产品(Products):湿巾,纸巾纸,卫生座垫纸,杯垫,擦手纸,非织造布口罩,条形帽,围裙,手套

◆ 福建 Fujian

福州晋安金鸽卫生用品厂
Fuzhou Jinan Jinge Hygiene Articles Factory
地址(Add):福建省福州市火车站后山门前新村12栋53号
邮编(P. C.):350000
电话(Tel):0591 - 87902548
传真(Fax):0591 - 87902548

联系人(Contact Person):徐明学
产品(Products):湿巾,餐巾纸
品牌(Brand):吉鸽

福州洁乐妇幼卫生用品有限公司
Fuzhou Jiele Woman & Child Hygiene Articles Co., Ltd.
地址(Add):福建省福州市金山工业园区浦上园58幢2楼
邮编(P. C.):350005
电话(Tel):0591－83848865
传真(Fax):0591－83848867
法人代表(Chairman):林敏
总经理(General Manager):林鹤明
产品(Products):卫生纸,纸巾,湿巾
品牌(Brand):中美洁乐

福建恒安集团有限公司
Fujian Hengan Holding Co., Ltd.
地址(Add):福建省晋江市安海恒安工业城
邮编(P. C.):362261
电话(Tel):0595－85708888
传真(Fax):0595－85708666
E-mail:hengan@hengan.com
Http://www.hengan.com.cn
法人代表(Chairman):施文博
总经理(General Manager):许连捷
联系人(Contact Person):陈涛
产品(Products):妇女卫生巾,卫生护垫,婴儿纸尿裤,成人纸尿裤,湿巾
品牌(Brand):安尔乐,安乐,安儿乐,安而康,心相印

晋江百合堂生活用品有限公司
Jinjiang Baihetang Household Articles Co., Ltd.
地址(Add):福建省晋江市安海镇梧埭工业区
邮编(P. C.):362200
电话(Tel):0595－85750000
传真(Fax):0595－85750099
法人代表(Chairman):吴安全
总经理(General Manager):吴安全
产品(Products):湿巾
品牌(Brand):菲柔

晋江市安海镇恒质纸品厂
Jinjiang Hengzhi Paper Products Factory
地址(Add):福建省晋江市安海镇庄头村玉林南里59号
邮编(P. C.):362261
电话(Tel):0595－85709988
传真(Fax):0595－85794436
E-mail:hengzhi510@163.com
Http://www.cnhengzhi.com
法人代表(Chairman):陈文质
产品(Products):妇女卫生巾,卫生护垫,婴儿纸尿裤、纸尿片,成人纸尿裤,湿巾,纸巾纸
品牌(Brand):恒质

晋江市绿之乡纸业有限公司
Jinjiang Lüzhixiang Paper Co., Ltd.
地址(Add):福建省晋江市东石金瓯工业西区
邮编(P. C.):362200
电话(Tel):0595－85594966
传真(Fax):0595－85594866
联系人(Contact Person):王连升
产品(Products):卫生纸,面巾纸,餐巾纸,湿巾

福建晋江凤竹纸品实业有限公司
Fujian Jinjiang Fengzhu Paper Products Industry Co., Ltd.
地址(Add):福建省晋江市青阳竹树下工业区
邮编(P. C.):362200
电话(Tel):0595－85678890
传真(Fax):0595－85653890
联系人(Contact Person):李秉修
产品(Products):餐巾纸,面巾纸,手帕纸,卫生纸,妇女卫生巾,卫生护垫,婴儿纸尿裤,湿巾

晋江市老君日化有限责任公司
Jinjiang Laojun Daily Chemical Co., Ltd.
地址(Add):福建省晋江市五里工业区
邮编(P. C.):362216
电话(Tel):0595－82967777
传真(Fax):0595－88056666
法人代表(Chairman):何振昌
总经理(General Manager):何春城
产品(Products):湿巾
品牌(Brand):贝贝熊

晋江恒安家庭生活用纸有限公司
Jinjiang Hengan Household Tissue Product Co., Ltd.
地址(Add):福建省晋江市五里工业园区
邮编(P. C.):362261
电话(Tel):0595－85736880
传真(Fax):0595－85736563
法人代表(Chairman):许连捷
总经理(General Manager):颜志勇
联系人(Contact Person):田月萍
产品(Products):湿巾
品牌(Brand):心相印

晋江合兴纸业有限公司
Jinjiang Hexing Paper Co., Ltd.
地址(Add):福建省晋江市庄头工业区
邮编(P. C.):362200
电话(Tel):0595－85798962
传真(Fax):0595－85727124
E-mail:jinkeya@fjjinkeya.com
Http://www.fjjinkeya.com
联系人(Contact Person):吴明克
产品(Products):手帕纸,餐巾纸,面巾纸,湿巾
品牌(Brand):金克雅

福建天和妇幼日用品有限公司
Fujian Tianhe Women & Children Goods for Daily Use Co., Ltd.
地址(Add):福建省南安市洪濑镇东溪开发区天和工业大厦
邮编(P. C.):362331
电话(Tel):0595－86682278
传真(Fax):0595－86682278
E-mail:fjtianhe@pub2.qz.fj.cn
Http://www.fjtianhe.com
法人代表(Chairman):黄志民
总经理(General Manager):戴志福
联系人(Contact Person):戴山林

产品(Products):妇女卫生巾,卫生护垫,婴儿纸尿裤,湿巾
品牌(Brand):新欣,阳光之秀,忘忧亭

南安市杰宝纸业有限公司
Nanan Jiebao Paper Co., Ltd.
地址(Add):福建省南安市梅山镇新兰工业区
邮编(P. C.):362321
电话(Tel):0595-86596778
传真(Fax):0595-86596779
E-mail:jiabao@pub2.qz.fj.cn
Http://www.jiebao778.com
总经理(General Manager):傅子良
联系人(Contact Person):陈瑞英
产品(Products):湿巾
品牌(Brand):方片

三明市顺欣妇幼卫生用品有限公司
Sanming Shunxin Woman & Child Hygiene Articles Co., Ltd.
地址(Add):福建省三明市大田县轻纺工业园区建山路188号
邮编(P. C.):366100
电话(Tel):0598-7266369
传真(Fax):0598-7260666
E-mail:shuenxin@126.com
Http://www.fjshunxin.com
总经理(General Manager):蔡志明
联系人(Contact Person):林朝晖
产品(Products):妇女卫生巾,卫生护垫,婴儿纸尿裤,纸尿片,湿巾
品牌(Brand):顺欣

义典(厦门)工贸有限公司
Yidian (Xiamen) Industry & Trade Co., Ltd.
地址(Add):福建省厦门市凤屿路206号302室
邮编(P. C.):361004
电话(Tel):0592-5032551
传真(Fax):0592-5032550
E-mail:enhf_665@163.com
联系人(Contact Person):李信志
产品(Products):湿巾

厦门众智德工贸有限公司
Xiamen Zhongzhide Industry & Trade Co., Ltd.
地址(Add):福建省厦门市嘉禾路388号永同昌大厦4E
邮编(P. C.):361006
电话(Tel):0592-5634999
传真(Fax):0592-5634123
法人代表(Chairman):林跃彬
总经理(General Manager):林跃彬
联系人(Contact Person):余彬
产品(Products):湿巾
品牌(Brand):菲柔,Comfort&time

厦门亿荣升生活用品有限公司
Xiamen Yirongsheng Household Articles Co., Ltd.
地址(Add):福建省厦门市嘉禾路392号国泰大厦15C
邮编(P. C.):361009
电话(Tel):0592-3122577
传真(Fax):0592-3122579
法人代表(Chairman):章文斌
总经理(General Manager):陈阳升
产品(Products):一次性鞋垫,婴儿纸尿片(裤),成人湿巾,婴儿柔湿巾,妇女卫生巾,卫生护垫
品牌(Brand):益洁

福建漳州市智光纸业有限公司
Fujian Zhangzhou Zhiguang Paper Co., Ltd.
地址(Add):福建省漳州市蓝田工业区横二路西段
邮编(P. C.):363005
电话(Tel):0596-2103599
传真(Fax):0596-2109196
法人代表(Chairman):邓湘闽
总经理(General Manager):陈光伟
联系人(Contact Person):陈智勇
产品(Products):妇女卫生巾,湿巾,面巾纸,成人纸尿裤,婴儿纸尿裤
品牌(Brand):爽月,智光,皇后,依贝思,笑嘻嘻

◆ 江西 Jiangxi

江西生成卫生用品有限公司
Jiangxi Shengcheng Hygiene Products Co., Ltd.
地址(Add):江西省武宁经济技术开发区
邮编(P. C.):332300
电话(Tel):0792-2837461
传真(Fax):0792-2839355
E-mail:jxsc@public1.jj.jx.cn
Http://www.cnshengcheng.com
法人代表(Chairman):余陈
总经理(General Manager):余陈
联系人(Contact Person):艾萍
产品(Products):湿巾,妇女卫生巾,卫生卷纸,面巾纸,纸围兜,坐便纸垫
品牌(Brand):生成,乐知知,SC

◆ 山东 Shandong

德州恒康纸品有限公司
Dezhou Hengkang Paper Products Co., Ltd.
地址(Add):山东省德州陵县经济开发区财源路
邮编(P. C.):253500
电话(Tel):0534-8226958
产品(Products):湿巾
品牌(Brand):康雅欣

青岛明宇卫生制品有限公司
Qingdao Mingyu Hygiene Products Co., Ltd.
地址(Add):山东省胶州市郑州东路236号甲
邮编(P. C.):266300
电话(Tel):0532-87209029
传真(Fax):0532-87233929
法人代表(Chairman):王世国
产品(Products):湿巾,汽车擦布

山东信成纸业有限公司
Shandong Xincheng Paper Co., Ltd.
地址(Add):山东省聊城市茌平县西外环高新技术工业园内
邮编(P. C.):252100
电话(Tel):0635-4285466
传真(Fax):0635-4283218

E-mail:xcgroup@ xcgroup. cn
Http://www. xcgroup. cn
法人代表(Chairman):李泽潜
总经理(General Manager):牛洪华
联系人(Contact Person):胡守泉
产品(Products):妇女卫生巾,厨房用纸,美容纸,面巾纸,马桶座垫,湿巾
品牌(Brand):圣荷

青岛康洁卫生用品有限公司
Qingdao Kangjie Hygiene Articles Co., Ltd.
地址(Add):山东省青岛市308国道235号
邮编(P. C.):266000
电话(Tel):0532 - 88721015
传真(Fax):0532 - 88721715
联系人(Contact Person):范玉梅
产品(Products):湿巾,纸巾纸
品牌(Brand):康洁

雪白娜商贸有限公司
Xuebaina Trade Co., Ltd.
地址(Add):山东省青岛市田家村花园C1号2单元501
邮编(P. C.):266000
电话(Tel):0532 - 85771193
传真(Fax):0532 - 85897507
总经理(General Manager):范克栋
产品(Products):湿巾

临沂利华纸业有限公司
Linyi Lihua Paper Co., Ltd.
地址(Add):山东省郯城县胜利乡驻地
邮编(P. C.):276013
电话(Tel):0539 - 6731688
E-mail:x1199@ ly - public. cd. cninfo. net
总经理(General Manager):徐立华
产品(Products):卫生纸原纸,盘纸,手帕纸,餐巾纸,湿巾
品牌(Brand):森派

淄博市淄川日洁消毒用品厂
Zibo Zichuan Rijie Disinfect Articles Factory
地址(Add):山东省淄博市淄川区寨星镇南沈村宋家地
邮编(P. C.):255100
电话(Tel):0533 - 5616771
传真(Fax):0533 - 5616771
联系人(Contact Person):王健
产品(Products):湿巾

◆ 河南 Henan

漯河银鸽生活纸产有限公司
Luohe Yinge Tissue Paper Industry Co., Ltd.
地址(Add):河南省漯河市湘江路东段2号
邮编(P. C.):462000
电话(Tel):0395 - 2635532
传真(Fax):0395 - 3388532
E-mail:yinge@ yinge. com. cn
Http://www. yinge. com. cn
法人代表(Chairman):杨松贺
联系人(Contact Person):张明远
产品(Products):卫生原纸,卫生卷纸,餐巾纸,面巾纸,湿巾,半成品纸巾,盘纸,妇女卫生巾衬纸,纸尿裤衬纸
品牌(Brand):银鸽,舒蕾,银鑫

郑州铭泰非织造材料有限公司
Zhengzhou Mingtai Nonwovens Co., Ltd.
地址(Add):河南省郑州市高新技术开发区合欢街10号
邮编(P. C.):450001
电话(Tel):0371 - 67371155
传真(Fax):0371 - 67371199
E-mail:kouzhenhua@ 163. com
Http://www. zzmingtai. com
联系人(Contact Person):寇振华
产品(Products):水刺非织造布及湿巾等后加工产品

郑州万戈免洗用品工贸有限公司
Zhengzhou Wange Wash - Free Articles Industry & Trade Co., Ltd.
地址(Add):河南省郑州市紫荆山路66号金成国贸大厦2615室
邮编(P. C.):450002
电话(Tel):0371 - 66325277
传真(Fax):0371 - 66316310
E-mail:wgmx@ tom. com
Http://www. zzwange. com
总经理(General Manager):常利成
联系人(Contact Person):丹峰
产品(Products):擦手纸,马桶垫纸,卷纸,柔巾卷
品牌(Brand):万戈

◆ 湖北 Hubei

百康纸业加工厂
Baikang Paper Products Factory
地址(Add):湖北省武汉市江岸区经济开发区后湖跃进罗家嘴44 - 1号
邮编(P. C.):430000
电话(Tel):027 - 65654510
传真(Fax):027 - 65654510
法人代表(Chairman):张汉生
总经理(General Manager):张汉生
联系人(Contact Person):马自来
产品(Products):餐巾纸,面巾纸,湿巾
品牌(Brand):百康

美洁免洗用品厂
Meijie Wash - Free Articles Factory
地址(Add):湖北省武汉市江岸区田元三村340号
邮编(P. C.):430011
电话(Tel):027 - 82319651
传真(Fax):027 - 82327051
总经理(General Manager):杨继辉
产品(Products):非织造布制品,生活用纸加工,湿巾
品牌(Brand):美洁

武汉黎世免洗用品有限责任公司
Lishi Washfree Products Co., Ltd.
地址(Add):湖北省武汉市江汉区天门墩25号
邮编(P. C.):430015
电话(Tel):027 - 85801337
传真(Fax):027 - 85801337
E-mail:whlishi@ 126. com
Http://www. lishi. com. cn

总经理(General Manager):吴世龙
产品(Products):卫生纸,餐巾纸,面巾纸,湿巾,纸杯
品牌(Brand):黎世,月季园

百可灵纸业有限责任公司
Baikeling Paper Co., Ltd.
地址(Add):湖北省武汉市珞瑜路618号东方怡景大厦B座803室
邮编(P. C.):430074
电话(Tel):027-87464933
传真(Fax):027-87462975
联系人(Contact Person):肖梦璧
产品(Products):纸巾纸,湿巾,纸抹布
品牌(Brand):百可灵

华成纸品有限公司
Huacheng Paper Products Co., Ltd.
地址(Add):湖北省武汉市武昌区徐东小区74号
邮编(P. C.):430063
电话(Tel):027-86728795
传真(Fax):027-86728795
E-mail:h-huacheng@126.com
Http://www.h-huacheng.ebigchina.com
联系人(Contact Person):罗千高
产品(Products):干法纸机,干法纸,湿巾,餐巾纸,厨房纸巾,工业擦拭纸

嘉博彩商贸部
Jiabocai Trade Department
地址(Add):湖北省宜昌市夷陵路307号(王家河公园旁)
邮编(P. C.):443003
电话(Tel):0717-6350610
传真(Fax):0717-6350002
E-mail:asiajbc@asiajbc.com
Http://www.asiajbc.com
联系人(Contact Person):薛亚洲
产品(Products):卫生纸,擦手纸,手帕纸,餐巾纸,面巾纸,湿巾

◆ 湖南 Hunan

湖南德惠纸业有限公司
Hunan Dehui Paper Co., Ltd.
地址(Add):湖南省常德市德山高新技术园区
邮编(P. C.):415001
电话(Tel):0736-7323999
传真(Fax):0736-7323999
E-mail:zhough2004@126.com
Http://www.hndehui.com
总经理(General Manager):周国宏
联系人(Contact Person):刘杨
产品(Products):卫生纸,手帕纸,面巾纸,擦手纸,湿巾

湖南恒安纸业有限公司
Hunan Hengan Paper Co., Ltd.
地址(Add):湖南省常德市德山开发区桃林路
邮编(P. C.):415001
电话(Tel):0736-7300008
传真(Fax):0736-7300322
E-mail:cdha@mail.hengan.com.cn
Http://www.hengan.com
法人代表(Chairman):许连捷
总经理(General Manager):许水深
联系人(Contact Person):卓芳
产品(Products):卫生纸原纸,卫生卷纸,手帕纸,面巾纸,餐巾纸,湿巾
品牌(Brand):心相印

◆ 广东 Guangdong

广东省潮州市航空用品实业有限公司
Chaozhou Aviation Articles Industry Co., Ltd.
地址(Add):广东省潮州市厦园潮航路
邮编(P. C.):515634
电话(Tel):0768-5420251
传真(Fax):0768-5421655
E-mail:info@czair.com
Http://www.czair.com
联系人(Contact Person):陈兴邦
产品(Products):湿巾

佛山市南海区桂城德恒餐饮用品厂
Foshan Deheng Tableware Factory
地址(Add):广东省佛山市南海区桂城叠北工业区14号
邮编(P. C.):528253
电话(Tel):0757-86311287
传真(Fax):0757-86300087
Http://www.nh-deheng.com
总经理(General Manager):张景炽
联系人(Contact Person):张德鉴
产品(Products):湿巾
品牌(Brand):晨宝,美雅

佛山市南海区桂城景兴商务拓展有限公司
Kingdom Marketing Service Co., Ltd.
地址(Add):广东省佛山市南海区桂城南海大道经委大厦副楼二楼
邮编(P. C.):528200
电话(Tel):0757-86238822
传真(Fax):0757-86238670
E-mail:kingdom@abckms.com
Http://www.abckms.com
法人代表(Chairman):邓锦明
总经理(General Manager):邓锦明
联系人(Contact Person):许旭芳
产品(Products):妇女卫生巾,卫生护垫,湿巾
品牌(Brand):ABC,易洁,EC

广东省南海康洁香巾厂
Nanhai Kangjie Towel Factory of Guangdong
地址(Add):广东省佛山市南海区桂城石肯工业区
邮编(P. C.):528300
电话(Tel):0757-86361584
传真(Fax):0757-86361584
E-mail:master@kangjie-wettowel.com
Http://www.kangjie-wettowel.com
总经理(General Manager):周柱兴
产品(Products):湿巾,婴儿隔尿垫巾,手帕纸
品牌(Brand):康洁,舒爽

佛山市洁达纸业有限公司
Foshan Jieda Paper Co., Ltd.

地址(Add):广东省佛山市南海区里水镇流潮工业区
邮编(P. C.):528248
电话(Tel):0757-85625452
传真(Fax):0757-85625451
总经理(General Manager):叶益义
产品(Products):面巾纸,手帕纸,湿巾

佛山市南海区康德信酒店卫生用品厂
Foshan Kangdexin Hotel Hygiene Articles Factory
地址(Add):广东省佛山市南海区罗村镇罗北大岗头
邮编(P. C.):528226
电话(Tel):0757-86433038
传真(Fax):0757-86433786
Http://www. kdx8848. com
法人代表(Chairman):杨玲枝
总经理(General Manager):杨福祥
产品(Products):湿巾,餐巾纸
品牌(Brand):康德信

佛山市南海区平洲夏东伟业纸品厂
Foshan Weiye Paper Products Factory
地址(Add):广东省佛山市南海区平洲夏东村五房沙
邮编(P. C.):528251
电话(Tel):0757-86799467
传真(Fax):0757-86799467
法人代表(Chairman):叶健松
产品(Products):湿巾,纸巾
品牌(Brand):馨业

佛山市南海区平洲夏西雅佳酒店用品厂
Foshan Yajia Hotel Articles Factory
地址(Add):广东省佛山市南海区平洲夏西良溪工业区
邮编(P. C.):528251
电话(Tel):0757-86774070
传真(Fax):0757-86284555
法人代表(Chairman):李尤磷
产品(Products):湿巾,纸巾
品牌(Brand):雅派一族

佛山市顺德区崇大湿纸巾有限公司
Foshan Shunde Chongda Wet Paper Towel Co., Ltd.
地址(Add):广东省佛山市顺德区北滘镇碧江大道4号
邮编(P. C.):528312
电话(Tel):0757-26634163
传真(Fax):0757-26632314
法人代表(Chairman):苏振中
总经理(General Manager):谢耿平
产品(Products):湿巾

广州市唯妮纸业有限公司
Guangzhou Weini Paper Co., Ltd.
地址(Add):广东省广州市白云区太和镇谢家庄荫兰大道东工业区A-5
邮编(P. C.):510310
电话(Tel):020-34311559
传真(Fax):020-34312103
E-mail:vine@ vinepaper. com
Http://www. vinepaper. com
联系人(Contact Person):应唯虎
产品(Products):纸巾纸,擦手纸,面巾纸,手帕纸,餐巾纸,厨房用纸,湿巾

广州市昊升纸业有限公司
Guangzhou Haosheng Paper Co., Ltd.
地址(Add):广东省广州市芳村区东沙开发区荷景路9-13号
邮编(P. C.):510385
电话(Tel):020-81495019
传真(Fax):020-81494093
联系人(Contact Person):张婉萍
产品(Products):面巾纸,湿巾

广州市海珠区花洁旅游日用品厂
Guangzhou Haizhu Huajie Tourism Articles Factory
地址(Add):广东省广州市海珠区琶州仁瑞大街27号
邮编(P. C.):560335
电话(Tel):020-34310876
传真(Fax):020-34311736
Http://www. huajiepaper. com
法人代表(Chairman):杨铁雷
总经理(General Manager):杨铁雷
产品(Products):湿巾,纸巾
品牌(Brand):名扬,花洁

广州市立新日用品厂
Guangzhou Lixin Commodity Factory
地址(Add):广东省广州市海珠区燕子岗路燕子岗街一号海幢工业区七楼
邮编(P. C.):510280
电话(Tel):020-61177074
传真(Fax):020-89008086
Http://www. tissue. com. cn
联系人(Contact Person):Charle 张先生
产品(Products):湿巾

广州森景织造有限公司
Guangzhou Senjing Textile Co., Ltd.
地址(Add):广东省广州市花都区新华镇商业大道90号之6
邮编(P. C.):510850
电话(Tel):020-86873125
总经理(General Manager):苏飒飞
产品(Products):工业用、家用擦拭巾

广州市天河高登保健制品厂
Guangzhou Tianhe Gaodeng Healthcare Products Factory
地址(Add):广东省广州市天河车陂新涌口西83号11社工业区
邮编(P. C.):510055
电话(Tel):020-82170282
传真(Fax):020-82170181
法人代表(Chairman):林志坚
联系人(Contact Person):林峰
产品(Products):湿巾

宝洁(中国)有限公司
Procter & Gamble (China) Ltd.
地址(Add):广东省广州市天河区林和西路161号中泰国际广场30楼
邮编(P. C.):510040
电话(Tel):020-85186688
传真(Fax):020-85186131
E-mail:wan. an@ pg. com

Http://www. pg. com. cn
法人代表(Chairman):罗宏斐
总经理(General Manager):罗宏斐
联系人(Contact Person):万向红
产品(Products):妇女卫生巾,卫生护垫,婴儿纸尿裤,湿巾
品牌(Brand):护舒宝,帮宝适

江门市晨采纸业有限公司
Jiangmen Chencai Paper Co., Ltd.
地址(Add):广东省江门市发展大道29号白石工业区K座
邮编(P. C.):529000
电话(Tel):0750 - 3390201
传真(Fax):0750 - 3396031
E-mail:info@ sanchoicepaper. com
Http://www. sanchoicepaper. com
法人代表(Chairman):吕维康
总经理(General Manager):黄文彪
产品(Products):面巾纸,卫生纸,擦手纸,厨房用纸,餐巾纸,湿巾
品牌(Brand):晨彩

维达纸业(广东)有限公司
Vinda Paper (Guangdong) Co., Ltd.
地址(Add):广东省江门市新会区东侯工业开发区
邮编(P. C.):529100
电话(Tel):0750 - 6168333
传真(Fax):0750 - 6120239
E-mail:guangdong@ vinda. com
Http://www. vindapaper. com
法人代表(Chairman):李朝旺
总经理(General Manager):李朝旺
联系人(Contact Person):张健
产品(Products):卫生纸原纸,卫生卷纸,手帕纸,餐巾纸,面巾纸,厨房纸巾,擦手纸,妇女卫生巾,湿巾
品牌(Brand):维达,花之韵

东方华尔贸易有限公司
Dongfang Huaer Trade Co., Ltd.
地址(Add):广东省茂名市迎宾三路173号4 - 702号
邮编(P. C.):525000
电话(Tel):0668 - 2139246
传真(Fax):0668 - 2807219
E-mail:manager2000@ 163. com
Http://www. ew - biz. com
联系人(Contact Person):廖洪宁
产品(Products):羊毛纸作基料清洁巾
品牌(Brand):雪龙

汕头市迎湖区骏宝有限公司
Shantou Junbao Co., Ltd.
地址(Add):广东省汕头市珠池路洪门综合厂房A - 2栋
邮编(P. C.):515041
电话(Tel):0754 - 8812452
传真(Fax):0754 - 8812450
E-mail:junbao@ jun - bao. com
Http://www. jun - bao. com
法人代表(Chairman):陈英武
总经理(General Manager):陈大弟
联系人(Contact Person):庄国强
产品(Products):湿巾
品牌(Brand):花节

金旭环保制品(深圳)有限公司
Golden Starry Environmental Products Co., Ltd.
地址(Add):广东省深圳市宝安区石岩镇龙马科技工业区
邮编(P. C.):518108
电话(Tel):0755 - 29826998
传真(Fax):0755 - 27629069
E-mail:equal@ public. szptt. net. cn
Http://www. gordian. com. hk
法人代表(Chairman):余毅
总经理(General Manager):余敏
产品(Products):湿巾,家居抹布
品牌(Brand):同高,金迪

同高纺织化纤(深圳)有限公司
Equal Good Textile Chemical Fibre Products (Shenzhen) Co., Ltd.
地址(Add):广东省深圳市宝安区石岩镇三联工业区第1 - 9栋
邮编(P. C.):518108
电话(Tel):0755 - 27629063
传真(Fax):0755 - 27629062
E-mail:equal@ public. szptt. net. cn
Http://www. gordian. com. hk
法人代表(Chairman):余敏
联系人(Contact Person):滕宇然
产品(Products):湿巾

鸿源实业(深圳)有限公司
Hongyuan Industrial (Shenzhen) Co., Ltd.
地址(Add):广东省深圳市布吉镇上水径恒通工业城6栋2楼
邮编(P. C.):518112
电话(Tel):0755 - 28522648
传真(Fax):0755 - 28522748
法人代表(Chairman):魏楚芳
总经理(General Manager):魏楚芳
联系人(Contact Person):朱惠芳
产品(Products):卫生纸,面巾纸,手帕纸,妇女卫生巾,卫生护垫,湿巾,卫生床垫
品牌(Brand):馨丽,富贵猫,声艺,飘馨

万益纸巾(深圳)有限公司
Useful Tissue (Shenzhen) Co., Ltd.
地址(Add):广东省深圳市龙岗区横岗黄阁坑大围工业区
邮编(P. C.):518116
电话(Tel):0755 - 89625608
传真(Fax):0755 - 89625183
法人代表(Chairman):庄灿煜
产品(Products):面巾纸,卫生纸,湿巾
品牌(Brand):史努比

诗乐氏实业(深圳)有限公司
Swashes (Shenzhen) Co., Ltd.
地址(Add):广东省深圳市罗湖区南湖路国贸商业大厦13楼A - D室
邮编(P. C.):518000
电话(Tel):0755 - 25194070
传真(Fax):0755 - 25194162
E-mail:shenzhen@ swashes. com. cn
Http://www. swashes. com. cn
联系人(Contact Person):李伟

产品(Products):湿巾,厕用湿巾,抗菌纸内裤
品牌(Brand):诗乐氏

深圳市一帆日用品有限公司
Shenzhen Yifan Commodity Co., Ltd.
地址(Add):广东省深圳市南山区创业路怡海大厦东座2108
邮编(P. C.):518054
电话(Tel):0755－26426998
传真(Fax):0755－26426577
E-mail:yifan@147. com. cn
Http://yifan. 147. com. cn
法人代表(Chairman):赵子杨
联系人(Contact Person):唐学广
产品(Products):湿巾
品牌(Brand):一帆

深圳市施尔洁生物工程有限公司
Shenzhen Shierjie Biology Engineering Co., Ltd.
地址(Add):广东省深圳市南山区同乐外贸兴业工业区B5栋三楼
邮编(P. C.):518057
电话(Tel):0755－26723056
传真(Fax):0755－26723062
E-mail:szsej@vip. 163. com
Http://www. szshierjie. com
法人代表(Chairman):何向东
联系人(Contact Person):马文东
产品(Products):消毒湿巾,婴儿湿巾,女性护理液洗手液,一次性纸内裤
品牌(Brand):施尔洁

中山市新洁日用制品有限公司
Zhongshan Xinjie Commodity Co., Ltd.
地址(Add):广东省中山市南头镇升辉南工业区
邮编(P. C.):528427
电话(Tel):0760－3134668
传真(Fax):0760－3134688
E-mail:zhongshanxinjie@163. com
Http://www. easycleanhk. com
法人代表(Chairman):欧瑞昌
联系人(Contact Person):岑曼霞
产品(Products):湿巾,压缩毛巾,卫生纸
品牌(Brand):新洁

中山市星华纸业发展有限公司
Zhongshan Xinghua Paper Industry Development Co., Ltd.
地址(Add):广东省中山市三乡白石工业区文华东路8－10号
邮编(P. C.):528463
电话(Tel):0760－6321599
传真(Fax):0760－6332992
法人代表(Chairman):王民星
联系人(Contact Person):韦玲
产品(Products):妇女卫生巾,卫生护垫,婴儿纸尿裤(片),湿巾
品牌(Brand):康护舒,八重护理,安芯天使

珠海诺威尔新技术有限公司
Zhuhai Nuoweier New Technology Co., Ltd.
地址(Add):广东省珠海市吉大白莲路中通工业大厦5楼
邮编(P. C.):519015
电话(Tel):0756－3357053
传真(Fax):0756－3334802
E-mail:novelnew@pub. zhuhai. gd. cn
Http://www. NVL. com. cn
总经理(General Manager):李伯贤
产品(Products):面巾纸,湿巾
品牌(Brand):诺威尔

◆ 广西 Guangxi

南宁市乖仔工贸有限责任公司
Nanning Guaizai Industry & Trade Co., Ltd.
地址(Add):广西南宁市福建路15－1号
邮编(P. C.):530031
电话(Tel):0771－2629962
传真(Fax):0771－4885968
E-mail:nngzgm@126. com
产品(Products):手帕纸,餐巾纸,面巾纸,卷筒纸,擦手纸,湿巾
品牌(Brand):乖仔

广西舒雅护理用品有限公司
Guangxi Shuya Health Care－Products Co., Ltd.
地址(Add):广西南宁市华侨投资区
邮编(P. C.):530105
电话(Tel):0771－6301370
传真(Fax):0771－2847242
E-mail:shuya@public. nn. gx. cn
Http://www. shuya－china. com
法人代表(Chairman):韦力清
总经理(General Manager):黄玉梅
产品(Products):妇女卫生巾,卫生护垫,婴儿纸尿裤,湿巾,一次性鞋垫
品牌(Brand):舒雅,舒儿特

◆ 海南 Hainan

海南欣龙无纺股份有限公司
Hainan Xinlong Nowovens Co., Ltd.
地址(Add):海南省海口市龙昆北路2号珠江广场帝豪大厦17层
邮编(P. C.):571924
电话(Tel):0898－67488727
传真(Fax):0898－67486512
Http://www. xinglong－nonwovens. com
联系人(Contact Person):孔令芝
产品(Products):手术服,擦拭巾,湿巾等

海南欣安生物工程制药有限公司
Hainan Xin'an Biotechnology Pharmaceutical Co., Ltd.
地址(Add):海南省海口市龙昆北路2号珠江广场帝豪大厦21层
邮编(P. C.):570125
电话(Tel):0898－68585796
传真(Fax):0898－68583100
Http://www. cin－an. com
法人代表(Chairman):郭开铸
联系人(Contact Person):李洪
产品(Products):湿巾,擦拭布,一次性医疗用品

◆ 重庆 Chongqing

重庆兴之安日用品有限责任公司
Chongqing Xingzhian Commodity Co., Ltd.
地址(Add):重庆市高新技术开发区二郎高科创业园 C－7
邮编(P. C.):400039
电话(Tel):023－68465030
传真(Fax):023－68465032
E-mail:xbhcoltd@public. cta. cq. cn
Http://www. cqxbh. com
联系人(Contact Person):唐翔
产品(Products):吸油纸,面膜纸,洗脸巾,柔湿巾

重庆丝爽卫生用品有限公司
Chongqing Sishuang Hygiene Products Co., Ltd.
地址(Add):重庆市高新区科园四路 149 号 3－3#
邮编(P. C.):400041
电话(Tel):023－89088906
传真(Fax):023－89088905
Http://www. sishuang. com
法人代表(Chairman):谢秋林
联系人(Contact Person):陈荣
产品(Products):妇女卫生巾,湿巾,婴儿纸尿裤
品牌(Brand):妮爽,自由点,丹宁,妮儿爽

重庆三友必洁卫生用品厂
Chongqing Sanyou Bijie Hygiene Articles Factory
地址(Add):重庆市南岸区四公里团山堡工业区 77 号
邮编(P. C.):400060
电话(Tel):023－66661979
传真(Fax):023－62925491
产品(Products):消毒湿巾
品牌(Brand):仕必洁

重庆朗源纸业公司
Chongqing Langyuan Paper Co.
地址(Add):重庆市沙坪坝区陈家桥镇陈青路 158 号
邮编(P. C.):401331
电话(Tel):023－66719761
E-mail:webmaster@cqlangyuan. com
Http://www. cqlangyuan. com
法人代表(Chairman):陈刚
产品(Products):湿巾,美容巾,口布,床单,工业擦拭用纸,一次性医疗用品

◆ 四川 Sichuan

成都豪盛华达纸业有限公司
Chengdu Haoshenghuada Paper Co., Ltd.
地址(Add):四川省成都市青羊区苏坡乡黄土工业区
邮编(P. C.):610091
电话(Tel):028－87474560
传真(Fax):028－87465899
法人代表(Chairman):苏德生
产品(Products):湿巾,餐巾纸,纸巾纸
品牌(Brand):豪盛华达,美娜兰

成都凯茜生物制品有限公司
Chengdu Kaixi Biology Products Co., Ltd.
地址(Add):四川省成都市武侯区机投九架车工业园 6 号
邮编(P. C.):610000
电话(Tel):028－86278153
传真(Fax):028－82649063
Http://www. cdkisi. com
产品(Products):湿巾
品牌(Brand):凯斯 kisi

◆ 云南 Yunnan

昆明善美纸业有限公司
Kunming Shanmei Paper Industry Co., Ltd.
地址(Add):云南省昆明市滇池路四公里处转柳苑度假村方向
邮编(P. C.):650228
电话(Tel):0871－4605563
传真(Fax):0871－4605187
E-mail:walm5563@public. km. yn. cn
法人代表(Chairman):李毓林
总经理(General Manager):李宏武
联系人(Contact Person):李秀仙
产品(Products):妇女卫生巾,卫生护垫,卫生纸,餐巾纸,湿巾
品牌(Brand):期宝,美之绢,善美

◆ 陕西 Shaanxi

西安鹏翔复合材料有限公司
Xi'an Pengxiang Composite Materials Co., Ltd.
电话(Tel):029－85596953
传真(Fax):029－85596953
E-mail:px666@163. com
Http://www. cnpengxiang. com
联系人(Contact Person):贺海鹏
产品(Products):一次性床单,马桶坐垫,婴儿围兜,围裙,湿巾

华源纸业卫生保健用品有限公司
Huayuan Paper Hygiene Healthcare Co., Ltd.
地址(Add):陕西省西安市灞桥区洪庆街道办新星村
邮编(P. C.):710025
电话(Tel):029－83351182
传真(Fax):029－83351500
E-mail:huayuansc@eyoou. com
总经理(General Manager):寇权铭
产品(Products):餐巾纸,纸巾纸,湿巾

一次性医用、宠物用、清洁用卫生用品生产企业按产品和地区细分统计

（2005年，统计总数124家）

序号	行政区 Region	企业数	起始页	序号	行政区 Region	企业数	起始页
1	北京 Beijing	8	375	14	江西 Jiangxi	3	383
2	天津 Tianjin	9	375	15	山东 Shandong	6	383
3	河北 Hebei	6	376	16	河南 Henan	4	384
4	山西 Shanxi	1	377	17	湖北 Hubei	3	384
5	内蒙古 Inner Mongolia	1	377	19	广东 Guangdong	13	384
6	辽宁 Liaoning	4	377	20	广西 Guangxi	1	386
7	吉林 Jilin	1	377	21	海南 Hainan	2	386
9	上海 Shanghai	13	378	22	重庆 Chongqing	4	386
10	江苏 Jiangsu	16	379	23	四川 Sichuan	1	386
11	浙江 Zhejiang	14	380	27	陕西 Shaanxi	1	387
12	安徽 Anhui	9	382	28	甘肃 Gansu	1	387
13	福建 Fujian	3	382				

注：8 黑龙江、18 湖南、24 贵州、25 云南、26 西藏、29 青海、30 宁夏和 31 新疆为缺项。

一次性医用、宠物用、清洁用卫生用品

Disposable hygiene medical, pet – use and cleansing products

◆ 北京 Beijing

北京欣龙五洲科技有限公司
Beijing Xinlong Wuzhou Science & Technology Co., Ltd.
地址(Add):北京市朝阳区建国路88号SOHO现代城C座610
邮编(P. C.):100022
电话(Tel):010 – 85804263
传真(Fax):010 – 85804264
E-mail:bobby@ beijing – xinlong. com
Http://www. beijing – xinlong. com
联系人(Contact Person):赵志钢
产品(Products):手术服,擦拭巾,湿巾

北京赛劳德技术开发研究所
Beijing Sailaode Technology Development Institute
地址(Add):北京市大兴区旧宫清乐园小区3号楼711室
邮编(P. C.):100076
电话(Tel):010 – 67981242
传真(Fax):010 – 67981235
联系人(Contact Person):刘倩
产品(Products):湿巾,马桶垫
品牌(Brand):莫愁女

北京九兴工贸有限公司
Beijing Jiuxing Industry & Trade Co., Ltd.
地址(Add):北京市大兴瀛海乡瀛东二村
邮编(P. C.):100076
电话(Tel):010 – 69279282
传真(Fax):010 – 69279585
E-mail:jiuxing@ vip. sina. com
Http://www. jiu – xing. com. cn
法人代表(Chairman):溪东来
总经理(General Manager):赵振国
产品(Products):湿巾,卫生床垫
品牌(Brand):九佳兴

北京安宜卫生用品有限公司
Beijing Anyi Hygiene Products Co., Ltd.
地址(Add):北京市海淀区知春路太月园小区8号楼C102室
邮编(P. C.):100088
电话(Tel):010 – 82058131
传真(Fax):010 – 82057367
法人代表(Chairman):王敏
总经理(General Manager):王敏
产品(Products):一次性医疗防护用品

北京速美德科技发展有限公司
Beijing Sumeide Science & Technology Development Co., Ltd.
地址(Add):北京市经济技术开发区天华园20号楼330室(大雄公寓)
邮编(P. C.):100176
电话(Tel):010 – 67863521
传真(Fax):010 – 67869289
E-mail:jinshoujun88@ yahoo. com. cn
总经理(General Manager):靳守军
产品(Products):手术衣等一次性医用材料

北京大源非织造有限公司
Beijing Dayuan Nonwoven Fabric Co., Ltd.
地址(Add):北京市门头沟区石龙工业区雅安路11号
邮编(P. C.):102308
电话(Tel):010 – 69806364
传真(Fax):010 – 69801364
E-mail:bjdy@ bjdayuan. com
Http://www. bjdayuan. com
法人代表(Chairman):魏北凌
联系人(Contact Person):黄信栩
产品(Products):口罩

北京益康卫生材料厂
Beijing Yikang Hygiene Material Factory
地址(Add):北京市密云云西工业区
邮编(P. C.):101509
电话(Tel):010 – 61019567
传真(Fax):010 – 89098227
法人代表(Chairman):张长江
总经理(General Manager):张长江
产品(Products):手术服,床罩
品牌(Brand):凤卵

北京爱佳卫生保健品厂
Beijing Aijia Hygiene & Health Care Products Factory
地址(Add):北京市南三环洋桥西里33号右门
邮编(P. C.):100077
电话(Tel):010 – 87208782
传真(Fax):010 – 87293498
E-mail:wgc@ bj – aijia. com
Http://www. bj – aijia. com
法人代表(Chairman):万海英
总经理(General Manager):吴国财
产品(Products):餐巾纸,面巾纸,手帕纸,湿巾,擦手纸,卫生纸,马桶垫,纸杯,纸碗,妇女卫生巾,卫生护垫,婴儿纸尿裤
品牌(Brand):爱佳

◆ 天津 Tianjin

天津日商卫生科技发展有限公司
Tianjin Rishang Sanitation Science & Technology Development Co., Ltd.
地址(Add):天津市北辰高科技产业园区辰星工业园淮河道
邮编(P. C.):300402
电话(Tel):022 – 26301231
传真(Fax):022 – 84941395
法人代表(Chairman):杨印海
总经理(General Manager):杨印海
联系人(Contact Person):杨印江
产品(Products):妇女卫生巾,卫生护垫,婴儿纸尿裤,婴儿纸尿片,护理垫,宠物垫

品牌(Brand):小护士

天津市德惠纸制品加工厂
Tianjin Dehui Paper Products Factory
地址(Add):天津市东丽区张贵庄立交桥北侧北京市空军物资站院内
邮编(P. C.):300180
电话(Tel):022-24954729
法人代表(Chairman):赵金刚
产品(Products):一次性宠物清洁袋,牙科胸垫,美容胸垫,宠物垫,卸妆纸,热合干法纸非织造布,水刺布各种生活用纸压缩毛巾,擦拭布

天津市河东区振东复合材料厂
Tianjin Zhendong Composite Material Factory
地址(Add):天津市河东区卫国道218号(自行车三厂院内)
邮编(P. C.):300163
电话(Tel):022-24312774
传真(Fax):022-24312774
法人代表(Chairman):朱家凤
产品(Products):一次性桌布,围嘴
品牌(Brand):振东

天津市轻工业造纸技术研究所无纺布科技开发股份公司
Paper Research Institute of Tianjin Nonwoven Science & Technology Development Co.
地址(Add):天津市河西区大沽南路1069号(天津造纸厂院内)
邮编(P. C.):300222
电话(Tel):022-28150983
传真(Fax):022-28162543
法人代表(Chairman):王唯力
联系人(Contact Person):孙金堂
产品(Products):手术衣帽

天津市恒新纸业有限公司
Tianjin Hengxin Paper Co., Ltd.
地址(Add):天津市津南经济技术开发区(双港)
邮编(P. C.):300350
电话(Tel):022-28571061
传真(Fax):022-88828679
E-mail:hengxin-zhiye@sohu.com
总经理(General Manager):李宝金
联系人(Contact Person):宁书金
产品(Products):妇女卫生巾,婴儿纸尿片,成人尿片,多功能护理垫,一次性鞋垫
品牌(Brand):假日欣,邦宜生,好丽友,云雅

天津朗源纸业有限公司
Tianjin Langyuan Paper Co., Ltd.
地址(Add):天津市津南经济开发区(双港)南马集标准厂房4号西
邮编(P. C.):300350
电话(Tel):022-28592877
传真(Fax):022-28592875
Http://www.chenwenzan.ebigchina.com
法人代表(Chairman):林明宪
联系人(Contact Person):陈泰伦
产品(Products):湿巾,印花口布,美容专用巾,纸毛巾,床单,工业擦拭用纸,硅油纸,防粘纸,牛皮防粘纸

天津德发妇幼保健用品厂
Tianjin Defa Woman & Child Healthcare Articles Factory
地址(Add):天津市南开区临潼西里9号楼1门4号
邮编(P. C.):300112
电话(Tel):022-27365899
传真(Fax):022-87982636
联系人(Contact Person):訾秀琴
产品(Products):成人纸尿裤,尿垫,床垫,婴儿纸尿片
品牌(Brand):得贝爱婴

天津市依依卫生用品厂
Tianjin Yiyi Hygiene Products Factory
地址(Add):天津市西青经济开发区张沃工业园
邮编(P. C.):300380
电话(Tel):022-87988888
传真(Fax):022-27950903
E-mail:yy@yyzy.com
Http://www.yyzy.com
法人代表(Chairman):高福忠
总经理(General Manager):高福忠
联系人(Contact Person):卢俊美
产品(Products):妇女卫生巾,卫生护垫,婴儿纸尿片,护理垫,宠物垫,卫生卷纸,纸巾纸
品牌(Brand):依依

天津爱华商贸有限公司
Tianjin Aihua Trade Co., Ltd.
地址(Add):天津市西青开发区龙泉道18号
邮编(P. C.):300385
电话(Tel):022-27337802
传真(Fax):022-28191096
法人代表(Chairman):冯佶
总经理(General Manager):冯佶
产品(Products):纸盘,纸碟,一次性纸餐具,马桶垫纸

◆ 河北 Hebei

东纶科技实业有限公司
Eastex Science & Technology Industrial Co., Ltd.
地址(Add):河北省廊坊经济技术开发区汇源道8号
邮编(P. C.):065001
电话(Tel):0316-6087699
传真(Fax):0316-6088171
E-mail:eastex@eastex-china.com
Http://www.eastex-china.com
法人代表(Chairman):刘瑞彪
联系人(Contact Person):孟红
产品(Products):湿巾,美容用品,医用纱布敷料

嘉禾卫生用品厂
Jiahe Hygiene Articles Factory
地址(Add):河北省满城县大册营造纸工业区
邮编(P. C.):072150
电话(Tel):0312-7026815
传真(Fax):0312-7026667
总经理(General Manager):赵长海
产品(Products):妇女卫生巾,成人护理垫,产妇垫,医用床垫,面巾纸,餐巾纸
品牌(Brand):纤柔,安婷,贝尔乐,心连心

华北金康卫生用品有限公司

Huabei Jinkang Hygiene Products Co., Ltd.
地址(Add):河北省任丘市开发区明珠小区碧莲里6号楼2单元403室
邮编(P.C.):062550
电话(Tel):0317-2300345
传真(Fax):0317-2252860
E-mail:llhhko@sina.com
联系人(Contact Person):田胜
产品(Products):尿不湿伴侣,护理床垫,医用检查垫
品牌(Brand):阳光贝贝,世纪宝宝,爱婴

河北爱柔美容用品厂
Hebei Airou Hairdressing Articles Factory
地址(Add):河北省石家庄市湘江大道29号
邮编(P.C.):050001
电话(Tel):020-88546584
传真(Fax):020-34332093
联系人(Contact Person):张广海
产品(Products):非织造布深加工:美容面巾,口罩,美体用品:床单,防水床单,桑拿服,拖鞋

石家庄市鑫盛卫生用品厂
Shijiazhuang Xinsheng Hygiene Articles Factory
地址(Add):河北省石家庄市育新路6号
邮编(P.C.):050011
电话(Tel):0311-83803654
联系人(Contact Person):赵志忠
产品(Products):一次性卫生用品,口罩,帽子

河北省雄县洁康旅游用品有限公司
Hebei Xiongxian Jiakang Tourism Articles Co., Ltd.
地址(Add):河北省雄县张庄工业区
邮编(P.C.):071800
电话(Tel):0312-5780666
传真(Fax):0312-5783938
法人代表(Chairman):周宝强
联系人(Contact Person):周宝强
产品(Products):一次性纸内裤,成人护理垫,一次性纸围裙、套袖、床单
品牌(Brand):洁康

◆ 山西 Shanxi

山西临汾晋天然卫生用品有限公司
Shanxi Jintianran Hygiene Articles Co., Ltd.
地址(Add):山西省临汾市尧都区屯里镇梁村开发区
邮编(P.C.):041000
电话(Tel):0357-3080513
传真(Fax):0357-3080897
法人代表(Chairman):郭晋明
联系人(Contact Person):王纪坤
产品(Products):餐巾纸,卫生纸,湿巾,一次性床单,台布等
品牌(Brand):晋天然,净天然

◆ 内蒙古 Inner Mongolia

呼和浩特市欣龙卫生保健用品厂
Xinlong Hygiene & Healthcare Articles Factory
地址(Add):内蒙古呼和浩特市东风路496号
邮编(P.C.):010010
电话(Tel):0471-4603547
传真(Fax):0471-2211858
总经理(General Manager):卢利平
产品(Products):产包,手术包,手术衣,口罩,帽子,尿垫

◆ 辽宁 Liaoning

大连维多利尔科技有限公司
Dalian Weiduolier Science & Technology Co., Ltd.
地址(Add):辽宁省大连市甘井子区伟业西街9号楼3-1-2
邮编(P.C.):116001
电话(Tel):0411-86103881
传真(Fax):0411-86488511
E-mail:dlwdle@126.com
Http://www.dlwdle.com
总经理(General Manager):王信东
产品(Products):湿巾,纸内裤,纸杯
品牌(Brand):禾采

大连瑞光非织造布集团有限公司
Dalian Ruiguang Nonwoven Group Co., Ltd.
地址(Add):辽宁省大连市金州区西门外134号
邮编(P.C.):116100
电话(Tel):0411-87803045
传真(Fax):0411-87809381
E-mail:ruiguang@rgjt.com
Http://www.rgjt.com
联系人(Contact Person):汤广峰
产品(Products):纺粘,水刺非织造布及制品

丹东昊天纸业有限公司
Dandong Haotian Paper Co., Ltd.
地址(Add):辽宁省丹东市蛤蟆塘经济开发区
邮编(P.C.):118003
电话(Tel):0415-4155999
传真(Fax):0415-4155999
总经理(General Manager):贺涛
产品(Products):马桶垫,一次性口罩,帽子,手术衣

锦州市瑞华卫生用品有限公司
Jinzhou Ruihua Hygiene Products Co., Ltd.
地址(Add):辽宁省锦州市太和区钟屯乡胜利工业区锦朝街42-6号
邮编(P.C.):121001
电话(Tel):0416-4567526
传真(Fax):0416-4567526
法人代表(Chairman):刘光然
产品(Products):妇女卫生巾,卫生护垫,护理垫,婴儿尿垫,宠物垫
品牌(Brand):宝利丝,维珍

◆ 吉林 Jilin

长春南关区卫生用品厂
Changchun Nanguan Hygiene Products Factory
地址(Add):吉林省长春市南关区39中学
邮编(P.C.):130022
电话(Tel):0431-8674163
传真(Fax):0431-8661982

法人代表(Chairman):李志民
产品(Products):一次性手术衣

◆ 上海 Shanghai

上海枫围无纺布厂有限公司
Fengwei Non – Fabric Factory Co., Ltd.
地址(Add):上海市枫泾工业园区亭枫公路8256号
邮编(P. C.):201501
电话(Tel):021 – 57351468
传真(Fax):021 – 57351927
E-mail:sale@ fw – wf. com
Http://www. fw – wf. com
产品(Products):非织造布,卫生材料

上海奉影医用卫生用品厂
Shanghai Fengying Medical Hygiene Products Co., Ltd.
地址(Add):上海市奉贤区奉城镇经济工业开发区宏达路5号
邮编(P. C.):201411
电话(Tel):021 – 57522608
传真(Fax):021 – 57521943
E-mail:fyyp – ni@ 21cn. com
总经理(General Manager):廖玉仙
产品(Products):一次性帽子,口罩,手术衣,成人纸尿裤,妇女卫生巾,卫生护垫

上海虹祺卫生用品有限公司
Shanghai Hongqi Hygiene Articles Co., Ltd.
地址(Add):上海市共康路721号
邮编(P. C.):200436
电话(Tel):021 – 66244627
传真(Fax):021 – 56401567
法人代表(Chairman):陈悬弦
产品(Products):卫生护垫,妇女卫生巾,成人纸尿片,护理床垫,宠物垫,高分子吸水纸,非织造布复合材料,妇女卫生巾快易胶贴,医用胶布

上海爱妮梦纸业有限公司
Shanghai Anemone Paper Co., Ltd.
地址(Add):上海市沪闵路3158号(瓶北路130号)
邮编(P. C.):201109
电话(Tel):021 – 64909090
传真(Fax):021 – 54570005
E-mail:hcf@ ainimeng. com
Http://www. ainimeng. com
法人代表(Chairman):胡宣化
总经理(General Manager):胡朝福
联系人(Contact Person):胡朝福
产品(Products):面巾纸,餐巾纸,卫生纸,湿巾,擦镜纸
品牌(Brand):爱妮梦,舒芙,白霞

上海爱唯美日用品有限公司
Shanghai Aiweimei Commodity Co., Ltd.
地址(Add):上海市黄埔区制造局路833弄26#103
邮编(P. C.):200011
电话(Tel):021 – 63166185
传真(Fax):021 – 63166185
法人代表(Chairman):林书华
产品(Products):消毒湿巾,婴儿湿巾,厨房湿巾,汽车防雾湿巾,电脑擦布抹布

上海洁安实业有限公司
Shanghai Jiean Industry Co., Ltd.
地址(Add):上海市金山区亭枫公路2965号
邮编(P. C.):201503
电话(Tel):021 – 56320859
传真(Fax):021 – 66600945
E-mail:heaven2703@ hotmail. com
联系人(Contact Person):胡然希
产品(Products):一次性医疗卫生用品

上海通贝吸水材料有限公司
Shanghai Tongbei Absorbant Materiral Co., Ltd.
地址(Add):上海市浦东新区合庆镇现代产业园区凌白路1081号
邮编(P. C.):210201
电话(Tel):021 – 58972939
传真(Fax):021 – 58975196
法人代表(Chairman):奚永飞
总经理(General Manager):奚永飞
联系人(Contact Person):钱玉华
产品(Products):吸水垫,宠物垫

上海三爱尔医用制品有限公司
Shanghai 3L Medicine Products Co., Ltd.
地址(Add):上海市浦东跃华支路158号
邮编(P. C.):200126
电话(Tel):021 – 50878800
传真(Fax):021 – 58453983
E-mail:haolin@ 3L. com. cn
Http://www. 3L. com. cn
联系人(Contact Person):侯永祺
产品(Products):手术衣等制品

康那香企业(上海)有限公司
KNH Enterprise (Shanghai) Co.,Ltd.
地址(Add):上海市青浦工业园区外青松公路5619号
邮编(P. C.):201707
电话(Tel):021 – 69211200
传真(Fax):021 – 69211362
E-mail:webmaster@ knh. com. cn
Http://www. knh. com. cn
法人代表(Chairman):戴华钟
联系人(Contact Person):任喆
产品(Products):妇女卫生巾,卫生护垫,湿巾,纸毛巾,化妆棉,非织造布
品牌(Brand):康乃馨

上海唯尔福(集团)有限公司
Shanghai Welfare Group Co., Ltd.
地址(Add):上海市青浦区华新镇徐华公路3029弄88号
邮编(P. C.):201705
电话(Tel):021 – 59778700
传真(Fax):021 – 59778188
E-mail:welfare@ public1. sta. net. cn
Http://www. welfare – group. com
法人代表(Chairman):杨传信
总经理(General Manager):杨传信
联系人(Contact Person):张迎春
产品(Products):妇女卫生巾,卫生护垫,成人纸尿片,婴儿纸尿片,床垫
品牌(Brand):唯尔福

美迪康医用材料(上海)有限公司
A. R. Medicom Inc. (Shanghai) Ltd.
地址(Add):上海市松江香泾路938号
邮编(P. C.):201611
电话(Tel):021-57775546
传真(Fax):021-57775531
E-mail:roy. woo@ medicom-shanghai. com
Http://www. medicom. com
联系人(Contact Person):吴正宁
产品(Products):手术衣,口罩等医疗用品

尤妮佳生活用品(中国)有限公司
Unicharm Consumer Products (China) Co., Ltd.
地址(Add):上海市延安东路618号东海商业中心22楼A
邮编(P. C.):200001
电话(Tel):021-53854322
传真(Fax):021-53854798
E-mail:jia-hu@ unicharm. com. cn
法人代表(Chairman):石川正人
总经理(General Manager):石川正人
联系人(Contact Person):袁春雷
产品(Products):婴儿纸尿裤,非织造布清洁用品
品牌(Brand):妈咪宝贝

海南欣龙无纺股份有限公司上海分公司
Hainan Xinlong Nonwovens Co., Ltd., Shanghai Branch
地址(Add):上海市肇嘉浜路301号工商大厦27层
邮编(P. C.):200032
电话(Tel):021-54236024
传真(Fax):021-54236934
E-mail:jingying@ xlwf-sh. com
Http://www. xlwf-sh. com
联系人(Contact Person):吴敬英
产品(Products):手术服,擦拭巾,湿巾

◆ 江苏 Jiangsu

常州康贝纸业有限公司
Changzhou Kangbei Paper Co., Ltd.
地址(Add):江苏省常州市常焦路190号
邮编(P. C.):213021
电话(Tel):0519-5330692
传真(Fax):0519-5317975
E-mail:baoaiye@ sohu. com
法人代表(Chairman):李先玲
联系人(Contact Person):叶正华
产品(Products):婴儿纸尿裤,成人纸尿裤,乳垫,产妇垫,妇女卫生巾
品牌(Brand):宝爱

常州市梦爽卫生用品厂
Changzhou Mengshuang Hygiene Articles Factory
地址(Add):江苏省常州市武进区礼嘉镇
邮编(P. C.):213176
电话(Tel):0519-6232951
传真(Fax):0519-6238008
总经理(General Manager):陆元清
产品(Products):妇女卫生巾,卫生护垫,成人纸尿裤,宠物垫,乳垫
品牌(Brand):靓爽

常州市武进亚星卫生用品有限公司
Changzhou Wujin Yaxing Hygiene Articles Co., Ltd.
地址(Add):江苏省常州市武进区礼嘉镇王言桥
邮编(P. C.):213176
电话(Tel):0519-6232358
联系人(Contact Person):陈利松
产品(Products):妇女卫生巾,卫生护垫,婴儿纸尿裤,成人纸尿裤,生活用纸,宠物垫,失禁垫
品牌(Brand):女士欢

常州好妈妈纸业有限公司
Changzhou Haomama Paper Co., Ltd.
地址(Add):江苏省常州市武进区武宜南路188号
邮编(P. C.):213164
电话(Tel):0519-6531435
传真(Fax):0519-6524330
E-mail:xuwenyuan@ czaiboa. com
Http://www. czaibao. com
总经理(General Manager):徐文元
产品(Products):乳垫
品牌(Brand):妈妈宝

华联保健敷料有限公司
Hualian Healthcare Dressing Co., Ltd.
地址(Add):江苏省常州市西郊邹区镇岳津路55号
邮编(P. C.):213144
电话(Tel):0519-3638561
传真(Fax):0519-3631033
E-mail:sales@ hualiandressing. com
Http://www. hualiandressing. com
联系人(Contact Person):岳健敏
产品(Products):医用敷料

宝利医疗用品有限公司
Baoli Medicine Articles Co., Ltd.
地址(Add):江苏省常州市新北区黄河西路206号
邮编(P. C.):213125
电话(Tel):0519-8222111-878
传真(Fax):0519-8220828
E-mail:nwu@ promedical. cn
Http://www. promedical. cn
总经理(General Manager):吴黎南
联系人(Contact Person):陈顺勇
产品(Products):手术衣

江苏艾蝶卫生用品有限公司
Jiangsu Aidie Hygiene Articles Co., Ltd.
地址(Add):江苏省金湖县金湖西路131号
邮编(P. C.):211600
电话(Tel):0517-6980999
传真(Fax):0517-6980777
E-mail:jwc3188@ hotmail. com
总经理(General Manager):陈斌
联系人(Contact Person):陈林
产品(Products):婴儿纸尿片,纸尿裤,成人纸尿片,纸尿裤,妇女卫生巾,卫生护垫,床垫,产妇垫,宠物垫,口罩,乳垫,抹地巾

金华卫生用品有限公司
Jinhua Hygiene Articles Co., Ltd.
地址(Add):江苏省金华市黎城路31号

邮编(P. C.):211600
电话(Tel):0517 - 6991621
E-mail:leilei4451@ sina. com
总经理(General Manager):雷磊
联系人(Contact Person):雷浩
产品(Products):妇女卫生巾,卫生护垫,纸尿裤,纸尿片,成人纸尿片,产妇垫

安康医疗器械有限公司
Ankang Medicine Instrument Co., Ltd.
地址(Add):江苏省南通市万象新路4幢502室
邮编(P. C.):226001
电话(Tel):0513 - 5681493
传真(Fax):0513 - 5501966
联系人(Contact Person):成建
产品(Products):一次性医疗用品

苏州宏盛床垫有限公司
Suzhou Hongsheng Mattress Co., Ltd.
地址(Add):江苏省苏州市光福镇邓尉北路82号
邮编(P. C.):215000
电话(Tel):0512 - 66952186
传真(Fax):0512 - 66952189
联系人(Contact Person):沈新
产品(Products):一次性尿片,医用床垫

苏州市奥健医卫用品有限公司
Suzhou Aojian Medical Hygiene Articles Co., Ltd.
地址(Add):江苏省苏州市横塘新谷99 - 2号
邮编(P. C.):215100
电话(Tel):0512 - 68155686
传真(Fax):0512 - 68293172
法人代表(Chairman):朱元国
总经理(General Manager):易志花
联系人(Contact Person):易君
产品(Products):一次性使用手术垫单(褥垫)

江苏康隆医用保健品有限公司
Jiangsu Kanglong Medicine Healthcare Products Co., Ltd.
地址(Add):江苏省泰州市泰九路18 - 1号
邮编(P. C.):225300
电话(Tel):0523 - 6564531
传真(Fax):0523 - 6566011
E-mail:kanglongjs@ sina. com
Http://www. med - kanglong. com
法人代表(Chairman):卞学根
产品(Products):医用敷料,无纺布口罩,湿巾
品牌(Brand):康隆

康安卫生保健用品厂
Kangan Hygiene & Healthcare Articles Factory
地址(Add):江苏省通州市平潮镇
邮编(P. C.):226361
电话(Tel):0513 - 6715086
传真(Fax):0513 - 6715086
总经理(General Manager):徐智
产品(Products):妇女卫生巾,卫生纸,一次性床垫

远东纸业(泰州)有限公司
Far East Paper (Taizhou) Co., Ltd.
地址(Add):江苏省兴化市戴窑工业区
邮编(P. C.):225741
电话(Tel):0523 - 3848888
传真(Fax):0523 - 3841888
E-mail:fys@ anjieer. com
Http://www. anjieer. com
法人代表(Chairman):冯元松
总经理(General Manager):冯元松
联系人(Contact Person):王广春
产品(Products):妇女卫生巾,卫生护垫,婴儿纸尿片,婴儿纸尿裤,卫生床垫
品牌(Brand):安洁尔,半边天,安洁儿,安洁

圣洁医用卫生材料用品厂
Shengjie Medicine Sanitary Material Articles Factory
地址(Add):江苏省徐州市湖北路30号
邮编(P. C.):221006
电话(Tel):0516 - 5796205
传真(Fax):0516 - 5796891
联系人(Contact Person):戴玉梅
产品(Products):手术衣,卫生护垫,婴儿尿垫,成人失禁用品

中恒宠物用品有限公司
Zhongheng Pets Articles Co., Ltd
地址(Add):江苏省盐城潘黄镇南首
邮编(P. C.):224055
电话(Tel):0515 - 8460832
传真(Fax):0515 - 8463555
E-mail:zhongheng@ jszhongheng. com
Http://www. jszhongheng. com
总经理(General Manager):仇勇
产品(Products):宠物垫

张家港志益卫生用品有限公司
Zhangjiagang Zhiyi Sanitary Products Co., Ltd.
地址(Add):江苏省张家港市三兴镇通沙汽渡
邮编(P. C.):215624
电话(Tel):0512 - 58576998
传真(Fax):0512 - 58533998
E-mail:info@ zywsyp. com
Http://www. zywsyp. com
法人代表(Chairman):胡纪年
总经理(General Manager):任智华
联系人(Contact Person):姚恒忠
产品(Products):护理垫,手术孔巾,一次性口罩、帽子、儿童围巾

◆ 浙江 Zhejiang

宁波市奇兴无纺布有限公司
Ningbo Qixing Nonwovens Co., Ltd.
地址(Add):浙江省慈溪市掌起工业开发区
邮编(P. C.):315313
电话(Tel):0574 - 63742606
传真(Fax):0574 - 63740408
E-mail:qxgx@ public. cx. nbptt. zj. cn
Http://www. china - nonwoven. com
法人代表(Chairman):谢道训
联系人(Contact Person):李航
产品(Products):一次性口罩

浙江荣鑫纤维有限公司
Zhejiang Rongxin Fibre Co., Ltd.
地址(Add):浙江省海宁市经济开发区(袜业园区)
邮编(P. C.):314400
电话(Tel):0573－7213599
传真(Fax):0573－7213600
E-mail:wld@ rxfibre. com
Http://www. rxfibre. com
联系人(Contact Person):汪立冬
产品(Products):湿巾,抹布

杭州奇美无纺布用品有限公司
Hangzhou Qimei Nonwoven Articles Co., Ltd.
地址(Add):浙江省杭州市乔司三角村石塘一路8号
邮编(P. C.):310002
电话(Tel):0571－89193158
传真(Fax):0571－89193168
法人代表(Chairman):王金炎
联系人(Contact Person):马兴法
产品(Products):湿巾,柔巾卷,美容系列产品

杭州思进无纺布有限公司
Hangzhou Sijin Nonwovens Co., Ltd.
地址(Add):浙江省杭州市余杭区运河镇博陆育士路1号
邮编(P. C.):311103
电话(Tel):0571－86282888
传真(Fax):0571－86282618
E-mail:sijin@ sj－nonwoven. com
Http://www. sj－nonwoven. com
法人代表(Chairman):胡炳年
总经理(General Manager):胡炳年
联系人(Contact Person):李有根
产品(Products):一次性毛巾,一次性毛巾卷,湿巾
品牌(Brand):思进

杭州临安海元无纺制品有限公司
Hangzhou Linan Haiyuan Nonwoven Products Co., Ltd.
地址(Add):浙江省临安市玲珑夏禹桥
邮编(P. C.):311301
电话(Tel):0571－63761328
传真(Fax):0571－63763670
E-mail:web@ lahy. com
Http://www. lahy. com
联系人(Contact Person):周元新
产品(Products):压缩毛巾,抹布

杭州临安天福无纺布制品厂
Hangzhou Linan Tianfu Nonwoven Product Fatory
地址(Add):浙江省临安市青山湖街道牧家桥
邮编(P. C.):311300
电话(Tel):0571－63781996
传真(Fax):0571－63781999
E-mail:chenzl@ zjtianfu. com
Http://www. zjtianfu. com
法人代表(Chairman):陈正龙
总经理(General Manager):陈正龙
产品(Products):非织造布制品(清洁类,毛巾类等)

绍兴福清卫生用品有限公司
Shaoxing Fuqing Hygiene Products Co., Ltd.
地址(Add):浙江省绍兴市兰江路7号
邮编(P. C.):312000
电话(Tel):0575－8364267
传真(Fax):0575－8322889
E-mail:fuqing@ mail. sxptt. zj. cn
总经理(General Manager):刘伯福
产品(Products):口罩,卫生材料

天台县盖亚旅游用品有限公司
Tiantai Gaiya Tourism Articles Co., Ltd.
地址(Add):浙江省天台县湖心路1－2号
邮编(P. C.):317200
电话(Tel):0576－3887171
传真(Fax):0576－3811088
总经理(General Manager):范顺业
产品(Products):马桶垫纸,杯垫

温州市瓯海洁乐卫生用品厂
Wenzhou Jiele Hygiene Articles Factory
地址(Add):浙江省温州市景山净水工业区(西山东路252弄2－1号)
邮编(P. C.):325000
电话(Tel):0577－88523133
传真(Fax):0577－88559678
总经理(General Manager):赵筱英
产品(Products):一次性美容巾,床单,妇女卫生巾,卫生护垫

温州康嘉无纺布制品有限公司
Wenzhou Kangjia Nonwovens Products Co., Ltd.
地址(Add):浙江省温州市瓯海区三垟街道张严冯路37号
邮编(P. C.):325014
电话(Tel):0577－56812199
传真(Fax):0577－86771333
总经理(General Manager):金刚强
产品(Products):非织造布,工业用擦拭布(抹布),湿巾,面膜,汽车擦拭布,厨房擦拭布,除尘擦拭布

浙江省新昌县东方非织造有限公司
Zhejiang Xinchang Dongfang Nonwoven Co., Ltd.
地址(Add):浙江省新昌县新昌大道中路205号
邮编(P. C.):312500
电话(Tel):0575－6035163
传真(Fax):0575－6047810
Http://www. dfnonwoven. com
产品(Products):非织造布,湿巾,抹布,压缩毛巾

义乌市圣洁日用品厂
Yiwu Shengjie Daily－Use Goods Factory
地址(Add):浙江省义乌市沪江路8弄35号
邮编(P. C.):322000
电话(Tel):0579－5527756
传真(Fax):0579－5413744
法人代表(Chairman):陈玲玉
产品(Products):湿巾,清洁抹布

义乌市亮洁日化清洁用品厂
Yiwu Liangjie Daily Chemicals Cleaning Articles Factory
地址(Add):浙江省义乌市篁园路200号
邮编(P. C.):321025
电话(Tel):0579－2910956
产品(Products):沐浴纸,洗发护发纸

义乌市嘉华日化有限公司
Yiwu Jiahua Chemicals for Daily Use Co., Ltd.
地址(Add):浙江省义乌市经发大道236号
邮编(P. C.):322000
电话(Tel):0579-5323052
传真(Fax):0579-5323052
E-mail:sale1@ywjiahua.com
Http://www.ywjiahua.com
法人代表(Chairman):李志彪
联系人(Contact Person):姜亚玲
产品(Products):卫生护垫,妇女卫生巾,宠物垫,婴儿纸尿裤、片,成人纸尿裤,失禁床垫
品牌(Brand):诗蕙,汇泉,汇泉宝宝,阳光小子

◆ 安徽 Anhui

美宝利(安庆)医用材料有限公司
Hermitage (Anqing) Hospital Products, INC.
地址(Add):安徽省安庆市德宽路215号
邮编(P. C.):246002
电话(Tel):0556-5552660
传真(Fax):0556-5553452
法人代表(Chairman):沈祥滨
产品业务(Business):手术衣、帽子、口罩等医用材料

合肥普尔德卫生材料有限公司
Sino Protection (Hefei) Sanitary Material Co., Ltd.
地址(Add):安徽省合肥市长江东路226号
邮编(P. C.):230011
电话(Tel):0551-4411350-813
传真(Fax):0551-4412394
E-mail:hfsmf@mail.hf.ah.cn
Http://www.spihf.com
法人代表(Chairman):郑勇
总经理(General Manager):周兵孝
联系人(Contact Person):陈正国
产品(Products):水刺非织造布医用敷料块,绷带,手术衣帽,一次性爽身内裤,水刺非织造布清洁巾

合肥美迪普医疗卫生用品有限公司
Hefei Meidipu Medicine Sanitary Articles Co., Ltd.
地址(Add):安徽省合肥市长江东路226号
邮编(P. C.):230011
电话(Tel):0551-4312377
传真(Fax):0551-4317370
E-mail:peisong@medpro.cn
Http://www.medpro.cn
总经理(General Manager):宋沛
联系人(Contact Person):陈春霞
产品(Products):一次性医疗卫生用品

飘安集团安徽办事处
Piaoan Group Anhui Office
地址(Add):安徽省合肥市长江东路漕冲糖酒城13幢6号
邮编(P. C.):230011
电话(Tel):0551-3238656
传真(Fax):0551-4415568
联系人(Contact Person):侯昌斌
产品(Products):水刺无纺布,一次性卫生材料制品

合肥市华润非织造布制品公司
Hefei Huarun Nonwoven Products Co., Ltd.
地址(Add):安徽省合肥市青年路172号
邮编(P. C.):230000
电话(Tel):0551-3410466
传真(Fax):0551-3414066
E-mail:chengbenhua@sohu.com
法人代表(Chairman):程本华
产品(Products):非织造布及制品

合肥欣诺无纺制品有限公司
Hefei Xinnuo Nonwoven Products Co., Ltd.
地址(Add):安徽省合肥市双凤大道中市区管委会院内
邮编(P. C.):230011
电话(Tel):0551-6370395
传真(Fax):0551-6370395
法人代表(Chairman):张军
联系人(Contact Person):刘明俊
产品(Products):静电除尘纸,加网地拖布,静电除尘手套,功能型湿巾,非织造布抹布,婴儿床垫

合肥双成非织造布有限公司
Hefei Shuangcheng Nonwovens Co., Ltd.
地址(Add):安徽省合肥市双凤工业开发区
邮编(P. C.):230056
电话(Tel):0551-6396918
传真(Fax):0551-6396908
E-mail:daidaqing2003@yahoo.com.cn
Http://www.scfzzb.com
联系人(Contact Person):戴大庆
产品(Products):水刺法无纺布,浸渍法无纺布,针刺法无纺布,纺粘无纺布;抹布,柔巾卷,擦布,擦手纸,医用床垫,吸血垫,床单靠垫

合肥特丽洁卫生材料有限公司
Hefei Telijie Hygiene Material Co., Ltd.
地址(Add):安徽省合肥市站塘路6号
邮编(P. C.):230011
电话(Tel):0551-4315707
传真(Fax):0511-4417413
E-mail:telijie@telijie.com
Http://www.telijie.com
法人代表(Chairman):张光明
总经理(General Manager):张光明
产品(Products):湿巾,美容巾,仪器擦拭巾,医用擦手纸,医用围兜,餐巾纸
品牌(Brand):特丽洁

铜陵市康洁航空用品有限责任公司
Tongling Kangjie Aviation Articles Co., Ltd.
地址(Add):安徽省铜陵市郊区私营工业园内
邮编(P. C.):244000
电话(Tel):0562-2625448
传真(Fax):0562-2625448
E-mail:root@kjair.com
Http://www.kjair.com
总经理(General Manager):杨程林
产品(Products):湿巾,纸巾纸,卫生座垫纸,杯垫,擦手纸,非织造布口罩,条形帽,围裙,手套

◆ 福建 Fujian

福建惠安县和成日用品有限公司

Huian Hecheng Commodity Co., Ltd.
地址(Add):福建省惠安县东园新沙工业区
邮编(P. C.):362122
电话(Tel):0595-87586756
传真(Fax):0595-87586758
法人代表(Chairman):黄晏来
联系人(Contact Person):王业运
产品(Products):妇女卫生巾,卫生护垫,婴儿纸尿裤,纸尿片,成人纸尿裤,纸尿片,护理垫,宠物垫
品牌(Brand):相约,乐帮适

福建省泉州市佳洁妇幼用品有限公司
Fujian Quanzhou Jiajie Women & Children Products Co., Ltd.
地址(Add):福建省泉州市万安工业区杏宅工业楼A幢
邮编(P. C.):362012
电话(Tel):0595-22657788
传真(Fax):0595-22657799
E-mail:qzjjabc@126.com
总经理(General Manager):黄培生
产品(Products):妇女卫生巾,卫生护垫,纸尿片,纸尿裤,一次性鞋垫
品牌(Brand):一代佳人,舒心,小丫,舒心宝贝,洁丫

厦门亿荣升生活用品有限公司
Xiamen Yirongsheng Household Articles Co., Ltd.
地址(Add):福建省厦门市嘉禾路392号国泰大厦15C
邮编(P. C.):361009
电话(Tel):0592-3122577
传真(Fax):0592-3122579
法人代表(Chairman):章文斌
总经理(General Manager):陈阳升
产品(Products):一次性鞋垫,婴儿纸尿片(裤),成人湿巾,婴儿柔湿巾,妇女卫生巾,卫生护垫
品牌(Brand):益洁

◆ 江西 Jiangxi

3L医用制品有限公司
3L Medicine Products Co., Ltd.
地址(Add):江西省南昌市高新区火炬大街599号
邮编(P. C.):330029
电话(Tel):0791-8101088-804
传真(Fax):0791-8109652
联系人(Contact Person):萧跃生
产品(Products):手术衣,口罩等医疗用品

晨辉工贸有限公司
Chenhui Industry & Trade Co., Ltd.
地址(Add):江西省南昌市洪城路2号国贸广场B区A座2006
邮编(P. C.):330029
电话(Tel):0791-6496368
传真(Fax):0791-6496199
联系人(Contact Person):唐家田
产品(Products):工业擦拭纸,卫浴用品

江西生成卫生用品有限公司
Jiangxi Shengcheng Hygiene Products Co., Ltd.
地址(Add):江西省武宁经济技术开发区
邮编(P. C.):332300
电话(Tel):0792-2837461
传真(Fax):0792-2839355
E-mail:jxsc@public1.jj.jx.cn
Http://www.cnshengcheng.com
法人代表(Chairman):余陈
总经理(General Manager):余陈
联系人(Contact Person):艾萍
产品(Products):湿巾,妇女卫生巾,卫生卷纸,面巾纸,纸围兜,坐便纸垫
品牌(Brand):生成,乐知知,SC

◆ 山东 Shandong

济南华鲁实业有限责任公司
Jinan Hualu Industrial Co., Ltd.
地址(Add):山东省济南市工业南路26号
邮编(P. C.):250101
电话(Tel):0531-8834156
传真(Fax):0531-8833856
E-mail:fzb@jnhl.com
Http://www.jnhl.com
联系人(Contact Person):张洪刚
产品(Products):非织造布及制品

青岛明宇卫生制品有限公司
Qingdao Mingyu Hygiene Products Co., Ltd.
地址(Add):山东省胶州市郑州东路236号甲
邮编(P. C.):266300
电话(Tel):0532-87209029
传真(Fax):0532-87233929
法人代表(Chairman):王世国
产品(Products):湿巾,汽车擦布

山东信成纸业有限公司
Shandong Xincheng Paper Co., Ltd.
地址(Add):山东省聊城市茌平县西外环高新技术工业园内
邮编(P. C.):252100
电话(Tel):0635-4285466
传真(Fax):0635-4283218
E-mail:xcgroup@xcgroup.cn
Http://www.xcgroup.cn
法人代表(Chairman):李泽潜
总经理(General Manager):牛洪华
联系人(Contact Person):胡守泉
产品(Products):妇女卫生巾,厨房用纸,美容纸,面巾纸,马桶座垫,湿巾
品牌(Brand):圣荷

山东佳亿鑫纸品有限公司
Shandong Jiayixin Paper Products Co., Ltd.
地址(Add):山东省郯城县郯马经济开发区
邮编(P. C.):276126
电话(Tel):0539-6776199
传真(Fax):0539-6777199
Http://www.jiayixin.com
联系人(Contact Person):焦爱生
产品(Products):妇女卫生巾,卫生护垫,成人纸尿裤,纸尿片,床垫,婴儿纸尿裤,纸尿片,卫生纸
品牌(Brand):鲁康,名兰,雨倩,巧护理,守护佳人

沁源卫生用品有限公司
Qinyuan Hygiene Articles Co., Ltd.
地址(Add):山东省文登侯家镇驻地
邮编(P. C.):264405
电话(Tel):0631-8727033
传真(Fax):0631-8727033
E-mail:info@cnkingway.com
Http://www.cnkingway.com
法人代表(Chairman):吴树广
联系人(Contact Person):吴越
产品(Products):宠物垫

山东淄博光大医疗用品有限公司
Zibo Guangda Medical Treatment Things Co., Ltd.
地址(Add):山东省淄博市张店区良乡工业园东区1路19号
邮编(P. C.):255071
电话(Tel):0533-2091051
传真(Fax):0533-2091051
总经理(General Manager):李在贞
产品(Products):一次性口罩,帽子等医疗卫生用品,护理垫

◆ 河南 Henan

安阳市汇丰卫生用品有限责任公司
Anyang Huifeng Hygiene Articles Co., Ltd.
地址(Add):河南省安阳市平原桥北韩陵路1号(汇丰工业园区)
邮编(P. C.):455000
电话(Tel):0372-2938385
传真(Fax):0372-2938385
总经理(General Manager):袁廷顺
联系人(Contact Person):李兵
产品(Products):妇女卫生巾,纸尿裤,纸尿片,卫生纸,一次性鞋垫
品牌(Brand):坤月情,梦娜,梦娜宝宝

河南飘安集团有限公司
Henan Piaoan Group Co., Ltd.
地址(Add):河南省长恒县飘安工业园
邮编(P. C.):453400
电话(Tel):0373-8790003
传真(Fax):0373-8790139
E-mail:piaoan@public.xxptt.ha.cn
Http://www.piaoan.com
法人代表(Chairman):王继勇
产品(Products):医用卫生材料

新乡市好媚卫生用品有限公司
Xinxiang Haomei Hygiene Products Co., Ltd.
地址(Add):河南省长垣县丁孪工业区
邮编(P. C.):453400
电话(Tel):0373-8968881
传真(Fax):0373-8968438
E-mail:haomei5888@yahoo.com.cn
总经理(General Manager):崔怀鹤
产品(Products):一次性口罩,帽,手术衣

郑州万戈免洗用品工贸有限公司
Zhengzhou Wange Wash - Free Articles Industry & Trade Co., Ltd.
地址(Add):河南省郑州市紫荆山路66号金成国贸大厦2615室
邮编(P. C.):450002
电话(Tel):0371-66325277
传真(Fax):0371-66316310
E-mail:wgmx@tom.com
Http://www.zzwange.com
总经理(General Manager):常利成
联系人(Contact Person):丹峰
产品(Products):擦手纸,马桶垫纸,卷纸,柔巾卷
品牌(Brand):万戈

美洁免洗用品厂
Meijie Wash - Free Articles Factory
地址(Add):湖北省武汉市江岸区田元三村340号
邮编(P. C.):430011
电话(Tel):027-82319651
传真(Fax):027-82327051
总经理(General Manager):杨继辉
产品(Products):非织造布制品,生活用纸加工,湿巾
品牌(Brand):美洁

◆ 湖北 Hubei

百可灵纸业有限责任公司
Baikeling Paper Co., Ltd.
地址(Add):湖北省武汉市珞瑜路618号东方怡景大厦B座803室
邮编(P. C.):430074
电话(Tel):027-87464933
传真(Fax):027-87462975
联系人(Contact Person):肖梦璧
产品(Products):纸巾纸,湿巾,纸抹布
品牌(Brand):百可灵

创世纪卫生材料有限公司
Chuangshiji Sanitary Material Co., Ltd.
地址(Add):湖北省仙桃市汉江工业园区富豪路8号
邮编(P. C.):433000
电话(Tel):0728-3281700
传真(Fax):0728-3281711
总经理(General Manager):朱复忠
产品(Products):医用敷料,非织造布加工产品

和意线带有限公司
Heyi Thread & Strip Co., Ltd.
地址(Add):湖北省仙桃市沿河大道29号
邮编(P. C.):433000
电话(Tel):0728-3249401
传真(Fax):0728-3249401
联系人(Contact Person):邓远明
产品(Products):一次性医疗用品

◆ 广东 Guangdong

东莞市美亚无纺布制品有限公司
Dongguan Pacific Nonwoven Products Co., Ltd.
地址(Add):广东省东莞市东城区鳌峙塘工业区东堤路2号
邮编(P. C.):523116

电话(Tel):0769-22635240
传真(Fax):0769-22635245
E-mail:usp@us-pacific.com.hk
Http://www.us-pacific.com.hk
法人代表(Chairman):黄祖基
产品(Products):非织造布,面巾,抹布,手术衣

南海稳德福无纺布有限公司
Nanhai Wonderful Nonwoven Co., Ltd.
地址(Add):广东省佛山市南海区沙头镇石江工业区
邮编(P.C.):528208
电话(Tel):0757-86919199
传真(Fax):0757-86916230
E-mail:deng@chinawoven.com
Http://www.chinawoven.com
法人代表(Chairman):黄业滔
总经理(General Manager):邓伟添
产品(Products):成人纸尿裤,手术衣,床单,口罩
品牌(Brand):老夫子,稳德福

广州市洪威医疗器械有限公司
Guangzhou Hongwei Medical Appliances Co., Ltd.
地址(Add):广东省广州市番禺区大石镇大山工业区2栋
邮编(P.C.):511431
电话(Tel):020-34521196
传真(Fax):020-34789941
法人代表(Chairman):梅银水
联系人(Contact Person):梅恩
产品(Products):康护垫,妇检垫,一次性口罩、帽子、手术衣

广州森景织造有限公司
Guangzhou Senjing Textile Co., Ltd.
地址(Add):广东省广州市花都区新华镇商业大道90号之6
邮编(P.C.):510850
电话(Tel):020-86873125
总经理(General Manager):苏飒飞
产品(Products):工业用、家用擦拭巾

惠东县长荣实业有限公司
Huidong Changrong Industry Co., Ltd.
地址(Add):广东省惠东县白花镇太阳坳工业区
邮编(P.C.):516300
电话(Tel):0752-8868208
传真(Fax):0752-8861661
法人代表(Chairman):吴扬勇
总经理(General Manager):林太平
产品(Products):成人纸尿片,婴儿纸尿片,宠物垫片,妇婴两用巾,往生垫,妇女卫生巾,卫生护垫,产妇巾,卫生床垫
品牌(Brand):护理伴

惠州市海帆医疗器械有限公司
Huizhou Haifan Medicine Instrument Co., Ltd.
地址(Add):广东省惠州市仲恺二路92号A栋
邮编(P.C.):516000
电话(Tel):0752-2603868
传真(Fax):0752-2603838
联系人(Contact Person):吴树茂
产品(Products):护理垫,宠物垫

金旭环保制品(深圳)有限公司
Golden Starry Environmental Products Co., Ltd.
地址(Add):广东省深圳市宝安区石岩镇龙马科技工业区
邮编(P.C.):518108
电话(Tel):0755-29826998
传真(Fax):0755-27629069
E-mail:equal@public.szptt.net.cn
Http://www.gordian.com.hk
法人代表(Chairman):余毅
总经理(General Manager):余敏
产品(Products):湿巾,家居抹布
品牌(Brand):同高,金迪

鸿源实业(深圳)有限公司
Hongyuan Industrial (Shenzhen) Co., Ltd.
地址(Add):广东省深圳市布吉镇上水径恒通工业城6栋2楼
邮编(P.C.):518112
电话(Tel):0755-28522648
传真(Fax):0755-28522748
法人代表(Chairman):魏楚芳
总经理(General Manager):魏楚芳
联系人(Contact Person):朱惠芳
产品(Products):卫生纸,面巾纸,手帕纸,妇女卫生巾,卫生护垫,湿巾,卫生床垫
品牌(Brand):馨丽,富贵猫,声艺,飘馨

天意复合材料厂
Tianyi Complex Material Plant
地址(Add):广东省深圳市龙岗镇深惠路(龙岗段)1311号
邮编(P.C.):518172
电话(Tel):0755-84831968
传真(Fax):0755-84831968
E-mail:tianyis2@21cn.net
总经理(General Manager):李伟光
联系人(Contact Person):钟耕祥
产品(Products):复膜卷料,一次性床垫,婴儿纸围兜

诗乐氏实业(深圳)有限公司
Swashes (Shenzhen) Co., Ltd.
地址(Add):广东省深圳市罗湖区南湖路国贸商业大厦13楼A-D室
邮编(P.C.):518000
电话(Tel):0755-25194070
传真(Fax):0755-25194162
E-mail:shenzhen@swashes.com.cn
Http://www.swashes.com.cn
联系人(Contact Person):李伟
产品(Products):湿巾,厕用湿巾,抗菌纸内裤
品牌(Brand):诗乐氏

深圳市施尔洁生物工程有限公司
Shenzhen Shierjie Biology Engineering Co., Ltd.
地址(Add):广东省深圳市南山区同乐外贸兴业工业区B5栋三楼
邮编(P.C.):518057
电话(Tel):0755-26723056
传真(Fax):0755-26723062
E-mail:szsej@vip.163.com
Http://www.szshierjie.com
法人代表(Chairman):何向东

联系人(Contact Person):马文东
产品(Products):消毒湿巾,婴儿湿巾,女性护理液洗手液,一次性纸内裤
品牌(Brand):施尔洁

中山市宏骏无纺布厂有限公司
Hongjun Nonwoven Factory Ltd.
地址(Add):广东省中山市海景路三号
邮编(P. C.):528402
电话(Tel):0760 - 8703774
传真(Fax):0760 - 8711071
E-mail:sales@ letson. com. cn
产品(Products):卫生材料,擦拭布

中山市新洁日用制品有限公司
Zhongshan Xinjie Commodity Co., Ltd.
地址(Add):广东省中山市南头镇升辉南工业区
邮编(P. C.):528427
电话(Tel):0760 - 3134668
传真(Fax):0760 - 3134688
E-mail:zhongshanxinjie@ 163. com
Http://www. easycleanhk. com
法人代表(Chairman):欧瑞昌
联系人(Contact Person):岑曼霞
产品(Products):湿巾,压缩毛巾,卫生纸
品牌(Brand):新洁

◆ 广西 Guangxi

广西舒雅护理用品有限公司
Guangxi Shuya Health Care - Products Co., Ltd.
地址(Add):广西南宁市华侨投资区
邮编(P. C.):530105
电话(Tel):0771 - 6301370
传真(Fax):0771 - 2847242
E-mail:shuya@ public. nn. gx. cn
Http://www. shuya - china. com
法人代表(Chairman):韦力清
总经理(General Manager):黄玉梅
产品(Products):妇女卫生巾,卫生护垫,婴儿纸尿裤,湿巾,一次性鞋垫
品牌(Brand):舒雅,舒儿特

◆ 海南 Hainan

海南欣龙无纺股份有限公司
Hainan Xinlong Nowovens Co., Ltd.
地址(Add):海南省海口市龙昆北路2号珠江广场帝豪大厦17层
邮编(P. C.):571924
电话(Tel):0898 - 67488727
传真(Fax):0898 - 67486512
Http://www. xinglong - nonwovens. com
联系人(Contact Person):孔令芝
产品(Products):手术服,擦拭巾,湿巾

海南欣安生物工程制药有限公司
Hainan Xin' an Biotechnology Pharmaceutical Co., Ltd.
地址(Add):海南省海口市龙昆北路2号珠江广场帝豪大厦21层
邮编(P. C.):570125
电话(Tel):0898 - 68585796
传真(Fax):0898 - 68583100
Http://www. cin - an. com
法人代表(Chairman):郭开铸
联系人(Contact Person):李洪
产品(Products):湿巾,擦拭布,一次性医疗用品

◆ 重庆 Chongqing

重庆兴之安日用品有限责任公司
Chongqing Xingzhian Commodity Co., Ltd.
地址(Add):重庆市高新技术开发区二郎高科创业园C - 7
邮编(P. C.):400039
电话(Tel):023 - 68465030
传真(Fax):023 - 68465032
E-mail:xbhcoltd@ public. cta. cq. cn
Http://www. cqxbh. com
联系人(Contact Person):唐翔
产品(Products):吸油纸,面膜纸,洗脸巾,柔湿巾

重庆舒乐卫生用品有限公司
Chongqing Superior Sanitary Products Co., Ltd.
地址(Add):重庆市江北区建新西路88号1单元7 - 2号
邮编(P. C.):400022
电话(Tel):023 - 67853086
传真(Fax):023 - 67873785
E-mail:david@ chinasuperior. com
Http://www. chinasuperior. com
法人代表(Chairman):吴全秀
总经理(General Manager):张国仲
产品(Products):妇女卫生巾,成人纸尿片,婴儿纸尿裤,纸尿片,卫生床垫
品牌(Brand):舒美乐,舒适派,康乐,舒乐,太阳BB,舒儿宝

重庆朗源纸业公司
Chongqing Langyuan Paper Co.
地址(Add):重庆市沙坪坝区陈家桥镇陈青路158号
邮编(P. C.):401331
电话(Tel):023 - 66719761
E-mail:webmaster@ cqlangyuan. com
Http://www. cqlangyuan. com
法人代表(Chairman):陈刚
产品(Products):湿巾,美容巾,口布,床单,工业擦拭用纸,一次性医疗用品

重庆富雅乐无纺布有限公司
Chongqing Fuyale Nonwovens Co., Ltd.
地址(Add):重庆市沙坪坝区井口镇镇口村竹宝合作社旁
邮编(P. C.):400037
电话(Tel):023 - 65186831
传真(Fax):023 - 65186991
E-mail:fehrer@ public. cta. cq. cn
法人代表(Chairman):张帆若
联系人(Contact Person):陈富保
产品(Products):汽车地毯、菜瓜布、抹布

◆ 四川 Sichuan

四川友邦企业有限公司
Sichuan Eupon Co., Ltd.
地址(Add):四川省广汉市向阳工业园区

邮编(P. C.):618300
电话(Tel):0838-5400686
传真(Fax):0838-5400158
Http://www. chinaeupon. com
法人代表(Chairman):高尚荣
产品(Products):面巾纸,手帕纸,擦手纸,纸内裤,成人护理垫
品牌(Brand):蓓安适

◆ 陕西 Shaanxi

西安鹏翔复合材料有限公司
Xi'an Pengxiang Composite Materials Co., Ltd.
电话(Tel):029-85596953
传真(Fax):029-85596953
E-mail:px666@163. com
Http://www. cnpengxiang. com
联系人(Contact Person):贺海鹏
产品(Products):一次性床单,马桶坐垫,婴儿围兜,围裙,湿巾

◆ 甘肃 Gansu

天水天洁卫生用品有限公司
Tianshui Tianjie Hygiene Articles Co., Ltd.
地址(Add):甘肃省天水市秦城区石马坪莲亭路1号
邮编(P. C.):741000
电话(Tel):0938-8285262
总经理(General Manager):孙天喜
产品(Products):妇女卫生巾,婴儿纸尿裤,成人失禁用品,一次性医疗卫生用品

纸杯、纸餐具生产企业按产品和地区细分统计

(2005 年,统计总数 173 家)

序号	行政区 Region	企业数	起始页	序号	行政区 Region	企业数	起始页
1	北京 Beijing	18	389	15	山东 Shandong	16	399
2	天津 Tianjin	6	390	16	河南 Henan	2	400
3	河北 Hebei	3	391	17	湖北 Hubei	6	401
4	山西 Shanxi	1	391	18	湖南 Hunan	3	401
6	辽宁 Liaoning	5	391	19	广东 Guangdong	15	401
7	吉林 Jilin	2	392	20	广西 Guangxi	2	403
8	黑龙江 Heilongjiang	1	392	22	重庆 Chongqing	1	403
9	上海 Shanghai	17	392	23	四川 Sichuan	3	403
10	江苏 Jiangsu	19	393	25	云南 Yunnan	1	403
11	浙江 Zhejiang	37	395	27	陕西 Shaanxi	3	403
12	安徽 Anhui	1	398	28	甘肃 Gansu	1	404
13	福建 Fujian	8	398	31	新疆 Xinjiang	1	404
14	江西 Jiangxi	1	399				

注:5 内蒙古、21 海南、24 贵州、26 西藏、29 青海和 30 宁夏为缺项。

纸杯、纸餐具

Paper cups and paper tableware

◆ 北京 Beijing

北京合益包装容器有限公司
Beijing Heyi Pack & Packet Co., Ltd.
地址(Add):北京市朝阳区豆各庄乡马家湾工业区
邮编(P. C.):100023
电话(Tel):010-67381788
传真(Fax):010-67383788
E-mail:heyi@bjheyi.com
Http://www.bjheyi.com
法人代表(Chairman):杨茉
总经理(General Manager):鲍新辉
联系人(Contact Person):史炳义
产品(Products):纸餐盒,纸杯,餐盘,餐巾纸

北京天伦力拓纸业有限公司
Beijing Tianlunlituo Paper Industry Co., Ltd.
地址(Add):北京市朝阳区南皋路草场地155号
邮编(P. C.):100015
电话(Tel):010-64360072
传真(Fax):010-64360722
E-mail:tllt1184@yahoo.com.cn
Http://www.tllt.cgpu.com.cn
法人代表(Chairman):李跃进
总经理(General Manager):王文淑
产品(Products):纸杯,盘,碗,餐盒
品牌(Brand):天伦力拓

北京拓维特餐饮用品有限公司
Beijing Tuoweite Table Ware Co., Ltd.
地址(Add):北京市朝阳区小庄东里37号
邮编(P. C.):100025
电话(Tel):010-65046568
传真(Fax):010-65084067
Http://www.bj-twt.com
法人代表(Chairman):程宪辉
产品(Products):餐巾纸,面巾纸,一次性纸口布,湿巾,手帕纸,擦手纸,纸杯
品牌(Brand):维美

北京金日吉通科贸有限公司
Beijing Jinrijitong Science & Trade Co., Ltd.
地址(Add):北京市大兴区亦庄镇开发东区19号
邮编(P. C.):100023
电话(Tel):010-67368088
传真(Fax):010-67368088
法人代表(Chairman):任益玲
产品(Products):纸杯
品牌(Brand):阿吉猫

北京航天数控
Beijing Hangtianbiye Technology Group
地址(Add):北京市142信箱86分箱
邮编(P. C.):100854
电话(Tel):010-61282861
传真(Fax):010-61282861
法人代表(Chairman):刘志忠
产品(Products):纸杯,纸碗
品牌(Brand):航天

北京鹏通环保餐具有限责任公司
Beijing Pengtong Environment Tableware Co., Ltd.
地址(Add):北京市大兴西庄工业区8号
邮编(P. C.):102609
电话(Tel):010-60278610
传真(Fax):010-60278610
E-mail:zypack@yeah.net
Http://www.pt.onchina.net
产品(Products):纸餐盒,纸杯,纸托盘,冰淇淋碗

北京协力旁普包装制品有限公司
Xielipangpu Packaging Products Co., Ltd.
地址(Add):北京市大兴县旧宫镇工业小区北西甲1号
邮编(P. C.):100076
电话(Tel):010-87962699
传真(Fax):010-87962476
E-mail:xlpp@public3.bta.net.cn
Http://www.xlpp.com
总经理(General Manager):齐寿岩
联系人(Contact Person):齐寿岩
产品(Products):纸餐具

北京裕德安保科贸有限公司
Beijing Yude Anbao Science & Trade Co., Ltd.
地址(Add):北京市大兴县天堂河农场华盛公司院内
邮编(P. C.):102609
电话(Tel):010-60275762
传真(Fax):010-60275762
总经理(General Manager):段宗德
产品(Products):纸杯

北京纸容器厂
Beijing Paper Containers Factory
地址(Add):北京市东城区北兵马司11号
邮编(P. C.):100009
电话(Tel):010-64043491
传真(Fax):010-64041276
总经理(General Manager):杨铁
产品(Products):纸杯,纸盘
品牌(Brand):环冕

北京锦有发贸易有限责任公司
Beijing Jinyoufa Trade Co., Ltd.
地址(Add):北京市丰台区右外大街中顶村265-2
邮编(P. C.):100054
电话(Tel):010-83536380
传真(Fax):010-83536256
法人代表(Chairman):张友锦
产品(Products):纸杯

北京科鸿阳经济技术发展公司
Beijing Kehongyang Economy & Technology Development Co.

地址(Add):北京市复兴路15号
邮编(P.C.):100038
电话(Tel):010-68184698
传真(Fax):010-68184729
法人代表(Chairman):左铁军
产品(Products):纸模餐盒,纸杯

北京骏晨晔一次性用品有限责任公司
Beijing Junchenye Disposable Articles Co., Ltd.
地址(Add):北京市海淀区西北旺兴隆庄药植所西门
邮编(P.C.):100094
电话(Tel):010-62898320
传真(Fax):010-62895985
法人代表(Chairman):陈艳
联系人(Contact Person):郑国俊
产品(Products):纸杯,纸碗,纸餐盒,餐巾纸,擦手纸
品牌(Brand):JCY 骏晨晔

北京爱华中兴纸业有限公司
Beijing Aihua Zhongxing Paper Co., Ltd.
地址(Add):北京市海淀区西三旗东路
邮编(P.C.):100096
电话(Tel):010-82917373
传真(Fax):010-82915216
E-mail:aihuaypy@vip.sina.com
Http://www.yipianyun.com
法人代表(Chairman):王家华
总经理(General Manager):谢大伟
联系人(Contact Person):何平妹
产品(Products):餐巾纸,面巾纸,卫生卷纸,妇女卫生巾,卫生护垫,湿巾,纸杯
品牌(Brand):一片云

北京万维兴业科技有限公司
Beijing Wanweixingye Science & Technology Co., Ltd.
地址(Add):北京市门头沟野溪1-12号院东侧
邮编(P.C.):102300
电话(Tel):010-61881010
传真(Fax):010-61880695
法人代表(Chairman):马维国
联系人(Contact Person):张晓帅
产品(Products):纸模餐具
品牌(Brand):绿世界

北京爱佳卫生保健品厂
Beijing Aijia Hygiene & Health Care Products Factory
地址(Add):北京市南三环洋桥西里33号右门
邮编(P.C.):100077
电话(Tel):010-87208782
传真(Fax):010-87293498
E-mail:wgc@bj-aijia.com
Http://www.bj-aijia.com
法人代表(Chairman):万海英
总经理(General Manager):吴国财
产品(Products):餐巾纸,面巾纸,手帕纸,湿巾,擦手纸,卫生纸,马桶垫,纸杯,纸碗,妇女卫生巾,卫生护垫,婴儿纸尿裤
品牌(Brand):爱佳

北京蓝天碧水纸制品有限责任公司
Beijing Lantianbishui Paper Products Co., Ltd.
地址(Add):北京市石景山区吴家村(首钢重型机械厂院内)
邮编(P.C.):100040
电话(Tel):010-68681196
传真(Fax):010-68681196
法人代表(Chairman):李晓敏
产品(Products):纸杯,纸餐具
品牌(Brand):濠牌

北京金润来工贸有限公司
Beijing Jinrunlai Industry &Trade Co., Ltd.
地址(Add):北京市通州区张家湾镇里二泗工业开发区1号
邮编(P.C.):100000
电话(Tel):010-61565449
法人代表(Chairman):周桂秋
产品(Products):纸杯

北京富豪纸制品有限公司
Beijing Fuhao Paper Products Co., Ltd.
地址(Add):北京市西郊翠微路5号
邮编(P.C.):100036
电话(Tel):010-68286869
传真(Fax):010-68273007
总经理(General Manager):郭建萍
产品(Products):纸杯

◆ 天津 Tianjin

天津环球磁卡股份有限公司
Tianjin Huanqiu Magcard Co., Ltd.
地址(Add):天津市河西区解放南路325号
邮编(P.C.):300202
电话(Tel):022-23264874
传真(Fax):022-23269333
E-mail:gmcc@tjlink.tistic.ac.cn
Http://tjgmcc.ctiwt.com
法人代表(Chairman):刘栋来
产品(Products):纸杯

天津市绿洁环保纸浆模塑技术有限公司
Tianjin Lüjie Environmental Protection Pulp - Molding Technology Co., Ltd.
地址(Add):天津市南开区长江道92号仪表集团院内
邮编(P.C.):300110
电话(Tel):022-27563097
传真(Fax):022-27568626
总经理(General Manager):祁秋田
联系人(Contact Person):裴继诚
产品(Products):纸模餐盒,面碗,餐盘

天津普乐包装容器有限公司
Tianjin Pule Packing Containers Co., Ltd.
地址(Add):天津市天津开发区第六大街12号
邮编(P.C.):300457
电话(Tel):022-25322222
传真(Fax):022-25328402
联系人(Contact Person):杨黎明
产品(Products):纸杯,冰淇淋纸杯

天津洁华纸制品有限公司

Tianjin Jiehua Paper Products Co., Ltd.
地址(Add):天津市武清八里桥经济区
邮编(P. C.):301708
电话(Tel):022-29481948
传真(Fax):022-29481948
法人代表(Chairman):杨增起
产品(Products):纸碗,纸餐盒,纸盘

天津爱华商贸有限公司
Tianjin Aihua Trade Co., Ltd.
地址(Add):天津市西青开发区龙泉道18号
邮编(P. C.):300381
电话(Tel):022-27337802
传真(Fax):022-28191096
法人代表(Chairman):冯佶
总经理(General Manager):冯佶
产品(Products):纸盘,纸碟,一次性纸餐具,马桶垫纸

天津市绿杉食品包装有限公司
Tianjin Lüshan Food Packing Co., Ltd.
地址(Add):天津市西青区杨柳青营建路22号
邮编(P. C.):300380
电话(Tel):022-27938812
传真(Fax):022-27390184
总经理(General Manager):陈绍新
产品(Products):纸模餐盒

◆ 河北 Hebei

霸州市岔河集乡贺通纸杯厂
Baozhou Chaheji Hetong Paper Cup Factory
地址(Add):河北省霸州市霸州驾校东200米
邮编(P. C.):065700
电话(Tel):0316-7334459
法人代表(Chairman):赵贺通
产品(Products):纸杯
品牌(Brand):勤快丫鸭

廊坊开发区北方纸浆模塑制品有限公司
Langfang Beifang Pulp-Molding Products Co., Ltd.
地址(Add):河北省廊坊开发区金源道
邮编(P. C.):065001
电话(Tel):0316-6082349
传真(Fax):0316-6086215
E-mail:langfang@chinanorthpower.com
Http://www.chinanorthpower.com
法人代表(Chairman):段跃经
总经理(General Manager):李海山
联系人(Contact Person):张庆侠
产品(Products):纸桶面碗,纸碗,纸餐盒
品牌(Brand):科林

河北双利环保制品有限公司
Hebei Shuangli Environment Products Co., Ltd.
地址(Add):河北省邢台市桥西区邢台矿
邮编(P. C.):054026
电话(Tel):0319-2062559
传真(Fax):0319-2062560
E-mail:wwang@du-win.com
Http://www.du-win.com
总经理(General Manager):王玮
产品(Products):纸餐盒,纸碗,纸盘

◆ 山西 Shanxi

山西同达康餐饮容器具制品有限公司
Shanxi Tongdakang Tableware Co., Ltd.
地址(Add):山西省临汾市汾河办事处新西村
邮编(P. C.):041000
电话(Tel):0357-3058198
传真(Fax):0357-3058198
法人代表(Chairman):郭宝保
总经理(General Manager):樊天江
产品(Products):纸模餐盒,纸盘,纸碗
品牌(Brand):同达康

◆ 辽宁 Liaoning

大连维多利尔科技有限公司
Dalian Weiduolier Science & Technology Co., Ltd.
地址(Add):辽宁省大连市甘井子区伟业西街9号楼3-1-2
邮编(P. C.):116001
电话(Tel):0411-86103881
传真(Fax):0411-86488511
E-mail:dlwdle@126.com
Http://www.dlwdle.com
总经理(General Manager):王信东
产品(Products):湿巾,纸内裤,纸杯
品牌(Brand):禾采

大连绿洲食品包装有限公司
Dalian Lüzhou (Group) Food Packing Co., Ltd.
地址(Add):辽宁省大连市西岗区仲夏路159号三寰大酒店8901-8904室
邮编(P. C.):116013
电话(Tel):0411-82400488
传真(Fax):0411-82400952
E-mail:luzhou@mail.dlptt.ln.cn
Http://www.chinaluzhou.com
法人代表(Chairman):柯继方
联系人(Contact Person):柯继方
产品(Products):纸模餐盒,方便面碗,餐碟

大连松源生活用品有限公司
Dalian Songyuan Household Articles Co., Ltd.
地址(Add):辽宁省大连市中山区朝阳街53号花香维也纳1-27-8
邮编(P. C.):116010
电话(Tel):0411-87719205
传真(Fax):0411-82738243
法人代表(Chairman):于丹
联系人(Contact Person):耿子雯
产品(Products):纸杯,纸桌布,杯垫纸,手帕纸,餐巾纸

辽阳远洋纸业有限公司
Liaoyang Yuanyang Paper Co., Ltd.
地址(Add):辽宁省辽阳县铁西工业园区
邮编(P. C.):111200
电话(Tel):0419-7679588
传真(Fax):0419-7679018

法人代表(Chairman):徐大富
总经理(General Manager):徐大富
产品(Products):纸模餐具
品牌(Brand):DF

沈阳市绿宝纸器厂
Shenyang Lübao Paper Containers Factory
地址(Add):辽宁省沈阳市东陵区高官台街71巷18号
邮编(P. C.):110044
电话(Tel):024-88446809
传真(Fax):024-88117238
法人代表(Chairman):李成新
产品(Products):纸杯

◆ 吉林 Jilin

长春市靓逸纸业有限公司
Changchun Liangyi Paper Co., Ltd.
地址(Add):吉林省长春市南环城路3号
邮编(P. C.):130012
电话(Tel):0431-5517891
传真(Fax):0431-5516448
法人代表(Chairman):张淑丽
总经理(General Manager):高源
产品(Products):餐巾纸,面巾纸,纸杯
品牌(Brand):靓逸

长春市思伯尔纸杯制造有限公司
Changchun Siboer Paper Cup Co., Ltd.
地址(Add):吉林省长春市西安大路16号国际大厦B座1704室
邮编(P. C.):130021
电话(Tel):0431-8485885
传真(Fax):0431-8485885
产品(Products):纸杯

◆ 黑龙江 Heilongjiang

哈尔滨市雅敏纸制品有限公司
Harbin Yamin Paper Products Co., Ltd.
地址(Add):黑龙江省哈尔滨市哈平路新发屯
邮编(P. C.):150069
电话(Tel):0451-55131292
传真(Fax):0451-87506009
总经理(General Manager):李宝昌
产品(Products):纸杯

◆ 上海 Shanghai

上海方夏日用品有限公司
Shanghai Fangxia Daily-Use Products Co., Ltd.
地址(Add):上海市宝山区大华路858弄6号
邮编(P. C.):200436
电话(Tel):021-66670634
传真(Fax):021-66350848
总经理(General Manager):林兴良
产品(Products):纸杯,纸盘,纸碗

上海纸杯厂
Shanghai Paper Cups Plant
地址(Add):上海市复兴中路498弄4号
邮编(P. C.):200020
电话(Tel):021-63863200
传真(Fax):021-63861500
总经理(General Manager):朱美霞
产品(Products):纸杯

上海顺利实业有限公司
Shanghai Shunli Industry Co., Ltd.
地址(Add):上海市共和新路666号23楼
邮编(P. C.):200070
电话(Tel):021-66600160
传真(Fax):021-56327131
法人代表(Chairman):张帆
产品(Products):纸杯
品牌(Brand):可爱可

上海凯鸿包装有限公司
Shanghai Kaihong Pack Co., Ltd.
地址(Add):上海市黄浦区陆家浜路413弄3号楼502室
邮编(P. C.):200011
电话(Tel):021-63777690
传真(Fax):021-63777882
产品(Products):纸杯

上海纸杯有限公司
Shanghai Paper Cups Co., Ltd.
地址(Add):上海市嘉定区南翔镇宝翔路12号
邮编(P. C.):201802
电话(Tel):021-59129955
传真(Fax):021-59178648
法人代表(Chairman):陈德君
总经理(General Manager):廖燕玲
产品(Products):纸杯,纸餐具,纸盘,纸碟
品牌(Brand):上杯

诚品环保制品(上海)有限公司
Deluxe Environmental Products (Shanghai) Co., Ltd.
地址(Add):上海市嘉定区叶城路1211号5幢
邮编(P. C.):201821
电话(Tel):021-69521000
传真(Fax):021-69521893
E-mail:market@deluxe-tw.com
Http://www.deluxe-tw.com
产品(Products):纸模餐盒,托盘,系列方便面碗

上海兰波纸制品有限公司
Shanghai Lanbo Paper Products Co., Ltd.
地址(Add):上海市金沙江路1275号
邮编(P. C.):200062
电话(Tel):021-62524058
传真(Fax):021-62641565
Http://www.sh-lanbo.com
产品(Products):纸杯

上海天衡纸容器有限公司
Shanghai Tianheng Paper Container Co., Ltd.
地址(Add):上海市金山区干巷镇和平工业区
邮编(P. C.):201518
电话(Tel):021-57205445
传真(Fax):021-57205445
法人代表(Chairman):夏道余
总经理(General Manager):夏亚忠

产品(Products):纸杯,纸碗

上海兆利纸业有限公司
Shanghai Zhaoli Paper Co., Ltd.
地址(Add):上海市控江路1029弄3号楼1901室
邮编(P.C.):200093
电话(Tel):021-65184526
传真(Fax):021-65182198
Http://www.sunnycn.com
法人代表(Chairman):潘荣明
联系人(Contact Person):张龙琦
产品(Products):纸杯,餐盒,碗,碟

上海意邦纸杯有限公司
Shanghai Yibang Papercup Co., Ltd.
地址(Add):上海市浦东新区川沙镇城丰路988号
邮编(P.C.):201000
电话(Tel):021-58379599
传真(Fax):021-58379110
E-mail:yibon@sina.com
Http://www.yiboncup.com
总经理(General Manager):洪河清
产品(Products):纸杯

上海日健包装设备有限公司
Shanghai Rijian Packaging Equipment Co., Ltd.
地址(Add):上海市浦东新区张江路1160号
邮编(P.C.):201203
电话(Tel):021-58955999
传真(Fax):021-58551005
Http://www.rijiansell.ebigchina.com
联系人(Contact Person):王林祥

上海芬雅纸品发展有限公司
Shanghai Fenya Paper Products Development Co., Ltd.
地址(Add):上海市普陀区长寿路181弄2号楼2607室
邮编(P.C.):200060
电话(Tel):021-62666290
传真(Fax):021-62998227
法人代表(Chairman):陈秋玲
联系人(Contact Person):黄贤伟
产品(Products):面巾纸,纸巾纸,餐巾纸,卫生纸,纸杯,湿巾

睦美卫生用品(上海)有限公司
Mumei Hygienic Articles (Shanghai) Co.,Ltd.
地址(Add):上海市青浦区华新镇马阳村纪鹤公路八号桥西首3855号
邮编(P.C.):201700
电话(Tel):021-59798393
传真(Fax):021-59798397
联系人(Contact Person):吴玮芳
产品(Products):纸杯,餐巾纸

上海体仁贸易有限公司
Shanghai Tiren Trade Co., Ltd.
地址(Add):上海市四平路311号B栋606室
邮编(P.C.):200081
电话(Tel):021-65215449
传真(Fax):021-65072290
联系人(Contact Person):刘先生
产品(Products):纸杯

上海寰球纸制品有限公司
Shanghai Huanqiu Paper Products Co., Ltd.
地址(Add):上海市外高桥富特西一路115号2楼
邮编(P.C.):200070
电话(Tel):021-56729897
传真(Fax):021-56729897
法人代表(Chairman):杜春才
产品(Products):纸杯
品牌(Brand):寰宝

上海天予实业有限公司
Shanghai Tianyu Industry Co., Ltd.
地址(Add):上海市武夷路709弄10号103室
邮编(P.C.):200051
电话(Tel):021-62394952
传真(Fax):021-62382886
法人代表(Chairman):谢小金
产品(Products):纸杯
品牌(Brand):天予

上海韦尼实业有限公司
Shanghai Weini Industry Co., Ltd.
地址(Add):上海市宜君路80弄27号
邮编(P.C.):200065
电话(Tel):021-56954848
传真(Fax):021-56370642
联系人(Contact Person):周海刚
产品(Products):纸杯,纸碟,纸碗
品牌(Brand):韦尼

◆ 江苏 Jiangsu

常州鸿源纸业有限公司
Changzhou Hongyuan Paper Co., Ltd.
地址(Add):江苏省常州市横林镇镇西工业区
邮编(P.C.):213101
电话(Tel):0519-8787698
传真(Fax):0519-8786068
法人代表(Chairman):姚自坚
产品(Products):纸模餐具

常州市惠信纸业有限公司
Changzhou Huixin Paper Co., Ltd.
地址(Add):江苏省常州市戚墅堰区北南岸工业区
邮编(P.C.):213011
电话(Tel):0519-8771920
传真(Fax):0519-8778368
法人代表(Chairman):高亚静
总经理(General Manager):朱志强
产品(Products):纸杯,纸碗,柔湿巾
品牌(Brand):惠信

常州市天绿包装有限公司
Changzhou Tianlü Packing Co., Ltd.
地址(Add):江苏省常州市西门外东安镇
邮编(P.C.):213155
电话(Tel):0519-3736238
传真(Fax):0519-3731308
E-mail:sm@tianlv.com

Http://www. tianlv. com
产品(Products):纸模餐盒,超市托盘

泰州江涛包装制品有限公司
Taizhou Jiangtao Packing Products Co., Ltd.
地址(Add):江苏省姜堰市俞垛西工业园区
邮编(P. C.):225514
电话(Tel):0523 - 8748618
传真(Fax):0523 - 8749161
E-mail:xiaozhong@ jiangtao. com. cn
Http://www. jiangtao. com. cn
产品(Products):纸杯,方便面桶

昆山中富容器公司
Kunshan Zhongfu Co.
地址(Add):江苏省昆山开发区三巷路109号
邮编(P. C.):215334
电话(Tel):0512 - 57636069
传真(Fax):0512 - 57635337
法人代表(Chairman):黄乐夫
联系人(Contact Person):甘雪松
产品(Products):纸杯,面碗
品牌(Brand):中富

连云港根深纸制品有限公司
Lianyungang Genshen Paper Products Co., Ltd.
地址(Add):江苏省连云港市经济技术开发区昆仑山北路
邮编(P. C.):222047
电话(Tel):0518 - 2345163
传真(Fax):0518 - 2341472
E-mail:genshen@ genshen. com
Http://www. genshen. com
法人代表(Chairman):陈学中
总经理(General Manager):陈学中
联系人(Contact Person):唐学战
产品(Products):纸餐盒,纸杯,纸碗,纸碟

连云港金镶玉纸业有限公司
Lianyungang Jinxiangyu Paper Co., Ltd.
地址(Add):江苏省连云港市新浦区新火车站西路2号
邮编(P. C.):222003
电话(Tel):0518 - 5451384
传真(Fax):0518 - 5457688
E-mail:jxy@ lygjm. com
Http://www. lygjxy. com
法人代表(Chairman):许其京
联系人(Contact Person):顾海宁
产品(Products):卫生纸,餐巾纸,纸杯,纸餐具,淋膜纸
品牌(Brand):金镶玉,天鹅

南京绿山东进自动化设备有限公司
Nanjing Lüshandongjin Automatic Equipment Co., Ltd.
地址(Add):江苏省南京市福建路31号华富大厦1902室
邮编(P. C.):210003
电话(Tel):025 - 83418546
传真(Fax):025 - 83418542
E-mail:webmaster@ autolushan. com
Http://www. autolushan. com
产品(Products):纸餐盒

中国包装新技术开发包宁公司
China National Packaging New Technique Development Bao - Ning Co.
地址(Add):江苏省南京市虎踞南路75号
邮编(P. C.):210004
电话(Tel):025 - 52233722
传真(Fax):025 - 52209596
E-mail:master@ baoning. com
Http://www. baoning. com
法人代表(Chairman):薛昌昕
联系人(Contact Person):薛昌昕
产品(Products):纸模餐盒,方便面碗,纸杯

南京旭日纸制品厂
Nanjing Xuri Paper Products Factory
地址(Add):江苏省南京市建邺区沙洲中和工业园
邮编(P. C.):210041
电话(Tel):025 - 86801838
联系人(Contact Person):刘军
产品(Products):纸杯

中天立卡(南京)环保纸制品有限公司
Zhongtian Lika (Nanjing) Environment Paper Products Co., Ltd.
地址(Add):江苏省南京市秣陵路108号
邮编(P. C.):210004
电话(Tel):025 - 84219909
传真(Fax):025 - 84201233
法人代表(Chairman):隆晓辉
联系人(Contact Person):赵焱
产品(Products):纸盘,纸碗,纸餐盒

南通友尼利福物资有限公司
Nantong Younilifu Co., Ltd. & Paper Factory
地址(Add):江苏省南通市任港路42号
邮编(P. C.):226006
电话(Tel):0513 - 3500678
传真(Fax):0513 - 3550078
E-mail:yikou@ yikoucn. com
Http://www. yikoucn. com
总经理(General Manager):姜莉
产品(Products):纸杯,纸碟,纸碗

徐州威龙纸业有限公司
Xuzhou Weilong Paper Co., Ltd.
地址(Add):江苏省沛县大屯镇工业园区西侧
邮编(P. C.):221611
电话(Tel):0516 - 4968779
传真(Fax):0516 - 4968579
总经理(General Manager):杨卫东
产品(Products):纸杯,纸餐盒,纸碟,纸巾纸,面巾纸,餐巾纸

苏州工业园区恒通机电有限公司
Suzhou Hengtong Mechanical & Electrical Co., Ltd.
地址(Add):江苏省苏州市葑门路33号
电话(Tel):0512 - 67489347
传真(Fax):0512 - 67489347
E-mail:hengtong@ htzzp. com
Http://www. htzzp. com
产品(Products):纸杯,纸碟,纸餐盒

金红叶纸业(苏州工业园区)有限公司
Gold Hongye Paper (Suzhou Industrial Park) Co., Ltd.
地址(Add):江苏省苏州市工业园区胜浦分区金胜路1号
邮编(P. C.):215126
电话(Tel):0512-62832952
传真(Fax):0512-62822101
E-mail:customer_service@ghy.com.cn
Http://www.ghy.com.cn
法人代表(Chairman):黄志源
总经理(General Manager):徐锡土
联系人(Contact Person):王莉
产品(Products):卫生纸原纸,卫生卷纸,纸巾纸,湿巾,厨房纸巾,纸杯
品牌(Brand):唯洁雅,清风,真真

无锡市诚信纸制品厂
Wuxi Chengxin Paper Products Factory
地址(Add):江苏省无锡市北塘区山北会西居委后张巷
邮编(P. C.):214037
电话(Tel):0510-3072791
总经理(General Manager):张志刚
产品(Products):纸杯,纸餐盒,纸袋,纸箱

无锡新贝纸杯有限公司
Wuxi Xinbei Paper Cup Co., Ltd.
地址(Add):江苏省无锡市锡惠路14号
邮编(P. C.):214035
电话(Tel):0510-3709661
传真(Fax):0510-3709661
E-mail:wxxbzb@hotmail.com
Http://www.xbzb.com
法人代表(Chairman):李新民
总经理(General Manager):李新民
产品(Products):纸杯

徐州绿洲食品包装有限公司
Xuzhou Green Food Packing Co., Ltd.
地址(Add):江苏省徐州市金山桥经济技术开发区4号工业区
邮编(P. C.):221004
电话(Tel):0516-7793766
传真(Fax):0516-7793766
法人代表(Chairman):王其中
总经理(General Manager):王铁生
产品(Products):纸模餐具,纸杯
品牌(Brand):康隆

宜兴市科达机械有限公司
Yixing Keda Machinery Co., Ltd.
地址(Add):江苏省宜兴市环保科技工业园永安路8号
邮编(P. C.):214200
电话(Tel):0510-7061017
传真(Fax):0510-7061017
E-mail:web@yx-keda.com
Http://www.yx-keda.com
总经理(General Manager):王云元
产品(Products):纸餐盒,纸碗

◆ 浙江 Zhejiang

温州洁健纸杯厂
Wenzhou Jiejian Paper Cup Factory
地址(Add):浙江省苍南县龙港镇人民路392号
邮编(P. C.):325802
电话(Tel):0577-64206345
传真(Fax):0577-64206345
总经理(General Manager):黄纪治
产品(Products):纸杯

湖州新大力集团轻工有限公司长兴净美餐具厂
Changxing Jingmei Tableware Factory
地址(Add):浙江省长兴县雉城镇解放西路208号
邮编(P. C.):313100
电话(Tel):0572-6043838
传真(Fax):0572-6023659
E-mail:yb200@sina.com
Http://www.changxing.gov.cn/xdl
法人代表(Chairman):孙满法
总经理(General Manager):孙满法
联系人(Contact Person):丁柏林
产品(Products):纸模餐盒,餐盘,面碗

东阳市康保纸品有限公司
Dongyang Kangbao Paper Products Co., Ltd.
地址(Add):浙江省东阳市蔡卢工业区
邮编(P. C.):322105
电话(Tel):0579-6722666
传真(Fax):0579-6722333
法人代表(Chairman):蒋时忠
总经理(General Manager):蒋时忠
产品(Products):纸杯,纸碗,纸盘,纸质快餐盒,纸质蛋糕盒
品牌(Brand):芳心

东阳市好源纸杯厂
Dongyang Haoyuan Paper Cup Factory
地址(Add):浙江省东阳市东阳城南西路177号
邮编(P. C.):322100
电话(Tel):0579-6678066
传真(Fax):0579-6678066
法人代表(Chairman):周更生
联系人(Contact Person):鲍小燕
产品(Products):纸杯,纸碗,纸盘,纸质快餐盒
品牌(Brand):好源

富阳绿保纸制品厂
Fuyang Lübao Paper Products Factory
地址(Add):浙江省富阳市富春街道振兴路1弄15号
邮编(P. C.):311400
电话(Tel):0571-63376421
总经理(General Manager):陈雪洪
产品(Products):纸杯,纸盘,纸碗,纸饭盒

海宁市杭州大自然纸质餐具有限公司
Haining Daziran Paper Tableware Making Co., Ltd.
地址(Add):浙江省海宁市军湖路
邮编(P. C.):314400
电话(Tel):0573-7125322
传真(Fax):0573-7125088
Http://www.naturecup.com
法人代表(Chairman):徐玉勤
总经理(General Manager):薛明

产品(Products):纸杯,纸餐盒

海宁市硖石华隆纸杯厂
Haining Hualong Paper Cup Plant
地址(Add):浙江省海宁市中丝三厂内
邮编(P. C.):314400
电话(Tel):0573-7022653
传真(Fax):0573-7034683
总经理(General Manager):董新国
产品(Products):纸杯

浙江富享纸制品有限公司
Zhejiang Fuxiang Paper Products Co., Ltd.
地址(Add):浙江省杭州市机场路172号
邮编(P. C.):310021
电话(Tel):0571-85041534
传真(Fax):0571-85043592
E-mail:588@fxpack.cn
Http://www.fxpack.cn
产品(Products):纸餐具

杭州路益包装有限公司
Hangzhou Luyi Packing Co., Ltd.
地址(Add):浙江省杭州市机场路三里亭工农路底
邮编(P. C.):310004
电话(Tel):0571-86401997
传真(Fax):0571-86409273
总经理(General Manager):李彪
联系人(Contact Person):魏胜荣
产品(Products):纸板餐盒,纸杯,碗,盘
品牌(Brand):莲珠

杭州洁丽纸制品有限公司
Hangzhou Jieli Paper Products Co., Ltd.
地址(Add):浙江省杭州市江干区艮山东路六堡
邮编(P. C.):310021
电话(Tel):0571-86019053
传真(Fax):0571-86019219
法人代表(Chairman):吴展
总经理(General Manager):丁泉民
联系人(Contact Person):吴国权
产品(Products):纸板餐盒,纸碗,纸盘,纸杯
品牌(Brand):洁丽

萧山强生纸餐具包装有限公司
Johnson EastChina
地址(Add):浙江省杭州市萧山区南阳镇南庄路10号
邮编(P. C.):311227
电话(Tel):0571-82188318
传真(Fax):0571-82188758
E-mail:web@zjqs.cn
Http://www.eastjohnson.com
联系人(Contact Person):高涛涛
产品(Products):纸餐盒,纸盘,方便面碗

杭州余杭区黄湖洁佳纸杯厂
Hangzhou Yuhang Huanghu Jieja Paper Cups Factory
地址(Add):浙江省杭州市余杭区黄湖镇通达路23号
邮编(P. C.):311118
电话(Tel):0571-88518076
法人代表(Chairman):白希良
产品(Products):纸杯
品牌(Brand):洁佳

浙江汇丰塑业用品有限公司
Zhejiang Huifeng Plastic Co., Ltd.
地址(Add):浙江省黄岩城关横河水果公司工业区
邮编(P. C.):318020
电话(Tel):0576-4180236
传真(Fax):0576-4184588
Http://www.hfplastic.com
联系人(Contact Person):郑君飞
产品(Products):纸杯
品牌(Brand):信佳

浙江黄岩中南塑胶厂
Huangyan Zhongnan Plastic Factory
地址(Add):浙江省黄岩十里铺南城工业区
邮编(P. C.):318020
电话(Tel):0576-4180800
传真(Fax):0576-4180911
E-mail:info@zhonglan.com.cn
Http://www.zhonglan.com.cn
法人代表(Chairman):张卫军
联系人(Contact Person):王福岩
产品(Products):纸杯,纸盘
品牌(Brand):中蓝

宁波市北仑区小港保洁工艺制品厂
Ningbo Baojie Art Products Factory
地址(Add):浙江省宁波市北仑保税东区托普软件园研发楼207室
邮编(P. C.):315800
电话(Tel):0574-86820777
传真(Fax):0574-86868767
法人代表(Chairman):江波
联系人(Contact Person):毛雷
产品(Products):纸杯,纸盘,面碗,冰淇淋杯,餐盒,淋膜纸

宁波海曙麦吉利纸业工贸有限公司
Ningbo Haishu Maijili Paper Industry & Trade Co., Ltd.
地址(Add):浙江省宁波市柳庄巷41号B座1209室
邮编(P. C.):315000
电话(Tel):0574-87365749
传真(Fax):0574-87364249
总经理(General Manager):赵满红
产品(Products):淋膜纸,纸杯,纸碗,纸盘,纸餐盒

宁波亚洲绿色纸品有限公司
Ningbo Asia Green Paper Products Co., Ltd.
地址(Add):浙江省宁波市小港青峙工业区
邮编(P. C.):315803
电话(Tel):0574-86224438
传真(Fax):0574-86224437
E-mail:nbasia@mail.nbptt.zj.cn
Http://www.nbasia.com.cn
法人代表(Chairman):黄志源
总经理(General Manager):陈春福
联系人(Contact Person):张献儒
产品(Products):纸杯,纸盘,淋膜纸,纸碗

宁波天韵农业开发有限公司

Ningbo Tianyun Agriculture Development Co., Ltd.
地址(Add):浙江省宁波市鄞州中心区嵩江中路955号
邮编(P. C.):315100
电话(Tel):0574-88209568
传真(Fax):0574-88209558
E-mail:sales@nongfar.com
Http://www.nongfar.com
产品(Products):纸模餐具

平阳县利达纸杯厂
Pingyang Lida Paper Cup Factory
地址(Add):浙江省平阳县郑楼镇振兴南路25号
邮编(P. C.):325409
电话(Tel):0577-63780158
传真(Fax):0577-63782158
总经理(General Manager):蔡荣权
产品(Products):纸杯

浙江五星纸业有限公司
Zhejiang Wuxing Paper Co., Ltd.
地址(Add):浙江省衢州市东港工业园区东港四路1号
邮编(P. C.):324000
电话(Tel):0570-8886839
传真(Fax):0570-3831071
法人代表(Chairman):赵云福
联系人(Contact Person):胡庆年
产品(Products):餐具纸,面碗纸,纸杯纸

衢州丝绿餐具有限公司
Quzhou Silü Tableware Co., Ltd.
地址(Add):浙江省衢州市沈家经济开发区
邮编(P. C.):324004
电话(Tel):0570-3626659
法人代表(Chairman):徐松荣
产品(Products):纸餐具及其他一次性纸用品

绿源餐具有限公司
Lüyuan Tableware Co., Ltd.
地址(Add):浙江省衢州市沈家经济开发区大桥路23号
邮编(P. C.):324022
电话(Tel):0570-2931178
传真(Fax):0570-2932387
E-mail:qzlssj@mail.qzptt.zj.cn
Http://www.greenware-cn.com
法人代表(Chairman):柴水清
总经理(General Manager):柴水清
联系人(Contact Person):王正雄
产品(Products):纸模饭盒,面碗,杯,盘,碟

瑞安市德宝纸杯机械制造有限公司
Ruian Debao Paper Cup Machinery Manufacturing Co., Ltd.
地址(Add):浙江省瑞安市飞云镇远东路21-29号
邮编(P. C.):325207
电话(Tel):0577-65568789
传真(Fax):0577-65568799
E-mail:db@debaochina.com
Http://www.debaochina.com
产品(Products):纸杯

绍兴县东方纸杯厂
Shaoxing Dongfang Paper Cup Factory
地址(Add):浙江省绍兴县稽东
邮编(P. C.):312000
电话(Tel):0575-5852048
传真(Fax):0575-5145839
产品(Products):纸杯

黄岩元坤纸塑制杯厂
Huangyan Yuankun Paper & Plastic Cup Factory
地址(Add):浙江省台州市黄岩东城开发区龙浦路12-8号
邮编(P. C.):318020
电话(Tel):0576-4279799
传真(Fax):0576-4279822
总经理(General Manager):官海红
产品(Products):纸杯,一次性冰淇淋杯,一次性纸碟,一次性餐盒,一次性纸碗
品牌(Brand):元坤,馨兰轩

台州市黄岩亚美口杯厂
Taizhou Yamei Cup Factory
地址(Add):浙江省台州市黄岩区北洋镇百亩洋
邮编(P. C.):318024
电话(Tel):0576-4965391
传真(Fax):0576-4965338
联系人(Contact Person):迟正理
产品(Products):纸杯,纸碗,纸盆,纸碟

台州市椒江华秀塑料厂
Taizhou Jiaojiang Huaxiu Plastic Factory
地址(Add):浙江省台州市椒江洪家镇洪龙西路5号工业区
邮编(P. C.):318015
电话(Tel):0576-8010540
传真(Fax):0576-8010540
总经理(General Manager):王华美
产品(Products):纸杯
品牌(Brand):龙宝

台州市椒江瑞康家庭用品厂
Taizhou Ruikang Household Articles Factory
地址(Add):浙江省台州市路桥区桐屿工业区屿城路244号
邮编(P. C.):318015
电话(Tel):0576-2335667
传真(Fax):0576-2335667
法人代表(Chairman):赵永建
产品(Products):纸杯

浙江路桥海君塑胶有限公司
Zhejiang Luqiao Haijun Plastic Cement Co., Ltd.
地址(Add):浙江省台州市路桥区桐屿塑胶园区
邮编(P. C.):318053
电话(Tel):0576-2335909
传真(Fax):0576-2331992
总经理(General Manager):陈海军
产品(Products):纸杯,纸碗,纸碟
品牌(Brand):红丰

桐乡市天乐纸质用品厂
Tongxiang Tianle Paper Articles Factory

地址(Add):浙江省桐乡市梧桐街道中山东路城新小区223号
邮编(P.C.):314500
电话(Tel):0573-8982577
传真(Fax):0573-8982577
E-mail:sjp@tlzb.net
Http://www.tlzb.net
总经理(General Manager):沈建萍
产品(Products):纸杯

义乌盛源纸杯吸塑包装厂
Yiwu Shengyuan Paper Cup & Suck Model Packaging Plant
地址(Add):浙江省义乌市城西工业区
邮编(P.C.):322000
电话(Tel):0579-5876269
传真(Fax):0579-5876279
E-mail:shengyuan@shengyuanpack.com
Http://www.shengyuanpack.com
法人代表(Chairman):盛芝玲
总经理(General Manager):陈金海
产品(Products):纸杯,纸餐盒
品牌(Brand):盛奥

浙江义乌振展塑料制品有限公司
Zhenzhan Plastic Product Co., Ltd. Yiwu
地址(Add):浙江省义乌市荷叶塘工业区
邮编(P.C.):322010
电话(Tel):0579-5954388
传真(Fax):0579-5951789
E-mail:bestcups@bestcups.com
Http://www.bestcups.com
法人代表(Chairman):陈荣明
产品(Products):纸杯
品牌(Brand):保洁

义乌市真泰纸杯厂
Yiwu Zhentai Paper Cup Factory
地址(Add):浙江省义乌市后宅
邮编(P.C.):322008
电话(Tel):0579-5374206
传真(Fax):0579-5680126
总经理(General Manager):余小明
产品(Products):纸杯

义乌市绿洲纸杯餐具有限公司
Yiwu Lüzhou Paper Cup & Tableware Co., Ltd.
地址(Add):浙江省义乌市经济开发区香山路418号
邮编(P.C.):322000
电话(Tel):0579-5315558
传真(Fax):0579-5318158
E-mail:ywqcjsgs@public.ywptt.zj.cn
Http://www.lubao.com.cn
产品(Products):纸杯,方便面桶,纸餐盒,纸盘

义乌市廿三里环宇纸杯厂
Yiwu Niansanli Huanyu Paper Cup Factory
地址(Add):浙江省义乌市廿三里街道埠头村
邮编(P.C.):322000
电话(Tel):0579-5376322
传真(Fax):0579-5376322
法人代表(Chairman):陈贻兴
联系人(Contact Person):陈剑伟
产品(Products):纸杯原纸,纸杯,纸盘

义乌市劲松纸制品有限公司
Yiwu Jinsong Paper Products Co., Ltd.
地址(Add):浙江省义乌市义乌市廿三里上社
邮编(P.C.):322013
电话(Tel):0579-5015658
传真(Fax):0579-5017779
Http://www.jingshong.com
总经理(General Manager):黄劲松
产品(Products):纸杯,纸碗,纸盘

永康市中天日用品有限公司
Yongkang Zhongtian Daily-use Articles Co., Ltd.
地址(Add):浙江省永康市芝英南市街91号
邮编(P.C.):321306
电话(Tel):0579-7444914
传真(Fax):0579-7441156
E-mail:ykztryzp@mail.jhptt.zj.cn
Http://www.ykzhongtian.com
总经理(General Manager):应忠厚
产品(Products):纸杯

◆ 安徽 Anhui

界首市康威纸杯厂
Jieshou Kangwei Paper Cup Factory
地址(Add):安徽省界首市光武镇民建西街1栋1号
邮编(P.C.):236500
电话(Tel):0558-4962588
传真(Fax):0558-4962570
E-mail:cup@fuzehou.com
Http://www.fuzehou.com
联系人(Contact Person):董永
产品(Products):纸杯

◆ 福建 Fujian

恒信纸品有限公司
Hengxin Paper Co., Ltd.
地址(Add):福建省福清鸿商路20号
邮编(P.C.):350300
电话(Tel):0591-5223908
传真(Fax):0591-5223908
E-mail:hengxin2@pub5.fz.fj.cn
Http://www.hengxin.ebigchina.com
法人代表(Chairman):张加团
产品(Products):纸杯,纸盘

福州德森纸业有限公司
Fuzhou Desen Paper Co., Ltd.
地址(Add):福建省福州市晋安区岳峰路13号三华花园14座101室
邮编(P.C.):350013
电话(Tel):0591-83924550
传真(Fax):0591-83921970
法人代表(Chairman):陈国芝
产品(Products):纸巾纸,纸杯,纸餐具

福州森源纸品厂
Fuzhou Senyuan Paper Products Factory
地址(Add):福建省福州市江边工业区
邮编(P. C.):350007
电话(Tel):0591-83538190
传真(Fax):0591-83453212
联系人(Contact Person):陈忠
产品(Products):纸杯,纸巾

泉州市远东鑫美纸制品有限公司
Quanzhou Yuandong Xinmei Paper Products Co., Ltd.
地址(Add):福建省泉州市晋江池店东山工业区
邮编(P. C.):362000
电话(Tel):0595-22926668
传真(Fax):0595-85925555
E-mail:khf@2486998.com
Http://www.2486998.com
法人代表(Chairman):丁珍珍
总经理(General Manager):苏炳龙
联系人(Contact Person):苏俊生
产品(Products):纸模餐盒,面碗,纸盘,纸杯
品牌(Brand):远东

福建省三明奥泰印刷品有限公司
Fujian Sanming Aotai Printing Products Co., Ltd.
地址(Add):福建省三明市三元区东霞新村15幢601#
邮编(P. C.):365001
电话(Tel):0598-5162858
传真(Fax):0598-8338333
总经理(General Manager):周和烧
产品(Products):纸杯,纸碟

厦门毅昌贸易有限公司
Xiamen Yichang Trade Co., Ltd.
地址(Add):福建省厦门市湖里大道99号同吉大厦8B
邮编(P. C.):361006
电话(Tel):0592-6038886
传真(Fax):0592-6038887
总经理(General Manager):陈毅宁
联系人(Contact Person):陈毅军
产品(Products):纸杯,纸碗

漳州鑫炎环保产业有限公司
Zhangzhou Xinyan Environment Industry Co., Ltd.
地址(Add):福建省漳州市糖厂内
邮编(P. C.):363000
电话(Tel):0596-2993667
传真(Fax):0596-2993572
E-mail:xinyan@xinyan.net
Http://www.xinyan.net
法人代表(Chairman):吴今焕
联系人(Contact Person):吴少荣
产品(Products):纸餐具,卫生纸,面巾纸,餐巾纸
品牌(Brand):妙家,洁爽,舒尔

◆ 江西 Jiangxi

江西金百合食品有限公司
Jiangxi Jinbaihe Food Co., Ltd.
地址(Add):江西省万载县三期工业园旁
邮编(P. C.):336100
电话(Tel):0795-8913656
传真(Fax):0795-8913618
法人代表(Chairman):杨水生
联系人(Contact Person):杨水保
产品(Products):餐盒,纸碗,纸托盘,纸餐碟
品牌(Brand):金百合

◆ 山东 Shandong

山东格林纸业有限责任公司
Shandong Gelin Paper Industry Co., Ltd.
地址(Add):山东省德州市通力路8号
邮编(P. C.):253000
电话(Tel):0534-2486999
传真(Fax):0534-2486896
法人代表(Chairman):杨恒强
总经理(General Manager):刘增军
产品(Products):纸模餐具

济南绿宝机械制造有限公司
Jinan Lübao Machinery Co., Ltd.
地址(Add):山东省济南市槐荫区经六纬十路123号西区504,505室
邮编(P. C.):250021
电话(Tel):0531-87065981
传真(Fax):0531-87065981
总经理(General Manager):肖冬升
产品(Products):纸杯,纸餐盒,冷饮杯,方便面杯(碗),冰淇淋杯
品牌(Brand):绿宝

龙口市振华纸制品厂
Longkou Zhenhua Paper Products Factory
地址(Add):山东省龙口市龙港区电厂西路
邮编(P. C.):265700
电话(Tel):0535-8857770
联系人(Contact Person):王刚
产品(Products):纸杯,面巾纸

青岛华彩纸业有限公司
Qingdao Huacai Paper Co., Ltd.
地址(Add):山东省青岛市市南区浮山工业园内(四方保儿村北)
邮编(P. C.):266100
电话(Tel):0532-86025028
传真(Fax):0532-85032102
联系人(Contact Person):曲广兴
产品(Products):水杯,冰淇淋杯,方便面面碗,配套纸盖,纸餐盒,纸餐盘

曲阜华菲绿色包装有限公司
Qufu Huafei Green Pack Co., Ltd.
地址(Add):山东省曲阜市经济开发区天博路东首路南
邮编(P. C.):273100
电话(Tel):0537-3992909
传真(Fax):0537-3992909
联系人(Contact Person):刘德田
产品(Products):纸浆餐具,一次性餐具,纸圆盘,快餐盒,多格餐盒,纸碗

山东省莘县汇丰绿色纸制品有限公司

Shandong Shenxian Huifeng Green Paper Product Co., Ltd.
地址(Add):山东省莘县古云镇工业区
邮编(P. C.):252400
电话(Tel):0635－7889886
传真(Fax):0635－7889188
E-mail:sales@ sdsxhf. com
Http://www. sdsxhf. com
产品(Products):纸模餐盒,面碗,面桶,杯,盘

烟台海湾实业发展(集团)公司
Yantai Haiwang Environment Tableware Co., Ltd.
地址(Add):山东省烟台市北马路155号
邮编(P. C.):264000
电话(Tel):0535－6252488
传真(Fax):0535－6243392
E-mail:haiwan@ public. ytptt. sd. cn
Http://www. haiwangroup. com. cn
产品(Products):纸餐盒,纸碗,纸盘,纸碟

烟台松霞绿宝纸塑有限公司(业务部)
Yantai Songxia Lübao Paper & Plastic Co., Ltd.
地址(Add):山东省烟台市开发区福莱商城11号楼西首
邮编(P. C.):264006
电话(Tel):0535－6955295
传真(Fax):0535－6393996
E-mail:lvbao@ yt－public. sd. cninfo. net
Http://www. songxialvbao. com
法人代表(Chairman):吴明霞
联系人(Contact Person):宋艳阳
产品(Products):纸杯
品牌(Brand):松霞绿宝

诸城新鲁加包装有限公司
Zhucheng Xinlujia Packing Co., Ltd.
地址(Add):山东省诸城市林家村工业园
邮编(P. C.):262232
电话(Tel):0536－6530688
传真(Fax):0536－6530788
总经理(General Manager):管恩培
产品(Products):纸模餐具

诸城市森科纸业有限公司
Zhucheng Senke Paper Co., Ltd.
地址(Add):山东省诸城市相州镇曹家泊
邮编(P. C.):262200
电话(Tel):0536－6572818
传真(Fax):0536－6572816
Http://www. senkepaper. com
总经理(General Manager):王勇
产品(Products):擦手纸,面巾纸,卫生纸,餐巾纸,纸杯

淄博星峰纸业有限公司
Zibo Xingfeng Paper Co., Ltd.
地址(Add):山东省淄博科技工业园三赢路
邮编(P. C.):255000
电话(Tel):0533－2180587
传真(Fax):0533－2185247
E-mail:qunxing@ zbqx. com
Http://www. zbqx. com
联系人(Contact Person):张健
产品(Products):卫生纸,面巾纸,餐巾纸,纸杯
品牌(Brand):馨逸,丽美双,康为士

淄博市临淄海利通纸器有限公司
Linzi Hailitong Paper Ware Co., Ltd.
地址(Add):山东省淄博市临淄区金岭镇金岭南路1905号
邮编(P. C.):255410
电话(Tel):0533－7480058
传真(Fax):0533－7480128
Http://www. zbswzn. com
法人代表(Chairman):丁忠海
总经理(General Manager):马永颜
产品(Products):纸餐盒,方便面碗,纸杯

淄博八方圆包装制品有限公司
Zibo Bafangyuan Packaging Products Co., Ltd.
地址(Add):山东省淄博市临淄区金岭镇金岭南路1905号
邮编(P. C.):255410
电话(Tel):0533－7480058
传真(Fax):0533－7480128
法人代表(Chairman):丁忠海
总经理(General Manager):丁忠海
产品(Products):纸杯,纸碗,纸餐盒
品牌(Brand):八方圆

淄博功力机械制造有限公司纸餐具厂
Zibo Gongli Co., Ltd. Paper－pule Utensill Factory
地址(Add):山东省淄博市淄川区昆仑镇昆新路21号
邮编(P. C.):255129
电话(Tel):0533－5780926
传真(Fax):0533－5785382
E-mail:zbgljx@ zbgljx. com
Http://www. zbgljx. com
产品(Products):纸餐盒,纸盘,方便面碗

邹城市恒润纸制品公司
Zoucheng Hengrun Paper Products Co.
地址(Add):山东省邹城市工业园区
邮编(P. C.):273500
电话(Tel):0537－5315593
传真(Fax):0537－5315593
E-mail:sdhhjt@ sdhhjt. com
Http://www. sdhhjt. com
法人代表(Chairman):马亿刚
总经理(General Manager):闵秋军
联系人(Contact Person):任再顺
产品(Products):纸碗,盘,碟,杯,盒

山东恒利纸品有限公司
Shandong Hengli Paper Products Co., Ltd.
地址(Add):山东省邹城市工业园区西外环路
邮编(P. C.):273500
电话(Tel):0537－5315555
传真(Fax):0537－5311122
Http://www. sunnycn. com
联系人(Contact Person):潘荣明
产品(Products):纸杯,纸餐盒,纸托盘,卫生纸,餐巾纸

◆ 河南 Henan

新乡红阳机器制造有限公司

Xinxiang Hongyang Machinery Manufacturing Co., Ltd.
地址(Add):河南省新乡市北干道405号
邮编(P. C.):453002
电话(Tel):0373－3384798
传真(Fax):0373－3355177
法人代表(Chairman):尚新生
产品(Products):纸模餐盒,面碗,纸碟

河南新乡科丰纸浆制品有限公司
Kefeng pulp & Paper Products Co., Ltd.
地址(Add):河南省新乡市南外环路
邮编(P. C.):453003
电话(Tel):0373－3082515
传真(Fax):0373－3082504
E-mail:kefeng@ park. net. cn
Http://www. kefengpack. com
法人代表(Chairman):李百泉
总经理(General Manager):李百泉
产品(Products):纸模纸餐盒,纸碗,纸盘

◆ 湖北 Hubei

武汉市洪山区博海纸品厂
Wuhan Hongshan Bohai Paper Products Factory
地址(Add):湖北省武汉市东湖风景区万家湾37号
邮编(P. C.):430071
电话(Tel):027－86798075
传真(Fax):027－86798075
E-mail:loboter@ vip. sina. com
总经理(General Manager):罗德波
产品(Products):手帕纸,面巾纸,卫生纸,纸杯

武汉飞翔科技环保股份有限公司
Wuhan Feixiang Science & Technology Environmental Friendly Corporation
地址(Add):湖北省武汉市东湖开发区关南工业园银光大道2号
邮编(P. C.):430073
电话(Tel):027－87426258
传真(Fax):027－87453547
法人代表(Chairman):徐官庆
产品(Products):纸模餐盒,纸碗,纸碟,纸盘,纸杯
品牌(Brand):春鸟

湖北绿世界环保科技股份有限公司
Hubei Green World Environmental Protection Science & Technology Co., Ltd.
地址(Add):湖北省武汉市东湖新技术开发区关南工业园
邮编(P. C.):430074
电话(Tel):027－87487565
传真(Fax):027－87407025
法人代表(Chairman):苏笑海
产品(Products):纸杯,纸餐具,餐巾纸
品牌(Brand):绿世界

武汉市江岸区大枫纸杯厂
Wuhan Dafeng Paper Cup Factory
地址(Add):湖北省武汉市江岸区江大路163号
邮编(P. C.):430019
电话(Tel):027－82613063
传真(Fax):027－82613063
总经理(General Manager):李向阳
产品(Products):纸杯,纸杯淋膜纸,广告杯

武汉市博源纸塑彩印制品有限公司
Wuhan Boyuan Paper and Plastic Printing Co., Ltd.
地址(Add):湖北省武汉市江岸区游湖一村3号
邮编(P. C.):430011
电话(Tel):027－82325401
传真(Fax):027－82349092
E-mail:info@ whbygs. com
Http://www. whbygs. com
总经理(General Manager):姚贤俊
产品(Products):纸杯,纸餐盒,面桶,面碗

武汉黎世免洗用品有限责任公司
Lishi Washfree Products Co., Ltd.
地址(Add):湖北省武汉市江汉区天门墩25号
邮编(P. C.):430015
电话(Tel):027－85801337
传真(Fax):027－85801337
E-mail:whlishi@ 126. com
Http://www. lishi. com. cn
总经理(General Manager):吴世龙
产品(Products):卫生纸,餐巾纸,面巾纸,湿巾,纸杯
品牌(Brand):黎世,月季园

◆ 湖南 Hunan

湖南省维克奇纸塑包装有限公司
Hunan Victory Paper & Plastics Package Limited Company
地址(Add):湖南省长沙市河西麓山南路路尾桃花岭
邮编(P. C.):410012
电话(Tel):0731－8827275
传真(Fax):0731－8825123
E-mail:weikeqi@ weikeqi. com
Http://www. weikeqi. com
总经理(General Manager):刘志和
产品(Products):纸餐盒,纸杯,纸盘,纸碗

长沙市天心区伊贝纸塑包装厂
Changsha Yibei Paper & Plastic Package Factory
地址(Add):湖南省长沙市天心区南二环二段455号转纸杯厂
邮编(P. C.):410000
电话(Tel):0731－5260697
传真(Fax):0731－5260697
总经理(General Manager):彭杏芬
联系人(Contact Person):彭勇
产品(Products):纸杯,纸巾

冷水滩湘南印刷厂
Lengshuitan Xiangnan Print Plant
地址(Add):湖南省永州市冷水滩中山路18号
邮编(P. C.):425000
电话(Tel):0746－6129220
传真(Fax):0746－8428088
总经理(General Manager):廖小文
产品(Products):纸杯

◆ 广东 Guangdong

东莞市科达包装用品有限公司

Dongguan Keda Packing Products Co., Ltd.
地址(Add):广东省东莞市风岗镇金凤凰大道
邮编(P. C.):511748
电话(Tel):0769－87773431
传真(Fax):0769－87550300
总经理(General Manager):陈良瑞
产品(Products):纸杯,纸碟

东莞市一品鲜绿色餐具有限公司
Dongguan Yipinxian Green Tableware Co., Ltd.
地址(Add):广东省东莞市中堂东糖集团公司
邮编(P. C.):523243
电话(Tel):0769－88883219
传真(Fax):0769－88883219
E-mail:webmaster@yipinxian.com
Http://www.yipinxian.com
法人代表(Chairman):陈尧桀
总经理(General Manager):李锦生
产品(Products):纸模餐盒,餐盘,面碗

广州创发贸易公司
Guangzhou Chuangfa Trade Co.
地址(Add):广东省广州市番禺洛溪新城南街26幢之一121号
邮编(P. C.):511400
电话(Tel):020－84580835
传真(Fax):020－84500822
总经理(General Manager):马小真
产品(Products):冷热纸杯,纸袋,纸碟
品牌(Brand):蓝雁

龙门县铁岗飞龙竹木家庭用品制造厂
Longmen Feilong Bamboo & Wood Household Articles Factory
地址(Add):广东省广州市番禺区沙溪海珠五金塑料城227－228档
邮编(P. C.):511430
电话(Tel):020－84500417
传真(Fax):020－84509250
法人代表(Chairman):余伟红
产品(Products):纸杯,纸碟

广州市白云同和康保纸杯厂
Baiyun Tonghekangbao Paper Cup Factory
地址(Add):广东省广州市广州大道北同和路白云山企业集团公司彩印厂大楼二楼
邮编(P. C.):510000
电话(Tel):020－37240473
传真(Fax):020－37241083
E-mail:hyf42463@21cn.com
Http://www.kangbao.8hy.com
产品(Products):纸杯,纸餐盒,纸碟

广州市昊达纸业有限公司
Guangzhou Haoda Paper Co., Ltd.
地址(Add):广东省广州市江湾路101号3楼
邮编(P. C.):510220
电话(Tel):020－34284420
传真(Fax):020－34289957
总经理(General Manager):赵赤军
产品(Products):原纸,餐巾纸,厨房纸,卫生卷纸,擦手纸,面巾纸,纸杯

宏明纸杯有限公司
Hongming Paper Cup Co., Ltd.
地址(Add):广东省广州市水荫路56号9－203
邮编(P. C.):510075
电话(Tel):020－37612307
产品(Products):纸杯,纸碟,纸碗

广州华工环源绿色包装技术有限公司
Guangzhou Huanyuan Environmentally Friendly Packing Technology Co., Ltd.
地址(Add):广东省广州市五山华南理工大学科技园
邮编(P. C.):510640
电话(Tel):020－87113098
传真(Fax):020－87113798
E-mail:hghuanyuan@vip.163.net
Http://www.hghuanyuan.com
总经理(General Manager):吴姣平
产品(Products):纸模餐具

江门市大泽联兴纸杯厂
Jiangmen Daze Lianxing Paper Cup Factory
地址(Add):广东省江门市五和工业区
邮编(P. C.):510160
电话(Tel):020－31610959
传真(Fax):020－31610959
联系人(Contact Person):Gary Li
产品(Products):纸杯,纸碟,纸盘,纸碗

江门市新会区西甲纸塑厂
Jiangmen Xijia Paper & Plastic Factory
地址(Add):广东省江门市新会区会城镇西甲管理区西沅村
邮编(P. C.):529100
电话(Tel):0750－6101909
传真(Fax):0750－6107304
联系人(Contact Person):卢云彪
产品(Products):纸杯

广东绿洲纸模包装制品有限公司
Guangdong Lüzhou Pulp Packing Products Co. Ltd.
地址(Add):广东省南雄市全安镇营堡前
邮编(P. C.):512426
电话(Tel):0751－3703668
传真(Fax):0751－3703668
E-mail:nxgdlz@163.com
产品(Products):纸模餐具

汕头经济特区华汕包装机械厂
Huashan Packing Machine Manufactory of Shantou S. E. Z
地址(Add):广东省汕头经济特区汕樟路128号
邮编(P. C.):515041
电话(Tel):0754－8672887
传真(Fax):0754－8674528
E-mail:info@plastics－machine.com
Http://www.plastics－machine.com
联系人(Contact Person):陈胜标
产品(Products):纸杯,餐盒,纸碟,纸碗,纸托盘

深圳市美仁环保餐具有限公司
Shenzhen Meiren Environment Tableware Co., Ltd.
地址(Add):广东省深圳市布吉街道办坂田鸿翰苑25栋506室

邮编(P. C.):518129
电话(Tel):0755 - 28773707
传真(Fax):0755 - 28773707
总经理(General Manager):谢新江
联系人(Contact Person):黄勇
产品(Products):纸杯,纸碟,纸碗,纸餐盒,蛋糕底花纹纸等
品牌(Brand):美仁

深圳市绿美环保纸餐具有限公司
Lümei Environmental Protective Paper Tableware Co., Ltd.
地址(Add):广东省深圳市南山区蛇口沿山路37号
邮编(P. C.):518067
电话(Tel):0755 - 26678556
传真(Fax):0755 - 26681873
E-mail:lumei@ yahoo. com. cn
联系人(Contact Person):陈天波
产品(Products):纸杯,纸碟,面碗,餐巾纸,西餐花底纸

珠海市中粤纸杯容器有限公司
Zhuhai Zhongyue Paper Cup Containers Co., Ltd.
地址(Add):广东省珠海市湾仔镇南湾大道中富第二工业区
邮编(P. C.):519030
电话(Tel):0756 - 8822791
传真(Fax):0756 - 8822287
E-mail:zhzypcc@ pub. zhuhai. gd. cn
法人代表(Chairman):黄乐夫
总经理(General Manager):梁建源
产品(Products):纸杯

◆ 广西 Guangxi

广西侨旺纸模制品有限责任公司
Guangxi Qiaowang Pulp Packing Products Co., Ltd.
地址(Add):广西南宁市经济技术开发区长凯路19号
邮编(P. C.):530031
电话(Tel):0771 - 4518916
传真(Fax):0771 - 4518919
E-mail:best@ qiaowang. net
Http://www. qiaowang. net
法人代表(Chairman):张丽铭
产品(Products):纸模盘,碗,寿司盒,餐盒,纸杯

广西海洲环保纸模制品有限公司
Guangxi Haizhou Environment Pulp Modeling Products Co., Ltd.
地址(Add):广西南宁市民族大道38 - 2号泰安大厦16楼
邮编(P. C.):530022
电话(Tel):0771 - 5860163
传真(Fax):0771 - 5859393
E-mail:gxhz168@ gxhzzm. com
Http://www. gxhzzm. com
法人代表(Chairman):邹鲁
联系人(Contact Person):罗山巍
产品(Products):纸模餐具

◆ 重庆 Chongqing

重庆市布鲁克工贸有限公司
Chongqing Buluke Industry & Trade Co., Ltd.
地址(Add):重庆市万州区新城路28号驿鑫大厦13层
邮编(P. C.):404000
电话(Tel):023 - 58154069
传真(Fax):023 - 58154069
法人代表(Chairman):林上胤
产品(Products):纸餐盒,纸杯,纸托盘,餐巾纸,纸巾纸

◆ 四川 Sichuan

成都岸宝纸制品有限公司
Chengdu Anbao Paper Products Co., Ltd.
地址(Add):四川省成都市高新西区大道5号
邮编(P. C.):611731
电话(Tel):028 - 87848542
传真(Fax):028 - 87848506
法人代表(Chairman):肖南
联系人(Contact Person):刘丽
产品(Products):纸板桶碗,纸盘,纸杯,纸餐盒
品牌(Brand):岸宝

成都华泰食用餐具制造有限公司
Chengdu Huatai Tableware Co., Ltd.
地址(Add):四川省成都市苏坡乡百仁村
邮编(P. C.):610072
电话(Tel):028 - 87514255
法人代表(Chairman):余蒙
产品(Products):纸碗,纸杯,纸餐盒,纸餐盘

攀钢(集团)钢城企业总公司印刷工业公司
Pangang (Group) Gangcheng Enterprise Head Co. Printing Industry Co.
地址(Add):四川省攀枝花市大渡口街
邮编(P. C.):617067
电话(Tel):0812 - 2230684
传真(Fax):0812 - 2222793
法人代表(Chairman):李萍
联系人(Contact Person):许秀波
产品(Products):纸杯

◆ 云南 Yunnan

海曼德实业有限公司舒乐纸业分公司
Haimande Industrial Co. Shule Paper Branch
地址(Add):云南省大理市下关人民北路89号
邮编(P. C.):671000
电话(Tel):0872 - 2221503
传真(Fax):0872 - 2269899
总经理(General Manager):张枝荣
产品(Products):纸杯

◆ 陕西 Shaanxi

添禧纸容器有限公司
Tianxi Paper Container Co., Ltd.
地址(Add):陕西省礼泉县西南大街
邮编(P. C.):713200
电话(Tel):0910 - 5620891
总经理(General Manager):秋根治
产品(Products):纸杯

陕西长信环保纸业有限公司
Shaanxi Changxin Environment Paper Co., Ltd.
地址(Add):陕西省西安市碑林区友谊西路59号
邮编(P. C.):710068
电话(Tel):029 - 86310300
传真(Fax):029 - 86310300

法人代表(Chairman):霍晨宏
联系人(Contact Person):宋健
产品(Products):纸餐盒,纸碗,品尝杯,蛋糕托盘,纸碟

西安盛博雅纸业有限责任公司
Xi'an Shengboya Paper Co., Ltd.
地址(Add):陕西省西安市未央区和平工业园区南路8号
邮编(P. C.):710086
电话(Tel):029－84367870
传真(Fax):029－84368235
E-mail:sby@ sbyzy. com
Http://www. sbyzy. com
法人代表(Chairman):李长喜
总经理(General Manager):李长喜
产品(Products):卫生纸,面巾纸,纸杯
品牌(Brand):盛博雅,金博雅,雅隽

◆ 甘肃 Gansu

兰州丽华纸业有限公司
Lanzhou Lihua Paper Co., Ltd.
地址(Add):甘肃省兰州市西固区福利东路小坪村135号
邮编(P. C.):730060
电话(Tel):0931－7532582
传真(Fax):0931－7532585
总经理(General Manager):李丽华
产品(Products):卫生纸,餐巾纸,纸杯
品牌(Brand):丽华

◆ 新疆 Xinjiang

新疆博乐艾新餐具有限公司
Xinjiang Boleaixin Tableware Co., Ltd.
地址(Add):新疆博乐市农五师八十六团复兴路2号
邮编(P. C.):833403
电话(Tel):0909－7654399
传真(Fax):0909－7654150
法人代表(Chairman):杜平
总经理(General Manager):赵建平
产品(Products):纸模餐具

生活用纸相关企业名录

（原辅材料及设备器材采购指南）

（按种类和产品分列）

DIRECTORY OF SUPPLIERS RELATED TO TISSUE PAPER & DISPOSABLE PRODUCTS INDUSTRY

(The purchasing guide of equipments and raw/auxiliary materials for tissue paper & disposable products industry) (sorted by category and product)

[5]

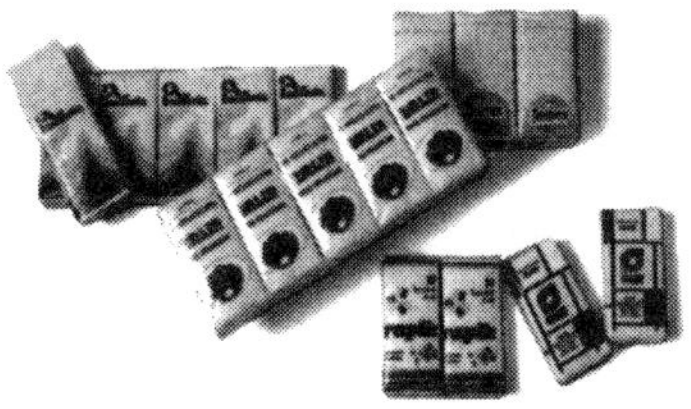

原辅材料生产或供应
Manufacturers and suppliers of raw/auxiliary materials

● 纸浆和绒毛浆 Pulp and fluff pulp

Tembec International Sales Co.
天柏国际公司
地址(Add):70 York St, Suite 1120 Toronto, Ontario M5J IS9
电话(Tel):1-416-8640217
传真(Fax):1-416-8641979
联系人(Contact Person):Jason Coss
产品业务(Business):天雪牌卫生纸、纸餐具等用浆(板浆、块浆),加拿大天河牌漂白针叶木浆
北京代表处
地址(Add):北京市朝阳区新源南路6号京城大厦2008室
邮编(P. C.):100004
电话(Tel):010-84863711
传真(Fax):010-84865008
E-mail:tembec@public.bta.net.cn
Http://www.tembec.ca
法人代表(Chairman):黄铁安
联系人(Contact Person):李芳

Can-sun Canada Enterprises Ltd.
加拿大加升公司
地址(Add):759 Montroyal Blud. North Vancouver B. C V7R 2G4 Canada
电话(Tel):1-604-9888682
传真(Fax):1-604-9888602
E-mail:Bob_wu@telus.net
联系人(Contact Person):Bob Wu
产品业务(Business):专业造纸原料代理公司,主要产品有加美漂白长纤浆、中长纤浆、漂白化学热磨机械浆(BCTMP)、本色浆、废纸等
加升国际贸易(上海)有限公司
地址(Add):上海市浦东大道720号国际航运金融大厦10楼G座
邮编(P. C.):200120
电话(Tel):021-50368888
传真(Fax):021-50367777
E-mail:cansun@sh163.net
联系人(Contact Person):周楫

耐恒亚太控股有限公司
地址(Add):香港新界荃湾美环街1-6号时贸中心8楼02室
电话(Tel):852-24130900
传真(Fax):852-26119337
联系人(Contact Person):何绍荣
上海办事处
地址(Add):上海市徐汇区零陵路899号飞洲国际广场27楼E座
邮编(P. C.):200030
电话(Tel):021-54590532
传真(Fax):021-54249762
E-mail:wilson.liu@upm-kymmene.com
联系人(Contact Person):刘巍

Rayonier Inc.
美国瑞安公司
地址(Add):P. O. Box 2070 4470 Savannah Highway Jesup, GA31598 U. S. A.
电话(Tel):1-912-4275570
传真(Fax):1-912-4275587
产品业务(Business):"白玉"牌绒毛浆
美国瑞安中国有限公司
地址(Add):上海市延安西路65号国际贵都大饭店办公楼304室
邮编(P. C.):200040
电话(Tel):021-62482510
传真(Fax):021-62488929
E-mail:yaodong.wu@rayonier.com
法人代表(Chairman):吴耀东
联系人(Contact Person):刘敏

斯道拉恩索中国销售部
Stora Enso
地址(Add):香港告士打道280世界贸易中心3605-06室
电话(Tel):852-23121223
传真(Fax):852-25761480
E-mail:martin.hung@storaenso.com
联系人(Contact Person):洪贵骁
产品业务(Business):经销"女神"牌绒毛浆,单、双面涂塑纸杯纸、纸餐盒纸、纸杯纸原纸
北京办事处
地址(Add):北京市朝阳区建国路118号招商局大厦19层190C室
邮编(P. C.):100022
电话(Tel):010-65686699
传真(Fax):010-65672921
E-mail:ivy.shen@storaenso.com
Http://www.storaenso.com
法人代表(Chairman):宋望球
总经理(General Manager):沈燕
联系人(Contact Person):沈燕

美林纸业有限公司
Accel Products Limited
地址(Add):香港九龙尖沙咀广东道33号中港城第三期905室
电话(Tel):852-23176003
传真(Fax):852-23756119
E-mail:pcaccel@netvigator.com
总经理(General Manager):蔡敏强
产品业务(Business):经销纸浆

科氏纤维亚洲(香港)有限公司
Koch Cellulose Asia Marketing (Hongkong)
地址(Add):香港湾仔港湾道18号中环广场4904-05室
电话(Tel):852-28022628
传真(Fax):852-28022610
E-mail:howard.mo@kochcellulose.com
Http://www.jindaojiang.com

法人代表(Chairman):PETE CORRELL
总经理(General Manager):张卫平
联系人(Contact Person):毛浩刚
产品业务(Business):"金岛"牌绒毛浆

惠好(亚洲)有限公司
Weyerhaeuser (Asia) Limited
地址(Add):香港湾仔港湾道23号鹰君中心2501-2室(香港邮政信箱3818号)
电话(Tel):852-28620530
传真(Fax):852-28657652
E-mail:shirley.kong@weyerhaeuser.com
Http://www.weyerhaeuser.com
联系人(Contact Person):邝小娟
产品业务(Business):绒毛浆,造纸浆,特种浆
惠好纸业公司
地址(Add):台湾台北县汐止市秀山路112巷37号
电话(Tel):886-2-2691-1988
传真(Fax):886-2-2691-1892
E-mail:david.schuster@weyerhaeuser.com
联系人(Contact Person):苏大维

中国国旅贸易有限责任公司
China International Tourism & Trade Co., Ltd.
地址(Add):北京市北辰东路8号国际会议中心二层
邮编(P.C.):100101
电话(Tel):010-84973322
传真(Fax):010-84973339
E-mail:cittc@mx.cei.gov.cn
法人代表(Chairman):蓝海
联系人(Contact Person):张萍
产品业务(Business):主营俄罗斯纸浆、纸张,北美等国木浆,包括生活用纸用木浆

北京和而旺工业原料有限公司
Beijing Heerwang Industry Raw Material Co., Ltd.
地址(Add):北京市北辰东路8号国际会议中心六层
邮编(P.C.):100101
电话(Tel):010-84991012
传真(Fax):010-84984142
联系人(Contact Person):陈劲
产品业务(Business):经销纸浆

中国造纸开发公司
China Paper Industry Development Co.
地址(Add):北京市朝阳区光华路12号
邮编(P.C.):100020
电话(Tel):010-65814776
传真(Fax):010-65814461
法人代表(Chairman):曹振雷
联系人(Contact Person):许忠国
产品业务(Business):经销进口纸浆、绒毛浆

瑞典赛尔玛有限公司北京办事处
CellMark AB, Beijing Office
地址(Add):北京市朝阳区建国门外大街24号京泰大厦804室
邮编(P.C.):100022
电话(Tel):010-65156343
传真(Fax):010-65156344
E-mail:jeannma@bj.cellmark.com.cn
总经理(General Manager):马先超
联系人(Contact Person):马先超
产品业务(Business):代理美国宝爱公司绒毛浆,代理各种适用于制造卫生纸的针叶、阔叶、桉木浆

中国纸张纸浆进出口公司
China National Pulp & Paper Corporation
地址(Add):北京市朝阳区劲松九区910号(中国轻工业品进出口总公司大楼四层)
邮编(P.C.):100021
电话(Tel):010-67766688
传真(Fax):010-67747294
E-mail:zyf@cnppc.com
法人代表(Chairman):王小京
联系人(Contact Person):张印丰
产品业务(Business):纸浆贸易

北京中基亚太贸易有限公司北京办事处
China base Asia-Pacific Trading Co., Ltd. Beijing
地址(Add):北京市崇文区龙潭路甲三号翔龙大厦D15室
邮编(P.C.):100061
电话(Tel):010-67110599
传真(Fax):010-67110533
E-mail:hb_office@cbid.com.cn
法人代表(Chairman):刘新
产品业务(Business):专营各类木浆、纸张、废纸等,并可做代理进出口业务。主营木浆品牌:印尼产:小叶、鹰、人丝,智利产:银星、金星、明星,新西兰产:南极星

北京绿色远景工贸有限公司浆纸事业部
Beijing Green Prospect Co., Ltd.
地址(Add):北京市东城区安定门外大街183号京宝花园M412
邮编(P.C.):100011
电话(Tel):010-64400817
传真(Fax):010-64400875
E-mail:pulpsales@greenprospect.com.cn
Http://www.greenprospect.com.cn
联系人(Contact Person):张帆
产品业务(Business):经销纸浆

北京汤丽纸业贸易有限责任公司
Beijing Tangli Paper Trade Ltd.
地址(Add):北京市东城区新中街18号阳光都市1号楼12A04室
邮编(P.C.):100027
电话(Tel):010-84472076
传真(Fax):010-84472079
E-mail:tlpaper@public3.bat.net.cn
Http://www.heinzel.at
法人代表(Chairman):史秀芬
总经理(General Manager):史秀芬
联系人(Contact Person):李宁
产品业务(Business):经销捷克、俄罗斯亚硫酸盐漂针浆,澳大利亚绒毛浆等

中轻物产股份有限公司浆纸事业部
Zhongqing Products Co., Ltd. Pulp & Paper Department
地址(Add):北京市东城区新中西街2号新中大厦
邮编(P.C.):100027
电话(Tel):010-65005923

联系人(Contact Person):浆纸部
产品业务(Business):经销纸浆

北京杰众国际贸易有限公司
The Universal Potential (Peking) Co., Ltd.
地址(Add):北京市东三环北路3号幸福大厦B座1214室
邮编(P. C.):100027
电话(Tel):010－64615749
传真(Fax):010－64616423
E-mail:packing@ public3. bta. net. cn
总经理(General Manager):苗伟平
产品业务(Business):经销纸浆,绒毛浆,纸及纸板

中普科贸有限责任公司
Zhongpu Science & Trade Company Ltd.
地址(Add):北京市西站地区莲花池东路102号天莲大厦813室
邮编(P. C.):100055
电话(Tel):010－63345347
传真(Fax):010－63345358
联系人(Contact Person):王晓琦
产品业务(Business):经销进口纸浆

瑞典艾克曼中国公司北京联络处
Ekman & Co China Ltd.
地址(Add):北京市宣武门内大街6号庄胜广场北办公楼1005室
邮编(P. C.):100052
电话(Tel):010－63109751
传真(Fax):010－63109761
E-mail:normanwong@ 163. com
Http://www. ekmanonline. com
法人代表(Chairman):王新桥
联系人(Contact Person):王新桥
产品业务(Business):从事木浆、纸张及造纸行业相关产品的国际贸易

大江(天津)国际贸易有限公司
Dajiang (Tianjin) International Trade Co., Ltd.
地址(Add):天津港保税区腾达大厦
邮编(P. C.):300171
电话(Tel):022－24138597
传真(Fax):022－24310860
E-mail:dajiang_tianjin@ sina. com
Http://www. dajianggm. com
总经理(General Manager):张文江
联系人(Contact Person):柴婷
产品业务(Business):经销进口绒毛浆、高吸水树脂、离型纸等卫生用品原材料

天津市金南盛达实业有限公司
Tianjin Jinnanshengda Industry Co., Ltd.
地址(Add):天津市和平区卫津路73号嘉利中心2107－2108室
邮编(P. C.):300073
电话(Tel):022－85681760
传真(Fax):022－27830500
联系人(Contact Person):杨文利
产品业务(Business):经销纸浆

中轻物产股份有限公司天津分公司
Zhongqing Products Co., Ltd. Tianjin Branch
地址(Add):天津市河北区正义道万科城市花园6号楼906
邮编(P. C.):300250
电话(Tel):022－26452630
传真(Fax):022－26455992
E-mail:wanghui12378@ eyou. com
联系人(Contact Person):王辉
产品业务(Business):经销纸浆

加拿大泰克国际有限公司天津代表处
TAK International Ltd. Tianjin Representative Office
地址(Add):天津市河西区马场道59号国际经济贸易中心A座2010室
邮编(P. C.):300203
电话(Tel):022－83865818
传真(Fax):022－83865819
E-mail:georgezh@ public. tpt. tj. cn
联系人(Contact Person):赵志迎
产品业务(Business):经销进口木浆

天津市芳羽纸浆贸易有限公司
Tianjin Fangyu Pulp Trade Co., Ltd.
地址(Add):天津市河西区马场道59号国际贸易中心A座1102室
邮编(P. C.):300203
电话(Tel):022－85589069
传真(Fax):022－85589067
E-mail:fancyco@ fancyco. com
Http://www. fancyco. com
总经理(General Manager):董文林
联系人(Contact Person):张可
产品业务(Business):纸浆贸易

金风车(天津)国际贸易有限公司
Golden Windmill (Tianjin) International Trade Co., Ltd.
地址(Add):天津市河西区南京路35号亚太大厦2002室
邮编(P. C.):300200
电话(Tel):022－23161050
传真(Fax):022－23161053
E-mail:gw_sales@ aimreclaim. com
Http://www. aimreclaim. com
联系人(Contact Person):刘宏兰
产品业务(Business):经营废纸,乱码纸,卫生纸
广州办事处
地址(Add):广东省广州市环市东路世界贸易中心南塔2407室
邮编(P. C.):510095
联系人(Contact Person):赵艳莲
产品业务(Business):经销绒毛浆
上海办事处
地址(Add):上海市仙霞路317号远东国际广场B1115
邮编(P. C.):200051
电话(Tel):021－52574313
传真(Fax):021－62351589
E-mail:louis@ aimreclaim. com
Http://www. aimreclaim. com
法人代表(Chairman):鲁艺
联系人(Contact Person):李倩
产品业务(Business):经销进口绒毛浆和离型纸

天津贝奇商贸有限公司

Tianjin Beiqi Trade Co., Ltd.
地址(Add):天津市河西区绍兴道161号津滨雅都C座1905室
邮编(P. C.):300204
电话(Tel):022-23028335
传真(Fax):022-23022328
E-mail:tjbeiqi@public. tpt. tj. cn
联系人(Contact Person):严勇
产品业务(Business):经销进口废纸,纸浆,造纸化学品

天津市天立华纸业有限公司
Tianjin Tianlihua Paper Co., Ltd.
地址(Add):天津市河西区围堤道146号华盛广场A座17F
邮编(P. C.):300201
电话(Tel):022-88238492
传真(Fax):022-88238490
E-mail:tlhkgm@public. tpt. tj. cn
Http://www. tjtlh. com
法人代表(Chairman):张宝伟
联系人(Contact Person):王学霞
产品业务(Business):经销进口纸浆、绒毛浆、废纸

天津洁士洁纸业贸易有限公司
Tianjin Jieshijie Paper Trade Co., Ltd.
地址(Add):天津市开发区第四大街95号桐景园29-201号
邮编(P. C.):300457
电话(Tel):022-59811365
传真(Fax):022-59811305
总经理(General Manager):朱宏
产品业务(Business):进口卫生纸,干法纸,绒毛浆,纸尿裤

天津港保税区曼特国际贸易有限公司
Tianjin Port Free Trade Zone Mante International Co., Ltd.
地址(Add):天津市南开区长江道南丰路27号重信公寓3-2-201
邮编(P. C.):300193
电话(Tel):022-27498352
传真(Fax):022-27416729
E-mail:mantegongsi@163. com
法人代表(Chairman):马丽曼
产品业务(Business):经销纸浆、绒毛浆

天津立达工贸有限公司
Leader (Tianjin) Industry and Trading Co., Ltd.
地址(Add):天津市卫津南路气象南里72门603室
邮编(P. C.):300060
电话(Tel):022-23529820
传真(Fax):022-23529830
联系人(Contact Person):魏照莹
产品业务(Business):经销进口废纸

山西永济市星星绒毛浆有限公司
Yongji Xingxing Paper Co., Ltd.
地址(Add):山西省永济市虞乡镇清华村
邮编(P. C.):044514
电话(Tel):0359-8112126
传真(Fax):0359-8112244
联系人(Contact Person):刘东升
产品业务(Business):生产卷筒绒毛浆

内蒙古塞外星华章纸业股份有限公司
Inner Mongolia Saiwaixing Huazhang Paper Co., Ltd.
地址(Add):内蒙古乌拉特前旗西山咀镇
邮编(P. C.):014400
电话(Tel):0478-3211917
传真(Fax):0478-3215178
法人代表(Chairman):陈耀福
联系人(Contact Person):张万荣
产品业务(Business):漂白苇浆,漂白草浆

绥芬河市三都纸业有限责任公司驻哈办
Suifenhe Sandu Paper Co., Ltd.
地址(Add):黑龙江省哈尔滨市高新技术开发区衡山路18号远东大厦B座11层
邮编(P. C.):150036
电话(Tel):0451-82295612
传真(Fax):0451-82295610
E-mail:sandugs@vip. sina. com
法人代表(Chairman):刘勇
总经理(General Manager):徐秀敏
联系人(Contact Person):王志君
产品业务(Business):俄罗斯纸浆纸张、智利纸浆进口贸易

黑龙江省鼎石贸易有限责任公司
Heilongjiang Dingshi Trade Co., Ltd.
地址(Add):黑龙江省哈尔滨市经济开发区红旗大街289号龙珅花园C座704
邮编(P. C.):150090
电话(Tel):0451-87000022
传真(Fax):0451-87000011
E-mail:dingshigs@vip. sina. com
联系人(Contact Person):王江宁
产品业务(Business):经销俄罗斯的各种木浆

上海凯琳实业有限公司
Shanghai Kailin Industrial Co., Ltd.
地址(Add):上海市宝山区杨行工业园区杨南路167号
邮编(P. C.):201901
电话(Tel):021-56391668
传真(Fax):021-56391257
E-mail:sale009@kailin. com. cn
Http://www. kailin. com. cn
法人代表(Chairman):林梅
联系人(Contact Person):叶增明
产品业务(Business):经销绒毛浆,纸浆,高吸水树脂

上海丹利纸业有限公司
Shanghai Danli Paper Co., Ltd.
地址(Add):上海市长安路1001号长安大厦4号楼803室
邮编(P. C.):200070
电话(Tel):021-63543420
传真(Fax):021-63542472
Http://www. czdlgs. com
法人代表(Chairman):储银中
总经理(General Manager):储银中
联系人(Contact Person):袁军
产品业务(Business):经销绒毛浆、木浆及卫生巾原辅材料

上海国际济丰纸业有限公司

地址(Add):上海市长宁区延安西路728号华敏翰尊广场14楼G. H. I. J. K
邮编(P. C.):200050
电话(Tel):021 - 52378822
传真(Fax):021 - 52378560
E-mail:henry_lan@ pacific - millennium. com
总经理(General Manager):Joseph Chuang
联系人(Contact Person):蓝天
产品业务(Business):本公司是由美国国际纸业公司(International Paper)、新西兰卡达维纸业公司(Carter Holt Harvey)与国际济丰纸业集团公司共同投资组建而成,为美国国际纸业公司"超柔"牌绒毛浆在中国(含台湾省及港澳地区)的经营总代理。

国际济丰纸业集团有限公司
广州代表处
地址(Add):广东省广州市环市东路362 - 366号好世界广场2303室
邮编(P. C.):510060
电话(Tel):020 - 83848030
传真(Fax):020 - 83878195
E-mail:simon_chan@ ip - pm. com
Http://www. ip - pm. com
联系人(Contact Person):陈海清
北京代表处
地址(Add):北京市朝阳区朝外大街26号朝外门写字中心A座606室
邮编(P. C.):100004
电话(Tel):010 - 65129893
传真(Fax):010 - 65007699

上海玉山商贸有限公司
Yushan Trade Co., Ltd.
地址(Add):上海市广远新村35号401室
邮编(P. C.):200093
电话(Tel):021 - 32231607
传真(Fax):021 - 62197396
E-mail:toyoronda@ sh163. net
法人代表(Chairman):杭振贤
产品业务(Business):经销纸浆,干法纸

中基亚太上海办事处
Chinabase Asia - Pacific Shanghai Branch
地址(Add):上海市虹口区四平路188号上海商贸大厦2109室
邮编(P. C.):200086
电话(Tel):021 - 65077361
传真(Fax):021 - 65078010
E-mail:wangguocai@ cbid. com. cn
Http://www. cbap. com. cn
联系人(Contact Person):王国才
产品业务(Business):经销纸浆

顶点国际有限公司
Toppot International Co., Ltd.
地址(Add):上海市静安区胶州路58号胶州大楼1709室
邮编(P. C.):200040
电话(Tel):021 - 62564477
传真(Fax):021 - 62564499
E-mail:toppot@ 21cn. com
Http://www. toppotcom. com
联系人(Contact Person):张文登
产品业务(Business):经销绒毛浆,干法纸,离型纸

美洲林业产品有限公司上海代表处
Amicell Shanghai Rep. Office
地址(Add):上海市巨鹿路137号鑫兴大厦4H室
邮编(P. C.):200020
电话(Tel):021 - 53836910
传真(Fax):021 - 53861277
E-mail:boris. shanghai@ amicellusa. com
联系人(Contact Person):崔长春
产品业务(Business):经销纸浆

上海舜开铭商贸有限公司
Shanghai Shunkaiming Trade Co., Ltd.
地址(Add):上海市控江路广远新村35号401
邮编(P. C.):200093
电话(Tel):021 - 61235031
传真(Fax):021 - 65694226
E-mail:hzx@ citiz. net
联系人(Contact Person):杭振贤
产品业务(Business):经销纸浆

上海鸿威实业有限公司
Shanghai Hongwei Industrial Co., Ltd.
地址(Add):上海市浦东浦建路47号东源大厦106室
邮编(P. C.):200127
电话(Tel):021 - 58814772
传真(Fax):021 - 58810870
联系人(Contact Person):蔡和平
产品业务(Business):瑞典产女神绒毛浆,美国产金岛绒毛浆,美国产白玉绒毛浆,美国产天使绒毛浆,北美等地各品牌造纸浆

上海集润贸易有限公司
Shanghai Jirun Trade Co., Ltd.
地址(Add):上海市浦东浦建路47号东源大厦106室
邮编(P. C.):200127
电话(Tel):021 - 58816191
传真(Fax):021 - 58810870
联系人(Contact Person):蔡和平
产品业务(Business):经销绒毛浆、纸张、纸浆

上海中纸贸易有限公司
Shanghai Zhongzhi Trading Co., Ltd.
地址(Add):上海市浦东区浦东南路3456号江天大厦5楼501室
邮编(P. C.):200125
电话(Tel):021 - 58396434
传真(Fax):021 - 58392694
E-mail:lzm@ cnppc. com
总经理(General Manager):刘志民
联系人(Contact Person):卢俊
产品业务(Business):经销绒毛浆、纸浆

上海万邦浆纸有限公司
Shanghai Wanbang Pulp & Paper Co., Ltd.
地址(Add):上海市浦东桃林路18号环球广场A座14层
邮编(P. C.):200135
电话(Tel):021 - 58216600 - 605
传真(Fax):021 - 58215500
E-mail:amyzhouqy@ hotmail. com

联系人(Contact Person):周清烨
产品业务(Business):经销进口纸浆

Philippine Chips Co. HK. Ltd. 中国办事处
地址(Add):上海市浦东新区浦明路1228弄9号902室
邮编(P. C.):200127
电话(Tel):021 - 50398078
E-mail:wchiou@ wunchiou. com
联系人(Contact Person):邱文中
产品业务(Business):进口纸浆

上海伊藤忠商事有限公司
ITOCHU Shanghai Ltd.
地址(Add):上海市浦东新区世纪大道88号金茂大厦1201室
邮编(P. C.):200121
电话(Tel):021 - 50477788
传真(Fax):021 - 50474897
E-mail:zheng. jiaqi@ sha. itochu. com. cn
Http://www. itochu - sha. com. cn
法人代表(Chairman):左左木聪吉
总经理(General Manager):石冈彻
联系人(Contact Person):郑嘉琪
产品业务(Business):代理巴西"白龙"牌(CENIBRA)桉木浆,美国瑞安公司"白玉"牌绒毛浆,日本住友精化高吸水树脂

伊藤忠(大连)有限公司
地址(Add):辽宁省大连市中山区明泽街16号丽苑大厦20层
邮编(P. C.):116011
电话(Tel):0411 - 3608000
联系人(Contact Person):许阿莉

纤贸纸业有限公司上海代表处
CellMark (H. K.) Ltd., Shanghai Office
地址(Add):上海市徐家汇路430号电力大楼704室
邮编(P. C.):200025
电话(Tel):021 - 64155301
传真(Fax):021 - 64155302
E-mail:cellmarksh@ sh163. net
联系人(Contact Person):曹跃莲
产品业务(Business):经销纸浆

上海华源股份有限公司纸业分公司
Shanghai Worldbest Co., Ltd. Paper Branch Company
地址(Add):上海市重庆南路310号新电大厦1306室
邮编(P. C.):200025
电话(Tel):021 - 51523762
传真(Fax):021 - 51523769
联系人(Contact Person):钱荣兴
产品业务(Business):经销纸浆、纸

常州市高分子材料有限公司
Changzhou Polymer Material Co., Ltd.
地址(Add):江苏省常州市南郊坂上街
邮编(P. C.):213165
电话(Tel):0519 - 6731337
传真(Fax):0519 - 6735085
总经理(General Manager):储银中
产品业务(Business):经销纸浆,高吸水树脂,流延膜

江苏中元浆纸有限公司
Jiangsu Zhongyuan Pulp & Paper Co., Ltd.
地址(Add):江苏省南京市珠江路东大影壁16号218,220室
邮编(P. C.):210018
电话(Tel):025 - 83683379
传真(Fax):025 - 83683565
联系人(Contact Person):阮小峰
产品业务(Business):浆纸贸易

江苏省兴化市恒洁卫生用品厂
Jiangsu Xinghua Hengjie Hygiene Articles Factory
(详见高吸水树脂SAP及复合纸)

扬州达润纸制品有限公司
Yangzhou Darun Paper Products Co., Ltd.
(详见高吸水树脂SAP及复合纸)

镇江金河纸业有限公司
Zhenjiang Gold River Pulp & Paper Co., Ltd.
地址(Add):江苏省镇江市谏壁镇越河街41号
邮编(P. C.):212006
电话(Tel):0511 - 3361375
传真(Fax):0511 - 3361362
E-mail:zjgrinfo@ public. zj. js. cn
法人代表(Chairman):周建平
总经理(General Manager):周建平
联系人(Contact Person):谢辉
产品业务(Business):漂白苇木混合浆

浙江中包浆纸进出口有限公司
Zhejiang Chinapack Pulp & Paper I/E Ltd.
地址(Add):浙江省杭州市解放路85号伟星世纪大厦南9层
邮编(P. C.):310009
电话(Tel):0571 - 87169850
传真(Fax):0571 - 87169589
E-mail:guliya@ chinapack. net. cn
总经理(General Manager):顾丽雅
联系人(Contact Person):马骅
产品业务(Business):金岛牌绒毛浆华东及北方部分地区代理;巴西Bacell化学溶解浆中国总代理,并可提供各类造纸浆及各等级的废纸

浙江万邦浆纸进出口有限公司
Zhejiang Wanbang Pulp & Paper Corporation
地址(Add):浙江省杭州市庆春路11号凯旋门商业中心21楼G
邮编(P. C.):310009
电话(Tel):0571 - 87218800
传真(Fax):0571 - 87218822
联系人(Contact Person):孔巍
产品业务(Business):经销纸浆

杭州经安贸易有限公司
Hangzhou Jing'an Trade Co., Ltd.
地址(Add):浙江省杭州市体育场路水星阁24号楼2202室
邮编(P. C.):310003
电话(Tel):0571 - 85095325
传真(Fax):0571 - 85095326

E-mail:hz. jingan@ yahoo. com. cn
联系人(Contact Person):庄海波
产品业务(Business):美国惠好绒毛浆

义乌市顺天纸浆有限公司
Yiwu Shuntian Pulp Co., Ltd.
地址(Add):浙江省义乌经济开发区金马路63-65号
邮编(P. C.):322000
电话(Tel):0579-5314499
传真(Fax):0579-5311550
联系人(Contact Person):鲍忠桂
产品业务(Business):经销纸浆

福州信诺卫生巾材料有限公司
Fuzhou Xinnuo Napkin Material Co., Ltd.
地址(Add):福建省福州市仓山区螺洲杜园
邮编(P. C.):350019
电话(Tel):0591-83506913
传真(Fax):0591-83506912
联系人(Contact Person):黄献民
产品业务(Business):经销妇女卫生巾原材料

将乐县森绒绒毛浆经营部
Jiangle Senrong Pulp Distributor
地址(Add):福建省将乐县白云山庄21号
邮编(P. C.):353300
电话(Tel):0598-2322955
传真(Fax):0598-2336988
E-mail:jlsr@ 263. net
法人代表(Chairman):李桂梅
总经理(General Manager):廖家明
联系人(Contact Person):廖家明
产品业务(Business):销售国产绒毛浆

福建腾荣达制浆有限公司
Fujian Tengrongda Pulp Co., Ltd.
地址(Add):福建省将乐县古镛镇龟山北路216号
邮编(P. C.):353300
电话(Tel):0598-2332400
传真(Fax):0598-2339566
联系人(Contact Person):林济华
产品业务(Business):生产 BCTMP 绒毛浆

恒信纸品卫生材料经销部
Hengxin Paper Products Material Distributor
地址(Add):福建省晋江市安海镇田坑紫金东路113号
邮编(P. C.):362261
电话(Tel):0595-85785716
传真(Fax):0595-85762128
联系人(Contact Person):黄聪明
产品业务(Business):经销木浆,热熔胶,干法纸,流延膜,打孔膜,离型纸,高吸水树脂

邵武中竹纸业有限公司
Shaowu Zhongzhu Paper Co., Ltd.
地址(Add):福建省邵武市下王塘
邮编(P. C.):354000
电话(Tel):0599-6541168
传真(Fax):0599-6541090
法人代表(Chairman):倪日涛
总经理(General Manager):叶厥桂
联系人(Contact Person):叶厥桂
产品业务(Business):纸浆

厦门荣安贸易有限公司
Rongan (Xiamen) Co., Ltd.
地址(Add):福建省厦门市湖滨北路59号中信惠扬大厦14E
邮编(P. C.):361012
电话(Tel):0592-5318890
传真(Fax):0592-5318893
E-mail:rongan@ public. xm. fj. cn
Http://www. china-rongan. com
法人代表(Chairman):刘志忠
联系人(Contact Person):王宏
产品业务(Business):经销绒毛浆及纸浆,进口高吸水树脂 SAP 及其他妇女卫生巾、纸尿裤辅助材料配套供应

厦门维舒达贸易有限公司
Xiamen Weishuda Trade Co., Ltd.
地址(Add):福建省厦门市湖滨北路中信惠扬大厦公寓楼22D
邮编(P. C.):361012
电话(Tel):0592-5037121
传真(Fax):0592-5037131
E-mail:xmweisuda@ 163. com
联系人(Contact Person):叶瑞珍
产品业务(Business):经销绒毛浆

南昌福得实业有限公司纸张纸浆部
Nanchang Fude Industry Co., Ltd. Paper & Pulp Department
地址(Add):江西省南昌市八一大道197号长运大厦A栋1503室
邮编(P. C.):330003
电话(Tel):0791-6272269
传真(Fax):0791-6271442
联系人(Contact Person):裘烽
产品业务(Business):经销云南云景纸浆

山东加林国际贸易发展有限公司
Jialin International Business Development Co., Ltd.
地址(Add):山东省济南市解放东路109号历下大厦21层
邮编(P. C.):250014
电话(Tel):0531-8156783
传真(Fax):0531-8952446
E-mail:syxharry@ 126. com
Http://www. jialinpaper. com
联系人(Contact Person):申友祥
产品业务(Business):经销进口纸浆

山东金生浆纸进出口有限公司
Shandong Jinan Paper Imc. & Exp Co., Ltd.
地址(Add):山东省济南市无影山东路38号名人时代大厦1760号
邮编(P. C.):250031
电话(Tel):0531-85890002
传真(Fax):0531-85890011
E-mail:rene@ 163169. net
Http://www. jinanpaper. com. cn
联系人(Contact Person):张金
产品业务(Business):经销进口绒毛浆和其他木浆

青岛盛达浆纸有限公司
Qingdao Shengda Pulp & Paper Co., Ltd.
地址(Add):山东省青岛市金都花园A座19层D室
邮编(P. C.):266071
电话(Tel):0532-85774500
传真(Fax):0532-85774500
联系人(Contact Person):张俊岑
产品业务(Business):经销纸浆

青岛奥特实业有限公司
Qingdao Aote Industry Co., Ltd.
地址(Add):山东省青岛市经济技术开发区齐长城路
邮编(P. C.):266555
电话(Tel):0532-86768718
传真(Fax):0532-86769208
E-mail:james30528@163.com
总经理(General Manager):韩淑珍
联系人(Contact Person):潘仁滨
产品业务(Business):经销进口、国产木浆,废纸,制浆造纸设备

青岛三木森浆纸有限公司驻鲁南办事处
Qingdao Sanmuseng Pulp & Paper Co., Ltd. Lunan Office
地址(Add):山东省青岛市南京路98号新贵都1楼2303室
邮编(P. C.):266071
电话(Tel):0532-86026213
联系人(Contact Person):于建林
产品业务(Business):经销进口、国产纸浆、绒毛浆及其他卫生巾原材料

青岛加林物资有限公司
Qingdao Canada Wood Materials Co., Ltd.
地址(Add):山东省青岛市浦口路8号绿都公寓902室
邮编(P. C.):266021
电话(Tel):0532-83026659
传真(Fax):0532-83025738
法人代表(Chairman):王又青
产品业务(Business):经销进口纸浆

青岛星桥实业有限公司
Star Bridge Qingdao Company
地址(Add):山东省青岛市香港中路40号新世界数码港旗舰大厦707室
邮编(P. C.):266071
电话(Tel):0532-85718588
传真(Fax):0532-85977166
E-mail:john.song@sdqd.com
联系人(Contact Person):宋军
产品业务(Business):经销绒毛浆

郑州凯捷贸易有限公司
Zhengzhou Kaijie Trade Co., Ltd.
地址(Add):河南省郑州市花园路北段12号融元广场B座18F-59号
邮编(P. C.):450000
电话(Tel):0371-5583880
传真(Fax):0371-5583880
法人代表(Chairman):吴红星
产品业务(Business):经销绒毛浆,板浆,干法纸,吸水剂等

广东长粤贸易有限公司
Guangdong New Era Trading Co., Ltd.
地址(Add):广东省广州市黄埔大道西201号金泽大厦2218室
邮编(P. C.):510620
电话(Tel):020-87590662
传真(Fax):020-87567036
E-mail:newera@public.guangzhou.gd.cn
总经理(General Manager):梁毅
产品业务(Business):经营绒毛浆、SAP、干法纸、复合纸等材料

江门市江海纸业有限公司
Jiangmen Jianghai Paper Co., Ltd.
地址(Add):广东省江门市良化西12号二楼
邮编(P. C.):529030
电话(Tel):0750-3377031
传真(Fax):0750-3386182
法人代表(Chairman):龙华章
联系人(Contact Person):龙华章
产品业务(Business):经营进口:美国"白玉"牌、"天使"牌绒毛浆,瑞典"女神"牌绒毛浆

广西贵糖集团
Guangxi Guitang Group
地址(Add):广西贵港市幸福路100号
邮编(P. C.):537102
电话(Tel):0775-4262888
传真(Fax):0775-4260088
E-mail:biluwan@guitang.com
Http://www.guitang.com
法人代表(Chairman):黄振标
总经理(General Manager):黄家驹
联系人(Contact Person):农皓
产品业务(Business):蔗渣浆

广西贺达纸业有限责任公司
Guangxi Heda Paper Co., Ltd.
地址(Add):广西贺州市八达东路
邮编(P. C.):542800
电话(Tel):0774-5100183
传真(Fax):0774-5100136
联系人(Contact Person):黄绍活
产品业务(Business):生产漂白针叶、阔叶木浆,绒毛浆

广西来宾东糖造纸有限责任公司
Guangxi Laibin Dongtang Paper Co., Ltd.
地址(Add):广西来宾市西二路2号
邮编(P. C.):546100
电话(Tel):0772-4250995
传真(Fax):0772-4256177
法人代表(Chairman):何基念
总经理(General Manager):何基念
联系人(Contact Person):纪文
产品业务(Business):漂白蔗渣浆板,卫生纸

广西柳江造纸厂
Guangxi Liujiang Paper Mill
地址(Add):广西柳州市洛埠镇
邮编(P. C.):545011
电话(Tel):0772-2750107

传真(Fax):0772－2750784
Http://www.liujiangpaper.com
总经理(General Manager):郑艳民
联系人(Contact Person):闵建明
产品业务(Business):漂白化学竹浆板,桉木浆板,绒毛浆

广西南宁凤凰纸业有限公司
Guangxi Nanning Fenghuang Paper Co., Ltd.
地址(Add):广西南宁市江南路158号
邮编(P.C.):530031
电话(Tel):0771－4590265
传真(Fax):0771－4590268
法人代表(Chairman):王平
总经理(General Manager):段小敏
联系人(Contact Person):何春薇
产品业务(Business):纸浆

南宁武鸣奥诺纸业有限公司
Nanning Wuming Aonuo Paper Industry Co., Ltd.
地址(Add):广西南宁市武鸣县城标营路8号
邮编(P.C.):530100
电话(Tel):0771－6210859
传真(Fax):0771－6239141
E-mail:aonuo100@163.net
法人代表(Chairman):廖忠新
总经理(General Manager):廖忠新
联系人(Contact Person):杨丽
产品业务(Business):卷筒绒毛浆

云南云景林纸股份有限公司
Yunnan Yunjing Forestry & Paper Co., Ltd.
地址(Add):云南省景谷县城郊
邮编(P.C.):666400
电话(Tel):0879－5410220
传真(Fax):0879－5410193
联系人(Contact Person):陈兴红
产品业务(Business):生产木浆

昆明睡美人纸业有限公司
Kunming Shuimeiren Paper Co., Ltd.
地址(Add):云南省昆明市官渡区六甲一组
邮编(P.C.):650228
电话(Tel):0871－4576368
传真(Fax):0871－4570368
总经理(General Manager):陈继良
产品业务(Business):经销木浆

新疆博斯腾湖苇业(集团)有限责任公司
Xinjiang Bositeng Lake Weiye (Group) Co., Ltd.
地址(Add):新疆库尔勒市新城区楼兰路
邮编(P.C.):841001
电话(Tel):0996－2159728
传真(Fax):0996－2152533
总经理(General Manager):宋志民
联系人(Contact Person):孙伟
产品业务(Business):漂白苇浆,棉浆

● 干法纸 Airlaid pulp nonwovens

Buckeye Technologies Inc.
美国宝爱公司
地址(Add):1001 Tillman St. Po Box 80407 Memphis TN 38108－0407 USA
电话(Tel):1－901－3208100
传真(Fax):1－901－3208385
产品业务(Business):干法纸

Buckeye Technologies Inc. Asia Sales Rep. Office
美国宝爱公司新加坡亚洲区销售代办处
地址(Add):46 East Coast Road, #09－04 East Gate, Singapore 428766
电话(Tel):65－63456245
传真(Fax):65－63456254
E-mail:hockkiam@pacific.net.sig
联系人(Contact Person):陈福谦

BBA Nonwovens Asia－Pacific Ltd.
BBA 亚太无纺布有限公司
(详见非织造布)

北京瑞森纸业有限公司
Beijing Ruisen Paper Industrial Co., Ltd.
地址(Add):北京市宣武区广安门内大街202号似海怡家B座1801,1815
邮编(P.C.):100053
电话(Tel):010－63555172
传真(Fax):010－63573538
E-mail:l－xiao@x263.net
法人代表(Chairman):刘化全
联系人(Contact Person):李潇
产品业务(Business):热合干法纸,用于丝薄妇女卫生巾、卫生护垫,胶合干法纸,用于湿巾、擦拭纸、美容纸,覆膜干法纸,用于医用床单、卫生垫等

北京银河天润纸张有限公司
Beijing Yinhe Tianrun Paper Co., Ltd.
地址(Add):北京市宣武区天宁寺前街南里12号楼4门－102
邮编(P.C.):100052
电话(Tel):010－63264061
传真(Fax):010－63264061
总经理(General Manager):展恩元
产品业务(Business):经销干法纸

博爱(中国)膨化芯材有限公司
BBA (China) Airlaid Company Ltd.
地址(Add):天津市经济技术开发区第七大街49号
邮编(P.C.):300457
电话(Tel):022－25329333
传真(Fax):022－25326837
E-mail:hhu@bbafiberweb.com
Http://www.bba－china－airlaid.com
法人代表(Chairman):麦克杰(Mike Jett)
总经理(General Manager):Mike Jett
联系人(Contact Person):胡华
产品业务(Business):干法纸

天津双荣国际贸易有限公司/天津双荣纸制品销售中心
Tianjin Shuangrong Trade Co., Ltd.
地址(Add):天津市宁河县芦台镇车站街明玉里一排78号
邮编(P.C.):301500
电话(Tel):022－69597879

传真(Fax):022-69594857
联系人(Contact Person):康学庆
产品业务(Business):生产干法纸及经销卫生巾原料

天津市正通纸业有限公司
Tianjin Zhengtong Paper Industry Co., Ltd.
地址(Add):天津市宁河县贸易开发区同兴道27号
邮编(P.C.):301500
电话(Tel):022-69170043
传真(Fax):022-69191594
法人代表(Chairman):余志田
联系人(Contact Person):杨连柱
产品业务(Business):干法纸

廊坊市玉龙纸业有限公司
Langfang Yulong Paper Co., Ltd.
地址(Add):河北省廊坊市光明西道268号
邮编(P.C.):065000
电话(Tel):0316-2650518
传真(Fax):0316-2655399
总经理(General Manager):马玉龙
联系人(Contact Person):郭剑鸿
产品业务(Business):干法纸

石家庄嘉禾嘉工贸有限公司
Shijiazhuang Jiahejia Industry & Trade Co., Ltd.
地址(Add):河北省石家庄市和平东路156号
邮编(P.C.):050011
电话(Tel):0311-86088118
传真(Fax):0311-86087206
联系人(Contact Person):王风
产品业务(Business):生产干法纸及制品

丹东市天和纸制品有限公司
Dandong Tianhe Paper Products Co., Ltd.
地址(Add):辽宁省丹东市四道沟瓦房
邮编(P.C.):118008
电话(Tel):0415-6152568
传真(Fax):0415-6157666
E-mail:thzzp-788@163.com
Http://www.dd-fengyun.com
法人代表(Chairman):曲丰蕴
总经理(General Manager):曲丰蕴
联系人(Contact Person):王彦旎
产品业务(Business):干法纸,高吸水树脂复合纸

丹东北方卫生用品有限公司
Dandong Beifang Sanitary (Napkins) Products Co., Ltd.
地址(Add):辽宁省丹东市振兴区胜利街793号
邮编(P.C.):118008
电话(Tel):0415-6222346
传真(Fax):0415-6224025
E-mail:bfjx@bfjx.com
Http://www.bfjx.com
法人代表(Chairman):曹贵杰
联系人(Contact Person):沈玉英
产品业务(Business):干法纸及吸水纸

上海玉山商贸有限公司
Yushan Trade Co., Ltd.
(详见纸浆和绒毛浆)

上海爱妮梦纸业有限公司
Shanghai Anemone Paper Co., Ltd.
地址(Add):上海市沪闵路3158号(瓶北路130号)
邮编(P.C.):201109
电话(Tel):021-64909090
传真(Fax):021-54570005
E-mail:hcf@ainimeng.com
Http://www.ainimeng.com
法人代表(Chairman):胡宣化
总经理(General Manager):胡朝福
联系人(Contact Person):胡朝福
产品业务(Business):经销进口干法纸、非织造布

顶点国际有限公司
Toppot International Co., Ltd.
(详见纸浆和绒毛浆)

美国康福迈纸业公司上海分公司
Convermat Corporation
地址(Add):上海市浦东新区老龙东路188弄1号2408室
邮编(P.C.):201204
电话(Tel):021-50456801
传真(Fax):021-50456802
E-mail:roy@convermat.com
Http://www.convermat.com
总经理(General Manager):张荆鹏
产品业务(Business):经销生活用纸原纸,干法纸、非织造布。国内水刺非织造布和覆膜非织造布SPES

上海协润贸易有限公司
Shanghai Xierun Trade Co., Ltd.
地址(Add):上海市四川南路26号友谊大厦609室
邮编(P.C.):200002
电话(Tel):021-63744332
传真(Fax):021-63744123
E-mail:xierun_trade@126.com
联系人(Contact Person):张琳娴
产品业务(Business):经销干法纸、吸水复合纸、高吸水树脂

上海森绒纸业有限公司
Shanghai Senrong Paper Co., Ltd.
地址(Add):上海市松江区佘山工业开发区民业路18号
邮编(P.C.):201602
电话(Tel):021-57793568
传真(Fax):021-57793567
E-mail:sr@senrong-sh.com
Http://www.senrong-sh.com
法人代表(Chairman):董超云
总经理(General Manager):董超云
联系人(Contact Person):赵维亮
产品业务(Business):干法纸,含SAP复合干法纸

上海市赢发纸品有限公司
Shanghai Yingfa Paper Co., Ltd.
(详见胶带及离型纸)

亿利德纸业(上海)有限公司
Elite Paper (Shanghai) Co., Ltd.
地址(Add):上海市松江区中山街道文翔路398号
邮编(P.C.):201613

电话(Tel):021－57781100－222
传真(Fax):021－57782477
E-mail:elitepaper@ yahoo. com. cn
法人代表(Chairman):张云龙
总经理(General Manager):李名千
联系人(Contact Person):张云祥
产品业务(Business):年产8000吨干法纸

常州市豪峰纸业有限公司
Changzhou Haofeng Paper Co., Ltd.
地址(Add):江苏省常州市横林镇江村东路工业园区
邮编(P. C.):213101
电话(Tel):0519－8490589
传真(Fax):0519－8490689
E-mail:howe1103@ sohu. com
Http://www. haofengzy. com
总经理(General Manager):周豪
产品业务(Business):生产干法纸、打孔膜

江苏常州施安卫生用品有限公司
Changzhou Shian Articles for Daily Use Co., Ltd.
地址(Add):江苏省常州市横林镇镇北开发区
邮编(P. C.):213101
电话(Tel):0519－8781208
传真(Fax):0519－8699555
法人代表(Chairman):张云雷
总经理(General Manager):张云雷
联系人(Contact Person):张云伟
产品业务(Business):干法纸及设备

扬州达润纸制品有限公司
Yangzhou Darun Paper Products Co., Ltd.
地址(Add):江苏省江都市塘头工业园区
邮编(P. C.):225238
电话(Tel):0514－6304092
传真(Fax):0514－6304091
联系人(Contact Person):彭展
产品业务(Business):干法纸

南京陶雨工贸实业有限公司
Nanjing Taoyu Trading Co., Ltd.
地址(Add):江苏省南京市六合区雄州镇北外街
邮编(P. C.):211500
电话(Tel):025－57758440
传真(Fax):025－57756228
E-mail:3h@ nj3h. com
Http://www. nj3h. com
法人代表(Chairman):孔霞
总经理(General Manager):孙卫东
联系人(Contact Person):陶洪
产品业务(Business):干法纸,离型纸,热熔胶及干法纸设备

宁波市奇兴无纺布有限公司
Ningbo Qixing Nonwovens Co., Ltd.
(详见非织造布)

嘉兴市申新无纺布厂
Jiaxing Shenxin Non－woven Fabric Factory
(详见非织造布)

临安恒大卫生制品有限公司
Lin'an Hengda Hygiene Products Co., Ltd.
(详见打孔PE膜)

义乌市鼎新彩印厂
Yiwu Dingxin Colour Print Factory
(详见包装材料)

晋江市安海德安纸业有限公司
Jinjiang Anhai Dean Paper Co., Ltd.
地址(Add):福建省晋江市安海桥头工业区
邮编(P. C.):362261
电话(Tel):0595－85708806
传真(Fax):0595－85708807
总经理(General Manager):林珍顺
产品业务(Business):干法纸

恒信纸品卫生材料经销部
Hengxin Paper Products Material Distributor
(详见纸浆和绒毛浆)

晋江恒新纸业有限公司
Jinjiang Hengxin Paper Co., Ltd.
地址(Add):福建省晋江市磁灶坝头工业区
邮编(P. C.):362200
电话(Tel):0595－85886872
传真(Fax):0595－85893629
总经理(General Manager):曾国胜
产品业务(Business):干法纸

福建省晋江市南方卫生用品有限公司
Jinjiang Nanfang Hygiene Articles Co., Ltd.
地址(Add):福建省晋江市西园街道办事处小桥村
邮编(P. C.):362200
电话(Tel):0595－85898878
传真(Fax):0595－85898878
联系人(Contact Person):陈长青
产品业务(Business):干法纸

晋江市康利卫生用品有限公司
Jinjiang Kangli Hygiene Products Co., Ltd.
地址(Add):福建省晋江市西园街道办霞浯南片工业区
邮编(P. C.):362200
电话(Tel):0595－85653658
传真(Fax):0595－85653958
联系人(Contact Person):吴铭旋
产品业务(Business):干法纸,吸水纸,流延膜

福建省晋江市恒丰纸业有限公司
Fujian Jinjiang Hengfeng Paper Co., Ltd.
地址(Add):福建省晋江市西园街赖厝工业区
邮编(P. C.):362200
电话(Tel):0595－85658968
传真(Fax):0595－85658978
法人代表(Chairman):赖辉林
总经理(General Manager):赖辉林
联系人(Contact Person):洪荣泰
产品业务(Business):干法纸

宁德市隆鑫纸业有限公司
Ningde Longxin Paper Industry Co., Ltd.

地址(Add):福建省宁德市蕉城区先锋大厦18号楼401室
邮编(P. C.):352100
电话(Tel):0593-2936190
传真(Fax):0593-2936192
E-mail:lxzy9898@sina.com
法人代表(Chairman):黄其利
联系人(Contact Person):王和友
产品业务(Business):生产干法纸(胶合型)

义典(厦门)工贸有限公司
Yidian (Xiamen) Industry & Trade Co., Ltd.
地址(Add):福建省厦门市凤屿路206号302室
邮编(P. C.):361004
电话(Tel):0592-5032551
传真(Fax):0592-5032550
E-mail:enhf_665@163.com
联系人(Contact Person):李信志
产品业务(Business):干法纸

山东信成纸业有限公司
Shandong Xincheng Paper Co., Ltd.
地址(Add):山东省聊城市茌平县西外环高新技术工业园内
邮编(P. C.):252100
电话(Tel):0635-4285466
传真(Fax):0635-4283218
E-mail:xcgroup@xcgroup.com
Http://www.xcgroup.com
法人代表(Chairman):李泽潜
总经理(General Manager):牛洪华
联系人(Contact Person):胡守泉
产品业务(Business):干法纸,干法纸后加工产品,妇女卫生巾

郯城华美卫生巾制品加工厂
Tancheng Huamei Sanitary Towel Factory
地址(Add):山东省郯城高册驻地
邮编(P. C.):276125
电话(Tel):0539-6591789
传真(Fax):0539-6591456
联系人(Contact Person):邵明强
产品业务(Business):干法纸,膨化软纸,吸水纸,压花鞋垫纸

河南省孟州市洁美卫生用品厂
Henan Mengzhou Jiemei Hygiene Products Plant
地址(Add):河南省孟州市商贸城南京路69号西1号
邮编(P. C.):454750
电话(Tel):0391-8194384/3861188
传真(Fax):0391-8194384
总经理(General Manager):张德君
联系人(Contact Person):张德君
产品业务(Business):干法纸原纸系列产品,包括干法纸,热合(膨化)干法纸,含SAP干法纸,离型纸

平顶山市大宏纤维制品有限公司
Pingdingshan Dahong Fibrous Products Co., Ltd.
地址(Add):河南省平顶山市建设路东段高新技术创业服务中心内
邮编(P. C.):467013
电话(Tel):0375-3985200
传真(Fax):0375-3985202
E-mail:hndh@371.net
法人代表(Chairman):牛苏阳
总经理(General Manager):陈兰芳
联系人(Contact Person):闫书涛
产品业务(Business):干法纸及干法纸成套设备

武汉百可灵纸业有限责任公司
Wuhan Baikeling Paper Co., Ltd.
地址(Add):湖北省武汉市东湖高新技术开发区庙山小区武汉医药产业园内
邮编(P. C.):430223
电话(Tel):027-87925995
传真(Fax):027-87925997
法人代表(Chairman):雷道东
总经理(General Manager):施建国
联系人(Contact Person):雷道明
产品业务(Business):生产干法纸

华成纸品有限公司
Huacheng Paper Products Co., Ltd.
(详见干法纸设备)

广东省东莞市昆茂纸业有限公司
Dongguan Kunmao Paper Industry Co., Ltd.
地址(Add):广东省东莞市寮步镇良益市良平大道A3区
邮编(P. C.):523410
电话(Tel):0769-03226998
传真(Fax):0769-03226608
法人代表(Chairman):詹沛林
联系人(Contact Person):詹沛林
产品业务(Business):干法纸及复合纸

广东高明(宁德)神州纸业有限公司
Shenzhou Paper Co., Ltd. Of Gaoming (Ningde) Guangdong
地址(Add):广东省高明市三洲区明华路21号
邮编(P. C.):528511
电话(Tel):0757-88623518
传真(Fax):0757-88628978
法人代表(Chairman):余祥宏
总经理(General Manager):余祥宏
产品业务(Business):生产干法纸

广东长粤贸易有限公司
Guangdong New Era Trading Co., Ltd.
(详见纸浆和绒毛浆)

广州联衡行贸易有限公司
Guangzhou Lianhenghang Trade Co., Ltd.
地址(Add):广东省广州市黄埔区中山大道506号大院10号201室
邮编(P. C.):510700
电话(Tel):020-82283987
传真(Fax):020-82296386
法人代表(Chairman):陈力行
联系人(Contact Person):陈力行
产品业务(Business):经销进口及国产干法纸,水刺非织造布

揭东县新亨洁新纸业制品厂(洁新干法造纸厂)

Jiedong Xinheng Jiexin Paper Products Plant(Jiexin Airlaid Paper Mill)
地址(Add):广东省揭阳市揭东县新亨镇埔东工业区
邮编(P. C.):515548
电话(Tel):0663 - 3434888
传真(Fax):0663 - 3434999
E-mail:jiexin999@163.com
Http://www.jiexin.com.cn
法人代表(Chairman):陈建辉
总经理(General Manager):陈建辉
联系人(Contact Person):陈潮芬
产品业务(Business):生产干法纸及干法纸机

深圳市乐旺家庭用品有限公司
Shenzhen Lewang Household Articles Co., Ltd.
地址(Add):广东省深圳市布吉镇上水径恒通工业城六栋三层
邮编(P. C.):518112
电话(Tel):0755 - 28522648
传真(Fax):0755 - 28522748
E-mail:hongyuan@hongyuanpaper.com
Http://www.hongyuanpaper.com
法人代表(Chairman):陈军
总经理(General Manager):李坚雄
联系人(Contact Person):朱始俊
产品业务(Business):经销美国、英国、德国、加拿大等国干法纸,高分子吸水纸,非织造布

中外合资南宁侨虹新材料有限责任公司
Nanning Qiaohong New Materials Co., Ltd.
地址(Add):广西南宁武鸣里建南宁华侨投资区
邮编(P. C.):530105
电话(Tel):0771 - 4912792
传真(Fax):0771 - 4912792
E-mail:salesdep@qiaohong - airlaid.com
Http://www.qiaohong - airlaid.com
法人代表(Chairman):熊可模
总经理(General Manager):殷进海
联系人(Contact Person):卢清宜
产品业务(Business):年产1万吨干法纸

● 非织造布 Nonwovens

TORAY SAEHAN INC.
地址(Add):17F LG Mapo Bldg, 275, Kongdug - dong, Mapo - Gu, seoul 121 - 721, Korea
电话(Tel):82 - 2 - 3279 - 1227
传真(Fax):82 - 2 - 3279 - 1415
E-mail:fectoshb@toraysaehan.com
Http://www.toraysaehan.com
联系人(Contact Person):HB. LEE
产品业务(Business):非织造布

BBA Nonwovens Asia - Pacific Ltd.
BBA 亚太无纺布有限公司
地址(Add):Room 1714 China Aerospace Tower, Concordia Plaza, 1 Science Museum Road, Kowloon, Hong Kong
电话(Tel):852 - 26205677
传真(Fax):852 - 26205662
E-mail:wleung@bbafiberweb.com
Http://www.bbafiberweb.com
法人代表(Chairman):Robert Rufli
总经理(General Manager):Ueli Steiner
联系人(Contact Person):Winsome Leung
产品业务(Business):非织造布,干法纸

南六企业股份有限公司
Nan Liu Enterprise Co., Ltd.
地址(Add):台湾省高雄县桥头乡笔秀路88号
电话(Tel):886 - 7 - 6116616
传真(Fax):886 - 7 - 6110231
E-mail:nanliu@ms88.url.com.tw
联系人(Contact Person):刘若禾
产品业务(Business):热轧、热风、水刺非织造布,湿巾

卫普实业股份有限公司
Web - Pro Corporation
地址(Add):台湾省台北市仁爱路四段31号5楼
电话(Tel):886 - 2 - 27710727
传真(Fax):886 - 2 - 27710602
E-mail:webpro@ms17.hinet.net
Http://www.web - pro.com.tw
联系人(Contact Person):周育全
产品业务(Business):生产非织造布、水刺非织造布、PE透气膜

台湾康那香企业股份有限公司
KNH Enterprise Co., Ltd.
地址(Add):台湾省台北市信义路4段456号27楼
电话(Tel):886 - 2 - 23459909
传真(Fax):886 - 2 - 23456299
联系人(Contact Person):徐秋景
产品业务(Business):非织造布,妇女卫生巾,卫生护垫,湿巾,化妆棉
康那香企业(上海)有限公司
KNH Enterprise (Shanghai) Co.,Ltd.
地址(Add):上海市青浦工业园区外青松公路5619号
邮编(P. C.):201707
电话(Tel):021 - 69211200
传真(Fax):021 - 69211362
E-mail:webmaster@knh.com.cn
Http://www.knh.com.cn
法人代表(Chairman):戴华钟
联系人(Contact Person):任喆

艺爱丝维顺香港有限公司
ES Fibervisions
地址(Add):香港九龙佐敦弥敦道204 - 206号远东发展大厦1002室
电话(Tel):852 - 29705555
传真(Fax):852 - 29705678
E-mail:ko@esfibervisions.com.hk
联系人(Contact Person):高强
产品业务(Business):纤维,非织造布

北京京凯非织造布有限公司
Beijing Jingkai Nonwoven Fabrics Co., Ltd.
地址(Add):北京市朝阳区太平庄142号
邮编(P. C.):100025
电话(Tel):010 - 85771896
传真(Fax):010 - 85774902

E-mail:jingkai@163bj.com
法人代表(Chairman):白庆
联系人(Contact Person):刁落京
产品业务(Business):热轧非织造布,热风非织造布及复合非织造布

北京大源非织造有限公司
Beijing Dayuan Nonwoven Fabric Co., Ltd.
地址(Add):北京市门头沟区石龙工业区雅安路11号
邮编(P.C.):102308
电话(Tel):010-69806364
传真(Fax):010-69801364
E-mail:bjdy@bjdayuan.com
Http://www.bjdayuan.com
法人代表(Chairman):魏北凌
联系人(Contact Person):黄信栩
产品业务(Business):热风、热轧、水刺非织造布;口罩

北京艾德玛多功能材料有限公司
Beijing ADM Multifunction Material Co., Ltd.
(详见打孔PE膜)

天津市泰和无纺布有限公司
Tianjin Taihe Nonwovens Co., Ltd.
地址(Add):天津市东丽区小东庄镇十三倾村北
邮编(P.C.):300300
电话(Tel):022-24981616
传真(Fax):022-24981118
E-mail:lichangzhong2001@yahoo.com.cn
法人代表(Chairman):李常忠
总经理(General Manager):李常忠
联系人(Contact Person):庞强
产品业务(Business):热轧、热风非织造布

天津市轻工业造纸技术研究所无纺布科技开发股份公司
Paper Research Institute of Tianjin Nonwoven Science & Technology Development Co.
地址(Add):天津市河西区大沽南路1069号(天津造纸厂院内)
邮编(P.C.):300222
电话(Tel):022-28150983
传真(Fax):022-28162543
法人代表(Chairman):王唯力
联系人(Contact Person):孙金堂
产品业务(Business):湿法非织造布(化纤),医用橡皮膏、胶带基材,手术衣帽

河北华达无纺布有限公司
Hebei Huada Nonwovens Co., Ltd.
地址(Add):河北省沧州市旧州镇
邮编(P.C.):061023
电话(Tel):0317-4743118
传真(Fax):0317-4743168
联系人(Contact Person):耿新国
产品业务(Business):热轧非织造布

河北沧州市五环工业公司热风无纺布分公司
Cangzhou Wuhuan Industry Co., Airthroughbonded Nonwoven Branch
地址(Add):河北省沧州市新华区津德路
邮编(P.C.):061000
电话(Tel):0317-3563439
联系人(Contact Person):于连进
产品业务(Business):非织造布,流延膜

东纶科技实业有限公司
Eastex Science & Technology Industrial Co., Ltd.
地址(Add):河北省廊坊经济技术开发区汇源道8号
邮编(P.C.):065001
电话(Tel):0316-6087699
传真(Fax):0316-6088171
E-mail:eastex@eastex-china.com
Http://www.eastex-china.com
法人代表(Chairman):刘瑞彪
联系人(Contact Person):孟红
产品业务(Business):30~200g/m², ≤1.6m幅宽各种水刺非织造布,用途:妇女卫生巾、手术衣、餐巾、非织造粘合衬布、气体/液体过滤材料、土工复合材料、纱布、绷带、敷料、合成革基布等,湿巾

秦皇岛华阳非织造布有限公司
Qinhuangdao Huayang Nonwovens Co., Ltd.
地址(Add):河北省秦皇岛市山海关217信箱
邮编(P.C.):066200
电话(Tel):0335-5051070
传真(Fax):0335-5052720
联系人(Contact Person):王平
产品业务(Business):非织造布

邢台华邦非织造布有限公司
Xingtai Huabang Nonwovens Co., Ltd.
地址(Add):河北省沙河市京广路北段西侧
邮编(P.C.):054100
电话(Tel):0319-8701298
传真(Fax):0319-8829991
联系人(Contact Person):李现军
产品业务(Business):非织造布

石家庄金棉高档无纺布有限公司
Shijiazhuang Jinmian High-Grade Nonwovens Co., Ltd.
地址(Add):河北省石家庄市红旗大街198号
邮编(P.C.):050091
电话(Tel):0311-83827070
传真(Fax):0311-83837858
联系人(Contact Person):田建中
产品业务(Business):热轧非织造布

石家庄金正无纺布有限公司
Shijiazhuang Jinzheng Nonwovens Co., Ltd.
地址(Add):河北省石家庄市开发区307国道付线北庄村北
邮编(P.C.):050035
电话(Tel):0311-85099598
传真(Fax):0311-88746636
法人代表(Chairman):李根
联系人(Contact Person):李根
产品业务(Business):热风非织造布,热轧非织造布,复合三片式膜

大连瑞光非织造布集团有限公司
Dalian Ruiguang Nonwoven Group Co., Ltd.
地址(Add):辽宁省大连市金州区西门外134号

邮编(P. C.):116100
电话(Tel):0411－87803045
传真(Fax):0411－87809381
E-mail:ruiguang@rgjt.com
Http://www.rgjt.com
联系人(Contact Person):汤广峰
产品业务(Business):纺粘、水刺非织造布及制品

辽宁省纺织科学研究院
Liaoning Textile Science Institute
地址(Add):辽宁省沈阳市南塔街124号
邮编(P. C.):110015
电话(Tel):024－23893815
传真(Fax):024－23894580
法人代表(Chairman):孙天柱
联系人(Contact Person):孙天柱
产品业务(Business):纺粘非织造布,用于手术衣帽及家具、箱包衬

辽源得亨公司得利纤维制造有限公司
Liaoyuan Deheng Co. Deli Fibre Co., Ltd.
地址(Add):吉林省辽源市齐宁路113号
邮编(P. C.):136200
电话(Tel):0437－3224933
传真(Fax):0437－3227951
联系人(Contact Person):王志会
产品业务(Business):PP复合,PP棉型,热轧型,干法纸用,PET复合,功能型短纤维

上海枫围无纺布厂有限公司
Fengwei Non－Fabric Factory Co., Ltd.
地址(Add):上海市枫泾工业园区亭枫公路8256号
邮编(P. C.):201501
电话(Tel):021－57351468
传真(Fax):021－57351927
E-mail:sale@fw－wf.com
Http://www.fw－wf.com
产品业务(Business):非织造布,卫生材料

上海爱妮梦纸业有限公司
Shanghai Anemone Paper Co., Ltd.
(详见干法纸)

上海一东无纺布有限公司
Shanghai Yidong Nonwoven Co., Ltd.
地址(Add):上海市平凉路988号上海纺织科技工业园2号楼906－908室
邮编(P. C.):200082
电话(Tel):021－55216599
传真(Fax):021－65892457
E-mail:ydzp@china5f.com
Http://www.china5f.com
联系人(Contact Person):张一萍
产品业务(Business):非织造布

上海堪孚尔不织布有限公司
Shanghai Comfort Nonwoven Co., Ltd.
地址(Add):上海市青浦区华徐路3049号弄火星村432号
邮编(P. C.):201705
电话(Tel):021－59778138
传真(Fax):021－59778718
总经理(General Manager):孙江远
联系人(Contact Person):杨春平
产品业务(Business):16～35g/m^2 热轧非织造布

上海腾龙无纺布有限公司
Shanghai Phoenix Nonwovens Co., Ltd.
地址(Add):上海市青浦区华盈路8号
邮编(P. C.):201700
电话(Tel):021－59205511
传真(Fax):021－59205533
法人代表(Chairman):张舒拉
联系人(Contact Person):朱定万
产品业务(Business):非织造布

上海美坚无纺布有限公司
Meijian Nonwoven (Shanghai) Co., Ltd.
地址(Add):上海市青浦区西岑镇莲西路4432号
邮编(P. C.):201721
电话(Tel):021－59295088
传真(Fax):021－59295556
法人代表(Chairman):王士男
总经理(General Manager):黄昌进
联系人(Contact Person):许啸鸿
产品业务(Business):热风非织造布

常熟市圣利达水刺无纺有限公司
Changshu Shenglida Spunlace Nonwovens Co.,Ltd.
地址(Add):江苏省常熟市沙家浜镇(唐市)常昆工业园区复兴路5号
邮编(P. C.):215542
电话(Tel):0512－52579258
传真(Fax):0512－52579991
E-mail:sld@shenglida.com
Http://www.shenglida.com
法人代表(Chairman):王自业
联系人(Contact Person):谢文豪
产品业务(Business):水刺非织造布,湿巾

江苏省武进市金恒昌无纺布有限公司
Jiangsu Wujin Jinhengchang Nonwovens Co., Ltd.
地址(Add):江苏省常州市东门外横山桥镇东洲开发区
邮编(P. C.):213119
电话(Tel):0519－8606680
传真(Fax):0519－8606680
法人代表(Chairman):任建东
联系人(Contact Person):任听度
产品业务(Business):热风非织造布

常州市洁润无纺布厂
Changzhou Jierun Nonwovens Factory
地址(Add):江苏省常州市横林镇杨岐63号
邮编(P. C.):213011
电话(Tel):0519－8777379
传真(Fax):0519－8785799
总经理(General Manager):吴国平
产品业务(Business):非织造布,热熔胶

江苏东方洁妮尔水刺无纺布有限公司
Jiangsu East Genial Spunlaced Nonwovens Co., Ltd.
地址(Add):江苏省常州市湖塘镇马杭金家塘100号
邮编(P. C.):213102

电话(Tel):0519-6323168
传真(Fax):0519-6705277
E-mail:genial@alibaba.com
Http://www.eastgenial.com
联系人(Contact Person):戚红
产品业务(Business):水刺非织造布,湿巾

常州市锦益机械有限公司
Changzhou Jinyi Machinery Co., Ltd.
(详见非织造布设备)

常州市汇利卫生材料有限公司
Changzhou Huili Hygiene Material Co., Ltd.
地址(Add):江苏省常州市戚墅堰东前杨工业区32号
邮编(P.C.):213011
电话(Tel):0519-8773824
传真(Fax):0519-8371020
法人代表(Chairman):陈夏平
联系人(Contact Person):吴国平
产品业务(Business):生产热轧非织造布

常州亨利无纺布有限公司
Changzhou Hengli Nonwoven Cloth Co., Ltd.
地址(Add):江苏省常州市戚墅堰东前杨工业区73号
邮编(P.C.):213011
电话(Tel):0519-8771439
传真(Fax):0519-8778413
法人代表(Chairman):杨兰萍
联系人(Contact Person):陈国平
产品业务(Business):热风非织造布、热轧非织造布

常州市正杨非织造布有限公司
Changzhou Zhengyang Nonwovens Co., Ltd.
地址(Add):江苏省常州市戚墅堰九号桥西河区
邮编(P.C.):213011
电话(Tel):0519-8373222
传真(Fax):0519-8373222
联系人(Contact Person):杨岳坤
产品业务(Business):热风非织造布

常州市天和卫生材料有限公司
Changzhou Tianhe Sanitary Material Co., Ltd.
(详见PE流延膜)

江苏常州市新安无纺布厂
Jiangsu Changzhou Xin'an Nonwovens Factory
地址(Add):江苏省常州市武进横山桥镇新安鸡笼山
邮编(P.C.):213117
电话(Tel):0519-8662462
传真(Fax):0519-8662055
法人代表(Chairman):唐正勤
联系人(Contact Person):唐正勤
产品业务(Business):热风非织造布,热轧非织造布

常州市武进新安服装辅料有限公司
Changzhou Wujin Xin'an Costume Accessories Co., Ltd.
地址(Add):江苏省常州市武进新安镇开发区
邮编(P.C.):213117
电话(Tel):0519-8664284
传真(Fax):0519-8664988
E-mail:sales@china-nonwoven.cn
Http://www.china-nonwoven.cn
总经理(General Manager):张鹤鸣
联系人(Contact Person):秦顺义
产品业务(Business):生产热风、热轧非织造布,非织造布湿巾

常州市恒惠纸业有限公司
Changzhou Henghui Paper Co., Ltd.
地址(Add):江苏省常州市新安镇工业园
邮编(P.C.):213117
电话(Tel):0519-8662028
传真(Fax):0519-8662028
E-mail:gkf1980@sina.com
法人代表(Chairman):顾惠泉
联系人(Contact Person):顾科峰
产品业务(Business):生产流延膜,打孔膜,吸水纸,非织造布;加工护垫

常州市华旭纺织有限公司(常州美康纸塑制品有限公司)
Changzhou Huaxu Textile Co., Ltd.
地址(Add):江苏省常州市宣盛路8号
邮编(P.C.):213016
电话(Tel):0519-3978709
传真(Fax):0519-3978717
联系人(Contact Person):刘华
产品业务(Business):非织造布

丹阳合成纤维厂
Danyang Synthetic Fibre Plant
地址(Add):江苏省丹阳市丝绸路32号
邮编(P.C.):212345
电话(Tel):0511-6523998
传真(Fax):0511-6525382
E-mail:dy@danyan.cn
Http://www.danyan.cn
法人代表(Chairman):樊建平
联系人(Contact Person):丁风雷
产品业务(Business):各种丙纶短纤维1.5~5.5dtex,低熔点复合短纤维1.5~6.0dtex,各种功能型纤维,如红外线纤维、抗菌纤维、抗应力纤维,各品种热轧非织造布,干法造纸专用纤维

江苏洪泰无纺布有限责任公司
Jiangsu Hongtai Nonwoven Co., Ltd.
地址(Add):江苏省洪泽县工业园区东三街东二道
邮编(P.C.):223111
电话(Tel):0517-7662227
传真(Fax):0517-7668990
E-mail:master@htwfb.com
Http://www.htwfb.com
法人代表(Chairman):张义平
总经理(General Manager):张义平
联系人(Contact Person):陈洪海
产品业务(Business):热轧非织造布,热风非织造布

扬州石油化工厂特种化纤分厂
Yangzhou Petrochemical Works Special Chemical Fibre Branch
地址(Add):江苏省江都市江淮路156号
邮编(P.C.):225200
电话(Tel):0514-6850412

传真(Fax):0514-6850185
联系人(Contact Person):李绪明
产品业务(Business):化学纤维

江阴昶森无纺科技有限公司
Jiangyin Changsen Nonwoven Science & Technology Co., Ltd.
地址(Add):江苏省江阴市长江路201号开发区大厦1605室
邮编(P. C.):214434
电话(Tel):0510-3169773
传真(Fax):0510-6887349
E-mail:heyonglin633@alibaba.com.cn
总经理(General Manager):何永林
产品业务(Business):用于医用卫生材料方面的非织造布

江阴陆桥镇无纺布厂
Jiangyin Luqiao Nonwovens Plant
地址(Add):江苏省江阴市华士镇陆桥陆华路2号
邮编(P. C.):214425
电话(Tel):0510-6374456
传真(Fax):0510-6371659
联系人(Contact Person):孙家
产品业务(Business):非织造布,卫生材料

江阴开源非织造布制品有限公司
Jiangyin Kaiyuan Nonwovens Products Co., Ltd.
地址(Add):江苏省江阴市陆桥镇田由工业街
邮编(P. C.):214425
电话(Tel):0510-6371000
传真(Fax):0510-6379033
E-mail:kywf@kywf.com
Http://www.kywf.com
总经理(General Manager):陈洪贤
联系人(Contact Person):陈宇新
产品业务(Business):熔喷非织造布

南京和兴不织布制品有限公司
Nanjing Hexing Nonwoven Fabric Products Co., Ltd.
地址(Add):江苏省南京市溧水县经济开发区珍珠北路
邮编(P. C.):211200
电话(Tel):025-57422368
传真(Fax):025-57422368
E-mail:hxbzb@jlonline.com
法人代表(Chairman):张尚发
联系人(Contact Person):孙开文
产品业务(Business):热风非织造布,热轧非织造布

南京康尔洁纸品有限公司
Nanjing Kangerjie Paper Products Co., Ltd.
(详见胶带及离型纸)

江苏通江纺织发展有限公司
Jiangsu Tongjiang Textile Development Co., Ltd.
地址(Add):江苏省如皋市皋南工业园8号
邮编(P. C.):226553
电话(Tel):0513-7779366
传真(Fax):0513-7779666
E-mail:tj@tjtex.com
Http://www.tjtex.com
法人代表(Chairman):沈季疆
总经理(General Manager):沈季疆
联系人(Contact Person):王莉莉
产品业务(Business):水刺非织造布

苏州邦泰无纺科技有限公司
Bond Tech (Suzhou) Nonwoven Science & Technology Co., Ltd.
地址(Add):江苏省苏州市北环中路60-82号平江科技园
邮编(P. C.):215001
电话(Tel):0512-67534883
传真(Fax):0512-67534993
E-mail:arthur.zhang@wellbond.com.cn
Http://www.wellbond.com.cn
法人代表(Chairman):杨永明
总经理(General Manager):张根明
联系人(Contact Person):张根明
产品业务(Business):热轧非织造布

维顺(中国)无纺制品有限公司
FiberVisions (China) Textile Products Ltd.
地址(Add):江苏省苏州市新区横山路29号
邮编(P. C.):215009
电话(Tel):0512-68231099
传真(Fax):0512-68230021
E-mail:rtu@fibervisions.com.cn
Http://www.fibervisions.biz
法人代表(Chairman):马泰
总经理(General Manager):李冰
联系人(Contact Person):涂倩
产品业务(Business):亲水性丙纶短纤(2.4dtex,40mm),疏水性丙纶短纤(2.4dtex,40mm),亲水性热轧非织造布(15~45g/m^2),疏水性热轧非织造布(15~45g/m^2)

科德宝宝翎无纺布(苏州)有限公司
Freudenberg & Vilene Nonwovens (Suzhou) Co., Ltd.
地址(Add):江苏省苏州新区滨河路1588号
邮编(P. C.):215011
电话(Tel):0512-68246210
传真(Fax):0512-68251780
Http://www.nonwovens-group.com
联系人(Contact Person):许幸
产品业务(Business):非织造布

武进市无纺机械设备厂
Wujin Nonwoven Machinery Equipment Factory
(详见非织造布设备)

徐州工业用呢厂
Xuzhou Industrial Fabrics Factory
(详见毛毯、网)

江苏八菱化纤有限公司
Jiangsu Baling Chemical Fibre Co., Ltd.
地址(Add):江苏省盐城市经济开发区建设西路1号
邮编(P. C.):224001
电话(Tel):0515-8280505
传真(Fax):0515-8280503
E-mail:zzy@jsblhx.com
Http://www.jsblhx.com
联系人(Contact Person):朱正银
产品业务(Business):卷曲中空短纤维,复合纤维

盐城市纺织进出口有限公司
Yancheng Textile Im & Ex Co., Ltd
地址(Add):江苏省盐城市良友巷1号楼105室
邮编(P. C.):224001
电话(Tel):0515-8391150
传真(Fax):0515-8319380
法人代表(Chairman):王华
联系人(Contact Person):宣志强
产品业务(Business):纸用化纤原料,包括湿法和干法用复合短纤维

张家港骏马无纺布有限公司
Zhangjiagang Junma Nonwovens Co., Ltd.
地址(Add):江苏省张家港市杨舍镇乘航双鹿村
邮编(P. C.):215617
电话(Tel):0512-58291018
传真(Fax):0512-58299128
E-mail:wfb@junmachina.com
法人代表(Chairman):蔡顺生
联系人(Contact Person):郑森
产品业务(Business):非织造布

宁波市奇兴无纺布有限公司
Ningbo Qixing Nonwovens Co., Ltd.
地址(Add):浙江省慈溪市掌起工业开发区
邮编(P. C.):315313
电话(Tel):0574-63742606
传真(Fax):0574-63740408
E-mail:qxgx@public.cx.nbptt.zj.cn
Http://www.china-nonwoven.com
法人代表(Chairman):谢道训
联系人(Contact Person):李航
产品业务(Business):热风非织造布,干法纸,干法纸设备

宁波天诚化纤有限公司
Ningbo Tiancheng Chemical Fibre Co., Ltd.
地址(Add):浙江省慈溪宗汉金轮开发区
邮编(P. C.):315301
电话(Tel):0574-63218800
传真(Fax):0574-63219008
联系人(Contact Person):陈诚
产品业务(Business):复合纤维

浙江东阳市三星实业有限公司
Zhejiang Dongyang Sanxing Industrial Co., Ltd.
地址(Add):浙江省东阳市六石镇黄雾西路23号
邮编(P. C.):322104
电话(Tel):0579-6770367
传真(Fax):0579-6775067
E-mail:dycsh@public.dy.jhptt.zj.cn
Http://www.sanxingshiye.com
总经理(General Manager):张瑞明
联系人(Contact Person):贾旭东
产品业务(Business):热风、热轧非织造布

浙江荣鑫纤维有限公司非织造布分公司
Zhejiang Rongxin Fibre Co., Ltd. Nonwoven Branch Company
地址(Add):浙江省海宁市南北大道联合路口(北)
邮编(P. C.):314400
电话(Tel):0573-7268699
传真(Fax):0573-7213110
E-mail:sales@rxfibre.com
Http://www.rxfibre.com
联系人(Contact Person):汪立冬
产品业务(Business):水刺非织造布

杭州宝德非织造布有限公司
Power Tex Nonwovens Co., Ltd.
地址(Add):浙江省杭州市解放路138号纺织服装大厦1504室
邮编(P. C.):310009
电话(Tel):0571-87244248
传真(Fax):0571-87244255
E-mail:powertex@mail.hz.zj.cn
法人代表(Chairman):虞夫潮
产品业务(Business):针刺、水刺非织造布

浙江华银非织造布有限公司
Zhejiang Huayin Nonwoven Co., Ltd.
地址(Add):浙江省杭州市经济技术开发区(下沙)
邮编(P. C.):310018
电话(Tel):0571-86911946
传真(Fax):0571-86911945
联系人(Contact Person):卢文顺
产品业务(Business):纺粘非织造布

华兴集团华顺涤纶工业有限公司
Huaxing Group Huashun Terylene Industry Co., Ltd.
地址(Add):浙江省杭州市临安钱王街855号
邮编(P. C.):311300
电话(Tel):0571-63757201
传真(Fax):0571-63756413
E-mail:sales@atehome.com
Http://www.wasin.org
联系人(Contact Person):黄国军
产品业务(Business):水刺非织造布,婴儿纸尿裤,成人纸尿裤

杭州临安锦达无纺布制造有限公司
Hangzhou Lin'an Jinda Nonwovens Co., Ltd.
地址(Add):浙江省杭州市临安青山湖街道(锦城镇牧家桥)
邮编(P. C.):311300
电话(Tel):0571-63781985
传真(Fax):0571-63781985
E-mail:zhoujinqiang@hzjdwufangbu.cn
法人代表(Chairman):兰桂芳
总经理(General Manager):周锦强
联系人(Contact Person):周锦强
产品业务(Business):水刺、粘胶、热轧非织造布

杭州天力水刺无纺布有限公司
Hangzhou Tianli Spunlaced Nonwovens Co., Ltd.
地址(Add):浙江省杭州市临安苕溪南路16号(锦城镇锦江工业园)
邮编(P. C.):311300
电话(Tel):0571-63757013
传真(Fax):0571-63756930
E-mail:textile@la.hz.zj.cn
Http://www.jinjiang-textile.com
总经理(General Manager):俞楚云

产品业务(Business):水刺非织造布及湿巾等后加工产品

杭州路先非织造股份有限公司
Hangzhou Advanced Nonwoven Co., Ltd.
地址(Add):浙江省杭州市莫干山路868号
邮编(P.C.):310011
电话(Tel):0571-88172177
传真(Fax):0571-88171791
E-mail:sales@advanced-nonwoven.com
Http://www.hzxh.com.cn
法人代表(Chairman):李群
总经理(General Manager):顾捷
产品业务(Business):水刺非织造布

杭州福华无纺布厂(杭州新诚无纺布有限公司)
Hangzhou Fuhua Nonwovens Factory (Hangzhou Xincheng Nonwovens Co., Ltd)
地址(Add):浙江省杭州市下城区华丰工业经济园南区E1幢(华丰路)
邮编(P.C.):310022
电话(Tel):0571-88146778
传真(Fax):0571-88135538
E-mail:market@fuhua-nonwoven.com
Http://www.fuhua-nonwoven.com
总经理(General Manager):郑梓浩
产品业务(Business):水刺、针刺非织造布

杭州金富非织造布有限公司
Hangzhou Jinfu Nonwovens Co., Ltd.
地址(Add):浙江省杭州市余杭区仁和镇大运河工业区
邮编(P.C.):311107
电话(Tel):0571-26265287
传真(Fax):0571-26265287
E-mail:fzzb@zjdt.com
Http://www.zjdt.com
总经理(General Manager):顾戴明
联系人(Contact Person):金宝红
产品业务(Business):非织造布

杭州科达非织造布有限公司
Hangzhou Keda Nonwoven Co., Ltd.
地址(Add):浙江省杭州市萧山靖江工业区
邮编(P.C.):311223
电话(Tel):0571-82193368
传真(Fax):0571-82193338
E-mail:hzxingnong@alibaba.com.cn
Http://www.xingnongtex.com
总经理(General Manager):王亮
联系人(Contact Person):王剑亮
产品业务(Business):水刺非织造布,湿巾

杭州思进无纺布有限公司
Hangzhou Sijin Nonwovens Co., Ltd.
地址(Add):浙江省杭州市余杭区运河镇博陆育士路1号
邮编(P.C.):311103
电话(Tel):0571-86282888
传真(Fax):0571-86282618
E-mail:sijin@sj-nonwoven.com
Http://www.sj-nonwoven.com
法人代表(Chairman):胡炳年
总经理(General Manager):胡炳年
联系人(Contact Person):李有根
产品业务(Business):水刺非织造布

老板集团杭州诺邦无纺布有限公司
Robam Group Hangzhou Nbond Nonwovens Co., Ltd.
地址(Add):浙江省杭州市余杭区运河镇兴旺工业城兴旺西路
邮编(P.C.):311102
电话(Tel):0571-89170007
传真(Fax):0571-89170009
E-mail:nbond@nbond.cn
Http://www.nbond.cn
法人代表(Chairman):孙任建
联系人(Contact Person):张杰
产品业务(Business):水刺非织造布

浙江金三发集团科得邦非织造布有限公司
King Safe Group Co., Ltd., Zhejiang
地址(Add):浙江省湖州长兴经济技术开发区
邮编(P.C.):313100
电话(Tel):0572-6603999
传真(Fax):0572-6603722
E-mail:jsf@kingsaf.com
Http://www.kingsaf.com
法人代表(Chairman):严华荣
联系人(Contact Person):钱丰明
产品业务(Business):水刺非织造布,热轧、纺粘、浸渍非织造布

湖州欧丽卫生材料有限公司
Huzhou Auline Sanitary Material Co., Ltd.
地址(Add):浙江省湖州市长兴县经济开发区县前街东延伸段
邮编(P.C.):313100
电话(Tel):0572-2955666
传真(Fax):0572-6128222
E-mail:auline_8@hotmail.com
联系人(Contact Person):王新华
产品业务(Business):水刺非织造布

嘉兴市晟龙无纺布有限公司
Jiaxing Shenglong Nonwovens Co., Ltd.
地址(Add):浙江省嘉兴市南湖区新丰工业园区07省道北侧
邮编(P.C.):314005
电话(Tel):0573-3129185
传真(Fax):0573-3129851
法人代表(Chairman):李留根
联系人(Contact Person):李留根
产品业务(Business):经营热风、热轧、拒水、有色抗菌非织造布

嘉兴市申新无纺布厂
Jiaxing Shenxin Nonwoven Fabric Factory
地址(Add):浙江省嘉兴市新丰镇万丰路口1号
邮编(P.C.):314005
电话(Tel):0573-3022353
传真(Fax):0573-3022857
E-mail:sxsf@mail.jxptt.zj.cn
Http://www.sxsf.yeah.net
法人代表(Chairman):曹志祥

联系人(Contact Person):曹华峰
产品业务(Business):热风非织造布,干法纸,喷胶棉,针织纱

嘉兴市中超无纺布有限公司(嘉兴市小超人无纺布有限公司)
Jiaxing Zhongchao Nonwovens Co., Ltd.
地址(Add):浙江省嘉兴市新丰镇新丰工业园区
邮编(P. C.):314005
电话(Tel):0573-3122899
传真(Fax):0573-3122855
法人代表(Chairman):沈明荣
联系人(Contact Person):沈建军
产品业务(Business):13~120g/m^2 热风非织造布,抗菌布,拒水布,过滤布,水刺布

嘉兴市富星无纺布厂
Jiaxing Fuxing Nonwovens Plant
地址(Add):浙江省嘉兴市新丰镇盐丰路口
邮编(P. C.):314005
电话(Tel):0573-3022304
传真(Fax):0573-3021955
法人代表(Chairman):蔡炳星
联系人(Contact Person):李留根
产品业务(Business):热风非织造布,抗菌非织造布,中空喷胶棉

嘉兴市富瑞森水刺无纺布有限公司
Jiaxing Furuisen Spunlaced Nonwovens Co., Ltd.
地址(Add):浙江省嘉兴市秀城区新丰工业园区竹林路口
邮编(P. C.):314005
电话(Tel):0573-3122048
传真(Fax):0573-3121518
E-mail:frs@furuisen.com
Http://www.furuisen.com
法人代表(Chairman):赵雪明
总经理(General Manager):赵雪明
联系人(Contact Person):葛嘉祥
产品业务(Business):水刺非织造布、负离子功能性水刺非织造布

浙江华晟水刺无纺布有限公司
Zhejiang Huasheng Spunlace Fabric Co., Ltd.
地址(Add):浙江省临安市玲珑工业园区
邮编(P. C.):311300
电话(Tel):0571-63925931
传真(Fax):0571-63925929
联系人(Contact Person):翁炳林
产品业务(Business):水刺非织造布,湿巾

浙江亨泰纺织科技有限公司
Hentu Textile & Technology Co.,Ltd.
地址(Add):浙江省瑞安市潮基工业区
邮编(P. C.):325200
电话(Tel):0577-65471999
传真(Fax):0577-65471222
E-mail:hentu@hentu.com
Http://www.hentu.com
法人代表(Chairman):吴琦
联系人(Contact Person):季小蓉
产品业务(Business):水刺非织造布

温州办事处
地址(Add):浙江省温州市鹿城区浙南鞋材市场C区191号
邮编(P. C.):325000
电话(Tel):0577-88728378
传真(Fax):0577-88728368
联系人(Contact Person):周晓燕

绍兴市恒盛纺织有限公司
Shaoxing Hengsheng Textile Co., Ltd.
地址(Add):浙江省绍兴市东浦工业园区下大桥
邮编(P. C.):312069
电话(Tel):0575-5393892
传真(Fax):0575-5393891
E-mail:sale@hs-nonwoven.com
Http://www.hs-nonwoven.com
总经理(General Manager):黄锐镇
联系人(Contact Person):俞秀娟
产品业务(Business):水刺非织造布

绍兴市强生纺织有限公司
Shaoxing Qiangsheng Textile Co., Ltd.
地址(Add):浙江省绍兴市府山西路105号
邮编(P. C.):312000
电话(Tel):0575-5167165
传真(Fax):0575-5167274
E-mail:jonson@mail.sxptt.zj.cn
联系人(Contact Person):屠建江
产品业务(Business):非织造布

绍兴市盛龙纺织有限公司
Shaoxing Shenglong Textile Co., Ltd.
地址(Add):浙江省绍兴市袍江工业区汤公路19号
邮编(P. C.):312047
电话(Tel):0575-8131090-8878
传真(Fax):0575-8131092
联系人(Contact Person):陈建国
产品业务(Business):非织造布

绍兴县春雷布业有限公司
Shaoxing Chunlei Fabric Co., Ltd.
地址(Add):浙江省绍兴县柯桥独三江电管站90-101号
邮编(P. C.):312030
传真(Fax):0575-4099500
总经理(General Manager):毛吉会
产品业务(Business):热风非织造布

绍兴县和中合纤有限公司
Shaoxing Hezhong Fibre Co., Ltd.
地址(Add):浙江省绍兴县夏履镇工业园区
邮编(P. C.):312026
电话(Tel):0575-4066598
传真(Fax):0575-4066566
E-mail:hya173@sohu.com
Http://www.newzt.com
总经理(General Manager):劳金荣
联系人(Contact Person):季红燕
产品业务(Business):水刺非织造布,医疗卫生材料

温州非织布有限公司
Wenzhou Nonwoven Co., Ltd.

地址(Add):浙江省温州市扶贫经济开发区制革路2号
邮编(P.C.):325013
电话(Tel):0577-86636888
传真(Fax):0577-86637878
产品业务(Business):纺粘法非织造布

浙江省新昌县东方非织造有限公司
Zhejiang Xinchang Dongfang Nonwoven Co., Ltd.
地址(Add):浙江省新昌县新昌大道中路205号
邮编(P.C.):312500
电话(Tel):0575-6035163
传真(Fax):0575-6047810
Http://www.dfnonwoven.com
产品业务(Business):非织造布,湿巾,抹布,压缩毛巾

义乌市长弓无纺布有限公司
Yiwu Chnco Nonwoven Co., Ltd.
地址(Add):浙江省义乌市经济开发区三期高新园高新东路
邮编(P.C.):322001
电话(Tel):0579-5335307
传真(Fax):0579-5335301
E-mail:bingchen8900@hotmail.com
Http://www.china-cleaning.com
法人代表(Chairman):张金陆
联系人(Contact Person):陈志斌
产品业务(Business):水刺非织造布及深加工产品

合肥普尔德卫生材料有限公司
Sino Protection (Hefei) Sanitary Material Co., Ltd.
地址(Add):安徽省合肥市长江东路226号
邮编(P.C.):230011
电话(Tel):0551-4411350-813
传真(Fax):0551-4412394
E-mail:hfsmf@mail.hf.ah.cn
Http://www.spihf.com
法人代表(Chairman):郑勇
总经理(General Manager):周兵孝
联系人(Contact Person):陈正国
产品业务(Business):1、水刺法非织造布 2、水刺非织造布医用敷料块、绷带、手术衣帽,一次性爽身内裤等 3、水刺非织造布清洁巾 4、热轧法非织造布,浸渍法非织造布 5、医用纱布、胶布、绷带等卫生材料系列

合肥卫牌卫生用品有限公司
Hefei Weipai Hygiene Products Co., Ltd.
地址(Add):安徽省合肥市长江东路226号卫牌大厦501室
邮编(P.C.):230011
电话(Tel):0551-4310397-501
传真(Fax):0551-4316186
总经理(General Manager):周庭贵
产品业务(Business):水刺非织造布

飘安集团安徽办事处
Piaoan Group Anhui Office
地址(Add):安徽省合肥市长江东路漕冲糖酒城13幢6号
邮编(P.C.):230011
电话(Tel):0551-3238656
传真(Fax):0551-4415568
联系人(Contact Person):侯昌斌
产品业务(Business):水刺非织造布,一次性卫生材料制品

合肥市华润非织造布制品公司
Hefei Huarun Nonwoven Products Co., Ltd.
地址(Add):安徽省合肥市青年路172号
邮编(P.C.):230000
电话(Tel):0551-3410466
传真(Fax):0551-3414066
E-mail:chengbenhua@sohu.com
法人代表(Chairman):程本华
产品业务(Business):非织造布及制品

合肥双成非织造布有限公司
Hefei Shuangcheng Nonwovens Co., Ltd.
地址(Add):安徽省合肥市双凤工业开发区
邮编(P.C.):230056
电话(Tel):0551-6396918
传真(Fax):0551-6396908
E-mail:daidaqing2003@yahoo.com.cn
Http://www.scfzzb.com
联系人(Contact Person):戴大庆
产品业务(Business):水刺法非织造布,浸渍法非织造布,针刺法非织造布,纺粘非织造布;抹布,柔巾卷,擦布,擦手纸,医用床垫,吸血垫,床单靠垫

晋江市恒安卫生材料有限公司
Jinjiang Hengan Hygiene Material Co., Ltd.
地址(Add):福建省晋江市安海恒安工业城
邮编(P.C.):362261
电话(Tel):0595-85708888
传真(Fax):0595-85708666
联系人(Contact Person):姚建军
产品业务(Business):非织造布,打孔PE膜,PE流延膜

泉州东华化纤织造有限公司
Quanzhou Donghua Chemical Fibre Weaving Co., Ltd.
地址(Add):福建省泉州市清濛科技工业区2-12E
邮编(P.C.):362005
电话(Tel):0595-22487811
传真(Fax):0595-22487810
E-mail:dongyuan@public.qz.fj.cn
Http://www.nonwoven-dongyuan.com
联系人(Contact Person):林朝聘
产品业务(Business):非织造布

石狮市鸿华服装辅料有限公司
Shishi Honghua Assist Material for Dress Co., Ltd.
地址(Add):福建省石狮市四号工业区鸿华工业大厦
邮编(P.C.):362700
电话(Tel):0595-88582199
传真(Fax):0595-88782275
联系人(Contact Person):庄雅哲
产品业务(Business):非织造布

翔鹭涤纶纺织(厦门)有限公司
Xianglu Fibers (Xiamen) Co., Ltd.
地址(Add):福建省厦门海沧投资区(芦坑)
邮编(P.C.):361026
电话(Tel):0592-6051111
传真(Fax):0592-6058652
E-mail:pmz@xmxl.com

Http://www.xmxl.com
联系人(Contact Person):潘穆忠
产品业务(Business):化纤及非织造布

厦门丽茂兴贸易有限公司
Reamou China Co., Ltd.
地址(Add):福建省厦门湖滨北路201号宏业大厦5楼
邮编(P. C.):361012
电话(Tel):0592-5062888
传真(Fax):0592-5055673
E-mail:xmreamou@public.xm.fj.cn
联系人(Contact Person):王江庆
产品业务(Business):杜邦纺织及工程长纤维代理

山东俊富无纺布有限公司
Shandong Jofo Nonwovens Co., Ltd.
地址(Add):山东省东营市南一路1278号
邮编(P. C.):257091
电话(Tel):0546-8301415
传真(Fax):0546-8301258
E-mail:jofo@jofo.com.cn
Http://www.jofo.com.cn
联系人(Contact Person):杨强
产品业务(Business):非织造布

济南华鲁实业有限责任公司
Jinan Hualu Industrial Co., Ltd.
地址(Add):山东省济南市工业南路26号
邮编(P. C.):250101
电话(Tel):0531-88834156
传真(Fax):0531-88833856
E-mail:fzb@jnhl.com
Http://www.jnhl.com
联系人(Contact Person):张洪刚
产品业务(Business):非织造布及制品

山东康洁非织造布有限公司
Shandong Kangjie Nonwovens Co., Ltd.
地址(Add):山东省济南市工业南路36号
邮编(P. C.):250101
电话(Tel):0531-88822886
传真(Fax):0531-88822704
E-mail:market@kj-nonwovens.com
Http://www.kj-nonwovens.com
法人代表(Chairman):彭海粟
总经理(General Manager):马敬华
联系人(Contact Person):窦雪梅
产品业务(Business):非织造布

山东临沂市金洲工贸企业有限公司(兰山区社会福利工艺厂)
Shandong Linyi Jinzhou Industry & Trade Co., Ltd.
地址(Add):山东省临沂市通达路32-37号
邮编(P. C.):276005
电话(Tel):0539-8291127
传真(Fax):0539-8290508
Http://www.jinzhougroup.com
法人代表(Chairman):贾学森
联系人(Contact Person):杨学玲
产品业务(Business):热风非织造布,流延膜

日照三银无纺布厂
Rizhao Sanyin Nonwovens Factory
地址(Add):山东省日照市秦皇岛路7号
邮编(P. C.):276826
电话(Tel):0633-8392858
传真(Fax):0633-8331635
E-mail:rzcotton@rz-public.sd.cninfo.net
Http://www.sytexs.com
法人代表(Chairman):厉洪波
联系人(Contact Person):郑世松
产品业务(Business):热风非织造布

潍坊康富特非织造材料有限公司
Weifang Kangfute Nonwoven Material Co., Ltd.
地址(Add):山东省潍坊市寒亭区央子镇央赣路以西,新海路以南
邮编(P. C.):261108
电话(Tel):0536-7576829
传真(Fax):0536-7576286
联系人(Contact Person):王瑞金
产品业务(Business):非织造布

郑州水刺无纺布有限公司
Zhengzhou Spunlaced Nonwovens Co., Ltd.
地址(Add):河南省郑州巩义市小关镇
邮编(P. C.):451272
电话(Tel):0371-64441357
传真(Fax):0371-64441166
E-mail:zzscwfb@371.net
Http://www.flwf.com
法人代表(Chairman):郅公林
联系人(Contact Person):王志强
产品业务(Business):水刺非织造布

郑州铭泰非织造材料有限公司
Zhengzhou Mingtai Nonwovens Co., Ltd.
地址(Add):河南省郑州市高新技术开发区合欢街10号
邮编(P. C.):450001
电话(Tel):0371-67371155
传真(Fax):0371-67371199
E-mail:kouzhenhua@163.com
Http://www.zzmingtai.com
联系人(Contact Person):寇振华
产品业务(Business):水刺非织造布及湿巾等后加工产品

河南万宜科技实业有限公司
Henan Wanyi Science & Technology Industry Co., Ltd.
地址(Add):河南省郑州市高新技术开发区合欢街10号
邮编(P. C.):450001
电话(Tel):0371-67371866
传真(Fax):0371-67371199
联系人(Contact Person):钱利
产品业务(Business):经销水刺非织造布,涤纶短纤

湖北金龙非织造布有限公司
Jinlong Nonwovens Company
地址(Add):湖北省荆门市高新技术产业开发区欣隆大道236号
邮编(P. C.):448000
电话(Tel):0724-2498990
传真(Fax):0724-2498619

联系人(Contact Person):朱永和
产品业务(Business):非织造布

广州市金浪星非织造布有限公司
Guangzhou Environstar Enterprise Ltd.
地址(Add):广东省从化市温泉镇云星村105国道旁
邮编(P.C.):510000
电话(Tel):020-87832349
传真(Fax):020-87832726
E-mail:ping@environstar.com.cn
Http://www.nonwovencn.cn
联系人(Contact Person):郑爱萍
产品业务(Business):聚丙烯纺粘非织造布及制品

佛山市南海伟昌无纺布厂有限公司
Nanhai Weichang Nonwoven Co., Ltd.
地址(Add):广东省佛山市南海区大沥镇钟边工业区(广佛公路旁)
邮编(P.C.):528231
电话(Tel):0757-85550966
传真(Fax):0757-85562329
法人代表(Chairman):钟泰
联系人(Contact Person):赖家坤
产品业务(Business):热轧非织造布,热风非织造布

PGI 南海南新无纺布有限公司
Nanhai Nanxin Non-woven Co., Ltd.
地址(Add):广东省佛山市南海区桂城海八路南海化纤内
邮编(P.C.):528200
电话(Tel):0757-86265196
传真(Fax):0757-86265180
E-mail:info@pginanxin.com
Http://www.pginanxin.com
法人代表(Chairman):Jerry Zucker
联系人(Contact Person):方一鹏
产品业务(Business):丙纶纺粘法非织造布

南海稳德福无纺布有限公司
Nanhai Wonderful Nonwoven Co., Ltd.
地址(Add):广东省佛山市南海区沙头镇石江工业区
邮编(P.C.):528208
电话(Tel):0757-86919199
传真(Fax):0757-86916230
E-mail:deng@chinawoven.com
Http://www.chinawoven.com
法人代表(Chairman):黄业滔
总经理(General Manager):邓伟添
产品业务(Business):非织造布,非织造布制品,成人纸尿裤

佛山市顺德区北滘森丰源纸品厂
Foshan Senfengyuan Paper Products Factory
地址(Add):广东省佛山市顺德区北滘镇碧江工业区二路7号
邮编(P.C.):528300
电话(Tel):0757-26674997
传真(Fax):0757-26658997
法人代表(Chairman):苏炳志
联系人(Contact Person):梁媄
产品业务(Business):打孔非织造布,卫生纸,上海向华公司热熔胶广东代理

广州联衡行贸易有限公司
Guangzhou Lianhenghang Trade Co., Ltd.
(详见干法纸)

广州全永不织布有限公司
Guangzhou Quanyong Nonwovens Co., Ltd.
地址(Add):广东省广州市经济技术开发区东区沧联四社工业区
邮编(P.C.):510760
电话(Tel):020-82261067
传真(Fax):020-82261558
联系人(Contact Person):陈宏荣
产品业务(Business):生产非织造布及制品

广州艺爱丝纤维有限公司
Guangzhou ES Fiber Co., Ltd.
地址(Add):广东省广州市经济技术开发区金碧路金华三街1号
邮编(P.C.):510730
电话(Tel):020-82220021
传真(Fax):020-82220020
E-mail:lijingfeng@gzes.com
Http://www.gzes.com
法人代表(Chairman):可知淳行
总经理(General Manager):木庭竜一
联系人(Contact Person):李景丰
产品业务(Business):热风非织造布,聚烯烃系热粘合复合纤维(ES 纤维)

广东俊富实业有限公司
Guangdong Jofo Industry Co., Ltd.
地址(Add):广东省广州市天河北路233号中信广场7203室
邮编(P.C.):510643
电话(Tel):020-38770825
传真(Fax):020-87521213
联系人(Contact Person):赵民忠
产品业务(Business):非织造布

开平华士达制布企业有限公司
Kaiping Web Star Co., Ltd.
地址(Add):广东省开平市曙光东路138号
邮编(P.C.):529300
电话(Tel):0750-2283899
传真(Fax):0750-2218180
E-mail:ctu91@21cn.com
Http://www.kp-webstar.com.cn
联系人(Contact Person):梁文威
产品业务(Business):纺粘非织造布

深圳市丰源卫生材料有限公司
Shenzhen Fengyuan Sanitary Material Co., Ltd.
地址(Add):广东省深圳市宝安区22区公园路东二巷15号嘉域大厦4楼
邮编(P.C.):518101
电话(Tel):0755-27847739
传真(Fax):0755-27847726
法人代表(Chairman):刘东伟
联系人(Contact Person):许大鹏
产品业务(Business):非织造布

纺粘无纺布(深圳)有限公司(国桥实业深圳有限公司)
Spunbond Nonwoven (Shenzhen) Co., Ltd.
地址(Add):广东省深圳市宝安区观澜镇观光路国桥工业园
邮编(P. C.):518110
电话(Tel):0755 - 28016860
传真(Fax):0755 - 28016996
E-mail:nbi@ nbi. com. cn
Http://www. nbi. com. cn
法人代表(Chairman):杨自然
总经理(General Manager):杨自然
联系人(Contact Person):陈建婷
产品业务(Business):纺粘非织造布及其制品

同高纺织化纤(深圳)有限公司
Equal Good Textile Chemical Fibre Products (Shenzhen) Co., Ltd.
地址(Add):广东省深圳市宝安区石岩镇三联工业区第1-9栋
邮编(P. C.):518108
电话(Tel):0755 - 27629063
传真(Fax):0755 - 27629062
E-mail:equal@ public. szptt. net. cn
Http://www. gordian. com. hk
法人代表(Chairman):余敏
联系人(Contact Person):滕宇然
产品业务(Business):各类非织造布,湿巾

深圳市乐旺家庭用品有限公司
Shenzhen Lewang Household Articles Co., Ltd.
(详见干法纸)

中山市宏骏无纺布厂有限公司
Hongjun Nonwoven Factory Ltd.
地址(Add):广东省中山市海景路三号
邮编(P. C.):528402
电话(Tel):0760 - 8703774
传真(Fax):0760 - 8711071
E-mail:sales@ letson. com. cn
产品业务(Business):非织造布,卫生材料,擦拭布

海南欣龙无纺股份有限公司
Hainan Xinlong Nowovens Co., Ltd.
地址(Add):海南省海口市龙昆北路2号珠江广场帝豪大厦17层
邮编(P. C.):571924
电话(Tel):0898 - 67488727
传真(Fax):0898 - 67486512
Http://www. xinglong - nonwovens. com
联系人(Contact Person):孔令芝
产品业务(Business):水刺非织造布,热轧非织造布,纺粘法非织造布,手术服,擦拭巾,湿巾
上海分公司
Hainan Xinlong Nonwovens Co., Ltd., Shanghai Branch
地址(Add):上海市肇嘉浜路301号工商大厦27层
邮编(P. C.):200032
电话(Tel):021 - 54236024
传真(Fax):021 - 54236934
E-mail:jingying@ xlwf - sh. com
Http://www. xlwf - sh. com
联系人(Contact Person):吴敬英

北京欣龙五洲科技有限公司
Beijing Xinlong Wuzhou Science & Technology Co., Ltd.
地址(Add):北京市朝阳区建国路88号SOHO现代城C座610
邮编(P. C.):100022
电话(Tel):010 - 85804263
传真(Fax):010 - 85804264
E-mail:bobby@ beijing - xinlong. com
Http://www. beijing - xinlong. com
联系人(Contact Person):赵志钢

重庆永银化工发展有限公司
Chongqing Yongyin Chemical Development Co., Ltd.
地址(Add):重庆市南岸区南坪福红路16号
邮编(P. C.):400060
电话(Tel):023 - 62604519
传真(Fax):023 - 62604542
法人代表(Chairman):李秋平
联系人(Contact Person):尚林剑
产品业务(Business):PLT、PN桥式网孔面料,PPS、PMS桥式网孔面料(非织造布打孔)

重庆富雅乐无纺布有限公司
Chongqing Fuyale Nonwovens Co., Ltd.
地址(Add):重庆市沙坪坝区井口镇镇口村竹宝合作社长磅
邮编(P. C.):400037
电话(Tel):023 - 65186831
传真(Fax):023 - 65186991
E-mail:fehrer@ public. cta. cq. cn
法人代表(Chairman):张帆若
联系人(Contact Person):陈富保
产品业务(Business):热风非织造布 13 ~ 60g/m^2,幅宽 50 ~ 2000mm,汽车地毯、菜瓜布、抹布

四川威克力无纺布有限公司
Sichuan Wilcrea Nonwovens Co., Ltd.
地址(Add):四川省广汉市澳门路二段
邮编(P. C.):618300
电话(Tel):0838 - 5248217
传真(Fax):0838 - 5228685
总经理(General Manager):张兰
联系人(Contact Person):杨平
产品业务(Business):热风非织造布,热轧非织造布和复合非织造布

● 打孔PE膜 Apertured film

Tredegar Film Products
卓德嘉薄膜有限公司
地址(Add):1100 Boulders Parkway, Richmond, Virginia 23225 U. S. A.
电话(Tel):1 - 804 - 3301000
传真(Fax):1 - 804 - 3301777
Http://www. tredegarfilm. com
广州卓德嘉薄膜有限公司
Guangzhou Tredegar Film Co., Ltd.
地址(Add):广东省广州市保税区广保大道西侧
邮编(P. C.):510730
电话(Tel):020 - 82209998

传真(Fax):020-62957505
E-mail:jli@ tredegar. com
法人代表(Chairman):Tom Cochran
总经理(General Manager):张武凌
联系人(Contact Person):李胜林
产品业务(Business):生产和销售妇女卫生巾和成人失禁纸尿片用的打孔膜和复合膜,纸尿布和成人失禁用品用的弹性薄膜、薄膜/非织造布复合产品,卫生用品的透气性阻隔膜和复合膜,包装薄膜,打孔非织造布

卓德嘉薄膜(上海)有限公司
Tredegar Film (Shanghai) Co., Ltd.
地址(Add):上海市松江工业区荣乐东路281号
邮编(P. C.):201613
电话(Tel):021-57745588
传真(Fax):021-57744438
E-mail:jyang@ tredegar. com
法人代表(Chairman):张武凌
联系人(Contact Person):忻王协

PGI Nonwovens Chicopee, Inc.
美国PGI集团Chicopee公司
地址(Add):P. O. Box6229 wss, Gainesville, GA 30504 U. S. A.
电话(Tel):1-770-5038208
传真(Fax):1-770-5038350

北京艾德玛多功能材料有限公司
Beijing ADM Multifunction Material Co., Ltd.
地址(Add):北京市密云县十里堡工业区
邮编(P. C.):101500
电话(Tel):010-69076468
传真(Fax):010-69076387
E-mail:bjadm@ alibaba. com
Http://bjadmgs. cn. alibaba. com
总经理(General Manager):赵华伟
联系人(Contact Person):高迟
产品业务(Business):打孔膜,非织造布

保定市安新县翔宇制品厂
Baoding Anxin Xiangyu Products Factory
地址(Add):河北省安新县刘李庄镇南冯村
邮编(P. C.):071605
电话(Tel):0312-5263099
传真(Fax):0312-5261988
联系人(Contact Person):张杰飞
产品业务(Business):流延膜,打孔膜

石家庄发利来塑料制品有限公司
Shijiazhuang Falilai Plastic Products Co., Ltd.
(详见PE流延膜)

营口市爱人日用卫生品厂
Yingkou Airen Commodity Factory
地址(Add):辽宁省营口市站前区工业街
邮编(P. C.):115001
电话(Tel):0417-3609405
总经理(General Manager):韩龙圣
产品业务(Business):妇女卫生巾,妇女卫生巾用打孔膜

联诚兴企业(上海)有限公司
Uni-Win (Shanghai) Co., Ltd.
地址(Add):上海市北京东路668号东楼24层G座
邮编(P. C.):200001
电话(Tel):021-53085188
传真(Fax):021-53085438
法人代表(Chairman):黄振正
联系人(Contact Person):李洪伟
产品业务(Business):打孔膜,透气膜

常州市佳美薄膜制品有限公司
Changzhou Jiamei Film Co., Ltd.
地址(Add):江苏省常州市312国道遥观工业区
邮编(P. C.):213011
电话(Tel):0519-8775933
传真(Fax):0519-8380788
Http://www. cz-jm. com
总经理(General Manager):杨小平
产品业务(Business):打孔膜机,打孔膜,热轧、热风非织造布,PE膜,流延膜

常州市中阳塑料制品厂
Changzhou Zhongyang Plastic Products Factory
地址(Add):江苏省常州市东门外遥观镇建农
邮编(P. C.):213102
电话(Tel):0519-8701717
传真(Fax):0519-8707922
总经理(General Manager):潘焕忠
产品业务(Business):PE打孔膜,流延膜,打孔膜设备

常州市太阳花科技有限公司
Changzhou Sunflower Technologies Co., Ltd.
(详见打孔膜机)

常州市豪峰纸业有限公司
Changzhou Haofeng Paper Co., Ltd.
(详见干法纸)

常州市前杨塑料厂
Changzhou Qianyang Plastics Factory
(详见PE流延膜)

常州市恒通多功能膜有限公司
Changzhou Hengtong Multifunction Film Co., Ltd.
地址(Add):江苏省常州市戚墅堰前杨上湾5号
邮编(P. C.):213011
电话(Tel):0519-8386525
传真(Fax):0519-8386525
法人代表(Chairman):濮旭东
联系人(Contact Person):濮旭东
产品业务(Business):打孔膜及打孔膜制造设备

姐妹卫生制品(苏州)有限公司
Jeje Hygienic Products (Suzhou) Co., Ltd.
地址(Add):江苏省苏州市工业园区百合街6号
邮编(P. C.):215021
电话(Tel):0512-67412550
传真(Fax):0512-67418535
E-mail:jejesz@ jeje. com. cn
Http://www. jeje. com. cn
法人代表(Chairman):余孝永
总经理(General Manager):蔡子辛
联系人(Contact Person):沈琴珠

产品业务(Business):打孔 PE 膜

苏州金中恒膜业有限公司
Suzhou K－Zonhern Film Co., Ltd.
地址(Add):江苏省苏州吴江市芦墟镇芦北路
邮编(P. C.):215211
电话(Tel):0512－63274005
传真(Fax):0512－63274790
E-mail:faming_xu@hotmail.com
Http://www.zonhernfilm.cn
法人代表(Chairman):徐法明
联系人(Contact Person):徐法明
产品业务(Business):打孔 PE 膜,打孔 PE 膜生产线

临安恒大卫生制品有限公司
Lin'an Hengda Hygiene Products Co., Ltd.
地址(Add):浙江省临安市於潜镇方元工业区
邮编(P. C.):311311
电话(Tel):0571－63872572
传真(Fax):0571－63872559
法人代表(Chairman):张桂俊
联系人(Contact Person):童湘穆
产品业务(Business):打孔 PE 膜,干法纸及吸水纸

浙江康芙娅妇幼用品有限公司
Zhejiang Kangfuya Maternity & Children Hygiene Products Co., Ltd.
地址(Add):浙江省瑞安市经济开发区南滨东路 285 号
邮编(P. C.):325200
电话(Tel):0577－65138001/06
传真(Fax):0577－65138003
E-mail:careful@mail.wzptt.zj.cn
Http://www.kangfuya.com
法人代表(Chairman):章瑞华
总经理(General Manager):张永顺
联系人(Contact Person):张永顺
产品业务(Business):打孔膜

温州万事达包装材料有限公司
Wenzhou Wanshida Co., Ltd.
(详见 PE 流延膜)

温州市瓯海合利塑纸厂
Wenzhou Ouhai Heli Plastics & Paper Factory
地址(Add):浙江省温州市瓯海区三垟街道牡丹村 39 号
邮编(P. C.):325014
电话(Tel):0577－86773123
传真(Fax):0577－86775623
Http://helisuzhi.cn.alibaba.com
法人代表(Chairman):方云飞
联系人(Contact Person):方云飞
产品业务(Business):打孔 PE 膜,快易贴,流延膜

温州市毅力包装有限公司
Wenzhou Yili Packing Co., Ltd.
地址(Add):浙江省温州市仰义渔渡工业区
邮编(P. C.):325008
电话(Tel):0577－88759618
传真(Fax):0577－88759956
E-mail:yili@mail.wzptt.zj.cn
法人代表(Chairman):伍联成
总经理(General Manager):潘路耀
联系人(Contact Person):潘路耀
产品业务(Business):打孔 PE 膜,PE 流延膜

浙江义乌市康大卫生用品有限公司
Zhejiang Yiwu Kangda Hygiene Products Co., Ltd.
地址(Add):浙江省义乌市香山小区 47 栋 1 楼
邮编(P. C.):322000
电话(Tel):0579－5316505
传真(Fax):0579－5315648
法人代表(Chairman):陈履南
总经理(General Manager):陈履南
联系人(Contact Person):陈履南
产品业务(Business):经销打孔 PE 膜等原辅材料

郑氏特种膜有限公司
Zhengshi Specialty Film Co., Ltd.
(详见 PE 流延膜)

晋江市恒安卫生材料有限公司
Jinjiang Hengan Hygiene Material Co., Ltd.
(详见非织造布)

晋江兴顺卫生材料用品有限公司
Xingshun Hygiene Material Co.
地址(Add):福建省晋江市安海镇后林许工业区
邮编(P. C.):362261
电话(Tel):0595－85761666
传真(Fax):0595－85763666
联系人(Contact Person):许有苗
产品业务(Business):经销各种卫生用品原材料

恒信纸品卫生材料经销部
Hengxin Paper Products Material Distributor
(详见纸浆和绒毛浆)

福建省晋江市群益塑胶开发有限公司
Fujian Qunyi Plastics Development Co., Ltd.
地址(Add):福建省晋江市青阳青华工业区
邮编(P. C.):362200
电话(Tel):0595－85698405
传真(Fax):0595－85661208
E-mail:qysj168@126.com
Http://www.qysj.cn
联系人(Contact Person):王坤
产品业务(Business):打孔膜,热熔胶

舒尔佳塑胶制品有限公司
Shuerjia Plastic Products Co., Ltd.
地址(Add):福建省晋江市西园街道王厝村
邮编(P. C.):362200
电话(Tel):0595－85656666
传真(Fax):0595－85656777
联系人(Contact Person):洪世文
产品业务(Business):打孔膜

福建泉州慧利卫生材料有限公司
Fujian Quanzhou Huili Health Material Co., Ltd.
地址(Add):福建省泉州市丰泽区普贤路肖厝工业区
邮编(P. C.):362000
电话(Tel):0595－22761200

传真(Fax):0595－22764200
联系人(Contact Person):陈秀春
产品业务(Business):打孔膜,流延膜

泉州鲤城耳东纸制品厂
Licheng Erdong Paper Products Factory
(详见高吸水树脂SAP及复合纸)

厦门延江工贸有限公司
Xiamen Yanjiang Industry Co., Ltd.
地址(Add):福建省厦门市后坑工业区前社2号
邮编(P. C.):361006
电话(Tel):0592－5229830
传真(Fax):0592－5229833
E-mail:xiejiquan@ yanjian. com
Http://www. yanjian. com
法人代表(Chairman):谢继华
联系人(Contact Person):谢继权
产品业务(Business):打孔PE膜,特种薄膜

漳州市芗城富强卫生用品有限公司
Zhangzhou Fuqiang Hygiene Products Co., Ltd.
地址(Add):福建省漳州市草寮尾74号(市造纸厂内)
邮编(P. C.):363000
电话(Tel):0596－2633567
传真(Fax):0596－2632955
联系人(Contact Person):迟学儿
产品业务(Business):打孔膜

宏运卫生材料有限责任公司
Hongyun Sanitary Material Co., Ltd.
地址(Add):山东省临沂市金雀山七路中段
邮编(P. C.):276005
电话(Tel):0539－3084004
总经理(General Manager):王册宽
产品业务(Business):打孔膜,流延膜

山东宝利卫生用品
Shandong Baoli Hygiene Products Co.
地址(Add):山东省临沂市罗庄区大莱园工业园
邮编(P. C.):276000
电话(Tel):0539－6771122
联系人(Contact Person):林刚
产品业务(Business):打孔膜,流延膜,离型纸

临沂市贝尔科技有限公司
Linyi Beier Science & Technology Co., Ltd.
地址(Add):山东省临沂市银雀山路182号
邮编(P. C.):276006
电话(Tel):0539－8369070
传真(Fax):0539－8369071
总经理(General Manager):郭延明
产品业务(Business):打孔膜

蓬莱市梦雅卫生用品厂
Penglai Mengya Hygiene Articles Factory
地址(Add):山东省蓬莱市徐家集兴隆庄
邮编(P. C.):265602
电话(Tel):0535－5939698
传真(Fax):0535－5939628
总经理(General Manager):郑春
产品业务(Business):妇女卫生巾,打孔膜

山东省金马集团金马卫生材料公司
Jinma Sanitary Material Co.
地址(Add):山东省郯城县金马商业街
邮编(P. C.):276126
电话(Tel):0539－6777106
传真(Fax):0539－6771109
总经理(General Manager):马平
产品业务(Business):打孔膜,流延膜,热熔胶,离型纸,吸水纸,干法纸

山东郯城恒大塑料制品有限公司
Shandong Tancheng Hengda Plastic Manufacture Co., Ltd.
(详见PE流延膜)

昌隆卫生材料厂
Changlong Sanitary Material Factory
(详见PE流延膜)

山东郯城益康打孔膜厂
Shandong Tancheng Yikang Apertured Film Factory
地址(Add):山东省郯城县马头镇金马商业街576号
邮编(P. C.):276125
电话(Tel):0539－6773333
总经理(General Manager):李步生
产品业务(Business):打孔膜,流延膜,热熔胶,离型纸,干法纸

山东省郯城县康佳打孔膜厂
Tancheng Kangjia Apertured Film Factory
地址(Add):山东省郯城县马头镇糖果工业园
邮编(P. C.):276100
电话(Tel):0539－6772982
传真(Fax):0539－6772982
联系人(Contact Person):许永春
产品业务(Business):打孔膜,流延膜

山东省郯城县天马塑膜有限公司
Tancheng Tianma Plastic Film Co., Ltd.
地址(Add):山东省郯城县马头镇糖果工业园内
邮编(P. C.):276126
电话(Tel):0539－7060756
传真(Fax):0539－6771098
法人代表(Chairman):管恩柱
联系人(Contact Person):刘杰
产品业务(Business):打孔膜,流延膜,基材膜

山东郯城县爱洁卫生用品厂
Tancheng Aijie Hygiene Articles Factory
地址(Add):山东省郯城县郯马经济开发区南园街506号
邮编(P. C.):276126
电话(Tel):0539－6771223
联系人(Contact Person):郭德友
产品业务(Business):妇女卫生巾,打孔膜,流延膜

淄博广龙塑料工贸有限公司
Zibo Guanglong Plastics Industry & Trading Co., Ltd.
地址(Add):山东省淄博市桓台索镇张北路64号
邮编(P. C.):256400

电话(Tel):0533-8162052
传真(Fax):0533-8164788
联系人(Contact Person):赵峰
产品业务(Business):打孔膜,PE流延膜,热收缩膜,拉伸缠绕膜,纸管及各种规格塑料包装袋等产品

安阳市中原薄膜彩印有限责任公司
Anyang Zhongyuan Multicolor Printing of Film Co., Ltd.
(详见PE流延膜)

鹤山市花坪薄膜有限公司
Heshan Huaping Film Co., Ltd.
(详见PE流延膜)

深圳市恒升网面材料有限公司
Shenzhen Hengsheng Web Material Co., LTd.
地址(Add):广东省深圳市宝安区观澜镇横坑路河东二栋
邮编(P.C.):518110
电话(Tel):0755-28052798
传真(Fax):0755-28053146
总经理(General Manager):阎诤

舒雅(越南)卫生材料联营公司
Shuya (Vietnam) Sanitary Material Affiliated Co.
地址(Add):广西凭祥市浦寨新街25号
邮编(P.C.):532600
电话(Tel):0771-8562478
E-mail:shuya@public.nn.gx.cn
总经理(General Manager):刘战勇
产品业务(Business):生产打孔膜,向越南销售原材料

● PE流延膜 PE film

Tredegar Film Products
卓德嘉薄膜有限公司
(详见打孔PE膜)

卫普实业股份有限公司
Web-Pro Corporation
(详见非织造布)

台湾塑胶工业股份有限公司
Formosa Plastics Corporation
地址(Add):台湾台北市10591敦化北路201号台塑大楼4楼175室
电话(Tel):886-2-27178113
传真(Fax):886-2-27193262
E-mail:tapro@fpc.com.tw
联系人(Contact Person):林灿国
产品业务(Business):"台舒爽"透气膜,高吸水树脂

创力国际有限公司
Marly International Co., Ltd.
地址(Add):香港九龙新蒲岗双喜街17号富德工业大厦23字楼B室
电话(Tel):852-23973345
传真(Fax):852-23540701
E-mail:waifung@sh163b.sta.net.cn
联系人(Contact Person):冯伟强
创力塑料有限公司
Marly Plastic Co., Ltd.
地址(Add):上海市南丹路191号3A诚品商务中心3楼A座
邮编(P.C.):200030
电话(Tel):021-64699500
传真(Fax):021-54258638
E-mail:hebao21@hotmail.com
联系人(Contact Person):张喜盛
产品业务(Business):经销进口流延膜、透气膜

天津市德利塑料制品有限公司
Tianjin Deli Plastic Products Co., Ltd.
地址(Add):天津市宁河芦台镇延河路联星机械厂旁
邮编(P.C.):301500
电话(Tel):022-69588127
传真(Fax):022-69588127
联系人(Contact Person):王焕明
产品业务(Business):流延膜,PE防水衬膜,彩印包装袋

天津市玺丰塑胶制品有限公司
Tianjin Xifeng Plastic Products Co., Ltd.
地址(Add):天津市西青区中北镇曹庄村星光路西侧
邮编(P.C.):300112
电话(Tel):022-27923456
传真(Fax):022-27923456
联系人(Contact Person):李华强
产品业务(Business):压花膜,流延膜,打孔膜

保定市安新县翔宇制品厂
Baoding Anxin Xiangyu Products Factory
(详见打孔PE膜)

河北沧州市五环工业公司热风无纺布分公司
Cangzhou Wuhuan Industry Co., Airthroughbonded Non-woven Branch
(详见非织造布)

河北东光县佳禾塑料
Dongguang Jiahe Plastic Plant
地址(Add):河北省东光县马堂
邮编(P.C.):061600
电话(Tel):0317-7746777
传真(Fax):0317-7741666
E-mail:jiahesuliao@vip.sina.com
联系人(Contact Person):马国良
产品业务(Business):流延膜,制作卫生巾、护垫、纸尿裤彩色包装

邯郸瑞凯塑料制品有限公司
Handan Ruikai Plastic Products Co., Ltd.
地址(Add):河北省邯郸市新兴大街87号
邮编(P.C.):056004
电话(Tel):0310-7025202
传真(Fax):0310-7032329
法人代表(Chairman):王存瑞
联系人(Contact Person):金运江
产品业务(Business):流延压纹膜,衬膜,透气膜

石家庄发利来塑料制品有限公司
Shijiazhuang Falilai Plastic Products Co., Ltd.
地址(Add):河北省石家庄市中华北大街田庄桥北

邮编(P. C.):050061
电话(Tel):0311 - 7761645
传真(Fax):0311 - 7761645
联系人(Contact Person):焦俊良
产品业务(Business):流延膜,PE 膜,吸水纸,打孔膜

新乐华宝塑料包装有限公司
Xinle Huabao Plastic Package Co., Ltd.
地址(Add):河北省新乐市承安铺
邮编(P. C.):050701
电话(Tel):0311 - 88561291
传真(Fax):0311 - 88562297
E-mail:baozhuang@ huabaosuliao. com
Http://www. huabaosuliao. com
总经理(General Manager):刘敏奇
联系人(Contact Person):孙会峰
产品业务(Business):流延膜,压纹膜等

新乐华宝塑料薄膜有限公司
Xinle Huabao Plastic Film Co., Ltd.
地址(Add):河北省新乐市南环路 186 号
邮编(P. C.):050700
电话(Tel):0311 - 88582888
传真(Fax):0311 - 88582558
E-mail:bomoceo@ huabaosuliao. com
Http://www. huabaosuliao. com
法人代表(Chairman):刘根全
联系人(Contact Person):刘军旗
产品业务(Business):透气膜,多层共挤打孔 PE 膜基材,PE 压纹流延膜,离型膜

新乐华宝塑料制品有限公司
Xinle Huabao Plastic Products Co., Ltd.
地址(Add):河北省新乐市南环西路 210 号
邮编(P. C.):050700
电话(Tel):0311 - 88585708
传真(Fax):0311 - 88677345
E-mail:zhipin@ huabaosuliao. com
Http://www. huabaosuliao. com
法人代表(Chairman):陈增国
总经理(General Manager):赵青欣
联系人(Contact Person):赵青欣
产品业务(Business):PE 流延膜,快易封口胶带底膜,妇女卫生巾外包装袋印刷 PE 膜,医用隔离膜,创可贴膜,手术衣、防护服面料

雄县东升塑业有限公司
Xiongxian Dongsheng Plastic Co., Ltd.
地址(Add):河北省雄县雄州路 668 号
邮编(P. C.):071800
电话(Tel):0312 - 5869066
E-mail:dongsheng@ dongshengsy. com
Http://www. dongshengsy. com
联系人(Contact Person):徐继军
产品业务(Business):塑料填充母料及色母料

玉田县远宏塑胶有限公司
Yutian Yuanhong Plastic Co., Ltd.
地址(Add):河北省玉田县种子公司对面
邮编(P. C.):064100
电话(Tel):0315 - 6193688
总经理(General Manager):杨乃泽
产品业务(Business):塑料母粒

上海沛龙特种胶粘材料有限公司
Shanghai Peilong Special Adhesive Materials Co., Ltd.
(详见胶带及离型纸)

上海紫华企业有限公司
Shanghai Zihua Enterprise Co., Ltd.
地址(Add):上海市闵行区北松路 999 号
邮编(P. C.):201111
电话(Tel):021 - 64093456
传真(Fax):021 - 64090612
E-mail:zihua@ eshenbao. com
Http://www. pefilm. com. cn
法人代表(Chairman):郭峰
总经理(General Manager):徐志强
联系人(Contact Person):黄健
产品业务(Business):PE 压纹流延膜,透气膜,缠绕膜

常州市佳美薄膜制品有限公司
Changzhou Jiamei Film Co., Ltd.
(详见打孔 PE 膜)

常州市俊翔塑料色母料有限公司
Changzhou Junxiang Plastic Masterbatch Co., Ltd.
地址(Add):江苏省常州市采菱路 44 号(汽车大修厂内)
邮编(P. C.):213018
电话(Tel):0519 - 8800691
传真(Fax):0519 - 8800691
总经理(General Manager):冯曙俊
产品业务(Business):塑料色母料

常州市中阳塑料制品厂
Changzhou Zhongyang Plastic Products Factory
(详见打孔 PE 膜)

常州市欧诺塑业有限公司
Changzhou Ounuo Plastics Co., Ltd.
地址(Add):江苏省常州市洛阳工业园区北环路 3 号
邮编(P. C.):213104
电话(Tel):0519 - 8526777
传真(Fax):0519 - 8522258
E-mail:ounowsyp@ 163. com
Http://ounowsyp. cn. alibaba. com
联系人(Contact Person):周维刚
产品业务(Business):流延膜

常州常敏塑料制品有限公司
Changzhou Changmin Plastic Products Co., Ltd.
地址(Add):江苏省常州市戚墅堰北戚月线南岸桥(良农收购站院内)
邮编(P. C.):213011
电话(Tel):0519 - 8360108
传真(Fax):0519 - 8363280
联系人(Contact Person):濮震岳
产品业务(Business):打孔膜基材,流延膜

常州市前杨塑料厂
Changzhou Qianyang Plastics Factory
地址(Add):江苏省常州市戚墅堰东前杨工业区

邮编(P. C.):213011
电话(Tel):0519-8771939
Http://www.cnxi.anbao.com
联系人(Contact Person):陶鉴
产品业务(Business):PE 流延膜,打孔膜

常州市戚墅堰宏发五金塑料厂
Changzhou Hongfa Hardware & Plastic Factory
地址(Add):江苏省常州市戚墅堰东前杨工业区 37 号
邮编(P. C.):213011
电话(Tel):0519-8773069
传真(Fax):0519-8385897
联系人(Contact Person):徐国生
产品业务(Business):生产 PE 流延膜

常州市隆海橡塑制品厂
Changzhou Longhai Rubber & Plastic Products Factory
地址(Add):江苏省常州市戚墅堰东前杨工业区 3 号
邮编(P. C.):213011
电话(Tel):0519-8775588
传真(Fax):0519-8371595
总经理(General Manager):陶依
产品业务(Business):流延膜

常州市富康创新塑胶有限公司
Changzhou Fukang Chuangxin Plastic Co., Ltd.
地址(Add):江苏省常州市戚墅堰剑湖前杨河区 99 号
邮编(P. C.):213011
电话(Tel):0519-8389856
传真(Fax):0519-8372990
联系人(Contact Person):唐捷
产品业务(Business):PE 流延膜

常州市天和卫生材料有限公司
Changzhou Tianhe Sanitary Material Co., Ltd.
地址(Add):江苏省常州市戚墅堰区梅港新村 13 弄 8 号
邮编(P. C.):213011
电话(Tel):0519-8774456
传真(Fax):0519-87783824
联系人(Contact Person):杨鸣
产品业务(Business):流延膜,非织造布,高分子复合纸

常州唯尔福卫生用品有限公司
Changzhou Welfare Hygiene Products Co., Ltd.
地址(Add):江苏省常州市戚月线南岸桥垅
邮编(P. C.):213011
电话(Tel):0519-8353588
传真(Fax):0519-8380800
法人代表(Chairman):张金华
总经理(General Manager):张金华
联系人(Contact Person):朱云娣
产品业务(Business):生产流延膜,压纹膜,印花膜,打孔膜基材

常州市双成塑母料有限公司
Changzhou Shuangcheng Plastic Masterbatch Co., Ltd.
地址(Add):江苏省常州市前黄镇胜西路 154 号
邮编(P. C.):213172
电话(Tel):0519-6511308
传真(Fax):0519-6511661
E-mail:byc@cscsy.com
Http://www.cscsy.com
联系人(Contact Person):赵忠浩
产品业务(Business):聚烯烃改性母粒

常州市宏利卫生材料有限公司
Changzhou Hongli Hygiene Material Co., Ltd.
地址(Add):江苏省常州市武进横林镇古槐路 128 号
邮编(P. C.):213101
电话(Tel):0519-8789799
传真(Fax):0519-8495799
总经理(General Manager):汪乐海
联系人(Contact Person):张惠中
产品业务(Business):生产流延膜

常州市武进第二塑料彩印厂
Wujin No. 2 Plastics Color Printing Factory
地址(Add):江苏省常州市武进南郊礼加镇礼南路 1 号
邮编(P. C.):213176
电话(Tel):0519-6231271
传真(Fax):0519-6234737
联系人(Contact Person):庄新华
产品业务(Business):流延膜,包装袋

常州市彩丽塑料色母料有限公司
Changzhou Caili Plastic Masterbatch Co., Ltd.
地址(Add):江苏省常州市西林乡朱夏墅沿河村 58 号
邮编(P. C.):213024
电话(Tel):0519-3886683
联系人(Contact Person):任玉亭
产品业务(Business):塑料色母料

丹阳市金达流延膜厂
Danyang Jinda PE Film Factory
地址(Add):江苏省丹阳市经济开发区新世纪工业园
邮编(P. C.):212300
电话(Tel):0511-6961869
传真(Fax):0511-6961869
联系人(Contact Person):陈晓华
产品业务(Business):流延膜

顺昶塑胶(昆山)有限公司
Swanson Plastics (Kunshan) Co.
地址(Add):江苏省昆山市周市镇青阳北路 289 号
邮编(P. C.):215314
电话(Tel):0512-57663456
传真(Fax):0512-57666008
E-mail:spk818@pub.sz.jsinfo.net
法人代表(Chairman):应保罗
总经理(General Manager):应保罗
联系人(Contact Person):郑博仁
产品业务(Business):PE 流延膜,透气膜,离型膜,缠绕膜,复合膜

南京康尔洁纸品有限公司
Nanjing Kangerjie Paper Products Co., Ltd.
(详见胶带及离型纸)

通州市恒靓流延膜厂
Tongzhou Hengliang PE Film Factory
地址(Add):江苏省通州市姜灶镇工业园西区
邮编(P. C.):226300

电话(Tel):0513－6336222
联系人(Contact Person):徐光明
产品业务(Business):流延膜

江阴市凯凯纸塑制品有限公司
Jiangyin Kaikai Paper & Plastic Products Co., Ltd.
地址(Add):江苏省无锡市北外顾山镇工业园区
邮编(P. C.):214414
电话(Tel):0510－6329578
传真(Fax):0510－6329992
总经理(General Manager):李锦凯
产品业务(Business):流延膜

无锡鸿昌塑制品有限公司
Wuxi Hongchang Plastic Products Co., Ltd.
地址(Add):江苏省无锡市惠山区堰桥镇工业园区堰锦路8号
邮编(P. C.):214176
电话(Tel):0510－3743807
传真(Fax):0510－3741013
法人代表(Chairman):任友兴
联系人(Contact Person):任小兴
产品业务(Business):PE 流延膜,包装膜

江苏省无锡市泾达纸品厂
Jiangsu Wuxi Jingda Paper Factory
(详见胶带及离型纸)

无锡市张泾文化卫生用品有限公司
Wuxi Cultural Hygiene Products Plant
(详见胶带及离型纸)

盐城昌源塑料制品厂
Yancheng Changyuan Plastic Products Factory
地址(Add):江苏省盐城市亭湖区便仓大仓路6号
邮编(P. C.):224044
电话(Tel):0515－8830177
传真(Fax):0515－8833209
E-mail:bgc@ cncysl. com
Http://www. cncysl. com
联系人(Contact Person):刘成杰
产品业务(Business):PEP 填充母料

扬州群益改性塑料有限公司
Yangzhou Qunyi Modified Plastics Co., Ltd.
地址(Add):江苏省扬州市运河南路33号
邮编(P. C.):225003
电话(Tel):0514－7200412
传真(Fax):0514－7205874
E-mail:zhimingdeng@ 126. com
联系人(Contact Person):邓志明
产品业务(Business):碳酸钙,填充母料

张家港市昕光塑胶制品有限公司
Zhangjiagang Xinguang Plastic Products Co., Ltd.
地址(Add):江苏省张家港市杨舍镇李巷村
邮编(P. C.):225600
电话(Tel):0512－58990529
传真(Fax):0512－58597529
总经理(General Manager):陈春芳
联系人(Contact Person):徐桂根
产品业务(Business):流延膜

杭州集成复合材料有限公司
Hangzhou Jicheng Complex Material Co., Ltd.
地址(Add):浙江省杭州市萧山北干工业园区88号
邮编(P. C.):311200
电话(Tel):0571－82863678
传真(Fax):0571－82863678
E-mail:13906522657@ zj. com
联系人(Contact Person):许伟雄
产品业务(Business):尿裤用复合底膜,医用防护服

浙江越韩科技透气材料有限公司
Zhejiang Yuehan Science & Technology Breathing Material Co., Ltd.
地址(Add):浙江省绍兴市袍江工业区越王路北
邮编(P. C.):312075
电话(Tel):0575－8669888
传真(Fax):0575－8669777
E-mail:ldcjm@ 163. com
Http://www. yuehonggroup. com
法人代表(Chairman):何伟
联系人(Contact Person):陈建明
产品业务(Business):透气膜,透气粒子,膜/非织造布复合材料等

温州市瓯海南堡塑料制品厂
Wenzhou Ouhai Nanbao Plastic Products Plant
地址(Add):浙江省温州市牛山西路578号
邮编(P. C.):325003
电话(Tel):0577－88428458
传真(Fax):0577－88428458
法人代表(Chairman):黄利光
联系人(Contact Person):陈凤麟
产品业务(Business):各种规格 PE 流延膜

温州万事达包装材料有限公司
Wenzhou Wanshida Co., Ltd.
地址(Add):浙江省温州市瓯海区娄桥镇下山头洪河路18号
邮编(P. C.):325018
电话(Tel):0577－86285300
传真(Fax):0577－86161158
E-mail:babanui@ wz. zj. com
法人代表(Chairman):陈玉玮
联系人(Contact Person):朱荣俐
产品业务(Business):生产流延膜、打孔膜

温州市瓯海合利塑纸厂
Wenzhou Ouhai Heli Plastics & Paper Factory
(详见打孔 PE 膜)

温州市毅力包装有限公司
Wenzhou Yili Packing Co., Ltd.
(详见打孔 PE 膜)

浙江义乌星火塑料制品有限公司
Zhejiang Yiwu Xinghuo Plastic Products Co., Ltd.
地址(Add):浙江省义乌市前洪开发区
邮编(P. C.):322000
电话(Tel):0579－5431108

传真(Fax):0579－5431108
法人代表(Chairman):季兴财
联系人(Contact Person):季兴财
产品业务(Business):流延膜

浙江省诸暨市华夏塑胶总厂
Huaxia Plastic & Rubber Factory
(详见包装材料)

郑氏特种膜有限公司
Zhengshi Specialty Film Co., Ltd.
地址(Add):安徽省宿州市朱仙庄开发区
邮编(P. C.):234111
电话(Tel):0557－2766358
总经理(General Manager):郑士启
产品业务(Business):流延膜,打孔膜

恒信纸品卫生材料经销部
Hengxin Paper Products Material Distributor
(详见纸浆和绒毛浆)

福建省晋江市福埔塑料造粒厂
Jinjiang Fupu Plastic Pelleting Factory
地址(Add):福建省晋江市罗山福埔开发区泉安路
邮编(P. C.):362200
电话(Tel):0595－88186383
联系人(Contact Person):陈金星
产品业务(Business):PP,PE,吹薄,废料

晋江恒联塑料有限公司
Jinjiang Henglian Plastic Co., Ltd.
地址(Add):福建省晋江市西园街道车厝龟山工业区
邮编(P. C.):362200
电话(Tel):0595－85899955
传真(Fax):0595－85897955
总经理(General Manager):王清白
产品业务(Business):专业生产流延膜

晋江市有利塑胶制品有限公司
Jinjiang Youli Plastic Products Co., Ltd.
地址(Add):福建省晋江市英林西埔工业区
邮编(P. C.):362200
电话(Tel):0595－85477333
传真(Fax):0595－85477866
联系人(Contact Person):林少明
产品业务(Business):流延膜,透气膜

南安长利塑胶有限公司
Nanan Changli Plastic Co., Ltd.
地址(Add):福建省南安市水头镇邦吟工业区
邮编(P. C.):362342
电话(Tel):0595－86939889
传真(Fax):0595－86934889
E-mail:changli@clfj.com
Http://www.clfj.com
法人代表(Chairman):郑叙炎
总经理(General Manager):郑叙炎
联系人(Contact Person):郑书炯
产品业务(Business):透气膜、色母粒、透气膜专用料

福建泉州慧利卫生材料有限公司
Fujian Quanzhou Huili Health Material Co., Ltd.
(详见打孔 PE 膜)

厦门延江工贸有限公司
Xiamen Yanjiang Industry Co., Ltd.
(详见打孔 PE 膜)

宏运卫生材料有限责任公司
Hongyun Sanitary Material Co., Ltd.
(详见打孔 PE 膜)

山东宝利卫生用品
Shandong Baoli Hygiene Products Co.
(详见打孔 PE 膜)

山东临沂市金洲工贸企业有限公司(兰山区社会福利工艺厂)
Shandong Linyi Jinzhou Industry & Trade Co., Ltd.
(详见非织造布)

山东郯城维康卫生用品有限公司
Tancheng Weikang Hygiene Products Co., Ltd.
地址(Add):山东省郯城郯马公路振兴桥北 20 米路东
邮编(P. C.):276126
电话(Tel):0539－6773898
传真(Fax):0539－6771199
E-mail:jiangchen188@163.net
联系人(Contact Person):姜德才
产品业务(Business):流延膜,尿布膜,打孔膜

山东省金马集团金马卫生材料公司
Jinma Sanitary Material Co.
(详见打孔 PE 膜)

山东郯城恒大塑料制品有限公司
Shandong Tancheng Hengda Plastic Manufacture Co., Ltd.
地址(Add):山东省郯城县鲁蒙莎制衣北 100 米
邮编(P. C.):276100
电话(Tel):0539－6133699
传真(Fax):0539－6132777
法人代表(Chairman):张守义
产品业务(Business):基材膜,打孔膜,流延膜

昌隆卫生材料厂
Changlong Sanitary Material Factory
地址(Add):山东省郯城县马头高册经济开发区
邮编(P. C.):276125
电话(Tel):0539－6591868
联系人(Contact Person):洪斌
产品业务(Business):流延膜,打孔膜

山东省郯城县康佳打孔膜厂
Tancheng Kangjia Apertured Film Factory
(详见打孔 PE 膜)

山东省郯城县天马塑膜有限公司
Tancheng Tianma Plastic Film Co., Ltd.
(详见打孔 PE 膜)

山东郯城县爱洁卫生用品厂

Tancheng Aijie Hygiene Articles Factory
（详见打孔 PE 膜）

沂源合利塑料有限公司
Yiyuan Heli Plastic Co., Ltd.
地址（Add）：山东省沂源县城鲁阳路 40 号
邮编（P. C.）：256100
电话（Tel）：0533 – 3281593
总经理（General Manager）：李雷
产品业务（Business）：流延膜

淄博广龙塑料工贸有限公司
Zibo Guanglong Plastics Industry & Trading Co., Ltd.
（详见打孔 PE 膜）

齐鲁石化淄博齐塑工贸有限公司
Qisu Industry & Trade Co., Ltd.
地址（Add）：山东省淄博市临淄齐鲁乙烯厂南路 32 号
邮编（P. C.）：255410
电话（Tel）：0533 – 7580519
传真（Fax）：0533 – 7522881
Http://www. qisutech. com
法人代表（Chairman）：王恒元
产品业务（Business）：透气膜

安阳市中原薄膜彩印有限责任公司
Anyang Zhongyuan Multicolor Printing of Film Co., Ltd.
地址（Add）：河南省安阳市东工路北段（永安东街口）
邮编（P. C.）：455000
电话（Tel）：0372 – 2925846
传真（Fax）：0372 – 2916273
E-mail：zycygs@ public. ayptt. ha. cn
法人代表（Chairman）：谷林刚
联系人（Contact Person）：谷二刚
产品业务（Business）：PE 流延膜（流延包装膜），PE 衬膜；打孔 PE 膜；彩色包装袋、复合袋（消光袋）；妇女卫生巾热熔胶

许昌市金光塑料吹膜彩印包装厂
Xuchang Jinguang Plastic Film & Colour Printing Factory
地址（Add）：河南省许昌市小南海南海宾馆对面
邮编（P. C.）：461000
电话（Tel）：0374 – 4361117
总经理（General Manager）：金平安
产品业务（Business）：流延膜及包装袋

武汉市鑫鸣塑料制品有限公司
Wuhan Xinming Plastic Products Co., Ltd.
地址（Add）：湖北省武汉市硚口区古田路 24 号
邮编（P. C.）：430034
电话（Tel）：027 – 83858102
传真（Fax）：027 – 83858102
总经理（General Manager）：周德杨
联系人（Contact Person）：徐智
产品业务（Business）：流延膜

华业塑胶有限公司
Huaye Plastic Co., Ltd.
地址（Add）：湖北省仙桃市沔阳大道 122 号
邮编（P. C.）：433000
电话（Tel）：0728 – 3257292
传真（Fax）：0728 – 3257286
E-mail：fjh@ huayer. com
Http://www. hauyer. com
总经理（General Manager）：冯家海
产品业务（Business）：妇女卫生巾，一次性尿垫，流延膜

仙桃慧狮塑业有限责任公司
Xiantao Huishi Plastics Co., Ltd.
地址（Add）：湖北省仙桃市青鱼湖路 28 号
邮编（P. C.）：433000
电话（Tel）：0728 – 8201800
传真（Fax）：0728 – 8201801
E-mail：cnpcsm4@ sina. com
联系人（Contact Person）：刘世超
产品业务（Business）：PE 流延膜

东莞市同舟化工有限公司
Topship Chemicals Co., Ltd.
（详见高吸水树脂 SAP 及复合纸）

佛山市万田塑料有限公司
Foshan Wantian Plastic Co., Ltd.
地址（Add）：广东省佛山市禅城区镇安中四工业区二区 4 号
邮编（P. C.）：528000
电话（Tel）：0757 – 83273136
传真（Fax）：0757 – 83273036
法人代表（Chairman）：杨察初
联系人（Contact Person）：陈明
产品业务（Business）：花纹 PE 流延膜，CPE、CPP 流延膜，单层、多层 CPE、CPP 流延膜设备

佛山市创力塑料有限公司
Foshan Chuangli Plastics Co., Ltd.
地址（Add）：广东省佛山市高明区更合镇合瑶路沧江工业园西园
邮编（P. C.）：528524
电话（Tel）：0757 – 88876688
传真（Fax）：0757 – 88876699
法人代表（Chairman）：何健良
联系人（Contact Person）：李宇广
产品业务（Business）：专营防水透气薄膜

广东省佛山富兴塑料薄膜材料厂
Foshan Fuxing Plastic Film Factory
地址（Add）：广东省佛山市江边高田工业区南排 19 – 21 号
邮编（P. C.）：528000
电话（Tel）：0757 – 82827380
传真（Fax）：0757 – 82827192
E-mail：fuxingfs@ mail. china. com
联系人（Contact Person）：陈树强
产品业务（Business）：流延膜，尿湿显示印刷膜

佛山市安乐利包装材料有限公司
Foshan Anleli Packing Material Co., Ltd.
地址（Add）：广东省佛山市魁奇路高技术开发区
邮编（P. C.）：528000
电话（Tel）：0757 – 83825286
传真（Fax）：0757 – 83825286
联系人（Contact Person）：潘启明
产品业务（Business）：流延膜

佛山市腾华塑胶有限公司
Foshan Tenghua Plastic & Adhesive Co., Ltd.
地址(Add):广东省佛山市南海区平洲健豪工业大楼首层
邮编(P. C.):528000
电话(Tel):0757-81282382
传真(Fax):0757-81282383
总经理(General Manager):沈金才
联系人(Contact Person):陈福坚
产品业务(Business):PE流延压花膜,打孔PE膜基材,纸尿裤PE膜,流延透气膜,复合透气膜(与非织造布复合),尿湿显示膜

多邦卫生材料
Duobang Sanitary Material Co.
地址(Add):广东省佛山市南海区平洲夏西一坊铺2楼
邮编(P. C.):528000
电话(Tel):0757-81281203
传真(Fax):0757-81281203
联系人(Contact Person):黎家财
产品业务(Business):流延膜

佛山市万嘉塑胶有限公司
Foshan Wanjia Plastic Co., Ltd.
地址(Add):广东省佛山市南海区狮山工业区A区科旺路
邮编(P. C.):528225
电话(Tel):0757-86697268
传真(Fax):0757-86697266
E-mail:wj@wanjiamachine.com
Http://www.wanjiamachine.com
法人代表(Chairman):梁永江
联系人(Contact Person):吴乃标
产品业务(Business):PE流延膜,PE流延膜妇女卫生巾内袋,纸尿裤流延膜(带尿湿显示),打孔膜基材,透气膜,缠绕膜及流延膜设备

佛山市新飞卫生材料有限公司
Foshan Xinfei Sanitary Material Co., Ltd.
(详见胶带及离型纸)

佛山市鹏联卫生材料有限公司
Foshan Penglian Sanitary Material Co., Ltd.
地址(Add):广东省佛山市南海区狮山科技工业园C区骏业南路6号
邮编(P. C.):528225
电话(Tel):0757-86681022
传真(Fax):0757-86681026
E-mail:fspenglian@sina.com
法人代表(Chairman):陈健
总经理(General Manager):陈健
联系人(Contact Person):吴显峰
产品业务(Business):PE流延妇女卫生巾底膜,小包装膜,PE流延尿布底膜(彩色、尿湿印刷),流延复合用基材,打孔膜基材,PE复合非织造布,透气膜

佛塑集团华韩卫生材料有限公司
FSPG Foshan Huahan Sanitary Material Co., Ltd.
地址(Add):广东省佛山市轻工三路7号
邮编(P. C.):528000
电话(Tel):0757-82214727
传真(Fax):0757-82217295
E-mail:h.h@eute.com.cn
Http://www.eute.com.cn
法人代表(Chairman):庞有国
总经理(General Manager):蔡耀钧
联系人(Contact Person):刘森发
产品业务(Business):BOPP、CPP、CPE压花流延膜,衬膜,透气膜,复合膜,包装袋

广东省顺德市勒流建诚包装材料有限公司
Guangdong Shunde Leliu Jiancheng Packing Material Co., Ltd.
地址(Add):广东省佛山市顺德区勒流镇连杜大道工业区(连杜管理区侧)
邮编(P. C.):528322
电话(Tel):0757-25631200
传真(Fax):0757-25632260
法人代表(Chairman):欧浩波
产品业务(Business):流延膜,透气膜

广州雅科化工有限公司
Avoteck (Guangzhou) Co., Ltd.
地址(Add):广东省广州市从化经济技术开发区福从路13-3号
邮编(P. C.):510990
电话(Tel):020-87815940
传真(Fax):020-87815936
法人代表(Chairman):黄圭英
联系人(Contact Person):邱奕斌
产品业务(Business):流延膜

广州市番禺区榄核金昌塑料厂
Panyu Jinchang Plastic Factory
地址(Add):广东省广州市番禺区榄核人民村工业区
邮编(P. C.):511480
电话(Tel):020-34873103
传真(Fax):020-34873102
总经理(General Manager):霍鉴昌
产品业务(Business):生产流延膜,打孔膜基材

广州市金威龙实业股份有限公司
Jinweilong Industrial Co., Ltd.
地址(Add):广东省广州市海珠区昌岗西路南石路12号
邮编(P. C.):510285
电话(Tel):020-84337951
传真(Fax):020-84364447
法人代表(Chairman):陈清流
联系人(Contact Person):黄景棠
产品业务(Business):压纹流延膜

鹤山市花坪薄膜有限公司
Heshan Huaping Film Co., Ltd.
地址(Add):广东省鹤山市宅梧镇宅新路61号
邮编(P. C.):529733
电话(Tel):0750-8633386
传真(Fax):0750-8632130
E-mail:huaping@21cn.net
Http://www.gdhuaping.com
法人代表(Chairman):周万享
联系人(Contact Person):罗镜涛
产品业务(Business):PE流延膜,打孔PE膜,流延中缝小袋及各种衬膜

汕头市新华食品包装材料厂
Shantou Xinhua Food Packing Material Plant
地址(Add):广东省汕头市龙湖区火车货运站北侧
邮编(P. C.):515000
电话(Tel):0754 - 8383153
传真(Fax):0754 - 8383153
E-mail:wuhu@ pub. shantou. gd. cn
Http://www. xhhy. com
法人代表(Chairman):吴惠业
联系人(Contact Person):曾伟
产品业务(Business):压花薄膜,底膜,打孔膜基材

广东弘业塑料有限公司
Guangdong Hongye Plastics Co., Ltd.
地址(Add):广东省四会市大沙镇隆塘
邮编(P. C.):526241
电话(Tel):0758 - 3661312
传真(Fax):0758 - 3661691
总经理(General Manager):杨耀文
产品业务(Business):流延膜,离型膜

中山市德伦包装材料有限公司
Zhongshan Delun Packing Material Co., Ltd.
地址(Add):广东省中山市小榄镇菊城工业大道 82 号
邮编(P. C.):528415
电话(Tel):0760 - 2121524
传真(Fax):0760 - 2127367
联系人(Contact Person):罗新
产品业务(Business):经销卓德嘉打孔膜,透气膜,进口高吸水树脂等,并经销 PE 流延膜等妇女卫生巾用原材料

凯鸿塑胶制品有限公司
Kaihong Plastic Co., Ltd.
地址(Add):广东省中山市张家边江尾头怡康路
邮编(P. C.):523486
电话(Tel):0760 - 3152226
传真(Fax):0760 - 5316562
联系人(Contact Person):黄杰
产品业务(Business):经销进口透气膜

柳州兴发纸塑彩印包装有限公司
Liuzhou Xingfa Paper & Plastic Packing Co., Ltd.
地址(Add):广西柳州市柳石路 372 - 1 号
邮编(P. C.):545005
电话(Tel):0772 - 3117705
传真(Fax):0772 - 3140035
总经理(General Manager):覃妮亚
联系人(Contact Person):覃妮亚
产品业务(Business):PE 流延膜,二次压纹膜,打孔膜,缠绕膜,热收缩膜

重庆众辉塑胶有限公司
Chongqing Zhonghui Cast Film Co., Ltd.
地址(Add):重庆市新桥工业园区皮匠社 53 号
邮编(P. C.):400037
电话(Tel):023 - 65200050
传真(Fax):023 - 65205541
法人代表(Chairman):蒋天华
联系人(Contact Person):岳宇
产品业务(Business):妇女卫生巾底膜,小包膜,纸尿裤膜,打孔膜基材,缠绕膜,保护膜等 PE 流延膜

成都益华塑料包装有限公司
Chengdu Yihua Plastic Packaging Co., Ltd.
地址(Add):四川省成都双流彭镇开发区 A 区后
邮编(P. C.):610203
电话(Tel):028 - 85848438
传真(Fax):028 - 87013878
E-mail:liuzeping@ 21cn. com
总经理(General Manager):刘泽平
产品业务(Business):PE 流延膜,PE 打孔膜

昆明宏盛裕彩色包装有限公司
Kunming Hongshengyu Colour Packing Co., Ltd.
(详见包装材料)

● 胶带和离型纸
Adhesive tape and release paper

Avery Dennison (Ltd.)
美国艾利公司
地址(Add):250 Chester Street Painsville Chio 44077 U. S. A.
产品业务(Business):胶带
艾利丹尼森香港有限公司
Avery Dennison Hong Kong B. V.
地址(Add):香港九龙观塘荣业街 2 号振万广场 1301 - 4 室
电话(Tel):852 - 28029618
传真(Fax):852 - 25881344
E-mail:barry. wong@ ap. averydennison. com
联系人(Contact Person):黄富谦
艾利(中国)有限公司
Avery Dennison China Co., Ltd.
地址(Add):江苏省昆山市经济技术开发区昆嘉路 608 号
邮编(P. C.):215335
电话(Tel):0512 - 57702174
传真(Fax):0512 - 57701119
联系人(Contact Person):闫彦
艾利(中国)有限公司上海分公司
Avery Dennison China Co., Ltd. Shanghai Branch
地址(Add):上海市漕溪路 250 号银海大楼 A 座 10 层 1001 室
邮编(P. C.):200235
电话(Tel):021 - 64821208
传真(Fax):021 - 64821603
E-mail:peter_wang@ ap. averydennison. com
联系人(Contact Person):王浩
艾利(广州)有限公司
Avery Dennison (Guangzhou) Ltd.
地址(Add):广东省广州市经济技术开发区东区风华二路 2 号
邮编(P. C.):510530
电话(Tel):020 - 82265268
传真(Fax):020 - 82266183
E-mail:vincent_huang@ ap. averydennison. com
联系人(Contact Person):黄文华

3M
美国 3M 公司

Personal Care & Related Products Division
地址(Add):3M Center, Bldg. 220 - 9W - 08 St. Paul, MN 55144 - 1000 U. S. A.
Http://www. mmm. com
产品业务(Business):纸尿裤胶带,魔术扣,弹性腰围,妇女卫生巾封口胶带及相关产品

3M 中国有限公司
3M China Ltd.
地址(Add):上海市虹桥开发区兴义路8号万都大厦38楼
邮编(P. C.):200336
电话(Tel):021 - 62753535 - 2430
传真(Fax):021 - 62096100 - 22796
Http://www. mmm. com
法人代表(Chairman):余俊雄
总经理(General Manager):余俊雄
联系人(Contact Person):王芳冰

广州办事处
地址(Add):广东省广州市流花路109号之9达宝广场13楼
邮编(P. C.):510010
电话(Tel):020 - 86695259
传真(Fax):020 - 86695051
联系人(Contact Person):罗冠雄

UPM - Kymmene Corporation
芬欧汇川林业集团
(详见纸浆和绒毛浆)

六和化工股份有限公司
Union Chemical Ind. Co., Ltd.
地址(Add):台湾省台北市中山北路三段47号7楼
电话(Tel):886 - 2 - 25954321
传真(Fax):886 - 2 - 25959698
E-mail:uci57442@ ms9. hinet. net
法人代表(Chairman):李世文
总经理(General Manager):李得义
产品业务(Business):快易胶带,纸尿裤胶带,左右侧贴

大江(天津)国际贸易有限公司
Dajiang (Tianjin) International Trade Co., Ltd.
(详见纸浆和绒毛浆)

天津爱德威胶粘纸业有限公司
Tianjin Aidewei Sticky Paper Co., Ltd.
地址(Add):天津市北辰区铁东路勤俭工业区六号路
邮编(P. C.):300402
电话(Tel):022 - 26306155
传真(Fax):022 - 26303715
联系人(Contact Person):于良兴
产品业务(Business):快易贴

金风车(天津)国际贸易有限公司上海办事处
(详见纸浆和绒毛浆)

河北邯郸金鑫纸制品有限公司
Handan Jinxin Paper Products Co., Ltd.
地址(Add):河北省成安县商城高环集团开发区
邮编(P. C.):056700
电话(Tel):0310 - 7366532
传真(Fax):0310 - 7366532
总经理(General Manager):任海民
联系人(Contact Person):靳爱
产品业务(Business):离型纸,离型膜,卫生巾原材料

保定卫生用品厂
Baoding Hygiene Products Plant
地址(Add):河北省蠡县城隍庙街45号
邮编(P. C.):071400
电话(Tel):0312 - 6211942
传真(Fax):0312 - 6211969
总经理(General Manager):张小铁
产品业务(Business):离型纸,热熔胶,衬膜,卫生巾

上海缘源包装印刷有限公司
Shanghai Yuanyuan Packing & Printing Co., Ltd.
地址(Add):上海市东兰路228号
邮编(P. C.):201102
电话(Tel):021 - 64953004
传真(Fax):021 - 64850241
E-mail:yuan0913@ 126. com
联系人(Contact Person):黄益昌
产品业务(Business):胶带

上海橡胶制品研究所特种胶带厂
Shanghai Institute of Rubber Product - Special Tape Factory
地址(Add):上海市番禺路381号
邮编(P. C.):200052
电话(Tel):021 - 62811028
传真(Fax):021 - 62816790
E-mail:shinrupr@ public2. sta. net. cn
Http://www. china - sirp. com
法人代表(Chairman):江红贵
联系人(Contact Person):唐耀平
产品业务(Business):离型纸NRP系列,妇女卫生巾双面胶带WJD系列

上海正扬实业有限公司
Shanghai Zhengyang Industrial Co., Ltd.
地址(Add):上海市共康路721号
邮编(P. C.):200443
电话(Tel):021 - 66244627
传真(Fax):021 - 56401567
E-mail:hqzcc@ sohu. com
法人代表(Chairman):陈悬弦
联系人(Contact Person):韦艳
产品业务(Business):双面胶带,快易胶带,含SAP吸水纸,含SAP干法纸

泰升(上海)卫生用品有限公司
Taisun (Shanghai) Industries Co., Ltd.
地址(Add):上海市嘉定区马陆镇申裕路328号
邮编(P. C.):201818
电话(Tel):021 - 59901579 - 302
传真(Fax):021 - 59901836
E-mail:yogigi@ unitecco. com
联系人(Contact Person):陈亮
产品业务(Business):腰贴,复合膜

上海颂旺实业有限公司
Shanghai Songwang Co., Ltd.
地址(Add):上海市嘉定区外岗镇恒乐路255号

邮编(P. C.):201806
电话(Tel):021 - 59585771
传真(Fax):021 - 59585883
法人代表(Chairman):李守白
产品业务(Business):胶带,特种胶带

顶点国际有限公司
Toppot International Co., Ltd.
(详见纸浆和绒毛浆)

上海沛龙特种胶粘材料有限公司
Shanghai Peilong Special Adhesive Materials Co., Ltd.
地址(Add):上海市静安区万航渡路1号环球世界大厦B座516室
邮编(P. C.):200040
电话(Tel):021 - 62480757
传真(Fax):021 - 62480840
E-mail:peilong@ 263. net
法人代表(Chairman):魏星
联系人(Contact Person):花开贵
产品业务(Business):快易封口胶带,热熔胶包装膜,魔术贴,妇女卫生巾专用双面胶带

上海日昕工贸有限公司
Shanghai Suntech Industry & Trading Co., Ltd.
(详见一次性卫生用品生产设备其他配件)

上海华舟压敏胶制品有限公司
Shanghai Huazhou PSA Products Co., Ltd.
地址(Add):上海市浦东机场镇华洲路2858号
邮编(P. C.):201202
电话(Tel):021 - 58933064
传真(Fax):021 - 38930086
E-mail:hzpsa@ hzpsa. com
Http://www. hzpsa. com
法人代表(Chairman):崔汉生
总经理(General Manager):崔汉生
联系人(Contact Person):孙漪
产品业务(Business):医用非织造布胶带,PE胶带,绸布胶带,妇女卫生巾用条状胶带,快易胶带,双面胶带,医用敷料贴,透气复合材料

上海马可胶粘制品有限公司
Shanghai Marco Adhesive Products Co., Ltd.
地址(Add):上海市青浦区赵巷镇沈泾塘村
邮编(P. C.):201703
电话(Tel):021 - 59751864
传真(Fax):021 - 59752224
E-mail:max@ jadeco. com. cn
Http://www. jadeco. com. cn
法人代表(Chairman):徐学卿
总经理(General Manager):徐学卿
联系人(Contact Person):杨仁福
产品业务(Business):妇女卫生巾用双面胶带,妇女卫生巾用快易封口胶带,超强高档妇女卫生巾离型纸,PP、PE、PET离型膜,PE膜与各类化纤材料透气复合加工,特种离型纸

上海大昭和纸加工有限公司
Shanghai Dazhaohe Paper Products Co., Ltd.
地址(Add):上海市青浦赵巷新城经济一区(4 - 18)
邮编(P. C.):201703
电话(Tel):021 - 59753648
传真(Fax):021 - 59752814
E-mail:lane - cao@ 163. com
联系人(Contact Person):曹磊
产品业务(Business):离型纸

上海盈仁纸业包装有限公司
Shanghai Yingren Paper Packing Co., Ltd.
地址(Add):上海市松江区仓桥镇北杨路178号
邮编(P. C.):201600
电话(Tel):021 - 67725327
传真(Fax):021 - 67725237
法人代表(Chairman):张金镛
产品业务(Business):离型纸,PE膜,一次性纸餐具等

上海市赢发纸品有限公司
Shanghai Yingfa Paper Co., Ltd.
地址(Add):上海市松江区天马新宅路666号
邮编(P. C.):201603
电话(Tel):021 - 57660158
传真(Fax):021 - 57662010
法人代表(Chairman):侯宁
联系人(Contact Person):侯宁
产品业务(Business):经销防粘离型纸,干法纸,过滤纸

上海卡登精细化工有限公司
Shanghai Kadeng Fine Chemical Co., Ltd.
地址(Add):上海市天山路11弄3号
邮编(P. C.):200336
电话(Tel):021 - 62905885 - 20
传真(Fax):021 - 62912559
联系人(Contact Person):陈惠芬
产品业务(Business):代理美国DOW CORNING离型纸及胶带工业产品

上海吉光工贸有限公司
Shanghai Jiguang Industry & Trade Co., Ltd.
地址(Add):上海市宜山路520号中华门大厦18楼/D座
邮编(P. C.):200233
电话(Tel):021 - 64410661
传真(Fax):021 - 64410662
法人代表(Chairman):於险峰
联系人(Contact Person):於劲松
产品业务(Business):离型纸

上海綦利工贸有限公司
Shanghai Qili Industry & Trade Co., Ltd.
地址(Add):上海市云南南路261号605 - 乙
邮编(P. C.):200021
电话(Tel):021 - 33075228
传真(Fax):021 - 63367177
E-mail:creator@ vip. 163. com
联系人(Contact Person):周丽萍
产品业务(Business):胶带,特种胶带

顺安涂布科技(昆山)有限公司
API Swanson (Kunshan) Co., Ltd.
地址(Add):江苏省昆山市青阳北路289号
邮编(P. C.):215300
电话(Tel):0512 - 57663456 - 6969

传真(Fax):0512－57665860
E-mail:tmh@ ask－cf. com. cn
联系人(Contact Person):蔡慕槐
产品业务(Business):离型膜

南京朗克纸业有限公司
Nanjing Langke Paper Co., Ltd.
地址(Add):江苏省南京市江宁区横溪镇工业园(镇政府向东200米)
邮编(P. C.):211155
电话(Tel):025－86165299
传真(Fax):025－86165399
总经理(General Manager):鲁长旺
产品业务(Business):离型纸

江苏陶氏纸业有限公司
Jiangsu Taoshi Paper Co., Ltd.
地址(Add):江苏省南京市江宁区科学园科健路198号
邮编(P. C.):211112
电话(Tel):025－52165961
传真(Fax):025－52165951
E-mail:jstszy@ hotmail. com
Http://jstszy. cn. alibaba. com
法人代表(Chairman):陶波
总经理(General Manager):陶波
联系人(Contact Person):陶平
产品业务(Business):离型纸,离型膜,包胶纸

南京舒雅乐纸制品有限公司
Nanjing Shuyale Paper Products Co., Ltd.
地址(Add):江苏省南京市江宁区胜太路77号12幢404室
邮编(P. C.):211151
电话(Tel):025－52101081
传真(Fax):025－52105404
E-mail:syl@ jionline. com
法人代表(Chairman):邢佑东
总经理(General Manager):邢佑东
联系人(Contact Person):陶月琴
产品业务(Business):离型纸,离型膜,打孔膜

中山市(舒雅乐)圣强纸业有限公司
Zhongshan Shuyale Shengqiang Paper Co., Ltd.
地址(Add):广东省中山市三角镇光二工业区
邮编(P. C.):528445
电话(Tel):0760－5405692
传真(Fax):0760－5406375
联系人(Contact Person):陶月琴

南京顺天纸业有限公司
Nanjing Shuntian Paper Co., Ltd.
地址(Add):江苏省南京市江宁区陶吴镇
邮编(P. C.):211151
电话(Tel):025－52735001
传真(Fax):025－52736644
E-mail:njst2004@ 163. com
Http://www. njstpaper. com
法人代表(Chairman):陶孝燕
联系人(Contact Person):李鸿
产品业务(Business):离型纸

南京源顺纸业有限公司
Nanjing Yuanshun Paper Co., Ltd.
地址(Add):江苏省南京市江宁区陶吴镇
邮编(P. C.):211151
电话(Tel):025－52736654
传真(Fax):025－52735035
联系人(Contact Person):陶孝正
产品业务(Business):离型纸

南京斯克尔卫生制品有限公司
Nanjing Skier Hygiene Products Co., Ltd.
地址(Add):江苏省南京市江宁县东善桥乡水阁工业园
邮编(P. C.):211153
电话(Tel):025－52741603
传真(Fax):025－52741604
法人代表(Chairman):赵家国
联系人(Contact Person):孔克祥
产品业务(Business):离型纸

南京陶雨工贸实业有限公司
Nanjing Taoyu Trading Co., Ltd.
(详见干法纸)

南京朝晖纸业有限公司
Nanjing Zhaohui Paper Co., Ltd.
地址(Add):江苏省南京市浦口区迎江路1号
邮编(P. C.):210031
电话(Tel):025－58877102
传真(Fax):025－58877292
法人代表(Chairman):张旭飞
联系人(Contact Person):张旭敏
产品业务(Business):离型纸,热熔胶

南京利华卫生材料厂
Nanjing Lihua Hygiene Material Factory
地址(Add):江苏省南京市浦口区迎江路1号
邮编(P. C.):210031
电话(Tel):025－58850781
传真(Fax):025－58852440
E-mail:lh2288@ 163. com
Http://www. lh2288. com
法人代表(Chairman):张旭敏
联系人(Contact Person):程杰
产品业务(Business):离型纸,热熔胶

南京宁轻纸业有限公司
Nanjing Ningqing Paper Co., Ltd.
地址(Add):江苏省南京市秦淮区胡家花园48号之2
邮编(P. C.):210006
电话(Tel):025－85271751
总经理(General Manager):李金龙
联系人(Contact Person):张翔
产品业务(Business):餐巾纸,离型纸,马桶垫纸

南京康尔洁纸品有限公司
Nanjing Kangerjie Paper Products Co., Ltd.
地址(Add):江苏省南京市雨花台区双龙街宁南工业园18号
邮编(P. C.):210012
电话(Tel):025－52644296
传真(Fax):025－52644322
E-mail:kangerjie@ kangerjie. com

Http://www. kangerjie. com
法人代表(Chairman):葛语哲
总经理(General Manager):葛语哲
联系人(Contact Person):金立新
产品业务(Business):离型纸,流延膜,热熔胶,非织造布

南京金利源卫生材料有限公司
Nanjing Jinliyuan Hygiene Material Co., Ltd.
地址(Add):江苏省南京市中华门外板桥雄风路198号
邮编(P. C.):210039
电话(Tel):025-86723715
传真(Fax):025-86723824
E-mail:sales@ njjinliyuan. com
Http://www. njjinliyuan. com
法人代表(Chairman):邱胜童
联系人(Contact Person):谢记唐
产品业务(Business):离型纸

江苏省无锡市泾达纸品厂
Jiangsu Wuxi Jingda Paper Factory
地址(Add):江苏省无锡市张泾镇泾东村游泳馆南
邮编(P. C.):214194
电话(Tel):0510-3798031
传真(Fax):0510-3798031
总经理(General Manager):王世荣
联系人(Contact Person):徐菊英
产品业务(Business):离型纸,衬膜

无锡市张泾文化卫生用品有限公司
Wuxi Cultural Hygiene Products Plant
地址(Add):江苏省无锡市张泾镇石村
邮编(P. C.):214194
电话(Tel):0510-3791429
传真(Fax):0510-3791429
总经理(General Manager):浦叙锋
联系人(Contact Person):浦叙锋
产品业务(Business):离型纸,PE 流延膜

常州市武进遥观中天纸塑品厂
Changzhou Wujin Yaoguan Zhongtian Paper & Plastic Products Factory
地址(Add):江苏省武进市剑湖前杨工业区
邮编(P. C.):213011
电话(Tel):0519-8778985
传真(Fax):0519-8778985
总经理(General Manager):徐建荣
产品业务(Business):生产离型纸,经营非织造布,干法纸,流延膜

浙江金狮集团温州市新丰复合材料公司
Zhejiang Jinshi Group Wenzhou Xinfeng Composite Material Co.
地址(Add):浙江省苍南县金乡镇东门营房工业区
邮编(P. C.):325805
电话(Tel):0577-64593213
传真(Fax):0577-64593822
联系人(Contact Person):陈加福
产品业务(Business):离型纸

杭州市临安鸿兴纸业有限公司
Hangzhou Hongxing Paper Co., Ltd.
地址(Add):浙江省杭州市临安於潜镇东门巷72号
邮编(P. C.):311311
电话(Tel):0571-63882160
传真(Fax):0571-63881618
总经理(General Manager):吴永富
联系人(Contact Person):吴永强
产品业务(Business):离型纸

杭州华盛复合材料有限公司
Hangzhou Huasheng Composite Material Co., Ltd.
地址(Add):浙江省杭州市余杭区仓前镇灵东村
邮编(P. C.):311121
电话(Tel):0571-88613668
传真(Fax):0571-88611858
联系人(Contact Person):王家如
产品业务(Business):高中档妇女卫生巾离型纸,耐高温进口白色牛皮包胶纸,国产牛皮包胶纸

杭州同创实业公司
Hangzhou Tongchuang Industry Co.
地址(Add):浙江省杭州市萧山区戴村镇
邮编(P. C.):311262
电话(Tel):0571-82215701
传真(Fax):0571-82215701
联系人(Contact Person):楼金文
产品业务(Business):快易封口胶带,吸水复合纸

嘉兴市民和工贸有限公司
Jiaxing Minhe Industry & Trade Co., Ltd.
地址(Add):浙江省嘉兴市华云路5号
邮编(P. C.):314033
电话(Tel):0573-2223666
传真(Fax):0573-2215411
E-mail:trwz@ mail. jxptt. zj. cn
总经理(General Manager):张彪
产品业务(Business):高档超压离型原纸

嘉兴市丰莱桑达贝纸业有限公司
Jiaxing Fenglai Sangdabei Paper Co., Ltd.
地址(Add):浙江省嘉兴市角里街吴泾桥堍
邮编(P. C.):314000
电话(Tel):0573-2820459
传真(Fax):0573-2820134
E-mail:fenglai@ mail. jxptt. zj. cn
Http://www. flschina. com
法人代表(Chairman):吕士林
总经理(General Manager):韦伟
联系人(Contact Person):马莉君
产品业务(Business):离型原纸

浙江凯恩特种材料股份有限公司
Zhejiang KAN Specialties Material Co., Ltd.
地址(Add):浙江省遂昌市凯恩路108号
邮编(P. C.):323300
电话(Tel):0578-8128049
传真(Fax):0578-8124400
E-mail:sclr@ sohu. com
Http://www. kangroup. com
法人代表(Chairman):王白浪
总经理(General Manager):朱春树
联系人(Contact Person):雷荣

产品业务(Business):双面胶带原纸,长纤维滤纸

温州市泰昌胶粘制品有限公司
Taichang Adherent Products Co., Ltd.
地址(Add):浙江省温州市苍南县金乡镇工业区三街 88 号
邮编(P. C.):325805
电话(Tel):0577 - 64578538
传真(Fax):0577 - 64571055
E-mail:taichang@ chinataichang. com
Http://www. chinataichang. com
联系人(Contact Person):林正贤
产品业务(Business):涂塑纸,防粘纸

温州海霸印业有限公司
Wenzhou Haiba Print Co., Ltd.
地址(Add):浙江省温州市苍南县龙港镇民安路 36 号
邮编(P. C.):325802
电话(Tel):0577 - 82825939
传真(Fax):0577 - 64226680
E-mail:zhulin2003@ vip. 163. com
联系人(Contact Person):朱德智
产品业务(Business):湿巾(袋装,盒装,桶装)标贴,袋装妇女卫生巾标贴,封口标贴

温州市瓯海合利塑纸厂
Wenzhou Ouhai Heli Plastics & Paper Factory
(详见打孔 PE 膜)

温州市特康妇幼卫生材料有限公司
Wenzhou Tekang Fuyou Co., Ltd.
(详见高吸水树脂 SAP 及复合纸)

安海镇百发离型纸品厂
Anhai Baifa Release Paper Products Factory
地址(Add):福建省晋江市安海镇可慕村东里北路 12 号
邮编(P. C.):362261
电话(Tel):0595 - 85732335
传真(Fax):0595 - 85787882
联系人(Contact Person):许志鸿
产品业务(Business):离型纸

恒信纸品卫生材料经销部
Hengxin Paper Products Material Distributor
(详见纸浆和绒毛浆)

厦门安诺佳工贸有限公司
Analar (Xiamen) Industry Trade Co.,Ltd.
地址(Add):福建省厦门市火炬高新科技开发区创新城六层
邮编(P. C.):361006
电话(Tel):0592 - 5710892
传真(Fax):0592 - 5710510
E-mail:sales@ analar. cn
Http://www. analar. cn
法人代表(Chairman):魏海军
联系人(Contact Person):周吉玫
产品业务(Business):前胶贴,魔术贴,离型纸

厦门市华新印刷包装有限公司
Xiamen Huaxin Printing & Packing Co., Ltd.
地址(Add):福建省厦门市思明区黄厝茂后 209 号
邮编(P. C.):361005
电话(Tel):0592 - 2562061
传真(Fax):0592 - 2562056
E-mail:hxys0762@ public. xm. fj. cn
Http://www. 0592hx. com
联系人(Contact Person):阎鸿昌
产品业务(Business):离型纸

建亚保达(厦门)卫生器材有限公司
Ko - Asia (Xiamen) Sanitary Material Co., Ltd.
地址(Add):福建省厦门市杏林区私营企业工业园杏前路 183 号建亚保达大厦
邮编(P. C.):361011
电话(Tel):0592 - 6775604
传真(Fax):0592 - 6771797
E-mail:sales@ k - asia. com
Http://www. k - asia. com
法人代表(Chairman):江成贤
总经理(General Manager):曹剑峰
联系人(Contact Person):郭严英
产品业务(Business):妇女卫生巾用离型纸,不干胶用离型纸,纸尿裤用前胶贴、弹性腰围左右贴、魔术扣离型贴等材料,格拉辛纸、透气粒子、色母

青州市板纸厂
Qingzhou Paper Board Mill
地址(Add):山东省青州市青州南路东一街 5 号
邮编(P. C.):262500
电话(Tel):0536 - 3200541
传真(Fax):0536 - 3203802
总经理(General Manager):徐全堂
产品业务(Business):离型原纸,防粘原纸

鲁南益兴纸业有限公司
Lunan Yixing Paper Co., Ltd.
地址(Add):山东省郯城县马头镇金马商业街
邮编(P. C.):276126
电话(Tel):0539 - 6771758
联系人(Contact Person):阚曙晓
产品业务(Business):离型纸

郯城县鑫盟卫生用品厂
Tancheng Xinmeng Hygiene Products Factory
地址(Add):山东省郯城县郯马经济开发区
邮编(P. C.):276126
电话(Tel):0539 - 6777358
总经理(General Manager):李建明
产品业务(Business):离型纸,热熔胶

河南省孟州市洁美卫生用品厂
Henan Mengzhou Jiemei Hygiene Products Plant
(详见干法纸)

佛山市新飞卫生材料有限公司
Foshan Xinfei Sanitary Material Co., Ltd.
地址(Add):广东省佛山市南海区狮山科技工业园 A 区
邮编(P. C.):528225
电话(Tel):0757 - 86691051
传真(Fax):0757 - 86693628
E-mail:master@ fsxinfei. com
Http://www. fsxinfei. com

法人代表(Chairman):穆范飞
总经理(General Manager):穆范飞
联系人(Contact Person):王从龙
产品业务(Business):离型纸,离型膜,离型布,流延膜

北京新飞公司
Beijing Xinfei Co.
地址(Add):北京市通州区漷县镇工业开发区漷兴四街16号
邮编(P. C.):101109
电话(Tel):010－80582431
传真(Fax):010－80582430
法人代表(Chairman):穆范飞
总经理(General Manager):穆范飞
联系人(Contact Person):柏允雷

泉州新飞公司
Quanzhou Xinfei Co.
地址(Add):福建省泉州市浮桥镇后坑工业区
邮编(P. C.):362000
电话(Tel):0595－82428991
传真(Fax):0595－82428993
联系人(Contact Person):穆范炳

顺德市圣兰纸制品有限公司
Shunde Shenglan Paper Products Co., Ltd.
地址(Add):广东省佛山市顺德区北滘镇黄涌管理区
邮编(P. C.):528311
电话(Tel):0757－26666262
传真(Fax):0757－26336958
E-mail:s. j. l@163. net
法人代表(Chairman):张荣芳
总经理(General Manager):邢其圣
产品业务(Business):离型纸

耐恒(广州)纸品有限公司
Loparex (Guangzhou) Paper Products Ltd.
地址(Add):广东省广州经济开发区东区北片莲潭路7号
邮编(P. C.):510530
电话(Tel):020－82264288
传真(Fax):020－82267289
E-mail:chanxing. wu@loparex. com
Http://www. loparex. com. cn
法人代表(Chairman):何绍荣
联系人(Contact Person):黎俊文
产品业务(Business):离型纸,胶带

江门新时代胶粘科技有限公司
New Era Adhesives Technology Co., Ltd.
地址(Add):广东省江门市滘头五星村
邮编(P. C.):529040
电话(Tel):0750－3829636
传真(Fax):0750－3829619
E-mail:newera@pub. jiangment. gd. cn
Http://www. newera－bopp－tape. com
联系人(Contact Person):李杰
产品业务(Business):纸尿裤胶带及其他各种胶带

宝利时(深圳)胶粘制品有限公司
Bolesx (Shenzhen) Adhesive Products Co., Ltd.
地址(Add):广东省深圳市宝安区沙井镇大王山村第三工业区A栋
邮编(P. C.):518104
电话(Tel):0755－27225056－830
传真(Fax):0755－27224465
Http://www. bolextape. com
联系人(Contact Person):陈永兵
产品业务(Business):纸尿裤胶贴

● 热熔胶 Hot melt adhesive

National Starch & Chemical Ltd.
国民淀粉化学有限公司
地址(Add):Rm. 513－514, 5/F, Tower 1, Cheung Sha Wan Plaza, 833 Cheung Sha Wan Rd., Kowloon, Hong Kong
电话(Tel):852－27457799
传真(Fax):852－27457063
E-mail:baron. xiong@nstarch. com
Http://www. nationalstarch. com
产品业务(Business):热熔胶,乳白胶

国民淀粉化学(广东)有限公司
地址(Add):广东省东莞市虎门镇南栅第五工业区
邮编(P. C.):523932
电话(Tel):0769－5563700
传真(Fax):0769－5563703
联系人(Contact Person):何尾胜

国民淀粉化学有限公司
广州办事处
地址(Add):广东省广州市东风东路836号东峻广场2座2701－2702室
邮编(P. C.):510080
电话(Tel):020－87615092
传真(Fax):020－87605440
联系人(Contact Person):吴少明

国民淀粉化学(上海)有限公司
地址(Add):上海市松江工业区江田东路137号
邮编(P. C.):201600
电话(Tel):021－57745700
传真(Fax):021－57745713
联系人(Contact Person):简文祥

埃克森美孚香港有限公司
Exxon Mobil Hongkong Co., Ltd.
地址(Add):香港湾仔港湾道18号中环广场22楼
电话(Tel):852－31978528
传真(Fax):852－31978344
E-mail:peter. jl. lok@exxonmobil. com
联系人(Contact Person):乐嘉龙
产品业务(Business):石油树脂等

保定富美制胶有限公司
Baoding Fumei Glue Co., Ltd.
地址(Add):河北省保定市蠡县城内城隍庙街45号
邮编(P. C.):071400
电话(Tel):0312－6223388
传真(Fax):0312－6211969
E-mail:bdfm@263. net
Http://www. bdfmzj. com
联系人(Contact Person):张军
产品业务(Business):卫生用品用胶,标签用热熔压敏胶

保定卫生用品厂
Baoding Hygiene Products Plant

(详见胶带及离型纸)

上海久庆实业有限公司
Shanghai Jiuqing Industrial Co., Ltd.
地址(Add):上海市宝山区宝钢八村69号204室
邮编(P. C.):201900
电话(Tel):021－56609277
传真(Fax):021－56609277
联系人(Contact Person):瞿平
产品业务(Business):热熔胶

上海慧润胶粘剂有限公司
Shanghai Victa Chemicals Ltd.
地址(Add):上海市宝山区沪太路3101号
邮编(P. C.):200235
电话(Tel):021－64326389
传真(Fax):021－64326694
E-mail:wzyhj@yahoo.com.cn
Http://www.victa.com.cn
法人代表(Chairman):王建平
总经理(General Manager):尹武宗
联系人(Contact Person):姚大年
产品业务(Business):卫生用品用热熔胶

道康宁(上海)有限公司
Dow Corning(Shanghai)Co.,Ltd.
(详见造纸化学品)

上海浦东中心溶剂厂
Shanghai Pudong Zhongxin Impregnant Factory
地址(Add):上海市浦东川沙镇六陈路20号
邮编(P. C.):201202
电话(Tel):021－58596122
传真(Fax):021－58596122
法人代表(Chairman):徐志仁
联系人(Contact Person):洪利华
产品业务(Business):卫生巾专用热熔胶

上海北方化工有限公司
Shanghai North Chemical Co., Ltd.
地址(Add):上海市浦东南路2240号永业商务大楼807室
邮编(P. C.):200127
电话(Tel):021－58737763
传真(Fax):021－50909235
联系人(Contact Person):高森
产品业务(Business):EV,石油树脂

上海复欣制胶厂
Shanghai Fuxin Hot Melt Adhesives Factory
地址(Add):上海市浦东新区孙桥镇孙桥路238弄15号401室
邮编(P. C.):201203
电话(Tel):021－58133581
传真(Fax):021－58133581
法人代表(Chairman):顾银华
联系人(Contact Person):顾银华
产品业务(Business):用于生产妇女卫生巾、卫生护垫、纸尿裤、床垫等的各种胶,包括背胶、软结构胶、硬结构胶、两用背胶等热熔胶

上海向华热熔胶有限公司
Shanghai Xianghua Hot Melt Adhesives Co., Ltd.
地址(Add):上海市浦东新区张江镇孙桥现代开发区军民路1213号向华北路
邮编(P. C.):201203
电话(Tel):021－58573857
传真(Fax):021－58574808
E-mail:xhrrj@sh163.net
Http://www.xhrrj.com
法人代表(Chairman):邹荣棋
总经理(General Manager):邹荣棋
联系人(Contact Person):庄弟
产品业务(Business):热熔胶,热熔压敏胶

上海荣歆热熔胶有限公司
Shanghai Rongxin Hot Melt Adhesives Co., Ltd.
地址(Add):上海市松江区洞泾镇塘桥村
邮编(P. C.):201619
电话(Tel):021－57622061
传真(Fax):021－57622351
法人代表(Chairman):张祖荣
联系人(Contact Person):奚伟国
产品业务(Business):热熔胶

汉高乐泰(中国)有限公司
Henkel Loctite(China)Co.,Ltd.
地址(Add):上海市延安东路618号东海商业中心2期3楼
邮编(P. C.):200001
电话(Tel):021－53534595
传真(Fax):021－53854246
E-mail:gang.chen@henkel.com
Http://www.henkel.com
联系人(Contact Person):陈刚
产品业务(Business):胶粘剂

常州市洁润无纺布厂
Changzhou Jierun Nonwovens Factory
(详见非织造布)

南京扬子伊士曼化工有限公司
Nanjing Yangzi Eastman Chemical Ltd.
地址(Add):江苏省南京市高新技术产业开发区商务中心三楼
邮编(P. C.):210032
电话(Tel):025－58646266
传真(Fax):025－58646288
E-mail:sales@njyec.com
Http://www.njyec.com
法人代表(Chairman):杨文化
联系人(Contact Person):周文
伊士曼化工有限公司上海代表处
Eastman Chemical Co., Ltd. Shanghai Office
地址(Add):上海市南京西路1168号中信泰富广场1206室
邮编(P. C.):200041
电话(Tel):021－61208757
传真(Fax):021－52984553
E-mail:liangwu@eastman.com
Http://www.eastman.com.cn
联系人(Contact Person):吴亮
产品业务(Business):热熔胶增粘树脂

南京陶雨工贸实业有限公司
Nanjing Taoyu Trading Co., Ltd.
(详见干法纸)

南京朝晖纸业有限公司
Nanjing Zhaohui Paper Co., Ltd.
(详见胶带及离型纸)

南京利华卫生材料厂
Nanjing Lihua Hygiene Material Factory
(详见胶带及离型纸)

南京康尔洁纸品有限公司
Nanjing Kangerjie Paper Products Co., Ltd.
(详见胶带及离型纸)

苏州国联粘合剂有限公司
Suzhou Guolian Adhesives Co., Ltd.
地址(Add):江苏省苏州市相城区黄桥占上工业区永青路21号
邮编(P. C.):215132
电话(Tel):0512-65461788
传真(Fax):0512-65468435
E-mail:hqqdcxyq@pub.sz.jsinfo.net
联系人(Contact Person):金水元
产品业务(Business):热熔胶

无锡市万力粘合材料厂
Wuxi Wanli Adhesives Plant
地址(Add):江苏省无锡市新区长江南路旺庄镇工业配套区
邮编(P. C.):214028
电话(Tel):0510-5344780
传真(Fax):0510-5345529
E-mail:wxjili@jiliresin.com
Http://www.jiliresin.com
法人代表(Chairman):周其平
联系人(Contact Person):夏强
产品业务(Business):专业生产热熔胶系列产品

江苏盐城腾达胶粘剂有限公司
Jiangsu Yancheng Tengda Adhesives Co., Ltd.
地址(Add):江苏省盐城市经济开发区通榆南路328号
邮编(P. C.):224007
电话(Tel):0515-8275058
传真(Fax):0515-8275059
E-mail:master@tdjzj.com
Http://www.tdjzj.com
法人代表(Chairman):倪锦才
总经理(General Manager):倪锦才
联系人(Contact Person):严宏友
产品业务(Business):热熔胶

扬中九妹日用品有限公司
Yangzhong Jiumei Products for Daily Use Co., Ltd.
地址(Add):江苏省扬中市富民路2号(花园新村)
邮编(P. C.):212200
电话(Tel):0511-8324279
传真(Fax):0511-8357509
E-mail:huangbub@yahoo.com.cn
法人代表(Chairman):范进
总经理(General Manager):范进
联系人(Contact Person):梁学友
产品业务(Business):热熔胶

浙江精华科技有限公司
Zhejiang Jinghua Science & Technology Co., Ltd.
地址(Add):浙江省杭州市莫干山路569号
邮编(P. C.):310005
电话(Tel):0571-88067297
传真(Fax):0571-88067314
E-mail:sales@fang-kai.com
Http://www.fang-kai.com
总经理(General Manager):张弘
联系人(Contact Person):何义
产品业务(Business):妇女卫生巾、卫生护垫、纸尿裤用热熔胶,包装、装潢用热熔压敏胶及胶带,医用热熔压敏胶,皮革、鞋类、电脑信封、医用产品包装用热熔性热敏胶

浙江省慈溪市合力胶塑有限公司杭州办事处
Cixi Heli Hot Melt Adhesives Co., Ltd.
地址(Add):浙江省杭州市南肖埠青春苑15幢6-501室
邮编(P. C.):310020
电话(Tel):0574-86025046
传真(Fax):0574-86027209
法人代表(Chairman):郑秋玉
联系人(Contact Person):叶良候
产品业务(Business):热熔胶制造,塑胶原辅材料

杭州城西胶业有限公司
Hangzhou West Rubber Industry Co., Ltd.
地址(Add):浙江省杭州市西湖区龙坞工业园区41号
邮编(P. C.):310024
电话(Tel):0571-87421225
传真(Fax):0571-87421225
法人代表(Chairman):葛如勤
联系人(Contact Person):葛如勤
产品业务(Business):妇女卫生巾用热熔性压敏胶及纸尿裤用热熔胶系列产品

浙江省瑞安市联大热熔胶厂
Zhejiang Ruian Lianda Hot Melt Adhesives Factory
地址(Add):浙江省瑞安市汀田镇寨下工业区公园西路2巷23号
邮编(P. C.):325206
电话(Tel):0577-65506788
传真(Fax):0577-65508678
法人代表(Chairman):林绍弟
联系人(Contact Person):林晓峰
产品业务(Business):热熔胶

恒信纸品卫生材料经销部
Hengxin Paper Products Material Distributor
(详见纸浆和绒毛浆)

福建省晋江市群益塑胶开发有限公司
Fujian Qunyi Plastics Development Co., Ltd.
(详见打孔PE膜)

泉州昌德化工有限公司
Quanzhou Changde Chemicals Co., Ltd.

地址(Add):福建省泉州市义全街 170 号
邮编(P. C.):362000
电话(Tel):0595 - 22202786
传真(Fax):0595 - 22207893
E-mail:peihong@ pub1. qz. fj. cn
Http://www. chang - de. com
联系人(Contact Person):吴培煌
产品业务(Business):各种热熔胶

郯城县鑫盟卫生用品厂
Tancheng Xinmeng Hygiene Products Factory
(详见胶带及离型纸)

安阳市中原薄膜彩印有限责任公司
Anyang Zhongyuan Multicolor Printing of Film Co., Ltd.
(详见 PE 流延膜)

佛山市南海诚星化工有限公司
Nanhai Sinstar Chemical Co., Ltd.
地址(Add):广东省佛山市南海区黄岐泌冲工业区
邮编(P. C.):528248
电话(Tel):0757 - 85915601
传真(Fax):0757 - 85915615
法人代表(Chairman):万维克
总经理(General Manager):万维克
联系人(Contact Person):王新
产品业务(Business):热熔胶,水性粘合剂,金属表面前处理剂

佛山市科利达化工有限公司
Foshan Kolead Chemicals Co., Ltd.
地址(Add):广东省佛山市三水区南边工业园
邮编(P. C.):528135
电话(Tel):0757 - 87318233
传真(Fax):0757 - 87310086
E-mail:wilsonguo338@ 163. net
法人代表(Chairman):何燕明
联系人(Contact Person):郭岸东
产品业务(Business):热熔胶

广东省佛山市富民科技公司
Guangdong Foshan Fumin Science Co.
地址(Add):广东省佛山市祖庙路 51 号
邮编(P. C.):528000
电话(Tel):0757 - 83211267
联系人(Contact Person):邓绍雄
产品业务(Business):水基胶粘剂

佛山市顺德区北滘森丰源纸品厂
Foshan Senfengyuan Paper Products Factory
(详见非织造布)

富乐(中国)粘合剂有限公司
H. B. Fuller (China) Adhesives Ltd.
地址(Add):广东省广州经济技术开发区碧华街 10 号
邮编(P. C.):510730
电话(Tel):020 - 82214333
传真(Fax):020 - 82214818
E-mail:michael. chen@ hbfuller. com
法人代表(Chairman):杨以琨
联系人(Contact Person):范富良
产品业务(Business):1、妇女卫生巾及卫生护垫专用背胶、结构胶和两用胶,2、纸尿裤橡筋(松紧带)胶和结构胶,3、纸盒、纸箱/桶/复合罐/杯专用胶,4、卫生纸品专用胶,5、印刷、香烟、包装、家具木工、制鞋等行业用粘合剂

广州慧达精细化工有限公司
Guangzhou Victa Fine Chemicals Co., Ltd.
地址(Add):广东省广州经济技术开发区明珠路 14 号
邮编(P. C.):510730
电话(Tel):020 - 82223979
传真(Fax):020 - 82223972
E-mail:gmo@ victa. com. cn
Http://www. victa. com. cn
法人代表(Chairman):孙春花
总经理(General Manager):吴永升
联系人(Contact Person):易重文
产品业务(Business):妇女卫生巾热熔胶,封箱热熔胶,水胶、醛酮树脂

波士胶芬得利(中国)粘合剂有限公司
Bostik China Company Ltd.
地址(Add):广东省广州市经济技术开发区永和新庄二路 75 号
邮编(P. C.):511356
电话(Tel):020 - 82975266
传真(Fax):020 - 82975255
E-mail:mshlzy@ tom. com
联系人(Contact Person):李志勇
产品业务(Business):热熔胶

佛山市科利达化工有限公司
Foshan Kolead Chemicals Co., Ltd.
地址(Add):广东省三水区南边工业园 B 区
邮编(P. C.):528135
电话(Tel):0757 - 87786039
传真(Fax):0757 - 87786039
E-mail:guoshen88888@ yahoo. com. cn
联系人(Contact Person):黄小珍
产品业务(Business):热熔胶

中山诚泰化工科技有限公司
Cherng Tay Technology Co., Ltd.
地址(Add):广东省中山市三角镇金三大道东 12 号
邮编(P. C.):528445
电话(Tel):0760 - 5541516
传真(Fax):0760 - 5541515
E-mail:cschetay@ mail. chetay. com. cn
Http://www. chetay. com. tw
法人代表(Chairman):王胜义
总经理(General Manager):赖清渠
联系人(Contact Person):伍光隆
产品业务(Business):热熔胶

成都通用特种塑胶有限公司成都腾龙特种胶粘材料厂
Chengdu Universal Specialty Plastics Co., Ltd. Chengdu Tenglong Specialty Adhesives Factory
地址(Add):四川省成都市(犀浦)国家高新技术开发西区
邮编(P. C.):611731
电话(Tel):028 - 87843321
传真(Fax):028 - 87843321

联系人(Contact Person):王维芝
产品业务(Business):热熔胶

● 高吸水树脂 SAP 和复合纸 Super absorbable polymer and absorbable paper

BASF South East Asia Pte Ltd.
巴斯夫东南亚有限公司
地址(Add):7 Temasek Boulevard #35 - 01 Suntec City Tower One Singapore 038987
电话(Tel):65 - 63370330
传真(Fax):65 - 64309825
E-mail:luiyhs@ basf. sea. com. sg
Http://www. basf. com. sg
联系人(Contact Person):吕月霞
产品业务(Business):高吸水树脂
巴斯夫(中国)有限公司
BASF (China) Company Limited
地址(Add):上海市西藏中路 18 号港陆广场 20 楼
邮编(P. C.):200001
电话(Tel):021 - 63851630 - 3128
传真(Fax):021 - 63848478
E-mail:jinw@ basf - china. com. cn
Http://www. basf. com. cn
法人代表(Chairman):施友诚
联系人(Contact Person):金伟
产品业务(Business):销售 BASF 公司高吸水树脂

NIPPON SHOKUBAI CO. , LTD.
株式会社日本触媒
地址(Add):Kogin Bldg, 4 - 1 - 1 Koraibashi, Chuo - ku Osaka 541 - 0043, Japan
电话(Tel):81 - 6 - 62239211
传真(Fax):81 - 6 - 62013716
E-mail:takao_ohashi@ shokubai. co. jp
联系人(Contact Person):Takao Ohashi
产品业务(Business):生产高吸水树脂
日触化工(张家港)有限公司
地址(Add):江苏省张家港市江苏扬子江国际化学工业园长江东路 19 号
邮编(P. C.):215635
电话(Tel):0512 - 58937910 - 8125
传真(Fax):0512 - 58937913
E-mail:takao_ohashi@ shokubai. cn
Http://www. shokubai. co. jp
联系人(Contact Person):大桥俊夫

San - Dia Polymers, Ltd.
三大雅精细化学品有限公司
地址(Add):No. 10 Chuo - Bldg. , 5 - 6 Honcho 1 - chome, Nihonbashi Chuo - ku Tokyo 103 - 0023, Japan
电话(Tel):81 - 3 - 52001212
传真(Fax):81 - 3 - 52003318
产品业务(Business):高吸水树脂
三大雅精细化学品(南通)有限公司
San - Dia Polymers (Nantong) Co., Ltd.
地址(Add):江苏省南通市经济技术开发区景兴路西横五路南
邮编(P. C.):226009
电话(Tel):0513 - 5981251 - 2103
传真(Fax):0513 - 5983001
法人代表(Chairman):黑田昭
联系人(Contact Person):笪永春
产品业务(Business):高吸水树脂的研发、生产、销售

Stockhausen, Inc.
斯托侯森公司
地址(Add):Postfach 570 D - 47705 Krefeld Baekerpfad 25 Germany
电话(Tel):49 - 2151381880
传真(Fax):49 - 2151381292
Degussa Superabsorbent
德固赛吸水树脂公司
地址(Add):2401 Doyle Street, Greensboro, NC 27406 U. S. A.
电话(Tel):1 - 336 - 3337540
传真(Fax):1 - 336 - 3337570
E-mail:hsuw@ stockhausen - inc. com
Http://www. stockhausen. com
联系人(Contact Person):Whei - Neen Hsu
产品业务(Business):SAP
德固赛(中国)投资有限公司上海分公司
Degussa (China) Co., Ltd. Shanghai Branch
地址(Add):上海市莘庄工业区春东路 55 号
邮编(P. C.):201108
电话(Tel):021 - 51329301
传真(Fax):021 - 54423597
E-mail:michael. sun@ degussa. com
Http://www. degussa. com
联系人(Contact Person):孙觉明

台湾塑胶工业股份有限公司
Formosa Plastics Corporation
(详见 PE 流延膜)

日本三井物产株式会社
地址(Add):北京市建国门外大街 1 号国贸大厦 34 层
邮编(P. C.):100004
电话(Tel):010 - 65054702
传真(Fax):010 - 65055193
联系人(Contact Person):尹芊
产品业务(Business):代理日本东亚合成株式会社 SAP

北京市高精树脂厂
Beijing Fine Resin Mill
地址(Add):北京市顺义区南法信东支路 23 号
邮编(P. C.):101300
电话(Tel):010 - 69471351
传真(Fax):010 - 69471351
法人代表(Chairman):梁银
联系人(Contact Person):陶中生
产品业务(Business):SAP

北京化学工业集团有限责任公司东方化工厂
Beijing Eastern Chemical Works
地址(Add):北京市通州区滨河路 143 号
邮编(P. C.):101149
电话(Tel):010 - 61564901 - 6379
传真(Fax):010 - 61564372

法人代表(Chairman):费广泰
联系人(Contact Person):乐丹蓉
产品业务(Business):乙烯,丙烯酸

大江(天津)国际贸易有限公司
Dajiang (Tianjin) International Trade Co., Ltd.
(详见纸浆和绒毛浆)

东棉(天津)有限公司
Tomen (Tianjin) Co., Ltd.
地址(Add):天津市河东区11经路81号天星河畔广场28层2802室
邮编(P. C.):300171
电话(Tel):022-24155473
传真(Fax):022-24139988
联系人(Contact Person):王萍
产品业务(Business):代理日本三大雅San-Dia高吸水树脂,兼营日本普利司通公司的PU泡沫、日本SHEE-DOM的PU膜,日本富士纺的弹性纤维

东棉(上海)有限公司
Tomen (Shanghai) Co., Ltd.
地址(Add):上海市徐汇区淮海中路1010号嘉华中心11楼
邮编(P. C.):200031
电话(Tel):021-61135061
传真(Fax):021-61135100
联系人(Contact Person):平霄

东棉(上海)有限公司
重庆办事处
地址(Add):重庆市南坪北路15号重庆扬子江饭店501室
邮编(P. C.):400060
电话(Tel):023-62922000-501
传真(Fax):023-62923980

东棉(广州)有限公司
地址(Add):广东省广州市流花路中国大酒店商业大楼507-509号
邮编(P. C.):510015
电话(Tel):020-86684719
传真(Fax):020-86677726
联系人(Contact Person):符之玮

香港东棉有限公司
地址(Add):香港九龙尖沙咀广东道21号港威大厦英国保诚保险大楼702-711室
电话(Tel):852-31823161
传真(Fax):852-31823005
联系人(Contact Person):RICKY CHAN

唐山博亚科技工业开发有限责任公司
Tangshan Boya S&T Company (Group) Ltd.
地址(Add):河北省唐山市唐钱路
邮编(P. C.):063001
电话(Tel):0315-2981191
传真(Fax):0315-2980048
E-mail:boyakeji@sohu.com
Http://www.boya.com.cn
法人代表(Chairman):孙长珍
总经理(General Manager):杨广俊
联系人(Contact Person):陈立
产品业务(Business):博亚牌高吸水树脂(SAP)

丹东市天和纸制品有限公司
Dandong Tianhe Paper Products Co., Ltd.
(详见干法纸)

丹东北方卫生用品有限公司
Dandong Beifang Sanitary (Napkins) Products Co., Ltd.
(详见干法纸)

四平九丰酒业有限公司
Siping Jiufeng Alcohol Co., Ltd.
地址(Add):吉林省梨树县梨树镇树文街26号
邮编(P. C.):136500
电话(Tel):0434-5232464
传真(Fax):0434-5232464
联系人(Contact Person):陈茹
产品业务(Business):SAP

上海凯琳实业有限公司
Shanghai Kailin Industrial Co., Ltd.
(详见纸浆和绒毛浆)

上海正扬实业有限公司
Shanghai Zhengyang Industrial Co., Ltd.
(详见胶带及离型纸)

上海胜孚美卫生用品有限公司
Shanghai Shengfumei Hygiene Articles Co., Ltd.
地址(Add):上海市锦秋路2039号(工业区)
邮编(P. C.):200436
电话(Tel):021-66122027
传真(Fax):021-66127028
E-mail:shenghuomei1@sina.com
联系人(Contact Person):周雯
产品业务(Business):SAP吸水纸

上海欣颢贸易有限公司
Shanghai Xinhao Trading Co., Ltd.
地址(Add):上海市襄阳南路500号巴黎时韵1720室
邮编(P. C.):200031
电话(Tel):021-54252580
传真(Fax):021-54252582
E-mail:xinhaosh@hotmail.com
联系人(Contact Person):沙峰
产品业务(Business):经销吸水树脂

上海特林吸水纸有限公司
Shanghai Te Lin Zhi Produce Co.,Ltd.
地址(Add):上海市浦东金桥路1504弄19号101室
邮编(P. C.):200136
电话(Tel):021-50707649
传真(Fax):021-50701974
联系人(Contact Person):陈舜华
产品业务(Business):吸水纸

上海通贝吸水材料有限公司
Shanghai Tongbei Absorbant Materiral Co., Ltd.
地址(Add):上海市浦东新区合庆镇现代产业园区凌白路1081号
邮编(P. C.):210201
电话(Tel):021-58972939
传真(Fax):021-58975196
法人代表(Chairman):奚永飞

总经理(General Manager):奚永飞
联系人(Contact Person):钱玉华
产品业务(Business):高吸水复合纸,中草药复合吸水纸,中草药药膜,吸水垫,宠物垫

上海伊藤忠商事有限公司
ITOCHU Shanghai Ltd.
(详见纸浆和绒毛浆)

上海美芬娜卫生用品有限公司
Shanghai Mayflower Sanitary Articles Co., Ltd.
地址(Add):上海市青浦区西岑镇莲西路4411号
邮编(P.C.):201721
电话(Tel):021-59295758
传真(Fax):021-59294167
E-mail:sh-mfn@citiz.net
Http://www.shec.gov.cn/mfnyp
法人代表(Chairman):三和万里子
总经理(General Manager):康志东
联系人(Contact Person):蒋丽华
产品业务(Business):高分子复合吸水材料

上海协润贸易有限公司
Shanghai Xierun Trade Co., Ltd.
(详见干法纸)

上海森绒纸业有限公司
Shanghai Senrong Paper Co., Ltd.
(详见干法纸)

可隆国际株式会社上海办事处
KOLON INTL CORP. SHANGHAI OFFICE
地址(Add):上海市中山西路1800号兆丰环球大厦19楼F2室
邮编(P.C.):200233
电话(Tel):021-64401252
传真(Fax):021-64401258
E-mail:loggicarm@kolon.net.cn
Http://www.kolonintl.com
联系人(Contact Person):沈志昊
产品业务(Business):高吸水树脂

常州市宏立吸水纸厂
Changzhou Hongli Absorbent Paper Factory
地址(Add):江苏省常州市武进区雪堰镇雪南街28号
邮编(P.C.):213169
电话(Tel):0519-6162087
传真(Fax):0519-6162087
联系人(Contact Person):曹烈
产品业务(Business):吸水复合纸

南京东正化轻有限公司
Nanjing Dongzheng Chemical & Light Industries Co., Ltd.
(详见造纸化学品)

南京赛普高分子材料有限公司
Nanjing Sap Polymers Co., Ltd.
地址(Add):江苏省南京市建邺路199号东沛大厦9层904室
邮编(P.C.):210004
电话(Tel):025-52337142
传真(Fax):025-52337140
E-mail:jdc@spgfz.cn
Http://www.spgfz.cn
法人代表(Chairman):金东晨
总经理(General Manager):金东晨
联系人(Contact Person):蔡德林
产品业务(Business):经销高吸水树脂,石油树脂,EVA树脂,丙烯酸等

无锡市月芽女卫生用品厂
Wuxi Yueyanü Hygiene Articles Factory
地址(Add):江苏省无锡市堰桥镇南路2号
邮编(P.C.):214174
电话(Tel):0510-3743329
传真(Fax):0510-3743329
联系人(Contact Person):周萍
产品业务(Business):吸水材料

江苏省兴化市恒洁卫生用品厂
Jiangsu Xinghua Hengjie Hygiene Articles Factory
地址(Add):江苏省兴化市大琮镇吴家
邮编(P.C.):225731
电话(Tel):0523-3668466
传真(Fax):0523-3668466
E-mail:ddwsz@163.com
联系人(Contact Person):王圣中
产品业务(Business):经销高吸水树脂,绒毛浆

江苏盐城馨洁吸水材料厂
Jiangsu Yancheng Xinjie Absorbent Factory
地址(Add):江苏省盐城市盐都新区新都商贸城
邮编(P.C.):224055
电话(Tel):0515-8449805
传真(Fax):0515-8186930
联系人(Contact Person):周长亮
产品业务(Business):吸水复合纸

扬州达润纸制品有限公司
Yangzhou Darun Paper Products Co., Ltd.
地址(Add):江苏省扬州江都市塘头工业园区
邮编(P.C.):225238
电话(Tel):0514-6304092
传真(Fax):0514-6304091
E-mail:darun@126.com
联系人(Contact Person):彭展
产品业务(Business):经销吸水纸,绒毛浆,高吸水树脂等

杭州怡莱化学有限公司
Hangzhou Yilai Chemical Co., Ltd.
地址(Add):浙江省杭州市东新路5号物资城大厦5033室
邮编(P.C.):310004
电话(Tel):0571-85361822
传真(Fax):0571-85361822
联系人(Contact Person):郑富平
产品业务(Business):生产高吸水树脂

杭州同创实业公司
Hangzhou Tongchuang Industry Co.
(详见胶带及离型纸)

杭州润佳吸水材料有限公司
Hangzhou Runjia Absorbant Material Co., Ltd.
地址(Add):浙江省杭州市余杭区崇贤镇
邮编(P. C.):311108
电话(Tel):0571-86274118
传真(Fax):0571-86274008
总经理(General Manager):金建忠
产品业务(Business):吸水复合纸

浙江省临安市振宇吸水材料有限公司
Zhejiang Lin'an Zhenyu Absorbent Material Co., Ltd.
地址(Add):浙江省临安市於潜镇(人民路165号)
邮编(P. C.):311311
电话(Tel):0571-63882509
传真(Fax):0571-63885865
法人代表(Chairman):王伟成
联系人(Contact Person):王伟成
产品业务(Business):高吸水复合纸

浙江衢州威龙高分子材料有限公司
Zhejiang Quzhou Weilong Polymer Material Co., Ltd.
地址(Add):浙江省衢州市廿里镇工业区
邮编(P. C.):324012
电话(Tel):0570-2962532
传真(Fax):0570-2961103
E-mail:master@weilongchem.com
Http://www.weilongchem.com
法人代表(Chairman):叶明生
总经理(General Manager):叶明生
联系人(Contact Person):周小燕
产品业务(Business):高吸水树脂

温州市特康妇幼卫生材料有限公司
Wenzhou Tekang Fuyou Co., Ltd.
地址(Add):浙江省温州市仰义渔渡工业区
邮编(P. C.):325007
电话(Tel):0577-88759808
传真(Fax):0577-88759968
E-mail:tekang@alibaba.com.cn
联系人(Contact Person):杨毅
产品业务(Business):生产吸水复合纸,尿裤侧腰贴

恒信纸品卫生材料经销部
Hengxin Paper Products Material Distributor
(详见纸浆和绒毛浆)

乔东卫生制品有限公司
Qiaodong Hygiene Products Co., Ltd.
地址(Add):福建省南安市洪濑镇东溪开发区天和工业大厦
邮编(P. C.):362331
电话(Tel):0595-86691350
传真(Fax):0595-86691851
联系人(Contact Person):丁棋
产品业务(Business):卫生巾吸水纸

泉州邦丽达科技实业有限公司
Quanzhou Banglida Science & Technoloty Industrial Co., Ltd.
地址(Add):福建省南安市水头镇国道324复线工业园区
邮编(P. C.):362342
电话(Tel):0595-86999718
传真(Fax):0595-86999797
E-mail:banglida@163.com
Http://www.banglida.com
法人代表(Chairman):许有卯
联系人(Contact Person):林承锋
产品业务(Business):生产高吸水树脂

泉州鲤城耳东纸制品厂
Licheng Erdong Paper Products Factory
地址(Add):福建省泉州市鲤城区浮桥镇岐山工业区2幢
邮编(P. C.):362000
电话(Tel):0595-22459701
传真(Fax):0595-22459702
E-mail:erdong@163.com
法人代表(Chairman):陈相照
联系人(Contact Person):刘开森
产品业务(Business):高吸水复合纸,打孔膜

厦门荣安贸易有限公司
Rongan (Xiamen) Co., Ltd.
(详见纸浆和绒毛浆)

漳州市芗城新木木卫生材料有限公司
Zhangzhou Xiangcheng Xinmumu Hygiene Material Co., Ltd.
地址(Add):福建省漳州市芗城区漳华路小坑头下路60号
邮编(P. C.):363000
电话(Tel):0596-2677299
传真(Fax):0596-2676266
法人代表(Chairman):林顺利
联系人(Contact Person):林聪勇
产品业务(Business):高吸水复合纸

济南昊月树脂有限公司
Jinan Haoyue Resin Co., Ltd.
地址(Add):山东省章丘市埠村镇09路
邮编(P. C.):250215
电话(Tel):0531-3711094
传真(Fax):0531-3711094
总经理(General Manager):杨志亮
产品业务(Business):高吸水树脂

加宝复合材料(武汉)有限公司
Jiabao Composite Material (Wuhan) Co., Ltd.
地址(Add):湖北省武汉市经济技术开发区沌口小区枫树一路
邮编(P. C.):430058
电话(Tel):027-84254758
传真(Fax):027-84254778
总经理(General Manager):贺丽娜
联系人(Contact Person):贺丽娜
产品业务(Business):SAP复合吸水纸

广东省东莞市昆茂纸业有限公司
Dongguan Kunmao Paper Industry Co., Ltd.
(详见干法纸)

东莞市同舟化工有限公司
Topship Chemicals Co., Ltd.
地址(Add):广东省东莞市旗峰路288号新世纪大厦8楼

邮编(P. C.):523123
电话(Tel):0769 - 22365555
传真(Fax):0769 - 22365608
E-mail:tianjianjun88@163.com
Http://www.topshipchem.com
法人代表(Chairman):谢文勇
总经理(General Manager):谢文勇
联系人(Contact Person):田建军
产品业务(Business):经营台塑公司高吸水树脂(SAP)及透气膜,PE膜,复合膜

广东长粤贸易有限公司
Guangdong New Era Trading Co., Ltd.
(详见纸浆和绒毛浆)

深圳市乐旺家庭用品有限公司
Shenzhen Lewang Household Articles Co., Ltd.
(详见干法纸)

深圳市嘉景裕贸易有限公司
Shenzhen Jiajingyu Trading Co., Ltd.
地址(Add):广东省深圳市罗湖区文锦南路森威大厦雍景园7楼G座
邮编(P. C.):518002
电话(Tel):0755 - 82357197
传真(Fax):0755 - 82357200
E-mail:szjjyu@vip.sina.com
法人代表(Chairman):朱云天
联系人(Contact Person):陈敏
产品业务(Business):经销日本住友精化 SAP

中山市锐迪新材料有限公司
Zhongshan Radiation New Materials Co., Ltd.
地址(Add):广东省中山市东区起湾道北
邮编(P. C.):528403
电话(Tel):0760 - 8314393
传真(Fax):0760 - 8887482
E-mail:radi@zsradi.com
Http://www.zsradi.com
法人代表(Chairman):陈建明
联系人(Contact Person):吴先生
产品业务(Business):锐迪牌高吸水树脂(SAP)

中山市德伦包装材料有限公司
Zhongshan Delun Packing Material Co., Ltd.
(详见PE流延膜)

● 造纸化学品 Paper chemical

MEISEI CHEMICAL WORKS, LTD.
日本明成化学工业株式会社
地址(Add):1 NAKAZAWACHO, NISHIKYOGOKU, UKYOKU, KYOTO 615 - 8666, JAPAN
电话(Tel):81 - 75 - 3128105
传真(Fax):81 - 75 - 3141150
联系人(Contact Person):Masayoshi Murakami
上海代表处
地址(Add):上海市淮海中路918号久事复兴大厦9楼E-2座
邮编(P. C.):200020
电话(Tel):021 - 64150833
传真(Fax):021 - 64150633
E-mail:shanghai@yahoo.co.jp
法人代表(Chairman):五十岚仪顺
联系人(Contact Person):薛梅
产品业务(Business):PEO型和PAM型分散剂、脱墨剂、剥离剂、柔软剂、消泡剂、干强剂、粘缸起皱剂、毛毯清洗剂、消粘剂、纸餐具用防水防油剂等多种生活用纸用化学助剂

IKEGAMI KOEKI CO., Ltd.
日本池上交易株式会社
地址(Add):7 - 22 MATSUGAECHO, KITA - KU, OSAKA, JAPAN
电话(Tel):81 - 6 - 63580846
传真(Fax):81 - 6 - 63580856
产品业务(Business):代理日本住友精化、三井奥科高分子之分散剂,造纸助剂,絮凝剂等。巴工业之脱水机
现法人企业:浪速(上海)包装贸易有限公司
上海事务所
地址(Add):上海市黄浦区宁海东路200号申鑫大厦1809室
邮编(P. C.):200021
电话(Tel):021 - 63743992
传真(Fax):021 - 63747978
E-mail:shcnikegami_1809@sina.com
Http://www.ikegamikoeki.com
联系人(Contact Person):沈浮
北京事务所
地址(Add):北京市海淀区复兴路65号1316室(北京电信实业大厦)
邮编(P. C.):100036
电话(Tel):010 - 68170640
传真(Fax):010 - 68170642
E-mail:ikegamib@public.bta.net.cn
联系人(Contact Person):尹振国

Clariant International Ltd.
瑞士科莱恩国际有限公司
Clariant UK Ltd. Business Unit Paper
地址(Add):Calverley Lane Leeds LS 18 4RP United Kingdom
电话(Tel):44 - 113 - 2584646
传真(Fax):44 - 113 - 2398381
科莱恩化工(中国)有限公司造纸化学品部
地址(Add):上海市漕河泾开发区桂箐路69号25幢1-3楼
邮编(P. C.):200233
电话(Tel):021 - 64851000 - 472
传真(Fax):021 - 64951181
E-mail:robert.liu@clariant.com
联系人(Contact Person):刘敬萍
产品业务(Business):卫生纸用染料,柔软剂,剥离剂,起皱剂,粘缸剂,荧光增白剂及荧光增白剂的消除剂

国际特品(香港)有限公司
International Specialty Products (Hong Kong) Shanghai Office
地址(Add):香港铜锣湾新宁道8号民安广场第一期1102室
电话(Tel):852 - 28816108
传真(Fax):852 - 28951250

联系人(Contact Person):刘英才
产品业务(Business):湿巾防腐剂

上海办事处
地址(Add):上海市乌鲁木齐北路457号朝代商务中心702室
邮编(P.C.):200040
电话(Tel):021-62493900
传真(Fax):021-62493908
E-mail:mling@ispcorp.com
联系人(Contact Person):凌峰

北京办事处
地址(Add):北京市建国门外大街24号京泰大厦1607室
邮编(P.C.):100022
电话(Tel):010-65156265
传真(Fax):010-65156267
E-mail:lliu@ispcorp.com
联系人(Contact Person):刘莉莉

成都办事处
地址(Add):四川省成都市人民南路二段36号锦江宾馆753室
邮编(P.C.):610012
电话(Tel):028-85571040
传真(Fax):028-85572313
联系人(Contact Person):谢泓

广州办事处
地址(Add):广东省广州市环市东路403号广州国际电子大厦1808室
邮编(P.C.):510095
电话(Tel):020-37589970
传真(Fax):020-37589907
E-mail:ltang@ispcorp.com
联系人(Contact Person):唐莉

亚马逊化工有限公司
Amazon Papyrus Chemicals Limited
地址(Add):香港湾仔皇后大道东183号合和中心4401室
电话(Tel):852-25056802
传真(Fax):852-25059392
E-mail:jauyeung@amazon-papyrus.com
联系人(Contact Person):欧阳振超
产品业务(Business):造纸化学品

曼氏(天津)香精香料有限公司
MANE (Tianjin) Frarances and Flavours Co., Ltd.
地址(Add):北京市朝阳区光华路7号汉威大厦西区28层B2
邮编(P.C.):100020
电话(Tel):010-65610441-811
传真(Fax):010-65610439
E-mail:suping.shi@mane-cn.com
Http://www.mane-cn.com
联系人(Contact Person):石素平
产品业务(Business):香精

日光精细(集团)公司
Sun Shine Fine Chemical Group
地址(Add):北京市丰台区宋家庄南窑39号
邮编(P.C.):100078
电话(Tel):010-87915193
传真(Fax):010-87918078
E-mail:webmaster@sunshinejp.com
Http://www.sunshinejp.com
联系人(Contact Person):王洪滨
产品业务(Business):香精香料,防腐剂

北京神舟晟华技贸有限公司
Shenzhou Shenghua Technology & Trade Co., Ltd.
地址(Add):北京市海淀区95-026信箱
邮编(P.C.):100095
电话(Tel):010-62409781
传真(Fax):010-62409782
E-mail:szsh_co_ltd@sohu.com
联系人(Contact Person):郭墨芹
产品业务(Business):湿巾消毒剂,防腐杀菌剂

北京海博利兹生物医学科技中心
Beijing Haiberleeds Bio-medical Technology Center
地址(Add):北京市海淀区上地信息路12号留学人员创业园中关村发展大厦D座301
邮编(P.C.):100085
电话(Tel):010-82898209
传真(Fax):010-82898208
总经理(General Manager):杨再君
产品业务(Business):湿巾消毒防腐剂

北京天擎化工有限责任公司
Beijing Tianqing Chemical Co., Ltd.
地址(Add):北京市平谷区新平南路126号
邮编(P.C.):101200
电话(Tel):010-89989251
传真(Fax):010-89989252
E-mail:stephen@tianqing.com.cn
Http://www.tianqing.com.cn
法人代表(Chairman):靳跃春
联系人(Contact Person):姜茂忠
产品业务(Business):杀菌剂,纸浆防腐剂,网毯保洁剂

北京清华永昌化工有限公司
Beijing Qinghua Yongchang Chemical Co., Ltd.
地址(Add):北京市清华大学工物馆313室
邮编(P.C.):100084
电话(Tel):010-62788567
传真(Fax):010-62784791
联系人(Contact Person):王迁
产品业务(Business):纸餐具防水防油助剂,荧光增白剂

上海和氏璧化工有限公司北京办事处
NCM Hersbit Chemical Co., Ltd.
地址(Add):北京市西城区北三环中路3号双全大厦208室
邮编(P.C.):100029
电话(Tel):010-82028383-4013
传真(Fax):010-62386201
E-mail:zhyong@ncmchem.com
Http://www.ncmchem.com
联系人(Contact Person):智勇
产品业务(Business):化学助剂

北京桑普生物化学技术有限公司
Beijing Sunpu Biochem. Tech. Co., Ltd.
地址(Add):北京市右安门外东滨河路甲2号
邮编(P.C.):100054

电话(Tel):010－83556812
传真(Fax):010－63539564
E-mail:sunpurh@sunpubc.com
Http://www.sunpubc.com
联系人(Contact Person):赵华
产品业务(Business):湿巾专用防腐剂

北京洁尔爽高科技有限公司
Beijing Jlsun High－tech Co., Ltd.
地址(Add):北京市中关村东路18号财智国际大厦A座
邮编(P. C.):100083
电话(Tel):010－82600899
传真(Fax):010－82601198
E-mail:sales@jlsun.com
Http://www.jlsun.com
总经理(General Manager):商成杰
产品业务(Business):抗菌整理剂

天津市汇泉精细化工有限公司
Tianjin Huiquan Fine Chemical Co., Ltd.
地址(Add):天津市东丽区赤土工业区
邮编(P. C.):300300
电话(Tel):022－24921213
传真(Fax):022－24921213
联系人(Contact Person):陈静江
产品业务(Business):造纸增白剂

天津网日化工科技有限公司
Tianjin Wangri Chemical Science & Technology Co., Ltd.
地址(Add):天津市和平区西康路观云里1号楼1门117室
邮编(P. C.):300070
电话(Tel):022－27825930
传真(Fax):022－27825795
E-mail:sales@well－realchem.com
Http://www.well－realchem.com
联系人(Contact Person):王旭蕾
产品业务(Business):抗菌剂

天津一萍商贸有限公司
Tianjin Yiping Trading Co., Ltd.
地址(Add):天津市河北区金纬路金兆园2号楼8门102室
邮编(P. C.):300143
电话(Tel):022－26283538
传真(Fax):022－26283538
法人代表(Chairman):刘萍
总经理(General Manager):刘萍
联系人(Contact Person):刘萍
产品业务(Business):经销进口造纸化学助剂,包括分散剂、柔软剂、膨化剂、剥离剂、絮凝剂等

天津一商化工贸易有限公司
Tianjin Yishang Chemical Trade Co., Ltd.
地址(Add):天津市河北区进步道20号(五经路口)
邮编(P. C.):300010
电话(Tel):022－24467924
传真(Fax):022－24467924
联系人(Contact Person):王好茜
产品业务(Business):香精

信维化工有限公司
Sicc Chemical Co., Ltd.
地址(Add):天津市河北区昆纬路88号河北新闻大厦201室
邮编(P. C.):300142
电话(Tel):022－26214975
传真(Fax):022－26215170
E-mail:juck@siccchem.com
联系人(Contact Person):吕春江
产品业务(Business):香精,香料

天津市加奈尔科工贸有限公司
Tianjin Jianaier Science & Industry & Trade Co., Ltd.
地址(Add):天津市河北区万柳村大街3号
邮编(P. C.):300241
电话(Tel):022－26330163
传真(Fax):022－26330163
联系人(Contact Person):金贵臣
产品业务(Business):生产经销香精

天津市晋元工贸有限公司
Tianjin Jinyuan Industry & Commercial Co., Ltd.
地址(Add):天津市河东区大王庄七经路积善里11号楼2－101
邮编(P. C.):300012
电话(Tel):022－24220596
传真(Fax):022－24225505
法人代表(Chairman):王宝钧
联系人(Contact Person):富德俊
产品业务(Business):经销分散剂,增强剂,湿强剂等造纸化学品

天津市英赛特商贸有限公司
Tianjin Yinsaite Trade Co., Ltd.
地址(Add):天津市河东区七纬路36号
邮编(P. C.):300012
电话(Tel):022－24219368
传真(Fax):022－24224816
法人代表(Chairman):张小奇
联系人(Contact Person):张小奇
产品业务(Business):经销各种进口造纸助剂

天津市合成材料工业研究所
Tianjin Synthetic Material Industry Research Institute
地址(Add):天津市河西区洞庭路29号
邮编(P. C.):300220
电话(Tel):022－28340182
传真(Fax):022－28341651
总经理(General Manager):王永红
联系人(Contact Person):王永红
产品业务(Business):纸浆模塑助剂,如阳离子湿强剂、中性施胶剂

天津市裕都染化加工有限公司
Tianjin Yudu Dyeing Chemical Co., Ltd.
地址(Add):天津市河西区尖山路102号美联大厦709室
邮编(P. C.):300211
电话(Tel):022－28332603
传真(Fax):022－28332603
联系人(Contact Person):孙杰
产品业务(Business):染料,造纸增白剂

天津贝奇商贸有限公司
Tianjin Beiqi Trade Co., Ltd.
(详见纸浆和绒毛浆)

天津双马香精香料新技术有限公司
Tianjin Double Horse Flavour & Fragrance Co., Ltd.
地址(Add):天津市津南经济开发区(西区)赤龙街6号
邮编(P.C.):300350
电话(Tel):022-28571778
传真(Fax):022-28571722
E-mail:sm@dhffcn.com
Http://www.dhffcn.com
法人代表(Chairman):冯志杰
总经理(General Manager):冯志杰
联系人(Contact Person):范吉军
产品业务(Business):纸品用香精

保定市阳光精细化工有限公司
Baoding Yangguang Fine Chemicals Co., Ltd.
地址(Add):河北省保定漕河41号信箱
邮编(P.C.):072556
电话(Tel):0312-8502325
传真(Fax):0312-8505606
E-mail:hbyg@yangguang.com.cn
Http://www.yangguang.com.cn
法人代表(Chairman):张志国
联系人(Contact Person):王源
产品业务(Business):防腐杀菌剂

廊坊市盛源化工有限责任公司
Langfang Shengyuan Chemical Co., Ltd.
地址(Add):河北省廊坊市广阳区新华路89号新华广场商务写字楼9层901室
邮编(P.C.):065000
电话(Tel):0316-2098981
传真(Fax):0316-2098980
E-mail:zgsy@a999.com
Http://www.zgsy.net
法人代表(Chairman):张永亮
联系人(Contact Person):张永亮
产品业务(Business):分散剂,增强剂,助留助滤剂等

石家庄诚信中轻机械设备有限公司
Chengxin Zhongqing Machinery Co., Ltd.
地址(Add):河北省石家庄市高新区东区珠江大道49号天山花园7-4-101室
邮编(P.C.):050801
电话(Tel):0311-86151369
传真(Fax):0311-85901995
Http://www.cxpaper-making.com
法人代表(Chairman):杨丽红
联系人(Contact Person):杨丽红
产品业务(Business):造纸化学助剂,造纸机械及配件

石家庄市通力化学品有限公司
Shijiazhuang Tongli Chemical Co., Ltd.
地址(Add):河北省石家庄市红旗大街南59号
邮编(P.C.):050051
电话(Tel):0311-83804877
传真(Fax):0311-83823893
E-mail:info@tonglichem.com
Http://www.tonglichem.com
法人代表(Chairman):郑铁山
总经理(General Manager):葛钰金
联系人(Contact Person):吕建明
产品业务(Business):湿强剂,造纸蒸煮剂,金属螯合剂,脱墨剂,消泡剂

石家庄市乔多造纸化工助剂有限公司
Shijiazhuang Qiaoduo Paper Chemicals Co., Ltd.
地址(Add):河北省石家庄市新华区高东街西二楼109号
邮编(P.C.):050061
电话(Tel):0311-7721245
传真(Fax):0311-7709314
总经理(General Manager):张斌
联系人(Contact Person):马春秀
产品业务(Business):造纸化学助剂

石家庄市恒日化工有限公司
Shijiazhuang Hengri Chemical Co., Ltd.
地址(Add):河北省石家庄市裕华区西仰陵
邮编(P.C.):050035
电话(Tel):0311-5322971
传真(Fax):0311-5322951
E-mail:xsk1@hengri.net
联系人(Contact Person):王强
产品业务(Business):各种油墨

山西风陵渡经济开发区风中化学制品厂
Shanxi Fenglingdu Fengzhong Chemical Products Factory
地址(Add):山西省芮城县风陵渡镇西大街实验中学
邮编(P.C.):044602
电话(Tel):0359-3350044
传真(Fax):0359-3350044
法人代表(Chairman):刘世荣
联系人(Contact Person):刘世荣
产品业务(Business):造纸多功能助剂

营口市康如化工有限公司
Yingkou Kangru Chemical Co., Ltd.
地址(Add):辽宁省营口市六三路韩家学坊
邮编(P.C.):115001
电话(Tel):0417-3801063
传真(Fax):0417-3801062
E-mail:kangru@kangru.com
Http://www.kangru.com
法人代表(Chairman):赵兴利
联系人(Contact Person):何宝升
产品业务(Business):脱墨剂,湿强剂,毛毯洗涤剂

长春市大地精细化工有限责任公司
Changchun Dadi Fine Chemicals Co., Ltd.
地址(Add):吉林省长春市二道区三道镇
邮编(P.C.):130123
电话(Tel):0431-4840674
传真(Fax):0431-4840674
E-mail:dadi@dadichem.com
Http://www.dadichem.com
法人代表(Chairman):周伟平
联系人(Contact Person):付桂荣
产品业务(Business):造纸分散剂PEO,浮选法脱墨剂FT100,增强剂

延吉新东亚化学有限公司
Yanji Xindongya Chemical Co., Ltd.
地址(Add):吉林省延吉市延南街长洁胡同9号
邮编(P. C.):133001
电话(Tel):0433－2854111
传真(Fax):0433－2824416
E-mail:neac@neac.com.cn
Http://www.neac.com.cn
法人代表(Chairman):赵松竹
联系人(Contact Person):金永福
产品业务(Business):造纸分散剂PMD100(韩国产),CNP(美国产),湿强剂(环氧树脂类),烘缸剥离剂,毛毯清洗剂,消泡剂,脱墨剂

上海黛龙生物工程科技有限公司
Shanghai Delon Hi－tech Co., Ltd.
地址(Add):上海市奉贤区泰青路4085号
邮编(P. C.):201414
电话(Tel):021－57568958
传真(Fax):021－57566811
E-mail:sales@delon.com.cn
Http://www.delon.com.cn
产品业务(Business):湿巾消毒液

上海日合贸易有限公司
Shanghai Rihe Trade Co., Ltd.
地址(Add):上海市华山路1765弄海斯大厦2号楼10B
邮编(P. C.):200031
电话(Tel):021－62838150
传真(Fax):021－62838160
E-mail:nung_chin@yahoo.com.cn
法人代表(Chairman):秦家栋
联系人(Contact Person):钱勇
产品业务(Business):热塑性弹性体,石油树脂,环烷基橡胶

杜邦中国集团有限公司上海分公司
Dupont China Group Shanghai Branch
地址(Add):上海市淮海中路333号瑞安广场19楼
邮编(P. C.):200021
电话(Tel):021－63866366
传真(Fax):021－63853665
产品业务(Business):纸模餐具防油剂

英国禾大国际控股集团禾大新加坡有限公司上海代表处
Croda International Plc (UK) Croda Singapore Pte Ltd.
地址(Add):上海市淮海中路887号上海永新大厦9002室
邮编(P. C.):200020
电话(Tel):021－64453563
传真(Fax):021－64747540
E-mail:jwang@croda.com.cn
总经理(General Manager):王忠宇
产品业务(Business):生产化妆品原料和纸巾乳霜型柔软剂

上海凯霖国际贸易有限公司
Shanghai Kailin International Trade Co., Ltd.
地址(Add):上海市长宁区玉屏南路697号512室
邮编(P. C.):200051
电话(Tel):021－62708399
传真(Fax):021－62350231
联系人(Contact Person):陈植奇
产品业务(Business):经销造纸化学品

道康宁(上海)有限公司
Dow Corning (Shanghai) Co., Ltd.
地址(Add):上海市南京西路1266号恒隆广场4701室
邮编(P. C.):200040
电话(Tel):021－62882626－227
传真(Fax):021－62882727
E-mail:jenny.geng@dowcorning.com
Http://www.dowcorning.com.cn
联系人(Contact Person):耿铮
产品业务(Business):造纸化学助剂(消泡剂),压敏胶

上海臣卢贸易有限公司
Shanghai Chenlu Trading Co., Ltd.
地址(Add):上海市浦东德州路382弄4号302室
邮编(P. C.):200126
电话(Tel):021－50873832
传真(Fax):021－64165709
E-mail:knowpaper@sina.com
法人代表(Chairman):娄华林
总经理(General Manager):史晓巍
联系人(Contact Person):史晓巍
产品业务(Business):经销分散剂、柔软剂、剥离剂、增强剂、脱墨剂等进口化学品

上海吉臣化工有限公司
Shanghai J. C. Chemical Co., Ltd.
地址(Add):上海市浦东金桥开发区浙桥路289号建银大厦B座1304室
邮编(P. C.):201206
电话(Tel):021－58341051
传真(Fax):021－58341052
E-mail:jicheng@shjicheng.com
Http://www.shjicheng.com
联系人(Contact Person):姜铭
产品业务(Business):造纸化学助剂

上海联胜化工有限公司
Shanghai Liansheng Chemical Co., Ltd.
地址(Add):上海市浦东新区曹路镇华东路1069号
邮编(P. C.):201209
电话(Tel):021－68680248
传真(Fax):021－68681497
E-mail:liansheng@liansheng－chemical.com
Http://www.peo.com.cn
法人代表(Chairman):徐大刚
总经理(General Manager):麦永懿
联系人(Contact Person):陆跃
产品业务(Business):生产经销聚氧化乙烯(PEO),兼营各类造纸化学品、水处理助剂

德之馨(上海)有限公司
Symrise (Shanghai) Ltd.
地址(Add):上海市浦东新区金桥出口加工区陇桥路30号
邮编(P. C.):201206
电话(Tel):021－58996218
传真(Fax):021－58998078
E-mail:flora.liu@symrise.com
Http://www.symrise.com

联系人(Contact Person):刘治华
产品业务(Business):香精香料

上海助剂厂
Shanghai Actives Factory
地址(Add):上海市浦东新区莲南路300号
邮编(P. C.):200126
电话(Tel):021-58860888
传真(Fax):021-58800282
Http://www.chinasam.com
法人代表(Chairman):杜志才
联系人(Contact Person):刘松林
产品业务(Business):湿强剂,柔软剂,消泡剂,脱墨剂,增白剂

上海奇华顿有限公司
Shanghai Givaudan Ltd.
地址(Add):上海市浦东张江高科技园李时珍路298号
邮编(P. C.):201203
电话(Tel):021-50801288-1324
传真(Fax):021-50801572
E-mail:hawk.wang@givaudan.com
Http://www.givaudan.com
法人代表(Chairman):NICHOLAS J. T. WONG
总经理(General Manager):NICHOLAS J. T. WONG
联系人(Contact Person):王毅
产品业务(Business):日用香精,食用香精及香原料

三博生化科技(上海)有限公司
3D BIO-CHEM Co.,Ltd.
地址(Add):上海市松江区九亭镇松江高科技园区涞坊路2039号
邮编(P. C.):201615
电话(Tel):021-67696273-18
传真(Fax):021-67696214
E-mail:marketgrant@3dbio-chem.com
Http://www.3dbio-chem.com
联系人(Contact Person):甫云鹏
产品业务(Business):防腐防霉剂

汽巴精化(中国)有限公司上海分公司
Ciba Fine Chemical(China) Co., Ltd., Shanghai Branch
地址(Add):上海市田林路99号新安大楼18楼
邮编(P. C.):200233
电话(Tel):021-24032000
传真(Fax):021-24032727
联系人(Contact Person):李德军
产品业务(Business):造纸增白剂,氟化学品抗油抗脂剂

上海湛和贸易有限公司
Shanghai Zhanhe Trading Co., Ltd.
地址(Add):上海市徐汇区南丹东路188号久隆大厦2101室
邮编(P. C.):200030
电话(Tel):021-64873737
传真(Fax):021-64873700
E-mail:dyllan-ye@zhanhetrade.com
Http://www.zhanhetrade.com
法人代表(Chairman):牛守华
总经理(General Manager):牛守华
联系人(Contact Person):叶世猛
产品业务(Business):专业代理日本明成化学造纸助剂,包括PEO型和PAM型分散剂、柔软剂、剥离剂、干强剂、粘缸起皱剂、脱墨剂、毛毯清洗剂、纸质改进剂及其他进口造纸化学品

上海穗泰贸易有限公司
Shanghai Suitai Trading Co., Ltd.
地址(Add):上海市延安西路1088号长峰中心3101室
邮编(P. C.):200052
电话(Tel):021-62400586
传真(Fax):021-62400584
E-mail:c.h.cui@suitaichem.com
Http://www.suitaichem.com
联系人(Contact Person):崔春红
产品业务(Business):湿巾药剂

上海华杰精细化工有限公司
Shanghai Huajie Fine Chemical Co., Ltd.
地址(Add):上海市永嘉路35号茂名大厦17楼北
邮编(P. C.):200020
电话(Tel):021-64718661
传真(Fax):021-64730364
E-mail:fc@shjchem.com
Http://www.shjchem.com
产品业务(Business):造纸用防霉杀菌剂

瓦克上海技术中心
Wacker Shanghai Technical Centre
地址(Add):上海市张江高科技园区郭守敬路351号明泰楼甲单元
邮编(P. C.):201203
电话(Tel):021-61003564
传真(Fax):021-61003480
E-mail:gary.wang@wacker.com
联系人(Contact Person):王浩
产品业务(Business):柔软剂

江苏省常州市武进运波化工有限公司
Jiangsu Changzhou Wujin Yunbo Chemical Co., Ltd.
地址(Add):江苏省常州市武进区南门外漕桥运村镇
邮编(P. C.):213175
电话(Tel):0519-6131036
传真(Fax):0519-6134317
法人代表(Chairman):徐岳明
总经理(General Manager):徐岳明
联系人(Contact Person):杜小琴
产品业务(Business):湿强剂,分散剂,抗水剂,润滑剂

贝克吉利尼(江阴)有限公司
BK Giulini (Jiangyin) Co., Ltd.
地址(Add):江苏省江阴市新城东开发区东盛路58号
邮编(P. C.):214437
电话(Tel):0510-6996822
传真(Fax):0510-6996199
E-mail:apm_morgan@bk-giulini-jy.com
Http://www.bk-giulini-jy.com
联系人(Contact Person):吴燕
产品业务(Business):造纸化学助剂

南京东正化轻有限公司
Nanjing Dongzheng Chemical & Light Industries Co.,

Ltd.
地址(Add):江苏省南京市建宁路33号
邮编(P.C.):210037
电话(Tel):025－85634308
传真(Fax):025－85619676
E-mail:daniel－yang99@hotmail.com
Http://www.njdz.com.cn
联系人(Contact Person):杨东
产品业务(Business):高分子絮凝剂,分散剂,消泡剂,高吸水树脂

欧亚(南京)香精香料有限公司
Eurasie (Nanjing) Flavor & Fragranoe Int, Limited
地址(Add):江苏省南京市宁溧路258号－3
邮编(P.C.):210012
电话(Tel):025－52408606
传真(Fax):025－52422952
E-mail:sales@oya.cn
Http://www.oya.cn
法人代表(Chairman):周信钢
联系人(Contact Person):牟进美
产品业务(Business):香精,香料

海宁市格林化工有限公司
Green Chemical & Industry Co., Ltd.
地址(Add):浙江省海宁市天马路168号
邮编(P.C.):314400
电话(Tel):0573－7362267
传真(Fax):0573－7210928
E-mail:myzhxin@hotmail.com
联系人(Contact Person):蒙隆
产品业务(Business):经销化学助剂

杭州市化工研究院有限公司
Hangzhou Research Institute of Chemical Technology Co., Ltd.
地址(Add):浙江省杭州市湖墅区长板巷石灰坝7号
邮编(P.C.):310014
电话(Tel):0571－88314437
传真(Fax):0571－88314437
E-mail:hhskyb@mail.hz.zj.cn
Http://www.hhs.cn
法人代表(Chairman):姚献平
总经理(General Manager):姚献平
联系人(Contact Person):陆伟
产品业务(Business):造纸专用变性淀粉,纸张湿强剂,卫生纸用系列助剂,纸用施胶剂,废纸脱墨剂

杭州希安达抗菌用品有限公司
Hangzhou Xianda Antibiotic Product Co., Ltd.
地址(Add):浙江省杭州市环城东路353号(喜得宝集团公司内)
邮编(P.C.):310004
电话(Tel):0571－85091016
传真(Fax):0571－85092270
E-mail:sender@xadab.com
Http://www.xadab.com
法人代表(Chairman):施顺清
联系人(Contact Person):章国强
产品业务(Business):造纸抗菌助剂,纤维抗菌助剂,非织造布抗菌助剂,塑料抗菌助剂,湿巾消毒液,抗菌制品

杭州绿色助剂研究所
Hangzhou Green Additives Research Institute
地址(Add):浙江省杭州市石桥路永华街127号
邮编(P.C.):310022
电话(Tel):0571－85818983
传真(Fax):0571－85818965
E-mail:green@mail.hz.zj.cn
Http://www.greenadditive.com
法人代表(Chairman):钱华
总经理(General Manager):童虎
联系人(Contact Person):许炯
产品业务(Business):各种造纸化学助剂,包括柔软剂、剥离剂、固色剂、消泡剂、非离子丙烯酸乳液等

浙江池禾化工有限公司
Zhejiang Chihe Chemical Industry Co., Ltd.
地址(Add):浙江省遂昌县妙高镇梅溪路90号
邮编(P.C.):323300
电话(Tel):0578－8170374
传真(Fax):0578－8170685
E-mail:scch@mail.lsptt.zj.cn
Http://www.chihechem.com
法人代表(Chairman):赵成浩
联系人(Contact Person):周丽花
产品业务(Business):造纸化学助剂

杭州传化华洋化工有限公司
Hangzhou Transfar Whyyon Chemical Co., Ltd.
地址(Add):浙江省萧山市经济技术开发区传化科技工业园
邮编(P.C.):311231
电话(Tel):0571－82696688－6203
传真(Fax):0571－82696488
E-mail:whyyon@mail.hz.zj.cn
Http://www.whyyon.com
联系人(Contact Person):许夕峰
产品业务(Business):造纸增白剂

福州灵丰造纸开发有限公司
Fuzhou Lingfeng Paper Development Co., Ltd.
地址(Add):福建省福州市白马中路53号4－502室
邮编(P.C.):350005
电话(Tel):0591－87928561
传真(Fax):0591－83319455
联系人(Contact Person):林峰
产品业务(Business):经销造纸化学助剂,毛毯等

晋江市恒安抗菌科技开发有限公司
Jinjiang Hengan Antibacterial Science & Technology Development Co., Ltd.
地址(Add):福建省晋江市安海恒安工业城
邮编(P.C.):362261
电话(Tel):0595－85708888
传真(Fax):0595－85708666
法人代表(Chairman):施文博
联系人(Contact Person):程勇
产品业务(Business):抗菌日化产品

福建泉州市金泉油墨有限责任公司
Quanzhou Jinquan Ink Co., Ltd.
地址(Add):福建省泉州市丰泽区东门凤山圣墓村11号

邮编(P.C.):362000
电话(Tel):0595-22112483
传真(Fax):0595-22102483
E-mail:qzjinquan@21cn.com
Http://www.jinquanink.com
法人代表(Chairman):江建金
联系人(Contact Person):江俊强
产品业务(Business):各类生活用纸印刷用水墨、油墨

厦门金泰化工有限公司
Xiamen Golden Chemical Co., Ltd.
地址(Add):福建省厦门市南山路466号(广兴综合楼)三楼A座
邮编(P.C.):361006
电话(Tel):0592-5665555
传真(Fax):0592-5667595
E-mail:wtcl8899@sohu.com
法人代表(Chairman):邱峰松
联系人(Contact Person):吴启玲
产品业务(Business):生活用纸用香精香料

济南市中信达造纸助剂厂
Jiňan Zhongxinda Paper Additives Fatory
地址(Add):山东省济南市英雄山路南首
邮编(P.C.):250002
电话(Tel):0531-82781118
传真(Fax):0531-82780866
联系人(Contact Person):张涛
产品业务(Business):各种造纸化学助剂

泰安市鑫泉造纸助剂厂
Taian Xinquan Paper Actives Factory
地址(Add):山东省泰安市北集坡镇邢家宅村
邮编(P.C.):271000
电话(Tel):0538-8204188
传真(Fax):0538-6215122
E-mail:xinquan@sinochemicals.com
Http://www.papermakingaids.com
法人代表(Chairman):刘学会
联系人(Contact Person):李德才
产品业务(Business):强力泡柔膨化剂(固、液、乳),纸浆分散剂,高亮度荧光增白剂,脱墨剂,多元助留增强剂,增光剥离剂,蒸煮助剂,纸品特效显白剂,强力漂白剂

泰安市东岳助剂厂
Taian Dongyue Additives Factory
地址(Add):山东省泰安市泰汶路199号
邮编(P.C.):271000
电话(Tel):0538-6611988
传真(Fax):0538-6610809
E-mail:dylh-paper@tom.cn
Http://www.dylh-paper.com
联系人(Contact Person):孙兆华
产品业务(Business):各种造纸化学助剂

安阳市金盛化工有限责任公司
Anyang Jinsheng Chemical Co., Ltd.
地址(Add):河南省安阳市电业局设计院(铁西路北段)
邮编(P.C.):455000
电话(Tel):0372-5918593
传真(Fax):0372-6602378
联系人(Contact Person):刘耀华
产品业务(Business):造纸化学助剂

河南省濮阳市合力化工有限公司
Henan Puyang Heli Chemical Co., Ltd.
地址(Add):河南省濮阳市南乐县南环路东端
邮编(P.C.):457400
电话(Tel):0393-6884085
联系人(Contact Person):林德生
产品业务(Business):造纸化学助剂

许昌市豫龙精细化工有限公司
Xuchang Yulong Fine Chemicals Co., Ltd.
地址(Add):河南省许昌市八一路115号
邮编(P.C.):461000
电话(Tel):0374-4392386
传真(Fax):0374-4361880
E-mail:gyjun@alibaba.com.cn
Http://gyjun.cn.alibaba.com
总经理(General Manager):郭永军
产品业务(Business):经销造纸化学助剂

郑州中吉精细化工有限公司
Zhengzhou Zhongji Fine Chemicals Co., Ltd.
地址(Add):河南省郑州市经二路北7号天翔商务202室
邮编(P.C.):450008
电话(Tel):0371-66560787
传真(Fax):0371-63284918
E-mail:info@cnzhi.com
Http://www.goodwish.cn
联系人(Contact Person):宋令芳
产品业务(Business):造纸化学助剂

河南省道纯化工技术有限公司
Henan Titaning Chemical Technical Co., Ltd.
地址(Add):河南省郑州市文化路128号航天大厦15楼A8
邮编(P.C.):450002
电话(Tel):0371-63563761
传真(Fax):0371-63563936
E-mail:dchgyx@tom.com
Http://www.dchg.com.cn
法人代表(Chairman):王丽华
总经理(General Manager):王丽华
联系人(Contact Person):刘霞
产品业务(Business):柔软剂,脱墨剂,显白剂

湖北省嘉鱼县中天化工有限责任公司
Hubei Jiayu Zhongtian Chemical Co., Ltd.
地址(Add):湖北省嘉鱼县鱼岳镇徐家庄167号
邮编(P.C.):437200
电话(Tel):0715-6321909
传真(Fax):0715-6329868
E-mail:13807247197@vip.163.com
Http://www.laopeng.com
法人代表(Chairman):彭国启
联系人(Contact Person):彭国启
产品业务(Business):增白剂,脱墨剂,漂白剂

武汉市鄂龙商贸有限公司
Wuhan Elong Trade Co., Ltd.

地址(Add):湖北省武汉市东西湖区吴家山三支沟华星花园8栋2-3号
邮编(P.C.):430040
电话(Tel):027-83302263
传真(Fax):027-83497125
联系人(Contact Person):胡平
产品业务(Business):造纸染料,化学品,增白剂等造纸化学助剂

仙桃贝斯特化学品有限公司
Xiantao Best Chemical Products Co., Ltd.
地址(Add):湖北省仙桃市仙桃大道中段53号
邮编(P.C.):433000
电话(Tel):0728-3330666
传真(Fax):0728-3330966
E-mail:chem67@163.com
法人代表(Chairman):胡新仿
总经理(General Manager):胡新仿
产品业务(Business):分散剂,柔软剂等化学助剂

东莞市粤星纸业助染有限公司
Dongguan Yuexing Chemical Actives Co., Ltd.
地址(Add):广东省东莞市万江石美管理区商住楼8-9号
邮编(P.C.):523040
电话(Tel):0769-22279289
传真(Fax):0769-22172089
E-mail:yuexingkk@163.net
法人代表(Chairman):林泉
联系人(Contact Person):林丽明
产品业务(Business):经销各种进口和国产造纸化学助剂,包括分散剂、湿强剂、剥离剂、增强剂、柔软剂、脱墨剂、絮凝剂、碱性氯化铝、聚合氯化铝、纸业染料

广州精细化学工业公司
Guangzhou Fine Chemicals Corp.
地址(Add):广东省广州市海珠区工业大道中石岗路11号
邮编(P.C.):510288
电话(Tel):020-84320321
传真(Fax):020-84357272
E-mail:jxhg@jxhg.com.cn
Http://www.jxhg.com.cn
法人代表(Chairman):何深润
联系人(Contact Person):陈森星
产品业务(Business):聚丙烯酰胺系列产品,干强剂,分散剂,助滤剂

广州市凯德华伦实业有限公司(原中联公司)
Guangzhou Kaide Hualun Industrial Co., Ltd.
地址(Add):广东省广州市海珠区礼岗路2号信和阁2202
邮编(P.C.):510260
电话(Tel):020-82312159
传真(Fax):020-82312159
联系人(Contact Person):陈崇文
产品业务(Business):经销分散剂,污水处理剂,脱墨剂等化学品

广州久田化学技术有限公司
Guangzhou Koyota Chemistry Technological Co., Ltd.
地址(Add):广东省广州市天河区能源路华南理工大学科技园2号楼504-505
邮编(P.C.):510640
电话(Tel):020-22237121
传真(Fax):020-22237125
E-mail:info@koyota.com
Http://www.koyota.com
产品业务(Business):脱墨剂,增强剂等造纸化学助剂

广州市香化科技有限公司
Guangzhou Flavor Chemical Science & Technology Co., Ltd.
地址(Add):广东省广州市新港东路琶洲村口商镇
邮编(P.C.):510000
电话(Tel):020-34312170
联系人(Contact Person):梁玉玲
产品业务(Business):多功能添加剂及添加专用机械

广东省造纸研究所
Guangdong Paper Research Institute
地址(Add):广东省广州市新港西路154号
邮编(P.C.):510300
电话(Tel):020-34300051
传真(Fax):020-34300613
E-mail:gdpiri@sti.gd.cn
法人代表(Chairman):胡穗生
联系人(Contact Person):张仲文
产品业务(Business):PPE湿强剂,PDA干强剂,柔软剂,胶带原纸

上海赫克力士化工有限公司
Shanghai Hercules Chemicals Co.,Ltd.
地址(Add):广东省广州市沿江中路296号江湾商业大厦写字楼1510室
邮编(P.C.):510110
电话(Tel):020-83283830
传真(Fax):020-83283021
E-mail:borazhang@herc.com
联系人(Contact Person):张连山
产品业务(Business):造纸化学助剂

江门市汇金化工有限公司
Jiangmen Huijin Chemical Industry Co., Ltd.
地址(Add):广东省江门市丰乐路47号之一首层
邮编(P.C.):529000
电话(Tel):0750-3109018
传真(Fax):0750-3109018
总经理(General Manager):李令军
产品业务(Business):经销进口和国产造纸助剂:分散剂、柔软剂、剥离剂、消泡剂、湿强剂、脱墨剂、干强剂、膨化剂、絮凝剂、助留剂、增白剂

江门市溢峰化工原料有限公司
Reach Mounts (JM) Chemicals Co., Ltd.
地址(Add):广东省江门市农林横路建安街43号102
邮编(P.C.):529000
电话(Tel):0750-3310097
传真(Fax):0750-3305013

广州(造纸原辅材料)办事处
地址(Add):广东省广州市珠江新城临江大道405号海滨花园富泽居1103室
邮编(P.C.):510627
电话(Tel):020-33899186
传真(Fax):020-38218827
E-mail:rmtlee@21cn.com

联系人(Contact Person):李令军

番禺分店

地址(Add):广东省广州市番禺区大石镇礼村怡景花园地下(香江野生动物园北门对面)
邮编(P.C.):511430
电话(Tel):020-84787674
联系人(Contact Person):李培阳

东莞分店

地址(Add):广东省东莞市万江区金泰下亭新村20号地铺之一
邮编(P.C.):529430
电话(Tel):0769-22782859
联系人(Contact Person):邱健权

江门市大中科技企业发展有限公司
Bigchina Technique Enterprise Development Ltd.

地址(Add):广东省江门市礼乐文昌花园99座201-204号
邮编(P.C.):529060
电话(Tel):0750-3610763
传真(Fax):0750-3612762
E-mail:dz@bigchinatech.com
Http://www.bigchinatech.com
法人代表(Chairman):钟其甫
联系人(Contact Person):陈晓明
产品业务(Business):脱墨剂,粘缸剥离剂,湿强剂,柔软剂等生活用纸相关化学助剂

江门市蓬江区瑞事达精细化工有限公司
Jiangmen Ruishida Fine Chemical Co., Ltd.

地址(Add):广东省江门市美景里91号104
邮编(P.C.):529020
电话(Tel):0750-3390007
传真(Fax):0750-3390007
法人代表(Chairman):李敏
总经理(General Manager):李敏
联系人(Contact Person):林志萍
产品业务(Business):造纸助剂

苏州峰达精细化工有限公司广东销售部
Suzhou Fengda Fine Chemical Co., Ltd. Guangdong Branch

地址(Add):广东省江门市新会区新桥路3座18-19号
邮编(P.C.):529100
电话(Tel):0750-6329102
传真(Fax):0750-6329603
E-mail:info@fdzzhg.com
Http://www.fdzzhg.com
联系人(Contact Person):李虎
产品业务(Business):分散剂,防霉杀菌剂,增强剂等

深圳市女乐宝日用品厂
Shenzhen Nülebao Commodity Factory

地址(Add):广东省深圳市宝安区龙华镇大浪石凹工业区
邮编(P.C.):518110
电话(Tel):0755-28076028
传真(Fax):0755-28076188
E-mail:zhwn_033@163.com
Http://www.health180.com
法人代表(Chairman):范培忠
产品业务(Business):妇女卫生巾,卫生护垫,抗菌剂

深圳市三力星实业有限公司
Shenzhen Sanlixing Industry Co., Ltd.

地址(Add):广东省深圳市福田区新闻路1号中电信息大厦东座23楼
邮编(P.C.):518043
电话(Tel):0755-83733558
传真(Fax):0755-83733596
E-mail:info@sanlixing.com
Http://www.sanlixing.com
联系人(Contact Person):汤衡军
产品业务(Business):分散剂,助留、助滤剂

深圳市华特化工科技有限公司
Huate Industry Co., Ltd.

地址(Add):广东省深圳市南山区南油大道保利城大厦2301室
邮编(P.C.):518054
电话(Tel):0755-26823495
传真(Fax):0755-26866007
联系人(Contact Person):黄启林
产品业务(Business):经销各种化学助剂,包括:Ciba公司的分散剂及其他公司的增白剂、分散剂、干湿强剂等

广西南宁市春城助剂厂
Guangxi Nanning Actives Factory

地址(Add):广西南宁市五一西路61号
邮编(P.C.):530031
电话(Tel):0771-4861026
传真(Fax):0771-4861026
E-mail:syl_13@peoplemil.com.cn
联系人(Contact Person):苏鸿
产品业务(Business):有机硅消泡剂

四川升泰实业集团有限公司
Sichuan Shengtai Group Co., Ltd.

地址(Add):四川省广安市城南金安大道208号(世贸广场)
邮编(P.C.):638000
电话(Tel):0826-2353622
传真(Fax):0826-2334599
E-mail:shengtai123@tom.com
总经理(General Manager):庹小世
联系人(Contact Person):杨承琼
产品业务(Business):助剂,制浆设备

四川省绵竹强信化工厂
Sichuan Mianzhu Qiangxin Chemical Factory

地址(Add):四川省绵竹市城东新区
邮编(P.C.):618206
电话(Tel):0838-6190877
传真(Fax):0838-6190828
E-mail:hjj707@dy.public.sc.cninfo.net
法人代表(Chairman):韩纪军
联系人(Contact Person):廖月培
产品业务(Business):脱墨剂,助留剂

绵阳市助友化工工业有限责任公司
Mianyang Zhuyou Chemical Industry Co.

地址(Add):四川省三台县北泉路北塔
邮编(P.C.):621100
电话(Tel):0816-5345170

传真(Fax):0816-5345170
E-mail:myzyhg@mianyang.cn
Http://www.myzyhg.cn
法人代表(Chairman):赖金凤
联系人(Contact Person):赖金凤
产品业务(Business):柔软剂,湿强剂,绒毛浆解键剂

西安康旺抗菌科技股份有限公司
Xi'an Kangwang Anti-bacterium Science & Technology Co., Ltd.
地址(Add):陕西省西安高新技术开发区新型工业园硕士路6号
邮编(P.C.):710118
电话(Tel):029-85692318
传真(Fax):029-85692121
Http://www.xa-conval.com
联系人(Contact Person):孙伟
产品业务(Business):抗菌剂

西安吉利电子化工有限公司
Xi'an Jili Electrical & Chemical Co., Ltd.
地址(Add):陕西省西安市高新技术产业开发区高新路3号
邮编(P.C.):710068
电话(Tel):029-88231475
传真(Fax):029-88231475
法人代表(Chairman):聂新宇
联系人(Contact Person):郭战民
产品业务(Business):防腐剂

● PU 海绵及松紧带
PU foam rubber, elastic band

Tredegar Film Products
卓德嘉薄膜有限公司
(详见打孔 PE 膜)

Fulflex Singapore Pte Ltd.
福力士(新加坡)有限公司
地址(Add):36 Tuas Avenue 8, Jurong, Singapore 639250
电话(Tel):65-68624901
传真(Fax):65-68625040
E-mail:fspl@pacific.net.sg
Http://www.fulflex.com
法人代表(Chairman):关强源
联系人(Contact Person):王洪冰
产品业务(Business):纸尿裤松紧带,净化室衣用橡胶带,泳衣、内衣用橡胶带

3M
美国 3M 公司
Personal Care & Related Products Division
(详见胶带及离型纸)

北京德盛昌贸易有限公司
Beijing Deshengchang Trade Co., Ltd.
地址(Add):北京市海淀区五棵松路20号海博写字楼B-203室
邮编(P.C.):100089
电话(Tel):010-88430084
传真(Fax):010-88430737
E-mail:deetsirebj@yahoo.com.cn
法人代表(Chairman):熊健山
联系人(Contact Person):李小冬
产品业务(Business):代理日本井上公司 INOAC 泡膜海绵及非织造布专用纤维

东棉(天津)有限公司
Tomen (Tianjin) Co., Ltd.
(详见高吸水树脂 SAP 及复合纸)

上海汝群贸易有限公司
Shanghai Ruqun Trade Co., Ltd.
地址(Add):上海市莲花路310弄78号502室
邮编(P.C.):201102
电话(Tel):021-64809178
传真(Fax):021-54936194
E-mail:wwangxinxin@sina.com
联系人(Contact Person):王欣欣
产品业务(Business):代理销售马来西亚 FILATI 公司橡皮筋

上海顺朝卫生材料有限公司
Shanghai Shunchao Sanitary Materials Co., Ltd.
(详见打孔膜机)

上海欣航实业有限公司
Shanghai Xinhang Industry Co., Ltd.
地址(Add):上海市瑞金南路1号海兴广场22楼B座
邮编(P.C.):200023
电话(Tel):021-64185064
传真(Fax):021-64185066
E-mail:hl@cnshxh.com
联系人(Contact Person):沈继杰
产品业务(Business):经销3M弹性腰围,魔术贴,复合胶带

晓星氨纶(嘉兴)有限公司
Xiaoxing Urethane Elastic Fibre (Jiaxing) Co., Ltd.
地址(Add):浙江省嘉兴市经济开发区云海路
邮编(P.C.):314001
电话(Tel):0573-2226318
传真(Fax):0573-2226101
E-mail:fanxihong@hyosung.com
Http://www.creora.com
法人代表(Chairman):赵显泽
联系人(Contact Person):凡喜红
产品业务(Business):橡筋

建亚保达(厦门)卫生器材有限公司
Ko-Asia (Xiamen) Sanitary Material Co., Ltd.
(详见胶带及离型纸)

英威达纤维有限公司广州分公司
INVISTA FIBERS CO., LTD Guangzhou Branch
地址(Add):广东省广州市东风西路191号国际银行中心1526室
邮编(P.C.):510180
电话(Tel):020-81351486-30
传真(Fax):020-81351490
E-mail:jude.lin@invista.com

Http://www. invista. com
法人代表(Chairman):王小奉
联系人(Contact Person):林广瑞
产品业务(Business):莱卡® 氨纶丝,尼龙丝,化纤

● 包装材料 Package materials

联宾塑胶印刷有限公司(台北总公司)
Lianbin Plastic & Printing Co., Ltd. (Taibei Head Office)
地址(Add):台湾省台北县树林镇树潭街6号
电话(Tel):886-2-26873456
传真(Fax):886-2-26821061
北京联宾塑胶印刷有限公司
Beijing Lianbin Plastics & Printing Co., Ltd.
地址(Add):北京市大兴县青云店镇工业区内
邮编(P. C.):102605
电话(Tel):010-80281666
传真(Fax):010-80282345
E-mail:sales@ lianbin. com
总经理(General Manager):廖天赐
联系人(Contact Person):张武敏
上海联宾塑胶工业有限公司
Shanghai Lianbin Plastics Industry Co., Ltd.
地址(Add):上海市吴中路1739号
邮编(P. C.):201103
电话(Tel):021-64061772
传真(Fax):021-64799588
E-mail:lianbin@ online. sh. cn
Http://www. lianbin. com
法人代表(Chairman):陆根龙
联系人(Contact Person):孙静
产品业务(Business):高低密度PE袋,卫生用品包装袋、夹链袋

天津市德利塑料制品有限公司
Tianjin Deli Plastic Products Co., Ltd.
(详见PE流延膜)

天津保富胶袋有限公司
Tianjin Baofu Plasticbag Co., Ltd.
地址(Add):天津市武清区汉沽港镇西一街
邮编(P. C.):301721
电话(Tel):022-29494190
传真(Fax):022-29491490
E-mail:baofu@ fuqianggroup. com
Http://www. fuqianggroup. com
法人代表(Chairman):王洪生
总经理(General Manager):高永喜
联系人(Contact Person):李刚
产品业务(Business):各种卫生用品包装袋

天津市塑料集团有限公司新型包装材料分公司
Tianjin Plastics Group Co., Ltd. New Packing Materials Branch
地址(Add):天津市西青区梨园头
邮编(P. C.):300381
电话(Tel):022-83960226
传真(Fax):022-23975257
E-mail:xie-xm@ netease. com
联系人(Contact Person):赵咏梅

河北东光县佳禾塑料
Dongguang Jiahe Plastic Plant
(详见PE流延膜)

石家庄华纳塑料包装有限公司
Shijiazhuang Huana Plastic Packing Co.,Ltd.
地址(Add):河北省石家庄市晋州通达路
邮编(P. C.):052260
电话(Tel):0311-4396958
传真(Fax):0311-4396966
E-mail:xialan88@ heinfo. net
法人代表(Chairman):吕建辉
联系人(Contact Person):张卫兵
产品业务(Business):生活用纸包装袋印制

新乐华宝塑料制品有限公司
Xinle Huabao Plastic Products Co., Ltd.
(详见PE流延膜)

河北同益包装制品有限公司
Hebei Tongyi Packaging Products Co., Ltd.
地址(Add):河北省雄县高速引线开发区
邮编(P. C.):071800
电话(Tel):0312-5822098
传真(Fax):0312-5867988
E-mail:tongyibz@ 163. com
Http://www. ty-cn. com
联系人(Contact Person):彭俊亭
产品业务(Business):卫生纸,卫生巾用包装

河北永生塑料制品有限公司
Hebei Yongsheng Plastic Products Co., Ltd.
地址(Add):河北省雄县米北经济技术开发区
邮编(P. C.):071800
电话(Tel):0312-5789199
传真(Fax):0312-5787439
总经理(General Manager):杨万学
产品业务(Business):卫生纸产品包装印刷

河北雄县鹏程彩印有限公司
Hebei Xiongxian Pengcheng Colour Print Co., Ltd.
地址(Add):河北省雄县塑料包装城内
邮编(P. C.):071800
电话(Tel):0312-5860122
传真(Fax):0312-5861755
E-mail:xxpccy@ 163. com
Http://www. pengchengprinting. com
总经理(General Manager):刘耀军
联系人(Contact Person):刘耀军
产品业务(Business):塑料彩印包装袋

大连大诺印刷包装有限公司
Dalian DaNor Printed Packing Co., Ltd.
地址(Add):辽宁省大连市甘井子区华北路431号
邮编(P. C.):116037
电话(Tel):0411-86508828
传真(Fax):0411-86508808
E-mail:wuxd@ danor. cn
联系人(Contact Person):李淑珍
产品业务(Business):包装袋

上海明利包装印刷有限公司
Shanghai Mingli Packaging & Printing Co., Ltd.
地址(Add):上海市江场西路225号
邮编(P. C.):200436
电话(Tel):021-56301127
传真(Fax):021-56652906
E-mail:mingli1388@163.com
Http://www.shmingli.com
总经理(General Manager):钱雪彬
联系人(Contact Person):陈伟
产品业务(Business):不干胶商标印刷,卫生用品等商标印刷

上海胜繁软包装有限公司
Shanghai Shengfan Packaging Co., Ltd.
地址(Add):上海市闵行区浦江镇三达路85号1号楼
邮编(P. C.):201112
电话(Tel):021-54313335
传真(Fax):021-54313336
E-mail:sales@shengtu.cn
Http://www.shengtu.cn
法人代表(Chairman):杨乃峰
总经理(General Manager):杨乃峰
联系人(Contact Person):杨明明
产品业务(Business):生活用纸外包装印刷

上海紫泉包装有限公司
Shanghai Ziquan Packing Co., Ltd.
地址(Add):上海市闵行区七莘路1055号
邮编(P. C.):201100
电话(Tel):021-64922442
传真(Fax):021-64924373
E-mail:webmaster@ziquanpacking.com
Http://www.ziquanpacking.com
法人代表(Chairman):周洁碧
联系人(Contact Person):李冰瓯
产品业务(Business):用于包装妇女卫生巾、餐巾纸等的PE包装袋,薄膜标签

上海紫泉标签有限公司
Shanghai Ziquan Label Co., Ltd.
地址(Add):上海市闵行区颛兴路1288号
邮编(P. C.):201108
电话(Tel):021-64425099-1024
传真(Fax):021-64893697
E-mail:zq@ziquanpacking.com
联系人(Contact Person):吴庆麟
产品业务(Business):包装材料

泰格包装(上海)有限公司
Tiger Pack (Shanghai) Co., Ltd.
地址(Add):上海市松江工业区宝胜路10号
邮编(P. C.):201600
电话(Tel):021-57741151
传真(Fax):021-57741152
E-mail:info@tigerpack.com.cn
Http://www.tigerpack.com.cn
联系人(Contact Person):蒋春浩
产品业务(Business):印刷包装材料

常州市武进第二塑料彩印厂
Wujin No. 2 Plastics Color Printing Factory
(详见PE流延膜)

金坛市新星软包装彩印厂
Jintan Xinxing Soft Packing Colour Print Factory
地址(Add):江苏省金坛市白塔工业园区3号
邮编(P. C.):213200
电话(Tel):0519-2868662
传真(Fax):0519-2868676
联系人(Contact Person):穆小平
产品业务(Business):彩印包装

苏州志成印刷包装有限公司
Suzhou Zhicheng Print & Pack Co., Ltd.
地址(Add):江苏省苏州市平江区苏昆路58号
邮编(P. C.):215001
电话(Tel):0512-67522706
传真(Fax):0512-67522706
总经理(General Manager):陈志刚
产品业务(Business):印刷包装

无锡鸿昌塑制品有限公司
Wuxi Hongchang Plastic Products Co., Ltd.
(详见PE流延膜)

温州安利印业有限公司
Wenzhou Anli Printing Co., Ltd.
地址(Add):浙江省苍南县龙港金瓯大厦15A
邮编(P. C.):325802
电话(Tel):0577-68616698
传真(Fax):0577-64181159
Http://www.wzanli.cn
联系人(Contact Person):王道晓
产品业务(Business):不干胶标签,生活用纸封口标签

温州市华东印业有限公司
Wenzhou Huadong Print Co., Ltd.
地址(Add):浙江省苍南县钱库开源路3号
邮编(P. C.):325804
电话(Tel):0577-64496641
传真(Fax):0577-64499345
联系人(Contact Person):金孟枝
产品业务(Business):餐巾纸包装,手提袋

杭州舜业金属包装材料有限公司
Hangzhou Shunye Metal Packing Material Co., Ltd.
地址(Add):浙江省杭州市机场路66号(笕桥派出所东侧)
邮编(P. C.):310021
电话(Tel):0571-85046967
传真(Fax):0571-85043266
联系人(Contact Person):郑中存
产品业务(Business):印制塑料包装袋

杭州哲涛印刷有限公司
Hangzhou Zhetao Print Co., Ltd.
地址(Add):浙江省杭州市所前镇所市路126号
邮编(P. C.):311254
电话(Tel):0571-82450588
传真(Fax):0571-82450899
联系人(Contact Person):刘积利
产品业务(Business):塑料包装袋

杭州骏龙塑料包装有限公司
Hangzhou Junlong Plastic Package Co., Ltd.
地址(Add):浙江省杭州市闲林余杭工业二区
邮编(P. C.):311122
电话(Tel):0571 - 88687666
传真(Fax):0571 - 88687680
E-mail:cdjl@junlongpl.com
Http://www.junlongpl.com
法人代表(Chairman):王永尧
联系人(Contact Person):王静

成都骏龙塑料包装有限公司
Chengdu Junlong Plastic Package Co., Ltd.
地址(Add):四川省成都市武侯区簇桥文昌工业区文昌南路40号
邮编(P. C.):610043
电话(Tel):028 - 85037070
传真(Fax):028 - 85033115
法人代表(Chairman):王永尧
联系人(Contact Person):王巍
产品业务(Business):各种生活用纸包装袋

浙江中信包装印刷有限公司
Zhejiang Zhongxin Pack & Printing Co., Ltd.
地址(Add):浙江省丽水市水阁工业区中一路
邮编(P. C.):323000
电话(Tel):0578 - 2178468
传真(Fax):0578 - 2175138
E-mail:lszhongxin@163.com
法人代表(Chairman):傅伟南
联系人(Contact Person):沈丽清

平阳县纸塑彩印厂
Pingyang Paper & Plastic Printing Factory
地址(Add):浙江省平阳县昆阳临区工业区
邮编(P. C.):325400
电话(Tel):0577 - 23825656
传真(Fax):0577 - 63751222
E-mail:hanzu5656@163.com
法人代表(Chairman):傅品卯
联系人(Contact Person):傅品卯
产品业务(Business):塑料包装

台州市路桥富达彩印包装厂
Taizhou Fuda Colour Printing & Packing Factory
地址(Add):浙江省台州市路桥区横街印刷工业区9号(横街宾馆向西80米)
邮编(P. C.):318056
电话(Tel):0576 - 2655245
传真(Fax):0576 - 2653933
E-mail:tzlqfd@sina.com
联系人(Contact Person):王忠方
产品业务(Business):印刷包装

台州市佳迪软包装彩印有限公司
Taizhou Jiadi Color Printing Co., Ltd.
地址(Add):浙江省台州市路桥区横街镇院前路153号
邮编(P. C.):318056
电话(Tel):0576 - 2651888
传真(Fax):0576 - 2651777
E-mail:info@jiadi.cn
Http://www.jiadi.cn
总经理(General Manager):罗李敏
联系人(Contact Person):林丽
产品业务(Business):卫生用品外包装袋

温州市鹿城双屿塑料薄膜制品厂
Wenzhou Lucheng Shuangyu Plastic Film Products Factory
地址(Add):浙江省温州市双屿西岙路92号
邮编(P. C.):325007
电话(Tel):0577 - 88781736
传真(Fax):0577 - 88777708
联系人(Contact Person):梁晃
产品业务(Business):塑料包装

义乌市恒星塑料制品有限公司
Yiwu Hengxing Plastic Products Co., Ltd.
地址(Add):浙江省义乌市北苑工业园江海路9号
邮编(P. C.):322000
电话(Tel):0579 - 5431308
传真(Fax):0579 - 5431308
法人代表(Chairman):胡衍通
联系人(Contact Person):季锦玲
产品业务(Business):妇女卫生巾、纸尿裤、卫生纸彩色包装袋

义乌市鼎新彩印厂
Yiwu Dingxin Colour Print Factory
地址(Add):浙江省义乌市佛堂镇工业区后力山新村
邮编(P. C.):322002
电话(Tel):0579 - 5737330
传真(Fax):0579 - 5738578
法人代表(Chairman):王景华
联系人(Contact Person):王俊
产品业务(Business):塑料彩印包装材料,干法纸

义乌宝狮马彩印包装有限公司
Yiwu Baoshima Color Printing & Packing Co., Ltd.
地址(Add):浙江省义乌市佛堂镇双林路51号
邮编(P. C.):322000
电话(Tel):0579 - 5726392
传真(Fax):0579 - 5729758
总经理(General Manager):吴敬群
产品业务(Business):纸张,塑料薄膜彩印

浙江义乌神星塑料制品有限公司
Zhejiang Yiwu Shenxing Plastic Products Co., Ltd.
地址(Add):浙江省义乌市前洪开发区
邮编(P. C.):322000
电话(Tel):0579 - 5431208
传真(Fax):0579 - 5431208
法人代表(Chairman):李肃清
联系人(Contact Person):李肃清
产品业务(Business):包装材料

浙江省诸暨市华夏塑胶总厂
Huaxia Plastic & Rubber Factory
地址(Add):浙江省诸暨市浣东南路98号
邮编(P. C.):311800
电话(Tel):0575 - 7229419
传真(Fax):0575 - 7221913
E-mail:wjjj@zjjy.com

Http://www.chinahuaxia.com.cn
法人代表(Chairman):郭永才
总经理(General Manager):郭永才
联系人(Contact Person):冯小燕
产品业务(Business):各种印刷包装袋,妇女卫生巾袋,各种规格颜色全电脑分切PE衬膜、流延膜

合肥华海包装制品厂
Hefei Huahai Packing Products Plant
地址(Add):安徽省合肥市长江东路226号
邮编(P.C.):230011
电话(Tel):0551-4311809
传真(Fax):0551-4311809
总经理(General Manager):夏克海
产品业务(Business):包装袋

安徽宿州市三维彩印包装有限公司
Suzhou Sanwei Colour Printing Packing Co., Ltd.
地址(Add):安徽省宿州市经济技术开发区金海大道
邮编(P.C.):234000
电话(Tel):0557-3927868
传真(Fax):0557-2192881
法人代表(Chairman):王亚伯
产品业务(Business):包装袋

宏冠纸塑印刷有限公司
Hongguan Paper & Plastic Printing Co., Ltd.
地址(Add):福建省晋江市西园王厝工业区
邮编(P.C.):362200
电话(Tel):0595-85618678
传真(Fax):0595-85617678
联系人(Contact Person):洪礼堂
产品业务(Business):塑料包装

龙海明发塑料制品有限公司
Longhai Mingfa Plastic Products Co., Ltd.
地址(Add):福建省龙海市浮宫镇山塘工业区
邮编(P.C.):363104
电话(Tel):0596-6835323
传真(Fax):0596-6835003
E-mail:mingfa-gd@163.com
Http://www.fj-mf.com
总经理(General Manager):杨海金
联系人(Contact Person):杨惠彬
产品业务(Business):生活用纸包装袋

南安市满山红塑料有限公司
Nan'an Manshanhong Plastics Co., Ltd.
地址(Add):福建省南安市满山红工业区
邮编(P.C.):362300
电话(Tel):0595-86251618
传真(Fax):0595-86258618
E-mail:msh618@sina.com
总经理(General Manager):黄奕群
产品业务(Business):生活用纸包装袋

南昌市辉达塑料彩印包装厂
Nanchang Huida Plastic Colour Print & Packing Factory
地址(Add):江西省南昌市洛阳东路肖坊村8号
邮编(P.C.):330003
电话(Tel):0791-8174200
传真(Fax):0791-8174200
总经理(General Manager):徐印根
产品业务(Business):彩印包装袋

山东新世纪包装制品有限公司
Shandong Xinshiji Packing Products Co., Ltd.
地址(Add):山东省济宁市任城区长沟镇梁庄村
邮编(P.C.):272057
电话(Tel):0537-2588888
传真(Fax):0537-2580288
E-mail:xsjysc@xsj-packing.com
Http://www.xsj-packing.com
总经理(General Manager):范广新
产品业务(Business):包装袋

山东郯城县通达表印包装厂
Shandong Tancheng Tongda Table Print & Packaging Plant
地址(Add):山东省郯城县马头批发市场南元街509号
邮编(P.C.):276100
电话(Tel):0539-6773088
联系人(Contact Person):李文正
产品业务(Business):印制包装袋

淄博广龙塑料工贸有限公司
Zibo Guanglong Plastics Industry & Trading Co., Ltd.
(详见打孔PE膜)

安阳市中原薄膜彩印有限责任公司
Anyang Zhongyuan Multicolor Printing of Film Co., Ltd.
(详见PE流延膜)

许昌市金光塑料吹膜彩印包装厂
Xuchang Jinguang Plastic Film & Colour Printing Factory
(详见PE流延膜)

长沙市振兴塑料彩印包装厂
Changsha Zhenxing Plastic Colour Print & Packing Factory
地址(Add):湖南省宁乡县历经铺镇
邮编(P.C.):410600
电话(Tel):0731-7791722
总经理(General Manager):伍正伟
产品业务(Business):纸品,卫生巾包装

湖南邵东新世纪塑料包装有限公司
Shaodong Xinshiji Plastic Packaging Co., Ltd.
地址(Add):湖南省邵东县建设西路(金丹集团内)
邮编(P.C.):422800
电话(Tel):0739-2719734
传真(Fax):0739-2719734
总经理(General Manager):江建云
产品业务(Business):塑料彩印包装

澄海市(香港)雅特彩印包装有限公司
Chenghai (Hong Kong) Yate Multicolor Packing Co., Ltd.
地址(Add):广东省澄海市南湾工业区
邮编(P.C.):515835
电话(Tel):0754-5404799

传真(Fax):0754-5404688
联系人(Contact Person):张正河

东莞市金洲致利包装印刷厂
Jinzhou Zhili Packaging Printing Factory
地址(Add):广东省东莞市虎门镇宴岗第二工业区
邮编(P.C.):523918
电话(Tel):0769-85266808
传真(Fax):0769-85266788
E-mail:tw1312@163.com
法人代表(Chairman):谭锐澄
总经理(General Manager):谭伟权
联系人(Contact Person):谭伟权
产品业务(Business):各种生活用纸包装袋

佛塑集团华韩卫生材料有限公司
FSPG Foshan Huahan Sanitary Material Co., Ltd.
(详见PE流延膜)

顺德辉达利彩印包装有限公司
Shunde Huidali Colour Printing & Packing Co., Ltd.
地址(Add):广东省佛山市顺德勒流镇富裕工业区
邮编(P.C.):528322
电话(Tel):0757-25634001
传真(Fax):0757-25634002
E-mail:huidali@huidali.com
Http://www.huidali.com
联系人(Contact Person):杨乾刚
产品业务(Business):餐巾纸包装用的纸盒印刷制作

顺德市金粤盛塑胶彩印有限公司
Shunde Jinyuesheng Plastic Colour Print Co., Ltd.
地址(Add):广东省佛山市顺德区北滘镇黄涌工业区南路17号
邮编(P.C.):528311
电话(Tel):0757-26325190
传真(Fax):0757-26325192
法人代表(Chairman):宋白羽
总经理(General Manager):孙东书
联系人(Contact Person):李先臣
产品业务(Business):专业生产卫生用品外包装袋(吹膜、印刷、制袋、复合)

广州市粤盛工贸有限公司粤盛塑料胶袋彩印厂
Guangzhou Yuesheng Industry & Trade Co., Ltd. Yuesheng Plastic & Adhesive Tape Color Printing Factory
地址(Add):广东省广州市黄埔区大沙镇丰乐北路168号
邮编(P.C.):510700
电话(Tel):020-82382521
传真(Fax):020-82382492
法人代表(Chairman):孙焕杰
联系人(Contact Person):孙嘉威
产品业务(Business):胶袋彩印,包括妇女卫生巾、纸尿片外包装袋,食品包装袋

深圳豪艺塑料有限公司(广州办事处)
Shenzhen Haoyi Plastic Co., Ltd. Guangzhou Office
地址(Add):广东省广州市天河区广元东路2193号时代新世界中心北塔1104
邮编(P.C.):510500
电话(Tel):020-83370408
联系人(Contact Person):林汉明
产品业务(Business):纸尿裤袋

鹤山市花坪薄膜有限公司
Heshan Huaping Film Co., Ltd.
(详见PE流延膜)

惠州宝柏印刷有限公司
Propack Huizhou Plastic Limited
地址(Add):广东省惠州市仲恺大道马过渡华宝工业区
邮编(P.C.):516006
电话(Tel):0752-2609023
传真(Fax):0752-2600820
E-mail:printing@propackchina.com
Http://www.propackchina.com
法人代表(Chairman):张瑞霖
总经理(General Manager):向志军
联系人(Contact Person):尹成强
产品业务(Business):多层复合膜,自动包装膜,各类家庭用纸包装膜,纸尿裤包装袋,妇女卫生巾包装袋,湿巾包装袋

江阴宝柏新型包装材料有限公司
Jiangyin Baobai New Packing Material Co., Ltd.
地址(Add):江苏省江阴市长泾镇工业园区开元路9号
邮编(P.C.):214433
电话(Tel):0510-6316287
传真(Fax):0510-6316227
E-mail:jypack@public1.wx.js.cn
Http://www.propackchina.com
总经理(General Manager):罗斌
联系人(Contact Person):毛蔷

江门市广威胶袋印制企业有限公司
Jiangmen Guangwei Plastic Bag Print Enterprise Co., Ltd.
地址(Add):广东省江门市新会区会城紫云路8号
邮编(P.C.):529100
电话(Tel):0750-6692343
传真(Fax):0750-6697494
联系人(Contact Person):余锦璋
产品业务(Business):塑料彩印包装袋

中山市中升包装材料有限公司
Zhongshan Zhongsheng Packing Material Co., Ltd.
地址(Add):广东省中山市港口镇木河迳大道
邮编(P.C.):528447
电话(Tel):0760-8488202
传真(Fax):0760-8488205
E-mail:zspack@zhongshengpack.com
Http://www.zhongshengpack.com
联系人(Contact Person):赵桂军
产品业务(Business):流延膜,彩印包装袋

中山市利宏包装印刷有限公司
Zhongshan Lihong Packaging & Printing Co., Ltd.
地址(Add):广东省中山市小榄镇工业基地美围西路10号
邮编(P.C.):528416
电话(Tel):0760-2243842
传真(Fax):0760-2245591
法人代表(Chairman):章铨开
联系人(Contact Person):余伟流

产品业务(Business):自动包装标签,不干胶商标印刷,纸巾包装各类塑胶袋,食品包装复合塑胶袋,PE 保护膜印刷

重庆吉星包装厂
Chongqing Jixing Packing Factory
地址(Add):重庆市石桥铺柏村 34 号
邮编(P. C.):630039
电话(Tel):023 – 68618136
联系人(Contact Person):聂吉祥
产品业务(Business):包装材料

昆明宏盛裕彩色包装有限公司
Kunming Hongshengyu Colour Packing Co., Ltd.
地址(Add):云南省昆明市官渡区前卫镇西南百货城 9 – 5 号
邮编(P. C.):650228
电话(Tel):0871 – 7323752
传真(Fax):0871 – 4579047
法人代表(Chairman):戴添实
联系人(Contact Person):刘木土
产品业务(Business):塑料包装袋,流延膜,打孔膜

宁夏银川同泰印务有限公司
Ningxia Yinchuan Tongtai Print Co., Ltd.
地址(Add):宁夏银川市德胜工业园区德翔东路 26 号
邮编(P. C.):750200
电话(Tel):0951 – 8988358
传真(Fax):0951 – 8080907
E-mail:kongyan0953@sina.com
联系人(Contact Person):孔岩
产品业务(Business):塑料包装

设备器材生产或供应
Manufacturers and suppliers of equipments

● 卫生纸机 Tissue machine

Andritz AG
奥地利安德里茨股份公司
地址(Add):Stattegger Strasse 18, A-8045 Graz, Austria
电话(Tel):43-3166902-2591
传真(Fax):43-3166902-410
E-mail:johann. schmidt@ andritz. com
Http://www. andritz. com
联系人(Contact Person):Johann Schmidt
产品业务(Business):卫生纸生产线,卫生纸浆料制备设备,卫生纸用浆废纸脱墨系统
北京代表处
地址(Add):北京市建外大街19号国际大厦2702-03室
邮编(P. C.):100004
电话(Tel):010-85262720
传真(Fax):010-65006413
E-mail:kongli@ andritz. com. cn
联系人(Contact Person):孔莉

美卓造纸机械(中国)有限公司
Metso Paper (China) Co., Ltd.
地址(Add):北京市朝阳区建国路乙118号京汇大厦19层
邮编(P. C.):100022
电话(Tel):010-65666600
传真(Fax):010-65662567
E-mail:wei. tang@ metso. com
Http://www. metsopaper. com/cn
法人代表(Chairman):Raimo Janhunen
联系人(Contact Person):汤伟
产品业务(Business):卫生纸机,制浆设备等

A. Celli Paper SpA
意大利亚赛利公司
地址(Add):212 Via Romana Ovest,55016 Porcari, Lucca, Italy
电话(Tel):39-0583-21171
传真(Fax):39-0583-299340
E-mail:s. formiconi@ acelli. it
Http://www. acellipaper. com
法人代表(Chairman):Ing. Fabio Capuano
联系人(Contact Person):Ing. Fabio Capuano
上海代表处
地址(Add):上海市凯旋路3500号华苑大厦1号楼8D
邮编(P. C.):200030
电话(Tel):021-64870654
传真(Fax):021-64872928
E-mail:calvinliu@ online. sh. cn
Http://www. acelli. it
总经理(General Manager):刘长春
联系人(Contact Person):刘夏
产品业务(Business):卫生纸机,复卷分切机,备浆系统,控制系统等

Kawanoe Zoki Co., Ltd.
日本川之江造机株式会社
地址(Add):日本爱媛县四国中央市川之江町1514番地
电话(Tel):81-896-58-0112
传真(Fax):81-896-58-2864
E-mail:kawanoe@ kawanoe. co. jp
Http://www. kawanoe. co. jp
法人代表(Chairman):筱原正能
联系人(Contact Person):岳启建
产品业务(Business):真空圆网卫生纸机及各种后加工设备,制浆机械

TOSCOTEC SPA
意大利特斯科技造纸机械股份有限公司
地址(Add):317/F Viale Europa, 55014 Marlia, Lucca, Italy
电话(Tel):39-0583-40871
传真(Fax):39-0583-4087800
E-mail:marketing. dep@ toscotec. com
Http://www. toscotec. com
联系人(Contact Person):Stefano Bicchielli
产品业务(Business):新月型成形卫生纸机,热风穿透干燥卫生纸机
亚洲代表处
地址(Add):上海市虹桥路808号上海加华商务中心A5106-5107室
邮编(P. C.):200030
电话(Tel):021-64481055
传真(Fax):021-64477604
E-mail:zhang. han@ toscotec. com
Http://www. toscotec. com
法人代表(Chairman):Stefano Bicchielli
总经理(General Manager):Stefano Bicchielli
联系人(Contact Person):张晗

PMP Group
波兰 PMP 集团
地址(Add):58-560 Jelenia Góra-Cieplice, ul. Fabryczna 1, Poland
电话(Tel):48-75-7551061
传真(Fax):48-75-7551060
E-mail:office@ pmpoland. pl
Http://www. pmpgroup. com
联系人(Contact Person):Maja Mejsner
产品业务(Business):卫生纸机

Over Meccanica S. p. A.
意大利欧弗公司
地址(Add):Via Torricelli,25 1-37136 Verona Italy
电话(Tel):39-045-8281111
传真(Fax):39-045-8281231
E-mail:over@ over. it
产品业务(Business):卫生纸机

Recard S. p. A.
意大利 Recard 公司
地址(Add):Localita' Biecina 55019 Villa Basilica (LU) Italy
电话(Tel):39-05-7243067

传真(Fax):39 - 05 - 7243011
E-mail:info@ recard. it
Http://www. recard. it
产品业务(Business):卫生纸机,卫生纸分切复卷机
亚洲办事处
地址(Add):台湾省台北市爱国东路七十一号四楼之二(邮编 87 - 464)
电话(Tel):886 - 2 - 23223348
传真(Fax):886 - 2 - 23935535
E-mail:maxwell. fu@ recard. it
联系人(Contact Person):傅衡昌

Kyoung Yong Machinery Co., Ltd.
京龙机械株式会社
地址(Add):646 - 5 Sunggok - Dong, Danwon - Gu Ansan - City, Kyungki - Do, Korea
电话(Tel):82 - 31 - 492 - 3721
传真(Fax):82 - 31 - 492 - 3717
E-mail:kymc@ kymc. co. kr
总经理(General Manager):黄汉成
产品业务(Business):卫生纸机,各种制浆及造纸设备

川佳机械股份有限公司
New Bonafide Machinery Co., Ltd.
地址(Add):台湾省台北县五股乡中兴路一段 8 号 9 楼
电话(Tel):886 - 2 - 89769566
传真(Fax):886 - 2 - 89769599
E-mail:newbona@ ms25. hinet. net
辽阳川佳制浆造纸机械有限公司
Liaoyang New Bonafide Pulp & Paper Machinery Co., Ltd.
地址(Add):辽宁省辽阳市繁荣路太子河泰丰开发区中段
邮编(P. C.):111004
电话(Tel):0419 - 2381858
传真(Fax):0419 - 2381558
产品业务(Business):卫生纸机及后加工设备,其他制浆造纸设备

德国捷高机械工程有限公司
CICO Engineering Co., Ltd.
北京办事处
地址(Add):北京市朝阳区麦子店街 37 号盛福大厦 1760 室
邮编(P. C.):100026
电话(Tel):010 - 85276377
传真(Fax):010 - 85276378
E-mail:beijing@ illies. de
联系人(Contact Person):马平
产品业务(Business):代理意大利欧弗 Over 公司卫生纸机
上海办事处
地址(Add):上海市漕河泾新兴技术开发区桂平路 481 号 18 号楼 6 层
邮编(P. C.):200233
电话(Tel):021 - 64851272
传真(Fax):021 - 64851228
E-mail:cicosha@ sh163. net
联系人(Contact Person):陈世钦
广州办事处
地址(Add):广东省广州市先烈中路 69 号东山广场 2310 - 11 室
邮编(P. C.):510095
电话(Tel):020 - 22373368
传真(Fax):020 - 87321507
联系人(Contact Person):胡春节

清来机械有限公司
Ching Lai Machinery Co., Ltd.
地址(Add):台湾省台北市延平北路七段 106 巷 218 号
电话(Tel):886 - 2 - 28103385 ~ 7
传真(Fax):886 - 2 - 28105617
E-mail:ching418@ ms33. hinet. net
Http://www. chinglai. com. tw
产品业务(Business):卫生纸机
南京办事处
江苏省南京市白下区太平南路 333 号金陵御景园 2 幢 203 座
电话(Tel):025 - 84520613
传真(Fax):025 - 84505849
E-mail:chinglai@ mail. china. com

天津华特机械有限公司
Tianjin Huate Machinery Co., Ltd.
地址(Add):天津市南开区苏堤路 21 号
邮编(P. C.):300193
电话(Tel):022 - 27468790
传真(Fax):022 - 27468790
法人代表(Chairman):盛鸣
产品业务(Business):卫生纸机

保定市晨光造纸机械有限公司
Baoding Chenguang Paper Machinery Co., Ltd.
地址(Add):河北省保定市保满路 169 号
邮编(P. C.):071051
电话(Tel):0312 - 3173685
传真(Fax):0312 - 3277554
E-mail:chgjx@ heinfo. net
Http://www. chgjx. com. cn
法人代表(Chairman):侯金明
总经理(General Manager):李连海
联系人(Contact Person):李连海
产品业务(Business):卫生纸机,文化纸机,纸板机,复卷打孔机,压光机,切纸机,造纸废水处理设备

满城县金光造纸机械有限公司
Mancheng Jinguang Paper Machinery Co., Ltd.
地址(Add):河北省保定市满城县大册营镇方上造纸工业园区
邮编(P. C.):072150
电话(Tel):0312 - 7021168
传真(Fax):0312 - 7020123
联系人(Contact Person):李军
产品业务(Business):卫生纸机,制浆设备,妇女卫生巾、卫生护垫机

保定市昌达造纸机械有限公司
Baoding Changda Paper Machinery Co., Ltd.
地址(Add):河北省保定市满城县建设局对面
邮编(P. C.):072150
电话(Tel):0312 - 7079288
传真(Fax):0312 - 7073290
联系人(Contact Person):张瑞
产品业务(Business):卫生纸机

石家庄诚信中轻机械设备有限公司
Chengxin Zhongqing Machinery Co., Ltd.
(详见造纸化学品)

丹东市振安轻工机械厂
Dandong Zhenan Light Machinery Factory
地址(Add):辽宁省丹东市东变电街
邮编(P. C.):118011
电话(Tel):0415-6223547
传真(Fax):0415-6222067
法人代表(Chairman):马连英
联系人(Contact Person):马连英
产品业务(Business):卫生纸机

丹东市造纸设备总厂
Dandong Paper Machinery Factory
地址(Add):辽宁省丹东市浪头街429号
邮编(P. C.):118008
电话(Tel):0415-6155381
传真(Fax):0415-6155448
联系人(Contact Person):谢艳华
产品业务(Business):卫生纸机

辽阳造纸机械股份有限公司
Liaoyang Paper Machinery Co., Ltd.
地址(Add):辽宁省辽阳市铁西路76号
邮编(P. C.):111004
电话(Tel):0419-3132329
传真(Fax):0419-3132877
E-mail:lyzj@lyzj.com
法人代表(Chairman):赵均泰
联系人(Contact Person):熊宪刚
产品业务(Business):生产各种造纸机械成套设备

江苏华东造纸机械有限公司(昆山市中联第一造纸机械厂)
Kunshan Zhonglian No.1 Paper Machine Factory
地址(Add):江苏省昆山市玉山镇吴淞江工业园区(西区)
邮编(P. C.):215300
电话(Tel):0512-56261913
传真(Fax):0512-57800001
E-mail:kszlsyg@263.net.cn
Http://www.kszlzz.com
总经理(General Manager):孙友根
产品业务(Business):卫生纸机等

太仓市造纸机械一厂
Taicang Paper Machinery No.1 Factory
地址(Add):江苏省太仓市王秀镇
邮编(P. C.):215426
电话(Tel):0512-53858503
传真(Fax):0512-53855180
E-mail:service@shenqichina.com
法人代表(Chairman):顾雪明
联系人(Contact Person):蔡岳
产品业务(Business):造纸机,圆网笼,圆网浓缩机,卷纸机,复卷机,压光机

太仓液压元件有限公司
Taicang Hydraulic Element Co., Ltd.
地址(Add):江苏省太仓市王秀镇
邮编(P. C.):215426
电话(Tel):0512-53858503
传真(Fax):0512-53855180
E-mail:service@shenqichina.com
联系人(Contact Person):蔡岳
产品业务(Business):卫生纸机

山东沂春机械股份有限公司
Shandong Yichun Machinery Co., Ltd.
地址(Add):山东省费县城胜利街
邮编(P. C.):273400
电话(Tel):0539-5221136
传真(Fax):0539-5020063
E-mail:gm@yichunstock.com
Http://www.yichunstock.com
法人代表(Chairman):李宗海
联系人(Contact Person):侯荣法
产品业务(Business):卫生纸机,卫生纸加工设备,卫生纸

山东昌华造纸机械有限公司
Shandong Changhua Paper Machinery Co., Ltd.
地址(Add):山东省聊城市东昌东路58号
邮编(P. C.):252059
电话(Tel):0635-2128866
传真(Fax):0635-2128877
E-mail:ch@cnchanghua.com
Http://www.cnchanghua.com
联系人(Contact Person):刘传家
产品业务(Business):2420~3300mm系列斜网卫生纸机,烘缸

聊城华林机械有限公司
Liaocheng Hualin Machinery Co., Ltd.
地址(Add):山东省聊城市凤凰工业园纬一路8号
邮编(P. C.):252000
电话(Tel):0635-2126008
传真(Fax):0635-2126001
E-mail:hmc6008@163.com
Http://www.cnchanghua.com
总经理(General Manager):秦维浮
联系人(Contact Person):李钦铎
产品业务(Business):卫生纸机

青岛奥特机械有限公司
Qingdao Aote Machinery Co., Ltd.
地址(Add):山东省青岛市平度华侨科技园广州南路8号
邮编(P. C.):266700
电话(Tel):0532-3303957
传真(Fax):0532-3303955
E-mail:wangjianli2005007@163.com
联系人(Contact Person):王建立
产品业务(Business):卫生纸机,脱墨制浆设备

山东省诸城市汇川造纸机械厂
Shandong Zhucheng Huichuan Paper Machinery Factory
地址(Add):山东省诸城市郝戈庄镇
邮编(P. C.):262226
电话(Tel):0536-6591855
传真(Fax):0536-6091283
E-mail:mail@huichuancn.com
Http://www.huichuancn.com

总经理(General Manager):石洪军
联系人(Contact Person):石洪军
产品业务(Business):卫生纸机,污水处理设备,网笼

诸城市金日东造纸机械有限公司
Zhucheng Jinridong Paper Machinery Co., Ltd.
地址(Add):山东省诸城市密州路26号
邮编(P. C.):262200
电话(Tel):0536-6213740
传真(Fax):0536-6213221
E-mail:mail@ridong.com
Http://www.ridong.com
法人代表(Chairman):王海峰
联系人(Contact Person):李永宝
产品业务(Business):废纸脱墨设备,卫生纸机

诸城市大正机械有限公司
Zhucheng Dazheng Machinery Co., Ltd.
地址(Add):山东省诸城市南外环路东段南侧
邮编(P. C.):262200
电话(Tel):0536-6064688
传真(Fax):0536-6056488
总经理(General Manager):董海军
联系人(Contact Person):黄永龙
产品业务(Business):卫生纸机

诸城市汉通奥特造纸设备有限公司
Zhucheng Hantong Aote Machinery Co., Ltd.
地址(Add):山东省诸城市南外环路中段(南湖大桥西300米)
邮编(P. C.):262200
电话(Tel):0536-6121275
传真(Fax):0536-6113828
E-mail:info@chinahantong.com
Http://www.chinahantong.com
法人代表(Chairman):王希刚
产品业务(Business):卫生纸机,废纸制浆、脱墨成套设备

山东省诸城市增益造纸设备有限公司
Shandong Zhucheng Zengyi Paper Machinery Co., Ltd.
地址(Add):山东省诸城市外贸街9号
邮编(P. C.):262200
电话(Tel):0536-6066260
传真(Fax):0536-6065719
E-mail:hby@zengyishebei.com
Http://www.zengyi.cn
法人代表(Chairman):何炳义
联系人(Contact Person):王汝东
产品业务(Business):卫生纸机,废纸脱墨生产线

山东省诸城市专利造纸机械厂
Shandong Zhucheng Patent Paper Machinery Factory
地址(Add):山东省诸城市西外环路北首
邮编(P. C.):262200
电话(Tel):0536-6011600
传真(Fax):0536-6011700
Http://www.zaozhijixie.cn
总经理(General Manager):李凤宁
联系人(Contact Person):赵卿顺
产品业务(Business):卫生纸机,废纸脱墨设备,废水处理设备

河南省辉县市机械厂造纸设备经销部
Henan Huixian Machinery Factory Paper Equipment Distributor
地址(Add):河南省辉县市中心路兴隆巷
邮编(P. C.):453600
电话(Tel):0373-6290136
传真(Fax):0373-6286073
联系人(Contact Person):王关虎
产品业务(Business):卫生纸机,单缸、双缸单网倒挂浆卫生纸机,以及各种规格型号长网、圆网多缸系列造纸机、压光机、复卷机,经销造纸机配件,出售二手卫生纸机及卫生纸加工机,转让各型号多缸长网、圆网二手造纸机(1760~2400mm)

沁阳市造纸设备厂
Qinyang Paper Machinery Factory
地址(Add):河南省沁阳市建设路南段
邮编(P. C.):454550
电话(Tel):0391-5611636
传真(Fax):0391-5690920
总经理(General Manager):邱召衷
产品业务(Business):制浆设备,卫生纸机

沁阳市新华机械厂
Qinyang Xinhua Machinery Plant
地址(Add):河南省沁阳市文化路50号
邮编(P. C.):454550
电话(Tel):0391-5693655
传真(Fax):0391-5698999
总经理(General Manager):王秀荣
产品业务(Business):卫生纸机,复卷打孔机

嘉翰实业(通山)轻工机械有限公司
Expansion Industry (Tongshan) Light Industry Machinery Co., Ltd.
地址(Add):湖北省通山县通羊镇罗汉湾3号
邮编(P. C.):437600
电话(Tel):0715-2399388
传真(Fax):0715-2398511
法人代表(Chairman):何人伟
联系人(Contact Person):何人伟
产品业务(Business):卫生纸生产线,成套干法纸机

上海嘉翰轻工机械有限公司
Shanghai Expansion Industry Light Industrial Machinery Co., Ltd.
地址(Add):上海市浦东国际机场南大门盐朝支路8号
邮编(P. C.):201324
电话(Tel):021-58260900-3019
传真(Fax):021-58260842
E-mail:sales@jiahan.com.cn
Http://www.jiahan.com.cn
联系人(Contact Person):段保军

东莞市佳鸣机械制造有限公司
Dongguan Jumping Machinery Manufacture Co., Ltd.
(详见卫生纸加工设备)

广东省新会市睦洲机械有限公司
Xinhui Muzhou Machinery Co., Ltd.
地址(Add):广东省江门市新会区睦洲镇河滨西路1号
邮编(P. C.):529143

电话(Tel):0750－6222592
传真(Fax):0750－6221205
法人代表(Chairman):李忠灵
联系人(Contact Person):李忠灵
产品业务(Business):1092～1575mm成套造纸机械，双盘磨(φ350mm，φ450mm)，两相流浆泵，铜质圆网笼，各种胶辊

井研县轻工机械厂
Jingyan Light Industry Machinery Factory
地址(Add):四川省乐山市井研县研城镇
邮编(P. C.):614000
电话(Tel):0833－3712312
传真(Fax):0833－3711459
总经理(General Manager):余放
联系人(Contact Person):毛荣德
产品业务(Business):卫生纸机，其他制浆造纸设备

宜宾造纸机械厂
Yibin Paper Machinery Factory
地址(Add):四川省宜宾市育才路4号
邮编(P. C.):644007
电话(Tel):0831－7817166
传真(Fax):0831－7817135
法人代表(Chairman):彭支瑞
联系人(Contact Person):邹信云
产品业务(Business):卫生纸机，纸板机，制浆设备，烘缸

陕西商洛恒泰机械有限责任公司
Shanxi Shangluo Hengtai Machinery Co., Ltd.
地址(Add):陕西省商洛市商州区东郊吉村
邮编(P. C.):726000
电话(Tel):0914－2382104
传真(Fax):0914－2382104
法人代表(Chairman):周炳文
联系人(Contact Person):黄保才
产品业务(Business):卫生纸机、纸板机，洗浆机

● 造纸烘缸、网笼
Dryer and cylinder mould

丹东和鑫造纸机械有限公司
Dandong Hexin Paper Machinery Co., Ltd.
地址(Add):辽宁省丹东市浪头镇中和街
邮编(P. C.):118009
电话(Tel):0415－6155283
传真(Fax):0415－6155283
联系人(Contact Person):赵智新
产品业务(Business):合金铸铁烘缸

丹东烘缸制造厂
Dandong Cylinder Manufacturer
地址(Add):辽宁省丹东市前阳镇振阳大街
邮编(P. C.):118301
电话(Tel):0415－7162062
传真(Fax):0415－7162062
联系人(Contact Person):张言喜
产品业务(Business):造纸烘缸、网笼及配件

辽宁东运造纸烘缸有限公司
Liaoning Dongyun Paper Cylinder Co., Ltd.
地址(Add):辽宁省丹东市振安区珍珠路太平前街4号
邮编(P. C.):118001
电话(Tel):0415－4143155
传真(Fax):0415－2858203
联系人(Contact Person):刘大燕
产品业务(Business):造纸烘缸

太仓市宇航造纸机械厂
Taicang Yuhang Paper Machinery Co., Ltd.
地址(Add):江苏省太仓市璜泾镇王秀管理区
邮编(P. C.):215426
电话(Tel):0512－53857323
传真(Fax):0512－53857320
Http://www.yuhangjixie.com
联系人(Contact Person):徐慧明
产品业务(Business):网笼

太仓沪太嫦娥造纸设备有限公司
Taicang Hutai Chang E Paper Equipment Co., Ltd.
地址(Add):江苏省太仓市沙溪镇
邮编(P. C.):215421
电话(Tel):0512－53212993
传真(Fax):0512－53212993
联系人(Contact Person):张耀元
产品业务(Business):网笼、烘缸C

太仓市造纸机械一厂
Taicang Paper Machinery No. 1 Factory
(详见卫生纸机)

上海中联太仓造纸机械一厂
Shanghai Zhonglian Taicang No. 1 Paper Machinery Factory
地址(Add):江苏省太仓市王秀镇
邮编(P. C.):215426
电话(Tel):0512－53855469
传真(Fax):0512－53855180
联系人(Contact Person):顾雪明
产品业务(Business):网笼

济南市长清区中联造纸机械厂
Jinan Changqing Zhonglian Paper Machinery Factory
(详见卫生纸机和加工设备相关器材配件)

山东昌华造纸机械有限公司
Shandong Changhua Paper Machinery Co., Ltd.
(详见卫生纸机)

山东鲁台造纸机械有限公司
Shandong Lutai Paper Machinery Co., Ltd.
地址(Add):山东省枣庄市台儿庄万通路1号
邮编(P. C.):277400
电话(Tel):0632－6618942
传真(Fax):0632－6611569
E-mail:shangwt@sohu.com
Http://www.sdwtpaper.com
联系人(Contact Person):侯化航
产品业务(Business):钢制焊接烘缸

山东省诸城市汇川造纸机械厂
Shandong Zhucheng Huichuan Paper Machinery Factory
(详见卫生纸机)

河南省辉县市机械厂造纸设备经销部
Henan Huixian Machinery Factory Paper Equipment Distributor
(详见卫生纸机)

河南省焦作市崇义轻工机械有限公司
Henan Jiaozuo Chongyi Light Industry Machinery Co., Ltd.
地址(Add):河南省沁阳市崇义工业区
邮编(P. C.):454582
电话(Tel):0391-5055120
传真(Fax):0391-5055152
联系人(Contact Person):赵庆
产品业务(Business):合金铸铁烘缸

广东省新会市睦洲机械有限公司
Xinhui Muzhou Machinery Co., Ltd.
(详见卫生纸机)

乐山成发造纸机械有限责任公司
Leshan Chengfa Paper Machinery Co., Ltd.
地址(Add):四川省乐山市棉竹高坝
邮编(P. C.):614008
电话(Tel):0833-2600156
传真(Fax):0833-2600188
联系人(Contact Person):赵向前
产品业务(Business):烘缸

宜宾造纸机械厂
Yibin Paper Machinery Factory
(详见卫生纸机)

● 造纸工业用呢、造纸网 Felt and wire cloth

天津市华星工业用呢新技术开发有限公司
Tianjin Huaxing Industrial Fabrics New Technology Development Co., Ltd.
地址(Add):天津市南开区岳湖道18号
邮编(P. C.):300193
电话(Tel):022-27379961
传真(Fax):022-27495645
Http://www.tjgyynch.com.cn
总经理(General Manager):张新儒
产品业务(Business):造纸毛毯

天津环球高新造纸网业有限公司
Tianjin Huanqiu High New Paper Machine Clothing Co., Ltd.
地址(Add):天津市西青区杨庄子大堤外玉门路
邮编(P. C.):300112
电话(Tel):022-27795246
传真(Fax):022-27796246
联系人(Contact Person):吕德清
产品业务(Business):聚酯成形网、聚酯干网、多层网

天津亚奇科技开发有限公司
Tianjin Yaqi Science Development Co., Ltd.
地址(Add):天津市西青区杨庄子大堤外玉门路造纸网厂内
邮编(P. C.):300112
电话(Tel):022-27798233
传真(Fax):022-27798233
联系人(Contact Person):李宝山
产品业务(Business):造纸工业用网

唐山龙海工业用呢有限公司
Tangshan Longhai Industrial Felt Co., Ltd.
地址(Add):河北省唐海县城关迎宾路22号
邮编(P. C.):063200
电话(Tel):0315-8712410
传真(Fax):0315-8711669
联系人(Contact Person):赵瑞国
产品业务(Business):毛毯

锦州威克网业有限公司
Jinzhou Weike Net Industrial Co., Ltd.
地址(Add):辽宁省锦州市古塔区锦华街75号412室
邮编(P. C.):121000
电话(Tel):0416-2137732
传真(Fax):0416-2137742
E-mail:wictor428@online.in.cn
法人代表(Chairman):乔良燕
联系人(Contact Person):史宝刚
产品业务(Business):聚酯成形网、干网、螺旋网、扁丝螺旋网、工业用呢、帆布

佳木斯造纸网有限公司
Jiamusi Paper Wire Co., Ltd.
地址(Add):黑龙江省佳木斯市光复路302号
邮编(P. C.):154005
电话(Tel):0454-8375399
传真(Fax):0454-8332018
Http://www.jmszzw.com
联系人(Contact Person):毕可伟
产品业务(Business):聚酯成形网、干网

上海金熊造纸网毯有限公司
Jinxiong Fabrics Co., Ltd.
地址(Add):上海市金山区枫泾镇兴塔纺织开发区78号
邮编(P. C.):201502
电话(Tel):021-67361070
传真(Fax):021-67361071
Http://www.shjinxiong.com
法人代表(Chairman):王秋蓉
联系人(Contact Person):朱主任
产品业务(Business):造纸毛毯

常熟市工业毛毯厂
Changshu Industrial Felt Plant
地址(Add):江苏省常熟市练塘镇(沪宜公路旁)
邮编(P. C.):215551
电话(Tel):0512-52441137
传真(Fax):0512-52441465
E-mail:master@lu-tang.com
Http://www.lu-tang.com
联系人(Contact Person):丁义康

产品业务(Business):造纸毛毯

江苏金呢集团股份有限公司海门市造纸毛毯厂
Jiangsu Jinni Group Co., Ltd. Haimen Woolen Blanket In Paper Mill Acting
地址(Add):江苏省海门市三条桥工业区55号
邮编(P. C.):226132
电话(Tel):0513-2181369
传真(Fax):0513-2181100
E-mail:jinnigroup86@sohu.com
Http://www.jsjinni.com
法人代表(Chairman):陆平
联系人(Contact Person):陆景华
产品业务(Business):造纸毛毯

江都乐凯新风造纸铜网有限公司
Jiangdu Lekai Xinfeng Paper Copper Web Co., Ltd.
地址(Add):江苏省江都市真武镇真武路59号
邮编(P. C.):225265
电话(Tel):0514-6274767
传真(Fax):0514-6271080
联系人(Contact Person):陆斗良
产品业务(Business):造纸网

福伊特织物昆山有限公司
Voith Fabrics Kunshan Co., Ltd.
地址(Add):江苏省昆山市紫竹路683号
邮编(P. C.):215316
电话(Tel):0512-57792874
传真(Fax):0512-57792875
总经理(General Manager):Bob Burke
联系人(Contact Person):童高峰
产品业务(Business):造纸机干网,成形网,毛毯

太仓嫦娥工业用呢有限公司
Taicang Chang E Industrial Woolen Cloth Co., Ltd.
地址(Add):江苏省太仓市面上沙溪镇新北西路132号
邮编(P. C.):215421
电话(Tel):0512-53212498
传真(Fax):0512-53214871
联系人(Contact Person):龚文元
产品业务(Business):造纸毛毯

吴江凯富纺织工业有限公司
Wujiang Kaifu Weave Industrial Co., Ltd.
地址(Add):江苏省吴江市平望镇联农开发区
邮编(P. C.):215221
电话(Tel):0512-63661058
传真(Fax):0512-63661801
E-mail:uupwsjbg@public1.sz.jz.cn
Http://www.china-kfu.com
总经理(General Manager):张凤泉
联系人(Contact Person):张凤泉
产品业务(Business):卫生纸机专用BOM毛毯

武进惠明精密机械有限公司
Wujin Huiming Precision Machinery Co, Ltd.
地址(Add):江苏省武进高新技术开发区
邮编(P. C.):213161
电话(Tel):0519-6708781
传真(Fax):0519-6708780
E-mail:tanghq@public.cz.js.cn
联系人(Contact Person):戴建庭
产品业务(Business):造纸工业用网

徐州工业用呢厂
Xuzhou Industrial Fabrics Factory
地址(Add):江苏省徐州市湖北路30号
邮编(P. C.):221006
电话(Tel):0516-5696905
传真(Fax):0516-5796891
E-mail:xzgyync@pub.xz.jsinfo.net
Http://www.xzgyync.com
法人代表(Chairman):王新文
联系人(Contact Person):韩邦春
产品业务(Business):造纸毛毯,热风非织造布

温州市龙湾化纤厂
Wenzhou Longwan Chemical Fiber Plant
地址(Add):浙江省温州市龙湾区瑶溪工业区
邮编(P. C.):325013
电话(Tel):0577-86618315
传真(Fax):0577-86618148
E-mail:landsong@hotmail.com
联系人(Contact Person):宋亮
产品业务(Business):造纸成形网、干网、螺旋网

安徽芜湖华盛网业有限责任公司
Anhui Wuhu Huasheng Wire Co. Ltd.
地址(Add):安徽省芜湖市长江市场园3011号
邮编(P. C.):241000
电话(Tel):0553-5015726
传真(Fax):0553-2227163
联系人(Contact Person):蒋辉
产品业务(Business):聚酯成形网,干网

聊城华裕工业用呢有限公司
Liaocheng Huayu Industrial Fabrics Factory
地址(Add):山东省聊城市农校路6号
邮编(P. C.):252000
电话(Tel):0635-8530911
传真(Fax):0635-8531020
E-mail:lchymt@263.net
联系人(Contact Person):于法民
产品业务(Business):造纸毛毯

河南开封松鹤网业股份有限公司
Kaifeng Songhe Net Industrial Co., Ltd.
地址(Add):河南省开封市五一路
邮编(P. C.):475003
电话(Tel):0378-3932284
传真(Fax):0378-3973930
联系人(Contact Person):张孝华
产品业务(Business):聚酯成形网、聚酯干网

河南省华丰网业有限公司
Huafeng Net Industrial Co., Ltd.
地址(Add):河南省沈丘县北环路81号
邮编(P. C.):466300
电话(Tel):0394-5223453
传真(Fax):0394-5232834
总经理(General Manager):董华伟

产品业务(Business):造纸工业用网

河南沈丘县汇丰网业有限公司
Henan Shenqiu Huifeng Wire Co., Ltd.
地址(Add):河南省沈丘县城丘溪街东头
邮编(P.C.):466300
电话(Tel):0394-5213367
传真(Fax):0394-5213297
联系人(Contact Person):董营云
产品业务(Business):聚脂网系列,压花网,成形网

河南省沈丘县第二造纸网厂
Shenqiu No. 2 Paper Wire Factory
地址(Add):河南省沈丘县闸南路40号
邮编(P.C.):466300
电话(Tel):0394-5224104
传真(Fax):0394-5224104
E-mail:hnsqdezzwc@sohu.com
Http://www.sqwc.com
联系人(Contact Person):董振伟
产品业务(Business):聚酯成形网、聚酯螺旋干网

平安造纸毛毯有限公司
Ping An Paper Wool Felt Co., Ltd.
地址(Add):广东省澄海市莲上永新工业区
邮编(P.C.):515833
电话(Tel):0754-5742222
传真(Fax):0754-5743613
联系人(Contact Person):余斯群
产品业务(Business):造纸毛毯

东莞业兴网毯有限公司
Dongguan Yexing Paper Felt & Wire Co., Ltd.
地址(Add):广东省东莞市高步镇定护安围
邮编(P.C.):523279
电话(Tel):0769-88731749
传真(Fax):0769-88737340
E-mail:YXWF@pub.dgnet.gd.cn
Http://www.dgyexing.com
联系人(Contact Person):杨元书
产品业务(Business):造纸毛毯、聚酯干网、聚酯成形网

揭阳市揭东县荣立工业用呢厂
Jiedong Rongli Industrial Felt Plant
地址(Add):广东省揭东县城西二路圩埔工业区
邮编(P.C.):515500
电话(Tel):0663-3262228
传真(Fax):0663-3272228
E-mail:rl@rongli.net
Http://www.rongli.net
联系人(Contact Person):胡泓山
产品业务(Business):卫生纸毛毯、高线压底网

成都环龙工业用呢有限责任公司
Chengdu Huanlong Industrial Felt Co., Ltd.
地址(Add):四川省成都市青羊区文家乡张家碾
邮编(P.C.):610091
电话(Tel):028-87074901
传真(Fax):028-87071729
E-mail:cdgyync@263.net
Http://www.cd-huanlong.com
联系人(Contact Person):熊学益
产品业务(Business):造纸毛毯,聚酯螺旋网

● 卫生纸加工设备 Converting machinery for tissue paper

OMET S.r.l. Sede centrale - Headquarter
意大利欧米特有限公司
地址(Add):22 Via Caduti a Fossoli, P.O. Box 225, I-23900 Lecco, Italy
电话(Tel):39-0341-367513
传真(Fax):39-0341-284466
E-mail:comm@omet.it
Http://www.omet.it
产品业务(Business):餐巾纸分切折叠机
上海代表处
地址(Add):上海市浦东新区商城路738号胜康廖氏大厦1908A
邮编(P.C.):200120
电话(Tel):021-68761955
传真(Fax):021-68761959
E-mail:sales@omet.cn
法人代表(Chairman):周冬岩
联系人(Contact Person):周冬岩

Paper Converting Machine Company
美国纸产品加工机器公司(PCMC)
地址(Add):2300 South Ashland Avenue P.O. Box 19005 Green Bay WI 54307-9005 U.S.A
电话(Tel):1-920-4945601
传真(Fax):1-920-4946554
Http://www.pcmc.com
总经理(General Manager):Rick Baer
联系人(Contact Person):Mitch Weckop
北京办事处
地址(Add):北京市朝阳区光华路12号A科伦大厦B座601室
邮编(P.C.):100020
电话(Tel):010-65818398
传真(Fax):010-65812966
E-mail:jamesyang@pcmc.com.cn
Http://www.pcmc.com
法人代表(Chairman):杨华
联系人(Contact Person):杨华
产品业务(Business):家庭生活用纸-卫生卷纸/厨房卷纸复卷机器以及包装机器,公共场合用纸-卫生卷纸/工业卷纸复卷机器以及包装机器,盒装面巾纸、手帕纸、餐巾纸、擦拭巾折叠机器。婴儿纸尿裤、成人纸尿裤加工机器,多种湿擦拭巾折叠设备及上述三种产品的包装机器

C. G. Bretting Manufacturing Co. Inc
美国贝廷公司
地址(Add):3401 Lake Park Road, Ashland Wisconsin 54806 USA
电话(Tel):1-715-6825231
传真(Fax):1-715-6824138
E-mail:sales@bretting.com
Http://www.bretting.com

产品业务(Business):卫生卷纸分切复卷设备,各类餐面巾纸、擦手纸折叠设备

Serv－o－tec GmbH
德国 SERVOTEC 公司
地址(Add):Heinrich－von－Stephan－Strasse 2, Langenfeld D－40764 Germany
电话(Tel):49－0－217339486－0
传真(Fax):49－0－217339486－81
E-mail:sales@ servotec. de
Http://www. bretting. com
产品业务(Business):餐巾纸、面巾纸、手帕纸、擦手纸折叠机,卫生卷纸、厨房卷纸复卷加工机

Christain Senning Verpackungsmaschinen GmbH & Co. KG
德国森宁包装机械公司
地址(Add):Kalmsweg 10 D－28239 Breme, Germany
电话(Tel):49－421－694620
传真(Fax):49－421－640965
E-mail:info@ senning. de
Http://www. senning. de
产品业务(Business):餐巾纸、面巾纸、擦手纸全自动包装机

A＋E UNGRICHT GMBH＋CO. KG
德国 UNGRICHT 滚筒雕刻工艺制造公司
地址(Add):Karstrasse 90. D－41068 Monchengladbach Germany
电话(Tel):49－2161－3590
传真(Fax):49－2161－359100
E-mail:info@ ungricht. de
Http://www. ungricht. de
产品业务(Business):餐巾纸、面巾纸压花辊雕刻

Fabio Perini SpA
意大利百利怡生活用纸加工机械厂
地址(Add):PIP Mugnano Sud, 55100 Lucca, Italy
电话(Tel):39－583－4601
传真(Fax):39－583－435534
E-mail:fabioperinispa@ fp. kpl. net
Http://www. fp. kpl. net
产品业务(Business):卫生卷纸,厨房卷纸,工业用卷纸分切复卷、压花、印花、胶合加工生产线,餐巾纸折叠机

Casmatic S. p. A.
意大利卡马迪生活用纸包装机械厂
地址(Add):Via G. Fattori 4－6, 40033 Casalecchio Di Reno (Bologna), Italy
电话(Tel):39－51－595111
传真(Fax):39－51－595181
E-mail:sales@ kplpack. kpl. net
Http://www. kplpack. kpl. net
产品业务(Business):卫生卷纸、厨房卷纸、餐巾纸、擦手纸、工业卷纸等生活用纸包装机

柯尔柏机械设备(上海)有限公司
Körber Engineering (Shanghai) Co., Ltd.
地址(Add):上海市外高桥保税区华京路418号41#楼C部位
邮编(P. C.):200131
电话(Tel):021－50462933
传真(Fax):021－50462303
E-mail:sales@ shcn. fp. kpl. net
Http://www. kpl. net
法人代表(Chairman):Guido Finoccki
总经理(General Manager):马里奥.法兹
联系人(Contact Person):邢小平
产品业务(Business):向生活用纸、一次性卫生用品后加工设备提供全球化解决方案,是意大利百利怡、意大利卡马迪、意大利迪雅特公司中国销售服务中心

Winkler & Dünnebier Aktiengesellschaft
德国 W＋D 公司
地址(Add):Sohler Weg 65. 56564 Neuwied Germany
电话(Tel):49－2631－840
传真(Fax):49－2631－84680
E-mail:sales. hygiene@ w－d. de
Http://www. w－d. de
法人代表(Chairman):Paul B. Junk
联系人(Contact Person):Wolfgang Kühr
产品业务(Business):妇女卫生巾机,纸尿裤机及卫生纸、餐巾纸、面巾纸、手帕纸后加工设备

OPTIMA filling & packaging machines GmbH
(详见一次性卫生用品生产设备)

Tissue Machinery Company S. p. A.
意大利 TMC 包装机械厂
地址(Add):Via di Cadriano, 19 40057 Granarolo dell'Emilia Loc. Cadriano (Bologna) Italy
电话(Tel):39－051－6003611
传真(Fax):39－051－6003666
E-mail:info@ tissue. it
Http://www. tissuemachinerycompany. com
产品业务(Business):卫生卷纸包装机,捆包机

韩国东洋机械公司
Dongyang Machinery Co.
地址(Add):韩国汉城市衿川区秃山洞999－3
电话(Tel):82－2－8559210
传真(Fax):82－2－8932104
产品业务(Business):卫生纸、餐巾纸、手帕纸等后加工设备

信敏有限公司
Samiton Limited
地址(Add):香港新界葵涌石建街17－23号建兴工业大厦A座地下
电话(Tel):852－24870888
传真(Fax):852－24257666
总经理(General Manager):李起泰
联系人(Contact Person):容惠民
产品业务(Business):代理韩国东洋机械公司卫生纸、餐巾纸、手帕纸等后加工设备;韩国京龙机械株式会社卫生纸机、制浆及造纸设备

Kawanoe Zoki Co., Ltd.
日本川之江造机株式会社
(详见卫生纸机)

台湾全利机械股份有限公司
Chan Li Machinery Co., Ltd.

地址(Add):台湾省桃园县龟山乡顶湖路17号
电话(Tel):886-3-3288198
传真(Fax):886-3-3286198
E-mail:smart@msll.hinet.net
Http://www.chanli.com
总经理(General Manager):蔡东义
联系人(Contact Person):连信发
产品业务(Business):卫生纸加工机械

泰舜工业有限公司
Tai Sun Machinery Co., Ltd.
地址(Add):台湾省台北县五股乡五权二路33号(五股工业区)(邮编248)
电话(Tel):886-2-22992988-9
传真(Fax):886-2-22993668
E-mail:thaishuenn@thaishuenn.com.tw
Http://www.thaishuenn.com.tw
法人代表(Chairman):王永树
联系人(Contact Person):王永树
产品业务(Business):卫生纸后加工机械及包装机

川佳机械股份有限公司
New Bonafide Machinery Co., Ltd.
(详见卫生纸机)

台湾智琦机械工业股份有限公司
Astute Machine Industry Co., Ltd.
(详见一次性卫生用品生产设备)

特艺佳国际有限公司
Tech. Vantage International Ltd.
地址(Add):香港铜锣湾礼顿道101号善乐施大厦十字楼1002室
电话(Tel):852-28909218
传真(Fax):852-28909920
E-mail:charles.yip@tech-vantage.net
法人代表(Chairman):叶秋葵
联系人(Contact Person):叶秋葵
产品业务(Business):代理进口纸加工及卫生用品设备,包括:美国Bretting公司、德国Serv-o-tec公司、美国爱思诺Elsner公司、德国Optima公司、德国Senning包装机械厂、意大利TMC包装机械厂、德国W+D公司

北京兴民辉科技发展有限公司
Beijing Xingminhui Science & Technology Development Co., Ltd.
地址(Add):北京市南三环洋桥西里33号右门
邮编(P.C.):100077
电话(Tel):010-87208782
传真(Fax):010-87293498
E-mail:wuguocai@zhipinjx.com
Http://www.zhipinjx.com
总经理(General Manager):吴国财
产品业务(Business):卫生纸后加工设备

保定市晨光造纸机械有限公司
Baoding Chenguang Paper Machinery Co., Ltd.
(详见卫生纸机)

保定市华光机械有限公司
Baoding Huaguang Machinery Co., Ltd.
地址(Add):河北省保定市北三环周庄村东
邮编(P.C.):071051
电话(Tel):0312-3174481
传真(Fax):0312-3174481
E-mail:hg317623@heinfo.net
Http://www.huaguangjx.com.cn
总经理(General Manager):尹国贤
联系人(Contact Person):解占宝
产品业务(Business):餐巾纸压花折叠机,面巾纸、擦手纸机,湿巾机,复卷机

保定市满城县明光纸品机械厂
Baoding Mancheng Mingguang Paper Products Machinery Plant
地址(Add):河北省保定市满城县大册营方上造纸工业区
邮编(P.C.):072150
电话(Tel):0312-7027118
传真(Fax):0312-7027118
E-mail:mg@mgzj.com
Http://www.mgzj.com
总经理(General Manager):许彦全
产品业务(Business):面巾纸、擦手纸、餐巾纸机,复卷机,分切机,钢花辊,羊毛辊

满城县金光造纸机械有限公司
Mancheng Jinguang Paper Machine Co., Ltd.
地址(Add):河北省保定市满城县大册营镇方上造纸工业区
邮编(P.C.):072150
电话(Tel):0312-7021032
传真(Fax):0312-7020123
联系人(Contact Person):韩宝江
产品业务(Business):卫生纸后加工设备

保定市新市区阳光纸品机械厂
Baoding Yangguang Paper Products Machinery Factory
地址(Add):河北省保定市新市区盛兴西路19号
邮编(P.C.):071000
电话(Tel):0312-3154483
传真(Fax):0312-3154483
E-mail:webmaster@bd-yangguang.com.cn
Http://www.bd-yangguang.com.cn
总经理(General Manager):葛秀全
联系人(Contact Person):葛秀全
产品业务(Business):餐巾纸机,手帕纸机,盘纸分切机,钢花辊,羊毛辊

宏祥机械制造厂
Hongxiang Machinery Plant
地址(Add):河北省满城县大册营
邮编(P.C.):072150
电话(Tel):0312-7021677
传真(Fax):0312-7021677
法人代表(Chairman):牛文祥
产品业务(Business):复卷打孔机,压花面巾纸机,盘纸分切机,带锯切纸机,纸巾纸折叠机

满城县长军纸品加工设备厂
Mancheng Changjun Paper Converting Machinery Plant
地址(Add):河北省满城县造纸工业区
邮编(P.C.):072150

电话(Tel):0312-7195115
联系人(Contact Person):李长军
产品业务(Business):打孔机,复卷机,分切机,折叠机,盒抽面巾纸机,非织造布折叠机

福伊特造纸技术(中国)有限公司
Voith Paper Technology (China) Co., Ltd.
地址(Add):上海市长宁区兴义路8号万都中心25层
邮编(P.C.):200336
电话(Tel):021-52080388
传真(Fax):021-52080355
E-mail:mingmingliu@voith.com.cn
联系人(Contact Person):徐宝贵
产品业务(Business):销售福伊特造纸集团德国亚根堡公司复卷机

上海松川远亿机械设备有限公司
Shanghai Soontrue Machinery Equipment Co., Ltd.
(详见湿巾设备)

达和机械(昆山)有限公司上海分公司
Machine (Kunshan) Co., Ltd. Shanghai Branch
地址(Add):上海市水城南路55-59号明珠大厦1902室
邮编(P.C.):201103
电话(Tel):021-62701889
传真(Fax):021-62194334
E-mail:topak12@online.sh.cn
联系人(Contact Person):王晓斌
产品业务(Business):方巾纸包装机

上海勤美自动化设备有限公司
Shanghai Qinmei Automation Co., Ltd.
地址(Add):上海市天目西路547号恒基不夜城707室(逸天阁)
邮编(P.C.):200070
电话(Tel):021-63538447
传真(Fax):021-63538448
E-mail:chime@online.sh.cn
总经理(General Manager):廖荣华
产品业务(Business):柔巾机

捷成洋行上海代表处
Jebsen & Co., Ltd. Shanghai Office
地址(Add):上海市延安东路588号东海商业中心11楼B座
邮编(P.C.):200001
电话(Tel):021-63523636
传真(Fax):021-63506633
E-mail:leoni@sh.jebsen.com
联系人(Contact Person):倪炳炳
产品业务(Business):代理进口生活用纸加工设备

江苏省赣榆县恒宇纸品机械厂
Jiangsu Ganyu Hengyu Paper Products Machinery Plant
地址(Add):江苏省赣榆县长途汽车站南3公里
邮编(P.C.):222100
电话(Tel):0518-6356623
传真(Fax):0518-6356509
总经理(General Manager):相恒宇
产品业务(Business):餐巾纸、面巾纸、擦手纸机,非织造布分切机

连云港新浦区恒信无纺布设备厂
Lianyungang Xinpu Hengxin Nonwovens Machinery Factory
(详见湿巾设备)

江苏省连云港市新浦区港城餐巾纸深加工设备厂
Lianyungang Gangcheng Paper Napkin Converting Machinery Factory
地址(Add):江苏省连云港市新浦区康泰南路55号
邮编(P.C.):222004
电话(Tel):0518-5413716
传真(Fax):0518-5512245
法人代表(Chairman):穆经武
联系人(Contact Person):穆琳
产品业务(Business):餐巾纸压花折叠机,印花压花折叠机,非织造布折叠机,压花复卷打孔机,分切机,卷纸芯机,盒装面巾纸机,面巾纸机,钢辊,卫生护垫机

江苏连云港市向阳机械厂
Jiangsu Lianyungang Xiangyang Machinery Factory
地址(Add):江苏省连云港市新浦区人民路198号院内
邮编(P.C.):222003
电话(Tel):0518-5606251
传真(Fax):0518-5606600
Http://www.lygxy.com
法人代表(Chairman):姜静荣
联系人(Contact Person):陈海洲
产品业务(Business):纸巾压花折叠机,非织造布折叠机、切片机,复卷打孔机,盘纸分切机

江苏省连云港纸品机械厂
Jiangsu Lianyungang Paper Products Machinery Factory
地址(Add):江苏省连云港市新浦区通灌路车管所南
邮编(P.C.):222001
电话(Tel):0518-5417185
传真(Fax):0518-5486532
Http://www.zhipinjixie.com
总经理(General Manager):倪汉平
联系人(Contact Person):张克霞
产品业务(Business):卫生纸压花复卷打孔机,餐巾纸压花折叠机,卫生纸盘纸分切机,非织造布折叠机

连云港市云台纸品加工设备厂
Lianyungang Yuntai Paper Converting Machinery Plant
地址(Add):江苏省连云港市云台区南城镇
邮编(P.C.):222062
电话(Tel):0518-5911138
传真(Fax):0518-5911138
总经理(General Manager):李士贵
产品业务(Business):面巾纸、餐巾纸折叠机,复卷打孔机,盘纸分切机

嘉兴市经开奇星机械制造厂
Jiaxing Jingkai Qixing Machinery Factory
地址(Add):浙江省嘉兴市南湖工业园二区丰源路
邮编(P.C.):314001
电话(Tel):0573-2697558
传真(Fax):0573-2697061
E-mail:wqx@jxqx.com.cn
Http://www.jxqx.com.cn
联系人(Contact Person):王其星

产品业务(Business):餐巾纸折叠机,面巾纸机,湿巾包装机,纸杯成型机

浙江省嵊州市鸿达机械有限公司
Zhejiang Shengzhou Hongda Machinery Co., Ltd.
(详见纸餐具设备)

泉州丰泽裕丰机械有限公司
Quanzhou Fengze Yufeng Machinery Co., Ltd.
(详见打孔膜机)

泉州市汉辉纸品机械厂
Quanzhou Hanhui Paper Products Machinery Factory
地址(Add):福建省泉州市浮桥工业区(华荣宾馆对面)
邮编(P. C.):362000
电话(Tel):0595-22839952
传真(Fax):0595-22469952
总经理(General Manager):陈民强
产品业务(Business):卫生纸后加工设备,妇女卫生巾设备

上海培新实业有限公司
Shanghai Peixin Industrial Co., Ltd.
(详见一次性卫生用品生产设备)

泉州市鲤城黄石机械有限公司
Quanzhou Licheng Huangshi Machinery Co., Ltd.
(详见一次性卫生用品生产设备)

泉州鑫达机械有限公司
Quanzhou Xinda Machinery Co., Ltd.
地址(Add):福建省泉州市江南街道办事处诚信工业楼
邮编(P. C.):362000
电话(Tel):0595-22480622
传真(Fax):0595-22486382
E-mail:cengxin@public. qz. fj. cn
法人代表(Chairman):朱家种
联系人(Contact Person):朱家绥
产品业务(Business):卫生纸后加工设备,纸餐具、纸杯设备

泉州市鲤城华信机械有限公司
Quanzhou Licheng Huaxin Machinery Industrial Co., Ltd.
(详见一次性卫生用品生产设备)

泉州市东湖轻工机械厂
Quanzhou Donghu Light Industry Machinery Factory
地址(Add):福建省泉州市仁风河岸134号
邮编(P. C.):362000
电话(Tel):0595-22784179
传真(Fax):0595-22787311
E-mail:dgjx@donggong. com
Http://www. donggong. com
法人代表(Chairman):纪佳兴
联系人(Contact Person):王泽聪
产品业务(Business):压花螺旋打孔卷筒纸机系列,自动折叠纸巾纸机系列,四方巾机及原纸分切机系列,抽式盒装面巾纸机等卫生纸后加工设备

山东沂春机械股份有限公司
Shandong Yichun Machinery Co., Ltd.
(详见卫生纸机)

山东造纸机械厂
Shandong Paper Processing Machinery Factory
地址(Add):山东省济南市荷花路65号
邮编(P. C.):250100
电话(Tel):0531-8265149
传真(Fax):0531-8263129
Http://www. sd-zzjx. com
总经理(General Manager):郑宗其
联系人(Contact Person):王奇
产品业务(Business):卫生纸打孔复卷机,分切机

沁阳市新华机械厂
Qinyang Xinhua Machinery Plant
(详见卫生纸机)

中烟机械集团常德烟草机械有限责任公司
Zhongyan Machinery Group Changde Tobacco Machinery Co., Ltd.
地址(Add):湖南省常德市武陵区长庚路中段
邮编(P. C.):415000
电话(Tel):0736-7178782
传真(Fax):0736-7178888
Http://www. ccdtm. com
联系人(Contact Person):刘建军
产品业务(Business):卫生纸后加工设备及包装机械

东莞市佳鸣机械制造有限公司
Dongguan Jumping Machinery Manufacture Co., Ltd.
地址(Add):广东省东莞市沙田镇民田工业区
邮编(P. C.):523991
电话(Tel):0769-88862099
传真(Fax):0769-88862066
E-mail:jumping@jumping. com. cn
Http://www. jumping. com. cn
法人代表(Chairman):万雪峰
联系人(Contact Person):曾燕芳
产品业务(Business):卫生卷纸加工机,面巾纸机,手帕纸机,餐巾纸机,擦手纸机,盘纸分切机,造纸设备

东莞市佳鸣造纸机械研究所
Dongguan Jumping Paper Machinery Research Institute
地址(Add):广东省东莞市沙田镇民田工业区
邮编(P. C.):523991
电话(Tel):0769-88862099
传真(Fax):0769-88862066
法人代表(Chairman):曾一鸣
联系人(Contact Person):曾一鸣
产品业务(Business):研制、开发、生产纸加工机械、污水处理设备

佛山市南海区桂城鑫星机械厂
Foshan Nanhai Guicheng Xinxing Machinery Factory
地址(Add):广东省佛山市南海佛平旧路桂城农科所工业区
邮编(P. C.):528200
电话(Tel):0757-86237232
传真(Fax):0757-86397982
E-mail:xinxing-company@163. com
法人代表(Chairman):温浩泉
联系人(Contact Person):温浩泉
产品业务(Business):纸巾纸封口机,纸球封切机,热收缩

机,软抽方巾纸包装机

佛山市南海置恩机械制造有限公司
Foshan Nanhai Zhien Machinery Manufacture Co., Ltd.
地址(Add):广东省佛山市南海区桂城东二工业区(石肯大桥收费站西侧)
邮编(P. C.):528200
电话(Tel):0757-86235488
传真(Fax):0757-86229446
E-mail:master@ zhien. com
Http://www. zhien. com
法人代表(Chairman):杨鉴
联系人(Contact Person):杨恩
产品业务(Business):卫生纸后加工设备

德昌誉机械制造有限公司
Dechangyu Paper Machinery Manufacture Co., Ltd.
地址(Add):广东省佛山市南海区罗村镇罗村大桥南侧(岐岗工业区内)
邮编(P. C.):528227
电话(Tel):0757-86435166
传真(Fax):0757-86435199
E-mail:master@ dechangyu. com
Http://www. dechangyu. com
法人代表(Chairman):陆德昌
总经理(General Manager):张志荣
联系人(Contact Person):张志荣
产品业务(Business):全自动卷纸/厨房用纸生产线,盒装面巾纸机,纸巾纸折叠机,餐巾纸机,抹布机

宝索机械制造有限公司
Baosuo Paper Machinery Manufacture Co., Ltd.
地址(Add):广东省佛山市南海区平洲夏南一工业区
邮编(P. C.):528252
电话(Tel):0757-86777529
传真(Fax):0757-86785529
E-mail:master@ baosuo. com
Http://www. baosuo. com
法人代表(Chairman):彭锦铜
总经理(General Manager):彭锦铜
联系人(Contact Person):梁志刚
产品业务(Business):面巾纸机,餐巾纸机,擦手纸机,压纹机,分切机,卷芯机,自动包装机,复卷机

佛山市南海区新力机械制造有限公司
Foshan Nanhai Xinli Paper Machinery Manufacture Co., Ltd.
地址(Add):广东省佛山市南海区狮山科技工业园C区恒兴北路7号
邮编(P. C.):528226
电话(Tel):0757-86688182
传真(Fax):0757-86688186
E-mail:master@ nhxinli. com
Http://www. nhxinli. com
法人代表(Chairman):吴兆广
联系人(Contact Person):郭初
产品业务(Business):全自动卫生纸打孔复卷机,厨房用纸/多用抹布打孔复卷机,面巾纸复卷机,盘纸分切机,压花纸巾纸机,盒装面巾纸机,擦手纸机

柳州市精柔印刷包装机械有限公司
Liuzhou Jingrou Printing & Packing Machine Co., Ltd.
地址(Add):广西柳州市西环路20号
邮编(P. C.):545007
电话(Tel):0772-3713168
传真(Fax):0772-3713133
法人代表(Chairman):曹杨
总经理(General Manager):曹杨
联系人(Contact Person):曹杨
产品业务(Business):RYZ系列高档彩色餐巾纸印刷机械

四川省成都市淦佰利机械有限公司
Sichuan Chengdu Ganbaili Machinery Co., Ltd.
地址(Add):四川省成都市郫县下二环路肉联厂
邮编(P. C.):611733
电话(Tel):028-67509285
传真(Fax):028-87864822
联系人(Contact Person):张秋生
产品业务(Business):面巾纸、餐巾纸机,复卷机,切纸机

陆丰机械(郑州)有限公司
Ru Fong Machinery(Zhengzhou) Co., Ltd.
(详见湿巾设备)

● 卫生纸机和加工设备的其他相关器材配件 Other related apparatus and fittings of tissue machine and converting machinery

Aikawa Iron Works Co., Ltd.
相川铁工株式会社
地址(Add):191 Yunoki Shizuoka 420 8525 Shizuoka Pre.
电话(Tel):81-54-2611102
传真(Fax):81-54-2614135
E-mail:kanazawa@ aikawa-iron. co. jp
Http://www. aikawa-iron. co. jp
联系人(Contact Person):Takeshi Kanazawa
产品业务(Business):水力碎浆机,各种孔筛、缝筛,热分散系统
上海代表处
地址(Add):上海市长宁区仙霞路317号远东国际广场B712,713
邮编(P. C.):200051
电话(Tel):021-62350597
传真(Fax):021-62350670
E-mail:aikawading@ citiz. net
联系人(Contact Person):丁森传

FIS Impianti SrL
意大利FIS公司
地址(Add):5 Via L. Da Vinci 20060 Cassina De'pecchi (MI) Italy
电话(Tel):39-02-9544991
传真(Fax):39-02-95344428
E-mail:info@ fisimpianti. it
Http://www. fisimpianti. it
产品业务(Business):大卷筒卫生纸包装机及输送设备

WEKO Biel AG
瑞士WEKO公司

地址(Add):58 Johan Renferstrasse 2504 Biel – Bienne Switzerland
电话(Tel):41 – 32 – 3442700
传真(Fax):41 – 32 – 3442727
E-mail:info@ wekobiel. ch
Http://www. wekobiel. ch
联系人(Contact Person):Roberto Boscacci
产品业务(Business):施加乳霜给液系统

北京新兴超越科技开发公司
Beijing Xinxing Chaoyue Science Development Co.
地址(Add):北京市昌平区沙河镇巩华城大街88号
邮编(P. C.):102206
电话(Tel):010 – 69734232
传真(Fax):010 – 69733042
E-mail:kong@ kck. com. cn
Http://www. kck. com. cn
法人代表(Chairman):孔庆堂
产品业务(Business):CK型楔块式超越离合器

凯登百利可乐生公司
Kadant Black Clawson China
地址(Add):北京市朝阳区光华路科伦大厦A座5层515室
邮编(P. C.):100020
电话(Tel):010 – 65813011
传真(Fax):010 – 65812268
E-mail:peterma@ kadantbc. com. cn
Http://www. kadant. com
联系人(Contact Person):马作毅
产品业务(Business):碎浆机,筛浆系统,除渣器,浮选槽,洗浆机

ABB(中国)有限公司
ABB (China) Limited
地址(Add):北京市朝阳区酒仙桥路10号恒通广厦
邮编(P. C.):100016
电话(Tel):010 – 84566688
传真(Fax):010 – 84567626
E-mail:shuming. lin@ cn. abb. com
Http://www. abbpaper. com
法人代表(Chairman):Peter Lenpp
总经理(General Manager):林曙明
联系人(Contact Person):张雪
产品业务(Business):纸张水分定量控制系统,过程控制系统,纸机传动系统,仪器仪表,浆板干燥,纸机气罩。电气系统(变压器、开关柜、单传动、电机等),纸病检测系统

河北省保定市钢花辊厂
Hebei Baoding Steel Embossing Roller Factory
地址(Add):河北省保定市满城北陵山
邮编(P. C.):072150
电话(Tel):0312 – 7072144
传真(Fax):0312 – 7072144
联系人(Contact Person):郄兵文
产品业务(Business):各种压花辊

华光造纸网箱技术协会
Huaguang Paper Breast Box Technology Committee
地址(Add):河北省保定市满城县大册营工业区
邮编(P. C.):072150
电话(Tel):0312 – 7021218
联系人(Contact Person):刘文祥
产品业务(Business):流浆箱,纸机改造

保定市新市区三兴制辊厂
Baoding Sanxing Roller Factory
地址(Add):河北省保定市新市区南奇乡夏庄工业区
邮编(P. C.):072100
电话(Tel):0312 – 3196576
传真(Fax):0312 – 3196576
法人代表(Chairman):张玉忠
联系人(Contact Person):张玉忠
产品业务(Business):各种压花辊

上海巨贸科学仪器有限公司
Shanghai Jumao Scientific Instrument Co., Ltd.
地址(Add):上海市凯旋路2200号3510室
邮编(P. C.):200030
电话(Tel):021 – 64483377
传真(Fax):021 – 64482277
总经理(General Manager):刘轩宏
产品业务(Business):代理各种测试仪

富耐连自动化系统(上海)有限公司
FlexLink Automation (Shanghai) Co., Ltd.
地址(Add):上海市鲁班路600号江南造船大厦2407室
邮编(P. C.):200023
电话(Tel):021 – 63023447
传真(Fax):021 – 63022531
E-mail:yee. king. chew@ flexlink. com
Http://www. flexlink. com
总经理(General Manager):周以恭
产品业务(Business):自动化控制系统

上海诺川泵业有限公司
Shanghai Nuochuan Pump Co.,Ltd.
地址(Add):上海市顺义路100弄43号601室
邮编(P. C.):200063
电话(Tel):021 – 52563342
传真(Fax):021 – 52357450
E-mail:yewu. tan@ nuochuan – pump. com
Http://www. nuochuan – pump. com
联系人(Contact Person):谭业武
产品业务(Business):压缩机,真空泵

上海上泵(集团)有限公司
Shanghai Shangbeng (Group) Co., Ltd.
地址(Add):上海市浦东沪南路4699号
邮编(P. C.):201317
电话(Tel):021 – 58143333
传真(Fax):021 – 58145701
E-mail:shpumpjt@ 163. com
Http://www. shangbeng. com. cn
联系人(Contact Person):吴其运
产品业务(Business):离心泵,混流泵

上海西门子工业自动化有限公司
Siemens Industrial Automation Ltd. Shanghai(SIAS)
地址(Add):上海市中山南二路1089号徐汇苑大厦23层
邮编(P. C.):200030

电话(Tel):021 -54108666 -858
传真(Fax):021 -64579811
E-mail:youquan. li@ siemens. com
Http://www. ad. siemens. com. cn/sias
联系人(Contact Person):李友泉
产品业务(Business):过程控制系统,变频与传动装置,仪器仪表

常州市坚力橡胶有限公司
Changzhou Jianli Rubber Co., Ltd.
地址(Add):江苏省常州市东门外郑陆镇工业园区
邮编(P. C.):213111
电话(Tel):0519 -8731103
传真(Fax):0519 -8736268
E-mail:manager@ jlrubber. com
Http://www. jlrubber. com
联系人(Contact Person):刘晓春
产品业务(Business):胶辊,造纸辊,印花辊,印刷辊

常州市武进广宇花辊有限公司
Changzhou Wujin Guangyu Figured Roller Co., Ltd.
地址(Add):江苏省常州市湖塘镇杭街广电路10号
邮编(P. C.):213162
电话(Tel):0519 -6701036
传真(Fax):0519 -6702056
E-mail:guangyu@ wj - guangyu. com. cn
Http://www. wj - guangyu. com. cn
法人代表(Chairman):余克
联系人(Contact Person):余克
产品业务(Business):压花辊、橡胶辊、光辊、轧辊、传动辊

常州克力摩自动化控制设备厂
Changzhou Cream Autocontrol Plant
地址(Add):江苏省常州市潞城富民工业园
邮编(P. C.):213025
电话(Tel):0519 -8405637
传真(Fax):0519 -8406371
联系人(Contact Person):高峰
产品业务(Business):气涨辊,舒展辊,防粘辊

常州科艺钢印花辊厂
Changzhou Keyi Embossing Roller Manufacture Factory
地址(Add):江苏省常州市马杭大路工业园
邮编(P. C.):213162
电话(Tel):0519 -6700665
传真(Fax):0519 -6700757
E-mail:kyhg@ kyhg. com
Http://www. kyhg. com
联系人(Contact Person):吴华江
产品业务(Business):各种压花辊、消光辊、镜面辊

常州市洪波机械有限公司
Changzhou Hongbo Machinery Co., Ltd.
地址(Add):江苏省常州市五星乡信用社旁平岗小学旁
邮编(P. C.):213161
电话(Tel):0519 -3976171
传真(Fax):0519 -3976171
联系人(Contact Person):张坤联
产品业务(Business):钢花辊,羊毛辊

武进海力制辊有限公司
Haili Rollers Manufacturing Co., Ltd.
地址(Add):江苏省常州市武进区漕桥镇
邮编(P. C.):213171
电话(Tel):0519 -6211241
传真(Fax):0519 -6211771
联系人(Contact Person):刘伟
产品业务(Business):网纹辊

海门市刀片有限公司
Haimen Blade Co., Ltd.
地址(Add):江苏省海门市三厂镇翻身北路103号
邮编(P. C.):226121
电话(Tel):0513 -2088201
传真(Fax):0513 -2602005
E-mail:lb@ hmdpc. com
Http://www. hmdpc. com
联系人(Contact Person):冯浩
产品业务(Business):圆刀,卫生纸打孔刀

江阴市特种纤维辊制造厂
Jiangyin Special Fiber Roll Plant
地址(Add):江苏省江阴市利港澄西工业园09号
邮编(P. C.):214444
电话(Tel):0510 -6606511
传真(Fax):0510 -6606511
总经理(General Manager):杨仕根
产品业务(Business):羊毛辊,镜面辊,轧光机

江阴市利伟轧辊印染机械有限公司
Jiangyin Liwei Roller Dying & Printing Machinery Co., Ltd.
地址(Add):江苏省江阴市利港镇陈墅村新街38号
邮编(P. C.):214444
电话(Tel):0510 -6631469
传真(Fax):0510 -6092290
法人代表(Chairman):缪剑伟
联系人(Contact Person):周青锋
产品业务(Business):纤维轧辊、羊毛辊、轧光机、轧花机、钢花辊及纺织印染设备

江阴市利港羊毛辊有限公司
Jiangyin Ligang Woolen Paper Rolls Co., Ltd.
地址(Add):江苏省江阴市利港镇黄丹街
邮编(P. C.):214444
电话(Tel):0510 -6631152
传真(Fax):0510 -6631152
法人代表(Chairman):杨环武
联系人(Contact Person):徐顺华
产品业务(Business):系列羊毛纸、羊毛布压辊,餐巾纸轧辊、纤维轧辊,压花钢辊

江阴市君臣印染机械有限公司轧辊分厂
Jiangyin Junchen Dying Machine Co., Ltd. Roller Branch
地址(Add):江苏省江阴市利港镇私营工业园区(西石桥西首)
邮编(P. C.):214444
电话(Tel):0510 -6606788
产品业务(Business):各种压花辊

江阴市利港纸粕羊毛辊制造有限公司
Jiangyin Ligang Woolen Paper Rolls Manufacture Co.,

Ltd.
地址(Add):江苏省江阴市利港镇延陵村
邮编(P.C.):214444
电话(Tel):0510-6092532
传真(Fax):0510-6636532
联系人(Contact Person):黄荣根
产品业务(Business):羊毛辊、纸粕辊、压光辊、压花辊、压纹辊、点对点餐巾纸辊

连云港市新浦区压花钢辊厂
Lianyungang Xinpu Engraved Roll Plant
电话(Tel):0518-5803394
传真(Fax):0518-5803394
总经理(General Manager):徐小明
产品业务(Business):压花辊,网纹辊

南京太行锯业有限责任公司
Nanjing Taihang Blade Co., Ltd.
地址(Add):江苏省南京市西善桥北路46号
邮编(P.C.):210041
电话(Tel):025-52307118
传真(Fax):025-52307118
联系人(Contact Person):孙军
产品业务(Business):带锯,圆锯,打浆刀,刮浆刀,圆刀,成型刀具

飞华机械模具刀片有限公司
Feihua Blade Co., Ltd.
地址(Add):江苏省南京市国际机场南边博望经济特区牌坊东对面
邮编(P.C.):243131
电话(Tel):0555-6761059
传真(Fax):0555-6766833
联系人(Contact Person):刘允飞
产品业务(Business):圆盘刀,分切刀

江苏省泰兴市精工机械厂
Jiangsu Taixing Precision Machinery Factory
地址(Add):江苏省泰兴市七圩镇大圩村二组(汽渡南首)
邮编(P.C.):225453
电话(Tel):0523-7484289
传真(Fax):0523-7981111
E-mail:chlintx@pub.tz.jsinfo.net
Http://www.7484458.com
法人代表(Chairman):曹宏林
联系人(Contact Person):曹恩荣
产品业务(Business):"吉翎"牌羊毛纸辊,羊毛布辊,钢花辊,各种大中小型非标辊,压花机

泰州市口岸三星电器设备厂
Taizhou Kouan Sanxing Electricity Plant
地址(Add):江苏省泰州市高港区口岸镇王莹村7组
邮编(P.C.):225321
电话(Tel):0523-6968256
传真(Fax):0523-6968256
总经理(General Manager):陆建国
产品业务(Business):复卷机钢辊,切纸机,压花辊

无锡沪东麦斯特环境工程有限公司(无锡市沪东环境工程成套设备厂)
Wuxi Hudong Mascot Environmental Engineering Co., Ltd.
地址(Add):江苏省无锡市滨湖区华庄苏锡西路160号
邮编(P.C.):214131
电话(Tel):0510-5601196
传真(Fax):0510-5601665
E-mail:hz.hudong@263.net
Http://www.chinahudong.com
法人代表(Chairman):陆吉明
总经理(General Manager):陆建明
产品业务(Business):气浮净水器

徐州市世安制辊模具厂
Xuzhou Shian Roll Jig Plant
地址(Add):江苏省徐州市城南开发区潘塘塘坊118号
邮编(P.C.):221111
电话(Tel):0516-3290042
传真(Fax):0516-3290042
E-mail:shian@pack.net.cn
Http://www.sazg.com
联系人(Contact Person):李凌曦
产品业务(Business):压花辊,网纹辊,餐巾纸压辊,镜面辊

徐州亚特花辊制造有限公司
Xuzhou Yate Roller Co., Ltd.
地址(Add):江苏省徐州市东三环路经济开发区淮海工业园-6号
邮编(P.C.):221007
电话(Tel):0516-7778991
传真(Fax):0516-7770515
E-mail:info@yathg.com
Http://www.yathg.com
总经理(General Manager):张宪生
联系人(Contact Person):吴同胜
产品业务(Business):压花辊,热轧辊,冷却辊

徐州市世平花辊制版厂
Xuzhou Shiping Roll & Plate Making Plant
地址(Add):江苏省徐州市金骆驼工业园67号南厂区
邮编(P.C.):221004
电话(Tel):0516-3877968
传真(Fax):0516-3877968
联系人(Contact Person):李世君
产品业务(Business):压花辊,涂饰辊,镜面辊

宜兴市天浩制辊有限公司
Tianhao Rollers Manufacturing Co., Ltd.
地址(Add):江苏省宜兴市南漕兴漕路5号
邮编(P.C.):214217
电话(Tel):0510-7851525
传真(Fax):0510-7854238-8188
总经理(General Manager):王浩良
产品业务(Business):瓦楞辊,网纹辊,压花辊,橡胶辊

江苏省镇江市润州双龙花辊厂
Jiangsu Zhenjiang Runzhou Shuanglong Engraved Roll Plant
地址(Add):江苏省镇江市润州区七里甸镇征润州8组南路258号
邮编(P.C.):212002
电话(Tel):0511-5514924
传真(Fax):0511-5514924

总经理(General Manager):郭德华
产品业务(Business):钢花辊,羊毛辊,钢对钢花辊

杭州轻通仪器开发公司
Hangzhou Qingtong Instruments Development Co.
地址(Add):浙江省杭州市拱宸桥舟山东路66号
邮编(P. C.):310015
电话(Tel):0571-88026010
传真(Fax):0571-88026010
E-mail:master@hzqingtong.com
Http://www.hzqingtong.com
法人代表(Chairman):吕俊来
联系人(Contact Person):吕俊来
产品业务(Business):YQ-Z-48A白度颜色测定仪,YQ-Z-48B白度仪,WZL-300卧式电脑纸张拉力仪,GM光泽度测定仪,ZH-3纸和纸板厚度仪

杭州华源自动化设备技术公司
Hangzhou Huayuan Automatic Equipments Technology Co.
地址(Add):浙江省杭州市体育场路71号
邮编(P. C.):310004
电话(Tel):0571-85181071
传真(Fax):0571-85186432
联系人(Contact Person):王占彬
产品业务(Business):废纸脱墨技术与设备

浙江力诺阀门有限公司
Zhejiang Linuo Valve Co.,Ltd.
地址(Add):浙江省瑞安市塘下镇鲍田工业区
邮编(P. C.):325204
电话(Tel):0577-65218688
传真(Fax):0577-65218999
E-mail:linuo@cn-linuo.com
Http://www.cn-linuo.com
总经理(General Manager):陈晓宇
联系人(Contact Person):胡明刚
产品业务(Business):造纸用控制阀

安徽省当涂恒利机械刃模厂
Anhui Dangtu Hengli Machinery Blade Jip Factory
地址(Add):安徽省马鞍山市博望东区工业园
邮编(P. C.):243131
电话(Tel):0555-6761586
传真(Fax):0555-6761562
联系人(Contact Person):杨约龙
产品业务(Business):内切凹道、压花等刀具

马鞍山市恒利达机械刀片有限公司
Maanshan Henglida Machinery Cutting Tools Co., Ltd.
地址(Add):安徽省马鞍山市博望工贸区胡家山40号
邮编(P. C.):243131
电话(Tel):0555-6762039
传真(Fax):0555-6761259
法人代表(Chairman):张增明
联系人(Contact Person):刘卸非
产品业务(Business):分切上下刀,碟形刀,平圆刀,刀圈,多刃刀圈,甩刀,刮刀,打孔刀,餐面巾纸刀,圆盘刀等造纸机械刀片及各种纸箱机械刀片

马鞍山华菱机械设备有限公司
Maanshan Hualing Machinery Co., Ltd.
地址(Add):安徽省马鞍山市博望工业开发区
邮编(P. C.):243131
电话(Tel):0555-6763433
传真(Fax):0555-6761433
E-mail:info@fenglihua.com
Http://www.fenglihua.com
联系人(Contact Person):陈道水
产品业务(Business):圆刀,分纸单刀,分切上刀

福建省轻工机械设备有限公司
Fujian Light Industry Machinery Co., Ltd.
地址(Add):福建省南平市黄林路6号
邮编(P. C.):353000
电话(Tel):0599-8807117
传真(Fax):0599-8806416
联系人(Contact Person):江立金
产品业务(Business):废纸脱墨设备,打浆设备

江西第三机床厂
Jiangxi No. 3 Machine Tool Plant
地址(Add):江西省上高县人民路32号
邮编(P. C.):336400
电话(Tel):0795-2511881
传真(Fax):0795-2511888
联系人(Contact Person):汪思安
产品业务(Business):磨刀机

济南市长清区中联造纸机械厂
Jinan Changqing Zhonglian Paper Machinery Factory
地址(Add):山东省长清城南工业园220国道西
邮编(P. C.):250300
电话(Tel):0531-7263422
传真(Fax):0531-7263907
E-mail:wys@jnzhonglian.com
Http://www.jnzhonglian.com
联系人(Contact Person):刘光忠
产品业务(Business):圆网浓缩机,碎浆机,网笼,除渣器

济南德瑞克仪器有限公司
Jinan Drick Instruments Co., Ltd.
地址(Add):山东省济南市济洛路168号
邮编(P. C.):250031
电话(Tel):0531-6896727
传真(Fax):0531-5860395
E-mail:drk@drktest.com
联系人(Contact Person):张红普
产品业务(Business):电子拉力机,白度仪、水分仪等测试仪器

山东青能集团青州四海水处理设备有限公司
Sihai Water Treatment Equipment Co., Ltd.
地址(Add):山东省青州市北环西路421号
邮编(P. C.):262500
电话(Tel):0536-3290366
传真(Fax):0536-3290799
E-mail:sdsh@sdshw.com
Http://www.sdshw.com
总经理(General Manager):郭健
联系人(Contact Person):窦天蕾
产品业务(Business):盘式过滤器、超滤设备

泰安市普瑞特机械制造有限公司
Taian Prettech Machinery Co., Ltd.
地址(Add):山东省泰安市南关大街16号
邮编(P.C.):271000
电话(Tel):0538-6239699
传真(Fax):0538-6239900
E-mail:postmaster@prettech.com
Http://www.prettech.com
联系人(Contact Person):吴斌
产品业务(Business):蒸球,喷放仓,喷放锅

山东省郯城新亚轻工机械有限公司
Shandong Tancheng Xinya Light Industry Machinery Co., Ltd.
地址(Add):山东省郯城县城团结路81号
邮编(P.C.):276100
电话(Tel):0539-6221432
传真(Fax):0539-6119906
E-mail:xinya@cpackage.com
Http://www.xinyamachinery.com
联系人(Contact Person):李子龙
产品业务(Business):真空泵,流浆泵,离心筛,长刀和圆刀磨床

山东省滕州市臻宇造纸环保设备厂
Shandong Tengzhou Zhenyu Environmental Paper Machinery Factory
地址(Add):山东省滕州市平行路268-3
邮编(P.C.):277500
电话(Tel):0632-5573861
传真(Fax):0632-5573861
联系人(Contact Person):吕传孝
产品业务(Business):旋转接头,挤浆机

山东诸城市华瑞造纸机械厂
Shandong Zhucheng Huarui Paper Machinery Plant
地址(Add):山东省诸城市龙都工业园
邮编(P.C.):262200
电话(Tel):0536-6387798
传真(Fax):0536-6350105
总经理(General Manager):刘培祥
联系人(Contact Person):夏金伟
产品业务(Business):废纸脱墨成套制浆设备

淄博国信轻工机械有限公司
Zibo Guoxin Light Industry Machinery Co., Ltd.
地址(Add):山东省淄博市桓台县新城
邮编(P.C.):256400
电话(Tel):0533-8880446
传真(Fax):0533-8880440
联系人(Contact Person):王秉峰
产品业务(Business):制浆机械

沁阳市华新机械制造有限公司
Qinyang Huaxin Machinery Co., Ltd.
地址(Add):河南省沁阳市建设北路8号
邮编(P.C.):454550
电话(Tel):0391-5628811
传真(Fax):0391-5638306
联系人(Contact Person):马秀萍
产品业务(Business):碎浆机,浓缩机,振筛,除渣器,漂洗机,纤维分离机

郑州精艺花辊制造有限公司
Zhengzhou Jingyi Embossing Roller Manufacture Co., Ltd.
地址(Add):河南省郑州市裕达国际贸易中心写字楼2208B
邮编(P.C.):450007
电话(Tel):0371-7436161
传真(Fax):0371-7430802
E-mail:jingyi@pack.net.cn
法人代表(Chairman):李福全
联系人(Contact Person):周志仟
产品业务(Business):模具雕刻,花纹轧机成套设备,各种餐巾纸压花辊,PE膜打孔辊,小卫生护垫梅花花辊

湖北省天门市鲁班锯业有限责任公司
Tianmen Luban Saw Manufacture Co., Ltd.
地址(Add):湖北省天门市马湾镇工业大道
邮编(P.C.):431715
电话(Tel):0728-4563319
传真(Fax):0728-4561069
法人代表(Chairman):刘剑
联系人(Contact Person):刘炎兵
产品业务(Business):刮刀片,打孔刀片,切纸刀片等造纸机械刀片

武汉市生威自动化工程有限公司
Wuhan Shengwei Automation Co., Ltd.
地址(Add):湖北省武汉市汉口解放公园路34号1-2
邮编(P.C.):430010
电话(Tel):027-82418702
传真(Fax):027-82860140
E-mail:sw_lhy@263.net
Http://www.cppinet.com/web/shengwei
法人代表(Chairman):林华勇
总经理(General Manager):林华勇
产品业务(Business):纸浆浓度变送器,浆料取样阀,纸浆浓度调节控制系统

东莞市沙田利丰造纸技术服务部
Dongguan Shatian Lefon Paper Making Technology Service
地址(Add):广东省东莞市东城中路金泽花园玉兰阁1303号
邮编(P.C.):523129
电话(Tel):0769-22342800
传真(Fax):0769-22342800
E-mail:ktr2002@sohu.com
法人代表(Chairman):李在照
总经理(General Manager):李在照
联系人(Contact Person):李连峰
产品业务(Business):喷浆式压力流浆箱,气动抽插式刮刀盒,水驱动返复式高压移动喷水管装置,剥离剂喷雾装置,精密磨刀机及提供设计、技术服务

广东东莞市鸿创造纸机械公司
Guangdong Dongguan Hongchuang Paper Machinery Co.
地址(Add):广东省东莞市沙田镇粤港花园南区3栋801室

邮编(P. C.):523981
电话(Tel):13038829288
传真(Fax):0769－85892881
总经理(General Manager):李明龙
联系人(Contact Person):李明龙
产品业务(Business):流浆箱,各种卫生纸机配件

佛山市南海区键铧风机有限公司
Foshan Nanhai Jianhua Blower Fan Co., Ltd.
地址(Add):广东省佛山市南海区罗村镇务庄大丰田工业区
邮编(P. C.):528226
电话(Tel):0757－86416672
传真(Fax):0757－86441489
E-mail:info@ fsjianhua. com
Http://www. fsjianhua. com
联系人(Contact Person):潘德铭
产品业务(Business):风机,真空泵

广州市白云区石井信诚机电设备总汇
Guangzhou Shijing Xincheng Mechanical & Electrical Equipments Factory
地址(Add):广东省广州市白云区石井镇石潭路自编38号
邮编(P. C.):510430
电话(Tel):020－36371069
传真(Fax):020－86415217
法人代表(Chairman):林志文
联系人(Contact Person):蓝美兰
产品业务(Business):专业销售、维修与迷你纸巾纸机、抽式盒装巾机配套之XGB－3KW、5.5KW旋涡气泵,与三折擦手纸巾纸机配套之2BY5III型真空泵

华南理工大学造纸与污染控制国家工程研究中心
South China University of Technology National Engineering Research Center of Papermaking & Pollution Control
地址(Add):广东省广州市五山华南理工大学
邮编(P. C.):510640
电话(Tel):020－87112614
传真(Fax):020－87113840
E-mail:pperc@ scut. edu. cn
总经理(General Manager):陈中豪
联系人(Contact Person):曹国平
产品业务(Business):中浓液压盘磨机,造纸机顶网,流浆箱,稳浆箱,纸浆中浓、高浓混合器

江门市新会区五环机械锯片设备有限公司
Wuhuan Apparatus Co., Ltd.
地址(Add):广东省江门市新会区黄克竞大桥侧
邮编(P. C.):529100
电话(Tel):0750－6318669
E-mail:jm148863_jmb@ 21cn. net
Http://www. xhwuhuan. com
联系人(Contact Person):文迎法
产品业务(Business):切纸圆刀

国营新南陵机器厂·松林国际刮刀锯制造有限公司
Xinnanling Machinery Factory
地址(Add):广西柳州市屏山小区3号楼3单元3－1号
邮编(P. C.):545005
电话(Tel):13607724279
传真(Fax):0772－3820477
E-mail:ssl@ paperblade－ssl. com
Http://www. paperblade－ssl. com
法人代表(Chairman):夏松林
联系人(Contact Person):韦小姐
产品业务(Business):卫生纸起皱刀及磨刀机、(φ610mm×4.76mm×68.23mm)卷筒卫生纸裁断圆盘刀、餐巾纸和面巾纸断刀、打孔刀、分切刀、涂布刮刀、圆刀磨床、刮刀专用磨床**总部**
地址(Add):江苏省南京市察哈尔路102－1号
邮编(P. C.):210003
电话(Tel):025－58811772
传真(Fax):025－58812039
联系人(Contact Person):夏松林
东莞公司
地址(Add):广东省东莞市万江区牌楼基管理区(汽车总站旁)
邮编(P. C.):523000
电话(Tel):0769－88681490
传真(Fax):0769－88681490
联系人(Contact Person):王大才

PMP 西贝胶辊有限公司
PMP Xibe Roll Covering Company Ltd.
地址(Add):陕西省西安市西郊阿房四路
邮编(P. C.):710086
电话(Tel):029－84626840
传真(Fax):029－84624421
E-mail:dinggp@ xi－be. com
Http://www. pmpgroup. com
联系人(Contact Person):丁广平
产品业务(Business):造纸用胶辊

● 一次性卫生用品生产设备 Machinery for disposable hygiene products

Zuiko Corporation
日本株式会社瑞光
地址(Add):15－21, Minamibefu Settsu Osaka 566－0045 Japan
电话(Tel):81－6－6340－7117
传真(Fax):81－6－6340－4182
E-mail:yoshioka@ zuiko. co. jp
Http://www. zuiko. co. jp
法人代表(Chairman):和田隆男
联系人(Contact Person):吉冈幸雄
产品业务(Business):妇女卫生巾机,纸尿裤机,护理垫机
日本秋子公司
AKI KO & COMPANY
地址(Add):日本大阪市中央区本町1－5－7－605,541－0053
电话(Tel):81－6－6263－1742
传真(Fax):81－6－6263－1047
E-mail:akiko@ mail. infomart. or. jp
法人代表(Chairman):大园秋子
联系人(Contact Person):大园睦郎
产品业务(Business):日本株式会社瑞光代理
深圳市瑞硕电子有限公司
地址(Add):广东省深圳市南山区内环路81号荔庭园B－407室

邮编(P.C.):518054
电话(Tel):0755-26408599
传真(Fax):0755-26408599
联系人(Contact Person):袁让平
产品业务(Business):日本株式会社瑞光客户服务部

Paper Converting Machine Company
美国纸产品加工机器公司(PCMC)
(详见卫生纸加工设备)

Toa Kikoh Co., Ltd.
日本东亚机工株式会社
地址(Add):4158-1, Kami-takano, Toyonaka-cho, Mitoyo-gun, Kagawa Japan 769-1504
电话(Tel):81-875-62-5000
传真(Fax):81-875-62-5100
联系人(Contact Person):Kunihiro Tabuchi
产品业务(Business):妇女卫生巾机

BIKOMA AKTIENGESELLSCHAFT SPEZIALMASCHINEN
德国毕克马公司
地址(Add):Am Layerhof 5 D-56727 Mayen Germany
电话(Tel):49-2651-8001-0
传真(Fax):49-2651-8001-40
E-mail:sales@bikoma.de
Http://www.bikoma.de
产品业务(Business):妇女卫生巾设备,纸尿裤设备,医用床垫设备

Winkler & Dünnebier Aktiengesellschaft
德国W+D公司
(详见卫生纸加工设备)

OPTIMA filling & packaging machines GmbH
地址(Add):Steinbeisweg 20, D74523 Schwäbisch Hall, Germany
电话(Tel):49-791-5060
传真(Fax):49-791-5069000
E-mail:info@optima-ger.com
Http://www.optima-ger.com
法人代表(Chairman):Juergen P. Schaefer
联系人(Contact Person):Wilfried Laser
产品业务(Business):纸尿裤、妇女卫生巾及卫生护垫、成人失禁用品等的包装设备,卫生卷纸的包装设备

Diatec
意大利迪雅特公司
地址(Add):Strada Statale n. 151 Km. 13 65010 Collecorvino (Pescara), Italy
电话(Tel):39-085-82060-1
传真(Fax):39-085-82060-22
E-mail:staff@diatec.kpl.net
Http://www.diatec.kpl.net
总经理(General Manager):Luciano Cipolla
联系人(Contact Person):Fabrizio Coladonato
产品业务(Business):妇女卫生巾机,纸尿裤机,护理垫机或成人纸尿裤机

Fameccanica Data S.p.A.
意大利发明家设备公司
地址(Add):Via Aterno, 136-66020 Sambuceto di S. Giovanni Teatino (Chieti) - Italy
电话(Tel):39-08545531
传真(Fax):39-0854460998
E-mail:staff@fameccanica.com
Http://www.fameccanica.com
联系人(Contact Person):Alfredo Miccoli
产品业务(Business):婴儿纸尿裤机,妇女卫生巾机,成人失禁纸尿裤和床垫机,湿巾折叠机
美国分部
地址(Add):Farmington Hills Corporate Center Bldg. 1-21800 Haggerty Road, Northville, MI 48167, U.S.A.
电话(Tel):1-248-7350160
传真(Fax):1-248-7350161
E-mail:usa@fameccanica.com
法麦凯尼柯机械(上海)有限公司
Fameccanica Machinery (Shanghai) Co., Ltd.
地址(Add):上海市闵行区莘庄工业区华宁路2888弄88号第10号厂房
邮编(P.C.):201108
电话(Tel):021-64422977
传真(Fax):021-64422981
法人代表(Chairman):Rommelli Guido
联系人(Contact Person):段长缨

GDM S.P.A
意大利GDM公司
地址(Add):Via Circonva llazione Sud 26010 Offanengo (CR) Italy
电话(Tel):39-373247011
传真(Fax):39-373247164
E-mail:infogdm@gdm-spa.it
联系人(Contact Person):Riccardo Guerrini
产品业务(Business):妇女卫生巾、纸尿裤、失禁垫设备
挪威GDM研究中心
地址(Add):Postboks 2250, 3103 Tonsberg, Norway
电话(Tel):47-333-75800
传真(Fax):47-333-75975
中国办事处
地址(Add):香港筲箕湾道30-36号捷利商业大厦2102室
电话(Tel):852-62504522
传真(Fax):852-83445081
E-mail:donyiu8@hotmail.com
Http://www.gdm-spa.com
联系人(Contact Person):姚党荣

Cellulose Converting Equipments
意大利CCE公司
地址(Add):Viale Kennedy, 40-C/da Valle del Molino, 65010 Moscufo (PE), Italy
电话(Tel):39-085-975621
传真(Fax):39-085-9756200
E-mail:sales@cce.it
Http://www.cce.it
产品业务(Business):妇女卫生巾机,纸尿裤机,护理垫机

KORTEC GmbH
电话(Tel):49-0-6303983440
传真(Fax):49-0-6303983442
E-mail:rahn@kortec.de

Http://www.kortec.de
产品业务(Business):用于妇女卫生用品吸收芯层、干法纸等分切箱式包装机

垦信机械有限公司
Healthy Machinery Co., Ltd.
地址(Add):台湾省台北县土城市永丰路195巷7弄17号236
电话(Tel):886-2-22621228
传真(Fax):886-2-22650669
E-mail:h2621228@ms25.hinet.net
Http://www.healthyco.com
联系人(Contact Person):陈洪和
产品业务(Business):口罩机,鞋套机,手术衣机
东莞分厂
地址(Add):广东省东莞市塘夏镇四村杨梅园工业区
邮编(P.C.):523716
电话(Tel):0769-87927811
传真(Fax):0769-87928221
联系人(Contact Person):石欣辉

台湾智琦机械工业股份有限公司
Astute Machine Industry Co., Ltd.
地址(Add):台湾新竹市延平路一段317巷5弄41号30024
电话(Tel):886-35-254197
传真(Fax):886-35-253846
E-mail:astute@ms26.hinet.net
联系人(Contact Person):陈松锡
产品业务(Business):妇女卫生巾机,纸尿裤机,湿巾机,卫生纸后加工设备

特艺佳国际有限公司
Tech. Vantage International Ltd.
(详见卫生纸加工设备)

保定格润建材有限公司
Baoding Gerun Co., Ltd.
地址(Add):河北省保定北二环路北小刘庄工业区
邮编(P.C.):072556
电话(Tel):0312-8509818
传真(Fax):0312-8509816
联系人(Contact Person):刘洪振
产品业务(Business):妇女卫生巾、卫生护垫、纸尿裤设备

满城县金光造纸机械有限公司
Mancheng Jinguang Paper Machinery Co., Ltd.
(详见卫生纸机)

河北省徐水县永兴卫生用品机械设备厂
Hebei Xushui Yongxing Hygiene Products Machinery Factory
地址(Add):河北省徐水县漕河镇小刘庄
邮编(P.C.):072556
电话(Tel):0312-8502218
传真(Fax):0312-8502218
E-mail:bdyx@bdyx.com
Http://www.bdyx.com
总经理(General Manager):刘宏国
产品业务(Business):妇女卫生巾、卫生护垫、纸尿裤生产线

丹东北方机械有限公司
Dandong Beifang Machinery Co., Ltd.
地址(Add):辽宁省丹东市振兴区胜利街793号
邮编(P.C.):118008
电话(Tel):0415-6222688
传真(Fax):0415-6224025
法人代表(Chairman):曹贵杰
联系人(Contact Person):沈冬辉
产品业务(Business):妇女卫生巾机、卫生护垫机,干法造纸机、分离式两级粉碎机组,恒定给料积绒机,妇女卫生巾、卫生护垫、床垫、卫生纸、干法纸、吸水纸

上海玻机装备工程成套有限公司
Shanghai Glass Making Machinery & Complete Set Engineering Co., Ltd.
地址(Add):上海市宝山区向东路1号
邮编(P.C.):201908
电话(Tel):021-66017588
传真(Fax):021-66017688
E-mail:sales@liming-glass.com
Http://www.liming-glass.com
法人代表(Chairman):陈孟国
总经理(General Manager):陈孟国
联系人(Contact Person):郭磊
产品业务(Business):妇女卫生巾、卫生护垫、纸尿裤生产设备

优力特精密机械(上海)有限公司
Unitec (Shanghai) Precision Industries, Co., Ltd.
地址(Add):上海市嘉定区马陆镇仓新小区668弄41号
邮编(P.C.):201818
电话(Tel):021-59901835
传真(Fax):021-59901836
E-mail:utc@unitecco.com
Http://www.unitecco.com
法人代表(Chairman):戴朝荣
总经理(General Manager):戴朝荣
联系人(Contact Person):陈瑞东
产品业务(Business):妇女卫生巾、纸尿裤等一次性卫生用品生产设备

上海韦得机械制造有限公司
Shanghai Weide Machine Manufacture Co., Ltd.
地址(Add):上海市嘉定区徐行工业区永新路1108号
邮编(P.C.):201808
电话(Tel):021-59552020
传真(Fax):021-59557171
法人代表(Chairman):胡忠义
总经理(General Manager):朱金才
联系人(Contact Person):陈国峰
产品业务(Business):护翼妇女卫生巾生产线,婴儿纸尿片、纸尿裤生产线,多功能卫生护垫生产线

昆山市建新锻压有限公司机械分厂开发部上海办事处
Kunshan Jianxin Forging & Pressing Co., Ltd. Machinery Branch
地址(Add):上海市普陀区曹杨三村310号605室
邮编(P.C.):200062
电话(Tel):021-32240480
传真(Fax):021-32240480
E-mail:chanadqian@vip.citiz.cet

法人代表(Chairman):马健新
总经理(General Manager):马健新
联系人(Contact Person):陈大铨
产品业务(Business):卫生护垫、妇女卫生巾、纸尿片等生产设备

常州市永盛工控设备有限公司
Changzhou Yongsheng Industry Control Equipments Co., Ltd.
地址(Add):江苏省常州市常焦路190号
邮编(P. C.):213021
电话(Tel):0519-5315677
传真(Fax):0519-5317975
E-mail:yongshengyu@163.com
法人代表(Chairman):叶正华
联系人(Contact Person):叶正瑜
产品业务(Business):系列普通、护翼型妇女卫生巾生产线,卫生护垫生产线,婴儿、成人纸尿裤专用生产线,胸垫、高分子复合纸生产线

常州市东风卫生机械设备制造厂
Changzhou Dongfeng Sanitary Machinery Equipment Manufacture Factory
地址(Add):江苏省常州市红梅街道东风民营工业园10号
邮编(P. C.):213017
电话(Tel):0519-5572590
传真(Fax):0519-5311801
法人代表(Chairman):朱有贵
联系人(Contact Person):恽自安
产品业务(Business):妇女卫生巾机,口罩机,母乳垫机,卫生护垫机、流延膜机

常州市东方卫生用品厂
Changzhou Dongfang Hygiene Products Plant
地址(Add):江苏省常州市戚墅堰机厂桥南1号
邮编(P. C.):213011
电话(Tel):0519-8770321
传真(Fax):0519-8770321
法人代表(Chairman):徐保臣
总经理(General Manager):徐保臣
联系人(Contact Person):徐保臣
产品业务(Business):妇女卫生巾、产妇巾、纸尿片生产设备,口罩制片机

常州市天恩纸制品设备厂
Changzhou Tianen Paper Products Machinery Plant
地址(Add):江苏省常州市新区黄河西路8号天和印染厂内
邮编(P. C.):213022
电话(Tel):0519-5117105
传真(Fax):0519-5126939
总经理(General Manager):周荣发
产品业务(Business):鞋套机,口罩机

金帝卫生巾设备有限公司
Jindi Sanitary Napkin Machinery Co., Ltd.
地址(Add):江苏省金湖县戴楼工业区
邮编(P. C.):211600
电话(Tel):0517-6814888
传真(Fax):0517-6804078
法人代表(Chairman):柏传炬
联系人(Contact Person):柏传炬
产品业务(Business):妇女卫生巾、卫生护垫、护理垫等卫生用品设备

金湖县光辉卫生巾设备有限公司
Jinhu Guanghui Sanitary Napkin Equipment Co., Ltd.
地址(Add):江苏省金湖县工业园区环城西路
邮编(P. C.):211600
电话(Tel):0517-6993111
传真(Fax):0517-6802929
联系人(Contact Person):赵辉
产品业务(Business):妇女卫生巾设备,医用敷料生产线

江苏金湖县卫生巾设备有限公司
Jinhu Sanitary Napkins Equipments Co., Ltd.
地址(Add):江苏省金湖县金湖西路131号
邮编(P. C.):211600
电话(Tel):0517-6899999
传真(Fax):0517-6800002
E-mail:jwc3188@hotmail.com
Http://www.sinojwc.com
法人代表(Chairman):陈斌
总经理(General Manager):陈斌
联系人(Contact Person):陈林
产品业务(Business):护翼妇女卫生巾、婴儿纸尿裤、产妇垫、口罩、一次性口杯、打孔膜、卫生护垫生产线,多功能粉碎系统

金湖县宏达卫生用品设备有限公司
Jinhu Hongda Hygiene Products Equipment Co., Ltd.
地址(Add):江苏省金湖县金湖西路179号
邮编(P. C.):211600
电话(Tel):0517-6986988
传真(Fax):0517-6993416
E-mail:jpk@hdqg.com
Http://www.hdqg.com
法人代表(Chairman):季平奎
联系人(Contact Person):陈权
产品业务(Business):各类普通及护翼型妇女卫生巾制造机、卫生护垫机及包装机

金湖县宏大卫生巾设备有限公司
Jinhu Hongda Sanitary Napkins Equipments Co., Ltd.
地址(Add):江苏省金湖县金湖西路181号
邮编(P. C.):211600
电话(Tel):0517-6981066
传真(Fax):0517-6981061
E-mail:hdwsj@pub.hy.jsinfo.net
Http://www.hd-jx.com
法人代表(Chairman):季兵奎
总经理(General Manager):季兵奎
联系人(Contact Person):凌珍珠
产品业务(Business):普通直条型、护翼型妇女卫生巾成套设备,卫生护垫生产线,多功能板浆粉碎系统

金湖县宏达卫生巾设备制造有限公司
Jinhu Hongda Sanitary Napkin Equipments Making Co., Ltd.
地址(Add):江苏省金湖县园林路192号宏达大厦
邮编(P. C.):211600
电话(Tel):0517-6898416

传真(Fax):0517-6898416
E-mail:jpk@hdqg.com
Http://www.hdqg.com
法人代表(Chairman):季丰林
联系人(Contact Person):徐在明
产品业务(Business):妇女卫生巾机及包装机,卫生护垫机及包装机,纸尿片、失禁垫和产妇垫机,婴儿和成人纸尿裤机,一次性可食性快餐具机

江苏省连云港市新浦区港城餐巾纸深加工设备厂
Lianyungang Gangcheng Paper Napkin Converting Machinery Factory
(详见卫生纸加工设备)

苏州市苏正机械有限公司
Suzhou Suzheng Machinery Co., Ltd.
地址(Add):江苏省苏州市新区枫桥厂滩上106号
邮编(P.C.):215011
电话(Tel):0595-86996815
传真(Fax):0595-86999812
E-mail:lizheng-64@163.com
总经理(General Manager):李正
产品业务(Business):医用床垫、宠物垫生产线

张家港市世奇机械制造有限公司
Zhangjiagang Shiqi Machinery Co., Ltd.
地址(Add):江苏省张家港市乐余镇
邮编(P.C.):215621
电话(Tel):0512-58600318
传真(Fax):0512-58600868
E-mail:sales@chinasqjx.com
Http://www.chinasqjx.com
法人代表(Chairman):刘斌
联系人(Contact Person):刘斌
产品业务(Business):医用床垫机,口罩机,PE手套机,制袋机及非织造布后加工机械

张家港市久屹机械制造有限公司
Zhangjiagang Jiuyi Machinery Co., Ltd.
地址(Add):江苏省张家港市南丰镇新德工业区
邮编(P.C.):215628
电话(Tel):0512-58618162
传真(Fax):0512-58611865
总经理(General Manager):李剑波
产品业务(Business):一次性床垫机、一次性口罩机

张家港市沪港机电设备有限公司
Zhangjiagang Hugang Electricity Equipments Co., Ltd.
地址(Add):江苏省张家港市三兴镇东
邮编(P.C.):215624
电话(Tel):0512-58570629
传真(Fax):0512-58570561
法人代表(Chairman):张勇
联系人(Contact Person):张勇
产品业务(Business):卫生护垫设备,纸尿裤、护理垫设备,医用敷料机,制帽机,口罩机,成型刀具,各种分切刀片

张家港市力威机械制造有限公司
Zhangjiagang Liwei Machinery Co., Ltd.
地址(Add):江苏省张家港市三兴镇通沙汽渡
邮编(P.C.):215624
电话(Tel):0512-58576998
传真(Fax):0512-58533998
E-mail:info@lwjx.com
Http://www.lwjx.com
法人代表(Chairman):胡纪年
总经理(General Manager):任智华
联系人(Contact Person):张丽群
产品业务(Business):一次性护理垫、口罩、帽子、鞋套等生产设备

杭州珂瑞特机械制造有限公司
Hangzhou Creator Machinery Manufacture Co., Ltd.
地址(Add):浙江省杭州市瓶窑
邮编(P.C.):311115
电话(Tel):0571-88548358
传真(Fax):0571-88548379
E-mail:crt@createmachine.com.cn
Http://www.createmachine.com.cn
法人代表(Chairman):叶小荣
总经理(General Manager):施建明
联系人(Contact Person):李晓
产品业务(Business):纸尿裤机,妇女卫生巾机,卫生护垫机,一次性床垫机

杭州新余宏机械有限公司
Hangzhou New Yuhong Machinery Co., Ltd.
地址(Add):浙江省杭州市瓶窑镇精工路
邮编(P.C.):311115
电话(Tel):0571-88541156
传真(Fax):0571-88543365
E-mail:sales@yhjg.com
Http://www.yhjg.com
法人代表(Chairman):季儒茂
总经理(General Manager):傅炯
联系人(Contact Person):傅炯
产品业务(Business):成人纸尿裤/纸尿片、婴儿纸尿裤/纸尿片、婴儿训练裤、妇女卫生巾、卫生护垫生产线系列,母乳垫、护理垫、宠物垫、医用敷料、材料复合、抹布生产线系列,包装机、食品机械系列

意大利卡尔迪罗莱公司国内联络处
Caldiroli SPL
地址(Add):浙江省杭州市清泰街507号富春大厦12-C
邮编(P.C.):310009
电话(Tel):0571-87098567
传真(Fax):0571-87818530
E-mail:shouhg@mail.hz.zj.cn
Http://www.europrosan.com
联系人(Contact Person):寿泓
产品业务(Business):婴儿纸尿裤机,成人纸尿裤机,妇女卫生巾机,卫生护垫机等卫生用品设备

建志机械大陆办事处
地址(Add):浙江省宁波市梅虚工业区南一路1号
邮编(P.C.):315303
电话(Tel):0574-88350566
传真(Fax):0574-88350888
E-mail:ccmcl@ms10.hinet.net
Http://www.ccmc.com.tw
联系人(Contact Person):宗高雄

产品业务(Business):创口贴制造机,敷料切片包装机,油性药布上胶机

浙江省瑞安市瑞丰机械厂
Zhejiang Ruian Ruifeng Machinery Factory
地址(Add):浙江省瑞安市塘下镇市北工业园区1号路
邮编(P.C.):325206
电话(Tel):0577-65321068
传真(Fax):0577-65321058
E-mail:master@ruifeng.cn
Http://www.ruifeng.cn
总经理(General Manager):蔡志昭
联系人(Contact Person):蔡晓鸿
产品业务(Business):妇女卫生巾、卫生护垫设备,纸尿裤设备,打孔膜机组

瑞安市瑞乐卫生巾设备有限公司
Ruian Ruile Sanitary Napkins Equipment Co., Ltd.
地址(Add):浙江省瑞安市莘塍镇华表振兴西路
邮编(P.C.):325206
电话(Tel):0577-65170649
传真(Fax):0577-65521649
法人代表(Chairman):蔡之鸿
联系人(Contact Person):蔡之增
产品业务(Business):妇女卫生巾、卫生护垫、纸尿裤等生产线

浙江义乌市宏星机械设备厂
Zhejiang Yiwu Hongxing Machinery Factory
地址(Add):浙江省义乌市佛堂镇度新北路96号
邮编(P.C.):362200
电话(Tel):0579-5726953
传真(Fax):0579-5726953
联系人(Contact Person):曾还星
产品业务(Business):妇女卫生巾、卫生护垫、纸尿片生产线,设备改造

安庆市恒昌机械制造有限责任公司
Anqing Heng Chang Machinery Co., Ltd.
地址(Add):安徽省安庆市经济开发区小孤山路
邮编(P.C.):246005
电话(Tel):0556-5357442
传真(Fax):0556-5357893
E-mail:aqhch@mail.hf.ah.cn
Http://www.aqhch.com.cn
法人代表(Chairman):吕兆荣
总经理(General Manager):吕兆荣
联系人(Contact Person):孙晓君
产品业务(Business):妇女卫生巾机,卫生护垫机,纸尿裤机

晋江市东南机械制造有限公司
Jinjiang Southeast Machinery Manufacturing Co., Ltd.
地址(Add):福建省晋江市东石第二工业区
邮编(P.C.):362271
电话(Tel):0595-85588128
传真(Fax):0595-85582128
E-mail:dongnan@dnjx.com
Http://www.dnjx.com
法人代表(Chairman):杨士连
联系人(Contact Person):杨志攀
产品业务(Business):妇女卫生巾机,卫生护垫机,纸尿裤、纸尿片机

泉州市远东环保设备有限公司
Far East Environmental Protection Enterprise
(详见纸餐具设备)

泉州市汉辉纸品机械厂
Quanzhou Hanhui Paper Products Machinery Factory
(详见卫生纸加工设备)

泉州培新机械制造实业有限公司
Quanzhou Peixin Machinery Making Industrial Co., Ltd.
地址(Add):福建省泉州市浮桥后坑工业区
邮编(P.C.):362000
电话(Tel):0595-22458888
传真(Fax):0595-22456781
E-mail:peixin@pub1.qz.fj.cn
Http://www.peixin.com
法人代表(Chairman):谢秋林
联系人(Contact Person):谢须阳
产品业务(Business):妇女卫生巾、卫生护垫、纸尿裤生产设备,成人护理垫、宠物垫设备,面巾纸、卫生纸、餐巾纸生产设备,纸模餐具生产设备

上海培新实业有限公司
Shanghai Peixin Industrial Co., Ltd.
地址(Add):上海市奉贤区奉浦大道西路12号
邮编(P.C.):201400
电话(Tel):021-67102818
传真(Fax):021-67101113
E-mail:webmaster@shpeixin.com
Http://www.sh-jd.net
法人代表(Chairman):谢秋林
联系人(Contact Person):谢章生

泉州市鲤城黄石机械有限公司
Quanzhou Licheng Huangshi Machinery Co., Ltd.
地址(Add):福建省泉州市浮桥镇黄石工业区
邮编(P.C.):362000
电话(Tel):0595-22451435
传真(Fax):0595-22451435
E-mail:xiaolong2914602@163.com
Http://taoxie.com/hs
总经理(General Manager):吴晓龙
产品业务(Business):妇女卫生巾、卫生护垫、婴儿纸尿裤生产线,湿巾机,手帕纸、面巾纸机

泉州市汉威机械制造有限公司
Hanwei (Quanzhou) Machinery Manufacturing Co., Ltd.
地址(Add):福建省泉州市浮桥镇石崎工业区
邮编(P.C.):362000
电话(Tel):0595-22488588
传真(Fax):0595-22487588
E-mail:hanwei@public.qz.fj.cn
Http://www.han-wei.com
法人代表(Chairman):林秉正
总经理(General Manager):林秉正
联系人(Contact Person):叶婷真
产品业务(Business):妇女卫生巾机,婴儿纸尿裤机,卫生护垫机

泉州市鲤城华信机械有限公司
Quanzhou Licheng Huaxin Machinery Industrial Co., Ltd.
地址(Add):福建省泉州市江南镇锦美工业区
邮编(P. C.):362000
电话(Tel):0595-22472588
传真(Fax):0595-22471187
总经理(General Manager):谢清楚
联系人(Contact Person):吴蕴吟
产品业务(Business):专业制造各种卫生用品生产设备,餐巾纸、面巾纸折叠机

福建泉州明辉轻工机械有限公司
Fujian Quanzhou Minghui Light Industry Machinery Co., Ltd.
地址(Add):福建省泉州市鲤城区浮桥黄石工业区
邮编(P. C.):362000
电话(Tel):0595-22455948
传真(Fax):0595-22456948
E-mail:minghui@pub1.qz.fj.cn
Http://www.minghuichina.com
法人代表(Chairman):吴育明
联系人(Contact Person):吴秋华
产品业务(Business):成人/婴儿纸尿裤机,妇女卫生巾机,卫生护垫机,卫生床垫设备

三门峡蓝雪实业有限责任公司
Sanmenxia Lanxue Industry Co., Ltd.
地址(Add):河南省三门峡市经三路50号
邮编(P. C.):472001
电话(Tel):0398-2862485
传真(Fax):0398-2866552
法人代表(Chairman):张鹏飞
联系人(Contact Person):张春让
产品业务(Business):妇女卫生巾机

新盛机械设备有限公司
Patrick & Liu Nonwoven Machinery Co., Ltd.
地址(Add):广东省东莞市万江区上甲工业区
邮编(P. C.):523055
电话(Tel):0769-2275375
传真(Fax):0769-2774851
E-mail:pnl168@pnl-machinery.com
Http://www.pnl-machinery.com
联系人(Contact Person):李洪梅
产品业务(Business):口罩机,手术帽机,拖把机

广州市兴世机械制造有限公司
Xingshi Equipments Co., Ltd.
地址(Add):广东省广州市天河区员村四横东路厂房
邮编(P. C.):510655
电话(Tel):020-85545223
传真(Fax):020-85577961
E-mail:xingshi@xingshi.com.cn
Http://www.xingshi.com.cn
法人代表(Chairman):林颖宗
联系人(Contact Person):刘丽琼
产品业务(Business):工业自动化控制系统的研究开发、生产加工,专业设计制造各种自动化妇女卫生巾设备和自动化婴儿纸尿裤机、包装机

增城市科盛机械有限公司
Zengcheng Kesheng Machinery Co., Ltd.
地址(Add):广东省增城市荔城镇富鹏区华农批发市场B座北面首层6号
邮编(P. C.):511300
电话(Tel):020-82634305
传真(Fax):020-82634305
E-mail:zckos@163.com
Http://www.zckos.com
联系人(Contact Person):沈扬
产品业务(Business):妇女卫生巾、卫生护垫、纸尿裤生产线,护理垫生产线

四川升泰实业集团有限公司
Sichuan Shengtai Group Co., Ltd.
(详见造纸化学品)

● 热熔胶机
Hot melt adhesive machine

Nordson Corporation
美国诺信有限公司
地址(Add):28601 Clemens Road
Westlake, OH 44145-1119 USA
电话(Tel):1-440-892-1580
传真(Fax):1-440-892-9507
Http://www.nordson.com
产品业务(Business):销售本公司热熔胶喷涂系统,中药/香水喷洒系统,热熔胶涂布系统等,并提供技术服务
诺信有限公司(香港)(亚洲北区总部)
地址(Add):香港新界沙田小沥源安心街11号华顺广场7楼708室
电话(Tel):852-26872828
传真(Fax):852-26874748
E-mail:hongkong@nordson.com
法人代表(Chairman):Mark Gacka
联系人(Contact Person):樊玉莲
诺信(中国)有限公司
Nordson (China) Co., Ltd.
地址(Add):上海市浦东新金桥路828号
邮编(P. C.):201206
电话(Tel):021-58542345
传真(Fax):021-58540679
E-mail:shanghai@nordson.com
联系人(Contact Person):王平
广州分公司
地址(Add):广东省广州市天河高新技术产业开发区禾田大厦5楼501室
邮编(P. C.):510665
电话(Tel):020-85540092
传真(Fax):020-85520707
E-mail:klee@nordson.com
联系人(Contact Person):李艳
北京办事处
地址(Add):北京市朝阳区东三环北路19号北京华鹏大厦南楼503室
邮编(P. C.):100020
电话(Tel):010-65975551-12
传真(Fax):010-65975155
E-mail:beijing@nordson.com

联系人(Contact Person):王平

诺信有限公司纤维系统部中国区

Nordson Corporation, Fiber Systems Group

地址(Add):广东省广州市天河高新技术产业开发区禾田大厦5楼501室
邮编(P.C.):510665
电话(Tel):020-85540092
传真(Fax):020-85520707
E-mail:pfu@nordson.com
联系人(Contact Person):傅仕杰
产品业务(Business):纺粘及熔喷非织造布设备

Robatech AG

瑞士乐百得公司

地址(Add):Pilatusring 10 CH-5630 Muri/Switzerland
电话(Tel):41-56-675-7700
传真(Fax):41-56-675-7701
E-mail:info@robatech.ch
产品业务(Business):热熔胶喷涂系统,热熔胶宽面喷涂/滚涂系统,冷胶喷涂系统

乐百得(中国)有限公司

Robatech (China) Ltd.

地址(Add):香港新界葵涌永贤街9号崇利中心五楼507室
电话(Tel):852-24287344
传真(Fax):852-24275988
E-mail:china@robatech.com.hk
Http://www.robatech.ch
总经理(General Manager):欧阳文伟
联系人(Contact Person):欧阳文伟

广州办事处

地址(Add):广东省广州市龙津东路798号龙津商贸大厦A座2508室
邮编(P.C.):510140
电话(Tel):020-81843389
传真(Fax):020-81923490
联系人(Contact Person):徐其敏

上海办事处

地址(Add):上海市长宁区定西路1310弄18号金都苑A楼2403室
邮编(P.C.):200050
电话(Tel):021-62105576
传真(Fax):021-62105542
联系人(Contact Person):欧阳文伟

广州市广众包装器材有限公司

地址(Add):北京市崇文区法华南里34号楼天华大厦516室
邮编(P.C.):100061
电话(Tel):010-67102106
传真(Fax):010-67152316
联系人(Contact Person):陶乃颖
产品业务(Business):乐百得(中国)有限公司北京办事处

杭州服务部

电话(Tel):13588127481

重庆服务部

电话(Tel):13983950385

泉州服务部

电话(Tel):13850728079

天津服务部

电话(Tel):13323312801

玳纳特(香港)有限公司

ITW Dynatec (H.K.) Ltd.

地址(Add):香港荃湾横窝仔街28号利兴强中心11楼A-B室
电话(Tel):852-24089256
传真(Fax):852-24062532
E-mail:itwhkg@itwdynatec.com.hk
Http://www.itwdynatec.com
法人代表(Chairman):苏志权
总经理(General Manager):苏志权
联系人(Contact Person):杨嘉杰
产品业务(Business):热熔胶喷胶及涂布设备,应用于:妇女卫生巾、婴儿/成人纸尿裤喷胶,卫生纸、面巾纸、抹手纸的纤维喷胶复合,妇女卫生巾、婴儿纸尿裤、面巾纸的香水或护肤液喷涂,松紧带及PU海绵的"亚米加"喷胶弹性固定

江门工程部

地址(Add):广东省江门市港口一路晓港苑三号之五
邮编(P.C.):529000
电话(Tel):0750-3386208
传真(Fax):0750-3386508
E-mail:itwjim@itwdynatec.com.hk

广州代表处

地址(Add):广东省广州市珠江新城花城大道6号名门大厦豪名阁806室
邮编(P.C.):510623
电话(Tel):020-38299658
传真(Fax):020-38299657
E-mail:itwgzu@itwdynatec.com.hk

上海代表处

地址(Add):上海市镇宁路200号欣安大厦西峰4楼A座
邮编(P.C.):200040
电话(Tel):021-62792570
传真(Fax):021-62792657
E-mail:itwsha@itwdynatec.com.hk
联系人(Contact Person):焦勇

北京代表处

地址(Add):北京市朝阳区安慧里3区(华侨公寓)7-2-102
邮编(P.C.):100101
电话(Tel):010-64962564
传真(Fax):010-64962564
E-mail:itwjm@itwdynatec.com.hk

泉州代表处

地址(Add):福建省泉州市津淮街迎津新村11幢507室
邮编(P.C.):362000
电话(Tel):0595-2506781
传真(Fax):0595-2536781
E-mail:itwqzu@itwdynatec.com.hk

北京沃尔特公司

Beijing Valco Co.

地址(Add):北京市朝阳区石佛营东里131号院2号楼1205
邮编(P.C.):100025
电话(Tel):010-85846153
传真(Fax):010-85846147
E-mail:benson.song@valcocincinnatiinc.com
联系人(Contact Person):宋学森
产品业务(Business):美国Valco喷涂设备

北京三土伟业科技发展有限公司
Beijing CYGT Technology Co., Ltd.
地址(Add):北京市东城区胜古北路5号5层
邮编(P. C.):100029
电话(Tel):010-64414483
传真(Fax):010-64412243
E-mail:info@cygt.com.cn
Http://www.cygt.com.cn
联系人(Contact Person):沙建华
产品业务(Business):代理西班牙梅尔泰 Melton 公司热熔胶机及通用备件
上海代表处
地址(Add):上海市交通西路108弄1号楼702室
邮编(P. C.):200070
电话(Tel):021-56095925
传真(Fax):021-56526010

北京市信义惠达机电有限公司
Beijing Xinyi Huida Electromechanical Co., Ltd.
地址(Add):北京市房山区阎村镇大件路1甲2号
邮编(P. C.):102488
电话(Tel):010-81998988
传真(Fax):010-60341593
总经理(General Manager):林伟华
联系人(Contact Person):林伟华
产品业务(Business):热熔胶机

常州永盛包装有限公司
Changzhou Yongsheng Packing Co., Ltd.
地址(Add):江苏省常州市潞城镇富民工业园
邮编(P. C.):213025
电话(Tel):0519-8403939
传真(Fax):0519-8403636
E-mail:ysdz@public.cz.js.cn
Http://www.yongsheng-packing.com
法人代表(Chairman):蔡国强
联系人(Contact Person):吴娟
产品业务(Business):热熔胶机,离型材料涂布机,分切机

金湖县华瑞包装机械厂
Jinhu Huarui Packing Machinery Plant
地址(Add):江苏省金湖县黎城镇徐梁村部
邮编(P. C.):211600
电话(Tel):0517-6984418
传真(Fax):0517-6984458
联系人(Contact Person):李华仁
产品业务(Business):热熔胶机

苏州工业园区东华机电有限公司
Suzhou Donghua Mechanical & Electrical Co., Ltd.
地址(Add):江苏省苏州市东环路南首一斗山路3号
邮编(P. C.):215021
电话(Tel):0512-67262990
传真(Fax):0512-67245751
E-mail:szdhme@public1.sz.js.cn
法人代表(Chairman):张鸣九
联系人(Contact Person):张鸣九
产品业务(Business):RRJ系列热熔胶机,喷胶枪,输胶管

浙江省瑞安市华安机械有限公司
Zhejiang Ruian Huaan Machinery Co., Ltd.
地址(Add):浙江省瑞安市飞云江大桥东首(巾子山路)
邮编(P. C.):325200
电话(Tel):0577-65641776
传真(Fax):0577-65806533
E-mail:huaan@huaan.us
Http://www.china-huaan.com
法人代表(Chairman):张华安
总经理(General Manager):张华安
联系人(Contact Person):朱家远
产品业务(Business):热熔胶机

福州安捷机电技术有限公司
Fuzhou Anjie Mechanical & Electrical Technology Co., Ltd.
地址(Add):福建省福州市祥坂路18号
邮编(P. C.):350002
电话(Tel):0591-83800982
传真(Fax):0591-83800952
法人代表(Chairman):兰春
联系人(Contact Person):徐金浩
产品业务(Business):热熔胶喷涂设备

泉州市精泰机械科技有限公司
Quanzhou Jingtai Machinery Technology Co., Ltd.
地址(Add):福建省泉州市浮桥高山工业区
邮编(P. C.):362000
电话(Tel):0595-22475889
传真(Fax):0595-22473889
E-mail:jingtai@jingtai.cn
Http://www.jingtai.cn
法人代表(Chairman):吴培煌
联系人(Contact Person):吴景霞
产品业务(Business):热熔胶机

泉州新日成热熔胶设备有限公司
Quanzhou N. D. C Spray Coating System Fabricating Co., Ltd.
地址(Add):福建省泉州市浮桥工业区
邮编(P. C.):362000
电话(Tel):0595-22462489
传真(Fax):0595-22467788
E-mail:ndc@ndccn.com
Http://www.ndccn.com
法人代表(Chairman):黄向明
总经理(General Manager):黄向明
联系人(Contact Person):吴家适
产品业务(Business):热熔胶喷涂设备、创可贴生产线、一次性医用敷料生产线

泉州东正喷涂系统制造工业有限公司
Dongzheng Spray Coating System Fabricating Co., Ltd.
地址(Add):福建省泉州市浮桥后坑工业区
邮编(P. C.):362000
电话(Tel):0595-22424588
传真(Fax):0595-22424688
E-mail:dongzheng@cndoz.com
Http://www.cndoz.com
法人代表(Chairman):吴志伟
总经理(General Manager):吴志伟
联系人(Contact Person):穆克华
产品业务(Business):热熔胶机

泉州市贝特机械制造有限公司
Quanzhou Better Machinery Co., Ltd.
地址(Add):福建省泉州市浮桥镇黄石工业区
邮编(P. C.):362000
电话(Tel):0595 – 22413188
传真(Fax):0595 – 22426115
E-mail:qzbetter@ qzbetter. com
总经理(General Manager):冯添发
联系人(Contact Person):丁建梅
产品业务(Business):热熔胶/冷胶喷涂设备

泉州市鲤城世佳涂布机械设备有限公司
Licheng Shijia Coating Equipment Co., Ltd.
地址(Add):福建省泉州市江南锦美工业区世佳大厦
邮编(P. C.):362000
电话(Tel):0595 – 22479688
传真(Fax):0595 – 22479699
法人代表(Chairman):邓海波
总经理(General Manager):邓海波
产品业务(Business):热熔胶机

久骥化工机械有限公司
Jiuji Machinery Co., Ltd.
厦门分公司
地址(Add):福建省厦门市杏林区杏北路 16 号宏华楼
邮编(P. C.):361022
电话(Tel):0592 – 6254118
传真(Fax):0592 – 6256433
法人代表(Chairman):林壁堂
联系人(Contact Person):陈丽惠
产品业务(Business):热熔胶机
东莞分公司
地址(Add):广东省东莞市东城区中信东泰花园裕华苑 1 栋 110 室
邮编(P. C.):523100
电话(Tel):0769 – 22454537
传真(Fax):0769 – 22492004
联系人(Contact Person):林璧堂

亿赫热熔胶机制造工业有限公司
Yih Heh Enterprise Co., Ltd.
地址(Add):广东省东莞市东城区牛山余庆里 1 巷 7 号
邮编(P. C.):523000
电话(Tel):0769 – 2605671
传真(Fax):0769 – 2685590
Http://www. yihheh. com. tw
法人代表(Chairman):李相谈
联系人(Contact Person):郭钟麟
产品业务(Business):热熔胶机

诺达股份有限公司东莞代表处
Nor Da Co., Ltd. Dongguan Rec.
地址(Add):广东省东莞市东城中路辉煜大厦 4FC9
邮编(P. C.):523129
电话(Tel):0769 – 2508769
传真(Fax):0769 – 2389407
E-mail:general – china@ norda. com. tw
Http://www. norda. com. tw
法人代表(Chairman):林丰舜
联系人(Contact Person):林丰舜
产品业务(Business):代理 Nordson 热熔胶机

佛山市南海区科泰机电设备有限公司
Foshan Nanhai Kotai Electricity Equipment Co., Ltd.
地址(Add):广东省佛山市南海狮山工业 C 区
邮编(P. C.):528200
电话(Tel):0757 – 86689928
传真(Fax):0757 – 86689003
E-mail:info@ kotai. com. cn
Http://www. kotai. com. cn
联系人(Contact Person):李朝红
产品业务(Business):热熔胶喷涂设备

江门市跨海贸易有限公司
WAHRHEIT INTL CO. , LTD.
地址(Add):广东省江门市水南凤潮里 213 号首层
邮编(P. C.):529000
电话(Tel):0750 – 3387222
传真(Fax):0750 – 3389222
总经理(General Manager):徐式一
联系人(Contact Person):陈健雄
产品业务(Business):生产热熔胶机,销售进口热熔胶机

台湾皇尚企业股份有限公司/皇尚科技开发(深圳)有限公司
Hwangsun Enterprise Co., Ltd.
地址(Add):广东省深圳市宝安区沙井镇新桥村北环路 63 号 3 楼
邮编(P. C.):518104
电话(Tel):0755 – 27241245
传真(Fax):0755 – 27241375
E-mail:hes. ltd@ 163. net
Http://www. hes. com. cn
法人代表(Chairman):黄峻哲
联系人(Contact Person):蔡肇基
产品业务(Business):热熔胶机

深圳腾科系统技术有限公司
Tech Adhesion Systems Ltd.
地址(Add):广东省深圳市宝安区新城 33 区大宝路 83 号东方明工业城三栋五楼
邮编(P. C.):518133
电话(Tel):0755 – 27823580
传真(Fax):0755 – 27823240
E-mail:sales@ techadhesion. com
Http://www. techadhesion. com
法人代表(Chairman):周殿敏
总经理(General Manager):周殿敏
联系人(Contact Person):周殿敏
产品业务(Business):热熔胶喷胶涂布设备

深圳伊诺威机械设备有限公司
Innervation Machines Co., Ltd.
地址(Add):广东省深圳市龙岗镇龙东沙背沥村盈科利工业区 A 栋四楼
邮编(P. C.):518116
电话(Tel):0755 – 33832078
传真(Fax):0755 – 33832077
法人代表(Chairman):杨长磬
联系人(Contact Person):杨长磬
产品业务(Business):热熔胶机

深圳市皇尚实业有限公司
Hwangsun Industry Co., Ltd.

地址(Add):广东省深圳市龙岗区坑梓镇老坑工业区 K 栋
邮编(P.C.):518122
电话(Tel):0755-84136203
传真(Fax):0755-84134287
E-mail:huang.sang@263.net
Http://www.huangsang.com.cn
法人代表(Chairman):王辉
联系人(Contact Person):蒲娟
产品业务(Business):热熔胶机,热熔胶枪

鑫久机电设备有限公司
Xinjiu Electromechanical Equipment Co., Ltd.
地址(Add):广东省深圳市龙岗区坑梓镇秀新 138 工业区
邮编(P.C.):518122
电话(Tel):0755-84124458
传真(Fax):0755-84125158
总经理(General Manager):杨永忠
联系人(Contact Person):杨旋
产品业务(Business):热熔胶机

深圳市三泰机电设备有限公司
Suntech Machinery Co., Ltd.
地址(Add):广东省深圳市龙岗区龙园路 60 号
邮编(P.C.):518116
电话(Tel):0755-84828965
传真(Fax):0755-84828975
E-mail:szsuntech@163.com
法人代表(Chairman):颜奕辉
联系人(Contact Person):彭俊
产品业务(Business):热熔胶机

西安市莲湖区宝利达电子设备修造厂
Baolida Electric Equipment Build & Repair Factory
地址(Add):陕西省西安市邓 6 路西马寨汉陵园 16 号
邮编(P.C.):710077
电话(Tel):029-84429105
传真(Fax):029-84429105
法人代表(Chairman):刘华松
联系人(Contact Person):顾秋环
产品业务(Business):妇女卫生巾设备专用热熔胶喷涂设备

● 配套刀具 Cutters

AB Sandvik Hard Materials Group
瑞典山特维克硬质材料集团
地址(Add):Lerkrogsvägen 19 126 80 Stockholm (Västberga) Sweden
电话(Tel):46-8-7266300
传真(Fax):46-8-183930
Http://www.hardmaterials.sandvik.com
山特维克硬质材料法国有限公司
地址(Add):Quartier la Gare 26210 Epinouze France
电话(Tel):33-4-75313800
传真(Fax):33-4-75316216
广州代表处
地址(Add):广东省广州市环市东路 339 号广东国际大厦主楼 912 室
邮编(P.C.):510098
电话(Tel):020-83313515
传真(Fax):020-83313517
E-mail:sunny.huang@sandvik.com
联系人(Contact Person):黄爱
产品业务(Business):卫生用品生产线上用硬质合金旋转模切刀,纸尿裤生产线上用硬质合金旋转模切刀,创口贴生产线上用硬质合金旋转模切刀,任何其他纸制品/非织造布制品生产线上用的硬质合金旋转模切刀,硬质合金旋转模切刀的售后技术服务、修磨

抚顺三环机械总厂
Fushun Tri-Circle Machinery General Factory
地址(Add):辽宁省抚顺市新抚区永济路 13 号
邮编(P.C.):113015
电话(Tel):0413-2366692
传真(Fax):0413-2366693
E-mail:SHjx@china.com
法人代表(Chairman):晋文福
总经理(General Manager):晋文福
联系人(Contact Person):张所浩
产品业务(Business):"三环牌"妇女卫生巾切刀模/压花模

上海爱凯思机械刀片有限公司
Shanghai IKS Mechanical Blade Co., Ltd.
地址(Add):上海市沪太路 1291 号
邮编(P.C.):200436
电话(Tel):021-56064967
传真(Fax):021-56056620
E-mail:young.yang@iks-sh.com
联系人(Contact Person):杨威
产品业务(Business):妇女卫生巾刀具,切刀

上海迁川制版模具有限公司
Shanghai Tsujikawa Engraving Co., Ltd.
地址(Add):上海市嘉定区马陆镇丰饶路 123 号
邮编(P.C.):201822
电话(Tel):021-69156215
传真(Fax):021-69156227
E-mail:tsujikawash@hotmail.com
Http://www.tsujikawa.com.cn
法人代表(Chairman):迁川豐
总经理(General Manager):雪本顺一
联系人(Contact Person):王爱萍
产品业务(Business):模切辊,压花辊/镜面辊,凹凸印刷辊

华信刀具模具厂
Huaxin Blade & Jig Plant
地址(Add):江苏省金湖县建设东路 102 号-8
邮编(P.C.):211600
电话(Tel):0517-6886062
总经理(General Manager):吴学华
产品业务(Business):妇女卫生巾成型刀,压花模

张家港市沪港机电设备有限公司
Zhangjiagang Hugang Electricity Equipments Co., Ltd.
(详见一次性卫生用品生产设备)

杭州信合精工模具有限公司
Hangzhou Xinhe Precision Die Co., Ltd.
地址(Add):浙江省杭州市瓶窑镇大桥北路 244 号
邮编(P.C.):311115
电话(Tel):0571-88537178

传真(Fax):0571－88537178
法人代表(Chairman):叶峰
联系人(Contact Person):叶峰
产品业务(Business):轮转式切刀模,轮转式压花、周封模,轮转式模架

杭州市博佳五金机械有限公司
Hangzhou Bojia Metals Engine Co., Ltd.
(详见一次性卫生用品生产设备其他配件)

马鞍山市巨星(集团)总公司博望刃具模具厂
Maanshan Juxing (Group) Bowang Blade & Jig Factory
地址(Add):安徽省马鞍山市东郊博望高科技开发区
邮编(P. C.):243131
电话(Tel):0555－6765252
传真(Fax):0555－6763887
联系人(Contact Person):陶康
产品业务(Business):妇女卫生巾刀具,非织造布刀具,薄膜刀具

三明市梅列多维机械工具厂
Sanming Meilie Da. vid Machinery Tools Factory
地址(Add):福建省三明市瑞云新区高源工业园
邮编(P. C.):365009
电话(Tel):0598－8365199
传真(Fax):0598－8365689
E-mail:smdavid@163.com
Http://www.pnv－david.com
法人代表(Chairman):郭尚接
总经理(General Manager):郭尚接
联系人(Contact Person):李玲玲
产品业务(Business):各种妇幼卫生用品机械及纸类机械旋切刀辊及压花辊、机械刀模

福建晋江市安海恒锋机械刀模加工部
Fujian Jinjiang Anhai Hengfeng Machinery Plant
地址(Add):福建省晋江市安海圣殿54号
邮编(P. C.):362261
电话(Tel):0595－85700536
传真(Fax):0595－85706536
联系人(Contact Person):蔡金泽
产品业务(Business):妇幼用品刀辊

海明机械有限公司
Haiming Machinery Co., Ltd.
地址(Add):福建省南安水头埕边工业区
邮编(P. C.):362342
电话(Tel):0595－86996815
传真(Fax):0595－86999812
总经理(General Manager):张家贵
产品业务(Business):刀辊、刀架,未处理浆高速粉碎机

泉州市鲤城区龙山轻工机械厂
Quanzhou Licheng Longshan Light Industry Machinery Factory
地址(Add):福建省泉州市鲤城区浮桥罐头厂
邮编(P. C.):362000
电话(Tel):0595－22427688
传真(Fax):0595－22427588
联系人(Contact Person):曾明
产品业务(Business):卫生用品设备配置模压辊、模切刀及模切刀复磨

福建省三明市宏立机械制造有限公司
Fujian Sanming Hongli Machinery Manufacture Co., Ltd.
地址(Add):福建省三明市三元区白沙北山工业区2号
邮编(P. C.):365001
电话(Tel):0598－8313208
传真(Fax):0598－8325367
联系人(Contact Person):陈千国
产品业务(Business):妇女卫生巾刀辊,压花辊,纸尿裤刀具

武汉五岳科技发展有限公司
Wuhan Wuyue Science Technology Development Co., Ltd.
地址(Add):湖北省武汉市武昌区中北路154号凤凰工业园区
邮编(P. C.):430077
电话(Tel):027－86775395
传真(Fax):027－86771355
E-mail:wysince@public.wh.hb.cn
Http://www.wysince.meibu.com
法人代表(Chairman):张建东
总经理(General Manager):刘涛
联系人(Contact Person):刘凯
产品业务(Business):妇女卫生巾辊切刀具及生产线上的辅助刀具
北京办事处
地址(Add):北京市朝阳区左家庄12号81号楼201室
邮编(P. C.):100028
电话(Tel):010－64622982
E-mail:ckb@vip.sina.com
联系人(Contact Person):陈可兵

佛山嘉瑞特殊纸品机械有限公司
Foshan Jiarui Special Paper Converting Machinery Co., Ltd.
地址(Add):广东省佛山市南海区乐安充美村联星大道北26号汽校对面
邮编(P. C.):528227
电话(Tel):0757－86481744
传真(Fax):0757－86489475
E-mail:foshan@karming.com
法人代表(Chairman):DENIS STEPHAN
联系人(Contact Person):杨伟添
产品业务(Business):销售德国瑞柏(SCHOBER)轮转式模切刀具及翻磨刀

百诺机械有限公司
Bai Nuo Machinery Co., Ltd.
地址(Add):广东省佛山市顺德区乐从镇道教工业区中路
邮编(P. C.):528315
电话(Tel):0757－28339185
传真(Fax):0757－28339185
E-mail:bainuojixie@163.com
联系人(Contact Person):罗晓乐
产品业务(Business):各种妇女卫生巾刀具,压纹模具

四川新特模具机械有限责任公司
Sichuan Xinte Jig Machinery Co., Ltd.
地址(Add):四川省成都市机投镇花龙门工业园

邮编(P. C.):610045
电话(Tel):028-87449318
传真(Fax):028-87449318
E-mail:zhangmu52@hotmail.com
法人代表(Chairman):张立言
总经理(General Manager):张牧筠
联系人(Contact Person):张牧筠
产品业务(Business):各种轮转式切刀,妇女卫生巾设备的中央凹道、周封压花辊,绒毛浆压实花辊

成都飞机设计研究所制造中心
Chengdu Plane Design & Research Institute Manufacturing Center
地址(Add):四川省成都市武侯祠大街89号
邮编(P. C.):610041
电话(Tel):028-85509402
传真(Fax):028-85509402
法人代表(Chairman):张生华
联系人(Contact Person):张生华
产品业务(Business):妇女卫生巾用各种成型刀具,卫生护垫成型刀具、妇女卫生巾机各种热压辊(压槽、压花)

● 一次性卫生用品生产设备的其他配件 Other fittings of machinery for disposable hygiene products

Promea Engineering s. r. l.
意大利普罗米工程公司
地址(Add):Zona Ind. le - Via dell'Edera - 66010 Roccamontepiano Chieti - Italy
电话(Tel):39-85-4460542
传真(Fax):39-85-4460139
E-mail:info@promea.com
法人代表(Chairman):Luberti Rolando
联系人(Contact Person):Ezio Di Cesare
产品业务(Business):制造各种多层共挤流延膜机及配件、复合机和废塑料回收机械设备
中国办事处
地址(Add):浙江省杭州市清泰街507号富春大厦12-C
邮编(P. C.):310009
电话(Tel):0571-87098567
传真(Fax):0571-87818530
E-mail:shouhg@mail.hz.zj.cn
Http://www.promea.com/china.html
联系人(Contact Person):寿泓

奥地利SML兰精机械有限公司北京代表处
SML Lenzing Austria
地址(Add):北京市朝阳区东三环北路8号亮马大厦I座1410室
邮编(P. C.):100004
电话(Tel):010-65900946
传真(Fax):010-65900949
E-mail:lenzing@lenzing-sml.com.cn
Http://www.sml.at
联系人(Contact Person):王毅军
产品业务(Business):流延膜机

汇业印刷器材有限公司
香港总办事处
地址(Add):香港九龙观塘开源道55号开联工业中心A座11字楼13至14室
电话(Tel):852-23450107
传真(Fax):852-23438799
产品业务(Business):代理销售美国FIFE纠偏系统
北京办事处
地址(Add):北京市崇文区广渠门南小街领行国际1-1-504
邮编(P. C.):100061
电话(Tel):010-67139485
传真(Fax):010-67139486
联系人(Contact Person):周永义
上海办事处
地址(Add):上海市中山北路198号申航大厦1907室
邮编(P. C.):200017
电话(Tel):021-56639877
传真(Fax):021-56639882
联系人(Contact Person):邵琦

北京伟伯康科贸有限公司
Beijing Webcon Tech & Trading Co., Ltd.
地址(Add):北京市海淀区板井村农林科学院畜牧研究所院内
邮编(P. C.):100089
电话(Tel):010-51503883
传真(Fax):010-51503796
E-mail:sales@webcon-tech.com
Http://www.webcon-tech.com
总经理(General Manager):杨牧
联系人(Contact Person):王宇
产品业务(Business):代理美国蒙特福公司张力控制系统、美国安优公司纠偏控制系统、意大利Re公司张力及纠偏控制系统
无锡办事处
地址(Add):江苏省无锡市中山路359号吟春大厦2305室
邮编(P. C.):214001
电话(Tel):0510-2712305
传真(Fax):0510-2727838
E-mail:wuxi@webcon-tech.com
Http://www.webcon-tech.com
联系人(Contact Person):高卫良

北京高威科电气技术有限公司
Beijing Go-Well Electrical Technology Co., Ltd.
地址(Add):北京市海淀区五道口华清嘉园7号楼(华清商务会馆1001室)
邮编(P. C.):100083
电话(Tel):010-82867930-809
传真(Fax):010-82867927
E-mail:guoxc@go-well.com.cn
Http://www.go-well.com.cn
联系人(Contact Person):郭小成
产品业务(Business):代理日本三菱电机工厂自动化产品

天津亚奇科技开发有限公司
Tianjin Yaqi Science & Technology Development Co., Ltd.
地址(Add):天津市西青区杨庄子大堤外玉门路造纸网厂内
邮编(P. C.):300112

电话(Tel):022-27798233
传真(Fax):022-27798233
联系人(Contact Person):李宝山
产品业务(Business):输送网带

新乐华宝塑料机械有限公司
Xinle Huabao Plastic Machinery Co., Ltd.
地址(Add):河北省新乐市承安铺火车站东侧
邮编(P. C.):050701
电话(Tel):0311-8561290
传真(Fax):0311-8561844
法人代表(Chairman):马国良
联系人(Contact Person):张军星
产品业务(Business):流延膜机

丹东市丰蕴机械厂
Dandong Fengyun Machinery Factory
(详见干法纸设备)

上海泓力输送机械有限公司
Shanghai Hongli Conveying Machinery Co., Ltd.
地址(Add):上海市宝山区丰翔路128弄506号(大场经济开发区)
邮编(P. C.):200436
电话(Tel):021-56136946
传真(Fax):021-66740780
E-mail:webmaster@honglichains.com
Http://www.honglichains.com
联系人(Contact Person):黄正华
产品业务(Business):输送带

三菱电机自动化(上海)有限公司
Mitsubishi Electric Automation (Shanghai) Ltd.
地址(Add):上海市漕宝路103号自动化仪表城5号楼1-3层
邮编(P. C.):200233
电话(Tel):021-64753228
传真(Fax):021-61212444
联系人(Contact Person):施伟
产品业务(Business):张力控制器等自动化设备

霓达传动带(上海)有限公司
Nitta Driving Belt (Shanghai) Co., Ltd.
地址(Add):上海市漕河泾新兴技术开发区宜山路889号上海齐来工业城内3号楼3楼E
邮编(P. C.):200233
电话(Tel):021-64953402
传真(Fax):021-64953437
E-mail:sh_isoda@nitta.com.cn
Http://www.nitta.com.cn
总经理(General Manager):矶田修一
联系人(Contact Person):袁孝海
产品业务(Business):传动皮带

上海上得工业自动化设备有限公司
Shanghai Shangde Industry Automation Equipment Co., Ltd.
地址(Add):上海市古美路377弄15号602室
邮编(P. C.):201102
电话(Tel):021-54809302,3
传真(Fax):021-54809301
总经理(General Manager):金军
产品业务(Business):经销传动带、输送带、电气仪表

上海七O四研究所
Shanghai Marine Equipment Research Institute
地址(Add):上海市衡山路10号
邮编(P. C.):200031
电话(Tel):021-64726137
传真(Fax):021-64726137
联系人(Contact Person):卫少克
产品业务(Business):输送带

上鹤自动化仪器设备(上海)有限公司
Accom Automatic Instrument & Equipment (Shanghai) Co., Ltd.
地址(Add):上海市嘉定区福海路1055号2号楼底层东
邮编(P. C.):201821
电话(Tel):021-69524081
传真(Fax):021-69523759
E-mail:accom@bizmail.com.tw
Http://www.accom.com.tw
联系人(Contact Person):朱惠忠
产品业务(Business):输送系统

上海日昕工贸有限公司
Shanghai Suntech Industry & Trading Co., Ltd.
地址(Add):上海市临平路333号1座1205室
邮编(P. C.):200086
电话(Tel):021-53935500
传真(Fax):021-53935018
E-mail:suntech@public7.sta.net.cn
Http://www.re-spa.it
联系人(Contact Person):韩梅
产品业务(Business):专用于妇女卫生巾、纸尿裤、卫生纸生产线的:意大利威牌电子对边系统、电子张力控制器,德国产特种防粘胶带,用于检测基材的德国产表面张力测试笔,台湾气涨轴、气涨夹头

上海茂欣传动带厂
Shanghai Maoxin Driving Belt Plant
地址(Add):上海市南汇区下沙镇工业区梅园
邮编(P. C.):201317
电话(Tel):021-58140220
传真(Fax):021-58140220
总经理(General Manager):庾南昌
产品业务(Business):生产各种同步带,代理进口传动带

上海高晶金属探测设备有限公司
Shanghai Gaojing Metal Detector Equipments Co., Ltd.
地址(Add):上海市平凉路2716号8号楼4楼
邮编(P. C.):200090
电话(Tel):021-65688831
传真(Fax):021-65685250
E-mail:jhitech@vip.sina.com
Http://www.gaojing.com.cn
总经理(General Manager):吴家荣
产品业务(Business):餐巾纸等产品及造纸原料的金属检测

上海晓全机械自动化有限公司
Shanghai Xiaoquan Automation Machine Co., Ltd.

地址(Add):上海市七莘路2855弄85号102
邮编(P.C.):201101
电话(Tel):021-64781236
传真(Fax):021-54866216
E-mail:auto_xiaoquan@163.com
联系人(Contact Person):王明荣
产品业务(Business):进口输送带,传动带

上海富永精密机械有限公司
Shanghai Tominaga Precision Industries Co., Ltd.
地址(Add):上海市青浦区华新镇白马塘1路
邮编(P.C.):201705
电话(Tel):021-59773606
传真(Fax):021-59773256
E-mail:tominaga@126.com
法人代表(Chairman):秦拥军
联系人(Contact Person):陈文华
产品业务(Business):妇女卫生巾、卫生护垫、纸尿裤自动封口机,卫生护垫自动理片数片机

上海亚泰仪表有限公司
Shanghai Yatai Instruments Co., Ltd.
地址(Add):上海市四川北路1851号荣欣大厦8F
邮编(P.C.):200081
电话(Tel):021-51053130
传真(Fax):021-51053123
E-mail:yatai@yatai.sh.cn
Http://www.yatai.sh.cn
联系人(Contact Person):徐健
产品业务(Business):卫生用品设备用仪器、仪表

上海科力传动机械有限公司
Shanghai Keli Transmission Parts Machinery Co.,Ltd.
地址(Add):上海市延安西路1448弄1号华融国际大厦5楼C座
邮编(P.C.):200052
电话(Tel):021-32260336-802
传真(Fax):021-52581300
E-mail:market@transmission-parts.com
Http://www.transmission-parts.com
联系人(Contact Person):洪云
产品业务(Business):同步带轮,轴套,链轮

Delta Neu 中国联络处
Delta Neu China Office
地址(Add):上海市杨逸路84号甲(殷高西路700号内)
邮编(P.C.):200439
电话(Tel):021-56885407
传真(Fax):021-56885408
E-mail:zyq@shannover.com
Http://www.shannover.com
总经理(General Manager):张晏琦
产品业务(Business):工业除尘设备

上海采恩机械科技有限公司
Shanghai Caien Machinery & Science Co., Ltd.
地址(Add):上海市中山北路158号301室
邮编(P.C.):200071
电话(Tel):021-66601731
传真(Fax):021-66606731
E-mail:zhangyu@caien.com.cn
Http://www.caien.com.cn
联系人(Contact Person):张羽
产品业务(Business):输送带,网带

上海高知尾崎贸易有限公司
OSAKI CORPORATION
地址(Add):上海市中山西路933号虹桥银城1807-8室
邮编(P.C.):200051
电话(Tel):021-51113491
传真(Fax):021-51113584
E-mail:gracy_2425@hotmail.com
Http://www.kkosaki.co.jp
联系人(Contact Person):项莹
产品业务(Business):传送带,轴承

河北省安平勤业金属丝网厂驻常州办事处
Anping Qinye Metal Wire Changzhou Office
地址(Add):江苏省常州市博爱路121号A区1073号
邮编(P.C.):213003
电话(Tel):0519-8112987
联系人(Contact Person):赵建麦
产品业务(Business):不锈钢网,铜网,输送网

常州市达力塑料机械有限公司
Changzhou Dali Plastics Machinery Co., Ltd.
地址(Add):江苏省常州市常戚路3号桥西堍
邮编(P.C.):213013
电话(Tel):0519-8812082
传真(Fax):0519-8257527
E-mail:info@cz-jf.com
Http://www.cz-jf.com
法人代表(Chairman):许国平
总经理(General Manager):许国平
联系人(Contact Person):钱瑛
产品业务(Business):PE、PP单层与多层流延膜机系列产品,各种压花辊,聚丙烯纺粘非织造布生产线

常州市东风卫生机械设备制造厂
Changzhou Dongfeng Sanitary Machinery Equipment Manufacture Factory
(详见一次性卫生用品生产设备)

常州永盛包装有限公司
Changzhou Yongsheng Packing Co., Ltd.
(详见热熔胶机)

江苏省常州市鑫祥机械厂
Jiangsu Changzhou Xinxiang Machinery Plant
地址(Add):江苏省常州市青龙镇青洋南路1号
邮编(P.C.):213021
电话(Tel):0519-5503929
传真(Fax):0519-5501268
总经理(General Manager):陆产根
产品业务(Business):塑料挤出拉丝机

江阴市南闸特种胶带有限公司
Jiangyin Nanzha Specialty Belt Co., Ltd.
地址(Add):江苏省江阴市南闸镇蔡泾村
邮编(P.C.):214405
电话(Tel):0510-6181860
传真(Fax):0510-6171288

Http://www.tzjiaodai.com
总经理(General Manager):沈明玉
产品业务(Business):输送带,同步带,胶辊

金湖县绝缘制品厂
Jinhu Insulating Products Plant
地址(Add):江苏省金湖县城跃进路9号(党校院内)
邮编(P.C.):211600
电话(Tel):0517-6882383
传真(Fax):0517-6882383
法人代表(Chairman):潘育友
联系人(Contact Person):路兰成
产品业务(Business):妇女卫生巾机械设备、非织造布机械设备用电刷、集电环,高压绝缘材料环氧树脂板、棒、管、异型加工上述材料

金湖县金桥机械配件厂
Jinhu Jinqiao Machinery Fittings Plant
地址(Add):江苏省金湖县黎城路31号
邮编(P.C.):211600
电话(Tel):0517-6898047
传真(Fax):0517-6898047
总经理(General Manager):任桂勤
产品业务(Business):妇女卫生巾机械差速器及零部件

南京安顺自动化装备有限公司
Nanjing Ascent Automatic Equipment Co., Ltd.
地址(Add):江苏省南京市和燕路295号二层
邮编(P.C.):210028
电话(Tel):025-85391307
传真(Fax):025-85391300
E-mail:chinaascent@yahoo.com.cn
Http://www.ascent-cn.com
联系人(Contact Person):周强
产品业务(Business):薄膜分切机,挤出机

南京成灿科技有限公司/南京成顺和喷码机技术有限公司
Nanjing Transic Technology Co., Ltd.
地址(Add):江苏省南京市双龙街8号(江苏化工机械研究所院内)
邮编(P.C.):210012
电话(Tel):025-52646570
传真(Fax):025-52642918
E-mail:transic@163.com
Http://www.transic.com.cn
联系人(Contact Person):尤文
产品业务(Business):喷码机

江苏省泰州市高港区金海吊具制造厂
Taizhou Gaogang Jinhai Crane Plant
地址(Add):江苏省泰州市滨江工业园区合乐东七
邮编(P.C.):225321
电话(Tel):0523-5685694
传真(Fax):0523-6915694
联系人(Contact Person):朱其彪
产品业务(Business):同步带,输送带

泰州市高港区祥盛传动带厂
Taizhou Gaogang Xiangsheng Drivingbelt Plant
地址(Add):江苏省泰州市刁铺圩岸南庄55号
电话(Tel):0523-6163526
传真(Fax):0523-6163526
联系人(Contact Person):吴祥
产品业务(Business):同步带,输送带

泰州市保力工业皮带有限公司
Taizhou Baoli Belt Co., Ltd.
地址(Add):江苏省泰州市刁铺镇圩岸北路19号
邮编(P.C.):225323
电话(Tel):0523-6161832
传真(Fax):0523-6166588
E-mail:info@bao-li.cn
Http://www.bao-li.cn
联系人(Contact Person):吴来贵
产品业务(Business):同步齿形带,尼龙片基平带,输送网带,无极变速带,特种双面齿同步带(妇女卫生巾集绒机专用)

泰州市泰丰胶带有限公司
Taizhou Taifeng Rubber Co., Ltd.
地址(Add):江苏省泰州市刁铺镇许河路5号
邮编(P.C.):225323
电话(Tel):0523-6160178
传真(Fax):0523-6160178
联系人(Contact Person):杨云网
产品业务(Business):运输带,同步带,妇女卫生巾网带

泰州兴泰传动带厂
Taizhou Xingtai Driving Belt Factory
地址(Add):江苏省泰州市高港区刁铺圩岸
邮编(P.C.):225323
电话(Tel):0523-6165855
传真(Fax):0523-6161048
联系人(Contact Person):蔡云斌
产品业务(Business):同步齿形带,尼龙片基带,妇女卫生巾尼龙网带,变速带

泰州市天力吊装传动设备有限公司
Taizhou Tianli Hoisting & Driving Equipment Co., Ltd.
地址(Add):江苏省泰州市高港区口岸工业区
邮编(P.C.):225321
电话(Tel):0523-6968766
传真(Fax):0523-6968918
联系人(Contact Person):朱留俊
产品业务(Business):各种工业传送带

泰州市高港区韩氏带业有限公司
Taizhou Gaogang Hanshi Belt Co., Ltd.
地址(Add):江苏省泰州市口岸镇柴墟东路2号
邮编(P.C.):225321
电话(Tel):0523-6914089
传真(Fax):0523-6914189
联系人(Contact Person):韩继荣
产品业务(Business):同步带,输送带

无锡新欣真空设备有限公司
Wuxi Xinxin Vacuum Equipment Co., Ltd.
地址(Add):江苏省无锡市惠山区藕塘北路150号
邮编(P.C.):214153
电话(Tel):0510-3291149
传真(Fax):0510-3291257
E-mail:zksb@xxzksb.com

Http://www. xxzksb. com
联系人(Contact Person):浦伯良
产品业务(Business):用于妇女卫生巾设备、纸尿裤设备、纸加工设备等的气泵

无锡市金城应用电子仪器厂
Wuxi Jincheng Appliance Electronic Instrument Factory
地址(Add):江苏省无锡市扬名工业园C区38号
邮编(P. C.):214024
电话(Tel):0510－5759594
传真(Fax):0510－5407028
联系人(Contact Person):冯兴坤
产品业务(Business):静电消除器

徐工亚特包装机械制造有限公司
Xuzhou Yate Packing Machinery Co., Ltd.
地址(Add):江苏省徐州市东三环路经济开发区淮海工业园－6号
邮编(P. C.):221007
电话(Tel):0516－7778992
传真(Fax):0516－7778992
联系人(Contact Person):吴同胜
产品业务(Business):压纹流延膜机组,压纹薄膜打孔膜机,流延压纹透气膜机组

镇江市南方胶带制造公司(南方胶带厂)
Zhenjiang Nanfang Adhesive Tape Making Co.
地址(Add):江苏省扬中市新坝镇
邮编(P. C.):212211
电话(Tel):0511－8411470
传真(Fax):0511－8411470
联系人(Contact Person):文成国
产品业务(Business):同步带

张家港市世奇机械制造有限公司
Zhangjiagang Shiqi Machinery Co., Ltd.
(详见一次性卫生用品生产设备)

宁波伏龙同步带有限公司
Ningbo Fulong Synchronous Belt Co., Ltd.
地址(Add):浙江省慈溪市龙山镇
邮编(P. C.):315311
电话(Tel):0574－63780049
传真(Fax):0574－63781500
E-mail:fldb@ public. cx. nbptt. zj. cn
Http://www. fulong－drivingbelt. com
法人代表(Chairman):林胤
联系人(Contact Person):张永春
产品业务(Business):工业同步带,多楔带,同步带轮

上海伏龙同步带有限公司
Shanghai Fulong Synchronous Belt Co., Ltd.
地址(Add):上海市陕西北路1283弄9号玉城大厦7层
邮编(P. C.):200060
电话(Tel):021－62668555
传真(Fax):021－62988111
E-mail:service@ fulong－belt. com
Http://www. fulong－belt. com
联系人(Contact Person):陈志良

慈溪市广合同步带轮有限公司
Cixi Guanghe Synchronous Belt Co., Ltd.
地址(Add):浙江省慈溪市三北镇田央工业开发区
邮编(P. C.):315331
电话(Tel):0574－63738808
传真(Fax):0574－63738809
Http://www. gh－pulley. com
联系人(Contact Person):陈伟达
产品业务(Business):同步带,同步带轮,多楔带

杭州市博佳五金机械有限公司
Hangzhou Bojia Metals Engine Co., Ltd.
地址(Add):浙江省杭州市萧山戴村工业园区
邮编(P. C.):311261
电话(Tel):0571－82271827
传真(Fax):0571－82271827
联系人(Contact Person):洪届
产品业务(Business):卫生用品机械用轴辊,刀具

慈溪恒力同步带轮有限公司
Cixi Hengli Synchronous Belt Wheel Co., Ltd.
地址(Add):浙江省宁波市慈溪市龙山镇
邮编(P. C.):315311
电话(Tel):0574－63781777
传真(Fax):0574－63783838
总经理(General Manager):陆国平
联系人(Contact Person):厉晓明
产品业务(Business):氯丁橡胶同步带、同步带轮、多楔带

宁波市北郊机械变速器厂
Ningbo Beijiao Machinery Gearbox Manufacturer
地址(Add):浙江省宁波市庄市双桥
邮编(P. C.):315211
电话(Tel):0574－87608606
传真(Fax):0574－87608078
E-mail:nbjixiebiansu@ nbjixiebiansu. com
Http://www. nbtiaosu. com
法人代表(Chairman):陈连胜
联系人(Contact Person):陈连胜
产品业务(Business):变速器,减速器

瑞安市新大自封袋设备有限公司
Xinda Self－Seal Bags Equipment Co., Ltd.
地址(Add):浙江省瑞安市机场路飞云交警中队后面
邮编(P. C.):325200
电话(Tel):0577－65815333
传真(Fax):0577－65601665
E-mail:gcxd@ wxptt. zj. cn
Http://www. ruianxinda. com
法人代表(Chairman):郭小德
产品业务(Business):自封袋机,妇女卫生巾包装袋成型设备

瑞安市先锋包装机械厂
Xianfeng Packaging Machinery Factory
地址(Add):浙江省瑞安市巾子山路170号
邮编(P. C.):325200
电话(Tel):0577－65603185
传真(Fax):0577－65609185
联系人(Contact Person):陈瑞云
产品业务(Business):制袋机

瑞安市博鑫包装设备厂
Boxin Packaging Equipment Factory
地址(Add):浙江省瑞安市锦湖北路红旗中学旁
邮编(P. C.):325200
电话(Tel):0577-65665466
传真(Fax):0577-65665466
联系人(Contact Person):胡建一
产品业务(Business):妇女卫生巾包装制袋机,纸塑复合设备

浙江省瑞安市三联包装机械厂
Zhejiang Ruian Sanlian Packing Machine Factory
地址(Add):浙江省瑞安市上望林西林雅路209号
邮编(P. C.):325200
电话(Tel):0577-65517261
传真(Fax):0577-65511697
E-mail:sl@ sanlianchina. com
Http://www. sanlianchina. com
总经理(General Manager):林光青
产品业务(Business):妇女卫生巾包装制袋机

瑞安市强大印刷机械有限公司
Qiangda Printing Machinery Co., Ltd.
地址(Add):浙江省瑞安市上望镇林东工业区
邮编(P. C.):325206
电话(Tel):0577-65516799
传真(Fax):0577-65516078
E-mail:qiangda8@ mail. wzptt. zj. cn
Http://www. chinaqdyj. com
产品业务(Business):印刷机,妇女卫生巾立体袋插边机,制袋机

瑞安市长城印刷包装机械有限公司
Changcheng Printing & Packaging Machinery Co., Ltd.
地址(Add):浙江省瑞安市沿江西路140号
邮编(P. C.):325200
电话(Tel):0577-65664869
传真(Fax):0577-65663953
E-mail:ccjx88@ mail. wzptt. zj. cn
Http://www. china-changcheng. com
法人代表(Chairman):钱齐鸣
总经理(General Manager):项锡林
产品业务(Business):印刷机,妇女卫生巾立体袋插边机,制袋机

浙江三维橡胶制品有限公司
Zhejiang Sanwei Rubber Products Co., Ltd.
地址(Add):浙江省三门沙田洋开发区
邮编(P. C.):317100
电话(Tel):0576-3371778
传真(Fax):0576-3371590
联系人(Contact Person):吴善林
产品业务(Business):输送带

浙江省三门县春光同步带厂
Sanmen Chunguang Synchronous Belt Wheel Plant
地址(Add):浙江省三门县高枧
邮编(P. C.):317102
电话(Tel):0576-3118280
传真(Fax):0576-3117071
法人代表(Chairman):叶继挺
联系人(Contact Person):郑汉
产品业务(Business):同步带,平皮带,带轮

浙江天台夸父聚酯网带厂
Tiantai Kuafu Polyester Belt Factory
地址(Add):浙江省天台县城关县前路1号
邮编(P. C.):317200
电话(Tel):0576-3829006
传真(Fax):0576-3889544
联系人(Contact Person):俞卫平
产品业务(Business):输送网带

浙江省天台县耐克输送网带厂
Zhejiang Tiantai Naike Mesh Conveyer Belt Factory
地址(Add):浙江省天台县平桥镇始丰中路12-50号
邮编(P. C.):317203
电话(Tel):0576-3662062
传真(Fax):0576-3668811
E-mail:ttnaike@ 126. com
Http://www. ttnaike. com
法人代表(Chairman):俞方平
联系人(Contact Person):俞方平
产品业务(Business):各种聚酯轻型输送网带

余姚市华兴同步带轮厂
Yuyao Huaxing Synchronous Belt Wheel Factory
地址(Add):浙江省余姚市马渚东二路128号
邮编(P. C.):315450
电话(Tel):0574-62460388
传真(Fax):0574-62460399
总经理(General Manager):沈华苗
联系人(Contact Person):沈勇
产品业务(Business):同步带

余姚市宏欣同步带轮有限公司(余姚市凯嘉同步带轮厂)
Yuyao Hongxin Synchronous Belt Wheel Co., Ltd.
地址(Add):浙江省余姚市牟山镇工业园区
邮编(P. C.):315456
电话(Tel):0574-62498377
传真(Fax):0574-62498448
E-mail:kaijia@ dailun. com
Http://www. dailun. com
法人代表(Chairman):李华东
总经理(General Manager):李华东
联系人(Contact Person):李华东
产品业务(Business):带轮,同步带,五金件,齿轮,链轮,模具

三明市普诺维机械有限公司
Sanming PNW Machinery Co., Ltd.
地址(Add):福建省三明市瑞云新区高源工业园
邮编(P. C.):365009
电话(Tel):0598-8365699
传真(Fax):0598-8365689
法人代表(Chairman):郭尚接
总经理(General Manager):郭尚接
联系人(Contact Person):李玲玲
产品业务(Business):绒毛浆粉碎机,各类旋切刀辊刀架

厦门市立克传动科技有限公司
Xiamen Like Drive Science & Technology Co., Ltd.

地址(Add):福建省厦门市后埭溪路28号皇达大厦15楼N单元
邮编(P.C.):361004
电话(Tel):0592-5185498
传真(Fax):0592-5187883
E-mail:like@likedrive.com
Http://www.likedrive.com
联系人(Contact Person):江绍伟
产品业务(Business):纠偏控制系统

科力士(厦门)仪器有限公司
Corelex (Xiamen) Equipments Co., Ltd.
地址(Add):福建省厦门市火炬高技术产业开发区中桥科技大厦六楼
邮编(P.C.):361000
电话(Tel):0592-5185498
传真(Fax):0592-5187883
联系人(Contact Person):赵优亮
产品业务(Business):纠偏控制系统

厦门市天一精密机械有限公司
Xiamen Tianyi Precision Machinery Co., Ltd.
地址(Add):福建省厦门市火炬高科技园创新2路46号
邮编(P.C.):361006
电话(Tel):0592-5701010
传真(Fax):0592-5702020
联系人(Contact Person):任培坚
产品业务(Business):喷码机,热打码机

青岛众和机械制造有限公司
Qingdao Zhonghe Machinery Co., Ltd.
(详见湿巾设备)

山东博山真空泵厂有限公司
Shandong Boshan Vacuum Pump Plant Co., Ltd.
地址(Add):山东省淄博市博山区白塔镇
邮编(P.C.):255202
电话(Tel):0533-4686588
传真(Fax):0533-4682109
Http://www.boweivacuum.com
联系人(Contact Person):闫强
产品业务(Business):真空泵

郑州精艺花辊制造有限公司
Zhengzhou Jingyi Embossing Roller Manufacture Co., Ltd.
(详见卫生纸机和加工设备相关器材配件)

佛山市万田塑料有限公司
Foshan Wantian Plastic Co., Ltd.
(详见PE流延膜)

佛山市万嘉塑胶有限公司
Foshan Wanjia Plastic Co., Ltd.
(详见PE流延膜)

佛山市城区洪峰五金机械厂
Foshan Chengqu Hongfeng Hardware Machinery Plant
地址(Add):广东省佛山市忠义路南北大道新一工业区3区之二
邮编(P.C.):528000
电话(Tel):0757-83267794
传真(Fax):0757-83267794
E-mail:sale@fs-hf.com
Http://www.fs-hf.com
总经理(General Manager):许晓峰
产品业务(Business):薄膜碎粒机,薄膜分切机

广州广机工业皮带有限公司
G & M Industrial Belting Co., Ltd.
地址(Add):广东省广州市东山区太和岗路16-18号越秀工业区B栋4楼
邮编(P.C.):510070
电话(Tel):020-87651668
传真(Fax):020-87684409
E-mail:belting@public.guangzhou.gd.cn
Http://www.gmbelting.yeah.net
法人代表(Chairman):肖亮
联系人(Contact Person):黄秀芳
产品业务(Business):经营代理欧、美、日等名厂系列传动皮带和输送皮带,兼营轴承、油封等工业配件
上海分公司
地址(Add):上海市柳营路610号6楼
邮编(P.C.):200070
电话(Tel):021-56310811
传真(Fax):021-56721338

武汉科盛工业器材有限公司
Wuhan Kesheng Industrial Equipment Co., Ltd.
地址(Add):湖北省武汉市江汉经济开发区江旺路6号创业中心附楼四楼
邮编(P.C.):430034
电话(Tel):027-83560612
传真(Fax):027-83560619
E-mail:wufordata@sina.com
联系人(Contact Person):肖陵阳
产品业务(Business):代理进口工业皮带

中南科达机械工程有限公司
Fordata Engineering Co., Ltd.
地址(Add):广东省广州市番禺区市桥东环路120号
邮编(P.C.):511400
电话(Tel):020-84894125
传真(Fax):020-84873239
联系人(Contact Person):黄清
产品业务(Business):代理进口工业皮带

广州亿信达工业配件有限公司
Guangzhou YXD Industrial Components Ltd.
地址(Add):广东省广州市黄埔大道中153号502室(东成花苑)
邮编(P.C.):510630
电话(Tel):020-85675142
传真(Fax):020-85675117
E-mail:yxd@21cn.net
法人代表(Chairman):黄砺
联系人(Contact Person):蓝青
产品业务(Business):代理进口工业皮带、轴承、密封件

广州伊珈尔通用设备有限公司
Guangzhou E+L Universal Equipments Co., Ltd.
地址(Add):广东省广州市天河区桃园中路323号403室

邮编(P. C.):510660
电话(Tel):020 - 32061201
传真(Fax):020 - 32061203
E-mail:alexwang@ elchina. cn
Http://www. elchina. cn
总经理(General Manager):王浩
产品业务(Business):代理销售德国 E + L 纠偏器

广州贝晓德传动配套有限公司
Guangzhou BST Co., Ltd.
地址(Add):广东省广州市先烈中路 65 号东山广场东楼 1202 室
邮编(P. C.):510095
电话(Tel):020 - 87322396
传真(Fax):020 - 87320623
E-mail:bst@ bstchina. com
Http://www. bstchina. com
法人代表(Chairman):黄葆钧
联系人(Contact Person):黄葆钧
产品业务(Business):代理销售德国 BST 纠偏器,美国 MERCOTAC 旋转接头(集电环)

珠海伟迪捷电子有限公司
Zhuhai S. E. Z. Videojet Electronics Ltd.
地址(Add):广东省珠海市三灶科技工业园星汉路 8 号
邮编(P. C.):519040
电话(Tel):0756 - 7512800
传真(Fax):0756 - 7512858
E-mail:zhwillett@ pub. zhuhai. gd. cn
Http://www. videojet. com. cn
法人代表(Chairman):Sam Dajani
联系人(Contact Person):梁林
产品业务(Business):喷墨式喷码机及相关耗材、配件

● 湿巾设备 Wet wipes machine

Paper Converting Machine Company
美国纸产品加工机器公司(PCMC)
(详见卫生纸加工设备)

Elsner Engineering Works, Inc.
美国爱思诺机械制造有限公司
地址(Add):475 Fame Avenue Hanover, Pennsylvania 17331 USA
电话(Tel):1 - 717 - 6375991
传真(Fax):1 - 717 - 6337100
E-mail:eew@ elsnereng. com
Http://www. elsnereng. com
产品业务(Business):干/湿巾折叠、复卷机,及桶式、盒式等包装机

ILAPAK International S. A.
瑞士 ILAPAK 公司
地址(Add):P. O. box 756 Ch - 6916 Grancia (Lugano) Switzerland
电话(Tel):41 - 91 - 9605900
传真(Fax):41 - 91 - 9605992
E-mail:fbabolin@ ilapak. com
Http://www. ilapak. com
联系人(Contact Person):Francesco Babolin
产品业务(Business):湿巾包装机

Fameccanica Data S. p. A.
意大利发明家设备公司
(详见一次性卫生用品生产设备)

Iman Pack S. p. A
意大利英曼包装公司
地址(Add):via Lago di Bolsena, 19 - 36015 Schio (VI), Italy
电话(Tel):39 - 0445 - 578811
传真(Fax):39 - 0445 - 575111
E-mail:info@ imanpack. it
Http://www. imanpack. it
产品业务(Business):湿巾包装机
亚洲有限公司
地址(Add):上海市浦东金桥出口加工区宁桥路 755 号
邮编(P. C.):201206
电话(Tel):021 - 58991035
传真(Fax):021 - 58991631
E-mail:imanpack@ imanpack. com. cn
总经理(General Manager):Moacir Goncalues
联系人(Contact Person):张卿

台湾智琦机械工业股份有限公司
Astute Machine Industry Co., Ltd.
(详见一次性卫生用品生产设备)

九亿兴业有限公司
Joiepack Industrial Co., Ltd.
地址(Add):台湾彰化县北斗镇四海路一段 81 号
电话(Tel):886 - 755 - 81804112
传真(Fax):886 - 755 - 25489149
法人代表(Chairman):王慧君
产品业务(Business):湿巾包装机,卷筒型单片湿巾全自动包装机,扁平型湿巾全自动制造包装机

特艺佳国际有限公司
Tech. Vantage International Ltd.
(详见卫生纸加工设备)

保定市华光机械有限公司
Baoding Huaguang Machinery Co., Ltd.
(详见卫生纸加工设备)

上海松川远亿机械设备有限公司
Shanghai Soontrue Machinery Equipment Co., Ltd.
地址(Add):上海市青浦工业园新区路 1501 号
邮编(P. C.):201700
电话(Tel):021 - 69213288
传真(Fax):021 - 69213157
Http://www. soontrue. com
法人代表(Chairman):黄松
联系人(Contact Person):黄伟
产品业务(Business):湿毛巾、湿巾、纸手帕产品的自动包装机

连云港新浦区恒信无纺布设备厂
Lianyungang Xinpu Hengxin Nonwovens Machinery Factory
地址(Add):江苏省连云港市新浦区海连西路 42 号

邮编(P. C.):222000
电话(Tel):0518 - 2691138
传真(Fax):0518 - 5407555
E-mail:w0518@ mail. china. com
Http://158. 55000. net
联系人(Contact Person):孙光辉
产品业务(Business):湿巾机,湿巾折叠机,湿巾包装机,面巾纸折叠机,分切复卷打孔机

嘉兴市经开奇星机械制造厂
Jiaxing Jingkai Qixing Machinery Factory
(详见卫生纸加工设备)

瑞安市三环机械有限公司
Ruian Sanhuan Machinery Co., Ltd.
地址(Add):浙江省瑞安市南岸瑞平北路 63 号
邮编(P. C.):325207
电话(Tel):0577 - 65565157
传真(Fax):0577 - 65565541
总经理(General Manager):袁国森
联系人(Contact Person):陈建国
E-mail:ygs@ cn - sanhuan. com
Http://www. cn - sanhuan. com
产品业务(Business):湿巾包装机

浙江省嵊州市鸿达机械有限公司
Zhejiang Shengzhou Hongda Machinery Co., Ltd.
(详见纸餐具设备)

福州兴创轻工机械技术开发有限公司
Fuzhou Xingchuang Light Industry Machinery Technology Development Co., Ltd.
地址(Add):福建省福州市铜盘路 21 号 307
邮编(P. C.):350003
电话(Tel):0591 - 87855543
传真(Fax):0591 - 87829330
总经理(General Manager):赖雪月
联系人(Contact Person):林一士
产品业务(Business):消毒湿巾机

泉州市鲤城黄石机械有限公司
Quanzhou Licheng Huangshi Machinery Co., Ltd.
(详见一次性卫生用品生产设备)

泉州大昌纸品机械制造有限公司
Dachang Paper Machine Manufacture Co., Ltd.
地址(Add):福建省泉州市鲤城区浮桥工业区
邮编(P. C.):362005
电话(Tel):0595 - 22465662
传真(Fax):0595 - 22465663
E-mail:Dachang@ pub2. qz. fj. cn
Http://www. qzdachang. cn
法人代表(Chairman):吴振昌
联系人(Contact Person):吴炳文
产品业务(Business):湿巾机

青岛众和机械制造有限公司
Qingdao Zhonghe Machinery Co., Ltd.
地址(Add):山东省青岛市四方区舞阳路 11 号
邮编(P. C.):266042
电话(Tel):0532 - 84968089
传真(Fax):0532 - 84861062
E-mail:lizhenhua@ 163. com
Http://www. sunm. cn
联系人(Contact Person):李振华
产品业务(Business):湿巾包装机,妇女卫生巾包装机

陆丰机械(郑州)有限公司
Ru Fong Machinery (Zhengzhou) Co., Ltd.
地址(Add):河南省新郑市双湖开发区中山路中段
邮编(P. C.):451191
电话(Tel):0371 - 62567158
传真(Fax):0371 - 62567189
E-mail:rf@ rufong. com
Http://www. rufong. com
法人代表(Chairman):刘螺
联系人(Contact Person):龚春阳
产品业务(Business):湿巾包装机,卷筒卫生纸自动包装机

● 干法纸设备 Airlaid pulp nonwovens machine

M&J Fibretech a/s
丹麦 M&J 公司
地址(Add):Vejlevej 3 DK - 8700 Horsens, Denmark
电话(Tel):45 - 75 - 646200
传真(Fax):45 - 75 - 645900
E-mail:psc@ mjfibre. dk
Http://www. mjfibre. com
法人代表(Chairman):Henning Skov Jensen
总经理(General Manager):Peter Schnell
产品业务(Business):干法纸机

Dan-Webforming Int. A/S
丹麦 Dan-Web 公司
地址(Add):Bryggervej21, DK - 8240 Risskov, Aarhus Denmark
电话(Tel):45 - 87439500
传真(Fax):45 - 87439595
E-mail:dwi@ dan - web. com
Http://www. dan - web. com
产品业务(Business):干法纸设备

Fleissner GmbH & Co.
德国福来司拿纺织机械制造有限公司
地址(Add):Wolfsgartenstr. 6, 63329 Egelsbach, Germany
电话(Tel):49 - 6103 - 4010
传真(Fax):49 - 6103 - 401440
E-mail:info@ fleissner. de
Http://www. fleissner. de
产品业务(Business):热风穿透干燥系统,TAD 烘缸
北京代表处
地址(Add):北京市朝阳区亮马桥路 50 号燕莎中心写字楼 C310A
邮编(P. C.):100016
电话(Tel):010 - 64651040
传真(Fax):010 - 64651042
E-mail:fbj01@ 263. net
联系人(Contact Person):鄢桂芳

丹东市丰蕴机械厂

Dandong Fengyun Machinery Factory
地址(Add):辽宁省丹东市四道沟
邮编(P. C.):118008
电话(Tel):0415 - 6152568
传真(Fax):0415 - 6157666
E-mail:thzzp - 788@163. com
法人代表(Chairman):曲丰蕴
总经理(General Manager):曲丰蕴
联系人(Contact Person):熊德凤
产品业务(Business):FWA 型干法纸生产线,高性能粉碎机组(适用于妇女卫生巾、纸尿裤生产线的浆板粉碎系统),妇女卫生巾包装机

丹东北方机械有限公司
Dandong Beifang Machinery Co., Ltd.
(详见一次性卫生用品生产设备)

洁新干法造纸机械厂
Jiexin Airlaid Products Machinery Factory
地址(Add):广东省揭东县新亨镇埔东工业区
邮编(P. C.):515548
电话(Tel):0663 - 3434888
传真(Fax):0663 - 3431999
E-mail:jiexin_999@163. com
Http://www. jiexin. com. cn
法人代表(Chairman):陈建辉
联系人(Contact Person):陈潮芬
产品业务(Business):干法造纸机械成套设备,干法纸分切机

瑞典伊洛夫汉森公司上海代表处
Elof Hansson AB Shanghai Office
地址(Add):上海市延安西路65号国际贵都大饭店办公楼705室
邮编(P. C.):200040
电话(Tel):021 - 62482415
传真(Fax):021 - 62483314
E-mail:wanxlehc@online. sh. cn
Http://www. elof - hansson. se
联系人(Contact Person):王欢
产品业务(Business):代理丹麦 Dan - Web 公司干法纸机

江苏常州施安卫生用品有限公司
Changzhou Shian Articles for Daily Use Co., Ltd.
(详见干法纸)

南京陶雨工贸实业有限公司
Nanjing Taoyu Trading Co., Ltd.
(详见干法纸)

宁波市奇兴无纺布有限公司
Ningbo Qixing Nonwovens Co., Ltd.
(详见非织造布)

平顶山市大宏纤维制品有限公司
Pingdingshan Dahong Fibrous Products Co., Ltd.
(详见干法纸)

嘉翰实业(通山)轻工机械有限公司
Expansion Industry (Tongshan) Light Industry Machinery Co., Ltd.
(详见卫生纸机)

华成纸品有限公司
Huacheng Paper Products Co., Ltd.
地址(Add):湖北省武汉市武昌区徐东小区74号
邮编(P. C.):430063
电话(Tel):027 - 86728795
传真(Fax):027 - 86728795
E-mail:h - huacheng@126. com
Http://www. h - huacheng. ebigchina. com
联系人(Contact Person):罗干高
产品业务(Business):干法纸机,干法纸,湿巾,餐巾纸,厨房纸巾,工业擦拭纸

● 非织造布设备 Nonwovens machine

NEUMAG / SAURER
纽马格公司
地址(Add):Zweigniederlassung der Saurer GmbH & Co. KG Christianstrasse 168 - 170 D - 24536 Neumünster
电话(Tel):49 - 0 - 43213050
传真(Fax):49 - 0 - 4321305212
E-mail:info@neumag. com
Http://www. neumag. com
产品业务(Business):纺粘非织造布生产线。纽马格公司下属子公司有丹麦 M&J 公司、KORTEC 公司等。

欣汛无纺贸易公司
Winson Nonwovens Trading Co.
地址(Add):香港筲箕湾道 30 - 36 号捷利商业大厦 18 楼 04 室
电话(Tel):852 - 21109890
传真(Fax):852 - 81430025
E-mail:winson@hktrade. com
总经理(General Manager):许郁荣
产品业务(Business):经销非织造布设备、零配件

沈阳航发科技实业总公司
Sedriscience & Technology Industrial Corporation
地址(Add):辽宁省沈阳市沈河区万莲路一号
邮编(P. C.):110015
电话(Tel):024 - 24281306
传真(Fax):024 - 24281777
E-mail:office@606r - d. com. cn
Http://www. 606r - d. com. cn
产品业务(Business):热轧非织造布生产设备

常熟市飞龙无纺设备有限公司
Changshu Feilong Nonwoven Equipments Co., Ltd.
地址(Add):江苏省常熟市任阳镇
邮编(P. C.):215539
电话(Tel):0512 - 52581505
传真(Fax):0512 - 52583888
E-mail:info@feilongcn. com
Http://www. feilongcn. com
法人代表(Chairman):韩雪龙
联系人(Contact Person):俞瑞亚
产品业务(Business):水刺、热轧、热风非织造布生产线

常熟市天力无纺设备有限公司
Changshu Tianli Nonwovens Equipment Co., Ltd.
地址(Add):江苏省常熟市任阳镇环镇北路
邮编(P. C.):215539
电话(Tel):0512-52585818
传真(Fax):0512-52585898
E-mail:tianlitex@ texindex. com
Http://www. tianlitex. com
总经理(General Manager):杜望德
产品业务(Business):非织造布生产设备

江苏常熟市博隆实业有限公司
Jiangsu Changshu Bolong Industrial Co., Ltd.
地址(Add):江苏省常熟市任阳镇中兴南路25号
邮编(P. C.):215539
电话(Tel):0512-52581530
传真(Fax):0512-52581214
E-mail:market@ bolong-nonwovens. com
Http://www. bolong-nonwovens. com
产品业务(Business):水刺、热轧非织造布生产线

常熟市迎阳无纺机械设备有限公司
Changshu Yingyang Nonwoven Machinery Co., Ltd.
地址(Add):江苏省常熟市任阳镇中兴南路88号
邮编(P. C.):215539
电话(Tel):0512-52581526
传真(Fax):0512-52583880
总经理(General Manager):范立元
联系人(Contact Person):范立根
产品业务(Business):水刺、热轧、热风非织造布生产设备

常熟市晨阳无纺设备有限公司
Changshu Chenyang Nonwoven Equipment Co., Ltd.
地址(Add):江苏省常熟市支搪镇支任路口
邮编(P. C.):215531
电话(Tel):0512-52550366
传真(Fax):0512-52558366
Http://www. cs-chenyang. com
联系人(Contact Person):陈枫
产品业务(Business):热轧、热风非织造布生产设备

常州市达力塑料机械有限公司
Changzhou Dali Plastics Machinery Co., Ltd.
(详见一次性卫生用品生产设备其他配件)

常州市常新无纺制品设备有限公司
Changzhou Changxin Nonwovens Equipments Co., Ltd.
地址(Add):江苏省常州市丽华南路298号
邮编(P. C.):213014
电话(Tel):0519-8812999
传真(Fax):0519-8870277
联系人(Contact Person):李森荣
产品业务(Business):水刺、热轧、热风非织造布设备

常州市锦益机械有限公司
Changzhou Jinyi Machinery Co., Ltd.
地址(Add):江苏省常州市潘家镇
邮编(P. C.):213179
电话(Tel):0519-6542706
传真(Fax):0519-6543082
E-mail:info@ czjin. net
Http://www. jin-yi. com
法人代表(Chairman):高中林
联系人(Contact Person):丁建中
产品业务(Business):热风、热轧、水刺非织造布生产线,热风非织造布

常州市武进无纺机械设备厂
Changzhou Wujin Nonwoven Equipment Factory
地址(Add):江苏省常州市武进湖塘镇马杭东新
邮编(P. C.):213162
电话(Tel):0519-6701220
传真(Fax):0519-6705991
E-mail:info@ wjnonwoven. com
联系人(Contact Person):居兴法
产品业务(Business):热轧、热风、水刺非织造布生产设备

武进市无纺机械设备厂
Wujin Nonwoven Machinery Equipment Factory
地址(Add):江苏省武进市湖塘镇马杭东新
邮编(P. C.):213162
电话(Tel):0519-6701220
传真(Fax):0519-6705991
E-mail:info@ wjnonwoven. com
Http://www. nonwoven. com
产品业务(Business):非织造布设备,非织造布

扬州永泰无纺印染机械厂
Yangzhou Yongtai Nonwoven Printing & Dyeing Machinery Factory
地址(Add):江苏省扬州市北郊杨寿镇
邮编(P. C.):225124
电话(Tel):0514-7730388
传真(Fax):0514-7736108
Http://www. nyjx. com. cn
联系人(Contact Person):常桂武
产品业务(Business):非织造布设备

信维机械(广州)有限公司
Xinwei Machinery (Guangzhou) Co., Ltd.
地址(Add):广东省广州市经济技术开发区东区北片建业二路6号
邮编(P. C.):510530
电话(Tel):020-82266788
传真(Fax):20-82266798
总经理(General Manager):姚清全
产品业务(Business):水刺、热轧、热风非织造布设备

● 打孔膜机 Apertured film machine

上海顺朝卫生材料有限公司
Shanghai Shunchao Sanitary Materials Co., Ltd.
地址(Add):上海市凉城路中虹花园357弄8号1102室
邮编(P. C.):200434
电话(Tel):021-65923790
传真(Fax):021-65923790
E-mail:shunchao_min@ sina. com
法人代表(Chairman):虞敏敏
联系人(Contact Person):虞敏敏
产品业务(Business):打孔PE膜网笼,橡皮筋

上海市亿维实业有限公司
Shanghai Yiwei Industry Co., Ltd.
地址(Add):上海市徐家汇漕宝路80号光大会展中心D幢1505室
邮编(P. C.):20000
电话(Tel):021-64327585
传真(Fax):021-64327586
E-mail:yiwei@cnyiwei.com
Http://www.cnyiwei.com
联系人(Contact Person):杨振高
产品业务(Business):打孔膜生产线

常州市太阳花科技有限公司
Changzhou Sunflower Technologies Co., Ltd.
地址(Add):江苏省常州市荷花池公寓1-丙-802
邮编(P. C.):213003
电话(Tel):0519-6635723
传真(Fax):0519-6623526
E-mail:davidwu@public.cz.js.cn
总经理(General Manager):吴立新
联系人(Contact Person):徐晓东
产品业务(Business):一次成型打孔膜设备,一次成型打孔膜与非织造布复合设备,流延、打孔一机两用生产线,两次成型打孔膜设备,打孔膜

常州市恒通多功能膜有限公司
Changzhou Hengtong Multifunction Film Co., Ltd.
(详见打孔PE膜)

江苏常州恒宝纺织印染机械有限公司
Jiangsu Changzhou Hengbao Nonwoven Machinery Co., Ltd.
地址(Add):江苏省常州市延陵东路65号西门
邮编(P. C.):213002
电话(Tel):0519-8836106
传真(Fax):0519-8836106
联系人(Contact Person):俞骏
产品业务(Business):一次成型打孔膜机

江苏金湖县卫生巾设备有限公司
Jinhu Sanitary Napkins Equipments Co., Ltd.
(详见一次性卫生用品生产设备)

苏州市天诚机电设备有限公司
Suzhou Tiancheng Electricity Co., Ltd.
地址(Add):江苏省苏州市人民路1691号(东中市口)
邮编(P. C.):215000
电话(Tel):0512-67510252
传真(Fax):0512-67289855
联系人(Contact Person):缪小平
产品业务(Business):PE打孔膜机,流延机

苏州金中恒膜业有限公司
Suzhou K-Zonhern Film Co., Ltd.
(详见打孔PE膜)

常州仁黎纺织器材有限公司
Changzhou Renli Textile Machinery Co., Ltd.
地址(Add):江苏省武进市横林镇杨歧段61号
邮编(P. C.):213101
电话(Tel):0519-8781392
传真(Fax):0519-8782401
总经理(General Manager):陈国平
产品业务(Business):打孔膜网笼

浙江省瑞安市瑞丰机械厂
Zhejiang Ruian Ruifeng Machinery Factory
(详见一次性卫生用品生产设备)

泉州市东方机械有限公司
Quanzhou Dongfang Machinery Co., Ltd.
地址(Add):福建省泉州市丰泽区东海镇东滨工业区
邮编(P. C.):362000
电话(Tel):0595-22903857
传真(Fax):0595-22901232
E-mail:dfjx@orient-jx.com
Http://donghai-pm.com
联系人(Contact Person):杨国芳
产品业务(Business):流延膜打孔一次成型设备,流延膜、打孔膜两用成型设备

泉州丰泽裕丰机械有限公司
Quanzhou Fengze Yufeng Machinery Co., Ltd.
地址(Add):福建省泉州市丰泽区普贤路乡厝社区村旁
邮编(P. C.):362000
电话(Tel):0595-22558772
传真(Fax):0595-22558773
E-mail:yfix@qzyufeng.com
Http://www.qzyufeng.com
总经理(General Manager):吴育峰
联系人(Contact Person):吴育峰
产品业务(Business):妇女卫生巾一次成型打孔膜设备,流延膜机组,手帕纸包装机

● 纸餐具设备
Paper tableware machine

北京代邦科技有限公司
Beijing Daibang Science & Technology Co., Ltd.
地址(Add):北京市朝阳区高斓大厦1506室
邮编(P. C.):100016
电话(Tel):010-64681222-555
传真(Fax):010-64655045
联系人(Contact Person):马理
产品业务(Business):纸杯成型机

北京协力旁普包装制品有限公司
Xielipangpu Packaging Products Co., Ltd.
地址(Add):北京市大兴县旧宫镇工业小区北西甲1号
邮编(P. C.):100076
电话(Tel):010-87962699
传真(Fax):010-87962476
E-mail:xlpp@public3.bta.net.cn
Http://www.xlpp.com
总经理(General Manager):齐寿岩
联系人(Contact Person):齐寿岩
产品业务(Business):纸模设备,制品

大连绿洲食品包装有限公司
Dalian Lüzhou (Group) Food Packing Co., Ltd.

地址(Add):辽宁省大连市西岗区仲夏路159号三寰大酒店8901-8904室
邮编(P.C.):116013
电话(Tel):0411-82400488
传真(Fax):0411-82400952
E-mail:luzhou@mail.dlptt.ln.cn
Http://www.chinaluzhou.com
法人代表(Chairman):柯继方
联系人(Contact Person):柯继方
产品业务(Business):纸模餐具生产线

大连绿山科技有限公司
Dalian Lüshan Science & Technology Co., Ltd.
地址(Add):辽宁省大连市中山区人民路61号15层
邮编(P.C.):116001
电话(Tel):0411-82806456
传真(Fax):0411-82803838
E-mail:longfeng@lushanpacking.com
Http://www.lushanpacking.com
法人代表(Chairman):龙锋
联系人(Contact Person):龙锋
产品业务(Business):纸模餐具生产设备

沈阳韩星纸杯机械有限公司
Shenyang Han Sung Paper Cup Machinery Co., Ltd.
地址(Add):辽宁省沈阳市大东区东北大马路309号
邮编(P.C.):110044
电话(Tel):024-88205835
传真(Fax):024-88205735
法人代表(Chairman):宋问令
总经理(General Manager):宋问令
产品业务(Business):纸杯成型机

上海日健包装设备有限公司
Shanghai Rijian Packaging Equipment Co., Ltd.
地址(Add):上海市浦东新区张江路1160号
邮编(P.C.):201203
电话(Tel):021-58955999
传真(Fax):021-58551005
Http://www.rijiansell.ebigchina.com
联系人(Contact Person):王林祥
产品业务(Business):纸模餐具设备

上海双飞新技术发展有限公司
Shanghai Shuangfei New Technology Development Co., Ltd.
地址(Add):上海市闸北区普善路954号
邮编(P.C.):200072
电话(Tel):021-56776603
传真(Fax):021-56776603
总经理(General Manager):许爱国
产品业务(Business):纸餐具设备

江阴市林兆机械有限公司
Jiangyin Linzhao Machinery Co., Ltd.
地址(Add):江苏省江阴市祝塘镇文林私营工业园B区
邮编(P.C.):214426
电话(Tel):0510-6082796
传真(Fax):0510-6081796
Http://www.linzhao.com
总经理(General Manager):徐明
产品业务(Business):全自动纸浆餐具生产线

江苏金湖县卫生巾设备有限公司
Jinhu Sanitary Napkins Equipments Co., Ltd.
(详见一次性卫生用品生产设备)

南京绿山东进自动化设备有限公司
Nanjing Lüshandongjin Automatic Equipment Co., Ltd.
地址(Add):江苏省南京市福建路31号华富大厦1902室
邮编(P.C.):210003
电话(Tel):025-83418546
传真(Fax):025-83418542
E-mail:webmaster@autolushan.com
Http://www.autolushan.com
产品业务(Business):纸模餐具设备

中国包装新技术开发包宁公司
China National Packaging New Technique Development Bao-Ning Co.
地址(Add):江苏省南京市虎踞南路75号
邮编(P.C.):210004
电话(Tel):025-52233722
传真(Fax):025-52209596
E-mail:master@lvheng.com
Http://www.baoning.com
法人代表(Chairman):薛昌昕
联系人(Contact Person):薛昌昕
产品业务(Business):纸模餐具设备

南京绿恒纸浆模塑公司
Nanjing Lüheng Paper Model Co.
地址(Add):江苏省南京市虎踞南路75号
邮编(P.C.):210029
电话(Tel):025-52249124
传真(Fax):025-52209596
E-mail:master@lvheng.com
Http://www.lvheng.com
产品业务(Business):纸餐具生产线

南京绿色包装用具有限公司
Nanjing Green Package Utensels Co., Ltd.
地址(Add):江苏省南京市汤山工业园
邮编(P.C.):210031
电话(Tel):025-84177379
传真(Fax):025-84177379
E-mail:cui@njlb.com
产品业务(Business):纸模餐具生产线

宜兴市东宏轻工机械有限公司
Yixing Donghong Light Machinery Co., Ltd.
地址(Add):江苏省宜兴市东九大桥北堍
邮编(P.C.):214207
电话(Tel):0510-7014666
传真(Fax):0510-7013282
Http://www.xuebing.ebigchina.com
法人代表(Chairman):陈雄骁
联系人(Contact Person):薛兵
产品业务(Business):纸模餐具设备

宜兴市科达机械有限公司
Yixing Keda Machinery Co., Ltd.

地址(Add):江苏省宜兴市环保科技工业园永安路8号
邮编(P. C.):214200
电话(Tel):0510－7061017
传真(Fax):0510－7061017
E-mail:web@ yx－keda. com
Http://www. yx－keda. com
总经理(General Manager):王云元
产品业务(Business):纸模餐具设备

湖州新大力集团轻工有限公司长兴力盛纸塑餐具设备厂
Changxing Lisheng Paper Plastic Tableware Equipment Factory
地址(Add):浙江省长兴县雉城镇解放西路208号
邮编(P. C.):313100
电话(Tel):0571－6031535
传真(Fax):0571－6023659
E-mail:yb200@ sina. com
Http://www. changxing. gov. cn/xdl
法人代表(Chairman):孙满法
总经理(General Manager):孙满法
联系人(Contact Person):孙满法
产品业务(Business):纸模餐具设备

杭州东方绿色实业有限公司
Hangzhou Dongfang Green Industrial Co., Ltd.
地址(Add):浙江省杭州市笕桥路21号
邮编(P. C.):310021
电话(Tel):0571－85140023
传真(Fax):0571－85141342
法人代表(Chairman):裘国光
联系人(Contact Person):裘国光
产品业务(Business):纸模餐具设备

中国轻工业杭州机电设计研究院
China Light Industry Hangzhou Mechanical & Electrical Designing Research Institute
地址(Add):浙江省杭州市体育场路71号
邮编(P. C.):310004
电话(Tel):0571－85184005
传真(Fax):0571－85186432
E-mail:hmi@ mail. hz. zj. cn
法人代表(Chairman):刘安江
联系人(Contact Person):江仲文
产品业务(Business):纸餐具设备设计制造

嘉兴市经开奇星机械制造厂
Jiaxing Jingkai Qixing Machinery Factory
(详见卫生纸加工设备)

乐清市环龙机器厂
Huanlong Machinery Factory
地址(Add):浙江省乐清市清江镇工业区
邮编(P. C.):325611
电话(Tel):0577－62271808
传真(Fax):0577－62271807
E-mail:huanlong@ huanlong. com
Http://www. huanlong. com
总经理(General Manager):赵远龙
产品业务(Business):纸杯成型机

平阳县腾宏机械有限公司
Pingyang Tenghong Machinery Co., Ltd.
地址(Add):浙江省平阳县经济开发区务垟工业区
邮编(P. C.):325401
电话(Tel):0577－63033768
传真(Fax):0577－63033758
E-mail:wzcn@ tenghong. cn
Http://www. tenghong. cn
联系人(Contact Person):苏志涨
产品业务(Business):纸模餐具设备

绿源餐具有限公司
Lüyuan Tableware Co., Ltd.
地址(Add):浙江省衢州市沈家经济开发区大桥路23号
邮编(P. C.):324022
电话(Tel):0570－2931178
传真(Fax):0570－2932387
E-mail:qzlssj@ mail. qzptt. zj. cn
Http://www. greenware－cn. com
法人代表(Chairman):柴水清
总经理(General Manager):柴水清
联系人(Contact Person):王正雄
产品业务(Business):纸模餐具设备

瑞安市东方纸杯机械有限公司
Ruian Dongfang Paper Cup Machinery Co., Ltd.
地址(Add):浙江省瑞安市飞云镇柏树路
邮编(P. C.):325207
电话(Tel):0577－65563517
传真(Fax):0577－65562786
E-mail:sale@ aeast. com
产品业务(Business):纸杯机、纸板餐具设备

瑞安市绿洲机械有限公司
lüzhou Machinary Co., Ltd.
地址(Add):浙江省瑞安市飞云镇林垟工业区25号
邮编(P. C.):325207
电话(Tel):0577－65591165
传真(Fax):0577－65590638
E-mail:master@ lu－zhou. com
Http://www. lu－zhou. com
法人代表(Chairman):宋福锴
产品业务(Business):全自动纸杯成型机、纸餐具成型设备

瑞安市德宝纸杯机械制造有限公司
Ruian Debao Paper Cup Machinery Manufacturing Co., Ltd.
地址(Add):浙江省瑞安市飞云镇远东路21－29号
邮编(P. C.):325207
电话(Tel):0577－65568789
传真(Fax):0577－65568799
E-mail:db@ debaochina. com
Http://www. debaochina. com
产品业务(Business):淋膜纸板餐盒、方便面桶、纸碟、纸杯成型设备

浙江省瑞大机械有限公司
Zhejiang Ruida Machinery Co., Ltd.
地址(Add):浙江省瑞安市江南东风工业区
邮编(P. C.):325207
电话(Tel):0577－65565205
传真(Fax):0577－65567899

E-mail:nanda@ nan - da. com
Http://www. nan - da. com
联系人(Contact Person):陈志平
产品业务(Business):纸杯成型机

瑞安市诚意纸杯机械有限公司
Ruian Sincere Paper Cup Machinery Co., Ltd.
地址(Add):浙江省瑞安市江南工业区原种场6号
邮编(P. C.):325207
电话(Tel):0577 - 65570088
传真(Fax):0577 - 65567266
E-mail:sales@ sinceremachine. com
Http://www. cyqy. com
产品业务(Business):纸杯成型机、纸碗成型机

瑞安市绿保机械有限公司
Ruian Lübao Machinery Co., Ltd.
地址(Add):浙江省瑞安市经济开发区安阳路5578信箱
邮编(P. C.):325200
电话(Tel):0577 - 65606388
传真(Fax):0577 - 65606288
E-mail:lubao@ pack. net. cn
Http://www. cn - lubao. com
总经理(General Manager):瞿建光
产品业务(Business):纸杯机,纸碗、纸餐盒成型机

浙江省嵊州市鸿达机械有限公司
Zhejiang Shengzhou Hongda Machinery Co., Ltd.
地址(Add):浙江省嵊州市城关镇东南路598号
邮编(P. C.):312400
电话(Tel):0575 - 3218886
传真(Fax):0575 - 3212206
E-mail:hongda@ pack. net. cn
Http://www. zj - hdjx. com
联系人(Contact Person):高立洪
产品业务(Business):纸杯机、纸碗机,湿巾机,餐巾纸机、压花复卷打孔卫生纸机、面巾纸机、柔巾卷折叠机

福州保创机械技术开发有限公司
Fuzhou Baochuang Machinery Development Co., Ltd.
地址(Add):福建省福州市铜盘路21号307(省国税务局正对面)
邮编(P. C.):350003
电话(Tel):0591 - 87811692
传真(Fax):0591 - 87829330
Http://www. baochuang. com
总经理(General Manager):林一中
产品业务(Business):纸餐具设备

泉州市远东环保设备有限公司
Far East Environmental Protection Enterprise
地址(Add):福建省泉州市浮桥东浦工业区远东工业大厦
邮编(P. C.):362000
电话(Tel):0595 - 22486998
传真(Fax):0595 - 22481678
E-mail:sales@ 2486998. com
Http://www. 2486998. com
法人代表(Chairman):苏炳龙
总经理(General Manager):苏炳龙
联系人(Contact Person):苏炳龙
产品业务(Business):纸浆餐具设备,妇女卫生巾、卫生护垫、纸尿裤生产设备

泉州培新机械制造实业有限公司
Quanzhou Peixin Machinery Making Industrial Co., Ltd.
(详见一次性卫生用品生产设备)

泉州鑫达机械有限公司
Quanzhou Xinda Machinery Co., Ltd.
(详见卫生纸加工设备)

济南绿宝机械制造有限公司
Jinan Lübao Machinery Co., Ltd.
电话(Tel):0531 - 87065981
传真(Fax):0531 - 87065981
E-mail:lubao@ sd - lubao. com
联系人(Contact Person):肖学强
产品业务(Business):纸板餐盒机、纸杯机

开封第二机械厂
Kaifeng Second Machine - Making Factory
地址(Add):河南省开封市自由路东段30号
邮编(P. C.):475000
电话(Tel):0378 - 5950078
传真(Fax):0378 - 5954804
法人代表(Chairman):时风梧
联系人(Contact Person):时风梧
产品业务(Business):纸杯成型机

新乡红阳机器制造有限公司
Xinxiang Hongyang Machinery Manufacturing Co., Ltd.
地址(Add):河南省新乡市北干道405号
邮编(P. C.):453002
电话(Tel):0373 - 3384798
传真(Fax):0373 - 3355177
法人代表(Chairman):尚新生
产品业务(Business):纸模餐具设备

广州市南亚纸浆模塑有限公司
Guangzhou Nanya Pulp - Mould Equipment Co., Ltd.
地址(Add):广东省广州市白云区石井镇石庆路8号
邮编(P. C.):510430
电话(Tel):020 - 86022271
传真(Fax):020 - 86022606
E-mail:nanya@ nanyaboen. com
Http://www. nypt. com. cn
总经理(General Manager):谭迪生
产品业务(Business):纸模餐具设备

广州华工环源绿色包装技术有限公司
Guangzhou Huanyuan Environmentally Friendly Packing Technology Co., Ltd.
地址(Add):广东省广州市五山华南理工大学科技园
邮编(P. C.):510640
电话(Tel):020 - 87113098
传真(Fax):020 - 87113798
E-mail:hghuanyuan@ vip. 163. net
Http://www. hghuanyuan. com
总经理(General Manager):吴姣平
产品业务(Business):纸模餐具设备

深圳市远航机械科技有限公司

Shenzhen Fullsail Technology Development Co., Ltd.
地址(Add):广东省深圳市南山区西丽镇福光工业区 11 幢
邮编(P. C.):518067
电话(Tel):0755 - 86144589
传真(Fax):0755 - 86144589
Http://www.fullsail.com.cn
联系人(Contact Person):潘青彪
产品业务(Business):纸杯机,纸餐盒机,纸碟机,包装机

深圳亚威华工业有限公司
Shenzhen Yaweihua Industry Co., Ltd.
地址(Add):广东省深圳市松园路景园大厦 19C
邮编(P. C.):518023
电话(Tel):0755 - 25887521
传真(Fax):0755 - 25887232
E-mail:ywh1995@126.com
Http://www.guowei.com
产品业务(Business):纸模餐具设备

● 其他 Others

Janpan Hygiene Products Industry Association
日本卫生材料工业连合会
地址(Add): 105 - 0012 7F, DAI - ICHI DAIMON Building 2 - 10 - 1 SHIBA DAIMON MINATOKU Tokyo, Japan
电话(Tel):81 - 3 - 64035351
传真(Fax):81 - 3 - 64035350
E-mail:Ijiri@jhpia.or.jp
Http://www.jhpia.or.jp
联系人(Contact Person):井尻雄
产品业务(Business):卫生材料协会

Talieh Kavosh Company Ltd.
伊朗 Talieh Kavosh Company 公司
地址(Add):Unit8_3rd floor_No. 32 Next to Tejarat Bank_Salmas Sq_Fathi Shaghaghi St_ Tehran_Iran
电话(Tel):98 - 21 - 8023261
传真(Fax):98 - 21 - 8023261
E-mail:naghedinia@yahoo.com
联系人(Contact Person):A. Naghedi. Nia
产品业务(Business):中外贸易

中国制浆造纸研究院
Pulp & Paper Industrial Research Institute of China
地址(Add):北京市朝阳区光华路 12 号
邮编(P. C.):100020
电话(Tel):010 - 65810022
传真(Fax):010 - 65815677
法人代表(Chairman):曹振雷
产品业务(Business):制浆造纸技术研究,造纸工业标准及检测

中国轻工国际工程设计院
China Light Industry International Engineering Designing Institute
地址(Add):北京市朝阳区白家庄东里 42 号
邮编(P. C.):100026
电话(Tel):010 - 65826022
传真(Fax):010 - 65826018
E-mail:bcel@bcel - cn.com
Http://www.bcel - cn.com
联系人(Contact Person):彭华
产品业务(Business):卫生纸项目设计

SCA Hygiene Products Asia
地址(Add):上海市闵行区浦东陈行路 1958 号
邮编(P. C.):201114
电话(Tel):021 - 54333137
传真(Fax):021 - 54332243
产品业务(Business):卫生用材,生活用纸

美国包装机械制造协会中国办事处
Packaging Machinery Manufacturers Institute
地址(Add):上海市南京西路 1376 号上海商城东峰 631 室
邮编(P. C.):200040
电话(Tel):021 - 62797682
传真(Fax):021 - 62797649
E-mail:pmmichina@online.sh.cn
Http://www.pmmi.org
法人代表(Chairman):沈忠慧
联系人(Contact Person):严颖

全世公司
Transpace Inc.
地址(Add):上海市四平路 311 号 B 幢 606 室
邮编(P. C.):200081
电话(Tel):021 - 65215449
传真(Fax):021 - 65072290
E-mail:wlliu@flash.net
总经理(General Manager):刘卫列
产品业务(Business):生活用纸产品出口

杭州远见图文设计公司
Hangzhou Yuanjian Drawing & Writing Design Co.
地址(Add):浙江省杭州市朝晖路国都发展大厦 B 楼 9 层 N 座
邮编(P. C.):310014
电话(Tel):0571 - 85808819
传真(Fax):0571 - 85808819
联系人(Contact Person):裘丽雯
产品业务(Business):广告设计

杭州原创广告设计有限公司
Hangzhou Original Creation Advertising Design Co., Ltd.
地址(Add):浙江省杭州市凤起路 361 号国都商务大厦 7F 东
邮编(P. C.):310003
电话(Tel):0571 - 87797881
传真(Fax):0571 - 87797123
E-mail:hzycad@163.com
Http://www.hzycad.com
法人代表(Chairman):蒲忠苗
总经理(General Manager):蒲忠苗
产品业务(Business):企业营销策划及广告设计

杭州屹源市场营销策划有限公司
Hangzhou Yiyuan Marketing Planning Co., Ltd.
地址(Add):浙江省杭州市下城区上塘路 239 号东方豪园俊豪阁 2301 号
邮编(P. C.):310014

电话(Tel):0571－85395991
传真(Fax):0571－85395996
E-mail:yiyuan－xq@163.com
法人代表(Chairman):夏文华
总经理(General Manager):夏奇
产品业务(Business):营销策划及形象设计服务

安徽鸿宇包装进出口有限责任公司
Anhui Hongyu Package Imports & Exports Co., Ltd.
地址(Add):安徽省合肥市金寨路327号新鸿安大厦11－13层
邮编(P.C.):230011
电话(Tel):0551－7137136
传真(Fax):0551－2822849
E-mail:changhee@mail.hf.ah.cn
联系人(Contact Person):常乃海
产品业务(Business):生活用纸出口业务

中国轻工业长沙工程有限公司
China Light Industry Changsha Engineering Co., Ltd.
地址(Add):湖南省长沙市韶山南路141号
邮编(P.C.):410004
电话(Tel):0731－5584411
传真(Fax):0731－5584415
联系人(Contact Person):陈丹
产品业务(Business):卫生纸项目设计

中国轻工业成都设计工程有限公司
China Light Industry Chengdu Engineering Co., Ltd.
地址(Add):四川省成都市少城路9号
邮编(P.C.):610015
电话(Tel):028－86630940
传真(Fax):028－86643706
Http://www.qrsj.com
联系人(Contact Person):张锦阳
产品业务(Business):卫生纸项目设计

生活用纸经销商

Distributors of tissue paper and disposable hygiene products

天泉国际(香港)卫生医疗用品有限公司
Jet International (HK) Ltd.
地址(Add):香港九龙新蒲岗大有街34号新科技广场1612室
电话(Tel):852-23051717
传真(Fax):852-31865882
E-mail:cch58@netvigator.com
联系人(Contact Person):陈澄雄

北京松竹梅兰纸业有限公司
Beijing Pinaster Bamboo Plum Orchid Paper Co., Ltd.
地址(Add):北京市昌平区马池口镇亭自庄
邮编(P.C.):102202
电话(Tel):010-62361616
传真(Fax):010-62360903-13
总经理(General Manager):段连军
联系人(Contact Person):陈洵

北京中侨华茂商贸有限公司
Beijing Zhongqiao Huamao Trading Co., Ltd.
地址(Add):北京市朝阳区松榆北路7号院11号楼四层407房间
邮编(P.C.):100021
电话(Tel):010-35183200
传真(Fax):010-55076563
法人代表(Chairman):袁玉生
总经理(General Manager):袁玉生
联系人(Contact Person):孟祥明

北京九兴工贸有限公司
Beijing Jiuxing Industry & Trade Co., Ltd.
地址(Add):北京市大兴瀛海乡瀛东二村
邮编(P.C.):100076
电话(Tel):010-69279282
传真(Fax):010-69279585
E-mail:jiuxing@vip.sina.com
Http://www.jiu-xing.com.cn
法人代表(Chairman):溪东来
总经理(General Manager):赵振国

北京维美德纸制品有限公司
Beijing Weimeide Paper Product Co., Ltd.
地址(Add):北京市丰台区丰北路庄维花园丰花苑7号107室
邮编(P.C.):100071
电话(Tel):010-83835355
传真(Fax):010-83835352
E-mail:chgjx@heinfo.net
Http://www.weimeide.com
法人代表(Chairman):侯金明
总经理(General Manager):夏定文

北京威望通达商贸有限公司
Beijing Weiwangtongda Trade Co., Ltd.
地址(Add):北京市丰台区张仪村路甲11号
邮编(P.C.):100071
电话(Tel):010-68686802
联系人(Contact Person):杜大双

北京兆红利商贸有限公司
Beijing Zhaohongli Trade Co., Ltd.
地址(Add):北京市海淀区上地东里三区5号楼1-401室
邮编(P.C.):100085
电话(Tel):010-62985357
传真(Fax):010-62983717
联系人(Contact Person):冯兆修

北京五永发商贸有限公司
Beijing Wuyongfa Trade Co., Ltd.
地址(Add):北京市海淀区太平路46号
邮编(P.C.):100039
电话(Tel):010-68282744
传真(Fax):010-68161550
法人代表(Chairman):张从伟
总经理(General Manager):张从伟
联系人(Contact Person):张从伟

北京和润贸易有限公司
Beijing Hero Trading Co., Ltd.
地址(Add):北京市西城区西直门南小街70号
邮编(P.C.):100035
电话(Tel):10-66511090
传真(Fax):10-66157314
E-mail:herun@herotrading.com
Http://www.herotrading.com
法人代表(Chairman):赵强
总经理(General Manager):赵强

北京华隆进出口公司
Beijing Hualong Imports & Exports Co.
地址(Add):北京市西城区月坛南街26号
邮编(P.C.):100825
电话(Tel):010-68589199
传真(Fax):010-68512871
E-mail:fanjp2001@yahoo.com.cn
Http://www.bjwl.com.cn
法人代表(Chairman):陈丽雅
联系人(Contact Person):范剑平

家世界连销商业集团有限公司天津大区
Jiashijie Chain Group Tianjin District
地址(Add):天津市东丽经济开发区二经路1号
邮编(P.C.):300300
电话(Tel):022-24990148转4267
传真(Fax):022-24994449
Http://www.thehomeworld.com.cn
联系人(Contact Person):李津英

天津恳(C&N)国际贸易有限公司
Tianjin C&N International Trade Co., Ltd.
地址(Add):天津市和平区开封道2号明源里104室
邮编(P.C.):300042

电话(Tel):022－23132055
传真(Fax):022－23132056
E-mail:cancoti@ public. tpt. tj. cn
联系人(Contact Person):王凯

盛鑫源(天津)纸品代理机构
Shengxinyuan (Tianjin) Paper Products Agent
地址(Add):天津市河北区民权门批发市场南区5－8
邮编(P. C.):300240
电话(Tel):022－26329939
传真(Fax):022－26774165
联系人(Contact Person):王双胜

天津市晟蓝工贸中心
Tianjin Shenglan Industry & Trading Center
地址(Add):天津市河北区万柳村大街3号红星工厂院内
邮编(P. C.):300241
电话(Tel):022－26424774
传真(Fax):022－26433652
联系人(Contact Person):黄盈

天津市新勇卫生用品有限公司
Tianjin Xinyong Hygiene Products Co., Ltd.
地址(Add):天津市河北区育红路1号
邮编(P. C.):300241
电话(Tel):022－26461518
联系人(Contact Person):何敏悦

天津市泽拓商贸有限公司
Tianjin Zetuo Trade Co., Ltd.
地址(Add):天津市河北区张兴庄大道86号
邮编(P. C.):300250
电话(Tel):022－86330790
传真(Fax):022－86330790
联系人(Contact Person):王一心

天津蔚信纸制品经营部
Tianjin Weixin Paper Products Dealer
地址(Add):天津市河东区光华路1号院6－102室
邮编(P. C.):300160
电话(Tel):022－84254002
传真(Fax):022－84254002
E-mail:tj_wei_sin@ sina. com
联系人(Contact Person):陈辉

天津市紫丰堂商贸有限公司
Tianjin Zifengtang Trade Co., Ltd.
地址(Add):天津市河西区九龙路金达园1－1－502
邮编(P. C.):300204
电话(Tel):022－23023871
传真(Fax):022－23023870
E-mail:tjzft@ sina. com. cn
联系人(Contact Person):王连生

天津市白雪纸业发展有限公司
Tianjin Baixue Paper Development Co., Ltd.
地址(Add):天津市河西区体院北道5号消防队31中队对面
邮编(P. C.):300060
电话(Tel):022－23940264
传真(Fax):022－23383665
联系人(Contact Person):白雪

天津市翼群商贸有限公司
Tianjin Yiqun Trade Co., Ltd.
地址(Add):天津市河西区西楼后街19号
邮编(P. C.):300203
电话(Tel):022－83815418
传真(Fax):022－83814981
法人代表(Chairman):单桂兰
总经理(General Manager):黄兆群

天津市兰景工贸有限公司
Tianjin Lanjing Industry & Trading Co., Ltd.
地址(Add):天津市南开区芥园西道98号
邮编(P. C.):300112
电话(Tel):022－27511386
传真(Fax):022－27538272
E-mail:lanjingtj@ sina. com
法人代表(Chairman):吕小带
总经理(General Manager):樊永行

鑫鑫卫生纸业用品销售部
Xinxin Household Paper Distributor
地址(Add):河北省霸州市胜芳星光商城丙区27号
邮编(P. C.):065701
电话(Tel):0316－7611872
传真(Fax):0316－7612525
总经理(General Manager):齐树民
联系人(Contact Person):李俊杰

保定市梦晨卫生用品有限公司
Baoding Mengchen Hygiene Products Co., Ltd.
地址(Add):河北省保定市新市区小汲店工业区1号
邮编(P. C.):071051
电话(Tel):0312－3261989
传真(Fax):0312－3222330
总经理(General Manager):王增强
联系人(Contact Person):张娜

河北省泊头市红旗批发市场红旗商店
Botou Hongqi Shop
地址(Add):河北省泊头市百货市场中间大道南门外6棚380号
邮编(P. C.):062150
电话(Tel):0317－8260425
联系人(Contact Person):张瑞杰

河北省泊头市永华纸业
Hebei Botou Yonghua Paper Co.
地址(Add):河北省泊头市红旗市场中心楼263－264号
邮编(P. C.):062150
电话(Tel):0317－8261377
联系人(Contact Person):王永华

河北沧州市诚信纸业有限公司
Hebei Cangzhou Chengxin Paper Co., Ltd.
地址(Add):河北省沧州市交通南大街交东路2号(糖酒仓库院内)
邮编(P. C.):061000
电话(Tel):0317－3023499
传真(Fax):0317－3023499

联系人(Contact Person):王大永

沧州市新华区正荣日化批发部
Cangzhou Zhengrong Wholesaler
地址(Add):河北省沧州市物华市场9号楼9号门市
邮编(P. C.):061001
电话(Tel):0317-5203817
传真(Fax):0317-5502737
联系人(Contact Person):韩福君

河北故城卫生巾、纸厂家代理商
Gucheng Sanitary Napkin & Paper Agent
地址(Add):河北省故城青年街149号
邮编(P. C.):253800
电话(Tel):0318-5635538
传真(Fax):0318-5326701
总经理(General Manager):王国芹

邯郸市玉龙纸业批发部
Handan Yulong Paper Wholesaler
地址(Add):河北省邯郸市邯山南街35号
邮编(P. C.):056001
电话(Tel):0310-3223663
联系人(Contact Person):王静敏

庞大姐纸制品批发部
Pangdajie Paper Products Wholesaler
地址(Add):河北省邯郸市邯山区劳动路军分区西行100米路南
邮编(P. C.):056001
电话(Tel):0310-3230139
传真(Fax):0310-3230139
联系人(Contact Person):郭润增

玉华卫生用纸邯郸经销处
Yuhua Tissue Paper Han-Dan Agency
地址(Add):河北省邯郸市黄粱梦建行对面
邮编(P. C.):056000
电话(Tel):0310-7165097
联系人(Contact Person):许江

天天爽妇幼用品商行
Tiantianshuang Woman & Child Articles Business
地址(Add):河北省邯郸市劳动路39号院20号门市
邮编(P. C.):056001
电话(Tel):0310-3230369
联系人(Contact Person):赵立云

邯郸市启晨商贸有限公司
Handan Qichen Trade Co., Ltd.
地址(Add):河北省邯郸市农林路7号
邮编(P. C.):056001
电话(Tel):0310-3280616
传真(Fax):0310-3280585
联系人(Contact Person):冯海涛

邯郸市佳伦实业有限公司
Handan Jialun Industry Co., Ltd.
地址(Add):河北省邯郸市新兴大街67号
邮编(P. C.):056002
电话(Tel):0310-7105110
传真(Fax):0310-7105110
总经理(General Manager):李威

衡水常胜卫生用品批发
Hengshui Changsheng Hygiene Products Wholesaler
地址(Add):河北省衡水市河北路路南电视塔西邻
邮编(P. C.):053000
电话(Tel):0318-2152921
联系人(Contact Person):常志胜

廊坊市天成纸业
Langfang Tiancheng Paper Co.
地址(Add):河北省廊坊市光明道
邮编(P. C.):102800
联系人(Contact Person):于洪杰

天津市小护士卫生巾廊坊总代理
Xiaohushi Napkin Langfang Agent
地址(Add):河北省廊坊市兴安市场四栋10号
邮编(P. C.):065001
电话(Tel):0316-2681147
传真(Fax):0316-2681147
联系人(Contact Person):徐永芬

廊坊市金奥商贸有限公司
Langfang Jinao Commercial Co., Ltd.
地址(Add):河北省廊坊市银河南路77号农机大楼三楼
邮编(P. C.):065000
电话(Tel):0316-2695020
传真(Fax):0316-2695020
联系人(Contact Person):解用洪

春发百货经销部
Chunfa General Merchandise Agency
地址(Add):河北省廊坊市银河南路兴安市场2栋23号
邮编(P. C.):065000
电话(Tel):0316-2686672
联系人(Contact Person):李晓红

秦皇岛渤海物流贸易有限公司
Qinhuangdao Bohai Supply & Trade Co., Ltd.
地址(Add):河北省秦皇岛市建设大街182号
邮编(P. C.):066000
电话(Tel):0335-3280505
传真(Fax):0335-3280500
联系人(Contact Person):孟繁珠

秦皇岛市永乐经贸有限公司
Qinhuangdao Yongle Trade Co., Ltd.
地址(Add):河北省秦皇岛市建设大街399号建国家具厂院内
邮编(P. C.):066000
电话(Tel):0335-3041667
传真(Fax):0335-3031613
联系人(Contact Person):赵明利

秦皇岛市育叁纸业代理商
Qinhuangdao Yusan Paper Agency
地址(Add):河北省秦皇岛市新征里18栋
邮编(P. C.):066000
电话(Tel):13933587256

联系人(Contact Person):娄育叁

秦皇岛市集佳经贸有限公司
Qinhuangdao Jijia Trade Co., Ltd.
地址(Add):河北省秦皇岛市耀华老村9-4-2(海滨路)
邮编(P. C.):066000
电话(Tel):0335-8850999
联系人(Contact Person):李红梅

河北省清河县广惠百货批发公司
Qinghe Guanghui Commodity Wholesaling Co.
地址(Add):河北省清河县火车站儒林市场大棚下107号
邮编(P. C.):054800
电话(Tel):0319-8280186
联系人(Contact Person):夏森

石家庄市北方卫生用品配送中心
Shijiazhuang Beifang Hygiene Products Distribution Center
地址(Add):河北省石家庄市南三条国鑫箱包城C109号
邮编(P. C.):050000
电话(Tel):0311-7704089
联系人(Contact Person):刘玉玲

唐山市锐力纸业商行
Tangshan Ruili Paper Business
地址(Add):河北省唐山市路南区老谢庄57号
邮编(P. C.):063100
电话(Tel):0315-2669484
传真(Fax):0315-2964391
联系人(Contact Person):高玉先

唐山市路南百顺纸业批发站
Tangshan Lunanbaishun Paper Products Wholesale Co.
地址(Add):河北省唐山市路南区南新道南新里五金公司仓库
邮编(P. C.):063000
电话(Tel):0315-2841983
传真(Fax):0315-2820097
联系人(Contact Person):李华

唐山市金环卫生用品经销处
Tangshan Jinhuan Hygiene Products Agency
地址(Add):河北省唐山市西电路甲16号
邮编(P. C.):063000
电话(Tel):0315-2330441
联系人(Contact Person):李秀霞

唐山百货大楼集团百货批发有限公司品牌推广物流中心
Tangshan Commodity Group Brands Popularization Center
地址(Add):河北省唐山市学院北路
邮编(P. C.):063000
电话(Tel):0315-2241257
传真(Fax):0315-2241257
E-mail:tsdb007@163.com
Http://tsdb.ebigchina.com
联系人(Contact Person):刘伟

河北武安彦青纸业批发部
Wuan Yanqing Paper Wholesaler
地址(Add):河北省武安市杜庄商贸中心三区二排8号
邮编(P. C.):056300
电话(Tel):0310-5693065
联系人(Contact Person):李彦青

河北辛集市亚波卫生用品批发部
Xinji Yabo Hygiene Products Wholesaler
地址(Add):河北省辛集市河北一集西小街8号
邮编(P. C.):052360
电话(Tel):0311-3221547
联系人(Contact Person):杨亚波

邢台向阳妇幼用品经营部
Xingtai Xiangyang Women & Children Products Distributor
地址(Add):河北省邢台市顺义街1号
邮编(P. C.):054000
电话(Tel):0319-2028184
传真(Fax):0319-2028184
总经理(General Manager):徐清河

恒阳纸业张家口恒阳百货经销部
Zhangjiakou Hengyang General Merchandise Agency
地址(Add):河北省张家口市桥东区建国路73号
邮编(P. C.):075000
电话(Tel):0313-8889826
E-mail:lifeng.li@126.com
联系人(Contact Person):李峰

张家口市东立纸巾用品经销部
Zhangjiakou Dongli Sanitary Napkin & Paper Agency
地址(Add):河北省张家口市桥西区西沙河71号
邮编(P. C.):075131
电话(Tel):0313-8905938
传真(Fax):0313-8027267
总经理(General Manager):李忠东

大同市北辰商贸易有限责任公司
Datong Beichen Trade Co., Ltd.
地址(Add):山西省大同二电厂甲5号楼-2单元-6号
邮编(P. C.):037043
传真(Fax):0352-2096122
联系人(Contact Person):汤艳

山西大同四正纸业大同市四正卫生用品经销部
Sizheng Hygiene Products Agency
地址(Add):山西省大同市云中商城239号
邮编(P. C.):037004
电话(Tel):0352-2061134
传真(Fax):0352-7120900
总经理(General Manager):张玖珍

福来卫生保健用品采供站
Fulai Hygiene Healthcare Products Purchasing & Supplying Agency
地址(Add):山西省大同市云中商城烟酒街6号
邮编(P. C.):037004
电话(Tel):0352-6021600
传真(Fax):0352-5377112
联系人(Contact Person):冯军

晋北鑫美纸业联汇
Jinbei Xinmei Paper
地址(Add):山西省大同市站东大街1号
邮编(P.C.):037008
电话(Tel):0352-6062292
传真(Fax):0352-6062292
联系人(Contact Person):赵瑞林

山西侯马卫生用品公司
Shanxi Houma Hygiene Articles Co., Ltd.
地址(Add):山西省侯马市副食批发市场6-5号
邮编(P.C.):043001
电话(Tel):0357-4293792
传真(Fax):0357-4293792
总经理(General Manager):李建平

晋中市福瑞达纸业有限公司
Jinzhong Furuida Paper Co., Ltd.
地址(Add):山西省晋中市榆次新华街50号
邮编(P.C.):030600
电话(Tel):0354-3278168
总经理(General Manager):张志强

灵光纸业有限公司
Lingguang Paper Co., Ltd.
地址(Add):山西省临汾市南机场内
邮编(P.C.):031000
电话(Tel):0357-3050158
传真(Fax):0357-3050058
联系人(Contact Person):张宏亮

山西省平遥县三庆纸业
Shanxi Pingyao Sanqing Paper Co.
地址(Add):山西省平遥县古陶镇干坑胜利街2号
邮编(P.C.):031100
电话(Tel):0354-5658375
联系人(Contact Person):白明辉

石家庄市汇隆昌贸易商行驻太原办事处
Shijiazhuang Huilong Trade Co. Taiyuan Office
地址(Add):山西省太原市长治路西巷8号
邮编(P.C.):030012
电话(Tel):0351-7337408
传真(Fax):0351-7337408
联系人(Contact Person):冯吉庭

太原圣尼亚尔科贸有限公司
Taiyuan Shengniyaer Science & Trade Co., Ltd.
地址(Add):山西省太原市高新技术开发区科祥大厦805
邮编(P.C.):030006
电话(Tel):0351-7025879
传真(Fax):0351-7025879
联系人(Contact Person):武建业

山西省晋阳纸业有限公司
Shanxi Jinyang Paper Co., Ltd.
地址(Add):山西省阳泉市经济开发区(铝矾土矿回收公司院内)
邮编(P.C.):045000
电话(Tel):0353-2134686
传真(Fax):0353-2114099
总经理(General Manager):刘双民

山西运城禹都市场岩军纸业
Shanxi Yuncheng Yudu Market Yanjun Paper Co.
地址(Add):山西省运城市禹都市场三区东楼25号
邮编(P.C.):044000
电话(Tel):0359-2580306
传真(Fax):0359-2580360
总经理(General Manager):杨淑红

包头市东河区麻二卫生用品经营部
Baotou Donghe Maer Hygiene Products Agency
地址(Add):内蒙古包头市东河区九洲商城B区22-23号
邮编(P.C.):001400
电话(Tel):0472-4134663
总经理(General Manager):麻先云

海拉尔龙源纸业
Hailaer Longyuan Paper Co.
地址(Add):内蒙古海拉尔西头道街粮贸大厦
邮编(P.C.):021000
电话(Tel):0470-8337471
传真(Fax):0470-8337471
联系人(Contact Person):刘忠臣

呼和浩特市紫金花卫生用品经销部
Huhehaote Zijinhua Hygiene Products Agency
地址(Add):内蒙古呼和浩特市新城区八一市场13-16号
邮编(P.C.):010051
电话(Tel):0471-6510238
传真(Fax):0471-6557839
联系人(Contact Person):朱国忠

内蒙古临河市广宇卫生用品批发部
Linhe Guangyu Hygiene Products Wholesale Shop
地址(Add):内蒙古临河市西大批发市场
邮编(P.C.):015000
电话(Tel):0478-8273737
传真(Fax):0478-8273737
联系人(Contact Person):贾永多

内蒙古阳光工贸有限公司
Inner Mongolia Yangguang Industry & Trade Co., Ltd.
地址(Add):内蒙古通辽市经济技术开发区工业园区
邮编(P.C.):028000
电话(Tel):0475-8628319
传真(Fax):0475-8628318
总经理(General Manager):韩雪

奈曼旗恒顺纸业有限责任公司
Naimanqi Hengshun Paper Co., Ltd.
地址(Add):内蒙古通辽市奈曼旗大镇振兴街
邮编(P.C.):028300
电话(Tel):0475-4215092
法人代表(Chairman):曹洪义

通辽市永红纸行
Tongliao Yonghong Paper Co.
地址(Add):内蒙古通辽市团结路1号楼四通道106号
邮编(P.C.):028000
电话(Tel):0475-8210165

联系人(Contact Person):邢永红

内蒙古通辽市大有批发部
Tongliao Dayou Wholesale Shop
地址(Add):内蒙古通辽市团结路东三区三号楼 - 69 号
邮编(P. C.):028000
电话(Tel):0475 - 8257275
传真(Fax):0475 - 8253957
联系人(Contact Person):聂小红

通辽市团结路金三角纸业
Tongliao Tuanjie Jinsanjiao Paper Co.
地址(Add):内蒙古通辽市团结路东三区中兴商厦楼下
邮编(P. C.):028000
电话(Tel):0475 - 8275970
传真(Fax):0475 - 8275970
总经理(General Manager):田艳

通辽市科尔沁区金达来纸业
Tongliao Keerqin Jindalai Paper Co.
地址(Add):内蒙古通辽市团结路西 1 号楼 12 号
邮编(P. C.):028000
电话(Tel):0475 - 2290945
联系人(Contact Person):金达来

兴龙卫生制品经销处
Xinglong Hygiene Products Agency
地址(Add):辽宁省鞍山市台安县
邮编(P. C.):114100
电话(Tel):0412 - 4825719
传真(Fax):0412 - 4841889
联系人(Contact Person):吴永库

鞍山市凤鸣洗化商行
Anshan Fengming Detergent Trade Co.
地址(Add):辽宁省鞍山市铁东区新兴市场
邮编(P. C.):114011
电话(Tel):0412 - 8820875
传真(Fax):0412 - 8820878
联系人(Contact Person):王彬

鞍山市金汇商贸有限公司
Anshan Jinhui Trade Co., Ltd.
地址(Add):辽宁省鞍山市铁西区大陆街 128 栋 88 号
邮编(P. C.):114011
电话(Tel):13065430596
传真(Fax):0412 - 8555946
联系人(Contact Person):王殿葆

鞍山市泰隆(兰海)生活用品公司
Anshan Tailong (Lanhai) Household Products Co., Ltd.
地址(Add):辽宁省鞍山市铁西区三道街 168 号
邮编(P. C.):114013
电话(Tel):0412 - 8217646
传真(Fax):0412 - 8217646
联系人(Contact Person):张丽雪

鞍山市恒安商贸有限公司
Anshan Hengan Trade Co., Ltd.
地址(Add):辽宁省鞍山市铁西区兴盛路 88 号
邮编(P. C.):114013
电话(Tel):0412 - 8535888
传真(Fax):0412 - 8515387
联系人(Contact Person):王晓光

本溪市玢达商贸有限公司
Benxi Fenda Trade Co., Ltd.
地址(Add):辽宁省本溪市本钢平山二幼
邮编(P. C.):117000
电话(Tel):0414 - 2180688
传真(Fax):0414 - 2211569
总经理(General Manager):阮丽芬

辽宁省朝阳市东方纸业商贸中心
Liaoning Chaoyang Dongfang Paper Trade Center
地址(Add):辽宁省朝阳市龙城路三段 23 - 7
邮编(P. C.):122000
电话(Tel):0421 - 2815242
传真(Fax):0421 - 2815242
联系人(Contact Person):杨翠贤

大连华世纸制品有限公司
Dalian Huashi Paper Products Co., Ltd.
地址(Add):辽宁省大连开发区金马路恒安花园 1# - 3 - 8
邮编(P. C.):116600
电话(Tel):0411 - 81667188
传真(Fax):0411 - 87649883
联系人(Contact Person):张大瑞

大连中集商贸发展中心
Dalian Zhongji Trade Development Center
地址(Add):辽宁省大连市甘井子区泡崖四区玉境路 35 号
邮编(P. C.):116033
电话(Tel):0411 - 86472244
传真(Fax):0411 - 86481065
联系人(Contact Person):徐晓峰

大连市雪松纸业
Dalian Xuesong Paper Co.
地址(Add):辽宁省大连市金州区
电话(Tel):0411 - 85910186
传真(Fax):0411 - 85910186
总经理(General Manager):徐福

大连佳尔洁商贸有限公司
Dalian Jiaerjie Trade Co., Ltd.
地址(Add):辽宁省大连市普兰店市水果批发市场
邮编(P. C.):116200
电话(Tel):0411 - 83133790
传真(Fax):0411 - 83133790
总经理(General Manager):于新广

大连美多商贸有限公司
Dalian Meiduo Trade Co., Ltd.
地址(Add):辽宁省大连市沙河口区石门街 58 号楼 1 - 1 - 1
邮编(P. C.):116033
电话(Tel):0411 - 86737994
传真(Fax):0411 - 86737994
联系人(Contact Person):吴勇

大连明光卫生用品经销部

Dalian Mingguang Hygiene Products Agency
地址(Add):辽宁省大连市双兴商品城四号门右转土杂二厅外4号
邮编(P.C.):116000
电话(Tel):0411-86472328
传真(Fax):0411-86472328
联系人(Contact Person):贾晓红

辽宁迈克集团股份有限公司
Liaoning Maike Group Co., Ltd.
地址(Add):辽宁省大连市同兴街25号世界贸易大厦28层
邮编(P.C.):116001
电话(Tel):0411-82103333-4117
传真(Fax):0411-82103809
E-mail:lwz@mec.com.cn
联系人(Contact Person):雷文重

大连鸿轩行生活用品有限公司
Dalian Hongxuanhang Household Paper Co., Ltd.
地址(Add):辽宁省大连市西岗区纪念街38号1-1-1
邮编(P.C.):116011
电话(Tel):0411-3642472
传真(Fax):0411-3642152
法人代表(Chairman):高存洁
联系人(Contact Person):高存洁

大连浩博贸易有限公司
Dalian Haobo Trading Co.,Ltd.
地址(Add):辽宁省大连市西岗区纪念街38号金领公寓B座2-102室
邮编(P.C.):116011
电话(Tel):0411-83706799
传真(Fax):0411-83706755
E-mail:haobo5188@163.com
联系人(Contact Person):赵文

大连鑫浪商贸有限公司
Dalian Xinlang Trade Co., Ltd.
地址(Add):辽宁省大连市西岗区胜利路康平街55-2-2
邮编(P.C.):116011
电话(Tel):0411-83630965
传真(Fax):0411-85630965
联系人(Contact Person):潘延伟

营口东方纸制品有限责任公司
Yingkou Dongfang Paper Products Co., Ltd.
地址(Add):辽宁省大石桥市沟沿镇
邮编(P.C.):115115
电话(Tel):0417-5110292
传真(Fax):0417-5110291
联系人(Contact Person):綦宝新

丹东市元宝区恒安百货站
Dandong Yuanbao Hengan Commodity Station
地址(Add):辽宁省丹东市元宝区虹桥小区4号楼
邮编(P.C.):118000
电话(Tel):0415-2814024
传真(Fax):0415-2814024
总经理(General Manager):融卫东

海城市金华百货经销有限公司
Haicheng Jinhua Commodity Distribution Co., Ltd.
地址(Add):辽宁省海城市新立广场东168米
邮编(P.C.):114200
电话(Tel):0412-3217510
联系人(Contact Person):杨坤

辽宁葫芦岛宜斌批发部
Liaoning Huludao Yibin Wholesale Shop
地址(Add):辽宁省葫芦岛市连山区福盛路小食品批发市场
邮编(P.C.):125017
电话(Tel):0429-2137623
联系人(Contact Person):任宜斌

刘军商贸
Liujun Trade Co.
地址(Add):辽宁省葫芦岛市兴工大街42号葫芦岛开关厂
邮编(P.C.):125001
电话(Tel):0429-2950092
传真(Fax):0429-2950092
联系人(Contact Person):刘铁军

锦州欣佳诚商贸有限公司
Jinzhou Xinjiacheng Trade Co., Ltd.
地址(Add):辽宁省锦州市凌河区湖北路23-62号
邮编(P.C.):121000
电话(Tel):0416-2633502
传真(Fax):0416-2633851
E-mail:qiuxy.jc@163.com
总经理(General Manager):邱欣宇

锦州兴隆纸品经销处
Jinzhou Xinglong Paper Products Agency
地址(Add):辽宁省锦州市凌河区中央北街四段4-82号
邮编(P.C.):121000
电话(Tel):0416-3805106
传真(Fax):0416-3805106
总经理(General Manager):刘国玉

锦州胜利百货批发站
Jinzhou Shengli Commodity Wholesale Station
地址(Add):辽宁省锦州市中央北街6-82号辽西小商品批发市场
邮编(P.C.):121000
电话(Tel):0416-3818286
联系人(Contact Person):王聿伏

辽宁省开原市鑫达纸业批发部
Liaoning Kaiyuan Xinda Paper Wholesale Shop
地址(Add):辽宁省开原市新食品一条街
邮编(P.C.):112300
电话(Tel):0410-3824795
传真(Fax):0410-3824795
总经理(General Manager):姚军

开原市顺达卫生用品批发
Kaiyuan Shunda Hygiene Products Wholesale Shop
地址(Add):辽宁省开原市新食品一条街
邮编(P.C.):112300
电话(Tel):0410-3823195

联系人(Contact Person):李永奎

辽阳昌盛纸业有限公司
Liaoyang Changsheng Paper Co., Ltd.
地址(Add):辽宁省辽阳市文圣区襄平街70-12号
邮编(P.C.):111000
电话(Tel):0419-3224031
传真(Fax):0419-3231545
联系人(Contact Person):李庆良

凌源市东方纸业
Lingyuan Dongfang Paper Co.
地址(Add):辽宁省凌源市小食品批发市场光明路175栋8号
邮编(P.C.):122500
电话(Tel):0421-6836582
传真(Fax):0421-6836582
联系人(Contact Person):杨宏广

盘锦众鑫卫生用品大全
Panjin Zhongxin Hygiene Products Shop
地址(Add):辽宁省盘锦市双台子区食品街
邮编(P.C.):124000
电话(Tel):0427-3812670
联系人(Contact Person):张翠平

盘锦市顺发卫生用品经销处
Panjin Shunfa Hygiene Products Agency
地址(Add):辽宁省盘锦市双台子区食品批发一条街
邮编(P.C.):124000
电话(Tel):0427-3837069
总经理(General Manager):郭长发

辽宁盘锦双益百货有限公司批发部
Liaoning Panjin Shuangyi Commodity Co., Ltd. Wholesale Department
地址(Add):辽宁省盘锦市双台子区兴农街
邮编(P.C.):124000
电话(Tel):0427-3831614
传真(Fax):0427-3830699
联系人(Contact Person):张宝桥

大连峰华纸业有限公司
Dalian Fenghua Paper Co., Ltd.
地址(Add):辽宁省普兰店市果品批发市场
邮编(P.C.):116200
电话(Tel):0411-83907626
传真(Fax):0411-83136981
联系人(Contact Person):曹海峰

沈阳华盛商贸有限责任公司
Shenyang Huasheng Trade Co., Ltd.
地址(Add):辽宁省沈阳市大东区东顺城小商品大世界1013号
邮编(P.C.):110042
电话(Tel):024-24342822
传真(Fax):024-88133426
联系人(Contact Person):李正滨

沈阳品诚商贸有限公司
Shenyang Pincheng Trading Co., Ltd.
地址(Add):辽宁省沈阳市大东区津桥路4号沈波大厦401房间
邮编(P.C.):110041
电话(Tel):024-88572178
传真(Fax):024-88557738
联系人(Contact Person):马俊卓

沈阳市金龙百货有限公司
Shenyang Jinlong Commodity Co., Ltd.
地址(Add):辽宁省沈阳市大东区津桥路5号(小东市场18层楼)
邮编(P.C.):110042
电话(Tel):024-24832834
传真(Fax):024-24832834
联系人(Contact Person):王俊海

沈阳九天商贸有限公司
Shenyang Jiutian Trading Co., Ltd.
地址(Add):辽宁省沈阳市和平区十一纬路云集东巷31号
邮编(P.C.):110003
电话(Tel):024-23235291
传真(Fax):024-23235291
总经理(General Manager):曲海鹰

沈阳昊鹏纸业
Shenyang Haopeng Paper Co.
地址(Add):辽宁省沈阳市和平区十一纬路云集东巷31号
邮编(P.C.):110003
电话(Tel):024-24357956
E-mail:da-quan@126.com
联系人(Contact Person):吴汉权

辽宁百洋实业有限公司盛京分公司
Liaoning Baiyang Industry Co., Ltd.
地址(Add):辽宁省沈阳市和平区伊宁路10号
邮编(P.C.):110001
电话(Tel):024-22701670
传真(Fax):024-22890649
总经理(General Manager):任相国
联系人(Contact Person):任向佳

沈阳万诚纸业有限公司
Shenyang Wancheng Paper Co., Ltd.
地址(Add):辽宁省沈阳市皇姑区华山路215-4-112
邮编(P.C.):110036
电话(Tel):024-86711173
传真(Fax):024-86711173
法人代表(Chairman):任岫玉
联系人(Contact Person):任岫玉

沈阳市奇美卫生用品有限公司
Shenyang Qimei Hygienic Products Co., Ltd.
地址(Add):辽宁省沈阳市辽中南二路西段1-9信箱
邮编(P.C.):110200
电话(Tel):024-87826776/87896604
传真(Fax):024-87825959/87896604
法人代表(Chairman):武爽
总经理(General Manager):裴多恰

沈阳新恒昌百货经销部
Shenyang Xinhengchang Department Store

地址(Add):辽宁省沈阳市沈河区八纬路92号
邮编(P.C.):110014
电话(Tel):024-22831317
传真(Fax):024-22872336
联系人(Contact Person):吴明军

新凯发百货商行
Xinkaifa Commodity Trade Co.
地址(Add):辽宁省沈阳市沈河区风雨坛街1号中船大厦707
邮编(P.C.):110014
电话(Tel):024-22956219
传真(Fax):024-24154791
联系人(Contact Person):张开

沈阳莱蒽商贸有限公司
Shenyang Laien Trade Co., Ltd.
地址(Add):辽宁省沈阳市沈河区广昌路40-1号211室
邮编(P.C.):110014
电话(Tel):024-22936513
传真(Fax):024-82901477
总经理(General Manager):陶莉

辽宁百货针纺织品批发公司
Liaoning Baihuo Knit Goods & Textile Wholesale Co.
地址(Add):辽宁省沈阳市沈河区市府大路387号
邮编(P.C.):110013
电话(Tel):024-22732542
传真(Fax):024-22720024
法人代表(Chairman):艾文彬
总经理(General Manager):艾文彬

沈阳金泽纸业有限公司
Shenyang Jinze Paper Co., Ltd.
地址(Add):辽宁省沈阳市铁西区艳粉街44-1甲
邮编(P.C.):110023
电话(Tel):024-25901035
传真(Fax):024-25908538
联系人(Contact Person):王国跃

正新纸业销售中心
Zhengxin Paper Agency
地址(Add):辽宁省铁岭市银洲区才河街马家胡同
邮编(P.C.):112000
电话(Tel):0410-2813612
总经理(General Manager):于永文

宏大卫生用品商行
Hongda Hygiene Products Trade Co.
地址(Add):辽宁省瓦房店市鸿宇家国81号楼3门
邮编(P.C.):116300
电话(Tel):0411-85697131
传真(Fax):0411-85697132
联系人(Contact Person):吴岩

长春市智强纸业
Changchun Zhiqiang Paper Co.
地址(Add):吉林省长春市光复路303栋嘉麟商场门右侧
邮编(P.C.):130051
电话(Tel):0431-2848263
传真(Fax):0431-2848263
联系人(Contact Person):王若祥

腾达纸业
Tengda Paper Co.
地址(Add):吉林省长春市光复路308栋2门
邮编(P.C.):130051
电话(Tel):0431-2840510
联系人(Contact Person):曲兆东

吉林长春市光复路松鹤纸业商行
Jilin Changchun Songhe Paper Trade Co.
地址(Add):吉林省长春市光复路南309栋11门
邮编(P.C.):130051
电话(Tel):0431-2840552
联系人(Contact Person):王文江

吉林省吉岩妇幼用品有限责任公司
Jilin Jiyan Maternity & Child Articles Co., Ltd.
地址(Add):吉林省长春市宽城区光复路北309栋14号
邮编(P.C.):130031
电话(Tel):0431-4828778
传真(Fax):0431-4828777
E-mail:jiyanjituan@vip.163.com
法人代表(Chairman):杨岩
总经理(General Manager):杨岩
联系人(Contact Person):刘丽红

长春中野新技术发展有限公司
Changchun Zhongye New Technology Development Co., Ltd.
地址(Add):吉林省长春市绿园区西安大路蓝新街1号
邮编(P.C.):130062
电话(Tel):0431-7918586
传真(Fax):0431-7918586
联系人(Contact Person):董泽慧

吉林省长春市琦鑫妇婴用品有限公司
Jilin Changchun Qixin Woman & Child Products Co., Ltd.
地址(Add):吉林省长春市银海商厦1-2楼
邮编(P.C.):133000
电话(Tel):0431-2843967
传真(Fax):0431-2844987
总经理(General Manager):张佳波

八达纸业
Bada Paper Co.
地址(Add):吉林省吉林市天津街批发市场一区84-86号
邮编(P.C.):132011
电话(Tel):0431-6113829
总经理(General Manager):陈雨和

吉林梨树春喜纸业
Jinlin Lishu Chunxi Paper Co.
地址(Add):吉林省梨树县梨树镇西买卖大街
邮编(P.C.):136500
电话(Tel):0434-5225319
传真(Fax):0434-6148973
联系人(Contact Person):居洪恩

百帮纸业

Baibang Paper Co.
地址(Add):吉林省四平市铁东区南二纬二三马路中间
邮编(P. C.):136000
电话(Tel):0434-3379043
总经理(General Manager):居玉霞

吉林省四平市金光纸业
Jilin Siping Jinguang Paper Co.
地址(Add):吉林省四平市铁东区南二纬路批发一条街(二马路二纬交汇处)
邮编(P. C.):136001
电话(Tel):0434-6189241
传真(Fax):0434-3535767
联系人(Contact Person):居洪德

四平市铁西区百家乐纸业
Siping Tiexi Baijiale Paper Co.
地址(Add):吉林省四平市铁西区铁路招待所楼下
邮编(P. C.):136000
电话(Tel):0434-6168638
联系人(Contact Person):王双

延边汇发经贸有限公司
Yanbian Huifa Trade Co., Ltd.
地址(Add):吉林省延吉市海兰路进学街144-4号
邮编(P. C.):133000
电话(Tel):0433-2558291
传真(Fax):0433-2558291
总经理(General Manager):王允进

黑龙江省北安市宝洁日用品商店
Heilongjiang Beian Baojie Commodity Store
地址(Add):黑龙江省北安市二道街
邮编(P. C.):164000
电话(Tel):0456-6698626
联系人(Contact Person):张正宏

哈尔滨市鸿运纸品公司
Harbin Hongyun Paper Products Co.
地址(Add):黑龙江省哈尔滨市道里区光华街38号
邮编(P. C.):150000
电话(Tel):0451-84506363
传真(Fax):0451-84548833
法人代表(Chairman):洪玮
总经理(General Manager):王春英

哈尔滨中顺商贸科技发展有限公司
Harbin Zhongshun Trade Science & Technology Development Co., Ltd.
地址(Add):黑龙江省哈尔滨市道里区康安路22号(大发市场6区34号)
邮编(P. C.):150070
电话(Tel):0451-84305409
传真(Fax):0451-84305409
联系人(Contact Person):王玉明

盛隆百货批发
Shenglong Commodity Wholesaler
地址(Add):黑龙江省哈尔滨市道外景阳街37号
邮编(P. C.):150020
电话(Tel):0451-88340587
联系人(Contact Person):于淑荣

黑龙江省荣达纸业有限公司
Heilongjiang Rongda Paper Co., Ltd.
地址(Add):黑龙江省哈尔滨市道外南极街56号肉联医院转
邮编(P. C.):150026
电话(Tel):0451-88338146
传真(Fax):0451-88338146
法人代表(Chairman):刘洁
总经理(General Manager):刘洁

千贺纸业有限公司
Qianhe Paper Co., Ltd.
地址(Add):黑龙江省哈尔滨市道外区保障华庭小区13栋6门
邮编(P. C.):150020
电话(Tel):0451-88921310
传真(Fax):0451-88921320
联系人(Contact Person):于杰

黑龙江惠临商贸有限责任公司
Heilongjiang Huilin Trade Co., Ltd.
地址(Add):黑龙江省哈尔滨市道外区承德街60号5楼502室
邮编(P. C.):150020
电话(Tel):0451-88306041
传真(Fax):0451-88344668
联系人(Contact Person):辛贵华

哈尔滨市鑫乐日用杂品经销部
Harbin Xinle Commodity Agency
地址(Add):黑龙江省哈尔滨市道外区大方里小区229栋楼、家用电器厂2楼
邮编(P. C.):150020
电话(Tel):0451-86920806
传真(Fax):0451-87812666
联系人(Contact Person):丁尔杰

三和纸业经销商行
Sanhe Paper Trade Co.
地址(Add):黑龙江省哈尔滨市道外区东方红小区2号楼2单元2楼2室
邮编(P. C.):150020
电话(Tel):0451-88002297
传真(Fax):0451-88900373
联系人(Contact Person):张宏玉

哈尔滨旭升纸业公司
Harbin Xusheng Paper Co.
地址(Add):黑龙江省哈尔滨市道外区南和街副59号
邮编(P. C.):150000
电话(Tel):0451-88330368
传真(Fax):0451-88301769
联系人(Contact Person):王旭

哈尔滨傻丫头纸行配套产品经销
Harbin Shayatou Paper Co. Agency
地址(Add):黑龙江省哈尔滨市道外区南勋街453号
邮编(P. C.):150000
电话(Tel):0451-86997581

联系人(Contact Person):于桂华

哈尔滨宝洁经贸有限公司
Harbin Baojie Trade Co., Ltd.
地址(Add):黑龙江省哈尔滨市道外区太古十四道街295号正大龙生家园1号楼2单元302室
邮编(P.C.):150040
电话(Tel):0451-88973718
传真(Fax):0451-88906819
联系人(Contact Person):姚双

哈尔滨阳瑞商贸有限公司
Harbin Yangrui Business Trade Co., Ltd.
地址(Add):黑龙江省哈尔滨市道外区新马路53号
邮编(P.C.):150040
电话(Tel):0451-88338008
传真(Fax):0451-88380078
联系人(Contact Person):杨鸿志

哈尔滨鲁王商贸有限公司
Harbin Luwang Trade Co., Ltd.
地址(Add):黑龙江省哈尔滨市太平区先锋路243号-A座4号
邮编(P.C.):150056
电话(Tel):0451-82405558
传真(Fax):0451-82425577
总经理(General Manager):李光辉

中韩合资威海瑞亨卫生用品有限公司黑龙江办事处
Weihai Ruiheng Hygiene Products Co., Ltd. Heilongjiang Office
地址(Add):黑龙江省哈尔滨市道里区公园街附11-1号
邮编(P.C.):150010
电话(Tel):0451-84679837
传真(Fax):0451-84679837
联系人(Contact Person):王松涛

黑龙江鹤岗市天天纸业有限公司
Heilongjiang Hegang Tiantian Paper Co., Ltd.
地址(Add):黑龙江省鹤岗市南山区铁东路
邮编(P.C.):154100
电话(Tel):0468-3309043
传真(Fax):0468-3309043
联系人(Contact Person):李达

黑龙江省鸡西市东升纸业行
Heilongjiang Jixi Dongsheng Paper Co.
地址(Add):黑龙江省鸡西市鸡冠区红军路批发一条街
邮编(P.C.):158100
电话(Tel):0467-2662223
传真(Fax):0467-2665558
联系人(Contact Person):孙占全

佳木斯市阳光商贸有限公司
Jiamusi Yangguang Trade Co., Ltd.
地址(Add):黑龙江省佳木斯市金三角忠信6号楼
邮编(P.C.):154016
电话(Tel):0454-8654835
传真(Fax):0454-8632644
总经理(General Manager):郭勇

佳木斯正达百货公司
Jiamusi Zhengda Commodity Co.
地址(Add):黑龙江省佳木斯市商业城二楼西八厅
邮编(P.C.):154000
电话(Tel):0454-8650417
联系人(Contact Person):赵志民

黑龙江省桦南尚好佳纸业
Heilongjiang Huanan Shanghaojia Paper Co.
地址(Add):黑龙江省佳木斯市新华市场西10米道南
邮编(P.C.):154016
电话(Tel):0454-6262757
联系人(Contact Person):张红波

佳木斯市洁美卫生用品经销处
Jiamusi Jiemei Hygiene Products Agency
地址(Add):黑龙江省佳木斯市永红区景园小区
邮编(P.C.):154000
电话(Tel):0454-8601230
联系人(Contact Person):于文涛

黑龙江省长久纸业
Heilongjiang Changjiu Paper Co.
地址(Add):黑龙江省齐齐哈尔市建华区解放门市场
邮编(P.C.):161000
电话(Tel):0452-8688202
联系人(Contact Person):贺常久

联华日用品商店
Lianhua Commodity Shop
地址(Add):黑龙江省齐齐哈尔市建设大街驻军楼26号-1
邮编(P.C.):161000
电话(Tel):0452-2130858
联系人(Contact Person):冯英奎

朝阳纸业
Chaoyang Paper Co.
地址(Add):黑龙江省齐齐哈尔市龙海区龙南街安智小区23号楼1号门
邮编(P.C.):161000
电话(Tel):0452-22263963
联系人(Contact Person):谢文彬

齐齐哈尔市昊天日用百货商店
Qiqihaer Haotian Commodity Shop
地址(Add):黑龙江省齐齐哈尔市运建小区19号楼101室
邮编(P.C.):161000
电话(Tel):0452-2691610
传真(Fax):0452-2691610
总经理(General Manager):姜伟

黑龙江省双城市鑫丰纸业
Heilongjiang Shuangcheng Xinfeng Paper Co.
地址(Add):黑龙江省双城市北二道街广播局新楼楼下15号门市部
邮编(P.C.):150100
电话(Tel):0451-53124797
联系人(Contact Person):张雪峰

绥化市花香纸业经销部

Suihua Huaxiang Paper Agency
地址(Add):黑龙江省绥化市南二西路(百货公司楼下)
邮编(P.C.):152000
电话(Tel):0455-8269759
联系人(Contact Person):刘香

上海润厚商贸发展有限公司
Shanghai Runhou Trade Development Co., Ltd.
地址(Add):上海市曹杨路1040号中谊大厦23楼
邮编(P.C.):200063
电话(Tel):021-62438345
传真(Fax):021-62168792
联系人(Contact Person):张景涛

上海雷宝贸易有限公司
Shanghai Rainbow Fame Industrial Co., Ltd.
地址(Add):上海市沪青平公路1360号东方明珠花园商务中心八楼818室
邮编(P.C.):201702
电话(Tel):021-59881660
传真(Fax):021-59881483
总经理(General Manager):余有国

上海轩洁商贸有限公司
Shanghai Xuanjie Trade Co., Ltd.
地址(Add):上海市龙阳路1188号
邮编(P.C.):200125
电话(Tel):021-58734403
传真(Fax):021-50788240
E-mail:shanghai_xuanjie@msn.com
Http://llxuanjieool.cn.alibaba.com
联系人(Contact Person):张青

上海家友百货有限公司
Shanghai Jiayou Commodity Co., Ltd.
地址(Add):上海市浦东昌里东路71弄14号103室
邮编(P.C.):200126
电话(Tel):021-68706999
传真(Fax):021-58741745
Http://www.jiayoush.com
联系人(Contact Person):王健荣

上海百德家庭用品有限公司
Shanghai Baide Family Articles Co.,Ltd.
地址(Add):上海市浦东东明路600弄12栋102室
邮编(P.C.):200126
电话(Tel):021-50563777
传真(Fax):021-58741745
联系人(Contact Person):戴龙明

上海越力酒店用品经销部
Shanghai Yueli Hotel Commodities Distributor
地址(Add):上海市浦东新区峨山路611号
邮编(P.C.):200127
电话(Tel):021-58815799
传真(Fax):021-58815799
法人代表(Chairman):张润勤
联系人(Contact Person):张润勤

上海冠乐商贸有限公司
Shanghai Guanle Trade Co., Ltd.
地址(Add):上海市小石桥街73号
邮编(P.C.):200010
电话(Tel):021-63138182
传真(Fax):021-63162597
联系人(Contact Person):邵立明

常州常亚纸品有限公司
Changzhou Changya Paper Products Co., Ltd.
地址(Add):江苏省常州市雕庄乡清溪村(采菱路1号)
邮编(P.C.):213018
电话(Tel):0519-8825134
传真(Fax):0519-8825134
法人代表(Chairman):奚仲良
总经理(General Manager):奚志军
联系人(Contact Person):钱桂芳

常州市春娇专业生活用纸批发部
Changzhou Chunjiao Household Paper Wholesale Shop
地址(Add):江苏省常州市九龙批发市场C区3480#
邮编(P.C.):213000
电话(Tel):0519-5552773
联系人(Contact Person):李春娇

江苏云海卫生用品营销中心
Jiangsu Yunhai Trading Center
地址(Add):江苏省赣榆县石桥镇云海超市(芦阳路)
邮编(P.C.):222114
电话(Tel):0518-6819699
传真(Fax):0518-6260866
联系人(Contact Person):姜崇高

上虞市恒安卫生用品有限公司淮安经营部
Shangyu Hengan Hygiene Products Co., Ltd. Huaian Agency
地址(Add):江苏省淮安工农路19-20号
邮编(P.C.):223001
电话(Tel):0517-3915005
联系人(Contact Person):梁维琪

江苏淮安远大纸品批发部
Jiangsu Huaian Yuanda Paper Products Wholesale Shop
地址(Add):江苏省淮安市爱民路1-8号(食品城南门对面)
邮编(P.C.):223001
电话(Tel):0517-3217861
联系人(Contact Person):徐文祥

江苏省淮安市正大纸业
Jiangsu Huaian Zhengda Paper Co.
地址(Add):江苏省淮安市爱民路8号(食品城大门东首)
邮编(P.C.):223001
电话(Tel):0517-3932366
传真(Fax):0517-5239775
联系人(Contact Person):王巍

恒丰纸业
Hengfeng Paper Co.
地址(Add):江苏省淮安市爱民路食品城南大门东侧
邮编(P.C.):223001
电话(Tel):0517-3933382
联系人(Contact Person):王振

淮安市女爱纸业总汇
Huaian Nüai Paper Shop
地址(Add):江苏省淮安市楚州区东长街34号(楚州小学斜对面)
邮编(P. C.):223232
电话(Tel):0517-5986726
联系人(Contact Person):王汉德

淮安市创新纸业有限公司
Huaian Chuangxin Paper Co., Ltd.
地址(Add):江苏省淮安市楚州区东长街95号
邮编(P. C.):223200
电话(Tel):0517-5924188
传真(Fax):0517-5924188
总经理(General Manager):陶开成

淮安市丽缘日化
Huaian Liyuan Commodity Chemicals Co.
地址(Add):江苏省淮安市清河区通四泉巷41号
邮编(P. C.):223001
电话(Tel):0517-3282033
联系人(Contact Person):赵丽

东风纸业
Dongfeng Papre Co.
地址(Add):江苏省淮安市清隆桥南首100米
电话(Tel):0517-3960562
联系人(Contact Person):宋秀波

溧阳市江南春市场风云百货商行
Liyang Jiangnanchun Market Fengyun Commodity Trade Co.
地址(Add):江苏省溧阳市三家村巷32号
邮编(P. C.):213300
电话(Tel):0519-7213967
传真(Fax):0519-7229721
联系人(Contact Person):陈云琴

连云港市德路工贸有限公司
Lianyungang Delu Industry & Trade Co., Ltd.
地址(Add):江苏省连云港市海州批发市场12区6排1,2号
邮编(P. C.):222023
电话(Tel):0518-5212303
传真(Fax):0518-5032303
联系人(Contact Person):钟志霞

双锦工贸有限公司
Shuangjin Industry & Trade Co., Ltd.
地址(Add):江苏省连云港市海州区新村路60号(燃气总公司院内)
邮编(P. C.):222002
电话(Tel):0518-5403185
E-mail:zhangrong99999@sina.com
联系人(Contact Person):陈令文

连云港市晨馨商贸有限公司
Lianyungang Chenxin Trade Co., Ltd.
地址(Add):江苏省连云港市海州市场12区2排24号
邮编(P. C.):222023
电话(Tel):0518-5032332
传真(Fax):0518-5214151
联系人(Contact Person):张敏

南京名道酒店用品有限公司
Nanjing Mingdao Hotel Articles Co., Ltd.
地址(Add):江苏省南京市北京西路75号3幢304座
邮编(P. C.):210013
电话(Tel):025-83722796
传真(Fax):025-83722796
联系人(Contact Person):王铮

南京红姿英贸易有限公司
Nanjing Hongziying Trade Co., Ltd.
地址(Add):江苏省南京市标营四号
电话(Tel):025-4499045
E-mail:mufabing@sohu.com
联系人(Contact Person):黄红英

南京供销纸业有限责任公司
Nanjing Supply & Marketing Paper Co., Ltd.
地址(Add):江苏省南京市汉中门凤凰街84号院内
邮编(P. C.):210029
电话(Tel):025-86529673
传真(Fax):025-86600465
总经理(General Manager):童南南

南京翱翔贸易有限公司
Nanjing Aoxiang Trade Co., Ltd.
地址(Add):江苏省南京市水西门二道埂子28号(莫愁东路)
邮编(P. C.):210029
电话(Tel):025-86656750
传真(Fax):025-86508389
联系人(Contact Person):刘希

南京百瑞德贸易有限公司
Nanjing Bairuide Trade Co., Ltd.
地址(Add):江苏省南京市太平南路150号
邮编(P. C.):210002
电话(Tel):025-84528053
传真(Fax):025-84512374
E-mail:brdi@sohu.com
联系人(Contact Person):袁楠

舒美洁卫生用品有限公司
Shumeijie Hygiene Products Co., Ltd.
地址(Add):江苏省南京市小活瓦巷1号4楼
邮编(P. C.):210002
电话(Tel):025-84504591
传真(Fax):025-84503946
总经理(General Manager):苏启龙
联系人(Contact Person):孙永祥

康洁纸业制品有限公司
Kangjie Paper Products Co., Ltd.
地址(Add):江苏省南京雨花台区西善桥盛家港66号(62路底站对面)
邮编(P. C.):210029
电话(Tel):025-52808707
传真(Fax):025-52804663
联系人(Contact Person):刘振忠

南通凌宇经贸有限公司
Nantong Lingyu Trade Co., Ltd.
地址(Add):江苏省南通市钟锈路北土山农机仓库内
邮编(P. C.):226000
电话(Tel):0513 - 5193580
传真(Fax):0513 - 5193580
E-mail:lymyyxgs@ yahoo. com. cn
总经理(General Manager):张宇晖

江苏沛县星海副食品有限公司分公司
Jiangsu Peixian Xinghai Subsidiary Foodstuffs Co., Ltd. Branch
地址(Add):江苏省沛县城镇新庄路中段
邮编(P. C.):221600
电话(Tel):0516 - 4638716
传真(Fax):0516 - 4638716
联系人(Contact Person):周良峰

徐州市琪瑞商贸有限公司
Xuzhou Qirui Trade Co., Ltd.
地址(Add):江苏省邳州市文化路 14 - 10 号
邮编(P. C.):221000
电话(Tel):0516 - 6224132
传真(Fax):0516 - 6243250
总经理(General Manager):朱琳

如皋市嘉健卫生用品经营部双灯纸品总经销
Rugao Jiajian Hygiene Products Agency
地址(Add):江苏省如皋市天平市场 14315 号(南大门对面)
电话(Tel):0513 - 7026907
联系人(Contact Person):周嘉建

苏州正隆贸易有限公司
Suzhou Zhenglong Trading Co., Ltd.
地址(Add):江苏省苏州市新区金山路 58 号阳光大厦 A 栋 2 楼 D 座
邮编(P. C.):215011
电话(Tel):0512 - 68410017
传真(Fax):0512 - 68256821
联系人(Contact Person):顾云鹏

苏州君易商贸有限公司
Suzhou Junyi Trade Co., Ltd.
地址(Add):江苏省苏州市胥江路 52 号(江南无线电有限公司内 315 室)
邮编(P. C.):215000
电话(Tel):0512 - 66335110
传真(Fax):0512 - 65299963
联系人(Contact Person):朱红卫

美欣纸业经销部
Meixin Paper Agency
地址(Add):江苏省苏州新世纪花园 9 幢 201
邮编(P. C.):215011
电话(Tel):0512 - 66139109
传真(Fax):0512 - 66139109
E-mail:liuweiwei123456@ 163. com
联系人(Contact Person):王丽娟

无锡市梦泰卫生用品有限公司
Wuxi Mengtai Hygiene Products Co., Ltd.
地址(Add):江苏省无锡市宁海里 285 号 201 室
邮编(P. C.):214011
电话(Tel):0510 - 2416779
传真(Fax):0510 - 2463439
总经理(General Manager):万元庆
联系人(Contact Person):王玉梅

江苏新沂市新春晓有限公司
Jiangsu Xinyi Xinchunxiao Co., Ltd.
地址(Add):江苏省新沂市北沟镇
电话(Tel):0516 - 8687888
传真(Fax):0516 - 8687388
联系人(Contact Person):孙晓玲

新沂市碧依特商贸有限公司
Xinyi Biyite Trade Co., Ltd.
地址(Add):江苏省新沂市现代商城南一路 27 - 29 号
邮编(P. C.):221400
电话(Tel):0516 - 8933248
传真(Fax):0516 - 8933248
联系人(Contact Person):李明

徐州市好又多百货有限公司
Xuzhou Haoyouduo Commodity Co., Ltd.
地址(Add):江苏省徐州市复兴北路(建北小学院内)
邮编(P. C.):221000
电话(Tel):0516 - 3733172
传真(Fax):0516 - 3733172
联系人(Contact Person):张正洲

徐州市金雨纸品有限公司
Xuzhou Jinyu Paper Products Co., Ltd.
地址(Add):江苏省徐州市骆驼山前村 115 号
邮编(P. C.):221000
电话(Tel):0516 - 2202709
传真(Fax):0516 - 7627162
总经理(General Manager):徐长雨

徐州市宝利科技贸易有限公司
Xuzhou Baoli Science & Technology Trade Co., Ltd.
地址(Add):江苏省徐州市中山南路 65#轻工大楼东二楼
邮编(P. C.):221003
电话(Tel):0516 - 3729516
传真(Fax):0516 - 3729526
总经理(General Manager):胡广军

徐州市荣杰商贸有限公司
Xuzhou Rongjie Trade Co., Ltd.
地址(Add):江苏省徐州市中山南路 65 号轻工大楼北一楼
邮编(P. C.):221003
电话(Tel):0516 - 3738069
传真(Fax):0516 - 3738069
联系人(Contact Person):仇晓东

盐城市乾明日用百货公司
Yancheng Qianming Commodity Co.
地址(Add):江苏省盐城市黄海东路 1 号 1 幢 301 室
邮编(P. C.):222400
电话(Tel):0515 - 3163040
传真(Fax):0515 - 8209982

Http://www.dshpaper.com.cn
联系人(Contact Person):李建中

盐城市凤秀商贸有限公司
Yancheng Fengxiu Trade Co., Ltd.
地址(Add):江苏省盐城市招商新村16幢502室
邮编(P.C.):224000
电话(Tel):0515-8244347
传真(Fax):0515-8244347
总经理(General Manager):梁敬东
联系人(Contact Person):梁朝阳

盐城市百卉纸品批发部
Yancheng Baihui Paper Products Wholesale Shop
地址(Add):江苏省盐城市招商新村9幢106号
邮编(P.C.):224000
电话(Tel):0515-8229055
联系人(Contact Person):季亚东

盐城迎树商业经营部
Yancheng Yingshu Trade Agency
地址(Add):江苏省盐城盐马路17号-4号
邮编(P.C.):222400
电话(Tel):0515-8364702
总经理(General Manager):陈苏东

喜相逢商贸有限公司
Xixiangfeng Trade Co., Ltd.
地址(Add):江苏省扬州市汤汪镇汤汪北路东方超市2楼
邮编(P.C.):225003
电话(Tel):0514-7829761
传真(Fax):0514-5111832
总经理(General Manager):陈金平

无锡市好店家百货有限公司
Wuxi Haodianjia Commodity Co., Ltd.
地址(Add):江苏省宜兴市劳动桥南塊二楼
邮编(P.C.):214200
电话(Tel):0510-7928330
传真(Fax):0510-7902818
联系人(Contact Person):孔继英

宜兴市金洁百货商行
Yixing Jinjie Commodity Trade Co.
地址(Add):江苏省宜兴市谢桥路1号
邮编(P.C.):214200
电话(Tel):0510-8566366
传真(Fax):0510-7966825
联系人(Contact Person):王伟宏

浙江省东阳市个人卫生用品商行
Zhejiang Dongyang Private Hygiene Products Trade Co.
地址(Add):浙江省东阳市商城四周63号
邮编(P.C.):322100
电话(Tel):0579-6670500
联系人(Contact Person):葛向平

新沂市五洲卫生纸厂杭州办
Xinyi Wuzhou Tissue Paper Mill Hangzhou Office
地址(Add):浙江省杭州市江干区笕桥镇花园村三组55号
邮编(P.C.):310021
电话(Tel):0571-85147158
联系人(Contact Person):黄明飞

金华市新大家商贸有限公司
Jinhua Xindajia Trade Co., Ltd.
地址(Add):浙江省金华市长宁路53号二楼
邮编(P.C.):321017
电话(Tel):0579-2380028
传真(Fax):0579-2398768
总经理(General Manager):薛加兰

浙江金华市大江商贸有限公司
Zhejiang Jinhua Dajiang Trade Co., Ltd.
地址(Add):浙江省金华市双馨路321-326号
邮编(P.C.):321000
电话(Tel):0579-2394438
传真(Fax):0579-2064438
联系人(Contact Person):刘巧建

开化县纸行
Kaihua Paper Co.
地址(Add):浙江省开化县城关解放路22号
邮编(P.C.):324300
电话(Tel):0570-6019016
传真(Fax):0570-6019016
总经理(General Manager):严志辉

浙江衢州市春秋百货有限公司
Zhejiang Quzhou Chunqiu Commodity Co., Ltd.
地址(Add):浙江省衢州市衢黄路上洋纸厂
邮编(P.C.):324000
电话(Tel):0570-3866858
传真(Fax):0570-3866403
总经理(General Manager):邢云明

浙江台州市路桥天启日用品商行
Zhejiang Taizhou Tianqi Commodity Trade Co.
地址(Add):浙江省台州市路桥区方林苑186号
邮编(P.C.):318056
电话(Tel):0576-2434988
传真(Fax):0576-2434988
联系人(Contact Person):方先良

台州市路桥区江海日用品有限公司
Taizhou Jianghai Commodity Co., Ltd.
地址(Add):浙江省台州市路桥区泰隆街879号5楼
邮编(P.C.):318056
电话(Tel):0576-2454528
传真(Fax):0576-2454518
总经理(General Manager):朱江滨
联系人(Contact Person):洪建萍

温州市旺盛日用百货有限公司
Wenzhou Wangsheng Commodity Co., Ltd.
地址(Add):浙江省温州市温金大道鹿城仓储三幢三层
邮编(P.C.):325000
电话(Tel):0577-88618188
传真(Fax):0577-88611269
联系人(Contact Person):朱醒冬

浙江省温州市海灵生活用品有限公司

Zhejiang Wenzhou Hailing Household Products Co., Ltd.
地址(Add):浙江省温州市梧田区慈湖工业北区顺展路38号外贸烟火仓库
邮编(P. C.):325000
电话(Tel):0577-86736100
传真(Fax):0577-86736800
法人代表(Chairman):黄鹏
总经理(General Manager):黄鹏

温州市施施贸易有限公司
Wenzhou Shishi Trade Co., Ltd.
地址(Add):浙江省温州市西山东路226弄3号
邮编(P. C.):325005
电话(Tel):0577-88522986
传真(Fax):0577-88550285
总经理(General Manager):赵培华

杨杨纸业有限公司
Yangyang Paper Co., Ltd.
地址(Add):浙江省义乌市宾王市场C1-027#店面
邮编(P. C.):322000
电话(Tel):0579-5544215
传真(Fax):0579-5580397
联系人(Contact Person):杨兴团

义乌市再生资源日用杂品有限公司
Yiwu Regenerated Resources Daily Groceries Co., Ltd.
地址(Add):浙江省义乌市朝阳门79号
邮编(P. C.):322000
电话(Tel):0579-5532021
传真(Fax):0579-5521118
总经理(General Manager):王兴毅
联系人(Contact Person):骆永勤

时来日用百货贸易有限公司
Shilai Commodity Trade Co., Ltd.
地址(Add):浙江省义乌市文化市场12街11号
邮编(P. C.):322000
电话(Tel):0579-5680297
总经理(General Manager):吴樟花

余姚市宇铃工业品有限公司
Yuyao Yuling Industrial Products Co., Ltd.
地址(Add):浙江省余姚市体育场路(舜北新村)74-103
邮编(P. C.):315400
电话(Tel):0574-62665530
传真(Fax):0574-62665530
联系人(Contact Person):罗爱芬

安庆红鹰日化纸品有限责任公司
Anqing Hongying Commodity Chemicals & Paper Products Co., Ltd.
地址(Add):安徽省安庆市光彩大市场E区3栋4号
邮编(P. C.):246000
电话(Tel):0556-5361859
传真(Fax):0556-5361859
Http://www.yujiahong.com
总经理(General Manager):喻家宏

蚌埠市春之源百货有限公司
Bengbu Chunzhiyuan General Merchandise Co., Ltd.
地址(Add):安徽省蚌埠市淮河路吉安里4号楼2楼东户
邮编(P. C.):233000
电话(Tel):0552-2051735
传真(Fax):0552-2051735
总经理(General Manager):田春青

蚌埠市南山生活用纸总汇
Bengbu Nanshan Household Paper Concourse
地址(Add):安徽省蚌埠市太平街批发市场
邮编(P. C.):233000
电话(Tel):0552-2060544
传真(Fax):0552-2060544
联系人(Contact Person):潘维治

安徽省巢湖市洁达纸品商行
Anhui Chaohu Jieda Paper Products Business
地址(Add):安徽省巢湖市半汤路城北田埠大楼后院
邮编(P. C.):238000
电话(Tel):0565-2327505
联系人(Contact Person):吴世祥

安徽省池州市南门纸张经营部
Anhui Chizhou Nanmen Paper Distributor
地址(Add):安徽省池州市温州商贸城110号
邮编(P. C.):247100
电话(Tel):0566-2031160
联系人(Contact Person):潘宜兵

安徽省滁州市(来安)国丽商贸
Anhui Chuzhou Guoli Trade
地址(Add):安徽省滁州市丰乐北路112号
邮编(P. C.):239000
电话(Tel):0550-3011539
联系人(Contact Person):曹新国

滁州市欧阳批发部
Chuzhou Ouyang Wholesaler
地址(Add):安徽省滁州市来安路100号
邮编(P. C.):239000
电话(Tel):0550-3063961
总经理(General Manager):欧庶红

安徽阜阳市中利百货有限责任公司
Anhui Fuyang Zhongli Co., Ltd.
地址(Add):安徽省阜阳市北京西路皖西北商贸城F区2栋7号
邮编(P. C.):236000
电话(Tel):0558-2616059
传真(Fax):0558-2616063
联系人(Contact Person):姚晶昌

安徽省阜阳市天宇商贸有限公司
Fuyang Tianyu Trade Co., Ltd.
地址(Add):安徽省阜阳市皖西北商贸城C区2幢11号
邮编(P. C.):236000
电话(Tel):0558-2617482
传真(Fax):0558-2617482
E-mail:youyaobin@126.com
联系人(Contact Person):尤跃斌

阜阳市林敏纸业公司

Fuyang Linmin Paper Co.
地址(Add):安徽省阜阳市皖西北商贸城 D 区 1 幢 5 号
邮编(P.C.):236009
电话(Tel):0558-2565550
传真(Fax):0558-2565550
联系人(Contact Person):肖喜林

顺程日化批发部
Shuncheng Commodity Chemicals Wholesaler
地址(Add):安徽省合肥市安徽大市场 6 区 2145 号
邮编(P.C.):230061
电话(Tel):0551-2670371
传真(Fax):0551-4224718
总经理(General Manager):高瑞林

安徽鸿飞工贸有限责任公司
Anhui Hongfei Industry & Trade Co., Ltd.
地址(Add):安徽省合肥市长江东路 85 号 5 座 T562A、T562B
邮编(P.C.):230000
电话(Tel):0551-7682309
传真(Fax):0551-7682815
总经理(General Manager):魏洪云

合肥博铁科贸有限公司
Hefei Botie Science & Trade Co., Ltd.
地址(Add):安徽省合肥市长江东路 85 号长江批发市场三期 T5059 号
邮编(P.C.):230011
电话(Tel):0551-3171448
传真(Fax):0551-4317940
Http://www.taijiezp.net3.cn
总经理(General Manager):黄国江

合肥长江批发市场宝洁纸品总汇
Hefei Baojie Paper Products Concourse
地址(Add):安徽省合肥市长江批发市场糖酒广场 T312A 号
邮编(P.C.):231633
电话(Tel):0551-7671381
联系人(Contact Person):冯建

安徽省技术进口股份有限公司
Anhui Technology Import Co., Ltd.
地址(Add):安徽省合肥市长江西路 459 号
邮编(P.C.):230061
电话(Tel):0551-5101188
传真(Fax):0551-5101199
法人代表(Chairman):王亚非
总经理(General Manager):范阳

合肥市肥西县赵平百货批发中心
Hefei Zhaoping General Merchandise Wholesaler
地址(Add):安徽省合肥市肥西县杨桂塘市场
邮编(P.C.):231200
电话(Tel):0551-8832913
联系人(Contact Person):赵平

安徽月月舒营销有限公司
Anhui Yueyueshu Trade Co., Ltd.
地址(Add):安徽省合肥市风景苑 2 幢 404 室
邮编(P.C.):230011
电话(Tel):0551-4243820
传真(Fax):0551-4230476
联系人(Contact Person):郭广瑞

泰达纸业恒兴经营部
Taida Paper Hengxing Dealer
地址(Add):安徽省合肥市恒通批发市场西路 23#
邮编(P.C.):230000
电话(Tel):0551-4410859
联系人(Contact Person):张利珍

淮北纸品总汇
Huaibei Paper Products Concourse
地址(Add):安徽省淮北市三堤口纺织品楼下
邮编(P.C.):235000
电话(Tel):0561-6070802
联系人(Contact Person):丁配东

马鞍山蓝天商贸
Maanshan Lantian Trade
地址(Add):安徽省马鞍山雨东村 33 栋 35 号
邮编(P.C.):243131
电话(Tel):0555-2227995
传真(Fax):0555-2227995
联系人(Contact Person):王元

宿州市达庆纸品有限公司
Suzhou Daqing Paper Co., Ltd.
地址(Add):安徽省宿州市环城南路 107 号
邮编(P.C.):234000
电话(Tel):0557-3038149
传真(Fax):0557-3038149
联系人(Contact Person):李丽

濉溪县安恒商贸有限责任公司
Suixi Anheng Trade Co., Ltd.
地址(Add):安徽省濉溪县淮海路 289 号(三堤口批发市场)
邮编(P.C.):235100
电话(Tel):0561-6071739
传真(Fax):0561-6078967
联系人(Contact Person):赵建秋

铜陵花之韵商贸有限责任公司
Tongling Huazhiyun Trade Co., Ltd.
地址(Add):安徽省铜陵商城西一楼 A1008 号
邮编(P.C.):244000
电话(Tel):0562-5187691
传真(Fax):0562-5826358
联系人(Contact Person):胡成龙

铜陵飞鹏有限公司
Tongling Feipeng Co., Ltd.
地址(Add):安徽省铜陵市人民东村 98 栋 201 号
邮编(P.C.):244000
电话(Tel):0562-5812143
传真(Fax):0562-5812143
总经理(General Manager):赵家喜

安徽省铜陵市光华卫生用品经营部

Tongling Guanghua Hygiene Products Distributor
地址(Add):安徽省铜陵市杨家山路49号
邮编(P. C.):244050
电话(Tel):0562-2815203
联系人(Contact Person):张友爱

芜湖中意纸品批发部
Wuhu Zhongyi Paper Products Wholesaler
地址(Add):安徽省芜湖市华盛小区18幢3号
邮编(P. C.):241000
电话(Tel):0553-3870010
联系人(Contact Person):陶文忠

安徽省芜湖市百龙土产日杂经营部
Wuhu Bailong Autochthonism & Commodity Co., Ltd.
地址(Add):安徽省芜湖市沿河路防洪墙155号长江市场园A7-1046
邮编(P. C.):241001
电话(Tel):0553-3852462
传真(Fax):0553-7511539
联系人(Contact Person):杨友新

宣城市双吉商贸有限公司
Xuancheng Shuangji Trade Co., Ltd.
地址(Add):安徽省宣城市九洲市场B区内围29号
邮编(P. C.):242000
电话(Tel):0563-2112335
传真(Fax):0563-2823661
联系人(Contact Person):童正和

福州鑫宇顺贸易有限公司
Fuzhou Xinyushun Trading Co., Ltd.
地址(Add):福建省福州市北环中路150号福苑花园写字楼1幢706
邮编(P. C.):350003
电话(Tel):0591-87739471
传真(Fax):0591-87732471
联系人(Contact Person):谢斌

福州欧商贸易有限公司
Fuzhou Ocean Trade Co., Ltd.
地址(Add):福建省福州市广达路68号金源大广场西区8层丁单元
邮编(P. C.):350000
电话(Tel):0591-83928528
传真(Fax):0591-83951828
E-mail:ocean8@sohu.com
法人代表(Chairman):吴炳煌
总经理(General Manager):吴炳煌
联系人(Contact Person):吴炳煌

晋江白绵纸品厂
Jinjiang Baimian Paper Products Factory
地址(Add):福建省晋江市内坑镇吕厝蓬莱街
邮编(P. C.):362200
电话(Tel):0595-6882025
传真(Fax):0595-6893597
总经理(General Manager):洪阿小

厦门市德保加贸易有限公司
Xiamen Debaojia Trading Co., Ltd.
地址(Add):福建省厦门市湖里区华盛路东方商贸大厦五楼
邮编(P. C.):361006
电话(Tel):0592-5650535
传真(Fax):0592-5650537
总经理(General Manager):陈容

厦门市博瑞工贸有限公司
Xiamen Borui Industry & Trade Co., Ltd.
地址(Add):福建省厦门市莲前西路2号莲富大厦写字楼5F
邮编(P. C.):361004
电话(Tel):0592-5165999
传真(Fax):0592-5169555
联系人(Contact Person):王传淦

丰城市发展商行
Fengcheng Fazhan Trade Co.
地址(Add):江西省丰城市农贸市场西1号
邮编(P. C.):331100
电话(Tel):0795-6415092
传真(Fax):0795-6400168
联系人(Contact Person):黄志坚

赣州市华鑫纸品贸易行
Ganzhou Huaxin Paper Products Trade Co.
地址(Add):江西省赣州市赣南贸易广场中心街43号
邮编(P. C.):341100
电话(Tel):0797-8110461
总经理(General Manager):谢小平

赣州市鸿华贸易有限责任公司
Ganzhou Honghua Trading Co., Ltd.
地址(Add):江西省赣州市西郊路
邮编(P. C.):341000
电话(Tel):0797-8212818
传真(Fax):0797-8239061
联系人(Contact Person):邹瑶华

老李纸业
Laoli Paper Co.
地址(Add):江西省九江市京九市场E036号
邮编(P. C.):332000
电话(Tel):0792-8565576
联系人(Contact Person):李定珍

江西南昌永兴纸业
Jiangxi Nanchang Yongxing Paper Co.
地址(Add):江西省南昌市抚生路60号
邮编(P. C.):330009
电话(Tel):0791-6589946
传真(Fax):0791-6589946
总经理(General Manager):张小平

方大纸业有限公司
Fangda Paper Co., Ltd.
地址(Add):江西省南昌市洪城大市场B区10栋33-35-37号
邮编(P. C.):330009
电话(Tel):0791-6511745
联系人(Contact Person):方贤贵

南昌市隆达纸业批发部
Nanchang Longda Paper Wholesale Shop
地址(Add):江西省南昌市洪城大市场B区9栋36号
邮编(P. C.):330009
电话(Tel):0791-6500954
传真(Fax):0791-6500954
联系人(Contact Person):胡斌

天一纸业
Tianyi Paper Co.
地址(Add):江西省南昌市洪城大市场D区1栋3号、10号、12号
邮编(P. C.):330009
电话(Tel):0791-6513117
联系人(Contact Person):戴青山

南昌金宝马营销公司
Nanchang Jinbaoma Distribution Co.
地址(Add):江西省南昌市洪城大市场D区25栋26号
邮编(P. C.):330009
电话(Tel):0791-6514023
传真(Fax):0791-6514023
联系人(Contact Person):欧阳秀

来利纸品批发部
Laili Paper Products Wholesale Shop
地址(Add):江西省南昌市洪城大市场D区30栋27号
邮编(P. C.):330009
电话(Tel):0791-6521774
联系人(Contact Person):李坤香

南昌市洪城大市场曙光纸品批发部
Nachang Shuguang Paper Products Wholesale Shop
地址(Add):江西省南昌市洪城大市场内D区26栋25-27号
邮编(P. C.):330009
电话(Tel):0791-6505591
传真(Fax):0791-6505591
联系人(Contact Person):罗贤标

南昌市兴旺纸品批发部
Nanchang Xingwang Paper Products Wholesale Shop
地址(Add):江西省南昌市洪城大市场内D区28栋11号
邮编(P. C.):330009
电话(Tel):0791-6512925
联系人(Contact Person):万良保

南昌市伟豪贸易有限公司
Nanchang Weihao Trade Co., Ltd.
地址(Add):江西省南昌市建设西路99号星加坡花园02栋A单元401室
邮编(P. C.):330009
电话(Tel):0791-6569000
传真(Fax):0791-6569111-12
联系人(Contact Person):黄志海

春颖纸业
Chunying Paper Co.
地址(Add):山东省滨州市滨城区市西办事处南杨居委会
邮编(P. C.):256600
电话(Tel):0543-3995911
联系人(Contact Person):王春东

滨州秀禾纸业有限公司
Binzhou Xiuhe Paper Co., Ltd.
地址(Add):山东省滨州市姜家市场10号
邮编(P. C.):221006
电话(Tel):0543-3373139
总经理(General Manager):常海勇

正业纸品商务拓展有限公司
Zhengye Paper Products Business Development Co., Ltd.
地址(Add):山东省成武西城区工业园
邮编(P. C.):274200
电话(Tel):0530-8612000
总经理(General Manager):贾国民

东营市腾飞商贸有限责任公司
Dongying Tengfei Trade Co., Ltd.
地址(Add):山东省东营市刘家批发市场东009号楼
邮编(P. C.):257047
电话(Tel):0546-8988189
总经理(General Manager):刘观成

舒莱成威纸业
Shulai Chengwei Paper Co.
地址(Add):山东省菏泽市花都百货大市场150号
邮编(P. C.):274000
电话(Tel):0530-5510883
传真(Fax):0530-5618387
联系人(Contact Person):成继军

菏泽海滨妇幼卫生用品商贸中心
Heze Haibin Woman & Child Products Trade Center
地址(Add):山东省菏泽市南华商贸城7-A-5
邮编(P. C.):274000
电话(Tel):0530-5608199
E-mail:8199ghb@163.com
联系人(Contact Person):耿海滨

即墨市恒新妇幼卫生品经营部
Jimo Hengxin Woman & Child Hygiene Products Agency
地址(Add):山东省即墨市副食品批发市场二期城东三路207号
邮编(P. C.):266000
电话(Tel):0532-7550368
联系人(Contact Person):乔棣先

山东济南易德纸业
Shandong Jinan Yide Paper Co.
地址(Add):山东省济南市工人文化宫门内路南
邮编(P. C.):250031
电话(Tel):0531-5904375
传真(Fax):0531-5904375
联系人(Contact Person):张俊庆

济南金嘉有限责任公司
Jinan Jinjia Co., Ltd.
地址(Add):山东省济南市经六路362号
邮编(P. C.):250021
电话(Tel):0531-7926717

传真(Fax):0531-7936476
联系人(Contact Person):张金芝

济南康泺源商贸有限公司
Jinan Kangluoyuan Trade Co., Ltd.
地址(Add):山东省济南市天桥区成丰街25号(火车站东天桥医院北50米往西100米院内)
邮编(P.C.):250031
电话(Tel):0531-5820208
传真(Fax):0531-5820208
总经理(General Manager):周克世

济南谊超商贸有限公司
Jinan Yichao Trade Co., Ltd.
地址(Add):山东省济南市天桥区无影山路12号
邮编(P.C.):250031
电话(Tel):0531-5800118
传真(Fax):0531-5800218
联系人(Contact Person):郑萍

济南展业商贸有限公司
Jinan Zhanye Trade Co., Ltd.
地址(Add):山东省济南市张庄路44号
邮编(P.C.):250023
电话(Tel):0531-5990558
传真(Fax):0531-5960641
联系人(Contact Person):吴帆

济宁长瑞卫生用品商贸
Jining Changrui Hygiene Products Trade Co.
地址(Add):山东省济宁市草桥口批发市场南77号(新市场大门对过)
邮编(P.C.):273500
电话(Tel):0537-2205291
联系人(Contact Person):李全洪

莱阳建法纸品经营处
Laiyang Jianfa Paper Products Agency
地址(Add):山东省莱阳市七星街广场南10米路东
邮编(P.C.):265200
电话(Tel):0535-2923776
法人代表(Chairman):于建法

乐陵市金星纸品总汇
Laoling Jinxing Paper Products Co.
地址(Add):山东省乐陵市兴隆商贸城6-N8号
邮编(P.C.):251500
电话(Tel):0534-6223662
联系人(Contact Person):张守华

聊城市新华卫生用品有限公司
Liaocheng Xinhua Hygiene Products Co., Ltd.
地址(Add):山东省聊城市东关街118号(东关小学西60米路南)
邮编(P.C.):252000
电话(Tel):0635-8213728
传真(Fax):0635-8213728
联系人(Contact Person):张延保

山东聊城云裳日化用品商行
Shandong Liaocheng Yunshang Commodity Chemical Co.
地址(Add):山东省聊城市香江光彩大市场金海东六街57号
邮编(P.C.):252000
电话(Tel):0635-8462114
联系人(Contact Person):路以月

山东临沂市五福商贸
Shandong Linyi Wufu Trade Co.
地址(Add):山东省临沂市兰山区顾家园98号
邮编(P.C.):276000
电话(Tel):0539-8887513
传真(Fax):0539-8011087
联系人(Contact Person):郎的婕

广源纸品商行
Guangyuan Paper Products Co.
地址(Add):山东省临沂市临西二路北段纺织品市场39号(农业银行对过)
邮编(P.C.):276000
电话(Tel):0539-8072395
传真(Fax):0539-8072395
联系人(Contact Person):谢浩

青岛九九妇幼纸品配送中心
Qingdao Jiujiu Woman & Child Paper Products Agency
地址(Add):山东省平度市南京路东段
邮编(P.C.):266700
电话(Tel):0532-87350203
联系人(Contact Person):孙伟君

青岛娇森日化有限公司妇幼卫生用品经营部
Qingdao Jiaoseng Commodity Chemical Co., Ltd. Woman & Child Products Agency
地址(Add):山东省平度市胜利东路7号
邮编(P.C.):266700
电话(Tel):0532-88391636
联系人(Contact Person):梁祥奎

青岛恒福鑫日用品有限公司
Qingdao Hengfuxin Commodity Co., Ltd.
地址(Add):山东省青岛莱西市蓬莱路405号滨县路
邮编(P.C.):266600
电话(Tel):0532-88488849
传真(Fax):0532-88488849
总经理(General Manager):李福修

青岛美洁美工贸有限公司
Qingdao Meijiemei Industry & Trade Co., Ltd.
地址(Add):山东省青岛市市北区诸城路35号-2
邮编(P.C.):266021
电话(Tel):0532-83835659
传真(Fax):0532-83835659
联系人(Contact Person):韩卫

青岛绿叶谷贸易有限公司
Qingdao Lüyegu Trading Co., Ltd.
地址(Add):山东省青岛市福州路99号鲁通大厦5F
邮编(P.C.):266071
电话(Tel):0532-85760199
传真(Fax):0532-85786626

E-mail:gena_cn@ hotmail. com
总经理(General Manager):赵萍

青岛荣升源商贸有限公司
Qingdao Rongshengyuan Trade Co., Ltd.
地址(Add):山东省青岛市市北区标山路99号2单元403室
邮编(P. C.):266034
电话(Tel):0532-85648659
传真(Fax):0532-82732895
联系人(Contact Person):孙连升

青岛生荣贸易有限公司
Qiangdao Shengrong Trade Co., Ltd.
地址(Add):山东省青岛市市北区浮山后6小区同乐路643号
邮编(P. C.):266023
电话(Tel):0532-83635600
传真(Fax):0532-83635600
联系人(Contact Person):李嘉津

青岛亿生堂工贸有限公司
Qingdao Yishengtang Industry & Trading Co., Ltd.
地址(Add):山东省青岛市市北区顺兴路110号
邮编(P. C.):266023
电话(Tel):0532-83835921
传真(Fax):0532-83835921
联系人(Contact Person):杨卫东

青岛金佰华贸易有限公司
Qingdao Jinbaihua Trading Co., Ltd.
地址(Add):山东省青岛市市北区台湛路41号(2号楼8号网点)
邮编(P. C.):266022
电话(Tel):0532-83663878
传真(Fax):0532-83658357
E-mail:jinbaihua@ sohu. com
Http://www. jinbaihua. com
法人代表(Chairman):黄胜
总经理(General Manager):黄胜
联系人(Contact Person):陶立达

青岛帛林商贸有限公司
Qingdao Bolin Trade Co., Ltd.
地址(Add):山东省青岛市市北区伊春路169号
邮编(P. C.):266034
电话(Tel):0532-85988616
传真(Fax):0532-85988790
E-mail:boilingbiz@ yahoo. com. cn
Http://www. boiling. biz
联系人(Contact Person):钟海军

山东泰安鲁泰纸业
Taian Lutai Paper Co.
地址(Add):山东省泰安市温泉路南首
邮编(P. C.):271000
电话(Tel):0538-6890274
传真(Fax):0538-8285105
联系人(Contact Person):张大海

潍坊田青商贸有限公司
Weifang Tianqing Trade Co., Ltd.
地址(Add):山东省潍坊市奎文区民生东街30号(恒信纸业集团西50米)
邮编(P. C.):261041
电话(Tel):0536-8238782
传真(Fax):0536-8238782
联系人(Contact Person):田清

潍坊市接待服务总公司
Weifang Reception Service Co.
地址(Add):山东省潍坊市奎文区鸢飞路602号
邮编(P. C.):261041
电话(Tel):0536-8247799
传真(Fax):0536-8247799
联系人(Contact Person):张奎

烟台双和工贸有限公司
Yantai Shuanghe Industry & Trade Co., Ltd.
地址(Add):山东省烟台市东方巴黎F6座102室
邮编(P. C.):264000
传真(Fax):0535-6641398
法人代表(Chairman):苗志强

烟台开发区宏宝卫生用品有限公司
Yantai Hongbao Hygiene Products Co., Ltd.
地址(Add):山东省烟台市开发区福莱商城701号
邮编(P. C.):264000
电话(Tel):0535-6386403
传真(Fax):0535-6374397
联系人(Contact Person):姜宝宏

烟台恒创商贸有限公司
Yantai Hengchuang Trade Co., Ltd.
地址(Add):山东省烟台市芝罘区世回尧下曲
邮编(P. C.):264000
电话(Tel):0535-6654477
传真(Fax):0535-6654477
总经理(General Manager):刘道华

枣庄市忠信纸业有限公司
Zaozhuang Zhongxin Paper Co., Ltd.
地址(Add):山东省枣庄市解放北路201号
邮编(P. C.):277400
电话(Tel):0632-6571355
联系人(Contact Person):赵华

山东招远唯利批发部
Shandong Zhaoyuan Weili Wholesale Department
地址(Add):山东省招远市站前批发市场
邮编(P. C.):265400
电话(Tel):0535-8250997
传真(Fax):0535-8223404
联系人(Contact Person):闫振兰

淄博完美工贸有限公司
Zibo Wanmei Industry & Trade Co., Ltd.
地址(Add):山东省淄博市淄川区罗村工业园
邮编(P. C.):255138
电话(Tel):0533-5687945
联系人(Contact Person):周京增

淄博天都商贸有限公司
Zibo Tiandu Trade Co., Ltd.
地址(Add):山东省淄博张店区贾庄村华泰街58号二楼
邮编(P.C.):255000
电话(Tel):0533－8299217
传真(Fax):0533－2886449
联系人(Contact Person):李继娥

河南鹤壁市民军纸业公司
Henan Hebi Minjun Paper Co.
地址(Add):河南省鹤壁市朝霞街中段
邮编(P.C.):456650
电话(Tel):0392－2690528
传真(Fax):0392－2690528
联系人(Contact Person):李民军

河南焦作山阳商城卫生纸卫生巾批发部
Henan Jiaozuo Shanyang Shangcheng Tissue & Napkins Wholesaler
地址(Add):河南省焦作市塔南路山阳商城常熟街28号
邮编(P.C.):454000
电话(Tel):0391－3310958
总经理(General Manager):史继辉

开封华美纸业
Kaifeng Huamei Paper
地址(Add):河南省开封市曹门关中街12号
邮编(P.C.):475000
电话(Tel):0378－2869335
联系人(Contact Person):周成军

开封市北达纸行
Kaifeng Beida Paper Co.
地址(Add):河南省开封市西小阁街61号
邮编(P.C.):475000
电话(Tel):0378－5655136
法人代表(Chairman):王连生

河南洛阳程祥纸业
Henan Luoyang Chengxiang Paper
地址(Add):河南省洛阳市关林老二运院内食品城北街南排25号
邮编(P.C.):471000
电话(Tel):0379－5953425
联系人(Contact Person):程政杰

平顶山市兰洁贸易有限公司
Pingdingshan Lanjie Trade Co., Ltd.
地址(Add):河南省平顶山市建设路中段广厦集团十楼1007号
邮编(P.C.):467000
电话(Tel):0375－3900378
传真(Fax):0375－3900378
联系人(Contact Person):马占山

平顶山市骄阳纸业
Pingdingshan Jiaoyang Paper Co.
地址(Add):河南省平顶山市平煤物资大市场C区2号
邮编(P.C.):467000
电话(Tel):0375－7186150
联系人(Contact Person):史娇阳

河南省濮阳市金宇卫生用品销售中心
Henan Puyang Jinyu Hygiene Products Selling Center
地址(Add):河南省濮阳市胜利东路金宇市场141－142号
邮编(P.C.):457000
电话(Tel):0393－8153060
传真(Fax):0393－8153060
联系人(Contact Person):陈勇

濮阳市卫生用品供应站
Puyang Hygiene Products Supplyer
地址(Add):河南省濮阳市胜利路东段金宇市场209、210、163
邮编(P.C.):457000
电话(Tel):0393－8151917
总经理(General Manager):赵焕景

河南省商丘市温氏纸业批发商行
Henan Shangqiu Wenshi Paper Wholesaling Trade Co.
地址(Add):河南省商丘市白云副食品批发市场5区745号
邮编(P.C.):476000
电话(Tel):0370－2618681
联系人(Contact Person):温学讲

河南新乡志达商贸有限公司
Henan Xinxiang Zhida Trade Co., Ltd.
地址(Add):河南省新乡老君庵食品批发大市场二期135－136号
邮编(P.C.):453003
电话(Tel):0373－2623628
传真(Fax):0373－2612738
总经理(General Manager):张大志

河南许昌市红光纸业有限公司
Henan Xuchang Hongguang Paper Co., Ltd.
地址(Add):河南省许昌市八龙路20号
邮编(P.C.):461000
电话(Tel):0374－4367078
总经理(General Manager):苏新民

中原纸业
Zhongyuan Paper Co.
地址(Add):河南省郑州市二七区王胡寨中街5号
邮编(P.C.):450000
电话(Tel):0371－68750764
传真(Fax):0371－68750764
联系人(Contact Person):尚文章

郑州市祥发商贸有限公司
Zhengzhou Xiangfa Trade Co., Ltd.
地址(Add):河南省郑州市丰产路71号南排38号
邮编(P.C.):450000
电话(Tel):0371－63281509
传真(Fax):0371－63281509
联系人(Contact Person):杨自强

河南金光纸业有限公司
Henan Jinguang Paper Co., Ltd.
地址(Add):河南省郑州市丰庆路融兴花园2号楼57号
邮编(P.C.):450000
电话(Tel):0371－8765785

传真(Fax):0371-8731902
联系人(Contact Person):郭胜利

巨洋妇幼用品总公司
Juyang Woman & Child Articles Co.
地址(Add):河南省郑州市航海中路30号富寓花园3号楼3单元301室
邮编(P.C.):450005
电话(Tel):0371-68288063
传真(Fax):0371-68288037
总经理(General Manager):许善清

郑州嘉利纸品经营部
Zhengzhou Jiali Paper Products Dealler
地址(Add):河南省郑州市南郊省陆校家属院
邮编(P.C.):450005
电话(Tel):0371-65030922
传真(Fax):0371-68723748
联系人(Contact Person):陆晓莹

西安市朱鹮心蕊牌系列卫生纸郑州地区总经销
Xi'an Zhuhuan Xinrui Brand Zhengzhou Agency
地址(Add):河南省郑州市万客来食品城北院北楼17号
邮编(P.C.):450000
电话(Tel):0371-8721820
联系人(Contact Person):毛全营

宋氏纸业
Songshi Paper Co.
地址(Add):湖北省赤壁市莼川大道178号
邮编(P.C.):437331
电话(Tel):0715-5236628
传真(Fax):0715-5234628
联系人(Contact Person):宋安华

湖北省恩施自治州博雅国际贸易有限公司
Enshi Boya International Trade Co., Ltd.
地址(Add):湖北省恩施市黄泥坝李家槽11号
邮编(P.C.):445000
电话(Tel):0718-8410841
传真(Fax):0718-8410840
联系人(Contact Person):冉建华

荆门市惠美工贸有限公司
Jingmen Huimei Industry & Trade Co., Ltd.
地址(Add):湖北省荆门市沙洋县纪山镇四方朝阳路10号
邮编(P.C.):448266
电话(Tel):0724-8699135
传真(Fax):0724-8699128
法人代表(Chairman):徐彪
总经理(General Manager):徐彪

荆州市泰康纸品经营部
Jingzhou Taikang Paper Products Agency
地址(Add):湖北省荆州市沙市区临江路六码头港口大市场
邮编(P.C.):434000
电话(Tel):0716-8246219
联系人(Contact Person):朱传斌

十堰市代理西安市纸品总经销
Shiyan Xi'an Paper Products Agency
地址(Add):湖北省十堰市火车站盛和批发市场108号店面三堰韩国小商品城31号店面
邮编(P.C.):442000
电话(Tel):0719-8896124
总经理(General Manager):曹建林

武汉盛锦和商贸发展有限公司
Wuhan Shengjinhe Trade Development Co., Ltd.
地址(Add):湖北省武汉市复兴二村常展里176-17
邮编(P.C.):430015
电话(Tel):027-83563329
传真(Fax):027-83553937
E-mail:shengjinhe@yahoo.com.cn
联系人(Contact Person):秦志华

中侨纸业公司
Zhongqiao Paper Co.
电话(Tel):13871008018
邮编(P.C.):430081
联系人(Contact Person):陈赛

武汉市新星纸品经营部
Wuhan Xinxing Paper Products Agency
地址(Add):湖北省武汉市武胜路2号
邮编(P.C.):430030
电话(Tel):027-85646371
联系人(Contact Person):张正波

湖北佳联贸易有限公司
Hubei Jialian Trading Co., Ltd.
地址(Add):湖北省武汉市徐东路7号欧洲花园6A-903
邮编(P.C.):430062
电话(Tel):027-88613405
传真(Fax):027-88613410
联系人(Contact Person):房磊

襄樊威力纸业经营部
Xiangfan Weili Paper Agency
地址(Add):湖北省襄樊市解放路日用品批发市场75-76号
邮编(P.C.):441000
电话(Tel):0710-3461894
传真(Fax):0710-3461894
总经理(General Manager):潘莉

嘉文商行
Jiawen Trade Co.
地址(Add):湖北省宜昌市金东山大市场156号
邮编(P.C.):443001
电话(Tel):0717-6258156
联系人(Contact Person):刘红记

湖南高桥大市场三元纸业批发公司
Hunan Sanyuan Paper Wholesale Co.
地址(Add):湖南省长沙市高桥大市场展厅纸品城16栋北向24号
邮编(P.C.):410014
电话(Tel):0731-5711702
联系人(Contact Person):刘三元

绿洁妇幼卫生用品有限公司
Lüjie Woman & Child Hygiene Products Co., Ltd.
地址(Add):湖南省长沙市高桥展厅(纸品城)15栋15号
邮编(P. C.):410014
电话(Tel):0731-5712133
传真(Fax):0731-5712133
联系人(Contact Person):胡平生

长沙天益营销
Changsha Tianyi Agency
地址(Add):湖南省长沙市远大一路
邮编(P. C.):410000
电话(Tel):0731-4728659
E-mail:fillg9168@sina.com
联系人(Contact Person):方珍

鹏辉纸业
Penghui Paper Co.
地址(Add):湖南省长沙县星沙纸业大市场1区2栋17号
邮编(P. C.):410100
电话(Tel):0731-4010239
传真(Fax):0731-4010239
联系人(Contact Person):罗俊文

晶菁日化
Jingjing Commodity Chemicals Co.
地址(Add):湖南省汨罗市兴罗门59-60号
邮编(P. C.):414400
电话(Tel):0730-5238507
传真(Fax):0730-5238507
联系人(Contact Person):杨铁军

冯记纸业
Fengji Paper Co.
地址(Add):湖南省临湘市福桥路2号
邮编(P. C.):414300
电话(Tel):0730-3805577
传真(Fax):0730-3800258
联系人(Contact Person):冯四龙

倩文日化纸业配送中心
Qianwen Commodity Chemical Paper Distribution Center
地址(Add):湖南省宁乡沙河市场658号
邮编(P. C.):410600
电话(Tel):0731-7827031
传真(Fax):0731-7833188
总经理(General Manager):谭文

邵阳市华兴卫生纸品有限公司
Shaoyang Huaxing Tissue Paper Products Co., Ltd.
地址(Add):湖南省邵阳市五一北路(工业街)408号
邮编(P. C.):422000
电话(Tel):0739-5258770
传真(Fax):739-5292076
法人代表(Chairman):颜文联

潮州市晋泰贸易有限公司
Chaozhou Jintai Trade Co., Ltd.
地址(Add):广东省潮州市新洋路陈桥市场9-10号
邮编(P. C.):521000
电话(Tel):0768-2207333
传真(Fax):0768-2208333
总经理(General Manager):卢岳标

广州市海珠区南石头宝隆百货经营部
Guangzhou Haizhu Nanshitou Baolong Commodity Agency
地址(Add):广东省广州市海珠区宝岗大道283号蓝宝大厦406A室
邮编(P. C.):510240
电话(Tel):020-34389452
传真(Fax):020-34383835
法人代表(Chairman):黄凤英
联系人(Contact Person):谢静文

珠江贸易发展有限公司
Zhujiang Trading Development Co., Ltd.
地址(Add):广东省广州市海珠区江燕路南泰百货批发中心300档
邮编(P. C.):510000
电话(Tel):020-84356353
传真(Fax):020-84330225
联系人(Contact Person):方耀联

广州市宝兴贸易有限公司
Guangzhou Baoxing Trade Co., Ltd.
地址(Add):广东省广州市蓬莱路蓬莱西约40号
邮编(P. C.):510140
电话(Tel):020-81998495
传真(Fax):020-81998904
联系人(Contact Person):何新永

裕盛贸易商行
Yusheng Trade Co.
地址(Add):广东省广州市海珠区洛溪桥侧南天商业城12栋22号
邮编(P. C.):510288
电话(Tel):020-34233125
传真(Fax):020-34233125
E-mail:gzyushen@126.com
Http://www.gzyushen.cn
总经理(General Manager):陈峰

汕头市升平区锦汇贸易有限公司
Shantou Jinhui Trading Co., Ltd.
地址(Add):广东省汕头市安平路102号之11(原144号)
邮编(P. C.):515000
电话(Tel):0754-8290398
传真(Fax):0754-8280655
联系人(Contact Person):何锦源

深圳市新钜实业有限公司
Shenzhen Xinju Industrial Co., Ltd.
地址(Add):广东省深圳市罗湖区沿河南路3069号1楼05铺位
邮编(P. C.):518022
电话(Tel):0755-25127712
传真(Fax):0755-25127712
E-mail:888www888@21cn.com
总经理(General Manager):江伟国

深圳市一好工贸有限公司
Shenzhen Top One Industry & Trading Co., Ltd.

地址(Add):广东省深圳市深南东路文华大厦东座20楼C室
邮编(P.C.):518002
电话(Tel):0755-25102211
传真(Fax):0755-25103813
E-mail:topone@szonline.net
Http://www.toponeonline.com
总经理(General Manager):郑伟群

珠海康力庆升商贸有限公司
Zhuhai Kangliqingsheng Trade Co., Ltd.
地址(Add):广东省珠海市前山明珠路明珠大厦底层
邮编(P.C.):519070
电话(Tel):0756-8622071
传真(Fax):0756-8631743
联系人(Contact Person):曾少波

桂林市利祥源日用品经营部
Guilin Lixiangyuan Commodity Department
地址(Add):广西桂林市象山食品批发城F1-2号
邮编(P.C.):541002
电话(Tel):0773-3848552
传真(Fax):0773-7615949
联系人(Contact Person):代利平

南宁润在商贸有限公司
Nanning Runzai Trade Co., Ltd.
地址(Add):广西南宁市民主路12号广西展览馆西门写字楼
邮编(P.C.):530023
电话(Tel):0771-5620869
传真(Fax):0711-5621311
E-mail:nnrunzai@163.com
法人代表(Chairman):李艺林

方盛达经贸有限公司
Fangshengda Trade Co., Ltd.
地址(Add):广西南宁市民族大道38-2号泰安大厦银座5层
邮编(P.C.):530022
电话(Tel):0771-5845425
传真(Fax):0771-5845423
E-mail:fangshengda@hotmail.com
总经理(General Manager):肖东丽
联系人(Contact Person):冼玲

海南凯胜贸易有限公司
Hainan Kaisheng Trade Co., Ltd.
地址(Add):海南省海口市滨海大道15号国信大厦7楼
邮编(P.C.):570125
电话(Tel):0898-66119383
传真(Fax):0898-66119381
总经理(General Manager):陈伟文

重庆冠城商贸有限公司
Chongqing Guancheng Trading Co., Ltd.
地址(Add):重庆市沙坪坝区南友村16幢1-2号
邮编(P.C.):400030
电话(Tel):023-65353838
传真(Fax):023-65405897
法人代表(Chairman):张勤

联系人(Contact Person):张容

成都安洁儿商贸有限责任公司
Chengdu Anjieer Trade Co., Ltd.
地址(Add):四川省成都市双林路北横街131号7幢1单元2楼1号
邮编(P.C.):610000
电话(Tel):028-84368294
联系人(Contact Person):黄利娟

成都市中汇商务有限公司
Chengdu Zhonghui Business Co., Ltd.
地址(Add):四川省成都市桃溪路181号八里小区东泰苑1栋3单元7号
邮编(P.C.):610051
电话(Tel):028-83264128
传真(Fax):028-83264118
联系人(Contact Person):尹琪

成都申鑫实业有限责任公司
Chengdu Shenxin Industrial Co., Ltd.
地址(Add):四川省成都市天仙桥南路1号成都国际商务大厦C座713室
邮编(P.C.):610021
电话(Tel):028-86315960
传真(Fax):028-86315961
联系人(Contact Person):王刚

成都鑫正商贸有限责任公司
Chengdu Xinzheng Trading Co., Ltd.
地址(Add):四川省成都市武侯祠大街8号4楼A座(兴牧大厦)
邮编(P.C.):610041
电话(Tel):028-85558768
传真(Fax):028-85556978
法人代表(Chairman):杜为民
联系人(Contact Person):杜为民

四川省泰丰纸业有限公司
Sichuan Taifeng Paper Co., Ltd.
地址(Add):四川省达县开发区三里坪
邮编(P.C.):635000
电话(Tel):0818-2658172
传真(Fax):0818-2658172
总经理(General Manager):曹中志

绵阳金典商贸有限公司
Mianyang Jindian Commerce & Trade Co., Ltd.
地址(Add):四川省绵阳市长虹大道中段77号(海英公寓11楼B座)
邮编(P.C.):621000
电话(Tel):0816-2343191
传真(Fax):0816-2343191
联系人(Contact Person):杨斌

四川省威远县永鑫纸业
Sichuan Weiyuan Yongxin Paper Co.
地址(Add):四川省威远县县城老百货公司仓库
邮编(P.C.):624500
电话(Tel):0832-8232220
传真(Fax):0832-8237220

联系人(Contact Person):周永丰

贵州安顺金丰商贸有限公司
Anshun Jinfeng Trading Ltd.
地址(Add):贵州省安顺弘扬路
邮编(P. C.):561000
电话(Tel):0853 - 3354082
传真(Fax):0853 - 3234902
法人代表(Chairman):曾宪娥

贵阳恒丰卫生用品有限公司
Guiyang Hengfeng Hygiene Products Co., Ltd.
地址(Add):贵州省贵阳市车水路157号
邮编(P. C.):550003
电话(Tel):0851 - 5100886
传真(Fax):0851 - 5100886
法人代表(Chairman):陈秀容
总经理(General Manager):王仕勇

贵阳葆康纸业发展有限公司
Guiyang Baokang Paper Development Co., Ltd.
地址(Add):贵州省贵阳市三桥下五里中坝路49号(市土产仓库20栋)
邮编(P. C.):550001
电话(Tel):0851 - 4855766
传真(Fax):0851 - 4855366
联系人(Contact Person):邱述梅

贵阳恒悦纸业有限公司
Guiyang Hengrui Paper Co., Ltd.
地址(Add):贵州省贵阳市沙冲南路8号智慧星苑3单元202室
邮编(P. C.):550002
电话(Tel):0851 - 8840034
传真(Fax):0851 - 5742747
联系人(Contact Person):李晓洁

贵州新华纸品销售有限公司
Guizhou Xinhua Paper Products Sales Co., Ltd.
地址(Add):贵州省贵阳市友谊路186号
邮编(P. C.):550001
电话(Tel):0851 - 6747376
法人代表(Chairman):蔡泽栋
联系人(Contact Person):蔡泽栋

大理市好生活纸业有限责任公司
Dali Haoshenghuo Paper Co.
地址(Add):云南省大理市粮食局院内
邮编(P. C.):671000
电话(Tel):0872 - 2184847
传真(Fax):0872 - 2184847
总经理(General Manager):唐国苗

昆明嘉信和纸业有限公司
Kunming Jiaxinhe Paper Products Co., Ltd.
地址(Add):云南省昆明市西山区福海乡陆家营295号
邮编(P. C.):650028
电话(Tel):0871 - 4612188
传真(Fax):0871 - 4580990
法人代表(Chairman):徐志强
总经理(General Manager):徐志强
联系人(Contact Person):黄亚玲

宝鸡市新雅贸易有限公司
Baoji Xinya Trade Co., Ltd.
地址(Add):陕西省宝鸡市中山东路38号
邮编(P. C.):721000
电话(Tel):0917 - 3207475
总经理(General Manager):姬春涛

逸安商贸有限责任公司
Yian Trade Co., Ltd.
地址(Add):陕西省汉中市青龙路西段冶金地质勘察公司院内(市内22号公交车起点站)
邮编(P. C.):723000
电话(Tel):0916 - 2112803
传真(Fax):0916 - 2112803

陕西汉中聚贤日化产品商贸有限公司
Shaanxi Hanzhong Juxian Chemical Products for Daily Use Trading Co., Ltd.
地址(Add):陕西省汉中市西环南路民航路口(机场口向南20米)
邮编(P. C.):723000
电话(Tel):0916 - 2237171
传真(Fax):0916 - 2237171
法人代表(Chairman):陈罗银
总经理(General Manager):田怡俊
联系人(Contact Person):陈勇

西安市洁雅纸品公司金桥纸品贸易部
Xi´an Jieya Paper Products Co., Ltd. Jinqiao Paper Products Trade Department
地址(Add):陕西省西安市东开发区韩森寨30街坊
邮编(P. C.):710000
电话(Tel):029 - 83275320
传真(Fax):029 - 83275320
联系人(Contact Person):李浩军

精英纸品有限责任公司
Jingying Paper Products Co., Ltd.
地址(Add):陕西省西安市丰禾路223号
邮编(P. C.):710014
电话(Tel):029 - 86497124
传真(Fax):029 - 86497621
总经理(General Manager):司红星

西安市众友纸品批发部

Xián Zhongyou Wholesale Shop
地址(Add):陕西省西安市丰庆路解家村17号
邮编(P.C.):710000
电话(Tel):029-62896123
传真(Fax):029-62896123
联系人(Contact Person):杨长均

西安市岁岁纸品经营部
Xián Suisui Paper Products Store
地址(Add):陕西省西安市国亨食品批发市场E区8排1-2号
邮编(P.C.):710000
电话(Tel):029-82199132
传真(Fax):029-82199132
联系人(Contact Person):史晓芳

西安创景商贸有限公司
Xián Chuangjing Trade Co., Ltd.
地址(Add):陕西省西安市环城西路南段78号东光大厦壹区6020室
邮编(P.C.):710082
电话(Tel):029-88649054
传真(Fax):029-88649244
E-mail:chuangjing2004@hotmail.com
联系人(Contact Person):吴胡珏

西安英祥商贸有限公司
Xián Yingxiang Trade Co., Ltd.
地址(Add):陕西省西安市莲湖路18号莲湖公园内
邮编(P.C.):710003
电话(Tel):029-87344851
传真(Fax):029-87344851
联系人(Contact Person):张桂英

西安博润商贸有限责任公司
Xián Borun Trade Co., Ltd.
地址(Add):陕西省西安市莲湖区沣镐东路4号103楼305室
邮编(P.C.):710082
电话(Tel):029-88509299
传真(Fax):029-84282272
总经理(General Manager):刘彬彬

西安市西耀纸业商贸有限公司
Xián Xiyao Paper Trade Co., Ltd.
地址(Add):陕西省西安市未央区阿房一路付东寨村168号
邮编(P.C.):710000
电话(Tel):029-4510829
传真(Fax):029-4510829
联系人(Contact Person):李西耀

陕西福天宝投资有限公司西安莲湖区三兴百货经营部
Sanxing Commodity Store
地址(Add):陕西省西安市玉祥门外大庆路15号
邮编(P.C.):710082
电话(Tel):029-8531671
传真(Fax):029-8638388
总经理(General Manager):刘广平

兰州优兰纸业有限公司
Lanzhou Youlan Paper Co., Ltd.
地址(Add):甘肃省兰州市城关区嘉峪关南路78号
邮编(P.C.):730000
电话(Tel):0931-8652885
传真(Fax):0931-8652887
总经理(General Manager):苏哲

兰州吉时达商贸有限公司
Lanzhou Jishida Trading Co., Ltd.
地址(Add):甘肃省兰州市七里河区滨河中路293号(上河苑10531室)
邮编(P.C.):730050
电话(Tel):0931-2333923
传真(Fax):0931-2335789
联系人(Contact Person):韩永

天水水天商贸有限公司
Tianshui Shuitian Trading Co., Ltd.
地址(Add):甘肃省天水市缤河西路28号
邮编(P.C.):741000
电话(Tel):0938-8350806
传真(Fax):0938-8350807
联系人(Contact Person):王东升

青海格尔木伟业商贸有限责任公司
Qinghai Geermu Weiye Trade Co., Ltd.
地址(Add):青海省格尔木市站前北2路07号
邮编(P.C.):816000
电话(Tel):0979-8452690
传真(Fax):0979-8910345
联系人(Contact Person):陆景福

银川市安婷纸业
Yinchuan Anting Paper Co.
地址(Add):宁夏银川市东环综合批发市场2号楼西03
邮编(P.C.):750000
传真(Fax):0951-8016993
联系人(Contact Person):王荣

金利商行天马批发市场
Jinli Trade Co. Tianma Wholesaling Market
地址(Add):新疆哈密市天马批发市场友谊路67号
邮编(P.C.):839000
电话(Tel):0902-2318139
传真(Fax):0902-7110173
联系人(Contact Person):孙文银

新疆乌鲁木齐鑫汇宇工贸有限公司
Xinjiang Urumchi Xinhuiyu Industry & Trade Co., Ltd.
地址(Add):新疆乌鲁木齐市仓房沟路粮油储备库金粮公寓6-5-1
邮编(P. C.):830000
电话(Tel):0991-5838429
传真(Fax):0991-5835835
联系人(Contact Person):黄明

彩云生活日用品批发中心
Caiyun Commodity Wholesaling Certer
地址(Add):新疆乌鲁木齐市炉院街104号新时代贸易广场2-29号
邮编(P. C.):830000
电话(Tel):0991-5814088
传真(Fax):0991-8267777
联系人(Contact Person):王彩云

乌市闫氏商贸
Urumchi Yanshi Trade Co.
地址(Add):新疆乌鲁木齐市炉院街君泰大厦7楼B座5号
邮编(P. C.):830000
电话(Tel):0991-7781185
传真(Fax):0991-5860408
联系人(Contact Person):闫丽

乌市月明楼百货批发总汇
Urumchi Mingyuelou Commodity Wholesaler
地址(Add):新疆乌鲁木齐市月明楼批发市场19-D-7号
邮编(P. C.):830006
电话(Tel):0991-7788760
总经理(General Manager):朱永华

中国生活用纸企业引进技术和设备情况（1990—2005年）

LIST OF IMPORTED TECHNOLOGY AND EQUIPMENTS IN CHINA TISSUE PAPER & DISPOSABLE PRODUCTS INDUSTRY (1990—2005)

[6]

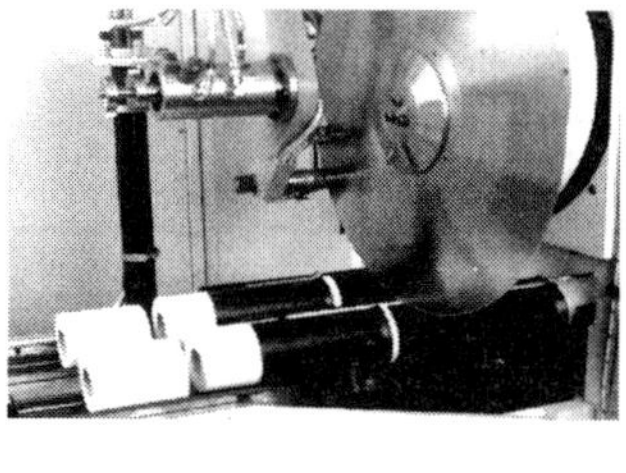

中国生活用纸企业引进技术和设备情况(1990—2005年)

List of imported technology and equipment in China tissue paper & disposable products industry (1990—2005)

企业名称	引进内容	数量	时间	引进国(地区)及公司
北京埃克森纸制品有限公司(停产)	婴儿纸尿片设备	2台	1995	瑞典 FCM
原北京中杰旅游纸品公司	立式餐巾纸机	1台	1994	
北京派尼尔纸制品厂	袖珍包面巾纸包装机	1台	1992	台湾省泰舜
	盒装面巾纸机	1台	1992	台湾省泰舜
	平型湿巾机	1台	1992	台湾省泰舜
	袖珍包面巾纸机	1台	1993	台湾省泰舜
北京宝润通科技开发有限公司	湿巾机	1台	1996	台湾省
北京天伦力拓纸业有限公司	纸杯机	2台	1994	韩国
	纸餐盒机	4台	1994	台湾省
	纸盘纸碗机	3台	1994	台湾省
金佰利(中国)投资有限公司(北京金佰利个人卫生用品有限公司)	护翼型妇女卫生巾设备	1台	1995	美国 Joa
	婴儿纸尿裤设备	1台	1996	法国
北京造纸五厂(停产)	餐巾纸机	1台	1996	台湾省泰舜
	截断机	1台	1996	台湾省泰舜
	全自动卷筒卫生纸机	1套	1996	台湾省泰舜
	盒装面巾纸机	1台	1996	台湾省泰舜
	袖珍包面巾纸机	1台	1996	台湾省泰舜
	纸餐盒设备	1套	1996	美国 ICE，台湾省允亨等产品组合
	卫生卷纸包装机	1套	1996	日本川之江
	高速卫生纸分切复卷机	1台	1997	台湾省泰舜
北京市绢花厂(设备已转让广州市亨煌公司)	卫生护垫设备	1台	1991	日本东亚机工
	妇女卫生巾设备	1台	1991	台湾省
北京京融纸容器有限公司	纸杯机	1台		美国 PMC
	纸杯机	2台		韩国
原北京瑞赛伦健康科学有限公司	湿巾机	1套	1994	台湾省泰舜
	卫生卷纸机		1996	台湾省泰舜
北京兴岛纸制品有限公司(停产)	卫生护垫设备	1台	1998	日本瑞光(二手机)
北京合益包装容器有限公司	冷纸杯机	1台	1996	美国黑马
	热纸杯机	1台	1997	韩国
维达北方纸业(北京)有限公司	BF-10卫生纸机	1台	2003	日本川之江
	盒装面巾纸自动装填上胶封盒机	2台	2005	台湾省泰舜
	大卷筒复卷打孔机(先分切后复卷打孔)	1台	2005	台湾省泰舜
	高速手帕纸制造及小包包装机，中包机	1台	2005	台湾省泰舜
	BF-10卫生纸机	1台	2006	日本川之江
北京全泰昌科贸有限公司	湿巾机	1台	2002	台湾省友协
天津百利纸品有限公司(停产)	妇女卫生巾设备	1台	1994	台湾省亨宇
天津津嘉保健用品有限公司(停产)	平型湿巾机	1台	1993	台湾省泰舜
天津励港公司(停产)	平型湿巾机	1台	1993	台湾省泰舜
天津杏林白十字公司	成人纸尿布设备	1台	1995	日本白十字(二手机)
天津市日商卫生保健用品有限公司	妇女卫生巾设备	2台	1998	意大利 Fameccanica(二手机)
麦吉克(天津)纸业有限公司(停产)	湿巾机	1台	1998	台湾省泰舜
	餐巾纸机	1台	1998	台湾省泰舜
	压花复卷机	1台	1998	韩国
	面巾纸机	1台	1998	香港
博爱(中国)膨化芯材有限公司	干法纸设备	1台	2000	丹麦 M&J
河北安国市造纸厂(停产)	妇女卫生巾设备	1台	1993	日本

续表

企业名称	引进内容	数量	时间	引进国(地区)及公司
河北沧州(停产)	自动封盒包装机	1台	1992	台湾省泰舜
	妇女卫生巾设备	1台	1992	台湾省
原金佰利－舒而美集团公司	妇女卫生巾设备(护翼型,"8"字型)	3台	1993	意大利 CCE
	护翼型妇女卫生巾设备	7台	1996—1997	意大利 CCE
邢台市金发纸业有限公司	面巾纸机	1台	1990	台湾省
	餐巾纸机	1台	1990	台湾省泰舜
	面巾纸机	1台	1993	德国 W＋D
保定市义厚成纸业有限公司	湿巾折叠机	1台	2003－12	美国 PCMC
	湿巾自动包装机	2台	2003－12	意大利 Imanpack
河北大发纸品厂有限公司	盒装面巾纸机	1台	1996	台湾省泰舜
	自动封盒包装机	1台	1996	台湾省泰舜
	全自动工业用卫生纸/厨房纸巾复卷打孔压花机	1台	1997	台湾省泰舜
	餐巾纸机	1台	1997	台湾省泰舜
河北雄县洁康旅游用品有限公司	成人护理垫机	1台		台湾省银箭公司
原山西洪洞县纸厂	妇女卫生巾设备	1台	1996	日本瑞光
内蒙古昭君集团有限公司	护翼型妇女卫生巾设备	1台	1998	意大利 Caldiroli
抚顺宏顺卫生巾公司	护翼型妇女卫生巾设备	1台	1994	韩国斗逸
沈阳东联日用品有限公司	护翼型妇女卫生巾设备	2台	1992	日本
	妇女卫生巾设备	3台	1994	台湾省亨宇
	妇女卫生巾设备	2台	1998	台湾省亨宇
	妇女卫生巾设备	1台	2000	日本东亚机工
	卫生护垫设备	1台	2000	日本东亚机工
原金佰利－舒而美集团公司沈阳分公司	妇女卫生巾机	1台	1996	美国 PCMC
恒安纸业抚顺公司	袖珍包面巾纸/手帕纸制造机	2台	2004	台湾省泰舜
	小油压卷管机	1台	2004	台湾省泰舜
长春可耐尔卫生保健品厂	婴儿纸尿裤设备	1台	1995	意大利 Diatec
长春思特保健品有限责任公司	湿巾包装机	2台	1996	瑞士 Ilapak
	Polypack 湿巾封切机	1台	1996	美国
	Dlagraph 湿巾三头贴标机	1台	1996	美国
	Volpak 湿巾包装机	1台	1998	西班牙
	Link 喷码机	2台	1996	英国
	大森湿巾包装机	1台	2000	日本
	湿巾包装机	1台	2001	台湾省
	博萨包装机	1台	2003	西班牙
吉林长春市纸袋厂(停产)	妇女卫生巾设备	1台	1995	日本瑞光
延边弛承纸业有限公司	卫生纸机	1台	1994	韩国
	卫生纸加工机	1台	1996	韩国
吉福纸浆模制品有限公司	纸浆模塑餐盒设备	1台	1997	冰岛喜福登
哈尔滨呼兰县利达纸业有限公司(停产)	妇女卫生巾设备	1台	1994	台湾省泰舜
	袖珍包面巾纸包装机	1台	1994	台湾省泰舜
	妇女卫生巾自动包装机	1台	1994	台湾省泰舜
	平型湿巾机	1台	1994	台湾省泰舜
哈尔滨晶琦纸业有限公司(停产)	湿巾机	1台	1994	台湾省智琦
	面巾纸折叠机	1台	1994	台湾省智琦
	纸杯机	1台	1997	台湾省智琦
原哈尔滨国民实业公司	妇女卫生巾设备	1台	1995	台湾省
原大庆欧迪特纸品有限公司	妇女卫生巾设备	1台	1995	意大利
	纸餐盒设备	1台	1995	台湾省友利
上海唯尔福(集团)有限公司	婴儿纸尿裤设备	1台	1992	美国 PCMC(二手机)
	护翼型妇女卫生巾设备	1台	1995	意大利 Caldiroli
康那香企业(上海)有限公司	妇女卫生巾设备	5台	1998	台湾省,日本
	卫生护垫设备	3台	1998	台湾省
	湿巾机	2台	1998	台湾省
	纸毛巾生产设备	4台	1998	台湾省

续表

企业名称	引进内容	数量	时间	引进国(地区)及公司
康那香企业(上海)有限公司	卫生护垫设备	4台	2002	台湾省康那香
	妇女卫生巾设备	4台	2002年底	台湾省康那香，日本东亚机工
	湿巾机	1台	2003	台湾省康那香
	盒装、袖珍湿巾机	2台	2003	日本东亚机工
全日美实业(上海)有限公司	婴儿纸尿裤设备	1台	1995	日本纽朗
	婴儿纸尿裤设备	1台	1996	日本纽朗
	婴儿纸尿裤设备	1台	2000	意大利 Fameccanica
	婴儿纸尿裤设备	1台	2002-10	意大利 Fameccanica
	婴儿纸尿裤设备	1台	2003-10	意大利 Fameccanica
上海添儿福保健用品有限公司(设备2002年已转让给常州康贝纸业公司)	婴儿纸尿裤设备	1台	1994	法国 Technipro(二手机)
强生(中国)有限公司	护翼型妇女卫生巾设备	2台	1995—1997	德国 W+D
原上海铃兰卫生用品有限公司	妇女卫生巾设备	2台	1993	日本
上海维达纸业有限公司	卫生纸复卷机	1台	1993	意大利百利怡
上海金佰利纸业有限公司	卫生纸机	1台	1994	芬兰 Valmet
	卫生卷纸机		1995	台湾省
	面巾纸机		1995	台湾省
	盒装面巾纸机		1995	台湾省
	袖珍包面巾纸机		1995	台湾省
	餐巾纸机		1995	台湾省
	卫生卷纸复卷机	1台	1995	美国 PCMC
	卫生卷纸压花机	1台	1995	美国 PCMC
	卫生卷纸切卷机	1台	1995	美国 PCMC
	卫生卷纸存储架	1台	1995	美国 PCMC
	卫生卷纸造芯机	1台	1995	美国 PCMC
	手帕纸折叠机	2台	1995	美国 PCMC
	卫生卷纸复卷、分切、包装机		2004—2005	意大利柯尔柏
月月舒集团	护翼型妇女卫生巾设备	6台	1996—1999	意大利 Caldiroli
上海花王有限公司	护翼型妇女卫生巾设备	1台	1996	日本瑞光
	护翼型妇女卫生巾设备	1台	2002-05	日本瑞光
上海尤妮佳有限公司	护翼型妇女卫生巾设备	1台	1996	日本
	婴儿纸尿裤设备	1台	2001	日本
原上海佳通纸制品有限公司	婴儿纸尿裤设备	1台	1997	意大利 Fameccanica
	盒装压花面巾纸机	1台	1997	台湾省泰舜
	自动封盒包装机	2台	1997	台湾省泰舜
	全自动卷筒卫生纸复卷打孔印刷机	1台	1997	台湾省泰舜
	高速卫生纸分切复卷机	1台	1997	台湾省泰舜
上海纸杯厂	纸杯机	1台	2001	韩国
上海唯爱纸业有限公司(原上海日立行卫生用品有限公司)	湿巾机	1台	1987	日本
	餐巾纸机	1台	1991	台湾省
	手帕纸机	1台	1991	台湾省
上海东宝永联纸业有限公司	餐巾纸机	1台	1993	台湾省郭钢
	盒装面巾纸机	1台	1993	台湾省郭钢
	手帕纸包装机	1台	1993	意大利 Cassoli
	袖珍包面巾纸机	1台	1993	台湾省郭钢
	封盒机	1台	1993	台湾省郭钢
上海松江纸厂(停产)	全自动卫生卷纸复卷压花打孔机	1台	1995	台湾省泰舜
	卫生纸分切复卷机	1台	1995	台湾省泰舜
上海东冠华洁纸业有限公司(原上海斯米克华洁纸业有限公司)	卫生卷纸复卷机，切卷机，包装机	1套	1996	美国 PCMC
	印刷餐巾纸设备(折叠机印刷机)		1996	美国
	盒装面巾纸设备(折叠机，封盒机)	1套	1996	台湾省泰舜
	手帕纸包装机	1台	1996	意大利
	手帕纸折叠机	1台	1996	台湾省泰舜
	BF-10 卫生纸机	2台	2005	日本川之江

续表

企业名称	引进内容	数量	时间	引进国(地区)及公司
上海东冠华洁纸业有限公司(原上海斯米克华洁纸业有限公司)	BF-10 卫生纸机	2台	2006	日本川之江
	卫生纸复卷分切机	1台	2005	台湾省泰舜
亿利德纸业(上海)有限公司	干法纸设备	1台	2002	丹麦 M&J
潜利工业有限公司	新月型卫生纸机	1套	2005	意大利 A. Celli
	AC861 复卷机	1台	2005	意大利 A. Celli
	卫生卷纸复卷、分切、包装机		2004—2005	意大利柯尔柏
江苏新沂卫生用品有限公司(停产)	妇女卫生巾设备	1台	1993	台湾省智琦
	餐巾纸折叠机	1台	1993	
江苏金莲纸业有限公司	妇女卫生巾设备	2台		台湾省
	妇女卫生巾设备	1台		德国
	卫生卷纸生产线	1台	1999	意大利百利怡
	卫生卷纸自动包装机	1台	1999	意大利 Casmatic
	餐巾纸自动包装机	1台	1999	意大利 Casmatic
苏州豪之杰日用卫生品有限公司(停产)	盒装面巾纸机	1台	1997	台湾省泰舜
	自动封盒包装机	2台	1997	台湾省泰舜
正荣日用品(南京)有限公司(停产)	妇女卫生巾设备	1台	1995	台湾省
常州礼加卫生用品有限公司(停产)	护翼型妇女卫生巾设备	1台	1996	意大利 Caldiroli
隆邦股份有限公司五洲纸业有限公司	卫生卷纸机		1995	台湾省
	面巾纸机		1995	台湾省
	餐巾纸机		1995	台湾省
江阴启祥纸业有限公司(筹建)	长网造纸机	1台	1997	奥地利 Voith
	湿抄机	1台	1997	加拿大 Hymac
	长网造纸机	1台	1997	美国 Beloit
	卫生卷纸复卷机	1台	1997	美国 PCMC
	卫生卷纸切卷机	1台	1997	美国 PCMC
	卫生卷纸包装机	1台	1997	美国 PCMC
永丰余家品(昆山)有限公司	长网卫生纸机	1台	1998	意大利 A. Celli
	高速卫生纸分切复卷机	1台	1998	台湾省全利机械
	卷筒卫生纸复卷打孔机	1台	1998	台湾省全利机械
	卷筒单包机	1台	1998	台湾省全利机械
	面巾纸折叠机	3台	1998	台湾省侨邦机械
	手帕纸折叠机	1台	1998	台湾省侨邦机械
	餐巾纸折叠机	1台	1998	台湾省侨邦机械
	袖珍包机	1台	1998	日本 Orion
王子制纸妮飘(苏州)有限公司(原苏州宝洁纸品有限公司)	长网卫生纸机	1台	1997	意大利 Recard
	复卷压花机		1997	意大利 A. Celli
	盒装面巾纸机	1台	1997	台湾省
	卫生卷纸机	2台	1998	台湾省泰舜
	袖珍包机	2台	1998	日本，台湾省
	手帕纸机	6台	1998	韩国东洋机械
	高速卫生纸分切复卷机	1台	1998	台湾省泰舜
	盒装面巾纸加工机	1台	2003-07	日本川之江
	卷纸加工设备	1台	2003-08	台湾省全利机械
	手帕纸加工包装机	3台	2003-09	韩国东洋机械
好孩子百瑞康卫生用品有限公司	婴儿纸尿裤设备	2台	1998	美国 PCMC(二手机)
金红叶纸业(苏州工业园区)有限公司	长网卫生纸机	2台	1997	奥地利 Andritz
	卷筒卫生纸生产线	4台	1998	意大利百利怡，意大利 Casmatic
	纸手帕生产线	6台	1998	德国 W+D，德国 Senning
	餐巾纸生产线	3台	1998	德国 Hobema，德国 Senning
	盒装面巾纸生产线	6台	1998	德国 W+D，Harro
	擦手纸折叠机	2台	1998	德国 W+D
	抽取式卫生纸生产线	2台	1998	日本 IMC，意大利 Casmatic
	袖珍面巾纸生产线	2台	1998	日本 Orion
	盒装面巾纸多盒机	2台	1999	意大利 Casmatic

续表

企 业 名 称	引 进 内 容	数量	时间	引进国(地区)及公司
金红叶纸业(苏州工业园区)有限公司	餐巾纸生产线	1台	2002-09	台湾省辰荣
	擦手纸生产线	1台	2002-10	台湾省辰荣
	自动套装机	6台	2003-05	台湾省辰荣
常州常亚纸品有限公司	卷纸机	1台	1990	日本
	盒装面巾纸机	1台	1990	日本
	面巾纸机	3台	1990	日本
常州康贝纸业有限公司	婴儿纸尿裤设备	1台	2004	美国 Curtg Joa(二手机)
	婴儿纸尿裤设备	1台	2006	日本(二手机)
杭州浪潮迪诺卫生用品有限公司	医用护理垫设备	1台	1992	意大利 Caldiroli
杭州婴之宝儿童用品有限公司(停产)	婴儿纸尿裤设备	1台	1995	意大利 Caldiroli
原浙江采风卫生用品有限公司	妇女卫生巾设备	1台	1991	台湾省
原温州蜡纸厂	餐巾纸机		1985	香港
杭州雅妮娜卫生用品有限公司	护翼型妇女卫生巾设备	1台	1998	意大利 Fameccanica
原台州友谊卫生用品有限公司	护翼型妇女卫生巾设备	1台	1996	意大利 Caldiroli
原宁波欧亚纸业有限公司	护翼型妇女卫生巾设备	1台	1996	意大利 Caldiroli
台州帝邦洁品有限公司(停产)	护翼型妇女卫生巾设备	1台	1996	日本瑞光
义乌市华美卫生用品有限公司	护翼型妇女卫生巾设备	1台	1997	意大利 Caldiroli
嘉善永泉纸业有限公司	卫生纸机	2台	1997—1998	台湾省泉宁
	分切复卷机	2台	1997—1998	台湾省泉宁
	分切机	1台	1997—1998	台湾省泉宁
诸暨造纸厂	卫生卷纸机	2台	1993	台湾省铧铭
	餐巾纸机	1台	1993	台湾省铧铭
	面巾纸机	1台	1993	台湾省铧铭
安徽铜陵博发纸业有限公司	湿巾机	1台	1993	台湾省智琦
	盒装面巾纸机	1台	1993	台湾省智琦
安徽泾县月光纸业有限公司	妇女卫生巾设备	1台	1992	台湾省
原安徽金徽纸业有限公司	卫生纸机	1台	1993	台湾省巨人
	面巾纸机	1台	1993	台湾省巨人
恒安纸业合肥公司	袖珍包面巾纸/手帕纸制造机	2台	2004	台湾省泰舜
福建恒安集团有限公司	妇女卫生巾设备(护翼型)	6台	1993—1996	日本纸工机
	婴儿纸尿裤设备	1台	1996	日本纸工机
	手帕纸折叠机	1台	1997	美国 PCMC
	护翼型妇女卫生巾设备	4台	1997—1998	意大利 Fameccanica
	护翼型妇女卫生巾设备	4台	1997—1998	日本瑞光
	卫生护垫设备	2台	1997—1998	意大利 Fameccanica
	婴儿纸尿裤设备	2台	1998—1999	意大利 Fameccanica
	成人纸尿裤设备	1台	2000	意大利 GDM
	卫生护垫设备	2台	2000	日本瑞光
	婴儿纸尿裤设备	2台	2001	意大利
	婴儿纸尿裤设备	1台	2001	日本瑞光
	婴儿纸尿裤设备	1台	2004	日本瑞光
晋江恒安心相印纸制品有限公司	面巾纸机	2台	1996—1999	台湾省泰舜
	纸手帕机	2台	1998—1999	德国 W+D
	湿巾包装机	1台	2004	瑞士 Ilapak
	袖珍包面巾纸/手帕纸制造机	2台	2004	台湾省泰舜
	平型湿巾制造机	1台	2004	台湾省泰舜
	小油压卷管机	1台	2004	台湾省泰舜
	抽取式盒装面巾纸/擦手纸制造机	1台	2005	台湾省泰舜
	盒装面巾纸自动装纸上胶封盒机	2台	2005	台湾省泰舜
	卫生卷纸复卷、分切、包装机		2004—2005	意大利柯尔柏
恒安(中国)纸业有限公司	抽取式盒装面巾纸/擦拭纸制造机	10台	2005	台湾省泰舜
	盒装面巾纸自动上胶封盒机	7台	2005	台湾省泰舜
	可换机头立式餐巾纸机	2台	2005	台湾省泰舜
	新月型卫生纸机	1台	2006-03 安装完成	美卓(Metso)

续表

企业名称	引进内容	数量	时间	引进国(地区)及公司
恒安(中国)纸业有限公司	配套5.55米卫生纸机用复卷分切机	1台	2006-03 安装完成	巴西 Voith(原德国亚根堡)
福建恒利集团有限公司	护翼型妇女卫生巾设备	4台	1997—1999	意大利
	婴儿纸尿裤设备	1台	2001	意大利 Fameccanica
	新月型 DCT100 卫生纸机	1台	2005	美卓(Mesto)
	纸巾纸折叠机	1台	2005	德国 W+D
	手帕纸包装机	1台	2005	德国 Senning
	卫生卷纸复卷、分切、包装机		2005	意大利柯尔柏
福建石狮	袖珍包面巾纸机	2台	1993	台湾省泰舜
福建莆田佳通纸品有限公司	妇女卫生巾设备	2台	1995	德国 Bikoma(二手机)
	卷筒卫生纸机	1台	1995	台湾省全利机械
	护翼型妇女卫生巾设备	1台	1996	意大利 Fameccanica
	盒装面巾纸机	1台	1996	台湾省泰舜
	自动封盒包装机	2台	1996	台湾省泰舜
原漳浦县光阳纸业有限公司	卫生纸打孔复卷机	1台	1996	意大利百利怡
	迷你型纸巾折叠机	5台	1996	台湾省泰舜
	盒装面巾纸机	2台	1996	台湾省泰舜
	护翼型妇女卫生巾设备	1台	1996	意大利 CCE
	方型面巾纸机	3台	1996	台湾省泰舜
	卫生纸机	2台	1996	德国
原莆田市东南福利纸品厂	全自动印花餐巾纸折叠机	3台	1998	美国
三明诚信纸品有限公司	湿巾机	3台	2002	香港
江西兴达纸业有限公司	盒装面巾纸机	1台	1993	台湾省泰舜
	袖珍包面巾纸机	1台	1993	台湾省泰舜
	自动封盒包装机	1台	1993	台湾省泰舜
	餐巾纸、面巾纸包装设备		1993	意大利
江西广丰月兔卫生用品有限公司	面巾纸机	1台		台湾省泰舜
	卷筒卫生纸机	1台		意大利百利怡
江西赣州金凤股份有限公司	盒装面巾纸机	1台	1992	台湾省
	小包面巾纸机	2台	1992	台湾省
	复卷打孔机	1台	1992	台湾省
威海洁瑞卫生材料制品有限公司	婴儿纸尿裤设备	1台	1992	意大利 CCE
	护翼型妇女卫生巾设备	1台	1992	意大利 CCE
	医用护理垫机	1台	1992	意大利 CCE
原山东青岛舒洁纸品厂	盒装面巾纸机	1台	1993	台湾省泰舜
	自动封盒包装机	1台	1993	台湾省泰舜
济南月舒宝纸业有限责任公司(停产)	卫生巾设备	1台	1990	台湾省
原诸城三合高级生活用纸公司	倾斜型短长网卫生纸机	1台		
原烟台华润卫生用品有限公司	妇女卫生巾设备	2台	1996	日本瑞光(二手机)
潍坊恒联美林生活用纸有限公司(原山东潍坊恒信纸业集团有限公司)	盒装面巾纸机	1台	1990	台湾省
	纸巾纸折叠机	1台	1994	香港
	纸巾纸包装机	1台	1994	韩国
	卫生纸机(PM2、PM3)	2台	2003-06	芬兰 Valmet(二手机)
山东益母妇女卫生用品有限公司	直条型卫生巾机	1台	1996	台湾省宇联
	护翼型妇女卫生巾设备	2台	1997	意大利 Caldiroli
山东恒安纸业有限公司	5.55米卫生纸机	1台	2005	奥地利 Andritz
	复卷分切机	1台	2005	巴西 Voith(原德国亚根堡)
	复卷分切机	1台	2005	意大利 A. Celli
	钱包式手帕纸制造机	3台	2005	台湾省泰舜
	小油压卷管机	1台	2005	台湾省泰舜
	手帕纸自动生产线	1套	2005	德国 W+D,德国 Senning
山东中顺明兴纸业有限公司	全自动手帕纸折叠包装机		2005	韩国东洋机械
	BF-10 卫生纸机	1台	2005	日本川之江
原河南美乐纸品有限公司	妇女卫生巾设备	1台	1993	意大利
	妇女卫生巾设备	1台	1993	台湾省

续表

企业名称	引进内容	数量	时间	引进国(地区)及公司
漯河银鸽生活纸产有限公司(原漯河银河纸业有限公司)	卫生纸机	1台	1993	意大利 Over
	平型湿巾机	2台	1993	台湾省泰舜
	卫生纸分切复卷机	1台	1993	台湾省泰舜
	全自动工业用卫生纸/厨房纸巾复卷机		1993	台湾省泰舜
	打孔压花机	1台		
	卷筒锯切机	1台	1993	台湾省泰舜
原开封黄河卫生制品有限公司	妇女卫生巾设备	2台	1993	台湾省智琦
原南阳市舒美洁品有限公司	妇女卫生巾设备	1台	1992	台湾省智琦
黄梅县迷你卫生纸品有限公司(停产)	婴儿纸尿裤设备	1台	1994	意大利 Caldiroli
	妇女卫生巾设备	1台	1994	意大利 Caldiroli
湖北丝宝卫生用品有限公司	护翼型妇女卫生巾设备	1台	1997	意大利 Fameccanica
湖北绿世界环保科技股份有限公司	纸餐盒机	1台	1996	德国
	纸盘子机	1台	1996	德国
	纸杯机	1台	1996	韩国
	纸手帕机	1台	1996	意大利 Omet
	纸筷子机	1台	1997	荷兰
武汉市美华纸品有限公司(停产)	纸杯机	2台	1998	韩国永成
维达纸业(湖北)有限公司	卫生纸机	1台	1990	意大利 Toschi
	复卷机	1台	1998	台湾省
	BF-10 卫生纸机	1台	2003	日本川之江
	BF-10 卫生纸机	1台	2004	日本川之江
	盒装面巾纸自动装纸上胶封盒机	2台	2004	台湾省泰舜
	摇摆式 H 型封口包装机	1台	2004	台湾省泰舜
	抽取式面巾纸及餐巾纸四方型包装机	1台	2005	台湾省泰舜
	抽取式盒装面巾纸/清洁用纸制造机	1台	2005	台湾省泰舜
	高速手帕纸制造及小包包装机，中包机	1套	2005	台湾省泰舜
	小油压卷管机	1台	2005	台湾省泰舜
	BF-10 卫生纸机	1台	2005	日本川之江
	BF-10 卫生纸机	2台	2006	日本川之江
湖北中顺鸿昌纸业有限公司	BF-10 卫生纸机	1台	2005	日本川之江
	全自动手帕纸折叠包装机		2003—2005	韩国东洋机械
	BF-10 卫生纸机	1台	2006	日本川之江
湖南恒安纸业有限公司	自动封盒包装机	2台	1996	台湾省泰舜
	盒装面巾纸机	2台	1996	台湾省泰舜
	卫生纸机	1台	1997	奥地利 Andritz
	复卷机	1台	1997	德国亚根堡
	卫生卷纸设备	2台	1997	意大利百利怡
	餐巾纸机		1997	意大利百利怡
	袖珍面巾纸机	1台	1997	美国 PCMC
	自动封盒包装机	4台	1997	台湾省泰舜
	袖珍包面巾纸机	4台	1997	台湾省泰舜
	盒装面巾纸机	2台	1997	台湾省泰舜
	手帕纸折叠机	1台	1997	美国 PCMC
	钱包式纸巾折叠机	8台	2000	台湾省
	复卷机	2台	2001	德国亚根堡
	卫生纸机	1台	2002	奥地利 Andritz
	全自动手帕纸折叠包装机		2003—2005	韩国东洋机械
湖南德惠纸业有限公司	全自动手帕纸折叠包装机	1台	2005	韩国东洋机械
宝洁(中国)有限公司	妇女卫生巾设备		1992—1997	日本
	婴儿纸尿裤设备		1999	美国
	婴儿纸尿裤设备	1台	2002	美国，法国
广州宝乐婴儿制品厂有限公司(停产)	婴儿纸尿裤设备	1台	1994	日本纽朗

续表

企业名称	引进内容	数量	时间	引进国(地区)及公司
原广东佛山威龙卫生用品公司	护翼型妇女卫生巾设备	1台	1992	德国 W+D
原广东顺德立荣公司	盒装面巾纸机	2台	1993	台湾省泰舜
	自动封盒包装机	1台	1993	台湾省泰舜
	袖珍包面巾纸包装机	3台	1993	台湾省泰舜
广州金佰利纸业有限公司	擦手纸折叠机	1台	1995	美国 PCMC
	擦手纸切割机	1台	1995	美国 PCMC
	盒装面巾纸折叠机	2台	1995	美国 PCMC
惠阳市浩德实业有限公司华光纸品厂	迷你纸巾机	2台	1997	日本吉永铁工
	盒装机	3台	1998	韩国东洋机械
	盒式包装机	2台	2000	韩国东洋机械
	袖珍压花机	1台	2000	日本吉永铁工
珠海市中粤纸杯容器有限公司	纸杯机	4台	1991	德国魏米勒
	印刷机	1台	1991	德国魏米勒
	柔印机	1台	1995	加拿大
	纸杯机	13台	1993—1997	美国 PMC
佛山市美适卫生用品有限公司	卫生护垫机	1台	1995	德国 W+D
东莞利良纸巾制品有限公司	盒装纸巾机	2台	1998	台湾省
南海市西樵宝儿用品有限公司	婴儿纸尿裤设备	1台	1995	意大利 Fameccanica
南海市桂城景兴商务拓展有限公司	护翼型妇女卫生巾设备	2台	1996—1997	德国 W+D
东莞中南纸业有限公司(停产)	婴儿纸尿裤设备	1台	1994	意大利 Caldiroli
	护翼型妇女卫生巾设备	1台	1996	日本瑞光
	婴儿纸尿裤设备	1台	1997	日本瑞光
原佛山瑞麒婴儿用品有限公司	婴儿纸尿裤设备	1台	1992	意大利
南海满盈卫生用品有限公司	婴儿纸尿裤设备	1台	1993	意大利
原顺德大良卫生用品厂	妇女卫生巾设备	2台	1993	日本瑞光
原顺德乐从美雅卫生巾厂	婴儿纸尿裤设备	1台	1997	意大利 CCE(二手机)
原顺德伦教莉莉卫生用品厂	妇女卫生巾设备	1台		
维达纸业(广东)有限公司	BF-10 卫生纸机	1台	1993	日本川之江
	妇女卫生巾设备	1台	1993	日本东亚机工
	护翼型妇女卫生巾设备	1台	1993	日本东亚机工
	全自动打孔纸卷机	1台	1993	意大利百利怡
	半自动打孔纸卷机	1台	1993	意大利 Echo
	迷你型纸巾折叠机	10台	1993	日本吉永铁工
	封口机	10台	1993	日本吉永铁工
	卫生卷纸自动大包装线	1条	1993	意大利 Cassoli
	餐巾纸机(1/8折)	1台	1993	台湾省泰舜
	立式餐巾纸机	2台	1993	台湾省泰舜
	卫生纸机 BF-12	1台	1994	日本川之江
	卫生纸分切机	1台	1994	台湾省泰舜
	储存架	1台	1994	台湾省泰舜
	卫生纸分切复卷机	1台	1995	台湾省泰舜
	立式餐巾纸机	2台	1995	台湾省泰舜
	裁断机	1台	1995	台湾省泰舜
	全自动卷筒卫生纸/厨房纸巾反卷打洞点对点压花机	1台	1995	台湾省泰舜
	全自动卷筒卫生纸/厨房纸巾反卷打洞点对点压花机	1台	1996	台湾省泰舜
	半自动纸巾生产线	2条	1996	德国 W+D, 德国 Senning
	全自动纸巾生产线	1条	1996	德国 W+D, 德国 Senning
	全自动卷筒卫生纸复卷、打孔、分切、压花印刷机	1台	1996	台湾省泰舜
	护翼型妇女卫生巾设备	1台	1997	德国 W+D
	妇女卫生巾包装机		1997	德国 Optima
	餐巾纸机	6台	1997	土耳其 PMSL
	高速压花分切机	1台	1997	

续表

企业名称	引进内容	数量	时间	引进国(地区)及公司
维达纸业(广东)有限公司	卫生纸机	1台	1998	美国 Beloit
	盒装面巾纸机	7台	1993—1998	台湾省泰舜
	卫生纸分切复卷机	2台	1998	台湾省泰舜
	全自动卷筒卫生纸复卷、打孔、分切、压花印刷机	1台	1998	台湾省泰舜
	28餐巾纸机	5台	1998	土耳其 PMSL
	盒装面巾纸机	1台	1998	台湾省泰舜
	全自动双压花卫卷机	1台	1999	台湾省泰舜
	半自动双压花卫卷机	1台	1999	台湾省泰舜
	Z型擦手纸机	1台	1999	日本 IMC
	半自动卫卷机	2台	2000	台湾省泰舜
	全自动分切复卷机	1台	2000	台湾省泰舜
	油压式卷管机	2台	2000	台湾省泰舜
	全自动纸巾生产线	2台	2000	德国 W+D
	Z型擦手纸机	1台	2001	台湾省泰舜
	餐巾纸折叠机	6台	2001	台湾省泰舜
	BF-10卫生纸机	2台	2002—2003	日本川之江
	分切复卷机	2台	2002—2003	台湾省泰舜
	盒装面巾纸机	1台	2002—2003	台湾省泰舜
	卫卷机	1台	2003	台湾省泰舜
	可换机头立式餐巾纸机	1台	2004	台湾省泰舜
	可换机头立式餐巾纸机	2台	2005	台湾省泰舜
	餐巾纸折叠机(L型)(1排出纸)	2台	2005	台湾省泰舜
	Z折连续抽取式擦手纸制造机	1台	2005	台湾省泰舜
	摇摆式封口包装机	1台	2005	台湾省泰舜
	高速手帕纸制造及小包包装机，中包机	2套	2005	台湾省泰舜
	全自动卷筒卫生纸反卷打孔机	2台	2005	台湾省泰舜
	抽取式面巾纸及餐巾纸四方型包装机	1台	2005	台湾省泰舜
	卫生卷纸复卷、分切、包装机		2003—2005	意大利柯尔柏
维达纸业(江门)有限公司	BF-12卫生纸机	1台	2005	日本川之江
	BF-12卫生纸机	1台	2006	日本川之江
广东中顺纸业集团有限公司	迷你手帕纸机，包装机	1台	2003	韩国东洋机械
	BF-10卫生纸机	1台	2004	日本川之江
	新月型卫生纸机	1台	2005	韩国京龙机械(KYOUNG YONG)
	卫生卷纸复卷、分切、包装机		2003—2005	意大利柯尔柏
原广东三江纸厂	卫生纸分切复卷机	1台	1997	台湾省泰舜
中山市新洁日用制品有限公司	湿巾包装机	1台	2002	台湾省
	湿巾包装机(半自动)	1台	2002	台湾省
	湿巾包装机(全自动)	1台	2002	巴西
江门市新会区爱尔保洁用品有限公司	妇女卫生巾设备	2台	1993	日本瑞光(二手机)
原广东新会维康纸容器有限公司	纸杯成型机	2台	1993	美国 PMC
高明市日畅纸业有限公司(原高明市溢兴酒业有限公司高洁纸业有限公司)	卫生纸机	1台	1992	台湾省富发
	盒装面巾纸机	1台	1992	台湾省富发
	面巾纸折叠机	1台	1992	台湾省富发
	压花餐巾纸机	1台	1992	台湾省富发
	压花卫生卷纸机	1台	1992	台湾省富发
原广东阳泉纸业制品有限公司	卫生纸机	1台		台湾省
	盒装面巾纸机	4台	1993	台湾省泰舜
	自动封盒包装机	1台	1993	台湾省泰舜
	螺旋形纸管卷管机	1台	1993	台湾省泰舜
广东深圳信威纸品厂	护翼型妇女卫生巾设备	1台	1995	日本
	面巾纸机			
广东珠海纸业厂(停产)	面巾纸设备	1台	1996	日本

续表

企业名称	引进内容	数量	时间	引进国(地区)及公司
广东珠海纸业厂(停产)	妇女卫生巾设备	1台	1996	日本东亚机工
	超薄妇女卫生巾设备	1台	1996	日本
广东珠海洁尔康有限公司(停产)	妇女卫生巾设备	1台	1992	日本川之江(二手机)
珠海市香凌轻纺有限公司(停产)	护翼型妇女卫生巾设备	1台	1994	日本瑞光
	护翼型妇女卫生巾设备	1台	1996	台湾省
广东番禺	袖珍包面巾纸机	1台	1993	台湾省泰舜
广州祥威纸业有限公司	袖珍包面巾纸包装机	1台	1993	台湾省泰舜
	卫生卷纸复卷机	2台	1997	美国 PCMC
	卫生卷纸切卷机	2台	1997	美国 PCMC
	卫生卷纸复卷机	1台	1997	意大利百利怡
	手帕纸折叠机	2台	1997	美国 PCMC
	面巾纸加工机	2台	1997	日本 IMC
	餐巾纸加工机	3台	1997	美国 PCMC
汕头市万安纸业有限公司	复卷纸机	10台	1992	台湾省
	盒装面巾纸机	4台	1994—1995	台湾省泰舜
	餐巾纸机	20台	1995	台湾省
东莞姿庭生活用品有限公司	妇女卫生巾设备	1台	1993	意大利(二手机)
	妇女卫生巾设备	2台	1994	日本瑞光
	手帕纸设备	1台	1995	台湾省泰舜(二手机)
	面巾纸设备	1台	1995	意大利卡地罗里
	护翼型三片式妇女卫生巾设备	1台	1997	美国 PCMC
原广东四会卫生用品厂	妇女卫生巾设备	1台	1993	日本
	妇女卫生巾设备	1台	1993	台湾省
汕头市爱护洁护理用品厂有限公司	婴儿纸尿裤设备	1台	1998	意大利 GDM
	婴儿纸尿裤设备	1台	2004-02	意大利 GDM
汕头市龙湖区骏宝有限公司	湿巾机	1台	2002-12	台湾省
东莞瑞麒婴儿用品有限公司	婴儿纸尿裤设备	1台	1998	意大利 GDM
鸿源实业(深圳)有限公司	盒装面巾纸机	1台	1993	日本
	盒装面巾纸机	1台		台湾省
	压花手帕纸机	3台	1993	台湾省
	餐巾纸机	3台	1995	台湾省
	妇女卫生巾机	2台	2001	台湾省
顺德市妇康卫生用品有限公司	妇女卫生巾机	1台	1993	日本瑞光
	妇女卫生巾机	1台	1998	日本瑞光
金钰(清远)卫生纸有限公司	卷纸机,包装机,单包机	1套	1997	意大利百利怡,意大利 Casmatic
	折叠机,包装机	2套	1997	德国 W+D,德国 Senning
	折叠机,封盒机	2套	1997	德国 W+D,Harro
	折叠机,单包机,多包机	1套	1997	日本 IMC,意大利 Casmatic
	折叠机,单包机,多包机	2套	1997	日本 Orion
	折叠机,单包机	1台	1997	德国 Hobema,德国 Senning
广州市亨煌日用品有限公司	护翼型妇女卫生巾设备	1台	1996	泰国
	婴儿纸尿裤设备	1台	1996	德国(二手机)
	卫生护垫设备(由北京娟花厂转让)	1台	1996	日本东亚机工(二手机)
原中山恒信日用品有限公司	卫生纸机	2台	1997	台湾省
	高速卫生纸分条复卷机加压光印刷机	1台	1997	台湾省泰舜
	全自动工业用卫生纸/厨房纸巾反卷压花打孔机	1台	1997	台湾省泰舜
	手帕纸机	1台	1997	台湾省泰舜
	盒装面巾纸机	2台	1997	台湾省泰舜
	自动封盒包装机	2台	1997	台湾省泰舜
	卫生纸后加工设备		1997	意大利百利怡
中山瑞德卫生纸品有限公司	婴儿纸尿裤设备	1台	1995	意大利 Fameccanica(二手机)
	婴儿纸尿裤设备	1台	1997	意大利 NuovaRed(二手机)
	婴儿纸尿裤设备	1台	1999	意大利

续表

企业名称	引进内容	数量	时间	引进国(地区)及公司
中山市三角纸品制造有限公司	手帕纸包装机	1台	2003-01	香港冠兴机械设备制造厂
万益纸巾(深圳)有限公司	盒装面巾纸机	1台		台湾省
	迷你手帕纸机	3台		台湾省
	折叠包装机	4台		台湾省
南海市稳德福无纺布有限公司	成人纸尿裤设备	1台	2002	日本纸工机(二手机)
惠州福和纸业有限公司	X_3(2800)自动复卷生产线	2套	2005	意大利柯尔柏
	卫生卷纸自动包装机	1套	2005	意大利 TMC
东莞市白天鹅纸业有限公司	X_3(2800)自动复卷生产线	1套	2005	意大利柯尔柏
金旭环保制品(深圳)有限公司	湿巾机	3台	2003-08	日本，台湾省
广西舒雅护理用品有限公司	婴儿纸尿裤机	1台	2002	意大利 Diatec
	湿巾折叠机	2台	2003	美国 PCMC
	湿巾包装机	2台	2003	意大利 Imanpack
	湿巾包装机	1台	2003	瑞士 Ilapak
	婴儿纸尿裤设备	1台	2003	意大利 Diatec
	干法纸分切箱式包装机	1台	2005	德国 Kortec
南宁侨虹新材料有限责任公司	干法纸设备	1台	2001	丹麦 Dan-Web
柳州市惠好卫生用品有限公司	妇女卫生巾设备	1台	1996	意大利 CCE
	护翼型妇女卫生巾设备	1台	1996	意大利 CCE
	卫生护垫设备	1台	1996	意大利 CCE
柳州市洁美多纸业有限责任公司	卷筒卫生纸打孔分切机	1台	1996	日本 IMC(二手机)
	盒装面巾纸机	1台	1996	日本 IMC(二手机)
广西南宁云鸥纸制品公司	卫生纸机	1台	1997	台湾省富发(二手机)
原广西得利宝纸制品有限公司	餐巾纸机	5台	1993	德国
广西洁宝纸业投资股份有限公司	面巾纸折叠包装机	1台	2000	韩国
	复卷分切机	1台	2001	台湾省蚁兴
	迷你纸巾纸包装机	1台	2002-01	韩国东洋机械
	全自动复卷机	1台	2002-01	韩国东洋机械
广西贵糖(集团)股份有限公司	卫生纸机	2台	2002	奥地利 Andritz
	自动复卷打孔生产线	2条	2002	意大利百利怡
	QCS 系统，DCS 系统，传动控制系统	各2套	2002	瑞典 ABB
	高速复卷分切机	1台	2003	意大利 A. Celli
	卫生纸复卷分切机	1台	2004	台湾省泰舜
海南华侨日用品厂(停产)	盒装面巾纸机	1台	1994	台湾省泰舜
	自动封盒包装机	1台	1994	台湾省泰舜
	护翼型妇女卫生巾设备	1台	1995	日本
APP GROUP(海南厂)	新月型卫生纸机	6套	2005	意大利 A. Celli
四川皎娇工贸公司(已转让)	妇女卫生巾设备	2台	1993	日本
	妇女卫生巾设备	1台	1993	台湾省
四川德阳蓝海妇幼用品有限公司	婴儿纸尿裤设备	1台	2002-10	意大利
维达纸业(四川)有限公司	BF-10 卫生纸机	1台	2005	日本川之江
	BF-10 卫生纸机	1台	2006	日本川之江
	可换机头立式餐巾纸机	4台	2005	台湾省泰舜
	抽取式盒装面巾纸/清洁用纸制造机	2台	2005	台湾省泰舜
	盒装面巾纸自动装填上胶封盒机	2台	2005	台湾省泰舜
	抽取式面巾纸及餐巾纸四方型包装机	1台	2005	台湾省泰舜
	大卷筒复卷打孔机(先分切后复卷打孔)	1台	2005	台湾省泰舜
	高速手帕纸制造及小包包装机，中包机	1套	2005	台湾省泰舜
	小油压纸管卷管机	1台	2005	台湾省泰舜
四川中顺天天纸业有限公司	全自动手帕纸折叠包装机		2003—2005	韩国东洋机械
	BF-10 卫生纸机	1台	2005	日本川之江

续表

企业名称	引进内容	数量	时间	引进国(地区)及公司
重庆艾薇亚卫生用品有限公司	妇女卫生巾设备	3台	1993—1996	台湾省
	餐巾纸机	1台	1993	台湾省
重庆舒乐卫生用品有限公司	婴儿纸尿裤设备	1台	1996	美国 PCMC(二手机)
原云南宏立工贸有限公司	妇女卫生巾设备	1台	1998	意大利 Caldiroli
原云南昆明造纸厂	盒装面巾纸机	1台	1993	台湾省泰舜
	自动封盒包装机	1台	1993	台湾省泰舜
	袖珍包面巾纸机	1台	1993	台湾省泰舜
云南大康工贸公司(停产)	纸巾机	1台	1995	德国 W+D
西安澳周无纺布实业有限公司	婴儿纸尿裤设备	1台	1993	台湾省(二手机)
宁夏美洁纸业股份有限公司	卫生纸机	1台	1998	芬兰 Valmet
	复卷分切机	1台	1998	意大利 A. Celli
	小卷卫生纸加工机	1台	1998	意大利百利怡
	盒装面巾纸加工机	2台	1999	台湾省泰舜
	自动封盒包装机	3台	1999	台湾省泰舜
	自动手帕纸制造机	1台	1999	台湾省泰舜
	手帕纸单包机	1台	1999	意大利 Casmatic
宁夏吴忠瑞特纸业公司(停产)	干法造纸设备	1台	1994	丹麦 Dan-Web，瑞典川木赛尔(二手机)
	复膜印花机		1994	德国
新疆乌鲁木齐市纸品厂	湿巾机	2台	1994	台湾省泰舜

中国生活用纸产品标准和其他相关标准

THE CHINESE STANDARDS OF TISSUE PAPER & DISPOSABLE PRODUCTS AND OTHER RELATED STANDARDS

[7]

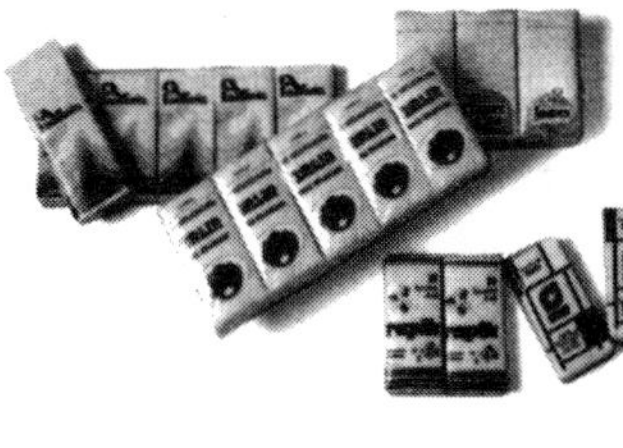

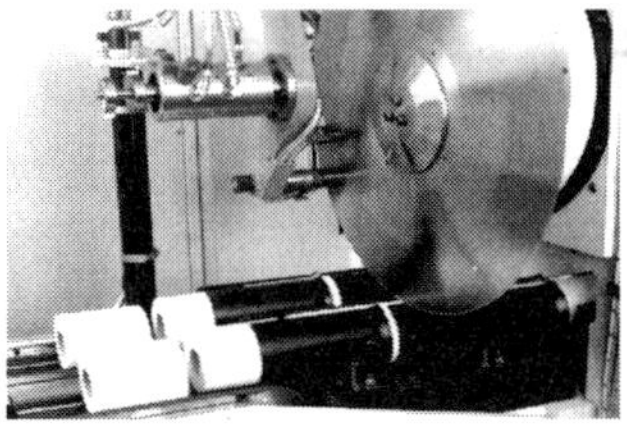

皱纹卫生纸(QB 2500—2000)

2001-06-01 实施

范围

本标准规定了皱纹卫生纸的产品分类、技术要求、试验方法、检验规则及标志、包装、运输、贮存等要求。

本标准适用于人们日常生活用的厕所卫生用纸。

产品分类

1　皱纹卫生纸按质量分为 A、B、C、D、E 等品。

2　皱纹卫生纸可分为小卷筒和平切两种型式。

技术要求

1　皱纹卫生纸的技术指标应该符合表 1 规定。

2　按供需双方协定，可生产其他定量的皱纹卫生纸，抗张强度和柔软度指标按插入法换算。

3　小卷筒纸的卷高、卷重，平切纸的幅长、幅宽、包装重量，均应按订货合同规定。小卷筒纸卷高尺寸偏差不得超过 ±2mm，偏斜度不超过 2mm；卷纸重量负偏差不大于 4%。平切纸幅长、幅宽规格尺寸偏差不超过 ±3mm，偏斜度不超过 3mm，平切纸包装重量负偏差不大于 4%。

4　A，B 等品皱纹卫生纸一般为双层。根据用户要求可生产其他层数的纸，其指标应符合表 1 规定。

5　可生产各种颜色的皱纹卫生纸，每批色泽不许有显著差别。

6　A，B 等品小卷筒纸应打针孔，其节距可为 135mm，140mm 等，偏差 ±3mm，打孔应清晰、易断、整齐。

7　纸张皱纹应均匀、细腻。A，B 等品皱纹卫生纸在同一纸幅内纵向不许有条形粗纹。

8　纸面不许有明显尘埃(或符合订货合同的具体规定)、死褶、硬质块、生草筋等纸病或杂质，不许有掉毛、掉粉、掉色现象。

9　皱纹卫生纸不得采用垃圾纸等含有病源微生物或有害物质的原料。

10　有下列情况者可列为二等品。但不得同时超过两项：

a) 定量超过允许偏差 ±2g/m^2 以内者；

b) 亮度低于规定 2% (绝对值)以内者；

c) 洞眼超过规定 20% 以内者(洞眼规定数量小于 10 个/m^2，允许超过规定 1 个/m^2)；

d) 柔软度超过规定 10% 以内者。

表 1　技术指标

指标名称	单位	规定																
		A 等					B 等				C 等			D 等			E 等	
定量	g/m^2	16.0	18.0	20.0	20.0	24.0	18.0	20.0	22.0	24.0	24.0	28.0	35.0	35.0	40.0	45.0	48.0	55.0
		±1.0			±1.5		±1.0		±2.0		±2.0			±2.5			±4.0	
亮度 ≥	%	83.0					80.0		75.0		63.0			—			—	
横向吸液高度 ≥	mm/100s	20					20				20			20			—	
抗张强度纵横向平均 ≥	N/m	53.0	59.0	67.0	76.0	84.0	53.0	60.0	69.0	77.0	72.0	94.0	130	130	150	215	180	
柔软度纵横向平均 ≤	mN	150/双层			200/双层		210/双层		320/双层		480/单层			630/单层			—	

续表

<table>
<tr><th colspan="2" rowspan="2">指标名称</th><th rowspan="2">单位</th><th colspan="6">规定</th></tr>
<tr><th>A等</th><th colspan="2">B等</th><th>C等</th><th>D等</th><th>E等</th></tr>
<tr><td rowspan="4">微生物</td><td>细菌菌落总数 ≤</td><td>cfu/g</td><td>200</td><td colspan="2">200</td><td>300</td><td>400</td><td>600</td></tr>
<tr><td>大肠菌群 ≤</td><td>—</td><td>不得检出</td><td colspan="2">不得检出</td><td>不得检出</td><td>不得检出</td><td>—</td></tr>
<tr><td>金黄色葡萄球菌</td><td>—</td><td>不得检出</td><td colspan="2">不得检出</td><td>不得检出</td><td>不得检出</td><td>不得检出</td></tr>
<tr><td>溶血性链球菌</td><td>—</td><td>不得检出</td><td colspan="2">不得检出</td><td>不得检出</td><td>不得检出</td><td>不得检出</td></tr>
<tr><td rowspan="3">洞眼</td><td>2mm～5mm ≤</td><td rowspan="3">个/m^2</td><td>6</td><td>20</td><td>40</td><td>50</td><td>50</td><td>50</td></tr>
<tr><td>>5mm～8mm ≤</td><td>2</td><td>2</td><td>2</td><td>4</td><td>10</td><td>20</td></tr>
<tr><td>>8mm ≤</td><td>不许有</td><td colspan="2">不许有</td><td>不许有</td><td>不许有</td><td>不许有</td></tr>
<tr><td colspan="2">交货水分 ≤</td><td>%</td><td colspan="6">10.0</td></tr>
</table>

注：①表1中抗张强度、柔软度及微生物指标为强制性指标；

②用全苇浆生产的皱纹卫生纸横向吸液高度按5min考核。

检验方法

以下试验为检验加工包装后的最终产品。

1 试样的采取按 GB/T 450 进行。

2 试样的处理按 GB/T 10739 进行(物理性能测试)，标准大气条件为(23±1)℃、(50±2)%r.h.。

3 平切纸幅长、幅宽及偏斜度、小卷筒纸的尺寸按 GB/T 451.1 进行测定。

小卷筒纸偏斜度测定方法：取小卷筒皱纹卫生纸两节纸，以其针孔线为中心对折在一起，用尺量取两节纸边端的差距，按此方法量取5个试样，取其平均值，结果精确至1mm。

4 定量 按 GB/T 451.2 进行测定。

5 抗张强度按 GB/T 453 或 GB/T 12914 进行测定，仲裁时按 GB/T 12914 进行。根据需要可以采用50mm 试验夹距。双层或多层试样应以双层或多层测试，然后换算成单层的测定值。

6 亮度按 GB/T 7974 或 GB/T 8940.1 进行测定，仲裁时按 GB/T 7974 进行测定。

7 横向吸液高度按 GB/T 461.1 进行测定(单层)。

8 柔软度按 GB/T 8942 进行测定，狭缝宽5mm。

9 微生物指标含细菌菌落总数、大肠菌群、金黄色葡萄球菌、溶血性链球菌，按附录A进行测定。

10 洞眼按附录B进行测定

11 交货水分按 GB/T 462 进行测定。

检验规则

1 微生物指标为否决性指标，每季度进行一次检验，首件检验测定结果作为该季度微生物指标的检测结果，应符合表1的规定。

2 交收检验

2.1 以一次交货为一批，但不多于30t。

2.2 生产厂应保证生产的产品符合本标准的要求，每件(箱)纸交货时，应附有产品合格证。

2.3 产品交收检验按 GB/T 2828 进行，交收检验项目及检查水平、抽样方案和合格质量水平(AQL)按表2进行。

2.4 判定规则

若同时出现B类和C类不合格品时，在符合B类不合格品 *Ac*，*Re* 判定要求的前提下，同时只有在B类与C类不合格品之和小于或等于C类不合格品的 *Ac* 值时，则判为批合格，若大于则判为批不合格。若小于C类不合格品的 *Re* 值且大于 *Ac* 值，则进行第二样本的测试和判定，判定方法同前。

3 微生物指标检验，有一项不合格判为批不合格。

4 需方有权按本标准的要求检验产品质量，如对产品质量有异议，应在到货后三个月内通知供方，双方共同抽样检验，如不符合本标准的规定，则判为批不合格，由供方负责处理；如符合本标准的规定，则判为批合格，由需方负责处理。

表2

<table>
<tr><td rowspan="2">抽样方案
批量
（件或箱）</td><td colspan="5">正常检查二次抽样方案　检查水平 S-3</td><td colspan="2">不合格分类</td></tr>
<tr><td>样本大小</td><td colspan="2">B 类不合格品
AQL=4.0
Ac　Re</td><td colspan="2">C 类不合格品
AQL=6.5
Ac　Re</td><td>B 类不合格</td><td>C 类不合格</td></tr>
<tr><td rowspan="3">≤150</td><td>3</td><td>0</td><td>1</td><td>—</td><td>—</td><td rowspan="5">抗张强度
柔软度</td><td rowspan="5">定量
横向吸液高度
亮度
洞眼
交货水分
外观质量</td></tr>
<tr><td>5</td><td>—</td><td>—</td><td>0</td><td>2</td></tr>
<tr><td>5(10)</td><td>—</td><td>—</td><td>1</td><td>2</td></tr>
<tr><td rowspan="2">151~3200</td><td>8</td><td>0</td><td>2</td><td>0</td><td>3</td></tr>
<tr><td>8(16)</td><td>1</td><td>2</td><td>3</td><td>4</td></tr>
</table>

标志、包装、运输、贮存

1　每卷(包、袋)皱纹卫生纸应用塑料或纸包装，封口整齐牢固，不许有破损。

2　标志按国家技术监督局颁布的《产品标识标注规定》进行。

3　皱纹卫生纸运输时应采用洁净的运输工具，防止产品污染，搬运时不许将纸件从高处扔下，以防损坏外包装。

4　皱纹卫生纸应存放于干燥、通风和洁净的地方妥善保管，以防雨、雪及潮湿侵入产品，影响质量。

5　由于保管和运输不符合本标准要求，产品发生变质或其他损坏，应由造成损坏的责任方负责。

附 录 A
（标准的附录）
微生物指标的测定法

A1　培养基与试剂制备

A1.1　营养琼脂培养基

成分：蛋白胨	10 g
牛肉膏	3 g
氯化钠	5 g
琼脂	15 g
蒸馏水	1000 mL

制法：除琼脂外其他成分溶解于蒸馏水中，调 pH 至 7.2~7.4，加入琼脂，加热溶解，分装试管，121℃灭菌 15 min 后备用。

A1.2　乳糖胆盐发酵管

成分：	蛋白胨	20 g
	猪胆盐(或牛、羊胆盐)	5 g
	乳糖	10 g
	0.04%溴甲酚紫水溶液	25 mL
	蒸馏水	加至 1000 mL

制法：将蛋白胨、胆盐及乳糖溶于水中，校正 pH 至 7.4，加入指示剂，分装每管 10 mL，并放入一个小倒管，115℃灭菌 15 min，即得。

注：双料乳糖胆盐管除蒸馏水外，其他成分加倍。

A1.3 伊红美蓝琼脂(EMB)

成分：蛋白胨	10 g
乳糖	10 g
磷酸氢二钾	2 g
琼脂	17 g
2%伊红溶液	20 mL
0.65%美蓝溶液	10 mL
蒸馏水	加至1000 mL

制法：将蛋白胨、磷酸盐和琼脂溶解于蒸馏水中，校正pH至7.1，分装于烧瓶内，121℃灭菌15 min备用，临用时加入乳糖并加热溶化琼脂，冷至50～60℃，加入伊红美蓝溶液摇匀，倾注平板。

A1.4 乳糖发酵管

成分：蛋白胨	20 g
乳糖	10 g
0.04%溴甲酚紫水溶液	25 mL
蒸馏水	加至1 000 mL

制法：将蛋白胨及乳糖溶于水中，校正pH至7.4，加入指示剂，分装每管10 mL，并放入一个小倒管，115℃灭菌15 min，即得。

A1.5 SCDLP液体培养基

成分：酪蛋白胨	17 g
大豆蛋白胨	3 g
氯化钠	5 g
磷酸氢二钾	2.5 g
葡萄糖	2.5 g
卵磷脂	1 g
吐温80	7 g
蒸馏水	1000 mL

制法：将各种成分混合(如无酪蛋白胨和大豆蛋白胨可用日本多胨代替)，加热溶解，调pH至7.2～7.3，分装，121℃灭菌20 min，摇匀，避免吐温80沉于底部，冷至25℃后使用。

A1.6 血琼脂培养基

成分：营养琼脂	100 mL
脱纤维羊血(或兔血)	10 mL

制法：将营养琼脂加热溶化，待凉至50℃左右以无菌操作将10 mL脱纤维血加入后摇匀，倒平皿置冰箱备用。

A1.7 甘露醇发酵培养基

成分：蛋白胨	10 g
牛肉膏	5 g
氯化钠	5 g
甘露醇	10 g
0.02%溴麝香草酚蓝溶液	12 mL
蒸馏水	1000 mL

制法：将蛋白胨、氯化钠、牛肉膏加到蒸馏水中，加热溶解，调pH至7.4，加入甘露醇和溴麝香草酚蓝混匀后，分装试管，115℃灭菌20 min备用。

A1.8　兔血浆

制法：取灭菌3.8%柠檬酸钠1份，加兔全血4份，混匀静置，3 000 r/min 离心5 min，取上清，弃血球。

A1.9　匹克氏肉汤

成分：含1%胰蛋白胨的牛心浸液	200 mL
1:25000结晶紫盐水溶液	10 mL
1:800三氮化钠溶液	10 mL
脱纤维兔血(或羊血)	10 mL

制法：上述各成分无菌处理后用无菌操作混合，分装灭菌试管，每管2 mL，冰箱保存备用。

A1.10　革兰氏染色液

结晶紫染色液：

结晶紫	1 g
95%酒精	20 mL
1%草酸铵水溶液	80 mL

将结晶紫溶解于酒精中，然后与草酸铵溶液混合。

革兰氏碘液：

碘	1 g
碘化钾	2 g
蒸馏水	300 mL

将碘与碘化钾先进行混合，加入蒸馏水少许，充分振摇，待完全溶解后，再加蒸馏水至300 mL。

沙黄复染液：

沙黄	0.25 g
95%酒精	10 mL
蒸馏水	90 mL

将沙黄溶解于酒精中，然后用蒸馏水稀释。

A2　产品采集与样品处理

于同一批号的三个大包装中至少随机抽取6个独立包装样品，三分之一用于测试，三分之一留样，三分之一必要时复测用。样品独立包装不应有破裂，检验前不得启开。

在100级净化条件下或超净工作台中用无菌方法至少打开2个独立包装，从中随机准确称取10 g样品，剪碎后加入到100 mL灭菌生理盐水中，振打80次或用混匀器充分混匀。每一种样品共取30 g，分别接种3管生理盐水样液。

A3　细菌菌落总数测试方法

A3.1　操作步骤

待上述样液自然沉降后取上清液作菌落计数。共接种6个平皿，每个平皿中加入1 mL样液，然后用冷却至约45℃的熔化的营养琼脂(A1.1)15 mL倒入平皿内，混合均匀。待琼脂凝固后翻转平皿置37℃ 培养24 h后，计算平板上的菌落数。当平板上菌落数超过300时应稀释后再计数。

A3.2　菌落计数及结果报告

菌落呈片状生长的平板不宜采用；计数符合要求的平板上的菌落，按式(A1)计算：

$$\text{每克样品细菌菌落总数(cfu/g)} = \text{平板上菌落平均数} \times 10 \quad \text{(A1)}$$

所得结果超过标准值的10%，必须重复检测一次，以两次结果的平均数为最终结果。

当菌落数在100以内时，按实有数报告，大于100时采用二位有效数字。

A4 大肠菌群检测方法

A4.1 操作步骤

取样液的上清液接种乳糖胆盐发酵管(A1.2)。共接种3管，每管接种1 mL样液，置37℃培养24 h，如不产酸也不产气，则报告为大肠菌群阴性。

如产酸产气，则划线接种伊红美蓝琼脂(A1.3)平板，置37℃ 培养18h～24 h，观察平板上菌落形态。典型的大肠菌落为黑紫色或红紫色，圆形，边缘整齐，表面光滑湿润，常具有金属光泽，也有的呈紫黑色，不带或略带金属光泽，或粉紫色，中心较深的菌落。

挑取可疑大肠菌落1～2个进行革兰氏染色(A1.10)镜检，同时接种乳糖发酵管(A1.4)于37℃培养24 h，观察产气情况。

A4.2 结果报告

凡乳糖胆盐发酵管产酸产气，乳糖发酵管产气，在伊红美蓝琼脂平板上有典型大肠菌落，革兰氏染色为阴性无芽胞杆菌，可报告被检样品检出大肠菌群。

A5 金黄色葡萄球菌检测方法

A5.1 操作步骤

取样液5 mL，加入到50 mL SCDLP培养液(A1.5)中，充分混匀，置37℃培养24 h。

自上述增菌液中取1～2接种环，划线接种在血琼脂培养基(A1.6)上，置37℃培养24h～48 h。在血琼脂平板上该菌菌落呈金黄色，大而突起，圆形，不透明，表面光滑，周围有溶血圈。

挑取典型菌落，涂片作革兰氏染色镜检。金黄色葡萄球菌为革兰氏阳性球菌，排列成葡萄状，无芽胞与荚膜。镜检符合上述情况，应进行下列试验：

甘露醇发酵试验：取上述菌落接种到甘露醇培养基(A1.7)中，置37℃培养24 h，发酵甘露醇产酸者为阳性。

血浆凝固酶试验

玻片法：取清洁干燥载玻片，一端滴加一滴生理盐水，另一端滴加一滴兔血浆(A1.8)，挑取菌落分别与生理盐水和血浆混合，5 min如血浆内出现团块或颗粒状凝块，而盐水滴仍呈均匀混浊无凝固则为阳性，如两者均无凝固则为阴性。凡盐水滴与血浆滴均有凝固现象，再进行试管凝固酶试验。

试管法：吸取1: 4新鲜血浆0.5 mL，放灭菌小试管中，加入等量待检菌24 h匹克氏肉汤(A1.9)培养物0.5 mL。混匀，放37℃温箱或水浴中，每30min观察一次，24 h之内呈现凝块即为阳性。同时以已知血浆凝固酶阳性和阴性菌株肉汤培养物各0.5 mL作阳性与阴性对照。

A5.2 结果报告

凡在血琼脂平板上有可疑菌落生长，镜检为革兰氏阳性葡萄球菌，并能发酵甘露醇产酸，血浆凝固酶试验阳性者，可报告被检样品检出金黄色葡萄球菌。

A6 溶血性链球菌检测方法

A6.1 操作步骤

取样液5 mL加入到50 mL匹克氏肉汤(A1.9)中，37℃培养24 h。

将培养物划线接种血琼脂平板，37℃培养24 h观察菌落特征。溶血性链球菌在血琼脂平板上为灰白色，半透明或不透明，针尖状突起，表面光滑，边缘整齐，周围有无色透明溶血圈。

挑取典型菌落作涂片革兰氏染色镜检，应为革兰氏阳性，呈链球状排列的球菌。镜检符合上述情况，应进行下列试验：

链激酶试验：吸取草酸钾血浆0.2 mL(0.01 g草酸钾加5 mL兔血浆混匀，经离心沉淀，吸取上清液)，加入0.8 mL灭菌生理盐水，混匀后再加入待检菌24 h匹克氏肉汤培养物0.5 mL和0.25%氯化钙0.25 mL，混匀，放37℃水浴中，2 min观察一次(一般10 min内可凝固)，待血浆凝固后继续观察并记录溶化时间。如2 h内不溶化，继续放置24 h后观察，如凝块全部溶化为阳性，24 h仍不溶化为阴性。

杆菌肽敏感试验：将被检菌菌液涂于血琼脂平板上，用灭菌镊子取每片含0.04单位杆菌肽的纸片放在平板表面上，同时以已知阳性菌株作对照，在37℃下放置18h～24 h，有抑菌带者为阳性。

A6.2 结果报告

镜检革兰氏阳性链状排列球菌，血琼脂平板上呈现溶血圈，链激酶和杆菌肽试验阳性，可报告被检样品检出溶血性链球菌。

附录B
（标准的附录）
洞眼测定法

B1 取单层纸样于眼前迎光观测，按标准规定数取各范围内的洞眼个数。半透明眼(洞眼间有纤维连接)不予计数。

B2 每份样品测试不少于0.5m^2，然后换算成每平方米的洞眼数，计算结果取整数。

B3 大于8mm的洞眼取5m^2进行测定。

纸巾纸(QB 3529—1999)

1999-04-21实施

范围

本标准规定了纸巾纸的技术规范。

本标准适用于人民生活和卫生用的各种纸面巾、纸餐巾、纸手帕、纸香巾等。

产品分类

1 纸巾纸按质量分为A、B、C三等。

2 纸巾纸一般为平板或平切折叠，也可为卷筒。其规格应按订货合同规定生产，规格尺寸偏差不得超过±3mm，偏斜不得超过3mm，或按合同规定。

3 纸巾纸分为普通型和湿强型，亦可压花或印花。

4 纸巾纸可分为单层、双层、三层多种。

技术要求

1 纸巾纸技术指标必须符合表1的规定。

表1

指标名称	单位	规定					
		A等		B等		C等	
		普通	湿强	普通	湿强	普通	湿强
定量	g/m^2	12.0±1.0 14.0±1.0 16.0±1.0		16.0±1.0 18.0±1.0 20.0±1.0		18.0±1.0 20.0±1.0 22.0±2.0 24.0±2.0	
白度	%	85.0～90.0	78.0～83.0	83.0～90.0	78.0～83.0	≥75.0	≥70.0
横向吸水性 不低于	mm/100s	20					

续表

指标名称			单位	规定					
				A等		B等		C等	
				普通	湿强	普通	湿强	普通	湿强
抗张强度纵横向平均	$12g/m^2$	不低于	mN	650		—		—	
	$14 g/m^2$			700		—		—	
	$16 g/m^2$			800		800		—	
	$18 g/m^2$			—		860		860	
	$20 g/m^2$			—		970		970	
	$22 g/m^2$			—		—		1100	
	$24 g/m^2$			—		—		1200	
湿抗张强度		不低于	%	—	25	—	20	—	15
柔软度双层纵横平均	$12g/m^2$	不大于	mN	85	125	—	—	—	—
	$14 g/m^2$			85	125	—	—	—	—
	$16 g/m^2$			85	125	170	210	—	—
	$18 g/m^2$			—	—	170	210	260	310
	$20 g/m^2$			—	—	170	210	260	310
	$22 g/m^2$			—	—	—	—	340	395
	$24 g/m^2$			—	—	—	—	340	395
细菌	菌落总数	不多于	个/克	200					
	致病性球菌			不得检出					
	大肠菌群		个/100克	30					
洞眼	2~5mm	不多于	个/米^2	5		20		$(18\sim20)g/m^2$ 25 $(22\sim24)g/m^2$ 40	
	大于5~8mm			不许有		1		2	
	大于8mm			不许有					
尘埃度	$0.2mm^2\sim1.0mm^2$	不多于	个/米^2	20		50		200	
	大于$1.0mm^2\sim2.0mm^2$			不许有		2		4	
	大于$2.0mm^2$			不许有					
交货水分			%	5.0~8.0		5.0~9.0			

注：纸餐巾除测定致病性球菌外，还得测定肠道致病菌，两者都不得检出。

2 按合同要求可生产各种颜色的纸巾纸。纸张色泽一致，每批不许有显著差别。

3 纸张应起皱，皱纹应均匀细腻，在同一纸幅内不许有纵向条形粗纹。

4 纸面应洁净，不许有明显尘埃、死褶、残缺破损、砂子、压溃、硬质块、生草筋等纸病。

5 纸张不许有掉色、掉粉、掉毛现象。湿强型纸巾纸经浸湿、浸泡不得掉色。

6 纸巾纸不应有令人不愉快的气味。

7 纸巾纸不得采用垃圾纸等含有病原微生物及有害化学物的原料。

8 有下列情况者可列为二等品，但不得同时超过两项。

8.1 定量超过允许误差 $1.0g/m^2$ 以内者。

8.2 白度高于或低于规定2.0%(绝对值)以内者。

8.3 洞眼超过规定20%以内者。

8.4 吸水性低于规定3mm以内者。

8.5 柔软度超过规定10%以内者。

检验方法

纸巾纸的技术指标应检验加工包装后的最终成品。

1 定量按GB/T 451.2的规定进行测定，以单层表示结果。

2 白度按GB/T 8940.1的规定进行测定。

3 吸水性按 GB/T 461.1 的规定进行测定，原纸应按实际使用层数构成试样进行测试。

4 抗张强度按 GB/T 453 的规定进行测定。双层或多层压花试样应双层或多层测试，然后换算成单层的测定值。

5 湿强度按 GB/T 465.2 的规定进行测定。试样测试前放在(80±1)℃的烘箱中烘 30min。可双层或多层(视压花层数)测试，热处理后的纸条双手持其两端，只使中间测试部分浸水，润湿后立即取出，用滤纸吸除表面多余水分后，马上测试。然后换算成单层的测定值。

6 柔软度按 GB/T 8942 的规定进行测定，狭缝宽 5mm，对切成 100mm×100mm 尺寸的双层试样，无论是压花或未压花必须揭开分层后再重叠在一起进行柔软度测试。

7 菌落总数按 GB/T 4789.2 的规定进行检验。

8 致病菌按 GB/T 4789.10、GB/T 4789.11 和 GB/T 4789.3、GB/T 4789.4 测定肠道致病菌的规定进行检验。

9 大肠菌群按 GB/T 4789.3 的规定进行测定。

10 洞眼测定方法

将单层纸样用双手钳住纸张两角于眼前迎光观测，数取标准规定范围内的洞眼个数。每份试样测试不少于 0.5m^2，然后换算成每平方米的洞眼数。

11 小卷筒纸偏斜度测定方法

取小卷中的两节纸，以其针孔线为中心线对折，用尺量取两节纸边端的差距，以毫米表示。

12 湿强型纸巾纸浸泡掉色试验方法

将一张湿强型纸巾纸浸入装有 20℃蒸馏水的量筒中 2min 后，观察水的颜色有无改变。

13 气味试验方法

将一张纸巾纸浸入装有 20℃蒸馏水的量筒中 2min 后，从水中取出纸巾纸在 60cm 距离下闻之，在此范围内应没有令人不愉快的气味。

14 尘埃度按 GB/T 1541 的规定进行测定，只测朝外的一面。

检验规则

1 生产厂应保证产品符合本标准的要求，以一次交货数量为一批，每批产品应附产品合格证书一份。

2 用户有权按本标准检查成批产品的质量，在验收检查时，应先检查外部的包装情况，然后从中采取试样进行检验，抽样检验按 GB/T 2828 规定进行，样本单位为包或卷筒。

3 交收检验项目的分组、检查水平、抽样检查方案及合格质量水平(AQL)按表 2 规定，每批纸的细菌总数可用 2～3 个混合试样测定，其结果均应满足表 1 的规定。

表 2

抽样方案 / 批量，包(卷筒)	正常二次抽样 检查水平 S-3					不合格的分类	
	样本大小	B 类不合格品 AQL=4.0		C 类不合格品 AQL=6.5		B 类不合格	C 类不合格
		Ac	*Re*	*Ac*	*Re*		
≤50	3	0	1	0	1	柔软度	定量 水分 吸水性 干、湿强度 白度 外观、规格 掉色、气味
51～3200	8	0	2	0	3		
	8(16)	1	2	3	4		
3201～3500	13	0	3	1	3		
	13(26)	3	4	4	5		

4 用户对产品质量持有异议，可在到货后三个月内通知生产厂共同复验，或委托共同商定的检验部门进行复验，若不符合本标准规定，则判为批不合格，由生产厂负责处理。

标志、包装、运输、贮存

1 各纸巾纸品种应用印有规定商标的塑料、拷贝纸或纸盒等密封包装(塑料应热合封口)封头整齐牢贴，不许有破损。

2 包装应注明生产厂名、品名、注册商标、重量、日期，外包装按订货合同规定。

3 纸巾纸运输时应采用洁净的运输工具，防止成品污染。

4 纸巾纸应存放于干燥通风洁净的地方妥善保管，以防雨、雪及潮湿浸入产品影响质量。

5 搬运时要注意包装完整，不得从高处抛下，损害外包装。

6 凡出厂的产品因运输、保管不妥、造成产品变质后不得出售，应由有关方面负责。

一次性生活用纸生产加工企业监督整治规定

(国质检执[2003]289号附件1)

第一条 为加强对一次性生活用纸生产、加工企业的监督管理，规范企业的生产、加工行为，提高产品质量，保护消费者的合法权益和安全健康，依据国家有关法律法规制定本规定。

第二条 本规定中的一次性生活用纸是指纸巾纸(含面巾纸、餐巾纸、手帕纸等)、湿巾、皱纹卫生纸。

第三条 纸巾纸、湿巾应符合一次性使用卫生用品卫生标准(GB 15979)和一次性生活用纸产品标准等规定要求。皱纹卫生纸应符合皱纹卫生纸强制性标准(QB 2500)的规定要求。

第四条 一次性生活用纸生产、加工企业的生产加工区不得露天生产操作；纸巾纸、湿巾的生产流程应做到人、物分流，不得逆向交叉；在生产加工区与非生产加工区之间，必须设置缓冲区。

第五条 生产纸巾纸、湿巾的缓冲区必须配备流动水洗手池，操作人员在每次操作之前，必须清洗、消毒双手。

第六条 生产纸巾纸、湿巾的加工区必须配备更衣室，直接接触裸装产品的操作人员必须穿戴清洁卫生或经消毒的工作衣、工作帽及工作鞋，并配戴口罩方可生产。

第七条 生产纸巾纸、湿巾的加工区应当配备能够满足需要消毒场所所需数量的紫外灯等设施，必须按规定用紫外线灯等空气消毒装置定时消毒，并定期对地面、墙面、顶面及工作台面进行清洁和消毒。

第八条 成品仓库必须具有通风、防尘、防鼠、防蝇、防虫等设施，成品的存放必须保持干燥、清洁和整齐。

第九条 生产纸巾纸，只可以使用木材、草类、竹子等原生纤维作原料，不得使用任何回收纸、纸张印刷品、纸制品及其他回收纤维状物质作原料。

生产湿巾，可以使用干法纸、非织造布作原料，不得使用任何回收纸、回收湿巾及其他回收纤维状物质作原料。

第十条 生产皱纹卫生纸可以使用原生纤维、回收的纸张印刷品、印刷白纸边作原料，不得使用废弃的生活用纸、医疗用纸、包装用纸作原料。使用回收纸张印刷品作原料的，必须对回收纸张印刷品进行脱墨处理。

第十一条 与一次性生活用纸产品直接接触的包装材料，必须无毒、无害、无污染。包装的密封性和牢固性必须确保在正常运输和贮存时，产品不受污染。

第十二条 一次性生活用纸产品的销售包装标识不得违反国家有关标注规定的要求。

销售用于生产加工一次性生活用纸产品的原纸须标明用于加工纸巾纸或用于加工皱纹卫生纸等用途。

第十三条 一次性生活用纸生产、加工企业应确保不购进不合格原材料加工生产，不出厂销售不合格产品。不具备按照第三条所列标准要求项目对购进原料和出厂产品质量检验能力的，应将本企业对购进原料和出厂产品的质量检验责任委托具备该种原料或产品质量检验能力的法定质检机构负责。

受委托质检机构应按标准规定和有关要求对委托企业的购进原料和出厂产品进行抽样检验，不得接受委托企业的送样实施检验。

第十四条 违反本规定第三条要求的，依照产品质量法第49条规定处理；产品质量不符合本规定第三条要求，且违反本规定第四条至第八条及第十三条第一款之任一条要求的，依照产品质量法第49条规定的上限处理，并责令停产，整改不符合本规定的，不得恢复生产。

第十五条 违反本规定第九条或第十条要求的，依照产品质量法第50条规定的上限处理，并责令停产，整改不符合本规定的，不得恢复生产。

第十六条 违反本规定第十二条要求的，依照产品质量法第54条处理。

第十七条 受委托质检机构违反本规定第十三条第二款要求的，视为伪造检验结果或出具虚假证明，由此造成被委托企业产品质量不合格并造成企业损失的，依照产品质量法第57条处理。

第十八条 对依法必须取得卫生许可证和营业执照等许可证明而未取得，擅自生产加工一次性生活用纸产品不符合本规定第三条、第九条、第十条之任一规定的，依照产品质量法第60条处理。

一次性使用卫生用品卫生标准(GB 15979—2002)

2002-09-01 实施

范围

本标准规定了一次性使用卫生用品的产品和生产环境卫生标准、消毒效果生物监测评价标准和相应检验方法，以及原材料与产品生产、消毒、贮存、运输过程卫生要求和产品标识要求。

在本标准中，一次性使用卫生用品是指：

本标准适用于国内从事一次性使用卫生用品的生产与销售的部门、单位或个人，也适用于经销进口一次性使用卫生用品的部门、单位或个人。

引用标准

下列标准所包含的条文，通过在本标准中引用而构成为本标准的条文。本标准出版时，所示版本均为有效。所有标准都会被修订，使用本标准的各方应探讨使用下列标准最新版本的可能性。

GB 15981—1995 消毒与灭菌效果的评价方法与标准

定义

本标准采用下列定义：

一次性使用卫生用品

使用一次后即丢弃的、与人体直接或间接接触的、并为达到人体生理卫生或卫生保健(抗菌或抑菌)目的而使用的各种日常生活用品，产品性状可以是固体也可以是液体。例如，一次性使用手套或指套(不包括医用手套或指套)、纸巾、湿巾、卫生湿巾、电话膜、帽子、口罩、内裤、妇女经期卫生用品(包括卫生护垫)、尿布等排泄物卫生用品(不包括皱纹卫生纸等厕所用纸)、避孕套等，在本标准中统称为"卫生用品"。

产品卫生指标

1 外观必须整洁，符合该卫生用品固有性状，不得有异常气味与异物。

2 不得对皮肤与粘膜产生不良刺激与过敏反应及其他损害作用。

3 产品须符合表1中微生物学指标。

表1

产品种类	微生物指标				
	初始污染菌[1)] cfu/g	细菌菌落总数 cfu/g 或 cfu/mL	大肠菌群	致病性化脓菌[2)]	真菌菌落总数 cfu/g 或 cfu/mL
手套或指套、纸巾、湿巾、帽子、内裤、电话膜		≤200	不得检出	不得检出	≤100
抗菌(或抑菌)液体产品		≤200	不得检出	不得检出	≤100
卫生湿巾		≤20	不得检出	不得检出	不得检出
口罩					
普通级		≤200	不得检出	不得检出	≤100
消毒级	≤10 000	≤20	不得检出	不得检出	不得检出
妇女经期卫生用品					
普通级		≤200	不得检出	不得检出	≤100
消毒级	≤10 000	≤20	不得检出	不得检出	不得检出
尿布等排泄物卫生用品					
普通级		≤200	不得检出	不得检出	≤100
消毒级	≤10 000	≤20	不得检出	不得检出	不得检出
避孕套		≤20	不得检出	不得检出	不得检出

1）如初始污染菌超过表内数值，应相应提高杀灭指数，使达到本标准规定的细菌与真菌限值。

2）致病性化脓菌指绿脓杆菌、金黄色葡萄球菌与溶血性链球菌。

4 卫生湿巾除必须达到表1中的微生物学标准外，对大肠杆菌和金黄色葡萄球菌的杀灭率须≥90%，如需标明对真菌的作用，还须对白色念珠菌的杀灭率≥90%，其杀菌作用在室温下至少须保持1年。

5 抗菌(或抑菌)产品除必须达到表1中的同类同级产品微生物学标准外，对大肠杆菌和金黄色葡萄球菌的抑菌率须≥50%(溶出性)或>26%(非溶出性)，如需标明对真菌的作用，还须白色念珠菌的抑菌率≥50%(溶出性)或>26%(非溶出性)，其抑菌作用在室温下至少须保持1年。

6 任何经环氧乙烷消毒的卫生用品出厂时，环氧乙烷残留量必须≤250μg/g。

生产环境卫生指标

1 装配与包装车间空气中细菌菌落总数应≤2 500 cfu/m^3。

2 工作台表面细菌菌落总数应≤20 cfu/cm^2。

3 工人手表面细菌菌落总数应≤300 cfu/只手，并不得检出致病菌。

消毒效果生物监测评价

1 环氧乙烷消毒：对枯草杆菌黑色变种芽胞(ATCC 9372)的杀灭指数应≥10^3。

2 电离辐射消毒：对短小杆菌芽胞 E6d(ATCC 27142)的杀灭指数应≥10^3。

3 压力蒸汽消毒：对嗜热脂肪杆菌芽胞(ATCC 7953)的杀灭指数应≥10^3。

测试方法

1 产品测试方法

1.1 产品外观：目测，应符合本标准3.1的规定。

1.2 产品毒理学测试方法：见附录A。

1.3 产品微生物检测方法：见附录B。

1.4 产品杀菌性能、抑菌性能与稳定性测试方法：见附录C。

1.5 产品环氧乙烷残留量测试方法：见附录 D。

2 生产环境采样与测试方法：见附录 E。

3 消毒效果生物监测评价方法：见附录 F。

原材料卫生要求

1 原材料应无毒、无害、无污染；原材料包装应清洁，清楚标明内含物的名称、生产单位、生产日期或生产批号；影响卫生质量的原材料应不裸露；有特殊要求的原材料应标明保存条件和保质期。

2 对影响产品卫生质量的原材料应有相应检验报告或证明材料，必要时需进行微生物监控和采取相应措施。

3 禁止使用废弃的卫生用品作原材料或半成品。

生产环境与过程卫生要求

1 生产区周围环境应整洁，无垃圾，无蚊、蝇等害虫孳生地。

2 生产区应有足够空间满足生产需要，布局必须符合生产工艺要求，分隔合理，人、物分流，产品流程中无逆向与交叉。原料进入与成品出去应有防污染措施和严格的操作规程，减少生产环境微生物污染。

3 生产区内应配置有效的防尘、防虫、防鼠设施，地面、墙面、工作台面应平整、光滑、不起尘、便于除尘与清洗消毒，有充足的照明与空气消毒或净化措施，以保证生产环境满足本标准第 5 章的规定。

4 配置必需的生产和质检设备，有完整的生产和质检记录，切实保证产品卫生质量。

5 生产过程中使用易燃、易爆物品或产生有害物质的，必须具备相应安全防护措施，符合国家有关标准或规定。

6 原材料和成品应分开堆放，待检、合格、不合格原材料和成品应严格分开堆放并设明显标志。仓库内应干燥、清洁、通风，设防虫、防鼠设施与垫仓板，符合产品保存条件。

7 进入生产区要换工作衣和工作鞋，戴工作帽，直接接触裸装产品的人员需戴口罩，清洗和消毒双手或戴手套；生产区前应相应设有更衣室、洗手池、消毒池与缓冲区，

8 从事卫生用品生产的人员应保持个人卫生，不得留指甲，工作时不得戴手饰，长发应卷在工作帽内。痢疾、伤寒、病毒性肝炎、活动性肺结核、尖锐湿疣、淋病及化脓性或渗出性皮肤病患者或病原携带者不得参与直接与产品接触的生产活动。

9 从事卫生用品生产的人员应在上岗前及定期(每年一次)进行健康检查与卫生知识(包括生产卫生、个人卫生、有关标准与规范)培训，合格者方可上岗。

消毒过程要求

1 消毒级产品最终消毒必须采用环氧乙烷、电离辐射或压力蒸汽等有效消毒方法。所用消毒设备必须符合有关卫生标准。

2 根据产品卫生标准、初始污染菌与消毒效果生物监测评价标准制定消毒程序、技术参数、工作制度，经验证后严格按照既定的消毒工艺操作。该消毒程序、技术参数或影响消毒效果的原材料或生产工艺发生变化后应重新验证确定消毒工艺。

3 每次消毒过程必须进行相应的工艺(物理)和化学指示剂监测，每月用相应的生物指示剂监测，只有当工艺监测、化学监测、生物监测达到规定要求时，被消毒物品才能出厂。

4 产品经消毒处理后，外观与性能应与消毒处理前无明显可见的差异。

包装、运输与贮存要求

1 执行卫生用品运输或贮存的单位或个人，应严格按照生产者提供的运输与贮存要求进行运输或贮存。

2 直接与产品接触的包装材料必须无毒、无害、清洁，产品的所有包装材料必须具有足够的密封性和牢固性以达到保证产品在正常的运输与贮存条件下不受污染的目的。

产品标识要求

1 产品标识应符合《中华人民共和国产品质量法》的规定，并在产品包装上标明执行的卫生标准号以及生产日期和保质期(有效期)或生产批号和限定使用日期。
2 消毒级产品还应在销售包装上注明“消毒级”字样以及消毒日期和有效期或消毒批号和限定使用日期，在运输包装上标明“消毒级”字样以及消毒单位与地址、消毒方法、消毒日期和有效期或消毒批号和限定使用日期。

附 录 A

（标准的附录）

产品毒理学测试方法

A1 各类产品毒理学测试指标

当原材料、生产工艺等发生变化可能影响产品毒性时，应按表 A1 根据不同产品种类提供有效的(经政府认定的第三方)成品毒理学测试报告。

表 A1

产品种类	皮肤刺激试验	阴道粘膜刺激试验	皮肤变态反应试验
手套或指套、内裤	√		√
抗菌(或抑菌)液体产品	√	根据用途选择1)	√
湿巾、卫生湿巾	√	根据用途选择1)	根据材料选择
口罩	√		
妇女经期卫生用品		√	√
尿布等排泄物卫生用品	√		√
避孕套		√	√

1）用于阴道粘膜的产品须做阴道粘膜刺激试验，但无须做皮肤刺激试验。

A2 试验方法

皮肤刺激试验、阴道粘膜刺激试验和皮肤变态反应试验方法按卫生部《消毒技术规范》(第三版)第一分册《实验技术规范》(1999)中的“消毒剂毒理学实验技术”中相应的试验方法进行。

固体产品的样品制备方法按照 A3 进行。

注

1 用于皮肤刺激试验中的空白对照应为：生理盐水和斑贴纸。

2 在皮肤变态反应中，致敏处理和激发处理所用的剂量保持一致。

A3 样品制备

A3.1 皮肤刺激试验和皮肤变态反应试验

以横断方式剪一块斑贴大小的产品。对于干的产品，如尿布、妇女经期卫生用品，用生理盐水润湿后贴到皮肤上，再用斑贴纸覆盖。湿的产品，如湿巾，则可以按要求裁剪合适的面积，直接贴到皮肤上，再用斑贴纸覆盖。

A3.2 阴道粘膜刺激试验

A3.2.1 干的产品(如妇女经期卫生用品)

以横断方式剪取足够量的产品，按 1g/10mL 的比例加入灭菌生理盐水，密封于萃取容器中搅拌后置于37℃ ±1℃下放置24h。冷却到室温，搅拌后析取样液备检。

A3.2.2 湿的产品(如卫生湿巾)

在进行阴道粘膜刺激试验的当天，挤出湿巾里的添加液作为试样。

A4 判定标准

以卫生部《消毒技术规范》(第三版)第一分册《实验技术规范》(1999)中“毒理学试验结果的最终判定”的相应部分作为试验结果判定原则。

附 录 B

(标准的附录)

产品微生物检测方法

B1 产品采集与样品处理

于同一批号的三个运输包装中至少抽取12个最小销售包装样品，1/4样品用于检测，1/4样品用于留样，另1/2样品(可就地封存)必要时用于复检。抽样的最小销售包装不应有破裂，检验前不得启开。

在100级净化条件下用无菌方法打开用于检测的至少3个包装，从每个包装中取样，准确称取10 g ±1g样品，剪碎后加入到200 mL灭菌生理盐水中，充分混匀，得到一个生理盐水样液。液体产品用原液直接做样液。

如被检样品含有大量吸水树脂材料而导致不能吸出足够样液时，稀释液量可按每次50mL递增，直至能吸出足够测试用样液。在计算细菌菌落总数与真菌菌落总数时应调整稀释度。

B2 细菌菌落总数与初始污染菌检测方法

本方法适用于产品初始污染菌与细菌菌落总数(以下统称为细菌菌落总数)检测。

B2.1 操作步骤

待上述生理盐水样液自然沉降后取上清液作菌落计数。共接种5个平皿，每个平皿中加入1 mL样液，然后用冷却至45℃左右的熔化的营养琼脂培养基15 ~20mL倒入每个平皿内混合均匀。待琼脂凝固后翻转平皿置35℃ ±2℃ 培养48h后，计算平板上的菌落数。

B2.2 结果报告

菌落呈片状生长的平板不宜采用；计数符合要求的平板上的菌落，按式(B1)计算结果：

$$X_1 = A \times \frac{K}{5} \qquad (B1)$$

式中 X_1——细菌菌落总数，cfu/g或cfu/mL；

A——5块营养琼脂培养基平板上的细菌菌落总数；

K——稀释度。

当菌落数在100以内，按实有数报告，大于100时采用二位有效数字。

如果样品菌落总数超过本标准的规定，按B2.3进行复检和结果报告。

B2.3 复检方法

将留存的复检样品依前法复测2次，2次结果平均值都达到本标准的规定，则判定被检样品合格；其中有任何1次结果平均值超过本标准规定，则判定被检样品不合格。

B3 大肠菌群检测方法

B3.1 操作步骤

取样液 5mL 接种 50mL 乳糖胆盐发酵管，置 35℃ ±2℃ 培养 24 h，如不产酸也不产气，则报告为大肠菌群阴性。

如产酸产气，则划线接种伊红美蓝琼脂平板，置 35℃ ±2℃培养 18 ~24 h，观察平板上菌落形态。典型的大肠菌落为黑紫色或红紫色，圆形，边缘整齐，表面光滑湿润，常具有金属光泽，也有的呈紫黑色，不带或略带金属光泽，或粉红色，中心较深的菌落。

取疑似菌落 1 ~2 个作革兰氏染色镜检，同时接种乳糖发酵管，置 35℃ ±2℃培养 24 h，观察产气情况。

B3.2 结果报告

凡乳糖胆盐发酵管产酸产气，乳糖发酵管产酸产气，在伊红美蓝平板上有典型大肠菌落，革兰氏染色为阴性无芽胞杆菌，可报告被检样品检出大肠杆菌。

B4 绿脓杆菌检测方法

B4.1 操作步骤

取样液 5 mL，加入到 50 mL SCDLP 培养液中，充分混匀，置 35℃ ±2℃培养 18 ~24 h。如有绿脓杆菌生长，培养液表面呈现一层薄菌膜，培养液常呈黄绿色或蓝绿色。从培养液的薄菌膜处挑取培养物，划线接种十六烷三甲基溴化铵琼脂平板，置 35℃ ±2℃培养 18 ~24 h，观察菌落特征。绿脓杆菌在此培养基上生长良好，菌落扁平，边缘不整，菌落周围培养基略带粉红色，其他菌不长。

取可疑菌落涂片作革兰氏染色，镜检为革兰氏阴性菌者应进行下列试验：

氧化酶试验：取一小块洁净的白色滤纸片放在灭菌平皿内，用无菌玻棒挑取可疑菌落涂在滤纸片上，然后在其上滴加一滴新配制的1%二甲基对苯二胺试液，30 s 内出现粉红色或紫红色，为氧化酶试验阳性，不变色者为阴性。

绿脓菌素试验：取 2 ~3 个可疑菌落，分别接种在绿脓菌素测定用培养基斜面，35℃ ±2℃培养 24 h，加入三氯甲烷 3 ~5 mL，充分振荡使培养物中可能存在的绿脓菌素溶解，待三氯甲烷呈蓝色时，用吸管移到另一试管中并加入 1 mol/L 的盐酸 1 mL，振荡后静置片刻。如上层出现粉红色或紫红色即为阳性，表示有绿脓菌素存在。

硝酸盐还原产气试验：挑取被检菌落纯培养物接种在硝酸盐胨水培养基中，置 35℃ ±2℃培养 24 h，培养基小倒管中有气者即为阳性。

明胶液化试验：取可疑菌落纯培养物，穿刺接种在明胶培养基内，置 35℃ ±2℃培养 24h，取出放于 4 ~10℃，如仍呈液态为阳性，凝固者为阴性。

42℃生长试验：取可疑培养物，接种在普通琼脂斜面培养基上，置 42℃培养 24 ~48 h，有绿脓杆菌生长为阳性。

B4.2 结果报告

被检样品经增菌分离培养后，证实为革兰氏阴性杆菌，氧化酶及绿脓杆菌试验均为阳性者，即可报告被检样品中检出绿脓杆菌。如绿脓菌素试验阴性而液化明胶、硝酸盐还原产气和 42℃生长试验三者皆为阳性时，仍可报告被检样品中检出绿脓杆菌。

B5 金黄色葡萄球菌检测方法

B5.1 操作步骤

取样液 5 mL，加入到 50 mL SCDLP 培养液中，充分混匀，置 35℃ ±2℃培养 24 h。

自上述增菌液中取 1 ~2 接种环，划线接种在血琼脂培养基上，置 35℃ ±2℃培养 24 ~48 h。在血琼脂平板上该菌菌落呈金黄色，大而突起，圆形，不透明，表面光滑，周围有溶血圈。

挑取典型菌落，涂片作革兰氏染色镜检，金黄色葡萄球菌为革兰氏阳性球菌，排列成葡萄状，无芽胞与荚膜。镜检符合上述情况，应进行下列试验：

甘露醇发酵试验：取上述菌落接种甘露醇培养液，置35℃ ±2℃培养24 h，发酵甘露醇产酸者为阳性。

血浆凝固酶试验：玻片法：取清洁干燥载玻片，一端滴加一滴生理盐水，另一端滴加一滴兔血浆，挑取菌落分别与生理盐水和血浆混合，5 min如血浆内出现团块或颗粒状凝块，而盐水滴仍呈均匀混浊无凝固则为阳性，如两者均无凝固则为阴性。凡盐水滴与血浆滴均有凝固现象，再进行试管凝固酶试验；试管法：吸取1：4新鲜血浆0.5 mL，放灭菌小试管中，加入等量待检菌24 h肉汤培养物0.5 mL。混匀，放35℃ ±2℃温箱或水浴中，每半小时观察一次，24 h之内呈现凝块即为阳性。同时以已知血浆凝固酶阳性和阴性菌株肉汤培养物各0.5 mL作阳性与阴性对照。

B5.2 结果报告

凡在琼脂平板上有可疑菌落生长，镜检为革兰氏阳性葡萄球菌，并能发酵甘露醇产酸，血浆凝固酶试验阳性者，可报告被检样品检出金黄色葡萄球菌。

B6 溶血性链球菌检测方法

B6.1 操作步骤

取样液5 mL加入到50 mL葡萄糖肉汤，35℃ ±2℃培养24 h。

将培养物划线接种血琼脂平板，35℃ ±2℃培养24 h观察菌落特征。溶血性链球菌在血平板上为灰白色，半透明或不透明，针尖状突起，表面光滑，边缘整齐，周围有无色透明溶血圈。

挑取典型菌落作涂片革兰氏染色镜检，应为革兰氏阳性，呈链状排列的球菌。镜检符合上述情况，应进行下列试验：

链激酶试验：吸取草酸钾血浆0.2 mL(0.01 g草酸钾加5 mL兔血浆混匀，经离心沉淀，吸取上清液)，加入0.8 mL灭菌生理盐水，混匀后再加入待检菌24 h肉汤培养物0.5 mL和0.25%氯化钙0.25 mL，混匀，放35℃ ±2℃水浴中，2 min观察一次(一般10 min内可凝固)，待血浆凝固后继续观察并记录溶化时间。如2 h内不溶化，继续放置24 h观察，如凝块全部溶化为阳性，24 h仍不溶化为阴性。

杆菌肽敏感试验：将被检菌菌液涂于血平板上，用灭菌镊子取每片含0.04单位杆菌肽的纸片放在平板表面上，同时以已知阳性菌株作对照，在35℃ ±2℃下放置18~24 h，有抑菌带者为阳性。

B6.2 结果报告

镜检革兰氏阳性链状排列球菌，血平板上呈现溶血圈，链激酶和杆菌肽试验阳性，可报告被检样品检出溶血性链球菌。

B7 真菌菌落总数检测方法

B7.1 操作步骤

待上述生理盐水样液自然沉降后取上清液作真菌计数，共接种5个平皿，每一个平皿中加入1mL样液，然后用冷却至45℃左右的熔化的沙氏琼脂培养基15~25 mL倒入每个平皿内混合均匀，琼脂凝固后翻转平皿置25℃ ±2℃培养7天，分别于3、5、7天观察，计算平板上的菌落数，如果发现菌落蔓延，以前一次的菌落计数为准。

B7.2 结果报告

菌落呈片状生长的平板不宜采用；计数符合要求的平板上的菌落，按式(B2)计算结果：

$$X_2 = B \times \frac{K}{5} \qquad (B2)$$

式中 X_2——真菌菌落总数，cfu/g或cfu/mL；

B——5块沙氏琼脂培养基平板上的真菌菌落总数；

K——稀释度。

当菌落数在100以内，按实有数报告，大于100时采用二位有效数字。

如果样品菌落总数超过本标准的规定，按 B7.3 进行复检和结果报告。

B7.3 复检方法

将留存的复检样品依前法复测 2 次，2 次结果都达到本标准的规定，则判定被检样品合格，其中有任何 1 次结果超过本标准规定，则判定被检样品不合格。

B8 真菌定性检测方法

B8.1 操作步骤

取样液 5mL 加入到 50mL 沙氏培养基中，25℃ ±2℃培养 7 天，逐日观察有无真菌生长。

B8.2 结果报告

培养管混浊应转种沙氏琼脂培养基，证实有真菌生长，可报告被检样品检出真菌。

附 录 C

（标准的附录）

产品杀菌性能、抑菌性能与稳定性测试方法

C1 样品采集

为使样品具有良好的代表性，应于同一批号三个运输包装中至少随机抽取 20 件最小销售包装样品，其中 5 件留样，5 件做抑菌或杀菌性能测试，10 件做稳定性测试。

C2 试验菌与菌液制备

C2.1 试验菌

C2.1.1 细菌：金黄色葡萄球菌（ATCC 6538），大肠杆菌（8099 或 ATCC 25922）。

C2.1.2 酵母菌：白色念珠菌(ATCC 10231)。

菌液制备：取菌株第 3 ~ 14 代的营养琼脂培养基斜面新鲜培养物(18 ~ 24h)，用 5mL0.03mol/L 磷酸盐缓冲液(以下简称 PBS)洗下菌苔，使菌悬浮均匀后用上述 PBS 稀释至所需浓度。

C3 杀菌性能试验方法

该试验取样部位，根据被试产品生产者的说明而确定。

C3.1 中和剂鉴定试验

进行杀菌性能测试必须通过以下中和剂鉴定试验。

C3.1.1 试验分组

1）染菌样片 +5mLPBS。

2）染菌样片 +5mL 中和剂。

3）染菌对照片 +5mL 中和剂。

4）样片 +5mL 中和剂 + 染菌对照片。

5）染菌对照片 +5mLPBS。

6）同批次 PBS。

7）同批次中和剂。

8）同批次培养基。

C3.1.2 评价规定

1）第 1 组无试验菌，或仅有极少数试验菌菌落生长。

2）第 2 组有较第 1 组为多，但较第 3、4、5 组为少的试验菌落生长，并符合要求。

3）第 3、4、5 组有相似量试验菌生长，并在 $1 \times 10^4 \sim 9 \times 10^4$cfu/片之间，其组间菌落数误差率应

不超过15%。

4）第6~8组无菌生长。

5）连续3次试验取得合格评价。

C3.2 杀菌试验

C3.2.1 操作步骤

将试验菌24h斜面培养物用PBS洗下，制成菌悬液(要求的浓度为：用100μL滴于对照样片上，回收菌数为$1\times10^4\sim9\times10^4$cfu/片)。

取被试样片(2.0cm×3.0cm)和对照样片(与试样同质材料，同等大小，但不含抗菌材料，且经灭菌处理)各4片，分成4组置于4个灭菌平皿内。

取上述菌悬液，分别在每个被试样片和对照样片上滴加100μL，均匀涂布，开始计时，作用2、5、10、20min，用无菌镊分别将样片投入含5mL相应中和剂的试管内，充分混匀，作适当稀释，然后取其中2~3个稀释度，分别吸取0.5mL，置于两个平皿，用凉至40~45℃的营养琼脂培养基(细菌)或沙氏琼脂培养基(酵母菌)15mL作倾注，转动平皿，使其充分均匀，琼脂凝固后翻转平板，35℃±2℃培养48h(细菌)或72h(酵母菌)，作活菌菌落计数。

试验重复3次，按式(C1)计算杀菌率：

$$X_3 = (A - B)/A \times 100\% \tag{C1}$$

式中 X_3——杀菌率,%；

A——对照样品平均菌落数；

B——被试样品平均菌落数。

C3.2.2 评价标准

杀菌率≥90%，产品有杀菌作用。

C4 溶出性抗(抑)菌产品抑菌性能试验方法

C4.1 操作步骤

将试验菌24h斜面培养物用PBS洗下，制成菌悬液(要求的浓度为：用100μL滴于对照样片上或5mL样液内，回收菌数为$1\times10^4\sim9\times10^4$cfu/片或mL)。

取被试样片(2.0cm×3.0cm)或样液(5mL)和对照样片或样液(与试样同质材料，同等大小，但不含抗菌材料，且经灭菌处理)各4片(置于灭菌平皿内)或4管。

取上述菌悬液，分别在每个被试样片或样液和对照样片或样液上或内滴加100μL，均匀涂布/混合，开始计时，作用2、5、10、20min，用无菌镊分别将样片或样液(0.5mL)投入含5mL PBS的试管内，充分混匀，作适当稀释，然后取其中2~3个稀释度，分别吸取0.5mL，置于两个平皿，用凉至40~45℃的营养琼脂培养基(细菌)或沙氏琼脂培养基(酵母菌)15mL作倾注，转动平皿，使其充分均匀，琼脂凝固后翻转平板，35℃±2℃培养48h(细菌)或72h(酵母菌)，作活菌菌落计数。

试验重复3次，按式(C2)计算抑菌率：

$$X_4 = (A - B)/A \times 100\% \tag{C2}$$

式中 X_4——抑菌率,%；

A——对照样品平均菌落数；

B——被试样品平均菌落数。

C4.2 评价标准

抑菌率≥50%~90%，产品有抑菌作用，抑菌率≥90%，产品有较强抑菌作用。

C5 非溶出性抗(抑)菌产品抑菌性能试验方法

C5.1 操作步骤

称取被试样片(剪成1.0cm×1.0cm大小)0.75g分装包好。

将0.75g重样片放入一个250mL的三角烧瓶中，分别加入70mL PBS和5mL菌悬液，使菌悬液在PBS中的浓度为$1\times10^4\sim9\times10^4$cfu/mL。

将三角烧瓶固定于振荡摇床上，以300r/min振摇1h。

取0.5mL振摇后的样液，或用PBS做适当稀释后的样液，以琼脂倾注法接种平皿，进行菌落计数。

同时设对照样片组和不加样片组，对照样片组的对照样片与被试样片同样大小，但不含抗菌成分，其他操作程序均与被试样片组相同，不加样片组分别取5mL菌悬液和70mL PBS加入一个250mL三角烧瓶中，混匀，分别于0时间和振荡1h后，各取0.5mL菌悬液与PBS的混合液做适当稀释，然后进行菌落计数。

试验重复3次，按式(C3)计算抑菌率：

$$X_5 = (A - B)/A \times 100\% \qquad (C3)$$

式中 X_5——抑菌率,%；

A——被试样品振荡前平均菌落数；

B——被试样品振荡后平均菌落数。

C5.2 评价标准

不加样片组的菌落数在$1\times10^4\sim9\times10^4$cfu/mL之间，且样品振荡前后平均菌落数差值在10%以内，试验有效；被试样片组抑菌率与对照样片组抑菌率的差值>26%，产品具有抗菌作用。

C6 稳定性测试方法

C6.1 测试条件

C6.1.1 自然留样：将原包装样品置室温下至少1年，每半年进行抑菌或杀菌性能测试。

C6.1.2 加速试验：将原包装样品置54~57℃恒温箱内14天或37~40℃恒温箱内3个月，保持相对湿度>75%，进行抑菌或杀菌性能测试。

C6.2 评价标准

产品经自然留样，其杀菌率或抑菌率达到附录C3或附录C4、附录C5中规定的标准值，产品的杀菌或抑菌作用在室温下的保持时间即为自然留样时间。

产品经54℃加速试验，其杀菌率或抑菌率达到附录C3或附录C4、附录C5中规定的标准值，产品的杀菌或抑菌作用在室温下至少保持一年。

产品经37℃加速试验，其杀菌率或抑菌率达到附录C3或附录C4、附录C5中规定的标准值，产品的杀菌或抑菌作用在室温下至少保持二年。

附 录 D

(标准的附录)

产品环氧乙烷残留量测试方法

D1 测试目的

确定产品消毒后启用时间，当新产品或原材料、消毒工艺改变可能影响产品理化性能时应予测试。

D2 样品采集

环氧乙烷消毒后，立即从同一消毒批号的三个大包装中随机抽取一定量小包装样品，采样量至少应满足规定所需测定次数的量(留一定量在必要时进行复测用)。

分别于环氧乙烷消毒后24 h及以后每隔数天进行残留量测定，直至残留量降至本标准4.6所规定的标准值以下。

D3 仪器与操作条件

仪器：气相色谱仪，氢焰检测器(FID)。

柱：Chromosorb 101 HP60~80 目；玻璃柱长 2m，ϕ3 mm。柱温：120℃。

检测器：150℃。

气化器：150℃。

载气量：氮气：35 mL/min。

氢气：35 mL/min。

空气：350 mL/min。

柱前压约为 108 kPa。

D4 操作步骤

D4.1 标准配制

用 100 mL 玻璃针筒从纯环氧乙烷小钢瓶中抽取环氧乙烷标准气(重复放空二次，以排除原有空气)，塞上橡皮头，用 10 mL 针筒抽取上述 100 mL 针筒中纯环氧乙烷标准气 10 mL，用氮气稀释到 100 mL(可将 10 mL 标准气注入到已有 90 mL 氮气的带橡皮塞头的针筒中来完成)。用同样的方法根据需要再逐级稀释 2~3 次(稀释 1 000~10 000 倍)，作三个浓度的标准气体。按环氧乙烷小钢瓶中环氧乙烷的纯度、稀释倍数和室温计算出最后标准气中的环氧乙烷浓度。

计算公式如下：

$$c = \frac{44 \times 10^6}{22.4 \times 10^3 \times k} \times \frac{273}{273 + t} \tag{D1}$$

式中 c——标准气体浓度，μg/mL；

k——稀释倍数；

t——室温,℃。

D4.2 样品处理

至少取 2 个最小包装产品，将其剪碎，随机精确称取 2 g，放入萃取容器中，加入 5 mL 去离子水，充分摇匀，放置 4h 或振荡 30 min 待用。如被检样品为吸水树脂材料产品，可适当增加去离子水量，以确保至少可吸出 2mL 样液。

D4.3 分析

待仪器稳定后，在同样条件下，环氧乙烷标准气体各进样 1.0 mL，待分析样品(水溶液)各进样 2μL，每一样液平行作 2 次测定。

根据保留时间定性，根据峰面积(或峰高)进行定量计算，取平均值。

D4.4 计算

以所进环氧乙烷标准气的微克(μg)数对所得峰面积(或峰高)作环氧乙烷工作曲线。

以样品中环氧乙烷所对应的峰面积(或峰高)在工作曲线上求得环氧乙烷的量 A(μg)，并以式(D2)求得产品中环氧乙烷的残留量。

$$X = \frac{A}{\frac{m}{V_{(萃)}} \times V_{(进)}} \tag{D2}$$

式中 X——产品中环氧乙烷残留量，μg/g；

A——从工作曲线中所查得环氧乙烷量，μg；

m——所取样品量，g；

$V_{(萃)}$——萃取液体积，mL；

$V_{(进)}$——进样量，mL。

附录E

（标准的附录）

生产环境采样与测试方法

E1 空气采样与测试方法

E1.1 样品采集

在动态下进行。

室内面积不超过30 m^2，在对角线上设里、中、外三点，里、外点位置距墙1 m；室内面积超过30 m^2，设东、西、南、北、中5点，周围4点距墙1 m。

采样时，将含营养琼脂培养基的平板(直径9 cm)置采样点(约桌面高度)，打开平皿盖，使平板在空气中暴露5 min。

E1.2 细菌培养

在采样前将准备好的营养琼脂培养基置35℃ ±2℃培养24 h，取出检查有无污染，将污染培养基剔除。

将已采集的培养基在6 h内送实验室，于35℃ ±2℃培养48h观察结果，计数平板上细菌菌落数。

E1.3 菌落计算

$$y_1 = \frac{A \times 50\,000}{S_1 \times t} \qquad (E1)$$

式中 y_1——空气中细菌菌落总数，cfu/m^3；

A——平板上平均细菌菌落数；

S_1——平板面积，cm^2；

t——暴露时间，min。

E2 工作台表面与工人手表面采样与测试方法

E2.1 样品采集

工作台：将经灭菌的内径为5cm ×5cm的灭菌规格板放在被检物体表面，用一浸有灭菌生理盐水的棉签在其内涂抹10次，然后剪去手接触部分棉棒，将棉签放入含10mL灭菌生理盐水的采样管内送检。

工人手：被检人五指并拢，用一浸湿生理盐水的棉签在右手指曲面，从指尖到指端来回涂擦10次，然后剪去手接触部分棉棒，将棉签放入含10mL灭菌生理盐水的采样管内送检。

E2.2 细菌菌落总数检测

将已采集的样品在6h内送实验室，每支采样管充分混匀后取1mL样液，放入灭菌平皿内，倾注营养琼脂培养基，每个样品平行接种两块平皿，置35℃ ±2℃ 培养48 h，计数平板上细菌菌落数。

$$y_2 = \frac{A}{S_2} \times 10 \qquad (E2)$$

$$y_3 = A \times 10 \qquad (E3)$$

式中 y_2——工作台表面细菌菌落总数，cfu/cm^2；

A——平板上平均细菌菌落数；

S_2——采样面积，cm^2；

y_3——工人手表面细菌菌落总数，cfu/只手。

E2.3 致病菌检测

按本标准附录B进行。

附录 F

（标准的附录）

消毒效果生物监测评价方法

F1 环氧乙烷消毒

F1.1 环氧乙烷消毒效果评价用生物指示菌为枯草杆菌黑色变种芽胞（ATCC 9372）。在菌量为 $5\times10^5\sim5\times10^6$cfu/片，环氧乙烷浓度为 600mg/L ± 30mg/L，作用温度为 54℃ ±2℃，相对湿度为 60% ±10% 条件下，其杀灭 90% 微生物所需时间 D 值应为 2.5～5.8 min，存活时间≥7.5 min，杀灭时间≤58 min。

F1.2 每次测试至少布放 10 片生物指示剂，放于最难杀灭处。消毒完毕，取出指示菌片接种营养肉汤培养液作定性检测或接种营养琼脂培养基作定量检测，将未处理阳性对照菌片作相同接种，两者均置 35℃ ±2℃培养。阳性对照应在 24 h 内有菌生长。定性培养样品如连续观察 7 天全部无菌生长，可报告生物指示剂培养阴性，消毒合格。定量培养样品与阳性对照相比灭活指数达到 10^3 也可报告消毒合格。

F2 电离辐射消毒

F2.1 电离辐射消毒效果评价用生物指示菌为短小杆菌芽胞 E601（ATCC 27142），在菌量为 $5\times10^5\sim5\times10^6$ cfu/片时，其杀灭 90% 微生物所需剂量 D_{10} 值应为 1.7kGy。

F2.2 每次测试至少选 5 箱，每箱产品布放 3 片生物指示剂，置最小剂量处。消毒完毕，取出指示菌片接种营养肉汤培养液作定性检测或接种营养琼脂培养基作定量检测，将未处理阳性对照菌片作相同接种，两者均置 35℃ ±2℃培养。阳性对照应在 24 h 内有菌生长。定性培养样品如连续观察 7 天全部无菌生长，可报告生物指示剂培养阴性，消毒合格。定量培养样品与阳性对照相比灭活指数达到 10^3 也可报告消毒合格。

F3 压力蒸汽消毒

参照 GB15981—1995 规定执行。

附录 G

（标准的附录）

培养基与试剂制备

G1 营养琼脂培养基

成分：

蛋白胨	10 g
牛肉膏	3 g
氯化钠	5 g
琼脂	15～20 g
蒸馏水	1 000 mL

制法：除琼脂外其他成分溶解于蒸馏水中，调 pH 至 7.2～7.4，加入琼脂，加热溶解，分装试管，121℃灭菌 15min 后备用。

G2 乳糖胆盐发酵管

成分：

蛋白胨	20 g

猪胆盐(或牛、羊胆盐)	5 g
乳糖	10 g
0.04%溴甲酚紫水溶液	25 mL
蒸馏水	加至1 000 mL

制法：将蛋白胨、胆盐及乳糖溶于水中，校正 pH 至7.4，加入指示剂，分装每管50 mL，并放入一个小倒管，115℃灭菌15 min，即得。

G3 乳糖发酵管

成分：

蛋白胨	20 g
乳糖	10 g
0.04%溴甲酚紫水溶液	25 mL
蒸馏水	加至1 000 mL

制法：将蛋白胨及乳糖溶于水中，校正 pH 至7.4，加入指示剂，分装每管10 mL，并放入一个小倒管，115℃灭菌15 min，即得。

G4 伊红美蓝琼脂(EMB)

成分：

蛋白胨	10 g
乳糖	10 g
磷酸氢二钾	2 g
琼脂	17 g
2%伊红Y溶液	20 mL
0.65%美蓝溶液	10 mL
蒸馏水	加至1 000 mL

制法：将蛋白胨、磷酸盐和琼脂溶解于蒸馏水中，校正 pH 至7.1，分装于烧瓶内，121℃灭菌15 min备用，临用时加入乳糖并加热溶化琼脂，冷至55℃，加入伊红和美蓝溶液摇匀，倾注平板。

G5 SCDLP 液体培养基

成分：

酪蛋白胨	17 g
大豆蛋白胨	3 g
氯化钠	5 g
磷酸氢二钾	2.5 g
葡萄糖	2.5 g
卵磷脂	1 g
吐温80	7 g
蒸馏水	1 000 mL

制法：将各种成分混合(如无酪蛋白胨和大豆蛋白胨可用日本多价胨代替)，加热溶解，调 pH 至7.2～7.3，分装，121℃灭菌20min，摇匀，避免吐温80沉于底部，冷至25℃后使用。

G6 十六烷三甲基溴化铵培养液

成分：

牛肉膏	3 g
蛋白胨	10 g
氯化钠	5 g
十六烷三甲基溴铵	0.3 g
琼脂	20 g
蒸馏水	1 000 mL

制法：除琼脂外，上述各成分混合加热溶解，调 pH 至 7.4 ~ 7.6，然后加入琼脂，115℃灭菌 20 min，冷至 55℃左右，倾注平皿。

G7 绿脓菌素测定用培养基斜面

成分：

蛋白胨	20 g
氯化镁	1.4 g
硫酸钾	10 g
琼脂	18 g
甘油(化学纯)	10g
蒸馏水	加至 1 000 mL

制法：将蛋白胨、氯化镁和硫酸钾加到蒸馏水中，加热溶解，调 pH 至 7.4，加入琼脂和甘油，加热溶解，分装试管，115℃灭菌 20 min，制成斜面备用。

G8 明胶培养基

成分：

牛肉膏	3 g
蛋白胨	5 g
明胶	120 g
蒸馏水	1 000 mL

制法：各成分加入蒸馏水中浸泡 20 min，加热搅拌溶解，调 pH 至 7.4，5 mL 分装于试管中，115℃ 灭菌 20 min，直立制成高层备用。

G9 硝酸盐蛋白胨水培养基

成分：

蛋白胨	10 g
酵母浸膏	3 g
硝酸钾	2 g
亚硝酸钠	0.5 g
蒸馏水	1 000 mL

制法：将蛋白胨与酵母浸膏加到蒸馏水中，加热溶解，调 pH 至 7.2，煮沸过滤后补足液量，加入硝酸钾和亚硝酸钠溶解均匀，分装到加有小倒管的试管中，115℃灭菌 20 min 备用。

G10 血琼脂培养基

成分：

营养琼脂	100 mL

脱纤维羊血(或兔血)	10 mL

制法：将灭菌后的营养琼脂加热溶化，凉至55℃左右，用无菌方法将10 mL脱纤维血加入后摇匀，倾注平皿置冰箱备用。

G11 甘露醇发酵培养基

成分：

蛋白胨	10 g
牛肉膏	5 g
氯化钠	5 g
甘露醇	10 g
0.2%溴麝香草酚蓝溶液	12 mL
蒸馏水	1 000 mL

制法：将蛋白胨、氯化钠、牛肉膏加到蒸馏水中，加热溶解，调pH至7.4，加入甘露醇和溴麝香草酚蓝混匀后，分装试管，115℃灭菌20 min备用。

G12 葡萄糖肉汤

成分：

蛋白胨	10 g
牛肉膏	5 g
氯化钠	5 g
葡萄糖	10 g
蒸馏水	1 000 mL

制法：上述成分溶于蒸馏水中，调pH至7.2～7.4，加热溶解，分装试管，121℃灭菌15min后备用。

G13 兔血浆

制法：取灭菌3.8%柠檬酸钠1份，兔全血4份，混匀静置，3 000 r/min离心5 min，取上清，弃血球。

G14 沙氏琼脂培养基

蛋白胨	10 g
葡萄糖	40 g
琼脂	20 g
蒸馏水	1 000 mL

用700 mL蒸馏水将琼脂溶解，300 mL蒸馏水将葡萄糖与蛋白胨溶解，混合上述两部分，摇匀后分装，115℃灭菌15 min，即得。使用前，用过滤除菌方法加入0.1g/L的氯霉素或者0.03g/L的链霉素。

定性试验采用沙氏培养液，除不加琼脂外其他成分与制法同上。

G15 营养肉汤培养液

蛋白胨	10 g
氯化钠	5 g
牛肉膏	3 g
蒸馏水	1 000 mL

调节 pH 使灭菌后为 7.2～7.4，分装，115℃灭菌 30 min，即得。

G16 溴甲酚紫葡萄糖蛋白胨水培养基

蛋白胨	10 g
葡萄糖	5 g
蒸馏水	1 000 mL

调节 pH 至 7.0～7.2，加 2% 溴甲酚紫酒精溶液 0.6 mL，115℃ 灭菌 30 min，即得。

G17 革兰氏染色液

结晶紫染色液：

结晶紫	1 g
95% 乙醇	20 mL
1% 草酸铵水溶液	80 mL

将结晶紫溶解于乙醇中，然后与草酸铵溶液混合。

革兰氏碘液：

碘	1 g
碘化钾	2 g
蒸馏水	300 mL

脱色剂

95% 乙醇

复染液：

（1）沙黄复染液：

沙黄	0.25 g
95% 乙醇	10 mL
蒸馏水	90 mL

将沙黄溶解于乙醇中，然后用蒸馏水稀释。

（2）稀石炭酸复红液：

称取碱性复红 10g，研细，加 95% 乙醇 100mL，放置过夜，滤纸过滤。取该液 10mL，加 5% 石炭酸水溶液 90mL 混合，即为石炭酸复红液。再取此液 10mL，加水 90mL，即为稀石炭酸复红液。

G18 0.03 mol/L 磷酸盐缓冲液（PBS，pH7.2）

成分：

磷酸氢二钠	2.83 g
磷酸二氢钾	1.36 g
蒸馏水	1 000 mL

卫生巾（含卫生护垫）（GB 8939—1999）

2000－01－01 实施

范围

本标准规定了卫生巾、卫生护垫的技术要求、试验方法、检验规则及标志、包装、运输、贮存等要求。

本标准适用于具有专门设计的结构，即由外包覆材料、内吸收层、防渗底膜等组成，通过专用包装机成型的供妇女经期(卫生巾)、非经期(卫生护垫)使用的外用生理卫生用品。

本标准系强制性标准，其中技术要求1条中的渗透性能、pH值及3条为强制执行的标准条文，其余为推荐性标准条文。

产品分类

1 本标准按产品性能分为卫生巾、卫生护垫。

2 一般产品有效长度不小于160mm者为卫生巾，有效长度小于160mm者为卫生护垫(有效长度：透过卫生巾吸收表面所见的内置吸收层如绒毛浆等的长度)。生产企业也可根据市场需求按企业标准生产不同规格的卫生巾、卫生护垫。

3 卫生护垫不分等，卫生巾按技术质量分为优等品、一等品、合格品三个等级。

技术要求

1 卫生巾、卫生护垫技术指标应符合表1要求或按订货合同规定。

表1

指标名称		单位	规定			
			卫生巾			卫生护垫
			优等品	一等品	合格品	
偏差	全长L	%	L±5%	L±10%		L±10%
	全宽B	%	B±8%	B±10%		B±10%
	条质量G	%	G±10%	G±15%	G±20%	
吸水倍率 不小于		倍	9.0			3.5
渗透性能	渗入量 不小于	g	3.9	2.9	1.9	—
	正面横向渗扩宽度[1)]	mm	不得全宽	—		
pH		—	5.5~8.0	5.3~8.2		
背胶粘合强度		—	定性考核			
交货水分 不大于		%	10.0			

1)若样品将测试溶液全部吸收，则另取该样品在无网状态下测试其渗透性能，将其在无网状态时的宽度及吸收量作为其测试结果。

2 卫生巾、卫生护垫应洁净且均匀一致，防渗底层完好，无破损、无硬质块等，手感柔软，结构合理。

3 有关卫生巾、卫生护垫的卫生要求执行GB 15979的规定。

4 卫生巾、卫生护垫两端封口应牢固，在吸水倍率试验时不破裂。

5 卫生巾、卫生护垫背胶粘合强度应符合要求，即喷胶效果良好，产品常规使用时不位移，与内衣剥离时不损伤衣物且不得有明显残留。防粘纸不应自行脱落并能自然完整撕下。

试验方法

1 试样试验前预处理按GB/T 10739规定进行。

2 全长、全宽、条质量偏差

2.1 全长

用直尺量试样的全长(从试样最长处量取)，每种同规格样品量10条，量准至1mm，分别计算10

条中长度的最大值、最小值与10条的平均值(L)之差与其平均值的百分比作为该种样品全长偏差的测定结果，精确至1%。

2.2 全宽

用直尺量试样的全宽(从试样最窄处量取)，每种同规格样品量10条，量准至1mm，分别计算10条宽度的最大值、最小值与10条的平均值(B)之差与其平均值的百分比作为该种样品全宽偏差的测定结果，精确至1%。

2.3 条质量

以感量0.01g天平分别称量同规格10条试样的净重(含离型纸)，称准至0.1g，分别计算10条条质量的最大值、最小值与10条的平均值(G)之差与其平均值的百分比作为该种样品条质量偏差的测定结果，精确至1%。

2.4 全长、全宽、条质量偏差的计算

$$\text{上偏差}(\%) = \frac{\text{最大值} - \text{平均值}}{\text{平均值}} \times 100 \tag{1}$$

$$\text{下偏差}(\%) = \frac{\text{平均值} - \text{最小值}}{\text{平均值}} \times 100 \tag{2}$$

3 吸水倍率

取已知质量(不含离型纸质量)的样品一条，用铁夹夹住一端封口，并使铁夹夹口与试样纵向处于垂直状态，不许夹住内置吸收层。将试样连同铁夹浸入约10cm深的(23±1)℃蒸馏水中，试样的使用面朝上。轻轻压住试样，使其完全浸没60s，然后提起铁夹，使试样完全离开水面，垂直悬挂90s后，称其质量。按式(3)分别计算5条样品吸收的水量与条质量的比值(即吸水倍率)，取5条试样的平均值作为测定结果，精确至一位小数。

$$\text{吸水倍率} = \frac{\text{吸后质量} - \text{条质量}}{\text{条质量}} \tag{3}$$

4 渗透性能按附录A(标准的附录)进行测定。

5 交货水分按GB/T 462—1989中的第8章、第9章的规定进行测定。取样方法：每种同规格样品取2条，每条取样量为2g(不得含有背胶及离型纸部分)。取2组试样作平行试验，取其算术平均值表示测定结果，两次测定值间的误差，不得超过0.5%。

6 pH按附录C(标准的附录)的规定进行测定，仲裁时按附录C中的C2.2表面法规定进行。

7 卫生指标的测定按GB 15979规定进行。

8 背胶粘合强度的定量测定建议按附录D(提示的附录)规定进行。

检验规则

1 型式检验

型式检验为首件检验，检验项目为标准的全部检验项目及卫生指标，有下列情形之一者应进行型式检验：

a) 新老产品转产生产的试制定型；

b) 生产中，改变生产工艺或使用新原料生产，有可能影响产品性能时；

c) 正常生产，每季度进行一次型式检验；

d) 停产后恢复生产时；

e) 出厂检验结果与上次型式检验有较大差异时。

2 交收检验

2.1 以一次交货为一批，交收检验样本单位为箱，从样本箱内随机抽取足够数量的样本作为该箱的样本。

2.2 生产厂应保证产品质量符合本标准的要求，产品经检验合格并附质量合格标识方可出厂。

2.3 产品交收抽样检查按 GB/T 2828 进行，抽样方案、检查水平、合格质量水平(AQL)按表2规定。

表2

抽样方案 / 批量箱	正常检查二次抽样方案　检查水平 S-3					不合格分类	
	样本大小	B类不合格品 AQL=4.0		C类不合格品 AQL=6.5		B类	C类
		Ac	*Re*	*Ac*	*Re*	不合格	不合格
≤150	3	0	1	—	—	渗透性能	全长、全宽、条质量、吸水倍率、交货水分、pH、外观质量
	5	—	—	0	2		
	5(10)	—	—	1	2		
150~3 200	8	0	2	0	3		
	8(16)	1	2	3	4		
>3 200	13	0	3	1	3		
	13(26)	3	4	4	5		

2.4 判定规则

若同时出现B类和C类不合格品时，在符合B类不合格品 *Ac*、*Re* 判定要求的前提下，同时只有在B类与C类不合格品之和小于或等于C类不合格品的 *Ac* 值时，则判为批合格，若大于则判为批不合格。若不能判定，则进行第二样本的测试和判定，判定方法同前。

2.5 需方如对该批产品质量提出异议，应在到货后三个月内通知供方，并对该批产品进行共同复验，如符合本标准或订货合同的规定，则判为批合格，由需方负责处理；如不符合本标准或订货合同的规定，由供方负责处理。

标志、包装、运输、贮存

1 产品的销售标志及包装

1.1 产品的销售包装上应标明以下内容：

a) 产品名称、执行标准编号、卫生标准编号、商标；

b) 生产企业名称、地址；

c) 产品品种、内装数量；

d) 产品的生产日期或批号；

e) 卫生许可证号；

f) 消毒产品还应标明消毒方法与有效期限，并在包装主视面上标注“消毒级”字样。

1.2 产品的销售包装应能保证产品不受污染。应选用具有防潮、防渗、隔离性能好，且能密封的材料，如聚乙烯膜等，保证能将标志信息清晰印出且不易褪去。

2 产品的运输及贮存

2.1 已有销售包装的成品放于包装箱中，每一包装箱应附有产品合格及产品等级标识。

2.2 包装箱上应标明产品名称、生产企业(或经销商)名称和地址、内装物量、生产日期(批号)及保质期(限期使用日期)、卫生许可证号、消毒产品还应标明消毒单位及地址、消毒方法、消毒日期(或批号)、有效期限和消毒标记。包装箱上应标明运输及贮存条件。

2.3 产品在运输过程中应使用具有防护措施的洁净的工具，防止重压、坚物碰撞及日晒雨淋。

2.4 成品应保存在干燥通风，不受阳光直接照射的室内，防止雨雪淋袭和地面湿气的影响，不得与有污染或有毒化学品共处。

2.5 超过保质期的产品，经重新检验合格后方可限期使用。

附录 A
（标准的附录）
渗透性能的测定

A1 仪器与测试溶液

A1.1 仪器

a）天平 1 台，最大量程 200g，感量 0.01g；

b）卫生巾渗透性能测试仪（以下简称测试仪，见图 A1）1 台；

c）60mL 放液漏斗（以下简称漏斗）1 支；

d）标准测试网一个；

e）10mL 刻度移液管 1 支；

f）烧杯 1 个；

g）钢板直尺 1 把。

A1.2 测试溶液

测试溶液是渗透性能测试专用的标准合成试液，配方见附录 B（标准的附录），测试时测试溶液温度应保持在（23±1）℃。仲裁检验时应在标准大气条件，即（23±1）℃、（50±2）% 相对湿度下处理试样及进行测试。

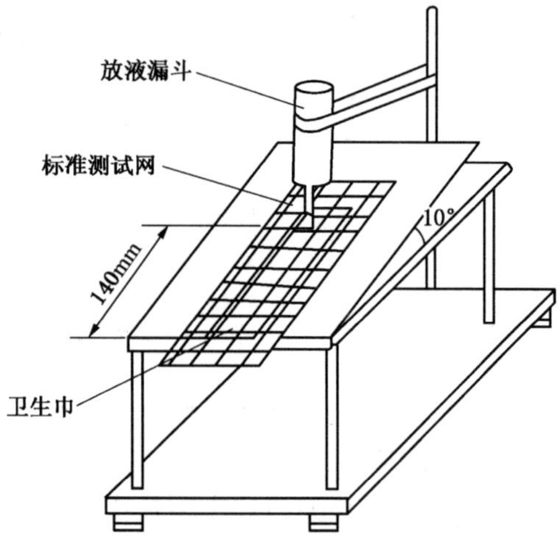

图 A1 卫生巾渗透性能测试仪示意图

A2 试验程序

A2.1 先放好测试仪于水平位置，调节上面板与下面板之间的角度约为 10°，再调节放液漏斗的下口，使其中心点的投影距测试仪斜面板的下边缘为（140±2）mm；漏斗下口开口面向操作者。将适量的测试溶液倒入漏斗中，使漏斗润湿，并用该溶液洗漏斗两遍，放掉漏斗中的溶液。

A2.2 取待测试的卫生巾一条，称其质量（g），称准至 0.01g，将卫生巾平整地放在测试仪的斜面板上，使卫生巾的有效长度的下边缘与斜面板的下边缘对齐，并将长出的边缘向斜面板的底部折回，再将标准测试网均衡对称地压于卫生巾上。调节漏斗高度，使其下口的最下端距试样表面 5mm～10mm，然后在测试仪斜面板的下方放一个烧杯，接经试样渗透后流下的溶液。有些卫生巾折叠严重不能平放，可揭去其背后的离型纸放在一旁，将卫生巾轻粘于下面的面板上，待测完后将离型纸贴回一并进行称量。

A2.3 用刻度移液管准确移取测试溶液 5mL 于调节好的漏斗中，然后迅速打开漏斗节门至最大，使溶液自由地流到卫生巾试样的表面上，并沿着斜面往下流动；溶液流完后，将漏斗节门关闭，将标准测试网在卫生巾表面轻压一下后移去，再用该卫生巾将漏斗下口的溶液轻触一下，然后将卫生巾取下，再次放在天平上称量。若试液从卫生巾侧面流走，则该试样作废，另取一条重新测试。

A3 试验结果的计算

卫生巾的渗透性能以吸收测试溶液的质量（g）来表示，每个样品测 8 条，分别按式（A1）计算每条卫生巾的渗入量。

渗入量（g）＝一条卫生巾吸收后的质量（g）－该条卫生巾吸收前的质量（g） ……… （A1）

去掉 8 条测试结果中的最大值和最小值，取其余 6 条的算术平均值作为其最终测试结果，精确至 0.1g。如果 5mL 的测试溶液全部渗入所测试样中，则不必再称量，可直接记为 5.1g（由于标准测试网的存在，全吸值可能在 5.1g 附近波动，此为正常现象）。

A4 正面横向渗扩宽度

取上面已渗入测试溶液的卫生巾，立即观察该条卫生巾的正面横向渗扩宽度(如内置吸收层的可见渗扩宽度宽于表层，则取内置吸收层的可见渗扩宽度)进行判定，上述8条中有2条以上(不含2条)为全宽，则判该测定结果为全宽。

附 录 B
（标准的附录）
卫生巾渗透性能测试用标准合成试液的配方

B1 原理

该标准合成试液系根据动物血(猪血)的主要物理性能配制，具有与其相似的流动及吸收特性。

B2 配方

a) 蒸馏水或去离子水：860mL；
b) 氯化钠：10.00g；
c) 碳酸钠：40.00g；
d) 丙三醇(甘油)：140mL；
e) 苯甲酸钠：1.00g；
f) 颜色(食用色素)：适量；
g) 羧甲基纤维素钠：约5g；
h) 标准媒剂：1%(V)。
以上试剂均为化学纯。

B3 标准合成试液的物理性能

在(23 ±1)℃时：
密度：(1.05 ±0.05)g/cm^3；
粘度：(11.9 ±0.7)s(用4号涂料杯测)；
表面张力：(36 ±4)mN/m。

附 录 C
（标准的附录）
pH 的测定

C1 仪器和试剂

C1.1 仪器

a) 带复合电极的pH计1台；
b) 精确度为±0.1℃的水银温度计1支；
c) 容量为100mL的烧杯2个；
d) 容量为50 mL的量筒1个；
e) 不锈钢剪刀1把；
f) 1000mL容量瓶1个。

C1.2 试剂

C1.2.1 蒸馏水或去离子水，pH为6.5 ~7.2；

C1.2.2 标准缓冲溶液：25℃时 pH 为 6.86 的缓冲溶液（磷酸二氢钾和磷酸氢二钠混合液）。所用试剂应为分析纯，缓冲溶液至少一个月重新配制一次。

配制方法：称取磷酸二氢钾（KH_2PO_4）3.39g 和磷酸氢二钠（Na_2HPO_4）3.54g，置于 1000mL 容量瓶中，用蒸馏水溶解并稀释至刻度，摇均即可。

C2 试验步骤

C2.1 烧杯浸渍法

在室温下，抽取一片试样，剪去不干胶条后从其中部称取 1g（称准至 0.001g）试样，置于一个 100mL 烧杯内，加入 50mL 去离子水（或蒸馏水）以玻璃棒用力搅拌 10min，将复合电极放入烧杯中读取 pH 数值。

C2.2 表面法（直接浸渍法）

在室温下，抽取一片试样，将不干胶面朝下平铺在测试台上，将 50mL 去离子水（或蒸馏水）紧贴试样中部表面在 1min 内慢慢浸入试样内部，待 50mL 水全部渗入后开始计时，3min 时将平面复合电极紧紧贴住试样浸水面，电极与试样接触 1min 时读取 pH 数值。

注：对于含有高分子吸水树脂的试样，应在 1min 内多加入适量的水，直至有少量的游离水出现，立即开始计时。

C3 试验结果的计算

每种样品取两份试样同时进行测定，取其算术平均值作为测定结果，准确至 0.1pH 单位。

C4 注意事项

每次使用 pH 计前均应使用标准缓冲溶液对仪器进行校准，详见仪器使用说明书。每个试样测试完毕应立即用去离子水冲洗电极，并用滤纸将电极上去离子水吸干后备测试下一试样用。

附录 D

（提示的附录）

背胶粘合强度的测定方法（180°剥离强度）

D1 前言

卫生巾、卫生护垫依靠背胶与内衣裤相贴稳，其粘合强度的评定有许多方法，本方法提供了其中一种示例，供各方评价胶的粘合效果时参考。

D2 原理

用 180°剥离方法施加一定的应力，使试样背胶与纯棉汗布粘接处剥离，通过计时剥离一定长度所需的时间，反映其粘接强度。

D3 装置与工具

a）试验夹：上夹应能悬挂于任一支架上，并保证其夹挂的试样能与水平垂直，夹缝平齐；下夹配重砝码使其总重达到 40g，夹缝平齐。

b）配重砣：面积 62mm×80mm，重 500g（可使用相同面积的玻璃配以平衡重量代替）；

c）秒表：1 个；

d）恒温箱：可保持温度（37±2）℃；

e）剪刀、直尺、平盘（也可用玻璃代替）；

f）标准汗布：未漂染色精纺 32 支纱，无后处理 120g/m²，标准品牌，尺寸为 65mm×80mm。

D4 操作

D4.1 将试样底面剪下，取其喷胶最多的一段，长度不小于80mm，宽度不小于62mm，将该段与绒毛浆(或试样内层)相连部分的表面处理干净，轻轻刮平，最好剥去除最后喷胶一层以外的所有层，作为试样备用。注意不要剥去离型纸，不要用手碰到胶面。

D4.2 将上述备好的试样垂直于长度方向相隔40mm画两条B和C直线，一侧直线外相隔10mm再画一条直线A，如图D1：

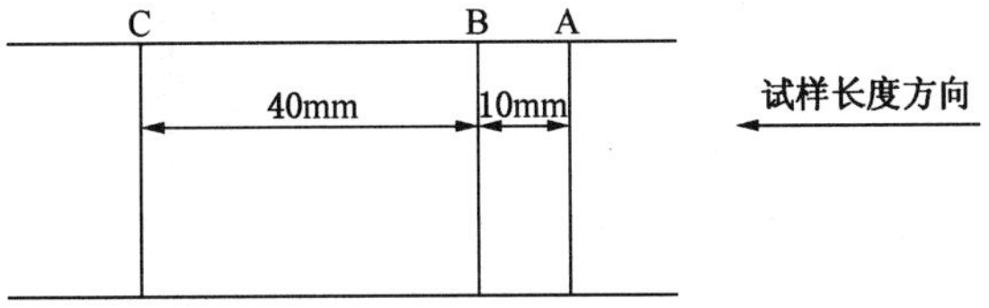

图D1

D4.3 将上述备好的试样放于平盘内，撕去离型纸，将标准汗布对准试样正面向上(即反面对胶)轻轻放置于试样上，不得用手压，然后将配重砣平压于汗布上。

D4.4 立即将平盘移入恒温箱开始计时，箱内温度(37±2)℃，1h后取出于室温晾20min。

D5 测试

取D4.4放置后的试样，将汗布与试样底层轻轻剥离一定距离至线A处，用试样夹的上夹沿线A夹齐，挂起，使试样的长度方向与水平面垂直；下夹平行于上夹夹住汗布，放手，使汗布在下夹的重力下呈与胶面180°剥离的状态，待剥离点至线B处开始计时，剥至线C处停止计时，即得该样品的剥离时间。

D6 测试结果

测试结果取5个试片测试值的最大、最小和算术平均值，时间数据大于1h的精确到分钟，1min以内精确到秒。

D7 测试报告

测试报告应包括以下内容：

a) 样品名称、生产企业；

b) 测试日期；

c) 测试条件；

d) 测试现象；

e) 测试结果；

f) 其他需报告的内容。

纸尿裤(含纸尿片/垫)(QB/T 2493—2000)

2001-04-01 实施

范围

本标准规定了婴儿及成人用的纸尿裤和纸尿片/垫的产品分类、技术要求、试验方法、检验规则及标志、包装、运输、贮存等要求。

本标准适用于具有专门设计的结构，即由外包覆材料、内置吸收层、防漏底膜等组成，通过专用包装机成型的纸尿裤、纸尿片/垫及非专用包装机成型的纸尿片/垫。

产品分类

1 本标准按产品结构分为婴儿纸尿裤、成人纸尿裤、婴儿纸尿片/垫、成人纸尿片/垫；按其规格可分为小号(S 型)、中号(M 型)、大号(L 型)等不同型号。

2 纸尿裤及纸尿片/垫分为优等品、一等品、合格品三个等级。

技术要求

1 婴儿纸尿裤、婴儿纸尿片/垫的技术指标应符合表 1 要求，成人纸尿裤、成人纸尿片/垫的技术指标应符合表 2 要求。或按订货合同规定。

2 纸尿裤及纸尿片/垫应洁净，防漏底膜完好，无破损，无硬质块等，手感柔软，结构合理；封口应牢固。松紧带粘合均匀，固定贴位置符合使用要求。

3 纸尿裤、纸尿片/垫的卫生要求执行 GB 15979 的规定。

表 1

指标名称		单位	规定					
			婴儿纸尿裤			婴儿纸尿片/垫		
			优等品	一等品	合格品	优等品	一等品	合格品
偏差	全　长	%	±6	±10		±6	±10	
	全　宽	%	±8	±10		±8	±10	
	条质量	%	±10	±15	±20	±10	±15	±20
渗透性能	滑渗量　≤	mL	8	18	25	12	25	35
	回渗量　≤	g	5.0	7.0	10.0	—	—	—
	渗漏量　≤	g	0.8			—		
pH		—	5.5～8.0					
交货水分　≤		%	10.0					

表 2

指标名称		单位	规定					
			成人纸尿裤			成人纸尿片/垫		
			优等品	一等品	合格品	优等品	一等品	合格品
偏差	全　长	%	±6	±10		±6	±10	
	全　宽	%	±8	±10		±8	±10	
	条质量	%	±10	±15	±20	±10	±15	±20
渗透性能	滑渗量　≤	mL	15	20	30	25	35	50
	回渗量　≤	g	20.0	25.0	30.0	—	—	—
	渗漏量　≤	g	1.0			—		
pH		—	5.5～8.0					
交货水分　≤		%	10.0					

试验方法

1 试样试验前恒温处理按 GB/T 10739 进行。

2 全长、全宽、条质量偏差

2.1 全长偏差

用直尺量试样原长的全长(从试样最长处量取)，每种同规格样品量 6 条，量准至 1mm，分别计算 6 条中长度的最大值、最小值与 6 条的平均值之差与其平均值的百分比作为该种样品全长偏差的测定结果，精确至1%。

2.2　全宽偏差

用直尺量试样原宽的全宽(从试样最窄处量取)，每种同规格样品量6条，量准至1mm，分别计算6条中宽度的最大值、最小值与6条的平均值之差与其平均值的百分比作为该种样品全宽偏差的测定结果，精确至1%。

注：对于带有松紧带的试样，应先用夹板或胶带等固定试样纵向(或横向)的一端，稍用力将试样拉至原长(或原宽)后再用直尺量。

2.3　条质量偏差

以精确度0.01g天平分别称量同规格样品6条的净重(称准至0.1g)，分别计算6条条质量的最大值、最小值与6条的平均值之差与其平均值的百分比作为该种样品条质量偏差的测定结果，精确至1%。

2.4　全长、全宽、条质量偏差的计算

$$上偏差(\%) = +\frac{最大值 - 平均值}{平均值} \times 100 \tag{1}$$

$$下偏差(\%) = -\frac{平均值 - 最小值}{平均值} \times 100 \tag{2}$$

3　渗透性能按附录A(标准的附录)进行测定。

4　pH按附录B(标准的附录)进行测定。

5　交货水分按GB/T 2677.2进行测定。取样方法应为：每种同规格样品任取2条试样，剪去试样的边部松紧带，再从每条上任取2g(称准至0.01g)进行测试，取其算术平均值作为测试结果(注意事项：试样放入容器时，不应将防漏底膜贴近容器壁，以防遇高温后粘连)。

检验规则

1　交收检验

1.1　同类产品以一次交货为一批，交收检验样本单位为箱，从样本箱内随机抽取足够数量的样本作为该箱的样本。

1.2　生产厂应保证产品质量符合本标准的要求，产品经检验合格并附质量合格标识方可出厂。

1.3　产品交收抽样检验按GB/T 2828进行，抽样方案、检查水平、合格质量水平(AQL)按表3规定。

表3

抽样方案 批量(箱)	正常检查二次抽样方案，检查水平S-3					不合格分类	
	样本大小	B类不合格品 AQL=4.0		C类不合格品 AQL=6.5		B类 不合格	C类 不合格
		Ac	*Re*	*Ac*	*Re*		
≤150	3	0	1	—	—	渗透性能	全长偏差、全宽偏差、条质量偏差、pH、交货水分、外观质量
	5	—	—	0	2		
	5(10)	—	—	1	2		
150~3200	8	0	2	0	3		
	8(16)	1	2	3	4		
>3200	13	0	3	1	3		
	13(26)	3	4	4	5		

1.4　判定规则

若同时出现B类和C类不合格品时，在符合B类不合格品的*Ac*、*Re*合格判定要求的前提下，同时只有在B类与C类不合格品之和小于或等于C类不合格品的*Ac*值时，则判为批合格；若大于C类不合格品的*Re*值，则判为批不合格；若小于*Re*且大于*Ac*，则进行第二样本的测试和判定，判定方法同前。

1.5 需方如对该批产品质量提出异议，应在到货后三个月内通知供方，对该批产品进行复验。如符合本标准或订货合同的规定，则判为批合格，由需方负责处理；如不符合本标准或订货合同的规定，由供方负责处理。

2 型式检验

有下列情形之一者应进行型式检验，检验项目为本标准的全部技术要求。

a）新老产品转厂生产的试制定型鉴定；

b）生产中，改变生产工艺或使用新原料生产、有可能影响产品性能时；

c）正常生产，每季度进行一次；

d）产品停产超过二个月后，恢复生产时；

e）出厂检验结果与上次型式检验有较大差异时。

标志、包装、运输、贮存

1 产品的销售标志及包装

1.1 产品的销售包装上应标明以下内容：

a）产品名称、采用标准号、执行卫生标准号、卫生许可证号、商标；

b）生产企业名称、地址；

c）产品品种、内装数量、产品等级；

d）产品的生产日期或批号；

e）消毒产品还应标明消毒方法与有效期限，并在包装主视面上标注"消毒级"字样。

1.2 产品的销售包装应能保证产品不受污染。应选用防潮、防渗、隔离性能好、且能密封的材料，如聚乙烯膜等，保证能将标志信息清晰印出且不易褪去。

2 产品的运输及贮存

2.1 已有销售包装的成品放于包装箱中，每一包装箱应附有产品合格标识。

2.2 包装箱上应标明产品名称、生产企业（或经销商）名称和地址、内装数量、生产日期（或批号）及保质期（或限期使用日期）、卫生许可证号，消毒产品还应标明消毒单位及地址、消毒方法、消毒日期（或批号）、有效期限和消毒标记。包装箱上还应标明运输及贮存条件（标志）。

2.3 产品在运输过程中应使用具有防护措施的洁净工具，防止重压、坚物碰撞及日晒雨淋。

2.4 成品应保存在干燥通风、不受阳光直接照射的室内，防止雨、雪淋袭和地面湿气的影响，不得与有污染或有毒化学品共贮。

附 录 A
（标准的附录）
渗透性能的测定

A1 仪器与测试溶液

A1.1 仪器

A1.1.1 天平：精确度为0.01g，1台；

A1.1.2 卫生巾渗透性能测试仪（以下简称"测试仪"，示意图见图A1）1台；

A1.1.3 标准放液漏斗（以下简称漏斗）

——婴儿纸尿裤、纸尿片/垫专用标准放液漏斗：80mL，1支；

——成人纸尿裤、纸尿片/垫专用标准放液漏斗：150mL，1支；

A1.1.4　量筒：250mL，1 支；

A1.1.5　量筒：10mL，1 支；

A1.1.6　不锈钢夹：夹头宽约 65mm，4 个；

A1.1.7　烧杯：500mL，1 个；

A1.1.8　中速化学定性分析滤纸(GB/T 1914)若干张，以下简称“滤纸”；

A1.1.9　标准压块，ϕ100mm，重量为(1.2 ±0.002)kg(能够产生 1.5kPa 的压力)；

A1.1.10　秒表：精确度 0.01s，1 块。

A1.2　测试溶液

每 1000mL 蒸馏水加入氯化钠 9g 配制成的溶液替代尿液。仲裁检验时应在标准大气条件下，即(23 ±1)℃，(50 ±2)%r.h 条件下处理试样及进行测试。

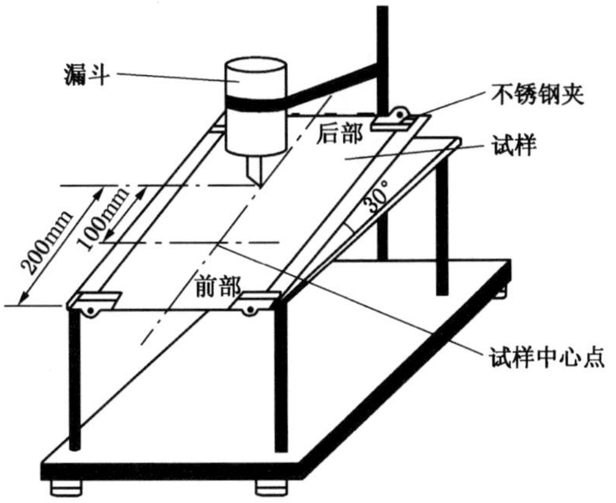

图 A1

A2　滑渗量的测定

A2.1　试验程序

A2.1.1　先放好测试仪于水平位置，调节上面板与下面板之间的角度为(30 ±2)°，再调节漏斗的下口，使其中心点的投影距测试仪斜面板下边缘为(200 ±2)mm，漏斗下口的开口面向操作者。将适量的测试溶液倒入漏斗中，使漏斗润湿，并用测试溶液洗漏斗两遍后放掉待用。

A2.1.2　取待测试样一条，将其两边的松紧带(包括立体护边)剪去后，再平整地将试样放在测试仪的斜面板上，使用面朝上，试样后部在斜面板上方，分别距试样内置吸收层的中心点两边各量取 100mm 作为测试面，将长出的部分分别向斜面板的上部和底部折回，再用四个不锈钢夹固定试样，钢夹不得妨碍溶液的流动，见图 A1。调节漏斗高度，使其下口的最下端距试样表面 5mm ~ 10mm，然后在测试仪的下方放一个烧杯，收集经试样渗透后流下的溶液。

A2.1.3　用量筒准确量取测试溶液，婴儿纸尿片/垫取 50mL，婴儿纸尿裤取 60mL，倒入调节好的婴儿纸尿裤、纸尿片/垫专用标准放液漏斗中；成人纸尿裤、纸尿片/垫取 150mL，倒入调节好的成人纸尿裤、纸尿片/垫专用标准放液漏斗中。然后迅速打开漏斗节门至最大，使溶液自由地流到试样的表面上，并沿斜面往下流动到烧杯中。待溶液流完后，将漏斗节门关闭，并擦拭漏斗下口，使之没有溶液。用量筒量取烧杯中的溶液(量准至 1mL)，作为测试结果。若测试溶液从试样侧面流走，则该试样作废，另取一条重新测试。

A2.2　滑渗量测试结果的计算

滑渗量以试样未吸收测试溶液的容量(mL)来表示，每个样品测 7 条，去掉 7 条测试结果中的最大值和最小值，取其余 5 条的算术平均值作为其最终测试结果，精确至 1mL。

注：若 7 条试样中有 2 条以上(不含 2 条)发生侧流，其结果可以保留，但应在测试报告中注明。

A3 回渗量及渗漏量的测定

A3.1 回渗量的测定

A3.1.1 试验程序

将适量的测试溶液倒入漏斗中，使漏斗润湿，并用该溶液洗漏斗两遍，放掉漏斗中的溶液，固定在支架上待用，漏斗下口开口面向操作者。

取待测试样一条，将其展开呈自然状态下放于一张足够大的已知质量的滤纸上并置于漏斗的下方，使漏斗下口中心点的投影距试样内置吸收层中心点的垂直距离为5mm～10mm。

用量筒准确量取测试溶液，婴儿纸尿裤S以下型(含S型)量取40mL，M型量取60mL，L以上型(含L型)量取80mL，倒入调节好的婴儿纸尿裤、纸尿片/垫专用标准放液漏斗中；成人纸尿裤量取150mL，倒入调节好的成人纸尿裤、纸尿片/垫专用标准放液漏斗中。然后迅速打开漏斗节门至最大，使溶液自由地流到试样的表面上，并同时开始计时，待5min时，再次用上述漏斗注入测试溶液，液量同前，待10min时，迅速将ϕ110mm已知质量的若干层滤纸(以最上层滤纸无吸液为止)放到试样吸液的表面上，同时将条ϕ100mm，1.20kg的标准压块压于滤纸上，重新开始计时，加压1min时将标准压块移去，用天平称量滤纸的质量。将测试后的漏斗节门关闭，并擦去漏斗下口遗留的溶液。

A3.1.2 试验结果的计算

试样的回渗量以经试样吸收后回渗到滤纸上的液体的量(g)来表示，每个样品测5条试样，分别按式(A1)计算每条试样的回渗量(G)。

$$G = G_1 - G_2 \qquad \text{(A1)}$$

式中 G——回渗量，g；

G_1——滤纸吸液后的质量，g；

G_2——滤纸吸液前的质量，g。

取5条试样的算术平均值作为其最终测试结果，精确至0.1g。

A3.2 渗漏量的测定

如上所述，待测定完回渗量，将吸液后的试样移去，迅速称量放于试样底部的已知质量的滤纸。以该张滤纸的质量差表示渗漏量的大小，以5条试样的平均值表示最终测试结果，精确至0.1g。

附 录 B

(标准的附录)

pH 的测定

B1 仪器和试剂

B1.1 仪器

B1.1.1 酸度计：1台；

B1.1.2 水银温度计：1支，100℃；

B1.1.3 烧杯：400mL，2个；

B1.1.4 不锈钢剪刀1把；

B1.1.5 容量瓶：1000mL，1个。

B1.2 试剂

B1.2.1 蒸馏水或去离子水，pH为6.5～7.2。

B1.2.2 标准缓冲溶液：25℃时pH 6.86的缓冲溶液(磷酸二氢钾和磷酸氢二钠混合液)。配制缓冲溶液所用试剂应为pH基准试剂，至少每月重新配制一次。配制方法：称取磷酸二氢钾(KH_2PO_4)3.39g(分析纯)和磷酸氢二钠(Na_2HPO_4)3.54g(分析纯)，置于1000mL容量瓶中，先用少量蒸馏水溶解后再稀释至刻度，摇匀即可。

B2 试验程序

同规格产品任取2条样品，剪去边部松紧带，各从每条样品任取1g(称准至0.001g)试样放入400mL烧杯中，加入100mL蒸馏水(B1.2.1)用玻璃棒用力搅拌。若未见游离水，应再适当多加水，直至出现游离水为止，此时开始计时并适当搅拌试样，10min时放入电极测试其pH。

B3 试验结果的计算

取2个试样测试值的算术平均值作为测定结果，精确至0.1pH单位。

B4 注意事项

每次使用酸度计前均应使用标准缓冲溶液对仪器进行校准，详见仪器使用说明书。每个试样测试完毕后应立即用蒸馏水(或去离子水)冲洗电极，并用滤纸将电极上去离子水吸干后备测试下一试样用。

消毒产品标签说明书管理规范
(卫监督发[2005]426号附件)

第一条 为加强消毒产品标签和说明书的监督管理，根据《中华人民共和国传染病防治法》和《消毒管理办法》的有关规定，特制定本规范。

第二条 本规范适用于在中国境内生产、经营或使用的进口和国产消毒产品标签和说明书。

第三条 消毒产品标签、说明书标注的有关内容应当真实，不得有虚假夸大、明示或暗示对疾病的治疗作用和效果的内容，并符合下列要求：

(一) 应采用中文标识，如有外文标识的，其展示内容必须符合国家有关法规和标准的规定。

(二) 产品名称应当符合《卫生部健康相关产品命名规定》，应包括商标名(或品牌名)、通用名、属性名；有多种消毒或抗(抑)菌用途或含多种有效杀菌成分的消毒产品，命名时可以只标注商标名(或品牌名)和属性名。

(三) 消毒剂、消毒器械的名称、剂型、型号、批准文号、有效成分含量、使用范围、使用方法、有效期/使用寿命等应与省级以上卫生行政部门卫生许可或备案时的一致；卫生用品主要有效成分含量应当符合产品执行标准规定的范围。

(四) 产品标注的执行标准应当符合国家标准、行业标准、地方标准和有关规范规定。国产产品标注的企业标准应依法备案。

(五) 杀灭微生物类别应按照卫生部《消毒技术规范》的有关规定进行表述；经卫生部审批的消毒产品杀灭微生物类别应与卫生部卫生许可时批准的一致；不经卫生部审批的消毒产品，其杀灭微生物类别应与省级以上卫生行政部门认定的消毒产品检验机构出具的检验报告一致。

(六) 消毒产品对储存、运输条件安全性等有特殊要求的，应在产品标识中明确注明。

(七) 在标注生产企业信息时，应同时标注产品责任单位和产品实际生产加工企业的信息(两者相同时，不必重复标注)。

(八) 所标注生产企业卫生许可证号应为实际生产企业卫生许可证号。

第四条 未列入消毒产品分类目录的产品不得标注任何与消毒产品管理有关的卫生许可证明编号。

第五条 消毒产品的最小销售包装应当印有或贴有标签，应清晰、牢固、不得涂改。

消毒剂、消毒器械、抗(抑)菌剂、隐形眼镜护理用品应附有说明书，其中产品标签内容已包括说明书内容的，可不另附说明书。

第六条 消毒剂包装(最小销售包装除外)标签应当标注以下内容:
(一) 产品名称;
(二) 产品卫生许可批件号;
(三) 生产企业(名称、地址);
(四) 生产企业卫生许可证号(进口产品除外);
(五) 原产国或地区名称(国产产品除外);
(六) 生产日期和有效期/生产批号和限期使用日期。
第七条 消毒剂最小销售包装标签应标注以下内容:
(一) 产品名称;
(二) 产品卫生许可批件号;
(三) 生产企业(名称、地址);
(四) 生产企业卫生许可证号(进口产品除外);
(五) 原产国或地区名称(国产产品除外);
(六) 主要有效成分及其含量;
(七) 生产日期和有效期/生产批号和限期使用日期;
(八) 用于粘膜的消毒剂还应标注“仅限医疗卫生机构诊疗用”内容。
第八条 消毒剂说明书应标注以下内容:
(一) 产品名称;
(二) 产品卫生许可批件号;
(三) 剂型、规格;
(四) 主要有效成分及其含量;
(五) 杀灭微生物类别;
(六) 使用范围和使用方法;
(七) 注意事项;
(八) 执行标准;
(九) 生产企业(名称、地址、联系电话、邮政编码);
(十) 生产企业卫生许可证号(进口产品除外);
(十一) 原产国或地区名称(国产产品除外);
(十二) 有效期;
(十三) 用于粘膜的消毒剂还应标注“仅限医疗卫生机构诊疗用”内容。
第九条 消毒器械包装(最小销售包装除外)标签应标注以下内容:
(一) 产品名称和型号;
(二) 产品卫生许可批件号;
(三) 生产企业(名称、地址);
(四) 生产企业卫生许可证号(进口产品除外);
(五) 原产国或地区名称(国产产品除外);
(六) 生产日期;
(七) 有效期(限于生物指示物、化学指示物和灭菌包装物等);
(八) 运输存储条件;
(九) 注意事项。
第十条 消毒器械最小销售包装标签或铭牌应标注以下内容:
(一) 产品名称;
(二) 产品卫生许可批件号;

（三）生产企业（名称、地址）；
（四）生产企业卫生许可证号（进口产品除外）；
（五）原产国或地区名称（国产产品除外）；
（六）生产日期；
（七）有效期（限生物指示剂、化学指示剂和灭菌包装物）；
（八）注意事项。

第十一条 消毒器械说明书应标注以下内容：
（一）产品名称；
（二）产品卫生许可批件号；
（三）型号规格；
（四）主要杀菌因子及其强度、杀菌原理和杀灭微生物类别；
（五）使用范围和使用方法；
（六）使用寿命（或主要元器件寿命）；
（七）注意事项；
（八）执行标准；
（九）生产企业（名称、地址、联系电话、邮政编码）；
（十）生产企业卫生许可证号（进口产品除外）；
（十一）原产国或地区名称（国产产品除外）；
（十二）有效期（限于生物指示物、化学指示物和灭菌包装物等）。

第十二条 卫生用品包装（最小销售包装除外）标签应标注以下内容：
（一）产品名称；
（二）生产企业（名称、地址）；
（三）生产企业卫生许可证号（进口产品除外）；
（四）原产国或地区名称（国产产品除外）；
（五）符合产品特性的储存条件；
（六）生产日期和保质期/生产批号和限期使用日期；
（七）消毒级的卫生用品应标注“消毒级”字样、消毒方法、消毒批号/消毒日期、有效期/限定使用日期。

第十三条 卫生用品最小销售包装标签应标注以下内容：
（一）产品名称；
（二）主要原料名称；
（三）生产企业（名称、地址、联系电话、邮政编码）；
（四）生产企业卫生许可证号（进口产品除外）；
（五）原产国或地区名称（国产产品除外）；
（六）生产日期和有效期（保质期）/生产批号和限期使用日期；
（七）消毒级产品应标注“消毒级”字样；
（八）卫生湿巾还应标注杀菌有效成分及其含量、使用方法、使用范围和注意事项。

第十四条 抗（抑）菌剂最小销售包装标签除要标注本规范第十三条规定的内容外，还应标注产品主要原料的有效成分及其含量；含植物成分的抗（抑）菌剂，还应标注主要植物拉丁文名称；对指示菌的杀灭率大于等于90%的，可标注“有杀菌作用”；对指示菌的抑菌率达到50%或抑菌环直径大于7mm的，可标注“有抑菌作用”；抑菌率大于等于90%的，可标注“有较强抑菌作用”。

用于阴部粘膜的抗（抑）菌产品应当标注“不得用于性生活中对性病的预防”。

第十五条 抗（抑）菌剂的说明书应标注下列内容：

（一）产品名称；
（二）规格、剂型；
（三）主要有效成分及含量，植物成分的抗（抑）菌剂应标注主要植物拉丁文名称；
（四）抑制或杀灭微生物类别；
（五）生产企业（名称、地址、联系电话、邮政编码）；
（六）生产企业卫生许可证号（进口产品除外）；
（七）原产国或地区名称（国产产品除外）；
（八）使用范围和使用方法；
（九）注意事项；
（十）执行标准；
（十一）生产日期和保质期/生产批号和限期使用日期。

第十六条 隐形眼镜护理用品的说明书应标注下列内容：
（一）产品名称；
（二）规格、剂型；
（三）生产企业（名称、地址、联系电话、邮政编码）；
（四）生产企业卫生许可证号（进口产品除外）；
（五）原产国或地区名称（国产产品除外）；
（六）使用范围和使用方法；
（七）注意事项；
（八）执行标准；
（九）生产日期和保质期/生产批号和限期使用日期。

有消毒作用的隐形眼镜护理用品还应注明主要有效成分及含量，杀灭微生物类别。

第十七条 同一个消毒产品标签和说明书上禁止使用两个及其以上产品名称。卫生湿巾和湿巾名称还不得使用抗（抑）菌字样。

第十八条 消毒产品标签及说明书禁止标注以下内容：

（一）卫生巾（纸）等产品禁止标注消毒、灭菌、杀菌、除菌、药物、保健、除湿、润燥、止痒、抗炎、消炎、杀精子、避孕，以及无检验依据的抗（抑）菌作用等内容。

（二）卫生湿巾、湿巾等产品禁止标注消毒、灭菌、除菌、药物、高效、无毒、预防性病、治疗疾病、减轻或缓解疾病症状、抗炎、消炎、无检验依据的使用对象和保质期等内容。卫生湿巾还应禁止标注无检验依据的抑/杀微生物类别和无检验依据的抗（抑）菌作用。湿巾还应禁止标注抗/抑菌、杀菌作用。

（三）抗（抑）菌剂产品禁止标注高效、无毒、消毒、灭菌、除菌、抗炎、消炎、治疗疾病、减轻或缓解疾病症状、预防性病、杀精子、避孕，及抗生素、激素等禁用成分的内容；禁止标注无检验依据的使用剂量及对象、无检验依据的抑/杀微生物类别、无检验依据的有效期以及无检验依据的抗（抑）菌作用；禁止标注用于人体足部、眼睛、指甲、腋部、头皮、头发、鼻粘膜、肛肠等特定部位；抗（抑）菌产品禁止标注适用于破损皮肤、粘膜、伤口等内容。

（四）隐形眼镜护理用品禁止标注全功能、高效、无毒、灭菌或除菌等字样，禁止标注无检验依据的消毒、抗（抑）菌作用，以及无检验依据的使用剂量和保质期。

（五）消毒剂禁止标注广谱、速效、无毒、抗炎、消炎、治疗疾病、减轻或缓解疾病症状、预防性病、杀精子、避孕，及抗生素、激素等禁用成分内容；禁止标注无检验依据的使用范围、剂量及方法，无检验依据的杀灭微生物类别和有效期；禁止标注用于人体足部、眼睛、指甲、腋部、头皮、头发、鼻粘膜、肛肠等特定部位等内容。

（六）消毒产品的标签和使用说明书中均禁止标注无效批准文号或许可证号以及疾病症状和疾病名

称(疾病名称作为微生物名称一部分时除外，如“脊髓灰质炎病毒”等)。

第十九条 标签和说明书中所标注的内容应符合本规范附件“消毒产品标签、说明书各项内容书写要求”的规定。

第二十条 本规范下列用语的含义：

消毒产品：包括消毒剂、消毒器械(含生物指示物、化学指示物及灭菌物品包装物)和卫生用品。

标签：指产品最小销售包装和其它包装上的所有标识。

说明书：指附在产品销售包装内的相关文字、音像、图案等所有资料。

灭菌(sterilization)：杀灭或清除传播媒介上一切微生物的处理。

消毒(disinfection)：杀灭或清除传播媒介上病原微生物，使其达到无害化的处理。

抗菌(antibacterial)：采用化学或物理方法杀灭细菌或妨碍细菌生长繁殖及其活性的过程。

抑菌(bacteriostasis)：采用化学或物理方法抑制或妨碍细菌生长繁殖及其活性的过程。

隐形眼镜护理用品：是指专用于隐形眼镜护理的，具有清洁、杀菌、冲洗或保存镜片，中和清洁剂或消毒剂，物理缓解(或润滑)隐形眼镜引起的眼部不适等功能的溶液或可配制成溶液使用的可溶性固态制剂。

卫生湿巾：特指符合《一次性使用卫生用品卫生标准》(GB 15979)的有杀菌效果的湿巾。对大肠杆菌和金黄色葡萄球菌的杀灭率 ≥90%，如标注对真菌有作用的，应对白色念珠菌的杀灭率≥90%，其杀菌作用在室温下至少保持 1 年。

消毒级卫生用品：经环氧乙烷、电离辐射或压力蒸气等有效消毒方法处理过并达到《一次性使用卫生用品卫生标准》(GB 15979)规定消毒级要求的卫生用品。

产品责任单位：是指依法承担因产品缺陷而致他人人身伤害或财产损失的赔偿责任的法人单位。委托生产加工时，特指委托方。

第二十一条 本规范自 2006 年 5 月 1 日起施行。由卫生部负责解释。

附：

消毒产品标签、说明书各项内容书写要求

[产品名称]

1. 产品商标已注册者标注“##®”，产品商标申请注册者标注“##™”，其余产品标注“##牌”。

消毒剂的产品名称如：“##® 皮肤粘膜消毒液”、“##™戊二醛消毒液”、“##牌三氯异氰尿酸消毒片”。

消毒器械的产品名称如：“##® RTP－50 型食具消毒柜”、“##™YKX－2000 医院被服消毒机”、“##牌 CPF－100 二氧化氯发生器”。

卫生用品产品的名称如：“##® 隐形眼镜护理液”、“##™妇女用抗菌洗液”、“##牌妇女用抑菌洗液”等。

多用途或多种有效杀菌成分的消毒产品名称如：“##®（牌)消毒液(粉、片)”或“##®（牌)YKX－2000 消毒机(器)”表示。

2. 不得标注本规范禁止的内容，如下列名称均不符合本规定：“××药物卫生巾”、“××消毒湿巾”、“××抗菌卫生湿巾”、“湿疣外用消毒杀菌剂”、“××白斑净”、“××灰甲灵”、“××鼻康宁”、“××除菌洗手液”、“全能多功能护理液”、“××全功能保养液”和“××速效杀菌全护理液”、“××滴眼露”、“××眼部护理液”等等。

[剂型、型号]

消毒剂、抗(抑)菌剂的剂型如：“液体”、“片剂”、“粉剂”等等；禁止标注栓剂、皂剂。

消毒器械的型号如“RTP－50(型)” 等。

[主要有效成分及含量]

1. 消毒剂、抗(抑)菌剂应标注主要有效成分及含量；有效成分的表示方法应使用化学名；含量应标注产品执行标准规定的范围，如戊二醛消毒剂应标注"戊二醛，2.0% ~2.2%(w/w)"；三氯异氰尿酸消毒片"三氯异氰尿酸，含有效氯45.0% ~50.0%"(w/w)；也可用g/L表示。

2. 具有消毒作用的隐形眼镜护理用品应标注主要有效成分及含量。有效成分的表示方法应使用化学名；含量应按产品执行标准规定的范围进行标注。

3. 对于植物或其他无法标注主要有效成分的产品，应标注主要原料名称(植物类应标注拉丁文名称)及其在单位体积中原料的加入量。

4. 消毒产品禁止标注抗生素、激素等禁用成分，如"甲硝唑"、"肾上腺皮质激素"等等。

[批准文号]

系指产品及其生产企业经省级以上卫生行政部门批准的文号。

生产企业卫生许可证号："(省、自治区、直辖市简称)卫消证字(发证年份)第XXXX号"，产品卫生许可批件号："卫消字(年份)第XXXX号"、"卫消进字(年份)第XXXX号"。

不得标注无效批准文号，如：(1996)×卫消准字第XXXX号。

[执行标准]

产品执行标准应为现行有效的标准，以标准的编号表示，如"GB 15979"、"Q/HJK001"等，可不标注标准的年代号。企业标准应符合国家相关法规、标准和规范的要求。

[杀灭微生物类别]

1. 应按照卫生部《消毒技术规范》的有关规定进行表述。对指示微生物具有抑制、杀灭作用的，应在产品说明书中标注对其代表的微生物种类有抑制、杀灭作用。例如对金黄色葡萄球菌杀灭率≥99.999%，可标注"对化脓菌有杀灭作用"；对脊髓灰质炎病毒有灭活作用，可标注"对病毒有灭活作用"；

2. 禁止标注各种疾病名称和疾病症状，如"牛皮癣"、"神经性皮炎"、"脂溢性皮炎"等。

3. 禁止标注无检验依据的抑/杀微生物类别，如"尖锐湿疣病毒"、"非典病毒"等。

[使用范围和使用方法]

1. 应明确、详细列出产品使用方法。使用方法二种以上的，建议用表格表示。

2. 消毒剂、抗(抑)菌剂、隐形眼镜护理用品应标注作用对象，作用浓度(用有效成分含量表示)和配制方法、作用时间(以抑菌环试验为检验方法的可不标注时间)、作用方式、消毒或灭菌后的处理方法。用于粘膜的消毒剂应标注"仅限医疗卫生机构诊疗用"内容。

例如：戊二醛消毒液的使用范围"适用于医疗器械的消毒、灭菌"；使用方法"①使用前加入本品附带的A剂(碳酸氢钠)，充分搅匀溶解；再加入附带的B剂(亚硝酸钠)溶解混匀。②消毒方法：用原液擦拭、浸泡消毒物品20min~45min。③灭菌方法：用原液浸泡待灭菌物品10h。④消毒、灭菌的医疗器械必须用无菌水冲洗干净后方可使用"。

3. 消毒器械应标注作用对象，杀菌因子强度、作用时间、作用方式、消毒或灭菌后的处理方法。如食具消毒柜的使用范围"餐(饮)具的消毒、保洁"；使用方法"将洗净沥干的食具有序地放在层架上；按电源和消毒键，指示灯同时启亮；作用一个周期后，消毒指示灯灭，表示消毒结束。"

4. 使用方法中禁止标注无检验依据的使用对象、与药品类似用语、无检验依据的使用剂量及对象，如"每日X次"，"XX天为一疗程，或遵医嘱"等等。

[注意事项]

本项内容包括产品保存条件、使用防护和使用禁忌。对于使用中可能危及人体健康和人身、财产安全的产品，应当有警示标志或者中文警示说明。

[生产日期、有效期或保质期]

生产日期应按"年、月、日"或"20050903"方式表示。

保质期、有效期应按"X 年或 XX 个月"方式表示。

[生产批号和限期使用日期]

生产批号形式由企业自定。限期使用日期应按"请在 XXXX 年 XX 月前使用"或"有效期至 XXXX 年 XX 月"等方式表示。

[主要元器件使用寿命]

本项内容应标注消毒器械产生杀菌因子的元器件的使用寿命或更换时间。使用寿命应按"X 年或 XXXX 小时"等方式表示。

[生产企业及其卫生许可证号]

生产企业名称、地址应与其消毒产品生产企业卫生许可证一致。

委托生产加工的，需同时标注产品责任单位(委托方)名称、地址和实际生产加工企业(被委托方)的名称及卫生许可证号。

虽不属于委托生产加工，但产品责任单位与实际生产加工企业信息不同时，也应分别标注产品责任单位信息和实际生产加工企业信息。例如责任单位为总公司，实际生产加工企业为其下属某个企业。

纸 杯(QB/T 2294—1997)

1998-02-01 实施

范围

本标准规定了食品包装用纸杯的技术要求、试验方法、检验规则及标志、包装、运输、贮存。

本标准适用于表面覆有石蜡或聚乙烯涂层的各类食品包装用纸杯。产品主要用作冷、热饮料和冰淇淋的容器。

产品分类

按用途分冷饮杯、热饮杯和冰淇淋杯。

按容量可分为大、中、小三类。

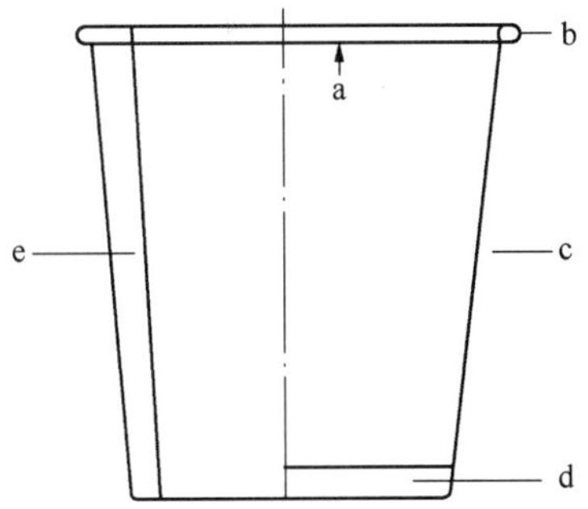

图 1 外观

a—杯口；b—卷口；c—杯身；d—杯底；e—杯身合缝

技术要求

1 外观应符合表 1 的规定、位置示意图 1。

2 规格

2.1 容量应符合表 2 规定。

2.2 纸杯尺寸偏差应符合表 3 规定。

3 物理性能

3.1 所有规格的纸杯，按检验方法 4.1 测试时，其底部不应漏水，其侧面不应漏水且不许渗水。

3.2 杯身挺度应符合表 4 的规定。

3.3 杯底强度

3.3.1 所有规格的纸杯，按检验方法 4.3 测试时，不允许有分离现象。

4 卫生指标

4.1 纸和杯应符合 GB 11680 的规定。

4.2 PE 涂层应符合 GB 9687 的规定。

4.3 石蜡应符合 GB 7189 的规定。

表1 外 观

指标名称 \ 等级		A等	B等	C等
图案印刷	色泽均匀性	均匀、无明显色斑	均匀、无明显色斑	有明显色斑
	图案轮廓	清晰完整	轻微模糊	比较模糊
	套色精度	≤1.0mm	≤1.3mm	≤1.5mm
成型杯	杯口	不凹陷 不起皱	轻微凹陷 不起皱	轻度凹陷 轻微起皱
	杯底边	不露白边 不凹陷	不露白边 轻微凹陷	露白边 轻度凹陷
	上蜡杯蜡层	厚薄均匀 渗透均匀	厚薄不均匀 渗透均匀	厚薄均匀，渗透 不均匀，有白斑
	涂层杯涂层	涂层均匀 无漏涂	涂层均匀 无漏涂	涂层均匀 有少量漏涂

注：无印刷图案杯仅需检查成型杯项目。

表2 容 量

满容量 Q/mL \ 等级		极限偏差%		
		A等	B等	C等
小	$Q \leqslant 300$	±3.5	±4.5	±5.5
中	$300 < Q \leqslant 500$	±3.0	±4.0	±5.0
大	$Q > 500$	±2.5	±3.5	±4.5

表3 纸杯尺寸偏差 mm

品种 \ 等级		A等	B等	C等
尺寸偏差	杯口外径	±0.3	±0.4	±0.5
	底部外径	±0.2	±0.3	±0.4
	纸杯高	±0.3	±0.4	±0.5
	底深	±0.3	±0.4	±0.5

表4 杯身挺度 N

规格/mL \ 等级	A等	B等	C等
$Q \leqslant 250$	≥2.00	≥1.80	≥1.60
$250 < Q \leqslant 300$	≥2.25	≥2.05	≥1.85
$300 < Q \leqslant 400$	≥2.50	≥2.30	≥2.10
$400 < Q \leqslant 500$	≥2.75	≥2.55	≥2.35
$500 < Q \leqslant 1000$	≥3.20	≥3.00	≥2.80

检验方法

1 试验条件

纸杯在测试前，在温度(23±1)℃、相对湿度(50±2)%r. h. 条件下放置至少24h，并在这一条件下测试，该条件应符合GB/T 10739的规定。

2 外观

在自然光或日光灯照射下观察整个杯身，并用卡尺量取套色精度。

3 规格

3.1 容量

3.1.1 重量分析法

用天平称量一个空杯的质量 m_1，精确到0.1g，并记录。

将温度(23±1)℃的水装入杯内，至杯内水面最高处与杯口平面相平，再称其质量 m_2，并记录。

按下式计算：

$$V = (m_2 - m_1)/\rho$$

式中 V——纸杯容量，mL；

m_1——空杯质量，g；

m_2——盛满水的杯的质量，g；

ρ——水的密度，g/mL。

3.1.2 容量法

根据纸杯的规格，取相应容量的量筒。

将(23±1)℃室温的水加入杯内至水面最高处与杯口平面相平；

将水小心倒入量筒内，并读数、记录。

3.2 纸杯尺寸偏差

用精度为0.02mm的量具测量，并记录。

4 物理性能

4.1 泄漏性能

用温度为(23±1)℃的水注入冷饮杯中或用温度为(90±5)℃热水注入热饮杯或冰淇淋杯中，注到离杯口平面约6mm，然后放在一块干玻璃板或平板上，30min后，观察玻璃(平)板上是否有水印。

4.2 杯身挺度

如图2所示，把试样杯放在挺度试验仪的活动台架上，调节活动台架使压力计的测量端与棘轮装置的端点接近杯子的侧壁，其接触点离杯顶大约在杯高的1/3处。

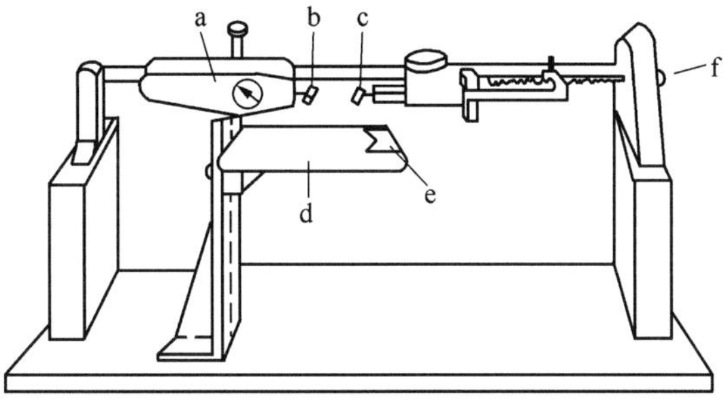

图2 纸杯挺度试验仪示意图

a—测力表；b—左接触头；c—右接触头；d—活动台；e—定位块；f—棘轮把手

调节压力计的位置，使压力计测量头刚好垂直接触到杯的侧壁，调节压力计的零点，然后上紧定位螺丝。

转动棘轮把手使其尖端向前移动(9.5±0.5)mm约1s后，退回把手，记录测力计上的最大示值即为杯身的挺度。

4.3 杯底强度

把杯倒置放在平面上，再放1000g砝码压10min，观察杯子的外形及结合部不得发现有任何分离。

5 卫生指标

5.1 按 GB/T 3561 的规定进行检验。

检验规则

1 组批

产品以批为单位进行验收，以同一规格的原料，同一工艺连续生产为一批，每批不得超过 10 万个。

2 抽样

按照 GB/T 2828 随机抽样，采用二次正常抽样的方案。规格、外观、物理性能的抽样检查水平和合格质量水平，按表 5 规定进行。

3 型式检验

型式检验为首件检验，检验项目为本标准的全部检验项目，有下列情况之一时，一般应进行型式检验。

a）新产品或老产品转产生产的试制定型；

b）正式生产后，改变生产工艺或使用新原料生产，而又可能影响产品性能时；

c）正常生产时，每季至少进行一次型式检验；

d）停产三个月以上再恢复生产时；

e）出厂检验结果与上次型式检验有较大差异时；

f）国家质量监督机构提出进行型式检验的要求时。

4 型式检验的判定

型式检验的结果判定按表 5 进行，有一项不合格，就判为型式检验不合格，如果卫生指标出现一个不合格品，亦判为型式检验不合格。

5 交收检验

交收检验的项目为：外观、泄漏性能、杯身强度，抽样合格判定数见表 5。

6 交收检验的判定

交收检验的判定完全按照型式检验进行。

7 每季进行一次卫生指标的检验。

表 5 纸杯抽样方案表　二次正常抽样方案批量≤10 万个

项　目	检查水平	样本数（个）	合格质量水平							
			AQL=0.65		AQL=2.5		AQL=4.0		AQL=6.5	
			Ac	*Re*	*Ac*	*Re*	*Ac*	*Re*	*Ac*	*Re*
外　观	s-2	8	—	—	—	—	0	2	—	—
			—	—	—	—	1	2	—	—
纸杯尺寸偏差		8(16)	—	—	—	—	—	—	0	3
			—	—	—	—	—	—	3	4
杯底强度	s-3	20	—	—	0	3	—	—	—	—
			—	—	3	4	—	—	—	—
容　量		20(40)	—	—	—	—	1	3	—	—
			—	—	—	—	4	5	—	—
杯身挺度			—	—	—	—	—	—	2	5
			—	—	—	—	—	—	6	7
泄漏性能	s-4	50	0	2	—	—	—	—	—	—
		50(100)	1	2	—	—	—	—	—	—

标志、包装、运输、贮存

1 标志

产品包装外形应有如下标志。

a）产品名称；

b）标准号；

c）净重与毛重；

d）数量；

e）外型尺寸（长×宽×高）；

f）生产厂全称及厂址；

g）运输与贮存注意事项的标志；

h）产品批号和生产日期。

2 包装

2.1 纸杯放在塑料袋里，每一包装箱内应有合格证。

2.2 包装应能保证产品在运输过程中，不受损坏，不受外来物的污染。

3 运输

在运输过程中应防止重压、倒置、摔跌及坚硬物件的碰撞，应尽量避免在高温下运输。

4 贮存

应贮存在通风、阴凉、干燥、无化学品及无毒、无毒物品污染的仓库内，贮存期从生产日期起不超过两年，超过两年必须重新检验，检验合格者才可使用。

食品包装用原纸卫生标准（GB 11680—89）

1990-05-01 实施

范围

本标准规定了食品包装用纸的卫生要求。

本标准适用于直接接触食品的各种原纸，包括食品包装纸、糖果纸、冰棍纸等。

感官指标

外观：色泽正常，无异嗅、污物。

理化指标

理化指标见表1：

表1

项　目		指　标	项　目	指　标
铅（以Pb计），mg/kg	≤	5.0	荧光性物质	
砷（以As计），mg/kg	≤	1.0	254 nm及365 nm	合格
			脱色试验（水、正己烷）	阴性

微生物指标

微生物指标见表2：

表2

项　目		指　标
大肠菌群，个/100g	≤	30
致病菌（系指肠道致病菌、致病性球菌）		不得检出

一次性可降解餐饮具通用技术条件(GB 18006.1—1999)

2000-01-01 实施

范围

本标准规定了一次性可降解餐饮具主要类型、基本技术要求、外观和使用性能、卫生要求、降解性能、检验方法、检验规则及产品标志、包装、运输、贮存要求。

本标准适用于用光-生物降解性材料或生物降解性材料生产的一次性餐饮具。一次性可降解方便面碗的耐温性能、卫生要求及降解性能也应符合本标准。

本标准的基本技术要求、成品外观及使用性能、卫生要求和降解性能部分是强制性的，其余是推荐性的。

定义

本标准采用下列定义。

1 一次性可降解餐饮具 single use degradable lunch container and drinking set

用生物降解性材料或光-生物降解性材料为主料制作，仅供一次餐饮使用的盒、碗、杯、盘、碟等容器。

2 生物降解性材料 biodegradable material

可在自然环境微生物(细菌、霉菌、藻类)酶作用下，发生生物化学反应，引起外观霉变到内在质量变化，最终形成二氧化碳和水的材料。

3 光-生物降解性材料 photo and bio-degradable material

可在户外阳光(或模拟阳光)、温度、氧、潮湿等因素的作用下，加速自身光氧化反应，引起从外观到内在质量变化(物理性能降低、分子量下降、化学结构变化等)，其促生物降解成分及新生亲水活性基团或其他含氧基团，可继续被微生物酶作用而进一步降解的材料。

4 生物降解率 rate of biodegradation

生物降解性材料在微生物作用下，所含元素碳转变成气态碳(CO_2)的百分比。

5 重均分子量 weight-averages molecular weight (M_w)

按分子重量分布函数统计的平均分子量。

6 数均分子量 number-averages molecular weight(M_n)

按分子数分布函数统计的平均分子量。

7 羰基指数 carbonyl index

试样在 $1715cm^{-1}$处的羰基红外吸收峰与固定特征吸收峰(如在接近 $3000cm^{-1}$ ~ $2840cm^{-1}$处的 C-H 伸缩振动)的吸光度之比。

8 模塑 moulding

利用模具通过加压、加热使材料成型的方法。

产品分类

按降解方式、原材料和生产工艺可分以下两大类、五种类型：

1 生物降解性材料类：
- 纸制—
  - 纸板涂膜型
  - 纸浆模塑型
- 植物纤维模塑型(冷压、热压及发泡型)
- 食用粉模塑型

2　光－生物降解性材料类：光－生物降解塑料(非发泡)型

基本技术要求

1　必须用无毒、无害、清洁无污染，符合国家食品卫生及环境保护法规、标准的原材料制作一次性可降解餐饮具。

2　所用助剂及内涂料的品种、使用范围及用量必须符合 GB 9685 规定。使用进口助剂及内涂料，也必须符合我国规定的品种和质量标准；首次在我国使用的新产品或进口产品，用前必须依据国家现行食品卫生管理规定，备好所需资料和证明办理审批手续。

3　不得使用以下原材料、助剂、涂料及化学制剂制作、加工一次性可降解餐饮具。

a) 未经去污染处理的天然材料及其粗加工品；

b) 失效变质、霉变或被污染；

c) 有害物质含量不符合卫生标准；

d) 回收再生材料；

e) 荧光增白剂。

4　成品废弃物除应符合本标准要求的降解性能外，还应具有回收价值、便于再生利用，或便于卫生填埋及高温堆肥处理。

成品外观及使用性能

1　成品外观应符合以下要求：

a) 正常色泽，无异味；

b) 表面平整洁净、质地均匀、无划痕，无皱折、剥离，无破裂及穿孔；

c) 表面无油污、尘土、霉变及其他异物；

d) 边缘光滑、规整。带盖品盖合方便平整，反弹性盖应可别扣。

2　成品使用性能应符合表 1 要求。

表 1　使用性能要求

序　号	项 目 名 称	技 术 指 标
01	容积偏差，%	±5
02	耐温试验(95℃ ±5℃的油、水，60℃环境恒温 30min)	无变形，起皮、起皱，无阴渗、漏
03	餐具负重试验(室温下负重 3kg)	高度变化≤5%
04	盖体对折试验　15 次	无断裂
05	跌落试验　1 次	无裂损
06	天然材料制品含水量，%	≤7

卫生要求

1　光－生物降解性材料餐饮具，其卫生指标应符合相应塑料成型品的国家现行卫生标准。

2　生物降解性材料餐饮具，其卫生指标应符合表 2 要求。

表 2　生物降解性材料餐饮具的卫生要求

<table>
<tr><th rowspan="2">序号</th><th rowspan="2" colspan="2">项 目 名 称</th><th colspan="4">产品类型及指标要求</th></tr>
<tr><th>纸板涂膜</th><th>纸浆模塑</th><th>植物纤维模塑</th><th>食用粉模塑</th></tr>
<tr><td rowspan="4">01</td><td rowspan="4">蒸发残渣
mg/L</td><td>水，60℃，2h</td><td colspan="4">≤30</td></tr>
<tr><td>正己烷，20℃，2h</td><td colspan="4">≤30</td></tr>
<tr><td>4%乙酸，60℃，2h</td><td colspan="4">≤30</td></tr>
<tr><td>65%乙醇，20℃，2h</td><td colspan="4">≤30</td></tr>
<tr><td>02</td><td colspan="2">高锰酸钾消耗量
（蒸馏水，60℃，2h），mg/L</td><td>≤10</td><td colspan="3">—</td></tr>
<tr><td rowspan="3">03</td><td rowspan="3">重金属
（4%醋酸，
60℃，2h）</td><td>以 Pb 计，mg/L</td><td colspan="4">≤1</td></tr>
<tr><td>以 As 计，mg/kg</td><td colspan="4">≤1</td></tr>
<tr><td>以 Cd 计，mg/L</td><td colspan="2">—</td><td>≤0.2</td><td>—</td></tr>
</table>

续表

序号	项 目 名 称		产品类型及指标要求			
			纸板涂膜	纸浆模塑	植物纤维模塑	食用粉模塑
04	荧光性物质(254nm 及 365nm)		任何一份 $100cm^2$ 样品荧光面积不得大于 $5cm^2$			
05	甲苯二胺(4% 乙酸), mg/L		≤0.004	—		
06	氟(蒸馏水, 60℃, 2h), mg/L		—	0.2	—	
07	有机磷农药残留量, mg		—		符合附录 A	—
08	黄曲霉毒素 B_1, μg/kg		—		≤5	
09	苯并(a)芘, μg/kg		—		≤5	
10	脱色试验	冷餐油或无色油脂	阴性			
		乙醇	阴性			
		浸泡液	阴性			

3 出厂合格品的细菌指标应符合 GB 14934 要求，霉菌计数不得大于 50 个/g。

降解性能

1 光－生物降解性材料餐饮具，其降解性能应符合表 3 要求。

表 3 光－生物降解性材料餐饮具降解性能要求

序号	项目名称	累计辐射量	降解指标					
			裂损级	重均分子量下降率,%	<10000 低分子百分含量	羰基指数	霉菌侵蚀,级	二氧化碳生成
01	野外曝晒架曝露试验	A	≥Ⅱ	≥80	≥20	≥1.5	—	—
		B	碎化粉化	≥90	≥40	≥4.0	≥Ⅰ	阳性
02	氙灯光源曝露试验	C	≥Ⅱ	≥70	—	≥1.5	—	—

注："A"、"B"、"C"为累计辐射量参考值，分别为(310 ±10) MJ/m^2、(590 ±10) MJ/m^2 及 $16800kJ/m^2$。

2 生物降解性材料餐饮具，其降解性能应符合表 4 要求。

表 4 生物降解性材料餐饮具降解性能要求

序号	试 验 名 称	指 标 要 求		
		纸制品	植物纤维制品	食用粉制品
01	霉菌浸蚀试验，级	≥Ⅲ	≥Ⅳ	≥Ⅳ
02	纤维素酶侵蚀试验(眼观)	黄橙色	—	黄橙色
03	需氧堆肥试验生物降解率,%	>30	≥60	

注：1. 霉菌浸蚀试验适合于常规检验，02 项适合于监督抽检中的快速检验。
2. 霉菌浸蚀试验常规检验阳性者不再作 03 项检验，阴性者以 03 项试验作最终判定。
3. 纸板涂 PE 膜样品，可剪碎后直接作 03 项检验。

检验方法

1 外观检查

在无阳光直射处将试样平放，正常视距目测；或将试样朝向窗外(或朝向 40W 日光灯)，观察质地是否均匀，有无针孔。

2 容积检验

按 GB/T 17409 规定的方法检验。

3 耐温性能试验

取两只试样放在衬有滤纸的搪瓷盘上，分别注满 95℃ ±5℃的热水(方便面碗用 100℃热水)、热食用油(饮具只作 100℃水耐温试验)，再移到 60℃恒温箱内静置 30min 后观察样盒有无变形，盒底有无阴渗变色、漏的迹象。

4 餐具负重试验

4.1 试验设备：200mm×150mm×3mm 的平板玻璃两块，3kg 砝码，精确度为 1mm 的金属直尺。

4.2 试验步骤：取试样餐具两只，将盖打开倒扣排放在平滑桌面上，再将平板玻璃放在盒底上。先用金属尺测量平板玻璃下表面至桌面的高度。然后将 3kg 砝码置于平板玻璃中央处，负重 1min 立即精确测量上述高度。用式(1)分别计算每只试样负重性能值，取两只试样餐具负重性能值的算术平均值为该类一次性餐具的负重性能值。

$$W = \frac{H_0 - H}{H_0} \times 100 \quad \cdots\cdots (1)$$

式中 W——试样餐盒的负重性,%；

H_0——试样餐盒高度，mm;

H——试样餐盒负重 1min 时的高度，mm。

5 盖体连接对折性能试验

将带盖餐具试样连续开合 15 次，观察与盒体连接处有无裂纹。

6 跌落试验

在常温下，将试样距平整水泥地面 0.8m 高处底部朝下自由跌落一次，观察试样是否完好无损。

7 生物降解性材料餐饮具水分检验

按 GB/T 462 要求检验。

8 理化指标检验

8.1 采样方法、样品准备及浸泡液的制备应符合 GB/T 17409 要求。

8.2 蒸发残渣、高锰酸钾消耗量、重金属以及脱色试验，按 GB/T 5009.60 规定检验，荧光检查按 GB/T 3561 规定检验，甲苯二胺含量用 GB/T 14937 方法测定。氟含量按 GB/T 5009.18 检验，浸泡用水应使用无氟蒸馏水；有机磷农药、黄曲霉毒素 B_1、苯并(a)芘残留量分别按 GB/T 5009.20、GB/T 17331、GB/T 5009.22、GB/T 5009.27 规定检验。

9 微生物检验

9.1 大肠菌群按 GB 14934 规定检验，致病菌按 GB/T 3561 规定的菌种及方法检验。

9.2 霉菌计数按 GB 4789.15 规定检验。

10 降解性能检验

10.1 光－生物降解及生物降解性能试验应符合 GB/T 18006.2 要求。

10.2 用凝胶色谱仪测量光－生物降解材料餐饮具试样的重均、数均分子量及低分子百分含量。用金刚石池制样，用傅立叶变换红外光谱仪作红外光谱分析。

检验规则

1 批量供货的成品必须是生产厂质检部门实施出厂检验的合格品。

2 批量产品的质量检验应包括出厂检验、型式检验和监督检验。型式检验和出厂检验项目及其不合格分类应符合表 5 要求。

3 产品外观、使用性能、卫生要求、降解性能检验项目的抽样单位为“只”或“个”，产品包装、标志检验项目的抽样单位为“箱”或“袋”。

4 出厂检验应符合以下要求

4.1 出厂检验应按批量进行，应以一次交货量或一次生产投料量为检查批。组成检查批的单位产品生产时间必须相同。

4.2 试样应从检查批中随机抽取，计数抽样方法应符合 GB/T 2828 要求，可按附录 B 要求采取一次正常抽样方案检查，其转移规则也应符合 GB/T 2828 要求。

表5　产品型式检验和出厂检验项目及其不合格分类

序号	项目名称		成品类别					对应条款	型式检验	出厂检验	不合格分类		
			纸板涂模	纸浆模塑	植物纤维模塑	食用粉模塑	光-生物降解				A	B	C
01	异味		√	√	√	√	√	6.1a)	√	√	—	—	√
02	外观	色泽	√	√	√	√	√	6.1a)	√	√	—	—	√
03	外观	划痕	√	√	√	√	√	6.1b)	√	√	—	—	√
04	外观	皱折、剥离	√	√	√	√	√	6.1b)	√	√	√	—	—
05	外观	破裂、穿孔	√	√	√	√	√	6.1b)	√	√	√	—	—
06	外观	油污、异物	√	√	√	√	√	6.1c)	√	√	√	—	—
07	外观	盒边	√	√	√	√	√	6.1d)	√	√	—	—	√
08	容积偏差		√	√	√	√	√	表1中01	√	√	—	—	√
09	耐温性能		√	√	√	√	√	表1中02	√	√	√	—	—
10	负重试验		√	√	√	√	√	表1中03	√	√	—	√	—
11	盖体对折		√	√	√	√	√	表1中04	√	—	—	—	√
12	跌落试验		—	—	√	√	—	表1中05	√	√	√	—	—
13	含水量		√	√	√	√	—	表1中06	√	—	—	—	√
14	光-生物降解		—	—	—	—	√	表3	√	—	√	—	—
15	生物降解试验		√	√	√	√	—	表4	√	—	√	—	—
16	蒸发残渣		√	√	√	√	√	表2中01	√	—	√	—	—
17	高锰酸钾消耗量		√	—	—	—	√	7.1	√	—	√	—	—
18	重金属		√	√	√	√	√	表2中03	√	—	√	—	—
19	荧光性物质		√	√	√	√	—	表2中04	√	—	√	—	—
20	甲苯二胺		√	—	—	—	—	表2中05	√	—	√	—	—
21	氟(F)		—	√	—	—	—	表2中06	√	—	√	—	—
22	有机磷农药		—	—	√	—	—	表2中07	√	—	√	—	—
23	黄曲霉毒素B_1		—	—	√	√	—	表2中08	√	—	√	—	—
24	苯并(a)芘		—	—	√	√	—	表2中09	√	—	√	—	—
25	脱色试验		√	√	√	√	√	表2中10	√	—	√	—	—
26	微生物检验		√	√	√	√	√	7.3	√	√	√	—	—
27	包装		√	√	√	√	√	第10章	√	√	—	√	—
28	标志		√	√	√	√	√		√	√	—	√	—

5　型式检验应符合以下规定

5.1　符合下列情况之一时作型式检验：

a）新研究开发的产品正式投产前；

b）如原材料、配方或加工工艺有大的改变，可能影响产品整体性能时；

c）停产一年以上，重新恢复生产时；

d）出厂检验或监督检验结果与最近一次型式检验结果有较大差异时；

e）产品质量监督检验主管部门提出要求时。

5.2　型式检验项目应符合表5规定。其中光-生物降解性材料餐饮具检样的野外曝露降解性能判断项目还应符合以下原则。

a）“外观裂损(纹)变化的级别及重均分子量下降率”为光降解性能的主要判断指标。“1万以下低分子百分含量”及“羰基指数”是判定是否继续进行表3的B条件曝露并作生物降解性能试验的辅助指标；

b）经表3A条件曝露后主要判断指标及辅助指标均符合表3要求，可免作B条件曝露及生物降解试验；

c）经表3A条件曝露后主要判断指标合格，辅助指标之一不合格，应继续B条件曝露。如经B条件曝露后，主要指标及辅助指标均合格，可免检生物降解性能指征试验；如辅助指标之一仍不合格，需进一步作微生物侵蚀试验或二氧化碳生成量检验；

d）经表3A条件曝露后，被检样主要及辅助指标均不合格，但标准降解样合格，应终止试验；

e）如野外试验前三周环境的相对湿度等于或大于70%，并出现标准降解样降解不理想时，可继续进行表3B条件曝露，并以B曝露量判定。

5.3 检查批应是为型式检验生产的全部合格产品，或正常生产过程中产品质量监督检验主管部门要求的周期内全部合格产品。试样应从检查批中随机抽取不少于50只。

5.4 型式检验抽样方法应符合GB/T 2829规定，单样检验项目可采用判别水平Ⅱ的一次抽样方案(详见附录B)。

5.5 微生物检验的抽样方法应符合9.9要求。包装检验的抽样方法及判定数应符合附录A规定。

6 监督检验计数一次抽样检验程序及抽样方案应符合GB/T 14437规定。

7 检验结果应按以下原则判定

7.1 单样检验项目(产品外观、使用性能、产品包装、标志)检查结果按以下规则计数和判断。

a) 如一只试样上有一个或一个以上的A类项不合格(可能同时存在C类项不合格)，按一个A类不合格品统计；

b) 如一只试样上有一个或一个以上的B类项不合格(不得有A类项不合格)，按一个B类不合格品统计；

c) 如一只试样上有一个或一个以上的C类项不合格(不得有A类或B类项不合格)，按一个C类不合格品统计；

d) 某一类不合格品数小于或等于合格判定数 *Ac* 时，为该类检验项目合格；反之，如大于或等于不合格判定数 *Re*，则该类检验项目为不合格。

7.2 光-生物降解性材料餐饮具型式检验降解性能试验结果，按5.2条规定及表3要求对比判断。判断原则如下：

a) 经表3A条件曝露主要判断指标及辅助判断指标均合格为降解性能合格；

b) 按5.2条原则，续经B条件曝露后主要及辅助指标均合格时也可判降解性能合格；

c) 按5.2条原则，续经B条件曝露后主要判断指标仍不合格，为降解性能不合格；

d) 按5.2条原则，续作的微生物侵蚀试验或二氧化碳生成量试验合格时，为降解性能合格，反之为降解性能不合格。

7.3 纸、植物纤维、食用粉制餐饮具生物降解性能检验结果应按表4要求对比判定。

7.4 如表5规定的所有项目均合格，则该批产品为合格品。如微生物、理化指标、降解性能、感观、使用性能有一项不合格，则该批产品为不合格。

包装、标志、运输、贮存

1 包装

一次性可降解餐饮具批量产品应有内、外两层包装。包装应整洁、数量准确，并符合以下要求：

a) 内包装应密封，其材料必须清洁、无毒、无异味，并具防尘、防水效能；

b) 光-生物降解性材料餐、饮具的内包装材料宜具避光性能；

c) 外包装箱应具抗压、防尘、防潮性能。

2 标志

2.1 每个餐、饮具成品外表面应有一次成型的鲜明厂标。

2.2 包装箱内应附有说明性标签，并注明以下内容：

a) 产品名称、种类、注册商标、卫生许可证编号；

b) 生产厂名、产地、批号及生产日期；

c) 检验合格标记及标准代号。

2.3 外包装箱表面应有以下标志：

a) 产品名称、种类、注册商标、卫生许可证编号及执行标准代号；

b) 生产厂名及产地；

c）产品数量、包装毛重、净重及体积；

d）批号及生产日期；

e）产品贮存条件及保质期；

f）附“食品用”字样及“防污染、防雨淋、勿压、轻放”标记。

3　运输与贮存

3.1　不得与有毒有害或有异味的物品混运、混放。

3.2　在运输中应轻装轻卸，避免剧烈振动、挤压和日晒雨淋。

3.3　存放一次性可降解餐饮具的库房应具备以下条件：

a）应有成品专用库；

b）最低温度不应低于5℃，最高不应高于40℃；

c）相对湿度应低于80%，且有良好通风；

d）应有防鼠、防潮条件，距地面15cm以上存放。

3.4　未经启封的批量产品，在规定的包装、运输和贮存条件下，一年内不得发生粘连、霉变或变质。

附录A
（标准的附录）
植物纤维原材料及其餐饮具制品有机磷农药最大残留量限值

<table>
<tr><th rowspan="2">项　目</th><th colspan="7">指　标，mg/kg</th></tr>
<tr><th>敌敌畏</th><th>乐果</th><th>马拉硫磷</th><th>对硫磷</th><th>甲拌磷</th><th>杀螟硫磷</th><th>倍硫磷</th></tr>
<tr><td>原材料</td><td>≤0.1</td><td>≤0.05</td><td>≤8</td><td>≤0.1</td><td>≤0.02</td><td>≤5</td><td>≤0.05</td></tr>
<tr><td>成　品</td><td>不得检出</td><td>不得检出</td><td>不得检出</td><td>≤0.1</td><td>不得检出</td><td>不得检出</td><td>≤0.01</td></tr>
</table>

附录B
（标准的附录）
出厂检验及型式检验的抽样方案

表B1　出厂检验单样检验项目正常检查一次抽样方案

<table>
<tr><th rowspan="2">不合格分类</th><th colspan="3" rowspan="2">项目名称</th><th rowspan="2">检查水平
IL</th><th rowspan="2">批量范围
个</th><th rowspan="2">样本个数</th><th rowspan="2">合格质量水平
AQL</th><th colspan="2">判定数</th></tr>
<tr><th>Ac</th><th>Re</th></tr>
<tr><td rowspan="6">A类</td><td rowspan="4">感官</td><td colspan="2">异味</td><td rowspan="6">特殊检查水平S－2</td><td rowspan="6">501～1200
1201～35000
35001～150000</td><td rowspan="6">5
8
13</td><td rowspan="6">1.0</td><td rowspan="6">0
0
0</td><td rowspan="6">1
1
1</td></tr>
<tr><td colspan="2">皱折、剥离</td></tr>
<tr><td colspan="2">破裂、穿孔</td></tr>
<tr><td colspan="2">油污、异物</td></tr>
<tr><td rowspan="3">使用性能</td><td rowspan="2">耐温性能</td><td>水</td></tr>
<tr><td>油</td></tr>
<tr><td>B类</td><td colspan="2">负重性能</td><td>特殊检查水平S－3</td><td>501～1200
1201～3200
3201～10000
10001～150000</td><td>13
13
20
32</td><td>1.5</td><td>0
0
1
1</td><td>1
1
2
2</td></tr>
<tr><td rowspan="4">C类</td><td rowspan="4">感官</td><td colspan="2">色泽</td><td rowspan="4">特殊检查水平S－4</td><td rowspan="4">501～1200
1201～10000
10001～35000
35001～150000</td><td rowspan="4">20
32
50
80</td><td rowspan="4">1.0</td><td rowspan="4">0
1
1
2</td><td rowspan="4">1
2
2
3</td></tr>
<tr><td colspan="2">划痕</td></tr>
<tr><td colspan="2">盒边</td></tr>
<tr><td colspan="2">容积偏差</td></tr>
</table>

注：*Ac*：合格判定数；*Re*：不合格判定数。

表 B2　型式检验单样检验项目判别水平Ⅱ的一次抽样方案

样本数量 个	不合格质量水平 RQL			判定数					
				A 类		B 类		C 类	
	A 类	B 类	C 类	Ac	Re	Ac	Re	Ac	Re
50	3.0	8.0	10	0	1	1	2	2	3

表 B3　包装、标志检验正常检查一次抽样方案

批量范围 箱	检查水平 IL	样本箱数	合格质量水平 AQL	判定数	
				Ac	Re
10～25	特殊检查水平 S－2	2	1.5	0	1
26～150		3		0	1
151～500		5		0	1

注：Ac—合格判定数；Re—不合格判定数。

干法造纸机(QB/T 2523—2001)

2002－05－01 实施

范围

本标准规定了干法造纸机的产品分类、技术要求、试验方法、检验规则和标志、包装、运输、贮存。

本标准适用于胶合无尘纸机、热合无尘纸机、复合无尘纸机(以下简称“干法纸机”)。

产品分类与基本参数

1　干法纸机分类

1.1　按纸张生产工艺不同分为：胶合无尘纸机、热合无尘纸机、复合无尘纸机。

1.2　按传动装置的布置分为：左手机(以 Z 表示)、右手机(以 Y 表示)。面对出纸端，传动装置位于左边的称为左手机，反之称为右手机。

2　干法纸机型号说明

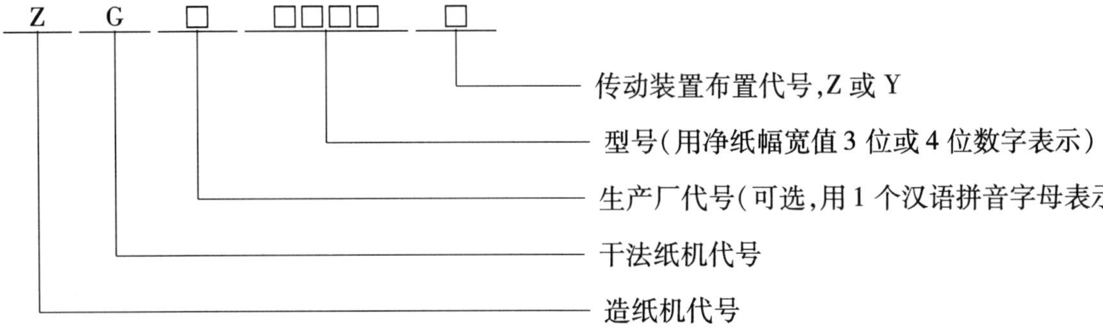

3　干法纸机的幅宽系列应符合表 1 的规定。

表 1　干法纸机幅宽系列　　mm

系　列	Ⅰ		Ⅱ		Ⅲ		Ⅳ	
净纸幅宽	800	1200	1600	2000	2400	2800	3200	3600
轨　距	1400	1900	2400	2850	3300	3700	4100	4500

4　干法纸机的主要技术参数应符合表 2 的规定。

表2 干法纸机主要技术参数

型号	ZG□800			ZG□1200			ZG□1600			ZG□2400		
主要产品	胶合无尘纸	热合无尘纸	复合无尘纸	胶合无尘纸	热合无尘纸	复合无尘纸	胶合无尘纸	热合无尘纸	复合无尘纸	胶合无尘纸	热合无尘纸	复合无尘纸
净纸幅宽/mm	800			1200			1600			2400		
年产量/T	800～1000			1200～1500			3500～4000			6000～6500		
定量/(g/m^2)	45～120						45～240					
成形方式	垂直轴心旋转头箱平网成形技术或水平圆网干法成形技术											
施胶量(固含量)	12%～14%	—	4%～5%	12%～14%	—	4%～5%	12%～14%	—	4%～5%	12%～14%	—	4%～5%
热熔纤维含量	—	12%～40%	10%～30%	—	12%～40%	10%～30%	—	12%～40%	10%～30%	—	12%～40%	10%～30%
干燥方式	热风穿透式干燥											
车速/(m/min)	20～80			20～80			45～125			45～150		
装机容量/kW	200			220			1000			1600		
控制方式	全数字交流变频分部传动						造纸机 PMIS 系统					

注：型号表示中“□”为生产厂代号(可选，由生产厂自定，一般为生产厂名称第一个汉字的汉语拼音首字母，大写)。

技术要求

干法纸机的制造应符合 GB/T 14253 的规定。

1 一般要求

干法纸机应符合本标准的规定，并按经规定程序批准的图样和技术文件制造。

2 产品性能要求

2.1 干法纸机基本性能应符合表2的规定。

2.2 胶合、复合无尘纸机施胶应均匀，施胶量应便于控制，胶液流量误差应控制在 ±5g/min 以内，胶料穿透效果好。

2.3 热合、复合无尘纸机热熔纤维与绒毛浆应按规定的比例混合均匀，比例应便于控制，其含量误差应不大于 ±5g。

2.4 热辊温度应显示准确，控制方便，温度误差应不大于 ±4℃。

2.5 烘箱温度应显示准确，控制方便，温度误差应不大于 ±4℃。

3 制造要求

3.1 干法纸机焊接件的制造应符合 QB/T 1588.1 的规定。

3.2 干法纸机切削加工件的制造应符合 QB/T 1588.2 的规定。

3.3 干法纸机辊筒的尺寸应符合 QB/T 1339 的规定。

3.4 干法纸机辊筒的制造应符合 QB/T 1422.5 的规定。

3.5 干法纸机辊筒的动平衡应符合 QB/T 3917 的规定。

3.6 干法纸机成形网、干网应符合 QB/T 3664 的规定。

4 安装要求

4.1 干法纸机的装配应符合 QB/T 1588.3 的规定。分部装配应在铸铁平台或安装底轨上进行。

4.2 干法纸机的试安装应符合 QBJ 1 的规定。机架部分的试安装在底轨上进行。

4.3 成真空箱的安装水平为 0.10/1000。

4.4 施胶部真空箱安装水平为 0.15/1000。

4.5 主动辊、回头辊、热压胶辊安装水平为 0.06/1000。

4.6 导网辊安装水平为 0.20/1000。

5 电气安全要求

5.1 干法纸机的电气系统应符合 GB/T 5226.1 的规定。

5.2 干法纸机动力电路导线和保护接地电路间的绝缘电阻应不小于 1MΩ。
5.3 干法纸机所有电路导线和保护接地电路之间应经受耐压试验。
6 空运转要求
6.1 在最高工作车速时，其噪声(声压级)应不大子 85dB(A)。
6.2 轴承温度应不超过下列规定。
a) 正常工作时滑动轴承温升不超过 25℃，最高工作温度不超过 65℃。
b) 正常工作时滚动轴承温升不超过 35℃，最高工作温度不超过 75℃。
7 外观要求
7.1 外露加工面不应有锈蚀、碰伤、毛刺等缺陷。
7.2 零部件装配结合面边缘应平整，不应有明显错位。
7.3 涂漆质量应符合 QB/T 1588.4 的规定。

试验方法

1 无尘纸的质量按 GB/T 451.2，GB/T 451.3，GB/T 453，GB/T 461.1，GB/T 465.2 的规定检验。
2 动平衡试验应在动平衡机上进行，其试验结果应符合 3.5 的规定。
3 空运转试验
a) 干法纸机空运转应平稳，无不正常杂音，空运转时间应不少于 4h。空运转试验车速从低、中、高速逐级进行，其中中速(70% 最高车速)运行时间应不小于 2h，最高工作车速运行时间应不小于 1h；
b) 试验中全部气缸、气胎应动作 3 次 ~5 次。
4 轴承温升测定，采用点温计在各轴承座外表面测试，其试验结果应符合 6.2 的规定。
5 噪声测定
在干法纸机四周用精密声级计测量。声级计测高离地面 1.5m，距离纸机最大外廓 1m，并置于其中心轴线上测量 4 点，取其最大值。其测量结果应符合 6.1 的规定。
6 电气安全试验按 GB/T 5226.1—1996 中 20.2，20.3，20.4 规定进行。测量结果应符合 5.1，5.2 和 5.3 的规定。

检验规则

1 每台产品应经制造厂质量检验部门检查合格，并附有产品质量合格证书(写明采用标准号)方可出厂。
2 纸机检验分出厂检验和型式检验。
2.1 出厂检验
出厂检验项目为本标准技术要求中的 3 ~7 条款。
2.2 型式检验
当有下列情况之一时，应进行型式检验。
a) 新产品试制定型时；
b) 正式生产后如结构、材料、工艺有较大改变，可能影响产品性能时；
c) 国家质量监督机构提出进行型式检验的要求时。
2.3 型式检验项目为本标准规定的全部技术要求内容。
2.4 型式检验的样品应从用户使用不足一年的产品中随机抽取一台，在用户厂中进行。

标志、包装、运输、贮存

1 在干法纸机上适当部位产品固定商标、标牌，其型式、尺寸和内容应符合 GB/T 13306 的规定，内容如下。

a）制造厂名；
b）注册商标；
c）产品名称；
d）产品型号；
e）净纸宽度；
f）定量范围；
g）工作车速；
h）轨距；
j）设备重量；
k）制造日期；
l）出厂编号。

2 干法纸机上应有指示润滑、操作、运输、安全等标志，其型式、内容应符合 GB/T 2894 的规定。

3 随机文件包括。
a）产品合格证书（按 GB/T 14436 规定编写）；
b）产品使用说明书（按 GB 9969.1 规定编写）；
c）装箱单。

4 干法纸机的包装应符合 QB/T 1588.5 的有关规定。

5 干法纸机的包装、储运图示标志应符合 GB 191 的规定。

6 干法纸机的运输、包装、收发货标志应符合 GB/T 6388 的规定。

7 贮存

产品应贮存在干燥通风、防雨的场地，每存放 6 个月应进行一次开箱检查，并进行必要的防锈处理。

造纸工业水污染物排放标准（GB 3544—2001）

主题内容与适用范围

1 主题内容

本标准按生产工艺规定了造纸工业吨产品日均最高允许排水量，日均最高允许排放浓度和吨产品最高允许水污染物排放量。

2 适用范围

本标准适用于造纸工业的制浆、造纸和制浆造纸联合企业的废水排放管理，以及造纸工业建设项目环境影响评价、建设项目环境保护设施设计、竣工验收及其投产后的废水排放管理。

技术内容

1 排入 GB 3838 中Ⅲ类水域（水体保护区除外）、Ⅳ、Ⅴ类水域和 GB 3097 中二、三、四类海域的造纸工业废水，应根据生产工艺分别执行本标准规定的标准值。

2 排入设置二级污水处理厂城镇下水道的造纸工业废水，应达到地方规定的污水处理厂进水标准。

3 标准值

2001 年 1 月 1 日起，造纸工业的水污染物排放均执行表 1 规定的标准值。

4 废纸制浆企业的废水排放按有、无脱墨工艺分别执行漂白木浆和本色木浆标准。

化学机械制浆企业的废水排放按有、无漂白工艺分别执行漂白木浆和本色木浆标准。

监测与实施

1 采样点

采样点设在企业废水排放口。在排放口必须设置永久性排污口标志、污水流量连续计量装置和污水比例采样装置。

表1 造纸工业水污染物排放标准值

类别		项目 / 单位	排水量[3]	生化需氧量（BOD_5）		化学需氧量（COD_{cr}）		悬浮物（SS）		可吸附有机卤化物（AOX）[4]		pH
			m^3/t 产品	kg/t 产品	mg/L	kg/t 产品	mg/L	kg/t 产品	mg/L	kg/t 产品	mg/L	
制浆、制浆造纸[1]	木浆	本色	150	10.5	70	52.5	350	15	100			6~9
		漂白	220	15.4	70	88	400	22	100	2.64	12	6~9
	非木浆	本色	100	10	100	40	400	10	100			6~9
		漂白	300	30	100	135	450	30	100	27	9	6~9
造纸[2]	一般机制纸及纸板		60	3.6	60	6	100	6	100			6~9

注：1）制浆、制浆造纸：单纯制浆或浆纸产量平衡的生产。
2）造纸：单纯造纸或纸产量大于浆产量的造纸生产。
3）排水量为生产工艺参考指标。
4）AOX（可吸附有机卤化物）为参考指标。

2 采样频率

采样频率按生产周期确定。生产周期在8h以内的，每2h采集一次；生产周期大于8h的，每4h采集一次。

3 排水量

排水量包括制浆和造纸生产排水量，不包括化学制备排水、间接冷却排水、厂区生活排水及厂内锅炉、电站排水量。

排水量和排放浓度按日均值计算。

4 产品产量的统计

制浆、造纸或制浆造纸联合企业的原材料使用量、产品产量等，以法定月报表为准。根据企业实际正常生产天数，计算出各类产品的日均产量。

5 混合废水标准值的确定

制浆、制浆造纸与造纸生产废水混合排放时，其污染物排放指标按附录A方法计算。

6 测定

本标准采用的测定方法按表2执行。

表2 污染物项目测定方法

序号	项目	测定方法	方法标准号	序号	项目	测定方法	方法标准号
1	BOD_5	稀释与接种法	GB 7488—86	4	pH	玻璃电极法	GB 6920—89
2	COD_{Cr}	重铬酸钾法	BG 11914—87	5	AOX	微库仑法	GB/T 15959—1995
3	SS	重量法	GB 11901—89				

附录A

混合废水标准值确定

制浆、制浆造纸与造纸生产废水混合排放时，采用如下方法计算吨产品日均最高允许排水量、水污染物日均最高允许排放浓度和吨产品最高允许水污染物排放量。

$$Q_{混合}=\frac{\sum_{i=1}^{n}Q_iY_i}{\sum_{i=1}^{n}Y_i} \quad C_{混合}=\frac{\sum_{i=1}^{n}C_iQ_iY_i}{\sum_{i=1}^{n}Q_iY_i}=\frac{\sum_{i=1}^{n}L_iY_i}{\sum_{i=1}^{n}Q_iY_i} \quad L_{混合}=\frac{\sum_{i=1}^{n}L_iY_i}{\sum_{i=1}^{n}Y_i}=\frac{\sum_{i=1}^{n}C_iQ_iY_i}{\sum_{i=1}^{n}Y_i}=Q_{混合}C_{混合}$$

式中 $Q_{混合}$——吨产品日均最高允许排水量；

$C_{混合}$——水污染物日均最高允许排放浓度；

$L_{混合}$——吨产品最高允许水污染物排放量；

Q_i——不同产品适用的吨产品日均最高允许排水量；

C_i——不同产品适用的水污染物日均最高允许排放浓度；

L_i——不同产品适用的吨产品最大允许水污染物排放量；

Y_i——不同产品的日均生产量。

关于修订《造纸工业水污染物排放标准》的公告
（环发[2003]152号）

为贯彻《中华人民共和国环境保护法》和《中华人民共和国水污染防治法》，防治环境污染，促进造纸工业生产工艺和污水处理技术的进步，根据全国水污染防治工作的需要和造纸行业的发展情况，国家环保局决定对《造纸工业水污染物排放标准》(标准编号GB 3544—2001)进行修订。现公告如下：

一、标准3.3条(本手册GB 3544—2001技术内容中的第3条)增加一款：

废纸制浆造纸企业排放的水污染物执行表1规定的排放限值，实施方案为：2004年1月1日起，新、扩、改建废纸制浆造纸企业开始执行；2004年1月1日前通过环境影响评价审批的废纸制浆造纸企业自2005年1月1日起执行。

表1 废纸制浆造纸企业水污染物排放限值

控制项目 单位工艺 类别	排水量	生化需氧量 (BOD_5)		化学需氧量 (COD_{cr})		悬浮物 (SS)		pH
		排放负荷	排放浓度	排放负荷	排放浓度	排放负荷	排放浓度	
	m^3/t	kg/t	mg/L	kg/t	mg/L	kg/t	mg/L	
本色	60	3.6	60	6	100	6	100	6～9
脱墨	60	3.6	60	9	150	6	100	6～9

二、删除《造纸工业水污染物排放标准》中3.4条(本手册GB 3544—2001技术内容中的第4条)第一款的内容。

三、标准4.5条(本手册GB 3544—2001监测与实施中的第5条)修改为：“制浆、制浆造纸”、“造纸”或“废纸制浆造纸”工艺的生产废水混合排放时，其污染物排放指标按附录A规定的方法计算。

四、标准附录A的第一款及Q混合的公式修改为：

“制浆、制浆造纸”、“造纸”或“废纸制浆造纸”工艺的生产废水混合排放时，采用如下方法计算吨产品日均最高允许排水量、水污染物日均最高允许排放浓度和吨产品最高允许水污染物排放量。

$$Q_{混合}=\frac{\sum_{i=1}^{n}Q_iY_i}{\sum_{i=1}^{n}Y_i}$$

二〇〇三年九月二十二日

造纸产品取水定额(GB/T 18916.5—2002)

2005-01-01实施

取水量定额指标 单位：m^3/t

标准分级		A级	B级
纸浆	漂白化学木(竹)浆	90	150
	本色化学木(竹)浆	60	110
	漂白化学非木(麦草、芦苇、甘蔗渣)浆	130	210
	脱墨废纸浆	30	45
	未脱墨废纸浆	20	30
	机械木浆	30	40
纸	新闻纸	20	50
	印刷书写纸	35	60
	生活用纸	30	50
	包装用纸	25	50
纸板	白纸板	30	50
	箱纸板	25	40
	瓦楞原纸	25	40

注：1. 1998年1月1日起新、扩、改建成投产的企业或生产线，其取水定额执行A级指标。
1998年1月1日前建成或投产的企业或生产线，其取水定额执行B级指标。
幅宽小于4 m的纸机、纸板机及其配套的制浆生产线，其取水定额执行B级指标。
2. 高得率半化学本色木浆及草浆按本色化学木浆执行。
3. 纸浆产品为液体浆，当生产商品浆时，允许在本定额的基础上增加10 m^3/t。
4. 纸浆的计量单位为吨风干浆{水分10%}。

其他主要造纸企业名录

（按产品分列）

DIRECTORY OF OTHER MAJOR PAPER MILLS IN CHINA（sorted by products）

［8］

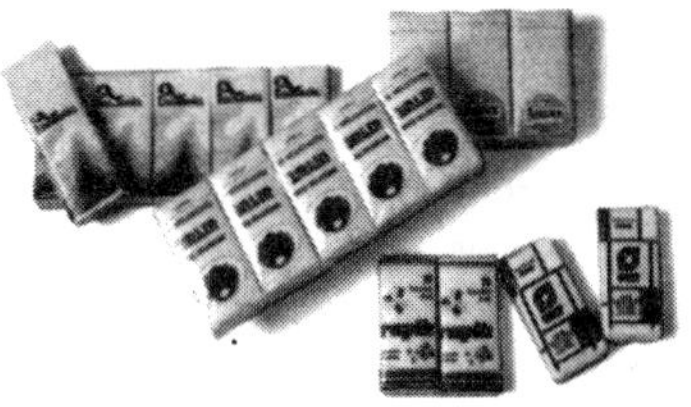

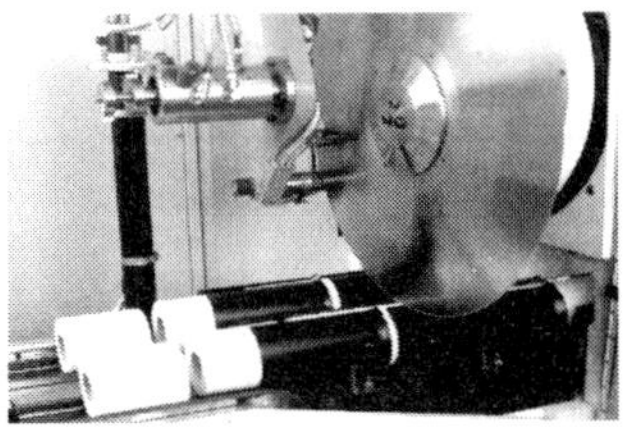

● 商品纸浆 Market pulp

天津津滨造纸有限责任公司
Tianjin Jinbin Paper Making Co., Ltd.
地址:天津市河东区津塘路178号
Add: No. 178 Jintang Rd., Hedong, Tianjin
邮编(P. C.):300300
电话(Tel):022-84397060
传真(Fax):022-84397060

天津金证造纸有限公司
Tianjin Jinzheng Paper Making Co., Ltd.
地址:天津市河东区津塘路178号
Add: No. 178, Jintang Rd., Hedong, Tianjin
邮编(P. C.):300300
电话(Tel):022-84397070
传真(Fax):022-84397070

内蒙古塞外星华章纸业股份有限公司
Inner Mongolia Saiwaixing Huazhang Paper Industry Co., Ltd.
地址:内蒙古巴盟乌拉特前旗西山咀镇
Add: Xishanju, Bameng, Wulate Qianqi, Inner Mongolia
邮编(P. C.):014400
电话(Tel):0478-3211917
传真(Fax):0478-3215178

海拉尔晨鸣纸业有限责任公司
Halar Chenming Paper Industry Co., Ltd.
地址:内蒙古海拉尔市建设镇牙克石路19号
Add: No. 19 Yakeshi Rd., Jianshe, Halar, Inner Mongolia
邮编(P. C.):021011
电话(Tel):0470-8283966
传真(Fax):0470-8281667

内蒙古美利北辰浆纸股份有限公司
Inner Mongolia Meili Beichen Pulp & Paper Co., Ltd.
地址:内蒙古乌拉特前旗西山咀镇
Add: Xishanju, Wulate Qianqi, Inner Mongolia
邮编(P. C.):014400
电话(Tel):0478-3214222
传真(Fax):0478-3213164

内蒙古森工集团富伦纸业有限责任公司
Inner Mongolia Sengong Group Fulun Paper Industry Co., Ltd.
地址:内蒙古扎兰屯市纸浆街33号
Add: No. 33 Pulp & Paper St., Zhalantun, Inner Mongolia
邮编(P. C.):162650
电话(Tel):0470-3302442
传真(Fax):0470-3303820

营口造纸厂
Yingkou Paper Mill
地址:辽宁省营口市河湾北街1号
Add: No. 1 Hewanbei St., Yingkou, Liaoning
邮编(P. C.):115001
电话(Tel):0417-3632717
传真(Fax):0417-3631195

延边石岘白麓纸业股份有限公司
Yanbian Shixian Bailu Paper Industry Co., Ltd.
地址:吉林省图们市石岘镇
Add: Shixian, Tumen, Jilin
邮编(P. C.):133101
电话(Tel):0433-3868139
传真(Fax):0433-3868254

黑龙江粤景浆纸有限公司
Heilongjiang Yuejing Pulp & Paper Co., Ltd.
地址:黑龙江省哈尔滨市通河镇
Add: Tonghe, Harbin, Heilongjiang
邮编(P. C.):150900
电话(Tel):0451-57427978
传真(Fax):0451-57427978

佳木斯金地造纸股份有限公司
Jiamusi Jindi Paper Co., Ltd.
地址:黑龙江省佳木斯市光复路306号
Add: No. 306 Guangfu Rd., Jiamusi, Heilongjiang
邮编(P. C.):154005
电话(Tel):0454-8375207
传真(Fax):0454-8391825

甲乙(连云港)粘胶有限公司
Jiayi (Lianyungang) Viscose Co., Ltd.
地址:江苏省连云港市新浦区解放东路丁字路口北郊路13号
Add: No. 13 Beijiao Rd., Jiefangdong Rd., Xinpu, Lianyungang, Jiangsu
邮编(P. C.):222069
电话(Tel):0518-5153113
传真(Fax):0518-5150015

镇江金河纸业有限公司
Zhenjiang Jinhe Paper Industry Co., Ltd.
地址:江苏省镇江市谏壁镇越河街41号
Add: No. 41 Yuehe St., Jianbi, Zhenjiang, Jiangsu
邮编(P. C.):212006
电话(Tel):0511-3361361
传真(Fax):0511-3361362

福建省南纸股份有限公司
Fujian Nanzhi Paper Co., Ltd.
地址:福建省南平市滨江北路177号
Add: No. 177 Binjiangbei Rd., Nanping, Fujian
邮编(P. C.):353000
电话(Tel):0599-8808888
传真(Fax):0599-8801551

福建省青山纸业股份有限公司
Fujian Qingshan Paper Industry Co., Ltd.
地址:福建省三明市沙县青州镇
Add: Qingzhou, Shaxian, Sanming, Fujian
邮编(P. C.):365506
电话(Tel):0598-5658989
传真(Fax):0598-5658789

邵武中竹纸业有限责任公司
Shaowu Zhongzhu Paper Industry Co., Ltd.
地址:福建省邵武市下王塘
Add: Xiawangtang, Shaowu, Fujian
邮编(P. C.):354000
电话(Tel):0599-6541168
传真(Fax):0599-6541090

陵县泰华浆纸有限公司
Lingxian Taihua Pulp & Paper Co., Ltd.
地址:山东省陵县泰华工业园
Add: Taihua Industrial Park, Lingxian, Shandong
邮编(P. C.):253500
电话(Tel):0534-8703777
传真(Fax):0534-8708999

山东亚太森博浆纸有限公司
Shandong Yatai SSYMB Pulp & Paper Co., Ltd.
地址:山东省日照市北京路
Add: Beijing Rd., Rizhao, Shandong
邮编(P. C.):276826
电话(Tel):0633-3361000
传真(Fax):0633-3361280

丹江口市第一造纸厂
Danjiangkou No. 1 Paper Mill
地址:湖北省丹江口六里坪镇大桥头
Add: Daqiaotou, Liuliping, Danjiangkou, Hubei
邮编(P. C.):442716
电话(Tel):0719-5713185
传真(Fax):0719-5711788

荆州市宽宏纸业有限公司
Jingzhou Kuanhong Paper Industry Co., Ltd.
地址:湖北省荆州市南环路西端
Add: Xiduan, Nanhuan Rd., Jingzhou, Hubei
邮编(P.C.):434100
电话(Tel):0716－8414222
传真(Fax):0716－8414555

湖北帅伦纸业股份有限公司
Hubei Shuailun Paper Industry Co., Ltd.
地址:湖北省武汉市江岸区谌家矶河边1号
Add: No. 1 Hebian, Chenjiaji, Jiangan, Wuhan, Hubei
邮编(P.C.):430011
电话(Tel):027－82324293
传真(Fax):027－83344993

岳阳丰利纸业有限公司
Yueyang Fengli Paper Industry Co., Ltd.
地址:湖南省岳阳县鹿角镇
Add: Lujiao, Yueyang, Hunan
邮编(P.C.):414107
电话(Tel):0730－7860030
传真(Fax):0730－7860033

江门甘蔗化工厂(集团)股份有限公司
Jiangmen Sugar Cane Chemical Mill(Group)Co., Ltd.
地址:广东省江门市北街1号
Add: No. 1 North St., Jiangmen, Guangdong
邮编(P.C.):529075
电话(Tel):0750－3361611
传真(Fax):0750－3361973

广东鼎丰纸业有限公司
Guangdong Dingfeng Paper Industry Co., Ltd.
地址:广东省肇庆市广宁县南街镇首约
Add: Shouyue, Nanjie, Guangning, Zhaoqing, Guangdong
邮编(P.C.):526300
电话(Tel):0758－8659000
传真(Fax):0758－8659168

广西贵糖(集团)股份有限公司
Guangxi Guitang (Group) Co., Ltd.
地址:广西贵港市幸福路100号
Add: No. 100 Xingfu Rd., Guigang, Guangxi
邮编(P.C.):537102
电话(Tel):0775－4201997
传真(Fax):0775－4260088

广西贺达纸业有限责任公司
Guangxi Heda Paper Industry Co., Ltd.
地址:广西贺州市八达中路190号
Add: No. 190 Badazhong Rd., Hezhou, Guangxi
邮编(P.C.):542800
电话(Tel):0774－5100081
传真(Fax):0774－5125154

广西柳江造纸厂
Guangxi Liujiang Paper Mill
地址:广西柳州市洛埠镇
Add: Luobu, Liuzhou, Guangxi
邮编(P.C.):545011
电话(Tel):0772－2750107
传真(Fax):0772－2750784

广西国发林业造纸有限责任公司
Guangxi Guofa Forestry Pulp & Paper Making Co., Ltd.
地址:广西鹿寨县雒容镇
Add: Luorong, Luzhai, Guangxi
邮编(P.C.):545616
电话(Tel):0772－6666999
传真(Fax):0772－6510890

南宁糖业股份有限公司
Nanning Sugar Industry Co., Ltd.
地址:广西南宁市亭洪路48号
Add: No. 48 Tinghong Rd., Nanning, Guangxi
邮编(P.C.):530031
电话(Tel):0771－4915366
传真(Fax):0771－4912771

广西南宁凤凰纸业有限公司
Guangxi Nanning Phoenix Pulp & Paper Industry Co., Ltd.
地址:广西南宁市星光大道158号
Add: No. 158, Xingguang Rd., Nanning, Guangxi
邮编(P.C.):530031
电话(Tel):0771－4590229
传真(Fax):0771－4516683

海南金海浆纸业有限公司
Hainan Jinhai Pulp & Paper Industry Co., Ltd.
地址:海南省洋浦经济开发区D12区
Add: D12 Zone, Yangpu Economy Development Zone, Hainan
邮编(P.C.):578101
电话(Tel):0898－28822288
传真(Fax):0898－28821260

中竹纸业集团有限公司
Zhongzhu Paper Industry Group Co., Ltd.
地址:四川省成都市人民南路四段1号时代数码大厦B座26层
Add: 26F, Shidaishuma B Building, No. 1 Siduan, Renminnan Rd., Chengdu, Sichuan
邮编(P.C.):610000
电话(Tel):028－86316388
传真(Fax):028－86316838

四川瑞松纸业有限公司
Sichuan Realson Paper Industry Co., Ltd.
地址:四川省乐山市市中区柏杨路106号
Add: No. 106 Baiyang Rd., Shizhong, Leshan, Sichuan
邮编(P.C.):614005
电话(Tel):0833－2490015
传真(Fax):0833－2490201

雅安中竹纸业有限责任公司
Yaan Zhongzhu Paper Industry Co., Ltd.
地址:四川省雅安姚桥镇
Add: Yaoqiao, Yaan, Sichuan
邮编(P.C.):625000
电话(Tel):0835－2850834
传真(Fax):0835－2850060

宜宾纸业股份有限公司
Yibin Paper Industry Co., Ltd.
地址:四川省宜宾市岷江西路54号
Add: No. 54 Minjiang West Rd., Yibin, Sichuan
邮编(P.C.):644007
电话(Tel):0831－3560856
传真(Fax):0831－3561965

云南云景林纸股份有限公司
Yunnan Yunjing Forestry & Paper Co., Ltd.
地址:云南省景谷县南景村
Add: Nanjing, Jinggu, Yunnan
邮编(P.C.):666400
电话(Tel):0879－5410634
传真(Fax):0879－5410146

云南省施甸县纸箱纸板厂
Yunnan Shidian Paper Skin & Paper Board Mill
地址:云南省施甸县由旺镇老邓桥
Add: Laodengqiao, Youwang, Shidian, Yunnan
邮编(P.C.):678206
电话(Tel):0875－8881096
传真(Fax):0875－8881096

新疆博湖苇业股份有限公司
Xinjiang Bohu Weiye Co., Ltd.
地址:新疆库尔勒市新城区楼兰路
Add: Loulan Rd., Xincheng, Kuerle, Xinjiang
邮编(P.C.):841001

电话(Tel):0996－2161216
传真(Fax):0996－2153164

● 牛皮箱纸板、牛皮卡纸 Board liner, Kraft card paper

北京造纸七厂
Beijing No.7 Paper Mill
地址:北京市通州区滨河路126号
Add: No. 126 Binhe, Tongzhou, Beijing
邮编(P.C.):101149
电话(Tel):010－61563101
传真(Fax):010－61563376

天津市大港永兴福利造纸厂
Tianjin Dagang Yongxing Fuli Paper Mill
地址:天津市大港区太平镇郭庄子工业区
Add: Guozhuangzi Industrial Zone, Taiping, Dagang, Tianjin
邮编(P.C.):300282
电话(Tel):022－63155134
传真(Fax):022－63155136

天津环球造纸有限公司
Tianjin Huanqiu Paper Making Co., Ltd.
地址:天津市河西区大沽南路1069号
Add: No. 1069 Dagunan Rd., Hexi, Tianjin
邮编(P.C.):300222
电话(Tel):022－28191130
传真(Fax):022－28116068

天津市第三人民造纸厂
Tianjin Third People Paper Mill
地址:天津市红桥区西于庄小辛庄大街53号
Add: No. 53 Xiaoxinzhuang St., Xiyuzhuang, Hongqiao, Tianjin
邮编(P.C.):300132
电话(Tel):022－26370510
传真(Fax):022－26371695

保定市江城造纸厂
Baoding Jiangcheng Paper Mill
地址:河北省保定市国家高新技术产业开发西区
Add: National High & New Technology Development West Zone, Baoding, Hebei
邮编(P.C.):071000
电话(Tel):0312－3204509
传真(Fax):0312－3250182

保定三联纸业有限公司
Baoding Sanlian Paper Industry Co., Ltd.
地址:河北省保定市西外环路南段
Add: Nanduan, Xiwaihuan Rd., Baoding, Hebei
邮编(P.C.):071000
电话(Tel):0312－3239070
传真(Fax):0312－3250899

承德兴业造纸有限公司
Chengde Xingye Paper Making Co., Ltd.
地址:河北省承德市承德县下板城镇
Add: Xiabancheng, Chengde, Chengde, Hebei
邮编(P.C.):067400
电话(Tel):0314－3115163
传真(Fax):0314－3115180

鹿泉市顺发工业公司
Luquan Shunfa Industry Co.
地址:河北省鹿泉市大河镇曲寨村
Add: Quzhai, Dahe, Luquan, Hebei
邮编(P.C.):050200
电话(Tel):0311－82297800
传真(Fax):0311－82294959

鹿泉市远大工业公司
Luquan Yuanda Industry Co.
地址:河北省鹿泉市大河镇曲寨村
Add: Quzhai, Dahe, Luquan, Hebei
邮编(P.C.):050200
电话(Tel):0311－82297750
传真(Fax):0311－82296818

秦皇岛豪峰企业集团
Qinhuangdao Haofeng Enterprise Group
地址:河北省秦皇岛市北戴河西10公里留守营
Add: Liushouying, Beidaihexi, Qinhuangdao, Hebei
邮编(P.C.):066301
电话(Tel):0335－6046145
传真(Fax):0335－6045948

唐山市金马封面包装工业纸板厂
Tangshan Jinma Fengmian Packing Industry Paper Board Factory
地址:河北省唐海县五农场场部
Add: Changbu, Diwu Nongchang, Tanghai, Hebei
邮编(P.C.):063205
电话(Tel):0315－8855261
传真(Fax):0315－8856935

河北永新纸业有限公司
Hebei Yongxin Paper Industry Co., Ltd.
地址:河北省唐山市滦南县城关西马路88号
Add: No. 88 Chengguanxi Rd., Luannan, Tangshan, Hebei
邮编(P.C.):063500
电话(Tel):0315－4123124
传真(Fax):0315－4124657

河北东方造纸有限公司
Hebei Dongfang Paper Making Co., Ltd.
地址:河北省吴桥县安陵镇
Add: Anling, Wuqiao, Hebei
邮编(P.C.):061800
电话(Tel):0317－7198111
传真(Fax):0317－7197087

东兴纸业(香河)有限公司
Tung Hsing Paper (Xianghe) Co., Ltd.
地址:河北省香河县淑阳镇金辛庄村
Add: Jinxinzhuang, Shuyang, Xianghe, Hebei
邮编(P.C.):065400
电话(Tel):0316－8327047
传真(Fax):0316－8327048

河北省保定市东方造纸有限公司
Hebei Baoding Dongfang Paper Making Co., Ltd.
地址:河北省徐水县南环路南三公里
Add: Nanhuan Rd., Xushui, Hebei
邮编(P.C.):072550
电话(Tel):0312－8605508
传真(Fax):0312－8605530

河北省元氏县金鹏纸业有限责任公司
Hebei Yuanshi Jinpeng Paper Industry Co., Ltd.
地址:河北省元氏县嘉惠街南段
Add: Nanduan, Jiahui St., Yuanshi, Hebei
邮编(P.C.):051130
电话(Tel):0311－4623867
传真(Fax):0311－4620935

太原市齐兴伟业造纸有限公司
Taiyuan Qixing Weiye Paper Making Co., Ltd.
地址:山西省太原市晋源区晋源镇五府营村
Add: Wufuying, Jinyuanzhen, Jinyuan, Taiyuan, Shanxi
邮编(P.C.):030025
电话(Tel):0351－6944490
传真(Fax):0351－6944431

东达蒙古王纸业公司
Dongda Mongguwang Paper Indus-

try Co.
地址:内蒙古达拉特旗树林召镇
Add: Shulinzhao, Dalateqi, Inner Mongolia
邮编(P. C.):014300
电话(Tel):0477-5292410

内蒙古美利北辰浆纸股份有限公司
Inner Mongolia Meili Beichen Pulp & Paper Co., Ltd.
地址:内蒙古乌拉特前旗西山咀镇
Add: Xishanju, Wulate Qianqi, Inner Mongolia
邮编(P. C.):014400
电话(Tel):0478-3214222
传真(Fax):0478-3213164

内蒙古森工集团富伦纸业有限责任公司
Inner Mongolia Sengong Group Fulun Paper Industry Co., Ltd.
地址:内蒙古扎兰屯市纸浆街33号
Add: No. 33 Pulp & Paper St., Zhalantun, Inner Mongolia
邮编(P. C.):162650
电话(Tel):0470-3302442
传真(Fax):0470-3303820

鞍山市连强纸板有限责任公司
Anshan Lianqiang Paper Board Co., Ltd.
地址:辽宁省鞍山市铁西区大西街北口
Add: Daxi St., Tiexi, Anshan, Liaoning
邮编(P. C.):114011
电话(Tel):0412-8419037
传真(Fax):0412-8416020

朝阳工业纸板厂
Chaoyang Gongye Paper Board Factory
地址:辽宁省朝阳市朝阳大街水环路8号
Add: No. 8 Shuihuan Rd., Chaoyangdajie St., Chaoyang, Liaoning
邮编(P. C.):122000
电话(Tel):0421-2805675
传真(Fax):0421-2805675

辽阳工业纸板股份有限公司
Liaoyang Gongye Paper Board Co., Ltd.
地址:辽宁省辽阳市白塔区建设路21号
Add: No. 21 Jianshe Rd., Baita, Liaoyang, Liaoning
邮编(P. C.):111004
电话(Tel):0419-3302901
传真(Fax):0419-3303375

沈阳市辽中造纸实业股份合作公司
Shenyang Liaozhong Paper Industrial Co.
地址:辽宁省沈阳市辽中县政府路137号
Add: No. 137 Zhengfu Rd., Liaozhong, Shenyang, Liaoning
邮编(P. C.):110200
电话(Tel):024-87883342
传真(Fax):024-87885385

佳木斯市松江造纸厂
Jiamusi Songjiang Paper Mill
地址:黑龙江省佳木斯市松江乡模范村
Add: Mofan, Songjiang, Jiamusi, Heilongjiang
邮编(P. C.):154005
电话(Tel):0454-8397759

上海开伦造纸(集团)有限公司
Shanghai Kailun Paper (Group) Co., Ltd.
地址:上海市武夷路477号
Add: No. 477 Wuyi Rd., Shanghai
邮编(P. C.):200050
电话(Tel):021-62104040
传真(Fax):021-62401113

上海实宏纸业有限公司
Shanghai Sonoco Hongwen Paper Co., Ltd.
地址:上海市徐汇区喜泰路243号
Add: No. 243 Xitai Rd., Xuhui, Shanghai
邮编(P. C.):200231
电话(Tel):021-54090022
传真(Fax):021-54098017

江苏理文造纸有限公司
Jiangsu Lee & Man Paper Mfg. Co., Ltd.
地址:江苏省常熟市经济技术开发区沿江工业园理文路
Add: Liwen Rd., Yanjiang Industrial Park, Economy & Technology Development Zone, Changshu, Jiangsu
邮编(P. C.):215536
电话(Tel):0512-52878888
传真(Fax):0512-52886788

常州市五环纸业有限公司
Changzhou Wuhuan Paper Industry Co., Ltd.
地址:江苏省常州市采菱东路潢河桥
Add: Huangheqiao, Cailingdong Rd., Changzhou, Jiangsu
邮编(P. C.):213011
电话(Tel):0519-8771258
传真(Fax):0519-8771258

江苏旺达纸业有限公司
Jiangsu Wangda Paper Industry Co., Ltd.
地址:江苏省常州市高新区黄河西路旺达工业园
Add: Wangda Industrial Park, Huanghexi Rd., Gaoxinqu, Changzhou, Jiangsu
邮编(P. C.):213022
电话(Tel):0519-5066888
传真(Fax):0519-5066989

常州市武进造纸厂
Changzhou Wujin Paper Mill
地址:江苏省常州市武进区奔牛镇
Add: Benniu, Wujin, Changzhou, Jiangsu
邮编(P. C.):213131
电话(Tel):0519-3211283
传真(Fax):0519-3211283

大丰市箱板纸厂
Dafeng Container Board Mill
地址:江苏省大丰市白驹镇通榆北路11号
Add: No. 11 Tongyubei Rd., Baiju, Dafeng, Jiangsu
邮编(P. C.):224113
电话(Tel):0515-3612207
传真(Fax):0515-3612488

江阴市顾山造纸总厂
Jiangyin Gushan Paper Mill
地址:江苏省江阴市顾山镇永安桥
Add: Yonganqiao, Gushan, Jiangyin, Jiangsu
邮编(P. C.):214413
电话(Tel):0510-6321393
传真(Fax):0510-6323688

江阴长江纸业有限公司
Jiangyin Changjiang Paper Industry Co., Ltd.
地址:江苏省江阴市南外环路658号
Add: No. 658 Nanwaihuan Rd., Jiangyin, Jiangsu
邮编(P. C.):214433
电话(Tel):0510-6118222
传真(Fax):0510-6111319

南京秦淮纸业有限公司
Nanjing Qinhuai Paper Industry Co., Ltd.
地址:江苏省南京市溧水县柘塘镇
Add: Zhetang, Lishui, Nanjing, Jiangsu
邮编(P. C.):211215
电话(Tel):025-57240089
传真(Fax):025-57240045

江苏八达纸业集团公司
Jiangsu Bada Paper Industry Group

Co.
地址:江苏省无锡市江海西路312国道山北红星段
Add: Shanbei Hongxingduan, No. 312 National Highway, Jianghaixi Rd., Wuxi, Jiangsu
邮编(P. C.):214037
电话(Tel):0510-3705576
传真(Fax):0510-3705576

无锡荣成纸业有限公司
Wuxi Rongcheng Paper Industry Co., Ltd.
地址:江苏省无锡市洛社镇中兴西路43号
Add: No. 43 Zhongxingxi Rd., Luoshe, Wuxi, Jiangsu
邮编(P. C.):214187
电话(Tel):0510-3316666
传真(Fax):0510-3311826

无锡市箱板纸厂
Wuxi Container Board Mill
地址:江苏省无锡市山北大桥北埦
Add: Beitu, Shanbei Daqiao, Wuxi, Jiangsu
邮编(P. C.):214037
电话(Tel):0510-3078975
传真(Fax):0510-3072771

宜兴市华法纸业有限公司
Yixing Huafa Paper Industry Co., Ltd.
地址:江苏省宜兴市宜城镇边庄村
Add: Bianzhuang, Yicheng, Yixing, Jiangsu
邮编(P. C.):214200
电话(Tel):0510-7125501
传真(Fax):0510-7121839

江苏金犊纸业股份有限公司
Jiangsu Jindu Paper Industry Co., Ltd.
地址:江苏省宜兴市张渚镇东路
Add: Dong Rd., Zhangzhu, Yixing, Jiangsu
邮编(P. C.):214231
电话(Tel):0510-7302505
传真(Fax):0510-7301270

张家港市华兴纸业有限公司
Zhangjiagang Huaxing Paper Industry Co., Ltd.
地址:江苏省张家港市锦丰镇工业集中区东区
Add: East Zone, Jinfeng Industrial Zone, Zhangjiagang, Jiangsu
邮编(P. C.):215625
电话(Tel):0512-58951518
传真(Fax):0512-58951555

慈溪工艺版纸厂
Cixi Art Paper Board Mill
地址:浙江省慈溪市桥头镇毛三村
Add: Maosan, Qiaotou, Cixi, Zhejiang
邮编(P. C.):315317
电话(Tel):0574-63551045
传真(Fax):0574-63551045

海宁市之江造纸有限公司
Haining Zhijiang Paper Making Co., Ltd.
地址:浙江省海宁市周王庙镇荆山村南洋谈家闸北
Add: Tanjiazhabei, Nanyang, Jingshan, Zhouwangmiao, Haining, Zhejiang
邮编(P. C.):314411
电话(Tel):0573-7933357
传真(Fax):0573-7937636

嘉兴市大洋纸业有限公司
Jiaxing Dayang Paper Industry Co., Ltd.
地址:浙江省海盐县沈荡镇南林家浜
Add: Nanlinjiabang, Shendang, Haiyan, Zhejiang
邮编(P. C.):314311
电话(Tel):0573-6722988
传真(Fax):0573-6724786

浙江南洋纸业有限公司
Zhejiang Nanyang Paper Industry Co., Ltd.
地址:浙江省海盐县武原镇西首升界桥南洋
Add: Nanyang, Shengjieqiao, Wuyuan, Haiyan, Zhejiang
邮编(P. C.):314300
电话(Tel):0573-6192032
传真(Fax):0573-6192036

杭州康桥造纸厂
Hangzhou Kangqiao Paper Mill
地址:浙江省杭州市拱墅区拱康路178号
Add: No. 178 Gongkang Rd., Gongshu, Hangzhou, Zhejiang
邮编(P. C.):310015
电话(Tel):0571-88041688
传真(Fax):0571-88043649

杭州华丰纸业有限公司
Hangzhou Huafeng Paper Industry Co., Ltd.
地址:浙江省杭州市和睦路155号
Add: No. 155 Hemu Rd., Hangzhou, Zhejiang
邮编(P. C.):310011
电话(Tel):0571-88091424
传真(Fax):0571-88091536

浙江大华包装集团有限公司
Zhejiang Dahua Package Co., Ltd.
地址:浙江省嘉兴市余新镇
Add: Yuxin, Jiaxing, Zhejiang
邮编(P. C.):314009
电话(Tel):0573-3167164
传真(Fax):0573-3166213

江山市造纸厂
Jiangshan Paper Mill
地址:浙江省江山市贺村镇十里牌2号
Add: No. 2 Shilipai, Hecun, Jiangshan, Zhejiang
邮编(P. C.):324109
电话(Tel):0570-4550085
传真(Fax):0570-4550085

浙江金岭造纸有限公司
Zhejiang Jinling Paper Making Co., Ltd.
地址:浙江省金华县岭下镇
Add: Lingxia, Jinhua, Zhejiang
邮编(P. C.):321042
电话(Tel):0579-2811168
传真(Fax):0579-2811171

浙江兰溪市华伦造纸有限公司
Zhejiang Lanxi Hualun Paper Making Co., Ltd.
地址:浙江省兰溪市城郊西路21号
Add: No. 21 Chengjiaoxi Rd., Lanxi, Zhejiang
邮编(P. C.):321100
电话(Tel):0579-8230385
传真(Fax):0579-8230966

宁波八方集团股份有限公司
Ningbo Bafang Group Co., Ltd.
地址:浙江省宁波市鄞州区高桥镇
Add: Gaoqiao, Yinzhou, Ningbo, Zhejiang
邮编(P. C.):315174
电话(Tel):0574-56169999
传真(Fax):0574-88447328

宁波牡牛纸业有限公司
Ningbo Muniu Paper Industry Co., Ltd.
地址:浙江省宁波市鄞州区姜山镇周韩村
Add: Zhouhan, Jiangshan, Yinzhou, Ningbo, Zhejiang
邮编(P. C.):315195
电话(Tel):0574-88464811
传真(Fax):0574-88463725

浙江景兴纸业股份有限公司
Zhejiang Jingxing Paper Industry Co., Ltd.
地址:浙江省平湖市曹桥镇

Add: Caoqiao, Pinghu, Zhejiang
邮编(P.C.):314214
电话(Tel):0573-5960666
传真(Fax):0573-5966983

浙江荣晟纸业股份有限公司
Zhejiang Rongsheng Paper Industry Co., Ltd.
地址:浙江省平湖市经济开发区
Add: Economy Development Zone, Pinghu, Zhejiang
邮编(P.C.):314213
电话(Tel):0573-5987378
传真(Fax):0573-5988880

浙江天听纸业有限公司
Zhejiang Tianting Paper Industry Co., Ltd.
地址:浙江省浦阳县班班大道1号
Add: No.1 Banbandadao Rd., Puyang, Zhejiang
邮编(P.C.):322200
电话(Tel):0579-4200208
传真(Fax):0579-4200248

桐乡福利造纸厂
Tongxiang Fuli Paper Mill
地址:浙江省桐乡马镇
Add: Mazhen, Tongxiang, Zhejiang
邮编(P.C.):314501
电话(Tel):0573-8711411
传真(Fax):0573-8711409

浙江华川实业集团有限公司
Zhejiang Huachuan Industrial Group Co., Ltd.
地址:浙江省义乌市赤岸镇华川南路72号
Add: No.72 Huachuannan Rd., Chian, Yiwu, Zhejiang
邮编(P.C.):322003
电话(Tel):0579-5777377
传真(Fax):0579-5775032

合肥金钟纸业股份有限公司
Hefei Jinzhong Paper Industry Co., Ltd.
地址:安徽省合肥市大兴镇钟油坊路1号
Add: No. 1 Zhongyoufang Rd., Daxing, Hefei, Anhui
邮编(P.C.):230011
电话(Tel):0551-4532152
传真(Fax):0551-4532820

安徽霍山东风纸业有限公司
Anhui Huoshan Dongfeng Paper Industry Co., Ltd.
地址:安徽省霍山县落儿岭镇
Add: Luoerling, Huoshan, Anhui
邮编(P.C.):237283
电话(Tel):0564-5566044
传真(Fax):0564-5566144

安徽山鹰纸业股份有限公司
Anhui Shanying Paper Industry Co., Ltd.
地址:安徽省马鞍山市勤俭路3号
Add: No. 3 Qinjian Rd., Maanshan, Anhui
邮编(P.C.):243021
电话(Tel):0555-2810455
传真(Fax):0555-2817277

安徽东方纸业有限公司
Anhui Dongfang Paper Industry Co., Ltd.
地址:安徽省芜湖市褐山路101号
Add: No.101 Heshan Rd., Wuhu, Anhui
邮编(P.C.):241009
电话(Tel):0553-5801199
传真(Fax):0553-5801830

华发(福建)实业有限公司
Huafa(Fujian) Industry Co., Ltd.
地址:福建省龙海市东园镇厚境村华发纸地
Add: Huafazhidi, Houjing, Dongyuan, Longhai, Fujian
邮编(P.C.):363103
电话(Tel):0596-6708752
传真(Fax):0596-6708265

福建省青山纸业股份有限公司
Fujian Qingshan Paper Industry Co., Ltd.
地址:福建省三明市沙县青州镇
Add: Qingzhou, Shaxian, Sanming, Fujian
邮编(P.C.):365506
电话(Tel):0598-5658989
传真(Fax):0598-5658789

福建省青耀纸业有限公司
Fujian Qingyao Paper Industry Co., Ltd.
地址:福建省三明市沙县青州镇
Add: Qingzhou, Shaxian, Sanming, Fujian
邮编(P.C.):365506
电话(Tel):0598-5658963
传真(Fax):0598-5658928

厦门市厦戎联合造纸厂同安分厂
Xiamen Xiarong Lianhe Paper Mill Tongan Branch
地址:福建省厦门市同安区大同镇梅山路
Add: Meishan Rd., Datong, Tongan, Xiamen, Fujian
邮编(P.C.):361100
电话(Tel):0592-7022459
传真(Fax):0592-7025054

漳州港兴纸业有限公司
Zhangzhou Gangxing Paper Industry Co., Ltd.
地址:福建省漳州市南靖龙山工业区
Add: Nanjinglongshan Industrial Zone, Zhangzhou, Fujian
邮编(P.C.):363602
电话(Tel):0596-7577269
传真(Fax):0596-7579182

江西纸业集团抚州板纸有限公司
Jiangxi Paper Industry Group Fuzhou Paper Industry Board Co., Ltd.
地址:江西省抚州市临川区抚北南路1号
Add: No. 1 Fubeinan Rd., Linchuan, Fuzhou, Jiangxi
邮编(P.C.):344001
电话(Tel):0794-8352166
传真(Fax):0794-8352238

江西省三维纸业有限公司
Jiangxi Sanwei Paper Industry Co., Ltd.
地址:江西省广丰县芦林工业区
Add: Lulin Industrial Park, Guangfeng, Jiangxi
邮编(P.C.):334600
电话(Tel):0793-2620680
传真(Fax):0793-2620193

萍乡市亨通纸业有限公司
Pingxiang Hengtong Paper Industry Co., Ltd.
地址:江西省萍乡市芦溪县宣风镇
Add: Xuanfeng, Luxi, Pingxiang, Jiangxi
邮编(P.C.):337051
电话(Tel):0799-7501128

山东滨州黄河纸业集团有限公司
Shandong Binzhou Yellow River Paper Industry Group Co., Ltd.
地址:山东省滨州市黄河六路579号
Add: No. 579 Huangheliu Rd., Binzhou, Shandong
邮编(P.C.):256611
电话(Tel):0543-3372215
传真(Fax):0543-3371522

山东华泰纸业股份有限公司
Shandong Huatai Paper Industry Co., Ltd.
地址:山东省东营市广饶县华泰工业园
Add: Huatai Industrial Park, Guangrao, Dongying, Shandong

邮编(P. C.):257335
电话(Tel):0546－6888219
传真(Fax):0546－6888018

山东华鹏包装有限公司
Shandong Huapeng Packaging Co., Ltd.
地址:山东省广饶县西刘桥
Add: Xiliuqiao, Guangrao, Shandong
邮编(P. C.):257338
电话(Tel):0546－6413063
传真(Fax):0546－6413063

济宁昌宇纸业有限公司
Jining Changyu Paper Industry Co., Ltd.
地址:山东省济宁市任城区唐口镇
Add: Tangkou, Rencheng, Jining, Shandong
邮编(P. C.):272161
电话(Tel):0537－2515898
传真(Fax):0537－2515898

青岛海王纸业股份有限公司
Qingdao Haiwang Paper Industry Co., Ltd.
地址:山东省胶南市铁山路210号
Add: No. 210 Tieshan Rd., Jiaonan, Shandong
邮编(P. C.):266400
电话(Tel):0532－86118663
传真(Fax):0532－86118509

莱州彩星包装材料有限公司
Laizhou Caixing Package Material Co., Ltd.
地址:山东省莱州市海庙东路238号
Add: No. 238 Haimiaodong Rd., Laizhou, Shandong
邮编(P. C.):261408
电话(Tel):0535－2480641
传真(Fax):0535－2480640

山东双成纸业有限公司
Shandong Shuangcheng Paper Industry Co., Ltd.
地址:山东省临沂市沂水县城西环路80号
Add: No. 80 Xihuan Rd., Yishui, Linyi, Shandong
邮编(P. C.):276400
电话(Tel):0539－2213223
传真(Fax):0539－2213682

德州市昌源纸业有限责任公司
Dezhou Changyuan Paper Industry Co., Ltd.
地址:山东省临邑县城北昌源工业园内
Add: Changyuan Industrial Park, Linyi, Shandong
邮编(P. C.):251512
电话(Tel):0534－4851294
传真(Fax):0534－4851368

山东晨鸣纸业集团齐河板纸有限责任公司
Shandong Chenming Paper Group Qihe Paper Industry Board Co., Ltd.
地址:山东省齐河县晨鸣路1号
Add: No. 1 Chenming Rd., Qihe, Shandong
邮编(P. C.):251100
电话(Tel):0534－5691088
传真(Fax):0534－5690846

山东晨鸣纸业集团股份有限公司
Shandong Chenming Paper Group Co., Ltd.
地址:山东省寿光市圣城路403号
Add: No. 403 Shengcheng Rd., Shouguang, Shandong
邮编(P. C.):262700
电话(Tel):0536－5221053
传真(Fax):0536－2156111

潍坊友谊纸业有限公司
Weifang Youyi Paper Industry Co., Ltd.
地址:山东省潍坊生物开发区新华路
Add: Xinhua Rd., Biology Development Zone, Weifang, Shandong
邮编(P. C.):261031
电话(Tel):0536－8654673
传真(Fax):0536－8566846

潍坊凤凰纸业有限公司
Weifang Fenghuang Paper Industry Co., Ltd.
地址:山东省潍坊市奎文区则尔庄路6号
Add: No. 6 Zeerzhuang Rd., Kuiwen, Weifang, Shandong
邮编(P. C.):261031
电话(Tel):0536－8669008
传真(Fax):0536－8669008

烟台市大展纸业有限公司
Yantai Dazhan Paper Industry Co., Ltd.
地址:山东省烟台市牟平区城东尹宋周
Add: Yinsongzhou, Muping, Yantai, Shandong
邮编(P. C.):264117
电话(Tel):0535－4659077
传真(Fax):0535－4659076

山东太阳纸业股份有限公司
Shandong Sun Paper Industry Joint Stock Co., Ltd.
地址:山东省兖州市西关大街66号
Add: No. 66 Xiguandajie St., Yanzhou, Shandong
邮编(P. C.):272100
电话(Tel):0537－3658711
传真(Fax):0537－3633489

枣庄华润纸业有限公司
Zaozhuang Huarun Paper Industry Co., Ltd.
地址:山东省枣庄市山亭新城
Add: Shanting Xincheng, Zaozhuang, Shandong
邮编(P. C.):277000
电话(Tel):0632－8861996
传真(Fax):0632－8811556

山东华众纸业有限公司
Shandong Huazhong Paper Industry Co., Ltd.
地址:山东省枣庄市薛城区金河乡
Add: Jinhe, Xuecheng, Zaozhuang, Shandong
邮编(P. C.):277014
电话(Tel):0632－4418888
传真(Fax):0632－4413098

招远市金城造纸有限公司
Zhaoyuan Jincheng Paper Making Co., Ltd.
地址:山东省招远市张星镇苑家村
Add: Yuanjiacun, Zhangxing, Zhaoyuan, Shandong
邮编(P. C.):265406
电话(Tel):0535－8342096
传真(Fax):0535－8342294

山东兴创纸业集团有限公司
Shandong Xingchuang Paper Industry Group Co., Ltd.
地址:山东省诸城市兴创产业园兴中路38号
Add: No. 38 Xingzhong Rd., Xingchuang Industrial Park, Zhucheng, Shandong
邮编(P. C.):262218
电话(Tel):0536－6521311
传真(Fax):0536－6521103

山东青苑纸业有限责任公司
Shandong Qingyuan Paper Industry Co., Ltd.
地址:山东省淄博市高青县清河路70号
Add: No. 70 Qinghe Rd., Gaoqing, Zibo, Shandong
邮编(P. C.):256300
电话(Tel):0533－6961745
传真(Fax):0533－6961492

山东淄博板纸股份有限公司

Shandong Zibo Paper Board Co., Ltd.
地址：山东省淄博市高新技术开发区柳泉路北首铭波路36号
Add: No. 36 Beishou, Mingbo Rd., Liuquan Rd., High&New Technology Development Zone, Zibo, Shandong
邮编(P. C.):255086
电话(Tel):0533 - 3581320
传真(Fax):0533 - 3580813

山东博汇纸业股份有限公司
Shandong Bohui Paper Industry Co., Ltd.
地址：山东省淄博市桓台县马桥镇工业路北首
Add: Gongye Rd., Maqiao, Huantai, Zibo, Shandong
邮编(P. C.):256405
电话(Tel):0533 - 8538020
传真(Fax):0533 - 8538020

山东贵和纸业集团有限公司
Shandong Guihe Paper Industry Group Co., Ltd.
地址：山东省淄博市桓台县邢家镇工业园
Add: Xingjiazhen Industrial Park, Huantai, Zibo, Shandong
邮编(P. C.):256408
电话(Tel):0533 - 8086977
传真(Fax):0533 - 8086977

山东淄博华光纸业有限公司
Shandong Zibo Huaguang Paper Industry Co., Ltd.
地址：山东省淄博市张店区湖田镇
Add: Hutian, Zhangdian, Zibo, Shandong
邮编(P. C.):255076
电话(Tel):0533 - 2060471
传真(Fax):0533 - 2061404

河南省确山县造纸厂
Henan Queshan Paper Mill
地址：河南省确山县任店镇
Add: Rendian, Queshan, Henan
邮编(P. C.):463200
电话(Tel):0396 - 7225263

河南恒兴纸业股份有限公司
Henan Hengxing Paper Industry Co., Ltd.
地址：河南省睢县城北工业区
Add: Chengbei Industrial Park, Suixian, Henan
邮编(P. C.):476900
电话(Tel):0370 - 8152336
传真(Fax):0370 - 8152340

河南省新密市恒丰纸业有限公司
Henan Xinmi Hengfeng Paper Industry Co., Ltd.
地址：河南省新密市大隗镇
Add: Dakui, Xinmi, Henan
邮编(P. C.):452370
电话(Tel):0371 - 69271061
传真(Fax):0371 - 69272626

河南新乡新亚纸业集团股份有限公司
Henan Xinxiang Xinya Paper Industry Group Co., Ltd.
地址：河南省新乡县七里营镇新庄村
Add: Xinzhuang, Qiliying, Xinxiang, Henan
邮编(P. C.):453731
电话(Tel):0373 - 5680286
传真(Fax):0373 - 5680390

湖北省公安县龙腾纸业有限公司
Hubei Gongan Longteng Paper Industry Co., Ltd.
地址：湖北省公安县藕池镇解放路37号
Add: No. 37 Jiefang Rd., Ouchi, Gongan, Hubei
邮编(P. C.):434305
电话(Tel):0716 - 5716728
传真(Fax):0716 - 5716718

湖北拍马纸业公司
Hubei Paima Paper Industry Co., Ltd.
地址：湖北省荆州市纪南镇拍马村
Add: Paima, Jinan, Jingzhou, Hubei
邮编(P. C.):434100
电话(Tel):0716 - 8416380
传真(Fax):0716 - 8416380

湖北帅伦纸业股份有限公司
Hubei Shuailun Paper Industry Co., Ltd.
地址：湖北省武汉市江岸区谌家矶河边1号
Add: No. 1 Hebian, Chenjiaji, Jiangan, Wuhan, Hubei
邮编(P. C.):430011
电话(Tel):027 - 82324293
传真(Fax):027 - 83344993

宜昌北陵纸业有限公司
Yichang Beiling Paper Industry Co., Ltd.
地址：湖北省宜昌市龙泉镇
Add: Longquan, Yichang, Hubei
邮编(P. C.):443112
电话(Tel):0717 - 7762446
传真(Fax):0717 - 7761806

秭归四宝纸业有限公司
Zigui Sibao Paper Industry Co., Ltd.
地址：湖北省秭归县九里工业园区
Add: Jiuli Industrial Park, Zigui, Hubei
邮编(P. C.):443600
电话(Tel):0717 - 2860307
传真(Fax):0717 - 2860334

湖南泰格林纸集团有限责任公司
Hunan Tiger Forest & Paper Group Co., Ltd.
地址：湖南省长沙市经济技术开发区凉塘路398号
Add: No. 398 Liangtang Rd., Economy & Technology Development Zone, Changsha, Hunan
邮编(P. C.):410100
电话(Tel):0731 - 4025968
传真(Fax):0731 - 4025566

湖南洪江纸业有限责任公司
Hunan Hongjiang Paper Industry Co., Ltd.
地址：湖南省怀化市洪江区萝卜湾45号
Add: No. 45 Luobowan, Hongjiang, Huaihua, Hunan
邮编(P. C.):418201
电话(Tel):0745 - 7629055
传真(Fax):0745 - 7694376

绥宁县宝庆联纸有限公司
Suining Baoqinglian Paper Co., Ltd.
地址：湖南省绥宁县工业路98号
Add: No. 98 Gongye Rd., Suining, Hunan
邮编(P. C.):422600
电话(Tel):0739 - 7611234
传真(Fax):0739 - 7612578

永州湘江纸业有限责任公司
Yongzhou Xiangjiang Paper Industry Co., Ltd.
地址：湖南省永州市冷水滩区下河线路105号
Add: No. 105 Xiahe Rd., Lengshuitan, Yongzhou, Hunan
邮编(P. C.):425000
电话(Tel):0746 - 8471448
传真(Fax):0746 - 8470498

东莞市大布纸业有限公司
Dongguan Dabu Paper Industry Co., Ltd.
地址：广东省东莞市麻涌镇大布工业区
Add: Dabu Industrial Park, Mayong, Dongguan, Guangdong
邮编(P. C.):523143

电话(Tel):0769－88286288
传真(Fax):0769－88286222

东莞玖龙纸业有限公司
Dongguan Nine Dragons Paper Industry Co., Ltd.
地址:广东省东莞市麻涌镇新沙港工业区
Add: Xinshagang Industrial Park, Mayong, Dongguan, Guangdong
邮编(P. C.):523143
电话(Tel):0769－88826888
传真(Fax):0769－88824198

东糖造纸有限公司
Dongtang Paper Making Co., Ltd.
地址:广东省东莞市中唐镇
Add: Zhongtang, Dongguan, Guangdong
邮编(P. C.):523243
电话(Tel):0769－88817300
传真(Fax):0769－88817718

东莞理文造纸厂有限公司
Dongguan Lee & Man Paper Mill Co., Ltd.
地址:广东省东莞市中堂镇潢涌管理区
Add: Huangyong Management Zone, Zhongtang, Dongguan, Guangdong
邮编(P. C.):523221
电话(Tel):0769－88888168
传真(Fax):0769－88899101

东莞潢涌银州造纸有限公司
Dongguan Huangyong Yinzhou Paper Making Co., Ltd.
地址:广东省东莞市中堂镇潢涌管理区
Add: Huangyong Management Zone, Zhongtang, Dongguan, Guangdong
邮编(P. C.):523221
电话(Tel):0769－88882747
传真(Fax):0769－88880126

封开金信纸业有限公司
Fengkai Jinxin Paper Industry Co., Ltd.
地址:广东省封开县江口镇三元西路8号
Add: No. 8 Sanyuan West Rd., Jiangkou, Fengkai, Guangdong
邮编(P. C.):526500
电话(Tel):0758－6712336
传真(Fax):0758－6712338

佛山市顺德区北滘镇江联造纸有限公司
Foshan Shunde Beijiao Jianglian Paper Making Co., Ltd.
地址:广东省佛山市顺德区北滘镇碧江珠江大道18号
Add: No. 18 Bijiang Zhujiangdadao Rd., Beijiao, Shunde, Foshan, Guangdong
邮编(P. C.):511440
电话(Tel):0757－26633433
传真(Fax):0757－26635515

顺德顺升造纸有限公司
Shunde Shunsheng Paper Making Co., Ltd.
地址:广东省佛山市顺德区大良沙头
Add: Shatou, Daliang, Shunde, Foshan, Guangdong
邮编(P. C.):528333
电话(Tel):0757－22321628
传真(Fax):0757－22294031

广州市番禺莲花山造纸有限公司
Guangzhou Panyu Lianhuashan Paper Making Co., Ltd.
地址:广东省广州市番禺区莲花山镇莲花东路80号
Add: No. 80 Lianhua East Rd., Lianhuashan, Panyu, Guangzhou, Guangdong
邮编(P. C.):511400
电话(Tel):020－84861371
传真(Fax):020－84860433

广东省平远县造纸实业有限公司
Guangdong Pingyuan Paper Industrial Co., Ltd.
地址:广东省梅山市平远县大柘镇河陂水
Add: Heposhui, Dazhe, Pingyuan, Meishan, Guangdong
邮编(P. C.):514600
电话(Tel):0753－8824826
传真(Fax):0753－8824826

广东万利达纸业有限公司
Guangdong Wanlida Paper Industry Co., Ltd.
地址:广东省增城市新塘镇东洲区
Add: Dongzhou, Xintang, Zengcheng, Guangdong
邮编(P. C.):511340
电话(Tel):020－82790187
传真(Fax):020－82776892

中山联合鸿兴造纸有限公司
Zhongshan Lianhe Hongxing Paper Making Co., Ltd.
地址:广东省中山市105国道中山三桥西侧
Add: Xice, Zhongshansanqiao, No. 105 National Highway, Zhongshan, Guangdong
邮编(P. C.):528471
电话(Tel):0760－7796524
传真(Fax):0760－7796222

百色市东笋造纸厂
Baise Dongsun Paper Mill
地址:广西百色市东笋路11号
Add: No. 11 Dongsun Rd., Baise, Guangxi
邮编(P. C.):533000
电话(Tel):0776－2811612
传真(Fax):0776－2811614

北海北部湾群鹰(集团)股份有限公司
Beihai Beibuwan Qunying (Group) Co., Ltd.
地址:广西北海市茶亭路35号
Add: No. 35 Chating Rd., Beihai, Guangxi
邮编(P. C.):536000
电话(Tel):0779－2053763
传真(Fax):0779－2067167

广西林业荔浦纸业有限公司
Guangxi Forestry Lipu Paper Industry Co., Ltd.
地址:广西荔浦县玉雷湾
Add: Yuleiwan, Lipu, Guangxi
邮编(P. C.):546600
电话(Tel):0773－7213098
传真(Fax):0773－7222397

广西国发林业造纸有限责任公司
Guangxi Guofa Forestry Pulp & Paper Making Co., Ltd.
地址:广西鹿寨县雒容镇
Add: Luorong, Luzhai, Guangxi
邮编(P. C.):545616
电话(Tel):0772－6666999
传真(Fax):0772－6510890

重庆宏大纸业集团有限公司
Chongqing Hongda Paper Industry Group Co., Ltd.
地址:重庆市北碚区烟湖滩
Add: Yanhutan, Beibei, Chongqing
邮编(P. C.):400701
电话(Tel):023－68227747
传真(Fax):023－68227747

四川省江安县蜀星造纸厂
Sichuan Jiangan Shuxing Paper Mill
地址:四川省江安县底蓬镇环场街48号
Add: No. 48 Huanchang St., Dipeng, Jiangan, Sichuan
邮编(P. C.):644211
电话(Tel):0831－2550163
传真(Fax):0831－2550150

绵阳凯特包装材料有限公司
Mianyang Kaite Packing Materials Co., Ltd.
地址:四川省绵阳市梓潼县经济园区

Add: Economy Park, Zitong Mianyang, Sichuan
邮编(P.C.):621000
电话(Tel):0816-8323816
传真(Fax):0816-8326111

雅安中竹纸业有限责任公司
Yaan Zhongzhu Paper Industry Co., Ltd.
地址:四川省雅安姚桥镇
Add: Yaoqiao, Yaan, Sichuan
邮编(P.C.):625000
电话(Tel):0835-2850834
传真(Fax):0835-2850060

四川省宜宾昌宏纸业有限责任公司
Sichuan Yibin Changhong Paper Industry Co., Ltd.
地址:四川省宜宾市南岸经济技术开发区菜园沱
Add: Caiyuantuo, Nanan Economy & Technology Development Zone, Yibin, Sichuan
邮编(P.C.):644002
电话(Tel):0831-2330497
传真(Fax):0831-2335964

云丰造纸厂
Yunfeng Paper Mill
地址:云南省昆明市西山地区海口镇
Add: Haikou, Xishan, Kunming, Yunnan
邮编(P.C.):650114
电话(Tel):0871-8590226
传真(Fax):0871-8590470

云南省施甸县纸箱纸板厂
Yunnan Shidian Paper Skin & Paper Board Mill
地址:云南省施甸县由旺镇老邓桥
Add: Laodengqiao, Youwang, Shidian, Yunnan
邮编(P.C.):678206
电话(Tel):0875-8881096
传真(Fax):0875-8881096

陕西圣龙纸业有限责任公司
Shaanxi Shenglong Paper Industry Co., Ltd.
地址:陕西省岐山县龚刘工业园区
Add: Gongliu Industrial Park, Qishan, Shaanxi
邮编(P.C.):722405
电话(Tel):0917-8580887
传真(Fax):0917-8580884

西安市蔡伦造纸厂
Xi'an Cailun Paper Mill
地址:陕西省西安市三桥镇北西宝高速公路口北
Add: Koubei, Xibao Superhighway, Sanqiao, Xi'an, Shaanxi
邮编(P.C.):710086
电话(Tel):029-84517518
传真(Fax):029-84519897

天水东方造纸实业有限公司
Tianshui Dongfang Paper Industrial Co., Ltd.
地址:甘肃省天水市北道区南河川
Add: Nanhechuan, Beidao, Tianshui, Gansu
邮编(P.C.):741027
电话(Tel):0938-2821318
传真(Fax):0938-2821318

宁夏金昱元峡光纸业有限公司
Ningxia Jinyuyuan Xiaguang Paper Industry Co., Ltd.
地址:宁夏青铜峡市青铜峡镇
Add: Qingtongxia, Qingtongxia, Ningxia
邮编(P.C.):751601
电话(Tel):0953-3012107
传真(Fax):0953-3013276

宁夏美利纸业集团有限责任公司
Ningxia Meili Paper Industry Group Co., Ltd.
地址:宁夏中卫市柔远地区
Add: Rouyuan, Zhongwei, Ningxia
邮编(P.C.):751700
电话(Tel):0955-7679335
传真(Fax):0955-7679216

新疆沙驼股份有限公司
Xinjiang Shatuo Co., Ltd.
地址:新疆米泉市稻香北路204号
Add: No. 204 Daoxiangbei Rd., Miquan, Xinjiang
邮编(P.C.):831400
电话(Tel):0994-5229060
传真(Fax):0994-5229060

新疆天宏纸业股份有限公司
Xinjiang Tianhong Paper Industry Co., Ltd.
地址:新疆石河子市西三路
Add: Xisan Rd., Shihezi, Xinjiang
邮编(P.C.):832009
电话(Tel):0993-7526018
传真(Fax):0993-7526118

● 白纸板、白卡纸 Patent-coated board, white cardboard

天津中钞纸业有限公司
Tianjin Zhongchao Paper Industry Co., Ltd.
地址:天津市西青经济开发区兴华道38号
Add: No. 38 Xinghua Rd., Xiqing Economy Development Zone, Tianjin
邮编(P.C.):300381
电话(Tel):022-23960572
传真(Fax):022-23961457

保定市源源纸业有限公司
Baoding Yuanyuan Paper Industry Co., Ltd.
地址:河北省保定市联盟路99号
Add: No. 99 Lianmeng Rd., Baoding, Hebei
邮编(P.C.):071000
电话(Tel):0312-5064197
传真(Fax):0312-5020279

保定三联纸业有限公司
Baoding Sanlian Paper Industry Co., Ltd.
地址:河北省保定市西外环路南段
Add: Nanduan, Xiwaihuan Rd., Baoding, Hebei
邮编(P.C.):071000
电话(Tel):0312-3239070
传真(Fax):0312-3250899

承德兴业造纸有限公司
Chengde Xingye Paper Making Co., Ltd.
地址:河北省承德市承德县下板城镇
Add: Xiabancheng, Chengde, Chengde, Hebei
邮编(P.C.):067400
电话(Tel):0314-3115163
传真(Fax):0314-3115180

河北省抚宁长兴纸业有限公司
Hebei Funing Changxing Paper Industry Co., Ltd.
地址:河北省抚宁县留守营镇刘义庄南500米
Add: Liuyizhuangnan, Liushouying, Funing, Hebei
邮编(P.C.):066301
电话(Tel):0335-4083538
传真(Fax):0335-4083118

秦皇岛前韩纸业公司
Qinhuangdao Qianhan Paper Industry Co.
地址:河北省抚宁县留守营镇前韩村
Add: Qianhan, Liushouying, Funing, Hebei
邮编(P.C.):066301
电话(Tel):0335-6046190
传真(Fax):0335-6046190

迁安造纸厂
Qianan Paper Mill
地址:河北省迁安市城关南
Add: Chengguannan, Qianan, Hebei
邮编(P.C.):064400
电话(Tel):0315-7621380
传真(Fax):0315-7621538

秦皇岛豪峰企业集团
Qinhuangdao Haofeng Enterprise Group
地址:河北省秦皇岛市北戴河西10公里留守营
Add: Liushouying, Beidaihexi, Qinhuangdao, Hebei
邮编(P.C.):066301
电话(Tel):0335-6046145
传真(Fax):0335-6045948

河北当代纸业有限公司
Hebei Dangdai Paper Industry Co., Ltd.
地址:河北省石家庄市新石中路西段
Add: Xiduan, Xinshizhong Rd., Shijiazhuang, Hebei
邮编(P.C.):050091
电话(Tel):0311-3803358
传真(Fax):0311-3805331

唐山海丰纸业有限公司
Tangshan Haifeng Paper Industry Co., Ltd.
地址:河北省唐海县经济开发区
Add: Economy Development Zone, Tanghai, Hebei
邮编(P.C.):063200
电话(Tel):0315-8750735
传真(Fax):0315-8751566

唐山市诚信纸业有限责任公司
Tangshan Chengxin Paper Industry Co., Ltd.
地址:河北省唐海县唐海镇
Add: Tanghai, Tanghai, Hebei
邮编(P.C.):063200
电话(Tel):0315-8750461
传真(Fax):0315-8750461

唐山市金马封面包装工业纸板厂
Tangshan Jinma Fengmian Packing Industry Paper Board Factory
地址:河北省唐海县五农场场部
Add: Changbu, Diwu Nongchang, Tanghai, Hebei
邮编(P.C.):063205
电话(Tel):0315-8855261
传真(Fax):0315-8856935

河北永新纸业有限公司
Hebei Yongxin Paper Industry Co., Ltd.
地址:河北省唐山市滦南县城关西马路88号
Add: No. 88 Chengguanxi Rd., Luannan, Tangshan, Hebei
邮编(P.C.):063500
电话(Tel):0315-4123124
传真(Fax):0315-4124657

唐山华兴纸业有限公司
Tangshan Huaxing Paper Industry Co., Ltd.
地址:河北省唐山市唐海县第八农场朝韩庄子北
Add: Chaohanzhuangzi, Eight Nongchang, Tanghai, Tangshan, Hebei
邮编(P.C.):063207
电话(Tel):0315-8882794
传真(Fax):0315-8882312

河北省保定市东方造纸有限公司
Hebei Baoding Dongfang Paper Making Co., Ltd.
地址:河北省徐水县南环路南三公里
Add: Nanhuan Rd., Xushui, Hebei
邮编(P.C.):072550
电话(Tel):0312-8605508
传真(Fax):0312-8605530

山西省临汾市友谊造纸厂
Shanxi Linfen Youyi Paper Mill
地址:山西省临汾市尧都区贾得乡机关路1号
Add: No. 1 Jiguan Rd., Jiade, Yaodu, Linfen, Shanxi
邮编(P.C.):041000
电话(Tel):0357-3052533
传真(Fax):0357-3053888

内蒙古塞外星华章纸业股份有限公司
Inner Mongolia Saiwaixing Huazhang Paper Industry Co., Ltd.
地址:内蒙古巴盟乌拉特前旗西山咀镇
Add: Xishanju, Bameng, Wulate Qianqi, Inner Mongolia
邮编(P.C.):014400
电话(Tel):0478-3211917
传真(Fax):0478-3215178

内蒙古美利北辰浆纸股份有限公司
Inner Mongolia Meili Beichen Pulp & Paper Co., Ltd.
地址:内蒙古乌拉特前旗西山咀镇
Add: Xishanju, Wulate Qianqi, Inner Mongolia
邮编(P.C.):014400
电话(Tel):0478-3214222
传真(Fax):0478-3213164

丹东巨浪造纸集团有限公司
Dandong Surge Paper Group Co., Ltd.
地址:辽宁省丹东市振兴区人民路42号
Add: No. 42 Renmin Rd., Zhenxing, Dandong, Liaoning
邮编(P.C.):118002
电话(Tel):0415-3892278
传真(Fax):0415-3892222

金城造纸(集团)有限责任公司
Jincheng Paper (Group) Co., Ltd.
地址:辽宁省凌海市金城街
Add: Jincheng St., Linghai, Liaoning
邮编(P.C.):121203
电话(Tel):0416-2735013
传真(Fax):0416-2735004

营口造纸厂
Yingkou Paper Mill
地址:辽宁省营口市河湾北街1号
Add: No. 1 Hewanbei St., Yingkou, Liaoning
邮编(P.C.):115001
电话(Tel):0417-3632717
传真(Fax):0417-3631195

梅河口市创大纸业有限公司
Meihekou Chuangda Paper Industry Co., Ltd.
地址:吉林省梅河口市日照大街中段
Add: Zhongduan Rizhaodajie St., Meihekou, Jilin
邮编(P.C.):135000
电话(Tel):0448-4219773
传真(Fax):0448-4219773

上海新奉源纸业有限公司
Shanghai Xinfengyuan Paper Industry Co., Ltd.
地址:上海市浦东星火开发区莲塘路251号
Add: No. 251 Liantang Rd., Xinghuo Development Zone, Pudong, Shanghai
邮编(P.C.):201419
电话(Tel):021-57502911
传真(Fax):021-57502844

上海乐凯纸业有限公司
Shanghai Lucky Paper Industry Co., Ltd.
地址:上海市普陀区常和路308号
Add: No. 308 Changhe Rd., Putuo, Shanghai
邮编(P.C.):200331
电话(Tel):021-62509984
传真(Fax):021-62845219

上海开伦造纸(集团)有限公司
Shanghai Kailun Paper (Group)

Co., Ltd.
地址:上海市武夷路477号
Add: No.477 Wuyi Rd., Shanghai
邮编(P.C.):200050
电话(Tel):021-62104040
传真(Fax):021-62401113

江阴长江纸业有限公司
Jiangyin Changjiang Paper Industry Co., Ltd.
地址:江苏省江阴市南外环路658号
Add: No. 658 Nanwaihuan Rd., Jiangyin, Jiangsu
邮编(P.C.):214433
电话(Tel):0510-6118222
传真(Fax):0510-6111319

江阴永丰余造纸有限公司
Jiangyin Yuen Foong Yu Paper Making Co., Ltd.
地址:江苏省江阴市通江南路258号
Add: No. 258 Tongjiangnan Rd., Jiangyin, Jiangsu
邮编(P.C.):214433
电话(Tel):0510-6114180
传真(Fax):0510-6118748

镇江市京口纸业有限责任公司
Zhenjiang Jingkou Paper Industry Co., Ltd.
地址:江苏省镇江市九里街宗泽路3号
Add: No. 3 Zongze Rd., Jiuli St., Zhenjiang, Jiangsu
邮编(P.C.):212008
电话(Tel):0511-8808388
传真(Fax):0511-8807606

富阳市万马纸业有限公司
Fuyang Wanma Paper Industry Co., Ltd.
地址:浙江省富阳市春江街道办事处
Add: Chunjiang, Fuyang, Zhejiang
邮编(P.C.):311421
电话(Tel):0571-63583521
传真(Fax):0571-63581426

富阳南河纸业有限公司
Fuyang Nanhe Paper Industry Co., Ltd.
地址:浙江省富阳市春江街道春联村
Add: Chunlian, Chunjiang, Fuyang, Zhejiang
邮编(P.C.):311421
电话(Tel):0571-63583050
传真(Fax):0571-63587377

浙江正大纸业集团有限公司
Zhejiang Zhengda Paper Industry Group Co., Ltd.
地址:浙江省富阳市春江街道春联工业区1号
Add: No. 1 Chunlian Industrial Park, Chunjiang, Fuyang, Zhejiang
邮编(P.C.):311421
电话(Tel):0571-63587788
传真(Fax):0571-63583838

富阳市东城纸业有限公司
Fuyang Dongcheng Paper Industry Co., Ltd.
地址:浙江省富阳市春江街道富源工业园区
Add: Fuyuan Industrial Park, Chunjiang, Fuyang, Zhejiang
邮编(P.C.):311421
电话(Tel):0571-63582658
传真(Fax):0571-63580687

富阳市华中纸业有限公司
Fuyang Huazhong Paper Industry Co., Ltd.
地址:浙江省富阳市春江街道华共村
Add: Huagong, Chunjiang, Fuyang, Zhejiang
邮编(P.C.):311421
电话(Tel):0571-63587179
传真(Fax):0571-63583030

富阳永兴纸业有限公司
Fuyang Yongxing Paper Industry Co., Ltd.
地址:浙江省富阳市春江街道建设村
Add: Jianshe, Chunjiang, Fuyang, Zhejiang
邮编(P.C.):311421
电话(Tel):0571-63583095
传真(Fax):0571-63582088

浙江三星纸业股份有限公司
Zhejiang Sanxing Paper Industry Co., Ltd.
地址:浙江省富阳市春江街道山建工业区
Add: Shanjian Industrial Zone, Chunjiang, Fuyang, Zhejiang
邮编(P.C.):311421
电话(Tel):0571-63581003
传真(Fax):0571-63585189

浙江永泰纸业集团股份有限公司
Zhejiang Yongtai Paper (Group) Industry Co., Ltd.
地址:浙江省富阳市春江街道新建村
Add: Xinjian, Chunjiang, Fuyang, Zhejiang
邮编(P.C.):311421
电话(Tel):0571-63583055
传真(Fax):0571-63583288

联华纸业有限公司
Lianhua Paper Industry Co., Ltd.
地址:浙江省富阳市春江街道直塘村
Add: Zhitang, Chunjiang, Fuyang, Zhejiang
邮编(P.C.):311421
电话(Tel):0571-63582467
传真(Fax):0571-63582467

杭州众意纸业有限公司
Hangzhou Zhongyi Paper Industry Co., Ltd.
地址:浙江省富阳市春江造纸工业园区
Add: Chunjiang Paper Industrial Park, Fuyang, Zhejiang
邮编(P.C.):311421
电话(Tel):0571-63587298
传真(Fax):0571-63587299

中外合资杭州华胜纸业有限公司
Hangzhou Huasheng Paper Industry Co., Ltd.
地址:浙江省富阳市春江造纸工业园区直塘村
Add: Zhitang, Chunjiang Paper Industrial Park, Fuyang, Zhejiang
邮编(P.C.):311421
电话(Tel):0571-63583157
传真(Fax):0571-63581717

富阳市庆锋造纸有限公司
Fuyang Qingfeng Paper Making Co., Ltd.
地址:浙江省富阳市大源镇溪东村
Add: Xidong, Dayuan, Fuyang, Zhejiang
邮编(P.C.):311413
电话(Tel):0571-63598248
传真(Fax):0571-63598850

富阳市亨通纸业有限公司
Fuyang Hengtong Paper Industry Co., Ltd.
地址:浙江省富阳市东州工业开发区
Add: Dongzhou Industrial Development Zone, Fuyang, Zhejiang
邮编(P.C.):311401
电话(Tel):0571-63465918
传真(Fax):0571-63465888

杭州板桥纸业有限公司
Hangzhou Banqiao Paper Industry Co., Ltd.
地址:浙江省富阳市富阳春江街道八一村
Add: Bayi, Chunjiang, Fuyang, Zhejiang
邮编(P.C.):311421
电话(Tel):0571-63583125
传真(Fax):0571-63583125

杭州汇丰纸业有限公司

Hangzhou Huifeng Paper Industry Co., Ltd.
地址:浙江省富阳市富阳镇八一工业园区
Add: Bayi Industrial Park, Fuyang, Fuyang, Zhejiang
邮编(P.C.):311421
电话(Tel):0571－63585578
传真(Fax):0571－63581878

浙江华远纸业有限公司
Zhejiang Huayuan Paper Industry Co., Ltd.
地址:浙江省富阳市富阳镇春江造纸工业园区直塘村
Add: Zhitang, Chunjiang Paper Industrial Park, Fuyang, Fuyang, Zhejiang
邮编(P.C.):311421
电话(Tel):0571－63583171
传真(Fax):0571－63583147

富阳市常兴纸业有限公司
Fuyang Changxing Paper Industry Co., Ltd.
地址:浙江省富阳市富阳镇建华村
Add: Jianhua, Fuyang, Fuyang, Zhejiang
邮编(P.C.):311421
电话(Tel):0571－63582333
传真(Fax):0571－63583748

富阳市乾新纸业有限公司
Fuyang Qianxin Paper Industry Co., Ltd.
地址:浙江省富阳市富阳镇友谊村
Add: Youyi, Fuyang, Fuyang, Zhejiang
邮编(P.C.):311421
电话(Tel):0571－63586879
传真(Fax):0571－63582956

杭州萧山风华纸业有限公司
Hangzhou Xiaoshan Fenghua Paper Industry Co., Ltd.
地址:浙江省杭州市萧山河上镇下门村
Add: Xiamen, Shangzhen, Xiaoshanhe, Hangzhou, Zhejiang
邮编(P.C.):311264
电话(Tel):0571－82207677
传真(Fax):0571－82207898

嘉兴市步云纸业有限公司
Jiaxing Buyun Paper Industry Co., Ltd.
地址:浙江省嘉兴市步云镇花园路11号
Add: No.11 Huayuan Rd., Buyun, Jiaxing, Zhejiang
邮编(P.C.):314004
电话(Tel):0573－3101870
传真(Fax):0573－3100698

浙江金岭造纸有限公司
Zhejiang Jinling Paper Making Co., Ltd.
地址:浙江省金华县岭下镇
Add: Lingxia, Jinhua, Zhejiang
邮编(P.C.):321042
电话(Tel):0579－2811168
传真(Fax):0579－2811171

浙江兰溪市华伦造纸有限公司
Zhejiang Lanxi Hualun Paper Making Co., Ltd.
地址:浙江省兰溪市城郊西路21号
Add: No.21 Chengjiaoxi Rd., Lanxi, Zhejiang
邮编(P.C.):321100
电话(Tel):0579－8230385
传真(Fax):0579－8230966

宁波中华纸业有限公司
Ningbo Zhonghua Paper Industry Co., Ltd.
地址:浙江省宁波市海曙区段塘镇丁家街108号
Add: No.108 Dingjia St., Duantang, Haishu, Ningbo, Zhejiang
邮编(P.C.):315012
电话(Tel):0574－87464811
传真(Fax):0574－87467535

宁波牡牛纸业有限公司
Ningbo Muniu Paper Industry Co., Ltd.
地址:浙江省宁波市鄞州区姜山镇周韩村
Add: Zhouhan, Jiangshan, Yinzhou, Ningbo, Zhejiang
邮编(P.C.):315195
电话(Tel):0574－88464811
传真(Fax):0574－88463725

浙江景兴纸业股份有限公司
Zhejiang Jingxing Paper Industry Co., Ltd.
地址:浙江省平湖市曹桥镇
Add: Caoqiao, Pinghu, Zhejiang
邮编(P.C.):314214
电话(Tel):0573－5960666
传真(Fax):0573－5966983

浙江天听纸业有限公司
Zhejiang Tianting Paper Industry Co., Ltd.
地址:浙江省浦阳县班班大道1号
Add: No.1 Banbandadao Rd., Puyang, Zhejiang
邮编(P.C.):322200
电话(Tel):0579－4200208
传真(Fax):0579－4200248

桐乡福利造纸厂
Tongxiang Fuli Paper Mill
地址:浙江省桐乡马镇
Add: Mazhen, Tongxiang, Zhejiang
邮编(P.C.):314501
电话(Tel):0573－8711411
传真(Fax):0573－8711409

安徽霍山东风纸业有限公司
Anhui Huoshan Dongfeng Paper Industry Co., Ltd.
地址:安徽省霍山县落儿岭镇
Add: Luoerling, Huoshan, Anhui
邮编(P.C.):237283
电话(Tel):0564－5566044
传真(Fax):0564－5566144

安徽省六安市康乐纸业有限公司
Anhui Liuan Kangle Paper Industry Co., Ltd.
地址:安徽省六安市梅山北路
Add: Meishanbei Rd., Liuan, Anhui
邮编(P.C.):237009
电话(Tel):0564－3333666
传真(Fax):0564－3368072

福建闽都纸业有限公司
Fujian Mindu Paper Industry Co., Ltd.
地址:福建省福清市一都街右钭3号
Add: No.3 Yidu St. Youtou, Fuqing, Fujian
邮编(P.C.):350306
电话(Tel):0591－5301678
传真(Fax):0591－5301038

华发(福建)实业有限公司
Huafa(Fujian) Industry Co., Ltd.
地址:福建省龙海市东园镇厚境村华发纸地
Add: Huafazhidi, Houjing, Dongyuan, Longhai, Fujian
邮编(P.C.):363103
电话(Tel):0596－6708752
传真(Fax):0596－6708265

福建省罗源县造纸有限公司
Fujian Luoyuan Paper Making Co., Ltd.
地址:福建省罗源县城郊九龙坂
Add: Jiulongban, Chengjiao, Luoyuan, Fujian
邮编(P.C.):350600
电话(Tel):0591－26835409
传真(Fax):0591－26831585

泉州贵格纸业有限公司
Quanzhou Guige Paper Industry Co., Ltd.

地址：福建省泉州市南安码头镇佛内工业区
Add: Fonei Industrial Zone, Matou, Nan'an, Quanzhou, Fujian
邮编(P.C.):362311
电话(Tel):0595-86461222
传真(Fax):0595-86451788

福建省泉州伟立集团有限公司
Fujian Quanzhou Weili Group Co., Ltd.
地址：福建省泉州市永春县蓬壶工业区
Add: Penghu Industrial Zone, Yongchun, Quanzhou, Fujian
邮编(P.C.):362609
电话(Tel):0595-23802828
传真(Fax):0595-23802728

山东滨州黄河纸业集团有限公司
Shandong Binzhou Yellow River Paper Industry Group Co., Ltd.
地址：山东省滨州市黄河六路579号
Add: No. 579 Huangheliu Rd., Binzhou, Shandong
邮编(P.C.):256611
电话(Tel):0543-3372215
传真(Fax):0543-3371522

山东华泰纸业股份有限公司
Shandong Huatai Paper Industry Co., Ltd.
地址：山东省东营市广饶县华泰工业园
Add: Huatai Industrial Park, Guangrao, Dongying, Shandong
邮编(P.C.):257335
电话(Tel):0546-6888219
传真(Fax):0546-6888018

山东华鹏包装有限公司
Shandong Huapeng Packaging Co., Ltd.
地址：山东省广饶县西刘桥
Add: Xiliuqiao, Guangrao, Shandong
邮编(P.C.):257338
电话(Tel):0546-6413063
传真(Fax):0546-6413063

济南市天桥区大桥造纸厂
Jinan Tianqiao Daqiao Paper Mill
地址：山东省济南市天桥区新黄路1号
Add: No. 1 Xinhuang Rd., Tianqiao, Jinan, Shandong
邮编(P.C.):250022
电话(Tel):0531-88966839
传真(Fax):0531-88966839

山东双成纸业有限公司
Shandong Shuangcheng Paper Industry Co., Ltd.
地址：山东省临沂市沂水县城西环路80号
Add: No. 80 Xihuan Rd., Yishui, Linyi, Shandong
邮编(P.C.):276400
电话(Tel):0539-2213223
传真(Fax):0539-2213682

山东亚太森博浆纸有限公司
Shandong Yatai SSYMB Pulp & Paper Co., Ltd.
地址：山东省日照市北京路
Add: Beijing Rd., Rizhao, Shandong
邮编(P.C.):276826
电话(Tel):0633-3361000
传真(Fax):0633-3361280

山东华金集团总公司
Shandong Huajin Group Co.
地址：山东省泗水县金庄镇
Add: Jinzhuang, Sishui, Shandong
邮编(P.C.):273201
电话(Tel):0537-4036894
传真(Fax):0537-4031210

潍坊华港包装材料有限公司
Weifang Huagang Packing Materials Co., Ltd.
地址：山东省潍坊市奎文区宝通东街162号
Add: No. 162 Baotong East St., Kuiwen, Weifang, Shandong
邮编(P.C.):261041
电话(Tel):0536-8823918
传真(Fax):0536-8823919

潍坊凤凰纸业有限公司
Weifang Fenghuang Paper Industry Co., Ltd.
地址：山东省潍坊市奎文区则尔庄路6号
Add: No. 6 Zeerzhuang Rd., Kuiwen, Weifang, Shandong
邮编(P.C.):261031
电话(Tel):0536-8669008
传真(Fax):0536-8669008

山东太阳纸业股份有限公司
Shandong Sun Paper Industry Joint Stock Co., Ltd.
地址：山东省兖州市西关大街66号
Add: No. 66 Xiguandajie St., Yanzhou, Shandong
邮编(P.C.):272100
电话(Tel):0537-3658711
传真(Fax):0537-3633489

山东华众纸业有限公司
Shandong Huazhong Paper Industry Co., Ltd.
地址：山东省枣庄市薛城区金河乡
Add: Jinhe, Xuecheng, Zaozhuang, Shandong
邮编(P.C.):277014
电话(Tel):0632-4418888
传真(Fax):0632-4413098

山东兴创纸业集团有限公司
Shandong Xingchuang Paper Industry Group Co., Ltd.
地址：山东省诸城市兴创产业园兴中路38号
Add: No. 38 Xingzhong Rd., Xingchuang Industrial Park, Zhucheng, Shandong
邮编(P.C.):262218
电话(Tel):0536-6521311
传真(Fax):0536-6521103

山东淄博板纸股份有限公司
Shandong Zibo Paper Board Co., Ltd.
地址：山东省淄博市高新技术开发区柳泉路北首铭波路36号
Add: No. 36 Beishou, Mingbo Rd., Liuquan Rd., High&New Technology Development Zone, Zibo, Shandong
邮编(P.C.):255086
电话(Tel):0533-3581320
传真(Fax):0533-3580813

山东博汇纸业股份有限公司
Shandong Bohui Paper Industry Co., Ltd.
地址：山东省淄博市桓台县马桥镇工业路北首
Add: Gongye Rd., Maqiao, Huantai, Zibo, Shandong
邮编(P.C.):256405
电话(Tel):0533-8538020
传真(Fax):0533-8538020

山东贵和纸业集团有限公司
Shandong Guihe Paper Industry Group Co., Ltd.
地址：山东省淄博市桓台县邢家镇工业园
Add: Xingjiazhen Industrial Park, Huantai, Zibo, Shandong
邮编(P.C.):256408
电话(Tel):0533-8086977
传真(Fax):0533-8086977

山东淄博华光纸业有限公司
Shandong Zibo Huaguang Paper Industry Co., Ltd.
地址：山东省淄博市张店区湖田镇
Add: Hutian, Zhangdian, Zibo, Shandong
邮编(P.C.):255076

电话(Tel):0533－2060471
传真(Fax):0533－2061404

河南恒兴纸业股份有限公司
Henan Hengxing Paper Industry Co., Ltd.
地址:河南省睢县城北工业区
Add: Chengbei Industrial Park, Suixian, Henan
邮编(P.C.):476900
电话(Tel):0370－8152336
传真(Fax):0370－8152340

舞钢市海明集团有限公司
Wugang Haiming Group Co., Ltd.
地址:河南省舞钢市安寨路1号
Add: No. 1, Anzhai Rd., Wugang, Henan
邮编(P.C.):462500
电话(Tel):0375－8388005
传真(Fax):0375－8388006

河南省新密市华强纸业有限公司
Henan Xinmi Huaqiang Paper Industry Co., Ltd.
地址:河南省新密市大隗镇商业街
Add: Business St. Dakui, Xinmi, Henan
邮编(P.C.):452383
电话(Tel):0371－69271136
传真(Fax):0371－69288836

河南新乡新亚纸业集团股份有限公司
Henan Xinxiang Xinya Paper Industry Group Co., Ltd.
地址:河南省新乡县七里营镇新庄村
Add: Xinzhuang, Qiliying, Xinxiang, Henan
邮编(P.C.):453731
电话(Tel):0373－5680286
传真(Fax):0373－5680390

河南宏腾纸业有限公司
Henan Hongteng Paper Industry Co., Ltd.
地址:河南省许昌市劳动路北段
Add: Beiduan, Laodong Rd., Xuchang, Henan
邮编(P.C.):461000
电话(Tel):0374－4310088
传真(Fax):0374－4310298

丹江口市第一造纸厂
Danjiangkou No. 1 Paper Mill
地址:湖北省丹江口六里坪镇大桥头
Add: Daqiaotou, Liuliping, Danjiangkou, Hubei
邮编(P.C.):442716
电话(Tel):0719－5713185
传真(Fax):0719－5711788

荆州麒天纸业有限公司
Jingzhou Qitian Paper Industry Co., Ltd.
地址:湖北省公安县杨家厂镇新正街188号
Add: No. 188 Xinzheng St., Yangjiachang, Gongan, Hubei
邮编(P.C.):434303
电话(Tel):0716－5393516
传真(Fax):0716－5393041

湖北拍马纸业公司
Hubei Paima Paper Industry Co., Ltd.
地址:湖北省荆州市纪南镇拍马村
Add: Paima, Jinan, Jingzhou, Hubei
邮编(P.C.):434100
电话(Tel):0716－8416380
传真(Fax):0716－8416380

荆州市宽宏纸业有限公司
Jingzhou Kuanhong Paper Industry Co., Ltd.
地址:湖北省荆州市南环路西端
Add: Xiduan, Nanhuan Rd., Jingzhou, Hubei
邮编(P.C.):434100
电话(Tel):0716－8414222
传真(Fax):0716－8414555

湖北帅伦纸业股份有限公司
Hubei Shuailun Paper Industry Co., Ltd.
地址:湖北省武汉市江岸区谌家矶河边1号
Add: No. 1 Hebian, Chenjiaji, Jiangan, Wuhan, Hubei
邮编(P.C.):430011
电话(Tel):027－82324293
传真(Fax):027－83344993

襄樊晨鸣铜版纸有限责任公司
Xiangfan Chenming Art Paper Co., Ltd.
地址:湖北省襄樊市大庆东路44号
Add: No. 44 Daqing East Rd., Xiangfan, Hubei
邮编(P.C.):441001
电话(Tel):0710－3404778
传真(Fax):0710－3402001

宜昌北陵纸业有限公司
Yichang Beiling Paper Industry Co., Ltd.
地址:湖北省宜昌市龙泉镇
Add: Longquan, Yichang, Hubei
邮编(P.C.):443112
电话(Tel):0717－7762446
传真(Fax):0717－7761806

秭归四宝纸业有限公司
Zigui Sibao Paper Industry Co., Ltd.
地址:湖北省秭归县九里工业园区
Add: Jiuli Industrial Park, Zigui, Hubei
邮编(P.C.):443600
电话(Tel):0717－2860307
传真(Fax):0717－2860334

湖南省常德市造纸厂
Hunan Changde Paper Mill
地址:湖南省常德市德山沿河路1号
Add: No. 1 Yanhe Rd., Deshan, Changde, Hunan
邮编(P.C.):415001
电话(Tel):0736－7312819
传真(Fax):0736－7312819

湖南省汨罗市罗城纸业有限公司
Hunan Miluo Luocheng Paper Industry Co., Ltd.
地址:湖南省汨罗城西48号
Add: No. 48 Chengxi, Miluo, Hunan
邮编(P.C.):414400
电话(Tel):0730－5223534
传真(Fax):0730－5222864

湖南省汨罗市汨江纸业有限公司
Hunan Miluo Mijiang Paper Industry Co., Ltd.
地址:湖南省汨罗市汨新市镇梅家桥
Add: Meijiaqiao, Mixinshi, Miluo, Hunan
邮编(P.C.):414413
电话(Tel):0730－5611388
传真(Fax):0730－5611605

汨罗市湘宏造纸厂
Miluo Xianghong Paper Mill
地址:湖南省汨罗市新市镇
Add: Xinshi, Miluo, Hunan
邮编(P.C.):414400
电话(Tel):0730－5610578
传真(Fax):0730－5651788

新源造纸厂
Xinyuan Paper Mill
地址:湖南省汨罗新市丛羊石坝李
Add: Shibali, Congyang, Xinshi, Miluo, Hunan
邮编(P.C.):414413
电话(Tel):0730－5630188
传真(Fax):0730－5631288

永州湘江纸业有限责任公司
Yongzhou Xiangjiang Paper Industry Co., Ltd.
地址:湖南省永州市冷水滩区下河线路105号
Add: No. 105 Xiahe Rd., Lengshuitan, Yongzhou, Hunan

邮编(P.C.):425000
电话(Tel):0746-8471448
传真(Fax):0746-8470498

岳阳丰利纸业有限公司
Yueyang Fengli Paper Industry Co., Ltd.
地址:湖南省岳阳县鹿角镇
Add: Lujiao, Yueyang, Hunan
邮编(P.C.):414107
电话(Tel):0730-7860030
传真(Fax):0730-7860033

东莞建晖纸业有限公司
Dongguan Jianhui Paper Industry Co., Ltd.
地址:广东省东莞市中堂镇潢涌村
Add: Huangyong, Zhongtang, Dongguan, Guangdong
邮编(P.C.):523221
电话(Tel):0769-88888363
传真(Fax):0769-88183833

东莞潢涌银州造纸有限公司
Dongguan Huangyong Yinzhou Paper Making Co., Ltd.
地址:广东省东莞市中堂镇潢涌管理区
Add: Huangyong Management Zone, Zhongtang, Dongguan, Guangdong
邮编(P.C.):523221
电话(Tel):0769-88882747
传真(Fax):0769-88880126

佛山华丰纸业有限公司
Foshan Huafeng Paper Industry Co., Ltd.
地址:广东省佛山市河滨路17号
Add: No. 17 Hebin Rd., Foshan, Guangdong
邮编(P.C.):528000
电话(Tel):0757-82812282
传真(Fax):0757-82813125

佛山市顺德区北滘镇江联造纸有限公司
Foshan Shunde Beijiao Jianglian Paper Making Co., Ltd.
地址:广东省佛山市顺德区北滘镇碧江珠江大道18号
Add: No. 18 Bijiang Zhujiangdadao Rd., Beijiao, Shunde, Foshan, Guangdong
邮编(P.C.):511440
电话(Tel):0757-26633433
传真(Fax):0757-26635515

广州造纸集团威达高实业有限公司
Guangzhou Paper Group Victorgo Industrial Co., Ltd.
地址:广东省广州市番禺区万顷沙镇珠江管理区一涌
Add: Yiyong, Zhujiang Management Zone, Wanqingsha, Panyu, Guangzhou, Guangdong
邮编(P.C.):511462
电话(Tel):020-84945043
传真(Fax):020-84949095

广州造纸集团有限公司
Guangzhou Paper Group Co., Ltd.
地址:广东省广州市工业大道广纸路40号
Add: No. 40 Guangzhi Rd., Gongyedadao Rd., Guangzhou, Guangdong
邮编(P.C.):510281
电话(Tel):020-84336888
传真(Fax):020-84356618

江门市新裕造纸有限公司
Jiangmen Xinyu Paper Making Co., Ltd.
地址:广东省江门市文昌沙72号
Add: No. 72, Wenchangsha, Jiangmen, Guangdong
邮编(P.C.):529020
电话(Tel):0750-3354176
传真(Fax):0750-3354176

珠海经济特区红塔仁恒纸业有限公司
Zhuhai S. E. Z Hongta Renheng Paper Industry Co., Ltd.
地址:广东省珠海市前山金鸡路508号
Add: No. 508, Jinji Rd., Qianshan, Zhuhai, Guangdong
邮编(P.C.):519070
电话(Tel):0756-8666888
传真(Fax):0756-8615037

广西贵糖(集团)股份有限公司
Guangxi Guitang (Group) Co., Ltd.
地址:广西贵港市幸福路100号
Add: No. 100 Xingfu Rd., Guigang, Guangxi
邮编(P.C.):537102
电话(Tel):0775-4201997
传真(Fax):0775-4260088

广西林业荔浦纸业有限公司
Guangxi Forestry Lipu Paper Industry Co., Ltd.
地址:广西荔浦县玉雷湾
Add: Yuleiwan, Lipu, Guangxi
邮编(P.C.):546600
电话(Tel):0773-7213098
传真(Fax):0773-7222397

广西国发林业造纸有限责任公司
Guangxi Guofa Forestry Pulp & Paper Making Co., Ltd.
地址:广西鹿寨县雒容镇
Add: Luorong, Luzhai, Guangxi
邮编(P.C.):545616
电话(Tel):0772-6666999
传真(Fax):0772-6510890

南宁美时纸业有限责任公司
Nanning Meishi Paper Industry Co., Ltd.
地址:广西南宁市亭洪路48号
Add: No. 48 Tinghong Rd., Nanning, Guangxi
邮编(P.C.):530031
电话(Tel):0771-4914533
传真(Fax):0771-4924372

四川省江安县蜀星造纸厂
Sichuan Jiangan Shuxing Paper Mill
地址:四川省江安县底蓬镇环场街48号
Add: No. 48 Huanchang St., Dipeng, Jiangan, Sichuan
邮编(P.C.):644211
电话(Tel):0831-2550163
传真(Fax):0831-2550150

绵阳凯特包装材料有限公司
Mianyang Kaite Packing Materials Co., Ltd.
地址:四川省绵阳市梓潼县经济园区
Add: Economy Park, Zitong Mianyang, Sichuan
邮编(P.C.):621000
电话(Tel):0816-8323816
传真(Fax):0816-8326111

四川省宜宾昌宏纸业有限责任公司
Sichuan Yibin Changhong Paper Industry Co., Ltd.
地址:四川省宜宾市南岸经济技术开发区菜园沱
Add: Caiyuantuo, Nanan Economy & Technology Development Zone, Yibin, Sichuan
邮编(P.C.):644002
电话(Tel):0831-2330497
传真(Fax):0831-2335964

云丰造纸厂
Yunfeng Paper Mill
地址:云南省昆明市西山地区海口镇
Add: Haikou, Xishan, Kunming, Yunnan
邮编(P.C.):650114
电话(Tel):0871-8590226
传真(Fax):0871-8590470

陕西百特纸业股份有限公司
Shaanxi Baite Paper Industry Co., Ltd.
地址:陕西省汉中市鑫源开发区希望

路
Add: Xiwang Rd., Xinyuan Development Zone, Hanzhong, Shaanxi
邮编(P.C.):723000
电话(Tel):0916-2310134
传真(Fax):0916-2310417

陕西中港铜版纸有限公司
Shaanxi Zhonggang Art Paper Co., Ltd.
地址:陕西省西安市霸桥镇东街15号
Add: No.15 East St., Baqiao, Xi'an, Shaanxi
邮编(P.C.):710024
电话(Tel):029-83610216
传真(Fax):029-83610216

西安市蔡伦造纸厂
Xi'an Cailun Paper Mill
地址:陕西省西安市三桥镇北西宝高速公路口北
Add: Koubei, Xibao Superhighway, Sanqiao, Xi'an, Shaanxi
邮编(P.C.):710086
电话(Tel):029-84517518
传真(Fax):029-84519897

● 瓦楞原纸 Corrugating medium

北京造纸七厂
Beijing No.7 Paper Mill
地址:北京市通州区滨河路126号
Add: No. 126 Binhe, Tongzhou, Beijing
邮编(P.C.):101149
电话(Tel):010-61563101
传真(Fax):010-61563376

天津市大港永兴福利造纸厂
Tianjin Dagang Yongxing Fuli Paper Mill
地址:天津市大港区太平镇郭庄子工业区
Add: Guozhuangzi Industrial Zone, Taiping, Dagang, Tianjin
邮编(P.C.):300282
电话(Tel):022-63155134
传真(Fax):022-63155136

天津市汉沽区造纸厂
Tianjin Hangu Paper Mill
地址:天津市汉沽区化工路西
Add: Huagong Rd., Hangu, Tianjin
邮编(P.C.):300480
电话(Tel):022-67161045
传真(Fax):022-67161882

天津环球造纸有限公司
Tianjin Huanqiu Paper Making Co., Ltd.
地址:天津市河西区大沽南路1069号
Add: No. 1069 Dagunan Rd., Hexi, Tianjin
邮编(P.C.):300222
电话(Tel):022-28191130
传真(Fax):022-28116068

天津市天马造纸厂
Tianjin Tianma Paper Mill
地址:天津市西青区南河镇小南河
Add: Xiaonanhe, Nanhe, Xiqing, Tianjin
邮编(P.C.):300382
电话(Tel):022-23986042
传真(Fax):022-23986042

保定三联纸业有限公司
Baoding Sanlian Paper Industry Co., Ltd.
地址:河北省保定市西外环路南段
Add: Nanduan, Xiwaihuan Rd., Baoding, Hebei
邮编(P.C.):071000
电话(Tel):0312-3239070
传真(Fax):0312-3250899

承德兴业造纸有限公司
Chengde Xingye Paper Making Co., Ltd.
地址:河北省承德市承德县下板城镇
Add: Xiabancheng, Chengde, Chengde, Hebei
邮编(P.C.):067400
电话(Tel):0314-3115163
传真(Fax):0314-3115180

秦皇岛前韩纸业公司
Qinhuangdao Qianhan Paper Industry Co.
地址:河北省抚宁县留守营镇前韩村
Add: Qianhan, Liushouying, Funing, Hebei
邮编(P.C.):066301
电话(Tel):0335-6046190
传真(Fax):0335-6046190

衡水金光纸业有限公司
Hengshui Jinguang Paper Industry Co., Ltd.
地址:河北省衡水市建设大街272号
Add: No. 272 Jianshe St., Hengshui, Hebei
邮编(P.C.):053000
电话(Tel):0318-2124146
传真(Fax):0318-2124146

鹿泉市远大工业公司
Luquan Yuanda Industry Co.
地址:河北省鹿泉市大河镇曲寨村
Add: Quzhai, Dahe, Luquan, Hebei
邮编(P.C.):050200
电话(Tel):0311-82297750
传真(Fax):0311-82296818

任丘市星火造纸有限责任公司
Renqiu Xinghuo Paper Making Co., Ltd.
地址:河北省任丘市辛中驿镇张施村工业区
Add: Zhangshicun Industrial Zone, Xinzhongyi, Renqiu, Hebei
邮编(P.C.):062550
电话(Tel):0317-2922938
传真(Fax):0317-2921118

信诚浆纸有限公司
Xincheng Pulp & Paper Co., Ltd.
地址:河北省唐海县第八农场
Add: Diba Nongchang, Tanghai, Hebei
邮编(P.C.):063207
电话(Tel):0315-8881489
传真(Fax):0315-8888377

唐山市诚信纸业有限责任公司
Tangshan Chengxin Paper Industry Co., Ltd.
地址:河北省唐海县唐海镇
Add: Tanghai, Tanghai, Hebei
邮编(P.C.):063200
电话(Tel):0315-8750461
传真(Fax):0315-8750461

河北永新纸业有限公司
Hebei Yongxin Paper Industry Co., Ltd.
地址:河北省唐山市滦南县城关西马路88号
Add: No. 88 Chengguanxi Rd., Luannan, Tangshan, Hebei
邮编(P.C.):063500
电话(Tel):0315-4123124
传真(Fax):0315-4124657

唐山市光华造纸厂
Tangshan Guanghua Paper Mill
地址:河北省唐山市女织寨乡郑家庄村西1公里
Add: Zhengjiazhuang, Nuzhizhai, Tangshan, Hebei
邮编(P.C.):063001
电话(Tel):0315-2960723
传真(Fax):0315-2960723

唐山华兴纸业有限公司
Tangshan Huaxing Paper Industry Co., Ltd.
地址:河北省唐山市唐海县第八农场朝韩庄子北
Add: Chaohanzhuangzi, Eight Non-

gchang, Tanghai, Tangshan, Hebei
邮编(P.C.):063207
电话(Tel):0315-8882794
传真(Fax):0315-8882312

河北东方造纸有限公司
Hebei Dongfang Paper Making Co., Ltd.
地址:河北省吴桥县安陵镇
Add: Anling, Wuqiao, Hebei
邮编(P.C.):061800
电话(Tel):0317-7198111
传真(Fax):0317-7197087

山西省临汾市友谊造纸厂
Shanxi Linfen Youyi Paper Mill
地址:山西省临汾市尧都区贾得乡机关路1号
Add: No.1 Jiguan Rd., Jiade, Yaodu, Linfen, Shanxi
邮编(P.C.):041000
电话(Tel):0357-3052533
传真(Fax):0357-3053888

内蒙古河套木业有限责任公司
Inner Mongolia Hetao Muye Co., Ltd.
地址:内蒙古杭锦后旗陕坝镇工业路50号
Add: No.50 Industrial Rd., Shanba, Hangjinhouqi, Inner Mongolia
邮编(P.C.):015400
电话(Tel):0478-6623458
传真(Fax):0478-6623705

东港市前阳造纸厂
Donggang Qianyang Paper Mill
地址:辽宁省东港市前阳镇
Add: Qianyang, Donggang, Liaoning
邮编(P.C.):118301
电话(Tel):0415-7162109
传真(Fax):0415-6670588

新宾满族自治县造纸厂
Xinbin Man Ethnic Autonomous County Paper Mill
地址:辽宁省新宾满族自治县永陵镇
Add: Yongling, Xinbin Man Ethnic Autonomous County, Liaoning
邮编(P.C.):113206
电话(Tel):0413-5154432
传真(Fax):0413-5154432

白山虹桥纸业有限公司
Baishan Hongqiao Paper Industry Co., Ltd.
地址:吉林省白山市浑江大街358号
Add: No.358 Hunjiangdajie St., Baishan, Jilin
邮编(P.C.):134300
电话(Tel):0439-3223121
传真(Fax):0439-3223048

延吉造纸有限公司
Yanji Paper Making Co., Ltd.
地址:吉林省延吉市长白路南岗街24号
Add: No.24 Nangang St., Changbai Rd., Yanji, Jilin
邮编(P.C.):133001
电话(Tel):0433-2813729
传真(Fax):0433-2812684

常熟市嘉荃纸业有限公司
Changshu Jiaquan Paper Industry Co., Ltd.
地址:江苏省常熟市沪宜公路朱泾桥
Add: Zhujingqiao, Huyi Highway, Changshu, Jiangsu
邮编(P.C.):215500
电话(Tel):0512-52716508
传真(Fax):0512-52716387

常州市五环纸业有限公司
Changzhou Wuhuan Paper Industry Co., Ltd.
地址:江苏省常州市采菱东路潢河桥
Add: Huangheqiao, Cailingdong Rd., Changzhou, Jiangsu
邮编(P.C.):213011
电话(Tel):0519-8771258
传真(Fax):0519-8771258

常州市武进造纸厂
Changzhou Wujin Paper Mill
地址:江苏省常州市武进区奔牛镇
Add: Benniu, Wujin, Changzhou, Jiangsu
邮编(P.C.):213131
电话(Tel):0519-3211283
传真(Fax):0519-3211283

大丰市箱板纸厂
Dafeng Container Board Mill
地址:江苏省大丰市白驹镇通榆北路11号
Add: No.11 Tongyubei Rd., Baiju, Dafeng, Jiangsu
邮编(P.C.):224113
电话(Tel):0515-3612207
传真(Fax):0515-3612488

阜宁县益林造纸厂
Funing Yilin Paper Mill
地址:江苏省阜宁县益林镇建益路1号
Add: No.1 Jianyi Rd., Yilin, Funing, Jiangsu
邮编(P.C.):224421
电话(Tel):0515-7793378
传真(Fax):0515-7799777

淮安飞翔纸业有限公司
Huaian Feixiang Paper Industry Co., Ltd.
地址:江苏省淮安市楚州区新世纪商贸城西
Add: Xinshiji Shangmao Chengxi, Chuzhou, Huaian, Jiangsu
邮编(P.C.):223200
电话(Tel):0517-5913423
传真(Fax):0517-5915994

南京秦淮纸业有限公司
Nanjing Qinhuai Paper Industry Co., Ltd.
地址:江苏省南京市溧水县柘塘镇
Add: Zhetang, Lishui, Nanjing, Jiangsu
邮编(P.C.):211215
电话(Tel):025-57240089
传真(Fax):025-57240045

溧水县艾园造纸厂
Lishui Aiyuan Paper Mill
地址:江苏省南京市溧水县柘塘镇艾园村
Add: Aiyuan, Zhetang, Lishui, Nanjing, Jiangsu
邮编(P.C.):211215
电话(Tel):025-57240204
传真(Fax):025-57240204

无锡荣成纸业有限公司
Wuxi Rongcheng Paper Industry Co., Ltd.
地址:江苏省无锡市洛社镇中兴西路43号
Add: No.43 Zhongxingxi Rd., Luoshe, Wuxi, Jiangsu
邮编(P.C.):214187
电话(Tel):0510-3316666
传真(Fax):0510-3311826

宜兴市华法纸业有限公司
Yixing Huafa Paper Industry Co., Ltd.
地址:江苏省宜兴市宜城镇边庄村
Add: Bianzhuang, Yicheng, Yixing, Jiangsu
邮编(P.C.):214200
电话(Tel):0510-7125501
传真(Fax):0510-7121839

江苏金犊纸业股份有限公司
Jiangsu Jindu Paper Industry Co., Ltd.
地址:江苏省宜兴市张渚镇东路
Add: Dong Rd., Zhangzhu, Yixing, Jiangsu
邮编(P.C.):214231
电话(Tel):0510-7302505
传真(Fax):0510-7301270

宜兴市造纸二厂
Yixing No.2 Paper Mill
地址:江苏省宜兴市张渚镇牛犊山
Add: Niudushan, Zhangzhu, Yixing, Jiangsu
邮编(P.C.):214231
电话(Tel):0510－7301130
传真(Fax):0510－7301270

宜兴造纸厂
Yixing Paper Mill
地址:江苏省宜兴市张渚镇渚钢路18号
Add: No.18 Zhugang Rd., Zhangzhu, Yixing, Jiangsu
邮编(P.C.):214231
电话(Tel):0510－7301375
传真(Fax):0510－7301375

张家港市华兴纸业有限公司
Zhangjiagang Huaxing Paper Industry Co., Ltd.
地址:江苏省张家港市锦丰镇工业集中区东区
Add: East Zone, Jinfeng Industrial Zone, Zhangjiagang, Jiangsu
邮编(P.C.):215625
电话(Tel):0512－58951518
传真(Fax):0512－58951555

慈溪工艺版纸厂
Cixi Art Paper Board Mill
地址:浙江省慈溪市桥头镇毛三村
Add: Maosan, Qiaotou, Cixi, Zhejiang
邮编(P.C.):315317
电话(Tel):0574－63551045
传真(Fax):0574－63551045

海宁市之江造纸有限公司
Haining Zhijiang Paper Making Co., Ltd.
地址:浙江省海宁市周王庙镇荆山村南洋谈家闸北
Add: Tanjiazhabei, Nanyang, Jingshan, Zhouwangmiao, Haining, Zhejiang
邮编(P.C.):314411
电话(Tel):0573－7933357
传真(Fax):0573－7937636

嘉兴市大洋纸业有限公司
Jiaxing Dayang Paper Industry Co., Ltd.
地址:浙江省海盐县沈荡镇南林家浜
Add: Nanlinjiabang, Shendang, Haiyan, Zhejiang
邮编(P.C.):314311
电话(Tel):0573－6722988
传真(Fax):0573－6724786

浙江南洋纸业有限公司
Zhejiang Nanyang Paper Industry Co., Ltd.
地址:浙江省海盐县武原镇西首升界桥南洋
Add: Nanyang, Shengjieqiao, Wuyuan, Haiyan, Zhejiang
邮编(P.C.):314300
电话(Tel):0573－6192032
传真(Fax):0573－6192036

民丰集团秀洲纸业有限公司
Minfeng Group Xiuzhou Paper Industry Co., Ltd.
地址:浙江省嘉兴市凤桥镇
Add: Fengqiao, Jiaxing, Zhejiang
邮编(P.C.):314000
电话(Tel):0573－3188688
传真(Fax):0573－3189868

浙江大华包装集团有限公司
Zhejiang Dahua Package Co., Ltd.
地址:浙江省嘉兴市余新镇
Add: Yuxin, Jiaxing, Zhejiang
邮编(P.C.):314009
电话(Tel):0573－3167164
传真(Fax):0573－3166213

江山市造纸厂
Jiangshan Paper Mill
地址:浙江省江山市贺村镇十里牌2号
Add: No.2 Shilipai, Hecun, Jiangshan, Zhejiang
邮编(P.C.):324109
电话(Tel):0570－4550085
传真(Fax):0570－4550085

浙江金岭造纸有限公司
Zhejiang Jinling Paper Making Co., Ltd.
地址:浙江省金华县岭下镇
Add: Lingxia, Jinhua, Zhejiang
邮编(P.C.):321042
电话(Tel):0579－2811168
传真(Fax):0579－2811171

宁波八方集团股份有限公司
Ningbo Bafang Group Co., Ltd.
地址:浙江省宁波市鄞州区高桥镇
Add: Gaoqiao, Yinzhou, Ningbo, Zhejiang
邮编(P.C.):315174
电话(Tel):0574－56169999
传真(Fax):0574－88447328

宁波牡牛纸业有限公司
Ningbo Muniu Paper Industry Co., Ltd.
地址:浙江省宁波市鄞州区姜山镇周韩村
Add: Zhouhan, Jiangshan, Yinzhou, Ningbo, Zhejiang
邮编(P.C.):315195
电话(Tel):0574－88464811
传真(Fax):0574－88463725

宁波招宝纸业有限公司
Ningbo Zhaobao Paper Industry Co., Ltd.
地址:浙江省宁波市镇海后海塘工业区
Add: Houhaitang Industrial Zone, Zhenhai, Ningbo, Zhejiang
邮编(P.C.):315200
电话(Tel):0574－86266485
传真(Fax):0574－86269072

浙江景兴纸业股份有限公司
Zhejiang Jingxing Paper Industry Co., Ltd.
地址:浙江省平湖市曹桥镇
Add: Caoqiao, Pinghu, Zhejiang
邮编(P.C.):314214
电话(Tel):0573－5960666
传真(Fax):0573－5966983

浙江荣晟纸业股份有限公司
Zhejiang Rongsheng Paper Industry Co.,Ltd.
地址:浙江省平湖市经济开发区
Add: Economy Development Zone, Pinghu, Zhejiang
邮编(P.C.):314213
电话(Tel):0573－5987378
传真(Fax):0573－5988880

浙江华川实业集团有限公司
Zhejiang Huachuan Industrial Group Co., Ltd.
地址:浙江省义乌市赤岸镇华川南路72号
Add: No.72 Huachuannan Rd., Chian, Yiwu, Zhejiang
邮编(P.C.):322003
电话(Tel):0579－5777377
传真(Fax):0579－5775032

安徽天都纸业有限公司
Anhui Tiandu Paper Industry Co., Ltd.
地址:安徽省东颍上县六十铺镇
Add: Liushipu, Dongyingshang, Anhui
邮编(P.C.):236219
电话(Tel):0558－4171107
传真(Fax):0558－4171260

合肥金钟纸业股份有限公司
Hefei Jinzhong Paper Industry Co., Ltd.
地址:安徽省合肥市大兴镇钟油坊路1号
Add: No.1 Zhongyoufang Rd., Dax-

ing, Hefei, Anhui
邮编(P. C.):230011
电话(Tel):0551 - 4532152
传真(Fax):0551 - 4532820

安徽霍山东风纸业有限公司
Anhui Huoshan Dongfeng Paper Industry Co., Ltd.
地址:安徽省霍山县落儿岭镇
Add: Luoerling, Huoshan, Anhui
邮编(P. C.):237283
电话(Tel):0564 - 5566044
传真(Fax):0564 - 5566144

安徽省灵璧县东风造纸厂
Anhui Lingbi Dongfeng Paper Mill
地址:安徽省灵璧县东关外2公里
Add: Dongguanwai, Lingbi, Anhui
邮编(P. C.):234200
电话(Tel):0557 - 6161102
传真(Fax):0557 - 6161102

安徽山鹰纸业股份有限公司
Anhui Shanying Paper Industry Co., Ltd.
地址:安徽省马鞍山市勤俭路3号
Add: No. 3 Qinjian Rd., Maanshan, Anhui
邮编(P. C.):243021
电话(Tel):0555 - 2810455
传真(Fax):0555 - 2817277

安徽东方纸业有限公司
Anhui Dongfang Paper Industry Co., Ltd.
地址:安徽省芜湖市褐山路101号
Add: No. 101 Heshan Rd., Wuhu, Anhui
邮编(P. C.):241009
电话(Tel):0553 - 5801199
传真(Fax):0553 - 5801830

泉州纸板厂
Quanzhou Paper Board Mill
地址:福建省泉州市泉秀路东段
Add: Dongduan, Quanxiu Rd., Quanzhou, Fujian
邮编(P. C.):362000
电话(Tel):0595 - 22581899
传真(Fax):0595 - 85315997

福建省安溪县湖头造纸厂
Fujian Anxi Hutou Paper Mill
地址:福建省安溪县湖头镇云林村
Add: Yunlin, Hutou, Anxi, Fujian
邮编(P. C.):362411
电话(Tel):0595 - 23401108
传真(Fax):0595 - 23405998

东联纸业(福州)有限公司
Donglian Paper(Fuzhou) Co., Ltd.
地址:福建省福州市马尾区快安经济投资区
Add: Kuaian Economic Investment Zone, Mawei, Fuzhou, Fujian
邮编(P. C.):350015
电话(Tel):0591 - 83970330
传真(Fax):0591 - 83970352

临川市江南纸业有限公司
Linchuan Jiangnan Paper Industry Co., Ltd.
地址:江西省临川市河埠乡河埠街
Add: Hebu St., Hebu, Linchuan, Jiangxi
邮编(P. C.):344122
电话(Tel):0794 - 8778009
传真(Fax):0794 - 8778598

萍乡市亨通纸业有限公司
Pingxiang Hengtong Paper Industry Co., Ltd.
地址:江西省萍乡市芦溪县宣风镇
Add: Xuanfeng, Luxi, Pingxiang, Jiangxi
邮编(P. C.):337051
电话(Tel):0799 - 7501128

山东省安丘市黄旗堡纸业有限公司
Shandong Anqiu Huangqipu Paper Industry Co., Ltd.
地址:山东省安丘市黄旗堡镇北台村后
Add: Beitai, Huangqipu, Anqiu, Shandong
邮编(P. C.):262118
电话(Tel):0536 - 4621057
传真(Fax):0536 - 4621057

山东滨州黄河纸业集团有限公司
Shandong Binzhou Yellow River Paper Industry Group Co., Ltd.
地址:山东省滨州市黄河六路579号
Add: No. 579 Huangheliu Rd., Binzhou, Shandong
邮编(P. C.):256611
电话(Tel):0543 - 3372215
传真(Fax):0543 - 3371522

山东华鹏包装有限公司
Shandong Huapeng Packaging Co., Ltd.
地址:山东省广饶县西刘桥
Add: Xiliuqiao, Guangrao, Shandong
邮编(P. C.):257338
电话(Tel):0546 - 6413063
传真(Fax):0546 - 6413063

济南市天桥区大桥造纸厂
Jinan Tianqiao Daqiao Paper Mill
地址:山东省济南市天桥区新黄路1号
Add: No. 1 Xinhuang Rd., Tianqiao, Jinan, Shandong
邮编(P. C.):250022
电话(Tel):0531 - 88966839
传真(Fax):0531 - 88966839

济宁昌宇纸业有限公司
Jining Changyu Paper Industry Co., Ltd.
地址:山东省济宁市任城区唐口镇
Add: Tangkou, Rencheng, Jining, Shandong
邮编(P. C.):272161
电话(Tel):0537 - 2515898
传真(Fax):0537 - 2515898

青岛海王纸业股份有限公司
Qingdao Haiwang Paper Industry Co., Ltd.
地址:山东省胶南市铁山路210号
Add: No. 210 Tieshan Rd., Jiaonan, Shandong
邮编(P. C.):266400
电话(Tel):0532 - 86118663
传真(Fax):0532 - 86118509

临清市银星纸品有限责任公司
Linqing Yinxing Paper Products Co., Ltd.
地址:山东省临清市大桥街
Add: Daqiao St., Linqing, Shandong
邮编(P. C.):252600
电话(Tel):0635 - 2437558
传真(Fax):0635 - 2437588

山东临清银河纸业集团
Shandong Linqing Yinhe Paper Industry Co., Ltd.
地址:山东省临清市西门里街297号
Add: No. 297 Ximenli St., Linqing, Shandong
邮编(P. C.):252600
电话(Tel):0635 - 2435612
传真(Fax):0635 - 2436888

山东双成纸业有限公司
Shandong Shuangcheng Paper Industry Co., Ltd.
地址:山东省临沂市沂水县城西环路80号
Add: No. 80 Xihuan Rd., Yishui, Linyi, Shandong
邮编(P. C.):276400
电话(Tel):0539 - 2213223
传真(Fax):0539 - 2213682

德州市昌源纸业有限责任公司
Dezhou Changyuan Paper Industry Co., Ltd.
地址:山东省临邑县城北昌源工业园内

Add: Changyuan Industrial Park, Linyi, Shandong
邮编(P.C.):251512
电话(Tel):0534-4851294
传真(Fax):0534-4851368

龙口市诸由纸板厂
Longkou Zhuyou Paper Board Mill
地址:山东省龙口市诸由观镇
Add: Zhuyouguan, Longkou, Shandong
邮编(P.C.):265705
电话(Tel):0535-8562088
传真(Fax):0535-8562189

山东天和纸业有限公司
Shandong Tianhe Paper Industry Co., Ltd.
地址:山东省宁阳县文化城西首
Add: Xishou, Wenhuacheng, Ningyang, Shandong
邮编(P.C.):271400
电话(Tel):0538-5621942
传真(Fax):0538-5620235

德州沪平永发造纸有限公司
Dezhou Huping Yongfa Paper Making Co., Ltd.
地址:山东省平原县永发工业区
Add: Yongfa Industrial Park, Pingyuan, Shandong
邮编(P.C.):253102
电话(Tel):0534-4521393
传真(Fax):0534-4520598

山东晨鸣纸业集团齐河板纸有限责任公司
Shandong Chenming Paper Group Qihe Paper Industry Board Co., Ltd.
地址:山东省齐河县晨鸣路1号
Add: No. 1 Chenming Rd., Qihe, Shandong
邮编(P.C.):251100
电话(Tel):0534-5691088
传真(Fax):0534-5690846

青岛天富莱集团股份有限公司
Qingdao Tianfulai Group Co., Ltd.
地址:山东省青岛莱西市青烟路6号
Add: No.6 Qingyan Rd., Laixi, Qingdao, Shandong
邮编(P.C.):266600
电话(Tel):0532-88426868
传真(Fax):0532-88426816

潍坊凤凰纸业有限公司
Weifang Fenghuang Paper Industry Co., Ltd.
地址:山东省潍坊市奎文区则尔庄路6号
Add: No. 6 Zeerzhuang Rd., Kuiwen, Weifang, Shandong
邮编(P.C.):261031
电话(Tel):0536-8669008
传真(Fax):0536-8669008

烟台市大展纸业有限公司
Yantai Dazhan Paper Industry Co., Ltd.
地址:山东省烟台市牟平区城东尹宋周
Add: Yinsongzhou, Muping, Yantai, Shandong
邮编(P.C.):264117
电话(Tel):0535-4659077
传真(Fax):0535-4659076

招远市金城造纸有限公司
Zhaoyuan Jincheng Paper Making Co., Ltd.
地址:山东省招远市张星镇苑家村
Add: Yuanjiacun, Zhangxing, Zhaoyuan, Shandong
邮编(P.C.):265406
电话(Tel):0535-8342096
传真(Fax):0535-8342294

山东兴创纸业集团有限公司
Shandong Xingchuang Paper Industry Group Co., Ltd.
地址:山东省诸城市兴创产业园兴中路38号
Add: No. 38 Xingzhong Rd., Xingchuang Industrial Park, Zhucheng, Shandong
邮编(P.C.):262218
电话(Tel):0536-6521311
传真(Fax):0536-6521103

山东淄博板纸股份有限公司
Shandong Zibo Paper Board Co., Ltd.
地址:山东省淄博市高新技术开发区柳泉路北首铭波路36号
Add: No.36 Beishou, Mingbo Rd., Liuquan Rd., High&New Technology Development Zone, Zibo, Shandong
邮编(P.C.):255086
电话(Tel):0533-3581320
传真(Fax):0533-3580813

山东晨龙纸业股份有限公司
Shandong Chenlong Paper Co., Ltd.
地址:山东省淄博市桓台县
Add: Huantai, Zibo, Shandong
邮编(P.C.):256402
电话(Tel):0533-8580035
传真(Fax):0533-8580923

山东贵和纸业集团有限公司
Shandong Guihe Paper Industry Group Co., Ltd.
地址:山东省淄博市桓台县邢家镇工业园
Add: Xingjiazhen Industrial Park, Huantai, Zibo, Shandong
邮编(P.C.):256408
电话(Tel):0533-8086977
传真(Fax):0533-8086977

辉县市造纸总厂一分厂
Huixian Paper Mill No.1 Branch
地址:河南省辉县市孟庄镇
Add: Mengzhuang, Huixian, Henan
邮编(P.C.):453621
电话(Tel):0373-6090312
传真(Fax):0373-6090312

河南恒星纸业有限公司
Henan Hengxing Paper Industry Co., Ltd.
地址:河南省焦作市武陟县小董乡工业村
Add: Xiaodong Industrial Zone, Wuzhi, Jiaozuo, Henan
邮编(P.C.):454991
电话(Tel):0391-7441088
传真(Fax):0391-7441206

漯河市板纸厂
Luohe Paper Board Mill
地址:河南省漯河市人民西路113号
Add: No. 113 Renminxi Rd., Luohe, Henan
邮编(P.C.):462000
电话(Tel):0395-2122554
传真(Fax):0395-2624495

河南天虹纸业有限责任公司
Henan Tianhong Paper Industry Co., Ltd.
地址:河南省孟州市黄河大道东段
Add: Dongduan, Huanghe Rd., Mengzhou, Henan
邮编(P.C.):454750
电话(Tel):0391-8571111
传真(Fax):0391-8576880

河南省确山县造纸厂
Henan Queshan Paper Mill
地址:河南省确山县任店镇
Add: Rendian, Queshan, Henan
邮编(P.C.):463200
电话(Tel):0396-7225263

河南省新密市恒丰纸业有限公司
Henan Xinmi Hengfeng Paper Industry Co., Ltd.
地址:河南省新密市大隗镇
Add: Dakui, Xinmi, Henan
邮编(P.C.):452370

电话(Tel):0371-69271061
传真(Fax):0371-69272626

河南新乡新亚纸业集团股份有限公司
Henan Xinxiang Xinya Paper Industry Group Co., Ltd.
地址:河南省新乡县七里营镇新庄村
Add: Xinzhuang, Qiliying, Xinxiang, Henan
邮编(P.C.):453731
电话(Tel):0373-5680286
传真(Fax):0373-5680390

河南宏腾纸业有限公司
Henan Hongteng Paper Industry Co., Ltd.
地址:河南省许昌市劳动路北段
Add: Beiduan, Laodong Rd., Xuchang, Henan
邮编(P.C.):461000
电话(Tel):0374-4310088
传真(Fax):0374-4310298

荆州麒天纸业有限公司
Jingzhou Qitian Paper Industry Co., Ltd.
地址:湖北省公安县杨家厂镇新正街188号
Add: No. 188 Xinzheng St., Yangjiachang, Gongan, Hubei
邮编(P.C.):434303
电话(Tel):0716-5393516
传真(Fax):0716-5393041

湖北帅伦纸业股份有限公司
Hubei Shuailun Paper Industry Co., Ltd.
地址:湖北省武汉市江岸区谌家矶河边1号
Add: No. 1 Hebian, Chenjiaji, Jiangan, Wuhan, Hubei
邮编(P.C.):430011
电话(Tel):027-82324293
传真(Fax):027-83344993

宜昌北陵纸业有限公司
Yichang Beiling Paper Industry Co., Ltd.
地址:湖北省宜昌市龙泉镇
Add: Longquan, Yichang, Hubei
邮编(P.C.):443112
电话(Tel):0717-7762446
传真(Fax):0717-7761806

秭归四宝纸业有限公司
Zigui Sibao Paper Industry Co., Ltd.
地址:湖北省秭归县九里工业园区
Add: Jiuli Industrial Park, Zigui, Hubei
邮编(P.C.):443600
电话(Tel):0717-2860307
传真(Fax):0717-2860334

浏阳市黄金潭造纸厂
Liuyang Huangjintan Paper Mill
地址:湖南省浏阳市大围山镇
Add: Daweishan, Liuyang, Hunan
邮编(P.C.):410309
电话(Tel):0731-3485092
传真(Fax):0731-3485092

东莞市大布纸业有限公司
Dongguan Dabu Paper Industry Co., Ltd.
地址:广东省东莞市麻涌镇大布工业区
Add: Dabu Industrial Park, Mayong, Dongguan, Guangdong
邮编(P.C.):523143
电话(Tel):0769-88286288
传真(Fax):0769-88286222

东莞玖龙纸业有限公司
Dongguan Nine Dragons Paper Industry Co., Ltd.
地址:广东省东莞市麻涌镇新沙港工业区
Add: Xinshagang Industrial Park, Mayong, Dongguan, Guangdong
邮编(P.C.):523143
电话(Tel):0769-88826888
传真(Fax):0769-88824198

东糖造纸有限公司
Dongtang Paper Making Co., Ltd.
地址:广东省东莞市中唐镇
Add: Zhongtang, Dongguan, Guangdong
邮编(P.C.):523243
电话(Tel):0769-88817300
传真(Fax):0769-88817718

东莞金洲纸业有限公司
Dongguan Jinzhou Paper Industry Co., Ltd.
地址:广东省东莞市中堂镇潢涌村
Add: Huangyong, Zhongtang, Dongguan, Guangdong
邮编(P.C.):523221
电话(Tel):0769-88181288
传真(Fax):0769-88181277

东莞理文造纸厂有限公司
Dongguan Lee & Man Paper Mill Co., Ltd.
地址:广东省东莞市中堂镇潢涌管理区
Add: Huangyong Management Zone, Zhongtang, Dongguan, Guangdong
邮编(P.C.):523221
电话(Tel):0769-88888168
传真(Fax):0769-88899101

东莞潢涌银州造纸有限公司
Dongguan Huangyong Yinzhou Paper Making Co., Ltd.
地址:广东省东莞市中堂镇潢涌管理区
Add: Huangyong Management Zone, Zhongtang, Dongguan, Guangdong
邮编(P.C.):523221
电话(Tel):0769-88882747
传真(Fax):0769-88880126

佛山市南海侨海造纸有限公司
Foshan Nanhai Qiaohai Paper Making Co., Ltd.
地址:广东省佛山市南海区西樵太平管理区
Add: Taiping Management Zone, Xiqiao, Nanhai, Foshan, Guangdong
邮编(P.C.):528212
电话(Tel):0757-86822168
传真(Fax):0757-86811268

顺德顺升造纸有限公司
Shunde Shunsheng Paper Making Co., Ltd.
地址:广东省佛山市顺德区大良沙头
Add: Shatou, Daliang, Shunde, Foshan, Guangdong
邮编(P.C.):528333
电话(Tel):0757-22321628
传真(Fax):0757-22294031

广州市番禺莲花山造纸有限公司
Guangzhou Panyu Lianhuashan Paper Making Co., Ltd.
地址:广东省广州市番禺区莲花山镇莲花东路80号
Add: No. 80 Lianhua East Rd., Lianhuashan, Panyu, Guangzhou, Guangdong
邮编(P.C.):511400
电话(Tel):020-84861371
传真(Fax):020-84860433

广州造纸集团有限公司
Guangzhou Paper Group Co., Ltd.
地址:广东省广州市工业大道广纸路40号
Add: No. 40 Guangzhi Rd., Gongyedadao Rd., Guangzhou, Guangdong
邮编(P.C.):510281
电话(Tel):020-84336888
传真(Fax):020-84356618

江门市新裕造纸有限公司
Jiangmen Xinyu Paper Making Co., Ltd.

地址:广东省江门市文昌沙72号
Add: No. 72, Wenchangsha, Jiangmen, Guangdong
邮编(P.C.):529020
电话(Tel):0750-3354176
传真(Fax):0750-3354176

中山联合鸿兴造纸有限公司
Zhongshan Lianhe Hongxing Paper Making Co., Ltd.
地址:广东省中山市105国道中山三桥西侧
Add: Xice, Zhongshansanqiao, No. 105 National Highway, Zhongshan, Guangdong
邮编(P.C.):528471
电话(Tel):0760-7796524
传真(Fax):0760-7796222

北海北部湾群鹰(集团)股份有限公司
Beihai Beibuwan Qunying (Group) Co., Ltd.
地址:广西北海市茶亭路35号
Add: No. 35 Chating Rd., Beihai, Guangxi
邮编(P.C.):536000
电话(Tel):0779-2053763
传真(Fax):0779-2067167

广西贵糖(集团)股份有限公司
Guangxi Guitang (Group) Co., Ltd.
地址:广西贵港市幸福路100号
Add: No. 100 Xingfu Rd., Guigang, Guangxi
邮编(P.C.):537102
电话(Tel):0775-4201997
传真(Fax):0775-4260088

广西林业荔浦纸业有限公司
Guangxi Forestry Lipu Paper Industry Co., Ltd.
地址:广西荔浦县玉雷湾
Add: Yuleiwan, Lipu, Guangxi
邮编(P.C.):546600
电话(Tel):0773-7213098
传真(Fax):0773-7222397

广西国发林业造纸有限责任公司
Guangxi Guofa Forestry Pulp & Paper Making Co., Ltd.
地址:广西鹿寨县雒容镇
Add: Luorong, Luzhai, Guangxi
邮编(P.C.):545616
电话(Tel):0772-6666999
传真(Fax):0772-6510890

南宁糖业股份有限公司
Nanning Sugar Industry Co., Ltd.
地址:广西南宁市亭洪路48号
Add: No. 48 Tinghong Rd., Nanning, Guangxi
邮编(P.C.):530031
电话(Tel):0771-4915366
传真(Fax):0771-4912771

重庆宏大纸业集团有限公司
Chongqing Hongda Paper Industry Group Co., Ltd.
地址:重庆市北碚区烟湖滩
Add: Yanhutan, Beibei, Chongqing
邮编(P.C.):400701
电话(Tel):023-68227747
传真(Fax):023-68227747

绵阳凯特包装材料有限公司
Mianyang Kaite Packing Materials Co., Ltd.
地址:四川省绵阳市梓潼县经济园区
Add: Economy Park, Zitong Mianyang, Sichuan
邮编(P.C.):621000
电话(Tel):0816-8323816
传真(Fax):0816-8326111

四川省宜宾昌宏纸业有限责任公司
Sichuan Yibin Changhong Paper Industry Co., Ltd.
地址:四川省宜宾市南岸经济技术开发区菜园沱
Add: Caiyuantuo, Nanan Economy & Technology Development Zone, Yibin, Sichuan
邮编(P.C.):644002
电话(Tel):0831-2330497
传真(Fax):0831-2335964

潞西市芒市纸业有限责任公司
Luxi Mangshi Paper Industry Co., Ltd.
地址:云南省潞西市环城西路北口
Add: Beikou, Huanchengxi Rd., Luxi, Yunnan
邮编(P.C.):678400
电话(Tel):0692-2293146
传真(Fax):0692-2293175

陕西兴翔纸业有限责任公司
Shaanxi Xingxiang Paper Industry Co., Ltd.
地址:陕西省凤翔县城东
Add: Chengdong, Fengxiang, Shaanxi
邮编(P.C.):721400
电话(Tel):0917-7251114
传真(Fax):0917-7251173

西安银泉纸业有限公司
Xi'an Yinquan Paper Industry Co., Ltd.
地址:陕西省户县余下镇
Add: Yuxia, Huxian, Shaanxi
邮编(P.C.):710302
电话(Tel):029-84968836

陕西圣龙纸业有限责任公司
Shaanxi Shenglong Paper Industry Co., Ltd.
地址:陕西省岐山县龚刘工业园区
Add: Gongliu Industrial Park, Qishan, Shaanxi
邮编(P.C.):722405
电话(Tel):0917-8580887
传真(Fax):0917-8580884

西安市蔡伦造纸厂
Xi'an Cailun Paper Mill
地址:陕西省西安市三桥镇北西宝高速公路口北
Add: Koubei, Xibao Superhighway, Sanqiao, Xi'an, Shaanxi
邮编(P.C.):710086
电话(Tel):029-84517518
传真(Fax):029-84519897

张掖地区造纸厂
Zhangye Diqu Paper Mill
地址:甘肃省张掖市五里墩
Add: Wulidun, Zhangye, Gansu
邮编(P.C.):734027
电话(Tel):0936-8280939
传真(Fax):0936-8280939

宁夏伊斯兰地质造纸厂
Ningxia Yisilan Geology Paper Mill
地址:宁夏平罗县太西镇
Add: Taixi, Pingluo, Ningxia
邮编(P.C.):753401
电话(Tel):0952-6681178
传真(Fax):0952-6681178

宁夏金昱元峡光纸业有限公司
Ningxia Jinyuyuan Xiaguang Paper Industry Co., Ltd.
地址:宁夏青铜峡市青铜峡镇
Add: Qingtongxia, Qingtongxia, Ningxia
邮编(P.C.):751601
电话(Tel):0953-3012107
传真(Fax):0953-3013276

宁夏美利纸业集团有限责任公司
Ningxia Meili Paper Industry Group Co., Ltd.
地址:宁夏中卫市柔远地区
Add: Rouyuan, Zhongwei, Ningxia
邮编(P.C.):751700
电话(Tel):0955-7679335
传真(Fax):0955-7679216

新疆博湖苇业股份有限公司
Xinjiang Bohu Weiye Co., Ltd.
地址:新疆库尔勒市新城区楼兰路
Add: Loulan Rd., Xincheng, Kuerle, Xinjiang

邮编(P. C.):841001
电话(Tel):0996 - 2161216
传真(Fax):0996 - 2153164

新疆沙驼股份有限公司
Xinjiang Shatuo Co., Ltd.
地址:新疆米泉市稻香北路204号
Add: No. 204 Daoxiangbei Rd., Miquan, Xinjiang
邮编(P. C.):831400
电话(Tel):0994 - 5229060
传真(Fax):0994 - 5229060

新疆天宏纸业股份有限公司
Xinjiang Tianhong Paper Industry Co., Ltd.
地址:新疆石河子市西三路
Add: Xisan Rd., Shihezi, Xinjiang
邮编(P. C.):832009
电话(Tel):0993 - 7526018
传真(Fax):0993 - 7526118

● 餐具纸板 Tableware paperboard

上海乐凯纸业有限公司
Shanghai Lucky Paper Industry Co., Ltd.
地址:上海市普陀区常和路308号
Add: No. 308 Changhe Rd., Putuo, Shanghai
邮编(P. C.):200331
电话(Tel):021 - 62509984
传真(Fax):021 - 62845219

镇江大东纸业有限公司
Zhenjiang Dadong Paper Industry Co., Ltd.
地址:江苏省镇江市东吴路61号
Add: No. 61 Dongwu Rd., Zhenjiang, Jiangsu
邮编(P. C.):212001
电话(Tel):0511 - 8820202
传真(Fax):0511 - 8820201

镇江市京口纸业有限责任公司
Zhenjiang Jingkou Paper Industry Co., Ltd.
地址:江苏省镇江市九里街宗泽路3号
Add: No. 3 Zongze Rd., Jiuli St., Zhenjiang, Jiangsu
邮编(P. C.):212008
电话(Tel):0511 - 8808388
传真(Fax):0511 - 8807606

安徽省六安市康乐纸业有限公司
Anhui Liuan Kangle Paper Industry Co., Ltd.
地址:安徽省六安市梅山北路
Add: Meishanbei Rd., Liuan, Anhui
邮编(P. C.):237009
电话(Tel):0564 - 3333666
传真(Fax):0564 - 3368072

荆州市宽宏纸业有限公司
Jingzhou Kuanhong Paper Industry Co., Ltd.
地址:湖北省荆州市南环路西端
Add: Xiduan, Nanhuan Rd., Jingzhou, Hubei
邮编(P. C.):434100
电话(Tel):0716 - 8414222
传真(Fax):0716 - 8414555

湖南泰格林纸集团有限责任公司
Hunan Tiger Forest & Paper Group Co., Ltd.
地址:湖南省长沙市经济技术开发区凉塘路398号
Add: No. 398 Liangtang Rd., Economy & Technology Development Zone, Changsha, Hunan
邮编(P. C.):410100
电话(Tel):0731 - 4025968
传真(Fax):0731 - 4025566

湖南省汨罗市汨江纸业有限公司
Hunan Miluo Mijiang Paper Industry Co., Ltd.
地址:湖南省汨罗市汨新市镇梅家桥
Add: Meijiaqiao, Mixinshi, Miluo, Hunan
邮编(P. C.):414413
电话(Tel):0730 - 5611388
传真(Fax):0730 - 5611605

岳阳丰利纸业有限公司
Yueyang Fengli Paper Industry Co., Ltd.
地址:湖南省岳阳县鹿角镇
Add: Lujiao, Yueyang, Hunan
邮编(P. C.):414107
电话(Tel):0730 - 7860030
传真(Fax):0730 - 7860033

岳阳致生纸业有限公司
Yueyang Zhisheng Paper Industry Co., Ltd.
地址:湖南省岳阳县鹿角镇
Add: Lujiao, Yueyang, Hunan
邮编(P. C.):414107
电话(Tel):0730 - 7860888
传真(Fax):0730 - 7860818

珠海经济特区红塔仁恒纸业有限公司
Zhuhai S. E. Z Hongta Renheng Paper Industry Co., Ltd.
地址:广东省珠海市前山金鸡路508号
Add: No. 508, Jinji Rd., Qianshan, Zhuhai, Guangdong
邮编(P. C.):519070
电话(Tel):0756 - 8666888
传真(Fax):0756 - 8615037

● 牛皮纸 Kraft paper

天津市第九人民造纸厂
Tianjin Ninth People Paper Mill
地址:天津市河北区调纬路五马路23号
Add: No. 23 Wuma Rd., Tiaowei Rd., Hebei, Tianjin
邮编(P. C.):300142
电话(Tel):022 - 26353481
传真(Fax):022 - 26353481

天津市第三人民造纸厂
Tianjin Third People Paper Mill
地址:天津市红桥区西于庄小辛庄大街53号
Add: No. 53 Xiaoxinzhuang St., Xiyuzhuang, Hongqiao, Tianjin
邮编(P. C.):300132
电话(Tel):022 - 26370510
传真(Fax):022 - 26371695

承德兴业造纸有限公司
Chengde Xingye Paper Making Co., Ltd.
地址:河北省承德市承德县下板城镇
Add: Xiabancheng, Chengde, Chengde, Hebei
邮编(P. C.):067400
电话(Tel):0314 - 3115163
传真(Fax):0314 - 3115180

内蒙古森工集团富伦纸业有限责任公司
Inner Mongolia Sengong Group Fulun Paper Industry Co., Ltd.
地址:内蒙古扎兰屯市纸浆街33号
Add: No. 33 Pulp & Paper St., Zhalantun, Inner Mongolia
邮编(P. C.):162650
电话(Tel):0470 - 3302442
传真(Fax):0470 - 3303820

佳木斯金地造纸股份有限公司
Jiamusi Jindi Paper Co., Ltd.
地址:黑龙江省佳木斯市光复路306号
Add: No. 306 Guangfu Rd., Jiamusi, Heilongjiang
邮编(P. C.):154005
电话(Tel):0454 - 8375207
传真(Fax):0454 - 8391825

黑龙江斯达造纸有限公司
Heilongjiang Sida Paper Making Co., Ltd.

地址:黑龙江省齐齐哈尔市富裕县
Add: Fuyu, Qiqihar, Heilongjiang
邮编(P.C.):161202
电话(Tel):0452－3108892
传真(Fax):0452－3100149

宜兴造纸厂
Yixing Paper Mill
地址:江苏省宜兴市张渚镇渚钢路18号
Add: No. 18 Zhugang Rd., Zhangzhu, Yixing, Jiangsu
邮编(P.C.):214231
电话(Tel):0510－7301375
传真(Fax):0510－7301375

镇江大东纸业有限公司
Zhenjiang Dadong Paper Industry Co., Ltd.
地址:江苏省镇江市东吴路61号
Add: No. 61 Dongwu Rd., Zhenjiang, Jiangsu
邮编(P.C.):212001
电话(Tel):0511－8820202
传真(Fax):0511－8820201

民丰特种纸股份有限公司
Minfeng Specialty Paper Co., Ltd.
地址:浙江省嘉兴市甪里街70号
Add: No. 70 Luli St., Jiaxing, Zhejiang
邮编(P.C.):314001
电话(Tel):0573－2839051
传真(Fax):0573－2821135

临安市青山纸业有限公司
Linan Qingshan Paper Industry Co., Ltd.
地址:浙江省临安市青山工业园区
Add: Qingshan Industrial Zone, Linan, Zhejiang
邮编(P.C.):311305
电话(Tel):0571－63781525
传真(Fax):0571－63783698

宁波八方集团股份有限公司
Ningbo Bafang Group Co., Ltd.
地址:浙江省宁波市鄞州区高桥镇
Add: Gaoqiao, Yinzhou, Ningbo, Zhejiang
邮编(P.C.):315174
电话(Tel):0574－56169999
传真(Fax):0574－88447328

浙江华川实业集团有限公司
Zhejiang Huachuan Industrial Group Co., Ltd.
地址:浙江省义乌市赤岸镇华川南路72号
Add: No. 72 Huachuannan Rd., Chian, Yiwu, Zhejiang
邮编(P.C.):322003
电话(Tel):0579－5777377
传真(Fax):0579－5775032

安徽霍山东风纸业有限公司
Anhui Huoshan Dongfeng Paper Industry Co., Ltd.
地址:安徽省霍山县落儿岭镇
Add: Luoerling, Huoshan, Anhui
邮编(P.C.):237283
电话(Tel):0564－5566044
传真(Fax):0564－5566144

安徽山鹰纸业股份有限公司
Anhui Shanying Paper Industry Co., Ltd.
地址:安徽省马鞍山市勤俭路3号
Add: No. 3 Qinjian Rd., Maanshan, Anhui
邮编(P.C.):243021
电话(Tel):0555－2810455
传真(Fax):0555－2817277

泉州纸板厂
Quanzhou Paper Board Mill
地址:福建省泉州市泉秀路东段
Add: Dongduan, Quanxiu Rd., Quanzhou, Fujian
邮编(P.C.):362000
电话(Tel):0595－22581899
传真(Fax):0595－85315997

福建省大田县第一造纸厂
Fujian Datian No. 1 Paper Mill
地址:福建省三明市大田县均溪镇凤山东路183号
Add: No. 183 Fengshandong Rd., Junxi, Datian, Sanming, Fujian
邮编(P.C.):366100
电话(Tel):0598－7228026
传真(Fax):0598－7233826

双溪纸业有限公司
Shuangxi Paper Industry Co., Ltd.
地址:福建省三明市三元莘口延永路80号
Add: No. 80 Yanyong Rd., Shenkou, Sanyuan, Sanming, Fujian
邮编(P.C.):365002
电话(Tel):0598－8370648
传真(Fax):0598－8370648

福建省青山纸业股份有限公司
Fujian Qingshan Paper Industry Co., Ltd.
地址:福建省三明市沙县青州镇
Add: Qingzhou, Shaxian, Sanming, Fujian
邮编(P.C.):365506
电话(Tel):0598－5658989
传真(Fax):0598－5658789

福建省青耀纸业有限公司
Fujian Qingyao Paper Industry Co., Ltd.
地址:福建省三明市沙县青州镇
Add: Qingzhou, Shaxian, Sanming, Fujian
邮编(P.C.):365506
电话(Tel):0598－5658963
传真(Fax):0598－5658928

江西雄狮造纸实业有限公司
Jiangxi Xiongshi Paper Industrial Co., Ltd.
地址:江西省吉安市吉水县文峰窖里新村81号
Add: No. 81 JiaoLixincun, Wenfeng, Jishui, Jian, Jiangxi
邮编(P.C.):331600
电话(Tel):0769－3522397
传真(Fax):0769－3523596

青岛海王纸业股份有限公司
Qingdao Haiwang Paper Industry Co., Ltd.
地址:山东省胶南市铁山路210号
Add: No. 210 Tieshan Rd., Jiaonan, Shandong
邮编(P.C.):266400
电话(Tel):0532－86118663
传真(Fax):0532－86118509

寿光市兴华造纸厂
Shouguang Xinghua Paper Mill
地址:山东省寿光市莱都路313号
Add: No. 313 Caidu Rd., Shouguang, Shandong
邮编(P.C.):262700
电话(Tel):0536－5224349
传真(Fax):0536－5224537

山东鲁南纸业集团
Shandong Lunan Paper Industry Group
地址:山东省郯城县人民路297号
Add: No.297 Renmin Rd., Tancheng, Shandong
邮编(P.C.):276100
电话(Tel):0539－6221670
传真(Fax):0539－6128003

山东省潍北造纸厂
Shandong Weibei Paper Mill
地址:山东省潍坊市潍北农场
Add: Weibei Nongchang, Weifang, Shandong
邮编(P.C.):261109
电话(Tel):0536－7541260
传真(Fax):0536－7548697

山东省沂源县造纸厂
Shandong Yiyuan Paper Mill

地址:山东省沂源县健康路 38 号
Add: No. 38 Jiankang Rd., Yiyuan, Shandong
邮编(P. C.):256100
电话(Tel):0533-3241534
传真(Fax):0533-3241534

章丘联丰特种纸业有限公司
Zhangqiu Lianfeng Specialty Paper Industry Co., Ltd.
地址:山东省章丘市华明大道 17 号
Add: No. 17 Huaming Rd., Zhangqiu, Shandong
邮编(P. C.):250200
电话(Tel):0531-83252658
传真(Fax):0531-83252658

河南省安阳市特种纸业有限责任公司
Henan Anyang Specialty Paper Industry Co., Ltd.
地址:河南省安阳市铁西路南段 125 号
Add: No. 125, Nanduan, Tiexi Rd., Anyang, Henan
邮编(P. C.):455000
电话(Tel):0372-3932007
传真(Fax):0372-3932007

河南省确山县造纸厂
Henan Queshan Paper Mill
地址:河南省确山县任店镇
Add: Rendian, Queshan, Henan
邮编(P. C.):463200
电话(Tel):0396-7225263

河南宏腾纸业有限公司
Henan Hongteng Paper Industry Co., Ltd.
地址:河南省许昌市劳动路北段
Add: Beiduan, Laodong Rd., Xuchang, Henan
邮编(P. C.):461000
电话(Tel):0374-4310088
传真(Fax):0374-4310298

河南省外贸包装材料厂
Henan Foreign Trade Package Material Mill
地址:河南省郑州市郑华路
Add: Zhenghua Rd., Zhengzhou, Henan
邮编(P. C.):450003
电话(Tel):0371-65723833
传真(Fax):0371-65737582

荆州市纪南第一造纸厂
Jingzhou Jinan No. 1 Paper Mill
地址:湖北省荆州市纪南镇枣林村
Add: Zaolin, Jinan, Jingzhou, Hubei
邮编(P. C.):434112
电话(Tel):0716-8412056

宜昌北陵纸业有限公司
Yichang Beiling Paper Industry Co., Ltd.
地址:湖北省宜昌市龙泉镇
Add: Longquan, Yichang, Hubei
邮编(P. C.):443112
电话(Tel):0717-7762446
传真(Fax):0717-7761806

湖南泰格林纸集团有限责任公司
Hunan Tiger Forest & Paper Group Co., Ltd.
地址:湖南省长沙市经济技术开发区凉塘路 398 号
Add: No. 398 Liangtang Rd., Economy & Technology Development Zone, Changsha, Hunan
邮编(P. C.):410100
电话(Tel):0731-4025968
传真(Fax):0731-4025566

湖南省郴州市红松纸业有限公司
Hunan Chenzhou Hongsong Paper Industry Co., Ltd.
地址:湖南省郴州市苏仙区雅市坪
Add: Yashiping, Suxian, Chenzhou, Hunan
邮编(P. C.):423044
电话(Tel):0735-2640168
传真(Fax):0735-2640088

湖南洪江纸业有限责任公司
Hunan Hongjiang Paper Industry Co., Ltd.
地址:湖南省怀化市洪江区萝卜湾 45 号
Add: No. 45 Luobowan, Hongjiang, Huaihua, Hunan
邮编(P. C.):418201
电话(Tel):0745-7629055
传真(Fax):0745-7694376

永州湘江纸业有限责任公司
Yongzhou Xiangjiang Paper Industry Co., Ltd.
地址:湖南省永州市冷水滩区下河线路 105 号
Add: No. 105 Xiahe Rd., Lengshuitan, Yongzhou, Hunan
邮编(P. C.):425000
电话(Tel):0746-8471448
传真(Fax):0746-8470498

湖南省五强溪特种造纸厂
Hunan Wuqiangxi Specialty Paper Mill
地址:湖南省沅陵县五强溪镇
Add: Wuqiangxi, Yuanling, Hunan
邮编(P. C.):419635
电话(Tel):0745-4732957
传真(Fax):0745-4732958

东莞市石龙联兴实业有限公司
Dongguan Shilong Lianxing Industrial Co., Ltd.
地址:广东省东莞市石龙西湖区建行大楼
Add: Jianhang Building, Xihu, Shilong, Dongguan, Guangdong
邮编(P. C.):523325
电话(Tel):0769-86110186
传真(Fax):0769-86114793

南雄市珠玑纸业有限公司
Nanxiong Zhuji Paper Industry Co., Ltd.
地址:广东省南雄市雄南路 38 号
Add: No. 38, Xiongnan Rd., Nanxiong, Guangdong
邮编(P. C.):512400
电话(Tel):0751-3822990
传真(Fax):0751-3820896

广西林业荔浦纸业有限公司
Guangxi Forestry Lipu Paper Industry Co., Ltd.
地址:广西荔浦县玉雷湾
Add: Yuleiwan, Lipu, Guangxi
邮编(P. C.):546600
电话(Tel):0773-7213098
传真(Fax):0773-7222397

广西国发林业造纸有限责任公司
Guangxi Guofa Forestry Pulp & Paper Making Co., Ltd.
地址:广西鹿寨县雒容镇
Add: Luorong, Luzhai, Guangxi
邮编(P. C.):545616
电话(Tel):0772-6666999
传真(Fax):0772-6510890

四川省高县华盛纸业有限公司
Sichuan Gaoxian Huasheng Paper Industry Co., Ltd.
地址:四川省高县罗场镇
Add: Luochang, Gaoxian, Sichuan
邮编(P. C.):645155
电话(Tel):0831-5251666
传真(Fax):0831-5251699

四川广元宝庆纸业有限公司
Sichuan Guangyuan Baoqing Paper Industry Co., Ltd.
地址:四川省广元市宝轮镇
Add: Baolun, Guangyuan, Sichuan
邮编(P. C.):628003
电话(Tel):0839-8550611
传真(Fax):0839-8550607

四川省江安县蜀星造纸厂
Sichuan Jiangan Shuxing Paper Mill
地址:四川省江安县底蓬镇环场街 48 号

Add: No. 48 Huanchang St., Dipeng, Jiangan, Sichuan
邮编(P. C.):644211
电话(Tel):0831 - 2550163
传真(Fax):0831 - 2550150

四川瑞松纸业有限公司
Sichuan Realson Paper Industry Co., Ltd.
地址:四川省乐山市市中区柏杨路106号
Add: No. 106 Baiyang Rd., Shizhong, Leshan, Sichuan
邮编(P. C.):614005
电话(Tel):0833 - 2490015
传真(Fax):0833 - 2490201

四川泸州巨森纸业有限公司
Sichuan Luzhou Jusen Paper Industry Co., Ltd.
地址:四川省泸州市纳溪区渠坝镇
Add: Quba, Naxi, Luzhou, Sichuan
邮编(P. C.):646300
电话(Tel):0830 - 4390999
传真(Fax):0830 - 4390777

雅安中竹纸业有限责任公司
Yaan Zhongzhu Paper Industry Co., Ltd.
地址:四川省雅安姚桥镇
Add: Yaoqiao, Yaan, Sichuan
邮编(P. C.):625000
电话(Tel):0835 - 2850834
传真(Fax):0835 - 2850060

长宁县竹海竹资源发展有限公司
Changning Zhuhai Bamboo Resources Development Co., Ltd.
地址:四川省宜宾市长宁镇城南路122号
Add: No. 122 Chengnan Rd., Changning, Yibin, Sichuan
邮编(P. C.):644300
电话(Tel):0831 - 4690283
传真(Fax):0831 - 4690165

宜宾纸业股份有限公司
Yibin Paper Industry Co., Ltd.
地址:四川省宜宾市岷江西路54号
Add: No. 54 Minjiang West Rd., Yibin, Sichuan
邮编(P. C.):644007
电话(Tel):0831 - 3560856
传真(Fax):0831 - 3561965

潞西市芒市纸业有限责任公司
Luxi Mangshi Paper Industry Co., Ltd.
地址:云南省潞西市环城西路北口
Add: Beikou, Huanchengxi Rd., Luxi, Yunnan
邮编(P. C.):678400
电话(Tel):0692 - 2293146
传真(Fax):0692 - 2293175

瑞丽市造纸厂
Ruili Paper Mill
地址:云南省瑞丽市姐勒村
Add: Jiele, Ruili, Yunnan
邮编(P. C.):678601
电话(Tel):0692 - 4900032
传真(Fax):0692 - 4900031

陕西圣龙纸业有限责任公司
Shaanxi Shenglong Paper Industry Co., Ltd.
地址:陕西省岐山县龚刘工业园区
Add: Gongliu Industrial Park, Qishan, Shaanxi
邮编(P. C.):722405
电话(Tel):0917 - 8580887
传真(Fax):0917 - 8580884

● 纸袋纸 Sack paper

内蒙古森工集团富伦纸业有限责任公司
Inner Mongolia Sengong Group Fulun Paper Industry Co., Ltd.
地址:内蒙古扎兰屯市纸浆街33号
Add: No. 33 Pulp & Paper St., Zhalantun, Inner Mongolia
邮编(P. C.):162650
电话(Tel):0470 - 3302442
传真(Fax):0470 - 3303820

佳木斯金地造纸股份有限公司
Jiamusi Jindi Paper Co., Ltd.
地址:黑龙江省佳木斯市光复路306号
Add: No. 306 Guangfu Rd., Jiamusi, Heilongjiang
邮编(P. C.):154005
电话(Tel):0454 - 8375207
传真(Fax):0454 - 8391825

江山市造纸厂
Jiangshan Paper Mill
地址:浙江省江山市贺村镇十里牌2号
Add: No. 2 Shilipai, Hecun, Jiangshan, Zhejiang
邮编(P. C.):324109
电话(Tel):0570 - 4550085
传真(Fax):0570 - 4550085

安徽霍山东风纸业有限公司
Anhui Huoshan Dongfeng Paper Industry Co., Ltd.
地址:安徽省霍山县落儿岭镇
Add: Luoerling, Huoshan, Anhui
邮编(P. C.):237283
电话(Tel):0564 - 5566044
传真(Fax):0564 - 5566144

福建省青山纸业股份有限公司
Fujian Qingshan Paper Industry Co., Ltd.
地址:福建省三明市沙县青州镇
Add: Qingzhou, Shaxian, Sanming, Fujian
邮编(P. C.):365506
电话(Tel):0598 - 5658989
传真(Fax):0598 - 5658789

山东兴创纸业集团有限公司
Shandong Xingchuang Paper Industry Group Co., Ltd.
地址:山东省诸城市兴创产业园兴中路38号
Add: No. 38 Xingzhong Rd., Xingchuang Industrial Park, Zhucheng, Shandong
邮编(P. C.):262218
电话(Tel):0536 - 6521311
传真(Fax):0536 - 6521103

河南省确山县造纸厂
Henan Queshan Paper Mill
地址:河南省确山县任店镇
Add: Rendian, Queshan, Henan
邮编(P. C.):463200
电话(Tel):0396 - 7225263

湖北帅伦纸业股份有限公司
Hubei Shuailun Paper Industry Co., Ltd.
地址:湖北省武汉市江岸区谌家矶河边1号
Add: No. 1 Hebian, Chenjiaji, Jiangan, Wuhan, Hubei
邮编(P. C.):430011
电话(Tel):027 - 82324293
传真(Fax):027 - 83344993

湖南泰格林纸集团有限责任公司
Hunan Tiger Forest & Paper Group Co., Ltd.
地址:湖南省长沙市经济技术开发区凉塘路398号
Add: No. 398 Liangtang Rd., Economy & Technology Development Zone, Changsha, Hunan
邮编(P. C.):410100
电话(Tel):0731 - 4025968
传真(Fax):0731 - 4025566

湖南省郴州市红松纸业有限公司
Hunan Chenzhou Hongsong Paper Industry Co., Ltd.
地址:湖南省郴州市苏仙区雅市坪

Add: Yashiping, Suxian, Chenzhou, Hunan
邮编(P.C.):423044
电话(Tel):0735-2640168
传真(Fax):0735-2640088

湖南洪江纸业有限责任公司
Hunan Hongjiang Paper Industry Co., Ltd.
地址:湖南省怀化市洪江区萝卜湾45号
Add: No. 45 Luobowan, Hongjiang, Huaihua, Hunan
邮编(P.C.):418201
电话(Tel):0745-7629055
传真(Fax):0745-7694376

绥宁县宝庆联纸有限公司
Suining Baoqinglian Paper Co., Ltd.
地址:湖南省绥宁县工业路98号
Add: No. 98 Gongye Rd., Suining, Hunan
邮编(P.C.):422600
电话(Tel):0739-7611234
传真(Fax):0739-7612578

永州湘江纸业有限责任公司
Yongzhou Xiangjiang Paper Industry Co., Ltd.
地址:湖南省永州市冷水滩区下河线路105号
Add: No. 105 Xiahe Rd., Lengshuitan, Yongzhou, Hunan
邮编(P.C.):425000
电话(Tel):0746-8471448
传真(Fax):0746-8470498

东莞市石龙联兴实业有限公司
Dongguan Shilong Lianxing Industrial Co., Ltd.
地址:广东省东莞市石龙西湖区建行大楼
Add: Jianhang Building, Xihu, Shilong, Dongguan, Guangdong
邮编(P.C.):523325
电话(Tel):0769-86110186
传真(Fax):0769-86114793

封开金信纸业有限公司
Fengkai Jinxin Paper Industry Co., Ltd.
地址:广东省封开县江口镇三元西路8号
Add: No. 8 Sanyuan West Rd., Jiangkou, Fengkai, Guangdong
邮编(P.C.):526500
电话(Tel):0758-6712336
传真(Fax):0758-6712338

广东省平远县造纸实业有限公司
Guangdong Pingyuan Paper Industrial Co., Ltd.
地址:广东省梅山市平远县大柘镇河陂水
Add: Heposhui, Dazhe, Pingyuan, Meishan, Guangdong
邮编(P.C.):514600
电话(Tel):0753-8824826
传真(Fax):0753-8824826

广西林业荔浦纸业有限公司
Guangxi Forestry Lipu Paper Industry Co., Ltd.
地址:广西荔浦县玉雷湾
Add: Yuleiwan, Lipu, Guangxi
邮编(P.C.):546600
电话(Tel):0773-7213098
传真(Fax):0773-7222397

广西国发林业造纸有限责任公司
Guangxi Guofa Forestry Pulp & Paper Making Co., Ltd.
地址:广西鹿寨县雒容镇
Add: Luorong, Luzhai, Guangxi
邮编(P.C.):545616
电话(Tel):0772-6666999
传真(Fax):0772-6510890

四川省江安县蜀星造纸厂
Sichuan Jiangan Shuxing Paper Mill
地址:四川省江安县底蓬镇环场街48号
Add: No. 48 Huanchang St., Dipeng, Jiangan, Sichuan
邮编(P.C.):644211
电话(Tel):0831-2550163
传真(Fax):0831-2550150

四川瑞松纸业有限公司
Sichuan Realson Paper Industry Co., Ltd.
地址:四川省乐山市市中区柏杨路106号
Add: No. 106 Baiyang Rd., Shizhong, Leshan, Sichuan
邮编(P.C.):614005
电话(Tel):0833-2490015
传真(Fax):0833-2490201

云丰造纸厂
Yunfeng Paper Mill
地址:云南省昆明市西山地区海口镇
Add: Haikou, Xishan, Kunming, Yunnan
邮编(P.C.):650114
电话(Tel):0871-8590226
传真(Fax):0871-8590470

瑞丽市造纸厂
Ruili Paper Mill
地址:云南省瑞丽市姐勒村
Add: Jiele, Ruili, Yunnan
邮编(P.C.):678601
电话(Tel):0692-4900032
传真(Fax):0692-4900031

● 新闻纸 Newsprint

天津环球造纸有限公司
Tianjin Huanqiu Paper Making Co., Ltd.
地址:天津市河西区大沽南路1069号
Add: No. 1069 Dagunan Rd., Hexi, Tianjin
邮编(P.C.):300222
电话(Tel):022-28191130
传真(Fax):022-28116068

天津今晚报社造纸厂
Tianjin Jinwan Baoshe Paper Mill
地址:天津市西青区经济开发区兴华五支路2号
Add: No. 2 Xinghua Wuzhi Rd., Xiqing Economy Development Zone, Tianjin
邮编(P.C.):300381
电话(Tel):022-23960453
传真(Fax):022-23972042

抚宁金鑫造纸有限公司
Funing Jinxin Paper Making Co., Ltd.
地址:河北省北戴河留守营镇
Add: Liushouying, Beidaihe, Hebei
邮编(P.C.):066301
电话(Tel):0335-6043699
传真(Fax):0335-6043699

承德兴业造纸有限公司
Chengde Xingye Paper Making Co., Ltd.
地址:河北省承德市承德县下板城镇
Add: Xiabancheng, Chengde, Chengde, Hebei
邮编(P.C.):067400
电话(Tel):0314-3115163
传真(Fax):0314-3115180

秦皇岛豪峰企业集团
Qinhuangdao Haofeng Enterprise Group
地址:河北省秦皇岛市北戴河西10公里留守营
Add: Liushouying, Beidaihexi, Qinhuangdao, Hebei
邮编(P.C.):066301
电话(Tel):0335-6046145
传真(Fax):0335-6045948

河北巨龙实业总公司
Hebei Julong Industrial Co.
地址:河北省邢台市高庄桥路36号
Add: No. 36 Gaozhuangqiao Rd., Xingtai, Hebei
邮编(P. C.):054065
电话(Tel):0319－3296641
传真(Fax):0319－3297262

山西襄汾纸业集团有限公司
Shanxi Xiangfen Paper Industry Group Co., Ltd.
地址:山西省襄汾县城新建路77号
Add: No. 77 Xinjian Rd., Xiangfen, Shanxi
邮编(P. C.):041500
电话(Tel):0357－3622039
传真(Fax):0357－3600909

内蒙古河套木业有限责任公司
Inner Mongolia Hetao Muye Co., Ltd.
地址:内蒙古杭锦后旗陕坝镇工业路50号
Add: No. 50 Industrial Rd., Shanba, Hangjinhouqi, Inner Mongolia
邮编(P. C.):015400
电话(Tel):0478－6623458
传真(Fax):0478－6623705

延边石岘白麓纸业股份有限公司
Yanbian Shixian Bailu Paper Industry Co., Ltd.
地址:吉林省图们市石岘镇
Add: Shixian, Tumen, Jilin
邮编(P. C.):133101
电话(Tel):0433－3868139
传真(Fax):0433－3868254

黑龙江黑龙股份有限公司
Heilongjiang Heilong Co., Ltd.
地址:黑龙江省齐齐哈尔市龙沙区新立街长青路27号
Add: No. 27 Changqing Rd., Xinli St., Longsha, Qiqihar, Heilongjiang
邮编(P. C.):161005
电话(Tel):0452－2816277
传真(Fax):0452－2812615

上海泛亚潜力纸业有限公司
Shanghai Faya Potential Paper Industry Co., Ltd.
地址:上海市宝山区蕴川路以西盛桥工业小区内
Add: Shengqiao Gongye Xiaoqu, Yunchuan Rd., Baoshan, Shanghai
邮编(P. C.):200942
电话(Tel):021－56649708
传真(Fax):021－56646488

芬欧汇川(常熟)纸业有限公司
UPM－Kymmene (Changshu) Paper Industry Co., Ltd.
地址:江苏省常熟市新港镇
Add: Xingang, Changshu, Jiangsu
邮编(P. C.):215536
电话(Tel):0512－52651818
传真(Fax):0512－52652173

南京金银杏纸业有限公司
Nanjing Jinyinxing Paper Industry Co., Ltd.
地址:江苏省南京市浦口区迎江路1号
Add: No. 1 Yingjiang Rd., Pukou, Nanjing, Jiangsu
邮编(P. C.):210031
电话(Tel):025－58851016
传真(Fax):025－58852640

升华集团德清纸业有限公司
Shenghua Group Deqing Paper Industry Co., Ltd.
地址:浙江省德清县钟管镇工业区
Add: Zhongguanzhen Industrial Zone, Deqing, Zhejiang
邮编(P. C.):313220
电话(Tel):0572－8403194
传真(Fax):0572－8403189

杭州锦江纸业有限公司
Hangzhou Jinjiang Paper Industry Co., Ltd.
地址:浙江省杭州市临安苕溪南路16号
Add: No. 16 Tiaoxinan Rd., Linan, Hangzhou, Zhejiang
邮编(P. C.):311300
电话(Tel):0571－63757936
传真(Fax):0571－63757385

浙江兰溪市华伦造纸有限公司
Zhejiang Lanxi Hualun Paper Making Co., Ltd.
地址:浙江省兰溪市城郊西路21号
Add: No. 21 Chengjiaoxi Rd., Lanxi, Zhejiang
邮编(P. C.):321100
电话(Tel):0579－8230385
传真(Fax):0579－8230966

安徽霍山东风纸业有限公司
Anhui Huoshan Dongfeng Paper Industry Co., Ltd.
地址:安徽省霍山县落儿岭镇
Add: Luoerling, Huoshan, Anhui
邮编(P. C.):237283
电话(Tel):0564－5566044
传真(Fax):0564－5566144

龙岩造纸有限责任公司
Longyan Paper Making Co., Ltd.
地址:福建省龙岩市铁山工业路36号
Add: No. 36 Gongye Rd., Tieshan, Longyan, Fujian
邮编(P. C.):364001
电话(Tel):0597－2348087
传真(Fax):0597－2348737

福建省南纸股份有限公司
Fujian Nanzhi Paper Co., Ltd.
地址:福建省南平市滨江北路177号
Add: No. 177 Binjiangbei Rd., Nanping, Fujian
邮编(P. C.):353000
电话(Tel):0599－8808888
传真(Fax):0599－8801551

江西纸业股份有限公司
Jiangxi Paper Industry Co., Ltd.
地址:江西省南昌市董家窑112号
Add: No. 112 Dongjiayao, Nanchang, Jiangxi
邮编(P. C.):330006
电话(Tel):0791－8636967
传真(Fax):0791－8636967

山东省单县天元纸业有限公司
Shandong Shanxian Tianyuan Paper Industry Co., Ltd.
地址:山东省单县张知楼东
Add: Zhangzhilou, Shanxian, Shandong
邮编(P. C.):274300
电话(Tel):0530－4693422
传真(Fax):0530－4693422

山东华泰纸业股份有限公司
Shandong Huatai Paper Industry Co., Ltd.
地址:山东省东营市广饶县华泰工业园
Add: Huatai Industrial Park, Guangrao, Dongying, Shandong
邮编(P. C.):257335
电话(Tel):0546－6888219
传真(Fax):0546－6888018

山东菏达纸业有限公司
Shandong Heda Paper Industry Co., Ltd.
地址:山东省菏泽市定陶县陈集工业区
Add: Chenji Industrial Park, Dingtao, Heze, Shandong
邮编(P. C.):274108
电话(Tel):0530－2791315
传真(Fax):0530－2795615

山东泰山纸业有限公司
Shandong Taishan Paper Industry Co., Ltd.
地址:山东省莱芜市城西

Add: Chengxi, Laiwu, Shandong
邮编(P.C.):271125
电话(Tel):0634－6611308
传真(Fax):0634－6611122

陵县泰华浆纸有限公司
Lingxian Taihua Pulp & Paper Co., Ltd.
地址:山东省陵县泰华工业园
Add: Taihua Industrial Park, Lingxian, Shandong
邮编(P.C.):253500
电话(Tel):0534－8703777
传真(Fax):0534－8708999

山东正大纸业有限公司
Shandong Zhengda Paper Industry Co., Ltd.
地址:山东省平原王杲铺工业园区
Add: Wanggaopu Industrial Park, Pingyuan, Shandong
邮编(P.C.):253105
电话(Tel):0534－4562044
传真(Fax):0534－4561258

山东晨鸣纸业集团股份有限公司
Shandong Chenming Paper Group Co., Ltd.
地址:山东省寿光市圣城路403号
Add: No. 403 Shengcheng Rd., Shouguang, Shandong
邮编(P.C.):262700
电话(Tel):0536－5221053
传真(Fax):0536－2156111

泰安市造纸厂
Taian Paper Mill
地址:山东省泰安市造纸北路1号
Add: No. 1 Zaozhibei Rd., Taian, Shandong
邮编(P.C.):271000
电话(Tel):0538－6215095
传真(Fax):0538－6218186

山东省滕州市春蕾纸业有限责任公司
Shandong Tengzhou Chunlei Paper Industry Co., Ltd.
地址:山东省滕州市平行南路36号
Add: No. 36 Pingxingnan Rd., Tengzhou, Shandong
邮编(P.C.):277500
电话(Tel):0632－5583760
传真(Fax):0632－5583760

山东太阳纸业股份有限公司
Shandong Sun Paper Industry Joint Stock Co., Ltd.
地址:山东省兖州市西关大街66号
Add: No. 66 Xiguandajie St., Yanzhou, Shandong
邮编(P.C.):272100
电话(Tel):0537－3658711
传真(Fax):0537－3633489

山东诸城新星纸业有限公司
Shandong Zhucheng New Star Paper Industry Co., Ltd.
地址:山东省诸城市北郊五里堡
Add: Beijiao Wulipu, Zhucheng, Shandong
邮编(P.C.):262200
电话(Tel):0536－6063492
传真(Fax):0536－6062721

山东晨龙纸业股份有限公司
Shandong Chenlong Paper Co., Ltd.
地址:山东省淄博市桓台县
Add: Huantai, Zibo, Shandong
邮编(P.C.):256402
电话(Tel):0533－8580035
传真(Fax):0533－8580923

山东贵和纸业集团有限公司
Shandong Guihe Paper Industry Group Co., Ltd.
地址:山东省淄博市桓台县邢家镇工业园
Add: Xingjiazhen Industrial Park, Huantai, Zibo, Shandong
邮编(P.C.):256408
电话(Tel):0533－8086977
传真(Fax):0533－8086977

山东宏河集团邹城恒翔纸业有限公司
Shandong Honghe Group Zoucheng Hengxiang Paper Industry Co., Ltd.
地址:山东省邹城市营西路52号
Add: No. 52 Yingxi Rd., Zoucheng, Shandong
邮编(P.C.):273500
电话(Tel):0537－5312183
传真(Fax):0537－5312183

武汉晨鸣汉阳纸业股份有限公司
Wuhan Chenming Hanyang Paper Industry Co., Ltd.
地址:湖北省武汉市经济技术开发区沌口街
Add: Dunkou St., Economy & Technology Development Zone, Wuhan, Hubei
邮编(P.C.):430057
电话(Tel):027－84894245
传真(Fax):027－84896241

宜昌宝塔纸业有限公司
Yichang Baota Paper Industry Co., Ltd.
地址:湖北省宜昌市夷陵大道302号
Add: No. 302 Yiling Rd., Yichang, Hubei
邮编(P.C.):443003
电话(Tel):0717－6353270
传真(Fax):0717－6361882

秭归四宝纸业有限公司
Zigui Sibao Paper Industry Co., Ltd.
地址:湖北省秭归县九里工业园区
Add: Jiuli Industrial Park, Zigui, Hubei
邮编(P.C.):443600
电话(Tel):0717－2860307
传真(Fax):0717－2860334

湖南泰格林纸集团有限责任公司
Hunan Tiger Forest & Paper Group Co., Ltd.
地址:湖南省长沙市经济技术开发区凉塘路398号
Add: No. 398 Liangtang Rd., Economy & Technology Development Zone, Changsha, Hunan
邮编(P.C.):410100
电话(Tel):0731－4025968
传真(Fax):0731－4025566

岳阳纸业股份有限公司
Yueyang Paper Industry Co., Ltd.
地址:湖南省岳阳市城陵矶
Add: Chenglingji, Yueyang, Hunan
邮编(P.C.):414002
电话(Tel):0730－8561435
传真(Fax):0730－8561262

广州造纸集团有限公司
Guangzhou Paper Group Co., Ltd.
地址:广东省广州市工业大道广纸路40号
Add: No. 40 Guangzhi Rd., Gongyedadao Rd., Guangzhou, Guangdong
邮编(P.C.):510281
电话(Tel):020－84336888
传真(Fax):020－84356618

广西柳江造纸厂
Guangxi Liujiang Paper Mill
地址:广西柳州市洛埠镇
Add: Luobu, Liuzhou, Guangxi
邮编(P.C.):545011
电话(Tel):0772－2750107
传真(Fax):0772－2750784

广西劲达兴纸业有限公司
Guangxi Jindaxing Paper Industry Co., Ltd.
地址:广西田林县乐里镇新昌片5号
Add: No. 5 Xinchangpian, Leli, Tianlin, Guangxi
邮编(P.C.):533300

电话(Tel):0776-7201222
传真(Fax):0776-7201288

成都市玉虹造纸厂
Chengdu Yuhong Paper Mill
地址:四川省成都市青白江区城厢外东关山
Add: Dongguanshan, Chengxiangwai, Qingbaijiang, Chengdu, Sichuan
邮编(P.C.):610306
电话(Tel):028-83686758
传真(Fax):028-83686882

宜宾纸业股份有限公司
Yibin Paper Industry Co., Ltd.
地址:四川省宜宾市岷江西路54号
Add: No.54 Minjiang West Rd., Yibin, Sichuan
邮编(P.C.):644007
电话(Tel):0831-3560856
传真(Fax):0831-3561965

● 胶印书刊纸 Offset book paper

天津市汉沽区造纸厂
Tianjin Hangu Paper Mill
地址:天津市汉沽区化工路西
Add: Huagong Rd., Hangu, Tianjin
邮编(P.C.):300480
电话(Tel):022-67161045
传真(Fax):022-67161882

馆陶县丰泰造纸厂
Guantao Fengtai Paper Mill
地址:河北省邯郸市馆陶县政府街1号
Add: No. 1 Zhengfu St., Guantao, Handan, Hebei
邮编(P.C.):057750
电话(Tel):0310-2825297
传真(Fax):0310-2821358

衡水金光纸业有限公司
Hengshui Jinguang Paper Industry Co., Ltd.
地址:河北省衡水市建设大街272号
Add: No. 272 Jianshe St., Hengshui, Hebei
邮编(P.C.):053000
电话(Tel):0318-2124146
传真(Fax):0318-2124146

河北省滦县造纸厂
Hebei Luanxian Paper Mill
地址:河北省滦县城南张町村东
Add: Zhangdingcun, Luanxian, Hebei
邮编(P.C.):063701
电话(Tel):0315-7477118
传真(Fax):0315-7477750

迁安造纸厂
Qianan Paper Mill
地址:河北省迁安市城关南
Add: Chengguannan, Qianan, Hebei
邮编(P.C.):064400
电话(Tel):0315-7621380
传真(Fax):0315-7621538

山西襄汾纸业集团有限公司
Shanxi Xiangfen Paper Industry Group Co., Ltd.
地址:山西省襄汾县城新建路77号
Add: No. 77 Xinjian Rd., Xiangfen, Shanxi
邮编(P.C.):041500
电话(Tel):0357-3622039
传真(Fax):0357-3600909

内蒙古塞外星华章纸业股份有限公司
Inner Mongolia Saiwaixing Huazhang Paper Industry Co., Ltd.
地址:内蒙古巴盟乌拉特前旗西山咀镇
Add: Xishanju, Bameng, Wulate Qianqi, Inner Mongolia
邮编(P.C.):014400
电话(Tel):0478-3211917
传真(Fax):0478-3215178

丹东巨浪造纸集团有限公司
Dandong Surge Paper Group Co., Ltd.
地址:辽宁省丹东市振兴区人民路42号
Add: No. 42 Renmin Rd., Zhenxing, Dandong, Liaoning
邮编(P.C.):118002
电话(Tel):0415-3892278
传真(Fax):0415-3892222

金城造纸(集团)有限责任公司
Jincheng Paper (Group) Co., Ltd.
地址:辽宁省凌海市金城街
Add: Jincheng St., Linghai, Liaoning
邮编(P.C.):121203
电话(Tel):0416-2735013
传真(Fax):0416-2735004

营口造纸厂
Yingkou Paper Mill
地址:辽宁省营口市河湾北街1号
Add: No. 1 Hewanbei St., Yingkou, Liaoning
邮编(P.C.):115001
电话(Tel):0417-3632717
传真(Fax):0417-3631195

山东滨州黄河纸业集团有限公司
Shandong Binzhou Yellow River Paper Industry Group Co., Ltd.
地址:山东省滨州市黄河六路579号
Add: No. 579 Huangheliu Rd., Binzhou, Shandong
邮编(P.C.):256611
电话(Tel):0543-3372215
传真(Fax):0543-3371522

山东华泰纸业股份有限公司
Shandong Huatai Paper Industry Co., Ltd.
地址:山东省东营市广饶县华泰工业园
Add: Huatai Industrial Park, Guangrao, Dongying, Shandong
邮编(P.C.):257335
电话(Tel):0546-6888219
传真(Fax):0546-6888018

山东泉林纸业有限责任公司
Shandong Tralin Paper Co., Ltd.
地址:山东省高唐县官道街北首26号
Add: No. 26 Guandao St., Gaotang, Shandong
邮编(P.C.):252800
电话(Tel):0635-3961501
传真(Fax):0635-3961597

山东泰山纸业有限公司
Shandong Taishan Paper Industry Co., Ltd.
地址:山东省莱芜市城西
Add: Chengxi, Laiwu, Shandong
邮编(P.C.):271125
电话(Tel):0634-6611308
传真(Fax):0634-6611122

烟台银海纸业有限公司
Yantai Yinhai Paper Industry Co., Ltd.
地址:山东省莱阳市丹崖路北
Add: Danya Rd., Laiyang, Shandong
邮编(P.C.):265202
电话(Tel):0535-7318208
传真(Fax):0535-7327266

山东临清银河纸业集团
Shandong Linqing Yinhe Paper Industry Co., Ltd.
地址:山东省临清市西门里街297号
Add: No. 297 Ximenli St., Linqing, Shandong
邮编(P.C.):252600
电话(Tel):0635-2435612
传真(Fax):0635-2436888

山东万豪纸业集团股份有限公司
Shandong Wanhao Paper Industry Group Co., Ltd.
地址:山东省临朐工业街32号
Add: No.32 Gongye St., Linqu; Shan-

dong
邮编(P.C.):262600
电话(Tel):0536-3163364
传真(Fax):0536-3165340

德州市昌源纸业有限责任公司
Dezhou Changyuan Paper Industry Co., Ltd.
地址:山东省临邑县城北昌源工业园内
Add: Changyuan Industrial Park, Linyi, Shandong
邮编(P.C.):251512
电话(Tel):0534-4851294
传真(Fax):0534-4851368

陵县泰华浆纸有限公司
Lingxian Taihua Pulp & Paper Co., Ltd.
地址:山东省陵县泰华工业园
Add: Taihua Industrial Park, Lingxian, Shandong
邮编(P.C.):253500
电话(Tel):0534-8703777
传真(Fax):0534-8708999

山东蒙阴县阳光纸业有限公司
Shandong Mengyin Yangguang Paper Industry Co., Ltd.
地址:山东省蒙阴县垛庄镇
Add: Duozhuang, Mengyin, Shandong
邮编(P.C.):276225
电话(Tel):0539-4587098
传真(Fax):0539-4588587

山东照东方纸业集团有限公司
Shandong Zhaodongfang Paper Industry Group Co., Ltd.
地址:山东省平原县王凤楼镇照东方工业园
Add: Zhaodongfang Industrial Park, Wangfenglou, Pingyuan, Shandong
邮编(P.C.):253109
电话(Tel):0534-2168085
传真(Fax):0534-2168039

齐河金汇纸业有限公司
Qihe Jinhui Paper Industry Co., Ltd.
地址:山东省齐河县城北8公里路东
Add: Chengbei, Qihe, Shandong
邮编(P.C.):251115
电话(Tel):0534-2150388
传真(Fax):0534-2150388

山东晨鸣纸业集团股份有限公司
Shandong Chenming Paper Group Co., Ltd.
地址:山东省寿光市圣城路403号
Add: No. 403 Shengcheng Rd., Shouguang, Shandong
邮编(P.C.):262700
电话(Tel):0536-5221053
传真(Fax):0536-2156111

宁阳县华润纸业有限公司
Ningyang Huarun Paper Industry Co., Ltd.
地址:山东省泰安市宁阳县文化路1号
Add: No. 1 Wenhua Rd., Ningyang, Taian, Shandong
邮编(P.C.):271400
电话(Tel):0538-5621340
传真(Fax):0538-5627372

泰安市造纸厂
Taian Paper Mill
地址:山东省泰安市造纸北路1号
Add: No. 1 Zaozhibei Rd., Taian, Shandong
邮编(P.C.):271000
电话(Tel):0538-6215095
传真(Fax):0538-6218186

山东省沂源县造纸厂
Shandong Yiyuan Paper Mill
地址:山东省沂源县健康路38号
Add: No. 38 Jiankang Rd., Yiyuan, Shandong
邮编(P.C.):256100
电话(Tel):0533-3241534
传真(Fax):0533-3241534

山东青苑纸业有限责任公司
Shandong Qingyuan Paper Industry Co., Ltd.
地址:山东省淄博市高青县清河路70号
Add: No. 70 Qinghe Rd., Gaoqing, Zibo, Shandong
邮编(P.C.):256300
电话(Tel):0533-6961745
传真(Fax):0533-6961492

山东博汇纸业股份有限公司
Shandong Bohui Paper Industry Co., Ltd.
地址:山东省淄博市桓台县马桥镇工业路北首
Add: Gongye Rd., Maqiao, Huantai, Zibo, Shandong
邮编(P.C.):256405
电话(Tel):0533-8538020
传真(Fax):0533-8538020

山东宏河集团邹城恒翔纸业有限公司
Shandong Honghe Group Zoucheng Hengxiang Paper Industry Co., Ltd.
地址:山东省邹城市营西路52号
Add: No. 52 Yingxi Rd., Zoucheng, Shandong
邮编(P.C.):273500
电话(Tel):0537-5312183
传真(Fax):0537-5312183

河南省滑县新华造纸厂
Henan Huaxian Xinhua Paper Mill
地址:河南省安阳市滑县道口镇新华路38号
Add: No. 38 Xinhua Rd., Daokou, Huaxian, Anyang, Henan
邮编(P.C.):456400
电话(Tel):0372-8113575
传真(Fax):0372-8116656

河南银鸽实业投资股份有限公司
Henan Yinge Industrial Investment Co., Ltd.
地址:河南省漯河市人民东路95号
Add: No. 95 Renmindong Rd., Luohe, Henan
邮编(P.C.):462000
电话(Tel):0395-2355680
传真(Fax):0395-2355117

内乡县制浆造纸股份有限公司
Neixiang Pulp & Paper Making Co., Ltd.
地址:河南省内乡县城关镇文化路99号
Add: No. 99 Wenhua Rd., Chengguan, Neixiang, Henan
邮编(P.C.):474350
电话(Tel):0377-5332835
传真(Fax):0377-5333411

淇县天龙纸业有限公司
Qixian Tianlong Paper Industry Co., Ltd.
地址:河南省淇县工业路66号
Add: No. 66 Gongye Rd., Qixian, Henan
邮编(P.C.):456750
电话(Tel):0392-7221388
传真(Fax):0392-7222835

河南新乡新亚纸业集团股份有限公司
Henan Xinxiang Xinya Paper Industry Group Co., Ltd.
地址:河南省新乡县七里营镇新庄村
Add: Xinzhuang, Qiliying, Xinxiang, Henan
邮编(P.C.):453731
电话(Tel):0373-5680286
传真(Fax):0373-5680390

新乡市鸿泰纸业有限公司
Xinxiang Hongtai Paper Industry Co., Ltd.

地址:河南省新乡县翟坡镇工业路西段
Add: Xiduan, Gongye Rd., Zhaipo, Xinxiang, Henan
邮编(P. C.):453731
电话(Tel):0373-5564069
传真(Fax):0373-5586269

河南省新乡市豫兴纸业有限公司
Henan Xinxiang Yuxing Paper Industry Co., Ltd.
地址:河南省新乡县翟坡镇兴宁村
Add: Xingning, Zhaipo, Xinxiang, Henan
邮编(P. C.):453731
电话(Tel):0373-5592793
传真(Fax):0373-5591411

武汉比格纸业有限公司
Wuhan Bige Paper Industry Co., Ltd.
地址:湖北省武汉市汉南区纱帽镇汉南大道498号
Add: No. 498 Hannan Rd., Shamao, Hannan, Wuhan, Hubei
邮编(P. C.):430090
电话(Tel):027-84853614
传真(Fax):027-84853454

武汉晨鸣汉阳纸业股份有限公司
Wuhan Chenming Hanyang Paper Industry Co., Ltd.
地址:湖北省武汉市经济技术开发区沌口街
Add: Dunkou St., Economy & Technology Development Zone, Wuhan, Hubei
邮编(P. C.):430057
电话(Tel):027-84894245
传真(Fax):027-84896241

湖北省武穴纸业有限公司
Hubei Wuxue Paper Industry Co., Ltd.
地址:湖北省武穴市江堤路8号
Add: No. 8 Jiangdi Rd., Wuxue, Hubei
邮编(P. C.):436400
电话(Tel):0713-6212331
传真(Fax):0713-6212194

襄樊百灵纸业有限公司
Xiangfan Bailing Paper Industry Co., Ltd.
地址:湖北省襄樊市樊城区建设路53号
Add: No. 53 Jianshe Rd., Fancheng, Xiangfan, Hubei
邮编(P. C.):441002
电话(Tel):0710-3223448
传真(Fax):0710-3251290

宜昌宝塔纸业有限公司
Yichang Baota Paper Industry Co., Ltd.
地址:湖北省宜昌市夷陵大道302号
Add: No. 302 Yiling Rd., Yichang, Hubei
邮编(P. C.):443003
电话(Tel):0717-6353270
传真(Fax):0717-6361882

湖南泰格林纸集团有限责任公司
Hunan Tiger Forest & Paper Group Co., Ltd.
地址:湖南省长沙市经济技术开发区凉塘路398号
Add: No. 398 Liangtang Rd., Economy & Technology Development Zone, Changsha, Hunan
邮编(P. C.):410100
电话(Tel):0731-4025968
传真(Fax):0731-4025566

湖南洪江纸业有限责任公司
Hunan Hongjiang Paper Industry Co., Ltd.
地址:湖南省怀化市洪江区萝卜湾45号
Add: No. 45 Luobowan, Hongjiang, Huaihua, Hunan
邮编(P. C.):418201
电话(Tel):0745-7629055
传真(Fax):0745-7694376

湖南泰格林纸集团沅江纸业有限责任公司
Hunan Tiger Forest & Paper Group Yuanjiang Paper Industry Co., Ltd.
地址:湖南省沅江市书院路358号
Add: No. 358 Shuyuan Rd., Yuanjiang, Hunan
邮编(P. C.):413100
电话(Tel):0737-2850000
传真(Fax):0737-2850258

江门甘蔗化工厂(集团)股份有限公司
Jiangmen Sugar Cane Chemical Mill(Group) Co., Ltd.
地址:广东省江门市北街1号
Add: No. 1 North St., Jiangmen, Guangdong
邮编(P. C.):529075
电话(Tel):0750-3361611
传真(Fax):0750-3361973

广西贵糖(集团)股份有限公司
Guangxi Guitang (Group) Co., Ltd.
地址:广西贵港市幸福路100号
Add: No. 100 Xingfu Rd., Guigang, Guangxi
邮编(P. C.):537102
电话(Tel):0775-4201997
传真(Fax):0775-4260088

广西柳江造纸厂
Guangxi Liujiang Paper Mill
地址:广西柳州市洛埠镇
Add: Luobu, Liuzhou, Guangxi
邮编(P. C.):545011
电话(Tel):0772-2750107
传真(Fax):0772-2750784

南宁武鸣奥诺纸业有限公司
Nanning Wuming Aonuo Paper Industry Co., Ltd.
地址:广西南宁市武鸣县城厢镇标营路8号
Add: No. 8 Biaoying Rd., Chengxiang, Wuming, Nanning, Guangxi
邮编(P. C.):530100
电话(Tel):0771-6210859
传真(Fax):0771-6239141

雅安中竹纸业有限责任公司
Yaan Zhongzhu Paper Industry Co., Ltd.
地址:四川省雅安姚桥镇
Add: Yaoqiao, Yaan, Sichuan
邮编(P. C.):625000
电话(Tel):0835-2850834
传真(Fax):0835-2850060

贵州凯里造纸厂
Guizhou Kaili Paper Mill
地址:贵州省凯里市三棵树镇
Add: Sankeshu, Kaili, Guizhou
邮编(P. C.):556009
电话(Tel):0855-8422736
传真(Fax):0855-8422746

宁夏金昱元峡光纸业有限公司
Ningxia Jinyuyuan Xiaguang Paper Industry Co., Ltd.
地址:宁夏青铜峡市青铜峡镇
Add: Qingtongxia, Qingtongxia, Ningxia
邮编(P. C.):751601
电话(Tel):0953-3012107
传真(Fax):0953-3013276

宁夏美利纸业集团有限责任公司
Ningxia Meili Paper Industry Group Co., Ltd.
地址:宁夏中卫市柔远地区
Add: Rouyuan, Zhongwei, Ningxia
邮编(P. C.):751700
电话(Tel):0955-7679335
传真(Fax):0955-7679216

新疆湖光造纸厂
Xinjiang Huguang Paper Mill
地址:新疆库尔勒市塔什店北路东街

Add: Dongjie St., Tashidianbei Rd., Kuerle, Xinjiang
邮编(P.C.):841012
电话(Tel):0996-2188443
传真(Fax):0996-2188484

新疆博湖苇业股份有限公司
Xinjiang Bohu Weiye Co., Ltd.
地址:新疆库尔勒市新城区楼兰路
Add: Loulan Rd., Xincheng, Kuerle, Xinjiang
邮编(P.C.):841001
电话(Tel):0996-2161216
传真(Fax):0996-2153164

新疆天宏纸业股份有限公司
Xinjiang Tianhong Paper Industry Co., Ltd.
地址:新疆石河子市西三路
Add: Xisan Rd., Shihezi, Xinjiang
邮编(P.C.):832009
电话(Tel):0993-7526018
传真(Fax):0993-7526118

● 胶版印刷纸 Offset paper

北京造纸七厂
Beijing No.7 Paper Mill
地址:北京市通州区滨河路126号
Add: No. 126 Binhe, Tongzhou, Beijing
邮编(P.C.):101149
电话(Tel):010-61563101
传真(Fax):010-61563376

保定钞票纸厂华融经贸总公司
Baoding Banknote Paper Mill Huarong Economy & Trading Co.
地址:河北省保定市盛兴西路2195号
Add: No.2195 Shengxingxi Rd., Baoding, Hebei
邮编(P.C.):071071
电话(Tel):0312-3170419
传真(Fax):0312-3170419

沧州市造纸厂
Cangzhou Paper Mill
地址:河北省沧州市南大街
Add: Nandajie St., Cangzhou, Hebei
邮编(P.C.):061000
电话(Tel):0317-3023023
传真(Fax):0317-3023023

馆陶县丰泰造纸厂
Guantao Fengtai Paper Mill
地址:河北省邯郸市馆陶县政府街1号
Add: No. 1 Zhengfu St., Guantao, Handan, Hebei
邮编(P.C.):057750
电话(Tel):0310-2825297
传真(Fax):0310-2821358

迁安造纸厂
Qianan Paper Mill
地址:河北省迁安市城关南
Add: Chengguannan, Qianan, Hebei
邮编(P.C.):064400
电话(Tel):0315-7621380
传真(Fax):0315-7621538

河北省深泽县造纸厂
Hebei Shenze Paper Mill
地址:河北省石家庄深泽县桥头经济开发区
Add: Qiaotou Economy Development Zone, Shenze, Shijiazhuang, Hebei
邮编(P.C.):052560
电话(Tel):0311-3598815
传真(Fax):0311-3598471

山西襄汾纸业集团有限公司
Shanxi Xiangfen Paper Industry Group Co., Ltd.
地址:山西省襄汾县城新建路77号
Add: No. 77 Xinjian Rd., Xiangfen, Shanxi
邮编(P.C.):041500
电话(Tel):0357-3622039
传真(Fax):0357-3600909

内蒙古塞外星华章纸业股份有限公司
Inner Mongolia Saiwaixing Huazhang Paper Industry Co., Ltd.
地址:内蒙古巴盟乌拉特前旗西山咀镇
Add: Xishanju, Bameng, Wulate Qianqi, Inner Mongolia
邮编(P.C.):014400
电话(Tel):0478-3211917
传真(Fax):0478-3215178

黑山造纸有限公司
Heishan Paper Making Co., Ltd.
地址:辽宁省黑山县大虎山镇前进居委会立交北街95号
Add: No. 95 Lijiaobei St., Qianjin, Dahushan, Heishan, Liaoning
邮编(P.C.):121406
电话(Tel):0416-5202716
传真(Fax):0416-5202714

开原制浆造纸有限责任公司
Kaiyuan Pulp & Paper Making Co., Ltd.
地址:辽宁省开原市义和路47号
Add: No.47 Yihe Rd., Kaiyuan, Liaoning
邮编(P.C.):112300
电话(Tel):0410-3713923
传真(Fax):0410-3710203

金城造纸(集团)有限责任公司
Jincheng Paper (Group) Co., Ltd.
地址:辽宁省凌海市金城街
Add: Jincheng St., Linghai, Liaoning
邮编(P.C.):121203
电话(Tel):0416-2735013
传真(Fax):0416-2735004

吉林华金纸业有限公司
Jilin Huajin Paper Industry Co., Ltd.
地址:吉林省白城市洮北区纸厂街8号
Add: No. 8 Zhichang St., Taobei, Baicheng, Jilin
邮编(P.C.):137000
电话(Tel):0436-3274598
传真(Fax):0436-3274600

延边石岘白麓纸业股份有限公司
Yanbian Shixian Bailu Paper Industry Co., Ltd.
地址:吉林省图们市石岘镇
Add: Shixian, Tumen, Jilin
邮编(P.C.):133101
电话(Tel):0433-3868139
传真(Fax):0433-3868254

黑龙江北大荒纸业有限公司
Heilongjiang Beidahuang Paper Industry Co., Ltd.
地址:黑龙江省密山市兴凯湖农场
Add: Xingkaihu Nongchang, Mishan, Heilongjiang
邮编(P.C.):158328
电话(Tel):0467-5081055
传真(Fax):0467-5081044

大宇制纸股份有限公司
Daewoo Paper MFG. Co., Ltd.
地址:黑龙江省牡丹江市阳明区光华街8号
Add: No. 8 Guanghua St., Yangming, Mudanjiang, Heilongjiang
邮编(P.C.):157013
电话(Tel):0453-6325718
传真(Fax):0453-6333577

江南造纸厂
Jiangnan Paper Mill
地址:上海市光复西路1003号
Add: No. 1003 Guangfuxi Rd., Shanghai
邮编(P.C.):200063
电话(Tel):021-62440266
传真(Fax):021-62443841

芬欧汇川(常熟)纸业有限公司
UPM – Kymmene (Changshu) Paper Industry Co., Ltd.
地址:江苏省常熟市新港镇
Add: Xingang, Changshu, Jiangsu
邮编(P. C.):215536
电话(Tel):0512 – 52651818
传真(Fax):0512 – 52652173

金华盛纸业(苏州工业园区)有限公司
Gold Huasheng Paper (Suzhou Industrial Park Zone) Co., Ltd.
地址:江苏省苏州工业园区胜浦分区金胜路2号
Add: No. 2 Jinsheng Rd., Shengpu, Suzhou Industrial Park, Suzhou, Jiangsu
邮编(P. C.):215126
电话(Tel):0512 – 62836666
传真(Fax):0512 – 62815491

江苏新大纸业有限公司
Jiangsu Xinda Paper Industry Co., Ltd.
地址:江苏省新沂市新华路4号
Add: No. 4 Xinhua Rd., Xinyi, Jiangsu
邮编(P. C.):221400
电话(Tel):0516 – 8923898
传真(Fax):0516 – 8924247

镇江大东纸业有限公司
Zhenjiang Dadong Paper Industry Co., Ltd.
地址:江苏省镇江市东吴路61号
Add: No. 61 Dongwu Rd., Zhenjiang, Jiangsu
邮编(P. C.):212001
电话(Tel):0511 – 8820202
传真(Fax):0511 – 8820201

镇江金河纸业有限公司
Zhenjiang Jinhe Paper Industry Co., Ltd.
地址:江苏省镇江市谏壁镇越河街41号
Add: No. 41 Yuehe St., Jianbi, Zhenjiang, Jiangsu
邮编(P. C.):212006
电话(Tel):0511 – 3361361
传真(Fax):0511 – 3361362

民丰特种纸股份有限公司
Minfeng Specialty Paper Co., Ltd.
地址:浙江省嘉兴市甪里街70号
Add: No. 70 Luli St., Jiaxing, Zhejiang
邮编(P. C.):314001
电话(Tel):0573 – 2839051
传真(Fax):0573 – 2821135

安徽省六安市康乐纸业有限公司
Anhui Liuan Kangle Paper Industry Co., Ltd.
地址:安徽省六安市梅山北路
Add: Meishanbei Rd., Liuan, Anhui
邮编(P. C.):237009
电话(Tel):0564 – 3333666
传真(Fax):0564 – 3368072

邵武中竹纸业有限责任公司
Shaowu Zhongzhu Paper Industry Co., Ltd.
地址:福建省邵武市下王塘
Add: Xiawangtang, Shaowu, Fujian
邮编(P. C.):354000
电话(Tel):0599 – 6541168
传真(Fax):0599 – 6541090

厦门造纸有限公司
Xiamen Paper Making Co., Ltd.
地址:福建省厦门市厦禾路1228号
Add: No. 1228 Xiahe Rd., Xiamen, Fujian
邮编(P. C.):361004
电话(Tel):0592 – 5815778
传真(Fax):0592 – 5812487

江西宁振纸业有限公司
Jiangxi Ningzhen Paper Industry Co., Ltd.
地址:江西省赣州市水西镇桑芫下168号
Add: No. 168 Sangyuanxia, Shuixi, Ganzhou, Jiangxi
邮编(P. C.):341000
电话(Tel):0797 – 8251112
传真(Fax):0797 – 8251940

江西晨鸣纸业有限责任公司
Jiangxi Chenming Paper Industry Co., Ltd.
地址:江西省南昌市昌北经济技术开发区白水湖工业园区晨鸣工业园
Add: Chenming Industrial Park, Baishuihu Industrial Park, Changbei Economy & Technology Development Zone, Nanchang, Jiangxi
邮编(P. C.):330006
电话(Tel):0791 – 3878457
传真(Fax):0791 – 3878460

山东华源蓝天纸业有限公司
Shandong Huayuan Lantian Paper Industry Co., Ltd.
地址:山东省安丘市兴安路2号
Add: No. 2 Xingan Rd., Anqiu, Shandong
邮编(P. C.):262100
电话(Tel):0536 – 4221954
传真(Fax):0536 – 4212920

山东滨州黄河纸业集团有限公司
Shandong Binzhou Yellow River Paper Industry Group Co., Ltd.
地址:山东省滨州市黄河六路579号
Add: No. 579 Huangheliu Rd., Binzhou, Shandong
邮编(P. C.):256611
电话(Tel):0543 – 3372215
传真(Fax):0543 – 3371522

东明大田纸业有限责任公司
Dongming Datian Paper Industry Co., Ltd.
地址:山东省东明县向阳路197号
Add: No. 197 Xiangyang Rd., Dongming, Shandong
邮编(P. C.):274500
电话(Tel):0530 – 7270419
传真(Fax):0530 – 7270493

山东华泰纸业股份有限公司
Shandong Huatai Paper Industry Co., Ltd.
地址:山东省东营市广饶县华泰工业园
Add: Huatai Industrial Park, Guangrao, Dongying, Shandong
邮编(P. C.):257335
电话(Tel):0546 – 6888219
传真(Fax):0546 – 6888018

山东光华纸业集团有限公司
Shandong Guanghua Paper Industry Group Co., Ltd.
地址:山东省费县沂蒙路
Add: Yimeng Rd., Feixian, Shandong
邮编(P. C.):273401
电话(Tel):0539 – 5811100
传真(Fax):0539 – 5811102

山东泉林纸业有限责任公司
Shandong Tralin Paper Co., Ltd.
地址:山东省高唐县官道街北首26号
Add: No. 26 Guandao St., Gaotang, Shandong
邮编(P. C.):252800
电话(Tel):0635 – 3961501
传真(Fax):0635 – 3961597

山东菏达纸业有限公司
Shandong Heda Paper Industry Co., Ltd.
地址:山东省菏泽市定陶县陈集工业区
Add: Chenji Industrial Park, Dingtao, Heze, Shandong
邮编(P. C.):274108
电话(Tel):0530 – 2791315
传真(Fax):0530 – 2795615

济南含章印务有限公司
Jinan Hanzhang Printing Co., Ltd.
地址:山东省济南市历城区洪楼工业园
Add: Honglou Industrial Park, Licheng, Jinan, Shandong
邮编(P.C.):250100
电话(Tel):0531-88918888
传真(Fax):0531-88012000

青岛海王纸业股份有限公司
Qingdao Haiwang Paper Industry Co., Ltd.
地址:山东省胶南市铁山路210号
Add: No. 210 Tieshan Rd., Jiaonan, Shandong
邮编(P.C.):266400
电话(Tel):0532-86118663
传真(Fax):0532-86118509

山东华远造纸集团有限公司
Shandong Huayuan Paper Group Co., Ltd.
地址:山东省莒县莒州路119号
Add: No. 119 Juzhou Rd., Juxian, Shandong
邮编(P.C.):276500
电话(Tel):0633-6882076
传真(Fax):0633-6882881

烟台银海纸业有限公司
Yantai Yinhai Paper Industry Co., Ltd.
地址:山东省莱阳市丹崖路北
Add: Danya Rd., Laiyang, Shandong
邮编(P.C.):265202
电话(Tel):0535-7318208
传真(Fax):0535-7327266

山东临清银河纸业集团
Shandong Linqing Yinhe Paper Industry Co., Ltd.
地址:山东省临清市西门里街297号
Add: No. 297 Ximenli St., Linqing, Shandong
邮编(P.C.):252600
电话(Tel):0635-2435612
传真(Fax):0635-2436888

陵县泰华浆纸有限公司
Lingxian Taihua Pulp & Paper Co., Ltd.
地址:山东省陵县泰华工业园
Add: Taihua Industrial Park, Lingxian, Shandong
邮编(P.C.):253500
电话(Tel):0534-8703777
传真(Fax):0534-8708999

山东蒙阴县阳光纸业有限公司
Shandong Mengyin Yangguang Paper Industry Co., Ltd.
地址:山东省蒙阴县垛庄镇
Add: Duozhuang, Mengyin, Shandong
邮编(P.C.):276225
电话(Tel):0539-4587098
传真(Fax):0539-4588587

山东天和纸业有限公司
Shandong Tianhe Paper Industry Co., Ltd.
地址:山东省宁阳县文化城西首
Add: Xishou, Wenhuacheng, Ningyang, Shandong
邮编(P.C.):271400
电话(Tel):0538-5621942
传真(Fax):0538-5620235

山东照东方纸业集团有限公司
Shandong Zhaodongfang Paper Industry Group Co., Ltd.
地址:山东省平原县王凤楼镇照东方工业园
Add: Zhaodongfang Industrial Park, Wangfenglou, Pingyuan, Shandong
邮编(P.C.):253109
电话(Tel):0534-2168085
传真(Fax):0534-2168039

齐河金汇纸业有限公司
Qihe Jinhui Paper Industry Co., Ltd.
地址:山东省齐河县城北8公里路东
Add: Chengbei, Qihe, Shandong
邮编(P.C.):251115
电话(Tel):0534-2150388
传真(Fax):0534-2150388

齐河冠军纸业有限公司
Qihe Guanjun Paper Industry Co., Ltd.
地址:山东省齐河县潘店镇工业园
Add: Pandian Industrial Park, Qihe, Shandong
邮编(P.C.):251125
电话(Tel):0534-5972085
传真(Fax):0534-5972116

山东荣皎纸业(集团)有限公司
Shandong Rongjiao Paper(Group) Co., Ltd.
地址:山东省荣成市南山南路50号
Add: No. 50 Nanshannan Rd., Rongcheng, Shandong
邮编(P.C.):264300
电话(Tel):0631-7572758
传真(Fax):0631-7571946

山东晨鸣纸业集团股份有限公司
Shandong Chenming Paper Group Co., Ltd.
地址:山东省寿光市圣城路403号
Add: No. 403 Shengcheng Rd., Shouguang, Shandong
邮编(P.C.):262700
电话(Tel):0536-5221053
传真(Fax):0536-2156111

山东华金集团总公司
Shandong Huajin Group Co.
地址:山东省泗水县金庄镇
Add: Jinzhuang, Sishui, Shandong
邮编(P.C.):273201
电话(Tel):0537-4036894
传真(Fax):0537-4031210

宁阳县华润纸业有限公司
Ningyang Huarun Paper Industry Co., Ltd.
地址:山东省泰安市宁阳县文化路1号
Add: No. 1 Wenhua Rd., Ningyang, Taian, Shandong
邮编(P.C.):271400
电话(Tel):0538-5621340
传真(Fax):0538-5627372

烟台大华纸业有限公司
Yantai Dahua Paper Industry Co., Ltd.
地址:山东省烟台市牟平区城东尹宋周
Add: Chengdong Yinsongzhou, Muping, Yantai, Shandong
邮编(P.C.):264117
电话(Tel):0535-4652033
传真(Fax):0535-4652033

山东太阳纸业股份有限公司
Shandong Sun Paper Industry Joint Stock Co., Ltd.
地址:山东省兖州市西关大街66号
Add: No. 66 Xiguandajie St., Yanzhou, Shandong
邮编(P.C.):272100
电话(Tel):0537-3658711
传真(Fax):0537-3633489

山东省沂源县造纸厂
Shandong Yiyuan Paper Mill
地址:山东省沂源县健康路38号
Add: No. 38 Jiankang Rd., Yiyuan, Shandong
邮编(P.C.):256100
电话(Tel):0533-3241534
传真(Fax):0533-3241534

章丘联丰特种纸业有限公司
Zhangqiu Lianfeng Specialty Paper Industry Co., Ltd.
地址:山东省章丘市华明大道17号

Add: No. 17 Huaming Rd., Zhangqiu, Shandong
邮编(P. C.):250200
电话(Tel):0531-83252658
传真(Fax):0531-83252658

章丘华饰纸业有限公司
Zhangqiu Huashi Paper Industry Co., Ltd.
地址:山东省章丘市明水荷花路19号
Add: No. 19 Hehua Rd., Mingshui, Zhangqiu, Shandong
邮编(P. C.):250200
电话(Tel):0531-83253203
传真(Fax):0531-83252926

山东青苑纸业有限责任公司
Shandong Qingyuan Paper Industry Co., Ltd.
地址:山东省淄博市高青县清河路70号
Add: No. 70 Qinghe Rd., Gaoqing, Zibo, Shandong
邮编(P. C.):256300
电话(Tel):0533-6961745
传真(Fax):0533-6961492

山东博汇纸业股份有限公司
Shandong Bohui Paper Industry Co., Ltd.
地址:山东省淄博市桓台县马桥镇工业路北首
Add: Gongye Rd., Maqiao, Huantai, Zibo, Shandong
邮编(P. C.):256405
电话(Tel):0533-8538020
传真(Fax):0533-8538020

山东宏河集团邹城恒翔纸业有限公司
Shandong Honghe Group Zoucheng Hengxiang Paper Industry Co., Ltd.
地址:山东省邹城市营西路52号
Add: No. 52 Yingxi Rd., Zoucheng, Shandong
邮编(P. C.):273500
电话(Tel):0537-5312183
传真(Fax):0537-5312183

河南省滑县新华造纸厂
Henan Huaxian Xinhua Paper Mill
地址:河南省安阳市滑县道口镇新华路38号
Add: No. 38 Xinhua Rd., Daokou, Huaxian, Anyang, Henan
邮编(P. C.):456400
电话(Tel):0372-8113575
传真(Fax):0372-8116656

博爱县东方实业有限责任公司
Boai Dongfang Industrial Co., Ltd.
地址:河南省博爱县城东新工业区
Add: Chengdong New Industrial Park, Boai, Henan
邮编(P. C.):454450
电话(Tel):0391-8616661
传真(Fax):0391-8695542

河南银鸽实业投资股份有限公司
Henan Yinge Industrial Investment Co., Ltd.
地址:河南省漯河市人民东路95号
Add: No. 95 Renmindong Rd., Luohe, Henan
邮编(P. C.):462000
电话(Tel):0395-2355680
传真(Fax):0395-2355117

内乡县制浆造纸股份有限公司
Neixiang Pulp & Paper Making Co., Ltd.
地址:河南省内乡县城关镇文化路99号
Add: No. 99 Wenhua Rd., Chengguan, Neixiang, Henan
邮编(P. C.):474350
电话(Tel):0377-5332835
传真(Fax):0377-5333411

淇县天龙纸业有限公司
Qixian Tianlong Paper Industry Co., Ltd.
地址:河南省淇县工业路66号
Add: No. 66 Gongye Rd., Qixian, Henan
邮编(P. C.):456750
电话(Tel):0392-7221388
传真(Fax):0392-7222835

舞钢市海明集团有限公司
Wugang Haiming Group Co., Ltd.
地址:河南省舞钢市安寨路1号
Add: No. 1, Anzhai Rd., Wugang, Henan
邮编(P. C.):462500
电话(Tel):0375-8388005
传真(Fax):0375-8388006

河南省舞阳县明宇盐化集团公司
Henan Wuyang Mingyu Salt Chemical Group Co.
地址:河南省舞阳县舞阳镇北京路北段
Add: Beiduan, Beijing Rd., Wuyang, Wuyang, Henan
邮编(P. C.):462400
电话(Tel):0395-7122497
传真(Fax):0395-7122497

河南新乡新亚纸业集团股份有限公司
Henan Xinxiang Xinya Paper Industry Group Co., Ltd.
地址:河南省新乡县七里营镇新庄村
Add: Xinzhuang, Qiliying, Xinxiang, Henan
邮编(P. C.):453731
电话(Tel):0373-5680286
传真(Fax):0373-5680390

河南一林纸业有限责任公司
Henan Yilin Paper Industry Co., Ltd.
地址:河南省许昌市工农路5号
Add: No. 5 Gongnong Rd., Xuchang, Henan
邮编(P. C.):461000
电话(Tel):0374-3126876
传真(Fax):0374-3316648

驻马店市白云纸业有限公司
Zhumadian Baiyun Paper Industry Co., Ltd.
地址:河南省驻马店市遂平县工人路14号
Add: No. 14 Gongren Rd., Suiping, Zhumadian, Henan
邮编(P. C.):463100
电话(Tel):0396-4902218
传真(Fax):0396-4914805

武汉比格纸业有限公司
Wuhan Bige Paper Industry Co., Ltd.
地址:湖北省武汉市汉南区纱帽镇汉南大道498号
Add: No. 498 Hannan Rd., Shamao, Hannan, Wuhan, Hubei
邮编(P. C.):430090
电话(Tel):027-84853614
传真(Fax):027-84853454

湖北帅伦纸业股份有限公司
Hubei Shuailun Paper Industry Co., Ltd.
地址:湖北省武汉市江岸区谌家矶河边1号
Add: No. 1 Hebian, Chenjiaji, Jiangan, Wuhan, Hubei
邮编(P. C.):430011
电话(Tel):027-82324293
传真(Fax):027-83344993

武汉晨鸣汉阳纸业股份有限公司
Wuhan Chenming Hanyang Paper Industry Co., Ltd.
地址:湖北省武汉市经济技术开发区沌口街
Add: Dunkou St., Economy & Technology Development Zone, Wuhan, Hubei
邮编(P. C.):430057

电话(Tel):027-84894245
传真(Fax):027-84896241

湖北省武穴纸业有限公司
Hubei Wuxue Paper Industry Co., Ltd.
地址:湖北省武穴市江堤路8号
Add: No. 8 Jiangdi Rd., Wuxue, Hubei
邮编(P.C.):436400
电话(Tel):0713-6212331
传真(Fax):0713-6212194

襄樊百灵纸业有限公司
Xiangfan Bailing Paper Industry Co., Ltd.
地址:湖北省襄樊市樊城区建设路53号
Add: No. 53 Jianshe Rd., Fancheng, Xiangfan, Hubei
邮编(P.C.):441002
电话(Tel):0710-3223448
传真(Fax):0710-3251290

宜昌宝塔纸业有限公司
Yichang Baota Paper Industry Co., Ltd.
地址:湖北省宜昌市夷陵大道302号
Add: No. 302 Yiling Rd., Yichang, Hubei
邮编(P.C.):443003
电话(Tel):0717-6353270
传真(Fax):0717-6361882

湖南泰格林纸集团有限责任公司
Hunan Tiger Forest & Paper Group Co., Ltd.
地址:湖南省长沙市经济技术开发区凉塘路398号
Add: No. 398 Liangtang Rd., Economy & Technology Development Zone, Changsha, Hunan
邮编(P.C.):410100
电话(Tel):0731-4025968
传真(Fax):0731-4025566

湖南常德纸业股份有限公司
Hunan Changde Paper Industry Co., Ltd.
地址:湖南省常德市德山沿江路1号
Add: No. 1 Yanjiang Rd., Deshan, Changde, Hunan
邮编(P.C.):415001
电话(Tel):0736-7312763
传真(Fax):0736-7315889

湖南省汉寿县白玉纸厂
Hunan Hanshou Baiyu Paper Mill
地址:湖南省常德市汉寿县蒋家嘴镇工业区
Add: Jiangjiazui Industrial Park, Hanshou, Changde, Hunan
邮编(P.C.):415904
电话(Tel):0736-2870228
传真(Fax):0736-2872271

湖南白玉纸业有限公司
Hunan Baiyu Paper Industry Co., Ltd.
地址:湖南省常德市西湖镇
Add: Xihu, Changde, Hunan
邮编(P.C.):415921
电话(Tel):0736-2822380
传真(Fax):0736-2824276

湖南省西渡造纸厂
Hunan Xidu Paper Mill
地址:湖南省衡阳县西渡镇江角路2号
Add: No. 2 Jiangjiao Rd., Xidu, Hengyang, Hunan
邮编(P.C.):421200
电话(Tel):0734-6813364
传真(Fax):0734-6813364

绥宁县宝庆联纸有限公司
Suining Baoqinglian Paper Co., Ltd.
地址:湖南省绥宁县工业路98号
Add: No. 98 Gongye Rd., Suining, Hunan
邮编(P.C.):422600
电话(Tel):0739-7611234
传真(Fax):0739-7612578

湖南泰格林纸集团沅江纸业有限责任公司
Hunan Tiger Forest & Paper Group Yuanjiang Paper Industry Co., Ltd.
地址:湖南省沅江市书院路358号
Add: No. 358 Shuyuan Rd., Yuanjiang, Hunan
邮编(P.C.):413100
电话(Tel):0737-2850000
传真(Fax):0737-2850258

岳阳纸业股份有限公司
Yueyang Paper Industry Co., Ltd.
地址:湖南省岳阳市城陵矶
Add: Chenglingji, Yueyang, Hunan
邮编(P.C.):414002
电话(Tel):0730-8561435
传真(Fax):0730-8561262

岳阳丰利纸业有限公司
Yueyang Fengli Paper Industry Co., Ltd.
地址:湖南省岳阳县鹿角镇
Add: Lujiao, Yueyang, Hunan
邮编(P.C.):414107
电话(Tel):0730-7860030
传真(Fax):0730-7860033

佛山市高明宏源纸厂有限公司
Foshan Gaoming Hongyuan Paper Mill Co., Ltd.
地址:广东省佛山市高明三洲工业区碧桂路
Add: Bigui Rd., Sanzhou Industrial Zone, Gaoming, Foshan, Guangdong
邮编(P.C.):528511
电话(Tel):0757-88622228
传真(Fax):0757-88626886

江门甘蔗化工厂(集团)股份有限公司
Jiangmen Sugar Cane Chemical Mill (Group) Co., Ltd.
地址:广东省江门市北街1号
Add: No. 1 North St., Jiangmen, Guangdong
邮编(P.C.):529075
电话(Tel):0750-3361611
传真(Fax):0750-3361973

南雄市珠玑纸业有限公司
Nanxiong Zhuji Paper Industry Co., Ltd.
地址:广东省南雄市雄南路38号
Add: No. 38, Xiongnan Rd., Nanxiong, Guangdong
邮编(P.C.):512400
电话(Tel):0751-3822990
传真(Fax):0751-3820896

湛江冠龙纸业有限公司
Zhanjiang Guanlong Paper Industry Co., Ltd.
地址:广东省湛江市麻章区太平镇
Add: Taiping, Mazhang, Zhanjiang, Guangdong
邮编(P.C.):524084
电话(Tel):0759-2738001
传真(Fax):0759-2738009

广东江南纸业有限公司
Guangdong Jiangnan Paper Industry Co., Ltd.
地址:广东省肇庆市广宁县横迳工业区
Add: Hengjin Industrial Park, Guangning, Zhaoqing, Guangdong
邮编(P.C.):526343
电话(Tel):0758-8716878
传真(Fax):0758-8716808

广西贵糖(集团)股份有限公司
Guangxi Guitang (Group) Co., Ltd.
地址:广西贵港市幸福路100号
Add: No. 100 Xingfu Rd., Guigang, Guangxi
邮编(P.C.):537102
电话(Tel):0775-4201997

传真(Fax):0775-4260088

广西国发林业造纸有限责任公司
Guangxi Guofa Forestry Pulp & Paper Making Co., Ltd.
地址:广西鹿寨县雒容镇
Add: Luorong, Luzhai, Guangxi
邮编(P.C.):545616
电话(Tel):0772-6666999
传真(Fax):0772-6510890

南宁糖业股份有限公司
Nanning Sugar Industry Co., Ltd.
地址:广西南宁市亭洪路48号
Add: No. 48 Tinghong Rd., Nanning, Guangxi
邮编(P.C.):530031
电话(Tel):0771-4915366
传真(Fax):0771-4912771

广西华劲纸业集团有限公司南宁纸业分公司
Guangxi Huajin Paper Industry Group Co., Ltd. Nanning Paper Industry Branch
地址:广西南宁市邕宁县良庆镇
Add: Liangqing, Yongning, Nanning, Guangxi
邮编(P.C.):530201
电话(Tel):0771-5534993
传真(Fax):0771-4751302

重庆华森万元纸业有限责任公司
Chongqing Huasen Wanyuan Paper Industry Co., Ltd.
地址:重庆市万州区江南新区科技工业园
Add: Jiangnanxinqu Science & Technology Industrial Park, Wanzhou, Chongqing
邮编(P.C.):404020
电话(Tel):023-58529391
传真(Fax):023-58529581

安县造纸厂
Anxian Paper Mill
地址:四川省安县睢水镇
Add: Suishui, Anxian, Sichuan
邮编(P.C.):622656
电话(Tel):0816-4671342
传真(Fax):0816-4671287

四川永丰纸业股份有限公司
Sichuan Yongfeng Paper Industry Co., Ltd.
地址:四川省乐山市市中区天星路4号
Add: No. 4 Tianxing Rd., Shizhong, Leshan, Sichuan
邮编(P.C.):614000
电话(Tel):0833-2443199
传真(Fax):0833-2443268

长宁县竹海竹资源发展有限公司
Changning Zhuhai Bamboo Resources Development Co., Ltd.
地址:四川省宜宾市长宁镇城南路122号
Add: No. 122 Chengnan Rd., Changning, Yibin, Sichuan
邮编(P.C.):644300
电话(Tel):0831-4690283
传真(Fax):0831-4690165

贵州省华一造纸厂
Guizhou Huayi Paper Mill
地址:贵州省赤水市金华办事处
Add: Jinhua, Chishui, Guizhou
邮编(P.C.):564707
电话(Tel):0852-2850500
传真(Fax):0852-2850435

贵州凯里造纸厂
Guizhou Kaili Paper Mill
地址:贵州省凯里市三棵树镇
Add: Sankeshu, Kaili, Guizhou
邮编(P.C.):556009
电话(Tel):0855-8422736
传真(Fax):0855-8422746

贵州省遵义县新舟造纸厂
Guizhou Zunyi Xinzhou Paper Mill
地址:贵州省遵义县新舟镇
Add: Xinzhou, Zunyi, Guizhou
邮编(P.C.):563127
电话(Tel):0852-7341069
传真(Fax):0852-7341010

云丰造纸厂
Yunfeng Paper Mill
地址:云南省昆明市西山地区海口镇
Add: Haikou, Xishan, Kunming, Yunnan
邮编(P.C.):650114
电话(Tel):0871-8590226
传真(Fax):0871-8590470

陕西中港铜版纸有限公司
Shaanxi Zhonggang Art Paper Co., Ltd.
地址:陕西省西安市霸桥镇东街15号
Add: No. 15 East St., Baqiao, Xi´an, Shaanxi
邮编(P.C.):710024
电话(Tel):029-83610216
传真(Fax):029-83610216

宁夏美利纸业集团有限责任公司
Ningxia Meili Paper Industry Group Co., Ltd.
地址:宁夏中卫市柔远地区
Add: Rouyuan, Zhongwei, Ningxia
邮编(P.C.):751700
电话(Tel):0955-7679335
传真(Fax):0955-7679216

新疆湖光造纸厂
Xinjiang Huguang Paper Mill
地址:新疆库尔勒市塔什店北路东街
Add: Dongjie St., Tashidianbei Rd., Kuerle, Xinjiang
邮编(P.C.):841012
电话(Tel):0996-2188443
传真(Fax):0996-2188484

新疆博湖苇业股份有限公司
Xinjiang Bohu Weiye Co., Ltd.
地址:新疆库尔勒市新城区楼兰路
Add: Loulan Rd., Xincheng, Kuerle, Xinjiang
邮编(P.C.):841001
电话(Tel):0996-2161216
传真(Fax):0996-2153164

新疆天宏纸业股份有限公司
Xinjiang Tianhong Paper Industry Co., Ltd.
地址:新疆石河子市西三路
Add: Xisan Rd., Shihezi, Xinjiang
邮编(P.C.):832009
电话(Tel):0993-7526018
传真(Fax):0993-7526118

● 铜版纸 Art paper

天津大宇制纸有限公司
Tianjin Daewoo Paper Co., Ltd.
地址:天津市河西区陈塘庄工业区怒江道2号
Add: No. 2 Nujiangdao, Chentangzhuang Industrial Zone, Hexi, Tianjin
邮编(P.C.):300220
电话(Tel):022-28123600
传真(Fax):022-28117618

大宇制纸股份有限公司
Daewoo Paper MFG. Co., Ltd.
地址:黑龙江省牡丹江市阳明区光华街8号
Add: No. 8 Guanghua St., Yangming, Mudanjiang, Heilongjiang
邮编(P.C.):157013
电话(Tel):0453-6325718
传真(Fax):0453-6333577

牡丹江恒丰纸业股份有限公司
Mudanjiang Hengfeng Paper Industry Co., Ltd.
地址:黑龙江省牡丹江市阳明区造纸路11号
Add: No. 11 Zaozhi Rd., Yangming,

Mudanjiang, Heilongjiang
邮编(P.C.):157013
电话(Tel):0453-6331111
传真(Fax):0453-6335566

江南造纸厂
Jiangnan Paper Mill
地址:上海市光复西路1003号
Add: No. 1003 Guangfuxi Rd., Shanghai
邮编(P.C.):200063
电话(Tel):021-62440266
传真(Fax):021-62443841

上海开伦造纸(集团)有限公司
Shanghai Kailun Paper (Group) Co., Ltd.
地址:上海市武夷路477号
Add: No. 477 Wuyi Rd., Shanghai
邮编(P.C.):200050
电话(Tel):021-62104040
传真(Fax):021-62401113

姜堰市华光化工纸业有限公司
Jiangyan Huaguang Chemical Paper Industry Co., Ltd.
地址:江苏省姜堰市溱潼镇溱西路125号
Add: No. 125 Qinxi Rd., Qintong, Jiangyan, Jiangsu
邮编(P.C.):225508
电话(Tel):0523-8616327
传真(Fax):0523-8616339

南京金银杏纸业有限公司
Nanjing Jinyinxing Paper Industry Co., Ltd.
地址:江苏省南京市浦口区迎江路1号
Add: No. 1 Yingjiang Rd., Pukou, Nanjing, Jiangsu
邮编(P.C.):210031
电话(Tel):025-58851016
传真(Fax):025-58852640

金华盛纸业(苏州工业园区)有限公司
Gold Huasheng Paper (Suzhou Industrial Park Zone) Co., Ltd.
地址:江苏省苏州工业园区胜浦分区金胜路2号
Add: No. 2 Jinsheng Rd., Shengpu, Suzhou Industrial Park, Suzhou, Jiangsu
邮编(P.C.):215126
电话(Tel):0512-62836666
传真(Fax):0512-62815491

苏州紫兴纸业有限公司
Stora Enso Suzhou Paper Co., Ltd.
地址:江苏省苏州市新区滨河路159号
Add: No. 159 Binhe Rd., Xinqu, Suzhou, Jiangsu
邮编(P.C.):215011
电话(Tel):0512-68251060
传真(Fax):0512-68251711

金东纸业(江苏)有限公司
Gold East Paper Industry (Jiangsu) Co., Ltd.
地址:江苏省镇江市大港兴港东路8号
Add: No. 8 Xinggangdong Rd., Dagang, Zhenjiang, Jiangsu
邮编(P.C.):212132
电话(Tel):0511-8998888
传真(Fax):0511-8997000

镇江大东纸业有限公司
Zhenjiang Dadong Paper Industry Co., Ltd.
地址:江苏省镇江市东吴路61号
Add: No. 61 Dongwu Rd., Zhenjiang, Jiangsu
邮编(P.C.):212001
电话(Tel):0511-8820202
传真(Fax):0511-8820201

镇江市京口纸业有限责任公司
Zhenjiang Jingkou Paper Industry Co., Ltd.
地址:江苏省镇江市九里街宗泽路3号
Add: No. 3 Zongze Rd., Jiuli St., Zhenjiang, Jiangsu
邮编(P.C.):212008
电话(Tel):0511-8808388
传真(Fax):0511-8807606

宁波三A集团有限公司
Ningbo Three A Group Co., Ltd.
地址:浙江省慈溪市周巷镇环城东路
Add: Huanchengdong Rd., Zhouxiang, Cixi, Zhejiang
邮编(P.C.):315324
电话(Tel):0574-63301978
传真(Fax):0574-63301978

华发(福建)实业有限公司
Huafa(Fujian) Industry Co., Ltd.
地址:福建省龙海市东园镇厚境村华发纸地
Add: Huafazhidi, Houjing, Dongyuan, Longhai, Fujian
邮编(P.C.):363103
电话(Tel):0596-6708752
传真(Fax):0596-6708265

山东华源蓝天纸业有限公司
Shandong Huayuan Lantian Paper Industry Co., Ltd.
地址:山东省安丘市兴安路2号
Add: No. 2 Xingan Rd., Anqiu, Shandong
邮编(P.C.):262100
电话(Tel):0536-4221954
传真(Fax):0536-4212920

山东华泰纸业股份有限公司
Shandong Huatai Paper Industry Co., Ltd.
地址:山东省东营市广饶县华泰工业园
Add: Huatai Industrial Park, Guangrao, Dongying, Shandong
邮编(P.C.):257335
电话(Tel):0546-6888219
传真(Fax):0546-6888018

费县金圣纸业有限公司
Feixian Jinsheng Paper Industry Co., Ltd.
地址:山东省费县建设路1号
Add: No. 1 Jianshe Rd., Feixian, Shandong
邮编(P.C.):273400
电话(Tel):0539-5053832
传真(Fax):0539-5053832

山东光华纸业集团有限公司
Shandong Guanghua Paper Industry Group Co., Ltd.
地址:山东省费县沂蒙路
Add: Yimeng Rd., Feixian, Shandong
邮编(P.C.):273401
电话(Tel):0539-5811100
传真(Fax):0539-5811102

山东泉林纸业有限责任公司
Shandong Tralin Paper Co., Ltd.
地址:山东省高唐县官道街北首26号
Add: No. 26 Guandao St., Gaotang, Shandong
邮编(P.C.):252800
电话(Tel):0635-3961501
传真(Fax):0635-3961597

济宁恒丰纸业有限责任公司
Jining Hengfeng Paper Industry Co., Ltd.
地址:山东省济宁市安居工业园区
Add: Anju Industrial Park, Jining, Shandong
邮编(P.C.):272059
电话(Tel):0537-2312038
传真(Fax):0537-2559310

山东华远造纸集团有限公司
Shandong Huayuan Paper Group Co., Ltd.
地址:山东省莒县莒州路119号
Add: No. 119 Juzhou Rd., Juxian, Shandong
邮编(P.C.):276500

电话(Tel):0633－6882076
传真(Fax):0633－6882881

山东泰山纸业有限公司
Shandong Taishan Paper Industry Co., Ltd.
地址:山东省莱芜市城西
Add: Chengxi, Laiwu, Shandong
邮编(P. C.):271125
电话(Tel):0634－6611308
传真(Fax):0634－6611122

烟台银海纸业有限公司
Yantai Yinhai Paper Industry Co., Ltd.
地址:山东省莱阳市丹崖路北
Add: Danya Rd., Laiyang, Shandong
邮编(P. C.):265202
电话(Tel):0535－7318208
传真(Fax):0535－7327266

山东临清银河纸业集团
Shandong Linqing Yinhe Paper Industry Co., Ltd.
地址:山东省临清市西门里街297号
Add: No. 297 Ximenli St., Linqing, Shandong
邮编(P. C.):252600
电话(Tel):0635－2435612
传真(Fax):0635－2436888

山东万豪纸业集团股份有限公司
Shandong Wanhao Paper Industry Group Co., Ltd.
地址:山东省临朐工业街32号
Add: No. 32 Gongye St., Linqu, Shandong
邮编(P. C.):262600
电话(Tel):0536－3163364
传真(Fax):0536－3165340

山东照东方纸业集团有限公司
Shandong Zhaodongfang Paper Industry Group Co., Ltd.
地址:山东省平原县王凤楼镇照东方工业园
Add: Zhaodongfang Industrial Park, Wangfenglou, Pingyuan, Shandong
邮编(P. C.):253109
电话(Tel):0534－2168085
传真(Fax):0534－2168039

齐河冠军纸业有限公司
Qihe Guanjun Paper Industry Co., Ltd.
地址:山东省齐河县潘店镇工业园
Add: Pandian Industrial Park, Qihe, Shandong
邮编(P. C.):251125
电话(Tel):0534－5972085
传真(Fax):0534－5972116

青州市和风铜版纸厂
Qingzhou Hefeng Art Paper Mill
地址:山东省青州市尧王山西路91号
Add: No. 91 Yaowangshanxi Rd., Qingzhou, Shandong
邮编(P. C.):262000
电话(Tel):0536－3285719

山东荣皎纸业(集团)有限公司
Shandong Rongjiao Paper (Group) Co., Ltd.
地址:山东省荣成市南山南路50号
Add: No. 50 Nanshannan Rd., Rongcheng, Shandong
邮编(P. C.):264300
电话(Tel):0631－7572758
传真(Fax):0631－7571946

山东晨鸣纸业集团股份有限公司
Shandong Chenming Paper Group Co., Ltd.
地址:山东省寿光市圣城路403号
Add: No. 403 Shengcheng Rd., Shouguang, Shandong
邮编(P. C.):262700
电话(Tel):0536－5221053
传真(Fax):0536－2156111

山东华金集团总公司
Shandong Huajin Group Co.
地址:山东省泗水县金庄镇
Add: Jinzhuang, Sishui, Shandong
邮编(P. C.):273201
电话(Tel):0537－4036894
传真(Fax):0537－4031210

山东恒联集团
Shandong Henglian Group
地址:山东省潍坊市奎文区卧龙东街409号
Add: No. 409 Wolongdong St., Kuiwen, Weifang, Shandong
邮编(P. C.):261031
电话(Tel):0536－8669308
传真(Fax):0536－8668708

山东太阳纸业股份有限公司
Shandong Sun Paper Industry Joint Stock Co., Ltd.
地址:山东省兖州市西关大街66号
Add: No. 66 Xiguandajie St., Yanzhou, Shandong
邮编(P. C.):272100
电话(Tel):0537－3658711
传真(Fax):0537－3633489

博爱县东方实业有限责任公司
Boai Dongfang Industrial Co., Ltd.
地址:河南省博爱县城东新工业区
Add: Chengdong New Industrial Park, Boai, Henan
邮编(P. C.):454450
电话(Tel):0391－8616661
传真(Fax):0391－8695542

河南宏腾纸业有限公司
Henan Hongteng Paper Industry Co., Ltd.
地址:河南省许昌市劳动路北段
Add: Beiduan, Laodong Rd., Xuchang, Henan
邮编(P. C.):461000
电话(Tel):0374－4310088
传真(Fax):0374－4310298

湖北帅伦纸业股份有限公司
Hubei Shuailun Paper Industry Co., Ltd.
地址:湖北省武汉市江岸区谌家矶河边1号
Add: No. 1 Hebian, Chenjiaji, Jiangan, Wuhan, Hubei
邮编(P. C.):430011
电话(Tel):027－82324293
传真(Fax):027－83344993

襄樊晨鸣铜版纸有限责任公司
Xiangfan Chenming Art Paper Co., Ltd.
地址:湖北省襄樊市大庆东路44号
Add: No. 44 Daqing East Rd., Xiangfan, Hubei
邮编(P. C.):441001
电话(Tel):0710－3404778
传真(Fax):0710－3402001

宜昌宝塔纸业有限公司
Yichang Baota Paper Industry Co., Ltd.
地址:湖北省宜昌市夷陵大道302号
Add: No. 302 Yiling Rd., Yichang, Hubei
邮编(P. C.):443003
电话(Tel):0717－6353270
传真(Fax):0717－6361882

永州湘江纸业有限责任公司
Yongzhou Xiangjiang Paper Industry Co., Ltd.
地址:湖南省永州市冷水滩区下河线路105号
Add: No. 105 Xiahe Rd., Lengshuitan, Yongzhou, Hunan
邮编(P. C.):425000
电话(Tel):0746－8471448
传真(Fax):0746－8470498

东莞长安昌众造纸有限公司
Dongguan Changan Changzhong Paper Making Co., Ltd.
地址:广东省东莞市长安镇莲峰南路
Add: Lianfeng South Rd., Changan, Dong-

guan, Guangdong
邮编(P. C.):523848
电话(Tel):0769-85535571
传真(Fax):0769-85531805

广东江南纸业有限公司
Guangdong Jiangnan Paper Industry Co., Ltd.
地址:广东省肇庆市广宁县横迳工业区
Add: Hengjin Industrial Park, Guangning, Zhaoqing, Guangdong
邮编(P. C.):526343
电话(Tel):0758-8716878
传真(Fax):0758-8716808

广西国发林业造纸有限责任公司
Guangxi Guofa Forestry Pulp & Paper Making Co., Ltd.
地址:广西鹿寨县雒容镇
Add: Luorong, Luzhai, Guangxi
邮编(P. C.):545616
电话(Tel):0772-6666999
传真(Fax):0772-6510890

云丰造纸厂
Yunfeng Paper Mill
地址:云南省昆明市西山地区海口镇
Add: Haikou, Xishan, Kunming, Yunnan
邮编(P. C.):650114
电话(Tel):0871-8590226
传真(Fax):0871-8590470

陕西中港铜版纸有限公司
Shaanxi Zhonggang Art Paper Co., Ltd.
地址:陕西省西安市霸桥镇东街15号
Add: No. 15 East St., Baqiao, Xi'an, Shaanxi
邮编(P. C.):710024
电话(Tel):029-83610216
传真(Fax):029-83610216

宁夏美利纸业集团有限责任公司
Ningxia Meili Paper Industry Group Co., Ltd.
地址:宁夏中卫市柔远地区
Add: Rouyuan, Zhongwei, Ningxia
邮编(P. C.):751700
电话(Tel):0955-7679335
传真(Fax):0955-7679216

● 低定量涂布纸 Low - weight coated paper

山东华源蓝天纸业有限公司
Shandong Huayuan Lantian Paper Industry Co., Ltd.
地址:山东省安丘市兴安路2号
Add: No. 2 Xingan Rd., Anqiu, Shandong
邮编(P. C.):262100
电话(Tel):0536-4221954
传真(Fax):0536-4212920

山东华泰纸业股份有限公司
Shandong Huatai Paper Industry Co., Ltd.
地址:山东省东营市广饶县华泰工业园
Add: Huatai Industrial Park, Guangrao, Dongying, Shandong
邮编(P. C.):257335
电话(Tel):0546-6888219
传真(Fax):0546-6888018

山东泉林纸业有限责任公司
Shandong Tralin Paper Co., Ltd.
地址:山东省高唐县官道街北首26号
Add: No. 26 Guandao St., Gaotang, Shandong
邮编(P. C.):252800
电话(Tel):0635-3961501
传真(Fax):0635-3961597

山东泰山纸业有限公司
Shandong Taishan Paper Industry Co., Ltd.
地址:山东省莱芜市城西
Add: Chengxi, Laiwu, Shandong
邮编(P. C.):271125
电话(Tel):0634-6611308
传真(Fax):0634-6611122

山东临清银河纸业集团
Shandong Linqing Yinhe Paper Industry Co., Ltd.
地址:山东省临清市西门里街297号
Add: No. 297 Ximenli St., Linqing, Shandong
邮编(P. C.):252600
电话(Tel):0635-2435612
传真(Fax):0635-2436888

山东正大纸业有限公司
Shandong Zhengda Paper Industry Co., Ltd.
地址:山东省平原王杲铺工业园区
Add: Wanggaopu Industrial Park, Pingyuan, Shandong
邮编(P. C.):253105
电话(Tel):0534-4562044
传真(Fax):0534-4561258

山东照东方纸业集团有限公司
Shandong Zhaodongfang Paper Industry Group Co., Ltd.
地址:山东省平原县王凤楼镇照东方工业园
Add: Zhaodongfang Industrial Park, Wangfenglou, Pingyuan, Shandong
邮编(P. C.):253109
电话(Tel):0534-2168085
传真(Fax):0534-2168039

山东晨鸣纸业集团股份有限公司
Shandong Chenming Paper Group Co., Ltd.
地址:山东省寿光市圣城路403号
Add: No. 403 Shengcheng Rd., Shouguang, Shandong
邮编(P. C.):262700
电话(Tel):0536-5221053
传真(Fax):0536-2156111

泰安市造纸厂
Taian Paper Mill
地址:山东省泰安市造纸北路1号
Add: No. 1 Zaozhibei Rd., Taian, Shandong
邮编(P. C.):271000
电话(Tel):0538-6215095
传真(Fax):0538-6218186

山东太阳纸业股份有限公司
Shandong Sun Paper Industry Joint Stock Co., Ltd.
地址:山东省兖州市西关大街66号
Add: No. 66 Xiguandajie St., Yanzhou, Shandong
邮编(P. C.):272100
电话(Tel):0537-3658711
传真(Fax):0537-3633489

河南银鸽实业投资股份有限公司
Henan Yinge Industrial Investment Co., Ltd.
地址:河南省漯河市人民东路95号
Add: No. 95 Renmindong Rd., Luohe, Henan
邮编(P. C.):462000
电话(Tel):0395-2355680
传真(Fax):0395-2355117

河南新乡新亚纸业集团股份有限公司
Henan Xinxiang Xinya Paper Industry Group Co., Ltd.
地址:河南省新乡县七里营镇新庄村
Add: Xinzhuang, Qiliying, Xinxiang, Henan
邮编(P. C.):453731
电话(Tel):0373-5680286
传真(Fax):0373-5680390

湖南泰格林纸集团有限责任公司
Hunan Tiger Forest & Paper Group

Co., Ltd.
地址:湖南省长沙市经济技术开发区凉塘路398号
Add: No. 398 Liangtang Rd., Economy & Technology Development Zone, Changsha, Hunan
邮编(P. C.):410100
电话(Tel):0731-4025968
传真(Fax):0731-4025566

湛江冠龙纸业有限公司
Zhanjiang Guanlong Paper Industry Co., Ltd.
地址:广东省湛江市麻章区太平镇
Add: Taiping, Mazhang, Zhanjiang, Guangdong
邮编(P. C.):524084
电话(Tel):0759-2738001
传真(Fax):0759-2738009

重庆华森万元纸业有限责任公司
Chongqing Huasen Wanyuan Paper Industry Co., Ltd.
地址:重庆市万州区江南新区科技工业园
Add: Jiangnanxinqu Science & Technology Industrial Park, Wanzhou, Chongqing
邮编(P. C.):404020
电话(Tel):023-58529391
传真(Fax):023-58529581

● 复印纸
Copy paper

北京造纸七厂
Beijing No.7 Paper Mill
地址:北京市通州区滨河路126号
Add: No. 126 Binhe, Tongzhou, Beijing
邮编(P. C.):101149
电话(Tel):010-61563101
传真(Fax):010-61563376

天津市汉沽区造纸厂
Tianjin Hangu Paper Mill
地址:天津市汉沽区化工路西
Add: Huagong Rd., Hangu, Tianjin
邮编(P. C.):300480
电话(Tel):022-67161045
传真(Fax):022-67161882

山西襄汾纸业集团有限公司
Shanxi Xiangfen Paper Industry Group Co., Ltd.
地址:山西省襄汾县城新建路77号
Add: No. 77 Xinjian Rd., Xiangfen, Shanxi
邮编(P. C.):041500
电话(Tel):0357-3622039
传真(Fax):0357-3600909

内蒙古塞外星华章纸业股份有限公司
Inner Mongolia Saiwaixing Huazhang Paper Industry Co., Ltd.
地址:内蒙古巴盟乌拉特前旗西山咀镇
Add: Xishanju, Bameng, Wulate Qianqi, Inner Mongolia
邮编(P. C.):014400
电话(Tel):0478-3211917
传真(Fax):0478-3215178

开原制浆造纸有限责任公司
Kaiyuan Pulp & Paper Making Co., Ltd.
地址:辽宁省开原市义和路47号
Add: No. 47 Yihe Rd., Kaiyuan, Liaoning
邮编(P. C.):112300
电话(Tel):0410-3713923
传真(Fax):0410-3710203

吉林华金纸业有限公司
Jilin Huajin Paper Industry Co., Ltd.
地址:吉林省白城市洮北区纸厂街8号
Add: No. 8 Zhichang St., Taobei, Baicheng, Jilin
邮编(P. C.):137000
电话(Tel):0436-3274598
传真(Fax):0436-3274600

延边石岘白麓纸业股份有限公司
Yanbian Shixian Bailu Paper Industry Co., Ltd.
地址:吉林省图们市石岘镇
Add: Shixian, Tumen, Jilin
邮编(P. C.):133101
电话(Tel):0433-3868139
传真(Fax):0433-3868254

佳木斯东风纸业有限公司
Jiamusi Dongfeng Paper Industry Co., Ltd.
地址:黑龙江省佳木斯市东风区建国路5号
Add: No. 5 Jianguo Rd., Dongfeng, Jiamusi, Heilongjiang
邮编(P. C.):154005
电话(Tel):0454-8383298
传真(Fax):0454-8383298

江南造纸厂
Jiangnan Paper Mill
地址:上海市光复西路1003号
Add: No. 1003 Guangfuxi Rd., Shanghai
邮编(P. C.):200063
电话(Tel):021-62440266
传真(Fax):021-62443841

上海浦东信息纸品工贸公司
Shanghai Pudong Information Paper Products Trading Co.
地址:上海市浦东峨山路91弄48号
Add: No. 48, 91 Lane, Eshan Rd., Pudong, Shanghai
邮编(P. C.):200127
电话(Tel):021-58753685
传真(Fax):021-58755303

上海开伦造纸(集团)有限公司
Shanghai Kailun Paper (Group) Co., Ltd.
地址:上海市武夷路477号
Add: No. 477 Wuyi Rd., Shanghai
邮编(P. C.):200050
电话(Tel):021-62104040
传真(Fax):021-62401113

上海复写纸联合公司
Shanghai Carbon Paper Lianhe Co.
地址:上海市斜土路265弄27号
Add: No. 27, 265 Lane, Xietu Rd., Shanghai
邮编(P. C.):200023
电话(Tel):021-63012793
传真(Fax):021-63010772

上海感光纸业有限公司
Shanghai Photosensitive Paper Industry Co., Ltd.
地址:上海市徐虹北路290号
Add: No. 290 Xuhongbei Rd., Shanghai
邮编(P. C.):200030
电话(Tel):021-64382688
传真(Fax):021-64387369

芬欧汇川(常熟)纸业有限公司
UPM-Kymmene (Changshu) Paper Industry Co., Ltd.
地址:江苏省常熟市新港镇
Add: Xingang, Changshu, Jiangsu
邮编(P. C.):215536
电话(Tel):0512-52651818
传真(Fax):0512-52652173

金华盛纸业(苏州工业园区)有限公司
Gold Huasheng Paper (Suzhou Industrial Park Zone) Co., Ltd.
地址:江苏省苏州工业园区胜浦分区金胜路2号
Add: No. 2 Jinsheng Rd., Shengpu, Suzhou Industrial Park, Suzhou, Jiangsu
邮编(P. C.):215126
电话(Tel):0512-62836666
传真(Fax):0512-62815491

无锡双龙信息纸有限公司
Wuxi Shuanglong Information Paper Co., Ltd.
地址:江苏省无锡太湖国家旅游度假区碧波支路3号
Add: No. 3 Bibozhilu Rd., Taihu National Tourist Holiday Zone, Wuxi, Jiangsu
邮编(P. C.):214092
电话(Tel):0510-5996606
传真(Fax):0510-5995909

江苏新大纸业有限公司
Jiangsu Xinda Paper Industry Co., Ltd.
地址:江苏省新沂市新华路4号
Add: No. 4 Xinhua Rd., Xinyi, Jiangsu
邮编(P. C.):221400
电话(Tel):0516-8923898
传真(Fax):0516-8924247

镇江大东纸业有限公司
Zhenjiang Dadong Paper Industry Co., Ltd.
地址:江苏省镇江市东吴路61号
Add: No. 61 Dongwu Rd., Zhenjiang, Jiangsu
邮编(P. C.):212001
电话(Tel):0511-8820202
传真(Fax):0511-8820201

镇江金河纸业有限公司
Zhenjiang Jinhe Paper Industry Co., Ltd.
地址:江苏省镇江市谏壁镇越河街41号
Add: No. 41 Yuehe St., Jianbi, Zhenjiang, Jiangsu
邮编(P. C.):212006
电话(Tel):0511-3361361
传真(Fax):0511-3361362

杭州华丰纸业有限公司
Hangzhou Huafeng Paper Industry Co., Ltd.
地址:浙江省杭州市和睦路155号
Add: No. 155 Hemu Rd., Hangzhou, Zhejiang
邮编(P. C.):310011
电话(Tel):0571-88091424
传真(Fax):0571-88091536

民丰特种纸股份有限公司
Minfeng Specialty Paper Co., Ltd.
地址:浙江省嘉兴市甪里街70号
Add: No. 70 Luli St., Jiaxing, Zhejiang
邮编(P. C.):314001
电话(Tel):0573-2839051
传真(Fax):0573-2821135

浙江亚伦集团股份有限公司
Zhejiang Yalun Group Co., Ltd.
地址:浙江省龙游县龙兰路151号
Add: No. 151 Longlan Rd., Longyou, Zhejiang
邮编(P. C.):324400
电话(Tel):0570-7090018
传真(Fax):0570-7090009

晋江优兰发纸业有限公司
Jinjiang Youlanfa Paper Industrial Co., Ltd.
地址:福建省晋江市西滨农场工业区
Add: Xibin Nongchang Industrial Zone, Jinjiang, Fujian
邮编(P. C.):362200
电话(Tel):0595-85123879
传真(Fax):0595-85123889

厦门安妮纸业有限公司
Xiamen Anni Paper Industry Co., Ltd.
地址:福建省厦门市湖滨北路78号兴业大厦8楼
Add: 8F, Xingye Bld., No. 78 Hubinbei Rd., Xiamen, Fujian
邮编(P. C.):361012
电话(Tel):0592-3113227
传真(Fax):0592-3113228

厦门造纸有限公司
Xiamen Paper Making Co., Ltd.
地址:福建省厦门市厦禾路1228号
Add: No. 1228 Xiahe Rd., Xiamen, Fujian
邮编(P. C.):361004
电话(Tel):0592-5815778
传真(Fax):0592-5812487

江西宁振纸业有限公司
Jiangxi Ningzhen Paper Industry Co., Ltd.
地址:江西省赣州市水西镇桑芫下168号
Add: No. 168 Sangyuanxia, Shuixi, Ganzhou, Jiangxi
邮编(P. C.):341000
电话(Tel):0797-8251112
传真(Fax):0797-8251940

东明大田纸业有限责任公司
Dongming Datian Paper Industry Co., Ltd.
地址:山东省东明县向阳路197号
Add: No. 197 Xiangyang Rd., Dongming, Shandong
邮编(P. C.):274500
电话(Tel):0530-7270419
传真(Fax):0530-7270493

山东华泰纸业股份有限公司
Shandong Huatai Paper Industry Co., Ltd.
地址:山东省东营市广饶县华泰工业园
Add: Huatai Industrial Park, Guangrao, Dongying, Shandong
邮编(P. C.):257335
电话(Tel):0546-6888219
传真(Fax):0546-6888018

山东光华纸业集团有限公司
Shandong Guanghua Paper Industry Group Co., Ltd.
地址:山东省费县沂蒙路
Add: Yimeng Rd., Feixian, Shandong
邮编(P. C.):273401
电话(Tel):0539-5811100
传真(Fax):0539-5811102

山东泉林纸业有限责任公司
Shandong Tralin Paper Co., Ltd.
地址:山东省高唐县官道街北首26号
Add: No. 26 Guandao St., Gaotang, Shandong
邮编(P. C.):252800
电话(Tel):0635-3961501
传真(Fax):0635-3961597

济南含章印务有限公司
Jinan Hanzhang Printing Co., Ltd.
地址:山东省济南市历城区洪楼工业园
Add: Honglou Industrial Park, Licheng, Jinan, Shandong
邮编(P. C.):250100
电话(Tel):0531-88918888
传真(Fax):0531-88012000

东港实业有限公司
Donggang Industrial Co., Ltd.
地址:山东省济南市历城区洪楼南路16号
Add: No. 16 Honglounan Rd., Licheng, Jinan, Shandong
邮编(P. C.):250100
电话(Tel):0531-88904590
传真(Fax):0531-88906868

山东华远造纸集团有限公司
Shandong Huayuan Paper Group Co., Ltd.
地址:山东省莒县莒州路119号
Add: No. 119 Juzhou Rd., Juxian, Shandong
邮编(P. C.):276500
电话(Tel):0633-6882076
传真(Fax):0633-6882881

山东泰山纸业有限公司
Shandong Taishan Paper Industry

Co., Ltd.
地址:山东省莱芜市城西
Add: Chengxi, Laiwu, Shandong
邮编(P. C.):271125
电话(Tel):0634-6611308
传真(Fax):0634-6611122

烟台银海纸业有限公司
Yantai Yinhai Paper Industry Co., Ltd.
地址:山东省莱阳市丹崖路北
Add: Danya Rd., Laiyang, Shandong
邮编(P. C.):265202
电话(Tel):0535-7318208
传真(Fax):0535-7327266

山东临清银河纸业集团
Shandong Linqing Yinhe Paper Industry Co., Ltd.
地址:山东省临清市西门里街297号
Add: No. 297 Ximenli St., Linqing, Shandong
邮编(P. C.):252600
电话(Tel):0635-2435612
传真(Fax):0635-2436888

龙口玉龙纸业有限公司
Longkou Yulong Paper Industry Co., Ltd.
地址:山东省龙口市羊岚镇黄河营
Add: Huangheying, Yanglan, Longkou, Shandong
邮编(P. C.):265712
电话(Tel):0535-8589536
传真(Fax):0535-8589555

山东蒙阴县阳光纸业有限公司
Shandong Mengyin Yangguang Paper Industry Co., Ltd.
地址:山东省蒙阴县垛庄镇
Add: Duozhuang, Mengyin, Shandong
邮编(P. C.):276225
电话(Tel):0539-4587098
传真(Fax):0539-4588587

山东天和纸业有限公司
Shandong Tianhe Paper Industry Co., Ltd.
地址:山东省宁阳县文化城西首
Add: Xishou, Wenhuacheng, Ningyang, Shandong
邮编(P. C.):271400
电话(Tel):0538-5621942
传真(Fax):0538-5620235

山东晨鸣纸业集团股份有限公司
Shandong Chenming Paper Group Co., Ltd.
地址:山东省寿光市圣城路403号
Add: No. 403 Shengcheng Rd., Shouguang, Shandong
邮编(P. C.):262700
电话(Tel):0536-5221053
传真(Fax):0536-2156111

山东华金集团总公司
Shandong Huajin Group Co.
地址:山东省泗水县金庄镇
Add: Jinzhuang, Sishui, Shandong
邮编(P. C.):273201
电话(Tel):0537-4036894
传真(Fax):0537-4031210

宁阳县华润纸业有限公司
Ningyang Huarun Paper Industry Co., Ltd.
地址:山东省泰安市宁阳县文化路1号
Add: No. 1 Wenhua Rd., Ningyang, Taian, Shandong
邮编(P. C.):271400
电话(Tel):0538-5621340
传真(Fax):0538-5627372

泰安百川纸业有限责任公司
Taian Baichuan Paper Industry Co., Ltd.
地址:山东省新泰市高新技术开发区
Add: High&New Technology Development Zone, Xintai, Shandong
邮编(P. C.):271200
电话(Tel):0538-7866147
传真(Fax):0538-7866148

烟台大华纸业有限公司
Yantai Dahua Paper Industry Co., Ltd.
地址:山东省烟台市牟平区城东尹宋周
Add: Chengdong Yinsongzhou, Muping, Yantai, Shandong
邮编(P. C.):264117
电话(Tel):0535-4652033
传真(Fax):0535-4652033

山东太阳纸业股份有限公司
Shandong Sun Paper Industry Joint Stock Co., Ltd.
地址:山东省兖州市西关大街66号
Add: No. 66 Xiguandajie St., Yanzhou, Shandong
邮编(P. C.):272100
电话(Tel):0537-3658711
传真(Fax):0537-3633489

山东省沂源县造纸厂
Shandong Yiyuan Paper Mill
地址:山东省沂源县健康路38号
Add: No. 38 Jiankang Rd., Yiyuan, Shandong
邮编(P. C.):256100
电话(Tel):0533-3241534
传真(Fax):0533-3241534

章丘联丰特种纸业有限公司
Zhangqiu Lianfeng Specialty Paper Industry Co., Ltd.
地址:山东省章丘市华明大道17号
Add: No. 17 Huaming Rd., Zhangqiu, Shandong
邮编(P. C.):250200
电话(Tel):0531-83252658
传真(Fax):0531-83252658

山东青苑纸业有限责任公司
Shandong Qingyuan Paper Industry Co., Ltd.
地址:山东省淄博市高青县清河路70号
Add: No. 70 Qinghe Rd., Gaoqing, Zibo, Shandong
邮编(P. C.):256300
电话(Tel):0533-6961745
传真(Fax):0533-6961492

博爱县东方实业有限责任公司
Boai Dongfang Industrial Co., Ltd.
地址:河南省博爱县城东新工业区
Add: Chengdong New Industrial Park, Boai, Henan
邮编(P. C.):454450
电话(Tel):0391-8616661
传真(Fax):0391-8695542

河南银鸽实业投资股份有限公司
Henan Yinge Industrial Investment Co., Ltd.
地址:河南省漯河市人民东路95号
Add: No. 95 Renmindong Rd., Luohe, Henan
邮编(P. C.):462000
电话(Tel):0395-2355680
传真(Fax):0395-2355117

淇县天龙纸业有限公司
Qixian Tianlong Paper Industry Co., Ltd.
地址:河南省淇县工业路66号
Add: No. 66 Gongye Rd., Qixian, Henan
邮编(P. C.):456750
电话(Tel):0392-7221388
传真(Fax):0392-7222835

舞钢市海明集团有限公司
Wugang Haiming Group Co., Ltd.
地址:河南省舞钢市安寨路1号
Add: No. 1, Anzhai Rd., Wugang, Henan
邮编(P. C.):462500
电话(Tel):0375-8388005
传真(Fax):0375-8388006

河南省舞阳县明宇盐化集团公司
Henan Wuyang Mingyu Salt Chemical Group Co.
地址:河南省舞阳县舞阳镇北京路北段
Add: Beiduan, Beijing Rd., Wuyang, Wuyang, Henan
邮编(P.C.):462400
电话(Tel):0395-7122497
传真(Fax):0395-7122497

河南新乡新亚纸业集团股份有限公司
Henan Xinxiang Xinya Paper Industry Group Co., Ltd.
地址:河南省新乡县七里营镇新庄村
Add: Xinzhuang, Qiliying, Xinxiang, Henan
邮编(P.C.):453731
电话(Tel):0373-5680286
传真(Fax):0373-5680390

湖北帅伦纸业股份有限公司
Hubei Shuailun Paper Industry Co., Ltd.
地址:湖北省武汉市江岸区谌家矶河边1号
Add: No. 1 Hebian, Chenjiaji, Jiangan, Wuhan, Hubei
邮编(P.C.):430011
电话(Tel):027-82324293
传真(Fax):027-83344993

武汉晨鸣汉阳纸业股份有限公司
Wuhan Chenming Hanyang Paper Industry Co., Ltd.
地址:湖北省武汉市经济技术开发区沌口街
Add: Dunkou St., Economy & Technology Development Zone, Wuhan, Hubei
邮编(P.C.):430057
电话(Tel):027-84894245
传真(Fax):027-84896241

湖南泰格林纸集团有限责任公司
Hunan Tiger Forest & Paper Group Co., Ltd.
地址:湖南省长沙市经济技术开发区凉塘路398号
Add: No. 398 Liangtang Rd., Economy & Technology Development Zone, Changsha, Hunan
邮编(P.C.):410100
电话(Tel):0731-4025968
传真(Fax):0731-4025566

湖南常德纸业股份有限公司
Hunan Changde Paper Industry Co., Ltd.
地址:湖南省常德市德山沿江路1号
Add: No. 1 Yanjiang Rd., Deshan, Changde, Hunan
邮编(P.C.):415001
电话(Tel):0736-7312763
传真(Fax):0736-7315889

湖南省西渡造纸厂
Hunan Xidu Paper Mill
地址:湖南省衡阳县西渡镇江角路2号
Add: No. 2 Jiangjiao Rd., Xidu, Hengyang, Hunan
邮编(P.C.):421200
电话(Tel):0734-6813364
传真(Fax):0734-6813364

湖南泰格林纸集团沅江纸业有限责任公司
Hunan Tiger Forest & Paper Group Yuanjiang Paper Industry Co., Ltd.
地址:湖南省沅江市书院路358号
Add: No. 358 Shuyuan Rd., Yuanjiang, Hunan
邮编(P.C.):413100
电话(Tel):0737-2850000
传真(Fax):0737-2850258

岳阳丰利纸业有限公司
Yueyang Fengli Paper Industry Co., Ltd.
地址:湖南省岳阳县鹿角镇
Add: Lujiao, Yueyang, Hunan
邮编(P.C.):414107
电话(Tel):0730-7860030
传真(Fax):0730-7860033

江门甘蔗化工厂(集团)股份有限公司
Jiangmen Sugar Cane Chemical Mill(Group)Co., Ltd.
地址:广东省江门市北街1号
Add: No. 1 North St., Jiangmen, Guangdong
邮编(P.C.):529075
电话(Tel):0750-3361611
传真(Fax):0750-3361973

江门市江桥特种纸业有限公司
Jiangmen Jiangqiao Specialty Paper Industry Co., Ltd.
地址:广东省江门市文昌沙89号
Add: No. 89 Wenchangsha, Jiangmen, Guangdong
邮编(P.C.):529020
电话(Tel):0750-3351844
传真(Fax):0750-3336290

南雄市珠玑纸业有限公司
Nanxiong Zhuji Paper Industry Co., Ltd.
地址:广东省南雄市雄南路38号
Add: No. 38, Xiongnan Rd., Nanxiong, Guangdong
邮编(P.C.):512400
电话(Tel):0751-3822990
传真(Fax):0751-3820896

广东江南纸业有限公司
Guangdong Jiangnan Paper Industry Co., Ltd.
地址:广东省肇庆市广宁县横迳工业区
Add: Hengjin Industrial Park, Guangning, Zhaoqing, Guangdong
邮编(P.C.):526343
电话(Tel):0758-8716878
传真(Fax):0758-8716808

广西国发林业造纸有限责任公司
Guangxi Guofa Forestry Pulp & Paper Making Co., Ltd.
地址:广西鹿寨县雒容镇
Add: Luorong, Luzhai, Guangxi
邮编(P.C.):545616
电话(Tel):0772-6666999
传真(Fax):0772-6510890

南宁糖业股份有限公司
Nanning Sugar Industry Co., Ltd.
地址:广西南宁市亭洪路48号
Add: No. 48 Tinghong Rd., Nanning, Guangxi
邮编(P.C.):530031
电话(Tel):0771-4915366
传真(Fax):0771-4912771

安县造纸厂
Anxian Paper Mill
地址:四川省安县睢水镇
Add: Suishui, Anxian, Sichuan
邮编(P.C.):622656
电话(Tel):0816-4671342
传真(Fax):0816-4671287

四川华泰实业股份有限公司
Sichuan Huatai Industrial Co., Ltd.
地址:四川省德阳旌阳经济开发区太华山街北段
Add: Beiduan, Taihuashan St., Jingyang Economy Development Zone, Deyang, Sichuan
邮编(P.C.):618000
电话(Tel):0838-2800412
传真(Fax):0838-2800699

四川永丰纸业股份有限公司
Sichuan Yongfeng Paper Industry Co., Ltd.
地址:四川省乐山市市中区天星路4号
Add: No. 4 Tianxing Rd., Shizhong, Leshan, Sichuan
邮编(P.C.):614000
电话(Tel):0833-2443199

传真(Fax):0833－2443268

长宁县竹海竹资源发展有限公司
Changning Zhuhai Bamboo Resources Development Co., Ltd.
地址:四川省宜宾市长宁镇城南路122号
Add: No. 122 Chengnan Rd., Changning, Yibin, Sichuan
邮编(P. C.):644300
电话(Tel):0831－4690283
传真(Fax):0831－4690165

贵州省遵义县新舟造纸厂
Guizhou Zunyi Xinzhou Paper Mill
地址:贵州省遵义县新舟镇
Add: Xinzhou, Zunyi, Guizhou
邮编(P. C.):563127
电话(Tel):0852－7341069
传真(Fax):0852－7341010

新疆天宏纸业股份有限公司
Xinjiang Tianhong Paper Industry Co., Ltd.
地址:新疆石河子市西三路
Add: Xisan Rd., Shihezi, Xinjiang
邮编(P. C.):832009
电话(Tel):0993－7526018
传真(Fax):0993－7526118

● 无碳复写纸 Carbonless copy paper

河北华益特种纸有限公司
Hebei Huayi Specialty Paper Co., Ltd.
地址:河北省石家庄市正定县华安路
Add: Huaan Rd., Zhengding, Shijiazhuang, Hebei
邮编(P. C.):050800
电话(Tel):0311－8023401
传真(Fax):0311－8023402

上海大王特种纸品有限公司
Shanghai Daio Specialty Paper Co., Ltd.
地址:上海市喜泰路237号
Add: No. 237 Xitai Rd., Shanghai
邮编(P. C.):200232
电话(Tel):021－54095111
传真(Fax):021－54098046

金华盛纸业(苏州工业园区)有限公司
Gold Huasheng Paper (Suzhou Industrial Park Zone) Co., Ltd.
地址:江苏省苏州工业园区胜浦分区金胜路2号
Add: No. 2 Jinsheng Rd., Shengpu, Suzhou Industrial Park, Suzhou, Jiangsu
邮编(P. C.):215126
电话(Tel):0512－62836666
传真(Fax):0512－62815491

江苏八达纸业集团公司
Jiangsu Bada Paper Industry Group Co.
地址:江苏省无锡市江海西路312国道山北红星段
Add: Shanbei Hongxingduan, No. 312 National Highway, Jianghaixi Rd., Wuxi, Jiangsu
邮编(P. C.):214037
电话(Tel):0510－3705576
传真(Fax):0510－3705576

嘉兴市丰莱桑达贝纸业有限公司
Jiaxing Fenglai Sangdabei Paper Industry Co., Ltd.
地址:浙江省嘉兴市甪里街环城东路
Add: Huanchengdong Rd., Luli St., Jiaxing, Zhejiang
邮编(P. C.):314000
电话(Tel):0573－2821172
传真(Fax):0573－2820134

嵊州市特种纸厂
Shengzhou Specialty Paper Mill
地址:浙江省嵊州市城北开发区何家
Add: Hejia, Chengbei Development Zone, Shengzhou, Zhejiang
邮编(P. C.):312400
电话(Tel):0575－3185577
传真(Fax):0575－3180801

济南含章印务有限公司
Jinan Hanzhang Printing Co., Ltd.
地址:山东省济南市历城区洪楼工业园
Add: Honglou Industrial Park, Licheng, Jinan, Shandong
邮编(P. C.):250100
电话(Tel):0531－88918888
传真(Fax):0531－88012000

济宁恒丰纸业有限责任公司
Jining Hengfeng Paper Industry Co., Ltd.
地址:山东省济宁市安居工业园区
Add: Anju Industrial Park, Jining, Shandong
邮编(P. C.):272059
电话(Tel):0537－2312038
传真(Fax):0537－2559310

烟台银海纸业有限公司
Yantai Yinhai Paper Industry Co., Ltd.
地址:山东省莱阳市丹崖路北
Add: Danya Rd., Laiyang, Shandong
邮编(P. C.):265202
电话(Tel):0535－7318208
传真(Fax):0535－7327266

山东临清银河纸业集团
Shandong Linqing Yinhe Paper Industry Co., Ltd.
地址:山东省临清市西门里街297号
Add: No. 297 Ximenli St., Linqing, Shandong
邮编(P. C.):252600
电话(Tel):0635－2435612
传真(Fax):0635－2436888

青岛奥华纸业有限公司
Qingdao Aohua Paper Industry Co., Ltd.
地址:山东省青岛市四流南路245号
Add: No. 245 Siliunan Rd., Qingdao, Shandong
邮编(P. C.):266042
电话(Tel):0532－84885277
传真(Fax):0532－84863863

山东晨鸣纸业集团股份有限公司
Shandong Chenming Paper Group Co., Ltd.
地址:山东省寿光市圣城路403号
Add: No. 403 Shengcheng Rd., Shouguang, Shandong
邮编(P. C.):262700
电话(Tel):0536－5221053
传真(Fax):0536－2156111

山东华金集团总公司
Shandong Huajin Group Co.
地址:山东省泗水县金庄镇
Add: Jinzhuang, Sishui, Shandong
邮编(P. C.):273201
电话(Tel):0537－4036894
传真(Fax):0537－4031210

山东省沂源县造纸厂
Shandong Yiyuan Paper Mill
地址:山东省沂源县健康路38号
Add: No. 38 Jiankang Rd., Yiyuan, Shandong
邮编(P. C.):256100
电话(Tel):0533－3241534
传真(Fax):0533－3241534

博爱县东方实业有限责任公司
Boai Dongfang Industrial Co., Ltd.
地址:河南省博爱县城东新工业区
Add: Chengdong New Industrial Park, Boai, Henan
邮编(P. C.):454450
电话(Tel):0391－8616661
传真(Fax):0391－8695542

内乡县制浆造纸股份有限公司

Neixiang Pulp & Paper Making Co., Ltd.
地址:河南省内乡县城关镇文化路99号
Add: No. 99 Wenhua Rd., Chengguan, Neixiang, Henan
邮编(P. C.):474350
电话(Tel):0377-5332835
传真(Fax):0377-5333411

河南省江河纸业有限责任公司
Henan Jianghe Paper Industry Co., Ltd.
地址:河南省武陟县城东詹泗路北贾桥西
Add: Beijiaqiaoxi, Zhansi Rd., Wuzhi, Henan
邮编(P. C.):454950
电话(Tel):0391-7268890
传真(Fax):0391-7263991

新乡市鸿泰纸业有限公司
Xinxiang Hongtai Paper Industry Co., Ltd.
地址:河南省新乡县翟坡镇工业路西段
Add: Xiduan, Gongye Rd., Zhaipo, Xinxiang, Henan
邮编(P. C.):453731
电话(Tel):0373-5564069
传真(Fax):0373-5586269

河南汇丰纸业有限责任公司
Henan Huifeng Paper Industry Co., Ltd.
地址:河南省周口市中州路北段758号
Add: No. 758, Beiduan, Zhongzhou Rd., Zhoukou, Henan
邮编(P. C.):466001
电话(Tel):0394-8593627
传真(Fax):0394-8583247

广州珠江特种纸有限公司
Guangzhou Zhujiang Specialty Paper Co., Ltd.
地址:广东省广州市天河区黄埔大道中员村五横路
Add: Wuheng Rd., Zhongyuan, Huangpu Rd., Tianhe, Guangzhou, Guangdong
邮编(P. C.):510655
电话(Tel):020-85525149
传真(Fax):020-85524827

江门市江桥特种纸业有限公司
Jiangmen Jiangqiao Specialty Paper Industry Co., Ltd.
地址:广东省江门市文昌沙89号
Add: No. 89 Wenchangsha, Jiangmen, Guangdong
邮编(P. C.):529020
电话(Tel):0750-3351844
传真(Fax):0750-3336290

广东冠豪高新技术股份有限公司
Guangdong Guanhao High&New Technology Co., Ltd.
地址:广东省湛江经济技术开发区乐怡路6号
Add: No. 6 Leyi Rd., Zhanjiang, Economy & Technology Development Zone, Guangdong
邮编(P. C.):524022
电话(Tel):0759-3399898
传真(Fax):0759-3382109

重庆华森万元纸业有限责任公司
Chongqing Huasen Wanyuan Paper Industry Co., Ltd.
地址:重庆市万州区江南新区科技工业园
Add: Jiangnanxinqu Science & Technology Industrial Park, Wanzhou, Chongqing
邮编(P. C.):404020
电话(Tel):023-58529391
传真(Fax):023-58529581

● 电脑打印纸、票据纸 Computer print out paper, coupon paper

保定钞票纸厂华融经贸总公司
Baoding Banknote Paper Mill Huarong Economy & Trading Co.
地址:河北省保定市盛兴西路2195号
Add: No. 2195 Shengxingxi Rd., Baoding, Hebei
邮编(P. C.):071071
电话(Tel):0312-3170419
传真(Fax):0312-3170419

内蒙古塞外星华章纸业股份有限公司
Inner Mongolia Saiwaixing Huazhang Paper Industry Co., Ltd.
地址:内蒙古巴盟乌拉特前旗西山咀镇
Add: Xishanju, Bameng, Wulate Qianqi, Inner Mongolia
邮编(P. C.):014400
电话(Tel):0478-3211917
传真(Fax):0478-3215178

沈阳铜版纸有限责任公司
Shenyang Art Board Co., Ltd.
地址:辽宁省沈阳市铁西区北三东路15号
Add: No. 15 Beisandong Rd., Tiexi, Shenyang, Liaoning
邮编(P. C.):110025
电话(Tel):024-25877991
传真(Fax):024-25872872

吉林华金纸业有限公司
Jilin Huajin Paper Industry Co., Ltd.
地址:吉林省白城市洮北区纸厂街8号
Add: No. 8 Zhichang St., Taobei, Baicheng, Jilin
邮编(P. C.):137000
电话(Tel):0436-3274598
传真(Fax):0436-3274600

黑龙江北大荒纸业有限公司
Heilongjiang Beidahuang Paper Industry Co., Ltd.
地址:黑龙江省密山市兴凯湖农场
Add: Xingkaihu Nongchang, Mishan, Heilongjiang
邮编(P. C.):158328
电话(Tel):0467-5081055
传真(Fax):0467-5081044

上海浦东信息纸品工贸公司
Shanghai Pudong Information Paper Products Trading Co.
地址:上海市浦东峨山路91弄48号
Add: No. 48, 91 Lane, Eshan Rd., Pudong, Shanghai
邮编(P. C.):200127
电话(Tel):021-58753685
传真(Fax):021-58755303

上海感光纸业有限公司
Shanghai Photosensitive Paper Industry Co., Ltd.
地址:上海市徐虹北路290号
Add: No. 290 Xuhongbei Rd., Shanghai
邮编(P. C.):200030
电话(Tel):021-64382688
传真(Fax):021-64387369

金华盛纸业(苏州工业园区)有限公司
Gold Huasheng Paper (Suzhou Industrial Park Zone) Co., Ltd.
地址:江苏省苏州工业园区胜浦分区金胜路2号
Add: No. 2 Jinsheng Rd., Shengpu, Suzhou Industrial Park, Suzhou, Jiangsu
邮编(P. C.):215126
电话(Tel):0512-62836666
传真(Fax):0512-62815491

无锡双龙信息纸有限公司
Wuxi Shuanglong Information Paper

Co., Ltd.
地址:江苏省无锡太湖国家旅游度假区碧波支路3号
Add: No. 3 Bibozhilu Rd., Taihu National Tourist Holiday Zone, Wuxi, Jiangsu
邮编(P.C.):214092
电话(Tel):0510-5996606
传真(Fax):0510-5995909

镇江大东纸业有限公司
Zhenjiang Dadong Paper Industry Co., Ltd.
地址:江苏省镇江市东吴路61号
Add: No. 61 Dongwu Rd., Zhenjiang, Jiangsu
邮编(P.C.):212001
电话(Tel):0511-8820202
传真(Fax):0511-8820201

嵊州市特种纸厂
Shengzhou Specialty Paper Mill
地址:浙江省嵊州市城北开发区何家
Add: Hejia, Chengbei Development Zone, Shengzhou, Zhejiang
邮编(P.C.):312400
电话(Tel):0575-3185577
传真(Fax):0575-3180801

厦门安妮纸业有限公司
Xiamen Anni Paper Industry Co., Ltd.
地址:福建省厦门市湖滨北路78号兴业大厦8楼
Add: 8F, Xingye Bld., No. 78 Hubinbei Rd., Xiamen, Fujian
邮编(P.C.):361012
电话(Tel):0592-3113227
传真(Fax):0592-3113228

厦门造纸有限公司
Xiamen Paper Making Co., Ltd.
地址:福建省厦门市厦禾路1228号
Add: No. 1228 Xiahe Rd., Xiamen, Fujian
邮编(P.C.):361004
电话(Tel):0592-5815778
传真(Fax):0592-5812487

江西宁振纸业有限公司
Jiangxi Ningzhen Paper Industry Co., Ltd.
地址:江西省赣州市水西镇桑芫下168号
Add: No. 168 Sangyuanxia, Shuixi, Ganzhou, Jiangxi
邮编(P.C.):341000
电话(Tel):0797-8251112
传真(Fax):0797-8251940

济南含章印务有限公司
Jinan Hanzhang Printing Co., Ltd.
地址:山东省济南市历城区洪楼工业园
Add: Honglou Industrial Park, Licheng, Jinan, Shandong
邮编(P.C.):250100
电话(Tel):0531-88918888
传真(Fax):0531-88012000

山东泰山纸业有限公司
Shandong Taishan Paper Industry Co., Ltd.
地址:山东省莱芜市城西
Add: Chengxi, Laiwu, Shandong
邮编(P.C.):271125
电话(Tel):0634-6611308
传真(Fax):0634-6611122

山东荣皎纸业(集团)有限公司
Shandong Rongjiao Paper(Group) Co., Ltd.
地址:山东省荣成市南山南路50号
Add: No. 50 Nanshannan Rd., Rongcheng, Shandong
邮编(P.C.):264300
电话(Tel):0631-7572758
传真(Fax):0631-7571946

山东华金集团总公司
Shandong Huajin Group Co.
地址:山东省泗水县金庄镇
Add: Jinzhuang, Sishui, Shandong
邮编(P.C.):273201
电话(Tel):0537-4036894
传真(Fax):0537-4031210

烟台大华纸业有限公司
Yantai Dahua Paper Industry Co., Ltd.
地址:山东省烟台市牟平区城东尹宋周
Add: Chengdong Yinsongzhou, Muping, Yantai, Shandong
邮编(P.C.):264117
电话(Tel):0535-4652033
传真(Fax):0535-4652033

山东太阳纸业股份有限公司
Shandong Sun Paper Industry Joint Stock Co., Ltd.
地址:山东省兖州市西关大街66号
Add: No. 66 Xiguandajie St., Yanzhou, Shandong
邮编(P.C.):272100
电话(Tel):0537-3658711
传真(Fax):0537-3633489

山东省沂源县造纸厂
Shandong Yiyuan Paper Mill
地址:山东省沂源县健康路38号
Add: No. 38 Jiankang Rd., Yiyuan, Shandong
邮编(P.C.):256100
电话(Tel):0533-3241534
传真(Fax):0533-3241534

博爱县东方实业有限责任公司
Boai Dongfang Industrial Co., Ltd.
地址:河南省博爱县城东新工业区
Add: Chengdong New Industrial Park, Boai, Henan
邮编(P.C.):454450
电话(Tel):0391-8616661
传真(Fax):0391-8695542

河南银鸽实业投资股份有限公司
Henan Yinge Industrial Investment Co., Ltd.
地址:河南省漯河市人民东路95号
Add: No. 95 Renmindong Rd., Luohe, Henan
邮编(P.C.):462000
电话(Tel):0395-2355680
传真(Fax):0395-2355117

河南新乡新亚纸业集团股份有限公司
Henan Xinxiang Xinya Paper Industry Group Co., Ltd.
地址:河南省新乡县七里营镇新庄村
Add: Xinzhuang, Qiliying, Xinxiang, Henan
邮编(P.C.):453731
电话(Tel):0373-5680286
传真(Fax):0373-5680390

湖南常德纸业股份有限公司
Hunan Changde Paper Industry Co., Ltd.
地址:湖南省常德市德山沿江路1号
Add: No. 1 Yanjiang Rd., Deshan, Changde, Hunan
邮编(P.C.):415001
电话(Tel):0736-7312763
传真(Fax):0736-7315889

广州珠江特种纸有限公司
Guangzhou Zhujiang Specialty Paper Co., Ltd.
地址:广东省广州市天河区黄埔大道中员村五横路
Add: Wuheng Rd., Zhongyuan, Huangpu Rd., Tianhe, Guangzhou, Guangdong
邮编(P.C.):510655
电话(Tel):020-85525149
传真(Fax):020-85524827

桂林奇峰纸业有限公司
Guilin Qifeng Paper Industry Co., Ltd.
地址:广西桂林市奇峰路9号

Add: No. 9 Qifeng Rd., Guilin, Guangxi
邮编(P.C.):541003
电话(Tel):0773-3603693
传真(Fax):0773-3605388

广西华劲纸业集团有限公司南宁纸业分公司
Guangxi Huajin Paper Industry Group Co., Ltd. Nanning Paper Industry Branch
地址:广西南宁市邕宁县良庆镇
Add: Liangqing, Yongning, Nanning, Guangxi
邮编(P.C.):530201
电话(Tel):0771-5534993
传真(Fax):0771-4751302

重庆华森万元纸业有限责任公司
Chongqing Huasen Wanyuan Paper Industry Co., Ltd.
地址:重庆市万州区江南新区科技工业园
Add: Jiangnanxinqu Science & Technology Industrial Park, Wanzhou, Chongqing
邮编(P.C.):404020
电话(Tel):023-58529391
传真(Fax):023-58529581

安县造纸厂
Anxian Paper Mill
地址:四川省安县睢水镇
Add: Suishui, Anxian, Sichuan
邮编(P.C.):622656
电话(Tel):0816-4671342
传真(Fax):0816-4671287

● 卷烟纸 Cigarette paper

内蒙古河套木业有限责任公司
Inner Mongolia Hetao Muye Co., Ltd.
地址:内蒙古杭锦后旗陕坝镇工业路50号
Add: No. 50 Industrial Rd., Shanba, Hangjinhouqi, Inner Mongolia
邮编(P.C.):015400
电话(Tel):0478-6623458
传真(Fax):0478-6623705

牡丹江恒丰纸业股份有限公司
Mudanjiang Hengfeng Paper Industry Co., Ltd.
地址:黑龙江省牡丹江市阳明区造纸路11号
Add: No. 11 Zaozhi Rd., Yangming, Mudanjiang, Heilongjiang
邮编(P.C.):157013
电话(Tel):0453-6331111
传真(Fax):0453-6335566

杭州华丰纸业有限公司
Hangzhou Huafeng Paper Industry Co., Ltd.
地址:浙江省杭州市和睦路155号
Add: No. 155 Hemu Rd., Hangzhou, Zhejiang
邮编(P.C.):310011
电话(Tel):0571-88091424
传真(Fax):0571-88091536

民丰特种纸股份有限公司
Minfeng Specialty Paper Co., Ltd.
地址:浙江省嘉兴市甪里街70号
Add: No. 70 Luli St., Jiaxing, Zhejiang
邮编(P.C.):314001
电话(Tel):0573-2839051
传真(Fax):0573-2821135

井岗山纸业有限公司
Jinggangshan Paper Industry Co., Ltd.
地址:江西省井岗山市石市口
Add: Shishikou, Jinggangshan, Jiangxi
邮编(P.C.):343602
电话(Tel):0796-6610117
传真(Fax):0796-6610049

山东青岛造纸厂
Shandong Qingdao Paper Mill
地址:山东省青岛市四流南路245号
Add: No. 245 Siliunan Rd., Qingdao, Shandong
邮编(P.C.):266042
电话(Tel):0532-84851202
传真(Fax):0532-84850754

郑州密丰纸业有限责任公司
Zhengzhou Mifeng Paper Industry Co., Ltd.
地址:河南省新密市城西下庄河
Add: Xiazhuanghe, Xinmi, Henan
邮编(P.C.):452370
电话(Tel):0371-63102888
传真(Fax):0371-63102836

河南汇丰纸业有限责任公司
Henan Huifeng Paper Industry Co., Ltd.
地址:河南省周口市中州路北段758号
Add: No. 758, Beiduan, Zhongzhou Rd., Zhoukou, Henan
邮编(P.C.):466001
电话(Tel):0394-8593627
传真(Fax):0394-8583247

四川锦丰纸业有限公司
Sichuan Jinfeng Paper Industry Co., Ltd.
地址:四川省成都市温江区成都海峡两岸科技产业开发园
Add: Chengdu Haixialiangan Science & Technology Industrial Development Park, Wenjiang, Chengdu, Sichuan
邮编(P.C.):611137
电话(Tel):028-82630174
传真(Fax):028-82630174

红塔蓝鹰纸业有限公司
Hongta Blue Eagle Paper Industry Co., Ltd.
地址:云南省建水县南营寨
Add: Nanyingzhai, Jianshui, Yunnan
邮编(P.C.):654300
电话(Tel):0873-7652341
传真(Fax):0873-7652061

● 水松纸 Filter plug wrap paper

唐山市第一造纸厂
Tangshan No. 1 Paper Mill
地址:河北省唐山市路南区文化南北街88号
Add: No. 88 Wenhuananbei St., Lunan, Tangshan, Hebei
邮编(P.C.):063001
电话(Tel):0315-2861722
传真(Fax):0315-7063268

内蒙古河套木业有限责任公司
Inner Mongolia Hetao Muye Co., Ltd.
地址:内蒙古杭锦后旗陕坝镇工业路50号
Add: No. 50 Industrial Rd., Shanba, Hangjinhouqi, Inner Mongolia
邮编(P.C.):015400
电话(Tel):0478-6623458
传真(Fax):0478-6623705

牡丹江恒丰纸业股份有限公司
Mudanjiang Hengfeng Paper Industry Co., Ltd.
地址:黑龙江省牡丹江市阳明区造纸路11号
Add: No. 11 Zaozhi Rd., Yangming, Mudanjiang, Heilongjiang
邮编(P.C.):157013
电话(Tel):0453-6331111
传真(Fax):0453-6335566

高邮市卫星卷烟材料厂
Gaoyou Weixing Cigarette Material Mill
地址:江苏省高邮市武安路4号

Add: No. 4 Wuan Rd., Gaoyou, Jiangsu
邮编(P. C.):225600
电话(Tel):0514-4615888
传真(Fax):0514-4631158

浙江省孝丰纸业有限公司
Zhejiang Xiaofeng Paper Industry Co., Ltd.
地址:浙江省安吉县孝丰镇
Add: Xiaofeng, Anji, Zhejiang
邮编(P. C.):313301
电话(Tel):0572-5620031
传真(Fax):0572-5620506

富阳中富纸业有限公司
Fuyang Zhongfu Paper Industry Co., Ltd.
地址:浙江省富阳市场口镇桥头路5号
Add: No. 5 Qiaotou Rd., Changkou, Fuyang, Zhejiang
邮编(P. C.):311411
电话(Tel):0571-63573000
传真(Fax):0571-63573666

龙游塔恩纸业有限公司
Longyou Taen Paper Industry Co., Ltd.
地址:浙江省龙游县龙兰路151-A号
Add: No. 151-A Longlan Rd., Longyou, Zhejiang
邮编(P. C.):324400
电话(Tel):0570-7835064
传真(Fax):0570-7835211

浙江亚伦集团股份有限公司
Zhejiang Yalun Group Co., Ltd.
地址:浙江省龙游县龙兰路151号
Add: No. 151 Longlan Rd., Longyou, Zhejiang
邮编(P. C.):324400
电话(Tel):0570-7090018
传真(Fax):0570-7090009

安徽万邦高森造纸有限公司
Anhui Winbon Gaosen Paper Making Co., Ltd.
地址:安徽省安庆市怀宁县高河镇高埠路36号
Add: No. 36 Gaobu Rd., Gaohe, Huaining, Anqing, Anhui
邮编(P. C.):246121
电话(Tel):0556-4616041
传真(Fax):0556-4617888

晋江优兰发纸业有限公司
Jinjiang Youlanfa Paper Industrial Co., Ltd.
地址:福建省晋江市西滨农场工业区
Add: Xibin Nongchang Industrial Zone, Jinjiang, Fujian
邮编(P. C.):362200
电话(Tel):0595-85123879
传真(Fax):0595-85123889

厦门造纸有限公司
Xiamen Paper Making Co., Ltd.
地址:福建省厦门市厦禾路1228号
Add: No. 1228 Xiahe Rd., Xiamen, Fujian
邮编(P. C.):361004
电话(Tel):0592-5815778
传真(Fax):0592-5812487

青岛青德纸制品有限公司
Qingdao Qingde Paper Products Co., Ltd.
地址:山东省青岛市城阳区城北路6号
Add: No. 6 Chengbei Rd., Chengyang, Qingdao, Shandong
邮编(P. C.):266109
电话(Tel):0532-7861038
传真(Fax):0532-7861038

青州瑞化科技造纸有限公司
Qingzhou Ruihua Science & Technology Paper Making Co., Ltd.
地址:山东省青州市青州北路3号
Add: No. 3 Qingzhoubei Rd., Qingzhou, Shandong
邮编(P. C.):262500
电话(Tel):0536-3284933
传真(Fax):0536-3284363

山东荣皎纸业(集团)有限公司
Shandong Rongjiao Paper (Group) Co., Ltd.
地址:山东省荣成市南山南路50号
Add: No. 50 Nanshannan Rd., Rongcheng, Shandong
邮编(P. C.):264300
电话(Tel):0631-7572758
传真(Fax):0631-7571946

潍坊华港包装材料有限公司
Weifang Huagang Packing Materials Co., Ltd.
地址:山东省潍坊市奎文区宝通东街162号
Add: No. 162 Baotong East St., Kuiwen, Weifang, Shandong
邮编(P. C.):261041
电话(Tel):0536-8823918
传真(Fax):0536-8823919

章丘联丰特种纸业有限公司
Zhangqiu Lianfeng Specialty Paper Industry Co., Ltd.
地址:山东省章丘市华明大道17号
Add: No. 17 Huaming Rd., Zhangqiu, Shandong
邮编(P. C.):250200
电话(Tel):0531-83252658
传真(Fax):0531-83252658

郑州密丰纸业有限责任公司
Zhengzhou Mifeng Paper Industry Co., Ltd.
地址:河南省新密市城西下庄河
Add: Xiazhuanghe, Xinmi, Henan
邮编(P. C.):452370
电话(Tel):0371-63102888
传真(Fax):0371-63102836

安县造纸厂
Anxian Paper Mill
地址:四川省安县睢水镇
Add: Suishui, Anxian, Sichuan
邮编(P. C.):622656
电话(Tel):0816-4671342
传真(Fax):0816-4671287

四川锦丰纸业有限公司
Sichuan Jinfeng Paper Industry Co., Ltd.
地址:四川省成都市温江区成都海峡两岸科技产业开发园
Add: Chengdu Haixialiangan Science & Technology Industrial Development Park, Wenjiang, Chengdu, Sichuan
邮编(P. C.):611137
电话(Tel):028-82630174
传真(Fax):028-82630174

红塔蓝鹰纸业有限公司
Hongta Blue Eagle Paper Industry Co., Ltd.
地址:云南省建水县南营寨
Add: Nanyingzhai, Jianshui, Yunnan
邮编(P. C.):654300
电话(Tel):0873-7652341
传真(Fax):0873-7652061

云南玉溪水松纸厂
Yunnan Yuxi Filter Plug Wrap Paper Mill
地址:云南省玉溪市红塔区大营街工业区
Add: Daying St., Industrial Zone, Hongta, Yuxi, Yunnan
邮编(P. C.):653103
电话(Tel):0877-2771902
传真(Fax):0877-2771528

● 防油纸、食品包装纸 Greaseproof paper, food-wrapping paper

天津市第九人民造纸厂

Tianjin Ninth People Paper Mill
地址:天津市河北区调纬路五马路23号
Add: No. 23 Wuma Rd., Tiaowei Rd., Hebei, Tianjin
邮编(P.C.):300142
电话(Tel):022-26353481
传真(Fax):022-26353481

长谊特种纸(上海)有限公司
Changyi Specialty Paper (Shanghai) Co., Ltd.
地址:上海市宝山城市工业园区丰翔路1369号
Add: No. 1369 Fengxiang Rd., Baoshan Chengshi Industrial Park, Shanghai
邮编(P.C.):200436
电话(Tel):021-62113737
传真(Fax):021-62113232

江苏新大纸业有限公司
Jiangsu Xinda Paper Industry Co., Ltd.
地址:江苏省新沂市新华路4号
Add: No. 4 Xinhua Rd., Xinyi, Jiangsu
邮编(P.C.):221400
电话(Tel):0516-8923898
传真(Fax):0516-8924247

浙江省孝丰纸业有限公司
Zhejiang Xiaofeng Paper Industry Co., Ltd.
地址:浙江省安吉县孝丰镇
Add: Xiaofeng, Anji, Zhejiang
邮编(P.C.):313301
电话(Tel):0572-5620031
传真(Fax):0572-5620506

富阳中富纸业有限公司
Fuyang Zhongfu Paper Industry Co., Ltd.
地址:浙江省富阳市场口镇桥头路5号
Add: No. 5 Qiaotou Rd., Changkou, Fuyang, Zhejiang
邮编(P.C.):311411
电话(Tel):0571-63573000
传真(Fax):0571-63573666

厦门造纸有限公司
Xiamen Paper Making Co., Ltd.
地址:福建省厦门市厦禾路1228号
Add: No. 1228 Xiahe Rd., Xiamen, Fujian
邮编(P.C.):361004
电话(Tel):0592-5815778
传真(Fax):0592-5812487

井岗山纸业有限公司
Jinggangshan Paper Industry Co., Ltd.
地址:江西省井岗山市石市口
Add: Shishikou, Jinggangshan, Jiangxi
邮编(P.C.):343602
电话(Tel):0796-6610117
传真(Fax):0796-6610049

山东泉林纸业有限责任公司
Shandong Tralin Paper Co., Ltd.
地址:山东省高唐县官道街北首26号
Add: No. 26 Guandao St., Gaotang, Shandong
邮编(P.C.):252800
电话(Tel):0635-3961501
传真(Fax):0635-3961597

烟台银海纸业有限公司
Yantai Yinhai Paper Industry Co., Ltd.
地址:山东省莱阳市丹崖路北
Add: Danya Rd., Laiyang, Shandong
邮编(P.C.):265202
电话(Tel):0535-7318208
传真(Fax):0535-7327266

山东万豪纸业集团股份有限公司
Shandong Wanhao Paper Industry Group Co., Ltd.
地址:山东省临朐工业街32号
Add: No. 32 Gongye St., Linqu, Shandong
邮编(P.C.):262600
电话(Tel):0536-3163364
传真(Fax):0536-3165340

青州瑞化科技造纸有限公司
Qingzhou Ruihua Science & Technology Paper Making Co., Ltd.
地址:山东省青州市青州北路3号
Add: No. 3 Qingzhoubei Rd., Qingzhou, Shandong
邮编(P.C.):262500
电话(Tel):0536-3284933
传真(Fax):0536-3284363

章丘联丰特种纸业有限公司
Zhangqiu Lianfeng Specialty Paper Industry Co., Ltd.
地址:山东省章丘市华明大道17号
Add: No. 17 Huaming Rd., Zhangqiu, Shandong
邮编(P.C.):250200
电话(Tel):0531-83252658
传真(Fax):0531-83252658

山东诸城新星纸业有限公司
Shandong Zhucheng New Star Paper Industry Co., Ltd.
地址:山东省诸城市北郊五里堡
Add: Beijiao Wulipu, Zhucheng, Shandong
邮编(P.C.):262200
电话(Tel):0536-6063492
传真(Fax):0536-6062721

桂林奇峰纸业有限公司
Guilin Qifeng Paper Industry Co., Ltd.
地址:广西桂林市奇峰路9号
Add: No. 9 Qifeng Rd., Guilin, Guangxi
邮编(P.C.):541003
电话(Tel):0773-3603693
传真(Fax):0773-3605388

● 育果袋纸 Fruit cultivating bag paper

唐山市第一造纸厂
Tangshan No. 1 Paper Mill
地址:河北省唐山市路南区文化南北街88号
Add: No. 88 Wenhuananbei St., Lunan, Tangshan, Hebei
邮编(P.C.):063001
电话(Tel):0315-2861722
传真(Fax):0315-7063268

内蒙古森工集团富伦纸业有限责任公司
Inner Mongolia Sengong Group Fulun Paper Industry Co., Ltd.
地址:内蒙古扎兰屯市纸浆街33号
Add: No. 33 Pulp & Paper St., Zhalantun, Inner Mongolia
邮编(P.C.):162650
电话(Tel):0470-3302442
传真(Fax):0470-3303820

德胜纸业有限责任公司
Desheng Paper Industry Co., Ltd.
地址:内蒙古扎兰屯市纸浆街33号
Add: No. 33 Pulp & Paper St., Zhalantun, Inner Mongolia
邮编(P.C.):162650
电话(Tel):0470-3307736
传真(Fax):0470-3307736

江苏新大纸业有限公司
Jiangsu Xinda Paper Industry Co., Ltd.
地址:江苏省新沂市新华路4号
Add: No. 4 Xinhua Rd., Xinyi, Jiangsu
邮编(P.C.):221400
电话(Tel):0516-8923898
传真(Fax):0516-8924247

镇江大东纸业有限公司
Zhenjiang Dadong Paper Industry Co., Ltd.
地址:江苏省镇江市东吴路61号
Add: No. 61 Dongwu Rd., Zhenjiang, Jiangsu
邮编(P. C.):212001
电话(Tel):0511-8820202
传真(Fax):0511-8820201

福建省青山纸业股份有限公司
Fujian Qingshan Paper Industry Co., Ltd.
地址:福建省三明市沙县青州镇
Add: Qingzhou, Shaxian, Sanming, Fujian
邮编(P. C.):365506
电话(Tel):0598-5658989
传真(Fax):0598-5658789

烟台银海纸业有限公司
Yantai Yinhai Paper Industry Co., Ltd.
地址:山东省莱阳市丹崖路北
Add: Danya Rd., Laiyang, Shandong
邮编(P. C.):265202
电话(Tel):0535-7318208
传真(Fax):0535-7327266

山东万豪纸业集团股份有限公司
Shandong Wanhao Paper Industry Group Co., Ltd.
地址:山东省临朐工业街32号
Add: No. 32 Gongye St., Linqu, Shandong
邮编(P. C.):262600
电话(Tel):0536-3163364
传真(Fax):0536-3165340

龙口市诸由纸板厂
Longkou Zhuyou Paper Board Mill
地址:山东省龙口市诸由观镇
Add: Zhuyouguan, Longkou, Shandong
邮编(P. C.):265705
电话(Tel):0535-8562088
传真(Fax):0535-8562189

青岛天富莱集团股份有限公司
Qingdao Tianfulai Group Co., Ltd.
地址:山东省青岛莱西市青烟路6号
Add: No. 6 Qingyan Rd., Laixi, Qingdao, Shandong
邮编(P. C.):266600
电话(Tel):0532-88426868
传真(Fax):0532-88426816

章丘联丰特种纸业有限公司
Zhangqiu Lianfeng Specialty Paper Industry Co., Ltd.
地址:山东省章丘市华明大道17号
Add: No. 17 Huaming Rd., Zhangqiu, Shandong
邮编(P. C.):250200
电话(Tel):0531-83252658
传真(Fax):0531-83252658

河南省安阳市特种纸业有限责任公司
Henan Anyang Specialty Paper Industry Co., Ltd.
地址:河南省安阳市铁西路南段125号
Add: No. 125, Nanduan, Tiexi Rd., Anyang, Henan
邮编(P. C.):455000
电话(Tel):0372-3932007
传真(Fax):0372-3932007

桂林奇峰纸业有限公司
Guilin Qifeng Paper Industry Co., Ltd.
地址:广西桂林市奇峰路9号
Add: No. 9 Qifeng Rd., Guilin, Guangxi
邮编(P. C.):541003
电话(Tel):0773-3603693
传真(Fax):0773-3605388

西安银泉纸业有限公司
Xi´an Yinquan Paper Industry Co., Ltd.
地址:陕西省户县余下镇
Add: Yuxia, Huxian, Shaanxi
邮编(P. C.):710302
电话(Tel):029-84968836

陕西圣龙纸业有限责任公司
Shaanxi Shenglong Paper Industry Co., Ltd.
地址:陕西省岐山县龚刘工业园区
Add: Gongliu Industrial Park, Qishan, Shaanxi
邮编(P. C.):722405
电话(Tel):0917-8580887
传真(Fax):0917-8580884

中国年生产能力
10 万吨以上造纸企业
LIST OF PULP AND PAPER MILLS WITH CAPACITY OVER 100000TPY IN CHINA

[9]

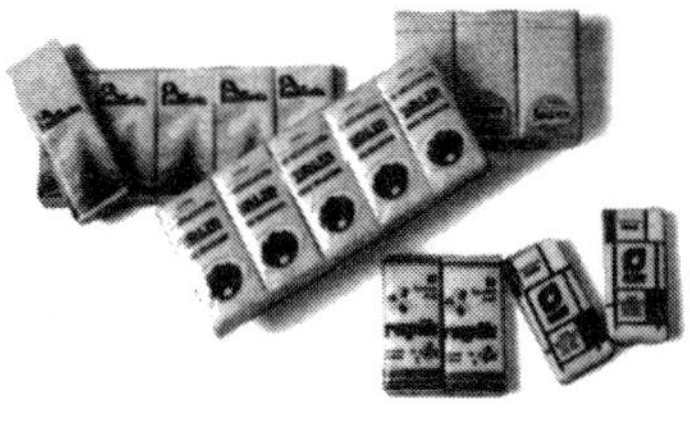

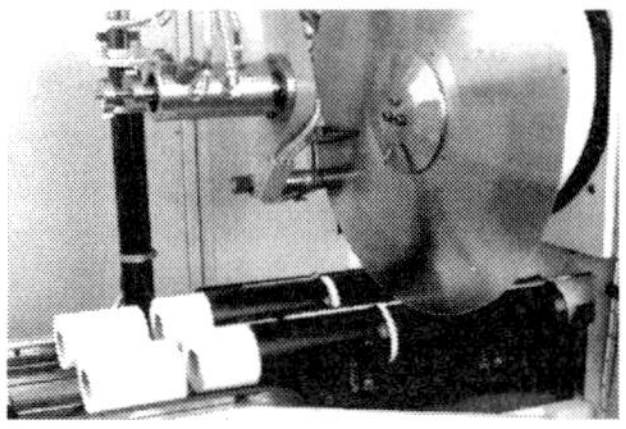

中国年生产能力10万吨以上造纸企业
List of pulp and paper mills with capacity over 100000 tpy in China

天津市大港永兴福利造纸厂
Tianjin Dagang Yongxing Fuli Paper Mill
地址:天津市大港区太平镇郭庄子工业区
Add: Guozhuangzi Industrial Zone, Taiping, Dagang, Tianjin
邮编(P. C.):300282
电话(Tel):022-63155134
传真(Fax):022-63155136
E-mail: info@tjyxpaper.com
Http://www.tjyxpaper.com
法人代表(Chairman):左家顺(Zuo Jiashun)
总经理(General Manager):左家顺(Zuo Jiashun)
产品(Products):牛皮卡纸,牛皮箱纸板,瓦楞原纸
生产能力(Capacity)(10000t/a):12(纸 paper)

保定三联纸业有限公司
Baoding Sanlian Paper Industry Co., Ltd.
地址:河北省保定市西外环路南段
Add: Nanduan, Xiwaihuan Rd., Baoding, Hebei
邮编(P. C.):071000
电话(Tel):0312-3239070
传真(Fax):0312-3250899
E-mail: slzy@bdslzy.com
Http://www.bdslzy.com
法人代表(Chairman):张东海(Zhang Donghai)
总经理(General Manager):张东海(Zhang Donghai)
产品(Products):牛皮箱纸板,瓦楞原纸,涂布白纸板
生产能力(Capacity)(10000t/a):13(纸 paper)

承德兴业造纸有限公司
Chengde Xingye Paper Making Co., Ltd.
地址:河北省承德市承德县下板城镇
Add: Xiabancheng, Chengde, Chengde, Hebei
邮编(P. C.):067400
电话(Tel):0314-3115163
传真(Fax):0314-3115180
法人代表(Chairman):王淑贤(Wang Shuxian)
总经理(General Manager):石百年(Shi Bainian)
产品(Products):牛皮箱纸板,牛皮纸,瓦楞原纸,白纸板,涂布白纸板,新闻纸,文化用纸
生产能力(Capacity)(10000t/a):60(纸 paper)

衡水金光纸业有限公司
Hengshui Jinguang Paper Industry Co., Ltd.
地址:河北省衡水市建设大街272号
Add: No. 272 Jianshe St., Hengshui, Hebei
邮编(P. C.):053000
电话(Tel):0318-2124146
传真(Fax):0318-2124146
法人代表(Chairman):白建堂(Bai Jiantang)
产品(Products):胶印书刊纸,瓦楞原纸,书写纸
生产能力(Capacity)(10000t/a):11(纸 paper)

河北永新纸业有限公司
Hebei Yongxin Paper Industry Co., Ltd.
地址:河北省唐山市滦南县城关西马路88号
Add: No. 88 Chengguanxi Rd., Luannan, Tangshan, Hebei
邮编(P. C.):063500
电话(Tel):0315-4123124
传真(Fax):0315-4124657
法人代表(Chairman):金国明(Jin Guoming)
总经理(General Manager):吴三罗(Wu Sanluo)
产品(Products):牛皮箱纸板,高强瓦楞原纸,涂布白纸板
生产能力(Capacity)(10000t/a):25(纸 paper)

金城造纸(集团)有限责任公司
Jincheng Paper (Group) Co., Ltd.
地址:辽宁省凌海市金城街
Add: Jincheng St., Linghai, Liaoning
邮编(P. C.):121203
电话(Tel):0416-2735013
传真(Fax):0416-2735004
E-mail: webmaster@jinchengpaper.com.cn
Http://www.jinchengpaper.com
法人代表(Chairman):柏丹(Bai Dan)
总经理(General Manager):杜恩义(Du Enyi)
产品(Products):胶印书刊纸,胶版印刷纸,白纸板,卫生纸,书写纸
生产能力(Capacity)(10000t/a):30(纸 paper)

延边石岘白麓纸业股份有限公司
Yanbian Shixian Bailu Paper Industry Co., Ltd.
地址:吉林省图们市石岘镇
Add: Shixian, Tumen, Jilin
邮编(P. C.):133101
电话(Tel):0433-3868139
传真(Fax):0433-3868254
E-mail: tmsxxyp@21cn.com
Http://www.ybsxblzy.8u8.com
法人代表(Chairman):南顺姬(Nan Shunji)
总经理(General Manager):冯玉明(Feng Yuming)
产品(Products):新闻纸,胶版印刷纸,卫生纸,复印纸,亚硫酸盐木浆
生产能力(Capacity)(10000t/a):39(纸 paper)

佳木斯金地造纸股份有限公司
Jiamusi Jindi Paper Co., Ltd.
地址:黑龙江省佳木斯市光复路306号
Add: No. 306 Guangfu Rd., Jiamusi, Heilongjiang
邮编(P. C.):154005
电话(Tel):0454-8375207
传真(Fax):0454-8391825
E-mail: jzgfgs@mail.hl.cn
Http://www.jmszzgs.sme.cn
法人代表(Chairman):帅建伦(Shuai Jianlun)
总经理(General Manager):付平(Fu Ping)
产品(Products):纸袋纸,电缆纸,浸渍绝缘纸,防水牛皮纸,防锈原纸,电池基纸,盲文纸,商品浆,装饰板底层纸,弹药桶纸,砂纸原纸

生产能力(Capacity)(10000t/a):15(纸 paper)

大宇制纸股份有限公司
Daewoo Paper MFG. Co., Ltd.
地址:黑龙江省牡丹江市阳明区光华街8号
Add: No. 8 Guanghua St., Yangming, Mudanjiang, Heilongjiang
邮编(P. C.):157013
电话(Tel):0453-6325718
传真(Fax):0453-6333577
E-mail: postmaster@daewoopaper.com
Http://www.daewoopaper.com
法人代表(Chairman):金起爽(Jin Qishi)
产品(Products):美术铜版纸,胶版纸
生产能力(Capacity)(10000t/a):15(纸 paper)

黑龙江斯达造纸有限公司
Heilongjiang Sida Paper Making Co., Ltd.
地址:黑龙江省齐齐哈尔市富裕县
Add: Fuyu, Qiqihar, Heilongjiang
邮编(P. C.):161202
电话(Tel):0452-3108892
传真(Fax):0452-3100149
E-mail: hsdxs@public.hr.hl.cn
法人代表(Chairman):董鹰(Dong Ying)
总经理(General Manager):董鹰(Dong Ying)
产品(Products):精制牛皮纸,胶带原纸,不干胶底纸,复合原纸
生产能力(Capacity)(10000t/a):10(纸 paper)

黑龙江黑龙股份有限公司
Heilongjiang Heilong Co., Ltd.
地址:黑龙江省齐齐哈尔市龙沙区新立街长青路27号
Add: No. 27 Changqing Rd., Xinli St., Longsha, Qiqihar, Heilongjiang
邮编(P. C.):161005
电话(Tel):0452-2816277
传真(Fax):0452-2812615
法人代表(Chairman):张伟东(Zhang Weidong)
总经理(General Manager):霍军(Huo Jun)
产品(Products):低定量胶印新闻纸
生产能力(Capacity)(10000t/a):25(纸 paper)

上海泛亚潜力纸业有限公司
Shanghai Faya Potential Paper Industry Co., Ltd.
地址:上海市宝山区蕴川路以西盛桥工业小区内
Add: Shengqiao Gongye Xiaoqu, Yunchuan Rd., Baoshan, Shanghai
邮编(P. C.):200942
电话(Tel):021-56649708
传真(Fax):021-56646488
E-mail: shpmenk@online.sh.cn
Http://www.sppshanghai.com
总经理(General Manager):徐俊吉(Xu Junji)
产品(Products):彩色胶印新闻纸
生产能力(Capacity)(10000t/a):14(纸 paper)

上海新奉源纸业有限公司
Shanghai Xinfengyuan Paper Industry Co., Ltd.
地址:上海市浦东星火开发区莲塘路251号
Add: No. 251 Liantang Rd., Xinghuo Development Zone, Pudong, Shanghai
邮编(P. C.):201419
电话(Tel):021-57502911
传真(Fax):021-57502844
E-mail: webmaster@xinlun.com.cn
Http://www.xinlun.com.cn
法人代表(Chairman):黄志源(Huang Zhiyuan)
总经理(General Manager):陈春福(Chen Chunfu)
产品(Products):涂布白纸板,白卡纸,烟卡纸,电子载体板,灰底白纸板,彩色服饰纸,礼品包装纸
生产能力(Capacity)(10000t/a):12.5(纸 paper)

上海开伦造纸(集团)有限公司
Shanghai Kailun Paper (Group) Co., Ltd.
地址:上海市武夷路477号
Add: No. 477 Wuyi Rd., Shanghai
邮编(P. C.):200050
电话(Tel):021-62104040
传真(Fax):021-62401113
法人代表(Chairman):毛来(Mao Lai)
总经理(General Manager):毛来(Mao Lai)
产品(Products):牛皮箱纸板,涂布白纸板,复印纸,铜版纸,白卡纸
生产能力(Capacity)(10000t/a):17(纸 paper)

芬欧汇川(常熟)纸业有限公司
UPM-Kymmene (Changshu) Paper Industry Co., Ltd.
地址:江苏省常熟市新港镇
Add: Xingang, Changshu, Jiangsu
邮编(P. C.):215536
电话(Tel):0512-52651818
传真(Fax):0512-52652173
Http://www.upm-kymmene.com.cn
产品(Products):新闻纸,静电复印纸,胶版纸,传真纸,雅光纸
生产能力(Capacity)(10000t/a):80(纸 paper)

江苏旺达纸业有限公司
Jiangsu Wangda Paper Industry Co., Ltd.
地址:江苏省常州市高新区黄河西路旺达工业园
Add: Wangda Industrial Park, Huanghexi Rd., Gaoxinqu, Changzhou, Jiangsu
邮编(P. C.):213022
电话(Tel):0519-5066888
传真(Fax):0519-5066989
产品(Products):牛皮箱纸板
生产能力(Capacity)(10000t/a):17(纸 paper)

江阴长江纸业有限公司
Jiangyin Changjiang Paper Industry Co., Ltd.
地址:江苏省江阴市南外环路658号
Add: No. 658 Nanwaihuan Rd., Jiangyin, Jiangsu
邮编(P. C.):214433
电话(Tel):0510-6118222
传真(Fax):0510-6111319
产品(Products):牛皮箱纸板,白纸板
生产能力(Capacity)(10000t/a):15(纸 paper)

金华盛纸业(苏州工业园区)有限公司
Gold Huasheng Paper (Suzhou Industrial Park Zone) Co., Ltd.

地址:江苏省苏州工业园区胜浦分区金胜路2号
Add: No. 2 Jinsheng Rd., Shengpu, Suzhou Industrial Park, Suzhou, Jiangsu
邮编(P. C.):215126
电话(Tel):0512-62836666
传真(Fax):0512-62815491
E-mail: webmaster@goldhs.com.cn
Http://www.goldhs.com.cn
法人代表(Chairman):黄志源(Huang Zhiyuan)
总经理(General Manager):罗聪良(Luo Congliang)
产品(Products):无碳复写纸,胶版印刷纸,静电复印纸,收银纸卷,压感打印纸,信用签账卡纸,电脑打印纸,商业传票,铜版纸
生产能力(Capacity)(10000t/a):45(纸 paper)

金红叶纸业(苏州工业园区)有限公司
Gold Hongye Paper Industry (Suzhou Industrial Park) Co., Ltd.
地址:江苏省苏州市工业园区胜浦分区金胜路1号
Add: No. 1 Jinsheng Rd., Shengpu, Suzhou Industrial Park, Jiangsu
邮编(P. C.):215126
电话(Tel):0512-62832952
传真(Fax):0512-62822101
E-mail: customer_service@ghy.com.cn
Http://www.ghy.com.cn
法人代表(Chairman):黄志源(Huang Zhiyuan)
总经理(General Manager):罗聪良(Luo Congliang)
产品(Products):生活用纸
生产能力(Capacity)(10000t/a):12(纸 paper)

苏州紫兴纸业有限公司
Stora Enso Suzhou Paper Co., Ltd.
地址:江苏省苏州市新区滨河路159号
Add: No. 159 Binhe Rd., Xinqu, Suzhou, Jiangsu
邮编(P. C.):215011
电话(Tel):0512-68251060
传真(Fax):0512-68251711
E-mail: papyrus@publicl.sz.js.cn
总经理(General Manager):康友凯(Kang Youkai)
产品(Products):高档铜版纸
生产能力(Capacity)(10000t/a):17(纸 paper)

无锡荣成纸业有限公司
Wuxi Rongcheng Paper Industry Co., Ltd.
地址:江苏省无锡市洛社镇中兴西路43号
Add: No. 43 Zhongxingxi Rd., Luoshe, Wuxi, Jiangsu
邮编(P. C.):214187
电话(Tel):0510-3316666
传真(Fax):0510-3311826
总经理(General Manager):郑瑛彬(Zheng Yingbin)
产品(Products):牛皮箱纸板,瓦楞原纸
生产能力(Capacity)(10000t/a):30(纸 paper)

张家港市华兴纸业有限公司
Zhangjiagang Huaxing Paper Industry Co., Ltd.
地址:江苏省张家港市锦丰镇工业集中区东区
Add: East Zone, Jinfeng Industrial Zone, Zhangjiagang, Jiangsu
邮编(P. C.):215625
电话(Tel):0512-58951518
传真(Fax):0512-58951555
法人代表(Chairman):仁兴(Ren Xing)
总经理(General Manager):沈滨(Shen Bin)
产品(Products):牛皮箱纸板,高强瓦楞纸
生产能力(Capacity)(10000t/a):10(纸 paper)

金东纸业(江苏)有限公司
Gold East Paper Industry (Jiangsu) Co., Ltd.
地址:江苏省镇江市大港兴港东路8号
Add: No. 8 Xinggangdong Rd., Dagang, Zhenjiang, Jiangsu
邮编(P. C.):212132
电话(Tel):0511-8998888
传真(Fax):0511-8997000
E-mail: service@goldeastpaper.com.cn
Http://www.goldeastpaper.com.cn
法人代表(Chairman):黄志源(Huang Zhiyuan)
总经理(General Manager):吴省芳(Wu Xingfang)
产品(Products):铜版纸
生产能力(Capacity)(10000t/a):110(纸 paper)

镇江大东纸业有限公司
Zhenjiang Dadong Paper Industry Co., Ltd.
地址:江苏省镇江市东吴路61号
Add: No. 61 Dongwu Rd., Zhenjiang, Jiangsu
邮编(P. C.):212001
电话(Tel):0511-8820202
传真(Fax):0511-8820201
Http://www.app-dadong.com
法人代表(Chairman):黄亦方(Huang Yifang)
产品(Products):铜版纸,静电复印纸,胶版印刷纸,白牛皮纸(包装食品),黄牛皮纸,纸杯纸,餐盒纸板,液体包装纸及原纸,防伪税票纸,育果袋纸,邮封纸,铝箔衬纸,医用防粘原纸,打字纸,牛皮纸,淋膜纸
生产能力(Capacity)(10000t/a):10(纸 paper)

浙江永泰纸业集团股份有限公司
Zhejiang Yongtai Paper (Group) Industry Co., Ltd.
地址:浙江省富阳市春江街道新建村
Add: Xinjian, Chunjiang, Fuyang, Zhejiang
邮编(P. C.):311421
电话(Tel):0571-63583055
传真(Fax):0571-63583288
E-mail: yttrans@fy.hz.zj.cn
Http://www.zjytpaper.net
法人代表(Chairman):孙柏贵(Sun Baigui)
产品(Products):灰底白纸板,白底白纸板,白卡纸,扑克牌纸及各系列防伪纸,涂布牛皮卡纸
生产能力(Capacity)(10000t/a):20(纸 paper)

杭州板桥纸业有限公司
Hangzhou Banqiao Paper Industry Co., Ltd.
地址:浙江省富阳市富阳春江街道八一村
Add: Bayi, Chunjiang, Fuyang, Zhejiang
邮编(P. C.):311421
电话(Tel):0571-63583125
传真(Fax):0571-63583125
产品(Products):白纸板
生产能力(Capacity)(10000t/a):10(纸 paper)

浙江大华包装集团有限公司
Zhejiang Dahua Package Co., Ltd.

地址:浙江省嘉兴市余新镇
Add: Yuxin, Jiaxing, Zhejiang
邮编(P. C.):314009
电话(Tel):0573 - 3167164
传真(Fax):0573 - 3166213
E-mail: master@ dahuagrp. com
Http://www. dahuagrp. com
产品(Products):瓦楞纸,箱纸板
生产能力(Capacity)(10000t/a):20(纸 paper)

宁波中华纸业有限公司
Ningbo Zhonghua Paper Industry Co., Ltd.
地址:浙江省宁波市海曙区段塘镇丁家街108号
Add:No. 108 Dingjia St., Duantang, Haishu, Ningbo, Zhejiang
邮编(P. C.):315012
电话(Tel):0574 - 87464811
传真(Fax):0574 - 87467535
E-mail: sales@ mail. zhonghua - paper. com
Http://www. zhonghua - paper. com
法人代表(Chairman):黄志源(Huang Zhiyuan)
总经理(General Manager):陈春福(Chen Chunfu)
产品(Products):涂布白纸板,饮料包装白卡,高级艺术卡纸及瓦楞纸箱原纸,涂布铜版卡纸
生产能力(Capacity)(10000t/a):135(纸 paper)

宁波牡牛纸业有限公司
Ningbo Muniu Paper Industry Co., Ltd.
地址:浙江省宁波市鄞州区姜山镇周韩村
Add: Zhouhan, Jiangshan, Yinzhou, Ningbo, Zhejiang
邮编(P. C.):315195
电话(T7el):0574 - 88464811
传真(Fax):0574 - 88463725
E-mail: muniu@ pack. net. cn
Http://www. muniupaper. net
法人代表(Chairman):何祥富(He Xiangfu)
总经理(General Manager):何祥富(He Xiangfu)
产品(Products):涂布白纸板,牛皮箱纸板,挂面箱纸板,瓦楞原纸,引线纱纸
生产能力(Capacity)(10000t/a):11(纸 paper)

浙江景兴纸业股份有限公司
Zhejiang Jingxing Paper Industry Co., Ltd.
地址:浙江省平湖市曹桥镇
Add: Caoqiao, Pinghu, Zhejiang
邮编(P. C.):314214
电话(Tel):0573 - 5960666
传真(Fax):0573 - 5966983
法人代表(Chairman):朱在龙(Zhu Zailong)
总经理(General Manager):朱在龙(Zhu Zailong)
产品(Products):牛皮箱纸板,高强度瓦楞纸,白牛皮卡纸,油封纸,白卡纸,烟卡纸,电子载体板,灰底白纸板和彩色服饰纸,礼品包装纸
生产能力(Capacity)(10000t/a):32(纸 paper)

浙江荣晟纸业股份有限公司
Zhejiang Rongsheng Paper Industry Co., Ltd.
地址:浙江省平湖市经济开发区
Add: Economy Development Zone, Pinghu, Zhejiang
邮编(P. C.):314213
电话(Tel):0573 - 5987378
传真(Fax):0573 - 5988880
Http://www. rszy. com
法人代表(Chairman):钟强(Zhong Qiang)
总经理(General Manager):冯荣华(Feng Ronghua)
产品(Products):牛皮箱纸板,瓦楞纸
生产能力(Capacity)(10000t/a):10(纸 paper)

浙江天听纸业有限公司
Zhejiang Tianting Paper Industry Co., Ltd.
地址:浙江省浦阳县班班大道1号
Add: No. 1 Banbandadao Rd., Puyang, Zhejiang
邮编(P. C.):322200
电话(Tel):0579 - 4200208
传真(Fax):0579 - 4200248
E-mail: ctp@ ctpctp. com
Http://www. ctpctp. com
法人代表(Chairman):赵剑雄(Zhao Jianxiong)
总经理(General Manager):赵剑雄(Zhao Jianxiong)
产品(Products):涂布白纸板,白卡纸,牛皮箱纸板
生产能力(Capacity)(10000t/a):12(纸 paper)

浙江华川实业集团有限公司
Zhejiang Huachuan Industrial Group Co., Ltd.
地址:浙江省义乌市赤岸镇华川南路72号
Add: No. 72 Huachuannan Rd., Chian, Yiwu, Zhejiang
邮编(P. C.):322003
电话(Tel):0579 - 5777377
传真(Fax):0579 - 5775032
E-mail: hc@ huachuangroup. com. cn
Http://www. huachuangroup. com
法人代表(Chairman):冯潮兴(Feng Chaoxing)
总经理(General Manager):冯泽琪(Feng Zeqi)
产品(Products):牛皮箱纸板,牛皮纸,高强瓦楞原纸,铝箔衬纸,白色不干胶衬纸,半透明玻璃纸
生产能力(Capacity)(10000t/a):20(纸 paper)

合肥金钟纸业股份有限公司
Hefei Jinzhong Paper Industry Co., Ltd.
地址:安徽省合肥市大兴镇钟油坊路1号
Add: No. 1 Zhongyoufang Rd., Daxing, Hefei, Anhui
邮编(P. C.):230011
电话(Tel):0551 - 4532152
传真(Fax):0551 - 4532820
产品(Products):瓦楞原纸,牛皮箱纸板
生产能力(Capacity)(10000t/a):10(纸 paper)

安徽山鹰纸业股份有限公司
Anhui Shanying Paper Industry Co., Ltd.
地址:安徽省马鞍山市勤俭路3号
Add: No. 3 Qinjian Rd., Maanshan, Anhui
邮编(P. C.):243021
电话(Tel):0555 - 2810455
传真(Fax):0555 - 2817277
Http://www. shanyingpaper. com
法人代表(Chairman):王德贤(Wang Dexian)
总经理(General Manager):汤涌泉(Tang Yongquan)
产品(Products):牛皮箱纸板,牛皮卡纸,牛皮纸,挂面箱纸板,高强瓦楞原纸,纱管纸
生产能力(Capacity)(10000t/a):45(纸 paper)

安徽东方纸业有限公司

Anhui Dongfang Paper Industry Co., Ltd.
地址:安徽省芜湖市褐山路101号
Add: No.101 Heshan Rd., Wuhu, Anhui
邮编(P.C.):241009
电话(Tel):0553-5801199
传真(Fax):0553-5801830
E-mail: master@orient-paper.com
Http://www.orient-paper.com
法人代表(Chairman):杨美起(Yang Meiqi)
产品(Products):牛皮箱纸板,黄纸板,瓦楞原纸
生产能力(Capacity)(10000t/a):11(纸 paper)

晋江优兰发纸业有限公司
Jinjiang Youlanfa Paper Industrial Co., Ltd.
地址:福建省晋江市西滨农场工业区
Add: Xibin Nongchang Industrial Zone, Jinjiang, Fujian
邮编(P.C.):362200
电话(Tel):0595-85123879
传真(Fax):0595-85123889
产品(Products):静电复印纸,水松纸
生产能力(Capacity)(10000t/a):10(纸 paper)

福建省南纸股份有限公司
Fujian Nanzhi Paper Co., Ltd.
地址:福建省南平市滨江北路177号
Add: No.177 Binjiangbei Rd., Nanping, Fujian
邮编(P.C.):353000
电话(Tel):0599-8808888
传真(Fax):0599-8801551
E-mail: webmaster@nanping-paper.com
Http://www.nanping-paper.com
法人代表(Chairman):黄国英(Huang Guoying)
总经理(General Manager):陈守勤(Chen Shouqin)
产品(Products):胶印新闻纸,本色硫酸盐商品木浆,人纤浆粕
生产能力(Capacity)(10000t/a):30(纸 paper)

福建省青山纸业股份有限公司
Fujian Qingshan Paper Industry Co., Ltd.
地址:福建省三明市沙县青州镇
Add: Qingzhou, Shaxian, Sanming, Fujian
邮编(P.C.):365506
电话(Tel):0598-5658989
传真(Fax):0598-5658789
E-mail: sale@qspaper.com
Http://www.qingshan.com.cn
法人代表(Chairman):刘天金(Liu Tianjin)
总经理(General Manager):吴冰文(Wu Bingwen)
产品(Products):纸袋纸,牛皮卡纸,牛皮箱纸板,本色硫酸盐针叶木浆,牛皮纸,防锈原纸,水砂原纸,胶带原纸,育果袋纸
生产能力(Capacity)(10000t/a):40(纸 paper)

山东华源蓝天纸业有限公司
Shandong Huayuan Lantian Paper Industry Co., Ltd.
地址:山东省安丘市兴安路2号
Add: No.2 Xingan Rd., Anqiu, Shandong
邮编(P.C.):262100
电话(Tel):0536-4221954
传真(Fax):0536-4212920
E-mail: info@lantianpaper.com
Http://www.lantianpaper.com
法人代表(Chairman):潘炳孝(Pan Bingxiao)
总经理(General Manager):韩子军(Han Zijun)
产品(Products):铜版纸,胶版印刷纸,低定量涂布纸,书写纸
生产能力(Capacity)(10000t/a):10(纸 paper)

山东滨州黄河纸业集团有限公司
Shandong Binzhou Yellow River Paper Industry Group Co., Ltd.
地址:山东省滨州市黄河六路579号
Add: No.579 Huangheliu Rd., Binzhou, Shandong
邮编(P.C.):256611
电话(Tel):0543-3372215
传真(Fax):0543-3371522
E-mail: bz116@public.bzptt.sd.cn
Http://www.hhzy.8u8.com
法人代表(Chairman):刘中华(Liu Zhonghua)
总经理(General Manager):刘中华(Liu Zhonghua)
产品(Products):胶版印刷纸,书写纸,胶印书刊纸,有光纸,涂布白纸板,瓦楞原纸,涂布商标纸,拷贝纸,牛皮箱纸板
生产能力(Capacity)(10000t/a):12(纸 paper)

山东华泰纸业股份有限公司
Shandong Huatai Paper Industry Co., Ltd.
地址:山东省东营市广饶县华泰工业园
Add: Huatai Industrial Park, Guangrao, Dongying, Shandong
邮编(P.C.):257335
电话(Tel):0546-6888219
传真(Fax):0546-6888018
E-mail: htltd@huatai.com
Http://www.huatai.com
法人代表(Chairman):李建华(Li Jianhua)
总经理(General Manager):朱万亮(Zhu Wanliang)
产品(Products):新闻纸,胶版印刷纸,铜版纸,涂布白纸板,书写纸,打字纸,卫生纸,超级压光纸,涂布牛皮箱纸板,胶印微涂纸,彩色美术纸板,胶印书刊纸,静电复印纸
生产能力(Capacity)(10000t/a):120(纸 paper)

山东泉林纸业有限责任公司
Shandong Tralin Paper Co., Ltd.
地址:山东省高唐县官道街北首26号
Add: No.26 Guandao St., Gaotang, Shandong
邮编(P.C.):252800
电话(Tel):0635-3961501
传真(Fax):0635-3961597
Http://www.tralin.com.cn
法人代表(Chairman):李洪法(Li Hongfa)
总经理(General Manager):李洪法(Li Hongfa)
产品(Products):铜版纸,胶版印刷纸,书写纸,低定量涂布纸,静电复印纸,证券纸,防粘原纸,电话簿纸,食品包装纸
生产能力(Capacity)(10000t/a):50(纸 paper)

青岛海王纸业股份有限公司
Qingdao Haiwang Paper Industry Co., Ltd.
地址:山东省胶南市铁山路210号
Add: No.210 Tieshan Rd., Jiaonan, Shandong
邮编(P.C.):266400

电话(Tel):0532-86118663
传真(Fax):0532-86118509
E-mail: haiwang@haiwangpaper.com
Http://www.haiwangpaper.com
法人代表(Chairman):冷玉喜(Leng Yuxi)
总经理(General Manager):陈保红(Chen Baohong)
产品(Products):打字纸,彩色皱纹纸,纱管封面纸,条纹牛皮纸,防菌袋纸,书写纸,彩色蜡光纸,彩色工艺纸,半透明纸,牛皮箱纸板,书皮纸,胶版纸,拷贝纸,高强瓦楞纸
生产能力(Capacity)(10000t/a):17(纸 paper)

山东泰山纸业有限公司
Shandong Taishan Paper Industry Co., Ltd.
地址:山东省莱芜市城西
Add: Chengxi, Laiwu, Shandong
邮编(P.C.):271125
电话(Tel):0634-6611308
传真(Fax):0634-6611122
Http://www.taishanpaper.com.cn
法人代表(Chairman):吕庚新(Lü Gengxin)
总经理(General Manager):吕庚新(Lü Gengxin)
产品(Products):低定量涂布纸,铜版纸,铸涂纸,高档书写纸,胶版印刷纸,电脑打印纸,静电复印纸,卫生纸,新闻纸
生产能力(Capacity)(10000t/a):30(纸 paper)

山东临清银河纸业集团
Shandong Linqing Yinhe Paper Industry Co., Ltd.
地址:山东省临清市西门里街297号
Add: No.297 Ximenli St., Linqing, Shandong
邮编(P.C.):252600
电话(Tel):0635-2435612
传真(Fax):0635-2436888
E-mail: info@yinhepaper.com
Http://www.yinhepaper.com
法人代表(Chairman):高景春(Gao Jingchun)
总经理(General Manager):李树俭(Li Shujian)
产品(Products):胶版印刷纸,胶印书刊纸,静电复印纸,低定量涂布纸,高强瓦楞原纸,书写纸,铸涂原纸,铜版原纸,无碳复写纸,铜版纸
生产能力(Capacity)(10000t/a):56(纸 paper)

山东万豪纸业集团股份有限公司
Shandong Wanhao Paper Industry Group Co., Ltd.
地址:山东省临朐工业街32号
Add: No.32 Gongye St., Linqu, Shandong
邮编(P.C.):262600
电话(Tel):0536-3163364
传真(Fax):0536-3165340
E-mail: wanhao@wanhao.com
Http://www.wanhao.com
法人代表(Chairman):尹培农(Yin Peinong)
总经理(General Manager):尹洪海(Yin Honghai)
产品(Products):铜版纸,酒标专用纸,胶印书写纸,双面胶带原纸,绵性包装纸,绵性防伪包装纸,食品包装纸,育果袋纸,防伪胶粘带,纸绳原纸,灯笼纸,净皮书画纸,装裱纸,托绫专用纸,电池棉纸,邮封纸,电话号簿纸,防伪水印纸,防油纸
生产能力(Capacity)(10000t/a):10(纸 paper)

山东正大纸业有限公司
Shandong Zhengda Paper Industry Co., Ltd.
地址:山东省平原王杲铺工业园区
Add: Wanggaopu Industrial Park, Pingyuan, Shandong
邮编(P.C.):253105
电话(Tel):0534-4562044
传真(Fax):0534-4561258
E-mail: tq03zsg@sohu.com
Http://www.sdzdzy.com
法人代表(Chairman):王连水(Wang Lianshui)
总经理(General Manager):王连水(Wang Lianshui)
产品(Products):新闻纸,轻型纸,有光纸,生活用纸
生产能力(Capacity)(10000t/a):15(纸 paper)

山东照东方纸业集团有限公司
Shandong Zhaodongfang Paper Industry Group Co., Ltd.
地址:山东省平原县王凤楼镇照东方工业园
Add: Zhaodongfang Industrial Park, Wangfenglou, Pingyuan, Shandong
邮编(P.C.):253109
电话(Tel):0534-2168085
传真(Fax):0534-2168039
Http://www.zdf-sd.com
法人代表(Chairman):赵传水(Zhao Chuanshui)
总经理(General Manager):王远程(Wang Yuancheng)
产品(Products):胶印书刊纸,胶版纸,铜版纸,低定量涂布纸,书写纸,图画纸
生产能力(Capacity)(10000t/a):25(纸 paper)

德州沪平永发造纸有限公司
Dezhou Huping Yongfa Paper Making Co., Ltd.
地址:山东省平原县永发工业区
Add: Yongfa Industrial Park, Pingyuan, Shandong
邮编(P.C.):253102
电话(Tel):0534-4521393
传真(Fax):0534-4520598
E-mail: sdyf@163169.net
Http://www.sdyongfapaper.com
法人代表(Chairman):李敬民(Li Jingmin)
总经理(General Manager):李敬民(Li Jingmin)
产品(Products):高强瓦楞原纸
生产能力(Capacity)(10000t/a):30(纸 paper)

山东亚太森博浆纸有限公司
Shandong Yatai SSYMB Pulp & Paper Co., Ltd.
地址:山东省日照市北京路
Add: Beijing Rd., Rizhao, Shandong
邮编(P.C.):276826
电话(Tel):0633-3361000
传真(Fax):0633-3361280
E-mail: sales@ssymb.com.cn
Http://www.ssymb.com
法人代表(Chairman):詹顺智(Zhan Shunzhi)
总经理(General Manager):杨庆宗(Yang Qingzong)
产品(Products):纸浆,白卡纸
生产能力(Capacity)(10000t/a):17(纸 paper)/22(纸浆 pulp)

山东晨鸣纸业集团股份有限公司
Shandong Chenming Paper Group Co., Ltd.
地址:山东省寿光市圣城路403号

Add: No. 403 Shengcheng Rd., Shouguang, Shandong
邮编(P. C.):262700
电话(Tel):0536-5221053
传真(Fax):0536-2156111
E-mail: sdcmzg@ public. wfptt. sd. cn
Http://www. chenmingpaper. com
法人代表(Chairman):陈洪国(Chen Hongguo)
总经理(General Manager):尹同远(Yin Tongyuan)
产品(Products):胶版印刷纸,低定量涂布纸,铜版纸,胶印书刊纸,书写纸,牛皮箱纸板,静电复印纸,新闻纸,无碳复写纸,电话号簿纸
生产能力(Capacity)(10000t/a):150(纸 paper)

山东华金集团总公司
Shandong Huajin Group Co.
地址:山东省泗水县金庄镇
Add: Jinzhuang, Sishui, Shandong
邮编(P. C.):273201
电话(Tel):0537-4036894
传真(Fax):0537-4031210
E-mail: webmaster@ mail. China-paper. com
Http://www. huajinpaper. com
法人代表(Chairman):邢东尚(Xing Dongshang)
总经理(General Manager):邢利军(Xing Lijun)
产品(Products):电脑打印纸,静电复印纸,无碳复写纸,铜版纸,离型原纸,票据专用纸,防粘纸,书写纸,彩喷纸,真空镀铝原纸,白纸板,证券纸,胶版纸
生产能力(Capacity)(10000t/a):27(纸 paper)

潍坊凤凰纸业有限公司
Weifang Fenghuang Paper Industry Co., Ltd.
地址:山东省潍坊市奎文区则尔庄路6号
Add: No. 6 Zeerzhuang Rd., Kuiwen, Weifang, Shandong
邮编(P. C.):261031
电话(Tel):0536-8669008
传真(Fax):0536-8669008
E-mail: fenghuang@ cnpaper. cn
Http://www. cnpaper. cn
法人代表(Chairman):夏效田(Xia Xiaotian)
产品(Products):白面牛皮卡纸,涂布白纸板,纸管原纸,牛皮箱纸板,高强瓦楞原纸
生产能力(Capacity)(10000t/a):12(纸 paper)

烟台市大展纸业有限公司
Yantai Dazhan Paper Industry Co., Ltd.
地址:山东省烟台市牟平区城东尹宋周
Add: Yinsongzhou, Muping, Yantai, Shandong
邮编(P. C.):264117
电话(Tel):0535-4659077
传真(Fax):0535-4659076
E-mail: zhang@ dazhanpaper. com
Http://www. dazhanpaper. com
法人代表(Chairman):张家强(Zhang Jiaqiang)
总经理(General Manager):张家强(Zhang Jiaqiang)
产品(Products):瓦楞原纸,牛皮箱纸板,挂面箱纸板
生产能力(Capacity)(10000t/a):10(纸 paper)

山东太阳纸业股份有限公司
Shandong Sun Paper Industry Joint Stock Co., Ltd.
地址:山东省兖州市西关大街66号
Add: No. 66 Xiguandajie St., Yanzhou, Shandong
邮编(P. C.):272100
电话(Tel):0537-3658711
传真(Fax):0537-3633489
E-mail: sun@ sunpapergroup. com
Http://www. sunpapergroup. com
法人代表(Chairman):李洪信(Li Hongxin)
总经理(General Manager):李洪信(Li Hongxin)
产品(Products):涂布白纸板,白卡纸,箱纸板,胶版印刷纸,书写纸,胶版彩印纸,静电复印纸,电脑打印纸,新闻纸,低定量涂布纸,铜版纸,档案办公用纸,不干胶原纸,铸涂原纸,帐册纸,扑克牌面纸,高档铜版卡纸
生产能力(Capacity)(10000t/a):100(纸 paper)

枣庄华润纸业有限公司
Zaozhuang Huarun Paper Industry Co., Ltd.
地址:山东省枣庄市山亭新城
Add: Shanting Xincheng, Zaozhuang, Shandong
邮编(P. C.):277000
电话(Tel):0632-8861996
传真(Fax):0632-8811556
E-mail: huarun@ huarunpaper. com
Http://www. huarunpaper. com
法人代表(Chairman):张辉(Zhang Hui)
产品(Products):石膏板护面纸,仿牛皮卡纸
生产能力(Capacity)(10000t/a):25(纸 paper)

山东兴创纸业集团有限公司
Shandong Xingchuang Paper Industry Group Co., Ltd.
地址:山东省诸城市兴创产业园兴中路38号
Add: No. 38 Xingzhong Rd., Xingchuang Industrial Park, Zhucheng, Shandong
邮编(P. C.):262218
电话(Tel):0536-6521311
传真(Fax):0536-6521103
E-mail: xingchuang@ xingchuang. cn
Http://www. xingchuang. cn
法人代表(Chairman):王义泉(Wang Yiquan)
总经理(General Manager):王义泉(Wang Yiquan)
产品(Products):高强度埋纱绿色包装袋纸,白牛皮卡纸,牛皮卡纸,夹筋袋纸,箱纸板,彩色复膜纸,卫生纸,高强瓦楞纸
生产能力(Capacity)(10000t/a):10(纸 paper)

山东晨龙纸业股份有限公司
Shandong Chenlong Paper Co., Ltd.
地址:山东省淄博市桓台县
Add: Huantai, Zibo, Shandong
邮编(P. C.):256402
电话(Tel):0533-8580035
传真(Fax):0533-8580923
E-mail: webmaster@ sdchenlong. com
Http://www. sdchenlong. com
法人代表(Chairman):黄树智(Huang Shuzhi)
总经理(General Manager):黄树智(Huang Shuzhi)
产品(Products):新闻纸,瓦楞纸,涂布原纸,灰纸板,纱管纸
生产能力(Capacity)(10000t/a):13(纸 paper)

山东博汇纸业股份有限公司
Shandong Bohui Paper Industry Co., Ltd.
地址:山东省淄博市桓台县马桥镇工业路北首

Add: Gongye Rd., Maqiao, Huantai, Zibo, Shandong
邮编(P. C.):256405
电话(Tel):0533 - 8538020
传真(Fax):0533 - 8538020
E-mail: sdbhpaper@163.com
Http://www.bohui.com
法人代表(Chairman):杨延良(Yang Yanliang)
总经理(General Manager):杨长胜(Yang Changsheng)
产品(Products):胶版印刷纸,胶印书刊纸,牛皮箱纸板,书写纸,涂布白卡纸,环保健视纸
生产能力(Capacity)(10000t/a):70(纸 paper)

山东贵和纸业集团有限公司
Shandong Guihe Paper Industry Group Co., Ltd.
地址:山东省淄博市桓台县邢家镇工业园
Add: Xingjiazhen Industrial Park, Huantai, Zibo, Shandong
邮编(P. C.):256408
电话(Tel):0533 - 8086977
传真(Fax):0533 - 8086977
Http://www.guihepaper.com
法人代表(Chairman):徐书栋(Xu Shudong)
产品(Products):新闻纸,瓦楞纸,白纸板,牛皮卡纸
生产能力(Capacity)(10000t/a):20(纸 paper)

河南银鸽实业投资股份有限公司
Henan Yinge Industrial Investment Co., Ltd.
地址:河南省漯河市人民东路95号
Add: No. 95 Renmindong Rd., Luohe, Henan
邮编(P. C.):462000
电话(Tel):0395 - 2355680
传真(Fax):0395 - 2355117
E-mail: yinge@yinge.com.cn
Http://www.yinge.com.cn
法人代表(Chairman):杨松贺(Yang Songhe)
总经理(General Manager):程志伟(Cheng Zhiwei)
产品(Products):胶版印刷纸,静电复印纸,书写纸,电脑打印纸,低定量涂布纸,扑克牌纸,课本专用纸,水印纸,有光纸,招贴纸
生产能力(Capacity)(10000t/a):48(纸 paper)/15(纸浆 pulp)

河南恒兴纸业股份有限公司
Henan Hengxing Paper Industry Co., Ltd.
地址:河南省睢县城北工业区
Add: Chengbei Industrial Park, Suixian, Henan
邮编(P. C.):476900
电话(Tel):0370 - 8152336
传真(Fax):0370 - 8152340
E-mail: xsjpaper@xsjpaper.com
Http://www.xsjpaper.com
法人代表(Chairman):白云松(Bai Yunsong)
总经理(General Manager):白云松(Bai Yunsong)
产品(Products):牛皮卡纸,牛皮箱纸板,涂布纸板,白卡纸
生产能力(Capacity)(10000t/a):25(纸 paper)

河南新乡新亚纸业集团股份有限公司
Henan Xinxiang Xinya Paper Industry Group Co., Ltd.
地址:河南省新乡县七里营镇新庄村
Add: Xinzhuang, Qiliying, Xinxiang, Henan
邮编(P. C.):453731
电话(Tel):0373 - 5680286
传真(Fax):0373 - 5680390
E-mail: xinyajituan@371.net
Http://www.xinyapaper.com
法人代表(Chairman):宋敬志(Song Jingzhi)
总经理(General Manager):宋敬志(Song Jingzhi)
产品(Products):瓦楞原纸,文化用纸,牛皮箱纸板,卫生纸,胶版印刷纸,静电复印纸,电脑打印纸,低定量涂布纸,有光纸,涂布白卡纸,书写纸,胶印书刊纸,打字纸,招贴纸
生产能力(Capacity)(10000t/a):60(纸 paper)

河南宏腾纸业有限公司
Henan Hongteng Paper Industry Co., Ltd.
地址:河南省许昌市劳动路北段
Add: Beiduan, Laodong Rd., Xuchang, Henan
邮编(P. C.):461000
电话(Tel):0374 - 4310088
传真(Fax):0374 - 4310298
Http://www.htzy.com.cn
法人代表(Chairman):代建设(Dai Jianshe)
总经理(General Manager):代建设(Dai Jianshe)
产品(Products):牛皮纸,白纸板,瓦楞纸,铜版纸
生产能力(Capacity)(10000t/a):25(纸 paper)

湖北帅伦纸业股份有限公司
Hubei Shuailun Paper Industry Co., Ltd.
地址:湖北省武汉市江岸区谌家矶河边1号
Add: No. 1 Hebian, Chenjiaji, Jiangan, Wuhan, Hubei
邮编(P. C.):430011
电话(Tel):027 - 82324293
传真(Fax):027 - 83344993
E-mail: webmaster@hbslpaper.com
Http://www.hbslpaper.com
法人代表(Chairman):苗泽春(Miao Zechun)
产品(Products):铜版纸,胶版印刷纸,静电复印纸,牛皮箱纸板,瓦楞原纸,牛皮卡纸,涂布白纸板,卫生纸,纸袋纸,漂白商品苇浆板
生产能力(Capacity)(10000t/a):35(纸 paper)

湖南泰格林纸集团有限责任公司
Hunan Tiger Forest & Paper Group Co., Ltd.
地址:湖南省长沙市经济技术开发区凉塘路398号
Add: No. 398 Liangtang Rd., Economy & Technology Development Zone, Changsha, Hunan
邮编(P. C.):410100
电话(Tel):0731 - 4025968
传真(Fax):0731 - 4025566
Http://www.tigerfp.com
法人代表(Chairman):王祥(Wang Xiang)
总经理(General Manager):王祥(Wang Xiang)
产品(Products):新闻纸,胶印书刊纸,胶版纸,低定量涂布纸,静电复印纸,箱纸板,纸袋纸,牛皮卡纸,牛皮纸,离型纸,纸杯/餐具纸板,书写纸
生产能力(Capacity)(10000t/a):60(纸 paper)

湖南恒安纸业有限公司
Hunan Hengan Paper Co., Ltd.
地址:湖南省常德市德山开发区桃林路
Add: Taolin Rd., Deshan Development Zone, Changde, Hunan
邮编(P. C.):415001
电话(Tel):0736 - 7300008

传真(Fax):0736－7300322
E-mail: cdha@mail.hengan.com.cn
Http://www.hengan.com
法人代表(Chairman):许连捷(Xu Lianjie)
总经理(General Manager):许水深(Xu Shuishen)
产品(Products):生活用纸
生产能力(Capacity)(10000t/a):16(纸 paper)

东莞玖龙纸业有限公司
Dongguan Nine Dragons Paper Industry Co., Ltd.
地址:广东省东莞市麻涌镇新沙港工业区
Add: Xinshagang Industrial Park, Mayong, Dongguan, Guangdong
邮编(P.C.):523143
电话(Tel):0769－88826888
传真(Fax):0769－88824198
Http://www.ndpaper.com
法人代表(Chairman):张茵(Zhang Yin)
总经理(General Manager):刘名中(Liu Mingzhong)
产品(Products):牛皮卡纸,瓦楞原纸
生产能力(Capacity)(10000t/a):100(纸 paper)

东莞建晖纸业有限公司
Dongguan Jianhui Paper Industry Co., Ltd.
地址:广东省东莞市中堂镇潢涌村
Add: Huangyong, Zhongtang, Dongguan, Guangdong
邮编(P.C.):523221
电话(Tel):0769－88888363
传真(Fax):0769－88183833
E-mail: info@jianhuipaper.com.cn
Http://www.jianhuipaper.com
法人代表(Chairman):黎祖球(Li Zuqiu)
产品(Products):白纸板
生产能力(Capacity)(10000t/a):30(纸 paper)

东莞金洲纸业有限公司
Dongguan Jinzhou Paper Industry Co., Ltd.
地址:广东省东莞市中堂镇潢涌村
Add: Huangyong, Zhongtang, Dongguan, Guangdong
邮编(P.C.):523221
电话(Tel):0769－88181288
传真(Fax):0769－88181277
E-mail: jzzy@dgjzzy.com
Http://www.jinzhoupaper.com
总经理(General Manager):黎景均(Li Jingjun)
产品(Products):高强瓦楞原纸
生产能力(Capacity)(10000t/a):30(纸 paper)

东莞理文造纸厂有限公司
Dongguan Lee & Man Paper Mill Co., Ltd.
地址:广东省东莞市中堂镇潢涌管理区
Add: Huangyong Management Zone, Zhongtang, Dongguan, Guangdong
邮编(P.C.):523221
电话(Tel):0769－88888168
传真(Fax):0769－88899101
法人代表(Chairman):李运强(Li Yunqiang)
总经理(General Manager):李文俊(Li Wenjun)
产品(Products):牛皮箱纸板,瓦楞原纸,牛皮卡纸
生产能力(Capacity)(10000t/a):65(纸 paper)

佛山华丰纸业有限公司
Foshan Huafeng Paper Industry Co., Ltd.
地址:广东省佛山市河滨路17号
Add: No.17 Hebin Rd., Foshan, Guangdong
邮编(P.C.):528000
电话(Tel):0757－82812282
传真(Fax):0757－82813125
E-mail: fshuaxin@fshxp.com
Http://www.fshxp.com
法人代表(Chairman):王奇(Wang Qi)
产品(Products):涂布白纸板,白纸板
生产能力(Capacity)(10000t/a):15(纸 paper)

广州造纸集团有限公司
Guangzhou Paper Group Co., Ltd.
地址:广东省广州市工业大道广纸路40号
Add: No.40 Guangzhi Rd., Gongyedadao Rd., Guangzhou, Guangdong
邮编(P.C.):510281
电话(Tel):020－84336888
传真(Fax):020－84356618
E-mail: gz－paper@gzpaper.com
Http://www.gzpaper.com.cn
法人代表(Chairman):胡小刚(Hu Xiaogang)
总经理(General Manager):胡小刚(Hu Xiaogang)
产品(Products):胶印新闻纸,瓦楞原纸,涂布白纸板,白卡纸,普通白纸板,双面灰纸板
生产能力(Capacity)(10000t/a):45(纸 paper)

维达纸业集团有限公司
Vinda Paper Group Co., Ltd.
地址:广东省江门市新会区东侯工业开发区
Add: Donghou Industrial Development Zone, Xinhui, Jiangmen, Guangdong
邮编(P.C.):529100
电话(Tel):0750－6168333
传真(Fax):0750－6120239
E-mail: guangdong@vinda.com
Http://www.vindapaper.com
法人代表(Chairman):李朝旺(Li Chaowang)
总经理(General Manager):李朝旺(Li Chaowang)
产品(Products):生活用纸
生产能力(Capacity)(10000t/a):15(纸 paper)

广东万利达纸业有限公司
Guangdong Wanlida Paper Industry Co., Ltd.
地址:广东省增城市新塘镇东洲区
Add: Dongzhou, Xintang, Zengcheng, Guangdong
邮编(P.C.):511340
电话(Tel):020－82790187
传真(Fax):020－82776892
产品(Products):牛皮卡纸,牛皮箱纸板
生产能力(Capacity)(10000t/a):15(纸 paper)

中山联合鸿兴造纸有限公司
Zhongshan Lianhe Hongxing Paper Making Co., Ltd.
地址:广东省中山市105国道中山三桥西侧
Add: Xice, Zhongshansanqiao, No.105 National Highway, Zhongshan, Guangdong
邮编(P.C.):528471
电话(Tel):0760－7796524

传真(Fax):0760－7796222
E-mail: pmco@zsrghh.com
Http://www.zsrghh.com
法人代表(Chairman):任浩明(Ren Haoming)
总经理(General Manager):沈维翰(Shen Weihan)
产品(Products):箱纸板,瓦楞原纸,纸管纸,灰纸板
生产能力(Capacity)(10000t/a):40(纸 paper)

广东中顺纸业集团有限公司
Guangdong Zhongshun Paper Industry Group Co., Ltd.
地址:广东省中山市西区沙朗高科技开发区
Add: Shalang Science & Technology Development Zone, Xiqu, Zhongshan, Guangdong
邮编(P.C.):528411
电话(Tel):0760－8553388
传真(Fax):0760－8553033
E-mail: zhshco.@public.zhongshan.gd.cn
Http://www.zhongshungroup.com
法人代表(Chairman):邓颖忠(Deng Yingzhong)
总经理(General Manager):邓冠彪(Deng Guanbiao)
产品(Products):生活用纸
生产能力(Capacity)(10000t/a):13.5(纸 paper)

珠海经济特区红塔仁恒纸业有限公司
Zhuhai S. E. Z Hongta Renheng Paper Industry Co., Ltd.
地址:广东省珠海市前山金鸡路508号
Add: No.508, Jinji Rd., Qianshan, Zhuhai, Guangdong
邮编(P.C.):519070
电话(Tel):0756－8666888
传真(Fax):0756－8615037
E-mail: zhhtrh@htrh－paper.com
Http://www.htrh－paper.com
法人代表(Chairman):姚庆艳(Yao Qingyan)
总经理(General Manager):林云(Lin Yun)
产品(Products):涂布白卡纸,液体饮料包装纸,口杯纸
生产能力(Capacity)(10000t/a):22(纸 paper)

广西贵糖(集团)股份有限公司
Guangxi Guitang (Group) Co., Ltd.
地址:广西贵港市幸福路100号
Add: No.100 Xingfu Rd., Guigang, Guangxi
邮编(P.C.):537102
电话(Tel):0775－4201997
传真(Fax):0775－4260088
Http://www.guitang.com
法人代表(Chairman):杨和荣(Yang Herong)
产品(Products):胶印书刊纸,胶版印刷纸,书写纸,白纸板,瓦楞原纸,卫生纸,甘蔗渣浆
生产能力(Capacity)(10000t/a):10(纸 paper)/9(纸浆 pulp)

广西国发林业造纸有限责任公司
Guangxi Guofa Forestry Pulp & Paper Making Co., Ltd.
地址:广西鹿寨县雒容镇
Add: Luorong, Luzhai, Guangxi
邮编(P.C.):545616
电话(Tel):0772－6666999
传真(Fax):0772－6510890
E-mail: gxpaper@gxpaper.cn
Http://www.gxpaper.cn
产品(Products):牛皮箱纸板,牛皮卡纸,白纸板,白卡纸,纸袋纸,瓦楞原纸,牛皮纸,胶带原纸,胶版印刷纸,铜版原纸,静电复印纸,本色木浆
生产能力(Capacity)(10000t/a):12(纸 paper)/7(纸浆 pulp)

广西南宁凤凰纸业有限公司
Guangxi Nanning Phoenix Pulp & Paper Industry Co., Ltd.
地址:广西南宁市星光大道158号
Add: No.158, Xingguang Rd., Nanning, Guangxi
邮编(P.C.):530031
电话(Tel):0771－4590229
传真(Fax):0771－4516683
E-mail: nppc@gxsti.net.cn
Http://www.phoenix－paper.com
法人代表(Chairman):段小敏(Duan Xiaomin)
总经理(General Manager):黄德珊(Huang Deshan)
产品(Products):漂白硫酸盐木浆,生活用纸
生产能力(Capacity)(10000t/a):10(纸 paper)

广西劲达兴纸业有限公司
Guangxi Jindaxing Paper Industry Co., Ltd.
地址:广西田林县乐里镇新昌片5号
Add: No.5 Xinchangpian, Leli, Tianlin, Guangxi
邮编(P.C.):533300
电话(Tel):0776－7201222
传真(Fax):0776－7201288
法人代表(Chairman):刘劲松(Liu Jinsong)
总经理(General Manager):刘劲松(Liu Jinsong)
产品(Products):新闻纸
生产能力(Capacity)(10000t/a):12(纸 paper)

海南金海浆纸业有限公司
Hainan Jinhai Pulp & Paper Industry Co., Ltd.
地址:海南省洋浦经济开发区D12区
Add: D12 Zone, Yangpu Economy Development Zone, Hainan
邮编(P.C.):578101
电话(Tel):0898－28822288
传真(Fax):0898－28821260
Http://www.appjh.com.cn
法人代表(Chairman):黄志源(Huang Zhiyuan)
总经理(General Manager):刘汉鸿(Liu Hanhong)
产品(Products):桉木浆
生产能力(Capacity)(10000t/a):100(纸浆 pulp)

中竹纸业集团有限公司
Zhongzhu Paper Industry Group Co., Ltd.
地址:四川省成都市人民南路四段1号时代数码大厦B座26层
Add: 26F, Shidaishuma B Building, No.1 Siduan, Renminnan Rd., Chengdu, Sichuan
邮编(P.C.):610000
电话(Tel):028－86316388
传真(Fax):028－86316838
E-mail: zzp@zzp.com.cn
Http://www.zzp.com.cn
法人代表(Chairman):倪日涛(Ni Ritao)
总经理(General Manager):叶厥桂(Ye Juegui)
产品(Products):竹浆板,木浆板
生产能力(Capacity)(10000t/a):47(纸浆 pulp)

宜宾纸业股份有限公司
Yibin Paper Industry Co., Ltd.
地址:四川省宜宾市岷江西路54号
Add: No. 54 Minjiang West Rd., Yibin, Sichuan
邮编(P. C.):644007
电话(Tel):0831-3560856
传真(Fax):0831-3561965
E-mail: dsh@ybzy. com. cn
Http://www. yb-zy. com
法人代表(Chairman):罗云(Luo Yun)
总经理(General Manager):易从(Yi Cong)
产品(Products):胶印新闻纸,牛皮纸,竹浆板
生产能力(Capacity)(10000t/a):20(纸 paper)/20(纸浆 pulp)

云南云景林纸股份有限公司
Yunnan Yunjing Forestry & Paper Co., Ltd.
地址:云南省景谷县南景村
Add: Nanjing, Jinggu, Yunnan
邮编(P. C.):666400
电话(Tel):0879-5410634
传真(Fax):0879-5410146
法人代表(Chairman):王水(Wang Shui)
总经理(General Manager):陈兴宏(Chen Xinghong)
产品(Products):漂白硫酸盐木浆
生产能力(Capacity)(10000t/a):10(纸浆 pulp)

宁夏美利纸业集团有限责任公司
Ningxia Meili Paper Industry Group Co., Ltd.
地址:宁夏中卫市柔远地区
Add: Rouyuan, Zhongwei, Ningxia
邮编(P. C.):751700
电话(Tel):0955-7679335
传真(Fax):0955-7679216
E-mail: mlzy@china-meili. com
Http://www. china-meili. com
法人代表(Chairman):刘崇喜(Liu Chongxi)
总经理(General Manager):刘义(Liu Yi)
产品(Products):胶版印刷纸,胶印书刊纸,瓦楞原纸,挂面箱纸板,书写纸,铜版纸,生活用纸
生产能力(Capacity)(10000t/a):25(纸 paper)

世界生活用纸的概况和展望（论文集）

OVERVIEW AND OUTLOOK OF TISSUE PAPER & DISPOSABLE PRODUCTS INDUSTRY IN THE WORLD (PAPERS)

[10]

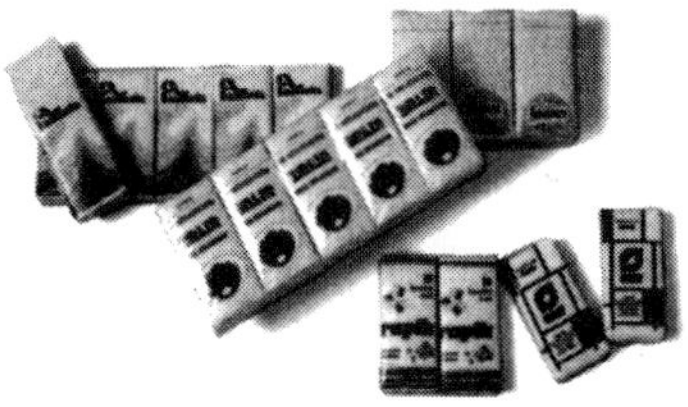

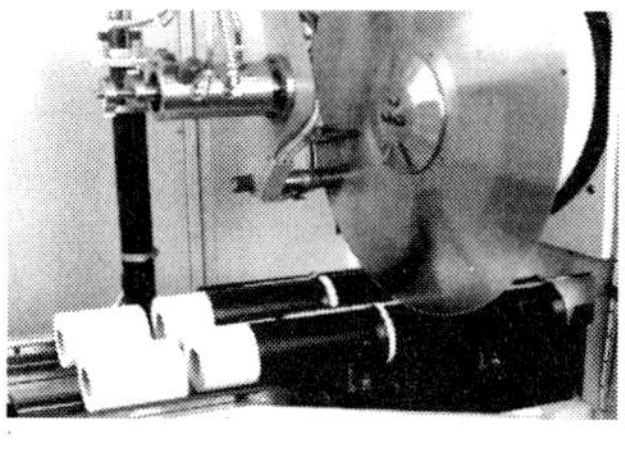

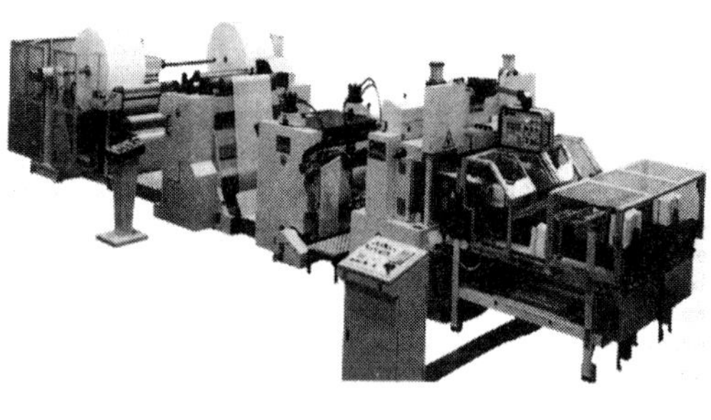

世界生活用纸的概况和展望

"强风暴"以后的世界卫生纸市场

20世纪90年代兴旺发达的卫生纸市场引发了许多大型的并购与整合和似乎毫无限度的生产能力的扩张。随着新千年而来并在2001年形成的经济衰退使卫生纸行业出现了需求下降、竞争加剧以及供过于求的局面。其综合作用所造成的开工率下降，再加上生产成本的持续增加最终导致了我们称之为卫生纸行业遭受的"强风暴"。

尽管如此,我们仍看到了转机。其中的一个变化是在2005年及其以后的几年中，北美计划中的新增生产能力并不大。在卫生纸市场紧缩到使生产商足以成功地解决生产成本增加这一问题之前，大型生产商对于增加新纸机将是非常谨慎的。他们的新路线是："控制产量和生产能力的增加"。

控制供过于求是对的，但是它的反面却是要求卫生纸供应商和卫生纸生产商承担低库存的风险。其后果是,当需求达到最大值时,大卷筒卫生纸原纸及其加工产品可能会比平时更难买到了。

2004年对于卫生纸市场来说比2003年好，但它也遇到其自身的一些挑战。在价格稳定以前,我们只能作出一些预报，但不能预言。

2004年美国卫生纸生产能力的增长不足2%，而在2005年将仅有约1%的增长，目前还没有有关2006年及之后的有关重大新增生产能力的报道。

自2001年以来，在美国新增的卫生纸生产能力中，有50多万短t①/a的热风穿透干燥(TAD)卫生纸。它将取代一部分普通卫生纸的生产能力。

作为使居家用卫生纸的质量、手感、柔软度和松厚度达到较高要求的标志,除TAD技术之外,新一代的标准卫生纸机以其更多的功能可满足普通卫生纸市场对上述质量性能的要求。

成本上涨

纤维原料和能源成本的提高已创历史新高，它们的综合作用正在影响卫生纸行业的每个方面。生产所需的纤维原料(脱墨纸浆、回收废纸和原生纸浆)、能源、天然气、化学品和原料与成品的运输费用,甚至保险费都上涨了几次，而且都保持在创记录的价位上。大多数纸厂的利润率已经明显降低。

大多数的美国生产商都在试图提高他们的最终财务成果，有的生产商已经提高了他们产品的价格。他们从2000年起就一直准备这样做，但那时的经济形势不允许他们这样做，因为卫生纸的需求受到了美国整体财政状况的影响。

由于经济衰退抑制了需求的增长，在2000年和2001年期间开始出现了生产能力过剩的局面。美国市场变得供过于求，美国卫生纸生产商一直在等待他们时来运转之日，看来这个日子就在2005年。到目前为止，随着就业人数的增加，美国居民的家庭收入已经有了适度的提高。

全球形势

在过去的10年中，美国生产能力的扩大使开工率持续降低,但在世界其他地区,情况却恰恰相反：供应量往往跟不上需求的增长。

加拿大是一个例外。在过去的10年中，该国的卫生纸市场已经随着美国的步伐逐渐下滑。在20世纪70年代，加拿大卫生纸市场每年以4%的速度持续增长。现在其年平均增长率不足2%，稍低于美国的增长率和年人均消费量。

在2001年，加拿大生产商Irving公司在其位于New Brunswick省St.John市的2号纸机上采用了Andritz TissueFlex靴形压榨技术。另外，该公司采用新的加工生产线和TissueFlex靴形压榨技术完成了对其多伦多纸厂的更新改造。其竞争对手Kruger公司也对设备进行了投资，目前该公司拥有加拿大最新的卫生纸机。

美国生产商一直在向加拿大市场扩张，使加拿大卫生纸进口量几乎翻一番，达到20万短t①/a。但这一势头被加拿大出口到美国的卫生纸产品出口量所抵消。虽然加拿大的开工率正在上升,但它还不足以使生产商能够提高卫生纸的价格。除了进口卫生纸产品的威胁以外，加拿大生产商还要面临与美国生产商同样的生产成本问题以及提高

① 1短t=907.2kg

产品价格的困难。但加拿大的卫生纸市场仍是前景光明的。

到2006年，西欧卫生纸的供应量将以每年3%~4%的速度持续增长。这就是说，从1996年到2006年，西欧卫生纸的供应量将增长44%，卫生纸生产能力将从不足500万t/a提高到接近700万t/a。西欧市场中生产能力不足3万t/a的小型卫生纸厂的分布比较均匀。到2006年，预计将有10台大型卫生纸机在欧洲投产，新增加生产能力为40万t/a。

自2002年以来，欧洲的卫生纸价格屡遭打压，由于竞争的加剧，价格下降了10%或更多。虽然目前西欧卫生纸的价格也呈上涨趋势，但在该地区市场面临的挑战是利润率能否随着所预计的生产成本的增加而提高。当然，目前欧元的强势地位有助于欧洲卫生纸生产商提高其购买力，因此，可以部分抵消纸浆价格上涨所带来的影响。

这也许就是为什么在整个欧洲仅有11台TAD纸机，并且这些纸机又仅分布在5个国家的原因。这些TAD纸机的总生产能力为50万~60万短t①/a，仅占整个欧洲卫生纸生产能力的约10%。英国仍然是最可能买到零售TAD卫生纸产品的国家。

日本卫生纸生产商正在面临着中国的强劲竞争和某种供过于求的形势。由于日本的超市和其他连锁店都在通过促销折扣产品而互相竞争，利润率将变成严重问题。这样留给生产商的盈利空间已明显不足。

尽管受到经济问题的挑战，卫生纸市场仍然是造纸工业中发展得最健康的市场。卫生纸生产商的利润率将成为一个全球性的问题。自动平衡原则将会使需求量增加。东欧的卫生纸人均消费量为2.2kg，只及北美人均消费量(22kg)的1/10，也低于西欧的14kg。所以，在经济条件允许的时候东欧确实留有大量的增长空间。市场分析家预计，东欧卫生纸市场将以每年7%~8%的速度持续增长。

拉丁美洲是另一个蓬勃发展的地区，尽管遇到严峻的经济问题，但该地区的卫生纸市场仍以年均5%的速度增长。

亚洲也是有利于卫生纸产品发展的地区。到2005年整个亚洲大陆的卫生纸需求量有望达到650万短t①，这是30年来每年以7%这一令人难忘的速度快速增长的结果。即便如此，目前亚洲卫生纸年人均消费量仍不足1kg。年人均消费量增加1kg就意味着每年新增的需求量为300万~400万短t①。换句话说，每年将增加120台生产能力为3万短t①/a的新卫生纸机。

在今后的2~3年间，在亚洲将投产4台大型卫生纸机，其中的3台将安装在中国。亚洲的第4台大型卫生纸机将在日本沼津市的Marutomi纸厂投产，该纸机的生产能力将达到5万t/a。

我们的立足点在何处？

我们曾经预计过2004年美国卫生纸市场将会进一步疲软，而实际上却出现了轻微反弹，居家用卫生纸市场较居家外用卫生纸市场的增长稍多一些。这可能是纸巾和厕用卫生纸产品的市场营销活动所取得的结果——各种居家用卫生纸产品的质量得到提高，销售额的提高就有了保证。在其他纸产品市场销量下滑之时，卫生纸市场仍然在健康发展。

与此同时，我们已经看到在美国与在西欧一样，提高生产能力和扩大现有市场份额的关键措施是提高产品质量。我们预计将有更多的新纸机装备有TAD技术，该技术已经成为高档卫生纸产品的新标志。采用TAD技术生产的卫生纸不仅更柔软，而且比采用普通扬克式烘缸干燥的卫生纸的吸收能力提高50%，强度也更大。虽然大型TAD纸机的费用提高，但是，采用TAD技术可提高生产效率，减少纤维的用量，提高产品质量，可生产售价较高的卫生纸原纸，所有这些优点的综合效果足以抵消采用TAD技术所带来的较高费用。

在某些居家外用卫生纸系列产品生产中使用TAD卫生纸原纸已引起人们越来越大的兴趣。价格肯定是阻碍居家外用卫生纸产品使用TAD原纸的主要因素，但是该市场的确在得到发展。

从2004年末开始，由于没有计划内的大量新增生产能力投产和对卫生纸的需求量较大，美国卫生纸市场将变得更加供不应求，箱装卫生纸产品价格会进一步上涨，大卷筒卫生纸原纸会出现轻度短缺(并且价格有潜在的上涨趋势)。这些因素再加上居高不下的成本压力势必会促使2005年卫生纸价格的进一步上涨。但是，到目前为止的卫生纸市场的现状却又使得该市场不能轻易地使价格迅速地上涨。

(周杨编译自Tissue World，2005年，2—3月)

创新与提价推动全球卫生纸行业的发展

Marzena Molia

北美市场复苏

近年来,包括成熟市场中人口增长率缓慢下降在内的许多因素对全球卫生纸零售市场的发展产生了不利影响。成熟市场中主要产品较高的市场渗透率也越发加深了卫生纸行业的整体萧条。因此,2004年北美卫生纸市场的复苏受到了卫生纸生产商的极大欢迎,也就不足为奇了。原材料价格和能源成本的提高促使美国的卫生纸生产商在2004年间以协调一致的方式提高了卫生纸的价格,进而造成了这一市场复苏。欧睿信息咨询(上海)有限公司的研究表明,2004年北美消费者花费了120多亿美元购买卫生纸产品。卫生纸产品的销售额较2003年提高了5%以上,从而扭转了主要由经济衰退所导致的卫生纸销售额持续两年下降的趋势。

欧睿信息咨询(上海)有限公司的最新研究表明,2004年全球卫生纸零售市场形势好转,销售业绩反弹,销售额比2003年提高了4%。这主要得益于卫生纸在广大北美市场中强劲的销售业绩以及在发展中市场,尤其是在东欧市场的稳定需求。

表1 按品种分类的全球卫生纸产品的零售额
(百万美元,以2004年固定汇率计)

	2003年	2004年	增长率/%
厕用卫生纸	22236.4	23250.1	4.6
擦手纸	6108.6	6241.4	2.2
厨用纸巾	6619.1	6820.6	3.0
餐巾纸	2459.8	2568.5	4.4
全球卫生纸产品零售总额	37424.0	38880.6	3.9

表2 按地区分类的全球卫生纸产品零售额
(百万美元,以2004年固定汇率计)

	2003年	2004年	增长率/%
西欧	12245.50	12364.50	1.0
东欧	875.50	924.30	5.6
北美	11825.10	12438.70	5.2
拉丁美洲	3146.70	3483.60	10.7
亚太地区	7111.40	7334.70	3.1
澳大利西亚	882.70	908.90	3.0
非洲和中东地区	1337.10	1425.90	6.6
全球卫生纸产品零售总额	37424.00	38880.60	3.9

厕用卫生纸的销售额回升

卫生纸产品中最常用的厕用卫生纸使得北美卫生纸市场取得了良好的业绩。与2003年相比由于某些生产商将价格提高了15%,所以2004年厕用卫生纸的销售额增加了6%以上。宝洁公司被普遍认为是此轮提价行动的领头者,据称其提价幅度较小,平均仅6%。在整个美国市场中,对厕用卫生纸来说,高附加值顶级厕用卫生纸销售额增幅最大,为10%,而普通厕用卫生纸增幅为7%。美国的厕用卫生纸的突出优点是它的高质量,其普通厕用卫生纸所具有的性质可能在其他国家中被视为“奢侈”,如多层复合、使用纸张增强剂和掺入柔软纤维。高附加值顶级厕用卫生纸则具有某些附加性能,如含有芦荟或维他命E(宝洁公司的Charmin牌产品)的产品早已面市多年。再看新产品的发展趋势,2004年,卫生纸生产商更新了他们的产品,使厕用卫生纸变得更柔软、松厚度和强度更高,或具有类似于织物的良好手感(如乔治亚-太平洋公司的Angel Soft品牌产品)。

2004年北美厨用纸巾销售业绩又上新台阶,销售额比2003年增长6%

2004年宝洁公司率先提高了Bounty牌厨用纸巾的价格,其余品牌也迅速跟风而涨。与对厕用卫生纸的市场需求不同,市场对厨用纸巾的需求取决于经济状况。

20世纪90年代后期,美国的经济繁荣对厨用纸巾生产商的生意十分有利,使产品销售额增长率保持在4%~6%之间。欧睿信息咨询(上海)有限公司研究发现,2002—2003年期间,由于美国经济衰退的现实减少了消费支出,消费者更加有所节制地使用纸巾,或改用价格较低的产品,厨用纸巾旺盛的销售趋势曾发生过逆转。由于用即弃纸巾的方便性对人们仍具有较强的吸引力,因此2005年美国的厨用纸巾消费量可能会增加,而且经济状况的可能好转使得消费者更愿意购买厨用纸巾。

东欧正在紧追西欧

在过去的10年里,东欧卫生纸产品得到了持续不断的发展。随着中产阶层可支配收入的增加，城市居民生活水平也不断提高，他们的购买力也越来越强。市场研究表明，东欧年人均卫生纸的消费支出约9美元，而西欧则在50美元以上。在2004年5月加入欧盟的国家中，捷克共和国、匈牙利、波兰和斯洛伐克的卫生纸产品零售额的增长率都较大。国内和国际生产商都在投资使用现代化的先进技术来生产高质量的系列产品和扩大优质产品种类，以满足国内和西方市场的需求。

欧睿信息咨询(上海)有限公司还发现，2004年在其他国家，尤其是在乌克兰和俄罗斯，卫生纸产品零售额的增长率也在提高，远远超过东欧地区的平均增长率。数年前卫生纸行业就已经开始向生产高级产品转型，2004年这一趋势也得到了很好的延续。

消费者购买力的提高也加大了对优质名牌产品的需求量。2004年，在俄罗斯以前被认为是非必需品的厨用纸巾等产品的零售额连续3年以2位数的速度持续增长，过去7年来乌克兰餐巾纸的零售额平均增长率为19%。在可支配收入不断增加的同时，东欧卫生纸产品较低的市场渗透率和低消费的生活方式将在短时期内非常有利于该地区卫生纸行业的发展。欧睿信息咨询(上海)有限公司预计在未来的5年内，东欧卫生纸产品的零售额的年复合平均增长率将达到7%。西欧市场已经感受到了零售商品牌产品的压力。2004年业绩欠佳的西欧卫生纸零售业对北美市场的复苏和东欧的强劲发展稍有不利影响。2004年西欧市场的卫生纸零售额为120亿美元，仅比2003年增加1%。2004年卫生纸和厨用纸巾零售额的停滞不前和厕用卫生纸的销售疲软都损害了西欧卫生纸市场的业绩。

西欧零售商品牌卫生纸市场迅速增长

由于英国、德国和意大利卫生纸市场的零售总额占西欧卫生纸市场零售总额的50%以上，因此德国和意大利卫生纸市场的持续疲软和英国零售商品牌产品咄咄逼人的竞争态势损害了西欧卫生纸行业的经营业绩。消费者生活方式的变化和对优质产品的大量需求使得零售商品牌产品这一平行市场随之也越来越活跃，这样就部分地抵消了高价产品应带来的盈利。2004年超级市场和巨型超级市场在卫生纸产品销售中所占市场份额有所提高，达到68%以上。零售商品牌产品所占的市场份额也逐年增加。增幅最大的是厕用卫生纸和厨用纸巾，其中零售商品牌产品的销售额约占总零售额的一半。2004年西欧零售商品牌卫生纸产品的市场渗透率保持在45%左右，这意味着在过去3年里提高了3个以上的百分点。

拯救市场的创新产品

成熟的西欧卫生纸零售市场中几乎没有提高渗透率的余地。这种状况是西欧卫生纸市场发展的固有的限制。因此，欧睿信息咨询(上海)有限公司预测，未来5年内西欧卫生纸市场的年复合平均增长率为1%。由于销售量的增长余地已经变得很小，再加上面临着来自零售商品牌产品的竞争压力，因此成熟的西欧市场中的卫生纸生产商将不断集中力量扩大产品种类范围，激励富裕的消费者更多地购买高价的优质品牌产品，以期增加利润。因此，卫生纸生产商将更加细化产品种类，以满足明显感到时间紧张而又有钱的消费者的需求。高档卫生纸市场正朝着越来越高级的方向发展。有几例创新产品能代表这种趋势，如近期推向市场的卷芯加香的厕用卫生纸(宝洁公司的Charmin Scent牌产品)、可重复使用的厨用纸巾(乔治亚-太平洋公司的Kitten Soft Ultra-Wipe牌产品)以及可杀灭普通感冒和流感病毒的卫生纸产品(金佰利公司的Kleenex Anti-Viral品牌产品)。欧睿信息咨询(上海)有限公司还预测，面对着来自零售商品牌产品越来越大的竞争压力，产品及其包装的装饰特性也将成为具有个性特征的生产商自有品牌卫生纸产品销售中的一大亮点。乔治亚－太平洋公司在爱尔兰推出了Kitten Soft Thirst Pocket品牌产品，这是由深受大众欢迎的室内设计师Neville Knott设计的，目前仅有有限的几种款式。欧睿信息咨询(上海)有限公司认为，这种趋势有可能在短期内扩展到其他产品上，如餐巾纸。

表3 全球卫生纸公司销售额排名

全球卫生纸公司	2001年	2002年	2003年	2004年
金佰利公司	1	1	1	1
宝洁公司	2	2	2	2
王子制纸公司	4	4	4	3
大王制纸公司	3	3	3	4
SCA集团公司	5	5	5	5
乔治亚－太平洋公司	6	6	6	6
APP(亚洲浆纸公司)	7	7	7	7
维达纸业集团有限公司	9	9	8	8
恒安国际集团有限公司	11	10	9	9
松下纸业公司	10	11	11	10

(于红编译自Perini杂志，2005年，4月)

美国卫生纸经济概况

我们得到2003年上半年关于美国卫生纸市场现状的一些综合信息。从美国森林与造纸协会(AF&PA)所提供的数据来看，到2003年5月底，美国卫生纸产量比上一年同期提高了2%。但是,美国最大的卫生纸生产商——Georgia-Pacific(G-P)公司公布的数字表明,该公司的卫生纸发货量从2002年上半年起下降了1.5%。而第二大生产商金佰利(K-C)公司披露的数据则指出，在2003年上半年，个人消费用卫生纸的销售量提高了2%，与AF&PA所提供的数字一致，并且他们的居家外用卫生纸经营得更好。虽然我们不能拿出确实的数据来说明Procter&Gamble (P&G)公司的经营状况，但我们知道该公司卫生纸主要品牌，Bounty和Charmin所占的市场份额在2003年上半年稍有增加。上述这3家公司占有美国卫生纸市场72%的市场份额。

有证据可以说明,其他卫生纸生产商(Cascades、SCA和Potlatch等公司)的发展足以弥补G-P公司发货量下滑所造成的负面效果，这有助于美国卫生纸行业达到AF&PA所预计的累计增长值。大约从2002年以来，卫生纸生产商在他们所公布的收益报告中都提到了激烈的竞争是导致他们财务业绩不佳的主要原因。G-P公司的困难在于保持其对市场的占有份额,这显示了商战的激烈。虽然卫生纸生产商所面临的困难不像其他纸种生产商所面临的那么严重，但他们明显地感到所承受的巨大压力是超乎寻常的。

成熟的市场

行业内竞争的加剧也显示着卫生纸市场已走向成熟。最近10年的年平均增长率仅稍高于2%，如果年产量都能以高于2%的速度持续增长，那么，我们将可以继续把卫生纸行业看作是造纸工业中的一个安全港。然而，对历年来的数据所作出的进一步分析表明，美国卫生纸产量的增长率略有下降。从20世纪90年代初期起，年平均增长2.4%的水平逐渐下降至2001年以来的年平均增长不足2%。通过对最近10年的数据进行分析所得到的线索说明了产量增长趋缓的原因。

首先，从20世纪90年代初期以来，我们就可看出美国卫生纸的消费增长率呈轻微下降趋势。美国卫生纸人均年消费量超过23kg，世界其他地区卫生纸人均年消费量则不足3kg。在过去几十年中，美国造纸商在市场营销活动中投入了数亿美元的资金，成功地使消费者信任并扩大使用他们的产品。这些生产商巧妙地发明新的产品和开发卫生纸的新用途。然而,除热风穿透干燥(TAD)卫生纸的发展之外，许多新产品的创新在最近10年中已经集中在非织造布方面。卫生纸的消费增长率仍然超过人口的增长速度，但随着时间的推移毛利却在减少。

在过去两三年中，虽然美国经济处于衰退之中,但卫生纸消费量仍保持增长态势。由于卫生纸产品在一定程度被认为是日常必需品，与许多其他纸种比较，卫生纸产品的消费量受GDP波动的影响较小。另外,美国卫生纸的消费量取决于美国经济格局中的消费者的需求，即使在2001年全美经济衰退时，卫生纸的消费量仍保持较强的增长势头。在最坏的情况下，即2001年中期美国经济大幅下滑,其卫生纸消费年增长率曾暴跌至1.5%，但在第4季度又急剧回升到6%，并且在整个2002年以3.1%的速度稳定增长。

净出口量下降

另一个使美国卫生纸生产商受挫折的原因是美国卫生纸净出口量的逐年降低。在20世纪90年代初期，卫生纸的进口和出口量仅略高于美国需求量的2%。因此,卫生纸的进口或出口都对市场没有明显的影响,并且其进、出口量几乎恰好相互抵消。到20世纪90年代末,虽然出口量已大致增长到国内需求量的4%，但与此同时，进口量也攀升到6%。进口量的攀升使得美国卫生纸净出口量从20世纪90年代初到中期的接近于零下降到1999年的−16.2万t。最近4年中新建的2台大型新纸机有效地增加了美国的出口量，出口量从那时起稍有回升。但是，2003年的净出口量仍为负数，达到约−12万t。

虽然近几年来的产量增速缓慢，美国卫生纸

生产商还不得不应对生产能力过剩造成的供大于求的竞争态势。大型公司的一些组合协议把卫生纸行业推至高度整合的程度。其余的公司则建设新的工厂，力图提升或保持他们的市场地位。美国卫生纸生产能力从1990年的600万t上升到1999年的715万t以上，生产能力的扩张一直在加速。除了为数众多的小型扩产项目之外，P&G公司在Cape Girardeau市和Mhoopany市、K-C公司在Jenks市和Loudon市、G-P公司在Port Hudson市投产的新纸机使2003年美国卫生纸的总生产能力提高到800万t以上。

因此，缓慢的需求增长率，进口卫生纸的激烈竞争和生产能力的迅速扩张这三重压力共同导致了开工率的降低和竞争加剧。在10年前，卫生纸行业的开工率在93%~94%之间波动。在1998—1999年间曾经短暂地上扬至96%。到2000年末开工率又快速下降至91%，并继续迅速下滑至2001年底的87%。当然，在2001年末期市场平衡迅速打破，其部分原因是由于已破产的美国卫生纸公司(ATI)所拥有的纸厂的突然停产。假如这些停业纸厂被认为已经永久性关闭的话，那么生产能力就下降到足以使卫生纸行业的开工率保持在90%以上。因此，在2002年，由于Cascades公司使原来属于ATI公司的在St.Helens市和Mechanicville市的2个纸厂重新开工和一些新纸机的投产，卫生纸行业的开工率又回升至92%。(图1)

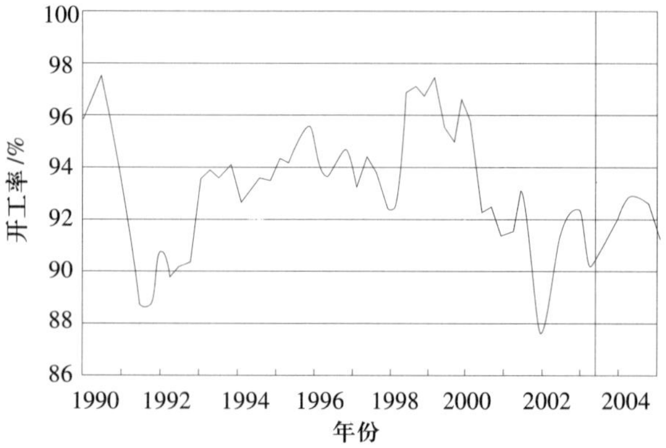

图1 美国卫生纸产业的开工率

开工率降低

2003年美国卫生纸业开工率再次呈现上升的势头。与2002年初疲软的市场比较，2003年头几个月的产量比2002年同期呈现强劲的增长趋势。如按季度之间比较，2003年上半年美国卫生纸产量下降。产量下降的原因是需求疲软，但我们不认为消费量会真的下降。更有可能的是，营销商和零售商削减库存来对付生产商的提价。自从生产商不断新增生产能力以来，2003年第2季度的发货量与生产能力的比率下降至87%，与2001年末期的较低水平的开工率相当。我们预计在以后几个月将会看到一个比较强劲的市场。与2002年下半年比较，消费库存将停止下降，需求量将增加。因此，我们预计2003年的卫生纸需求量将提高1.3%。

展望未来，目前我们预计美国的消费支出在2004年将重新加速增长，但我们也看到了消费者的信心仍然不足。我们认为预计中的GDP的不断增长将使卫生纸产品的需求量稳步增长，直至进入2005年。并且2004年和2005年的利润将分别达到3.5%和2.0%。

在今后一两年内，美国经济短时期平稳的态势将会继续下去，并且使卫生纸需求增长率保持不足2%的低水平增长。但是，经济好转将再次推动卫生纸市场的增长。我们预测这个行业并不会衰退而是正在走向成熟。随着时间的推移，市场增长趋势中毛利的减少向生产商发出了很难大幅提高销售量的信号。

个人消费用卫生纸状况良好

当然，一些卫生纸生产商的境遇比其他纸种的生产商要好。根据每月出版的《Tissue Monitor》杂志公布的按纸种分类的需求量预测，虽然近年来个人消费用卫生纸的年增长率高于2.5%，但是居家外用卫生纸正在停滞不前。最近的调查数据告诉我们，在家庭中使用的厕用卫生纸特别受欢迎。在最近3年中，这种卫生纸的增长率已超过4%。但是，在此期间居家外用的厕用卫生纸的年增长率为2%。显然，卫生纸行业引导消费者使用多层卫生纸的努力已经取得了成功。

同样，在过去几年中，厨用纸巾得到了发展，其年增长率约为3%。其增长的部分原因是厨用纸巾的更新换代。与此相反，居家外用擦手纸的增长趋缓。这种市场产品必须与它的代用品干手器竞争，这就使得擦拭和保洁用品供应商难以判断改用价格较高的纸巾是否合算。与厨用纸巾比较，居家外用擦手纸的潜在用途要少得多，居家外用擦手纸潜在的增长机会不多。最后，从Jan/San行业的需求来看，擦手纸自动配给器的制造技术(例如，“非触摸式”自动配给器)在不断改进，减少了擦手纸的用量。

与此同时，进口量的增加进一步使卫生纸的所有产品的增长缓慢。卫生纸的进口虽然不可能使卫生纸大量涌入美国，但是正如我们在上文中所叙述的那样，它正在使得美国卫生纸生产商之间的竞争变得更加激烈。2003年的卫生纸进口量有可能接近创记录的水平，达到55.5万t。另一方面，我们预计在2004年加拿大和墨西哥(美国主要的贸易伙伴)的卫生纸需求量会急剧增长。这将相应地减少美国卫生纸的进口量并且促进美国卫生纸的出口。另外，在今后几年中，由于美国卫生纸生产能力的增长速度要明显快于加拿大和墨西哥，因此我们预计其净出口量将有一个较小的增长。

令我们吃惊的是，美国卫生纸生产商不断地宣布新纸机投产的消息，这或许会使卫生纸出口量的增长速度加快。众多的项目已经在进行中。Kruger公司已使其在Memphis市的纸厂重新投产，更多的公司很可能紧随其后。位于St.Regis市的Atlantic Paper & Foil公司和Augusta公司正在使原先属于ATI公司的纸厂投产。Potlatch公司在拉斯维加斯市的一台新型TAD纸机将于2003年开工运行。G-P公司也将在Wauna市投产这种新型纸机。SCA公司计划在2004年下半年在Alabama市投产一台年产11万t的大型纸机，并可能在2005年新增另一台纸机。P&G公司也将在Cape Girardeau市新增另一台大型纸机。First Quality公司将以其在宾夕法尼亚州Lock Haven市的纸厂中的一台卫生纸机于2005年进军卫生纸市场。该纸厂原属于International Paper公司。我们还预计在2005年Evergreen公司将在亚利桑那州安装新的纸机。据报道，其他的扩建项目包括在Oconto Falls市的PCDI、在纽约州Carthage市的Metro Paper、在Irving市的Atlantic Paper & Foil和在Palatka市的G-P等公司的项目。最后，一家投资集团公司正计划于2005年在华盛顿州的Grays Harborn市安装一台年产5.5万t的纸机。

生产能力的增长

最近20年来，美国卫生纸生产能力在加速增长。尽管有一些纸厂正在停产，另一些纸厂正在停机扩建，但至少在今后2年这一增长趋势似乎要继续下去。2003年的卫生纸供应量的净增长率为3.0%，2004年和2005年将分别以2.4%和3.3%的速度增长。这将使卫生纸行业的总生产能力提高到近850万t。此后，这种快速的增长步伐可能会缓慢下降，但生产商渴望扩大市场份额可能想证明我们的分析是错误的。尽管如此，美国的生产商一定认识到纸机的增加速度超过市场吸纳速度所造成的后果必然是开工率下降。

虽然在2003年下半年开工率上升到90%~91%，但这一开工率与长期平均93.5%的开工率之间还有一段的距离。更糟糕的是，已经形成的生产能力的增长率将有可能使卫生纸行业在今后几年的开工率仍低于这个平均水平。一个不稳定的市场势必会减少生产商在将来成功地使价格上升的可能性。

尽管在2003年年初纸浆和二次纤维的成本压力居高不下，目前疲软的市场将使生产商想提高价格是困难的。2003年，在那些宣布提高产品上市价格的生产商身上我们已经看到了2002年的情况正在重演，这些生产商的推销活动已经偃旗息鼓。当与其他纸种的生产企业比较时，美国大部分的卫生纸生产商都报告了良好的财务结果，但是由于竞争如此激烈，这些结果在许多方面并不符合最初的期望。

一般来说，现在的卫生纸的实际价格几乎不会高于20世纪90年代末的实际价格，并且稍微回顾一下90年代的历史就可更好地了解现在的情况。价格变动的2个主要推动力是开工率和生产成本。1995年纸浆和废纸的价格暴涨，导致了包括卫生纸在内的所有纸种价格的迅速上涨。在第二年配浆成本的下降又使大多数纸种遭受大规模的降价，但是在整个20世纪90年代末期，美国卫生纸需求的持续激增使得卫生纸的价格稳定地保持在高于1994年的水平上。因此，生产商的利润幅度较大，成本较低，价格也较高(图2)。

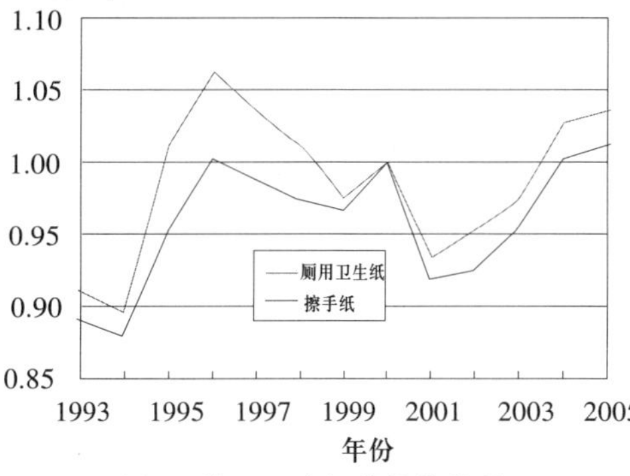

图2 美国卫生纸的价格指数

新千年伊始情况发生了变化。纤维成本的大幅提高(不像20世纪90年代中期的那样严重)曾导致纸厂企图通过提高卫生纸价格把过高的成本转嫁给买方，可惜的是在那时卫生纸的需求增长率开始下降。在20世纪90年代获得的巨额利润致使生产商新增大量的生产能力，正当这些生产能力转化成的大量产品进入市场之际，卫生纸市场又面临需求不旺的局面。综合这些因素，开工率迅速从1998年的接近98%下降到2001年底的87%。

2002年，生产商企图提高卫生纸价格的努力遇到较小阻力。纤维成本反常地上升，在2001年价格暴跌后的需求回升，看起来似乎在刺激高于平均水平的开工率的出现，然而，纸厂并没有如愿做到。经济复苏已经比预计的要慢，生产者仍无法提高开工率(表1)。

表1　美国的卫生纸市场　　单位:1000短t

	2002年	2003年	2004年	2005年
消费量	7220	7318	7612	7778
进口量	516	548	512	492
出口量	401	424	464	472
生产能力	7784	8021	8212	8481
开工率	91%	90%	92%	92%

2003年上半年，卫生纸厂没有得到可以提高价格的正面信息。37号分拣后办公废纸(SOP37)的价格从2003年年初的每吨130美元下降到2003年7月份的每吨100美元，这种价格不能使2003年上半年的卫生纸价格上扬。美国南部的多雨天气导致了制浆用木材的短缺，促使原生纸浆在2003年整个春天的价格上升。但是，由于大多数卫生纸行业的观察家曾预言纸浆价格将在2003年夏季再次下降(这种预言是正确的)，所以难以相信凭借较高的纸浆价格就能使2003年初的卫生纸价格上涨。预计卫生纸厂在2003年秋天或冬天在价格上突破的希望很小。废纸价格将回升，但不会超出2003年初的水平。纸浆价格将在2003年第3季度达到低谷，并且将在2003年底开始上扬。

2004年会有整体改观吗？

在2004年几乎所有的事又要发生改变。生产能力持续的增长将使开工率保持在历史平均水平以下。但美国卫生纸的需求量和净出口量将在今后4年中导致最高的开工率。此外，纤维成本的提高将强化这一发展势头，由于到2004年后期，北方漂白针叶木硫酸盐浆(NBSK)的价格可能会从2003年第3季度的每吨535美元上涨到大约730美元，生产商(特别是那些非综合性的生产商)要求提高卫生纸价格的愿望变得更加迫切。与此类似，依靠二次纤维配浆的卫生纸生产商也将面临着成本明显上升的问题。目前，我们预计到2004年末SOP37废纸将从2003年夏季的每吨100美元猛增至200美元。即使综合性生产商也难逃价格压力。虽然他们在投入成本方面所面临的压力比非综合性生产商要小，但我们认为到2004年木浆成本可能会在2003年提高的基础上再提高4%~5%，这必然会降低综合性卫生纸生产企业的最终财务成果。

因此，在2004年初卫生纸生产商可能会共同努力全面提高卫生纸价格。由于纤维成本将迅速提高，卫生纸厂不得不将卫生纸价格再提高8%~10%，以便保持其利润幅度不变。然而，北美卫生纸生产商似乎不能实现这一目标，其部分原因是由于美国的开工率低于平均水平，这就为卫生纸的买方提供了武器，使他们可以抵制价格的大幅上涨。另外，历史上的经验也表明初级产品(例如纸浆)的价格比消费品价格更容易变动。

出乎意料的是虽然卫生纸价格将再次下降，但美国卫生纸生产商在2005年的前景依然看好。虽然一些新纸机集中地相继投产所造成的开工率偏低要起一定的作用，但是使价格下降的主要原因被认为是纤维价格的循环性降低。纸浆和废纸价格的下降将补偿卫生纸降价所遭受的损失，这将大大减轻卫生纸厂所承受的压力。更进一步地展望未来，生产者将针对需求量增速缓慢的趋势采取目前不再扩大产量的措施。如果他们不这样做，美国卫生纸行业中的竞争将变得更加激烈。

(注：本文所提到的“吨”均指短吨)

(周杨编译自Tissue World, 2003年，8—9月)

美洲卫生纸市场的发展概况

目前美洲每年大约消费1000万t卫生纸产品，其中北美洲占78%。但是中美洲和南美洲的市场正在迅速发展，给卫生纸公司提供了扩张的机会。许多拉丁美洲国家已经或正在进入经济发展阶段，此阶段的卫生纸消费量往往是随着除厕用卫生纸以外的其他卫生纸产品的消费量的提高而增加，而在卫生纸市场的发展初期，首先却是厕用卫生纸迅速进入市场。北美洲市场是比较成熟的，但是人口增长、质量升级和公司在向市场投放新产品过程中的投资使卫生纸消费量仍保持持续缓慢的增长趋势。

1996—2003年间美洲卫生纸的消费总量增加了200万t。尽管美国的卫生纸人均消费量已经很高，它已经是各种卫生纸产品渗透率最高的成熟的卫生纸市场，但令人感到有些意外的是60%以上的增量发生在美国(见图1)。1990—2006年期间北美洲卫生纸消费量呈缓慢增长趋势，拉丁美洲(中美洲、南美洲)则呈稳定增长趋势(见图2)。

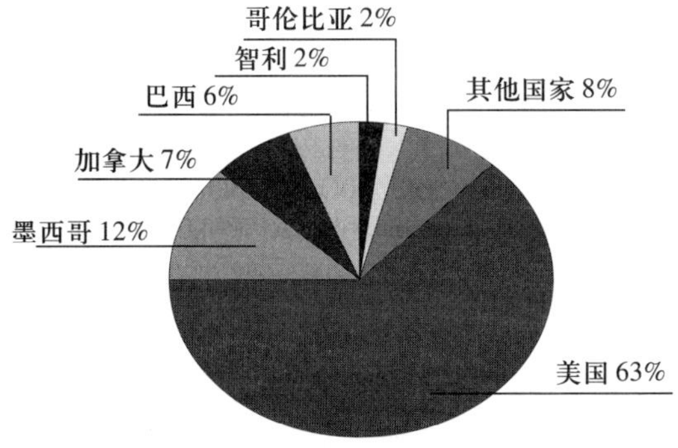

图1 1996—2003年美洲卫生纸市场的消费量增长率

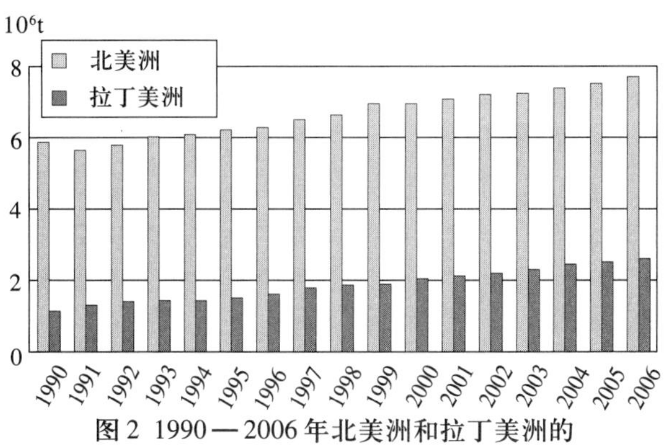

图2 1990—2006年北美洲和拉丁美洲的卫生纸消费量增长趋势

20世纪90年代后期是美国市场强劲增长的时期，但是此后的增长率则缓慢下降，接近于长期的增长趋势线。2000—2003年美洲的增长率已经降至约为1996—1999年增长率的一半(见图3)。

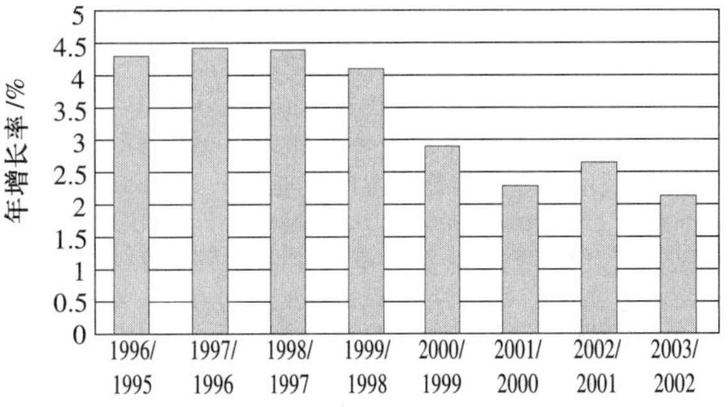

图3 1996—2003年美洲卫生纸消费量增长率

在中美洲卫生纸消费量中，墨西哥的消费量最大(占该地区消费量的86%)。美国的发展对墨西哥的发展格局有明显影响。中美洲一些小国的卫生纸市场，尤其是在哥斯达黎加、危地马拉、萨尔瓦多，近年来已经显示出了强劲的增长势头。

在南美洲，巴西的卫生纸消费量约占该地区的一半。巴西卫生纸消费量的增长不如预期的那样迅速，1996—2003年间的年平均增长率仅为2.8%(见图4)。

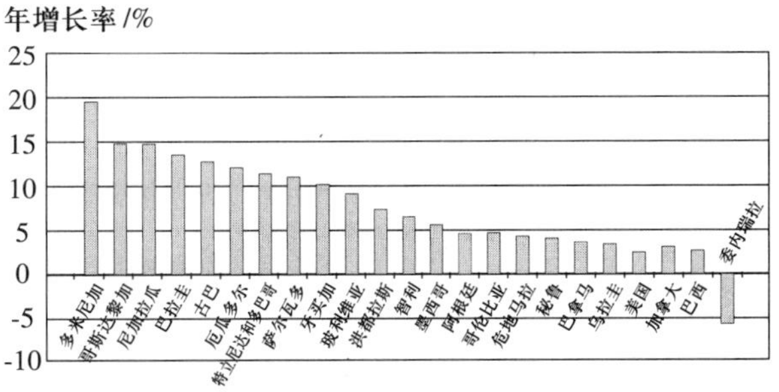

图4 1996—2003年美洲主要国家的卫生纸消费量增长率

据委内瑞拉造纸协会(APROPACA)报道，委内瑞拉的国内经济危机(GDP变化率2002年为−8.9%，2003年为−9.4%)严重影响了该国卫生纸的消费量。2003年委内瑞拉的卫生纸消费量不足8.7万t，仅为2001年消费量的60%，这也影响了南美洲卫生纸消费量的增长。2003年阿根廷的卫生纸消费量还没有完全恢复到原有水平，这主要是受2000—2002年经济衰退的影响(见表1)。

表1　1996—2003年美洲主要地区的卫生纸消费量

地区	消费量/1000t								年增长率/%
	1996年	1997年	1998年	1999年	2000年	2001年	2002年	2003年	1996—2003年
北美洲①	6315	6540	6797	7084	7184	7347	7515	7713	2.9
中美洲②	553	627	665	674	748	761	819	840	6.2
加勒比海诸岛国③	28	34	40	52	53	63	65	70	14.0
南美洲④	1034	1062	1122	1169	1240	1269	1292	1285	3.2
美洲(总计)	7911	8263	8624	8979	9225	9440	9691	9908	3.3

① 包括加拿大、美国。
② 包括伯利兹、哥斯达黎加、萨尔瓦多、危地马拉、洪都拉斯、墨西哥、尼加拉瓜、巴拿马。
③ 包括巴哈马、巴巴多斯、百慕大群岛、古巴、多米尼加、瓜德罗普岛、海地、牙买加、马提尼克岛、荷属安的列斯群岛、特立尼达和多巴哥。
④ 包括阿根廷、玻利维亚、巴西、智利、哥伦比亚、厄瓜多尔、法属圭亚那、圭亚那、巴拉圭、秘鲁、苏里南、乌拉圭、委内瑞拉。

加勒比海诸岛国的卫生纸消费总量较小，而且是分散在很多国家中。但是，在20世纪90年代后期，旅游业的发展使这个地区作为一个整体显示出很强的消费增长势头。在新千年，旅游业受到恐怖主义的威胁，卫生纸消费量的增长减缓。现在多米尼加是该地区最大的卫生纸市场(约2万t/a)，其次是特立尼达和多巴哥(1.4万t/a)。

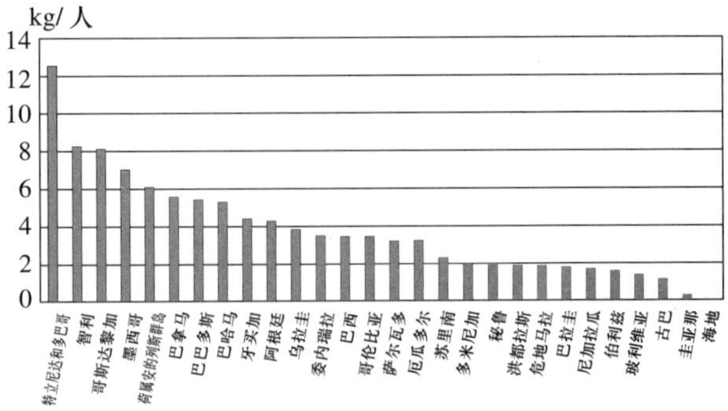

图5 2003年拉丁美洲卫生纸人均消费量

年人均消费量存在很大的差距

美国和加拿大的卫生纸人均消费量在世界上是领先的，两国的卫生纸产品人均年消费量均为24kg左右。在人均消费量方面，拉丁美洲国家之间的差距很大。我们所能掌握的贸易统计数据显示，在主要的国家中，特立尼达和多巴哥的人均消费量居首位，2003年其人均消费量超过12kg(见图5)。但是我们并不是完全肯定这个数字的真实性，因为我们只能估计特立尼达和多巴哥向邻近小岛国的出口量。特立尼达和多巴哥拥有一流的卫生纸加工企业，其中包括像The House of Paper Products公司，Trinidad Tissues公司和Vencaribbean Paper Products公司(属于委内瑞拉的Manpa公司)等。这些公司都是拉丁美洲地区的主要企业。据统计，一些小岛国的卫生纸人均消费量非常高，因为发达的旅游业给那里带来了众多的参观者，而参观者人数要数倍于岛国的常住人口数。有些群岛的情况也是如此，例如拥有6.4万人口的百慕大群岛就创造了人均消费量25~30kg的纪录，甚至比北美洲的人均消费量还要高。但是这种奇特的记录与人口基数低有关，它对该地区的总消费量几乎没有影响。

北美洲需求量的增加

美国的卫生纸市场是世界上最发达的市场，但是它的增长速度仍数倍于人口的增长速度。最近几年来，居家用卫生纸比居家外用卫生纸增长得更快。9·11事件使2001年居家外用卫生纸的消费量明显下降，但是2002年的消费量有所回升。

表2　近期美国卫生纸加工产品的发货量增长率

年份	居家用卫生纸产品发货量的增长率/%	居家外用卫生纸产品发货量的增长率/%	卫生纸产品的总发货量与上年发货量相比的增长率/%
2000	4.0	2.3	3.4
2001	3.6	-2.1	1.8
2002	2.5	3.5	2.8
2003	2.2	1.7	2.0

2003年对于北美卫生纸行业来说不是一个好年头，卫生纸消费量的增长趋缓，低于长期的增长趋势线，卫生纸行业不得不通过实施大量的停产来调节供需平衡。即使采取了这种措施也没有阻止2003年所有卫生纸产品价格的全面下滑。大多数卫生纸生产商都曾经经历过生产利润幅度的减少，而现在他们又不得不面对这种趋势(表2)。我们预计2004年销售量会有好转，但也只是适度好转而已。以发货吨数计算，预计居家用卫生纸产品的消费量将增长2.2%，居家外用卫生纸产品的消费量(不包括擦拭纸)将增长1.2%~1.4%。如果以所售产品的箱数计算，预计居家用卫生纸产品的消费量将增长3.3%，居家外用卫生纸产品的消费量将增长1.3%~1.5%。居家用卫生纸产品以吨

数计算和以箱数计算的增长率的差别是由于纤维用量降低而松厚度大的TAD卫生纸产品所占份额增加造成的(尤其是G-P公司和Potlatch公司新增生产能力提高了TAD卫生纸产品所占份额)。

新产品是主要的焦点

新产品的推出和现有产品经改进技术规格后的重新推出是北美卫生纸市场，尤其是居家用卫生纸产品市场的重要特征。最近与此特征有关的重要事件有：乔治亚－太平洋公司的厨用纸巾和厕用卫生纸的重新投放市场；Potlatch公司生产的零售商品牌新型TAD卫生纸系列产品；宝洁公司的简装品牌产品和百利怡杂志有关First Quality Tissue公司的新型TAD卫生纸产品的报导发表以后不久，这种产品就被投放美国市场。在居家外用卫生纸产品方面，SCA公司在美国亚拉巴马州新建的Barton纸厂将成为SCA公司的Tork品牌产品向北美市场扩张的主要基地。

乔治亚－太平洋(G-P)公司已经在2003年后期开始将他们改进后的新产品重新投放市场。Quilted Northern Ultra牌超柔厕用卫生纸和吸收性更好的Brawny牌复合型厨用纸巾的重新上市已在2004年第2季度结束。该公司董事长Pete Correll先生指出，重新上市的产品已经达到或超越了所有的预期目标，Brawny牌厨用纸巾在该纸巾市场中所占的销售额份额已经超过了它的原有份额，Northern牌厕用卫生纸也是如此。

重新上市的Northern Ultra牌厕用卫生纸采用了成功的结构设计——该产品由两层不同结构的纸页组成：上层是压花纸页，下层是无压花纸页。Brawny牌厨用纸巾是复合产品，一层为TAD卫生纸，另一层是普通卫生纸。这种厨用纸巾实际上已被证实在一些主要的厨用纸巾(包括Bounty)中它是吸水最快的产品。G-P公司指出，Bounty牌厨用纸巾的吸水能力很强，但吸水速度不如Brawny牌产品。

Potlatch公司采用其位于Las Vegas市的TAD新纸机生产的零售商品牌卫生纸系列产品从2004年第2季度初起就非常成功地走上商场的货架。Potlatch公司还将推出两种零售商品牌厨用纸巾。HydraSorb牌厨用纸巾(正在申请专利权)系列产品是双层纸巾，两层都是TAD卫生纸，另一种类似于G-P公司的Brawny牌厨用纸巾，它的上层是TAD卫生纸，下层是普通卫生纸。产量较大的是HydraSorb牌厨用纸巾，它的性能指标与宝洁公司的Bounty品牌产品不相上下，但与G-P公司的Brawny牌产品不同。

宝洁公司已经决定向它的注重价格的消费者提供机会，将向他们提供Charmin Basic牌400张单层厕用卫生卷纸。虽然Charmin牌标准400张单层厕用卫生纸在很多商场中可以买到，但是与这种Charmin牌标准产品比较，Charmin Basic牌产品价格降低了20%。目前宝洁公司在佐治亚州的Albany纸厂是这种产品的惟一的生产厂。宝洁公司的计划还包括以类似于Charmin Basic品牌的方式推出Bounty Basic牌厨用纸巾。这种产品将是Bounty牌单层产品，具有偏低的价格。First Quality集团公司正在毫不声张地准备在美国市场上推出新的TAD卫生纸产品。预计该公司新的TAD纸机生产出的厨用纸巾质量能够与Brawny牌产品质量相媲美，将成为沃尔玛的零售商品牌产品。First Quality公司当然也会把这台纸机生产的TAD卫生纸加工生产成厕用卫生纸和面巾纸产品。虽然First Quality公司已经显示出其生产吸收性卫生用品的能力，但是作为一个新手在卫生纸市场上能取得怎样的成功，还将拭目以待。

生产能力过剩导致旧的生产能力关闭

2003年，北美卫生纸行业的新增生产能力仅有约6万t。这一年中只有3台新纸机开工(它们分别在G-P公司的Port Hudson纸厂、Wauna纸厂和Scott Paper/Kruger公司的Crabtree纸厂)。虽然有几个工厂/纸机重新开工，但它们大多是American Tissue公司的原有资产，新增生产能力约为10万t/a。Wauna纸厂的纸机是在2003年12月24日开工的，所以其对生产能力的影响表现在2004年。在此期间，有些纸机被永久性和/或不定期地关闭(生产能力减少16万t/a)，这将有助于生产能力的平衡。

但是2004年有太多的新纸机开工：4台新卫生纸机开工，其中3台是TAD纸机。这些新纸机的生产能力加上Wauna纸厂的纸机和一些重新开工和改造后投产的纸机使得新增生产能力大于30万t/a。

预计在2003—2006年期间，北美(美国和加拿大)卫生纸消费量的平均复合年增长率为2.3%，即今后3年的总增长率为6.7%。开工率仍将保持在92%的低水平。然而，这将在很大程度上取决于有多少旧的生产能力将被关闭。新增的生产能力意味着目前的产量将提高7.5%。它还不包括现有纸厂通过解决瓶颈问题产生的所谓“自然增长”，这种自然增长将使2004—2006年期间的新增生产能力数值还要再加上2.5%。为了维持供需平衡，超过25万t/a的卫生纸生产能力将被关闭。另一个因素是一些闲置的纸机将要重新投产，其中包括一些原属于American Tissue公司的纸机(见表3)。

表3 2003年以来北美洲既定的卫生纸机新项目

公司/纸厂/所在地	时 间	生产能力的增减/(1000t/a)	备 注
2003年			
G-P公司/Port Hudson/路易斯安那州，美国	2003年1月	72	Metso Paper公司提供的TAD新纸机，生产Brawny牌厨用纸巾
Scott(Kruger)公司/Crabtree/魁北克省，加拿大	2003年第4季度	30	Metso Paper公司提供的净宽2.7m普通纸机
G-P公司/Wauna/俄勒冈州，美国	2003年12月	72	Metso Paper公司提供的TAD二手纸机，生产Brawny牌厨用纸巾
2004年			
Potlatch公司/Las Vegas/内华达州，美国	2004年1月	29	意大利Toschi公司提供的净宽2.7m的TAD新纸机
SCA北美公司/Barton/亚拉巴马州，美国	2004年3月	90	生产湿法起皱擦手纸的新建厂，纸机由Voith/Andritz公司提供，安装有40条新的加工生产线和一些从La Grange Brattleboro纸厂运来的旧的加工生产线
宝洁公司/Cape Girardeau/密苏里州，美国	2004年7月	72	Metso Paper公司提供的TAD新纸机
First Quality Tissue公司/Lock Haven/宾夕法尼亚州，美国	2004年秋	63	新建的TAD卫生纸厂，据报道该厂的TAD纸机来自Voith/Andritz公司
2005年			
Unicell Paper Mills(Sharma Group)公司/Brownstone/印地安那州，美国	2005年第4季度	30	Recard公司提供的净宽2.7m的新的新月型成形器纸机

G-P公司遇到的产能过剩问题最大。该公司在现有的产能基础上新增的TAD纸巾的生产能力(14.5万t/a)已导致其在华盛顿州Bellingham纸厂的3台纸机、在缅因州Old Town纸厂的1台纸机和威斯康星州Green Bay地区East Mill纸厂的1台纸机全部关闭。该公司还宣布了其他几台纸机将临时性停产或者处于非全日生产状态。随着2004年3月SCA公司在亚拉巴马州Barton市新建纸厂中的卫生纸新纸机的投产(生产供居家外用的大卷筒卫生纸原纸)，如果G-P公司不停用更多的纸机，它的明显的产能过剩问题将进一步加剧，大卷筒卫生纸原纸的过剩将增加约10万短t。

拉丁美洲市场有望迅速好转

2001—2003年，拉丁美洲卫生纸消费量受到几个国家经济问题的不利影响。一些国家GDP连续几年下降(阿根廷表现在1999—2002年，乌拉圭表现在1999—2003年，委内瑞拉在1999年和2002—2003年，加勒比海诸岛国在2001—2003年)。近几年来，巴西和墨西哥的经济增长率很低，甚至曾出现过负增长。这两个国家2001年、2002年和2003年的经济增长率分别是：巴西为1.3%、1.9%和−0.2%；墨西哥为−0.3%、0.9%和1.3%，这意味着人均GDP根本没有增长。我们乐观地认为2004—2005年拉丁美洲卫生纸消费量将会明显回升，回升到长期增长趋势线的水平，即年增长率达到5.5%(见图6)。墨西哥的经济将受益于美国经济的好转，2004年的经济增长率将达到4%。据预测2004年以下几个国家的GDP也会出现正增长：阿根廷6%，巴西3.5%，智利5%，哥伦比亚4%，委内瑞拉8%(这是该国在经历了两年−9%负增长之后的数值)。在这种情况下，这也是卫生纸消费量回升的好兆头。这种回升的某些迹象已经显现出来：与2003年同期相比，2004年1—4月，巴西的卫生纸消费量增长了4.6%。

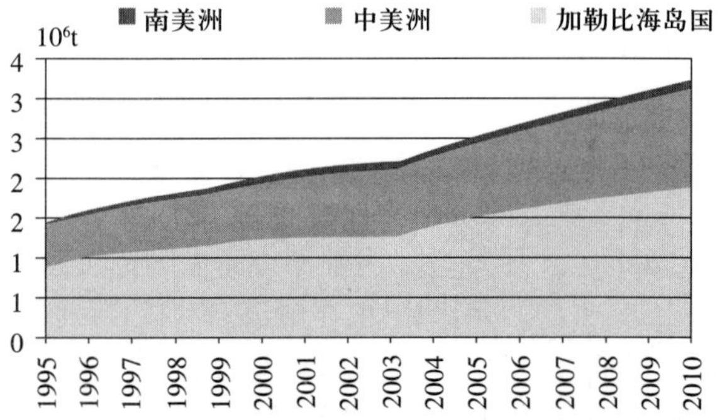

图6 1995—2010年拉丁美洲卫生纸消费概况

投资活动受到疲软市场的不利影响

由于受到2001—2003年间拉丁美洲绝大多数国家的市场需求增长缓慢和1999—2002年一些主要的投资项目(例如，2002年K-C公司和Copamex公司在墨西哥投资的新纸机)的影响，当前拉丁美洲卫生纸新项目很少。2003年以来已知的主要的投资项目如表4所示，2004年有2台新纸机投产，3台新纸机将于2005—2006年投产。但是随着市场前景的改善，可能会涌现出更多的项目。Unicell公司在特立尼达和多巴哥的新的卫生纸厂项目，虽然耽误了一段时间，但它对加勒比海诸岛国的供应格局有重要影响，它将减少从南美洲及其他地方的进口量。在拉丁美洲也有一些小的投资项目，其中包括Bipacel公司的两个项目—— 一个是在巴西Manaus市的Amazonas纸厂项目，另一个是在巴西Rio Branco市的Acre纸厂。据说，这两个项目的资金尚未落实，所以实施还有待时日。由于篇幅问题，我们省略了对大多数的二手纸机和改造项目的描述。值得一提的二手纸机项目包括：在阿根廷的a.o. Papelera Samseng公司的项目(纸机来自于SCA/Lilla Edet公司)和Copamex公司(现属于SCA公司)的从墨西哥到尼加拉瓜(IUCASA纸厂)的纸机转移项目。但是，在写本文时，因为我们不能核实尼加拉瓜的项目，所以未列入表中。

表4　2003年以来拉丁美洲既定的卫生纸机新项目

公司/纸厂/所在地	时 间	生产能力的增减/(1000t/a)	备 注
2003年			
Protisa del Peru(CMPC)公司/Santa Anita/利马市,秘鲁	2002年后期—2003年初期	23 -12	Recard公司提供的净宽2.75m的新纸机； 1#纸机停产
Papelera Samseng公司/Pilar/阿根廷	2003年中期	20	二手纸机
2004年			
Papeles Industriales(PISA)(SCA Hygiene Products)公司/Lampa,智利	2004年	27	Voith do Brasil公司提供的净宽2.7m的新纸机
Carta Goias Ind.& Com.Papeis公司/Anapolis/Goias市，巴西	2004年后期	7	净宽2.4m长网卫生纸机(二手的/新的)
2005年			
Unicell Paper Mills Caribbean (Sharma Group)公司/Arima/特立尼达和多巴哥	2005年1月	30	Recard公司提供的净宽3.75m的新纸机
Familia Sancela(SCA Hygiene Products)公司/波哥大，哥伦比亚	2005年	35	新建厂，Voith do Brasil公司提供的1台净宽3.4m的纸机
2006年			
CMPC Tissue公司/Talagante/智利	2006年第1季度	34	Voith do Brasil公司提供的净宽2.8m的新纸机

(孙静编译自Perini Journal，2004年，9月)

拉丁美洲卫生纸市场的发展概况

近年来，拉丁美洲的卫生纸生产商一直在加快安装卫生纸机的步伐。1996年以来的年生产能力增长率达到5%，高于世界平均水平。在这一地区市场上，卫生纸供应量随着其需求量的快速增长而明显提高。需求量的增长是由于：1)一些大型生产商采用了先进的营销和分销手段；2)出现了一批富裕求新的中产阶级。由于大量有经济来源的家庭可支配收入有所提高，他们势必要明显增加在消费用品上的开支。

墨西哥的生产商从更成熟的美国市场中吸取了成功与失败的经验。其中的一些生产商实际上就是美国市场中主要公司的子公司，因此他们拥有开发墨西哥市场的智力和财力资源。墨西哥以吨计算的卫生纸生产能力要高于该地区的所有其他国家。2002年，SCA公司所属的Copamex公司增加了一台4.5万t/a的纸机，金佰利公司所属的Bajio纸厂则投产运行了一台9万t/a的大型纸机。2004年一些较小的项目将使墨西哥卫生纸生产能力达到90万t/a。

巴西的卫生纸生产能力紧随墨西哥之后，居第二位。并且自2001年以来，大约12个小型新建或改造项目使卫生纸的供应量增加约10万t/a。最引人注目的是，2003年Melhoramentos公司在圣保罗Caieiras纸厂中投产运行了一台3.5万t/a的纸机，这将有助于提高Sublime牌厕用卫生纸系列产品的知名度。与此同时，该公司的竞争对手Mili Distribuidora公司已经在不断提高其在Tres Barras纸厂的生产能力为2.5万t/a的新纸机的产量，该厂位于Santa Catarina州，该纸机已于几个月前投产运行。Mili公司还依靠Voith公司将它的3号纸机的速度从600m/min提高到1250m/min。该公司曾透露在2005年前后有可能进一步提高一台新纸机(4号机)的生产能力，但尚未确定具体的计划。

2003年只有两个小项目：CMPC公司在秘鲁Protisa纸厂的项目(在1.4万t/a纸机停产之前，投产运行一台2.4万t/a纸机)和Santher公司在巴西Rio Grande do Sul州Guaiba纸厂的项目(1.5万t/a纸机)。这两个项目使拉丁美洲卫生纸生产能力仅小幅增加到280万t/a。2004年的资本投资保持低水平，没有较大的项目可提高该地区的卫生纸供应量。虽然拉丁美洲2004年的生产能力的增长仅限于改造后的生产能力和效率的小幅增加，但是对国内需求增长率的预计值已经导致一些新增生产能力将在2005年投产。

瑞典的卫生纸巨头SCA公司的一台新纸机是众多将要投产的新纸机中最后的一台纸机。SCA公司所属的哥伦比亚Productos Familia Sancela公司在Medellín市附近新建了一家只有一台纸机的纸厂。该纸机的生产能力约为4万t/a，该纸厂已于2000年夏季开始投产。2003年秋天，SCA公司宣布Familia Sancela公司将于2005年底在Bogatá市投产运行一台新卫生纸机。这台3.6万t/a的新纸机(耗资4600万美元)将为SCA公司在哥伦比亚的卫生纸加工生产供应卫生纸原纸。在一些加工生产线从Medellín市转移到Bogatá市以后，运输成本将降低。

SCA公司通过收购进一步提高了它在拉丁美洲市场中的地位。该公司最近敲定了收购Copamex公司过半资产的协议，包括Copamex公司67%的资本和50%的表决权。此外，在2003年10月SCA公司以5600万美元买下了智利私人所有的PISA公司50%的资产。此项购买使SCA公司获得了PISA公司两台小纸机的4万t/a的卫生纸生产能力和智利卫生纸市场25%的份额。由于SCA公司最终确立了它在拉丁美洲卫生纸市场中的地位，它在厄瓜多尔Lasso市Productos Familia (或Tecnopapel)公司的两台纸机可生产2.1万t/a卫生纸，这两台纸机在过去的两年中都被改造过。

另一台新纸机将有助于提高2005年的生产能力。经多次延期之后，特立尼达和多巴哥Unicell公司将在2005年第3季度在其所属的一家纸厂中最终投产运行一台3.5万t/a纸机。这台幅宽3.75m，车速1600m/min的纸机将填补加勒比海地区卫生纸生产的空白。除此之外，智利的CMPC公司计划通过其在Talagante市一家纸厂中的3.4万t/a纸机(估计耗费为3100万美元)在2006年初的投产使其卫生纸产量加倍。除了从该公司在Quilicura市其所属纸厂中最近运来的6条居家外用卫生纸加工生产线外，该项目还包括1条新的厕用卫生纸加工生产线。

近期和远期发展趋势

从全球范围来说，只有在大多数人口的人均收入超过4000美元/年这一表观最低限度以后，许多消费用品的人均消费量才会有所提高。这种收入水平是一个可以理解的数值，它表示增长量超过了生活费用。自1985年以来，拉丁美洲GDP的净增长量促使卫生纸人均消费量几乎增加了一倍，年人均消费量从2.4kg增加到4.5kg。这种趋势在整个未来20年内无疑将会扩大。

由于人均消费量和人口的增长，卫生纸行业的长期年平均增长率将在5%~6%之间。因此，我们预计2004年拉丁美洲GDP的4%的净增长将促使卫生纸需求增长率达到约6%。这一以百分率表示的增长率大体上应该是整个地区的平均增长率，但阿根廷不在计算范围之内，因为阿根廷的电力短缺可能对其有不利影响。

在2004年上半年，来自生产商的有力证据支持了这种观点。墨西哥金佰利(KCM)公司在2004年第1、2两季度的销售额分别猛增了10%和6%。其中大部分，但不是全部，是由于销售量的增加所致。可是，原材料成本的增加和墨西哥比索的贬值对该公司的最终财务成果产生了不利影响。所以KCM公司宣布该公司的大部分居家用卫生纸产品的价格在第3季度开始上涨，以抵消成本的增加。

在KCM公司宣布价格上涨之时，整个2004年纸浆的价格也在继续上升。RISI曾预计纸浆价格的上升将会暂时停止，到2004年10月价格再次上涨之前，整个夏天的纸浆价格将保持稳定。正像RISI预计的那样，亚洲的纸浆需求比预期的还要趋缓，并且压低了现货价格，使得纸浆生产商被迫降低以吨计的合同价格，但是这是暂时的降价。RISI认为全球的纸浆市场在接下去的几周内将会紧缺，并且会助长纤维价格再次上升。因此，拉丁美洲卫生纸价格的上涨势在必行，以维持盈利率。

2004年的卫生纸需求量的预期增长幅度将变小，2005年和2006年拉丁美洲卫生纸市场(因为地区经济的减速)将呈现增长稍有减少的前景。但是，由于生产能力的增长速度也在减缓，预期卫生纸开工率在未来几个季度将提高到近期最大值，达到85%，为2000年以来的最高水平。2005年供不应求的卫生纸市场将使得卫生纸的价格能够比较顺利地上涨。

虽然近几年来拉丁美洲卫生纸消费量的增长有些不稳定，但是快速的平均增长率将促使生产商在2005年以后安装几台新纸机。在这种高增长率的趋势下，我们预计每年将新增3~4台新纸机，每台新纸机的平均规模为3万~4万t/a。不过，SCA公司和它在拉丁美洲的主要竞争对手金佰利公司可能正在为大规模生产而努力。金佰利公司已经在墨西哥安装了一台9万t/a纸机，并且在2003年并购了与它合伙的Klabin公司在巴西几家纸厂的剩余股份。由于这两家大型生产商正在为争夺市场份额而竞争，在未来5~10年内，新增生产能力可能超过需求量的增长(如图)，从而导致整个市场的利润率降低。

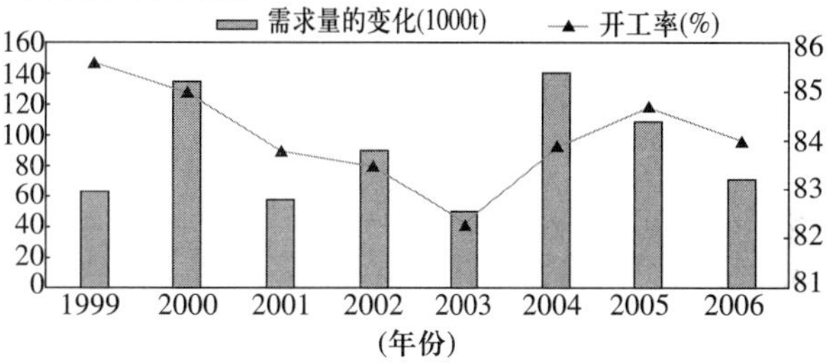

拉丁美洲的卫生纸市场

(付春辉编译自Tissue World，2004年,10—11月)

欧洲卫生纸市场的发展概况

欧洲是世界第二大卫生纸产品市场，只有北美在产量和市场销售额上超过它。北美和欧洲的主要差别在于北美洲的大西洋西部地区的市场(从东到西和从北到南)更加统一，而欧洲有40个国家,其卫生纸的消费结构和消费规模各有不同。本文详细讨论了欧洲在卫生纸市场的一些主要特点和最近的发展情况。

自20世纪90年代中期以来，欧洲卫生纸的消费量继续以较高速度增长。2002年欧洲卫生纸的消费量突破600万t大关，达到630万t，几乎比1995年增加了170万t，年平均增长率为4.5%。中欧占欧洲卫生纸消费量的45%，其次是南欧，占36%。近几年来东欧的卫生纸需求量增长最快，其市场规模现在已是北欧的2倍，北欧卫生纸市场从1995年起增长率较低(表1)。

东欧和南欧的卫生纸消费增长率令人刮目相看，但就相对增长率而言整个欧洲的增长率趋势是逐渐下降的(图1)，但不很明显。到目前为止整

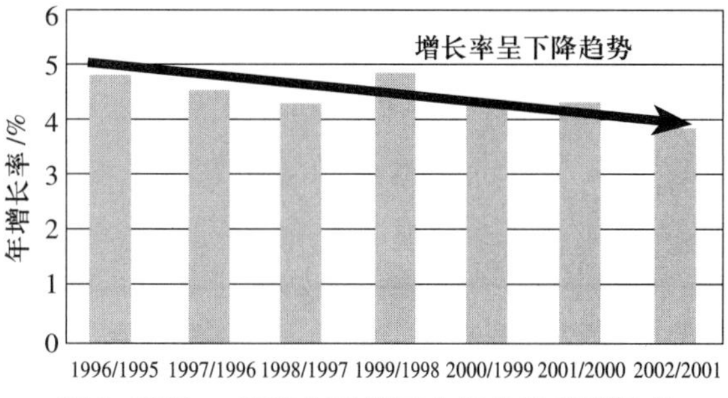

图1 1996—2002年欧洲卫生纸的消费增长率

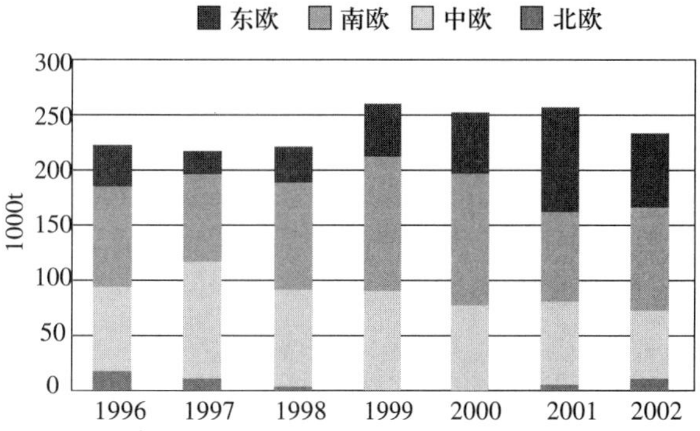

图2 1996—2002年欧洲卫生纸的消费增长量

表1　1995—2002年欧洲主要地区卫生纸的消费量　　单位：1000t

地区	1995年	1996年	1997年	1998年	1999年	2000年	2001年	2002年	1995—2002年，平均年增长率/%
北欧①	349	369	384	393	395	398	402	416	2.5
中欧②	2242	2317	2423	2509	2602	2680	2761	2824	3.4
南欧③	1600	1691	1768	1864	1987	2106	2187	2279	5.2
东欧④	465	505	528	560	604	657	748	815	8.3
欧洲的总消费量	4656	4882	5103	5326	5588	5841	6098	6334	4.5

①包括丹麦、芬兰、冰岛、瑞典、挪威。

②包括奥地利、比利时、荷兰、卢森堡、德国、爱尔兰、瑞士、英国。

③包括法国、希腊、意大利、马耳他、葡萄牙、西班牙。

④包括阿尔巴尼亚、波罗的海诸国、白俄罗斯、波黑共和国、保加利亚、克罗地亚、捷克、格鲁吉亚、匈牙利、马其顿、摩尔多瓦、波兰、罗马尼亚、俄罗斯、塞尔维亚、斯洛伐克、斯洛文尼亚、乌克兰。

个欧洲的卫生纸消费增长率仍保持在每年4%的水平上——这意味着欧洲市场每年可以吸纳大约250万t卫生纸的新增生产能力。东欧和南欧的重要性日趋凸显，对增长率的提高有很大的影响。此外，值得注意的是最近几年中欧(尤其是德国)经济状况不佳，对卫生纸的消费格局有不良影响(图2)。随着经济状况的好转，中欧的卫生纸消费增长率有望稍有提高。

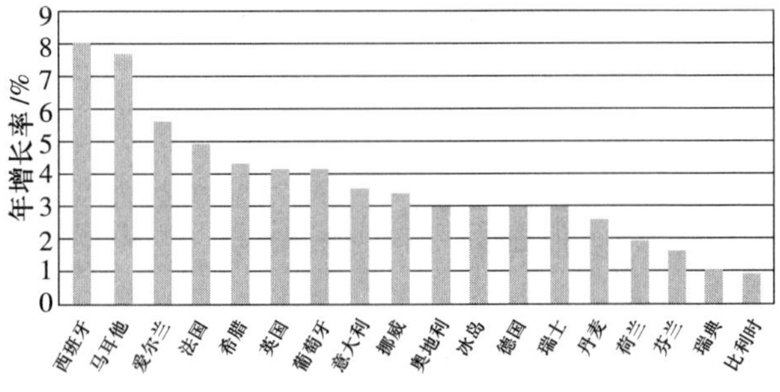

图3 1996—2002年西欧各国卫生纸年消费增长率

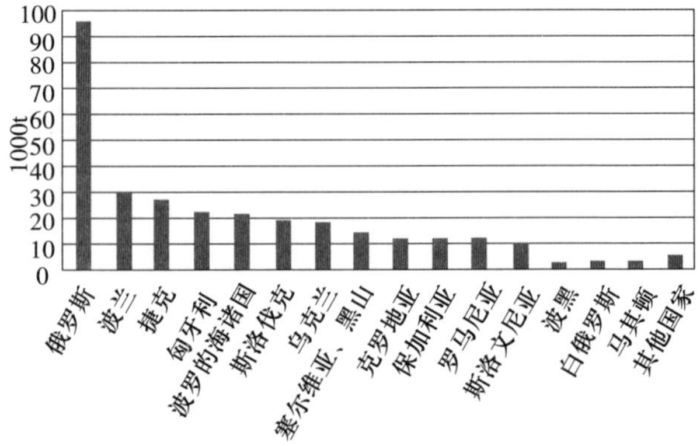

图4 1996—2002年西欧各国卫生纸消费量的增长

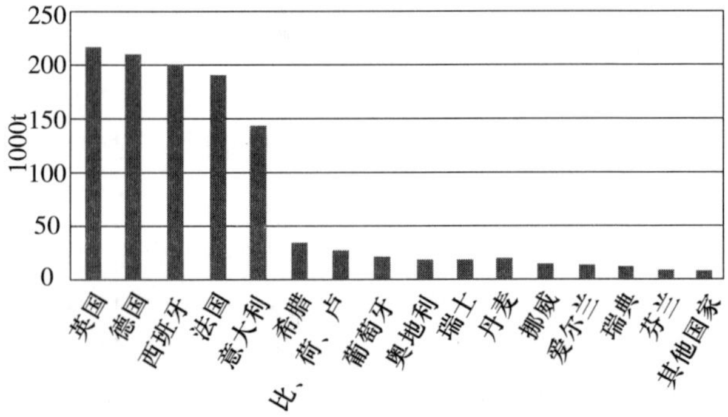

图5 1996—2002年东欧各国卫生纸消费量的增长

消费量增长率决定投资前景

1996年以来，欧洲国家中西班牙和马耳他的卫生纸消费增长率最大，其次为爱尔兰、法国、希腊、英国和葡萄牙。比、荷、卢三国，瑞典和芬兰的增长率最小(图3)。据报道，英国的卫生纸市场消费量增长最大，德国、西班牙、法国和意大利也有较大的增长(图4)，因为大部分投资集中在这些国家。在东欧，自20世纪90年代中期以来，有些小国家的卫生纸消费增长率以两位数字提高。但就消费量的增长来说，俄罗斯超过其他东欧各国(图5)。俄罗斯最近未投资于卫生纸机，但通过纸机改造和提高生产效率增加了卫生纸产量。卫生纸进口量也有增加，部分是从乌克兰，但也从西欧国家进口。如果要使俄罗斯的卫生纸消费量快速增长，必须增加新的生产能力。波兰最近吸收了大量投资，但卫生纸的需求量并未迅速增长，没有达到投资者所期望的需求水平。波兰消费者的购买力提高缓慢，卫生纸产品的市场渗透率低是波兰卫生纸消费量增长的主要障碍，零售业正在受到供过于求的困扰(尤其是超市过多)，卫生纸的平均质量水平仍低。西方的一些卫生纸公司，主要是IC Tronchetti，Metsä Tissue，Kimberly－Clark和Sofidel等公司已在波兰经营卫生纸，他们设定了长期的经营目标，而较小的地方生产商只能为短/中期的生存而斗争。在卫生纸人均消费量方面，欧洲国家之间的差距很大(图6)。瑞典仍占第一位，人均消费量约为20kg/人，其次是瑞士，挪威，英国和芬兰。人均消费量低于1kg/人的国家有格鲁吉亚，白俄罗斯，乌克兰和摩尔多瓦。在东欧国家中，斯洛文尼亚的卫生纸人均消费量已达到西欧人均消费量的下限。

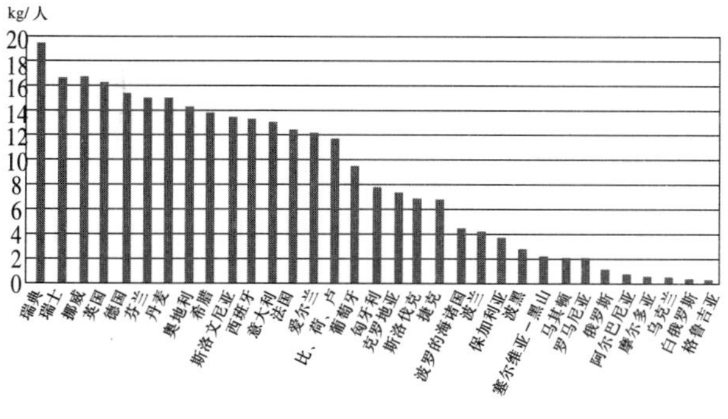

图6 1996—2002年欧洲各国卫生纸的人均消费量

对未来需求量的展望

在欧洲，推动卫生纸未来需求量增长的主要因素有：

- 经济增长率——这仅是基本条件；
- 人口增长率和其他人口因素的变化；
- 产品的市场渗透率——东西欧存在明显差距；
- 产品质量的提高和产品规格的完善——这是主要动力；
- 替代作用和居家外用卫生纸的普遍使用；
- 促销效果(广告业)。

虽然经济增长率的大小能够反映总体的经济发展水平，但卫生纸消费量不会有明显的周期性变化。在发达国家中卫生纸是生活必需品，但它的用量与经济成就没有直接的关系。购买力的变化往往会对消费者购买哪种质量的卫生纸产生影响。

西欧的人口增长率已经达到最低限度，而许多东欧国家的人口已经处于负增长之中，其中包括俄罗斯，作为一种需求动力，人口增长率已经起不了什么作用。其他的人口因素，如都市化发展水平，有时更为重要。例如，在波兰仍有占相当大比例的人口生活在农村，这就限制了卫生纸消费量的增长。

对于居家外用卫生纸来说，在经济衰退时期通常会出现的捉襟见肘的公共事业预算和公司预算对居家外用卫生纸的消费量有不利影响。20世纪90年代后期西欧经济迅速增长，促进了卫生纸的消费，为提高卫生纸产品市场渗透率和产品质量创造了有利条件。2001—2003年经济衰退在一定程度上减缓了这种增长趋势。

我们坚信欧洲卫生纸消费量的增长是没有止境的。从各国卫生纸人均消费数据中可以看到，欧洲卫生纸的消费量的增加还有很大的潜力(图7)。在西欧，增长率可能较低，而东欧大多数国家有望迅速增长(年增长7%~8%)。

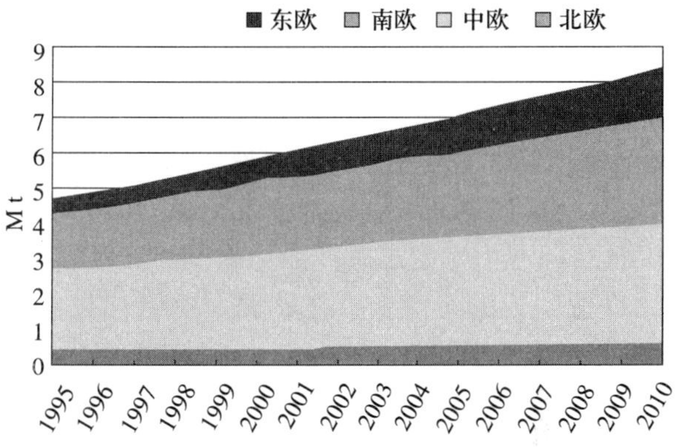

图7 1995—2010年欧洲卫生纸消费量的增长概况(含未来发展)

零售商品牌卫生纸产品继续增长

零售商品牌卫生纸产品在欧洲许多最重要的卫生纸市场中仍然呈快速增长势头，这一势头始于中欧，最近已蔓延到南欧(如西班牙)。

在欧洲许多市场中，零售商品牌个人消费用卫生纸已占此类卫生纸市场销售总量的60%~70%。北欧稍低于此市场份额，东欧和南欧的部分地区(意大利，希腊)也是这种情况。在全欧洲，零售商品牌厕用卫生纸和厨用纸巾的销售总量几乎占这两种卫生纸产品销售总量的一半左右。这和北美的情况大不相同，在北美，生产商自有品牌的这两种卫生纸产品仍然占这两种卫生纸产品市场销售总量的75%~80%(见表2)。

表2 北美和欧洲的零售商品牌厕用卫生纸和厨用纸巾所占市场份额(%)

地区/产品	2001年	2002年	2003年(评估)
北美			
厕用卫生纸	19.2	18.6	19.4
厨用纸巾	24.3	24.0	24.1
欧洲			
厕用卫生纸	44.8	45.5	46.9
厨用纸巾	48.7	49.9	52.4

零售商品牌在欧洲的强劲发展要归因于许多因素，其中包括零售业的整合程度，零售商在零售商品牌产品中的盈利幅度高于生产商自有

品牌产品，以低价位销售产品的折扣零售店普遍受到欢迎，消费者对价格的敏感性，生产商自有品牌产品的促销乏力，零售商通过自己的品牌所树立的商誉，泛欧品牌化扰乱并弱化了国家市场，欧洲(尤其是意大利)的卫生纸厂非常乐意生产零售商品牌卫生纸产品。

热风穿透干燥卫生纸所存在的问题尚未解决

热风穿透干燥(TAD)卫生纸在欧洲取得的成功进展远不如北美。K－C公司在英国的TAD更新改造项目完成以后，目前在欧洲的5个国家中拥有11台TAD卫生纸机，总生产能力为54万t/a，而欧洲卫生纸的总生产能力略高于700万t/a，TAD卫生纸的生产能力在欧洲卫生纸总生产能力中所占份额不到8%。

TAD纸巾的发展前景比TAD厕用卫生纸光明。采用普通的卫生纸生产工艺，即使再增加一层(第3层)也难以达到TAD纸巾所具有的吸收性能。但是在普通的卫生纸生产中可采用许多方法提高厕用卫生纸纸页的柔软性(例如4层，采用靴式压榨，软压花，添加化学品等)。

零售商品牌的优势地位是发展TAD卫生纸的另一障碍，因为零售商品牌TAD卫生纸在英国之外的销售业绩不好。

一种有意义的解决方法是Georgia－Pacific公司开发的所谓“杂化”卫生纸产品(一层是TAD卫生纸，其他层是普通的卫生纸)。

欧洲是否会跟随美国，明显地向TAD方向发展，对此，目前我们还很难得出最终结论。有些公司认为这是发展方向，但是还有很多持否定的看法(如意大利的公司)。我们对此将拭目以待。但似乎TAD卫生纸产品在欧洲的成功率会弱于美国，英国市场可能例外。

对卫生纸供需平衡的展望

表3和表4中列出了2003年初以来的一些新建和二手卫生纸机的主要项目。表中还列出了许多能够影响欧洲卫生纸生产能力的改建项目。但这里我们主要集中在新建的纸机项目上。还有一些未公开的项目和几个还处在初期阶段的项目计划未在表中列出。我们已尽自己的最大努力把目前所知的主要项目列在表中。

表3　从2003年1月起西欧卫生纸生产能力的主要变化

公司/工厂/地区	日 期	生产能力的变化(1000t/a)	备 注
已建和在建的卫生纸项目			
Kartogroup 公司，Dalle Hyiene 法国 Bousbecque(Lille)	2003年6月	30	从 Over meccanica 公司购进一台净宽为2.7m 的新卫生纸机
Wepa 公司，KRIEPA Hygienepapier 德国萨克森州，Kriebethal	2003年9月	60 －20	增加一台带有 Andritz TissueFlex 靴式压榨的，5.4m宽的卫生纸新纸机 停产一台旧纸机
Nuove Cartiere di Tivoli 公司，Villa Adriana,意大利罗马市 Tivoli	2003年11月	24	一台新的2.85m宽的由 Toscotec 公司提供的新月型成形器卫生纸机，原为英国 Deamas Disposables 所有
Cartiera Carma 公司 Pietrabuona，意大利 Pistoia 市	2004年第一季度	17	新的50t/d Recard 公司提供的卫生纸机
Tenocarta 公司，Pietramelara，意大利 Caserta 市	2004年上半年	30	建新厂，从意大利 PMT 公司购进一台2.73m宽的卫生纸机
Delipapier 公司,(Sofidel 集团)，Meurthe-et-Moselle，法国 Lorraine 省 Frouard 市	2004年春	65	由 Metso 公司提供一台5.4m宽的普通卫生纸新纸机
CSL 集团/Cartatech 公司，Rizziconi，意大利 Calabria 市	2004年上半年	13	使用原生木浆，由 Recard 公司提供一台2.74m宽的卫生纸新纸机
Cartiera Fenili 公司，Capannori，意大利 Lucca 市	2004年9月	25	由 Recard 公司提供一台2.7m宽的卫生纸新纸机
LPC 集团，Kisa，瑞典	2004年秋	45 －17	由 Andritz 公司提供一台3.4m宽的带有 TissueFlex 靴式压榨的卫生纸新纸机； 关闭了3号纸机
Kartogroup 公司，Leuna，德国萨克森州 Anhalt 市	2005年春	50	建新厂，并由意大利 PMT 公司提供卫生纸机
IC Tronchetti 公司，El Burgo de Ebro，西班牙 Aragon 地区	2005年上半年	65	建新厂，即将选择卫生纸机供应商

续表

公司/工厂/地区	日 期	生产能力的变化(1000t/a)	备 注
Kartogroup 公司，Porcari，意大利 Lucca 市	2005 年上半年	60	在新地点建新厂，即将选择卫生纸机供应商
Intertissue 公司(Sofide 集团)，Baglan Bay (Swansea)，英国南威尔斯地区	2005 年下半年	65	由 Metso 公司提供一台 5.4m 宽的卫生纸新纸机
SCA 公司，Roanne，法国	2006 年年中	－30	关闭工厂
待建的卫生纸项目			
Gomà－Camps 公司，Ejea de Ios Caballeros，西班牙 Aragon 地区	2005 年(计划)	50	建新厂，一台 5.7m 净宽的卫生纸机
LPC 集团公司，Kilbagie，Alloa，英国苏格兰地区	2005 年(计划)	－	计划将现有的废纸脱墨厂与卫生纸生产合并
ENCE 公司，Pontevedra，Lourizan，Pontevedra，西班牙 Galicia 省	2005—2006 年(计划)	60	计划新建一个使用桉木浆的卫生纸厂
Cartiera Carbonera 公司，Camposa-mpiero，意大利 Veneto 地区	2005—2006 年(计划)	25	计划安装一台 2.7m 净宽的卫生纸新纸机
Cartiera Partenope 公司，Arzano，Naples，意大利 Campania 地区	2005—2006 年(计划)	35	计划增添另一台只生产卫生纸的新纸机

表 4　2003 年 1 月以来东欧卫生纸生产能力的主要变化

公司/工厂/地区	日 期	生产能力的变化(1000t/a)	备 注
已建和在建的卫生纸项目			
Comcech 公司(Faper 集团)，Calarasi，罗马尼亚	2003 年 6 月	30	从 Toscotec 公司购进一台 4.54m 净宽的新卫生纸机
Sofidel 集团，Ciechanów，波兰	2003 年 6 月	30	建新厂，有一台 2.7m 净宽由 Metso 公司提供的卫生纸机，所产原纸供加工生产线使用
Glucholaskie Zaklady Papiernicze (GZP)公司，Glucholazy，波兰	2003 年 6 月	7	采用二手纸机的部件自行组装成一台卫生纸机
Dnepropetrovsk 纸厂，乌克兰	2003 年底到 2004 年初	20	安装由希腊进口的二手卫生纸机
Filar 公司，Chodecz，波兰	2004 年初	7	进口新的或二手的卫生纸机
Fabryka Papieru Czerwonak 公司，Poznan，波兰	2004 年中	14	采用二手纸机的部件自行组装成一台卫生纸机
PPHU Rolls 公司，Wloclawek，波兰	2005 年初	10	采用二手纸机的部件自行组装成一台卫生纸机
Zaklady Papiernicze w Olowie 公司,Olawa，波兰	2005 年初	12	采用新的纸机部件和二手纸机部件自行组装成一台纸机
待建卫生纸项目			
Kostenez － HHI JS 公司，Kostenez，保加利亚	2005 年计划	18	将 3 号纸机改造成卫生纸机，资金尚在筹集之中
Czech － Pol 公司，Litvinov，捷克共和国	2004—2005 年	20	建新厂，正在筹集资金
Horizon 制浆造纸厂(Totaram 集团)，Kehra，爱沙尼亚	2004—2005 年(计划)	18	将新纸机或 2.7m 宽的二手纸机与加工设备相结合，正在筹集资金
Hanke Tissue (Huchlemeier Papier)公司，Kostrzyn，波兰	2005 年(计划)	20	增加第二台卫生纸机，项目延期
JSC Grigi －Kes 公司，Grigi －Kes，立陶宛	待定	18	新卫生纸机(尚在讨论中)
Higi Papersoft 公司，布达佩斯，匈牙利	待定	25	计划由一投资集团建一新厂

2003 年西欧卫生纸的新建项目数量较小，而且 1996 年以来实际生产能力的增加也是从最低水平起步的，因为在 2003 年中期以前无主要项目投产。但是 2002—2003 年在东欧已开始出现了积极的投资活动，这将在一定程度上改善整个欧洲的卫生纸市场的供需平衡。现在应该把欧洲视为一个整体，因为东、西欧的区别源自于过去在政治上的差异，而这种差异因 10 个成员国(主要是东欧国家)很快加入欧洲联盟而逐渐消失。

由于 20 世纪 90 年代末期投资迅速增加，和近年来卫生纸消费增长率的缓慢下降，2000—2001年欧洲卫生纸行业的设备利用率稍有降低。但到2002年，主要受从欧洲之外卫生纸净进口量下降的影响，卫生纸行业的设备利用率得以提高。2003年较小的实际生产能力的提高就使设备利用率保持在91.5%~92%之间。

2004—2005年的几项投资计划将使这一设备利用率得到稳定，预计中的经济复苏将有助于卫生纸的需求量的增长，设备利用率将保持在92%左右(图8)。经济环境的改善和卫生纸需求量的提高会促使卫生纸生产商去投资新项目，有的项目可能在2005年末期投产，不会影响现在的市场供需平衡。特别是大型跨国公司,已在悄悄地制订未来的投资计划，但我们确信他们对未来投资计划是经过深思熟虑的，惟一的是期待着实现的那一天。

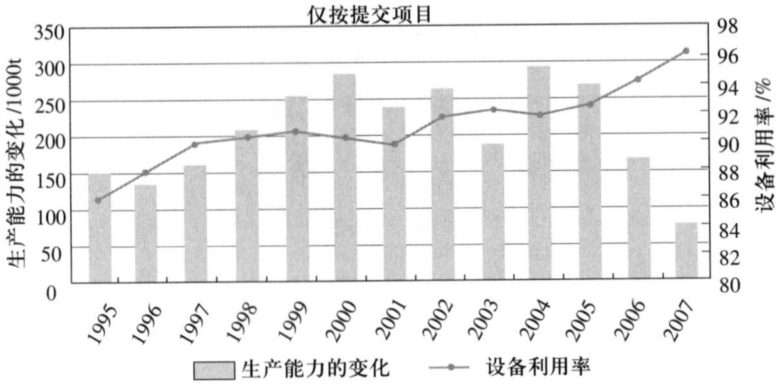

图8 1995—2007年欧洲卫生纸行业生产能力的变化和设备平均利用率

(唐其铮编译自Perine Journal，2004年，2月)

加入欧盟前夕的 2003年东欧卫生纸市场的变化

欧盟正在东扩，欧盟内部的多样性也在增加，因此卫生纸产品在整个欧洲地区的一些新兴市场中的销售额也随之提高，由于又有10个中欧和东欧国家于2004年5月加入欧盟，卫生纸行业的潜在增长将比过去更有希望。

由于大量的财务援助将注入到新成员国的经济中，预计这些新成员国的经济增长率将不断提高，其商品输出能力将在今后10年内赶上欧盟平均水平。对于加入欧盟的所有国家来说，入盟就意味着实力的增强和竞争的加剧。通过与欧盟的税制接轨，降低公司所得税和在总体趋势上与欧洲标准一致，许多东欧国家都在迫切地期待着国外投资者的早日到来。然而，这些积极行动也会切实威胁到一些中小型企业的利益。

一些本地的和国际性的生产商已经开始投资于现代化技术，其最终目标是生产质量较高的各种产品,并加强他们在高档产品市场中的地位。例如，2003年，SHP Harmanec公司在斯洛伐克投资2亿斯洛伐克克朗(600万美元)新建了一条新的生产线，使该公司的卫生纸产品的年产量超过1万t。与此同时，SCA Hygiene公司投资5亿斯洛伐克克朗新建一座用新设备装备的，生产卫生纸的新纸厂。

在加入欧盟以后，虽然生产商的数量和产品的品牌数量会增加，但是，由于少数大型公司正在大多数的产品市场中强化他们的市场地位，市场的总体格局将趋于统一，将会出现少数和特别强势的品牌，更多的生产商将为了确保其重要的市场地位而互相竞争。

宏观经济的好转、可支配收入的增加、竞争的日趋激烈、产品的改进与创新以及越来越多的消费者对新产品的认可都是欧盟新成员国进入蓬勃发展期的明显标志。以波兰和捷克为例，它们的厕用卫生纸的消费量较低，仅分别为欧盟平均消费量的25%和40%，但它们未来的增长潜力巨大(表1)。

优质产品与个性化产品所占市场份额提高

由于在东欧市场中消费者的富裕程度逐渐提高,他们的购买习惯也发生了很大的变化,对高质量的产品的需求和对高附加值的追求继续推动卫生纸行业的发展。例如,像匈牙利、波兰和捷克那样的卫生纸市场是比较发达的，各种价格和质量的，品种繁多的本地产和进口的卫生纸产品在这些市场均可买到。

表1 欧洲卫生纸产品市场的零售额

	1998年	2003年
西欧		
厕用卫生纸	4743.9	5604.9
擦手纸	1164.3	1368.8
厨用纸巾	1486.0	1990.9
餐巾纸	693.7	876.6
卫生纸产品(总计)	8087.9	9841.2
东欧		
厕用卫生纸	369.6	494.4
擦手纸	91.4	137.0
厨用纸巾	33.2	59.5
餐巾纸	49.5	64.4
卫生纸产品(总计)	543.7	755.3

注：100万欧元，以2003年固定汇率计算

在过去的几年中，东欧消费者的购买习惯已明显地从购买中、低价位的卫生纸产品转变到购买高价位的卫生纸产品。即使在像厕用卫生纸、擦手纸等低价产品的销售额长期占最大份额的市场中，各种价格比较昂贵的进口产品的市场份额也在稳定增长。由于生活水平正在与欧盟接近，工资也在逐步地提高，越来越多的消费者喜欢质量较高的卫生纸产品。

另一方面，零售商品牌卫生纸产品的发展和流行标志着卫生纸产品市场的成熟已经初露端倪。随着市场的饱和和日益加剧的两极分化变得更加明显，预计卫生纸生产商将毫不犹豫地集中力量在特殊卫生纸产品的开发，这些产品可以靠各种不同的属性来突显其个性化特征。

产品创新是成功的关键

虽然以废纸为原料的，廉价的单层卫生纸产品仍然在东欧市场保持着统治地位，但是，对比较柔软的多层产品的需求正在迅速上升，特别是收入较高的消费群体对此更是情有独钟。然而，由于许多欧盟新成员国的财政实力至少要再过几年才能为人所知，所以这些重要的市场变化或许是渐进式的。

由于对质量较好的高级卫生纸产品需求量的不断提高，在2003年卫生纸生产商迅速推出了许多新产品。许多卫生纸生产商重新定位并重塑他们的品牌，以便满足较富裕的消费者的需求。例如，SCA公司以较柔软的质地、较好的吸收性能和较新颖的印刷图案为特征在匈牙利和波兰推出了Zewa Deluxe品牌卫生纸产品。Tento XXL作为厨用纸巾和厕用卫生纸的新产品由Tento公司在斯洛伐克和捷克推出，它在强有力的广告经营支持下获得了消费者的广泛认可。该公司宣称，每卷XXL所含卫生纸的数量是普通卫生纸卷的两倍，并且这种新产品的质量足以与国外竞争对手的产品相媲美。

东欧厨用纸巾的消费量仍然大大低于西欧，但该产品的增长前景是东欧地区所有卫生纸产品中最好的。厨用纸巾生产商的强劲促销活动和消费者对这种高级产品的不断需求使2003年东欧地区厨用纸巾的销售额增长率提高较大，达到8.4%。虽然厨用纸巾市场的特点是高度集中、主要的市场领导者支配着厨用纸巾的销售，但是厨用纸巾新品种的出现将有助于本地生产商的许多新品牌产品进入市场，这有可能要威胁主要生产商的未来的市场份额。

销售方式的改变

成熟的市场和发展中的市场的一个共同的趋势是零售业的高度整合和零售商品牌产品供应量的增加。在过去的几年中，特别是在东欧，通过有计划的发展或者并购与整合，超级市场和大卖场占市场份额一直在稳步提高，中型独立商店和便利商店则步步退让，这些商店既没有财力又没有专门技术来与大型零售商竞争(表2)。

表2 东欧厕用卫生纸销售渠道 份额/%

	1998年	2003年
超级市场/大卖场	33.6	44.9
独立食品商店	20	13
便利商店	9	5.2
药店/杂货店	20.5	21.5
折扣店	7.3	5.8
其他	9.6	9.6
总计	100	100

零售商实力均衡局面的打破主要表现在消费者购物方式的逐渐改变。考虑到卫生纸产品的使用特点，许多消费者，特别是在城市地区的消费者会在每周一次购物时，选购大量的卫生纸产品。然而，在东欧的许多农村市场中，药房和杂货店仍然占据着重要的地位。大型杂货连锁店也

是城市中可供选择的购物渠道，近些年来它们在城市的扩张已经非常明显。

Schlecker公司是欧洲的主要杂货连锁零售商，在2003年其拥有遍布欧洲的13300多家连锁店。其中约有10550家在德国。2003年Schlecker公司拥有65.5亿欧元的销售额和50300名员工，该公司也是全世界主要的杂货连锁零售商，它计划在欧洲地区再增加1000家连锁店。与此类似，零售巨头Drogerie Markt公司(DM)和Rossman公司已经提高了它们在匈牙利、捷克和波兰的市场份额，它们是在过去5年中所有连锁零售商中最具有活力的。

在新兴市场中另一个重要的发展领域是大卖场的发展。截至2003年年末，Tesco公司在东欧已经取得了长足的进展，该公司在匈牙利有30家连锁店、在捷克有11家、在斯洛伐克有12家。

零售商品牌迅速发展

尽管在新兴市场中零售商品牌产品的渗透率仍然很小，但在这一市场中其销售额正在激增，特别是像厕用卫生纸和擦手纸这样的销售额较大的卫生纸产品更是如此。(在东欧，零售商品牌卫生纸产品的零售额在所有卫生纸产品的总额中所占份额已经从2001年的3.4%增长到2003年的4.8%)。由于根基稳固，充满活力的大型生产商如DM公司、Rossman公司和Tesco公司可以提供几乎全部种类的卫生纸产品，它们在整个未来的东欧市场中有着强劲的发展潜力。

作为一种兼顾质量与价格的非常有效选择，越来越多的消费者认可零售商品牌产品，生产商因此而面临着改变他们的产品结构及其价格政策的压力，并且这一压力将继续加大，许多生产商已经作出反应，他们也进入零售商品牌产品的生产行列，并不断推出各种创新的优质产品，以便在充满竞争的市场环境中保持自己的市场份额。

(周杨编译自Tissue World，2004年，4—5月)

日本Crecia公司开发差异化卫生纸新产品以应对竞争

Crecia公司是日本3大卫生纸生产商之一，但在世界卫生纸市场上尚未享有盛名。该公司是1996年通过并购在日本市场上著名的，实力雄厚的Sanyo-Scott公司和Jujo-Kimberly公司而成立的。20世纪60年代初，美国Scott公司和Kimberly-Clork公司分别在日本建立了这两个合资公司。

Crecia公司是由日本造纸工业公司100%控股的公司。该公司现仍继续与美国Kimberly-Clark(K-C)公司保持密切的联系，共同商讨技术和市场营销问题，并在日本销售几种K-C公司的著名品牌产品，如Kleenex品牌和Scotties品牌产品。

Crecia集团公司的领导人是Takohiko Kohyama先生，67岁。自1998年以来，他就任Crecia公司总裁已有5年多的时间。在加盟Crecia公司之前，他在日本造纸公司工作了30余年，在该公司他主要负责印刷纸部门的销售和市场拓展领域，他还致力于bitokoshi轻量涂布印刷纸的投产和市场营销，并使这种纸在日本杂志纸市场获得巨大成功。

百利怡杂志社最近在东京访问了Takehiko Kohyama先生，谈到了关于日本卫生纸市场以及Crecia公司的前景和发展计划。Takehiko Kohyama先生说:“卫生纸行业与印刷纸行业大不相同，主要是因为在卫生纸行业有相当多的公司。事实上，这个行业有好多大公司，也有太多的小公司。当我1998年开始在Crecia集团工作时，在日本有110家以上的卫生纸生产商，其中大约80%是小公司，他们的年产量低于1000t，主要是地方生产商，主要生产以废纸为原料的厕用卫生纸。每年有4~5个这样的生产商退出卫生纸行业，所以现在已缩减到大约80个，但这仍然很多。这是在浪费金钱呀！”

的确，日本卫生纸行业在过去的10年生产能力过度扩张，卫生纸价格年年下降，重创了生产商的利润。Kohyama先生想通过生产与竞争对于不同的Crecia产品来打破这种局面，这是过去没有做过的事。

Kohyama先生说:“如果真是这样考虑，我们又会在同一种产品上彼此竞争。如果一个公司推出一种新的袖珍式包装卫生纸产品，其他的所有公司会立即紧跟。两年前我们的对手推出50mm厚的面巾纸包装产品时，我们就是这样做的。我们紧跟了，其他人也这样做。这对大家都是一次愚蠢的行动。这样一来，我们大家只有简单地大打价格战，以大宗商品的经营模式而告终，其结果是使商品价格急剧下降。更有危害的是，会造成开工不足，使纸机在70%的开工率下运行。最后结果是我们在价格上彼此残杀，而且还会使这种局面保持下去。”他还说，统计数据表明，卫生纸的价格在过去10年急剧下降。据日本政府公布的数据，例如，东京的面巾纸价格还不及香港、纽约或巴黎的一半。“在过去10年，面巾纸价格在日本下降了30%，厕用卫生纸价格下降了25%，厨用纸巾的价格下降了20%。日本卫生纸价格可能在世界上是最低的。”当你在东京各街道上行走时给你的印象是卫生纸可真便宜，在街上一包包袖珍包装的手帕纸作为广告媒介被免费赠送。包中大约有10张手帕纸和1张有关产品和服务的小广告。

旨在价格稳定和复苏。为改善Crecia公司本身遇到的困难局面，Kohyama先生正采取几项措施。袖珍式薄型面巾纸包装产品的荒唐竞争和由此造成的价格战，使他认识到Crecia公司必须另辟蹊径来改善这一局面。

他首先想到的是要开发并向市场推出与其竞争对手不同的差异化产品。他也开始着重解决开工不足的问题，削减公司内部的某些过时的卫生纸产品的生产能力，使市场达到更好的供需平衡。

他说，Crecia公司计划在2003年在Kanagawa的Kasei厂削减一台纸机，约减少卫生纸的生产能力25000t/a。“我们已经在亏损，现在要采取一切必要措施来扭亏增赢。最简单的是我们要减少工资总额和产量。市场已失去平衡，在这个时候我们要谨慎从事，不要因削减工资总额引发动荡。日本有句谚语：‘你若不想有所作为，那就枉在人世。’因此，对削减工资总额问题我们要尽可能周密地考虑，但我们必须有所作为，以求生存。”

着眼于产品开发的R&D新型实验室。就新产品而言，几年前就开始有几种设计新颖的新产品进入市场。“首先我们决定要做的事就是大量地投资于产品开发，使我们的产品与众不同。如前所述，一两年前曾有生产袖珍式包装面巾纸产品的趋势，每家公司都做成了50mm厚的包装。现在我们决定恢复到62mm，为显示产品的差异化特征，就必须使产品的松厚度更高。按此新设计我们的产品价格有了某种程度的提高。”

为支持和加速新产品开发计划的实现，2002年7月Crecia公司在东京距公司总部不远处新建了研究与开发(R&D)中心实验室。实验室面积为1000m^2，开始时配备有35名专业技术人员，目的是要使这个实验室成为开发新产品和新工艺的催化剂，这些新产品和新工艺将有助于Crecia公司走出大宗产品的怪圈。在研究开发中心总经理Mutsumi Kanayasu先生的领导下，其宗旨是系统地加速产品的开发和产品质量的提高，以便生产出受消费者欢迎的独特产品。Kohyama先生说“我们正在通过印花和压花等各种工艺使产品增值，”“这也给我们生产更多的独特产品带来了机遇。我们计划引导市场在此领域发展，R&D实验室是此计划的关键组成部分。通过创新和产品开发，我们正沿着使产品增值的阶梯向上攀登，以便提高公司的利润。”

Crecia公司开发新产品的例子之一是最近投放市场的添加有冷薄荷醇乳霜的卫生纸。该公司最近还有一台新安装的百利怡公司制造的卷纸加工生产线，可生产两面微细压花的卫生纸产品。采用此技术，Crecia公司正在努力开发一种与众不同的使用方便的高级卫生纸产品。

重新建立融洽的企业文化。Kohyama公司必须着手解决的另一个棘手问题是把两公司的企业文化融合在一起，并把这两家过去互为竞争对手的公司统一在Crecia集团的管理之中。“Jajo-Kimberly公司和Sanyo-Scott公司有着很不相同的企业文化。在任何国家都难于将两种企业文化融合在一起，我曾经说过，在日本这种融合更困难，因为对一家公司的感情和忠诚度在日本要比在其他大多数国家要深得多。我们虽然还没有完全取得成功，但我们已步入正确轨道并取得进展。我的座右铭是“公平合理”，而且我相信每个人都遵守此格言。我们的企业运营应当是公平合理地对待每个人，把他们都统一在相同的企业文化之中。”

Kohyama先生还致力于了解日本营销渠道的某些情况，使销售业务更为透明。“我们要摈弃疯狂销售和回扣促销方法,以及在日本曾有过的支付条件。在日本曾有过许多对我们或对买方难以理解其好坏的规则和条款,我们曾有过一段不能正确判断产品能否盈利的艰难时期。现在我们正在形成一个十分简单的系统,在这个系统中每个人都能了解相关的规则,并且都能遵循相同的条款。"

厨用纸巾是增长领域。厨用纸巾产品是在日本特别值得重视的产品领域之一。由于多种原因,包括人们更喜欢用纺织毛巾而不是纸巾在内的多种原因所致,为此,厨用纸巾在日本市场仍未被广泛接受,但是情况正在有所变化。现在此类产品在卫生纸市场上的占有率仅为7%,远远低于它在美国和欧洲所占的市场份额,但它的增长速度却明显高于面巾纸和厕用卫生纸。表1数据表明,在过去的10年中,厨用纸巾市场每年以6%的速度增长,而面巾纸的年增长率只有1.5%,厕用卫生纸的年增长率为2.7%。

表1 日本卫生纸市场(2001年数据)

市场总消费量:172.6万t

品种	消费量/t	市场占有率/%	1992—2001年需求年均增长率/%
面巾纸	561000	32	1.5
厕用卫生纸	945000	55	2.7
厨用纸巾	120000	7	5.9
其他	100000	6	—

Crecia公司把厨用纸巾视为有良好发展潜力的产品门类,但在这种潜力成为现实之前,应解决面巾纸价格低廉的问题。Kohyama先生说:"面巾纸价格非常低廉的现实对市场有另一种不良影响。在日本人的家庭中有许多地方都放置有可供使用的面巾纸,每个房间有几盒。与厨用纸巾不同,它可用作多种用途的擦拭纸。因此,面巾纸已代替了厨用纸巾。但我认为我们如能把面巾纸的价格提高到合理水平,厨用纸巾的用量就会大为提高。"

Crecia公司的卫生纸年产量为32万t,是日本最大的卫生纸生产商(表2)。作为该公司新产品研究计划中的一部分,Crecia公司正在试图扩展厨用纸巾市场,推出多种用途的厨用纸巾产品,如盒装擦拭纸和卷筒擦拭巾。Kohyama先生说,他想开发与其他擦拭纸明显不同的多用途的优质擦拭纸。以百利怡公司的新设备所配置的高级印花和压花工艺为基础,Crecia公司正在考虑生产4层产品,这种产品目前还处在开发阶段。

使用TAD还为时过早。生产热风穿透干燥(TAD)卫生纸产品对某些卫生纸公司(如美国的P&G和K-C公司)是重要的增值策略,Crecia公司也在对此加以考虑。但是,Kohyama先生说,使TAD在日本成为一个盈利项目以前,尚需落实若干个事项。

表2 Crecia公司在日本的卫生纸厂

工厂名称与地址	生产能力/(t/a)	纸机数	产　品
Tokyo(Saitama)	87000	3	面巾纸,厕用卫生纸,厨用纸巾
Kaisei(Kanagawa)	95000	4	面巾纸,厕用卫生纸,厨用纸巾
Kyoto	67000	2	面巾纸,厕用卫生纸,厨用纸巾,纸尿裤
Iwakuni(Yamanguchi)	45000	1	面巾纸,厕用卫生纸,厨用纸巾
Koyo Paper,Fuji市Shizuoka	26000	1	厕用卫生纸
总计	320000	11台,其中7台是新月型成形器	

Crecia公司认为,考虑到目前日本市场供过于求的情况,公司尚不能制定扩大生产的计划。但是,公司正在考虑废弃那些陈旧的,生产能力较低的纸机,并代之以车速较快的现代化纸机的可能性,一旦实施这种转变,公司将考虑采用TAD。

"在将来某个时候可能会采用TAD,"Kohyama说,"我们当然在调查研究这个问题。TAD卫生纸有其独特的性质,如高吸水性,但我们还需进一步加以论证。坦率地说,在目前阶段,卫生纸的市场价格还不能证实将TAD卫生纸投入市场所进行的投资是有利可图的。因此,在开始认真地采用TAD之前,我们必须提高卫生纸的价格,并摆脱目前卫生纸属于大宗商品的局面,尤其对面巾纸更是如此。所有这些因素都是相关的。我们若能提高面巾纸的价格,厨用纸巾的消费量必然上升。当这种情况成定局时,我们就能更多地密切关注TAD,特别是对餐巾纸。从长远来看,在TAD的开发上我们将追随美国市场,但肯定尚需时日。"

(唐其铮编译自Perini Journal,2003年,7月)

中东地区对卫生纸的市场需求

Nuqul 集团公司

Nuqul 集团公司是中东地区主要的卫生纸供应商。1958 年，该集团开始在约旦进行卫生纸加工生产。后来，该集团的卫生纸加工生产又扩展到该地区的其他国家，如黎巴嫩、沙特阿拉伯、科威特、也门、阿拉伯联合酋长国、埃及和苏丹。

1991 年，该集团凭借在埃及的一台卫生纸机进入了卫生纸生产领域。1996 年，该集团在约旦安装了第二台纸机，其第三台纸机今年年初刚刚在埃及投入运行。

中东地区

对于中东地区的范围有多种说法，因此本文所指的中东地区国家包括：

● 中东国家：约旦、黎巴嫩、叙利亚、伊拉克、巴勒斯坦和以色列、土耳其、塞浦路斯。

● 海湾国家：沙特阿拉伯、阿拉伯联合酋长国(UAE)、也门、科威特、卡塔尔、巴林、阿曼、伊朗。

● 北非国家：埃及、利比亚、阿尔及利亚、摩洛哥、突尼斯、苏丹。

人均消费量

根据各国的卫生纸人均消费量，这些国家可以分为如下几类：

● 高消费国家：土耳其、以色列、塞浦路斯，这些国家卫生纸的年人均消费量达到 10kg，在消费量方面它们更类似于欧洲国家，这主要是因为人均收入和旅游业的原因。

● 中等消费国家：沙特阿拉伯、UAE、科威特、卡塔尔、巴林、黎巴嫩、约旦，这些国家的年人均消费量在 2~9kg 之间。

● 低消费国家：叙利亚、伊拉克、巴勒斯坦、阿曼及所有的北非国家。它们的年人均消费量低于 1kg 或在 1kg 左右。

本文主要介绍 Nuqul 集团卫生纸业务比较活跃的国家。

这些国家包括约旦、黎巴嫩、叙利亚、伊拉克、巴勒斯坦及所有的海湾国家和北非国家。

这些国家的卫生纸总消费量约为 34 万 t/a，年人均消费量为 2kg 左右。

在这些国家中，苏丹的年人均消费量最低，只有 0.1kg，UAE 的人均消费量最高，达到 7.5kg。表 1 分别给出了这些国家的人均消费量。

表 1　各国卫生纸的人均消费量

国家	人口数 / 万人	卫生纸年消费量 /t	年人均消费量 /kg
约旦	570	16000	2.81
黎巴嫩	450	28000	6.22
叙利亚	2000	25000	1.25
伊拉克	2600	5000	0.19
巴勒斯坦	380	3500	0.92
沙特阿拉伯	2400	110000	4.58
UAE	375	28000	7.47
科威特	250	18000	7.20
卡塔尔	80	2800	3.50
巴林	75	3000	4.00
阿曼	300	2900	0.97
也门	2100	13000	0.62
埃及	7500	38000	0.51
利比亚	580	2500	0.43
阿尔及利亚	3250	12500	0.38
摩洛哥	3200	19000	0.59
突尼斯	1000	9300	0.93
苏丹	4000	2300	0.06

按品种分类的卫生纸消费量

面巾纸是该地区中消费量最大的品种，大约占卫生纸消费量的70%。厕用卫生纸居第二位，约占 16%，厨房纸巾约占 6%，餐巾纸约占 5%，居家外用卫生纸约占 3%。

影响该地区卫生纸消费量的几种因素

1　人口增长率

通常，一个地区的人口出生增长率是使卫生纸消费量提高的主要因素。该地区的人口出生率是世界上最高的地区之一，大约为3.0%。但是,其他因素却使消费量减少。

2　人均 GDP

当人均 GDP 达到 3000~4000 美元这一范围时，卫生纸消费量开始增加。该地区国家的人均GDP差异较大，苏丹和也门的人均GDP只有800美元，而海湾合作委员会成员国的人均GDP却高达16000美元。表2给出了该地区一些国家的人均GDP。

表2 中东地区一些国家的人均GDP

国家	人均GDP/美元
约旦	2000
黎巴嫩	2400
沙特阿拉伯	9500
巴林	8800
科威特	15000
阿曼	5700
卡塔尔	12000
UAE	16000
埃及	1100
也门	800
苏丹	800

3 宗教习俗

伊斯兰教在中东地区占有优势地位。伊斯兰教的卫生习惯提倡用水来进行个人卫生清洁，而不用厕用卫生纸，这就大大减少了该地区厕用卫生纸的消费量。热情好客的习俗和服务行业造就了对面巾纸和餐巾纸的大量需求。但是，在过去的几年中，由于某些习俗的改变，厕用卫生纸的消费量有了明显的提高。

4 旅游业和特殊的宗教活动

在一些国家中，旅游业在卫生纸消费量的增长中发挥了重要作用。特殊的宗教活动，如沙特阿拉伯的朝觐(例如麦加朝觐)明显提高了沙特阿拉伯的卫生纸消费量。每年有3~4个月的时间，来自世界各地穆斯林世界的大约400万~500万人到沙特阿拉伯参加这种宗教活动。

5 温暖的气候

中东地区大概是世界上气温最高的地区。这使得排汗成为人们生活中令人烦恼的事。卫生纸消费量随着气温的升高而增加，人们尽量使用卫生纸擦掉汗水和汗渍。

6 对产品的偏爱

到目前为止，该地区内最主要的卫生纸产品是面巾纸，其产量占卫生纸产品总产量的70%。在一些国家中，甚至还占到85%。面巾纸被用于各种场合和各种用途。你可以在住宅中的每个房间、办公室、汽车中看到它，而且当你外出的时候，口袋中装一包面巾纸被看成是有身份的象征。

7 政治形势

该地区中的几次战争减少了卫生纸产品的消费量。当人们找不到食物糊口或担心自己的人身安全时，像柔软面巾纸这样的奢侈品就被认为是次要的。

Nuqul集团公司在该地区的活动

Nuqul集团对在该地区实施新项目怀有美好愿望，它拥有专门技术和财力，并制定了长期计划。该集团的愿望是通过进行有把握的，计划合理的产品开发、推广、广告促销和市场营销成为中东地区主要的供应商。

目前，该集团在该地区的9个国家中拥有8个卫生纸加工厂和2个销售和配送公司。

该集团还拥有3台卫生纸机，其中最新的1台纸机是今年年初开工的，它们的总生产能力约为10.2万t/a。由于市场是这样惊人地增长，Nuqul集团在该地区再建设一个新纸厂(即安装第四台纸机)的计划已被提到议事日程上。

该地区未来的发展前景

最近，整个世界都在关注这个地区。这个地区每天都会出现新闻。它已经成为一个政治和经济活动的热点地区。同样，这个地区也会成为卫生纸生产和消费的热点地区。

业内人士都在关注这个地区。这里安装了很多新的卫生纸机，新的生产能力也将不断涌现。

由于前面提到过的几个原因(经济增长、人口增长、人均GDP增长)，所以卫生纸增长的潜力是很大的，但愿政局更加稳定。

(孙静编译自Tissue World 2005，会议论文集)

阿拉伯世界的卫生纸市场概况

本文主要讨论阿拉伯世界的纸与纸板的生产与消费，并专门介绍了某些卫生纸项目及其市场发展趋势。阿拉伯世界在地理上可以分为3个部分，即北非(包括埃及、苏丹等国家)、东地中海(包括黎巴嫩、叙利亚等国家)、海湾合作委员会成员国(又称阿拉伯海湾国家)。这是有关本世纪阿拉伯世界卫生纸市场的第一篇调查报告，它披露了该地区卫生纸生产的现状和过去5年所发生的变化。

北非：埃及、苏丹、突尼斯、阿尔及利亚和摩洛哥

北非地区的人口占阿拉伯地区总人口的64%，阿拉伯世界的一些最大的制浆造纸公司就位于该地区。该地区的人口大约为1.5亿，主要是年轻的消费者。摩洛哥的森林面积有8.5万km^2，阿尔及利亚的森林面积有4.5万km^2，所以这里有丰富的造纸原料。

埃及是北非地区主要的瓦楞原纸生产国。它主要服务于地区市场——阿拉伯和亚洲——而不是全球市场。它的人口在阿拉伯世界居首位。它的卫生纸消费量约为7.8万t/a，其中3000t是进口卫生纸。卫生纸人均消费量仅为1.1kg。埃及正在实施几个投资项目，其中包括Nuqul集团在其Al-Sindian纸厂的新卫生纸机，该纸机已于2005年初投产。其幅宽为5.5m，车速为2000m/min，预期的产量为5.4万t/a，采用原生纸浆生产卫生纸。埃及还有另外4个卫生纸厂，总产量约为5.8万t/a。

最近，埃及的很多旧的工厂已经得到了改造。埃及拥有3家大型浆厂，其中包括一个生产能力为25万t/a的蔗渣浆厂和一个生产能力为6万t/a的BCTMP浆厂。纸浆总消耗量为46.6万t/a。每年进口大约9万t原生纸浆和2500t废纸。估计每年国内可收集65万t废纸。大量的国内统计资料表明，埃及的纸浆、回收废纸、卫生纸、纸及纸板需经相当长的时期才能达到自给自足，目前仍然有20%的纸浆缺口和约50%的纸和新闻纸的缺口。当2003—2004年的统计数据公布后，这种情况将看得更清楚。去年，埃及政府出台了一项鼓励纸张进口的措施，使该地区的出版、印刷和包装行业陷入了价格混乱状态。由于埃及生产的纸制品价格具有竞争力，使得此类产品的出口量迅速攀升。

20世纪90年代末期，阿尔及利亚仍在通过改变政府的政策来努力吸引新的投资。这些政策所规定的私有化和新的鼓励措施有助于改造该国的经济。私营企业家振兴造纸行业的努力还没有从根本上改变该行业的面貌，但是在2005年造纸行业可迈上一个新台阶。

阿尔及利亚大型制浆造纸公司仍然是国营的，例如，GIPEC公司。该公司以前曾被称为Celpap and Enepac公司。GIPEC公司已面临一些困难并关闭了其制浆厂。它的长期发展战略是停止使用西班牙草草浆，并寻找其替代品。

阿尔及利亚的Tissue Paper Mill公司的一台卫生纸机即将投产运行。该纸机的生产能力为2.5万t/a，配有两个流浆箱和一个Advantage扬克式烘缸热风罩。

目前阿尔及利亚的卫生纸消费量约为1.2万t/a，年人均消费量约0.75kg。1999年，它的纸和纸板的总消费量为25万t，相当于人均8kg。2002年，上升到10kg，2003年则保持与2002年相同的水平。

摩洛哥是该地区第二大纸浆和印刷用纸的生产国，每年生产12.5万t漂白硫酸盐桉木浆，其中的一部分用于出口。该国有一家卫生纸厂，产量仅为1万t/a。卫生纸消费量约为1.1万t/a，年人均消费量为3.5kg。

该国的废纸回收量约为1万t，主要用于SAFRIPAP纸厂。该国的废纸回收率只有3%~4%。我们没有得到有关纸浆产量的确切数据。我们估计是进口的回收废纸和其他非木材化学浆的增加支撑着2003年产量的增长。

突尼斯是该地区最小的国家。卫生纸消费量的50%以上是由本国的产品来满足的。卫生纸的产量为3万t/a，卫生纸的年人均消费量接近3kg。总的纸浆消耗量大约为8.5万t/a，回收纤维用量较高，接近7万t/a。1999年的数据显示回收废纸的消耗量为4万t/a，其中6000t为进口废纸。

1982年，Tunisie Ouate公司创建于距首都突尼斯100km的Infida市，它距Sousse市40km，距Hammamet市20km。它被认为是突尼斯一流的公司之一。该公司拥有两台卫生纸机：1号纸机已于1984年投产，2号纸机投产于2003年，它采用了一些新技术和新设备。该公司卫生纸的年产量总计约为2.3万t。

在突尼斯，Societe Nationale De Cellulose & De Papier Alfa公司生产的西班牙草草浆是一种特殊情况，它只用于生产卷烟纸，它与其他种类的纸浆的价格不同。

突尼斯自己制浆已有相当长的历史。目前其纸浆产量为2.4万t/a，主要是西班牙草草浆1.6万t/a，其余是木浆8000t/a。纸浆产量的一半为商品浆。苏丹是最后要介绍的一个北非国家。调查显示，该国

生产某些种类的纸和纸板，生产能力为4000t/a。该国的卫生纸消费量非常低，为1.5万t/a，年人均消费量仅为0.4kg。苏丹的人口大约为4000万人，占阿拉伯总人口的14%，与海湾合作委员会成员国和东地中海国家的18%接近。

东地中海地区：包括约旦、黎巴嫩、叙利亚和伊拉克

这个地区有其独特的特征。约旦拥有两家卫生纸厂，它们的总生产能力为3.6万t/a。卫生纸的年消费量为2.8万t。与其他阿拉伯国家相比，约旦的国土面积很小，人口数也较少。其产品的大部分出口到巴勒斯坦、伊拉克和其他国家。它的纸板生产能力仍不是很大。进口纸浆2.5万t/a。叙利亚有3家主要的卫生纸厂，它们的总生产能力为3.53万t/a。这种情况很快会发生变化。另一个生产商已经签约要安装一台产能为3万t/a的新卫生纸机。叙利亚大多数卫生纸产品出口到伊拉克和周边地区。叙利亚每年要进口1.5万t化学浆和9000t废纸。但是，有关废纸回收的信息是不完全的。官方的调查报告显示纸和纸板的总进口量是18万t/a，然而，一些国际机构提供的该数据为16万t/a(2001年)。2002/2003年的数据还没有被确认，但是单独的纸张进口量为6万t/a。

伊拉克有两家制浆造纸厂，它们采用的浆料为蔗渣浆、草浆和漂白硫酸盐阔叶木浆。该国的造纸能力为15万t/a。纸厂是国营的，而且均未达到最高生产能力。伊拉克的自然资源丰富，但是消费量很低，而且受禁运的影响。很多显示约旦进口纸的数据，实际上是进口到伊拉克。在过去的几年里，每年经过约旦、科威特、叙利亚和黎巴嫩进口到伊拉克的纸已超过7万t。

从领土、人口和自然资源方面来说，黎巴嫩都可谓是该地区最小的国家。但是，它的卫生纸市场却给人留下深刻的印象。估计的消费量为4.2万t/a，相当于年人均消费量为11kg，这在阿拉伯世界是最高的人均消费量。黎巴嫩现有两家主要的卫生纸厂：

其中的一家是阿拉伯国家中的第一家卫生纸厂，始建于1967年。长期以来，它一直只向该地区的卫生纸加工商供应卫生纸原纸。所有卫生纸厂都是该厂后续发展的产物。该厂共有3台卫生纸机和一台牛皮纸机。

另一家卫生纸厂拥有2台卫生纸机。第1台纸机是在1995年投产的。第2台纸机刚刚安装完毕，将在今后几个月内投产运行。这家卫生纸厂被认为是该地区卫生纸加工商所需原纸的主要供应商。它也向欧洲和其他国家出口卫生纸。

黎巴嫩1.9万t/a卫生纸是使用进口纸浆生产的。回收废纸是在国内收集的。黎巴嫩纸和纸板总产量接近15万t/a。目前尚难以确切了解关于进出口废纸的数量。

海湾合作委员会(GCC)成员国

海湾合作委员会成员国包括沙特阿拉伯、阿拉伯联合酋长国(UAE)、巴林、科威特、卡塔尔、阿曼和也门。它们构成了中东最大的经济区，GDP相当于整个阿拉伯GDP总量的45%。它们的总人口约为5000万，大多数为年轻消费者。

海湾国家关税联盟促进了该地区内贸易额的提高，尤其是在包装材料和卫生纸市场更是如此。尽管这类产品体积大、运费高，导致进口费用大，但这并没有妨碍其在海湾地区各国之间的流动。但是，原料的缺乏意味着它仍是一个具有挑战性的市场。

卫生纸行业在海湾地区刚刚起步，处于一个非常活跃的发展阶段。预计2005年沙特阿拉伯卫生纸的市场规模将高达11万t。居家用厕用卫生纸的需求量很小，该市场的重点是面巾纸。GCC成员国的卫生纸消费总量将达到15.5万t/a，但是仍然低于目前的产量。除也门以外的GCC地区的卫生纸年人均消费量为4.7kg(如果包括也门，这个数字将降为3.0kg)。

沙特阿拉伯是该地区中最大的纸浆和纸进口国和生产国。2002年，含100%化学浆的纸的消费量达到13万t，印刷用纸达到14万t，其他纸及纸板的总消费量估计为23万t/a。

沙特阿拉伯每年进口5.5万t的阔叶木浆和针叶木浆。其余需要的纸浆是用本地的回收废纸生产的。有关废纸的数据不完整，但是据我们的调查，废纸的消耗量估计约为26万t/a(约9万t用于卫生纸行业)。大部分的废纸浆用于生产瓦楞原纸，30%的废纸浆用于生产挂面纸板。原生纸浆是从欧洲和美国(Georgia Pacific公司，Stora Enso公司，M-Real公司，Henzel公司，Tembec公司，Weyerhaeuser公司，Rayonnier公司和Aracruz公

司)、印尼、韩国、新加坡和马来西亚(April公司，APP公司，Hansol公司，YFY公司，ShinHo公司)进口的，它们主要用于生产高品质产品。

直到今年，沙特阿拉伯一直向印度出口废纸(大约为7万t/a)。值得注意的是只有50%的可用废纸是在沙特阿拉伯收集的。当2005年一家废纸处理工厂开工时，它对废纸的需求量为40多万t/a，这将使沙特阿拉伯的废纸出口成为一个问题。沙特阿拉伯一家主要的卫生纸厂建于1991年。其产品不仅在沙特阿拉伯销售，而且还销往越来越多的中东国家和海外市场。其生产能力为7万t/a。该厂拥有几种不同的卫生纸生产工艺，能够灵活地生产不同品种的卫生纸。

巴林卫生纸消费量大约为2400t/a。它只有一家年产1.5万t的卫生纸厂，该厂的产品大多数出口到本地区的其他国家。

科威特卫生纸的产量和消费量大致相同，约为1.5万t/a。2000年，依靠原生绒毛浆(化学浆)生产卫生纸。

阿拉伯联合酋长国(UAE)有3家卫生纸厂。Abu Dhabi National Paper (ADNIP)纸厂是一个新建的卫生纸厂，它已于2002年年初开工生产。该厂在设计时就考虑到了将来的发展，其中包括再建一个新的卫生纸厂。它将环保和安全管理看作是最高的标准。该厂采用先进技术，年产卫生纸2.2万t。

第二家卫生纸厂是1993年建立的，1995年开工。年产不同品种的卫生纸产品1.8万t。这些年来，通过坚持不懈地提高产品质量和服务水平，它已经赢得了30多个国家的消费者的信任。

第三家卫生纸厂是一个主要的卫生纸产品供应商。它年产各种品种的卫生纸1.1万~1.2万t。它不仅满足了国内市场需求，而且还出口到国外市场。

UAE卫生纸市场的发展说明了消费需求的快速增长，这要归因于从国外进口的大量卫生纸产品、UAE的全面发展和UAE政府的鼓励投资、建立工业免税区的各项优惠政策。UAE大部分卫生纸产品出口到其他阿拉伯国家。

到2006年，该地区的7家卫生纸厂每年将需要20.8万t针叶木浆和阔叶木浆。到那时，该地区从下列国家进口木浆的份额是：美国30%，巴西25%，远东20%，加拿大15%，瑞典9.5%和俄罗斯0.5%。

广告业的发展是新闻纸和全化学浆涂布纸发展的动力。办公技术则影响全化学浆非涂布纸的发展。收入水平和个人卫生标准推动了卫生纸市场的发展。工业、农业和零售业的结构影响瓦楞纸箱和纸袋的消费量。

一旦得出了实际的消费量，就可发现真正的消费趋势，它将有助于我们分析该地区各纸种的未来发展，但千万不要忽视环保压力、法规、具有竞争力的替代产品和消费偏好等因素。

回收废纸应该得到更有效的利用。很多国家都没有回收废纸制浆厂，其中的一些国家还在采用原生纤维生产那些只要采用质量低的浆料就可生产的纸品。在采用密闭式热风罩烘缸时，要优先考虑废纸浆生产设备的热回收。应该认真对待白水回收，因为在阿拉伯国家水是一种稀缺的自然资源。

表1　阿拉伯世界生产卫生纸国家的生产能力

国家	生产能力/(t/a)
阿尔及利亚	30000
巴林	15000
埃及	112000
伊拉克	5000
约旦	36000
科威特	15000
黎巴嫩	57750
摩洛哥	10000
沙特阿拉伯	105000
叙利亚	65300
突尼斯	29750
UAE	68000
总计	548800

表2　1998年卫生纸产品消费量和2005年预测消费量

地区/国家	1998年消费量/t	2005年预测消费量/t
阿尔及利亚	8250	25000
埃及	40000	75000
摩洛哥	6250	17500
突尼斯	13000	25000
伊拉克	—	—
约旦	20000	28000
黎巴嫩	30000	42000
叙利亚	21500	35500
苏丹	3000	6000
巴林	2000	2500
科威特	12000	15000
阿曼	2600	3275
卡塔尔	2100	2800
沙特阿拉伯	72000	110000
UAE	17500	28000
也门	3500	5000
总计	253700	420575

(孙静编译自Tissue World，2005年，4—5月)

非洲卫生纸市场悄悄地变化

除了南非以外，国际卫生纸行业对非洲不太重视。在非洲许多国家中，低下的生活水平，加上伊斯兰国家传统习俗的流行，注定了卫生纸通常是极少或没有使用。因此，居家外用卫生纸的消费量在非洲卫生纸的总消费量中所占的份额要远高于更加发达的地区(某些估计认为此份额为大约30%)，因为在非常贫困的非洲国家，政府办公部门及在为西方旅游者提供的宾馆所消费的卫生纸占了卫生纸总用量的一大部分。

在南非之外，所消费的卫生纸还往往局限于便宜的、低质量的卫生纸。然而，有迹象表明，更多的非洲消费者开始需求更高质量的卫生纸产品，当地的卫生纸生产商已经行动以满足这一需求。在埃及，位于开罗附近的AI－Sindian造纸厂(属于总部设在约旦的Nuqul集团)正在安装一台生产能力为5.4万t/a的美卓公司制造的现代化卫生纸机，该纸机采用原生浆生产面巾纸、擦手纸等产品。在这条埃及生产线(预定于2005年1月份投产)之前，则有Tunisie Ouate公司于2002年12月在突尼斯其所属的Enfidha纸厂中投产的一台生产能力为1.8万t/a的意大利PMT公司制造的纸机。Tunisie Ouate公司正处于从生产大卷筒卫生纸原纸向生产卫生纸加工产品的转变之中，它已经决定投资购买一台高质量的卫生纸机及加工生产线，以便对抗来自进口的廉价卫生纸产品的威胁，并刺激国内消费的增长。经乔治亚－太平洋公司许可，这家公司将生产乔治亚－太平洋公司的Lotus品牌卫生纸产品，并希望出口一些产品到北非的其他国家。

2004年4月，在尼日利亚，Bel Papyrus公司在其位于拉各斯市附近的Ikeja造纸厂成功投产了一台新月型成形器纸机，该纸机的生产能力为9000t/a、幅宽为2.75m，由特斯公司制造。特斯公司认为这台新纸机能够使卫生纸的质量达到尼日利亚市场前所未有的水平，Bel Papyrus公司将有可能因此而出口一些卫生纸产品。

进步而非变革

上述这些项目是否意味着一股变革之风将横扫非洲卫生纸行业？可能不是，这就是答案。卫生纸行业观察家认为，虽然非洲的卫生纸消费量的起点低，但从整体上看，在未来5年中，非洲卫生纸的消费增长率可能保持在一位数。即使是像阿尔及利亚和摩洛哥那样的市场在中短期内也只可能有中等程度的增长。面巾纸和餐巾纸似乎是在个人消费用卫生纸产品中增长最快的纸种，并且产品质量不断提高。然而，基础设施问题(比如高的运输成本)及政治上的不稳定，意味着在相当长的时间内，对大部分非洲地区的投资可能是有限的。在非洲大陆的大部分的整体生活水平提高之前，观察家们建议，有进取心的非洲卫生纸生产商应该使非洲地区从一个小型的卫生纸纯进口地区转变为一个小型的纯出口地区。

长期教育

毫无疑问，消费者教育在提高非洲卫生纸消费量方面起着重要作用。西方国家也是如此，卫生纸生产商认识到教育广大消费者是一个长期的任务。

Embossing Technologies公司的Carl Ingalls指出，事实上悬挂厕用卫生纸的方法有正确和错误之分。“正确的方法是使纸尾离开墙面。这样，产品的卷筒部分和悬垂部分更容易被看见。同样，作为一个好客的主人，你也愿意让客人知道浴室里有卫生纸。”Ingalls还指出，如果你不正确地悬挂厕用卫生纸卷，纸上的压花图案就会颠倒。

多数消费者已经采用了正确的方法。在乔治亚－太平洋公司和美国超市连锁零售商Tops Markets公司的一项调查中，有76%的回答者说他们悬挂卫生纸的方法是“不接触”(悬挂的纸尾端离开墙面)，只有24%的人悬挂方法是“接触”(纸尾端贴在墙面上)。

(陈祥津编译自Tissue World，2004年，8—9月)

全球卫生纸生产商纷纷进入印度市场

印度经济如同已经沉睡了多年的老虎，现在已开始苏醒。由于印度拥有10多亿人口，其GDP每年以约8%的速度增长，许多跨国公司自然而然地渴望进入这一急速发展的市场。

难以克服的国际收支问题使得印度在1991年进行了国营企业私有化。现在的印度对于国外直接投资(FDI)来说是一个有吸引力的市场。AT Kearney公司的一项调查结果将印度列入2004年全球位居第三名的最具吸引力的FDI目的国(仅次于中国和美国)，而在2002年和2003年印度在这一排名中分别位居全球第15位和第6位。该项调查还把印度列为最佳的商务流程外包(BPO)目的国。根据最新的世界经济论坛全球竞争力排名报告，就对外资限制的排名而论，印度被列为102个国家中的第41位。相比之下，马来西亚位居第65位、泰国位居第72位、中国位居第81位。没有任何一个主要的发展中国家的排名在印度的前面。对国外投资审批的放宽正在鼓励跨国公司纷纷进入印度，并通过合资企业向其转移先进技术。外资股份占74%的合资企业可由有关机构自行批准，而外商独资企业则需经印度外国投资促进委员会(FIPB)批准。

卫生纸市场

印度的卫生纸市场规模目前是非常小的。据印度中央制浆造纸研究所(CPPRI)预测，印度卫生纸年消费量仅占其纸张年消费总量(570万t)的1.3%，即约5.8万t。但是目前印度卫生纸市场已呈现有利的增长势头，它的强劲增长潜力已经吸引了相当多的主要跨国公司进入印度。

Scott Paper公司是第一家进入印度的公司。1995年，该公司与印度Pudumjee Agro公司以51比49的股份比例成立了合资企业。Pudumjee Agro公司的Pudumjee制浆造纸厂生产大卷筒卫生纸原纸。由于金佰利公司在当年接管了Scott公司，该合资公司被更名为Kimberly-Pudumjee公司。就产品质量及其包装来说，金佰利公司的产品要明显优于当地生产的同类产品。金佰利公司开拓的产品市场包括卫生纸产品自动配给器、大直径厕用卫生纸、C-形折叠纸巾和工业用纸巾。在此之前，印度是没有这些产品市场的。然而，尽管拥有首先进入印度的有利条件，但是Kimberly-Pudumjee公司还是连续几年出现严重亏损，并且其印度合资伙伴无法输入更多的资金来补偿这些亏损。因此，在2004年9月，想在印度扩张的金佰利公司买下了其合作伙伴的全部产权，并在当年10月将该合资公司改造成独资分公司。从那时起，金佰利公司就从位于Maharashtra邦Pune市Pudumjee公司的旧厂房中搬出，租下了位于Hinejwadi市附近的新厂，在那里生产它的产品。

总部位于美国德克萨斯州的Irving公司则将其发展重点选择在印度居家外用卫生纸产品市场，该公司已在国家机关用厕用卫生纸市场占据了主要地位。下一阶段该公司将提高其在宾馆、餐饮业和办公大楼等居家外用卫生纸产品市场中的份额，并大踏步进入购物中心。

在居家用卫生纸产品市场中的一些早期行动

宝洁公司和马来西亚Premier Tissues公司紧随金佰利公司之后进入印度，当时他们的目标是居家用卫生纸市场。尽管这些公司那时在印度首次经销手帕纸，但只有Premier公司经受住了时间的考验。Premier公司与一家印度合作伙伴进入了该市场，而宝洁公司则使用了其现有的、非常完善的综合性的销售网络。宝洁公司的Tempo品牌产品迅速地进入零售渠道，但低容量的印度市场还没有为以高容量销售策略为基础的产品销售作好准备，于是，Tempo品牌产品以失败告终。

在金佰利公司已经进入居家外用卫生纸市场之时，印度尼西亚的APP公司开始跻身居家用卫生纸市场。2001年，APP公司推出了各种Paseo牌新产品，例如4卷装和6卷装的印花和未印花厕用卫生卷纸、印花厨房用纸和3层印花餐巾纸等。高质量的包装使得这些产品比当地竞争对手的产品具有新颖的优势。更有意思的是，APP公司选择不断地向印度进口这些产品，而不是在当地生产这些产品，有时还会造成供不应求的局面。Paseo品牌产品的成功证明了当地卫生纸加工商认为印度消费者不会为卫生纸产品的高质量付费的看法是错误的。因此我们预计将有更多的当地卫生纸加工商会提供越来越多的高质量卫生纸产品。

SCA公司参与竞争

瑞典SCA公司是最近涉足印度市场的大型卫生纸生产商。该公司最近指定了一家承运结转(C&F)代理商(在印度这个术语是指负责物流和配送的大经销商)来处理在居家外用卫生纸产品市场中出现的棘手问题和负责全国性销售网络。SCA公司计划销售居家外用卫生纸产品，例如Tork牌卫生纸产品自动配给器、厕用卫生纸、擦手纸、宴会用卷纸和餐巾纸，以及Mediroll牌和Softwash牌等健康护理用和工业用擦拭巾。

SCA公司计划在印度孟买设立一个销售处，它首先销售进口产品。如果所有工作都按计划进行的话，该公司则外包成品的生产，并计划在3~5年内在印度开办其自己的生产厂。

由于金佰利公司和SCA公司都把目标锁定在印度居家外用卫生纸市场，这势必会引发二虎相斗。结局如何，我们将拭目以待。

(周杨编译自Tissue World，2005年，2—3月)

越南卫生纸生产概况

据越南造纸协会报导，越南约有300家造纸企业，大多数均为小型企业。越南的造纸企业大多数位于越南北方河内市周边地区和其南部胡志明市的附近。

越南纸与纸板的年总产量不足90万t。纸浆产量约为22万t，其中，漂白阔叶木硫酸盐浆为6万t；未漂白阔叶木硫酸盐浆为6.3万t；半化学浆为7.7万t；化学热磨机械浆为2万t。2003年的商品浆进口量为8万t。2004年的进口量为14万t。预计越南的商品浆进口量将很快达到20万t。

非木材纤维被广泛地用于造纸，蔗渣浆是造纸中用量最大的纸浆，占造纸配浆的61%。木浆占造纸配浆的37%，其他非木材纤维则占2%。

近年来越南已完成了几个新增卫生纸生产能力的投资项目。2001年，New Toyo公司在胡志明市附近的Binh Dong市的一家纸厂中投产了2台新卫生纸机。由日本某公司提供的这两台纸机的宽度为3.3m，产量可达1万t/a。在越南南方，Tan Mai Paper公司的卫生纸年产量为1.2万t。

在越南北方，Bai Bang公司的卫生纸年产量为4000t(一台卫生纸机)。在北方港口城市海防市，海防纸业公司(又称Hapaco公司)是另一家主要的卫生纸生产商，其年生产能力为2000t，其卫生纸机系由中国某公司提供。目前，越南卫生纸的年产量不足10万t。

虽然大多数越南造纸企业的生产技术落后，但是在2003年实施的进口关税减免政策使它们要面临来自东盟国家的进口产品竞争。在享受减免进口关税的纸种中，卫生纸的进口关税已降低到5%。

(章杰摘译自Paper & Tissue Industry，2005年，4月)

厨房用纸——一个处于发展中的产品市场

Marzena Moglia

在目前活跃的卫生纸产品市场中，公众的注意力通常集中于厕用卫生纸和面巾纸，而厨房用纸则常常被忽略。但是，就各种卫生纸产品的全球零售额而言，厨房用纸仅次于厕用卫生纸，是全球销售额居第二位的卫生纸种，因此这种忽略是非常不应该的。据欧睿信息咨询(上海)有限公司统计，厨房用纸的销售额占卫生纸零售市场的18%。

20世纪30年代初，美国宾夕法尼亚州的一位企业家凭借他的天才创新灵感发明了这种新型卫生纸种即厨房用纸。到今天，由于技术进步和消费者生活方式的不断改变，厨房用纸也逐渐发展起来。

吸收性更强和更耐撕裂的新产品的不断出现，赋予了这些新产品多重使用功能，其中包括可用作餐巾、去除溅出液或用于擦拭窗户等，这就进一步提高了厨房用纸的消费量。厨房用纸的不断发展将导致布质擦拭巾的消亡。欧睿信息咨询(上海)有限公司的调查表明，2003年厨房用纸的零售额达到了63亿美元，在过去6年中，其年平均增长率已达近6%。

表1 以零售价为依据的厨房用纸的销售总额(百万美元)(以2003年的固定汇率计算)

厨房用纸	2002年	2003年
西欧	2160.5	2221.4
东欧	62.2	67.4
北美	3389.6	3321.9
拉美	313.5	355.8
亚太地区	177.0	176.2
澳大利西亚	81.4	86.6
非洲和中东	63.2	65.5
总计	6247.4	6294.9

基本要求与附加值

在西欧和北美的成熟市场中，使用厨房用纸的消费者主要分为两类：

● 作“清洁”用：从擦干不小心洒落的牛奶到在饭后清洁活泼好动的学步小孩。此类消费者不太注重产品的装饰外观，并往往会购买那些普通白色的零售商品牌产品。

● 另一类消费者不仅希望产品具有优良的使用性能，还要求产品带有与众不同的花纹或图案。他们不太在乎价格，乐意为产品的附加特色付出更高的价钱，喜欢购买极有吸引力的产品如宝洁公司的Bounty和乔治亚－太平洋公司的Lotus Thirst Pocket。

产品装饰日臻完美

面对着来自零售商品牌产品的竞争压力越来越大，生产商已将重点放在开发具有独特个性的产品。因此，产品的美观性、装饰性及其包装已成为厨房用纸市场营销中的一个重要特征。

欧睿信息咨询(上海)有限公司的研究发现，压印有儿童电视或电影人物形象的产品越来越受到消费者的喜爱，其范例有，乔治亚－太平洋公司印有迪斯尼Winnie the Pooh动画人物的Lotus品牌产品和宝洁公司包装数量有限的Bounty品牌产品，该品牌产品还结合2004年在英国放映的影片而开展了促销活动。

包括夏日烧烤在内的以季节为主题的图案和以万圣节以及圣诞节为主题的图案也受到消费者的喜爱。在美国，Bounty品牌有40多种不同的图案，包括从秋日印画到按图案设计者的风格签名分类的当代装饰图案。在爱尔兰，当地受欢迎的图案设计师，Neville Knott也为乔治亚－太平洋公司的Kittensoft Thirst Pocket品牌产品设计了几种不同的图案。这些只是众多产品中的几个实例，它明显地反映出高级厨房用纸市场中产品日臻完美的发展趋势。

TAD技术使产品销量激增

已经证明，TAD(热风穿透干燥)是一项极具创新性的技术，在最近一段时期内它促使产品的销量激增。TAD技术能够赋予厨房用纸以2倍于普通厨房用纸的吸收能力和较高的松厚度。由于产品的厚度较大，抗撕裂强度较高，因此可以减少每卷厨房用纸中的纸页张数。

欧睿公司发现，由于每个家庭购买的厨房用纸卷数增加，同时产品的质量提高后价格也得到了提升，因此，厨房用纸的销售量和销售额都出现飙升。然而，到2003年，由TAD技术所带来的这种效应逐渐减弱，销售量的增长开始减缓。与此同时，来自零售商品牌产品的竞争压力的增加和折扣店对市场尤其是对美国市场的影响越来越大，消费者开始钟情于包装尺寸较大的产品并批量购买产品，从而降低了整个产品的单位售价。

美国市场面临紧缩

与对厕用卫生纸的需求不同，对厨房用纸的需求与消费者的经济状况息息相关。如果消费者感到其经济状况良好，他们就会毫不吝啬地选用厨房用纸，而且将用过的纸巾丢弃也不觉得可惜。然而，当经济状况不好时，消费者就会有意节制使用厨房用纸，用过的纸巾经干燥后再次使用，有时他们还会用普通的布质擦拭巾来代替厨房用纸。

20世纪90年代后期，美国经济繁荣、生机勃勃，非常有利于厨房用纸生产商的发展，其销售额增长率达到4%~6.2%。尽管在2001年下半年美国经济遇到了一些困难，但由于在前三季度仍保持较高的消费开支水平，所以在2001年厨房用纸的销售额还是保持较高的增长率。然而，欧睿信息咨询(上海)有限公司发现，2002－2003年期间美国经济萧条开始影响到消费开支水平，这种增长趋势开始逆转，消费者则更加节制地使用厨房用纸，或者干脆转而使用低价产品。

2003年，在美国厨房用纸销售总额中，折扣店占30%，折扣店的销售额持续增长又制约了该产品销售总额的增长。因此，2002年美国厨房用纸的销售额增幅降低到1.0%；2003年又下降了2.2%，达到31.6亿美元。

零售商品牌厨房用纸在西欧占主导地位

现在，零售商品牌的粗劣厨房用纸仅以价格优势与生产商自有品牌竞争的年代已经结束。零售商品牌产品已从原来的低价格、无装饰产品，逐渐发展到质量可以与生产商自有品牌产品相媲美而价格具有竞争性的各种各样的产品。由于许多拥有自有品牌的生产商同时也为零售商生产零售商品牌产品，因此，零售商品牌产品也能成功地迎合了名牌产品(leading brands)的最新发展趋势，如更高的吸水性、更厚的多层卫生纸、带有新颖图案和更环保的产品。

因为拥有准入权的超市能够将大量的货架用于销售自己的零售品牌产品，因此，正在进行中的西欧零售业的整合将更加有利于提高零售商品牌产品所占的市场份额。零售商使用自己的品牌将使他们通过控制生产成本来提高利润率，同时还可使产品具有竞争性价格。因此，对卫生纸行业施加价格和利润压力是零售业发展策略中的强大手段，并将继续发挥重要作用。欧睿公司相应的研究结果表明，在西欧厨房用纸市场中，零售商品牌产品的销售额在总销售额中所占份额已从2001年的46%提高到2003年的49%。

在欧洲国家中，德国、比利时和英国的零售商品牌厨房用纸市场最为成熟。在这三个国家的市场中，所有的小品牌厨房用纸基本上都退出了市场，留在这些市场中的最多仅存一两家大型生产商自有品牌产品，除此之外则全部是零售商品牌产品。甚至在一些像意大利那样的零售商品牌卫生纸产品渗透率低的国家中，零售商品牌厨房用纸在整个厨房用纸市场所占市场份额在2003年已达到30%，而在2001年则为27%。

表2　2003年零售商品牌厨房用纸所占市场份额

国家或区域	份额/%
世界	27.2
西欧	49.2
奥地利	38.5
比利时	70.1
丹麦	20
芬兰	11
法国	47.3
德国	71.2
希腊	13.2
爱尔兰	46.9
意大利	30
荷兰	48
挪威	13.5
葡萄牙	31.2
西班牙	47.5
瑞典	24.5
瑞士	32.3
土耳其	4.6
英国	66.2

低消费量为将来的增长留足空间

几年前TAD技术已被用于厨房用纸的生产，对该类产品的发展起到了前所未有的促进作用，导致了对其未来长期发展过于乐观的预期。2002年下半年厨房用纸经历的较为缓慢的增速以及2003年美国等市场衰退的现实使得生产商不得不采取更加小心谨慎的策略。

欧睿信息咨询(上海)有限公司预计今后4年内厨房用纸的销售额增长率将略低于往年，年增长率约为2%。在厨房用纸的市场营销中，零售商品牌盟主地位的日益加强以及预期的折扣店所占市场份额的提高会在短期内逐渐使得销售总额的增长趋缓。

另一方面，在许多市场中仍然较低的市场渗透率对厨房用纸的增长将起到促进作用。即使在成熟的西欧市场，厨房用纸的年人均消费量还不到5美元，只相当于美国市场的一半。在其他市场，如东欧和拉丁美洲，厨房用纸的年人均消费量更低。更值得一提的是，它为长期的明显增长留下了足够的空间。

青年消费者是下一个销售对象

与厕用卫生纸相比，厨房用纸的广告宣传仍然较少,但在今后的短期内却有望加强。许多大型跨国公司的促销活动以其产品质量的明显提高(如厨房用纸的耐用性几乎与布相当)，将使厨房用纸夺取其替代物如海绵的一部分市场份额。其中最著名的质量明显提高的产品是乔治亚－太平洋公司的 Kittensoft Ultra-Wipe 牌厨房用纸。

欧睿信息咨询(上海)有限公司认为,要提高厨房用纸的消费量，生产商应该更多地以青年消费者为销售对象，青年消费者已经认识到厨房用纸是一种比海绵和擦拭布更卫生更方便的产品。时间节奏日趋加快的生活方式使得青年消费者希望产品能够更省时省力。对产品进行更明显的功能划分，提供具有专门用途的产品(如烹调用)、可供选择尺寸的各种纸卷和可重复使用的产品都将满足不同消费者的要求，并将在较长时期内提高厨房用纸行业的利润。

表 3 2003 年 零售额居前 10 位的厨房用纸供应商

供应商	份额/%
零售商品牌供应商	27.2
宝洁公司	22.4
乔治亚－太平洋公司	16.9
金佰利公司	16.2
SCA Hygiene 公司	2.6
Metsä Tissue 公司	1.1
Marcal Paper Mills 公司	0.8
International Paper 公司	0.8
Empresas CMPC 公司	0.7
Sofidel Group 公司	0.7

(于红编译自 Tissue World，2004 年 12 月—2005 年 1 月)

全球卫生用品市场综述

全球经济状况

不可否认，近 2 年来全球经济面临需求疲软，消费者信心不足的状态。据经济协作与开发组织(OECD)预测，2003 年全球经济只增长 1.9%，2004 年将有 3% 的提高。

成熟市场也遇到经济不景气的状况，如美国，2001 年陷入经济衰退，2002 年虽有适度复苏，但宣布经济衰退已经结束还为时过早。消费水平仍有回弹，经济状况仿佛有渐增的势头，但十分缓慢。

欧洲经济也呈下降趋势，如德国是欧洲的主要经济萧条地区。2002 年欧洲的经济增长率仅为 0.2%，是 1993 年以来最差的一年，消费水平急剧下降。欧洲地区经济复苏的迹象不如美国明显,具体表现在 2004 年的经济前景上。OECD 现在已修改其预测，2004 年经济增长率将由原预测的 2.4% 下降到 2%。

亚洲太平洋地区的经济从 1998 年的金融危机以来有所复苏，但又遇到美国经济下滑所产生的市场不景气，大部分市场受到出口需求不旺和高技术市场的影响。但是,中国和印度的经济保持强势，其区域间的贸易进口量有助于其他市场走向复苏。

和过去相反，日本不再是亚洲经济增长的动力。日本经济仍然停滞不前,高失业率和工资下降使得家庭开支处在紧缩之中。虽然在某种程度上日本经济存在着一定的稳定性,但前景难以预测 。

虽然拉丁美洲的某些市场，如巴西和墨西哥在 2002 年经济有一定增长，但时局仍然动荡，尤其是阿根廷和委内瑞拉,在那里经济脆弱,要使商业投资重返该地区尚需进行非常大胆的改革。

人口增长

工业的增长在很大程度上取决于人口数量、家庭组成和收入。全球人口现已超过 60 亿，但只有 12 亿人集中在西方 7 国集团，预期今后 20 年内这 7 国人口的增长率不会超过 4%。

一般说来,主要发达国家的人口的增长速度缓慢，有时还下降(见图 1)。但美国例外，由于移民和低收入家庭的出生率高，其人口增长率仍然较高,虽然移民潮可成为人口众多和富裕市场中工业增长的资源，但这不足以改变发达国家的面貌。

在发展中国家,情况很不相同。中国和印度的人口均在 10 亿人以上，而亚洲和非洲其他新兴市场的人口增长也在紧步后尘，99% 的人口增长发生在发展中国家，在未来 20 年内这些国家的人口预计将增长 15 亿。此趋势可为卫生用品主要市场的扩大提供新机遇。然而,在这些市场中的卫生用品销售额的增长潜力有限，因为这些地区的人均可支配收入较低，一般性的廉价商品才具有很强的吸引力。通过开发优质产品、拓宽可供选择的产品范围和鼓励成熟市场中富裕的消费者更多地消费可部分弥补此类市场之不足。

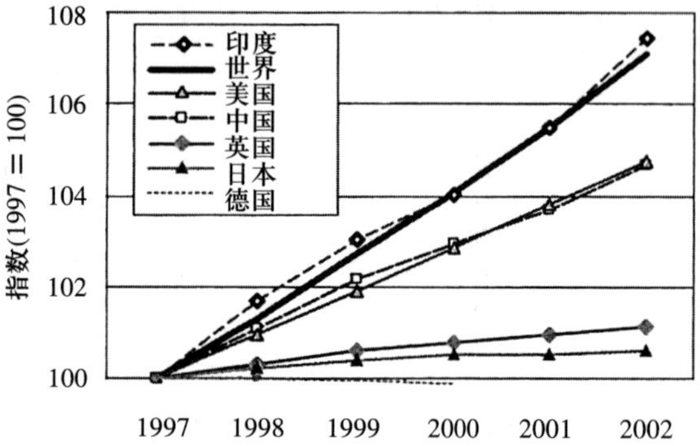

图1 世界人口的增长率

按年龄区分的人口概况

在发达国家，制约人口增长的2个主要因素是出生率的下降和人口老龄化。

在许多国家65岁以上的老人的数量迅速增加。如德国、日本、意大利和西班牙，65岁以上的人口数量超过15岁和15岁以下的人口数。2002年中国65岁以上的人口数超过9200万，为美国相应人口数的2.5倍。中国老年人的收入低，但提高很快，因为他们还积极参与快速发展的中国经济，并享有社会福利事业的养老金。老年人在发展中国家变得日益重要，他们发挥余热所作出的新贡献开始改变消费方式。

在此期间，在全球大部分市场中的人口出生率在下降。首先是2个年龄组(0~4岁和5~14岁)的人数似乎在负增长。家庭小型化已成家庭的标准模式。在西欧和北美，每个家庭现在平均只有2个孩子。全球人口出生率的下降对卫生用品行业，特别是对纸尿裤/训练裤行业的发展有重要影响。然而，由于有更多的妇女参加工作，家庭的规模又变小，可支配收入的水平提高，这些都有益于卫生用品销售额的提高，生产商可把重点放在推出优质的增值产品上，以弥补销售量的下降。

此外，全球的人口出生率虽然总体呈下降趋势，在发展中国家人口增长的潜力仍然很大，这对历来都是超前发展的卫生用品行业的增长是主要动力。在发展中国家每年新增人口数为1.2亿，而发达国家只新增1300万人。在亚洲生活的青年人的数量占世界青年人总数的57%。

卫生用品市场的增长

2002年全球卫生用品市场的销售额为410亿美元，这得益于2001年3.1%的较快的增长率(图2)，更得益于东欧的卫生用品销售额的较大增加，销售额提高了12.3%。

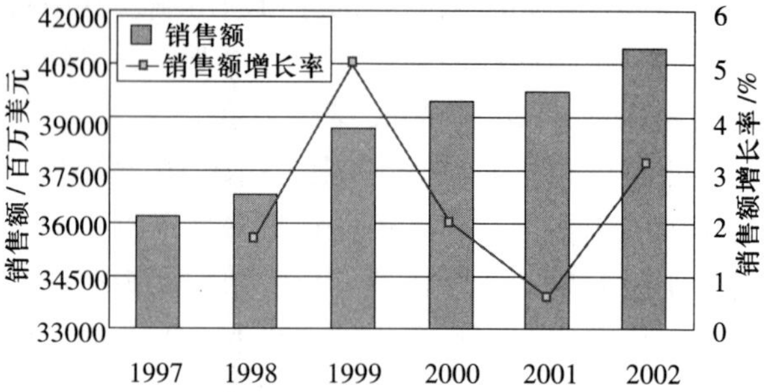

图2 卫生用品市场的增长

1997年和1998年，亚洲、俄罗斯和巴西相继发生危机，非日用必需品的消费开支下降，消费者争相购买廉价产品，卫生用品的市场销售额下降。此后，由于这些地区的消费信心重新恢复，1999年的卫生用品的销售额出现了较大的增加。

尽管市场正在好转，但主要由于美元对欧元的强势和以美元折算的西欧的表观销售额的下降，2000年和2001年以美元折算的销售额似乎有所下降。这种下降也是由于亚洲－太平洋地区和拉丁美洲的销售额下降所致。不利的货币兑换率导致了这2个地区的卫生用品销售额逐步下降。

2002年出现了增长的势头，这主要是由于欧元汇率坚挺以及新兴市场的销售量的增加。在新兴市场中，居民的收入水平的提高拓展了需求量，而超市作为经销渠道发挥了更大的重要作用。在发达地区，由于重点开发了顾客希望购买的高价增值产品，销售额得以提高。

各地区销售业绩

北美和西欧占有50%以上的全球卫生用品市场份额，它们各自在全球总销售额中所占份额基本相等，均达到约26%(图3)。

由于在北美洲大力推销卫生用品，所以自1997年以来，该地区出现了非常出色的销售业绩，销售额异乎寻常地增加了23%。但是，此增长率仅限于2001年和2002年。由于经济增长速度放慢，削弱了消费者的信心，2002年的销售额仅增加0.2%。

西欧的销售业绩得益于富裕国家如英国，法

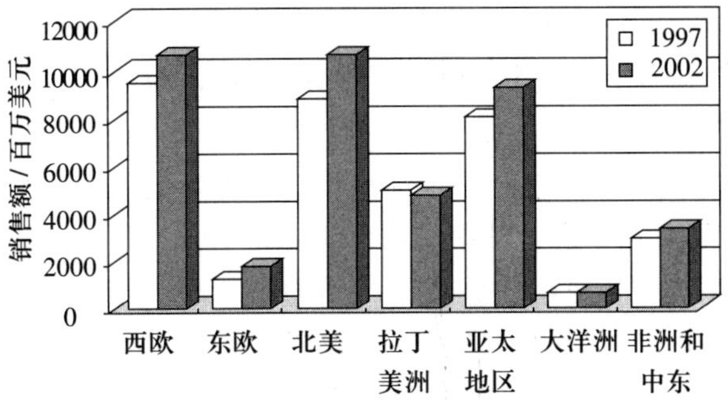

图3 世界主要地区的销售业绩

国和德国，以及这些国家的高消费阶层的生活方式。值得注意的是，以美元为基准，2000年不利的货币兑换率使西欧市场受到明显影响，而在2002年欧元强势的影响下，2002年西欧卫生用品的销售额增长了12.3%。

2002年，亚太地区的卫生用品销售额占全球的22%，居世界第3位。1997年该地区的销售额占全球的14%。2002年该地区的销售增长率为1997年以来第3个最快的增长率。该地区的销售业绩还在某种程度上受到了日本经济衰退的影响，在过去2年中，日本的卫生用品销售额有所下降。

拉丁美洲居第4位，占全球卫生用品销售总额的12%；而非洲和中东，东欧和大洋洲则占其余的14%。东欧自1997年以来销售额几乎增加40%，但它的基数很低。

人均消费额

世界卫生用品的年人均消费额为6.60美元(图4)，大部分集中在纸尿裤和妇女卫生用品的消费上。消费额随地区的变化很大，消费额最高的是在发达市场，那里的消费者素质高，乐于花钱购买更方便和使用性能更好的优质产品。相反，在新兴市场中，人均消费额最低，大多数消费者对价格十分敏感，在那里当地生产的廉价经济品牌占主导地位。

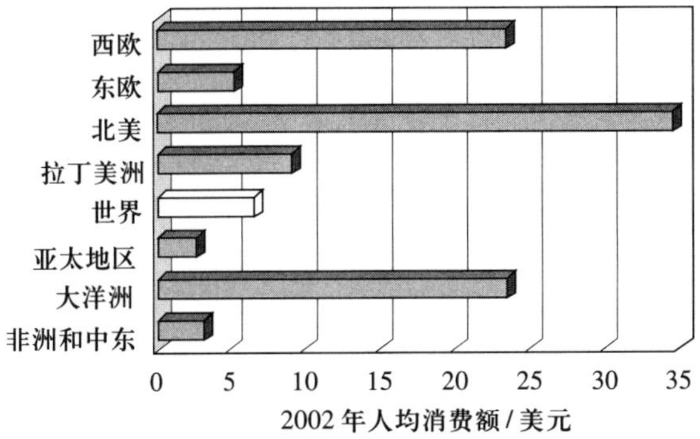

图4 卫生用品的年人均消费额

北美的年人均消费额最大，每年为34.70美元，西欧人均每年消费额为23.30美元，大洋洲为23.40美元。这些地区的人们在非必需品(如擦拭巾)上都乐于享受高消费。然而，与前几年的经济繁荣期相比，2001年和2002年北美的人均消费额相对稳定，因为大量的消费者非常关注生产商自有品牌产品的价格，并相应地减少了对此类品牌产品的开支。

此外，由于价格比较便宜的卫生用品的市场扩张，使得发达市场的饱和和竞争程度日益加剧，这样，生产商的创新及其产品的差异化对卫生用品行业的发展就显得至关重要。

亚太地区仍保持低消费，年人均消费额为2.6美元，但日本的年人均消费额为29.0美元，这主要是日本青年妇女的消费方式所致。在日本人口中，这一人群拥有最高的可支配收入，她们乐意使用像擦拭巾和卫生护理用品之类的使用价值高的新产品。但是，一般说来，在亚太地区，价格竞争的加剧和消费者成批量地购买商品的趋势对零售价格产生了不利影响，并导致了2002年亚太地区的人均消费额没有什么增长。

2002年东欧的人均消费额虽有适度增长，达到5.30美元，但在东欧市场上便宜的基本必需品仍保持较大的销售优势，比较奢侈的卫生用品仍不是盈利的主要手段。

在拉丁美洲，经济的不稳定性使以美元折算的人均消费额减少，但按该地区的货币值计算，其中的大部分市场的人均消费额仍有所提高。

市场的主要发展趋势

新兴市场具有极大的增长潜力。虽然人均消费水平低，但这些地区的基本趋势是向好的方向发展，城市化的程度提高，购买力有了改善，营销更加有效，跨国公司相继进入，所有这一切都有利于提高需求量。卫生用品市场被消费者需要更舒适、更方便的用品所推动。增加使用价值是整个卫生用品行业发展的重点，该行业的主要生产商都在投资开发优质的自有品牌产品，尤其是在发达市场，生产商都在设法刺激消费者购买他们的价格高的优质产品来保持其高的市场渗透率。

增加产品的品种可以满足不同层次消费者的要求，并有助于拓宽卫生用品的使用范围，所有这一切都将使销售额得到增加。现在有各种各样的家用擦拭巾，它们分别可用于擦拭不同的房间和表面，有用在地板上的，也有用在烘箱和冰箱上的。卫生护垫有各种微型尺寸和不同的形状,以便适应不同内裤的要求。卫生棉条有各种不同的使用类型。婴儿纸尿裤和训练裤可满足不同年龄段和不同发育阶段的儿童的要求。而失禁用品也按不同类型的失禁和性别被设计成多种多样。

虽然这些措施有助于抵消发达市场饱和带来的负面影响，随着零售商品牌产品的影响越来越大和折扣零售商的大力扩张，竞争也随之越来越激烈。特别是在世界领先的美国市场更是如此。发生在食品杂货店之间的多层次的零售商整合正在使零售商品牌产品占有越来越多的市场份额，超级市场为这些产品提供了大量的货架。此外，超市重要性的日益增长和每周的驾车购物旅行激发了更多消费者喜欢购买大包装的产品，尤其是纸尿裤。

在全球范围内，人们的生活方式承受着更多的工作时间的压力。参加工作的妇女数量增加,使可支配收入的水平提高和从事家务劳动的时间减少，这些正在导致人们对节省时间而又方便使用的产品，如擦拭巾的要求更为突出。

为保持或提高所占有的市场份额，生产商在价格上,尤其是在已呈饱和状态的产品,如纸尿裤/训练裤领域中展开激烈竞争。来自零售商品牌产品越来越大的压力，或生产商本身之间的直接竞争,正在引起更多的促销活动,打折竞销,或者正在导致对自有品牌产品采取全新的价格策略。

按产品类别分类的卫生用品概况

作为一种普遍公认的标准大宗产品，纸尿裤/训练裤在全球卫生用品的销售总额中所占的份额最大(46%)，其次是卫生护理用品，占35%(图5)。

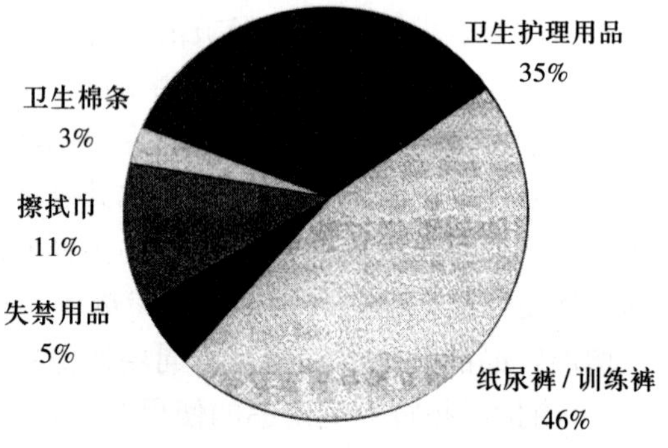

图5 按产品类别分类的全球卫生用品的销售额

比较起来，其他产品类别的销售额较少，但它们具有更多的新产品开发和渗入发达市场和发展中市场的潜力。

擦拭巾的销售份额占11%，主要是在北美和西欧，几乎占全球擦拭巾销售额的80%。目前消费者对便于使用的擦拭巾产品的不断需求和生产商专业化生产擦拭巾的发展趋势使得擦拭巾产品成为卫生用品行业中增长最快的产品。

失禁用品的销售份额居第4位，其60%的销售额来自日本和美国，但其销售总额不大，只占全球卫生用品销售总额的5%。依靠产品品种的多样化和扩大消费群体，失禁用品将在卫生用品行业中有最大的增长潜力。

卫生棉条是销售额最低的产品类别，只占全球卫生用品销售总额的3%。而且在过去6年中是惟一的销售额不断下降的产品类别。这是一类最普通的大宗标准产品，购买与否决定于它的价格，品牌化对产品质量的认可及其销售额的提高几乎没有什么作用。此类产品的发展在很大程度上受到缺少创新产品和明显的价格竞争的限制。

各种产品类别的增长率

消费群体的扩大，推动了失禁用品的发展，其年累计增长率(CAGR)已快速达到6%。在发达市场，由于人的寿命延长和婴儿新兴一代长大成人，并进而老龄化，使与老龄有关的失禁用品的销售量增长和轻度失禁用品的销售额增加(图6)。此类产品需求量的增长促使生产商通过零售渠道去改善他们的营销业绩，这又进一步刺激了此类产品的增长。此外，由于使用了与布类似的透气性材料，开发了更加完美，吸收性更好，更加舒适的失禁用品，使得市场营销活动可以有针对性地打消了羞于使用失禁用品的顾虑，并有力地支持了失禁用品进入几个市场。

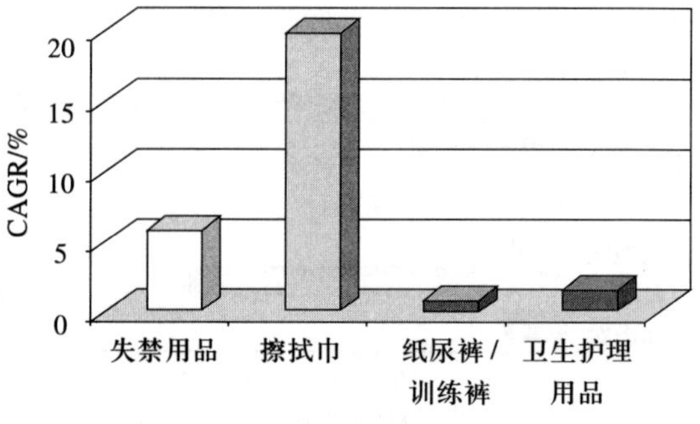

图6 各种产品类别的增长率(1997—2002年)

2002年类似的创新活动在推动大规格的，具有高渗透性的卫生护理用品的发展中起了重要作用。创新活动导致了一些更薄的优质产品的问世，这些产品具有更柔软，更舒适，更方便的优点，同时它们的吸收性和防侧漏性更好。随着在发展中市场的渗透率的提高，妇女卫生巾正在发生由标准型向超薄护翼型的转变，这种转变也有助于在过去几年中使妇女卫生巾的销售额持续增长。

由大宗标准商品属性导致的价格竞争和折扣商店以及定牌加工品牌产品重要性的日显突出，使得纸尿裤/训练裤这一最大的产品类别的销售业绩稳定。竞争将进一步加剧，因为在全球许多主要市场中的消费群体在减少。此外，一次性纸尿裤在某些重要的发展中市场(如中国)仍在为获得认可而努力，那里的许多消费者仍在使用更经济和传统的可洗涤的布质尿布。

擦拭巾是2002年增长最快的产品类别，在过去6年中，此类产品有惊人的增长，其CAGR达到了近20%。消费者对擦拭巾产品的越来越大的需求使得此类产品迅速地大量涌现，因为这类产品可以最大限度地缩短在个人护理和家庭清洁劳动中所花费的时间，尤其是在发达市场，消费者的快节奏生活方式和高水平的可支配收入也提高了对擦拭巾产品的需求量。

纸尿裤/训练裤：纸尿裤/训练裤在全球卫生用品的销售额中居首位，达到189亿美元，然而，由于激烈的竞争和零售商品牌纸尿裤/训练裤质量的提高，此类产品在2002年的销售额未见增长。在所有主要发达市场，此类产品的市场渗透率已接近100%，它还要面对明显的出生率下降趋势。它在北美、西欧和日本以外地区的市场渗透率仍然有限，发展中的地区为生产商提供了更大的增长潜力。

在超级市场大批量购买纸尿裤/训练裤的明显趋势以及生产商给出的高折扣率，进一步削弱了此类产品销售额的增长势头。最值得注意的是在Kimberly-Clark和Procter&Gamble两公司之间所谓的“纸尿裤之战”。在经济形势动荡的环境下，消费者对品牌忠诚度的减弱和对低成本销售渠道的偏爱使价格向很低的水平移动，结果，2002年P&G公司在北美大幅度地降低纸尿裤的价格，并限制了其纸尿裤在欧洲的价格范围，使它的Pamper Premium品牌和Sensitives品牌产品的价格走到了尽头。另外，便携式小包装纸尿裤/训练裤已被“俱乐部”式的大型包装挤出了美国超级市场，这种大型包装的纸尿裤/训练裤原先只能是在大型综合商场和仓储式购物俱乐部才能买到。

为了抑制价格下滑，有各种增加产品使用价值的方法，并赋予产品新的特性来证明优质优价的合理性。可在一定程度上使纸尿裤多样化，推出能持续防侧漏的产品。如Kimberly-Clark公司最新推出的具有三重防侧漏功能的Huggies Supreme品牌纸尿裤。此外，最近推出的一些纸尿裤还具有一些其他特性，其中包括使用类似于布的透气性材料，含有藜芦芦荟(aloe vera)和维生素E。一些具有新颖设计的纸尿裤则针对性别的不同而有所差异。一些有所创新的固定方式旨在使纸尿裤产品具有个性化特征。Kimberly-Clark公司和P&G公司最近采用一种新的创新策略，把重点集中在婴儿的不同发育阶段上，而不是尺寸大小。这主要体现在P&G公司在2002年推出的Swaddlers, Cruisers和Easy Ups 3种品牌产品和Kimberly-Clark公司同年推出的具有全方位弹性设计的Huggies Supreme品牌产品上，这些品牌产品使纸尿裤在护理功能上达到极限。

训练儿童延迟上厕所的护理方式不断在刺激着对训练裤的需求。虽然增加幅度比前几年较平缓，训练裤的销售在2002年仍比较旺盛，但仍不能达到与纸尿裤相同的盈利水平。现在，正在继续投资制造更薄的一次性训练裤，使它们具有与布质内裤相类似的外表和舒适感，它们还具有外包覆创新设计，可区分为男、女专用两类。有些训练裤新产品可供游泳使用或供夜间使用。

最后，由于可支配收入较高的父母都工作的家庭很少有时间去做那些琐碎的训练儿童事务，因此他们让儿童较长时间地穿着纸尿裤。这样，训练裤仍为首选产品，特别是在发达市场，可望获得更大的市场渗透率。

卫生护理用品：尽管卫生护理用品市场已趋于饱和，并面临着较大的价格下降压力，但是这个在全球卫生用品销售额中居第2位的卫生护理用品市场，在2002年的销售业绩很好，达到142亿美元，销售额增长3.5%。10~54岁的妇女人口增长率停滞不前和卫生护理用品在主要发达市场中已达到高的市场渗透率，这些因素使得近几年来卫生护理用品的销售量没有什么增长。但是，产品的不断更新和非传统用途的增加可抵消这些负面影响。

此外，进一步渗入新兴市场可提高卫生护理用品的全球销售额。全球的妇女人口数量众多，中国是最大的国家市场，明显的城乡差别决定了中国市场特征。最近的统计研究表明，在中国城市中，卫生巾市场的渗透率达到85%，而在乡村地区只有25%。在主要城市如北京，渗透率接近100%。2002年中国的卫生巾的销售额仍继续增长，这是因为城市消费者原来是使用标准型卫生巾，现在转向购买价格较高的卫生巾产品，如超薄型和护翼型卫生巾；而乡村的消费者则使用标准型卫生巾来代替传统卫生用品，如厕用卫生纸和月经布带。另一方面，在中国市场上出现的卫生棉条的数量很小，它们一般出现在某些大型超市中，与卫生巾和卫生护垫相比，几乎看不到卫生棉条的现场销售或促销活动。

导致全球性创新活动的主要因素是对使用方便、性能更完美的产品的需求及对某些时尚的追求。这些因素促使新产品不断问世，例如有些新型卫生护垫非常适宜于穿着在条纹内裤里面，款式非常新颖，它的颜色与内裤的颜色相配，例如Always Alldays Black品牌和Carefree Unseented Black品牌卫生护垫就属于此类产品。的确，卫生护垫最近的营销和广告宣传也在逐渐把产品的定位由传统功能性产品转变为享受美好人生的伴随品。

与产品具有最大限度多样化发展趋势相一致的是小尺寸便携式创新包装已成为卫生护理用品的一个重要特点。已投入市场的此类产品有单个包装的卫生棉条和Kimberly-Clark公司的用无标记素色袋包装的Kotex Purse-Packs品牌单色卫生护垫等，SCA公司的Bodyform Micro品牌卫生护垫在2002年进入英国超市的货架，据说它是世界上最小的卫生护垫，它被包装在一个非常类似于除臭圆筒的圆形容器中，与标准的卫生护理用品的包装很不一样。

一般说来，在产品的包装和产品实际尺寸上，生产商大量投资于全新的“隐形”结构的设计。超薄型卫生巾、更柔软的卫生护垫和带有隐形护翼的卫生巾，例如SCA公司的Bodyform Invisible品牌隐形护翼卫生巾正在得到普遍的流行，并且出现在此类产品最醒目的货架上。非织造布行业的先进技术也为这样的变化创造了条件，它意味着新的超薄产品具有与过去松厚的卫生巾一样的吸收性能。业已证明，超薄型卫生巾和卫生护垫的市场业绩最好，它们已使整个卫生护理用品在过去6年保持增长势头。

零售经销渠道及其业绩

纸尿裤/训练裤：超级市场和巨型超级市场是主要的零售方式，2002年此类产品在超级市场和巨型超级市场中的销售额占其销售总额的50%以上(图7)。一次性购物的便利，低价格和对生产商自有品牌和零售商品牌产品的较大选择范围都赋予它们强有力的地位。巨型超级市场虽然在全球保持独特的经营模式，但它们在几个新兴市场中处在发展的最前列，尤其是在东欧，像Carrefour, Auchan, Casino和Tesco那样的零售商都全部以巨型超级市场的模式进入东欧地区。

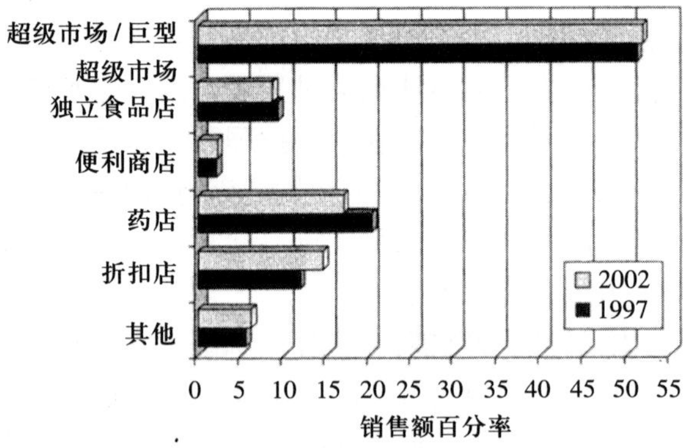

图7 纸尿裤/训练裤的零售经销渠道及其业绩

1997年以来，包括大型综合商场和硬折扣廉价商店在内的折扣商店一直在以最快的速度发展。在许多市场上对价格高度敏感的环境和折扣连锁商店数量的急剧扩大，刺激了消费者对低价产品的需求。Aldi折扣连锁商店在扩大其在西欧，特别是在西班牙，法国和爱尔兰的存在特别活跃。然而，许多人认为，折扣商店在印度和中国也得到了发展，那里的折扣商店的数量大量增加。

美国大型综合商场的巨头Wal-Mart公司在国内和国际市场上坚持不懈地扩张也导致了纸尿裤/训练裤销售额的增长。大型综合商场具有很大的竞争力，产品的花色品种很多，而价格极低。Wal-Mart是许多美国消费者首选的购物场所，是倍受美国消费者欢迎的公司。

由于消费者既要求质量，又要求价格低廉，所以从折扣商的实实在在的低价位策略到他们的高质量信誉，如果折扣商稍有违背，消费者就会离他而去。Aldi 首先顺应此趋势，推出了一些优质商品。这种策略能否使折扣商继续兴旺或逐渐淡化他们的突出个性还将拭目以待。

由于超级市场在继续扩大产品的经营范围和折扣店不断使产品高级化，有些零售店已经觉察到它们的零售额在下降。药店最为突出，过去人们认为它是能广泛选择高质量个人护理用品的专门销售场所。

同样，全球范围的独立食品店的销售额也有所下降。这些零售店在产品种类、货架规模或减价幅度上是不能参与竞争的，但他们有更贴近消费者的优势，消费者喜欢在这类零售店进行小规模的即兴购物和紧急购物。虽然如此，小规模的零售商店在新兴市场和南欧的部分地区仍然占主要地位。

失禁用品：超级市场和巨型超级市场对失禁用品也有同等的重要性。这类产品一直可在药店买到，现在正在越来越多地在大型超市有售，特别是轻度失禁用品更是如此(图 8)。

虽然生产商对此类产品的发展在营销上予以很大的支持和投资，但他们仍在进一步努力纠正

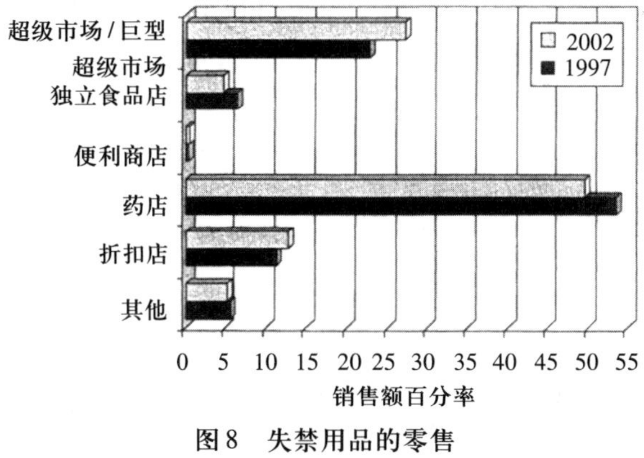

图 8　失禁用品的零售

社会上对失禁产品的偏见，并通过超市渠道推销此类产品，其目的是提高消费者对此类产品应用范围的认识和消除购买时的害羞情绪。此类产品在货架上的位置挨近卫生护理用品，这样促使妇女们把它视为她们日常卫生用品中的一部分。

零售商品牌产品的地区性渗透概况

由于食品杂货连锁商店在零售营销中的重要性提高，特别是在西欧和北美，零售商品牌产品继续赢得卫生用品市场的份额。2002 年全球零售商品牌卫生用品所占市场份额为9%，比前一年增加4.6%。

零售商品牌产品由低价、无精美包装产品的定位已经演变成可供不同消费者广泛选择、并具有不同价位的高质量产品。大多数零售商现在能提供几种档次的产品，包括价格最低的经济型产品，在超级市场出售的产品和优质优价的产品。

各地区市场的发展水平差别较大。零售商品牌产品在北美和西欧高度发展。随着像美国、德国那样的市场中价格的波动性越来越大，那里的零售商品牌产品的质量在不断提高，结果导致 2001 年和 2002 年销售额进一步增加(图 9)。

零售商品牌产品在新兴市场的发展刚刚起步，但也明显上升，因为欧洲和美国的零售商在这些地区取得了突破性进展。在这些地区，零售商品牌产品一般仅以廉价的方式被销售，它主要是价廉物美的产品，几乎没有什么高级产品。

2002年零售商品牌产品在东欧和亚太地区发展最快，因为销售方式已明显地从传统的零售转变到现代化的零售，消费者也明显地从每日市场购物转变为每周超市购物。例如，最近几年发现 Billa 和 Tesco 两家零售商进入迅速发展的东欧地区，并逐渐在该地区扩张。

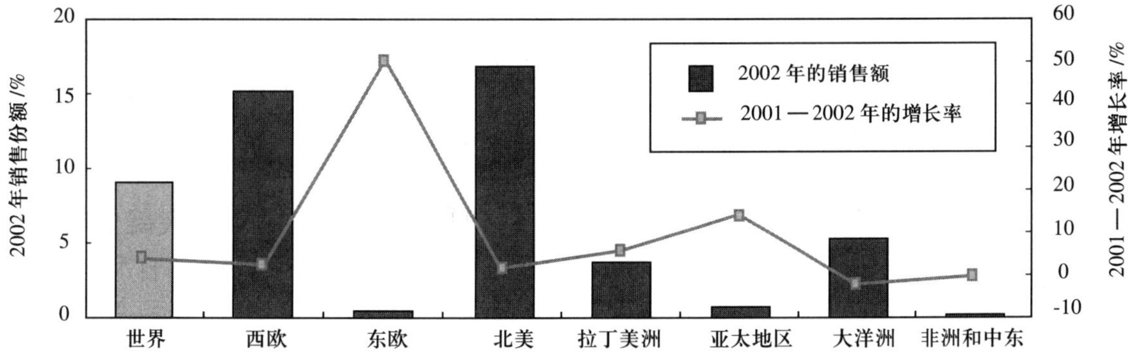

图 9　零售商品牌产品的地区性渗透

零售商品牌产品强劲的发展势头是自有品牌产品生产商面临的主要问题。产品供应商得益于卫生用品行业中的生产商自有品牌产品和零售商品牌产品的双重增长。然而,零售商品牌产品促使价格下降,并导致产品成为大宗标准商品,从而进一步减少销售额和降低与卫生用品行业相关的每个生产商的毛利,其中包括零售商。

零售业的主要发展趋势

全球零售市场的主要趋势是竞争加剧。虽然现在的零售市场仍然比较分散,但明显的趋势是整合步伐的加快。零售商正日益强大,其销售额高于他们的许多供货商。Wal-Mart 现在是全世界最大的零售商,其全球销售额达到2500亿美元。

向发展较快的国际市场扩张和强化其在发展中市场的存在也很重要。随着经济开始走向稳定,由于发展中市场的零售业发展水平较低,开办费用较低,相对缺少竞争和较少的法规限制,这些市场可提供更好的发展机会。家乐福(Carrefour)零售连锁公司已进入30多个国家,Metro公司进入了27个国家,Ahold 公司进入了 23 个国家。

发展中市场的趋势是零售业架构向现代化的方向发展,重点是扩大大型超市和折扣店的销售渠道。最重要的是,零售商正在越来越多地拥有自己的品牌,而定牌加工产品现在已成为他们营销总策略的一部分。对于比较先进的零售商来说,零售商品牌产品已经不再仅仅是全国知名的生产商自有品牌产品的低价替代品,而是使它们的零售品牌有所区别的一种方法,并将进一步提高零售商的形象信誉。德国的Aldi或英国的Mark & Spancers 现在已成为其商店名称。

此外,零售商变得更需要供应链,要求供应给他们的产品要符合其特定标准,并使用专门的生产线,还要求较低的进货成本和更优惠的供货条件。与此同时,为了增加他们逐渐减少的毛利,他们建立了流水运营系统,并引进技术先进的仓储和信息系统,使整个运行成本保持在最低限度。

较长的工作时间,日益膨胀的城市化的规模和城市的日趋拥挤,以及女性工作人员的数量增加正在导致对像超级市场和巨型超级市场那样的现代化零售模式的极大需求。由于时间变得非常宝贵,消费者正在放弃他们每天购物的习惯,他们更喜欢每周购物一次。

虽然有了良好的开端,但在电子在线零售业中还存在许多障碍,食品杂货店的电子在线零售是最不成功的,而某些电子在线零售商如WebVan公司被迫退出了该零售市场。虽然英国的tesco.com网站在电子在线零售业中取得了成功,但要使食品杂货店的电子商务充分扩大,要找到一种成本效益高和有效营销的方法仍是一个复杂问题。

2002 年全球最大的卫生用品生产商

2002 年由于没有发生很大的并购和整合,卫生用品市场在市场份额方面几乎没有什么变化。

一般来说,卫生用品行业的特点是,其所有的产品类别都处于高度整合之中,全球只有2个或3个生产商控制着卫生用品的销售。这在纸尿裤/训练裤产品类别上更为突出。2002 年 P&G 和 Kimberly-Clark 两大公司的纸尿裤/训练裤的销售总额占全球此类产品销售总额的65%。他们的强势主要来源于其广泛的国际存在和现代化的创新产品组合以及以高质量为本的自有品牌。

2002 年由于在拉丁美洲遇到经济困难,强烈依靠美国市场的支持,因此,Kimberly-Clark 公司看到了它的绝大多数主要产品的市场份额被减少,特别是其纸尿裤/训练裤所占份额的减少更为明显。与它的主要竞争对手在纸尿裤/训练裤领域中的激烈对抗进一步降低了它的市场地位,尤其是在北美。

另一方面,P&G 公司通过其在东欧、非洲和中东等地区的新兴市场中的迅猛扩张和主要在美国的纸尿裤/训练裤领域采取咄咄逼人的减价攻势,提高了它在卫生护理用品和纸尿裤市场中的地位。2002 年该公司 Pampers Baby Stages 品牌产品的推出使其优质纸尿裤的业务规模翻了一番。

上述 2 家公司在扩大其在新兴市场中的实力都很成功。Kimberly-Clark公司最近并购了国际造纸公司的 Kluzce 卫生纸分公司,这充分显示了它在快速增长的东欧市场中的实力。

SCA 公司在失禁用品上取得了很大成功。2002 年 3 月收购了意大利最大的零售商品牌失禁用品供应商Cartoinvest公司,进一步加强了它在西欧市场的地位。此外,它在东欧也具有优势,它所拥有的Tena公司在东欧失禁用品市场中居第2位,该公司的失禁用品的销售额的增加,对当地的主要生产商 TZMO 公司十分不利。最近收购智利卫生用品生产商Paperles工业公司50%的股份进一步巩固了SCA公司在拉丁美洲的地位，并提高了它在全球失禁用品市场中所占的份额。

日本主要生产商主要依靠其国内市场，因此对他们的市场业绩有很不利的影响。2002年Uni-Charm公司和Kao公司在各种卫生用品市场中所占份额保持不变或有所下降。

在全球卫生护理用品市场中所占份额居第2位的Johnson&Johnson公司也呈下降趋势，它面临来自SCA公司和P&G公司的激烈竞争，这2家公司不断地加快他们新产品的开发步伐并不断扩大其所占市场份额。在擦拭巾市场中有5个最大的生产商，Johnson&Johnson(J&J)公司和SC Johnson(SCJ)公司是仅有的销售额增加的2家公司，这是由于擦拭巾市场整个地快速兴起和SCJ公司的家庭护理用擦拭巾中新产品开发迅速取得成效以及J&J非常注意大力开发婴儿擦拭巾所致。

展望未来

由于许多主要市场中经济的不稳定因素较多，因此对未来很难预测，但卫生用品的销售额在今后5年内会继续增长，增长速度却会较慢。

随着经济状况相对稳定，消费者的信任增加，再加上市场渗透率的逐步提高和更多的消费者愿意以较高的价格购买过去被视为奢侈品的卫生用品，新兴市场将出现非常活跃的增长态势。东欧似乎将以6%的速度快速增长，而北美的增长速度仅为0.2%。

作为大型市场零售商营销自由化的结果，零售商品牌卫生用品销售额的增长的确会对生产商自有品牌卫生用品销售额的未来增长构成威胁。价格的压力将导致较低的毛利，而较低的回报率对促销和广告宣传的预算会有影响。

卫生用品的市场发展趋势将迎合生活方式向舒适、便利的方向发展，消费者对高级卫生用品的需求也将增加，这些都将继续推动卫生用品销售额的提高。创新将仍为公司发展计划的前哨，并为消费者继续抢先购买性能更好、使用价值更多的产品所推动。

纸尿裤的其他特点和优点是，它将成为标准产品类别，它将进一步被细分为针对不同年龄段或不同性别儿童的各种专用纸尿裤。擦拭巾也将被细分为具有各种特殊用途的擦拭巾。卫生用品将被进一步开发得具有创新的设计和包装，并能提供不同的吸收性能。

最后，为消费者生产使用价值更多的卫生用品才能推动所有生产商的发展。虽然购买的决定主要受价格的引导，但消费者的需求在其中起着越来越重要的作用，他们愿意购买价格较高的优质产品。他们追求的是，质量上乘，使用价值更多、更好的产品。由于生产商在实施精品化战略，并使他们的自有品牌具有个性化、差异化特性，鼓励消费者试用他们的产品并赢得消费者的信任，因此，既要满足消费者对高质量的要求，又要在竞争激烈的市场环境中应对越来越大的价格压力，要使这二者达到平衡，生产商将面临巨大的挑战。

(唐其铮编译自Nonwovens World，2003年12月—2004年1月)

2003年全球非织造布卫生用品市场综述

纸尿裤、训练裤、妇女卫生巾(护垫)、失禁用品等非织造布卫生产品的全球市场业绩在很大程度上要取决于人口统计学因素。这些因素包括人口总数、家庭总数和一些特殊人口群体的增长数，如新生儿的数量、成年妇女的数量以及老龄人口的数量。

虽然擦拭巾的市场规模要远远小于纸尿裤或卫生护理用品市场的规模，但它的增长速度最快。由于擦拭巾的应用范围广泛，既可用于个人护理，又可用于家庭保洁，它已经发展成全球性市场，其全球销售总额目前已达近60亿美元，年平均增长率高达两位数(表1、表2、表3)。

6年前迅速发展起来的婴儿用擦拭巾所占市场份额最大，其销售额占个人护理用擦拭巾市场销售总额的82%。润肤美容用擦拭巾在6年前还刚刚面市，其销售额仅占个人护理用擦拭巾销售总额的4%。在此后的几年中，婴儿用擦拭巾一直在不断增长，2003年婴儿用擦拭巾的零售额首次突破

20亿美元大关，其销售额仍然占个人护理用擦拭巾销售总额的65%，但更具市场活力的润肤美容用擦拭巾的销售额已增长到占个人护理用擦拭巾销售总额的近20%。

虽然婴儿用擦拭巾在个人护理用擦拭巾市场中仍然占有最大份额，但是由于它与零售商品牌产品的竞争不断加剧和在许多主要市场中人口出生率的下降，婴儿用擦拭巾市场已经开始出现了饱和的征兆。利润率较高的润肤美容用擦拭巾已经成为推动个人护理用擦拭巾市场发展的重要动力。

表1 各种擦拭巾的全球零售额 百万美元

	1997年	1998年	1999年	2000年	2001年	2002年	2003年
个人护理用擦拭巾	1534.4	1777.4	2130.0	2426.8	2784.1	3035.7	3225.1
成人用擦拭巾	236.9	254.9	280.2	296.9	316.7	353.6	381.2
婴儿用擦拭巾	1237.2	1400.7	1602.4	1750.7	1934.0	2047.6	2152.5
润肤美容用擦拭巾	60.3	121.9	226.5	346	484.1	559	612.2
除臭擦拭巾	—	—	21	33.2	49.2	75.5	79.3
家庭保洁用擦拭巾	278.1	297.7	665.5	1175.7	1573.5	2259.7	2489.5
静电干擦拭巾	196.5	206.7	539.8	792.4	894.7	939.9	939.2
浸渍湿擦拭巾	81.6	91.1	125.9	331.8	587.1	902.7	1025.2
地板清洁用擦拭巾	—	—	—	51.4	91.7	417	525.2
合计(按2003年固定汇率计算)	1812.5	2075.2	2795.7	3602.5	4357.6	5295.4	5714.7

表2 擦拭巾的全球年增长率 %

	1997—1998年	1998—1999年	1999—2000年	2000—2001年	2001—2002年	2002—2003年
个人护理用擦拭巾	15.8	19.8	13.9	14.7	9.0	6.2
成人用擦拭巾	7.6	9.9	6.0	6.7	11.6	7.8
婴儿用擦拭巾	13.2	14.4	9.3	10.5	5.9	5.1
润肤美容用擦拭巾	102.1	85.8	52.8	39.9	15.5	9.5
除臭擦拭巾	—	—	58.5	48.1	53.4	5.1
家庭保洁用擦拭巾	7.1	123.6	76.6	33.8	43.6	10.2
静电干擦拭巾	5.2	161.2	46.8	12.9	5.1	-0.1
浸渍湿擦拭巾	11.7	38.2	163.7	76.9	53.8	13.6
地板清洁用擦拭巾	—	—	—	78.4	354.9	25.9
合计(按2003年固定汇率计算)	14.5	34.7	28.9	21.0	21.5	7.9

表3 2003年全球10大擦拭巾生产商所占市场份额

生 产 商	市场份额/%
宝洁公司	23.9
金佰利公司	9.6
花王公司	5.8
强生公司	5.6
SC Johnson & Son 公司	5.5
Reckitt Benckiser 公司	3.6
Unilever Group	3.5
Beiersdorf 公司	2.1
Playtex Products 公司	1.9
Clorox 公司	1.7

近年来，技术的不断发展促使一些主要生产商推出了各种新产品，他们声称这些产品具有独特的优点，如除皮屑、保湿润肤和维生素养护皮肤。这些优点已经超出了保洁的范围，也正是这些优点使得消费者认可产品的较高价格，也使得润肤美容用擦拭巾不易受到价格的影响。

宝洁公司的Olay Facial Cleansing Cloths润肤美容用擦拭巾含有抗衰老组分。Beiersdorf公司的Nivea Visag擦拭巾适用于干性皮肤和过敏性皮肤，花王公司的Bioré Blemish Fighting擦拭巾含有水杨酸，可用于预防和去除皮肤粉刺和皮肤上的其他小瘢疤。这3种品牌的擦拭巾仅仅是最新推出的新产品的几个实例。据Euromonitor统计，2003年这3种品牌擦拭巾的销售额几乎占润肤美容用擦拭巾全球销售总额(6.91亿美元)的1/3。

对方便、快捷的追求带动了对家庭保洁用擦拭巾的需求。

技术革新的强劲势头不仅表现在个人护理用擦拭巾中。快节奏的生活方式、更多的单身家庭和双职工家庭数量的增加都将在发达的家庭保洁市场中形成一种特殊情况，即为了获得较高的可支配收入，人们必须放弃更多的可自由支配的时间。

为了获得宝贵的休闲时间，消费者就要为能

提供更好使用性能，并能节省时间的产品付出较高的价格。生产商很快就看到了这一趋势,他们迅速推出了各种各样的家庭保洁用擦拭巾，这些擦拭巾能够完成不同的清洁任务，擦净不同的物体表面。

家庭保洁用擦拭巾市场形成于几年前，那时它还是一个很小的特殊市场，但是到2003年，此类产品的全球销售总额已达近25亿美元。它的成功在很大程度上要归功于宝洁公司于1999年在美国推出的Swiffer牌静电擦拭巾。这种干擦拭巾可以很快捷地完成擦拭家务劳动。2003年Swiffer牌擦拭巾的销售额占家用擦拭巾销售总额的近30%。目前它的销售额仍在该市场中居首位，销售额居第二位的是SC Johnson公司的Pledge牌擦拭巾。

现在，使用擦拭巾可以完成任何一种家庭保洁工作。SC Johnson公司的Pledge擦拭巾适用于家具上光，宝洁公司的Flash Antibacterial抗菌擦拭巾适用于厨房，Reckitt Benckiser公司的Windolene Gloss & Shiny擦拭巾适用于玻璃保洁。

Clorox公司最近与DuPont公司合作开发了一系列的含有聚四氟乙烯的清洁剂，它们将有助于去除污垢和色斑。这两家公司还于2003年3月合作推出了另两种新产品，即含有聚四氟乙烯表面保护剂的Clorox Bathroom厕用清洁剂和Clorox Toilet Bowl清洁剂，它们可以添加到厕用擦拭巾中。

最近流行的添加到许多表面清洁剂中的橙香香料也被用于擦拭巾中，其代表产品是由SC Johnson公司在过去两年推出的Mr Muscle Orange Action擦拭巾和Pledge Wood Orange Oil擦拭巾。

Colgate Palmolive公司将用于洗碗碟的普通表面清洁剂加到擦拭巾中，去年该公司将Palmolive Dish碗碟擦拭巾首次投放美国市场。

地板清洁用擦拭巾——市场的新宠

为了满足易于使用的市场要求，最近的新产品开发研究在地板清洁用湿擦拭巾领域异常活跃。在SC Johnson公司的Pledge Grab-It Wet、宝洁公司的Swiffer Wet和Reckitt Benckiser公司的Dettol等著名品牌的带动下，地板清洁用湿擦拭巾已经在许多市场中成功地取代了静电擦拭巾。地板清洁用湿擦拭巾的销售额目前已占湿擦拭巾全球销售总额的1/3以上。由于在新产品开发和市场营销方面的大量投资产生了可观的利润，地面清洁用湿擦拭巾在未来几年内可能是各种湿擦拭巾中市场渗透率最高的产品。

在地板清洁领域中，出现了具有全新设计的多元化清洁产品。这类产品由一个触发装置、清洁液和多层擦拭巾或擦拭垫组成。目前在市场上可以买到的此类主要产品有，在美国和加拿大市场出售的宝洁公司的Swiffer Wet Jet，2003年这种产品还在9个欧洲国家上市。SC Johnson公司的Pledge Grab-It Go Mop和Clorox公司的Ready Mop目前在北美销售。由Reckitt Benckiser公司最新推出的Dettol已在2003年春季进入英国市场。每种产品的操作方法各有不同，Swiffer Wet Jet采用电池为动力，Ready Mop配有一个手动喷雾器，Grab-It Go Mop则配有一增压容器。2003年地板清洁用擦拭产品的销售总额已超过5亿美元。

从个人护理用的卸妆擦拭巾和除臭擦拭巾到家庭保洁用的地板清洁用擦拭巾和家具清洁用擦拭巾，用即弃擦拭巾得到了持续的发展，现在它已发展到可应用于各种新领域，可用于取代布、棉花与清洁液配合使用的传统擦拭清洁方式。

占有全球最大市场份额的北美和西欧两大发达地区可能会进一步地着眼于擦拭巾产品的多样化。在易于使用、市场细分和品牌竞争加剧的驱使下，擦拭巾产品必须赢得一些发达市场中有钱但缺少时间的消费者的青睐。

Euromonitor公司还预测了擦拭巾在世界其他地区的发展，最值得注意的东欧和亚太地区将按照北美和西欧擦拭巾市场的模式得到发展，因为较高的可支配收入和越来越明显的西方文化的影响将改变那里消费者的生活方式和购物习惯。

纸尿裤行业受到人口出生率下降造成的压力

纸尿裤是非织造布卫生用品中市场规模最大的产品(表4)。近年来，由于发达市场中人口出生率下降和纸尿裤的市场渗透率接近100%，纸尿裤的需求量受到了限制。除此之外，在发达国家中，纸尿裤普遍地被认为是一种大宗标准商品，它的品牌忠诚度很低。这导致了生产商之间和零售商之间激烈的价格竞争。最近几年来，美国、日本和德国等主要经济大国的经济疲软更加剧了这种价格竞争，使得消费者对价格更加敏感。

表4 非织造布卫生用品的全球市场规模 零售额/百万美元

	1997年	1998年	1999年	2000年	2001年	2002年	2003年
卫生护理用品	11870.3	12045.9	12581.5	13110.0	13691.2	14323.0	14916.0
纸尿片/纸尿裤/训练裤	16316.4	17248.3	18031.7	18551.8	19164.5	19701.0	20299.8
失禁用品	1369.3	1507.6	1666.7	1792.4	1947.0	2133.1	2337.7
擦拭巾	1812.5	2075.2	2795.7	3602.5	4357.6	5295.4	5714.7
总计(按实际汇率计算)	31368.5	32877.0	35075.6	37056.7	39160.3	41452.5	43268.2

为了对抗来自零售商品牌的竞争，自有品牌生产商一直在竭力保住它们在经济疲软市场中的利润份额。在低通货膨胀的环境中的较高生产效率有助于生产商在整个2003年期间通过从严控制价格的提高来保住他们的利润份额，从而削弱了零售商品牌的主要优势。与2002年比较，消费者利用这一机会更多地购买生产商自有品牌纸尿裤，使纸尿裤在2003年的全球销售额提高3个百分点，达到了200亿美元。

在过去6年中，纸尿裤的强劲增长进一步减缓了纸尿片的增长，因为产品革新和积极主动的市场营销使得纸尿裤夺取了婴儿纸尿片的销售额。据预测，由于训练裤的需求增长趋缓和在发达市场中缺乏经验的父母越来越多，纸尿裤的销售额将会提高。

为了进一步提高发达市场中的纸尿裤销售量，生产商更多地把重点放在产品革新和增加使用价值上，使得纸尿裤明显地多样化。从长期的观点来看，产品革新将不断地推动纸尿裤市场的发展，重点放在开发适宜于婴儿不同成长阶段的纸尿裤，而不仅仅顾及纸尿裤的规格。它明显地表现在两种品牌延伸的新产品上，一种是金佰利公司推出的Huggies Supreme牌纸尿裤，这种纸尿裤具整体弹性设计，使婴儿更安全，更舒适贴身。另一种是宝洁公司的Pampers Baby Stages纸尿裤，由这种纸尿裤又衍生出Swaddlers、Cruisers和Easy-Ups 3种品牌的训练裤。一些主要的研究开发工作将重点放在：使纸尿裤变薄；外观犹如真正的衬裤；对外包覆层的设计加以革新；男、女专用纸尿裤和特定用途的纸尿裤，例如游泳用纸尿裤和夜用纸尿裤。在都市年轻消费者的带动下，像中国和巴西那样的新兴市场中的纸尿裤销售额也呈现强劲的增长。结婚和生育以后仍然继续工作的妇女人数的增加将导致每个家庭的可支配收入水平的提高和对易于使用的产品需求量的增加。这种趋势将要长期持续下去。

卫生护理用品日趋完美

除了纸尿裤以外，卫生护理用品虽然市场饱和程度提高和价格下滑的压力增加，但仍是非织造布用品全球市场中销售额居第二位的产品，卫生护理用品的销售额已达150亿美元。在过去6年中，在全球发达市场和发展中市场中卫生护理用品的销售额还在不断增长。

在发达市场中，10~54岁的女性人口增长总数不足对卫生护理用品需求量增长的负面影响部分地被年青人中进入青春期的女孩数量较多这一社会现象所抵消。与此同时，对便于使用的明显需求和更先进的非织造技术使得对产品吸收能力的设计出现了重要变化，从过去的松厚型产品发展到超薄隐形产品。

近几年来，卫生护垫的广告宣传变得更加类似于在宣传促销化妆品、护发用品那样的亮丽产品，这不可避免地使卫生护垫的定位从普通的功能性产品转变为日用亮丽用品。一些诱人的市场营销策略已经使消费者的消费心理发生变化。自1998年以来，卫生护垫的销售额急剧增长，到2003年达到20亿美元以上。

虽然卫生棉条的销售额仅占卫生护理用品销售总额的15%。但是在过去几年中这类产品也取得了长足的发展。生产商千方百计想在开始时就能赢得年轻消费者的青睐，因为这将保证消费者一生对他们产品的忠诚。宝洁公司的最新市场营销策略是向年轻女性推出Tampax Satin Learner牌成套用品。这是该公司的一种长期营销策略。这种成套用品由Tampax Satin Lites牌卫生棉条和Alldays牌卫生护垫组成，初次购买还附有使用说明书。十几岁的女孩是重要的消费群体，一旦取得了她们的青睐，就能为生产商赢得40年的忠诚购买。

在经济发达地区，技术革新将使卫生护理用品市场不断发展。这些技术革新主要是着眼于具有更多使用价值的高级产品，它也能为生产商带来较高的利润率。另一方面，在东欧、非洲、中东和亚太等发展中地区，经济稳定性的提高、可支配收入的增加和零售格局的现代化将有助于抵消发达市场销售量下降带来的影响。

失禁用品被社会接受

在过去的6年中，失禁用品的消费量大大增长，2003年其销售额达到23亿美元。它的两位数的增长率是由诸多因素的合力造成的。这些因素包括老龄人口迅速增长造成的消费群体的扩大。生产商越来越多的促销广告有助于使失禁患者克服社交羞愧感，使失禁用品被更多的失禁患者所采用，进而提高了失禁用品的消费量。

在失禁用品中，轻度失禁用品对过去6年中失禁用品消费量的大量增长发挥了重要作用。由于轻度失禁用品的开发成功，2003年轻度失禁用品成为日本市场上的畅销产品，从轻度失禁用品的销售额来看，日本已成为全球轻度失禁用品最大的市场。失禁尿片的设计现在也有所改进，并且出现了方便男女失禁患者分别专用的两类失禁尿片。日本尤妮佳公司推出的Lifree Sawayaka失禁尿片有可吸收120mL和170mL两种规格，它推出的Charm Super Absorbent失禁尿片是一种仅能吸收100mL尿液的轻度失禁尿片。

虽然许多发展中市场的人均寿命有所增加，但是2003年在此类市场中失禁用品的销售量仍然有限，人们对失禁产品的认知度较低，特别在农村地区更是如此。消费者较低的购买力也足以制约失禁用品在新兴市场中的发展，在许多发展中国家中，失禁用品的销售额很小。

(章杰编译自Tissue World，2004年，6—7月)

世界婴儿纸尿裤市场概况

作为大宗商品市场并经受严重的价格压力，婴儿纸尿裤市场近年来面临许多挑战。尽管如此，婴儿纸尿裤生产商仍致力于将重点放在产品创新上，以便赢得更多的消费者，构建一个高度竞争的全球市场。

据总部设在英国的Euromonitor市场跟踪调查公司报导，世界纸尿裤市场的销售总额为208亿美元，其特点是增长幅度很小，尤其在西欧和北美等发达的、高渗透率的市场更是如此。但在亚洲和拉丁美洲等欠发达的市场中仍然存在着明显增长的机遇。在这一市场中，较高的出生率，较低的渗透率和不断提高的可支配收入等有望促使婴儿纸尿裤用量的增加。婴儿纸尿裤行业中的许多主要生产商正在更多地关注这一市场。

当然这并不意味着，一些重要品牌婴儿纸尿裤生产商，如美国的宝洁公司、金佰利公司和欧洲的SCA公司将忽视发达市场。他们各自在西欧和北美的婴儿纸尿裤市场中的销售额都在50亿美元以上，这些生产商正在这些地区为争夺市场份额进行激烈的竞争。

金佰利公司和宝洁公司是在北美处于绝对支配地位的生产商，他们在欧洲的业务也很庞大。这两家公司都在不断加强其产品的创新和市场营销的力度，为赢得更多的客户和市场份额而互相竞争。

最近，在训练裤产品门类中出现了许多创新产品。金佰利公司在20世纪90年代初就推出了Pull-Up牌训练裤。宝洁公司则花费了几年的时间开发出类似的，具有竞争力的产品。就在两年前，宝洁公司推出了它的Easy-Ups牌训练裤，市场为之哄动一时，并使宝洁公司在训练裤市场中所占份额由零提高到20%以上。此后，纸尿裤生产商在多功能训练裤和吸引消费者购买他们的一次性训练裤的市场营销中互相展开激烈竞争。

与此同时，零售商品牌产品生产商也在不断地加强其研究与开发力量，以便追求更多的市场份额。例如，零售商品牌产品生产商Arquest公司变得更加灵活，以适应纸尿裤市场的这种变化。在新产品开发方面，为了适应纸尿裤市场的发展，Arquest公司推出了新的Super Premium牌纸尿裤和婴儿游泳裤，这是婴儿纸尿裤市场中迅速增长的两种产品。零售商品牌产品生产商Tyco Retail Healthcare集团公司也在训练裤市场中使用了新技术。

强者的竞争

在宝洁公司与金佰利公司之间的竞争可以比

喻为谁居第一和谁居第二的跷跷板运动。最近,可明显看出宝洁公司在婴儿纸尿裤市场中占首位,其Pampers和Luvs两种品牌的产品所占市场份额接近32%。金佰利公司惟一的纸尿裤品牌产品,Huggies牌纸尿裤也不干示弱。据最近的统计,该品牌产品拥有22%的市场份额。

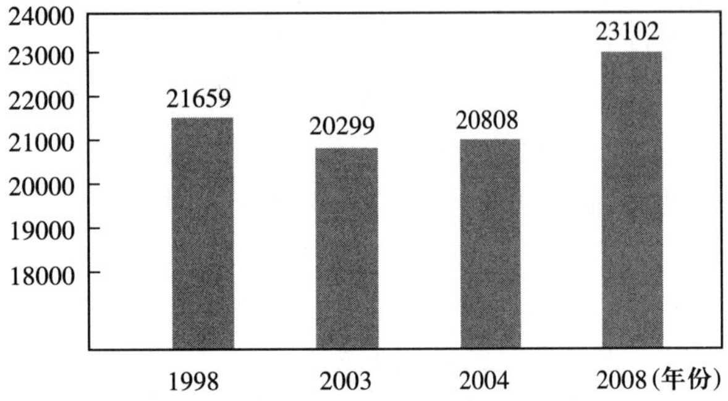

图1 过去与未来的世界婴儿纸尿裤市场规模(百万美元)

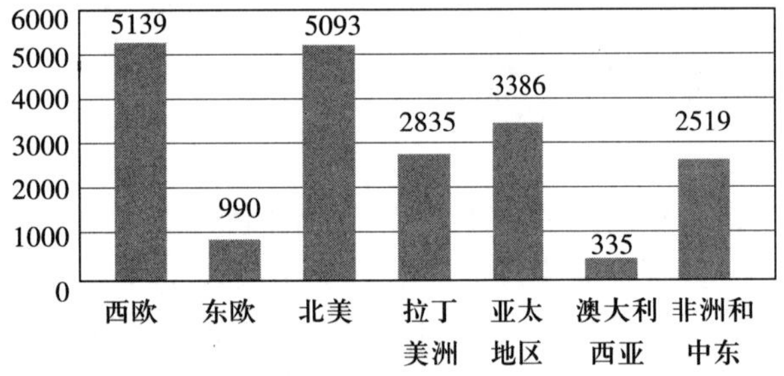

图2 世界各地区的婴儿纸尿裤市场销售额(百万美元)

宝洁公司最近取得的成功要归因于其Pampers Baby Stage Line品牌系列产品的成功。该系列产品已于2002年2月投放市场。其成功是适用于婴儿的不同发育阶段,产品包括婴儿用的Swaddles纸尿裤、学步儿童的含有特种弹性材料的Cruisers尿裤和Easy Ups训练裤。

由于该系列产品是两年前推出的,宝洁公司没有满足于既有的成就。该品牌系列产品中First Steps训练裤的特点是其两侧容易撕开,而Feel N Learn训练裤含有湿敏内衬专利构件,它可使小孩知道他(或她)将要被尿湿的时间,以缩短训练小孩上厕所所需的过程。由于加强了市场促销和市场拓展工作,这类产品使宝洁公司的婴儿护理用品在去年的销售量提高了7%。

金佰利公司也不示弱,继续对其Huggies line-up品牌产品实行创新计划。就在2005年,该公司推出了获得专利权的Wetness Liner牌训练裤,它在其现有的Pull-Up牌训练裤产品中增添了从一个画面转换到另一个画面的训练用图片,为父母提供更多的训练孩子上厕所的可供选择的方法。此外,该公司对其Huggies Convertibles牌产品的成功继续持有乐观态度,这是一种两用型的纸尿裤产品,它既可以像短裤一样地穿上,又可像普通纸尿裤一样在侧部扣紧。

对训练裤和纸尿裤产品的兴趣直接与该市场持续增长的机会有关。据Euromonitor公司报导,一次性训练裤的销售额已由1998年的16亿美元跃升到今年的27亿美元。除了这些产品的高增长率外,偏低的市场渗透率(仅一半父母使用一次性训练裤)说明此产品还有很大的增长空间。另一事实是普通训练裤每片零售价为54美分,其零售价与40美分的高档纸尿裤和30美分的中档纸尿裤的零售价相差不大。因此,对此产品有兴趣的原因是不言而喻的。

高档和低档纸尿裤的价格明显偏低,从某种程度上讲这要归咎于这两大公司。几年来,激烈的竞争使得生产商不能提高婴儿纸尿裤的价格 。取而代之的是他们将重点放在采用流水线生产工艺和其他降低成本的措施上,通过创新和使纸尿裤具有新特点来增加利润。最近,在宝洁公司决定改变其包装尺寸但价格保持不变之时,金佰利公司则试图通过减少每包的尿裤数量来提高纸尿裤的价格,但该公司很快就取消了它的涨价计划。

从这以后,至少有一个纸尿裤公司,即零售商品牌产品生产商Tyco Healthcare公司以原材料成本提高为由开始提高其所有吸收用品的价格。在宣布价格上涨时,Tyco公司的高级管理人员已预计到其他生产商也会立即紧跟。石油是纸尿裤上游的主要原料,石油价格的上涨使从胶粘剂生产商到高吸水树脂生产商,再到胶带生产商等整条纸尿裤供应链中的每一成员都受到了挤压。

特种纸尿裤市场

训练裤用量的增加及其衍生产品在一次性纸尿裤市场中重要性的增加,在消费者中产生了一种倾向,即消费者喜欢为他们的小孩选购穿着式纸尿裤。穿着式纸尿裤在日本曾风行一时,而现在的欧洲和北美也不甘落后,其用量也在增长。SCA公司在市场投放一种Libero Up & Go牌童裤式纸尿裤。当孩子变得活泼好动时，在孩子的身旁更换孩子的普通尿裤是件麻烦的事，这也使得更多的父母喜欢穿着式纸尿裤。

参加工作的父母数量的增加推动了这类产品的普及。因为他们在家的时间较少，没有时间去照顾孩子和改变他们上厕所时的姿态。除了要使纸尿裤容易更换外，穿着型纸尿裤更加贴身，比侧部扣紧的纸尿裤漏液的几率小。

最近在训练裤上的一项创新是Tyco Healthcare集团公司的Soft-Fit牌训练裤。在生产这种产品时，使用了一种长丝纤维芯层来取代普通的婴儿纸尿裤中常用的绒毛浆芯层，这种生产技术是迈向变异长丝芯层技术的第一步。Tyco公司研究开发部副总裁Don Sheldon先生说，这种新技术是根据Tyco公司在最近几年中并购的几家公司所开发的粘结技术加以创新而获得的。起初该技术用于穿着型训练裤，实际上它适用于任何吸收性产品。

此产品的优点包括生产商易于加工，使用者感到更加贴身，由于这种训练裤中不用绒毛浆，这就取消了训练裤生产线所需的一些设备，对环境更为友善，产品的重量减轻。

在2003年10月投产前一年的研制开发过程中，对Soft-Fit训练裤的上市已完成其市场策划工作量的20%。为了保护其投资，Tyco公司申请了30多项与此技术有关的美国专利，并已获得了6项专利权。

作为零售商品牌产品供应商，Tyco公司与其主要的零售商伙伴沃尔玛公司签订了协议，在沃尔玛超市试销这种产品，预计依靠沃尔玛的零售品牌可使该产品广为流行。在谈到将其产品推向该公司自有品牌范畴时，Sheldon先生认为Tyco公司可能会将销售工作留给它的客户去做。他说："我不想看到我们大量的经费花在成立市场营销部门上。我们要把更多的力量集中在创新和产品开发上。纸尿裤市场是一个大宗商品市场，产品的性能要胜过市场的经营。"

但是，一次性训练裤的较高价格足以限制它在新兴市场中的发展。在新兴市场中，低水平可支配收入限制了许多消费者购买除日常必需品以外的所有产品。但是，据Euromoniter公司报导，在波兰和保加利亚的销售量仍有少量增长。

婴儿纸尿裤市场中的另一类产品市场，新生儿纸尿裤市场在生产商的努力下也在顺利增长。随着大多数自有品牌和零售商品牌产品的主要生产商都在提供此类产品，最近他们通过推出新产品和各自的营销策略使得新生儿纸尿裤的销售量不断提高。

据Euromonitor公司报导，在包括俄罗斯在内的新兴市场中，由于提高了对产品的认识和较富有的父母钟情于高质量的产品，新生儿纸尿裤也正在呈现增长率的发展势头。在土耳其，新生儿纸尿裤的用量增加，提高了其销售额，而在匈牙利对产品的创新推动了新生儿纸尿裤的增长。虽然如此，2003年新生儿纸尿裤销售额的增长仍落后于标准纸尿裤，在许多发达市场中其销售额在一定程度上受出生率下降的影响。

诱人的发展中市场

2003年，北美纸尿裤市场上最大的一件新闻是其销售额的下降。这是世界上最大的纸尿裤市场，但由于激烈的竞争波及到纸尿裤市场，其销售额比2002年下降近2%。销售额的下降在一定程度上是由于品牌忠诚度弱化造成的。消费者通过改变购物习惯来应对价格的上涨，他们纷纷转向到物价较低的购物场所，例如大型综合商场和仓储式购物会员店购物，并且购买单位价格较低的大包装产品。这样的变化有助于消费者对抗价格的上涨。利用大减价的机会和使用优惠券，消费者能够使平均价格下降到相当低的水平。消费者的这种廉价购物方式甚至还波及了纸尿裤的现有包装规格，即在这种包装中的纸尿裤数量一般要少于仓储式商店出售的纸尿裤包装数量。

位于美国新泽西州Cranbury市Arquest纸尿裤公司的负责销售及市场拓展的副总裁Reed MacFarland先生说："超值包装，即主要由仓储式购物会员店和大型综合商场提供的盒式包装在去年快速增长。这种包装的定价具有吸引力，能给予消费者更多的利益。该包装中每片纸尿裤的价格比普通塑料包装袋中的纸尿裤要低。"

价格在美国是一重要的促销因素。在美国纸

尿裤广泛被视为昂贵的生活必需品。由于消费者在使用后直接把尿裤扔进垃圾袋，他们经常要考虑节约开支。

与北美不同的是，去年澳大利西亚地区纸尿裤市场的增长率为20%，但这种增长的基数较小。在世界最小的纸尿裤市场上的这一增长率归因于父母双亲都参加工作的家庭数量大，他们认为有必要使用这种方便的一次性产品来代替可反复洗涤的用品。然而，出生率的下降是影响销售量的主要不利因素，而生产商只有依靠销售优质产品才能赢得利润。

和北美一样，西欧纸尿裤市场业已成熟，并且市场渗透率很高。销售额也较高(见图2)。事实上激烈的价格竞争也阻碍了销售额的提高。其结果是在英国这一主要市场中纸尿裤的销售额停滞不前，而在德国、法国和西班牙，销售额甚至下降。相反，在土耳其、瑞典和爱尔兰这些较小的市场其销售额却呈现上升的势头。在土耳其，这种销售额的增长除了得益于针对各种年龄段的儿童的新产品开发外，还得益于新生儿纸尿裤用量的增加。而在爱尔兰，销售额的增长是由于超优质产品销售额的增加。

与此同时，在东欧，可支配收入的增加，提高了纸尿裤的需求量，尤其是在该地区最大的市场俄罗斯更是如此。由于许多行业增加了它们在该地区的投资，2003年该地区可支配收入的提高刺激了消费者使用各种各样的有效产品。

在中欧和东欧的许多国家，一次性婴儿纸尿裤的市场渗透率只有30%，为未来市场的增长留下了大量的空间。然而，在这些国家的定价必须明显低于西欧同类产品。波兰Hygienika卫生用品公司总经理Hubert Stepniewicz说："欧盟的东扩为零售商品牌产品生产商创造了与欧洲零售商建立联系的机遇。我们预计中、东欧生产商要得到欧盟零售商的真正认可尚需一些时间。但是，毫无疑问我们产品的质量、通用性和价格优势具有足够的吸引力。"

在拉丁美洲，由于参加工作的妇女数量增加和随之而来的对方便的一次性用品需求量的增加，在大多数市场上纸尿裤已经呈现强劲的增长势头。此外，该地区的生产商，特别是主要生产商金佰利公司的努力创新将使纸尿裤产生较多的利润。金佰利公司已在市场上推出了具有更多使用价值和新技术的新产品。

在亚太地区的一些发展中市场上，由于快节奏的消费生活方式使父母们在时间上颇感紧张，推动了纸尿裤和训练裤销售量的增长。但这类产品仍为许多消费者视为昂贵的奢侈品，他们仍然更愿使用比较经济的布质尿布。

对纸尿裤是生活必需品这一认识在程度上随地区不同而有所差异，在发达市场和新兴市场之间则存在很大差距。例如，在日本、西欧或北美等发达地区，大多数消费者甚至不考虑其他选择。在日本，市场渗透率高，消费者的生活方式既现代化又非常忙碌，他们需要方便和易于使用的一次性用品。但是，在越南、泰国和中国，较低的购买力限制了产品的需求量，对产品缺乏全面的认识，继续使许多消费者仍然坚持使用传统的、可反复洗涤的布质产品。

使用方便是纸尿裤市场增长的关键

据Euromonitor公司报导，未来几年内在新兴市场有望显示出最高的销售额增长。预计澳大利西亚市场由于正在进行技术创新和对优质产品需求量的增长，在2003—2008年期间该市场将显著扩大。在澳大利西亚和西欧限制增长的主要因素是高渗透率和减价的综合作用。此外，纸尿裤和训练裤的高渗透率给生产商留下了很少的选择，他们必须吸引消费者购买优质产品。

因此，高额的广告预算，产品的不断创新和引人注目的包装可能会使这些地区市场继续发展。但是，与此同时，竞争的加剧可能会迫使价格下降，生产商和零售商为了提高其在市场上所占的总份额将会竞相降价。

与此同时，城市青年消费者生活方式的改变可能会引起纸尿裤和训练裤市场的持续增长。使用方便对购物所起的决定性作用要归因于结婚生育后的就业妇女人数的增多和可支配收入的增加。这种现象在俄罗斯、中国、巴西或其他发展中国家均可看到。可以肯定，自有品牌和零售商品牌这两大类品牌纸尿裤的主要生产商将会密切注意寻找到未来发展的最佳领域。

(唐其铮编译自Nonwovens Industry，2005年，1月)

一个新兴的婴儿纸尿布市场

本文将中东和北非地区简称为MENA，它包括以下不同的国家和地区：

海湾地区 包括：沙特阿拉伯(简称沙特)，科威特，卡塔尔，阿曼，阿拉伯联合酋长国(简称阿联酋)和巴林。

其他中东国家 包括：黎巴嫩，叙利亚，约旦，伊拉克和也门。

北非地区 包括：埃及，利比亚，突尼斯，阿尔及利亚和摩洛哥。

除伊朗外，MENA国家都使用阿拉伯语，总人口达到3.25亿。表1－4显示出这个每年婴儿总出生量高达680万人的地区对婴儿纸尿布产品不断增长的巨大需求。

从海湾地区各国高达90%的市场渗透率到伊拉克和埃及等国10%的较低市场渗透率，MENA地区婴儿纸尿布的市场渗透率平均达到25%，因而目前该地区对婴儿纸尿布需求量达到44亿片，销售值高达7.95亿美元。

表1 MENA地区婴儿纸尿布产品的市场规模

地区	年均婴儿出生数量/万人	市场渗透率/%	婴儿纸尿布市场容量/百万片	销售额/百万美元
海湾地区	63.5	90	1537	265
其他中东地区	320.1	20	1635	258
北非地区	297.0	16	1217	272
合计	680.6	25	4389	795

高出生率带来婴儿纸尿布的高消耗

也门——世界上婴儿出生率最高的国家，其国民人口为2070万，而每年新生儿就达到75万，其婴儿纸尿布的市场渗透率达到18%。

MENA地区婴儿纸尿布市场每增长50%，也就意味着该地区每年将增加900万片婴儿纸尿布的用量。

由于MENA地区国家众多，且受不同因素的影响，因而该地区各国间的婴儿纸尿布市场增长也各不相同，要对总体情况作出预测有一定困难。例如，各国的人均国民生产总值(GDP)就有着较大的差距，其中阿联酋人均GDP高达2.32万美元，而也门人均GDP仅800美元；另外各国还存在政治、经济、文化等因素的差异。

总体来说，MENA地区因其高的婴儿出生率而带来了对婴儿纸尿布需求量的激增，并使其成为一个新兴的婴儿纸尿布消费的高增长市场。据统计，该地区目前60岁以上人口仅占总人口的5%左右，而20岁以下人口在该地区的许多国家有着相当高的比例。

表2 北非地区婴儿纸尿布产品的市场规模

国家	年均婴儿出生数量/万人	市场渗透率/%	婴儿纸尿布市场容量/百万片	销售额/百万美元
埃及	125.0	10	300	39.0
利比亚*	12.0	80	300	32.0
阿尔及利亚*	65.0	35	700	140.0
突尼斯*	26.0	25	170	31.0
摩洛哥	69.0	15	177	30.0
合计	297.0	16	1217	272.0

注：表中带*的国家为估算值。

表3 海湾地区婴儿纸尿布产品市场规模

国家	年均婴儿出生数量/万人	市场渗透率/%	婴儿纸尿布市场容量/百万片	销售额/百万美元
沙特阿拉伯	47.0	>90	1100	175.0
科威特	4.2	>90	175	39.0
阿联酋	5.5	>90	136	27.0
阿曼	4.4	>90	86	15.5
巴林	1.25	>90	20	4.0
卡塔尔	1.15	>90	20	4.0
合计	63.5	>90	1537	264.5

表4 其他中东国家婴儿纸尿布产品的市场规模

国家	年均婴儿出生数量/万人	市场渗透率/%	婴儿纸尿布市场容量/百万片	销售额/百万美元
黎巴嫩	8.1	80	150	27.0
叙利亚	47.5	25	250	42.0
约旦	12.5	75	210	27.0
伊朗	97.0	20	500	80.0
伊拉克	80.0	10	200	28.0
也门	75.0	18	325	54.0
合计	320.1	20	1635	258.0

沙特阿拉伯

2004年，沙特的婴儿纸尿布销售额达1.75亿美元，其中Procter and Gamble (P&G)的Pampers品牌占据了约50%的份额，紧随其后的是Babyjob和Bambi EC品牌，分别占21.4%和18.9%的份额。该国的婴儿纸尿布市场年增长率达到2.5%。

而对于该国3200万美元的一次性妇女卫生用品市场，Always品牌占40%的份额，FAM品牌位居第二，占35%。一次性妇女卫生用品市场的年增长率达4%。

Pampers产品通过P&G位于沙特的Modern Products Company公司供应。其他的婴儿纸尿布生产商包括Gulf Hygiene Industries公司(产品品牌Babyjob, Moony)，NAPCO Consumen Products公司(品牌BAmbi)，Fine公司(品牌Lido，Baby Fine，Finies)，National Child Care公司(品牌Huggies)以及Shamsan Industrial公司(品牌Baby Care)。

巴林

该国的婴儿纸尿布市场约为400万美元，其中Pampers占61.8%。一次性妇女卫生用品市场约为260万美元，其中Always占据38.8%的份额，FAM占34.2%。

也门

该国的婴儿纸尿布市场消费量达3.25亿片，销售额5400万美元。主要是来自沙特的Pampers，Huggies，Babyjob和BAmbi品牌产品。

阿拉伯联合酋长国

2004年，阿联酋人口为340万，婴儿纸尿布消费约2700万美元，一次性妇女卫生用品 消费约1720万美元。其中Pampers以绝对优势占据婴儿纸尿布市场68.1%的份额，而Always也在该国一次性妇女卫生用品市场独拔头筹，占49%的份额。

伊朗

目前该国婴儿纸尿布的年销售量达到5亿片，销售额8000万美元，主要为由当地的Save Plast公司，Hydrophile公司和Mobarak公司生产的My Baby，Pamperese以及Moubarak等产品品牌。

科威特

目前该国婴儿纸尿布年消费量为1.74亿片，销售额3900万美元，其中Pampers品牌分享54%的市场。而该国年消费量为9650万片、销售额达1100万美元的一次性妇女卫生用品市场仍由Always占主导，其他主要品牌还有FAM(占16.8%)和Lady Soft(占11.2%)。该国的一次性妇女卫生用品年增长率为6%。

另外，Hygienic Products Industries公司也向该国供应品牌为Darlings和Velvet的产品。

阿曼

目前，阿曼的婴儿纸尿布年销售量为1550万片，其中Pampers占54.7%。Always控制了该国销售额为650万美元的一次性妇女卫生用品市场74.8%的份额。该国上述两项产品的年增长率分别为3%和5%。

突尼斯

Kimberly-Clark公司的Peaudouce品牌(当地由SanCella公司生产)控制了该国婴儿纸尿布51.5%的市场。而位于该国的Societe Ariana Hygiene公司生产的Lilas品牌也占据了44.4%的份额。

该国的一次性妇女卫生用品市场，Always仅占了0.3%的极少份额，该市场主要由Lilas(占38.3%)，Nana(占37.4%)，Periodex(占14.6%)和Nina(占7.4%)等品牌瓜分。

突尼斯的婴儿纸尿布年销售量达1.32亿片，销售额为2500万美元；一次性妇女卫生用品年销售量达1.61亿片，销售额为1560万美元。

黎巴嫩

该国的婴儿纸尿布年销售量达1.5亿片，其中Pampers占38.4%的最大份额，其他品牌分别为：Baby Lido(占9.6%)，Happies(9.4%)，Oui Oui(5.7%)，Huggies(5.4%)，Kiddy(3.5%)，Dandy(3.4%)，Ninex(3.1%)，Relax(2.8%)和My Baby(2.1%)。

而该国一次性妇女卫生用品的年消费量为1.26亿片，销售额为1520万美元，其中Always占30.7%，Private Label占29.4%，Nana占13.4%，Fam/Famy占8.5%，Kotex占5.4%，Carefree占3.2%。

黎巴嫩本土有3家生产企业，分别为Fine Hygiene Paper(品牌Lido，Baby Fine)，SANITA公司(品牌Happies，Kiddy)和SAPICP公司(品牌Dandy)。

约旦

约旦人口为540万，婴儿纸尿布市场销售量为2.1亿片，销售额为2700万美元；一次性妇女卫生用品市场销售量为8000万片，销售额为750万美元。

其中Baby Lido品牌占有该国婴儿纸尿布市场53%的份额；而Cinderella品牌分享了该国一次性妇女卫生用品66.3%的市场。另外，Fine Hygiene Paper公司也在约旦生产Lido，Baby Fine和Finies等牌子的产品供应当地市场；当地其他厂家还包括Pearl公司(品牌Comfort)和Soft公司(品牌Soft，Kleanest)。

阿尔及利亚

估计该国的婴儿纸尿布市场约为7亿片，市场价值约1.4亿美元。该国是MENA地区婴儿纸尿布主要的消费基地之一。

该国的Socothyde公司生产Sabi牌子的婴儿纸尿布供应当地市场。

卡塔尔

目前该国人口65万，婴儿纸尿布年均消耗量为2000万片，销售额约400万美元，其中Pampers占68.8%的绝对优势。

该国一次性妇女卫生用品年均增长率约为5%，目前年消费量为1850万片，销售额为220万美元。其中Always占41.4%，FAM占22.8%。

埃及

埃及人口为7500万，婴儿出生率达到每年125万。目前该国的婴儿纸尿布消费量为3亿片，销售额为3900万美元，其中Pampers占64.3%，Baby Fine占24.8%。据估算，2004年该国的一次性妇女卫生用品消费量2.27亿片，销售额2020万美元，其中Always占领了76.5%的绝大部分市场。上述两项产品的年均增长率分别为6%和8%。

P&G在埃及设有工厂生产Pampers产品。另外，埃及本国还有Fine Al-Bardi公司(品牌Lido，Baby Fine)和Pyramid Paper Mill公司(品牌Flora)生产婴儿纸尿布。

伊拉克

伊拉克是MENA地区婴儿纸尿布市场渗透率最低的两个国家之一。其人口为2540万，估计每年婴儿纸尿布销售量达2亿片。其中，主要有来自P&G公司位于沙特和埃及的工厂生产的Pampers产品，来自约旦的Baby Lido产品，来自沙特的Teemo产品以及来自SAE的Baby Love产品。

摩洛哥

其婴儿纸尿布市场和一次性妇女卫生用品市场几乎被Pampers和Always全部控制，分别达93%和84.2%。该国婴儿纸尿布年消费量为1.765亿片，一次性妇女卫生用品年消费量为1.19亿片。

该国的生产企业有P&G公司(品牌Pampers)，Novatis(品牌Winny)，Indas公司(品牌Bambino)和Babidou公司(品牌Babidou)。

叙利亚

该国的婴儿纸尿布年消费量为2.5亿片，销售额4200万美元，主要被Libero，Pampers和Babyjoy三大品牌产品占领。

叙利亚本国也有两家生产企业，MGC和SAFA，前者主要生产Libero，DAba和Babylife牌子的产品。

利比亚

该国的婴儿纸尿布产品主要有来自突尼斯的Peaudouce和Lilas，来自沙特的Teemo和Babyjoy以及来自摩洛哥的Pampers等品牌。

(彭慧玲译自N.R.I.)

成人失禁用品市场前景光明

过去几年中，成人失禁用品的全球销售额一直在稳定增长 。据市场跟踪机构Euromonitor公司报导，1997年失禁用品的销售额不足16亿美元，2002年则增加到21亿美元。预计到2007年，销售额将持续增长到27亿美元。世界主要地区的失禁用品也是呈现相同的增长势头，但是拉丁美洲除外，它最近正在经历金融危机。

一般说来，成人失禁用品市场可分成两大类——零售市场和公共卫生机构采购市场。该行业观察家认为这2类市场的规模几乎相同，但两者之间存在市场价格的差异。零售市场的价格主要受舒适性、可自理性、使用方便和消费者表现的对品牌的忠诚度的支配。简而言之，一旦某人发现某种成人失禁用品对他有明显效果，他往往会不问价格地去使用那种产品。而公共卫生机构采购市场更多地要受到价格的支配。采购部门希望产品不仅价廉，而且还要求病员穿着产品所花的时间要短。由于越来越多的家庭要使用失禁用品，所以舒适性和可自理性有时显得更加重要，而价格就变成次要问题。

常见的失禁

根据美国失禁用品协会的报道，1996年有约1300万美国人失禁，其中85%为妇女，她们的失禁往往是由于生育、痴呆或并发症所引起的。但是，该协会最近发现，在18岁的少女中，每4人中就有1人偶尔会有小便失禁。在40岁以上的成人中，每5人中有1人因憋尿或阵发性尿急而引起失禁。而且，至少有一半在家被护理的居民患有小便失禁。他们中的很多人还有大便失禁的痛苦。这些患者经受着情绪失调和身体失调的折磨，许多人因为怕别人讥笑和对自己不尊重而与外界隔离。

除了难以控制以外，由于患者的失禁有多种类型，所以失禁也是一个复杂的问题。例如，应力性失禁，当括约肌或者骨盆肌受到损伤，在锻炼、咳嗽、打喷嚏、发笑或身体移动，并对身体产生压力时会使膀胱漏尿。这个问题在妇女中很普遍，一般在多次生育后或绝经期发生。而急性失禁是不得不紧急排尿，并不能等到上厕所。当通过大脑和膀胱间的神经受到损伤时会发生这种失禁。综合性失禁是应力性失禁和急性失禁2种病症同时存在时发生的，也是常见的一种失禁。自溢性失禁是指产生的尿量超过膀胱的存留能力时所发生的漏尿，这种失禁是由多尿病、骨盆创伤、大范围的骨盆外科手术，脊髓受损、带状疱疹、复杂的硬化病或脊髓灰质炎引起的。

失禁用品行业的对策

各种各样的失禁和患有这些失禁症的消费者数量的增加，使得失禁用品行业对该市场进行大量研究。过去成人失禁用品的创新模仿婴儿纸尿裤和/或妇女卫生用品市场的发展所走过的道路。而现在，成人失禁用品市场，尤其是它的零售市场，正在不断地改进成人失禁用品，以满足消费者的要求。一种改进的方法是直接在芯层加入异味吸收剂，以提高失禁用品在令人烦恼的失禁问题上的有效性。

在失禁用品的零售市场中，Kimberly-Clark公司的Depend和Poise 2种品牌的失禁用品占有该市场的大部分份额，该公司目前在美国所占市场份额约为53%，其失禁用品销售额的增长与整个市场的增长同步。在它的主要竞争对手中，有瑞典的SCA公司，最近几年该公司在美国的成人失禁用品市场中进行了几次投资，使其Serenity、Tena 2种品牌的失禁用品的增长率迅速提高。例如，它的Serenity牌日、夜均可使用的成人失禁用品，使得使用者比使用其他许多产品具有更大的灵活性。它的Dri Active牌成人失禁用品非常适宜于走动的失禁患者，根据位于伊利诺斯州芝加哥市的信息资源公司的报道，去年该产品的销售增长百分率达到3位数字。

除K-C和SCA两家公司以外，日本的Unicharm公司在产品品牌化中也处于创新的前列。在零售商品牌失禁用品市场中，为赢得零售商的大量合同，北美的First Quality公司和欧洲的Ontex公司、Hartmann公司也在加强他们的研究开发力量。

例如，异味吸收剂已经被加入到偶尔失禁的患者所使用的失禁护垫中，而比较严重的失禁患者，大多数不能自由行动，他们对穿着式纸尿裤有需求，这种纸尿裤可根据具体情况从侧面固定或使用松紧材料固定。侧面固定构件可使护理人员在患者躺着时改变他们的姿态。这种纸尿裤的可重复固定性可使护理人员在不损坏纸尿裤的情况下，重新调整侧面，检查是否脏污，从而避免了浪费。

消费者希望能整夜入睡也推动成人失禁用品的创新。有些严重失禁的患者在夜间常常要醒几次去更换他们的失禁用品。如果他们一整夜不更换失禁用品，不贴身和不舒适等问题也会使他们

表 成人失禁用品市场的销售情况 百万美元

	1997年	1998年	1999年	2000年	2001年	2002年	2003年	2004年	2005年	2006年	2007年
全世界	1599	1694	1866	1966	2005	2117	2274	2417	2546	2656	2768
西欧	308	333	350	340	371	467	539	605	655	694	728
东欧	5.2	5.8	7.0	8.7	12.6	15.2	18.1	22	26.8	32.8	40.1
北美	583	642	693	725	771	807	834	860	891	918	951
拉丁美洲	276	288	283	290	268	217	221	228	238	248	260
亚太地区	383	384	491	560	543	562	609	645	672	694	713
大洋洲	11	11	13	14	14	19	23	27	32	37	42
非洲/中东	32	30	29	28.5	26	29	30	31	32	33	34

来源：Euromonitor

夜里睡觉烦躁不安。因此，能解决上述问题的像Serenity Night & Day品牌那样的失禁用品就应运而生。

从容应对竞争

失禁用品行业通过使失禁用品更好地贴身，更加多样化，使用效果更好和使用较好的聚合物吸收剂，正在得到不断的发展，但失禁用品正面临着能够解决失禁问题其他方法的一些竞争。有的患者不再使用不能满足他们要求的一次性失禁用品，他们正在接受针对失禁的药物疗法，以及通过外科手术来解决失禁问题。

虽然治疗失禁的这2种方法取得了进展，但专家们确信一次性失禁护垫和纸尿裤在成人护理用品市场上是永远要存在的。Mueller先生说："我从未见过有一种药品能完全治愈失禁症，药物可以减少失禁的频率和发作次数，或许它可以减轻失禁的严重程度，但它仍需要配合使用失禁用品。"

至于外科手术，年轻的失禁患者比老年患者更倾向于接受手术治疗。由于大部分失禁用品的使用者是老年人。因此，外科治疗对失禁用品行业不会产生重要影响。

因此，吸收用品公司应当明智地把成人失禁用品视为发展中市场。在过去几年中，当婴儿纸尿裤和妇女卫生用品年复一年地放慢增长速度时，成人失禁用品仍为盈利的领域。

由于生产商始终都考虑到失禁患者及他们的护理人员的要求，我们必然会继续看到成人失禁用品的广阔市场。Hannah先生说，"人口统计结果将成为推动失禁用品未来增长的动力。"在失禁用品的零售市场中，有相当一部分消费者采用一些临时的办法来掩饰他们的失禁问题，市场机遇就在于如何才能使这些消费者使用失禁产品。

(唐其铮编译自Nonwovens Industry，2004年，3月)

成人失禁用品市场在快速增长

婴儿纸尿裤产品具有像布一样的衬底、弹性透气侧部隔边、吸收能力较强的薄型芯层和弹性腿部防侧漏护围。最近成人失禁用品的技术创新也在向具有上述特点的方向发展。为了满足进一步改善产品性能的要求，成人失禁用品生产商也不甘落后，正在效法婴儿纸尿裤生产商的创新精神及其提出的越来越高的标准来生产各种成人失禁用品。

据INDA统计，2004年在北美市场零售业对最终用户的成人失禁用品销售额达11亿美元，对公共机构采购渠道(医院，退休疗养所，长期疗养所等)的成人失禁用品销售额达9亿美元，北美成人失禁用品的销售总额达到约20亿美元。INDA市场调查和统计部主任Lan Butler说："2004年，通过上述2种渠道的北美成人失禁用品销售量约为53亿片，具体数字目前尚未最终确定。"

虽然与婴儿纸尿裤市场比较，这些数据相形见绌。据INDA的统计，婴儿纸尿裤的零售额已达44亿美元，但是目前的成人失禁用品市场无疑是值得生产商重点关注的市场，预计它将有较大的增长。Butler先生说："零售市场中以片计的单位年平均增长率为5%~6%，我预计今后几年还将继续增长。”

位于美国伊利诺斯州芝加哥市的Euromonitor International市场追踪调查公司发现，由于大量使用这类产品的老年消费者数量不断增加，1998－2003年期间成人失禁用品是快速增长的市场部门之一(见表1)。

表1　1998—2003年美国失禁用品的销售额(百万美元)

	1998年	2003年
轻度失禁用品	102.0	125.7
中度和重度失禁用品	514.4	701.4
总销售额	616.4	827.1

与此同时，Euromonitor公司将成人失禁用品列为1998—2003年期间全球销售额增长率位居第二的一次性用品，2003年它是增长率最高的产品，比2002年增长6%，比1998年猛增34.2%。

展望未来，失禁用品的前景光明，预计在2003—2008年期间失禁用品的年复合增长率(CAGR)为3.4%。如表2所示，预计2008年在保持2003年价格不变的条件下，美国失禁用品的销售总额将达到9.778亿美元，比2003年增长18.2%。

再看看过去几年的增长水平。根据USA Today所发表的一篇文章报导，2002年美国成人纸尿裤的销售量为16.9亿片，10年前的销售量为7亿片，20年前为3.92亿片。大约有一半年龄超过70岁的老年人曾患过暂时性或长期失禁症。在长时间聚会、短途或长途旅行时纸尿裤常会穿坏。一般来说，在家时不会穿坏纸尿裤，但过夜后有些损坏。

表2　2003—2008年美国失禁用品的销售额　　百万美元

	2003年	2004年	2005年	2006年	2007年	2008年
轻度失禁用品	125.7	129.2	133.0	137.0	141.1	145.6
中度和重度失禁用品	701.4	723.8	750.6	773.9	801.7	832.2
失禁用品总量	827.1	853.1	883.6	910.9	942.8	977.8

和婴儿纸尿裤市场一样，在世界工业化地区成人失禁用品呈现出地区性增长(见表3)。中欧、北美、日本和澳大利亚是最大的市场，而东欧市场则在原有较弱的基础上急剧增长。

表3　2003—2008年世界各地区成人失禁用品销售额及增长率　　百万美元

	2008年销售额	2003－2008年CAGR/%	2003－2008年总计/%	2003－2008年销售额增加
西欧	865.6	6.1	34.7	222.9
东欧	36.7	9.3	56.0	13.2
北美	1038.6	3.6	19.4	168.9
亚太地区	1037.0	10.5	64.9	408.0
拉丁美洲	140.9	4.7	26.1	29.2
澳大利西亚	56.5	16.1	110.8	29.7
非洲和中东	46.2	6.2	35.2	12.0
全世界	3221.5	6.6	37.8	883.8

目前状况

各种规模的生产商一致认为他们在卫生用品市场上遇到了困难，成人失禁用品市场也不例外。位于美国新泽西州East Brunswick市的Humanicare公司总裁Chris Gegely说：“该市场的竞争越来越激烈，新公司不断地进入该市场，现有的公司还在增加生产能力。原材料市场的波动和批发商及零售商的整合导致了一种充满着挑战的市场环境，这种环境要求我们将重点放在提高生产效率和构建最佳业务关系网络上。”

除了原材料价格提高和竞争加剧外，成人失禁用品供应商还面临保持低价位不变的持久压力。无论成人失禁用品是走上零售货架，还是在公共机构中使用，其最终的财务收益是有限的，根本没有再提高价格的空间。

德国成人失禁用品生产商Paul Hartmann公司的Dieter Feustel先生指出，有两种趋势支配着成人失禁用品的发展。他说：“该市场可分成以低价格零售的低成本产品市场和专业失禁护理用品市场。向第2种市场提供的吸收性失禁用品综合有其他的保健功能，它适用公共护理机构中患者或家庭护理中的患者使用。”

尽管如此，成人失禁用品生产商仍希望该市场中某些领域有所增长，特别希望居家用成人失禁用品市场有所增长。过去，失禁用品是老人疗养所的必备用品之一，如今，由于有了各种新的辅助和护理方法，失禁患者可以长期在他们家或亲属家中进行诊疗，因此，此类产品在传统和非传统的零售市场中能有计划地大量增长。

PaperPak公司销售副经理Rick Finlayson说："该市场的实际增长来自于居家用失禁用品。虽然衰老不是失禁的原因，但我们的人口逐渐在老龄化，成人失禁用品市场的规模也会随之扩大。"

Paul Hartmann公司还把居家用失禁用品市场视为是随着轻度失禁用品一起增长的主要领域。该公司的Faustel博士说："轻度失禁用品在超市销售这一事实提高了失禁用品的重要性。"他还指出，在德国，家庭护理用成人失禁用品需求量的增长也与健康护理机构节约费用的计划有关。他说："更多的人将在他们自己家中在流动看护人员的帮助下得到照顾，而不是住进医院或疗养所。"

发展趋势

通过对产品的设计和技术进行改进，生产商正在致力于解决成人失禁用品市场中的一些具体问题。SCA公司北美产品部主任Raymond Carter先生说："要提高对成人失禁用品的认识，重点要控制成人失禁用品散发的异味和提高其护肤功能。成人失禁用品不仅是持留尿液的'吸收容器'。认真仔细地设计和选择材料有助于使先进的吸收用品减少对皮肤的损害，减轻失禁产生的异味。提高失禁患者本人及护理者的尊严和自信心。"

随着三角裤和一次性内裤受到消费者的普遍欢迎，成人失禁用品经销商和生产商正在竭尽全力满足对具有新颖设计的产品需求。

在此趋势中走在前沿的一个公司是Humanicare公司。该公司在一次性护理用纸尿裤市场中已获得惊人的增长。该公司的Gegelys先生说："此类产品的市场总供应量在过去几年得到增长，许多消费者感到特别方便，更促使其增长。"

除一次性护理用纸尿裤外，Humanicare公司还生产可洗的护理用内裤。其中受到普遍欢迎的产品含有一个小的防水袋，这种小袋把一次性失禁护垫固定在适当位置。防水袋在前、后及侧面形成屏障，可防止漏液。在它与没有防水衬底的失禁护垫一起使用时，它能够使失禁护垫的上部和底部在重度失禁时同时吸收体液，这样就可更有效地发挥失禁护垫的作用。

Gegelys先生说："事实上，这种产品可使人们使用较小的失禁护垫，但仍能有效防止膀胱完全失去控制能力。使用比较松厚的产品可以达到此目的。"他还指出，由于这种内裤与普通内裤一样是可洗的，对那些严重尿失禁患者来说这种内裤比较划算。

SCA公司也注意到此趋势。Carter先生说："在过去几年中，穿着式成人失禁用品的使用变得更为普遍，价格也越来越低。这种产品具有与布一样的手感，非常类似使用者自己常穿的内裤，这对于那些为失禁状态感到局促不安的失禁患者来说，是一种心理上的抚慰。这类产品和其他创新产品可为使用者提供多种选择，这在5年前是未曾有过的。"

现在，高吸水树脂生产技术和吸收芯层设计的改进使成人失禁用品变得更薄，总体性能也有所提高。Cater先生说："较薄的产品穿着更舒适，使步行的患者更体面。"他还指出，在许多成人失禁用品中采用织物般的面层已变得越来越普遍。

他认为，织物般的面层有两个显著的优点。首先，织物般的面层比塑料对皮肤更为友善，使人有干爽和舒适的感觉；其次，织物般的面层可减少许多成人失禁用品所固有的响声，使患者感到更体面。

PaperPak公司的Finlayson先生也谈到了类似的发展趋势。他说："过去5年中，北美市场上失禁用品最大的变化是推出了穿着式失禁用品。此产品很类似目前个人穿着的内裤，方便、舒适、易于使用，而且体面。这类产品已经改变了失禁用品市场，5年中它们从无到有，并成为零售市场上的主要产品。"

他说："居家外用和居家用成人失禁用品现在仿效婴儿纸尿裤，将聚合物衬底更换为非织造布衬底。随着这一变化，失禁用品也采用了新的固定式扣紧系统。与婴儿纸尿裤类似，成人失禁用品在保持吸收能力不变的条件下正在逐渐从厚变薄。"

成人失禁用品也具有婴儿纸尿裤的优点

除似布衬底外，成人失禁用品生产商也采用了婴儿纸尿裤设计的其他主要特点，以改善其舒适性与贴身性。Hartmann公司的Feustel博士说："为改进成人纸尿裤的贴身性开发了最佳弹性化的扣紧系统。此外，为了减少对皮肤的吸附作用和使使用者皮肤处于正常状态，在成人纸尿裤中采用了透气性侧部隔边。"

SCA公司的Carter先生说："产品的宽度及其防护水平的各种选择使购买者(不论是使用者、护理者或其他人)可以选用最能满足使用者要求的产品。"适当的选择产品和注意使用要求可大大减少每天的费用。

Carter先生说："使用者和购买者逐渐认识到与产品的使用方法有关的临床效果和情感反应是头等重要的。因此，最好把重点放在每天的费用上，而不要简单地计较某种产品的每片价格。此外，失禁患者的要求也会随着时间的推移而变化，不同类型的产品及其防护程度可使产品随时满足使用者的特殊需要。"

新产品

与非织造布行业中的每种消费用品一样，人们总是要求成人失禁用品能在尽可能低的价格下达到尽可能高的性能水平。Paul Hartmann公司就是能满足这一要求的公司。该公司已将其新型的MoliCare Premium牌失禁用品投入居家用护理用品市场和居家外用护理用品市场。该产品去年先投入居家外用护理用品市场，2005年1月进入居家用护理用品市场，该产品是采用非织造布生产的，具有透气性侧部隔边。

金佰利公司是成人失禁用品主要生产商。该公司已经更新了它的Poise牌妇女失禁用系列产品。在这些系列产品中，该公司保证它的普通型和超吸收型失禁用品具有较高的干爽特性。在长度相同(分别为9.5英寸和8.5英寸)的条件下，与同类产品比较，这两种产品可提供较高的干爽性。为了获得仿形特点，这两种产品的由双层高吸水树脂组成的兰色芯层制造得比较长，以便更有效地吸收尿液并将其锁定，防止漏液和抑制异味。产品单片包装，便于使用。

PaperPak公司于2005年春天推出其Attends10-Barartic Brief牌新产品。该产品是为需使用防护性失禁纸尿裤却找不到合身用品的患者设计的。该产品适用于腰围达到90英寸的患者，对皮肤有最佳的保护作用，吸收性能也好。

该公司的Easy-Fit牌成人纸尿裤的尺寸较大，表面包覆层为柔软的非织造布，可使皮肤感到舒适；侧部隔边具有弹性和透气性，可使更多的空气流通，有利于皮肤健康。这种成人纸尿裤还含有PaperPak公司生产的AccelDry纤维，可引导尿液均匀分散在整个纸尿裤中并使尿液保持低pH值，有益于皮肤，并能保持皮肤的干爽度和控制异味。

与此同时，PaperPak公司还将推出Attends 10 Breathable Brief牌新型的成人纸尿裤，其底层为非织造布，它的侧部隔边具有透气性，可使使用者感到更加舒适。这种成人纸尿裤将具有与Easy-Fit牌纸尿裤一样的固定胶带、防水性内衬和获专利的Perma-Dry牌纤维，这种纤维可引导尿液均匀地分散在整个纸尿裤中，并使尿液保持低pH值。

2005年4月，PaperPak公司推出Attends Guard for Men牌失禁护垫。这是Attends品牌产品中第一种专门适用于男性的失禁护垫。这种具有保形性舒适的失禁护垫是专为由于前列腺炎外科手术而造成漏尿的男性设计的。此护垫虽薄，但能吸收尿液，并带有粘附贴片，可将护垫安全地固定在内裤内。

最近，PaperPak公司又推出了其最小的Attends品牌系列产品，即Attends Light Pads牌轻度失禁护垫和Etra牌失禁护垫这两种憋尿护垫是轻度尿失禁患者的最佳选择，含有Hygard聚合物的柔软吸收芯层可很快吸收尿液，并有助于抑制异味。腿部皱裥及其仿形性可使患者感到非常贴身和舒适。它们还带有一条可确保牢固固定的胶粘带，并且是单片包装。

另一个针对肥胖患者失禁用品市场的公司是Humanicare公司。该公司提供两种新的产品，一种是尺寸为XX-Large的Dignity Plus纸尿裤。其最大腰围是68英寸，另一种是Dignity Fit Rite牌纸尿裤，具有腰围尺寸可拉伸的镶边，两条可拉伸的镶边可用在带有带状耳扣的任何标准的纸尿裤上，使腰围尺寸可再加大20英寸。镶边是透气的，有强度的搭接区，使它们具有松紧性，有助于确保合身。每片纸尿裤都使用了一套以上的拉伸元件，每套可以使腰围尺寸增长20英寸，因此，该产品可以满足最肥胖患者的需要。

Hamanicare公司还推出了Dermateam牌皮肤护理系列产品。它们可按照简单易行的3步护理程序提供清洁、调湿和防护。此外，该公司正在考虑采用现有技术在相关市场中推出新产品。

SCA公司最新的创新产品是Tena Flex牌束腰式连身纸尿裤，该产品将产品创新设计与最优特点结合在一起。产品设计可满足使用者、护理人员和管理人员的要求。据SCA公司介绍，将皮肤接触面积小，完全透气的产品、束腰和先进的吸收芯层设计融为一体，能提供最佳的防泄漏性能，并且有助于明显减少皮肤疾病。SCA公司的Cater先生说：“在欧洲对产品进行了特定的试用。结果表明，在使用Tena Flex的居民中发现对皮肤确实具有护理作用。某些情况下，在使用该产品15天以内就能显现对皮肤的护理效果。”

Tena Flex牌纸尿裤的束腰设计减少了护理者反复弯腰的次数。据SCA公司介绍，这意味着可提高对护理工作的满意度、舒适度，并减少了因背部弯曲而损失的时间。这种纸尿裤还可为管理人员提供以下优点：提高对护理工作的满意度，减少因无效劳动而损失的时间和皮肤疾病。该公司希望这些优点能使该产品进入老人疗养所，这种疗养所被公认是优质优价的高级疗养所。Carter先生说：“SCA公司正在不断寻找改进现有产品和推出新产品的机会，以便能更好地满足长期居家护理所提出的各种要求。”

他说：“SCA公司认识到失禁患者不仅需要性能差别较大的各种失禁用品，而且还要求它的外形尺寸齐全。几年来，我们提供了多种型式和不同吸收能力的失禁用品，以满足失禁患者的不同要求。”

SCA公司对失禁患者要解决的另一问题是失禁用品要贴身。为了更好地了解失禁用品的穿着和使用方式，SCA公司对此进行了深入的研究。Tena牌产品的内部设计体现了这些研究的成果。

展望未来

虽然面对着普遍存在的挑战，如竞争和价格压力的同时增加，生产商仍乐观地看待失禁用品市场的未来。到2011年，婴儿潮(20世纪40-50年代北美婴儿出生的高峰时期)时期出生的人将要达到65岁。预计这一人群既掌握了有关健康护理用品方面的丰富知识，又拥有提高健康护理水平所需的足够经济实力，这无疑对生产商来说是个令人振奋的信息。

此外，正如SCA公司Carter先生所指出的那样，预计许多在婴儿潮时期出生的人会呆在家里或进入生活辅助中心，而不是进入老人疗养所。他说：“这可能会使零售业和家庭护理业的失禁用品销售额明显增长。与普通的老人疗养所比较，在生活辅助中心老年人病床的全面增加这一事实可以证明这点。”

虽然Hartmann公司Feustel先生也认为今后几年中成人失禁用品会持续增长，但他对未来前景的看法不甚乐观。他认为，像德国这样的国家，健康保健系统的现代化将极大地影响成人失禁用品的研究与开发。他说：“对失禁用品费用的偿还法规已被修改为低比率偿还，如果在今后几年中实施更低比率的偿还计划，那么生产商将面临更大的价格压力。”

(唐其铮编译自Nonwovens Industry，2005年，3月)

拉丁美洲卫生用品市场概况

拉丁美洲包括南美洲、中美洲和墨西哥。近年来它一直是一个充满争议的地区。在波动的货币汇率、越来越苛刻的贸易法、政治冲突和经济困难的共同影响下，近年来该地区的股票价值一直起伏不定。尽管这样，消费品市场的不成熟使得拉丁美洲成为一个重要的发展地区，其中主要是卫生用品市场。许多纸尿裤和妇女卫生用品生产商都很清楚地认识到拉丁美洲具有跟其他发展中地区，如亚洲和东欧地区相类似的发展潜力。

不仅像强生公司、宝洁公司和金佰利公司这样的国际巨头正在重视在拉美的市场发展，连一些地方性的公司也开始有所行动，以提高其卫生用品在该地区的渗透率。除了当地几个较大的生产商，如巴西的Aloes&Aloes公司和Pomp Pom Products公司，墨西哥的Absormex公司(或称Mabesa公司)外，实际上，在许多拉美国家中还有很多小型和中型的卫生用品生产商。这些生产商在将他们的产品就近卖给用户的同时，也在一定程度上造成了市场的停滞。水平有限的技术和不高级的产品使得他们很难获得成功，也使得那些当地有能力采用更高级的国际品牌的用户选购质量较好的国外名牌产品而不选择国内产品。

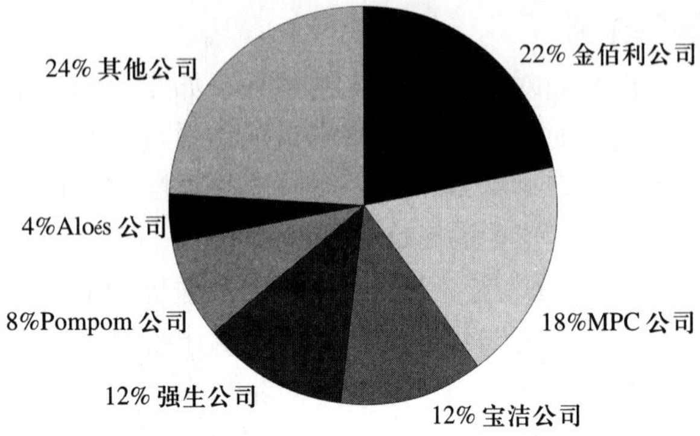

图 1　2001 年各公司在巴西的用即弃纸尿裤的销售额

在巴西的竞争

很多生产纸尿裤的跨国公司都通过跟拉美的国内企业联合，来帮助自身产品打入拉美市场。为了获得最大的市场份额，金佰利公司与Kendo do Brasil公司合资，在1995年成立合资企业，生产卫生巾和纸尿裤。2000年该合资企业的销售额达到1.3亿美元。这证明了将市场行情与国际品牌结合在一起对争取拉丁美洲的消费者是成功的做法。另一个随后成功的例子是MPC公司。该公司是Mabesa公司和Paragon Trade Brands公司的合资公司。在濒临破产的Paragon公司将其资产出售给Tyco Healthcare公司一年后，Paragon公司于2003年1月倒闭。2001年Paragon-Mabesa拥有18%的市场份额，曾是该地区的第二大生产商。而MPC公司则继续发展壮大。2001年它收购了Paragon公司在巴西、阿根廷和哥伦比亚的Drypers用即弃纸尿裤业务。与此同时，在跟Tyco公司协商失败后，Mabesa公司与北美的擦拭巾生产商Rockline Industries公司开始合作，以进入北美定牌加工市场。

建立合作关系并不是惟一的发展途径。1992年，宝洁公司在巴西圣保罗市的Tamboré开设了一家纸尿裤生产厂，后来又在该厂增加了一台卫生巾生产机。目前宝洁公司控制了大约12%的拉美市场，并领先于强生公司。1990年强生公司曾占据70%的市场份额，其销售额达到8000万美元。

墨西哥

对制造业来说，近年来，墨西哥已经发展成为一个有吸引力的地区。在低廉的劳动力成本和税收减让政策以及靠近北美市场的优越地理位置的吸引下，许多行业的生产商都已经在墨西哥建厂。

随着各行业的生产商在墨西哥建厂，以满足北美市场的需求，卫生用品生产商也没有忽视这一趋势。最近进入墨西哥市场的是Valor Brands公司，该公司是2003年1月份由墨西哥生产商Mabesa公司和北美擦拭巾生产商Rockline Industries公司所建立的合资公司。在该公司成立之时，公司的一位上层管理人士说，该公司将生产不同质量档次，多品种的纸尿裤和训练裤，以满足不同市场的需求。该公司正在Tijuana市的一个工厂中生产纸尿裤，同时也向Mabesa公司在墨西哥、中美洲以及南美洲的客户提供产品。

非织造布卷材生产商有用武之地

不仅是卫生用品生产商意识到了拉美市场对非织造布行业未来发展的重要性。拉丁美洲地区内外的非织造布生产商也在拉美地区显示了他们的存在。大多数主要的非织造布生产商如Freudenberg公司、杜邦公司、BBA非织造布公司和PGI非织造布公司，都已经在拉美开设了形式不同的公司。不管这些公司是以合资协议还是全独资子公司的形式而成立的，都为跨国公司提供了有价值的服务。一方面，这些公司拉近了跨国公司与拉美用户之间的距离，另一方面，也降低他们为拉美市场生产产品的运营成本。

杜邦在巴西的合资公司DuPont Cipatex公司的公关部经理Ingrid Wahle女士说“非织造布行业正在拉美市场进行扩张，其中主要是在巴西。这种扩张受到两个因素的支持，即用非织造布取代纺织材料和薄膜以及个人消费用擦拭巾市场的扩大。尽管发展仍不成熟，但是非织造布的这些应用是主要的发展方向”。

除了跨国公司外，当地的卷材生产商也越来越成功。这从他们最近的扩产和投资上可以看出来。据报道，墨西哥最大的卷材生产商Milyon公司最近成功地建成了一条新的水刺法非织造布生产线，以提高它在擦拭巾和其他应用产品市场中的地位。同时，巴西最大的两个卷材生产商Companhia Probidencia公司和Fitesa公司最近都扩大了他们的生产规模。2003年2月Companhia Providencia公司新增了第七条纺熔法生产线，以便为医疗用品和卫生用品行业提供非织造布。尽管该公司使这条生产能力为2000t/a的生产线达到满负荷运行仍有一些困难，但该公司相信，一旦全球经济形势好转，这条生产线就可以满负荷运行。另外，2002年Fitesa公司也增加了一条纺熔法生产线，以满足拉美和北美卫生用品生产的需要。

在阿根廷，据纺粘法非织造布生产商Softbond公司的Miquel Fernandez先生说，该公司已经非常成功地将它的卷材产品销售到拉美国家，尤其是阿根廷，智利和秘鲁，并且销售量有较大的增长。他还说，在巴西，阿根廷，乌拉圭和巴拉圭之间的关税率非常有助于Softbond公司开展业务，这种关税率限制了外部竞争。在这些地区，必须实现政治和社会经济的稳定，以使得拉美在将来变得更加重要。

随着拉美国家根据贸易协定逐渐变得更加一体化和其他与基础设施相关的事务和消费能够更多地购买用即弃性卫生用品，拉美市场将不断发展成为生产商销售其产品和非织造布供应商向全球相关行业供应消费用品的销售地和向全球工业提供非织造布的供应市场。

(于红编译自Nonwovens Industry，2003年，11月)

印度一次性卫生用品发展潜力大

印度是一个现代化科技和古代习俗共存的奇异国家，既有超级计算机等现代化产品的生产，能够提供高效价廉的软件，同时仍能不时看到牛车出没于某些道路。印度人口众多，位居世界第二，在产业用纺织品和非织造布生产和应用方面相对还较落后，有着很大的发展潜力。

国情情况

印度人口总数达10.5亿；人口年龄中位数24.2岁，即一半以上小于25岁；人口年增长率1.47%；出生率23.8‰；以购买力平价值(PPP)计算超过2.6万亿美元，人均购买力平价值2500美元以上；工程科技人员数量居世界第二位；年生产水泥1亿t；有6000家上市公司，仅次于NYSE；铁路长度6.3518万公里；公路340万公里，消耗黄金占全球产量的1/5；世界钻石买卖的十之八九转道印度，因为它是切割、研磨的主要中心。

18~35岁人群占总人口的48%，接近5亿。这类消费者，接轨国际，对新式用品持欢迎态度。他们受教育程度较高，可支配收入多，买得起非织造用即弃类产品，成为这类用品的潜在消费人群。

印度有2.5亿中产阶层人士，其购买力和生活标准均相当于发达国家的中产阶层水平。他们乐意使用高效而方便的用品，这类家庭中的婴儿将是纸尿裤、擦拭巾的未来消费者。目前用量虽尚小，却能为新进入者提供广阔市场。印度消费者崇尚实惠，只有货真价实的用品，才能打动他们的购买心。其高出生率也是婴儿用卫生用品需求旺盛的一个因素。

过去几年，其经济年增长率平均为6%，今后将提高到8%~10%，外贸是顺差，进口限制即将被取消，绝大多数货物的进口税为5%~25%。

购买力平价值接近2.7万亿美元，高于整个南美各国的总和。人民生活费用比欧美要便宜得多。随着购买力提高，将会有较大收入部分用于消费品，过去的几年中，人均收入增长迅速，现已达到较高水平。

非织造用品的消费，正很快增长，私有经营公司和K-C、P&G等的用即弃产品进口量较大。显而易见，随着人均收入提高，非织造用品消费量将会增长。目前年人均耗用量只有0.1kg，今后几年会提高很多倍。发达国家该消费量约为2.25kg。

用即弃产品市场

用即弃产品主要是卫生用品和医疗材料。前者市场为J&J、K-C、P&G所主宰。医疗业中还是采用漂白药棉和机织绷带的为多。较好的用品，如水刺非织造材料的已有露面，将会很快增多。由于非织造产品性能优异，它会加速取代传统产品。

妇女卫生用品销售最大。随着医疗保险业的开展以及全国保健体系的完善，用即弃医疗用品市场将会快速发展，2003年，保健业的增长率达到23%。

目前妇女卫生用品市场渗入率仅15%，主要在城市销售，价格障碍消除，应用便会扩大。随着人民生活富裕和城市化进程的推进，今后几年发展将很快。年轻人喜爱使用时尚物品，这是非织造用即弃产品的一个重要市场。在妇女卫生用品市场上，当地小企业和跨国公司之间的竞争日趋激烈。卫生用品的消费人数大约有3亿人，如按人均年耗用50件，理论总需求量将达到150亿件/年，按单价10美分计算，则相当于15亿美元。当渗入率达到60%，将是一个巨大的市场。

擦拭巾消费，目前尚微不足道，当国内可以生产水刺产品时，市场就会改观。近来，婴儿湿巾已有上市，在城镇居民中应用较多，估计其年增长率为10%~15%。但印度老百姓接受湿巾则尚需时日。

用即弃产品中，婴儿纸尿裤的使用，处于初级阶段，所用的绝大多数是进口的或在印度再包装的产品，价格很贵。随着城市居民增多和高收入职业妇女数量增加的趋向，今后几年市场会迅速拓展。Pampers和Huggies等品牌的用品，市场上已有出售，但其价格尚不能达到刺激消费要求的水平。印度快速消费品(FMCG)中很多种的增长率将达10%以上。婴儿纸尿裤作为前沿产品已上市，预期其销售增长率和FMCG类相仿。

印度每年出生人数达2400万，假设其中1/4在2岁前每周使用28片纸尿裤，则每年将消耗87亿片，这对任何行业来讲，都是一个巨大的数目。随着人民收入水平提高，只要价格合适，不久的将来，将会达到上述消费水平。训练裤(Training Pants)在印度尚未形成气候。

印度人口平均期望寿命为65岁，这意味着65岁以上年龄人群不多，老人失禁问题未受到关注。目前和最近这几年，成人纸尿裤不会有较大的市场，仅在动手术时或有需求。

未来几年，家庭用湿揩布在印度亦不会热销，这种用品可节约用水，印度本是严重缺水的国家，湿揩布理应大有用武之地，不知何因，推行不顺。开始只有餐馆和旅游场所使用，航空业等部门常用的是梳理成网化学固结和丙纶纺粘非织造材料。在超市货架上有些当地加工商供应的水刺非织造湿巾。

一次性手术衣和外科用帷帘仍靠进口，因为其制作原布为纺粘、熔喷、水刺非织造布，印度尚不生产。一些海归医生开设的专科医院将会促进这类新型产品的使用，否则保健行业将仍沿用重复使用的帽子、大衣和帷帘等，不会改变其方式。要等到政府卫生部门制订出相应标准法规，相当一部分才会采用新用品。私营医院逐年增多，这方面的需求会提高。当水刺产品进入传统药棉和机织纱布领域后，亦将能大力增进这类产品的应用。

(杂木)

日本老龄社会的扩大和成人用纸尿布市场

井尻时雄　　日本卫生材料工业联合会

在日本，对于从事育婴工作和看护老人的人来说，纸尿布已经是不可缺少的必需品。但是，日本儿童的减少和老人的增加，所谓的老龄化进程加快，其结果使构成纸尿布使用的对象也正在发生很大变化。

由婴幼儿构成的纸尿布使用对象，是大约出生后到36个月的小孩。日本在1950年一年里出生的新生儿是245万人，而2003年已经减少到不足一半，为112万人。

考虑到今后也是这个趋势，预测从现在开始，大约10年后一年中出生的新生儿数为100万人。

成人用纸尿布的使用对象群，是65岁以上的人群，2003年多达2430万人，是50年前的6倍，占人口总数的19%。

预计到2020年，高龄者将继续增加，2025年的日本，每3人中就有1人是65岁以上的高龄者，即将形成超老龄社会。在这样使用对象的激变中，纸尿布市场也开始变化。婴幼儿用尿布已经完成了从布尿布向纸尿布的转换，以后发展空间有限，今后5年也就只能上升1%的程度。

伴随着年出生率的减少，我们的婴儿纸尿布的使用者也将减少，预计今后5年的市场规模会缓慢下降。

另一方面，高龄人口在迅速增加，据2002年日本医师会发表的调查研究报告说，在家和住院的卧床不起的老人，从2004年到2008年的5年间，增加了25万人之多。

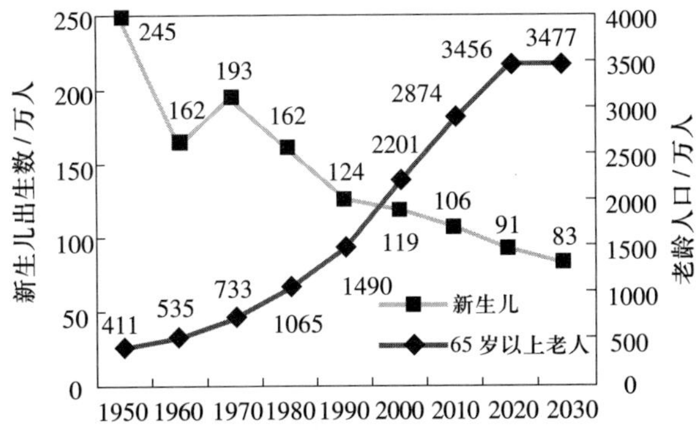

新生儿出生数和老龄人口(65岁以上)的变化
(1950—2030年)

伴随着需要护理的高龄者的增加，成人纸尿布的使用量也在增加。我们在1997年调查了老人之家的成人纸尿布使用情况，这些单位中只使用成人纸尿布的地方不超过13%。但是，在2004年的调查中，39%的单位只使用成人纸尿布，加上成人纸尿布和布尿布都使用的单位，成人纸尿布的使用率达99%，基本上所有的单位都在使用成人纸尿布。

此外，在老人医疗机构中，有75%的单位只使用成人纸尿布，在护理高龄者的医疗机构中，成人纸尿布的使用已占主流。并且从成人纸尿布的方便性和使用的舒适性来看，对布尿布的替换率还会上升。成人纸尿布的替换率被认为将从现在的70%左右上升到2008年的75%。

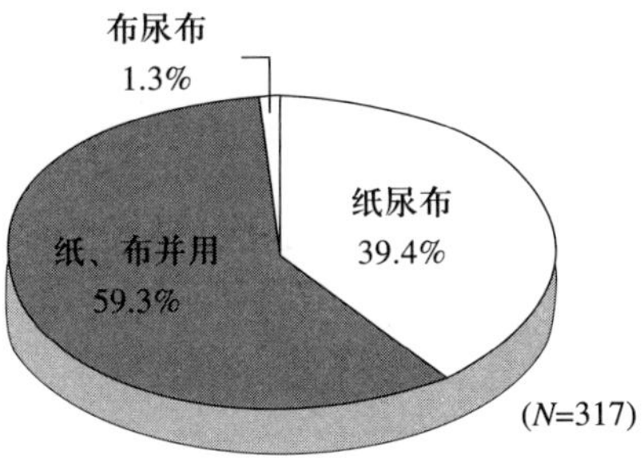

老人之家尿布使用情况

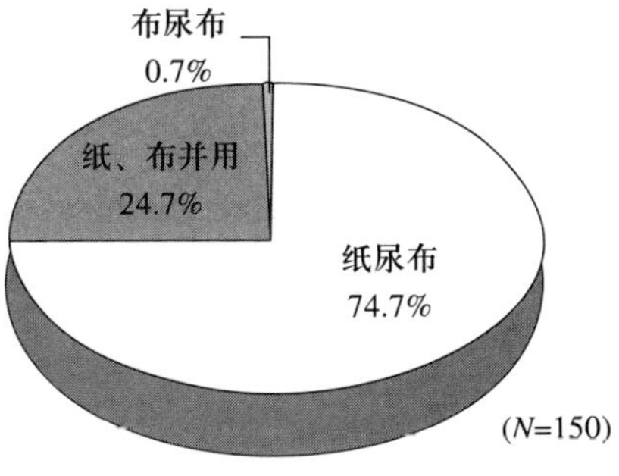

老人医疗机构中尿布的使用情况

日本卫生材料工业联合会在老龄人口增加和替换率上升的基础上，预测2008年的成人纸尿布市场是2003年的1.23倍，达到36.86亿片。

各类成人失禁用品目前的生产数量和发展预测如下：

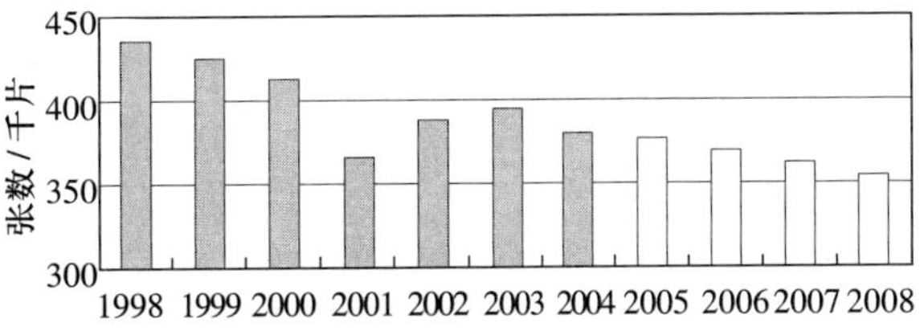

护理用床垫的发展

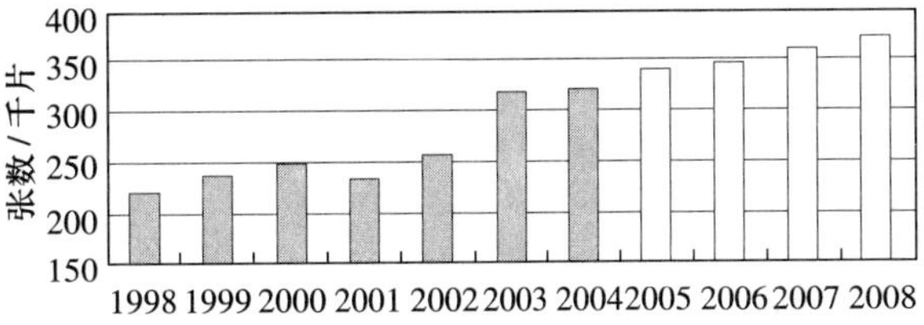

成人纸尿布的发展

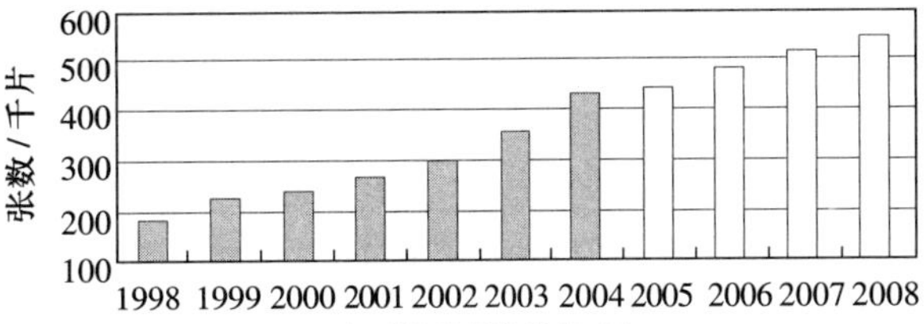

可穿型纸尿裤的发展

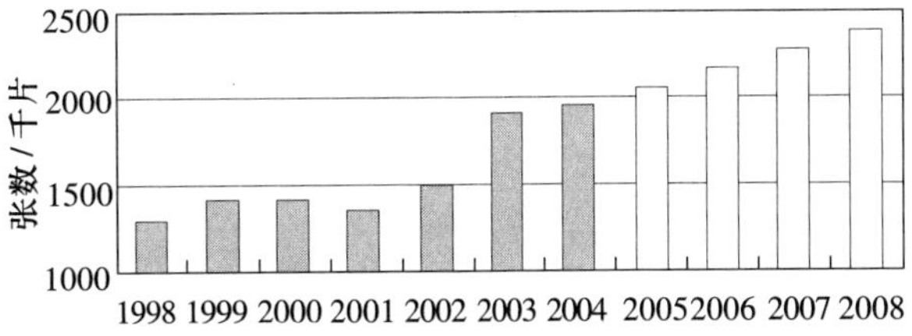

多功能护理垫的发展

护理用床垫 2000年生产了4.1亿张护理用床垫，2004年减少到3.8亿张。考虑到老人之家今后会更多地使用多功能护理垫，护理用床垫的需求会减少，2008年会减少到3.5亿张。

成人纸尿布 成人纸尿布已经从2000年的2.5亿片增加到2004年的3.2亿片。今后的发展趋势也一样，如果医院的布尿布的替换率以每年3%的速度增加的话，2008年就能稳定增长到3.7亿片。

可穿型纸尿裤 可穿型纸尿裤除了解决排泄大小便的烦恼，使用者还可自行脱穿，促进使用者自行大小便，所以这一新型产品很受医院和老人护理机构欢迎。从2000年的2.4亿片增加到2004年4.3亿片，每年增长近2位数。但随着市场的认可，可穿型纸尿裤的快速增长也会告一段落，今后的增长会迟缓一些，预计到2008年是5.5亿片。

多功能护理垫 可以与纸尿布一起使用的多功能护理垫，因其脱卸方便，单价低，经济实惠，目前日本老人护理领域都在积极使用。

2000年生产14.1亿张，2004年增加了36%，制造了19.2亿张。这样预测的话，2008年的产量将比2004年上升25%，也就是24.1亿张。

这种多功能护理垫的飞速增加，主要是它不仅能和成人纸尿布一起使用，还能粘贴在内裤里，特别适合于轻度大小便失禁的人群。

轻度大小便失禁者主要是指一部分产后妇女，以及身体健康但大小便不能自理的高龄者。这两部分人的需求在不断增加。

加上以上的新的市场，我们预测多功能护理垫今后会有很大的需求。

日本国内纸尿布市场的动向，各种类型的生产数量如图所示。

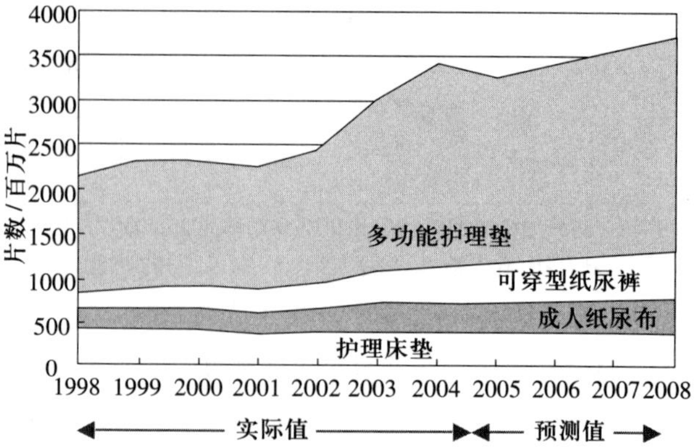

成人用纸尿布市场发展

2004—2009年全球非织造布生产预瞻

最近，INDA和EDANA协作，对全球非织造生产进行分析，提出了报告。预测2004年全球非织造卷材总产量将达到450万t，按面积计，相应为1100亿m^2，价值约160亿美元。过去10年间平均年增长率为7.5%(重量)，今后5年，仍将继续以这个势头发展。2009年达到640万t，1630亿m^2，价值超过230亿美元，以面积计的增长更快，这反映尿布、卫生巾表层材料(coverstock)产品的定量减轻。报告对各地区(国家)增长情况和生产工艺发展作了阐述。

市场

报告回顾了北美(美国和加拿大)、欧洲、日本和其余地域的市场情况，后者包括拉丁美洲(墨西哥、中南美)、亚太地区、中东，还有印度、巴基斯坦、非洲、俄罗斯以及前苏联的一些国家。

10年前，北美、欧洲和日本的产量合计约占全球的75%，10年间其年增长率虽仍有7%，但2004年，这三者所占份额将降至65%以下。这是因为一些新兴地区高速发展，特别是以中国为首的亚太地区以及某些中东和拉美国家。

亚太地区(不包括日本): 20世纪90年代，中国台湾省、韩国和泰国的非织造业迅速发展，推动了产量增加，近期则中国大陆、马来西亚和印度尼西亚发展甚快，中国大陆1994年产量为11.5万t，2004年将超过60万t(实际已超过83万t—编者)，平均年增长率为18%；1994年占全球总量的5%，2004年将占14%，发展令人瞩目。估计到这个年代末，产量将相当于北美、紧逼欧洲的总产量。

中国相当一部分非织造材料，复制成最终成品出口；国内纸尿裤、卫生巾、揩布、一次性医疗服和家庭日用品等非织造产品的需求亦日益增大，中国卷材出口的量很小，2003年销往北美的只有几千吨。

中国大陆非织造生产发展对近邻日本、韩国及台湾省有着影响，其生产成本较低，吸引着日、韩、台在中国大陆投资，并把其境内的工厂迁到那里进行生产。

中东地区：从10年前年产几千吨发展到2004年的20万t。主要的生产国是以色列、沙特和土耳其，近来埃及、伊朗和科威特等国亦增加投资，将激发其非织造业进一步发展。

以色列人口不足700万，主要是出口，一些企业生产的水刺非织造材料绝大多数做成揩布，医疗用品等销往南美、欧洲和北美。其最大的工厂是Avgol(2004年全球40强排名中列26位)的大部分纺粘卷材出口到欧洲和北美。

沙特的非织造生产处于初级发展阶段，估计年产2万t，土耳其2004年产量计划为6.5万t，过去5年间，至少翻了一番，现有6家纺丝成网生产厂，第7家正在计划中。Mogul厂是土耳其的领头企业之一，有2套现代化聚丙烯纺粘设备，近来又安装了聚酯纺粘生产线。

拉美：过去10年间，由于墨西哥、阿根廷、巴西、哥伦比亚、危地马拉5个主要生产国增添了现代化设备，其非织造生产能力提高了一倍。墨西哥是拉美地区非织造生产的主要国家，2004年产量将超过10万t，供国内消费以及出口到美国及中南美洲。整个南美地区2004年的产量将接近22万t，巴西是其主要生产国，产量占南美的一半多，有不少聚丙烯纺粘、水刺、梳理成网热固结和针刺产品生产商，其聚丙烯纺粘生产相当现代化。南美的针刺生产集中在巴西，大约有60家生产厂。

未来几年拉美国家的非织造生产年增长率约为6%~7%。

在墨西哥和南美有相当数量的纺粘/熔喷和纺粘生产，安装设备的产能超过16万t/a。PGI 2000年在哥伦比亚建了一条纺粘/熔喷生产线，供应吸液卫生用品生产，当时曾有不少人士对建造这样大型生产线，当地是否有足够的消费市场，信心不足。从目前PGI正打算在该厂扩建第二条大型纺粘/熔喷复合产品生产线来看，说明已取得成功。阿根廷的SoftBond亦正在扩建第3套纺粘生产设备。南美最大的生产商是Componhia Providencia (40强排名39位)(巴西)，将于2005年增加其第8条聚丙烯纺粘生产线，当竣工投产后，该公司的总产量将超过5万t/a。

INDA的评估资料，1994—2009年全球非织造生产情况如表1。

表1　1994—2009年全球非织造生产情况

	1994年	2004年	2009年	1994—2004年年增长率/%	2004—2009年年增长率/%
金额/亿美元	91	164	233	6.2	7.3
织物面积/亿 m^2	490	1110	1630	8.4	8.2
织物重量/万t	220	450	640	7.5	7.4

新兴非织造工艺

浆粕气流成网，水刺和双组分纺丝成网生产有发展，而梳理成网有些走下坡路。20世纪90年代初，梳理成网非织造生产占主要地位，产量均占67%，包括树脂粘合、热固结、水力缠结和针刺。1999年梳理成网产量占全球的份额降到50%左右，2004年将更进一步下滑为47%，虽其水刺生产1994—2004年增长迅速，超过12%，但主要由于纺粘材料增产，替代了梳理成网热粘结表层料，梳理成网非织造布市场份额还是减少。目前纺丝成网类所占份额从10年前的约为33%上升到41%。各种非织造工艺生产所占比例情况如表2。

表2　各种非织造工艺生产比例

梳理成网	纺丝成网	气流成网	湿法成网
47%	41%	8%	4%

浆粕气流成网

20世纪90年代增长迅速，过去的10年中，按产品重量计，平均年增长率为12%，估计今后数年增势依旧。由于其在揩布、妇女卫生巾和成人失禁用品芯材中使用，浆粕气流成网生产日益发展。

浆粕气流成网的优点是，生产成本相对较低，产品的柔软性、吸液性和蓬松性较好。此前3年间全球约增加生产能力14万t以上，北美地区则翻了一番，最近在中国安装了一套年产能力达1.6万t的设备，并且相近规模的第二个工程也已投产，而且还有很多自制的小型生产线在运转。

水力缠结(水刺)

全球水刺工艺非织造布产量2004年超过40万t，前10年间平均年增长率为2位数，相当数量的生产能力是在发展中国家和地区，包括中国、拉美、东欧和中东。这些生产线多是现代化设备，产品供揩布、人造皮革的涂层/层合基布和医疗用品市场。

气流(成网)水刺(固结)(Airlaced)

这类工艺前景光明，“气流水刺”实际上是用喷射水力把浆粕气流网材和短纤梳理网材缠结在一起；兼有两种工艺的优点——柔软性好、强度高；和全合成纤维水刺产品相比，生产成本较低。

这种工艺制成的材料主要是面向揩布和医疗服装市场。目前全球产能相对不多，2002年以来形成了10多万t生产能力。

双组分纺粘

用双组分聚合物生产纺粘非织造布已有多年，日本在这方面占有先机，生产厂家有帝人(Teijin)、尤尼吉卡(Unitika)、Shinwa和切索(Chisso)等，它比单种聚合物纺丝成网生产略为复杂、生产成本稍高，其部分产品销往特种用品行业。

2004年杜邦推出了Suprel双组分非织造布，宣称这是医疗服装的第二代产品，其强度高、防护性能好、且穿着更为舒适。Freudenberg的Evolon，也是双组分纺丝成网产品，通过水刺作用将纤维分裂并使产品固结，这种革命性工艺使产品表面富有绒感，具有仿麂皮样的强度、手感和外观，以成本较低的非织造布替代常规纺织服装面料。

双组分纺粘布生产增长迅猛，10年前，1994年全球约1.5万t，2004年增加到近4.5万t，今后几年还将继续快速发展，可能会成倍增长，其诱人的产品性能引导着扩大消费。产品的优点是：强度、柔软性兼优，纯聚酯非织造布强度较高，但有粗糙脆性之感；如芯材用聚酯，外层为聚乙烯便能使之改善，这种复合材料使织物能显现出优良的审美感和获得较高强度；柔软性好，橘瓣形尼龙/聚酯双组分纺丝成网，经水刺固结，成为超细纤维结构材料，柔软性好；自卷曲纤维，不同聚合物共抽制成并列型双组分结构，通过冷却，使纤维产生卷曲，制成的非织造布一般较蓬松、网材均匀度得到改善；废料再生利用，双组分工艺可将生产过程中的聚合物废料再生回用，作为纤维芯材，外层仍是新鲜树脂料，节约原料降低成本，并保证一定性能。

(古木)

非织造布擦拭巾的发展概况及其未来走向

以非织造布为基材的擦拭巾市场是发展最快的市场。最近两年来，以用即弃非织造布，或以使用次数有限的非织造布为基材的新型擦拭巾的用途明显增加。擦拭巾新产品不断地被投放到个人护理用品和家庭清洁用品市场，推动了非织造布擦拭巾在欧洲和北美市场中的全面增长。非织造布生产商和擦拭巾加工商对此进行了大量投资，促使其增长。本文综合报导在北美和欧洲的婴儿用、个人护理用、家庭清洁用、产业用和居家外用等非织造布擦拭巾市场的发展概况，并展望几个主要擦拭巾产品市场的发展前景。

非织造布擦拭巾市场概况

北美和欧洲非织造布擦拭巾的消费量占其世界消费量的3/4以上。在擦拭巾的生产中对非织造布的需求量也在不断增加，这是因为非织造布的成本低廉、性能优良所致。另外，擦拭巾生产商将重点放在为现有用途和全新用途生产新产品也是使非织造布需求量不断增加的重要原因。几个非织造布公司，尤其是美国的公司，目前正在大量投资于新增具有高科技水平的生产能力，以满足对个性化擦拭巾基材不断增长的要求。

个人护理用和家庭清洁用擦拭巾新产品很受消费者的欢迎，因此对非织造布的需求量正在提高。全球主要的消费用品公司，包括Procter&Gamble，Reckitt Benc-Kiser，Kao，Beiersdorf，Clorox，SC Johnson，Kimberly-Clark，Unilever等公司，正在将大量的产品开发力量放在新产品的开发上，并且将大量的广告和促销费用也放在新产品的销售上。一些家庭清洁用和个人护理用擦拭巾新产品市场也在不断兴起，以应对在使用方便性方面尚未得到满足的需求。自有品牌擦拭巾的主要生产商已经对消费者进行了有关省时便捷的新的擦拭习惯和详细使用方法的宣传教育，消费者则表示他们已养成了新的擦拭习惯。通过多次购买、使用，他们已确认了大部分这类新擦拭巾的价值。

婴儿用擦拭巾市场中的零售商品牌产品在欧洲和北美已稳定发展了多年。最近几年，主要零售商开始追随国内自有品牌生产商，大量推出了他们自己的零售品牌个人护理用和家庭清洁擦拭巾的仿制品。个人护理用和家庭清洁用擦拭巾的零售商品牌产品已开始得到发展,并在今后5年内在欧洲和北美将会得到显著增长。

在产业用和居家外用擦拭巾市场中，采用高科技含量的非织造布生产的专用擦拭巾正在洁净室的清洁、表面预处理、餐饮服务、工业清洗、印刷等市场中不断地夺取采用纺织品生产的擦拭巾所占份额。

擦拭巾加工商正在加快推出擦拭巾新产品的步伐，以不断延伸化妆用和清洁用擦拭巾的生产商自有品牌和零售商品牌所覆盖的范围。这些加工商正在通过设备投资来扩大生产能力，并且正在加强新产品技术开发部门的力量，以便帮助它的客户选择非织造布基材及其配比。

大多数主要的非织造布生产商已进入擦拭巾市场，许多生产商已经加强了市场拓展力量和资本投资，以便捕捉擦拭巾市场中的商机。在擦拭巾市场中可利用现有的各种主要的非织造技术，例如水刺法、干法造纸法、纺熔法、湿法、复合法、梳理成网热粘合法和化学粘合法。采用混合型非织造技术生产的产品，如水刺固结干法纸或水针固结纺熔法非织造布可提供适合于擦拭巾用途的优良使用性能。用普通纸或纺织品生产的擦拭巾将不断地被新一代非织造布生产的擦拭巾所取代。

某些非织造布卷材生产商已经进一步将加工和销售擦拭巾综合在一起，以便为市场直接提供具有特殊性能的擦拭巾产品。他们巧妙地利用自己的非织造专利技术、品牌和销售渠道的综合效应，以获得和保持较高的利润。还有一些非织造布卷材生产商为了增加利润已经将擦拭巾的加工生产线安装在他们的工厂中。几个为批发商品市场服务的实力较强的非织造布基材生产商已开发出几种新材料，其中包括复合型非织造布，以满足大型消费用品经销公司不断变化的需求，这些大型公司已经在不断地要求在个人护理用品、家庭清洁用品等市场中拥有新的有效专卖权。与此同时，由于几个大型综合性生产商的努力，婴儿和成人用擦拭巾的需求量仍在世界范围不断得到增长。擦拭巾加工商已经从擦拭巾需求量的提高中受益，擦拭巾加工设备制造商和非织造布生产商也将随之受益。

在欧洲和北美的增长概况

在2003年，非织造布擦拭巾在欧洲和北美对最终用户的销售额为80亿美元。用于生产擦拭巾的非织造布卷材在这些地区的销售额已超过10亿美元。婴儿用擦拭巾的销售额在各种擦拭巾的销售额中居首位，但此类产品市场的渗透率已经比较高，未来的年增长率将平稳地保持在2%~2.5%(图1)。预计个人护理用和家庭清洁用擦拭巾对最终用户的销售额年增长率最高，达到6%~7%。个人护理用擦拭巾包括厕用和身体隐私部位清洁用擦拭巾以及身体、手和面部护理用擦拭巾。成人失禁用擦拭巾，痔疮患者用擦拭巾、妇女卫生用擦拭巾、学步儿童用擦拭巾和可冲散型卫生用擦拭湿巾都属于厕用和身体隐私部位清洁用擦拭巾之列。手、身体和面部护理用擦拭巾包括手和身体清洁用杀菌擦拭巾，给卧床不起的成人患者洗浴用擦拭巾，洁面用预湿擦拭巾(垫)、干浸渍洁面用擦拭巾(垫)和保湿润肤用擦拭巾(垫)。家庭清洁用擦拭巾包括清洁用预湿擦拭巾，地面清洁用湿擦拭巾、拖把擦拭垫、干擦拭巾、抹布、地板清洁用干擦拭巾、碗碟清洁用擦拭巾、衣料保洁用擦拭巾和汽车护理用擦拭巾。清洁用湿擦拭巾包括适用于一般用途的消毒用擦拭巾、厨用擦拭巾、浴室和抽水马桶擦洗用擦拭巾、玻璃和家具擦亮用擦拭巾，去除污渍用擦拭巾和金属制品抛光用的擦拭巾。预计所有产业用和居家外用擦拭巾在欧洲和北美的年增长率为3%~5%。某些产业用特种擦拭巾，如表面预处理用擦拭巾和洁净室清洁用擦拭巾的年增长率在5%以上。

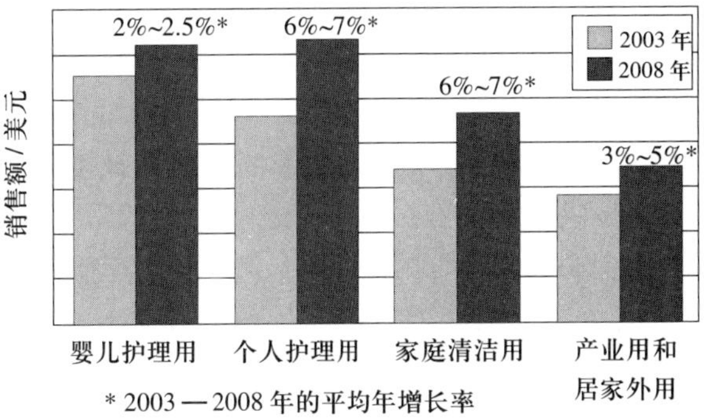

图1 各种非织造布擦拭巾在北美和欧洲对最终用户的销售额

适用于擦拭巾生产的非织造布的展望

用于擦拭巾生产的非织造布基材目前在欧洲和北美的需求量约为70亿m^2，水刺法非织造布的需求量增长最大，这种非织造布正在取代用于生产婴儿擦拭巾的普通干法纸，它在个人护理用及家庭清洁用擦拭巾中的需求量也在以较高的速度增长。

在欧洲和北美，水刺法非织造布在擦拭巾中的需求量正在接近各种非织造布擦拭巾总需求量的一半(图2)。预计水刺法非织造布需求量的未来增长率最高。在2003年，北美水刺法非织造布的生产能力还处于短缺之中，因此在2003年有许多北美生产商决定对此技术加强投资，以便应对这种短缺形势。在欧洲,几年前对一些主要的水刺法非织造布生产线的投资造成了生产能力过剩，目前它正在逐渐满足擦拭巾对水刺法非织造布不断增长的需求。

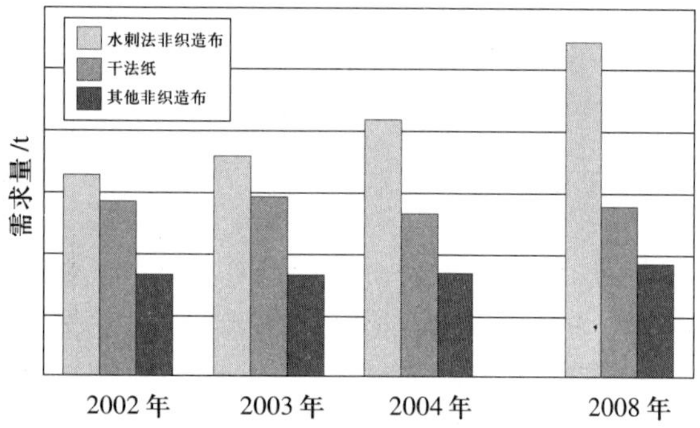

图2　在北美和欧洲，各种技术的非织造布在擦拭巾中的需求量

在个人护理用擦拭巾产品中，化妆用和面部清洁用擦拭巾所采用的基材主要是水刺法人造短纤维非织造布。在未来的5年中，我们预计在擦拭巾的生产中将更加重视使用具有个性化特点的基材，因为许多化妆用擦拭巾系列产品的品牌延伸迫切要求打破采用普通水刺法非织造布基材所造成的千篇一律的市场格局。装饰图案和具有三维结构的非织造布对于使面部清洁用擦拭湿巾具有个性化特征起到越来越重要的作用。PGI非织造布公司的APEX工艺可使水刺法非织造布具有独特的图案，它能很好地满足市场的要求。

尤其是Ahlstrom公司的Hydraspun牌含有纸浆的水刺法非织造布，以其在一流的家庭清洁用湿擦拭巾品牌中所发挥的优势而占有强劲的市场地位。在家庭清洁用擦拭巾产品中，价格竞争正在日趋激烈，因此，在此类擦拭巾中所使用的非织造布必须是经济实用的。干、湿撕裂强度、抗磨损性能和抗溶剂能力均好的非织造布是生产此类擦拭巾首选的基材。此类擦拭巾中的许多产品还要求非织造布基材的两面具有不同的特性，其耐磨的一面用于擦洗，而另一面则是平滑的。非织造布表面对尘埃和污渍的良好吸附和留着特性也是各种家庭清洁用干、湿擦拭巾所要求的特性。

在擦拭巾生产中，对一般的胶乳粘合干法纸的需求量正在下降。具有附加功能的技术先进的干法纸复合材料或可分散型干法纸在擦拭巾生产中的需求量正在继续增长。人体隐私部位清洁用的可冲散型擦拭巾通常是用可冲散型的干法纸或湿法非织造布生产的。由于可冲散型擦拭巾的使用越来越多，因此，对完全可分散的擦拭巾基材的需求量将会增加，以减少对家庭卫生管道、污水管道和污水处理系统所造成的隐患。

增长动力

在产业和公共机构中的消费者和最终用户能够很快地鉴别出哪种擦拭巾具有上述所需的使用价值和功能，这样就能赢得他们继续购买的忠诚度。某些实际应用效果表明,有些特种擦拭巾在合理的成本下能提供有效的使用性能而且使用方便。但还有一些特种擦拭巾经试用后未见有人反复购买,因为它们在擦拭效果或使用价值上不具备足够的优势。

对任何具体的市场来说，非织造布擦拭巾在下列情况下才能在最终用户中取得成功：

- 具有有效的擦拭功能
- 节省时间，并易于使用
- 能买得起

换句话说，用即弃擦拭巾获得成功的关键在于其功能性，使用方便和使用价值能与其他代用品不相上下。

Procter & Gamble 公司的 Swiffer Dusters 擦拭巾就是非常有效,使用方便的擦拭巾产品。人们非常愿意使用这种擦拭巾。

擦拭巾加工商的发展策略

非综合性的擦拭巾加工商成功的关键在于：

- 具有较高的擦拭巾生产和包装效率
- 低成本
- 稳定的质量(包括对污染物的控制)
- 对产品开发的支持力度(其中包括对配方调制、非织造布基材的选用，产品生产方案的选择和包装设计的支持力度)。

- 能快速更换产品品种
- 交货及时

擦拭巾加工商必须高效率地选择、操作和定做其加工和包装设备。其加工厂的地理位置应具有成本竞争性，加工厂能够以较低的运输成本向市场经销商供货。加工商应该与用户保持密切联系，并与原材料供应商(包括非织造布、化学品和包装材料供应商)和设备制造商通力合作，力求生产具有个性化特征的擦拭巾产品，并与他们共享利润。

Tufco Technologies 公司最近的市场拓展计划是加工商能够为用户提供个性化擦拭巾的最佳范例。Tufco公司正在致力于提高其非织造布的印刷能力，并将“在非织造布上用精美的印刷图案来强化你的品牌就意味着得到顾客的赏识”这一口号运用于加工和包装干、湿擦拭巾中。该加工商在它的一系列擦拭巾用非织造布基材上都印有柔版印刷图案。

擦拭巾用非织造布基材的发展策略

由于非织造布擦拭巾的大部分市场已日趋成熟，非织造布供应商为擦拭巾加工商提供各种具有个性化特征的非织造布基材就变得越来越重要，以避免使非织造布变成千篇一律的大宗商品。由于以“交钥匙”方式就可买到适用于擦拭巾的许多非织造布生产设备及其工艺技术，所以非织造布供应商必须研究自己的专利技术，使得擦拭巾专用的非织造布的成本和性质优于“交钥匙”设备所生产的非织造布，从而取得更大的竞争优势。每种擦拭巾的用途都有一些必不可少的功能使用要求，而非织造布基材则必须优先满足这些要求，不同市场中的擦拭巾的最终用户特别重视擦拭巾的美观性，这将促使非织造布擦拭巾需求量的提高。

除了以竞争价格提供具有必备的使用性能和美观性的擦拭巾基材外，非织造布供应商必须提供能够体现最终用户的特点和价值的，具有个性化特点的非织造布。主要的家庭清洁用擦拭巾供应商也在更新他们使用的非织造布基材，以便使产品具有更多的个性化特征和更多的功能。在某些市场中，例如在面部清洁用和卸妆用擦拭巾中有许多“看来相似”的擦拭巾产品，由于一系列的化妆用擦拭巾品牌名称的延伸使用，一些看来相似的擦拭巾产品大量涌入市场。提高擦拭巾产品的个性化程度，就能够轻而易举地赢得消费者的青睐，因此，为了保持个人护理用擦拭巾的市场地位，提高产品个性化程度无疑是必不可少的，即使在延伸各种化妆用擦拭巾产品品牌名称时也要如此。

现列出由非织造布赋予的，具有个性化特征擦拭巾产品的几个最新的实例：

- Procter & Gamble公司的带有密集凹凸花纹，清洁效果好的 Swiffer 牌改良型清扫用干擦拭巾。
- Clorox 公司的具有衲缝结构，清洁效果好的 Ready Mop 牌吸收性擦拭垫。
- Gilletle 公司的采用弹性非织造布生产的 Oral-B Brush-Ups牌口腔清洁用擦拭巾。这种擦拭巾可套在一个手指上使用。

在非织造布生产商扩大生产能力并不断开发各种新型非织造布基材，以适应擦拭巾需求量不断增长的同时，提高擦拭巾的个性化程度将不断地刺激对这类创新产品的需求。

(唐其铮编译自 Nonwovens World，2004 年 12 月— 2005 年 1 月)

个人消费用擦拭巾将持续增长

毫无疑问，个人消费用擦拭巾市场将持续增长。尽管大众化的擦拭巾产品正在销售，某些产品正在过度扩张，许多业内人士也正在担心擦拭巾市场的长期活力，但新的产品仍继续问世并且似乎很受消费者的青睐。

大约 5 年前首例非婴儿使用的擦拭巾问世的时候，非织造布行业却在冷眼旁观。10 年前曾推出类似的产品，但由于未取得成功便悄然地退出了市场。然而这次 Clorox 公司和宝洁公司在个人消费市场上推出的擦拭巾产品却引起强烈反响。

他们不仅推出了一批特殊用途的擦拭巾——清洁玻璃用擦拭巾、地板拖把用擦拭巾和汽车护理用擦拭巾，而且还计划推出一批用于个人护理、宠物护理和其他广泛用途的擦拭巾产品。根据市场追踪公司Euromonitor的报告，全球用即弃个人消费用擦拭巾市场估计有约4.5亿美元的销售额，该市场从1997年以来每年均以2位数的速度增长。

婴儿擦拭巾正全面占领市场，其销售额达19亿美元，持续成为擦拭巾市场的最大的分支。新的产品如洁面擦拭巾，除臭型擦拭巾和静电擦拭巾正在迅速增长。这是由于曾经使用婴儿擦拭巾用于非婴儿清洁需要的消费者如今使用这些新型擦拭巾洗脸、梳妆或任何可以应用的用途。

威斯康星州Green Bay市的Arketype集团公司的Susan Stansbury解释说："个人消费用擦拭巾目前仍然比工业用擦拭巾增长得更快。然而在通常情况下，是在特殊领域的使用构成这一增长的大部分。在个人消费用擦拭巾产品中，化妆用擦拭巾、家用清洁擦拭巾和湿巾仍然以高于4%的速率增长。"

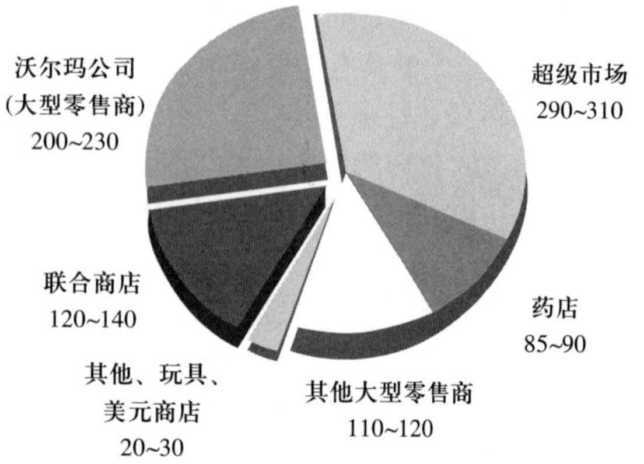

超级市场、药店及其他大型零售商部分是由IRI提供的销售额统计量。总量中包括加拿大市场的估计值。其余部分是对未公布的渠道的估计值。

图1 个人消费擦拭巾的零售额(百万美元)
(资料来源：美国非织造布工业协会)

许多消费者的积极性源于近来成功开发的擦拭巾新品种。工作压力、婴儿活动的增加和整体原因，都使许多消费者无暇应对，而这些产品帮助他们减少完成日常清洁工作的时间。在许多消费者看来这些产品节省的时间可弥补使用湿擦拭巾所需的额外费用，并且许多行业资深人士也认为更多的消费者将改变消费习惯，更多地使用擦拭巾。这说明个人消费用擦拭巾将持续增长，这是由于生产商也注重在个人消费用品市场推出新的产品以填补新的特殊领域的需要。

有关数据

在过去6年中，全球擦拭巾市场已经经历了空前的增长，，其销售额从1997年的18亿美元增长至2002年的45亿美元。根据Euromonitor提供的数据来看，西欧市场的擦拭巾销售额巨大，在2002年达到18亿美元。而1997年西欧擦拭巾销售额为5.78亿美元，Euromonitor估计北美擦拭巾销售额在2002年稍低于西欧市场为17亿美元。而位于北卡罗莱纳州卡雷市的非织造布工业协会(INDA)预计，北美市场的规模能达到22亿美元(见图2)，这使我们无法确定实际上哪一个地区消费了最多的擦拭巾。这两个发达地区的擦拭巾市场仍在强劲地增长，擦拭巾市场与采用非织造布为材料的纸尿裤和妇女卫生用品市场不同，纸尿裤和妇女卫生用品市场是成熟的市场，这意味着其增长缓慢。

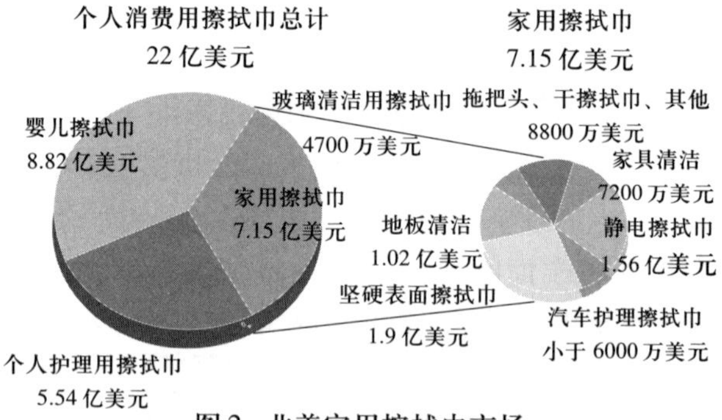

图2 北美家用擦拭巾市场
(资料来源：美国非织造布工业协会)

与此同时，发展中地区已经减慢了对擦拭巾的需求，主要是因为可用于购买这种用即弃产品的可支配收入有限，但近年来，这些地区也已经开始呈现出购买趋势。20世纪90年代末，西欧擦拭巾市场的销售额在经历1300万~1500万美元之间波动之后，在2000年销售额开始跃升，现在的销售额大约为2400万美元。与此类似的是，擦拭巾产品在亚太地区的销售额在1999年开始上升，目前已达到6.94亿美元。甚至非洲、中东、马来群岛及一些较小的地区的擦拭巾销售额预计可达7500万美元。而只有拉丁美洲擦拭巾销售额的提高遇到了麻烦，该地区销售额一直维持在1.3亿美元，其在2001年曾达到1.55亿美元的顶峰，而后又降至2002年的1.36亿美元，这是由于该地区的经济问题所致。

过去6年中，擦拭巾产品的种类发生了巨大的改变。1997年婴儿擦拭巾占有最大的市场份额，该品种的销售额占有全球擦拭巾产品销售总额的80%，达到13亿美元。近几年来，尽管婴儿擦拭巾市场规模扩大了3倍，它还有待于用先进的行业标准加以规范，它的销售额已是平缓增长的态势，使之在某种程度上所占的市场份额相对地减少。虽然婴儿擦拭巾产品仍然是擦拭巾市场的最大分支，但其目前仅占有大约1/3的市场份额。这一改变可以归因于在过去6年中上述的新产品的激增。家用清洁擦拭巾市场已经从1997年的2.2亿美元增长至2002年的将近15亿美元。如果这一增长持续下去的话，家用擦拭巾将很有可能取代婴儿擦拭巾的市场位置，成为擦拭巾产品的最大分支。家用擦拭巾的显著增长包括静电擦拭巾和抗菌擦拭巾，6年来静电擦拭巾的销售额已经从1.11亿美元增长至7.09亿美元，而抗菌擦拭巾的销售额也从2600万美元增长至3.34亿美元。

非织造布行业非常欢迎擦拭巾市场的增长。因为这不仅使其增加了销售额，也使非织造布与最终产品更加贴近。由于非织造布类产品在个人消费产品中的重要作用，北美和欧洲的贸易协会为了提高非织造布在消费品生产中的作用每年都召开相关的年度会议。而这一认识已经导致了不同于擦拭巾产品的新产品问世。

有关婴儿擦拭巾的信息

世界范围内擦拭巾的最大市场仍然是婴儿擦拭巾，它所使用的基材是人们熟知的。婴儿擦拭巾增长趋缓主要是由于市场成熟扩张的结果，婴儿擦拭巾市场的销售额持续每年以1位数的速度缓慢攀升。这一增长大多发生在发展中地区，在那里消费者的支出逐年增加。在发达地区婴儿擦拭巾的销售额正在下降，这是由于曾经把婴儿擦拭巾用作其他用途的消费者正在改用新产品，例如除臭型、个人清洁型擦拭巾和湿巾。根据位于伊利诺斯州芝加哥市的市场追踪信息资源公司报道，2003年美国婴儿擦拭巾产品在超市、药店(不包括沃尔玛)的销售额下降了5%，为4.12亿美元。

为了部分补偿销售额下降，婴儿护理产品的生产商正使他们的擦拭巾生产线更加专业化，并依靠提供更多的特色产品来取悦母亲们。例如，宝洁公司于2002年推出Pampers牌Sensitive Touch婴儿擦拭巾。该产品是专为敏感的婴儿肌肤设计的，它抗过敏并不含酒精，这些特点深受消费者欢迎。根据业内资深人士透露，估计该产品已经获得1600万美元的销售额。

宝洁公司的竞争对手金佰利公司也不甘落后，该公司目前推出几种新型产品—新生儿用的Newborn Ultra-Gentle牌婴儿擦拭巾和含天然护肤材料的Huggies牌新型擦拭巾产品。另外，金佰利公司最近已进入了发展迅速的婴儿洗浴用品市场，推出了用即弃浴巾和婴儿洗浴用品。含有熏衣草和春黄菊香料的用即弃干浴巾产品和不含肥皂的用即弃干擦拭巾产品都可以用于婴儿洗浴。这些产品均采用金佰利公司的Coform Technology技术。

据信息资源公司(IRI)报道，尽管自有品牌生产商作出了许多努力，在婴儿擦拭巾市场上占有28%最大份额的却是零售商品牌擦拭巾。这显示了母亲们对擦拭巾的品牌忠诚度比不上对纸尿裤。实际上，一些业内高层管理人士已经指出了母亲们将开始用零售商品牌产品代替生产商自有品牌产品的趋势。因此生产商自有品牌产品已经不得不依赖促销、发放优惠券和打折扣的形式来保住市场份额。

有争议的冲散性

既然擦拭巾产品完全走进了消费者的生活中，生产商下一步要做的是不断地改善它们的性能。研发队伍正在不提高成本的条件下，提高擦拭巾产品的整体质量。已经出现了一个成为热门话题的领域即擦拭巾的可冲散性，要实现这一目标是困难的，因为在个人消费品市场对可冲散性的定义有一些争论。

一些人认为如果擦拭巾能被便池冲走，它就是可冲散的，不必考虑在擦拭巾进入化粪系统后的情况如何。其他人则认为可冲散性就是产品的分散性能，它应该具有像厕用卫生纸那样的分散能力。这些人还坚持认为如果一种产品在水中能完全生物降解，那么这种产品是可冲散的。擦拭巾行业顾问Phil Mango认为，只要生产商不提高产品的整体价格，无论是可冲去性还是生物降解性消费者都会接受。他说："一般来说，消费者不希望在擦拭巾产品上花更多的钱，也不希望产品的整体质量下降。"

目前在市场上有许多种类的可冲散型擦拭巾，

它们可用于清洁厕所、婴儿护理和个人卫生，大多数擦拭巾产品并不能完全分散。这已经给擦拭巾生产商带来了挑战，他们将面临不能被分散的擦拭巾被冲去后所带来的风险。消费者并不知道大多数不能生物降解的擦拭巾已经导致了很多问题，因此擦拭巾的大量使用将威胁城市的化粪系统和污水管道系统。事实上，Raleigh市已经宣布在便池中冲去擦拭巾是违法的，如违反这一法规会被处以2.5万美元的罚金。另外，在威斯康星州Grand Rapids市擦拭巾产品包括它的衍生产品已经遭到谴责，这是由于它们阻塞了城市的部分污水管道系统。

政府官员们担心擦拭巾生产商不会尽职地警告消费者不要在便池冲去擦拭巾。虽然有些不可分散的消毒擦拭巾，标有醒目的禁止水冲的警告标志，但是，还有一些擦拭巾产品的警告标志字号很小使消费者难以看到。这已导致位于北卡罗莱纳州卡雷市的美国非织造布工业协会(INDA) 以及位于比利时布鲁塞尔市的欧洲用即弃产品和非织造布协会开始致力于加大有关方面宣传教育力度。其目的是减少不利于擦拭巾普遍使用的法规所带来的负面影响。

除了可冲散能力之外，柔顺性也是个人消费用品生产商关心的问题。Mango先生说："所有主要的公司正在试图提高擦拭巾的柔顺性和强度。这是防御性的而不是进攻性的策略。他们都担心竞争对手会在他们之前推出某种高级擦拭巾。"

水刺非织造布的用量迅速增加

无论干型或湿型的非织造布擦拭巾通常是采用由2种非织造布工艺技术——气流成网或水刺法来生产的。传统上，北美市场青睐于气流成网干法纸的厚度，因为大量事实证明该地区的大多数婴儿擦拭巾采用了气流成网干法纸。而欧洲人则喜欢水刺法非织造布擦拭巾的平滑和手感，这在美国以外的市场很有优势。

这一市场动态在最近几年中已经发生了变化。在许多擦拭巾的用途中水刺法非织造布擦拭巾比干法纸擦拭巾更受欢迎。部分原因是宝洁公司在美国生产婴儿擦拭巾中用水刺法非织造布取代了气流成网干法纸。据报道，宝洁公司在欧洲生产的擦拭巾中已经使用了水刺非织造布，最近该公司才把这种材料用于在美国生产的擦拭巾中。

水刺的非织造布用量的增加也可以归因于生产工艺的进步。为了调动擦拭巾生产商在增加产品种类方面的积极性，许多非织造布生产商在稳定水刺非织造布的质量和提供不同定量的产品时，还开发了各种类似于压花的整饰工艺。另外，与气流成网干法纸擦拭巾不同的是，水刺非织造布擦拭巾可以金属罐装或桶装的形式销售，而干法纸擦拭巾的厚度却难以罐装。

Mango先生说："气流成网干法纸生产商仅仅是不再涉足婴儿擦拭巾领域而已，生产能力的过剩和其他的一些市场环境使气流成网干法纸生产商确实缩减了在婴儿擦拭巾领域中的研发力量。"

尽管存在这些问题，气流成网干法纸在以韧性作为重要指标的特殊种类的擦拭巾产品中仍然是常用的。这些产品包括各种各样的擦洗用擦拭巾和汽车清洁用擦拭巾。

由于擦拭巾产品的许多潜在用途有待于开发，个人消费用品生产商必然继续发展擦拭巾产品。在日常生活中消费者渴望借创新产品来节约时间，他们将继续热心地选用擦拭巾产品。

(周杨编译自 Nonwovens Industry，2004 年 2 月)

气流成网干法纸市场
正在寻求解决供大于求的途径

在新世纪开始前后，凡是提到气流成网干法纸市场的人，无不欢欣鼓舞。几家主要的干法纸生产商都在忙于扩大生产线的规模。该行业的专家曾预测，生产能力的扩大将导致众多的产品新用途的出现。3年后，这种乐观情绪烟消云散了。在20世纪迅速发展时期投产的大部分生产能力仍在闲置未用，至少有一家主要的干法纸生产商处于破产的边缘。

一旦出现新增生产能力又有新用途的情况，现有的公司上层管理人员才会意识到为干法纸市场创造新品种的重要性。目前,气流成网干法纸的主要用途包括妇女卫生用品、擦拭巾、桌布和某些过滤和包装用的材料。妇女卫生用品至少在美国和西欧现已达到成熟阶段,许多生产商已选用较薄的、预成形的气流成网干法纸芯材。而擦拭巾则继续面临着来自梳理法非织造布和水刺非织造布的激烈竞争。此外,干法纸市场的标准大宗商品的属性使得干法纸生产商难以在他们的产品中获得更多的利润。最后,干法纸桌布在市场上仍占优势,但其消费量不足以维持现有的干法纸生产能力的运行。

一次性婴儿纸尿裤是干法纸生产商长期致力于开发的一个市场。近年来,至少作为一种特种纸尿裤品牌,游泳纸尿裤的芯层采用了气流成网干法纸芯材。但在大多数情况下,纸尿裤生产商尚未及时地将其生产线改造得可使用干法纸芯材,这种阻力大部分与经济效率有关。一家主要的纸尿裤生产商必须投资数百万美元以便使他的设备能使用预成形的干法纸芯材。但是到目前为止,还没有一家纸尿裤生产商能证实这种投资是合算的。虽然干法纸芯材较薄和效率高,但现有的纸尿裤生产技术,采用高吸水树脂和绒毛浆,也能使现在的纸尿裤明显地薄于几年前的纸尿裤。

气流成网干法纸生产商进入一次性纸尿裤行业的失败使得生产商不得不去开辟新市场。在过去几年中,人们发现以家用和个人护理用品为主的擦拭巾市场在迅速扩大,预计今后几年的擦拭巾消费增长率将达6%~7%,气流成网干法纸在此市场的消费量也将继续增长,但竞争依然激烈。然而,专家们估计擦拭巾的这种增长速度仍不能满足干法纸现有生产能力的需要,更不用说要满足未来几年的干法纸新增生产能力的需要。因此,目前正在开发气流成网干法纸的一些未曾有过的新用途,这些努力必将使干法纸市场发生重大的变化。

总部设在美国威斯康星州Milwaukee市的Troika非织造布公司的Jame Westphal先生说:"我认为,已经有一些非常特殊的产品新用途正在获得成功。5年后的气流成网干法纸市场不会和现在一样了。"

干法纸的新用途将促成这种转变,它将改变目前干法纸的发展道路。Westphal先生说:"我认为干法纸行业不会按目前该行业中一些相同的大用户的要求去改变自己,卫生用品本身是不会变化的。"

气流成网干法纸芯材

在2000 – 2001年间,Buckeye Technologies和Concert Industries两公司对技术进行了重要投资,使北美干法纸的生产能力实际上增加了一倍。总部设在美国田纳西州Memphis市的Buckeye Technologies公司是世界最大的气流成网干法纸生产商,他在美国北卡罗来纳州的Gaston市安装了一台年产量为50000t的干法纸机,而加拿大的Concert公司是第二大生产商,他在魁北克省的Gatineau市拥有并列的2条生产线。同时,较小的生产商Rayonier公司则拥有一条生产NovaThin牌气流成网干法纸芯材生产线。在此以前,总部设在美国乔治亚州的Jesup公司正在其租借的厂房中生产这种干法纸芯材。而BBA非织造布公司则在中国开工运行了气流成网干法纸生产线。

由于这些新增生产能力基本上要争夺本来就很小的市场,目前的干法纸市场存在着本文开始所提到的问题就不足为奇了。然而,有些业内上层管理人员认为价格的走低和竞争态势的恶化已经结束。Buckeye公司的非织造销售部经理Hank Hall先生说:"市场环境对我们是有利的。通过改善供求关系不会导致市场恶化。市场恶化的结束也与走到谷底的价格和我们的用户希望供应商保持稳定有关。"

虽然Buckeye公司仍有兴趣继续对用于纸尿裤的气流成网干法纸芯材进行可行性研究,但目前该公司仍把重点放在干法纸现有的一些用途上,如一次性墩布。另外,有些上层管理人员认为要使妇女卫生用品生产商真正认识到气流成网干法纸的价值需要花费10年的时间,干法纸被纸尿裤采用也只是个时间问题。Hall先生预言:"这肯定有一些与加工有关的主要的经济因素。干法造纸可生产出更好的纸尿裤。不言而喻,其最终定论要取决于消费者是否愿意为此付出代价。"

由于已经发现了新用途,而现有的用途又得到扩大,Buckeye公司将继续致力于提高他的气流成网干法造纸的生产效率。另外,该行业在绒毛浆生产方面获得的成功,可为Buckeye公司提供多品种的绒毛浆,这将有助于该公司平安渡过难关。

而Buckeye的主要竞争对手Concert Iudustries的情况就有所不同。虽然该公司在擦拭市市场中赢得了几个合同，但价格压力和经济衰退已经使得该公司向债权人申请保护。随着这些麻烦而来的是该公司与Buckeye公司的有关悬垂式折叠技术的官司。据报导，Concert公司后来在悬垂式折叠技术上被判其侵犯Buckeye公司拥有的专利权而赔偿了数百万美元。

除申请保护外，Concert公司为其业务的转换采取了几项其他行动。其中之一是该公司为其在美国南卡罗林纳州Charleston市一家工厂寻找买主。该厂是该公司于2000年向ACI公司购买的。如果找不到买主，该厂将关闭，其设备将转移到其他地方。

开辟干法纸的新市场

开辟新市场要将新技术和营销积极性结合在一起。当几个上层管理人员将要结束有关他们正在开发的用途的细节讨论时，他们将新产品开发排在优先项目清单的首位。位于美国乔治亚州亚特兰大市的Georgia-Pacific(G-P)公司非织造布分公司副总裁兼总经理Paul Farren说，在未来的岁月里，水刺技术和气流成网技术的结合，通常称之为气流成网水刺技术(airlace)，将成为干法纸市场的重要组成部分。用这一技术生产的复合材料的特点是，其外层为水刺非织造材料，其芯层则是浆粕气流成网干法纸，该产品具有较好的柔软性和较高的强度，而成本则降低20%~25%。

他说："这种复合材料确实能为用户提供附加值，当你从生产的角度来考虑一种产品时，它有助于你用不同的材料来进行试验。"

新的粘合技术也将有助于提高干法纸的性能。例如，最近，G-P公司将多种粘合技术用在现有生产线上。此技术采用少量的胶乳粘合，更多采用热粘合。使用更少的粘合剂可以生产蓬松而有弹性的柔软干法纸。Farren先生认为干法纸行业在粘合技术上还会有进一步的发展。

Rayonier公司也在不断地开辟气流成网干法纸的新市场。该公司现具有12000t NovaThin牌干法纸吸收芯材的生产能力，但该公司仍然通过它的Engineered Absorbent Material(EAM，即可量身定制的吸收材料)技术发展平台来不断地研究开发新技术。

虽然Rayonier公司首先把大量的精力集中在吸收芯材上，与这种新产品的生产能力有关的最近的市场走向却使得该公司要向新的产品领域发展。在该公司上层管理人员对所考虑的市场不是十分明确时，他们会说应把主要力量放在纤维均匀完整性技术和加工技术上，这样有利于扩大气流成网干法纸在现有市场中的应用范围，例如应用于吸收性卫生用品，并把这一应用扩展到新领域中去。

Rayonier公司EAM的总经理Kent Kvaal说："将来，干法纸行业中的赢家必将调整其技术平台，以适应市场的需要。这种变化将来自于市场，并且市场将向气流成网干法纸提出应具有的新性能。"

气流成网干法纸的生产设备

主要的设备供应商——M&J Fibreteeh公司和Dan-Webforming公司也热衷于推动气流成网干法纸行业的发展。这两家公司都在丹麦，他们是干法造纸技术实力雄厚的专业公司，正在不断地寻求提高产品质量和开辟新市场的途径。

M&J公司始终如一地开发了在高定量条件下具有极高速生产能力的工艺技术。这些技术可降低使用干法纸芯材的成本，并有希望引起一次性纸尿裤和成人失禁用品生产商对这种材料的浓厚兴趣。把干法造纸技术与其他技术结合在一起可提高干法纸在擦拭巾市场中的作用，这也引起他们的兴趣。M&J Fibretech公司的总经理Henning Skov Jensen说："擦拭巾仍然是迅速发展的市场，这一市场情况良好，但也在不断地寻找新用途。"

除了这些新用途外，干法造纸行业正在向全球扩张。最近几个亚洲国家投产运行一些干法造纸新设备。2004年，至少有3家中国公司要开始投产运行干法纸生产线。这些公司准备生产供国内消费的湿擦拭巾材料，它们不想更多地消化北美和欧洲过剩的生产能力。Dan-Web公司的总经理Jens Erik Thordahl说："亚洲是干法纸行业发展的理想场所，干法造纸技术在亚洲将有极大的发展，在那里仍存在大量的发展空间。"

对某些问题的探讨

虽然进入纸尿裤市场的愿望没有像干法纸行业前几年的所作所为那样如愿以偿，但许多干法纸生产商仍然乐观地认为总有一天干法纸芯材会在一次性纸尿裤市场中得到应用。为实现这一目的，必须革新纸尿裤的生产技术，使采用干法纸芯材的纸尿裤的生产速度比现在的尿裤生产速度要快3~5倍。这已经是促使妇女卫生用品市场改用干法纸的成功经验。

Rayonier公司负责EAM事务的全球销售经理Frank Lezzi说："妇女卫生用品行业已经能够通过使用干法纸芯材开发出更好的、能满足消费者要求的产品。生产效率的提高足以弥补采用干法纸芯材导致的成本增加。但是纸尿裤行业在使用干法纸芯材会时并没有达到产品性能、被消费者认可的优点和生产线效率这三者之间的平衡，但这并不意味着我们做不到这点，而是仍有大量的工作有待于我们去做。"

此外，现在还不清楚纸尿裤消费者是否希望干法纸芯材的薄度还要更小些，因此，对现在的干法纸生产商来说，进入新市场是最保险的，因为这样他们才能安然度过生产能力过剩这一难关。许多专家预计生产能力过剩的局面将要持续几年。Dan Web公司的Thordahl先生说："我们过去也曾经历过生产能力过剩这种局面。对干法纸行业来说，要扭转这一局面要用2~3年时间，然后就又会有人安装新的生产线，稍有不慎，生产能力过剩的局面又会卷土重来。"

(唐其铮编译自Nonwovens Industry，2003年，10月)

绒毛浆——2005年的卖方市场

绒毛浆通常是以卷筒的形状发运的，它的宽度一般为483~660mm，它的水分含量为7%~8%。它也可以以成包的平张浆板的方式被发运。卷筒浆板一般要比成包的平张浆板重，其定量约为1125g/m^2。

绒毛浆最为重要的特性之一是卷筒端面的水平度，或者是厚度均匀。这是因为通常采用3个卷筒同时在一台锤式粉碎机上进行加工(这种"纤维绒毛化"被称为粉碎)，因此，厚度的任何变化总会导致产品在某处要厚一些。

护理人员打开一盒婴儿纸尿裤时，不喜欢看到产品的一侧明显厚于另一侧。超出厚度变化的允许偏差是使用绒毛浆的工厂里出现废品的最常见的原因之一。

从美观的角度看，由于几乎所有的工厂所使用的绒毛浆的白度为85%~86%ISO，所以绒毛浆是一种很普通的产品。一个例外则是Tembec公司的Temfluff牌绒毛浆，它是一种以黑云杉和斑克松为主要原料生产的亚硫酸盐法针叶木浆，通常测得的白度为94%ISO。虽然尘埃度相对来说不太重要，但是工厂仍然要求其最大值不得超过3ppm。传统的强度性质，如撕裂度、耐折度、耐破度、ZST(零距抗张强度)及TEA(抗张能量吸收值)也不太重要，因为这些纤维无需打浆。

绒毛浆的特性

因为纤维长度十分重要，绒毛浆通常平均只含1%的阔叶木纤维。美国南部的制浆厂在过去25年中一直努力从遗传学的角度来改善其大型林场中的湿地松和美国长叶松的纤维质量，现在这些纤维的WAFL(加权平均纤维长度)已达到2.65~2.7mm。作为比较，槭树纤维是一种造纸常用的阔叶木纤维，它的WAFL值为0.7mm，而北方漂白硫酸盐针叶木浆的纤维长度仅为2.13mm。

绒毛浆生产的一个重要特征是，在绒毛浆进入长的干燥部之前，它通过压榨部所承受的湿压力较低。降低压榨部的线压pli值(磅/英寸)，可使纤维间受到的压实作用最小，极大地减少纤维间相互接触时产生的氢键数量，使厚度(或松厚度)达到最大值。

纤维之间的氢键数量的减少可使锤式粉碎机非常容易地将纤维分离，形成高松厚度、多孔、空隙容积大的纤维垫。其目的是产生一种总吸收能力(TWA)高，能够水平导流的均匀纤维垫，并最终使纤维垫具有最佳的整体性。所谓整体性是指垫层能够持续保持形状不变，即使是在充满体液时也不会离散，抓住纸尿裤的一端剧烈抖动，纸尿裤中的纤维层不会聚集到其另一端。

有些用户没有足够高功率的设备来使普通的绒毛浆板绒毛化，他们仍在使用比较陈旧的针式纤维离解设备(Pinfiberizer)，因此他们必须购买经过化学处理的绒毛浆，其价格要比普通绒毛浆高20美元/风干吨。这种绒毛浆要使用一种季铵化合物加以处理，以便使纤维表面上的许多羟基失去活性，这样就可防止这些羟基与相邻的纤维结合。虽然使用这种绒毛浆能够大量降低粉碎时所需的动力，但季铵化合物也会降低纤维的吸收能力。每年生产的经化学处理的绒毛浆越来越少，只有极少数的供应商还在提供这种绒毛浆。

供应量与价格的均衡

2004年的绒毛浆价格相当稳定，RISI公司报道的对用户的交货定价在整个2004年一直保持在680美元/风干吨。海外到岸(CIF)价格(它要求用户在某些情况下支付关税及内陆运输费用)通常在620美元/风干吨。当然，这些通常是单一的基准价，对于大买主的订货，可在此价格基础打5%，甚至更高的折扣。在2003－2004年期间绒毛浆的价格一般要比成包的北方漂白硫酸盐针叶木浆板每吨贵60~70美元。遗憾的是这种价差还不能全部满足绒毛浆供应商纯利润的要求。在绒毛浆的生产中，要求较低的浆板干燥速度和一种独立的卷取操作，以便生产端面缝隙非常精细的卷筒浆板。由于在火车车厢或货船船舱中，能够装载卷筒绒毛浆板的数量有限，所以它的运输费用也高。除了这些以外，还会生产出一些厚度变化值超标的不合格绒毛浆。

全球市场规模

2003年全球绒毛浆产量为350万t，2005年将提高到400万t。这一增量中的大部分来自于逐年正常增长的产量。剩余的部分则来自位于美国佛罗里达州Pensacola市的International Paper公司和位于密西西比州Leaf River市的Koch Cellulose公司的新增生产能力，这些新增生产能力均是上述两家公司将南方漂白硫酸盐针叶木浆平张浆板的生产转变为绒毛浆的生产所致。下面列出了不同产品市场的绒毛浆用量概算值。

- 婴儿纸尿裤及训练裤——46%
- 妇女卫生用品(通常称为“妇女护理用品”)——23%
- 成人纸尿裤——22%
- 干法纸产品，如高质量的纸巾、一次性外套等——9%

其中，成人纸尿裤是增长率最大的市场，因为(a)全球人口老龄化和寿命延长；(b)消费者对高性能产品的认可。

这些成人纸尿裤所要求的绒毛浆含量要高于超薄婴儿纸尿裤中绒毛浆的含量(仅含有不足16g的绒毛浆)，超薄婴儿纸尿裤中的这一较低的绒毛浆含量要归功于其还含有高吸水树脂，这种树脂可吸收相当于自身重量147倍的液体。

主要生产商

1. 大家公认，最大的生产商当属惠好公司，其绒毛浆产量已远远超过100万t/a(猜测为140万t也不为过)。

2. 第二位是Koch Cellulose公司，该公司在乔治亚州Brunswick市的绒毛浆产量为85万t/a，在密西西比州Leaf River市的产量为20万t/a。

3. IP公司在南卡罗来纳州Georgetown市和佛罗里达州Pensacola市的绒毛浆总产量为28.5万t/a。

4. Bowater公司在阿拉巴马州Coosa Pines市的绒毛浆产量为26.5万t/a。

5. Rayonier公司在加利福尼亚州Jesup市和佛罗里达州Fernandina市的绒毛浆产量为22万t/a。

6. Buckeye Technologies公司在佛罗里达州Foley市的绒毛浆产量为22万t/a。

由上述公司的纸浆厂生产的绒毛浆都是采用含有厚壁纤维的湿地松为主要原料，并配用少量美国长叶松生产的。纤维壁厚特别有利于纤维保持它们的结构整体性(圆形)，而不会像大多数薄壁纤维那样，容易被压缩成偏平带状纤维。

7. Stora Enso公司的绒毛浆产量大约与Buckeye公司相同，为22万t/a。

8. 和9. Rauma公司和Tartas公司的绒毛浆产量分别排名第8位和第9位。Stora Enso、Rauma和Tartas 3家公司的绒毛浆都是使用北方云杉和北方松为原料，采用硫酸盐法蒸煮生产的。

10. Tembec公司新近开发成功了Temfluff牌绒毛浆，该公司是最近进入绒毛浆行业的生产商。目前尚未得到位于加拿大魁北克省其所属的Temiscaming浆厂的产量数据。

绒毛浆的供需失衡

使用绒毛浆为原料的企业规模相差很大，一些还是综合性企业。大型企业有金佰利和宝洁等公司，中型企业有Taico和SCA等公司，最小的企业则是只有一条加工生产线的工厂。这些小型企业包括位于中东和拉丁美洲的许多新的生产商。

与许多其他的高投资费用的行业相比，新建一个婴儿纸尿裤或成人纸尿裤企业是比较容易的。对于一家拥有数千平方英尺的闲置地面的公司来说，给任何一种纸尿裤生产线安排一个安装位置是十分容易办到的。只需要少量的人工就能运行一条生产线，并且在产品下线时对产品进行包装。与当地的杂货店或食品店达成协议，就可以使这些产品成为零售商品牌产品，并直接销售给当地的连锁店。

遗憾的是，这些新的生产商已经发现他们难以继续经营下去。一家新公司只生产几个月后就关闭已经是司空见惯的事。其原因很简单，这就是他们不能从任何一个生产绒毛浆的主要公司得到稳定的绒毛浆货源。随着重要的用户对绒毛浆的需求量不断增加，绒毛浆厂无更多的产品可以供应给他们，只得减少这些小用户的定货量。对于小用户来说，在将来，还看不出这一不利趋势会有所好转的兆头，因为在2005年无任何绒毛浆新增生产能力投产。

另一个出现的问题更使绒毛浆市场供应短缺的形势雪上加霜，这就是高吸水树脂(SAP)的短缺，SAP是丙烯酸钠的聚合物，它是石油的一种衍生物。一些主要的生产商(例如Dow公司)已经面临进退两难的困境。每桶原油的价格在逐步提高，SAP生产商发现转产更加赢利的产品符合自身的利益。据报道，在赢利的石油产品排名序列中，SAP已降至排名第4位的产品。

当SAP的用户正在大力开发其他新产品时，SAP公司很难满足它们的生产一次性用品的用户日趋旺盛的需求。当SAP的供应量减少时，就必须提高在一次性用品中的绒毛浆用量。

世界范围的一次性卫生用品的增长

从全球来看，中东和拉丁美洲的一次性卫生用品增长最为明显。虽然一次性卫生用品在中东的市场渗透率较低，但它毕竟已进入中东市场。因此，在2005/2006年，该市场的一次性卫生用品将呈现最大的增长率。拉丁美洲的庞大人口数量也将促使一次性卫生用品的产量以最快的速度提高。在欠发达国家中的这种迅速增长直接归因于中产阶级家庭生活水平的提高。当这些家庭发现他们拥有更多的可支配收入后，他们几乎会毫不犹豫地开始购买一次卫生性用品。这些家庭不能总是购买新车或新住宅，他们能够轻而易举地转向购买一次卫生性用品。

毫无疑问，北美洲是绒毛浆产品的最大市场，欧洲居第2位。没有另外一个地区市场能够与这两个大型市场相比。中国拥有超过13亿的人口，绒毛浆目前主要用于妇女卫生用品，而不是婴儿纸尿裤或成人纸尿裤。但是，当中国的中产及其以上的阶层开始使用这些产品时，世界绒毛浆市场将变得更加紧缺。

(陈祥津编译自 Paper & Tissue Industry，2005年，1—2月)

目前高吸水树脂短缺危机的由来及其后果

过去20年中，高吸水树脂(SAP)的价格不断下滑，直到最近才止跌回升。以前，除了短时间的货源紧俏外，其供应量还是比较充足的。但是，即使在货源最紧俏时，产品价格仍保持在正常水平。在这种突发性供应短缺持续蔓延时，许多公司还以为是暂时性的，并且认为大部分地区都是如此。因此，往往能够以竞争性价格很容易找到其他的货源，因为全球性供应量还是比较充足的。

其实，从历史上来说，SAP货源一直供应充足，以致于现货价格往往低于合同价格。这就使得许多公司在谈判时，经常以现货价格作为他们的供应策略，它们不担心供应量问题。南美和东南亚是这一做法的明显例证，这些地区的SAP有时达到全球最低价。与其他原材料的供应一样，SAP单一供应渠道已成为北美和欧洲的普遍现象。任何一家公司只要采用或更换来自任何一种渠道的SAP、薄膜、非织造布、粘合剂等，均可降低生产成本。过去的20年中，石油化工产品市场基本上是买方市场。货源充足，并且随着生产工艺和市场供应的改善和提高，供应量变得非常有保证。

石化行业自20世纪70年代初以来毕竟还没有经历过任何真正的供应短缺问题。在世界某些地区还未曾有过石化产品出现短缺的记载。人们通常不习惯于对稀有资源加以调控，用即弃卫生用品市场更是如此。所以,很多公司过去对供应短缺的警告熟视无睹，而现在才对此作出反应就毫不奇怪了。

然而，SAP、薄膜、纤维和粘合剂在未来一段时间内将出现市场短缺的趋势,在2004年已经变得很明显。但是,这种变化会持续多久？引起此变化的原因是什么？对此简直是众说纷纭。这个答案主要在于基本经济形势和丙烯酸以及其原料丙烯的全球供应状况。

一种必需的单体

丙烯酸是许多工业产品和消费品生产中必须使用的原料。丙烯酸的单体、丙烯酸和丙烯酸酯都是具有多种用途的化学品，他们易于被聚合成化学性质和物理性质完全不同的各种实用的长链聚合物。

丙烯酸是在催化剂存在下，通过丙烯与水的反应得到的。公开报道的丙烯酸的产量数值大多数是指粗制丙烯酸的产量,其含量为80%。2004年的北美地区的生产能力大约是130万t。

大约2/3产量的粗制丙烯酸被用于生产丙烯酸酯，如丙烯酸甲酯、丙烯酸丁酯、丙烯酸乙酯和丙烯酸-2-乙基已酯。这些化合物被聚合后，可用作油漆、涂料、纺织品、粘合剂、塑料的组分和其他用途。

其余1/3产量的粗制丙烯酸被精制为冰丙烯酸(GAA)。GAA被用于生产聚丙烯酸化合物和交联聚丙烯酸化合物。包括SAP在内的这些聚合物被用于生产卫生用品、洗涤剂和废水处理用化学品。SAP的生产是现今消耗GAA最多的产品。

丙烯酸的供应形势犹如一列长的货运列车正在缓慢出轨

2003年，一些日本公司开始警告用户将会出现SAP和丙烯酸供应短缺的形势。到2003年底，随着丙烯酸现货价格的上涨，丙烯酸的供应开始紧张。日本公司再次提出警告，丙烯酸短缺问题将造成长期潜在的后果，这不仅是一个在亚洲存在的问题，也是全球性问题。这些警告确实有先见之明。一位北美高吸水树脂经理在后来提到这个问题时说:“丙烯酸供应形势就如同看着一列货运列车将缓慢出轨。我们预感到事故将要发生,了解引起该事故的原因，但要想制止它，却感到无能为力。”

那辆事关丙烯酸供应的长列车的缓慢出轨始于亚太市场，并很快殃及欧洲市场。在全球短缺的趋势下,北美市场在6个月之后出现了丙烯酸供应短缺。从图1所示的价格趋势曲线很容易了解这一“出轨”形势。当GAA现货价格在2002年和2003年开始趋于上涨时，SAP的价格仍然是基本持平。由于市场对提高SAP价格的阻力，这两条趋势曲线实际上在2004年第三季度才出现交汇。这就预示着SAP行业将要出现“列车出轨”。这就是SAP和其他原材料的用户现在所面临的经济现实的由来。

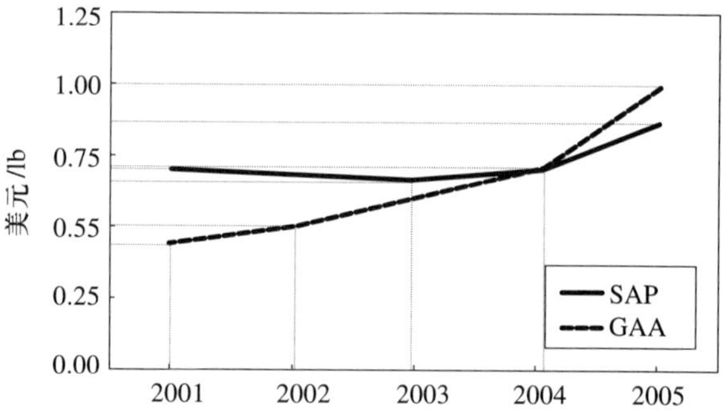

图1 SAP与GAA价格趋势曲线

到2005年2月为止，SAP的平均价格仍低于全球GAA平均现货价格。与任何一个生产过程一样，SAP生产商不能长期承受原料价格高于其产品的现货市场价格。

GAA生产商(有些也生产SAP)势必会在能够获得最佳盈利率的市场中销售他们的产品。但是,SAP现在则不属此列。

许多因素导致了丙烯酸的供应短缺。其中包括:

●中国和印度等发展中国家的经济增长超出预期增长率。2001年，全球丙烯酸市场的预计需求增长率是每年4%，并根据此增长率实施了增产计划。截至2003年底，被人们公认的增长率超过了7%，这主要是因为来自中国、印度和其他发展中国家对原材料的需求提高了这一增长率。

●化学品正在明显地由溶剂型向水基型转变。随着全球经济的发展和壮大，对丙烯酸的需求量随之增加。SAP已经不再是消耗丙烯酸最多的产品。油漆、涂料、粘合剂等已成为消耗丙烯酸最多的产品。而且,这些产品的用量正在日渐增大,因为许多公司和国家取消了溶剂型化学品的生产。

因此，对丙烯酸需求正在呈现全方位的增长。至今为止，其他市场的产品生产商愿意付出更高的价格来与SAP生产商争夺丙烯酸的货源。

●汽车及其相关工业改用更加容易回收利用的塑料。这种趋势直接对聚丙烯市场产生了有利影响，但是难以看出它对丙烯酸供应的不利影响。然而，这种影响的确存在，而且比人们所预计的更严重。

扭转短缺形势并非易事

那么，为什么一些公司大量增加丙烯酸的生产能力来缓解这一短缺呢？原因主要是新增生产能力投产之前要面临许多问题。首先，公司必须证明大量增加生产能力的要求是合理的。然后，还有一些必须解决的环保和工程问题，随之则需要12~18个月来安装全套生产设备。

更为重要的是，生产更多的丙烯酸需要更多的丙烯。许多公司没有意识到不仅丙烯酸的需求量在增加，而且对聚丙烯的需求量也在增加。特别是在亚太市场中，丙烯供应短缺现在非常严重，而且正在影响所有的丙烯酸新增生产能力如期投产。

在过去10年的大部分时间内，丙烯的全球现货平均价格稍低于0.20美元/lb，这有利于生产价格低廉的丙烯酸。然而，在2001年，亚洲和其他地区的丙烯市场开始供不应求。如图2所示，随着供应量的日趋短缺，丙烯现货价格也随之上涨，丙烯酸的价格则承受上涨压力。现在，由于货源持续短缺，丙烯的全球平均价格已经高于0.40美元/lb。

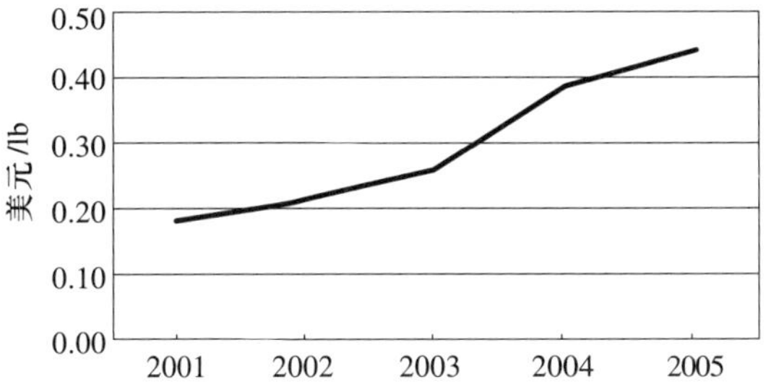

年份

图2 丙烯平均现货价格曲线

我们可能更深入地研究相关的供应链，并进一步说明原油、粗挥发油和天然气的价格和供应量对丙烯酸产生的影响。但是，这将需要大篇幅的叙述，不属本文范围之列。简而言之，出于许多相同的原因，所有这些大宗标准产品的目前价格都在上涨，并且都处于供不应求之中。这种大宗标准产品的供应形势正在不断地提高丙烯酸、SAP和其他以石化产品为原料的产品价格。

使列车驶回轨道

那么，丙烯酸的供应短缺和较高的价格将会持续多久呢？在回答这一问题时，市场给出了许多各种各样的交叉信号，这些信号也导致了许多猜测和争论。石化产品较长的供应链使得变数太多，以致于难以作出准确的预测。

目前，对于市场供应的缓解和产品价格的松动出现了两种预测。

第一种预测是丙烯酸的供应短缺将在2005年底开始有所缓解。SAP和其他聚合物的产量在整个2006年会有所提高。根据这一预测，丙烯酸和SAP的现货价格将在2006年初开始回落。

第二种预测是在2005年和2006年的大部分时间内，丙烯酸仍然供不应求，但SAP和丙烯酸的生产能力将略有提高。产品价格在2005年将会持续上涨，在2006年很可能会保持稳定。

第一种预测是比较乐观的，它也是SAP用户梦寐以求的。第二种预测似乎是由丙烯酸生产商提出的。许多业内人士认为，由于供应链和市场需求的问题，第二种预测的可能性较大。这两种观点在给定的一系列假设条件下都是正确的。然而，有一点是毫无疑问的，即在SAP和丙烯酸之间的价格/成本不均衡问题得到解决以前，我们将看不到市场会有所缓解。只要目前现货价格仍保持在SAP的销售价格以上，市场就丝毫不会得到缓解。

依作者的观点，预测结果是一般供应量与需求因素的函数。在供应量有限的市场中，货源将流向给出最高价格的用户手中。本文所列举的GAA现行价格正高于SAP的平均销售价格，而且价格差正在增大。所以，只要这种情况继续存在下去，丙烯酸将会被销售到除SAP生产厂以外的其他地方。

因此，SAP市场供应紧缺的形势将不会缓解，直到目前的趋势得到逆转为止。在2005年，如果丙烯酸价格仍保持不变，SAP价格至少要再提高15%。从短期观点来说，在目前情况下，如果按照供求规律办事，市场对SAP价格进一步上涨的认可将在一定程度上提高SAP的供应量。从长期观点来看，下游产品的产量将会继续对丙烯酸和SAP的未来供应产生很大影响。

毫无疑问，市场可以期待的是对与石化产品相关的原料需求供应量将在未来几年中不断增加。令人疑虑的是我们是否会很快看到丙烯酸、SAP和其他衍生产品再次出现生产能力过剩的现象。应对持续性供不应求的方法是，必须制定更加可靠的计划和与供应商更紧密地合作。2006年即将到来，现在正是确定未来供应量的适当时机。

(高华英编译自Nonwovens World，2005年，6—7月)

纸尿裤生产设备市场的竞争加剧

婴儿纸尿裤设备制造商的毛利比以往任何时候都要低。与此同时，全球婴儿纸尿裤设备制造商还在努力提高生产线的速度和灵活性，以满足卫生用品生产商的要求。就竞争价格而言，为了保持制造商的利益，顽强的竞争仍在进行，以便为有限的用户提供最低价格的设备。

与非织造布工业中许多大宗标准设备行业的情况相似，婴儿纸尿裤设备制造业在西欧和北美已明显处于饱和状态，在不发达地区还留有缓慢增长的空间。对于发达地区，法国机械设备供应商C.P.I.D公司的总经理Pascal Chabierski先生说："设备运行速度提高了，但销售额未见增长。由于生产效率提高而纸尿裤的销售额却保持不变，纸尿裤生产商面临的趋势是关掉部分设备。"针对新兴国家，他认为纸尿裤生产商希望能以最低价格买进设备。他说："他们需要生产效率最高，并且能够使用廉价原料生产纸尿裤的设备。因为这些国家的纸尿裤销售价低，而原材料的价格又不稳定。而且，中国的设备则以难以置信的价格在市场上销售。"

为了应对来自中国设备制造商的竞争，某些设备供应商运用"若不能战胜，就与其联合"的策略。位于意大利Castellanza市的设备专业制造商Caldiroli公司就是这样的一个公司。该公司的总经理Dino Caldiroli说："目前在卫生用品设备供应商之间存在着激烈的竞争，尤其是与一些具有先进技术的中国设备制造商的竞争更加激烈。"为了提供有价格竞争力的设备，Caldiroli公司与中国某公司达成协议，共同制造能达到国际标准的妇女卫生用品和纸尿裤生产设备。由该公司提供组装整套设备的技术，主要零部件则来自意大利。大量可使用的二手设备的价格也存在着竞争，这对非洲和南亚的用户很有吸引力。

Caldiroli先生说："对婴儿纸尿裤生产设备的需求量总是很大的，但是许多用户已放弃了开发这项业务的念头，因为婴儿纸尿裤的利润不如妇女卫生用品。我们的用户都是一些中小型公司，我们不制造生产能力大的设备。"

瑞士RWL Raynworn营销公司总经理Giorgio Biancardi先生指出，中国是向巴基斯坦、印度和印度尼西亚等发展中市场进行扩张的最佳前沿阵地。他说："但是，在这个大国中，随着婴儿纸尿裤消费量持续稳定地增长，中国的许多设备制造商正在相互间进行价格竞争，以获得更多的买主。廉价的中国制造的设备吸引了新买主及那些想省钱而对质量和售后服务不全面考虑的买主。"Biancardi先生还指出，为了应对激烈的市场竞争，意大利机械设备制造商Dolta公司与RML公司合作推出了一系列的性能可靠的加工生产线，它们在价格上与亚洲制造的生产线不相上下。Dolta公司的Colibri牌卫生巾生产线结构简单，可提供较高的生产效率和速度，只需有限的维修。

位于意大利Offanengo市的GDM公司营销总监Guido Conio对欧洲市场的竞争发表了自己的看法。他特别提到中等车速的设备已经过多。他说："激烈的竞争导致了价格战。实际上，很少有几个公司对新的工程项目真正能供应全套的中速加工设备和提供能创造价值、具有可持续竞争优势的技术。GDM公司就是这样的公司，在过去困难的几年中，像GDM那样的少数公司投资于研究与开发，以改进设备性能并提供售前和售后服务、专利监控和与原材料供应商的合作。这些公司拥有市场公认的优势，这使他们很少卷入价格战中。"

这样的市场状况促使一家意大利设备制造商

SSP Technology公司将力量集中于高技术领域和发达国家市场。与其竞争对手类似，与过去几年比较，该公司在发达市场中的销售额没有下降，而在新兴市场中的销售额却有所增加。SSP公司首席执行官Roberto Crippa先生说："我们行业中的竞争总是激烈的，过去两年甚至更激烈。"有些公司失去了大量的市场份额，因此试图以大幅度降低价格和荒谬可笑的商业条件来吸引新用户，以夺回失去的市场份额。这过去是，将来仍然是很不正当的和无利可图的竞争。

意大利纤维素加工设备(C.C.E)公司副总裁兼销售经理Walter Cestaro先生认为，原料价格对婴儿纸尿裤行业也是一个严重的问题。对C.C.E公司来说，卫生用品设备市场在2004年已从过去的投资明显衰退的困境中复苏。C.C.E公司主要用户，一些全球性的大型生产商终于开始了强劲投资。

但是，Cestaro先生说："对我们业务的真正威胁是高吸水树脂(SAP)的短缺危机。这对小型生产商是一个打击，只有少数生产商因与SAP供应商签订了长期供应合同而得到保护。据我们所知，有些公司被迫削减产量，关闭一些加工设备，甚至停产。"Cestaro还指出，SAP供应商应严肃考虑由此而产生的后果及因此给市场造成的危害。他说："任何人也不能承受许多小型生产商破产所造成的后果，或者任何人也不能目睹一次性卫生用品市场变成一个充满着危机的市场。"

市场正在好转

位于美国威斯康星州Green Bay市的纸产品加工设备公司(PCMC)是有希望能从萧条的市场中获得喘息的一个公司，该公司预测在未来的数月内销售额将会增长。PCMC公司的前高级销售工程师和现任非织造布全球销售和市场部经理David Kessenich说："市场将继续增长，现有的生产能力正在被消化。目前的销售额持平或稍有下降，但预计在未来的4~6个月内市场会有所变化。"该公司向婴儿清洁用品、家庭清洁用品和个人护理用品市场出售Clipper设备。最近该公司正在致力于有关CIP、导流和易于保持干爽的卫生用品生产设备的设计等研究计划。Kessenich先生指出，降低成本和变换价值平衡是卫生用品市场中的主要挑战。

为了强化其市场地位，PCMC公司最近成立了它的新技术中心，专门从事其非织造布产品和柔性印刷工艺的应用和开发。该中心装备有全套非织造布实验室生产线，该生产线具有退卷、整理、印刷、涂布、压花、复卷、润湿、纵横向折叠、裁切、码垛和包装等功能。PCMC公司的用户及其战略合作伙伴可以利用该中心进行产品开发、培训、示范和召开技术研讨会。

尽管与2001年比较，市场缩小了1/3，但意大利Fameccanica设备制造公司同样也持乐观态度。该公司的商务总监Giampiero De Angelis先生说："由于世界经济衰退、政治危机、不利的美元/欧元兑换比率(至少对欧洲供应商是如此)等现象同时发生，一次性卫生用品加工设备市场至少经历了3年的困难和动荡。在2004年下半年这种趋势有了变化，而现在我们可以说已开始增长。在工程项目、数量和客户规模等方面的定单业务使我们感到十分满意。"

De Angelis先生还指出，在过去的3年中，虽然设备市场有所萎缩，但Fameccanica公司还新增了35家客户。这些客户都来自于卫生用品生产行业，对训练裤、穿着式纸尿裤、成人轻度失禁用品和各种妇女卫生用品的强劲需求使我们新增了这些客户。

另一个在卫生用品领域中拥有特殊技术的设备供应商是位于意大利Pavia市的M.D.Viola Machine公司。该公司的Davide Viola先生说："将来，纸尿裤市场将变得更加具有竞争性和更加高档化。为了继续占有市场就必须拥有丰富的经验，良好的声誉和产品。M.D.Viola公司可为各种具有最佳成本/性能比的新产品提供符合用户要求的婴儿纸尿裤和成人纸尿裤的定制生产设备。"

成人卫生用品的潜在增长

尽管市场业已饱和，但设备改造是德国供应商BHT(Bicma Hygiene Technologie)公司的一个潜在增长领域。据该公司报导，在婴儿纸尿裤市场中，由于对新增生产能力无甚需求，对新设备的需求增长量有限。然而，由于新产品所具有的生产特征和对节省原料、降低成本的压力增加，对设备进行改造的需求日益增多。在成人纸尿裤领域，由于要求进一步提高生产效率和需要更高级的产品，

Bicma公司制造的设备需求量和设备改造的业务量正在持续增长。

Bicma公司认为，就这一市场而言，竞争更加激烈。Bicma公司销售部经理Andrea Aller女士说："此现象发生于饱和市场之中，出现在新产品开发周期的最后阶段。究其原因是：有限的市场增长率、毛利所承受的巨大的价格压力(这种毛利将不足以使企业长期生存，也不能满足研究和开发所需的资金)和设备的雷同性。"

Allar女士指出为卫生用品行业服务所面临的挑战，即少数设备供应商在饱和市场中所承受的价格压力，高度地以买方市场为主，必须作出快速反应，并且订货与交货的间隔时间要短。她说："供货能力和技术诀窍对成为用户的好伙伴是至关重要的。"

另一个在失禁用品领域异常活跃的德国供应商是Bikoma公司。该公司认为在轻度失禁用品领域中存在着增长潜力。该公司理事会成员Bernd Göbel先生说："如果创新产品首先是由像宝洁公司那样的市场主导公司推出的，这类产品有可能得到增长。竞争是无情的，只有最强者才能生存。不断地开发新设备，并与用户紧密合作是高科技和高质量设备取得成功的关键所在。"

GDM公司预计成人失禁用品将会进一步增长，尤其是在欧盟和美国等发达地区增长得更快，在那些地区，对婴儿纸尿裤和妇女卫生用品生产线的投资不会增加。GDM公司的Conio先生说："在那些地区，创新使得各种成人失禁用品具有个性化特征，GDM公司已经推出了许多具有新颖设计的成人失禁用品和婴儿用品。"

他还认为在发展中市场的情况则有所不同，婴儿护理用品是主导产品并仍然在不断增长之中。在这类特殊市场中，人们需要能够生产高质量产品、中低速度和价格可以承受的设备。为了满足这一需求，GDM公司以二手设备的价格推出了高质量的技术上有保障的Chroma生产线。与前几年比较，GDM公司的销售额正在稳步增长。他说："2004年，GDM公司的定单业务量已经与2003年的总营业额相等。在临近INDEX2005年展览会开幕之时，我们将进一步增加投资额。"

SSP公司也认为成人失禁用品和训练裤市场将有所增长。该公司认为训练裤将取代普通纸尿裤，或用作普通纸尿裤的代替产品，而这种训练裤本身并不是用于"训练"的产品。为了应对婴儿纸尿裤和成人纸尿裤市场的需求，该公司推出了一种Combo加工生产线，这种生产线能够快速更换生产品种，它既可以生产婴儿纸尿裤，也可以生产成人失禁用品。据该公司报道，在过去两年中，该公司制造的80%的设备是Combo加工生产线。

通过与设备供应商Bicma公司的紧密合作，SSP公司向一家大型跨国公司出售了一种束腰式成人纸尿裤新型生产线。SSP公司还在试验一种新的、具有各种设备特点的高速Cambo生产线(400m/min)。该公司已经推出了一种成人纸尿裤生产设备，它可生产束腰式或侧翼固定式纸尿裤，此类设备现已被用户使用。

此外，SSP公司正在设计新型设备，预计在2005年底交货。SSP公司的Crippa先生说："在我们的合作伙伴Bicma公司的帮助下，我们最近开发了一种能改善芯层成形匀度的设备，它已安装在许多生产线上，该设备已在欧洲各市场销售。"

灵活性因素

除了对较高生产速度和高质量设备的需求外，婴儿纸尿裤市场上的用户还希望以最小的代价使纸尿裤生产设备具有最大的灵活性。C.P.I.D公司之所以取得成功，关键就在于它能提供灵活生产的设备。该公司专门制造集灵活性、效率与价格等优势于一体的各种设备。该公司的Chabierski先生说："我们能够制造可对侧部弹性隔边进行式样翻新的各种设备。我们在这方面的丰富经验使我们占有优势，因为我们能为婴儿纸尿裤生产商提供最有效的解决方案。侧部弹性隔边是着眼于未来的最大的创新。"他进一步指出，除了像搭扣带那样的装置外，自从在婴儿纸尿裤上带有腿部防漏隔边以来，还未曾有过如此大的创新。Chabierski先生还针对未来的市场开发建议原料供应商和设备供应商之间要进行更紧密的合作。

Fameccanica公司则开发了许多新设备，以便适应纸尿裤中弹性材料的用量越来越多这一发展趋势。De Angelis先生说："在婴儿纸尿裤产品中使用弹性材料和训练裤的销售额的提高推动了我们公司婴儿纸尿裤和训练裤两用高速生产设备的开发，也促进了设备制造工艺的标准化，使用户在这两种产品上具有竞争力。另外,对婴儿纸尿裤芯层的薄型化和更高性能的要求对我们的设备制造技术产生了影响,促使我们推出了更高级的芯层成形系统。在成人失禁用品中,对具有弹性耳扣或弹性腰围特征的产品需求促使我们加大投资力度,以便为用户提供此类技术。”

据De Angelis先生介绍,最近几个月Fameccanica公司出售了一些具有最高技术水平的生产设备,它们大部分用于婴儿护理用品和妇女用品的生产。他说:“大多数最现代化的生产企业都需要性能可靠的高速生产设备,以达到降低生产成本的目的。”该公司最近出售了一台新型的成人失禁用品高速生产设备,一台以3层叠合易于包覆的方式生产超薄卫生巾的4m长的紧凑型设备和一台供生产婴儿纸尿裤用的绒毛浆芯层成形设备,该装备可生产由50%绒毛浆和50%SAP组成的芯层,芯层的完整性和匀度非常好。该设备的生产速度为800片/min。

在新设备制造方面,GDM公司是另一个倍受婴儿纸尿裤市场青睐的设备供应商,它提供的设备具有最大的灵活性。作为在成人失禁用品领域中的一个专用设备供应商,该公司的AT-300生产线取得了前所未有的成功,该生产线将设备的可靠性、最终产品的质量与创新、模块系统的灵活性有机地结合在一起。GDM公司的Conio先生说:“该生产线无需兼顾任何平衡,它不仅满足了设备可靠性要求,而且能够以具有竞争力的成本费用生产高质量的产品。”

由于AT-300生产线已经被认为是中－高速设备领域中的标准设备,所以Conio先生认为,越来越多的成人纸尿裤生产商对速度、质量和竞争能力的企盼是这种生产线最终设计成功的动力。Conio先生说:“对应力和产品质量的绝对控制、最佳的部件设计和雄厚的研究开发能力使GDM公司完成了此项技术杰作。使用这种生产线能以最高的性能标准和最低的成本生产目前所知的任何品种的成人纸尿裤。”

在GDM公司最新的产品目录中,还有一种在前几年已被用在高性能设备(车速高达450m/min)上的模块化进料系统(MSS),该系统非常易于使用。此外,中速设备(300m/min)也可采用这种模块化系统。该系统从根本上改变了生产方式,把GDM公司所具有的许多优势转移给用户,例如,延长设备投资有效盈利期,缩短了订货和交货的间隔时间,减少了备用零件的数量和简化了维修。

灵活性也是Bikoma公司考虑的重要因素。最近Bikoma公司推出了DEDE 400系统,该系统用于生产卫生巾,卫生护垫和轻度失禁用品。由于生产线被设计得具有灵活性和高效率,因此,它可降低产品成本,提高生产效率。Göbel先生说:“我们把DEDE 400销售给各类用户,其中包括零售商品牌产品生产商和大型的自有品牌生产商。对品质不同的材料,设备也必须具有灵活性,这就是说,即使是使用低定量的材料,设备也应能够高效率运行。”DEDE 400可加工敏感性欠佳、运行时间较长的各种幅宽较大的卷材。Bikoma公司最新的开发成果是一种能够在线添加SAP的生产双层芯层的设备。

在设备改造领域中,Bicma公司已经认识到对吸收芯层的要求,以及对在婴儿纸尿裤生产中在线组合弹性侧翼、腰围和耳扣的技术要求越来越高。除了弹性侧翼、腰围和耳扣外,Bicma公司还看到了纸尿裤生产设备的一些发展趋势,这些趋势是,在纸尿裤的底层材料上印刷图案,在线使用干法纸芯材和在线生产高度压缩的,但构造上界限分明的复合芯层。这种复合芯层的中间层为绒毛浆与SAP的混合物,上下两层为纯绒毛浆,复合芯层可以是平整的,也可以带有有助于提高导流能力的压花图案。

也是为了提高灵活性,Caldiroli公司已经制造了几种能够适应原材料不断变化的设备。Caldiroli先生说:“我们的设备可以加工可避免引起过敏反应的棉纤维非织造布,能够加工可用作俘液层和分散层的柔软的非织造布,它也可以加工复合有塑料层的非织造布和用作纸尿裤透气底层的多孔非织造布及类似材料。”

Caldiroli先生认为将来的创新主要集中在原材料而不是设备上。他说:“然而,我们已经制造了一种新型的训练裤生产线,而且已开始制造成人用穿着式纸尿裤的生产设备。我们还将制造一种新型现代化的婴儿纸尿裤的生产设备,对此我们寄予很高的期望。”

(唐其铮编译自Nonwovens Industry,2005年,1月)

技术进展
(《生活用纸》2004—2005 年论文索引)

TECHNOLOGY ADVANCES
(INDEX OF PAPERS IN [TISSUE PAPER & DISPOSABLE PRODUCTS]2004—2005)

[11]

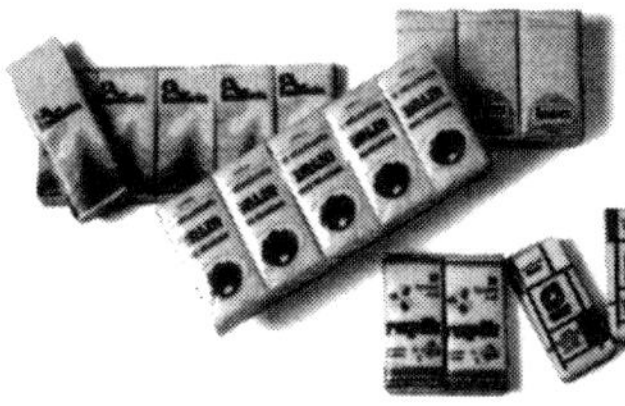

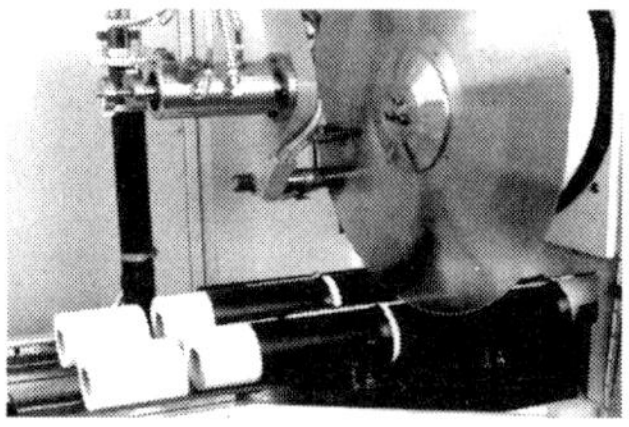

技术进展(《生活用纸》论文索引)

序号	论文题目	年份	期号	总期号	页码
卫生纸					
1	选择合适的卫生纸纤维原料配比	2004	5	53	39
2	浆料的制备：纸页成形前的重要工艺	2004	14	62	37－38
3	以蔗渣浆为主要原料抄造高柔软度卫生纸的生产实践	2005	10	82	31－32
4	用再生纤维生产高白度卫生纸	2004	19	67	45－48
5	废纸浆生产擦手纸的研究	2005	9	81	35－38
6	用棉短绒烧碱绿氧法抄造卫生纸的研究	2005	4	76	33－35
7	日本 Oji－Nepia 公司的全球最快卫生纸机	2004	5	53	46－47
8	新月形高速卫生纸机主要系统及设备简介	2004	6	54	40－41
9	单烘缸高速卫生纸机蒸汽系统的改造	2005	9	81	38－40
10	美卓卫生纸机最新技术方案	2004	22	70	23－26
11	美卓推出简单的、低成本的 Advantage DCT100 卫生纸机	2005	1	73	12－13
12	ANDRITZ 公司的理想配置 Primeline™ 卫生纸机	2004	18	66	43－46
13	川之江的 BF 型扬克抄纸机	2004	16	64	52－54
14	生产高质量卫生纸的抄纸机及后加工设备	2004	22	70	34－37
15	TAD 技术应用于中等产量规模的 THRU－AIR® 100 新纸机	2005	20	92	36－37
16	采用 TAD 热风罩热风横向分布控制技术，改善纸页的横向水分分布	2005	21	93	41－44
17	采用新技术，满足卫生纸市场的需求	2005	15	87	11－14
18	改进圆网槽结构 提高餐巾纸质量	2005	15	87	37 转 24
19	最先进的卫生纸压榨技术——TissueFlex™靴形压榨	2004	15	63	50－52
20	浅谈扬克缸的干燥效率和干燥不均	2004	10	58	39－45
21	高速卫生纸机起皱工艺的控制	2004	1	49	37－39
22	改进卫生纸起皱均匀性的新技术	2004	12	60	43－45
23	影响高速卫生纸机原纸皱纹的因素	2004	21	69	44－46
24	起皱陶瓷刮刀和扬克式烘缸表面的金属喷镀	2004	18	66	50－55
25	起皱工艺的科学原理	2005	8	80	28－31
26	提高卫生纸柔软度的必经之路——在纸机干燥部的柔软化技术	2005	8	80	39－41

续表

序号	论文题目	年份	期号	总期号	页码
27	能很好控制纸页运行性能和减少纸毛污染的卫生纸机干燥部新技术	2004	12	60	54－56
28	一种适用于卫生纸厂的高效新型纸毛控制系统	2004	15	63	53－54
29	脱水监测系统在优化纸机效率中的作用	2004	1	49	42－43
30	卫生纸机的操作对产品性能的影响	2004	18	66	49－50
31	卫生纸生产质量控制	2005	1	73	34－37
32	卫生纸机造纸过程控制	2004	12	60	45－48
33	高速卫生纸机电气传动系统的分析	2005	1	73	38－39
34	介绍一台高速卫生纸机的白水回收系统情况	2005	3	75	34－35
35	造纸白水的封闭回用及其应对方法	2005	9	81	40－42
36	应对 TAD 烘缸废气排放的挑战	2004	19	67	52－56 转 37
37	大卷筒卫生纸生产中应注意的几个问题	2004	10	58	46－47
38	X 概念机：一个系统供应商的细分市场	2004	21	69	47－48
39	卫生纸卷的高周期率生产：长时间的连续复卷生产线	2004	1	49	44－45
40	卫生纸产品生产中使用的粘合剂：最新进展及对废纸回用的影响	2004	17	65	58－61
41	用于卫生纸加工生产中的高效粘合剂	2005	11	83	39－41
42	用彩色压花系统革新卫生卷纸	2004	19	67	51－52
43	纸巾的柔版印刷	2004	18	66	56－57
44	包装材料创新突现卫生纸生产商的个性	2005	15	87	45
45	全世界利用回收纤维生产卫生纸的现状——卫生纸生产商的机会	2004	22	70	46－53
46	工厂采用酶法脱墨生产卫生纸的效益	2004	5	53	47－49
47	纤维素酶——适用于卫生纸生产的下一代生物化学品	2005	22	94	41－45
48	废纸酶法脱墨生产卫生纸/擦手纸	2005	9	81	43－46
49	CMC 在擦手纸中的应用初探	2005	21	93	35－37
50	废纸脱墨浆除胶剂的研制与应用	2005	11	83	33－34
51	化学品在生活用纸中的应用的探讨	2005	11	83	30－33
52	适用于提高卫生纸生产效率的湿部控制技术	2005	10	82	36－40
53	在卫生纸生产中，采用聚丙烯酰胺共聚物控制废纸浆中难处理的胶粘物	2004	1	49	45－46 转 32
54	胶粘物对抄纸的影响及其控制	2005	20	92	30－32

续表

序号	论文题目	年份	期号	总期号	页码
55	造纸毛毯的化学洗涤	2005	21	93	37－39
56	纸张柔软剂的概况及应用	2004	11	59	44－47
57	一种能保持松厚度不变，提高卫生纸柔软度的方法——湿部化学柔软法	2004	22	70	18－22
58	有机硅柔软剂在卫生纸中的应用	2004	22	70	30－32
59	卫生纸的柔软度	2005	14	86	39－41
60	卫生纸有多柔软才好?	2004	6	54	39
61	可提高卫生纸柔软性和松厚性的聚硅氧烷	2005	1	73	41－42
62	柔软剂的应用和卫生纸柔软度的测定	2004	14	62	35－37
63	卫生纸柔软度的测定	2004	15	63	44－45
64	有关卫生纸柔软度测法方法的文献综述	2005	15	87	38－45
65	柔软剂和乳霜的正确涂布方法及其所适用的设备	2005	7	79	41－42
66	使卫生纸更清洁更安全	2004	4	52	49－50
67	生活用纸增强技术的新进展	2005	16	88	38－42
68	可使纸巾强度达到最大值，并控制造纸系统电荷的阴离子促进剂	2005	2	74	39－43
69	一种吸水剂的制备及其吸水性能的研究	2005	13	85	32－34
70	剥离剂和粘合剂在高速卫生纸机中的应用	2004	4	52	45－46
71	扬克式烘缸粘缸剂和剥离剂的新发展	2004	22	70	63－65
72	改性剂对粘缸剂薄膜性质的影响——有关改善扬克式烘缸涂层性质的研究结果	2005	13	85	38－42
73	优化扬克式烘缸起皱的喷涂系统模型	2004	2	50	42－45
74	卫生纸的染色	2004	10	58	47－49
75	适用于卫生纸生产中腐浆控制的绿色杀菌剂及其效果	2004	17	65	51－53
76	二次纤维的打浆度对卫生纸质量的影响	2004	2	50	39－40
77	提高高速卫生纸机换卷成功率的做法	2004	3	51	34－35
78	超柔卫生纸的复卷	2005	13	85	42－43
79	光触媒及其在生活用纸中的应用	2004	19	67	44－45
80	抗菌剂在生活用纸中的应用	2005	7	79	39－40
一次性卫生用品					
81	解剖学、生理学与妇女卫生用品	2004	11	59	49－52

续表

序号	论文题目	年份	期号	总期号	页码
82	卫生用品行业中原材料供应商之间的竞争加剧	2004	14	62	46 - 49
83	卫生巾(护垫)生产线加液态药(香)装置设计	2005	1	73	33 - 34
84	20 世纪婴儿尿裤的创新历程及 21 世纪的展望	2004	12	60	17 - 19
85	110 种纸尿裤芯层的组成和性能——全球抽样调查结果	2004	13	61	24 - 27
86	弹性化结构：非织造布一次性卫生用品中胶粘工艺的进展	2004	5	53	40 - 45
87	一次性卫生制品用热熔胶的检测方法和发展趋势	2004	13	61	50
88	纸尿裤防渗底膜的一体化直接挤塑工艺	2005	18	90	44 - 45
89	功能纤维用于非织造布尿片的设计	2004	6	54	41 - 43 转 30
90	市场竞争促使卫生用品设备供应商开发新设备和使设备改造升级	2004	9	57	56 - 58
擦拭巾/湿巾/干法纸					
91	可冲散型擦拭巾的过去、现在和未来	2005	7	79	43 - 47
92	湿巾的防腐	2004	9	57	51 - 52
93	湿纸巾的发展概况	2005	4	76	35 - 38
94	具有特殊用途的湿擦拭巾产品的开发	2005	10	82	41 - 44
95	适用于气流成网干法纸产品的绒毛浆纤维形态学特征	2004	6	54	48 - 51
96	绒毛浆原料选择问题的探讨	2004	11	59	47 - 48
97	棉短绒绒毛浆板耐破度及绒毛浆弹性的研究	2005	8	80	31 - 34
98	气流成网干法造纸概论(一)	2005	3	75	39 - 44
99	气流成网干法造纸概论(二)	2005	4	76	39 - 46
100	热粘合法可优化用于擦拭巾的干法纸基材的性能	2005	8	80	41 - 44
101	水刺固结 100% 绒毛浆气流成网干法纸	2004	16	64	56 - 59 转 24
102	氢键固结干法纸复合材料结构的改善	2005	1	73	42 - 44
103	气流成网水刺固结复合产品的研究	2005	10	82	32 - 35 转 53
104	对干法制造吸水纸的一些研究	2004	23	71	36 - 41
105	采用窄幅干法纸机生产的几种最新产品	2005	18	90	15 - 19
106	纸尿裤用的轻量和超轻量气流成网干法纸芯材	2004	12	60	49 - 54
107	干法纸芯材用于纸尿裤的研究范例	2005	9	81	46 - 49
108	纸尿裤用预成形芯材所取得的进展	2005	17	89	14 - 16 转 39

续表

序号	论文题目	年份	期号	总期号	页码
109	干法纸废料回用及设备	2004	9	57	52-54
110	干法纸粉尘控制	2005	11	83	35-38
111	气流成网干法纸所使用的新型编织成形网	2004	11	59	53-58
非织造布					
112	熔喷法非织造布	2004	2	50	41
113	高效熔喷技术的进展	2004	20	68	49-52
114	适用于卫生用品的水刺处理热轧纺粘布	2004	17	65	55-57
115	漂白棉水刺非织造布的开发与应用	2005	19	91	32-35转41
116	SMS复合非织造布的发展	2005	18	90	37-40
117	非织造复合材料日益显现优势	2004	18	66	20-22
118	湿法非织造布的工艺技术	2005	12	84	38-40
119	抗菌无纺布的研究进展	2005	16	88	33-34
120	天然纤维在非织造布中的应用	2004	11	59	61转58
高吸水树脂/包装					
121	中国SAP产需报告	2005	12	84	7-9
122	高吸水树脂的研究进展	2004	1	49	40-42
123	高吸水树脂在肉类包装中的新用途	2004	3	51	38-41
124	为尿裤选择合适的高吸水树脂	2005	3	75	36-38
125	卫生用品包装生产工艺特点	2004	15	63	49转25

附录

APPENDIX

[12]

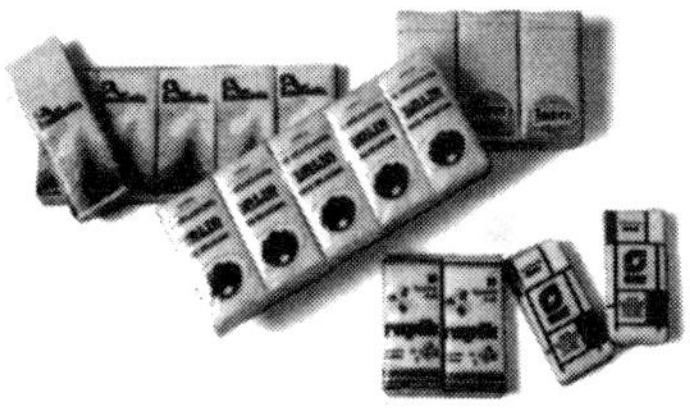

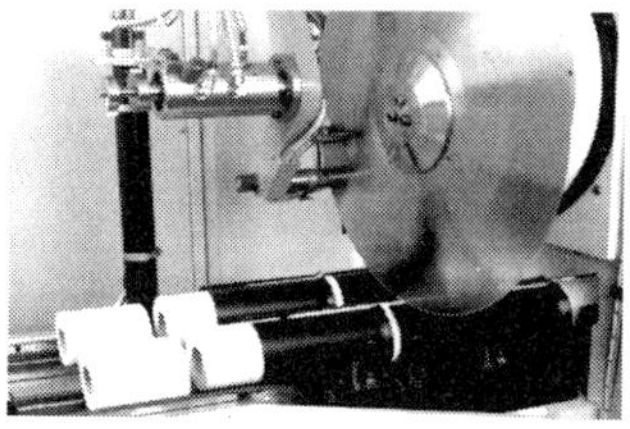

中国人口、社会发展和经济背景的有关数据
The information of Chinese population, social development and economic background

人口数及构成
Population and its composition

本表各年人口未包括香港、澳门特别行政区和台湾省的人口数据。

Data in this table exclude the population of Hong Kong SAR, Macao SAR and Taiwan Province.

单位：万人（10 000 persons）

年 份 Year	年底总人口 Total Population (year-end)	按性别分 By Sex				按城乡分 By Residence			
		男 Male		女 Female		城镇总人口 Urban		乡村总人口 Rural	
		人口数 Population	比重(%) Proportion	人口数 Population	比重(%) Proportion	人口数 Population	比重(%) Proportion	人口数 Population	比重(%) Proportion
1978	96259	49567	51.49	46692	48.51	17245	17.92	79014	82.08
1980	98705	50785	51.45	47920	48.55	19140	19.39	79565	80.61
1985	105851	54725	51.70	51126	48.30	25094	23.71	80757	76.29
1989	112704	58099	51.55	54605	48.45	29540	26.21	83164	73.79
1990	114333	58904	51.52	55429	48.48	30195	26.41	84138	73.59
1991	115823	59466	51.34	56357	48.66	31203	26.94	84620	73.06
1992	117171	59811	51.05	57360	48.95	32175	27.46	84996	72.54
1993	118517	60472	51.02	58045	48.98	33173	27.99	85344	72.01
1994	119850	61246	51.10	58604	48.90	34169	28.51	85681	71.49
1995	121121	61808	51.03	59313	48.97	35174	29.04	85947	70.96
1996	122389	62200	50.82	60189	49.18	37304	30.48	85085	69.52
1997	123626	63131	51.07	60495	48.93	39449	31.91	84177	68.09
1998	124761	63940	51.25	60821	48.75	41608	33.35	83153	66.65
1999	125786	64692	51.43	61094	48.57	43748	34.78	82038	65.22
2000	126743	65437	51.63	61306	48.37	45906	36.22	80837	63.78
2001	127627	65672	51.46	61955	48.54	48064	37.66	79563	62.34
2002	128453	66115	51.47	62338	48.53	50212	39.09	78241	60.91
2003	129227	66556	51.50	62671	48.50	52376	40.53	76851	59.47
2004	129988	66976	51.52	63012	48.48	54283	41.76	75705	58.24

注：1. 1982 年以前数据为户籍统计数，1982—1989 年数据根据 1990 年人口普查数据有所调整，1990—2000 年数据根据 2000 年人口普查数据进行了调整，2001—2004 年数据为人口变动情况抽样调查推算数(下表同)。

2. 总人口和按性别分人口中包括中国人民解放军现役军人，按城乡分人口中现役军人计入城镇人口。

a) Data before 1982 were taken from the annual reports of the Ministry of Public Security. Data in 1982 – 1989 were adjusted on the basis of the 1990 national population census. Data in 1990 – 2000 were adjusted on the basis of the estimated on the basis of the 2000 national population census. Data in 2001 – 2004 have been estimated on the basis of the annual national sample surveys on population changes. (the next table is the same).

b) Total population and population by sex include the military personnel of Chinese People's Liberation Army, the military personnel are classified as urban population in the item of population by residence.

《中国统计年鉴—2005》

人口出生率、死亡率和自然增长率
Birth rate, death rate and natural growth rate of population

单位:‰

年 份 Year	出生率 Birth rate	死亡率 Death rate	自然增长率 Natural growth rate
1978	18. 25	6. 25	12. 00
1980	18. 21	6. 34	11. 87
1981	20. 91	6. 36	14. 55
1982	22. 28	6. 60	15. 68
1983	20. 19	6. 90	13. 29
1984	19. 90	6. 82	13. 08
1985	21. 04	6. 78	14. 26
1986	22. 43	6. 86	15. 57
1987	23. 33	6. 72	16. 61
1988	22. 37	6. 64	15. 73
1989	21. 58	6. 54	15. 04
1990	21. 06	6. 67	14. 39
1991	19. 68	6. 70	12. 98
1992	18. 24	6. 64	11. 60
1993	18. 09	6. 64	11. 45
1994	17. 70	6. 49	11. 21
1995	17. 12	6. 57	10. 55
1996	16. 98	6. 56	10. 42
1997	16. 57	6. 51	10. 06
1998	15. 64	6. 50	9. 14
1999	14. 64	6. 46	8. 18
2000	14. 03	6. 45	7. 58
2001	13. 38	6. 43	6. 95
2002	12. 86	6. 41	6. 45
2003	12. 41	6. 40	6. 01
2004	12. 29	6. 42	5. 87

《中国统计年鉴—2005》

五次全国人口普查人口基本情况

Basic statistics on national population census in 1953, 1964, 1982, 1990 and 2000

本表未包括香港、澳门特别行政区及台湾省数据。

Data in this table excluded the population of Hong Kong, Macao and Taiwan.

指　标	Item	1953	1964	1982	1990	2000
总人口(万人)	**Total Population (10 000 persons)**	**59435**	**69458**	**100818**	**113368**	**126583**
男	Male	30799	35652	51944	58495	65355
女	Female	28636	33806	48874	54873	61228
性别比(以女性为100)	Sex Ratio(female = 100)	107.56	105.46	106.30	106.60	106.74
家庭户规模(人/户)	**Average Family Size (person/household)**	**4.33**	**4.43**	**4.41**	**3.96**	**3.44**
各年龄组人口(%)	**Population by Age Group (%)**					
0-14岁	0-14	36.28	40.69	33.59	27.69	22.89
15-64岁	15-64	59.31	55.75	61.50	66.74	70.15
65岁及以上	65 and Over	4.41	3.56	4.91	5.57	6.96
民族人口	**Nationality Population**					
汉族(万人)	Han Nationality (10 000 persons)	54728	65456	94088	104248	115940
占总人口比重(%)	Percentage to Total Population (%)	93.94	94.24	93.32	91.96	91.59
少数民族(万人)	Minority Nationalities (10 000 persons)	3532	4002	6730	9120	10643
占总人口比重(%)	Percentage to Total Population (%)	6.06	5.76	6.68	8.04	8.41
每十万人拥有的各种受教育程度人口(人)	**Population with Various Education Attainments Per 100 000 Persons (person)**					
大专及以上	Junior College and Above		416	615	1422	3611
高中和中专	Senior Secondary/Secondary Technical School		1319	6779	8039	11146
初中	Junior Secondary School		4680	17892	23344	33961
小学	Primary School		28330	35237	37057	35701
文盲人口及文盲率	**Illiterate Population and Illiterate Rate**					
文盲人口(万人)	Illiterate Population (10 000 persons)		23327	22996	18003	8507
文盲率(%)	Illiterate Rate (%)		33.58	22.81	15.88	6.72
城乡人口(万人)	**Population by Residence (10 000 persons)**					
城镇人口	Urban Population	7726	12710	21082	29971	45844
乡村人口	Rural Population	50534	56748	79736	83397	80739
平均预期寿命(岁)	**Life Expectancy (years)**			**67.77 ＊**	**68.55**	**71.40**
男	Male			66.28 ＊	66.84	69.63
女	Female			69.27 ＊	70.47	73.33

注：1. 历次普查总人口数据中包括了中国人民解放军现役军人。在城乡人口中，中国人民解放军现役军人列为城镇人口统计。

2. 1953年总人口数据中包括了间接调查人口，而民族人口、城乡人口中未包括。

3. 1964年文盲人口为13岁及13岁以上不识字人口，1982、1990、2000年文盲人口为15岁及15岁以上不识字或识字很少的人。

4. 表中"＊"号表示为1981年数据。

a) Total population from population censuses includes the military personnel. Military personnel is listed as urban population in population by residence.

b) Total population of 1953 census includes the population from indirect survey, but excludes in the nationality population and urban/rural population.

c) Illiterate population of 1964 census referred to people of 13 years old and over who could not read. Illiterate population of 1982, 1990 and 2000 censuses referred to people of 15 years old and over who could not read or could read very little.

d) Data with "＊" in this table are of 1981.

《中国统计年鉴—2005》

各地区人口数、性别比(2004 年)
Population and sex ratio by region (2004)

本表是 2004 年人口变动情况抽样调查样本数据，抽样比为 0.966‰。

Data in this table are obtained from the Sample Survey on Population Changes in 2004. The sampling fraction is 0.966‰.

地 区	Region	人口数(人) Population (person)	男 Male	女 Female	性别比 (女=100) Sex Ratio (female=100)
全 国	**National Total**	**1253065**	**637167**	**615898**	**103.45**
北 京	Beijing	14213	7280	6933	105.01
天 津	Tianjin	9868	4894	4975	98.37
河 北	Hebei	66078	33769	32309	104.52
山 西	Shanxi	32352	16604	15748	105.44
内蒙古	Inner Mongolia	23233	11941	11292	105.74
辽 宁	Liaoning	41100	20614	20486	100.62
吉 林	Jilin	26397	13226	13170	100.43
黑龙江	Heilongjiang	37241	18908	18332	103.14
上 海	Shanghai	16702	8208	8495	96.62
江 苏	Jiangsu	72295	35881	36415	98.53
浙 江	Zhejiang	45682	23141	22541	102.67
安 徽	Anhui	62575	32108	30467	105.39
福 建	Fujian	34048	17093	16955	100.81
江 西	Jiangxi	41524	21387	20137	106.21
山 东	Shandong	89072	44684	44388	100.67
河 南	Henan	94372	48565	45807	106.02
湖 北	Hubei	58510	29653	28858	102.76
湖 南	Hunan	65041	33351	31690	105.24
广 东	Guangdong	77645	39858	37787	105.48
广 西	Guangxi	47408	24566	22841	107.55
海 南	Hainan	7916	4130	3786	109.07
重 庆	Chongqing	30553	15223	15330	99.30
四 川	Sichuan	84919	42847	42072	101.84
贵 州	Guizhou	37780	19571	18209	107.48
云 南	Yunnan	42720	21618	21102	102.44
西 藏	Tibet	2636	1285	1351	95.14
陕 西	Shaanxi	36022	18525	17497	105.88
甘 肃	Gansu	25409	13095	12314	106.34
青 海	Qinghai	5213	2676	2538	105.44
宁 夏	Ningxia	5662	2862	2800	102.24
新 疆	Xinjiang	18880	9605	9275	103.56

《中国统计年鉴—2005》

各地区人口年龄构成(2004 年)
Age composition of population by region (2004)

本表是2004 年人口变动情况抽样调查样本数据，抽样比为0.966‰。

Data in this table are obtained from the Sample Survey on Population Changes in 2004. The sampling fraction is 0.966‰.

地 区	Region	人口数(人) Population (person)	0－14 岁 Age 0－14	15－64 岁 Age 15－64	65 岁及以上 Age 65 and Over
全 国	National Total	1253065	241866	903897	107303
北 京	Beijing	14213	1415	11217	1581
天 津	Tianjin	9868	1294	7510	1065
河 北	Hebei	66078	11531	49270	5277
山 西	Shanxi	32352	6852	23218	2282
内蒙古	Inner Mongolia	23233	3976	17520	1736
辽 宁	Liaoning	41100	5715	31497	3888
吉 林	Jilin	26397	3667	20762	1968
黑龙江	Heilongjiang	37241	5413	29297	2531
上 海	Shanghai	16702	1469	12661	2572
江 苏	Jiangsu	72295	11803	52739	7753
浙 江	Zhejiang	45682	7131	34082	4469
安 徽	Anhui	62575	13575	43670	5330
福 建	Fujian	34048	6560	24591	2897
江 西	Jiangxi	41524	8963	29229	3333
山 东	Shandong	89072	15256	65608	8209
河 南	Henan	94372	20033	66664	7675
湖 北	Hubei	58510	11276	42442	4792
湖 南	Hunan	65041	12055	47274	5712
广 东	Guangdong	77645	19528	51973	6144
广 西	Guangxi	47408	9935	33475	3997
海 南	Hainan	7916	1892	5429	595
重 庆	Chongqing	30553	6377	20678	3498
四 川	Sichuan	84919	16666	60815	7438
贵 州	Guizhou	37780	9640	25293	2847
云 南	Yunnan	42720	9601	29818	3300
西 藏	Tibet	2636	653	1813	169
陕 西	Shaanxi	36022	7135	26131	2756
甘 肃	Gansu	25409	5611	18118	1679
青 海	Qinghai	5213	1216	3691	307
宁 夏	Ningxia	5662	1462	3879	321
新 疆	Xinjiang	18880	4167	13531	1182

《中国统计年鉴—2005》

各地区城乡人口分布

Population distribution by urban, rural residence and region

本表是2000年全国人口普查快速汇总的11月1日零时数。

Data in this table are obtained from the advance tabulation of the 5th national population census, with zero hour of November 1, 2000 as the reference time.

单位：万人（10 000 persons）

地 区	Region	总人口 Total Population	城镇人口 Urban Population	乡村人口 Rural Population	占总人口比重/% % to Total	
					城 镇 Urban	乡 村 Rural
全 国	**National Total**	**126583**	**45844**	**80739**	**36.22**	**63.78**
北 京	Beijing	1382	1072	310	77.54	22.46
天 津	Tianjin	1001	721	280	71.99	28.01
河 北	Hebei	6744	1759	4985	26.08	73.92
山 西	Shanxi	3297	1151	2146	34.91	65.09
内蒙古	Inner Mongolia	2376	1014	1362	42.68	57.32
辽 宁	Liaoning	4238	2299	1939	54.24	45.76
吉 林	Jilin	2728	1355	1373	49.68	50.32
黑龙江	Heilongjiang	3689	1901	1788	51.54	48.46
上 海	Shanghai	1674	1478	196	88.31	11.69
江 苏	Jiangsu	7438	3086	4352	41.49	58.51
浙 江	Zhejiang	4677	2277	2400	48.67	51.33
安 徽	Anhui	5986	1665	4321	27.81	72.19
福 建	Fujian	3471	1443	2028	41.57	58.43
江 西	Jiangxi	4140	1146	2994	27.67	72.33
山 东	Shandong	9079	3450	5629	38.00	62.00
河 南	Henan	9256	2147	7109	23.20	76.80
湖 北	Hubei	6028	2424	3604	40.22	59.78
湖 南	Hunan	6440	1916	4524	29.75	70.25
广 东	Guangdong	8642	4753	3889	55.00	45.00
广 西	Guangxi	4489	1264	3225	28.15	71.85
海 南	Hainan	787	316	471	40.11	59.89
重 庆	Chongqing	3090	1023	2067	33.09	66.91
四 川	Sichuan	8329	2223	6106	26.69	73.31
贵 州	Guizhou	3525	841	2684	23.87	76.13
云 南	Yunnan	4288	1002	3286	23.36	76.64
西 藏	Tibet	262	50	212	18.93	81.07
陕 西	Shaanxi	3605	1163	2442	32.26	67.74
甘 肃	Gansu	2562	615	1947	24.01	75.99
青 海	Qinghai	518	180	338	34.76	65.24
宁 夏	Ningxia	562	182	380	32.43	67.57
新 疆	Xinjiang	1925	651	1274	33.82	66.18

注：全国总人口和全国城镇人口包括解放军现役军人，分省人口未包括。

a) National total population and urban population include the Chinese People's Liberation Army, but population by regions exclude that.

2000年全国人口普查

国民经济和社会发展总量与速度指标
Principal aggregate indicators on national economic and social development and their related indices and growth rates

指标	Item	总量指标 Aggregate Data					速度指标(%) Indices and Growth Rates(%)						
							指数 Index (2004 为以下各年) (2004 as percentage of the following years)				平均增长速度 Average Annual Growth Rate		
		1978	1989	1997	2003	2004	1978	1989	1997	2003	1979—2004	1990—2004	1998—2004
人口与就业	Population and Employment												
人口(万人)	Population(10 000 persons)												
年底总人口	Population at the Year-end	96259	112704	123626	129227	129988	135.0	115.3	105.1	100.6	1.2	1.0	0.7
城镇人口	Urban	17245	29540	39449	52376	54283	314.8	183.8	137.6	103.6	4.5	4.1	4.7
乡村人口	Rural	79014	83164	84177	76851	75705	95.8	91.0	89.9	98.5			
男性人口	Male	49567	58099	63131	66556	66976	135.1	115.3	106.1	100.6	1.2	1.0	0.8
女性人口	Female	46692	54605	60495	62671	63012	135.0	115.4	104.2	100.5	1.2	1.0	0.6
就业(万人)	Employment(10 000 persons)												
就业人员数	Employment	40152	55329	69820	74432	75200	187.3	135.9	107.7	101.0	2.4	2.1	1.1
#职工人数	Staff and Workers	9499	13742	14668	10492	10576	111.3	77.0	72.1	100.8	0.4		
城镇登记失业人数	Urban Registeration Unemployment	530	378	577	800	827	156.0	218.8	143.4	103.4	1.7	5.4	5.3
宏观经济	Macro Economy												
国民经济核算(亿元)	National Accounting(100 million yuan)												
国民总收入	Gross National Income	3624.1	16917.8	73142.7	116741.2	136584.3	1032.2	380.2	177.1	109.9	9.4	9.3	8.5
国内生产总值	Gross Domestic Product	3624.1	16909.2	74462.6	117390.2	136875.9	1031.3	380.1	174.1	109.5	9.4	9.3	8.2
第一产业	Primary Industry	1018.4	4228.0	14211.2	16928.1	20768.1	319.3	179.8	125.6	106.3	4.6	4.0	3.3
第二产业	Secondary Industry	1745.2	7278.0	37222.7	61274.1	72387.2	1611.7	546.7	192.0	111.1	11.3	12.0	9.8
第三产业	Tertiary Industry	860.5	5403.2	23028.7	39188.0	43720.6	1191.9	335.9	173.5	108.3	10.0	8.4	8.2
支出法国内生产总值	Gross Domestic Expenditures	3605.6	16466.0	74894.2	121730.3	142394.2							
最终消费	Total Consumption	2239.1	10556.5	43579.4	67493.5	75439.7							
居民消费	Resident Consumption	1759.1	8523.5	34854.6	52685.5	58994.5							
政府消费	Public Consumption	480.0	2033.0	8724.8	14808.0	16445.2							
资本形成总额	Total Investment	1377.9	6095.0	28457.6	51554.7	62875.3							
固定资本形成	Fixed Assets	1073.9	4339.0	25154.2	51303.9	62351.4							
存货增加	Stock	304.0	1756.0	3303.4	250.8	523.9							
货物和服务净出口	Net Export of Good and Service	-11.4	-185.5	2857.2	2682.1	4079.2							

续表

指　标	Item	总量指标　Aggregate Data					速度指标(%)　Indices and Growth Rates(%)						
							指数 Index (2004 为以下各年) (2004 as percentage of the following years)				平均增长速度 Average Annual Growth Rate		
		1978	1989	1997	2003	2004	1978	1989	1997	2003	1979—2004	1990—2004	1998—2004
固定资产投资(亿元)	**Investment in Fixed Assets (100 million yuan)**												
全社会固定资产投资总额	Total Investment in Fixed Assets		4410.4	24941.1	55566.6	70477.4		1598.0	282.6	126.6		20.9	13.4
#国有单位	State-Owned Units		2808.1	13091.7	21661.0	25027.6		891.3	191.2	115.4		17.7	8.9
集体单位	Collective-Owned Units		570.0	3850.9	8009.5	9965.7		1748.4	258.8	124.1		22.3	11.5
个体经济	Individuals		1032.3	3429.4	7720.1	9880.6		957.1	288.1	127.4		15.3	14.1
全社会施工房屋面积(亿平方米)	Floor Space of Buildings under Construction (100 million sq. m)			23.0	34.4	37.6			163.5	109.3			7.3
全社会竣工房屋建筑面积(亿平方米)	Floor Space of Buildings Completed (100 million sq. m)			16.6	20.3	20.7			124.7	102.0			3.2
财政(亿元)	**Government Finance(100 million yuan)**												
国家财政收入	Government Revenue	1132.3	2664.9	8651.1	21715.3	26396.5	2331.2	990.5	305.1	121.6	12.9	16.5	17.3
中　央	Central Government	175.8	822.5	4226.9	11865.3	14503.1	8249.8	1763.3	343.1	122.2	18.5	21.1	19.3
地　方	Local Governments	956.5	1842.4	4424.2	9850.0	11893.4	1243.4	645.5	268.8	120.7	10.2	13.2	15.2
国家财政支出	Government Expenditures	1122.1	2823.8	9233.6	24650.0	28486.9	2538.7	1008.8	308.5	115.6	13.2	16.7	17.5
中　央	Central Government	532.1	888.8	2532.5	7420.1	7894.1	1483.6	888.2	311.7	106.4	10.9	15.7	17.6
地　方	Local Governments	590.0	1935.0	6701.1	17229.9	20592.8	3490.3	1064.2	307.3	119.5	14.6	17.1	17.4
物价总指数(上年=100)	**Price Indices (preceding year = 100)**												
居民消费价格指数	Consumer Price Index		118.0	102.8	101.2	103.9							
商品零售价格指数	Retail Price Index	100.7	117.8	100.8	99.9	102.8							
农产品生产价格指数	General Price Index of Produce				104.4	113.1							
工业品出厂价格指数	Ex-Factory Price Indices of Industrial Products		118.6	99.7	102.3	106.1							
原材料、燃料、动力购进价格指数	Purchasing Price Indices of Raw Material, Fuel and Power		126.4	101.3	104.8	111.4							
固定资产投资价格指数	Price Indices of Investment in Fixed Assets			101.7	102.2	105.6							

续表

指 标	Item	总量指标 Aggregate Data					速度指标(%) Indices and Growth Rates(%)						
							指数 Index (2004 为以下各年) (2004 as percentage of the following years)				平均增长速度 Average Annual Growth Rate		
		1978	1989	1997	2003	2004	1978	1989	1997	2003	1979—2004	1990—2004	1998—2004
能源生产与消费(万吨标准煤)	Production and Consumption of Energy (10 000 tons of SCE)												
能源生产总量	Total Energy Production	62770	101639	132410	159912	184600	294.1	181.6	139.4	115.4	4.2	4.1	4.9
能源消费总量	Total Energy Consumption	57144	96934	137798	170943	197000	344.7	203.2	143.0	115.2	4.9	4.8	5.2
产 业	Industry												
农业	Agriculture												
农林牧渔业从业人员(万人)	Employed Persons of Farming, Forestry, Animal Husbandry and Fishery (10 000 persons)	28455.6	32440.5	32677.9	31259.6	30596.0	107.5	94.3	93.6	97.9	0.3		
农林牧渔业总产值(亿元)	Gross Output Value of Farming Forestry, Animal Husbandry and Fishery(100 million yuan)	1397.0	6534.7	23788.4	29691.8	36239.0	478.2	252.5	140.3	107.5	6.2	6.4	5.0
主要农产品产量(万吨)	Output of Major Farm Products (10 000 tons)												
粮 食	Grain	30476.5	40754.9	49417.1	43069.5	46946.9	154.0	115.2	95.0	109.0	1.7	0.9	
棉 花	Cotton	216.7	378.8	460.3	486.0	632.4	291.8	166.9	137.4	130.1	4.2	3.5	4.6
油 料	Oil-bearing Crops	521.8	1295.2	2157.4	2811.0	3065.9	587.6	236.7	142.1	109.1	7.0	5.9	5.1
甘 蔗	Sugar Cane	2111.6	4879.5	7889.7	9023.5	8984.9	425.5	184.1	113.9	99.6	5.7	4.2	1.9
甜 菜	Beet Roots	270.2	924.3	1496.8	618.2	585.7	216.8	63.4	39.1	94.7	3.0		
茶 叶	Tea	26.8	53.5	61.3	76.8	83.5	311.6	156.1	136.1	108.7	4.5	3.0	4.5
水 果	Fruits	657.0	1831.9	5089.3	14517.4	15340.9	2335.1	837.4	301.4	105.7	12.9	15.2	17.1
肉 类	Meat			5268.8	6932.9	7244.8			137.5	104.5			4.7
水产品	Aquatic Products	465.4	1151.7	3601.8	4704.6	4901.8	1053.4	425.6	136.1	104.2	9.5	10.1	4.5
工业	Industry												
主要工业产品产量	Output of Major Industrial Products												
布(亿米)	Cloth(100 million m)	110	189	249	354	420	380.8	222.0	168.8	118.8	5.3	5.5	7.8
机制纸及纸板(万吨)	Machine-Made Paper and Paperboards(10 000 tons)	439	1333	2733	4849	4863	1107.7	364.8	177.9	100.3	9.7	9.0	8.6
机制糖(万吨)	Machine-made Sugar (10 000 tons)	227	501	703	1084	1018	448.5	203.2	144.9	93.9	5.9	4.8	5.4
家用电冰箱(万台)	Household Refrigerators(10 000 units)	2.80	671	1044	2243	3033	108321	452.2	290.4	135.2	30.8	10.6	16.5

续表

指 标	Item	总量指标 Aggregate Data					速度指标(%) Indices and Growth Rates(%)						
							指数 Index (2004 为以下各年) (2004 as percentage of the following years)				平均增长速度 Average Annual Growth Rate		
		1978	1989	1997	2003	2004	1978	1989	1997	2003	1979—2004	1990—2004	1998—2004
房间空调器(万台)	Room Air-conditioning(10 000 units)	0.02	37	974	4821	6646	33230000	17736.9	682.3	137.9	63.1	41.2	31.6
家用洗衣机(万台)	Household Washing Machines(10 000 units)	0.04	825	1254	1964	2349	5872500	284.6	187.2	119.6	52.6	7.2	9.4
彩色电视机(万台)	Color Television Sets(10 000 units)	0.38	940	2711	6541	7329	1928684	779.7	270.3	112.0	46.2	14.7	15.3
原 煤(亿吨)	Coal(100 million tons)	6.18	10.54	13.73	16.67	19.56	317	185.6	142.5	117.3	4.5	4.2	5.2
原 油(万吨)	Crude Oil(10 000 tons)	10405	13764	16074	16960	17500	168.2	127.1	108.9	103.2	2.0	1.6	1.2
发电量(亿千瓦小时)	Electricity (100 million kwh)	2566	5848	11356	19106	21870	852.3	374.0	192.6	114.5	8.6	9.2	9.8
粗 钢(万吨)	Crude Steel(10 000 tons)	3178	6159	10894	22234	27280	858.4	442.9	250.4	122.7	8.6	10.4	14.0
钢 材(万吨)	Rolled Steel(10 000 tons)	2208	4859	9979	24108	29723	1346.2	611.7	297.9	123.3	10.5	12.8	16.9
水 泥(万吨)	Cement(10 000 tons)	6524	21029	51174	86208	97000	1486.8	461.3	189.6	112.5	10.9	10.7	9.6
国有及限额以上非国有工业企业主要指标	Principal Indicators of Industrial Enterprises of State Ownership and Non-state-owned Above Designated Size												
工业增加值(亿元)	Gross Industrial Output Value(100 million yuan)				41990	54805				116.7			
资产总计(亿元)	Original Value of Fixed Assets(100 million yuan)				168808	195262				115.7			
固定资产净值年平均余额(亿元)	Annual Average Balance of Net Value of Fixed Assets (100 million yuan)				66068	73849				111.8			
利润总额 (亿元)	Profits(100 million yuan)				8337	11342				136.0			
建筑业	**Construction**												
建筑业企业从业人员(万人)	Number of Employed Persons(10 000 persons)		1005	2102	2414	2558		254.6	121.7	106.0		6.4	2.8
建筑业总产值(亿元)	Gross Output Value(100 million yuan)		1283	9126	23084	27745		2162.5	304.0	120.2		22.7	17.2
交通运输	**Transportation**												
客运量(万人)	Passenger Traffic (10 000 persons)	253993	791376	1326094	1587497	1767453	695.9	223.3	133.3	111.3	7.7	5.5	4.2
铁 路	Railways	81491	113807	93308	97260	111764	137.1	98.2	119.8	114.9	1.2		2.6
公 路	Highways	149229	644508	1204583	1464335	1624526	1088.6	252.1	134.9	110.9	9.6	6.4	4.4
水 运	Waterways	23042	31778	22573	17142	19040	82.6	59.9	84.3	111.1			

续表

指标	Item	总量指标 Aggregate Data 1978	1989	1997	2003	2004	速度指标(%) Indices and Growth Rates(%) 指数 Index (2004 为以下各年)(2004 as percentage of the following years) 1978	1989	1997	2003	平均增长速度 Average Annual Growth Rate 1979—2004	1990—2004	1998—2004
民 航	Civil Aviation	231	1283	5630	8759	12123	5248. 1	944. 9	215. 3	138. 4	16. 5	16. 2	11. 6
货运量(万吨)	Freight Traffic(10 000 tons)	248946	988435	1278218	1561422	1706412	685. 5	172. 6	133. 5	109. 3	7. 7	3. 7	4. 2
铁 路	Railways	110119	151489	172149	221178	249017	226. 1	164. 4	144. 7	112. 6	3. 2	3. 4	5. 4
公 路	Highways	85182	733781	976536	1159957	1244990	1461. 6	169. 7	127. 5	107. 3	10. 9	3. 6	3. 5
水 运	Waterways	43292	87493	113406	158070	187394	432. 9	214. 2	165. 2	118. 6	5. 8	5. 2	7. 4
管 道	Pipelines	10347	15641	16002	21997	24734	239. 0	158. 1	154. 6	112. 4	3. 4	3. 1	6. 4
民 航	Civil Aviation	6	31	125	219	277	4328. 1	893. 5	222. 1	126. 5	15. 6	15. 7	12. 1
沿海主要港口货物吞吐量(万吨)	Volume of Freight Handled at Major Coastal Ports (10 000 tons)	19834	49025	90822	201126	246074	1240. 7	501. 9	270. 9	122. 3	10. 2	11. 4	15. 3
邮电通信业	**Post and Telecommunications**												
邮电业务总量(亿元)	Total Business Revenue(100 million yuan)	34. 1	123. 5	1773. 3	7019. 8	9712. 3	40745. 5	11250. 7	783. 3	139. 5	26. 0	37. 0	34. 2
函 件(亿件)	Number of Letters Delivered (10 000 pieces)	28. 4	57. 3	68. 6	103. 8	82. 8	291. 5	144. 6	120. 7	79. 8	4. 2	2. 5	2. 7
报刊期发数(万份)	Number of Newspapers and Magazines Distributed (10 000 copies)	11250	17704	21875	16594	14789	131. 5	83. 5	67. 6	89. 1	1. 1		
本地电话局用交换机容量(万门)	Capacity of Local Office Telephone Exchanges (10 000 lines)	406	1035	11269	35083	42347	10432. 9	4092. 7	375. 8	120. 7	19. 6	28. 1	20. 8
本地电话年末用户(万户)	Number of Subscribers of Local Telephone at Year-end(10 000 subscriber)	193	568	7031	26275	31176	16195	5488. 3	443. 4	118. 7	21. 6	30. 6	23. 7
城市	Urban Telephone Subscribers	119	440	5244	17110	21025	17638	4782. 5	400. 9	122. 9	22. 0	29. 4	21. 9
乡村	Rural Telephone Subscribers	73	128	1787	9165	10151	13830	7904. 5	568. 2	110. 8	20. 9	33. 8	28. 2
公用电话(万户)	Public Telephone(10 000 Subscribers)	1. 2	4. 0	193. 9	1561. 4	2215. 0	184583	55513. 8	1142. 3	141. 9	33. 5	52. 4	41. 6
移动电话用户(万户)	Number of Mobile Telephone Subscribers (10 000 subscribers)		1. 0	1323. 3	26995. 3	33482. 4		3416571	2530. 2	124. 0		100. 6	58. 7
国内商业	**Domestic Trade**												
社会消费品零售总额(亿元)	Total Retail Sales of Consumer Goods (100 million yuan)	1559	8101	27299	45842	53950	3461. 4	665. 9	197. 6	113. 3	15. 5	14. 5	10. 2
对外贸易	**Foreign Trade**												
进出口总额(亿美元)	Total Value of Exports and Imports(USD 100 million)	206. 4	1116. 8	3251. 6	8509. 9	11545. 5	5593. 8	1033. 8	355. 1	135. 7	16. 7	16. 9	19. 8

续表

指　标	Item	总量指标 Aggregate Data					速度指标(%) Indices and Growth Rates(%)						
							指数 Index (2004 为以下各年) (2004 as percentage of the following years)				平均增长速度 Average Annual Growth Rate		
		1978	1989	1997	2003	2004	1978	1989	1997	2003	1979—2004	1990—2004	1998—2004
出口额	Exports	97.5	525.4	1827.9	4382.3	5933.2	6085.3	1129.3	324.6	135.4	17.1	17.5	18.3
进口额	Imports	108.9	591.4	1423.7	4127.6	5612.3	5153.6	949.0	394.2	136.0	16.4	16.2	21.6
实际利用外资额(亿美元)	**Utilization of Foreign Capital(USD 100 million)**												
外商直接投资	Foreign Direct Investments		33.9	452.6	535.0	606.3		1787.4	134.0	113.3		21.2	4.3
外商其他投资	Other Foreign Investments		3.8	71.3	26.4	34.4		902.9	48.2	130.6		15.8	
国际旅游	**International Tourism**												
入境旅游过夜者人数(万人次)	Number of Tourists (Overnight Visitors) (10 000 person-times)	72	936	2377	3297	4176	5832.4	446.1	175.7	126.7	16.9	10.5	8.4
旅游外汇收入(亿美元)	Foreign Exchange Earnings from Tourism (USD 100 million)	2.6	18.6	120.7	174.1	257.4	9787.1	1383.9	213.2	147.8	19.3	19.1	11.4
金融业	**Finanical Intermediation**												
金融机构人民币各项存款余额(亿元)	Deposits of National Banking System (100 million yuan)	1135	10786	82390	208056	241424	21280.2	2238.3	293.0	116.0	22.9	23.0	16.6
金融机构人民币各项贷款余额(亿元)	Loans of National Banking System(100 million yuan)	1850	14360	74914	158996	178198	9632.3	1240.9	237.9	112.1	19.2	18.3	13.2
股票筹资额(亿元)	Raised Capital(100 million yuan)			1294	1358	1511			116.8	111.3			2.2
保险公司保费金额(亿元)	Insurance Premium of Insurance Companies (100 million yuan)		139	773	3880	4318		3111.8	558.8	111.3		25.8	27.9
保险公司赔款及给付金额(亿元)	Indemnity Expenditure and Payment of Insurance Companies (100 million yuan)		55	247	841	1004		1838.2	406.2	119.4		21.4	22.2
教育、科技、文化	**Education, Science and Technology and Culture**												
教育	**Education**												
专任教师数(万人)	Full-time Teachers(10 000 persons)												
普通高等学校	Institutions of Higher Education	20.6	39.7	40.5	72.5	85.8	416.5	216.1	211.9	118.3	5.6	5.3	11.3
普通中学	Secondary Schools	318.2	298.0	358.7	453.7	466.8	146.7	156.6	130.1	102.9	1.5	3.0	3.8
普通小学	Primary Schools	522.6	554.4	579.4	570.3	562.9	107.7	101.5	97.2	98.7	0.3	0.1	
在校学生数(万人)	Students Enrollment(10 000 persons)												
普通高等学校	Institutions of Higher Education	85.6	208.2	317.4	1108.6	1333.5	1557.8	640.5	420.1	120.3	11.1	13.2	22.8

续表

指 标	Item	总量指标 Aggregate Data					速度指标(%) Indices and Growth Rates(%)						
							指数 Index(2004 为以下各年)(2004 as percentage of the following years)				平均增长速度 Average Annual Growth Rate		
		1978	1989	1997	2003	2004	1978	1989	1997	2003	1979—2004	1990—2004	1998—2004
普通中学	Secondary Schools	6548.3	4554.0	6017.9	8583.2	8695.4	132.8	190.9	144.5	101.3	1.1	4.4	5.4
普通小学	Primary Schools	14624.0	12373.1	13995.4	11689.7	11246.2	76.9	90.9	80.4	96.2			
教育经费支出(亿元)	Government Expenditures on Education (100 million yuan)			2531.7	6208.3								
科技	**Science and Technology**												
科学家、工程师数(万人)	Number of Scientists and Engineers(10 000 persons)			166.8	225.5	225.2			135.0	99.9			4.4
研究与试验发展经费支出(亿元)	Expenditures on Research and Development (100 million yuan)			509.2	1539.6	1966.6			386.2	127.7			21.3
技术市场成交额(亿元)	Volume of Transaction in Technical Markets (100 million yuan)			351.4	1084.7	1334.4			379.8	123.0			21.0
文化	**Culture**												
图书出版数量(亿册)	Number of Books Published (100 million copies)	37.7	58.6	73.1	66.7	64.1	170.0	109.4	87.7	96.1	2.1	0.6	
故事影片产量(部)	Production of Feature Films(film)	46	136	88	140	212	460.9	155.9	240.9	151.4	6.1	3.0	13.4
电视节目制作时间(万小时)	Time for TV Programs Production (10 000 hours)			61.6	118.6	211.7			343.4	178.6			19.3
家庭、生活、环境	**Family, People's Livelihood and Environment**												
家庭	**Family**												
家庭总户数(万户)	Total Number of Households(10 000 households)	20641	27078	32890	36198	36628	177.5	135.3	111.4	101.2	2.2	2.0	1.5
城镇居民平均每户家庭人口(人)	Average Household Size in Urban Areas (person)		3.55	3.19	3.01	2.98		83.9	93.4	99.0			
农村居民平均每户家庭人口(人)	Average Household Size in Rural Areas(person)		4.86	4.35	4.10	4.08		84.0	93.8	99.5			
婚姻	**Marriages and Divorces**												
结婚登记总数(万对)	Register Number of Marriages(10 000 couples)	597.8	937.2	914.1	811.4	867.1	145.0	92.5	94.9	106.9	1.4		
离婚数(万对)	Number of Divorces (10 000 couples)	28.5	75.3	119.8	133.1	166.5	584.2	221.1	139.0	125.1	7.0	5.4	4.8

续表

指　标	Item	总量指标 Aggregate Data					速度指标(%) Indices and Growth Rates(%)						
							指数 Index (2004 为以下各年) (2004 as percentage of the following years)				平均增长速度 Average Annual Growth Rate		
		1978	1989	1997	2003	2004	1978	1989	1997	2003	1979—2004	1990—2004	1998—2004
居住	**Housing**												
城市人均住宅建筑面积(平方米)	Per Capita Gross Living Space in Cities (sq. m)	6.7	13.5	17.8	23.7	25.0	373.1	185.2	140.4	105.5	5.2	4.2	5.0
农村居民人均住房面积(平方米)	Per Capita Net Floor Space of Rural Residents (sq. m)	8.1	17.2	22.5	27.2	27.9	344.4	162.2	124.0	102.6	4.9	3.3	3.1
生活	**People's Livelihood**												
城镇居民人均可支配收入(元)	Per Capita Annual Disposable Income of Urban Households (yuan)	343	1374	5160	8472	9422	554.2	303.7	177.7	107.7	6.8	7.7	8.6
农村居民人均纯收入(元)	Per Capita Net Income of Rural Residents (yuan)	134	602	2090	2622	2936	588.1	192.4	134.5	106.8	7.1	4.5	4.3
城乡人民币储蓄存款余额(亿元)	Outstanding Amount of Saving Deposits in Urban and Rural Areas(100 million yuan)	211	5196	46280	103617	119555	56768.8	2300.7	258.3	115.4	27.6	23.3	14.5
工资	**Wages and Welfare**												
工资总额(亿元)	Total Wages(100 million yuan)	569	2619	9405	14744	16900	2970.6	645.4	179.7	114.6	13.9	13.2	8.7
职工平均工资(元)	Average Wage of Staff and Workers(yuan)	615	1935	6470	14040	16024	484.8	337.8	222.1	110.5	6.3	8.5	12.1
离休、退休、退职费(亿元)	Pensions for Retired Staff and Workers (100 million yuan)	17	319	1791	4149	4511	26535.0	1414.1	251.9	108.7	23.9	19.3	14.1
卫生	**Health Care**												
医院、卫生院(个)	Number of Hospitals	64309	61613	67479	62968	60867	94.6	98.8	90.2	96.7			
医生(万人)	Number of Doctors(10 000 persons)	103.3	171.8	198.5	186.8	190.5	184.4	110.9	96.0	102.0	2.4	0.7	
医院、卫生院床位数(万张)	Number of Hospital Beds(10 000 units)	184.7	253.8	286.9	295.5	304.7	165.0	120.1	106.2	103.1	1.9	1.2	0.9
市政建设	**City Construction**												
自来水供应量(亿吨)	Volume of Tap Water Supply (100 million tons)	78.8	393.7	476.8	475.3	490.3	622.2	124.5	102.8	103.2	7.3	1.5	0.4
城市煤气和天然气供气量(亿立方米)	Volume of Coal Gas and Natural Gas Supply in Urban Areas(10 000 cu. m)	19.5	143.2	193.2	343.7	383.0	1964.1	267.5	198.2	111.4	12.1	6.8	10.3
排水管道长度(万公里)	Length of Sewer Pipelines(10 000 km)	2.0	5.5	12.0	19.9	21.9	1119.9	401.8	182.9	110.2	9.7	9.7	9.0
实有道路长度(万公里)	Length of Paved Roads(10 000 km)	2.7	9.6	13.9	20.8	22.3	827.0	232.1	160.9	107.2	8.5	5.8	7.0

续表

指标	Item	总量指标 Aggregate Data 1978	1989	1997	2003	2004	速度指标(%) Indices and Growth Rates(%) 指数 Index (2004 为以下各年)(2004 as percentage of the following years) 1978	1989	1997	2003	平均增长速度 Average Annual Growth Rate 1979—2004	1990—2004	1998—2004
公共汽(电)车运营数(辆)	Total Number of Public Buses and Trolley Buses(unit)	25839	59671	169121	264338	281516	1089.5	471.8	166.5	106.5	9.6	10.9	7.6
园林绿地面积(万公顷)	Areas of Green Land(10 000 hectare)	8	38	68	121	132	1615.0	346.3	193.5	109.1	11.3	8.6	9.9
环境、灾害	**Environment and Disaster**												
环境污染治理投资总额(亿元)	Actual Investment in Implementation of the Project for Pollution Treatment in the Year (100 million yuan)			502.4	1627.7	1909.8			380.1	117.3			21.0
环境污染与破坏事故次数(起)	Number of Pollution Accidents(times)		3332	1992	1843	1441		43.2	72.3	78.2			
环境污染直接经济损失(万元)	Losses Converted into Cash(10 000 yuan)			8366	3375	36366			434.7	1077.5			23.4
环境污染事故赔罚款金额(万元)	Amount of Reparations and Fines (10 000 yuan)			3050	2392	3964			130.0	165.8			3.8
火灾发生数(起)	Number of Fire Disasters			140280	253932	252704			180.1	99.5			8.8
火灾损失(万元)	Fire Loss(10 000 yuan)			154141	159089	167197			108.5	105.1			1.2
交通事故发生数(起)	Number of Traffic Accidents			304217	667507	517889			170.2	77.6			7.9
交通事故损失(万元)	Loss of Traffic Accidents(10 000 yuan)			184616	336915	239141			129.5	71.0			3.8

注：1. 本表价值指标除邮电业务总量按不变价格计算外，其余均按当年价格计算。邮电业务总量2000年及以前按1990年不变价格计算，以后按2000年不变价格计算。
2. 本表速度指标中，国民总收入、国内生产总值及三次产业增加值、物价指数、农林牧渔业总产值、限额以上工业增加值、邮电业务总量、城乡居民收入和平均工资指标均按可比价格计算。固定资产投资平均增长速度按累计法计算。
3. 职工人数1997年及以前为全部职工人数，以后为在岗职工人数，两者不可比。
4. 2000年及以后保险业务包括外资公司。

a) Figures in value terms in this table are at current prices, except that on the business transaction of post and telecommunications service which is at 1990 constant prices before 2000 and at 2000 constant prices since 2000.

b) The indices and growth rates of the follow indicators are calculated at comparable prices: gross national income, gross domestic product, value-added of the tertiary industry, price indices, gross output value of farming, forestry, animal husbandry and fishery, value-added of industry above designated size, business volume of post and telecommunications, per capita income of urban and rural residents, average wages and welfare. The average annual growth rate of total investment in fixed assets are calculated at the accumulate method.

c) Figures before 1998 on workers and staff refer to all workers and staff, while figures since 1998 refer to fully employed workers and staff. So, the data are not comparable.

d) Insurance business include foreign insurance company since 2000.

《中国统计年鉴—2005》

地区生产总值和指数

Gross regional product and indices

本表绝对数按当年价格计算，指数按可比价格计算。

Absolute figures in this table are calculated at current prices while indices are calculated at constant prices.

地区	Region	地区生产总值（亿元） Gross Regional Product（100 million yuan）					指数（上年=100） Indices（preceding year=100）				
		2000	2001	2002	2003	2004	2000	2001	2002	2003	2004
北京	Beijing	2478.76	2845.65	3212.71	3663.10	4283.31	111.0	111.2	110.4	110.7	113.2
天津	Tianjin	1639.36	1840.10	2051.16	2447.66	2931.88	110.8	112.0	112.5	114.8	115.7
河北	Hebei	5088.96	5577.78	6122.53	7098.56	8768:79	109.5	108.7	109.6	111.6	112.5
山西	Shanxi	1643.81	1779.97	2017.54	2456.59	3042.41	107.8	108.4	111.7	113.9	114.1
内蒙古	Inner Mongolia	1401.01	1545.79	1756.29	2150.41	2712.08	109.7	109.6	112.1	116.8	119.4
辽宁	Liaoning	4669.06	5033.08	5265.66	6002.54	6872.65	108.9	109.0	110.2	111.5	112.8
吉林	Jilin	1821.19	2032.48	2246.12	2522.62	2958.21	109.2	109.3	109.5	110.2	112.2
黑龙江	Heilongjiang	3253.00	3561.00	3882.16	4430.00	5303.00	108.2	109.3	110.3	110.3	111.7
上海	Shanghai	4551.15	4950.84	5408.76	6250.81	7450.27	110.8	110.2	110.9	111.8	113.6
江苏	Jiangsu	8582.73	9511.91	10631.75	12460.83	15403.16	110.6	110.2	111.6	113.6	114.9
浙江	Zhejiang	6036.34	6748.15	7796.00	9395.00	11243.00	111.0	110.5	112.5	114.4	114.3
安徽	Anhui	3038.24	3290.13	3553.56	3972.38	4812.68	108.3	108.3	108.9	109.2	112.5
福建	Fujian	3920.07	4253.68	4682.01	5232.17	6053.14	109.5	109.0	110.5	111.6	112.1
江西	Jiangxi	2003.07	2175.68	2450.48	2830.46	3495.94	108.0	108.8	110.5	113.0	113.2
山东	Shandong	8542.44	9438.31	10552.06	12435.93	15490.73	110.5	110.1	111.6	113.7	115.3
河南	Henan	5137.66	5640.11	6168.73	7048.59	8815.09	109.4	109.1	109.5	110.8	113.7
湖北	Hubei	4276.32	4662.28	4830.98	5401.71	6309.92	109.3	109.1	109.1	109.4	111.3
湖南	Hunan	3691.88	3983.00	4140.94	4638.73	5612.26	109.0	109.0	109.0	109.6	112.0
广东	Guangdong	9662.23	10647.71	11735.64	13625.87	16039.46	110.8	109.6	111.4	114.3	114.2
广西	Guangxi	2050.14	2231.19	2455.36	2735.13	3320.10	107.3	108.2	110.5	110.2	111.8
海南	Hainan	518.48	545.96	597.50	670.93	769.36	108.8	108.9	109.3	110.5	110.4
重庆	Chongqing	1589.34	1749.77	1971.30	2250.56	2665.39	108.5	109.0	110.3	111.5	112.2
四川	Sichuan	4010.25	4421.76	4875.12	5456.32	6556.01	109.0	109.2	110.6	111.8	112.7
贵州	Guizhou	993.53	1084.90	1185.04	1356.11	1591.90	108.7	108.8	109.1	110.1	111.4
云南	Yunnan	1955.09	2074.71	2232.32	2465.29	2959.48	107.1	106.5	108.2	108.6	111.5
西藏	Tibet	117.46	138.73	161.42	184.50	211.54	109.4	112.8	112.9	112.1	112.2
陕西	Shaanxi	1660.92	1844.27	2101.60	2398.58	2883.51	109.0	109.1	109.7	110.9	112.9
甘肃	Gansu	983.36	1072.51	1161.43	1304.60	1558.93	108.7	109.4	109.4	110.1	110.9
青海	Qinghai	263.59	300.95	341.11	390.21	465.73	109.0	112.0	112.4	112.1	112.3
宁夏	Ningxia	265.57	298.38	329.28	385.34	460.35	109.8	110.1	110.2	112.2	111.0
新疆	Xinjiang	1364.36	1485.48	1598.28	1877.61	2200.15	108.2	108.1	108.1	110.8	111.1

《中国统计年鉴—2005》

居民消费水平
Household consumption expenditure

本表绝对数按当年价格计算，指数按可比价格计算。

Absolute figures in this table are calculated at current prices, while indices are calculated at constant prices.

年份 地区 Year Region	绝对数(元) Value (yuan)			城乡消费水平对比（农村居民=1） Urban/Rural Consumption Ratio(Urban households=1)	指数（上年=100） Index (Preceding year=100)			指数（1978=100） Index (1978=100)		
	全国居民 All house-holds	农村居民 Rural House-holds	城镇居民 Urban House-holds		全国居民 All house-holds	农村居民 Rural House-holds	城镇居民 Urban House-holds	全国居民 All house-holds	农村居民 Rural House-holds	城镇居民 Urban House-holds
1978	184	138	405	2.9	104.1	104.3	103.3	100.0	100.0	100.0
1980	236	178	496	2.8	108.7	108.8	106.3	115.8	115.5	111.9
1985	437	347	802	2.3	113.1	114.1	108.2	181.3	194.4	147.5
1989	762	553	1568	2.8	99.5	99.2	98.4	213.8	218.8	184.4
1990	803	571	1686	3.0	103.4	100.3	107.5	221.0	219.5	198.1
1995	2236	1434	4874	3.4	107.5	108.2	104.6	327.7	308.7	289.6
1996	2641	1768	5430	3.1	109.1	114.0	102.5	357.5	351.9	296.7
1997	2834	1876	5796	3.1	104.2	103.3	103.5	372.4	363.6	307.0
1998	2972	1895	6217	3.3	105.5	101.8	108.3	393.1	370.2	332.4
1999	3138	1927	6796	3.5	107.9	104.7	111.3	424.2	387.6	370.0
2000	3397	2037	7402	3.6	108.3	104.8	110.1	459.4	406.2	407.4
2001	3609	2156	7761	3.6	105.3	104.5	104.4	483.7	424.5	425.3
2002	3818	2269	8047	3.6	106.2	105.7	104.0	513.7	448.7	442.3
2003	4089	2361	8473	3.6	106.3	102.7	104.9	546.1	460.8	464.0
2004	4552	2625	9105	3.5	107.2	104.7	105.0	585.4	482.5	487.2
北京 Beijing	12405	5498	14971	2.7	110.4	105.6	110.6			
天津 Tianjin	8765	4716	11369	2.4	112.1	107.8	112.9			
河北 Hebei	3858	2644	7757	2.9	109.6	112.4	107.4			
山西 Shanxi	3451	1763	6066	3.4	113.2	109.6	113.2			
内蒙古 Inner Mongolia	4233	2083	7515	3.6	109.9	121.4	100.6			
辽宁 Liaoning	5561	2817	7717	2.7	104.1	100.8	105.0			
吉林 Jilin	5136	2410	7650	3.2	108.4	106.3	108.0			
黑龙江 Heilongjiang	5132	2231	7726	3.5	107.8	107.7	107.5			
上海 Shanghai	18382	9085	20795	2.3	114.0	109.3	112.6			
江苏 Jiangsu	6159	3517	9065	2.6	113.5	105.7	108.0			

续表

年份 地区	Year Region	绝对数(元) Value (yuan)			城乡消费水平对比(农村居民=1) Urban/Rural Consumption Ratio(Urban households=1)	指数(上年=100) Index (Preceding year=100)			指数(1978=100) Index (1978=100)		
		全国居民 All house-holds	农村居民 Rural House-holds	城镇居民 Urban House-holds		全国居民 All house-holds	农村居民 Rural House-holds	城镇居民 Urban House-holds	全国居民 All House-holds	农村居民 Rural House-holds	城镇居民 Urban House-holds
浙江	Zhejiang	6844	4677	12782	2.7	109.0	105.9	108.7			
安徽	Anhui	3707	2910	5343	1.8	106.8	106.4	104.9			
福建	Fujian	5913	4831	9686	2.0	107.0	107.1	106.5			
江西	Jiangxi	3353	2342	6300	2.7	111.6	109.8	110.8			
山东	Shandong	4966	3318	8526	2.6	109.3	108.2	106.8			
河南	Henan	3681	2245	7364	3.3	109.5	108.9	105.7			
湖北	Hubei	4684	2368	7718	3.3	108.0	108.4	106.1			
湖南	Hunan	3739	2599	7602	2.9	107.0	106.1	105.4			
广东	Guangdong	7286	3374	11447	3.4	115.2	105.9	107.3			
广西	Guangxi	2863	1816	7452	4.1	107.3	104.5	110.2			
海南	Hainan	3620	2618	6267	2.4	107.5	107.2	106.9			
重庆	Chongqing	3596	1827	9033	4.9	110.9	110.8	107.6			
四川	Sichuan	3643	2171	6843	3.2	110.0	109.6	107.8			
贵州	Guizhou	1946	1309	5477	4.2	104.2	100.8	106.7			
云南	Yunnan	2966	2011	7853	3.9	106.8	101.2	113.7			
西藏	Tibet	3166	1422	10227	7.2	112.2	112.3	112.2			
陕西	Shaanxi	2893	1624	6643	4.1	109.6	110.5	106.7			
甘肃	Gansu	2460	1371	6194	4.5	110.9	110.7	110.0			
青海	Qinghai	3183	1719	6582	3.8	107.0	107.0	106.4			
宁夏	Ningxia	3405	2011	6018	3.0	112.1	113.5	104.8			
新疆	Xinjiang	3377	1751	6358	3.6	104.6	105.3	102.9			

注：城乡消费水平对比，没有剔除城乡价格不可比的因素。

a) The effect of price differentials between urban and rural areas has not been removed in the calculation of the urban/rural consumption ratio.

《中国统计年鉴—2005》

各地区最终消费及构成（2004 年）

Final consumption expenditure and its composition by region（2004）

本表按当年价格计算。

Data in value terms in this table are calculated at current prices.

地区	Region	最终消费（亿元）Final Consumption Expenditure（100 million yuan）	居民消费 Household Consumption	农村居民 Rual Households	城镇居民 Urban Households	政府消费 Government Consumption	最终消费=100 Final consumption Expenditure=100		居民消费=100 Household Consumption Expenditure=100	
							居民消费 Household Consumption	政府消费 Government Consumption	农村居民 Rural Households	城镇居民 Urban Households
北京	Beijing	2264.55	1354.23	172.15	1182.08	910.32	59.8	40.2	12.7	87.3
天津	Tianjin	1272.60	806.11	177.46	628.65	466.49	63.3	36.7	22.0	78.0
河北	Hebei	3743.05	2619.18	1368.78	1250.40	1123.87	70.0	30.0	52.3	47.7
山西	Shanxi	1581.58	1147.27	356.32	790.95	434.31	72.5	27.5	31.1	68.9
内蒙古	Inner Mongolia	1411.61	1019.05	310.39	708.66	392.56	72.2	27.8	30.5	69.5
辽宁	Liaoning	3287.27	2344.99	522.69	1822.30	942.27	71.3	28.7	22.3	77.7
吉林	Jilin	1868.58	1389.86	312.76	1077.10	478.72	74.4	25.6	22.5	77.5
黑龙江	Heilongjiang	2793.53	1958.36	401.74	1556.62	835.17	70.1	29.9	20.5	79.5
上海	Shanghai	3261.42	2476.19	252.18	2224.01	785.23	75.9	24.1	10.2	89.8
江苏	Jiangsu	6667.64	4581.50	1370.45	3211.05	2086.14	68.7	31.3	29.9	70.1
浙江	Zhejiang	4723.33	3216.42	1610.20	1606.22	1506.91	68.1	31.9	50.1	49.9
安徽	Anhui	2835.44	2296.38	1212.25	1084.12	539.06	81.0	19.0	52.8	47.2
福建	Fujian	3019.07	2078.72	1319.65	759.07	940.35	68.9	31.1	63.5	36.5
江西	Jiangxi	1822.14	1431.42	744.46	686.96	390.72	78.6	21.4	52.0	48.0
山东	Shandong	6810.20	4545.39	2075.17	2470.22	2264.81	66.7	33.3	45.7	54.3
河南	Henan	4673.62	3422.11	1501.56	1920.55	1251.51	73.2	26.8	43.9	56.1
湖北	Hubei	3564.14	2814.42	806.77	2007.65	749.72	79.0	21.0	28.7	71.3
湖南	Hunan	3315.51	2301.57	1235.12	1066.45	1013.94	69.4	30.6	53.7	46.3
广东	Guangdong	8774.75	5930.47	1415.60	4514.87	2844.28	67.6	32.4	23.9	76.1
广西	Guangxi	2079.28	1395.28	720.77	674.51	684.00	67.1	32.9	51.7	48.3
海南	Hainan	401.85	294.74	154.64	140.10	107.11	73.3	26.7	52.5	47.5
重庆	Chongqing	1579.20	1128.05	432.59	695.46	451.15	71.4	28.6	38.3	61.7
四川	Sichuan	3824.88	2943.58	1201.78	1741.80	881.30	77.0	23.0	40.8	59.2
贵州	Guizhou	1086.53	750.57	427.67	322.90	335.96	69.1	30.9	57.0	43.0
云南	Yunnan	1889.20	1303.68	739.33	564.35	585.52	69.0	31.0	56.7	43.3
西藏	Tibet	187.11	86.08	31.02	55.06	101.03	46.0	54.0	36.0	64.0
陕西	Shaanxi	1336.39	1075.63	451.23	624.40	260.76	80.5	19.5	42.0	58.0
甘肃	Gansu	901.11	642.29	277.10	365.19	258.82	71.3	28.7	43.1	56.9
青海	Qinghai	301.72	172.27	65.04	107.23	129.45	57.1	42.9	37.8	62.2
宁夏	Ningxia	318.75	198.83	76.59	122.24	119.92	62.4	37.6	38.5	61.5
新疆	Xinjiang	1150.81	663.52	222.49	441.03	487.29	57.7	42.3	33.5	66.5

《中国统计年鉴—2005》

城乡居民家庭人均收入及恩格尔系数

Per capita annual income and Engle Coefficient of urban and rural households

年 份 Year	农村居民家庭人均纯收入 Per Capita Annual Net Income of Rural Households (yuan)		城镇居民家庭人均可支配收入 Per Capita Annual Disposable Income of Urban Households (yuan)		农村居民家庭恩格尔系数(%) Engle Coefficient of Rural Households (%)	城镇居民家庭恩格尔系数(%) Engle Coefficient of Urban Households (%)
	绝对数(元) Value (yuan)	指数(1978=100) Index	绝对数(元) Value (yuan)	指数(1978=100) Index		
1978	133.6	100.0	343.4	100.0	67.7	57.5
1980	191.3	139.0	477.6	127.0	61.8	56.9
1985	397.6	268.9	739.1	160.4	57.8	53.3
1989	601.5	305.7	1373.9	182.5	54.8	54.5
1990	686.3	311.2	1510.2	198.1	58.8	54.2
1991	708.6	317.4	1700.6	212.4	57.6	53.8
1992	784.0	336.2	2026.6	232.9	57.6	53.0
1993	921.6	346.9	2577.4	255.1	58.1	50.3
1994	1221.0	364.4	3496.2	276.8	58.9	50.0
1995	1577.7	383.7	4283.0	290.3	58.6	50.1
1996	1926.1	418.2	4838.9	301.6	56.3	48.8
1997	2090.1	437.4	5160.3	311.9	55.1	46.6
1998	2162.0	456.2	5425.1	329.9	53.4	44.7
1999	2210.3	473.5	5854.0	360.6	52.6	42.1
2000	2253.4	483.5	6280.0	383.7	49.1	39.4
2001	2366.4	503.8	6859.6	416.3	47.7	38.2
2002	2475.6	528.0	7702.8	472.1	46.2	37.7
2003	2622.2	550.7	8472.2	514.6	45.6	37.1
2004	2936.4	588.1	9421.6	554.2	47.2	37.7

《中国统计年鉴—2005》

城镇居民家庭基本情况
Basic conditions of urban households

项　目	Item	1990	1995	2000	2003	2004
调查户数　(户)	Number of Households Surveyed (household)	35660	35520	42220	48028	50430
平均每户家庭人口　(人)	Average Household Size (person)	3.50	3.23	3.13	3.01	2.98
平均每户就业人口　(人)	Average Number of Employed Persons Per Household (persons)	1.98	1.87	1.68	1.58	1.56
平均每户就业面　(%)	Proportion of Employment per Household (%)	56.57	57.89	53.67	52.49	52.35
平均每一就业者负担人数	Number of Dependents per Employee					
(包括就业者本人)　(人)	(including the employee himself or herself) (person)	1.77	1.73	1.86	1.91	1.91
平均每人全部年收入　(元)	Per Capita Annual Income (yuan)	1516.21	4279.02	6295.91	9061.22	10128.51
工薪收入	Income of Wages and Salaries	1149.70	3390.21	4480.50	6410.22	7152.76
经营净收入	Net Business Income	22.50	72.62	246.24	403.82	493.87
财产性收入	Income from Porperties	15.60	90.43	128.38	134.98	161.15
转移性收入	Income from Transfer	328.41	725.76	1440.78	2112.20	2320.73
#可支配收入	Disposable Income	1510.16	4282.95	6279.98	8472.20	9421.61
平均每人消费性支出　(元)	Per Capita Annual Consumption Expenditures (yuan)	1278.89	3537.57	4998.00	6510.94	7182.10
食 品	Food	693.77	1771.99	1971.32	2416.92	2709.60
衣 着	Clothing	170.90	479.20	500.46	637.72	686.79
家庭设备用品及服务	Household Appliances and Service	108.45	263.36	374.49	410.34	407.37
医疗保健	Health Care and Medical Services	25.67	110.11	318.07	475.98	528.15
交通通信	Transport and Communications	40.51	183.22	426.95	721.12	843.62
教育文化娱乐服务	Education, Cultural and Recreation Services	112.26	331.01	669.58	934.38	1032.80
居住	Housing	60.86	283.76	565.29	699.38	733.53
杂项商品与服务	Miscellaneous Goods and Services	66.57	114.92	171.83	215.10	240.24
平均每人消费性支出构成 (人均消费性支出=100)	Composition of Per Capita Annual Consumption Expenditures(%)					
食 品	Food	54.25	50.09	39.44	37.12	37.73
衣 着	Clothing	13.36	13.55	10.01	9.79	9.56
家庭设备用品及服务	Household Appliances and Service	10.14	7.44	7.49	6.30	5.67
医疗保健	Health Care and Medical Services	2.01	3.11	6.36	7.31	7.35
交通通信	Transport and Communications	1.20	5.18	8.54	11.08	11.75
教育文化娱乐服务	Education, Cultural and Recreation Services	11.12	9.36	13.40	14.35	14.38
居住	Housing	6.98	8.02	11.31	10.74	10.21
杂项商品与服务	Miscellaneous Goods and Services	0.94	3.25	3.44	3.30	3.34

注：1. 本表为城镇居民家庭收支抽样调查资料。

2. 从2002年起，城镇住户调查对象由原来的非农业人口改为城市市区和县城关镇，本篇章相关资料均按新口径计算，历史数据作了相应调整。

a) Data in this table are obtained from the sample survey on income and expenditures of urban households.

b) Since 2002, the objects of urban households survey are the permanent residents of city districts and county towns. The relative data in the chapter are calculated according to the new standard, and historical data have been adjusted accordingly.

《中国统计年鉴—2005》

城镇居民家庭平均每人全年消费性支出(2004年)
Per capita annual living expenditure of urban households (2004)

项目	Item	总平均 Average	最低收入户 Lowest Income Households (first decile)	#困难户 Poor Households (first five percent)	低收入户 Low Income Households (second decile)	中等偏下户 Lower Middle Income Households (second quintile)	中等收入户 Middle Income Households (third quintile)	中等偏上户 Upper Middle Income Households (fourth quintile)	高收入户 High Income Households (ninth decile)	最高收入户 Highest Income Households (tenth decile)
消费性支出(元)	**Total Consumption Expenditures (yuan)**	7182.10	2855.15	2441.12	3942.23	5096.15	6498.36	8345.70	10749.35	16841.82
食品	Food	2709.60	1417.76	1248.87	1827.42	2201.88	2581.24	3130.75	3740.68	4914.64
#粮食	Grain	238.76	219.10	213.83	229.99	232.81	234.29	248.35	255.10	260.68
肉禽及其制品	Meat, Poultry and Their Products	526.80	325.49	284.70	408.15	477.70	534.02	605.95	658.06	713.85
蛋类	Eggs	68.19	50.92	46.24	60.61	67.63	69.18	74.29	77.74	74.75
水产品	Aquatic Products	178.06	67.25	56.16	93.37	124.74	160.97	216.70	282.60	393.58
奶及奶制品	Milk and Its Products	132.37	46.32	35.11	78.05	106.77	131.64	162.90	194.65	237.34
衣着	Clothing	686.79	213.50	169.55	352.04	489.78	661.21	849.19	1071.52	1461.11
#服装	Garments	493.81	141.13	109.67	237.80	338.56	471.28	617.30	786.41	1095.60
家庭设备用品及服务	Household Facilities, Articles and Services	407.37	97.78	76.02	154.45	235.95	349.63	480.60	685.43	1195.98
#耐用消费品	Durable Consumer Goods	198.84	29.40	16.94	52.95	104.23	167.92	242.49	361.01	621.86
医疗保健	Medicine and Medical Services	528.15	185.05	158.63	271.56	355.53	466.86	665.82	821.16	1218.42
交通通信	Transport, Post and Communication Services	843.62	197.80	157.13	329.77	479.48	696.36	938.65	1274.18	2828.09
教育文化娱乐服务	Education, Culture and Recreation Services	1032.80	353.76	297.91	488.77	675.28	901.80	1182.09	1673.76	2707.79
#文娱用品	Consumer Goods for Recreational Use	256.65	43.91	31.71	77.25	132.82	212.99	301.66	463.03	824.83
居住	Residence	733.53	323.05	280.44	413.37	514.62	642.85	813.24	1100.61	1812.28
#住房	Housing	247.89	43.71	28.60	68.88	112.40	175.01	262.69	455.99	963.89
杂项商品与服务	Miscellaneous Commodities and Services	240.24	66.46	52.56	104.84	143.61	198.42	285.36	382.00	703.50
消费性支出构成(%)	**Total Consumption Expenditures (%)**									
食品	Food	37.73	49.66	51.16	46.35	43.21	39.72	37.51	34.80	29.18
衣着	Clothing	9.56	7.48	6.95	8.93	9.61	10.18	10.18	9.97	8.68
家庭设备用品及服务	Household Appliances and Service	5.67	3.42	3.11	3.92	4.63	5.38	5.76	6.38	7.10
医疗保健	Health Care and Medical Services	7.35	6.48	6.50	6.89	6.98	7.18	7.98	7.64	7.23
交通通信	Transport and Communications	11.75	6.93	6.44	8.37	9.41	10.72	11.25	11.85	16.79
教育文化娱乐服务	Education, Cultural and Recreation Services	14.38	12.39	12.20	12.40	13.25	13.88	14.16	15.57	16.08
居住	Housing	10.21	11.31	11.49	10.49	10.10	9.89	9.74	10.24	10.76
杂项商品与服务	Miscellaneous Goods and Services	3.34	2.33	2.15	2.66	2.82	3.05	3.42	3.55	4.18

《中国统计年鉴—2005》

各地区城镇居民平均每人全年家庭收入来源(2004 年)
Per capita annual income of urban household by source and region (2004)

单位:元(yuan)

地区	Region	可支配收入 Disposable Income	总收入 Total Income	工薪收入 Income of Wages and Salaries	经营净收入 Net Business Income	财产性收入 Income from properties	转移性收入 Income from Transfer
全国	National Average	9421.61	10128.51	7152.76	493.87	161.15	2320.73
北京	Beijing	15637.84	17116.46	11590.45	177.54	146.45	5202.02
天津	Tianjin	11467.16	12279.73	7508.72	600.40	123.55	4047.06
河北	Hebei	7951.31	8381.42	5589.89	334.28	108.97	2348.28
山西	Shanxi	7902.86	8428.81	6338.80	335.91	141.19	1612.92
内蒙古	Inner Mongolia	8122.99	8488.13	5893.79	757.82	98.59	1737.93
辽宁	Liaoning	8007.56	8706.46	5806.05	333.47	79.35	2487.58
吉林	Jilin	7840.61	8226.78	5447.36	791.60	69.69	1918.14
黑龙江	Heilongjiang	7470.71	7803.41	5031.88	611.30	46.04	2114.18
上海	Shanghai	16682.82	18501.66	13156.67	506.77	214.74	4623.47
江苏	Jiangsu	10481.93	11236.68	6869.00	752.10	202.02	3413.56
浙江	Zhejiang	14546.38	15881.63	10752.74	1336.37	383.55	3408.98
安徽	Anhui	7511.43	7993.55	5583.71	513.20	117.96	1778.68
福建	Fujian	11175.37	12117.93	7996.08	729.86	347.97	3044.02
江西	Jiangxi	7559.64	7876.70	5541.74	433.67	88.52	1812.77
山东	Shandong	9437.80	10187.12	8327.11	299.94	116.84	1443.23
河南	Henan	7704.90	8073.36	5322.07	429.33	126.04	2195.92
湖北	Hubei	8022.75	8522.06	6390.81	291.87	122.72	1716.66
湖南	Hunan	8617.48	9190.21	6807.36	494.07	92.90	1795.88
广东	Guangdong	13627.65	14953.39	11646.42	738.35	371.29	2197.34
广西	Guangxi	8689.99	9324.00	6737.70	341.90	174.20	2070.21
海南	Hainan	7735.78	8121.85	5599.27	261.99	267.81	1992.78
重庆	Chongqing	9220.96	9910.09	7162.69	228.53	109.67	2409.20
四川	Sichuan	7709.87	8261.44	5461.35	439.25	197.40	2163.45
贵州	Guizhou	7322.05	7518.72	5135.14	576.33	54.21	1753.04
云南	Yunnan	8870.88	9546.29	6138.33	518.17	334.41	2555.38
西藏	Tibet	9106.07	10395.86	10204.52	42.59	1.18	147.58
陕西	Shaanxi	7492.47	8043.23	5725.33	201.25	138.45	1978.20
甘肃	Gansu	7376.74	7990.65	6087.37	330.43	53.37	1519.49
青海	Qinghai	7319.67	7785.09	5022.57	299.21	67.25	2396.05
宁夏	Ningxia	7217.87	7748.53	5166.44	495.12	60.03	2026.93
新疆	Xinjiang	7503.42	8201.82	6394.50	371.74	62.95	1372.63

《中国统计年鉴—2005》